Peter Jan Pahl · Rudolf Damrath

Mathematische Grundlagen der Ingenieurinformatik

Springer-Verlag Berlin Heidelberg GmbH

Peter Jan Pahl · Rudolf Damrath

Mathematische Grundlagen der Ingenieurinformatik

Springer

Professor Dr. Peter Jan Pahl
Technische Universität Berlin
FG Theoretische Methoden der Bau- und Verkehrstechnik
Straße des 17. Juni 135
10623 Berlin

Professor Dr.-Ing. Rudolf Damrath
Universität Hannover
FG Angewandte Informatik im Bauingenieurwesen
Appelstraße 9 A
30167 Hannover

Die Deutsche Bibliothek - CIP-Einheitsaufnahme
Pahl, Peter Jan:
Mathematische Grundlagen der Ingenieurinformatik/Peter Jan Pahl; Rudolf Damrath
Berlin; Heidelberg; NewYork; Barcelona; Hongkong; London; Mailand; Paris; Singapur; Tokio:
Springer, 2000
ISBN 978-3-642-62939-6 ISBN 978-3-642-57013-1 (eBook)
DOI 10.1007/978-3-642-57013-1

Einband-Entwurf: Struve & Partner, Heidelberg
Satz: Camera-ready Vorlagen des Autors
Gedruckt auf säurefreiem Papier SPIN: 10051786 68/3020 - 5 4 3 2 1 0

VORWORT

Die Mathematik ist eine der Grundlagen des Ingenieurwesens. Wegen der großen Bedeutung des physikalischen Verhaltens von Ingenieurwerken steht die Infinitesimalrechnung traditionell im Mittelpunkt der mathematischen Ausbildung von Ingenieuren; sie wird zur mathematischen Formulierung der physikalischen Aufgaben eingesetzt. Diese Formulierung hat wesentlich zur Systematisierung des Ingenieurwesens und zur Beherrschung der Ingenieurwerke beigetragen.

Vor der Einführung des Computers in das Ingenieurwesen war es schwierig, numerische Lösungen der mathematischen Formulierungen physikalischer Ingenieuraufgaben mit unregelmäßiger Geometrie, unterschiedlichen Materialeigenschaften, vielfältigen Einwirkungen und komplexen Herstellungsverfahren zu bestimmen. Die Verstärkung des menschlichen Denkvermögens durch den Computer um einen Faktor, der bezüglich der Rechengeschwindigkeit, der Speicherkapazität und der Kommunikationsgeschwindigkeit heute bei 10^9 liegt, hat völlig neue Möglichkeiten für die Lösung der mathematisch formulierten physikalischen Aufgaben eröffnet. Neue Wissenschaftsgebiete, beispielsweise Computational Mechanics, und weit verbreitete neue Berechnungsverfahren, beispielsweise die Finite-Element-Methode, sind entstanden.

Zeitgleich mit der Einführung des Computers hat sich der Charakter des Ingenieurwesens tiefgreifend verändert. Lag der Kern der Wettbewerbsfähigkeit früher vorwiegend im Einsatz besserer Werkstoffe, in der Entwicklung neuer Konstruktionsverfahren und im Entwurf neuer Ingenieursysteme, so haben Organisation und Management heute einen vergleichbar großen Einfluß auf den Erfolg. Einige der Gründe für diese Veränderungen sind die ganzheitliche Betrachtung von Markt, Produkt, Wirtschaft und Gesellschaft, die Bedeutung von Organisation und Management im globalen Wettbewerb sowie die gestiegene Komplexität der Umwelt, der Technik und der Wechselwirkungen zwischen den an Planung und Produktion im Ingenieurwesen Beteiligten.

Für den neuen Charakter des Ingenieurwesens sind die traditionellen mathematischen Grundlagen nicht mehr ausreichend. Zweige der Mathematik, die zwar hochentwickelt sind, bisher aber für Ingenieure von geringerer Bedeutung waren, erweisen sich jetzt als wichtige Werkzeuge bei der computergerechten Behandlung von Ingenieuraufgaben. Der Zugang zu diesen Gebieten ist jedoch für viele Ingenieure schwierig, da in der Ingenieurausbildung selbst die Grundbegriffe wichtiger Gebiete häufig nicht systematisch behandelt werden. Damit fehlt zumindest teilweise die Grundlage für einen produktiven Dialog zwischen Ingenieuren und Mathematikern. Erschwerend kommt hinzu, daß viele der bisher weniger beachteten Gebiete direkt auf den Grundlagen der Mathematik aufbauen und deshalb einen für Ingenieure ungewohnt hohen Abstraktionsgrad besitzen.

Die Entwicklung des Computereinsatzes im Ingenieurwesen hat gezeigt, daß mangelhafte mathematische Grundlagen zu gravierenden Fehlentwicklungen führen. Insbesondere im Bereich von Planung, Organisation und Management wurde das bereits in der klassischen Graphentheorie enthaltene Potential nicht ausreichend zur Abstraktion der Computermodelle und zur Systematisierung der Lösungsverfahren eingesetzt. Zahlreiche Gesetzmäßigkeiten und Verfahren wurden mühsam wiederentdeckt, die bei ausreichenden Kenntnissen der Mathematik aus der Literatur hätten übernommen werden können. Eines der Beispiele hierfür sind die Grundlagen der Topologie.

Aufgrund der schnellen Entwicklung der Informations- und Kommunikationstechnologie, deren Leistungsfähigkeit um den Faktor 100 je Jahrzehnt wächst, werden fortlaufend neue Anwendungsgebiete erschlossen. Daher ist es besonders schwierig, in dem reichhaltigen Repertoire der Mathematik diejenigen Grundlagen zu bestimmen, die in den nächsten Jahrzehnten eine tragfähige Basis für den zweckmäßigen Einsatz des Computers im Ingenieurwesen bilden. Mit dem vorliegenden Buch machen wir den Versuch, diese Grundlagen zusammenzutragen. Wir haben den Stoff so geordnet, daß er in der Reihenfolge der Kapitel des Buches erlernt werden kann. Dabei setzen wir voraus, daß die Inhalte der traditionellen Mathematik für Ingenieure zusätzlich behandelt werden : Wesentliche Teile dieser Mathematik sind in dem vorliegenden Buch nicht enthalten, da es dafür eine umfangreiche Literatur gibt.

Die behandelten Grundlagen beginnen mit der Logik in Kapitel 1. Dies hat verschiedene Gründe. Zum einen ist die Logik ein Werkzeug für den Aufbau der anderen Kapitel des Buches. Zum anderen erfordert die zielgerichtete Entwicklung von Modellen und Prozessen eine systematische Vorgehensweise, die nur bei konsequenter Anwendung der logischen Gesetze möglich ist. Ein Beispiel für den systematischen Einsatz der Logik ist der bewußte Umgang mit Implikationen und Äquivalenzen.

Die Mengenlehre in Kapitel 2 ist die Grundlage für den Aufbau der mathematischen Strukturen in den nachfolgenden Kapiteln. Mengenoperationen sind von fundamentaler Bedeutung in allen Bereichen der Computeranwendungen. Die Mengenlehre führt zu Begriffen wie Relation und Abbildung, die grundlegend für die Klassifikation und Ordnung von Informationen und damit für Denkweisen wie das objektorientierte Modellieren sind.

In der Mathematik gibt es algebraische, ordinale und topologische Grundstrukturen. Alle anderen Zweige der Mathematik ruhen auf diesen Grundstrukturen, die in den Kapiteln 3 bis 5 behandelt sind.

Die algebraischen Strukturen beschreiben die Verknüpfung der Elemente von Mengen. Im Gegensatz zur traditionellen Ingenieurmathematik wird hier die Beschränkung auf das reelle Zahlensystem aufgehoben und die systematische

Grundlage für allgemeine Verknüpfungen von Werten verschiedenen Typs, beispielsweise von logischen Variablen, Mengen, Vektoren und Matrizen, gelegt. Diese Grundlagen finden in allen nachfolgenden Kapiteln Anwendung.

Für viele computerbasierte Algorithmen sind die ordinalen Strukturen von überragender Bedeutung. Zuverlässige Algorithmen erfordern den bewußten Umgang mit den Eigenschaften von Ordnungsrelationen sowie eine systematische Unterscheidung zwischen vergleichbaren und unvergleichbaren Elementen einer Menge. Der Entwurf und die Implementierung vieler Datenstrukturen sind ohne die Kenntnis der Ordnungsrelationen und ihrer Eigenschaften nicht möglich. Auch die Untersuchung der Konvergenzeigenschaften iterativer und sortierender Algorithmen beruht auf ordinalen Strukturen.

Wird in einer Menge ein System von Teilmengen hervorgehoben, so erhält die Menge eine topologische Struktur. Topologische Strukturen bilden die Grundlage für die Bestimmung des Zusammenhangs und der Trennung von Mengen, für die Konvergenz von Folgen, Netzen und Filtern, für die Kompaktheit von Räumen und für die Stetigkeit von Funktionen. Die Untersuchung der Konvergenz von Näherungsverfahren zur Lösung der mathematischen Formulierung physikalischer Aufgaben ist ohne die Kenntnis der topologischen Räume nicht möglich. Auch die Beschreibung geometrischer Körper im Computer ist auf eine zuverlässige Analyse der damit verbundenen topologischen Fragen angewiesen.

Die Quantifizierung im Ingenieurwesen beruht auf den natürlichen, ganzen, rationalen, reellen und komplexen Zahlensystemen sowie den Quaternionen. Diese Zahlensysteme besitzen unterschiedliche algebraische, ordinale und topologische Strukturen, die in Kapitel 6 behandelt sind. Die Kenntnis der Eigenschaften der Zahlensysteme ist wesentlich für die Konstruktion zuverlässiger numerischer Algorithmen.

In der Entwicklung der Mathematik haben die in Kapitel 7 behandelten Gruppen eine wichtige Rolle gespielt. In der Gruppentheorie wird die Verknüpfung von zwei Elementen einer Menge behandelt, deren Ergebnis wiederum ein Element der Menge ist. Zwei der drei Werte sind bekannt, der dritte Wert (ein Operand oder das Ergebnis) ist zu bestimmen. Die Gruppenstruktur erweist sich als außerordentlich reichhaltig. Sie erlaubt eine systematische Behandlung vieler der grundlegenden mathematischen Fragen. Beispielsweise wurde sie von Galois zum Nachweis verwendet, daß der Kreis nicht mit Zirkel und Lineal quadrierbar ist. Auch der systematische Aufbau der Geometrie gelingt auf der Grundlage der Gruppentheorie. Zu den praktischen Anwendungen der Gruppentheorie zählt die systematische Analyse der Topologie triangulierter Körper.

Für den Entwurf von Modellen und Algorithmen ist die Beschreibung der Beziehungen zwischen den Elementen von Mengen von grundlegender Bedeutung. Diese Aufgabe wird mit der in Kapitel 8 dargestellten Graphentheorie behandelt.

Die Graphentheorie beruht auf der Relationenalgebra. Diese Algebra beschreibt Graphen mit Matrizen und umfaßt einen Satz von Theorien und Methoden, die es erlauben, Eigenschaften von Graphen algebraisch zu bestimmen. Mit Graphen können viele praktische Aufgaben des Ingenieurwesens gelöst werden, insbesondere auch Aufgaben des Managements und der Organisation. Hierzu zählen die Bestimmung von Wegen in Verkehrsnetzen, die Bestimmung der Zuverlässigkeiten von komplexen Systemen und die Bestimmung der optimalen Reihenfolge von Arbeitsschritten.

Die in Kapitel 9 behandelte Tensorlehre bildet die Grundlage für eine zuverlässige Formulierung physikalischer Ingenieuraufgaben. Tensorformulierungen besitzen die besondere Eigenschaft, daß sie unabhängig von dem jeweils gewählten Koordinatensystem gültig sind. Dies erleichtert das Verständnis der wesentlichen Charakteristiken der formulierten Aufgaben und damit die systematische Entwicklung von Algorithmen. Komplexe physikalische Vorgänge in Festkörpern, Flüssigkeiten und Mehrphasensystemen können nur auf dieser Grundlage so formuliert werden, daß sie allgemeingültig implementierbar sind.

Ingenieure befassen sich mit Ereignissen, die vom Zufall abhängig sind : Die mehrfache Durchführung eines Experimentes unter scheinbar gleichen Bedingungen führt zu verschiedenen Ergebnissen. Zufallsereignisse werden mit den Methoden der Stochastik untersucht, die in Kapitel 10 behandelt ist. Die Methoden ordnen den verschiedenen Ergebnissen eines Experimentes Wahrscheinlichkeiten zu. Im Ingenieurwesen gibt es typische Wahrscheinlichkeitsverteilungen, beispielsweise für die Zuverlässigkeit eines Systems von Komponenten und für das Verhalten an Knotenpunkten eines Verkehrsnetzes. Von großer praktischer Bedeutung sind Zufallsprozesse für zeitabhängige Zufallsvariable. Ihre Beschreibung durch Markov Prozesse bildet die Grundlage der Theorie der Warteschlangen, die in vielen Computersimulationen von Ingenieurprozessen angewandt wird.

Die Kapitel des Buches besitzen eine einheitliche Struktur. Jedes Kapitel beginnt mit einer Einführung, die Schwerpunkte des Inhaltes dieses Kapitels hervorhebt. Dabei werden Begriffe verwendet und Eigenschaften genannt, die erst in folgenden Teilen des Kapitels definiert und erläutert werden. Auch die Unterkapitel beginnen mit Einführungen, die ähnlich strukturiert sind. Jeder Absatz des Textes beginnt mit einem Begriff, der durch Fettschrift hervorgehoben ist. Dieser Begriff wird im nachfolgenden Absatz behandelt. Die hervorgehobenen Begriffe sollen den Leser dabei unterstützen, die Struktur der Abschnitte des Buches mit geringem Aufwand festzustellen. Beweise sind im Text insbesondere dort enthalten, wo sie wesentlich zum Verständnis des Sachverhaltes beitragen oder die Grundlage für die Entwicklung von Algorithmen für Computerimplementierungen bilden.

Der Wunsch, das vorliegende Buch zu schreiben, entstand während unserer langjährigen Zusammenarbeit an der Technischen Universität Berlin im Fachgebiet "Theoretische Methoden der Bau- und Verkehrstechnik". Im Verlauf der gemeinsamen Entwicklung dieses Fachgebietes haben wir festgestellt, daß die Ausbildungsinhalte und die verwendete Datentechnik im Vergleich zu den Inhalten anderer Fachgebiete kurzlebig sind. Die Anwendungen der Informatik im Ingenieurwesen benötigen jedoch eine stabile Grundlage. Aus dieser Einsicht entstand der Wunsch, die von der schnellen Entwicklung und den fortlaufenden Veränderungen unabhängigen mathematischen Grundlagen in einem Buch so aufzubereiten, daß eine über einen längeren Zeitraum hinweg geeignete Basis für zukünftige Entwicklungen geschaffen wird. Das Buch unterscheidet sich erheblich von den Skripten unserer Lehrveranstaltungen, die sich auch mit aktuellen Informations- und Kommunikationstechniken einschließlich ihrer Entwicklungsplattformen und ihrer Anwendungen im Ingenieurwesen befassen.

Dr. Felix Pahl hat die Gestaltung des Buches im Ganzen wesentlich unterstützt. Bei der mehrfachen Durchsicht der Kapitel hat er mit seiner Sorgfalt und mit seinem Hintergrund als Physiker wertvolle Anregungen für die Strukturierung des Stoffes einschließlich der Begriffsbildungen und Beweisführungen gegeben. Insbesondere in der Topologie und in der Gruppentheorie hat Dr. Pahl intensiv an den Beweisen mitgewirkt und zu deren prägnanter Ausarbeitung maßgeblich beigetragen. Seinem besonderen Engagement für dieses Buch gilt unser persönlicher Dank.

Der Inhalt des vorliegenden Buches stellte besonders hohe Anforderungen an die graphische Gestaltung des Textes, der Bilder und der Formeln. Frau Elizabeth Maue hat das Buch mit bewundernswertem Einfühlungsvermögen in sehr ansprechender Form gestaltet. Da das Buch über einen längeren Zeitraum entstand, in dem alle Kapitel mehrfach und grundlegend überarbeitet wurden, haben wir ihre Geduld auf eine harte Probe gestellt. Der engagierten Mitwirkung von Frau Maue, die zu der besonders gelungenen Präsentation dieses Buches geführt hat, gilt unsere dankbare Anerkennung.

Die Erarbeitung dieses Buches hat sich über mehr als sieben Jahre erstreckt. In dieser Zeit haben unsere Ehefrauen Irmgard Pahl und Heidemarie Damrath großes Verständnis für unsere außergewöhnliche Belastung gezeigt. Durch ihre große Geduld haben sie uns den für die Fertigstellung des Buches in der vorliegenden Form unerläßlichen Freiraum und Rückhalt geschenkt. Dafür danken wird ihnen von Herzen.

Berlin, im Mai 2000

Peter Jan Pahl
Rudolf Damrath

INHALTSVERZEICHNIS

1 LOGIK

1.1 DARSTELLUNG DES DENKENS

Logik : Die Wissenschaft ordnet das Denken der Menschen. Sie zerlegt das Denken in einzelne Gedanken, stellt den Inhalt dieser Gedanken dar und unterscheidet zwischen wahren und falschen Gedanken. Die Logik befaßt sich mit Methoden, die Mißverständnisse bei der Darstellung von Gedanken verringern, und mit der Widerspruchsfreiheit beim logischen Schließen von der Wahrheit gegebener Gedanken auf die Wahrheit anderer Gedanken. Folglich ist die Logik eine Grundlage jeder Wissenschaft.

Die Umgangssprache ist wegen ihrer Vielfalt und Mißverständlichkeit als Instrument der Logik wenig geeignet. In der Wissenschaft wird daher die formale Logik eingesetzt, die mit einer formalen (künstlichen) Sprache dargestellt wird. Die formale Logik ist ein Teilgebiet der Mathematik, in dem die Begriffsbildung präzisiert und Widersprüche in Theorien untersucht werden. Wesentliche Hilfsmittel der formalen Logik sind die Symbolisierung, die Formalisierung und die Beurteilung.

Symbolisierung ist die Darstellung von Gedanken in einer formalen Sprache. Kern dieser künstlichen Sprache ist ein Zeichensatz. Die Zeichen (Symbole) des Zeichensatzes müssen trennbar und eindeutig identifizierbar sein. Aus dem Zeichensatz werden Zeichenfolgen gebildet. Jeder Gedanke wird mit drei Zeichenfolgen beschrieben : dem Inhalt, der Bezeichnung und dem Wert des Gedankens. Diese formale Darstellung eines Gedankens nennt man eine Aussage. Die Bezeichnung identifiziert die Aussage. Der Wert ordnet die Aussage entweder der Klasse wahr oder der Klasse falsch zu.

Formalisierung ist ein Satz von Regeln, der eindeutig von gegebenen Aussagen zu anderen Aussagen führt. Diesen Vorgang nennt man logisches Schließen. Kern der Formalisierung sind Verknüpfungen, die Beziehungen zwischen Aussagen beschreiben. Eine Aussagenverknüpfung besteht aus Argumenten, einer Regel und einem Ergebnis. Die Argumente und das Ergebnis sind Aussagewerte. Die Regel ist eine Vorschrift, die für jede Kombination von Aussagewerten der Argumente den Aussagewert des Ergebnisses festlegt. Die Verknüpfungsregeln werden vereinbart und mit einem Verknüpfungssymbol dargestellt. Das Teilgebiet der formalen Logik, in dem Aussagenverknüpfungen behandelt werden, heißt Aussagenlogik.

Beurteilung ist die Zuordnung des Inhaltes einer Aussage zu der Klasse wahr oder zu der Klasse falsch. Der Inhalt einer Aussage wird als wahr bezeichnet, wenn nach dem gemeinsamen Urteil einer gegebenen Gruppe von Menschen der behauptete Sachverhalt zutrifft. Zur Beurteilung einer Aussage wird die Zeichenfolge des Inhaltes der Aussage in Bestandteile zerlegt, die als Sprachelemente bezeichnet werden. Eine Folge von Sprachelementen nennt man einen Ausdruck. Die Regeln für die Bildung zulässiger Ausdrücke aus dem Zeichenvorrat der Sprache nennt man die Syntax der Sprache. Den Zusammenhang zwischen dem als Inhalt zulässigen Ausdruck und dem Wert einer Aussage nennt man die Semantik der Sprache. Das Teilgebiet der formalen Logik, in dem die Syntax und die Semantik formaler Sprachen behandelt werden, heißt Prädikatenlogik.

1.2 ELEMENTARE BEGRIFFE

Grundlage der Verständigung zwischen den Menschen sind Begriffe, deren Bedeutung für alle Beteiligten gleich ist. Bei einigen Grundbegriffen wird die Übereinstimmung unter den Beteiligten vorausgesetzt. Andere Begriffe werden mit Hilfe der Grundbegriffe definiert und ihrerseits bei der Definition weiterer Begriffe verwendet. Im folgenden sind einige elementare Begriffe definiert, die in der formalen Beschreibung des Denkens verwendet werden.

Menge : Objekte der Sinne oder des Denkens, die trennbar und eindeutig identifizierbar sind, heißen Elemente. Eine Zusammenfassung von Elementen mit gleichartigen Eigenschaften zu einem Ganzen heißt eine Menge. Jede Eigenschaft eines Elementes wird entweder mit ihrem Wert (Prädikat) oder mit Regeln zur Bestimmung ihres Wertes beschrieben. Die Menge aller Werte, die eine Eigenschaft annehmen kann, heißt Wertevorrat der Eigenschaft. Zur eindeutigen Bezeichnung der Elemente einer Menge wird eine Eigenschaft der Elemente verwendet, die für keines der Elementpaare gleich ist. Diese Eigenschaft heißt Name (Bezeichnung, Identifikator) des Elementes.

Folge : Eine Folge ist eine Zusammenfassung von Elementen, die nacheinander in einer gegebenen Menge gewählt werden. Durch die Reihenfolge der Wahl besitzt jedes Element der Folge eine zusätzliche Eigenschaft, die es in der Menge nicht besitzt. Die Reihenfolge kann beispielsweise mit natürlichen Zahlen beschrieben werden, da jede natürliche Zahl mit Ausnahme der Null einen Vorgänger besitzt. Diese zusätzliche Eigenschaft erlaubt es, ein bestimmtes Element der gegebenen Menge mehrfach für die Folge auszuwählen und dennoch die Eindeutigkeit der Elemente in der Folge zu wahren.

Zeichenfolge : Eine Menge von trennbaren und eindeutig identifizierbaren Symbolen heißt Zeichensatz. Eine aus dem Zeichensatz gewählte Folge heißt Zeichenfolge. Zur Darstellung der Anordnung der Zeichen in der Folge wählt man eine Konvention, beispielsweise horizontal von links nach rechts. Der Anfang und das Ende einer Zeichenfolge werden nach vereinbarten Regeln angezeigt, beispielsweise durch Markierung mit dem Zeichen ".

Wert : Eine Zeichenfolge heißt Wert, wenn sie ein Element einer Menge identifiziert. Der Wert heißt Konstante, wenn die Zeichenfolge der Name eines Elementes der Menge ist. Der Wert heißt Variable, wenn die Zeichenfolge nach vereinbarten Regeln durch den Namen eines Elementes der Menge ersetzt wird.

Verknüpfung : Eine Vorschrift, die gegebenen Konstanten genau eine Konstante als Ergebnis zuordnet, heißt Verknüpfung. Die gegebenen Konstanten heißen Argumente der Verknüpfung. Das Ergebnis heißt Wert der Verknüpfung. Die Verknüpfungsregeln werden mit einem Verknüpfungssymbol bezeichnet.

Beispiel 1 : Elemente einer Zeichenfolge

Gegeben sei der Zeichenvorrat $Z = \{a,b,c\}$. Aus dieser Menge wird die Zeichenfolge "babac" gewählt. Die Elemente der Zeichenfolge sind $F = \{(a, 2), (a, 4), (b, 1), (b, 3), (c, 5)\}$. Jedes Element der Menge F ist ein geordnetes Paar. Es besteht aus einem Element des Zeichensatzes Z, dem ein Element der Zahlenmenge $N = \{1, 2, 3, 4, 5\}$ als zusätzliche Eigenschaft zugeordnet ist. Die Elemente der Zeichenfolge F sind eindeutig. Ihre Reihenfolge in F ist willkürlich.

Beispiel 2 : Verknüpfung von Werten

Für die natürlichen Zahlen ist die Verknüpfung "Addition" mit dem Verknüpfungssymbol + definiert. Den Argumenten 3 und 5 wird durch die Additionsregeln das Ergebnis 8 zugeordnet. Diese Verknüpfung wird mit der Formel $3 + 5 = 8$ dargestellt.

Beispiel 3 : Antinomie von Russel

Bei der Definition von Mengen, deren Elemente wiederum Mengen sind, kann es zu widersprüchlichen Mengenbildungen kommen. Eine widersprüchliche Mengenbildung heißt Antinomie. Eine solche Antinomie ist die Zusammenstellung R aller Mengen $M_1, M_2, \ldots$, die nicht Element von sich selbst sind :

(1) Setzt man voraus, daß R Element von sich selbst ist, so ist R eine der Mengen M_i der Zusammenstellung. Die Mengen M_i sind jedoch definitionsgemäß nicht Element von sich selbst. Also ist R gleichzeitig Element von sich selbst und nicht Element von sich selbst.

(2) Setzt man voraus, daß R nicht Element von sich selbst ist, so ist R definitionsgemäß eine der Mengen M_i. Folglich ist R ein Element der Zusammenstellung und damit Element von sich selbst. Also ist R gleichzeitig Element von sich selbst und nicht Element von sich selbst.

Da R nicht zugleich Element von sich selbst und nicht Element von sich selbst sein kann (Satz vom ausgeschlossenen Dritten), ist die Zusammenstellung R keine Menge. In der Mengenlehre muß man derartige widersprüchliche Mengenbildungen ausschließen.

Definition : Die Gedanken sind aus Begriffen zusammengesetzt. Die genaue Abgrenzung eines Begriffs unter Verwendung anderer Begriffe heißt Definition des Begriffs. Durch das Abgrenzen erhält der Begriff seine Bedeutung. Begriffe, deren Bedeutung postuliert wird, heißen Grundbegriffe. Alle anderen Begriffe werden definiert.

Explizite Definition : Eine Definition heißt explizit, wenn der zu definierende Begriff (Definiendum) durch Grundbegriffe oder durch bereits definierte Begriffe (Definiens) abgegrenzt wird. Das Definiendum kann überall dort, wo es verwendet wird, durch das Definiens ersetzt werden. Die Definition eines Aussagewerts wird mit dem Symbol $:\Leftrightarrow$ (sprich : nach Definition äquivalent) angezeigt. Die Definition von Termen, die keine Aussagewerte sind, wird mit dem Symbol $:=$ (sprich : nach Definition gleich) angezeigt.

Aussagewert	:	Definiendum	$:\Leftrightarrow$	Definiens
Term	:	Definiendum	$:=$	Definiens

Implizite Definition : Eine Definition heißt implizit, wenn Begriffe durch ihre gegenseitigen Beziehungen abgegrenzt werden. Die Beziehungen werden als wahre Aussagen vorausgesetzt. Grundbegriffe wie natürliche Zahl, Abstand und Fläche werden implizit definiert.

Rekursive Definition : Gegeben sei ein Begriff $G(n)$, der von einer natürlichen Zahl n abhängt. Die Definition dieses Begriffes heißt rekursiv, wenn zunächst $G(0)$ definiert wird und danach jedes $G(n)$ für $n > 0$ mit $G(n-1)$ als Definiens. Beispielsweise wird der Begriff $n!$ (Fakultät von n) rekursiv mit $0! := 1$ und $n! := n(n-1)!$ definiert.

1.3 AUSSAGENLOGIK

Einführung : Der Wert einer Aussage kann wahr, falsch oder unbestimmt sein. Bei einer stochastischen Betrachtung werden diesen Aussagewerten Wahrscheinlichkeiten zugeordnet. Bei einer deterministischen Betrachtung besitzt die Aussage genau einen der angegebenen Werte. Werden keine unbestimmten Aussagewerte zugelassen, so heißt die Logik zweiwertig.

Für eine zweiwertige Logik werden Aussagen in die Klasse der wahren Aussagen und die Klasse der falschen Aussagen eingeteilt. Jeder Aussage ist damit ein Wahrheitswert zugeordnet, der entweder wahr oder falsch ist. Gegebene Aussagen können miteinander zu einer neuen Aussage verknüpft werden. In der Aussagenlogik sind die Verknüpfungen so festgelegt, daß sich der Wahrheitswert der neuen Aussage eindeutig aus den Wahrheitswerten der gegebenen Aussagen ergibt.

Mehrere Aussagen können miteinander zu einem Ausdruck verknüpft werden. Es gibt Ausdrücke, die unabhängig von den Wahrheitswerten der einzelnen Aussagen stets wahr sind. Solche Ausdrücke heißen allgemeingültige Ausdrücke oder logische Gesetze. Unter den logischen Gesetzen sind die logischen Äquivalenzen und die logischen Implikationen von besonderer Bedeutung. Mit logischen Äquivalenzen werden logische Ausdrücke in äquivalente Ausdrücke umgeformt. Mit logischen Implikationen schließt man von gegebenen wahren Aussagen auf neue wahre Aussagen.

1.3.1 LOGISCHE VARIABLE UND VERKNÜPFUNGEN

Aussage : Eine Aussage ist die Formulierung eines Gedankens in einer Sprache. Jede Aussage besteht aus einer Bezeichnung, einem Inhalt und einer Bewertung. Die Bezeichnung identifiziert den Gedanken, der Inhalt definiert den Gedanken und die Bewertung beurteilt den Gedanken. Formal wird eine Aussage durch einen Buchstaben bezeichnet, ihr Inhalt durch eine Zeichenkette definiert und ihre Bewertung durch einen Wahrheitswert festgelegt.

Wahrheitswert : Die Festlegung des Wahrheitswertes einer Aussage ist ein grundlegendes Problem, für das verschiedene Lösungsansätze untersucht worden sind. In einer zweiwertigen Logik wird vorausgesetzt, daß Aussagen in die Klasse der wahren Aussagen und die Klasse der falschen Aussagen eingeteilt werden können. Dementsprechend wird jeder Aussage entweder der Wahrheitswert w (sprich : wahr) oder der Wahrheitswert f (sprich : falsch) zugeordnet. Eine Aussage, der ein Wahrheitswert zugeordnet ist, heißt Aussagekonstante. Eine Aussage, der noch kein Wahrheitswert zugeordnet ist, heißt Aussagevariable. Der Wahrheitswert einer Aussage a wird mit W(a) bezeichnet.

Beispiel 1 : Aussagen und Wahrheitswerte

Die Aussage a := "Jedes Dreieck hat drei Ecken." ist wahr und besitzt daher den Wahrheitswert W(a) = w.

Die Aussage b := "5 ist kleiner als 2." ist falsch und besitzt daher den Wahrheitswert W(b) = f.

Die Formulierung "Herzlichen Glückwunsch!" ist keine Aussage, da ihr kein Wahrheitswert zugeordnet werden kann.

Verknüpfung von Aussagen : Zwei gegebene Aussagen können durch Worte wie "und", "oder", "wenn-dann" und "genau dann-wenn" zu einer neuen Aussage verknüpft werden. Jede dieser Verknüpfungen besitzt feste Regeln zur Bestimmung des Wahrheitswertes der neuen Aussage aus den Wahrheitswerten der gegebenen Aussagen. Dabei ist es unerheblich, ob ein inhaltlicher Zusammenhang zwischen den verknüpften Aussagen besteht oder nicht. Die Verneinung einer Aussage mit dem Wort "nicht" wird ebenfalls als Verknüpfung aufgefaßt.

Junktor und Operand : Das Zeichen für die symbolische Darstellung der Regeln für den Wahrheitswert verknüpfter Aussagen heißt Junktor (Operator). Im Sinne der Mengenlehre (siehe Kapitel 2) ist ein Junktor eine Relation. Jeder Verknüpfung ist ein eigener Junktor zugeordnet. Die Wahrheitswerte der verknüpften Aussagen heißen Operanden der Verknüpfung. Folgende Junktoren werden häufig eingesetzt :

Name	Operator	Verknüpfung	Bedeutung	Rang
Negation	$\neg$	$\neg$ a	nicht a	5
Konjunktion	$\wedge$	a $\wedge$ b	a und b	4
Disjunktion	$\vee$	a $\vee$ b	a oder b	3
Alternation	$\oplus$	a $\oplus$ b	entweder a oder b	2
Implikation	$\Rightarrow$	a $\Rightarrow$ b	wenn a, dann b	1
Äquivalenz	$\Leftrightarrow$	a $\Leftrightarrow$ b	a genau dann, wenn b	0

Wahrheitstafeln : Für jeden Junktor werden die Regeln für die Bestimmung des Wahrheitswertes der neuen Aussage aus den Wahrheitswerten der gegebenen Aussagen in einer Wahrheitstafel dargestellt. Am linken Rand der Tafel stehen die Werte des ersten Operanden a, am oberen Rand die Werte des zweiten Operanden b (sofern vorhanden). Für jedes Wertepaar (a,b) steht in der Tafel der Wert der am unteren Rand angezeigten Verknüpfung.

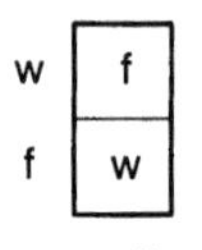

Die Negation einer Aussage a wird mit $\neg a$ (sprich : nicht a) bezeichnet. Sie ist wahr, wenn a falsch ist. Sie ist falsch, wenn a wahr ist.

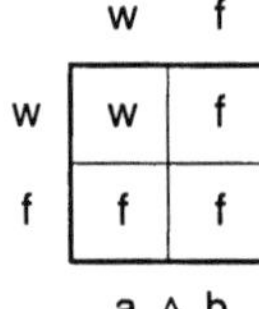

Die Konjunktion zweier Aussagen a, b wird mit $a \wedge b$ (sprich : a und b) bezeichnet. Sie ist wahr, wenn a wahr und b wahr ist. Sie ist falsch, wenn a falsch oder b falsch ist.

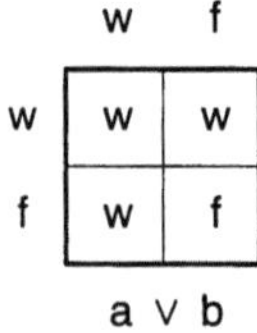

Die Disjunktion zweier Aussagen a, b wird mit $a \vee b$ (sprich : a oder b) bezeichnet. Sie ist wahr, wenn a wahr oder b wahr ist. Sie ist falsch, wenn a falsch und b falsch ist.

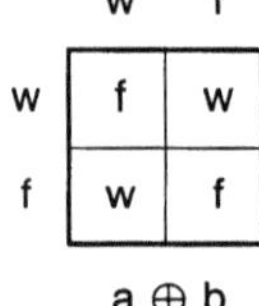

Die Alternation zweier Aussagen a, b wird mit $a \oplus b$ (sprich : entweder a oder b) bezeichnet. Sie ist wahr, wenn a und b verschiedene Wahrheitswerte besitzen. Sie ist falsch, wenn a und b gleiche Wahrheitswerte besitzen.

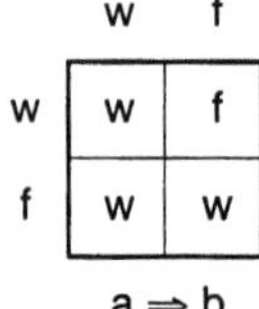

Die Implikation zweier Aussagen a, b wird mit $a \Rightarrow b$ (sprich : wenn a, dann b) bezeichnet. Sie ist wahr, wenn a falsch oder b wahr ist. Sie ist falsch, wenn a wahr und b falsch ist. Eine Implikation heißt auch Subjunktion.

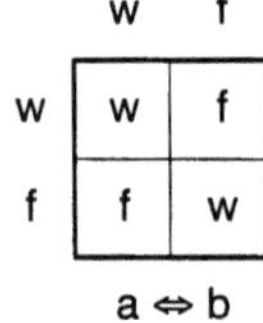

Die Äquivalenz zweier Aussagen a, b wird mit $a \Leftrightarrow b$ (sprich : a genau dann, wenn b) bezeichnet. Sie ist wahr, wenn a und b gleiche Wahrheitswerte besitzen. Sie ist falsch, wenn a und b verschiedene Wahrheitswerte besitzen. Eine Äquivalenz heißt auch Bijunktion.

Beispiel 2 : Verknüpfung von Aussagen

Gegeben seien die folgenden Aussagen a,b und ihre Wahrheitswerte :

a := "Jedes Dreieck hat drei Ecken" $W(a) = w$

b := "Jedes Viereck ist rot" $W(b) = f$

Die Negationen $\neg a$ und $\neg b$ sind :

$\neg a$ = "Nicht jedes Dreieck hat drei Ecken" $W(\neg a) = f$

$\neg b$ = "Nicht jedes Viereck ist rot" $W(\neg b) = w$

Die Konjunktion $a \wedge b$ und die Disjunktion $a \vee b$ sind :

$a \wedge b$ = "Jedes Dreieck hat drei Ecken und jedes Viereck ist rot" $W(a \wedge b) = f$

$a \vee b$ = "Jedes Dreieck hat drei Ecken oder jedes Viereck ist rot" $W(a \vee b) = w$

Die Implikation $a \Rightarrow b$ und die Äquivalenz $a \Leftrightarrow b$ sind :

$a \Rightarrow b$ = "Wenn jedes Dreieck drei Ecken hat, dann ist jedes Viereck rot" $W(a \Rightarrow b) = f$

$a \Leftrightarrow b$ = "Genau dann hat jedes Dreieck drei Ecken, wenn jedes Viereck rot ist" $W(a \Leftrightarrow b) = f$

Die Beispiele zeigen, daß die Aussagen a und b rein formal, also ohne Beachtung inhaltlicher Zusammenhänge, verknüpft werden. Die Wahrheitswerte der verschiedenen Verknüpfungen werden aus den Wahrheitstafeln abgelesen.

Junktorbasis : Für eine Verknüpfung mit einem Operanden (unäre Verknüpfung) können $2^2 = 4$ Junktoren definiert werden. Einer dieser Junktoren wird mit dem Symbol $\neg$ bezeichnet. Die anderen unären Junktoren werden durch logische Ausdrücke ersetzt. Diese sind unter den folgenden Wahrheitstafeln gezeigt :

Für eine Verknüpfung mit zwei Operanden (binäre Verknüpfung) können $2^2 * 2^2 = 16$ Junktoren definiert werden. Vier dieser Junktoren werden mit den Symbolen $\wedge$, $\vee$, $\Rightarrow$, $\Leftrightarrow$ bezeichnet. Die anderen binären Junktoren werden durch logische Ausdrücke ersetzt. Diese sind unter den folgenden Wahrheitstafeln gezeigt :

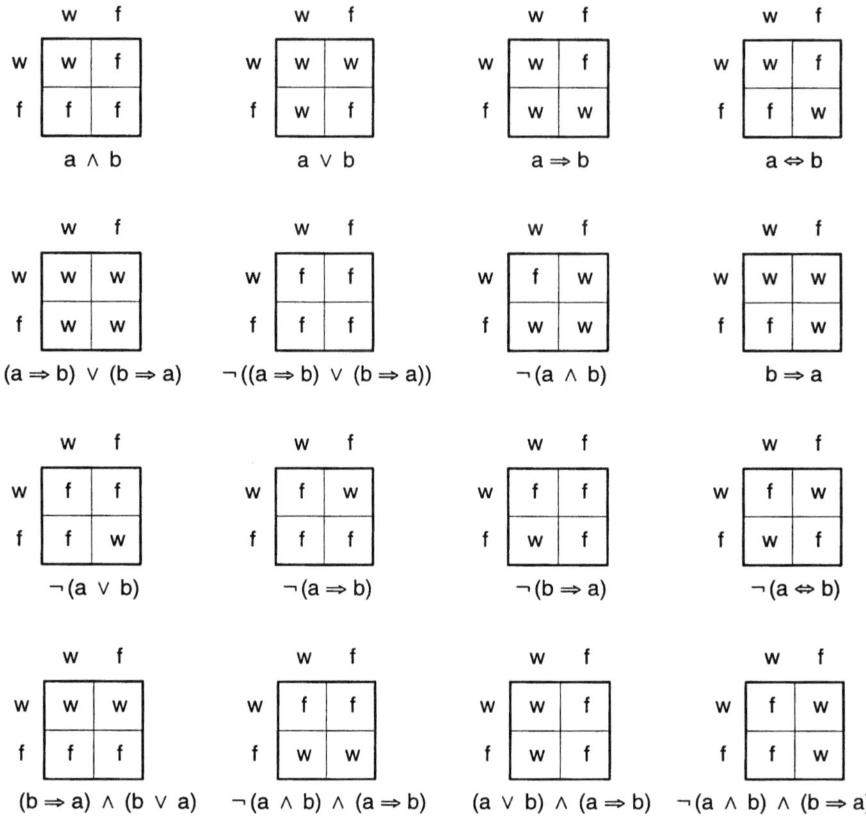

Die Wahrheitstafeln zeigen, daß die Junktormenge $\{\neg, \wedge, \vee, \Rightarrow, \Leftrightarrow\}$ ein Erzeugendensystem für die 20 Junktoren der unären und binären Verknüpfungen sind. Es stellt sich nun die Frage, ob dieses Erzeugendensystem die kleinstmögliche Anzahl von Junktoren enthält. Dies ist nicht der Fall :

(1) Die Junktormenge $\{\neg, \wedge, \vee\}$ ist ein Erzeugendensystem der Aussagenlogik, da die Verknüpfungen $a \Rightarrow b$ und $a \Leftrightarrow b$ nach dem Eliminationsgesetz durch folgende äquivalente Ausdrücke ersetzt werden können :

$$(a \Rightarrow b) \Leftrightarrow (\neg a \vee b)$$

$$(a \Leftrightarrow b) \Leftrightarrow (\neg a \vee b) \wedge (a \vee \neg b)$$

(2) Die Junktormengen $\{\neg, \wedge\}$ und $\{\neg, \vee\}$ sind jeweils ein Erzeugendensystem, da die Verknüpfungen $a \vee b$ beziehungsweise $a \wedge b$ nach dem Involutionsgesetz und den Gesetzen von De Morgan durch folgende äquivalente Ausdrücke ersetzt werden können :

$$(a \vee b) \Leftrightarrow \neg\neg(a \vee b) \Leftrightarrow \neg(\neg a \wedge \neg b)$$

$$(a \wedge b) \Leftrightarrow \neg\neg(a \wedge b) \Leftrightarrow \neg(\neg a \vee \neg b)$$

(3) Die Junktorbasis besteht aus einem einzigen Junktor. Als Basis kann beispielsweise der Junktor | (sprich : nicht und, englisch nand) oder der Junktor ▽ (sprich : nicht oder, englisch nor) gewählt werden. Diese Junktoren sind wie folgt definiert :

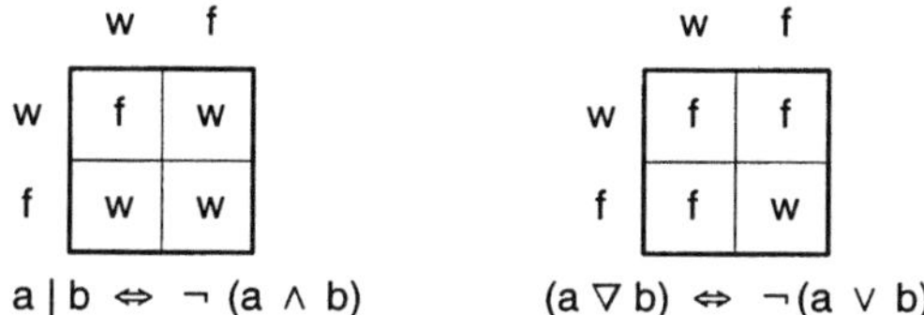

a | b ⇔ ¬ (a ∧ b) (a ▽ b) ⇔ ¬(a ∨ b)

Das Erzeugendensystem {¬, ∧, ∨, ⇒, ⇔} wird in der folgenden Tabelle mit den Basisjunktoren dargestellt. In den Ausdrücken ist zu beachten, daß die |- und ▽-Verknüpfungen kommutativ aber nicht assoziativ sind. Da die Operatoren | und ▽ nicht assoziativ sind, sind Ausdrücke der Form a | b | c oder a ▽ b ▽ c ohne Klammern nicht zulässig.

Verknüpfung		Junktor |		Junktor ▽
¬a	⇔	a | a	⇔	a ▽ a
(a ∧ b)	⇔	(a | b) | (a | b)	⇔	(a ▽ a) ▽ (b ▽ b)
(a ∨ b)	⇔	(a | a) | (b | b)	⇔	(a ▽ b) ▽ (a ▽ b)
(a ⇒ b)	⇔	(a | b) | a	⇔	(b ▽ (a ▽ b)) ▽ (b ▽ (a ▽ b))
(a ⇔ b)	⇔	((a | a) | (b | b)) | (a | b)	⇔	(a ▽ (a ▽ b)) ▽ (b ▽ (a ▽ b))

1.3.2 LOGISCHE AUSDRÜCKE

Ausdruck : Die Elemente der Aussagenlogik sind Aussagekonstanten, Aussagevariablen, Junktoren und die technischen Zeichen ( ). Eine Elementfolge heißt Ausdruck der Aussagenlogik, wenn sie nach folgenden syntaktischen Regeln gebildet ist :

(1) Jede Aussagekonstante und jede Aussagevariable ist ein Ausdruck.

(2) Sind a, b Ausdrücke, so sind auch die Verknüpfungen ($\neg$a), (a $\wedge$ b), (a $\vee$ b), (a $\Rightarrow$ b) und (a $\Leftrightarrow$ b) Ausdrücke.

(3) Nur die nach den Regeln (1) und (2) gebildeten Elementfolgen sind Ausdrücke.

Rang der Operatoren : Ausdrücke, die nach den syntaktischen Regeln gebildet werden, enthalten viele Klammerpaare und sind daher schwer lesbar. Zur Vermeidung von Klammerpaaren werden folgende Regeln eingeführt :

(1) Außenklammern können entfallen.

(2) Jeder Operator besitzt einen Rang (siehe Junktortabelle). Sind in einem logischen Ausdruck zwei aufeinanderfolgende Operatoren verschiedenen Ranges nicht durch Klammern getrennt, so wird der Operator mit dem höheren Rang zuerst ausgeführt.

(3) Sind in einem logischen Ausdruck zwei gleiche Operatoren nicht durch Klammern getrennt, so werden sie in der Reihenfolge von links nach rechts ausgeführt.

Beispiel 1 : Rang der Operatoren

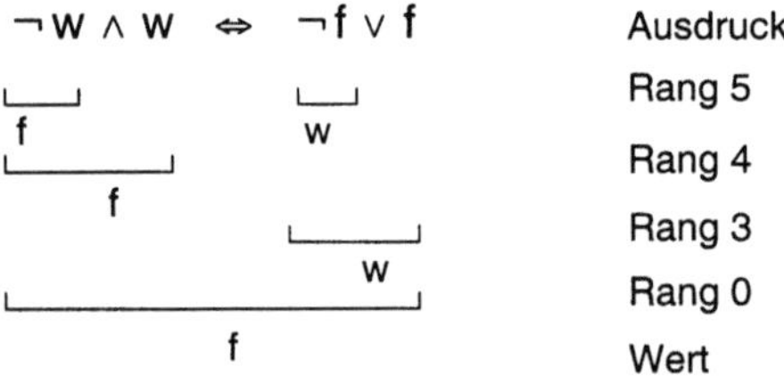

Aussageform : Ein Ausdruck der Aussagenlogik mit einer oder mehreren Aussagevariablen beschreibt eine Aussage formal und heißt daher auch Aussageform. Der Wahrheitswert eines Ausdruckes hängt von den Wahrheitswerten der Aussagevariablen ab.

Belegung : Wird jeder Aussagevariablen eines Ausdrucks genau ein Wahrheitswert zugeordnet, so heißt die Zusammenfassung dieser Zuordnungen eine Belegung des Ausdruckes. Enthält ein Ausdruck n Aussagevariable, so gibt es für $n > 0$ genau 2^n verschiedene Belegungen des Ausdrucks, in denen jede Aussagevariable einen der Wahrheitswerte w, f annimmt.

Für jede Belegung eines Ausdrucks existiert genau ein Wahrheitswert des Ausdrucks, der nach den semantischen Regeln der Aussagenlogik bestimmt wird. Die semantischen Regeln sind durch die für die Verknüpfungen definierten Wahrheitstafeln festgelegt. Der Wahrheitswert eines Ausdruckes für eine gegebene Belegung wird somit durch logische Auswertung des Ausdrucks mit Hilfe der Wahrheitstafeln berechnet.

Beispiel 2 : Ausdruck und Belegung

Die folgende Elementfolge ist ein Ausdruck, dessen Teilausdrücke (Verknüpfungen) unterstrichen dargestellt sind.

$$\underbrace{\underbrace{\underbrace{\neg a} \wedge b} \Leftrightarrow \underbrace{(c \Rightarrow \underbrace{b \wedge \underbrace{(a \vee d)}})}} \qquad \text{Ausdruck}$$

Den Aussagevariablen a, b, c, d des angegebenen Ausdrucks seien die Wahrheitswerte w, f, f, w zugeordnet. Der damit belegte Ausdruck wird mit Hilfe der Wahrheitstafeln wie folgt ausgewertet :

$$\underbrace{\underbrace{\underbrace{\neg w}_{f} \wedge f}_{f} \Leftrightarrow \underbrace{(f \Rightarrow \underbrace{f \wedge \underbrace{(w \vee w)}_{w}}_{f})}_{w}}_{f}$$

Allgemeingültige, erfüllbare und ungültige Ausdrücke : Die Ausdrücke der Aussagenlogik werden bezüglich ihrer Belegungen und ihres Wahrheitswertes wie folgt klassifiziert :

(1) Ein Ausdruck, der für alle Belegungen wahr ist, heißt allgemeingültig oder eine Tautologie.

(2) Ein Ausdruck, der für mindestens eine Belegung wahr ist, heißt erfüllbar oder konsistent.

(3) Ein Ausdruck, der für keine Belegung wahr ist, heißt ungültig oder eine Kontradiktion.

In der Aussagenlogik ist es möglich, für einen Ausdruck mit einer endlichen Anzahl von Operanden nach endlich vielen Schritten zu entscheiden, ob er allgemeingültig, erfüllbar oder ungültig ist. Enthält nämlich ein Ausdruck n Aussagevariable, so gibt es für $n > 0$ genau 2^n verschiedene Belegungen. Der Ausdruck kann für jede Belegung unter Verwendung der Wahrheitstafeln für die Verknüpfungen ausgewertet werden. Damit kann nach höchstens 2^n Auswertungen entschieden werden, ob der vorgegebene Ausdruck allgemeingültig, erfüllbar oder ungültig ist.

Beispiel 3 : Allgemeingültige, erfüllbare und ungültige Ausdrücke

Der Ausdruck $a \wedge \neg a$ ist ungültig, da er für jede Belegung falsch ist. Dies wird über Wahrheitstafeln wie folgt nachgewiesen :

a	$\neg a$	$a \wedge \neg a$
w	f	f
f	w	f

Der Ausdruck $((a \Rightarrow b) \wedge b) \Rightarrow a$ ist erfüllbar aber nicht allgemeingültig, da er für einige aber nicht für alle Belegungen wahr ist. Dies wird über Wahrheitstafeln wie folgt nachgewiesen :

a	b	$a \Rightarrow b$	$(a \Rightarrow b) \wedge b$	$((a \Rightarrow b) \wedge b) \Rightarrow a$
w	w	w	w	w
w	f	f	f	w
f	w	w	w	f
f	f	w	f	w

Der Ausdruck $(a \Rightarrow b) \Leftrightarrow (\neg a \vee b)$ ist allgemeingültig, da er für jede Belegung wahr ist. Dies wird über Wahrheitstafeln wie folgt nachgewiesen :

a	b	$a \Rightarrow b$	$\neg a$	$\neg a \vee b$	$(a \Rightarrow b) \Leftrightarrow (\neg a \vee b)$
w	w	w	f	w	w
w	f	f	f	f	w
f	w	w	w	w	w
f	f	w	w	w	w

1.3.3 LOGISCHE NORMALFORM

Logische Äquivalenz : Ein allgemeingültiger Ausdruck der Form $a \Leftrightarrow b$ (sprich : a ist äquivalent zu b) heißt logische Äquivalenz. Ist $a \Leftrightarrow b$ eine logische Äquivalenz, so besitzen a und b die gleichen Wahrheitswerte. Die wichtigsten logischen Äquivalenzen für Ausdrücke a, b, c mit den Junktoren $\neg$, $\wedge$, $\vee$ sind :

Neutralität	$a \wedge w \Leftrightarrow a$	$a \vee f \Leftrightarrow a$
Invarianz	$a \wedge f \Leftrightarrow f$	$a \vee w \Leftrightarrow w$
Komplementarität	$a \wedge \neg a \Leftrightarrow f$	$a \vee \neg a \Leftrightarrow w$
Idempotenz	$a \wedge a \Leftrightarrow a$	$a \vee a \Leftrightarrow a$
Kommutativität	$a \wedge b \Leftrightarrow b \wedge a$	$a \vee b \Leftrightarrow b \vee a$
Assoziativität	$(a \wedge b) \wedge c \Leftrightarrow a \wedge (b \wedge c)$	$(a \vee b) \vee c \Leftrightarrow a \vee (b \vee c)$
Distributivität	$a \wedge (b \vee c) \Leftrightarrow (a \wedge b) \vee (a \wedge c)$	$a \vee (b \wedge c) \Leftrightarrow (a \vee b) \wedge (a \vee c)$
Absorption	$a \wedge (a \vee b) \Leftrightarrow a$	$a \vee (a \wedge b) \Leftrightarrow a$
Involution	$\neg \neg a \Leftrightarrow a$	$a \Leftrightarrow \neg \neg a$
De Morgan	$\neg (a \wedge b) \Leftrightarrow \neg a \vee \neg b$	$\neg (a \vee b) \Leftrightarrow \neg a \wedge \neg b$

Die folgenden logischen Äquivalenzen dienen insbesondere dazu, Ausdrücke mit den Junktoren $\Rightarrow$, $\Leftrightarrow$ auf äquivalente Ausdrücke mit den Junktoren $\neg$, $\wedge$, $\vee$ zurückzuführen.

Elimination	$(a \Rightarrow b) \Leftrightarrow (\neg a \vee b)$	$(a \Leftrightarrow b) \Leftrightarrow (a \Rightarrow b) \wedge (a \Leftarrow b)$
	$(a \Leftrightarrow b) \Leftrightarrow (\neg a \vee b) \wedge (a \vee \neg b)$	$(a \Leftrightarrow b) \Leftrightarrow (a \wedge b) \vee (\neg a \wedge \neg b)$
Kontraposition	$(a \Rightarrow b) \Leftrightarrow (\neg b \Rightarrow \neg a)$	$(a \Leftrightarrow b) \Leftrightarrow (\neg a \Leftrightarrow \neg b)$

Ein Ausdruck der Form $a \wedge b \wedge \ldots \wedge c$ heißt allgemeine Konjunktion. Ein Ausdruck der Form $a \vee b \vee \ldots \vee c$ heißt allgemeine Disjunktion. Wegen der Assoziativität der Verknüpfungen $\wedge$ und $\vee$ kann die Klammerung in diesen Ausdrücken entfallen. Der Ausdruck a ist als Sonderfall einer allgemeinen Konjunktion oder Disjunktion zulässig.

Logisches Umformen : Ein gegebener Ausdruck der Aussagenlogik kann mit logischen Äquivalenzen in einen logisch äquivalenten Ausdruck umgeformt werden. Ist nämlich $a \Leftrightarrow b$ eine logische Äquivalenz und tritt a im gegebenen Ausdruck auf, so kann a durch b ersetzt werden, da a und b wegen der logischen Äquivalenz $a \Leftrightarrow b$ gleiche Wahrheitswerte besitzen. Das Ziel der logischen Umformungen ist es, einen gegebenen Ausdruck in einer einfacheren und übersichtlicheren Form darzustellen. Von besonderer Bedeutung sind dabei Formen der Darstellung, bei denen direkt ablesbar ist, für welche Belegungen der Ausdruck wahr oder falsch ist.

Normalform : Ein Ausdruck der Aussagenlogik heißt Normalform, wenn er nur Aussagevariable oder negierte Aussagevariable sowie die Junktoren $\wedge$ und $\vee$ enthält. Eine Normalform kann disjunktiv oder konjunktiv und zusätzlich kanonisch sein.

1. Eine Normalform heißt disjunktiv, wenn sie eine allgemeine Disjunktion von Teilausdrücken ist und wenn jeder Teilausdruck eine allgemeine Konjunktion von Aussagevariablen oder negierten Aussagevariablen ist.
2. Eine Normalform heißt konjunktiv, wenn sie eine allgemeine Konjunktion von Teilausdrücken ist und wenn jeder Teilausdruck eine allgemeine Disjunktion von Aussagevariablen oder negierten Aussagevariablen ist.
3. Eine disjunktive oder konjunktive Normalform mit n Aussagevariablen heißt kanonisch, wenn die Anzahl der Teilausdrücke minimal ist und wenn jeder Teilausdruck jede der n Aussagevariablen in entweder negierter oder nicht-negierter Form enthält.

Jeder Ausdruck ist äquivalent zu einer disjunktiven Normalform und zu einer konjunktiven Normalform. Jeder Ausdruck, der erfüllbar ist, ist äquivalent zu einer kanonischen disjunktiven Normalform. Jeder Ausdruck, der nicht allgemeingültig ist, ist äquivalent zu einer kanonischen konjunktiven Normalform. Die Darstellung eines Ausdruckes in einer kanonischen disjunktiven Normalform oder in einer kanonischen konjunktiven Normalform ist bis auf die Reihenfolge der Teilausdrücke und der Variablen innerhalb der Teilausdrücke eindeutig.

Beispiel 1 : Normalformen

Die folgenden Ausdrücke mit den Aussagevariablen a, b, c sind Normalformen :

Disjunktive Normalformen

$$(a \wedge b) \vee (\neg a \wedge b \wedge \neg c) \vee (\neg b \wedge c)$$
$$(a \wedge \neg a \wedge c) \vee (a \wedge b \wedge c \wedge \neg c)$$

Konjunktive Normalformen

$$(a \vee b \vee c) \wedge (a \vee \neg b) \wedge (\neg a \vee \neg b \vee \neg c)$$
$$(\neg a \vee b \vee \neg b \vee c)$$

Kanonische disjunktive Normalformen

$$(a \wedge b \wedge c) \vee (\neg a \wedge \neg b \wedge c) \vee (a \wedge \neg b \wedge c)$$
$$(a \wedge b \wedge \neg c) \vee (\neg a \wedge b \wedge \neg c)$$

Kanonische konjunktive Normalformen

$$(a \vee b \vee \neg c) \wedge (a \vee \neg b \vee c) \vee (a \vee \neg b \vee \neg c)$$
$$(a \vee b \vee c) \wedge (\neg a \vee \neg b \vee c)$$

Aus einer kanonischen disjunktiven Normalform läßt sich jede Belegung direkt ablesen, die den Wahrheitswert wahr liefert. Die kanonische disjunktive Normalform $(a \wedge b \wedge \neg c) \vee (\neg a \wedge b \wedge c)$ ist genau dann wahr, wenn einer der beiden Teilausdrücke wahr ist. Der erste Teilausdruck $(a \wedge b \wedge \neg c)$ ist genau dann wahr, wenn a wahr und b wahr und $\neg c$ wahr ist. Er ist also für die Belegung (W(a), W(b), W(c)) = (w, w, f) wahr. Der zweite Teilausdruck $(\neg a \wedge b \wedge c)$ ist genau dann wahr, wenn $\neg a$ wahr und b wahr und c wahr ist. Er ist also für die Belegung (W(a), W(b), W(c)) = (f, w, w) wahr. Die kanonische disjunktive Normalform $(a \wedge b \wedge \neg c) \vee (\neg a \wedge b \wedge c)$ ist daher für die Belegungen (W(a), W(b), W(c)) = (w, w, f), (f, w, w) wahr.

Aus einer kanonischen konjunktiven Normalform läßt sich jede Belegung direkt ablesen, die den Wahrheitswert falsch liefert. Die kanonische konjunktive Normalform $(a \vee b \vee c) \wedge (\neg a \vee \neg b \vee c)$ ist genau dann falsch, wenn einer der beiden Teilausdrücke falsch ist. Der erste Teilausdruck $(a \vee b \vee c)$ ist genau dann falsch, wenn a falsch und b falsch und c falsch ist. Er ist also für die Belegung (W(a), W(b), W(c)) = (f, f, f) falsch. Der zweite Teilausdruck $(\neg a \vee \neg b \vee c)$ ist genau dann falsch, wenn $\neg a$ falsch und $\neg b$ falsch und c falsch ist. Er ist also für die Belegung (W(a), W(b), W(c)) = (w, w, f) falsch. Die kanonische konjunktive Normalform $(a \vee b \vee c) \wedge (\neg a \vee \neg b \vee c)$ ist daher für die Belegungen (W(a), W(b), W(c)) = (f, f, f), (w, w, f) falsch.

Beispiel 2 : Bildung einer Normalform

Jeder logische Ausdruck kann mit logischen Äquivalenzen schrittweise in eine Normalform überführt werden. Dies wird am Beispiel des folgenden Ausdrucks mit den Aussagevariablen a, b gezeigt :

$$(a \Rightarrow b) \wedge b \Rightarrow a$$

Schritt 1 : Die Junktoren $\Rightarrow$ werden nach dem Eliminationsgesetz ersetzt :

$$(a \Rightarrow b) \wedge b \Rightarrow a \quad \Leftrightarrow$$
$$(\neg a \vee b) \wedge b \Rightarrow a \quad \Leftrightarrow$$
$$\neg((\neg a \vee b) \wedge b) \vee a$$

Schritt 2 : Der Ausdruck wird nach dem Involutionsgesetz und den Gesetzen von De Morgan weiter umgeformt :

$$\neg((\neg a \vee b) \wedge b) \vee a \quad \Leftrightarrow$$
$$(\neg(\neg a \vee b) \vee \neg b) \vee a \quad \Leftrightarrow$$
$$((\neg(\neg a) \wedge \neg b) \vee \neg b) \vee a \quad \Leftrightarrow$$
$$((a \wedge \neg b) \vee \neg b) \vee a \quad \Leftrightarrow$$
$$(a \wedge \neg b) \vee (\neg b) \vee (a) \qquad \text{Disjunktive Normalform}$$

Schritt 3 : Die disjunktive Normalform wird nach den Gesetzen der Neutralität und Komplementarität erweitert und nach den Gesetzen der Distributivität weiter umgeformt :

$$(a \wedge \neg b) \vee (w \wedge \neg b) \vee (a \wedge w) \quad \Leftrightarrow$$
$$(a \wedge \neg b) \vee ((a \vee \neg a) \wedge \neg b) \vee (a \wedge (b \vee \neg b)) \quad \Leftrightarrow$$
$$(a \wedge \neg b) \vee (a \wedge \neg b) \vee (\neg a \wedge \neg b) \vee (a \wedge b) \vee (a \wedge \neg b)$$

Schritt 4 : Der Ausdruck wird nach dem Idempotenzgesetz reduziert, indem mehrfach auftretende Teilausdrücke gestrichen werden :

$$(a \wedge \neg b) \vee (a \wedge \neg b) \vee (\neg a \wedge \neg b) \vee (a \wedge b) \vee (a \wedge \neg b) \quad \Leftrightarrow$$
$$(a \wedge \neg b) \vee (\neg a \wedge \neg b) \vee (a \wedge b) \qquad \text{kanonische disjunktive Normalform}$$

Die kanonische disjunktive Normalform ist für die Belegungen (W(a), W(b)) = (w, f), (f, f), (w, w) wahr. In analoger Form kann der logische Ausdruck

$$(a \Rightarrow b) \wedge b \Rightarrow a$$

in eine kanonische konjunktive Normalform

$$(a \vee \neg b)$$

überführt werden. Die kanonische konjunktive Normalform ist für die Belegung (W(a), W(b)) = (f, w) falsch.

1.3.4 LOGISCHE SCHLUSSREGELN

Logische Implikation : Ein allgemeingültiger Ausdruck der Form $a \Rightarrow b$ mit Ausdrücken a, b heißt logische Implikation. Ist $a \Rightarrow b$ eine logische Implikation und ist a wahr, so ist auch b wahr. Ist a falsch, so ist b entweder wahr oder falsch. Die wichtigsten logischen Implikationen für Ausdrücke a, b, c sind :

Extremalität	$f \Rightarrow a$	$a \Rightarrow w$
Reflexivität	$a \Rightarrow a$	$a \Leftarrow a$
Kontraktion	$a \wedge b \Rightarrow a$	$a \vee b \Leftarrow a$
Monotonie	$(a \Rightarrow b) \Rightarrow (a \wedge c) \Rightarrow (b \wedge c)$	$(a \Rightarrow b) \Leftarrow (a \vee c) \Leftarrow (b \vee c)$
Antitonie	$(a \Rightarrow b) \Rightarrow (\neg b \Rightarrow \neg a)$	$(a \Rightarrow b) \Leftarrow (\neg b \Rightarrow \neg a)$
Abtrennung	$(a \Rightarrow b) \wedge a \Rightarrow b$	$(a \Rightarrow b) \wedge \neg a \Rightarrow \neg b$
Kettung	$(a \Rightarrow b) \wedge (b \Rightarrow c) \Rightarrow (a \Rightarrow c)$	

Die beiden Abtrennungsgesetze heißen auch Modus ponens und Modus tollens. Das Kettungsgesetz heißt auch Modus barbara. Diese Gesetze werden häufig bei logischen Schlußfolgerungen verwendet.

Aus logischen Äquivalenzen lassen sich direkt logische Implikationen ablesen. Ist nämlich $a \Leftrightarrow b$ eine logische Äquivalenz, so sind $a \Rightarrow b$ und $a \Leftarrow b$ logische Implikationen. Dementsprechend ergeben sich aus jeder logischen Äquivalenz zwei logische Implikationen.

Logisches Schließen : Das logische Schließen beruht auf den logischen Implikationen. Der Ausdruck $a \Rightarrow b$ sei eine logische Implikation. Dann ist $a \Rightarrow b$ unabhängig von den Wahrheitswerten für a, b stets wahr. Ist a falsch, dann ist b entweder wahr oder falsch, da definitionsgemäß $f \Rightarrow w$ und $f \Rightarrow f$ wahr ist. Ist a wahr, dann ist auch b wahr, da definitionsgemäß $w \Rightarrow w$ wahr und $w \Rightarrow f$ falsch ist. Damit kann von einem wahren Ausdruck a auf einen wahren Ausdruck b geschlossen werden.

Schlußregeln : Um von gegebenen wahren Aussagen auf neue wahre Aussagen zu schließen, werden Schlußregeln verwendet, die sich aus logischen Implikationen ergeben.

(1) Aus dem 1. Abtrennungsgesetz $a \wedge (a \Rightarrow b) \Rightarrow b$ folgt die Schlußregel : Wenn die Aussage a wahr und die Implikation $a \Rightarrow b$ wahr ist, dann ist die Aussage b wahr.

(2) Aus dem 2. Abtrennungsgesetz $(a \Rightarrow b) \wedge \neg b \Rightarrow \neg a$ folgt die Schlußregel : Wenn die Implikation $a \Rightarrow b$ wahr und die Aussage $\neg b$ wahr ist, dann ist die Aussage $\neg a$ wahr.

(3) Aus dem Kettungsgesetz $(a \Rightarrow b) \wedge (b \Rightarrow c) \Rightarrow (a \Rightarrow c)$ folgt die Schlußregel : Wenn die Implikation $a \Rightarrow b$ wahr und die Implikation $b \Rightarrow c$ wahr ist, dann ist die Implikation $a \Rightarrow c$ wahr.

Häufig werden für diese Schlußregeln Schemata mit zwei wahren Prämissen und dem wahren Schluß verwendet.

Wahre Prämisse	a	$a \Rightarrow b$	$a \Rightarrow b$
Wahre Prämisse	$a \Rightarrow b$	$\neg b$	$b \Rightarrow c$
Wahrer Schluß	b	$\neg a$	$a \Rightarrow c$

Beispiel 1 : Logisches Schließen

Schlußregel (1) nach dem 1. Abtrennungsgesetz

a	:=	"Die Ampel ist rot"
$a \Rightarrow b$	:=	"Wenn die Ampel rot ist, dann halten die Autos"
b	:=	"Die Autos halten"

Schlußregel (2) nach dem 2. Abtrennungsgesetz

$a \Rightarrow b$	:=	"Wenn die Ampel rot ist, dann halten die Autos"
$\neg b$	:=	"Die Autos halten nicht"
$\neg a$	:=	"Die Ampel ist nicht rot"

Schlußregel (3) nach dem Kettungsgesetz

$a \Rightarrow b$	:=	"Wenn die Ampel rot ist, dann halten die Autos"
$b \Rightarrow c$	:=	"Wenn die Autos halten, dann entsteht eine Schlange"
$a \Rightarrow c$	:=	"Wenn die Ampel rot ist, dann entsteht eine Schlange"

Die folgende Schlußfolgerung ist nicht korrekt, da der logische Ausdruck $(a \Rightarrow b) \wedge b \Rightarrow a$ nicht allgemeingültig und damit keine logische Implikation ist (siehe Beispiel 3 in Abschnitt 1.3.2).

$a \Rightarrow b$	:=	"Wenn die Ampel rot ist, dann halten die Autos"
b	:=	"Die Autos halten"
a	:=	"Die Ampel ist rot"

Anschaulich läßt sich der Fehler in der Schlußfolgerung wie folgt begründen : Die Autos halten nicht nur, wenn die Ampel rot ist, sondern auch dann, wenn es beispielsweise einen Unfall gegeben hat.

1.4 PRÄDIKATENLOGIK

Einführung : Die Prädikatenlogik ist eine Erweiterung der Aussagenlogik. In der Prädikatenlogik wird der innere Aufbau von Aussagen untersucht. Dabei wird eine Aussage ähnlich wie bei einer natürlichen Sprache in ihre Bestandteile Subjekt und Prädikat zerlegt. Subjekte sind Gegenstände einer Aussage, Prädikate beschreiben die Eigenschaften oder Beziehungen von Subjekten.

In der Prädikatenlogik werden häufig quantifizierende Aussagen gemacht, die entweder für alle Subjekte aus einer gegebenen Menge oder für ein Subjekt aus einer gegebenen Menge gelten. Diese Aussagen werden Allaussagen und Existenzaussagen genannt. Zur Formulierung derartiger Aussagen werden in der Prädikatenlogik Quantoren eingeführt.

Die Prädikatenlogik 1. Stufe ist eine Erweiterung der Aussagenlogik in dem Sinne, daß zusätzlich Konstanten und Variable für Subjekte und Prädikate sowie Quantoren für Subjektvariable eingeführt werden. Die Mengenlehre ist eine wesentliche Grundlage der Prädikatenlogik. Dieser Abschnitt gibt eine Einführung in die Prädikatenlogik 1. Stufe.

Prädikatenlogische Aussage : Eine Aussage heißt prädikatenlogische Aussage, wenn sie in Subjekte und Prädikate zerlegbar ist. Die Namen von gedachten oder wirklichen Dingen in einer Aussage heißen Subjekte. Die Namen von Eigenschaften oder Beziehungen in einer Aussage heißen Prädikate. Ein Prädikat heißt einstellig, wenn es eine Eigenschaft eines Subjektes beschreibt. Ein Prädikat heißt mehrstellig, wenn es eine Beziehung zwischen mehreren Subjekten beschreibt. Jeder prädikatenlogischen Aussage ist ein Wahrheitswert zugeordnet.

Prädikatenlogische Aussageform : Eine Aussage der Prädikatenlogik kann in eine Aussageform transformiert werden. Dazu wird zunächst jedes Subjekt der Aussage durch eine Aussagevariable ersetzt. Die Subjektvariablen werden in der Regel mit Kleinbuchstaben bezeichnet, beispielsweise mit x, y, z. Dann wird jedes Prädikat durch eine Prädikatvariable ersetzt. Jede Prädikatvariable ist ein Wahrheitswert, der von einer oder mehreren Subjektvariablen abhängig ist. Die Prädikatvariablen werden in der Regel mit Großbuchstaben bezeichnet. Auf die Bezeichnung der Prädikatvariablen folgt in runden Klammern die Liste der Subjektvariablen, von denen die Prädikatvariable abhängig ist, beispielsweise K(x, z). Die Prädikatvariablen werden mit Junktoren verknüpft.

Beispiel 1 : Prädikatenlogische Aussagen und Aussageformen

Die Aussage "x ist eine Primzahl" enthält das Subjekt "x" und das einstellige Prädikat "ist eine Primzahl". Das Subjekt "x" wird durch die Subjektvariable $x \in \mathbb{N}$ ersetzt. Das Prädikat "ist eine Primzahl" wird durch die von x abhängige Prädikatvariable P(x) ersetzt. Die Aussageform ist P(x). Die Aussage P(3) besitzt den Wert wahr, die Aussage P(8) den Wert falsch.

Die Aussage "x ist kleiner als y" enthält die Subjekte "x" und "y" sowie das zweistellige Prädikat "ist kleiner als". Die Subjekte werden durch die Variablen $x, y \in \mathbb{N}$ ersetzt, das Prädikat durch die Prädikatvariable K(x, y). Die Aussageform ist K(x, y). Die Aussage K(2, 3) besitzt den Wert wahr, die Aussage K(3, 2) den Wert falsch.

Die Aussage "x ist nicht kleiner als y und kleiner als z" enthält die Subjekte "x", "y" und "z", das Prädikat "ist kleiner als" sowie die Junktoren "nicht" und "und". Die Subjekte werden durch die Variablen $x, y, z \in \mathbb{N}$ ersetzt, das Prädikat durch K(x, y) sowie K(x, z). Die Aussageform ist $\neg K(x, y) \wedge K(x, z)$.

Quantoren : Gegeben sei eine Aussageform a(x) mit der Subjektvariablen x und eine Grundmenge M für x mit den Elementen $x_1, x_2, ..., x_n$. Ein logischer Ausdruck der Form $a(x_1) \wedge a(x_2) \wedge ... \wedge a(x_n)$ heißt Allaussage. Eine Allaussage ist genau dann wahr, wenn die Aussage $a(x_i)$ für jedes Element x_i von M wahr ist. Sonst ist sie falsch. Ein logischer Ausdruck der Form $a(x_1) \vee a(x_2) \vee ... \vee a(x_n)$ heißt Existenzaussage. Eine Existenzaussage ist genau dann wahr, wenn es ein Element x_i gibt, für das die Aussage $a(x_i)$ wahr ist. Zur Formulierung von All- und Existenzaussagen werden der Allquantor $\bigwedge$ (Generalisator) und der Existenzquantor $\bigvee$ (Partikularisator) eingeführt :

$\bigwedge_{x \in M} a(x)$	sprich : "Für jedes Element x von M gilt a(x)"	
$\bigvee_{x \in M} a(x)$	sprich : "Es gibt ein Element x von M, für das a(x) gilt"	
$\bigwedge$	Allquantor	(Generalisator)
$\bigvee$	Existenzquantor	(Partikularisator)
M	Grundmenge	(Individuenmenge)

Die Grundmenge M kann endlich oder unendlich viele Elemente enthalten. Die Formulierung von Aussagen mit Quantoren ist auch auf Aussageformen mit mehreren Subjektvariablen anwendbar. Treten in diesen Formulierungen sowohl Allquantoren als auch Existenzquantoren auf, so ist deren Reihenfolge zu beachten.

Beispiel 2 : All- und Existenzaussagen

Die Aussage "Jedes ebene Dreieck hat eine Winkelsumme von 180 Grad" ist eine wahre Aussage. D sei die Menge aller ebenen Dreiecke. Dann wird die Allaussage mit dem Allquantor wie folgt formuliert :

$$\bigwedge_{d \in D} (\text{d hat eine Winkelsumme von 180 Grad})$$

Die Aussage "Jede natürliche Zahl x besitzt eine natürliche Zahl y als Nachfolger" ist gleichbedeutend mit der Aussage "Für jede natürliche Zahl x gibt es eine natürliche Zahl y, die ein Nachfolger von x ist." $\mathbb{N}$ sei die Menge der natürlichen Zahlen.

Dann wird die Aussage mit dem Allquantor und dem Existenzquantor wie folgt formuliert :

$$\bigwedge_{x \in N} \bigvee_{y \in N} \text{(y ist Nachfolger von x)}$$

Die Aussage "Für zwei Punkte in der Ebene gibt es eine Gerade, auf der beide Punkte liegen" ist gleichbedeutend mit der Aussage "Für zwei Punkte x, y in der Ebene gibt es eine Gerade g, die x enthält und y enthält". P sei die Menge aller Punkte in der Ebene und G die Menge aller Geraden in der Ebene. Dann wird die Aussage mit zwei Allquantoren und einem Existenzquantor wie folgt formuliert :

$$\bigwedge_{x \in P} \bigwedge_{y \in P} \bigvee_{g \in G} \text{((g enthält x)} \wedge \text{(g enthält y))}$$

Prädikatenlogischer Ausdruck : Die Elemente der Prädikatenlogik sind Konstante, Variable, Junktoren, Quantoren und technische Zeichen (,). Eine Elementfolge heißt Ausdruck der Prädikatenlogik, wenn sie nach folgenden Regeln gebildet ist :

(1) Jede Aussagekonstante, jede Aussagevariable oder jedes n-stellige Prädikat mit Variablen oder Konstanten für n Subjekte ist ein Ausdruck.

(2) Sind a, b Ausdrücke, so sind auch die Verknüpfungen $(\neg a)$, $(a \wedge b)$, $(a \vee b)$, $(a \Rightarrow b)$ und $(a \Leftrightarrow b)$ Ausdrücke.

(3) Ist a ein Ausdruck und x eine Variable, so sind auch $(\bigwedge_x a)$ und $(\bigvee_x a)$ Ausdrücke.

(4) Nur die nach den Regeln (1) bis (3) gebildeten Elementfolgen sind Ausdrücke.

Zur Vermeidung von Klammerpaaren in prädikatenlogischen Ausdrücken wird wie in der Aussagenlogik eine Rangfolge der Operatoren definiert. Ein nach der Regel (1) gebildeter Ausdruck heißt atomar. Eine Variable x in einem Ausdruck heißt frei, wenn sie nicht im Wirkungsbereich eines Quantors $\bigwedge_x$ oder $\bigvee_x$ auftritt. Anderenfalls heißt die Variable gebunden. Ein Ausdruck ohne freie Variablen ist eine prädikatenlogische Aussage. Ein Ausdruck mit mindestens einer freien Variablen ist eine prädikatenlogische Aussageform.

Interpretation : Jeder Ausdruck, der eine prädikatenlogische Aussage ist, ist entweder wahr oder falsch. Der Wahrheitswert hängt davon ab, welche Bedeutung den Subjekten und Prädikaten für eine bestimmte Grundmenge zugeordnet ist. Eine derartige Zuordnung heißt auch Interpretation. Prädikatenlogische Aussagen mit gleicher formaler Struktur können bei verschiedenen Interpretationen verschiedene Wahrheitswerte annehmen.

Beispiel 3 : Interpretation von Ausdrücken

$\mathbb{N}$ sei die Menge der natürlichen Zahlen. In einer ersten Interpretation sei das zweistellige Prädikat a(x, y) mit der Bedeutung "x besitzt den Nachfolger y" definiert. Da jede natürliche Zahl einen Nachfolger in $\mathbb{N}$ besitzt, ist die prädikatenlogische Aussage $\bigwedge_{x \in N} \bigvee_{y \in N} a(x, y)$ wahr.

In einer zweiten Interpretation sei das zweistellige Prädikat a(x, y) mit der Bedeutung "x besitzt den Vorgänger y" definiert. Da die natürliche Zahl 0 keinen Vorgänger in $\mathbb{N}$ besitzt, ist die prädikatenlogische Aussage $\bigwedge_{x \in N} \bigvee_{y \in N} a(x, y)$ falsch.

Allgemeingültige, erfüllbare und ungültige Ausdrücke : Die prädikatenlogischen Ausdrücke werden bezüglich ihrer Interpretation und ihres Wahrheitswertes wie folgt klassifiziert :

(1) Ein prädikatenlogischer Ausdruck, der für jede Interpretation wahr ist, heißt allgemeingültig.

(2) Ein prädikatenlogischer Ausdruck, der für mindestens eine Interpretation wahr ist, heißt erfüllbar.

(3) Ein prädikatenlogischer Ausdruck, der für keine Interpretation wahr ist, heißt ungültig.

Wird in einem aussagenlogischen Ausdruck jede Aussagevariable durch einen beliebigen prädikatenlogischen Ausdruck ersetzt, so erhält man einen zugehörigen prädikatenlogischen Ausdruck. Ist der aussagenlogische Ausdruck allgemeingültig, erfüllbar oder ungültig, so ist auch ein zugehöriger prädikatenlogischer Ausdruck allgemeingültig, erfüllbar oder ungültig. Ein allgemeingültiger prädikatenlogischer Ausdruck, der sich aus einem allgemeingültigen aussagenlogischen Ausdruck ergibt, heißt auch prädikatenlogische Tautologie.

Im Gegensatz zur Aussagenlogik ist es in der Prädikatenlogik nicht immer möglich, für einen vorgegebenen beliebigen prädikatenlogischen Ausdruck nach endlich vielen Schritten zu entscheiden, ob er allgemeingültig ist (Unentscheidbarkeitstheorem von Church).

Beispiel 4 : Prädikatenlogische Tautologie

Der Ausdruck $\neg(\neg a) \Leftrightarrow a$ in der Aussagenlogik ist eine Tautologie. Wird die Aussagevariable a durch den prädikatenlogischen Ausdruck $\bigwedge_x \bigwedge_y a(x, y)$ ersetzt, so ist der folgende Ausdruck eine prädikatenlogische Tautologie :

$$\neg(\neg \bigwedge_x \bigwedge_y a(x, y)) \Leftrightarrow \bigwedge_x \bigwedge_y a(x, y)$$

Logische Äquivalenz für Quantorenausdrücke : Ein allgemeingültiger prädikatenlogischer Ausdruck der Form $a \Leftrightarrow b$ (sprich : a ist äquivalent zu b) heißt logische Äquivalenz. Neben den logischen Äquivalenzen, die prädikatenlogische Tautologien sind, gibt es weitere logische Äquivalenzen für Quantorenausdrücke.

Umbenennung

$$\bigwedge_x a(x) \Leftrightarrow \bigwedge_y a(y)$$

$$\bigvee_x a(x) \Leftrightarrow \bigwedge_y a(y)$$

Negation

$$\neg \bigwedge_x a(x) \Leftrightarrow \bigvee_x \neg a(x)$$

$$\neg \bigvee_x a(x) \Leftrightarrow \bigwedge_x \neg a(x)$$

Doppelte Negation

$$\neg \bigwedge_x \neg a(x) \Leftrightarrow \bigvee_x a(x)$$

$$\neg \bigvee_x \neg a(x) \Leftrightarrow \bigwedge_x a(x)$$

Kon- und Disjunktion

$$\bigwedge_x (a(x) \wedge b(x)) \Leftrightarrow \bigwedge_x a(x) \wedge \bigwedge_x b(x)$$

$$\bigvee_x (a(x) \vee b(x)) \Leftrightarrow \bigvee_x a(x) \vee \bigvee_x b(x)$$

Vertauschbarkeit

$$\bigwedge_x \bigwedge_y a(x, y) \Leftrightarrow \bigwedge_y \bigwedge_x a(x, y)$$

$$\bigvee_x \bigvee_y a(x, y) \Leftrightarrow \bigvee_y \bigvee_x a(x, y)$$

Die folgenden logischen Äquivalenzen gelten nur dann, wenn die Variable x im prädikatenlogischen Ausdruck a nicht frei vorkommt :

$$\bigwedge_x a \Leftrightarrow a \qquad \bigvee_x a \Leftrightarrow a$$

$$\bigwedge_x (a \wedge b(x)) \Leftrightarrow a \wedge \bigwedge_x b(x) \qquad \bigvee_x (a \vee b(x)) \Leftrightarrow a \vee \bigvee_x b(x)$$

$$\bigwedge_x (a \vee b(x)) \Leftrightarrow a \vee \bigwedge_x b(x) \qquad \bigvee_x (a \wedge b(x)) \Leftrightarrow a \wedge \bigvee_x b(x)$$

Pränexe Normalform : Ein gegebener prädikatenlogischer Ausdruck kann mit logischen Äquivalenzen in einen logisch äquivalenten Ausdruck umgeformt werden. Durch Umformung kann ein Ausdruck in eine pränexe Normalform überführt werden.

Ein prädikatenlogischer Ausdruck heißt pränexe Form, wenn er entweder ein quantorfreier Ausdruck ist oder wenn er aus einer Folge von Quantoren besteht, der ein quantorfreier Ausdruck folgt. Eine pränexe Form heißt pränexe Normalform, wenn der quantorfreie Ausdruck eine Normalform der Aussagenlogik ist.

Eine pränexe Normalform heißt disjunktiv beziehungsweise konjunktiv, wenn der quantorfreie Ausdruck eine disjunktive beziehungsweise konjunktive Normalform der Aussagenlogik ist.

Jeder prädikatenlogische Ausdruck ist äquivalent zu einer pränexen disjunktiven Normalform und zu einer pränexen konjunktiven Normalform. Die Überführung eines prädikatenlogischen Ausdrucks in eine dieser Normalformen erfolgt mit den logischen Äquivalenzen der Aussagen- und der Prädikatenlogik.

Beispiel 5 : Pränexe Normalformen

Der folgende prädikatenlogische Ausdruck wird mit logischen Äquivalenzen der Aussagen- und der Prädikatenlogik schrittweise in eine pränexe Normalform überführt :

$$\bigvee_x a(x) \Rightarrow \bigvee_x b(x) \quad \Leftrightarrow \quad \text{(Eliminationsgesetz)}$$

$$\neg \bigvee_x a(x) \vee \bigvee_x b(x) \quad \Leftrightarrow \quad \text{(Negationsgesetz)}$$

$$\bigwedge_x \neg a(x) \vee \bigvee_x b(x) \quad \Leftrightarrow \quad \text{(Umbennungsgesetz)}$$

$$\bigwedge_x \neg a(x) \vee \bigvee_y b(y) \quad \Leftrightarrow \quad \text{(pränexe Anordnung)}$$

$$\bigwedge_x \bigvee_y (\neg a(x) \vee b(y)) \quad \text{pränexe Normalform}$$

Im ersten Schritt wird der Junktor $\Rightarrow$ mit dem Eliminationsgesetz der Aussagenlogik eliminiert. Im zweiten Schritt wird das Negationsgesetz der Prädikatenlogik auf den ersten Teilausdruck angewendet. Im dritten Schritt wird das Umbennungsgesetz der Prädikatenlogik auf den zweiten Teilausdruck für die Umbenennung von x in y angewendet. Im vierten Schritt werden die Quantoren $\bigwedge_x$ und $\bigvee_y$ nach vorne gezogen, um eine pränexe Form mit einer Folge von Quantoren am Anfang des Ausdrucks zu erhalten. Nach dem vierten Schritt liegt der Ausdruck in pränexer Normalform vor. Der auf die Quantorfolge folgende quantorfreie Ausdruck $(\neg a(x) \vee b(y))$ ist nämlich eine Normalform der Aussagenlogik. Diese Normalform ist konjunktiv.

Logische Implikation für Quantorausdrücke : Ein allgemeingültiger prädikatenlogischer Ausdruck der Form a ⇒ b (sprich : a impliziert b) heißt logische Implikation. Neben den logischen Implikationen, die prädikatenlogische Tautologien sind, gibt es weitere logische Implikationen für Quantorenausdrücke in einer Grundmenge M mit $x, y, t \in M$:

Elementare Implikation	$\bigwedge_x a(x)$	$\Rightarrow$	$a(t)$
	$\bigvee_x a(x)$	$\Leftarrow$	$a(t)$
Konjunktion	$\bigvee_x (a(x) \wedge b(x))$	$\Rightarrow$	$\bigvee_x a(x) \wedge \bigvee_x b(x)$
Disjunktion	$\bigwedge_x (a(x) \vee b(x))$	$\Leftarrow$	$\bigwedge_x a(x) \vee \bigwedge_x b(x)$
Subjunktion	$\bigwedge_x (a(x) \Rightarrow b(x))$	$\Rightarrow$	$(\bigwedge_x a(x) \Rightarrow \bigwedge_x b(x))$
	$\bigwedge_x (a(x) \Rightarrow b(x))$	$\Rightarrow$	$(\bigvee_x a(x) \Rightarrow \bigvee_x b(x))$
Vertauschbarkeit	$\bigvee_x \bigwedge_y a(x, y)$	$\Rightarrow$	$\bigwedge_y \bigvee_x a(x,y)$

Aus jeder logischen Äquivalenz $a \Leftrightarrow b$ ergeben sich die logischen Implikationen $a \Rightarrow b$ und $a \Leftarrow b$. Die logischen Implikationen der Aussagen- und der Prädikatenlogik werden verwendet, um von wahren Aussagen auf weitere wahre Aussagen zu schließen.

1.5 BEWEISE UND AXIOME

Einführung : Ein Wissensgebiet gliedert sich in Definitionen und Sätze. Ein Satz ist eine Aussage, deren Wahrheit (Gültigkeit) bewiesen wird. Es gibt verschiedene Arten der Beweisführungen, die auf unterschiedlichen Regeln für logische Schlußfolgerungen beruhen. Die Formen des direkten und des indirekten Beweises sowie der Beweis durch vollständige Induktion werden behandelt.

In Teilgebieten der Mathematik kann die Beweisführung formalisiert werden, indem bestimmte Aussagen als Axiome und bestimmte Schlußregeln als Ableitungsregeln eingeführt werden, so daß die Sätze des Teilgebietes formal ableitbar sind. Welche Sätze ableitbar sind, hängt von den eingeführten Axiomen und Ableitungsregeln ab. Nach dem Unvollständigkeitssatz von Gödel läßt sich jedoch nicht jeder Satz in einer Theorie auf der Grundlage einer Axiomatisierung formal ableiten. Die Grundbegriffe von Axiomensystemen werden kurz erläutert.

Satz : Eine allgemeingültige Aussage über einen mathematischen Sachverhalt heißt Satz. Sätze werden häufig als logische Implikation $a \Rightarrow b$ formuliert. Die Aussage a heißt Voraussetzung und die Aussage b Behauptung des Satzes.

Beweis : Die Folgerung der Wahrheit einer Aussage aus der Wahrheit anderer Aussagen heißt Beweis. Durch den Beweis wird die Aussage zu einem Satz. Zum Beweisen verwendet man Regeln für logische Schlußfolgerungen. Eine endliche Folge von logischen Schlüssen ist ein Beweis, wenn folgende Bedingungen erfüllt sind :

(1) Jeder Schluß der Folge folgt logisch aus den Voraussetzungen des Satzes, bereits bewiesenen Sätzen, Einsetzungs- und Ersetzungsregeln sowie logischen Gesetzen.

(2) Der letzte Schluß der Folge ist die Behauptung des Satzes.

(3) Innerhalb der Folge wird die Behauptung des Satzes nicht verwendet.

Direkter Beweis : Für die Voraussetzung a und die Behauptung b wird gezeigt, daß die Implikation $a \Rightarrow b$ wahr ist. Ist dann a wahr, so ist auch b wahr. Dies folgt aus der logischen Implikation :

$$(a \Rightarrow b) \wedge a \Rightarrow b$$

Beispiel 1 : Erweiterter Satz des Pythagoras

Voraussetzung : Gegeben sei ein rechtwinkliges Dreieck mit den Katheten a, b und der Hypotenuse c. Die Flächen der Halbkreise über den Dreieckseiten werden mit F_a, F_b, F_c bezeichnet.

Behauptung : Es gilt $F_a + F_b = F_c$

Beweis : Der Beweis wird direkt in folgenden Schritten geführt :

(1) Für ein rechtwinkliges Dreieck gilt nach dem Satz des Pythagoras :

$$a^2 + b^2 = c^2$$

(2) Die Flächen F_a, F_b der Halbkreisflächen über den Katheten a, b werden mit der Kreisflächenformel bestimmt :

$$F_a = \pi\, a^2/2 \qquad F_b = \pi\, b^2/2$$

(3) Aus (2) und (1) folgt für die Summe $F_a + F_b$:

$$F_a + F_b = \pi a^2/2 + \pi\, b^2/2 = \pi(a^2 + b^2)\,/2 = \pi c^2/2$$

(4) Die Fläche F_c der Halbkreisfläche über der Hypotenuse c wird mit der Kreisflächenformel bestimmt :

$$F_c = \pi\, c^2/2$$

(5) Aus dem Vergleich von (3) und (4) folgt die Behauptung :

$$F_a + F_b = F_c$$

Indirekter Beweis : Für die Voraussetzung a und die Behauptung b wird gezeigt, daß die Implikation $\neg b \Rightarrow \neg a$ wahr ist. Ist dann a wahr, so ist auch b wahr. Dies folgt aus der logischen Implikation des direkten Beweises mit dem Kontrapositionsgesetz $(a \Rightarrow b) \Leftrightarrow (\neg b \Rightarrow \neg a)$:

$$(\neg b \Rightarrow \neg a) \wedge a \Rightarrow b$$

Diese Beweisform kann auch angewendet werden, indem a als wahr vorausgesetzt und gezeigt wird, daß aus der Annahme $\neg b$ eine Aussage $\neg a$ folgt. Damit entsteht ein Widerspruch für die Aussage a. Dieser Widerspruch zeigt, daß die Annahme $\neg b$ falsch gewesen sein muß und daß daher die Behauptung b gilt. Für den indirekten Beweis gibt es weitere Beweisformen, die auf folgenden logischen Implikationen basieren :

$$(\neg b \Rightarrow a) \wedge \neg a \Rightarrow b$$

$$(\neg b \Rightarrow a) \wedge (\neg b \Rightarrow \neg a) \Rightarrow b$$

Beispiel 2 : Primzahlen

Definition : Eine natürliche Zahl $p > 1$ heißt Primzahl, wenn sie nur durch 1 und durch sich selbst teilbar ist.

Behauptung : Es gibt unendlich viele Primzahlen.

Beweis : Der Beweis wird indirekt in folgenden Schritten geführt :

(1) Es wird das Gegenteil der Behauptung angenommen. Es gibt nur endlich viele Primzahlen $p_1 < p_2 < ... < p_n$.

(2) Die Zahl z wird als Produkt der n Primzahlen gebildet und um 1 erhöht :

$$z = p_1 \cdot p_2 \cdot ... \cdot p_n + 1$$

(3) Aus (1) und (2) folgt, daß z keine Primzahl ist, da z größer als die größte Primzahl ist.

(4) Nach dem Gesetz der Primfaktorzerlegung ist jede natürliche Zahl $a > 1$, die keine Primzahl ist, durch eine Primzahl teilbar.

(5) Aus (2) und (4) folgt, daß z eine Primzahl ist, da z wegen der Addition um 1 durch keine der Primzahlen $p_1, p_2, ..., p_n$ teilbar ist.

(6) Die Aussagen (3) und (5) bilden einen Widerspruch, so daß die gegenteilige Behauptung (1) falsch und damit die Behauptung wahr ist.

Beweis durch vollständige Induktion : Eine Behauptung S(n), die von einer natürlichen Zahl n abhängt, wird durch vollständige Induktion bewiesen. Als Induktionsvoraussetzung wird S(0) bewiesen. Dann wird für einen beliebigen Wert $n > 0$ von $S(n-1)$ auf S(n) geschlossen. Durch wiederholte Anwendung dieses direkten Beweises folgt die Behauptung S(n) für jede natürliche Zahl n.

$$((S(n-1) \Rightarrow S(n)) \wedge S(n-1)) \Rightarrow S(n)$$

Beispiel 3 : Summenbildung

Behauptung : Die Summe der ungeraden Zahlen von 1 bis $2n+1$ ist $(n+1)^2$.

$$S(n) \Leftrightarrow \sum_{i=0}^{n} (2i+1) = (n+1)^2$$

Beweis : Die Behauptung wird durch vollständige Induktion bewiesen :

(1) Induktionsvoraussetzung : Für $n = 0$ ist die Behauptung wahr, da die Summe nur aus der Zahl 1 besteht und folglich gleich $(0+1)^2 = 1$ ist.

(2) Induktionsschluß von $n-1$ auf n : Für $n > 0$ folgt S(n) aus $S(n-1)$:

$$\sum_{i=0}^{n} (2i+1) = \sum_{i=1}^{n-1} (2i+1) + 2n + 1 = n^2 + 2n + 1 = (n+1)^2$$

Durch Anwendung dieses Ergebnisses für $n = 1, 2, 3, ...$ folgt, daß die Behauptung S(n) für jede natürliche Zahl n wahr ist.

Hinreichende und notwendige Bedingungen : Folgt aus der Voraussetzung a die Behauptung b, so ist die Implikation a $\Rightarrow$ b wahr. Dann heißt a hinreichende Bedingung für b und b notwendige Bedingung für a. Ist die Äquivalenz a $\Leftrightarrow$ b wahr, so heißt b notwendige und hinreichende Bedingung für a. Diese Bezeichnungen sind wie folgt begründet :

(1) Da die Aussagen a und a $\Rightarrow$ b wahr sind, folgt aus der Definition der Implikation $\Rightarrow$, daß b wahr ist. Folglich ist die Wahrheit von a hinreichend für die Wahrheit von b. Die Wahrheit von a ist jedoch nicht notwendig für die Wahrheit von b. Ist a falsch und b wahr, so bleibt die Implikation a $\Rightarrow$ b wahr.

(2) Da die Aussage a $\Rightarrow$ b wahr ist, kann die Aussage a nach der Wahrheitstafel der Implikation $\Rightarrow$ nur dann wahr sein, wenn die Aussage b wahr ist. Folglich ist die Wahrheit von b eine notwendige Bedingung, die erfüllt sein muß, wenn a wahr ist. Die Wahrheit von b ist jedoch nicht hinreichend für die Wahrheit von a. Ist a falsch und b wahr, so bleibt die Implikation a $\Rightarrow$ b wahr.

(3) Da die Aussage a $\Leftrightarrow$ b wahr ist, folgt aus der Wahrheitstafel für die Äquivalenz $\Leftrightarrow$, daß a genau dann (dann und nur dann) wahr ist, wenn b wahr ist. Daher heißt b notwendige und hinreichende Bedingung für a.

Beispiel 4 : Notwendige und hinreichende Bedingungen

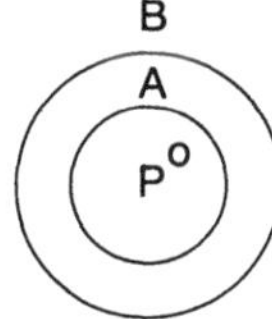

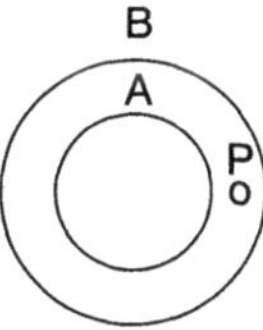

Die Kreise A und B seien konzentrisch. Der Radius von A sei kleiner als der Radius von B. Die Lage eines Punktes P relativ zu den Kreisen A und B sei durch folgende Aussagen charakterisiert :

a := "Punkt P liegt in Kreis A"

b := "Punkt P liegt in Kreis B"

Die Implikation a $\Rightarrow$ b ist wahr, da der Punkt P immer in Kreis B liegt, wenn er in Kreis A liegt. Für die Lage von P gelten folgende hinreichende und notwendige Bedingungen :

(1) Liegt Punkt P in Kreis A, so ist dies eine hinreichende Bedingung dafür, daß Punkt P in Kreis B liegt. Es ist jedoch keine notwendige Bedingung. Punkt P kann auch in Kreis B liegen, ohne daß er in Kreis A liegt.

(2) Punkt P kann nur dann in Kreis A liegen, wenn er in Kreis B liegt. Die Lage in Kreis B ist folglich eine notwendige Bedingung für die Lage in Kreis A. Nicht jeder Punkt, der in Kreis B liegt, liegt auch in Kreis A. Die Bedingung, daß Punkt P in Kreis B liegt, ist folglich nicht hinreichend für seine Lage in Kreis A.

(3) Sind die Radien der konzentrischen Kreise A und B gleich, so ist die Äquivalenz $a \Leftrightarrow b$ wahr. Die Lage von Punkt P in Kreis B ist notwendig und hinreichend dafür, daß Punkt P in Kreis A liegt.

Axiomatisieren : Häufig werden Teilgebiete der Mathematik axiomatisiert. Bei der Axiomatisierung werden gewisse allgemeingültige Aussagen ausgewählt, die als Axiome bezeichnet werden. Aus diesen Axiomen werden die Sätze des Teilgebietes nach Schlußregeln formal abgeleitet. Eine Menge von allgemeingültigen Aussagen eines Teilgebietes kann auf verschiedene Weise axiomatisiert werden. Eine allgemeingültige Aussage, die bei einer Axiomatisierung ein Axiom ist, kann bei einer anderen Axiomatisierung ein ableitbarer Satz sein.

Axiomensysteme : Eine Aussage, die im Rahmen einer Axiomatisierung als wahr vorausgesetzt wird, heißt Axiom. Eine Menge von Axiomen, aus denen nach formalen Schlußregeln allgemeingültige Aussagen ableitbar sind, heißt Axiomensystem. Ein Axiomensystem muß konsistent (widerspruchsfrei) und soll unabhängig sein :

(1) Konsistenz : ein Axiomensystem heißt konsistent (widerspruchsfrei), wenn es nicht möglich ist, daraus sowohl eine Aussage a als auch die Aussage $\neg a$ abzuleiten.

(2) Unabhängigkeit : ein Axiomensystem heißt unabhängig, wenn keines seiner Axiome aus den übrigen Axiomen ableitbar ist.

Vollständigkeit eines Axiomensystems : Ein Axiomensystem mit seinen formalen Schlußregeln heißt vollständig für ein Teilgebiet der Mathematik, wenn alle Sätze des Teilgebietes formal ableitbar sind. Dies bedeutet, daß die Menge der allgemeingültigen Aussagen des Teilgebietes und die Menge der aus dem Axiomensystem ableitbaren Aussagen gleich sind.

Nach dem Vollständigkeitssatz von Gödel läßt sich für die Aussagenlogik und die Prädikatenlogik 1. Stufe ein vollständiges Axiomensystem mit formalen Schlußregeln angeben, so daß alle Sätze der Aussagenlogik und Prädikatenlogik 1. Stufe ableitbar sind. Nach dem Unvollständigkeitssatz von Gödel lassen sich für die Prädikatenlogiken höherer Stufe keine vollständigen Axiomensysteme mit formalen Schlußregeln angeben.

2 MENGENLEHRE

2.1 MENGE

Einführung : Die Menge ist ein Grundbegriff der Mathematik und der Informatik. Viele Aufgaben des Ingenieurwesens befassen sich mit Operationen auf Mengen. Im folgenden werden daher der Begriff Menge, die Regeln der Mengenbildung (Mengenalgebra), die Beziehungen zwischen den Elementen von Mengen (Relationen, Abbildungen) und die daraus folgende Gliederung der Mathematik mit Hilfe algebraischer, ordinaler und topologischer Strukturen behandelt.

Mengenbildung : Eine Menge M wird entweder durch Aufzählung der Elementbezeichnungen oder durch Beschreibung der Elementeigenschaften dargestellt. Die Reihenfolge der Aufzählung der Elemente ist ohne Bedeutung. Besitzen zwei Elemente der Aufzählung gleiche Bezeichnungen, so stellen sie dasselbe Element dar. Dieses Element ist in der Menge nur einmal enthalten. Die Menge ohne Elemente heißt leere Menge (Nullmenge) und wird mit $\emptyset$ bezeichnet.

$M = \{a, b, c\}$	Menge M besteht aus den Elementen a, b, c
$M = \{x \mid E(x)\}$	Menge M enthält jedes Element, für das der logische Ausdruck E (x) wahr ist
$\emptyset := \{x \mid x \neq x\}$	leere Menge

Die Zugehörigkeit eines Elementes a zu einer Menge M wird mit den Symbolen $\in$ und $\notin$ dargestellt :

$a \in M$	a ist Element von M
$a \notin M$	a ist nicht Element von M

Quantor : Es gibt Aussagen, die für bestimmte Elemente einer Menge M wahr und für andere Elemente von M falsch sind. Diese Verknüpfung zwischen Aussagen und Elementen wird mit dem Quantor $\bigwedge$ (Generalisator) und dem Quantor $\bigvee$ (Partikularisator) dargestellt. Häufig wird die Menge M nicht explizit angegeben, da sie offensichtlich ist.

Generalisator :	$\bigwedge_{x \in M} (...)$	für jedes x in der Menge M gilt ...
Partikularisator :	$\bigvee_{x \in M} (...)$	es gibt ein x in der Menge M, für das ... gilt

Gleiche Mengen : Die Mengen A und B heißen gleich, wenn sie dieselben Elemente enthalten. Sind die Mengen A und B gleich, so enthalten sie dieselben Elemente. Die Aussage $A = B$ (sprich : A gleich B) besitzt entweder den Aussagewert wahr oder den Aussagewert falsch.

$$(A = B) \quad :\Leftrightarrow \quad \bigwedge_x (x \in A \Leftrightarrow x \in B)$$

$A = B$ Mengen A und B sind gleich
$A \neq B$ Mengen A und B sind nicht gleich

Teilmenge : Eine Menge A heißt Teilmenge (Untermenge) einer Menge B, wenn jedes Element von A auch ein Element von B ist. Enthält die Menge B mindestens ein Element, das nicht Element von A ist, so heißt A echte Teilmenge von B.

$$(A \subseteq B) \quad :\Leftrightarrow \quad \bigwedge_x (x \in A \Rightarrow x \in B)$$

$$(A \subset B) \quad :\Leftrightarrow \quad (A \subseteq B) \wedge \neg(A = B)$$

$A \subseteq B$ A ist eine Teilmenge von B
$A \subset B$ A ist eine echte Teilmenge von B

An Stelle der Zeichen $\subseteq$ (sprich : enthalten in) und $\subset$ (sprich : echt enthalten in) können auch die Zeichen $\supseteq$ (sprich : umfaßt) und $\supset$ (sprich : umfaßt echt) verwendet werden.

$B \supseteq A$ Menge B umfaßt Menge A
$B \supset A$ Menge B umfaßt Menge A echt

Mengensystem : Eine Menge, deren Elemente selbst Mengen sind, heißt ein Mengensystem. Ein Mengensystem darf keine Elemente enthalten, die nicht Mengen sind. Die Anzahl der Elemente in den Mengen eines Mengensystems darf verschieden sein.

Potenzmenge : Aus einer gegebenen Menge M von n Elementen können 2^n Teilmengen einschließlich $\emptyset$ und M gebildet werden. Das Mengensystem aller Teilmengen von M, einschließlich $\emptyset$ und M, heißt Potenzmenge von M und wird mit P(M) bezeichnet. Die Menge M heißt die Grundmenge der Potenzmenge P(M).

Beispiel 1 : Mengen

Aufzählung einer Menge	:	M	=	$\{a, b, c, d, \ldots, x, y, z\}$
Beschreibung einer Menge	:	M	=	$\{x \mid x \text{ ist ein Kleinbuchstabe}\}$
Gleiche Mengen $A = B$	:	A	=	$\{a, b, c\} \quad B = \{b, c, a\}$
Teilmenge $A \subset M$	:	A	=	$\{a, d, y, z\}$
Mengensystem	:	S	=	$\{\{a, c, e\}, \{1, 3, 5, 9\}, \{\alpha, \beta\}\}$
Potenzmenge von {a, b}	:	P	=	$\{\emptyset, \{a\}, \{b\}, \{a, b\}\}$

Elementfamilie : Die Bezeichnung der Elemente einer Menge mit verschiedenen Namen ist für Mengen mit einer großen Anzahl von Elementen unzweckmäßig. Die Elemente einer Menge X werden daher häufig mit $x_1, x_2, x_3, ...$ bezeichnet. Die gemeinsame Bezeichnung mit dem Kleinbuchstaben x symbolisiert die Zuordnung zur Menge X, während der Index $i \in \{1, 2, 3, ...\}$ das Element identifiziert. Die Elemente x_i heißen Elementfamilie. Die Elementfamilie wird mit $\{x_i\}$ bezeichnet.

$$X = \{ x_i \mid i \in I = \{1, 2, 3 ...\}\}$$

Mengenfamilie : Die Bezeichnung der Mengen eines Mengensystems M mit verschiedenen Namen ist häufig unzweckmäßig. Analog zu der Elementfamilie wird daher eine Mengenfamilie mit den Mengen A_i als Elementen gebildet. Jede der Mengen A_i kann eine Elementfamilie $\{ a_{im} \}$ sein.

$$M = \{A_i \mid i \in I = \{1, 2, 3, ...\}\}$$

$$A_i = \{a_{im} \mid m \in M_i = \{1, 2, 3, ...\}\}$$

Beispiel 2 : Familien von Elementen und Mengen

Elementfamilie : $B = \{ b_1, b_4, b_5, b_7\} \Rightarrow B = \{ b_i \mid i \in \{1, 4, 5, 7 \}\}$

Mengenfamilie : $A_1 = \{a\} \qquad A_2 = \{a, b\} \qquad A_3 = \{b, c\}$

$M = \{ A_i \mid i \in \{1, 2, 3\}\}$

2.2 MENGENALGEBRA

Mengenverknüpfung : Eine Vorschrift, die zwei gegebenen Mengen genau eine Menge als Ergebnis zuordnet, heißt Mengenverknüpfung. Die Verknüpfungsvorschrift wird mit den Junktoren $\neg$, $\wedge$, $\vee$ und $\oplus$ der Aussagenlogik und mit der Mengenzugehörigkeit $\in$ der Elemente definiert. Jede Verknüpfungsvorschrift wird mit einem Verknüpfungssymbol bezeichnet. Für die Mengen A und B sind folgende Verknüpfungen definiert :

A geschnitten mit B	:	$A \cap B := \{x \mid x \in A \wedge x \in B\}$
A vereinigt mit B	:	$A \cup B := \{x \mid x \in A \vee x \in B\}$
A ohne B	:	$A - B := \{x \mid x \in A \wedge x \notin B\}$
entweder A oder B	:	$A \oplus B := \{x \mid x \in A \oplus x \in B\}$

Mengendiagramm : Zur schematischen Darstellung einer Menge verwendet man ein Flächenstück in einer Ebene. Jedes Element der Menge ist als Punkt in der Fläche abgebildet. Die folgenden Mengendiagramme stellen die Mengenverknüpfungen dar.

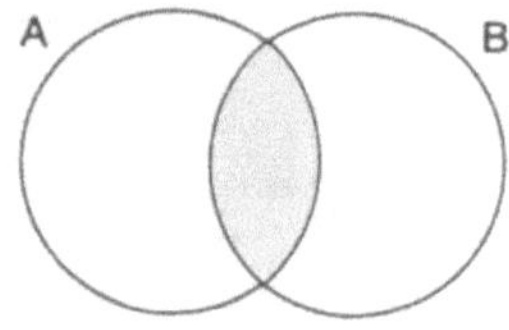

Schnittmenge $A \cap B$

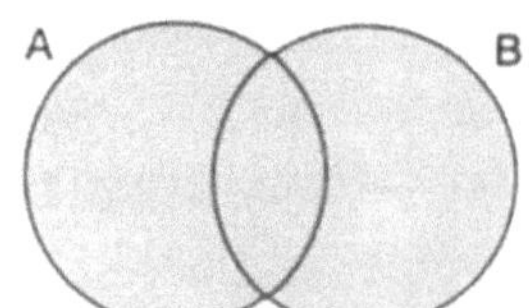

Vereinigungsmenge $A \cup B$

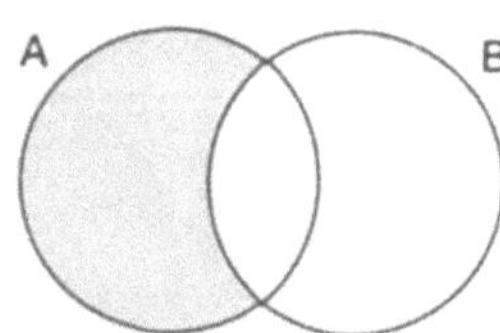

Differenzmenge A – B

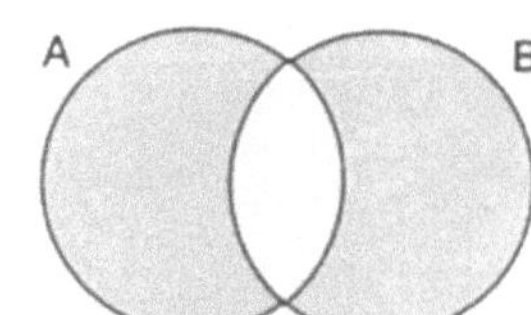

Symmetrische Differenzmenge $A \oplus B$

Beispiel 1 : Mengenverknüpfungen

Für die Mengen $A = \{a, c, d\}$ und $B = \{c, x, z\}$ gelten folgende Verknüpfungen :

Durchschnitt	:	$A \cap B$	=	$\{c\}$
Vereinigung	:	$A \cup B$	=	$\{a, c, d, x, z\}$
Differenz	:	$A - B$	=	$\{a, d\}$
Differenz	:	$B - A$	=	$\{x, z\}$
Sym. Differenz	:	$A \oplus B$	=	$\{a, d, x, z\}$

Komplement einer Menge : Die Menge A sei eine Teilmenge der Menge M. Die Differenzmenge M ohne A sei B. Dann heißt B die Komplementmenge (das Komplement) von A bezüglich M und wird mit $\overline{A}$ bezeichnet.

Komplementmenge : $\overline{A} := M - A$

Verknüpfungen : $A \cap \overline{A} = \emptyset \qquad A \cup \overline{A} = M$

Generalisierte Verknüpfungen : Die Menge aller Elemente, die in jeder Menge A_i eines indizierten Mengensystems enthalten sind, heißt generalisierter Durchschnitt $\cap A_i$ des Mengensystems. Die Menge aller Elemente, die in mindestens einer Menge A_i eines indizierten Mengensystems enthalten sind, heißt generalisierte Vereinigung $\cup A_i$ des Mengensystems.

$$\bigcap_{i \in I} A_i := \{x \mid \bigwedge_{i \in I} (x \in A_i)\}$$

$$\bigcup_{i \in I} A_i := \{x \mid \bigvee_{i \in I} (x \in A_i)\}$$

Disjunkte Mengen : Die Mengen A und B heißen disjunkt, wenn sie keine gemeinsamen Elemente besitzen. Ein Mengensystem heißt disjunkt, wenn seine Elemente A_i paarweise disjunkt sind.

Disjunktion : $A \cap B = \emptyset$

Zerlegung : Eine Aufteilung einer Menge M in ein disjunktes System von Teilmengen T_i heißt eine Zerlegung (Partition) von M. Jedes Element von M ist in genau einer dieser Teilmengen enthalten, keine der Teilmengen ist leer und die Vereinigung der Teilmengen ist die Menge M.

$$M = T_1 \cup T_2 \cup \ldots \cup T_n$$

$$\bigwedge_i \bigwedge_m (i = m \quad \vee \quad T_i \cap T_m = \emptyset)$$

Beispiel 2 : Disjunkte Mengensysteme

Indizierte Mengen : $A_1 = \{a, b\} \qquad A_2 = \{b, c, d\} \qquad A_3 = \{d, e, f\}$

Disjunktes Mengensystem : $M = \{A_1, A_3\}$

Nicht disjunktes System : $M = \{A_1, A_2, A_3\}$

Mengenausdruck : Die Mengenausdrücke sind die Grundobjekte der Mengenalgebra. Eine Symbolfolge heißt Mengenausdruck, wenn sie nach folgenden Regeln gebildet ist (Syntax) :

(1) Jeder Mengenwert ist ein Ausdruck.

(2) Wenn A und B Ausdrücke sind, so sind auch $\overline{A}$, $(A \cap B)$, $(A \cup B)$ und $(A - B)$ Ausdrücke.

(3) Nur die nach den Regeln (1) und (2) gebildeten Symbolfolgen sind Ausdrücke.

Belegung eines Mengenausdrucks : Ein Mengenwert ist entweder eine Mengenkonstante oder eine Mengenvariable. Eine Mengenkonstante ist die in geschweifte Klammern eingeschlossene Darstellung einer spezifischen Menge. Eine Mengenvariable ist eine Zeichenfolge, die durch eine Mengenkonstante ersetzt wird. Ordnet man jeder Mengenvariablen in einem Ausdruck eine Mengenkonstante zu, so ist der Ausdruck belegt. Für diese Belegung werden die im Ausdruck enthaltenen Verknüpfungen ausgeführt. Der resultierende Wert des Ausdrucks ist eine Menge.

Rechenregeln : Sind die Mengenausdrücke Y und Z für alle Belegungen gleich, so heißt der logische Ausdruck Y = Z eine Rechenregel. Die Rechenregeln folgen aus den Definitionen der Mengenverknüpfungen $\cap, \cup$ und $-$ sowie den Wahrheitstafeln der Junktoren $\neg$, $\wedge$ und $\vee$. Die folgenden Ausdrücke mit den Mengenvariablen A, B und C sind Rechenregeln der Mengenalgebra.

Idempotenz	$A \cap A = A$	$A \cup A = A$
Kommutativität	$A \cap B = B \cap A$	$A \cup B = B \cup A$
Assoziativität	$(A \cap B) \cap C = A \cap (B \cap C)$	$(A \cup B) \cup C = A \cup (B \cup C)$
Distributivität	$A \cap (B \cup C) = (A \cap B) \cup (A \cap C)$	$A \cup (B \cap C) = (A \cup B) \cap (A \cup C)$
Absorption	$A \cap (A \cup B) = A$	$A \cup (A \cap B) = A$

Sind A, B und C Teilmengen von M und werden die Komplemente bezüglich M gebildet, so sind auch die folgenden Ausdrücke Rechenregeln.

Neutrale Mengen	$A \cap M = A$	$A \cup \emptyset = A$
Invariante Mengen	$A \cap \emptyset = \emptyset$	$A \cup M = M$
Reflexivität	$A \subseteq A$	$A \supseteq A$
Extremalität	$\emptyset \subseteq A$	$M \supseteq A$
Kontraktion	$A \cap B \subseteq A$	$A \cup B \supseteq A$
Monotonie	$A \subseteq B \Rightarrow A \cap C \subseteq B \cap C$	$A \supseteq B \Rightarrow A \cup C \supseteq B \cup C$
Komplementarität	$A \cap \overline{A} = \emptyset$	$A \cup \overline{A} = M$
Involutionsgesetz	$\overline{\overline{A}} = A$	$\overline{\overline{A}} = A$
Antitonie	$A \subseteq B \Rightarrow \overline{A} \supseteq \overline{B}$	$A \supseteq B \Rightarrow \overline{A} \subseteq \overline{B}$
De Morgan Regeln	$\overline{(A \cap B)} = \overline{A} \cup \overline{B}$	$\overline{(A \cup B)} = \overline{A} \cap \overline{B}$

2.3 RELATIONEN

Einführung : Zwischen den Elementen von Mengen können Beziehungen bestehen. In diesen Beziehungen kann die Reihenfolge der Betrachtung der Mengen von Bedeutung sein. Dieser Sachverhalt wird mit den Begriffen geordnetes Paar, direktes Produkt, Relation und Klasse beschrieben, die im folgenden behandelt sind.

Geordnetes Paar : In einer Menge ist die Reihenfolge der Elemente ohne Bedeutung, so daß $\{a,b\} = \{b,a\}$. Zwei Elemente a und b, deren Reihenfolge wesentlich ist, heißen ein geordnetes Paar. Ein geordnetes Paar wird in runde Klammern eingeschlossen. Die Elemente a und b können in verschiedenen Mengen enthalten sein. Zwei geordnete Paare (a,b) und (c,d) sind genau dann gleich, wenn $a = c$ und $b = d$.

geordnetes Paar : $(a, b) := \{\{a\}, \{a, b\}\}$
- a erste Komponente des geordneten Paars (a, b)
- b zweite Komponente des geordneten Paars (a, b)

gleiche Paare : $(a,b) = (c,d) \Leftrightarrow (a = c) \wedge (b = d)$

Kartesisches Produkt : Gegeben seien die Mengen A und B. Die Menge der geordneten Paare (a, b), die mit Elementen $a \in A$ und $b \in B$ gebildet werden können, heißt kartesisches Produkt (direktes Produkt) der Mengen A und B. Das kartesische Produkt wird mit $A \times B$ (sprich : A mal B) bezeichnet.

$$A \times B := \{(a, b) \mid a \in A \wedge b \in B\}$$

Relation : Gegeben seien die Mengen A und B sowie eine Verknüpfung der Elemente $a \in A$ und $b \in B$, deren Wert eine logische Konstante ist. Der Wert der Verknüpfung für das geordnete Paar (a, b) des Produkts $A \times B$ wird mit aRb (sprich : a steht in Relation zu b) bezeichnet und ist entweder wahr oder falsch.

Die Teilmenge R der Paare (a, b), für die aRb wahr ist, heißt eine Relation auf A und B. Die Relation ist also eine Menge und enthält diejenigen Elementpaare, deren Elemente in einer durch die Verknüpfungsregel festgelegten Beziehung zueinander stehen. Die Reihenfolge der Elemente a und b in der Verknüpfung ist für das Ergebnis der Verknüpfung von Bedeutung.

$$R := \{(a, b) \in A \times B \mid aRb\}$$

Relation in M : Die Teilmenge $R \subseteq M \times M$ des kartesischen Produktes einer Menge M mit sich selbst, für die aRb wahr ist, heißt eine Relation in M. Die Beziehungen zwischen den Aussagewerten aRb und bRa der Paare (a, b) und (b, a) bestimmen die Eigenschaften der Relation. Diese Eigenschaften sind im folgenden für $a, b, c \in M$ definiert.

$$R := \{ (a, b) \in M \times M \mid aRb \}$$

R ist reflexiv	$:\Leftrightarrow$	$\bigwedge_{a} (aRa)$
R ist antireflexiv	$:\Leftrightarrow$	$\bigwedge_{a} (\neg aRa)$
R ist symmetrisch	$:\Leftrightarrow$	$\bigwedge_{a} \bigwedge_{b} (aRb \Rightarrow bRa)$
R ist asymmetrisch	$:\Leftrightarrow$	$\bigwedge_{a} \bigwedge_{b} (aRb \Rightarrow \neg bRa)$
R ist identitiv	$:\Leftrightarrow$	$\bigwedge_{a} \bigwedge_{b} (aRb \wedge bRa \Rightarrow a = b)$
R ist linear	$:\Leftrightarrow$	$\bigwedge_{a} \bigwedge_{b} (aRb \vee bRa)$
R ist konnex	$:\Leftrightarrow$	$\bigwedge_{a} \bigwedge_{b} (a \neq b \Rightarrow aRb \vee bRa)$
R ist transitiv	$:\Leftrightarrow$	$\bigwedge_{a} \bigwedge_{b} \bigwedge_{c} (aRb \wedge bRc \Rightarrow aRc)$

Beispiel 1 : Die strenge Ordnungsrelation für natürliche Zahlen

Die strenge Ordnungsrelation $a < b$ in der Menge $\mathbb{N}$ der natürlichen Zahlen ist antireflexiv, asymmetrisch, konnex und transitiv.

Vollständigkeit einer Relation auf A und B : Die Teilmenge $R \subseteq A \times B$, für die aRb wahr ist, ist eine Relation auf den Mengen A und B. Die Teilmenge von A, für die es ein $b \in B$ gibt, so daß aRb wahr ist, heißt Linksbereich (Vorbereich) von R. Die Teilmenge von B, für die es ein $a \in A$ gibt, so daß aRb wahr ist, heißt Rechtsbereich (Nachbereich) von R. Die Relation heißt linksvollständig (linkstotal), wenn ihr Linksbereich gleich A ist. Die Relation heißt rechtsvollständig (rechtstotal), wenn ihr Rechtsbereich gleich B ist. Eine Relation, die links und rechts vollständig ist, heißt vollständig (bitotal).

R ist linkstotal	$:\Leftrightarrow$	$\bigwedge_{a} \bigvee_{b} (aRb)$
R ist rechtstotal	$:\Leftrightarrow$	$\bigwedge_{b} \bigvee_{a} (aRb)$
R ist bitotal	$:\Leftrightarrow$	R ist linkstotal $\wedge$ R ist rechtstotal

Eindeutigkeit einer Relation auf A und B : Eine Relation auf A und B heißt linkseindeutig, wenn die Aussagen aRb und cRb nur für a = c wahr sind. Die Relation heißt rechtseindeutig, wenn die Aussagen aRb und aRc nur für b = c wahr sind. Eine Relation, die linkseindeutig und rechtseindeutig ist, heißt eineindeutig.

R ist linkseindeutig $:\Leftrightarrow \quad \bigwedge_a \bigwedge_b \bigwedge_c (aRb \wedge cRb \quad \Rightarrow \quad a = c)$

R ist rechtseindeutig $:\Leftrightarrow \quad \bigwedge_a \bigwedge_b \bigwedge_c (aRb \wedge aRc \quad \Rightarrow \quad b = c)$

R ist eineindeutig $:\Leftrightarrow$ R ist linkseindeutig $\wedge$ R ist rechtseindeutig

Relationsdiagramm : Ein Relationsdiagramm zeigt drei Mengen : die Ausgangsmengen A und B sowie die Relation R. Die Elemente von A und B werden durch verschiedene Symbole dargestellt, beispielsweise leere und gefüllte Kreise. Die Elemente von R werden durch Strecken dargestellt. Für $R \subseteq A \times B$ werden diejenigen Elemente $a \in A$ und $b \in B$ mit Strecken verbunden, für die aRb wahr ist. Die folgenden Relationsdiagramme erläutern die Eindeutigkeit von R.

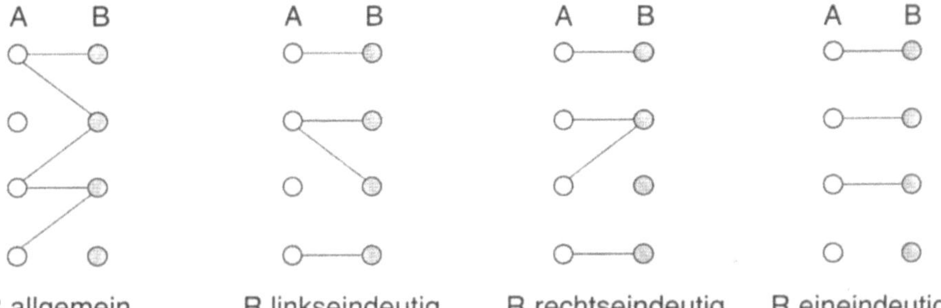

R allgemein m : n Beziehung | R linkseindeutig 1 : n Beziehung | R rechtseindeutig m : 1 Beziehung | R eineindeutig 1 : 1 Beziehung

n-stellige Relation : Eine Relation auf zwei Mengen heißt binäre Relation. Zur Beschreibung von Beziehungen zwischen n Mengen wird der Begriff Relation erweitert. Eine Anordnung von n Elementen, deren Reihenfolge wesentlich ist, heißt n-Tupel. Das n-Tupel wird mit Hilfe des geordneten Paars rekursiv definiert.

$$(x_1, x_2, \ldots, x_n) \quad := \quad ((x_1, x_2, \ldots, x_{n-1}), x_n)$$

Die Menge aller n-Tupel, die aus Elementen x_i der Mengen M_i mit $i \in \{1, 2, .., n\}$ gebildet werden können, heißt n-stelliges Produkt $M_1 \times M_2 \times \ldots \times M_n$. Sind die Mengen M_i gleich, so schreibt man für das n-stellige Produkt M^n.

Für das n-Tupel $(x_1, x_2, ..., x_n)$ sei eine Verknüpfung definiert, deren Ergebnis eine logische Konstante ist, die mit $Rx_1x_2...x_n$ bezeichnet wird. Die n-stellige Relation $R \subseteq M_1 \times ... \times M_n$ ist die Teilmenge der n-Tupel $(x_1, x_2, ..., x_n)$, für die $Rx_1 x_2...x_n$ wahr ist.

$$R := \{(x_1, x_2, ..., x_n) \in M_1 \times M_2 \times ... \times M_n \mid Rx_1 x_2 ... x_n \}$$

Beispiel 2 : Die natürlichen Zahlen a und b mit ihrer Summe $c = a + b$ bilden eine 3-stellige Relation auf $\mathbb{N}^3$:

$$R = \{(a, b, c) \in \mathbb{N}^3 \mid c = a + b\}$$

2.4 RELATIONSTYPEN

Jede Relation ist eine Teilmenge eines direkten Produktes. Häufig besitzen Relationen zusätzliche Eigenschaften. Relationen mit gleichen Eigenschaften bilden einen Relationstyp. Im folgenden sind einige Relationstypen definiert. Sie führen zu dem Begriff Klasse, der für die Modellbildung von zentraler Bedeutung ist.

Identische Relation : Die Menge aller geordneten Paare (a, a) des Produkts $A \times A$ heißt identische Relation I_A in der Menge A.

$$I_A \quad := \quad \{(a, a) \mid a \in A\}$$

Duale Relation : Die Menge R^{-1} heißt duale Relation (Umkehrrelation) der Relation R, wenn die Reihenfolge der Elemente in den geordneten Paaren (a, b) von R in R^{-1} vertauscht ist.

$$R^{-1} \quad := \quad \{(b, a) \mid (a, b) \in R\}$$

Kettung : Gegeben seien eine Relation R auf den Mengen A und B sowie eine Relation S auf den Mengen B und C. Die Menge der geordneten Paare $(a, c) \in A \times C$, für die es ein gemeinsames Element in B gibt, heißt Kettung (Komposition, zusammengesetzte Relation) von R und S. Die Reihenfolge von R und S ist wesentlich, da b das zweite Element von R und das erste Element von S ist. Die Kettung wird mit $S \circ R$ (sprich : S nach R) bezeichnet.

$$S \circ R \quad := \quad \{(a, c) \in A \times C \mid \bigvee_{b \in B} (aRb \quad \wedge \quad bSc)\}$$

Beispiel 1 : Duale Relation und Kettung

Gegeben seien die Mengen $A = \{1, 2, 5\}$ und $B = \{1, 3, 4\}$. Die Relation R sei die Menge der Paare (a, b) mit $a \in A$ und $b \in B$, für die $a < b$ wahr ist. Die Kettung dieser Relation mit ihrer dualen Relation ist keine Identität!

Mengenprodukt :	$A \times B$	=	$\{(1,1), (1,3), (1,4), (2,1), (2,3), (2,4), (5,1), (5,3), (5,4)\}$
Relation :	R	=	$\{(1,3), (1,4), (2,3), (2,4)\}$
Duale Relation :	R^{-1}	=	$\{(3,1), (4,1), (3,2), (4,2)\}$
Kettung :	$R \circ R^{-1}$	=	$\{(3,3), (3,4), (4,3), (4,4)\}$

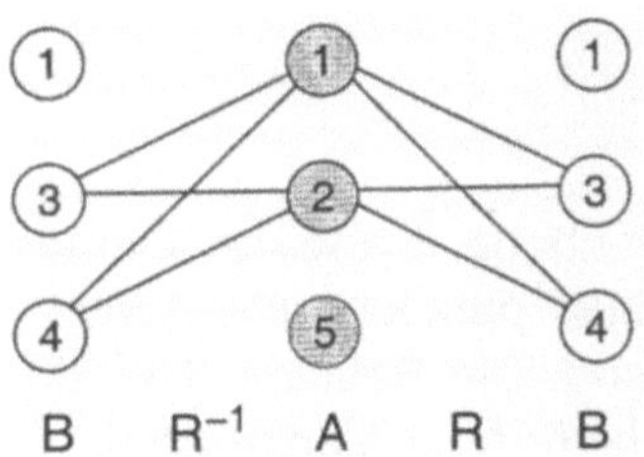

Äquivalenzrelation : Eine Relation $Ä \subseteq M \times M$ heißt Äquivalenzrelation in der Menge M, wenn sie reflexiv, symmetrisch und transitiv ist. Die Elemente x und y der Menge M heißen äquivalent, wenn die Menge Ä das Paar (x, y) enthält, und werden mit $x \sim y$ oder $xÄy$ bezeichnet.

Ä ist reflexiv : $x \sim x$
Ä ist symmetrisch : $x \sim y \Rightarrow y \sim x$
Ä ist transitiv : $x \sim y \wedge y \sim z \Rightarrow x \sim z$

Äquivalenzklasse : Eine Teilmenge der Elemente einer Menge M heißt eine Äquivalenzklasse in M, wenn die Elemente der Teilmenge paarweise äquivalent sind. Zur Bezeichnung einer Äquivalenzklasse wird ein beliebiges Element a der Klasse gewählt und in rechteckige Klammern [a] eingeschlossen. Das gewählte Element a heißt Repräsentant seiner Klasse.

$$[a] := \{ x \in M \mid (a, x) \in Ä \}$$

Zerlegung in Äquivalenzklassen : Die Äquivalenzklassen in einer Menge M für eine bestimmte Äquivalenzrelation Ä bilden eine Zerlegung von M :

(1) Jedes Element x der Menge M ist in mindestens einer Äquivalenzklasse enthalten, da (x, x) ein Element der reflexiven Relation Ä ist.

(2) Keine der Äquivalenzklassen [x] ist leer, da $(x, x) \in Ä$ und folglich mindestens x selbst ein Element von [x] ist.

(3) Jedes Element z der Menge M ist in genau einer Äquivalenzklasse enthalten. Ist z nämlich ein Element der Klassen [x] und [y], so folgt aus $z \sim x$ und $z \sim y$ für die symmetrische und transitive Relation Ä, daß $x \sim z$ und $x \sim y$, so daß $[x] = [y]$.

Quotientenmenge : Eine Menge, deren Elemente die Äquivalenzklassen einer Menge M für eine Äquivalenzrelation Ä sind, heißt Quotientenmenge und wird mit M/Ä (sprich : M modulo Ä) bezeichnet. Eine Teilmenge $R \subseteq M$ heißt Repräsentantensystem der Quotientenmenge M/Ä, wenn sie genau einen Repräsentanten jeder Klasse von M/Ä enthält.

$$M/Ä := \{ [x] \mid x \in M \}$$

Beispiel 2 : Parallele Geraden

Gegeben sei eine Menge M von Geraden in einer Ebene. Ein Teil der Geraden sei parallel zur x-Achse, die anderen Geraden seien parallel zur y-Achse. Zwei Geraden seien äquivalent, wenn sie parallel sind. Die Relation "Gerade a ist parallel zu Gerade b" besitzt die Eigenschaften einer Äquivalenzrelation :

Reflexivität : Jede Gerade ist parallel zu sich selbst.

Symmetrie : Ist Gerade a parallel zu Gerade b, so ist auch b parallel zu a.

Transitivität : Ist Gerade a parallel zu Gerade b und Gerade b parallel zu Gerade c, so ist auch a parallel zu c.

Die Äquivalenzrelation ist eine Folge der Abstraktion "Richtung einer Geraden". Sie zerlegt die Menge M in zwei Äquivalenzklassen. Die eine Klasse enthält alle Geraden, die parallel zur x-Achse verlaufen. Die andere Klasse enthält alle Geraden, die parallel zur y-Achse verlaufen. Das Repräsentantensystem enthält eine Gerade parallel zur x-Achse und eine Gerade parallel zur y-Achse.

Hülle : Eine Relation $H \subseteq A \times B$ heißt Hülle der Relation $R \subseteq A \times B$, wenn die Verknüpfungsregel für die Bildung der Menge H Elemente der Menge R enthält. Die Hülle H einer Relation R wird mit $<R>_x$ bezeichnet. Das Symbol x bezeichnet die Eigenschaften der Relation R, die in die Verknüpfungsregel für H eingehen.

Symmetrische Hülle : Die Relation $R \subseteq M \times M$ in der Menge M ist im allgemeinen nicht symmetrisch. Die symmetrische Hülle $<R>_s$ von R wird gebildet, indem für jedes Element $(x, y) \in R$ auch das duale Element (y, x) in die Hülle aufgenommen wird. Die symmetrische Hülle $<R>_s$ ist eine Erweiterung von R.

$$<R>_s := \{(x, y) \mid (x, y) \in R \lor (y, x) \in R\}$$

Verbindung : Betrachte die Relation $R \subseteq M \times M$ in der Menge M. Ein n-Tupel $(x_1, x_2, ..., x_n) \in M^n$ heißt eine Verbindung V_R der Elemente a und b durch R in M, wenn alle geordneten Paare (x_i, x_{i+1}) in der Relation R enthalten sind und $x_1 = a$, $x_n = b$. Die Anzahl $n-1$ der geordneten Paare heißt Länge der Verbindung. Für gegebene Elemente a, b in M kann es mehr als eine Verbindung mit gleichen oder verschiedenen Längen geben. Die Aussage "Die Elemente a und b sind durch R verbunden" bezeichnet man mit aV_Rb.

$$V_R := \{(x_1, x_2, ..., x_n) \mid i \in \{1,...,n-1\} \land \bigwedge_i ((x_i, x_{i+1}) \in R)\}$$

$$aV_R b :\Leftrightarrow \bigvee_{V_R} (x_1 = a \land x_n = b)$$

Transitive Hülle : Die Relation $R \subseteq M \times M$ in der Menge M enthält nur binäre Verbindungen. Die transitive Hülle $<R>_t$ von R wird gebildet, indem alle geordneten Elementpaare $(a, b) \in M^2$ in die Hülle aufgenommen werden, die durch R verbunden sind. Die transitive Hülle $<R>_t$ ist eine Erweiterung von R.

$$<R>_t := \{(a, b) \in M^2 \mid aV_Rb\}$$

Reflexiv-transitive Hülle : Ist eine Relation $R \subseteq M \times M$ nicht reflexiv, so ist auch ihre transitive Hülle $<R>_t$ nicht reflexiv. Die reflexiv-transitive Hülle $<R>_{rt}$ von R wird gebildet, indem alle geordneten Paare $(a, a) \in M^2$ in die Hülle aufgenommen werden.

$$<R>_{rt} := \{ (a, b) \in M^2 \mid (a, b) \in <R>_t \vee a = b \}$$

Reflexiv-symmetrisch-transitive Hülle : Die reflexiv-transitive Hülle der symmetrischen Hülle einer Relation $R \subseteq M \times M$ heißt reflexiv-symmetrisch-transitive Hülle $<R>_{rst}$ von R. Diese Hülle ist eine Äquivalenzrelation und kann daher zur Klassifikation der Menge M verwendet werden.

$$<R>_{rst} := \{ (a, b) \in M^2 \mid (a, b) \in <<R>_s>_t \vee a = b \}$$

Beispiel 3 : Komponentenprobleme

Die Menge der Einzelteile und der teilweise zusammengebauten Teile, die während der Montage einer Stahlkonstruktion auftreten, sei M. Diese Einzelteile und Zusammenbauteile heißen Komponenten der Montage. Die Aussage "Komponente x_1 wird beim Zusammenbau der Komponente x_2 unmittelbar benötigt" führt zu der Komponentenrelation $R \subseteq M \times M$. Die Menge R sei gegeben. Zu bestimmen ist der Wert der Aussage "Komponente x_1 wird beim Zusammenbau der Komponente x_2 mittelbar oder unmittelbar benötigt". Diese Aussage ist wahr, wenn (x_1, x_2) Element der transitiven Hülle $<R>_t$ der Komponentenrelation ist.

Beispiel 4 : Bahnverbindungen

Die Menge der betrachteten Bahnstationen sei M. Die Aussage "Von Station x_1 fährt ein Zug ohne Zwischenhalt zur Station x_2" führt zu einer Verkehrsrelation $R \subseteq M \times M$. Die Menge R sei gegeben. Zu bestimmen ist der Wert der Aussage "Von Station x_1 nach Station x_2 besteht eine Zugverbindung". Diese Aussage ist wahr, wenn (x_1, x_2) Element der transitiven Hülle $<R>_t$ der Verkehrsrelation ist.

2.5 ABBILDUNGEN

Einführung : Relationen stellen im allgemeinen keine eindeutigen Beziehungen zwischen den Elementen von Mengen her. Für viele Anwendungen ist es jedoch zweckmäßig, jedem Element einer Menge A genau ein Element einer Menge Z zuzuordnen. Verschiedenen Elementen von A kann dasselbe Element von Z zugeordnet sein. Relationen dieses Typs nennt man Abbildungen. Sind A und Z Zahlenmengen, so verwendet man auch die Bezeichnung Funktion statt der Bezeichnung Abbildung.

Abbildung : Eine Relation $f \subseteq A \times Z$ heißt eine Abbildung, wenn sie linkstotal und rechtseindeutig ist. Folgende Schreibweise ist üblich :

$f: A \to Z$	f ist eine Abbildung von A auf Z
A	Ausgangsmenge (Definitionsmenge) von f
Z	Zielmenge (Bildmenge, Wertemenge) von f

Bild eines Elementes : Ordnet die Abbildung f dem Element $a \in A$ das Element $z \in Z$ zu, so heißt z das Bild von a unter der Abbildung f. Element a heißt Urbild von z. Folgende Schreibweisen sind üblich :

$f : a \to z$ oder $f(a) = z$

Pfeildiagramm : Abbildungen werden mit Pfeildiagrammen dargestellt. Jedes Element der Ausgangsmenge ist der Anfangspunkt eines Pfeils. Die Pfeilspitze weist auf das Bildelement in der Zielmenge.

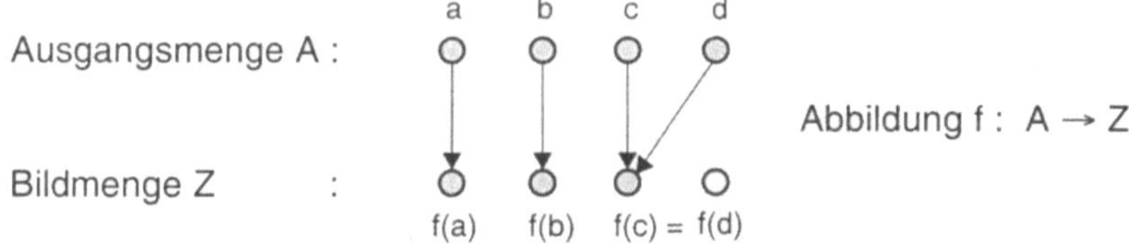

Faser : Jedes Element a der Ausgangsmenge A einer Abbildung $f : A \to Z$ besitzt ein eindeutiges Bild f(a) in Z. Ein Element z der Zielmenge Z kann kein, ein oder mehrere Urbilder besitzen. Die Menge der Urbilder eines Elements z der Zielmenge heißt Faser von f über z und wird mit $f^{-1}(z)$ bezeichnet.

$$f^{-1}(z) := \{x \in M \mid f(x) = z\}$$

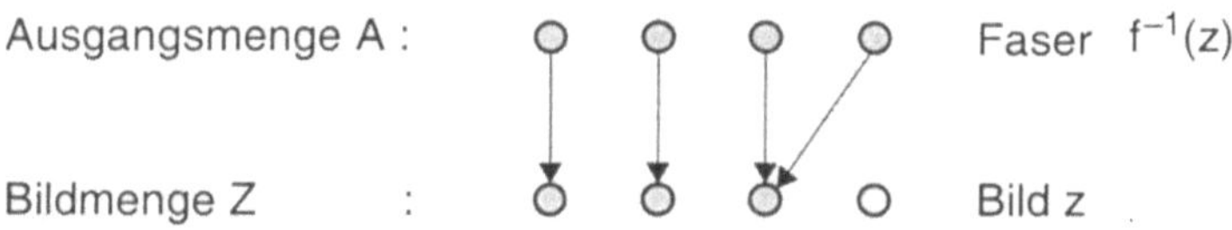

Bild einer Teilmenge : S sei eine Teilmenge der Ausgangsmenge A. Die Menge der Bilder der Elemente von S unter der Abbildung $f : A \rightarrow Z$ heißt Bild der Teilmenge S und wird mit f(S) bezeichnet.

$$f(S) := \{ z \in Z \mid z = f(x) \wedge x \in S \}$$

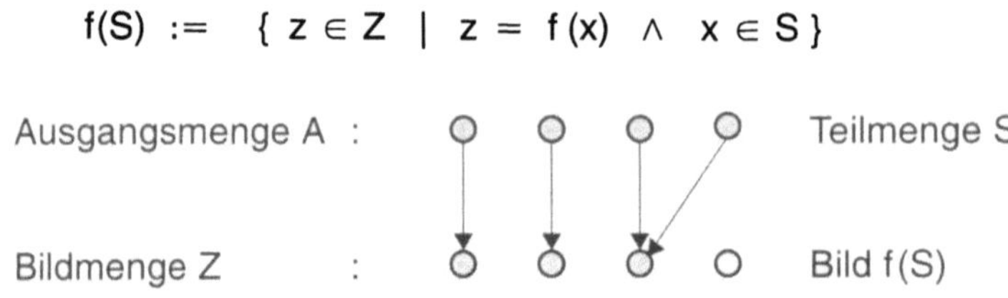

Urbild einer Teilmenge : U sei eine Teilmenge der Bildmenge Z. Die Vereinigung der Fasern der Elemente von U unter der Abbildung $f : A \rightarrow Z$ heißt Urbild der Teilmenge U und wird mit $f^{-1}(U)$ bezeichnet.

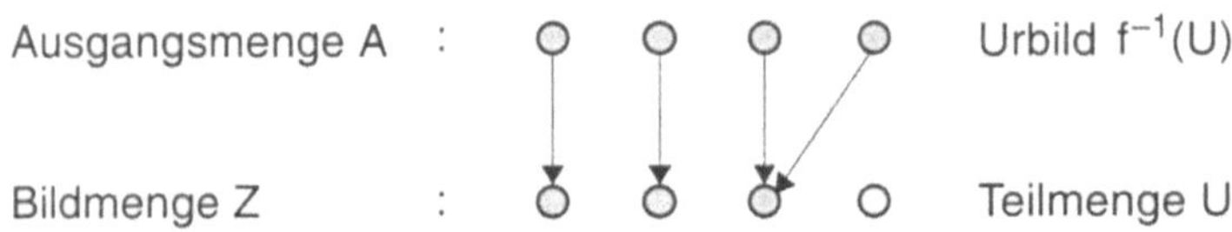

2.6 ABBILDUNGSTYPEN

Einführung : Alle Abbildungen sind linkstotale und rechtseindeutige Relationen. Häufig besitzen Abbildungen auch zusätzliche Eigenschaften. Abbildungen mit gleichen zusätzlichen Eigenschaften bilden einen Abbildungstyp. Häufig werden Abbildungstypen durch die Auswirkungen aufeinanderfolgender Abbildungen definiert. Im folgenden sind einige Abbildungstypen zusammengestellt.

Injektive Abbildung : Eine Abbildung $f: A \rightarrow Z$ heißt injektiv (eine Injektion), wenn zwei verschiedene Elemente $a \neq b$ der Menge A immer zwei verschiedene Bilder $f(a) \neq f(b)$ haben. Eine Injektion ist eine linkstotale eineindeutige Relation. Aus $f(a) = f(b)$ folgt $a = b$.

Injektion　　Keine Injektion

Surjektive Abbildung : Eine Abbildung $f : A \rightarrow Z$ heißt surjektiv (eine Surjektion), wenn jedes Element der Zielmenge Z das Bild mindestens eines Elementes von A ist. Eine Surjektion ist eine bitotale rechtseindeutige Relation. Ein Element $z \in Z$ kann das Bild von mehr als einem Element in A sein.

Surjektion　　Keine Surjektion

Bijektive Abbildung : Eine Abbildung $f : A \rightarrow Z$ heißt bijektiv (eine Bijektion), wenn jedes Element von Z das Bild genau eines Elementes von A ist. Eine Bijektion ist eine bitotale eineindeutige Relation. Die Anzahl der Elemente in A und Z ist gleich.

Bijektion　　Keine Bijektion

Permutation : Eine bijektive Abbildung $p : A \to A$ einer Menge auf sich selbst heißt eine Permutation P_i. Die Permutationen der Menge {a, b, c} sind folgende Mengen:

$$P_1 = \{(a,a), (b,b), (c,c)\} \qquad P_4 = \{(a,a), (b,c), (c,b)\}$$

$$P_2 = \{(a,c), (b,a), (c,b)\} \qquad P_5 = \{(a,b), (b,a), (c,c)\}$$

$$P_3 = \{(a,b), (b,c), (c,a)\} \qquad P_6 = \{(a,c), (b,b), (c,a)\}$$

Identische Abbildung : Eine Permutation $1_A : A \to A$ heißt eine identische Abbildung, wenn jedes Element $a \in A$ sein eigenes Bild $1_A(a)$ ist:

$$1_A : A \to A \qquad \text{mit} \qquad 1_A(a) = a$$

Gleiche Abbildungen : Die Abbildungen $f : A \to Z$ und $g : A \to Z$ heißen gleich, wenn die Bilder $f(a)$ und $g(a)$ für jedes Element $a \in A$ gleich sind:

$$(f = g) \quad :\Leftrightarrow \quad \bigwedge_{a \in A} (f(a) = g(a))$$

Konstante Abbildung : Die Abbildung $f : A \to Z$ heißt konstante Abbildung mit Wert c, wenn alle Elemente der Menge A dasselbe Bild c in der Menge Z besitzen:

$$(f : A \to \{c\}) \quad :\Leftrightarrow \quad \bigwedge_{a \in A} (f(a) = c)$$

Komposition : Eine Abbildung $g \circ f : A \to C$ (sprich: g nach f) heißt Komposition der Abbildungen f und g (Kettung der Abbildungen f und g, zusammengesetzte Abbildung $g \circ f$) wenn zuerst die Abbildung $f : A \to B$ und dann die Abbildung $g : B \to C$ ausgeführt wird. Für jedes Element $a \in A$ wird zunächst das Bild $b = f(a)$ bestimmt. Für das Element $b \in B$ wird dann das Bild $c = g(b)$ in C bestimmt. Die Komposition von Abbildungen ist assoziativ, im allgemeinen jedoch nicht kommutativ.

$$g \circ f : A \to C \qquad \text{mit} \qquad c = g(f(a))$$

$$h \circ (g \circ f) = (h \circ g) \circ f$$

Kommutatives Diagramm : Die Beziehungen zwischen den Abbildungen einer Komposition werden in Pfeildiagrammen dargestellt. Ein Diagramm von Abbildungen heißt kommutativ, wenn alle Kompositionen mit gleicher Ausgangsmenge und gleicher Zielmenge gleiche Abbildungen sind.

Beispiel 1 : Kommutatives Diagramm

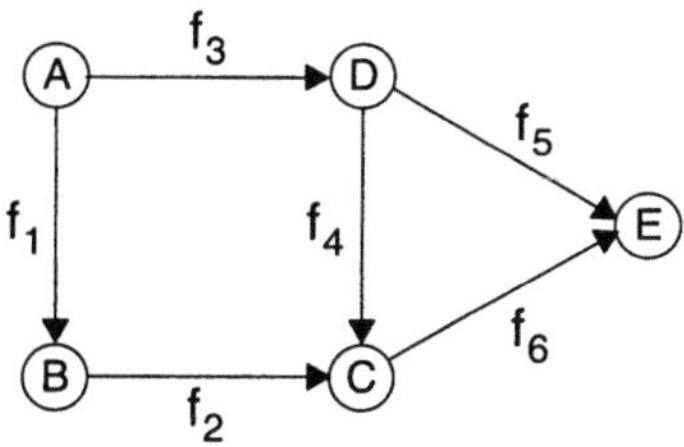

Die Ausführung der Abbildung $f_2 : B \rightarrow C$ nach der Abbildung $f_1 : A \rightarrow B$ und die Ausführung der Abbildung $f_4 : D \rightarrow C$ nach der Abbildung $f_3 : A \rightarrow D$ sind gleiche Abbildungen. Auch die Abbildung $f_5 : D \rightarrow E$ und die Ausführung der Abbildung $f_6 : C \rightarrow E$ nach der Abbildung $f_4 : D \rightarrow C$ sind gleiche Abbildungen.

$$f_2 \circ f_1 = f_4 \circ f_3$$

$$f_6 \circ f_4 = f_5$$

Nachweis des Abbildungstyps : Eine Abbildung $f : A \rightarrow Z$ ist genau dann injektiv, wenn es eine Abbildung $g : Z \rightarrow A$ gibt, so daß die zusammengesetzte Abbildung $g \circ f$ die identische Abbildung 1_A ist. Die Abbildung f ist genau dann surjektiv, wenn die Komposition $f \circ g$ die identische Abbildung 1_Z ist. Ist f injektiv und surjektiv, so ist f bijektiv.

$$f : A \rightarrow Z \text{ ist injektiv} \quad \Leftrightarrow \quad \bigvee_g (g : Z \rightarrow A \ \wedge \ g \circ f = 1_A)$$

$$f : A \rightarrow Z \text{ ist surjektiv} \quad \Leftrightarrow \quad \bigvee_g (g : Z \rightarrow A \ \wedge \ f \circ g = 1_Z)$$

$$f : A \rightarrow Z \text{ ist bijektiv} \quad \Leftrightarrow \quad \bigvee_g (g : Z \rightarrow A \ \wedge \ g \circ f = 1_A \ \wedge \ f \circ g = 1_Z)$$

Inverse Abbildung : Für jede bijektive Abbildung $f : A \rightarrow Z$ gibt es eine inverse Abbildung (Umkehrabbildung) $f^{-1} : Z \rightarrow A$. Aus $f(a) = z$ folgt $f^{-1}(z) = a$. Ist die Abbildung f nicht bijektiv, so besitzt sie auch keine Inverse.

A	f	Z
a	→	1
b	→	2
c	→	3

Abbildung

Z	f^{-1}	A
1	→	a
2	→	b
3	→	c

Inverse Abbildung

Beispiel 2 : Komposition von Abbildungen und inverse Abbildungen

Gegeben seien die Permutationen f und g einer Menge {1, 2, 3, 4} :

$$f = \{(1,2), (2,3), (3,4), (4,1)\}$$

$$g = \{(1,3), (2,4), (3,2), (4,1)\}$$

Die beiden Abbildungen sind bijektiv und besitzen folgende Inversen :

$$f^{-1} = \{(1,4), (2,1), (3,2), (4,3)\}$$

$$g^{-1} = \{(1,4), (2,3), (3,1), (4,2)\}$$

Die zusammengesetzten Abbildungen $g \circ f$ und $f \circ g$ sind verschieden :

$$g(f(1)) = g(2) = 4 \qquad f(g(1)) = f(3) = 4$$

$$g(f(2)) = g(3) = 2 \qquad f(g(2)) = f(4) = 1$$

$$g(f(3)) = g(4) = 1 \qquad f(g(3)) = f(2) = 3$$

$$g(f(4)) = g(1) = 3 \qquad f(g(4)) = f(1) = 2$$

$$g \circ f = \{(1,4), (2,2), (3,1), (4,3)\}$$

$$f \circ g = \{(1,4), (2,1), (3,3), (4,2)\}$$

Die Komposition von f und f^{-1} führt zur Identität :

$$f^{-1} \circ f = f \circ f^{-1} = \{(1,1), (2,2), (3,3), (4,4)\}$$

Folge : Eine Abbildung von Elementen der Menge $\mathbb{N}$ der natürlichen Zahlen in eine Menge M heißt eine Folge von Elementen aus M. Ist jeder natürlichen Zahl ein Element von M zugeordnet, so heißt die Folge unendlich. Wird ein Abschnitt {1, 2,...,n} von $\mathbb{N}$ in M abgebildet, so heißt die Folge endlich. Ist in einer Folge der natürlichen Zahl n das Element a_n zugeordnet, so bezeichnet man die Folge mit $<a_n>$. Die Glieder der Folge unterscheidet man durch ihren Index.

Beispiel 3 : Zeichenfolge

Die Zeichenfolge "motor" ist eine Abbildung der natürlichen Zahlen {1, 2, 3, 4, 5} in die Zeichenmenge des kleinen Alphabets.

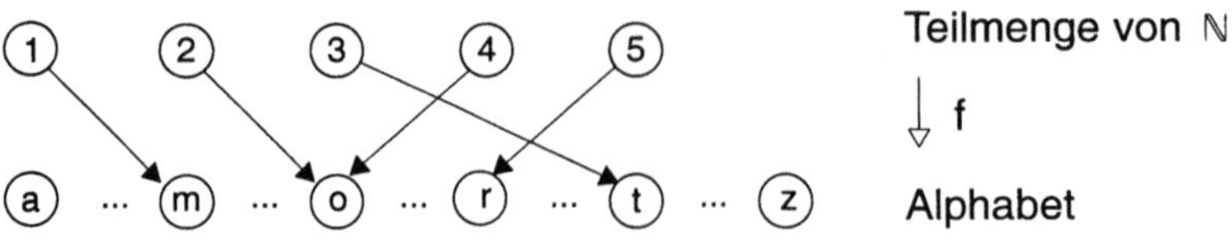

Kanonische Abbildung : Die Surjektion einer Menge M auf ihre Quotientenmenge M / Ä für eine bestimmte Äquivalenzrelation Ä heißt eine kanonische Abbildung von M. Das Bild des Elementes $a \in M$ ist die Äquivalenzklasse [a].

$$k : M \to M / Ä \qquad \text{mit} \qquad k(a) = [a]$$

Beispiel 4 : Kanonische Abbildung farbiger Kugeln

Gegeben sei eine Kugelmenge $M = \{a, b, c, d\}$. Die Kugeln a und d seien weiß, die Kugeln b und c seien schwarz. Die Äquivalenzrelation "gleichfarbig" zerlegt die Menge M in die Farbklassen {a, d} und {b, c}. Als Repräsentanten der Klassen werden die Kugeln a und c gewählt. Die kanonische Abbildung $k : M \to M / \text{Farbe}$ bildet die Kugeln wie folgt auf die Farbklassen ab :

$$k(a) = [a] \qquad k(b) = [c]$$
$$k(d) = [a] \qquad k(c) = [c]$$

Beschränkung einer Abbildung : Eine Abbildung $g : S \to B$ heißt eine Beschränkung der Abbildung $f : A \to B$, wenn S eine Teilmenge von A ist und die Bilder f(s) und g(s) jedes Elementes s von S gleich sind. Die Beschränkung von f auf die Menge S wird mit f | S (sprich : f beschränkt auf S) bezeichnet.

$$f \mid S = \{s \in A \mid s \in S \wedge f(s) = g(s)\}$$

Beispiel 5 : Beschränkung einer surjektiven Abbildung $f : A \to B$ auf $S = \{1, 4\}$

Abbildung $f : A \to B$ Abbildung $f \mid \{1, 4\} : S \to B$

Fortsetzung einer Abbildung : Eine Abbildung $h : M \to B$ heißt Fortsetzung der Abbildung $f : A \to B$, wenn f die Beschränkung von h auf die Menge A ist.

$$h : M \to B \text{ ist Fortsetzung von } f : A \to B \quad :\Leftrightarrow \quad f = h \mid A$$

Projektion einer Produktmenge : Die Indexmenge des kartesischen Produktes $M_1 \times ... \times M_n$ sei $I = \{1,...,n\}$. Die Indexmenge $K = \{i_1, ..., i_m\}$ sei eine Teilmenge von I, so daß $i_k \in I$ und $m \le n$. Die Surjektion p_k des Produktes $M_1 \times ... \times M_n$ auf das Produkt $M_{i_1} \times ... \times M_{i_m}$ heißt Projektion der Produktmenge $M_1 \times ... \times M_n$ auf die Indexmenge K.

$$p_k : M_1 \times M_2 \times ... \times M_n \quad \to \quad M_{i_1} \times M_{i_2} \times ... \times M_{i_m}$$

Funktion : Der Begriff Funktion wird in der Mathematik und in der Informatik verschieden definiert. Eine Abbildung $f : A \to Z$ heißt eine mathematische Funktion, wenn die Elemente der Mengen A und Z Zahlen sind. Die Menge A heißt Definitionsmenge der Funktion f. Die Menge Z heißt Bildmenge der Funktion f. Die Abbildungsregel $f(a)$ heißt Funktionsterm. Die Gleichung $z = f(a)$ heißt Funktionsgleichung. Das Bild eines bestimmten Elementes $x \in A$ heißt Funktionswert $f(x)$ für x. Der Funktionswert ist also eine Belegung des Funktionsterms.

Beispiel 6 : Sind die Mengen A und Z Teilmengen der Menge der reellen Zahlen $\mathbb{R}$, so heißt $f : A \to Z$ eine reelle Funktion einer reellen Variablen.

Funktionen mehrerer Variabler : Eine Abbildung $f : A \to Z$ heißt eine mathematische Funktion von n Variablen, wenn $A \subseteq \mathbb{R}^n$ und $Z \subseteq \mathbb{R}^m$ Produktmengen sind. Für $m = 1$ heißt die Funktion f eine Skalarfunktion. Für $m > 1$ heißt die Funktion eine Vektorfunktion.

2.7 KARDINALZAHLEN UND ABZÄHLBARKEIT

Einführung : Die Anzahl der Elemente einer endlichen Menge wird mit einer natürlichen Zahl beschrieben. Dieses Konzept kann nicht direkt auf unendliche Mengen (beispielsweise die Menge der natürlichen Zahlen) erweitert werden. Unendliche Mengen sind Gesamtheiten, die durch sukzessives Zusammenfügen ihrer Elemente niemals fertig werden und deshalb auch nicht vollständig aufgezählt werden können. Der zur Anzahl der Elemente einer endlichen Menge analoge Begriff für allgemeine (also endliche oder unendliche) Mengen ist die Kardinalzahl (Mächtigkeit) der Menge. Unendliche Mengen verschiedener Art können verschiedene Kardinalzahlen besitzen. Im folgenden werden die Kardinalzahlen und Operationen auf Kardinalzahlen behandelt.

Gleichmächtigkeit : Zwei Mengen A und B heißen gleichmächtig, wenn es eine bijektive Abbildung $f : A \to B$ gibt. Die Gleichmächtigkeit wird mit $A \sim B$ (sprich : A ist gleichmächtig zu B) bezeichnet. Als Folge der Eigenschaften bijektiver Abbildungen ist die Gleichmächtigkeit $\sim$ eine Äquivalenzrelation :

$\sim$ ist reflexiv	:	Die Abbildung $f : A \to A$ mit $f(x) = x$ ist bijektiv $A \sim A$
$\sim$ ist symmetrisch	:	$f : A \to B$ ist bijektiv $\Rightarrow$ $f^{-1} : B \to A$ ist bijektiv $A \sim B \Rightarrow B \sim A$
$\sim$ ist transitiv	:	$f : A \to B$ ist bijektiv $\wedge$ $g : B \to C$ ist bijektiv $\Rightarrow$ $h : A \to C$ mit $h = g \circ f$ ist bijektiv $A \sim B \ \wedge \ B \sim C \ \Rightarrow \ A \sim C$

Beispiel 1 : Gleichmächtige Mengen

Die endlichen Mengen $A = \{1, 3, 6, 7, 8\}$ und $B = \{a, b, d, i, m\}$ sind gleichmächtig, da es eine bijektive Abbildung $f : A \to B$ gibt. Die unendlichen Mengen $\mathbb{N} = \{0, 1, 2, 3, ...\}$ und $Z = \{0, 4, 8, 12, ...\}$ sind ebenfalls gleichmächtig, da es eine bijektive Abbildung $g : \mathbb{N} \to Z$ mit $f(x) = 4x$ gibt. Die Mächtigkeiten von A und $\mathbb{N}$ sind verschieden, da es wegen der Endlichkeit von A keine bijektive Abbildung von A auf $\mathbb{N}$ gibt.

Kardinalzahlen : In einem gegebenen Mengensystem $M = \{A, B, ...\}$ wird die Quotientenmenge $M/\sim$ bezüglich der Äquivalenzrelation $\sim$ (gleichmächtig) gebildet. Dann heißt ein Element der Quotientenmenge $M/\sim$ eine Kardinalzahl (eine Mächtigkeit) des gegebenen Mengensystems. Mit der kanonischen Abbildung $\text{card} : M \to M/\sim$ wird jeder Menge $A \in M$ eine Kardinalzahl card (A) zugeordnet. Die Kardinalzahl von A wird auch mit [A] oder $|A|$ bezeichnet.

Endliche und unendliche Mengen : Mit dem Begriff Kardinalzahl werden die Begriffe endliche Menge und unendliche Menge unabhängig von den natürlichen Zahlen definiert. Eine Menge M heißt unendlich, wenn es eine echte Teilmenge $A \subset M$ mit gleicher Mächtigkeit gibt, also $A \sim M$ oder card (A) = card (M). Sonst heißt die Menge M endlich. Die Kardinalzahl einer endlichen Menge heißt natürlich (finit), die Kardinalzahl einer unendlichen Menge heißt transfinit (nicht endlich).

Beispiel 2 : Endliche und unendliche Mengen

Die Menge $\mathbb{N}$ in Beispiel 1 ist unendlich, da sie die gleichmächtige echte Teilmenge Z enthält. Im Gegensatz hierzu sind die Mengen $\emptyset$, $\{a\}$ und $\{3, 6, 7\}$ endlich.

Operationen mit Kardinalzahlen : Auf der Menge der Kardinalzahlen eines gegebenen Mengensystems werden Operationen (innere Verknüpfungen) wie folgt definiert (ohne Beweis der Verträglichkeit) :

(1) Die Summe der Kardinalzahlen disjunkter Mengen A und B ist die Kardinalzahl der Vereinigung von A und B :
$A \cap B = \emptyset \quad \Rightarrow \quad \text{card}(A) + \text{card}(B) = \text{card}(A \cup B)$

(2) Das Produkt der Kardinalzahlen der Mengen A und B ist die Kardinalzahl des kartesischen Produktes von A und B :
$\text{card}(A) \cdot \text{card}(B) = \text{card}(A \times B)$

(3) Die Potenz card (B) einer Kardinalzahl card (A) ist die Kardinalzahl der Menge aller Abbildungen von B auf A :
$\text{card}(A)^{\text{card}(B)} = \text{card}(A^B)$
$A^B := \{f \mid f : B \rightarrow A\}$

Abzählbare Menge : Eine Menge M heißt abzählbar, wenn es eine Injektion $f : M \rightarrow \mathbb{N}$ der Menge M in die Menge $\mathbb{N} = \{0, 1, 2, \ldots\}$ der natürlichen Zahlen gibt. Anderenfalls heißt die Menge überabzählbar. Eine abzählbare Menge kann endlich oder unendlich sein.

$$\text{M ist abzählbar} \quad :\Leftrightarrow \quad \bigvee_f \; (f : M \rightarrow \mathbb{N} \text{ ist injektiv})$$

Eigenschaften abzählbarer Mengen

(A1) Das kartesische Produkt $\mathbb{N} \times \mathbb{N}$ der Menge $\mathbb{N} = \{0, 1, 2, \ldots\}$ der natürlichen Zahlen ist abzählbar.

(A2) Für jede Injektion $f : A \rightarrow B$ mit $A \neq \emptyset$ gibt es eine Surjektion $g : B \rightarrow A$, so daß $g \circ f = 1_A$.

(A3) Ist die Menge A abzählbar und die Abbildung $f : A \rightarrow B$ surjektiv, so ist die Menge B abzählbar.

(A4) Jede Teilmenge einer abzählbaren Menge ist abzählbar.

(A5) Sind die Mengen A und B abzählbar, so ist ihr kartesisches Produkt $A \times B$ abzählbar.

(A6) Eine abzählbare Vereinigung abzählbarer Mengen ist abzählbar.

Beweis : Eigenschaften abzählbarer Mengen

(A1) Das Produkt $\mathbb{N} \times \mathbb{N}$ ist abzählbar, wenn die Abbildung $f : \mathbb{N} \times \mathbb{N} \to \mathbb{N}$ mit $f(a, m) = (2a + 1)2^m - 1$ eine Injektion ist. Für jedes Element $(a, m) \in \mathbb{N} \times \mathbb{N}$ gibt es in der Abbildung f definitionsgemäß genau ein Element $k \in \mathbb{N}$. Für jedes $k \in \mathbb{N}$ gibt es ein Element $(a, m) \in \mathbb{N} \times \mathbb{N}$:

(a) Ist k gerade, so gilt $m = 0$ und $2a = k$.

(b) Ist k ungerade, so ist $k + 1 = (2a + 1)2^m$ gerade. Teile $k + 1$ durch 2 bis ein ungerader Rest v entsteht. Dies bestimmt $m > 0$ und $2a = v - 1$.

Die Zahlen $k_1 = (2a + 1)2^m - 1$ und $k_2 = (2b + 1)2^n - 1$ sind genau dann gleich, wenn $a = b \wedge m = n$:

$$k_1 = k_2 \Rightarrow (2a+1)2^m = (2b+1)2^n \Rightarrow a = b \wedge m = n$$

Da jedes Element $k \in \mathbb{N}$ ein eindeutiges Urbild $(a, m) \in \mathbb{N} \times \mathbb{N}$ besitzt, ist die Abbildung f injektiv. Sie ist sogar bijektiv !

(A2) Die Injektion $f : A \to B$ sei gegeben. Zur Konstruktion der Surjektion $g : B \to A$ wird ein beliebiges Element $a \in A$ gewählt. Dann wird g(y) für ein beliebiges Element $y \in B$ wie folgt gesetzt :

$$y \in f(A) : \quad g(y) = f^{-1}(y)$$
$$y \notin f(A) : \quad g(y) = a$$

Für ein beliebiges Element $x \in A$ gilt dann :

$$\begin{aligned} y := f(x) \Rightarrow \quad g \circ f(x) &= g(y) \qquad \text{mit} \quad y \in f(A) \\ &= f^{-1}(y) \\ &= x \end{aligned}$$

(A3) Die surjektive Abbildung $f : A \to B$ einer abzählbaren Menge A sei gegeben. Da A abzählbar ist, gibt es eine Injektion $g : A \to \mathbb{N}$. Für ein Element $y \in B$ sei $S_y := \{x \in A \mid x \in f^{-1}(y)\}$. In dem Bild $g(S_y)$ wird das kleinste Element bestimmt und mit m_y bezeichnet. Dann ist die Abbildung $h : B \to \mathbb{N}$ mit $h(y) = m_y$ eine Injektion. Folglich ist die Menge B abzählbar.

(A4) Für jede abzählbare Menge A gibt es definitionsgemäß eine Injektion $g : A \to \mathbb{N}$. Für die Teilmenge $B \subseteq A$ gibt es folglich eine eingeschränkte Injektion $g_B : B \to \mathbb{N}$. Wegen der Injektion g_B ist die Menge B abzählbar.

(A5) Für die abzählbaren Mengen A und B gibt es Injektionen $f: A \to \mathbb{N}$ mit $f(a) = n_1$ und $g: B \to \mathbb{N}$ mit $f(b) = n_2$. Folglich gibt es die Injektion $h: A \times B \to \mathbb{N} \times \mathbb{N}$ mit $h(a,b) = (n_1, n_2)$. Wegen der Eigenschaft (A1) gibt es eine Injektion $i: \mathbb{N} \times \mathbb{N} \to \mathbb{N}$. Die Komposition $i \circ h: A \times B \to \mathbb{N}$ ist eine Injektion. Folglich ist $A \times B$ abzählbar.

(A6) Die Menge $A \neq \emptyset$ sei abzählbar. Für jedes $a \in A$ sei eine abzählbare Menge X_a definiert. Da A und jedes X_a abzählbar sind, gibt es Surjektionen $f_a: \mathbb{N} \to X_a$ und $g: \mathbb{N} \to A$. Die Abbildung h wird wie folgt definiert :

$$h: \mathbb{N} \times \mathbb{N} \to \bigcup \{X_a \mid a \in A\} \quad \text{mit} \quad h(n,k) = f_{g(n)}(k)$$

Damit ist h surjektiv. Da $\mathbb{N} \times \mathbb{N}$ abzählbar ist, folgt aus (A3), daß die Vereinigung $\bigcup X_a$ abzählbar ist.

Beispiel 3 : Abzählbarkeit der rationalen Zahlen

Die Menge $\mathbb{Q}$ der rationalen Zahlen ist abzählbar unendlich, da eine bijektive Abbildung $f: \mathbb{N} \to \mathbb{Q}$ mit dem folgenden Schema gewonnen werden kann. Auf den Knoten sind alle Brüche $\frac{x}{y}$ abgebildet. Den Knoten, denen die Normalform einer rationalen Zahl zugeordnet ist, werden in der angegebenen Reihenfolge die natürlichen Zahlen {0, 1, 2,...} zugeordnet. Die Abbildung $f: \mathbb{N} \to \mathbb{Q}$ mit $f(n) = \frac{x}{y}$ ist bijektiv. Daher sind $\mathbb{Q}$ und $\mathbb{N}$ gleichmächtig.

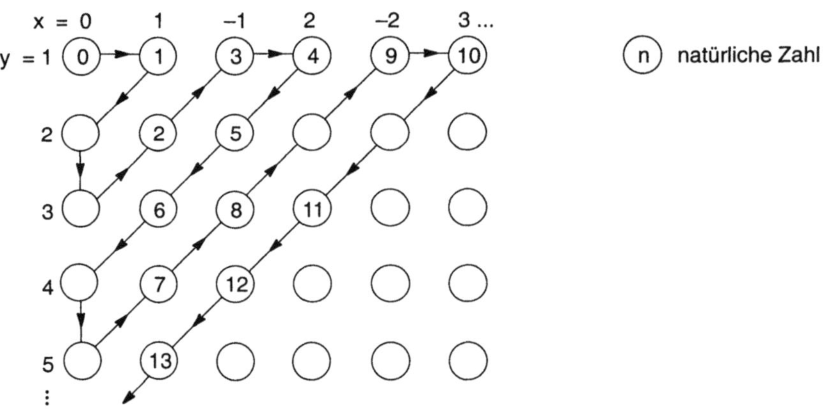

Beispiel 4 : Überabzählbarkeit des offenen Einheitsintervalls

Der indirekte Beweis der Überabzählbarkeit des offenen Einheitsintervalls $J = \{x \in \mathbb{R} \mid 0 < x < 1\}$ beruht auf der Annahme, J sei abzählbar. Dann gibt es eine bijektive Abbildung $f: \mathbb{N} \to J$ der natürlichen Zahlen n auf die unendlichen Dezimalbrüche x_n.

$$\begin{aligned} f(1) &= x_1 = 0.z_{11}\, z_{12}\, z_{13} \ldots \qquad z_{im} \in \{0,1,2,3,4,5,6,7,8,9\} \\ f(2) &= x_2 = 0.z_{21}\, z_{22}\, z_{23} \ldots \\ f(3) &= x_3 = 0.z_{31}\, z_{32}\, z_{33} \ldots \\ &\vdots \end{aligned}$$

Im Intervall J wird eine Zahl $y = 0.b_1 b_2 b_3 \ldots$ so gebildet, daß jede Ziffer b_i ungleich der Ziffer z_{ii} der Zahl x_i ist. Beispielsweise wird $b_i := 1$ bei $z_{ii} = 0$ und $b_i := 0$ bei $z_{ii} \neq 0$ gewählt. Dann ist y nicht in dem Schema enthalten. Dies ist ein Widerspruch, da y im Intervall J liegt. Folglich ist das offene Einheitsintervall überabzählbar.

Beispiel 5 : Überabzählbarkeit der reellen Zahlen

Die Menge $\mathbb{R}$ der reellen Zahlen ist überabzählbar, da es eine bijektive Abbildung des offenen Einheitsintervalls J auf die reellen Zahlen gibt. Die Mengen J und $\mathbb{R}$ sind folglich gleichmächtig. In Beispiel 4 ist gezeigt, daß J überabzählbar ist.

$$f : J \to \mathbb{R} \quad \text{mit} \quad f(x) = \frac{x - 0.5}{x(x - 1)}$$

2.8 STRUKTUREN

Einführung : Die Mathematik umfaßt zahlreiche Disziplinen, deren Grenzen historisch gewachsen sind. Die Mengen und die Relationen verschiedener Disziplinen besitzen gemeinsame Eigenschaften. Gliedert man die Mathematik nach diesen Eigenschaften, so erkennt man algebraische, ordinale und topologische Grundstrukturen. Aus diesen Grundstrukturen und zusätzlichen Axiomen werden die Mischstrukturen und die mathematischen Disziplinen abgeleitet. Diese Zusammenhänge sind für das Ingenieurwesen von großer Bedeutung, da im Computer nur einfache Strukturen zur Lösung von Ingenieuraufgaben zur Verfügung stehen.

Unstrukturierte Menge : Eine Menge heißt unstrukturiert, wenn es keine Relationen in der Menge gibt. Alle Mengen sind bei ihrer Definition zunächst unstrukturiert. Insbesondere ist die Reihenfolge, in der Elemente in einer Mengendefinition aufgezählt sind, ohne Bedeutung.

Gebilde : Das geordnete Paar (M ; R) aus einer Menge $M = \{a_1,\ldots,a_m\}$ von Elementen und einer Menge $R = \{R_1,\ldots,R_n\}$ von Relationen heißt ein Gebilde (eine strukturierte Menge). Die Relationen R werden der Menge M als Struktur aufgeprägt. Die Verträglichkeit der Relationen in R wird durch Regeln für das Gebilde hergestellt. Die Verträglichkeitsregeln prägen die Theorie des Gebildes.

Grundstrukturen : Eine Familie von Gebilden mit gleichartigen Relationen heißt eine Grundstruktur. In der Mathematik haben sich folgende Grundstrukturen herausgebildet :

Algebraische Struktur :	die Relationen beschreiben Beziehungen zwischen Elementen der gegebenen Mengen
Ordinale Struktur :	die Relationen beschreiben Beziehungen zwischen Elementen und Teilmengen der gegebenen Mengen
Topologische Struktur :	die Relationen beschreiben Beziehungen zwischen Teilmengen der gegebenen Mengen

Mischstrukturen : Ein Gebilde, das einer Menge Relationen aus mehr als einer Grundstruktur aufprägt, besitzt eine Mischstruktur (multiple Struktur). Die Verträglichkeit der Relationen einer Mischstruktur wird durch Regeln für das Gebilde hergestellt.

Abgeleitete Strukturen : Aus einem Gebilde (M ; R) werden neue Gebilde abgeleitet, indem an Stelle der Menge M die aus der Menge M abgeleiteten Mengen $S \subseteq M$, M^n und M/Ä mit gleichartigen Relationen versehen werden.

Unterstruktur : Bestimmte Relationen aus R sind auf Teilmengen $S \subseteq M$ beschränkt.

Produktstruktur : Dem kartesischen Produkt $M_1 \times ... \times M_n$ gleichartig strukturierter Mengen wird komponentenweise die gemeinsame Struktur R aufgeprägt.

Quotientenstruktur : Der Quotientenmenge M / Ä für eine Äquivalenzrelation Ä wird klassenweise die Struktur von M aufgeprägt.

Beispiel 1 : Algebraische Grundstruktur der natürlichen Zahlen

Das Gebilde $(\mathbb{N} ; + , \cdot)$ enthält die Menge $\mathbb{N}$ der natürlichen Zahlen sowie die Relationen Addition (Symbol +) und Multiplikation (Symbol $\cdot$). Die Relationen + und $\cdot$ werden durch das Distributivgesetz verträglich gemacht.

$$a \cdot (b + c) = (a \cdot b) + (a \cdot c)$$

Beispiel 2 : Mischstruktur der rationalen Zahlen

Das Gebilde $(\mathbb{Q} ; + , \cdot , \leq, d)$ ist eine Mischstruktur auf der Menge $\mathbb{Q}$ der rationalen Zahlen. Das Gebilde $(\mathbb{Q} ; + , \cdot)$ ist die algebraische Grundstruktur der rationalen Zahlen. Das Gebilde $(\mathbb{Q} ; \leq)$ ist die ordinale Grundstruktur der rationalen Zahlen. Das Gebilde $(\mathbb{Q} ; d)$ mit der Abstandsmetrik d ist die topologische Grundstruktur der rationalen Zahlen.

Beispiel 3 : Addition von Vektoren

Das Gebilde $(\mathbb{Z} ; +)$ prägt der Menge $\mathbb{Z}$ der ganzen Zahlen die Relation Addition als Struktur auf. Ein n-Tupel $(z_1, z_2, ..., z_n)$ des Mengenproduktes $\mathbb{Z}^n$ heißt ein Vektor. Für einen Vektor wird die Relation Addition (Symbol +) definiert, indem die Relation + des Gebildes $(\mathbb{Z} ; +)$ auf jede Komponente von $\mathbb{Z}^n$ angewandt wird. Das Gebilde $(\mathbb{Z}^n ; +)$ ist aus dem Gebilde $(\mathbb{Z} ; +)$ abgeleitet.

$$+ := \{ (a, b, c) \mid a_i = b_i + c_i \wedge i \in \{1, 2, ..., n\}\}$$

Strukturverträgliche Abbildung : Bei einer Abbildung $f : A \to Z$ können die Mengen A und Z Komponenten von Gebilden sein, beispielsweise (A ; +) und (Z ; +). Die Abbildung f heißt mit der Struktur der Gebilde verträglich, wenn das Bild $f(a_1 + a_2)$ der Summe zweier Elemente a_1 und a_2 aus A gleich der Summe ihrer Bilder $f(a_1)$ und $f(a_2)$ in der Zielmenge Z ist. Bei strukturverträglicher Abbildung bleiben wesentliche Eigenschaften der Ausgangsmenge A in der Zielmenge Z erhalten. Die Zielmenge Z kann daher zur Untersuchung der Struktur der Ausgangsmenge A benutzt werden. Dies ist insbesondere dann vorteilhaft, wenn die Anzahl der Elemente im Bild f(A) wesentlich geringer ist als die Anzahl der Elemente in A.

$$f(a_1 + a_2) = f(a_1) + f(a_2)$$

Morphismus : Eine Abbildung $f : A \rightarrow Z$ der Menge eines Gebildes $(A ; R_a)$ in die Menge eines Gebildes $(Z ; R_z)$ heißt ein Morphismus, wenn die Abbildungsregel f (a) strukturverträglich ist. Ist das geordnete Paar (a, b) der Elemente $a,b \in A$ in der Relation R_a enthalten, so ist bei strukturverträglicher Abbildung das geordnete Paar (f(a), f(b)) der Bilder $f(a), f(b) \in Z$ in der Relation R_z enthalten.

Isomorphie : Die Strukturen verschiedener Gebilde werden mit dem Begriff der Isomorphie vergleichbar gemacht. Die Gebilde $(A ; R_a)$ und $(Z ; R_z)$ heißen isomorph, wenn es einen Morphismus $f : A \rightarrow Z$ gibt, dessen Umkehrung f^{-1} : $Z \rightarrow A$ ebenfalls ein Morphismus ist. Da die Abbildung f bijektiv ist, ist die Zuordnung der Elemente von A und Z eineindeutig.

Automorphismus : Eine isomorphe Abbildung $f : A \rightarrow A$ heißt Automorphismus, da die strukturierte Menge $(A ; R_a)$ auf sich selbst abgebildet wird.

Beispiel 4 : Isotone Abbildung als Beispiel eines Morphismus

Gegeben seien zwei Mengen M_1 und M_2, die beide mit der Relation $<$ strukturiert sind. Eine Abbildung $f : M_1 \rightarrow M_2$ heißt isoton, wenn aus $x_1 < x_2$ folgt, daß $f(x_1) < f(x_2)$. Die isotone Abbildung aus dem Gebilde $(M_1 ; <)$ in das Gebilde $(M_2 ; <)$ ist ein Morphismus, der das Merkmal "geordnete Menge" erhält.

3 ALGEBRAISCHE STRUKTUREN

3.1 EINFÜHRUNG

Eine Menge erhält eine algebraische Struktur, indem Verknüpfungen von Elementen der Menge definiert werden. Verknüpfte Elemente können auch verschiedenen Mengen angehören. Die Art der Mengen bestimmt den Zweig der Algebra, beispielsweise :

- Boolesche Algebra für Wahrheitswerte
- Zahlenalgebra für Zahlenmengen
- Mengenalgebra für Teilmengen
- Vektoralgebra für Vektorräume

Computer können die algebraischen Grundoperationen für Wahrheitswerte und Zahlen verschiedenen Typs direkt ausführen. Daher sind algebraische Strukturen für die Ingenieurinformatik von großer Bedeutung. Die Eigenschaften anderer Strukturen, die im Rechner nicht direkt bearbeitet werden können, untersucht man im Rechner mit Hilfe der Eigenschaften verwandter algebraischer Strukturen.

Dieses Kapitel gibt einen Überblick über die algebraischen Strukturen. Grundlegend sind die Definitionen der inneren und der äußeren Verknüpfungen sowie die Eigenschaften dieser Verknüpfungen. Als typische Gebilde für Mengen mit einer Verknüpfung werden die Halbgruppen und Gruppen definiert, als typische Gebilde für Mengen mit zwei Verknüpfungen die Halbringe, Ringe, Körper und Verbände. Die äußere Verknüpfung führt zu Vektorräumen und der Matrizenalgebra. Wichtige Gebiete wie die Gruppentheorie und die Graphentheorie werden in eigenen Kapiteln behandelt.

3.2 INNERE VERKNÜPFUNG

Innere Verknüpfung : Die elementare algebraische Struktur einer Menge wird durch die innere Verknüpfung der Elemente dieser Menge erzeugt. Eine innere Verknüpfung ordnet jedem geordneten Paar (a, b) des direkten Produktes $M \times M$ genau ein Element c der Menge M zu. Eine innere Verknüpfung auf einer Menge M ist daher eine Abbildung f von $M \times M$ in M. Diese Abbildung ist definitionsgemäß linkstotal und rechtseindeutig.

$$f : M \times M \to M \quad \text{mit} \quad f(a,b) = c \quad \text{und} \quad a, b, c \in M$$

Häufig wird zur Bezeichnung einer inneren Verknüpfung an Stelle eines Buchstabens ein Operatorsymbol verwendet. Die Abbildung wird dann wie folgt dargestellt :

$$\circ : M \times M \to M \quad \text{mit} \quad a \circ b = c \quad \text{und} \quad a, b, c \in M$$

Assoziative Verknüpfung : Eine Verknüpfung $\circ$ auf einer Menge M heißt assoziativ, wenn das Ergebnis von zwei aufeinanderfolgenden Verknüpfungen nicht von der Reihenfolge abhängt, in der die Verknüpfungen ausgeführt werden.

$$(a \circ b) \circ c = a \circ (b \circ c) \qquad a, b, c \in M$$

Kommutative Verknüpfung : Eine Verknüpfung $\circ$ auf einer Menge M heißt kommutativ, wenn die Reihenfolge der Elemente a und b in der Verknüpfung $a \circ b$ das Ergebnis der Verknüpfung nicht beeinflußt.

$$a \circ b = b \circ a \qquad a, b \in M$$

Neutrales Element : Ein Element e der Menge M heißt das neutrale Element des Gebildes (M ; $\circ$), wenn jedes Element a von M durch die innere Verknüpfung mit e unverändert bleibt. Für eine innere Verknüpfung gibt es höchstens ein neutrales Element. Gäbe es nämlich zwei neutrale Elemente e_1 und e_2, so folgt aus $e_1 \circ e_2 = e_1 = e_2$, daß diese gleich sind.

$$e \text{ ist neutrales Element} \quad :\Leftrightarrow \quad \bigwedge_{a \in M} (a \circ e = e \circ a = a)$$

Inverses Element : Ein Element a^{-1} einer Menge M heißt das Inverse des Elementes a im Gebilde (M ; $\circ$), wenn die innere Verknüpfung von a und a^{-1} das neutrale Element e von (M ; $\circ$) ergibt. Gibt es für ein bestimmtes Element a ein inverses Element a^{-1}, so ist dieses eindeutig in M. Gäbe es nämlich zwei Inverse x und y von a, so folgt aus $x = e \circ x = y \circ a \circ x = y \circ e = y$, daß diese gleich sind.

$$a^{-1} \text{ ist inverses Element von } a \quad :\Leftrightarrow \quad a \circ a^{-1} = a^{-1} \circ a = e$$

Rechenregeln für invertierbare Elemente : In einem Gebilde $(M ; \circ)$ mit neutralem Element e gelten die folgenden Rechenregeln für die invertierbaren Elemente von $(M ; \circ)$:

(1) Das neutrale Element e ist invertierbar.
$e^{-1} = e$

(2) Ist das Element $a \in M$ invertierbar, so ist auch a^{-1} invertierbar.
$(a^{-1})^{-1} = a$

(3) Sind die Elemente $a, b \in M$ invertierbar, so ist auch $a \circ b$ invertierbar.
$(a \circ b)^{-1} = b^{-1} \circ a^{-1}$

Potenzen eines Elementes : $(M ; \circ)$ sei ein Gebilde mit assoziativer Verknüpfung und neutralem Element e. Ist n eine ganze Zahl und a ein invertierbares Element, so heißt das n-fache Produkt von a mit sich selbst die n-te Potenz von a.

$n > 0 : \quad a^n := a \circ a \circ \ldots \circ a \qquad$ n-fach

$n = 0 : \quad a^n := e$

$n < 0 : \quad a^n := a^{-1} \circ a^{-1} \circ \ldots \circ a^{-1} \qquad$ |n|-fach

Rechenregeln für Potenzen : $(M ; \circ)$ sei ein Gebilde mit assoziativer und kommutativer Verknüpfung und neutralem Element e. Die Elemente a und b von M seien invertierbar. Dann gelten für die ganzen Zahlen m und n die folgenden Rechenregeln :

(1) $a^m \circ a^n = a^{m+n}$ (2) $(a^m)^n = a^{mn}$

(3) $a^m \circ b^n = b^n \circ a^m$ (4) $(a \circ b)^n = a^n \circ b^n$

Idempotenz eines Elementes : $(M ; \circ)$ sei ein Gebilde mit assoziativer Verknüpfung. Ein Element $a \in M$ heißt idempotent, wenn die Verknüpfung von a mit sich selbst wieder a ist. Aus dieser Definition folgt, daß jede Potenz a^n eines idempotenten Elementes a mit $n > 0$ wiederum idempotent ist.

a ist idempotent $:\Leftrightarrow \quad a^2 = a \circ a = a$

Nilpotenz eines Elementes : $(M ; \circ)$ sei ein Gebilde mit assoziativer Verknüpfung und neutralem Element e. Ein Element a heißt nilpotent, wenn es eine positive ganze Zahl m gibt, so daß $a^m = e$ gilt. Ist ein Element nilpotent, so heißt die kleinste Zahl n mit $a^n = e$ der Grad der Nilpotenz von a.

a ist nilpotent vom Grad n $:\Leftrightarrow \quad (a^n = e \mid \bigwedge_{k=1}^{n-1} a^k \neq e)$

Ein Element a heißt selbstinvers, wenn das Element a zu sich selbst invers ist, so daß $a = a^{-1}$ gilt. Ein selbstinverses Element ist gleichzeitig nilpotent vom Grad $n = 2$.

$$a \text{ ist selbstinvers } :\Leftrightarrow \quad a^2 = a \circ a = e$$

Notation als Produkt oder als Summe : Innere Verknüpfungen werden entweder als Produkt mit dem Symbol $\circ$ oder als Summe mit dem Symbol + dargestellt. In der Produktform wird das neutrale Element e mit 1 bezeichnet, in der Summenform mit 0. Die Inverse des Elementes a wird in der Produktform mit a^{-1}, in der Summenform mit $-a$ bezeichnet. Die n-fache Verknüpfung eines Elementes a mit sich selbst wird in der Produktform mit a^n, in der Summenform mit na bezeichnet. Die Bedeutung der Ausdrücke ist nicht von der Notation abhängig.

Rechenregeln Inverse	$1^{-1} = 1$	$-0 = 0$
	$(a^{-1})^{-1} = a$	$-(-a) = a$
	$(a \circ b)^{-1} = b^{-1} \circ a^{-1}$	$-(a + b) = (-b) + (-a)$
Rechenregeln n–fach	$a^m \circ a^n = a^{m+n}$	$ma + na = (m + n)a$
	$(a^m)^n = a^{mn}$	$m(na) = (mn)a$
	$a^m \circ b^n = b^n \circ a^m$	$ma + nb = nb + ma$
	$(a \circ b)^n = a^n \circ b^n$	$n(a + b) = na + nb$
idempotent	$a \circ a = a$	$a + a = a$
selbstinvers	$a \circ a = 1$	$a + a = 0$

3.3 MENGEN MIT EINER VERKNÜPFUNG

Einführung : Die einfachsten algebraischen Strukturen bestehen aus einer Menge und einer inneren Verknüpfung. Eine algebraische Struktur wird definiert, indem bestimmte Eigenschaften der Verknüpfung durch Definition festgelegt werden. Diese Eigenschaften werden im folgenden Definitionseigenschaften der Struktur genannt. Aus den Definitionseigenschaften werden die Regeln für die Struktur abgeleitet. Die Definitionseigenschaften und die Regeln bilden zusammen die Theorie der algebraischen Struktur.

Dieser Abschnitt ist eine Einführung in die Theorie der Halbgruppen und der Gruppen. Dabei wird die Summennotation mit dem Symbol $+$ für die innere Verknüpfung verwendet. Statt der Summennotation wird in der Literatur auch die Produktnotation mit dem Symbol $\circ$ benutzt. Nach Abschnitt 3.2 sind die beiden Notationen gleichwertig. Ausgehend von den Definitionseigenschaften werden die algebraischen Regeln für Halbgruppen und Gruppen formuliert und bewiesen. Die Anwendbarkeit wird für Zahlen, Mengen, Relationen und geometrische Figuren gezeigt.

Halbgruppe : Ein Gebilde $(M\,;+)$ mit der inneren Verknüpfung $+$ auf der Menge M heißt Halbgruppe, wenn gilt :

(1) Die Verknüpfung $+$ für alle Elemente von M ist assoziativ.

Eine Halbgruppe $(M\,;+)$ heißt kommutativ, wenn die Verknüpfung $+$ für alle Elemente von M kommutativ ist. Eine Halbgruppe $(M\,;+)$ heißt idempotent, wenn die Verknüpfung $+$ für alle Elemente von M idempotent ist. Eine kommutative und idempotente Halbgruppe heißt auch Halbverband.

Halbgruppe mit neutralem Element : Ein Gebilde $(M\,;+)$ mit der inneren Verknüpfung $+$ auf der Menge M heißt Halbgruppe mit neutralem Element oder auch Monoid, wenn neben (1) zusätzlich gilt :

(2) Die Menge M enthält das neutrale Element der Verknüpfung $+$.

Gruppe : Ein Gebilde $(M\,;+)$ mit der inneren Verknüpfung $+$ auf der Menge M heißt Gruppe, wenn neben (1) und (2) zusätzlich gilt :

(3) Die Menge M enthält für jedes Element a von M das inverse Element $-a$.

Eine Gruppe $(M\,;+)$ heißt kommutativ oder abelsch, wenn die Verknüpfung $+$ für alle Elemente von M kommutativ ist. Eine Gruppe $(M\,;+)$ heißt selbstinvers, wenn die Verknüpfung für alle Elemente von M selbstinvers ist.

Regeln für idempotente Halbgruppen : Idempotente Halbgruppen mit neutralem Element sind für Anwendungen von besonderer Bedeutung. Aus den Definitionseigenschaften ergeben sich folgende algebraische Regeln :

(1) Ist (M ; +) eine idempotente Halbgruppe mit dem neutralen Element n, so existiert für kein Element $a \neq n$ von M ein inverses Element.

(2) Ist (M ; +) eine idempotente Halbgruppe mit dem neutralen Element n, so folgt aus $a + b = n$ stets $a = b = n$.

$$a + b = n \quad \Rightarrow \quad a = n \ \wedge \ b = n$$

(3) Ist (M ; +) eine idempotente Halbgruppe mit mehr als einem Element, so kann (M ; +) keine Gruppe sein.

Beweis : Regeln für idempotente Halbgruppen

(1) Eine Halbgruppe (M ; +) ist definitionsgemäß idempotent, wenn $a + a = a$ für alle Elemente $a \in M$ gilt. Besitzt a ein Inverses (–a), so folgt aus $a = a + n$ mit $n = (a + (-a))$, der Idempotenz $a + a = a$ und dem assoziativen Gesetz, daß $a = a + n = a + (a + (-a)) = (a + a) + (-a) = a + (-a) = n$. Damit ist das neutrale Element n das einzige Element, das ein Inverses besitzt.

(2) Aus $a + b = n$ folgt, daß a invers zu b und b invers zu a ist. Nach (1) existiert jedoch für kein Element $a \neq n$ ein inverses Element. Folglich gilt $a + b = n$ nur für $a = n$ und $b = n$.

(3) Eine Gruppe (M ; +) enthält für jedes Element $a \in M$ definitionsgemäß ein inverses Element (–a). Eine idempotente Halbgruppe (M ; +) enthält jedoch nach (1) für kein Element $a \neq n$ ein inverses Element. Folglich kann eine idempotente Halbgruppe mit mehr als einem Element keine Gruppe sein.

Regeln für Gruppen : Aus den Definitionseigenschaften von Gruppen ergeben sich folgende algebraische Regeln :

(1) Ist (M ; +) eine Gruppe, so gelten die Kürzungsregeln :

$$a + b = a + c \quad \Rightarrow \quad b = c$$
$$b + a = c + a \quad \Rightarrow \quad b = c$$

(2) Ist (M ; +) eine Gruppe, so ist jede Gleichung eindeutig lösbar.

$$a + x = b \qquad x = (-a) + b$$
$$x + a = b \qquad x = b + (-a)$$

(3) Ist (M ; +) eine kommutative Gruppe, so besitzen die Gleichungen $a + x = b$ und $x + a = b$ die gleiche Lösung.

(4) Ist (M ; +) eine selbstinverse Gruppe, so ist sie kommutativ.

Beweis : Regeln für Gruppen

(1) Wird die Gleichung $a + b = a + c$ beiderseits von links mit $(-a)$ verknüpft, so folgt für die linke Seite $(-a) + (a + b) = ((-a) + a) + b = b$ und für die rechte Seite $(-a) + (a + c) = ((-a) + a) + c = c$, so daß $b = c$ gilt. Damit ist die Gültigkeit der ersten Kürzungsregel nachgewiesen. Analog hierzu wird die Gültigkeit der zweiten Kürzungsregel nachgewiesen.

(2) Wird die Gleichung $a + x = b$ beiderseits von links mit $(-a)$ verknüpft, so folgt für die linke Seite $(-a) + (a + x) = ((-a) + a) + x = x$ und für die rechte Seite $(-a) + b$, so daß $x = (-a) + b$ gilt. Analog hierzu wird nachgewiesen, daß die Gleichung $x + a = b$ die eindeutige Lösung $x = b + (-a)$ besitzt.

(3) Ist die Gruppe $(M ; +)$ kommutativ, so sind die Gleichungen $a + x = b$ und $x + a = b$ wegen der Kommutativität $a + x = x + a$ äquivalent. Da die Lösung eindeutig ist, besitzen sie die gleiche Lösung.

(4) Ist die Gruppe $(M ; +)$ selbstinvers, so gilt definitionsgemäß $a + a = n$ für alle Elemente $a \in M$. Wird die Gleichung $(a + b) + (a + b) = n$ beiderseits von links mit a und von rechts mit b verknüpft, so folgt für die linke Seite $a + (a + b) + (a + b) + b = (a + a) + b + a + (b + b) = n + b + a + n = b + a$ und für die rechte Seite $a + n + b = a + b$, so daß die Kommutativität $b + a = a + b$ gilt. Folglich ist eine selbstinverse Gruppe $(M ; +)$ kommutativ.

Beispiel 1 : Zahlengebilde

(1) Das Gebilde $(\mathbb{N}' ; +)$ für die Addition positiver natürlicher Zahlen ist eine kommutative Halbgruppe.

(2) Das Gebilde $(\mathbb{N} ; +)$ für die Addition natürlicher Zahlen einschließlich 0 ist eine kommutative Halbgruppe mit dem neutralen Element 0.

(3) Das Gebilde $(\mathbb{Z} ; +)$ für die Addition ganzer Zahlen ist eine kommutative Gruppe mit dem neutralen Element 0.

(4) Das Gebilde $(\mathbb{Q} ; \circ)$ für die Multiplikation rationaler Zahlen ist eine kommutative Halbgruppe mit dem neutralen Element 1. Das Element 0 besitzt als einziges Element von $\mathbb{Q}$ kein Inverses. Das Gebilde $(\mathbb{Q}' ; \circ)$ für die Multiplikation rationaler Zahlen ohne 0 ist eine kommutative Gruppe.

(5) Das Gebilde $(\mathbb{N} ; \mathrm{Min})$ für das Minimum $\mathrm{Min}\{a, b\}$ natürlicher Zahlen ist eine idempotente und kommutative Halbgruppe und daher ein Halbverband.

- Die Verknüpfung Min ist assoziativ.
  $\mathrm{Min}\,\{a, \mathrm{Min}\{b, c\}\} = \mathrm{Min}\,\{\mathrm{Min}\{a, b\}, c\}$
- Die Verknüpfung Min ist kommutativ.
  $\mathrm{Min}\,\{a, b\} = \mathrm{Min}\{b, a\}$
- Die Verknüpfung Min ist idempotent.
  $\mathrm{Min}\,\{a, a\} = a$

Beispiel 2 : Mengengebilde

Gegeben sei eine Grundmenge M. Jede Teilmenge $A \subseteq M$ ist ein Element der Potenzmenge P(M). Auf der Potenzmenge P(M) sind die inneren Verknüpfungen Vereinigung $\cup$, Durchschnitt $\cap$ und symmetrische Differenz $\oplus$ definiert (siehe Abschnitt 2.2). Die Eigenschaften der Mengengebilde (P(M); $\cup$), (P(M); $\cap$) und (P(M); $\oplus$) sind in der folgenden Tabelle für Elemente $A, B, C \in P(M)$ zusammengestellt.

Eigenschaft	(P(M) ; $\cup$)	(P(M) ; $\cap$)	(P(M) ; $\oplus$)
assoziativ	$A\cup(B\cup C) = (A\cup B)\cup C$	$A\cap(B\cap C) = (A\cap B)\cap C$	$A\oplus(B\oplus C) = (A\oplus B)\oplus C$
kommutativ	$A\cup B = B\cup A$	$A\cap B = B\cap C$	$A\oplus B = B\oplus A$
neutrales Element	$A\cup\emptyset = A$	$A\cap M = A$	$A\oplus\emptyset = A$
idempotent	$A\cup A = A$	$A\cap A = A$	
selbstinvers			$A\oplus A = \emptyset$

Die algebraische Struktur der verschiedenen Gebilde ist direkt aus der Tabelle ablesbar :

(1) Das Gebilde (P(M); $\cup$) ist eine kommutative und idempotente Halbgruppe mit der Leermenge $\emptyset$ als neutralem Element und daher ein Halbverband mit dem neutralen Element $\emptyset$.

(2) Das Gebilde (P(M); $\cap$) ist eine kommutative und idempotente Halbgruppe mit der Grundmenge M als neutralem Element und daher ein Halbverband mit dem neutralen Element M.

(3) Das Gebilde (P(M); $\oplus$) ist eine kommutative Gruppe mit der Leermenge $\emptyset$ als neutralem Element. Es besitzt die besondere Eigenschaft, daß jedes Element $A \in P(M)$ selbstinvers ist. Das Gebilde (P(M); $\oplus$) ist daher eine selbstinverse Gruppe mit dem neutralen Element $\emptyset$.

Beispiel 3 : Relationengebilde

Gegeben sei eine Grundmenge M. Jede Relation A ist eine Menge von geordneten Paaren (a, b) mit $a, b \in M$. Sie ist eine Teilmenge des direkten Produktes $M \times M$ und damit ein Element der Potenzmenge $P(M \times M)$. Auf der Potenzmenge $P(M \times M)$ ist neben der Vereinigung $\cup$ und dem Durchschnitt $\cap$ die Kettung $\circ$ als innere Verknüpfung definiert (siehe Abschnitt 2.4). Die Relationengebilde ($P(M \times M)$; $\cup$) und ($P(M \times M)$; $\cap$) sind wie die Mengengebilde Halbverbände. Das Relationengebilde ($P(M \times M)$; $\circ$) ist eine Halbgruppe mit der identischen Relation I als neutralem Element. Für die Elemente $A, B, C \in P(M \times M)$ gilt nämlich :

Eigenschaft	(P(M × M) ; ∘)
assoziativ neutrales Element	$A \circ (B \circ C) = (A \circ B) \circ C$ $A \circ I = A = I \circ A$

Beispiel 4 : Deckgruppe eines gleichseitigen Dreiecks

Ein gleichseitiges Dreieck ABC wird durch Drehungen von 0 Grad, 120 Grad und 240 Grad um seinen Mittelpunkt 0 in verschiedene deckungsgleiche Lagen gebracht. Die Drehung a_0 um 0 Grad beläßt das Dreieck in seiner Lage. Die Drehung a_1 um 120 Grad führt A nach B, B nach C und C nach A. Die Drehung a_2 um 240 Grad führt A nach C, B nach A und C nach B. Drehungen, die sich um ein Vielfaches von 360 Grad unterscheiden, seien gleich.

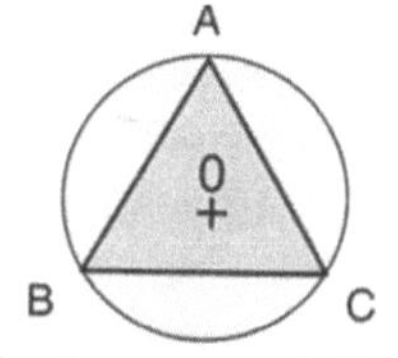

Drehung a_0 : 0 Grad

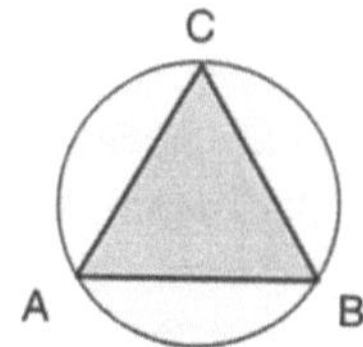

Drehung a_1 : 120 Grad

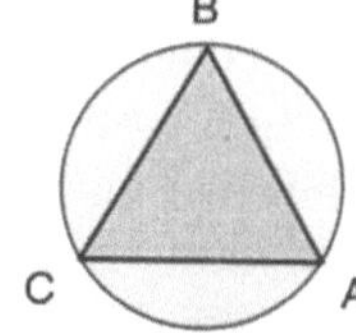

Drehung a_2 : 240 Grad

Als Menge G werden die unterscheidbaren Deckdrehungen $\{a_0, a_1, a_2\}$ eingeführt. Als innere Verknüpfung $\circ : G \times G \to G$ wird die zusammengesetzte Drehung mit $a_i \circ a_m$ (Drehung a_i nach Drehung a_m) gewählt. Das Ergebnis $a_n = a_i \circ a_m$ ist die Drehung a_n, die zu derselben Lage des Dreiecks ABC führt wie die Ausführung der Drehung a_i nach der Drehung a_m. Die Verknüpfungen sind in der folgenden Produkttafel für $a_i \circ a_m$ dargestellt.

∘	a_0	a_1	a_2
a_0	a_0	a_1	a_2
a_1	a_1	a_2	a_0
a_2	a_2	a_0	a_1

Das Gebilde (G ; ∘) ist eine Gruppe. Das neutrale Element ist a_0. Die inversen Elemente sind $a_0^{-1} = a_0$, $a_1^{-1} = a_2$ und $a_2^{-1} = a_1$. In (G ; ∘) gilt das assoziative Gesetz. Die Produkttafel ist symmetrisch, so daß $a_i \circ a_k = a_k \circ a_i$ gilt. Damit ist die Gruppe kommutativ.

Gegeben sei die Gleichung $a_1 \circ x = a_0$. Die Lösung $x = a_1^{-1} \circ a_0$ wird mit der Produkttafel wie folgt bestimmt :

$$x = a_1^{-1} \circ a_0 = a_2 \circ a_0 = a_2$$

3.4 MENGEN MIT ZWEI VERKNÜPFUNGEN

3.4.1 EINFÜHRUNG

Eine algebraische Struktur für eine Menge mit zwei inneren Verknüpfungen läßt sich zerlegen in zwei algebraische Teilstrukturen für die Menge mit je einer inneren Verknüpfung und die Verträglichkeitseigenschaften der beiden Verknüpfungen. Nach diesem Zerlegungsprinzip wird eine algebraische Struktur mit zwei Verknüpfungen definiert, indem die beiden algebraischen Teilstrukturen und die Verträglichkeitseigenschaften durch Definition widerspruchsfrei festgelegt werden. Aus diesen Definitionseigenschaften werden die Regeln der algebraischen Struktur abgeleitet. Die Definitionseigenschaften und Regeln bilden die Theorie der algebraischen Struktur.

Als Verallgemeinerung der Zahlentheorie werden algebraische Strukturen für additive und multiplikative Gebilde $(M ; +, \circ)$ behandelt. Die Teilgebilde $(M ; +)$ und $(M ; \circ)$ für die Addition $+$ und die Multiplikation $\circ$ besitzen unterschiedliche mathematische Eigenschaften. Die Verträglichkeit der Addition $+$ und der Multiplikation $\circ$ wird durch das distributive Gesetz sichergestellt. Unterschiedliche Eigenschaften der Teilgebilde $(M ; +)$ und $(M ; \circ)$ führen zu verschiedenen algebraischen Strukturen. Wesentliche Strukturen sind der Halbring, der Ring und der Körper.

Als Verallgemeinerung der Theorie der Wahrheitswerte und der Mengen werden algebraische Strukturen für duale Gebilde $(M ; \sqcup, \sqcap)$ mit der Disjunktion $\sqcup$ und der Konjunktion $\sqcap$ behandelt. Die Teilgebilde $(M ; \sqcup)$ und $(M ; \sqcap)$ besitzen gleiche mathematische Eigenschaften, so daß die Verknüpfungen $\sqcup$ und $\sqcap$ vertauschbar sind. Diese Vertauschbarkeit begründet die Dualität. Die Verträglichkeit wird durch das adjunktive, das distributive und das komplementäre Gesetz in der dualen Form sichergestellt. Beispiele von Gebilden mit dualer Struktur sind der Verband und der boolesche Verband.

3.4.2 ADDITIVE UND MULTIPLIKATIVE GEBILDE

Einführung : Als Verallgemeinerung der algebraischen Struktur von Zahlen werden Gebilde (M ; +, ∘) mit den inneren Verknüpfungen + (Addition) und ∘ (Multiplikation) auf der Menge M behandelt. Das additive Gebilde (M ; +) und das multiplikative Gebilde (M ; ∘) besitzen unterschiedliche mathematische Eigenschaften, so daß die Verknüpfungen + und ∘ nicht vertauschbar sind. Die Verträglichkeit der beiden Verknüpfungen wird durch die distributiven Gesetze gewährleistet. Es wird vorausgesetzt, daß die Menge M mehr als ein Element enthält.

Rang der Verknüpfungen : Der Wert des Ausdrucks $a + b \circ c$ in einem Gebilde (M ; +, ∘) ist nicht eindeutig, sondern von der Reihenfolge der Ausführung der Verknüpfungen + und ∘ abhängig. Daher wird die Reihenfolge der Ausführung durch den Rang der Verknüpfungen (∘ vor +) festgelegt. Der Rang kann durch Klammerung aufgehoben werden, beispielsweise im Ausdruck $(a + b) \circ c$: die Addition wird hier vor der Multiplikation ausgeführt.

Distributive Gesetze : Die distributiven Gesetze sichern die Verträglichkeit der Verknüpfungen + und ∘ im Gebilde (M ; +, ∘). Die Verknüpfung ∘ heißt distributiv bezüglich der Verknüpfung +, wenn für alle a, b, c ∈ M gilt :

$$a \circ (b + c) = a \circ b + a \circ c$$
$$(a + b) \circ c = a \circ c + b \circ c$$

Neutrale Elemente : Existiert das neutrale Element für die Addition +, so heißt es Nullelement und wird mit 0 bezeichnet. Existiert das neutrale Element für die Multiplikation ∘, so heißt es Einselement und wird mit 1 bezeichnet.

Nullelement	$a + 0 = 0 + a = a$
Einselement	$a \circ 1 = 1 \circ a = a$

Nullsummenfreiheit : Ein Gebilde (M ; +, ∘) mit dem Nullelement 0 heißt nullsummenfrei, wenn aus $a + b = 0$ stets $a = b = 0$ folgt. Dies ist gleichbedeutend damit, daß für kein Element $a \neq 0$ ein additiv inverses Element in M existiert. Ist die Addition + idempotent, so existiert für $a \neq 0$ kein inverses Element, so daß das Gebilde (M ; +, ∘) nullsummenfrei ist.

$$(M ; +, \circ) \text{ ist nullsummenfrei} \quad :\Leftrightarrow \quad \bigwedge_a \bigwedge_b (a + b = 0 \Rightarrow a = 0 \wedge b = 0)$$

Nullteilerfreiheit : Ein Gebilde (M ; +, ∘) mit dem Nullelement 0 heißt nullteilerfrei, wenn aus $a \circ b = 0$ stets $a = 0$ oder $b = 0$ folgt.

$$(M ; +, \circ) \text{ ist nullteilerfrei} \quad :\Leftrightarrow \quad \bigwedge_a \bigwedge_b (a \circ b = 0 \Rightarrow a = 0 \vee b = 0)$$

Halbring : Ein Gebilde (M ; +, ∘) mit den inneren Verknüpfungen + und ∘ auf der Menge M heißt ein Halbring, wenn gilt :

(1) Das Gebilde (M ; +) ist eine kommutative Halbgruppe.

(2) Das Gebilde (M ; ∘) ist eine Halbgruppe.

(3) Die Multiplikation ∘ ist bezüglich der Addition + distributiv.

Der Halbring (M ; +, ∘) heißt Halbring mit Nullelement, wenn das Nullelement 0 als neutrales Element der Addition + existiert. Der Halbring (M ; +, ∘) heißt Halbring mit Einselement, wenn das Einselement 1 als neutrales Element der Multiplikation ∘ existiert. Der Halbring (M ; +, ∘) heißt kommutativ, wenn die Multiplikation ∘ kommutativ ist. Halbringe mit Nullelement können nullsummenfrei oder nullteilerfrei sein.

Ring : Ein Gebilde (M ; +, ∘) mit den inneren Verknüpfungen + und ∘ auf der Menge M heißt ein Ring, wenn gilt :

(1) Das Gebilde (M ; +) ist eine kommutative Gruppe.

(2) Das Gebilde (M ; ∘) ist eine Halbgruppe.

(3) Die Multiplikation ∘ ist bezüglich der Addition + distributiv.

Ein Ring (M ; +, ∘) unterscheidet sich von einem Halbring dadurch, daß das additive Gebilde (M ; +) in einem Halbring eine Halbgruppe und in einem Ring eine Gruppe ist. Er besitzt das Nullelement 0 als neutrales Element der Addition.

Ein Ring (M ; +, ∘) heißt Ring mit Einselement, wenn das Einselement 1 als neutrales Element der Multiplikation ∘ existiert. Ein Ring (M ; +, ∘) heißt kommutativ, wenn die Multiplikation ∘ kommutativ ist. Ein Ring kann nullteilerfrei sein. Ein nullteilerfreier und kommutativer Ring heißt Integritätsring oder Integritätsbereich.

Regeln für Ringe : Aus den Definitionseigenschaften eines Ringes (M ; +, ∘) ergeben sich neben den Regeln für die additive Gruppe (M ; +) zusätzliche Regeln für die Multiplikation :

(1) Ist (M ; +, ∘) ein Ring, so ist das Nullelement 0 invariant bezüglich der Multiplikation.

$$a \circ 0 = 0 \circ a = 0$$

(2) Ist (M ; +, ∘) ein Ring, so gelten für die Multiplikation mit additiv inversen Elementen Regeln, die in der Zahlentheorie als Vorzeichenregeln bezeichnet werden.

$$a \circ (-b) = (-a) \circ b = -(a \circ b)$$

$$(-a) \circ (-b) = a \circ b$$

(3) Ist $(M\,;+,\circ)$ ein nullteilerfreier Ring, so gelten folgende Kürzungsregeln bezüglich der Multiplikation :

$$a \circ b = a \circ c \;\Rightarrow\; b = c \quad \text{für} \quad a \neq 0$$

$$b \circ a = c \circ a \;\Rightarrow\; b = c \quad \text{für} \quad a \neq 0$$

Beweis : Regeln für Ringe

(1) Nach dem ersten distributiven Gesetz gilt $a \circ b + a \circ c = a \circ (b + c)$. Mit $b = c = 0$ folgt $a \circ 0 + a \circ 0 = a \circ 0$. Durch beidseitige Addition von $-(a \circ 0)$ folgt für die linke Seite $-(a \circ 0) + (a \circ 0 + a \circ 0) = (-(a \circ 0) + a \circ 0) + a \circ 0 = a \circ 0$ und für die rechte Seite $-(a \circ 0) + a \circ 0 = 0$, so daß die multiplikative Invarianz $a \circ 0 = 0$ des Nullelementes gilt. Die multiplikative Invarianz $0 \circ a = 0$ des Nullelementes wird mit dem zweiten distributiven Gesetz nachgewiesen.

(2) Nach dem ersten distributiven Gesetz gilt $a \circ b + a \circ c = a \circ (b + c)$. Mit $c = (-b)$ folgt $a \circ b + a \circ (-b) = a \circ (b + (-b)) = a \circ 0 = 0$. Aus $a \circ b + a \circ (-b) = 0$ folgt weiter, daß $a \circ (-b)$ additiv invers zu $a \circ b$ ist und damit $a \circ (-b) = -(a \circ b)$ gilt. Analog hierzu wird die Gültigkeit von $(-a) \circ b = -(a \circ b)$ mit dem zweiten distributiven Gesetz bewiesen. Für a und $-b$ folgt aus den beiden Regeln $(-a) \circ (-b) = -((-a) \circ b) = -(-(a \circ b)) = a \circ b$.

(3) Aus $0 = a \circ 0 = a \circ (c + (-c))$ folgt mit dem ersten distributiven Gesetz $a \circ c + a \circ (-c) = 0$. Mit $a \circ c = a \circ b$ folgt weiter $a \circ b + a \circ (-c) = a \circ (b + (-c)) = 0$. Ist $a \neq 0$, so folgt in einem nullteilerfreien Ring $(b + (-c)) = 0$. Damit ist $-c$ additiv invers zu b, so daß $b = c$ gilt. Daraus folgt die erste Kürzungsregel $a \circ b = a \circ c \Rightarrow b = c$ für $a \neq 0$. Analog hierzu wird die zweite Kürzungsregel bewiesen.

Boolescher Ring : Ein Ring $(M\,;+,\circ)$ heißt boolesch, wenn jedes Element von M multiplikativ idempotent ist. Die multiplikative Idempotenz führt zu folgenden Eigenschaften :

(1) Das Gebilde $(M\,;+)$ ist eine selbstinverse Gruppe.

(2) Das Gebilde $(M\,;\circ)$ ist ein Halbverband.

Beweis : Eigenschaften des booleschen Ringes

Definitionsgemäß ist die multiplikative Halbgruppe $(M\,;\circ)$ des Ringes $(M\,;+,\circ)$ idempotent, so daß $a^2 = a \circ a = a$ für alle $a \in M$ gilt.

(1) Aus der multiplikativen Idempotenz für $(a + a)$ folgt $(a + a) = (a + a)^2 = (a + a) \circ (a + a) = a^2 + a^2 + a^2 + a^2 = (a + a) + (a + a)$, so daß $(a + a) = (a + a) + (a + a)$ gilt. Durch beiderseitige Addition von $-(a + a)$ folgt für die linke Seite $-(a + a) + (a + a) = 0$ und für die rechte Seite $-(a + a) + ((a + a) + (a + a)) = (-(a + a) + (a + a)) + (a + a) = a + a$, so daß $a + a = 0$ gilt. Damit ist a additiv invers zu sich selbst. Folglich ist die Gruppe $(M\,;+)$ selbstinvers.

(2) Aus der multiplikativen Idempotenz für $(a+b)$ folgt $(a+b)=(a+b)^2 = (a+b)\circ(a+b) = a^2 + a\circ b + b\circ a + b^2 = a+b+a\circ b+b\circ a$, so daß $a+b=a+b+a\circ b+b\circ a$ gilt. Durch beiderseitige Addition von $-(a+b)$ folgt für die linke Seite $-(a+b)+(a+b)=0$ und für die rechte Seite $-(a+b)+(a+b)+a\circ b+b\circ a = a\circ b+b\circ a$, so daß $a\circ b+b\circ a=0$ gilt. Durch beiderseitige Addition von $b\circ a$ folgt für die rechte Seite mit der selbstinversen Eigenschaft der Addition $a\circ b+b\circ a+b\circ a = a\circ b+0 = a\circ b$ und für die linke Seite $0+b\circ a = b\circ a$, so daß die multiplikative Kommutativität $a\circ b = b\circ a$ gilt. Damit ist die multiplikative Halbgruppe $(M\,;\circ)$ des Ringes $(M\,;+,\circ)$ idempotent und kommutativ. Folglich ist sie ein Halbverband.

Körper : Ein Gebilde $(M\,;+,\circ)$ mit den inneren Verknüpfungen $+$ und $\circ$ auf der Menge M heißt Körper, wenn gilt :

(1) Das Gebilde $(M\,;+)$ ist eine kommutative Gruppe.

(2) Das Gebilde $(M-\{0\}\,;\circ)$ ist eine Gruppe.

(3) Die Multiplikation $\circ$ ist bezüglich der Addition $+$ distributiv.

Ein Körper $(M\,;+,\circ)$ unterscheidet sich von einem Ring dadurch, daß das multiplikative Gebilde $(M-\{0\}\,;\circ)$ in einem Körper eine Gruppe und das multiplikative Gebilde $(M\,;\circ)$ in einem Ring eine Halbgruppe ist. Ein Körper $(M\,;+,\circ)$ besitzt das Nullelement 0 als neutrales Element der Addition und das Einselement 1 als neutrales Element der Multiplikation. Bei der Definition eines Körpers kann nicht gefordert werden, daß $(M\,;\circ)$ eine Gruppe ist, da es für das Nullelement 0 wegen der multiplikativen Invarianz $a\circ 0 = 0\circ a = 0$ kein inverses Element a mit $a\circ 0 = 0\circ a = 1$ gibt. Ein Körper $(M\,;+,\circ)$ heißt kommutativ, wenn die Multiplikation $\circ$ kommutativ ist.

Regeln für Körper : Aus den Definitionseigenschaften eines Körpers $(M\,;+,\circ)$ ergeben sich neben den algebraischen Regeln für die additive Gruppe $(M\,;+)$, für die multiplikative Gruppe $(M-\{0\}\,;\circ)$ und für Ringe zusätzlich folgende Regeln :

(1) Ein Körper $(M\,;+,\circ)$ ist nullteilerfrei, so daß aus $a\circ b=0$ stets $a=0$ oder $b=0$ folgt.

$$a\circ b = 0 \quad\Rightarrow\quad a=0 \quad\vee\quad b=0$$

(2) Ist der Körper $(M\,;+,\circ)$ kommutativ, so gelten Regeln, die in der Zahlentheorie als Bruchrechenregeln bezeichnet werden.

$$(a\circ b^{-1})\circ(c\circ d^{-1}) = (a\circ c)\circ(b\circ d)^{-1} \qquad b,d\neq 0$$
$$(a\circ b^{-1})+(c\circ d^{-1}) = (a\circ d+c\circ b)\circ(b\circ d)^{-1} \qquad b,d\neq 0$$

Beweis : Regeln für Körper

(1) Aus $a\circ b=0$ und $a\neq 0$ folgt durch Multiplikation mit a^{-1} von links $a^{-1}\circ a\circ b = 1\circ b = b = a^{-1}\circ 0 = 0$, so daß $b=0$ folgt. Aus $a\circ b = 0$ und $b\neq 0$ folgt durch Multiplikation mit b^{-1} von rechts $a\circ b\circ b^{-1} = a\circ 1 = a = 0\circ b^{-1} = 0$, so daß $a=0$ gilt.

(2) Die Regeln werden durch Umformung unter Nutzung der assoziativen, kommutativen und distributiven Gesetze für die Addition und Multiplikation bewiesen.

$$(a \circ c) \circ (b \circ d)^{-1} = (a \circ c) \circ (d^{-1} \circ b^{-1}) = a \circ (c \circ d^{-1}) \circ b^{-1} = (a \circ b^{-1}) \circ (c \circ d^{-1})$$

$$(a \circ d + c \circ b) \circ (b \circ d)^{-1} = (a \circ d + c \circ b) \circ (d^{-1} \circ b^{-1}) =$$
$$(a \circ d) \circ (d^{-1} \circ b^{-1}) + (c \circ b) \circ (b^{-1} \circ d^{-1}) =$$
$$a \circ (d \circ d^{-1}) \circ b^{-1} + c \circ (b \circ b^{-1}) \circ d^{-1} =$$
$$a \circ 1 \circ b^{-1} + c \circ 1 \circ d^{-1} = a \circ b^{-1} + c \circ d^{-1}$$

Zusammenfassung : Additive und multiplikative Gebilde $(M\,;+,\circ)$

Eigenschaft	Halbring	Ring	Integritätsring	Boolescher Ring	Körper
Verknüpfung +					
assoziativ	ja	ja	ja	ja	ja
kommutativ	ja	ja	ja	ja	ja
Nullelement 0		ja	ja	ja	ja
Inverses		ja	ja	ja	ja
idempotent				nein	
selbstinvers				ja	
nullsummenfrei		nein	nein	nein	nein
Verknüpfung $\circ$					
assoziativ	ja	ja	ja	ja	ja
kommutativ			ja	ja	
Einselement 1					ja
Inverses außer für 0					ja
idempotent				ja	
selbstinvers				nein	
nullteilerfrei			ja		ja
Verknüpfung + und $\circ$					
distributiv	ja	ja	ja	ja	ja

Bei der Zusammenstellung der Eigenschaften ist zu beachten, daß die Verknüpfung $+$ oder $\circ$ nicht zugleich idempotent und selbstinvers sein kann und daß die Existenz additiver Inversen die Existenz von Nullsummen impliziert.

Beispiel 1 : Zahlengebilde

(1) Das Gebilde ($\mathbb{N}'$; + , ∘) für die Addition und Multiplikation positiver natürlicher Zahlen ist ein kommutativer Halbring mit dem Einselement 1.

(2) Das Gebilde ($\mathbb{N}$; + , ∘) für die Addition und Multiplikation positiver natürlicher Zahlen einschließlich 0 ist ein kommutativer Halbring mit dem Nullelement 0 und dem Einselement 1. Dieser Halbring ist nullsummenfrei und nullteilerfrei.

(3) Das Gebilde ($\mathbb{Z}$; + , ∘) für die Addition und Multiplikation ganzer Zahlen ist ein kommutativer Ring mit dem Nullelement 0. Dieser Ring ist nullteilerfrei. Er ist daher ein Integritätsring.

(4) Das Gebilde ($\mathbb{Q}$; + , ∘) für die Addition und Multiplikation rationaler Zahlen ist ein kommutativer Körper mit dem Nullelement 0 und dem Einselement 1.

Beispiel 2 : Mengenring

In Beispiel 2 des Abschnittes 3.3 sind die Mengengebilde (P(M) ; ⊕) für die symmetrische Differenz und (P(M) ; ∩) für den Durchschnitt behandelt. Das Mengengebilde (P(M) ; ⊕) ist eine kommutative Gruppe und das Mengengebilde (P(M) ; ∩) eine kommutative Halbgruppe. Der Durchschnitt ∩ ist bezüglich der symmetrischen Differenz ⊕ distributiv. Das Mengengebilde (P(M) ; ⊕, ∩) ist daher ein kommutativer Ring mit der Leermenge ∅ als Nullelement und der Grundmenge M als Einselement. Da die Idempotenz für den Durchschnitt $A \cap A = A$ gilt, ist der Ring boolesch. Für $A, B, C \in P(M)$ gelten folgende Eigenschaften :

Eigenschaft	Symmetrische Differenz ⊕	Durchschnitt ∩
assoziativ	$A \oplus (B \oplus C) = (A \oplus B) \oplus C$	$A \cap (B \cap C) = (A \cap B) \cap C$
kommutativ	$A \oplus B = B \oplus A$	$A \cap B = B \cap A$
distributiv	$A \cap (B \oplus C) = (A \cap B) \oplus (A \cap C)$	$(A \oplus B) \cap C = (A \cap C) \oplus (B \cap C)$
Nullelement	$A \oplus \emptyset = A$	$A \cap \emptyset = \emptyset$
Einselement		$A \cap M = A$
invers	$A \oplus A = \emptyset$	
idempotent		$A \cap A = A$

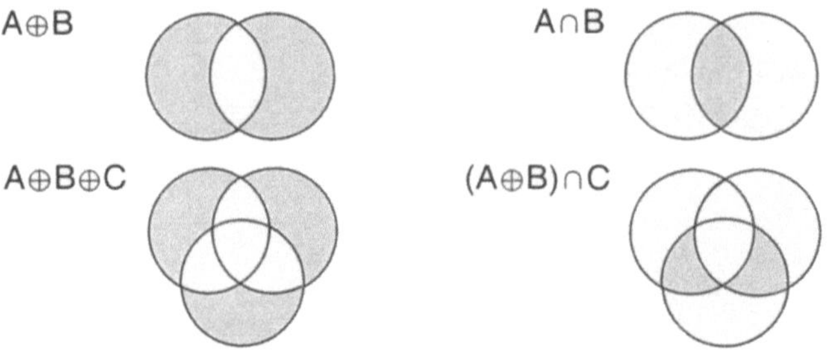

Beispiel 3 : Relationenhalbring

In Beispiel 3 des Abschnittes 3.3 sind die Relationengebilde $(P(M \times M) ; \cup)$ für die Vereinigung und $(P(M \times M) ; \circ)$ für die Kettung behandelt. Das Relationengebilde $(P(M \times M) ; \cup)$ ist eine kommutative Halbgruppe. Das Relationengebilde $(P(M \times M) ; \circ)$ ist eine Halbgruppe. Die Kettung $\circ$ ist bezüglich der Vereinigung $\cup$ distributiv. Das Relationengebilde $(P(M \times M) ; \cup , \circ)$ ist daher ein Halbring mit der Leermenge $\emptyset$ als Nullelement und der identischen Relation I als Einselement. Für $A, B, C \in P(M \times M)$ gelten folgende Eigenschaften :

Eigenschaft	Vereinigung $\cup$	Kettung $\circ$
assoziativ	$A \cup (B \cup C) = (A \cup B) \cup C$	$A \circ (B \circ C) = (A \circ B) \circ C$
kommutativ	$A \cup B = B \cup A$	
distributiv	$A \circ (B \cup C) = (A \circ B) \cup (A \circ C)$	$(A \cup B) \circ C = (A \circ C) \cup (B \circ C)$
Nullelement	$A \cup \emptyset = A$	$A \circ \emptyset = \emptyset = \emptyset \circ A$
Einselement		$A \circ I = A = I \circ A$
idempotent	$A \cup A = A$	

Der Relationenhalbring $(P(M \times M) ; \cup , \circ)$ besitzt zusätzlich die besondere Eigenschaft, daß die Vereinigung $\cup$ idempotent und das Nullelement $\emptyset$ bezüglich der Kettung $\circ$ invariant ist.

3.4.3 DUALE GEBILDE

Einführung : Als Verallgemeinerung der algebraischen Struktur von Wahrheitswerten und von Mengen werden Gebilde $(M; \sqcup, \sqcap)$ mit den inneren Verknüpfungen $\sqcup$ (Disjunktion) und $\sqcap$ (Konjunktion) auf der Menge M behandelt. Das disjunktive Gebilde $(M; \sqcup)$ und das konjunktive Gebilde $(M; \sqcap)$ besitzen gleiche Eigenschaften. Die Gesetze für die Verträglichkeit der Verknüpfungen sind so formuliert, daß die Verknüpfungen $\sqcup$ und $\sqcap$ austauschbar sind. Gebilde mit diesen Eigenschaften heißen duale Gebilde. Es wird vorausgesetzt, daß die Menge M mehr als ein Element enthält.

Adjunktive Gesetze : Die Verknüpfungen $\sqcup$ und $\sqcap$ des Gebildes $(M; \sqcup, \sqcap)$ heißen adjunktiv, wenn für alle $a, b \in M$ gilt :

$$a \sqcap (a \sqcup b) = a$$
$$a \sqcup (a \sqcap b) = a$$

Distributive Gesetze : Die Verknüpfungen $\sqcup$ und $\sqcap$ des Gebildes $(M; \sqcup, \sqcap)$ heißen wechselseitig distributiv, wenn für alle $a, b, c \in M$ gilt :

$$a \sqcap (b \sqcup c) = (a \sqcap b) \sqcup (a \sqcap c)$$
$$a \sqcup (b \sqcap c) = (a \sqcup b) \sqcap (a \sqcup c)$$

Neutrale Elemente : Existieren die neutralen Elemente für die Disjunktion und Konjunktion, so heißen sie Nullelement und Einselement und werden mit 0 und 1 bezeichnet.

Nullelement : $a \sqcup 0 = 0 \sqcup a = a$
Einselement : $a \sqcap 1 = 1 \sqcap a = a$

Verband : Ein Gebilde $(M; \sqcup, \sqcap)$ mit den inneren Verknüpfungen $\sqcup$ und $\sqcap$ auf der Menge M heißt Verband, wenn gilt :

(1) Das Gebilde $(M; \sqcup)$ ist eine kommutative Halbgruppe.
(2) Das Gebilde $(M; \sqcap)$ ist eine kommutative Halbgruppe.
(3) Die Verknüpfungen $\sqcup$ und $\sqcap$ sind adjunktiv.

Ein Verband $(M; \sqcup, \sqcap)$ heißt Verband mit Null- und Einselement, wenn das Nullelement als neutrales Element der Disjunktion und das Einselement als neutrales Element der Konjunktion existieren. Ein Verband $(M; \sqcup, \sqcap)$ heißt distributiv, wenn die Verknüpfungen wechselseitig distributiv sind.

Regeln für Verbände : Aus den Definitionseigenschaften eines Verbandes $(M ; \sqcup, \sqcap)$ ergeben sich folgende algebraische Regeln :

(1) Ist $(M ; \sqcup, \sqcap)$ ein Verband, so sind die Elemente bezüglich beider Verknüpfungen idempotent.

$a \sqcup a = a \qquad\qquad a \sqcap a = a$

(2) Ist $(M ; \sqcup, \sqcap)$ ein Verband, so gilt das Konsistenzgesetz :

$a \sqcup b = b \quad \Leftrightarrow \quad a \sqcap b = a$

(3) Ist $(M ; \sqcup, \sqcap)$ ein Verband mit Null- und Einselement, so ist das Nullelement 0 invariant bezüglich der Verknüpfung $\sqcap$ und das Einselement 1 invariant bezüglich der Verknüpfung $\sqcup$.

$a \sqcap 0 = 0 \sqcap a = 0 \qquad\qquad a \sqcup 1 = 1 \sqcup a = 1$

(4) Ist $(M ; \sqcup, \sqcap)$ ein distributiver Verband, so gilt das Eindeutigkeitsgesetz (Gleichheitsbedingung). Die Elemente a und b sind gleich, wenn ihre Verknüpfungen mit einem Element c gleich sind.

$(a \sqcup c = b \sqcup c) \quad \wedge \quad (a \sqcap c = b \sqcap c) \quad \Rightarrow \quad a = b$

Beweis : Regeln für Verbände

(1) Aus dem ersten adjunktiven Gesetz $a \sqcap (a \sqcup b) = a$ folgt mit $b = a$ die Beziehung $a \sqcap (a \sqcup a) = a$. Aus dem zweiten adjunktiven Gesetz $a \sqcup (a \sqcap b) = a$ folgt mit $b = a \sqcup a$ die Beziehung $a \sqcup (a \sqcap (a \sqcup a)) = a$. Substituiert man die erste Beziehung in die zweite Beziehung, so folgt die Idempotenz $a \sqcup a = a$ für die Verknüpfung $\sqcup$. Substituiert man die Idempotenz $a \sqcup a = a$ in die erste Beziehung, so folgt die Idempotenz $a \sqcap a = a$.

(2) Aus dem ersten adjunktiven Gesetz $a \sqcap (a \sqcup b) = a$ folgt mit $a \sqcup b = b$ der Ausdruck $a \sqcap b = a$, so daß $a \sqcup b = b \;\Rightarrow\; a \sqcap b = a$ gilt. Aus dem zweiten adjunktiven Gesetz $b \sqcup (b \sqcap a) = b$ folgt wegen der Kommutativität $(a \sqcap b) \sqcup b = b$ und mit $a \sqcap b = a$ der Ausdruck $a \sqcup b = b$, so daß $a \sqcap b = a \;\Rightarrow\; a \sqcup b = b$ gilt. Aus $a \sqcup b = b \;\Rightarrow\; a \sqcap b = a$ und $a \sqcap b = a \;\Rightarrow\; a \sqcup b = b$ folgt das Konsistenzgesetz $a \sqcup b = b \;\Leftrightarrow\; a \sqcap b = a$.

(3) Aus dem zweiten adjunktiven Gesetz $b \sqcup (b \sqcap a) = b$ folgt mit $b = 0$ die Invarianz $0 \sqcup (0 \sqcap a) = 0 \sqcap a = 0$. Wegen der Kommutativität gilt damit $0 \sqcap a = a \sqcap 0 = 0$. Aus dem ersten adjunktiven Gesetz $b \sqcup (b \sqcap a) = b$ folgt mit $b = 1$ die Invarianz $1 \sqcap (1 \sqcup a) = 1 \sqcup a = 1$. Wegen der Kommutativität gilt damit $1 \sqcup a = a \sqcup 1 = 1$.

(4) Die Gleichheit $a = b$ wird aus den Bedingungen $a \sqcup c = b \sqcup c$ und $a \sqcap c = b \sqcap c$ mit den adjunktiven, kommutativen und distributiven Gesetzen nachgewiesen :

$$a = a \sqcap (a \sqcup c) = a \sqcap (b \sqcup c) = (a \sqcap b) \sqcup (a \sqcap c) =$$
$$(b \sqcap a) \sqcup (b \sqcap c) = b \sqcap (a \sqcup c) = b \sqcap (b \sqcup c) = b$$

Boolescher Verband : Ein Gebilde $(M ; \sqcup, \sqcap, {}^{-})$ mit den zweistelligen Verknüpfungen $\sqcup$ und $\sqcap$ sowie der einstelligen Verknüpfung $^{-}$ (Komplement) auf der Menge M heißt boolescher Verband, wenn gilt :

(1) Das Gebilde $(M ; \sqcup)$ ist kommutativ und besitzt das neutrale Element 0.
$a \sqcup b = b \sqcup a$ $\qquad$ $a \sqcup 0 = a$

(2) Das Gebilde $(M ; \sqcap)$ ist kommutativ und besitzt das neutrale Element 1.
$a \sqcap b = b \sqcap a$ $\qquad$ $a \sqcap 1 = a$

(3) Die Verknüpfungen $\sqcup$ und $\sqcap$ sind wechselseitig distributiv.
$a \sqcap (b \sqcup c) = (a \sqcap b) \sqcup (a \sqcap c)$ $\qquad$ $a \sqcup (b \sqcap c) = (a \sqcup b) \sqcap (a \sqcup c)$

(4) Das Komplement $\bar{a}$ von a erfüllt folgende Bedingungen :
$a \sqcup \bar{a} = 1$ $\qquad$ $a \sqcap \bar{a} = 0$

Bei der Definition des booleschen Verbandes ist zu beachten, daß die Gültigkeit der assoziativen und adjunktiven Gesetze nicht wie beim Verband durch Definition festgelegt ist. Die Gültigkeit dieser Gesetze wird aus den Definitionseigenschaften (1) bis (4) abgeleitet. Sie ist eine Folge der Verknüpfung $^{-}$ (Komplement).

Regeln für boolesche Verbände : Aus den Definitionseigenschaften des booleschen Verbandes $(M ; \sqcup, \sqcap, {}^{-})$ ergeben sich folgende Regeln :

(1) Der boolesche Verband besitzt alle Eigenschaften eines distributiven Verbandes mit Null- und Einselement.

(2) Das zweifache Komplement eines Elementes ist identisch mit dem Element.
$\bar{\bar{a}} = a$

(3) Das Null- und Einselement sind wechselseitig komplementär.
$\bar{0} = 1$ $\qquad$ $\bar{1} = 0$

(4) Für die Komplemente gelten die Gesetze von De Morgan.
$\overline{(a \sqcup b)} = \bar{a} \sqcap \bar{b}$ $\qquad$ $\overline{(a \sqcap b)} = \bar{a} \sqcup \bar{b}$

Beweis : Regeln für boolesche Verbände

(1) Der boolesche Verband ist genau dann ein distributiver Verband mit Null- und Einselement, wenn die Verknüpfungen $\sqcup$ und $\sqcap$ adjunktiv und assoziativ sind. Der Beweis der Adjunktivität und Assoziativität erfolgt über den Nachweis der Idempotenz, der Invarianz der neutralen Elemente und der Gleichheitsbedingung auf der Grundlage der komplementären Eigenschaften. Um die Beweisführung übersichtlich zu gestalten, werden die in der Definition festgelegten Eigenschaften für die neutralen Elemente sowie für die komplementären, kommutativen und distributiven Gesetze mit den Kennungen N, K, C, D bezeichnet. Die Kennungen dienen bei der Umformung von Ausdrücken als Verweis auf die benutzte Eigenschaft.

neutral :	$a \sqcup 0 = 0 \sqcup a = a$	$a \sqcap 1 = 1 \sqcap a = a$	(N)
komplementär :	$a \sqcup \bar{a} = \bar{a} \sqcup a = 1$	$a \sqcap \bar{a} = \bar{a} \sqcap a = 0$	(K)
kommutativ :	$a \sqcup b = b \sqcup a$	$a \sqcap b = b \sqcap a$	(C)
distributiv :	$a \sqcup (b \sqcap c) = (a \sqcup b) \sqcap (a \sqcup c)$	$a \sqcap (b \sqcup c) = (a \sqcap b) \sqcup (a \sqcap c)$	(D)

Alle aus den dualen Definitionseigenschaften abgeleiteten Eigenschaften sind auch wieder dual. Wegen dieser Dualität genügt der Beweis einer der beiden dualen Eigenschaften. Die zugehörige andere Eigenschaft ergibt sich durch Vertauschen der Verknüpfungen $\sqcup$ und $\sqcap$ einschließlich ihrer neutralen Elemente.

- Die Verknüpfungen $\sqcup$ und $\sqcap$ sind idempotent.

  $a \sqcup a = a \qquad\qquad a \sqcap a = a \qquad\qquad$ (id)

  Beweis : Idempotenz der Verknüpfung $\sqcup$

  $$a \sqcup a \overset{N}{=} (a \sqcup a) \sqcap 1 \overset{K}{=} (a \sqcup a) \sqcap (a \sqcup \bar{a}) \overset{D}{=} a \sqcup (a \sqcap \bar{a}) \overset{K}{=} a \sqcup 0 \overset{N}{=} a$$

- Das Nullelement 0 ist invariant bezüglich der Verknüpfung $\sqcap$ und das Einselement 1 invariant bezüglich der Verknüpfung $\sqcup$.

  $a \sqcap 0 = 0 \qquad\qquad a \sqcup 1 = 1 \qquad\qquad$ (in)

  Beweis : Invarianz des Nullelementes

  $$a \sqcap 0 \overset{N}{=} (a \sqcap 0) \sqcup 0 \overset{K}{=} (a \sqcap 0) \sqcup (a \sqcap \bar{a}) \overset{D}{=} a \sqcap (0 \sqcup \bar{a}) \overset{N}{=} a \sqcap \bar{a} \overset{K}{=} 0$$

- Die Elemente a und b sind gleich, wenn ihre Verknüpfungen $\sqcup$ und $\sqcap$ mit einem Element c und seinem Komplement $\bar{c}$ gleich sind.

  $$(a \sqcup c = b \sqcup c) \;\wedge\; (a \sqcup \bar{c} = b \sqcup \bar{c}) \;\Rightarrow\; a = b$$

  $$(a \sqcap c = b \sqcap c) \;\wedge\; (a \sqcap \bar{c} = b \sqcap \bar{c}) \;\Rightarrow\; a = b \qquad \text{(gl)}$$

  Beweis : Gleichheitsbedingung mit der Verknüpfung $\sqcup$

  $$(a \sqcup c) \sqcap (a \sqcup \bar{c}) = (b \sqcup c) \sqcap (b \sqcup \bar{c}) \overset{D}{\Rightarrow}$$

  $$a \sqcup (c \sqcap \bar{c}) = b \sqcup (c \sqcap \bar{c}) \overset{K}{\Rightarrow} a \sqcup 0 = b \sqcup 0 \overset{N}{\Rightarrow} a = b$$

- Die Verknüpfungen $\sqcup$ und $\sqcap$ sind adjunktiv.

  $a \sqcap (a \sqcup b) = a \qquad\qquad a \sqcup (a \sqcap b) = a \qquad\qquad$ (ad)

  Beweis : Erstes adjunktives Gesetz

  $$a \sqcap (a \sqcup b) \overset{N}{=} (a \sqcup 0) \sqcap (a \sqcup b) \overset{D}{=} a \sqcup (0 \sqcap b) \overset{C}{=} a \sqcup (b \sqcap 0) \overset{in}{=} a \sqcup 0 \overset{N}{=} a$$

- Die Verknüpfungen $\sqcup$ und $\sqcap$ sind assoziativ.

  $a \sqcup (b \sqcup c) = (a \sqcup b) \sqcup c \qquad\qquad a \sqcap (b \sqcap c) = (a \sqcap b) \sqcap c \qquad$ (as)

Beweis : Assoziatives Gesetz für die Verknüpfung $\sqcup$

Der Beweis erfolgt in drei Schritten. Im ersten Schritt wird gezeigt, daß $a \sqcap ((a \sqcup b) \sqcup c) = a \sqcap (a \sqcup (b \sqcup c))$ gilt. Im zweiten Schritt wird gezeigt, daß $\bar{a} \sqcap ((a \sqcup b) \sqcup c) = \bar{a} \sqcap (a \sqcup (b \sqcup c))$ gilt. Im dritten Schritt wird die Gleichheitsbedingung (gl) benutzt, um die Assoziativität $(a \sqcup b) \sqcup c = a \sqcup (b \sqcup c)$ nachzuweisen.

$$a \sqcap ((a \sqcup b) \sqcup c) \overset{D}{=} (a \sqcap (a \sqcup b)) \sqcup (a \sqcap c) \overset{ad}{=} a \sqcup (a \sqcap c) \overset{ad}{=} a \overset{ad}{=} a \sqcap (a \sqcup (b \sqcup c))$$

$$\bar{a} \sqcap ((a \sqcup b) \sqcup c) \overset{D}{=} (\bar{a} \sqcap (a \sqcup b)) \sqcup (\bar{a} \sqcap c) \overset{D}{=} ((\bar{a} \sqcap a) \sqcup (\bar{a} \sqcap b)) \sqcup (\bar{a} \sqcap c) \overset{K}{=}$$
$$(0 \sqcup (\bar{a} \sqcap b)) \sqcup (\bar{a} \sqcap c) \overset{N}{=} (\bar{a} \sqcap b) \sqcup (\bar{a} \sqcap c) \overset{D}{=} \bar{a} \sqcap (b \sqcup c) \overset{N}{=} 0 \sqcup (\bar{a} \sqcap (b \sqcup c)) \overset{K}{=}$$
$$(\bar{a} \sqcap a) \sqcup (\bar{a} \sqcap (b \sqcup c)) \overset{D}{=} \bar{a} \sqcap (a \sqcup (b \sqcup c))$$

$$a \sqcap ((a \sqcup b) \sqcup c) = a \sqcap (a \sqcup (b \sqcup c)) \quad \wedge$$
$$\bar{a} \sqcap ((a \sqcup b) \sqcup c) = \bar{a} \sqcap (a \sqcup (b \sqcup c)) \quad \overset{gl}{\Rightarrow} \quad (a \sqcup b) \sqcup c = a \sqcup (b \sqcup c)$$

(2) Das zweifache Komplement $\bar{\bar{a}}$ ist gleich dem Element a.

$$\bar{\bar{a}} = a \qquad \text{(k2)}$$

Beweis : Definitionsgemäß sind a und $\bar{a}$ komplementär, wenn $a \sqcup \bar{a} = 1$ und $a \sqcap \bar{a} = 0$ gilt. Folglich sind $\bar{a}$ und $\bar{\bar{a}}$ komplementär, wenn $\bar{\bar{a}} \sqcup \bar{a} = 1$ und $\bar{\bar{a}} \sqcap \bar{a} = 0$ gilt. Damit gilt $a \sqcup \bar{a} = \bar{\bar{a}} \sqcup \bar{a}$ und $a \sqcap \bar{a} = \bar{\bar{a}} \sqcap \bar{a}$. Daraus folgt mit dem Eindeutigkeitsgesetz (4) für einen distributiven Verband $a = \bar{\bar{a}}$:

$$(a \sqcup \bar{a} = \bar{\bar{a}} \sqcup \bar{a}) \wedge (a \sqcap \bar{a} = \bar{\bar{a}} \sqcap \bar{a}) \quad \Rightarrow \quad a = \bar{\bar{a}}$$

(3) Das Null- und Einselement sind wechselseitig komplementär.

$$\bar{0} = 1 \qquad \bar{1} = 0 \qquad \text{(nk)}$$

Beweis : Komplement des Nullelementes

Definitionsgemäß sind 0 und $\bar{0}$ komplementär, wenn $\bar{0} \sqcup 0 = 1$ und $\bar{0} \sqcap 0 = 0$ gilt. Das Null- und das Einselement sind nach (in) invariant, so daß unter Berücksichtigung der Kommutativität $1 \sqcup 0 = 1$ und $1 \sqcap 0 = 0$ gilt. Also gilt $\bar{0} \sqcup 0 = 1 \sqcup 0$ und $\bar{0} \sqcap 0 = 1 \sqcap 0$. Daraus folgt mit dem Eindeutigkeitsgesetz (4) für einen distributiven Verband $\bar{0} = 1$:

$$(\bar{0} \sqcup 0 = 1 \sqcup 0) \wedge (\bar{0} \sqcap 0 = 1 \sqcap 0) \quad \Rightarrow \quad \bar{0} = 1$$

(4) Für die Komplemente gelten die Gesetze von De Morgan.

$$\overline{(a \sqcup b)} = \bar{a} \sqcap \bar{b} \qquad \overline{(a \sqcap b)} = \bar{a} \sqcup \bar{b} \qquad \text{(M)}$$

Beweis : Erstes Gesetz von De Morgan

Der Beweis erfolgt in drei Schritten. Im ersten Schritt wird gezeigt, daß $(a \sqcup b) \sqcup (\bar{a} \sqcap \bar{b}) = 1$ gilt. Im zweiten Schritt wird gezeigt, daß $(a \sqcup b) \sqcap (\bar{a} \sqcap \bar{b}) = 0$ gilt. Damit erfüllen $(a \sqcup b)$ und $(\bar{a} \sqcap \bar{b})$ das komplementäre Gesetz, so daß im dritten Schritt gefolgert wird, daß das Komplement $\overline{(a \sqcup b)}$ von $(a \sqcup b)$ gleich $(\bar{a} \sqcap \bar{b})$ ist.

$$(a \sqcup b) \sqcup (\bar{a} \sqcap \bar{b}) \overset{D}{=} ((a \sqcup b) \sqcup \bar{a}) \sqcap ((a \sqcup b) \sqcup \bar{b}) \overset{C}{=}$$
$$(\bar{a} \sqcup (a \sqcup b)) \sqcap ((a \sqcup b) \sqcup \bar{b}) \overset{as}{=} ((\bar{a} \sqcup a) \sqcup b) \sqcap (a \sqcup (b \sqcup \bar{b})) \overset{K}{=}$$
$$(1 \sqcup b) \sqcap (a \sqcup 1) \overset{in}{=} 1 \sqcap 1 \overset{N}{=} 1$$

$$(a \sqcup b) \sqcap (\bar{a} \sqcap \bar{b}) \overset{D}{=} (a \sqcap (\bar{a} \sqcap \bar{b})) \sqcup (b \sqcap (\bar{a} \sqcap \bar{b})) \overset{C}{=}$$
$$(a \sqcap (\bar{a} \sqcap \bar{b})) \sqcup ((\bar{a} \sqcap \bar{b}) \sqcap b) \overset{as}{=} ((a \sqcap \bar{a}) \sqcap \bar{b}) \sqcup (\bar{a} \sqcap (\bar{b} \sqcap b)) \overset{K}{=}$$
$$(0 \sqcap \bar{b}) \sqcup (\bar{a} \sqcup 0) \overset{in}{=} 0 \sqcup 0 \overset{N}{=} 0$$

$$((a \sqcup b) \sqcup (\bar{a} \sqcap \bar{b}) = 1) \wedge ((a \sqcup b) \sqcap (\bar{a} \sqcap \bar{b})) = 0) \overset{K}{\Rightarrow} \overline{(a \sqcup b)} = \bar{a} \sqcap \bar{b}$$

Boolescher Verband und Boolescher Ring : Aus jedem booleschen Verband $(M\,; \sqcup, \sqcap)$ kann man durch folgende Transformation einen booleschen Ring $(M\,; +, \circ)$ mit Einselement konstruieren :

$$a \circ b := a \sqcap b$$
$$a + b := (a \sqcap \bar{b}) \sqcup (\bar{a} \sqcap b)$$

Umgekehrt kann man aus jedem booleschen Ring $(M\,; +, \circ)$ mit Einselement durch folgende Transformation einen booleschen Verband $(M\,; \sqcup, \sqcap)$ konstruieren :

$$a \sqcap b := a \circ b$$
$$a \sqcup b := (a + b) + (a \circ b)$$

Beweis : Transformation eines booleschen Verbandes in einen booleschen Ring

Die angegebene Transformationsvorschrift für einen booleschen Verband $(M\,; \sqcup, \sqcap)$ liefert einen booleschen Ring, der definitionsgemäß folgende Eigenschaften besitzt :

(1) Das Gebilde $(M\,; \circ)$ ist eine idempotente Halbgruppe.

(2) Das Gebilde $(M\,; +)$ ist eine kommutative Gruppe.

(3) Die Multiplikation $\circ$ ist bezüglich der Addition $+$ distributiv.

Beim Beweis dieser Eigenschaften wird analog zum Beweis der Regeln für boolesche Verbände eine Notation mit Kennungen benutzt :

(1) Das Produkt $a \circ b$ ist definitionsgemäß identisch mit der Verknüpfung $a \sqcap b$. Die Verknüpfung $\sqcap$ des booleschen Verbandes ist assoziativ und idempotent. Folglich ist (M ; $\circ$) eine idempotente Halbgruppe. Sie besitzt das Einselement 1 als neutrales Element.

(2) Die Summe $a+b$ ist definitionsgemäß gleich $(a \sqcap \bar{b}) \sqcup (\bar{a} \sqcap b)$. Nachfolgend wird gezeigt, daß das Gebilde (M; +) alle Definitionseigenschaften einer kommutativen Gruppe besitzt.

- Das Nullelement 0 ist das neutrale Element der Verknüpfung $\sqcup$ und auch das neutrale Element der Addition + :

  $$0+b := (0 \sqcap \bar{b}) \sqcup (\bar{0} \sqcap b) \stackrel{in}{=} 0 \sqcup (\bar{0} \sqcap b) \stackrel{nk}{=} 0 \sqcup (1 \sqcap b) \stackrel{in}{=} 0 \sqcup b$$

- Jedes Element a ist zu sich selbst invers, so daß $a+a = 0$ gilt.

  $$a+a := (a \sqcap \bar{a}) \sqcup (\bar{a} \sqcap a) \stackrel{K}{=} 0 \sqcup 0 \stackrel{N}{=} 0$$

- Die Addition ist kommutativ, so daß $a+b = b+a$ gilt.

  $$a+b := (a \sqcap \bar{b}) \sqcup (\bar{a} \sqcap b) \stackrel{C}{=} (\bar{a} \sqcap b) \sqcup (a \sqcap \bar{b}) \stackrel{C}{=} (b \sqcap \bar{a}) \sqcup (\bar{b} \sqcap a) = b+a$$

- Die Addition ist assoziativ, so daß $a+(b+c) = (a+b)+c$ gilt. Für den Beweis der Assoziativität wird das Komplement der Summe $a+b$ benötigt, das nach den Regeln von De Morgan bestimmt wird.

  $$\overline{(a+b)} = \overline{(a \sqcap \bar{b}) \sqcup (\bar{a} \sqcap b)} \stackrel{M}{=} \overline{(a \sqcap \bar{b})} \sqcap \overline{(\bar{a} \sqcap b)} \stackrel{M}{=} (\bar{a} \sqcup \bar{\bar{b}}) \sqcap (\bar{\bar{a}} \sqcup \bar{b}) \stackrel{K2}{=}$$
  $$(\bar{a} \sqcup b) \sqcap (a \sqcup \bar{b}) \stackrel{D}{=} (\bar{a} \sqcap (a \sqcup \bar{b})) \sqcup (b \sqcap (a \sqcup \bar{b})) \stackrel{D}{=} ((\bar{a} \sqcap a) \sqcup (\bar{a} \sqcap \bar{b})) \sqcup$$
  $$((b \sqcap a) \sqcup (b \sqcap \bar{b})) \stackrel{K}{=} (0 \sqcup (\bar{a} \sqcap \bar{b})) \sqcup ((b \sqcap a) \sqcup 0) \stackrel{N}{=} (\bar{a} \sqcap \bar{b}) \sqcup (b \sqcap a) \stackrel{C}{=}$$
  $$(\bar{a} \sqcap \bar{b}) \sqcup (a \sqcap b)$$

  $$a+(b+c) = (a \sqcap \overline{(b+c)}) \sqcup (\bar{a} \sqcap (b+c)) = (a \sqcap ((\bar{b} \sqcap \bar{c}) \sqcup (b \sqcap c)) \sqcup$$
  $$(\bar{a} \sqcap ((b \sqcap \bar{c}) \sqcup (\bar{b} \sqcap c)) \stackrel{D}{=} (a \sqcap \bar{b} \sqcap \bar{c}) \sqcup (a \sqcap b \sqcap c) \sqcup (\bar{a} \sqcap b \sqcap \bar{c}) \sqcup (\bar{a} \sqcap \bar{b} \sqcap c)$$

  $$(a+b)+c = ((a+b) \sqcap \bar{c}) \sqcup (\overline{(a+b)} \sqcup c)) = (((a \sqcap \bar{b}) \sqcup (\bar{a} \sqcap b)) \sqcap \bar{c}) \sqcup$$
  $$(((\bar{a} \sqcap \bar{b}) \sqcup (a \sqcap b)) \sqcap c) \stackrel{D}{=} (a \sqcap \bar{b} \sqcap \bar{c}) \sqcup (\bar{a} \sqcap b \sqcap \bar{c}) \sqcup (\bar{a} \sqcap \bar{b} \sqcap c) \sqcup (a \sqcap b \sqcap c)$$

  Die Ausdrücke für $a+(b+c)$ und $(a+b)+c$ enthalten die gleichen durch $\sqcup$ verknüpften Terme. Die Reihenfolge dieser Terme ist nicht von Bedeutung, da die Verknüpfung $\sqcup$ kommutativ und assoziativ ist. Damit ist die Gleichheit der Ausdrücke $a+(b+c) = (a+b)+c$ bewiesen.

(3) Die Multiplikation $\circ$ ist bezüglich der Addition distributiv, so daß das erste distributive Gesetz $a \circ (b+c) = a \circ b + a \circ c$ gilt.

$$a \circ (b+c) = a \sqcap (b+c) = a \sqcap ((b \sqcap \bar{c}) \sqcup (\bar{b} \sqcap c)) \stackrel{D}{=} (a \sqcap b \sqcap \bar{c}) \sqcup (a \sqcap \bar{b} \sqcap c)$$

$$a \circ b + a \circ c = ((a \circ b) \sqcap \overline{(a \circ c)}) \sqcup (\overline{(a \circ b)} \sqcap (a \circ c)) =$$

$$((a \sqcap b) \sqcap \overline{(a \sqcap b)} \sqcup (\overline{(a \sqcap b)} \sqcap (a \sqcap c)) \stackrel{M}{=} ((a \sqcap b) \sqcap (\bar{a} \sqcup \bar{c})) \sqcup ((\bar{a} \sqcup \bar{b}) \sqcap (a \sqcap c)) \stackrel{D}{=}$$

$$(a \sqcap b \sqcap \bar{a}) \sqcup (a \sqcap b \sqcap \bar{c}) \sqcup (\bar{a} \sqcap a \sqcap c) \sqcup (\bar{b} \sqcap a \sqcap c) \stackrel{C}{=}$$

$$(a \sqcap \bar{a} \sqcap b) \sqcup (a \sqcap b \sqcap \bar{c}) \sqcup (\bar{a} \sqcap a \sqcap c) \sqcup (a \sqcap \bar{b} \sqcap c) \stackrel{N}{=}$$

$$(0 \sqcap b) \sqcup (a \sqcap b \sqcap \bar{c}) \sqcup (0 \sqcap c) \sqcup (a \sqcap \bar{b} \sqcap c) \stackrel{in}{=} (a \sqcap b \sqcap \bar{c}) \sqcup (a \sqcap \bar{b} \sqcap c)$$

Die Ausdrücke für $a \circ (b+c)$ und $a \circ b + a \circ c$ enthalten die gleichen durch $\sqcup$ verknüpften Terme in der gleichen Reihenfolge. Damit ist die Gültigkeit des ersten distributiven Gesetzes bewiesen. Die Gültigkeit des zweiten distributiven Gesetzes wird analog bewiesen.

Beispiel 1 : Zahlenverband

Das Gebilde ($\mathbb{Q}$; Min, Max) für das Minimum Min{a,b} und das Maximum Max {a,b} rationaler Zahlen ist ein distributiver Verband. Es gilt nämlich :

– Die Verknüpfungen Min und Max sind assoziativ.

  Min {a, Min{b, c}} = Min {Min {a, b}, c}

  Max {a, Max{b, c}} = Max {Max{a, b}, c}

– Die Verknüpfungen Min und Max sind kommutativ.

  Min {a,b} = Min {b,a}

  Max {a,b} = Max {b,a}

– Die Verknüpfungen Min und Max sind adjunktiv.

  Max {a, Min {a,b}} = a

  Min {a, Max {a,b}} = a

– Die Verknüpfungen Min und Max sind wechselseitig distributiv.

  Max {a, Min {b,c}} = Min {Max{a,b}, Max {a,c}}

  Min {a, Max {b,c}} = Max {Min {a,b}, Min {a,c}}

Das Gebilde ([0.0, 1.0] ; Min, Max) für das Minimum Min{a,b} und das Maximum Max{a,b} der reellen Zahlen im geschlossenen Intervall $0.0 \le a,b \le 1.0$ ist ein distributiver Verband mit dem Nullelement 1.0 und dem Einselement 0.0.

– Nullelement 1.0 : Min {a, 1.0} = Min {1.0, a} = a

– Einselement 0.0 : Max {a, 0.0} = Max {0.0, a} = a

Beispiel 2 : Logischer Verband

Das Gebilde $(W; \vee, \wedge)$ mit der Menge der Wahrheitswerte $W = \{0,1\}$ = {falsch, wahr} sowie den logischen Verknüpfungen $\vee$ und $\wedge$ ist ein boolescher Verband. Die neutralen Elemente sind $n = 0$ und $e = 1$. Das Komplement $\bar{a}$ von a ist $\neg a$. Für Elemente $a, b, c \in W$ gelten folgende Gesetze (siehe Abschnitt 2.1.3) :

Eigenschaft	$\vee$ (logisch Oder)	$\wedge$ (logisch Und)
assoziativ	$(a \vee b) \vee c = a \vee (b \vee c)$	$(a \wedge b) \wedge c = a \wedge (b \wedge c)$
kommutativ	$a \vee b = b \vee a$	$a \wedge b = b \wedge a$
adjunktiv	$a \vee (a \wedge b) = a$	$a \wedge (a \vee b) = a$
neutral	$a \vee 0 = a$	$a \wedge 0 = 0$
	$a \vee 1 = 1$	$a \wedge 1 = a$
komplementär	$a \vee (\neg a) = 1$	$a \wedge (\neg a) = 0$
distributiv	$a \vee (b \wedge c) = (a \vee b) \wedge (a \vee c)$	$a \wedge (b \vee c) = (a \wedge b) \vee (a \vee c)$
	$(a \wedge b) \vee c = (a \vee c) \wedge (b \vee c)$	$(a \vee b) \wedge c = (a \wedge c) \vee (b \wedge c)$

Beispiel 3 : Mengenverband

Das Gebilde $(P(M); \cup, \cap)$ mit der Potenzmenge P(M) einer nichtleeren Menge M sowie den Mengenverknüpfungen $\cup$ (Vereinigung) und $\cap$ (Durchschnitt) ist ein boolescher Verband. Die neutralen Elemente in P(M) sind die Leermenge $n = \emptyset$ und die Grundmenge $e = M$. Das Komplement $\bar{A}$ eines Elementes A von P(M) ist die Differenz $M - A$. Für Elemente $A, B, C \in P(M)$ gelten folgende Gesetze (siehe Beispiel 2 in Abschnitt 3.3) :

Eigenschaft	$\cup$ (Vereinigung)	$\cap$ (Durchschnitt)
assoziativ	$(A \cup B) \cup C = A \cup (B \cup C)$	$(A \cap B) \cap C = A \cap (B \cap C)$
kommutativ	$A \cup B = B \cup A$	$A \cap B = B \cap A$
adjunktiv	$A \cup (A \cap B) = A$	$A \cap (A \cup B) = A$
neutral	$A \cup \emptyset = A$	$A \cap \emptyset = \emptyset$
	$A \cup M = M$	$A \cap M = A$
komplementär	$A \cup \bar{A} = M$	$A \cap \bar{A} = \emptyset$
distributiv	$A \cup (B \cap C) = (A \cup B) \cap (A \cup C)$	$A \cap (B \cup C) = (A \cap B) \cup (B \cap C)$
	$(A \cap B) \cup C = (A \cup C) \cap (B \cup C)$	$(A \cup B) \cap C = (A \cap C) \cup (B \cap C)$

Beispiel 4 : Mengenverband und Mengenring

In Beispiel 3 ist der Mengenverband (P(M) ; ∪, ∩) mit den Verknüpfungen ∪ (Vereinigung) und ∩ (Durchschnitt) von Mengen behandelt. Der Mengenverband (P(M) ; ∪, ∩) ist boolesch und kann daher nach folgender Vorschrift in einen booleschen Ring (P(M) ; + , ∘) transformiert werden :

$$
\begin{aligned}
A \circ B &:= A \cap B \\
A + B &:= (A \cap \bar{B}) \cup (\bar{A} \cap B) \\
&= (A \cap (M - B)) \cup ((M - A) \cap B) \\
&= (A - (A \cap B)) \cup (B - (A \cap B)) \\
&= (A - B) \cup (B - A) \\
&= A \oplus B
\end{aligned}
$$

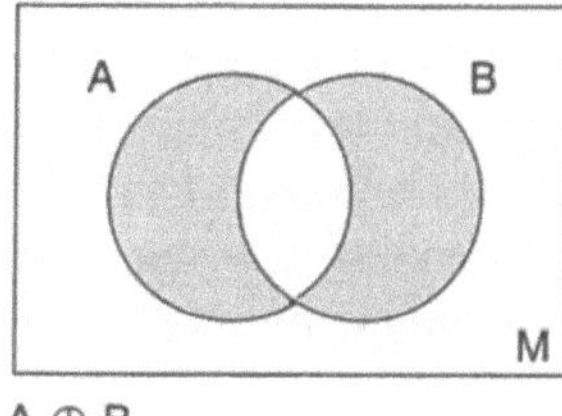

A ⊕ B

Der boolesche Ring (P(M) ; + , ∘) ist identisch mit dem Mengenring (P(M) ; ⊕, ∩) mit den Verknüpfungen ⊕ (symmetrische Differenz) und ∩ (Durchschnitt). Der Mengenring ist in Beispiel 2 des Abschnittes 3.4.2 behandelt.

3.5 VEKTORRAUM

3.5.1 ALLGEMEINE VEKTORRÄUME

Einführung : Die Theorie der Vektorräume hat sich aus der Theorie der linearen Gleichungssysteme entwickelt. Das besondere Merkmal der Vektorräume ist die Verknüpfung von Elementen, die verschiedenen Mengen angehören. Diese Verknüpfung bezeichnet man als äußere Verknüpfung zweier Mengen. Ein Vektorraum ist definiert als ein Gebilde mit zwei Mengen und zwei Verknüpfungen. Aus den Definitionseigenschaften werden die Regeln für Vektorräume abgeleitet. Die Definitionseigenschaften und Regeln bilden zusammen die Theorie der Vektorräume. Dieser Abschnitt gibt eine Einführung in die Theorie der Vektorräume.

Äußere Verknüpfung : Eine äußere Verknüpfung f auf den Mengen A und V ordnet jedem Paar (a, **x**) des direkten Produktes $A \times V$ genau ein Element **y** der Menge V zu. Eine äußere Verknüpfung ist daher eine Abbildung f von $A \times V$ in V. Zur Unterscheidung werden die Elemente von A in normaler Schriftstärke und die Elemente von V fett geschrieben.

$$f : A \times V \to V \quad \text{mit} \quad f(a, \mathbf{x}) = \mathbf{y} \quad \text{und} \quad \mathbf{x}, \mathbf{y} \in V \; ; \; a \in A$$

Häufig wird zur Bezeichnung einer äußeren Verknüpfung an Stelle eines Buchstabens ein Operatorsymbol verwendet. Die Abbildung wird wie folgt dargestellt :

$$\circ : A \times V \to V \quad \text{mit} \quad a \circ \mathbf{x} = \mathbf{y} \quad \text{und} \quad \mathbf{x}, \mathbf{y} \in V \; ; \; a \in A$$

Aufgrund dieser Darstellung heißt die Menge A Operatormenge. Im Zusammenhang mit Vektorräumen heißt die Menge V Vektormenge. In der äußeren Verknüpfung $a \circ \mathbf{x}$ kann die Reihenfolge der Elemente a und **x** vertauscht werden, da die Bedeutung des Ausdrucks wegen $a \in A$ und $\mathbf{x} \in V$ eindeutig ist. Häufig wird in dem Ausdruck $a \circ \mathbf{x}$ das Operatorsymbol $\circ$ weggelassen und stattdessen a **x** oder **x** a geschrieben.

Vektorraum : Das Gebilde (V ; +) heißt Vektorraum über dem Gebilde (A ; +, $\circ$) und wird mit (A, V ; +, $\circ$) bezeichnet, wenn gilt :

(1) Das Gebilde (V ; +) ist eine kommutative Gruppe.

(2) Das Gebilde (A ; +, $\circ$) ist ein kommutativer Körper.

(3) Die Verknüpfung $\circ$ in (A, V ; +, $\circ$) ist eine äußere Verknüpfung mit den folgenden Eigenschaften für alle Elemente $a, b \in A$ und $\mathbf{x}, \mathbf{y} \in V$:

assoziativ : $(a \circ b) \circ \mathbf{x} = a \circ (b \circ \mathbf{x})$

distributiv : $(a + b) \circ \mathbf{x} = a \circ \mathbf{x} + b \circ \mathbf{x}$
$a \circ (\mathbf{x} + \mathbf{y}) = a \circ \mathbf{x} + a \circ \mathbf{y}$

identitiv : $1_A \circ \mathbf{x} = \mathbf{x}$

Bei der Definition von Vektorräumen bezeichnen die Symbole $+$ und $\circ$ für Addition und Multiplikation in verschiedenen Gebilden verschiedene Verknüpfungen.

(1) Das Symbol $+$ im Gebilde $(V\,;+)$ steht für eine innere Verknüpfung in der Vektormenge V. Das Symbol $+$ im Gebilde $(A\,;+,\circ)$ steht für eine innere Verknüpfung in der Operatormenge A. Die Bedeutung des Symbols $+$ in Ausdrücken wie $a+b$ oder $\mathbf{x}+\mathbf{y}$ ist aus der Zuordnung der verknüpften Elemente zu den Mengen A und V ersichtlich.

(2) Das Symbol $\circ$ im Gebilde $(A\,;+,\circ)$ steht für eine innere Verknüpfung in der Operatormenge A. Das Symbol $\circ$ im Gebilde $(A,V\,;+,\circ)$ steht für die äußere Verknüpfung auf der Operatormenge A und der Vektormenge V. Die Bedeutung des Symbols $\circ$ in Ausdrücken wie $a\circ b$ oder $a\circ\mathbf{x}$ ist aus der Zuordnung der verknüpften Elemente zu den Mengen A und V ersichtlich.

Das neutrale Element der Addition $+$ im Gebilde $(V\,;+)$ heißt Nullvektor und wird mit $\mathbf{0}$ bezeichnet. Das neutrale Element der Addition $+$ im Gebilde $(A\,;+,\circ)$ heißt Nullelement und wird mit 0_A oder 0 bezeichnet. Das neutrale Element der Multiplikation $\circ$ im Gebilde $(A\,;+,\circ)$ heißt Einselement und wird mit 1_A oder 1 bezeichnet.

Regeln für Vektorräume : Aus den Definitionseigenschaften eines Vektorraumes ergeben sich neben den Regeln für die kommutative Gruppe $(V\,;+)$ und den Regeln für den kommutativen Körper $(A\,;+,\circ)$ zusätzliche Regeln für die äußere Verknüpfung in $(A,V\,;+,\circ)$:

(1) Die äußere Verknüpfung $\circ$ mit den neutralen Elementen $\mathbf{0}$ und 0 der Addition führt zum Nullvektor.

$0\circ\mathbf{x} = \mathbf{x}\circ 0 = \mathbf{0} \qquad\qquad a\circ\mathbf{0} = \mathbf{0}\circ a = \mathbf{0}$

(2) Für die äußere Verknüpfung $\circ$ mit additiv inversen Elementen gelten Regeln, die in der reellen Vektoralgebra als Vorzeichenregeln bezeichnet werden.

$a\circ(-\mathbf{x}) = (-a)\circ\mathbf{x} = -(a\circ\mathbf{x})$

$(-a)\circ(-\mathbf{x}) = a\circ\mathbf{x}$

(3) Der Vektorraum ist bezüglich der äußeren Verknüpfung $\circ$ nullteilerfrei, so daß aus $a\circ\mathbf{x}=\mathbf{0}$ stets $a=0$ oder $\mathbf{x}=\mathbf{0}$ folgt.

$a\circ\mathbf{x} = \mathbf{0} \quad\Rightarrow\quad a = 0 \;\vee\; \mathbf{x} = \mathbf{0}$

Beweis : Regeln für Vektorräume

(1) Nach dem ersten distributiven Gesetz gilt $a \circ \mathbf{x} + b \circ \mathbf{x} = (a+b) \circ \mathbf{x}$. Mit $a = b = 0$ folgt $0 \circ \mathbf{x} + 0 \circ \mathbf{x} = 0 \circ \mathbf{x}$. Durch beidseitige Addition von $-(0 \circ \mathbf{x})$ folgt für die linke Seite $-(0 \circ \mathbf{x}) + (0 \circ \mathbf{x} + 0 + \mathbf{x}) = (-0 \circ \mathbf{x} + 0 \circ \mathbf{x}) + 0 \circ \mathbf{x} = 0 \circ \mathbf{x}$ und für die rechte Seite $-(0 \circ \mathbf{x}) + 0 \circ \mathbf{x} = \mathbf{0}$, so daß $0 \circ \mathbf{x} = \mathbf{0}$ gilt. Die Invarianz $a \circ \mathbf{0} = \mathbf{0}$ wird mit dem zweiten distributiven Gesetz auf ähnliche Weise nachgewiesen.

(2) Nach dem ersten distributiven Gesetz gilt $a \circ \mathbf{x} + b \circ \mathbf{x} = (a+b) \circ \mathbf{x}$. Mit $b = -a$ folgt $a \circ \mathbf{x} + (-a) \circ \mathbf{x} = (a + (-a)) \circ \mathbf{x} = 0 \circ \mathbf{x} = \mathbf{0}$. Aus $a \circ \mathbf{x} + (-a) \circ \mathbf{x} = \mathbf{0}$ folgt weiter, daß $(-a) \circ \mathbf{x}$ additiv invers zu $a \circ \mathbf{x}$ ist und damit $(-a) \circ \mathbf{x} = -(a \circ \mathbf{x})$ gilt. Auf ähnliche Weise wird die Gültigkeit von $a \circ (-\mathbf{x}) = -(a \circ \mathbf{x})$ mit dem zweiten distributiven Gesetz nachgewiesen. Für a und $-\mathbf{x}$ folgt aus den beiden Regeln $(-a) \circ (-\mathbf{x}) = -(-(a) \circ \mathbf{x}) = -(-(a \circ \mathbf{x})) = a \circ \mathbf{x}$.

(3) Aus $a \circ \mathbf{x} = \mathbf{0}$ und $a \neq 0$ folgt durch beiderseitige Multiplikation mit a^{-1} von links für die linke Seite $a^{-1} \circ (a \circ \mathbf{x}) = (a^{-1} \circ a) \circ \mathbf{x} = 1 \circ \mathbf{x} = \mathbf{x}$ und für die rechte Seite $a^{-1} \circ \mathbf{0} = \mathbf{0}$, so daß $\mathbf{x} = \mathbf{0}$ folgt. Ist $a = 0$, so ist nach (1) $a \circ \mathbf{x} = \mathbf{0}$. Damit folgt aus $a \circ \mathbf{x} = \mathbf{0}$ stets $a = 0$ oder $\mathbf{x} = \mathbf{0}$.

Linearkombination : Aus der Vektormenge V eines Vektorraumes $(A, V ; +, \circ)$ werden Vektoren $\mathbf{x}_1, \mathbf{x}_2, ...$ gewählt und mit Elementen $a_1, a_2, ...$ der Operatormenge A multipliziert. Die Summe der Produkte $a_i \circ \mathbf{x}_i$ heißt Linearkombination der Vektoren $\mathbf{x}_i$. Die Elemente a_i heißen Koeffizienten der Linearkombination. Die Reihenfolge der Produkte in der Summe ist beliebig, da die Vektoraddition kommutativ ist. Jede Linearkombination liefert einen Vektor $\mathbf{x}$ der Vektormenge V. Die Schreibweise für Linearkombinationen wird vereinfacht, indem das Symbol $\sum$ für die Summation eingeführt und das Symbol $\circ$ für ein Produkt weggelassen wird.

$$\mathbf{x} = a_1 \circ \mathbf{x}_1 + a_2 \circ \mathbf{x}_2 + ... = \sum_{i \in I} a_i \, \mathbf{x}_i \qquad \mathbf{x}, \mathbf{x}_i \in V \; ; \quad a_i \in A$$

Regeln für Linearkombinationen : Aus den Definitionseigenschaften eines Vektorraumes und der Definition einer Linearkombination ergeben sich folgende Regeln :

(1) Skalierung einer Linearkombination
Eine Linearkombination wird mit einem Faktor $p \in A$ skaliert, indem jeder Koeffizient der Linearkombination mit p multipliziert wird.

$$p\mathbf{x} = p \sum_{i \in I} a_i \, \mathbf{x}_i = \sum_{i \in I} (p \circ a_i) \, \mathbf{x}_i$$

(2) Summe zweier Linearkombinationen
Gegeben seien zwei Linearkombinationen mit den Koeffizienten a_i und b_i für die Vektoren $\mathbf{x}_i$. Die Summe der beiden Linearkombinationen wird gebildet, indem für jeden Vektor $\mathbf{x}_i$ die Koeffizienten a_i und b_i addiert werden.

$$\mathbf{x} + \mathbf{y} = \sum_{i \in I} a_i \, \mathbf{x}_i + \sum_{i \in I} b_i \mathbf{x}_i = \sum_{i \in I} (a_i + b_i) \, \mathbf{x}_i$$

(3) Differenz zweier Linearkombinationen
Gegeben seien zwei Linearkombinationen mit den Koeffizienten a_i und b_i für die Vektoren $\mathbf{x}_i$. Die Differenz der beiden Linearkombinationen wird gebildet, indem für jeden Vektor $\mathbf{x}_i$ die Koeffizienten a_i und b_i voneinander subtrahiert werden. Die Differenz $a_i - b_i$ ist gleich der Summe von a_i und des additiv Inversen $(-b_i)$ von b_i.

$$\mathbf{x} - \mathbf{y} = \sum_{i \in I} a_i \mathbf{x}_i - \sum_{i \in I} b_i \mathbf{x}_i = \sum_{i \in I} (a_i - b_i)\, \mathbf{x}_i = \sum_{i \in I} (a_i + (-b_i))\, \mathbf{x}_i$$

Lineare Hülle : Die Menge aller Vektoren, die als Linearkombination einer gegebenen Teilmenge $X = \{\mathbf{x}_1, \mathbf{x}_2, ...\}$ der Vektormenge V des Vektorraumes $(A, V\,;\, +, \circ)$ gebildet werden können, heißt lineare Hülle von X und wird mit L(X) bezeichnet.

$$L(X) := \{ \mathbf{x} \in V \mid \mathbf{x} = \sum_{i \in I} a_i \mathbf{x}_i \quad \wedge \quad \mathbf{x}_i \in X \}$$

Erzeugendensystem : Eine Teilmenge E der Vektormenge V heißt ein Erzeugendensystem des Vektorraumes $(A, V\,;\, +, \circ)$, wenn V die lineare Hülle von E ist.

$$E \text{ ist Erzeugendensystem von } (A, V\,;\, +, \circ) \quad :\Leftrightarrow \quad E \subseteq V \quad \wedge \quad V = L(E)$$

Die Vektormenge V ist stets ein Erzeugendensystem, da $L(V) = V$ gilt. Ein Erzeugendensystem E heißt endlich, wenn E eine endliche Teilmenge der Vektormenge V ist. Ein Vektorraum heißt Vektorraum von endlichem Typ, wenn ein endliches Erzeugendensystem existiert. Das Erzeugendensystem eines Vektorraumes ist nicht eindeutig.

Lineare Unabhängigkeit : Eine Teilmenge X der Vektormenge V eines Vektorraumes $(A, V\,;\, +, \circ)$ heißt linear unabhängig, wenn der Nullvektor $\mathbf{0}$ nur mit den Koeffizienten $a_i = 0$ als Linearkombination der Vektoren $\mathbf{x}_i$ dargestellt werden kann. Anderenfalls heißt X linear abhängig.

$$\sum_{i \in I} a_i \mathbf{x}_i = \mathbf{0} \quad \Rightarrow \quad \bigwedge_{i \in I} (a_i = 0) \qquad a_i \in A, \ \mathbf{x}_i \in V$$

Basis eines Vektorraumes : Eine Teilmenge B der Vektormenge V heißt Basis des Vektorraumes $(A, V\,;\, +, \circ)$, wenn B linear unabhängig und ein Erzeugendensystem ist. Die Vektoren $\mathbf{x}_i$ einer Basis heißen Basisvektoren. Eine Basis heißt endlich, wenn die Anzahl ihrer Basisvektoren endlich ist. Anderenfalls heißt sie unendlich.

Konstruktion einer Basis : Jeder Vektorraum (A, V ; +, ∘) besitzt eine Basis. Eine Basis B kann schrittweise aus einem Erzeugendensystem E ⊆ V des Vektorraumes konstruiert werden :

(1) Vor dem ersten Schritt ist die Menge B leer.

(2) In jedem Schritt i wird die Menge B um einen Vektor $\mathbf{x}_i \neq \mathbf{0}$ des Erzeugendensystems E so ergänzt, daß $B = \{\mathbf{x}_1, ..., \mathbf{x}_{i-1}, \mathbf{x}_i\}$ linear unabhängig ist.

(3) Kann die Menge B nach einer endlichen Anzahl von Schritten nicht weiter ergänzt werden, so ist B eine endliche Basis des Vektorraumes. Anderenfalls ist B eine unendliche Basis des Vektorraumes.

Die Wahl des Vektors, der in einem Schritt in die Basis aufgenommen wird, ist nicht eindeutig. Daher ist die konstruierte Basis nicht eindeutig.

Eigenschaften von Basen : Ein Vektorraum (A, V ; +, ∘) besitzt bezüglich seiner Basen folgende Eigenschaften :

(1) Jeder Vektor eines Vektorraumes ist eindeutig als Linearkombination der Basisvektoren einer Basis darstellbar.

(2) Endliche Basen eines Vektorraumes besitzen die gleiche Anzahl von Basisvektoren.

Beweis : Eigenschaften von Basen

(1) Ein Vektor **x** des Vektorraumes mit der Basis B sei durch zwei Linearkombinationen der Basisvektoren $\mathbf{x}_i \in B$ darstellbar. Dann ist die Differenz der beiden Linearkombinationen der Nullvektor **0**.

$$\mathbf{x} = \sum_{i \in I} a_i \, \mathbf{x}_i \qquad a_i \in A$$

$$\mathbf{x} = \sum_{i \in I} b_i \, \mathbf{x}_i \qquad b_i \in A$$

$$\mathbf{0} = \sum_{i \in I} (a_i - b_i) \, \mathbf{x}_i = \sum_{i \in I} c_i \, \mathbf{x}_i \qquad c_i \in A$$

Alle Koeffizienten $c_i = a_i - b_i$ sind 0, da die Basisvektoren definitionsgemäß linear unabhängig sind. Daher gilt $a_i = b_i$, so daß die beiden Linearkombinationen für den Vektor **x** identisch sind.

(2) $B_1 = \{\mathbf{x}_1, ..., \mathbf{x}_s\}$ sei eine endliche Basis mit s Basisvektoren und $B_2 = \{\mathbf{y}_1, ..., \mathbf{y}_s, \mathbf{y}_{s+1}\}$ eine endliche Basis mit s + 1 Basisvektoren. Dann ist nach (1) jeder Basisvektor $\mathbf{y}_i \in B_2$ eindeutig als Linearkombination der Basisvektoren $\mathbf{x}_i \in B_1$ darstellbar. Dies führt zu folgendem Gleichungssystem :

$$\begin{aligned}
\mathbf{y}_1 &= a_{11}\,\mathbf{x}_1 + \dots + a_{1s}\,\mathbf{x}_s \\
&\vdots \\
\mathbf{y}_s &= a_{s1}\,\mathbf{x}_1 + \dots + a_{ss}\,\mathbf{x}_s \\
\mathbf{y}_{s+1} &= a_{s+1,1}\,\mathbf{x}_1 + \dots + a_{s+1,s}\,\mathbf{x}_s
\end{aligned}$$

In der i-ten Gleichung ist mindestens ein Koeffizient a_{im} verschieden von Null. Die i-te Gleichung wird zur Elimination von $\mathbf{x}_m$ in allen anderen Gleichungen verwendet. Danach wird das Gleichungssystem um $\mathbf{x}_m$ und die Gleichung i reduziert.

Keine der linken Seiten des reduzierten Gleichungssystems ist **0**, da die Basisvektoren $\mathbf{y}_i$ linear unabhängig sind. In keiner der reduzierten Gleichungen sind alle Koeffizienten auf der rechten Seite gleich Null, da die Basisvektoren $\mathbf{x}_m$ linear unabhängig sind. Die rechte Seite wird nur **0**, wenn alle Basisvektoren $\mathbf{x}_m$ eliminiert sind. Die Elimination wird solange wiederholt, bis alle Basisvektoren $\mathbf{x}_m$ eliminiert sind.

Nach Elimination aller Basisvektoren $\mathbf{x}_m$ besteht das reduzierte System aus einer Gleichung. Dies sei die p-te Gleichung des ursprünglichen Systems. Dann ist die linke Seite dieser Gleichung eine Linearkombination der Basisvektoren $\mathbf{y}_i$, in der $\mathbf{y}_p$ den unveränderten Koeffizienten 1 besitzt. Diese Linearkombination ist definitionsgemäß nicht **0**. Da die rechte Seite der Gleichung **0** ist, besteht ein Widerspruch. Folglich ist die Anzahl der Basisvektoren in B_2 nicht größer als in B_1.

Auf analoge Weise zeigt man, daß die Anzahl der Basisvektoren in B_1 nicht größer ist als in B_2. Folglich ist die Anzahl der Basisvektoren in B_1 und B_2 gleich.

Rang eines Vektorraumes : Ein Vektorraum heißt vom Rang unendlich, wenn eine Basis dieses Vektorraumes unendlich ist. Ein Vektorraum heißt vom Rang m, wenn eine Basis endlich ist und m Basisvektoren enthält.

Untervektorraum : $(A, V\,;+,\circ)$ und $(A, W\,;+,\circ)$ seien Vektorräume über dem gleichen kommutativen Körper $(A\,;+,\circ)$. Der Vektorraum $(A, W\,;+,\circ)$ heißt Vektorunterraum von $(A, V\,;+,\circ)$, wenn W eine Teilmenge von V ist.

Basis und Rang eines Untervektorraumes : Der Vektorraum $(A, W\,;+,\circ)$ vom Rang m_W sei ein Unterraum des Vektorraumes $(A, V\,;+,\circ)$ vom Rang m_V. Aus $W \subseteq V$ folgt direkt $m_W \le m_V$. Aus dem Konstruktionsverfahren für Basisvektoren folgt, daß jede Basis B_W von W schrittweise zu einer Basis B_V von V ergänzt werden kann. Damit existieren Basen B_W und B_V, für die $B_W \subseteq B_V$ gilt.

Beispiel 1 : Vektorraum für komplexe Zahlen

Das additive Gebilde ($\mathbb{C}$; +) für komplexe Zahlen ist ein Vektorraum vom Rang 2 über dem kommutativen Körper ($\mathbb{R}$; +, $\circ$) der reellen Zahlen. Dies ist nachfolgend gezeigt.

(1) Eine komplexe Zahl $\mathbf{x} \in \mathbb{C}$ wird in der Form $x_r + i\, x_i$ mit dem Realteil $x_r \in \mathbb{R}$ und dem Imaginärteil $x_i \in \mathbb{R}$ dargestellt. Der Realteil und der Imaginärteil sind reelle Zahlen. Zwei komplexe Zahlen werden addiert, indem jeweils die beiden Realteile und die beiden Imaginärteile addiert werden.

Komplexe Zahl	$\mathbf{x} := (x_r + i\, x_i) \in \mathbb{C}$	$x_r, x_i \in \mathbb{R}$
Addition	$(x_r + i\, x_i) + (y_r + i\, y_i) = (x_r + y_r) + i\,(x_i + y_i)$	

Die Addition komplexer Zahlen ist assoziativ und kommutativ. Die komplexe Zahl $(0 + i\,0)$ ist bezüglich der Addition neutral. Zu jeder komplexen Zahl $x_r + i\, x_i$ existiert eine additiv inverse komplexe Zahl $((-x_r) + i(-x_i))$. Das additive Gebilde ($\mathbb{C}$; +) mit diesen Eigenschaften ist nach der Definition in Abschnitt 3.3.2 eine kommutative Gruppe.

(2) Das additive und multiplikative Gebilde ($\mathbb{R}$; +, $\circ$) der reellen Zahlen ist nach Abschnitt 3.4 ein kommutativer Körper mit dem Nullelement 0 und dem Einselement 1.

(3) Eine komplexe Zahl wird mit einer reellen Zahl $a \in \mathbb{R}$ skaliert, indem jeweils der Realteil und der Imaginärteil mit a multipliziert wird.

Skalierung $\quad a \circ (x_r + i\, x_i) := ((a\, x_r) + i(a\, x_i)) \qquad a \in \mathbb{R}$

Die Skalierung ist die äußere Verknüpfung $\circ$ auf den Mengen $\mathbb{R}$ und $\mathbb{C}$. Sie genügt den Definitionseigenschaften eines Vektorraumes. Für $a, b \in \mathbb{R}$ und $(x_r + i\, x_i), (y_r + i\, y_i) \in \mathbb{C}$ gilt nämlich :

assoziativ	$(a \circ b) \circ (x_r + i\, x_i) = a \circ (b \circ (x_r + i\, x_i))$
distributiv	$(a + b) \circ (x_r + i\, x_i) = a \circ (x_r + i\, x_i) + b \circ (x_r + i\, x_i)$
	$a \circ ((x_r + i\, x_i) + (y_r + i\, y_i)) = a \circ (x_r + i\, x_i) + a \circ (y_r + i\, y_i)$
identitiv	$1 \circ (x_r + i\, x_i) = (x_r + i\, x_i)$

(4) Mit den Eigenschaften (1), (2), (3) besitzt das Gebilde ($\mathbb{R}, \mathbb{C}$; +, $\circ$) die Definitionseigenschaften eines Vektorraumes. Jede komplexe Zahl ist ein Vektor dieses Vektorraumes.

(5) Der Vektorraum ($\mathbb{R}, \mathbb{C}$; +, $\circ$) der komplexen Zahlen besitzt den Rang 2. Jede Basis des Vektorraumes enthält genau zwei von Null verschiedene komplexe Zahlen, die linear unabhängig voneinander sind. Im folgenden sind zwei Basen als Beispiel angegeben.

1. Basis : $\{1, i\}$
2. Basis : $\{(1 + i), (1 - i)\}$

Beispiel 2 : Vektorraum für reelle Polynomfunktionen

Das additive Gebilde $(P_n(x)\ ;\ +)$ für reelle Polynomfunktionen n-ten Grades ist ein Vektorraum mit dem Rang $n+1$ über dem kommutativen Körper $(\mathbb{R}\ ;\ +, \circ)$ der reellen Zahlen. Dies ist nachfolgend gezeigt.

(1) Eine reelle Polynomfunktionen $p(x) \in P_n(x)$ vom Grad n ist in Abhängigkeit von der Variablen x wie folgt definiert :

Reelle Polynomfunktion : $p(x) = \sum_{k=0}^{n} c_k\, x^k$ $\qquad x, p(x) \in \mathbb{R}$

Koeffizient des k-ten Terms : $c_k \in \mathbb{R}$

Grad des Polynoms : $n \in \mathbb{N}$

Um die Schreibweise zu vereinfachen, wird nachfolgend der Laufindex $k = 0,...,n$ an den Summensymbolen weggelassen. Zwei reelle Polynomfunktionen werden addiert, indem die Koeffizienten für jeden Term x^k addiert werden.

Addition $\quad \sum c_k\, x^k + \sum d_k\, x^k = \sum (c_k + d_k)\, x^k$

Die Addition reeller Polynomfunktionen ist assoziativ und kommutativ. Das Nullpolynom $\sum 0\, x^k$ ist bezüglich der Addition neutral. Zu jeder Polynomfunktion $\sum c_k\, x^k$ existiert eine additiv inverse Polynomfunktion $\sum (-c_k)\, x^k$. Das additive Gebilde $(P_n(x)\ ;\ +)$ ist nach der Definition in Abschnitt 3.3 eine kommutative Gruppe.

(2) Das additive und multiplikative Gebilde $(\mathbb{R}\ ;\ +, \circ)$ der reellen Zahlen ist nach Abschnitt 3.4.2 ein kommutativer Körper mit dem Nullelement 0 und dem Einselement 1.

(3) Eine reelle Polynomfunktion wird mit einer reellen Zahl $a \in \mathbb{R}$ skaliert, indem jeder Koeffizient mit a multipliziert wird.

Skalierung $\quad a \circ \sum c_k\, x^k = \sum (a c_k) x^k \qquad a \in \mathbb{R}$

Die Skalierung ist die äußere Verknüpfung $\circ$ auf den Mengen $\mathbb{R}$ und $P_n(x)$. Sie genügt den Definitionseigenschaften eines Vektorraumes. Für $a, b \in \mathbb{R}$ und $\sum c_k\, x^k$, $\sum d_k\, x^k \in P_n(x)$ gilt nämlich :

assoziativ $\quad (a \circ b) \circ \sum c_k\, x^k = a \circ (b \circ \sum c_k\, x^k)$

distributiv $\quad (a + b) \circ \sum c_k\, x^k = a \circ \sum c_k\, x^k + b \circ \sum c_k\, x^k$

$a \circ (\sum c_k\, x^k + \sum d_k\, x^k) = a \circ \sum c_k\, x^k + a \circ \sum d_k\, x^k$

identitiv $\quad 1 \circ \sum c_k\, x^k = \sum c_k\, x^k$

(4) Mit den Eigenschaften (1), (2), (3) besitzt das Gebilde ($\mathbb{R}$, $P_n(x)$; +, ∘) die Definitionseigenschaften eines Vektorraumes. Jede reelle Polynomfunktion n-ten Grades ist ein Vektor dieses Vektorraumes.

(5) Der Vektorraum ($\mathbb{R}$, $P_n(x)$; +, ∘) der reellen Polynomfunktionen besitzt den Rang $n+1$. Eine Basis dieses Vektorraumes enthält die $n+1$ Basisfunktionen x^k für $k = 0,...,n$. Jede reelle Polynomfunktion n-ten Grades ist eine Linearkombination dieser Basisfunktionen mit reellen Koeffizienten.

Basis : $\{x^0, x^1, ..., x^n\}$

3.5.2 REELLER VEKTORRAUM

Einführung : Der reelle Vektorraum ist ein besonderer Fall eines allgemeinen Vektorraumes. Die Besonderheit besteht darin, daß jeder reelle Vektor als n-Tupel reeller Zahlen dargestellt wird. Die Addition und Multiplikation von reellen Zahlen werden elementweise auf reelle Vektoren übertragen. Dies führt zur Theorie der reellen Vektorräume.

Reeller Vektor : Ein Vektor heißt reeller Vektor der Dimension n, wenn er ein n-Tupel $(x_1, x_2, \ldots, x_n)$ mit den Elementen $x_i \in \mathbb{R}$ ist. Die Menge aller reellen Vektoren der Dimension n ist das n-stellige kartesische Produkt $\mathbb{R}^n$.

Reelle Vektoren der Dimension n werden in der Regel nicht in der Notation von n-Tupeln dargestellt. Stattdessen werden die Elemente x_i eines Vektors **x** in einem Spaltenschema angeordnet, indem der Index des Elementes als Zeilenindex aufgefaßt wird. Das Schema heißt Vektorschema (Spaltenvektor).

$$\mathbf{x} = \begin{bmatrix} x_1 \\ x_2 \\ \vdots \\ x_n \end{bmatrix} \in \mathbb{R}^n$$

Reelle Vektoraddition : Zwei reelle Vektoren gleicher Dimension werden addiert, indem die Elemente mit gleichem Index addiert werden. Damit wird die additive Struktur $(\mathbb{R}\ ; +)$ der reellen Zahlen elementweise auf reelle Vektoren übertragen.

$$\mathbf{x} + \mathbf{y} = \begin{bmatrix} x_1 \\ x_2 \\ \vdots \\ x_n \end{bmatrix} + \begin{bmatrix} y_1 \\ y_2 \\ \vdots \\ y_n \end{bmatrix} := \begin{bmatrix} x_1 + y_1 \\ x_2 + y_2 \\ \vdots \\ x_n + y_n \end{bmatrix}$$

Die Addition + ist eine innere Verknüpfung auf der Menge $\mathbb{R}^n$ der n-dimensionalen reellen Vektoren. Das additive Gebilde ($\mathbb{R}^n$; +) erfüllt nach Abschnitt 3.3 alle Definitionseigenschaften eine kommutativen Gruppe :

(1) Die Addition ist assoziativ, da für $\mathbf{x}, \mathbf{y}, \mathbf{z} \in \mathbb{R}^n$ gilt :

$$(\mathbf{x}+\mathbf{y})+\mathbf{z} \quad = \quad \mathbf{x}+(\mathbf{y}+\mathbf{z})$$

(2) Die Addition ist kommutativ, da für $\mathbf{x}, \mathbf{y} \in \mathbb{R}^n$ gilt :

$$\mathbf{x}+\mathbf{y} \quad = \quad \mathbf{y}+\mathbf{x}$$

(3) Der Nullvektor $\mathbf{0}$, dessen Elemente alle 0 sind, ist bezüglich der Addition neutral, da für $\mathbf{0}, \mathbf{x} \in \mathbb{R}^n$ gilt :

$$\mathbf{x}+\mathbf{0} \quad = \quad \mathbf{0}+\mathbf{x} \quad = \quad \mathbf{x}$$

(4) Zu jedem reellen Vektor $\mathbf{x}$ existiert ein additiv inverser Vektor $-\mathbf{x}$, so daß $\mathbf{x}+(-\mathbf{x})=\mathbf{0}$ gilt. Der Vektor $-\mathbf{x}$ enthält die Elemente des Vektors $\mathbf{x}$ mit umgekehrtem Vorzeichen.

Reelle Vektorskalierung : Ein reeller Vektor wird mit einer reellen Zahl $a \in \mathbf{R}$ skaliert, indem jedes Element des Vektors mit a multipliziert wird. Damit wird die multiplikative Struktur ($\mathbb{R}$; $\circ$) der reellen Zahlen elementweise auf reelle Vektoren übertragen.

$$\mathbf{x} \circ a \quad = \quad a \circ \mathbf{x} \quad = a \circ \begin{bmatrix} x_1 \\ x_2 \\ \vdots \\ x_n \end{bmatrix} := \begin{bmatrix} a\,x_1 \\ a\,x_2 \\ \vdots \\ a\,x_n \end{bmatrix}$$

Die Skalierung ist eine äußere Verknüpfung auf der Menge $\mathbb{R}$ der reellen Zahlen und der Menge $\mathbb{R}^n$ der n-dimensionalen reellen Vektoren. Sie besitzt folgende Eigenschaften :

(1) Die Skalierung ist assoziativ, da für $a, b \in \mathbb{R}$ und $\mathbf{x} \in \mathbb{R}^n$ gilt :

$$(a \circ b) \circ \mathbf{x} \quad = \quad a \circ (b \circ \mathbf{x})$$

(2) Die Skalierung ist distributiv, da für $a, b \in \mathbb{R}$ und $\mathbf{x}, \mathbf{y} \in \mathbb{R}^n$ gilt :

$$(a+b) \circ \mathbf{x} \quad = \quad a \circ \mathbf{x} \; + \; b \circ \mathbf{x}$$

$$a \circ (\mathbf{x}+\mathbf{y}) \quad = \quad a \circ \mathbf{x} \; + \; a \circ \mathbf{y}$$

(3) Die Skalierung ist identitiv, da mit $1 \in \mathbb{R}$ und $\mathbf{x} \in \mathbb{R}^n$ gilt :

$$1 \circ \mathbf{x} \quad = \quad \mathbf{x}$$

Vollständiger reeller Vektorraum : Das additive Gebilde ($\mathbb{R}^n$; +) der n-dimensionalen reellen Vektoren ist ein Vektorraum über dem kommutativen Körper ($\mathbb{R}$; +, $\circ$) der reellen Zahlen. Dieser Vektorraum heißt vollständiger n-dimensionaler reeller Vektorraum und wird mit ($\mathbb{R}, \mathbb{R}^n$; +, $\circ$) bezeichnet. Er besitzt die in Abschnitt 3.5.1 angegebenen Definitionseigenschaften eines Vektorraumes :

(1) Das Gebilde ($\mathbb{R}^n$; +) ist die unendliche Menge der n-dimensionalen reellen Vektoren mit der Vektoraddition + als innerer Verknüpfung. Es ist eine kommutative Gruppe.

(2) Das Gebilde ($\mathbb{R}$; +, $\circ$) ist die unendliche Menge der reellen Zahlen mit der Addition + und der Multiplikation $\circ$ als inneren Verknüpfungen. Es ist ein kommutativer Körper.

(3) Die Vektorskalierung $\circ$ ist eine äußere Verknüpfung auf den unendlichen Mengen der reellen Zahlen und der n-dimensionalen reellen Vektoren. Sie ist assoziativ, distributiv und identitiv. Damit besitzt sie die Definitionseigenschaften der Verknüpfung $\circ$ eines Vektorraumes.

Reelle Einheitsvektoren und Standardbasis : Ein Vektor des vollständigen n-dimensionalen reellen Vektorraumes heißt kanonischer Einheitsvektor und wird mit $\mathbf{e}_i$ bezeichnet, wenn er auf der Position i das Einselement 1 und auf allen übrigen Positionen das Nullelement 0 des kommutativen Körpers ($\mathbb{R}$; +, $\circ$) der reellen Zahlen enthält. Die Menge $\{\mathbf{e}_1, \mathbf{e}_2, \ldots, \mathbf{e}_n\}$ der kanonischen Einheitsvektoren heißt kanonische Basis oder Standardbasis des vollständigen n-dimensionalen reellen Vektorraumes. Jeder n-dimensionale reelle Vektor $\mathbf{x} \in \mathbb{R}^n$ ist eine Linearkombination der n kanonischen Einheitsvektoren mit den Elementen x_i als Koeffizienten.

$$\mathbf{x} = \sum_{i=1}^{n} x_i \mathbf{e}_i = x_1 \begin{bmatrix} 1 \\ 0 \\ \vdots \\ 0 \end{bmatrix} + x_2 \begin{bmatrix} 0 \\ 1 \\ \vdots \\ 0 \end{bmatrix} + \ldots + x_n \begin{bmatrix} 0 \\ 0 \\ \vdots \\ 1 \end{bmatrix} = \begin{bmatrix} x_1 \\ x_2 \\ \vdots \\ x_n \end{bmatrix}$$

Allgemeine Basis und Rang : Die Standardbasis mit den n Einheitsvektoren ist eine spezielle Basis des vollständigen n-dimensionalen reellen Vektorraumes. Nach den allgemeinen Regeln in Abschnitt 3.5.1 besitzen alle endlichen Basen eines Vektorraumes die gleiche Anzahl von Basisvektoren. Daher besitzt jede Basis des vollständigen n-dimensionalen reellen Vektorraumes genau n Basisvektoren. Folglich besitzt der vollständige n-dimensionale reelle Vektorraum den Rang n.

Koordinaten eines reellen Vektors zu einer Basis : Gegeben seien eine Basis $B = \{\mathbf{v}_1, \mathbf{v}_2, \ldots, \mathbf{v}_n\}$ und ein Vektor $\mathbf{x}$ eines vollständigen n-dimensionalen reellen Vektorraumes. Der Vektor $\mathbf{x}$ ist eindeutig als Linearkombination der Basisvektoren von B darstellbar. Die Koeffizienten dieser Linearkombination heißen Koordinaten des Vektors $\mathbf{x}$ zur Basis B.

$$\mathbf{x} = \sum_{i=1}^{n} a_i \mathbf{v}_i = a_1 \begin{bmatrix} v_{11} \\ v_{21} \\ \vdots \\ v_{n1} \end{bmatrix} + a_2 \begin{bmatrix} v_{12} \\ v_{22} \\ \vdots \\ v_{n2} \end{bmatrix} + \ldots + a_n \begin{bmatrix} v_{1n} \\ v_{2n} \\ \vdots \\ v_{nn} \end{bmatrix} = \begin{bmatrix} x_1 \\ x_2 \\ \vdots \\ x_n \end{bmatrix}$$

v_{ki} Element k des Basisvektors $\mathbf{v}_i$

a_i Koordinate des Vektors $\mathbf{x}$ zum Basisvektor $\mathbf{v}_i$

Zur Bestimmung der Koordinaten a_i des Vektors $\mathbf{x}$ zur Basis B wird die obige Linearkombination zeilenweise angeschrieben. Dies führt mit $a_i \mathbf{v}_i = \mathbf{v}_i a_i$ zu einem System von n linearen Gleichungen für die unbekannten Koeffizienten $a_1, a_2, \ldots, a_n$.

$$\begin{aligned} v_{11} a_1 + v_{12} a_2 + \ldots + v_{1n} a_n &= x_1 \\ v_{21} a_1 + v_{22} a_2 + \ldots + v_{2n} a_n &= x_2 \\ &\vdots \\ v_{n1} a_1 + v_{n2} a_2 + \ldots + v_{nn} a_n &= x_n \end{aligned}$$

Dieses Gleichungssystem besitzt wegen der linearen Unabhängigkeit der n Basisvektoren eine eindeutige Lösung $a_1, a_2, \ldots, a_n$ für die Koordinaten des Vektors $\mathbf{x}$ zur Basis B. Die Koordinaten a_i werden in einem Vektor $\mathbf{a}$ zusammengefaßt. Der Vektor $\mathbf{a}$ heißt Koordinatenvektor des Vektors $\mathbf{x}$ zur Basis B.

Beispiel 1 : Reeller dreidimensionaler Vektorraum

Vektoren $\mathbf{x}, \mathbf{y} \in \mathbb{R}^3$

$$\mathbf{x} = \begin{bmatrix} 1 \\ 2 \\ 1 \end{bmatrix} \qquad \mathbf{y} = \begin{bmatrix} -1 \\ 1 \\ 4 \end{bmatrix}$$

Vektoraddition $\mathbf{x} + \mathbf{y}$

$$\begin{bmatrix} 1 \\ 2 \\ 1 \end{bmatrix} + \begin{bmatrix} -1 \\ 1 \\ 4 \end{bmatrix} = \begin{bmatrix} 0 \\ 3 \\ 5 \end{bmatrix}$$

Vektorsubtraktion $\mathbf{x} + (-\mathbf{y})$

$$\begin{bmatrix} 1 \\ 2 \\ 1 \end{bmatrix} + \begin{bmatrix} 1 \\ -1 \\ -4 \end{bmatrix} = \begin{bmatrix} 2 \\ 1 \\ -3 \end{bmatrix}$$

Vektorskalierung $2 \circ \mathbf{x} = \mathbf{x} \circ 2$

$$\begin{bmatrix} 1 \\ 2 \\ 1 \end{bmatrix} \circ 2 = \begin{bmatrix} 2 \\ 4 \\ 2 \end{bmatrix}$$

Vektorskalierung $(-2) \circ \mathbf{y} = \mathbf{y} \circ (-2)$

$$\begin{bmatrix} -1 \\ 1 \\ 4 \end{bmatrix} \circ (-2) = \begin{bmatrix} 2 \\ -2 \\ -8 \end{bmatrix}$$

Standardbasis und Linearkombination $\mathbf{x} = x_1 \mathbf{e}_1 + x_2 \mathbf{e}_2 + x_3 \mathbf{e}_3$

$$\begin{bmatrix} 1 \\ 2 \\ 1 \end{bmatrix} = 1 \begin{bmatrix} 1 \\ 0 \\ 0 \end{bmatrix} + 2 \begin{bmatrix} 0 \\ 1 \\ 0 \end{bmatrix} + 1 \begin{bmatrix} 0 \\ 0 \\ 1 \end{bmatrix}$$

Beispiel 2 : Koordinaten eines Vektors

Die folgenden Vektoren $\{\mathbf{v}_1, \mathbf{v}_2, \mathbf{v}_3\}$ bilden eine Basis von $\mathbb{R}^3$. Die Koordinaten $\{a_1, a_2, a_3\}$ des Vektors $\mathbf{x}$ in dieser Basis werden durch Lösung des Gleichungssystems $a_1 \mathbf{v}_1 + a_2 \mathbf{v}_2 + a_3 \mathbf{v}_3 = \mathbf{x}$ bestimmt.

$$\mathbf{v}_1 = \begin{bmatrix} 4 \\ 1 \\ -1 \end{bmatrix} \qquad \mathbf{v}_2 = \begin{bmatrix} 1 \\ 2 \\ 1 \end{bmatrix} \qquad \mathbf{v}_3 = \begin{bmatrix} -1 \\ 1 \\ 4 \end{bmatrix} \qquad \mathbf{x} = \begin{bmatrix} 12 \\ 7 \\ 17 \end{bmatrix}$$

$$\left.\begin{aligned} 4a_1 + a_2 - a_3 &= 12 \\ a_1 + 2a_2 + a_3 &= 7 \\ -a_1 + a_2 + 4a_3 &= 17 \end{aligned}\right\} \quad \begin{aligned} a_1 &= 5 \\ a_2 &= -2 \\ a_3 &= 6 \end{aligned}$$

3.6 LINEARE ABBILDUNGEN

Einführung : Die Untersuchung der Eigenschaften von Vektorräumen erfordert eine Definition des Begriffs "Vektorräume mit gleicher Struktur". Zwei Vektorräume sind gleichartig strukturiert (isomorph), wenn es zwischen ihnen eine bijektive Abbildung gibt, die in beiden Abbildungsrichtungen strukturerhaltend (homomorph) ist. Homomorphe Abbildungen von Vektorräumen bezeichnet man als lineare Abbildungen.

Zur Definition der Abbildungsregeln linearer Abbildungen werden Matrizen eingeführt. Matrizen gleicher Dimension bilden mit der inneren Verknüpfung Matrizenaddition und der äußeren Verknüpfung Matrizenskalierung einen Vektorraum. Die Komposition linearer Abbildungen führt zum Konzept der Matrizenmultiplikation.

Lineare Abbildung : $(A, V ; +, \circ)$ und $(A, W ; +, \circ)$ seien Vektorräume über demselben kommutativen Körper $(A ; +, \circ)$. Die Vektormengen V und W mit ihren inneren und äußeren Verknüpfungen dürfen verschieden sein. Eine Abbildung $f : V \rightarrow W$ mit $f(v) = w$ heißt lineare (homomorphe, strukturverträgliche) Abbildung des Vektorraums $(A, V ; +, \circ)$ in den Vektorraum $(A, W ; +, \circ)$, wenn für alle Vektoren $\mathbf{x}, \mathbf{y} \in V$ und für alle $a \in A$ die Reihenfolge der Verknüpfung und der Abbildung ohne Änderung des Ergebnisses vertauscht werden darf :

innere Verknüpfung	$f(\mathbf{x}+\mathbf{y}) = f(\mathbf{x}) + f(\mathbf{y})$
äußere Verknüpfung	$f(a \circ \mathbf{x}) = a \circ f(\mathbf{x})$

Aus den Definitionseigenschaften einer linearen Abbildung folgt, daß das Bild einer Linearkombination mit Koeffizienten $a_i \in A$ und Vektoren $\mathbf{x}_i \in V$ gleich der Linearkombination der Bilder $f(\mathbf{x}_i)$ mit denselben Koeffizienten a_i ist.

Linearkombination $$f\Big(\sum_{i \in I} a_i \, \mathbf{x}_i\Big) = \sum_{i \in I} a_i \, f(\mathbf{x}_i)$$

Bildraum einer linearen Abbildung : Eine lineare Abbildung $f : V \rightarrow W$ bildet einen Vektorraum $(A, V ; +, \circ)$ in einen Vektorraum $(A, W ; +, \circ)$ ab. Jedem Vektor $\mathbf{x} \in V$ ist eindeutig ein Bild $f(\mathbf{x}) \in W$ zugeordnet. Die Menge der Bilder $f(\mathbf{x})$ für alle $\mathbf{x} \in V$ heißt das Bild von V und wird mit f(V) bezeichnet. Das Bild von V ist eine Teilmenge von W, da Vektoren $\mathbf{z} \in W$ vorhanden sein können, die kein Urbild in V besitzen. Das Gebilde $(A, f(V) ; +, \circ)$ ist ein Vektorraum und heißt Bildraum von $(A, V ; +, \circ)$ bezüglich der linearen Abbildung f oder der von f induzierte Vektorraum. Der Bildraum $(A, f(V) ; +, \circ)$ ist wegen $f(V) \subseteq W$ ein Unterraum des Vektorraumes $(A, W ; +, \circ)$.

Bild	$f(V) := \{ f(\mathbf{x}) \mid \mathbf{x} \in V \}$
Bildraum	$(A, f(V) ; +, \circ)$

Lineare Abbildungsregel : B sei eine Basis eines Vektorraumes (A, V ; +, ∘) von Rang m mit den Basisvektoren $\mathbf{v}_1,...,\mathbf{v}_m$. Dann ist jeder Vektor $\mathbf{x} \in V$ eindeutig als Linearkombination der Basisvektoren darstellbar.

$$B = \{\mathbf{v}_1,...,\mathbf{v}_m\} \qquad \mathbf{x} = \sum_{i=1}^{m} a_i \mathbf{v}_i$$

Durch eine lineare Abbildung f : V → W ist der Basis B eindeutig ein Bild f(B) mit den Bildern $f(\mathbf{v}_1),...,f(\mathbf{v}_m)$ der Basisvektoren zugeordnet. Da die Abbildung f linear ist, wird das Bild f(**x**) als Linearkombination der Bilder der Basisvektoren bestimmt.

$$f(B) = \{f(\mathbf{v}_1),...,f(\mathbf{v}_m)\} \qquad f(\mathbf{x}) = \sum_{i=1}^{m} a_i f(\mathbf{v}_1)$$

Damit ist eine lineare Abbildung f : V → W durch die Bilder der Basisvektoren einer Basis B ⊆ V eindeutig festgelegt. Das Bild f(B) ist ein Erzeugendensystem des Bildraumes (A, f(V); +, ∘), da durch Linearkombination der Vektoren von f(B) jedes Element f(**x**) des Bildes f(V) erzeugt werden kann. Das Bild f(B) ist jedoch im allgemeinen Fall keine Basis des Bildraumes, da die Vektoren von f(B) linear abhängig sein können.

Bildbasis einer linearen Abbildung : (A, V ; +, ∘) sei ein Vektorraum und f : V → W eine lineare Abbildung, die den Bildraum (A, f(V); +, ∘) induziert. Jede Basis F ⊆ f(V) des Bildraumes heißt eine Bildbasis der linearen Abbildung. Der Rang des Bildraumes ist nach der Definition in Abschnitt 3.5.1 gleich der Anzahl der Vektoren in der Bildbasis.

Konstruktion einer Bildbasis : Gegeben sei das Bild f(B) einer Basis B eines Vektorraumes (A, V ; +, ∘) für die lineare Abbildung f : V → W. Dann ist f(B) ein Erzeugendensystem des Bildraumes f(V). Eine Bildbasis F wird mit dem in Abschnitt 3.5.1 beschriebenen Verfahren aus dem Erzeugendensystem f(B) konstruiert.

Defekt einer linearen Abbildung : Ein Vektorraum (A, V ; +, ∘) mit Rang m sei durch eine lineare Abbildung f : V → W auf einen Bildraum mit Rang r abgebildet. Dann gilt nach Konstruktion der Bildbasis $r \leq m$. Die Differenz $d = m - r$ heißt der Defekt der linearen Abbildung f.

Lineare Abbildungstypen : Gegeben seien ein Vektorraum (A, V ; +, ∘) von Rang m und ein Vektorraum (A, W ; +, ∘) von Rang n sowie eine lineare Abbildung f : V → W, die einen Bildraum (A, f(V); +, ∘) von Rang r induziert. Eine lineare Abbildung ist genau dann injektiv, surjektiv oder bijektiv, wenn gilt :

(1) f ist injektiv ⇔ $r = m$

(2) f ist surjektiv ⇔ $r = n$

(3) f ist bijektiv ⇔ $r = m = n$

Beweis : Lineare Abbildungstypen

Der Vektorraum (A, V ; +, ∘) besitzt eine Basis B mit genau m linear unabhängigen Basisvektoren $\mathbf{v}_1,...,\mathbf{v}_m \in V$. Jedem Basisvektor $\mathbf{v}_i \in V$ ist eindeutig ein Bild $f(\mathbf{v}_i) \in W$ zugeordnet. Da der Bildraum von Rang r ist, sind genau r Bilder der Basisvektoren linear unabhängig. Sie bilden eine Bildbasis F des Bildraumes (A, f(V) ; +, ∘). Die Basisvektoren $\mathbf{v}_1,...,\mathbf{v}_r$ seien so gewählt, daß ihre Bilder $f(\mathbf{v}_1),...,f(\mathbf{v}_r)$ eine Bildbasis bilden.

Basis	$B = \{\mathbf{v}_1,...,\mathbf{v}_r,...,\mathbf{v}_m\} \subseteq V$
Bildbasis	$F = \{f(\mathbf{v}_1),..., f(\mathbf{v}_r)\} \subseteq f(V) \subseteq W$

(1) Die Abbildung f sei injektiv. Dann besitzen zwei verschiedene Vektoren $\mathbf{x} \neq \mathbf{y}$ von V auch zwei verschiedene Bilder $f(\mathbf{x}) \neq f(\mathbf{y})$ in W. Dem Nullvektor $\mathbf{0}_V \in V$ ist eindeutig der Nullvektor $\mathbf{0}_W \in W$ zugeordnet. Jedem Basisvektor $\mathbf{v}_i \neq \mathbf{0}_V$ ist eindeutig ein Bild $f(\mathbf{v}_i) \neq \mathbf{0}_W$ zugeordnet. Jede Linearkombination $\sum a_i \mathbf{v}_i$ mit Koeffizienten $a_i \neq 0$ ist ungleich dem Nullvektor $\mathbf{0}_V$. Ihr Bild ist die Linearkombination $\sum a_i f(\mathbf{v}_i) \neq \mathbf{0}_W$. Folglich sind die Bilder $f(\mathbf{v}_i)$ aller Basisvektoren $\mathbf{v}_i$ linear unabhängig, so daß der Rang r gleich dem Rang m ist.

Der Rang r sei gleich dem Rang m. Dann sind die Bilder $f(\mathbf{v}_i) \in W$ aller Basisvektoren $\mathbf{v}_i \in V$ linear unabhängig. Daraus folgt, daß für zwei verschiedene Vektoren $\mathbf{x} = \sum a_i \mathbf{v}_i$ und $\mathbf{y} = \sum b_i \mathbf{v}_i$ von V die Bilder $\sum a_i f(\mathbf{v}_i)$ und $\sum b_i f(\mathbf{v}_i)$ ebenfalls verschieden sind. Folglich ist die Abbildung f injektiv ist.

(2) Die Abbildung f sei surjektiv. Dann besitzt jeder Vektor $\mathbf{z} \in W$ ein Urbild $\mathbf{x} \in V$ mit $\mathbf{z} = f(\mathbf{x})$, so daß $f(V) = W$ gilt. Jede Bildbasis F ist eine Basis des Bildraumes (A, f(V) ; +, ∘) und folglich auch eine Basis des Vektorraumes (A, W; +, ∘), so daß der Rang r gleich dem Rang n ist.

Der Rang r sei gleich dem Rang n. Dann ist jede Basis F des Vektorraumes (A, W; +, ∘) eine Bildbasis des Bildraumes (A, f(V) ; +, ∘). Zwei Vektorräume mit gleicher Basis sind gleich. Folglich gilt W = f(V), so daß die Abbildung f surjektiv ist.

(3) Eine bijektive Abbildung ist injektiv und surjektiv. Daher ist der Rang r gleich dem Rang m und dem Rang n.

Isomorphe Vektorräume : Zwei Vektorräume (A, V ; +, ∘) und (A, W; +, ∘) heißen isomorph, wenn es eine bijektive lineare Abbildung $f : V \rightarrow W$ gibt. Isomorphe Vektorräume besitzen die gleiche algebraische Struktur. Sie unterscheiden sich nur in der Bedeutung der Vektormenge und der Vektorverknüpfungen. Zwei Vektorräume endlichen Ranges über demselben Gebilde (A ; +, ∘) sind genau dann isomorph, wenn ihr Rang gleich ist. Jeder Vektorraum ($\mathbb{R}$, V ; +, ∘) von Rang n über dem Körper ($\mathbb{R}$; +, ∘) der reellen Zahlen ist isomorph zum vollständigen n-dimensionalen reellen Vektorraum ($\mathbb{R}$, $\mathbb{R}^n$; +, ∘).

Beispiel 1 : Vollständiger zweidimensionaler reeller Vektorraum

In Beispiel 1 des Abschnittes 3.5.1 ist der Vektorraum ($\mathbb{R}, \mathbb{C}$; +, ∘) für die Addition komplexer Zahlen über dem Körper ($\mathbb{R}$; +, ∘) der reellen Zahlen behandelt. Dieser Vektorraum ist isomorph zum vollständigen zweidimensionalen reellen Vektorraum ($\mathbb{R}, \mathbb{R}^2$; +, ∘), da es eine bijektive lineare Abbildung $f : \mathbb{C} \to \mathbb{R}^2$ gibt.

(1) Jeder komplexen Zahl $x_r + i\,x_i \in \mathbb{C}$ ist eineindeutig ein Paar $(x_r, x_i) \in \mathbb{R}^2$ mit dem Realteil $x_r \in \mathbb{R}$ und dem Imaginärteil $x_i \in \mathbb{R}$ zugeordnet. Dieses Paar entspricht einem zweidimensionalen reellen Vektor. Die eineindeutige Zuordnung ist eine bijektive Abbildung $f : \mathbb{C} \to \mathbb{R}^2$.

$$f : \mathbb{C} \to \mathbb{R}^2$$

$$f(\mathbf{x}) = \mathbf{r} \qquad \mathbf{x} := x_r + i\,x_i \in \mathbb{C} \qquad \mathbf{r} = \begin{bmatrix} x_r \\ x_i \end{bmatrix} \in \mathbb{R}^2$$

(2) Die Abbildung f besitzt die Definitionseigenschaften einer linearen Abbildung :

$$f(\mathbf{x} + \mathbf{y}) = f(\mathbf{x}) + f(\mathbf{y}) = \begin{bmatrix} x_r \\ x_i \end{bmatrix} + \begin{bmatrix} y_r \\ y_i \end{bmatrix} = \begin{bmatrix} x_r + y_r \\ x_i + y_i \end{bmatrix}$$

$$f(a \circ x) = a \circ f(\mathbf{x}) = \begin{bmatrix} x_r \\ x_i \end{bmatrix} \circ a = \begin{bmatrix} a\,x_r \\ a\,x_i \end{bmatrix}$$

(3) Da die Abbildung f bijektiv und linear ist, ist jeder Basis $B \subseteq \mathbb{C}$ eineindeutig eine Basis $f(B) \in \mathbb{R}^2$ zugeordnet. Dies ist für zwei Beispiele gezeigt :

$$B = \{1, i\} \quad \subseteq \mathbb{C} \qquad f(B) = \left\{ \begin{bmatrix} 1 \\ 0 \end{bmatrix}, \begin{bmatrix} 0 \\ 1 \end{bmatrix} \right\} \subseteq \mathbb{R}^2$$

$$B = \{1 + i, 1 - i\} \subseteq \mathbb{C} \qquad f(B) = \left\{ \begin{bmatrix} 1 \\ 1 \end{bmatrix}, \begin{bmatrix} 1 \\ -1 \end{bmatrix} \right\} \subseteq \mathbb{R}^2$$

Matrix einer linearen Abbildung : Gegeben seien ein Vektorraum (A, V ; +, ∘) von Rang m, ein Vektorraum (A, W ; +, ∘) von Rang n sowie eine lineare Abbildung $f : V \to W$. Jedem Basisvektor $\mathbf{v}_i \in V$ einer Basis $B_V \subseteq V$ ist eindeutig ein Bild $f(\mathbf{v}_i) \in W$ zugeordnet. Dann ist jeder Bildvektor $f(\mathbf{v}_i)$ eindeutig als Linearkombination von Basisvektoren $\mathbf{w}_k \in W$ einer Basis $B_W \subseteq W$ mit Koeffizienten $a_{ik} \in A$ darstellbar :

$$f(\mathbf{v}_i) = \sum_{k=1}^{n} a_{ik}\,\mathbf{w}_k \qquad i = 1,...,m$$

Die Koeffizienten a_{ik} werden in einem rechteckigen Schema angeordnet, indem der erste Index als Zeilenindex und der zweite Index als Spaltenindex aufgefaßt wird. Das Schema heißt Matrixschema. Der Koeffizient a_{ik} steht in Zeile i und Spalte k des Matrixschemas.

$$
\mathbf{A} = \begin{array}{|c|c|c|c|c|}
\hline
a_{11} & \cdots & a_{1k} & \cdots & a_{1n} \\ \hline
\vdots & & \vdots & & \vdots \\ \hline
a_{i1} & \cdots & a_{ik} & \cdots & a_{in} \\ \hline
\vdots & & \vdots & & \vdots \\ \hline
a_{m1} & \cdots & a_{mk} & \cdots & a_{mn} \\ \hline
\end{array}
\begin{array}{l}
\leftarrow 1 \\ \\ \leftarrow i \\ \\ \leftarrow m
\end{array}
$$

$$
\begin{array}{ccccc}
\uparrow & & \uparrow & & \uparrow \\
1 & & k & & n
\end{array}
$$

Zeilendimension :	m	Spaltendimension :	n
Zeilenindex :	$i = 1, 2, \ldots, m$	Spaltenindex :	$k = 1, 2, \ldots, n$
Zeile i :	$(a_{i1}, \ldots, a_{in})$	Spalte k :	$(a_{1k}, \ldots, a_{mk})$

Ein $m \cdot n$-Tupel mit Elementen $a_{ik} \in A$ heißt Matrix und wird mit einem fetten Großbuchstaben bezeichnet. Die Menge aller Matrizen mit der Zeilendimension m und der Spaltendimension n ist das $m \cdot n$-stellige direkte Produkt $A^m \times A^n$, das mit $A_{m,n}$ bezeichnet wird. Eine Matrix **A** heißt quadratisch, wenn ihre Zeilendimension und ihre Spaltendimension gleich sind. Eine Matrix heißt reell, wenn ihre Elemente reelle Zahlen sind.

Matrixaddition : Zwei Matrizen $\mathbf{A}, \mathbf{B} \in A_{m,n}$ werden addiert, indem Elemente mit gleichen Indizes addiert werden. Damit wird die additive Struktur $(A\,;+)$ elementweise auf Matrizen übertragen.

$$\mathbf{C} = \mathbf{A} + \mathbf{B} \qquad \text{mit} \quad c_{ik} := a_{ik} + b_{ik} \qquad\qquad i = 1,\ldots,m\,;\ k = 1,\ldots,n$$

Die Addition $+$ ist eine innere Verknüpfung auf der Menge $A_{m,n}$ der Matrizen. Das additive Gebilde besitzt die in Abschnitt 3.3 angegebenen Definitionseigenschaften einer kommutativen Gruppe :

(1) Die Addition ist assoziativ, da für $\mathbf{A}, \mathbf{B}, \mathbf{C} \in A_{m,n}$ gilt :
$$(\mathbf{A} + \mathbf{B}) + \mathbf{C} = \mathbf{A} + (\mathbf{B} + \mathbf{C})$$

(2) Die Addition ist kommutativ, da für $\mathbf{A}, \mathbf{B} \in A_{m,n}$ gilt :
$$\mathbf{A} + \mathbf{B} = \mathbf{B} + \mathbf{A}$$

(3) Die Nullmatrix **0**, deren Elemente alle 0 sind, ist bezüglich der Addition neutral, da für $\mathbf{0}, \mathbf{A} \in A_{m,n}$ gilt :
$$\mathbf{A} + \mathbf{0} = \mathbf{0} + \mathbf{A} = \mathbf{A}$$

(4) Zu jeder Matrix $\mathbf{A}$ existiert eine additiv inverse Matrix $-\mathbf{A}$, so daß $\mathbf{A} + (-\mathbf{A}) = \mathbf{0}$ gilt. Sind die Elemente der Matrix $\mathbf{A}$ gleich $a_{ik} \in A$, so sind die Elemente der Matrix $-\mathbf{A}$ die additiv inversen Elemente $-a_{ik} \in A$.

Matrixskalierung : Eine Matrix $\mathbf{A} \in A_{m,n}$ wird mit einer Zahl $a \in A$ skaliert, indem jedes Element der Matrix mit a multipliziert wird. Damit wird die algebraische Struktur (A ; $\circ$) elementweise auf Matrizen übertragen.

$$\mathbf{B} = a \circ \mathbf{A} = \mathbf{A} \circ a \quad \text{mit} \quad b_{ik} = a\, a_{ik} \qquad i = 1,...,m \,;\, k = 1,...,n$$

Die Skalierung ist eine äußere Verknüpfung auf der Menge A und der Menge $A_{m,n}$ der Matrizen. Sie besitzt folgende Eigenschaften :

(1) Die Skalierung ist assoziativ, da für $a, b \in A$ und $\mathbf{A} \in A_{m,n}$ gilt :

$$(a \circ b) \circ \mathbf{A} = a \circ (b \circ \mathbf{A})$$

(2) Die Skalierung ist distributiv, da für $a, b \in A$ und $\mathbf{A}, \mathbf{B} \in A_{m,n}$ gilt :

$$(a + b) \circ \mathbf{A} = a \circ \mathbf{A} + b \circ \mathbf{A}$$
$$a \circ (\mathbf{A} + \mathbf{B}) = a \circ \mathbf{A} + a \circ \mathbf{B}$$

(3) Die Skalierung ist identitiv, da mit $1 \in A$ und $\mathbf{A} \in A_{m,n}$ gilt :

$$1 \circ \mathbf{A} = \mathbf{A}$$

Vektorraum für Matrizen : Das additive Gebilde ($A_{m,n}$; +) der Matrizen mit der Zeilendimension m und der Spaltendimension n über dem kommutativen Körper (A ; +, $\circ$) wird mit (A, $A_{m,n}$; +, $\circ$) bezeichnet und ist ein Vektorraum vom Rang $m \cdot n$, der die erforderlichen Definitionseigenschaften nach Abschnitt 3.5.1 besitzt :

(1) Das Gebilde ($A_{m,n}$; +) ist eine kommutative Gruppe.

(2) Das Gebilde (A ; +, $\circ$) ist ein kommutativer Körper.

(3) Die äußere Verknüpfung $\circ$ auf den Mengen A und $A_{m,n}$ ist die Skalierung. Sie ist assoziativ, distributiv und identitiv.

Die Standardbasis des Vektorraumes (A, $A_{m,n}$; +, $\circ$) enthält für $j = 1,...,m$ und $q = 1,...,n$ die Matrizen $\mathbf{A}_{jq}$, deren Elemente a_{ik} für $i = j$ und $k = q$ gleich 1 und sonst gleich 0 sind. Der Vektorraum besitzt daher den Rang $m \cdot n$.

Beispiel 2 : Lineare Abbildung

Gegeben seien ein Vektorraum ($\mathbb{R}$, V ; +, $\circ$) von Rang 2 mit den Basisvektoren $\mathbf{v}_1, \mathbf{v}_2 \in V \subset \mathbb{R}^3$ und ein Vektorraum ($\mathbb{R}$, W ; +, $\circ$) von Rang 2 mit den Basisvektoren $\mathbf{w}_1, \mathbf{w}_2 \in W \subset \mathbb{R}^4$. Die beiden Vektorräume sind isomorph. Die bijektive Abbildung $f : V \rightarrow W$ ist durch eine quadratische Matrix $\mathbf{A} \in \mathbb{R}_{2,2}$ definiert.

$$\mathbf{v}_1 = \begin{bmatrix} 1 \\ -1 \\ 3 \end{bmatrix} \quad \mathbf{v}_2 = \begin{bmatrix} -2 \\ 1 \\ 1 \end{bmatrix} \quad \mathbf{A} = \begin{bmatrix} 3 & -2 \\ 2 & 1 \end{bmatrix}$$

$$\mathbf{w}_1 = \begin{bmatrix} 1 \\ 1 \\ 1 \\ 0 \end{bmatrix} \quad \mathbf{w}_2 = \begin{bmatrix} 1 \\ -1 \\ 0 \\ 1 \end{bmatrix}$$

Zur linearen Abbildung $f(\mathbf{x}) \in V$ eines gegebenen Vektors $\mathbf{x} \in V$ wird $\mathbf{x}$ zunächst als Linearkombination der Basisvektoren $\mathbf{v}_1$ und $\mathbf{v}_2$ mit den Koeffizienten a_1 und a_2 ausgedrückt. Dann werden die Bilder der Basisvektoren $\mathbf{v}_1$ und $\mathbf{v}_2$ mit der Matrix $\mathbf{A}$ berechnet. Das Bild $f(\mathbf{x})$ ist die Linearkombination der Bilder $f(\mathbf{v}_1)$ und $f(\mathbf{v}_2)$ mit den Koeffizienten a_1 und a_2.

$$\mathbf{v}_1 a_1 + \mathbf{v}_2 a_2 = \mathbf{x}$$

$$\begin{bmatrix} 1 \\ -1 \\ 3 \end{bmatrix} a_1 + \begin{bmatrix} -2 \\ 1 \\ 1 \end{bmatrix} a_2 = \begin{bmatrix} -5 \\ 2 \\ 6 \end{bmatrix} \quad \rightarrow \quad \begin{aligned} a_1 &= 1 \\ a_2 &= 3 \end{aligned}$$

$$f(\mathbf{v}_1) = 3 \circ \begin{bmatrix} 1 \\ 1 \\ 1 \\ 0 \end{bmatrix} - 2 \circ \begin{bmatrix} 1 \\ -1 \\ 0 \\ 1 \end{bmatrix} = \begin{bmatrix} 1 \\ 5 \\ 3 \\ -2 \end{bmatrix}$$

$$f(\mathbf{v}_2) = 2 \circ \begin{bmatrix} 1 \\ 1 \\ 1 \\ 0 \end{bmatrix} + 1 \circ \begin{bmatrix} 1 \\ -1 \\ 0 \\ 1 \end{bmatrix} = \begin{bmatrix} 3 \\ 1 \\ 2 \\ 1 \end{bmatrix}$$

$$f(\mathbf{x}) = 1 \circ \begin{bmatrix} 1 \\ 5 \\ 3 \\ -2 \end{bmatrix} + 3 \circ \begin{bmatrix} 3 \\ 1 \\ 2 \\ 1 \end{bmatrix} = \begin{bmatrix} 10 \\ 8 \\ 9 \\ 1 \end{bmatrix}$$

Komposition linearer Abbildungen : Gegeben seien die Vektorräume (A, U ; +, ∘), (A, V ; +, ∘) und (A, W ; +, ∘) mit den Rängen m, n, s und den Basisvektoren $\mathbf{u}_i \in U$, $\mathbf{v}_k \in V$, $\mathbf{w}_r \in W$ sowie die Abbildungen $f : U \to V$ und $g : V \to W$. Jedes Bild $f(\mathbf{u}_i) \in V$ ist eindeutig als Linearkombination der Basisvektoren $\mathbf{v}_k \in V$ mit Koeffizienten $a_{ik} \in A$ darstellbar. Jedes Bild $g(\mathbf{v}_k) \in W$ ist eindeutig als Linearkombination der Basisvektoren $\mathbf{w}_r \in W$ mit Koeffizienten b_{kr} darstellbar.

$$f(\mathbf{u}_i) = \sum_{k=1}^{n} a_{ik} \mathbf{v}_k \qquad i = 1,...,m$$

$$g(\mathbf{v}_k) = \sum_{r=1}^{s} b_{kr} \mathbf{w}_r \qquad k = 1,...,n$$

Die Komposition der linearen Abbildungen g und f ist eine lineare Abbildung $g \circ f : U \to W$. Jedes Bild $g(f(\mathbf{u}_i)) \in W$ ist eindeutig als Linearkombination der Basisvektoren $\mathbf{w}_r \in W$ mit Koeffizienten $c_{ir} \in A$ darstellbar.

$$g(f(\mathbf{u}_i)) = \sum_{k=1}^{n} a_{ik}\, g(\mathbf{v}_k) = \sum_{k=1}^{n} \sum_{r=1}^{s} a_{ik} b_{kr} \mathbf{w}_r$$

$$g(f(\mathbf{u}_i)) = \sum_{r=1}^{s} c_{ir} \mathbf{w}_r \qquad c_{ir} = \sum_{k=1}^{n} a_{ik} b_{kr}$$

Matrixmultiplikation : Die Matrix **C** für eine zusammengesetzte Abbildung $g \circ f : U \to W$ heißt das Produkt der Matrizen **A** und **B** für die Abbildungen $f : U \to V$ und $g : V \to W$. Das Produkt von **A** und **B** wird mit $\mathbf{A} \circ \mathbf{B}$ bezeichnet. Häufig wird das Symbol ∘ weggelassen und stattdessen das Produkt mit **AB** bezeichnet. Das Produkt von **A** und **B** ist nur dann definiert, wenn die Spaltendimension von **A** und die Zeilendimension von **B** gleich sind.

$$\mathbf{C} = \mathbf{A} \circ \mathbf{B} \qquad \mathbf{A} \in A_{m,n} \quad \mathbf{B} \in A_{n,s} \quad \mathbf{C} \in A_{m,s}$$

$$c_{ir} := \sum_{k=1}^{n} a_{ik} b_{kr} \qquad i = 1,...,m \ ; \quad r = 1,...,s$$

Die Matrixmultiplikation wird in dem Schema von Falk graphisch dargestellt. Das folgende Beispiel zeigt die Berechnung des Koeffizienten c_{ir} der Matrix **C** mit der Zeile i der Matrix **A** und der Spalte r der Matrix **B**. Koeffizienten a_{ik} und b_{kr} mit gleichem Index k werden multipliziert. Die Produkte werden summiert.

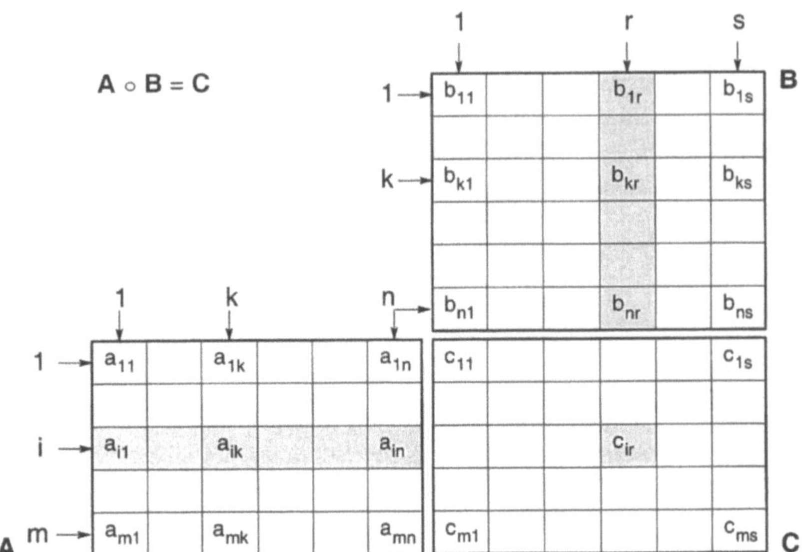

Die Multiplikation zweier Matrizen ist im allgemeinen Fall eine äußere Verknüpfung auf den Mengen $A_{m,n}$ und $A_{n,r}$ mit der Ergebnismenge $A_{m,r}$. Sie ist im Falle quadratischer Matrizen $m = n = r$ eine innere Verknüpfung auf der Menge $A_{m,m}$. Das multiplikative Gebilde $(A_{m,m}\,;\,\circ)$ besitzt die in Abschnitt 3.3 angegebenen Definitionseigenschaften einer Halbgruppe mit neutralem Element.

(1) Die Multiplikation ist assoziativ, da mit **A, B, C** gilt :

$(\mathbf{A} \circ \mathbf{B}) \circ \mathbf{C} = \mathbf{A} \circ (\mathbf{B} \circ \mathbf{C})$

(2) Die Identitätsmatrix $\mathbf{I}$, deren Elemente a_{ij} für $i = j$ gleich 1 und für $i \neq j$ gleich 0 sind, ist bezüglich der Multiplikation neutral, da für $\mathbf{I}, \mathbf{A} \in A_{m,m}$ gilt :

$\mathbf{A} \circ \mathbf{I} = \mathbf{I} \circ \mathbf{A} = \mathbf{A}$

Ring für Matrizen : Das additive und multiplikative Gebilde $(A_{m,m}\,;\,+,\,\circ)$ für quadratische Matrizen ist ein Ring, der die in Abschnitt 3.4.2 angegebenen Definitionseigenschaften besitzt :

(1) Das Gebilde $(A_{m,m}\,;\,+)$ ist eine kommutative Gruppe.

(2) Das Gebilde $(A_{m,m}\,;\,\circ)$ ist eine Halbgruppe.

(3) Die Multiplikation $\circ$ ist bezüglich der Addition $+$ distributiv. Für $\mathbf{A}, \mathbf{B}, \mathbf{C} \in A_{m,m}$ gilt nämlich :

$$\mathbf{A} \circ (\mathbf{B} + \mathbf{C}) = \mathbf{A} \circ \mathbf{B} + \mathbf{A} \circ \mathbf{C}$$

$$(\mathbf{A} + \mathbf{B}) \circ \mathbf{C} = \mathbf{A} \circ \mathbf{C} + \mathbf{B} \circ \mathbf{C}$$

Der Ring $(A_{m,m}\,;\ +\,,\ \circ)$ ist ein Ring mit Einselement, da die Identitätsmatrix $\mathbf{I}$ das neutrale Element der Multiplikation $\circ$ ist. Der Ring ist jedoch nicht nullteilerfrei, da aus $\mathbf{A} \circ \mathbf{B} = \mathbf{0}$ nicht $\mathbf{A} = \mathbf{0}$ oder $\mathbf{B} = \mathbf{0}$ folgt.

Beispiel 3 : Komposition linearer Abbildungen

Gegeben seien die reellen Vektorräume der Dimension 2,3,4 mit den Vektormengen $\mathbb{R}^2$, $\mathbb{R}^3$, $\mathbb{R}^4$. Die Matrix der linearen Abbildung $f : \mathbb{R}^2 \to \mathbb{R}^3$ sei $\mathbf{A} \in \mathbb{R}_{2,3}$, die der linearen Abbildung $g : \mathbb{R}^3 \to \mathbb{R}^4$ sei $\mathbf{B} \in \mathbb{R}_{3,4}$. Die Matrix $\mathbf{C} \in \mathbb{R}_{24}$ der Komposition $g \circ f : \mathbb{R}^2 \to \mathbb{R}^4$ wird als Produkt $\mathbf{C} = \mathbf{A} \circ \mathbf{B}$ berechnet.

				1	–1	1	2	**B**
				–1	2	1	1	
				0	1	–1	0	
	4	–2	2	6	–6	0	6	
A	1	3	0	–2	5	4	5	$\mathbf{C} = \mathbf{A} \circ \mathbf{B}$

3.7 VEKTOR- UND MATRIXALGEBRA

Einführung : Die Vektor- und Matrixalgebra findet eine breite Anwendung bei der Formulierung und Lösung von geometrischen, physikalischen und technischen Aufgaben. Sie hat sich aus der Theorie der linearen Gleichungssysteme entwickelt. Die wesentlichen theoretischen Grundlagen sind in allgemeiner Form in den vorangehenden Abschnitten über Vektorräume und lineare Abbildungen bereits behandelt. Darauf aufbauend sind in diesem Abschnitt die elementaren Definitionen, Operationen und Regeln für reelle und komplexe Vektoren und Matrizen zusammengestellt, die bei praktischen Anwendungen wesentlich sind.

3.7.1 DEFINITIONEN

Skalar : Eine Größe heißt skalar, wenn sie durch genau einen Wert beschrieben wird. Im folgenden werden reelle und komplexe Skalare betrachtet.

Vektor : Ein n-Tupel von Elementen heißt Vektor der Dimension n und wird mit einem fett gedruckten Kleinbuchstaben bezeichnet. Ein Vektor heißt reell, wenn alle Elemente reell sind. Ein Vektor heißt komplex, wenn alle Elemente komplex sind. Die Elemente x_i eines Vektors **x** werden in einem Spaltenschema angeordnet, indem der Index des Elementes als Zeilenindex aufgefaßt wird. Das Schema heißt Vektorschema (Spaltenvektor).

$$\mathbf{x} = \begin{bmatrix} x_1 \\ \vdots \\ x_i \\ \vdots \\ x_n \end{bmatrix} \leftarrow \text{Zeile i}$$

Spezielle Vektoren : Ein Vektor heißt Nullvektor und wird mit **0** bezeichnet, wenn jedes seiner Elemente 0 ist. Ein Vektor heißt kanonischer Einheitsvektor und wird mit $\mathbf{e}_k$ bezeichnet, wenn das Element x_k gleich 1 und jedes andere Element gleich 0 ist. Kanonische Einheitsvektoren werden mit dem Kronecker Symbol δ_{ik} dargestellt, das für $i \neq k$ den Wert 0 und für $i = k$ den Wert 1 hat.

Nullvektor **0**	:	$x_i = 0$		$i = 1,...,n$
Einheitsvektor $\mathbf{e}_k$	:	$x_i = \delta_{ik}$		
Kronecker Symbol	:	$\delta_{ik} = 1$	für $k = i$	
		$\delta_{ik} = 0$	für $k \neq i$	

Matrix : Ein m • n-Tupel von Elementen heißt Matrix mit den Dimensionen m, n und wird mit einem fett gedruckten Großbuchstaben bezeichnet. Eine Matrix heißt reell, wenn alle Elemente reell sind. Eine Matrix heißt komplex, wenn alle Elemente komplex sind. Die Elemente a_{ik} einer Matrix **A** mit den Dimensionen m, n werden in einem rechteckigen Schema mit m Zeilen und n Spalten angeordnet, indem der erste Index als Zeilenindex und der zweite Index als Spaltenindex aufgefaßt wird. Die Elemente a_{ik} heißen Diagonalelemente für i = k und Nichtdiagonalelemente für i ≠ k. Eine Matrix heißt quadratisch, wenn die Zeilendimension und die Spaltendimension gleich sind.

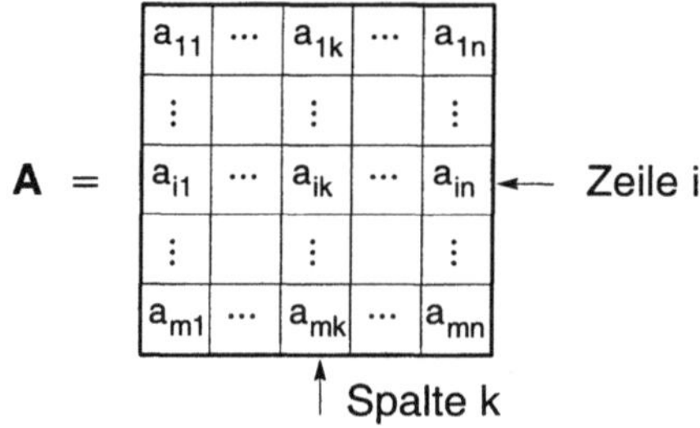

m	Zeilendimension
n	Spaltendimension
m = n	quadratische Matrix
a_{kk}	Diagonalelement
a_{ik}	Nichtdiagonalelement für i ≠ k

Spezielle quadratische Matrizen : Matrizen mit spezieller Belegung besitzen spezielle Bezeichnungen, die im folgenden definiert sind. In den Schemata werden Nullelemente durch leere Felder und Elemente mit beliebigem Wert durch hinterlegte Felder dargestellt.

Nullmatrix :

$$\mathbf{0} = \begin{array}{|c|c|c|c|c|}\hline 0 & \cdots & 0 & \cdots & 0 \\ \hline \vdots & & \vdots & & \vdots \\ \hline 0 & \cdots & 0 & \cdots & 0 \\ \hline \vdots & & \vdots & & \vdots \\ \hline 0 & \cdots & 0 & \cdots & 0 \\ \hline \end{array} \qquad x_{ik} := 0$$

Eine Matrix heißt Nullmatrix, wenn jedes ihrer Elemente 0 ist.

Identitätsmatrix :

$$\mathbf{I} = \begin{bmatrix} 1 & & & & \\ & \ddots & & & \\ & & 1 & & \\ & & & \ddots & \\ & & & & 1 \end{bmatrix} \qquad x_{ik} := \delta_{ik}$$

Eine Matrix heißt Identitätsmatrix, wenn jedes ihrer Diagonalelemente 1 und jedes Nichtdiagonalelement 0 ist.

Diagonalmatrix :

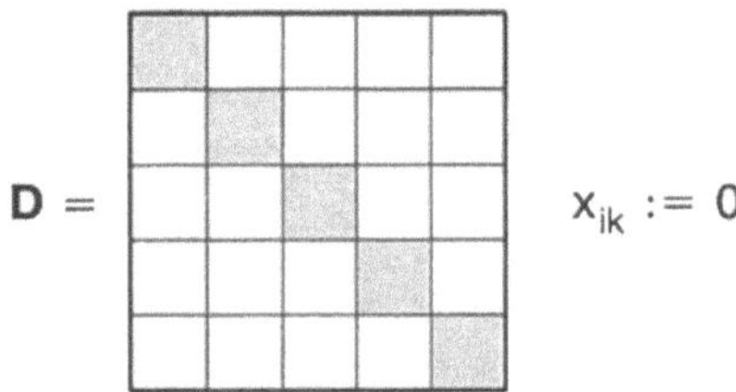

$$\mathbf{D} = \quad x_{ik} := 0 \quad \text{für} \quad i \neq k$$

Eine Matrix heißt Diagonalmatrix, wenn jedes ihrer Nichtdiagonalelemente 0 ist.

Linksdreiecksmatrix :

$$\mathbf{L} = \quad x_{ik} := 0 \quad \text{für} \quad i < k$$

Eine Matrix heißt Linksdreiecksmatrix, wenn jedes Element oberhalb ihrer Diagonale 0 ist.

Rechtsdreiecksmatrix :

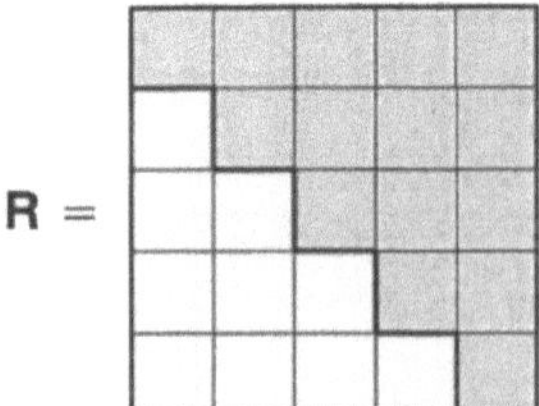

$$\mathbf{R} = \quad x_{ik} := 0 \quad \text{für} \quad i > k$$

Eine Matrix heißt Rechtsdreiecksmatrix, wenn jedes Element unterhalb ihrer Diagonale 0 ist.

3.7.2 ELEMENTARE VEKTOROPERATIONEN

Gleichheit : Zwei Vektoren **u** und **v** sind gleich, wenn sie die gleiche Dimension n besitzen und Elemente mit gleichen Indizes gleich sind.

$$\mathbf{u} = \mathbf{v} \quad :\Leftrightarrow \quad \bigwedge_{i=1}^{n} (u_i = v_i)$$

Addition und Subtraktion : Zwei Vektoren **u** und **v** können nur dann addiert oder voneinander subtrahiert werden, wenn sie die gleiche Dimension n besitzen. Bei der Addition + oder Subtraktion − werden die Elemente mit gleichen Indizes addiert oder voneinander subtrahiert.

$$\mathbf{w} = \mathbf{u} + \mathbf{v} \qquad w_i := u_i + v_i \qquad i = 1,...,n$$
$$\mathbf{w} = \mathbf{u} - \mathbf{v} \qquad w_i := u_i - v_i \qquad i = 1,...,n$$

Skalierung : Ein Vektor **u** wird mit einem Skalar c skaliert, indem jedes Element des Vektors mit c multipliziert wird.

$$\mathbf{v} = c\mathbf{u} \qquad v_i := cu_i \qquad i = 1,...,n$$

Regeln für Vektoroperationen : Die Regeln für die elementaren Vektoroperationen ergeben sich aus der Theorie der Vektorräume :

(1) Die Vektoraddition ist assoziativ und kommutativ.

$$(\mathbf{u}+\mathbf{v}) + \mathbf{w} = \mathbf{u} + (\mathbf{v}+\mathbf{w})$$
$$\mathbf{u}+\mathbf{v} = \mathbf{v}+\mathbf{u}$$

(2) Die Vektorskalierung ist assoziativ und bezüglich der Addition distributiv.

$$(ab)\mathbf{u} = a(b\mathbf{u})$$
$$(a+b)\mathbf{u} = a\mathbf{u} + b\mathbf{u}$$
$$a(\mathbf{u}+\mathbf{v}) = a\mathbf{u} + a\mathbf{v}$$

(3) Für den Nullvektor **0** sowie für die Skalare 0 und 1 gilt :

$$\mathbf{u}+\mathbf{0} = \mathbf{u} \qquad 1\mathbf{u} = \mathbf{u}$$
$$\mathbf{u}-\mathbf{u} = \mathbf{0} \qquad 0\mathbf{u} = \mathbf{0} \qquad a\mathbf{0} = \mathbf{0}$$

Aus $a\mathbf{u} = \mathbf{0}$ folgt, daß $a = 0$ oder $\mathbf{u} = \mathbf{0}$ gilt.

Skalarprodukt : Das Skalarprodukt zweier Vektoren **u** und **v** kann nur gebildet werden, wenn beide Vektoren die gleiche Dimension n besitzen. Als Notation für das Skalarprodukt wird sowohl $\mathbf{u} \circ \mathbf{v}$ als auch $\mathbf{u}^T\mathbf{v}$ verwendet. Das Ergebnis eines Skalarproduktes ist ein Skalar s, der wie folgt berechnet wird :

$$s = \mathbf{u} \circ \mathbf{v} := \mathbf{u}^T\mathbf{v} \qquad s := \sum_{i=1}^{n} u_i v_i$$

Dyadisches Produkt : Das dyadische Produkt eines Vektors **u** der Dimension m und eines Vektors **v** der Dimension n ist eine Matrix **P** mit der Zeilendimension m und der Spaltendimension n. Es wird mit $\mathbf{u}\,\mathbf{v}^T$ bezeichnet und wie folgt berechnet :

$$\mathbf{P} = \mathbf{u}\,\mathbf{v}^T \qquad p_{ik} := u_i\, v_k \qquad i=1,...,m \;;\; k=1,...,n$$

Falksches Schema : Das Skalarprodukt $\mathbf{u}^T\mathbf{v}$ und das dyadische Produkt $\mathbf{u}\,\mathbf{v}^T$ sind als Sonderfälle des allgemeinen Matrizenproduktes im Schema von Falk graphisch darstellbar. Die Vektoren $\mathbf{u}^T$ und $\mathbf{v}^T$ heißen transponierte Vektoren von **u** und **v**. Die Elemente eines transponierten Vektors werden in einem Zeilenschema angeordnet, indem der Index des Elementes als Spaltenindex aufgefaßt wird. Transponierte Vektoren werden daher auch Zeilenvektoren genannt. Das folgende Beispiel zeigt die Berechnung des Skalarproduktes und des dyadischen Produktes nach dem Falkschen Schema.

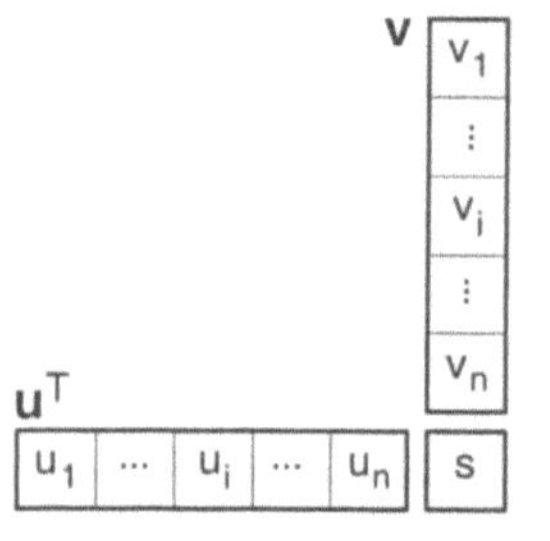

Skalarprodukt $s = \mathbf{u}^T\mathbf{v}$

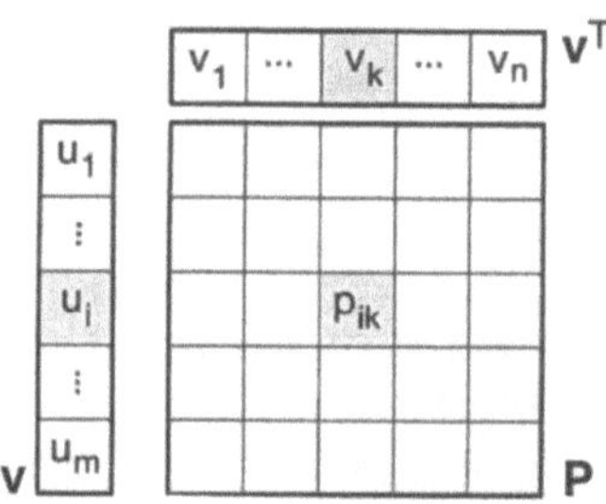

Dyadisches Produkt $\mathbf{P} = \mathbf{u}\,\mathbf{v}^T$

Regeln für Skalarprodukte : Aus der Definition des Skalarproduktes ergeben sich folgende Regeln für reelle Vektoren :

(1) Das Skalarprodukt ist kommutativ.

$\mathbf{u} \circ \mathbf{v} = \mathbf{v} \circ \mathbf{u}$

(2) Das Skalarprodukt ist distributiv bezüglich der Vektoraddition.

$\mathbf{u} \circ (\mathbf{v} + \mathbf{w}) = \mathbf{u} \circ \mathbf{v} + \mathbf{u} \circ \mathbf{w}$

(3) Das Skalarprodukt ist assoziativ bezüglich der Vektorskalierung.

$(c\mathbf{u}) \circ \mathbf{v} = c(\mathbf{u} \circ \mathbf{v})$

(4) Das Skalarprodukt $\mathbf{u} \circ \mathbf{u}$ ist positiv für $\mathbf{u} \neq \mathbf{0}$.

$\mathbf{u} \circ \mathbf{u} > 0 \quad \text{für} \quad \mathbf{u} \neq \mathbf{0}$

Orthogonale und orthonormale Vektoren : Zwei reelle, von **0** verschiedene Vektoren **u** und **v** heißen orthogonal, wenn das Skalarprodukt $\mathbf{u} \circ \mathbf{v}$ null ist. Sie heißen orthonormal, wenn das Skalarprodukt $\mathbf{u} \circ \mathbf{v}$ null ist und die Skalarprodukte $\mathbf{u} \circ \mathbf{u}$ und $\mathbf{v} \circ \mathbf{v}$ eins sind.

u und **v** sind orthogonal $:\Leftrightarrow \quad \mathbf{u} \circ \mathbf{v} = 0 \;\wedge\; \mathbf{u} \neq \mathbf{0} \;\wedge\; \mathbf{v} \neq \mathbf{0}$

u und **v** sind orthonormal $:\Leftrightarrow \quad \mathbf{u} \circ \mathbf{v} = 0 \;\wedge\; \mathbf{u} \circ \mathbf{u} = 1 \;\wedge\; \mathbf{v} \circ \mathbf{v} = 1$

Beispiele : Skalarprodukte

Gegeben seien reelle Vektoren **x**, **y** des dreidimensionalen Raumes $\mathbb{R}^3$:

$$\mathbf{x} = \begin{bmatrix} 1 \\ 2 \\ 1 \end{bmatrix} \qquad \mathbf{y} = \begin{bmatrix} -1 \\ 1 \\ 4 \end{bmatrix}$$

Die Skalarprodukte $\mathbf{x} \circ \mathbf{x}$, $\mathbf{y} \circ \mathbf{y}$, $\mathbf{x} \circ \mathbf{y}$ werden wie folgt berechnet :

$$\mathbf{x} \circ \mathbf{x} = \mathbf{x}^T\mathbf{x} = 1 \cdot 1 + 2 \cdot 2 + 1 \cdot 1 = 6$$

$$\mathbf{y} \circ \mathbf{y} = \mathbf{y}^T\mathbf{y} = (-1) \cdot (-1) + 1 \cdot 1 + 4 \cdot 4 = 18$$

$$\mathbf{x} \circ \mathbf{y} = \mathbf{x}^T\mathbf{y} = 1 \cdot (-1) + 2 \cdot 1 + 1 \cdot 4 = 5$$

Die positive Wurzel des Skalarproduktes $\mathbf{x} \circ \mathbf{x}$ heißt Länge des Vektors **x**. Sie ist eine Norm (siehe Abschnitt 3.7.4) und wird mit $\|\mathbf{x}\|$ bezeichnet. Die Längen der Vektoren **x** und **y** werden wie folgt berechnet :

$$\|\mathbf{x}\| = \sqrt{\mathbf{x} \circ \mathbf{x}} = \sqrt{6} = 2.449$$

$$\|\mathbf{y}\| = \sqrt{\mathbf{y} \circ \mathbf{y}} = \sqrt{18} = 4.243$$

Ein Vektor wird bezüglich seiner Länge normiert, indem er mit dem Kehrwert seiner Länge skaliert wird. Die bezüglich der Länge normierten Vektoren $\mathbf{x}_N$, $\mathbf{y}_N$ werden wie folgt berechnet :

$$\mathbf{x}_N = \mathbf{x} / \|\mathbf{x}\| = \frac{1}{\sqrt{6}}\mathbf{x} = \begin{bmatrix} 0.408 \\ 0.816 \\ 0.408 \end{bmatrix} \qquad \mathbf{x}_N \circ \mathbf{x}_N = 1$$

$$\mathbf{y}_N = \mathbf{y} / \|\mathbf{y}\| = \frac{1}{\sqrt{18}}\mathbf{y} = \begin{bmatrix} -0.236 \\ 0.236 \\ 0.943 \end{bmatrix} \qquad \mathbf{y}_N \circ \mathbf{y}_N = 1$$

Der Winkel γ zwischen den Vektoren **x** und **y** wird nach dem Kosinussatz der Trigonometrie in allgemeiner Form aus den Skalarprodukten wie folgt berechnet :

$$\cos\gamma = \frac{\mathbf{x} \circ \mathbf{y}}{\|\mathbf{x}\| \cdot \|\mathbf{y}\|} = \frac{\mathbf{x} \circ \mathbf{y}}{\sqrt{(\mathbf{x} \circ \mathbf{x})(\mathbf{y} \circ \mathbf{y})}} \qquad 0 \le \gamma \le \pi$$

$$\cos\gamma = \frac{5}{\sqrt{6 \cdot 18}} = 0.481$$

$$\gamma = \arccos 0.481 = 1.069 \Leftrightarrow 61.24°$$

Aus den Vektoren **x** und **y** sei ein Vektor $\mathbf{z} \neq \mathbf{0}$ als Linearkombination von **x** und **y** zu bestimmen, der orthogonal zu **x** ist, so daß $\mathbf{x} \circ \mathbf{z} = 0$ gilt. Es wird vorausgesetzt, daß $\mathbf{x} \circ \mathbf{x} \neq 0$.

$$\mathbf{z} = a\mathbf{x} + b\mathbf{y}$$

$$\mathbf{x} \circ \mathbf{z} = \mathbf{x} \circ (a\mathbf{x} + b\mathbf{y}) = a(\mathbf{x} \circ \mathbf{x}) + b(\mathbf{x} \circ \mathbf{y}) = 0$$

$$a = -b \frac{\mathbf{x} \circ \mathbf{y}}{\mathbf{x} \circ \mathbf{x}}$$

$$\mathbf{z} = -b \frac{\mathbf{x} \circ \mathbf{y}}{\mathbf{x} \circ \mathbf{x}} \mathbf{x} + b\mathbf{y} = b(\mathbf{y} - \frac{\mathbf{x} \circ \mathbf{y}}{\mathbf{x} \circ \mathbf{x}} \mathbf{x})$$

Der zu bestimmende Vektor **z** ist nicht eindeutig, da b ein beliebiger reeller Skalar ungleich 0 sein kann. Für b = 1 folgt :

$$\mathbf{z} = \mathbf{y} - \frac{5}{6}\mathbf{x} = \begin{bmatrix} -1 \\ 1 \\ 4 \end{bmatrix} - \frac{5}{6} \begin{bmatrix} 1 \\ 2 \\ 1 \end{bmatrix} = \frac{1}{6} \begin{bmatrix} -11 \\ -4 \\ 19 \end{bmatrix}$$

$$\mathbf{x} \circ \mathbf{z} = 0$$

3.7.3 ELEMENTARE MATRIXOPERATIONEN

Gleichheit : Zwei Matrizen **A** und **B** sind gleich, wenn sie die gleiche Zeilendimension m und die gleiche Spaltendimension n besitzen und die Elemente mit gleichen Indizes gleich sind.

$$\mathbf{A} = \mathbf{B} \quad :\Leftrightarrow \quad \bigwedge_{i=1}^{m} \; \bigwedge_{k=1}^{n} (a_{ik} = b_{ik})$$

Addition und Subtraktion : Zwei Matrizen **A** und **B** können nur dann addiert oder voneinander subtrahiert werden, wenn sie die gleiche Zeilendimension m und die gleiche Spaltendimension n besitzen. Bei der Addition + oder Subtraktion − werden die Elemente mit gleichen Indizes addiert oder voneinander subtrahiert.

$$\mathbf{C} = \mathbf{A} + \mathbf{B} \qquad c_{ik} := a_{ik} + b_{ik} \qquad i = 1,...,m \; ; \; k = 1,...,n$$

$$\mathbf{C} = \mathbf{A} - \mathbf{B} \qquad c_{ik} := a_{ik} - b_{ik} \qquad i = 1,...,m \; ; \; k = 1,...,n$$

Skalierung : Eine Matrix **A** wird mit einem Skalar c skaliert, indem jedes Element der Matrix **A** mit c multipliziert wird.

$$\mathbf{B} = c\mathbf{A} \qquad b_{ik} = c a_{ik} \qquad i = 1,...,m \; ; \; k = 1,...,n$$

Multiplikation : Eine Matrix **A** kann von rechts nur mit einer Matrix **B** multipliziert werden, wenn die Spaltendimension von **A** und die Zeilendimension von **B** gleich sind. Das Matrixprodukt **AB** ist eine Matrix mit der Zeilendimension von **A** und der Spaltendimension von **B**, die wie folgt berechnet wird :

$$\mathbf{C} = \mathbf{AB} \qquad c_{ir} = \sum_{k=1}^{n} a_{ik} b_{kr} \qquad i = 1,...,m \; ; \; r = 1,...,s$$

Ein Sonderfall der Multiplikation ist das Matrix-Vektor-Produkt. Eine Matrix **A** kann von rechts nur mit einem Vektor **u** multipliziert werden, wenn die Spaltendimension von **A** und die Dimension von **u** gleich sind. Das Matrix-Vektor-Produkt ist ein Vektor, dessen Dimension gleich der Zeilendimension von **A** ist und der wie folgt berechnet wird :

$$\mathbf{v} = \mathbf{Au} \qquad v_i := \sum_{k=1}^{n} a_{ik} u_k \qquad i = 1,...,m$$

Falksches Schema : Das Matrix-Vektor-Produkt und das Matrixprodukt sind im Schema von Falk graphisch darstellbar.

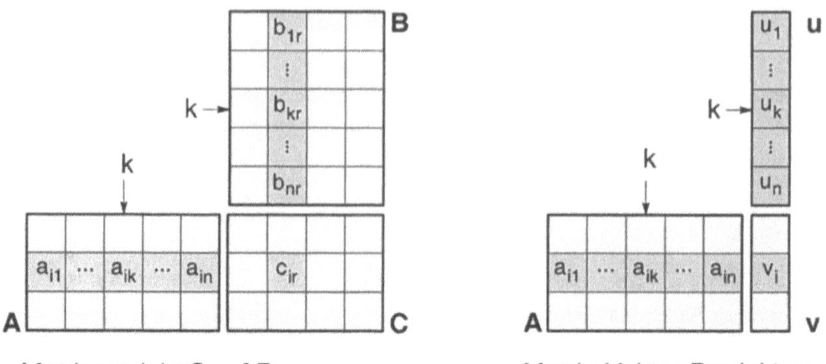

Matrixprodukt $\mathbf{C} = \mathbf{AB}$ Matrix-Vektor-Produkt $\mathbf{v} = \mathbf{Au}$

Regeln für Matrixoperationen : Die Regeln für die elementaren Matrixoperationen ergeben sich aus der Theorie der Vektorräume :

(1) Die Matrixaddition ist assoziativ und kommutativ.

$$(\mathbf{A} + \mathbf{B}) + \mathbf{C} = \mathbf{A} + (\mathbf{B} + \mathbf{C})$$

$$\mathbf{A} + \mathbf{B} = \mathbf{B} + \mathbf{A}$$

(2) Die Matrixskalierung ist assoziativ und bezüglich der Addition distributiv.

$$(ab)\mathbf{A} = a(b\mathbf{A})$$

$$(a + b)\mathbf{A} = a\mathbf{A} + b\mathbf{A}$$

$$a(\mathbf{A} + \mathbf{B}) = a\mathbf{A} + a\mathbf{B}$$

(3) Die Matrixmultiplikation und die Matrix-Vektor-Multiplikation sind assoziativ und bezüglich der Addition distributiv. Im allgemeinen Fall ist die Matrixmultiplikation für quadratische Matrizen nicht kommutativ.

$$(\mathbf{AB})\mathbf{C} = \mathbf{A}(\mathbf{BC}) \qquad (\mathbf{AB})\mathbf{u} = \mathbf{A}(\mathbf{Bu})$$

$$(\mathbf{A} + \mathbf{B})\mathbf{C} = \mathbf{AC} + \mathbf{BC} \qquad (\mathbf{A} + \mathbf{B})\mathbf{u} = \mathbf{Au} + \mathbf{Bu}$$

$$\mathbf{A}(\mathbf{B} + \mathbf{C}) = \mathbf{AB} + \mathbf{AC} \qquad \mathbf{A}(\mathbf{u} + \mathbf{v}) = \mathbf{Au} + \mathbf{Av}$$

$$\mathbf{AB} \neq \mathbf{BA}$$

(4) Für die Nullmatrix $\mathbf{0}$ und die Identitätsmatrix $\mathbf{I}$ sowie für die Skalare 0 und 1 gilt :

$$\mathbf{A} + \mathbf{0} = \mathbf{A} \qquad \mathbf{IA} = \mathbf{A} \qquad \mathbf{AI} = \mathbf{A} \qquad 1\mathbf{A} = \mathbf{A} \qquad \mathbf{Iu} = \mathbf{u}$$

$$\mathbf{A} - \mathbf{A} = \mathbf{0} \qquad \mathbf{A0} = \mathbf{0} \qquad \mathbf{0A} = \mathbf{0} \qquad 0\mathbf{A} = \mathbf{0}$$

Aus $c\mathbf{A} = \mathbf{0}$ folgt, daß $c = 0$ oder $\mathbf{A} = \mathbf{0}$ gilt. Aus $\mathbf{AB} = \mathbf{0}$ folgt jedoch nicht, daß $\mathbf{A} = \mathbf{0}$ oder $\mathbf{B} = \mathbf{0}$ gilt.

Inverse : Eine Matrix **X** heißt Rechtsinverse der Matrix **A**, wenn $\mathbf{AX} = \mathbf{I}$ gilt. Eine Matrix **Y** heißt Linksinverse der Matrix **A**, wenn $\mathbf{YA} = \mathbf{I}$ gilt. Besitzt die Matrix **A** die Zeilendimension m und die Spaltendimension n, so besitzt eine Links- oder Rechtsinverse von **A** die Zeilendimension n und die Spaltendimension m. Für die Existenz von Inversen einer Matrix **A** gelten folgende Regeln :

(1) Ist $m < n$, so kann die Matrix **A** eine Rechtsinverse aber keine Linksinverse besitzen. Existiert eine Rechtsinverse, so ist sie nicht eindeutig.

(2) Ist $m > n$, so kann die Matrix **A** eine Linksinverse aber keine Rechtsinverse besitzen. Existiert eine Linksinverse, so ist sie nicht eindeutig.

(3) Ist $m = n$, so kann die quadratische Matrix **A** sowohl eine Linksinverse als auch eine Rechtsinverse besitzen. Existieren eine Links- und eine Rechtsinverse, so sind sie identisch und eindeutig. Die Inverse einer quadratischen Matrix **A** wird mit $\mathbf{A}^{-1}$ bezeichnet.

Reguläre und singuläre Matrizen : Eine quadratische Matrix **A** heißt regulär, wenn sie eine Inverse $\mathbf{A}^{-1}$ besitzt. Sie heißt singulär, wenn sie keine Inverse besitzt.

Regeln für Inverse : Aus der Definition der Inversen einer regulären Matrix ergeben sich folgende Regeln :

(1) Die Inverse der Inversen einer regulären Matrix **A** ist die Matrix **A**.

$$(\mathbf{A}^{-1})^{-1} = \mathbf{A}$$

(2) Die Inverse einer mit dem Faktor c skalierten Matrix **A** ist gleich der mit dem Faktor c^{-1} skalierten Inversen von **A**.

$$(c\mathbf{A})^{-1} = c^{-1}\mathbf{A}^{-1}$$

(3) Die Inverse eines Produktes **AB** zweier regulärer Matrizen **A** und **B** ist gleich dem Produkt der Inversen mit umgekehrter Reihenfolge.

$$(\mathbf{AB})^{-1} = \mathbf{B}^{-1}\mathbf{A}^{-1}$$

Transponieren : Eine Matrix **A** mit der Zeilendimension m und der Spaltendimension n wird transponiert, indem ihre Zeilen und Spalten im Matrixschema miteinander vertauscht werden. Die Transponierte von **A** wird mit $\mathbf{A}^T$ bezeichnet und ist eine Matrix mit der Zeilendimension n und der Spaltendimension m.

$$\mathbf{B} = \mathbf{A}^T \qquad b_{ki} := a_{ik} \qquad i = 1,...,m \; ; \; k = 1,...,n$$

Regeln für Transponierte : Aus der Definition für das Transponieren von Matrizen ergeben sich folgende Regeln :

(1) Die Transponierte der Transponierten einer Matrix **A** ist die Matrix **A**.

$$(\mathbf{A}^T)^T = \mathbf{A}$$

(2) Die Transponierte einer Summe zweier Matrizen **A** und **B** ist die Summe der beiden Transponierten.

$$(\mathbf{A}+\mathbf{B})^T = \mathbf{A}^T+\mathbf{B}^T$$

(3) Die Transponierte einer mit dem Faktor c skalierten Matrix **A** ist die mit dem Faktor c skalierte Transponierte von **A**.

$$(c\mathbf{A})^T = c\mathbf{A}^T$$

(4) Die Transponierte eines Produktes zweier Matrizen **A** und **B** ist das Produkt der beiden Transponierten in umgekehrter Reihenfolge.

$$(\mathbf{AB})^T = \mathbf{B}^T\mathbf{A}^T$$

(5) Die Transponierte der Inversen einer regulären Matrix **A** ist die Inverse der Transponierten. Sie wird auch mit $\mathbf{A}^{-T}$ bezeichnet.

$$(\mathbf{A}^{-1})^T = (\mathbf{A}^T)^{-1} = \mathbf{A}^{-T}$$

Symmetrische und antisymmetrische Matrizen : Eine quadratische Matrix **A** heißt symmetrisch, wenn die Matrix und ihre Transponierte gleich sind. Sie heißt antisymmetrisch, wenn die Matrix und ihre negative Transponierte gleich sind. Die Diagonalelemente einer antisymmetrischen Matrix sind null.

A ist symmetrisch $:\Leftrightarrow \quad \mathbf{A} = \mathbf{A}^T$

A ist antisymmetrisch $:\Leftrightarrow \quad \mathbf{A} = -\mathbf{A}^T$

Regeln für symmetrische und antisymmetrische Matrizen : Aus der Definition der Symmetrie und der Antisymmetrie ergeben sich folgende Regeln :

(1) Die Summe zweier symmetrischer Matrizen ist eine symmetrische Matrix. Die Summe zweier antisymmetrischer Matrizen ist eine antisymmetrische Matrix.

(2) Die Skalierung einer symmetrischen Matrix liefert eine symmetrische Matrix. Die Skalierung einer antisymmetrischen Matrix liefert eine antisymmetrische Matrix.

(3) Jede quadratische Matrix **A** läßt sich eindeutig als Summe einer symmetrischen Matrix $\mathbf{A}_S$ und einer antisymmetrischen Matrix $\mathbf{A}_A$ darstellen.

$$\mathbf{A} = \mathbf{A}_S + \mathbf{A}_A \qquad \mathbf{A}_S = \frac{1}{2}(\mathbf{A}+\mathbf{A}^T) \qquad \mathbf{A}_A = \frac{1}{2}(\mathbf{A}-\mathbf{A}^T)$$

(4) Die Inverse einer regulären symmetrischen Matrix ist symmetrisch.

Orthonormale Matrix : Eine reelle quadratische Matrix $\mathbf{A}$ heißt orthonormal, wenn ihre Spaltenvektoren paarweise orthonormal sind. Dies ist gleichbedeutend damit, daß die Transponierte $\mathbf{A}^T$ und die Inverse $\mathbf{A}^{-1}$ gleich sind.

$$\mathbf{A} \text{ ist orthonormal} \quad :\Leftrightarrow \quad \mathbf{A}^T\mathbf{A} = \mathbf{A}\mathbf{A}^T = \mathbf{I} \quad \Leftrightarrow \quad \mathbf{A}^T = \mathbf{A}^{-1}$$

Regeln für orthonormale Matrizen : Aus der Definition der Orthonormalität von Matrizen ergeben sich folgende Regeln :

(1) Das Produkt zweier orthonormaler Matrizen ist eine orthonormale Matrix.

(2) Die Inverse einer orthonormalen Matrix ist orthonormal.

Nilpotente Matrix : Eine quadratische Matrix $\mathbf{A}$ heißt nilpotent, wenn das Produkt $\mathbf{A}\mathbf{A}$ gleich der Nullmatrix $\mathbf{0}$ ist. Ein dyadisches Produkt $\mathbf{x}\mathbf{y}^T$ zweier Vektoren $\mathbf{x}, \mathbf{y}$ ist genau dann eine nilpotente Matrix, wenn die Vektoren $\mathbf{x}$ und $\mathbf{y}$ orthogonal sind und damit $\mathbf{x}^T\mathbf{y} = \mathbf{y}^T\mathbf{x} = 0$ gilt :

$$\begin{aligned} \mathbf{A} &= \mathbf{x}\mathbf{y}^T \\ \mathbf{A}\mathbf{A} &= \mathbf{x}\mathbf{y}^T\mathbf{x}\mathbf{y}^T = \mathbf{x}(\mathbf{y}^T\mathbf{x})\mathbf{y}^T = (\mathbf{y}^T\mathbf{x})\mathbf{x}\mathbf{y}^T = 0 \cdot \mathbf{x}\mathbf{y}^T = \mathbf{0} \end{aligned}$$

Idempotente Matrix : Eine quadratische Matrix $\mathbf{A}$ heißt idempotent, wenn das Produkt $\mathbf{A}\mathbf{A}$ gleich $\mathbf{A}$ ist. Die Matrix $\mathbf{A} = \mathbf{I} - \mathbf{x}\mathbf{y}^T$ ist idempotent, wenn die Vektoren $\mathbf{x}$ und $\mathbf{y}$ nicht orthogonal sind und $\mathbf{x}^T\mathbf{y} = \mathbf{y}^T\mathbf{x} = 1$ gilt :

$$\begin{aligned} \mathbf{A} &= \mathbf{I} - \mathbf{x}\mathbf{y}^T \\ \mathbf{A}\mathbf{A} &= (\mathbf{I} - \mathbf{x}\mathbf{y}^T)(\mathbf{I} - \mathbf{x}\mathbf{y}^T) = \mathbf{I} - 2\,\mathbf{x}\mathbf{y}^T + \mathbf{x}\mathbf{y}^T\mathbf{x}\mathbf{y}^T \\ &= \mathbf{I} - 2\,\mathbf{x}\mathbf{y}^T + \mathbf{x}(\mathbf{y}^T\mathbf{x})\mathbf{y}^T = \mathbf{I} - 2\,\mathbf{x}\mathbf{y}^T + \mathbf{x}\mathbf{y}^T = \mathbf{I} - \mathbf{x}\mathbf{y}^T = \mathbf{A} \end{aligned}$$

Selbstinverse Matrix : Eine quadratische Matrix $\mathbf{A}$ heißt selbstinvers, wenn die Inverse $\mathbf{A}^{-1}$ gleich $\mathbf{A}$ ist und damit $\mathbf{A}\mathbf{A} = \mathbf{I}$ gilt. Die Matrix $\mathbf{A} = \mathbf{I} - 2\,\mathbf{x}\mathbf{y}^T$ ist selbstinvers, wenn die Vektoren $\mathbf{x}$ und $\mathbf{y}$ nicht orthogonal sind und $\mathbf{x}^T\mathbf{y} = \mathbf{y}^T\mathbf{x} = 1$ gilt :

$$\begin{aligned} \mathbf{A} &= \mathbf{I} - 2\,\mathbf{x}\mathbf{y}^T \\ \mathbf{A}\mathbf{A} &= (\mathbf{I} - 2\,\mathbf{x}\mathbf{y}^T)(\mathbf{I} - 2\,\mathbf{x}\mathbf{y}^T) = \mathbf{I} - 4\,\mathbf{x}\mathbf{y}^T + 4\,\mathbf{x}\mathbf{y}^T\mathbf{x}\mathbf{y}^T \\ &= \mathbf{I} - 4\,\mathbf{x}\mathbf{y}^T + 4\,\mathbf{x}(\mathbf{y}^T\mathbf{x})\mathbf{y}^T = \mathbf{I} - 4\,\mathbf{x}\mathbf{y}^T + 4\,\mathbf{x}\mathbf{y}^T = \mathbf{I} \end{aligned}$$

Eine selbstinverse Matrix $\mathbf{A}$ mit $\mathbf{A}\mathbf{A} = \mathbf{I}$ ist orthonormal, wenn $\mathbf{A}$ symmetrisch ist und damit $\mathbf{A} = \mathbf{A}^T$ gilt. Die selbstinverse Matrix $\mathbf{A} = \mathbf{I} - 2\,\mathbf{x}\mathbf{y}^T$ mit $\mathbf{x}^T\mathbf{y} = 1$ ist symmetrisch, wenn $\mathbf{y} = \mathbf{x}$ und damit $\mathbf{x}^T\mathbf{x} = 1$ gilt :

$$\begin{aligned} \mathbf{A} &= \mathbf{I} - 2\,\mathbf{x}\mathbf{x}^T \\ \mathbf{A}^T &= (\mathbf{I} - 2\,\mathbf{x}\mathbf{x}^T)^T = \mathbf{I}^T - 2\,(\mathbf{x}^T)^T\mathbf{x}^T = \mathbf{I} - 2\,\mathbf{x}\mathbf{x}^T = \mathbf{A} \end{aligned}$$

Beispiel 1 : Matrizenprodukte

Das Produkt $\mathbf{A}\mathbf{A}^{\mathrm{T}}$ ist symmetrisch.

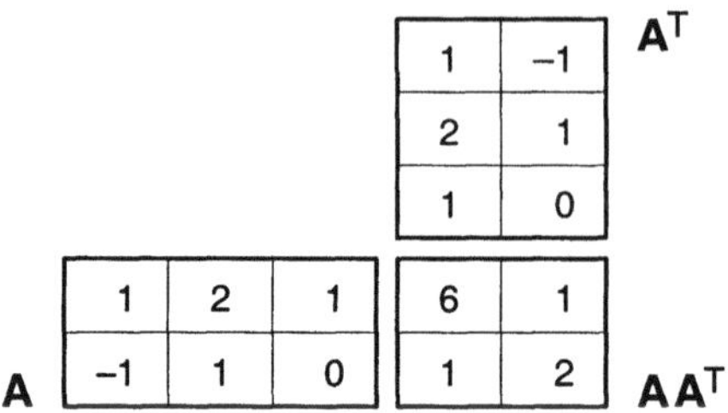

Das Produkt **L M** zweier Linksdreiecksmatrizen ist eine Linksdreiecksmatrix.

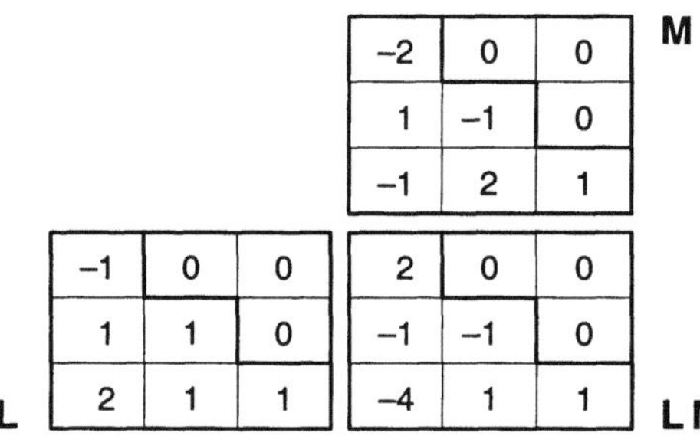

Das Produkt **A B** der folgenden Matrizen **A** und **B** ist eine Nullmatrix **0**, obwohl weder **A** noch **B** eine Nullmatrix ist.

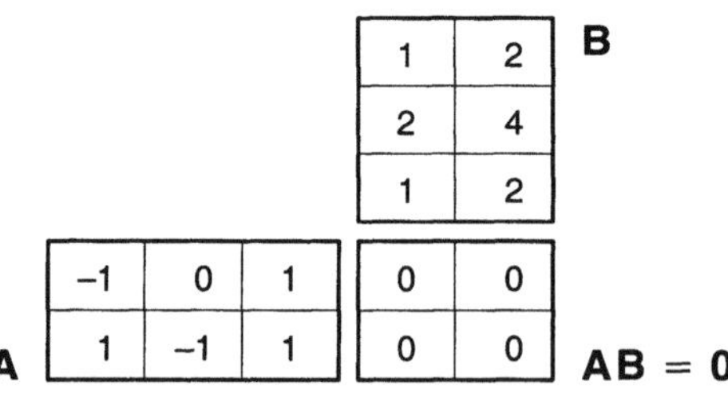

Beispiel 2 : Inverse Matrizen

Gegeben sei die folgende Matrix **A**. Die Rechteckmatrix **B** ist für beliebige Werte von $a, b \in \mathbb{R}$ eine Rechtsinverse von **A**, da $\mathbf{A}\mathbf{B} = \mathbf{I}$:

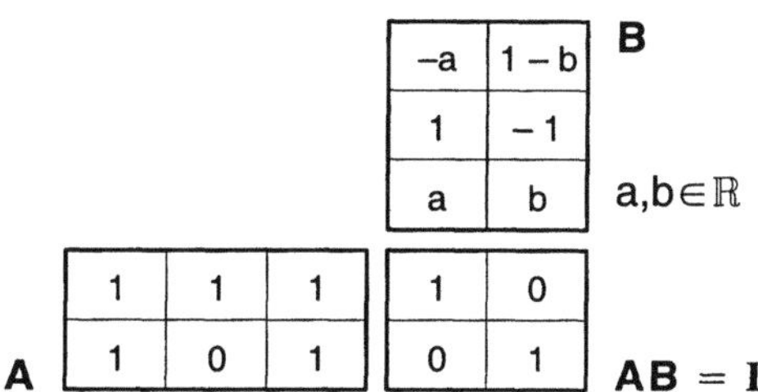

B ($a, b \in \mathbb{R}$)

–a	1 – b
1	– 1
a	b

A

1	1	1
1	0	1

AB = I

1	0
0	1

Gegeben sei die folgende symmetrische Matrix **A**. Sie ist regulär und besitzt eine eindeutige symmetrische Inverse $\mathbf{A}^{-1}$. Die Produkte $\mathbf{A}\mathbf{A}^{-1}$ und $\mathbf{A}^{-1}\mathbf{A}$ sind die Identitätsmatrix $\mathbf{I}$.

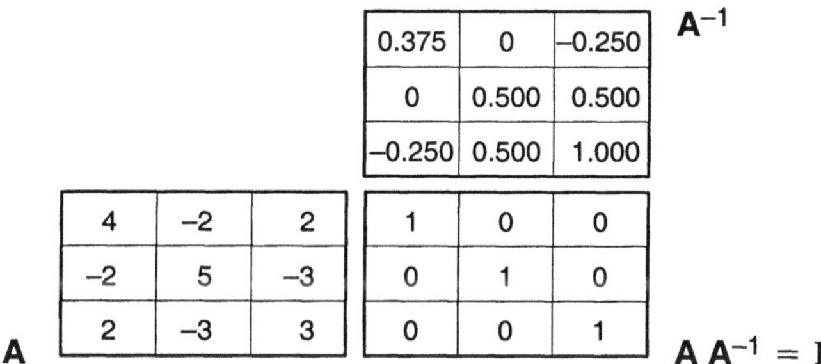

$\mathbf{A}^{-1}$

0.375	0	–0.250
0	0.500	0.500
–0.250	0.500	1.000

A

4	–2	2
–2	5	–3
2	–3	3

$\mathbf{A}\mathbf{A}^{-1} = \mathbf{I}$

1	0	0
0	1	0
0	0	1

Beispiel 3 : Orthonormale Matrizen

Gegeben sei eine orthonormale Matrix **R**, die Sinus- und Kosinusfunktionen eines Winkels α enthält. Die Produkte $\mathbf{R}^T\mathbf{R}$ und $\mathbf{R}\mathbf{R}^T$ sind wegen $\sin^2\alpha + \cos^2\alpha = 1$ gleich der Identitätsmatrix.

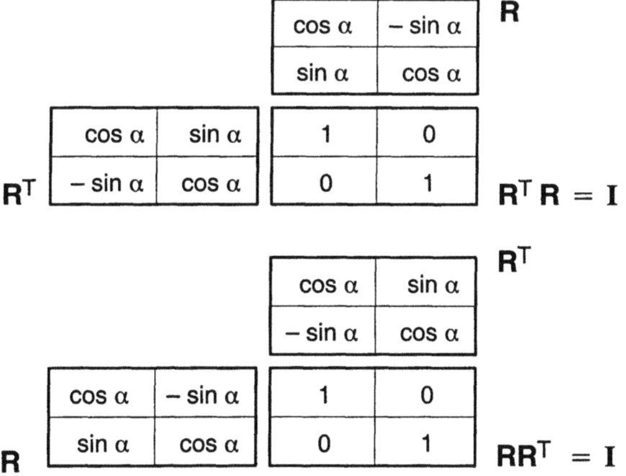

R

cos α	– sin α
sin α	cos α

$\mathbf{R}^T$

cos α	sin α
– sin α	cos α

$\mathbf{R}^T\mathbf{R} = \mathbf{I}$

1	0
0	1

$\mathbf{R}^T$

cos α	sin α
– sin α	cos α

R

cos α	– sin α
sin α	cos α

$\mathbf{R}\mathbf{R}^T = \mathbf{I}$

1	0
0	1

3.7.4 ABGELEITETE SKALARE

Bilineare Form : Eine bilineare Form ist eine skalare Größe b, die aus den Vektoren **u** und **v** sowie einer Matrix **A** nach folgender Vorschrift berechnet wird :

$$b := \mathbf{u}^T\mathbf{A}\,\mathbf{v} = \sum_{i=1}^{m} \sum_{k=1}^{n} u_i\, a_{ik}\, v_k$$

Quadratische Form : Eine quadratische Form ist eine skalare Größe q, die aus dem Vektor **u** und einer quadratischen Matrix **A** nach folgender Vorschrift berechnet wird :

$$q := \mathbf{u}^T\mathbf{A}\,\mathbf{u} = \sum_{i=1}^{m} \sum_{k=1}^{m} u_i\, a_{ik}\, u_k$$

Positiv definite Matrix : Eine quadratische reelle Matrix **A** heißt positiv definit, wenn die quadratische Form q für beliebige von **0** verschiedene reelle Vektoren **u** stets positiv ist. Sie heißt positiv semidefinit, wenn q positiv oder null ist.

A ist positiv definit $:\Leftrightarrow \quad \bigwedge_{\mathbf{u}\neq\mathbf{0}} \mathbf{u}^T\mathbf{A}\,\mathbf{u} > 0$

A ist positiv semidefinit $:\Leftrightarrow \quad \bigwedge_{\mathbf{u}\neq\mathbf{0}} \mathbf{u}^T\mathbf{A}\,\mathbf{u} \geq 0$

Spur : Die Spur einer quadratischen Matrix **A** ist die Summe ihrer Diagonalelemente :

$$\text{spur}\,\mathbf{A} := \sum_{k=1}^{m} a_{kk}$$

Determinante : Die Determinante einer quadratischen Matrix **A** ist ein Skalar, der nach folgender Vorschrift rekursiv berechnet wird.

$$\det \mathbf{A} := \sum_{k=1}^{n} (-1)^{i+k}\, a_{ik} \det \mathbf{A}_{ik} \qquad i \in \{i,...,n\}$$

n Dimension der quadratischen Matrix **A**

$\mathbf{A}_{ik}$ quadratische Matrix der Dimension n – 1, die durch Streichen der Zeile i und der Spalte k aus **A** entsteht

Die Determinanten quadratischer Matrizen mit den Dimension n = 1, 2, 3 werden wie folgt berechnet :

$$\det \begin{bmatrix} a_{11} \end{bmatrix} = a_{11}$$

$$\det \begin{bmatrix} a_{11} & a_{12} \\ a_{21} & a_{22} \end{bmatrix} = a_{11}\,a_{22} - a_{12}\,a_{21}$$

$$\det \begin{bmatrix} a_{11} & a_{12} & a_{13} \\ a_{21} & a_{22} & a_{23} \\ a_{31} & a_{32} & a_{33} \end{bmatrix} = \begin{aligned} & a_{11}\,a_{22}\,a_{33} + a_{12}\,a_{23}\,a_{31} + a_{13}\,a_{21}\,a_{32} \\ - & a_{13}\,a_{22}\,a_{31} - a_{11}\,a_{23}\,a_{32} - a_{12}\,a_{21}\,a_{33} \end{aligned}$$

Determinantenregeln : Für die Berechnung von Determinanten gelten folgende Regeln :

(1) Die Determinanten einer Matrix **A** und ihrer Transponierten $\mathbf{A}^T$ sind gleich.

$\det \mathbf{A} = \det \mathbf{A}^T$

(2) Die Determinante der Inversen $\mathbf{A}^{-1}$ einer regulären Matrix **A** ist gleich dem Kehrwert der Determinante von **A**.

$\det \mathbf{A}^{-1} = 1 / \det \mathbf{A}$

(3) Die Determinante eines Produktes **AB** zweier quadratischen Matrizen **A** und **B** ist gleich dem Produkt der Determinanten von **A** und **B**.

$\det (\mathbf{AB}) = \det \mathbf{A} * \det \mathbf{B}$

(4) Ist die Matrix **A** eine Linksdreiecksmatrix **L**, eine Rechtsdreiecksmatrix **R** oder eine Diagonalmatrix **D**, so ist die Determinante gleich dem Produkt ihrer Diagonalelemente.

$$\det \mathbf{A} = \prod_{k=1}^{n} a_{kk} \qquad \mathbf{A} = \mathbf{L}, \mathbf{R}, \mathbf{D}$$

Normen : Normen sind Skalare, die für einen Vektor **v** und eine quadratische Matrix **A** wie folgt definiert sind :

$$\| \mathbf{v} \|_\infty := \max_k | v_k | \qquad \| \mathbf{A} \|_\infty := \max_i \sum_{k=1}^{n} | a_{ik} |$$

$$\| \mathbf{v} \|_1 := \sum_{k=1}^{n} | v_k | \qquad \| \mathbf{A} \|_1 := \max_k \sum_{i=1}^{n} | a_{ik} |$$

$$\| \mathbf{v} \|_2 := \left[\sum_{k=1}^{n} | v_k |^2 \right]^{1/2} \qquad \| \mathbf{A} \|_2 := \left[\sum_{i=1}^{n} \sum_{k=1}^{n} | a_{ik} |^2 \right]^{1/2}$$

Regeln für Normen : Für Normen mit gleichen Indizes gelten folgende Regeln :

$$\|c\mathbf{v}\| = |c|\,\|\mathbf{v}\| \qquad \|c\mathbf{A}\| = |c|\,\|\mathbf{A}\|$$

$$\|\mathbf{u}+\mathbf{v}\| \le \|\mathbf{u}\|+\|\mathbf{v}\| \qquad \|\mathbf{A}+\mathbf{B}\| \le \|\mathbf{A}\|+\|\mathbf{B}\|$$

$$\|\mathbf{A}\mathbf{v}\| \le \|\mathbf{A}\|\,\|\mathbf{v}\| \qquad \|\mathbf{A}\mathbf{B}\| \le \|\mathbf{A}\|\,\|\mathbf{B}\|$$

Beispiel 1 : Determinanten

Gegeben sei eine quadratische Matrix **A**, deren Determinante nach der rekursiven Berechnungsvorschrift mit $i = 1$ wie folgt bestimmt wird.

$$\det \mathbf{A} = \det \begin{bmatrix} 4 & -2 & 2 \\ -2 & 5 & -3 \\ 2 & -3 & 3 \end{bmatrix} = \sum_{k=1}^{3} (-1)^{k+1}\, a_{1k} \det \mathbf{A}_{1k}$$

$$\det \mathbf{A}_{11} = \det \begin{bmatrix} 5 & -3 \\ -3 & 3 \end{bmatrix} = 5 * 3 - (-3) * (-3) = 6$$

$$\det \mathbf{A}_{12} = \det \begin{bmatrix} -2 & -3 \\ 2 & 3 \end{bmatrix} = (-2) * 3 - (-3) * 2 = 0$$

$$\det \mathbf{A}_{13} = \det \begin{bmatrix} -2 & 5 \\ 2 & -3 \end{bmatrix} = (-2) * (-3) - 5 * 2 = -4$$

$$\begin{aligned} \det \mathbf{A} &= a_{11} \det \mathbf{A}_{11} - a_{12} \det \mathbf{A}_{12} + a_{13} \det \mathbf{A}_{13} \\ &= 4 * 6 - (-2) * 0 + 2 * (-4) = 24 - 8 = 16 \end{aligned}$$

Die Determinante der Inversen $\mathbf{A}^{-1}$ wird nach den Determinantenregeln aus der Determinanten von **A** wie folgt berechnet :

$$\det \mathbf{A}^{-1} = 1/\det \mathbf{A} = \frac{1}{16}$$

Beispiel 2 : Quadratische Form und Normen

Gegeben seien eine quadratische Matrix **A** und ein Vektor **u**. Der Vektor $\mathbf{v} = \mathbf{A}\,\mathbf{u}$ und die quadratische Form $\mathbf{u}^T\mathbf{v} = \mathbf{u}^T\mathbf{A}\mathbf{u}$ werden zweckmäßig nach dem Falkschen Schema berechnet.

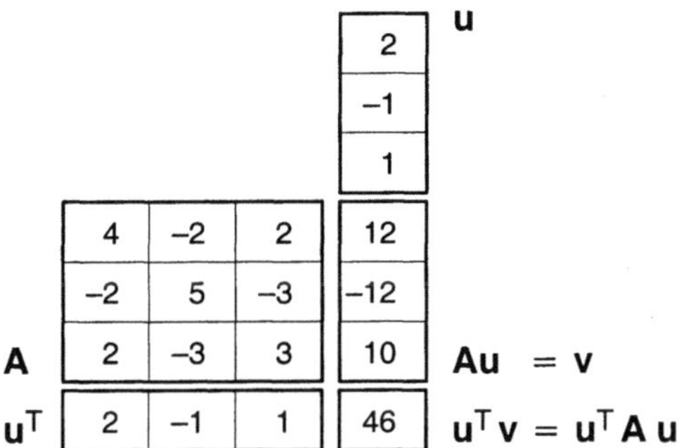

Die Normen $\|\mathbf{u}\|_i$, $\|\mathbf{v}\|_i$ und $\|\mathbf{A}\|_i$ werden wie folgt berechnet :

$$\|\mathbf{u}\|_\infty = \text{Max}\{2, 1, 1\} = 2 \qquad \|\mathbf{v}\|_\infty = 12$$

$$\|\mathbf{u}\|_1 = 2+1+1 = 4 \qquad \|\mathbf{v}\|_1 = 34$$

$$\|\mathbf{u}\|_2 = [2^2 + (-1)^2 + 1^2]^{0.5} = \sqrt{6} \qquad \|\mathbf{v}\|_2 = \sqrt{388}$$

$$\|\mathbf{A}\|_\infty = \text{Max}\{(4+2+2), (2+5+3), (2+3+3)\} = 10$$

$$\|\mathbf{A}\|_1 = \text{Max}\{(4+2+2), (2+5+3), (2+3+3)\} = 10$$

$$\|\mathbf{A}\|_2 = [4^2 + (-2)^2 + 2^2 + (-2)^2 + 5^2 + (-3)^2 + 2^2 + (-3)^2 + 3^2]^{0.5} = \sqrt{84}$$

Die Normen $\|\mathbf{A}\|_\infty$ und $\|\mathbf{A}\|_1$ sind gleich, da die Matrix **A** symmetrisch ist. Die Vektornormen und Matrixnormen sind verträglich :

$$\|\mathbf{Au}\|_\infty \le \|\mathbf{A}\|_\infty \|\mathbf{u}\|_\infty \quad : \quad 12 \le 10 * 2$$

$$\|\mathbf{Au}\|_1 \le \|\mathbf{A}\|_1 \|\mathbf{u}\|_1 \quad : \quad 34 \le 10 * 4$$

$$\|\mathbf{Au}\|_2 \le \|\mathbf{A}\|_2 \|\mathbf{u}\|_2 \quad : \quad \sqrt{388} \le \sqrt{84 * 6}$$

3.7.5 KOMPLEXE VEKTOREN UND MATRIZEN

Einführung : Die Definitionen, Operationen und Regeln in den Abschnitten 3.7.1 bis 3.7.4 gelten auch für komplexe Vektoren und Matrizen, sofern keine explizite Einschränkung vorgenommen wurde. Die besonderen Merkmale komplexer Vektoren und Matrizen resultieren aus ihrer Konjugierten. Ein Teil der besonderen Eigenschaften komplexer Vektoren und Matrizen sind nach dem Mathematiker Hermite benannt.

Komplexe Größen : Eine komplexe Zahl wird durch einen Realteil und einen Imaginärteil dargestellt. Diese Form der Darstellung wird auf Vektoren und Matrizen übertragen.

Komplexer Skalar	$c = a + i\,b$	a, b reelle Skalare
Komplexer Vektor	$\mathbf{c} = \mathbf{a} + i\,\mathbf{b}$	**a, b** reelle Vektoren
Komplexe Matrix	$\mathbf{C} = \mathbf{A} + i\,\mathbf{B}$	**A, B** reelle Matrizen
Zahl i	$i^2 = -1$	

Konjugierte Größen : Eine komplexe Größe wird in die zugehörige konjugierte (konjugiert komplexe) Größe transformiert, indem das Vorzeichen des Imaginärteils geändert wird. Konjugierte Größen werden mit einem Querstrich über der Bezeichnung gekennzeichnet.

Konjugierter Skalar	$\bar{c} = a - i\,b$
Konjugierter Vektor	$\bar{\mathbf{c}} = \mathbf{a} - i\,\mathbf{b}$
Konjugierte Matrix	$\bar{\mathbf{C}} = \mathbf{A} - i\,\mathbf{B}$

Hermitesches Transponieren : Die Transponierte der Konjugierten einer komplexen Matrix **C** heißt hermitesche Transponierte und wird statt mit $(\bar{\mathbf{C}})^T$ auch mit $\mathbf{C}^H$ bezeichnet.

$$\mathbf{C} = \mathbf{A} + i\,\mathbf{B} \qquad \mathbf{C}^H := (\bar{\mathbf{C}})^T = \mathbf{A}^T - i\,\mathbf{B}^T$$

Die hermitesche Transponierte eines komplexen Vektors **c** ist als Sonderfall einer komplexen Matrix wie folgt definiert :

$$\mathbf{c} = \mathbf{a} + i\,\mathbf{b} \qquad \mathbf{c}^H := (\bar{\mathbf{c}})^T = \mathbf{a}^T - i\,\mathbf{b}^T$$

Hermitesches Skalarprodukt : Das Skalarprodukt $s = \bar{\mathbf{u}} \circ \mathbf{v}$ von zwei komplexen Vektoren **u** und **v** heißt hermitesch und wird statt mit $(\bar{\mathbf{u}})^T\mathbf{v}$ auch mit $\mathbf{u}^H\,\mathbf{v}$ bezeichnet. Es wird wie folgt berechnet :

$$s = \bar{\mathbf{u}} \circ \mathbf{v} := \mathbf{u}^H\,\mathbf{v} \qquad \mathbf{u} = \mathbf{a} + i\,\mathbf{b} \qquad \mathbf{v} = \mathbf{c} + i\,\mathbf{d}$$

$$s = \sum_{k=1}^{n} (a_k - i\,b_k)(c_k + i\,d_k)$$

Das hermitesche Skalarprodukt läßt sich nach der Definition wie folgt auf die reellen Vektoren $\mathbf{a}, \mathbf{b}, \mathbf{c}, \mathbf{d}$ zurückführen :

$$s = (\mathbf{a} - i\,\mathbf{b}) \circ (\mathbf{c} + i\,\mathbf{d}) = (\mathbf{a} \circ \mathbf{c} + \mathbf{b} \circ \mathbf{d}) + i(\mathbf{a} \circ \mathbf{d} - \mathbf{b} \circ \mathbf{c})$$

Das konjugierte hermitesche Skalarprodukt ist :

$$\bar{s} = \overline{\bar{\mathbf{u}} \circ \mathbf{v}} = \mathbf{u} \circ \bar{\mathbf{v}} = \bar{\mathbf{v}} \circ \mathbf{u} = \mathbf{v}^H \mathbf{u}$$

Regeln für hermitesche Skalarprodukte : Aus der Definition des hermiteschen Skalarproduktes ergeben sich folgende Regeln für komplexe Vektoren, die im Sonderfalle reeller Vektoren identisch mit den Regeln für Skalarprodukte in Abschnitt 3.7.2 sind :

(1) Das hermitesche Skalarprodukt ist kommutativ.

$$\bar{\mathbf{u}} \circ \mathbf{v} = \mathbf{v} \circ \bar{\mathbf{u}}$$

(2) Das hermitesche Skalarprodukt ist distributiv bezüglich der Vektoraddition.

$$\bar{\mathbf{u}} \circ (\mathbf{v} + \mathbf{w}) = \bar{\mathbf{u}} \circ \mathbf{v} + \bar{\mathbf{u}} \circ \mathbf{w}$$

(3) Das hermitesche Skalarprodukt ist assoziativ bezüglich der Vektorskalierung.

$$(c\bar{\mathbf{u}}) \circ \mathbf{v} = c(\bar{\mathbf{u}} \circ \mathbf{v})$$

(4) Das hermitesche Skalarprodukt $\bar{\mathbf{u}} \circ \mathbf{u}$ ist reell positiv für $\mathbf{u} \neq \mathbf{0}$.

$$\bar{\mathbf{u}} \circ \mathbf{u} > 0 \quad \text{für} \quad \mathbf{u} \neq \mathbf{0}$$

Unitäre Vektoren : Zwei komplexe, von $\mathbf{0}$ verschiedene Vektoren $\mathbf{u}$ und $\mathbf{v}$ heißen unitär, wenn das hermitesche Skalarprodukt $\bar{\mathbf{u}} \circ \mathbf{v}$ null ist und die hermiteschen Skalarprodukte $\bar{\mathbf{u}} \circ \mathbf{u}$ und $\bar{\mathbf{v}} \circ \mathbf{v}$ eins sind. Ist $\bar{\mathbf{u}} \circ \mathbf{v} = 0$, so ist auch die konjugierte Größe $\bar{\mathbf{v}} \circ \mathbf{u} = 0$.

$$\begin{aligned} \mathbf{u} \text{ und } \mathbf{v} \text{ sind unitär} \quad &:\Leftrightarrow \quad \bar{\mathbf{u}} \circ \mathbf{v} = 0 \;\wedge\; \bar{\mathbf{u}} \circ \mathbf{u} = 1 \;\wedge\; \bar{\mathbf{v}} \circ \mathbf{v} = 1 \\ &\Leftrightarrow \quad \bar{\mathbf{v}} \circ \mathbf{u} = 0 \;\wedge\; \bar{\mathbf{u}} \circ \mathbf{u} = 1 \;\wedge\; \bar{\mathbf{v}} \circ \mathbf{v} = 1 \end{aligned}$$

Hermitesche und antihermitesche Matrizen : Eine komplexe quadratische Matrix heißt hermitesch, wenn die Matrix und ihre hermitesche Transponierte gleich sind. Sie heißt antihermitesch, wenn die Matrix und ihre negative hermitesche Transponierte gleich sind.

$$\begin{aligned} \mathbf{A} \text{ ist hermitesch} \quad &:\Leftrightarrow \quad \mathbf{A} = \mathbf{A}^H \\ \mathbf{A} \text{ ist antihermitesch} \quad &:\Leftrightarrow \quad \mathbf{A} = -\mathbf{A}^H \end{aligned}$$

Für hermitesche und antihermitesche Matrizen gelten analoge Regeln wie für symmetrische und antisymmetrische Matrizen in Abschnitt 3.7.3.

Unitäre Matrizen : Eine komplexe quadratische Matrix heißt unitär, wenn ihre Spaltenvektoren paarweise unitär sind. Dies ist gleichbedeutend damit, daß die hermitesche Transponierte $\mathbf{A}^H$ und die Inverse $\mathbf{A}^{-1}$ gleich sind.

$$\mathbf{A} \text{ ist unitär } :\Leftrightarrow \quad \mathbf{A}^H \mathbf{A} = \mathbf{A}\,\mathbf{A}^H = \mathbf{I} \quad \Leftrightarrow \quad \mathbf{A}^H = \mathbf{A}^{-1}$$

Für die unitäre Matrizen gelten analoge Regeln wie für orthonormale Matrizen in Abschnitt 3.7.3.

Beispiel 1 : Skalarprodukte

Gegeben seien die komplexen Vektoren **x**, **y** des komplexen zweidimensionalen Raumes $\mathbb{C}^2$:

$$\mathbf{x} = \begin{bmatrix} 1+i \\ 1-i \end{bmatrix} \qquad \mathbf{y} = \begin{bmatrix} 2+i \\ -i \end{bmatrix}$$

Die konjugiert komplexen Vektoren $\bar{\mathbf{x}}$, $\bar{\mathbf{y}}$ sind :

$$\bar{\mathbf{x}} = \begin{bmatrix} 1-i \\ 1+i \end{bmatrix} \qquad \bar{\mathbf{y}} = \begin{bmatrix} 2-i \\ i \end{bmatrix}$$

Die hermiteschen Skalarprodukte $\bar{\mathbf{x}} \circ \mathbf{x}$, $\bar{\mathbf{y}} \circ \mathbf{y}$, $\bar{\mathbf{x}} \circ \mathbf{y}$, $\bar{\mathbf{y}} \circ \mathbf{x}$ werden wie folgt berechnet :

$$\begin{aligned}
\bar{\mathbf{x}} \circ \mathbf{x} &= \mathbf{x}^H\mathbf{x} = (1-i)(1+i) + (1+i)(1-i) &&= (1-i^2) + (1-i)^2 = 4 \\
\bar{\mathbf{y}} \circ \mathbf{y} &= \mathbf{y}^H\mathbf{y} = (2-i)(2+i) + i(-i) &&= (2-i^2) - i^2 = 4 \\
\bar{\mathbf{x}} \circ \mathbf{y} &= \mathbf{x}^H\mathbf{y} = (1-i)(2+i) + (1+i)(-i) &&= (2-i-i^2) + (-i-i^2) \\
&\phantom{= \mathbf{x}^H\mathbf{y}} = (3-i) + (1-i) &&= 4 - 2i \\
\bar{\mathbf{y}} \circ \mathbf{x} &= \mathbf{y}^H\mathbf{x} = (2-i)(1+i) + i(1-i) &&= (2+i-i^2) + (i-i^2) \\
&\phantom{= \mathbf{y}^H\mathbf{x}} = (3+i) + (1+i) &&= 4 + 2i
\end{aligned}$$

Die hermiteschen Skalarprodukte $\bar{\mathbf{x}} \circ \mathbf{y}$ und $\bar{\mathbf{y}} \circ \mathbf{x}$ sind konjugiert komplexe Skalare.

Beispiel 2 : Hermitesche und unitäre Matrix

Gegeben sei die folgende Matrix **A** :

$$\mathbf{A} = \mathbf{I} - 2\,\mathbf{x}\,\mathbf{x}^H \qquad \mathbf{x}^H\mathbf{x} = 1$$

Die Matrix **A** ist hermitesch, da $\mathbf{A} = \mathbf{A}^H$ gilt :

$$\mathbf{A}^H = (\mathbf{I} - 2\,\mathbf{x}\,\mathbf{x}^H)^H = \mathbf{I}^H - 2\,(\mathbf{x}^H)^H\,\mathbf{x}^H = \mathbf{I} - 2\,\mathbf{x}\,\mathbf{x}^H = \mathbf{A}$$

Die Matrix **A** ist unitär, da $\mathbf{A}\,\mathbf{A}^H = \mathbf{A}^H\mathbf{A} = \mathbf{A}\,\mathbf{A} = \mathbf{I}$ gilt :

$$\mathbf{A}\,\mathbf{A} = (\mathbf{I} - 2\,\mathbf{x}\,\mathbf{x}^H)\,(\mathbf{I} - 2\,\mathbf{x}\,\mathbf{x}^H) = \mathbf{I} - 4\,\mathbf{x}\,\mathbf{x}^H + 4\,\mathbf{x}\,(\mathbf{x}^H\mathbf{x})\,\mathbf{x}$$

$$= \mathbf{I} - 4\,\mathbf{x}\,\mathbf{x}^H + 4\,\mathbf{x}\,\mathbf{x}^H = \mathbf{I}$$

Die Matrix **A** ist wegen $\mathbf{A}\,\mathbf{A} = \mathbf{I}$ gleichzeitig selbstinvers, so daß $\mathbf{A} = \mathbf{A}^{-1}$ gilt. Die Eigenschaften der Matrix **A** sind im folgenden Zahlenbeispiel für einen gegebenen Vektor **x** gezeigt :

$$\mathbf{x} = \begin{bmatrix} 0.80 \\ 0.60\,i \end{bmatrix} \qquad \mathbf{x}^H = \begin{bmatrix} 0.80 & -0.60\,i \end{bmatrix} \qquad \mathbf{x}\,\mathbf{x}^H = \begin{bmatrix} 0.64 & -0.48\,i \\ 0.48\,i & 0.36 \end{bmatrix}$$

$$\mathbf{A} = \begin{bmatrix} 1 & 0 \\ 0 & 1 \end{bmatrix} - 2 \begin{bmatrix} 0.64 & -0.48\,i \\ 0.48\,i & 0.36 \end{bmatrix} = \begin{bmatrix} -0.28 & 0.96\,i \\ -0.96\,i & 0.28 \end{bmatrix} = \mathbf{A}^H$$

$$\mathbf{A}\,\mathbf{A} = \begin{bmatrix} -0.28 & 0.96\,i \\ -0.96\,i & 0.28 \end{bmatrix} \begin{bmatrix} -0.28 & 0.96\,i \\ -0.96\,i & 0.28 \end{bmatrix} = \begin{bmatrix} 1 & 0 \\ 0 & 1 \end{bmatrix} \qquad \mathbf{A}\,\mathbf{A} = \mathbf{I}$$

4 ORDINALE STRUKTUREN

4.1 EINFÜHRUNG

Die Elemente einer unstrukturierten Menge sind ungeordnet und daher nicht vergleichbar. Viele Anwendungen von Mengen erfordern jedoch den Vergleich ihrer Elemente. Zu diesem Zweck werden im folgenden Ordnungsstrukturen definiert. Die Eigenschaften der geordneten Mengen werden beispielsweise zur Konstruktion von Sortieralgorithmen für die Elemente einer Menge verwendet.

Zur Ordnung einer Menge wird eine Relation in der Menge aufgestellt. Ein solche Relation kann alle Elemente der Menge vergleichbar machen (totale Ordnung) oder nur einen Teil der Elemente (partielle Ordnung). Ordnungsrelationen, die reflexiv, identitiv und transitiv sind, entsprechen der Relation $\leq$ (sprich : kleiner als oder gleich an) in der Menge der Ganzzahlen. Strenge Ordnungsrelationen, die antireflexiv, asymmetrisch und transitiv sind, entsprechen der Relation $<$ (sprich : kleiner als) in der Menge der Ganzzahlen. Geordnete Mengen werden in Ordnungsdiagrammen graphisch dargestellt.

Geordnete Mengen können extremale Elemente besitzen. Ein Element a einer Menge ist minimal, wenn jedes Element der Menge nicht kleiner als a ist. Das Element a ist das kleinste Element der Menge, wenn a kleiner als jedes andere Element der Menge ist. Eine Menge kann mehrere minimale Elemente enthalten, aber nur ein kleinstes Element. Auf analoge Weise kann es maximale Elemente und ein größtes Element einer Menge geben.

Für eine Teilmenge A einer Menge M sind Schranken und Grenzen in M definiert. Im Gegensatz zu minimalen und maximalen Elementen von A sowie einem kleinsten oder einem größtes Element von A, die in A enthalten sind, können die Schranken und Grenzen von A Elemente von M sein, die nicht in A enthalten sind. Ein Element a von M, das nicht ein Element von A sein muß, ist eine obere Schranke von A in M, wenn jedes Element von A kleiner oder gleich a ist. Die kleinste obere Schranke von A in M ist die obere Grenze von A in M. Auf analoge Weise gibt es untere Schranken und eine untere Grenze. Diese Konzepte werden beispielsweise zum Vergleich reeller Zahlen mit $\sqrt{2}$ benötigt.

Geordnete Mengen können verschiedenartige Extremaleigenschaften besitzen. Von besonderer Bedeutung sind wohlgeordnete Mengen, die total geordnet sind und in denen jede Teilmenge ein kleinstes Element enthält. Weitere geordnete Mengen mit Extremaleigenschaften sind gerichtete Mengen und Verbände.

Der Vergleich von Eigenschaften verschiedener geordneter Mengen beruht auf dem Begriff der gleichartigen Struktur von Mengen. Zwei Mengen sind gleichartig strukturiert, wenn es zwischen ihnen eine Abbildung gibt, die nicht nur bijektiv ist, sondern zusätzlich in beiden Richtungen auch isoton. Mengen gleicher Ordnungsstruktur bilden einen Ordnungstyp. Ein wohlgeordneter Ordnungstyp wird als Ordinalzahl bezeichnet und zum Durchzählen einer Menge verwendet.

Der Ordnungstyp einer Menge bestimmt, ob eine bestimmte Abbildung dieser Menge auf sich selbst Fixpunkte besitzt. Diese Fixpunkte werden zur Bestimmung der Eigenschaften geordneter Mengen genutzt. Beispiele hierfür sind das Lemma von Zorn, der Satz von Zermelo und das Auswahlaxiom. Abschließend wird der Vergleich von Kardinalzahlen behandelt.

4.2 GEORDNETE MENGEN

Einführung : Zur Ordnung einer Menge wird eine Ordnungsrelation in der Menge aufgestellt. In der Definition der Ordnungsrelation wird zunächst nicht gefordert, daß je zwei beliebige Elemente der Menge vergleichbar sind : Die Menge ist im allgemeinen nur partiell geordnet. Im Sonderfall kann eine Menge total geordnet sein : Dann sind je zwei beliebige Elemente der Menge vergleichbar. In Analogie zur Menge der natürlichen Zahlen kann an Stelle der Ordnungsrelation (beispielsweise $\leq$ in $\mathbb{N}$) eine strenge Ordnungsrelation (beispielsweise $<$ in $\mathbb{N}$) verwendet werden. Auch eine strenge Ordnungsrelation kann eine Menge entweder partiell oder total ordnen. Partiell geordnete Mengen können in total geordnete Teilmengen zerlegt werden.

Ordnungsrelation : Gegeben sei eine Menge M. Eine Relation in M heißt eine Ordnungsrelation, wenn sie reflexiv, identitiv und transitiv ist. Ordnungsrelationen werden häufig mit Symbolen wie $\leq$ oder $\sqsubseteq$ dargestellt. Eine Ordnungsrelation $\leq$ in M ist also eine Teilmenge des kartesischen Produktes $M \times M$ mit folgenden Eigenschaften für Elemente $a, b, c \in M$:

(1) $\leq$ ist reflexiv : $a \in M \quad\quad \Rightarrow \quad a \leq a$

(2) $\leq$ ist identitiv : $a \leq b \quad \wedge \quad b \leq a \quad \Rightarrow \quad a = b$

(3) $\leq$ ist transitiv : $a \leq b \quad \wedge \quad b \leq c \quad \Rightarrow \quad a \leq c$

Partiell geordnete Menge : Gegeben seien eine Menge M und eine Ordnungsrelation $\leq$. Dann heißt das Gebilde $(M\,;\,\leq)$ eine partiell geordnete Menge. Die Menge M ist durch die Relation $\leq$ partiell geordnet.

Beispiel 1 : Jede Potenzmenge ist durch Inklusion partiell geordnet.

Gegeben sei eine Menge M mit der Potenzmenge P(M). Die Relation $\subseteq$ (sprich : ist Teilmenge von) ist für Elemente $A, B \in P(M)$ in Abschnitt 2.1 definiert :

$$A \subseteq B \quad \Rightarrow \quad (x \in A \Rightarrow x \in B)$$

Die Inklusion ist eine Ordnungsrelation, da sie für Elemente $A, B, C \in P(M)$ die Eigenschaften (1) bis (3) besitzt :

(1) $\subseteq$ ist reflexiv : $A \in P(M) \quad\quad \Rightarrow \quad A \subseteq A$

(2) $\subseteq$ ist identitiv : $A \subseteq B \quad \wedge \quad B \subseteq A \quad \Rightarrow \quad A = B$

(3) $\subseteq$ ist transitiv : $A \subseteq B \quad \wedge \quad B \subseteq C \quad \Rightarrow \quad A \subseteq C$

Beispiel 2 : Ordnungsrelation "ist Teiler von"

Die Teilrelation | (sprich : ist Teiler von) in der Menge $\mathbb{N}'$ der natürlichen Zahlen ohne Null ist eine Ordnungsrelation. Die Aussage $a \mid b$ ist wahr, wenn a ein Teiler von b ist. Die Aussage ist auch für die Sonderfälle $a = 1$ und $a = b$ wahr. Beispielsweise ist 2 ein Teiler von 4. Für Elemente $a, b, c \in \mathbb{N}'$ gilt :

(1) | ist reflexiv : $a \in \mathbb{N}' \quad \Rightarrow \quad a \mid a$

(2) | ist identitiv : $a \mid b \ \wedge \ b \mid a \ \Rightarrow \ a = b$

(3) | ist transitiv : $a \mid b \ \wedge \ b \mid c \ \Rightarrow \ a \mid c$

Vergleichbare Elemente : Zwei Elemente a, b einer partiell geordneten Menge $(M ; \leq)$ heißen vergleichbar, wenn (a, b) oder (b, a) in der Relation $\leq$ enthalten ist, so daß $a \leq b$ oder $b \leq a$ gilt. Im allgemeinen ist nicht jedes Element einer partiell geordneten Menge mit jedem anderen Element der Menge vergleichbar.

Totale Ordnungsrelation : Eine Ordnungsrelation $\leq$ in einer Menge M heißt total (einfach, linear, vollständig), wenn je zwei Elemente von M mit der Ordnungsrelation vergleichbar sind. Zusätzlich zu den Eigenschaften (1) bis (3) ist eine totale Ordnungsrelation auch linear :

(4) $\leq$ ist linear : $a, b \in M \ \Rightarrow \ a \leq b \ \vee \ b \leq a$

Total geordnete Menge : Eine partiell geordnete Menge $(M ; \leq)$ heißt total geordnet (einfach geordnet, linear geordnet, vollständig geordnet, eine Kette), wenn die Ordnungsrelation $\leq$ total ist. Je zwei Elemente einer total geordneten Menge sind vergleichbar.

Beispiel 3 : Die Menge $\mathbb{N}$ der natürlichen Zahlen ist total geordnet.

Die Menge $\mathbb{N}$ der natürlichen Zahlen wird mit der Relation $\leq$ (sprich : kleiner oder gleich an) total geordnet. Für Elemente $i, k, m \in \mathbb{N}$ gilt nämlich :

(1) $\leq$ ist reflexiv : $i \in \mathbb{N} \quad \Rightarrow \quad i \leq i$

(2) $\leq$ ist identitiv : $i \leq k \ \wedge \ k \leq i \ \Rightarrow \ i = k$

(3) $\leq$ ist transitiv : $i \leq k \ \wedge \ k \leq m \ \Rightarrow \ i \leq m$

(4) $\leq$ ist linear : $i, k \in \mathbb{N} \ \Rightarrow \ i \leq k \ \vee \ k \leq i$

Strenge Ordnungsrelation : Gegeben sei eine Menge M. Eine Relation in M heißt eine strenge Ordnungsrelation, wenn sie antireflexiv, asymmetrisch und transitiv ist. Strenge Ordnungsrelationen werden häufig mit Symbolen wie $<$ oder $\sqsubset$ dargestellt. Eine strenge Ordnungsrelation $<$ in M ist also eine Teilmenge des kartesischen Produktes $M \times M$ mit folgenden Eigenschaften für Elemente $a, b, c \in M$:

(1) $<$ ist antireflexiv : $a \in M \Rightarrow \neg(a < a)$
(2) $<$ ist asymmetrisch : $a < b \Rightarrow \neg(b < a)$
(3) $<$ ist transitiv : $a < b \wedge b < c \Rightarrow a < c$

Partiell streng geordnete Menge : Gegeben seien eine Menge M und eine strenge Ordnungsrelation $<$ in M. Dann heißt das Gebilde $(M\,;\,<)$ eine partiell streng geordnete Menge. Die Menge M ist durch die Relation $<$ partiell streng geordnet.

Beispiel 4 : Jede Potenzmenge ist durch echte Inklusion partiell streng geordnet. Gegeben sei eine Menge M mit der Potenzmenge P(M). Die Relation $\subset$ (sprich : ist echte Teilmenge von) ist für Elemente $A, B \in P(M)$ in Abschnitt 2.1 definiert.

$$A \subset B \Leftrightarrow (x \in A \Rightarrow x \in B \wedge \bigvee_{y \in B} (\neg(y \in A)))$$

Die echte Inklusion ist eine strenge Ordnungsrelation, da sie für Elemente $A, B, C \in P(M)$ die Eigenschaften (1) bis (3) besitzt :

(1) $\subset$ ist antireflexiv : $A \in P(M) \Rightarrow \neg(A \subset A)$
(2) $\subset$ ist asymmetrisch : $A \subset B \Rightarrow \neg(B \subset A)$
(3) $\subset$ ist transitiv : $A \subset B \wedge B \subset C \Rightarrow A \subset C$

Beispiel 5 : Strenge Ordnung der Teiler natürlicher Zahlen

Die Relation $||$ (sprich : ist echter Teiler von) in der Menge $\mathbb{N}'$ der natürlichen Zahlen ohne null ist eine strenge Ordnungsrelation. Die Aussage $a \,||\, b$ ist wahr, wenn a Teiler von b ist und $a \neq 1$ sowie $a \neq b$ gilt. Beispielsweise ist 2 ein echter Teiler von 4. Für $i, k, m \in \mathbb{N}$ gilt :

(1) $||$ ist antireflexiv : $a \in \mathbb{N} \Rightarrow \neg(a \,||\, a)$
(2) $||$ ist asymmetrisch : $a \,||\, b \Rightarrow \neg(b \,||\, a)$
(3) $||$ ist transitiv : $a \,||\, b \wedge b \,||\, c \Rightarrow a \,||\, c$

Vergleichbare Elemente : Zwei verschiedene Elemente $a \neq b$ einer partiell streng geordneten Menge $(M\,;\,<)$ heißen vergleichbar, wenn entweder (a, b) oder (b, a) in der Relation $<$ enthalten ist, so daß entweder $a < b$ oder $b < a$ gilt. Im allgemeinen ist nicht jedes Element einer partiell streng geordneten Menge mit jedem anderen Element der Menge vergleichbar.

Total strenge Ordnungsrelation : Eine strenge Ordnungsrelation $<$ in einer Menge M heißt total (einfach, konnex, vollständig), wenn je zwei Elemente von M mit der Ordnungsrelation vergleichbar sind. Zusätzlich zu den Eigenschaften (1) bis (3) ist eine total strenge Ordnungsrelation auch konnex :

(4) $<$ ist konnex : $a, b \in M \Rightarrow (a \neq b \Rightarrow a < b \vee b < a)$

Total streng geordnete Menge : Eine partiell streng geordnete Menge $(M\,;<)$ heißt total (einfach, konnex, vollständig) streng geordnet oder eine strenge Kette, wenn die Ordnungsrelation $<$ total ist. Je zwei Elemente einer total streng geordneten Menge sind vergleichbar.

Beispiel 6 : Die Menge $\mathbb{N}$ der natürlichen Zahlen ist total streng geordnet.

Die Menge $\mathbb{N}$ der natürlichen Zahlen wird mit der Relation $<$ (sprich : kleiner als) total streng geordnet. Für Elemente $i, k, m \in \mathbb{N}$ gilt nämlich :

(1) $<$ ist antireflexiv : $i \in \mathbb{N} \Rightarrow \neg(i < i)$

(2) $<$ ist asymmetrisch : $i < k \Rightarrow \neg(k < i)$

(3) $<$ ist transitiv : $i < k \;\wedge\; k < m \Rightarrow i < m$

(3) $<$ ist konnex : $i \neq k \Rightarrow i < k \;\vee\; k < i$

Geordnete Menge : Eine Menge M heißt geordnet, wenn es ein Gebilde $(M\,;\leq)$ mit der Ordnungsrelation $\leq$ oder ein Gebilde $(M\,;<)$ mit der strengen Ordnungsrelation $<$ gibt. Die Menge kann partiell oder total geordnet sein. Geordnete Mengen werden graphisch in Ordnungsdiagrammen dargestellt.

Intervalle : In einer geordneten Menge M sind mit den Elementen $a, b \in M$ die folgenden Intervalle definiert. Die Eigenschaften der Intervalle werden durch verschiedene Anordnungen der eckigen Klammern [ ] angezeigt.

abgeschlossen	:	$[a, b]$	$:=$	$\{x \in M \mid a \leq x \leq b\}$
offen	:	$]a, b[$	$:=$	$\{x \in M \mid a < x < b\}$
links abgeschlossen, rechts offen	:	$[a, b[$	$:=$	$\{x \in M \mid a \leq x < b\}$
links offen, rechts abgeschlossen	:	$]a, b]$	$:=$	$\{x \in M \mid a < x \leq b\}$

Nachfolger und Vorgänger : Ein Element b einer geordneten Menge $(M\,;\leq)$ oder $(M\,;<)$ heißt Nachfolger von Element $a \in M$, wenn $a \leq b$ oder $a < b$ gilt und das offene Intervall $]a, b[$ leer ist. Das Element a mit $a \neq b$ heißt Vorgänger von b.

Ordnungsdiagramm : Ein Ordnungsdiagramm zeigt eine Ordnungsstruktur einer Menge. Jedes Element der Menge wird durch einen Punkt in der Ebene dargestellt. Ist ein Elementpaar (a, b) mit $a \neq b$ ein Element der Ordnungsrelation, so wird der Punkt für Element b oberhalb des Punktes für Element a angeordnet. Die beiden Punkte werden mit einer Geraden verbunden, wenn Element b Nachfolger von Element a ist.

Assoziierte Ordnungsrelationen : Eine Ordnungsrelation $\leq$ und eine strenge Ordnungsrelation $<$ in derselben Menge M sind verschiedene Teilmengen des kartesischen Produktes $M \times M$. Diese Ordnungsrelationen heißen assoziiert, wenn sie sich nur durch die Diagonale $\{(x, x) \mid x \in M\}$ des Produktes $M \times M$ voneinander unterscheiden.

$$\begin{array}{lcl} \leq - < & = & \{(x,x) \mid x \in M\} \\ \leq & = & < \cup \{(x,x) \mid x \in M\} \\ < & = & \leq - \{(x,x) \mid x \in M\} \end{array}$$

Zwischen den Aussagen assoziierter Ordnungsrelationen und der Identität von Elementen bestehen folgende Äquivalenzen :

$$\begin{array}{lcl} x \leq y & \Leftrightarrow & x < y \vee x = y \\ x < y & \Leftrightarrow & x \leq y \wedge x \neq y \end{array}$$

Assoziierte Ordnungsrelationen besitzen gleiche Ordnungsdiagramme.

Beispiel 7 : Ordnungsdiagramm der Inklusion in einer Potenzmenge

Gegeben sei die Potenzmenge P(M) der Menge $M = \{a, b, c\}$. Nach Beispiel 1 ist P(M) mit der Ordnungsrelation $\subseteq$ (sprich : ist Teilmenge von) partiell geordnet. Nach Beispiel 3 ist P(M) mit der strengen Ordnungsrelation $\subset$ (sprich : ist echte Teilmenge von) partiell streng geordnet.

Die assoziierten Ordnungsrelationen $\subseteq$ und $\subset$ besitzen das gleiche Ordnungsdiagramm. Das Ordnungsdiagramm zeigt, daß Mengen gleicher Ordnung auf gleicher Höhe liegen und daher nicht vergleichbare Elemente von P(M) sind. Beispielsweise ist {a, b} keine Teilmenge oder echte Teilmenge von {a, c} und {a, c} keine Teilmenge oder echte Teilmenge von {a, b}.

$P(M) = \{ \emptyset, \{a\}, \{b\}, \{c\}, \{a, b\}, \{b, c\}, \{c, a\}, \{a, b, c\}\}$

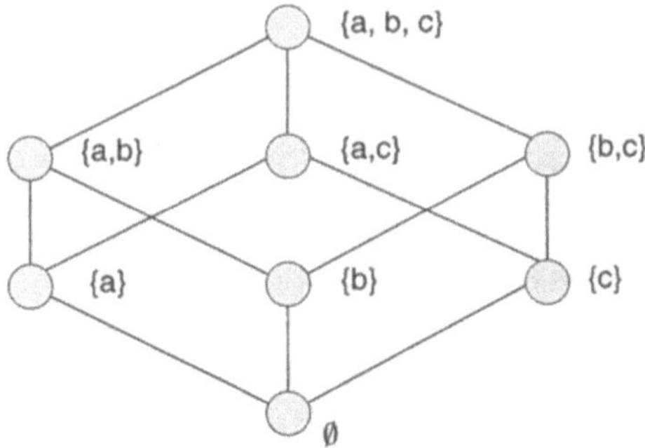

Beispiel 8 : Ordnungsdiagramm der Teilrelation für natürliche Zahlen

Gegeben sei die gezeigte Menge M natürlicher Zahlen. Nach Beispiel 2 ist M mit der Ordnungsrelation | (sprich : ist Teiler von) partiell geordnet. Nach Beispiel 4 ist M mit der strengen Ordnungsrelation || (sprich : ist echter Teiler von) partiell streng geordnet.

Die assoziierten Ordnungsrelationen | und || besitzen das gleiche Ordnungsdiagramm. Das Ordnungsdiagramm zeigt, daß natürliche Zahlen auf gleicher Höhe im Ordnungsdiagramm nicht vergleichbar sind. Beispielsweise ist 10 kein Teiler oder echter Teiler von 4, und 4 kein Teiler oder echter Teiler von 10.

$$M = \{2, 3, 4, 5, 6, 7, 9, 10, 11, 12\} \subset \mathbb{N}$$

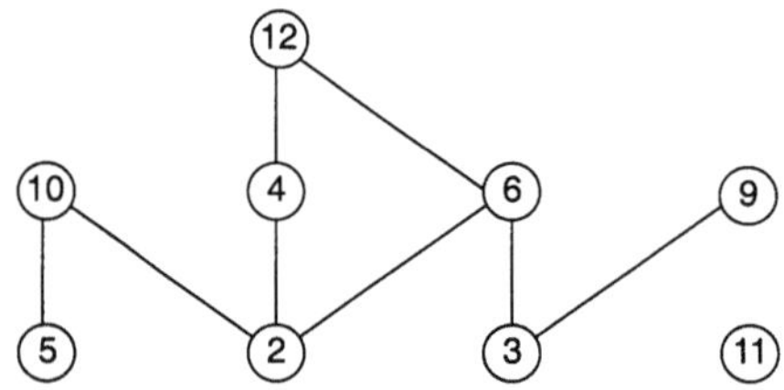

Beispiel 9 : Ordnungsdiagramm des Vergleiches natürlicher Zahlen

Nach Beispiel 3 und 6 ist die Menge $\mathbb{N}$ der natürlichen Zahlen mit der Ordnungsrelation $\le$ (sprich : kleiner oder gleich an) oder mit der strengen Ordnungsrelation $<$ (sprich : kleiner als) total geordnet. Die assoziierten Ordnungsrelationen besitzen das gleiche Ordnungsdiagramm in Form einer Kette.

$$\mathbb{N} = \{0, 1, 2, 3, ...\}$$

$$0 \le 1 \le 2 \le 3 \le ...$$

Teilordnung : Die Einschränkung einer Ordnungsrelation R in einer Menge M auf eine Teilmenge S von M heißt eine Teilordnung von M. Während R eine Teilmenge des kartesischen Produktes $M \times M$ ist, ist die Einschränkung von R auf S eine Teilmenge von $S \times S$. Die Einschränkung enthält genau diejenigen Elemente von R, die in $S \times S$ enthalten sind.

$$\text{Einschränkung von R auf S} \quad := \quad \{(a,b) \in R \mid (a,b) \in S \times S\}$$

Ist M durch R total geordnet, so ist S durch die Einschränkung von R auf S total geordnet. Ist M durch R nur partiell geordnet, so kann S durch die Einschränkung von R auf S partiell oder total geordnet sein.

Beispiel 10 : Teilordnungen einer Menge

Das folgende Ordnungsdiagramm zeigt eine partiell geordnete Menge mit einer partiell geordneten Teilmenge T_1 und einer total geordneten Teilmenge T_2.

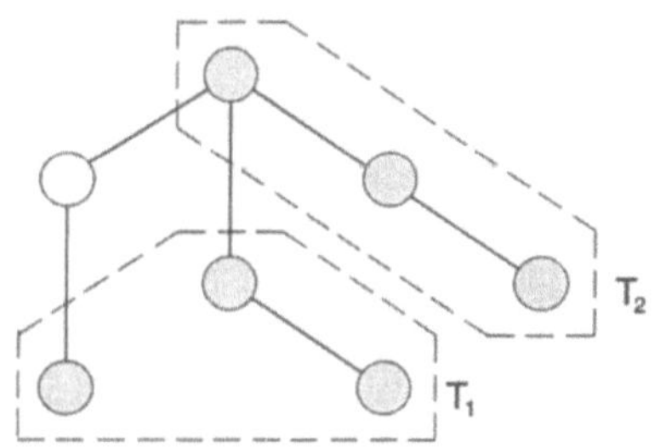

T_1 geordnete Menge

T_2 total geordnete Menge

4.3 EXTREMALE ELEMENTE

Einführung : Die totale Ordnung einer Menge gewährleistet nicht die Existenz eines kleinsten oder größten Elementes in der Menge. Beispielsweise besitzen die negativen ganzen Zahlen bezüglich der Relation $\leq$ kein kleinstes Element jedoch das größte Element -1, die positiven ganzen Zahlen das kleinste Element 1 jedoch kein größtes Element, und die ganzen Zahlen weder ein größtes noch ein kleinstes Element. Endliche geordnete Mengen, die nicht total geordnet sind, besitzen im allgemeinen ebenfalls kein größtes oder kleinstes Element.

Die Extremaleigenschaften einer Menge A, die in einer Menge M enthalten ist, werden auf zwei grundsätzlich verschiedene Weisen beschrieben. Betrachtet man nur extremale Elemente, die in A enthalten sind, so führt dies zu den Begriffen minimales / maximales Element und kleinstes / größtes Element von A. Betrachtet man hingegen extremale Elemente von A, die in der Menge M (einschließlich A) enthalten sind, so führt dies zu den Begriffen untere / obere Schranke und untere / obere Grenze von A in M.

Minimales Element : Eine Menge M sei mit der Relation $\leq$ partiell geordnet. Ein Element $a \in M$ heißt ein minimales Element, wenn jedes Element $x \in M$ nicht kleiner als a ist, so daß aus $x \leq a$ folgt $x = a$. Ein minimales Element einer Menge M wird mit minEl(M) bezeichnet.

$$a = \text{minEl}(M) \; :\Leftrightarrow \; (x \in M \;\wedge\; (x \leq a) \;\Rightarrow\; x = a)$$

Eine geordnete Menge M kann kein, ein oder mehrere minimale Elemente enthalten. Enthält eine Menge mehr als ein minimales Element, so sind diese Elemente nicht vergleichbar. Jedes minimale Element besitzt im Ordnungsdiagramm keinen Vorgänger.

Maximales Element : Eine Menge M sei mit der Relation $\leq$ partiell geordnet. Ein Element $a \in M$ heißt ein maximales Element in M, wenn a nicht kleiner als jedes Element x in M ist, so daß aus $a \leq x$ folgt $a = x$. Ein maximales Element einer Menge M wird mit maxEl(M) bezeichnet.

$$a = \text{maxEl}(M) \; :\Leftrightarrow \; (x \in M \;\wedge\; (a \leq x) \;\Rightarrow\; a = x)$$

Eine geordnete Menge M kann kein, ein oder mehrere maximale Elemente enthalten. Enthält eine Menge mehr als ein maximales Element, so sind diese Elemente nicht vergleichbar. Jedes maximale Element besitzt im Ordnungsdiagramm keinen Nachfolger.

Kleinstes Element : Eine Menge M sei mit der Relation $\leq$ partiell geordnet. Dann heißt ein minimales Element $a \in M$ kleinstes Element in M, wenn a kleiner als jedes andere Element in M ist. Ein kleinstes Element einer Menge M wird mit klEl(M) bezeichnet.

$$a = \text{klEl}(M) \; :\Leftrightarrow \; (x \in M \;\Rightarrow\; a \leq x)$$

In einer geordneten Menge muß kein kleinstes Element existieren. Existiert ein kleinstes Element, so ist es eindeutig. Sind nämlich a und b kleinste Elemente, so gilt definitionsgemäß $a \le b$ und $b \le a$ und damit $a = b$.

Größtes Element : Eine Menge M sei mit der Relation $\le$ partiell geordnet. Dann heißt ein maximales Element $a \in M$ größtes Element in M, wenn jedes andere Element in M kleiner als a ist. Ein größtes Element einer Menge M wird mit grEl(M) bezeichnet.

$$a = \text{grEl}(M) \quad :\Leftrightarrow \quad (x \in M \quad \Rightarrow \quad x \le a)$$

In einer geordneten Menge muß kein größtes Element existieren. Existiert ein größtes Element, so ist es eindeutig. Sind nämlich a und b größte Elemente, so gilt definitionsgemäß $a \le b$ und $b \le a$ und damit $a = b$.

Beispiel 1 : Extremale Elemente in endlichen Mengen

Die folgenden Ordnungsdiagramme für endliche Mengen A und B zeigen Beispiele für extremale Elemente. Die Menge A enthält ein minimales Element x, das zugleich kleinstes Element in A ist, und ein maximales Element y, das zugleich größtes Element in A ist. Das Element x der Menge B ist gleichzeitig minimales und maximales Element in B. Die Menge B enthält die maximalen Elemente x, y, z und die minimalen Elemente u, x, jedoch kein kleinstes und kein größtes Element.

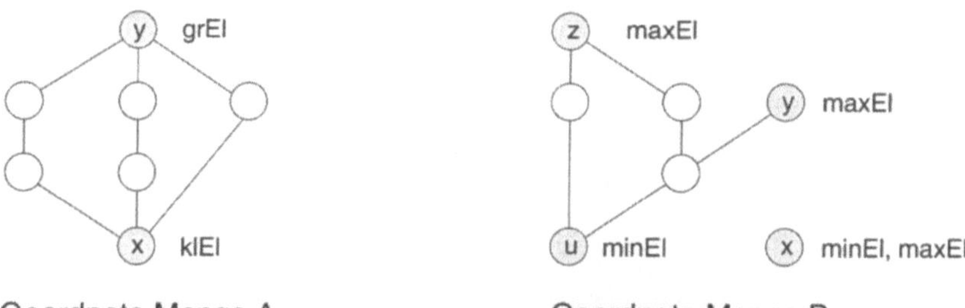

Beispiel 2 : Extremale Elemente in unendlichen Mengen

Die unendliche Menge $\mathbb{N}$ der natürlichen Zahlen besitzt ein minimales Element 0, das zugleich kleinstes Element in $\mathbb{N}$ ist. Die Menge $\mathbb{Z}$ der ganzen Zahlen besitzt kein minimales, maximales, kleinstes oder größtes Element.

Obere Schranke : A sei eine Teilmenge einer partiell geordneten Menge $(M\,;\,\le)$. Dann heißt ein Element $a \in M$ eine obere Schranke von A in M, wenn jedes Element $x \in A$ kleiner oder gleich a ist. Eine obere Schranke einer Menge A in einer Menge M wird mit $\text{obSchr}_M(A)$ bezeichnet.

$$a = \text{obSchr}_M(A) \quad :\Leftrightarrow \quad (x \in A \quad \Rightarrow \quad x \le a)$$

Eine Menge A kann in M keine, eine oder mehrere obere Schranken besitzen. Existiert eine obere Schranke a von A in M, so ist a größtes Element in der Menge $A \cup \{a\}$. Enthält die Menge A ein größtes Element a, so ist a gleichzeitig eine obere Schranke von A in M.

Untere Schranke : A sei eine Teilmenge einer partiell geordneten Menge (M ; ≤). Dann heißt ein Element $a \in M$ eine untere Schranke von A in M, wenn a kleiner oder gleich jedem Element $x \in A$ ist. Eine untere Schranke einer Menge A in einer Menge M wird mit $\text{unSchr}_M(A)$ bezeichnet.

$$a = \text{unSchr}_M(A) \quad :\Leftrightarrow \quad (x \in A \quad \Rightarrow \quad a \le x)$$

Eine Menge A kann in M keine, eine oder mehrere untere Schranken besitzen. Existiert eine untere Schranke a von A in M, so ist a kleinstes Element in der Menge $A \cup \{a\}$. Enthält die Menge A ein kleinstes Element a, so ist a gleichzeitig eine untere Schranke von A in M.

Obere Grenze : A sei eine Teilmenge einer partiell geordneten Menge (M ; ≤). Dann heißt ein Element g von M eine obere Grenze (eine kleinste obere Schranke, ein Supremum) von A in M, wenn g eine obere Schranke von A in M und kleiner als jede andere obere Schranke s von A in M ist. Eine obere Grenze einer Menge A in einer Menge M wird mit $\text{obGr}_M(A)$ bezeichnet.

$$g = \text{obGr}_M(A) \quad :\Leftrightarrow \quad g = \text{obSchr}_M(A) \quad \wedge \quad (s = \text{obSchr}_M(A) \quad \Rightarrow \quad g \le s)$$

Eine Menge A muß keine obere Grenze in M besitzen. Besitzt sie eine obere Grenze, so ist diese Grenze eindeutig. Gäbe es nämlich die oberen Grenzen a und b, so gilt definitionsgemäß $a \le b$ und $b \le a$ und damit $a = b$.

Untere Grenze : A sei eine Teilmenge einer partiell geordneten Menge (M ; ≤). Dann heißt ein Element g von M eine untere Grenze (eine größte untere Schranke, ein Infimum) von A in M, wenn g eine untere Schranke von A in M und jede andere untere Schranke s von A in M kleiner als g ist. Eine untere Grenze einer Menge A in einer Menge M wird mit $\text{unGr}_M(A)$ bezeichnet.

$$g = \text{unGr}_M(A) \quad :\Leftrightarrow \quad g = \text{unSchr}_M(A) \quad \wedge \quad (s = \text{unSchr}_M(A) \quad \Rightarrow \quad s \le g)$$

Eine Menge A in M muß keine untere Grenze besitzen. Besitzt sie eine untere Grenze, so ist diese Grenze eindeutig. Gäbe es nämlich die unteren Grenzen a und b, so gilt definitionsgemäß $a \le b$ und $b \le a$ und damit $a = b$.

4.4 GEORDNETE MENGEN MIT EXTREMALEIGENSCHAFTEN

Einführung : Extremale Elemente werden zur Definition spezieller Eigenschaften geordneter Mengen genutzt. Jede Teilmenge einer noethersch / artinisch geordneten Menge besitzt ein maximales / minimales Element. Jede Teilmenge einer wohlgeordneten Menge enthält ein kleinstes Element. Jede wohlgeordnete Menge ist total geordnet (beispielsweise die mit der Relation "kleiner als" geordneten natürlichen Zahlen), aber nicht jede total geordnete Menge ist wohlgeordnet (beispielsweise die mit der Relation "kleiner als" geordneten Ganzzahlen).

In diesem Abschnitt werden mehrere Typen geordneter Mengen mit Extremaleigenschaften definiert. Das Anfangssegment eines Elementes a in einer total geordneten Menge M enthält alle Elemente von M, die kleiner als a sind. Zu je zwei Elementen a, b einer gerichteten Menge gibt es ein Element, das größer oder gleich a und b ist. Ein Verband ist eine geordnete Menge, deren Teilmengen obere und untere Grenzen besitzen. Beispielsweise ist jede durch Inklusion geordnete Potenzmenge ein vollständiger Verband.

Noethersch geordnete Menge : Eine partiell geordnete Menge M heißt noethersch geordnet, wenn jede nichtleere Teilmenge A von M ein maximales Element enthält.

$$\bigwedge_{A \subseteq M} (A \neq \emptyset \quad \Rightarrow \quad \bigvee_{a \in A} (a = \text{maxEl}(A)))$$

Artinisch geordnete Menge : Eine partiell geordnete Menge M heißt artinisch geordnet, wenn jede nichtleere Teilmenge A von M ein minimales Element enthält.

$$\bigwedge_{A \subseteq M} (A \neq \emptyset \quad \Rightarrow \quad \bigvee_{a \in A} (a = \text{minEl}(A)))$$

Wohlgeordnete Menge : Eine partiell geordnete Menge M heißt wohlgeordnet, wenn jede nichtleere Teilmenge A von M ein kleinstes Element enthält. Die Ordnungsrelation einer wohlgeordneten Menge heißt eine Wohlordnung.

$$\bigwedge_{A \subseteq M} (A \neq \emptyset \quad \Rightarrow \quad \bigvee_{a \in A} (a = \text{klEl}(A)))$$

Eigenschaften wohlgeordneter Mengen : Eine wohlgeordnete Menge besitzt folgende Eigenschaften :

(W1) Jede Teilmenge einer wohlgeordneten Menge ist wohlgeordnet.

(W2) Jede wohlgeordnete Menge ist total geordnet.

Beweis W1 : Jede Teilmenge einer wohlgeordneten Menge ist wohlgeordnet.

A sei eine Teilmenge einer wohlgeordneten Menge M. Dann enthält A definitionsgemäß ein kleinstes Element. Jede Teilmenge von A ist auch eine Teilmenge von M und enthält daher ein kleinstes Element. Da jede Teilmenge von A ein kleinstes Element enthält, ist A wohlgeordnet.

Beweis W2 : Jede wohlgeordnete Menge ist total geordnet.

In jeder Teilmenge einer wohlgeordneten Menge M gibt es definitionsgemäß ein kleinstes Element. Für beliebige Elemente $a, b \in M$ besitzt die Teilmenge $\{a, b\}$ von M daher ein kleinstes Element. Folglich sind a und b vergleichbar. Damit ist M total geordnet.

Ordnungsdiagramm einer wohlgeordneten Menge : Die Elemente einer wohlgeordneten Menge $\{a, b, c, ...\}$ werden aufeinanderfolgend auf einer Geraden angeordnet. Das kleinste Element der Menge steht am Anfang der Geraden. Jedes Element ist kleiner als alle Elemente, die ihm auf der Geraden nachfolgen.

(a)——(b)——(c)— ... →

$a \le b \le c ...$

Eine wohlgeordnete Menge kann ein größtes Element enthalten. Das größte Element steht am Ende der Geraden und besitzt keinen Nachfolger. Jedes Element außer dem größten Element besitzt genau einen Nachfolger.

Beispiel 1 : Ordnung der natürlichen und der ganzen Zahlen

Das Gebilde $(\mathbb{N} ; \le)$ mit den natürlichen Zahlen $\mathbb{N} = \{0, 1, 2, ...\}$ und der totalen Ordnungsrelation $\le$ ist eine wohlgeordnete Menge, da auch jede unendliche Teilmenge von $\mathbb{N}$ ein kleinstes Element besitzt. Das Gebilde $(\mathbb{Z} ; \le)$ mit den ganzen Zahlen $\mathbb{Z} = \{..., -2, -1, 0, 1, 2, ...\}$ und der totalen Ordnungsrelation $\le$ ist keine wohlgeordnete Menge, da beispielsweise die Teilmenge $\{-1, -2, ...\}$ kein kleinstes Element besitzt.

Anfangssegment : $(M ; <)$ und $(M ; \le)$ seien total geordnete Mengen. Die Teilmenge A von M, deren Elemente kleiner als $a \in M$ sind, heißt das strenge Anfangssegment von a in M. Die Teilmenge B von M, deren Elemente kleiner oder gleich dem Element $a \in M$ sind, heißt das Anfangssegment von a in M.

A ist das strenge Anfangssegment von a in M $:\Leftrightarrow \quad A = \{x \in M \mid x < a\}$
B ist das Anfangssegment von a in M $:\Leftrightarrow \quad B = \{x \in M \mid x \le a\}$

Nachfolger : Das Gebilde (M ; >) sei total geordnet. Besitzt M ein größtes Element, so hat dieses keinen Nachfolger. Ein Element $x \in M$ sei nicht größtes Element von M. Die Menge der Elemente $z \in M$, die größer als x sind, sei A. Dann besitzt das Element x einen eindeutigen Nachfolger, wenn A eine untere Grenze $y \neq x$ besitzt.

$$A := \{z \in M \mid z > x\}$$

$$y \text{ ist Nachfolger von } x \text{ in } M \quad \Leftrightarrow \quad y = \text{unGr}_M(A) \quad \wedge \quad y \neq x$$

Im allgemeinen muß ein Element keinen Nachfolger besitzen. Für jedes Element x einer wohlgeordneten Menge M, das nicht größtes Element von M ist, gilt jedoch : Die Menge A besitzt ein kleinstes Element, das Nachfolger von x ist.

Gerichtete Menge : Eine partiell geordnete Menge (M ; ≥) heißt gerichtet, wenn es zu je zwei beliebigen Elementen $a, b \in M$ ein Element $c \in M$ gibt, das größer als oder gleich an a und b ist :

$$M \text{ ist gerichtet} \quad :\Leftrightarrow \quad \bigwedge_{a,b \in M} \; \bigvee_{c \in M} (c \geq a \; \wedge \; c \geq b)$$

Verband : Eine partiell geordnete Menge (M ; ≤) heißt ein Verband, wenn jede Teilmenge von M, die zwei Elemente enthält, eine obere Grenze und eine untere Grenze in M besitzt. Ein Verband (M ; ≤) heißt vollständig, wenn jede Teilmenge von M eine obere Grenze und eine untere Grenze besitzt.

$$(M\,;\leq) \text{ ist ein Verband} \quad :\Leftrightarrow \quad a, b \in M \quad \Rightarrow \quad \bigvee_{g \in M} (\, g = \text{obGr}_M\{a, b\}) \; \wedge$$

$$\bigvee_{h \in M} (\, h = \text{unGr}_M\{a, b\})$$

$$(M\,;\leq) \text{ ist vollständig} \quad :\Leftrightarrow \quad A \subseteq M \quad \Rightarrow \quad \bigvee_{g \in M} (\, g = \text{obGr}_M(A)) \quad \wedge$$

$$\bigvee_{h \in M} (\, h = \text{unGr}_M(A))$$

Beispiel 2 : Eine durch Inklusion geordnete Potenzmenge ist ein vollständiger Verband.

In Beispiel 1 von Abschnitt 4.2 ist gezeigt, daß jede Potenzmenge P(M) durch die Inklusion ⊆ (sprich : ist Teilmenge von) partiell geordnet wird. Für den Beweis, daß P(M) ein vollständiger Verband ist, wird eine Teilmenge A von P(M) definiert :

$$A := \{A_i \in P(M) \mid A_i \subseteq M \; \wedge \; i \in I\} \; \subseteq \; P(M)$$

(1) Die Menge A besitzt eine obere Schranke $X = A_1 \cup A_2 \cup \ldots$ in P(M) :

$A_i \in A \Rightarrow A_i \subseteq X$

(2) Die Menge Y sei eine obere Schranke von A in P(M). Dann enthält Y für jedes $i \in I$ die Menge A_i. Folglich ist $X = A_1 \cup A_2 \cup \ldots$ eine Teilmenge von Y, also $X \subseteq Y$ für jede obere Schranke Y von A in P(M). Damit ist X obere Grenze von A in P(M).

(3) Die Menge A besitzt eine untere Schranke $V = A_1 \cap A_2 \cap \ldots$ in P(M) :

$A_i \in A \Rightarrow V \subseteq A_i$

(4) Die Menge W sei eine untere Schranke von A in P(M). Dann ist W für jedes $i \in I$ in der Menge A_i enthalten. Folglich ist W eine Teilmenge von $V = A_1 \cap A_2 \cap \ldots$, also $W \subseteq V$ für jede untere Schranke W von A in P(M). Damit ist V eine untere Grenze von A in P(M).

Beispiel 3 : Verbandstruktur der Potenzmenge P(M) mit M = {a, b, c}

Die Elemente von P(M) und das Ordnungsdiagramm für die Relation $\subseteq$ sind in Beispiel 7 von Abschnitt 4.2 gezeigt. Die oberen und unteren Grenzen einiger Teilmengen von P(M) werden mit den in Beispiel 2 angegebenen Formeln bestimmt :

$A := \{\{a\}, \{a,c\}, \{a,b,c\}\}$

$\text{obGr}(A) = \{a\} \cup \{a,c\} \cup \{a,b,c\} = \{a,b,c\}$

$\text{unGr}(A) = \{a\} \cap \{a,c\} \cap \{a,b,c\} = \{a\}$

$B := \{\{a\}, \{b\}, \{a,c\}\}$

$\text{obGr}(B) = \{a\} \cup \{b\} \cup \{a,c\} = \{a,b,c\}$

$\text{unGr}(B) = \{a\} \cap \{b\} \cap \{a,c\} = \emptyset$

$C := \{\{a\}, \{a,c\}\}$

$\text{obGr}(C) = \{a\} \cup \{a,c\} = \{a,c\}$

$\text{unGr}(C) = \{a\} \cap \{a,c\} = \{a\}$

4.5 ABBILDUNGEN GEORDNETER MENGEN

Einführung : Zur Untersuchung der Eigenschaften geordneter Mengen wird der Begriff "Geordnete Mengen mit gleicher Struktur" definiert. Zwei geordnete Mengen A und B sind ähnlich (isomorph, gleichartig strukturiert), wenn es zwischen ihnen eine bijektive Abbildung $f : A \rightarrow B$ gibt, die in beiden Abbildungsrichtungen isoton (homomorph) ist. Geordnete Mengen, die der Menge der natürlichen Zahlen ähnlich sind, sind wohlgeordnet.

In Abschnitt 2.7 sind die Kardinalzahlen der Mengen eines gegebenen Mengensystems definiert. Zwei Mengen A und B besitzen die gleiche Kardinalzahl, wenn es eine bijektive Abbildung $f : A \rightarrow B$ gibt. Aus den Definitionen folgt, daß ähnlich geordnete Mengen gleiche Kardinalzahlen besitzen. Es folgt jedoch nicht, daß Mengen mit gleicher Kardinalzahl ähnlich geordnet sind.

Zur Charakterisierung ähnlich geordneter Mengen wird der Begriff Ordnungstyp als Klasse von ähnlich geordneten Mengen eingeführt. Für den Vergleich von Ordnungstypen wird die Relation $\leq$ (kleiner oder gleich) definiert. Im Sonderfall wohlgeordneter Mengen ist $\leq$ eine Ordnungsrelation. Für die Ordnungstypen wohlgeordneter Mengen wird der Begriff Ordinalzahl eingeführt. Wohlgeordnete Mengen können mit den Ordinalzahlen ihrer Teilmengen durchgezählt werden. Abzählbare Mengen sind nur dann durchzählbar, wenn sie wohlgeordnet sind.

Isotone Abbildung : Die Gebilde $(A ; \leq_1)$ und $(B ; \leq_2)$ seien partiell geordnete Mengen. Eine Abbildung $f : A \rightarrow B$ heißt isoton (homomorph), wenn aus $x \leq_1 y$ für Elemente $x, y \in A$ die Aussage $f(x) \leq_2 f(y)$ für ihre Bilder $f(x), f(y) \in B$ folgt.

$$f : A \rightarrow B \text{ ist isoton} \quad :\Leftrightarrow \quad (x \leq_1 y \quad \Rightarrow \quad f(x) \leq_2 f(y))$$

Ähnlich geordnete Mengen : Die Gebilde $(A ; \leq_1)$ und $(B ; \leq_2)$ seien partiell geordnete Mengen. Die geordneten Mengen heißen ähnlich (isomorph), wenn es eine bijektive Abbildung $f : A \rightarrow B$ gibt und sowohl f als auch f^{-1} isoton sind. Ähnliche Mengen werden mit $A \cong B$ (sprich : A ähnlich B) bezeichnet.

Die Ähnlichkeitsrelation $\cong$ ist eine Äquivalenzrelation für ein System $M = \{(A ; \leq_1), (B ; \leq_2), (C ; \leq_3), ...\}$ von partiell geordneten Mengen :

(1) Die Relation ist reflexiv, da bei identischer Abbildung jede geordnete Menge sich selbst ähnlich ist.

(2) Die Relation ist symmetrisch. Aus $A \cong B$ folgt nämlich $B \cong A$, da jede isotone Abbildung f eine isotone Inverse f^{-1} besitzt.

(3) Die Relation ist transitiv : aus $A \cong B$ und $B \cong C$ folgt $A \cong C$. Für isotone Abbildungen $f : A \rightarrow B$ und $g : B \rightarrow C$ gilt nämlich :

$$x \leq_1 y \quad \Rightarrow \quad f(x) \leq_2 f(y) \quad \Rightarrow \quad g \circ f(x) \leq_3 g \circ f(y)$$

Ordnungstyp : Gegeben sei ein Mengensystem $M = \{A, B, ...\}$ von partiell geordneten Mengen. Die Menge M wird mit der Äquivalenzrelation $\cong$ (ähnlich geordnet) in disjunkte Klassen ähnlich geordneter Mengen zerlegt. Ein Element der Quotientenmenge $M/\cong$ heißt ein Ordnungstyp des Mengensystems M. Die kanonische Abbildung von M auf $M/\cong$ wird mit otyp bezeichnet :

$$\text{otyp} : \quad M \to M/\cong \quad \text{mit} \quad \text{otyp}((A ; \sqsubseteq)) = [(A ; \sqsubseteq)]$$

$(A ; \sqsubseteq)$ partiell geordnete Menge, Element von M

$[(A ; \sqsubseteq)]$ Klasse mit dem Repräsentanten $(A ; \sqsubseteq)$

Vergleichbare Ordnungstypen : Der Ordnungstyp einer partiell geordneten Menge $(A ; \sqsubseteq_1)$ heißt kleiner oder gleich (Symbol $\leq$) dem Ordnungstyp einer partiell geordneten Menge $(B ; \sqsubseteq_2)$, wenn A einer Teilmenge S von B ähnlich ist :

$$\text{otyp}(A ; \sqsubseteq_1) \leq \text{otyp}(B ; \sqsubseteq_2) \quad :\Leftrightarrow \quad \bigvee_S (A \cong S \ \wedge \ S \subseteq B)$$

Im folgenden wird gezeigt, daß die Relation $\leq$ für ein System wohlgeordneter Mengen eine Ordnungsrelation ist. Sind die Mengen nicht wohlgeordnet, so ist $\leq$ im allgemeinen keine Ordnungsrelation.

Ordnungsrelation für wohlgeordnete Mengen : Für ein System von wohlgeordneten Mengen $M = \{A, B, C, ...\}$ besitzt die Relation $\leq$ (sprich : kleiner oder gleich) die Eigenschaften einer Ordnungsrelation :

(1) Die Relation ist reflexiv, da jede geordnete Menge A eine Teilmenge von sich selbst und sich selbst ähnlich ist.

(2) Die Relation ist transitiv. Aus $\text{otyp}(A) \leq \text{otyp}(B)$ folgt $A \cong S$ mit $S \subseteq B$. Aus $\text{otyp}(B) \leq \text{otyp}(C)$ folgt $B \cong T$ mit $T \subseteq C$. Also gibt es eine Teilmenge U von T, so daß $A \cong S \cong U$ und $U \subseteq T \subseteq C$. Aus $A \cong U$ und $U \subseteq C$ folgt $\text{otyp}(A) \leq \text{otyp}(C)$.

(3) Die Relation ist identitiv. Jede der wohlgeordneten Mengen von M ist nämlich total geordnet und besitzt ein kleinstes Element. Für die Ketten $A = \langle a_0, a_1, a_2, ... \rangle$ und $B = \langle b_0, b_1, b_2, ... \rangle$ können die Bedingungen $\text{otyp}(A) \leq \text{otyp}(B)$ und $\text{otyp}(B) \leq \text{otyp}(A)$ nur dann gleichzeitig befriedigt sein, wenn $\text{otyp}(A) = \text{otyp}(B)$.

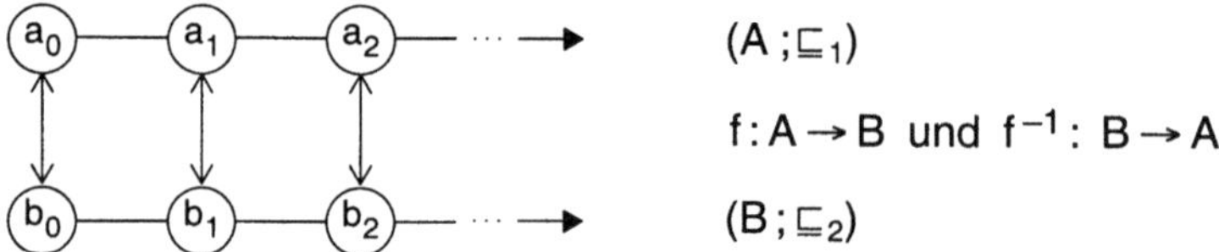

Wohlgeordnete Ordnungstypen : Gegeben sei ein Mengensystem M = {A, B,...} von partiell geordneten Mengen mit der Quotientenmenge $M/\cong$ für die Äquivalenzrelation $\cong$ (ähnlich geordnet). In der Quotientenmenge $M/\cong$ kann eine Äquivalenzrelation definiert werden. Zwei Ordnungstypen seien äquivalent, wenn beide nur wohlgeordnete oder beide nur nicht wohlgeordnete Mengen enthalten :

(1) Die Mengen $A, B \in M$ seien ähnlich und daher Elemente derselben Klasse [A] in $M/\cong$. Die Menge A sei wohlgeordnet. Dann ist auch die Menge B wohlgeordnet. Für jede Teilmenge {x, y, z,...} von A mit kleinstem Element x gibt es nämlich aufgrund der isotonen Abbildung $f : A \to B$ eine Teilmenge {f(x), f(y), f(z),...} von B mit kleinstem Element f(x). Jeder Teilmenge von B entspricht genau eine Teilmenge von A.

(2) Aus (1) folgt, daß jede Klasse von $M/\cong$ entweder nur wohlgeordnete oder nur nicht wohlgeordnete Mengen enthält. Die Äquivalenzrelation zerlegt die Quotientenmenge $M/\cong$ daher in die Klasse $M_w/\cong$ der wohlgeordneten Ordnungstypen und die Klasse $M_n/\cong$ der nicht wohlgeordneten Ordnungstypen.

Ordinalzahlen : Die Teilmenge der wohlgeordneten Mengen eines Mengensystems M = {A, B,...} sei M_w. Der Ordnungstyp einer wohlgeordneten Menge $A \in M_w$ heißt die Ordinalzahl von A im Mengensystem M_w und wird mit ord(A) bezeichnet. Die Abbildung ord ist die Beschränkung der Abbildung otyp auf die Teilmenge M_w von M :

$$\text{ord} : M_w \to M_w/\cong \qquad \text{mit} \qquad \text{ord}(A ; \sqsubseteq_1) = [(A ; \sqsubseteq_1)]$$

$$\text{ord}(A ; \sqsubseteq_1) \le \text{ord}(B ; \sqsubseteq_2) \quad :\Leftrightarrow \quad \bigvee_S (A \cong S \ \wedge \ S \subseteq B)$$

Wohlordnungen einer endlichen Menge : Jede unstrukturierte endliche Menge A = {b, c, a,...} kann wohlgeordnet werden. Dazu bildet man mit einem beliebigen Element $a \in A$ eine Teilmenge {a}. In der Mengendifferenz A – {a} wählt man ein beliebiges Element b und bildet die Vereinigung $\{a\} \cup \{b\} = \{a, b\}$. In der Mengendifferenz A – {a, b} wählt man ein beliebiges Element c und bildet die Vereinigung $\{a, b\} \cup \{c\} = \{a, b, c\}$. Durch Fortsetzung dieser Konstruktion entsteht ein System von Teilmengen, das bezüglich der Inklusion $\subset$ wohlgeordnet ist :

$$\emptyset \subset \{a\} \subset \{a, b\} \subset \{a, b, c\} \subset \ldots$$

Besteht die Menge A aus n Elementen, so kann diese Mengenkonstruktion auf $n(n-1)(n-2)\ldots = n!$ verschiedene Weisen durchgeführt werden. Es gibt also n! verschiedene Wohlordnungen einer endlichen Menge mit der Kardinalzahl n. Bildet man Teilmengen mit gleicher Elementanzahl bijektiv aufeinander ab, so sind die Abbildungen zwischen diesen Wohlordnungen isoton. Die n! verschiedenen Wohlordnungen sind also ähnlich.

Endliche Ordinalzahlen : Die Ordnungstypen wohlgeordneter endlicher Mengen sind Ordinalzahlen. Als Repräsentanten der Klassen wählt man die Teilmengen $\emptyset, \{0\}, \{0,1\}, \{0,1,2\},...$ der natürlichen Zahlen. Zur Bezeichnung der endlichen Ordinalzahlen wählt man die Kardinalzahlen 0, 1, 2, 3,... dieser Teilmengen.

Durchzählen einer wohlgeordneten Menge : Zum Durchzählen der Elemente einer wohlgeordneten Menge $A = \{b, c, a,...\}$ bildet man ein System von Teilmengen. Mit dem kleinsten Element $a \in A$ bildet man die erste Teilmenge $\{a\}$. In der Mengendifferenz $A - \{a\}$ bestimmt man das kleinste Element b und bildet die Vereinigung $\{a\} \cup \{b\} = \{a, b\}$. In der Mengendifferenz $A - \{a, b\}$ bestimmt man das kleinste Element c und bildet die Vereinigung $\{a, b\} \cup \{c\} = \{a, b, c\}$. Die Teilmengen sind bezüglich der Inklusion $\subset$ wohlgeordnet.

$$\emptyset \subset \{a\} \subset \{a, b\} \subset \{a, b, c\} \subset ...$$

Jede Teilmenge wird mit ihrer Kardinalzahl bezeichnet. Die Differenz aufeinanderfolgender Teilmengen enthält genau ein Element. Die Kardinalzahl einer bestimmten Teilmenge wird bijektiv auf das Element abgebildet, das in der Differenz zwischen dieser Teilmenge und ihrem Vorgänger steht. Beispielsweise wird die Kardinalzahl 3 der Teilmenge $\{a, b, c\}$ auf das Element c abgebildet, da $\{a, b, c\} - \{a, b\} = \{c\}$. Die Elemente von A werden mit den Kardinalzahlen durchgezählt.

Ähnlichkeit endlicher wohlgeordneter Mengen : Jede wohlgeordnete Menge ist eine Kette mit kleinstem Element. Endliche wohlgeordnete Mengen mit gleicher Kardinalzahl sind daher ähnlich. Sind die Kardinalzahlen von zwei endlichen wohlgeordneten Mengen verschieden, so ist die Menge mit der kleineren Kardinalzahl einer Teilmenge der anderen Menge ähnlich. Diese Teilmenge ist nicht eindeutig bestimmt.

Beispiel 1 : Ordnungstypen eines Mengensystems

Die folgenden Ordnungsdiagramme zeigen ein System M von geordneten Mengen (M_i ; $\sqsubseteq$). Keine der Mengen M_1, M_2, M_3 kann einer der Mengen M_4, M_5 ähnlich sein, da es keine bijektive Abbildung zwischen endlichen Mengen mit verschiedener Elementanzahl gibt. Zwischen den Mengen M_1, M_2, M_3 gibt es keine isotonen Abbildungen. Die Mengen M_4 und M_5 sind ähnlich. Das Gebilde (M_1; $\sqsubseteq$) ist nicht wohlgeordnet, da die Teilmenge {a, c} kein kleinstes Element besitzt. Das Gebilde (M_2 ; $\sqsubseteq$) ist nicht wohlgeordnet, da M_2 kein kleinstes Element besitzt. Die Quotientenmenge $M/\cong$ besteht aus 4 Klassen.

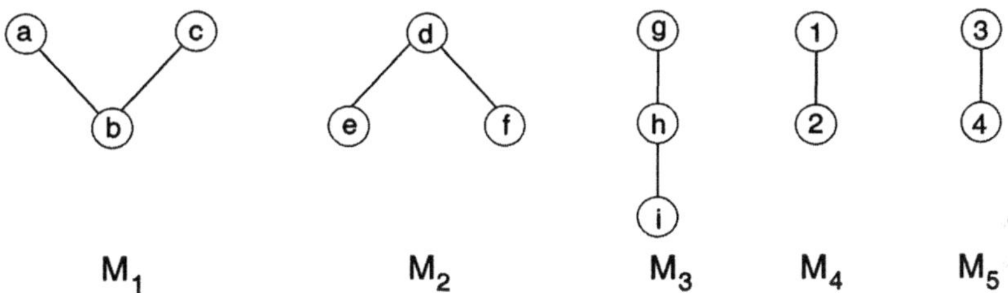

Äquivalenzklassen : $\{[\{a,b,c\}],[\{d,e,f\}], [\{g,h,i\}], [\{1,2\}]\}$

$[\{1,2\}] = \{\{1,2\}, \{3,4\}\}$

Beispiel 2 : Ähnlichkeit endlicher wohlgeordneter Mengen

Die Menge $A = \{a_1, a_2, a_3\}$ sei wohlgeordnet mit $a_1 < a_2 < a_3$. Die Menge $B = \{b_1, b_2, b_3, b_4\}$ sei wohlgeordnet mit $b_1 < b_2 < b_3 < b_4$. Dann ist die Menge A jeder Teilmenge von B ähnlich, die aus 3 Elementen besteht.

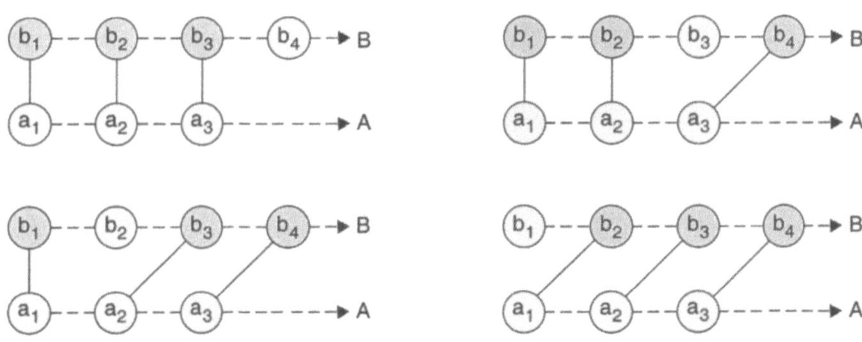

Beispiel 3 : Ordnungstyp unendlicher nicht wohlgeordneter Mengen

A sei die unendliche Menge der rationalen Zahlen im Intervall]–2, –1] und B die unendliche Menge der rationalen Zahlen im Intervall [1, 2[. Die geordneten Mengen (A ; $\leq$) und (B ; $\leq$) sind nicht ähnlich, da A ein größtes Element besitzt, B jedoch nicht.

Obwohl die Mengen A und B nicht ähnlich sind, ist A der Teilmenge S =]1, 1.5] von B ähnlich. Ebenso ist B der Teilmenge T = [–1.5, –1[von A ähnlich. Die entsprechenden isotonen Abbildungen f und g sind wie folgt definiert :

$$f: \quad S \to A \quad \text{mit} \quad f(x) = 2x - 4 \quad \Rightarrow \quad \text{otyp}(A) \leq \text{otyp}(B)$$

$$g: \quad T \to B \quad \text{mit} \quad g(x) = 2x + 4 \quad \Rightarrow \quad \text{otyp}(B) \leq \text{otyp}(A)$$

Für die Ordnungstypen von A und B ist die Relation $\leq$ keine Ordnungsrelation. Da die Mengen A und B nicht ähnlich sind, ist otyp (A) $\neq$ otyp (B), obwohl otyp (A) $\leq$ otyp (B) und otyp (B) $\leq$ otyp (A).

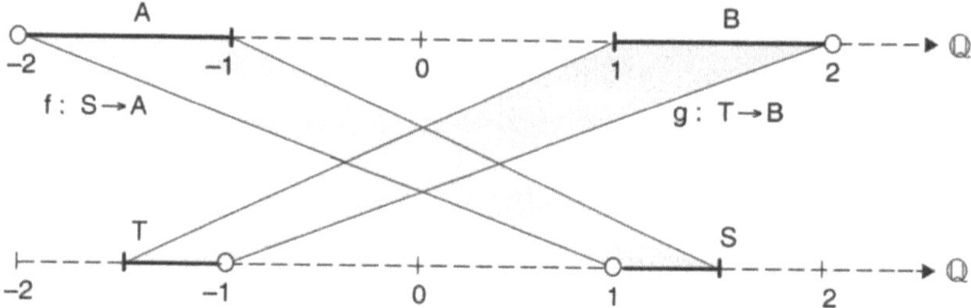

Beispiel 4 : Durchzählen paralleler Strecken

$M = \{r, s, t, u, w\}$ sei eine Menge von Strecken, die parallel zur x-Achse gerichtet sind. Jede Strecke ist durch das geordnete Paar (x_1, x_2) der x-Koordinaten ihres Anfangspunktes und ihres Endpunktes definiert. Die Strecken können nach ihrem Anfangspunkt x_1 oder nach ihrem Endpunkt x_2 geordnet werden. Diese Ordnungen sind nicht ähnlich.

Ordnung nach dem Anfangspunkt : $i \sqsubseteq_1 m \; :\Leftrightarrow \; x_{1(i)} \leq x_{1(m)}$

Ordnung nach dem Endpunkt : $i \sqsubseteq_2 m \; :\Leftrightarrow \; x_{2(i)} \leq x_{2(m)}$

Die Aussage "Strecke x deckt Strecke y" sei wahr, wenn eine Gerade in positiver y-Richtung zuerst x und dann y schneidet. Die Relation $\sqsubseteq_3$ sei die Menge der Paare (x, y), für welche die Aussage "x deckt y" wahr ist. Die Relation $\sqsubseteq_3$ ist keine Ordnungsrelation, da sie nicht transitiv ist : Aus "x deckt y" und "y deckt z" folgt im allgemeinen nicht "x deckt z". Dies ist in dem folgenden Beispiel gezeigt.

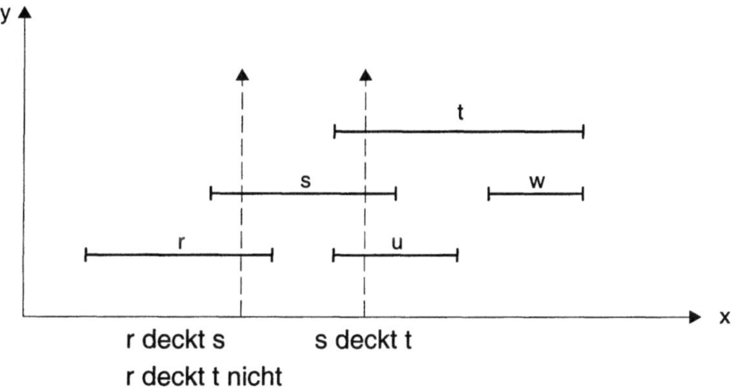

Keine der Relationen $\sqsubseteq_1$ bis $\sqsubseteq_3$ ist eine Wohlordnung. Für $\sqsubseteq_1$ besitzt die Teilmenge $\{t, u\}$ kein kleinstes Element. Für $\sqsubseteq_2$ besitzt die Teilmenge $\{t, w\}$ kein kleinstes Element. Die Relation $\sqsubseteq_3$ ist keine Ordnungsrelation. Zur Definition einer Wohlordnung $\sqsubseteq_4$ müssen beide Koordinaten des Paars (x_1,x_2) herangezogen werden. Beispielsweise werden die Strecken bei gleicher Koordinate x_1 nach der Koordinate x_2 geordnet :

$$i \sqsubseteq_4 m \quad :\Leftrightarrow \quad x_{1(i)} < x_{1(m)} \quad \vee \quad (x_{1(i)} = x_{1(m)} \quad \wedge \quad x_{2(i)} \leq x_{2(m)})$$

Mit der Relation $\sqsubseteq_4$ können die Strecken in der Kette $< r, s, u, t, w >$ durchgezählt werden.

4.6 EIGENSCHAFTEN GEORDNETER MENGEN

Einführung : Der Ordnungstyp einer partiell geordneten Menge X bestimmt, ob eine bestimmte Abbildung $f : X \to X$ einen Fixpunkt $f(x) = x$ besitzt. Fixpunkte von Abbildungen werden zum Beweis äquivalenter Eigenschaften partiell geordneter Mengen genutzt. Insbesondere wird die Äquivalenz folgender Aussagen bewiesen :

- Lemma von Zorn : Besitzt jede total geordnete Teilmenge einer partiell geordneten Menge X eine obere Grenze, so besitzt X ein maximales Element.
- Satz von Zermelo : Jede Menge kann wohlgeordnet werden.
- Auswahlaxiom : Für eine indizierte Mengenfamilie S_i mit Indexmenge I gibt es eine Abbildung $f : I \to \cup\, S_i$ mit $f(i) \in S_i$.

Fixpunkte in Abbildungen geordneter Mengen : Ein Punkt $x \in A$ heißt ein Fixpunkt einer Abbildung $f : A \to A$, wenn $f(x) = x$ gilt. Ist die Menge A partiell geordnet, so kann aus Eigenschaften der Abbildung und der Ordnungsrelation auf die Existenz von Fixpunkten geschlossen werden. Dazu dienen folgende Sätze :

(F1) Das Gebilde $(M ; \le)$ sei ein vollständiger Verband. Dann besitzt jede isotone Abbildung $f : M \to M$ einen Fixpunkt.

(F2) Für beliebige Abbildungen $f : X \to Y$ und $g : Y \to X$ gibt es Teilmengen $A \subseteq X$ und $B \subseteq Y$, so daß $f(A) = B$ und $g(Y - B) = X - A$.

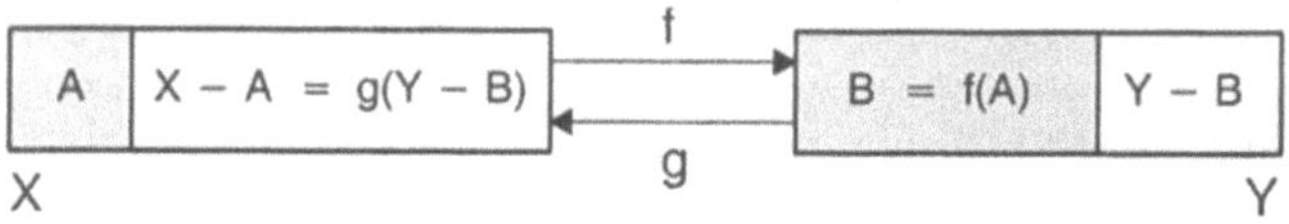

A | X − A = g(Y − B)
f
B = f(A) | Y − B
g
X
Y

(F3) Eine Menge M sei mit der Relation $\ge$ partiell geordnet. Dann besitzt jede Abbildung $f : M \to M$ mit $f(x) \ge x$ einen Fixpunkt, wenn jede wohlgeordnete Teilmenge von M eine obere Grenze in M besitzt.

Beweis F1 : Das Gebilde $(M ; \le)$ sei ein vollständiger Verband. Dann besitzt jede isotone Abbildung $f : M \to M$ einen Fixpunkt.

(1) Die Teilmenge von M, deren Elemente x kleiner oder gleich ihrem Bild f(x) sind, sei A. Da M ein vollständiger Verband ist, besitzt A eine obere Grenze a in M.

$A := \{x \in M \mid x \le f(x)\}$

$a := \text{obGr}_M(A)$

(2) Da die Abbildung f isoton ist, ist das Bild f(x) jedes Elementes x von A ebenfalls ein Element von A :

$x \in A \quad \Rightarrow \quad x \le f(x) \quad \Rightarrow \quad f(x) \le f(f(x)) \quad \Rightarrow \quad f(x) \in A$

(3) Da die Abbildung f isoton ist, ist das Bild jedes Elementes $x \in A$ kleiner oder gleich dem Bild der oberen Grenze a von A in M. Folglich ist f(a) eine obere Schranke von A in M :

$$x \in A \Rightarrow x \leq a \Rightarrow f(x) \leq f(a) \Rightarrow$$
$$x \leq f(x) \leq f(a) \Rightarrow f(a) = \text{obSchr}_M(A)$$

(4) Da a eine obere Grenze und f(a) eine obere Schranke von A in M ist, gilt $a \leq f(a)$. Folglich ist die obere Grenze a ein Element von A, also $a \in A$. In (2) wurde gezeigt, daß damit auch f(a) ein Element von A ist, also $f(a) \in A$. Da a obere Grenze von A in M ist, folgt aus $a \in A$ und $f(a) \in A$, daß $f(a) \leq a$. Insgesamt führt $a \leq f(a) \leq a$ zu $a = f(a)$. Folglich ist a ein Fixpunkt der Abbildung f.

Beweis F2 : Für beliebige Abbildungen $f : X \to Y$ und $g : Y \to X$ gibt es Teilmengen $A \subseteq X$ und $B \subseteq Y$, so daß $f(A) = B$ und $g(Y - B) = X - A$.

(1) Die Potenzmenge P(X) der gegebenen Menge X ist durch die Inklusion $\subseteq$ partiell geordnet. Definiere eine Abbildung $h : P(X) \to P(X)$, so daß das Bild einer Teilmenge $S \subseteq X$ gleich der Differenz von X und dem Bild der Differenz von Y und f(S) unter der Abbildung g ist :

$$h(S) := X - g(Y - f(S))$$

(2) Die Abbildung h ist isoton. Aus $S \subseteq T$ folgt nämlich $f(S) \subseteq f(T)$ und damit $Y - f(T) \subseteq Y - f(S)$, so daß $g(Y - f(T)) \subseteq (Y - f(S))$ und damit $h(S) \subseteq h(T)$.

(3) Die Potenzmenge P(X) ist ein vollständiger Verband (siehe Beispiel 2 in Abschnitt 4.4). Die isotone Abbildung h besitzt daher wegen Eigenschaft (F1) einen Fixpunkt $h(A) = A$. Setze $B := f(A)$. Dann folgt mit der Definition von h(S) unter (1) :

$$g(Y - B) = g(Y - f(A)) = X - h(A) = X - A$$

Beweis F3 : Das Gebilde $(M; \geq)$ sei eine partiell geordnete Menge. Dann besitzt jede Abbildung $f : M \to M$ mit $f(x) \geq x$ einen Fixpunkt, wenn jede wohlgeordnete Teilmenge von M eine obere Grenze in M besitzt.

Hinweis : Der Beweis wird dadurch kompliziert, daß er für Mengen geführt wird, die überabzählbar sein dürfen. Zum Verständnis werden in den folgenden Absätzen abzählbare Mengen betrachtet, die den Bedingungen (1a) und (1b) des Beweises genügen. Die Bedingungen (1a) und (1b) sind jedoch auch zur Charakterisierung überabzählbarer Mengen geeignet.

Für ein frei gewähltes Element $a \in M$ wird das Bild f(a) bestimmt. Gilt $f(a) = a$, so ist der gesuchte Fixpunkt gefunden. Sonst gilt voraussetzungsgemäß $f(a) > a$. Wähle f(a) als Nachfolger von a. Für f(a) wird auf analoge Weise entweder ein Fixpunkt oder der Nachfolger f(f(a)) bestimmt. Das Element a und seine Nachfolger werden in der Kette $A := \{a, f(a), f(f(a)), ...\}$ zusammengefaßt.

Ist die Kette A endlich, so ist ihr größtes Element konstruktionsgemäß Fixpunkt von f. Sonst besitzt sie voraussetzungsgemäß eine obere Grenze $b \in M$. Für das Element b wird auf analoge Weise die Kette $B := \{b, f(b), f(f(b)),... \}$ gebildet. Der Prozeß wird fortgesetzt. Da das kleinste Element jeder Kette konstruktionsgemäß größer als jedes Element der vorangehenden Kette ist, ist die Vereinigung der Ketten A, B,... ebenfalls eine Kette. Im Beweis werden Mengen betrachtet, die Anfangssegmente dieser Vereinigung sind.

Für den allgemeinen Fall wird der Beweis wie folgt geführt :

(1) In der Menge M wird ein Element a gewählt. S sei die Menge der Teilmengen $Y \subseteq M$ mit folgenden Eigenschaften :

    (a) Jede der Teilmengen Y ist wohlgeordnet mit kleinstem Element a und Nachfolgerfunktion f_Y. Der Nachfolger von $y \in Y - \{obGr_M(Y)\}$ ist also $f_Y(y)$. Dabei ist f_Y die Beschränkung der gegebenen Funktion f auf die Teilmenge $Y - \{obGr_M(Y)\}$.

    (b) Das strenge Anfangssegment eines beliebigen Elementes $y \in Y$ mit $y \neq a$ sei $A_Y(y) = \{z \in Y \mid z < y\}$. Dann ist die obere Grenze von $A_Y(y)$ in M ein Element von Y.

(2) Der Beweis wird in folgenden Schritten geführt :

    (a) Für verschiedene Elemente $Y, Z \in S$ ist entweder Z das strenge Anfangssegment eines Elementes in Y oder Y das strenge Anfangssegment eines Elementes in Z.

    (b) Die Vereinigung W der Mengen $Y \in S$ ist ein Element von S.

    (c) Die Menge W enthält ein größtes Element, das ein Fixpunkt von f ist.

(3) Zum Beweis von (2a) wird die Teilmenge V der Elemente $x \in Y \cap Z$ gebildet, deren Anfangssegmente in Y und Z gleich sind :

    $V := \{x \in Y \cap Z \mid B_Y(x) = B_Z(x)\}$

    (a) Es wird zunächst vorausgesetzt, daß V ein größtes Element v_0 enthält. Dann gilt $B_Y(v_0) = B_Z(v_0)$. Ist v_0 nicht das größte Element von Y, so enthält Y den Nachfolger $f(v_0)$. Ist v_0 nicht das größte Element von Z, so enthält Z den Nachfolger $f(v_0)$. Es wird nun angenommen, daß v_0 weder das größte Element von Y noch das größte Element von Z ist. Dann enthalten Y und Z den Nachfolger $f(v_0)$. Aus $v_1 = f(v_0) \in Y \cap Z$ und $B_Y(v_0) = B_Z(v_0)$ folgt $B_Y(v_1) = B_Z(v_1)$, so daß $f(v_0) \in V$. Im Widerspruch zur Voraussetzung ist der Nachfolger $f(v_0) \in V$ größer als $v_0 \in V$. Daraus folgt, daß v_0 im Gegensatz zur Annahme das größte Element einer der Mengen Y und Z ist. Diese Menge ist das strenge Anfangssegment der anderen Menge zum Element $f(v_0)$.

(b) Es wird im Gegensatz zu (a) vorausgesetzt, daß V kein größtes Element enthält. Es wird angenommen, daß $Y \neq V$. Dann besitzt die nichtleere Teilmenge $Y - V$ der wohlgeordneten Menge Y ein kleinstes Element y_0 und V ist das strenge Anfangssegment von y_0 in Y. Folglich ist die obere Grenze v_2 von V in M wegen der Eigenschaft (1b) von $A_Y(y_0)$ ein Element von Y :

$$y_0 = \text{klEl}(Y - V) \quad \Rightarrow \quad V = A_Y(y_0)$$
$$\Rightarrow \quad v_2 = \text{obGr}_M(V) \in Y$$

Auf analoge Weise folgt für die Annahme $Z \neq V$, daß v_2 ein Element von Z ist. Zusammenfassend gilt für $Y \neq V$ und $Z \neq V$, daß $v_2 \in Y \cap Z$. Da v_2 die obere Grenze von V in M ist, folgt $v_2 \in V$. Dies steht im Widerspruch zu der Voraussetzung, daß V kein größtes Element enthält. Folglich gilt $Y = V$ oder $Z = V$, und damit (2a).

(4) Zum Beweis von (2b) wird ein Element y_0 einer Menge $Y \in S$ betrachtet.

(a) Das strenge Anfangssegment von y_0 in Y ist $A_Y(y_0) = \{y \in Y \mid y < y_0\}$. Z sei ein beliebiges anderes Element von S. Gesucht ist das Anfangssegment von y_0 in $Y \cup Z$. Nach (3) ist entweder Y ein strenges Anfangssegment in Z oder Z ein strenges Anfangssegment in Y. Ist Y ein strenges Anfangssegment in Z, so ist y_0 ein Element von Z mit dem strengen Anfangssegment $A_Z(y_0) = A_Y(y_0)$. Ist $y_0 \in Z$ und Z ein strenges Anfangssegment in Y, so gilt ebenfalls $A_Z(y_0) = A_Y(y_0)$. Ist Z ein strenges Anfangssegment in Y, das y_0 nicht enthält, so gilt $Z \subseteq A_Y(y_0)$. Insgesamt gilt $A_{Y \cup Z}(y_0) = A_Y(y_0)$.

(b) Die Vereinigung $W = \bigcup \{y \mid y \in S\}$ ist eine Kette. Beliebige Elemente $y \in Y \in S$ und $z \in Z \in S$ sind nämlich vergleichbar. Nach (2a) gilt $Y \subseteq Z$ oder $Z \subseteq Y$. Ohne Beschränkung der Allgemeingültigkeit sei $Z \subseteq Y$, so daß $Y \cup Z = Y$. Dann gilt $y, z \in Y$. Da Y nach (1a) wohlgeordnet ist, sind y und z vergleichbar.

(c) In der Vereinigung W wird das strenge Anfangssegment $A_W(y_0) = \{w \in W \mid w < y_0\}$ gebildet. Aus $y_0 \in Y$ und (4a) folgt $A_W(y_0) = A_Y(y_0)$. Folglich ist $A_W(y_0)$ wie $A_Y(y_0)$ wohlgeordnet mit Nachfolgerfunktion f.

(d) Die Vereinigung W ist wohlgeordnet, da jede Teilmenge W_s in der Kette W ein kleinstes Element besitzt. Für ein frei gewähltes Element $w_0 \in W_s$ gibt es nämlich ein $Y \in S$ mit $w_0 \in Y$. Dann gilt :

$$H := \{w \in W_s \mid w \leq w_0\} \subseteq B_W(w_0) = B_Y(w_0) \subseteq Y$$

Da Y wohlgeordnet ist, besitzt H ein kleinstes Element, das gleichzeitig das kleinste Element der Kette W_s ist. Der Nachfolger eines Elementes $w \in W$ sei $u \in Y \in S$. Dann ist $w < u$ in $B_W(u) = B_Y(u)$ enthalten. Da f(w) der Nachfolger von w in Y ist, ist f(w) auch der Nachfolger u von w in W. Folglich ist W wohlgeordnet mit Nachfolgerfunktion f.

(e) Die obere Grenze von $A_W(y_0) = A_Y(y_0)$ in M ist wegen (1b) ein Element von Y und folglich von W. Insgesamt besitzt W die Eigenschaften (1a) und (1b), so daß $W \in S$.

(5) Zum Beweis von (2c) wird die Vereinigung $W = \bigcup \{Y \mid Y \in S\}$ betrachtet. In (4) wurde gezeigt, daß $W \in S$ eine wohlgeordnete Teilmenge von M ist. Voraussetzungsgemäß besitzt W daher eine obere Grenze $b = \text{obGr}_M(W)$.

(a) Die obere Grenze b sei kein Element von W. Dann ist $T := W \cup \{b\}$ wohlgeordnet mit kleinstem Element a und Nachfolgerfunktion f. Die obere Grenze eines beliebigen strengen Anfangssegmentes $A_T(y)$ ist ein Element von T. Also besitzt T die Eigenschaften (1a) und (1b), so daß $T = W \cup \{b\} \in S$. Im Gegensatz zur Annahme gilt daher $b \in W$. Folglich ist b das größte Element von W.

(b) Setzt man $f(b) > b$ voraus, so ist f(b) kein Element von W, da b das größte Element von W ist. Dann ist $U := W \cup \{f(b)\}$ mit $b \in W$ wohlgeordnet mit kleinstem Element a und Nachfolgerfunktion f. Die obere Grenze eines beliebigen strengen Anfangssegmentes $A_U(y)$ ist ein Element von U. Also besitzt U die Eigenschaften (1a) und (1b), so daß $U = W \cup \{f(b)\} \in S$. Im Gegensatz zur Annahme gilt daher $f(b) \in W$. Weil b das größte Element von W ist und $f(b) \geq b$ vorausgesetzt wird, gilt $f(b) = b$. Das größte Element b von W ist also ein Fixpunkt der Abbildung f.

Beispiel 1 : Fixpunkt einer Abbildung $f(x) \geq x$ in einer partiell geordneten Menge $(M ; \geq)$ mit Eigenschaft (F3)

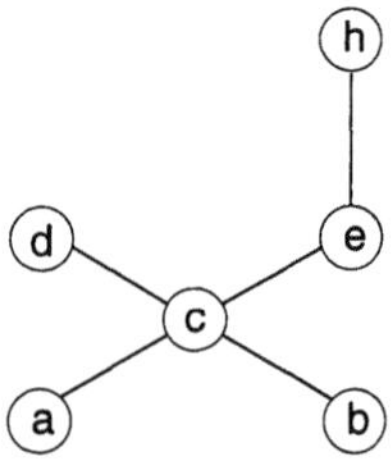

Das Diagramm zeigt eine partielle Ordnung einer Menge $M = \{a, b, c, d, e, h\}$. Eine Abbildung $f : M \rightarrow M$ sei wie folgt definiert :

f(a) = e	f(c) = d	f(e) = h
f(b) = c	f(d) = d	f(h) = h

Für das Element $a \in M$ enthält die im Beweis F3 definierte Menge S folgende wohlgeordneten Teilmengen von M :

$$S = \{\{a\}, \{a, e\}, \{a, e, h\}\}$$

Betrachtet man die Mengen $Y = \{a, e\}$ und $Z = \{a, e, h\}$, so gilt $Y \cap Z = \{a, e\}$. Die Anfangssegmente von a und e in Y und Z sind gleich :

$$B_Y(a) = B_Z(a) = \{a\}$$
$$B_Y(e) = B_Z(e) = \{a, e\}$$

Die im Beweis F3 definierte Menge ist $V = \{a, e\}$. Sie enthält ein größtes Element, nämlich e. Die Menge Y ist das strenge Anfangssegment des Elementes $h \in Z$. Die Vereinigung der Mengen in S ist $W = \{a, e, h\}$. Die Menge W ist ein Element von S und enthält ein größtes Element h, das ein Fixpunkt der Abbildung f ist.

Für das Element $b \in M$ gilt $S = \{\{b\}, \{b, c\}, \{b, c, d\}\}$. Diese Menge von wohlgeordneten Teilmengen von M führt zu dem Fixpunkt $f(d) = d$.

Äquivalente Eigenschaften geordneter Mengen

(E1) Für jede Menge X mit Potenzmenge P(X) und $P_0(X) = P(X) - \emptyset$ gibt es eine Abbildung $f : P_0(X) \to X$ mit $f(A) \in A \subseteq X$.

(E2) Eine partiell geordnete Menge $(X ; \leq)$ besitzt ein maximales Element a, wenn jede wohlgeordnete Teilmenge von X eine obere Grenze in X besitzt.

(E3) Jede partiell geordnete Menge $(X ; \leq)$ enthält eine total geordnete Teilmenge, die in keiner anderen total geordneten Teilmenge von X enthalten ist. Diese Teilmenge heißt eine maximale Kette von X.

(E4) Besitzt jede total geordnete Teilmenge (Kette) einer partiell geordneten Menge $(X ; \leq)$ eine obere Schranke, so besitzt X ein maximales Element (Maximalitätsprinzip, Lemma von Zorn).

(E5) Jede Menge kann wohlgeordnet werden (Satz von Zermelo).

(E6) Ist eine Abbildung $f : X \to Y$ surjektiv, so gibt es eine Injektion $g : Y \to X$ mit $f \circ g(y) = y$.

(E7) $\{S_i \mid i \in I\}$ sei eine indizierte Familie von nichtleeren Mengen S_i. Dann gibt es eine Auswahlfunktion $f : I \to \bigcup \{S_i \mid i \in I\}$ mit $f(i) \in S_i$ (Auswahlaxiom).

Im folgenden wird gezeigt, daß jede der Eigenschaften E2,...,E7 aus der vorangehenden Eigenschaft und E1 aus E7 folgt.

Beweis : E1 $\Rightarrow$ E2

Die Aussage (E2) sei falsch. Dann gilt $A := \{x \in X \mid x > a\} \neq \emptyset$ für jedes $a \in X$. Nach (E1) gibt es eine Abbildung $f : P_0(X) \to X$ mit $f(A) \in A$, so daß $f(A) > a$. Für die Abbildung $g : X \to X$ mit $g(a) = f(A)$ gilt $g(a) > a$. Nach Satz (F3) besitzt g jedoch einen Fixpunkt $g(x) = x$. In Gegensatz zur Annahme ist die Aussage (E2) also richtig.

Beweis : E2 $\Rightarrow$ E3

Die Menge S aller Ketten in X sei durch Inklusion partiell geordnet. Die Menge C sei eine wohlgeordnete Teilmenge von S, so daß $K_1, K_2 \in C \Rightarrow K_1 \subseteq K_2 \vee K_2 \subseteq K_1$. Die Vereinigung $K = \bigcup \{ K_i \mid K_i \in C \}$ ist eine Kette, die jedes Element von C enthält. Da die Ketten durch Inklusion geordnet sind, ist K die obere Grenze von C. Da jede wohlgeordnete Teilmenge von S eine obere Grenze in S besitzt, folgt mit (E2), daß S ein maximales Element enthält. Dieses ist eine maximale Kette.

Beweis : E3 $\Rightarrow$ E4

Nach Aussage (E3) enthält jede partiell geordnete Menge X eine maximale Kette. Wähle eine maximale Kette K in X. Voraussetzungsgemäß besitzt K eine obere Schranke x. Diese Schranke ist ein maximales Element von X.

Beweis : E4 $\Rightarrow$ E5

W sei die Menge der wohlgeordneten Teilmengen $(M ; \sqsubset_M)$ von X. Die Menge W wird mit einer Relation $\leq$ geordnet, die für $(A ; \sqsubset_A), (B ; \sqsubset_B) \in W$ wie folgt definiert ist :

$$(A ; \sqsubset_A) = (B ; \sqsubset_B) \quad :\Leftrightarrow \quad A = B \quad \text{und} \quad \sqsubset_A = \sqsubset_B$$

$$(A ; \sqsubset_A) < (B ; \sqsubset_B) \quad :\Leftrightarrow \quad \text{A ist ein strenges Anfangssegment von B und } \sqsubset_A \text{ ist die Beschränkung von } \sqsubset_B \text{ auf } A \times A$$

Nach Teil (4) des Beweises F3 ist die Vereinigung der Elemente einer wohlgeordneten Teilmenge T von W ein Element von W und damit eine obere Schranke von T in W. Aus (E4) folgt, daß W ein maximales Element enthält. Dieses sei $(C ; \sqsubset_C)$. Zum Beweis von (E5) ist $C = X$ zu zeigen.

Es wird angenommen, daß $C \neq X$. Mit einem Element $x \in X - C$ wird die Menge $N = C \cup \{x\}$ gebildet. Da C wohlgeordnet ist, ist N wohlgeordnet, wenn x größer oder gleich jedem Element von C gesetzt wird. Die Menge $(N ; \sqsubset_N)$ mit $\sqsubset_N = \sqsubset_C \cup (C \times \{x\})$ ist also wohlgeordnet. Im Gegensatz zur Voraussetzung ist $(C ; \sqsubset_C)$ nicht maximal, da $(C ; \sqsubset_C) < (N ; \sqsubset_N)$. Der Widerspruch zeigt, daß im Gegensatz zur Annahme $C = X$ gilt.

Beweis : E5 $\Rightarrow$ E6

Die Menge X kann nach Aussage (E5) wohlgeordnet werden. Da die Abbildung $f : X \to Y$ mit $f(x) = y$ surjektiv ist, enthält das Urbild $f^{-1}(y)$ mindestens ein Element von X. Auch wenn $f^{-1}(y)$ mehr als ein Element von X enthält, ist $f^{-1}(y)$ wohlgeordnet, da X wohlgeordnet ist. Definiere die Abbildung $g : Y \to X$ so, daß g(y) das kleinste Element von $f^{-1}(y)$ ist. Dann gilt $f \circ g(y) = y$.

Beweis : E6 $\Rightarrow$ E7

Setze $S := \bigcup \{ S_i \mid i \in I \}$ und $X := \{(s, i) \in S \times I \mid s \in S_i \}$. Definiere die Projektionen $p_S : X \to S$ mit $p_S((s, i)) = s$ und $p_I : X \to I$ mit $p_I((s, i)) = i$. Dann ist p_I surjektiv, da $S_i \neq \emptyset$. Nach Aussage (E6) gibt es eine Injektion $g : I \to X$ mit $g(i) = (s, i)$ für ein $s \in S_i$. Die Abbildung $f : I \to S$ mit $f(i) = p_S \circ g(i)$ ist eine Auswahlfunktion, da $f(i) = p_S((s, i)) = s$ für ein $s \in S_i$.

Beweis : E7 $\Rightarrow$ E1

Die Menge $A \in P_0(X)$ wird mit S_A bezeichnet. Dann ist $S = \{ S_A \mid A \in P_0(X) \}$ eine indizierte Familie nichtleerer Mengen $S_A \neq \emptyset$. Da es für jedes Element $x \in X$ eine Menge $\{x\}$ in $P_0(X)$ gibt, gilt $\bigcup \{ S_A \mid A \in P_0(X) \} = X$. Nach Aussage (E7) gibt es eine Funktion $f : P_0(X) \to X$ mit $f(A) \in A$ für jede nichtleere Teilmenge $A \in P_0(X)$.

4.7 GEORDNETE KARDINALZAHLEN

Einführung : Für den Vergleich der in Abschnitt 2.7 eingeführten Kardinalzahlen wird die Ordnungsrelation "kleiner oder gleich an" definiert. Es zeigt sich, daß die Kardinalzahl einer Menge kleiner ist als die Kardinalzahl ihrer Potenzmenge. Die Kardinalzahl der Menge $\mathbb{R}$ der reellen Zahlen ist größer als die Kardinalzahl der Menge $\mathbb{N}$ der natürlichen Zahlen. Die Kardinalzahl des n-fachen kartesischen Produktes $\mathbb{R}^n$ ist gleich der Kardinalzahl von $\mathbb{R}$.

Vergleich von Kardinalzahlen : $S = \{A, B, C, ...\}$ sei ein Mengensystem. Die Menge S wird mit der Äquivalenzrelation $\sim$ (gleichmächtig) in Klassen gleicher Mächtigkeit zerlegt. Die Quotientenmenge $S/\sim$ ist die Menge der Kardinalzahlen für S. Die Kardinalzahl von A heißt kleiner als oder gleich der Kardinalzahl von B, wenn A gleichmächtig mit einer Teilmenge $C \subseteq B$ aus S ist.

$$\text{card } A \le \text{card } B \quad :\Leftrightarrow \quad \bigvee_{C \in S} (C \subseteq B \quad \wedge \quad A \sim C)$$

Ordnungsrelation für Kardinalzahlen : $S = \{A, B, C, ...\}$ sei ein Mengensystem. Die Kardinalzahlen der Mengen werden mit der Relation $\le$ (kleiner als oder gleich an) partiell geordnet, da $\le$ die Eigenschaften einer Ordnungsrelation besitzt :

(1) Die Relation $\le$ ist reflexiv. Aus $A \sim A$ folgt nämlich

$$\text{card } A \in S/\sim \quad \Rightarrow \quad \text{card } A \le \text{card } A$$

(2) Die Relation $\le$ ist identitiv. Definitionsgemäß gibt es für card A $\le$ card B eine Injektion $f : A \to B$ und für card B $\le$ card A eine Injektion $g : B \to A$. Wegen der Fixpunkteigenschaft (F2) gibt es Mengen $X \subseteq A$ und $Y \subseteq B$, so daß $f(X) = Y$ und $g(B - Y) = A - X$. Da f und g Injektionen sind, sind die eingeschränkten Abbildungen $f_X : X \to Y$ und $g_{B-Y} : (B - Y) \to (A - X)$ bijektiv. Folglich ist auch $h : A \to B$ mit $h_X = f_X$ und $h_{A-X} = (g_{B-Y})^{-1}$ bijektiv, so daß card A = card B.

$$\text{card } A \le \text{card } B \quad \wedge \quad \text{card } B \le \text{card } A \quad \Rightarrow \quad \text{card } A = \text{card } B$$

(3) Die Relation $\le$ ist transitiv. Für card A $\le$ card B gibt es eine Injektion $f : A \to B$. Für card B $\le$ card C gibt es eine Injektion $g : B \to C$. Folglich gibt es eine Injektion $h : A \to C$ mit $h = g \circ f$. Also gilt card A $\le$ card C.

$$\text{card } A \le \text{card } B \quad \wedge \quad \text{card } B \le \text{card } C \quad \Rightarrow \quad \text{card } A \le \text{card } C$$

Kardinalzahl einer Potenzmenge : Die Kardinalzahl der Potenzmenge P(M) einer Menge M ist größer als die Kardinalzahl von M. Zunächst wird indirekt bewiesen, daß nicht card P(M) $\le$ card M gilt. Dann wird card M $\le$ card P(M) gezeigt. Insgesamt folgt card P(M) $>$ card M :

$$\neg(\text{card } P(M) \le \text{card } M) \quad \wedge \quad (\text{card } M \le \text{card } P(M)) \quad \Rightarrow$$
$$\text{card } P(M) > \text{card } M$$

(1) Eine Abbildung $f : M \to P(M)$ sei surjektiv. Für jedes $x \in M$ ist $f(x)$ die Teilmenge von M, auf die x abgebildet wird. Betrachtet wird die Menge T der Elemente von M, die nicht in ihrem Bild enthalten sind :

$$T := \{x \in M \mid x \notin f(x)\}$$

Da f surjektiv ist und $T \in P(M)$, gibt es ein Urbild x_0 in M mit $f(x_0) = T$. Aus der Definition von T folgt $x_0 \in T \Leftrightarrow x_0 \notin f(x_0) = T$. Der Widerspruch zeigt, daß f nicht surjektiv ist. Für card $P(M) \le$ card M gibt es aber definitionsgemäß eine bijektive Abbildung einer Teilmenge von M auf P(M) und folglich eine surjektive Abbildung von M auf P(M). Insgesamt folgt $\neg$(card $P(M) \le$ card M).

(2) Die Abbildung $g : M \to P(M)$ mit $g(x) = \{x\}$ ist injektiv. Folglich gibt es eine bijektive Abbildung von M auf eine Teilmenge von P(M) und damit gilt card $M \le$ card P(M).

Kardinalzahl der reellen Zahlenmenge : In Abschnitt 2.7 ist gezeigt, daß es keine bijektive Abbildung der reellen Zahlenmenge $\mathbb{R}$ auf die natürliche Zahlenmenge $\mathbb{N}$ gibt. Folglich gilt nicht card $\mathbb{R}$ = card $\mathbb{N}$. Da $\mathbb{N}$ eine Teilmenge von $\mathbb{R}$ ist, gilt definitionsgemäß card $\mathbb{N} \le$ card $\mathbb{R}$. Insgesamt folgt card $\mathbb{N}$ < card $\mathbb{R}$:

$$\neg(\text{card}\,\mathbb{R} = \text{card}\,\mathbb{N}) \wedge (\text{card}\,\mathbb{N} \le \text{card}\,\mathbb{R}) \Rightarrow$$
$$\text{card}\,\mathbb{N} < \text{card}\,\mathbb{R}$$

Kardinalzahl kartesischer Produkte der reellen Zahlenmenge : Es wird zunächst gezeigt, daß card $\mathbb{R}^2$ = card $\mathbb{R}$. Dazu wird eine bijektive Abbildung des offenen Einheitsintervalls $I =]0,1[$ auf $\mathbb{R}$ eingeführt :

$$f : I \to \mathbb{R} \qquad \text{mit} \qquad f(x) = \tan \pi \left(x - \frac{1}{2}\right)$$

Mit der Bijektion f folgt card $\mathbb{R}$ = card I und card $\mathbb{R}^2$ = card I^2, und damit

$$\text{card}\,\mathbb{R}^2 = \text{card}\,\mathbb{R} \quad \Leftrightarrow \quad \text{card}\,I^2 = \text{card}\,I$$

Mit der Dezimaldarstellung der reellen Zahlen wird folgende Bijektion $g : I^2 \to I$ aufgestellt :

$$x := 0.a_1 a_2 a_3 \ldots \qquad\qquad g(x,y) := 0.a_1 b_1 a_2 b_2 a_3 b_3 \ldots$$
$$y := 0.b_1 b_2 b_3 \ldots$$

Definitionsgemäß folgt card I^2 = card I und damit card $\mathbb{R}^2$ = card $\mathbb{R}$. Induktiv folgt card $\mathbb{R}^n$ = card $\mathbb{R}$.

5 TOPOLOGISCHE STRUKTUREN

5.1 EINFÜHRUNG

Topologie : Eine Menge M kann strukturiert werden, indem bestimmte Teilmengen von M gegenüber den anderen Teilmengen von M bevorzugt werden. Die Menge dieser bevorzugten Teilmengen heißt eine Topologie T auf M. Das Gebilde (M ; T) heißt ein topologischer Raum.

Die Potenzmenge von M enthält jede Teilmenge, die in M gebildet werden kann. Eine Topologie ist eine Teilmenge der Potenzmenge, die so gewählt ist, daß alle endlichen Durchschnitte und alle Vereinigungen von Elementen der Topologie ebenfalls Elemente der Topologie sind. Die Nullmenge $\emptyset$ und die Trägermenge M sind Elemente jeder Topologie. Ein Element der Topologie heißt eine offene Menge des topologischen Raumes (M ; T).

Euklidischer Raum : Ein anschauliches Beispiel eines topologischen Raumes ist der euklidische Raum. Die Punkte des euklidischen Raumes bilden die Trägermenge M des Raumes. Die Menge der Punkte, deren Abstand von einem gegebenen Punkt kleiner als ein reeller Wert $\varepsilon > 0$ ist, heißt ein ε-Ball. Jeder ε-Ball ist eine offene Menge des euklidischen Raumes. Die ε-Bälle bilden eine Basis für die Topologie des euklidischen Raumes. Jeder endliche Durchschnitt von ε-Bällen und jede Vereinigung von ε-Bällen ist ebenfalls ein Element der Topologie.

Eine beliebige Teilmenge eines euklidischen Raumes heißt eine Form. Linien, Flächen und Volumen sind Beispiele solcher Formen. Die topologischen Eigenschaften einer Form ergeben sich aus den Eigenschaften der ε-Umgebungen ihrer Punkte. Beispielsweise ist das Innere der Form die Teilmenge derjenigen Punkte der Form, für die es eine ε-Umgebung gibt, die nur Punkte der Form enthält. Gehören alle Randpunkte zur Form, so heißt die Form abgeschlossen.

Topologische Struktur : Die Untersuchung der Struktur topologischer Räume beruht auf der Abbildung dieser Räume. Eine Abbildung zwischen topologischen Räumen heißt stetig, wenn jede offene Menge der Bildmenge eine offene Menge als Urbild besitzt. Bijektive Abbildungen, die in beiden Richtungen stetig sind, heißen topologisch. Räume, zwischen denen es eine topologische Abbildung gibt, heißen homöomorph : Sie sind nicht anhand ihrer topologischen Struktur unterscheidbar. Eine Eigenschaft eines topologischen Raumes, die unter topologischer Abbildung unverändert bleibt, heißt eine topologische Invariante. Homöomorphe Räume besitzen gleiche topologische Invarianten.

Topologietypen : Die Topologie eines Raumes kann neben den allgemeinen Eigenschaften jeder Topologie auch besondere Eigenschaften besitzen. Beispiele solcher Topologien sind die natürliche Topologie metrischer Räume und die diskrete Topologie, die für jede Menge definiert ist. Topologien mit gleichen Eigenschaften bilden einen Topologietyp.

Topologien für neue Räume können durch die Abbildung bekannter topologischer Räume erzeugt werden. Abbildungen mit besonderen Eigenschaften erzeugen Topologien mit besonderen Eigenschaften, und damit Topologietypen. Als Beispiele solcher Topologien werden die Quotiententopologie, die Vereinigungstopologie, die Relativtopologie und die Produkttopologie behandelt. Sie sind in der algebraischen Topologie von Bedeutung.

Zusammenhang : Der Zusammenhang einer Menge ist eine topologische Invariante. Zur Definition des Zusammenhangs genügt es nicht, disjunkte Mengen zu betrachten. Daher wird der Begriff der Separation von Mengen eingeführt. Zwei Mengen sind separiert, wenn keine der Mengen Punkte der Hülle der jeweils anderen Menge enthält. Eine Menge ist zusammenhängend, wenn sie nicht als eine Vereinigung nichtleerer separierter Mengen darstellbar ist.

Trennung : Eine Topologie besitzt nur wenige Eigenschaften, die durch die allgemeine Definition von Topologien festgelegt sind. Häufig werden Topologien daher über Trennungsaxiome zusätzliche Eigenschaften zugewiesen, die ihren Typ bestimmen. Ein Trennungsaxiom definiert eine Beziehung zwischen Punkten, abgeschlossenen Mengen und offenen Mengen eines topologischen Raumes. Diese Axiome führen insbesondere zu den Hausdorff Räumen sowie den regulären und den normalen Räumen.

Konvergenz : Ein schrittweise durchgeführtes mathematisches Verfahren heißt konvergent, wenn es einen Punkt eines topologischen Raumes identifiziert. In metrischen Räumen wird häufig die Konvergenz von Folgen untersucht. Eine Folge ist eine Abbildung der natürlichen Zahlen auf die Trägermenge des Raumes. Es stellt sich die Frage nach der Existenz und Eindeutigkeit der Grenzwerte von Folgen und Teilfolgen. Eine allgemeine Beschreibung von Konvergenz beruht auf der Definition von Netzen. Ein Netz ist eine Abbildung einer gerichteten Menge auf die Trägermenge des Raumes. Mit Netzen wird insbesondere die Kompaktheit topologischer Räume untersucht. Grenzwerte von Summen der Glieder einer reellen Folge werden mit Hilfe von Zahlenreihen behandelt. In allgemeinen topologischen Räumen wird die Konvergenz von Filtern untersucht.

Kompaktheit : Die Anzahl der Elemente einer endlichen Menge ist eine topologische Invariante. Sie ist zur Charakterisierung der Begrenzung des Raumes geeignet. Enthält ein Raum jedoch unendlich viele Punkte, so ist die Punktanzahl nicht zur Charakterisierung der topologischen Begrenzung geeignet. Daher wird der Begriff der Kompaktheit von Mengen definiert. Eine Menge heißt kompakt, wenn jede Überdeckung der Menge mit offenen Mengen eine endliche Teilüberdeckung enthält. Die Kompaktheit eines Raumes ist bei Konvergenzuntersuchungen von Bedeutung.

Stetigkeit : In metrischen Räumen kann die Stetigkeit von Abbildungen über Eigenschaften von Häufungspunkten definiert werden. Diese Definition ist mit der Definition über die Eigenschaften offener Mengen verträglich, für einige der Anwendungen jedoch zweckmäßiger. Die Eigenschaften von Grenzwerten und Sprungstellen reeller Funktionen werden mit diesem Konzept näher untersucht.

5.2 TOPOLOGISCHE RÄUME

Einführung : Der Begriff eines topologischen Raumes ist im Zusammenhang mit der Untersuchung stetiger Flächen im euklidischen Raum entstanden. Für das Verständnis der wesentlichen Eigenschaften solcher Räume ist jedoch eine von der Geometrie unabhängige Definition des topologischen Raumes zweckmäßig. Daher wird in diesem Abschnitt ein topologischer Raum (M ; T) als ein Gebilde (M ; T) mit speziellen Eigenschaften definiert. Die topologischen Strukturen werden im Gegensatz zu den algebraischen und den ordinalen Strukturen nicht in der Form einer Relation (beispielsweise $+$ oder $\leq$) in einer Menge M, sondern in der Form einer Menge T von Teilmengen aus M angegeben. Im folgenden sind die zentralen Begriffe Topologie, offene und abgeschlossene Menge sowie Umgebung und Umgebungssystem für topologische Räume definiert.

Topologie : Eine Teilmenge T der Potenzmenge P(M) einer Menge M heißt eine Topologie auf der Trägermenge M, wenn für die Elemente von T folgendes gilt :

(T1) Die Topologie T enthält die Nullmenge $\emptyset$ und die Trägermenge M.

$$\emptyset \in T \quad \wedge \quad M \in T$$

(T2) Jeder Durchschnitt von je zwei Elementen A und B von T ist ebenfalls ein Element von T.

$$A \in T \quad \wedge \quad B \in T \quad \Rightarrow \quad A \cap B \in T$$

(T3) Die Vereinigung einer beliebigen Anzahl von Elementen A,B,... aus T ist ebenfalls ein Element von T.

$$A, B, \ldots \in T \quad \Rightarrow \quad A \cup B \cup \ldots \in T$$

In der Definition wird nicht vorausgesetzt, daß die Menge der zu vereinigenden Mengen abzählbar ist. Zwei Topologien S und T auf einer Trägermenge M heißen gleich, wenn sie dieselben Teilmengen aus P(M) enthalten.

$$S = T \quad :\Leftrightarrow \quad (A \in S \Leftrightarrow A \in T)$$

Topologischer Raum : Ein Gebilde (M ; T) heißt ein topologischer Raum, wenn T eine Topologie auf der Trägermenge M ist. Jedes Element der Trägermenge M heißt ein Punkt des topologischen Raumes. Jedes Element der Topologie T heißt eine offene Menge des topologischen Raumes und ist eine Teilmenge von M.

Die Mengen M und T können endlich oder unendlich sein. Ist die Menge M unendlich, so können auch Elemente von T unendliche Mengen sein. Die unendlichen Mengen können abzählbar oder überabzählbar sein.

Zur Vereinfachung der Notation werden offene Mengen im folgenden als indizierte Größen dargestellt, beispielsweise T_i oder T_k. Damit wird aber nicht vorausgesetzt, daß die Menge der zu vereinigenden Mengen abzählbar ist. Die Eigenschaften einer Topologie T auf der Trägermenge M sind dann wie folgt definiert :

(T1a) $\emptyset \in T \quad \wedge \quad M \in T$

(T2a) $T_i \in T \quad \wedge \quad T_k \in T \qquad \Rightarrow \qquad T_i \cap T_k \in T$

(T3a) $T_1, T_2, \ldots \in T \qquad \Rightarrow \qquad T_1 \cup T_2 \cup \ldots \in T$

Offene und abgeschlossene Mengen : Eine Teilmenge A von Punkten eines topologischen Raumes (M ; T) heißt eine offene Menge, wenn sie ein Element der Topologie des Raumes ist. Die Teilmenge A heißt eine abgeschlossene Menge, wenn ihr Komplement $\overline{A} = M - A$ in M ein Element der Topologie des Raumes ist.

$$\text{A ist offen in } (M\,;T) \quad :\Leftrightarrow \quad A \subseteq M \quad \wedge \quad A \in T$$
$$\text{A ist abgeschlossen in } (M\,;T) \quad :\Leftrightarrow \quad \overline{A} \subseteq M \quad \wedge \quad \overline{A} \in T$$

Hinweis : Statt der Formulierung "A ist offen in (M ; T)" werden häufig Formulierungen wie "A ist offen in M" oder "A ist offen" verwendet. Diese vereinfachten Formulierungen verbessern die Lesbarkeit. Der topologische Raum (M ; T), in dem die Menge A offen ist, muß durch den Zusammenhang erkennbar sein, in dem die Formulierung verwendet wird. In ähnlicher Weise werden vereinfachte Formulierungen für abgeschlossene Mengen benutzt.

Eigenschaften offener und abgeschlossener Mengen :

(M1) Das Komplement einer offenen Menge ist eine abgeschlossene Menge. Das Komplement einer abgeschlossenen Menge ist eine offene Menge.

(M2) Die Nullmenge $\emptyset$ und die Trägermenge M eines topologischen Raumes (M ; T) sind sowohl offene als auch abgeschlossene Mengen.

(M3) Die Vereinigung endlich oder unendlich vieler offener Mengen ist eine offene Menge.

(M4) Der Durchschnitt endlich vieler offener Mengen ist eine offene Menge. Der Durchschnitt unendlich vieler offener Mengen ist nicht immer eine offene Menge.

(M5) Die Vereinigung endlich vieler abgeschlossener Mengen ist eine abgeschlossene Menge. Die Vereinigung unendlich vieler abgeschlossener Mengen ist nicht immer eine abgeschlossene Menge.

(M6) Der Durchschnitt endlich oder unendlich vieler abgeschlossener Mengen ist eine abgeschlossene Menge.

Beweis : Eigenschaften offener und abgeschlossener Mengen

(M1) Die offene Menge $A \in T$ besitzt das Komplement $\overline{A} = M - A$. Das Komplement $\overline{A} \subseteq M$ ist eine abgeschlossene Menge, da $M - \overline{A} = A \in T$ gilt. Die abgeschlossene Menge A besitzt das Komplement $\overline{A} = M - A$. Das Komplement $\overline{A}$ ist eine offene Menge, da definitionsgemäß $\overline{A} \in T$ gilt.

(M2) Die Mengen $\emptyset$ und M sind nach der Definition (T1) Elemente jeder Topologie und daher offene Mengen. Weil ihre Komplemente $\overline{M} = \emptyset$ und $\overline{\emptyset} = M$ offene Mengen sind, sind die Mengen $\emptyset$ und M auch abgeschlossene Mengen.

(M3) Diese Eigenschaft folgt direkt aus Punkt (T3) der Topologiedefinition.

(M4) Aus der Eigenschaft (T2) der Topologiedefinition folgt direkt, daß der Durchschnitt endlich vieler offener Mengen eine offene Menge ist. Daß der Durchschnitt unendlich vieler offener Mengen eine nicht offene Menge sein kann, zeigt das folgende Beispiel. Der Durchschnitt E von offenen Intervallen $E_n =]-\frac{1}{n}, 1 + \frac{1}{n}[$ mit $n \in \mathbb{N}$ auf der $\mathbb{R}$-Achse ist das nicht offene Intervall [0,1], da die Grenzwerte 0 und 1 in allen E_n enthalten sind.

(M5) Für die Vereinigung endlich vieler abgeschlossener Mengen A_i gilt $\cup A_i = \cup(M - \overline{A}_i) = M - \cap \overline{A}_i$. Jedes der Komplemente $\overline{A}_i$ ist wegen (M1) eine offene Menge. Folglich ist der Durchschnitt $\cap \overline{A}_i$ wegen (M4) eine offene Menge. Das Komplement $M - \cap \overline{A}_i$ ist wegen (M1) eine abgeschlossene Menge. Die Vereinigung $\cup A_i$ ist daher eine abgeschlossene Menge.

Daß die Vereinigung unendlich vieler abgeschlossener Mengen nicht immer abgeschlossen ist, zeigt das folgende Beispiel. Die Vereinigung E von abgeschlossenen Intervallen $E_n = [\frac{1}{n+1}, \frac{1}{n}]$ mit $n \in \mathbb{N}$ auf der $\mathbb{R}$-Achse ist nicht abgeschlossen, da der Grenzwert 0 nicht in E enthalten ist.

(M6) Für den Durchschnitt beliebig vieler abgeschlossener Mengen A_i gilt $\cap A_i = \cap(M - \overline{A}_i) = M - \cup \overline{A}_i$. Jedes Komplement $\overline{A}_i$ ist wegen (M1) eine offene Menge. Daher ist die Menge $\cup \overline{A}_i$ wegen (M3) eine offene Menge. Das Komplement $M - \cup \overline{A}_i$ ist wegen (M1) eine abgeschlossene Menge. Der Durchschnitt $\cap A_i$ ist daher eine abgeschlossene Menge.

Vergleich von Topologien : Zwei Topologien T_1 und T_2 auf derselben Trägermenge M sind vergleichbar, wenn eine der Topologien eine Teilmenge der anderen ist. Gilt $T_1 \subset T_2$, so heißt T_1 die gröbere Topologie und T_2 die feinere Topologie. Die gröbste Topologie auf M ist $\{\emptyset, M\}$. Die feinste Topologie auf M ist die Potenzmenge P(M).

Umgebungen : Eine Teilmenge $A \subseteq M$ der Trägermenge eines topologischen Raumes $(M;T)$ heißt eine Umgebung eines Punktes $x \in M$, wenn es eine Teilmenge T_i von A gibt, die offen ist und x enthält.

$$\text{A ist eine Umgebung von x} \quad :\Leftrightarrow \quad \bigvee_{T_i \in T} (x \in T_i \ \wedge \ T_i \subseteq A)$$

Zur Vereinfachung der Notation werden verschiedene Umgebungen eines Punktes x im folgenden als indizierte Größen dargestellt, beispielsweise U_i und U_k. Damit wird aber nicht vorausgesetzt, daß die Menge der Umgebungen eines Punktes abzählbar ist. Die Menge der Umgebungen eines Punktes x heißt das Umgebungssystem von x und wird mit U(x) bezeichnet.

$$U(x) := \{U_i \subseteq M \mid \bigvee_{T_k \in T} (x \in T_k \ \wedge \ T_k \subseteq U_i)\}$$

Eine Umgebung A eines Punktes $x \in M$ heißt offen, wenn A eine offene Menge ist. Die Umgebung A heißt abgeschlossen, wenn A eine abgeschlossene Menge ist. Im allgemeinen ist eine Umgebung weder offen noch abgeschlossen. Der Begriff offene Umgebung unterscheidet sich von dem Begriff offene Menge darin, daß die offene Umgebung auf einen Punkt $x \in M$ bezogen ist und diesen Punkt enthält.

Eigenschaften eines Umgebungssystems : Die Definition der Umgebung eines Punktes führt zu folgenden Eigenschaften seines Umgebungssystems :

(1) Das Umgebungssystem U(x) ist nichtleer.

(2) Das Umgebungssystem U(x) enthält nicht die Leermenge $\emptyset$.

(3) Enthält das Umgebungssystem U(x) die Umgebungen U_i und U_k, so enthält es auch ihren Durchschnitt $U_m = U_i \cap U_k$.

(4) Enthält das Umgebungssystem U(x) die Umgebungen U_i und U_k, so enthält es auch ihre Vereinigung $U_m = U_i \cup U_k$.

(5) U_m sei eine Umgebung des Punktes x. Dann gibt es eine offene Teilmenge T_i von U_m, so daß U_m auch eine Umgebung für jeden Punkt y der Teilmenge T_i ist.

(6) Eine Menge ist genau dann eine Umgebung für jeden ihrer Punkte, wenn sie offen ist.

Beweis : Eigenschaften eines Umgebungssystems

(1) Das Umgebungssystem U(x) enthält mindestens die Trägermenge M, da M ein Element der Topologie und x ein Element von M ist.

(2) Das Umgebungssystem U(x) enthält nicht die Leermenge $\emptyset$, da jede Umgebung U_m von x mindestens x als Element enthält.

(3) Sind U_i und U_k Umgebungen von x, so gibt es offene Mengen T_i und T_k, so daß $x \in T_i \subseteq U_i$ und $x \in T_k \subseteq U_k$. Der Durchschnitt $T_i \cap T_k$ ist ein Element T_m der Topologie. Der Durchschnitt $U_i \cap U_k$ ist ein Element U_m der Potenzmenge P(M). Aus $x \in T_i \cap T_k$ und $T_i \cap T_k \subseteq U_i \cap U_k$ folgt $x \in T_m \subseteq U_m$, so daß U_m eine Umgebung von x ist.

(4) Sind U_i und U_k Umgebungen von x, so gibt es offene Mengen T_i und T_k, so daß $x \in T_i \subseteq U_i$ und $x \in T_k \subseteq U_k$. Die Vereinigung $T_i \cup T_k$ ist ein Element T_m der Topologie. Die Vereinigung $U_i \cup U_k$ ist ein Element U_m der Potenzmenge P(M). Aus $x \in T_i \cup T_k$ und $T_i \cup T_k \subseteq U_i \cup U_k$ folgt $x \in T_m \subseteq U_m$, so daß U_m eine Umgebung von x ist.

(5) Für jede Umgebung U_m des Punktes x gibt es eine offene Menge T_m, so daß $x \in T_m \subseteq U_m$. Für jeden Punkt y von T_m gilt $y \in T_m \subseteq U_m$, so daß U_m eine Umgebung für jeden Punkt y von T_m ist.

(6) Ist die Umgebung U_m keine der offenen Mengen der Topologie T und T_i die Vereinigung aller in U_m enthaltenen offenen Mengen, so ist U_m keine Umgebung für die Punkte der Mengendifferenz $U_m - T_i$. Ist U_m jedoch eine offene Menge, so ist die Menge U_m eine Umgebung für jeden ihrer Punkte.

Umgebungsaxiome : Die Eigenschaften eines Umgebungssystems sind im vorangehenden Abschnitt aus den Definitionen der Topologie und der Umgebung abgeleitet. Man kann aber auch die Eigenschaften eines Umgebungssystems durch die folgenden Umgebungsaxiome definieren und die Eigenschaften der Topologie sowie der Umgebung aus diesen Axiomen ableiten. Diese beiden Definitionen des topologischen Raumes sind gleichwertig.

(U1) Jeder Punkt x gehört zu jeder seiner Umgebungen.

(U2) Die Vereinigung einer beliebigen Anzahl von Umgebungen eines Punktes x ist eine Umgebung von x. Die Trägermenge M ist eine Umgebung von x.

(U3) Der Durchschnitt zweier Umgebungen von x ist eine Umgebung von x.

(U4) Jede Umgebung U_m eines Punktes x enthält eine Umgebung $U_i \subseteq U_m$ von x, so daß U_m auch Umgebung jedes Punktes von U_i ist.

5.3 BASEN UND ERZEUGENDENSYSTEME

Einführung : Für einen topologischen Raum $(M;T)$ stellt sich die Frage, ob die Topologie T aus einer Basis $B \subseteq T$ konstruiert werden kann. Im folgenden ist gezeigt, daß die Topologie T zwar durch Vereinigungen von Mengen einer Basis konstruiert werden kann, die Basis B jedoch im allgemeinen nicht eindeutig ist. Ferner stellt sich die Frage, ob aus einer Teilmenge S der Potenzmenge P(M) eine Basis konstruiert werden kann. Dies ist möglich, da jede Teilmenge von P(M) zur Konstruktion eines Erzeugendensystems verwendet werden kann.

Basis einer Topologie : $(M;T)$ sei ein topologischer Raum. Eine Teilmenge B der Topologie T heißt eine Basis des Raumes, wenn T genau die Mengen enthält, die durch beliebige Vereinigungen von Elementen aus B entstehen. Zur Vereinfachung der Notation werden die Mengen einer Basis B als indizierte Größen dargestellt, beispielsweise B_i und B_k. Damit wird aber nicht vorausgesetzt, daß jede Basis abzählbar ist.

Global abzählbarer topologischer Raum : Ein topologischer Raum $(M;T)$ heißt global abzählbar, wenn es eine abzählbare Basis B seiner Topologie T gibt. Für eine abzählbare Basis $B = \{B_1, B_2, B_3, ...\}$ gibt es zu jeder offenen Menge $T_i \in T$ eine abzählbare Indexmenge N_i, so daß gilt :

$$T_i \in T \quad :\Leftrightarrow \quad T_i = \bigcup_{n \in N_i} B_n$$

Ein global abzählbarer Raum heißt auch ein Raum, der das 2. Abzählbarkeitskriterium erfüllt.

Erzeugendensystem : Eine Teilmenge E der Potenzmenge P(M) heißt ein Erzeugendensystem auf der Trägermenge M, wenn gilt :

(E1) Die Trägermenge M ist eine Vereinigung von Elementen aus E.

(E2) Für jeden Punkt x des Durchschnitts A zweier Elemente aus E gibt es ein Element aus E, das x enthält und eine Teilmenge von A ist.

Zur Vereinfachung der Notation werden die Mengen eines Erzeugendensystems E als indizierte Größen dargestellt, beispielsweise E_i und E_k. Damit wird aber nicht vorausgesetzt, daß jedes Erzeugendensystem abzählbar ist. Die Eigenschaften des Erzeugendensystems erhalten dann folgende Darstellung :

(E1) $M = \bigcup E_i$

(E2) $\bigwedge_{E_i} \bigwedge_{E_k} ((x \in E_i \cap E_k) \Rightarrow \bigvee_{E_m} (x \in E_m \subseteq (E_i \cap E_k)))$

Konstruktion einer Topologie : Ein Erzeugendensystem E ist eine Basis für einen topologischen Raum mit der Trägermenge M. Die Menge T, die jede Vereinigung von Elementen aus E enthält, ist also eine Topologie auf M.

$$T = \{T_i \mid \bigvee_{E' \subseteq E} (T_i = \bigcup_{E_k \in E'} E_k)\}$$

Beweis : Ein Erzeugendensystem ist eine Basis einer Topologie.

(1) Aus (E1) folgt, daß T die Trägermenge M als Element enthält. Aus der Definition der generalisierten Vereinigung folgt, daß T mit der Vereinigung einer leeren Menge von Elementen aus E auch die Nullmenge $\emptyset$ als Element enthält. Also besitzt die Menge T die Eigenschaft (T1) einer Topologie.

(2) Aus (E2) folgt, daß jeder Punkt des Durchschnitts $E_i \cap E_k$ zweier Elemente aus E in einem Element E_m aus E enthalten ist, das seinerseits eine Teilmenge von $E_i \cap E_k$ ist. Verschiedene Punkte aus $E_i \cap E_k$ sind im allgemeinen in verschiedenen Elementen $E_m, E_n, \ldots$ enthalten. Die Vereinigung dieser Elemente ist definitionsgemäß ein Element von T. Also ist der Durchschnitt $E_i \cap E_k$ ein Element von T. Für offene Mengen T_r und T_s gibt es Teilmengen E' und E'' von E, so daß T_r die Vereinigung der Mengen in E' und T_s die Vereinigung der Mengen in E'' ist. Mit $E_i \cap E_k$ ist daher auch $T_r \cap T_s$ ein Element von T. Folglich besitzt die Menge T die Eigenschaft (T2) einer Topologie.

(3) Jedes Element von T ist konstruktionsgemäß eine Vereinigung von Mengen aus E. Jede Vereinigung von Elementen aus T ist daher eine Vereinigung von Elementen aus E. Jede Vereinigung von Elementen aus E ist aber voraussetzungsgemäß ein Element von T. Also besitzt die Menge T die Eigenschaft (T3) einer Topologie.

Da die Menge T die Eigenschaften (T1) bis (T3) einer Topologie besitzt, ist T eine Topologie auf der Trägermenge M.

Subbasis einer Topologie : Eine Teilmenge S der Potenzmenge P(M) heißt eine Subbasis auf der Trägermenge M. Zur Vereinfachung der Notation werden die Mengen einer Subbasis S als indizierte Größen dargestellt, beispielsweise S_i und S_k. Damit wird aber nicht vorausgesetzt, daß jede Subbasis abzählbar ist.

Konstruktion eines Erzeugendensystems : Die Menge E aller Durchschnittsmengen von endlich vielen Elementen einer Subbasis S ist ein Erzeugendensystem für eine Topologie auf der Trägermenge M der Subbasis. Zum Beweis wird gezeigt, daß die Bedingungen (E1) und (E2) erfüllt sind.

(1) Aus der Definition des generalisierten Durchschnitts folgt, daß E mit dem Durchschnitt einer leeren Menge von Elementen aus S die Trägermenge M enthält. Also ist die Bedingung (E1) erfüllt.

(2) Die Menge E enthält konstruktionsgemäß mit zwei beliebigen Mengen E_i und E_k auch ihren Durchschnitt $E_m = E_i \cap E_k$. Also ist die Bedingung (E2) erfüllt.

Diskrete Topologie : Die Potenzmenge P(M) heißt die diskrete Topologie auf der Trägermenge M. Ein diskreter topologischer Raum (M ; P(M)) besitzt besondere Eigenschaften :

(1) Jede Teilmenge von M ist offen, da sie in P(M) enthalten ist.

(2) Jede Teilmenge von M ist abgeschlossen, da ihr Komplement in P(M) enthalten und damit eine offene Menge ist.

(3) Abbildungen zwischen diskreten topologischen Räumen sind stetig, da die Urbilder offener Mengen offene Mengen sind. Die Abbildungen sind jedoch im allgemeinen nicht bijektiv und daher nicht homöomorph.

Teilmengen eines diskreten topologischen Raumes sind also zugleich offen und abgeschlossen. Bijektive Abbildungen zwischen diskreten topologischen Räumen sind homöomorph.

Äquivalente Basen : A und B seien verschiedene Erzeugendensysteme auf einer Trägermenge M. Die durch Vereinigung von Mengen aus A konstruierte Topologie sei S. Die durch Vereinigung von Mengen aus B konstruierte Topologie sei T. Dann heißen die Erzeugendensysteme A und B äquivalente Basen, wenn die Topologien S und T gleich sind. Äquivalente Basen sind im allgemeinen nicht gleich.

Nachweis der Äquivalenz von Basen : Zwei Erzeugendensysteme A und B auf einer Trägermenge M sind äquivalente Basen, wenn gilt :

(1) Für jede offene Menge A_i von A und für jeden Punkt x in A_i gibt es eine offene Menge B_k in B, so daß $x \in B_k \subseteq A_i$.

(2) Für jede offene Menge B_m in B und für jeden Punkt y in B_m gibt es eine offene Menge A_s in A, so daß $y \in A_s \subseteq B_m$.

Beweis : Äquivalenz von Basen

Gegeben seien Erzeugendensysteme A und B mit den Eigenschaften (1) und (2). Die aus A konstruierte Topologie sei S mit den offenen Mengen S_i. Dann ist S_i definitionsgemäß die Vereinigung der Mengen einer Teilmenge A' von A :

$$S_i = \bigcup_{A_k \in A'} A_k$$

Für jeden Punkt $x \in S_i$ gibt es wegen (1) offene Mengen $A_k \in A'$ und $B_m \in B$, so daß $x \in B_m \subseteq A_k$. Die so für jeden Punkt $x \in S_i$ bestimmten Mengen B_m werden in einer Teilmenge B' von B zusammengefaßt. Die Vereinigung der Mengen in B' wird mit T_n bezeichnet und ist definitionsgemäß ein Element der aus B konstruierten Topologie T :

$$B' := \{B_m \in B \mid \bigvee_{x \in S_i} (x \in B_m \subseteq A_k \subseteq S_i)\}$$

$$T_n := \bigcup_{B_m \in B'} B_m$$

Da jeder Punkt $x \in S_i$ in einer der offenen Mengen $B_m \in B'$ enthalten ist, gilt $S_i \subseteq T_n$. Da jede Menge $B_m \in B'$ Teilmenge einer Menge $A_k \in A'$ ist, gilt $T_n \subseteq S_i$. Aus $S_i \subseteq T_n$ und $T_n \subseteq S_i$ folgt $T_n = S_i$.

Auf analoge Weise wird mit (2) gezeigt, daß es für jede offene Menge $T_r \in T$ eine gleiche offene Menge $S_t \in S$ gibt. Also führen die Erzeugendensysteme A und B zu gleichen Topologien S und T, wenn die Bedingungen (1) und (2) erfüllt sind. Jedes Erzeugendensystem ist eine Basis. Folglich sind A und B äquivalente Basen.

Umgebungsbasis : (M ; T) sei ein topologischer Raum. Eine Teilmenge B(x) des Umgebungssystems U(x) eines Punktes $x \in M$ heißt eine Umgebungsbasis am Punkt x, wenn jedes Element von U(x) ein Element von B(x) als Teilmenge enthält. Die Definition des Umgebungssystems gewährleistet, daß jedes Element der Umgebungsbasis B(x) mindestens eine offene Menge der Topologie T als Teilmenge enthält.

$$\bigwedge_{U_i \in U} \bigvee_{B_k \in B} \bigvee_{T_m \in T} (T_m \subseteq B_k \subseteq U_i)$$

Lokal abzählbarer topologischer Raum : Ein topologischer Raum (M ; T) heißt lokal abzählbar, wenn jeder Punkt $x \in M$ eine abzählbare Umgebungsbasis besitzt. Nicht jeder Raum, der lokal abzählbar ist, ist auch global abzählbar. Beispielsweise ist in Abschnitt 5.4 gezeigt, daß zwar jeder metrische Raum lokal abzählbar, aber nicht jeder metrische Raum global abzählbar ist. Ein lokal abzählbarer Raum heißt auch ein Raum, der das 1. Abzählbarkeitskriterium erfüllt.

Beispiel 1 : Konstruktion einer Topologie

Auf der Trägermenge M = {a, b, c} wird eine Topologie T konstruiert. Die Subbasis S wird frei gewählt. Die resultierenden Umgebungssysteme der Punkte des topologischen Raumes (M ; T) enthalten nicht die Teilmengen {a}, {c} und {a, c} der Potenzmenge P(M).

Subbasis : $S = \{\{a, b\}, \{b, c\}\}$

Erzeugendensystem : $E = \{\{a, b\}, \{b, c\}, \{b\}\}$

Topologie : $T = \{\emptyset, \{b\}, \{a, b\}, \{b, c\}, \{a, b, c\}\}$

Umgebungssysteme : $U(a) = \{\{a, b\}, \{a, b, c\}\}$
$U(b) = \{\{b\}, \{a, b\}, \{b, c\}, \{a, b, c\}\}$
$U(c) = \{\{b, c\}, \{a, b, c\}\}$

Beispiel 2 : Vergleich von Topologien und Umgebungen

Die Menge $T = \{\emptyset, \{b\}, \{b, c\}, \{a, b, c\}\}$ ist eine Topologie auf der Menge M = {a,b,c}. Die Topologie T ist gröber als die des Beispiels 1, da sie das Element {a, b} nicht enthält. Folglich ist {a, b} in Beispiel 2 auch keine offene Menge. Dennoch ist {a, b} eine Umgebung von Punkt b, da die Bedingung $b \in \{b\} \subseteq \{a,b\}$ erfüllt ist : Der Punkt b liegt in der offenen Menge {b}, die in der Umgebung {a, b} enthalten ist. Das Umgebungssystem des Punktes a ist verschieden von U(a) in Beispiel 1. Die anderen Umgebungssysteme sind gleich.

Umgebungssysteme : $U(a) = \{\{a, b, c\}\}$
$U(b) = \{\{b\}, \{a, b\}, \{b, c\}, \{a, b, c\}\}$
$U(c) = \{\{b, c\}, \{a, b, c\}\}$

Beispiel 3 : Äquivalenz von Basen

M sei eine offene Menge in der euklidischen Ebene $\mathbb{R}^2$. Die Menge aller offenen Kreisscheiben um alle Punkte aus M ist eine topologische Basis A auf M. Die Menge aller offenen Quadrate um alle Punkte aus M ist eine zweite topologische Basis B auf M. Die Basen A und B sind äquivalent. Zu jedem Punkt in einem offenen Kreis A_i gibt es nämlich ein offenes Quadrat $B_k \subseteq A_i$, das diesen Punkt enthält. Ebenso gibt es zu jedem Punkt in einem offenen Quadrat B_m einen offenen Kreis $A_n \subseteq B_m$, der diesen Punkt enthält.

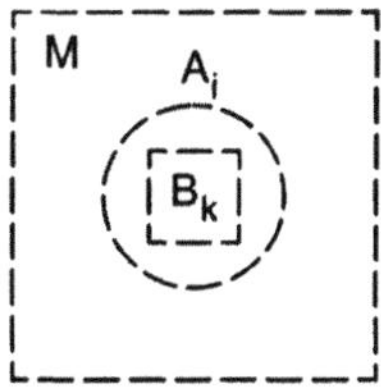

Basis A : $x \in B_k \subseteq A_i$

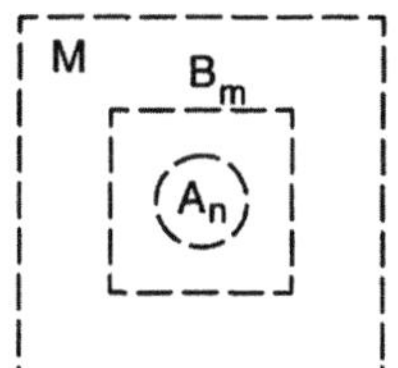

Basis B : $y \in A_n \subseteq B_m$

5.4 METRISCHER RAUM

Einführung : Auf einer Menge wird eine Struktur definiert, indem je zwei Punkten der Menge ein Abstand zugeordnet wird. Diese Abbildung heißt eine Metrik. Aus der metrischen Struktur eines Raumes kann eine topologische Struktur abgeleitet werden, aber nicht unbedingt umgekehrt. Zur Konstruktion einer metrischen Topologie werden zunächst ε-Bälle definiert. Diese Bälle besitzen die Eigenschaften eines Erzeugendensystems und eignen sich folglich als Basis einer Topologie. Verschiedene Definitionen der Metrik führen im allgemeinen zu verschiedenen Topologien. Als Beispiele metrischer Räume werden euklidische und diskrete Räume behandelt.

Metrik : Eine Abbildung $d : M \times M \to \mathbb{R}$ heißt eine Metrik auf der Menge M, wenn für alle Elemente x, y, z von M folgendes gilt :

(M1) $d(x, x) = 0$

(M2) $d(x, y) > 0 \quad \text{für} \quad x \neq y$

(M3) $d(x, y) = d(y, x)$

(M4) $d(x, z) \le d(x, y) + d(y, z)$

Das Bild d(x, y) heißt der Abstand der Punkte x und y. Eine Abbildung, die an Stelle der Eigenschaft (M2) die Eigenschaft $d(x, y) \ge 0$ besitzt, heißt eine Pseudometrik.

Euklidische Metrik : Die euklidische Metrik wird analog zum geometrischen Abstand definiert. Die Trägermenge des n-dimensionalen euklidischen Raumes enthält die Vektoren $\mathbf{x} = (x_1, x_2, ..., x_n)$ des reellen Vektorraums $\mathbb{R}^n$. Die reellen Zahlen x_i heißen die Koordinaten des Vektors **x**.

$$\mathbb{R}^n := \{\mathbf{x} = (x_1, x_2, ..., x_n) \mid x_i \in \mathbb{R}\}$$

Die Abbildung $d : \mathbb{R}^n \times \mathbb{R}^n \to \mathbb{R}$ heißt die euklidische Metrik auf $\mathbb{R}^n$, wenn der Abstand $d(\mathbf{x}, \mathbf{y})$ der Punkte $\mathbf{x} = (x_1, ..., x_n)$ und $\mathbf{y} = (y_1, ..., y_n)$ analog zum Abstand im Raum $\mathbb{R}^3$ bestimmt wird :

$$d(\mathbf{x}, \mathbf{y}) = \sqrt{(x_1 - y_1)^2 + ... + (x_n - y_n)^2}$$

Diskrete Metrik : Eine Abbildung $d : M \times M \to \mathbb{R}$ für eine beliebige Trägermenge M heißt eine diskrete Metrik, wenn für beliebige verschiedene Punkte $x, y \in M$ der Abstand $d(x, x) = 0$ und der Abstand $d(x, y) = 1$ ist. Die diskrete Metrik besitzt also nur zwei voneinander verschiedene Werte, die auf 0 und 1 gesetzt werden.

$$d(x, x) := 0$$

$$d(x, y) := 1 \quad \text{für} \quad x \neq y$$

ε-Ball : Auf einer Menge M sei eine Metrik d bekannt. Die Teilmenge der Punkte von M, deren Abstand von einem festen Punkt $x \in M$ kleiner ist als eine positive reelle Zahl ε, heißt ein ε-Ball in M und wird mit D(x, ε) bezeichnet.

$$D(x, \varepsilon) := \{y \in M \mid d(x, y) < \varepsilon\}$$

Ist die Metrik euklidisch, so führen verschiedene Werte von ε zu verschiedenen Punktmengen. Ist die Metrik diskret, so ist jeder ε-Ball mit $\varepsilon \leq 1$ die Menge {x} und jeder ε-Ball mit $\varepsilon > 1$ die Menge M.

Metrische Basis : Für jeden Punkt x einer Menge M, auf der eine Metrik d definiert ist, gibt es mindestens einen ε-Ball $B_\varepsilon := D(x, \varepsilon)$. Die Menge B der ε-Bälle in M ist ein Erzeugendensystem und damit eine Basis für eine metrische Topologie. Die ε-Bälle sind offene Mengen der metrischen Topologie.

$$B := \{ B_\varepsilon = D(x, \varepsilon) \mid x \in M \}$$

Beweis : Konstruktion einer metrischen Basis

(1) Jeder Punkt $x \in M$ ist nach Definition der Menge B in mindestens einem ε-Ball enthalten. Die Vereinigung der ε-Bälle enthält folglich jeden Punkt aus M. Damit besitzt die Menge B die Eigenschaft (E1) eines Erzeugendensystems.

(2) $B_r = D(x, r)$ und $B_s = D(y, s)$ seien verschiedene Elemente der Menge B. Ist ihr Durchschnitt $B_r \cap B_s$ leer (beispielsweise für eine diskrete Metrik), so ist die Bedingung (E2) für Erzeugendensysteme erfüllt, da es keinen Punkt $x \in B_r \cap B_s$ gibt.

(3) Ist der Durchschnitt $B_r \cap B_s$ nicht leer, so gibt es einen Punkt z in $B_r \cap B_s$, dessen Abstand von x geringer ist als r und dessen Abstand von y geringer ist als s :

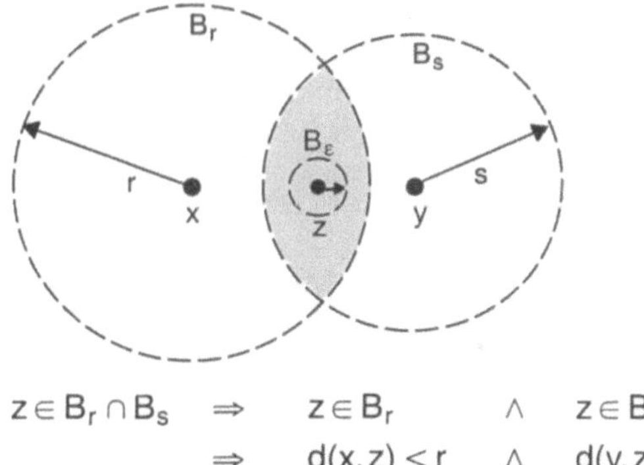

$$\begin{aligned} z \in B_r \cap B_s \quad & \Rightarrow \quad z \in B_r \quad \wedge \quad z \in B_s \\ & \Rightarrow \quad d(x, z) < r \quad \wedge \quad d(y, z) < s \end{aligned}$$

Es gibt einen ε-Ball $B_\varepsilon := D(x, \varepsilon)$ mit Radius $\varepsilon = \min\{r - d(x, z),\ s - d(y, z)\} / 2$, der ganz in $B_r \cap B_s$ enthalten ist. Damit besitzt die Menge B auch die Eigenschaft (E2) eines Erzeugendensystems.

$$\varepsilon = \min\{r - d(x, z),\ s - d(y, z)\} / 2$$

$$z \in B_\varepsilon \subseteq (B_r \cap B_s)$$

(4) Da die Menge B der ε-Bälle die Eigenschaften (E1) und (E2) eines Erzeugendensystems besitzt, ist B eine Basis für eine metrische Topologie. Die in einer Basis enthaltenen Mengen sind definitionsgemäß offene Mengen der mit dieser Basis konstruierten Topologie. Folglich ist jeder ε-Ball eine offene Menge einer metrischen Topologie.

Metrische Topologie : Gegeben seien eine Menge M und eine Metrik $d: M \times M \to \mathbb{R}$. Dann erzeugt die mit d assoziierte metrische Basis B eine metrische (natürliche) Topologie T auf der Menge M. Jede Vereinigung von ε-Bällen B_ε der metrischen Basis B ist eine offene Menge T_i der natürlichen Topologie T.

$$T_i \in T \quad :\Leftrightarrow \quad \bigvee_{B' \subseteq B} \ (T_i = \bigcup_{B_\varepsilon \in B'} B_\varepsilon)$$

Metrischer Raum : Das Gebilde (M ; d) mit der Trägermenge M und der Metrik d heißt ein metrischer Raum. Ein metrischer Raum besitzt die von seiner Metrik induzierte natürliche Topologie. Im folgenden wird bei metrischen Räumen die natürliche Topologie vorausgesetzt.

Euklidischer Raum : Das Gebilde (M ; d) heißt ein n-dimensionaler euklidischer Raum, wenn die Trägermenge M der reelle Raum $\mathbb{R}^n$ und d die euklidische Metrik ist.

Auf der reellen Geraden $\mathbb{R}^1$ sind die Elemente der natürlichen Basis offene Intervalle. Auf der euklidischen Ebene $\mathbb{R}^2$ sind die Elemente der natürlichen Basis offene Kreisscheiben. In dem euklidischen Raum $\mathbb{R}^3$ sind die Elemente der natürlichen Basis offene Kugeln.

Diskreter metrischer Raum : Gegeben seien eine Menge M und eine Metrik $d: M \times M \to \mathbb{R}$. Die von d induzierte metrische Basis B heißt diskret, wenn sie für jeden Punkt $x \in M$ einen ε-Ball besitzt, der nur den Punkt x enthält.

$$B := \{\{x\} \mid x \in M\}$$

Eine diskrete metrische Basis erzeugt eine diskrete Topologie :

(1) Für verschiedene Punkte $x, y \in M$ gibt es ε-Bälle, deren Durchschnitt leer ist.

(2) Jede Teilmenge von M ist eine offene Menge, da sie die Vereinigung der offenen Mengen ihrer Punkte ist.

(3) Jede Teilmenge von M ist eine abgeschlossene Menge, da ihr Komplement in M eine offene Menge ist.

(4) Die Trägermenge M ist ein Element der Topologie T. Ihr Durchschnitt mit den ε-Bällen D(x, 1) ist nicht leer.

Die diskrete metrische Topologie einer Menge M ist folglich die Potenzmenge P(M). Das Gebilde (M ; d) heißt ein diskreter metrischer Raum, wenn die Metrik d eine diskrete Topologie induziert.

Umgebungsbasis : Die ε-Bälle $B_\varepsilon = d(x, \varepsilon)$ eignen sich als eine Umgebungsbasis des Punktes x. Für jedes Element B_ε gibt es eine offene Menge T_i (nämlich $T_i = B_\varepsilon$), so daß die Bedingung $T_i \subseteq B_\varepsilon$ erfüllt ist. Für jede Umgebung U_i von x gibt es ein Element $B_\varepsilon \subseteq U_i$, das mindestens den Punkt x enthält. Also gilt :

$$\bigwedge_{U_i} \bigvee_{B_\varepsilon} \bigvee_{T_m} (T_m = B_\varepsilon \subseteq U_i)$$

In der nachfolgenden Untersuchung topologischer Eigenschaften genügt es, an Stelle des vollständigen Umgebungssystems U(x) eines Punktes $x \in M$ die Umgebungsbasis B(x) zu betrachten.

$$B(x) = \{B_\varepsilon \mid B_\varepsilon = D(x, \varepsilon)\}$$

Offener Abschnitt : Die rationale Zahlenmenge $\mathbb{Q}$ ist total geordnet. Zu jeder Zahl $q \in \mathbb{Q}$ gibt es daher eine eindeutige Teilmenge S_q von $\mathbb{Q}$, die jedes Element $x \in \mathbb{Q}$ enthält, das kleiner als q ist. Eine solche Teilmenge heißt ein offener Abschnitt von $\mathbb{Q}$.

$$S_q = \{x \in \mathbb{Q} \mid x < q\}$$

Offener Anfang : Die Teilmenge von $\mathbb{Q}$, für die $x < 0$ oder $x^2 < 2$ gilt, ist kein offener Abschnitt in $\mathbb{Q}$. Da es keine rationale Lösung der Gleichung $q^2 = 2$ gibt (siehe Abschnitt 6.5), gibt es auch keine Zahl $q \in \mathbb{Q}$, mit der ein offener Abschnitt S_q definiert werden kann, dessen Zahlen die Bedingung $x < 0$ oder $x^2 < 2$ erfüllen. Zur Darstellung der Teilmenge von $\mathbb{Q}$, für die $x < 0$ oder $x^2 < 2$ gilt, wird der Begriff offener Anfang definiert.

Eine Teilmenge A einer total geordneten Menge (M ; ≤) heißt ein Anfang in M, wenn A mit jedem $x \in A$ auch alle $y \in M$ enthält, für die $y \le x$ gilt. Ein Anfang ohne größtes Element heißt offener Anfang.

$$\text{A ist offener Anfang} \quad :\Leftrightarrow \quad \bigwedge_{x \in A} \bigwedge_{y \in M} (y \le x \quad \Rightarrow \quad y \in A)$$

Beispiel : Die reelle Zahl $\sqrt{2}$

Die reelle Zahl $\sqrt{2}$ ist ein offener Anfang B in der rationalen Zahlenmenge $\mathbb{Q}$:

$$B := \mathbb{Q}^- \cup \{x \in \mathbb{Q}_0^+ \mid x^2 < 2\}$$

$\mathbb{Q}^-$ negative rationale Zahlen

$\mathbb{Q}_0^+$ positive rationale Zahlen und Null

(1) Aus $x \in \mathbb{Q}^-$ und $y \le x$ folgt $y \in \mathbb{Q}^-$. Folglich erfüllt x die Bedingung für ein Element eines Anfangs.

(2) Für $x \in \mathbb{Q}_0^+$ und $y \le x$ gilt entweder $y \in \mathbb{Q}^-$ oder $y \in \mathbb{Q}_0^+$. Gilt $y \in \mathbb{Q}^-$, so gilt $y \in B$. Gilt $y \in \mathbb{Q}_0^+$, so führt $y \le x$ zu $(x+y)(x-y) \ge 0$ und damit zu $y^2 \le x^2$. Aus $x^2 < 2$ folgt $y^2 < 2$, also $y \in B$. Insgesamt folgt aus $x \in \mathbb{Q}_0^+$ und $y \le x$ mit $x^2 < 2$, daß $y \in B$. Folglich erfüllt x die Bedingung für ein Element eines Anfangs.

(3) Die Menge B besitzt kein größtes Element. Zu jeder rationalen Zahl $x \in \mathbb{Q}_0^+$ mit $x^2 < 2$ gibt es nämlich eine Zahl $y \in \mathbb{Q}_0^+$ mit $y > x$ und $y^2 < 2$.

- Wähle $y = \dfrac{4}{x + \frac{2}{x}}$
- Die Bedingung $y > x$ ist erfüllt, wenn $4 > x^2 + 2$, also $x^2 < 2$. Voraussetzungsgemäß gilt $x^2 < 2$ und damit $y > x$.
- Zum Beweis von $y^2 < 2$ wird y^2 aus dem Ansatz bestimmt und umgeformt. Für jede Zahl $z \in \mathbb{Q}_0^+$ mit $z < 1$ gilt $\frac{1}{z} > 2 - z$. Diese Eigenschaft wird für $\frac{x^2}{2} < 1$ genutzt :

$$y^2 = \frac{16}{x^2 + 4 + \frac{4}{x^2}} < \frac{16}{x^2 + 4 + 2(2 - \frac{x^2}{2})} = 2$$

Aus $x^2 < 2$, $y > x$ und $y^2 < 2$ folgt, daß B kein größtes Element besitzt. Folglich ist B ein offener Anfang. Die reelle Zahl $B = \sqrt{2}$ ist irrational, da es für $\sqrt{2}$ keinen offenen Abschnitt in $\mathbb{Q}$ gibt.

Lokale Abzählbarkeit metrischer Räume : Ein topologischer Raum (M ; T) ist lokal abzählbar, wenn jeder Punkt $x \in M$ eine abzählbare Umgebungsbasis B(x) besitzt. Jeder metrische Raum (M ; d) ist lokal abzählbar. Zum Beweis wählt man als Umgebungsbasis des Punktes x die Menge der ε-Bälle mit Mittelpunkt x und Radius $q \in \mathbb{Q}^+$.

$$B(x) := \{ D(x,q) \mid q \in \mathbb{Q}^+ \}$$

Es wird gefordert, daß jede Umgebung von x ein Element von B(x) enthält. Da das Umgebungssystem von x auch ε-Bälle D(x, r) mit irrationalem Radius r enthält, ist zu beweisen, daß D(x, r) ein Element von B(x) enthält. Die irrationale Zahl r ist ein offener Anfang. Der offene Anfang enthält ein $q_0 \in \mathbb{Q}^+$, so daß $D(x, q_0)$ in D(x, r) enthalten ist. Also ist B(x) eine Umgebungsbasis von x. Da $\mathbb{Q}$ abzählbar ist, ist auch B(x) abzählbar. Folglich ist der metrische Raum (M ; d) lokal abzählbar.

Globale Abzählbarkeit metrischer Räume : Ein topologischer Raum (M ; T) ist global abzählbar, wenn seine Topologie T eine abzählbare Basis besitzt. Nicht jeder metrische Raum ist global abzählbar. Jeder euklidische Raum ($\mathbb{R}^n$; d) ist jedoch global abzählbar. Ein diskreter metrischer Raum ist global abzählbar, wenn seine Trägermenge M abzählbar ist.

Beweis : Globale Abzählbarkeit euklidischer Räume

Als Basis B der Topologie eines euklidischen Raumes ($\mathbb{R}^n$; d) wird die Menge der ε-Bälle D(x,q) mit rationalem Radius $q \in \mathbb{Q}^+$ gewählt, deren Mittelpunkte rationale Koordinaten $x_i \in \mathbb{Q}^+$ besitzen. Es wird gezeigt, daß B die Eigenschaften eines Erzeugendensystems und damit einer Basis der Topologie besitzt. Da $\mathbb{Q} \times \mathbb{Q}^n$ abzählbar ist, ist auch B abzählbar.

(1) Jeder rationale Punkt $x \in \mathbb{R}^n$ ist in einem ε-Ball $D(x,q) \in B$ enthalten. Jeder Punkt $y \in \mathbb{R}^n$, dessen Koordinaten $(y_1, ..., y_n)$ insgesamt oder teilweise irrational sind, ist in einem ε-Ball $D(0, q) \in B$ mit $q > d(D, y)$ enthalten. Die Vereinigung der Elemente von B enthält folglich jeden Punkt aus $\mathbb{R}^n$. Folglich besitzt B die Eigenschaft (E1) eines Erzeugendensystems.

(2) Bei der Konstruktion metrischer Basen wurde gezeigt, daß jeder nichtleere Durchschnitt $B_i \cap B_k$ zweier Elemente von B einen ε-Ball (w, r) enthält. Ist r nicht rational, so enthält der offene Anfang für r eine rationale Zahl q_0, so daß der ε-Ball$(w, q_0) \in B$ in $B_i \cap B_k$ enthalten ist. Folglich besitzt B die Eigenschaft (E2) eines Erzeugendensystems.

Beweis : Globale Abzählbarkeit diskreter metrischer Räume

Die Topologie eines diskreten metrischen Raumes (M ; T) enthält für jeden Punkt $x \in M$ die einelementige Menge $D(x, 1) = \{x\}$. Folglich muß auch eine Basis von T jeden der ε-Bälle D(x, 1) enthalten. Die Kardinalität der Basis ist folglich nicht kleiner als die Kardinalität von M. Gewählt wird die Basis B, die für jeden Punkt $x \in M$ den ε-Ball D(x, 1) enthält.

(1) Die Vereinigung der Elemente von B enthält jeden Punkt von M. Folglich besitzt B die Eigenschaft (E1) eines Erzeugendensystems.

(2) Der Durchschnitt zweier Elemente von B ist leer. Folglich besitzt B die Eigenschaft (E2) eines Erzeugendensystems.

Also besitzt B die Eigenschaften eines Erzeugendensystems und damit einer Basis der Topologie T. Ist die Trägermenge M abzählbar, so ist auch die Basis B abzählbar. Ist M überabzählbar, so ist auch B überabzählbar.

Beispiel 1 : Metrik der euklidischen Ebene

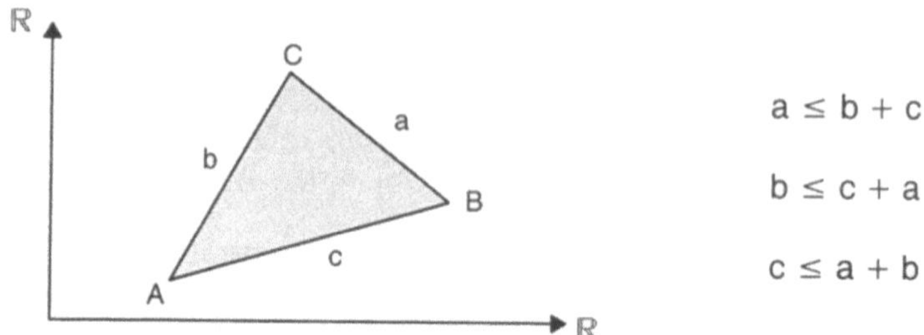

In der euklidischen Ebene $\mathbb{R}^2$ besitzt der Punktabstand die Eigenschaften (M1) bis (M4) einer Metrik :

(1) Der Abstand eines Punktes von sich selbst ist 0.

(2) Der Abstand zwischen verschiedenen Punkten ist positiv.

(3) Der Abstand von A nach B ist gleich dem Abstand von B nach A.

(4) Die Länge einer beliebigen Seite eines Dreiecks ist kleiner oder gleich der Summe der Längen der anderen Seiten. Sind die Eckpunkte kolinear (Fläche 0), so ist die Länge einer Seite gleich der Summe der Längen der anderen Seiten.

Beispiel 2 : Basen in der euklidischen Ebene

In der Definition der Topologie eines euklidischen Raumes wurden offene Kreise als Basiselemente der metrischen Topologie gewählt. Diese Wahl ist nicht zwingend. Beispielsweise kann man in der euklidischen Ebene offene Kreise oder offene Rechtecke als Basiselemente der Topologie wählen. In der Regel werden jedoch die Kreise als Basis der euklidischen Räume bevorzugt, da sie mit der euklidischen Metrik besonders einfach darzustellen sind.

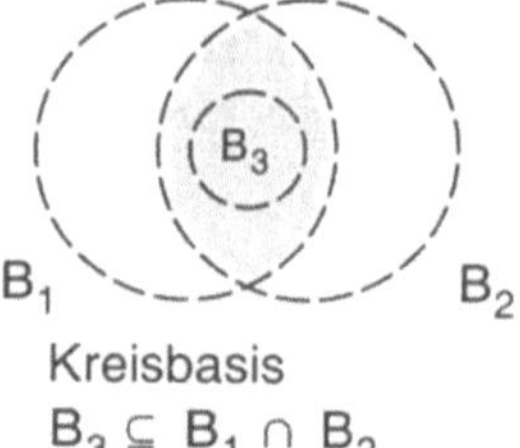

Kreisbasis
$B_3 \subseteq B_1 \cap B_2$

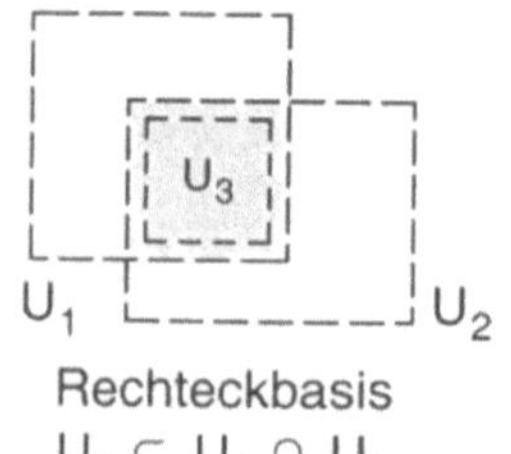

Rechteckbasis
$U_3 \subseteq U_1 \cap U_2$

Beispiel 3 : Diskrete metrische Topologie

Gegeben sei ein metrischer Raum (M ; d) mit der Trägermenge $M := \{a, b\}$ und der diskreten Metrik d. Die diskrete Basis dieses Raumes enthält die ε-Bälle $D(a, 1) = \{a\}$ und $D(b, 1) = \{b\}$.

Die Menge der Vereinigungen von Elementen der Basis $B = \{\{a\}, \{b\}\}$ ist die Topologie T des diskreten metrischen Raumes. Die Topologie ist die Potenzmenge P(M) der Trägermenge M des Raumes.

$$T = \{\emptyset, \{a\}, \{b\}, \{a, b\}\} = P(M)$$

5.5 PUNKTMENGEN IN TOPOLOGISCHEN RÄUMEN

Einführung : Ein Punkt x der Trägermenge M eines topologischen Raumes (M;T) besitzt bezüglich einer Teilmenge A von M Eigenschaften, die durch Mengenbeziehungen zwischen der Menge A und dem Umgebungssystem U(x) des Punktes x im Raum (M ; T) bestimmt sind. Diese Eigenschaften führen zu den folgenden Definitionen von Punkttypen und Mengentypen.

Punkttypen : Punkte x der Trägermenge M, die bezüglich der Teilmenge A im Raum (M ; T) spezielle Eigenschaften besitzen, bilden eine Klasse und heißen ein Punkttyp. Im folgenden sind Punkttypen definiert.

Innerer Punkt : Ein Punkt x heißt ein innerer Punkt von A, wenn mindestens eine Umgebung U von x eine Teilmenge von A ist.

$$\bigvee_{U \in U(x)} (x \in U \quad \wedge \quad U \subseteq A) \qquad (P1)$$

Äußerer Punkt : Ein Punkt x heißt ein äußerer Punkt von A, wenn mindestens eine Umgebung U von x keinen Punkt von A enthält.

$$\bigvee_{U \in U(x)} (x \in U \quad \wedge \quad U \cap A = \emptyset) \qquad (P2)$$

Berührungspunkt : Ein Punkt x heißt ein Berührungspunkt von A, wenn jede Umgebung U_i von x mindestens einen Punkt von A enthält.

$$\bigwedge_{U_i \in U(x)} (U_i \cap A \neq \emptyset) \qquad (P3)$$

Randpunkt : Ein Berührungspunkt x heißt ein Randpunkt von A, wenn jede Umgebung U_i von x mindestens einen Punkt y enthält, der nicht zu A gehört.

$$\bigwedge_{U_i \in U(x)} \; \bigvee_{y \in U_i} (U_i \cap A \neq \emptyset \quad \wedge \quad y \notin A) \qquad (P4)$$

Isolierter Punkt : Ein Punkt x heißt ein isolierter Punkt von A, wenn es eine Umgebung U von x gibt, deren Durchschnitt mit A nur x enthält.

$$\bigvee_{U \in U(x)} (U \cap A = \{x\}) \qquad (P5)$$

Häufungspunkt : Ein Berührungspunkt x von A, der kein isolierter Punkt ist, heißt ein Häufungspunkt von A.

$$\bigwedge_{U_i \in U(x)} (U_i \cap A \neq \emptyset \quad \wedge \quad U_i \cap A \neq \{x\}) \qquad (P6)$$

Zuordnung der Punkte : Die Punkte der Menge M eines topologischen Raumes (M ; T) sind, bezogen auf eine Menge $A \subseteq M$, den Punkttypen wie folgt zugeordnet :

(1) Jeder Punkt von M ist entweder ein innerer Punkt oder ein äußerer Punkt oder ein Randpunkt. Der Punkt kann nicht in mehr als einem dieser Punkttypen enthalten sein. Ist also beispielsweise x ein innerer Punkt, so ist x weder ein äußerer Punkt noch ein Randpunkt.

(2) Jeder Berührungspunkt von A ist entweder ein innerer Punkt oder ein Randpunkt.

(3) Innere Punkte gehören zu A, äußere Punkte gehören zu der Komplementmenge $\overline{A} = M - A$. Die Zugehörigkeit der Randpunkte zu A oder $\overline{A}$ ist unbestimmt.

(4) Ein Punkt ist genau dann ein Randpunkt, wenn jede seiner Umgebungen sowohl Punkte in A als auch Punkte in $\overline{A}$ enthält.

Beispiel 1 : Punkttypen einer endlichen Menge

Die Trägermenge des topologischen Raumes (M ; T) sei $M = \{w, x, y, z\}$, die Topologie $T = \{\emptyset, \{w\}, \{w,x\}, \{w,x,y\}, \{w,x,y,z\}\}$. Dann besitzen die Punkte des Raumes (M ; T) folgende Umgebungssysteme :

$$\begin{aligned}
U(w) &= \{\{w\}, \{w,x\}, \{w,y\}, \{w,z\}, \{w,x,y\}, \{w,y,z\}, \{w,z,x\}, \{w,x,y,z\}\} \\
U(x) &= \{\{w,x\}, \{w,x,y\}, \{w,x,z\}, \{w,x,y,z\}\} \\
U(y) &= \{\{w,x,y\}, \{w,x,y,z\}\} \\
U(z) &= \{\{w,x,y,z\}\}
\end{aligned}$$

Bezüglich der Menge $A = \{w,x\}$ besitzen die Punkte folgende Eigenschaften :

Punkt w :	innerer Punkt :	$\{w\} \subset A$
	isolierter Punkt :	$w \in \{w\} \subset A$
Punkt x :	innerer Punkt :	$\{w, x\} \subseteq A$
	Berührungspunkt :	$\{w, x\} \cap A = \ldots = \{w,x,y,z\} \cap A = \{w, x\}$
	Häufungspunkt :	$\{w, x\} \neq \{x\}$
Punkt y :	Berührungspunkt :	$\{w,x,y\} \cap A = \{w,x,y,z\} \cap A = \{w, x\}$
	Randpunkt :	$y \notin A$ und $y \in \{w,x,y\}, \{w,x,y,z\}$
	Häufungspunkt :	$\{w,x\} \neq \{y\}$

Beispiel 2 : Punkttypen in der reellen euklidischen Ebene

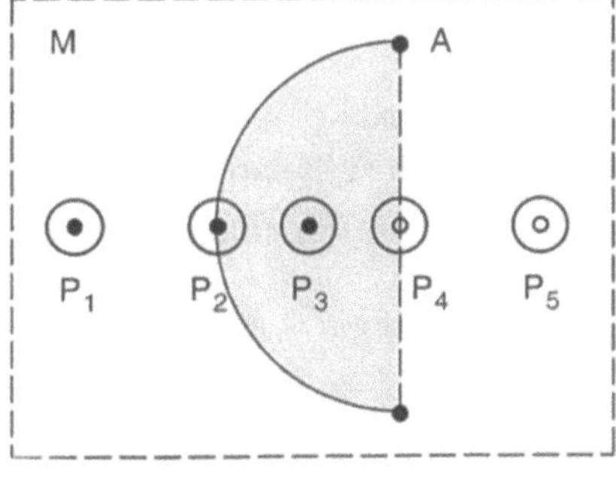

• Punkt gehört zu A

∘ Punkt gehört nicht zu A

⊙ Umgebung des Punktes

—— Rand gehört zu A

- - - Rand gehört nicht zu A

Innerer Punkt : P_3

Äußerer Punkt: P_5

Randpunkt : P_1, P_2, P_4

Isolierter Punkt : P_1

Häufungspunkte : P_2, P_3, P_4

Berührungspunkte: P_1, P_2, P_3, P_4

Die Trägermenge M der euklidischen Ebene ist $\mathbb{R}^2$. Die Teilmenge A besteht aus einer halben Kreisscheibe und dem Punkt P_1. Der Kreisbogen und seine Endpunkte gehören zu A, der Durchmesser nicht. Die Eigenschaften der Punkte P_1 bis P_5 der Trägermenge M bezogen auf die Teilmenge A sind angegeben.

Mengentypen : Verschiedene Teilmengen der Trägermengen topologischer Räume können gleiche Eigenschaften besitzen. Beispielsweise gibt es Teilmengen, die aus Punkten gleichen Typs bestehen. Es gibt auch Teilmengen mit der speziellen Eigenschaft, daß sie durch dieselbe Operation aus anderen Teilmengen gewonnen wurden. Teilmengen mit gleichen speziellen Eigenschaften bilden eine Klasse, die Mengentyp heißt. In der folgenden Zusammenstellung von Mengentypen ist A eine Teilmenge der Trägermenge M eines topologischen Raumes (M ; T).

Offene Menge : Eine Menge A ist offen, wenn jeder Punkt x von A ein innerer Punkt ist.

$$\bigwedge_x (x \in A \quad \Rightarrow \quad x \text{ ist ein innerer Punkt}) \qquad (A1)$$

Abgeschlossene Menge : Eine Menge A ist abgeschlossen, wenn jeder Punkt x des Komplements $\bar{A} = M - A$ ein äußerer Punkt ist.

$$\bigwedge_x (x \in \bar{A} \quad \Rightarrow \quad x \text{ ist ein äußerer Punkt}) \qquad (A2)$$

Beschränkte Menge : Eine Teilmenge A in einem metrischen Raum heißt beschränkt, wenn jeder Punkt x von A in einer Umgebung D(y, r) liegt.

$$\bigvee_{y \in A} \quad \bigvee_{r \in \mathbb{R}^+} (A \subseteq D(y, r)) \qquad (A3)$$

Inneres einer Menge : Die Menge der inneren Punkte einer Menge A heißt das Innere von A und wird mit I(A) bezeichnet.

$$I(A) := \{x \in A \mid x \text{ ist ein innerer Punkt}\} \qquad (A4)$$

Rand einer Menge : Die Menge der Randpunkte einer Menge A heißt der Rand von A und wird mit R(A) bezeichnet.

$$R(A) := \{x \in A \mid x \text{ ist ein Randpunkt}\} \qquad (A5)$$

Hülle einer Menge : Die Vereinigung einer Menge A mit ihrem Rand R(A) heißt die Hülle von A und wird mit H(A) bezeichnet.

$$H(A) := A \cup R(A) \qquad (A6)$$

Bemerkungen zu den Mengentypen :

(1) Jeder innere Punkt x von A besitzt eine Umgebung, die eine Teilmenge von A ist. Diese Umgebung enthält definitionsgemäß eine offene Menge, die x enthält und eine Teilmenge von A ist. In der Vereinigung dieser offenen Mengen sind die inneren Punkte von A enthalten. Diese Vereinigung ist definitionsgemäß ein Element der Topologie, also eine offene Menge. Also ist das Innere von A eine offene Menge.

(2) Gehört ein Teil der Randpunkte einer Menge A zur Menge A und ein Teil der Randpunkte zum Komplement $\overline{A}$, so ist die Menge A weder offen noch abgeschlossen.

(3) Im reellen euklidischen Raum $\mathbb{R}^n$ kann eine beschränkte Menge unendlich sein.

(4) Die Hülle einer Menge besteht aus den Berührungspunkten der Menge.

Beziehungen zwischen Mengentypen : Zwischen dem Inneren I(A), dem Rand R(A), der Hülle H(A) und dem Komplement $\overline{A}$ einer Teilmenge A eines topologischen Raumes (M ; T) bestehen folgende Beziehungen :

(1) Die Menge A ist genau dann abgeschlossen, wenn eine der folgenden Bedingungen erfüllt ist :

$R(A) \subseteq A$: die Menge A enthält ihren Rand R(A)

$H(A) = A$: die Menge A ist identisch mit ihrer Hülle H(A)

$I(\overline{A}) = \overline{A}$: die Komplementmenge $\overline{A}$ ist offen

(2) Die Menge A ist genau dann offen, wenn eine der folgenden Bedingungen erfüllt ist :

$R(A) \cap A = \emptyset$: die Menge A enthält keinen Punkt ihres Randes R(A)

$I(A) = A$: die Menge A ist identisch mit ihrem Inneren I(A)

$R(\overline{A}) \subseteq \overline{A}$: die Komplementmenge $\overline{A}$ ist abgeschlossen

(3) Der Rand R(A) einer Menge A besitzt folgende Eigenschaften :

$R(R(A)) \subseteq R(A)$: die Randmenge ist abgeschlossen

$R(A) = R(\overline{A})$: die Menge A und ihr Komplement $\overline{A}$ besitzen dieselbe Randmenge

$R(A) = H(A) \cap H(\overline{A})$: die Randmenge ist der Durchschnitt der Hüllen der Menge und ihres Komplementes

(4) Die Hülle einer Menge ist eine abgeschlossene Menge.

Die Beziehungen (1) bis (4) beweist man durch Anwendung der Definitionen der Punkttypen und der Mengentypen sowie der Eigenschaften topologischer Räume. Als Beispiel folgt der Beweis von (4).

Beweis : Die Hülle einer Menge ist eine abgeschlossene Menge.

(1) Die Hülle H(A) ist die Menge der inneren Punkte und der Randpunkte von A, ihr Komplement $\overline{H(A)}$ ist also die Menge der äußeren Punkte von A.

(2) Zu jedem äußeren Punkt $x \in M$ gibt es eine offene Menge B_x mit $B_x \cap A = \emptyset$, also $B_x \cap H(A) = B_x \cap (A \cap R(A)) = B_x \cap R(A) \subseteq R(A)$.

(3) Gibt es in der offenen Menge B_x einen Randpunkt $y \in R(A)$, so ist B eine Umgebung des Randpunktes y und enthält folglich Punkte in A. Dies widerspricht der Bedingung $B_x \cap A = \emptyset$ in (2). Also enthält B_x keine Randpunkte. Aus $B_x \cap H(A) \subseteq R(A)$ und $B_x \cap R(A) = \emptyset$ folgt $B_x \cap H(A) = \emptyset$.

(4) Wegen $B_x \cap H(A) = \emptyset$ ist jeder äußere Punkt von A auch ein äußerer Punkt der Hülle H(A). Da die äußeren Punkte von A nach (1) das Komplement $\overline{H(A)}$ bilden, ist jeder Punkt x des Komplementes $\overline{H(A)}$ ein äußerer Punkt der Hülle H(A). Folglich ist die Hülle H(A) abgeschlossen.

Beispiel 3 : Offenes Komplement einer abgeschlossenen Menge in $\mathbb{R}^2$

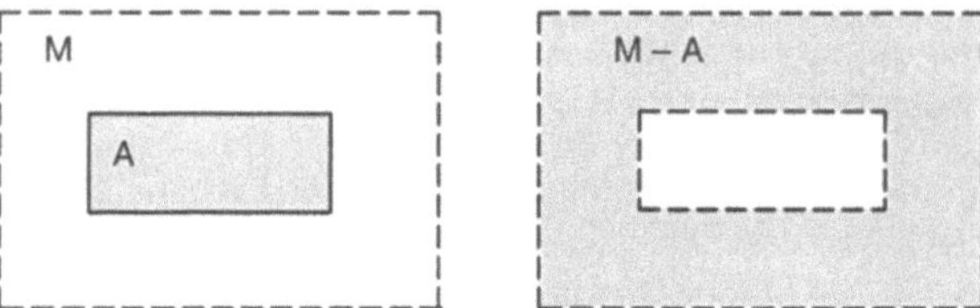

Im topologischen Raum (M ; T) sei die Menge A abgeschlossen. Dann ist ihr Komplement $\overline{A} = M - A$ offen.

Beispiel 4 : Mengentypen in der reellen euklidischen Ebene

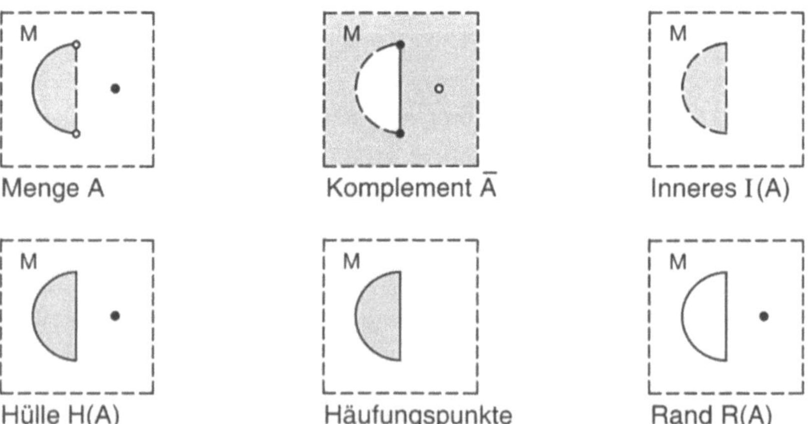

Beispiel 5 : Randmengen im eindimensionalen euklidischen Raum $\mathbb{R}$

M sei die Menge $\mathbb{R}$ der reellen Zahlen und A die Menge $\mathbb{Q}$ der rationalen Zahlen. Dann ist $R(A) = \mathbb{R}$ und $R(\mathbb{R}) = \emptyset$, also $R(R(A)) = \emptyset \subseteq R(A)$.

5.6 TOPOLOGISCHE ABBILDUNGEN

Einführung : Die Untersuchung der Eigenschaften topologischer Räume erfordert eine Definition des Begriffs "topologische Räume mit gleicher Struktur". Zwei topologische Räume sind gleichartig strukturiert (isomorph, homöomorph), wenn es zwischen ihnen eine bijektive Abbildung gibt, die in beiden Abbildungsrichtungen strukturerhaltend (homomorph, stetig) ist. Homomorphe Abbildungen topologischer Räume bezeichnet man auch als stetige Abbildungen. Isomorphe Abbildungen topologischer Räume bezeichnet man auch als topologische (homöomorphe) Abbildungen. Homöomorphe Räume können mit den Mitteln der Topologie nicht unterschieden werden. Äquivalente Eigenschaften homöomorpher Räume sind topologische Invarianten. Diese Begriffe sind im folgenden definiert.

Stetige Abbildung : (M ; T) und (N ; S) seien Räume mit den Topologien T und S. Eine Abbildung $f : M \to N$ heißt stetig auf M, wenn das Urbild $f^{-1}(S_i)$ jeder offenen Menge S_i aus S eine offene Menge von T ist.

$$f \text{ ist stetig } :\Leftrightarrow \bigwedge_{S_i \in S} (f^{-1}(S_i) \in T)$$

Für eine gegebene Topologie S auf N und eine gegebene stetige Abbildung $f : M \to N$ sei $A := \{f^{-1}(S_i) \mid S_i \in S\}$ die Menge der Urbilder der offenen Mengen in S. Da f stetig ist, gilt $A \subseteq T$. Ist A eine echte Teilmenge von T, so ist die Teilmenge $T - A$ der offenen Mengen in T nicht durch S und f bestimmt. Die Menge A ist also die gröbste Topologie auf M, die f stetig macht. Jede Topologie, die feiner als A ist, macht f ebenfalls stetig.

Lokal stetige Abbildung : Eine Abbildung $f : M \to N$ eines topologischen Raumes (M ; T) auf einen topologischen Raum (N ; S) heißt lokal stetig an einem Punkt $x \in M$, wenn es für jedes Element W_x des Umgebungssystems von f(x) in N ein Element $U_x = f^{-1}(W_x)$ des Umgebungssystems von x in M gibt.

$$f \text{ ist lokal stetig bei } x \in M \ :\Leftrightarrow \bigwedge_{W_x} \bigvee_{U_x} (f^{-1}(W_x) = U_x)$$

Eine Abbildung $f : M \to N$ zwischen topologischen Räumen ist genau dann stetig, wenn sie an jedem Punkt x von M lokal stetig ist. Dieser Satz wird häufig zum Nachweis der Stetigkeit einer Funktion benutzt.

Beweis : $f : M \to N$ ist stetig $\Leftrightarrow$ f ist lokal stetig an jedem Punkt $x \in M$

(1) Die Abbildung f sei stetig. W_x sei eine Umgebung von f(x) in N. Dann gibt es eine offene Menge $S_x \in S$ so daß $f(x) \in S_x \subseteq W_x$. Da die Abbildung f stetig ist, gibt es eine offene Menge $T_x = f^{-1}(S_x)$, so daß $x \in T_x \subseteq f^{-1}(W_x)$. Folglich gibt es für jede Umgebung W_x von f(x) in N eine Umgebung $U_x = f^{-1}(W_x)$ von x in M, so daß f am Punkt x lokal stetig ist.

(2) Die Abbildung f sei lokal stetig an jedem Punkt $x \in M$. S_i sei eine beliebige offene Menge aus S. Dann ist $f^{-1}(S_i)$ eine Umgebung jedes Punktes $x \in f^{-1}(S_i)$. Folglich gibt es eine offene Menge T_x in T so daß $x \in T_x \subseteq f^{-1}(S_i)$. Die Menge $f^{-1}(S_i) = \bigcup_x T_x$ ist also eine Vereinigung offener Mengen und deshalb eine offene Menge. Da das Urbild jeder offenen Menge S_i aus S eine offene Menge $f^{-1}(S_i)$ in M ist, ist die Abbildung f stetig.

Komposition stetiger Abbildungen : (A ; R), (B ; S) und (C ; T) seien topologische Räume. Die Abbildungen $f : A \to B$ und $g : B \to C$ seien stetig. Dann ist auch die Komposition $g \circ f : A \to C$ eine stetige Abbildung.

$$(g \circ f)^{-1}(T_n) = f^{-1}(g^{-1}(T_n)) = f^{-1}(S_m) = R_i$$

Topologische Abbildung : (M ; T) und (N ; S) seien topologische Räume. Eine Abbildung $f : M \to N$ heißt topologisch (homöomorph), wenn f bijektiv ist und sowohl f also auch die inverse Abbildung f^{-1} stetige Abbildungen sind.

$$f \text{ ist topologisch} \quad :\Leftrightarrow \quad \bigwedge_{T_k \in T} (f(T_k) \in S) \ \wedge \bigwedge_{S_m \in S} (f^{-1}(S_m) \in T)$$

Hinweis : In den Definitionen der stetigen Abbildungen und ihrer Komposition bezeichnet $f^{-1}(S_i)$ das Urbild von S_i. Dabei wird jedoch nicht vorausgesetzt, daß die Abbildung f umkehrbar ist. Im Gegensatz hierzu ist f^{-1} in der Definition der topologischen Abbildungen die Inverse der Abbildung f.

Homöomorphe Räume : Die Räume (M ; T) und (N ; S) heißen homöomorph, wenn es eine topologische Abbildung $f : M \to N$ gibt. Die Homöomorphie der Räume (M ; T) und (N ; S) wird mit $M \sim N$ bezeichnet. Homöomorphe Räume können nicht mit topologischen Mitteln unterschieden werden : Sie besitzen gleiche topologische Struktur.

Topologische Äquivalenz : Die Homöomorphie $\sim$ von topologischen Räumen (A,T_A), (B,T_B), (C,T_C), ... ist eine Äquivalenzrelation. Eine Menge topologischer Räume wird in Klassen homöomorpher Räume zerlegt.

(1) Die Relation $\sim$ ist reflexiv, da die identische Abbildung $i : A \to A$ eine topologische Abbildung ist. Die Abbildung i besitzt die Inverse i und ist stetig. Jeder topologische Raum ist homöomorph mit sich selbst.

(2) Die Relation $\sim$ ist symmetrisch, da es zu jeder topologischen Abbildung $f : A \to B$ eine topologische Abbildung $g : B \to A$ gibt. Die Abbildung g ist die Inverse von f und ist stetig. Die Inverse von g ist die stetige Abbildung f.

(3) Die Relation $\sim$ ist transitiv : Aus $A \sim B$ und $B \sim C$ folgt $A \sim C$. Für topologische Abbildungen $f : A \to B$ und $g : B \to C$ gilt nämlich :

(a) $g \circ f$ ist bijektiv, da $(g \circ f)^{-1} = f^{-1} \circ g^{-1}$ und g, f bijektiv sind.
(b) $g \circ f$ ist stetig, da g und f stetig sind.
(c) $(g \circ f)^{-1}$ ist stetig, da g^{-1} und f^{-1} stetig sind.

Topologische Invariante : Eine Eigenschaft eines topologischen Raumes (M ; T) heißt topologische Invariante, wenn jeder zu (M ; T) homöomorphe Raum (N ; S) dieselbe Eigenschaft besitzt. In den folgenden Abschnitten werden mehrere topologische Invarianten definiert.

Offene Abbildung : (M ; T) und (N ; S) seien topologische Räume. Eine Abbildung $f : M \to N$ heißt offen, wenn das Bild jeder offenen Menge T_i von T eine offene Menge von S ist. Ist die Abbildung f bijektiv, stetig und offen, so sind die Räume M und N homöomorph.

$$f \text{ ist offen} \quad :\Leftrightarrow \quad \bigwedge_{T_i} f(T_i) \in S$$

Abgeschlossene Abbildung : (M ; T) und (N ; S) seien topologische Räume. Eine Abbildung $f : M \to N$ heißt abgeschlossen, wenn das Bild jeder abgeschlossenen Menge in M eine abgeschlossene Menge in N ist.

Diskrete Abbildung : Eine stetige Abbildung $f : M \to D$ eines topologischen Raumes (M ; T) auf einen topologischen Raum (D ; S) heißt diskret, wenn die Topologie S auf der Zielmenge D diskret ist.

Beispiel 1 : Topologische Abbildung

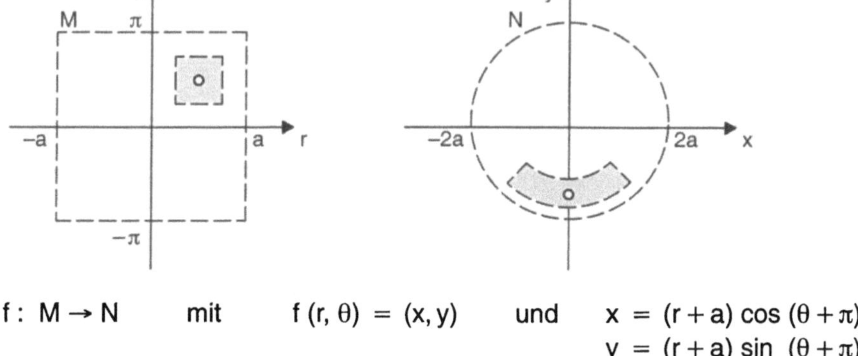

$$f : M \to N \quad \text{mit} \quad f(r, \theta) = (x, y) \quad \text{und} \quad \begin{aligned} x &= (r + a) \cos(\theta + \pi) \\ y &= (r + a) \sin(\theta + \pi) \end{aligned}$$

Die Abbildung $f : M \to N$ ist topologisch : Sie ist stetig und besitzt eine stetige Inverse. Offene Mengen auf N werden in offene Mengen auf M abgebildet. Offene Mengen auf M werden in offene Mengen auf N abgebildet.

Beispiel 2 : Nicht-topologische Abbildung

(M ; T) und (N ; S) seien topologische Räume mit folgenden Mengen :

$$M = \{a, b, c\} \qquad T = \{\emptyset, \{a\}, \{c\}, \{a,b\}, \{a,c\}, \{a,b,c\}\}$$

$$N = \{x, y, z\} \qquad S = \{\emptyset, \{x\}, \{x,y\}, \{x,y,z\}\}$$

Die Abbildung $f : M \to N$ sei bijektiv mit $f(a) = x$, $f(b) = y$, $f(c) = z$. Die Abbildung f ist stetig, da jede offene Menge S_i von S ein offenes Urbild T_m in T besitzt :

$$f^{-1}(\emptyset) = \emptyset \qquad f^{-1}(\{x,y\}) = \{a,b\}$$

$$f^{-1}(\{x\}) = \{a\} \qquad f^{-1}(\{x,y,z\}) = \{a,b,c\}$$

Die Umkehrabbildung $g : N \to M$ mit $g(x) = a$, $g(y) = b$, $g(z) = c$ ist nicht stetig, da die offenen Mengen {c} und {a, c} von T kein offenes Urbild S_i in S besitzen :

$g^{-1}(\{c\}) = \{z\}$ ist kein Element von S

$g^{-1}(\{a, c\}) = \{x, z\}$ ist kein Element von S

Obwohl die Abbildung $f : M \to N$ stetig ist und eine Inverse besitzt, ist sie nicht topologisch, da $f^{-1} : N \to M$ nicht stetig ist.

Beispiel 3 : Unstetigkeit der Heaviside-Funktion

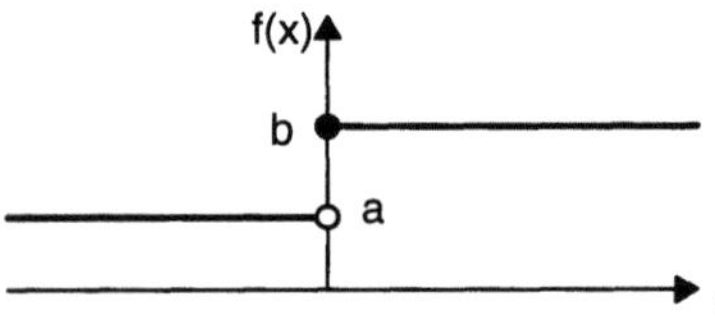

Die Heaviside-Funktion ist eine Abbildung $f : \mathbb{R} \to \{a, b\}$ mit folgenden Abbildungsregeln :

$$x < 0 \quad \Rightarrow \quad f(x) = a$$

$$x \geq 0 \quad \Rightarrow \quad f(x) = b$$

Die Topologie des Raumes $\mathbb{R}$ sei natürlich. Die Topologie von {a, b} sei diskret, so daß {a} und {b} offene Mengen sind. Das Urbild der offenen Menge {a} ist $f^{-1}(\{a\}) =]-\infty, 0[$ und somit eine offene Menge. Das Urbild der offenen Menge {b} ist $f^{-1}(\{b\}) = [0, \infty[$ und somit keine offene Menge. Auf der reellen Achse mit ihrer natürlichen Topologie ist die Heaviside-Funktion also keine stetige Funktion.

Beispiel 4 : Topologische Invarianz

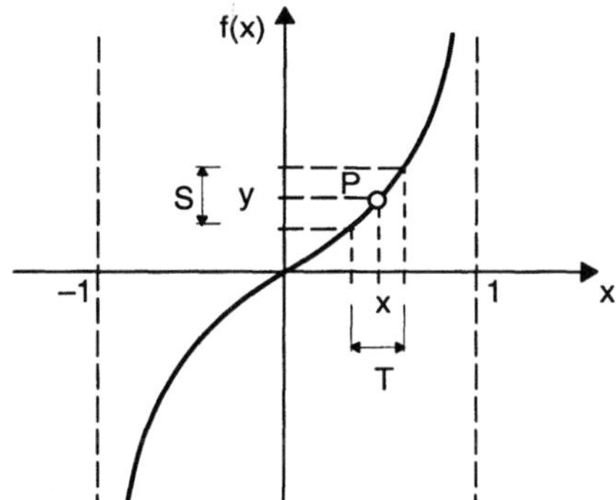

Die Abbildung $f :]-1, 1[\to \mathbb{R}$ mit $f(x) = \tan \frac{\pi x}{2}$ ist topologisch. Für jeden Punkt P der Kurve ist die Abbildung $y = f(x)$ in $x = f^{-1}(y)$ umkehrbar. Die offenen Mengen S und T werden ineinander abgebildet. Die Menge $]-1, 1[$ ist beschränkt, die Menge $\mathbb{R}$ ist nicht beschränkt. Obwohl die Mengen $]-1, 1[$ und $\mathbb{R}$ homöomorph sind, ist die eine Menge beschränkt und die andere nicht. Beschränktheit ist keine topologische Invariante.

Das Beispiel zeigt, daß Beschränktheit eine metrische Eigenschaft ist, die mit topologischen Begriffen allein nicht erfaßt wird. Dies ist nicht überraschend, da die metrische Topologie aus der Metrik abgeleitet wird, die Metrik also mehr Information enthält als die Topologie.

5.7 KONSTRUKTION VON TOPOLOGIEN

5.7.1 FINALE UND INITIALE TOPOLOGIEN

Einführung : Topologien für neue Räume können durch die Abbildung bekannter topologischer Räume erzeugt werden. Dieses Verfahren wird in den Anwendungen insbesondere zur Konstruktion stetiger Abbildungen eingesetzt. Stetige Abbildungen sind die Grundlage für die Konstruktion homöomorpher Räume. Abbildungen mit besonderen Eigenschaften erzeugen Topologien mit besonderen Eigenschaften und somit Topologietypen.

Sind eine Abbildung $f : M \to N$ und eine Topologie T auf M bekannt, so stellt sich die Frage, für welche Topologien auf N die Abbildung f stetig ist. Zur Beantwortung dieser Frage wird die finale Topologie S_{fin} auf N konstruiert. Ein Beispiel für eine finale Topologie ist die Quotiententopologie auf einer Quotientenmenge M/Ä der Trägermenge M. Die Vereinigungstopologie auf der Vereinigung disjunkter Mengen ist eng mit den finalen Topologien verwandt.

Sind eine Abbildung $f : M \to N$ und eine Topologie S auf N bekannt, so stellt sich die Frage, für welche Topologien auf M die Abbildung f stetig ist. Zur Beantwortung dieser Frage wird die initiale Topologie T_{init} auf M konstruiert. Ein Beispiel für eine initiale Topologie ist die Relativtopologie eines Unterraumes. Die Produkttopologie eines kartesischen Produktes ist eng mit den initialen Topologien verwandt.

Der wesentliche Unterschied zwischen den finalen und den initialen Topologien besteht darin, daß bei der Konstruktion einer finalen Topologie die Topologie auf der Ausgangsmenge der Abbildung bekannt ist und die Topologie auf der Bildmenge bestimmt wird, während bei der Konstruktion einer initialen Topologie die Topologie auf der Bildmenge bekannt ist und die Topologie auf der Ausgangsmenge bestimmt wird.

Finale Topologie : (M ; T) sei ein Raum mit bekannter Topologie T und $f : M \to N$ sei eine surjektive Abbildung. Das Bild einer offenen Menge T_m in T sei $S_i = f(T_m)$. Die Menge der Bilder von T heißt die von f und T auf N induzierte (erzeugte) finale Topologie und wird mit S_{fin} bezeichnet.

$$S_{fin} := \{ f(T_m) \mid T_m \in T \}$$

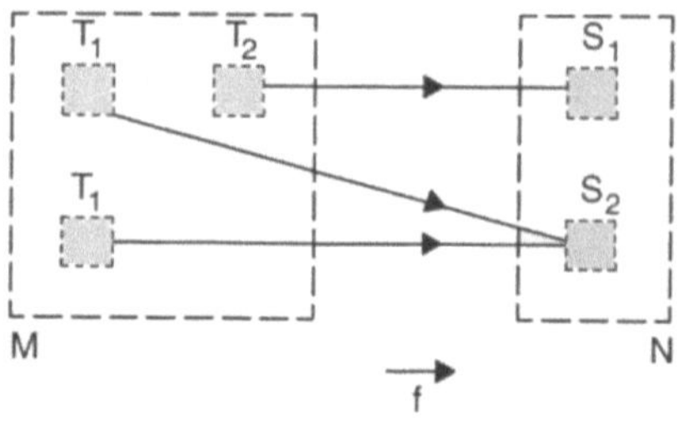

Die Abbildung $f : M \to N$ zwischen den Räumen $(M ; T)$ und $(N ; S_{fin})$ ist wegen der Konstruktion von S_{fin} stetig. Die Abbildung f ist auch stetig, wenn eine Teilmenge von S_{fin} als Topologie auf N verwendet wird. Für eine gegebene Topologie T auf M ist S_{fin} die feinste Topologie auf N, für die die Abbildung f stetig ist.

Ist die Abbildung f bijektiv, so ist jede offene Menge S_i das Bild einer offenen Menge T_i. Die inverse Abbildung $f^{-1}: N \to M$ ist dann mit den Topologien T und S_{fin} ebenfalls stetig. Für eine bijektive Abbildung f sind die Räume $(M ; T)$ und $(N ; S_{fin})$ also homöomorph.

Quotiententopologie : $(M ; T)$ sei ein topologischer Raum und Ä eine Äquivalenzrelation in M. Die kanonische Abbildung $k : M \to M/Ä$ ist eine surjektive Abbildung der Trägermenge M auf die Quotientenmenge M/Ä. Sie induziert eine finale Topologie $T_{Ä}$ auf der Quotientenmenge. Die finale Topologie $T_{Ä}$ heißt Quotiententopologie bezüglich der Äquivalenzrelation Ä. Der Raum $(M/Ä ; T_{Ä})$ heißt ein Quotientenraum des topologischen Raumes $(M ; T)$.

$$k : M \to M/Ä$$

$$T_{Ä} := \{ k(T_m) \mid T_m \in T \}$$

Vereinigungstopologie : $(M ; T)$ und $(N ; S)$ seien topologische Räume mit disjunkten Trägermengen $M \cap N = \emptyset$. Die Vereinigung $M \cup N$ wird als Trägermenge eines neuen topologischen Raumes betrachtet. Auf $M \cup N$ wird die feinste Topologie V gewählt, welche die Injektionen $i_M : M \to M \cup N$ und $i_N : N \to M \cup N$ stetig macht. Dies ist eine Erweiterung des Konzeptes der finalen Topologie.

$$i_M : \quad M \to M \cup N \quad \text{mit} \quad i_M(a) = a$$
$$i_N : \quad N \to M \cup N \quad \text{mit} \quad i_N(b) = b$$

Da V die feinste Topologie ist, die i_M und i_N stetig macht, enthält die Basis B von V genau die offenen Mengen $T_k \in T$ und $S_m \in S$. Enthält die Basis Elemente T_k und T_n aus T, so enthält sie auch deren Durchschnitt $T_k \cap T_n$, da T eine Topologie ist.

$$B := \{ B_i \mid B_i \in T \ \vee \ B_i \in S \}$$

Wegen der Eigenschaft (T3) von Topologien enthält V auch alle Vereinigungen von Elementen aus B. Der Raum $(M \cup N ; V)$ heißt Vereinigungsraum (Summenraum) der topologischen Räume $(M ; T)$ und $(N ; S)$. Die Topologie V heißt Vereinigungstopologie (Summentopologie).

$$V := \{ \bigcup_{B_i \in B'} B_i \mid B' \subseteq B \}$$

Beispiel 1 : Quotiententopologie

(M ; T) sei ein topologischer Raum und Ä eine Äquivalenzrelation, welche die Trägermenge M in die Klassen [a] und [1] zerlegt. Die Trägermenge M/Ä und die Topologie $T_Ä$ des Quotientenraums folgen aus der Definition der kanonischen Abbildungen $k_m : M \rightarrow M/Ä$ und $k_r : T \rightarrow T_Ä$.

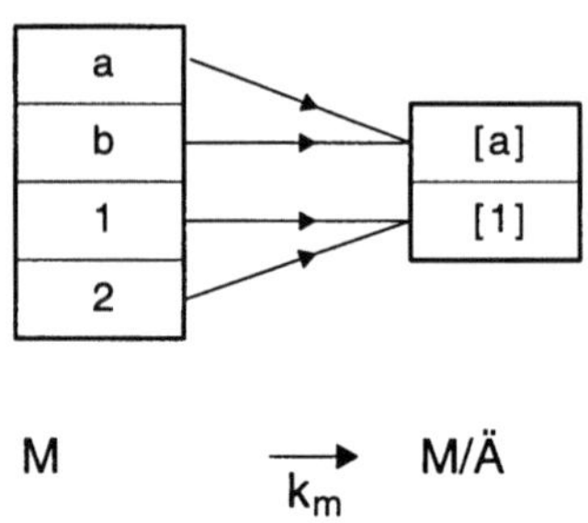

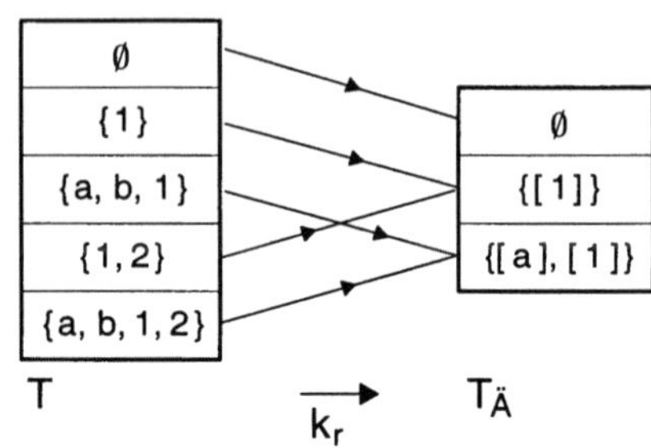

Beispiel 2 : Vereinigungstopologie

Gegeben seien die topologischen Räume (M ; T) und (N ; S) :

$$M = \{a,b\} \qquad T = \{\emptyset, \{a\}, \{b\}, \{a,b\}\}$$
$$N = \{1,2\} \qquad S = \{\emptyset, \{1\}, \{1,2\}\}$$

Dann besitzt der Vereinigungsraum ($M \cup N$; V) folgende Trägermenge $M \cup N$, Basis B und Vereinigungstopologie V :

$$
\begin{aligned}
M \cup N &= \{a,b,1,2\} \\
B &= \{B_i \in T \ \vee \ B_i \in S\} \\
&= \{\{a\}, \{b\}, \{a,b\}, \{1\}, \{1,2\}\} \\
V &= \{\bigcup_{B_i \in B'} B_i \mid B' \subseteq B\} \\
&= \{\emptyset, \{a\}, \{b\}, \{a,b\}, \{1\}, \{1,2\}, \\
&\quad \{a,1\}, \{a,1,2\}, \{b,1\}, \{b,1,2\}, \{a,b,1\}, \{a,b,1,2\}\}
\end{aligned}
$$

Initiale Topologie : (N ; S) sei ein Raum mit bekannter Topologie S und $f : M \to N$ sei eine Abbildung. Die Teilmenge von M, die durch f auf die offene Menge $S_i \in S$ abgebildet wird, sei $T_i = f^{-1}(S_i)$. Da die Abbildung f im allgemeinen nicht eineindeutig ist, bezeichnet f^{-1} hier nicht die Inverse von f : Ein Punkt in S_i kann das Bild von mehr als einem Punkt in T_i sein. Die Menge der Urbilder T_i der Elemente von S heißt die von f und S auf M induzierte (erzeugte) initiale Topologie und wird mit T_{init} bezeichnet.

$$T_{init} := \{ f^{-1}(S_i) \mid S_i \in S \}$$

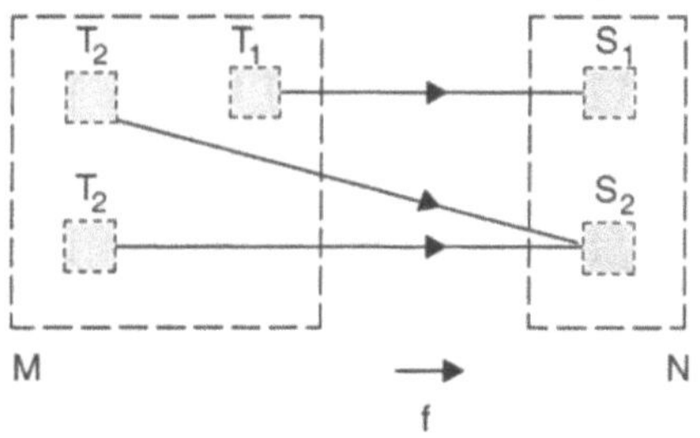

Die Abbildung $f : M \to N$ zwischen den Räumen $(M ; T_{init})$ und (N ; S) ist wegen der Konstruktion von T_{init} stetig. Die Abbildung ist auch stetig, wenn auf M eine feinere Topologie als T_{init} gewählt wird. Die initiale Topologie T_{init} ist die gröbste Topologie auf M, die f bei gegebener Topologie S stetig macht.

Ist die Abbildung $f : M \to N$ im Sonderfall bijektiv, so sind die Räume $(M ; T_{init})$ und (N ; S) homöomorph, da die Abbildung f und ihre Inverse $f^{-1} : M \to N$ stetig sind.

Relativtopologie : (N ; S) sei ein topologischer Raum und $M \subseteq N$ eine Teilmenge von N. Auf M wird die gröbste Topologie T gewählt, welche die Injektion $i : M \to N$ mit $i(a) = a$ stetig macht. Dies ist die von der Abbildung i induzierte initiale Topologie T auf M. Enthält M nur eine Teilmenge der Punkte einer offenen Menge $S_i \in S$, so ist das Urbild von S_i die Teilpunktmenge $M \cap S_i$. Der Raum (M ; T) heißt Unterraum des topologischen Raumes (N ; S). Die Topologie T heißt Relativtopologie.

$$i : M \to N \quad \text{mit} \quad i(a) = a$$

$$T := \{ M \cap S_i \mid S_i \in S \}$$

Produkttopologie : (M ; T) und (N ; S) seien topologische Räume. Das kartesische Produkt $M \times N$ wird als Trägermenge eines neuen topologischen Raumes betrachtet. Auf $M \times N$ wird die gröbste Topologie P gewählt, welche die Projektionen $p_M : M \times N \to M$ mit $p_M((a,b)) = a$ und $p_N : M \times N \to N$ mit $p_N((a,b)) = b$ gleichzeitig stetig macht. Dies ist eine Erweiterung des Konzeptes der initialen Topologie.

Zur Bestimmung einer Basis für die Topologie P werden kartesische Produkte $T_i \times S_k$ von je einer offenen Menge $T_i \in T$ und $S_k \in S$ betrachtet. Jedes dieser Produkte ist eine Menge von geordneten Paaren (t, s). Die Menge der kartesischen Produkte $T_i \times S_k$, die aus den Elementen von T und S gebildet werden können, wird mit $T \times S$ bezeichnet :

$$T_i \times S_k = \{(t,s) \mid t \in T_i \wedge s \in S_k\}$$

$$T \times S = \{T_i \times S_k \mid T_i \in T \wedge S_k \in S\}$$

Die Menge $T \times S$ ist als Basis einer Topologie geeignet, wenn sie mit je zwei Elementen $T_i \times S_k$ und $T_m \times S_n$ auch deren Durchschnitt enthält. Für den Durchschnitt der Elemente gilt :

$$\begin{aligned}(T_i \times S_k) \cap (T_m \times S_n) &= \{(t,s) \mid (t,s) \in T_i \times S_k \wedge (t,s) \in T_m \times S_n\} \\ &= \{(t,s) \mid t \in T_i \cap T_m \wedge s \in S_k \cap S_n\} \\ &= (T_i \cap T_m) \times (S_k \cap S_n)\end{aligned}$$

Da definitionsgemäß $T_u = T_i \cap T_m$ ein Element der Topologie T und $S_w = S_k \cap S_n$ ein Element der Topologie S ist, enthält $T \times S$ auch den Durchschnitt $T_u \times S_w$ von $T_i \times S_k$ und $T_m \times S_n$. Folglich ist $T \times S$ als Basis geeignet.

Als Basis der Topologie P auf der Trägermenge $M \times N$ wird die Menge $B := T \times S$ gewählt. Die Projektionen p_M und p_N sind dann stetig, da jede offene Menge in T und jede offene Menge in S ein Urbild in B und damit auch in P besitzt. Die Topologie P enthält alle Vereinigungen von Elementen aus B.

$$\begin{aligned}p_M &: M \times N \to M \quad \text{mit} \quad p_M((a,b)) = a \\ p_N &: M \times N \to N \quad \text{mit} \quad p_N((a,b)) = b \\ B &:= T \times S = \{T_i \times S_k \mid T_i \in T \wedge S_k \in S\} \\ P &:= \{\bigcup_{B_i \in B'} B_i \mid B' \in B\}\end{aligned}$$

Der Raum ($M \times N$; P) heißt Produktraum der topologischen Räume (M ; T) und (N ; S). Die Topologie P heißt Produkttopologie. P ist die gröbste Topologie auf $M \times N$, die p_M und p_N stetig macht. Enthält die Basis B nämlich nicht alle Mengen aus $T \times S$, so ist entweder mindestens ein Durchschnitt von Elementen aus B nicht in B enthalten, oder mindestens eine der Projektionen p_M und p_N unstetig.

Beispiel 3 : Relativtopologie des euklidischen Raumes

$\mathbb{R}^3$ sei der euklidische Raum mit seiner natürlichen Topologie T^3. Die offenen Mengen der Basis von T^3 sind offene Bälle. Die Durchschnitte der offenen Bälle mit der euklidischen Ebene $\mathbb{R}^2$ sind offene Kreisscheiben, also die Basiselemente der natürlichen Topologie auf $\mathbb{R}^2$. Die Durchschnitte der offenen Bälle mit der euklidischen Geraden $\mathbb{R}^1$ sind offene Intervalle, also die Basiselemente der natürlichen Topologie auf $\mathbb{R}^1$. Die Räume $\mathbb{R}^1$ und $\mathbb{R}^2$ sind Unterräume von $\mathbb{R}^3$: Sie besitzen die Relativtopologie.

Beispiel 4 : Produkttopologie

Gegeben seien die topologischen Räume (M ; T) und (N ; S) aus Beispiel 2 :

$$M = \{a,b\} \qquad T = \{\emptyset, \{a\}, \{b\}, \{a,b\}\}$$
$$N = \{1,2\} \qquad S = \{\emptyset, \{1\}, \{1,2\}\}$$

Dann besitzt der Produktraum ($M \times N$; P) folgende Trägermenge M, Basis B und Produkttopologie P :

$$
\begin{aligned}
M \times N &= \{(a,1), (a,2), (b,1), (b,2)\} \\
B &= \{T_i \times S_k \mid T_i \in T \;\wedge\; S_k \in S\} \\
&= \{\emptyset, \{a\} \times \{1\}, \{a\} \times \{1,2\}, \{b\} \times \{1\}, \{b\} \times \{1,2\}, \\
&\qquad \{a,b\} \times \{1\}, \{a,b\} \times \{1,2\}\} \\
&= \{\emptyset, \{(a,1)\}, \{(a,1), (a,2)\}, \{(b,1)\}, \{(b,1), (b,2)\}, \\
&\qquad \{(a,1), (b,1)\}, \{(a,1), (a,2), (b,1), (b,2)\}\}
\end{aligned}
$$

$$
\begin{aligned}
P &= \{\bigcup_{B_i \in B'} B_i \mid B' \in B\} \\
&= \{\emptyset, \{(a,1)\}, \{(b,1)\}, \\
&\qquad \{(a,1), (a,2)\}, \{(b,1), (b,2)\}, \{(a,1), (b,1)\}, \\
&\qquad \{(a,1), (a,2), (b,1)\}, \{(a,1), (b,1), (b,2)\}. \\
&\qquad \{(a,1), (a,2), (b,1), (b,2)\}\}
\end{aligned}
$$

5.7.2 UNTERRÄUME

Einführung : Der in Abschnitt 5.7.1 eingeführte Begriff der Relativtopologie einer Teilmenge eines topologischen Raumes führt zu einer Präzisierung der in Abschnitt 5.5 definierten Punkttypen und Mengentypen. Als Beispiel wird das in $\mathbb{R}^1$ offene Intervall $]-1,1[$ betrachtet. In dem euklidischen Raum $\mathbb{R}^2$ ist diese Punktmenge nicht offen. An einem beliebigen Punkt $x \in]-1,1[$ enthält nämlich jede offene Menge $D(x, \varepsilon)$ des euklidischen Raumes $\mathbb{R}^2$ Punkte von $\mathbb{R}^2$, die nicht in dem Intervall $]-1,1[$ liegen.

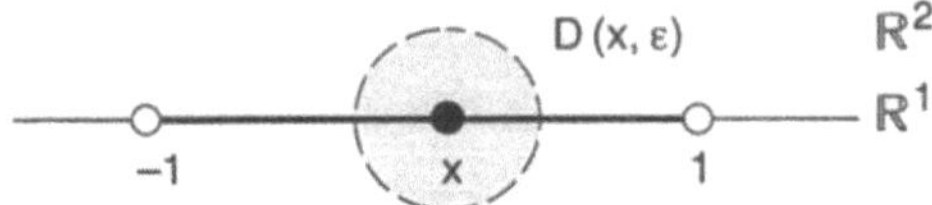

Das Beispiel zeigt, daß die Definitionen und Regeln des Abschnitts 5.5 nur für den jeweils betrachteten Unterraum mit seiner Relativtopologie gelten. In diesem Abschnitt werden Eigenschaften von Unterräumen behandelt.

Unterraum : Ein topologischer Raum (M ; T) heißt ein Unterraum des topologischen Raumes (N ; S), wenn M eine Teilmenge von N und T die durch S auf M induzierte Relativtopologie ist.

$$T = \{S_i \cap M \mid S_i \in S\}$$

Innerer Punkt : A sei eine Teilmenge eines Unterraumes (M ; T). Dann heißt ein Punkt $x \in M$ innerer Punkt von A in M, wenn es eine offene Menge T_i der Relativtopologie T gibt, die in A enthalten ist und x enthält.

$$x \text{ ist innerer Punkt von A in M} \quad :\Leftrightarrow \quad \bigvee_{T_i \in T} (x \in T_i \subseteq A)$$

Äußerer Punkt : A sei eine Teilmenge eines Unterraumes (M ; T). Dann heißt ein Punkt $x \in M$ äußerer Punkt von A in M, wenn es eine offene Menge T_i der Relativtopologie T gibt, die in dem Komplement $\overline{A} = M - A$ enthalten ist und x enthält.

$$x \text{ ist äußerer Punkt von A in M} \quad :\Leftrightarrow \quad \bigvee_{T_i \in T} (x \in T_i \subseteq M - A)$$

Randpunkt : A sei eine Teilmenge eines Unterraumes (M ; T). Dann heißt ein Punkt $x \in M$ Randpunkt von A in M, wenn jede offene Menge T_x der Relativtopologie T, die x enthält, mindestens einen Punkt von A und einen Punkt von $\overline{A}$ enthält.

$$x \text{ ist Randpunkt von A in M} \quad :\Leftrightarrow \quad \bigwedge_{T_x \in T} (T_x \cap A \neq \emptyset \ \wedge \ T_x \cap \overline{A} \neq 0)$$

Inneres : A sei eine Teilmenge eines Unterraumes (M ; T). Die Menge der inneren Punkte von A in M heißt das Innere von A in M und wird mit I(A) oder I_M(A) bezeichnet. Das Innere von A ist die Vereinigung derjenigen offenen Mengen $T_i \in T$, die in A enthalten sind.

$$I(A) = \bigcup_{T_i \in T} (T_i \subseteq A)$$

Äußeres : A sei eine Teilmenge eines Unterraumes (M ; T). Die Menge der äußeren Punkte von A in M heißt das Äußere von A in M und wird mit Ä(A) oder $Ä_M$(A) bezeichnet. Das Äußere von A ist die Vereinigung derjenigen offenen Mengen $T_i \in T$, die in $\overline{A} = M - A$ enthalten sind.

$$Ä(A) = \bigcup_{T_i \in T} (T_i \subseteq M - A)$$

Rand : A sei eine Teilmenge eines Unterraumes (M ; T). Die Menge der Randpunkte von A in M heißt der Rand von A in M und wird mit R(A) oder δ(A) oder $\delta_M A$ bezeichnet. Der Rand von A ist die Trägermenge M ohne das Innere und das Äußere von A.

$$R(A) = \delta A = M - I(A) - Ä(A)$$

Hülle : A sei eine Teilmenge eines Unterraumes (M ; T). Die Menge der inneren Punkte und Randpunkte von A heißt die Hülle von A in M und wird mit H(A) oder H_M(A) bezeichnet. Die Hülle von A ist die Trägermenge M ohne das Äußere von A.

$$H(A) = M - Ä(A)$$

Eigenschaften von Unterräumen :

(U1) Besitzt die Topologie S des Raumes (N ; S) eine Basis A, so besitzt die Topologie T des Unterraumes (M ; T) die Basis

$$B = \{B_i = A_i \cap M \mid A_i \in A\}$$

(U2) Sind $(M_1 ; T_1)$ und $(M_2 ; T_2)$ disjunkte Unterräume von (N ; S), so ist auch der Vereinigungsraum $(M_1 \cup M_2 ; V)$ mit der Vereinigungstopologie V ein Unterraum von (N ; S).

(U3) Ist (M ; T) ein Unterraum von (N ; S) und (N ; S) ein Unterraum von (U ; R), so ist (M ; T) ein Unterraum von (U ; R).

(U4) Eine Teilmenge A eines Unterraumes (M ; T) eines topologischen Raumes (N ; S) ist genau dann offen in M, wenn es eine offene Menge P in N gibt, so daß A der Durchschnitt von M und P ist :

$$A \text{ ist offen in } M \quad \Leftrightarrow \quad \bigvee_{P \in S} (A = M \cap P)$$

(U5) Eine Teilmenge A eines Unterraumes (M ; T) eines topologischen Raumes (N ; S) ist genau dann abgeschlossen in M, wenn es eine abgeschlossene Menge C in N gibt, so daß A der Durchschnitt von M und C ist :

$$\text{A ist abgeschlossen in M} \quad \Leftrightarrow \quad \bigvee_{\overline{C} \in S} (A = M \cap C)$$

Beweis : Eigenschaften von Unterräumen

(U1) Jedes Element S_k der Topologie S ist eine Vereinigung $\bigcup_i A_i$ von Elementen der Basis A. Dem Element S_k von S entspricht das Element $T_k = M \cap S_k$ der Relativtopologie T. Also gilt :

$$T_k = M \cap S_k = M \cap \bigcup_i A_i = \bigcup_i (M \cap A_i) = \bigcup_i B_i$$

Jedes Element $T_k \in T$ ist eine Vereinigung von Elementen $B_i = A_i \cap M \in B$. Da die Basis A mit den Elementen A_i und A_m auch deren Durchschnitt $A_n = A_i \cap A_m$ enthält, enthält B mit den Elementen $B_i = A_i \cap M$ und $B_m = A_m \cap M$ auch deren Durchschnitt $B_i \cap B_m = (A_i \cap M) \cap (A_m \cap M) = (A_i \cap A_m) \cap M$. Folglich ist B eine Basis der Topologie T.

(U2) Die Topologien der Unterräume sind $T_1 = \{S_i \cap M_1\} \mid S_i \in S\}$ und $T_2 = \{S_m \cap M_2 \mid S_m \in S\}$. Ein allgemeines Element der Vereinigungstopologie V ist $\{S_i \cap M_1\} \cup \{S_m \cap M_2\} = \{S_i \cup S_m\} \cap \{M_1 \cup M_2\}$. Da S_i und S_m Elemente von S sind, ist $S_i \cup S_m$ definitionsgemäß ein Element von S. Also ist $\{S_i \cup S_m\} \cap \{M_1 \cup M_2\}$ ein Element der Relativtopologie von S bezüglich $M_1 \cup M_2$. Folglich ist $(M_1 \cup M_2 ; V)$ ein Unterraum von (N ; S).

(U3) Für die Trägermengen der Räume gilt definitionsgemäß $M \subseteq N \subseteq U$. Die Topologien der Unterräume sind $T = \{S_i \cap M \mid S_i \in S\}$ und $S = \{R_i \cap N \mid R_i \in R\}$. Durch die Substitution von $S_i = R_i \cap N$ folgt $T_i = S_i \cap M = (R_i \cap N) \cap M = R_i \cap (N \cap M) = R_i \cap M$. Also gilt $T = \{R_i \cap M \mid R_i \in R\}$. Damit ist T die von R auf M induzierte Relativtopologie und (M ; T) ein Unterraum von (U ; R).

(U4) Die Menge A sei offen in einem Unterraum (M ; T) von (N ; S). Dann gibt es für jeden Punkt $x \in A$ eine offene Menge $T_x = S_x \cap M \subseteq A$, die x enthält, so daß $x \in S_x$. Die Vereinigung der offenen Mengen $S_x \in S$, die einen Punkt $x \in A$ enthalten, sei P. Dann ist P eine offene Menge in N, da P eine Vereinigung offener Mengen ist. Der Durchschnitt von P mit dem Unterraum M ist eine Vereinigung von offenen Mengen der Relativtopologie T :

$$P = \bigcup_{x \in A} S_x$$

$$P \cap M = \bigcup_{x \in A} (S_x \cap M) = \bigcup_{x \in A} T_x$$

Aus $T_x \subseteq A$ folgt $P \cap M \subseteq A$. Da jeder Punkt $x \in A$ in einer offenen Menge T_x enthalten ist, gilt auch $A \subseteq P \cap M$. Aus $A \subseteq P \cap M \subseteq A$ folgt $A = P \cap M$. Es gibt also eine in N offene Menge P, deren Durchschnitt mit dem Unterraum M gleich der gegebenen, in M offenen Menge A ist.

Umgekehrt sei P eine offene Menge in dem Raum (N ; S) und $A = M \cap P$. Dann gibt es für jeden Punkt $x \in A \subseteq P$ eine offene Menge $S_x \in S \subseteq P$, die x enthält. Die Relativtopologie T des Unterraumes (M ; T) enthält definitionsgemäß die offene Menge $T_x = S_x \cap M$. Aus $x \in A$ und $x \in S_x$ folgt $x \in M$ und $x \in M \cap S_x = T_x$. Aus $T_x \subseteq M$ und $T_x \subseteq S_x \subseteq P$ folgt $T_x \subseteq M \cap P = A$. Für jeden Punkt $x \in A$ gibt es also eine offene Menge T_x, die in A enthalten ist und x enthält. Damit ist A offen in M.

(U5) Die Menge A sei abgeschlossen in einem Unterraum (M ; T) von (N ; S). Dann ist die Menge M – A offen in M. Wegen (U4) gibt es eine offene Menge $\bar{C}$ in N, so daß $M - A = M \cap \bar{C}$. Folglich gibt es die in N abgeschlossene Menge $C = N - \bar{C}$, so daß $A = M - (M \cap \bar{C}) = M \cap (N - \bar{C}) = M \cap C$.

Umgekehrt sei C eine abgeschlossene Menge in dem Raum (N ; S) und $A = M \cap C$. Dann ist die Menge $\bar{C} = N - C$ offen in N. Wegen (U4) ist die Menge $M \cap \bar{C} = M \cap (N - C) = M - (M \cap C) = M - A$ offen in M. Folglich ist die Menge A in M abgeschlossen.

Dichter Unterraum : Ein Unterraum (M ; T) eines topologischen Raumes (N ; S) heißt dicht in N, wenn N die Hülle von M ist. Ein Unterraum M heißt nirgends dicht in N, wenn das Innere der Hülle von M leer ist.

M dicht in N :⇔ $H(M) = N$

M nirgends dicht in N :⇔ $I(H(M)) = \emptyset$

5.7.3 PRODUKTRÄUME

Einführung : In Abschnitt 5.7.1 ist die Topologie des Produktes von zwei topologischen Räumen definiert. Das Konzept wird in diesem Abschnitt auf das Produkt von endlich vielen topologischen Räumen erweitert. Für stetige Abbildungen in solche Produkträume werden Regeln aufgestellt.

Produktraum von endlich vielen Räumen : Gegeben sei eine endliche Anzahl von topologischen Räumen (A ; R),...,(Z ; S). Die Elemente der Trägermengen werden mit $a_i \in A,...,z_n \in Z$ bezeichnet, die offenen Mengen der Topologien mit $R_i \in R,...,S_n \in S$. Das kartesische Produkt $X := A \times ... \times Z$ wird als Trägermenge eines neuen topologischen Raumes betrachtet. Die Elemente von X sind n-Tupel $x = (a_i,...,z_n)$. Als Produkttopologie auf X wird die gröbste Topologie P gewählt, welche die Projektionen $p_A : X \to A$ mit $p_A(x) = a_i$ bis $p_Z : X \to Z$ mit $p_Z(x) = z_n$ gleichzeitig stetig macht.

Als Basis B der Topologie P wird die Menge der kartesischen Produkte $R_i \times ... \times S_n$ gewählt, die als Faktoren je eine offene Menge der Topologien R,...,S enthalten. Die Menge dieser kartesischen Produkte ist als Basis geeignet, da wie für das Produkt von zwei Räumen der Durchschnitt von je zwei offenen Mengen $R_i \times ... \times S_n$ und $R_k \times ... \times S_m$ wieder eine offene Menge $R_j \times ... \times S_u$ ist.

$$B = \{R_i \times ... \times S_n \mid R_i \in R \wedge ... \wedge S_n \in S\}$$

$$R_i \times ... \times S_n = \{(a_i,...,z_n) \mid a_i \in R_i \quad \wedge ... \wedge \quad z_n \in S_n\}$$

$$\begin{aligned}(R_i \times ... \times S_n) \cap (R_k \times ... \times S_m) &= (R_i \cap R_k) \times ... \times (S_n \cap S_m) \\ &= R_j \times ... \times S_u\end{aligned}$$

Die Produkttopologie P enthält alle Vereinigungen von Elementen der Basis B. Der Raum $(A \times ... \times Z ; P)$ heißt der Produktraum der topologischen Räume (A ; R),..., (Z ; S). Die Topologie P ist die gröbste Topologie auf $X = A \times ... \times Z$, welche die Projektionen $p_A,...,p_Z$ stetig macht.

$$P = \{ \bigcup_{B_i \in B'} B_i \mid B' \in B\}$$

$$p_A : X \to A \quad \text{mit} \quad p_A(x) = a_i \quad \text{ist stetig}$$

$$p_Z : X \to Z \quad \text{mit} \quad p_Z(x) = z_n \quad \text{ist stetig}$$

Stetige Abbildungen in einen Produktraum : Gegeben seien ein topologischer Raum (M ; T) und der Produktraum (X ; P) endlich vieler topologischer Räume (A ; R),...,(Z; S). Eine Abbildung $f : M \to X$ in die Trägermenge $X = A \times ... \times Z$ des Produktraumes ist genau dann stetig, wenn für die Projektionen $p_A : X \to A$ bis $p_Z : X \to Z$ die Kompositionen $p_A \circ f : M \to A$ bis $p_Z \circ f : M \to Z$ stetig sind.

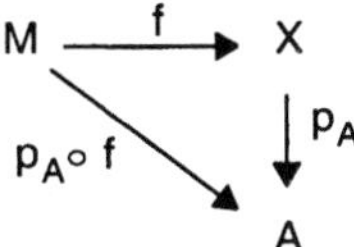

Beweis : Stetige Abbildungen in einen Produktraum

(1) Die Abbildung f sei stetig. Nach Definition der Produkttopologie ist jede der Projektionen $p_A,...,p_Z$ stetig. Folglich sind die Abbildungen $p_A \circ f,...,p_Z \circ f$ Kompositionen stetiger Abbildungen und damit stetig.

(2) Jede der Kompositionen $p_A \circ f,...,p_Z \circ f$ sei stetig. Für die Abbildung $f : M \to X$ ist zu beweisen, daß jede im Raum (X ; P) offene Menge ein in M offenes Urbild besitzt. Dazu genügt es, zu zeigen, daß jedes Element der Basis $B = \{R_i \times ... \times S_n | R_i \in R \wedge ... \wedge S_n \in S\}$ ein in M offenes Urbild besitzt. Nach Definition der Produkttopologie ist $p_A : X \to A$ stetig, so daß das Urbild $R_i \times ... \times S_n$ der in A offenen Menge R_i eine in X offene Menge ist. Da $p_A \circ f$ voraussetzungsgemäß stetig ist, ist das Urbild von R_i in M eine offene Menge T_k. Wegen der Komposition $p_A \circ f$ ist die offene Menge $T_k \subseteq M$ aber auch das Urbild der offenen Menge $R_i \times ... \times S_n \in B$ unter f. Folglich ist die Abbildung f stetig.

Stetige Abbildung zwischen Produkträumen : Die Abbildungen $f_1 : M_1 \to N_1$ und $f_2 : M_2 \to N_2$ seien stetig. Die kartesischen Produkte $M_1 \times M_2$ und $N_1 \times N_2$ seien mit den Produkttopologien versehen. Dann ist die Abbildung $g : M_1 \times M_2 \to N_1 \times N_2$ mit $g(a,b) = (f_1(a), f_2(b))$ stetig.

Beweis : Stetige Abbildung zwischen Produkträumen

$S_1 \times S_2$ sei ein Element der Basis von $N_1 \times N_2$. Da $N_1 \times N_2$ Produkttopologie besitzt, sind die Projektionen $S_1 = p_1(S_1 \times S_2)$ und $S_2 = p_2(S_1 \times S_2)$ offene Mengen. Ihre Urbilder $f_1^{-1}(S_1)$ und $f_2^{-1}(S_2)$ sind wegen der Stetigkeit von f_1 und f_2 offene Mengen. Da $M_1 \times M_2$ Produkttopologie besitzt, ist das Urbild $g^{-1}(S_1 \times S_2) = f_1^{-1}(S_1)) \times f_2^{-1}(S_2)$ von $S_1 \times S_2$ eine offene Menge auf $M_1 \times M_2$. Folglich ist die Abbildung g stetig.

5.8 ZUSAMMENHANG VON MENGEN

5.8.1 TRENNUNG UND ZUSAMMENHANG

Einführung : Ein Körper ist physikalisch zusammenhängend, wenn Kräfte zwischen den Körperteilen übertragbar sind. Im Gegensatz hierzu ist mathematischer Zusammenhang eine topologische Eigenschaft. Der Zusammenhang von zwei Mengen kann nur untersucht werden, wenn sie Teilmengen der Trägermenge eines topologischen Raumes sind.

Zur Definition des Zusammenhangs zweier Mengen genügt es nicht, den Durchschnitt dieser Mengen zu betrachten. Beispielsweise sei A eine Menge mit Randpunkt x, der nicht zu A gehört. Derselbe Punkt x sei ein Randpunkt der Menge B und in B enthalten. Der Durchschnitt $A \cap B$ sei leer. Dann enthält die Vereinigung $A \cup B$ den Punkt x, obwohl $A \cap B$ leer ist. Die Mengen A und B sind also zusammenhängend, obwohl ihr Durchschnitt leer ist.

Die mathematische Definition des Begriffs Zusammenhang beruht auf den Begriffen Trennung und Separation. In einer Trennung werden die offenen Mengen der Topologie des Raumes zur Beurteilung des Zusammenhanges verwendet. Eine Menge ist zusammenhängend, wenn es keine Trennung der Menge gibt. Für separierte Mengen werden die topologischen Mengentypen Rand und Hülle zur Beurteilung des Zusammenhangs verwendet. Im Gegensatz zu disjunkten Mengen enthalten separierte Mengen keine Punkte der Hülle der jeweils anderen Menge. Eine Menge ist zusammenhängend, wenn sie nicht als eine Vereinigung von nichtleeren separierten Mengen darstellbar ist.

In diesem Abschnitt werden die Begriffe Trennung, Separation, Zusammenhang einer Menge und Zusammenhang eines Raumes behandelt. Für gegebene Mengen werden Trennungen und separierte Mengen konstruiert. Für den Zusammenhang von Mengen werden verschiedene äquivalente Definitionen vorgestellt.

Trennung einer Menge : A sei eine Teilmenge eines topologischen Raumes (M ; T) und T_1, T_2 seien offene Mengen der Topologie T. Die Mengen T_1 und T_2 bilden eine Trennung der Menge A im Raum (M ; T), wenn die Durchschnitte $A \cap T_1$ und $A \cap T_2$ nichtleere disjunkte Mengen mit der Vereinigung A sind. Die Trennung wird mit $T_1 \& T_2$ bezeichnet.

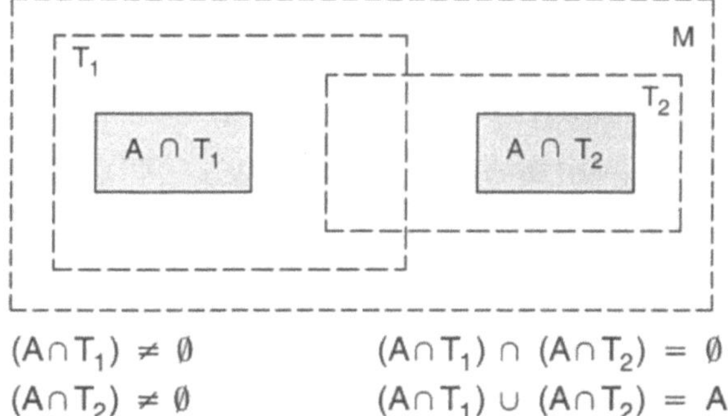

Eigenschaften einer Trennung : Eine Menge $A \subseteq M$ besitzt genau dann eine Trennung $T_1 \& T_2$ im topologischen Raum $(M ; T)$, wenn sie eine Trennung $S_1 \& S_2$ im Unterraum $(A ; S)$ mit der Relativtopologie $S = \{S_i \mid S_i = A \cap T_i \ \wedge \ T_i \in T\}$ besitzt. Im Unterraum $(A ; S)$ besitzt A genau dann eine Trennung, wenn es eine Menge $S_1 \in S$ mit $\emptyset \subset S_1 \subset A$ gibt, die zugleich offen und abgeschlossen in $(A ; S)$ ist.

Beweis : Eigenschaften einer Trennung

(1) $T_1 \& T_2$ sei eine Trennung der Menge A im Raum $(M ; T)$. Die offenen Mengen $S_i = A \cap T_i$ der Relativtopologie S werden in die Definitionseigenschaften der Trennung $T_1 \& T_2$ eingesetzt.

$$(A \cap T_1) \neq \emptyset \ \wedge \ (A \cap T_1) \cap (A \cap T_2) = \emptyset \ \wedge$$
$$(A \cap T_2) \neq \emptyset \ \wedge \ (A \cap T_1) \cup (A \cap T_2) = A \qquad \Leftrightarrow$$
$$S_1 \neq \emptyset \ \wedge \ S_2 \neq \emptyset \ \wedge \ S_1 \cap S_2 = \emptyset \ \wedge \ S_1 \cup S_2 = A$$

Die Teilmengen S_1 und S_2 bilden definitionsgemäß eine Trennung $S_1 \& S_2$ von A im Unterraum $(A ; S)$, da $S_i = S_i \cap A$. Aus $S_1 \cap S_2 = \emptyset$ und $S_1 \cup S_2 = A$ folgt $\overline{S}_1 = A - S_1 = S_2$ und $\overline{S}_2 = A - S_2 = S_1$. Aus $S_2 \neq \emptyset$ und $\overline{S}_1 = S_2$ folgt $\overline{S}_1 \neq \emptyset$. Aus $S_1 \neq \emptyset$ und $\overline{S}_2 = S_1$ folgt $\overline{S}_2 \neq \emptyset$.

$$S_1 \neq \emptyset \ \wedge \ S_2 \neq \emptyset \ \wedge \ \overline{S}_1 = S_2 \ \wedge \ S_2 = S_1 \qquad \Leftrightarrow$$
$$S_1 \neq \emptyset \ \wedge \ S_2 \neq \emptyset \ \wedge \ \overline{S}_1 \neq \emptyset \ \wedge \ S_2 \neq \emptyset$$

Aus $\overline{S}_1 = S_2$ folgt, daß $\overline{S}_1$ eine offene Menge der Relativtopologie S ist. Da S_1 und $\overline{S}_1$ offene Mengen in $(A ; S)$ sind, ist S_1 zugleich offen und abgeschlossen. Aus $S_1 \neq \emptyset$ und $\overline{S}_1 = A - S_1 \neq \emptyset$ folgt $\emptyset \subset S_1 \subset A$. Für die Trennung $T_1 \& T_2$ gibt es folglich eine Menge $\emptyset \subset S_1 \subset A$, die in $(A ; S)$ zugleich offen und abgeschlossen ist.

(2) Die Menge S_1 mit $\emptyset \subset S_1 \subset A$ sei in dem Unterraum $(A ; S)$ zugleich offen und abgeschlossen. Dann gilt $S_1 \neq \emptyset$ und $\overline{S}_1 = A - S_1 \neq \emptyset$. Aus $S_2 = \overline{S}_1$ folgt, daß S_2 eine offene Menge in S und $S_2 \neq \emptyset$ ist. Aus den Äquivalenzen in (1) folgt, daß $T_1 \& T_2$ eine Trennung von A in $(M ; T)$ ist.

Separierte Mengen : Teilmengen A, B eines topologischen Raumes (M ; T) heißen separiert im Raum (M ; T), wenn folgende Bedingungen erfüllt sind :

(1) Die Mengen A und B sind disjunkt : $A \cap B = \emptyset$
(2) A enthält keinen Randpunkt von B : $A \cap R(B) = \emptyset$
(3) B enthält keinen Randpunkt von A : $B \cap R(A) = \emptyset$

Diese Bedingungen sind genau dann erfüllt, wenn A keinen Punkt der Hülle von B enthält und B keinen Punkt der Hülle von A :

$$\begin{array}{ll} \text{A, B sind separierte Mengen in (M ; T)} & :\Leftrightarrow \\ A \cap B = \emptyset \quad \wedge \quad A \cap R(B) = \emptyset \quad \wedge \quad B \cap R(A) = \emptyset & \Leftrightarrow \\ \qquad A \cap H(B) = \emptyset \quad \wedge \quad B \cap H(A) = \emptyset & \end{array}$$

Eigenschaften separierter Mengen : Teilmengen A, B eines topologischen Raumes (M ; T) sind genau dann in (M ; T) separiert, wenn sie separierte Mengen in dem Unterraum ($A \cup B$; S) mit der Relativtopologie $S = \{(A \cup B) \cap T_i \mid T_i \in T\}$ sind.

Beweis : Eigenschaften separierter Mengen

(1) Die Teilmengen A, B seien in (M ; T) separiert. Ihre Hüllen im Raum (M ; T) seien H(A) und H(B). Wegen der Definitionseigenschaften separierter Mengen gilt dann $A \cap H(B) = \emptyset$ und $B \cap H(A) = \emptyset$. Die Hüllen der Mengen A und B im Unterraum ($A \cup B$; S) seien $H_u(A)$ und $H_u(B)$. Die Hüllen $H_u(A)$ und $H_u(B)$ enthalten diejenigen Punkte der Hüllen H(A) und H(B), die in der Trägermenge $A \cup B$ liegen :

$$\begin{aligned} H_u(A) &= (A \cup B) \cap H(A) = (A \cap H(A)) \cup (B \cap H(A)) = A \\ H_u(B) &= (A \cup B) \cap H(B) = (B \cap H(B)) \cup (B \cap H(B)) = B \end{aligned}$$

Die Mengen A und B sind in ($A \cap B$; S) separiert, da die Hüllen $H_u(A)$ und $H_u(B)$ die Bedingungen der Definition separierter Mengen erfüllen :

$$\begin{aligned} A \cap H_u(B) &= A \cap B = \emptyset \\ B \cap H_u(A) &= B \cap A = \emptyset \end{aligned}$$

(2) Die Mengen A und B seien in dem Unterraum ($A \cup B$; S) separiert. Dann gilt definitionsgemäß $A \cap B = \emptyset$. Jeder Punkt $x \in M$, der nicht in $A \cup B$ enthalten ist, gehört weder zu A noch zu B. Solche Punkte beeinflussen den Wert von $A \cap H(B)$ sowie $B \cap H(A)$ nicht. Aus $A \cap H_u(B) = \emptyset$ und $B \cap H_u(A) = \emptyset$ in $A \cup B$ folgt also $A \cap H(B) = \emptyset$ und $B \cap H(A) = \emptyset$ in M. Folglich sind die Mengen A und B in (M ; T) separiert.

Konstruktion separierter Mengen : $T_1 \& T_2$ sei eine Trennung einer Menge A in einem topologischen Raum (M ; T). Dann sind die Durchschnitte $A \cap T_1$ und $A \cap T_2$ separierte Mengen in (M ; T).

Beweis : Konstruktion separierter Mengen

Nach Definition der Trennung $T_1 \& T_2$ sind die Mengen $S_1 = A \cap T_1$ und $S_2 = A \cap T_2$ nicht leer. Der Trennung $T_1 \& T_2$ im Raum $(M;T)$ entspricht die Trennung $S_1 \& S_2$ im Unterraum $(A;S)$. Da die Mengen S_1 und S_2 im Unterraum abgeschlossen sind, gilt $H(S_1) = S_1$ und $H(S_2) = S_2$. Aus der Definition der Trennung folgt $S_1 \cap S_2 = \emptyset$. Damit erfüllen die Mengen S_1 und S_2 die Bedingungen für separierte Mengen im Unterraum $(A;S)$:

$$S_1 \cap H(S_2) = S_1 \cap S_2 = \emptyset$$
$$S_2 \cap H(S_1) = S_2 \cap S_1 = \emptyset$$

Da die Mengen $S_1 = A \cap T_1$ und $S_2 = A \cap T_2$ im Unterraum $(A;S)$ separiert sind, sind sie nach den Eigenschaften separierter Mengen auch im Raum $(M;T)$ separiert.

Konstruktion einer Trennung : Die nichtleeren Mengen A und B seien separiert. Dann bilden die Komplemente T_1 und T_2 der Hüllen von B und A eine Trennung $T_1 \& T_2$ der Menge $A \cup B$.

$$T_1 = \overline{H(B)}$$
$$T_2 = \overline{H(A)}$$

Beweis : Konstruktion einer Trennung

(1) Die Hüllen $H(A)$ und $H(B)$ sind abgeschlossene Mengen im Raum $(M;T)$. Ihre Komplemente sind daher offene Mengen im Raum $(M;T)$.

$$T_1 = \overline{H(B)} \in T$$
$$T_2 = \overline{H(A)} \in T$$

(2) Da die Mengen A und B separiert sind, gilt $A \cap H(B) = \emptyset$ und $H(A) \cap B = \emptyset$. Das Komplement T_1 der Hülle von B enthält die Menge A, jedoch keinen Punkt von B. Das Komplement T_2 der Hülle von A enthält die Menge B, jedoch keinen Punkt von A. Es folgt :

$$(A \cup B) \cap T_1 = A$$
$$(A \cup B) \cap T_2 = B$$

(3) Die Mengen $(A \cup B) \cap T_1$ und $(A \cup B) \cap T_2$ sind nichtleer, da die Mengen A und B nichtleer sind. Der Durchschnitt der Mengen $(A \cup B) \cap T_1$ und $(A \cup B) \cap T_2$ ist leer, da die Mengen A und B separiert sind. Folglich bilden die Mengen T_1 und T_2 eine Trennung $T_1 \& T_2$ der Menge $A \cup B$ im Raum $(M;T)$.

Zusammenhängende Menge : Eine Menge A in einem topologischen Raum $(M;T)$ heißt zusammenhängend, wenn sie nicht nichtzusammenhängend ist. Die Menge A heißt nichtzusammenhängend, wenn eine der folgenden äquivalenten Bedingungen erfüllt ist :

(Z1) Die Menge A kann als eine Vereinigung von zwei nichtleeren separierten Mengen dargestellt werden.

(Z2) Für die Menge A gibt es eine Trennung.

Beweis : Äquivalenz der Definitionen des Zusammenhangs einer Menge

(1) Die Menge A sei nach Definition (Z1) nichtzusammenhängend. Dann kann A als eine Vereinigung von zwei nichtleeren separierten Mengen B und C dargestellt werden. Aus den separierten Mengen B und C wird die Trennung $T_1 \& T_2$ mit den offenen Mengen $T_1 = \overline{H(C)}$ und $T_2 = \overline{H(B)}$ konstruiert. Die Bedingung (Z2) ist also erfüllt.

(2) Die Menge A sei nach Definition (Z2) nichtzusammenhängend. Dann gibt es eine Trennung $T_1 \& T_2$ für A. Mit den offenen Mengen T_1 und T_2 können die nichtleeren separierten Mengen $A \cap T_1$ und $A \cap T_2$ konstruiert werden, deren Vereinigung A ist. Die Bedingung (Z1) ist also erfüllt.

Zusammenhängender Raum : Ein topologischer Raum (M ; T) heißt zusammenhängend, wenn die Menge M zusammenhängend ist. Die Menge M ist genau dann zusammenhängend, wenn folgende Bedingung erfüllt ist :

(Z3) Es gibt keine Menge T_i mit $\emptyset \subset T_i \subset M$, die im Raum (M ; T) zugleich offen und abgeschlossen ist.

Beweis : Zusammenhängender Raum

Der Raum (M ; T) ist definitionsgemäß genau dann zusammenhängend, wenn die Menge M in (M ; T) zusammenhängend ist. Dies gilt genau dann, wenn es keine Trennung von M in (M ; T) gibt. Nach den Eigenschaften von Trennungen besitzt aber die Menge M genau dann ein Trennung in (M ; T), wenn es in (M ; T) eine zugleich offene und abgeschlossene Menge T_i mit $\emptyset \subset T_i \subset M$ gibt.

Beispiel 1 : Trennung einer Menge

(M ; T) sei ein Raum mit der Trägermenge $M = \{a, b, c, d, e\}$ und der Topologie $T = \{\emptyset, \{c\}, \{a, b, c\}, \{c, d, e\}, M\}$. Dann ist die Menge $A = \{a, d, e\}$ nichtzusammenhängend. Die offenen Mengen $T_1 = \{a, b, c\}$ und $T_2 = \{c, d, e\}$ bilden eine Trennung der Teilmenge A.

$$A \cap T_1 = \{a\}$$

$$A \cap T_2 = \{d, e\}$$

$$(A \cap T_1) \cup (A \cap T_2) = A$$

$$(A \cap T_1) \cap (A \cap T_2) = \emptyset$$

Beispiel 2 : Separation von Mengen im euklidischen Raum $\mathbb{R}^1$

Auf der reellen Achse $\mathbb{R}^1$ mit euklidischer Topologie seien für eine rationale Zahl $a \in \mathbb{Q}$ folgende Teilmengen definiert :

$$A = \{x \in \mathbb{R} \mid x < a\} \qquad R(A) = \{a\} \qquad H(A) = \{x \in \mathbb{R} \mid x \le a\}$$

$$B = \{x \in \mathbb{R} \mid x \ge a\} \qquad R(B) = \{a\} \qquad H(B) = \{x \in \mathbb{R} \mid x \ge a\}$$

$$C = \{x \in \mathbb{R} \mid x > a\} \qquad R(C) = \{a\} \qquad H(C) = \{x \in \mathbb{R} \mid x \ge a\}$$

Die Mengen A und B sind nicht separiert, da der Durchschnitt der Hülle von A mit B nicht leer ist. Obwohl der Durchschnitt $A \cap B$ leer ist, ist die Vereinigung $A \cup B$ die Achse $\mathbb{R}^1$ einschließlich Punkt a.

$$H(A) \cap B = \{a\}$$

Die Mengen A und C sind separiert, da der Durchschnitt $H(C) \cap A = \emptyset$ leer ist. Die Vereinigung $A \cup C$ enthält nicht den Punkt a der reellen Achse $\mathbb{R}^1$. Die Separation ist in dem folgenden Diagramm gezeigt.

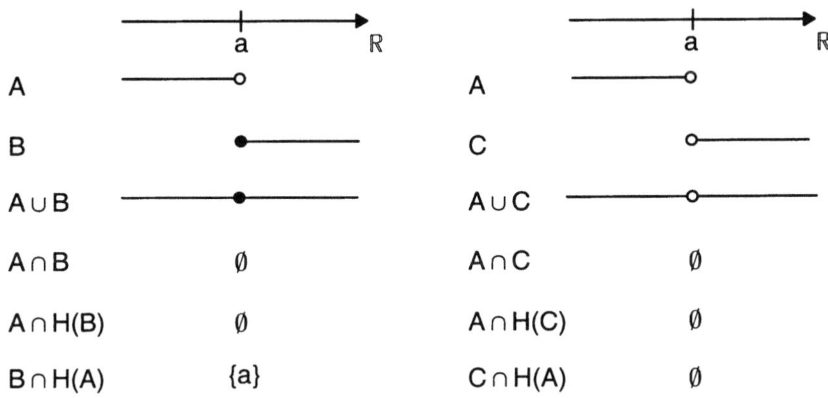

Beispiel 3 : Diskreter nichtzusammenhängender Raum

Die Topologie eines diskreten Raumes (M ; T) enthält jede Teilmenge von M als offene Menge. Für Elemente a, b,... von M sind die einelementigen Mengen {a}, {b},... definitionsgemäß zusammenhängend. Jede Menge mit mehr als einem Element ist nichtzusammenhängend. Beispielsweise besitzt {a, b} die Trennung {a}&{b}. Diese Eigenschaft begründet die Bezeichnung diskret.

Beispiel 4 : Nichtzusammenhängender Raum

(M ; T) sei ein Raum mit der Trägermenge $M = \{a, b, c, d, e\}$ und der Topologie $T = \{\emptyset, \{a\}, \{c, d\}, \{a, c, d\}, \{b, c, d, e\}, M\}$. Dann ist M die Vereinigung der disjunkten nichtleeren offenen Mengen {a} und { b, c, d, e } und folglich nichtzusammenhängend. Die Menge {a} und die Menge { b, c, d, e } sind sowohl offen als auch abgeschlossen, da zu beiden auch das Komplement in T enthalten ist. Die Teilmenge $A = \{b, d, e\}$ mit der Relativtopologie $\{\emptyset, \{d\}, A\}$ ist im Gegensatz zur Menge M zusammenhängend, da $\emptyset$ und A die einzigen Teilmengen von A sind, die zugleich offen und abgeschlossen sind.

5.8.2 ZUSAMMENHANG KONSTRUIERTER MENGEN

Einführung : In Abschnitt 5.8.1 wird der Zusammenhang einer gegebenen Menge in einem topologischen Raum untersucht. Im folgenden sind die Eigenschaften von Mengen behandelt, die mit Mengenoperationen und Abbildungen aus gegebenen zusammenhängenden Mengen konstruiert werden.

Eigenschaften von zusammenhängenden Mengen und Räumen :

(E1) Besitzt eine Menge A im topologischen Raum (M ; T) eine Trennung T_1 & T_2, so ist jede zusammenhängende Teilmenge $B \subseteq A$ entweder ganz in T_1 oder ganz in T_2 enthalten. Eine der Mengen $B \cap T_1$ und $B \cap T_2$ ist leer.

(E2) Die Vereinigung $A \cup B$ von zwei zusammenhängenden Mengen A und B eines topologischen Raumes (M ; T) kann zusammenhängend oder nicht-zusammenhängend sein.

(E3) Der Durchschnitt $A \cap B$ von zwei zusammenhängenden Mengen A und B eines topologischen Raumes (M ; T) kann zusammenhängend oder nicht-zusammenhängend sein.

(E4) Die Vereinigung $A \cup B$ von zwei zusammenhängenden Mengen A und B eines topologischen Raumes (M ; T), die nicht separiert sind, ist zusammenhängend.

(E5) Ein topologischer Raum (M ; T) sei zusammenhängend und eine surjektive Abbildung $f : M \rightarrow N$ sei stetig. Dann ist der topologische Raum (N ; S) zusammenhängend.

(E6) Ein topologischer Raum (M ; T) ist genau dann zusammenhängend, wenn jede diskrete Abbildung von M konstant ist.

(E7) In einem topologischen Raum (M ; T) sei $\{A_i\}$ eine endliche oder unendliche Familie von Teilmengen von M. Jede Teilmenge A_i sei eine zusammenhängende Menge. Keiner der Durchschnitte $A_k \cap A_m$ von zwei Mengen aus $\{A_i\}$ sei leer. Dann ist die Vereinigung $\cup A_i$ der Mengen aus $\{A_i\}$ eine zusammenhängende Menge.

(E8) Jeder der topologischen Räume (M ; T) und (N ; S) sei zusammenhängend. Dann ist der Produktraum $(M \times N ; P)$ zusammenhängend.

(E9) Die Hülle H(A) einer zusammenhängenden Menge A in einem topologischen Raum (M ; T) und jede Zwischenmenge Z mit $A \subseteq Z \subseteq H(A)$ sind zusammenhängend.

Beweis E1 : Zusammenhängende Teilmenge in einer Trennung

Eine zusammenhängende Menge B in einem topologischen Raum (M ; T) sei eine Teilmenge einer Menge $A \subseteq M$ mit einer Trennung $T_1 \& T_2$. Dann gilt :

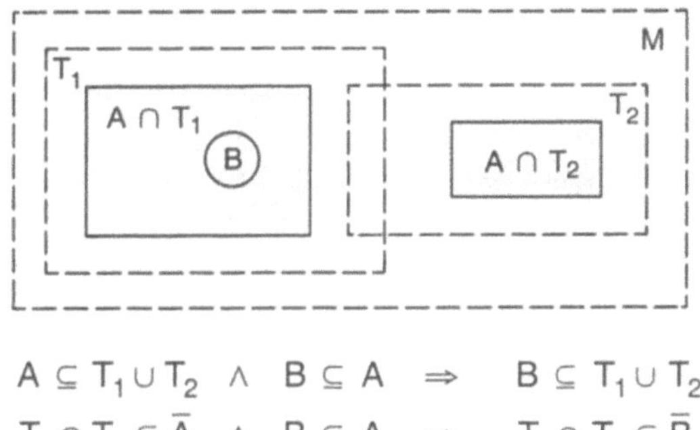

$$A \subseteq T_1 \cup T_2 \quad \wedge \quad B \subseteq A \quad \Rightarrow \quad B \subseteq T_1 \cup T_2$$

$$T_1 \cap T_2 \subseteq \overline{A} \quad \wedge \quad B \subseteq A \quad \Rightarrow \quad T_1 \cap T_2 \subseteq \overline{B}$$

Die Durchschnitte $B \cap T_1$ und $B \cap T_2$ seien nichtleer. Dann bilden T_1 und T_2 eine Trennung $T_1 \& T_2$ von B. Aus der Definition (Z2) des Zusammenhangs einer Menge folgt, daß B nichtzusammenhängend ist. Dies widerspricht der Voraussetzung, daß B zusammenhängend ist. Folglich ist entweder $B \cap T_1$ oder $B \cap T_2$ leer. Die Menge B ist entweder ganz in T_1 oder ganz in T_2 enthalten.

Beweis E2 : Die Vereinigung von zwei zusammenhängenden Mengen kann zusammenhängend oder nichtzusammenhängend sein.

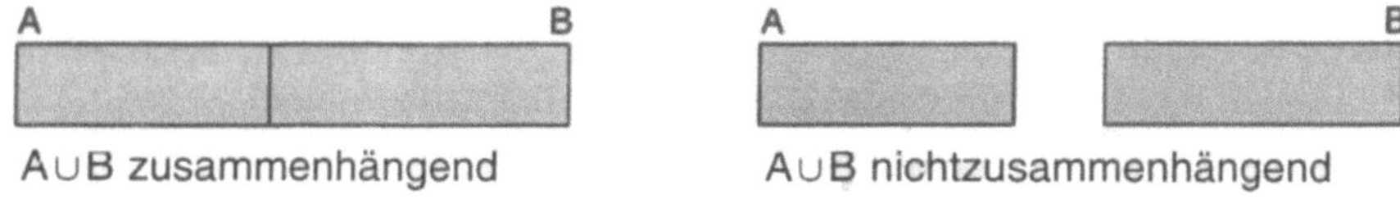

Die Aussage wird mit Beispielen bewiesen :

(1) Auf der reellen Achse $\mathbb{R}$ ist jedes der abgeschlossenen Intervalle [0,1] und [2,3] in sich zusammenhängend. Die Vereinigung dieser Intervalle ist nach Definition (Z1) nichtzusammenhängend, da die Intervalle nichtleer und separiert sind.

(2) Auf der reellen Achse $\mathbb{R}$ ist jedes der abgeschlossenen Intervalle [1,2] und [2,3] in sich zusammenhängend. Ihre Vereinigung ist das zusammenhängende Intervall [1,3].

Beweis E3 : Der Durchschnitt von zwei zusammenhängenden Mengen kann zusammenhängend oder nichtzusammenhängend sein.

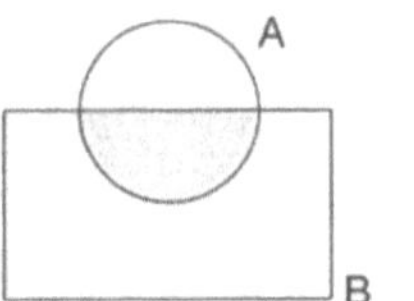

$A \cap B$ zusammenhängend

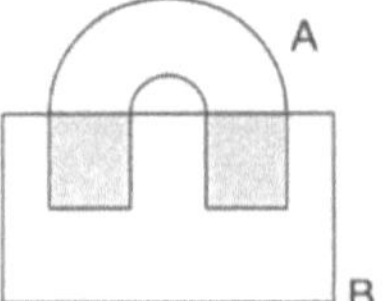

$A \cap B$ nichtzusammenhängend

Die Aussage wird mit Beispielen bewiesen :

(1) Auf der reellen Achse $\mathbb{R}$ ist jedes der abgeschlossenen Intervalle [0,4] und [2,6] in sich zusammenhängend. Der Durchschnitt dieser Intervalle ist das zusammenhängende Intervall [2,4].

(2) In der reellen Ebene $\mathbb{R}^2$ bilden die Punkte $(x = r \cos\lambda,\ y = r \sin\lambda)$ mit $0.5 \le r \le 1.0$ und $0 \le \lambda \le \pi$ ein zusammenhängendes Kreissegment K. Die Punkte (x, y) mit $-1.0 \le x \le 1.0$ und $0.0 \le y \le 0.1$ bilden ein zusammenhängendes Rechteck A. Der Durchschnitt $A \cap K$ ist nach Definition (Z1) nicht zusammenhängend, da er aus einer Punktmenge mit $x < 0$ und einer Punktmenge mit $x > 0$ besteht, die nichtleer und separiert sind.

Beweis E4 : Die Vereinigung zusammenhängender Mengen, die nicht separiert sind, ist zusammenhängend.

Jede der Mengen A und B sei in einem topologischen Raum (M ; T) in sich zusammenhängend. Ihre Vereinigung $C := A \cup B$ sei nichtzusammenhängend. Dann besitzt C wegen (Z2) eine Trennung $T_1 \& T_2$. Für die Konstruktion separierter Mengen wurde bewiesen, daß $C \cap T_1$ und $C \cap T_2$ separierte Mengen in (M ; T) sind. Wegen (E1) ist jede der Mengen A und B aber entweder ganz in T_1 oder T_2 enthalten. Beispielsweise sei $A \cap T_2 = \emptyset$ und $B \cap T_1 = \emptyset$. Dann folgt :

$$C \cap T_1 = (A \cup B) \cap T_1 = (A \cap T_1) \cup (B \cap T_1) = A \cap T_1$$
$$C \cap T_2 = (A \cup B) \cap T_2 = (A \cap T_2) \cup (B \cap T_2) = B \cap T_2$$

Da $C \cap T_1$ und $C \cap T_2$ separiert sind, sind auch $A \cap T_1$ und $B \cap T_2$ separiert. Nach Voraussetzung in (E4) sind A und B jedoch nicht separiert. Im Gegensatz zur Annahme ist ihre Vereinigung $A \cup B$ daher zusammenhängend.

Beweis E5 : Das Bild eines zusammenhängenden Raumes unter einer stetigen Abbildung ist zusammenhängend.

Der topologische Raum (M ; T) sei zusammenhängend. Eine Abbildung $f : M \to N$ sei stetig. Dann induziert die Abbildung f einen topologischen Raum (N ; S) mit der Trägermenge $N = f(M)$ und der Topologie $S = \{S_i \mid S_i = f(T_i) \wedge T_i \in T\}$.

Der Raum (N ; S) sei nichtzusammenhängend. Dann gibt es eine Menge S_1 mit $\emptyset \subset S_1 \subset N$, die im Raum (N ; S) zugleich offen und abgeschlossen ist. Da die Abbildung f stetig ist, enthält der Raum (M ; T) eine Menge T_1 mit $f(T_1) = S_1$, die im Raum (M ; T) zugleich offen und abgeschlossen ist. Aus $\emptyset \subset S_1 \subset N$ und $f(M) = N$ folgt $\emptyset \subset T_1 \subset M$. Damit ist der Raum (M ; T) nach (Z3) nichtzusammenhängend. In (E5) wird aber vorausgesetzt, daß der Raum (M ; T) zusammenhängend ist. Im Gegensatz zur Annahme ist daher der Raum (N ; S) zusammenhängend.

Beweis E6 : Ein topologischer Raum ist genau dann zusammenhängend, wenn jede diskrete Abbildung seiner Trägermenge konstant ist.

(1) Ein topologischer Raum (M ; T) sei zusammenhängend. Für eine beliebige diskrete Abbildung $d : M \to D$ sei $y \in D$ ein Punkt, für den es ein Urbild in M gibt. Dann gibt es in dem diskreten Raum D die zugleich offene und abgeschlossene Menge {y}. Da die diskrete Abbildung definitionsgemäß stetig ist, ist auch das Urbild der Menge {y} auf M eine zugleich offene und abgeschlossene Menge. Wegen (Z3) sind die Leermenge $\emptyset$ und die Trägermenge M die einzigen zugleich offenen und abgeschlossenen Mengen des zusammenhängenden Raumes (M ; T). Da das Urbild von {y} voraussetzungsgemäß nichtleer ist, ist M das Urbild von {y}. Die Abbildung d ist also konstant.

(2) Jede diskrete Abbildung $d : M \to D$ sei konstant. Der topologische Raum (M ; T) sei nicht zusammenhängend. Dann gibt es nach Bedingung (Z3) neben $\emptyset$ und M eine weitere Menge A mit $\emptyset \subset A \subset M$, die in (M ; T) zugleich offen und abgeschlossen ist. Folglich gibt es eine diskrete Abbildung $d : M \to \{0,1\}$ mit $d(A) = 0$ und $d(M) = 1$. Dies widerspricht der Voraussetzung, daß jede diskrete Abbildung d konstant ist. Im Gegensatz zur Annahme ist der Raum (M ; T) daher zusammenhängend.

Beweis E7 : In einer Familie $\{A_i\}$ von Teilmengen der Trägermenge eines topologischen Raumes sei jede der Teilmengen A_i zusammenhängend. Keiner der Durchschnitte von zwei Mengen aus $\{A_i\}$ sei leer. Dann ist die Vereinigung der Mengen aus $\{A_i\}$ zusammenhängend.

Jede der Teilmengen $A_i \subseteq M$ in einem topologischen Raum (M ; T) sei zusammenhängend. Die Vereinigung einer endlichen oder unendlichen Familie $\{A_i\}$ solcher Mengen sei $\cup A_i$. Die Abbildung $d : \cup A_i \to D$ sei diskret. Für beliebige Punkte

$x,y \in \cup A_i$ sei $x \in A_k$ und $y \in A_m$. Die diskreten Abbildungen der zusammenhängenden Mengen A_k und A_m sind wegen (E6) konstant :

$$d(A_k) = \{c_k\} \quad \wedge \quad d(A_m) = \{c_m\}$$

Der Durchschnitt $A_k \cap A_m$ ist nach Voraussetzung in (E7) nichtleer. Für einen Punkt $z \in A_k \cap A_m$ gilt $d(z) = c_k \wedge d(z) = c_m$. Also folgt :

$$c_k = c_m = c \quad \wedge \quad d(x) = d(y) = d(z) = c$$

Da die Punkte x und y beliebig gewählt sind, ist die Abbildung $d : \cup A_i \to D$ konstant mit $d(\cup A_i) = \{c\}$. Folglich ist die Vereinigung $\cup A_i$ wegen (E6) zusammenhängend.

Beweis E8 : Der Produktraum von zwei zusammenhängenden Räumen ist zusammenhängend.

Jeder der Räume (M ; T) und (N ; S) sei zusammenhängend. Für beliebige Punkte $a \in M$ und $b \in N$ sind die Abbildungen f_M und f_N definiert :

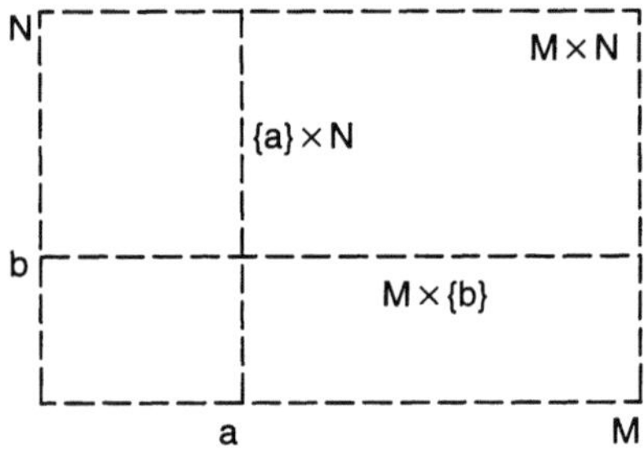

$$f_M : M \times \{b\} \to M \quad \text{mit} \quad f_M(x,b) = x$$
$$f_N : \{a\} \times N \to N \quad \text{mit} \quad f_N(a,y) = y$$

Da der Raum (M ; T) zusammenhängend ist, sind nach Bedingung (Z3) nur die Mengen $\emptyset$ und M zugleich offen und abgeschlossen in (M ; T). Im Produktraum $M \times \{b\}$ sind nur die Urbilder $\emptyset$ und $M \times \{b\}$ der Mengen $\emptyset$ und M zugleich offen und abgeschlossen, da die Projektion f_M bijektiv und nach Definition des Produktraumes stetig ist. Aus (Z3) folgt, daß der Produktraum $M \times \{b\}$ zusammenhängend ist. Der Produktraum $\{a\} \times N$ ist ebenso zusammenhängend. Der Durchschnitt von $M \times \{b\}$ und $\{a\} \times N$ ist der Punkt (a,b). Aus (E7) folgt, daß die Vereinigung P_{ab} der Mengen $M \times \{b\}$ und $\{a\} \times N$ zusammenhängend ist.

Der Produktraum $M \times N$ ist die Vereinigung von Mengen P_{xy} für verschiedene Punkte (x,y). Je zwei Mengen P_{ab} und P_{cd} besitzen einen nichtleeren Durchschnitt {(a,d),(b,c)}. Da jede Menge der Familie $\{P_{xy}\}$ zusammenhängend, der paarweise Durchschnitt der Mengen nichtleer und ihre Vereinigung die Trägermenge $M \times N$ ist, folgt aus (E7), daß $M \times N$ zusammenhängend ist.

Beweis E9 : Die Hülle einer zusammenhängenden Menge A und jede Zwischenmenge Z mit $A \subseteq Z \subseteq H(A)$ sind zusammenhängend.

Die Zwischenmenge Z sei nichtzusammenhängend. Dann gibt es wegen (Z2) eine Trennung $T_1 \& T_2$ von Z. Die zusammenhängende Teilmenge A von Z ist wegen (E1) entweder ganz in T_1 oder ganz in T_2 enthalten. A sei in T_1 enthalten.

Die Mengen $Z \cap T_1$ und $Z \cap T_2$ sind separiert. Aus $A \subseteq T_1$ und $A \subseteq Z$ folgt $A \subseteq Z \cap T_1$. Also sind die Mengen A und $Z \cap T_2$ separiert. Aus der Definition separierter Mengen folgt wegen $Z \subseteq H(A)$:

$$H(A) \cap (Z \cap T_2) = \emptyset \quad \Rightarrow \quad Z \cap T_2 = \emptyset$$

Nach Definition der Trennung $T_1 \& T_2$ von Z ist die Menge $Z \cap T_2$ jedoch nichtleer. Im Gegensatz zur Annahme ist die Zwischenmenge Z also zusammenhängend.

5.8.3 KOMPONENTEN UND WEGE

Einführung : Räume sind im allgemeinen nichtzusammenhängend. Ein nichtzusammenhängender Raum kann aber in zusammenhängende Komponenten zerlegt werden. Zur Bestimmung der Komponenten eines Raumes eignet sich das Konzept des Weges. Jede wegzusammenhängende Menge ist zusammenhängend. Im folgenden sind die Begriffe Komponente, Weg und Wegzusammenhang definiert.

Komponente : Eine zusammenhängende Teilmenge A der Trägermenge M heißt eine Komponente (Zusammenhangskomponente) eines Raumes (M ; T), wenn es keine zusammenhängende Teilmenge B von M gibt, die A als echte Teilmenge enthält.

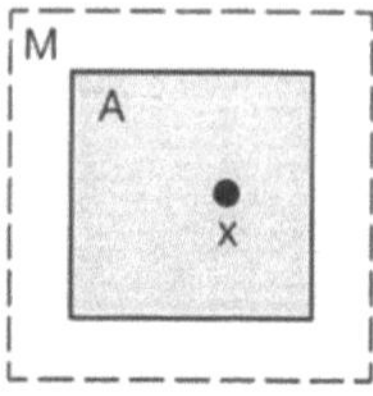

Komponente A

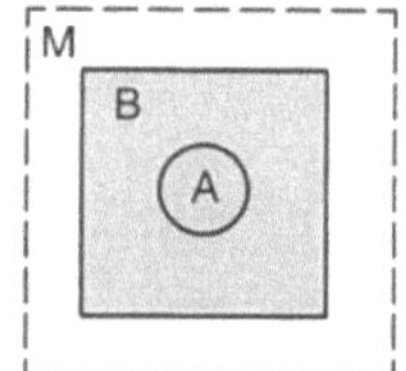

A ist keine Komponente

Eigenschaften von Komponenten :

(K1) Jede Komponente eines Raumes (M ; T) ist eine abgeschlossene Menge.

(K2) Die Vereinigung aller zusammenhängenden Teilmengen von M, die einen gemeinsamen Punkt x von M enthalten, ist eine Komponente von (M ; T).

(K3) Die Komponenten eines Raumes (M ; T) bilden eine Zerlegung von M.

(K4) Besitzt ein topologischer Raum (M ; T) endlich viele Komponenten, so ist jede Komponente sowohl offen als auch abgeschlossen.

(K5) Jede zusammenhängende Teilmenge von M ist ganz in einer Komponente von (M ; T) enthalten.

(K6) Jede nichtleere zusammenhängende Teilmenge eines Raumes (M ; T), die zugleich offen und abgeschlossen ist, ist eine Komponente des Raumes.

Beweis : Eigenschaften von Komponenten

(K1) Die Hülle H(A) einer Komponente A von (M ; T) enthält die Komponente A und ist wegen Eigenschaft (E9) zusammenhängend. Nach Definition der Komponente gibt es aber keine zusammenhängende Teilmenge von M, die A als echte Teilmenge enthält. Also ist A = H(A) und die Komponente A abgeschlossen.

(K2) Die Familie aller zusammenhängenden Teilmengen $A_i \subseteq M$, die einen Punkt x des topologischen Raumes (M ; T) enthalten, sei $\{A_i\}$. Dann ist die Vereinigung $\cup A_i$ dieser Mengen wegen (E7) zusammenhängend. Jede zusammenhängende Menge B, die $\cup A_i$ enthält, enthält auch den Punkt x. Jede zusammenhängende Menge, die den Punkt x enthält, ist aber voraussetzungsgemäß eine Teilmenge von $\cup A_i$. Also gilt $B \subseteq \cup A_i$ und $\cup A_i \subseteq B$, folglich $B = \cup A_i$. Da es also keine zusammenhängende Teilmenge B von M gibt, die $\cup A_i$ als echte Teilmenge enthält, ist $\cup A_i$ eine Komponente von (M ; T).

(K3) Die Menge der Komponenten eines Raumes (M ; T), die nach (K2) mit allen Punkten von M gebildet werden können, sei $\{C_i\}$. Dann ist die Trägermenge $M = \cup C_i$ die Vereinigung dieser Komponenten. Die Komponenten bilden also eine Zerlegung von M, wenn sie disjunkt sind. Die Komponenten C_i und C_m seien nicht disjunkt. Dann besitzen sie einen gemeinsamen Punkt a in $C_i \cap C_m$. Die mit Punkt a gebildete Komponente sei C_a. Jede der zusammenhängenden Mengen C_i und C_m enthält den Punkt a und ist daher eine Teilmenge von C_a. Als Komponenten können die Mengen C_i und C_m jedoch keine echten Teilmengen von C_a sein. Es folgt $C_a = C_i = C_m$. Die Komponenten sind also im Gegensatz zur Annahme disjunkt.

(K4) Die Komponenten des Raumes (M ; T) seien $C_1, ..., C_m$. Wegen (K1) ist jede der Komponenten eine abgeschlossene Menge. Wegen (K3) ist die Trägermenge M die Vereinigung $\cup C_i$ der disjunkten Komponenten. Das Komplement einer beliebigen Komponente C_k ist also die Vereinigung der Komponenten ohne C_k :

$$\overline{C}_k = \bigcup_{i \neq k} C_i$$

Die Vereinigung einer endlichen Anzahl von abgeschlossenen Mengen ist eine abgeschlossene Menge. Folglich ist das Komplement $\overline{C}_k$ eine abgeschlossene Menge, so daß die Komponente C_k offen ist. Wegen (K1) ist C_k zugleich abgeschlossen. Da C_k eine beliebige Komponente ist, ist jede der Komponenten $C_1, ..., C_m$ zugleich offen und abgeschlossen.

(K5) Eine Menge $A \subseteq M$ in einem topologischen Raum (M ; T) sei zusammenhängend. Ein beliebiger Punkt $x \in A$ ist in genau einer Komponente C_i des Raumes enthalten, da die Komponenten wegen (K3) eine Zerlegung des Raumes bilden. Die Mengen A und C_i besitzen den gemeinsamen Punkt x. Aus (K2) folgt, daß die Menge A eine Teilmenge der Komponente C_i ist.

(K6) Eine Teilmenge A eines topologischen Raumes (M ; T) sei nichtleer, zusammenhängend und zugleich offen und abgeschlossen. Wegen (K5) ist die zusammenhängende Menge A ganz in einer Komponente C des Raumes enthalten. Die Komponente C ist zusammenhängend. Die Menge A ist voraussetzungsgemäß zugleich offen und abgeschlossen. Aus (Z3) folgt $A = C$, so daß A eine Komponente des Raumes ist.

Total unzusammenhängender Raum : Ein topologischer Raum (M ; T) heißt total unzusammenhängend, wenn es zu je zwei Punkten $x,y \in M$ mit $x \neq y$ eine Trennung $T_1 \& T_2$ von M gibt, so daß $x \in T_1$ und $y \in T_2$. Die Komponenten eines total unzusammenhängenden Raumes sind die einpunktigen Teilmengen von M.

Beweis : Komponenten eines total unzusammenhängenden Raumes

Zwei Punkte $x \neq y$ seien in derselben Komponente C eines topologischen Raumes (M ; T) enthalten. Da der Raum M total unzusammenhängend ist, gibt es eine Trennung $T_1 \& T_2$ von M, so daß $x \in T_1$ und $y \in T_2$. Folglich sind die Mengen $C \cap T_1$ und $C \cap T_2$ nichtleer. Die Trennung $T_1 \& T_2$ von M ist auch eine Trennung von C :

$$(M \cap T_1) \cup (M \cap T_2) = M \quad \Rightarrow \quad C \cap ((M \cap T_1) \cup (M \cap T_2)) = C \cap M$$
$$\Rightarrow \quad (C \cap T_1) \cup (C \cap T_2) = C$$
$$(M \cap T_1) \cap (M \cap T_2) = \emptyset \quad \Rightarrow \quad C \cap ((M \cap T_1) \cap (M \cap T_2)) = C \cap \emptyset$$
$$\Rightarrow \quad (C \cap T_1) \cap (C \cap T_2) = \emptyset$$

Wegen (Z2) besitzt die zusammenhängende Komponente C jedoch keine Trennung. Im Gegensatz zur Annahme enthält die Komponente C also genau einen Punkt.

Lokal zusammenhängender Raum : Ein topologischer Raum (M ; T) heißt zusammenhängend in einem Punkt x des Raumes, wenn jede Umgebung von x eine zusammenhängende offene Menge enthält. Der topologische Raum (M ; T) heißt lokal zusammenhängend, wenn M in jedem Punkt $x \in M$ zusammenhängend ist. Jede Komponente eines lokal zusammenhängenden Raumes ist offen.

Beweis : Offene Komponenten eines lokal zusammenhängenden Raumes

Ein beliebiger Punkt x in einer Komponente C eines lokal zusammenhängenden Raumes (M ; T) gehört wegen der Definition des lokalen Zusammenhangs zu mindestens einer zusammenhängenden offenen Menge T_x des Raumes. Da die zusammenhängenden Mengen C und T_x den gemeinsamen Punkt x besitzen, folgt aus (K5), daß $x \in T_x \subseteq C$. Für jeden Punkt $x \in C$ gibt es eine zusammenhängende offene Umgebung T_x. Die Vereinigung $\cup T_x$ dieser Mengen ergibt die Komponente C. Da C eine Vereinigung offener Mengen ist, ist C selbst offen.

$$C = \bigcup_x (T_x \mid x \in C)$$

Weg : $I = [0, 1]$ sei das abgeschlossene Einheitsintervall in $\mathbb{R}$ und a, b seien Punkte eines topologischen Raumes (M ; T). Eine stetige Abbildung $f : I \to M$ mit $f(0) = a$ und $f(1) = b$ heißt ein Weg von a nach b in M. Die Punkte a und b heißen verbindbar in M.

$$f : I \to M \quad \text{mit} \quad f(0) = a \quad \wedge \quad f(1) = b$$

a Anfangspunkt des Weges
b Endpunkt des Weges

Verbindbarkeit von Punkten : Zwei Punkte a und b in einer Teilmenge A eines topologischen Raumes (M ; T) heißen verbindbar in A, wenn es einen Weg f von a nach b gibt, dessen Bild ganz in A liegt.

$$f : I \to M \quad \text{mit} \quad f(0) = a \quad \wedge \quad f(1) = b \quad \wedge \quad f(I) \subseteq A$$

Wegzusammenhängende Menge : Eine Teilmenge A eines topologischen Raumes heißt wegzusammenhängend, wenn je zwei Punkte a,b ∈ A in A verbindbar sind.

$$\bigwedge_{a \in A} \bigwedge_{b \in A} \bigvee_{f : I \to M} (f(0) = a \quad \wedge \quad f(1) = b \quad \wedge \quad f(I) \subseteq A)$$

Jede wegzusammenhängende Menge ist zusammenhängend. Folglich besitzen wegzusammenhängende Mengen die Eigenschaften zusammenhängender Mengen. Es gibt aber zusammenhängende Mengen, die nicht wegzusammenhängend sind.

Beweis : Jede wegzusammenhängende Menge ist zusammenhängend

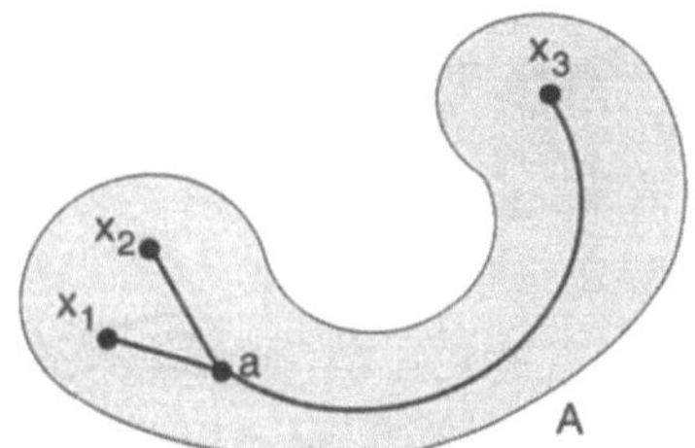

Ist die Menge A leer, so ist sie zusammenhängend. Ist A nichtleer und wegzusammenhängend, so gibt es einen Punkt a in A, der mit jedem Punkt x_m von A in A verbindbar ist.

(1) Das Einheitsintervall I ist zusammenhängend. Da die Abbildung $f_m : I \to A$ mit $f_m(0) = a$ und $f_m(1) = x_m$ stetig ist, folgt aus (E5), daß das Bild $f_m(I)$ zusammenhängend ist.

(2) Da die Bilder $f_m(I)$ für verschiedene Punkte x_m den gemeinsamen Punkt a enthalten, ist ihre Vereinigung wegen (E7) zusammenhängend.

(3) Da jeder Punkt x_m von A der Endpunkt eines Weges f_m in A ist, ist die Vereinigung der Bilder $f_m(I)$ gleich A.

Wegkomponente : Die Teilmenge der Punkte eines topologischen Raumes (M ; T), die mit einem festen Punkt a von M durch einen Weg verbindbar ist, heißt eine Wegkomponente des Raumes und wird mit W_a bezeichnet.

$$W_a := \{ x \in M \mid \bigvee_{f_x : I \to M} (f_x(0) = a \quad \wedge \quad f_x(1) = x) \}$$

Wegkomponenten besitzen folgende Eigenschaften :

(W1) Jede Wegkomponente eines topologischen Raumes ist auch eine Komponente (Zusammenhangskomponente) des Raumes.

(W2) Die Wegkomponenten eines topologischen Raumes (M ; T) bilden eine Zerlegung der Trägermenge M.

Beweis : Eigenschaften von Wegkomponenten

(W1) Eine Wegkomponente W_a eines topologischen Raumes (M ; T) ist die Vereinigung von Wegen $f_x : I \to W_a$ für jedes $x \in W_a$. Jeder der Wege f_x ist wegen (E5) eine zusammenhängende Menge, da die Abbildung f_x stetig und das Einheitsintervall I zusammenhängend ist. Jede der zusammenhängenden Mengen f_x enthält den Punkt a. Die Menge W_a enthält alle Mengen f_x, die den Punkt a enthalten. Aus (K2) folgt, daß W_a eine Komponente des Raumes (M ; T) ist. Jede Wegkomponente ist also eine Zusammenhangskomponente des Raumes.

(W2) Jede Wegkomponente eines topologischen Raumes (M ; T) ist nach (W1) eine Komponente des Raumes. Aus (K2) folgt, daß die Wegkomponenten eine Zerlegung der Trägermenge M sind.

Beispiel 1 : Komponenten einer Menge

(M ; T) sei ein Raum mit der Trägermenge $M = \{a, b, c, d, e\}$ und der Topologie $T = \{\emptyset, \{b\}, \{c, d\}, \{b, c, d\}, \{a, c, d, e\}, M\}$.

(1) M ist die Vereinigung der disjunkten offenen Mengen {b} und {a, c, d, e}. Folglich ist M nichtzusammenhängend.

(2) Die offene Menge {b, c, d} ist die Vereinigung der disjunkten offenen Mengen {b} und {c, d}. Folglich ist {b, c, d} nichtzusammenhängend.

(3) Jede der Mengen ∅, {b}, {c, d}, und {a, c, d, e} ist zusammenhängend, da sie die einzigen zugleich offenen und abgeschlossenen Mengen in ihren Unterräumen sind :

Trägermenge :	$\emptyset$	Topologie :	$\{\emptyset\}$
Trägermenge :	$\{b\}$	Topologie :	$\{\emptyset, \{b\}\}$
Trägermenge :	$\{c, d\}$	Topologie :	$\{\emptyset, \{c, d\}\}$
Trägermenge :	$\{a, c, d, e\}$	Topologie :	$\{\emptyset, \{c, d\}, \{a, c, d, e\}\}$

Die Menge {c, d} ist aber keine Komponente des Raumes, da sie in der zusammenhängenden Menge {a, c, d, e} enthalten ist.

(4) Die Mengen {b} und {a, c, d, e} sind die Komponenten des Raumes (M ; T).

(5) Die Komponenten {b} und {a, c, d, e} bilden eine Zerlegung von M.

Beispiel 2 : Total unzusammenhängender Raum

Die Menge $\mathbb{Q}$ der rationalen Zahlen, versehen mit der Relativtopologie der natürlichen Topologie auf $\mathbb{R}^1$, ist ein total unzusammenhängender Raum. Für zwei beliebige Zahlen $a,b \in \mathbb{Q}$ mit $a < b$ gibt es nämlich eine irrationale Zahl x mit $a < x < b$. Die offenen Mengen $T_1 := \{p \in \mathbb{Q} \mid p < x\}$ und $T_2 := \{p \in \mathbb{Q} \mid p > x\}$ mit $a \in T_1$ und $b \in T_2$ bilden eine Trennung $T_1 \,\&\, T_2$ von $\mathbb{Q}$. Folglich ist der Raum $\mathbb{Q}$ total unzusammenhängend.

Beispiel 3 : Lokal zusammenhängender Raum

$(M;T)$ sei ein diskreter Raum. Dann ist jede einelementige Menge $\{x\}$ offen und zusammenhängend. Jede Umgebung von Punkt x enthält also die zusammenhängende offene Menge $\{x\}$. Also ist der diskrete Raum $(M;T)$ lokal zusammenhängend. Zu je zwei Punkten $x \neq y$ aus M gibt es eine Trennung $\{x\} \,\&\, \{y\}$. Folglich ist der Raum $(M;T)$ total unzusammenhängend. Also ist der total unzusammenhängende diskrete Raum lokal zusammenhängend !

Beispiel 4 : Definition eines Weges $f : I \to \mathbb{R}^2$

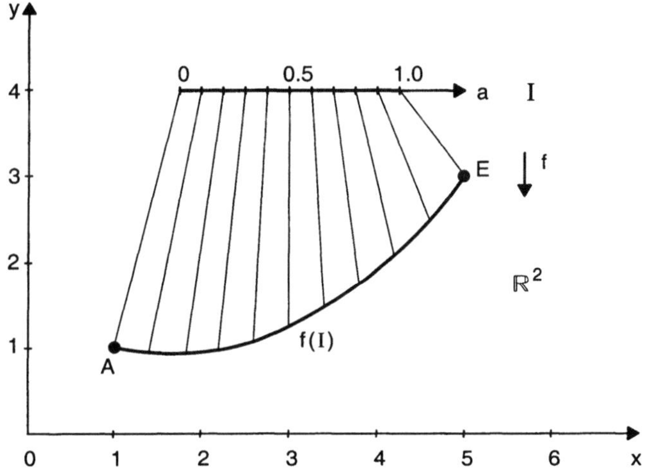

Der gezeigte Weg in der euklidischen Ebene $\mathbb{R}^2$ ist folgende Abbildung des abgeschlossenen Einheitsintervalls I :

$$f : I \to \mathbb{R}^2 \quad \text{mit} \quad f(a) = (x,y) = (4a+1,\, 3a^2 - a + 1)$$

A Anfangspunkt des Weges f

E Endpunkt des Weges f

Beispiel 5 : Wegzusammenhängende Mengen

Die beiden gezeigten Mengen sind in der euklidischen Ebene $\mathbb{R}^2$ wegzusammenhängend. Jeder Punkt x aus A ist mit dem festen Punkt a in A verbindbar. Jeder Punkt y aus B ist mit dem festen Punkt b in B verbindbar.

Beispiel 6 : Zusammenhängende Menge, die nicht wegzusammenhängend ist.

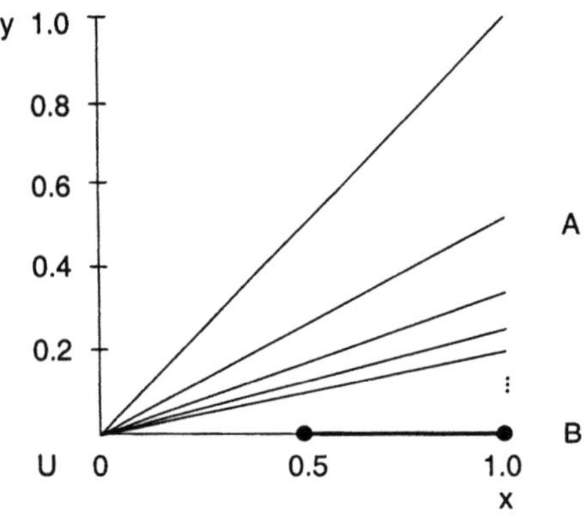

$$A = \{(x,y) \in \mathbb{R}^2 \mid 0 \leq x \leq 1 \quad \wedge \quad y = \frac{x}{n} \quad \wedge \quad n \in \mathbb{N}'\}$$
$$B = \{(x,0) \in \mathbb{R}^2 \mid 0.5 \leq x \leq 1\}$$

A sei die Menge der Punkte auf den Streckenabschnitten, die den Ursprung U der Ebene $\mathbb{R}^2$ mit den Punkten $(1, \frac{1}{n})$ verbinden. B sei das abgeschlossene Intervall [0.5, 1.0] auf der x-Achse. Die Menge A ist wegzusammenhängend, da zwei beliebige Punkte $X, Y \in A$ entlang der Strecken $\overline{XU}$ und $\overline{UY}$ in A verbindbar sind. Die Menge B ist wegzusammenhängend. Die Menge $A \cup B$ ist zusammenhängend, da jedes $(x, 0) \in B$ ein Häufungspunkt von A ist. Die Menge $A \cup B$ ist jedoch nicht wegzusammenhängend. Es gibt nämlich keinen Weg mit Anfangspunkt in A und Endpunkt in B, dessen Bild ganz in $A \cup B$ liegt.

5.9 TRENNUNGSEIGENSCHAFTEN

Einführung : Die Definition eines topologischen Raumes (M ; T) in Abschnitt 5.2 enthält nur wenige allgemeine Bedingungen für die offenen Mengen T_i der Topologie T. Häufig befriedigen die Punkte und die offenen Mengen eines topologischen Raumes auch zusätzliche Bedingungen. Diese Bedingungen werden als Trennungsaxiome definiert. Das Trennungsaxiom bestimmt den Typ des topologischen Raumes und bestimmt einen Teil seiner Eigenschaften. Insbesondere wird die Konvergenz von Netzen und Folgen (siehe Abschnitt 5.10) in einem topologischen Raum durch das im Raum gültige Trennungsaxiom beeinflußt. Im folgenden sind die Trennungsaxiome und die damit assoziierten Räume definiert.

Trennungsaxiome : Eine Beziehung zwischen den Punkten x_i, den Teilmengen A_i und den offenen Mengen T_i eines topologischen Raumes (M ; T) heißt ein Trennungsaxiom. Folgende Trennungsaxiome werden betrachtet :

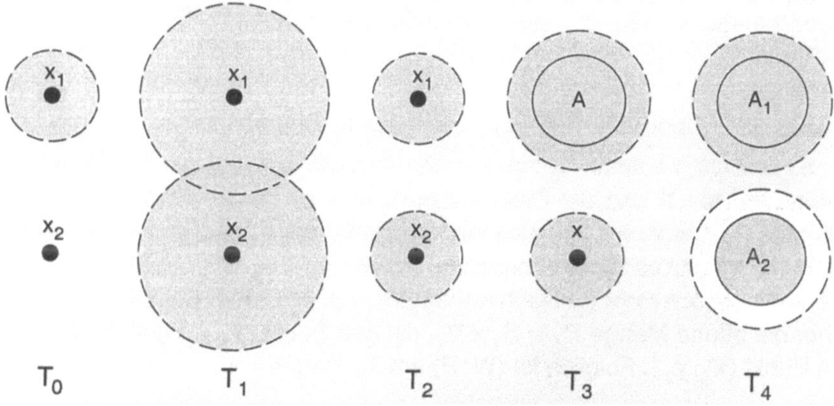

(T_0) Ein topologischer Raum heißt T_0-Raum, wenn es für je zwei beliebige Punkte $x_1 \neq x_2$ des Raumes eine offene Menge gibt, die einen der beiden Punkte enthält, den anderen jedoch nicht.

(T_1) Ein topologischer Raum heißt T_1-Raum, wenn es für je zwei beliebige Punkte $x_1 \neq x_2$ des Raumes eine offene Menge gibt, die x_1 jedoch nicht x_2 enthält, und eine offene Menge, die x_2 enthält jedoch nicht x_1.

(T_2) Ein topologischer Raum heißt T_2-Raum (Hausdorff Raum), wenn es für je zwei beliebige Punkte $x_1 \neq x_2$ des Raumes disjunkte offene Mengen S_1 und S_2 gibt, so daß $x_1 \in S_1$ und $x_2 \in S_2$.

(T_3) Ein T_1-Raum heißt ein T_3-Raum (regulärer T_1-Raum), wenn es für jeden Punkt x und jede abgeschlossene Menge A mit $x \notin A$ disjunkte offene Mengen S_1 und S_2 gibt, so daß $x \in S_1$ und $A \subseteq S_2$.

(T_4) Ein T_1-Raum heißt ein T_4-Raum (normaler T_1-Raum), wenn es für je zwei disjunkte abgeschlossene Mengen A_1 und A_2 disjunkte offene Mengen S_1 und S_2 gibt, so daß $A_1 \subseteq S_1$ und $A_2 \subseteq S_2$.

Die Trennungsaxiome für die Raumtypen T_0 bis T_4 sind so aufgebaut, daß das Trennungsaxiom für den Raumtyp T_i das Trennungsaxiom für den vorangehenden Raumtyp T_{i-1} impliziert. Dementsprechend besitzt ein Raumtyp T_i alle Eigenschaften des Raumtyps T_{i-1}. Die wesentlichen Eigenschaften der Raumtypen sind im folgenden behandelt.

T_0-Raum : Ein T_0-Raum besitzt folgende Eigenschaften :

(B1) Jeder Unterraum eines T_0-Raumes ist ein T_0-Raum.

(B2) Jeder Produktraum von zwei T_0-Räumen ist ein T_0-Raum.

Beweis B1 : Jeder Unterraum eines T_0-Raumes ist ein T_0-Raum.

(M ; S) sei ein T_0-Raum und (N ; V) ein Unterraum mit $N \subseteq M$ und der Relativtopologie V. Im Raum (M ; S) gibt es für beliebige Punkte $x_1 \neq x_2$ aus N eine offene Menge S_1, die x_1 enthält, jedoch nicht x_2. Daher gibt es im Unterraum (N ; V) eine offene Menge $V_1 = N \cap S_1$, die x_1 enthält, jedoch nicht x_2. Folglich ist (N ; V) ein T_0-Raum.

Beweis B2 : Jeder Produktraum von zwei T_0-Räumen ist ein T_0-Raum.

(M ; S) und (N ; V) seien T_0-Räume. Ihr Produktraum sei (W; P) mit der Trägermenge $W = M \times N$ und der Produkttopologie P. Im Raum (M ; S) gibt es für zwei beliebige Punkte $x_1 \neq x_2$ eine offene Menge S_1, die x_1 enthält, jedoch nicht x_2. Im Raum (N ; V) gibt es für zwei beliebige Punkte $y_1 \neq y_2$ eine offene Menge V_1, die y_1 enthält, jedoch nicht y_2. Nach Konstruktion des Produktraumes gibt es in (W; P) daher die offene Menge $P_1 = S_1 \times V_1$, die den Punkt (x_1, y_1) enthält, nicht jedoch den Punkt (x_2, y_2). Folglich ist (W; P) ein T_0-Raum.

T_1-Raum : Ein T_1-Raum besitzt folgende Eigenschaften :

(E1) Jeder T_1-Raum ist ein T_0-Raum.

(E2) Ein topologischer Raum ist genau dann ein T_1-Raum, wenn jede einelementige Menge in dem Raum abgeschlossen ist.

(E3) Jeder Unterraum eines T_1-Raumes ist ein T_1-Raum.

(E4) Jeder Produktraum von zwei T_1-Räumen ist ein T_1-Raum.

Beweis E1 : Jeder T_1-Raum ist ein T_0-Raum.

(M ; S) sei ein T_1-Raum. Dann gibt es im Raum (M ; S) für zwei beliebige Punkte $x_1 \neq x_2$ eine offene Menge T_1, die x_1 enthält, jedoch nicht x_2. Folglich ist (M ; S) ein T_0-Raum.

Beweis E2 : Abgeschlossenheit einelementiger Mengen in T_1-Räumen

(1) (M ; T) sei ein T_1-Raum. Für einen festen Punkt x und jeden beliebigen Punkt $y \neq x$ der Trägermenge M gibt es definitionsgemäß eine offene Menge S_y, die y enthält, jedoch nicht x. Das Komplement der einelementigen Menge {x} ist also die Vereinigung $\cup S_y$ dieser offenen Mengen und folglich eine offene Menge. Da das Komplement $M-\{x\} = \cup S_y$ offen ist, ist jede einelementige Menge {x} in einem T_1-Raum abgeschlossen.

(2) In einem topologischen Raum (M ; T) sei eine einelementige Menge {x} abgeschlossen. Dann ist das Komplement $M-\{x\}$ offen. Die offene Menge $M-\{x\}$ enthält jeden Punkt $y \neq x$ in M. Dieses Ergebnis gilt für jede Wahl des Punktes $x \in M$. Folglich ist (M ; T) ein T_1-Raum.

Beweis E3 : Jeder Unterraum eines T_1-Raumes ist ein T_1-Raum.
(M ; S) sei ein T_1-Raum und (N ; V) ein Unterraum mit $N \subseteq M$ und der Relativtopologie V. Für jeden Punkt $x \in N$ ist {x} wegen (E2) eine abgeschlossene Menge in M. Wegen der Eigenschaft (U5) von Unterräumen ist {x} auch in N eine abgeschlossene Menge. Aus (E2) folgt, daß (N ; V) ein T_1-Raum ist.

Beweis E4 : Jeder Produktraum von zwei T_1-Räumen ist ein T_1-Raum.
(M ; S) und (N ; V) seien T_1-Räume. Ihr Produktraum sei (W ; P) mit $W = M \times N$ und der Produkttopologie P. Für Punkte $x_1 \neq x_2$ aus M gibt es im T_1-Raum offene Mengen $S_1, S_2 \in S$ mit $x_1 \in S_1$ und $x_2 \in S_2$ sowie $x_1 \notin S_2$ und $x_2 \notin S_1$. Ebenso gibt es für Punkte $y_1 \neq y_2$ aus N offene Mengen $V_1, V_2 \in V$ so daß $y_1 \in V_1$ und $y_2 \in V_2$ sowie $y_1 \notin V_2$ und $y_2 \notin V_1$. Für die Punkte $(x_1,y_1) \neq (x_2,y_2)$ aus W gibt es dann die offenen Mengen $P_1 = S_1 \times V_1$ und $P_2 = S_2 \times V_2$ mit $(x_1,y_1) \in P_1$ und $(x_2,y_2) \in P_2$ sowie $(x_1,y_1) \notin P_2$ und $(x_2,y_2) \notin P_1$. Folglich ist (W ; P) ein T_1-Raum.

Hausdorff Raum : Der Hausdorff Raum ist so definiert, daß jeder Grenzwert in diesem Raum eindeutig ist (siehe Abschnitt 5.10). Ein Hausdorff Raum besitzt folgende Eigenschaften :

(H1) Jeder Hausdorff Raum (T_2-Raum) ist ein T_1-Raum.

(H2) Ein topologischer Raum (M ; S) ist genau dann hausdorffsch, wenn die Diagonale $D := \{(x,x) \mid x \in M\}$ eine abgeschlossene Menge im Produktraum $M \times M$ ist.

(H3) Jeder Unterraum eines T_2-Raumes ist ein T_2-Raum.

(H4) Jeder Produktraum von zwei T_2-Räumen ist ein T_2-Raum.

Beweis H1 : Jeder Hausdorff Raum ist ein T_1-Raum.
Für zwei beliebige Punkte $x_1 \neq x_2$ eines Hausdorff Raumes gibt es offene Mengen S_1 und S_2, für die gilt: $x_1 \in S_1 \ \wedge \ x_2 \in S_2 \ \wedge \ S_1 \cap S_2 = \emptyset$. Da die offene Menge S_1 den Punkt x_1 enthält, aber nicht x_2, und die offene Menge S_2 den Punkt x_2 enthält, aber nicht x_1, ist der Hausdorff Raum ein T_1-Raum.

Beweis H2 : Abgeschlossene Diagonale im Produktraum eines Hausdorff Raumes

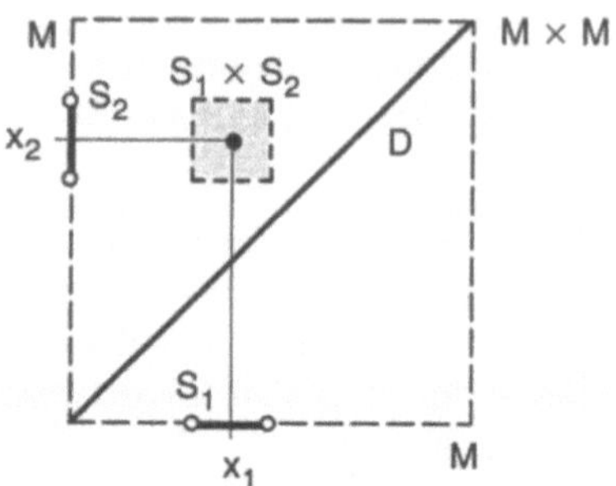

(1) Die Diagonale $D := \{(x,x) \mid x \in M\}$ sei abgeschlossen. Dann liegt jeder Punkt $(x_1,x_2) \in M \times M$ mit $x_1 \neq x_2$ in der offenen Menge $M \times M - D$. Die Produkte $S_k \times S_m$ aller offenen Mengen S_i auf M bilden eine Basis der Produkttopologie auf $M \times M$; es gibt also insbesondere ein solches Basiselement mit $(x_1,x_2) \in S_1 \times S_2 \subseteq M \times M - D$. Daraus folgt $x_1 \in S_1$ und $x_2 \in S_2$. Da $S_1 \times S_2$ keinen Punkt von D enthält, enthält S_1 auch keinen Punkt von S_2, so daß $S_1 \cap S_2 = \emptyset$. Der Raum ist also hausdorffsch.

(2) Der Raum (M ; T) sei hausdorffsch. Für beliebige Punkte $x_1,x_2 \in M$ mit $x_1 \neq x_2$ gibt es nach Definition des hausdorffschen Raumes offene Mengen S_1 und S_2 mit $x_1 \in S_1$, $x_2 \in S_2$ und $S_1 \cap S_2 = \emptyset$. Für einen beliebigen Punkt $(x_1,x_2) \in M \times M - D$ gibt es also eine offene Menge $S_1 \times S_2$ der Produkttopologie mit $(x_1,x_2) \in S_1 \times S_2$ und $S_1 \times S_2 \subseteq M \times M - D$. Folglich ist jeder Punkt von $M \times M - D$ ein innerer Punkt, so daß das Komplement $M \times M - D$ von D offen ist. Die Diagonale D ist daher abgeschlossen.

Beweis H3 : Jeder Unterraum eines T_2-Raumes ist ein T_2-Raum.

(M ; S) sei ein T_2-Raum und (N ; V) sei ein Unterraum mit $N \subseteq M$ und der Relativtopologie V. Für Punkte $x_1 \neq x_2$ aus N gibt es im T_2-Raum M disjunkte offene Mengen $S_1, S_2 \in S$ mit $x_1 \in S_1$ und $x_2 \in S_2$. Die Mengen $V_1 = N \cap S_1$ und $V_2 = N \cap S_2$ sind offene Mengen des Unterraumes N. Damit gilt :

$$\begin{array}{lll} x_1 \in S_1 \ \wedge \ x_1 \in N & \Rightarrow & x_1 \in N \cap S_1 = V_1 \\ x_2 \in S_2 \ \wedge \ x_2 \in N & \Rightarrow & x_2 \in N \cap S_2 = V_2 \\ S_1 \cap S_2 = \emptyset & \Rightarrow & V_1 \cap V_2 = N \cap (S_1 \cap S_2) = \emptyset \end{array}$$

Aus $x_1 \in V_1$, $x_2 \in V_2$ und $V_1 \cap V_2 = \emptyset$ folgt, daß (N ; V) ein T_2-Raum ist.

Beweis H4 : Jeder Produktraum von zwei T_2-Räumen ist ein T_2-Raum.

(M ; S) und (N ; V) seien T_2-Räume. Ihr Produktraum sei (W ; P) mit $W = M \times N$ und der Produkttopologie P. Für Punkte $x_1 \neq x_2$ aus M gibt es im T_2-Raum disjunkte offene Mengen $S_1, S_2 \in S$ mit $x_1 \in S_1$ und $x_2 \in S_2$. Ebenso gibt es für Punkte $y_1 \neq y_2$ aus N disjunkte offene Mengen $V_1, V_2 \in V$, so daß $y_1 \in V_1$ und $y_2 \in V_2$. Für die Punkte $(x_1, y_1) \neq (x_2, y_2)$ aus W gibt es dann die disjunkten offenen Mengen $P_1 = S_1 \times V_1$ und $P_2 = S_2 \times V_2$ mit $(x_1, y_1) \in P_1$ und $(x_2, y_2) \in P_2$ sowie $(x_1, y_1) \notin P_2$ und $(x_2, y_2) \notin P_1$. Folglich ist (W ; P) ein T_2-Raum.

Regulärer Raum : Ein topologischer Raum (M ; T) heißt regulär, wenn es für jeden Punkt $x \in M$ und jede abgeschlossene Menge $A \subset M$ mit $x \notin A$ disjunkte offene Mengen S_1 und S_2 gibt, so daß $x \in S_1$ und $A \subseteq S_2$. Ein regulärer Raum ist nicht immer ein T_1-Raum. Beispielsweise ist die Menge $M = \{a,b,c\}$ mit der Topologie $\{ \emptyset, \{a\}, \{b,c\}, M \}$ ein regulärer Raum. Dieser reguläre Raum ist jedoch kein T_1-Raum, da beispielsweise die einelementige Menge $\{c\}$ nicht abgeschlossen ist.

Ein regulärer T_1-Raum heißt T_3-Raum und besitzt folgende Eigenschaften :

(R1) Jeder T_3-Raum ist ein Hausdorff Raum.

(R2) Ein T_1-Raum ist genau dann regulär, wenn die abgeschlossenen Umgebungen jedes Punktes eine Umgebungsbasis dieses Punktes bilden.

(R3) Jeder Unterraum eines T_3-Raumes ist ein T_3-Raum.

(R4) Jeder Produktraum von zwei T_3-Räumen ist ein T_3-Raum.

Beweis R1 : Jeder T_3-Raum ist ein Hausdorff Raum.

(M ; S) sei ein T_3-Raum. Da das T_1-Axiom im T_3-Raum gilt, gibt es für beliebige verschiedene Punkte $x_1, x_2 \in M$ eine abgeschlossene Menge $\{x_1\}$, die x_2 nicht enthält. Da der T_3-Raum regulär ist, gibt es disjunkte offene Mengen S_1 und S_2 mit $\{x_1\} \subseteq S_1$ und $x_2 \in S_2$. Die Punkte $x_1 \neq x_2$ liegen also in disjunkten offenen Mengen. Folglich ist der T_3-Raum ein Hausdorff Raum.

Beweis R2 : Ein T_1-Raum ist genau dann ein T_3-Raum, wenn die abgeschlossenen Umgebungen jedes Punktes eine Umgebungsbasis dieses Punktes bilden.

(1) Der Raum (M ; S) sei ein T_3-Raum. Da das T_1-Axiom im T_3-Raum gilt, gibt es für jeden beliebigen Punkt $x \in M$ eine offene Umgebung U von x. Das Komplement $A = M - U$ ist eine abgeschlossene Menge. Da der T_3-Raum regulär ist, gibt es offene Mengen S_1 und S_2 mit $x \in S_1$, $A \subset S_2$ und $S_1 \cap S_2 = \emptyset$. Das Komplement $M - S_2$ der offenen Menge S_2 ist abgeschlossen. Jede Umgebung von x enthält eine offene Menge U. Wegen $M - S_2 \subset M - A = U$ enthält jede Umgebung von x auch eine abgeschlossene Umgebung $M - S_2$ von x. Also bilden die abgeschlossenen Umgebungen eine Umgebungsbasis von x.

(2) In einem topologischen Raum (M ; T) sei für jeden Punkt x eine Umgebungsbasis gegeben, deren Mengen abgeschlossen sind. Ein beliebiger Punkt $x \in M$ sei in einer beliebigen abgeschlossenen Menge $A \subset M$ nicht enthalten, also $x \in M - A$. Da die Menge $M - A$ offen ist, besitzt der Punkt x voraussetzungsgemäß eine abgeschlossene Umgebung $U \subset M - A$, die definitionsgemäß eine offene Menge S_1 mit $x \in S_1$ und $S_1 \subset U$ enthält. Die offene Menge $S_2 = M - U$ enthält A und ist disjunkt von U, folglich auch disjunkt von S_1. Aus $x \in S_1$, $A \subseteq S_2$ und $S_1 \cap S_2 = \emptyset$ folgt, daß der Raum ein T_3-Raum ist.

Beweis R3 : Jeder Unterraum eines T_3-Raumes ist ein T_3-Raum.

(M ; S) sei ein T_3-Raum und (N; V) ein Unterraum mit $N \subseteq M$ und der Relativtopologie V. Da M ein T_1-Raum ist, folgt aus (E3), daß auch N ein T_1-Raum ist. Für jeden Punkt $x \in N$ gibt es wegen (R2) eine abgeschlossene Umgebungsbasis in M. Eine abgeschlossene Umgebung U von x enthält in (M ; S) definitionsgemäß eine offene Menge S_1 mit $x \in S_1$. Der Durchschnitt $N \cap U$ ist nach Eigenschaft (U5) in Abschnitt 5.7.2 abgeschlossen. Der Durchschnitt $V_1 = N \cap S_1$ ist definitionsgemäß eine offene Menge des Unterraumes (N; V). In N enthält die abgeschlossene Umgebung $N \cap U$ von x daher die offene Menge V_1 mit $x \in V_1$. Folglich bilden die Durchschnitte der Elemente der Umgebungsbasis von x mit N wiederum eine abgeschlossene Umgebungsbasis von x. Aus (R2) folgt, daß der Raum N regulär ist. Da N ein regulärer T_1-Raum ist, ist N ein T_3-Raum.

Beweis R4 : Jeder Produktraum von zwei T_3-Räumen ist ein T_3-Raum.

(M ; S) und (N; V) seien T_3-Räume. Ihr Produktraum sei (W ; P) mit $W = M \times N$ und der Produkttopologie P. Für einen Punkt x und eine abgeschlossene Menge A gibt es im T_3-Raum M disjunkte offene Mengen $S_1, S_2 \in S$, so daß $x \in S_1$ und $A \subseteq S_2$. Ebenso gibt es für einen Punkt y und eine abgeschlossene Menge B im T_3-Raum N disjunkte offene Mengen $V_1, V_2 \in V$, so daß $y \in V_1$ und $B \subseteq V_2$. Für den Punkt (x, y) und die abgeschlossene Menge $A \times B$ im Produktraum W gibt es dann die disjunkten offenen Mengen $P_1 = S_1 \times V_1$ und $P_2 = S_2 \times V_2$ mit $(x,y) \in P_1$ und $A \times B \subseteq P_2$.

Q sei eine beliebige abgeschlossene Menge im Produktraum W, die den Punkt (x, y) nicht enthält. Dann ist das Komplement $\overline{Q}$ eine offene Menge, die (x, y) enthält und eine Vereinigung von Basiselementen B_i der Produkttopologie P ist. Mindestens ein Basiselement $B_k := C \times D$ enthält (x, y).

$$Q \subseteq M \times N - C \times D$$

Die Mengen $\overline{C} \times N$ und $M \times \overline{D}$ sind kartesische Produkte abgeschlossener Mengen, die (x, y) nicht enthalten. Folglich gibt es, wie oben gezeigt, disjunkte offene Mengen T_C und S_C mit $(x,y) \in T_C$ und $\overline{C} \times N \subseteq S_C$ sowie disjunkte offene Mengen T_D und S_D mit $(x,y) \in T_D$ und $M \times \overline{D} \subseteq S_D$. Die Menge $T_C \cap T_D$ ist offen und enthält (x, y). Die Menge $S_C \cap S_D$ ist offen und disjunkt von $T_C \cap T_D$. Sie enthält Q. Folglich ist (W ; P) ein T_3-Raum.

$$Q \subseteq S_C \cup S_D = (M \times N - C \times N) \cup (M \times N - M \times D) = M \times N - C \times D$$

Normaler Raum : Ein topologischer Raum heißt normal, wenn es für je zwei disjunkte abgeschlossene Mengen A_1 und A_2 disjunkte offene Mengen S_1 und S_2 gibt, so daß $A_1 \subseteq S_1$ und $A_2 \subseteq S_2$. Ein normaler Raum ist nicht immer ein T_1-Raum. Beispielsweise ist die Menge $M = \{a, b, c\}$ mit der Topologie $S = \{\emptyset, \{a\}, \{b\}, \{a,b\}, M\}$ ein normaler Raum, aber nach (E2) kein T_1-Raum, da die einelementige Menge $\{a\}$ nicht abgeschlossen ist :

abgeschlossene Mengen	:	$\emptyset$, {c}, {a,c}, {b,c}, {a,b,c}
disjunkte abgeschl. Mengen	:	$A_1 = \emptyset$ und $A_2 \in \{\{c\}, \{a,c\}, \{b,c\}, \{a,b,c\}\}$
offene Mengen	:	$\emptyset$, {a}, {b}, {a,b}, {a,b,c}
Normalität von (M;S)	:	$A_1 \subseteq \emptyset$ und $A_2 \subseteq \{a,b,c\}$

Der im Beispiel gezeigte normale Raum ist auch nicht regulär. Die einzige offene Obermenge der abgeschlossenen Menge {c} ist nämlich {a, b, c} ; der nicht in {c} enthaltene Punkt a besitzt keine offene Umgebung, die von {a, b, c} disjunkt ist.

Ein normaler T_1-Raum heißt T_4-Raum und besitzt folgende Eigenschaften :

(N1) Jeder T_4-Raum ist ein T_3-Raum.

(N2) Jeder metrische Raum ist ein T_4-Raum.

(N3) Unterräume metrischer Räume sind normal.

(N4) Produkträume metrischer Räume sind normal.

Beweis N1 : Jeder T_4-Raum ist ein T_3-Raum.

In einem T_4-Raum sei A eine abgeschlossene Menge und x ein Punkt, der nicht in A enthalten ist. Da das T_1-Axiom im T_4-Raum gilt, gibt es eine abgeschlossene Menge {x}, die von A disjunkt ist. Da der T_4-Raum normal ist, gibt es disjunkte offene Mengen S_1 und S_2 mit $\{x\} \subseteq S_1$, also $x \in S_1$, und $A \subseteq S_2$. Folglich ist der T_4-Raum regulär. Also ist der T_4-Raum ein regulärer T_1-Raum und damit ein T_3-Raum.

Beweis N2 : Jeder metrische Raum ist ein T_4-Raum.

Gegeben sei ein metrischer Raum (M ; d). A und B seien disjunkte abgeschlossene Mengen in M. Zunächst wird für einen festen Punkt $x \in A$ gezeigt, daß es einen Abstand $a_x > 0$ gibt, so daß $d(x, y) > a_x$ für alle $y \in B$. Die Behauptung sei nicht wahr. Dann enthält jede ε-Umgebung von x einen Punkt von B. Folglich ist x ein Punkt der Hülle von B und damit ein Punkt der abgeschlossenen Menge B. Das Ergebnis $x \in B$ widerspricht der Voraussetzung $A \cap B = \emptyset$. Also ist die Behauptung wahr.

Die offene Menge $D(x, 0.5\, a_x)$ schneidet B nicht. Die Vereinigung $R = \bigcup_{x \in A} D(x, 0.5\, a_x)$ ist eine offene Menge, die A enthält und B nicht schneidet. Auf analoge Weise konstruiert man eine offene Menge S, die B enthält und A nicht schneidet. Die Mengen R und S seien nicht disjunkt. Dann gibt es Punkte $x \in A$ und $y \in B$, so daß $D(x, 0.5\, a_x) \cap D(y, 0.5\, a_y) \neq \emptyset$, also $0.5(a_x + a_y) > d(x,y)$. Ohne Beschränkung der Allgemeingültigkeit sei $a_x \geq a_y$, so daß $a_x \geq 0.5(a_x + a_y) > d(x,y)$. Der Widerspruch zu $d(x,y) > a_x$ zeigt, daß die offenen Mengen R und S im Gegensatz zur Annahme disjunkt sind. Aus $A \subset R$, $B \subset S$ und $R \cap S \neq \emptyset$ folgt, daß der metrische Raum (M ; d) ein T_4-Raum ist.

Beweis N3 : Unterräume metrischer Räume sind normal.

(M ; d) sei ein metrischer Raum und (N ; d) ein Unterraum mit $N \subseteq M$. Dann ist N ebenfalls metrisch und wegen (N2) normal.

Beweis N4 : Produkträume metrischer Räume sind normal.

(M ; d) und (N ; s) seien metrische Räume. Ihr Produktraum sei (W ; t) mit $W = M \times N$. Für Punkte $x_i \in M$, $y_i \in N$ und $(x_i, y_i) \in W$ sei

$$t^2((x_1, y_1), (x_2, y_2)) = d^2(x_1, x_2) + s^2(y_1, y_2)$$

Da d und s Metriken sind, besitzt auch die positive Quadratwurzel t die Eigenschaften einer Metrik. Die ε-Bälle der Metrik t bilden die Basis einer metrischen Topologie. Da die in Abschnitt 5.3 genannten Voraussetzungen für die Äquivalenz von Basen erfüllt sind, ist die von t induzierte Topologie mit der Produkttopologie des Raumes W identisch. Folglich ist der Raum (W ; t) metrisch, ein Produktraum und wegen (N2) normal.

Hierarchie der Trennungseigenschaften : Die Eigenschaften der Raumtypen T_0 bis T_4 zeigen, daß jeder T_i-Raum die Trennungseigenschaften des vorangehenden Raumtyps T_{i-1} und damit die Eigenschaften aller vorangehenden Raumtypen besitzt. Insbesondere besitzen metrische Räume alle Eigenschaften der Raumtypen T_0 bis T_4, da jeder metrische Raum ein T_4-Raum und damit auch ein T_3-, T_2-, T_1- und T_0-Raum ist.

Unterräume und Produkträume eines Raumes vom Typ T_0 bis T_3 sind von demselben Typ. Unterräume und Produkträume eines T_4-Raumes können normal sein. Beispielsweise sind die Unterräume und Produkträume von metrischen Räumen normal.

Beispiel 1 : T_0-Raum

(M ; T) sei ein topologischer Raum mit der Trägermenge $M = \{a, b\}$ und der Topologie $T = \{\emptyset, \{a\}, M\}$. Die offene Menge {a} erfüllt das T_0-Axiom, da sie den Punkt a enthält, nicht jedoch b. Das T_1-Axiom ist nicht erfüllt, da es keine offene Umgebung von b gibt, die a nicht enthält.

Beispiel 2 : Ein endlicher topologische Raum ist genau dann ein T_1-Raum, wenn er diskret ist.

(1) In einem endlichen T_1-Raum (M ; S) sei a ein beliebiger fester Punkt. Für jeden Punkt $x \neq a$ in M gibt es wegen des T_1-Axioms eine offene Umgebung von a, die x nicht enthält. Der endliche Durchschnitt dieser offenen Mengen ist die offene Menge {a}, die per Konstruktion nur den Punkt a enthält. Da der Punkt a beliebig ist, ist der Raum (M ; S) diskret.

(2) Der Raum (M ; S) sei diskret. Dann besitzen beliebige Punkte $a \neq x$ aus M die disjunkten offenen Umgebungen {a} und {x}. Folglich ist jeder diskrete Raum ein T_1-Raum.

Beispiel 3 : Jeder diskrete Raum ist ein T_4-Raum

In Abschnitt 5.3 ist gezeigt, daß jede Teilmenge eines diskreten topologischen Raumes (M ; T) zugleich offen und abgeschlossen ist. Die Teilmengen A und B seien disjunkt und abgeschlossen. Dann sind A und B auch disjunkte offene Mengen mit $A \subseteq A$ und $B \subseteq B$. Folglich ist M ein T_4-Raum.

Beispiel 4 : T_1-Raum mit komplementärer finiter Topologie

($\mathbb{N}$; S) sei ein topologischer Raum. Die Trägermenge $\mathbb{N}$ enthält die natürlichen Zahlen {1,2,..}. Die Topologie S enthält $\emptyset$, $\mathbb{N}$ und jede offene Menge S_i, für die $\mathbb{N} - S_i$ endlich ist. Beispielsweise ist $S_i = \{10, 11, 12,...\}$ ein Element der Topologie. Diese Topologie heißt komplementäre finite Topologie.

Sind $a \neq b$ beliebige Punkte von $\mathbb{N}$, so enthält die offene Menge $S_1 = \mathbb{N} - \{b\}$ den Punkt a, jedoch nicht b. Ebenso enthält die offene Menge $S_2 = \mathbb{N} - \{a\}$ den Punkt b, jedoch nicht a. Folglich ist ($\mathbb{N}$; S) ein T_1-Raum.

Je zwei nichtleere offene Mengen S_i und S_m aus S enthalten eine unendliche Anzahl gemeinsamer Punkte. Die Punkte a und b können daher keine offenen disjunkten Umgebungen besitzen. Folglich ist ($\mathbb{N}$; S) kein T_2-Raum.

5.10 KONVERGENZ

5.10.1 KONVERGENZ VON FOLGEN

Einführung : Ein schrittweise durchgeführtes mathematisches Verfahren heißt konvergent, wenn es einen Punkt eines topologischen Raumes (M ; T) identifiziert. Konvergenz hat das Denken bereits in der Antike angeregt : "Erreicht ein Pfeil jemals sein Ziel, wenn er jeweils die Hälfte des noch verbleibenden Weges zurücklegt?" Heute ist ein sorgfältig definierter Konvergenzbegriff die Grundlage der schrittweisen Approximationsverfahren und der Suchverfahren in strukturierten Mengen.

Es gibt schrittweise Verfahren, deren Ergebnis von der Reihenfolge der Schritte abhängt, und solche, deren Schritte in beliebiger Reihenfolge ausgeführt werden dürfen. Ein schrittweises Verfahren heißt gerichtet, wenn die Reihenfolge der Schritte durch eine Abbildung $f : G \to M$ einer gerichteten Menge G festgelegt wird. Ein schrittweises Verfahren heißt ungerichtet, wenn die Konvergenz mit einem Filter (einer Teilmenge der Potenzmenge P(M)) untersucht wird, dessen Elemente in beliebiger Reihenfolge betrachtet werden dürfen.

Die gerichteten schrittweisen Verfahren eigenen sich insbesondere für metrische Räume. Als Konvergenzmaß dient die Metrik des Raumes. Wird als gerichtete Menge die wohlgeordnete Menge $\mathbb{N}$ der natürlichen Zahlen verwendet, so heißt die Abbildung $f : \mathbb{N} \to M$ eine Folge. Ist G eine allgemeine gerichtete Menge, so heißt die Abbildung $f : G \to M$ ein Netz.

Die ungerichteten schrittweisen Verfahren sind allgemeiner als die gerichteten Verfahren, da in der Filtermenge $F \subseteq P(M)$ keine Ordnungsstruktur erforderlich ist. Zur Konvergenz gegen einen Grenzwert $x \in M$ genügt es, daß jede Umgebung von x ein Element des Filters F umfaßt. Dabei ist es unerheblich, in welcher Reihenfolge die Umgebungen von x und die Elemente von F untersucht werden.

In diesem Abschnitt sind die Begriffe Folge, Netz und Filter sowie die daraus folgenden Begriffe Teilfolge, Zahlenreihe, Teilnetz und Filterbasis behandelt. Dabei stellt sich insbesondere die Frage nach der Konvergenz eines schrittweisen Verfahrens und nach der Eindeutigkeit von Grenzwerten. Es zeigt sich, daß die Trennungseigenschaften eines Raumes die Eindeutigkeit von Grenzwerten wesentlich beeinflussen.

Folge : Eine Abbildung f der natürlichen Zahlen $\mathbb{N}$ in die Punkte eines topologischen Raumes (M;T) heißt eine Folge in M. Die Bildpunkte x_n der Abbildung heißen die Glieder der Folge.

$$f : \mathbb{N} \to M \quad \text{mit} \quad f(n) = x_n$$

Das Bild einer Folge ist nicht identisch mit der Folge. Beispielsweise besitzt die Folge < a, b, a, b,... > das Bild {a, b}. Während eine Folge definitionsgemäß unendlich ist, ist das Bild in diesem Beispiel endlich.

Eine Folge heißt konstant, wenn ihre Glieder gleich sind und das Bild {c} folglich aus einem einzigen Punkt besteht. Die Folge heißt reell, wenn die Trägermenge M reell ist. Die Abbildung f heißt Funktionenfolge, wenn M eine Menge von Funktionen ist.

Grenzwert : Ein Punkt x eines metrischen Raumes (M ; d) heißt Grenzwert einer Folge $f : \mathbb{N} \to M$, wenn es zu jeder positiven reellen Zahl ε eine natürliche Zahl n_0 gibt, so daß für $n \geq n_0$ der Abstand $d(x, x_n)$ kleiner als ε ist. Der Grenzwert einer Folge wird mit lim (sprich : Limes) bezeichnet. Der Grenzwert ist ein Punkt der Trägermenge M ; er muß jedoch nicht ein Glied der Folge f sein.

$$\lim_{n \to \infty} x_n = x \quad :\Leftrightarrow \quad \bigwedge_{\varepsilon > 0} \bigvee_{n_0 \in N} (n \geq n_0 \quad \Rightarrow \quad d(x, x_n) < \varepsilon)$$

Diese Definition des Grenzwertes wird alternativ wie folgt formuliert :

(1) Für alle $\varepsilon > 0$ gilt $d(x, x_n) < \varepsilon$ für fast alle n.

(2) Für alle $\varepsilon > 0$ gilt $d(x, x_n) \geq \varepsilon$ für höchstens endlich viele n.

Konvergenz in metrischen Räumen : Eine Folge $f : \mathbb{N} \to M$ in einem metrischen Raum (M ; d) heißt konvergent gegen einen Punkt x in M, wenn es einen Grenzwert x der Folge gibt. Eine Folge in einem metrischen Raum hat höchstens einen Grenzwert. Die Folge heißt divergent, wenn sie keinen Grenzwert besitzt.

Beweis : In einem metrischen Raum hat eine Folge höchstens einen Grenzwert.

In einem metrischen Raum (M ; d) sei $f : \mathbb{N} \to M$ mit $f(n) = x_n$ eine Folge mit zwei verschiedenen Grenzwerten a und b. Wegen der Metrikeigenschaft (M2) gilt $d(a, b) = \delta > 0$. Für jede reelle Zahl $\varepsilon > 0$ gibt es natürliche Zahlen n_a und n_b, für die gilt :

$$\begin{aligned} d(a, x_i) &< \varepsilon \quad \text{für} \quad i \geq n_a \\ d(b, x_m) &< \varepsilon \quad \text{für} \quad m \geq n_b \end{aligned}$$

Mit $n_0 = \max(n_a, n_b)$ gilt für alle $n \geq n_0$:

$$d(a, x_n) < \varepsilon \quad \text{und} \quad d(b, x_n) < \varepsilon$$

Aus der Metrikeigenschaft (M4) folgt :

$$d(a, b) \leq d(a, x_n) + d(b, x_n) < 2\varepsilon \qquad \text{für alle} \quad n \geq n_0$$

Die Wahl $\varepsilon = \frac{\delta}{2}$ führt zu dem Widerspruch $d(a, b) < 2\varepsilon = \delta$. Folglich sind die Grenzwerte a und b gleich. Die Folge hat also höchstens einen Grenzwert.

Komponentenfolge : Gegeben sei eine Folge $f : \mathbb{N} \to \mathbb{R}^m$ mit $f(n) = \mathbf{x}_n$. Die k-te Koordinate des Vektors $\mathbf{x}_n$ sei x_{nk}. Dann heißt die Folge $f_k : \mathbb{N} \to \mathbb{R}$ mit $f_k(n) = x_{nk}$ die k-te Komponentenfolge von f. Zwischen einer Folge f und ihren Komponentenfolgen f_k besteht folgender Zusammenhang :

(K1) Eine Folge $f : \mathbb{N} \to \mathbb{R}^m$ im euklidischen Raum $(\mathbb{R}^m; d)$ konvergiert genau dann, wenn ihre Komponentenfolgen im Raum $(\mathbb{R}; d)$ konvergieren. Die Komponenten des Grenzwertes der Folge sind die Grenzwerte der Komponentenfolgen.

Beweis K1 : Konvergenz von Folgen und Komponentenfolgen

(1) Die Folge f konvergiere gegen $\mathbf{a} \in \mathbb{R}^m$. Dann gibt es zu jedem $\varepsilon > 0$ ein $n_0 \in \mathbb{N}$, so daß für alle $n \geq n_0$ gilt $|\mathbf{x}_n - \mathbf{a}| < \varepsilon$. Damit folgt aus der euklidischen Metrik auch $|x_{nk} - a_k| < \varepsilon$. Folglich konvergiert f_k gegen a_k.

(2) Die Komponentenfolge f_k konvergiere gegen $a_k \in \mathbb{R}$ für $k = 1,...,m$. Dann gibt es zu jedem $\varepsilon > 0$ ein $n_0 \in \mathbb{N}$, so daß für alle $n \geq n_0$ jeweils $|x_{nk} - a_k| < \frac{\varepsilon}{\sqrt{m}}$. Damit folgt aus der euklidischen Metrik :

$$|\mathbf{x}_n - \mathbf{a}| \leq \sqrt{\sum_{k=1}^{m} (x_{nk} - a_k)^2} < \sqrt{\frac{\varepsilon^2}{m} * m} = \varepsilon$$

Folglich konvergiert f gegen a.

Fundamentalfolge : Zum Nachweis der Konvergenz einer Folge mit den bisher definierten Begriffen muß man den Grenzwert kennen. Ist der Grenzwert nicht bekannt, so kann man untersuchen, ob die Folge eine Fundamentalfolge (Cauchy Folge) ist.

Eine Folge $f : \mathbb{N} \to M$ in einem metrischen Raum $(M; d)$ heißt eine Fundamentalfolge, wenn es zu jeder positiven reellen Zahl ε eine natürliche Zahl n_0 gibt, so daß $d(x_i, x_m) < \varepsilon$ für alle $i, m \geq n_0$.

$$\text{f ist Fundamentalfolge} \quad :\Leftrightarrow \quad \bigwedge_{\varepsilon > 0} \bigvee_{n_0 \in N} (i, m \geq n_0 \Rightarrow d(x_i, x_m) < \varepsilon)$$

Eigenschaften von Fundamentalfolgen

(F1) In einem metrischen Raum ist jede konvergente Folge eine Fundamentalfolge. Für die Konvergenz einer Folge in einem metrischen Raum ist es also eine notwendige Bedingung, daß die Folge eine Fundamentalfolge ist.

(F2) In einem metrischen Raum gibt es Folgen, die keine Fundamentalfolgen sind.

(F3) Im eindimensionalen reellen Raum $(\mathbb{R}; d)$ ist eine Folge genau dann konvergent, wenn sie eine Fundamentalfolge ist.

(F4) Eine Folge im euklidischen Raum $(\mathbb{R}^n; d)$ ist genau dann eine Fundamentalfolge, wenn ihre Komponentenfolgen Fundamentalfolgen sind.

(F5) Im euklidischen Raum ($\mathbb{R}^n$; d) ist eine Folge genau dann konvergent, wenn sie eine Fundamentalfolge ist.

Beweis : Eigenschaften von Fundamentalfolgen

(F1) Für jede konvergente Folge $f : \mathbb{N} \to M$ mit Grenzwert x in einem metrischen Raum (M ; d) gibt es für jede positive reelle Zahl ε eine natürliche Zahl n_0, so daß der Abstand $d(x, x_i) < 0.5\varepsilon$ für alle $i \geq n_0$. Aus der Metrikeigenschaft (M4) folgt $d(x_i, x_m) \leq d(x_i, x) + d(x, x_m) < \varepsilon$ für alle $i, m \geq n_0$. Folglich ist die konvergente Folge f eine Fundamentalfolge.

(F2) In dem Raum ($\mathbb{R}$; d) mit euklidischer Metrik d sei die harmonische Folge $f : \mathbb{N} \to \mathbb{R}$ wie folgt definiert :

$$x_n = f(n) = \sum_{k=1}^{n} \frac{1}{k}$$

Diese Folge ist keine Fundamentalfolge. Wählt man nämlich $\varepsilon = 0.5$, $n = n_0$ und $m = 2n$ für eine beliebige natürliche Zahl n_0, so gilt für die Glieder x_n und x_m der Folge :

$$d(x_m, x_n) = \sum_{k=n+1}^{2n} \frac{1}{k} = \left(\frac{1}{n+1} + \ldots + \frac{1}{2n}\right) > n\left(\frac{1}{2n}\right) = \varepsilon$$

Die Folge ist keine Fundamentalfolge, da $d(x_m, x_n) > \varepsilon$.

(F3) Aus (F1) folgt unmittelbar, daß jede konvergente Folge in ($\mathbb{R}$; d) eine Fundamentalfolge ist. Umgekehrt sei eine Fundamentalfolge $f : \mathbb{N} \to \mathbb{R}$ mit $f(n) = x_n$ gegeben. In den rationalen Zahlen $\mathbb{Q}$ wird eine Teilmenge A konstruiert :

$$A := \{ q \in \mathbb{Q} \mid \bigvee_{\delta \in 0} \bigvee_{n_0 \in N} \bigwedge_{n \geq n_0} (x_n \geq q + \delta) \}$$

Die Teilmenge A besitzt die Eigenschaften eines offenen Anfangs :

(1) Für $q, r \in \mathbb{Q}$ und $r < q$ gilt $q \in A \Rightarrow r \in A$.

(2) Die Menge A besitzt kein größtes Element. Aus $q \in A$ folgt nämlich $(q + \frac{\delta}{2}) \in A$:

$$\bigwedge_{n \geq n_0} (x_n \geq q + \delta) \Rightarrow \bigwedge_{n \geq n_0} (x_n \geq (q + \frac{\delta}{2}) + \frac{\delta}{2})$$

Jeder offene Anfang in den rationalen Zahlen ist eine reelle Zahl (siehe Kapitel 6). Um diesen Charakter von A zu betonen, wird die Bezeichnung A durch a ersetzt. Im folgenden wird gezeigt, daß die reelle Zahl a der Grenzwert der Folge $f : \mathbb{N} \to \mathbb{R}$ ist : Für alle $\varepsilon > 0$ gilt $d(a, x_n) \geq \varepsilon$ für höchstens endlich viele n.

Der Beweis erfolgt durch Widerspruch. Es gebe ein $\varepsilon > 0$, so daß $d(a, x_n) \geq \varepsilon$ für unendlich viele n. Dann liegt mindestens einer der folgenden Fälle vor :

(1) $x_n \leq a - \varepsilon$ für unendlich viele n

Dieser Fall kann nicht auftreten. Jede rationale Zahl q im Bereich $a - \varepsilon < q < a$ ist nämlich in A enthalten. Folglich gibt es ein $\delta > 0$ und ein $n_0 \in \mathbb{N}$, so daß $x_n \geq q + \delta$ für $n \geq n_0$. Damit können höchstens endlich viele $x_n \leq a - \varepsilon$ sein.

(2) $x_n \geq a + \varepsilon$ für unendlich viele n

Dieser Fall kann auch nicht auftreten. Da f eine Fundamentalfolge ist, gilt nämlich :

$$\bigvee_{n_0 \in N} \ \bigwedge_{i,m \geq n_0} (d(x_i, x_m) < \tfrac{\varepsilon}{2})$$

Da $x_n \geq a + \varepsilon$ für unendlich viele n, gibt es ein $n_1 \geq n_0$ mit $x_{n_1} \geq a + \varepsilon$. Aus $n_1 \geq n_0$ folgt, daß alle Punkte x_k mit $k \geq n_1$ im Intervall $x_{n_1} - \frac{\varepsilon}{2} < x_k < x_{n_1} + \frac{\varepsilon}{2}$ liegen. Da $x_{n_1} - \frac{\varepsilon}{2} \geq (a + \varepsilon) - \frac{\varepsilon}{2} = a + \frac{\varepsilon}{2}$, gilt $x_k > a + \frac{\varepsilon}{2}$ für $k \geq n_1$.

Für jede rationale Zahl im Bereich $a < q < a + \frac{\varepsilon}{4}$ gilt also $x_k > a + \frac{\varepsilon}{2} > q + \frac{\varepsilon}{4}$ für alle $k \geq n_1$. Damit wäre $q \in A$, im Widerspruch zu $q > a$.

Aus (1) und (2) folgt, daß es kein $\varepsilon > 0$ gibt, so daß $d(a, x_n) \geq \varepsilon$ für unendlich viele n. Für jedes $\varepsilon > 0$ gilt $d(a, x_n) \geq \varepsilon$ folglich für höchstens endlich viele n : Die reelle Zahl a ist der Grenzwert der Folge f.

(F4) (1) Die Folge $f : \mathbb{N} \to \mathbb{R}^n$ sei eine Fundamentalfolge. Dann gibt es zu jedem $\varepsilon > 0$ ein $n_0 \in \mathbb{N}$, so daß für alle $i, m \geq n_0$ gilt $|\mathbf{x}_i - \mathbf{x}_m| < \varepsilon$. Für die k-te Komponentenfolge $f_k : \mathbb{N} \to \mathbb{R}$ mit $f_k(i) = x_{ik}$ folgt aus der euklidischen Metrik, daß $|x_{ik} - x_{mk}| < \varepsilon$. Folglich ist f_k eine Fundamentalfolge.

(2) Die Komponenten f_k seien Fundamentalfolgen für $k = 1,...,n$. Dann gibt es zu jedem $\varepsilon > 0$ ein $n_{0k} \in \mathbb{N}$, so daß für alle $i, m \geq n_{0k}$ jeweils $|x_{ik} - x_{mk}| < \frac{\varepsilon}{\sqrt{n}}$. Für alle $i, m \geq n_0 = \max n_{0i}$ folgt aus der euklidischen Metrik :

$$|\mathbf{x}_i - \mathbf{x}_m| \leq \sqrt{\sum_{k=1}^{n} (x_{ik} - a_{mk})^2} < \sqrt{\frac{\varepsilon^2}{m} * n} = \varepsilon$$

Folglich ist $f : \mathbb{N} \to \mathbb{R}^n$ eine Fundamentalfolge.

(F5) Diese Aussage wird mit den Äquivalenzen (K1), (F3) und (F4) bewiesen :

Die Folge f ist eine Fundamentalfolge $\Leftrightarrow$
Jede Komponentenfolge f_k ist eine Fundamentalfolge $\Leftrightarrow$
Jede Komponentenfolge f_k ist konvergent $\Leftrightarrow$
Die Folge f ist konvergent

Vollständiger Raum : Ein metrischer Raum (M ; d) heißt vollständig, wenn jede Fundamentalfolge f : $\mathbb{N} \to M$ einen Grenzwert x in M besitzt. In einem vollständigen metrischen Raum ist es also eine hinreichende Bedingung für die Konvergenz einer Folge, daß die Folge eine Fundamentalfolge ist.

Uneigentliche Konvergenz : Eine reelle Folge in dem euklidischen Raum ($\mathbb{R}$; d) heißt uneigentlich konvergent, wenn es zu jeder reellen Zahl a eine natürliche Zahl n_0 gibt, so daß $f(n) = x_n > a$ für alle $n > n_0$ oder $f(n) = x_n < a$ für alle $n > n_0$.

$$\lim_{n \to \infty} x_n = \infty \quad :\Leftrightarrow \quad \bigwedge_{a \in \mathbb{R}} \ \bigvee_{n_0 \in \mathbb{N}} (n > n_0 \quad \Rightarrow \quad x_n > a)$$

$$\lim_{n \to \infty} x_n = -\infty \quad :\Leftrightarrow \quad \bigwedge_{a \in \mathbb{R}} \ \bigvee_{n_0 \in \mathbb{N}} (n > n_0 \quad \Rightarrow \quad x_n < a)$$

Monotone und beschränkte Folgen : Auf der Trägermenge M eines topologischen Raumes sei eine totale Ordnung definiert. Dann heißt eine Folge f : $\mathbb{N} \to M$ (streng) monoton, wenn für jedes $n \in \mathbb{N}$ folgende Beziehungen gelten :

monoton steigend :	$x_n \le x_{n+1}$	streng monoton steigend :	$x_n < x_{n+1}$
monoton fallend :	$x_n \ge x_{n+1}$	streng monoton fallend :	$x_n > x_{n+1}$

Eine Folge f : $\mathbb{N} \to M$ heißt nach oben beschränkt, wenn es eine obere Schranke $a \in M$ gibt, so daß $x_n \le a$ für jedes $n \in \mathbb{N}$. Die Folge f heißt nach unten beschränkt, wenn es eine untere Schranke $b \in M$ gibt, so daß $x_n \ge b$ für jedes $n \in \mathbb{N}$. Eine nach oben beschränkte Menge besitzt eine obere Grenze. Eine nach unten beschränkte Menge besitzt eine untere Grenze.

Beweis : Eine nach oben beschränkte Menge besitzt eine obere Grenze.

A sei die Menge der oberen Schranken einer nach oben beschränkten Menge $M \subset \mathbb{R}$. Im folgenden wird gezeigt, daß A abgeschlossen ist. Folglich ist die Menge A entweder leer (im Gegensatz zur Voraussetzung der Beschränktheit) oder sie enthält ihren unteren Randpunkt ; dieser Punkt ist die obere Grenze von M.

Ein Punkt y des Komplementes $\overline{A}$ ist keine obere Schranke von M. Folglich gibt es einen Punkt $x \in M$ mit $x > y$, so daß $]-\infty, x[$ eine offene Umgebung von y ist, die ganz in $\overline{A}$ liegt. Damit ist $\overline{A}$ offen, also A abgeschlossen.

Monotone reelle Folgen : Der eindimensionale euklidische Raum ($\mathbb{R}$; d) ist total geordnet. Daher kann festgestellt werden, ob eine bestimmte reelle Folge f : $\mathbb{N} \to \mathbb{R}$ monoton ist. In einem allgemeinen metrischen Raum muß zunächst eine totale Ordnung definiert werden, ehe die Monotonie einer Folge untersucht werden kann.

Konvergenz monotoner reeller Folgen : Jede monotone reelle Folge ist entweder konvergent oder uneigentlich konvergent. Ist eine monoton steigende reelle Folge nach oben beschränkt, so konvergiert sie zur oberen Grenze a. Ist eine monoton fallende reelle Folge nach unten beschränkt, so konvergiert sie zur unteren Grenze b.

Steigend mit $x_n \le a$: $\lim\limits_{n \to \infty} x_n = a$ mit $\bigwedge\limits_{\varepsilon > 0} \bigvee\limits_{n_0 \in N} (n > n_0 \Rightarrow d(a, x_n) < \varepsilon)$

Fallend mit $x_n \ge b$: $\lim\limits_{n \to \infty} x_n = b$ mit $\bigwedge\limits_{\varepsilon > 0} \bigvee\limits_{n_0 \in N} (n > n_0 \Rightarrow d(b, x_n) < \varepsilon)$

Beweis : Konvergenz monotoner reeller Folgen

(1) Eine reelle Folge $<x_1, x_2, ...>$ sei monoton steigend. Ist die Folge nach oben beschränkt, so besitzt sie eine obere Grenze a. Folglich gibt es für jede reelle Zahl $\varepsilon > 0$ eine natürliche Zahl n_0 mit $x_{n_0} < a$ und $d(a, x_{n_0}) < \varepsilon$. Da die Folge monoton steigt und a die obere Grenze ist, gilt $x_{n_0} \le x_n$ und $d(a, x_n) < \varepsilon$ für $n > n_0$. Die Folge konvergiert also gegen den Grenzwert a :

$$\bigwedge_{\varepsilon > 0} \bigvee_{n_0 \in N} (n > n_0 \Rightarrow d(a, x_n) < \varepsilon)$$

(2) Die monoton steigende reelle Folge $<x_1, x_2, ...>$ sei ohne obere Grenze. Dann gibt es für jede reelle Zahl a eine natürliche Zahl n_0, so daß $x_{n_0} > a$. Da die Folge monoton steigt, gilt für $n > n_0$ jeweils $x_{n_0} \le x_n$. Die Folge ist uneigentlich konvergent :

$$\bigwedge_{a \in \mathbb{R}} \bigvee_{n_0 \in N} (n > n_0 \Rightarrow x_n > a)$$

(3) Der Beweis für monoton fallende Folgen wird auf analoge Weise geführt.

Intervallschachtelungen : Die abgeschlossenen Intervalle $I_n := [a_n, b_n]$ auf der reellen Achse $\mathbb{R}$ heißen eine Intervallschachtelung, wenn die Folgen $f : \mathbb{N} \to \mathbb{R}$ mit $f(n) = a_n$ und $g : \mathbb{N} \to \mathbb{R}$ mit $g(n) = b_n$ folgende Eigenschaften besitzen :

$$a_n < a_{n+1} < b_{n+1} < b_n \quad \text{und} \quad \lim_{n \to \infty} (b_n - a_n) = 0$$

Da der euklidische Raum $(\mathbb{R}; d)$ vollständig ist, enthält der Durchschnitt der geschachtelten Intervalle I_n genau einen Punkt. Dieser Punkt p ist der Grenzwert der streng monotonen Folgen $<a_1, a_2, ...>$ und $<b_1, b_2, ...>$. Die Folgen enthalten den Punkt p nicht.

$$\bigcap I_n = \{p\} \quad \wedge \quad \lim_{n \to \infty} a_n = p \quad \wedge \quad \lim_{n \to \infty} b_n = p$$

Beweis : Konvergenz von Intervallschachtelungen

Für $i > n$ gilt $a_i < b_i < b_n$. Für $i < n$ gilt $a_i < a_n < b_n$. Also ist die monotone Folge $<a_1, a_2, ...>$ nach oben mit b_n beschränkt. Die obere Grenze von $<a_1, a_2, ...>$ sei p. Dann gilt $a_n \le p \le b_n$, so daß p im Intervall I_n enthalten ist, also $p \in [a_n, b_n]$.

Der Punkt p ist im Durchschnitt $\cap I_n$ aller geschachtelten Intervalle enthalten. Wäre ein weiterer Punkt $x \ne p$ in $\cap I_n$ enthalten, so gälte $\bigwedge_{n \in N} (b_n - a_n \ge |p-x|)$ im Widerspruch zu $\lim(b_n - a_n) = 0$. Also ist nur der eine Punkt p in $\cap I_p = \{p\}$ enthalten. Für jede reelle Zahl ε gibt es also ein $n_0 \in N$, so daß $d(p, x_n) < \varepsilon$ für $n > n_0$. Folglich ist p der Grenzwert der Folge $<a_1, a_2, ...>$. Der Grenzwertsatz (1) zeigt mit $\lim(b_n - a_n) = 0$, daß p auch der Grenzwert von $<b_1, b_2, ...>$ ist. Also konvergieren beide Folgen zum Grenzwert p.

Grenzwertsätze : Die Folgen $<a_1, a_2, ...>$ und $<b_1, b_2, ...>$ seien konvergent. Dann besitzen abgeleitete Folgen folgende Grenzwerte :

(1) $\lim\limits_{n\to\infty} (a_n \pm b_n) = \lim\limits_{n\to\infty} (a_n) \pm \lim\limits_{n\to\infty} (b_n)$

(2) $\lim\limits_{n\to\infty} (a_n \cdot b_n) = \lim\limits_{n\to\infty} (a_n) \cdot \lim\limits_{n\to\infty} (b_n)$

(3) $\lim\limits_{n\to\infty} \left(\frac{a_n}{b_n}\right) = \lim\limits_{n\to\infty} (a_n) \;/\; \lim\limits_{n\to\infty} (b_n)$ wenn $b_n \ne 0, \lim\limits_{n\to\infty} b_n \ne 0$

(4) $\lim\limits_{n\to\infty} (|a_n|) = \left|\lim\limits_{n\to\infty} (a_n)\right|$

Beispiel 1 : Konvergenz einer Folge

Im euklidischen Raum ($\mathbb{R}$; d) sei eine Folge wie folgt definiert :

$$x_n = \frac{n+1}{2n} \quad \text{mit} \quad n \in \mathbb{N}$$

Im folgenden wird gezeigt, daß $x = \frac{1}{2}$ der Grenzwert dieser Folge ist. Dazu wird zunächst der Abstand $d(x, x_n)$ abgeschätzt :

$$d(x, x_n) = \frac{n+1}{2n} - \frac{1}{2} = \frac{1}{2n} < \frac{1}{n}$$

Für ein beliebiges reelles $\varepsilon > 0$ wird $n_0 > \frac{1}{\varepsilon}$ gewählt. Aus der vorangehenden Ungleichung folgt dann die Konvergenz der Folge :

$$d(x, x_n) < \frac{1}{n} < \frac{1}{n_0} < \varepsilon \quad \text{für} \quad n \ge n_0$$

Beispiel 2 : Fundamentalfolge

Für die Folge in Beispiel 1 wird der Abstand $d(x_m, x_n)$ mit $m,n > n_0$ für ein zunächst unbekanntes $n_0 \in \mathbb{N}$ abgeschätzt :

$$d(x_m, x_n) = \left| \frac{m+1}{2m} - \frac{n+1}{2n} \right| = \left| \frac{n-m}{2mn} \right| < \frac{1}{2n_0}$$

Die Folge ist eine Fundamentalfolge, da für ein beliebiges reelles $\varepsilon > 0$ eine Zahl $n_0 > \frac{1}{2\varepsilon}$ gewählt werden kann. Dann gilt

$$d(x_m, x_n) < \varepsilon \qquad \text{für alle} \quad m,n > n_0$$

Beispiel 3 : Monotone Folge

Die Folge in Beispiel 1 ist streng monoton fallend. Für aufeinanderfolgende Glieder gilt nämlich :

$$x_n - x_{n+1} = \frac{n+1}{2n} - \frac{n+2}{2n+2} = \frac{1}{2n(n+1)} > 0$$

Die Folge ist nach unten mit $x_n > \frac{1}{2}$ beschränkt. Sie konvergiert gegen die untere Grenze $b = \frac{1}{2}$.

$$x_n = \frac{n+1}{2n} \quad \Rightarrow \quad x_n > \frac{n}{2n} = \frac{1}{2}$$

Beispiel 4 : Grenzwerte von Folgen

$$\lim_{n\to\infty} \frac{n^k}{n!} = 0 \qquad \text{für} \quad k \in \mathbb{N}$$

$$\lim_{n\to\infty} n^k x^n = 0 \qquad \text{für} \quad k \in \mathbb{N} \quad \text{und} \quad |x| < 1$$

$$\lim_{n\to\infty} \frac{x^n}{n!} = 0 \qquad \text{für} \quad x \in \mathbb{R}$$

$$\lim_{n\to\infty} \sqrt[n]{n} = 1$$

$$\lim_{n\to\infty} \left(1 + \frac{1}{n}\right)^n = e = 2.718281...$$

Beispiel 5 : Geometrische Folgen

Eine Folge $f : \mathbb{N} \to \mathbb{R}$ im euklidischen Raum $(\mathbb{R}\,;d)$ heißt geometrisch, wenn das Verhältnis $c = x_{n+1} / x_n$ aufeinanderfolgender Glieder der Folge konstant ist. Ist das Verhältnis c positiv, so ist die Folge monoton. Ist das Verhältnis c negativ, so heißt die Folge alternierend.

$$\text{Folge } f : \mathbb{N} \to \mathbb{R} \text{ ist geometrisch} \quad :\Leftrightarrow \quad f(n) = wc^n \;\wedge\; c,w \in \mathbb{R}$$

Die Konvergenz geometrischer Folgen wird durch das Verhältnis c bestimmt :

$c \le -1$	:	divergent
$-1 < c < 1$	:	konvergent mit Grenzwert 0
$c = 1$	:	konvergent mit Grenzwert w
$c > 1$	:	uneigentlich konvergent mit Grenzwert $\pm\infty$

(a) Für $c \le -1$ und $c = 1$ ist die Aussage offensichtlich.

(b) Zum Beweis der Konvergenz für $-1 < c < 1$ im euklidischen Raum $(\mathbb{R}\,;d)$ setzt man $|c| = \frac{1}{1+s}$ mit $s > 0$ und $(1+s)^n > 1 + ns$, also $|c^n| < \frac{1}{1+ns}$. Für jede Zahl $\varepsilon > 0$ gibt es eine natürliche Zahl $n_0 > (x_1 - \varepsilon)/\varepsilon s$, so daß $d(0, x_1 c^n) < \varepsilon$ für alle $n > n_0$. Folglich ist der Grenzwert 0.

$$\bigwedge_{\varepsilon > 0} \bigvee_{n_0 \in N} (n \ge n_0 \quad \Rightarrow \quad d(0, x_1 c^n) < \varepsilon)$$

(c) Zum Beweis der uneigentlichen Konvergenz für $c > 1$ setzt man $c = 1 + s$ mit $s > 0$ und $(1+s)^n > 1 + ns$. Für $x_1 > 0$ gibt es zu jeder reellen Zahl $a \ge x_1$ eine natürliche Zahl $n_0 > (a - x_1)/sx_1$, so daß $x_1 c^n > a$ für alle $n \ge n_0$. Die Folge konvergiert also uneigentlich gegen ∞. Für $x_1 < 0$ gibt es zu jeder reellen Zahl $a \le x_1$ eine natürliche Zahl n_0, so daß $x_1 c^n < a$ für alle $n \ge n_0$. Die Folge konvergiert also gegen $-\infty$.

$$x_1 > 0 \; : \; \bigwedge_{a \in \mathbb{R}} \bigvee_{n_0 \in N} (n \ge n_0 \quad \Rightarrow \quad x_1 c^n > a)$$

$$x_1 < 0 \; : \; \bigwedge_{a \in \mathbb{R}} \bigvee_{n_0 \in N} (n \ge n_0 \quad \Rightarrow \quad x_1 c^n < a)$$

Das folgende Diagramm zeigt zwei monotone geometrische Folgen mit $c = 0.7$, aber verschiedenen Gliedern $x_1 = -5.0$ und $x_1 = 5.0$ sowie eine alternierende geometrische Folge mit $c = -0.7$ und $x_1 = 5.0$.

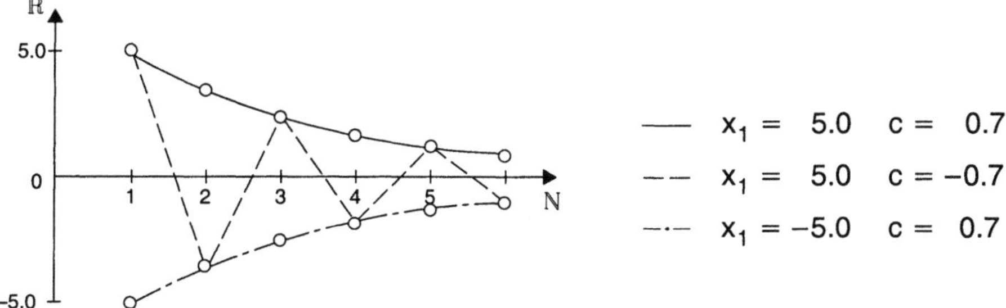

5.10.2 TEILFOLGEN

Einführung : In einem metrischen Raum besitzt eine konvergente Folge genau einen Grenzwert. Eine divergente Folge besitzt keinen Grenzwert. Eine divergente Folge kann aber in speziellen Fällen in konvergente Teilfolgen zerlegt werden. Dies führt zu dem Begriff der Häufungswerte von Folgen und damit zu den Begriffen Limes superior und Limes inferior einer Zahlenfolge.

Teilfolgen : Eine Abbildung $f : \mathbb{N} \to M$ sei eine beliebige Folge in einem metrischen Raum $(M ; d)$. Eine Abbildung $k : \mathbb{N} \to \mathbb{N}$ mit $k(n) = k_n$ sei eine streng monoton steigende Folge. Dann heißt die Komposition $f \circ k$ (sprich : f nach k) eine Teilfolge der Folge f.

$$f \circ k : \mathbb{N} \to M \qquad \text{mit} \quad f \circ k(n) = f(k(n)) = f(k_n) = x_{k_n}$$

Teilfolgen in metrischen Räumen besitzen folgende Eigenschaften :

(T1) Eine Folge ist genau dann konvergent, wenn jede ihrer Teilfolgen konvergiert. In diesem Fall konvergiert jede Teilfolge gegen denselben Grenzwert.

(T2) Besitzt eine Folge zwei Teilfolgen mit verschiedenen Grenzwerten, so ist die Folge divergent.

Beweis : Eigenschaften von Teilfolgen

(T1) Für eine konvergente Folge $f : \mathbb{N} \to M$ mit Grenzwert x gilt definitionsgemäß :

$$\bigwedge_{\varepsilon > 0} \bigvee_{n_0 \in N} (n > n_0 \quad \Rightarrow \quad d(x, x_n) < \varepsilon)$$

Da die Folge $k : \mathbb{N} \to \mathbb{N}$ streng monoton steigt, gibt es eine Zahl i_0, so daß $k(i_0) \geq n_0$. Folglich ist die Komposition $f \circ k$ eine konvergente Teilfolge von f mit Grenzwert x :

$$\bigwedge_{\varepsilon > 0} \bigvee_{i_0 \in N} (i > i_0 \quad \Rightarrow \quad d(x, x_{k_i}) < \varepsilon)$$

Umgekehrt sei jede Teilfolge $f \circ k$ konvergent. Dann gibt es für jede Teilfolge genau einen Grenzwert a und für jede reelle Zahl $\varepsilon > 0$ eine natürliche Zahl $i_0 \in \mathbb{N}$, für die gilt :

$$f \circ k : \mathbb{N} \to M \qquad \text{mit} \qquad f \circ k(i) = f(k_i) = x_{k_i}$$
$$d(a, x_{k_i}) < \varepsilon \qquad \text{für alle} \qquad i \geq i_0$$

Die Folge f ist eine Teilfolge ihrer selbst und daher voraussetzungsgemäß konvergent. Ihr Grenzwert ist der Grenzwert x der Folge f.

$$f : \mathbb{N} \to M \qquad \text{mit} \qquad f(m) = x_m$$
$$d(x, x_m) < \varepsilon \qquad \text{für alle} \qquad m \geq m_0$$

In $\mathbb{N}$ gibt es eine Zahl $n_0 = \max(k(i_0), m_0)$. Für n_0 gilt :

$$d(a, x_{k_i}) < \varepsilon \quad \text{für alle} \quad k_i \geq n_0$$
$$d(x, x_n) < \varepsilon \quad \text{für alle} \quad n \geq n_0$$

Die Grenzwerte a und x seien verschieden. Wegen Metrikeigenschaft (M2) ist ihr Abstand $d(a, x) = \delta > 0$. Aus Metrikeigenschaft (M4) folgt :

$$d(a,x) \leq d(a, x_{k_i}) + d(x, x_{k_i}) < 2\varepsilon \qquad \text{für alle } k_i \geq n_0$$

Das Ergebnis $d(a, x) < 2\varepsilon$ widerspricht $d(a,x) = \delta > 0$, da es für jedes $\delta > 0$ ein $\varepsilon > 0$ gibt, so daß $2\varepsilon < \delta$. Folglich sind die Grenzwerte a und x gleich. Alle Teilfolgen $f \circ k$ und die Folge f haben denselben Grenzwert x.

(T2) Die Grenzwerte a und b der Teilfolgen $f \circ g$ und $f \circ k$ einer Folge f in einem metrischen Raum (M ; d) seien verschieden. Die Folge f sei konvergent mit Grenzwert x. Dann sind die Grenzwerte der Folge f und der Teilfolgen nach (T1) gleich, also $a = b = x$. Dies widerspricht der Voraussetzung $a \neq b$. Also ist die Folge f im Gegensatz zur Annahme divergent.

Häufungswert : Ein Punkt x eines topologischen Raumes (M ; T) heißt ein Häufungswert (Folgenhäufungspunkt) der Folge $f : \mathbb{N} \to M$, wenn jede Umgebung von x eine unendliche Anzahl von Gliedern der Folge enthält. Diese Glieder dürfen in der Folge verstreut sein. Eine Folge kann mehr als einen Häufungswert besitzen. Häufungswerte müssen nicht Glieder der Folge f sein ; sie müssen aber Punkte des topologischen Raumes M sein.

Ein Punkt x eines metrischen Raumes (M ; d) ist ein Häufungswert der Folge $f : \mathbb{N} \to M$, wenn es für jede reelle Zahl $\varepsilon > 0$ und jede natürliche Zahl n_0 ein Folgenglied x_n mit $n > n_0$ gibt, so daß $d(x, x_n) < \varepsilon$. In einer Folge f mit dem Häufungswert x gibt es eine Teilfolge $f \circ k$ mit dem Grenzwert x.

$$x \text{ ist Häufungswert von } f \quad :\Leftrightarrow \quad \bigwedge_{\varepsilon > 0} \; \bigwedge_{n_0 \in N} \; \bigvee_{n > n_0} (d(x, x_n) < \varepsilon)$$

Beweis : In Folge f mit Häufungswert x gibt es eine Teilfolge $f \circ k$ mit Grenzwert x. Für die Folge f wird eine streng monoton steigende Abbildung $k : \mathbb{N} \to K$ mit $k(n) = k_n$ konstruiert. Die Glieder von k werden so gewählt, daß $d(x, x_{k_n}) < \varepsilon_n = 2^{-n}$ für $x_{k_n} = f(k_n)$. Dann ist $f \circ k$ eine Teilfolge. Ihr Grenzwert ist x, da $d(x, x_{k_n}) < \varepsilon_{n_0}$ für $n \geq n_0$.

Häufungspunkt : Ein Häufungspunkt einer Menge ist ein innerer Punkt oder Randpunkt der Menge, der nicht isoliert ist. Dieser Begriff darf nicht mit dem Häufungswert einer Folge in der Menge verwechselt werden. Jeder Häufungspunkt einer Menge $M := \{x_n \mid n \in \mathbb{N}\}$ in einem metrischen Raum ist auch ein Häufungswert einer Folge $f : \mathbb{N} \to M$. Die Umkehrung dieser Aussage ist falsch ! Beispielsweise ist x ein Häufungswert der Folge $f : \mathbb{N} \to \{x\}$, $f(n) = x$ aber kein Häufungspunkt der einelementigen Menge {x}.

Beweis : In einem metrischen Raum ist jeder Häufungspunkt einer Menge auch ein Häufungswert einer Folge.

In einem metrischen Raum (M; d) sei x ein Häufungspunkt einer Menge $A \subseteq M$. Der offene Ball mit Mittelpunkt x und Radius $\frac{1}{n}$ für $n \in \mathbb{N}$ sei $D_n := D(x, \frac{1}{n})$. In jedem der Durchschnitte $A \cap D_n$ kann man einen Punkt x_n wählen. Diese Punkte sind die Glieder einer Folge f :

$$f : \mathbb{N} \to \mathbb{R}^n \qquad \text{mit} \qquad f(n) = x_n \in A \cap D_n$$

Jeder der offenen Bälle D_n enthält Punkte aus A. Für jede reelle Zahl $\varepsilon > 0$ und jede natürliche Zahl $n_0 > 0$ gibt es ein $n > n_0$, so daß $\frac{1}{n} < \varepsilon$. Der Mittelpunkt x ist daher ein Häufungswert der Folge f.

$$\bigwedge_{\varepsilon > 0} \bigwedge_{n_0 \in N} \bigvee_{n > n_0} (d(x, x_n) < \varepsilon)$$

Uneigentlicher Häufungswert : Eine reelle Folge $f : \mathbb{N} \to \mathbb{R}$ mit $f(n) = x_n$ besitzt den uneigentlichen Häufungswert ∞, wenn es zu jeder reellen Zahl a und jeder natürlichen Zahl n_0 ein Folgenglied x_n mit $n > n_0$ gibt, für das $x_n > a$ gilt. Auf analoge Weise ist der uneigentliche Häufungswert $-\infty$ definiert.

Limes superior : Der größte Häufungswert a einer Folge $<x_1, x_2, ...>$ in der reellen Zahlenmenge heißt limes superior (kurz : lim sup) der Folge. Für jede reelle Zahl $\varepsilon > 0$ und jede natürliche Zahl $n_0 > 0$ gibt es ein $n > n_0$, so daß $x_n > a - \varepsilon$. Für jede reelle Zahl $\varepsilon > 0$ gibt es auch eine natürliche Zahl n_1, so daß $x_n < a + \varepsilon$ für alle $n > n_0$. Lim sup kann ein uneigentlicher Häufungspunkt sein.

$$a = \limsup <x_1, x_2, ...> \quad :\Leftrightarrow \quad \bigwedge_{\varepsilon > 0} \bigwedge_{n_0 \in N} \bigvee_{n > n_0} (x_n > a - \varepsilon) \quad \wedge$$
$$\bigwedge_{\varepsilon > 0} \bigvee_{n_1 \in N} \bigwedge_{n > n_1} (x_n < a + \varepsilon)$$

Limes inferior : Der kleinste Häufungswert b einer Folge $<x_1, x_2, ...>$ in der reellen Zahlenmenge heißt limes inferior (kurz : lim inf) der Folge. Für jede reelle Zahl $\varepsilon > 0$ und jede natürliche Zahl $n_0 > 0$ gibt es ein $n > n_0$, so daß $x_n < b + \varepsilon$. Für jede reelle Zahl $\varepsilon > 0$ gibt es auch eine natürliche Zahl n_1, so daß $x_n > b - \varepsilon$ für alle $n > n_0$. Lim inf kann ein uneigentlicher Häufungspunkt sein.

$$b = \liminf <x_1, x_2, ...> \quad :\Leftrightarrow \quad \bigwedge_{\varepsilon > 0} \bigwedge_{n_0 \in N} \bigvee_{n > n_0} (x_n < b + \varepsilon) \quad \wedge$$
$$\bigwedge_{\varepsilon > 0} \bigvee_{n_1 \in N} \bigwedge_{n > n_1} (x_n > b - \varepsilon)$$

Beispiel : Häufungswerte von Folgen

(1) Die Folge <1, –1, 1, –1,...> besitzt die Häufungswerte 1 und –1. Das Bild {1, –1} der Folge besteht aus den beiden Punkten –1 und 1.

(2) Die Folge <1, $\frac{1}{2}$, 1, $\frac{1}{3}$, 1, $\frac{1}{4}$,...> besitzt die Häufungswerte 1 und 0. Der Häufungswert 1 ist ein Glied der Folge, der Häufungswert 0 jedoch nicht.

(3) Die Folge <1, $\frac{1}{2}$, $\frac{1}{3}$,...> besitzt genau einen Häufungswert 0, der kein Glied der Folge ist.

(4) Die Folge <1, –1, 2, –2, 3, –3...> besitzt keinen Häufungswert, jedoch die uneigentlichen Häufungswerte ∞ und $-\infty$.

5.10.3 ZAHLENREIHEN

Einführung : In Anwendungen benötigt man die Summe der Glieder einer reellen Folge. Diese kann nicht direkt ermittelt werden, da die Folge unendlich ist. Daher definiert man eine Zahlenreihe, deren Glieder Partialsummen über Teile der reellen Folge sind. Besitzt die Reihe einen Grenzwert, so ist dieser die gesuchte Summe. Im folgenden werden mehrere Konvergenzkriterien für Reihen behandelt.

Zahlenreihen : Im euklidischen Raum ($\mathbb{R}$; d) sei $f : \mathbb{N} \to \mathbb{R}$ eine reelle Folge mit $f(n) = x_n$. Die Summe der ersten m Glieder von f heißt die m-te Partialsumme der Folge f und wird mit s_m bezeichnet. Die Folge $< s_1, s_2, \ldots >$ der Partialsummen heißt die zur Folge f gehörige Zahlenreihe und wird mit Σx_n bezeichnet. Die Differenz $s_m - s_n$ der m-ten und n-ten Partialsummen heißt Reihenabschnitt. Konvergiert die Zahlenreihe $< s_1, s_2, \ldots >$ gegen einen Grenzwert s, so heißt s die Summe der Folge f.

$$s_m = \sum_{n=1}^{m} x_n$$

$$s = \lim_{m \to \infty} s_m$$

Absolut konvergente Reihe : Eine Reihe Σx_n heißt absolut konvergent, wenn die Folge $\Sigma\,|x_n|$ der Partialsummen der Absolutwerte ihrer Glieder konvergiert. Eine Reihe, die zwar konvergiert, aber nicht absolut konvergiert, heißt bedingt konvergent.

Nachweis der Konvergenz : Es gibt kein allgemeines Verfahren zum Nachweis der Konvergenz von Reihen und zur Bestimmung ihres Grenzwertes. Es gibt aber Kriterien für die Konvergenz von Reihen. Ferner gibt es Vergleichskriterien, mit denen von der Konvergenz bekannter Reihen auf die Konvergenz anderer Reihen geschlossen werden kann. Einige dieser Kriterien sind im folgenden behandelt.

Konvergenzkriterien : Die folgenden Kriterien (K1) und (K5) sind notwendig für die Konvergenz einer Reihe. Die Kriterien (K1) bis (K4) sind hinreichend.

(K1) Cauchy Kriterium : Eine Reihe Σx_n ist genau dann konvergent, wenn es zu jeder reellen Zahl $\varepsilon > 0$ einen Index n_0 gibt, von dem ab alle Reihenabschnitte im Betrag $|s_m - s_n|$ kleiner als ε sind.

$$\Sigma x_n \text{ konvergiert} \Leftrightarrow \bigwedge_{\varepsilon>0} \bigvee_{n_0 \in N} (m \geq n \geq n_0 \Rightarrow |s_m - s_n| < \varepsilon)$$

$$\Leftrightarrow \bigwedge_{\varepsilon>0} \bigvee_{n_0 \in N} \left(m \geq n \geq n_0 \Rightarrow \left|\sum_{k=n}^{m} x_k\right| < \varepsilon\right)$$

(K2) Monotoniekriterium : Eine Reihe Σx_n mit Summanden $x_n \geq 0$ konvergiert genau dann, wenn ihre Partialsummenfolge $< s_1, s_2, ... >$ beschränkt ist.

(K3) Leibniz Kriterium: Eine Folge $< x_1, x_2, ... >$ sei monoton fallend mit Grenzwert 0. Dann ist die Partialsummenfolge der alternierenden Folge $< x_1, -x_2, x_3, -x_4, ... >$ konvergent.

(K4) Quotientenkriterium : Für eine Folge $< x_1, x_2, ... >$ sei jedes Glied $x_n \neq 0$. Gibt es eine reelle Zahl c, so daß ab einem Index n_0 der Betrag des Verhältnisses aufeinanderfolgender Glieder kleiner als 1 ist, also $|x_{n+1} / x_n| \leq c$ mit $c < 1$ für $n > n_0$, so ist die Reihe Σx_n absolut konvergent.

(K5) Trivialkriterium : Konvergiert die Reihe Σx_n, so besitzt die Folge $< x_1, x_2, ... >$ den Grenzwert 0. Die Umkehrung dieser Aussage ist falsch : Streben die Glieder der Folge $< x_1, x_2, ... >$ gegen 0, so kann daraus nicht geschlossen werden, daß die Reihe Σx_n konvergiert.

Beweis : Konvergenzkriterien

(K1) Cauchy Kriterium : In dem euklidischen Raum ($\mathbb{R}$; d) ist jede Folge wegen (F3) genau dann konvergent, wenn sie eine Fundamentalfolge ist. Eine Reihe, die das Cauchy Kriterium erfüllt, erfüllt auch die Bedingung für eine Fundamentalfolge, und umgekehrt.

$$\bigwedge_{\varepsilon > 0} \bigvee_{n_0 \in N} (i, m \geq n_0 \quad \Rightarrow \quad d(s_i, s_m) < \varepsilon)$$

(K2) Monotoniekriterium : Für die Partialsummenfolge $< s_1, s_2, ... >$ einer Folge $< x_1, x_2, ... >$ mit $x_n \geq 0$ gilt $s_m \geq s_i$ für $m > i$. Also ist die Partialsummenfolge $\Sigma x_n = < s_1, s_2, ... >$ monoton steigend.

(a) Die Reihe Σx_n sei beschränkt. Dann folgt aus Abschnitt 5.10.1, daß Σx_n konvergiert.

(b) Die Reihe Σx_n sei nicht beschränkt. Dann folgt aus Abschnitt 5.10.1, daß Σx_n uneigentlich konvergiert, also divergiert.

(K3) Leibniz Kriterium : Die Partialsummen s_n der alternierenden Folge $< x_1, -x_2, x_3, -x_4, ... >$ sind

$$s_n = \sum_{k=1}^{n} (-1)^{k+1} x_k$$

Die Partialsummenfolge $< s_1, s_2, ... >$ konvergiert, wenn das Cauchy Kriterium (K1) erfüllt ist, also

$$\bigwedge_{\varepsilon > 0} \bigvee_{n_0 \in N} (m \geq n \geq n_0 \quad \Rightarrow \quad \left| \sum_{k=n}^{m} (-1)^{k+1} x_k \right| < \varepsilon)$$

Da die Folge $<x_1, x_2,...>$ monoton fällt und $x_n \to 0$, sind alle Glieder $x_n > 0$ und $(x_n - x_{n+1}) \geq 0$. Für ungerade Werte von $m - n$ gilt :

$$\begin{aligned}
\left|\sum_{k=n}^{m} (-1)^{k+1} x_k\right| &= \left|(-1)^{n+1} (x_n - x_{n+1} + x_{n+2} - ... + x_{m-1} - x_m)\right| \\
&= \left|(x_n - x_{n+1}) + (x_{n+2} - x_{n+3}) + ... + (x_{m-1} - x_m)\right| \\
&= (x_n - x_{n+1}) + (x_{n+2} - x_{n+3}) + ... + (x_{m-1} - x_m) \\
&= x_n - (x_{n+1} - x_{n+2}) - ... - (x_{m-2} - x_{m-1}) - x_m \\
&\leq x_n = |x_n|
\end{aligned}$$

Für gerade Werte von $m - n$ gilt :

$$\begin{aligned}
\left|\sum_{k=n}^{m} (-1)^{k+1} x_k\right| &= \left|(-1)^{n+1} (x_n - x_{n+1} + ... + x_{m-2} - x_{m-1} + x_m)\right| \\
&= \left|(x_n - x_{n+1}) + ... + (x_{m-2} - x_{m-1}) + x_m\right| \\
&= (x_n - x_{n+1}) + ... + (x_{m-2} - x_{m-1}) + x_m \\
&= x_n - (x_{n+1} - x_{n+2}) - ... - (x_{m-1} - x_m) \\
&\leq x_n = |x_n|
\end{aligned}$$

Wegen $x_n \to 0$ gibt es für jede reelle Zahl $\varepsilon > 0$ einen Index n_0, so daß $|x_n| < \varepsilon$ für $n \geq n_0$. Also erfüllt die Folge $<s_0, s_1,...>$ das Konvergenzkriterium von Cauchy :

$$\left|\sum_{k=n}^{m} (-1)^k x_k\right| \leq |x_n| < \varepsilon \qquad \text{für alle } m \geq n \geq n_0$$

(K4) Quotientenkriterium : Die ersten n_0 Glieder der Folge $<x_1, x_2,...>$ beeinflussen die Konvergenz der Reihe Σx_n nicht und werden ohne Verlust an Allgemeingültigkeit weggelassen. Also sei $<x_1, x_2,...>$ eine Folge mit $|x_{n+1}/x_n| \leq c$ für alle $n \in \mathbb{N}$. Für die Folge $<|x_1|, |x_2|,...>$ wird die Differenz der Partialsummen s_m und s_n gebildet und für $0 < c < 1$ mit $m \geq n \geq n_0$ abgeschätzt :

$$\begin{aligned}
s_m - s_n &\leq c^n |x_1| + c^{n+1} |x_1| + ... + c^{m-1} |x_1| \\
&= (1 + c + ... + c^{m-n-1}) c^n |x_1| \\
&= \frac{1 - c^{m-n}}{1 - c} c^n |x_1| \\
s_m - s_n &\leq \frac{c^n}{1-c} |x_1| \qquad \text{und} \qquad s_m - s_n > 0
\end{aligned}$$

Für jede reelle Zahl $\varepsilon > 0$ gibt es eine natürliche Zahl n_0, so daß $c^{n_0} |x_1| < \varepsilon (1 - c)$. Damit erfüllt die Reihe $\Sigma |x_n|$ das Konvergenzkriterium von Cauchy :

$$\bigwedge_{\varepsilon > 0} \bigvee_{n_0 \in N} (m \geq n \geq n_0 \Rightarrow |s_m - s_n| < \varepsilon)$$

(K5) Trivialkriterium : Die Reihe Σx_n sei konvergent. Dann folgt aus (K1), daß es für jede reelle Zahl $\varepsilon > 0$ einen Index n_0 gibt, so daß für den Reihenabschnitt $|s_n - s_{n-1}| = |x_n|$ gilt $|x_n| < \varepsilon$ für $i = m = n > n_0$. Also streben die Summanden x_n gegen 0.

Umgekehrt sei $< x_1, x_2, ... >$ eine Folge, deren Glieder gegen 0 streben. Dann folgt im allgemeinen nicht, daß die Reihe Σx_n konvergent ist. Beispielsweise ist in dem Beweis zu (F2) in Abschnitt 5.10.1 gezeigt, daß die Partialsummenfolge der Folge $<1, \frac{1}{2}, \frac{1}{3}, ...>$ divergiert, obwohl die Summanden $x_n = \frac{1}{n}$ gegen Null streben.

Vergleichskriterien : Die folgenden Kriterien erlauben es, von der Konvergenz bekannter Reihen auf die Konvergenz anderer Reihen zu schließen.

(V1) Jede absolut konvergente Reihe ist konvergent. Der Betrag $|\Sigma x_n|$ des Grenzwertes einer absolut konvergenten Reihe ist kleiner als oder gleich dem Grenzwert $\Sigma |x_n|$ der Reihe der Absolutwerte.

(V2) Sind die Reihen Σx_n und Σy_n konvergent, so ist für beliebige Zahlen $a, b \in \mathbb{R}$ auch die Reihe $\Sigma(ax_n + by_n)$ konvergent.

(V3) Sind die Reihen Σx_n und Σy_n konvergent und gilt $x_n \le y_n$ für alle n, so ist der Grenzwert von Σx_n kleiner als oder gleich dem Grenzwert von Σy_n.

(V4) Ist die Reihe Σx_n absolut konvergent und eine Folge $< a_1, a_2, ... >$ beschränkt, so ist die Reihe $\Sigma a_n x_n$ absolut konvergent.

(V5) Ist die Reihe Σx_n konvergent und eine monotone Folge $< a_1, a_2, ... >$ beschränkt, so konvergiert die Reihe $\Sigma a_n x_n$.

(V6) Ist die Reihe Σx_n konvergent und gibt es eine natürliche Zahl n_0, so daß $0 \le |y_n| \le x_n$ für alle $n > n_0$, so ist die Reihe Σy_n absolut konvergent.

Beweis : Vergleichskriterien

(V1) Die Reihe Σx_n sei absolut konvergent. Dann gibt es nach dem Konvergenzkriterium von Cauchy für jede reelle Zahl $\varepsilon > 0$ eine natürliche Zahl n_0, so daß für alle $m \ge n \ge n_0$ gilt :

$$||x_n| + |x_{n+1}| + ... + |x_{m-1}|| < \varepsilon$$

Aus $|x_1 + x_2| \le |x_1| + |x_2|$ folgt, daß $|x_1 + ... + x_k| \le |x_1| + ... + |x_k|$. Also gilt $|\Sigma x_n| \le \Sigma |x_n|$. Ferner befriedigt die Reihe Σx_n das Kriterium von Cauchy :

$$\bigwedge_{\varepsilon > 0} \bigvee_{n_0 \in N} (m \ge n \ge n_0 : \quad |x_n + x_{n+1} + ... + x_{m-1}| < \varepsilon)$$

(V2) Die Grenzwerte der konvergenten Reihen Σx_n und Σy_n seien x und y. Die n-ten Glieder ihrer Partialsummenfolgen seien s_n und t_n. Dann gilt :

$$\bigwedge_{\delta>0} \bigvee_{n_0 \in N} (n > n_0 \quad \Rightarrow \quad |x - s_n| < \delta \quad \wedge \quad |y - t_n| < \delta)$$

Für die Folge mit den Gliedern $(as_n + bt_n)$ gilt :

$$\begin{aligned} |(ax + by) - (as_n + bt_n)| &= |a(x - s_n) + b(y - t_n)| \\ &\leq |a|\,|x - s_n| + |b|\,|y - t_n| \\ &\leq (|a| + |b|)\,\delta \end{aligned}$$

Die Reihe $\Sigma(ax_n + by_n)$ konvergiert gegen $(ax + by)$, da die Bedingung für Grenzwerte erfüllt ist, wenn man $\delta = \varepsilon / (|a| + |b|)$ setzt:

$$\bigwedge_{\varepsilon>0} \bigvee_{n_0 \in N} (n > n_0 \quad \Rightarrow \quad d(ax + by, as_n + bt_n) < \varepsilon)$$

(V3) Die Grenzwerte der konvergenten Reihen Σx_n und Σy_n seien x und y. Dann folgt aus dem Beweis zu (V2), daß die Reihe $\Sigma(y_n - x_n)$ gegen einen Grenzwert $d = y - x$ konvergiert. Aus $d_i = y_i - x_i \geq 0$ folgt $d \geq 0$, also $x \leq y$.

(V4) Für die beschränkte Folge $< a_1, a_2, ... >$ gibt es eine reelle Zahl $\gamma > 0$, so daß $|a_n| < \gamma$ für alle n. Die i-te Partialsumme in der Reihe $\Sigma |x_n|$ sei s_i. Dann gilt für die i-te Partialsumme t_i in der Reihe $\Sigma |a_n x_n|$:

$$0 \leq t_i = \sum_{k=1}^{i} |a_k x_k| \leq \gamma \sum_{k=1}^{i} |x_k| = \gamma s_i$$

Da die Reihe Σy_n nach Voraussetzung absolut konvergiert, sind die Partialsummen s_i beschränkt. Folglich sind die Partialsummen $t_i \leq \gamma s_i$ der Reihe $\Sigma |a_n x_n|$ positiv, monoton steigend und beschränkt. Also ist die Reihe $\Sigma a_n x_n$ absolut konvergent.

(V5) Die Partialsumme t_i der Reihe $\Sigma a_n x_n$ wird mit den Partialsummen s_k der Reihe Σx_k und $s_0 := 0$ partiell summiert.

$$\begin{aligned} t_i &= \sum_{k=1}^{i} a_k x_k = \sum_{k=1}^{i} a_k (s_k - s_{k-1}) = \sum_{k=1}^{i} a_k s_k - \sum_{k=1}^{i} a_k s_{k-1} \\ &= a_i s_i + \sum_{k=1}^{i-1} a_k s_k - \sum_{k=1}^{i-1} a_{k+1} s_k \\ t_i &= a_i s_i + \sum_{k=1}^{i-1} (a_k - a_{k+1}) s_k \end{aligned}$$

Nach Vergleichskritierium (V4) ist die Reihe $< t_1, t_2, ... >$ absolut konvergent, wenn die Folge $< s_1, s_2, ... >$ beschränkt und die Reihe $\Sigma(a_k - a_{k+1})$ absolut konvergent ist. Da die Reihe Σx_n konvergiert, ist die Folge $<s_1, s_2,...>$ beschränkt. Die Partialsumme w_k der Folge $\Sigma|a_k - a_{k+1}|$ wird unter Nutzung der Monotonie der Folge $<a_1, a_2,...>$ bestimmt :

$$w_k = \sum_{i=1}^{k} |a_i - a_{i+1}| = \left|\sum_{i=1}^{k} (a_i - a_{k+i})\right| = |a_1 - a_{k+1}|$$

Da die Folge $<a_1, a_2,...>$ monoton und beschränkt ist, ist auch die Folge $<w_1, w_2,...>$ monoton und beschränkt ; ihre Glieder sind positiv. Nach dem Monotoniekriterium (K2) ist die Reihe $\Sigma(a_k - a_{k+1})$ daher absolut konvergent. Also ist die Reihe $\Sigma\, a_n x_n$ nach (V4) absolut konvergent.

(V6) Die Glieder y_1 bis y_{n_0} beeinflussen die Konvergenz der Reihe nicht. Betrachtet wird daher eine Reihe $<x_1, x_2,...>$ mit $0 \le |y_n| \le x_n$ für alle $n \ge 1$, also $x_n \ge 0$. Da die konvergente Reihe Σx_n das Cauchy Kriterium (K1) befriedigt, gibt es für jede reelle Zahl $\varepsilon > 0$ eine natürliche Zahl k_0, so daß

$$|x_n + x_{n+1} + ... + x_{m-1}| < \varepsilon \quad \text{für alle} \quad m \ge n \ge k_0$$

$$x_n + x_{n+1} + ... + x_{m-1} < \varepsilon$$

$$|y_n| + |y_{n+1}| + ... + |y_{m-1}| < \varepsilon \quad \text{für alle} \quad m \ge n \ge k_0$$

Die Reihe Σy_n ist folglich absolut konvergent.

Klammersetzen in Reihen : Die Partialsummenfolge $<s_1, s_2,...>$ einer Folge $f : \mathbb{N} \to \mathbb{R}$ mit $f(n) = x_n$ wird nach der Regel $s_0 := 0$ und $s_{n+1} = s_n + x_n$ für $n = 1,2,...$ gebildet. In der Partialsumme $s_n = x_1 + x_2 + ... + x_n$ werden die Additionen also eindeutig von links nach rechts ausgeführt.

Werden Folgenglieder in einer Folge durch Klammersetzung zusammengefaßt, so wird damit eine neue Folge definiert, also auch eine neue Folge von Partialsummen und damit eine neue Reihe. Beispielsweise führt die Klammerung $(x_1 + x_2) + (x_3 + x_4) + ...$ zu der Folge $<y_1, y_2,...>$ mit $y_k = x_{2k-1} + x_{2k}$. Die Folge $<y_1, y_2,...>$ ist eine Abbildung $g : \mathbb{N} \to \mathbb{R}$, die nicht mit der Abbildung $f : \mathbb{N} \to \mathbb{R}$ der Folge $<x_1, x_2,...>$ identisch ist.

Von dem Konvergenzverhalten einer bekannten Reihe kann im allgemeinen nicht auf das Konvergenzverhalten von Reihen geschlossen werden, die durch Klammersetzen aus dieser Reihe konstruiert werden. Das folgende Beispiel zeigt, daß die Zahlenreihen mit den Klammerungen $1 - 1 + 1 - 1 + ...$, $(1 - 1) + (1 - 1) + ...$ und $1 + (-1 + 1) + (-1 + 1) + ...$ verschiedene Konvergenzeigenschaften besitzen :

(1) Die Folge $f : \mathbb{N} \to \mathbb{R}$ mit den Gliedern $<1, -1, 1, -1,...>$ erzeugt die divergente Zahlenreihe $<1, 0, 1, 0,...>$.

(2) Die Folge $g : \mathbb{N} \to \mathbb{R}$ mit den Gliedern $<(1-1), (1-1),...>$ erzeugt die konvergente Zahlenreihe $<0, 0,...>$ mit dem Grenzwert 0.

(3) Die Folge $h : \mathbb{N} \to \mathbb{R}$ mit den Gliedern $<1, (-1+1), (-1+1),...>$ erzeugt die konvergente Zahlenreihe $<1, 1,...>$ mit dem Grenzwert 1.

Wird aus einer konvergenten Reihe Σx_n durch Klammersetzen eine neue Reihe Σy_n konstruiert, so ist diese ebenfalls konvergent. Die Grenzwerte der Reihen sind gleich.

Beweis : Klammersetzen in einer konvergenten Reihe erzeugt eine konvergente Reihe.

Eine Reihe Σx_n sei konvergent mit Grenzwert a. Für die Partialsummenfolge $<s_1, s_2,...>$ dieser Reihe gilt dann :

$$\bigwedge_{\varepsilon > 0} \bigvee_{n_0 \in N} (n > n_0 \quad \Rightarrow \quad d(a, s_n) < \varepsilon)$$

Eine Abbildung $h : \mathbb{N} \to \mathbb{N}$ mit $h(k) = n_k$ sei streng monoton steigend mit $n_1 = 0$. Dann definieren die Zahlen n_{k-1} und n_k einen Abschnitt der Folge $<x_1, x_2,...>$. Die Summe der Glieder dieses Abschnitts sei ein Glied y_k einer neuen Reihe Σy_n. Mit $s_0 := 0$ und $k = 1,2,...$ folgt :

$$y_k := x_{n_{k-1}+1} + x_{n_{k-1}+2} + ... + x_{n_k} \quad = \quad s_{n_k} - s_{n_{k-1}}$$

Die Folge $<y_1, y_2,...>$ besitzt also die Partialsummenfolge $<s_{n_1}, s_{n_2},...>$. Diese Teilfolge der konvergenten Folge $<s_1, s_2,...>$ konvergiert nach (T1) in Abschnitt 5.10.2 gegen denselben Grenzwert a.

Beispiel 1 : Konvergente Reihen

$$e = \frac{1}{0!} + \frac{1}{1!} + \frac{1}{2!} + \frac{1}{3!} + ... + \frac{1}{n!} + ...$$

$$\frac{1}{e} = \frac{1}{0!} - \frac{1}{1!} + \frac{1}{2!} - \frac{1}{3!} + ... \pm \frac{1}{n!} \mp ...$$

$$2 = \frac{1}{1} + \frac{1}{2} + \frac{1}{4} + \frac{1}{8} + ... + \frac{1}{2^n} + ...$$

$$\frac{2}{3} = \frac{1}{1} - \frac{1}{2} + \frac{1}{4} - \frac{1}{8} + ... \pm \frac{1}{2^n} \mp ...$$

$$\ln 2 = \frac{1}{1} - \frac{1}{2} + \frac{1}{3} - \frac{1}{4} + ... \pm \frac{1}{n} \mp ...$$

$$\frac{\pi}{4} = \frac{1}{1} - \frac{1}{3} + \frac{1}{5} - \frac{1}{7} + ... \pm \frac{1}{2n-1} \mp ...$$

Beispiel 2 : Geometrische Reihen

In Beispiel 5 von Abschnitt 5.10.1 sind geometrische Folgen $f: \mathbb{N} \to \mathbb{R}$ mit $f(n) = x_n$ so definiert, daß $x_{n+1} / x_n = c$. Die Partialsumme s_n einer geometrischen Folge ist :

$$s_n = x_1(1 + c + c^2 + ... + c^{n-1}) = \frac{1-c^n}{1-c} x_1$$

Das feste Verhältnis c bestimmt die Konvergenz der Reihe wie folgt :

$c \leq -1$: Die Reihe divergiert

$-1 < c < 1$: Die Reihe konvergiert gegen $\lim\limits_{n\to\infty} \frac{1-c^n}{1-c} x_1 = \frac{x_1}{1-c}$

$c \geq 1$: Die Reihe konvergiert uneigentlich gegen $\pm \infty$

Beispiel 3 : Berechnung alternierender konvergenter Reihen

Das Klammersetzen wird am Beispiel der alternierenden harmonischen Folge $< 1, -\frac{1}{2}, \frac{1}{3}, -\frac{1}{4}, ... >$ gezeigt, deren Reihe nach dem Leibniz Kriterium konvergiert. Der exakte Grenzwert der Reihe ist $\ln 2 = 0.693147...$. In der Partialsumme werden Klammern wie folgt gesetzt : $(1 - \frac{1}{2}) + (\frac{1}{3} - \frac{1}{4}) + ...$ Die Partialsummen folgender Folgen werden also berechnet :

$$f: \mathbb{N} \to \mathbb{R} \quad \text{mit} \quad f(n) = x_n = \frac{1}{n}(-1)^{n+1}$$

$$g: \mathbb{N} \to \mathbb{R} \quad \text{mit} \quad g(n) = y_n = \frac{1}{2n-1} - \frac{1}{2n} = \frac{1}{2n(2n-1)}$$

n	1	2	3	4	5
Σx_n	1.000000	0.500000	0.833333	0.583333	0.783333
Σy_n	0.500000	0.583333	0.616667	0.634524	0.645635

Die Reihe Σy_n konvergiert im Gegensatz zur Reihe Σx_n monoton. Es gibt andere Reihen für ln 2, die wesentlich schneller konvergieren, beispielsweise :

$$\ln x = 2\left[\frac{x-1}{x+1} + \frac{(x-1)^3}{3(x+1)^3} + \frac{(x-1)^5}{5(x+1)^5} + ...\right] \quad \text{mit} \quad x > 0$$

n	1	2	3	4	5
Σz_n	0.666667	0.691358	0.693004	0.693135	0.693146

Die Konvergenz wird weiter verbessert, indem man einen bekannten Wert e^z nutzt, der in der Nähe von 2 liegt. Beispielsweise setzt man $2 = w e^{0.1s}$ mit $s \in \mathbb{N}$ und wählt s so, daß $1 \leq w < e^{0.1} = 1.105171$. Dies führt zu $s = 6$ und $w = 1.097623$. Mit $\ln x = 0.6 + \ln w$ folgt dann für die Reihen ln w und ln x in 2 Schritten :

n	1	2
ln w	0.093080	0.093147
ln x	0.693080	0.693147

5.10.4 KONVERGENZ VON NETZEN

Einführung : In der Definition des Grenzwertes einer Folge $f: \mathbb{N} \to M$ in einem metrischen Raum (M ; d) wird die totale Ordnung der natürlichen Zahlen $\mathbb{N}$ genutzt. Es stellt sich nun die Frage, ob nicht eine allgemeinere Definition der Konvergenz mit einer Abbildung $f: G \to M$ möglich ist, in der die Menge G nicht notwendig total geordnet ist. Als ein Beispiel einer solchen Definition wird in diesem Abschnitt die Konvergenz von Netzen behandelt. In einem Netz ist G eine gerichtete Menge und (M ; T) ein allgemeiner topologischer Raum.

Gerichtete Menge : Eine partiell geordnete Menge G heißt gerichtet, wenn es zu je zwei beliebigen Elementen $\alpha, \beta \in G$ ein Element $\gamma \in G$ gibt, das größer als oder gleich an α und β ist :

$$\text{G ist gerichtet} \quad :\Leftrightarrow \quad \bigwedge_{\alpha \in G} \bigwedge_{\beta \in G} \bigvee_{\gamma \in G} (\gamma \geq \alpha \quad \wedge \quad \gamma \geq \beta)$$

Netz : Eine Abbildung f einer gerichteten Menge G in die Punkte eines topologischen Raumes (M ; T) heißt ein Netz in M. Die Bildpunkte x_α der Abbildung heißen die Glieder des Netzes. Das Netz wird mit $\{x_\alpha\}$ bezeichnet. Die Folge ist ein Spezialfall des Netzes, da die natürlichen Zahlen $\mathbb{N}$ eine gerichtete Menge sind.

$$f: G \to M \quad \text{mit} \quad f(\alpha) = x_\alpha$$

Häufung : Ein Netz $f: G \to M$ in einem topologischen Raum (M ; T) häuft sich in einer Menge $A \subseteq M$, wenn es zu jedem Element $\alpha \in G$ ein Element $\beta \geq \alpha$ in G gibt, so daß $f(\beta) \in A$.

$$\text{f häuft sich in A} \quad :\Leftrightarrow \quad \bigwedge_{\alpha \in G} \bigvee_{\beta \in G} (\beta \geq \alpha \quad \wedge \quad f(\beta) \in A)$$

Endstück : Ein Netz $f: G \to M$ in einem topologischen Raum (M ; T) besitzt ein Endstück in einer Menge $A \subseteq M$, wenn es ein $\alpha \in G$ gibt, so daß $f(\beta) \in A$ für alle $\beta \geq \alpha$.

$$\text{f besitzt ein Endstück in A} \quad :\Leftrightarrow \quad \bigvee_{\alpha \in G} (\beta \geq \alpha \quad \Rightarrow \quad f(\beta) \in A)$$

Die Menge der Elemente $\beta \in G$, für die $\beta \geq \alpha$ und $f(\beta) \in A$ gilt, sei H. Dann heißt das Netz $f_H: H \to M$ Endstück von f in A. Ein Punkt $y \in M$ kann mehrfach als Glied des Endstücks auftreten. In dem Bild E_α des Endstücks ist der Punkt y definitionsgemäß nur einmal enthalten.

$$E_\alpha := \{x_\beta = f(\beta) \mid \beta \geq \alpha\}$$

Endstücke von Netzen besitzen folgende Eigenschaften :

(E1) Besitzt ein Netz Endstücke in zwei Mengen A und B, so besitzt das Netz ein Endstück in dem Durchschnitt $A \cap B$ dieser Mengen.

(E2) Ist der Durchschnitt von zwei Mengen A und B leer, so gibt es kein Netz, das Endstücke sowohl in A als auch in B besitzt.

Beweis : Eigenschaften von Endstücken

(E1) Besitzt ein Netz f : G→M ein Endstück in einer Menge $A \subseteq M$, so gibt es ein Element $\alpha \in G$, so daß $f(\delta) \in A$ für jedes $\delta \geq \alpha$. Besitzt dasselbe Netz auch ein Endstück in der Menge $B \subseteq M$, so gibt es ein Element $\beta \in G$, so daß $f(\varepsilon) \in B$ für jedes $\varepsilon \geq \beta$.

Für $\alpha, \beta \in G$ gibt es in der gerichteten Menge G ein Element γ, so daß $\gamma \geq \alpha$ und $\gamma \geq \beta$. Da die gerichtete Menge G partiell geordnet ist, führt $\eta \geq \gamma$ und $\gamma \geq \alpha$ zu $\eta \geq \alpha$. Ebenso folgt $\eta \geq \beta$ aus $\eta \geq \gamma$ und $\gamma \geq \beta$. Also gilt $f(\eta) \in A$ und $f(\eta) \in B$ für alle $\eta \geq \gamma$. Damit gilt auch $f(\eta) \in A \cap B$ für $\eta \geq \gamma$.

(E2) Ein Netz f : G→M sei ein Netz mit Endstücken in den Mengen $A \subseteq M$ und $B \subseteq M$. Dann gibt es nach (E1) ein Element $\gamma \in G$, so daß das Glied $f(\gamma)$ des Netzes zugleich ein Punkt in A und ein Punkt in B ist. Dies widerspricht der Voraussetzung, daß $A \cap B$ leer ist. Im Gegensatz zur Annahme gibt es folglich kein Netz mit Endstücken in disjunkten Mengen A und B.

Konvergenz : Ein Netz f : G→M heißt konvergent gegen einen Punkt x des topologischen Raumes (M ; T), wenn f ein Endstück in jeder Umgebung $U_x \subseteq M$ von x besitzt. Der Punkt x heißt dann ein Grenzwert des Netzes f.

$$\text{f konvergiert gegen x} \quad :\Leftrightarrow \quad \bigwedge_{U_x} \bigvee_{\alpha \in G} (E_\alpha \subseteq U_x)$$

Netze besitzen folgende Konvergenzeigenschaften :

(K1) Die Hülle einer Menge A ist genau die Menge der Grenzwerte aller konvergenten Netze, deren Bild in A liegt.

(K2) Ein topologischer Raum ist genau dann ein Hausdorff Raum, wenn jedes konvergente Netz einen eindeutigen Grenzwert besitzt.

Beweis K1 : Die Hülle einer Menge A ist genau die Menge der Grenzwerte aller konvergenten Netze, deren Bild in A liegt.

(1) Ein Netz f : G→M mit dem Bild $f(G) \subseteq A$ sei gegen einen Punkt $x \in M$ konvergent. Dann besitzt das Netz f nach Definition der Konvergenz ein Endstück in jeder Umgebung U von x. Jede Umgebung von x enthält also einen Punkt von A. Folglich ist der Grenzwert x ein Punkt der Hülle H(A).

(2) Gegeben sei die Hülle H(A) einer Menge $A \subseteq M$. Die Menge der offenen Umgebungen U, W,... eines beliebigen Punktes $x \in H(A)$ sei G. Die Menge G wird mit der Relation $\subseteq$ geordnet, also $U \geq W :\Leftrightarrow U \subseteq W$. Aus $U \cap W \subseteq U$ und $U \cap W \subseteq W$ folgt $U \cap W \geq U$ und $U \cap W \geq W$, so daß die Menge G gerichtet ist. Jeder Durchschnitt $U \cap W$ ist eine offene Umgebung von x. Nach Definition der Hülle ist der Durchschnitt $U \cap A$ nichtleer. Folglich gibt es ein Netz f : G→A mit $f(U) = x_u$ und $x_u \in U \cap A$, also $x_u \in A$.

Das Netz f besitzt ein Endstück in jeder offenen Umgebung U von x. Für jede offene Menge $Z \geq U$ mit $x \in Z \subseteq U$ gilt nämlich $f(Z) = x_Z \in U$. Folglich ist der Punkt x ein Grenzwert von f. Da x beliebig in H(A) gewählt wurde, ist jeder Punkt $x \in H(A)$ ein Grenzwert eines Netzes, dessen Bildpunkte in A liegen.

Beweis K2 : Ein topologischer Raum ist genau dann ein Hausdorff Raum, wenn jedes konvergente Netz einen eindeutigen Grenzwert besitzt.

(1) Der Raum (M ; T) sei ein Hausdorff Raum. Ein Netz $f: G \to M$ sei konvergent gegen zwei verschiedene Punkte $x \neq y$ von M. Dann besitzen diese Punkte nach Definition des Hausdorff Raumes disjunkte Umgebungen $U_x \cap U_y = \emptyset$. Wegen der Eigenschaft (E2) besitzt das Netz f nicht Endstücke sowohl in U_x als auch in U_y. Im Gegensatz zur Annahme kann das Netz also nicht gegen zwei verschiedene Punkte konvergieren.

(2) Der Raum (M ; T) sei kein Hausdorff Raum. Dann gibt es Punkte $x \neq y$ in M, die nicht durch offene Mengen trennbar sind. S_x und T_x seien offene Umgebungen von x, S_y und T_y offene Umgebungen von y. Das kartesische Produkt G der Umgebungssysteme von x und y enthält geordnete Paare wie $\alpha := (S_x, S_y)$ und $\beta := (T_x, T_y)$. Die Menge G wird mit der Relation $\geq$ geordnet, also $\beta \geq \alpha :\Leftrightarrow T_x \subseteq S_x \wedge T_y \subseteq S_y$. Der Durchschnitt $T_x \cap T_y$ ist nichtleer, da die Punkte x und y nicht durch offene Mengen trennbar sind. Also gibt es mit der gerichteten Menge G ein Netz $f: G \to M$ mit $f(\beta) \in T_x \cap T_y$:

$$(\beta \geq \alpha \quad \Rightarrow \quad f(\beta) \in T_x \subseteq S_x \subseteq U_x) \quad \Rightarrow \quad \text{Netz f konvergiert gegen x}$$
$$(\beta \geq \alpha \quad \Rightarrow \quad f(\beta) \in T_y \subseteq S_y \subseteq U_y) \quad \Rightarrow \quad \text{Netz f konvergiert gegen y}$$

Folglich ist der Grenzwert eines Netzes nicht eindeutig in einem Raum, der kein Hausdorff Raum ist.

Finale Abbildung : Zur Definition von Teilfolgen in Abschnitt 5.10.2 werden streng monoton steigende Abbildungen benutzt. Zur Übertragung dieses Konzeptes auf Netze werden hier finale Abbildungen definiert. Eine Abbildung $h: H \to G$ zwischen gerichteten Mengen G und H heißt final, wenn es für jedes Element $\alpha \in G$ ein Element $\beta \in H$ gibt, so daß die Bilder aller Elemente $\gamma \geq \beta$ von H größer als oder gleich an α sind :

$$\text{h ist eine finale Abbildung} \quad :\Leftrightarrow \quad \bigwedge_{\alpha \in G} \bigvee_{\beta \in H} (\gamma \geq \beta \quad \Rightarrow \quad h(\gamma) \geq \alpha)$$

Teilnetz : Eine Abbildung $f: G \to M$ sei ein beliebiges Netz in einem topologischen Raum (M ; T). Eine Abbildung $h: H \to G$ sei final. Dann heißt ihre Komposition $f \circ h$ (sprich : f nach h) ein Teilnetz von f.

$$f \circ h : H \to M \quad \text{mit} \quad f \circ h(\gamma) = f(h(\gamma)) = f(\alpha_\gamma) \geq x_{\alpha_\gamma}$$

Konvergentes Teilnetz : Ein Netz $f : G \to M$ besitzt genau dann ein Teilnetz, das gegen einen Grenzwert $x \in M$ konvergiert, wenn f sich in jeder Umgebung von x häuft.

Beweis : Konvergentes Teilnetz
Es wird vorausgesetzt, daß $f : G \to M$ ein Netz ist, das sich in jeder Umgebung eines Punktes $x \in M$ häuft, und gezeigt, daß es eine finale Abbildung $h : H \to G$ gibt, deren gerichtete Menge H geordnete Paare (α, A) mit $\alpha \in G$, $x \in A$ und $f(\alpha) \in A$ enthält. Dann ist die Komposition $f \circ h : H \to M$ definitionsgemäß ein Teilnetz. Das Teilnetz konvergiert gegen den Punkt x, wenn jede Umgebung von x ein Endstück von $f \circ h$ enthält.

(1) Die Menge der Umgebungen des Punktes x sei $S := \{A, B, ...\}$. In dem kartesischen Produkt $G \times S$ wird die Teilmenge H der geordneten Paare (α, A) betrachtet, für die $f(\alpha) \in A$ gilt.

$$H := \{(\alpha, A) \in G \times S \mid f(\alpha) \in A\}$$

(2) Die Menge H wird mit der Relation $(\beta, B) \geq (\alpha, A) :\Leftrightarrow \beta \geq \alpha \ \wedge B \subseteq A$ geordnet. Für beliebige Elemente (α, A) und (β, B) von H gibt es ein $\delta \geq \alpha, \beta$ so daß $f(\gamma) \in A \cap B$ für alle $\gamma \geq \delta$, da sich das Netz voraussetzungsgemäß in jeder Umgebung von x häuft. Also ist $(\gamma, A \cap B)$ ein Element von H, für das $(\gamma, A \cap B) \geq (\alpha, A)$, (β, B) gilt. Folglich ist H gerichtet.

(3) Die Abbildung $h : H \to G$ mit $h(\alpha, A) = \alpha$ ist final. Für jedes $\alpha \in G$ gibt es nämlich in der gerichteten Menge H ein Element (α, A). Für alle $(\beta, B) \geq (\alpha, A)$ gilt $\beta \geq \alpha$, also $h(\beta, B) \geq \alpha$. Damit ist h definitionsgemäß final.

(4) Da sich das Netz f voraussetzungsgemäß in jeder Umgebung A von x häuft, gibt es ein $\alpha \in G$, so daß $f(\alpha) \in A$. Für ein bestimmtes Element $(\alpha, A) \in H$ werden Elemente $(\beta, B) \geq (\alpha, A)$ betrachtet. Wegen der partiellen Ordnung von H gilt $B \subseteq A$. Mit $h(\beta, B) = \beta$ folgt $f \circ h(\beta, B) = f(\beta)$. Nach Konstruktion von H gilt $f(\beta) \in B$. Also folgt $f \circ h(\beta, B) \in A$. Damit besitzt $f \circ h$ ein Endstück in jeder Umgebung A von x : Das Teilnetz konvergiert gegen den Grenzwert x.

$$f \circ h \text{ besitzt ein Endstück in A} \quad \Leftrightarrow \quad \bigvee_{(\alpha, A)} ((\beta, B) \geq (\alpha, A) \quad \Rightarrow \quad f \circ h\,(\beta, B) \in A)$$

Umgekehrt sei $x \in M$ ein Grenzwert eines Teilnetzes $f \circ h$. Dann enthält jede Umgebung von x ein Endstück von $f \circ h$. Folglich häuft sich f in jeder Umgebung von x.

Universale Netze : Ein Netz $f : G \to M$ heißt universal, wenn es für jede Teilmenge $A \subseteq M$ ein Endstück entweder in A oder in $M - A$ besitzt. Universale Netze besitzen folgende Eigenschaften :

(U1) Die Komposition $p \circ f$ (sprich : p nach f) einer Abbildung $p : M \to N$ mit einem universalen Netz $f : G \to M$ ist ein universales Netz $p \circ f : G \to N$.

(U2) Zu jedem Netz gibt es ein universales Teilnetz.

Beweis U1 : Die Komposition einer Abbildung $p: M \to N$ mit einem universalen Netz $f: G \to M$ ist ein universales Netz $p \circ f: G \to N$.

A sei eine Teilmenge von N mit Urbild $p^{-1}(A)$ in M. Da das Netz f universal ist, besitzt es entweder ein Endstück in $p^{-1}(A)$ oder ein Endstück in dem Komplement $M - p^{-1}(A) \supseteq p^{-1}(N - A)$. Das Bild jedes Punktes eines Endstückes in $p^{-1}(A)$ liegt in A. Folglich besitzt die Komposition $p \circ f$ entweder ein Endstück in A oder ein Endstück in $N - A$. Also ist das Netz $p \circ f$ universal.

Beweis U2 : Zu jedem Netz gibt es ein universales Teilnetz.

(1) Eine Abbildung $f: G \to M$ sei ein Netz. Betrachtet wird die Menge F derjenigen Teilmengen F_i der Potenzmenge P(M), die folgende Bedingungen erfüllen :

(a) $A \in F_i \quad \Rightarrow \quad$ f häuft sich in A

(b) $A, B \in F_i \quad \Rightarrow \quad A \cap B \in F_i$

Ein Beispiel einer solchen Teilmenge ist $F_i = \{M\} \subseteq P(M)$. Die Menge $F = \{F_1 \; F_2, ...\}$ wird durch Inklusion partiell geordnet. Eine Teilmenge $F' = \{F_{k_1}, F_{k_2}, ...\}$ von F sei total geordnet, also $F_{k_i} \subseteq F_{k_j} \vee F_{k_j} \subseteq F_{k_i}$. Die Vereinigung der Elemente von F' befriedigt die Bedingungen (a) und (b) und ist daher ein Element von F, also eine obere Schranke von F' in F.

Wegen der Eigenschaft (E4) geordneter Mengen in Abschnitt 4.6 enthält F ein maximales Element F_0. F_0 ist also in keinem der Elemente F_i echt enthalten. Wird ein weiteres Element von P(M) zu F_0 hinzugefügt, so entsteht eine Menge, die F_0 echt enthält und folglich nicht in F enthalten ist. Daher erfüllt die Menge nicht die Bedingungen (a) und (b).

(2) Die Menge $Z_0 := \{(A, \alpha) \in F_0 \times G \mid f(\alpha) \in A\}$ wird mit der Relation $\geq$ wie folgt partiell geordnet :

$$(B, \beta) \geq (A, \alpha) \quad :\Leftrightarrow \quad B \subseteq A \;\wedge\; \beta \geq \alpha$$

Die Menge Z_0 ist gerichtet. Sind nämlich (A, α) und (B, β) zwei beliebige Elemente von Z_0, so führt (b) zu $C := A \cap B \in F_0$. Zu α und β gibt es in der gerichteten Menge G ein Element γ mit $\gamma \geq \alpha$ und $\gamma \geq \beta$. Wegen (a) und $C \in F_0$ häuft sich f in C, so daß es zu γ ein $\delta \geq \gamma$ mit $f(\delta) \in C$ gibt. Die Menge Z_0 enthält also ein Element (C, δ) mit $(C, \delta) \geq (A, \alpha)$ und $(C, \delta) \geq (B, \beta)$; sie ist daher gerichtet.

Die Abbildung $h: Z_0 \to G$ mit $h(\alpha, A) = \alpha$ ist final. Ist nämlich α ein beliebiges Element von G, so gibt es zu einer frei gewählten Menge $B \in F_0$ ein $\beta \geq \alpha$ mit $f(\beta) \in B$, da sich f nach (a) in B häuft. Damit ist (B, β) Element von Z_0. Für jedes $(C, \gamma) \in Z_0$ mit $(C, \gamma) \geq (B, \beta)$ gilt dann $h(C, \gamma) = \gamma \geq \beta \geq \alpha$. Damit ist h final. Folglich ist $f \circ h$ ein Teilnetz. Im folgenden wird gezeigt, daß dieses Teilnetz universal ist.

(3) S sei eine Teilmenge von M, in der sich das Teilnetz $f \circ h : Z_0 \to M$ häuft. Dann gibt es zu jedem Element $(\alpha, A) \in Z_0$ ein Element $(\beta, B) \geq (\alpha, A)$ in Z_0, so daß $f \circ h(\beta, B) \in S$. Mit $B \subseteq A$, $\beta \geq \alpha$ und $f(\beta) = f \circ h(\beta, B) \in B$ folgt $f(\beta) \in B \cap S \subseteq A \cap S$. Das Netz $f : G \to M$ häuft sich also in $A \cap S$ für jedes $A \in F_0$. Folglich entspricht einer Häufung des Teilnetzes $f \circ h$ in einer beliebigen Teilmenge S von M eine Häufung des Netzes f im Durchschnitt $A \cap S$ für jedes Element $A \in F_0$. Da F_0 maximal ist, sind S und jedes $A \cap S$ Elemente von F_0.

(4) Es wird angenommen, daß sich das Teilnetz $f \circ h$ auch in der komplementären Menge $M - S$ häuft. Dann ist $M - S$ analog zu S ein Element der Menge F_0. Voraussetzungsgemäß muß auch der Durchschnitt $S \cap (M - S) = \emptyset$ ein Element von F_0 sein. Da sich das Netz f in der Nullmenge aber nicht häuft, häuft sich das Teilnetz $f \circ h$ im Gegensatz zur Annahme nicht in $M - S$. Folglich besitzt das Teilnetz $f \circ h$ ein Endstück in S, aber kein Endstück in $M - S$.

(5) Ist S im Gegensatz zur Annahme in (3) eine Teilmenge von M, in der sich das Teilnetz $f \circ h : Z_0 \to M$ nicht häuft, so besitzt $f \circ h$ ein Endstück in $M - S$. Insgesamt ist gezeigt, daß $f \circ h$ entweder in S oder in $M - S$ ein Endstück besitzt. Damit ist $f \circ h$ ein universales Teilnetz zu f.

5.10.5 KONVERGENZ VON FILTERN

Einführung : In diesem Abschnitt wird der Begriff der Konvergenz in einem topologischen Raum (M ; T) weiter verallgemeinert. An die Stelle von Folgen $f: \mathbb{N} \to M$ mit total geordneten Mengen $\mathbb{N}$ und Netzen $f: G \to M$ mit gerichteten Mengen G tritt jetzt der Filter F.

Ein Filter F enthält Teilmengen der Trägermenge M des Raumes. Der Filter konvergiert gegen einen Punkt $x \in M$, wenn jede Umgebung von x ein Element des Filters enthält. Ein konvergenter Filter ist also ein sich verengendes System von Teilmengen von M, das auf einen Punkt x von M zeigt. Mit diesem Konzept können sehr allgemeine Suchvorgänge beschrieben werden.

Analog zu einer Topologie T auf M besitzt auch ein Filter F auf M eine Basis B, die überschaubarer ist als der Filter. Im allgemeinen wird die Filterbasis zur Konvergenzuntersuchung herangezogen. Das Konzept des Filters besitzt gegenüber den Konzepten der Folge und des Netzes den Vorteil, daß die Filterbasis B und der Filter F ungeordnete Mengen sind.

Filterbasis : Eine nichtleere Teilmenge $B := \{B_1, B_2, ...\}$ der Potenzmenge der Trägermenge M eines topologischen Raumes (M ; T) heißt eine Filterbasis auf M, wenn die Elemente von B folgende Bedingungen erfüllen :

(B1) Die Leermenge $\emptyset$ ist kein Element der Filterbasis B.

(B2) Jeder Durchschnitt einer endlichen Anzahl von Elementen der Filterbasis B ist ebenfalls ein Element von B.

$$B_1, ..., B_m \in B \quad \Rightarrow \quad B_1 \cap ... \cap B_m \in B$$

Aus der Definition der Filterbasis folgt, daß eine Filterbasis keine disjunkten Mengen enthält. Der Durchschnitt $\emptyset$ der Mengen wäre nämlich wegen (B2) ein Element der Filterbasis, wegen (B1) jedoch kein Element der Filterbasis.

Konvergenz einer Filterbasis : $B = \{B_1, B_2, ...\}$ sei eine Filterbasis im topologischen Raum (M ; T) und x sei ein Punkt von M mit dem Umgebungssystem $U(x) = \{U_1, U_2, ...\}$. Die Filterbasis B heißt konvergent gegen den Punkt x, wenn jede Umgebung U_k von x ein Element B_m der Filterbasis umfaßt.

$$\text{B konvergiert gegen x} \quad :\Leftrightarrow \quad \bigwedge_{U_k \in U(x)} \; \bigvee_{B_m \in B} \; (B_m \subseteq U_k)$$

Der Punkt x heißt ein Grenzwert der Filterbasis B. Der Grenzwert x muß nicht in den Filtermengen B_i enthalten sein. Eine Filterbasis kann gegen mehr als einen Punkt konvergieren. In einem Hausdorff Raum besitzt eine konvergente Filterbasis genau einen Grenzwert. Nicht alle Filterbasen sind in einem Hausdorff Raum konvergent. Eine nicht konvergente Filterbasis heißt divergent.

Beweis : Ein topologischer Raum ist genau dann ein Hausdorff Raum, wenn jede konvergente Filterbasis einen eindeutigen Grenzwert besitzt.

(1) Ein topologischer Raum (M ; T) sei ein Hausdorff Raum und B eine konvergente Filterbasis auf M. Zwei Grenzwerte x und y der Filterbasis B seien verschieden. Dann besitzen die Punkte x und y nach Definition des Hausdorff Raumes disjunkte Umgebungen U_x und U_y. Da die Filterbasis B konvergiert, gibt es Filterelemente $B_k \subseteq U_x$ und $B_m \subseteq U_y$. Aus $U_x \cap U_y = \emptyset$ folgt $B_k \cap B_m = \emptyset$. Dies steht im Widerspruch zu den Eigenschaften (B1) und (B2) der Filterbasis. Die Filterbasis B konvergiert also gegen höchstens einen Punkt von M.

(2) Ein topologischer Raum (M ; T) sei kein Hausdorff Raum. Die Punkte $x, y \in M$ seien verschieden. Die Menge B_x der offenen Mengen T_x, die x enthalten, enthält nicht die Leermenge $\emptyset$, jedoch alle endliche Durchschnitte ihrer Elemente. Folglich ist B_x eine Filterbasis, die gegen x konvergiert. Ebenso bilden die offenen Mengen $T_y \in T$ mit $y \in T_y$ eine Filterbasis B_y, die gegen y konvergiert. Da der Raum (M ; T) nicht hausdorffsch ist, sind alle Durchschnitte $T_{xy} = T_x \cap T_y$ nichtleer. Sie bilden eine Menge B_{xy}. Die Vereinigung der Mengen B_x, B_y und B_{xy} bildet eine Filterbasis, die gegen x und gegen y konvergiert. Also gibt es auf M mindestens eine Filterbasis $B_x \cup B_y \cup B_{xy}$, die gegen mehr als einen Grenzwert konvergiert.

Vergleich von Filterbasen : Dem Konzept der Teilfolgen und der Teilnetze entspricht das Konzept der Feinheit einer Filterbasis. Eine Filterbasis B heißt feiner als eine Filterbasis C, wenn jedes Element C_k von C ein Element B_m von B umfaßt.

$$\text{B ist feiner als C} \quad :\Leftrightarrow \quad \bigwedge_{C_k \in C} \; \bigvee_{B_m \in B} \; (B_m \subseteq C_k)$$

Konvergiert eine Filterbasis C gegen einen Grenzwert x, so konvergiert auch jede feinere Filterbasis B gegen den Grenzwert x.

Beweis : Konvergenz einer feineren Filterbasis

In einem topologischen Raum (M ; T) sei $x \in M$ ein Grenzwert der Filterbasis C. Dann enthält jede Umgebung U_x von x definitionsgemäß ein Element C_m der Filterbasis C. Ist die Basis B feiner als C, so gibt es zu jeder Umgebung U_x von x ein Element B_k aus B mit $B_k \subseteq C_m \subseteq U_x$. Also konvergiert die Filterbasis B ebenfalls gegen den Grenzwert x.

Filter : $B = \{B_1, B_2, ...\}$ sei eine Filterbasis im topologischen Raum (M ; T). Dann heißt die Menge der Elemente B_k und aller ihrer Vereinigungen ein Filter auf M und wird mit $F = \{F_1, F_2, ...\}$ bezeichnet. Im Gegensatz zu einer Topologie besitzt ein

Filter nicht die Topologieeigenschaft (T1) : Die Leermenge $\emptyset$ darf kein Element eines Filters F sein, und die Trägermenge M ist nur wahlweise ein Element von F. Die Topologie T und ein Filter F auf M enthalten also verschiedene Elemente. Da jeder Filter auch eine Filterbasis ist, ist keine weitere Definition der Konvergenz von Filtern erforderlich.

Beispiel 1 : Eindeutig konvergente Filterbasis

Auf der Menge $M = \{a, b, c\}$ sei $T = \{\emptyset, \{a\}, \{b, c\}, \{a, b, c\}\}$ eine Topologie und $B = \{\{a\}, \{a, b\}, \{a, b, c\}\}$ eine Filterbasis. Die Umgebungen der Punkte von M werden mit der Bedingung $x \in T_k \subseteq U_m$ bestimmt :

$$
\begin{aligned}
U(a) &= \{\{a\}, \{a, b\}, \{a, c\}, \{a, b, c\}\} \\
U(b) &= \{\{b, c\}, \{a, b, c\}\} \\
U(c) &= \{\{b, c\}, \{a, b, c\}\}
\end{aligned}
$$

Die Filterbasis B konvergiert gegen den Punkt a von M, da jede der Umgebungen in U(a) das Filterelement $\{a\}$ umfaßt. Die Filterbasis B konvergiert nicht gegen $b \in M$ und $c \in M$, da die Umgebung $\{b, c\}$ dieser Punkte kein Element der Filterbasis umfaßt.

Beispiel 2 : Konvergente Filterbasis mit mehreren Grenzwerten

Auf der Menge $M = \{a, b, c\}$ sei $T = \{\emptyset, \{a\}, \{a, b\}, \{a, b, c\}\}$ eine Topologie und $B = \{\{a\}\}$ eine Filterbasis. Die Umgebungen der Punkte von M werden mit der Bedingung $x \in T_k \subseteq U_m$ bestimmt :

$$
\begin{aligned}
U(a) &= \{\{a\}, \{a, b\}, \{a, c\}, \{a, b, c\}\} \\
U(b) &= \{\{a, b\}, \{a, b, c\}\} \\
U(c) &= \{\{a, b, c\}\}
\end{aligned}
$$

Die Filterbasis konvergiert gegen jeden der Punkte $a, b, c \in M$, da jede Umgebung dieser Punkte das Filterelement $\{a\}$ umfaßt.

Beispiel 3 : Divergente Filterbasis

Auf der Menge $M = \{a, b, c\}$ sei $T = \{\emptyset, \{c\}, \{a, c\}, \{b, c\}, \{a, b, c\}\}$ eine Topologie und $B = \{\{a, b\}\}$ eine Filterbasis. Die Umgebungen der Punkte von M werden mit der Bedingung $x \in T_k \subseteq U_m$ bestimmt :

$$
\begin{aligned}
U(a) &= \{\{a, c\}, \{a, b, c\}\} \\
U(b) &= \{\{b, c\}, \{a, b, c\}\} \\
U(c) &= \{\{c\}, \{a, c\}, \{b, c\}, \{a, b, c\}\}
\end{aligned}
$$

Die Filterbasis divergiert, da die Umgebungen $\{a, c\}$ von a, $\{b, c\}$ von b und $\{c\}$ von c kein Element der Filterbasis umfassen.

Beispiel 4 : Filterbasen auf der euklidischen Ebene

Die Elemente der Basis der natürlichen Topologie der reellen euklidischen Ebene $\mathbb{R}^2$ sind die offenen Kreisscheiben $D(\mathbf{x}, r)$. Als Elemente der Filterbasen werden offene Rechteckflächen mit paarweise parallelen Kanten gewählt. Die Elemente der Filterbasis heißen beliebig klein, wenn die mit der Metrik der euklidischen Ebene bestimmten Abstände ihrer Eckpunkte beliebig klein sind.

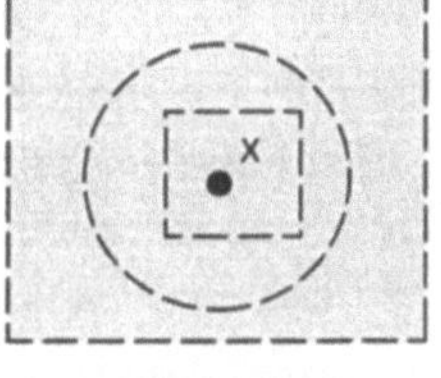

a) konvergent

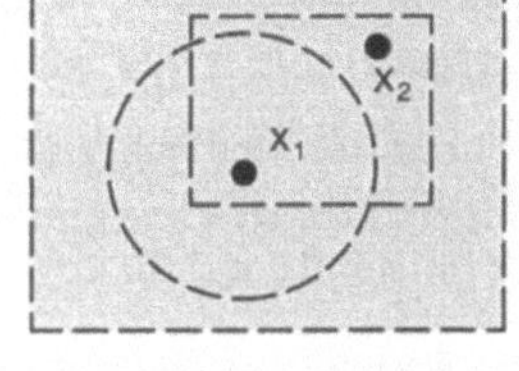

b) nicht konvergent

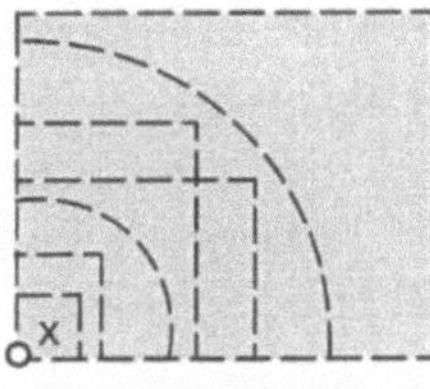

c) konvergent

(a) Enthält der Durchschnitt aller Elemente der Filterbasis B für beliebig kleine Elemente nur einen Punkt x, so konvergiert die Filterbasis gegen x, da jede offene Kreisscheibe um x alle offenen Rechtecke ab einer bestimmten Größe umfaßt, die x enthalten.

$\cap B_i = \{x\}$

(b) Enthält der Durchschnitt aller Elemente der Filterbasis B mindestens zwei Punkte x_1 und x_2, so konvergiert die Filterbasis nicht : Eine Umgebung von x_1, die x_2 nicht enthält, enthält auch kein Element der Filterbasis.

$\cap B_i = \{x_1, x_2, \ldots\}$

(c) Der Punkt x sei in keinem der beliebig kleinen offenen Elemente der Filterbasis B enthalten. Dennoch konvergiert die Filterbasis gegen $x \in \mathbb{R}^2$, da jede Umgebung von x in Bild (c) ein Element der Filterbasis umfaßt.

5.11 KOMPAKTHEIT

5.11.1 KOMPAKTE RÄUME

Einführung : Die Anzahl der Elemente einer endlichen Menge ist eine topologische Invariante. Diese Invariante ist ein Maß für die topologische Begrenzung der Menge. Enthält eine Menge (beispielsweise in einem reellen Raum) unendlich viele Punkte, so ist die Punktanzahl nicht mehr zur Charakterisierung der topologischen Begrenzung geeignet. Die Beschränktheit einer Teilmenge eines metrischen Raumes ist zur Charakterisierung ebenfalls ungeeignet, da Beschränktheit keine topologische Invariante ist (siehe Beispiel 4 in Abschnitt 5.6).

Zur Charakterisierung der topologischen Begrenzung von unendlichen Mengen wird die Kompaktheit von Mengen definiert. Dazu werden Überdeckungen einer Menge mit offenen Mengen der Topologie des Raumes betrachtet. Enthält jede offene Überdeckung eine endliche Teilüberdeckung, so ist die Menge kompakt. Die Kompaktheit ist eine topologische Invariante. Sie kann alternativ mit abgeschlossenen Ausschnitten der Menge definiert werden : Diese Betrachtung ist für Konvergenzbeweise nützlich.

Kompakte Räume besitzen wichtige Eigenschaften. In einem kompakten Raum besitzt jedes Netz ein konvergentes Teilnetz. Jede abgeschlossene Teilmenge eines kompakten Raumes ist kompakt. Jede kompakte Teilmenge eines Hausdorff Raumes ist abgeschlossen. Ein endlicher Produktraum ist genau dann kompakt, wenn seine Faktoren kompakte Räume sind.

Überdeckung : A sei eine Teilmenge der Trägermenge M eines topologischen Raumes (M ; T). Eine Mengenfamilie $C = \{C_i \mid C_i \subseteq M\}$ heißt eine Überdeckung der Menge A, wenn die Vereinigung der Mengen C_i die Menge A enthält.

$$C = \{C_i\} \text{ ist eine Überdeckung von A} \quad :\Leftrightarrow \quad A \subseteq C_1 \cup C_2 \cup \ldots$$

Eine Überdeckung heißt endlich, wenn die Mengenfamilie C endlich ist. Eine unendliche Überdeckung wird mit $\{C_1, C_2, \ldots\}$ bezeichnet, eine endliche Überdeckung mit $\{C_1, \ldots, C_n\}$. Eine Überdeckung heißt offen, wenn jede der Mengen $C_i \in C$ offen ist, also $C_i \in T$. Eine Teilmenge einer Überdeckung, die ebenfalls eine Überdeckung der Menge ist, heißt Teilüberdeckung.

Ausschnitt : A sei eine Teilmenge der Trägermenge M eines topologischen Raumes (M ; T). Eine Mengenfamilie $S = \{S_i \mid S_i \subseteq M\}$ heißt ein Ausschnitt von A, wenn A den Durchschnitt der Mengen S_i enthält.

$$S = \{S_i\} \text{ ist ein Ausschnitt von A} \quad :\Leftrightarrow \quad A \supseteq S_1 \cap S_2 \cap \ldots$$

Ein Ausschnitt heißt endlich, wenn die Mengenfamilie S endlich ist. Ein unendlicher Ausschnitt wird mit $\{S_1, S_2, ...\}$ bezeichnet, eine endlicher Ausschnitt mit $\{S_1, ..., S_n\}$. Ein Ausschnitt heißt leer, wenn der Durchschnitt $S_1 \cap S_2 \cap ...$ leer ist. Ein Ausschnitt heißt abgeschlossen, wenn die Mengen S_i abgeschlossen sind, also $M - S_i \in T$. Eine Teilmenge eines Ausschnitts, die ebenfalls ein Ausschnitt von A ist, heißt Teilausschnitt. Der Durchschnitt der Mengen eines Teilausschnitts enthält den Durchschnitt der Mengen des Ausschnitts.

Kompakte Mengen : Eine Menge A in einem topologischen Raum (M ; T) heißt kompakt, wenn jede offene Überdeckung $C = \{C_i\}$ von A eine endliche Teilüberdeckung $\hat{C} = \{C_{i_m}\}$ enthält.

$$\text{A ist kompakt} \quad :\Leftrightarrow \quad \bigwedge_{C} \bigvee_{\hat{C}} (A \subseteq C_1 \cup C_2 \cup ... \quad \Rightarrow \quad A \subseteq C_{i_1} \cup ... \cup C_{i_n})$$

Für die Kompaktheit einer Menge genügt es nach dieser Definition nicht, daß die Menge eine bestimmte endliche offene Überdeckung besitzt, beispielsweise die Trägermenge M. Vielmehr muß jede offene Überdeckung der Menge eine endliche offene Teilüberdeckung enthalten. Will man zeigen, daß eine Menge nicht kompakt ist, so genügt der Nachweis einer einzigen offenen Überdeckung, die keine endliche offene Teilüberdeckung enthält.

Kompakter Raum : Ein topologischer Raum (M ; T) heißt kompakt, wenn jede offene Überdeckung von M eine endliche offene Teilüberdeckung enthält. Ist die Menge A in dem Raum M kompakt, so ist der Raum $(A ; R_A)$ mit der Relativtopologie $R_A = \{R_i = T_i \cap A \mid T_i \in T\}$ kompakt. Im Gegensatz zu einem Teil der Literatur wird hier nicht vorausgesetzt, daß ein kompakter Raum ein Hausdorff Raum ist.

Kontinuum : Eine Menge A in einem Hausdorff Raum (M ; T) heißt ein Kontinuum, wenn sie kompakt und zusammenhängend ist. Ein Teil der Physik befaßt sich mit Kontinua, die mit Masse, Ladung und Energie belegt sind.

Beispiel 1 : Offene Überdeckung des offenen Einheitsintervalls

Auf der reellen Achse $\mathbb{R}$ mit der natürlichen Topologie ist das offene Einheitsintervall $I =]0,1[$ definiert. Für dieses Einheitsintervall gibt es eine offene Überdeckung $\{C_1, C_2, ...\}$ mit folgenden Mengen :

$$C_k = \{x \in \mathbb{R} \mid \frac{1}{k+2} < x < \frac{1}{k} \quad \wedge \quad k \in \mathbb{N}'\}$$

Diese offene Überdeckung enthält keine endliche Teilüberdeckung, da C_{k+1} nicht in $C_1 \cup ... \cup C_k$ enthalten ist. Folglich ist das offene Einheitsintervall nicht kompakt.

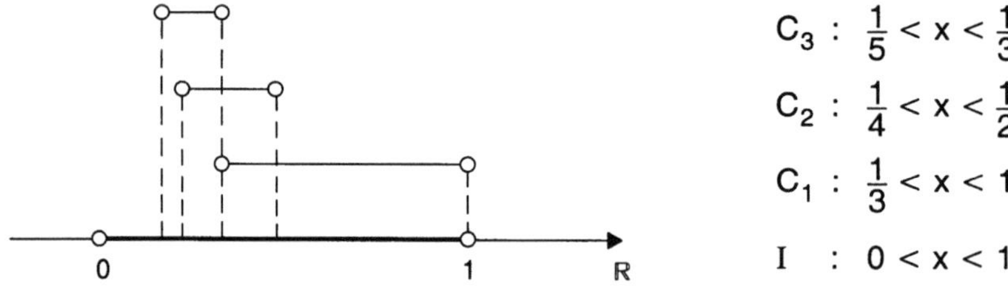

Beispiel 2 : Das abgeschlossene Einheitsintervall ist kompakt.

$C = \{C_1, C_2, ...\}$ sei eine offene Überdeckung des abgeschlossenen Einheitsintervalls $I_1 = [0,1] \in \mathbb{R}$. Es wird angenommen, daß C keine endliche Teilüberdeckung enthält. Dann besitzt das Teilintervall $[0, \frac{1}{2}]$ oder das Teilintervall $[\frac{1}{2}, 1]$ keine endliche offene Teilüberdeckung in C. Durch fortgesetzte Halbierung der Intervalle wird eine Folge geschachtelter Intervalle $I_1 \supset I_2 \supset ...$ gebildet, für die es keine endliche offene Teilüberdeckung in C gibt.

Es gibt einen Punkt $w \in \mathbb{R}$, der in jedem Intervall der Schachtelung enthalten ist. In der offenen Überdeckung C gibt es eine offene Menge $C_i = \{x \in \mathbb{R} \mid s_i < x < t_i\}$, die ebenfalls den Punkt w enthält. Da die Länge der geschachtelten Intervalle durch Halbierung gegen Null strebt, gibt es ein abgeschlossenes Intervall $I_n = [a_n, b_n]$, das ganz in der offenen Menge C_i liegt.

$$x \in I_n \subset C_i$$

Das abgeschlossene Intervall I_n besitzt also die endliche offene Überdeckung C_i. Dies steht im Widerspruch zur Konstruktion der Intervallschachtelung $I_1 \supset I_2 \supset ...$ Folglich enthält die offene Überdeckung C des abgeschlossenen Einheitsintervalls I_1 im Gegensatz zur Annahme eine endliche Teilüberdeckung. Damit ist I_1 kompakt.

Beispiel 3 : Unbeschränktes Intervall auf $\mathbb{R}$

Ein unbeschränktes Intervall $[a, \infty[$ auf der reellen Achse $\mathbb{R}$ mit der natürlichen Topologie ist nicht kompakt. Beispielsweise enthält die offene Überdeckung $C = \{ C_1, C_2, ... \}$ von $[a, \infty[$ mit $C_i = \{ x \in \mathbb{R} \mid a + i - 2 < x < a + i \}$ keine endliche Teilüberdeckung von $[a, \infty[$.

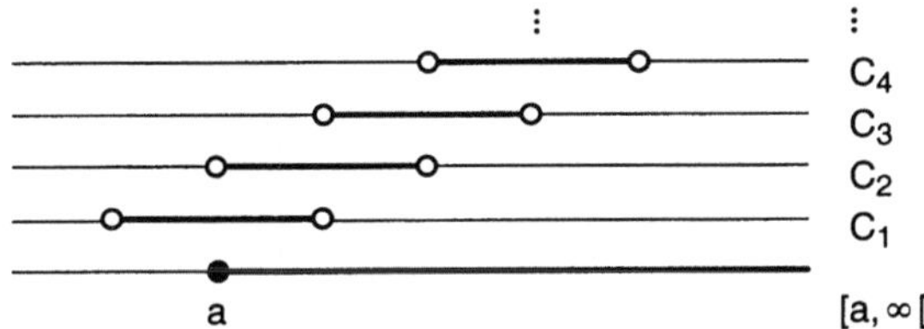

Eigenschaften kompakter Mengen und Räume

(K1) Ein topologischer Raum ist genau dann kompakt, wenn jeder leere abgeschlossene Ausschnitt $\{ S_1, S_2, ... \}$ des Raumes einen leeren endlichen Teilausschnitt $\{ S_{i_1}, ..., S_{i_n} \}$ enthält.

(K2) Ein topologischer Raum ist genau dann kompakt, wenn jeder abgeschlossene Ausschnitt $\{ S_1, S_2, ... \}$, der nur nichtleere endliche Teilausschnitte $\{ S_{i_1}, ..., S_{i_n} \}$ enthält, nichtleer ist.

(K3) Jede abgeschlossene Teilmenge eines kompakten Raumes ist kompakt.

(K4) Jede kompakte Teilmenge eines Hausdorff Raumes ist abgeschlossen.

(K5) Das Bild eines kompakten Raumes unter einer stetigen Abbildung ist eine kompakte Menge.

(K6) Ein topologischer Raum $(M ; T)$ ist genau dann kompakt, wenn jedes universale Netz in M konvergiert.

(K7) Die Projektion $\pi : M \times N \to N$ ist abgeschlossen, wenn der Raum M kompakt ist.

(K8) Ein Netz in einem Produktraum $M = M_1 \times ... \times M_n$ konvergiert genau dann gegen einen Punkt x, wenn seine Komposition mit der Projektion $p_i : M \to M_i$ für jedes i gegen die i-te Koordinate von x konvergiert.

(K9) Ein Produktraum ist kompakt, wenn seine Faktoren kompakte Räume sind.

(K10) Jeder kompakte Hausdorff Raum ist regulär.

(K11) Jeder kompakte Hausdorff Raum ist normal.

(K12) Die Vereinigung einer endlichen Anzahl kompakter Mengen ist eine kompakte Menge.

(K13) Der Durchschnitt einer unendlichen Anzahl kompakter Teilmengen eines kompakten Hausdorff Raumes ist eine kompakte Menge.

Beweis K1 : Ein topologischer Raum ist genau dann kompakt, wenn jeder leere abgeschlossene Ausschnitt $\{S_1, S_2, \ldots\}$ des Raumes einen leeren endlichen Teilausschnitt $\{S_{i_1}, \ldots, S_{i_n}\}$ enthält.

(1) Der topologische Raum (M ; T) sei kompakt. $\{S_1, S_2, \ldots\}$ sei ein leerer abgeschlossener Ausschnitt von M. Das Komplement der abgeschlossenen Menge S_i ist die offene Menge $C_i = M - S_i$. Da der Ausschnitt $\{S_1, S_2, \ldots\}$ leer ist, ist $\{C_1, C_2, \ldots\}$ eine offene Überdeckung von M. Da der Raum (M ; T) kompakt ist, enthält diese eine endliche Teilüberdeckung $\{C_{i_1}, \ldots, C_{i_n}\}$. Die Komplemente $S_{i_1}, \ldots, S_{i_n}$ dieser endlich vielen offenen Mengen bilden einen leeren endlichen abgeschlossenen Teilausschnitt von $\{S_1, S_2, \ldots\}$.

$$
\begin{aligned}
S_1 \cap S_2 \cap \ldots = \emptyset \quad &\Rightarrow \quad (M - C_1) \cap (M - C_2) \cap \ldots = \emptyset \\
&\Rightarrow \quad M - (C_1 \cup C_2 \cup \ldots) = \emptyset \\
&\Rightarrow \quad M = C_1 \cup C_2 \cup \ldots \\
&\Rightarrow \quad M = C_{i_1} \cup \ldots \cup C_{i_n} \\
&\Rightarrow \quad M = (M - S_{i_1}) \cup \ldots \cup (M - S_{i_n}) \\
&\Rightarrow \quad M = M - (S_{i_1} \cap \ldots \cap S_{i_n}) \\
&\Rightarrow \quad S_{i_1} \cap \ldots \cap S_{i_n} = \emptyset
\end{aligned}
$$

Also enthält in einem kompakten Raum jeder leere abgeschlossene Ausschnitt $\{S_1, S_2, \ldots\}$ einen leeren endlichen Teilausschnitt $\{S_{i_1}, \ldots, S_{i_n}\}$.

(2) In jedem leeren abgeschlossenen Ausschnitt $\{S_1, S_2, \ldots\}$ eines topologischen Raumes (M ; T) sei ein leerer endlicher Teilausschnitt $\{S_{i_1}, \ldots, S_{i_n}\}$ enthalten. $C = \{C_1, C_2, \ldots\}$ sei eine beliebige Überdeckung von M. Das Komplement der offenen Menge C_i ist die abgeschlossene Menge $S_i = M - C_i$. Daraus folgt, daß der Ausschnitt $S_1 \cap S_2 \cap \ldots$ von M leer ist. Voraussetzungsgemäß enthält $\{S_1 \cap S_2 \cap \ldots\}$ daher einen leeren endlichen Teilausschnitt $S_{i_1} \cap \ldots \cap S_{i_n}$. Die Komplemente $C_{i_1} \cup \ldots \cup C_{i_n}$ dieser endlich vielen abgeschlossenen Mengen bilden eine endliche offene Teilüberdeckung von $\{C_1, C_2, \ldots\}$.

$$
\begin{aligned}
C_1 \cup C_2 \cup \ldots = M \quad &\Rightarrow \quad (M - S_1) \cup (M - S_2) \cup \ldots = M \\
&\Rightarrow \quad M - (S_1 \cap S_2 \cap \ldots) = M \\
&\Rightarrow \quad S_1 \cap S_2 \cap \ldots = \emptyset \\
&\Rightarrow \quad S_{i_1} \cap \ldots \cap S_{i_n} = \emptyset \\
&\Rightarrow \quad (M - C_{i_1}) \cap \ldots \cap (M - C_{i_n}) = \emptyset \\
&\Rightarrow \quad M - (C_{i_1} \cup \ldots \cup C_{i_n}) = \emptyset \\
&\Rightarrow \quad C_{i_1} \cup \ldots \cup C_{i_n} = M
\end{aligned}
$$

Da jede offene Überdeckung von M eine endliche offene Teilüberdeckung enthält, ist M ein kompakter Raum.

Beweis K2 : Ein topologischer Raum (M ; T) ist genau dann kompakt, wenn jeder abgeschlossene Ausschnitt $\{S_1, S_2,...\}$, der nur nichtleere endliche Teilausschnitte $\{S_{i_1},...,S_{i_n}\}$ enthält, nichtleer ist.

(1) Ein topologischer Raum (M ; T) sei kompakt. Ein abgeschlossener Ausschnitt $\{S_1, S_2,...\}$ in M, der nur nichtleere endliche Teilausschnitte enthält, sei leer. Dies steht im Widerspruch zur Aussage (K1), daß jeder leere abgeschlossene Ausschnitt $\{S_1, S_2,...\}$ in einem kompakten Raum einen leeren endlichen Teilausschnitt enthält. Folglich ist $\{S_1, S_2,...\}$ im Gegensatz zur Annahme nichtleer.

(2) Jeder abgeschlossene Ausschnitt, der nur nichtleere endliche Teilausschnitte enthält, sei nichtleer. Der topologische Raum (M ; T) sei nicht kompakt. Dann gibt es nach (K1) einen leeren abgeschlossenen Ausschnitt $\{S_1, S_2,...\}$, der nur nichtleere endliche Teilausschnitte enthält. Dies widerspricht der Voraussetzung. Folglich ist der Raum im Gegensatz zur Annahme kompakt.

Beweis K3 : Jede abgeschlossene Teilmenge eines kompakten Raumes ist kompakt.

Ein topologischer Raum (M ; T) sei kompakt. Eine offene Überdeckung $\{C_i\}$ einer abgeschlossenen Teilmenge $A \subseteq M$ mit $A \subseteq C_1 \cup C_2 \cup ...$ und $C_i \in T$ sei gegeben. Da A nach Voraussetzung abgeschlossen ist, ist das Komplement $M - A$ offen. Die Vereinigung $\{M - A\} \cup \{C_1, C_2,...\}$ mit $M \subseteq (M - A) \cup C_1 \cup C_2 \cup ...$ ist eine offene Überdeckung von M. Jede solche Überdeckung des Raumes M enthält eine endliche offene Teilüberdeckung $\{M - A\} \cup \{C_{i_1},...,C_{i_n}\}$ mit $M \subseteq (M - A) \cup C_{i_1} \cup ... \cup C_{i_n}$. Folglich enthält auch jede offene Überdeckung $\{C_1, C_2,...\}$ von A eine endliche offene Teilüberdeckung $\{C_{i_1},...,C_{i_n}\}$. Die abgeschlossene Menge A ist also kompakt.

Beweis K4 : Jede kompakte Teilmenge eines Hausdorff Raumes ist abgeschlossen.

Für einen festen Punkt $x \in M - A$ und jeden Punkt $a \in A$ gibt es in dem Hausdorff Raum disjunkte offene Mengen T_a und C_a mit $x \in T_a$ und $a \in C_a$. Die offenen Mengen C_a bilden eine Überdeckung von A, da jeder Punkt $a \in A$ mindestens in C_a enthalten ist. Da A kompakt ist, enthält diese Überdeckung eine offene Teilüberdeckung $\{C_{i_1},...,C_{i_n}\}$ mit einer entsprechenden Menge $\{T_{i_1},...,T_{i_n}\}$. Der Durchschnitt der endlich vielen offenen Mengen $\{T_{i_1},...,T_{i_n}\}$ ist eine offene Menge, die x enthält und zu A disjunkt ist. Damit ist kein $x \in M - A$ ein Häufungspunkt von A und folglich A eine abgeschlossene Menge.

Beweis K5 : Das Bild eines kompakten Raumes unter einer stetigen Abbildung ist eine kompakte Menge.

Der Raum (M ; T) sei kompakt. Die Abbildung $f : M \to N$ in den Raum (N ; S) sei stetig und $\{B_1, B_2, ...\}$ mit $f(M) \subseteq B_1 \cup B_2 \cup ...$ sei eine offene Überdeckung des Bildes f(M). Die Urbilder $C_i = f^{-1}(B_i)$ sind offene Mengen, da die Abbildung f stetig ist. Also bilden sie eine offene Überdeckung $\{C_1, C_2, ...\}$ von M. Da M kompakt ist, enthält $\{C_1, C_2, ...\}$ eine endliche Teilüberdeckung $\{C_{i_1}, ..., C_{i_n}\}$. Ihr Bild $\{B_{i_1}, ..., B_{i_n}\}$ ist eine endliche Teilüberdeckung von f(M), die in der offenen Überdeckung $\{B_1, B_2, ...\}$ enthalten ist. Also ist das Bild f(M) kompakt. Ist die Abbildung f surjektiv, so ist der Raum $N = f(M)$ kompakt.

Beweis K6 : Ein topologischer Raum (M ; T) ist genau dann kompakt, wenn jedes universale Netz in M konvergiert.

(1) Der Raum (M ; T) sei kompakt. Ein universales Netz $f : G \to M$ sei nicht konvergent. Dann gibt es für jeden Punkt $x_s \in M$ eine offene Umgebung $C_s \subseteq M$, so daß das Netz f kein Endstück in C_s besitzt. Definitionsgemäß besitzt das universale Netz dann ein Endstück in $M - C_s$. Es gibt also ein $\alpha_s \in G$, so daß $f(\beta) \in M - C_s$ für alle $\beta \geq \alpha_s$. Aus $f(\beta) \in M - C_s$ folgt $f(\beta) \notin C_s$.

Durchläuft man die Punkte von M, so gibt es eine offene Überdeckung $\{C_1, C_2, ...\}$ von M mit $f(\beta) \notin C_s$ für $\beta \geq \alpha_s$. Da der Raum kompakt ist, enthält diese Überdeckung eine endliche offene Überdeckung $\{C_{i_1}, ..., C_{i_n}\}$ von M. Nach Definition der gerichteten Menge G gibt es ein $\gamma \in G$ mit $\gamma \geq \alpha_{i_1}, ..., \alpha_{i_s}$. Aus $f(\beta) \notin C_s$ für $\beta \geq \alpha_s$ und $\gamma \geq \alpha_s$ folgt $f(\beta) \notin C_s$ für $\beta \geq \gamma$. Mit $M \subseteq C_{i_1} \cup ... \cup C_{i_n}$ gilt dann auch $f(\gamma) \notin M$. Nach Definition des Netzes $f : G \to M$ gilt aber $f(\gamma) \in M$. Der Widerspruch zeigt, daß im Gegensatz zur Annahme jedes universale Netz in M konvergiert.

(2) Jedes universale Netz in M sei konvergent. Im folgenden wird mit der Eigenschaft (K2) kompakter Mengen gezeigt, daß die Menge M dann kompakt ist.

$S = \{S_1, S_2, ...\}$ sei ein abgeschlossener Ausschnitt von M. Jeder endliche Teilausschnitt von S sei nichtleer. Ohne Beschränkung der Allgemeingültigkeit wird angenommen, daß mit je zwei Mengen $S_i, S_m \in S$ auch ihr Durchschnitt $S_i \cap S_m$ in S enthalten. Die Menge S wird durch Inklusion geordnet, also $S_i \geq S_k \;:\Leftrightarrow\; S_i \subseteq S_k$. Die Menge S ist gerichtet, da sie für beliebige Elemente S_i und S_k das Element $S_m = S_i \cap S_k$ mit $S_m \geq S_i$ und $S_m \geq S_k$ enthält.

Eine Abbildung $f : S \to M$ mit $f(S_i) = x_i \in S_i$ ist ein Netz. Nach Eigenschaft (U2) in Abschnitt 5.10.4 gibt es zu f ein universales Teilnetz $f \circ h : H \to M$ mit einer finalen Abbildung $h : H \to S$ und $h(\alpha) = S_\alpha$ sowie $f \circ h(\alpha) = f(S_\alpha) = x_\alpha \in S_\alpha$. Da h final ist, gibt es zu jedem $S_\alpha \in S$ ein $\beta \in H$, so daß $h(\gamma) \geq S_\alpha$ für alle $\gamma \geq \beta$, also $S_\gamma \subseteq S_\alpha$ und $x_\gamma \in S_\alpha$ für alle $\gamma \geq \beta$.

Das universale Netz $f \circ h$ ist voraussetzungsgemäß konvergent. Sein Grenzwert sei x. Da die Menge S_α voraussetzungsgemäß abgeschlossen ist, ist der Grenzwert x nach Eigenschaft (K1) in Abschnitt 5.10.4 ein Punkt von S_α. Aus $x \in S_\alpha$ für alle α folgt $x \in \bigcap_\alpha S_\alpha$. Folglich ist der unendliche Durchschnitt $S_1 \cap S_2 \cap ...$ nichtleer. Aus der Eigenschaft (K2) dieses Abschnitts folgt, daß die Menge M kompakt ist.

Beweis K7 : Die Projektion $\pi : M \times N \to N$ ist abgeschlossen, wenn der Raum M kompakt ist.

$(M \times N \,;\, P)$ sei der Produktraum der topologischen Räume $(M\,;T)$ und $(N\,;S)$. Die Abbildung $\pi : M \times N \to N$ ist definitionsgemäß abgeschlossen, wenn das Bild $\pi(A)$ jeder abgeschlossenen Teilmenge $A \subseteq M \times N$ eine abgeschlossene Menge in $(N\,;S)$ ist. Jedes $y \in N - \pi(A)$ muß also eine offene Umgebung $V \subseteq N - \pi(A)$ besitzen.

Da die Menge A abgeschlossen ist, ist $M \times N - A$ offen. Zu einem festen Punkt $y \in N - \pi(A)$ wird für jeden Punkt $x \in M$ der Punkt $(x, y) \in M \times (N - \pi(A)) \subseteq M \times N - A$ betrachtet. Dieser besitzt eine offene Umgebung $T_x \times S_x$ mit $x \in T_x \in T$, $y \in S_x \in S$ und $(T_x \times S_x) \cap A = \emptyset$. Die Mengen T_x für alle $x \in M$ bilden eine offene Überdeckung von M, da jeder Punkt von M in mindestens einer der Mengen enthalten ist. Diese Überdeckung enthält eine endliche offene Teilüberdeckung $\{T_{x_1}, ..., T_{x_n}\}$, da die Menge M kompakt ist. Der Durchschnitt $V := S_{x_1} \cap ... \cap S_{x_n}$ der entsprechenden offenen Mengen aus N ist offen und enthält den Punkt y, also $y \in V$. Wegen $(T_{x_i} \times S_{x_i}) \cap A = \emptyset$ gilt :

$$\begin{aligned}(M \times V) \cap A &= ((T_{x_1} \cup ... \cup T_{x_n}) \times (S_{x_1} \cap ... \cap S_{x_n})) \cap A \\ &= ((T_{x_1} \times S_{x_1}) \cap A) \cap ... \cap ((T_{x_1} \times S_{x_n}) \cap A) \cup ... \cup \\ &\quad\; ((T_{x_n} \times S_{x_1}) \cap A) \cap ... \cap ((T_{x_n} \times S_{x_n}) \cap A) \\ &= \emptyset\end{aligned}$$

Aus $(M \times V) \cap A = \emptyset$ folgt $\pi(M \times V \cup A) \subseteq \pi(M \times V) \cap \pi(A) = V \cap \pi(A) = \emptyset$, also $V \subseteq N - \pi(A)$. Jeder Punkt $y \in N - \pi(A)$ besitzt also eine offene Umgebung V in $N - \pi(A)$. Folglich ist die Menge $N - \pi(A)$ offen, die Menge $\pi(A)$ damit abgeschlossen.

Beweis K8 : Ein Netz in einem Produktraum $M := M_1 \times ... \times M_n$ konvergiert genau dann gegen einen Punkt x, wenn seine Komposition mit der Projektion $p_i : M \to M_i$ für jedes i gegen die i-te Koordinate von x konvergiert.

(1) Das Netz $f : G \to M$ mit $f(\alpha) = x_\alpha = (x_{\alpha 1},...,x_{\alpha n})$ sei konvergent gegen den Punkt $x = (x_1,...,x_n)$. Die Komposition $p_i \circ f$ des Netzes mit der Projektion $p_i : M \to M_i$ ist das Netz $f_i : G \to M_i$ mit $f_i(\alpha) = p_i \circ f(\alpha) = p_i((x_{\alpha 1},...,x_{\alpha n})) = x_{\alpha i}$. U_{xi} sei eine offene Umgebung von $x_{\alpha i}$. Wegen der Stetigkeit der Projektion p_i ist das Urbild U_x von U_{xi} eine offene Umgebung des Punktes x_α, also $U_{xi} = p_i(U_x)$. Da das Netz gegen x konvergiert, besitzt f ein Endstück in der Umgebung U_x von x : Es gibt ein $\alpha \in G$, so daß $f(\beta) = x_\beta \in U_x$ für alle $\beta \geq \alpha$ in G. Dem Endstück von f in U_x entspricht ein Endstück von f_i in U_{xi} mit $f_i(\beta) \in U_{xi}$ für $\beta \geq \alpha$. Folglich konvergiert f_i gegen x_i.

(2) Jedes der Netze $f_i : G \to M_i$ sei gegen einen Punkt $x_i \in M_i$ konvergent. Dann besitzt das Netz f_i in jeder Umgebung U_{xi} von x_i ein Endstück mit $f_i(\beta) \in U_{xi}$ für $\beta \geq \alpha_i$. Die Abbildung $f : G \to M$ mit $f(\alpha) = (x_{\alpha 1}, x_{\alpha 2},...)$ und $x_{\alpha i} = f_i(\alpha)$ ist ein Netz. Jede Umgebung eines Punktes $x = (x_1, x_2,...)$ in M enthält ein Basiselement $U_x = U_{x1} \times U_{x2} \times ...$ des Produktraumes. Zu U_x gibt es in der gerichteten Menge G ein $\alpha \geq \alpha_1, \alpha_2,...$, so daß $f_i(\beta) \in U_{xi}$ für alle $\beta \geq \alpha$, also $f(\beta) \in U_x$ für $\beta \geq \alpha$. Folglich konvergiert das Netz f gegen den Punkt x von M.

Beweis K9 : Ein Produktraum ist kompakt, wenn seine Faktoren kompakte Räume sind.

Ein Raum M sei das Produkt $M_1 \times ... \times M_n$ kompakter Räume M_i. Die Abbildung $f : G \to M$ sei ein universales Netz, die Abbildung $p_i : M \to M_i$ eine Projektion. Dann ist die Komposition $p_i \circ f$ (sprich : p_i nach f) wegen der Eigenschaft (U1) von universalen Netzen in Abschnitt 5.10.4 ebenfalls ein universales Netz. Nach Eigenschaft (K6) konvergiert das universale Netz $p_i \circ f$, da der Raum M_i voraussetzungsgemäß kompakt ist. Der Grenzwert sei x_i. Dann ist das ursprüngliche Netz f nach Eigenschaft (K8) konvergent gegen einen Punkt x, dessen i-te Koordinate x_i ist. Da das universale Netz $f : G \to M$ frei gewählt wurde, ist jedes universale Netz in M konvergent. Nach Eigenschaft (K6) ist der Raum M kompakt.

Beweis K10 : Jeder kompakte Hausdorff Raum ist regulär.

C sei eine abgeschlossene Teilmenge eines kompakten Hausdorff Raumes (M ; T). Beliebige Punkte $x \in C$ und $y \in M - C$ besitzen in dem Hausdorff Raum M disjunkte offene Umgebungen T_x und S_x, so daß $x \in T_x$, $y \in S_x$ und $T_x \cap S_x = \emptyset$.

Die abgeschlossene Teilmenge C des kompakten Raumes M ist wegen (K3) kompakt. Folglich gibt es Punkte $x_1,...,x_n \in C$, so daß $\{T_{x_1},...,T_{x_n}\}$ eine endliche offene Überdeckung von C ist. Definiert man $T_y = T_{x_1} \cup ... \cup T_{x_n}$ und $S_y = S_{x_1} \cap ... \cap S_{x_n}$, so gilt $y \in S_y$, $C \subseteq T_y$ und $T_y \cap S_y = \emptyset$. Also besitzt M die Eigenschaften eines regulären Raumes.

Beweis K11 : Jeder kompakte Hausdorff Raum ist normal.

C_1 sei eine abgeschlossene Teilmenge eines kompakten Hausdorff Raumes (M ; T). Da der Raum M wegen (K9) regulär ist, gibt es für einen beliebigen Punkt $x_i \in C_1$ und eine abgeschlossene Teilmenge $C_2 \subset M - C_1$ disjunkte offene Mengen T_x und S_x, so daß $x \in T_x$, $C_2 \subset S_x$ und $T_x \cap S_x = \emptyset$.

Die abgeschlossene Teilmenge C_1 des kompakten Raumes M ist wegen (K3) kompakt. Folglich gibt es Punkte $x_1,...,x_n \in C_1$, so daß $\{T_{x_1},...,T_{x_n}\}$ eine endliche offene Überdeckung von C_1 ist. Definiert man $T_c = T_{x_1} \cup ... \cup T_{x_n}$ und $S_c = S_{x_1} \cap ... \cap S_{x_n}$, so gilt $C_1 \subseteq T_c$, $C_2 \subseteq S_c$ und $T_c \cap S_c = \emptyset$. Also besitzt M die Eigenschaften eines normalen Raumes.

Beweis K12 : Die Vereinigung einer endlichen Anzahl kompakter Mengen ist eine kompakte Menge.

Die Mengen $M_1,...,M_n$ seien kompakt. Ihre Vereinigung sei $M = M_1 \cup ... \cup M_n$. $C = \{C_1, C_2,...\}$ sei eine beliebige offene Überdeckung von M. Die Teilmenge von C, die eine offene Überdeckung von M_i bildet, sei $A_i = \{A_{i1}, A_{i2},...\}$. Da M_i kompakt ist, enthält A_i eine endliche Teilüberdeckung $E_i = \{A_{ik_1},...,A_{ik_s}\}$. Die Vereinigung $E = E_1 \cup ... \cup E_n$ ist eine endliche Teilmenge von C. Da jede beliebige offene Überdeckung C von M eine endliche Teilüberdeckung E enthält, ist die Menge M kompakt.

Beweis K13 : Der Durchschnitt einer unendlichen Anzahl kompakter Teilmengen eines Hausdorff Raumes ist eine kompakte Menge.

Die Teilmengen M_1, M_2,... eines Hausdorff Raumes (M ; T) seien kompakt. Dann sind die Mengen M_1, M_2,... nach (K4) abgeschlossen. Der Durchschnitt einer unendlichen Anzahl abgeschlossener Mengen ist nach (M6) in Abschnitt 5.2 eine abgeschlossene Menge $A = M_1 \cap M_2 \cap ...$. Die abgeschlossene Teilmenge A der kompakten Menge M_1 ist nach (K3) eine kompakte Menge.

Beispiel 4 : Der kompakte Einheitswürfel in $\mathbb{R}^n$

Die Punktmenge $I^n = (x_1,...,x_n) \in \mathbb{R}^n \mid 0 \le x_i \le 1 \}$ mit der natürlichen Relativtopologie von $\mathbb{R}^n$ heißt der Einheitswürfel. Der Einheitswürfel ist das n-fache Produkt des abgeschlossenen Einheitsintervalls I^1, also $I^n = I^1 \times ... \times I^1$ (n-fach). In Beispiel 2 ist gezeigt, daß das Einheitsintervall I^1 kompakt ist. Aus der Eigenschaft (K9) kompakter Mengen folgt, daß der Produktraum I^n kompakt ist.

5.11.2 KOMPAKTE METRISCHE RÄUME

Einführung : In Abschnitt 5.10.1 sind vollständige metrische Räume definiert, in denen jede Fundamentalfolge einen Grenzwert besitzt. In Abschnitt 5.11.1 ist gezeigt, daß es in einem kompakten Raum zu jedem Netz ein konvergentes Teilnetz gibt. Es stellt sich nun die Frage nach dem Zusammenhang zwischen der Vollständigkeit und der Kompaktheit eines metrischen Raumes.

Jede Folge in einem metrischen Raum ist ein Netz, jede Teilfolge ein Teilnetz. Im Gegensatz hierzu ist ein Netz $n : G \rightarrow M$ im allgemeinen keine Folge. Aus der Existenz konvergenter Teilnetze in kompakten Räumen kann daher nicht ohne weiteres auf die Existenz konvergenter Teilfolgen in kompakten metrischen Räumen geschlossen werden. Einen Zusammenhang zwischen der Vollständigkeit und der Kompaktheit gibt es nur in total beschränkten metrischen Räumen.

Folgen und Netze : Eine Folge $f : \mathbb{N} \rightarrow M$ ist eine Abbildung der natürlichen Zahlen $\mathbb{N}$, ein Netz $n : G \rightarrow M$ eine Abbildung einer gerichteten Menge G. Die natürlichen Zahlen $\mathbb{N}$ sind eine gerichtete Menge. Jede Folge ist deshalb ein Netz. Eine gerichtete Menge G besitzt im allgemeinen nicht die Ordnungsstruktur der natürlichen Zahlen $\mathbb{N}$. Folglich ist nicht jedes Netz eine Folge. Die Eigenschaften von Folgen sind deshalb im allgemeinen nicht auf Netze übertragbar.

Beschränkte Menge : Eine Teilmenge eines reellen Raumes $\mathbb{R}^n$ heißt beschränkt, wenn sie in einem offenen Quader Q_n enthalten ist.

$$Q_n := \{(x_1,...,x_n) \in \mathbb{R}^n \mid x_i \in \ ]a, b[\quad \wedge \quad a, b \in \mathbb{R}\}$$

Total beschränkter metrischer Raum : Aus der Vollständigkeit eines metrischen Raumes kann nicht geschlossen werden, daß jede offene Überdeckung des Raumes eine endliche Teilüberdeckung enthält. Ein vollständiger metrischer Raum ist also im allgemeinen nicht kompakt. Um einen Zusammenhang zwischen Vollständigkeit und Kompaktheit herzustellen, wird der Begriff des total beschränkten metrischen Raumes definiert. Ein metrischer Raum (M ; d) heißt total beschränkt, wenn die Menge M für jede reelle Zahl $\varepsilon > 0$ mit einer endlichen Anzahl von ε-Bällen überdeckbar ist.

Eigenschaften kompakter metrischer Räume : Für einen metrischen Raum sind die folgenden Aussagen äquivalent :

- Der Raum ist kompakt.
- Der Raum ist vollständig und total beschränkt.
- Jede Folge im Raum enthält eine konvergente Teilfolge.

Diese Äquivalenz beruht auf einem Teil der folgenden Aussagen :

(M1) In einem kompakten metrischen Raum enthält jede Folge eine konvergente Teilfolge.

(M2) Enthält jede Folge in einem metrischen Raum eine konvergente Teilfolge, so ist der Raum vollständig.

(M3) Enthält jede Folge in einem metrischen Raum eine konvergente Teilfolge, so ist der Raum total beschränkt.

(M4) Ein metrischer Raum sei vollständig und total beschränkt. Dann enthält jede Folge eine konvergente Teilfolge.

(M5) Ein metrischer Raum sei vollständig und total beschränkt. Dann ist der Raum kompakt.

(M6) Ein Unterraum eines reellen Raumes $(\mathbb{R}^n ; d)$ ist genau dann kompakt, wenn er abgeschlossen und beschränkt ist.

Beweis M1 : In einem kompakten metrischen Raum enthält jede Folge eine konvergente Teilfolge.

Ein metrischer Raum $(M ; d)$ sei kompakt und $f : \mathbb{N} \to M$ sei eine Folge, die keine konvergente Teilfolge enthält. Dann besitzt jeder Punkt $x \in M$ eine offene Umgebung U_x, die nur eine endliche Anzahl von Gliedern der Folge f enthält, da x kein Häufungswert der Folge ist. Der kompakte Raum M ist mit einer endlichen Anzahl dieser Umgebungen U_x überdeckbar. Also ist die Folge f endlich. Da dies der Definition von Folgen widerspricht, enthält die Folge im Gegensatz zur Annahme eine konvergente Teilfolge.

Beweis M2 : Enthält jede Folge in einem metrischen Raum eine konvergente Teilfolge, so ist der Raum vollständig.

Die Folge $f : \mathbb{N} \to M$ sei eine Fundamentalfolge in einem metrischen Raum $(M ; d)$. Zu jeder reellen Zahl $\varepsilon > 0$ gibt es also eine natürliche Zahl n_0, so daß $d(x_i, x_m) < 0.5\,\varepsilon$ für $i,m \geq n_0$. Da f eine Teilfolge mit Grenzwert a enthält, gibt es eine natürliche Zahl $s \geq n_0$, so daß alle Glieder x_n mit $n \geq n_0$ sowie der Grenzwert a in dem offenen Ball $D(x_s, 0.5\,\varepsilon)$ liegen :

$$d(x_n, x_s) < 0.5\,\varepsilon \quad \wedge \quad d(a, x_s) < 0.5\,\varepsilon$$

Für alle $n \geq n_0$ folgt aus der Metrikeigenschaft (M4 : Dreiecksungleichung), daß die Glieder x_n in dem offenen Ball $D(a, \varepsilon)$ liegen. Der Raum ist also vollständig.

$$d(a, x_n) \leq d(a, x_s) + d(x_n, x_s) < \varepsilon$$

Beweis M3 : Enthält jede Folge in einem metrischen Raum eine konvergente Teilfolge, so ist der Raum total beschränkt.

Jede Teilfolge in einem metrischen Raum besitze eine konvergente Teilfolge. Der Raum sei nicht total beschränkt. Dann gibt es definitionsgemäß eine reelle Zahl $\varepsilon > 0$, so daß endlich viele ε-Bälle nicht zur Überdeckung von M ausreichen. Zu n gegebenen Punkten $x_1,\ldots,x_n \in M$ kann also ein Punkt x_{n+1} gewählt werden, der nicht in der Vereinigung $D(x_1,\varepsilon) \cup \ldots \cup D(x_n,\varepsilon)$ liegt. Auf diese Weise wird eine Folge $f: \mathbb{N} \to M$ mit $f(k) = x_k$ konstruiert, so daß $d(x_i, x_j) \geq \varepsilon$ für alle i, j. Die Folge f enthält im Widerspruch zur Voraussetzung keine konvergente Teilfolge. Daher ist der Raum M in Gegensatz zur Annahme total beschränkt.

Beweis M4 : Ein metrischer Raum sei vollständig und total beschränkt. Dann enthält jede Folge eine konvergente Teilfolge.

$f: \mathbb{N} \to M$ sei eine beliebige Folge in einem metrischen Raum $(M; d)$. Da M total beschränkt ist, gibt es eine endliche offene Überdeckung von M mit 1-Bällen $D(x_i, 1)$. Einer dieser 1-Bälle enthält eine unendliche Anzahl von Gliedern der Folge f. Dieser 1-Ball sei B_1.

Überdeckt man nun M mit einer endlichen Anzahl von $\frac{1}{2}$-Bällen, so gibt es einen $\frac{1}{2}$-Ball B_2 so daß $B_1 \cap B_2$ eine unendliche Anzahl von Gliedern der Folge f enthält. Durch Fortsetzung dieses Verfahrens für $n = 1, 2, 3,\ldots$ erhält man einen $\frac{1}{n}$-Ball B_n so daß $B_1 \cap \ldots \cap B_n$ eine unendliche Anzahl von Gliedern der Folge f enthält.

Für jeden Radius $\frac{1}{n}$ mit $n \in \mathbb{N}$ gibt es also mindestens eine Menge $B_1 \cap \ldots \cap B_n$, die eine unendliche Anzahl von Gliedern der Folge f enthält. In jeder dieser Mengen wird ein Glied der Folge f gewählt und mit x_n bezeichnet. Dann ist $h := \langle x_1, x_2, \ldots \rangle$ eine Teilfolge von f. Die Teilfolge h ist eine Fundamentalfolge. Zu jedem $\varepsilon > 0$ gibt es nämlich ein $n_0 \in \mathbb{N}$ mit $\frac{1}{n_0} < \frac{\varepsilon}{2}$. Der Mittelpunkt von B_{n_0} sei a. Dann gilt :

$$\bigwedge_{i,k \geq n_0} |x_i - x_k| \leq |x_i - a| + |x_k - a| < \frac{\varepsilon}{2} + \frac{\varepsilon}{2} = \varepsilon$$

Da der Raum M nach Voraussetzung vollständig ist, konvergiert die Teilfolge h. Jede Folge in $(M; d)$ enthält also eine konvergente Teilfolge.

Beweis M5 : Ein metrischer Raum sei vollständig und total beschränkt. Dann ist der Raum kompakt.

$C = \{C_1, C_2, ...\}$ sei eine beliebige offene Überdeckung eines metrischen Raumes $(M; d)$. Da der Raum total beschränkt ist, gibt es für jede reelle Zahl $\varepsilon > 0$ eine endliche offene Überdeckung $M = B_1 \cup ... \cup B_m$ mit ε-Bällen B_k. Der Raum ist kompakt, wenn C eine endliche Teilüberdeckung enthält. Dies ist der Fall, wenn es ein ε gibt, so daß jeder ε-Ball B_k in einer offenen Menge C_i enthalten ist.

Ein $\frac{1}{k}$-Ball B_k sei in keiner der offenen Mengen $C_1, C_2, ...$ enthalten. Dann gibt es mindestens einen $\frac{1}{k+1}$-Ball B_{k+1}, so daß der Durchschnitt $B_k \cap B_{k+1}$ in keiner der offenen Mengen $C_1, C_2, ...$ enthalten ist. Diese Konstruktion wird fortgesetzt. In jeder der Mengen B_k, $B_k \cap B_{k+1}$, $B_k \cap B_{k+1} \cap B_{k+2}, ...$ wird ein Punkt $x_k \in B_k$, $x_{k+1} \in B_k \cap B_{k+1}, ...$ gewählt. Dann ist das Bild der Folge $f := \langle x_k, x_{k+1}, ... \rangle$ in keiner der offenen Mengen $C_1, C_2, ...$ enthalten. Die Folge f besitzt nach (M4) eine konvergente Teilfolge h. Der Grenzwert von h ist definitionsgemäß ein Punkt von M und folglich in mindestens einem Element C_m der offenen Überdeckung $C_1 \cup C_2 \cup ...$ enthalten. Dies widerspricht der Konstruktion von f. Also ist im Gegensatz zur Annahme jeder ε-Ball in einer offenen Menge C_i enthalten. Folglich ist der Raum kompakt.

Beweis M6 : Ein Unterraum eines reellen Raumes $(\mathbb{R}^n; d)$ ist genau dann kompakt, wenn er abgeschlossen und beschränkt ist.

(1) Der Unterraum A eines reellen Raumes $(\mathbb{R}^n; d)$ sei kompakt. Wegen der Eigenschaft (K4) des Hausdorff Raumes $\mathbb{R}^n$ ist die Menge A abgeschlossen. Die ε-Bälle $D(0, r)$ mit $r = 1, 2, ...$ bilden eine offene Überdeckung von A. Da A kompakt ist, enthält diese Überdeckung eine endliche Teilüberdeckung. Also ist A in einem der ε-Bälle enthalten und damit beschränkt.

(2) Der Unterraum A eines reellen Raumes $(\mathbb{R}^n; d)$ sei abgeschlossen und beschränkt. Dann ist A in einem ε-Ball $D(0, r)$ enthalten. Dieser ε-Ball ist eine Teilmenge des Würfels $W := [-r, r] \times ... \times [-r, r]$ (n-fach). Es gibt eine stetige Abbildung $f : I^n \rightarrow W$ des kompakten Einheitswürfels I^n (siehe Beispiel 4 in Abschnitt 5.11.1) auf W. Nach Eigenschaft (K5) ist der Würfel W daher kompakt. Folglich ist A eine abgeschlossene Teilmenge einer kompakten Menge und wegen (K3) kompakt.

Beispiel 1 : Maximalwerte reellwertiger Abbildungen

Die Abbildung $f : M \rightarrow \mathbb{R}$ eines kompakten Raumes $(M; T)$ sei stetig. Dann folgt aus der Eigenschaft (K5) kompakter Räume, daß das Bild f(M) kompakt ist. Aus dem vorangehenden Beweis folgt, daß f(M) abgeschlossen und beschränkt ist. Folglich gibt es eine obere Grenze f_{max} von f(M), die endlich ist. Da die Menge f(M) abgeschlossen ist, ist der Wert f_{max} in f(M) enthalten.

5.11.3 LOKAL KOMPAKTE RÄUME

Einführung : Der euklidische Raum ist nicht kompakt. Jeder Punkt des euklidischen Raumes besitzt aber eine kompakte Umgebung. Es stellt sich die Frage, ob diese lokale Kompaktheit die Eigenschaften des nicht kompakten Raumes wesentlich beeinflußt. Im folgenden ist gezeigt, daß solche lokal kompakten Räume durch Vereinigung der Trägermenge mit einer einpunktigen, von der Trägermenge disjunkten Menge kompaktifiziert werden können.

Lokal kompakter Raum : Ein topologischer Raum (M ; T) heißt lokal kompakt, wenn jeder Punkt $x \in M$ eine kompakte Umgebung besitzt. Lokal kompakte Räume besitzen folgende Eigenschaften :

(L1) In einem lokal kompakten Hausdorff Raum (M ; T) enthält jede Umgebung eines Punktes $x \in M$ eine kompakte Umgebung von x.

(L2) Jeder lokal kompakte Hausdorff Raum ist regulär.

Beweis L1 : In einem lokal kompakten Hausdorff Raum (M ; T) enthält jede Umgebung eines Punktes $x \in M$ eine kompakte Umgebung von x.

U sei eine beliebige Umgebung von x in M. Da M lokal kompakt ist, gibt es eine kompakte Umgebung A von x in M. Diese ist jedoch nicht notwendig in U enthalten. Im folgenden wird gezeigt, daß der Durchschnitt $A \cap U$ eine kompakte Umgebung C von x enthält.

Nach der Definition von Umgebungen gibt es offene Mengen T_1, T_2 mit $x \in T_1 \subseteq A$ und $x \in T_2 \subseteq U$ und damit eine offene Menge $T_3 = T_1 \cap T_2$ mit $x \in T_3 \subseteq A \cap U$. Die kompakte Teilmenge A von M ist wegen Eigenschaft (K4) in Abschnitt 5.11.1 abgeschlossen. Die offene Menge T_3 ist in der abgeschlossenen Menge A enthalten. Folglich ist die Hülle $H(T_3)$ in A enthalten. Die abgeschlossene Menge $H(T_3)$ ist wegen Eigenschaft (K3) in Abschnitt 5.11.1 kompakt, da A kompakt ist.

Der Unterraum $H(T_3)$ des Hausdorff Raumes M ist wegen Eigenschaft (H3) in Abschnitt 5.9 ebenfalls hausdorffsch. Nach (K10) ist der kompakte Hausdorff Raum $H(T_3)$ regulär. Wegen Eigenschaft (R2) in Abschnitt 5.9 besitzt der Punkt x in dem regulären Hausdorff Raum $H(T_3)$ eine abgeschlossene Umgebung C, die in der offenen Menge T_3 enthalten ist. Da $H(T_3)$ kompakt ist, ist C nach Eigenschaft (K3) kompakt. Aus $C \subseteq T_3 \subseteq U$ folgt, daß jede Umgebung U von x eine kompakte Umgebung C von x enthält.

Beweis L2 : Jeder lokal kompakte Hausdorff Raum ist regulär.

Die kompakten Umgebungen eines Punktes x in einem Hausdorff Raum (M ; T) bilden nach (L1) eine Umgebungsbasis am Punkt x. Wegen Eigenschaft (K4) in Abschnitt 5.11.1 ist jede dieser kompakten Umgebungen abgeschlossen. Folglich bilden die abgeschlossenen Umgebungen von x eine Umgebungsbasis am Punkt x. Aus Eigenschaft (R2) in Abschnitt 5.9 folgt, daß der Raum M regulär ist.

Kompaktifizierung : Ein lokal kompakter Hausdorff Raum (M;T) kann zu einem kompakten Raum (N;S) erweitert werden. Dazu wird ein Punkt ∞ definiert, der nicht in M enthalten ist. Die Trägermenge N des kompaktifizierten Raumes ist die Vereinigung $M \cup \{\infty\}$ der Trägermenge M mit der einpunktigen Menge $\{\infty\}$. Die Topologie S enthält alle Mengen der Topologie T sowie die Differenz $N - C_k$ für jede kompakte Teilmenge C_k von M. Die Menge der Differenzen $N - C_k$ enthält die Trägermenge N. Der kompakte Hausdorff Raum (N;S) heißt die Ein-Punkt-Kompaktifizierung von (M;T).

$$N = M \cup \{\infty\} \quad \wedge \quad \infty \notin M$$
$$S = \{S_i \mid S_i \in T \quad \vee \quad (S_i = N - C_k \quad \wedge \quad C_k \subseteq M \text{ ist kompakt})\}$$

Folgende Eigenschaften dieser Konstruktion sind im folgenden bewiesen :

- Die Menge S ist eine Topologie.
- Der Raum (N;S) ist kompakt.
- Der Raum (N;S) ist ein Hausdorff Raum.

Beweis 1 : Die Menge S ist eine Topologie.

(T1) Die Menge S enthält die Trägermenge N und die Nullmenge $\emptyset \in T$.

(T2) Der Durchschnitt $S_i \cap ... \cap S_m$ von endlich vielen Elementen $S_i,...,S_m \in S$ ist ein Element von S :

(a) Für $S_i, S_m \in T$ folgt $S_i \cap S_m \in T \subset S$.

(b) Für $S_i \in T$ und $S_m = N - C_k$ gilt $S_i \cap S_m = S_i \cap (N - C_k) = S_i - C_k$. In dem Hausdorff Raum M ist die kompakte Menge C_k wegen (K4) abgeschlossen. Folglich ist $S_i - C_k$ eine offene Menge in M und damit ein Element von S.

(c) Für $N - C_i \in S$ und $N - C_k \in S$ gilt $(N - C_i) \cap (N - C_k) = N - (C_i \cup C_k)$. Da die Vereinigung endlich vieler kompakter Mengen C_i und C_k nach Eigenschaft (K12) kompakt ist, ist $N - (C_i \cup C_k)$ definitionsgemäß ein Element von S.

(T3) Die Vereinigung $\cup S_j$ von beliebig vielen Elementen aus S ist ein Element von S :

(a) Für $S_i, S_k, ... \in T$ gilt definitionsgemäß $S_i \cup S_k \cup ... \in T \subset S$.

(b) Mit der Substitution $S_i = N - C_i$, $S_k = N - C_k, ...$ gilt $S_i \cup S_k \cup ... = (N - C_i) \cup (N - C_k) \cup ... = N - (C_i \cap C_k \cap ...)$. Der Durchschnitt $C_i \cap C_k \cap ...$ ist nach (K13) eine kompakte Menge. Folglich ist $N - (C_i \cap C_k \cap ...)$ ein Element der Topologie S.

(c) Für eine beliebige Vereinigung von offenen Mengen $S_j \in T$ und $S_k = N - C_k$ werden zunächst die Ergebnisse (a) und (b) getrennt auf die Mengen des Typs S_j und die Mengen des Typs S_k angewandt. Für die verbleibenden Mengen $S_i \in T$ und $S_m = N - C_m$ gilt :

$$N - (S_i \cup (N - C_m)) = (N - S_i) \cap C_m$$

Der Durchschnitt der abgeschlossenen Mengen $N - S_i$ und C_m ist wegen (M6) in Abschnitt 5.2 eine abgeschlossene Menge. Ihr Komplement $S_i \cup (N - C_m)$ ist definitionsgemäß eine offene Menge und folglich ein Element der Topologie S.

Beweis 2 : Der Raum (N ; S) ist kompakt.

$\{U_1, U_2, ...\}$ sei eine offene Überdeckung des Raumes (N ; S). Der Punkt ∞ sei in der offenen Menge U_∞ enthalten. Dann ist U_∞ von der Form $N - C_k$. Die Menge $N - U_\infty = C_k$ ist kompakt, so daß es eine endliche Teilüberdeckung $\{U_{i_1}, ..., U_{i_n}\}$ von $N - U_\infty$ gibt. Folglich enthält die offene Überdeckung $\{U_1, U_2, ...\}$ von N die endliche Teilüberdeckung $\{U_\infty, U_{i_1}, ..., U_{i_n}\}$. Also ist N kompakt.

Beweis 3 : Der Raum (N ; S) ist ein Hausdorff Raum.

Ein Punkt x besitzt in der lokal kompakten Menge M eine kompakte Umgebung, die den Punkt ∞ nicht enthält, da ∞ kein Punkt von M ist. Das Komplement dieser Umgebung ist offen und enthält ∞. Damit erfüllt jedes Punktepaar x, ∞ die Bedingung für einen Hausdorff Raum. Da (M ; T) bereits ein Hausdorff Raum und $N = M \cup \{\infty\}$ ist, ist auch (N ; S) ein Hausdorff Raum.

Beispiel 1 : Kompaktifizierung der reellen Achse $\mathbb{R}$

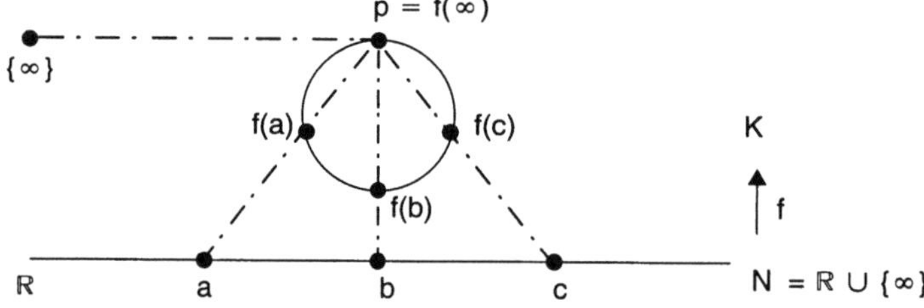

(1) Die reelle Achse $\mathbb{R}$ mit der natürlichen Topologie T ist unbeschränkt und daher nicht kompakt. Jeder Punkt auf $\mathbb{R}$ besitzt eine kompakte Umgebung. Also ist $\mathbb{R}$ lokal kompakt. Die reelle Achse wird durch die Vereinigung $N = \mathbb{R} \cup \{\infty\}$ um den nicht auf $\mathbb{R}$ gelegenen Punkt ∞ erweitert und so kompaktifiziert. Der Punkt ∞ kann als ein unendlich entfernter Punkt aufgefaßt werden. Die natürliche Topologie T von $\mathbb{R}$ wird um die Komplemente aller kompakten Teilmengen C_i von $\mathbb{R}$ zur Topologie S von N erweitert. Der Raum (N ; S) ist kompakt.

$$N = \mathbb{R} \cup \{\infty\}$$

$$S = T \cup \{N - C_i \mid C_i \text{ ist kompakte Teilmenge von } \mathbb{R}\}$$

(2) Der Kreisrand K mit der Relativtopologie Q bezüglich der reellen Ebene $\mathbb{R}^2$ ist eine beschränkte und abgeschlossene Teilmenge von $\mathbb{R}^2$ und folglich ein kompakter Raum (K ; Q). Eine Abbildung der reellen Achse $\mathbb{R}$ auf den Kreisrand K ist nicht topologisch, da sie nicht bijektiv ist : Der Pol p von K besitzt kein Urbild in $\mathbb{R}$. Im Gegensatz hierzu ist die Abbildung $f : N \to K$ der Kompaktifizierung N von $\mathbb{R}$ auf K eine topologische Abbildung. Das Urbild des Pols p ist der Punkt ∞. Die offenen Mengen der Topologie Q auf K sind die Bilder der offenen Mengen der Topologie S auf N.

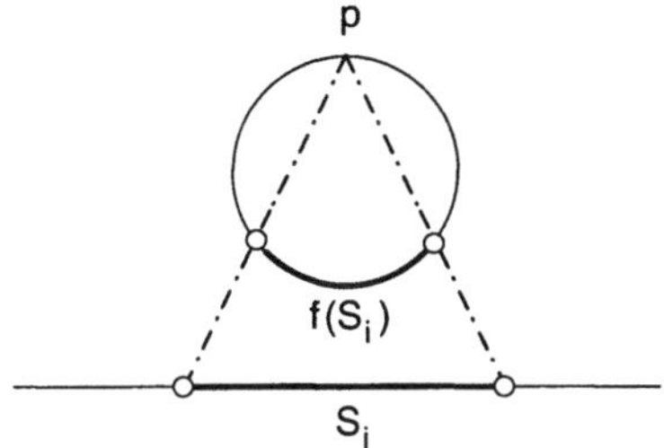

S_i ist eine offene Menge der natürlichen Topologie T auf $\mathbb{R}$

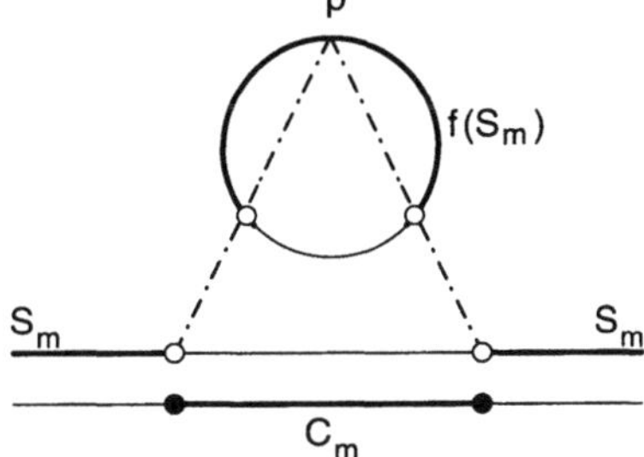

S_m ist das Komplement der kompakten Teilmenge C_m von $\mathbb{R}$

5.12 STETIGKEIT REELLER FUNKTIONEN

Einführung : Die Stetigkeit einer Abbildung $f : M \to N$ zwischen allgemeinen topologischen Räumen $(M ; T)$ und $(N; S)$ ist in Abschnitt 5.6 mit den Eigenschaften offener Mengen definiert. Für metrische Räume gibt es eine spezielle Definition der Stetigkeit, die auf den Eigenschaften von Häufungswerten beruht. Diese Definition eignet sich insbesondere zur Untersuchung der Stetigkeit reeller Funktionen. Im folgenden werden zunächst die Grenzwerte reeller Funktionen und dann die Eigenschaften stetiger reeller Funktionen behandelt.

Reelle Funktionen : A und B seien Teilmengen der reellen Zahlenachse $\mathbb{R}$ mit der natürlichen Topologie. Eine Abbildung $f : A \to B$ heißt eine reelle Funktion.

$f : A \to B$	reelle Funktion
$f(A) = \{f(x) \mid x \in A\}$	Bild der Funktion f
$G = \{(x, f(x)) \mid x \in A\}$	Graph der Funktion f

Funktionstypen :

(1) Ganzrationale Funktion n-ten Grades :

$$f \;:\; \mathbb{R} \to \mathbb{R} \qquad \text{mit} \quad f(x) = \sum_{i=0}^{n} c_i x^i \qquad c_i \in \mathbb{R},\; i \in \mathbb{N},\; c_n \neq 0$$

(2) Identische Funktion :

$$1_{\mathbb{R}} : \mathbb{R} \to \mathbb{R} \qquad \text{mit} \quad f(x) = x$$

(3) Rationale Funktion :

$$f \;:\; (\mathbb{R} - L) \to \mathbb{R} \qquad \text{mit} \quad f(x) = \left\{\sum_{i=0}^{n} c_i x^i\right\} \Big/ \left\{\sum_{s=0}^{m} b_s x^s\right\} \qquad \begin{array}{r} c_i\,,\, b_s \in \mathbb{R} \\ i, s \in \mathbb{N} \\ c_n, b_m \neq 0 \end{array}$$

Die Menge L enthält die Lösungen der Gleichung $\Sigma\, b_s\, y^s = 0$:

$$L = \{y \in \mathbb{R} \;\Big|\; \sum_{s=0}^{m} b_s\, y^s = 0\}$$

Beschränkte Funktion : Eine Funktion $f : A \to \mathbb{R}$ heißt nach oben beschränkt, wenn das Bild f(A) eine obere Schranke besitzt. Die Funktion heißt nach unten beschränkt, wenn f(A) eine untere Schranke besitzt. Die Funktion heißt beschränkt, wenn sie nach oben und unten beschränkt ist.

Spezielle reelle Funktionen :

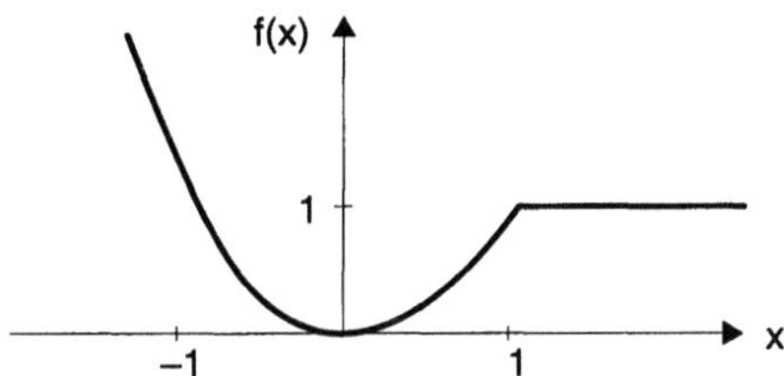

Abschnittsweise definierte Funktion

$f(x) = x^2$ für $x < 1$

$f(x) = 1$ für $x \geq 1$

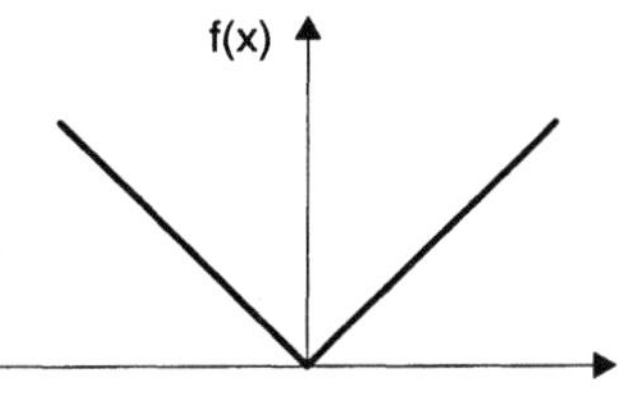

Betragsfunktion

$f(x) = -x$ für $x < 0$

$f(x) = x$ für $x \geq 0$

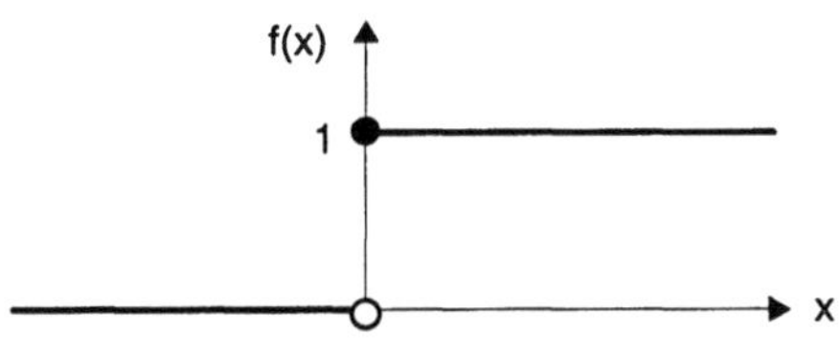

Heaviside Funktion

$f(x) = 0$ für $x < 0$

$f(x) = 1$ für $x \geq 0$

Konstruierte Funktionen : Aus bekannten reellen Funktionen $f : A \to \mathbb{R}$ und $g : B \to \mathbb{R}$ können neue Funktionen konstruiert werden :

Summenfunktion	: $f + g$	: $A \cap B \to \mathbb{R}$	mit	$(f + g)(x) = f(x) + g(x)$
Differenzfunktion	: $f - g$	: $A \cap B \to \mathbb{R}$	mit	$(f - g)(x) = f(x) - g(x)$
Produktfunktion	: $f \cdot g$	: $A \cap B \to \mathbb{R}$	mit	$(f \cdot g)(x) = f(x) \cdot g(x)$
Quotientenfunktion	: f / g	: $C \to \mathbb{R}$ $C = A \cap B - \{y \mid g(y) = 0\}$	mit	$(f / g)(x) = f(x) / g(x)$
Komposition	: $g \circ f$	: $A \to \mathbb{R}$	mit falls	$(g \circ f)(x) = g(f(x))$ $f(A) \subseteq B$ gilt
Betragsfunktion	: $\lvert f \rvert$	: $A \to \mathbb{R}$	mit	$\lvert f \rvert (x) = \lvert f(x) \rvert$

Grundfolgen : Eine Folge $g : \mathbb{N} \to M$ heißt eine Grundfolge am Punkt $a \in M$, wenn die Folge g gegen a konvergiert und a kein Glied der Folge ist. Der Punkt a ist ein Häufungspunkt von $M - \{a\}$. An einem isolierten Punkt a gibt es keine Grundfolgen. An einem Häufungspunkt gibt es mehr als eine Grundfolge.

$$g \text{ ist Grundfolge} \quad :\Leftrightarrow \quad g(n) \in M - \{a\} \quad \wedge \quad \lim_{n \to \infty} g(n) = a$$

Grenzwert einer Funktion : $f : A \to \mathbb{R}$ sei eine reelle Funktion und a ein Häufungspunkt von $A - \{a\}$. Dann besitzt jede Grundfolge $< x_1, x_2, \ldots >$ am Punkt a ein Bild $< f(x_1), f(x_2), \ldots >$. Die Grenzwerte der Funktionswertfolgen $< f(x_1), f(x_2), \ldots >$ zu verschiedenen Grundfolgen am Punkt a sind im allgemeinen verschieden. Ein Punkt b heißt Grenzwert der Funktion f bei a, wenn die Funktionswertfolgen zu allen Grundfolgen den gleichen Grenzwert b besitzen. Es ist nicht notwendig, daß der Grenzwert b gleich dem Funktionswert f(a) ist.

$$\lim_{x \to a} f(x) = b \quad :\Leftrightarrow \quad ((\lim_{n \to \infty} x_n = a \quad \wedge \quad \bigwedge_{n \in N} (x_n \neq a)) \quad \Rightarrow \quad \lim_{n \to \infty} f(x_n) = b)$$

Linke und rechte Grenzwerte : Die Grundfolgen an einem Punkt a auf der reellen Achse $\mathbb{R}$ können auf Punkte beschränkt sein, die entweder nur links oder nur rechts von a liegen. Sie heißen dann linke bzw. rechte Grundfolgen am Punkt a. Ein Punkt b_1 heißt linker Grenzwert der Funktion f am Punkt a, wenn die Funktionswertfolgen aller linken Grundfolgen am Punkt a den Grenzwert b_1 besitzen. Ein Punkt b_2 heißt rechter Grenzwert der Funktion f am Punkt a, wenn die Funktionswertfolgen aller rechten Grundfolgen am Punkt a den Grenzwert b_2 besitzen. Der linke Grenzwert b_1 und der rechte Grenzwert b_2 am Punkt a können verschieden sein.

Nachweis eines Grenzwertes einer Funktion : $f : A \to \mathbb{R}$ sei eine reelle Funktion und a ein Häufungspunkt von $A - \{a\}$. Die reelle Zahl b ist genau dann Grenzwert von f bei a, wenn für jede reelle Zahl $\varepsilon > 0$ eine reelle Zahl $\delta > 0$ existiert, so daß für alle $x \in A - \{a\}$ aus $|x - a| < \delta$ für die Funktionswerte $|f(x) - b| < \varepsilon$ folgt. Dieser Nachweis entspricht der vorangehenden Definition des Grenzwertes einer Funktion.

$$\bigwedge_{\varepsilon > 0} \bigvee_{\delta > 0} \bigwedge_{x \in A - \{a\}} (|x - a| < \delta \quad \Rightarrow \quad |f(x) - b| < \varepsilon)$$

Grenzwertsätze : Die Grenzwerte der Funktionen $f : A \to \mathbb{R}$ und $g : B \to \mathbb{R}$ bei a seien $\lim_{x \to a} f(x) = s$ und $\lim_{x \to a} g(x) = t$. Dann besitzen konstruierte Funktionen folgende Grenzwerte :

$$\lim_{x \to a} (f(x) + g(x)) \quad := \quad \lim_{x \to a} (f + g)(x) \quad = \quad s + t$$

$$\lim_{x \to a} (f(x) - g(x)) \quad := \quad \lim_{x \to a} (f - g)(x) \quad = \quad s - t$$

$$\lim_{x \to a} (f(x) \cdot g(x)) \quad := \quad \lim_{x \to a} (f \cdot g)(x) \quad = \quad s \cdot t$$

$$\lim_{x \to a} \frac{f(x)}{g(x)} \quad := \quad \lim_{x \to a} (\tfrac{f}{g})(x) \quad = \quad \frac{s}{t} \qquad \text{falls} \quad t \neq 0$$

$$\lim_{x \to a} |f(x)| \quad := \quad \lim_{x \to a} |f|(x) \quad = \quad |s|$$

Beispiel 1 : Grenzwerte reeller Funktionen

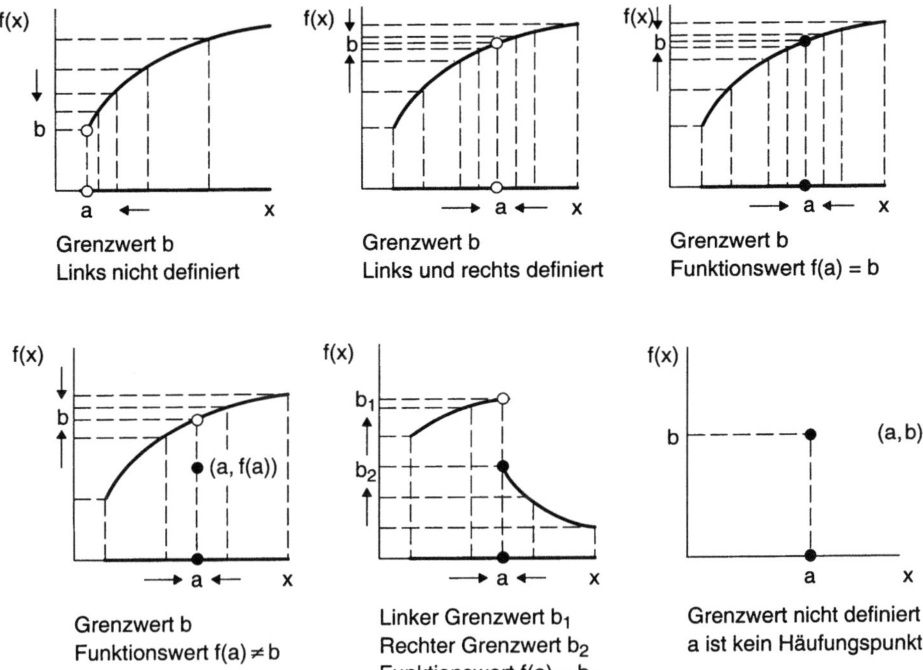

Grenzwert b
Links nicht definiert

Grenzwert b
Links und rechts definiert

Grenzwert b
Funktionswert f(a) = b

Grenzwert b
Funktionswert $f(a) \neq b$

Linker Grenzwert b_1
Rechter Grenzwert b_2
Funktionswert $f(a) = b_2$

Grenzwert nicht definiert
a ist kein Häufungspunkt

Stetigkeit : $f: A \to \mathbb{R}$ sei eine reelle Funktion mit dem Grenzwert $\lim_{x \to a} f(x) = b$. Der Grenzwert b und der Funktionswert f(a) an einem Punkt a sind nicht notwendigerweise gleich. Funktionen, deren Wert f(a) am Punkt a durch Funktionswertfolgen $\langle f(x_1), f(x_2),... \rangle$ für geeignete Grundfolgen $\langle x_1, x_2,... \rangle$ beliebig genau angenähert werden kann, besitzen daher eine besondere Eigenschaft. In dem Beweis des folgenden Satzes ist gezeigt, daß diese Eigenschaft die bereits in Abschnitt 5.6 definierte Stetigkeit topologischer Abbildungen ist.

Stetige Abbildung : X sei eine Teilmenge des metrischen Raumes (M ; T) und Y eine Teilmenge des metrischen Raumes (N ; S). Eine Abbildung $f: X \to Y$ ist genau dann stetig, wenn für jede Teilmenge $A \subseteq X$ das Bild f(x) jedes Berührungspunktes x von A ein Berührungspunkt der Menge $f(A) \subseteq Y$ ist.

Ein Berührungspunkt einer Menge ist entweder ein innerer Punkt oder ein Randpunkt dieser Menge. Die Abbildung $f: X \to Y$ ist also genau dann stetig, wenn das Bild f(x) jedes Punktes x der Hülle H(A) ein Punkt der Hülle H(f(A)) ist.

$$f: X \to Y \text{ ist stetig} \quad \Leftrightarrow \quad \bigwedge_{A \subseteq X} \bigwedge_{x \in H(A)} [\, f(x) \in H(f(A)) \,]$$

$$\Leftrightarrow \quad \bigwedge_{A \subseteq X} [\, f(H(A)) \subseteq H(f(A)) \,]$$

Ein Berührungspunkt $a \in A$ sei ein Häufungspunkt von A. Eine reelle Funktion $f : A \to \mathbb{R}$ sei stetig. Dann kann der Funktionswert f(a) durch Funktionswertfolgen $< f(x_1), f(x_2), \ldots >$ für geeignete Grundfolgen beliebig genau angenähert werden.

Beweis : Eine Funktion $f : X \to Y$ ist genau dann stetig, wenn für jede Teilmenge $A \subseteq X$ stets $f(H(A)) \subseteq H(f(A))$ gilt.

(1) Die Abbildung $f : X \to Y$ sei stetig. Aus $f(A) \subseteq H(f(A))$ folgt :

$$A \subseteq f^{-1} \circ f(A) \subseteq f^{-1}(H(f(A)))$$

Da die Hülle H(f(A)) abgeschlossen und die Abbildung stetig ist, ist auch $f^{-1}(H(f(A)))$ abgeschlossen. Also gilt :

$$A \subseteq H(A) \subseteq f^{-1}(H(f(A)))$$

$$H(f(A)) \subseteq f \circ f^{-1}(H(f(A))) = H(f(A))$$

(2) Für das Urbild $A = f^{-1}(C)$ jeder abgeschlossenen Menge $C \subseteq Y$ sei $f(H(A)) \subseteq H(f(A))$. Es wird gezeigt, daß A eine abgeschlossene Menge ist. Durch Substitution von $A = f^{-1}(C)$ folgt :

$$f(H(A)) = f(H(f^{-1}(C))) \subseteq H(f \circ f^{-1}(C)) = H(C) = C$$

$$H(A) \subseteq f^{-1} \circ f(H(A)) \subseteq f^{-1}(C) = A$$

Aus $A \subseteq H(A)$ und $H(A) \subseteq A$ folgt $A = H(A)$. Das Urbild jeder in Y abgeschlossenen Menge C ist also eine in X abgeschlossene Menge A. Folglich ist das Bild jeder in Y offenen Menge eine in X offene Menge. Damit ist die Abbildung $f : X \to Y$ stetig.

Nachweis der Stetigkeit einer Funktion : $f : A \to B$ sei eine reelle Funktion und a ein beliebiger Punkt in A. Die Funktion f ist genau dann stetig in a, wenn es für jedes $\varepsilon > 0$ ein $\delta > 0$ gibt, so daß für jedes $x \in A$ und $|x - a| < \delta$ die Bedingung $|f(x) - f(a)| < \varepsilon$ erfüllt ist.

$$\lim_{x \to a} f(x) = f(a) \quad \Leftrightarrow$$

$$\bigwedge_{\varepsilon > 0} \bigvee_{\delta > 0} \bigwedge_{x \in A} (|x - a| < \delta \Rightarrow \quad |f(x) - f(a)| < \varepsilon)$$

Beweis : Nachweis der Stetigkeit einer Funktion

(1) Die Abbildung $f : A \to B$ sei stetig am Punkt $a \in A$. Für ein beliebiges $\varepsilon > 0$ ist der ε-Ball $D(f(a), \varepsilon)$ eine offene Menge. Folglich ist $C = B \cap D(f(a), \varepsilon)$ eine offene Menge der Relativtopologie von B. Ihr Urbild $f^{-1}(C)$ ist voraussetzungsgemäß offen und enthält den Punkt a. Folglich gibt es eine Umgebung $D(a, \delta) \cap A \subseteq f^{-1}(C)$. Für jeden Punkt x dieser Umgebung gilt $x \in A$ und $|x - a| < \delta$. Aus $x \in A$ folgt $f(x) \in C$, und damit $|f(a) - f(x)| < \varepsilon$.

(2) Für jedes $\varepsilon > 0$ sei ein $\delta > 0$ gegeben, so daß für jedes $x \in A$ und $|x-a| < \delta$ die Bedingung $|f(x)-f(a)| < \varepsilon$ erfüllt ist. Es ist zu zeigen, daß das Urbild jeder in B offenen Menge eine in A offene Menge ist. S sei eine offene Menge der Relativtopologie von B. Für einen Punkt $a \in f^{-1}(S)$ gilt $f(a) \in S$. Es gibt ein $\varepsilon > 0$, so daß $D(f(a), \varepsilon) \cap B \subseteq S$ ein Element der Relativtopologie von B ist. Voraussetzungsgemäß gibt es für dieses ε ein $\delta > 0$, so daß für jeden Punkt $x \in D(a, \delta) \cap A$ die Bedingung $f(x) \in D(f(a), \varepsilon) \cap B \subseteq S$ erfüllt ist. Aus $f(x) \in S$ für alle $x \in D(a, \delta) \cap A$ folgt, daß $D(a, \delta) \cap A$ in $f^{-1}(S)$ enthalten ist. Folglich ist jeder Punkt $a \in f^{-1}(S)$ in einem Element $D(a, \delta) \cap A$ der Relativtopologie enthalten. Damit ist das Urbild $f^{-1}(S)$ der offenen Menge S eine in A offene Menge : Die Abbildung f ist stetig.

Gleichmäßige Stetigkeit : Der Funktionswert f(a) einer stetigen reellen Funktion $f: A \to \mathbb{R}$ kann in dem Punkt a beliebig genau mit der Abweichung ε approximiert werden. Die Approximation von f wird als gleich gut an allen Punkten von A betrachtet, wenn zu gegebenem $\varepsilon > 0$ der Wert $\delta > 0$ unabhängig von $a \in A$ gewählt werden kann. Dann gilt folgende Aussage unter Beachtung der Reihenfolge der Quantoren (von links nach rechts ausführen) :

$$\bigwedge_{\varepsilon>0} \bigvee_{\delta>0} \bigwedge_{a \in A} \bigwedge_{x \in A} (|x-a| < \delta \quad \Rightarrow \quad |f(x)-f(a)| < \varepsilon)$$

Die Funktion f heißt dann gleichmäßig stetig auf A. Bei nicht gleichmäßiger Stetigkeit auf A sind die Quantoren für δ und a in der Reihenfolge vertauscht.

Unstetigkeit einer Funktion : Eine reelle Funktion $f: A \to \mathbb{R}$ heißt unstetig im Punkt a von A, wenn f in a nicht stetig ist. Die Funktion ist genau dann unstetig in a, wenn es eine Grundfolge bei a gibt, deren Funktionswertfolge nicht gegen f(a) konvergiert.

Sprungstelle einer Funktion : Die Funktion $f: A \to \mathbb{R}$ sei reell mit einem linksseitigen Grenzwert b_1 und einem rechtsseitigen Grenzwert b_2 bei einem Punkt a in A. Sind die Grenzwerte b_1 und b_2 verschieden, so ist die Funktion f in a unstetig. Der Punkt a heißt Sprungstelle der Funktion, wenn einer der beiden Grenzwerte mit dem Funktionswert f(a) übereinstimmt.

Funktionsfolge : Eine Folge $g: \mathbb{N} \to F$ mit $g(n) = f_n$ heißt eine reelle Funktionsfolge, wenn ihre Glieder reelle Funktionen $f_n: \mathbb{R} \to \mathbb{R}$ sind. An einem Punkt $a \in \mathbb{R}$ führt die Funktionsfolge zu einer reellen Funktionswertfolge $g_a: \mathbb{N} \to \mathbb{R}$ mit $g_a(n) = f_n(a)$.

Konvergenz einer Funktionsfolge : Eine Funktionsfolge $< f_1, f_2, \ldots >$ mit reellen Funktionen $f_i: A_i \to \mathbb{R}$ heißt konvergent in einem Punkt a des Durchschnitts $A = A_1 \cap A_2 \cap \ldots$, wenn die Funktionswertfolge $< f_1(a), f_2(a), \ldots >$ am Punkt a konvergiert.

Grenzfunktion : Eine Funktionsfolge $< f_1 , f_2 ,... >$ mit $f_i : A_i \to \mathbb{R}$ heißt konvergent gegen eine Grenzfunktion $f : A \to \mathbb{R}$ mit $A = A_1 \cap A_2 \cap ...$, wenn die Funktionswertfolge an jedem Punkt a von A gegen f(a) konvergiert. Die Grenzfunktion einer Folge stetiger Funktionen ist nicht immer stetig.

$$f : A \to \mathbb{R} \quad \text{mit} \quad f(a) = \lim_{n \to \infty} f_n(a)$$

Gleichmäßige Konvergenz einer Funktionsfolge : Eine Funktionsfolge $g : \mathbb{N} \to F$ mit $g(n) = f_n$ heißt gleichmäßig konvergent gegen f auf A, wenn es für jede reelle Zahl $\varepsilon > 0$ eine von $a \in A$ unabhängige natürliche Zahl n_0 gibt, so daß für jedes $n > n_0$ der Betrag der Differenz der Funktionswerte $f_n(a)$ und $f(a)$ kleiner als ε ist. Die Grenzfunktion einer gleichmäßig konvergenten Folge stetiger Funktionen ist stetig.

$$\bigwedge_{\varepsilon > 0} \bigvee_{n_0 \in N} \bigwedge_{a \in A} \bigwedge_{n > n_0} (|f_n(a) - f(a)| < \varepsilon)$$

Beispiel 2 : Stetige und unstetige Funktionen

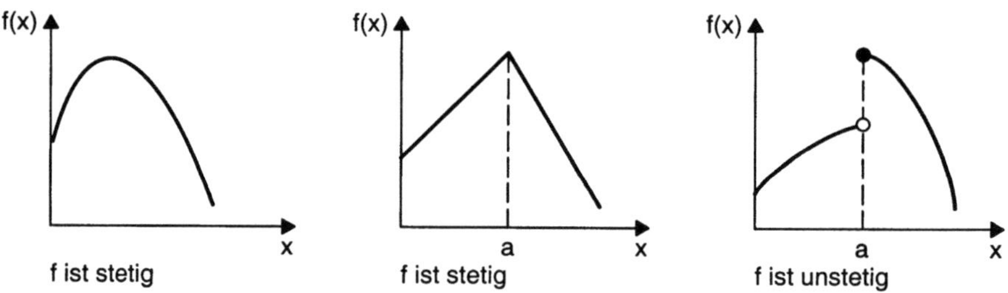

f ist stetig f ist stetig f ist unstetig

Beispiel 3 : Nirgends stetige Funktion

f(x)
1
x_1 x_2 x_5 x_6 x_4 x_3 x
–1
→ a ←

$$f(x) = 1 \quad \text{für} \quad x \in \mathbb{Q}$$

$$f(x) = -1 \quad \text{für} \quad x \in (\mathbb{R} - \mathbb{Q})$$

Die reelle Funktion f(x) besitzt den Wert 1, wenn x eine rationale Zahl ist, sonst den Wert -1. Für jeden Punkt a von $\mathbb{R}$ gibt es Grundfolgen $< x_1, x_2,... >$ mit $x_{2i-1} \in \mathbb{Q}$ und $x_{2i} \in (\mathbb{R} - \mathbb{Q})$. Ihre Funktionswertfolge ist $< f(x_1), f(x_2),... > = <1,-1,1,-1,... >$. Diese Folge ist divergent. Also ist f nirgends in $\mathbb{R}$ stetig.

Beispiel 4 : Stetige Grenzfunktion

Die Funktion cos x ist die Grenzfunktion einer Funktionsfolge $< f_1, f_2, \ldots >$. Sowohl die Funktionen f_i der Folge als auch die Grenzfunktion cos x sind stetig. Die folgende Tabelle zeigt die Funktionswertfolgen für verschiedene Werte von x.

Funktion	$\pi/6$	$\pi/4$	$\pi/2$	$3\pi/4$	π
$f_1 = 1$	1.000000	1.000000	1.000000	1.000000	1.000000
$f_2 = f_1 - \frac{x^2}{2!}$	0.862922	0.691575	−0.233701	−1.775826	−3.934802
$f_3 = f_2 + \frac{x^4}{4!}$	0.866054	0.707429	0.019969	−0.491624	0.123910
$f_4 = f_3 - \frac{x^6}{6!}$	0.866025	0.707103	−0.000895	−0.729272	−1.211353
cos x	0.866025	0.707107	0	−0.707107	−1.000000

Beispiel 5 : Unstetige Grenzfunktion

Die Funktionsfolge $g : \mathbb{N} \to F$ mit $g(n) = f_n$ und $f_n : \mathbb{R} \to \mathbb{R}$ mit $f_n(x) = x^n$ wird auf dem abgeschlossenen Einheitsintervall [0, 1] betrachtet. Jede Funktion der Funktionsfolge $< f_1, f_2, f_3 \ldots >$ ist stetig. Dennoch ist die Grenzfunktion am Punkt $x = 1$ unstetig.

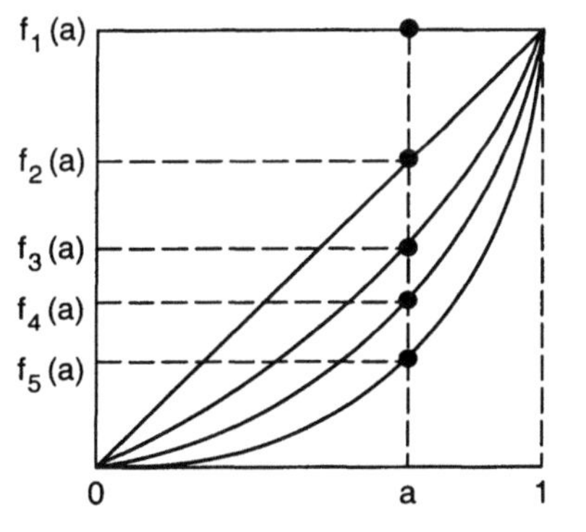

$f_1 = 1$

$f_2 = x$

$f_3 = x^2$

$f_4 = x^3$

$f_5 = x^4$

$$\lim_{n \to \infty} f_n(x) = 0 \quad \text{für} \quad 0 \le x < 1$$

$$\lim_{n \to \infty} f_n(x) = 1 \quad \text{für} \quad x = 1$$

6 ZAHLENSYSTEM

6.1 EINFÜHRUNG

Die Entwicklung von numerischen Algorithmen erfordert die Kenntnis der algebraischen Struktur, der Ordnungsstruktur und der topologischen Struktur der Zahlenmengen, die das Zahlensystem bilden. Auch die Darstellung numerischer Werte im Computer und die mit numerischen Operationen verbundenen Fehler sind von der Struktur der Zahlenmengen abhängig.

In den folgenden Abschnitten ist das Zahlensystem zusammengefaßt. Das Fundament des Zahlensystems sind die axiomatisch definierten natürlichen Zahlen. Die Ganzzahlen werden so konstruiert, daß die Addition von Ganzzahlen im Gegensatz zur Addition natürlicher Zahlen umkehrbar ist. Die rationalen Zahlen werden so konstruiert, daß die Multiplikation von rationalen Zahlen im Gegensatz zur Multiplikation ganzer Zahlen umkehrbar ist.

Die Nullstellen rationaler Polynome sind nicht immer rationale Zahlen. Ein Teil der Nullstellen, die nicht rational sind, sind reelle Zahlen. Diese sind als offene Mengen rationaler Zahlen definiert. Es gibt aber auch reelle Zahlen wie e und π, die nicht Nullstellen rationaler Polynome sind.

Nicht alle Nullstellen rationaler Polynome sind reelle Zahlen. Daher werden die komplexen Zahlen als reelle Zahlenpaare mit Real- und Imaginärteil definiert. In der komplexen Zahlenmenge sind die Nullstellen jedes rationalen Polynoms bestimmbar. Die komplexe Zahlenmenge wird zu der Quaternionenmenge erweitert.

Für die verschiedenen Zahlenmengen werden unterschiedliche Bezeichnungen eingeführt. Die Konstruktion der Zahlenmengen erfolgt nach dem Prinzip der Erweiterung, so daß gilt :

$$\mathbb{N} \subset \mathbb{Z} \subset \mathbb{Q} \subset \mathbb{R} \subset \mathbb{C} \subset \mathbb{H}$$

$\mathbb{N}$ Menge der natürlichen Zahlen
$\mathbb{Z}$ Menge der ganzen Zahlen
$\mathbb{Q}$ Menge der rationalen Zahlen
$\mathbb{R}$ Menge der reellen Zahlen
$\mathbb{C}$ Menge der komplexen Zahlen
$\mathbb{H}$ Menge der Quaternionen

6.2 NATÜRLICHE ZAHLEN

Axiome : Die intuitiv mit $\mathbb{N} = \{0, 1, 2, ...\}$ bezeichnete Menge der natürlichen Zahlen ist durch folgende Axiome charakterisiert :

(1) 0 ist eine natürliche Zahl.

(2) Jede natürliche Zahl n hat einen Nachfolger n'.

(3) 0 ist nicht Nachfolger einer natürlichen Zahl.

(4) Natürliche Zahlen mit gleichen Nachfolgern sind gleich.

(5) Eine Teilmenge von $\mathbb{N}$ ist identisch mit $\mathbb{N}$, wenn sie die Zahl 0 und mit jeder natürlichen Zahl n auch deren Nachfolger n' enthält.

Die Menge der natürlichen Zahlen ohne 0 wird mit $\mathbb{N}'$ bezeichnet.

Algebraische Struktur : Die inneren Verknüpfungen + (Addition) und • (Multiplikation) der natürlichen Zahlen sind induktiv wie folgt definiert :

Addition : $m + 0 := m$ und $m + n' = (m + n)'$

Multiplikation : $m \cdot 1 := m$ und $m \cdot n' = m \cdot n + n$

Die natürliche Zahl 0 ist das neutrale Element der Addition. Die Addition ist assoziativ und kommutativ. Das Gebilde $(\mathbb{N} ; +)$ ist daher eine kommutative Halbgruppe mit neutralem Element.

Die natürliche Zahl 1 ist das neutrale Element der Multiplikation. Die Multiplikation ist assoziativ und kommutativ. Das Gebilde $(\mathbb{N} ; \cdot)$ ist daher eine kommutative Halbgruppe mit neutralem Element.

Die Multiplikation ist bezüglich der Addition distributiv. Das Gebilde $(\mathbb{N} ; +, \cdot)$ ist daher ein kommutativer Halbring mit 0 und 1 als neutralen Elementen. In diesem Halbring gilt die Kürzungsregel.

Eigenschaft	Addition +	Multiplikation ·
assoziativ	$(k + m) + n = k + (m + n)$	$(k \cdot m) \cdot n = k \cdot (m \cdot n)$
kommutativ	$m + n = n + m$	$m \cdot n = n \cdot m$
distributiv	$k \cdot (m + n) = k \cdot m + k \cdot n$	$(m + n) \cdot k = m \cdot k + n \cdot k$
Nullelement	$m + 0 = m$	$m \cdot 0 = 0$
Einselement	$m + 1 = m'$	$m \cdot 1 = m$
Kürzungsregel	$m + k = n + k \Rightarrow m = n$	$k \neq 0 \Rightarrow (m \cdot k = n \cdot k \Rightarrow m = n)$

Ordinale Struktur : Die Relationen $\leq$ (kleiner oder gleich) und $<$ (kleiner als) der natürlichen Zahlen sind induktiv wie folgt definiert :

$$m \leq n \; :\Leftrightarrow \; \bigvee_{k} (m+k=n)$$

$$m < n \; :\Leftrightarrow \; (m \leq n) \;\wedge\; (m \neq n)$$

Die Relation $\leq$ ist reflexiv, identitiv, linear und transitiv. Die Relation $<$ ist antireflexiv, asymmetrisch, konnex und transitiv. Die natürlichen Zahlen sind daher total geordnet. Sie sind auch wohlgeordnet, da jede Teilmenge von $\mathbb{N}$ ein kleinstes Element besitzt. Die ordinale und die algebraische Struktur der natürlichen Zahlen sind verträglich, da die Monotoniegesetze für die Addition und die Multiplikation gelten.

Eigenschaft	Relation $\leq$	Relation $<$
reflexiv	$m \leq m$	
antireflexiv		$\neg(m < m)$
identitiv	$m \leq n \;\wedge\; n \leq m \;\Rightarrow\; m = n$	
asymmetrisch		$m < n \;\Rightarrow\; \neg(n < m)$
linear	$m \leq n \;\vee\; n \leq m$	
konnex		$m \neq n \;\Rightarrow\; m < n \;\vee\; n < m$
transitiv	$k \leq m \;\wedge\; m \leq n \;\Rightarrow\; k \leq n$	$k < m \;\wedge\; m < n \;\Rightarrow\; k < n$
monoton	$m \leq n \Leftrightarrow m+k \leq n+k$	$m < n \Leftrightarrow m+k < n+k$
	$k > 0 \;\Rightarrow\; (m \leq n \Leftrightarrow k \cdot m \leq k \cdot n)$	$k > 0 \;\Rightarrow\; (m < n \Leftrightarrow k \cdot m < k \cdot n)$

Subtraktion : Die Gleichung $m + x = n$ ist in $\mathbb{N}$ nur für $m \leq n$ nach der Unbekannten x lösbar. Die Lösung x heißt Differenz von n und m. Sie wird mit $n - m$ bezeichnet.

Teiler : Eine natürliche Zahl b heißt Teiler einer natürlichen Zahl a, wenn es eine natürliche Zahl n gibt, so daß $a = n \cdot b$. Teilbarkeit wird mit $b \mid a$ (sprich : b teilt a) bezeichnet. Ein Teiler b heißt echt, wenn $b \neq 1$ und $b \neq a$.

Primzahl : Eine natürliche Zahl $m > 1$ heißt Primzahl (unzerlegbar, irreduzibel, prim), wenn m nur die Teiler 1 und m hat. Es gibt unendlich viele Primzahlen. Die Menge der Primzahlen wird mit P bezeichnet.

Beweis : Es gibt unendlich viele Primzahlen (Euklid).

Die Menge $P = \{p_1, ..., p_n\}$ der Primzahlen sei endlich. Dann ist die Zahl $m = p_1 \cdot ... \cdot p_n + 1$ eine natürliche Zahl und $m > 1$. Da m nicht in der Primzahlmenge P enthalten ist, besitzt m einen echten Teiler. Keine der Primzahlen p_i ist jedoch ein Teiler von m, da p_i dann auch ein Teiler von $m - p_1 \cdot ... \cdot p_n = 1$ wäre: Dies ist nicht möglich. Also besitzt m einen echten Teiler p, der nicht in P enthalten ist. Der Widerspruch zeigt, daß es unendlich viele Primzahlen gibt.

Primfaktorzerlegung : Jede natürliche Zahl $m > 1$ ist das Produkt von Primzahlen. In diesem Produkt kann eine bestimmte Primzahl mehrfach auftreten. Das Produkt ist bis auf die Reihenfolge der Faktoren eindeutig.

$$m = p_1 \cdot p_2 \cdot ... \cdot p_n$$

Beweis : Jede natürliche Zahl ist das Produkt von Primzahlen.

Die Behauptung gilt für $m \leq 3$. Für $m > 3$ wird vorausgesetzt, daß es eine eindeutige Primfaktorzerlegung für jede Zahl gibt, die kleiner als m ist, und gezeigt, daß dann auch m eine eindeutige Primfaktorzerlegung besitzt.

(1) Es wird gezeigt, daß die Zahl m ein Produkt von Primzahlen ist. Ist nämlich m eine Primzahl, so besteht das Produkt aus m selbst. Ist m eine zerlegbare Zahl, so gilt $m = a \cdot b$ mit $1 < a, b < m$. Da die Faktoren a und b kleiner als m sind, besitzen sie nach Induktionsvoraussetzung Primfaktorzerlegungen. Also besitzt m eine Primfaktorzerlegung.

(2) Es wird gezeigt, daß zwei Primfaktorzerlegungen $m = p_1 \cdot ... \cdot p_n$ und $m = u_1 \cdot ... \cdot u_s$ derselben Zahl m identisch sind. Dazu werden die Bezeichnungen und die Reihenfolge der Faktoren so gewählt, daß $p_i \leq p_{i+1}$, $u_k \leq u_{k+1}$ und $p_1 \leq u_1$. Für $p_1 = u_1$ gilt $m' := p_2 \cdot ... \cdot p_n = u_2 \cdot ... \cdot u_s$ mit $m' < m$. Da die Zerlegung von m' nach Induktionsvoraussetzung eindeutig ist, ist auch die Zerlegung von $m = p_1 \cdot m'$ eindeutig. Für $p_1 < u_1$ gibt es eine Zahl $1 < k < m$, so daß

$$k := m - p_1 u_2 ... u_s = (u_1 - p_1) u_2 ... u_s = p_1(p_2 ... p_n - u_2 ... u_s)$$

Die Zerlegung von k ist nach Induktionsvoraussetzung eindeutig und enthält den Faktor p_1. Aus $p_1 < u_1$ folgt $p_1 \neq u_1$. Also muß der Term $(u_1 - p_1)$ im Produkt $k = (u_1 - p_1) u_2 ... u_s$ den Teiler p_1 haben. Setzt man $u_1 - p_1 = cp_1$, so folgt $u_1 = (c+1)p_1$. Die Primzahl u_1 besitzt aber keinen Teiler. Der Widerspruch zeigt, daß die Primfaktorzerlegung von m eindeutig ist.

6.3 GANZE ZAHLEN

Umkehrbarkeit der Addition : Die Addition natürlicher Zahlen ist nicht allgemein umkehrbar, da die Subtraktion $x = n - m$ in $\mathbb{N}$ nur für $n \geq m$ zulässig ist. Die intuitiv mit $\mathbb{Z} = \{..., -2, -1, 0, 1, 2, ...\}$ bezeichnete Menge der ganzen Zahlen wird so konstruiert, daß die Subtraktion in $\mathbb{Z}$ unbeschränkt durchführbar ist.

Konstruktion von $\mathbb{Z}$: Die natürlichen Zahlenpaare $(m, n) \in \mathbb{N} \times \mathbb{N}$ werden in Äquivalenzklassen $[i, k]$ eingeteilt. Alle Zahlenpaare $(m, n) \in [i, k]$ besitzen dieselbe Differenz, so daß $m - n = i - k$ für $i \geq k$ und $n - m = k - i$ für $k \geq i$ und somit allgemein $m + k = n + i$ gilt. Die Menge $\mathbb{Z}$ der ganzen Zahlen ist die Menge aller Äquivalenzklassen $[i, k]$ in $\mathbb{N} \times \mathbb{N}$.

Normaldarstellung : Aus der Definition der Ganzzahlen und der Kürzungsregel für natürliche Zahlen folgt $[n + i, i] = [n, 0]$ und $[i, n + i] = [0, n]$. Jede Ganzzahl ist daher in der Normalform $[n, 0]$ oder $[0, n]$ mit $n \in \mathbb{N}$ darstellbar. Die Ganzzahlen mit der Normalform $[n, 0]$ heißen positiv und werden mit n bezeichnet. Die Ganzzahlen mit der Normalform $[0, n]$ heißen negativ und werden mit $-n$ (sprich : minus n) bezeichnet. Die Ganzzahl mit der Normalform $[0, 0]$ heißt Null und wird mit 0 bezeichnet. Die Ganzzahl mit der Normalform $[1, 0]$ heißt Eins und wird mit 1 bezeichnet.

Algebraische Struktur : Die inneren Verknüpfungen $+$ (Addition) und $\cdot$ (Multiplikation) der ganzen Zahlen sind über die Äquivalenzklassen der natürlichen Zahlenpaare wie folgt definiert :

Addition : $[i, k] + [m, n] := [i + m,\; k + n]$

Multiplikation : $[i, k] \cdot [m, n] := [i \cdot m + k \cdot n,\; i \cdot n + k \cdot m]$

Das natürliche Zahlenpaar $[0, 0]$ ist das neutrale Element 0 der Addition, da $[i, k] + [0, 0] = [i, k]$ gilt. Die natürlichen Zahlenpaare $[i, k]$ und $[k, i]$ sind additiv invers, da $[i, k] + [k, i] = [i + k,\; i + k]$ gilt und $[i + k,\; i + k]$ in Normalform $[0, 0]$ ist. Die Addition ist assoziativ und kommutativ. Das Gebilde $(\mathbb{Z}\,;\, +)$ ist daher eine kommutative Gruppe.

Das natürliche Zahlenpaar $[1, 0]$ ist das neutrale Element 1 der Multiplikation, da $[i, k] \cdot [1, 0] = [i, k]$ gilt. Die Multiplikation ist assoziativ und distributiv. Das Gebilde $(\mathbb{Z}\,;\, \cdot)$ ist daher eine kommutative Halbgruppe mit 1 als neutralem Element.

Die Multiplikation ist bezüglich der Addition distributiv. Das Gebilde $(\mathbb{Z}\,;\, +, \cdot)$ ist daher ein kommutativer Ring mit 1 als Einselement. Die Kürzungsregel gilt wie bei den natürlichen Zahlen.

Erweiterung von $\mathbb{N}$ **:** Die injektive Abbildung $i = \mathbb{N} \to \mathbb{Z}$ mit $i(n) = [n, 0]$ ist strukturverträglich (homomorph), da $i(n+m) = i(n) + i(m)$ und $i(m \cdot n) = i(m) \cdot i(n)$ gilt. Daher darf die natürliche Zahlenmenge $\mathbb{N}$ durch die Hinzunahme der negativen Ganzzahlen zur Ganzzahlenmenge $\mathbb{Z}$ erweitert werden. Damit wird die algebraische Struktur von einem kommutativen Halbring zu einem kommutativen Ring vervollständigt. Teilmengen von $\mathbb{Z}$ werden wie folgt bezeichnet :

$\mathbb{Z}'$ ganze Zahlen ohne Null

$\mathbb{Z}^+$ positive ganze Zahlen

$\mathbb{Z}_0^+$ positive ganze Zahlen und Null

$\mathbb{Z}^-$ negative ganze Zahlen

$\mathbb{Z}_0^-$ negative ganze Zahlen und Null

Subtraktion : In der Zahlenmenge $\mathbb{Z}$ ist die Gleichung $[i, k] + x = [m, n]$ unbeschränkt mit $x = [k + m, i + n]$ lösbar. Die Lösung x heißt Differenz der Ganzzahlen und wird mit $x = [m, n] - [i, k]$ bezeichnet. In der Normaldarstellung der Ganzzahlen gilt dementsprechend $a + x = b$ und $x = b - a$.

Ordinale Struktur : Die Relationen $\leq$ (kleiner oder gleich) und $<$ (kleiner) der ganzen Zahlen sind wie folgt definiert :

$$a \leq b \;:\Leftrightarrow\; b - a \in \mathbb{N}$$
$$a < b \;:\Leftrightarrow\; a \leq b \;\wedge\; a \neq b$$

Die ganzen Zahlen sind wie die natürlichen Zahlen total geordnet. Im Gegensatz zu den natürlichen Zahlen sind sie jedoch nicht wohlgeordnet, da es in $\mathbb{Z}$ kein kleinstes Element gibt. Wie bei den natürlichen Zahlen sind die ordinale und die algebraische Struktur der ganzen Zahlen verträglich, da die Monotoniegesetze für die Addition und Multiplikation auch in $\mathbb{Z}$ gelten.

Betrag : Der absolute Betrag einer Ganzzahl a ist eine positive Ganzzahl, die mit $|a|$ bezeichnet wird. Der Wert des absoluten Betrages einer Ganzzahl wird wie folgt bestimmt :

$$a \geq 0 \;\Rightarrow\; |a| = a$$
$$a < 0 \;\Rightarrow\; |a| = -a$$

Rechenregeln : Die Operationen Addition, Subtraktion und Multiplikation sind in $\mathbb{Z}$ unbeschränkt ausführbar. Die Rechenregeln mit Beträgen folgen aus der Normaldarstellung und der algebraischen Struktur von $\mathbb{Z}$.

Vorzeichen	Betrag	Operation
$a \in \mathbb{Z}^- \wedge b \in \mathbb{Z}^-$		$a + b = -(\lvert a\rvert + \lvert b\rvert)$
$a \in \mathbb{Z}^+ \wedge b \in \mathbb{Z}^-$	$\lvert a\rvert \geq \lvert b\rvert$	$a + b = \lvert a\rvert - \lvert b\rvert$
	$\lvert a\rvert \leq \lvert b\rvert$	$a + b = -(\lvert a\rvert - \lvert b\rvert)$
$a \in \mathbb{Z}^- \wedge b \in \mathbb{Z}^-$		$a \cdot b = \lvert a\rvert \cdot \lvert b\rvert$
$a \in \mathbb{Z}^+ \wedge b \in \mathbb{Z}^-$		$a \cdot b = -(\lvert a\rvert \cdot \lvert b\rvert)$

Primfaktorzerlegung : Der Betrag einer Ganzzahl n mit $|n|>1$ ist eine natürliche Zahl und besitzt daher die Primfaktorzerlegung $|n| = p_1 \dots p_r$. Die Faktoren p_i werden monoton steigend geordnet. Gleiche Faktoren werden zu Potenzen zusammengefaßt. Die resultierende Darstellung von n ist eindeutig und heißt Normalform der Primfaktorzerlegung.

$$n = (-1)^{\varepsilon} q_1^{\alpha_1} \dots q_s^{\alpha_s} \qquad n \in \mathbb{Z} \wedge |n|>1$$

$q_1 < \dots < q_s$ Primfaktoren

$\alpha_1,\dots,\alpha_s > 0$ Exponenten

$(-1)^{\varepsilon}$ Vorzeichen, $\varepsilon = 0$ für $n > 0$ und $\varepsilon = 1$ für $n < 0$

p-Exponent : Das Auftreten einer Primzahl p der Primzahlmenge P in der Normalform der Primfaktorzerlegung einer ganzen Zahl n wird mit dem p-Exponenten $v_p(n)$ beschrieben, der wie folgt definiert ist :

$$p = q_i \quad \Rightarrow \quad v_p(n) = \alpha_i$$

$$p \notin \{q_1,\dots,q_s\} \quad \Rightarrow \quad v_p(n) = 0$$

Größter gemeinsamer Teiler : $M = \{n_1,\dots,n_k\}$ sei eine endliche nichtleere Menge von Ganzzahlen mit $n_i \neq 0$. Für jede Zahl n_i ist eine endliche Anzahl der p-Exponenten $v_p(n_i)$ mit $p \in P$ von Null verschieden (fast alle p-Exponenten sind Null). Für jede Primzahl $p \in P$ wird der kleinste p-Exponent $a_p = \min v_p(n_i)$ über $n_i \in M$ ermittelt. Das Produkt der Primzahlen mit den Exponenten a_p ist bestimmbar, da fast alle Exponenten 0 sind. Es heißt größter gemeinsamer Teiler von M und wird mit ggT bezeichnet. Der ggT der Menge M teilt alle Zahlen in M.

$$\text{ggT}(n_1,\dots,n_k) = \prod_{p \in P} (p^{a_p}) \quad \wedge \quad a_p = \min_{n_i \in M} v_p(n_i)$$

Kleinstes gemeinsames Vielfaches : $M = \{n_1,...,n_k\}$ sei eine endliche nichtleere Menge von Ganzzahlen mit $n_i \neq 0$. Für jede Primzahl $p \in P$ wird der größte p-Exponent $c_p = \max v_p(n_i)$ über $n_i \in M$ ermittelt. Das Produkt der Primzahlen mit den Exponenten c_p ist bestimmbar, da fast alle Exponenten 0 sind. Es heißt kleinstes gemeinsames Vielfaches von M und wird mit kgV bezeichnet. Jede Zahl aus M teilt das kgV.

$$\text{kgV}(n_1,...,n_k) = \prod_{p \in P} (p^{c_p}) \quad \wedge \quad c_p = \max_{n_i \in M} v_p(n_i)$$

Teilerfremde Zahlen : Die ganzen Zahlen einer Menge $M = \{n_1,...,n_k\}$ heißen teilerfremd, wenn es keine Primzahl gibt, die alle n_i teilt. Da alle natürlichen Zahlen eindeutig in Primzahlen zerlegbar sind, gibt es keine natürliche Zahl, die alle Zahlen einer teilerfremden Menge teilt. Der größte gemeinsame Teiler ist also $\text{ggT}(n_1,...,n_k) = 1$.

Division mit Rest : Für ganze Zahlen a und b mit $b \neq 0$ gibt es eine eindeutige Darstellung von a als Vielfaches von b mit einem nichtnegativen Rest r, der kleiner ist als der Betrag von b.

$$a = qb + r \quad \wedge \quad 0 \leq r < |b|$$

Beweis : Existenz und Eindeutigkeit der Zahlen q und r bei Division mit Rest

(1) Es wird gezeigt, daß es für gegebene Zahlen a und b ganze Zahlen q und r gibt, welche die Divisionsformel befriedigen. Wegen $qb = (-q)(-b)$ und $a = qb + r \Leftrightarrow -a = (-q-1)\,b + (b-r)$ genügt der Beweis für $a \geq 0$ und $b > 0$. Für $a = 0$ ist die Aussage wahr. Sie sei für a wahr, so daß $a = qb + r$ und $0 \leq r < b$. Also gilt $a + 1 = qb + (r + 1)$. Für $r + 1 < b$ ist dies die Divisionsformel. Für $r + 1 = b$ ist die Divisionsformel $a + 1 = (q + 1)b$. Also gilt die Divisionsformel für $a + 1$. Induktiv folgt, daß es Zahlen q und r für alle Werte von a gibt.

(2) Es wird gezeigt, daß die Zahlen q und r eindeutig bestimmt sind. Gibt es nämlich zwei Darstellungen $a = q_1 b + r_1$ und $a = q_2 b + r_2$ für dieselbe Zahl a, so folgt $(q_1 - q_2)b = r_2 - r_1$. Wegen $0 \leq r_i < |b|$ gilt $|r_2 - r_1| < |b|$, so daß $q_1 - q_2 = 0$ und folglich $r_2 - r_1 = 0$. Mit $q_1 = q_2$ und $r_1 = r_2$ ist die Divisionsformel für a eindeutig.

6.4 RATIONALE ZAHLEN

Umkehrbarkeit der Multiplikation : Die Gleichung $ax = b$ ist in der Menge der Ganzzahlen $\mathbb{Z}$ nicht allgemein nach der Unbekannten x auflösbar. Gibt es eine Lösung, so heißt sie der Quotient von a und b und wird mit a/b bezeichnet. Die Gleichung $0 \cdot x = 0$ besitzt keine eindeutige Lösung; die Gleichung $0 \cdot x = b$ mit $b \neq 0$ ist nicht lösbar. Gesucht wird eine Zahlenmenge $\mathbb{Q}$, in der die Gleichung $ax = b$ für $a \neq 0$ unbeschränkt lösbar ist.

Konstruktion von $\mathbb{Q}$: Die ganzen Zahlenpaare $(a, b) \in \mathbb{Z} \times \mathbb{Z}'$ werden in Äquivalenzklassen $[c, d]$ eingeteilt. Alle Zahlenpaare $(a, b) \in [c, d]$ besitzen das gleiche Verhältnis $a : b = c : d$, so daß $a \cdot d = b \cdot c$ gilt. Die Menge $\mathbb{Q}$ der rationalen Zahlen ist die Menge aller Äquivalenzklassen $[c, d]$ in $\mathbb{Z} \times \mathbb{Z}'$.

Normaldarstellung : Aus der Definition der rationalen Zahlen und der Kürzungsregel für Ganzzahlen folgt $[a, b] = [-a, -b]$ und $[ac, bc] = [a, b]$. Jede rationale Zahl ist daher in der Normalform $[a, b]$ mit $b > 0$ so darstellbar, daß a und b teilerfremd sind. Eine rationale Zahl heißt positiv, wenn in ihrer Normaldarstellung $a > 0$, und negativ, wenn $a < 0$. Eine rationale Zahl mit der Normalform $[a, b]$ mit $b > 0$ wird auch als Bruch $\frac{a}{b}$ dargestellt und mit p bezeichnet. Die rationale Zahl mit der Normalform $[0, 1]$ heißt Null und wird mit 0 bezeichnet. Die rationale Zahl mit der Normalform $[1, 1]$ heißt Eins und wird mit 1 bezeichnet.

Algebraische Struktur : Die inneren Verknüpfungen + (Addition) und $\cdot$ (Multiplikation) der rationalen Zahlen sind über die Äquivalenzklassen der ganzen Zahlenpaare wie folgt definiert :

Addition	:	$[a, b] + [c, d]$	$=$	$[a \cdot d + b \cdot c, b \cdot d]$
Multiplikation	:	$[a, b] \cdot [c, d]$	$=$	$[a \cdot c, b \cdot d]$

Das ganze Zahlenpaar $[0,1]$ ist das neutrale Element 0 der Addition, da $[a, b] + [0,1] = [a, b]$ gilt. Die ganzen Zahlenpaare $[a, b]$ und $[-a, b]$ für $b \neq 0$ sind additiv invers, da $[a, b] + [-a, b] = [0, b^2]$ gilt und $[0, b^2]$ in Normalform $[0,1]$ ist. Die Addition ist assoziativ und kommutativ. Das Gebilde $(\mathbb{Q}\ ; +)$ ist daher eine kommutative Gruppe.

Das ganze Zahlenpaar $[1,1]$ ist das neutrale Element 1 der Multiplikation, da $[a, b] \cdot [1,1] = [a, b]$ gilt. Die ganzen Zahlenpaare $[a, b]$ und $[b, a]$ für $a, b \neq 0$ sind multiplikativ invers, da $[a, b] \cdot [b, a] = [a \cdot b, a \cdot b]$ gilt und $[a \cdot b, a \cdot b]$ in Normalform $[1,1]$ ist. Für das ganze Zahlenpaar $[0,1] := 0$ existiert kein multiplikativ inverses ganzes Zahlenpaar. Die Multiplikation ist assoziativ und kommutativ. Das Gebilde $(\mathbb{Q} - \{0\}\ ; \cdot)$ ist daher eine kommutative Gruppe.

Die Multiplikation ist bezüglich der Addition distributiv. Das Gebilde ($\mathbb{Q}$; + , •) ist daher ein kommutativer Körper. Die Kürzungsregel gilt wie bei ganzen Zahlen.

Erweiterung von $\mathbb{Z}$ **:** Die injektive Abbildung $i : \mathbb{Z} \to \mathbb{Q}$ mit $i(a) = [a, 1]$ ist strukturverträglich (homomorph), da $i(a+b) = i(a) + i(b)$ und $i(a \cdot b) = i(a) \cdot i(b)$ gilt. Daher darf die Ganzzahlenmenge $\mathbb{Z}$ durch die Hinzunahme der Brüche zur Menge $\mathbb{Q}$ der rationalen Zahlen erweitert werden. Damit wird die algebraische Struktur von einem kommutativen Ring zu einem kommutativen Körper vervollständigt. In $\mathbb{Q}$ besitzt die Gleichung $[a, 1] \cdot x = [b, 1]$ für $a \neq 0$ die Lösung $x = [b, a]$, die dem Bruch $\frac{b}{a}$ entspricht. Teilmengen von $\mathbb{Q}$ werden wie folgt bezeichnet :

$\mathbb{Q}'$ rationale Zahlen ohne Null

$\mathbb{Q}^+$ positive rationale Zahlen

$\mathbb{Q}_0^+$ positive rationale Zahlen und Null

$\mathbb{Q}^-$ negative rationale Zahlen

$\mathbb{Q}_0^-$ negative rationale Zahlen und Null

Subtraktion : In der Zahlenmenge $\mathbb{Q}$ ist die Gleichung $[a, b] + x = [c, d]$ unbeschränkt mit $x = [bc - ad, bd]$ lösbar. Die Lösung x heißt die Differenz der rationalen Zahlen und wird mit $x = [c, d] - [a, b]$ bezeichnet. In der Normaldarstellung gilt dementsprechend $p + x = s$ und $x = s - p$.

Division : In der Zahlenmenge $\mathbb{Q}$ ist die Gleichung $[a, b] \cdot x = [c, d]$ für $a, d \neq 0$ unbeschränkt mit $x = [bc, ad]$ lösbar. Die Lösung x heißt der Quotient der rationalen Zahlen und wird mit $x = [c, d] \,/\, [a, b]$ bezeichnet. In der Normaldarstellung gilt dementsprechend $p \cdot x = s$ und $x = s/p$.

Rechenregeln : Die Grundrechenarten Addition, Subtraktion, Multiplikation und Division sind in $\mathbb{Q}$ mit Ausnahme der Division durch Null unbeschränkt ausführbar. Die Rechenregeln folgen aus der Normaldarstellung und der algebraischen Struktur von $\mathbb{Q}$.

Addition : $\frac{a}{b} + \frac{c}{d} = \frac{ad + bc}{bd}$ $\quad b, d \neq 0$

Subtraktion : $\frac{a}{b} - \frac{c}{d} = \frac{ad - bc}{bd}$ $\quad b, d \neq 0$

Multiplikation : $\frac{a}{b} \cdot \frac{c}{d} = \frac{ac}{bd}$ $\quad b, d \neq 0$

Division : $\frac{a}{b} \,/\, \frac{c}{d} = \frac{ad}{bc}$ $\quad b, c, d \neq 0$

Ordinale Struktur : Die Relation $\leq$ (kleiner oder gleich) und die Relation $<$ für rationale Zahlen sind wie folgt definiert :

$$p \leq s \quad :\Leftrightarrow \quad p - s \leq 0$$
$$p < s \quad :\Leftrightarrow \quad p \leq s \ \wedge \ p \neq s$$

Die rationalen Zahlen sind wie die ganzen Zahlen total geordnet. Die ordinale und die algebraische Struktur der rationalen Zahlen sind wie bei den ganzen Zahlen verträglich, da die Monotoniegesetze für die Addition und Multiplikation auch in $\mathbb{Q}$ gelten. Im Gegensatz zu den ganzen Zahlen liegen zwischen zwei rationalen Zahlen p und s mit $p \neq s$ weitere rationale Zahlen, beispielsweise $(p+s)/2$. Jedes offene Intervall $]p, s[= \{q \in \mathbb{Q} \mid p < q < s\}$ ist daher eine unendliche Menge.

Betrag : Der absolute Betrag einer rationalen Zahl p ist eine positive rationale Zahl, die mit $|p|$ bezeichnet und wie folgt bestimmt wird :

$$|p| \ := \ p \quad \text{für} \quad p \geq 0$$
$$|p| \ := \ -p \quad \text{für} \quad p < 0$$

Topologische Struktur : Der rationale Raum $\mathbb{Q}$ wird mit der Funktion $d : \mathbb{Q} \times \mathbb{Q} \rightarrow \mathbb{Q}_0^+$ und $d(p, s) = |p - s|$ metrisiert. Die topologische Struktur des metrischen Raumes $\mathbb{Q}$ ist mit den offenen Intervallen $]p, s[\ := \ \{r \in \mathbb{Q} \mid p < r < s\}$ definiert.

6.5 REELLE ZAHLEN

Irrationale Zahlen : Die lineare Gleichung $p \cdot x = s$ ist in $\mathbb{Q}$ für $p \neq 0$ unbeschränkt nach x lösbar. Für die nichtlineare Gleichung $x \cdot x = 2$ gibt es jedoch keine rationale Lösung x. Gäbe es nämlich eine rationale Zahl x mit der Normaldarstellung a / b und $a^2 = 2b^2$, so wäre a^2 gerade und folglich a durch 2 teilbar : $a = 2n$. Durch Substitution folgt dann $b^2 = 2n^2$, so daß auch b gerade wäre. Der gemeinsame Teiler 2 von a und b widerspricht der Annahme, daß a/b Normaldarstellung einer rationalen Zahl ist.

Nichtlineare Gleichungen der Art $x^2 = 2$ treten häufig auf, beispielsweise bei der Bestimmung der Länge der Diagonale eines Quadrats mit der Seitenlänge 1. Da sie nicht mit rationalen Zahlen lösbar sind, wird eine Zahlenmenge $\mathbb{R}$ gesucht, die $\mathbb{Q}$ und Lösungen von Gleichungen der Art $x^p = s$ mit $p, s \in \mathbb{Q}$ enthält. Zur Definition von $\mathbb{R}$ werden die Begriffe offener Abschnitt und offener Anfang eingeführt.

Offener Abschnitt : $(M ; \leq)$ und $(M ; <)$ seien total geordnete Mengen. Dann gibt es zu jedem Element $q \in M$ eine eindeutige Teilmenge, die alle Elemente von M enthält, die kleiner als q sind. Eine solche Teilmenge heißt offener Abschnitt in M und wird mit S_q bezeichnet.

$$S_q := \{x \in M \mid x < q\} \subseteq M \qquad \text{für} \quad q \in M$$

Offener Anfang : $(M ; \leq)$ und $(M ; <)$ seien total geordnete Mengen. Dann heißt eine Teilmenge $A \subseteq M$ Anfang in M, wenn mit jedem Element $a \in A$ auch alle Elemente $x \in M$ mit $x \leq a$ zu A gehören. Ein Anfang A ohne größtes Element heißt offener Anfang in M (siehe Abschnitt 5.4).

Offener Abschnitt und offener Anfang in $\mathbb{Q}$: Die Menge $\mathbb{Q}$ der rationalen Zahlen ist durch die Relationen $\leq$ und $<$ total geordnet. Jeder offene Abschnitt in $\mathbb{Q}$ ist ein offener Anfang in $\mathbb{Q}$. Aber nicht jeder offene Anfang in $\mathbb{Q}$ ist ein offener Abschnitt in $\mathbb{Q}$.

Beispiel 1 : Offener Abschnitt und offener Anfang in $\mathbb{Q}$

Die Menge $S_2 = \{x \in \mathbb{Q} \mid x < 2\}$ enthält alle rationalen Zahlen, die kleiner als 2 sind. Sie ist daher ein offener Abschnitt in $\mathbb{Q}$. Die Menge S_2 enthält mit jeder rationalen Zahl $a \in S_2$ auch alle rationalen Zahlen $x \leq a$. Sie ist daher ein Anfang in $\mathbb{Q}$. Die Menge S_2 enthält kein größtes Element, da mit jeder positiven rationalen Zahl $\frac{c}{d}$ aus S_2 auch die größere rationale Zahl $\frac{c}{d} + \frac{1}{2cd}$ zu S_2 gehört :

- Eine positive rationale Zahl $0 < x < 2$ ist ein Quotient natürlicher Zahlen c/d mit $c, d > 0$. Aus $0 < c/d < 2$ folgt $0 < c < 2d$ und weiter $c = 2d - n$ mit der natürlichen Zahl $0 < n < 2d$.

- Eine positive rationale Zahl $y > x$ wird nach der angegebenen Vorschrift gebildet. Die Vorschrift wird mit $c = 2d - n$ umgeformt :

$$y = \frac{c}{d} + \frac{1}{2cd} = \frac{2d-n}{d} + \frac{1}{2cd} = 2 - \frac{1}{d}\left(n - \frac{1}{2c}\right)$$

- Der Term $n - \frac{1}{2c}$ im Ausdruck für y ist wegen $n, c \geq 1$ und $\frac{1}{2c} < \frac{1}{2}$ positiv. Er nimmt für $n = 1$ und $c = 1$ den kleinsten Wert $\frac{1}{2}$ an. Daraus folgt $y < 2$:

$$y = 2 - \frac{1}{d}\left(n - \frac{1}{2c}\right) \leq 2 - \frac{1}{2d} < 2$$

Aus $x < 2$, $y > x$ und $y > 2$ folgt, daß S_2 kein größtes Element besitzt. Folglich ist S_2 ein offener Anfang.

Beispiel 2 : Offener Anfang in $\mathbb{Q}$

Die Menge $A = \{x \in \mathbb{Q} \mid x < 0 \ \vee \ x^2 < 2\}$ enthält alle negativen rationalen Zahlen und alle nichtnegativen rationalen Zahlen x mit $x^2 < 2$. Sie ist daher ein Anfang in $\mathbb{Q}$. Die Menge A enthält kein größtes Element, da mit jeder positiven rationalen Zahl $\frac{c}{d}$ in A auch die größere Zahl $\frac{c}{d} + \frac{1}{3cd}$ in A enthalten ist :

- Eine positive rationale Zahl x mit $x^2 < 2$ ist ein Quotient der natürlichen Zahlen c/d mit $c, d > 0$. Aus $c^2/d^2 < 2$ folgt $c^2 < 2d^2$ und weiter $c^2 = 2d^2 - n$ mit der natürlichen Zahl $0 < n < 2d^2$.

- Eine positive rationale Zahl $y > x$ wird nach der angegebenen Vorschrift gebildet. Der Ausdruck y^2 wird mit $c^2 = 2d^2 - n$ umgeformt :

$$y = \frac{c}{d} + \frac{1}{3cd}$$

$$y^2 = \frac{c^2}{d^2} + \frac{2}{3d^2} + \frac{1}{9c^2d^2} = \frac{2d^2 - n}{d^2} + \frac{2}{3d^2} + \frac{1}{9c^2d^2}$$

$$y^2 = 2 - \frac{1}{d^2}\left(n - \frac{2}{3} - \frac{1}{9c^2}\right)$$

- Der Term $n - \frac{2}{3} - \frac{1}{9c^2}$ ist wegen $n, c \geq 1$ und $\frac{1}{9c^2} \leq \frac{1}{9}$ positiv. Er nimmt für $n = 1$ und $c = 1$ den kleinsten Wert $\frac{2}{9}$ an. Daraus folgt $y^2 > 2$:

$$y^2 = 2 - \frac{1}{d^2}\left(n - \frac{2}{3} - \frac{1}{9c^2}\right) \leq 2 - \frac{1}{9d^2} < 2$$

Aus $x^2 < 2$, $y < x$ und $y^2 > 2$ folgt, daß A kein größtes Element besitzt. Folglich ist A ein offener Anfang in $\mathbb{Q}$. A ist kein offener Abschnitt in $\mathbb{Q}$, da es keine rationale Zahl q mit $q^2 = 2$ gibt.

Konstruktion von $\mathbb{R}$: Eine reelle Zahlenmenge $\mathbb{R}$ wird so konstruiert, daß jeder offene Anfang in $\mathbb{R}$ eine offener Abschnitt in $\mathbb{R}$ ist. Jeder offene Anfang in der rationalen Zahlenmenge $\mathbb{Q}$ heißt eine reelle Zahl. Die Menge der offenen Anfänge in $\mathbb{Q}$ heißt die reelle Zahlenmenge $\mathbb{R}$. Reelle Zahlen werden mit Kleinbuchstaben wie r und s bezeichnet.

Darstellung : Eine reelle Zahl, die zugleich ein offener Anfang A und ein offener Abschnitt S_q in $\mathbb{Q}$ ist, wird mit der rationalen Zahl q bezeichnet. Reelle Zahlen, die keine offenen Abschnitte in $\mathbb{Q}$ sind, heißen irrationale Zahlen. Irrationale Zahlen werden mit eigenen Symbolen bezeichnet, beispielsweise $\sqrt{2}$ oder π oder e. Im folgenden sind ausgewählte reelle Zahlen mit ihren offenen Anfängen in $\mathbb{Q}$ auf der Zahlengerade graphisch dargestellt.

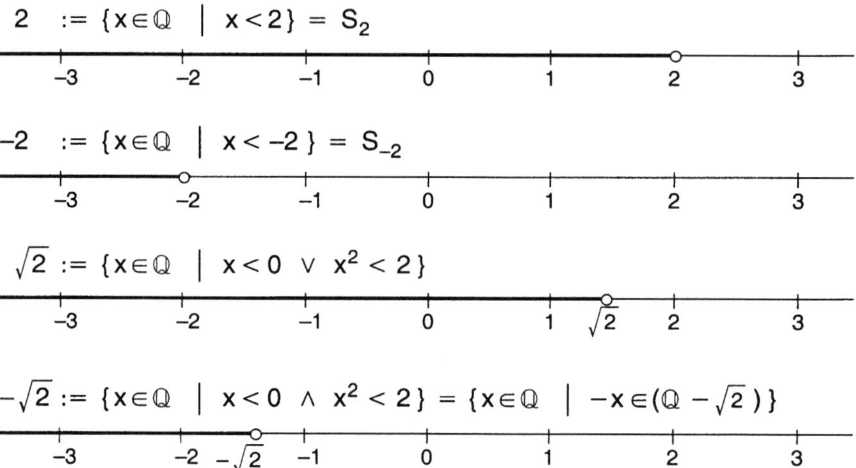

Ordinale Struktur : Die Relationen $\leq$ (kleiner oder gleich) und $<$ (kleiner als) sind für reelle Zahlen als Mengenrelationen für offene Anfänge in $\mathbb{Q}$ wie folgt definiert :

$$r \leq s \quad :\Leftrightarrow \quad r \subseteq s \qquad\qquad r, s \in \mathbb{R}$$
$$r < s \quad :\Leftrightarrow \quad r \subset s$$

Die reellen Zahlen sind wie die rationalen Zahlen total geordnet. Im Gegensatz zu den rationalen Zahlen gilt für die reellen Zahlen der Satz von der oberen Grenze : Jede nichtleere nach oben beschränkte Teilmenge T von $\mathbb{R}$ besitzt eine obere Grenze (Supremum). Beispielsweise besitzt $T = \{x \in \mathbb{R} \mid x^2 < 2\}$ die obere Grenze $\sqrt{2}$.

Algebraische Struktur : Die inneren Verknüpfungen + (Addition) und $\cdot$ (Multiplikation) der reellen Zahlen sind als Mengenoperationen rationaler Zahlen für offene Anfänge in $\mathbb{Q}$ wie folgt definiert :

Addition : $r + s := \{x + y \mid x \in r \wedge y \in s\}$

Multiplikation : $r \cdot s := \mathbb{Q}^- \cup \{x \cdot y \mid x \in (r - \mathbb{Q}^-) \wedge y \in (s - \mathbb{Q}^-)\}$

für $r, s \geq 0$

Der offene Anfang $S_0 = \{x \in \mathbb{Q} \mid x < 0\} = \mathbb{Q}^-$ ist das neutrale Element 0 der Addition, da $r + 0 = \{x + y \mid x \in r \;\wedge\; y < 0\} = r$ gilt. Die reellen Zahlen r und $-r$ sind additiv invers, so daß $r + (-r) = 0$ ist. Für ihre offenen Anfänge gilt :

$$\text{r ist rational} \quad \Rightarrow \quad -r = S_{-r}$$
$$\text{r ist irrational} \quad \Rightarrow \quad -r = \{x \mid -x \in (\mathbb{Q} - r)\}$$

Die Addition ist assoziativ und kommutativ. Das Gebilde $(\mathbb{R}\,;+)$ ist daher eine kommutative Gruppe.

Der offene Anfang $S_1 = \{x \in \mathbb{Q} \mid x < 1\}$ ist das neutrale Element 1 der Multiplikation. Für $r \geq 0$ gilt nämlich $r \cdot 1 = \mathbb{Q}^- \cup \{x \cdot y \mid x \in (r - \mathbb{Q}^-) \wedge 0 \leq y < 1\} = \mathbb{Q}^- \cup (r - \mathbb{Q}^-) = r$. Die reellen Zahlen r und r^{-1} sind multiplikativ invers, so daß $r \cdot r^{-1} = 1$ für $r > 0$ ist. Für ihre offenen Anfänge gilt :

$$r > 0 \quad \Rightarrow \quad r^{-1} = \bigcup_{x \in \mathbb{Q} - r} S_{x^{-1}}$$

Ist $r = 0$, so existiert keine multiplikativ inverse reelle Zahl. Die Multiplikation negativer reeller Zahlen wird mit den Beziehungen $r \cdot s = (-r) \cdot (-s) = -(r \cdot (-s)) = -((-r) \cdot s)$ auf die Multiplikation nichtnegativer reeller Zahlen und additive Inversenbildung zurückgeführt. Die multiplikative Inversenbildung negativer reeller Zahlen wird mit der Beziehung $r^{-1} = -(-r)^{-1}$ auf die multiplikative Inversenbildung positiver reeller Zahlen und additive Inversenbildung zurückgeführt. Die Multiplikation ist assoziativ und kommutativ. Das Gebilde $(\mathbb{R} - \{0\}\,;\,\cdot\,)$ ist daher eine kommutative Gruppe.

Die Multiplikation ist bezüglich der Addition distributiv. Das Gebilde $(\mathbb{R}\,;+,\cdot\,)$ ist daher ein kommutativer Körper. Die Kürzungsregel gilt wie bei rationalen Zahlen. Die ordinale und die algebraische Struktur sind wie bei den rationalen Zahlen verträglich, da die Monotoniegesetze für die Addition und Multiplikation auch in $\mathbb{R}$ gelten.

Erweiterung von $\mathbb{Q}$: Die injektive Abbildung $i : \mathbb{Q} \to \mathbb{R}$ mit $i(q) = S_q$ ist strukturverträglich, da $i(r + s) = i(r) + i(s)$ und $i(r \cdot s) = i(r) \cdot i(s)$ gilt. Daher darf die Menge $\mathbb{Q}$ der rationalen Zahlen durch die Hinzunahme der irrationalen Zahlen zur Menge $\mathbb{R}$ der reellen Zahlen erweitert werden. Damit wird die Ordnungsstruktur vervollständigt, während die algebraische Struktur erhalten bleibt. Teilmengen von $\mathbb{R}$ werden wie folgt bezeichnet :

$\mathbb{R}'$	reelle Zahlen ohne Null
$\mathbb{R}^+$	positive reelle Zahlen
$\mathbb{R}_0^+$	positive reelle Zahlen und Null
$\mathbb{R}^-$	negative reelle Zahlen
$\mathbb{R}_0^-$	negative reelle Zahlen und Null

Potenzieren und Radizieren : Die algebraische Struktur von $\mathbb{R}$ wird um das Potenzieren und um das Radizieren mit reellen Zahlen als Basis und mit Ganzzahlen als Exponenten erweitert :

Potenzieren : $r^0 := 1$

$r^{n+1} := r \cdot r^n \qquad n \in \mathbb{N},\ r \in \mathbb{R}$

$r^{-n} := 1 / r^n \qquad n \in \mathbb{N},\ r \in \mathbb{R}'$

Radizieren : $\sqrt[n]{r} := \mathbb{Q}^- \cup \{x \in \mathbb{Q}_0^+ \mid x^n < r\} \qquad n \in \mathbb{N}',\ r \in \mathbb{R}_0^+$

$r^{m/n} := (\sqrt[n]{r})^m \qquad m \in \mathbb{Z}^+,\ r \in \mathbb{R}_0^+$

$m \in \mathbb{Z}_0^+,\ r \in \mathbb{R}^+$

Das Potenzieren reeller Basen mit reellen Exponenten wird so definiert, daß das Ergebnis stets in $\mathbb{R}_0^+$ liegt :

$r \geq 1 \quad : \quad r^s := \bigcup_{p \in s} r^p \qquad r \in \mathbb{R}_0^+, s \in \mathbb{R}, p \in \mathbb{Q}$

$0 < r < 1 \quad : \quad r^s := (r^{-1})^{-s}$

$r = 0 \quad : \quad 0^0 := 1$, sonst $0^s := 0$

Für das Potenzieren gelten folgende Rechenregeln :

gleiche Basis : $r^{s_1} \cdot r^{s_2} = r^{s_1 + s_2}$

$r^{s_1} / r^{s_2} = r^{s_1 - s_2}$

gleicher Exponent : $r_1^s \cdot r_2^s = (r_1 \cdot r_2)^s$

$r_1^s / r_2^s = (r_1 / r_2)^s$

mehrfache Potenz : $(r^{s_1})^{s_2} = r^{s_1 \cdot s_2}$

Logarithmen : Die Lösung x der Gleichung $r^x = s$ mit $r, s \in \mathbb{R}^+$ und $r \neq 1$ heißt Logarithmus von s zur Basis r und wird mit $x = \log_r s$ bezeichnet. An Stelle von $\log_{10} s$ wird die Abkürzung lg s, an Stelle von $\log_e s$ die Abkürzung ln s benutzt. Für Logarithmen gelten folgende Rechenregeln :

Produkt : $\log_r (s_1 \cdot s_2) = \log_r s_1 + \log_r s_2$

Quotient : $\log_r (s_1 / s_2) = \log_r s_1 - \log_r s_2$

Potenz : $\log_r (s^t) = t \cdot \log_r s$

Wurzel : $\log_r \left(\sqrt[t]{s}\right) = \frac{1}{t} \cdot \log_r s$

Topologische Struktur von $\mathbb{R}$: In der rationalen Zahlenmenge $\mathbb{Q}$ ist nicht jede Fundamentalfolge konvergent. Beispielsweise ist $\sqrt{2}$ nicht als konvergente Fundamentalfolge in $\mathbb{Q}$ darstellbar. Gesucht wird eine Zahlenmenge, in der jede Fundamentalfolge rationaler Zahlen konvergiert. In Abschnitt 5.10.1 ist mit der Eigenschaft (F5) gezeigt, daß die als offene Anfänge definierten reellen Zahlen diese Eigenschaft besitzen. Alternativ hierzu kann man die Konvergenz aller Fundamentalfolgen in $\mathbb{R}$ postulieren und daraus die reellen Zahlen als b-adische Brüche ableiten.

b-adischer Bruch : Ein b-adischer Bruch n ist der Grenzwert einer Reihe x_n mit der Basis b, den Exponenten i und den Ziffern a_i . Wird die Basis b vorausgesetzt, so ist der Bruch eindeutig durch seine Ziffernfolge beschrieben. Häufig werden die Basen 2 (Binärsystem) und 10 (Dezimalsystem) verwendet.

$$x_n = \sum_{i=-k}^{n} a_i\, b^{-i} \qquad a_i, b, i, k, n \in \mathbb{N}$$

$$x_n = a_{-k} \ldots a_{-1}\, a_0\, a_1 \ldots a_n \qquad x = \lim_{n \to \infty} x_n \in \mathbb{R}$$

$$b \geq 2 \qquad \text{Basis des Bruchs}$$

$$0 \leq a_i < b \qquad \text{Ziffern des Bruchs}$$

Jeder b-adische Bruch ist eine Fundamentalfolge. Für $n \geq m \geq -k$ und ε aus $\mathbb{Q}^+$ gilt nämlich mit ausreichend großem m :

$$|x_n - x_m| = \sum_{i=m+1}^{n} a_i\, b^{-i} \leq \sum_{i=m+1}^{n} (b-1) b^{-i}$$

$$|x_n - x_m| \leq (b-1) b^{-m-1} \sum_{i=0}^{n-m-1} b^{-i} \leq (b-1) b^{-m-1} \frac{1}{1-b^{-1}} = b^{-m} < \varepsilon$$

Entwicklung reeller Zahlen : Jede nichtnegative reelle Zahl x läßt sich in einen b-adischen Bruch entwickeln. Der Beweis wird induktiv geführt.

Induktionsanfang : Sei k die kleinste natürliche Zahl mit $0 \leq x < b^{k+1}$. Betrachte die Unterteilung $0 = 0 \cdot b^k < 1 \cdot b^k < \ldots < b \cdot b^k = b^{k+1}$. Dann gibt es genau eine natürliche Zahl a_{-k} mit $0 \leq a_{-k} < b-1$ und $x_{-k} = a_{-k}\, b^k$, so daß $x_{-k} \leq x < x_{-k} + b^k$.

Induktionsschritt : Für $x_n \leq x < x_n + b^{-n}$ seien die Ziffern $a_{-k}, \ldots, a_n$ bekannt. Betrachte die Unterteilung $x_n < x_n + b^{-n-1} < x_n + 2b^{-n-1} < \ldots < x_n + b \cdot b^{-n-1}$. Dann gibt es genau eine natürliche Zahl a_{n+1} mit $0 \leq a_{n+1} < b-1$ und $x_{n+1} = x_n + a_{n+1}\, b^{-n-1}$, so daß $x_{n+1} \leq x < x_{n+1} + b^{-n-1}$. Aus $|x - x_n| < b^{-n}$ für $n \geq -k$ folgt $\lim_{n \to \infty} x_n = x$.

Beispiel 3 : Berechnung der Quadratwurzel von $a \in \mathbb{Q}^+$

Die Quadratwurzel von a wird als Grenzwert der folgenden konvergenten Folge berechnet :

$$x_{i+1} = \frac{1}{2}\left(x_i + \frac{a}{x_i}\right) \qquad i \in \mathbb{N},\ x_i \in \mathbb{R}^+$$

Für $a = 5$ und $x_0 = 1$ besitzt die Folge folgende Terme :

$x_0 = 1.000\,000\,000$
$x_1 = 3.000\,000\,000$
$x_2 = 2.333\,333\,333$
$x_3 = 2.238\,095\,238$
$x_4 = 2.236\,068\,896$
$x_5 = 2.236\,067\,978$

6.6 KOMPLEXE ZAHLEN

Imaginäre Zahl : Die quadratische Gleichung $x^2 = a$ besitzt für nichtnegative reelle Zahlen $a \in \mathbb{R}_0^+$ reelle Lösungen. Für negative reelle Zahlen $a \in \mathbb{R}^-$ gibt es jedoch keine reellen Lösungen. Gesucht wird eine Zahlenmenge $\mathbb{C}$, in der Gleichungen der Form $x^2 + 1 = 0$ lösbar sind. Die Lösung i der Gleichung $x^2 = -1$ heißt imaginäre Einheit. Die Zahlen bi mit $b \in \mathbb{R}$ heißen imaginäre Zahlen.

Konstruktion von $\mathbb{C}$: In Analogie zur Konstruktion der ganzen und der rationalen Zahlenmenge werden reelle Zahlenpaare $(a, b) \in \mathbb{R} \times \mathbb{R}$ eingeführt. Die Menge $\mathbb{C}$ der komplexen Zahlen ist die Menge $\mathbb{R} \times \mathbb{R}$ aller reellen Zahlenpaare.

Algebraische Struktur : Die inneren Verknüpfungen + (Addition) und • (Multiplikation) für komplexe Zahlen sind über reelle Zahlenpaare wie folgt definiert :

Addition	:	$(a,b) + (c,d)$	$:=$	$(a + c,\ b + d)$
Multiplikation	:	$(a,b) \cdot (c,d)$	$:=$	$(a \cdot c - b \cdot d,\ a \cdot d + b \cdot c)$

Das reelle Zahlenpaar (0, 0) ist das neutrale Element der Addition, da $(a,b) + (0,0) = (a,b)$ gilt. Die reellen Zahlenpaare (a, b) und (–a, –b) sind additiv invers, da $(a,b) + (-a,-b) = (0,0)$ gilt. Die Addition ist assoziativ und kommutativ. Das Gebilde $(\mathbb{R} \times \mathbb{R}\ ;\ +)$ ist daher eine kommutative Gruppe.

Das reelle Zahlenpaar (1, 0) ist das neutrale Element der Multiplikation, da $(a,b) \cdot (1,0) = (a,b)$ gilt. Die reellen Zahlenpaare (a, b) und $(a/(a^2 + b^2), -b/(a^2 + b^2))$ sind für $(a,b) \neq (0,0)$ multiplikativ invers, da $(a,b) \cdot (a/(a^2 + b^2), -b/(a^2 + b^2)) = (1,0)$ gilt. Die Multiplikation ist assoziativ und kommutativ. Das Gebilde $(\mathbb{R} \times \mathbb{R} - \{(0,0)\}\ ;\ \cdot)$ ist daher eine kommutative Gruppe.

Die Multiplikation ist bezüglich der Addition distributiv. Das Gebilde $(\mathbb{R} \times \mathbb{R}\ ;\ +, \cdot)$ ist daher ein kommutativer Körper. Die Kürzungsregel gilt wie bei reellen Zahlen. In Beispiel 1 des Abschnittes 3.5 ist gezeigt, daß die Menge der komplexen Zahlen ein zweidimensionaler Vektorraum über dem Körper der reellen Zahlen ist.

Erweiterung von $\mathbb{R}$: Die injektive Abbildung $i : \mathbb{R} \to \mathbb{C}$ mit $i(a) = (a, 0)$ ist strukturverträglich (homomorph), da $i(a + b) = i(a) + i(b)$ und $i(a \cdot b) = i(a) \cdot i(b)$ gilt. Die Menge $\mathbb{R}$ der reellen Zahlen wird durch Hinzunahme der reellen Zahlenpaare (a, b) mit $a, b \in \mathbb{R}$ und $b \neq 0$ zur Menge $\mathbb{C}$ der komplexen Zahlen erweitert. Bei einer komplexen Zahl $(a,b) \in \mathbb{C}$ heißt $a \in \mathbb{R}$ Realteil und $b \in \mathbb{R}$ Imaginärteil. Statt eines Zahlenpaares $(a,b) \in \mathbb{C}$ wird häufig die Schreibweise a + ib verwendet, die aus den Lösungen von quadratischen Gleichungen mit reellen Koeffizienten resultiert. Die quadratische Gleichung $x^2 = a$ besitzt für $a \in \mathbb{R}_0^+$ die Lösungen $x_1 = (\sqrt{|a|}, 0) := \sqrt{|a|}$ und $x_2 = (-\sqrt{|a|}, 0) = -\sqrt{|a|}$, sowie für $a \in \mathbb{R}^-$ die Lösungen $x_1 = (0, \sqrt{|a|}) := i\sqrt{|a|}$ und $x_2 = (0, -\sqrt{|a|}) := -i\sqrt{|a|}$. Durch die Erweiterung von $\mathbb{R}$ auf $\mathbb{C}$ bleibt die algebraische Struktur erhalten. Die Menge $\mathbb{C}$ ohne die Null $(0,0) := 0$ wird mit $\mathbb{C}'$ bezeichnet.

Komplexe Zahlenebene : Komplexe Zahlen $z \in \mathbb{C}$ werden in der komplexen Zahlenebene graphisch dargestellt. Die Zahl z wird wahlweise entweder mit ihren kartesischen Koordinaten a, b oder mit ihren Polarkoordinaten r, ϕ spezifiziert. An Stelle der Polardarstellung kann die Normaldarstellung benutzt werden.

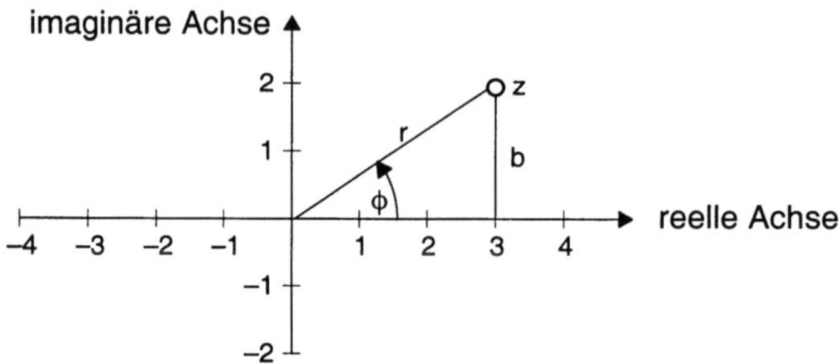

Kartesische Form :	z	$=$	$a + ib$	
	a	$=$	$\mathrm{re}(z)$	Realteil von z
	b	$=$	$\mathrm{im}(z)$	Imaginärteil von z
Polare Form :	z	$=$	$r(\cos\phi$	$+ i \sin\phi)$
	r	$=$	$\lvert z \rvert$	Betrag von z : $\lvert z \rvert = \sqrt{a^2 + b^2}$
	ϕ	$=$	$\arg z$	Argument von z $(0 \le \phi < 2\pi)$
Normaldarstellung:	z	$=$	$r\,e^{i\phi}$	Exponentialfunktion

Die Spiegelung der komplexen Zahl z an der reellen Achse heißt konjugierte (konjugiert-komplexe) Zahl $\tilde{z}$. Die Zahlen z und $\tilde{z}$ unterscheiden sich nur im Vorzeichen ihres Imaginärteils.

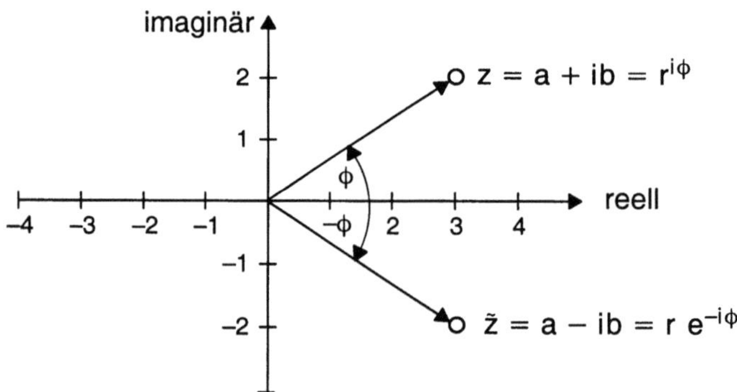

Rechenregeln : Die Grundrechenarten Addition, Subtraktion, Multiplikation und Division sind in $\mathbb{C}$ mit Ausnahme der Division durch Null unbeschränkt ausführbar.

Addition : $(a+ib) + (c+id) = (a+c) + i(b+d)$

Subtraktion : $(a+ib) - (c+id) = (a-c) + i(b-d)$

Multiplikation: $(a+ib) \cdot (c+id) = (ac-bd) + i(ad+bc)$

Division : $(a+ib) \,/\, (c+id) = \dfrac{ac+bd}{c^2+d^2} + \dfrac{bc-ad}{c^2+d^2} \qquad c,d \neq 0$

Bei Multiplikation und Division in der Normaldarstellung sind die Argumente der Ergebnisse auf Werte mod 2π im Bereich $0 \leq \phi < 2\pi$ zu reduzieren.

Multiplikation: $z_1 \cdot z_2 = (r_1 e^{i\phi_1}) \cdot (r_2 e^{i\phi_2}) = r_1 r_2 e^{i(\phi_1+\phi_2)}$

Division : $z_1 / z_2 = (r_1 e^{i\phi_1}) / (r_2 e^{i\phi_2}) = \dfrac{r_1}{r_2} e^{i(\phi_1-\phi_2)}$

Potenzieren und Radizieren : Das Potenzieren und Radizieren einer komplexen Zahl z mit einer natürlichen Zahl n wird auf das Rechnen mit reellen Zahlen zurückgeführt :

Normaldarstellung:	$z = re^{i\phi}$	$= r(\cos\phi + i\sin\phi)$	$z \in \mathbb{C}'$
Potenzieren :	z^n	$= r^n e^{in\phi}$	$n \in \mathbb{N}$
	$\lvert z^n \rvert$	$= \lvert z \rvert^n$	
	$\arg z^n$	$= (n \cdot \arg z) \bmod 2\pi$	$0 \leq \arg z^n < 2\pi$
Radizieren :	$\sqrt[n]{z}$	$= z^{1/n}$	$n \in \mathbb{N}'$

Für einen komplexen Exponenten $w = a + ib$ werden Betrag und Argument der Produkte getrennt :

Potenzieren :	z^w	$= (re^{i\phi})^{a+ib} = r^a r^{ib} e^{i\phi a - \phi b}$	$w \in \mathbb{C}$
	z^w	$= (r^a e^{-\phi b})\, e^{i(\phi a + b \ln r)}$	
Radizieren :	$\sqrt[w]{z}$	$= z^{1/w}$	$w \in \mathbb{C}'$

Einheitswurzeln : Die Lösungen von $x^n = 1$ heißen n-te Einheitswurzeln. Sie liegen in der komplexen Zahlenebene auf dem Einheitskreis und sind die Eckpunkte eines regelmäßigen n-Ecks. Mindestens eine der Einheitswurzeln liegt auf der reellen Achse.

Beispiel : Einheitswurzeln

$n = 6 \quad : \quad z = e^{2\pi j/n} = e^{\frac{\pi}{3} j} \qquad j = 0,\ldots,n-1$

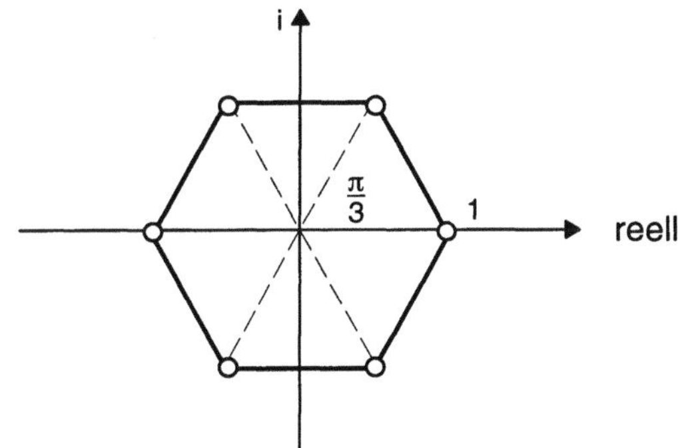

Logarithmen : Die Lösung $x = \ln r + i\phi$ der Gleichung $e^x = z = re^{i\phi}$ heißt Logarithmus von z zur Basis e und wird mit ln z bezeichnet. Weitere Lösungen der Gleichung $e^x = z$ sind $x = 2\pi k i + \ln z$ mit $k \in \mathbb{Z}$. Eine Lösung $x = \log_w z$ der Gleichung $w^x = z$ mit $w \neq 0, 1$ ist $\log_w z = \ln z / \ln w$.

Algebraische und transzendente Zahlen : Die Nullstellen der Polynome $\mathbb{Q}[x]$ der Unbestimmten x mit rationalen Koeffizienten aus $\mathbb{Q}$ heißen algebraische Zahlen. Komplexe Zahlen, die nicht Nullstellen eines Polynoms aus $\mathbb{Q}[x]$ sind, heißen transzendente Zahlen. Beispiele transzendenter Zahlen sind π und e.

Ordinale Struktur : Die Relationen $\sqsubset$ (kleiner als) und $\sqsubseteq$ (kleiner oder gleich) lassen sich für komplexe Zahlen wie folgt definieren :

$$y \sqsubset z \quad :\Leftrightarrow \quad |y| < |z| \quad \vee \quad (|y| = |z|) \quad \wedge \quad \arg y < \arg z)$$

$$y \sqsubseteq z \quad :\Leftrightarrow \quad y \sqsubseteq z \quad \vee \quad y = z$$

Mit diesen Definitionen sind die komplexen Zahlen total geordnet. Die ordinale und die algebraische Struktur sind jedoch nicht verträglich, so daß die Monotoniegesetze für die Addition und die Multiplikation komplexer Zahlen nicht gelten. Das folgende Beispiel zeigt, daß das Monotoniegesetz der Multiplikation in der Form $y \sqsubset z \Leftrightarrow z \cdot y \sqsubset z \cdot z$ nicht gilt :

$$\begin{array}{llll} y = e^{i\pi/4} & |y| = 1 & \arg y = \pi/4 \\ z = e^{i3\pi/2} & |z| = 1 & \arg z = 3\pi/2 \\ z \cdot y = e^{i7\pi/4} & |z \cdot y| = 1 & \arg z \cdot y = 7\pi/4 \\ z \cdot z = e^{i\pi} & |z \cdot z| = 1 & \arg z \cdot y = \pi \end{array}$$

$$y \sqsubset z \quad \Leftrightarrow \quad (1 < 1) \quad \vee \quad ((1 = 1) \quad \wedge \quad (\pi/4 < 3\pi/2)) \quad \Leftrightarrow \quad \text{wahr}$$

$$z \cdot y \sqsubset z \cdot z \quad \Leftrightarrow \quad (1 < 1) \quad \vee \quad ((1 = 1) \quad \wedge \quad (7\pi/4 < \pi)) \quad \Leftrightarrow \quad \text{falsch}$$

Topologische Struktur von $\mathbb{C}$: Der komplexe Raum $\mathbb{C}$ wird mit der Funktion $d : \mathbb{C} \times \mathbb{C} \to \mathbb{R}_0^+$ und $d(x, y) = |x - y|$ metrisiert. Er besitzt daher eine topologische Struktur. Jede Fundamentalfolge komplexer Zahlen hat in $\mathbb{C}$ einen Grenzwert.

6.7 QUATERNIONEN

Einführung : Nach der Konstruktion der Menge $\mathbb{C}$ der komplexen Zahlen als Erweiterung der Menge $\mathbb{R}$ der reellen Zahlen stellt sich die Frage, ob $\mathbb{C}$ unter Erhaltung der algebraischen Struktureigenschaften erweiterbar ist. Es gibt keine Erweiterung von $\mathbb{C}$, die die Eigenschaften eines kommutativen Körpers besitzt. Es gibt jedoch noch eine Erweiterung von $\mathbb{C}$, die die Eigenschaften eines nicht kommutativen Körpers besitzt. Diese Erweiterung heißt Quaternionenmenge und wird mit $\mathbb{H}$ bezeichnet.

Konstruktion von Quaternionen : Quaternionen werden als quadratische Matrizen mit der Zeilen- und Spaltendimension 2 dargestellt. In Abschnitt 3.6 ist gezeigt, daß das additive und multiplikative Gebilde der quadratischen Matrizen mit der Zeilen- und Spaltendimension m über einem kommutativen Körper ein Ring ist, in dem die multiplikative Inversenbildung nicht gewährleistet ist. Für $m = 2$ kann der Ring zu einem Körper vervollständigt werden, so daß die multiplikative Inversenbildung gewährleistet ist. Eine Quaternion $A \in \mathbb{H}$ ist als quadratische Matrix mit der Zeilen- und Spaltendimension 2 und mit den komplexen Zahlen $a, b \in \mathbb{C}$ sowie ihren Konjugierten $\tilde{a}, \tilde{b} \in \mathbb{C}$ wie folgt definiert :

$$\text{Quaternion } A := \begin{bmatrix} a & -\tilde{b} \\ b & \tilde{a} \end{bmatrix} = \begin{bmatrix} a_1 + ia_2 & -b_1 + ib_2 \\ b_1 + ib_2 & a_1 - ia_2 \end{bmatrix} \qquad \begin{matrix} a, b \in \mathbb{C} \\ a_1, a_2, b_1, b_2 \in \mathbb{R} \end{matrix}$$

Algebraische Struktur : Die inneren Verknüpfungen + (Addition) und • (Multiplikation) für Quaternionen sind als Matrizenoperationen wie folgt definiert :

Addition :
$$A + B := \begin{bmatrix} a & -\tilde{b} \\ b & \tilde{a} \end{bmatrix} + \begin{bmatrix} c & -\tilde{d} \\ d & \tilde{c} \end{bmatrix} = \begin{bmatrix} e & -\tilde{f} \\ f & \tilde{e} \end{bmatrix}$$
$$e = a + c \qquad f = b + d$$

Multiplikation:
$$A \cdot B := \begin{bmatrix} a & -\tilde{b} \\ b & \tilde{a} \end{bmatrix} \cdot \begin{bmatrix} c & -\tilde{d} \\ d & \tilde{c} \end{bmatrix} = \begin{bmatrix} e & -\tilde{f} \\ f & \tilde{e} \end{bmatrix}$$
$$e = a \cdot c - \tilde{b} \cdot d \qquad f = b \cdot c + \tilde{a} \cdot d$$

Neutrales Element der Addition : $0 = \begin{bmatrix} 0 & 0 \\ 0 & 0 \end{bmatrix}$

Neutrales Element der Multiplikation : $1 = \begin{bmatrix} 1 & 0 \\ 0 & 1 \end{bmatrix}$

Inverse der Addition : $-A = \begin{bmatrix} -a & \tilde{b} \\ -b & -\tilde{a} \end{bmatrix}$

Inverse der Multiplikation : $A^{-1} = \begin{bmatrix} \tilde{a} & \tilde{b} \\ -b & a \end{bmatrix} \cdot \dfrac{1}{a \cdot \tilde{a} + b \cdot \tilde{b}}$

Die Summe zweier Quaternionen ist eine Quaternion. Das neutrale Element der Addition ist die Quaternion 0, da $A + 0 = A$ gilt. Die Quaternionen A und $-A$ sind additiv invers, da $A + (-A) = 0$ gilt. Die Addition ist assoziativ und kommutativ. Das Gebilde $(\mathbb{H}\,;+)$ ist daher eine kommutative Gruppe.

Das Produkt zweier Quaternionen ist eine Quaternion. Das neutrale Element der Multiplikation ist die Quaternion 1, da $A \cdot 1 = A$ gilt. Die Quaternionen $A \neq 0$ und A^{-1} sind multiplikativ invers, da $A \cdot A^{-1} = 1$ gilt. Die Multiplikation ist assoziativ aber nicht kommutativ. Das Gebilde $(\mathbb{H} - \{0\}\,;\cdot)$ ist daher eine Gruppe.

Die Multiplikation ist bezüglich der Addition distributiv. Das Gebilde $(\mathbb{H}\,;+,\cdot)$ ist daher ein Körper. Für Quaternionen gilt die Kürzungsregel.

Ein komplexe Zahl $a_1 + ib_1 \in \mathbb{C}$ läßt sich als spezielle Quaternion mit den reellen Zahlen $a_1, b_1 \in \mathbb{R}$ und $a_2 = b_2 = 0$ darstellen. In diesem Fall ist die Multiplikation kommutativ. Folglich ist das additive und multiplikative Gebilde dieser speziellen Quaternionen wie $(\mathbb{C}\,;+,\cdot)$ ein kommutativer Körper. Der kommutative Körper $(\mathbb{C}\,;+,\cdot)$ der komplexen Zahlen ist daher ein Unterkörper des Körpers $(\mathbb{H}\,;+,\cdot)$ der Quaternionen.

Vektorraum : Die komplexen Zahlen bilden einen zweidimensionalen Vektorraum über dem Körper der reellen Zahlen. Die Quaternionen bilden einen vierdimensionalen Vektorraum über dem Körper der reellen Zahlen. Jede Quaternion A läßt sich daher als Linearkombination von vier Basisquaternionen mit reellen Koeffizienten darstellen. Aus der Definition der Quaternionen folgt :

$$A = a_1 \cdot 1 + a_2 \cdot I + b_1 \cdot J + b_2 \cdot K \qquad a_1, a_2, b_1, b_2 \in \mathbb{R}$$

$$1 = \begin{bmatrix} 1 & 0 \\ 0 & 1 \end{bmatrix} \quad I = \begin{bmatrix} i & 0 \\ 0 & -i \end{bmatrix} \quad J = \begin{bmatrix} 0 & -1 \\ 1 & 0 \end{bmatrix} \quad K = \begin{bmatrix} 0 & i \\ i & 0 \end{bmatrix}$$

Wird eine komplexe Zahl $a_1 + ib_1 \in \mathbb{C}$ als spezielle Quaternion mit den reellen Zahlen $a_1, b_1 \in \mathbb{R}$ und $a_2 = b_2 = 0$ betrachtet, so läßt sie sich als Linearkombinationen der Basisquaternionen 1 und I mit reellen Koeffizienten a_1 und a_2 darstellen. Der zweidimensionale Vektorraum für komplexe Zahlen ist daher ein Untervektorraum des vierdimensionalen Vektorraumes der Quaternionen.

Erweiterung von $\mathbb{C}$: Die injektive Abbildung $i := \mathbb{C} \rightarrow \mathbb{H}$ mit $i(a) = A$ ist strukturverträglich (homomorph), da $i(a + b) = i(a) + i(b)$ und $i(a \cdot b) = i(a) \cdot i(b)$ gilt. Die Menge $\mathbb{C}$ der komplexen Zahlen kann zur Menge $\mathbb{H}$ der Quaternionen erweitert werden. Durch diese Erweiterung bleibt die algebraische Struktur eines Körpers erhalten ; die Kommutativität des Körpers geht jedoch verloren.

7 GRUPPEN

7.1 EINFÜHRUNG

7.1.1 GRUPPENTHEORIE

Einführung : Die Gruppe gehört zu den grundlegenden Begriffen der Mathematik. Dies ist nicht überraschend, da beispielsweise die durch Addition verknüpften Ganzzahlen eine Gruppe bilden. Die Gruppentheorie ist ein Muster für mathematische Denkweisen und Arbeitsmethoden. Ausgehend von einer geringen Anzahl von Definitionen und Axiomen entsteht auf logischer Grundlage ein Wissen, das zur Lösung zentraler Aufgaben der Mathematik geführt hat. Heute gehört die Gruppentheorie zu den Grundlagen der Naturwissenschaften und der Ingenieurwissenschaften. Das vorliegende Kapitel ist nur eine Einführung in die verblüffend reichhaltigen Eigenschaften der Gruppen.

Charakteristisches Merkmal : Eine Gruppe ist eine Relation in dem dreifachen kartesischen Produkt $M \times M \times M$ einer Menge M. Die Elemente der Relation R sind 3-Tupel $(a, b, c) \in M \times M \times M$ mit der folgenden Eigenschaft : Zwei der Komponenten a, b, c können frei in M gewählt werden, beispielsweise a und c. Dann gibt es genau einen Wert der dritten Komponente (in diesem Beispiel von b), für den das Tupel (a, b, c) zur Relation R gehört. Die eindeutige Abhängigkeit eines dritten Wertes von zwei gegebenen Werten ist das charakteristische Merkmal einer Gruppe.

Darstellung von Gruppen : Eine Gruppe wird meistens nicht als eine Relation $R \subseteq M \times M \times M$, sondern als eine Abbildung $f : M \times M \to M$ mit $f(a,b) = c$ dargestellt. Die Abbildung f ordnet definitionsgemäß jedem Paar (a,b) aus $M \times M$ ein eindeutiges Element c aus M zu. Das Bild c heißt die Verknüpfung des Paares (a,b), die Abbildung f heißt die Verknüpfungsregel. An Stelle des Buchstabens f kann ein Operatorsymbol verwendet werden, beispielsweise $a \circ b := f(a,b)$. Die Gruppe wird dann mit $(G ; \circ)$ bezeichnet. Diese Darstellung einer Gruppe erfaßt jedoch nur dann die charakteristischen Merkmale einer Gruppe, wenn zusätzliche Bedingungen erfüllt sind : Die Gruppe muß ein neutrales Element 1 und zu jedem Element a das inverse Element a^{-1} enthalten. Für $a \circ b = c$ gilt nämlich :

$$\begin{array}{lcl} \text{a, b bekannt} & \Rightarrow & (a,b,c) = (a, \; b \;, a \circ b) \\ \text{a, c bekannt} & \Rightarrow & (a,b,c) = (a, a^{-1} \circ c, c \;) \\ \text{a, c gleich} & \Rightarrow & (a,b,c) = (a, \; 1 \;, c \;) \end{array}$$

Bei der Bildung von Ausdrücken mit mehr als zwei Operanden wird vorausgesetzt, daß die Verknüpfung $\circ$ assoziativ ist.

Struktur : Das Ziel der Gruppentheorie ist das Verständnis der algebraischen Struktur von Gruppen. Beispielsweise werden folgende Fragen untersucht :

(1) Können die Elemente einer Gruppe (G ; ∘) durch Verknüpfung der Elemente einer Teilmenge von G erzeugt werden? Diese Frage wird durch das Konzept der Basis eines Vektorraumes angeregt. Es zeigt sich, daß das Konzept der Basis für allgemeine Gruppen nicht ausreicht.

(2) Kann die Menge G mit Hilfe der Verknüpfung ∘ in Klassen ähnlicher Elemente zerlegt werden? Diese Frage wird durch das Konzept der Typenbildung angeregt. Sie führt zu den Konzepten der Normalteiler und der Quotientengruppen, die in der Gruppentheorie von zentraler Bedeutung sind.

(3) Gibt es strukturerhaltende Abbildungen einer Gruppe (G ; ∘)? Diese Frage wird durch die Invarianten der topologischen Strukturen angeregt. Sie führt zu dem Konzept isomorpher Gruppen, die nicht an Hand ihrer Gruppenstruktur unterscheidbar sind. Es zeigt sich beispielsweise, daß jede endliche Gruppe isomorph zu einer Gruppe von Permutationen ist.

(4) Gibt es endliche Gruppen gleicher Ordnung, die nicht isomorph sind? Die Antwort ist: ja. Gibt es in einer Gruppe, deren Ordnung durch m teilbar ist, immer eine Untergruppe der Ordnung m? Für allgemeine Gruppen ist die Antwort: nein. Für kommutative Gruppen ist die Antwort: ja.

Die algebraische Struktur der Gruppen ist vielseitig. Die Struktur von Gruppen mit kommutativer Verknüpfung (abelsche Gruppen) ist vollständig bekannt und mit wenigen Invarianten (Betti Zahl, Torsionskoeffizienten) beschreibbar. Auch die Struktur der Permutationen einer endlichen Menge ist mit Zyklen und Transpositionen gut analysierbar. Die Struktur allgemeiner nichtabelscher Gruppen ist jedoch wegen der Abhängigkeit des Wertes eines Ausdrucks von der Reihenfolge der Operanden sehr komplex.

Anwendungen : Die Gruppentheorie ist ein wesentliches Werkzeug der algebraischen Topologie. Beispielsweise werden die Nachbarschaftsbeziehungen für Zellen und Simplexe mit Gruppen beschrieben. Die Analyse dieser Gruppen führt zu wesentlichen Merkmalen dieser Körper, beispielsweise zur Erkennung der Existenz von Blasen und von Widersprüchen in der Spezifikation von Festkörpern. Diese Grundlagen werden für die Abbildung von Körpern in Computern und bei der Konstruktion neuer Körper mit dem Computer benötigt.

Die Gruppentheorie ist auch ein wesentliches Werkzeug für die Beschreibung von Stoffen (Molekularstruktur, Kristallstruktur) und die Formulierung von Stoffgesetzen, insbesondere für die Gesetze anisotroper Werkstoffe. Mit Hilfe der Symmetriegruppen gelingt eine allgemeine Beschreibung der Symmetrieeigenschaften und eine Quantifizierung des Grades der Symmetrie.

Eine frühe Anwendung der Gruppentheorie betrifft die Auflösbarkeit nichtlinearer Gleichungen mit Radikalen. Galois hat den Zusammenhang zwischen dieser Frage und den Eigenschaften der Normalteiler von Gruppen aufgezeigt. Eng hiermit verwandt ist die Frage nach der Quadrierbarkeit des Kreises mit Zirkel und Lineal, die ebenfalls mit der Gruppentheorie beantwortet wird.

Es gibt weitere Anwendungen der Gruppentheorie. Beispielsweise kann die Geometrie einschließlich ihrer nichteuklidischen Aspekte mit Hilfe der Gruppentheorie aufgebaut werden. All diese Anwendungen der Gruppentheorie sind jedoch nicht Gegenstand des vorliegenden Buches.

7.1.2 GLIEDERUNG

Die Einführung in die Gruppentheorie setzt die Kenntnis der Kapitel 1 und 2 (Logik und Mengenlehre) und des Kapitels 3 (algebraische Strukturen) dieses Buches voraus. Der Stoff ist in folgende Themenbereiche gegliedert :

Untergruppen : Teilmengen einer Gruppe können ebenfalls eine Gruppenstruktur besitzen. Eine Untergruppe besitzt ein Erzeugendensystem : Jedes Element der Untergruppe ist ein Produkt von Elementen des Erzeugendensystems und ihren Inversen. Die eindeutige Darstellung einer Gruppe als ein Produkt von Untergruppen wird untersucht.

Beispiele für Gruppen : Als typische Beispiele für Gruppen werden die Permutationsgruppen, die Deckgruppen regelmäßiger geometrischer Körper und die von einer Teilmenge erzeugten Gruppen beschrieben. Die einfache Struktur der von einem einzigen Element erzeugten zyklischen Gruppen und ihrer Untergruppen wird untersucht. Die zyklischen Gruppen sind eng verwandt mit der additiven Gruppe der Ganzzahlen und ihren Untergruppen.

Klassenstruktur : Eine Gruppe kann nicht in disjunkte Untergruppen zerlegt werden, da jede Untergruppe das neutrale Element der Gruppe enthält. Für die Klassifizierung der Elemente einer Gruppe ist das Konzept der Untergruppen also nicht ausreichend. Daher wird die Klassenbildung mit Äquivalenzrelationen eingeführt. Verschiedene Äquivalenzrelationen führen zu verschiedenen Klassifikationen der Gruppe. Die Äquivalenz von Elementpaaren bezüglich einer Untergruppe H, die Äquivalenz konjugierter Elemente in der Gruppe G und die Äquivalenz von H-konjugierten Mengen in G werden behandelt. Dies führt zu der Zerlegung einer Gruppe in Nebenklassen einer Untergruppe und zu dem Konzept der Normalteiler.

Gruppenstruktur : Die Struktur zweier Gruppen wird verglichen, indem eine der Gruppen strukturerhaltend (homomorph) auf die andere abgebildet wird. Gruppen mit gleicher Struktur heißen isomorph. Zwischen zwei isomorphen Gruppen gibt es eine strukturerhaltende eineindeutige Abbildung. Für jeden Normalteiler N einer Gruppe G gibt es einen natürlichen Homomorphismus $f : G \to G/N$, der die Gruppe G auf die Quotientengruppe G / N abbildet. Diese Eigenschaft führt zu dem Homomorphiesatz und zwei Isomorphiesätzen. Diese Sätze bilden die Grundlage für die weitere Untersuchung der Struktur von Gruppen. Dabei sind isomorphe Abbildungen von Gruppen auf sich selbst (Automorphismen) von Bedeutung. Sie bilden eine Permutationsgruppe.

Abelsche Gruppen : Jede Verknüpfung von Elementen einer kommutativen (abelschen) Gruppe kann als eine Linearkombination dargestellt werden. Im Gegensatz zu den reellen Vektorräumen kann aber nicht jedes Element einer abelschen Gruppe als eine eindeutige Linearkombination von Basiselementen dargestellt werden. Deshalb wird das Konzept der direkten Summe von Untergruppen eingeführt. Jede endlich erzeugte abelsche Gruppe ist als direkte Summe zyklischer Untergruppen darstellbar. Durch direkte Addition gegebener abelscher Gruppen können neue abelsche Gruppen konstruiert werden. Abelsche Gruppen können in direkte Summen zerlegt werden.

Permutationen : Eine Permutation ist eine eineindeutige Abbildung einer Menge auf sich selbst. Jede Permutation ist in ein Produkt von disjunkten Zyklen zerlegbar. Ein Zyklus läßt einen Teil der permutierten Menge unverändert und bildet die restlichen Elemente auf ihre Nachbarn ab (Fließband). Aus der Zerlegung einer Permutation in Zyklen wird ihre Zerlegung in Transpositionen gewonnen. Die Anzahl der Transpositionen bestimmt das Signum der Permutation und damit die Koordinaten der ε-Tensoren in Kapitel 9. Gerade Permutationen bilden die alternierende Untergruppe der Permutationsgruppe und sind in der Galois Theorie wichtig.

Allgemeine Gruppen : Verknüpfungen von Elementen einer nichtkommutativen Gruppe können im allgemeinen nicht als Linearkombinationen dargestellt werden, da die Reihenfolge der Operanden den Wert eines Ausdrucks beeinflußt. Die Struktur allgemeiner Gruppen wird durch ihre Zerlegung in die Nebenklassen von Normalisatoren, Zentren und Kommutatorgruppen untersucht : Zentren und Kommutatorgruppen sind Normalteiler und erlauben die Bildung von Ketten von Quotientengruppen, den Zentralreihen und den Kommutatorreihen. Ziel der fortgesetzten Zerlegung der Quotientengruppen ist die Gewinnung einer einfachen Quotientengruppe ohne echten Normalteiler. Diese Gruppe ist nicht weiter klassifizierbar, da sie nur unechte Quotientengruppen bezüglich sich selbst und der Einheitsgruppe $\{1\}$ besitzt. Eine Kette von Normalteilern, die mit der Gruppe selbst beginnt und mit der Einheitsgruppe $\{1\}$ endet, heißt eine Kompositionsreihe, wenn ihre Quotienten keine echten Normalteiler enthalten. Galois konnte zeigen, daß die nichtlineare Gleichung $f(x) = 0$ genau dann durch Radikale auflösbar ist, wenn ihre Galoisgruppe G eine Kette von Untergruppen $G = G_0 \supset G_1 \supset \ldots \supset G_n = \{1\}$ besitzt, so daß G_{i+1} Normalteiler in G_i und die Quotientengruppe G_i / G_{i+1} zyklisch ist.

Existenz von Untergruppen : Eine Gruppe ohne echte Untergruppen ist immer eine zyklische Gruppe mit Primzahlordnung. Eine abelsche Gruppe besitzt zu jedem Teiler m ihrer Ordnung eine Untergruppe der Ordnung m. Dies gilt nicht für eine nicht-abelsche Gruppe: Es gibt Gruppen, die keine Untergruppe der Ordnung m enthalten, obwohl m ein Teiler der Ordnung der Gruppe ist. Nach einem Satz von Sylow besitzt aber jede endliche Gruppe zu jedem Teiler p^m (mit Primzahl p) ihrer Ordnung eine Untergruppe der Ordnung p^m. Die Eigenschaften der Gruppen mit Primzahlpotenzordnung werden näher untersucht.

Eindeutige Zerlegung abelscher Gruppen : Jede endlich erzeugte abelsche Gruppe kann als direkte Summe von zyklischen Gruppen dargestellt werden, deren Ordnungen eine Teilerkette bilden. Die Anzahl der Summanden in dieser Darstellung ist jedoch nicht eindeutig, so daß die Zerlegung nicht eindeutig ist. Die Eindeutigkeit der Zerlegung erreicht man durch direkte Summen unzerlegbarer Untergruppen. Jede endlich erzeugte abelsche Gruppe ist die direkte Summe einer eindeutigen endlichen Anzahl von unzerlegbaren Untergruppen unendlicher Ordnung und einer eindeutigen endlichen Anzahl von endlichen unzerlegbaren Untergruppen mit eindeutiger Primzahlpotenzordnung. Diese Invarianten bestimmen den Typ der abelschen Gruppe. Abelsche Gruppen gleichen Typs sind isomorph.

7.2 GRUPPEN UND UNTERGRUPPEN

Einführung : Gruppen sind Gebilde mit einer inneren Verknüpfung, die bestimmte Bedingungen erfüllt. Diese Verknüpfung wird wahlweise additiv oder multiplikativ dargestellt. Es stellt sich die Frage, ob eine Gruppe Teilmengen enthält, die bei gleicher innerer Verknüpfung ebenfalls die Gruppenbedingungen erfüllen. Es stellt sich ferner die Frage, ob eine Gruppe als Verknüpfung von Untergruppen darstellbar ist und ob diese Darstellung eindeutig ist. In diesem Abschnitt werden entsprechende Eigenschaften von Untergruppen behandelt.

Innere Verknüpfung : Eine Abbildung f des kartesischen Produktes $M \times M$ in die Menge M heißt eine innere Verknüpfung auf M.

$$f : M \times M \to M \quad \text{mit} \quad f(a,b) = c \quad \text{und} \quad a,b,c \in M$$

Bei additiver Schreibweise wird die innere Verknüpfung durch das Additionszeichen + dargestellt. Dem Paar (a,b) ist also die Summe $a + b$ zugeordnet. Die Elemente a und b heißen die Summanden von $a + b$. Bei multiplikativer Schreibweise wird die innere Verknüpfung durch das Multiplikationszeichen $\circ$ dargestellt. Dem Paar (a,b) ist also das Produkt $a \circ b$ zugeordnet. Die Elemente a und b heißen die Faktoren von $a \circ b$. Nicht näher spezifizierte Verknüpfungen werden im folgenden als Multiplikationen dargestellt. Die additive Schreibweise wird vorwiegend für abelsche (kommutative) Gruppen benutzt.

$$\begin{array}{lll} \text{additiv} & : & f(a,b) := a + b \\ \text{multiplikativ} & : & f(a,b) := a \circ b \end{array}$$

Neutrales Element : In einer Menge M mit einer inneren Verknüpfung f heißt ein Element $e \in M$ neutral bezüglich der Verknüpfung f, wenn für alle $a \in M$ gilt :

$$f(a,e) = f(e,a) = a$$

Für eine Verknüpfung auf einer Menge gibt es höchstens ein neutrales Element. Sind nämlich e und x neutrale Elemente, so folgt $e = x$:

$$\begin{array}{lll} \text{x ist neutral} & : & f(e,x) = e \\ \text{e ist neutral} & : & f(e,x) = x \\ \text{insgesamt} & : & f(e,x) = e = x \end{array}$$

Es gibt innere Verknüpfungen ohne neutrales Element. Bei additiver Schreibweise wird das neutrale Element mit 0, bei multiplikativer Schreibweise mit 1 bezeichnet. Dies entspricht der Addition und der Multiplikation in den Zahlenmengen $\mathbb{N}$, $\mathbb{Z}$ und $\mathbb{Q}$.

$$\begin{array}{lll} \text{additiv} & : & a + 0 = a = 0 + a \\ \text{multiplikativ} & : & a \circ 1 = a = 1 \circ a \end{array}$$

Monoid : Das Gebilde $(M;\circ)$ heißt ein Monoid, wenn die innere Verknüpfung $\circ$ assoziativ ist und die Menge M ein neutrales Element e bezüglich der Verknüpfung $\circ$ besitzt.

$$(a \circ b) \circ c = a \circ (b \circ c) \qquad \text{für alle } a, b, c \in M$$
$$a \circ e = a = e \circ a \qquad \text{für alle } a \in M$$

Inverses Element : $(M;\circ)$ sei ein Monoid mit neutralem Element e. Ein Element $a' \in M$ heißt ein zu $a \in M$ inverses Element, wenn gilt :

$$a \circ a' = e = a' \circ a$$

Das Element a heißt invertierbar in M, wenn es ein zu a inverses Element in M gibt. Ist ein Element a des Monoids $(M;\circ)$ invertierbar, so gibt es nur ein Element in M, das zu a invers ist. Sind nämlich x und y inverse Elemente zu a, so folgt $x = y$:

$$x = e \circ x = (y \circ a) \circ x = y \circ (a \circ x) = y \circ e = y$$

Bei additiver Schreibweise wird das zu a inverse Element mit $-a$, bei multiplikativer Schreibweise mit a^{-1} bezeichnet. Für die Verknüpfung $a + (-b)$ wird die Kurzform $a - b$ benutzt.

$$\text{additiv} \quad : \quad a + (-a) = 0 = (-a) + a$$
$$\text{multiplikativ} \quad : \quad a \circ a^{-1} = 1 = a^{-1} \circ a$$

Für inverse Elemente gelten folgende Rechenregeln :

(1) $(a^{-1})^{-1} = a$

(2) $(a \circ b)^{-1} = b^{-1} \circ a^{-1}$

Beweis : Rechenregeln für inverse Elemente

(1) $(a^{-1})^{-1} \circ a^{-1} = 1 \quad \Rightarrow \quad (a^{-1})^{-1} \circ a^{-1} \circ a = 1 \circ a$
$\qquad \Rightarrow \quad (a^{-1})^{-1} = a$

(2) $(a \circ b)^{-1} \circ (a \circ b) = 1 \quad \Rightarrow \quad (a \circ b)^{-1} \circ a \circ b \circ b^{-1} \circ a^{-1} = b^{-1} \circ a^{-1}$
$\qquad \Rightarrow \quad (a \circ b)^{-1} = b^{-1} \circ a^{-1}$

Gruppe : Ein Gebilde $(M;\circ)$ heißt eine Gruppe, wenn folgende Bedingungen erfüllt sind :

(1) Die Gruppenoperation $\circ$ ist eine innere Verknüpfung auf M.

(2) In dem Gebilde $(M;\circ)$ gilt das Assoziativgesetz.

(3) Die Menge M enthält ein neutrales Element.

(4) Die Menge M enthält zu jedem Element a das inverse Element a^{-1}.

Ordnung einer Gruppe : Die Anzahl der Elemente in der Menge M einer Gruppe $(M;\circ)$ heißt Ordnung der Gruppe und wird mit ord M bezeichnet. Ist M unendlich, so heißt die Ordnung unendlich.

Untergruppen : Eine Gruppe $(H; \circ)$ heißt eine Untergruppe der Gruppe $(G; \circ)$, wenn H eine nichtleere Teilmenge von G ist, die Verknüpfungen $\circ$ für G und H gleich sind und $(H; \circ)$ die Eigenschaften einer Gruppe besitzt. Das Gebilde $(H; \circ)$ mit $H \subseteq G$ ist genau dann eine Untergruppe von $(G; \circ)$, wenn folgende Bedingungen erfüllt sind :

(U1) Das neutrale Element 1 von G ist ein Element von H.

(U2) Mit den Elementen a und b von G enthält H auch ihre Verknüpfung $a \circ b$:

$$a, b \in H \quad \Rightarrow \quad a \circ b \in H$$

(U3) Mit dem Element a von G enthält H auch das Element a^{-1} von G :

$$a \in H \quad \Rightarrow \quad a^{-1} \in H$$

Durch die Beschränkung der Verknüpfung der Gruppe G auf die Teilmenge H in (U2) wird die assoziative Eigenschaft der Verknüpfung $\circ$ von der Gruppe G auf die Teilmenge H vererbt. Jede Gruppe G enthält die Untergruppen $\{1\}$ und G. Eine Untergruppe H heißt echt, wenn $\{1\} \subset H \subset G$ gilt.

Hinweis : Häufig wird die Aussage "$(H; \circ)$ ist eine Untergruppe von $(G; \circ)$" vereinfachend durch die Aussagen "H ist eine Untergruppe von $(G; \circ)$" oder "H ist eine Untergruppe von G" ersetzt. Dabei wird impliziert, daß die Verknüpfung $\circ$ von der Menge G auf die Teilmenge H vererbt wird.

Eigenschaften von Untergruppen :

(E1) Die neutralen Elemente einer Gruppe und ihrer Untergruppen sind identisch.

(E2) Eine nichtleere Teilmenge H einer Gruppe $(G; \circ)$ ist genau dann eine Untergruppe von G, wenn mit den Elementen a, b auch immer das Produkt $a \circ b^{-1}$ zu H gehört.

(E3) Der Durchschnitt $H \cap K$ zweier Untergruppen H und K einer Gruppe $(G; \circ)$ ist eine Untergruppe von G.

Beweis : Eigenschaften von Untergruppen

(E1) Für das neutrale Element 1 von G gilt $1 \circ 1 = 1$. Die Teilmenge H enthält mit (U1) das Element 1 und mit (U2) das Element $1 \circ 1$. Damit gilt $1 \circ 1 = 1$ auch in H. Also ist 1 das neutrale Element von H.

(E2) H sei eine Untergruppe von G. Dann folgt aus (U2) und (U3) für beliebige Elemente a und b von H, daß auch $a \circ b^{-1}$ ein Element von H ist.

H sei eine nichtleere Teilmenge von G und für alle $a, b \in H$ sei $a \circ b^{-1} \in H$. Voraussetzungsgemäß gehört dann $a \circ a^{-1}$ zu H. Damit ist das neutrale Element $1 = a \circ a^{-1}$ von G ein Element von H und (U1) ist erfüllt. Gehören die Elemente a und 1 zu H, so gehört voraussetzungsgemäß auch $1 \circ a^{-1} = a^{-1}$

zu H und (U3) ist erfüllt. Gehören a und b zu H, so gehören mit (U3) auch a und b^{-1} zu H. Voraussetzungsgemäß gehört dann $a \circ (b^{-1})^{-1} = a \circ b$ zu H und (U2) ist erfüllt.

(E3) Das neutrale Element 1 von G ist mit (U1) ein Element jeder Untergruppe von G. Also ist der Durchschnitt $H \cap K$ nichtleer. Beliebige Elemente a,b von $H \cap K$ sind auch Elemente der Untergruppe H und der Untergruppe K. Mit (U2) und (U3) ist daher $a \circ b^{-1}$ ein Element von H und von K, also ein Element von $H \cap K$. Folglich ist der nichtleere Durchschnitt $H \cap K$ wegen (E2) eine Untergruppe von G.

Erzeugendensystem einer Untergruppe : M sei eine Teilmenge einer Gruppe $(G\,;\circ)$. Der Durchschnitt H(M) aller Untergruppen von G, die M enthalten, heißt die von M erzeugte Untergruppe von G. Die Teilmenge M heißt ein Erzeugendensystem der Untergruppe H. Ist M leer, so ist H die triviale Gruppe {1}.

Die von M erzeugte Untergruppe H(M) ist die kleinste Untergruppe von G, die M enthält. Jede andere Untergruppe von G, die M enthält, enthält auch H(M). Ist M nichtleer, so ist H(M) die Menge aller Produkte, die man aus Elementen von M und deren Inversen bilden kann.

Beweis : Erzeugendensystem einer Untergruppe

(1) H sei eine Untergruppe von G, die M enthält. Da H eine der Untergruppen ist, deren Durchschnitt H(M) ist, gilt $H(M) \subseteq H$.

(2) Die Menge aller Produkte, die man aus Elementen von M und ihren Inversen bilden kann, sei T. Ist M nichtleer, so folgt aus $M \subseteq T$, daß T nichtleer ist. Aus der Konstruktion von T folgt, daß mit a und b auch $a \circ b^{-1}$ ein Element von T ist. Wegen Eigenschaft (E2) ist T eine Untergruppe.

(3) Nach Teil (1) des Beweises folgt aus $M \subseteq T$ für die Untergruppe T, daß $H(M) \subseteq T$. Enthält T das Produkt $a \circ b$, so enthält M nach der Definition von T mindestens das Element a oder a^{-1} und das Element b oder b^{-1}. Jede Untergruppe von G, die M enthält, enthält dann nach Definition der Gruppen die Elemente a, a^{-1}, b und b^{-1} sowie ihre Produkte. Folglich enthält der Durchschnitt dieser Untergruppen das Element $a \circ b$, so daß $T \subseteq H(M)$ gilt. Aus $H(M) \subseteq T$ und $T \subseteq H(M)$ folgt $T = H(M)$.

Schlichtes Produkt von Teilmengen : A und B seien nichtleere Teilmengen einer Gruppe $(G\,;\circ)$. Das Produkt $A \circ B$ dieser Teilmengen enthält alle Elemente von G, die Produkte $a \circ b$ eines Elementes $a \in A$ und eines Elementes $b \in B$ sind.

$$A \circ B := \{x \in G \mid x = a \circ b \ \wedge \ a \in A \ \wedge \ b \in B\}$$

Das Produkt $A \circ B$ heißt schlicht, wenn die Darstellung $a \circ b$ jedes Elementes des Produktes eindeutig ist. Aus $a_1 \circ b_1 = a_2 \circ b_2$ folgt dann $a_1 = a_2$ und $b_1 = b_2$.

Inverse eines Produktes : A und B seien nichtleere Teilmengen einer Gruppe $(G\,;\circ)$. Das Inverse $(A \circ B)^{-1}$ des Produktes $A \circ B$ enthält alle Elemente von G, die inverse Elemente $(a \circ b)^{-1}$ zu dem Produkt je eines Elementes $a \in A$ und $b \in B$ sind :

$$(A \circ B)^{-1} := \{x \in G \mid x = (a \circ b)^{-1} \wedge a \in A \wedge b \in B\}$$

Produkte von Untergruppen : A und B seien Untergruppen einer Gruppe $(G\,;\circ)$. Dann besitzt ihr Produkt $A \circ B$ folgende Eigenschaften :

(P1) Das Produkt $A \circ B$ ist genau dann schlicht, wenn $A \cap B = \{1\}$.

(P2) Das Produkt $A \circ B$ ist genau dann eine Gruppe, wenn $A \circ B = B \circ A$.

Beweis : Eigenschaften eines Produktes von Untergruppen

(P1) Das Produkt $A \circ B$ sei schlicht. Ist x ein Element von $A \cap B$, so ist x ein Element von A und ein Element von B. Da A und B Gruppen sind, ist auch x^{-1} ein Element von A und von B. Folglich ist x^{-1} ein Element von $A \cap B$, und damit auch $1 = x \circ x^{-1}$. Da auch $1 = 1 \circ 1$ gilt, folgt aus der Eindeutigkeit der Darstellung des Elementes 1 in dem schlichten Produkt $A \circ B$, daß $x = 1$. Also gilt $A \cap B = \{1\}$.

Der Durchschnitt von A und B sei $A \cap B = \{1\}$. Für Elemente $a_1, a_2 \in A$ und $b_1, b_2 \in B$ sei $a_1 \circ b_1 = a_2 \circ b_2$. Dann gilt $a_2^{-1} \circ a_1 = b_2 \circ b_1^{-1}$. Da $a_2^{-1} \circ a_1$ ein Element von A und $b_2 \circ b_1^{-1}$ ein Element von B ist, ist $a_2^{-1} \circ a_1 = b_2 \circ b_1^{-1}$ ein Element von $\{1\}$, also $a_2^{-1} \circ a_1 = 1$ und $b_2 \circ b_1^{-1} = 1$. Das Produkt $A \circ B$ ist schlicht, da $a_1 = a_2$ und $b_1 = b_2$.

(P2) $A \circ B$ sei eine Untergruppe. Dann enthält $A \circ B$ mit dem Element $a \circ b$ auch das inverse Element $(a \circ b)^{-1} = b^{-1} \circ a^{-1}$. Für die Elemente $a, a^{-1} \in A$ und $b, b^{-1} \in B$ gilt daher :

$$\begin{array}{lllll} a \circ b & \in A \circ B & \Rightarrow & b^{-1} \circ a^{-1} & \in A \circ B \\ a \circ b^{-1} & \in A \circ B & \Rightarrow & b \circ a^{-1} & \in A \circ B \\ a^{-1} \circ b^{-1} & \in A \circ B & \Rightarrow & b \circ a & \in A \circ B \\ a^{-1} \circ b & \in A \circ B & \Rightarrow & b^{-1} \circ a & \in A \circ B \end{array}$$

Das Produkt $A \circ B$ enthält jedes Element des Produktes $B \circ A$, also $B \circ A \subseteq A \circ B$. Ebenso gilt $A \circ B \subseteq B \circ A$. Folglich gilt $A \circ B = B \circ A$.

Umgekehrt sei $A \circ B = B \circ A$. Dann gilt $(A \circ B) \circ (A \circ B) = A \circ (B \circ A) \circ B = A \circ (A \circ B) \circ B = (A \circ A) \circ (B \circ B) = A \circ B$, da eine Untergruppe definitionsgemäß alle Produkte ihrer Elemente enthält. Ferner gilt $(A \circ B)^{-1} = B^{-1} \circ A^{-1} = B \circ A = A \circ B$, da eine Untergruppe definitionsgemäß zu jedem Element das inverse Element enthält. Aus $(A \circ B) \circ (A \circ B) = (A \circ B)$ und $(A \circ B)^{-1} = A \circ B$ folgt, daß $A \circ B$ eine Gruppe ist, da $A \circ B$ zu jedem Element auch das inverse Element enthält, und mit zwei Elementen auch das Produkt dieser Elemente.

7.3 GRUPPENARTEN

Einführung : Verschiedene mathematische und physikalische Aufgaben führen zu verschiedenartigen Gruppen. In diesem Abschnitt werden einige der häufig auftretenden Gruppenarten vorgestellt :

(1) **Permutationsgruppen :** Eine Gruppe von Permutationen $p : M \rightarrow M$ für eine Trägermenge M, verknüpft durch die Komposition $p_i \circ p_m$ (Nacheinanderausführung) von Permutationen p_i und p_m, heißt eine Permutationsgruppe. Jede endliche Gruppe ist isomorph zu einer Gruppe von Permutationen.

(2) **Deckgruppen :** Die Abbildung einer Figur des euklidischen Raumes auf sich selbst heißt eine Deckung. Regelmäßige materielle Körper, beispielsweise gleichseitige Dreieckscheiben, können bei einer Deckung ihre Lage im Raum verändern. Für einen Kreis ist die Anzahl der verschiedenen Deckungen unendlich, für ein gleichseitiges Dreieck ist sie endlich. Die Menge der Deckungen $a : F \rightarrow F$ für eine Figur F, verknüpft durch die Komposition $a_i \circ a_m$ von Deckungen, heißt eine Deckgruppe.

(3) **Erzeugte Gruppen :** Jedes Element einer Gruppe $(G ; \circ)$ kann durch die innere Verknüpfung von Elementen aus einer Teilmenge $X \subseteq G$ erzeugt werden. Das Erzeugendensystem X ist im allgemeinen nicht eindeutig. Ist ein Erzeugendensystem X für eine Gruppe G bekannt, so kann es zur Untersuchung der Struktur der Gruppe G genutzt werden.

(4) **Zyklische Gruppen :** Die zyklische Gruppe ist ein Sonderfall der erzeugten Gruppe. Sie wird durch ein einziges Element erzeugt, so daß jedes Element der Gruppe als n-fache Verknüpfung des erzeugenden Elementes mit sich selbst aufgefaßt werden kann. Es gibt endliche und unendliche zyklische Gruppen. Frei erzeugte abelsche Gruppen werden in nachfolgenden Abschnitten in zyklische Gruppen zerlegt. Diese Zerlegung wird beispielsweise in der algebraischen Topologie genutzt.

(5) **Gruppen von Ganzzahlen :** Die Menge der ganzen Zahlen $\{...,-2,-1,0,1,2,...\}$ mit der Addition als innerer Verknüpfung ist eine abzählbar unendliche zyklische Gruppe. Jede Ganzzahl $a \in \mathbb{Z}$ erzeugt eine zyklische Untergruppe von $\mathbb{Z}$. Untergruppen von $\mathbb{Z}$ können wahlweise auch mit mehr als einem Element erzeugt werden. Die Bildung solcher Untergruppen steht im Zusammenhang mit der Teilbarkeit von Ganzzahlen.

(6) **Zyklische Untergruppen :** Jede Untergruppe einer zyklischen Gruppe ist zyklisch. Es gibt aber auch zyklische Untergruppen von Gruppen, die selbst nicht zyklisch sind. Jedes Element einer allgemeinen Gruppe erzeugt eine zyklische Untergruppe. Die Eigenschaften der inneren Verknüpfung der Gruppe bestimmen, ob diese Untergruppe endlich oder unendlich ist.

7.3.1 PERMUTATIONSGRUPPEN

Einführung : Eine Menge M sei endlich. Jedes Element von M kann so auf sich selbst oder auf ein anderes Element von M abgebildet werden, daß die Abbildung eineindeutig ist. Abbildungen dieser Art treten häufig auf, beispielsweise bei der Umverteilung von Aufgaben in einer Personengruppe : A übernimmt die Aufgabe von B, B von C, C von A und die Aufgabe von D bleibt unverändert. Solche Abbildungen heißen Permutationen. Ihre Komposition führt zu den Permutationsgruppen.

Permutation : Eine bijektive Abbildung einer endlichen Menge M auf sich selbst heißt eine Permutation von M. Die Abbildungsregel für eine bestimmte Permutation wird in einem Permutationsschema dargestellt, das aus zwei Zeilen besteht. Die obere Zeile enthält die Elemente x_i der Menge M in beliebiger Reihenfolge. In der unteren Zeile sind die Elemente von M so angeordnet, daß das Bild $p(x_i)$ des Elementes x_i direkt unter x_i steht. Das Schema wird in Klammern eingeschlossen.

Permutation : $p : M \rightarrow M$ eineindeutig

$p(x_i) = x_{m_i}$ $\quad i, m_i \in \{1,2,...,n\}$

Permutationsschema : $p = \begin{pmatrix} x_1 & x_2 & \dots & x_i & \dots & x_n \\ x_{m_1} & x_{m_2} & \dots & x_{m_i} & \dots & x_{m_n} \end{pmatrix}$

Permutationsgruppe : Für eine Menge mit n Elementen gibt es $k = n!$ verschiedene Permutationen. Diese Permutationen bilden eine Menge $S_n = \{p_0, p_1, ..., p_{k-1}\}$. Auf der Menge S_n wird die Komposition (Nacheinanderausführung) von Permutationen als innere Verknüpfung $\circ : S_n \times S_n \rightarrow S_n$ mit $p_r \circ p_s = p_t$ definiert. Die Ausführung der Permutation p_r nach der Permutation p_s führt also zu derselben Abbildung der Menge M wie die Permutation p_t.

Produkt : $p_r \circ p_s = p_t \quad$ mit $\quad p_t(x_i) = p_r(p_s(x_i))$

$$\begin{pmatrix} x_1 & \dots & x_i & \dots & x_n \\ x_{r_1} & \dots & x_{r_i} & \dots & x_{r_n} \end{pmatrix} \circ \begin{pmatrix} x_1 & \dots & x_i & \dots & x_n \\ x_{s_1} & \dots & x_{s_i} & \dots & x_{s_n} \end{pmatrix} = \begin{pmatrix} x_1 & \dots & x_i & \dots & x_n \\ x_{t_1} & \dots & x_{t_i} & \dots & x_{t_n} \end{pmatrix}$$

Neutrales Element : $e = \begin{pmatrix} x_1 & \dots & x_n \\ x_1 & \dots & x_n \end{pmatrix}$

Inverses Element : $p_s = \begin{pmatrix} x_1 & \dots & x_i & \dots & x_n \\ x_{s_1} & \dots & x_{s_i} & \dots & x_{s_n} \end{pmatrix} \qquad p_s^{-1} = \begin{pmatrix} x_{s_1} & \dots & x_{s_i} & \dots & x_{s_n} \\ x_1 & \dots & x_i & \dots & x_n \end{pmatrix}$

Das Gebilde (S_n ; $\circ$) besitzt die Eigenschaften einer Gruppe und heißt Permutationsgruppe (symmetrische Gruppe) auf der Trägermenge M. Die Gruppe S_n besitzt folgende Eigenschaften :

(1) Das neutrale Element ist die identische Abbildung mit $p(x_i) = x_i$.

(2) Das inverse Element p_m^{-1} erhält man aus der Permutation p_m durch Tausch der beiden Zeilen des Permutationsschemas.

(3) Die Komposition $\circ$ von Permutationen ist assoziativ.

(4) Die Komposition $\circ$ von Permutationen ist nicht kommutativ.

Beispiel 1 : Permutationen einer Menge von 3 Elementen

Für die Menge $M = \{a, b, c\}$ gibt es folgende Permutationen $S_3 = \{p_0, ..., p_5\}$:

$$p_0 = \begin{bmatrix} a & b & c \\ a & b & c \end{bmatrix} \qquad p_1 = \begin{bmatrix} a & b & c \\ c & a & b \end{bmatrix} \qquad p_2 = \begin{bmatrix} a & b & c \\ b & c & a \end{bmatrix}$$

$$p_3 = \begin{bmatrix} a & b & c \\ a & c & b \end{bmatrix} \qquad p_4 = \begin{bmatrix} a & b & c \\ c & b & a \end{bmatrix} \qquad p_5 = \begin{bmatrix} a & b & c \\ b & a & c \end{bmatrix}$$

Die Produkte $p_2 \circ p_4$ und $p_4 \circ p_5$ führen zu den Elementen p_3 und p_2 :

$$p_2 \circ p_4 = p_3 : \quad \begin{bmatrix} a & b & c \\ b & c & a \end{bmatrix} \circ \begin{bmatrix} a & b & c \\ c & b & a \end{bmatrix} = \begin{bmatrix} a & b & c \\ a & c & b \end{bmatrix}$$

$$p_4 \circ p_5 = p_2 : \quad \begin{bmatrix} a & b & c \\ c & b & a \end{bmatrix} \circ \begin{bmatrix} a & b & c \\ b & a & c \end{bmatrix} = \begin{bmatrix} a & b & c \\ b & c & a \end{bmatrix}$$

Das Assoziativgesetz gilt beispielsweise für $(p_2 \circ p_4) \circ p_5 = p_2 \circ (p_4 \circ p_5)$:

$$\begin{bmatrix} a & b & c \\ a & c & b \end{bmatrix} \circ \begin{bmatrix} a & b & c \\ b & a & c \end{bmatrix} = \begin{bmatrix} a & b & c \\ b & c & a \end{bmatrix} \circ \begin{bmatrix} a & b & c \\ b & c & a \end{bmatrix} = \begin{bmatrix} a & b & c \\ c & a & b \end{bmatrix}$$

Das Kommutativgesetz gilt beispielsweise für p_2 und p_4 nicht :

$$p_2 \circ p_4 = p_3 : \quad \begin{bmatrix} a & b & c \\ b & c & a \end{bmatrix} \circ \begin{bmatrix} a & b & c \\ c & b & a \end{bmatrix} = \begin{bmatrix} a & b & c \\ a & c & b \end{bmatrix}$$

$$p_4 \circ p_2 = p_5 : \quad \begin{bmatrix} a & b & c \\ c & b & a \end{bmatrix} \circ \begin{bmatrix} a & b & c \\ b & c & a \end{bmatrix} = \begin{bmatrix} a & b & c \\ b & a & c \end{bmatrix}$$

Für die Permutationsgruppe gilt die folgende Produkttafel. Dem Wert des ersten Faktors p_i des Produktes ist die Zeile i der Tafel zugeordnet, dem Wert des Faktors p_m die Spalte m. Diese Zuordnung gilt auch für alle nachfolgenden Tafeln.

$\circ$	p_0	p_1	p_2	p_3	p_4	p_5
p_0	p_0	p_1	p_2	p_3	p_4	p_5
p_1	p_1	p_2	p_0	p_4	p_5	p_3
p_2	p_2	p_0	p_1	p_5	p_3	p_4
p_3	p_3	p_5	p_4	p_0	p_2	p_1
p_4	p_4	p_3	p_5	p_1	p_0	p_2
p_5	p_5	p_4	p_3	p_2	p_1	p_0

Produkttafel $p_i \circ p_m$ (p_i nach p_m)

7.3.2 DECKGRUPPEN

Einführung : Dreht man ein gleichseitiges Dreieck in seiner Ebene um eine Achse durch den Schwerpunkt S, so deckt die neue Lage im allgemeinen nicht die alte Lage des Dreiecks. Im Sonderfall der Drehung durch einen Winkel, der ein Mehrfaches von 120 Grad ist, decken sich jedoch die alte und die neue Lage des Dreiecks. Diese besondere Drehung des Dreiecks nennt man eine Deckung (Deckbewegung). Nach der Drehung sind die Punkte des Dreiecks im allgemeinen verschoben. Dennoch belegt das Dreieck vor und nach der Drehbewegung denselben Teil der Ebene. Es gibt mehrere Deckbewegungen, die zu derselben Lage des Dreiecks führen. Diese Deckbewegungen unterscheiden sich durch eine Drehung um ein Vielfaches von 360 Grad. Diese geometrischen Beobachtungen werden in der Definition der Deckgruppen abstrahiert.

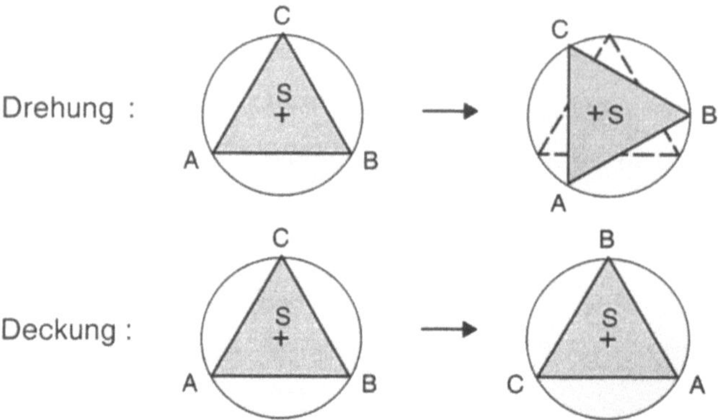

Figuren und Körper : Eine kompakte zusammenhängende Teilmenge des euklidischen Raumes heißt eine Figur. Die Materie, die zu einem gegebenen Zeitpunkt eine Figur belegt, heißt ein Körper. Eine bijektive Abbildung der materiellen Punkte eines Körpers auf die Punkte einer Figur heißt eine Lage des Körpers.

Verschiebung : Eine bijektive Abbildung der materiellen Punkte eines Körpers aus einer Lage in eine andere Lage heißt eine Verschiebung des Körpers. Eine allgemeine Verschiebung ist eine nichtlineare Abbildung. Verschiebungen mit besonderen gemeinsamen Eigenschaften bilden einen Verschiebungstyp. Verschiebungstypen werden durch Beziehungen zwischen der Ausgangsfigur und der Zielfigur des Körpers definiert :

(1) affin : gerade Fasern bleiben gerade
(2) ähnlich : die Winkel zwischen den Fasern bleiben erhalten
(3) kongruent : die Abstände zwischen den Punkten bleiben erhalten
(4) deckend : Ausgangsfigur und Zielfigur sind identisch
(5) ruhend : Ausgangslage und Ziellage sind identisch

Bewegung : Eine Verschiebung eines Körpers heißt eine Bewegung, wenn die Ausgangsfigur und die Zielfigur des Körpers kongruent sind. Ein Körper heißt Starrkörper, wenn alle Figuren des Körpers kongruent sind. Alle Verschiebungen eines Starrkörpers sind also Bewegungen, die den Abstand zwischen den materiellen Punkten des Körpers unverändert lassen.

Deckung : Eine Bewegung eines Körpers heißt eine Deckung, wenn die Ausgangsfigur und die Zielfigur des Körpers identisch sind. Die Abbildung $a : F \to F$ einer Deckung überführt die Figur F in sich selbst. Die Ausgangslage eines Körpers und seine Ziellage nach einer Deckung können jedoch verschieden sein.

Deckgruppe : Die Menge der Deckungen eines Körpers sei $A = \{a_0, a_1, ..., a_n\}$. Das Ergebnis der inneren Verknüpfung $\circ : A \times A \to A$ mit $a_r \circ a_s = a_t$ sei die Deckung a_t, die zu derselben Lage des Körpers führt wie die Ausführung der Deckung a_r nach der Deckung a_s (Komposition von Deckungen). Das Gebilde $(A ; \circ)$ besitzt die Eigenschaften einer Gruppe und heißt die Deckgruppe des Körpers.

(1) Das neutrale Element der Deckgruppe ist die Ruheabbildung a_0.

(2) Zu jeder Deckung a_m gibt es eine inverse Deckung a_m^{-1}, welche die Bewegung des Körpers bei der Deckung a_m rückgängig macht.

(3) Die Komposition $\circ$ von Deckungen ist assoziativ.

(4) Die Komposition $\circ$ von Deckungen ist nicht kommutativ.

Beispiel 1 : Deckgruppe eines gleichseitigen Dreiecks

Die Deckgruppe gleichseitiger Dreiecke für Bewegungen in einer Ebene ist in Beispiel 4 von Abschnitt 3.3 behandelt. Betrachtet man Bewegungen gleichseitiger Dreiecke im Raum, so gibt es drei weitere Deckungen. Jede dieser Deckungen ist eine Drehung durch einen Winkel von 180 Grad um eine Achse, die einen Eckpunkt des Dreiecks mit dem Mittelpunkt der gegenüberliegenden Seite verbindet.

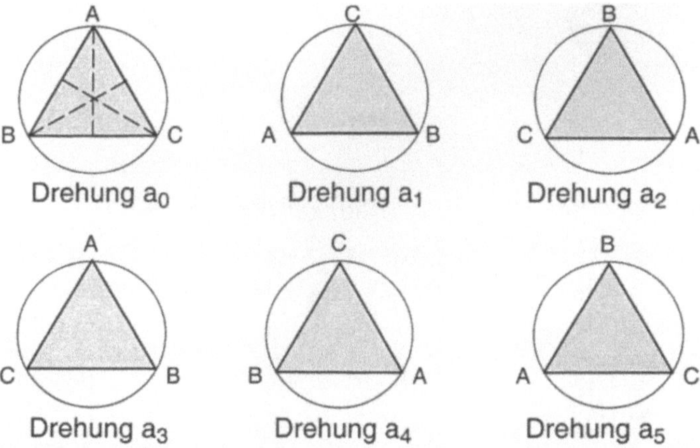

Die Drehungen führen zu Permutationen der Eckpunkte des Dreiecks. Die Produkttafel für die Deckgruppe ist bei entsprechender Notation identisch mit der Produkttafel für Permutationen in Abschnitt 7.3.1.

$\circ$	a_0	a_1	a_2	a_3	a_4	a_5
a_0	a_0	a_1	a_2	a_3	a_4	a_5
a_1	a_1	a_2	a_0	a_4	a_5	a_3
a_2	a_2	a_0	a_1	a_5	a_3	a_4
a_3	a_3	a_5	a_4	a_0	a_2	a_1
a_4	a_4	a_3	a_5	a_1	a_0	a_2
a_5	a_5	a_4	a_3	a_2	a_1	a_0

Produkttafel $a_i \circ a_m$ (a_i nach a_m)

Beispiel 2 : Deckgruppe eines regelmäßigen Tetraeders

Die Drehungen des Tetraeders um seine Flächenmittellinien und seine Kantenmittellinien werden betrachtet. Eine Flächenmittellinie verbindet einen Eckpunkt des Tetraeders mit dem Mittelpunkt der gegenüberliegenden Seite. Eine Kantenmittellinie verbindet die Mittelpunkte zweier Kanten, die keine gemeinsamen Endpunkte besitzen. Diese Drehungen führen zu 12 Deckungen des Tetraeders :

(1) Die Ruheabbildung des Tetraeders

(2) Drehungen durch Winkel von 120 und 240 Grad um jede der Flächenmittellinien des Tetraeders

(3) Drehungen durch einen Winkel von 180 Grad um jede der Kantenmittellinien

Die Drehungen führen zu Permutationen der Eckpunkte des Tetraeders, die im folgenden zusammengestellt sind.

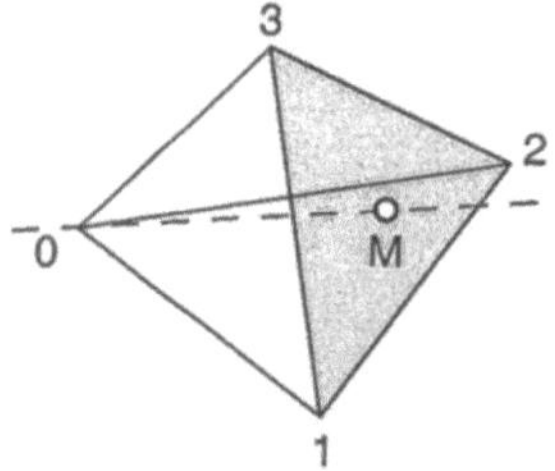

Flächenmittellinie 0M

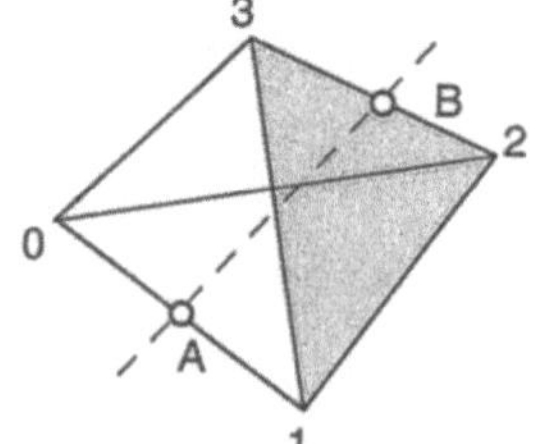

Kantenmittellinie AB

$$a_0 = \begin{pmatrix} 0 & 1 & 2 & 3 \\ 0 & 1 & 2 & 3 \end{pmatrix} \quad a_1 = \begin{pmatrix} 0 & 1 & 2 & 3 \\ 0 & 2 & 3 & 1 \end{pmatrix} \quad a_2 = \begin{pmatrix} 0 & 1 & 2 & 3 \\ 0 & 3 & 1 & 2 \end{pmatrix}$$

$$a_3 = \begin{pmatrix} 0 & 1 & 2 & 3 \\ 2 & 1 & 3 & 0 \end{pmatrix} \quad a_4 = \begin{pmatrix} 0 & 1 & 2 & 3 \\ 3 & 1 & 0 & 2 \end{pmatrix} \quad a_5 = \begin{pmatrix} 0 & 1 & 2 & 3 \\ 1 & 3 & 2 & 0 \end{pmatrix}$$

$$a_6 = \begin{bmatrix} 0 & 1 & 2 & 3 \\ 3 & 0 & 2 & 1 \end{bmatrix} \qquad a_7 = \begin{bmatrix} 0 & 1 & 2 & 3 \\ 1 & 2 & 0 & 3 \end{bmatrix} \qquad a_8 = \begin{bmatrix} 0 & 1 & 2 & 3 \\ 2 & 0 & 1 & 3 \end{bmatrix}$$

$$a_9 = \begin{bmatrix} 0 & 1 & 2 & 3 \\ 1 & 0 & 3 & 2 \end{bmatrix} \qquad a_{10} = \begin{bmatrix} 0 & 1 & 2 & 3 \\ 2 & 3 & 0 & 1 \end{bmatrix} \qquad a_{11} = \begin{bmatrix} 0 & 1 & 2 & 3 \\ 3 & 2 & 1 & 0 \end{bmatrix}$$

Die Deckgruppe des Tetraeders ist (bei entsprechender Notation) identisch mit einer Untergruppe der Permutationsgruppe über Mengen mit 4 Elementen. Sie besitzt echte Untergruppen für folgende Teilmengen der Drehungen :

(1) $H = \{a_0, a_9, a_{10}, a_{11}\}$: Kantenmittellinien

(2) $H_0 = \{a_0, a_1, a_2\}$: Flächenmittellinie durch Punkt 0

(3) $H_1 = \{a_0, a_3, a_4\}$: Flächenmittellinie durch Punkt 1

(4) $H_2 = \{a_0, a_5, a_6\}$: Flächenmittellinie durch Punkt 2

(5) $H_3 = \{a_0, a_7, a_8\}$: Flächenmittellinie durch Punkt 3

(6) $H_{01} = \{a_0, a_9\}$: Kantenmittellinie 01 nach 23

(7) $H_{02} = \{a_0, a_{10}\}$: Kantenmittellinie 02 nach 13

(8) $H_{03} = \{a_0, a_{11}\}$: Kantenmittellinie 03 nach 12

Für die Deckgruppe gilt folgende Produkttafel :

$\circ$	a_0	a_1	a_2	a_3	a_4	a_5	a_6	a_7	a_8	a_9	a_{10}	a_{11}
a_0	a_0	a_1	a_2	a_3	a_4	a_5	a_6	a_7	a_8	a_9	a_{10}	a_{11}
a_1	a_1	a_2	a_0	a_{11}	a_7	a_3	a_9	a_{10}	a_6	a_8	a_4	a_5
a_2	a_2	a_0	a_1	a_5	a_{10}	a_{11}	a_8	a_4	a_9	a_6	a_7	a_3
a_3	a_3	a_{10}	a_8	a_4	a_0	a_9	a_1	a_5	a_{11}	a_7	a_6	a_2
a_4	a_4	a_6	a_{11}	a_0	a_3	a_7	a_{10}	a_9	a_2	a_5	a_1	a_8
a_5	a_5	a_7	a_9	a_{10}	a_2	a_6	a_0	a_{11}	a_3	a_4	a_8	a_1
a_6	a_6	a_{11}	a_4	a_8	a_9	a_0	a_5	a_1	a_{10}	a_2	a_3	a_7
a_7	a_7	a_9	a_5	a_1	a_{11}	a_{10}	a_4	a_8	a_0	a_3	a_2	a_6
a_8	a_8	a_3	a_{10}	a_9	a_6	a_2	a_{11}	a_0	a_7	a_1	a_5	a_4
a_9	a_9	a_5	a_7	a_6	a_8	a_1	a_3	a_2	a_4	a_0	a_{11}	a_{10}
a_{10}	a_{10}	a_8	a_3	a_2	a_5	a_4	a_7	a_6	a_1	a_{11}	a_0	a_9
a_{11}	a_{11}	a_4	a_6	a_7	a_1	a_8	a_2	a_3	a_5	a_{10}	a_9	a_0

Produkttafel $a_i \circ a_m$ (a_i nach a_m)

7.3.3 ERZEUGTE GRUPPEN

Einführung : Das Produkt $x_i \circ x_m$ der Elemente x_i und x_m einer Gruppe (G ; ∘) ist definitionsgemäß ein Gruppenelement, ebenso das Produkt $x_i \circ x_m^{-1}$ des Elementes x_i mit dem Inversen von x_m. Es stellt sich daher die Frage, ob die Elemente von G durch innere Verknüpfungen aus einer Teilmenge X von G erzeugt werden können und welche Teilmengen von X hierfür geeignet sind.

Erzeugte Gruppen : Eine Gruppe (G ; ∘) heißt von der Menge X erzeugt, wenn jedes Element der Gruppe das Produkt von Elementen x_i der Menge X und ihren Inversen x_i^{-1} ist. Die Elemente x_i und ihre Inversen können in dem Produkt beliebig oft und in beliebiger Reihenfolge auftreten. Die von der Menge X erzeugte Gruppe wird mit gp(X) bezeichnet.

$$\text{gp}(X) := \{x_{i_1}^{\alpha_1} \circ \ldots \circ x_{i_n}^{\alpha_n} \mid x_{i_s} \in X \ \wedge \ \alpha_s \in \{-1,1\}\}$$

Endlich erzeugte Gruppen : Eine Gruppe (G ; ∘) heißt endlich erzeugt, wenn G von einer endlichen Menge X erzeugt wird.

$$G = \text{gp}(X) = \{x_{i_1}^{\alpha_1} \circ \ldots \circ x_{i_n}^{\alpha_n} \mid x_{i_s} \in \{x_1,\ldots,x_m\} \ \wedge \ \alpha_s \in \{-1,1\}\}$$

Erzeugendensystem : Die Menge X heißt ein Erzeugendensystem der Gruppe G = gp(X). Das Erzeugendensystem einer Gruppe G ist im allgemeinen nicht eindeutig. Die Gesamtheit der Elemente einer Gruppe G ist das triviale Erzeugendensystem dieser Gruppe.

Beispiel 1 : Erzeugendensystem der Deckgruppe eines Dreiecks

Ein Erzeugendensystem der Deckgruppe für gleichseitige Dreiecke in Beispiel 1 von Abschnitt 7.3.2 enthält mindestens ein Element der Untergruppe $\{a_0, a_1, a_2\}$ der Drehungen in der Ebene und ein Element der Untergruppe $\{a_3, a_4, a_5\}$ der Drehungen im Raum. Wählt man beispielsweise das Erzeugendensystem $X = \{a_1, a_3\}$, so sind die Elemente der Gruppe folgende Produkte der erzeugenden Elemente :

$$\begin{array}{lll} a_0 = a_1 \circ a_1 \circ a_1 & \quad & a_3 = a_3 \\ a_1 = a_1 & & a_4 = a_1 \circ a_3 \\ a_2 = a_1 \circ a_1 & & a_5 = a_1 \circ a_1 \circ a_3 \end{array}$$

Beispiel 2 : Erzeugendensystem der Deckgruppe eines Tetraeders

Ein Erzeugendensystem der Deckgruppe für regelmäßige Tetraeder in Beispiel 2 von Abschnitt 7.3.2 enthält mindestens zwei Elemente, beispielsweise $E = \{a_1, a_3\}$. Die Elemente der Deckgruppe sind dann folgende Produkte der erzeugenden Elemente :

$$
\begin{array}{lll}
a_2 = a_1 \circ a_1 & a_0 = a_1 \circ a_1 \circ a_1 & a_7 = a_1 \circ a_3 \circ a_3 \\
a_4 = a_3 \circ a_3 & a_0 = a_3 \circ a_3 \circ a_3 & a_8 = a_3 \circ a_1 \circ a_1 \\
a_{10} = a_3 \circ a_1 & a_5 = a_1 \circ a_1 \circ a_3 & a_9 = a_1 \circ a_3 \circ a_3 \circ a_1 \\
a_{11} = a_1 \circ a_3 & a_6 = a_3 \circ a_3 \circ a_1 & a_9 = a_3 \circ a_1 \circ a_1 \circ a_3
\end{array}
$$

Reduziertes X-Produkt : Ein Produkt von Elementen des Erzeugendensystems X und ihren Inversen kann Faktoren wie $x_i \circ x_i^{-1}$ und $x_i^{-1} \circ x_i$ enthalten. Da solche Faktoren den Wert des Produktes nicht beeinflussen, können sie gestrichen werden. Ein Produkt heißt reduziertes X-Produkt, wenn keine weiteren Streichungen solcher Faktoren möglich sind.

$$g = x_1^{\alpha_1} \circ \ldots \circ x_n^{\alpha_n} \qquad x_i \in X,\ \alpha_i \in \{-1,1\}$$

$$g \text{ ist reduziertes X-Produkt} \quad :\Leftrightarrow \quad \bigwedge_i (x_i = x_{i+1} \Rightarrow \alpha_i = \alpha_{i+1})$$

Eine endlich erzeugte Gruppe mit dem neutralen Element 1 wird mit reduzierten X-Produkten wie folgt dargestellt :

$$gp(X) = \{ g \mid g = 1 \ \vee \ g \text{ ist reduziertes X-Produkt}\}$$

Weitere Vereinfachungen eines reduzierten X-Produktes sind möglich, wenn gp(X) eine kommutative Gruppe ist. Die dann erlaubten Vereinfachungen durch Änderung der Reihenfolge der Operanden werden in der Theorie der abelschen Gruppen untersucht.

Gleiche X-Produkte : Die Produkte $x_1^{\alpha_1} \circ \ldots \circ x_m^{\alpha_m}$ und $y_1^{\beta_1} \circ \ldots \circ y_n^{\beta_n}$ von Elementen x_i, y_i eines Erzeugendensystems X mit $\alpha_i, \beta_i \in \{-1,1\}$ heißen gleich, wenn $m = n$, $x_i = y_i$ und $\alpha_i = \beta_i$ gilt. Sonst heißen die Produkte verschieden.

Werte reduzierter X-Produkte : Der Wert eines reduzierten X-Produktes ist ein Element von gp(X). Gleiche X-Produkte besitzen den gleichen Wert. Zwei verschiedene reduzierte X-Produkte können ebenfalls den gleichen Wert besitzen. Die Darstellung eines Elementes von gp(X) als Produkt von Elementen des Erzeugendensystems und ihren Inversen ist also im allgemeinen nicht eindeutig.

Frei erzeugte Gruppe : Die von einer endlichen Menge X erzeugte Gruppe gp(X) heißt frei erzeugt, wenn je zwei verschiedene reduzierte X-Produkte verschiedene Elemente von gp(X) sind. Die Menge X heißt dann ein freies Erzeugendensystem, die Gruppe gp(X) eine freie endlich erzeugte Gruppe. Eine freie endlich erzeugte Gruppe G = gp(X) besitzt folgende Eigenschaften :

(1) Enthält das Erzeugendensystem X das Element x, so enthält es nicht das inverse Element $y = x^{-1}$, da sonst x und y^{-1} zwei verschiedene reduzierte X-Produkte für dasselbe Element von gp(X) wären.

(2) Das Erzeugendensystem X enthält nicht das neutrale Element 1_G, da sonst $1_G \circ x$ und x zwei verschiedene reduzierte X-Produkte für dasselbe Element x von G wären.

(3) Die Reduktion eines X-Produktes mit endlich vielen Faktoren kann in endlich vielen Schritten durchgeführt werden. Folglich kann in endlich vielen Schritten entschieden werden, ob zwei X-Produkte einer freien Gruppe denselben Wert besitzen.

Beispiel 3 : Reduktion von X-Produkten

Die Gruppe G sei durch die Menge X = {x, y, z} erzeugt. Dann werden X-Produkte wie folgt reduziert :

$$x \circ y \circ y^{-1} \circ z^{-1} \circ y \circ x = x \circ z^{-1} \circ y \circ x$$

$$x \circ z^{-1} \circ y \circ z \circ z^{-1} \circ x^{-1} = x \circ z^{-1} \circ y \circ x^{-1}$$

$$x \circ y \circ z \circ z^{-1} \circ y^{-1} = x \circ y \circ y^{-1} = x$$

Beispiel 4 : X-Produkte einer zyklischen Gruppe

$\circ$	a_0	a_1	a_2
a_0	a_0	a_1	a_2
a_1	a_1	a_2	a_0
a_2	a_2	a_0	a_1

Produkttafel einer Gruppe $G = gp(a_1)$

Die Gruppe G wird von einem einzigen Element erzeugt, beispielsweise von a_1. Verschiedene X-Produkte besitzen den gleichen Wert :

$$a_1 \circ a_1 = a_2 \qquad a_1 \circ a_1 \circ a_1 \circ a_1 \circ a_1 = a_2$$

$$a_1 \circ a_1 \circ a_1 = a_0 \qquad a_1 \circ a_1 \circ a_1 \circ a_1 \circ a_1 \circ a_1 = a_0$$

$$a_1 \circ a_1 \circ a_1 \circ a_1 = a_1 \qquad a_1 \circ a_1 \circ a_1 \circ a_1 \circ a_1 \circ a_1 \circ a_1 = a_1$$

Beispiel 5 : Entscheidbarkeit des Wortproblems

Für die Konstruktion von Wörtern sei ein Zeichensatz $\{a_1,...,a_n, \bar{a}_1,...,\bar{a}_n\}$ mit $n \in \mathbb{N}'$ gegeben. Eine Folge von endlich vielen Zeichen des Satzes heißt ein Wort und wird mit w bezeichnet. Dabei sind Wiederholungen von Buchstaben wie im Wort $w = a_1 a_2 \bar{a}_4 a_2$ zulässig. Das Wort ohne Zeichen heißt das Leerwort w_0. Das Ergebnis des Aneinanderfügens zweier Wörter w_1 und w_2 heißt das Produkt der Wörter und wird mit $w_1 \circ w_2$ bezeichnet.

Zwei Wörter heißen äquivalent, wenn das eine Wort durch Streichen oder Einfügen von Faktoren $a_i \bar{a}_i$ oder $\bar{a}_i a_i$ in das andere übergeht. Beispielsweise sind a_2 und $a_2 \bar{a}_3 a_1 \bar{a}_1 a_3$ äquivalent. Das Inverse w^{-1} des Wortes w enthält die Zeichen von w in umgekehrter Reihenfolge, wobei a durch $\bar{a}$ und $\bar{a}$ durch a ersetzt wird, so daß $w \circ w^{-1}$ und $w^{-1} \circ w$ äquivalent sind zu w_0.

Äquivalente Wörter bilden eine Klasse $[w_i]$. Auf der Menge G aller Äquivalenzklassen wird eine innere Verknüpfung $[w_i] \circ [w_m] = [w_i \circ w_m]$ definiert. Dann ist $(G ; \circ)$ eine Gruppe mit dem neutralen Element $[w_0]$ und dem zu [w] inversen Element $[w]^{-1} = [w^{-1}]$. An Stelle von $\bar{a}_i$ kann man daher a_i^{-1} schreiben.

Die Teilmenge $A = \{[a_i],...,[a_n]\}$ ist ein Erzeugendensystem für die freie endlich erzeugte Gruppe $(G ; \circ)$. In einer endlichen Anzahl von Schritten kann entschieden werden, ob zwei Wörter äquivalent sind.

7.3.4 ZYKLISCHE GRUPPEN

Einführung : Die Struktur einer Gruppe, die von einem einzigen Element erzeugt wird, ist gut überschaubar. Dies ist insbesondere darauf zurückzuführen, daß solche Gruppen kommutativ sind. Jedes Element der Gruppe kann daher als eine Potenz des erzeugenden Elementes dargestellt werden. Dies führt zu den im folgenden beschriebenen Eigenschaften zyklischer Gruppen.

Potenzen eines Elements : Die Potenzen eines Elementes a einer multiplikativen Gruppe $(G ; \circ)$ sind für ganze Zahlen $n \in \mathbb{Z}$ wie folgt definiert :

$$n > 0 : \quad a^n := a \circ a \circ ... \circ a \quad : \quad \text{n-mal}$$

$$n = 0 : \quad a^0 := 1$$

$$n < 0 : \quad a^n := a^{-1} \circ a^{-1} \circ ... \circ a^{-1} \quad : \quad |n|\text{-mal}$$

Zyklische Gruppe : Eine Gruppe $(G ; \circ)$ heißt zyklisch, wenn sie von einem einzigen Element a erzeugt wird. Jede ganzzahlige Potenz a^n des erzeugenden Elementes a ist ein Element von G. Das neutrale Element 1 ist a^0. Die zyklische Gruppe wird mit gp(a) bezeichnet. Die Anzahl der Elemente in G heißt die Ordnung der zyklischen Gruppe.

$$G = gp(a)$$

Eigenschaften zyklischer Gruppen : Die innere Verknüpfung $\circ$ bestimmt die Eigenschaften einer zyklischen Gruppe. Insbesondere bestimmt die Verknüpfung $\circ$, ob zwei verschiedene Potenzen des erzeugenden Elementes gleich sind oder nicht. Dies führt zur Unterscheidung von endlichen und unendlichen zyklischen Gruppen mit folgenden Eigenschaften :

(Z1) Das allgemeine Element a_i einer endlichen zyklischen Gruppe $G = gp(a)$ mit Ordnung m ist eine Potenz a^i des erzeugenden Elementes a mit $0 \le i < m$. Die Gruppe ist also $G = \{a_0, a_1, ..., a_{m-1}\}$.

(Z2) Die Elemente a^r und a^s einer endlichen zyklischen Gruppe der Ordnung m sind genau dann gleich, wenn die Exponenten r und s gleiche Reste modulo m besitzen.

(Z3) In einer unendlichen zyklischen Gruppe gp(a) sind verschiedene Potenzen a^r und a^s mit $r \ne s$ verschiedene Elemente der Gruppe.

(Z4) Jede zyklische Gruppe gp(a) ist abelsch (kommutativ).

Beweis Z1 : Das allgemeine Element einer zyklischen Gruppe gp(a) mit endlicher Ordnung m ist eine Potenz a^i des erzeugenden Elementes mit $0 \le i < k$.

(1) Definitionsgemäß gilt $a^0 = 1$. Ist die Gruppe endlich, so gibt es auch andere natürliche Zahlen n, für die $a^n = 1$ gilt. Die kleinste dieser Zahlen sei m, so daß $a^m = 1$ und $a^i \ne 1$ für $0 < i < m$.

(2) Die Elemente $a^0, a^1, \ldots, a^{m-1}$ sind paarweise verschieden. Der Beweis wird indirekt geführt. Für $0 < r < s < m$ sei $a^r = a^s$ und folglich $a^{s-r} = 1$. Dann gibt es eine Zahl $u = s - r$ mit $0 < u < m$, so daß $a^u = 1$. Dies ist ein Widerspruch, da m die kleinste positive Zahl ist, für die $a^m = 1$ gilt. Also sind die Elemente $\{a^0, a^1, \ldots, a^{m-1}\}$ paarweise verschieden.

(3) Die Gruppe G enthält nur die Elemente $\{a^0, a^1, \ldots, a^{m-1}\}$. Für ein beliebiges Element a^{km+i} mit $0 \le i < m$ und $k \in \mathbb{Z}$ gilt nämlich $a^{km+i} = (a^m)^k a^i = a^i$. Eine endliche zyklische Gruppe ist also mit dem erzeugenden Element a und der Ordnung $k = m$ vollständig beschrieben.

$$G(a,k) = \{ a^i \mid 0 \le i < k \quad \wedge \quad i \in \mathbb{N} \}$$

Beweis Z2 : Die Elemente a^r und a^s einer endlichen zyklischen Gruppe der Ordnung m sind genau dann gleich, wenn $r = s \bmod m$.

Die Exponenten r und s werden durch Division mit Rest in der Form $r = k_1 m + n_1$ und $s = k_2 m + n_2$ mit $0 \le k_1, k_2 < m$ dargestellt. Aus dem Beweis zu (Z1) folgt $a^r = a^{n_1}$ und $a^s = a^{n_2}$. Folglich sind die Elemente a^r und a^s genau dann gleich, wenn $n_1 = n_2$, also $r = s \bmod m$.

Beweis Z3 : In einer unendlichen zyklischen Gruppe gp(a) sind beliebige Potenzen a^r und a^s mit $r \ne s$ verschieden.

Ist eine zyklische Gruppe gp(a) unendlich, so gibt es keine Zahl $m \in \mathbb{Z}$, außer $m = 0$, für die $a^m = 1$ gilt. Gäbe es nämlich eine solche Zahl, so wäre die Gruppe nach dem vorangehenden Beweis endlich. Aus $a^r = a^s$ folgt also $a^{r-s} = 1$ und $m = r - s = 0$, folglich $r = s$. Verschiedene Potenzen des erzeugenden Elementes einer unendlichen zyklischen Gruppe sind daher verschiedene Elemente der Gruppe.

Beweis Z4 : Jede zyklische Gruppe ist kommutativ.

Diese Eigenschaft folgt direkt aus der Potenzform der Elemente von gp(a) :

$$a_i \circ a_n = a^i \circ a^n = a^{i+n} = a^{n+i} = a^n \circ a^i = a_n \circ a_i$$

Beispiel 1 : Endliche zyklische Gruppe

Die Deckgruppe $\{a_0, a_1, a_2\}$ gleichseitiger Dreiecke in einer Ebene ist eine endliche zyklische Gruppe. Als erzeugendes Element kann entweder die Drehung a_1 um 120 Grad oder die Drehung a_2 um 240 Grad gewählt werden.

$\circ$	a_0	a_1	a_2
a_0	a_0	a_1	a_2
a_1	a_1	a_2	a_0
a_2	a_2	a_0	a_1

Produkttafel der Deckgruppe

$$gp(a_1) = \{a_1^n \mid n \in \{0, 1, 2\}\} = \{a_0, a_1, a_2\}$$

$$gp(a_2) = \{a_2^n \mid n \in \{0, 1, 2\}\} = \{a_0, a_2, a_1\}$$

$$(a_1)^0 = a_0 \qquad (a_2)^0 = a_0$$

$$(a_1)^1 = a_1 \qquad (a_2)^1 = a_2$$

$$(a_1)^2 = a_2 \qquad (a_2)^2 = a_1$$

Beispiel 2 : Unendliche zyklische Gruppen

Die additive Gruppe $(\mathbb{Z}\,;+)$ der ganzen Zahlen und jede ihrer echten Untergruppen sind unendliche zyklische Gruppen. Beispielsweise ist die Untergruppe $gp(3) = \{..., -6, -3, 0, 3, 6,...\}$ unendlich zyklisch.

Beispiel 3 : Zyklische Untergruppen

Eine Gruppe, die selbst nicht zyklisch ist, kann zyklische Untergruppen besitzen. Beispielsweise besitzt die in Beispiel 1 von Abschnitt 7.3.1 gezeigte Permutationsgruppe die zyklische Untergruppe $gp(p_1) = \{p_0, p_1, p_2\}$.

7.3.5 GRUPPEN VON GANZZAHLEN

Additive Gruppe der Ganzzahlen : Die Menge $\mathbb{Z}$ der ganzen Zahlen mit der inneren Verknüpfung + (Addition) bildet eine Gruppe ($\mathbb{Z}$; +). Bei Verwendung der Summennotation wird das neutrale Element der Gruppe mit 0 und das zu $a \in \mathbb{Z}$ inverse Element mit $-a$ bezeichnet. Mit a_1 und a_2 enthält die Gruppe auch die Summe $a_1 + a_2$ und die Differenz $a_1 - a_2 := a_1 + (-a_2)$. Die Gruppe ist kommutativ und abzählbar unendlich.

Vielfaches eines Elementes : Die Vielfachen eines Elementes a einer additiven Gruppe (G ; +) sind für ganze Zahlen $n \in \mathbb{Z}$ wie folgt definiert :

$$n > 0 : \quad na := a + a + \ldots + a \quad : \quad n\text{-mal}$$

$$n = 0 : \quad na := 0$$

$$n < 0 : \quad na := (-a) + \ldots + (-a) : \quad |n|\text{-mal}$$

Untergruppen der Gruppe der Ganzzahlen : Die von einer Ganzzahl a erzeugte Untergruppe der Ganzzahlen enthält jedes Vielfache na von a mit $n \in \mathbb{Z}$ und wird mit $\mathbb{Z}a$ bezeichnet, also $\mathbb{Z}a = \{\ldots, -2a, -a, 0, a, 2a, \ldots\}$. Die Gruppe ($\mathbb{Z}a$; +) enthält also die durch a teilbaren Ganzzahlen. Sie ist eine zyklische Gruppe, da sie von einer Ganzzahl a erzeugt wird. Jede Untergruppe (H ; +) der Gruppe ($\mathbb{Z}$; +) ist eine zyklische Gruppe ($\mathbb{Z}a$; +).

Beweis : Jede Untergruppe der Ganzzahlen ist zyklisch.

(1) Für die Untergruppe $H = \{0\}$ gilt $H = \mathbb{Z} \cdot 0$. Im folgenden sei $H \neq \{0\}$.

(2) Jede Untergruppe H enthält positive Zahlen, da sie mit einem Element $x \neq 0$ auch das Element $-x$ enthält und eine der Zahlen $\{x, -x\}$ positiv ist. Die kleinste positive Zahl in H sei a. Da H eine Gruppe ist, folgt aus $a \in H$, daß $\mathbb{Z}a \subseteq H$.

(3) Ein beliebiges Element x von H wird durch Division mit Rest in die eindeutige Form $x = qa + r$ mit $0 \leq r < a$ gebracht. Da x und qa Elemente von H sind, ist auch $r = x - qa$ ein Element von H. Da a die kleinste positive Zahl in H ist und $0 \leq r < a$, gilt $r = 0$ und $x = qa$, so daß $x \in \mathbb{Z}a$ und $H \subseteq \mathbb{Z}a$.

(4) Aus $\mathbb{Z}a \subseteq H$ und $H \subseteq \mathbb{Z}a$ folgt $H = \mathbb{Z}a$. Für jede Untergruppe H von $\mathbb{Z}$ gibt es also genau eine natürliche Zahl a mit $H = \mathbb{Z}a$.

Erzeugendensysteme ganzzahliger Gruppen : Die von einem System natürlicher Zahlen $A = \{a_1, \ldots, a_s\}$ erzeugte Untergruppe der Ganzzahlen sei $H = gp(A)$. Das Erzeugendensystem einer Untergruppe ist nicht eindeutig. Im vorangehenden Beweis wurde nämlich gezeigt, daß jede Untergruppe H der Ganzzahlen mit einem einzigen Element a erzeugt werden kann und somit zyklisch ist. Jedes Element na von H mit $n \in \mathbb{Z}$ kann also wahlweise entweder mit dem Element a oder mit dem System A erzeugt werden.

$$h = n_1 a_1 + ... + n_s a_s = na \qquad n_i \in \mathbb{Z},\ a_i \in \mathbb{N},\ h \in H$$

$$H = \mathbb{Z} a_1 + ... + \mathbb{Z} a_s = \mathbb{Z}a \qquad n \in \mathbb{Z},\ a \in \mathbb{N}$$

Eigenschaften ganzer Zahlen : Die Eigenschaften der Untergruppen der Ganzzahlen führen zu wichtigen Eigenschaften der Ganzzahlen.

(G1) Ist a der größte gemeinsame Teiler der natürlichen Zahlen $a_1, ..., a_s$, so gibt es ganze Zahlen $n_1, ..., n_s$, für die gilt :

$$a = n_1 a_1 + ... + n_s a_s$$

(G2) Die natürlichen Zahlen $a_1, ..., a_s$ sind genau dann teilerfremd, wenn es ganze Zahlen $n_1, ..., n_s$ gibt, für die gilt :

$$1 = n_1 a_1 + ... + n_s a_s$$

(G3) Ist a das kleinste gemeinsame Vielfache der natürlichen Zahlen $a_1, ..., a_s$, so ist die zyklische Gruppe $\mathbb{Z}a$ der Durchschnitt der Gruppen $\mathbb{Z}a_i$:

$$\mathbb{Z}a = \mathbb{Z}a_1 \cap ... \cap \mathbb{Z}a_s$$

Beweis : Eigenschaften ganzer Zahlen

(G1) Die von einer Menge natürlicher Zahlen $A = \{a_1, ..., a_s\}$ erzeugte Gruppe sei $H = gp(A)$. Da jede Untergruppe der Ganzzahlen zyklisch ist, gibt es ein Element $x \in H$, so daß $H = gp(x)$. Ein allgemeines Element $h \in H$ kann wahlweise mit A oder mit x erzeugt werden :

$$h = k_1 a_1 + ... + k_s a_s = kx \qquad k, k_i \in \mathbb{Z}$$

Da jedes Element $a_i \in A$ ein Element von $H = gp(x)$ ist, gibt es eine ganze Zahl $v_i \in \mathbb{Z}$, so daß $a_i = v_i x$. Folglich ist x ein gemeinsamer Teiler der Zahlen in A :

$$h = (k_1 v_1 + ... + k_s a_s)x = kx$$

Ist y ein anderer gemeinsamer Teiler der Zahlen in A, so kann jede Zahl $a_i \in A$ in der Form $a_i = m_i y$ mit $m_i \in \mathbb{Z}$ dargestellt werden :

$$h = (k_1 m_1 + ... + k_s m_s)y = my$$

Jedes Element $h \in H$ kann also in der Form $h = kx = my$ dargestellt werden. Da die Gruppe H von x erzeugt wird, gilt $gp(x) \subseteq gp(y)$, also $y \le x$. Folglich ist x der größte gemeinsame Teiler der Zahlen in A ; er wird mit a bezeichnet :

$$a := x = ggT(a_1, ..., a_s)$$

Da a ein Element von $H = gp(a) = gp(A)$ ist, gibt es ganze Zahlen $n_1, ..., n_s$, für die gilt :

$$a = n_1 a_1 + ... + n_s a_s \qquad n_i \in \mathbb{Z}$$

(G2) Sind die natürlichen Zahlen $a_1, ..., a_s$ teilerfremd, so ist ihr größter gemeinsamer Teiler $ggT(a_1, ..., a_s) = 1$. Aus (G1) folgt, daß es ganze Zahlen $n_1, ..., n_s$ gibt, so daß $n_1 a_1 + ... + n_s a_s = 1$.

Gibt es für die natürlichen Zahlen $a_1, ..., a_s$ ganze Zahlen $n_1, ..., n_s$, so daß $n_1 a_1 + ... + n_s a_s = 1$ gilt, so sind die Zahlen $a_1, ..., a_s$ teilerfremd. Aus $a_i = m b_i$ mit dem gemeinsamen Teiler $m > 1$ würde nämlich $m(n_1 b_1 + ... + n_s b_s) = 1$ folgen. Dies ist nicht möglich, da m und $(n_1 b_1 + ... + n_s b_s)$ ganze Zahlen sind.

(G3) Der Durchschnitt der Gruppen $\mathbb{Z}a_1, ..., \mathbb{Z}a_s$ ist eine Untergruppe von $\mathbb{Z}$ und folglich eine zyklische Gruppe $\mathbb{Z}a$ mit einer natürlichen Zahl a als erzeugendem Element. Die Zahl a ist ein gemeinsames Vielfaches von $(a_1, ..., a_s)$, da $a \in \mathbb{Z}a_i$ für alle $a_i \in A$. Ist v ein anderes gemeinsames Vielfaches der a_i, so ist v ein Element jeder Gruppe $\mathbb{Z}a_i$ und folglich ein Element des Durchschnitts $\mathbb{Z}a_1 \cap ... \cap \mathbb{Z}a_s$. Also ist v ein Element von $\mathbb{Z}a$ und folglich ein Vielfaches von a. Also ist a das kleinste gemeinsame Vielfache :

$$a = kgV(a_1, ..., a_s)$$

Euklidischer Algorithmus : Die Menge $A = \{a_1, ..., a_s\}$ mit den natürlichen Zahlen a_i sei ein Erzeugendensystem der Gruppe $H = gp(A)$. Das erzeugende Element a der Gruppe H wird mit dem Algorithmus von Euklid in folgenden Schritten bestimmt :

(1) Zunächst wird ein Algorithmus zur Bestimmung des größten gemeinsamen Teilers ggT(a, b) von zwei natürlichen Zahlen a und b mit $a \geq b > 0$ entwickelt. Dazu wird a durch b geteilt. Der Rest sei c :

$$a = qb + c \quad \text{und} \quad 0 \leq c < b \qquad q, c \in \mathbb{N}$$

Für $c = 0$ ist b der größte gemeinsame Teiler ggT(a,b). Für $c > 0$ gilt gemäß nachfolgendem Beweis $ggT(a,b) = ggT(b,c)$. Das Verfahren wird also mit den natürlichen Zahlen b und c fortgesetzt. Es endet nach einer endlichen Anzahl von Schritten, da $c < b$.

(2) Die Bestimmung des größten gemeinsamen Teilers von s natürlichen Zahlen $\{a_1, ..., a_s\}$ wird mit $b_2 = ggT(a_1, a_2)$ auf die Bestimmung des größten gemeinsamen Teilers von $(s-1)$ natürlichen Zahlen $\{b_2, a_3, ..., a_s\}$ reduziert (siehe nachfolgenden Beweis) :

$$ggT(a_1, a_2, ..., a_s) = ggT(b_2, a_3, ..., a_s) \qquad \text{mit} \qquad b_2 = ggT(a_1, a_2)$$

$$ggT(b_2, a_3, ..., a_s) = ggT(b_3, a_4, ..., a_s) \qquad \text{mit} \qquad b_3 = ggT(b_2, a_3)$$

Der größte gemeinsame Teiler $ggT(a_1, ..., a_s)$ ist nach höchstens $s-1$ Reduktionen bestimmt. Für $b_i = 1$ bricht das Verfahren vorzeitig ab.

(3) Das erzeugende Element der Gruppe H ist $a = ggT(a_1, ..., a_s)$.

Beweis : Euklidischer Algorithmus

(1) Aus $a = q\,b + c$ folgt, daß jeder gemeinsame Teiler von b und c auch ein gemeinsamer Teiler von a und b ist. Aus $c = a - qb$ folgt, daß jeder gemeinsame Teiler von a und b auch ein gemeinsamer Teiler von b und c ist.

$$a \;=\; qb + c \;\Rightarrow\; ggT(a,b) \;=\; ggT(b,c)$$

(2) Besitzt das Paar (b,c) eine Darstellung $ggT(b,c) = u_1 b + u_2 c$, so besitzt das Paar (a,b) eine Darstellung $ggT(a,b) = u_2 a + u_3 b$:

$$ggT(a,b) \;=\; ggT(b,c) \;=\; u_1 b + u_2 c \;=\; u_1 b + u_2\,(a - q\,b)$$
$$ggT(a,b) \;=\; u_2 a + (u_1 - q\,u_2) b$$

(3) Für $c = 0$ in $a = qb + c$ gilt $ggT(a,b) = b$. Für $c > 0$ wird das Verfahren mit dem Paar (b, c) fortgesetzt. Ist $ggT(b,c) = c$, so gilt auch $ggT(a,b) = c$. Sonst wird das Verfahren fortgesetzt. Es endet nach einer endlichen Anzahl von Schritten, da $c < b$, so daß die natürlichen Zahlen in jedem Schritt verringert werden.

(4) Der größte gemeinsame Teiler der Zahlen $\{a_1, ..., a_s\}$ sei $ggT(a_1, ..., a_s) = g$. Dann enthält $b_2 = ggT(a_1, a_2)$ die Zahl g als Faktor, also $b_2 = mg$. Folglich besitzen $\{a_1, ..., a_s\}$ und $\{b_2, a_3, ..., a_s\}$ den gleichen größten gemeinsamen Teiler g.

Beispiel 1 : Euklidischer Algorithmus für Zahlenpaare

Die Zahlen 108 und 84 besitzen den ggT(108, 84) = 12. Im ersten Schritt wird der Rest 24 berechnet, im zweiten Schritt der Rest 12. Im dritten Schritt ist der Rest 0 und der größte gemeinsame Teiler 12 bestimmt :

$$\begin{array}{ll} (108, 84): & 108 = 1 * 84 + 24 \\ (\;84, 24): & 84 = 3 * 24 + 12 \\ (\;24, 12): & 24 = 2 * 12 + \;\;0 \end{array}$$

Die Zahlenpaare haben den gleichen größten gemeinsamen Teiler :

$$ggT(108, 84) = ggT(84, 24) = ggT(24, 12) = 12$$

Die Zahlen 37 und 13 sind teilerfremd :

$$\begin{array}{lll} (37, 13) & : & 37 = 2 * 13 + 11 \\ (13, 11) & : & 13 = 1 * 11 + \;\;2 \\ (11, \;\;2) & : & 11 = 5 * \;\;2 + \;\;1 \\ (\;2, \;\;1) & : & 2 = 2 * \;\;1 + \;\;0 \end{array}$$

$$ggT(37, 13) = ggT(13, 11) = ggT(11, 2) = ggT(2,1) = 1$$

Beispiel 2 : Euklidischer Algorithmus für 4 Zahlen

Der größte gemeinsame Teiler ggT(60, 105, 21, 84) sei zu bestimmen. Im ersten Schritt wird ggT (60, 105) = 15 bestimmt :

$$\begin{aligned} 105 &= 1 * 60 + 45 \\ 60 &= 1 * 45 + 15 \\ 45 &= 3 * 15 \end{aligned}$$

Zu bestimmen ist jetzt der ggT(15, 21, 84). Im zweiten Schritt wird daher ggT(15, 21) = 3 bestimmt :

$$\begin{aligned} 21 &= 1 * 15 + 6 \\ 15 &= 2 * \ \ 6 + 3 \\ 6 &= 2 * 3 \end{aligned}$$

Zu bestimmen ist jetzt der ggT(3, 84) = 3 : $84 = 28 * 3$. Insgesamt folgt ggT(60, 105, 21, 84) = 3. Der größte gemeinsame Teiler 3 kann als Kombination der Zahlen {60, 105, 21, 84} dargestellt werden :

$$-60 + 105 - 6 * 21 + 84 = 3$$

7.3.6 ZYKLISCHE UNTERGRUPPEN

Einführung : Zyklische Gruppen besitzen eine besonders einfache Struktur, nämlich die Struktur der additiven Ganzzahlengruppe ($\mathbb{Z}$; +) und ihrer Restklassengruppen. Hieraus folgt, daß zyklische Gruppen vollständig durch ihre Ordnung charakterisiert sind. Diese Zusammenhänge werden nach Definition der Restklassen in Abschnitt 7.4.3 und der Isomorphie von Gruppen in den Abschnitten 7.5.3 und 7.5.4 deutlich.

In dem folgenden Abschnitt werden zyklische Untergruppen ohne Nutzung der oben genannten Isomorphie behandelt, da die sonst benötigten Begriffe noch nicht eingeführt sind. Solche zyklischen Untergruppen gibt es in zyklischen Gruppen, aber auch als Untergruppen allgemeiner Gruppen mit mehr als einem erzeugenden Element. Wegen der Nähe zu der Ganzzahlengruppe ($\mathbb{Z}$; +) wird die additive Schreibweise benutzt.

Eigenschaften von Untergruppen einer zyklischen Gruppe

(U1) Jede Untergruppe H einer zyklischen Gruppe G ist zyklisch.

(U2) (G ; +) sei eine endliche zyklische Gruppe der Ordnung m mit einem erzeugenden Element a. Dann gibt es zu jedem Teiler n von m genau eine Untergruppe H der Ordnung n in G. Das erzeugende Element von H ist $\frac{m}{n}$ a. Andere Untergruppen von G gibt es nicht.

$$H = gp(sa) \quad \text{mit} \quad m = sn$$

(U3) (G ; +) sei eine endliche zyklische Gruppe der Ordnung m mit einem erzeugenden Element a. Die Gruppe G wird genau dann auch von einem Vielfachen na des Elementes a erzeugt, wenn m und n teilerfremd sind.

$$\text{ord}\, G = m \quad \wedge \quad ggT(m,n) = 1 \quad \Leftrightarrow \quad gp(a) = gp(na)$$

(U4) Ist die Gruppe G unendlich und a ein erzeugendes Element von G, so gibt es zu jeder Untergruppe H von G genau eine natürliche Zahl s mit H = gp(sa).

Beweis : Eigenschaften von Untergruppen einer zyklischen Gruppe

(U1) H sei eine Untergruppe und a ein erzeugendes Element der zyklischen Gruppe G. Dann hat jedes Element von H die Form h = ta mit dem Element t der additiven Gruppe ($\mathbb{Z}$; +) der Ganzzahlen. Folglich ist $T := \{t \in \mathbb{Z} \mid ta \in H\}$ eine Untergruppe von $\mathbb{Z}$: Für $t_1, t_2 \in T$ und $h_1 = t_1 a$, $h_2 = t_2 a$ gilt wegen $h_3 = h_1 + h_2 \in H$ auch $t_3 = t_1 + t_2 \in T$. Da alle Untergruppen von $\mathbb{Z}$ von der Form $\mathbb{Z}u$ sind, gibt es eine natürliche Zahl s mit $T = \mathbb{Z}s$ und $t = ks$. Es folgt, daß jede Untergruppe H von G zyklisch ist :

$$H = \{ta \mid t \in T\} = \{ksa \mid k \in \mathbb{Z}\} = \{k(sa) \mid k \in \mathbb{Z}\}$$
$$H = gp(sa)$$

(U2) H sei eine Untergruppe der Ordnung n in einer zyklischen Gruppe G = gp(a) der Ordnung m. Wegen (U1) gibt es eine kleinste positive ganze Zahl s, so daß H = gp(sa). Das neutrale Element 0 von G ist auch das neutrale Element von H. Folglich gilt ma = nsa = 0. Nach Eigenschaft (Z2) in Abschnitt 7.3.4 gilt ns = 0 mod m, also ns = km mit $k \in \mathbb{N}'$. Besitzt k einen Primfaktor p, so ist dieser Teiler von n oder s. Ist p Teiler von n, so gilt :

$$\frac{n}{p} s = \frac{k}{p} m \quad \Rightarrow \quad \frac{n}{p} sa = \frac{k}{p} ma = 0 \quad \text{da} \quad ma = 0$$

Dies ist ein Widerspruch, da sa die Gruppe H der Ordnung n erzeugt. Ist p ein Teiler von s, so gilt :

$$n \frac{s}{p} = \frac{k}{p} m \quad \Rightarrow \quad n \frac{s}{p} a = \frac{k}{p} ma = 0$$

Folglich ist das Element $\frac{s}{p}$ a höchstens von Ordnung n. Andererseits gilt p $\frac{s}{p}$ a = sa und damit gp(sa) $\subseteq$ gp($\frac{s}{p}$ a). Da ord (gp(sa)) = n, folgt insgesamt gp($\frac{s}{p}$ a) = gp(sa) = H. Dies steht im Widerspruch dazu, daß s die kleinste positive ganze Zahl mit gp(sa) = H ist. Aus den Widersprüchen folgt k = 1, also m = ns, so daß die Ordnung n von H ein Teiler der Ordnung m von G ist. Aus s = $\frac{m}{n}$ folgt, daß s zu gegebenem n eindeutig ist, und damit auch H = gp(sa).

Umgekehrt sei n ein Teiler der Ordnung m einer zyklischen Gruppe G = gp(a). Dann gilt m = ns mit einer natürlichen Zahl s. Für das neutrale Element von G gilt ma = 0, also nsa = n(sa) = 0. Da m die kleinste positive ganze Zahl ist, für die ma = 0 gilt, ist n die kleinste positive ganze Zahl, für die n(sa) = 0 gilt. Folglich gibt es eine zyklische Untergruppe von G mit dem erzeugenden Element sa = $\frac{m}{n}$ a und der Ordnung n.

(U3) Die Ordnung m einer zyklischen Gruppe gp(a) und eine natürliche Zahl n seien teilerfremd. Dann gibt es wegen Eigenschaft (G2) ganze Zahlen c_1 und c_2, so daß $c_1 m + c_2 n = 1$, also $c_2(na) = a - c_1 ma$. Da die Ordnung m von gp(a) endlich ist, gilt ma = 0 und folglich $c_2(na) = a$. Jedes Vielfache von a kann damit als ein Vielfaches des Elementes na dargestellt werden, so daß gp(a) = gp(na).

Eine endliche zyklische Gruppe G sei mit dem Element a oder mit dem Element na erzeugbar, also gp(a) = gp(na). Dann kann jedes Vielfache von a als ein Vielfaches von na dargestellt werden, also auch a = tna mit $t \in \mathbb{Z}$. Mit (Z2) in Abschnitt 7.3.4 folgt daraus 1 = tn mod m, also sm + tn = 1 mit $s, t \in \mathbb{Z}$. Mit Eigenschaft (G2) folgt dann, daß die natürlichen Zahlen m und n teilerfremd sind.

(U4) Jede Untergruppe H einer zyklischen Gruppe $G = gp(a)$ ist wegen Eigenschaft (U1) eine zyklische Gruppe $H = gp(sa)$. Es ist zu zeigen, daß verschiedene Werte von s zu verschiedenen Untergruppen H führen, wenn die Gruppe G unendlich ist.

Alle Elemente na der Gruppe G sind verschieden und damit eindeutig. Würde nämlich $n_1 a = n_2 a$ für $n_1 \neq n_2$ gelten, so wäre die Gruppe mit $(n_2 - n_1)a = 0$ im Gegensatz zur Voraussetzung endlich.

Für jedes Element na von G führt die Division $n = qs + r$ mit $0 \le r < s$ zu einem eindeutigen Rest r. Folglich kann jedes Element na von G eindeutig einer der s Restklassen $[r] := \mathbb{Z}s + r$ zugeordnet werden. Für die Elemente ksa von H gilt $n = ks$, also $r = 0$. Diese Elemente von G bilden die Klasse [0].

Verschiedene Werte von s führen zu verschiedenen Einteilungen von G in Restklassen [r]. Folglich ist auch die Klasse [0] verschieden für verschiedene Werte von s. Also ist die Zahl s für eine gegebene Untergruppe H eindeutig.

Ordnung eines Elementes : Das neutrale Element einer allgemeinen Gruppe (G ; +) sei 0. Gibt es für ein beliebiges Element $a \in G$ mindestens eine positive ganze Zahl m mit $ma = 0$, so heißt die kleinste positive Ganzzahl k mit $ka = 0$ die Ordnung des Elementes a in der Gruppe G. Gibt es keine positive ganze Zahl m mit $ma = 0$, so ist die Ordnung des Elementes a in der Gruppe G unendlich. Die Ordnung des Elementes a wird mit ord a bezeichnet.

$$(\text{ord } a) \cdot a = 0 \quad \vee \quad \text{ord } a = \infty$$

Eigenschaften zyklischer Untergruppen einer beliebigen Gruppe :

(E1) Jedes Element a einer beliebigen Gruppe (G ; +) erzeugt eine zyklische Untergruppe gp(a) von G, deren Ordnung mit der Ordnung des Elementes a in G übereinstimmt.

$$\text{ord } gp(a) = \text{ord } a$$

(E2) In einer beliebigen Gruppe (G ; +) sei a ein Element der Ordnung m. Dann besitzt das Element $na \in G$ mit $n \in \mathbb{Z}$ die Ordnung $m / ggT(n,m)$.

$$\text{ord } a = m \quad \Rightarrow \quad \text{ord}(na) = \frac{m}{ggT(m, n)}$$

Beweis E1 : Ordnung einer zyklischen Untergruppe

Die Ordnung k des Elementes a sei endlich, also $ka = 0$. Dann erzeugt das Element a genau die Elemente $\{0, a, 2a, ..., (k-1)a\}$. Für eine beliebige Zahl m gilt nämlich die Restdarstellung $m = qk + r$ mit $0 \le r < k$, so daß $ma = (qk + r)a = q(ka) + ra = ra$. Also ist die Ordnung der zyklischen Gruppe $gp(a) = \{0, a, ..., (k-1)a\}$ gleich der Ordnung von a in G. Ist die Ordnung des Elementes a unendlich, so ist auch die Ordnung von gp(a) unendlich.

Beweis E2 : Ordnung des Vielfachen eines Elementes

Die Zahl $c = \text{ggT}(m, n)$ ist ein Teiler der Ordnung m von gp(a). Wegen der Eigenschaft (U2) ist gp(ca) eine zyklische Gruppe der Ordnung $\frac{m}{c}$. Die Zahlen $\frac{m}{c}$ und $\frac{n}{c}$ sind teilerfremd. Wegen Eigenschaft (U3) ist deshalb $gp(ca) = gp(\frac{n}{c}ca) = gp(na)$ mit $\text{ord}(na) = \text{ord}(ca) = \frac{m}{c}$.

Beispiel 1 : Untergruppen einer endlichen zyklischen Gruppe

+	a_0	a_1	a_2	a_3	a_4	a_5
a_0	a_0	a_1	a_2	a_3	a_4	a_5
a_1	a_1	a_2	a_3	a_4	a_5	a_0
a_2	a_2	a_3	a_4	a_5	a_0	a_1
a_3	a_3	a_4	a_5	a_0	a_1	a_2
a_4	a_4	a_5	a_0	a_1	a_2	a_3
a_5	a_5	a_0	a_1	a_2	a_3	a_4

$G = gp(a_1) = gp(a_5)$

+	a_0	a_2	a_4
a_0	a_0	a_2	a_4
a_2	a_2	a_4	a_0
a_4	a_4	a_0	a_2

$H_1 = gp(a_2) = gp(a_4)$

+	a_0	a_3
a_0	a_0	a_3
a_3	a_3	a_0

$H_2 = gp(a_3)$

Die zyklische Gruppe G der Ordnung 6 besitzt die Eigenschaft $6a_1 = a_0$. Da die Ordnung von G die Teiler 2 und 3 besitzt, gibt es in G nach Eigenschaft (U2) genau zwei Untergruppen : die zyklische Gruppe H_1 mit der Ordnung 3 und dem erzeugenden Element $\frac{6}{3}a_1 = 2a_1 = a_2$ sowie die zyklische Gruppe H_2 mit der Ordnung 2 und dem erzeugenden Element $\frac{6}{2}a_1 = 3a_1 = a_3$.

Beispiel 2 : Alternative erzeugende Elemente

Nach Eigenschaft (E1) der zyklischen Untergruppen kann die Gruppe G in Beispiel 1 auch durch die Elemente $5a_1 = a_5$, $7a_1 = a_1$, $11a_1 = a_5$,... erzeugt werden, da die Zahlen {5, 7, 11...} teilerfremd zur Ordnung 6 der Gruppe G sind. Im Gegensatz hierzu erzeugen Elemente wie $2a_1 = a_2$, $3a_1 = a_3$, $4a_1 = a_4$, $8a_1 = a_2$, $9a_1 = a_3$,... nur Untergruppen von G, da die Zahlen {2, 3, 4, 8, 9,...} gemeinsame Teiler mit 6 besitzen.

7.4 KLASSENSTRUKTUR

7.4.1 KLASSEN

Einführung : Die Struktur von Gruppen wird mit strukturverträglichen (homomorphen) Abbildungen untersucht. Die Konstruktion solcher Abbildungen beruht auf der Zerlegung einer Gruppe in disjunkte Klassen äquivalenter Elemente. Eine solche Zerlegung heißt eine Klassifikation der Gruppe. Verschiedene Äquivalenzrelationen führen zu verschiedenen Klassifikationen der Gruppe. In Abschnitt 7.4 wird die Klassenstruktur allgemeiner Gruppen untersucht. Die homomorphen Abbildungen werden in Abschnitt 7.5 behandelt.

Zerlegung : Die Zerlegung einer Gruppe in disjunkte Teilmengen von Elementen mit äquivalenten Eigenschaften durch Inspektion der Verknüpfungstafel ist nur in sehr einfachen Fällen möglich. Bereits das einfache Beispiel der Deckgruppe des regelmäßigen Tetraeders illustriert die dabei auftretenden Schwierigkeiten. Beispielsweise kann eine Gruppe nicht in disjunkte Untergruppen zerlegt werden, da jede Untergruppe das neutrale Element der Gruppe enthält (Eigenschaft U2 in Abschnitt 7.2).

Für die Zerlegung einer Menge in disjunkte Klassen äquivalenter Elemente eignen sich die in Abschnitt 2.4 behandelten Äquivalenzrelationen. Jedes Element der Quotientenmenge der Äquivalenzrelation ist eine Klasse der Gruppe. Mit einer Äquivalenzrelation läßt sich systematisch eine Klassifikation der Gruppe aus der Verknüpfungstafel der Gruppe ableiten. Im folgenden sind zwei Äquivalenzrelationen genannt, die zur Zerlegung von Gruppen in Nebenklassen und in Klassen konjugierter Elemente führen. Diese Klassifikationen werden in den darauf folgenden Abschnitten näher untersucht.

Nebenklassen : Eine der Äquivalenzrelationen für die Klassifikation von Gruppen beruht auf der Beziehung $a \circ b = c$ für Elemente a, b, c einer Gruppe $(G ; \circ)$. Eine Untergruppe H von G sei als eine der Klassen gegeben.

Die Elemente a, c sind äquivalent bezüglich H, wenn es ein Element $h \in H$ gibt, das $a \circ h = c$ befriedigt. Äquivalente Paare (a,c) bilden eine Linksnebenklasse bezüglich H. Es zeigt sich, daß die Anzahl der Elemente in jeder Linksnebenklasse gleich der Anzahl der Elemente in H ist. Die Beziehung $h \circ a = c$ führt auf analoge Weise zu Rechtsnebenklassen.

Die Anzahl der linken und rechten Nebenklassen ist gleich und heißt Index der Untergruppe H in der Gruppe G. Sind die linken und rechten Nebenklassen gleich, so heißt H Normalteiler. Transformiert man ein Element n eines Normalteilers mit einem beliebigen Element $g \in G$, so ist das transformierte Element $g^{-1} \circ n \circ g$ ebenfalls ein Element des Normalteilers. Normalteiler sind von wesentlicher Bedeutung für die Struktur einer Gruppe.

Klassen konjugierter Elemente : Eine weitere Äquivalenzrelation für die Klassifikation von Gruppen beruht auf der Beziehung $a \circ b = b \circ c$ für Elemente a, b, c einer Gruppe $(G ; \circ)$. Die Elemente a, c heißen konjugiert, wenn es ein Element $b \in G$ gibt, das $a \circ b = b \circ c$ befriedigt. Konjugierte Elemente von G bilden eine Äquivalenzklasse. Die Anzahl der Elemente in verschiedenen Klassen konjugierter Elemente einer Gruppe G ist im allgemeinen verschieden. Die einzige Untergruppe unter den Klassen konjugierter Elemente ist die triviale Untergruppe $\{1\}$.

Klassen konjugierter Teilmengen : Das Konzept der Konjugation kann auch zur Klassfikation einer Menge von Teilmengen A, B, ... einer Gruppe G eingesetzt werden. Eine Teilmenge A heißt die g-Transformierte einer Teilmenge B, wenn A genau die g-transformierten Elemente $a = g^{-1} \circ b \circ g$ für jedes Element $b \in B$ enthält. Zur Klassifikation der Teilmengen A, B, ... sei eine Untergruppe H von G gegeben. Dann heißen die Teilmengen A und B H-konjugiert, wenn es ein Element $h \in H$ gibt, so daß A die h-Transformierte von B ist. H-konjugierte Teilmengen von G bilden eine Äquivalenzklasse.

Im folgenden sind die Grundlagen der Klassenstruktur behandelt.

7.4.2 NEBENKLASSEN UND NORMALTEILER

Linksnebenklassen : Die Elemente einer Gruppe $(G\,;\circ)$ werden bezüglich einer gegebenen Untergruppe H von G klassifiziert. Dazu wird die Relation "linksäquivalent bezüglich H" definiert. Ein Paar (a, c) des kartesischen Produktes $G \times G$ heißt linksäquivalent bezüglich H, wenn es ein Element h von H gibt, für das $a \circ h = c$ gilt. Die Relation besitzt die Eigenschaften einer Äquivalenzrelation :

(1) Reflexiv : Jedes Element a der Gruppe G ist zu sich selbst linksäquivalent, da die Untergruppe H das neutrale Element 1_G enthält.

$$a \circ 1_G = a$$

(2) Symmetrisch : Ist Element a linksäquivalent zu Element c, so ist auch c linksäquivalent zu a, da die Untergruppe H zu jedem Element h auch das inverse Element h^{-1} enthält.

$$a \circ h = c \quad \Rightarrow \quad a \circ h \circ h^{-1} = c \circ h^{-1} \quad \Rightarrow \quad c \circ h^{-1} = a$$

(3) Transitiv : Ist a linksäquivalent zu c und c linksäquivalent zu e, so ist a linksäquivalent zu e. Die Untergruppe H enthält nämlich zu jedem Elementpaar h_1, h_2 auch das Produkt $h_1 \circ h_2 = h_3$.

$$a \circ h_1 = c \quad \wedge \quad c \circ h_2 = e \quad \Rightarrow \quad a \circ h_1 \circ h_2 = c \circ h_2 \quad \Rightarrow \quad a \circ h_3 = e$$

Elemente von G, die linksäquivalent bezüglich H sind, bilden also eine Äquivalenzklasse. Diese wird durch einen Repräsentanten a identifiziert und mit $a \circ H$ (sprich : Linksnebenklasse von a bezüglich H) bezeichnet. Die Quotientenmenge der Linksnebenklassen von H in G wird mit G / H (sprich : G links nach H) bezeichnet.

$$a \circ H := \{c \in G \mid a \circ h = c \ \wedge \ h \in H\}$$

Eigenschaften von Linksnebenklassen : Die Linksnebenklassen bezüglich einer Untergruppe H in einer Gruppe $(G\,;\circ)$ besitzen folgende Eigenschaften :

(1) Ist a ein Element der Untergruppe H, so ist die Linksnebenklasse $a \circ H$ identisch mit H, da das Produkt $a \circ b$ von Elementen a,b der Gruppe H ebenfalls ein Element von H ist.

$$a \in H \quad \Rightarrow \quad a \circ H = H$$

(2) Die Abbildung $f : H \to a \circ H$ der Untergruppe H auf die Linksnebenklasse $a \circ H$ ist bijektiv. Die Abbildung ist nämlich surjektiv, da es für jedes Element $c \in a \circ H$ definitionsgemäß ein $h \in H$ mit $c = a \circ h$ gibt. Die Abbildung ist auch injektiv, da zwei verschiedene Elemente $h_1, h_2 \in H$ auf zwei verschiedene Elemente $a \circ h_1$, $a \circ h_2 \in a \circ H$ abgebildet werden.

$$a \circ h_1 \neq a \circ h_2 \quad \Leftrightarrow \quad a^{-1} \circ a \circ h_1 \neq a^{-1} \circ a \circ h_2 \quad \Leftrightarrow \quad h_1 \neq h_2$$

Die Abbildung f ist bijektiv, da sie surjektiv und injektiv ist.

(3) Die Linksnebenklassen sind Äquivalenzklassen und bilden daher eine Zerlegung der Menge G. Eine der disjunkten Teilmengen ist die Untergruppe H selbst. Jede der anderen Teilmengen ist bijektiv auf H abbildbar.

(4) Da die Nebenklassen eine Zerlegung von G sind, enthält nur eine der Nebenklassen $a \circ H$ das neutrale Element 1_G. Jede Untergruppe von G enthält aber definitionsgemäß das neutrale Element 1_G. Also enthält die Untergruppe H das Element 1_G und ist folglich die einzige Nebenklasse in G / H, die eine Untergruppe von G ist.

Rechtsnebenklassen : Zur Klassifizierung der Elemente einer Gruppe $(G ; \circ)$ bezüglich einer gegebenen Untergruppe H wird die Relation "rechtsäquivalent bezüglich H" definiert. Das Paar (a,c) des kartesischen Produktes $G \times G$ heißt rechtsäquivalent bezüglich H, wenn es ein Element h von H gibt, für das $h \circ a = c$ gilt. Die Rechtsäquivalenz unterscheidet sich von der Linksäquivalenz also in der Reihenfolge der Faktoren a und h. Elemente von G, die rechtsäquivalent bezüglich H sind, bilden eine Äquivalenzklasse. Diese wird durch einen Repräsentanten a identifiziert und mit $H \circ a$ (sprich : Rechtsnebenklasse von a bezüglich H) bezeichnet. Die Quotientenmenge der Rechtsnebenklassen der Untergruppe H in G wird mit $G \backslash H$ (sprich : G rechts nach H) bezeichnet.

$$H \circ a \quad := \quad \{c \in G \mid h \circ a = c \quad \wedge \quad h \in H\}$$

Eigenschaften von Rechtsnebenklassen : Analog zu den Linksnebenklassen besitzen die Rechtsnebenklassen bezüglich einer Untergruppe H in einer Gruppe $(G ; \circ)$ folgende Eigenschaften :

(1) Ist a ein Element der Untergruppe H, so ist die Rechtsnebenklasse $H \circ a$ identisch mit H.

(2) Es gibt eine bijektive Abbildung $f : H \to H \circ a$ der Untergruppe H auf die Nebenklasse $H \circ a$.

(3) Die Rechtsnebenklassen bilden eine Zerlegung der Menge G.

(4) Die Untergruppe H ist die einzige Nebenklasse in $G \backslash H$, die eine Untergruppe von G ist.

Index einer Untergruppe : H sei eine Untergruppe der endlichen Gruppe $(G ; \circ)$. Die linken und die rechten Nebenklassen von H in G werden bestimmt. Jede der Nebenklassen ist bijektiv auf H abbildbar. Die Ordnung jeder Nebenklasse ist daher gleich der Ordnung von H. Da die linken und die rechten Nebenklassen von H je eine Zerlegung von G bilden, ist die Anzahl der Elemente in G ein Vielfaches der Anzahl der Elemente in H. Die Anzahl der linken und rechten Nebenklassen von H in G ist gleich. Die Anzahl der Nebenklassen von H in G heißt Index von H in G und wird mit [G : H] bezeichnet.

$$[G : H] := \text{ord } G / H \;=\; \text{ord } G \backslash H$$

Indexsatz : Die Ordnung jeder Untergruppe H einer endlichen Gruppe $(G ; \circ)$ ist ein Teiler der Ordnung der Gruppe G (Satz von Lagrange).

$$\text{ord } G = [G : H] \cdot \text{ord } H$$

Im Indexsatz wird nicht behauptet, daß jede Gruppe G, deren Ordnung einen Teiler m besitzt, stets eine Untergruppe der Ordnung m besitzt. Dies ist nicht der Fall. Beispielsweise besitzt die Ordnung 12 der alternierenden Gruppe A_4 in Abschnitt 7.7.7 den Teiler 6 ; die Gruppe A_4 besitzt jedoch keine Untergruppe der Ordnung 6. Die Existenz von Untergruppen wird in den Sätzen von Sylow in Abschnitt 7.8.3 behandelt.

Folgerungen aus dem Indexsatz :

(F1) Die Gruppe $(G ; +)$ sei endlich. Jedes Element a von G erzeugt eine zyklische Untergruppe gp(a). Nach dem Indexsatz teilt die Ordnung der Untergruppe gp(a) die Ordnung der Gruppe G. Also teilt die Ordnung des Elementes a die Ordnung von G.

$$a \in G \quad \Rightarrow \quad \text{ord } a \mid \text{ord } G$$

(F2) $(G ; +)$ sei eine endliche Gruppe mit dem neutralen Element 0 und der Ordnung n. Dann ist das n-fache jedes Elementes a von G gleich dem neutralen Element 0 (Kleiner Satz von Fermat).

Die Ordnung des Elementes a sei k. Dann ist k wegen Folgerung (F1) ein Teiler der Ordnung n der Gruppe G, also $n = qk$. Für das n-fache von a folgt mit $ka = 0$:

$$na = (qk)a = q(ka) = q0 = 0$$

(F3) Jede Gruppe von Primzahlordnung ist zyklisch und folglich abelsch. Zum Beweis betrachtet man die von einem Element $a \neq 0$ einer Gruppe $(G ; +)$ erzeugte zyklische Untergruppe gp(a). Nach Folgerung (F1) teilt die Ordnung von gp(a) die Ordnung von G. Die Ordnung von G ist aber eine Primzahl. Also ist $\text{ord}\, G = \text{ord}\, a$. Die Gruppe G ist also zyklisch. Eigenschaft (Z4) in Abschnitt 7.3.4 zeigt, daß zyklische Gruppen abelsch sind.

(F4) Die Untergruppen H und K einer Gruppe $(G ; +)$ seien geschachtelt, also $K \subseteq H$. Dann ist der Index von K in G das Produkt des Index von H in G mit dem Index von K in H.

$$K \subseteq H \subseteq G \quad \Rightarrow \quad [G : K] = [G : H] \cdot [H : K]$$

Der Beweis folgt direkt aus dem Indexsatz :

$$[G : H] \cdot [H : K] = \frac{\text{ord } G}{\text{ord } H} \cdot \frac{\text{ord } H}{\text{ord } K} = \frac{\text{ord } G}{\text{ord } K} = [G : K]$$

Ordnung eines Produktes von Untergruppen : H_1 und H_2 seien endliche Untergruppen einer Gruppe $(G\,;\circ)$. Die Anzahl der Elemente in dem Produkt $H_1 \circ H_2$ ist dann :

$$\mathrm{ord}\,(H_1 \circ H_2) = \frac{\mathrm{ord}\,H_1 \cdot \mathrm{ord}\,H_2}{\mathrm{ord}\,(H_1 \cap H_2)}$$

Beweis : Ordnung eines Produktes von Untergruppen

Mit verschiedenen Elementen $a,b \in H_1$ werden die Linksnebenklassen $a \circ H_2$ und $b \circ H_2$ gebildet. Diese sind genau dann gleich, wenn $a^{-1} \circ b$ ein Element von H_2 ist :

$$\begin{aligned} a \circ H_2 = b \circ H_2 \quad &\Leftrightarrow \quad H_2 = (a^{-1} \circ b) \circ H_2 \\ &\Leftrightarrow \quad a^{-1} \circ b \in H_2 \end{aligned}$$

Aus $a,b \in H_1$ folgt $a^{-1} \circ b \in H_1$. Damit gilt $a \circ H_2 = b \circ H_2$ genau dann, wenn $a^{-1} \circ b$ ein Element von $H_1 \cap H_2$ ist. Daraus folgt :

$$\begin{aligned} a \circ H_2 = b \circ H_2 \quad &\Leftrightarrow \quad a^{-1} \circ b \in H_1 \cap H_2 \\ &\Leftrightarrow \quad H_1 \cap H_2 = (a^{-1} \circ b) \circ (H_1 \cap H_2) \\ &\Leftrightarrow \quad a \circ (H_1 \cap H_2) = b \circ (H_1 \cap H_2) \end{aligned}$$

Die Äquivalenz zeigt, daß die Anzahl der mit Elementen von H_1 gebildeten verschiedenen Linksnebenklassen von H_2 gleich der Anzahl der mit Elementen von H_1 gebildeten verschiedenen Linksnebenklassen von $H_1 \cap H_2$ ist. Da $H_1 \cap H_2$ eine Untergruppe von H_1 ist, ist diese Anzahl der Index $n = [H_1 : H_1 \cap H_2]$. Aus dem Indexsatz folgt :

$$\mathrm{ord}\,H_1 = n\;\mathrm{ord}\,(H_1 \cap H_2)$$

Die Anzahl der Elemente in jeder Linksnebenklasse von H_2 ist ord H_2. Die Ordnung von $H_1 \circ H_2$ ist diese Anzahl mal der Anzahl n verschiedener Nebenklassen von H_2 :

$$\mathrm{ord}\,(H_1 \circ H_2) = n\;\mathrm{ord}\,H_2 = \frac{\mathrm{ord}\,H_1}{\mathrm{ord}\,(H_1 \cap H_2)}\,\mathrm{ord}\,H_2$$

Normalteiler : Die Verknüpfung $\circ$ einer Gruppe $(G\,;\circ)$ ist im allgemeinen nicht symmetrisch. Die linken und rechten Nebenklassen einer Untergruppe H von G sind daher im allgemeinen verschieden. Eine Untergruppe $(N\,;\circ)$ heißt ein Normalteiler (invariante Untergruppe, normale Untergruppe) von G, wenn die linken und rechten Nebenklassen von N in G gleich sind. Diese Beziehung wird mit $N \lhd G$ (sprich : N ist Normalteiler von G) bezeichnet.

$$N \lhd G := \bigwedge_{a \in G}\ \bigwedge_{n_1 \in N}\ \bigvee_{n_2 \in N} (a \circ n_1 = n_2 \circ a)$$

Die Nebenklassen eines Normalteilers N werden mit $N \circ a = a \circ N = [a]$ bezeichnet. Die kanonische Abbildung k der Gruppe G auf die Quotientenmenge G / N bildet die Gruppe auf die Menge der Nebenklassen ab.

$$k : G \to G/N \quad \text{mit} \quad k(a) = [a]$$

Eigenschaften von Normalteilern :

(T1) Eine Untergruppe $(N ; \circ)$ einer Gruppe $(G ; \circ)$ ist genau dann ein Normalteiler in G, wenn für alle $g \in G$ und alle $n \in N$ gilt $g \circ n \circ g^{-1} \in N$.

(T2) N und T seien Normalteiler einer Gruppe $(G ; \circ)$. Dann ist ihr Durchschnitt $N \cap T$ ebenfalls ein Normalteiler von G.

(T3) H sei eine Untergruppe und N ein Normalteiler einer Gruppe $(G ; \circ)$. Dann ist ihr Durchschnitt $H \cap N$ Normalteiler von H.

Weitere Eigenschaften von Normalteilern sind in Abschnitt 7.5.5 (Automorphismen) behandelt.

Beweis : Eigenschaften von Normalteilern

(T1) N sei ein Normalteiler in G. Dann gibt es zu beliebigen Elementen $g \in G$ und $n \in N$ ein Element $\hat{n} \in N$ mit $g \circ n = \hat{n} \circ g$. Durch Multiplikation mit g^{-1} von rechts folgt $g \circ n \circ g^{-1} = \hat{n} \in N$.

Umgekehrt sei zu beliebigen Elementen $g \in G$ und $n \in N$ das Element $\hat{n} := g \circ n \circ g^{-1}$ in N enthalten. Dann folgt durch Multiplikation mit g von rechts $\hat{n} \circ g = g \circ n$. Folglich ist N Normalteiler in G.

$$\bigwedge_{g \in G} \bigwedge_{n \in N} \bigvee_{\hat{n} \in N} (g \circ n = \hat{n} \circ g) \qquad \Leftrightarrow$$

$$\bigwedge_{g \in G} \bigwedge_{n \in N} \bigvee_{\hat{n} \in N} (g \circ n \circ g^{-1} = \hat{n}) \qquad \Leftrightarrow$$

$$\bigwedge_{g \in G} \bigwedge_{n \in N} (g \circ n \circ g^{-1} \in N)$$

(T2) Für beliebige Elemente $g \in G$ und $n \in N$ gilt $g \circ n \circ g^{-1} \in N$. Für beliebige Elemente $g \in G$ und $t \in T$ gilt $g \circ t \circ g^{-1} \in T$. Für beliebige Elemente $g \in G$ und $s \in N \cap T$ gilt folglich $g \circ s \circ g^{-1} \in N \cap T$.

$$\bigwedge_{g \in G} \bigwedge_{n \in N} (g \circ n \circ g^{-1} \in N) \quad \wedge \quad \bigwedge_{g \in G} \bigwedge_{t \in T} (g \circ t \circ g^{-1} \in T) \quad \Rightarrow$$

$$\bigwedge_{g \in G} \bigwedge_{s \in N \cap T} (g \circ s \circ g^{-1} \in N \cap T)$$

(T3) Für beliebige Elemente $h \in H$ und $a \in H \cap N$ ist $h \circ a \circ h^{-1}$ ein Element der Gruppe H. Das Produkt $h \circ a \circ h^{-1}$ ist auch ein Element von N, da $a \in N$, $h \in G$ und N Normalteiler in G ist. Also ist $h \circ a \circ h^{-1}$ ein Element von $H \cap N$. Folglich ist $H \cap N$ Normalteiler in H.

Einfache Gruppen : Eine Gruppe $(G ; \circ)$ mit dem neutralen Element 1 heißt einfach, wenn $G \neq \{1\}$ ist und die unechten Untergruppen $\{1\}$ und G die einzigen Normalteiler in G sind.

Beispiel 1 : Normalteiler der Deckgruppe gleichseitiger Dreiecke

Die Deckgruppe $G = \{a_0, ..., a_5\}$ der Drehungen gleichseitiger Dreiecke ist in Beispiel 1 von Abschnitt 7.3.2 gezeigt. Die Untergruppe $H = \{a_0, a_1, a_2\}$ enthält die Drehungen des Dreiecks in der Ebene. Die Drehungen $\{a_3, a_4, a_5\}$ im Raum sind eine Nebenklasse von H in G. Die Untergruppe H ist ein Normalteiler in G, da $H \circ a_3 = a_3 \circ H = [a_3]$. Die Nebenklassen $\{a_0, a_1, a_2\}$ und $\{a_3, a_4, a_5\}$ bilden eine Zerlegung von G.

$$H \circ a_0 = H \circ a_1 = H \circ a_2 = \{a_0, a_1, a_2\} = a_0 \circ H = a_1 \circ H = a_2 \circ H$$
$$H \circ a_3 = H \circ a_4 = H \circ a_5 = \{a_3, a_4, a_5\} = a_3 \circ H = a_4 \circ H = a_5 \circ H$$

Beispiel 2 : Normalteiler der Deckgruppe regulärer Tetraeder

Die Deckgruppe $G = \{a_0, ..., a_{11}\}$ der Drehungen regulärer Tetraeder ist in Beispiel 2 von Abschnitt 7.3.2 gezeigt. Die Untergruppe $H = \{a_0, a_9, a_{10}, a_{11}\}$ enthält die Drehungen um die Kantenmittellinien durch 180 Grad. Die Drehungen $\{a_1, a_4, a_5, a_8\}$ um die Flächenmittellinien durch 120 Grad und die Drehungen $\{a_2, a_3, a_6, a_7\}$ um die Flächenmittellinien durch 240 Grad bilden jeweils eine Nebenklasse von H in G. Die Untergruppe H ist ein Normalteiler in G, da $H \circ a_1 = a_1 \circ H = [a_1]$ und $H \circ a_2 = a_2 \circ H = [a_2]$ gilt. Die Nebenklassen $\{a_0, a_9, a_{10}, a_{11}\}$, $\{a_1, a_4, a_5, a_8\}$ und $\{a_2, a_3, a_6, a_7\}$ bilden eine Zerlegung von G.

$$H \circ a_0 = \{a_0, a_9, a_{10}, a_{11}\} = a_0 \circ H = [a_0]$$
$$H \circ a_1 = \{a_1, a_4, a_5, a_8\} = a_1 \circ H = [a_1]$$
$$H \circ a_2 = \{a_2, a_3, a_6, a_7\} = a_2 \circ H = [a_2]$$

7.4.3 RESTKLASSENGRUPPEN

Kongruenz ganzer Zahlen : Für ganze Zahlenpaare (a,n) und (b,n) gibt es eine eindeutige Division mit Rest.

$$a = q_1 n + r_1 \quad \text{mit} \quad 0 \le r_1 < n \quad \text{und} \quad q_1, r_1 \in \mathbb{Z}$$
$$b = q_2 n + r_2 \quad \text{mit} \quad 0 \le r_2 < n \quad \text{und} \quad q_2, r_2 \in \mathbb{Z}$$

Die Zahlen a und b heißen kongruent modulo n, wenn die Reste r_1 und r_2 in der Division mit n gleich sind. Diese Relation wird mit $a \equiv b \bmod n$ (sprich : a ist kongruent zu b modulo n) bezeichnet. Der Rest der Division von b durch n wird mit b mod n bezeichnet.

$$a \equiv b \bmod n \quad \Rightarrow \quad a = q_1 n + r_1 \;\wedge\; b = q_2 n + r_2 \;\wedge\; r_1 = r_2$$

Restklassenmenge : Die in Abschnitt 7.3.5 definierte Untergruppe $\mathbb{Z}n$ der Gruppe $(\mathbb{Z}\,;+)$ der ganzen Zahlen enthält die durch n teilbaren Ganzzahlen. Da die Addition ganzer Zahlen kommutativ ist, sind die linken und die rechten Nebenklassen von $\mathbb{Z}n$ in $\mathbb{Z}$ gleich, so daß $\mathbb{Z}n$ ein Normalteiler in $\mathbb{Z}$ ist. Die Nebenklasse [a] des Normalteilers $\mathbb{Z}n$ enthält alle ganzen Zahlen, die bei Division mit n denselben Rest liefern wie die Zahl a und heißt daher Restklasse. Alle Zahlen in [a] sind also kongruent zu a modulo n. Die Restklassenmenge für die Zahl n ist $\{[0], [1],...,[n-1]\}$ und wird mit $\mathbb{Z}/\mathbb{Z}n$ oder $\mathbb{Z}_n$ bezeichnet.

$$\mathbb{Z}n = \{nz \mid z \in \mathbb{Z}\}$$
$$[a] = \{c \in \mathbb{Z} \mid c \equiv a \bmod n\}$$
$$\mathbb{Z}/\mathbb{Z}n := \mathbb{Z}_n := \{[0],...,[n-1]\}$$

Restklassengruppe : Die Relation "kongruent modulo n" ist eine Äquivalenzrelation. Dies bedeutet, daß die Restklassenmenge $\mathbb{Z}_n$ eine Quotientenmenge ist.

reflexiv : $a \equiv a \bmod n$

symmetrisch : $a \equiv b \bmod n \;\Leftrightarrow\; b \equiv a \bmod n$

transitiv : $a \equiv b \bmod n \;\wedge\; b \equiv c \bmod n \;\Rightarrow\; a \equiv c \bmod n$

Auf der Quotientenmenge $\{[0],...,[n-1]\}$ mit $n \ge 1$ wird die innere Verknüpfung + mit $[k]+[m] = [k+m]$ definiert. Diese Definition ist zulässig, da die Verträglichkeitsbedingung $a \in [k], b \in [m] \Rightarrow a+b \in [k+m]$ erfüllt ist :

$$a \in [k] \quad \Rightarrow \quad k = q_1 n + r_1$$
$$a = q_2 n + r_1$$

$$b \in [m] \quad \Rightarrow \quad m = q_3 n + r_2$$
$$b = q_4 n + r_2$$

$$r_1 + r_2 < n \quad \Rightarrow \quad \begin{aligned} k + m &= (q_1 + q_3)\,n + (r_1 + r_2) \\ a + b &= (q_2 + q_4)\,n + (r_1 + r_2) \end{aligned}$$

$$r_1 + r_2 \geq n \quad \Rightarrow \quad \begin{aligned} k + m &= (q_1 + q_3 + 1)\,n + (r_1 + r_2 - n) \\ a + b &= (q_2 + q_4 + 1)\,n + (r_1 + r_2 - n) \end{aligned}$$

Also gilt $a + b \in [k + m]$. Das Gebilde $(\mathbb{Z}_n\ ;\ +)$ ist eine endliche zyklische Gruppe der Ordnung n und heißt die Restklassengruppe modulo n. Ihr neutrales Element ist [0]. Sie wird von dem Element [1] erzeugt.

Beispiel 1 : Restklassengruppen modulo n

Der Normalteiler $\mathbb{Z}n$ besitzt folgende n Restklassen :

$$\begin{aligned} [0] &= \{\ldots, -2n\ , -n\ , 0\ , n\ , 2n\ , \ldots\} \\ [1] &= \{\ldots, -2n + 1, -n + 1\ , 1\ , n + 1, 2n + 1\ , \ldots\} \\ [2] &= \{\ldots, -2n + 2, -n + 2\ , 2\ , n + 2, 2n + 2\ , \ldots\} \\ &\vdots \\ [n-1] &= \{\ldots, -n - 1\ , -1, n - 1\ , 2n - 1, 3n - 1, \ldots\} \end{aligned}$$

Die Restklassengruppe modulo 3 besteht daher aus folgenden Mengen :

$$\begin{aligned} [0] &= \{\ldots, -6, -3, 0, 3, 6, \ldots\} \\ [1] &= \{\ldots, -5, -2, 1, 4, 7, \ldots\} \\ [2] &= \{\ldots, -4, -1, 2, 5, 8, \ldots\} \\ \mathbb{Z}_3 &= \{\,[0], [1], [2]\,\} \end{aligned}$$

Für die Elemente $3 \in [0]$, $4 \in [1]$ und $7 \in [1]$ sind die Verträglichkeitsbedingungen wie folgt erfüllt :

$$3 + 4 = 7 \quad \wedge \quad [0] + [1] = [0 + 1] = [1] \quad \wedge \quad 7 \in [1]$$

7.4.4 KONJUGIERTE ELEMENTE UND MENGEN

Transformierte eines Elementes : Ein Element a einer Gruppe $(G ; \circ)$ heißt die Transformierte des Elementes b mittels des Elementes g (g-Transformierte von b), wenn folgende Gleichung gilt :

$$a = g^{-1} \circ b \circ g \qquad a, b, g \in G$$

Konjugierte Elemente : Die Transformation der Elemente einer Gruppe $(G ; \circ)$ kann zur Klassifizierung der Gruppe benutzt werden. Hierfür wird die Relation "konjugiert" definiert. Ein Paar (a, c) des kartesischen Produktes $G \times G$ heißt konjugiert, wenn es ein Element g der Gruppe G gibt, das a nach c transformiert.

$$(a, c) \text{ ist konjugiert } :\Leftrightarrow \bigvee_{g \in G} (a \circ g = g \circ c) \qquad a, c, g \in G$$

Die Relation "konjugiert" besitzt die Eigenschaften einer Äquivalenzrelation :

(1) Reflexiv : Jedes Element a der Gruppe G ist zu sich selbst konjugiert.
$a \circ a^{-1} = a^{-1} \circ a$

(2) Symmetrisch : Ist das Element a konjugiert zu c mittels des Elementes g, so ist c konjugiert zu a mittels des inversen Elementes g^{-1}.
$a \circ g = g \circ c \quad \Rightarrow \quad c \circ g^{-1} = g^{-1} \circ a$

(3) Transitiv : Ist a konjugiert zu c mittels g und c konjugiert zu e mittels h, so ist a konjugiert zu e, da die Gruppe G mit den Elementen g und h auch ihr Produkt $g \circ h$ enthält.
$a \circ g = g \circ c \ \wedge \ c \circ h = h \circ e \quad \Rightarrow \quad a \circ (g \circ h) = g \circ c \circ h = (g \circ h) \circ e$

Konjugierte Elemente von G bilden also eine Äquivalenzklasse. Diese Klasse heißt Konjugationsklasse. Sie wird durch einen Repräsentanten a identifiziert und mit [a] bezeichnet. Die Klasse $[1_G]$ besteht nur aus dem neutralen Element, da $g^{-1} \circ 1_G \circ g = 1_G$ für jedes Element g von G. Die Konjugationsklassen bilden eine Zerlegung der Menge G.

$$[a] := \{ c \in G \mid c = g^{-1} \circ a \circ g \ \wedge \ g \in G \}$$

Hinweis : Die Zerlegung einer Gruppe $(G ; \circ)$ in Konjugationsklassen darf nicht mit ihrer Zerlegung bezüglich eines Normalteilers verwechselt werden. Bei der Zerlegung bezüglich eines Normalteilers N gilt die Bedingung $g \circ N = N \circ g$ für jedes Element $g \in G$. Jede der resultierenden Klassen [a] enthält die gleiche Anzahl von Elementen (Indexsatz). Der Normalteiler selbst ist die einzige Klasse, die eine Untergruppe von G ist. Bei der Zerlegung in Konjugationsklassen gehören die Elemente a und c bereits zur Klasse [a], wenn es ein einziges Element $g \in G$ gibt, für das $a \circ g = g \circ c$ gilt. Die Anzahl der Elemente in den Konjugationsklassen kann verschieden sein. Die einzige Untergruppe unter den Konjugationsklassen ist die triviale Untergruppe {1}.

Konjugationsklassen und Normalteiler : Eine Untergruppe H einer Gruppe $(G ; \circ)$ ist genau dann ein Normalteiler in G, wenn H aus ganzen Konjugationsklassen besteht. Enthält H also ein Element einer Konjugationsklasse, so enthält H alle Elemente der Konjugationsklasse. Diese Eigenschaft kann zur Bestimmung aller Normalteiler einer Gruppe genutzt werden.

Beweis : Konjugationsklassen und Normalteiler

(1) H sei ein Normalteiler in G. Der Repräsentant a der Konjugationsklasse $\{c \in G \mid c = g^{-1} \circ a \circ g \wedge g \in G\}$ sei ein Element von H. Dann gibt es nach der Definition des Normalteilers für jedes $g \in G$ ein Element $c \in H$ mit $g \circ a = c \circ g$, also $c = g^{-1} \circ a \circ g$. Folglich ist die Konjugationsklasse [a] in H enthalten.

(2) Jedes Element der Konjugationsklasse [a] sei in der Untergruppe H enthalten. Für jedes Element $g \in G$ gibt es ein Element $x \in [a]$, so daß $x = g^{-1} \circ a \circ g$, also $g \circ x = a \circ g$ mit $a, x \in [a] \subseteq H$. Sind in H weitere Konjugationsklassen vollständig enthalten, so gelten analoge Aussagen für die Elemente dieser Klassen. Ist H die Vereinigung vollständiger Konjugationsklassen, so gilt $g \circ H = H \circ g$ für jedes $g \in H$. Folglich ist H ein Normalteiler in G.

Transformierte einer Teilmenge : Eine Teilmenge A einer Gruppe $(G ; \circ)$ heißt g-Transformierte der Teilmenge B von G, wenn A genau die mittels des Elementes $g \in G$ transformierten Elemente von B enthält.

$$A = g^{-1} \circ B \circ g \quad :\Leftrightarrow \quad A = \{a \in G \mid a = g^{-1} \circ b \circ g \wedge b \in B\}$$

Die Transformierten einer Teilmenge besitzen folgende Eigenschaften :

(1) Die Transformierte $g^{-1} \circ H \circ g$ einer Untergruppe H von G ist ebenfalls eine Gruppe.

(2) Die Abbildung $f : B \to g^{-1} \circ B \circ g$ mit $f(b) = g^{-1} \circ b \circ g$ ist bijektiv.

(3) Die Transformierte einer endlichen Untergruppe H mittels eines Elementes g dieser Untergruppe ist die Untergruppe H selbst.

Beweis : Eigenschaften der Transformierten einer Untergruppe H

(1) Die Transformierte $A = g^{-1} \circ H \circ g$ enthält das neutrale Element 1_G, mit dem Element a das Inverse a^{-1} und mit den Elementen a_1, a_2 das Produkt $a_1 \circ a_2$:

$$\bigwedge_{g \in G} (g^{-1} \circ 1_G \circ g = 1_G) \wedge 1_G \in H \Rightarrow 1_G \in g^{-1} \circ H \circ g$$

$$\bigwedge_{a,b \in H} (a = g^{-1} \circ b \circ g \Rightarrow a^{-1} = g^{-1} \circ b^{-1} \circ g)$$

$$\bigwedge_{a_i,b_i \in H} (a_1 = g^{-1} \circ b_1 \circ g \wedge a_2 = g^{-1} \circ b_2 \circ g \Rightarrow a_1 \circ a_2 = g^{-1} \circ b_1 \circ b_2 \circ g)$$

(2) Die Abbildung $f : B \rightarrow g^{-1} \circ B \circ g$ ist surjektiv, da es für jedes Element $a \in g^{-1} \circ B \circ g$ nach Definition der Transformierten ein Element $b \in B$ mit $a = g^{-1} \circ b \circ g$ gibt. Die Abbildung ist injektiv, da zwei verschiedene Elemente $b_1, b_2 \in B$ auf zwei verschiedene Elemente $g^{-1} \circ b_1 \circ g,\ g^{-1} \circ b_2 \circ g \in g^{-1} \circ B \circ g$ abgebildet werden :

$$g^{-1} \circ b_1 \circ g \neq g^{-1} \circ b_2 \circ g \Leftrightarrow$$

$$g \circ g^{-1} \circ b_1 \circ g \circ g^{-1} \neq g \circ g^{-1} \circ b_2 \circ g \circ g^{-1} \Leftrightarrow b_1 \neq b_2$$

Die Abbildung f ist bijektiv, da sie surjektiv und injektiv ist.

(3) Sind b und g Elemente der Untergruppe H, so ist auch das inverse Element g^{-1} ein Element von H. Damit ist das Produkt $g^{-1} \circ b \circ g$ ein Element der Gruppe H. Da H endlich ist, folgt $H = g^{-1} \circ H \circ g$.

Konjugierte Teilmengen : $\{M_1, \ldots, M_s\}$ sei eine Menge von Teilmengen einer Gruppe $(G ; \circ)$ mit einer Untergruppe H. Zur Klassifikation der Teilmengen M_i bezüglich der Untergruppe H wird die Relation "H-konjugiert" definiert. Ein Paar (M_i, M_k) des kartesischen Produktes $\{M_1, \ldots, M_s\} \times \{M_1, \ldots, M_s\}$ heißt H-konjugiert, wenn M_i die Transformierte von M_k mittels eines Elementes h von H ist. M_i heißt H-Konjugierte von M_k. Die Relation "H-konjugiert" ist eine Äquivalenzrelation.

$$M_i \text{ und } M_k \text{ sind H-konjugiert} \quad :\Leftrightarrow \quad \bigvee_{h \in H} (M_i = h^{-1} \circ M_k \circ h)$$

(1) Reflexiv : Jede Menge M_i ist ihre eigene H-Konjugierte.

$$M_i = 1_G^{-1} \circ M_i \circ 1_G \quad \wedge \quad 1_G \in H$$

(2) Symmetrisch : Ist M_i H-konjugiert zu M_k, so ist M_k H-konjugiert zu M_i, da die Gruppe H mit h auch das Inverse h^{-1} enthält.

$$M_i = h^{-1} \circ M_k \circ h \quad \Rightarrow \quad M_k = h \circ M_i \circ h^{-1}$$

(3) Transitiv : Ist M_i H-konjugiert zu M_k und M_k H-konjugiert zu M_n, so ist M_i H-konjugiert zu M_n, da die Gruppe H mit den Elementen h_1 und h_2 auch ihr Produkt $h_2 \circ h_1$ enthält.

$$M_i = h_1^{-1} \circ M_k \circ h_1 \quad \wedge \quad M_k = h_2^{-1} \circ M_n \circ h_2 \quad \Rightarrow$$
$$M_i = (h_2 \circ h_1)^{-1} \circ M_n \circ (h_2 \circ h_1)$$

Elemente von $\{M_1, \ldots, M_s\}$, die H-konjugiert sind, bilden also eine Äquivalenzklasse. Diese wird durch einen Repräsentanten M_i identifiziert und mit $[M_i]$ bezeichnet. Die Klassen $[M_i]$ H-konjugierter Teilmengen bilden eine Zerlegung der Menge $\{M_1, \ldots, M_s\}$.

$$[M_i] = \{M_n \in \{M_1, \ldots, M_s\} \mid \bigvee_{h \in H} (M_n = h^{-1} \circ M_i \circ h)\}$$

Beispiel 1 : Konjugierte Elemente der Tetraeder-Deckgruppe

Die Deckgruppe $G = \{a_0, ..., a_{11}\}$ für regelmäßige Tetraeder ist in Beispiel 2 von Abschnitt 7.3.2 gezeigt. Die Transformierten der Elemente a_k mit den Elementen a_m sind in der folgenden Transformationstafel zusammengestellt. Das Element in Zeile k und Spalte m der Tabelle ist die Transformierte von a_m mittels a_k.

T	a_0	a_1	a_2	a_3	a_4	a_5	a_6	a_7	a_8	a_9	a_{10}	a_{11}
a_0	a_0	a_1	a_2	a_3	a_4	a_5	a_6	a_7	a_8	a_9	a_{10}	a_{11}
a_1	a_0	a_1	a_2	a_7	a_8	a_4	a_3	a_6	a_5	a_{11}	a_9	a_{10}
a_2	a_0	a_1	a_2	a_6	a_5	a_8	a_7	a_3	a_4	a_{10}	a_{11}	a_9
a_3	a_0	a_8	a_7	a_3	a_4	a_1	a_2	a_6	a_5	a_{10}	a_{11}	a_9
a_4	a_0	a_5	a_6	a_3	a_4	a_8	a_7	a_2	a_1	a_{11}	a_9	a_{10}
a_5	a_0	a_8	a_7	a_2	a_1	a_5	a_6	a_3	a_4	a_{11}	a_9	a_{10}
a_6	a_0	a_4	a_3	a_7	a_8	a_5	a_6	a_2	a_1	a_{10}	a_{11}	a_9
a_7	a_0	a_5	a_6	a_2	a_1	a_4	a_3	a_7	a_8	a_{10}	a_{11}	a_9
a_8	a_0	a_4	a_3	a_6	a_5	a_1	a_2	a_7	a_8	a_{11}	a_9	a_{10}
a_9	a_0	a_4	a_3	a_2	a_1	a_8	a_7	a_6	a_5	a_9	a_{10}	a_{11}
a_{10}	a_0	a_5	a_6	a_7	a_8	a_1	a_2	a_3	a_4	a_9	a_{10}	a_{11}
a_{11}	a_0	a_8	a_7	a_6	a_5	a_4	a_3	a_2	a_1	a_9	a_{10}	a_{11}

Transformationstafel $a_i = a_k^{-1} \circ a_m \circ a_k$ (Zeile k, Spalte m)

Beispiel : $a_8 = a_2^{-1} \circ a_5 \circ a_2 = a_1 \circ a_5 \circ a_2$

Die Konjugationsklassen der Gruppe stehen in den Spalten der Tabelle, die mit a_0, a_1, a_2 und a_9 markiert sind :

$[a_0] = \{a_0\}$: Ruheabbildung

$[a_1] = \{a_1, a_4, a_5, a_8\}$: Drehungen um Flächenmittellinien, 120 Grad

$[a_2] = \{a_2, a_3, a_6, a_7\}$: Drehungen um Flächenmittellinien, 240 Grad

$[a_9] = \{a_9, a_{10}, a_{11}\}$: Drehungen um Kantenmittellinien, 180 Grad

Beispiel 2 : Konjugierte Teilmengen der Tetraeder-Deckgruppe

In der Tetraeder-Deckgruppe G von Beispiel 1 werden Teilmengen definiert :

$$M_1 = \{a_1, a_2\} \qquad M_3 = \{a_5, a_6\} \qquad M_5 = \{a_9, a_{10}\}$$
$$M_2 = \{a_3, a_4\} \qquad M_4 = \{a_7, a_8\}$$

Die Klassen konjugierter Teilmengen für die Untergruppe $H = \{a_0, a_9, a_{10}, a_{11}\}$ werden mit $[M_i] = \{M_n \in \{M_1, \ldots, M_5\} \mid \bigvee_{h \in H} (M_n = h^{-1} \circ M_i \circ h)\}$ bestimmt.

$$a_0^{-1} \circ M_1 \circ a_0 = M_1 \qquad a_0^{-1} \circ M_5 \circ a_0 = M_5$$
$$a_9^{-1} \circ M_1 \circ a_9 = M_2 \qquad a_9^{-1} \circ M_5 \circ a_9 = M_5$$
$$a_{10}^{-1} \circ M_1 \circ a_{10} = M_3 \qquad a_{10}^{-1} \circ M_5 \circ a_{10} = M_5$$
$$a_{11}^{-1} \circ M_1 \circ a_{11} = M_4 \qquad a_{11}^{-1} \circ M_5 \circ a_{11} = M_5$$

Die Äquivalenzklassen H-konjugierter Mengen sind also

$$[M_1] = \{M_1, M_2, M_3, M_4\} \quad \text{und} \quad [M_5] = \{M_5\}.$$

7.5 GRUPPENSTRUKTUR

7.5.1 EINFÜHRUNG

Untergruppen : Eine Gruppe (G ; ∘) kann nicht in disjunkte Untergruppen zerlegt werden, da jede Untergruppe definitionsgemäß das neutrale Element 1 enthält. Es stellt sich nun die Frage, ob eine Gruppe so in Untergruppen zerlegt werden kann, daß je zwei dieser Untergruppen nur das Element 1 gemeinsam haben. Es stellt sich ferner die Frage, ob jedes Element der Gruppe G durch die Verknüpfung von Elementen bestimmter Untergruppen von G konstruiert werden kann. Ist dies der Fall, so können die Eigenschaften von Gruppen durch Vergleich der erzeugenden Untergruppen mit bekannten Gruppen beurteilt werden. Die Menge der verschiedenen Konstruktionen einer Gruppe aus ihren Untergruppen heißt die Gruppenstruktur. In diesem Abschnitt wird die Struktur gegebener Gruppen durch Abbildung verglichen. Die Konstruktion von Gruppen aus Untergruppen wird in den folgenden Abschnitten 7.6 bis 7.8 behandelt.

Homomorphie : Gruppen werden durch Abbildung verglichen. Eine Abbildung ist strukturverträglich (homomorph), wenn die Reihenfolge der Ausführung von Abbildung und Verknüpfung zweier Elemente vertauschbar ist. Werden also zwei Elemente der Urmenge abgebildet und danach in der Zielmenge verknüpft, so ist das Ergebnis bei homomorpher Abbildung gleich dem Ergebnis der Verknüpfung der Elemente in der Urmenge mit nachfolgender Abbildung in die Zielmenge.

Isomorphie : Die Untersuchung von Gruppen durch Vergleich ihrer Untergruppen erfordert eine Definition des Begriffs "Gruppen mit gleicher Struktur". Zwei Gruppen sind gleichartig strukturiert (isomorph), wenn es eine bijektive homomorphe Abbildung zwischen ihnen gibt. Es zeigt sich, daß jede unendliche zyklische Gruppe isomorph zur additiven Gruppe der Ganzzahlen ist. Jede endliche zyklische Gruppe ist isomorph zu einer Restklassengruppe. Jede endliche Gruppe ist isomorph zu einer Gruppe von Permutationen.

Natürlicher Homomorphismus : Die kanonische Abbildung $k : G \rightarrow G/N$ einer Gruppe (G ; ∘) auf ihre Quotientengruppe G/N bezüglich eines Normalteilers N von G ist ein Homomorphismus. Dieser natürliche Homomorphismus verbindet die Klassenstruktur einer Gruppe mit ihrer Gruppenstruktur. Alle Elemente des Normalteilers N werden auf das neutrale Element von G/N abgebildet. Alle Elemente einer Nebenklasse $a \circ N$ werden auf das Element [a] von G/N abgebildet. Gibt es nun einen anderen Homomorphismus $f : G \rightarrow H$, der genau die Elemente von N auf das neutrale Element 1_H abbildet (N ist der Kern von f), so sind die Gruppen G/N und H isomorph. Dieser Homomorphiesatz ist der zentrale Satz für die Untersuchung der Gruppenstruktur.

Automorphismen : Von besonderer Bedeutung für die Untersuchung der Struktur einer Gruppe (G ; $\circ$) sind ihre isomorphen Abbildungen auf sich selbst (Automorphismen). Die Komposition der Automorphismen auf G führt zu der Automorphismengruppe von G, einer Untergruppe der Permutationsgruppe von G. Die Abbildungen der Elemente von G auf ihre g-Transformierten mit der Komposition als innerer Verknüpfung bilden eine Untergruppe der Automorphismengruppe (innere Automorphismen). Untergruppen, die unter allen Automorphismen auf sich selbst abgebildet werden, heißen charakteristisch. Jede charakteristische Untergruppe ist Normalteiler von G.

7.5.2 HOMOMORPHIE

Verträgliche Strukturen : Die Struktur von Gruppen wird durch Abbildung der Gruppen untersucht. Eine Abbildung heißt strukturverträglich (homomorph), wenn die Reihenfolge vertauschbar ist, in der Abbildungen und Verknüpfungen von Elementen ausgeführt werden. Werden in einer homomorphen Abbildung $f : G \to H$ zwei Elemente $a, b \in G$ abgebildet und danach in der Zielmenge zu dem Element $f(a) \circ f(b)$ verknüpft, so ist das Ergebnis gleich dem Ergebnis der Verknüpfung $a \circ b$ der Elemente in der Urmenge mit nachfolgender Abbildung $f(a \circ b)$ in die Zielmenge. Für eine strukturverträgliche Abbildung gilt also $f(a) \circ f(b) = f(a \circ b)$.

Bei der homomorphen Abbildung einer Gruppe in eine andere Gruppe stellt sich die Frage, ob die Bilder und die Urbilder von Untergruppen ebenfalls Untergruppen sind. Insbesondere stellt sich die Frage, ob die Bilder und die Urbilder von Normalteilern ebenfalls Normalteiler sind. Im folgenden wird gezeigt, daß homomorphe Abbildungen den Gruppencharakter und die Normalität erhalten. Für eine Gruppe G mit Normalteiler N ergibt sich aus dieser Eigenschaft ein natürlicher Homomorphismus, der G auf die Quotientenmenge G/N abbildet.

Homomorphe Abbildungen : Die Abbildung $f : G \to H$ einer Gruppe $(G ; \circ_1)$ in eine Gruppe $(H ; \circ_2)$ heißt homomorph (strukturverträglich), wenn das Bild $f(a \circ_1 b)$ des Produktes $a \circ_1 b$ von je zwei Elementen a und b der Menge G gleich dem Produkt $f(a) \circ_2 f(b)$ ihrer Bilder f(a) und f(b) in der Menge H ist. Die Reihenfolge von Verknüpfung und Abbildung ist also für eine homomorphe Abbildung vertauschbar. Die Indizes zur Unterscheidung der Verknüpfungen $\circ_1$ und $\circ_2$ werden meist weggelassen, da die Unterscheidung aus dem Zusammenhang heraus möglich ist. Eine homomorphe Abbildung f heißt Homomorphismus.

$$f : G \to H \text{ ist homomorph} \quad :\Leftrightarrow \quad \bigwedge_{a,b \in G} (f(a \circ b) = f(a) \circ f(b))$$

Eigenschaften homomorpher Abbildungen : Eine homomorphe Gruppenabbildung $f : G \to H$ besitzt folgende Eigenschaften :

(1) Das Bild f(G) der Gruppe G ist eine Gruppe.

(2) Das neutrale Element 1_H der Gruppe H ist das Bild des neutralen Elementes 1_G der Gruppe G :

$$1_H = f(1_G)$$

(3) Das Inverse $f(a)^{-1}$ des Bildes f(a) eines Elementes a der Gruppe G ist gleich dem Bild $f(a^{-1})$ des Inversen a^{-1} des Elementes a :

$$f(a)^{-1} := (f(a))^{-1} = f(a^{-1})$$

Beweis : Eigenschaften homomorpher Abbildungen

Es wird vorausgesetzt, daß G eine Gruppe ist, und gezeigt, daß dann auch das Bild f(G) die Gruppeneigenschaften besitzt.

(a) Für gegebene Elemente b_1 und b_2 des Bildes f(G) gibt es Elemente a_1 und a_2 der Gruppe G, so daß $b_1 = f(a_1)$ und $b_2 = f(a_2)$. Die Gruppe G enthält mit a_1 und a_2 auch das Produkt $a_1 \circ a_2$. Also enthält das Bild f(G) das Element $f(a_1 \circ a_2) = f(a_1) \circ f(a_2)$ und damit f(G) das Produkt $b_1 \circ b_2$.

(b) Die Gruppe G enthält das neutrale Element 1_G. Für jedes Element a von G gilt $a \circ 1_G = a$ und folglich $f(a \circ 1_G) = f(a)$. Für die homomorphe Abbildung gilt auch $f(a \circ 1_G) = f(a) \circ f(1_G)$. Aus $f(a) \circ f(1_G) = f(a)$ folgt, daß $f(1_G)$ das neutrale Element von H ist. Dies beweist Eigenschaft (2).

(c) Das neutrale Element 1_H ist das Bild des neutralen Elementes 1_G und damit das Bild des Produktes $a \circ a^{-1}$, also $1_H = f(1_G) = f(a \circ a^{-1})$. Da die Abbildung f homomorph ist, gilt $f(a \circ a^{-1}) = f(a) \circ f(a^{-1})$. Aus $1_H = f(a) \circ f(a^{-1})$ folgt $f(a^{-1})^{-1} = f(a)$.

(d) Das Bild f(G) ist eine Gruppe, da es das neutrale Element 1_H enthält, mit b auch das Inverse b^{-1} und mit b_1, b_2 auch das Produkt $b_1 \circ b_2$. Dies beweist Eigenschaft (1).

Komposition homomorpher Abbildungen : G_1, G_2 und G_3 seien Gruppen und $f_1 : G_1 \to G_2$ sowie $f_2 : G_2 \to G_3$ homomorphe Abbildungen. Dann ist die Komposition $f_2 \circ f_1 : G_1 \to G_3$ eine homomorphe Abbildung.

Beweis : Komposition homomorpher Abbildungen

Für die homomorphe Abbildung beliebiger Elemente a,b von G_1 gilt $f_1(a \circ b) = f_1(a) \circ f_1(b)$ mit $f_1(a), f_1(b) \in G_2$. Für die homomorphe Abbildung von $f_1(a)$ und $f_1(b)$ gilt dann :

$$\begin{aligned} (f_2 \circ f_1)(a \circ b) &= f_2(f_1(a \circ b)) = f_2(f_1(a) \circ f_1(b)) \\ &= f_2(f_1(a)) \circ f_2(f_1(b)) = (f_2 \circ f_1)(a) \circ (f_2 \circ f_1)(b) \end{aligned}$$

Kern einer homomorphen Abbildung : Eine Abbildung $f : G \to H$ der Gruppe G auf die Gruppe $f(G) = H$ sei homomorph. Die Teilmenge der Elemente von G, die auf das neutrale Element 1_H der Gruppe H abgebildet wird, heißt der Kern der homomorphen Abbildung f und wird mit kern f bezeichnet.

$$\text{kern } f := \{a \in G \mid f(a) = 1_H\}$$

Injektiver Homomorphismus : Eine homomorphe Abbildung f einer Gruppe G in eine Gruppe H ist genau dann injektiv, wenn der Kern von f trivial ist (nur das neutrale Element 1_G enthält). Die homomorphe Abbildung f ist also genau dann injektiv, wenn aus $f(a) = 1_H$ für $a \in G$ die Identität $a = 1_G$ folgt.

$$f : G \to H \text{ ist injektiv} \quad :\Leftrightarrow \quad \text{kern } f = \{1_G\}$$

Beweis : Trivialer Kern eines injektiven Homomorphismus

(1) Die homomorphe Abbildung f sei injektiv. Für jede Abbildung einer Gruppe gilt $f(1_G) = 1_H$. Da f injektiv ist, ist 1_G das einzige Urbild von 1_H. Also gilt $\text{kern } f = \{1_G\}$.

(2) Der Kern der homomorphen Abbildung f sei $\{1_G\}$. Die Elemente f(a) und f(b) von H seien gleich. Dann gilt $f(a \circ b^{-1}) = f(a) \circ f(b)^{-1} = f(a) \circ f(a)^{-1} = 1_H$. Da der Kern von f nur das Element 1_G enthält, folgt $a \circ b^{-1} = 1_G$ und damit $a = b$. Die Abbildung ist also injektiv.

Induzierter Homomorphismus : Für die Gruppen G, H, Z sei $\phi : G \to H$ ein beliebiger Homomorphismus und $\pi : G \to Z$ ein surjektiver Homomorphismus, also $\pi(G) = Z$. Ist $\text{kern } \pi \subseteq \text{kern } \phi$, so gibt es genau einen Homomorphismus $\sigma : Z \to H$ mit $\phi = \sigma \circ \pi$. Die Abbildung σ heißt der von ϕ induzierte Homomorphismus. Für σ gilt :

(1) Ist ϕ surjektiv, so ist auch σ surjektiv.

(2) Ist $\text{kern } \pi = \text{kern } \phi$, so ist σ injektiv.

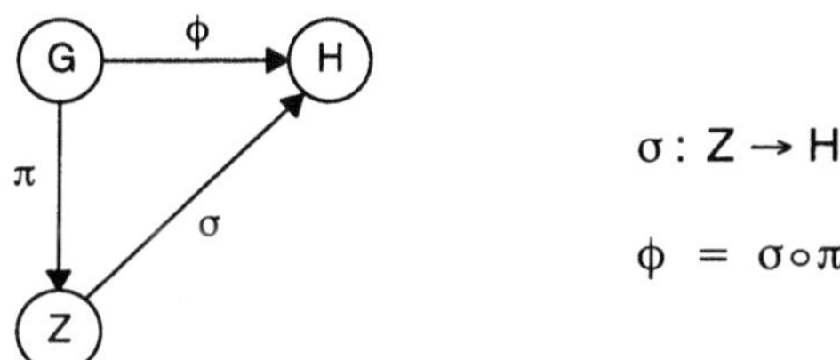

Beweis : Induzierter Homomorphismus

(a) Es ist zu beweisen, daß $\sigma := \phi \circ \pi^{-1}$ eine Abbildung ist, obwohl ein Element $z \in Z$ mehr als ein Urbild in G besitzen kann, das mit ϕ auf H abgebildet wird. Da die Abbildung π surjektiv ist, besitzt jedes Element $z \in Z$ mindestens ein Urbild in G. Für verschiedene Urbilder g_1, g_2 von z gilt $\pi(g_1) = \pi(g_2) = z$. Da $g_1 \circ g_2^{-1}$ ebenfalls ein Element von G und π homomorph ist, folgt $\pi(g_1 \circ g_2^{-1}) = \pi(g_1) \circ \pi(g_2)^{-1} = \pi(g_1) \circ \pi(g_1)^{-1} = 1_Z$. Also ist $g_1 \circ g_2^{-1}$ ein Element von $\text{kern } \pi$ und damit voraussetzungsgemäß ein Element von $\text{kern } \phi$. Folglich gilt $\phi(g_1 \circ g_2^{-1}) = 1_H$ und damit $\phi(g_1) = \phi(g_2) =: h \in H$. Jedes Element $z \in Z$ besitzt also in H ein eindeutiges Bild $\sigma(z) = h \in H$. Folglich ist die Relation σ eine Abbildung.

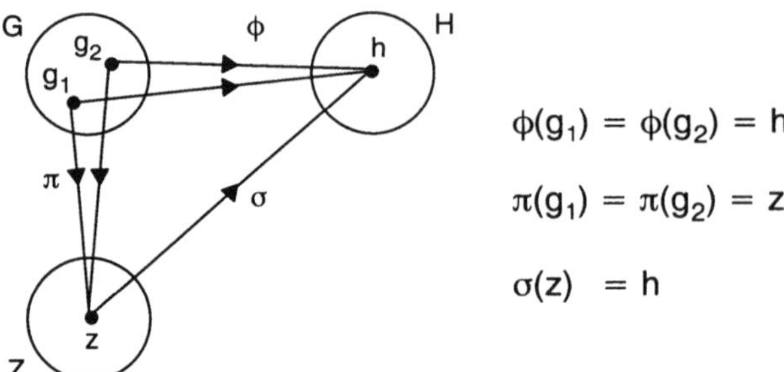

$$\phi(g_1) = \phi(g_2) = h$$

$$\pi(g_1) = \pi(g_2) = z$$

$$\sigma(z) = h$$

(b) Es ist zu beweisen, daß die Abbildung σ homomorph ist. Für Elemente $z_1, z_2 \in Z$ gibt es Elemente $g_1, g_2 \in G$ mit $z_1 = \pi(g_1)$, $z_2 = \pi(g_2)$. Da ϕ und π homomorphe Abbildungen sind, gilt mit $\sigma \circ \pi = \phi$:

$$\begin{aligned} \sigma(z_1 \circ z_2) &= \sigma(\pi(g_1) \circ \pi(g_2)) &&= \sigma(\pi(g_1 \circ g_2)) \\ &= (\sigma \circ \pi)(g_1 \circ g_2) &&= \phi(g_1 \circ g_2) \\ &= \phi(g_1) \circ \phi(g_2) &&= (\sigma \circ \pi)(g_1) \circ (\sigma \circ \pi)(g_2) \\ &= \sigma(\pi(g_1)) \circ \sigma(\pi(g_2)) &&= \sigma(z_1) \circ \sigma(z_2) \end{aligned}$$

Aus $\sigma(z_1 \circ z_2) = \sigma(z_1) \circ \sigma(z_2)$ folgt, daß die Abbildung σ homomorph ist.

(c) Es ist zu beweisen, daß es für gegebene Abbildungen ϕ und π genau eine Abbildung σ gibt. Für ein Element $z \in Z$ gibt es ein Element $g \in G$ mit $\pi(g) = z$ und $h := \phi(g)$. Für zwei Abbildungen $\sigma_1 : Z \to H$ und $\sigma_2 : Z \to H$ gilt dann $\sigma_1 \circ \pi(g) = \phi(g)$ und $\sigma_2 \circ \pi(g) = \phi(g)$, also $\sigma_1(z) = h$ und $\sigma_2(z) = h$. Folglich sind die Abbildungen σ_1 und σ_2 gleich.

(d) Ist ϕ surjektiv, so gibt es für jedes Element $h \in H$ ein Element $g \in G$ mit $\phi(g) = h$ und $z := \pi(g)$. Mit $\sigma \circ \pi = \phi$ folgt $\sigma \circ \pi(g) = \phi(g)$, also $\sigma(z) = h$. Damit ist die Abbildung σ surjektiv : $\sigma(Z) = H$.

(e) Es ist zu zeigen, daß σ injektiv ist, wenn $\text{kern}\, \pi = \text{kern}\, \phi$ vorausgesetzt wird. Der Homomorphismus σ ist injektiv, wenn sein Kern trivial ist, also $\text{kern}\, \sigma = \{1_z\}$. Für jedes Element $z \in Z$ mit $\sigma(z) = 1_H$ gibt es ein Element $g \in G$ mit $\pi(g) = z$. Also gilt $\phi(g) = \sigma \circ \pi(g) = \sigma(z) = 1_H$, so daß $g \in \text{kern}\, \phi = \text{kern}\, \pi$. Damit gilt $\pi(g) = 1_z$. Also wird nur das neutrale Element 1_z von Z mit σ auf das neutrale Element 1_H von H abgebildet. Folglich ist $\text{kern}\, \sigma = \{1_z\}$ und damit die Abbildung σ injektiv.

Homomorphe Abbildungen von Untergruppen : $(G ; \circ)$ sei eine Gruppe mit Untergruppe H und $(S ; \circ)$ eine Gruppe mit Untergruppe T. Die Abbildung $f : G \to S$ sei homomorph. Dann ist f(H) eine Untergruppe von S. Das Urbild $f^{-1}(T)$ ist eine Untergruppe von G.

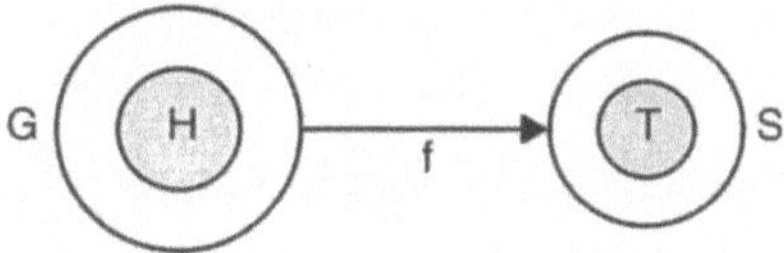

Beweis : Homomorphe Abbildung von Untergruppen

(1) Enthält f(H) die Elemente b_1 und b_2, so gibt es Elemente $h_1, h_2 \in H$ mit $b_1 = f(h_1)$ und $b_2 = f(h_2)$. Dann enthält H auch das Element $h_1 \circ h_2^{-1}$. Also enthält f(H) das Element $f(h_1 \circ h_2^{-1}) = f(h_1) \circ f(h_2)^{-1} = b_1 \circ b_2^{-1}$. Mit Eigenschaft (E2) von Untergruppen in Abschnitt 7.2 ist f(H) eine Gruppe.

(2) Enthält $f^{-1}(T)$ die Elemente c_1 und c_2, so enthält T die Elemente $f(c_1)$ und $f(c_2)$. Dann enthält T auch das Element $f(c_1) \circ f(c_2)^{-1} = f(c_1 \circ c_2^{-1})$. Damit enthält $f^{-1}(T)$ das Element $c_1 \circ c_2^{-1}$. Mit Eigenschaft (E2) ist $f^{-1}(T)$ eine Gruppe.

Homomorphe Abbildungen von Normalteilern : $(G ; \circ)$ sei eine Gruppe mit Normalteiler N und $(S ; \circ)$ eine Gruppe mit Normalteiler T. Bei einer homomorphen Abbildung $f : G \to S$ besitzen die Normalteiler folgende Eigenschaften :

(1) Das Bild f(N) ist Normalteiler in dem Bild f(G).

(2) Ist die Abbildung f surjektiv, so ist f(N) Normalteiler in S.

(3) Das Urbild $f^{-1}(T)$ ist Normalteiler in G.

(4) Der Kern von f ist Normalteiler in G.

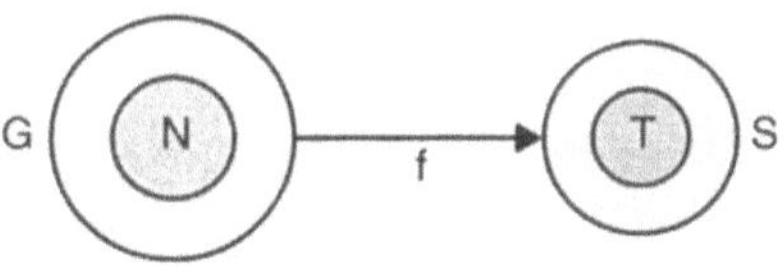

Beweis : Homomorphe Abbildung von Normalteilern

(1) N sei Normalteiler von G. Für beliebige Elemente $x \in f(G)$ und $y \in f(N)$ gibt es Elemente $g \in G$ und $n \in N$ mit $x = f(g)$ und $y = f(n)$. Da N Normalteiler von G ist, ist $g \circ n \circ g^{-1}$ ein Element von N. Folglich ist sein Bild $f(g \circ n \circ g^{-1}) = f(g) \circ f(n) \circ f(g)^{-1} = x \circ y \circ x^{-1}$ ein Element von f(N). Da y und $x \circ y \circ x^{-1}$ Elemente von f(N) sind, ist f(N) Normalteiler von f(G).

(2) Ist der Homomorphismus $f : G \to S$ surjektiv, so gilt definitionsgemäß $f(G) = S$. Nach (1) ist also $f(N)$ Normalteiler von S.

(3) T sei Normalteiler von S. Für beliebige Elemente $g \in G$ und $n \in f^{-1}(T)$ ist $f(g \circ n \circ g^{-1}) = f(g) \circ f(n) \circ f(g)^{-1}$ ein Element des Normalteilers T von S, da f(n) ein Element von T ist. Folglich ist $g \circ n \circ g^{-1}$ Element von $f^{-1}(T)$. Da n und $g \circ n \circ g^{-1}$ Elemente von $f^{-1}(T)$ sind, ist $f^{-1}(T)$ Normalteiler von G.

(4) Der Kern von f ist das Urbild des Normalteilers $\{1_S\}$ von S. Aus (3) folgt, daß der Kern Normalteiler in G ist.

Quotientenmenge eines Normalteilers : Die Nebenklassen eines Normalteilers N in einer Gruppe (G ; ∘) bilden eine Zerlegung der Gruppe. Die Klasse mit dem Repräsentanten a wird mit [a] bezeichnet. Auf der Quotientenmenge G/N wird für die Elemente [a] und [b] die innere Verknüpfung ∘ mit der Verknüpfungsregel $[a] \circ [b] = [a \circ b]$ definiert. Diese Verknüpfung ist zulässig, da das Ergebnis von der Wahl der Repräsentanten unabhängig ist.

$$[a] \circ [b] = [a \circ b] \quad \Rightarrow \quad (x \in [a] \quad \wedge \quad y \in [b] \quad \Rightarrow \quad x \circ y \in [a \circ b])$$

Beweis : Innere Verknüpfung der Quotientenmenge eines Normalteilers

[a] und [b] seien Nebenklassen einer Normalteilers N in der Gruppe (G ; ∘). Es ist zu zeigen, daß für beliebige Elemente $x \in [a]$ und $y \in [b]$ das Produkt $x \circ y$ ein Element der Klasse $[a \circ b]$ ist. Der Normalteiler N enthält definitionsgemäß Elemente n_1 und n_2, so daß $x = a \circ n_1$ und $y = b \circ n_2$. Also gilt :

$$x \circ y = a \circ n_1 \circ b \circ n_2 = a \circ b \circ (b^{-1} \circ n_1 \circ b) \circ n_2$$

Jede Transformierte $b^{-1} \circ n_1 \circ b$ des Elementes n_1 des Normalteilers N ist ein Element n_3 von N. Das Produkt $n_3 \circ n_2$ ist ein Element n_4 der Gruppe N. Aus $x \circ y = a \circ b \circ n_4$ folgt, daß $x \circ y$ ein Element der Klasse $[a \circ b]$ ist. Also ist die Verknüpfung zulässig.

Natürlicher Homomorphismus : Die kanonische Abbildung $k : G \to G/N$ einer Gruppe (G ; ∘) auf die Quotientenmenge G/N bezüglich eines Normalteilers N von G ist homomorph und heißt der natürliche Homomorphismus (die kanonische Projektion) von G bezüglich N. Die Homomorphie der Abbildung k folgt aus der Definition der inneren Verknüpfung ∘ des Gebildes (G/N ; ∘).

$$k : G \to G/N \quad \text{mit} \quad k(a) = [a]$$

Quotientengruppe nach einem Normalteiler : Da die Abbildung $k : G \to G/N$ einer Gruppe (G ; ∘) auf die Quotientenmenge G/N homomorph ist, ist auch das Gebilde (G/N ; ∘) eine Gruppe. Die Gruppe (G / N ; ∘) heißt die Quotientengruppe (Faktorgruppe) der Gruppe G nach dem Normalteiler N.

Beispiel 1 : Quotientenmenge einer zyklischen Gruppe

Die zyklische Gruppe $A = \{1, a, a^2, a^3\}$ besitzt folgende Quotientenmenge :

Normalteiler	:	$N = \{1, a^2\}$
Nebenklassen von N	:	$1 \circ N = N \circ 1 = a^2 \circ N = N \circ a^2 = \{1, a^2\} = [1_A]$
		$a \circ N = N \circ a = a^3 \circ N = N \circ a^3 = \{a, a^3\} = [a]$
Quotientenmenge	:	$A/N = \{[1_A], [a]\}$

Beispiel 2 : Quotientengruppe der Deckgruppe des Tetraeders

Die Deckgruppe der regelmäßigen Tetraeder in Beispiel 2 von Abschnitt 7.3.2 besitzt folgende Quotientengruppe (siehe auch Beispiel 2 in Abschnitt 7.4.2) :

Normalteiler	:	$N = \{a_0, a_9, a_{10}, a_{11}\}$
Nebenklassen von N	:	$[a_0] = \{a_0, a_9, a_{10}, a_{11}\}$
		$[a_1] = \{a_1, a_4, a_5, a_8\}$
		$[a_2] = \{a_2, a_3, a_6, a_7\}$
Quotientenmenge	:	$A/N = \{[a_0], [a_1], [a_2]\}$

Das Gebilde $(A/N ; \circ)$ ist eine Gruppe. Beispielsweise gilt $[a_1] \circ [a_2] = [a_1 \circ a_2] = [a_0]$. Dieses Ergebnis ist unabhängig von der Wahl der Repräsentanten der Klassen. Beispielsweise gilt auch :

$$a_1 \circ a_3 = a_{11} \qquad a_4 \circ a_2 = a_{11}$$
$$a_1 \circ a_6 = a_9 \qquad a_5 \circ a_2 = a_9$$
$$a_1 \circ a_7 = a_{10} \qquad a_8 \circ a_2 = a_{10}$$

Das Produkt eines Elementes aus $[a_1]$ mit einem Element aus $[a_2]$ ist immer ein Element aus $[a_0]$.

7.5.3 ISOMORPHIE

Gleiche Strukturen : Die Untersuchung von Gruppen durch Vergleich ihrer Untergruppen erfordert eine Definition des Begriffs "Gruppen mit gleicher Struktur". Die Existenz einer homomorphen (strukturverträglichen) Abbildung zwischen zwei Gruppen genügt nicht zum Nachweis gleichartiger Struktur. Zwei Gruppen sind gleichartig strukturiert (isomorph), wenn es eine bijektive Abbildung zwischen den Gruppen gibt, die in beiden Abbildungsrichtungen homomorph ist.

In einer homomorphen Abbildung $f : G \to H$ ist die Anzahl der Elemente in der Gruppe G häufig wesentlich größer als die Anzahl der Elemente in der Gruppe H. Die Gruppen können daher mit Hilfe der Abbildung f nicht gut verglichen werden. Gesucht wird stattdessen eine zu H isomorphe Gruppe, die aus G ableitbar ist. In dem Homomorphiesatz wird gezeigt, daß die Quotientengruppe G/N isomorph zu H ist, wenn der Kern von f ein Normalteiler N von G ist.

Viele der nachfolgenden Untersuchungen von Gruppenstrukturen beruhen auf zwei Isomorphiesätzen. Der 1. Isomorphiesatz gilt für eine Gruppe G mit Untergruppe H und Normalteiler N : Die Gruppen $H/H \cap N$ und $H \circ N/N$ sind isomorph. Der 2. Isomorphiesatz gilt für eine Gruppe G mit zwei Normalteilern H und N, so daß $N \subseteq H \subseteq G$: Die Gruppen G/H und $(G/N) / (H/N)$ sind isomorph.

Isomorphe Abbildungen : Eine homomorphe Abbildung $f : G \to H$ der Gruppe G in die Gruppe H sei bijektiv. Dann heißt f isomorphe Abbildung (Isomorphismus). Die Gruppen G und H heißen isomorph (gleichartig strukturiert). Die Isomorphie von Gruppen wird mit $G \cong H$ (sprich : G ist isomorph zu H) bezeichnet.

Endliche isomorphe Gruppen besitzen die gleiche Anzahl von Elementen. Endliche Gruppen mit gleicher Elementanzahl sind jedoch nicht immer isomorph (siehe Beispiel 1). Bei geeigneter Wahl der Elementbezeichnungen sind die Produkttafeln isomorpher Gruppen gleich. Daher sagt man häufig, isomorphe Gruppen seien gleich.

Eigenschaften isomorpher Abbildungen :

(1) $(G ; \circ)$ und $(H ; \circ)$ seien Gruppen. Die Abbildung $f : G \to H$ sei ein Isomorphismus. Dann ist auch die Umkehrabbildung $f^{-1} : H \to G$ ein Isomorphismus. Aus $G \cong H$ folgt also $H \cong G$.

(2) Die Abbildungen $f_1 : G_1 \to G_2$ und $f_2 : G_2 \to G_3$ seien Isomorphismen. Dann ist auch ihre Komposition $f_2 \circ f_1 : G_1 \to G_3$ ein Isomorphismus. Aus $G_1 \cong G_2$ und $G_2 \cong G_3$ folgt also $G_1 \cong G_3$.

Beweis : Eigenschaften isomorpher Abbildungen

(1) Für Elemente $h_1, h_2 \in H$ gibt es Elemente $g_1, g_2 \in G$, so daß $h_1 = f(g_1)$, $h_2 = f(g_2)$ und $h_1 \circ h_2 = f(g_1 \circ g_2)$. Für die Umkehrabbildung f^{-1} gilt dann :

$$f^{-1}(h_1 \circ h_2) = f^{-1} \circ f(g_1 \circ g_2) = g_1 \circ g_2 = f^{-1}(h_1) \circ f^{-1}(h_2)$$

(2) Die Komposition homomorpher Abbildungen ist ein Homomorphismus. Die Komposition bijektiver Abbildungen ist bijektiv. Also ist $f_2 \circ f_1$ ein Isomorphismus.

Beispiel 1 : Nicht isomorphe endliche Gruppen gleicher Ordnung

Die Bestimmung der Anzahl nicht isomorpher Gruppen zu gegebener Ordnung der Gruppen ist schwierig. Die folgende Tabelle zeigt die Anzahl nicht isomorpher Gruppen der Ordnungen 1 bis 15. Für die nicht isomorphen Gruppen der Ordnung 4 sind die Produkttafeln angegeben.

Ordnung	1	2	3	4	5	6	7	8	9	10	11	12	13	14	15
Anzahl	1	1	1	2	1	2	1	5	2	2	1	5	1	2	1

$\circ$	a_0	a_1	a_2	a_3
a_0	a_0	a_1	a_2	a_3
a_1	a_1	a_2	a_3	a_0
a_2	a_2	a_3	a_0	a_1
a_3	a_3	a_0	a_1	a_2

Zyklische Gruppe

$\circ$	a_0	a_1	a_2	a_3
a_0	a_0	a_1	a_2	a_3
a_1	a_1	a_0	a_3	a_2
a_2	a_2	a_3	a_0	a_1
a_3	a_3	a_2	a_1	a_0

Kleinsche Vierergruppe

Kern eines natürlichen Homomorphismus : In einer Gruppe $(G ; \circ)$ sei N Normalteiler. Dann ist $k : G \to G/N$ ein natürlicher Homomorphismus. Genau die Untergruppe N von G wird auf das neutrale Element $1_{G/N} = [1_G]$ der Quotientenmenge G/N abgebildet. Der Normalteiler N ist also der Kern des natürlichen Homomorphismus k.

$$n \in N \quad \Leftrightarrow \quad k(n) = 1_{G/N}$$

$$1_{G/N} = [1_G] = 1_G \circ N = N$$

N ist Normalteiler in G $\Leftrightarrow$ N ist der Kern von $k : G \to G/N$.

Homomorphiesatz : Der Kern eines surjektiven Gruppenhomomorphismus $f : G \rightarrow H$ sei N. Dann sind die Quotientengruppe G/N und die Gruppe H isomorph.

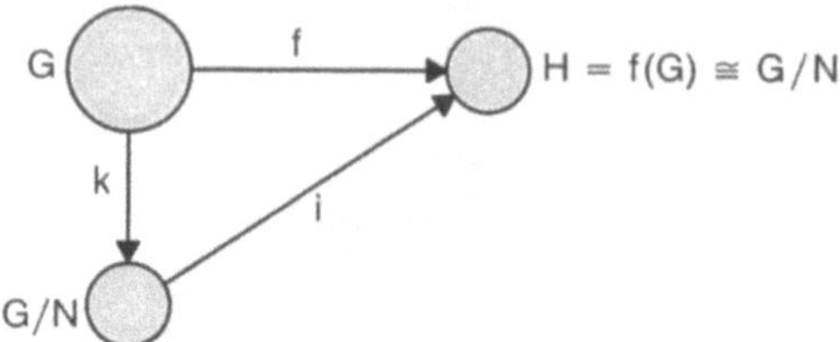

Homomorphe Abbildung :	$f : G \rightarrow H$	mit	$\text{kern } f$	$= N$
Kanonische Abbildung :	$k : G \rightarrow G/N$	mit	$k(a)$	$= [a]$
Isomorphe Abbildung :	$i : G/N \rightarrow H$	mit	$i([a])$	$= f(a)$
Komposition :	$f = i \circ k$			

Beweis : Homomorphiesatz

Nach Abschnitt 7.5.2 ist der Kern des Homomorphismus f Normalteiler in G. Der natürliche Homomorphismus $k : G \rightarrow G/N$ ist surjektiv. Folglich induziert f einen Homomorphismus $i : G/N \rightarrow H$. Da f surjektiv ist, ist auch i surjektiv. Voraussetzungsgemäß gilt $\text{kern } k = \text{kern } f = N$, so daß i injektiv ist (siehe Abschnitt 7.5.2). Da i surjektiv und injektiv ist, ist i ein Isomorphismus. Damit sind die Gruppen G/N und H isomorph.

Beispiel 2 : Verschiebung eines Körpers auf der reellen Achse

A sei ein Körper in einem abgeschlossenen Intervall auf der reellen Achse $\mathbb{R}$. Die lineare Abbildung $s_{a,b} : A \rightarrow \mathbb{R}$ ist eine Verschiebung des Körpers A auf der Achse $\mathbb{R}$. Diese Verschiebung sei die Summe einer Starrkörperbewegung b und einer linearen Verzerrung ax des Körpers.

$$s_{a,b} : A \rightarrow \mathbb{R} \quad \text{mit} \quad s_{a,b}(x) = ax + b \quad \text{und} \quad a \neq 0$$

Die linearen Abbildungen $s_{a,b}$ mit verschiedenen Parametern $a,b \in \mathbb{R}$ sind eine Gruppe mit dem neutralen Element $s_{1,0}$. Die Ausführung der Abbildung $s_{c,d}$ nach der Abbildung $s_{a,b}$ ergibt eine Abbildung $s_{ac,bc+d}$. Jede Abbildung $s_{a,b}$ besitzt eine Inverse :

$$s_{c,d} \circ s_{a,b}(x) = c(ax + b) + d = (ac)x + (bc + d) = s_{ac,bc+d}(x)$$

$$s_{a,b}^{-1}(x) = \frac{1}{a}x - \frac{b}{a}$$

$$s_{a,b}^{-1} \circ s_{a,b}(x) = \frac{1}{a}(ax + b) - \frac{b}{a} = x = s_{1,0}(x)$$

Der allgemeine Zusammenhang zwischen Verschiebung, Starrkörperbewegung und Verzerrung wird durch Untersuchung der Struktur der Gruppe G der linearen Abbildungen bestimmt. Die Abbildung f der Verschiebungsgruppe G auf die Verzerrungsgruppe H ist homomorph :

$$f : G \to H \quad \text{mit} \quad f(s_{a,b}) = s_{a,0}$$

$$f(s_{c,d} \circ s_{a,b}) = f(s_{ac,bc+d}) = s_{ac,0} = s_{c,0} \circ s_{a,0} = f(s_{c,d}) \circ f(s_{a,b})$$

Das neutrale Element 1_H der Verzerrungsgruppe ist $f(s_{1,0}) = s_{1,0}$. Der Kern N der homomorphen Abbildung f enthält die Starrkörperbewegungen. Das Bild $H = f(G)$ enthält die Verzerrungen.

$$N = \text{kern}(f) = \{s_{1,b} \mid b \in \mathbb{R}\}$$

$$H = f(G) = \{s_{a,0} \mid a \in \mathbb{R} \wedge a \neq 0\}$$

Eine Klasse $[s_{a,b}]$ der Faktorgruppe des natürlichen Homomorphismus $k : G \to G/N$ enthält alle Verschiebungen mit gleichem Verzerrungsfaktor a (gleicher Dehnung) :

$$[s_{a,b}] = N \circ s_{a,b} = \{s_{1,d} \mid d \in \mathbb{R}\} \circ s_{a,b} = \{s_{a,e} \mid e \in \mathbb{R}\}$$

Der Isomorphismus $i : G/N \to H$ bildet die Verschiebungsklasse mit dem Verzerrungsfaktor a und verschiedenen Bewegungen e auf eine Verschiebung ab, die denselben Verzerrungsfaktor a und die Bewegung $e = 0$ besitzt :

$$i([s_{a,b}]) = f(s_{a,b}) = s_{a,0}$$

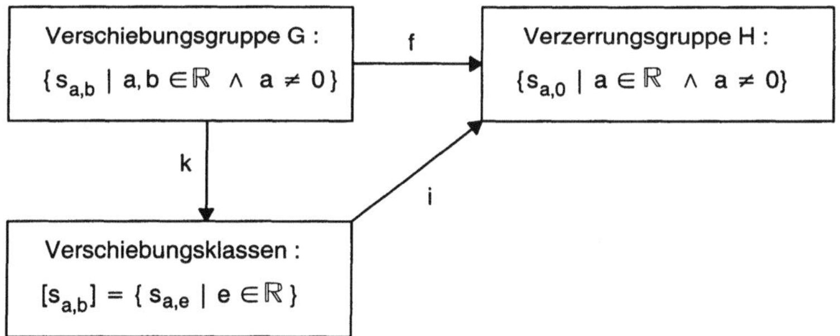

1. Isomorphiesatz : (G ; $\circ$) sei eine Gruppe, $H \subseteq G$ eine Untergruppe und $N \subseteq G$ ein Normalteiler. Dann gilt :

(1) $H \circ N$ ist eine Untergruppe von G mit Normalteiler N.

(2) $H \cap N$ ist Normalteiler von H.

(3) Die Gruppen $H/H \cap N$ und $H \circ N/N$ sind isomorph.

Beweis : 1. Isomorphiesatz

(1) Da N Normalteiler von G ist, gilt $g \circ N = N \circ g$ für jedes Element $g \in G$. Für jedes Element h der Untergruppe H von G gilt $h \circ N = N \circ h$. Folglich gilt auch $H \circ N = N \circ H$. Die Eigenschaft (P2) der Produkte von Untergruppen (siehe Abschnitt 7.2) zeigt, daß $H \circ N$ wegen der Vertauschbarkeit der Faktoren eine Untergruppe von G ist.

Ein beliebiges Element $h \circ n \in H \circ N$ ist ein Element von G. Für den Normalteiler N in G gilt dann $h \circ n \circ N = N \circ h \circ n$. Folglich ist N Normalteiler in $H \circ N$.

(2) Da H eine Untergruppe und N ein Normalteiler von G ist, folgt aus der Eigenschaft (T3) von Normalteilern, daß $H \cap N$ Normalteiler von H ist.

(3) Für die Gruppe $H \circ N$ mit Normalteiler N gibt es den natürlichen Homomorphismus $f : H \circ N \to H \circ N/N$. Die Bilder der Elemente $h \circ n \in H \circ N$ und $h \in H$ sind gleich, da der Normalteiler N auf das Einselement von $H \circ N/N$ abgebildet wird :

$$f(h \circ n) = f(h) \circ f(n) = f(h)$$

Die Beschränkung $f_H : H \to H \circ N/N$ ist folglich ein surjektiver Homomorphismus mit dem Kern $N \cap H$. Für die Gruppe H mit dem Normalteiler $H \cap N$ gibt es den natürlichen Homomorphismus $k : H \to H/H \cap N$ mit dem Kern $H \cap N$. Da die surjektiven Homomorphismen f_H und k denselben Kern $H \cap N$ besitzen, ist der induzierte Homomorphismus $i : H/H \cap N \to H \circ N/N$ ein Isomorphismus (siehe Abschnitt 7.5.2).

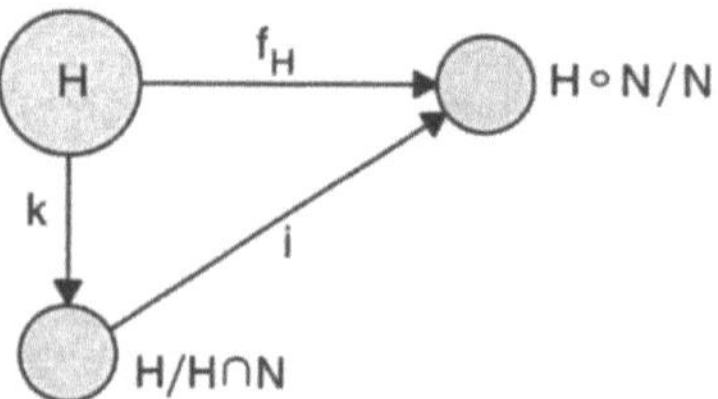

2. Isomorphiesatz : $(G\ ;\circ)$ sei eine Gruppe und N, H seien Normalteiler in G mit $N \subseteq H \subseteq G$. Dann gilt :

(1) N ist Normalteiler von H.

(2) H/N ist Normalteiler von G/N.

(3) Die Gruppen (G/N) / (H/N) und G/H sind isomorph.

Beweis : 2. Isomorphiesatz

(1) Da N Normalteiler von G ist, gilt $g \circ N = N \circ g$ für jedes Element $g \in G$, insbesondere also für jedes $g \in H$. Folglich ist N Normalteiler von H.

(2) Jedes Element der Quotientengruppe H/N ist eine Nebenklasse $h \circ N$. Wegen $h \in G$ ist die Nebenklasse $h \circ N$ auch ein Element von G/N. Jedes Element von H/N ist also ein Element von G/N.

Der natürliche Homomorphismus $f : G \to G/N$ bildet die Gruppe G auf G/N und den Normalteiler $H \lhd G$ auf $H/N \subseteq G/N$ ab. Nach Abschnitt 7.5.2 (Homomorphe Abbildungen von Normalteilern) ist H/N Normalteiler in G/N.

(3) Der natürliche Homomorphismus $k_1 : G \to G/H$ ist surjektiv. Sein Kern enthält den Normalteiler N, also $N \subseteq \text{kern } k_1$. Der natürliche Homomorphismus $f : G \to G/N$ ist surjektiv mit Kern N. Der Homomorphismus k_1 induziert nach Abschnitt 7.5.2 einen surjektiven Homomorphismus $s : G/N \to G/H$. Der Kern von s ist der Normalteiler H/N von G/N, da H durch k_1 auf das neutrale Element von G/H abgebildet wird :

$$s^{-1}(1_{G/H}) = (f \circ k_1^{-1})(1_{G/H}) = f(k^{-1}(1_{G/H})) = f(N) = H/N$$

Nach dem Homomorphiesatz induziert der surjektive Homomorphismus s einen Isomorphismus $i : (G/N)/(H/N) \to G/H$. Folglich sind die Gruppen G/H und (G/N) / (H/N) isomorph.

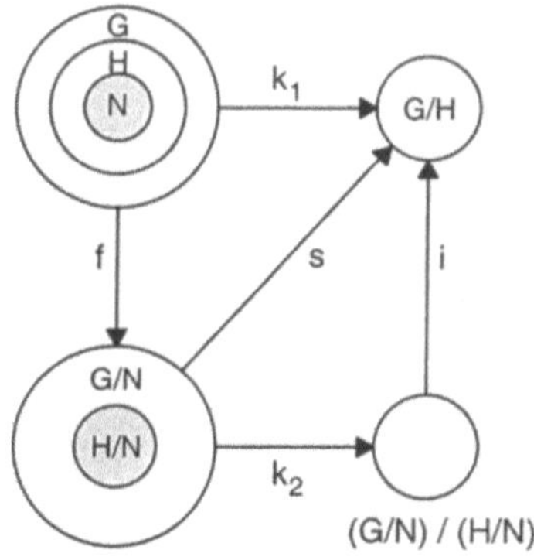

$k_1 : G \to G/H$
$f : G \to G/N$
$s : G/N \to G/H$
$k_2 : G/N \to (G/N)/(H/N)$
$i : (G/N)/(H/N) \to G/H$

Erweiterter 2. Isomorphiesatz : (G ; $\circ$) sei eine Gruppe, N_1 sei ein Normalteiler von G und H sei ein Normalteiler der Quotientengruppe G/N_1. Dann gilt für den natürlichen Homomorphismus $k : G \to G/N_1$:

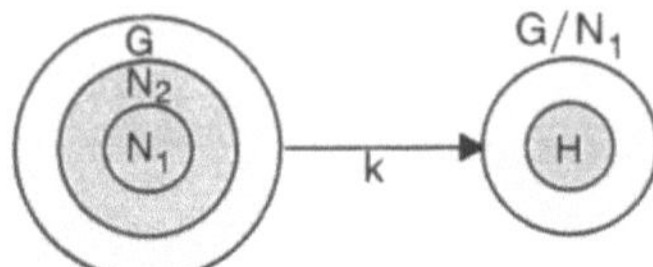

(1) Das Urbild $N_2 := k^{-1}(H)$ ist Normalteiler von G und enthält N_1.

(2) H ist die Quotientengruppe N_2/N_1.

Beweis : Erweiterter 2. Isomorphiesatz

Der natürliche Homomorphismus $k : G \to G/N_1$ ist surjektiv. In Abschnitt 7.5.2 ist bewiesen, daß das Urbild des Normalteilers H von G/N_1 ein Normalteiler $N_2 := k^{-1}(H)$ von G ist. Die Gruppe N_2 enthält die Gruppe N_1, da der Homomorphismus k die Gruppe N_1 auf das Einselement 1_H in H abbildet. Aus $N_1 \subset N_2 \subset G$ und $N_2 = k^{-1}(H)$ folgt $H = N_2/N_1$.

7.5.4 ISOMORPHE GRUPPENARTEN

Einführung : In diesem Abschnitt werden einige häufig benutzte Isomorphien zusammengestellt und mit den Hilfsmitteln des vorangehenden Abschnitts bewiesen :

(1) Jede unendliche zyklische Gruppe ist isomorph zur additiven Gruppe ($\mathbb{Z}$; +) der Ganzzahlen.

(2) Jede endliche zyklische Gruppe der Ordnung n ist isomorph zu der Restklassengruppe $\mathbb{Z}_n$.

(3) Jede endliche Gruppe G ist isomorph zu einer Gruppe von Permutationen der Gruppe G.

Isomorphe zyklische Gruppen : Die additive Gruppe ($\mathbb{Z}$; +) der ganzen Zahlen ist bis auf Isomorphie die einzige unendliche zyklische Gruppe. Die Restklassengruppe $\mathbb{Z}_n$ in Abschnitt 7.4.3 ist bis auf Isomorphie die einzige endliche zyklische Gruppe der Ordnung n.

Beweis : Isomorphe zyklische Gruppen

Das erzeugende Element einer zyklischen Gruppe (G ; +) sei a. Die Abbildung f der ganzen Zahlen $\mathbb{Z}$ auf die Gruppe G ist ein surjektiver Homomorphismus :

$$f : \mathbb{Z} \to G \quad \text{mit} \quad f(z) = za$$

$$f(z_1 + z_2) = (z_1 + z_2)\,a = z_1 a + z_2 a = f(z_1) + f(z_2)$$

Ist die Gruppe G unendlich, so ist der Kern der Abbildung f die Menge {0}. Ist die Gruppe G endlich mit Ordnung n, so ist der Kern von f die Untergruppe $\mathbb{Z}n$. Nach dem Homomorphiesatz sind die Gruppe G und die Quotientengruppe $\mathbb{Z}$ / kern f isomorph.

G unendlich : $\mathbb{Z} / \text{kern}\, f = \mathbb{Z} / \{0\} = \mathbb{Z} \quad \Rightarrow \quad G \cong \mathbb{Z}$

G endlich : $\mathbb{Z} / \text{kern}\, f = \mathbb{Z} / \mathbb{Z}n = \mathbb{Z}_n \quad \Rightarrow \quad G \cong \mathbb{Z}_n$

Isomorphe Permutationsgruppen : Eine Abbildung $\phi : A \to B$ einer endlichen nichtleeren Menge A auf eine nichtleere Menge B sei bijektiv. Dann gibt es eine isomorphe Abbildung $f : S(B) \to S(A)$ für die vollständigen Permutationsgruppen S(A) und S(B). Die Gruppe aller Permutationen auf einer Menge von n Elementen ist also bis auf Isomorphie eindeutig. Diese Permutationsgruppe heißt die symmetrische Gruppe für eine Menge von n Elementen und wird mit S_n bezeichnet.

Beweis : Isomorphe Permutationsgruppen

(1) Jedes Element ω der Permutationsgruppe S(B) ist eine Permutation von B, also $\omega : B \to B$. Als Bild von ω unter der Abbildung f wird die ϕ-Transformierte von ω definiert :

$$f : S(B) \to S(A) \quad \text{mit} \quad f(\omega) = \phi^{-1} \circ \omega \circ \phi \qquad a_1, a_2 \in A$$

$$\phi^{-1} \circ \omega \circ \phi(a_1) = \phi^{-1} \circ \omega(b_1) = \phi^{-1}(b_2) = a_2 \qquad b_1, b_2 \in B$$

(2) Die Abbildung f ist ein Homomorphismus. Für Permutationen $\omega_1 \in S(B)$ und $\omega_2 \in S(B)$ mit den Bildern $\phi^{-1} \circ \omega_1 \circ \phi$ und $\phi^{-1} \circ \omega_2 \circ \phi$ in S(A) gilt nämlich :

$$f(\omega_2 \circ \omega_1) = \phi^{-1} \circ (\omega_2 \circ \omega_1) \circ \phi = (\phi^{-1} \circ \omega_2 \circ \phi) \circ (\phi^{-1} \circ \omega_1 \circ \phi)$$

$$f(\omega_2 \circ w_1) = f(\omega_2) \circ f(\omega_1)$$

(3) Die Abbildung f ist bijektiv. Definiert man nämlich $f^{-1} : S(A) \to S(B)$ mit $f^{-1}(\gamma) = \phi \circ \gamma \circ \phi^{-1}$, so folgt für die Kompositionen $f \circ f^{-1}$ und $f^{-1} \circ f$:

$$f \circ f^{-1}(\gamma) = \phi^{-1} \circ (\phi \circ \gamma \circ \phi^{-1}) \circ \phi = \gamma \qquad \gamma \in S(A)$$

$$f^{-1} \circ f(\omega) = \phi \circ (\phi^{-1} \circ \omega \circ \phi) \circ \phi^{-1} = \omega \qquad \omega \in S(B)$$

(4) Da die Abbildung f bijektiv und homomorph ist, sind die Permutationsgruppen S(A) und S(B) isomorph.

Linkstranslation einer Gruppe : Jedes Element einer Gruppe $(G ; \circ)$ sei von links mit dem Element $g \in G$ multipliziert. Da die Gleichung $g \circ a = b$ für jedes $b \in G$ eine eindeutige Lösung $a = g^{-1} \circ b \in G$ besitzt, ist die Abbildung $\phi_g : G \to G$ mit $\phi_g(a) = g \circ a$ bijektiv. Die Abbildung ϕ_g heißt die durch g definierte Linkstranslation der Gruppe G. Die Linkstranslation ist für $g \neq 1$ nicht homomorph !

$$\phi_g : G \to G \quad \text{mit} \quad \phi_g(a) = g \circ a$$

$$\phi_g(a \circ b) = g \circ a \circ b = \phi_g(a) \circ b$$

$$\phi_g(a \circ b) \neq \phi_g(a) \circ \phi_g(b) \quad \Rightarrow \quad \phi_g \text{ ist nicht homomorph}$$

Satz von Cayley : Jede endliche Gruppe $(G ; \circ)$ ist isomorph zu einer Gruppe von Permutationen der Menge G. Es gibt also einen injektiven Homomorphismus $f : G \to S(G)$. Das Bild des Elementes g von G ist die Linkstranslation ϕ_g. Das Bild der Gruppe G ist eine Untergruppe der symmetrischen Gruppe S(G).

$$f : G \to S(G) \quad \text{mit} \quad f(g) = \phi_g$$

Beweis : Satz von Cayley

(1) Die definierte Relation f ist eine Abbildung. Gleiche Elemente $g = h$ von G besitzen nämlich gleiche Bilder ϕ_g und ϕ_h in S(G). Für $a \in G$ gilt :

$$\phi_g(a) = g \circ a = h \circ a = \phi_h(a) \quad \Rightarrow \quad \phi_g = \phi_h$$

(2) Die Abbildung f ist injektiv. Gleiche Elemente $\phi_g = \phi_h$ in f(G) besitzen gleiche Urbilder g und h in G. Für $a \in G$ ist nämlich auch a^{-1} ein Element von G :

$$\phi_g = \phi_h \quad \Rightarrow \quad g \circ a = h \circ a \quad \Rightarrow \quad g \circ a \circ a^{-1} = h \circ a \circ a^{-1} \quad \Rightarrow \quad g = h$$

(3) Die Abbildung f ist homomorph. Für $g, h \in G$ gilt nämlich :

$$\phi_{g \circ h}(a) = g \circ h \circ a = g \circ \phi_h(a) = \phi_g(\phi_h(a)) = \phi_g \circ \phi_h(a)$$

$$f(g \circ h) = \phi_{g \circ h} = \phi_g \circ \phi_h$$

(4) Da der Homomorphismus f injektiv ist, sind die Gruppen G und f(G) isomorph.

Rechtstranslation : Ersetzt man bei der Permutation einer Gruppe $(G ; \circ)$ die Linkstranslation $\phi_g(a) = g \circ a$ durch eine Rechtstranslation $\sigma_g(a) = a \circ g$, so ist die Abbildung $k : G \to S(G)$ mit $k(g) = \sigma_g$ im allgemeinen kein Homomorphismus. Für $g, h \in G$ gilt nämlich :

$$\sigma_{g \circ h}(a) = a \circ g \circ h = \sigma_g(a) \circ h = \sigma_h(\sigma_g(a)) = \sigma_h \circ \sigma_g$$

$$k(g \circ a) = \sigma_{g \circ h} = \sigma_h \circ \sigma_g \neq \sigma_g \circ \sigma_h$$

Für die hier gewählte Definition der Komposition $\sigma_g \circ \sigma_h$ (σ_g nach σ_h) ist also die Abbildung einer Gruppe auf Rechtstranslationen nur dann homomorph, wenn die Gruppe kommutativ (abelsch) ist. Für allgemeine Gruppen muß eindeutig zwischen Abbildungen auf linke und rechte Translationen unterschieden werden.

Beispiel : Satz von Cayley

Eine Gruppe $G = \{a_1, a_2, a_3\}$ mit dem neutralen Element a_1 besitzt die folgende Produkttafel :

$\circ$	a_1	a_2	a_3
a_1	a_1	a_2	a_3
a_2	a_2	a_3	a_1
a_3	a_3	a_1	a_2

Die zu G isomorphe Permutationsgruppe $S = \{\sigma_1, \sigma_2, \sigma_3\}$ enthält die folgenden Permutationen. Die Abbildung $f: G \to S$ mit $f(a_i) = \sigma_i$ ist bijektiv und homomorph. Die Gruppe S ist eine Untergruppe der Permutationsgruppe S_3.

$$\sigma_1 = \begin{pmatrix} a_1 & a_2 & a_3 \\ a_1 \circ a_1 & a_1 \circ a_2 & a_1 \circ a_3 \end{pmatrix} = \begin{pmatrix} a_1 & a_2 & a_3 \\ a_1 & a_2 & a_3 \end{pmatrix}$$

$$\sigma_2 = \begin{pmatrix} a_1 & a_2 & a_3 \\ a_2 \circ a_1 & a_2 \circ a_2 & a_2 \circ a_3 \end{pmatrix} = \begin{pmatrix} a_1 & a_2 & a_3 \\ a_2 & a_3 & a_1 \end{pmatrix}$$

$$\sigma_3 = \begin{pmatrix} a_1 & a_2 & a_3 \\ a_3 \circ a_1 & a_3 \circ a_2 & a_3 \circ a_3 \end{pmatrix} = \begin{pmatrix} a_1 & a_2 & a_3 \\ a_3 & a_1 & a_2 \end{pmatrix}$$

7.5.5 AUTOMORPHISMEN

Einführung : Eine isomorphe Abbildung einer Gruppe auf sich selbst heißt Automorphismus. Ein Automorphismus ist also eine homomorphe Permutation. Die Komposition der Automorphismen auf einer Gruppe G führt zu der Automorphismengruppe von G. Diese Gruppe ist eine Untergruppe der Permutationsgruppe von G.

Die Abbildung der Elemente einer Gruppe G auf ihre g-Transformierten ist ein Automorphismus auf G und heißt innerer Automorphismus. Die inneren Automorphismen von G mit der Komposition als innerer Verknüpfung bilden eine Untergruppe der Automorphismengruppe. Die Abbildung einer Gruppe auf ihre inneren Automorphismen ist ein Gruppenhomomorphismus. Nicht jeder Automorphismus ist ein innerer Automorphismus.

Die Wirkung automorpher Abbildungen auf Untergruppen ist für die Struktur einer Gruppe bedeutend. Untergruppen, die unter allen Automorphismen auf sich selbst abgebildet werden, heißen charakteristisch und sind Normalteiler der Gruppe. Nur charakteristische Untergruppen eines Normalteilers einer Gruppe sind auch Normalteiler der Gruppe : Für andere Normalteiler des Normalteilers gilt dies nicht.

Automorphe Abbildungen : Eine isomorphe Abbildung $f : G \to G$ einer Gruppe $(G ; \circ)$ auf sich selbst heißt automorph (Automorphismus von G). Die Menge der Automorphismen von G wird mit aut G bezeichnet.

$$\text{aut } G := \{ f : G \to G \mid f \text{ ist isomorph} \}$$

Eigenschaften automorpher Abbildungen

(A1) Auf der Automorphismenmenge aut G wird die Komposition $f_1 \circ f_2$ (sprich : f_1 nach f_2) als innere Verknüpfung der Automorphismen f_1 und f_2 definiert. Das Gebilde (aut G ; ∘) ist eine Gruppe und heißt die Automorphismengruppe von G.

(A2) Sind die Mengen G und H isomorph, so sind auch ihre Automorphismengruppen isomorph.

$$G \cong H \quad \Rightarrow \quad \text{aut } G \cong \text{aut } H$$

Beweis A1 : Das Gebilde (aut G ; ∘) ist eine Gruppe.

Das Gebilde (aut G ; ∘) besitzt die Eigenschaften einer Gruppe :

(1) Das neutrale Element ist die Identitätsabbildung i :

$$i : G \to G \quad \text{mit} \quad i(g) = g$$

(2) Die Menge aut G enthält mit den Automorphismen f_1 und f_2 auch ihre Komposition $f_1 \circ f_2$. Jeder Automorphismus ist nämlich ein Isomorphismus. Wegen Eigenschaft (2) der Isomorphismen in Abschnitt 7.5.3 ist die Komposition $f_1 \circ f_2 : G \to G$ eine isomorphe Abbildung von G auf sich selbst, also ein Automorphismus und damit definitionsgemäß ein Element von aut G.

(3) Ist $f : G \to G$ ein Automorphismus, so ist wegen der Eigenschaft (1) von Isomorphismen auch die Inverse $f^{-1} : G \to G$ ein Automorphismus und damit ein Element von aut G.

Beweis A2 : Die Automorphismengruppen isomorpher Mengen sind isomorph.

(1) Die Abbildung $\phi : G \to H$ sei ein Isomorphismus mit $\phi(g) = h$. Jedes Element von aut H ist ein Isomorphismus $\omega : H \to H$. Das Bild von ω unter der Abbildung $f :$ aut $H \to$ aut G sei die ϕ-Transformierte von ω :

$$f : \text{aut } H \to \text{aut } G \quad \text{mit} \quad f(\omega) = \phi^{-1} \circ \omega \circ \phi \qquad g_1, g_2 \in G$$
$$\phi^{-1} \circ \omega \circ \phi(g_1) = \phi^{-1} \circ \omega(h_1) = \phi^{-1}(h_2) = g_2 \qquad h_1, h_2 \in H$$

(2) Die Abbildung f ist ein Homomorphismus. Für die Automorphismen $\omega_1, \omega_2 \in$ aut H mit den Bildern $\phi^{-1} \circ \omega_i \circ \phi$ in aut G gilt nämlich :

$$f(\omega_2 \circ \omega_1) = \phi^{-1} \circ (\omega_2 \circ \omega_1) \circ \phi = (\phi^{-1} \circ \omega_2 \circ \phi) \circ (\phi^{-1} \circ \omega_1 \circ \phi)$$
$$f(\omega_2 \circ \omega_1) = f(\omega_2) \circ f(\omega_1)$$

(3) Die Abbildung f ist bijektiv. Definiert man nämlich $f^{-1} :$ aut $G \to$ aut H mit $f^{-1}(\gamma) = \phi \circ \gamma \circ \phi^{-1}$ für $\gamma \in$ aut G, so folgt :

$$f \circ f^{-1}(\gamma) = \phi^{-1} \circ (\phi \circ \gamma \circ \phi^{-1}) \circ \phi = \gamma \qquad \gamma \in \text{aut } G$$
$$f^{-1} \circ f(\omega) = \phi \circ (\phi^{-1} \circ \omega \circ \phi) \circ \phi^{-1} = \omega \qquad \omega \in \text{aut } H$$

(4) Da die Abbildung f bijektiv und homomorph ist, sind die Automorphismengruppen aut G und aut H isomorph.

Innere Automorphismen : Für jedes Element g einer Gruppe $(G ; \circ)$ ist die Relation $\sigma_g : G \to G$ mit $\sigma_g(a) = g \circ a \circ g^{-1}$ ein Automorphismus und heißt innerer Automorphismus von G bezüglich g.

$$\sigma_g : G \to G \quad \text{mit} \quad \sigma_g(a) = g \circ a \circ g^{-1} \quad \wedge \quad a, g \in G$$

Beweis : Die Relation σ_g ist ein Automorphismus.

(1) Die Relation σ_g ist eine Abbildung. Jedes Element a von G besitzt ein Bild $\sigma_g(a)$. Gleiche Elemente $a = b$ von G besitzen das gleiche Bild :

$$a = b \quad \Rightarrow \quad g \circ a \circ g^{-1} = g \circ b \circ g^{-1} \quad \Rightarrow \quad \sigma_g(a) = \sigma_g(b)$$

(2) Die Abbildung σ_g ist homomorph. Für Elemente $a, b \in G$ gilt nämlich :

$$\sigma_g(a \circ b) = g \circ a \circ b \circ g^{-1} = (g \circ a \circ g^{-1}) \circ (g \circ b \circ g^{-1}) = \sigma_g(a) \circ \sigma_g(b)$$

(3) Der Kern der Abbildung σ_g ist trivial. Aus $\sigma_g(a) = 1_G$ folgt nämlich $g \circ a \circ g^{-1} = 1_G \Rightarrow a = g^{-1} \circ g = 1_G$. Also ist die Abbildung σ_g injektiv. Jedes Element b des Bildes besitzt ein Urbild $a = g^{-1} \circ b \circ g$. Folglich ist σ_g injektiv und surjektiv, also bijektiv. Da σ_g bijektiv und homomorph ist, ist σ_g ein Automorphismus.

Eigenschaften innerer Automorphismen

(I1) Die Menge der inneren Automorphismen von G mit der Komposition $\sigma_{g_1} \circ \sigma_{g_2}$ als innerer Verknüpfung der Elemente σ_{g_1} und σ_{g_2} ist eine Gruppe. Sie wird mit int G bezeichnet.

(I2) Die Abbildung einer Gruppe G auf die Gruppe ihrer inneren Automorphismen ist ein Homomorphismus :

$$f : G \rightarrow \text{int } G \quad \text{mit} \quad f(g) = \sigma_g$$

Beweis : Eigenschaften innerer Automorphismen

(I1) Das Gebilde (int G ; $\circ$) besitzt die Eigenschaften einer Gruppe :

- Das neutrale Element ist die Identitätsabbildung σ_{1_G} :

  $$\sigma_{1_G}(a) = 1_G \circ a \circ 1_G^{-1} = a$$

- Die Menge int G enthält mit σ_{g_1} und σ_{g_2} auch ihre Komposition $\sigma_{g_3} = \sigma_{g_1} \circ \sigma_{g_2}$, da die Gruppe G mit g_1 und g_2 auch $g_3 = g_1 \circ g_2$ enthält :

  $$\sigma_{g_1} \circ \sigma_{g_2}(a) = g_1 \circ (g_2 \circ a \circ g_2^{-1}) \circ g_1^{-1} = g_3 \circ a \circ g_3^{-1} = \sigma_{g_3}(a)$$

- Die Menge int G enthält mit σ_g auch das Inverse $\sigma_g^{-1} = \sigma_{g^{-1}}$:

  $$\sigma_g \circ \sigma_{g^{-1}}(a) = g \circ (g^{-1} \circ a \circ g) \circ g^{-1} = 1_G \circ a \circ 1_G^{-1} = \sigma_{1_G}(a)$$

(I2) Für Elemente $a, g, h \in G$ und den inneren Automorphismus $\sigma_{g \circ h}$ gilt :

$$\sigma_{g \circ h}(a) = g \circ h \circ a \circ (g \circ h)^{-1} = g \circ (h \circ a \circ h^{-1}) \circ g^{-1}$$
$$\sigma_{g \circ h}(a) = g \circ \sigma_h(a) \circ g^{-1} = \sigma_g \circ \sigma_h(a)$$

Für $f : G \rightarrow \text{int } G$ mit $f(g) = \sigma_g$ gilt folglich $f(g \circ h) = f(g) \circ f(h)$.

Äußere Automorphismen : Die Gruppe der inneren Automorphismen für eine abelsche Gruppe enthält nur die identische Abbildung. Es gibt aber andere Automorphismen abelscher Gruppen (siehe Beispiel 2). Ein Automorphismus von G, der kein innerer Automorphismus ist, heißt äußerer Automorphismus von G.

Beispiel 1 : Innere Automorphismen der Tetraeder-Deckgruppe

In Beispiel 1 von Abschnitt 7.4.4 sind die inneren Automorphismen der Deckgruppe eines regelmäßigen Tetraeders gezeigt. Die Zeile k der Transformationstafel enthält den inneren Automorphismus $f_k : G \to G$ mit $f_k(a_m) = a_k^{-1} \circ a_m \circ a_k$. In Spalte m von Zeile k steht das Bild $a_k^{-1} \circ a_m \circ a_k$ des Elementes a_m. Die Untergruppe $\{a_0, a_9, a_{10}, a_{11}\}$ ist ein Normalteiler der Deckgruppe (siehe Beispiel 2 in Abschnitt 7.4.2). Jeder der 12 inneren Automorphismen von G bildet jedes Element dieser Untergruppe auf ein Element der Untergruppe ab.

Beispiel 2 : Äußerer Automorphismus einer zyklischen Gruppe

Die folgende Tafel enthält die Produkte einer zyklischen Gruppe der Ordnung 4. Da die Gruppe abelsch ist, besteht die Gruppe der inneren Automorphismen nur aus der identischen Abbildung : $a^{-1} \circ b \circ a = a^{-1} \circ a \circ b = b$ für alle $a, b \in G$. Die Abbildung $f : G \to G$ mit $f(a) = a^3$ ist ein Homomorphismus, denn f ist bijektiv und $f(a \circ b) = (a \circ b)^3 = a^3 \circ b^3 = f(a) \circ f(b)$. Die Abbildung f ist ein äußerer Automorphismus von G.

$\circ$	a_0	a_1	a_2	a_3
a_0	a_0	a_1	a_2	a_3
a_1	a_1	a_2	a_3	a_0
a_2	a_2	a_3	a_0	a_1
a_3	a_3	a_0	a_1	a_2

$f(a_0) = a_0$

$f(a_1) = a_3$

$f(a_2) = a_2$

$f(a_3) = a_1$

Charakteristische Untergruppen : G sei eine Gruppe. Eine Untergruppe H von G heißt charakteristisch in G, wenn für jeden Automorphismus $\phi : G \to G$ das Bild von H in H enthalten ist.

$$\text{H ist charakteristisch in G} \quad :\Leftrightarrow \quad \bigwedge_{\phi \in \text{aut } G} (\phi(H) \subseteq H)$$

Ist die Gruppe G endlich, so folgt $\phi(H) = H$, da die Abbildung ϕ isomorph ist. Ist die Gruppe G unendlich, so würde $\phi(H) \subset H$ dazu führen, daß für den inversen Automorphismus ϕ^{-1} die Bedingung $\phi^{-1}(H) \subseteq H$ nicht erfüllt ist. Also folgt für alle Gruppen die Bedingung $\phi(H) = H$:

$$\text{H ist charakteristisch in G} \quad \Leftrightarrow \quad \bigwedge_{\phi \in \text{aut } G} (\phi(H) = H)$$

Eigenschaften charakteristischer Untergruppen

(C1) Jede charakteristische Untergruppe einer Gruppe G ist Normalteiler von G.

(C2) N sei Normalteiler der Gruppe G und H charakteristische Untergruppe in N. Dann ist H Normalteiler von G.

Beweis : Eigenschaften charakteristischer Untergruppen

(C1) Eine Untergruppe $H \subseteq G$ sei charakteristisch in G. Dann gilt $\phi(H) = H$ für jeden Automorphismus ϕ auf G und damit auch für jeden inneren Automorphismus auf G. Für jedes Element $g \in G$ und $h_1 \in H$ gilt deshalb $\sigma_g(h_1) = g \circ h_1 \circ g^{-1} = h_2 \in H$, so daß $g \circ h_1 = h_2 \circ g$. Folglich ist H Normalteiler von G mit $g \circ H = H \circ g$.

(C2) Da N ein Normalteiler von G ist, gilt $g \circ N = N \circ g$ für jedes $g \in G$. Also gibt es einen Automorphismus $\phi : N \to N$ mit $\phi(h) = g^{-1} \circ n \circ g$ für jedes $g \in G$. Da die Untergruppe H in N charakteristisch ist, ist das Bild $\phi(h)$ jedes Elementes $h \in H$ unter dem Automorphismus ϕ ein Element von H : $g^{-1} \circ h_1 \circ g \circ h_2$ mit $h_2 \in H$ für alle $h_1 \in H$, $g \in G$. Folglich gilt $g \circ H = H \circ g$ für alle $g \in G$. Also ist H Normalteiler von G.

Hinweise :

(1) Wegen Eigenschaft (C1) ist jede charakteristische Untergruppe einer Gruppe G ein Normalteiler von G. Es gibt aber auch Normalteiler einer Gruppe, die keine charakteristische Untergruppe dieser Gruppe sind (siehe Beispiel 3).

(2) Wegen Eigenschaft (C2) ist jede charakteristische Untergruppe H eines Normalteilers N einer Gruppe G ein Normalteiler von N und von G. Es gibt aber auch Normalteiler H eines Normalteilers N einer Gruppe G, die kein Normalteiler von G sind (siehe Beispiel 3).

(3) Ist eine Untergruppe H charakteristisch in einem Normalteiler N von G, so folgt daraus im allgemeinen nicht, daß H eine charakteristische Untergruppe von G ist.

Eigenschaften von Normalteilern : Eine Untergruppe H einer Gruppe $(G ; \circ)$ ist gemäß Definition in Abschnitt 7.4.2 ein Normalteiler von G, wenn $g \circ H = H \circ g$ für jedes $g \in G$. Normalteiler besitzen folgende Eigenschaften :

(N1) Eine Untergruppe H einer Gruppe $(G ; \circ)$ ist genau dann ein Normalteiler von G, wenn H unter jedem inneren Automorphismus von G auf sich selbst abgebildet wird.

(N2) N sei Normalteiler einer Gruppe $(G ; \circ)$ und $\phi : G \to G$ ein innerer Automorphismus von G. Dann kann der Automorphismus auf $\phi_N : N \to N$ beschränkt werden.

Beweis : Eigenschaften von Normalteilern

(N1) H sei eine Untergruppe von G, die unter jedem inneren Automorphismus σ_g auf sich selbst abgebildet wird. Für jedes Element $g \in G$ und jedes Element $h_1 \in H$ gibt es dann ein Element $h_2 \in H$, so daß $g \circ h_1 \circ g^{-1} = h_2$. Folglich gilt $g \circ h_1 = h_2 \circ g$, also $g \circ H \subseteq H \circ g$. Auf analoge Weise folgt $H \circ g \subseteq g \circ H$ aus $g^{-1} \circ h_1 \circ g = h_3$. Zusammengefaßt gilt $g \circ H = H \circ g$ für jedes $g \in G$: Die Untergruppe H ist Normalteiler von G.

Die Untergruppe H sei Normalteiler in G. Dann gibt es für jedes Element $g \in G$ und jedes Element $h_1 \in H$ ein Element $h_2 \in H$ mit $g \circ h_1 = h_2 \circ g$. Da die Gruppe G mit g auch g^{-1} enthält, folgt $h_2 = g \circ h_1 \circ g^{-1}$. Die Gruppe H wird also durch jeden inneren Automorphismus σ_g von G auf sich selbst abgebildet.

(N2) Die Gruppe der inneren Automorphismen von G enthält mit ϕ auch die Inverse ϕ^{-1}. Also gilt $\phi \circ \phi^{-1}(N) = N = \phi^{-1} \circ \phi(N)$. Da N Normalteiler ist, gilt auch $\phi(N) \subseteq N$ und $\phi^{-1}(N) \subseteq N$. Diese Bedingungen sind gleichzeitig nur durch $\phi(N) = \phi^{-1}(N) = N$ zu befriedigen. Also läßt sich der Automorphismus ϕ auf N beschränken und ist dort bijektiv.

Beispiel 3 : Untergruppen der symmetrischen Gruppe S_4

Die Untergruppen und Normalteiler der symmetrische Gruppe S_4 sind in Abschnitt 7.7.7 und 7.7.8 bestimmt. In diesem Beispiel wird eine Teilmenge der Untergruppen von S_4 betrachtet :

Alternierende Gruppe	:	$A_4 = \{a_1, a_3, a_6, a_9, a_{11}, a_{12}, a_{13}, a_{14}, a_{15}, a_{16}, a_{17}, a_{18}\}$
Kleinsche Vierergruppe	:	$V_4 = \{a_1, a_3, a_6, a_9\}$
Zyklische Untergruppe	:	$Z_1 = \{a_1, a_3\}$
Triviale Untergruppe	:	$I = \{a_1\}$

Diese Gruppen bilden eine Kette $S_4 \supset A_4 \supset V_4 \supset Z_1 \supset I$, in der jede der Untergruppen Normalteiler ihrer Vorgängerin ist, also $I \lhd Z_1$, $Z_1 \lhd V_4$, $V_4 \lhd A_4$, $A_4 \lhd S_4$. Die Vierergruppe V_4 ist auch Normalteiler ihrer Vorvorgängerin S_4. Dies ist darauf zurückzuführen, daß A_4 Normalteiler von S_4 und V_4 charakteristische Untergruppe in A_4 ist :

$$\bigwedge_{g \in S_4} \bigwedge_{a \in V_4} (g \circ a \circ g^{-1} \in V_4) \quad \Rightarrow \quad \bigwedge_{g \in S_4} (g \circ V_4 = V_4 \circ g)$$

Die zyklische Gruppe Z_1 ist kein Normalteiler ihrer Vorvorgängerin A_4. Die Vierergruppe V_4 ist zwar Normalteiler in A_4 und Z_1 ist Normalteiler in V_4. Z_1 ist aber keine charakteristische Untergruppe von V_4. Beispielsweise gilt für $a_3 \in Z_1$ und $a_{11} \in A_4$, daß $a_{11} \circ a_3 \circ a_{11}^{-1} = a_6$ kein Element von Z_1 ist.

7.6 ABELSCHE GRUPPEN

7.6.1 EINFÜHRUNG

Die Verknüpfung von Elementen einer abelschen Gruppe ist kommutativ. Die Reihenfolge der Verknüpfung von Elementen in Ausdrücken ist daher frei wählbar. Diese Eigenschaft führt zu wesentlichen Vereinfachungen der Struktur abelscher Gruppen im Vergleich zur Struktur nicht-kommutativer Gruppen. Insbesondere zeigt es sich, daß jede endlich erzeugte abelsche Gruppe als eine direkte Summe von zyklischen Gruppen dargestellt werden kann, die jedoch nicht eindeutig ist. Diese Eigenschaft abelscher Gruppen findet breite Anwendung, beispielsweise in der algebraischen Topologie.

Für abelsche Gruppen wird analog zu den reellen Vektorräumen das Konzept der Linearkombination von Elementen einer Gruppe eingeführt. Im Gegensatz zu den Eigenschaften reeller Vektorräume können die Elemente einer abelschen Gruppe jedoch nur dann als eindeutige Linearkombinationen der Elemente einer Basis dargestellt werden, wenn jedes Element der Gruppe eine Untergruppe unendlicher Ordnung erzeugt. Solche Gruppen heißen freie abelsche Gruppen. Für die Untersuchung der Struktur abelscher Gruppen, die Elemente endlicher Ordnung enthalten, wird das Konzept der direkten Summe von Untergruppen der abelschen Gruppe eingeführt.

Die homomorphe Abbildung direkter Summen zeigt, daß jede endlich erzeugte abelsche Gruppe H das Bild einer freien abelschen Gruppe A ist. Diejenigen Linearkombinationen der Basis von A, deren Bild das neutrale Element in H ist, sind ein Normalteiler N in A. Die Quotientengruppe A/N ist isomorph zu H. Diese Isomorphie begründet die Zerlegung von H in eine direkte Summe zyklischer Gruppen (Basissatz).

Die Zerlegung einer abelschen Gruppe in zyklische Gruppen ist nicht eindeutig. Die im Basissatz betrachtete Zerlegung führt zu zyklischen Gruppen, deren Ordnungen unendlich sind oder eine Teilerkette bilden. Eine abelsche Gruppe kann aber auch in zyklische Gruppen zerlegt werden, deren Ordnungen unendlich oder eine Primzahlpotenz sind. Diese Zerlegung ist in Abschnitt 7.9 behandelt. Sie ist bis auf Isomorphie und die Reihenfolge der Summanden eindeutig.

7.6.2 KLASSIFIKATION ABELSCHER GRUPPEN

Einführung : Infolge der kommutativen Eigenschaft jeder abelschen Gruppe (A ; +) ist jede Untergruppe H von A ein Normalteiler in A. Die Untergruppe H kann also zur Zerlegung der abelschen Gruppe in Nebenklassen genutzt werden. Die Untergruppe X der Elemente endlicher Ordnung in A ist ein besonderer Normalteiler und heißt die Torsionsgruppe von A. Die Quotientenmenge A/X enthält neben dem neutralen Element X nur Elemente von endlicher Ordnung. Diese Klassifikation von A bildet die Grundlage der Strukturanalyse abelscher Gruppen in Abschnitt 7.6.6.

Abelsche Gruppen : Eine Gruppe heißt abelsch, wenn ihre innere Verknüpfung kommutativ ist. Für abelsche Gruppen wird meistens die Summennotation (A ; +) verwendet. Das neutrale Element wird mit 0 bezeichnet. Das Inverse eines Elementes a der Gruppe A wird mit –a bezeichnet, die n-fache Summe des Elementes a mit na. Für n = 0 ist na = 0.

$$\bigwedge_a \bigwedge_b (a + b = b + a) \qquad a, b \in A$$

Jede zyklische Gruppe ist abelsch. Zyklische Gruppen sind in den Abschnitten 7.3.4 bis 7.3.6 behandelt. Es gibt aber auch abelsche Gruppen, die nicht zyklisch sind.

Ordnung eines Elementes : Ein Element a einer Gruppe (A ; +) heißt ein Element der Ordnung n, wenn es eine Untergruppe gp(a) der Ordnung n erzeugt (siehe Abschnitt 7.3.6). Ist die Ordnung des Elementes a endlich, so ist n die kleinste positive ganze Zahl, für die na = 0 gilt. Ist die Ordnung des Elementes a unendlich, so ist na für keine der positiven ganzen Zahlen gleich 0. Das neutrale Element 0 ist ein Element endlicher Ordnung.

$$\text{a ist ein Element endlicher Ordnung} \quad :\Leftrightarrow \quad \bigvee_{k \in N'} (ka = 0)$$

$$\text{a ist ein Element unendlicher Ordnung} \quad :\Leftrightarrow \quad \bigwedge_{k \in N'} (ka \neq 0)$$

Abelsche Gruppe endlichen Grades : Eine abelsche Gruppe (A ; +) heißt abelsche Gruppe endlichen Grades (Torsionsgruppe), wenn jedes Element $a \in A$ ein Element endlicher Ordnung ist.

$$\text{(A ; +) ist eine abelsche Gruppe endlichen Grades} \quad :\Leftrightarrow \quad \bigwedge_{a \in A} \bigvee_{k \in N'} (ka = 0)$$

Jede endliche abelsche Gruppe (A ; +) ist eine abelsche Gruppe endlichen Grades. Nach dem Satz (F2) von Fermat in Abschnitt 7.4.2 ist nämlich das n-fache jedes Elementes a einer Gruppe mit endlicher Ordnung n gleich dem neutralen

Element 0. Eine abelsche Gruppe endlichen Grades kann jedoch eine unendliche Gruppe sein (siehe Beispiel 4), wenn die Anzahl der erzeugenden Elemente unendlich ist.

$$(A\,;+) \text{ ist endlich} \quad \Rightarrow \quad (A\,;+) \text{ ist eine abelsche Gruppe endlichen Grades}$$

Abelsche Gruppe unendlichen Grades : Eine abelsche Gruppe (A ; +) heißt abelsche Gruppe unendlichen Grades (torsionsfrei), wenn jedes Element $a \in A$ mit Ausnahme des neutralen Elementes 0 ein Element unendlicher Ordnung ist.

$$(A\,;+) \text{ ist eine abelsche Gruppe unendlichen Grades} :\Leftrightarrow \bigwedge_{\substack{a \in A \\ a \neq 0}} \bigwedge_{k \in N'} (ka \neq 0)$$

Jede abelsche Gruppe unendlichen Grades ist eine unendliche abelsche Gruppe. Eine unendliche abelsche Gruppe kann jedoch neben dem neutralen Element 0 weitere Elemente endlicher Ordnung enthalten.

$$(A\,;+) \text{ ist eine abelsche Gruppe unendlichen Grades} \Rightarrow (A\,;+) \text{ ist unendlich}$$

Abelsche Gruppe gemischten Grades : Eine abelsche Gruppe (A ; +) heißt abelsche Gruppe gemischten Grades, wenn sie neben dem neutralen Element 0 sowohl Elemente endlicher Ordnung als auch Elemente unendlicher Ordnung enthält. Eine abelsche Gruppe gemischten Grades ist eine Gruppe unendlicher Ordnung.

Untergruppen abelscher Gruppen : Jede Untergruppe (X ; +) einer abelschen Gruppe (A ; +) ist abelsch. Enthält X genau die Elemente endlicher Ordnung einer abelschen Gruppe (A ; +) gemischten Grades, so ist (X ; +) eine Untergruppe von (A ; +). Diese Untergruppe heißt Torsionsuntergruppe von A und wird mit tor A bezeichnet.

Beweis : Eigenschaften von Untergruppen einer abelschen Gruppe

(1) Jede Untergruppe (X ; +) einer abelschen Gruppe (A ; +) ist abelsch, da die Elemente von X auch Elemente von A sind, und folglich die Kommutativität der Addition + von der Gruppe auf die Untergruppe vererbt wird.

(2) Enthält eine Teilmenge X von A alle Elemente endlicher Ordnung in A, so enthält X das neutrale Element 0. Für jedes Element x der Ordnung n enthält X das inverse Element $-x$, da aus $nx = 0$ auch $n(-x) = 0$ folgt. Enthält X ein Element x_1 der Ordnung n_1 und ein Element x_2 der Ordnung n_2, so enthält X das Element $x_1 + x_2$, da aus $n_1 x_1 = 0$ und $n_2 x_2 = 0$ auch $n_1 n_2 (x_1 + x_2) = 0$ folgt. Das Gebilde (X ; +) besitzt also die Eigenschaften einer Gruppe.

Normalteiler abelscher Gruppen : Eine linke Nebenklasse einer Untergruppe (X ; +) in einer abelschen Gruppe (A ; +) mit einem Repräsentanten a wird mit $a + X$ bezeichnet. Eine rechte Nebenklasse wird mit $X + a$ bezeichnet. Jede Untergruppe (X ; +) einer abelschen Gruppe (A ; +) ist ein Normalteiler von A, so daß $a + X = X + a = [a]$.

Beweis : Jede Untergruppe einer abelschen Gruppe ist ein Normalteiler.

Die Linksnebenklasse mit dem Repräsentanten a ist die Menge $a + X = \{a + x \mid x \in X\}$. Die Rechtsnebenklasse mit demselben Repräsentanten a ist die Menge $X + a = \{x + a \mid x \in X\}$. Da die Addition + kommutativ ist, sind die linke und die rechte Nebenklasse gleich : $a + X = X + a$. Nach der Definition von Normalteilern in Abschnitt 7.4.2 ist (X ; +) deshalb ein Normalteiler in A.

Quotientengruppen : Die Nebenklassen $[a_0], [a_1], \ldots$ eines Normalteilers (X ; +) in einer abelschen Gruppe (A ; +) bilden die in Abschnitt 7.5.2 definierte Quotientenmenge $A/X = \{[a_0], [a_1], \ldots\}$. Auf der Quotientenmenge A/X wird die Addition + von Nebenklassen mit der Regel $[a_0] + [a_1] = [a_0 + a_1]$ definiert. Die Quotientengruppe (A/X ; +) ist eine abelsche Gruppe mit der Menge X als neutralem Element. Enthält die Untergruppe (X ; +) alle Elemente endlicher Ordnung einer abelschen Gruppe (A ; +) gemischten Grades, so ist die Quotientengruppe A/X eine abelsche Gruppe unendlichen Grades (torsionsfrei).

Beweis : Eigenschaften von Quotientengruppen abelscher Gruppen

(1) Die Quotientengruppe (A/X ; +) ist abelsch, da die Addition + kommutativ ist : $[a_0] + [a_1] = [a_0 + a_1] = [a_1 + a_0] = [a_1] + [a_0]$.

(2) Für einen Repräsentanten $x \in X$ gilt $x + X = X = X + x$, so daß die Menge X identisch mit der Restklasse [0] ist. Aus $[a] + [0] = [a + 0] = [a]$ folgt, daß $X = [0]$ das neutrale Element der Quotientengruppe ist.

(3) Die Quotientengruppe (A/X ; +) ist eine abelsche Gruppe unendlichen Grades, wenn ihr neutrales Element X das einzige Element endlicher Ordnung ist. Eine Nebenklasse [a] in A/X sei endlicher Ordnung n. Dann gilt $[na] = n[a] = X$. Folglich ist na ein Element von X.

Da die Elemente von X voraussetzungsgemäß endlicher Ordnung sind, gibt es eine Zahl m, so daß $mna = 0$. Folglich ist a ein Element endlicher Ordnung und damit ein Element der Gruppe X. Also ist die Nebenklasse [a] identisch mit X und folglich X das einzige Element endlicher Ordnung in der Quotientengruppe A/X.

Beispiel 1 : Zyklische Vierergruppe

Die folgende Summentafel definiert die Addition $+$ in einer zyklischen Gruppe $(A\,;+)$ der Ordnung 4 mit dem erzeugenden Element u und der Menge $A = gp(u) = \{0, u, 2u, 3u\}$. Die Summentafel ist symmetrisch zur Diagonalen von oben links nach unten rechts. Diese Symmetrie folgt aus der kommutativen Eigenschaft der Addition $x + y = y + x$ für $x, y \in A$. Die zyklische Vierergruppe $(A\,;+)$ ist abelsch.

+	0	u	2u	3u
0	0	u	2u	3u
u	u	2u	3u	0
2u	2u	3u	0	u
3u	3u	0	u	2u

Die Gruppe $(N; +)$ mit $N = \{0, 2u\}$ ist eine Untergruppe von $(A\,;+)$. Damit ist N ein Normalteiler in A. Die Nebenklassen von N in A sind $[a_0] = \{0, 2u\} = N$ und $[a_1] = \{u, 3u\}$. Die Quotientengruppe $(A/N\,;+)$ mit $A/N = \{[a_0], [a_1]\}$ und mit dem neutralen Element $N = [a_0]$ ist abelsch. Es gilt nämlich : Werden zwei Elemente von $[a_0]$ addiert, so ist das Ergebnis ein Element von $[a_0]$. Werden zwei Elemente von $[a_1]$ addiert, so ist das Ergebnis ein Element von $[a_0]$. Wird ein Element von $[a_0]$ und ein Element von $[a_1]$ in beliebiger Reihenfolge addiert, so ist das Ergebnis ein Element von $[a_1]$.

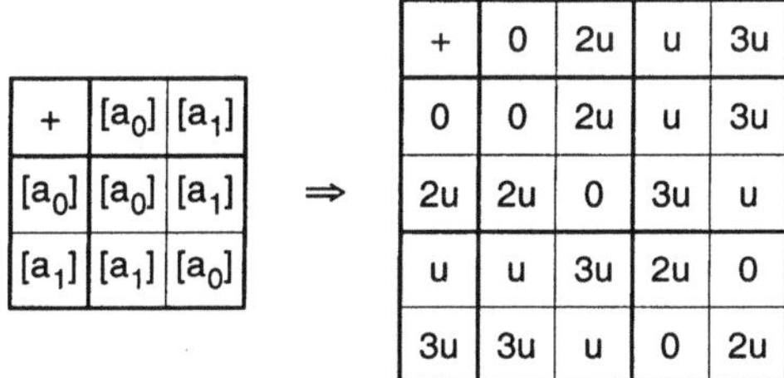

+	$[a_0]$	$[a_1]$
$[a_0]$	$[a_0]$	$[a_1]$
$[a_1]$	$[a_1]$	$[a_0]$

$\Rightarrow$

+	0	2u	u	3u
0	0	2u	u	3u
2u	2u	0	3u	u
u	u	3u	2u	0
3u	3u	u	0	2u

Beispiel 2 : Kleinsche Vierergruppe

Die folgende Summentafel definiert die Addition $+$ in der Kleinschen Vierergruppe $(G\,;+)$ mit $G = \{0, a, b, c\}$. Die Kleinsche Vierergruppe ist abelsch, jedoch nicht zyklisch.

+	0	a	b	c
0	0	a	b	c
a	a	0	c	b
b	b	c	0	a
c	c	b	a	0

Die Gruppen (A ; +), (B ; +), (C ; +) mit A = {0, a}, B = {0, b}, C = {0, c} sind Untergruppen von (G ; +). Damit sind A, B, C jeweils Normalteiler von G. Die Nebenklassen von A sind $[a_0] = \{0, a\} = A$ und $[a_1] = \{b, c\}$. Die Quotientengruppe (G/A; +) mit $G/A = \{[a_0], [a_1]\}$ und dem neutralen Element $A = [a_0]$ ist abelsch. Im Gegensatz zur zyklischen Vierergruppe (Beispiel 1) existieren in der Kleinschen Vierergruppe mehrere Untergruppen und damit auch mehrere Normalteiler und Quotientengruppen.

Beispiel 3 : Addition ganzer Zahlen

Die ganzen Zahlen bilden bezüglich der Addition eine abelsche Gruppe ($\mathbb{Z}$; +) unendlichen Grades, da die Addition ganzer Zahlen kommutativ ist und außer dem neutralen Element 0 keine ganze Zahl eine endliche Ordnung besitzt. Die Gruppe ($\mathbb{Z}$; +) ist eine unendliche zyklische Gruppe mit dem erzeugenden Element 1 und der Menge $\mathbb{Z} = gp(1)$.

Die unendliche zyklische Gruppe ($\mathbb{Z}4$; +) mit dem erzeugenden Element 4 und $\mathbb{Z}4 = gp(4) = \{..., -8, -4, 0, 4, 8, ...\}$ ist eine Untergruppe von ($\mathbb{Z}$; +). Damit ist $\mathbb{Z}4$ Normalteiler in $\mathbb{Z}$. Die Nebenklassen von $\mathbb{Z}4$ sind die 4er-Restklassen :

[0]	=	{..., −8, −4, 0, 4, 8,...} = $\mathbb{Z}4$	4er-Restklasse mit Rest 0
[1]	=	{..., −7, −3, 1, 5, 9,...}	4er-Restklasse mit Rest 1
[2]	=	{..., −6, −2, 2, 6, 10,...}	4er-Restklasse mit Rest 2
[3]	=	{..., −5, −1, 3, 7, 11,...}	4er-Restklasse mit Rest 3

Die Quotientengruppe $\mathbb{Z}_4$ mit $\mathbb{Z}_4 = \mathbb{Z}/\mathbb{Z}4 = \{[0], [1], [2], [3]\}$ und mit dem neutralen Element $\mathbb{Z}4 = [a_0]$ ist abelsch. Für die Menge der Restklassen gilt folgende Summentafel :

+	[0]	[1]	[2]	[3]
[0]	[0]	[1]	[2]	[3]
[1]	[1]	[2]	[3]	[0]
[2]	[2]	[3]	[0]	[1]
[3]	[3]	[0]	[1]	[2]

Die Quotientengruppe ($\mathbb{Z}_4$; +) ist eine zyklische Gruppe mit der Ordnung 4.

Beispiel 4 : Addition rationaler Zahlen

Die ganzen Zahlen $\mathbb{Z}$ sind ein Normalteiler der Gruppe ($\mathbb{Q}$; +) der rationalen Zahlen. Das Element [q] der Quotientengruppe $\mathbb{Q}/\mathbb{Z}$ ist die unendliche Teilmenge von $\mathbb{Q}$, die aus q durch Addition beliebiger Ganzzahlen z gewonnen wird.

$$[q] = \{h \in \mathbb{Q} \mid h = q + z \ \wedge \ z \in \mathbb{Z}\}$$

Die Normalform der rationalen Zahl q sei $\frac{m}{n}$ mit $m < n$. Dann erzeugt das Element $[\frac{m}{n}]$ der Quotientengruppe $\mathbb{Q}/\mathbb{Z}$ eine endliche zyklische Gruppe der Ordnung n :

$$n[\tfrac{m}{n}] = [n\tfrac{m}{n}] = [m] = [0]$$

Da es unendlich viele natürliche Zahlen gibt, gibt es auch unendlich viele Nebenklassen $[\frac{m}{n}]$ mit verschiedener Ordnung n in $\mathbb{Q}/\mathbb{Z}$.

7.6.3 LINEARKOMBINATIONEN

Einführung : Die kommutative Eigenschaft abelscher Gruppen erlaubt es, alle mit Elementen solcher Gruppen gebildeten Ausdrücke als Linearkombinationen darzustellen. Enthält eine abelsche Gruppe nur Elemente unendlicher Ordnung, so ist jedes Element der Gruppe eine eindeutige Linearkombination der Elemente einer Teilmenge der Gruppe. Daher wird, analog zu den reellen Vektorräumen in Abschnitt 3.5.2, das Konzept der Basis eingeführt und die Auswirkung von Transformationen der Basis untersucht. Dies führt zu den Begriffen freie abelsche Gruppe, Rang der abelschen Gruppe, Basis minimaler Größe bezüglich einer Untergruppe und minimales Erzeugendensystem einer Untergruppe. Diese Begriffe sind für die Untersuchung der Struktur abelscher Gruppen in Abschnitt 7.6.5 wichtig. Die Struktur abelscher Gruppen, die Elemente endlicher Ordnung enthalten, kann jedoch nicht mit Hilfe von Basen untersucht werden, da ihre Elemente keine eindeutigen Linearkombinationen der Elemente einer unabhängigen Teilmenge der Gruppe sind. Solche abelsche Gruppen werden mit direkten Summen dargestellt.

Linearkombination : Eine Summe von Elementen x_i aus einer endlichen Teilmenge $X = \{x_1, ..., x_s\}$ einer abelschen Gruppe $(A\,;+)$ heißt eine Linearkombination von X. Jedes Element x_i von X und sein Inverses $-x_i$ dürfen in der Linearkombination mehrfach auftreten. Da die Reihenfolge der Summanden den Wert der Summe wegen der Kommutativität der abelschen Gruppe nicht beeinflußt, können die Elemente x_i in der Summe nach dem Index i geordnet und zu Termen $n_i x_i$ mit Ganzzahlen $n_i \in \mathbb{Z}$ zusammengefaßt werden. Eine allgemeine Linearkombination von X wird mit $\Sigma\, n_i x_i$ bezeichnet. Die Zahlen n_i heißen die Koeffizienten der Linearkombination. Ist der Indexbereich nicht offenkundig, so wird er explizit am Summenzeichen Σ angegeben.

$$\sum_{i=1}^{s} n_i x_i = n_1 x_1 + ... + n_s x_s \qquad n_i \in \mathbb{Z}\,,\ x_i \in X$$

Linear unabhängige Teilmenge : Eine Teilmenge X einer abelschen Gruppe $(A\,;+)$ heißt linear unabhängig, wenn das neutrale Element 0 der Gruppe A nur mit den Koeffizienten $n_i = 0$ als Linearkombination der Elemente x_i von X dargestellt werden kann.

$$n_i x_i + ... + n_s x_s = 0 \quad \Rightarrow \quad n_1 = ... = n_s = 0 \qquad n_i \in \mathbb{Z}$$

Eine linear unabhängige Teilmenge X einer abelschen Gruppe A enthält nur Elemente unendlicher Ordnung. Ein Element $x_i \in A$ mit endlicher Ordnung $n > 0$ kann definitionsgemäß nicht in X enthalten sein, da $n x_i = 0$ für $n \neq 0$ gilt. Das neutrale Element 0 kann nicht in X enthalten sein, da $n\,0 = 0$ für jeden Wert von n, also auch für $n \neq 0$.

Die Beschränkung der linear unabhängigen Teilmengen einer abelschen Gruppe auf Elemente unendlicher Ordnung ist ein wesentlicher Unterschied zur linearen Unabhängigkeit reeller Vektoren. Für jeden Vektor $\mathbf{u} \neq \mathbf{0}$ eines reellen Vektorraumes gilt die Gleichung $r\mathbf{u} = \mathbf{0}$ mit $r \in \mathbb{R}$ nur für $r = 0$.

Basis einer abelschen Gruppe : Eine linear unabhängige Teilmenge $B = \{b_1,...,b_s\}$ einer abelschen Gruppe $(A\,;+)$ heißt eine Basis von A, wenn jedes Element a von A als Linearkombination endlich vieler Basiselemente b_i darstellbar ist. Für ein festes Element a sind die Koeffizienten n_i dieser Linearkombination eindeutig.

$$\bigwedge_{a\in A} (a = n_1 b_1 + ... + n_s b_s \quad \wedge \quad n_i \in \mathbb{Z} \quad \wedge \quad b_i \in B)$$

$$n_1 b_1 + ... + n_s b_s = 0 \quad \Rightarrow \quad n_1 = ... = n_s = 0$$

Beweis : Eindeutigkeit der Koeffizienten eines Elementes in einer Basis

Die Linearkombinationen $\Sigma m_i b_i$ und $\Sigma n_i b_i$ seien Darstellungen desselben Elementes g einer abelschen Gruppe A mit Basis B. Der Koeffizient des Basiselementes b_i in der Differenz der beiden Linearkombinationen ist $m_i - n_i$. Da die Basis linear unabhängig ist, kann die Bedingung $\Sigma(m_i - n_i)b_i = 0$ nur mit den Koeffizienten $m_i - n_i = 0$ befriedigt werden. Folglich sind die Koeffizienten m_i und n_i des Elementes b_i in den beiden Linearkombinationen gleich. Die Darstellung des Elementes a in der Basis B ist also eindeutig.

$$a = m_1 b_1 + ... + m_s b_s$$

$$a = n_1 b_1 + ... + n_s b_s$$

$$0 = (m_1 - n_1)b_1 + ... + (m_s - n_s)\, b_s \quad \Rightarrow \quad m_i = n_i \quad \text{für} \quad i = 1,...,s$$

Freie abelsche Gruppe : Eine abelsche Gruppe heißt freie abelsche Gruppe, wenn sie eine Basis besitzt. Jedes Element b_i dieser Basis B erzeugt eine unendliche zyklische Gruppe. Jedes Element a einer freien abelschen Gruppe A ist eine eindeutige Linearkombination der Basiselemente.

$$A = \{a \mid a = n_1 b_1 + ... + n_s b_s \;\wedge\; n_i \in \mathbb{N},\, b_i \in B\}$$

Endlich erzeugte, freie abelsche Gruppe : Die Basis einer freien abelschen Gruppe kann eine unendliche Menge sein. Ist die Basis B einer freien abelschen Gruppe $(A\,;+)$ endlich, so heißt A eine endlich erzeugte, freie abelsche Gruppe. Die Beziehung zwischen einem Element a der Gruppe A und den Elementen b_i der endlichen Basis B kann in Vektorschreibweise als Skalarprodukt dargestellt werden. Dazu werden die Koordinaten n_i der Linearkombination und die Basiselemente b_i in je einem Vektor zusammengefaßt.

$$\bigwedge_{a\in A} (a = \mathbf{n} \cdot \mathbf{b} \quad \wedge \quad a \in A,\, b_i \in B,\, n_i \in \mathbb{Z})$$

$$\mathbf{n} = \begin{bmatrix} n_1 \\ \vdots \\ n_s \end{bmatrix} \qquad \mathbf{b} = \begin{bmatrix} b_1 \\ \vdots \\ b_s \end{bmatrix}$$

Transformation der Basis : Die Teilmengen B und C seien Basen einer endlich erzeugten, freien abelschen Gruppe (A ; +). Dann ist jedes Element c_i der Basis C ein Element der Gruppe A und damit eine eindeutige Linearkombination der Basis B. Die Basen B und C sind gleichmächtig. Die Transformation der Basis kann in Matrizenschreibweise dargestellt werden :

$$\mathbf{c} = \mathbf{T}\,\mathbf{b}$$

$$\begin{bmatrix} c_1 \\ \vdots \\ c_s \end{bmatrix} = \begin{bmatrix} t_{11} & \cdots & t_{1s} \\ \vdots & & \vdots \\ t_{s1} & \cdots & t_{ss} \end{bmatrix} * \begin{bmatrix} b_1 \\ \vdots \\ b_s \end{bmatrix}$$

Beweis : Gleichmächtige Basen

Die Anzahl der Elemente in der Basis B sei r, die in der Basis C sei s > r. Jedes der Elemente $c_1,...,c_s$ der Basis C wird als eine Linearkombination der Elemente $b_1,...,b_r$ der Basis B dargestellt :

$$\begin{aligned} n_{11}\, b_1 + n_{12}\, b_2 + ... + n_{1r}\, b_r &= c_1 \\ &\vdots \\ n_{s1}\, b_1 + n_{s2}\, b_2 + ... + n_{sr}\, b_r &= c_s \end{aligned}$$

Die ersten r Gleichungen werden zur Elimination von $b_1,...,b_r$ in der (r + 1)-ten Gleichung eingesetzt. Zunächst wird die erste Gleichung zur Elimination von b_1 in den Gleichungen 2 bis r + 1 benutzt. Zur Elimination von b_1 in Gleichung m wird das n_{m1}-fache der ersten Gleichung vom n_{11}-fachen der m-ten Gleichung abgezogen. Ist $n_{11} = 0$, so wird zuvor die erste Gleichung mit einer Gleichung k vertauscht, für die $n_{k1} \neq 0$. Ist $n_{k1} = 0$ für jede der Zeilen 1,...,r + 1, so ist b_1 bereits eliminiert. Das Verfahren wird mit der Elimination von b_2 in den Gleichungen 3 bis r + 1 mittels der zweiten Gleichung fortgesetzt. Da die Basis B genau r Elemente enthält, kann auf diese Weise jeweils eine der ersten r Gleichungen zur Elimination eines der Elemente $b_1,...,b_r$ in Gleichung r + 1 eingesetzt werden. Die (r + 1)-te Gleichung erhält folgende Form :

$$w_1\, c_1 + ... + w_r\, c_r + c_{r+1} = 0 \qquad\qquad w_i \in \mathbb{Z}$$

Der Koeffizient 1 von c_{r+1} widerspricht der Definition der Basis C. In jeder Darstellung des neutralen Elementes 0 als Linearkombination der Basiselemente

$c_1, ..., c_s$ sind nämlich alle Koeffizienten $w_1, ..., w_s$ gleich null. Also hat C nicht mehr Elemente als B. Ebenso hat B nicht mehr Elemente als C. Folglich sind die Basen B und C gleichmächtig.

Transformation der Gruppe : Besitzt eine abelsche Gruppe (A ; +) die Basen B und C, so kann jedes Element der Gruppe A wahlweise als eine Linearkombination $\mathbf{m} \cdot \mathbf{b}$ der Basis B oder als eine Linearkombination $\mathbf{n} \cdot \mathbf{c}$ der Basis C dargestellt werden. Die Koeffizienten **m** für die Basis B werden aus den Koeffizienten **n** für die Basis C abgeleitet.

$$\bigwedge_{a \in A} (a = \mathbf{m} \cdot \mathbf{b} = \mathbf{n} \cdot \mathbf{c}) \quad \wedge \quad \mathbf{c} = \mathbf{R}\,\mathbf{b} \quad \Rightarrow \quad \mathbf{m} = \mathbf{R}^T \mathbf{n}$$

Rang einer abelschen Gruppe : Besitzt eine abelsche Gruppe eine Basis, so enthalten alle durch Transformation dieser Basis gebildeten Basen gleich viele Elemente. Die Anzahl der Elemente heißt der Rang der abelschen Gruppe. Besitzt eine Gruppe keine Basis, so besitzt sie auch keinen Rang.

Größe einer Basis : H sei eine Untergruppe einer endlich erzeugten, freien abelschen Gruppe (A ; +) mit Rang s. Für $s > 1$ ist die Basis der Gruppe A nicht eindeutig. Wählt man eine bestimmte Basis $(b_1, ..., b_s)$, so ist jedes Element h der Untergruppe H eine eindeutige Linearkombination der Basiselemente.

$$h = n_1 b_1 + ... + n_s b_s \qquad h \in H,\ n_i \in \mathbb{Z},\ b_i \in B$$

Unter den Koeffizienten $n_1, ..., n_s$ für ein frei gewähltes Element $h \in H$ wird der betragskleinste Wert gesucht, der nicht null ist. Ist dieser Koeffizient negativ, so wird das zugeordnete Basiselement b_i durch $-b_i$ ersetzt. Damit gibt es immer einen kleinsten positiven Wert unter den Koeffizienten für Element h.

Der kleinste positive Koeffizient in den Darstellungen aller Elemente $h \in H$ als Linearkombinationen einer festen Basis B wird bestimmt. Dieser Wert heißt die Größe der Basis B bezüglich der Untergruppe H und wird mit w_H bezeichnet.

Unter den Werten w_H für alle Basen B wird der kleinste Wert w bestimmt. Dieser Wert kann für mehr als eine Basis auftreten. Eine der Basen mit Größe w bezüglich H sei $Y = \{y_1, ..., y_s\}$. Die Basis Y heißt eine Basis minimaler Größe bezüglich der Untergruppe H.

Eigenschaften einer Basis minimaler Größe : Die minimale Größe der Basen einer endlich erzeugten, freien abelschen Gruppe (A ; +) bezüglich einer Untergruppe H sei w. $Y = \{y_1, ..., y_s\}$ sei eine Basis minimaler Größe von A bezüglich H. Das Element von H, das zu der Basis Y führt, sei h_{min}. Dann ist jeder Koeffizient der Linearkombination für h_{min} durch die minimale Größe w teilbar.

$$h_{min} = w(y_1 + k_2 y_2 + ... + k_s y_s) \qquad k_i \in \mathbb{Z}$$

Beweis : Eigenschaften einer Basis minimaler Größe

Die Basiselemente werden so numeriert, daß die minimale Größe w der Koeffizient von y_1 in der Linearkombination für h_{min} ist :

$$h_{min} = w y_1 + n_2 y_2 + \ldots + n_s y_s \qquad w \in N', \ n_i \in \mathbb{Z}$$

Ein beliebiger Koeffizient n_m dieser Linearkombination wird modulo w in der Restform $n_m = k_m w + r_m$ mit $0 \le r_m < w$ dargestellt :

$$h_{min} = w(y_1 + k_m y_m) + n_2 y_2 + \ldots + r_m y_m + \ldots + n_s y_s$$

Jedes Element a von A ist als Linearkombination von $\bar{Y} = \{y_1 + k_m y_m, y_2, \ldots, y_s\}$ darstellbar, da es als Linearkombination der Basis Y darstellbar ist :

$$a = c_1 y_1 + c_2 y_2 + \ldots + c_m y_m + \ldots + c_s y_s$$

$$a = c_1(y_1 + k_m y_m) + c_2 y_2 + \ldots + (c_m - c_1 k_m) y_m + \ldots + c_s y_s$$

Ist eine Linearkombination der Elemente von $\bar{Y}$ gleich null, so ist eine entsprechende Linearkombination der Elemente von Y gleich null :

$$t_1(y_1 + k_m y_m) + t_2 y_2 + \ldots + t_m y_m + \ldots + t_s y_s = 0 \quad \Rightarrow$$

$$t_1 y_1 + t_2 y_2 + \ldots + (t_m + t_1 k_m) y_m + \ldots + t_s y_s = 0$$

Da Y eine Basis von A ist, folgt $t_1 = t_2 = \ldots = t_m + t_1 k_m = \ldots = t_s = 0$. Hieraus folgt $t_1 = t_2 = \ldots = t_s = 0$. Folglich ist $\bar{Y}$ eine Basis von A. Die Darstellung von h_{min} in dieser Basis enthält für y_m den Koeffizienten r_m mit $0 \le r_m < w$. Da w die minimale Größe der Basis $\bar{Y}$ ist, folgt $r_m = 0$. Also ist n_m durch w teilbar. Diese Eigenschaft gilt für $m = 2,\ldots,s$. Also ist jeder der Koeffizienten $n_2,\ldots,n_s$ durch w teilbar.

Minimales Erzeugendensystem einer Untergruppe : H sei eine Untergruppe einer endlich erzeugten, freien abelschen Gruppe (A ; +) mit Rang s. Dann kann jedes Element der Untergruppe H in einer beliebigen Basis $B = \{b_1, \ldots, b_s\}$ der Gruppe A dargestellt werden. Es gibt aber eine besondere Basis $X = \{x_1,\ldots,x_s\}$ der Gruppe A und Zahlen $\{c_1, \ldots, c_s\}$ mit folgenden Eigenschaften :

(1) Die Menge $E = \{c_1 x_1, \ldots, c_s x_s\}$ erzeugt die Untergruppe H.

(2) Für $r < i \le s$ sind die Zahlen $c_i = 0$. Für $i \le r$ bilden die Zahlen c_i eine Teilerkette $c_1 \mid c_2 \mid \ldots \mid c_r$. Die Zahl c_i ist also Teiler von c_{i+1} .

Die Menge E heißt minimales Erzeugendensystem der Untergruppe H in der Gruppe A.

Beweis : Minimales Erzeugendensystem einer Untergruppe

(1) Für die Gruppe G wird eine Basis minimaler Größe w bezüglich der Untergruppe H bestimmt. Diese Basis sei $\{y_1, ..., y_s\}$. Dann gibt es bei geeigneter Ordnung der Indizes der Basiselemente nach dem vorangehenden Beweis ein Element $h_1 \in H$, für das $h_1 = w(y_1 + k_2y_2 + ... + k_s y_s)$ gilt. Setze $x_1 := y_1 + k_2y_2 + ... + k_s y_s$ und $c_1 := w$, so daß $h_1 = c_1x_1$. Dann ist $(x_1, y_2, ..., y_s)$ eine Basis von G. Für ein beliebiges Element $h \in H$ gilt :

$$h = a_1x_1 + a_2y_2 + ... + a_s y_s \qquad a_i \in \mathbb{Z}$$

Der Koeffizient a_1 ist ein Vielfaches von c_1. Nach Division mit Rest gilt nämlich $a_1 = p_1c_1 + r_1$ mit $0 \le r_1 < c_1$, und folglich

$$\begin{aligned} h - p_1h_1 &= (p_1c_1 + r_1)x_1 - p_1c_1 x_1 + a_2y_2 + ... + a_s y_s \\ &= r_1 x_1 + a_2y_2 + ... + a_s y_s \end{aligned}$$

Da c_1 die minimale Größe einer Basis von G bezüglich H und $h - p_1h_1$ ein Element von H ist, folgt $r_1 = 0$ und damit

$$h = p_1c_1 x_1 + a_2y_2 + ... + a_s y_s \qquad p_1 \in \mathbb{Z}$$

(2) Die Elemente $h' \in H$, die als Linearkombinationen der Basiselemente $\{y_2, ..., y_s\}$ darstellbar sind, bilden eine Untergruppe $H' \subseteq H$. Für die Gruppe G wird eine Basis minimaler Größe w' bezüglich der Untergruppe H' bestimmt. Diese Basis sei $\{x_1, y_2', ..., y_s'\}$. Gemäß der Konstruktion von H' besitzen die Linearkombinationen für alle Elemente in H' den Koeffizienten 0 für x_1, so daß gilt :

$$h' = a_2' y_2' + a_3' y_3' + ... + a_s' y_s' \qquad a_i' \in \mathbb{Z}$$

Mit den Bezeichnungen $x_2 = y_2' + k_3' y_3' + ... + k_s' y_s'$ und $c_2 = w'$ folgt analog zu (1), daß der Koeffizient a_2' ein Vielfaches von c_2 ist :

$$h' = p_2c_2 x_2 + a_3'y_3' + ... + a_s' y_s' \qquad p_2 \in \mathbb{Z}$$

Die Elemente von H sind also in der Basis $(x_1, x_2, y_3', ..., y_s')$ durch folgende Linearkombinationen darstellbar :

$$h = p_1c_1 x_1 + p_2c_2 x_2 + a_3'y_3' + ... + a_s' y_s'$$

(3) Die minimale Größe c_1 ist Teiler von c_2. Zum Beweis wird das Element $h = c_1 x_1 + c_2 x_2$ von H betrachtet. Durch Division mit Rest folgt $c_2 = pc_1 + r$ mit $0 \le r < c_1$, und folglich

$$h = c_1(x_1 + px_2) + rx_2$$

Da c_1 die minimale Größe einer Basis von G bezüglich H ist, gilt $r = 0$ und folglich $c_2 = pc_1$.

(4) Die Konstruktion in Schritt (2) wird solange fortgesetzt, bis die Untergruppe H' für die verbleibenden Basiselemente $(y'_{r+1},...,y'_s)$ leer ist. Diese Basiselemente werden zur Erzeugung von H nicht benötigt. Daher wählt man für $r < i \le s$ die Basiselemente $x_i = y_i'$ und setzt $c_i = 0$. Für alle $h \in H$ gilt dann :

$$h = p_1 c_1 w_1 + ... + p_r c_r w_r \qquad \text{mit} \quad c_i \mid c_{i+1} \quad \text{für} \quad 1 \le i < r$$

$$c_i = 0 \qquad \text{für} \quad i > r$$

Rang einer Untergruppe : H sei eine Untergruppe einer endlich erzeugten, freien abelschen Gruppe (A ; +) mit Rang s. Dann ist der Rang r von H kleiner oder gleich dem Rang s von A. Ist nämlich $E = \{c_1 x_1,...,c_s x_s\}$ das minimale Erzeugendensystem von H mit $c_{r+1} = ... = c_s = 0$, so ist jedes Element von H eine Linearkombination der Elemente $c_1 x_1,...,c_r x_r$ mit $r \le s$.

7.6.4 DIREKTE SUMMEN

Einführung : In den vorangehenden Abschnitten ist gezeigt, daß sich Basen nicht zur Untersuchung der Struktur allgemeiner abelscher Gruppen eignen. Für ein Element a mit endlicher Ordnung n gilt nämlich $na = 2na = ... = 0$, so daß der Koeffizient von a in einer Linearkombination nicht eindeutig ist.

Gesucht wird eine eindeutige Darstellung jedes Elementes einer abelschen Gruppe als Verknüpfung bestimmter Elemente der Gruppe. Dies erreicht man mit der direkten Summe von Elementen bestimmter Untergruppen der abelschen Gruppe. Die direkte Summe enthält genau ein Element aus jeder der betrachteten Untergruppen. Im Gegensatz zu einer Linearkombination, in der ein Element der Basis n-fach auftreten kann, tritt jedes Element in der direkten Summe nur 1-fach auf. Durch diese Regel wird die Darstellung eines Elementes der Gruppe als direkte Summe eindeutig. Die Wahl der Untergruppen ist jedoch nicht eindeutig.

Hinweis : In einer direkten Summe können Elemente zyklischer Untergruppen auftreten. Diese Elemente werden häufig als ein m-faches des erzeugenden Elementes a der Gruppe dargestellt. Das m-te Element der Gruppe wird also nicht mit a_m, sondern mit ma bezeichnet. Dieses Element ma geht 1-fach in die direkte Summe ein. Für ein Element der Ordnung n wird $0 \leq m < n$ vorausgesetzt, so daß ma ein eindeutiges Element der Gruppe $\{0, a, ..., (n-1)a\}$ ist.

Äußere direkte Summe : Das kartesische (direkte) Produkt $T = A \times B$ der abelschen Gruppen $(A; +)$ und $(B; +)$ besitzt das allgemeine Element $t = (a, b)$ mit $a \in A$ und $b \in B$. Die innere Verknüpfung $+$ zweier Elemente t_1 und t_2 des Produktes T wird wie folgt definiert :

$$T := A \times B \qquad \text{mit} \qquad t_i = (a_i, b_i)$$

$$t_1 + t_2 = (a_1, b_1) + (a_2, b_2) := (a_1 + a_2, b_1 + b_2)$$

Das Gebilde $(T; +)$ besitzt die Eigenschaften einer abelschen Gruppe und heißt die äußere direkte Summe der Gruppen A und B.

(1) Das neutrale Element der Gruppe T ist $(0_A, 0_B)$.

(2) Sind t_1 und t_2 Elemente von T, so ist auch $t_1 + t_2$ ein Element von T, da $(a_1 + a_2) \in A$ und $(b_1 + b_2) \in B$.

(3) Enthält T das Element $t = (a, b)$, so enthält T auch das inverse Element $-t = (-a, -b)$, da mit a auch $-a$ ein Element von A und mit b auch $-b$ ein Element von B ist.

(4) Die Gruppe T ist abelsch, da die Gruppen A und B kommutativ sind :

$$t_1 + t_2 = (a_1 + a_2, b_1 + b_2) = (a_2 + a_1, b_2 + b_1) = t_2 + t_1$$

Innere direkte Summe : (A ; +) und (B ; +) seien Untergruppen einer abelschen Gruppe (G ; +). Jedes Element g der Gruppe G sei eine eindeutige Summe eines Elementes $a \in A$ und eines Elementes $b \in B$. Dann heißt die Gruppe G die innere direkte Summe der Untergruppen A und B. Die innere direkte Summe wird mit $G = A \oplus B$ bezeichnet. Die Gruppe (G ; +) und die äußere direkte Summe ($A \times B$; +) sind isomorph.

$$(g = a_1 + b_1 \ \wedge \ g = a_2 + b_2) \ \Rightarrow \ (a_1 = a_2 \ \wedge \ b_1 = b_2)$$

$$G = A \oplus B \cong A \times B = T$$

Beweis : Isomorphie der direkten Summen

Die äußere direkte Summe ($A \times B$; +) und die innere direkte Summe ($A \oplus B$; +) sind isomorph, wenn die Abbildung zwischen den Gruppen bijektiv und in beiden Richtungen homomorph ist.

$$f \ : A \times B \ \to \ A \oplus B \quad \text{mit} \quad f((a, b)) \ = \ a + b$$

$$f^{-1} : A \oplus B \ \to \ A \times B \quad \text{mit} \quad f^{-1}((a + b)) \ = \ (a, b)$$

(1) Die Abbildung f ist bijektiv, da jedes Element g der Gruppe $G = A \oplus B$ eine eindeutige Darstellung (a, b) in $A \times B$ und eine eindeutige Darstellung $a + b$ in $A \oplus B$ hat.

(2) Die Abbildung ist in beiden Richtungen homomorph :

$$\begin{aligned} f((a_1,b_1) + (a_2,b_2)) &= f((a_1 + a_2, b_1 + b_2)) = a_1 + a_2 + b_1 + b_2 \\ &= (a_1 + b_1) + (a_2 + b_2) = f((a_1,b_1)) + f((a_2,b_2)) \end{aligned}$$

$$\begin{aligned} f^{-1}((a_1 + b_1) + (a_2 + b_2)) &= f^{-1}((a_1 + a_2) + (b_1 + b_2)) = (a_1 + a_2, b_1 + b_2) \\ &= (a_1,b_1) + (a_2,b_2) \\ &= f^{-1}((a_1 + b_1)) + f^{-1}((a_2 + b_2)) \end{aligned}$$

Beispiel 1 : Isomorphe direkte Summen

Die folgende Summentafel definiert die Addition + in einer abelschen Gruppe (G ; +) mit $G = \{0, a, b, c\}$. Zum Vergleich ist auch die Summentafel einer mit G nicht isomorphen zyklischen Gruppe gp(u) der Ordnung 4 gezeigt.

+	0	a	b	c
0	0	a	b	c
a	a	0	c	b
b	b	c	0	a
c	c	b	a	0

Kleinsche Vierergruppe G

+	0	u	2u	3u
0	0	u	2u	3u
u	u	2u	3u	0
2u	2u	3u	0	u
3u	3u	0	u	2u

Zyklische Vierergruppe gp(u)

Die Gruppe G enthält die Untergruppen $A = \{0, a\}$, $B = \{0, b\}$ und $C = \{0, c\}$. Die Elemente von G sind eindeutige Summen der Elemente von A und B. Also ist G direkte innere Summe von A und B.

$$G = A \oplus B = \{0 + 0, a + 0, 0 + b, a + b\} = \{0, a, b, c\}$$

Die Menge $A \times B$ der äußeren direkten Summe $(A \times B; +)$ enthält die Paare $\{(0,0), (a,0), (0,b), (a,b)\}$. Die Abbildung $f : A \times B \to A \oplus B$ bildet die Elemente von G wie folgt ab :

$$f((0,0)) = 0 + 0 = 0 \qquad f((0,b)) = 0 + b = b$$
$$f((a,0)) = a + 0 = a \qquad f((a,b)) = a + b = c$$

Die Darstellung von G als innere direkte Summe von A und B ist nicht eindeutig. Vielmehr gilt $G = A \oplus B = B \oplus C = C \oplus A$.

Mehrfache direkte Summen : Das Konzept der direkten Summe wird auf eine endliche Familie von n Untergruppen G_i einer abelschen Gruppe $(G; +)$ übertragen. Die Untergruppe G_i enthält die Elemente $\{g_{i(1)}, g_{i(2)}, ...\}$. Jedes Element der Gruppe G ist eine Summe je eines Elementes $g_{i(m)}$ aus jeder der Gruppen G_i. Der Durchschnitt der Teilmengen G_i enthält nur das neutrale Element 0 der Gruppe G. Die Vereinigung der Untermengen G_i ist eine Teilmenge von G.

äußere direkte Summe : $T := G_1 \times ... \times G_n$ mit $t_{(m)} = (g_{1(m)}, ..., g_{n(m)})$

$$t_i + t_m := (g_{1(i)} + g_{1(m)}, ..., g_{n(i)} + g_{n(m)})$$

innere direkte Summe : $G := G_1 \oplus ... \oplus G_n$ mit $g_{(m)} = (g_{1(m)} + ... + g_{n(m)})$

$$i \neq m \quad \Rightarrow \quad G_i \cap G_m = \{0\}$$

Unendliche innere direkte Summe : Das Konzept der inneren direkten Summe kann nicht ohne weiteres auf eine unendliche Anzahl von Summanden übertragen werden, da die unendliche Summe $g_{(m)} = g_{1(m)} + g_{2(m)} + ...$ nicht definiert ist. Für eine unendliche Familie von Untergruppen G_i mit $i \in I$ wird zusätzlich vorausgesetzt, daß für alle bis auf endlich viele Gruppen G_i das Element 0 für die Summation gewählt wird. Diese Elemente beeinflussen den Wert der direkten Summe nicht und werden weggelassen. Die Indizes der von 0 verschiedenen Elemente seien $i \in \{i_1, ..., i_s\}$. Die resultierende direkte Summe wird mit $\sum_i g_i$ bezeichnet.

$$g_{(m)} = \sum_i g_{i(m)} = g_{i_1(m)} + ... + g_{i_s(m)}$$

Eine unendliche innere direkte Summe wird mit $G_1 \oplus G_2 \oplus ...$ bezeichnet. Soll die Bezeichnung sowohl endliche als auch unendliche innere direkte Summen darstellen, so wird das Symbol $\oplus G_i$ mit $i \in I$ gewählt.

$$G := G_1 \oplus G_2 \oplus ... \qquad \text{mit} \qquad g_{i(m)} \in G_i$$
$$i \neq m \quad \Rightarrow \quad G_i \cap G_m = \{0\}$$

Eigenschaften direkter Summen abelscher Gruppen :

(D1) $G_1,...,G_n$ seien Untergruppen der abelschen Gruppe G. Ihre Summe $G_1 + ... + G_n$ ist genau dann direkt, wenn sich das neutrale Element 0 von G nur in einer Weise als Summe von Elementen aus $G_1,...,G_n$ darstellen läßt, nämlich mit $g_1 = ... = g_n = 0$:

$$(g_i \in G_i \quad \wedge \quad g_1 + ... + g_n = 0) \quad \Rightarrow \quad g_1 = ... = g_n = 0$$

(D2) Die abelsche Gruppe G sei die Summe ihrer Untergruppen $G_1,...,G_n$ mit $n \geq 2$. Diese Summe ist genau dann direkt, wenn jede der Untergruppen G_i mit der Summe S_i der anderen Untergruppen nur das neutrale Element 0 gemeinsam hat.

$$\begin{aligned} S_i &= G_1 + ... + G_{i-1} + G_{i+1} + ... + G_n \\ G &= G_1 + ... + G_n \quad \wedge \quad \bigwedge_i \,(G_i \cap S_i = \{0\}) \quad \Leftrightarrow \\ G &= G_1 \oplus ... \oplus G_n \end{aligned}$$

(D3) Die abelsche Gruppe G sei die Summe ihrer Untergruppen $G_1,...,G_n$. Jede Untergruppe G_i mit $i = 1,...,n$ sei die Summe von Untergruppen G_{ik} mit $k = 1,...,m_i$. Die Gruppe G ist genau dann direkte Summe der Untergruppen G_{ik}, wenn die Summe von $G_1,...,G_n$ und jede der Summen von $G_{i1},...,G_{im_i}$ für $i = 1,...,n$ direkt ist.

Beweis : Darstellung abelscher Gruppen als direkte Summen

(D1) Das neutrale Element 0 sei nur mit $g_1 = ... = g_n = 0$ als Summe $g_1 + ... + g_n = 0$ mit $g_i \in G_i$ darstellbar. Ein Element $a \in G$ wird mit zwei Summen von Elementen $a_i, b_i \in G_i$ dargestellt :

$$\begin{aligned} a &= a_1 + ... + a_n \\ a &= b_1 + ... + b_n \end{aligned}$$

Da die Reihenfolge der Verknüpfungen in abelschen Gruppen frei wählbar ist, kann die Differenz dieser Gleichungen wie folgt dargestellt werden :

$$0 = (a_1 - b_1) + ... + (a_n - b_n)$$

Da die Darstellung von 0 als Summe nur mit $g_i = a_i - b_i = 0$ möglich ist, gilt $a_i = b_i$. Die Summe für das Element a ist also eindeutig. Folglich ist G die direkte Summe der Untergruppen $G_1,...,G_n$.

Wird vorausgesetzt, daß G eine direkte Summe von $G_1,...,G_n$ ist, so ist die Darstellung $a = a_1 + ... + a_n$ eines beliebigen Elementes $a \in G$ eindeutig. Die Subtraktion $a - a$ zeigt, daß das neutrale Element 0 von G nur in der Form $0 = 0 + ... + 0$ darstellbar ist.

(D2) Das Element $a \in G$ sei in G_i und in S_i enthalten. Dann enthält die Gruppe S_i auch das inverse Element $-a$. Folglich gibt es eine Darstellung $a + (-a) = 0$ mit $a \neq 0$. Dies widerspricht (D1). Also ist die Summe nicht direkt.

Die Summe sei nicht direkt. Dann gibt es nach (D1) eine Darstellung $0 = a + b$ mit $a \in G_i$ und $b \in S_i$ sowie $a, b \neq 0$. Mit a enthält die Gruppe G_i auch das Inverse $-a$. Aus $b = -a$ folgt $b \in G_i$, insgesamt also $b \in G_i \cap S_i$.

(D3) Die Gruppe G sei die direkte Summe ihrer Untergruppen G_{ik}. Dann ist jede der Teilsummen $G_{i1} \oplus ... \oplus G_{im_i}$ eine direkte Summe. Für die Summe $G_1 + ... + G_n$ wird jeder Summand g_i in der Gleichung $g_1 + ... + g_n = 0$ in die eindeutige Summe $g_{i1} + ... + g_{im_i}$ zerlegt. Da die Gruppe G direkte Summe der G_{ik} ist, wird die resultierende Gleichung $g_{11} + ... + g_{nm_n} = 0$ nur durch $g_{ik} = 0$ befriedigt. Folglich gilt $g_i = 0$: Die Summe von $G_1, ..., G_n$ ist nach (D1) direkt.

Umgekehrt sei $G = G_1 \oplus ... \oplus G_n$ und $G_i = G_{i1} \oplus ... \oplus G_{im_i}$ für $i = 1,...,n$. Dann ist jedes Element $g \in G$ eine eindeutige Summe $g_1 + ... + g_n$ von Elementen $g_i \in G_i$. Jedes Element g_i ist aber eine eindeutige Summe $g_{i1} + ... + g_{im_i}$ von Elementen $g_{ik} \in G_{ik}$. Durch Substitution folgt $g = (g_{11} + ... + g_{1m_1}) + ... + (g_{n1} + ... + g_{nm_n})$. Da die Addition + in der Gruppe G assoziativ ist, folgt daß $g = g_{11} + ... + g_{1m_1} + ... + g_{n1} + ... + g_{nm_n}$ eine eindeutige Summe von Elementen aus je einer Untergruppe G_{ik} ist. Folglich ist die Gruppe G direkte Summe der Untergruppen G_{ik}.

Skalierte Gruppen : Eine abelsche Gruppe (G ; +) wird mit einer ganzen Zahl n skaliert, indem jedes Element g von G auf das n-fache Element ng abgebildet wird. Die mit n skalierte Gruppe wird mit nG bezeichnet und ist eine Untergruppe von G.

$$nG := \{ng \mid g \in G\} \qquad n \in \mathbb{Z}$$

Beweis : Skalierte Gruppen sind Untergruppen.

Die Menge nG enthält das neutrale Element $n \cdot 0 = 0$. Da die Gruppe G mit g auch das inverse Element g^{-1} enthält, enthält nG das zu ng inverse Element ng^{-1}. Mit ng_1 und ng_2 enthält nG auch die Summe $ng_1 + ng_2 = n(g_1 + g_2)$, da G mit g_1 und g_2 auch die Summe $g_1 + g_2$ enthält. Also besitzt nG die Eigenschaften einer Gruppe.

Direkte Summen skalierter Gruppen : Eine abelsche Gruppe (G ; +) sei die direkte Summe der Gruppen A und B. Dann ist die skalierte Gruppe nG die direkte Summe der skalierten Gruppen nA und nB.

$$G = A \oplus B \quad \Rightarrow \quad nG = nA \oplus nB \qquad n \in \mathbb{Z}$$

Beweis : Direkte Summen skalierter Gruppen

(1) Da die Gruppen A und B bis auf das neutrale Element disjunkt sind, sind auch ihre Untergruppen nA und nB bis auf das neutrale Element disjunkt. Folglich gibt es nach (D2) eine innere direkte Summe $nA \oplus nB$.

(2) Jedes Element $g \in G$ ist eindeutig in der Form $g = a + b$ mit $a \in A$ und $b \in B$ darstellbar. Folglich ist $ng = na + nb$ ein Element von $nA \oplus nB$, also $nG \subseteq nA \oplus nB$.

(3) Für beliebige Elemente $a \in A$ und $b \in B$ ist $na + nb = n(a + b)$ ein Element von nG. Folglich gilt $nA \oplus nB \subseteq nG$.

(4) Aus $nA \oplus nB \subseteq nG \subseteq nA \oplus nB$ folgt $nG = nA \oplus nB$.

Eigenschaften zyklischer Untergruppen äußerer direkter Summen

(K1) $G_1, ..., G_s$ seien allgemeine Gruppen und $a_i \in G_i$ sei ein Element der endlichen Ordnung m_i. Dann erzeugt das Element $(a_1, ..., a_s)$ des kartesischen Produktes $G_1 \times ... \times G_s$ eine zyklische Untergruppe der Ordnung $\text{kgV}(m_1, ..., m_s)$.

(K2) Das kartesische Produkt $G := G_1 \times ... \times G_s$ endlicher Gruppen $G_1, ..., G_s$ ist genau dann eine endliche zyklische Gruppe, wenn $G_1, ..., G_s$ zyklische Gruppen mit paarweise teilerfremden Ordnungen sind. In diesem Fall ist ein Element $(a_1, ..., a_s)$ von G genau dann ein erzeugendes Element von G, wenn die Elemente a_i jeweils die Gruppen G_i erzeugen.

$$G := G_1 \times ... \times G_s$$

$$\bigwedge_i G_i = gp(a_i) \quad \Leftrightarrow \quad G = gp(a_1, ..., a_s)$$

Beweis : Eigenschaften zyklischer Untergruppen äußerer direkter Summen

(K1) Wegen der Eigenschaft (Z2) zyklischer Gruppen in Abschnitt 7.3.4 ist das r-te Vielfache von a_i genau dann null, wenn r als Faktor die Ordnung m_i von a_i enthält. Folglich ist $r(a_1, ..., a_s) = (ra_1, ..., ra_s)$ genau dann das neutrale Element $(0,...,0)$, wenn r ein gemeinsames Vielfaches von $m_1, ..., m_s$ ist. Die kleinste solche Zahl ist $\text{kgV}(m_1, ..., m_s)$. Dies ist die Ordnung der von $(a_1, ..., a_s)$ erzeugten Gruppe.

(K2) Das kartesische Produkt $G = G_1 \times ... \times G_s$ endlicher Gruppen G_i sei zyklisch. Die Elemente der Form $(0,...,g_i,...,0) \in G$ für jedes $g_i \in G_i$ bilden eine Untergruppe von G, die nach (U1) in Abschnitt 7.3.6 ebenfalls zyklisch ist. Diese Untergruppe ist isomorph zu G_i, so daß auch G_i zyklisch ist.

Das Element $a = (a_1, ..., a_s)$ sei ein erzeugendes Element der zyklischen Gruppe G. Die Ordnung des Elementes a_i sei m_i. Nach (K1) gilt ord G =

ord (gp(a)) = kgV$(m_1,...,m_s)$. Da G das kartesische Produkt von $G_1,...,G_s$ ist, gilt ord$G_1 \cdots$ ordG_s = ord G = kgV$(m_1,...,m_s)$. Mit $a_i \in G_i$ gilt $m_i \le$ ord G_i. Insgesamt folgt, daß die Ordnungen $m_1,...,m_s$ teilerfremd sind und ord $G_i = m_i$ gilt. Daraus folgt ferner, daß a_i die Gruppe G_i erzeugt.

Die Faktoren eines kartesischen Produktes $G_1 \times ... \times G_s$ seien zyklische Gruppen $G_i = gp(a_i)$ mit paarweise teilerfremden Ordnungen m_i = ord G_i. Aus ggT$(m_i,m_k) = 1$ folgt kgV$(m_1,...,m_s) = m_1 \cdots m_s$. Wegen Eigenschaft (K1) erzeugt das Element $(a_1,...,a_s)$ eine zyklische Gruppe der Ordnung $m_1 \cdots m_s$. Da ord $(G_1 \times ... \times G_s) = m_1 \cdots m_s$ ist die Gruppe G zyklisch.

Beispiel 2 : Zyklisches kartesisches Produkt

Die Ordnung der Gruppe G_1 = gp(a) sei 3, die Ordnung der Gruppe G_2 = gp(b) sei 2. Da die Ordnungen von G_1 und G_2 teilerfremd sind, ist das kartesische Produkt $G = G_1 \times G_2$ eine zyklische Gruppe der Ordnung $3 \cdot 2 = 6$. Da a und b erzeugende Elemente von G_1 und G_2 sind, ist das Paar (a,b) nach Eigenschaft (K2) erzeugendes Element von G. Da 2a ebenfalls erzeugendes Element von G_1 ist, ist das Paar (2a, b) ebenfalls erzeugendes Element von G.

+	(0,0)	(a,b)	(2a,0)	(0,b)	(a,0)	(2a,b)
(0,0)	(0,0)	(a,b)	(2a,0)	(0,b)	(a,0)	(2a,b)
(a,b)	(a,b)	(2a,0)	(0,b)	(a,0)	(2a,b)	(0,0)
(2a,0)	(2a,0)	(0,b)	(a,0)	(2a,b)	(0,0)	(a,b)
(0,b)	(0,b)	(a,0)	(2a,b)	(0,0)	(a,b)	(2a,0)
(a,0)	(a,0)	(2a,b)	(0,0)	(a,b)	(2a,0)	(0,b)
(2a,b)	(2a,b)	(0,0)	(a,b)	(2a,0)	(0,b)	(a,0)

Summentafel der Produktgruppe (G ;+)

$$G = G_1 \times G_2 \quad \text{mit} \quad G_1 = \{0, a, 2a\} \quad \text{und} \quad G_2 = \{0, b\}$$

Chinesischer Restsatz : Die positiven natürlichen Zahlen $n_1,...,n_s$ seien paarweise teilerfremd. Dann gibt es für beliebige natürliche Zahlen $a_1,...,a_s$ eine natürliche Zahl b, so daß b kongruent zu a_i modulo n_i ist :

$$\bigwedge_{i \ne k} (\text{ggT}(n_i, n_k) = 1) \Rightarrow \bigwedge_{a_1,...,a_s \in N'} \bigvee_{b \in N'} (b \equiv a_i \bmod n_i)$$

Jede Ganzzahl c, die kongruent zu b modulo $n_1 \cdots n_s$ ist, ist auch kongruent zu a_i modulo n_i für $i = 1,...,s$:

$$c \equiv b \bmod n_1 \cdots n_s \quad \Rightarrow \quad \bigwedge_{i \in \{1,...,s\}} (c \equiv a_i \bmod n_i)$$

Beweis : Chinesischer Restsatz

(1) Ein kartesisches Produkt $G := G_1 \times \ldots \times G_s$ endlicher Gruppen $G_1,\ldots,G_s$ ist wegen Eigenschaft (K2) genau dann eine zyklische Gruppe $(G\,;+)$, wenn $G_1,\ldots,G_s$ zyklische Gruppen $(G_i\,;+)$ mit paarweise teilerfremden Ordnungen sind. Als Faktoren G_i des kartesischen Produktes werden zyklische Gruppen mit den erzeugenden Elementen x_i und der Ordnung n_i für $i = 1,\ldots,s$ gewählt. Da die Ordnungen $n_1,\ldots,n_s$ der Faktoren $gp(x_i)$ voraussetzungsgemäß paarweise teilerfremd sind, ist G zyklisch. Wegen Eigenschaft (K1) hat G die Ordnung $n := n_1 \cdots n_s$. Das allgemeine Element des kartesischen Produktes G ist :

$$g = (a_1 x_1,\ldots,a_s x_s) \qquad a_i \in \mathbb{N}'$$

Das allgemeine Element der endlichen zyklischen Gruppe G mit dem erzeugenden Element $(x_1,\ldots,x_s)$ ist :

$$g = b(x_1,\ldots,x_s) = (bx_1,\ldots,bx_s) \qquad b \in \mathbb{N}'$$

Dies sind zwei verschiedene Darstellungen desselben Elementes g der Gruppe G. Aus der Eindeutigkeit eines Elementes $g \in G$ folgt $a_i x_i = b x_i$ für $i = 1,\ldots,s$. Wegen der Eigenschaft (Z2) zyklischer Gruppen in Abschnitt 7.3.4 sind die Elemente $a_i x_i$ und $b x_i$ der Gruppe $gp(x_i)$ mit Ordnung n_i genau dann gleich, wenn $b \equiv a_i \bmod n_i$ für $i = 1,\ldots,s$. Also gibt es eine solche Zahl b.

(2) Wegen der Eigenschaft (Z2) zyklischer Gruppen sind die Elemente $b(x_1,\ldots,x_s)$ und $c(x_1,\ldots,x_s)$ der zyklischen Gruppe $(G\,;+)$ mit Ordnung n genau dann gleich, wenn $b \equiv c \bmod n$. Wie zuvor gilt $a_i x_i = c x_i$ für $i = 1,\ldots,s$ und damit $c \equiv a_i \bmod n_i$.

Beispiel 3 : Chinesischer Restsatz

Die Zahlen $(n_1,n_2,n_3) = (2,3,5)$ sind teilerfremd. Nach dem Restsatz gibt es zu dem Tupel $(a_1,a_2,a_3) = (103, 86, 69)$ die Zahl $b = 29$ mit $b = a_i \bmod n_i$:

$$\begin{array}{rclcrcl} 103 \bmod 2 &=& 1 & \qquad & 29 \bmod 2 &=& 1 \\ 86 \bmod 3 &=& 2 & & 29 \bmod 3 &=& 2 \\ 69 \bmod 5 &=& 4 & & 29 \bmod 5 &=& 4 \end{array}$$

Die Zahlen $b_1 = 29$ und $b_2 = 89$ sind kongruent modulo $2 \cdot 3 \cdot 5 = 30$, also $29 \equiv 89 \bmod 30$. Daher gilt auch $89 \equiv a_i \bmod n_i$.

$$\begin{array}{rcl} 89 \bmod 2 &=& 1 \\ 89 \bmod 3 &=& 2 \\ 89 \bmod 5 &=& 4 \end{array}$$

7.6.5 KONSTRUKTIONEN ABELSCHER GRUPPEN

Einführung : Aus einer gegebenen Menge abelscher Gruppen $(G_i\,;+)$ mit $i \in I$ soll eine neue abelsche Gruppe konstruiert werden. Es wird nicht vorausgesetzt, daß die Gruppen G_i Untergruppen derselben Gruppe G sind. Die Verknüpfung von Elementen aus verschiedenen Gruppen $G_i \neq G_m$ ist daher nicht definiert. Folglich ist auch die innere direkte Summe der Gruppen G_i nicht definiert. Im folgenden wird gezeigt, daß es eine Gruppe H mit Untergruppen H_i gibt, so daß H die innere direkte Summe der Untergruppen H_i und H_i isomorph zu G_i ist.

$$H = \bigoplus_{i \in I} H_i \qquad \text{mit} \quad H_i \cong G_i$$

Aus den gegebenen Gruppen G_i wird also eine neue abelsche Gruppe H konstruiert. Häufig werden isomorphe Gruppen als gleich betrachtet und die Konstruktion der neuen Gruppe mit $G_1 \oplus G_2 \oplus ...$ bezeichnet. Die konstruierte Gruppe G wird als direkte Summe der Gruppen G_i bezeichnet. Gemeint ist damit der oben beschriebene Zusammenhang.

Die Elemente der konstruierten Menge H sind Abbildungen der Indexmenge I auf die Vereinigung der gegebenen Gruppen G_i. Der Wert einer Abbildung $h : I \to \cup G_i$ für den Index i ist ein Element der Gruppe G_i. Als innere Verknüpfung auf H wird die Summe der Abbildungen gewählt. Damit besitzt die Menge der Indexabbildungen H Gruppenstruktur.

Eine Teilmenge der Abbildungen in H bildet jeden Index $k \neq i$ auf das neutrale Element der Gruppe G_k ab, den Index i jedoch auf ein beliebiges Element von G_i. Diese Teilmenge wird mit H_i bezeichnet und ist eine Untergruppe von H. Die Gruppe H ist die innere direkte Summe ihrer Untergruppen H_i. Die Gruppen H_i und G_i sind isomorph. Diese Zusammenhänge sind im folgenden bewiesen.

Die zur Konstruktion der Gruppe H benutzte Indexmenge I ist beliebig; sie kann endlich oder unendlich sein. Die Konstruktion der Gruppe H als direkte Summe von Untergruppen H_i, die isomorph zu gegebenen Gruppen G_i sind, ist also eine Erweiterung des Konzeptes des kartesischen Produktes.

Indexabbildungen : $(G_i\,;+)$ mit $i \in I$ sei eine abelsche Gruppe mit dem allgemeinen Element $g_{i(s)}$ und dem neutralen Element 0_i. Die Indexmenge I und jede der Gruppen G_i dürfen unendlich sein.

Die Indexmenge I wird auf die Vereinigung $\cup G_i$ der abelschen Gruppen G_i abgebildet. Eine Abbildung $h : I \to \cup G_i$ heißt eine Indexabbildung, wenn der Index i auf ein Element $g_{i(s)}$ von G_i abgebildet wird. Das Bild h(I) enthält also genau ein Element aus jeder Gruppe G_i. Ist die Indexmenge I unendlich, so wird $h(i) = 0_i$ für alle bis auf endlich viele $i \in I$ vorausgesetzt. Die Menge der Indexabbildungen wird mit H bezeichnet :

$$H := \{ h \mid h : I \to \cup G_i \quad \text{mit} \quad h(i) = g_{i(s)} \in G_i \}$$

Für die Menge H wird eine Gruppenstruktur (H ; +) definiert. Die innere Verknüpfung + zweier Indexabbildungen $h_1, h_2 \in H$ ist die Summe $h_1 + h_2$ der Abbildungen. Das neutrale Element h_0 bildet den Index i auf das neutrale Element 0_i ab. Das zu h inverse Element in der additiven Gruppe H ist $-h$. Die Bilder h(i) und $-h(i)$ besitzen umgekehrte Vorzeichen.

$$\begin{array}{llll} + & : H \times H \to H & \text{mit} & (h_1 + h_2)(i) = h_1(i) + h_2(i) \\ h_0 & : I \to \cup G_i & \text{mit} & h_0(i) = 0_i \\ -h & : I \to \cup G_i & \text{mit} & -h(i) = -g_{i(s)} \end{array}$$

Beweis : Das Gebilde (H ; +) ist eine abelsche Gruppe.

Das Gebilde (H ; +) besitzt die Eigenschaften einer Gruppe :

$$\begin{array}{llllll} (h_1 + h_2)(i) & = h_1(i) + h_2(i) & = g_{i(s_1)} + g_{i(s_2)} & = g_{i(s_3)} & = h_3(i) \\ (h_0 + h)(i) & = h_0(i) + h(i) & = 0_i + g_{i(s)} & = g_{i(s)} & = h(i) \\ (h - h)(i) & = h(i) - h(i) & = g_{i(s)} - g_{i(s)} & = 0_i & = h_0(i) \end{array}$$

Die Addition in der Gruppe (H ; +) ist kommutativ :

$$h_1(i) + h_2(i) = g_{i(s_1)} + g_{i(s_2)} = g_{i(s_2)} + g_{i(s_1)} = h_2(i) + h_1(i)$$

Untergruppen der Indexabbildungen : In der Gruppe (H ; +) der Indexabbildungen gibt es genau eine Abbildung, die den Index i auf ein bestimmtes Element $g_{i(s)}$ von G_i und jeden Index $k \neq i$ auf das neutrale Element 0_k der Gruppe G_k abbildet. Diese Abbildung wird mit $h_{i(s)}$ bezeichnet. Die Menge der Abbildungen $h_{i(s)}$ für alle Elemente $g_{i(s)} \in G_i$ wird mit H_i bezeichnet. Das Gebilde $(H_i ; +)$ ist eine Untergruppe von H.

$$H_i := \{ h_{i(s)} \in H \mid h_{i(s)}(i) = g_{i(s)} \ \wedge \bigwedge_{k \neq i} h_{i(s)}(k) = 0_k \}$$

Beweis : Das Gebilde $(H_i ; +)$ ist eine Untergruppe von H.

(1) Die Menge H_i enthält das neutrale Element h_0 von H. Für jedes $k \in I$ gilt nämlich $h_0(k) = 0_k$.

(2) Mit den Abbildungen $h_{i(r)}$ und $h_{i(s)}$ enthält H_i auch ihre Summe $h_{i(r)} + h_{i(s)}$. Für jedes $k \neq i$ gilt nämlich :

$$h_{i(r)}(k) + h_{i(s)}(k) = 0_k + 0_k = 0_k = h_0(k)$$

Für den Index i ist $g_{i(r)} + g_{i(s)}$ ein Element $g_{i(t)}$ der Gruppe G_i, folglich $h_{i(t)}$ eine Abbildung in H_i :

$$h_{i(r)}(i) + h_{i(s)}(i) = g_{i(r)} + g_{i(s)} = g_{i(t)} = h_{i(t)}(i)$$

(3) Das zu $h_{i(s)}$ inverse Element $-h_{i(s)}$ ist eine Abbildung in H_i. Für jeden Index $k \neq i$ gilt nämlich $-h_{i(s)}(k) = -0_k = 0_k$. Für den Index i enthält die Gruppe G_i mit $g_{i(s)}$ auch $-g_{i(s)}$.

Direkte Summen von Indexabbildungen : Die Gruppe H ist die direkte Summe der Untergruppen H_i. Jede Indexabbildung h in der Gruppe (H ; +) ist die eindeutige Summe von je einer Abbildung aus einer endlichen Anzahl von Untergruppen H_i.

$$H = \bigoplus_{i \in I} H_i$$

Beweis : Die Gruppe H ist die direkte Summe der Untergruppen H_i.

(1) Jede Abbildung $h \in H$ bildet den Index $i \in I$ auf ein Element der Gruppe G_i ab. Voraussetzungsgemäß ist das Bild $h(i) = 0_i$ für alle bis auf endlich viele $i \in I$. Sei $h(i) \neq 0_i$ für $i = c_1,...,c_n$.

$$\begin{aligned} h(c_r) &= g_{c_r(s)} && \text{für} \quad c_r \in \{c_1,...,c_n\} \\ h(i) &= 0_i && \text{für} \quad i \notin \{c_1,...,c_n\} \end{aligned}$$

(2) In der Gruppe H_{c_r} gibt es genau eine Abbildung $h_{c_r(s)}$, die ebenfalls den Index c_r auf das Element $g_{c_r(s)}$ von G_{c_r} abbildet. Diese Abbildung wird mit h_r bezeichnet :

$$\begin{aligned} h_r(c_r) &= g_{c_r(s)} && \text{für} \quad r = 1,...,n \\ h_r(i) &= 0_i && \text{für} \quad i \neq c_r \end{aligned}$$

(3) Jedem Index $c_r \in \{c_1,...,c_n\}$ entspricht eine Abbildung $h_r \in H_{c_r}$. Das Bild unter der Abbildung h ist die Summe der Bilder unter den Abbildungen $h_1,...,h_n$:

$$\begin{aligned} h(i) &= h_1(i) + ... + h_r(i) + ... + h_n(i) \\ g_{c_r(s)} &= 0_{c_r} + ... + g_{c_r(s)} + ... + 0_{c_r} && \text{für} \quad c_r \in \{c_1,...,c_n\} \\ 0_i &= 0_i + ... + 0_i + ... + 0_i && \text{für} \quad i \notin \{c_1,...,c_n\} \end{aligned}$$

Aus der Definition der Summe von Abbildungen folgt also

$$h(i) = (h_1 + ... + h_r + ... + h_n)(i)$$

Jedes $h \in H$ läßt sich also als endliche Summe von Abbildungen $h_r \in H_{c_r}$ darstellen.

(4) Es bleibt zu zeigen, daß verschiedene Belegungen der Summe verschiedene Elemente von H ergeben. Zwei verschiedene Belegungen der Summe unterscheiden sich in mindestens einem Summanden, beispielsweise dem Summanden aus H_k. Diese verschiedenen Summanden sind verschiedene Indexabbildungen. Für den Index k liefern diese Abbildungen verschiedene Elemente von G_k. Alle anderen Summanden sind Indexabbildungen aus einem H_j mit $j \neq k$ und liefern daher für k den Wert 0_k. Insgesamt liefern die beiden Belegungen also für k verschiedene Elemente von G_k. Folglich entsprechen verschiedene Belegungen der Summe verschiedenen Indexabbildungen aus H.

(5) Aus (3) und (4) folgt, daß jedes Element der Gruppe H eine eindeutige Summe von je einem Element aus einer endlichen Anzahl von Untergruppen H_r von H ist.

Isomorphie der Summanden : Die Untergruppe H_i von H und die abelsche Gruppe G_i sind isomorph, da die folgende Abbildung eineindeutig und homomorph ist :

$$f_i : H_i \to G_i \quad \text{mit} \quad f_i(h_{i(s)}) = g_{i(s)} \quad \text{und} \quad h_{i(s)}(i) = g_{i(s)}$$

(1) Die Bilder der Elemente $h_{i(r)}$ und $h_{i(s)}$ von H_i seien gleich, also $f_i(h_{i(r)}) = f_i(h_{i(s)})$. Dann gilt $g_{i(r)} = g_{i(s)}$ und folglich auch $h_{i(r)}(i) = h_{i(s)}(i)$. Für jedes $k \neq i$ gilt $h_{i(r)}(k) = h_{i(s)}(k) = 0_k$. Also sind auch die Elemente $h_{i(r)}$ und $h_{i(s)}$ gleich. Die Abbildung f_i ist surjektiv, da H_i definitionsgemäß genau die Abbildungen für alle Elemente von G_i enthält. Damit ist die Abbildung f_i eineindeutig.

(2) Die Abbildung f_i ist homomorph. Für Elemente $h_{i(r)}$ und $h_{i(s)}$ gilt nämlich :

$$f_i(h_{i(r)} + h_{i(s)}) = (h_{i(r)} + h_{i(s)})(i) = h_{i(r)}(i) + h_{i(s)}(i) = f_i(h_{i(r)}) + f_i(h_{i(s)})$$

Konstruktion : Die Menge abelscher Gruppen $(G_i ; +)$ mit $i \in I$ sei bekannt. Dann kann zu jeder Gruppe G_i die Untergruppe H_i von H konstruiert werden. Da G_i und H_i isomorph sind, gilt für H_i die Summentafel von G_i mit vertauschten Elementbezeichnungen. Die Summentafel für die Gruppe $H = \oplus H_i$ wird mit Hilfe der Summentafeln der Untergruppen H_i konstruiert.

$$H = \oplus H_i \quad \wedge \quad H_i \cong G_i$$

$$H_i = \{ h_{i(s)} \mid h_{i(s)}(i) = g_{i(s)} \quad \wedge \bigwedge_{k \neq i} h_{i(s)}(k) = 0_k \}$$

Beispiel 1 : Konstruktion der Kleinschen Vierergruppe

Mit den zyklischen Gruppen $G_1 = \{0_1, a\}$ und $G_2 = \{0_2, b\}$ wird eine neue Gruppe $H = H_1 \oplus H_2$ mit $H_i \cong G_i$ konstruiert. Die Gruppen G_i sind abelsch und besitzen folgende Summentafeln :

G_1

+	0_1	a
0_1	0_1	a
a	a	0_1

G_2

+	0_2	b
0_2	0_2	b
b	b	0_2

Die Untergruppen $H_1 = \{h_0, h_{1(1)}\}$ und $H_2 = \{h_0, h_{2(1)}\}$ enthalten die folgenden Abbildungen der Indexmenge $I = \{1, 2\}$:

$$h_0(1) = 0_1 \qquad h_{1(1)}(1) = a \qquad h_{2(1)}(1) = 0_1$$

$$h_0(2) = 0_2 \qquad h_{1(1)}(2) = 0_2 \qquad h_{2(1)}(2) = b$$

Die Untergruppen H_1 und H_2 sind isomorph zu G_1 und G_2. Die Summentafeln von H_i und G_i unterscheiden sich nur in den Elementbezeichnungen :

H_1

+	h_0	$h_{1(1)}$
h_0	h_0	$h_{1(1)}$
$h_{1(1)}$	$h_{1(1)}$	h_0

H_2

+	h_0	$h_{2(1)}$
h_0	h_0	$h_{2(1)}$
$h_{2(1)}$	$h_{2(1)}$	h_0

Die Elemente von $H = H_1 \oplus H_2$ werden als Summen bestimmt :

$$\begin{aligned} h_0 &= h_0 + h_0 \\ h_1 &= h_{1(1)} + h_0 \\ h_2 &= h_0 + h_{2(1)} \\ h_3 &= h_{1(1)} + h_{2(1)} \end{aligned}$$

Die Summentafel für H wird mit Hilfe der Summentafeln von H_1 und H_2 konstruiert, beispielsweise :

$$\begin{aligned} h_1 + h_2 &= h_2 + h_1 = h_{1(1)} + h_{2(1)} = h_3 \\ h_1 + h_3 &= h_3 + h_1 = h_{1(1)} + h_{1(1)} + h_{2(1)} = h_0 + h_{2(1)} = h_2 \\ h_2 + h_3 &= h_3 + h_2 = h_{1(1)} + h_{2(1)} + h_{2(1)} = h_{1(1)} + h_0 = h_1 \end{aligned}$$

H

+	h_0	h_1	h_2	h_3
h_0	h_0	h_1	h_2	h_3
h_1	h_1	h_0	h_3	h_2
h_2	h_2	h_3	h_0	h_1
h_3	h_3	h_2	h_1	h_0

Direkte Summen unendlicher zyklischer Gruppen : Die Konstruktion einer abelschen Gruppe H aus gegebenen abelschen Gruppen $(G_i\, ; +)$ mit $i \in I$ wird für unendliche zyklische Gruppen $G_i = gp(b_i)$ spezialisiert. Zur Vereinfachung der Notation wird eine endliche Indexmenge $I = \{1,...,n\}$ betrachtet. Analog zum allgemeinen Fall wird die Gruppe H der Indexabbildungen als direkte Summe von Untergruppen H_i dargestellt. Jede Untergruppe H_i ist isomorph zu einer gegebenen Gruppe G_i und wird durch das erzeugende Element b_i von G_i eindeutig bestimmt. Die Gruppe H ist isomorph zu einer freien abelschen Gruppe F mit der Basis $B := \{b_i \mid i \in I\}$.

$$\begin{aligned} H &= \oplus H_i && \text{mit} \quad H_i \cong G_i = gp(b_i) \\ H &\cong F = gp(B) && \text{mit} \quad B = \{b_i \mid i \in I\} \end{aligned}$$

Beweis : Direkte Summen unendlicher zyklischer Gruppen

(1) Jede zyklische Gruppe ist abelsch, also auch $G_i = gp(b_i)$. Eine Indexabbildung $h : I \to \cup G_i$ ordnet jedem Index $i \in I$ ein Bild in G_i zu. Die Indexabbildung, die dem Index i das Bild $s_i b_i$ mit $s_i \in \mathbb{Z}$ zuordnet, wird mit $h_{s_1...s_n}$ bezeichnet. Die Indexabbildungen bilden eine Gruppe H :

$$H := \{ h_{s_1...s_n} \mid h_{s_1...s_n} : I \to \cup G_i \quad \text{mit} \quad h_{s_1...s_n}(i) = s_i b_i \}$$

(2) In der Gruppe (H ; +) der Indexabbildungen gibt es genau eine Abbildung, die den Index i auf das Element sb_i von G_i und jeden Index $k \neq i$ auf das neutrale Element 0_k der Gruppe G_k abbildet. Diese Abbildung wird mit $h_{i(s)}$ bezeichnet. Die Menge der Abbildungen $h_{i(s)}$ für alle Elemente $sb_i \in G_i$ wird mit H_i bezeichnet. Dann ist $(H_i ; +)$, wie bereits für allgemeine abelsche Gruppen bewiesen, eine Untergruppe von H. Die Elemente von H_i werden durch Addition ihrer Indizes summiert.

$$H_i := \{ h_{i(s)} \in H \mid h_{i(s)}(i) = sb_i \ \wedge \ \bigwedge_{k \neq i} h_{i(s)}(k) = 0_k \}$$

$$h_{i(s)}(i) + h_{i(u)}(i) = sb_i + ub_i = (s+u)b_i = h_{i(s+u)}(i)$$

$$h_{i(s)}(k) + h_{i(u)}(k) = 0_k = h_{i(s+u)}(k) \quad \text{für} \quad k \neq i$$

(3) Für die allgemeine Konstruktion wurde gezeigt, daß jedes Element der Gruppe H eine eineindeutige Belegung der direkten Summe $\oplus H_i$ ist. Die Darstellung des Elementes $h_{s_1...s_n}$ als Summe enthält aus der Untergruppe H_i den Summanden $h_{i(s_i)}$:

$$h_{s_1...s_n} = h_{1(s_1)} + ... + h_{n(s_n)}$$

Die Regel für die Addition von Elementen aus H wird durch die Addition ihrer Darstellungen als direkte Summen gewonnen :

$$\begin{aligned} h_{s_1...s_n} + h_{u_1...u_n} &= h_{1(s_1)} + ... + h_{n(s_n)} + h_{1(u_1)} + ... + h_{n(u_n)} \\ &= h_{1(s_1)} + h_{1(u_1)} + ... + h_{n(s_n)} + h_{n(u_n)} \\ &= h_{1(s_1+u_1)} + ... + h_{n(s_n+u_n)} \\ h_{s_1...s_n} + h_{u_1...u_n} &= h_{(s_1+u_1)...(s_n+u_n)} \end{aligned}$$

(4) Zum Beweis der Isomorphie der Gruppe H zu einer freien abelschen Gruppe F mit der Basis $B = \{ b_i \mid i \in I \}$ wird folgende Abbildung von H auf F betrachtet :

$$f : H \to F \quad \text{mit} \quad f(h_{s_1...s_n}) = s_1 b_1 + ... + s_n b_n$$

Die Abbildung f ist eineindeutig. Für gleiche Bilder $f(h_{s_1...s_n}) = f(h_{u_1...u_n})$ gilt nämlich $s_1 b_1 + ... + s_n b_n = u_1 b_1 + ... + u_n b_n$, also $s_i = u_i$. Folglich sind die Urbilder $h_{s_1...s_n}$ und $h_{u_1...u_n}$ gleich. Die Abbildung f ist also injektiv. Die Abbildung f ist auch surjektiv. Jedes Element von F läßt sich nämlich in der

Form $s_1 b_1 + ... + s_n b_n$ darstellen und besitzt daher ein Urbild $h_{s_1 ... s_n} \in H$. Damit ist f eineindeutig. Die Abbildung f ist auch homomorph :

$$\begin{aligned} f(h_{s_1...s_n} + h_{u_1...u_n}) &= f(h_{(s_1+u_1)...(s_n+u_n)}) \\ &= (s_1 + u_1)b_1 + ... + (s_n + u_n)b_n \\ &= (s_1 b_1 + ... + s_n b_n) + ... + (u_1 b_1 + ... + u_n b_n) \\ f(h_{s_1...s_n} + h_{u_1...u_n}) &= f(h_{s_1...s_n}) + f(h_{u_1...u_n}) \end{aligned}$$

Da die Abbildung f eineindeutig und homomorph ist, sind die Gruppen F und H isomorph.

Beispiel 2 : Konstruktion einer unendlichen abelschen Gruppe

Die zyklischen Gruppen $G_1 = gp(a)$ und $G_2 = gp(b)$ seien unendlich. Mit diesen Gruppen wird eine neue Gruppe $H = H_1 \oplus H_2$ mit $H_i \cong G_i$ konstruiert. Abschließend wird gezeigt, daß die Gruppe H isomorph zu der unendlichen abelschen Gruppe F mit der Basis {a, b} ist.

$$H_1 = \{h_{1(s)} \mid h_{1(s)}(1) = sa \quad \wedge \quad h_{1(s)}(2) = 0_2 \quad \wedge \quad s \in \mathbb{Z}\}$$

$$H_2 = \{h_{2(s)} \mid h_{2(s)}(1) = 0_1 \quad \wedge \quad h_{2(s)}(2) = sb \quad \wedge \quad s \in \mathbb{Z}\}$$

Die Gruppen H_1 und H_2 sind isomorph zu den bekannten Gruppen G_1 und G_2. Sie besitzen daher die Summentafeln unendlicher zyklischer Gruppen :

H_1

+	...	$h_{1(-1)}$	$h_{1(0)}$	$h_{1(1)}$	...
⋮	...				
$h_{1(-1)}$		$h_{1(-2)}$	$h_{1(-1)}$	$h_{1(0)}$	
$h_{1(0)}$		$h_{1(-1)}$	$h_{1(0)}$	$h_{1(1)}$	
$h_{1(1)}$		$h_{1(0)}$	$h_{1(1)}$	$h_{1(2)}$	
⋮					...

H_2

+	...	$h_{2(-1)}$	$h_{2(0)}$	$h_{2(1)}$	...
⋮	...				
$h_{2(-1)}$		$h_{2(-2)}$	$h_{2(-1)}$	$h_{2(0)}$	
$h_{2(0)}$		$h_{2(-1)}$	$h_{2(0)}$	$h_{2(1)}$	
$h_{2(1)}$		$h_{2(0)}$	$h_{2(1)}$	$h_{2(2)}$	
⋮					...

Die Summentafel für die Elemente $h_{im} = h_{1(i)} + h_{2(m)}$ von H wird durch Addition der Indizes der Elemente bestimmt (aus schreibtechnischen Gründen sind nur nichtnegative Indizes gezeigt) :

$$h_{im} + h_{kn} = h_{(i+k)(m+n)}$$

H

+	⋯	h_{00}	h_{10}	h_{01}	h_{20}	h_{11}	h_{02}	h_{30}	h_{21}	⋯
⋮	⋯									
h_{00}		h_{00}	h_{10}	h_{01}	h_{20}	h_{11}	h_{02}	h_{30}	h_{21}	
h_{10}		h_{10}	h_{20}	h_{11}	h_{30}	h_{21}	h_{12}	h_{40}	h_{31}	
h_{01}		h_{01}	h_{11}	h_{02}	h_{21}	h_{12}	h_{03}	h_{31}	h_{22}	
h_{20}		h_{20}	h_{30}	h_{21}	h_{40}	h_{31}	h_{22}	h_{50}	h_{41}	
h_{11}		h_{11}	h_{21}	h_{12}	h_{31}	h_{22}	h_{13}	h_{41}	h_{32}	
h_{02}		h_{02}	h_{12}	h_{03}	h_{22}	h_{13}	h_{04}	h_{32}	h_{23}	
h_{30}		h_{30}	h_{40}	h_{31}	h_{50}	h_{41}	h_{32}	h_{60}	h_{51}	
h_{21}		h_{21}	h_{31}	h_{22}	h_{41}	h_{32}	h_{23}	h_{51}	h_{42}	
⋮										⋯

Die Abbildung $f : H \to F$ mit $f(h_{im}) = ia + mb$ bildet die Gruppe H isomorph auf die freie abelsche Gruppe F mit der Basis $\{a, b\}$ ab. Die Elemente von F können nach folgendem Schema numeriert werden :

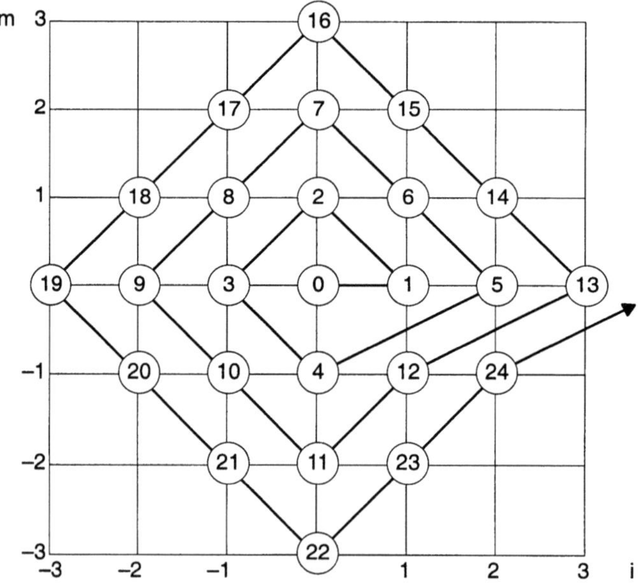

Werden die Indizes i und m stattdessen auf nichtnegative Werte beschränkt, so kann folgende Numerierung gewählt werden :

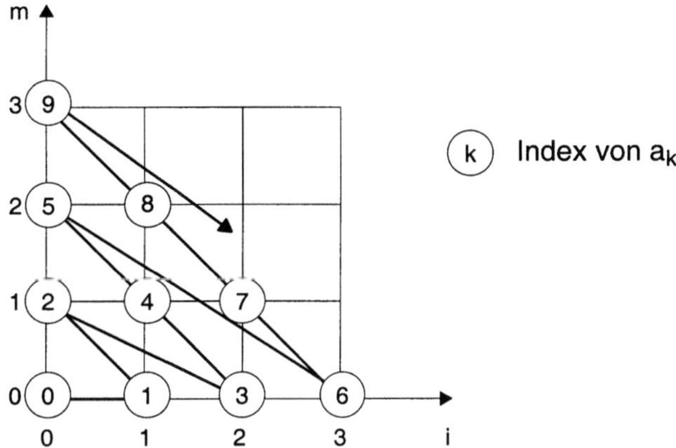

Die Elemente von F werden mit a_k bezeichnet. Die Indizes i und m werden gemäß der Numerierung auf den Index k abgebildet. Dann besitzt die freie abelsche Gruppe F folgende Summentafel :

F

+	a_0	a_1	a_2	a_3	a_4	a_5	a_6	a_7	...
a_0	a_0	a_1	a_2	a_3	a_4	a_5	a_6	a_7	...
a_1	a_1	a_3	a_4	a_6	a_7	a_8	a_{10}	a_{11}	
a_2	a_2	a_4	a_5	a_7	a_8	a_9	a_{11}	a_{12}	
a_3	a_3	a_6	a_7	a_{10}	a_{11}	a_{12}	a_{15}	a_{16}	
a_4	a_4	a_7	a_8	a_{11}	a_{12}	a_{13}	a_{16}	a_{17}	
a_5	a_5	a_8	a_9	a_{12}	a_{13}	a_{14}	a_{17}	a_{18}	
a_6	a_6	a_{10}	a_{11}	a_{15}	a_{16}	a_{17}	a_{21}	a_{22}	
a_7	a_7	a_{11}	a_{12}	a_{16}	a_{17}	a_{18}	a_{22}	a_{23}	
⋮	⋮								...

7.6.6 ZERLEGUNGEN ABELSCHER GRUPPEN

Einführung : Im vorangehenden Abschnitt ist die Konstruktion einer neuen abelschen Gruppe aus bekannten abelschen Gruppen behandelt. Umgekehrt stellt sich die Frage, ob eine bekannte abelsche Gruppe immer als direkte Summe von Untergruppen darstellbar ist.

Zur Zerlegung einer abelschen Gruppe in eine direkte Summe von Untergruppen wird eine Abbildung einer freien abelschen Gruppe auf die zu zerlegende abelsche Gruppe untersucht. Jede freie abelsche Gruppe F besitzt gemäß der Definition in Abschnitt 7.6.3 eine Basis B. Jedes Element der Basis B erzeugt eine unendliche zyklische Gruppe. Jedes Element von F ist eine Linearkombination der Basiselemente. Eine freie abelsche Gruppe ist eine abelsche Gruppe unendlichen Grades (siehe Abschnitt 7.6.2).

Ist die zu zerlegende abelsche Gruppe G eine freie Gruppe, so genügt zur Zerlegung die Bestimmung einer Basis B von G. Ist die Gruppe G jedoch gemischten Grades, so wird eine freie Gruppe F mit einer Basis B und einer eineindeutigen Abbildung $\theta : B \rightarrow Y$ mit $\theta(b_i) = y_i$ auf ein Erzeugendensystem Y von G gewählt. Die Abbildung θ führt zu einer homomorphen Abbildung $f : F \rightarrow G$ mit Kern N; die Gruppe G und die Quotientenmenge F/N sind isomorph. Durch Nutzung dieser Eigenschaft wird im Basissatz für abelsche Gruppen gezeigt, daß jede endlich erzeugte abelsche Gruppe eine direkte Summe von endlich vielen zyklischen Gruppen ist. Diese Zerlegung ist jedoch nicht eindeutig. Eindeutige Zerlegungen abelscher Gruppen sind in Abschnitt 7.9 behandelt.

Abschließend wird die Zerlegung skalierter abelscher Gruppen untersucht. Diese Zerlegung wird zum Beweis der Sätze von Sylow in Abschnitt 7.8 benötigt.

Homomorphe Abbildung einer freien abelschen Gruppe : (F ; +) sei eine freie abelsche Gruppe und $B = \{b_i \mid i \in I\}$ sei eine Basis von F. Zur Definition einer homomorphen Abbildung $f : F \rightarrow G$ der freien abelschen Gruppe F auf eine abelsche Gruppe G genügt die Definition einer Abbildung $\theta : B \rightarrow Y$ der Basis B auf ein Erzeugendensystem Y von G. Jedes Element a von F ist definitionsgemäß eine eindeutige Linearkombination von Basiselementen b_i. Das Bild f(a) wird als die entsprechende Linearkombination der Bilder y_i der Basiselemente definiert.

$$\theta : B \rightarrow Y \quad \text{mit} \quad \theta(b_i) = y_i$$

$$f : F \rightarrow G \quad \text{mit} \quad a = n_1 b_1 + \ldots + n_s b_s \qquad n_i \in \mathbb{Z}$$

$$f(a) = n_1 y_1 + \ldots + n_s y_s$$

Die Abbildung f ist homomorph. Für Elemente $a = a_1 b_1 + ... + a_s b_s$ und $c = c_1 b_1 + ... + c_s b_s$ von F gilt nämlich :

$$
\begin{aligned}
f(a+c) &= f((a_1 + c_1) b_1 + ... + (a_s + c_s) b_s) \\
&= (a_1 + c_1) y_1 + ... + (a_s + c_s) y_s \\
&= (a_1 y_1 + ... + a_s y_s) + (c_1 y_1 + ... + c_s y_s) \\
&= f(a_1 b_1 + ... + a_s b_s) + f(c_1 b_1 + ... + c_s b_s) \\
f(a+c) &= f(a) + f(c)
\end{aligned}
$$

Homomorphiesatz für abelsche Gruppen : (G ; +) sei eine abelsche Gruppe gemischten Grades mit einem Erzeugendensystem $Y = \{y_i \mid i \in I\}$. Ferner sei (F ; +) eine freie abelsche Gruppe mit einer Basis $B = \{b_i \mid i \in I\}$ für dieselbe Indexmenge I. Dann induziert die eineindeutige Abbildung $\theta : B \to Y$ mit $\theta(b_i) = y_i$ eine homomorphe Abbildung $f : F \to G$ mit Kern N; die Gruppe G und die Quotientengruppe F/N sind isomorph.

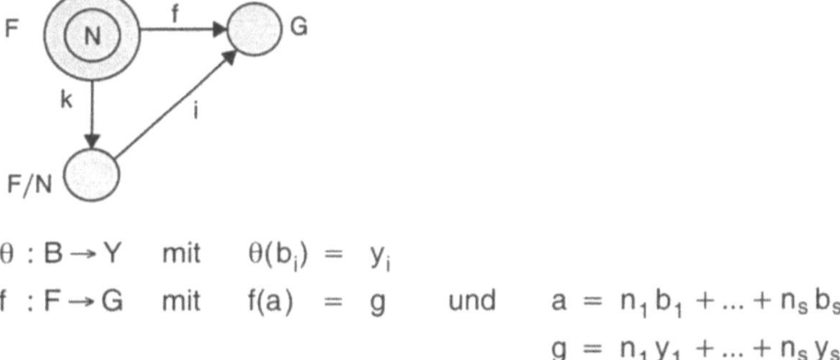

Beweis : Homomorphiesatz für abelsche Gruppen

Da die Gruppe G gemischten Grades ist, enthält sie auch Elemente endlicher Ordnung, beispielsweise die Elemente $g_1, g_2, ...$ der Ordnung $s_1, s_2, ...$. Dann gilt definitionsgemäß $s_1 g_1 = s_2 g_2 = ... = 0_G$. Das Urbild von g_i sei a_i . Da die Abbildung f homomorph ist, wird auch jede Linearkombination von $s_1 a_1, s_2 a_2, ...$ auf das neutrale Element 0_G abgebildet. Diese Linearkombinationen bilden den Kern N der Abbildung f. Der Kern der homomorphen Abbildung f ist nach Abschnitt 7.5.2 Normalteiler in G. Aus dem allgemeinen Homomorphiesatz in Abschnitt 7.5.3 folgt für die surjektive Abbildung f, daß die Gruppe G und die Quotientengruppe F/N isomorph sind.

Basissatz für abelsche Gruppen : (G ; +) sei eine endlich erzeugte abelsche Gruppe. Dann gibt es Elemente $t_1, ..., t_m$ und $u_1, ..., u_n$ in der Gruppe G, so daß G die direkte Summe der von $t_1, ..., t_m$ und $u_1, ..., u_n$ erzeugten zyklischen Untergruppen ist. Die Ordnungen der endlichen Summanden $T_i = gp(t_i)$ bilden eine Teilerkette. Die Summanden $U_i = gp(u_i)$ sind unendlich.

$G = T_1 \oplus ... \oplus T_m \oplus U_1 \oplus ... \oplus U_n$ $\qquad m,n \in \mathbb{N}$

$\text{ord } T_i \mid \text{ord } T_{i+1}$ $\qquad 1 \leq i < m$

m Anzahl der Summanden $T_i = gp(t_i)$ mit endlicher Ordnung

n Anzahl der Summanden $U_i = gp(u_i)$ mit unendlicher Ordnung

Enthält die direkte Summe keine endlichen Summanden, so ist G eine freie abelsche Gruppe. Ist die Gruppe G endlich, so enthält die direkte Summe nur endliche Summanden. Ihre Ordnung ist dann das Produkt der Ordnungen der Summanden.

$m = 0 \Rightarrow$ G ist freie abelsche Gruppe

$n = 0 \Rightarrow \text{ord } G = \text{ord } T_1 \cdot ... \cdot \text{ord } T_m$

Die Darstellung einer endlich erzeugten abelschen Gruppe als direkte Summe ist nicht eindeutig. Die Darstellung im Basissatz enthält die geringstmögliche Anzahl von Summanden. Andere Darstellungen sind in Abschnitt 7.9 behandelt.

Beweis : Basissatz für abelsche Gruppen

(1) Nach dem Homomorphiesatz für abelsche Gruppen ist die abelsche Gruppe (G ; +) isomorph zu der Quotientengruppe F/N einer freien abelschen Gruppe (F ; +). Da G endlich erzeugt ist und ihr Erzeugendensystem bijektiv auf die Basis B von F abgebildet wird, ist $B = \{b_1,...,b_s\}$ endlich. Nach Abschnitt 7.6.3 kann die Basis B so gewählt werden, daß die Untergruppe N von F ein minimales Erzeugendensystem $E = \{c_1 b_1, ..., c_s b_s\}$ mit $c_i \in \mathbb{N}$ und $c_{r+1} = ... = c_s = 0$ mit $r \leq s$ besitzt .

$$G \cong F/N$$
$$F = gp(b_1) \oplus ... \oplus gp(b_s) = F_1 \oplus ... \oplus F_s$$
$$N = gp(c_1 b_1) \oplus ... \oplus gp(c_s b_s) = N_1 \oplus ... \oplus N_s$$

(2) Die Untergruppe $N_i = gp(c_i\, b_i)$ ist ein Normalteiler der abelschen Gruppe $F_i = gp(b_i)$. Folglich gibt es einen natürlichen Homomorphismus $f_i : F_i \to F_i / N_i$ mit dem Kern N_i.

(3) Für die Gruppe $F = \oplus F_i$ wird eine Abbildung $f : \oplus F_i \to \oplus(F_i / N_i)$ definiert. Das Element $a = n_1 b_1 + ... + n_s b_s$ in $\oplus F_i$ wird auf das Element $f_1(n_1 b_1) + ... + f_s(n_s b_s)$ abgebildet. Das Bild ist eindeutig, da jedem Element der direkten Summe $\oplus F_i$ definitionsgemäß eine eindeutige Summe $n_1 b_1 + ... + n_s b_s$ entspricht und das Bild $f_i(n_i b_i)$ jedes Summanden ebenfalls eindeutig ist.

(4) Die Abbildung $f : \oplus F_i \to \oplus(F_i / N_i)$ ist homomorph. Für Elemente $a = a_1 b_1 + ... + a_s b_s$ und $u = u_1 b_1 + ... + u_s b_s$ von $\oplus F_i$ gilt nämlich :

$$\begin{aligned} f(a+u) &= f\,((a_1+u_1)b_1\ +\ldots+(a_s+u_s)b_s) \\ &= f_1((a_1+u_1)b_1)+\ldots+f_s((a_s+u_s)b_s) \\ &= f_1(a_1b_1)+\ldots+f_s(a_sb_s)+f_1(u_1b_1)+\ldots+f_s(u_sb_s) \\ &= f\ (a_1b_1\ +\ldots+a_sb_s)+f(u_1\,b_1+\ldots+u_s\,b_s) \\ f(a+u) &= f(a)+f(u) \end{aligned}$$

(5) Der Kern der Abbildung $f: \oplus F_i \to \oplus(F_i/N_i)$ ist $N = \oplus N_i$. Jedes Element $n \in N$ muß nämlich die Bedingung $f(n) = 0$ erfüllen. Da das Element n eine eindeutige direkte Summe $n = n_1 b_1 + \ldots + n_s b_s$ ist, folgt die Bedingung $f(n_1 b_1 + \ldots + n_s b_s) = f_1(n_1 b_1) + \ldots + f_s(n_s b_s) = 0$. Da f_i den Kern N_i besitzt und die Darstellung des neutralen Elementes 0 eindeutig ist, ist diese Bedingung nur für $n_i b_i \in N_i$ befriedigt. Somit folgt kern $f \subseteq \oplus N_i$. Ferner gilt auch $\oplus N_i \subseteq$ kern f, da N_i der Kern von f_i ist. Also folgt kern $f = \oplus N_i = N$.

(6) Nach dem allgemeinen Homomorphiesatz in Abschnitt 7.5.3 gibt es für die surjektive homomorphe Abbildung $f: \oplus F_i \to \oplus(F_i/N_i)$ mit dem Kern N einen natürlichen Homomorphismus $k: \oplus F_i \to (\oplus F_i)/N$ mit der Isomorphie $\oplus(F_i/N_i) \cong (\oplus F_i)/N = F/N$. Die Gruppe $G = F/N$ ist also isomorph zu der direkten Summe der Quotientengruppen F_i/N_i :

$$G \cong \oplus(F_i/N_i) \quad \text{mit} \quad F_i/N_i = gp(b_i)/gp(c_i\,b_i)$$

(7) Für $c_i \neq 0$ ist die Quotientengruppe F_i/N_i isomorph zur Restklassengruppe der Ordnung c_i (siehe Abschnitt 7.5.4). Für $c_{r+1} = \ldots = c_s = 0$ ist die Quotientengruppe F_i/N_i isomorph zur additiven Gruppe $(\mathbb{Z}\,;+)$ der Ganzzahlen. Also ist die endlich erzeugte abelsche Gruppe G isomorph zu der direkten Summe von $m = r$ zyklischen Gruppen $T_i = gp(t_i)$ mit Ordnung c_i und $n = s - r$ zyklischen Gruppen $U_i = gp(u_i)$ mit unendlicher Ordnung.

(8) Die Zahlen $c_1,\ldots,c_r$ in dem minimalen Erzeugendensystem $\{c_1b_1,\ldots,c_sb_s\}$ der Untergruppe N bilden nach Abschnitt 7.6.3 eine Teilerkette. Die Zahlen c_i sind auch die Ordnungen der Gruppen T_i. Also bilden die Ordnungen der Untergruppen T_i eine Teilerkette.

(9) Enthält die direkte Summe keine Summanden unendlicher Ordnung, also $G = T_1 \oplus \ldots \oplus T_m$, so ist jedes Element von G eine eindeutige Summe je eines Elementes aus $T_1,\ldots,T_m$. Jede solche Kombination von Elementen aus $T_1,\ldots,T_m$ ist ein Element von G. Folglich ist die Ordnung von G das Produkt der Ordnungen der Summanden T_i.

Zerlegung skalierter abelscher Gruppen : Eine abelsche Gruppe (G ; +) sei die direkte Summe von m zyklischen Gruppen $G_1,\ldots,G_m$. Dann ist die mit der natürlichen Zahl n skalierte Gruppe $nG = \{ng \mid g \in G\}$ die direkte Summe von m zyklischen Gruppen $nG_1,\ldots,nG_m$. Die Quotientengruppe G/nG ist isomorph zur direkten Summe von Untergruppen $H_1,\ldots,H_m$ mit $H_i = G_i/nG_i$.

$$\begin{array}{rclcrcl} G &=& G_1 \oplus \ldots \oplus G_m & \text{mit} & G_i &=& gp(a_i) \\ nG &=& nG_1 \oplus \ldots \oplus nG_m & \text{mit} & nG_i &=& gp(na_i) \\ G/nG &\cong& H_1 \oplus \ldots \oplus H_m & \text{mit} & H_i &=& G_i / nG_i \end{array}$$

Beweis : Zerlegung skalierter abelscher Gruppen

(1) Da G die direkte Summe der zyklischen Gruppen $G_1,...,G_m$ ist, gibt es eine eindeutige Darstellung jedes Elementes $g \in G$ als Summe $g = g_1 + ... + g_m$ mit $g_i \in G_i$. Also gilt auch $ng = ng_1 + ... + ng_m$. Diese Darstellung von ng ist eindeutig, da ng ein Element von G und ng_i ein Element von G_i ist. Die Untergruppe $nG_i = gp(na_i)$ der zyklischen Gruppe $G_i = gp(a_i)$ ist nach Abschnitt 7.3.6 ebenfalls zyklisch. Folglich ist nG die direkte Summe der zyklischen Gruppen $nG_1,...,nG_m$.

(2) Die Untergruppe nG_i ist ein Normalteiler in G_i. Folglich gibt es einen natürlichen Homomorphismus $f_i : G_i \to G_i / nG_i$ mit dem Kern nG_i. Analog zu den Punkten (3) bis (5) des Beweises des Basissatzes für abelsche Gruppen folgt, daß die Abbildung $f : \oplus G_i \to \oplus (G_i / nG_i)$ homomorph ist und den Kern $nG = \oplus nG_i$ besitzt. Analog zu Punkt (6) des Beweises des Basissatzes folgt, daß die Gruppe $H := G/nG$ isomorph zu der direkten Summe der Quotientengruppen $H_i = G_i / nG_i$ ist .

Beispiel 1 : Zerlegung der Kleinschen Vierergruppe

Die Kleinsche Vierergruppe (G ; +) ist abelsch und wird durch zwei Elemente erzeugt, beispielsweise $G = gp(g_1, g_2)$. Ihre Summentafel ist in Beispiel 1 von Abschnitt 7.6.5 bestimmt.

+	g_0	g_1	g_2	g_3
g_0	g_0	g_1	g_2	g_3
g_1	g_1	g_0	g_3	g_2
g_2	g_2	g_3	g_0	g_1
g_3	g_3	g_2	g_1	g_0

G

G soll in zyklische Untergruppen zerlegt werden. Dazu wird jedem der erzeugenden Elemente g_1, g_2 von G ein Element der Basis $B = \{b_1, b_2\}$ einer freien abelschen Gruppe F zugeordnet. Dann ist die im Beweis zum Basissatz für abelsche Gruppen definierte Abbildung $f : F \to G$ homomorph und besitzt den Kern

$$N = \{n_1 b_1 + n_2 b_2 \mid g = n_1 g_1 + n_2 g_2 = 0_G\}$$

Die Summentafel der Vierergruppe zeigt, daß die Bedingung $g = 0$ für gerade Werte von n_1 und n_2 erfüllt ist. Also ist der Kern von f :

$$N = \{2m_1 b_1 + 2m_2 b_2 \mid m_1, m_2 \in \mathbb{Z}\}$$

Die Summentafel von F ist in Beispiel 2 von Abschnitt 7.6.5 aufgestellt. Wählt man als Basis $b_1 = a_1$ und $b_2 = a_2$, so sind die Gruppen F und N wie folgt definiert:

$$F = \{n_1 a_1 + n_2 a_2 \mid n_i \in \mathbb{Z}\}$$

$$N = \{2n_1 a_1 + 2n_2 a_2 \mid n_i \in \mathbb{Z}\}$$

Das minimale Erzeugendensystem von N ist $\{2a_1, 2a_2\}$. Die Untergruppe $N_1 = gp(2a_1)$ ist Normalteiler der Untergruppe $F_1 = gp(a_1)$. Die Nebenklassen von N_1 in F_1 sind $[a_0]$ und $[a_1]$. Die Quotientengruppe F_1/N_1 ist eine zyklische Gruppe der Ordnung 2 mit dem erzeugenden Element $[a_1]$.

+	$[a_0]$	$[a_1]$
$[a_0]$	$[a_0]$	$[a_1]$
$[a_1]$	$[a_1]$	$[a_0]$

F_1/N_1

$$[a_0] = \{ 2na_1 \mid n \in \mathbb{N} \}$$

$$[a_1] = \{(2n+1)a_1 \mid n \in \mathbb{N}\}$$

Für die Untergruppen $N_2 = gp(2a_2)$ und $F_2 = gp(a_2)$ gelten analoge Aussagen. Nach dem Beweis zum Basissatz gibt es eine homomorphe Abbildung $f: F \rightarrow F/N$ mit

$$F = F_1 \oplus F_2 = gp(a_1) \oplus gp(a_2)$$

$$F/N \cong (F_1/N_1) \oplus (F_2/N_2) = \{[a_0], [a_1]\} \oplus \{[a_0], [a_2]\}$$

$$F/N = \{[a_0], [a_1], [a_2], [a_4]\}$$

Die Summentafel für die Gruppe F/N folgt aus der Regel $[a_i] + [a_m] = [a_i + a_m]$ und der Summentafel für F, beispielsweise:

$$[a_1] + [a_2] = [a_1 + a_2] = [a_4]$$

$$[a_1] + [a_4] = [a_1 + a_1 + a_2] = [a_0 + a_2] = [a_2]$$

+	$[a_0]$	$[a_1]$	$[a_2]$	$[a_4]$
$[a_0]$	$[a_0]$	$[a_1]$	$[a_2]$	$[a_4]$
$[a_1]$	$[a_1]$	$[a_0]$	$[a_4]$	$[a_2]$
$[a_2]$	$[a_2]$	$[a_4]$	$[a_0]$	$[a_1]$
$[a_4]$	$[a_4]$	$[a_2]$	$[a_1]$	$[a_0]$

F/N

Die Summentafeln zeigen, daß die Gruppen G und F/N isomorph sind. Die Gruppe F/N ist die innere direkte Summe der zyklischen Untergruppen F_1/N_1 und F_2/N_2.

7.7 PERMUTATIONEN

7.7.1 EINFÜHRUNG

Jede endliche Gruppe ist isomorph zu einer Gruppe von Permutationen. Die Struktur der Permutationen wird daher weiter untersucht. An die Stelle des Konzeptes der direkten Summen für abelsche Gruppen tritt das Konzept der Zyklen für eine Permutation. Ein Zyklus läßt einen Teil der permutierten Menge unverändert und bildet jedes der restlichen Elemente auf seinen Nachbarn ab (geschlossenes Fließband). Es zeigt sich, daß jede Permutation in ein Produkt von Zyklen zerlegbar ist, die disjunkt sind (kanonische Zerlegung einer Permutation).

Die kanonische Zerlegung von Permutationen eignet sich zur Bestimmung von konjugierten Elementen in Permutationsgruppen. Jeder Zyklus der Zerlegung wird mit der Permutation ω transformiert, indem seine Elemente a_i durch ihre Bilder $\omega(a_i)$ ersetzt werden. Die konjugierten Permutationen in einer symmetrischen Gruppe S_n bilden eine Äquivalenzklasse. Diese Eigenschaft wird in Abschnitt 7.8 zur weiteren Untersuchung der Gruppenstruktur genutzt.

Aus der Zerlegung einer Permutation in Zyklen wird eine Zerlegung in Transpositionen gewonnen. Jede Transposition vertauscht zwei Elemente der permutierten Menge. Aus der Anzahl der Transpositionen folgt das Signum der Permutation. Dieses wird beispielsweise zur Bestimmung der Koordinaten von ε-Tensoren in Kapitel 9 benötigt.

Die Untergruppe der geraden Permutationen (alternierende Gruppe) in einer symmetrischen Gruppe bestimmt die Lösbarkeit von Gleichungen mit Radikalen und die Konstruierbarkeit von Figuren mit Zirkel und Lineal (Galois Theorie). Ihre Eigenschaften werden daher näher untersucht und bewiesen.

Abschließend wird die Struktur der symmetrischen Gruppe vom Grad 4 untersucht. Dazu werden zunächst alle Untergruppen von S_4 analysiert. Es zeigt sich, daß es nur eine vollständige Normalteilerkette $I \triangleleft V_4 \triangleleft A_4 \triangleleft S_4$ mit der alternierenden Gruppe A_4 und der Kleinschen Vierergruppe V_4 gibt. Auch die konjugierten Elemente und die Kommutatoren von S_4 werden bestimmt. Damit wird eine Grundlage für die allgemeine Untersuchung der Struktur endlicher Gruppen in Abschnitt 7.8 geschaffen.

7.7.2 SYMMETRISCHE GRUPPEN

Einführung : In diesem Abschnitt sind einige Definitionen und Eigenschaften von Permutationsgruppen aus vorangehenden Abschnitten zusammengefaßt. Die Definition der Permutation ist aus dem einführenden Beispiel in Abschnitt 7.3.1 übernommen. Die Isomorphie von Permutationsgruppen gleichen Grades und die Isomorphie jeder endlichen Gruppe zu einer Permutationsgruppe sind in Abschnitt 7.5.4 bewiesen. Die in den Beispielen vorangehender Abschnitte bereits angedeutete geometrische Interpretation der Permutationsgruppen wird mit der Definition der Symmetriegruppen vertieft. Die Isometrien des Raumes $\mathbb{R}^n$ sind, im Gegensatz zu den vorangehenden Beispielen, Permutationen auf unendlichen Mengen. Die Symmetriegruppen sind Untergruppen der symmetrischen Gruppen und dürfen nicht mit ihnen verwechselt werden. Symmetriegruppen werden auch Deckgruppen genannt.

Permutationen : Für jede natürliche Zahl $n \geq 1$ sei $X_n = \{1,...,n\}$ die Menge der Zahlen von 1 bis n. Eine Permutation ϕ auf der Menge X_n ist eine eineindeutige Abbildung von X_n auf sich selbst. Die Permutation $\phi : X_n \rightarrow X_n$ wird mit dem in Abschnitt 7.3.1 definierten Schema dargestellt. Die Reihenfolge der Spalten im Schema ist willkürlich.

$$\phi \quad : \quad \begin{bmatrix} 1 & 2 & ... & n \\ \phi(1) & \phi(2) & ... & \phi(n) \end{bmatrix}$$

Identische Permutation : Die identische Permutation $i : X_n \rightarrow X_n$ bildet jedes Element von X_n auf sich selbst ab. Sie besitzt also folgendes Schema :

$$i \quad : \quad \begin{bmatrix} 1 & 2 & ... & n \\ 1 & 2 & ... & n \end{bmatrix}$$

Inverse Permutation : Das Produkt einer Permutation ϕ mit ihrer Inversen ϕ^{-1} ergibt die identische Permutation i. Die inverse Permutation ϕ^{-1} ergibt sich aus ϕ durch Zeilentausch im Schema.

$$\phi^{-1} : \begin{bmatrix} \phi(1) & \phi(2) & ... & \phi(n) \\ 1 & 2 & ... & n \end{bmatrix}$$

$$\phi \circ \phi^{-1} = \phi^{-1} \circ \phi = i$$

Symmetrische Gruppen : Die Menge aller Permutationen ϕ auf einer Menge X_n mit n Elementen wird mit S_n bezeichnet. Auf S_n sei die Komposition $\phi_i \circ \phi_m$ (sprich : ϕ_i nach ϕ_m) von Permutationen als innere Verknüpfung definiert. Dann ist das Gebilde (S_n ; $\circ$) eine Gruppe (siehe Beweis in Abschnitt 7.3.1). Die Gruppe S_n heißt symmetrische Gruppe vom Grad n und wird auch mit $S(X_n)$ bezeichnet. In Abschnitt 7.5.4 ist gezeigt, daß die symmetrischen Gruppen auf Mengen mit gleicher Elementanzahl n isomorph sind.

$$S_n := \{\phi \mid \phi : X_n \rightarrow X_n \quad \wedge \quad \phi \circ \phi^{-1} = i\}$$

Satz von Cayley : Nach dem Satz von Cayley (siehe Abschnitt 7.5.4) ist jede endliche Gruppe isomorph zu einer Gruppe (A ; $\circ$) von Permutationen. Die Gruppe A ist jedoch meistens keine vollständige symmetrische Gruppe. Da es für eine Menge X_n mit n Elementen n! Permutationen gibt, besitzen die symmetrischen Gruppen die Ordnungen 1, 2, 6, 24, 120,.... Obwohl es beispielsweise keine symmetrische Gruppe der Ordnung 4 gibt, gibt es nach dem Satz von Cayley für jede Gruppe der Ordnung 4 eine isomorphe Gruppe von Permutationen (A ; $\circ$). Diese Gruppe ist eine Untergruppe einer symmetrischen Gruppe. Beispielsweise enthält die Gruppe S_4 mit Ordnung 24 Untergruppen der Ordnung 2, 3, 4, 6, 8 und 12, die in Abschnitt 7.7.6 gezeigt sind.

Isometrien : Die symmetrische Gruppe S_R auf dem euklidischen Raum ($\mathbb{R}^n$; d) ist die Menge der eineindeutigen Abbildungen ϕ von $\mathbb{R}^n$ auf sich selbst :

$$S_R := \{\phi \mid \phi : \mathbb{R}^n \rightarrow \mathbb{R}^n \quad \wedge \quad \phi \circ \phi^{-1} = i\}$$

Im allgemeinen ändert sich der Abstand d(x, y) zwischen zwei Punkten $x, y \in \mathbb{R}^n$ bei einer Permutation. Eine spezielle Permutation, die den Abstand d(x, y) zwischen beliebigen Punkten $x, y \in \mathbb{R}^n$ unverändert läßt, heißt eine Isometrie und wird mit σ bezeichnet. Die Menge I_R der Isometrien auf $\mathbb{R}^n$ ist eine Untergruppe der symmetrischen Gruppe S_R auf $\mathbb{R}^n$.

$$\sigma \text{ ist eine Isometrie} \quad :\Leftrightarrow \quad \bigwedge_{x,y \in \mathbb{R}^n} (d(x, y) = d(\sigma(x), \sigma(y)))$$

Beweis : Die Isometrien I_R auf $\mathbb{R}^n$ sind eine Untergruppe der symmetrischen Gruppe S_R.
Das Gebilde (I_R ; $\circ$) besitzt die Eigenschaften einer Gruppe :

(1) Die identische Permutation i ist ein Element von I_R, da sie alle Abstände in $\mathbb{R}^n$ unverändert läßt.

(2) Enthält I_R die Isometrien ω und σ, so enthält I_R auch die Isometrie $\omega \circ \sigma$. Für die Isometrien ω und σ gilt nämlich :

$$\bigwedge_{x,y \in \mathbb{R}^n} (d(x, y) = d(\sigma(x), \sigma(y)))$$

$$\bigwedge_{a,b \in \mathbb{R}^n} (d(a, b) = d(\omega(a), \omega(b)))$$

Setzt man $a = \sigma(x)$ und $b = \sigma(y)$, so folgt durch Substitution :

$$\bigwedge_{x,y \in \mathbb{R}^n} (d(x,y) = d(\omega\circ\sigma(x), \omega\circ\sigma(y))) \Rightarrow \omega\circ\sigma \in I_R$$

(3) I_R enthält mit der Isometrie σ auch die Inverse σ^{-1}. Da jede Permutation σ bijektiv ist, gibt es nämlich für alle $a, b \in \mathbb{R}^n$ Punkte $x, y \in \mathbb{R}^n$ mit $\sigma(x) = a$ und $\sigma(y) = b$. Für die Isometrie σ gilt $d(x,y) = d(\sigma(x), \sigma(y)) = d(a,b)$. Mit $i = \sigma^{-1}\circ\sigma$ gilt auch $d(x,y) = d(i(x), i(y)) = d(\sigma^{-1}\circ\sigma(x), \sigma^{-1}\circ\sigma(y)) = d(\sigma^{-1}(a), \sigma^{-1}(b))$. Zusammenfassend gilt $d(a,b) = d(\sigma^{-1}(a), \sigma^{-1}(b))$. Also ist σ^{-1} ein Element von I_R.

Symmetriegruppen : $A \subset \mathbb{R}^n$ sei eine Figur im euklidischen Raum ($\mathbb{R}^n$; d). Im allgemeinen bildet eine Isometrie $\sigma \in I_R$ die Figur A nicht auf sich selbst ab. Die Menge I_A der Isometrien, die jeden Punkt von A auf einen Punkt von A abbilden (und jeden Punkt von $\mathbb{R}^n - A$ auf einen Punkt von $\mathbb{R}^n - A$), heißt die Symmetriegruppe (Deckgruppe) dieser Figur. Die Symmetriegruppe I_A der Figur A ist eine Untergruppe der Isometriegruppe des Raumes $\mathbb{R}^n$ und damit auch eine Untergruppe der symmetrischen Gruppe S_R auf dem Raum $\mathbb{R}^n$:

$$I_A := \{\sigma \in I_R \mid \bigwedge_{x \in A} (\sigma(x) \in A \ \wedge \ \sigma^{-1}(x) \in A)\}$$

$$I_A \subset I_R \subset S_R$$

Beweis : Gruppeneigenschaften der Symmetriegruppe I_A einer Figur A

(1) Die identische Permutation i ist ein Element von I_A, da sie alle Punkte von A unverändert läßt.

(2) Enthält I_A die Isometrien ω und σ, so enthält I_A auch die Isometrie $\omega\circ\sigma$. Für die Isometrien ω und σ gilt nämlich :

$$\bigwedge_{x \in A} (\sigma(x) \in A \ \wedge \ \sigma^{-1}(x) \in A) \ \wedge \ \bigwedge_{y \in A} (\omega(y) \in A \ \wedge \ \omega^{-1}(y) \in A)$$

Setzt man $y = \sigma(x)$ und $x = \omega^{-1}(y)$ so folgt aus der Bijektivität von σ und ω, daß der Quantor $\bigwedge$ für $x \in A$ und $y \in A$ dieselbe Elementmenge erfaßt. Also gilt mit Substitution von y bzw. x :

$$\bigwedge_{y \in A} (\omega(y) \in A) \Rightarrow \bigwedge_{x \in A} (\omega\circ\sigma(x) \in A)$$

$$\bigwedge_{x \in A} (\sigma^{-1}(x) \in A) \Rightarrow \bigwedge_{y \in A} (\sigma^{-1}\circ\omega^{-1}(y) \in A)$$

(3) Da vorausgesetzt wurde, daß die bijektive Isometrie σ keine Punkte von $\mathbb{R}^n - A$ auf A abbildet, bildet die Inverse σ^{-1} keine Punkte von A auf $\mathbb{R}^n - A$ ab. Folglich ist σ^{-1} ein Element von I_A.

Beispiel : Symmetriegruppe des ebenen Quadrats

Die Deckungen eines vollen Quadrates sind Isometrien $\sigma : \mathbb{R}^2 \to \mathbb{R}^2$. Eine solche Isometrie σ ist vollständig durch die Abbildung von drei Eckpunkten des Quadrats beschrieben. Die Darstellung gewinnt an Klarheit, indem auch das Bild des vierten Eckpunktes explizit angegeben wird. An die Stelle der Isometrien σ treten dann Permutationen $\phi : \; X_4 \to X_4$ der Eckpunkte. Die Symmetriegruppe des ebenen Quadrats enthält 8 Permutationen $\{\phi_1, ..., \phi_8\}$. Die Spiegelungen ϕ_1 bis ϕ_4 in $\mathbb{R}^2$ können auch als Drehungen in $\mathbb{R}^3$ aufgefaßt werden. Sie verändern den Umlaufsinn des Randes des Quadrats.

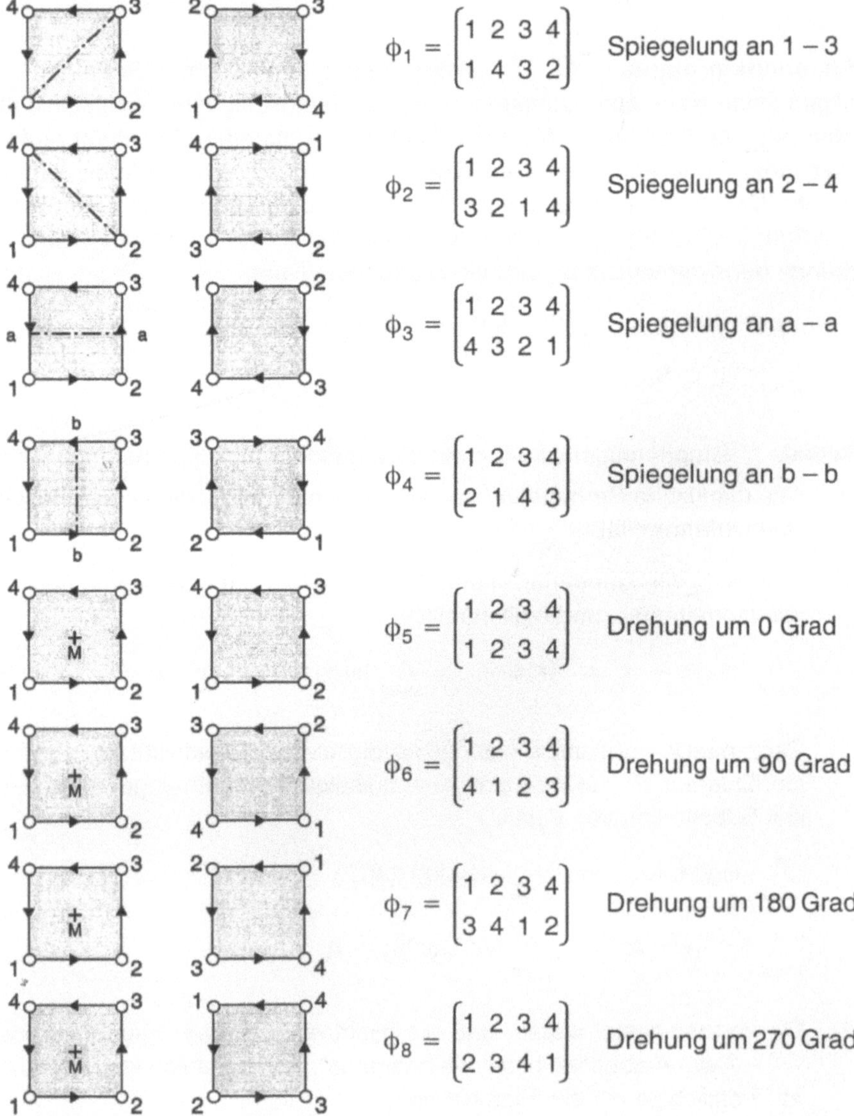

7.7.3 ZYKLEN

Einführung : In diesem Abschnitt wird die Struktur individueller endlicher Permutationen untersucht. Dazu werden die Permutationen in Produkte disjunkter Zyklen zerlegt. Jeder Zyklus ist eine Permutation, die in einer Teilmenge $\{a_1, ..., a_s\}$ der Trägermenge X_n jedes Element a_i auf das Element a_{i+1} abbildet, das Element a_s jedoch auf a_1. Alle anderen Elemente von X_n werden auf sich selbst abgebildet. Es zeigt sich, daß jede Permutation als ein Produkt disjunkter Zyklen darstellbar ist, die bis auf ihre Reihenfolge eindeutig sind.

Fixpunkt einer Permutation : $X_n = \{1,...,n\}$ sei eine endliche Menge und $\phi : X_n \to X_n$ sei eine Permutation von X_n. Dann heißt ein Element a von X_n ein Fixpunkt der Permutation ϕ, wenn es auf sich selbst abgebildet wird, also $\phi(a) = a$ gilt.

$$\text{a ist Fixpunkt von } \phi \quad :\Leftrightarrow \quad \phi(a) = a$$

Wirkungsbereich einer Permutation : $X_n = \{1,...,n\}$ sei eine endliche Menge und $\phi : X_n \to X_n$ sei eine Permutation von X_n. Die Teilmenge der Elemente von X_n, die keine Fixpunkte von ϕ sind, heißt der Wirkungsbereich von ϕ und wird mit $W[\phi]$ bezeichnet.

$$W[\phi] := \{a \in X_n \mid \phi(a) \neq a\}$$

Die Elemente des Wirkungsbereiches $W[\phi]$ werden durch die Permutation ϕ auf den Wirkungsbereich $W[\phi]$ abgebildet. Für ein beliebiges Element a von $W[\phi]$ gilt nämlich $b := \phi(a) \neq a$. Aus $b \neq a$ folgt wegen der Eindeutigkeit der Permutation $\phi(b) \neq \phi(a)$, also $\phi(b) \neq b$. Also ist b kein Fixpunkt von ϕ.

$$\phi(W[\phi]) = W[\phi]$$

Darstellung von Permutationen : Zur Darstellung einer Permutation genügt die Darstellung ihres Wirkungsbereiches. Im Darstellungsschema werden daher im folgenden nur die Elemente des Wirkungsbereiches gezeigt.

$$\phi : \begin{bmatrix} 1 & 2 & 3 & 4 & 5 \\ \phi(1) & 2 & \phi(3) & \phi(4) & 5 \end{bmatrix} = \begin{bmatrix} 1 & 3 & 4 \\ \phi(1) & \phi(3) & \phi(4) \end{bmatrix}$$

Vertauschbare Permutationen : Die Komposition $\phi_i \circ \phi_m$ von Permutationen $\phi_i, \phi_m \in S_n$ ist im allgemeinen nicht kommutativ. Die Reihenfolge der Permutationen ist jedoch vertauschbar, wenn ihre Wirkungsbereiche disjunkt sind.

$$W[\phi_i] \cap W[\phi_m] = \emptyset \quad \Rightarrow \quad \phi_i \circ \phi_m = \phi_m \circ \phi_i$$

Beweis : Vertauschbare Permutationen

Nach Voraussetzung ist jedes Element a des Wirkungsbereiches $W[\phi_i]$ der Permutation ϕ_i ein Fixpunkt der Permutation ϕ_m, also $\phi_m(a) = a$. Das Bild $b := \phi_i(a)$ ist ein Element des Wirkungsbereiches $W[\phi_i]$. Die Reihenfolge der Permutationen ist also für $a \in W[\phi_i]$ vertauschbar :

$$\begin{aligned} \phi_i \circ \phi_m(a) &= \phi_i\,(a) = b \\ \phi_m \circ \phi_i(a) &= \phi_m(b) = b \end{aligned}$$

Nach Voraussetzung ist jedes Element b des Wirkungsbereiches $W[\phi_m]$ der Permutation ϕ_m ein Fixpunkt der Permutation ϕ_i, also $\phi_i(b) = b$. Das Bild $a := \phi_m(b)$ ist definitionsgemäß ein Element des Wirkungsbereiches $W[\phi_m]$. Die Reihenfolge der Permutationen ist also für $b \in W[\phi_m]$ vertauschbar :

$$\begin{aligned} \phi_i \circ \phi_m(b) &= \phi_i\,(a) = a \\ \phi_m \circ \phi_i(b) &= \phi_m(b) = a \end{aligned}$$

Elemente, die in keinem der beiden Wirkungsbereiche liegen, sind Fixpunkte beider Permutationen. Insgesamt gilt $\phi_i \circ \phi_m = \phi_m \circ \phi_i$.

Zyklen : $S_n = S(X_n)$ sei eine symmetrische Gruppe. Eine Permutation ϕ aus S_n heißt ein Zyklus, wenn es eine Menge $\{a_1, ..., a_s\}$ von s Elementen aus X_n mit folgenden Eigenschaften gibt :

(1) Jedes Element von X_n, das nicht zu $\{a_1, ..., a_s\}$ gehört, ist ein Fixpunkt von ϕ.

(2) Jedes Element von $\{a_1, ..., a_{s-1}\}$ wird auf das Element mit dem um 1 erhöhten Index abgebildet, das Element a_s auf a_1.

$$\begin{aligned} \phi(a_i) &= a_{i+1} \quad \text{für} \quad i = 1,...,s-1 \\ \phi(a_s) &= a_1 \end{aligned}$$

Für einen Zyklus ϕ wird die verkürzte Schreibweise $<a_1, ..., a_s>$ eingeführt. Die identische Abbildung wird mit $<a_1>$ bezeichnet. Die Notationen $<a_1,a_2,a_3>$, $<a_2,a_3,a_1>$, $<a_3,a_1,a_2>$ beschreiben jeweils denselben Zyklus.

Länge eines Zyklus : Der Zyklus $\phi = <a_1, ..., a_s>$ mit s Elementen heißt ein Zyklus der Länge $s-1$. Die Länge eines Zyklus ϕ wird mit $L(\phi)$ bezeichnet. Ein Zyklus der Länge 1 heißt eine Transposition. Ein Zyklus der Länge 2 heißt ein Dreierzyklus, da er drei Elemente enthält.

Inverse eines Zyklus : Die Inverse des Zyklus $<a_1, ..., a_s>$ ist der Zyklus $<a_s, ..., a_1>$, da $<a_1, ..., a_s> \circ <a_s, ..., a_1>$ die identische Abbildung ist.

$$\begin{aligned} \phi(a_i) &= a_{i+1} \quad \wedge \quad \phi^{-1}(a_{i+1}) = a_i \quad \text{für} \quad i = 1,...,s-1 \\ \phi(a_s) &= a_1 \quad \wedge \quad \phi^{-1}(a_1) = a_s \end{aligned}$$

Äquivalente Elemente einer Permutation : Die Elemente a,b im Wirkungsbereich W[ϕ] einer Permutation ϕ heißen äquivalent, wenn eine mehrfache Komposition der Permutation ϕ das Element a auf das Element b abbildet. Zu den mehrfachen Kompositionen gehören auch nichtpositive Potenzen von ϕ. Äquivalente Elemente werden mit $a \sim b$ bezeichnet. Die Relation $\sim$ ist eine Äquivalenzrelation.

$$a \sim b \quad \Rightarrow \quad \bigvee_{r \in Z} \phi^r(a) = b$$

Beweis : $a \sim b$ ist eine Äquivalenzrelation.

(1) Reflexiv : Für jedes Element a von W[ϕ] gilt $\phi^0(a) = a$, also $a \sim a$.

(2) Symmetrisch : Für jedes äquivalente Elementpaar $a \sim b$ gibt es eine Zahl r, so daß $\phi^r(a) = b$. Durch Komposition mit der inversen Permutation folgt $a = \phi^{-r}(b)$, also $b \sim a$. Insgesamt enthält die Relation mit dem Paar $a \sim b$ auch das Paar $b \sim a$.

(3) Transitiv : Für äquivalente Elemente $a \sim b$ und $b \sim c$ gilt $\phi^r(a) = b$ und $\phi^s(b) = c$, also $\phi^{r+s}(a) = c$ und damit $a \sim c$.

Bahn eines Elementes : Der Wirkungsbereich W[ϕ] einer Permutation ϕ wird in Klassen äquivalenter Elemente zerlegt. Als Repräsentant einer Klasse K wird ein Element $a \in K$ gewählt. Da die Permutation endlich ist, gibt es eine kleinste positive Zahl r so daß $\phi^r(a) = a$. Im folgenden wird gezeigt, daß die Menge $H = \{\phi(a), \phi^2(a), \ldots, \phi^r(a)\}$ genau die Elemente der Klasse K enthält.

Jedes Element von H ist ein Element von K, da es durch mehrfache Komposition von ϕ aus a abgebildet wird. Für ein beliebiges Element $b \in K$ gibt es definitionsgemäß eine Zahl s so daß $b = \phi^s(a)$. Für $1 \le s \le r$ ist b in H enthalten. Für $s \le 0$ oder $s > r$ wird s in der Restform modulo r dargestellt, also $s = qr + t$ mit $1 \le t \le r$. Dann folgt $b = \phi^{qr+t}(a) = \phi^t(a)$. Folglich ist b ein Element von H.

Die Klasse K heißt die Bahn (der Orbit) des Elementes a. Setzt man $a_i = \phi^i(a)$, so ist die Bahn die Menge $K = \{a_1, \ldots, a_r\}$. Die Bahn ist der Wirkungsbereich eines Zyklus ϕ_k. Dieser Zyklus läßt die Elemente von X_n unverändert, die nicht zu K gehören. Die Bilder der Elemente in K sind für die Permutation ϕ und den Zyklus ϕ_k gleich.

$$\begin{aligned}
\phi_k(a_i) &= a_{i+1} \qquad \text{für} \quad i = 1, \ldots, r-1 \\
\phi_k(a_r) &= a_1 \\
\phi\,(a_i) &= \phi \circ \phi^i(a) = \phi^{i+1}(a) = a_{i+1} \\
\phi\,(a_r) &= \phi \circ \phi^r(a) = \phi(a) = a_1
\end{aligned}$$

Kanonische Zerlegung einer Permutation in Zyklen : Jede Permutation ϕ einer symmetrischen Gruppe S_n ist als ein Produkt von disjunkten Zyklen ϕ_i darstellbar. Jeder dieser Zyklen ist die Bahn eines Elementes von X_n. Diese Darstellung heißt die kanonische Darstellung von ϕ :

$$\phi \;=\; \phi_1 \circ \phi_2 \circ \ldots \circ \phi_m$$

ϕ_i Faktor der kanonischen Darstellung von ϕ

Mit der Bezeichnung $< a_1 >$ für die identische Abbildung besitzt die kanonische Darstellung von ϕ folgende Eigenschaften :

(1) Die Faktoren ϕ_i sind eindeutig, ihre Reihenfolge ist jedoch vertauschbar.

(2) Alle Faktoren einer Permutation $\phi \neq < a_1 >$ sind von $< a_1 >$ verschieden.

(3) Je zwei Faktoren besitzen disjunkte Wirkungsbereiche.

(4) Als kanonische Zerlegung der Permutation $\phi = < a_1 >$ wird $< a_1 >$ definiert.

Beweis : Kanonische Zerlegung einer Permutation

(1) Der Wirkungsbereich $W[\phi]$ der Permutation ϕ wird mit der Äquivalenzrelation $\sim$ in disjunkte Äquivalenzklassen $K_1,\ldots,K_m$ zerlegt. Die Äquivalenzklasse K_i ist die Bahn eines Repräsentanten $a_i \in K_i$ und entspricht folglich einem Zyklus ϕ_i mit Wirkungsbereich $W[\phi_i] = K_i$. Die Permutation ϕ ist also das Produkt von Zyklen $\phi_1,\ldots,\phi_m$. Die Zyklen sind vertauschbar, da ihre Wirkungsbereiche disjunkt sind.

$$\phi \;=\; \phi_1 \circ \phi_2 \circ \ldots \circ \phi_m \quad \wedge \quad \phi_i \circ \phi_k \;=\; \phi_k \circ \phi_i$$

(2) Die Zerlegung des Wirkungsbereiches $W[\phi]$ in die Äquivalenzklassen $K_1,\ldots,K_m$ ist eindeutig. Gibt es für die Permutation ϕ zwei Zerlegungen $\phi = \alpha_1 \circ \ldots \circ \alpha_j$ und $\phi = \beta_1 \circ \ldots \circ \beta_k$, so muß auf der Bahn K_i einer der Zyklen α_i und einer der Zyklen β_i mit ϕ übereinstimmen. Daher gilt $j = k = m$. Bei geeigneter Numerierung gilt auch $\alpha_i = \beta_i$. Die Zerlegung von ϕ ist also eindeutig.

Länge einer Permutation : Die kanonische Zerlegung einer Permutation ϕ aus der symmetrischen Gruppe S_n sei $\phi = \phi_1 \circ \ldots \circ \phi_m$. Die Summe der Längen der Zyklen ϕ_i heißt die Länge der Permutation ϕ und wird mit $L(\phi)$ bezeichnet.

$$L(\phi) \;=\; \sum_{i=1}^{m} L(\phi_i)$$

Bestimmung der kanonischen Zerlegung : Gegeben sei eine Permutation ϕ einer Menge X_n. Zur Bestimmung der kanonischen Zerlegung von ϕ in Zyklen wählt man ein beliebiges Element $a \in X_n$ und bestimmt die kleinste Zahl $r \in \mathbb{N}'$, für die $\phi^r(a) = a$ gilt. Enthält die Bahn $K_1 := \{\phi(a), \phi^2(a),...,\phi^r(a)\}$ nicht alle Elemente von X_n, so wird für ein beliebiges Element b der Restmenge $X_n - K_1$ die Bahn $K_2 := \{\phi(b), \phi^2(b),...,\phi^s(b)\}$ bestimmt. Fixpunkte in ϕ führen zu einelementigen Zyklen <c>, die der Identitätsabbildung entsprechen und nicht in die Zerlegung aufgenommen werden. Die Zerlegung wird fortgesetzt, bis alle Elemente von X_n erfaßt sind. Besitzt die Permutation ϕ beispielsweise zwei disjunkte Zyklen ϕ_1 und ϕ_2, so ist ihre kanonische Zerlegung

$$\phi = \phi_1 \circ \phi_2 = <\phi(a),...,\phi^r(a)> \circ <\phi(b),...,\phi^s(b)>$$

Beispiel 1 : Kanonische Zerlegung einer Permutation

Für die Menge $X_6 = \{1,2,...,6\}$ sei die Permutation ϕ mit Fixpunkt 4 gegeben :

$$\phi : \begin{pmatrix} 1 & 2 & 3 & 4 & 5 & 6 \\ 6 & 3 & 2 & 4 & 1 & 5 \end{pmatrix}$$

Mit dem Element 1 von X_6 wird die Bahn $\{6,5,1\}$ bestimmt. In der Restmenge $\{2,3,4\}$ wird mit dem Element 2 die Bahn $\{3,2\}$ bestimmt. Die Restmenge $\{4\}$ enthält nur den Fixpunkt 4, der zur identischen Abbildung führt, die nicht in die Zerlegung aufgenommen wird.

$$\phi(1) = 6 \qquad \phi^2(1) = \phi(6) = 5 \qquad \phi^3(1) = \phi(5) = 1$$
$$\phi(2) = 3 \qquad \phi^2(2) = \phi(3) = 2$$

Die Permutation ϕ ist also in das Produkt der Zyklen ϕ_1 und ϕ_2 zerlegbar :

$$\phi = \phi_1 \circ \phi_2 = <1,5,6> \circ <2,3>$$

Die Länge der Permutation ϕ ist $L(\phi) = 2 + 1 = 3$.

Produkte von Zyklen : Die Zerlegung einer Permutation in ein Produkt von Zyklen ist nicht eindeutig. Wählt man beliebige Zyklen ω_1 und ω_2, so ist ihr Produkt eine Permutation $\phi = \omega_1 \circ \omega_2$. Diese Permutation ϕ besitzt eine kanonische Zerlegung $\phi = \phi_1 \circ ... \circ \phi_s$, die bis auf die Reihenfolge der Zyklen eindeutig ist. Ihre Faktoren sind jedoch im allgemeinen von ω_1 und ω_2 verschieden.

Beispiel 2 : Kanonische Zerlegung eines Produktes von Zyklen

Gegeben seien die Zyklen $\omega_1 = <2,5,1,3>$ und $\omega_2 = <6,3,4,1>$ in der Menge $X_6 = \{1,2,...,6\}$. Ihr Produkt ist eine Permutation $\phi = \omega_1 \circ \omega_2$, die mit der zuvor beschriebenen Methode zerlegt werden kann :

$$\phi = \begin{bmatrix} 1 & 2 & 3 & 4 & 5 & 6 \\ 3 & 5 & 2 & 4 & 1 & 6 \end{bmatrix} \circ \begin{bmatrix} 1 & 2 & 3 & 4 & 5 & 6 \\ 6 & 2 & 4 & 1 & 5 & 3 \end{bmatrix} = \begin{bmatrix} 1 & 2 & 3 & 4 & 5 & 6 \\ 6 & 5 & 4 & 3 & 1 & 2 \end{bmatrix}$$

Das Element 1 führt zu der Bahn $\{6,2,5,1\}$ mit der Restmenge $\{3,4\}$. Das Element 3 führt zu der Bahn $\{4,3\}$. Die kanonische Zerlegung ist also

$$\phi = \phi_1 \circ \phi_2 = \{6,2,5,1\} \circ \{4,3\}$$

Die kanonische Zerlegung kann auch ohne explizite Bestimmung der Permutation ϕ durchgeführt werden, indem die Bilder mit dem Produkt $\omega_1 \circ \omega_2$ bestimmt werden :

$$\phi(1) = \omega_1(\omega_2(1)) = \omega_1(6) = 6 \qquad \phi(3) = \omega_1(\omega_2(3)) = \omega_1(4) = 4$$

$$\phi(6) = \omega_1(\omega_2(6)) = \omega_1(3) = 2 \qquad \phi(4) = \omega_1(\omega_2(4)) = \omega_1(1) = 3$$

$$\phi(2) = \omega_1(\omega_2(2)) = \omega_1(2) = 5$$

$$\phi(5) = \omega_1(\omega_2(5)) = \omega_1(5) = 1$$

7.7.4 KONJUGIERTE PERMUTATIONEN

Einführung : Zwei Permutationen heißen ähnlich, wenn die Anzahl der Zyklen in ihren kanonischen Zerlegungen gleich ist und die Zyklen bei geeigneter Numerierung gleich lang sind. In diesem Abschnitt wird gezeigt, daß ähnliche Permutationen in S_n konjugiert sind. Konjugierte Elemente von Gruppen sind in Abschnitt 7.4.4 definiert. Jede Permutationsgruppe kann in Klassen konjugierter Elemente zerlegt werden. Für die symmetrische Gruppe S_4 ist dies in Abschnitt 7.7.7 gezeigt.

Zyklenform der Konjugation : Die ω-Transformierte $\phi = \omega \circ \sigma \circ \omega^{-1}$ einer Permutation $\sigma \in S_n$ sei zu bestimmen. Die kanonische Zerlegung von σ sei $\sigma = \sigma_1 \circ \ldots \circ \sigma_m$. Dann besitzt ϕ die kanonische Zerlegung $\phi = \phi_1 \circ \ldots \circ \phi_m$ mit gleicher Zyklenanzahl und $\phi_i = \omega \circ \sigma_i \circ \omega^{-1}$. Ist σ_i der Zyklus $<a_1, \ldots, a_s>$, so ist ϕ_i der Zyklus $<\omega(a_1),\ldots,\omega(a_s)>$.

$$\sigma = \sigma_1 \circ \ldots \circ \sigma_m$$
$$\phi = \phi_1 \circ \ldots \circ \phi_m$$
$$\sigma_i = <a_1, \ldots, a_s> \quad \Rightarrow \quad \phi_i = <\omega(a_1),\ldots,\omega(a_s)>$$

Beweis : Zyklenform der Konjugation

(1) Die Transformierte $\phi_i = \omega \circ \sigma_i \circ \omega^{-1}$ des Zyklus $\sigma_i = <a_1, \ldots, a_s>$ ist ein Zyklus $\phi_i = <\omega(a_1),\ldots,\omega(a_s)>$. Für jedes Element $a_k \in \sigma_i$ folgt nämlich aus $\sigma_i(a_k) = a_{k+1}$ und $\sigma_i(a_s) = a_1$, daß ϕ_i das Element $\omega(a_k)$ auf $\omega(a_{k+1})$ und $\omega(a_s)$ auf $\omega(a_1)$ abbildet :

$$k \neq s: \ \phi_i(\omega(a_k)) = \omega \circ \sigma_i \circ \omega^{-1}(\omega(a_k)) = \omega \circ \sigma_i(a_k) = \omega(a_{k+1})$$
$$k = s: \ \phi_i(\omega(a_s)) = \omega \circ \sigma_i \circ \omega^{-1}(\omega(a_s)) = \omega \circ \sigma_i(a_s) = \omega(a_1)$$

Jedes Element $x \in X_n$, das nicht in dem Zyklus σ_i enthalten ist, ist ein Fixpunkt von σ_i mit $\sigma_i(x) = x$. Hieraus folgt, daß ϕ_i das Element $\omega(x)$ unverändert läßt, so daß $\omega(x)$ ein Fixpunkt von ϕ_i ist :

$$\phi_i(\omega(x)) = \omega \circ \sigma_i \circ \omega^{-1}(\omega(x)) = \omega \circ \sigma_i(x) = \omega(x)$$

Die Permutation ϕ_i bildet also die Elemente $\omega(a_1),\ldots,\omega(a_s)$ der permutierten Menge $\omega(X_n)$ zyklisch ab, während alle anderen Elemente von $\omega(X_n)$ Fixpunkte sind. Damit ist ϕ_i ein Zyklus $<\omega(a_1),\ldots,\omega(a_s)>$ aus S_n.

(2) Die ω-Transformierte $\phi = \omega \circ \sigma \circ \omega^{-1}$ der Permutation σ mit der kanonischen Zerlegung $\sigma = \sigma_1 \circ \ldots \circ \sigma_m$ wird als Produkt der ω-Transformierten $\phi_i = \omega \circ \sigma_i \circ \omega^{-1}$ der Zyklen σ_i ausgedrückt :

$$\phi = \omega \circ \sigma \circ \omega^{-1} = \omega \circ \sigma_1 \circ \ldots \circ \sigma_m \circ \omega^{-1}$$
$$\phi = (\omega \circ \sigma_1 \circ \omega^{-1}) \circ (\omega \circ \sigma_2 \circ \omega^{-1}) \circ \ldots \circ (\omega \circ \sigma_m \circ \omega^{-1})$$
$$\phi = \phi_1 \circ \phi_2 \circ \ldots \circ \phi_m$$

(3) Da die Zyklen σ_i der kanonischen Zerlegung von σ disjunkt sind und die Abbildung $\omega : X_n \to X_n$ eineindeutig ist, sind auch die Zyklen ϕ_i disjunkt. Folglich ist $\phi = \phi_1 \circ \phi_2 \circ \ldots \circ \phi_m$ die kanonische Zerlegung der Permutation ϕ.

Beispiel 1 : Zyklenform konjugierter Permutationen
Gegeben seien die Permutationen ω und σ der Menge $X_5 = \{1, 2, 3, 4, 5\}$.

$$\omega = \begin{bmatrix} 1 & 2 & 3 & 4 & 5 \\ 2 & 5 & 4 & 1 & 3 \end{bmatrix} \qquad \sigma = \begin{bmatrix} 1 & 2 & 3 & 4 & 5 \\ 4 & 2 & 5 & 1 & 3 \end{bmatrix}$$

Die Permutation σ besitzt die kanonische Zerlegung $\phi_1 \circ \phi_2 = <1,4> \circ <3,5>$. Die ω-Transformierte von σ wird in der Zyklenform bestimmt.

$$\begin{aligned} \omega \circ \sigma \circ \omega^{-1} &= (\omega \circ \phi_1 \circ \omega^{-1}) \circ (\omega \circ \phi_2 \circ \omega^{-1}) \\ &= <\omega(1), \omega(4)> \circ <\omega(3), \omega(5)> \\ &= <2,1> \circ <4,3> \end{aligned}$$

Zur Kontrolle wird die Transformierte $\omega \circ \sigma \circ \omega^{-1}$ direkt berechnet und mit dem Produkt $<2,1> \circ <4,3>$ verglichen.

$$\begin{aligned} \omega \circ \sigma \circ \omega^{-1} &= \begin{bmatrix} 1 & 2 & 3 & 4 & 5 \\ 2 & 5 & 4 & 1 & 3 \end{bmatrix} \circ \begin{bmatrix} 1 & 2 & 3 & 4 & 5 \\ 4 & 2 & 5 & 1 & 3 \end{bmatrix} \circ \begin{bmatrix} 1 & 2 & 3 & 4 & 5 \\ 4 & 1 & 5 & 3 & 2 \end{bmatrix} \\ &= \begin{bmatrix} 1 & 2 & 3 & 4 & 5 \\ 2 & 1 & 4 & 3 & 5 \end{bmatrix} \end{aligned}$$

$$<2,1> \circ <4,3> = \begin{bmatrix} 1 & 2 & 3 & 4 & 5 \\ 2 & 1 & 3 & 4 & 5 \end{bmatrix} \circ \begin{bmatrix} 1 & 2 & 3 & 4 & 5 \\ 1 & 2 & 4 & 3 & 5 \end{bmatrix} = \begin{bmatrix} 1 & 2 & 3 & 4 & 5 \\ 2 & 1 & 4 & 3 & 5 \end{bmatrix}$$

Ähnliche Permutationen : Die kanonischen Zerlegungen der Permutationen σ und ϕ aus S_n seien $\sigma = \sigma_1 \circ \ldots \circ \sigma_k$ und $\phi = \phi_1 \circ \ldots \circ \phi_m$. Die Permutationen σ und ϕ heißen ähnlich, wenn ihre kanonischen Zerlegungen gleich viele Zyklen enthalten $(k = m)$ und die Zyklen bei geeigneter Numerierung gleich lang sind : $L(\sigma_i) = L(\phi_i)$.

$$\sigma, \phi \in S_n \text{ sind ähnlich} \quad :\Leftrightarrow \quad \begin{aligned} \sigma &= \sigma_1 \circ \ldots \circ \sigma_m & \wedge \\ \phi &= \phi_1 \circ \ldots \circ \phi_m & \wedge \\ L(\sigma_i) &= L(\phi_i) \end{aligned}$$

Klassen konjugierter Permutationen : Die Permutationen ϕ und σ sind in der symmetrischen Gruppe S_n genau dann konjugiert, wenn sie ähnlich sind. Die Relation "konjugiert" ist eine Äquivalenzrelation und zerlegt S_n in disjunkte Klassen. Ähnliche Permutationen bilden also eine Klasse konjugierter Elemente von S_n.

Beweis : Permutationen sind in S_n genau dann konjugiert, wenn sie ähnlich sind.

(1) Die Permutationen ϕ und σ seien konjugiert. Dann gibt es eine Permutation $\omega \in S_n$, so daß $\phi = \omega \circ \sigma \circ \omega^{-1}$. Die kanonische Zerlegung von σ sei $\sigma = \sigma_1 \circ ... \circ \sigma_m$. Dann ist die kanonische Zerlegung von ϕ das Produkt $\phi_1 \circ ... \circ \phi_m$ mit $\phi_i = \omega \circ \sigma_i \circ \omega^{-1}$ (siehe Zyklenform der Konjugation). Die Anzahl m der Zyklen in den Zerlegungen von ϕ und σ ist gleich, ebenso die Länge von $\sigma_i = <a_1, ..., a_s>$ und $\phi_i = <\omega(a_1), ..., \omega(a_s)>$. Folglich sind die Permutationen ϕ und σ ähnlich.

(2) Die Permutationen ϕ und σ seien ähnlich. Ihre kanonischen Zerlegungen seien $\phi = \phi_1 \circ ... \circ \phi_m$ und $\sigma = \sigma_1 \circ ... \circ \sigma_m$ mit $L(\phi_i) = L(\sigma_i)$. Dann gibt es bijektive Abbildungen $\omega_i : W[\sigma_i] \to W[\phi_i]$ für $i = 1,...,m$. Folglich gibt es eine bijektive Abbildung $\omega_W : W[\sigma] \to W[\phi]$ der Wirkungsbereiche. Da die Wirkungsbereiche $W[\sigma]$ und $W[\phi]$ gleichmächtig sind, gibt es eine bijektive Abbildung der Fixpunkte von σ auf die Fixpunkte von ϕ. Insgesamt gibt es also eine Permutation $\omega : X_n \to X_n$, die $\sigma_i = <a_1, ..., a_s>$ in $\phi_i = <\omega(a_1),..., \omega(a_s)>$ überführt. Aus der Zyklenform der Konjugation folgt, daß $\phi = \omega \circ \sigma \circ \omega^{-1}$ die ω-Transformierte von σ ist.

Beispiel 2 : Klassen konjugierter Elemente von $S_3 = \{\phi_1, ..., \phi_6\}$

$$\phi_1 : \begin{bmatrix} 1 & 2 & 3 \\ 1 & 2 & 3 \end{bmatrix} \quad \phi_2 : \begin{bmatrix} 1 & 2 & 3 \\ 2 & 3 & 1 \end{bmatrix} \quad \phi_3 : \begin{bmatrix} 1 & 2 & 3 \\ 3 & 1 & 2 \end{bmatrix}$$

$$\phi_4 : \begin{bmatrix} 1 & 2 & 3 \\ 2 & 1 & 3 \end{bmatrix} \quad \phi_5 : \begin{bmatrix} 1 & 2 & 3 \\ 1 & 3 & 2 \end{bmatrix} \quad \phi_6 : \begin{bmatrix} 1 & 2 & 3 \\ 3 & 2 & 1 \end{bmatrix}$$

Die Permutationen ϕ_i besitzen folgende Zyklenzerlegungen :

$\phi_1(1) = 1$			:	$\phi_1 = <1>$
$\phi_2(1) = 2$	$\phi_2(2) = 3$	$\phi_2(3) = 1$	:	$\phi_2 = <1,2,3>$
$\phi_3(1) = 3$	$\phi_3(3) = 2$	$\phi_3(2) = 1$	:	$\phi_3 = <3,2,1>$
$\phi_4(1) = 2$	$\phi_4(2) = 1$		:	$\phi_4 = <1,2>$
$\phi_5(2) = 3$	$\phi_5(3) = 2$		:	$\phi_5 = <2,3>$
$\phi_6(1) = 3$	$\phi_6(3) = 1$		:	$\phi_6 = <3,1>$

Die drei Klassen konjugierter Elemente von S_3 sind also die Mengen $\{<1>\}$, $\{<1,2>, <2,3>, <3,1>\}$ und $\{<1,2,3>, <3,2,1>\}$.

7.7.5 TRANSPOSITIONEN

Einführung : Transpositionen werden in Abschnitt 7.7.3 als Zyklen der Länge 1 definiert. Jedes Element einer symmetrischen Gruppe kann als ein Produkt von Transpositionen dargestellt werden. Über die Transpositionen läßt sich zweckmäßig das Signum einer Permutation feststellen. Dieses Signum wird häufig in Anwendungen benötigt, beispielsweise bei der Bestimmung der Koordinaten des ε-Tensors in Kapitel 9.

Zerlegung in Transpositionen : Jedes Element einer symmetrischen Gruppe S_n mit $n \geq 2$ kann als ein Produkt von Transpositionen dargestellt werden. Dazu zerlegt man die Permutation ϕ zunächst kanonisch in Zyklen, also $\phi = \phi_1 \circ ... \circ \phi_m$. Dann zerlegt man jeden Zyklus in Transpositionen, also $\phi_i = \langle a_1, a_2, ..., a_s \rangle = \langle a_1, a_2 \rangle \circ \langle a_2, a_3, ..., a_s \rangle = \langle a_1, a_2 \rangle \circ \langle a_2, a_3 \rangle \circ ... \circ \langle a_{s-1}, a_s \rangle$.

Multiplikation mit einer Transposition : Die Permutation ϕ aus der symmetrischen Gruppe $S_n = S(X_n)$ wird mit der Transposition $\langle a_1, b_1 \rangle$ der Elemente a_1 und b_1 von X_n multipliziert. Die Differenz der Längen der resultierenden Permutation $\gamma = \langle a_1, b_1 \rangle \circ \phi$ und der Permutation ϕ ist entweder 1 oder –1.

$$\gamma = \langle a_1, b_1 \rangle \circ \phi \quad \Rightarrow \quad L(\gamma) = L(\phi) \pm 1$$

Beweis : Multiplikation mit einer Transposition

Die Permutation ϕ wird kanonisch in Zyklen zerlegt : $\phi = \phi_1 \circ ... \circ \phi_m$. Je nach Lage der Elemente a_1, b_1 in den Zyklen werden folgende Fälle unterschieden :

(1) Die Elemente liegen in demselben Zyklus $\phi_i = \langle a_1, ..., a_r, b_1, ..., b_s \rangle$.

$$\gamma_i = \langle a_1, b_1 \rangle \circ \phi_i = \begin{pmatrix} a_1 & b_1 \\ b_1 & a_1 \end{pmatrix} \circ \begin{pmatrix} a_1 & ... & a_{r-1} & a_r & b_1 & ... & b_{s-1} & b_s \\ a_2 & ... & a_r & b_1 & b_2 & ... & b_s & a_1 \end{pmatrix}$$

$$= \begin{pmatrix} a_1 & ... & a_{r-1} & a_r & b_1 & ... & b_{s-1} & b_s \\ a_2 & ... & a_r & a_1 & b_2 & ... & b_s & b_1 \end{pmatrix}$$

$$= \langle a_1, ..., a_r \rangle \circ \langle b_1 ..., b_s \rangle$$

Die Länge der Zyklen, die a_1 und b_1 nicht enthalten, bleibt unverändert. Die Länge $L(\phi_i) = r + s - 1$ wird durch die Länge $L(\gamma_i) = (r-1) + (s-1)$ ersetzt, so daß $L(\gamma) = L(\phi) - 1$.

(2) Die Elemente a_1 und b_1 liegen in verschiedenen Zyklen $\phi_1 = <a_1,...,a_r>$ und $\phi_2 = <b_1,...,b_s>$. Das Produkt $\phi_1 \circ \phi_2$ wird nach Punkt (1) des Beweises durch $<a_1, b_1> \circ <a_1,..., a_r, b_1,...,b_s>$ ersetzt. Dann folgt für die Multiplikation von $\phi_1 \circ \phi_2$ mit der Transposition $<a_1, b_1>$:

$$\begin{aligned} <a_1, b_1> \circ \phi_1 \circ \phi_2 &= <a_1, b_1> \circ <a_1, b_1> \circ <a_1,...,a_r, b_1,...,b_s> \\ &= <a_1,...,a_r, b_1,...,b_s> \end{aligned}$$

Die Länge der Zyklen, die a_1 und b_1 nicht enthalten, bleibt unverändert. Aus $L(\phi_1 \circ \phi_2) = r+s-2$ und $L(<a_1,b_1> \circ \phi_1 \circ \phi_2) = r+s-1$ folgt $L(\gamma) = L(\phi)+1$.

(3) Das Element a_1 liegt in Zyklus ϕ_1 , das Element b_1 ist ein Fixpunkt. Zu dem Fixpunkt wird ein Zyklus der Länge 0 gebildet, also $\phi_2 = <b_1>$. Dieser Fall ist in Punkt (2) enthalten :

$$\begin{aligned} <a_1, b_1> \circ \phi_1 \circ \phi_2 &= <a_1, b_1> \circ <a_1, b_1> \circ <a_1,...,a_r, b_1> \\ &= <a_1,...,a_r, b_1> \end{aligned}$$

(4) Beide Elemente sind Fixpunkte. In diesem Fall werden die Zyklen $\phi_1 = <a_1>$ und $\phi_2 = <b_1>$ der Länge 0 gebildet. Dieser Fall ist ebenfalls in Punkt (2) enthalten.

$$\begin{aligned} <a_1, b_1> \circ <a_1> \circ <b_1> &= <a_1, b_1> \circ <a_1, b_1> \circ <a_1, b_1> \\ &= <a_1, b_1> \end{aligned}$$

Signum einer Permutation : Eine Permutation ϕ heißt gerade, wenn ihre Länge $L(\phi)$ eine gerade Zahl ist. Sonst heißt die Permutation ϕ ungerade. Die Zahl $(-1)^{L(\phi)}$ heißt das Signum (die Signatur, die Parität) der Permutation ϕ und wird mit $\operatorname{sgn} \phi$ bezeichnet.

$$\phi = \phi_1 \circ ... \circ \phi_m \quad \wedge \quad L(\phi) = \sum_{i=1}^{m} L(\phi_i) \quad \Rightarrow \quad \operatorname{sgn} \phi = (-1)^{L(\phi)}$$

Bestimmung des Signums über Transpositionen : Eine Permutation ϕ sei das Produkt von s Transpositionen $<a_i, b_i>$. Dann ist die Permutation gerade, wenn die Zahl s gerade ist. Sonst ist die Permutation ungerade.

$$\phi = <a_1, b_1> \circ ... \circ <a_s, b_s> \quad \Rightarrow \quad \operatorname{sgn} \phi = (-1)^s$$

Beweis : Gerade und ungerade Permutationen

(1) Besteht die Permutation ϕ aus einer Transposition <a,b>, so ist ihre Länge $L(\phi) = 1$. Die Permutation ϕ ist also ungerade und die Aussage gilt für $s = 1$.

(2) Eine Permutation ϕ sei das Produkt von s Transpositionen. Die Multiplikation von ϕ mit einer zusätzlichen Transposition führt zu einer Permutation σ, die das Produkt von $(s + 1)$ Transpositionen ist. Da die Länge $L(\sigma) = L(\phi) \pm 1$, gilt $\operatorname{sgn} \sigma = -\operatorname{sgn} \phi$.

(3) Da eine Permutation mit $s = 1$ ungerade ist und das Signum für aufeinanderfolgende Werte von s alterniert, sind alle Permutationen ungerade, die das Produkt einer ungeraden Anzahl von Transpositionen sind. Alle anderen Permutationen sind gerade.

Homomorphismus der symmetrischen Gruppe : Die Abbildung sgn der symmetrischen Permutationsgruppe S_n auf die Wertemenge $\{-1,1\}$ des Signums der Permutationen aus S_n ist ein Homomorphismus.

$$\operatorname{sgn} : S_n \to \{-1,1\}$$

$$\operatorname{sgn}(\phi_1 \circ \phi_2) = \operatorname{sgn}(\phi_1) \circ \operatorname{sgn}(\phi_2)$$

Beweis : sgn ist ein Homomorphismus.

Die Permutationen werden in Transpositionen zerlegt : $\phi_1 = \alpha_1 \circ \ldots \circ \alpha_k$ und $\phi_2 = \beta_1 \circ \ldots \circ \beta_m$. Dann gilt $\phi_1 \circ \phi_2 = \alpha_1 \circ \ldots \circ \alpha_k \circ \beta_1 \circ \ldots \circ \beta_m$.

$$\operatorname{sgn}(\phi_1 \circ \phi_2) = (-1)^{k+m} = (-1)^k \cdot (-1)^m = \operatorname{sgn} \phi_1 \cdot \operatorname{sgn} \phi_2$$

Beispiel : Bestimmung des Signums einer Permutation

$$\phi = \begin{pmatrix} 1 & 2 & 3 & 4 & 5 & 6 & 7 \\ 7 & 3 & 4 & 6 & 1 & 5 & 2 \end{pmatrix}$$

Das Signum der Permutation ϕ ist zu bestimmen. Dazu wird zunächst die Bahn des Elementes 1 bestimmt :

$$\phi(1) = 7 \quad \phi(7) = 2 \quad \phi(2) = 3 \quad \phi(3) = 4 \quad \phi(4) = 6 \quad \phi(6) = 5 \quad \phi(5) = 1$$

Die kanonische Zerlegung von ϕ ist der Zyklus $<7,2,3,4,6,5,1>$. Also ist die Zerlegung von ϕ in Transpositionen $\phi = <7,2> \circ <2,3> \circ <3,4> \circ <4,6> \circ <6,5> \circ <5,1>$. Da die Anzahl 6 der Transpositionen gerade ist, ist das Signum von ϕ gleich 1 : Die Permutation ϕ ist gerade.

7.7.6 UNTERGRUPPEN EINER SYMMETRISCHEN GRUPPE

Untergruppen einer symmetrischen Gruppe : $S_m = S(X_m)$ sei eine symmetrische Gruppe. Für eine Teilmenge $X_n \subseteq X_m$ wird eine Teilmenge $S_n \subseteq S_m$ gebildet. Die Teilmenge S_n enthält jede Permutation ϕ aus S_m, für die jedes Element der Differenzmenge $X_m - X_n$ ein Fixpunkt ist. Die Permutationen in S_n bilden eine Untergruppe von S_m.

Ordnung von Permutationsgruppen : Die Ordnung der symmetrischen Gruppe S_n ist die Fakultät $n!$. Der Index der Gruppe S_n in der Gruppe S_{n+1} ist $n+1$.

Beweis : Die Ordnung von Permutationsgruppen

(1) Die Linksnebenklassen der Untergruppe S_n in der Permutationsgruppe S_{n+1} sind :

$$\phi_a \circ S_n \; := \; \{\phi \in S_{n+1} \mid \phi_a \circ \phi_n = \phi \quad \wedge \quad \phi_n \in S_n\}$$

Zur Bestimmung dieser Nebenklassen werden Permutationen $\phi_a \in S_{n+1}$ betrachtet, die ein Element $a \in \{1,...,n+1\}$ mit dem Element $n+1$ vertauschen. Im Sonderfall $a = n+1$ ist ϕ_a die identische Abbildung in S_{n+1}.

$$\phi_a \; := \; \begin{bmatrix} a & n+1 \\ n+1 & a \end{bmatrix} \qquad a = 1,...,n+1$$

Die Nebenklasse $\phi_a \circ S_n$ enthält genau die Permutationen $\phi \in S_{n+1}$, die das Element $n+1$ auf das Element a abbilden. Ist nämlich ϕ ein Element von $\phi_a \circ S_n$, so gilt mit $\phi_n \in S_n$:

$$\phi(n+1) \; = \; \phi_a \circ \phi_n(n+1) \; = \; \phi_a(n+1) \; = \; a$$

Gilt umgekehrt $\phi(n+1) = a$, so folgt :

$$\phi_a \circ \phi(n+1) \; = \; \phi_a(a) \; = \; n+1 \quad \Rightarrow \quad \phi_a \circ \phi \in S_n$$

Damit gilt $\phi_a \circ \phi \; = \; \phi_n \in S_n$ und somit $\phi \; = \; \phi_a^{-1} \circ \phi_n \; = \; \phi_a \circ \phi_n$. Die $n+1$ Linksnebenklassen $\phi_a \circ S_n$ bilden also eine Zerlegung von S_{n+1}. Der Index von S_n in S_{n+1} ist damit $n+1$.

(2) Aus dem Indexsatz folgt $\text{ord}\, S_{n+1} = (n+1) \cdot \text{ord}\, S_n$. Induktiv folgt damit $\text{ord}\, S_n = n!$.

Alternierende Gruppen : Die geraden Permutationen in einer symmetrischen Gruppe S_n bilden eine Untergruppe von S_n. Diese Untergruppe heißt alternierende Gruppe und wird mit A_n oder mit $A(X_n)$ bezeichnet.

Beweis : Gruppeneigenschaften von A_n

(1) Die identische Abbildung ist gerade und daher in A_n enthalten.

(2) Das Produkt von zwei geraden Permutationen ist eine gerade Permutation und daher in A_n enthalten.

(3) Die Inverse einer geraden Permutation ist eine gerade Permutation und daher in A_n enthalten.

$$\phi \circ \phi^{-1} = 1_A \quad \Rightarrow \quad \text{sgn}\,\phi \cdot \text{sgn}\,\phi^{-1} = \text{sgn}\,1_A = 1$$
$$\Rightarrow \quad \text{sgn}\,\phi = \text{sgn}\,\phi^{-1}$$

Eigenschaften der alternierenden Gruppen :

(A1) Die alternierende Gruppe A_n ist Normalteiler in S_n.

(A2) Für $n \geq 2$ ist der Index der alternierenden Gruppe A_n in der symmetrischen Gruppe S_n gleich 2 und die Ordnung von A_n gleich $\frac{1}{2}$ n!.

(A3) Für $n \geq 4$ ist A_n nicht abelsch.

(A4) Für $n \geq 3$ läßt sich jedes Element von A_n als ein Produkt von Dreierzyklen darstellen.

(A5) Die alternierende Gruppe A_n ist identisch mit der in Abschnitt 7.8.2 definierten Kommutator-Untergruppe der symmetrischen Gruppe S_n. Folglich ist A_n eine charakteristische Untergruppe von S_n.

(A6) Für $n \geq 5$ bilden die Dreierzyklen in A_n eine Klasse konjugierter Elemente.

(A7) Für $n \geq 5$ ist die Gruppe A_n einfach : Sie enthält keine echte Untergruppe, die Normalteiler von A_n ist.

Beweis : Eigenschaften der alternierenden Gruppen

(A1) Für beliebige Elemente $a \in A_n$ und $s \in S_n$ gilt $\text{sgn}(s \circ a \circ s^{-1}) = \text{sgn}\,s \circ \text{sgn}\,a \circ \text{sgn}\,s^{-1} = \text{sgn}\,a$. Das transformierte Element $s \circ a \circ s^{-1}$ ist also ein Element von A_n. Folglich ist A_n Normalteiler in S_n.

(A2) Jede gerade Permutation ist ein Element von A_n. Die Multiplikation mit der identischen Abbildung <1> ändert sgn ϕ nicht. Also enthält die linke Nebenklasse $<1> \circ A_n$ alle geraden Permutationen aus S_n.

Die Multiplikation mit der Transposition <1,2> ist für $n \geq 2$ zulässig und ändert das Signum jeder Permutation. Die Permutation ω aus S_n sei ungerade. Dann ist $\phi = <1,2> \circ \omega$ ein Element von A_n. Aus $\phi = <1,2> \circ \omega$ folgt $\omega = <1,2> \circ \phi$. Also enthält die linke Nebenklasse $<1,2> \circ A_n$ alle ungeraden Permutationen aus S_n.

Jede Permutation aus S_n ist entweder gerade oder ungerade. Folglich bilden die Klassen $<1> \circ A_n$ und $<1,2> \circ A_n$ eine Zerlegung von S_n. Der Index von A_n in S_n ist also 2. Aus $\text{ord}\,S_n = n!$ folgt $\text{ord}\,A_n = \frac{1}{2}\,n!$.

(A3) Bei $n \geq 4$ enthält A_n die Zyklen $\phi = <1,2,3>$, $\omega = <1,2,4>$ und $\gamma = <2,4,3>$. Aus der Transformation $\omega \circ \phi \circ \omega^{-1} = <\omega(1), \omega(2), \omega(3)> = <2,4,3> = \gamma$ folgt $\omega \circ \phi = <1,2,4> \circ <1,2,3> = <2,4,3> \circ <1,2,4> \neq \phi \circ \omega$. Also ist A_n nicht abelsch.

(A4) Jedes Element ϕ von A_n ist eine gerade Permutation und folglich das Produkt einer geraden Anzahl von Transpositionen ω_i. Jede Belegung eines Produktes von zwei Transpositionen mit Elementen $a \neq b \neq c \neq d$ aus X_n ist gleich einem Produkt von Dreierzyklen. Folglich ist ϕ ein Produkt von Dreierzyklen :

$$\phi = (\omega_1 \circ \omega_2) \circ (\omega_3 \circ \omega_4) \circ \ldots$$

$$\omega_m \circ \omega_{m+1} = <a,b> \circ <a,b> = <a,b,c>^3 = <1>$$

$$\omega_m \circ \omega_{m+1} = <a,b> \circ <b,c> = <b,c,a> = <a,b,c>$$

$$\omega_m \circ \omega_{m+1} = <a,b> \circ <c,d> = <a,b> \circ <b,c> \circ <b,c> \circ <c,d>$$

$$= <a,b,c> \circ <b,c,d>$$

(A5) Die Gruppen der Kommutatoren $\phi \circ \omega \circ \phi^{-1} \circ \omega^{-1}$ der symmetrischen Gruppen S_1 und S_2 enthalten nur das neutrale Element $<1>$: Die Aussage ist wahr. Für $n \geq 3$ ist jeder Dreierzyklus ein Kommutator in S_n. Zum Beweis nutzt man die Gleichung $<a,b>^2 = <1>$, also $<a,b> = <a,b>^{-1}$:

$$<a,b,c> = <a,c,b> \circ <a,c,b>$$

$$= <a,c> \circ <c,b> \circ <a,c> \circ <c,b>$$

$$= <a,c> \circ <c,b> \circ <a,c>^{-1} \circ <c,b>^{-1}$$

Da jede Permutation $\phi \in A_n$ als ein Produkt von Dreierzyklen und jeder Dreierzyklus als Kommutator darstellbar ist, ist jede Permutation $\phi \in A_n$ ein Produkt von Kommutatoren und folglich ein Element der Kommutatorgruppe K von S_n. Also gilt $A_n \subseteq K$. Da ferner A_n Normalteiler in S_n und S_n / A_n abelsch ist, ist K mit Eigenschaft (K2) der Kommutatorgruppen in Abschnitt 7.8.2 eine Teilmenge von A_n, also $K \subseteq A_n$. Aus $A_n \subseteq K \subseteq A_n$ folgt $K = A_n$.

Beweis A6 : Für $n \geq 5$ bilden die Dreierzyklen in A_n eine Klasse konjugierter Elemente.

(1) In Abschnitt 7.7.4 ist gezeigt, daß zwei Permutationen genau dann in S_n konjugiert sind, wenn sie ähnlich sind. Die Dreierzyklen $\phi = <a_1, a_2, a_3>$ und $\gamma = <b_1, b_2, b_3>$ sind ähnlich und folglich in S_n konjugiert. Es ist zu zeigen, daß ϕ und γ auch in A_n konjugiert sind.

Für die in S_n konjugierten Elemente ϕ und γ gibt es eine Permutation $\omega_1 \in S_n$, so daß $\omega_1 \circ \phi \circ \omega_1^{-1} = \gamma$. Für $n \geq 5$ gibt es in S_n eine Transposition $<c,d>$, so daß die Wirkungsbereiche $\{a_1, a_2, a_3\}$ von ϕ und $\{c,d\}$ von $<c,d>$ disjunkt sind.

Folglich sind die Permutationen ϕ und $<c,d>$ vertauschbar. Für die Permutation $\omega_2 := \omega_1 \circ <c,d>$ gilt also $\omega_2 \circ \phi \circ \omega_2^{-1} = \omega_1 \circ <c,d> \circ \phi \circ <c,d>^{-1} \circ \omega_1^{-1} = \omega_1 \circ \phi \circ \omega_1^{-1} = \gamma$. Da entweder ω_1 oder ω_2 eine gerade Permutation ist, sind ϕ und γ konjugierte Elemente von A_n.

(2) Die Permutation γ sei ein Dreierzyklus, die Permutation ϕ nicht. Dann sind die Permutationen nicht ähnlich und folglich in S_n nicht konjugiert. Also ist ϕ kein Element der Klasse $[\gamma]$. Die Klasse $[\gamma]$ enthält nur Dreierzyklen.

Beweis A7 : Die alternierende Gruppe A_n mit $n \geq 5$ ist einfach.

Die Eigenschaft (A4) von A_n zeigt, daß jedes Element von A_n mit $n \geq 5$ als Produkt von Dreierzyklen darstellbar ist. Im folgenden wird gezeigt, daß ein Normalteiler $N \neq \{1\}$ von A_n alle Dreierzyklen von S_n enthält. Also enthält N alle Elemente von A_n. Mit $N = A_n$ ist die Gruppe A_n einfach.

(1) Der Kommutator $k = \phi \circ \omega \circ \phi^{-1} \circ \omega^{-1}$ eines Dreierzyklus $\omega \in A_n$ und einer Permutation $\phi \in N$ ist ein Element von N. Die Gruppe N enthält nämlich mit ϕ auch die Inverse ϕ^{-1}. Aus $\omega \circ N = N \circ \omega$ folgt $\omega \circ \phi^{-1} \circ \omega^{-1} \in N$. Die Gruppe N enthält mit den Elementen ϕ und $\omega \circ \phi^{-1} \circ \omega^{-1}$ auch ihr Produkt $k = \phi \circ \omega \circ \phi^{-1} \circ \omega^{-1}$.

(2) Es wird gezeigt, daß N einen Dreierzyklus enthält. Jede Permutation $\phi \in N$ mit $\phi \neq i$ ist gerade und folglich das Produkt von mindestens zwei verschiedenen Transpositionen. Folglich sind mindestens drei Elemente a,b,c keine Fixpunkte von ϕ.

Enthält ϕ genau drei Elemente, die keine Fixpunkte sind, so ist ϕ selbst ein Dreierzyklus $<a,b,c>$. Enthält ϕ mehr als drei Elemente, die keine Fixpunkte sind, so wird ϕ kanonisch in Zyklen zerlegt. Für jede der möglichen Anordnungen der Elemente a,b,c in den Zyklen der kanonischen Zerlegung von ϕ wird gezeigt, daß bei geeigneter Wahl des Dreierzyklus ω der Kommutator $k = \phi \circ \omega \circ \phi^{-1} \circ \omega^{-1}$ entweder ein Dreierzyklus ist oder zur Konstruktion eines Kommutators benutzt werden kann, der ein Dreierzyklus ist. Dieser Kommutator ist wegen (1) ein Element von N.

(2a) Ein Zyklus mit mehr als drei Elementen : $\phi = <a,b,c,d...>$
Wähle $\omega = <a,b,c>$, so daß $\phi \circ \omega \circ \phi^{-1} = <b,c,d>$
$k = <b,c,d> \circ <c,b,a> = <d,b> \circ <b,c> \circ <c,b> \circ <b,a> = <d,b,a>$
Also ist k ein Dreierzyklus in N.

(2b) Ein Zyklus mit drei Elementen : $\phi = <a,b,c> \circ <d,e,...>$
Wähle $\omega = <a,b,d>$, so daß $\phi \circ \omega \circ \phi^{-1} = <b,c,e>$
$k = <b,c,e> \circ <d,b,a> = <c,e,b,a,d> \in N$
Aus k wird nach (2a) ein Dreierzyklus in N konstruiert.

(2c) Es gibt nur Zyklen mit zwei Elementen: $\phi = \langle a,b \rangle \circ \langle c,d \rangle \circ \ldots$
Fall 1 : Es gibt einen Fixpunkt $\phi(e) = e$
Wähle $\omega = \langle a,c,e \rangle$, so daß $\phi \circ \omega \circ \phi^{-1} = \langle b,d,e \rangle$
$k = \langle b,d,e \rangle \circ \langle e,c,a \rangle = \langle b,d,e,c,a \rangle \in N$
Aus k wird nach (2a) ein Dreierzyklus in N konstruiert.

Fall 2 : Es gibt ein Element e mit $\phi(e) \neq e$ und $e \neq a,b,c,d$
Wähle $\omega = \langle a,c,e \rangle$, so daß $\phi \circ \omega \circ \phi^{-1} = \langle b,d,\phi(e) \rangle$
$k = \langle b,d,\phi(e) \rangle \circ \langle e,c,a \rangle \in N$
Aus k wird nach (2b) ein Dreierzyklus in N konstruiert.

(3) Der in (2) bestimmte Dreierzyklus in N sei γ. Mit Eigenschaft (A5) ist A_n charakteristische Untergruppe von S_n. Der Normalteiler N von A_n ist daher auch ein Normalteiler von S_n. Weil γ ein Element von N ist, enthält N alle zu γ konjugierten Elemente von S_n :

$$N = \{\beta \circ \gamma \circ \beta^{-1} \mid \beta \in S_n\}$$

Die Dreierzyklen in A_n bilden für $n \geq 5$ wegen Eigenschaft (A6) eine Klasse konjugierter Elemente. Da $\gamma \in N$ ein Dreierzyklus ist, enthält die Klasse N der zu γ konjugierten Elemente alle Dreierzyklen von S_n und damit nach (A4) alle Elemente von A_n.

Beispiel 5 : Isomorphie der Deckgruppe des Dreiecks mit S_3

Die in Beispiel 1 von Abschnitt 7.3.2 beschriebene Deckgruppe des gleichseitigen Dreiecks ist mit der symmetrischen Gruppe S_3 isomorph. Den Elementen $\{a_0,\ldots,a_5\}$ der Deckgruppe sind die Permutationen $\{p_0,\ldots,p_5\}$ des Beispiels 1 in Abschnitt 7.3.1 zugeordnet. Die Produkttafeln der Deckgruppe und der symmetrischen Gruppe sind identisch, wenn der Deckung a_i die Permutation p_i zugeordnet wird.

Beispiel 6 : Isomorphie der Deckgruppe des Tetraeders mit A_4

Die in Beispiel 2 von Abschnitt 7.3.2 beschriebene Deckgruppe des regelmäßigen Tetraeders ist mit der alternierenden Gruppe A_4 isomorph. Die Deckgruppe enthält also nur gerade Permutationen. Dies ist darauf zurückzuführen, daß die ungeraden Permutationen in der Symmetriegruppe S_4 mit dem dreidimensionalen Tetraeder als Festkörper im dreidimensionalen Raum physikalisch nicht ausgeführt werden können.

7.7.7 GRUPPENSTRUKTUR DER SYMMETRISCHEN GRUPPE S_4

Einführung : Die symmetrische Gruppe 4. Grades S_4 enthält die 24 Permutationen der Zahlenmenge $\{1,2,3,4\}$. In diesem Abschnitt werden alle Untergruppen von S_4 bestimmt. Zu diesem Zweck wird die Produkttafel von S_4 aufgestellt. Dann werden die von einem Element erzeugten zyklischen Untergruppen von S_4 ermittelt. Mit den erzeugenden Elementen dieser Untergruppen werden Untergruppen von S_4 mit zwei erzeugenden Elementen bestimmt. Abschließend wird die Kettung der Untergruppen gezeigt.

Konstruktion der Produkttafel : Die Permutationen der symmetrischen Gruppe S_4 sind im folgenden vereinfacht dargestellt, indem die obere Zeile des in Abschnitt 7.3.1 definierten Schemas weggelassen und durch ein Raster ersetzt wird.

ϕ_1 =	1	2	3	4	ϕ_7 =	3	1	4	2	ϕ_{13} =	3	2	4	1	ϕ_{19} =	2	1	3	4
ϕ_2 =	2	3	4	1	ϕ_8 =	3	4	2	1	ϕ_{14} =	4	2	1	3	ϕ_{20} =	3	2	1	4
ϕ_3 =	3	4	1	2	ϕ_9 =	2	1	4	3	ϕ_{15} =	2	4	3	1	ϕ_{21} =	4	2	3	1
ϕ_4 =	4	1	2	3	ϕ_{10} =	4	3	1	2	ϕ_{16} =	4	1	3	2	ϕ_{22} =	1	3	2	4
ϕ_5 =	2	4	1	3	ϕ_{11} =	1	3	4	2	ϕ_{17} =	2	3	1	4	ϕ_{23} =	1	4	3	2
ϕ_6 =	4	3	2	1	ϕ_{12} =	1	4	2	3	ϕ_{18} =	3	1	2	4	ϕ_{24} =	1	2	4	3

Die innere Verknüpfung $\phi_i \circ \phi_m$ (sprich : ϕ_i nach ϕ_m) der Permutationen ist die Komposition (Nacheinanderausführung). Sie führt zu der folgenden Produkttafel der Gruppe $(S_4 ; \circ)$. Im folgenden sind häufig nur die Indizes der Permutationen gezeigt, also i statt ϕ_i .

Bestimmung der zyklischen Untergruppen : Für jedes Element ϕ_i von S_4 wird die zyklische Untergruppe mit Hilfe der Produkttafel ermittelt, beispielsweise :

$$gp(\phi_1) = \{\phi_1\} \qquad gp(\phi_3) = \{\phi_1, \phi_3\}$$

$$gp(\phi_2) = \{\phi_1, \phi_2, \phi_3, \phi_4\} \qquad gp(\phi_4) = \{\phi_1, \phi_2, \phi_3, \phi_4\}$$

Das Beispiel zeigt, daß verschiedene Elemente (hier ϕ_2 und ϕ_4) gleiche Untergruppen erzeugen können. Das erzeugende Element einer Untergruppe kann auch in einer anderen Gruppe auftreten (hier ϕ_3), ist aber in der Gruppe $\{\phi_1, \phi_2, \phi_3, \phi_4\}$ nicht erzeugendes Element! Die Untergruppen sind im folgenden nach ihrer Ordnung zusammengefaßt und mit Bezeichnungen wie E_1, Z_i, D_m und V_n identifiziert.

	1	2	3	4	5	6	7	8	9	10	11	12	13	14	15	16	17	18	19	20	21	22	23	24
1	1	2	3	4	5	6	7	8	9	10	11	12	13	14	15	16	17	18	19	20	21	22	23	24
2	2	3	4	1	18	23	14	16	20	12	5	19	10	22	7	24	8	21	13	6	11	15	9	17
3	3	4	1	2	21	9	22	24	6	19	18	13	12	15	14	17	16	11	10	23	5	7	20	8
4	4	1	2	3	11	20	15	17	23	13	21	10	19	7	22	8	24	5	12	9	18	14	6	16
5	5	16	22	13	6	7	1	11	21	18	19	2	23	8	10	20	4	24	14	12	3	9	17	15
6	6	20	9	23	7	1	5	19	3	24	14	16	17	11	18	12	13	15	8	2	22	21	4	10
7	7	12	21	17	1	5	6	14	22	15	8	20	4	19	24	2	23	10	11	16	9	3	13	18
8	8	14	19	11	16	24	17	9	10	1	20	7	5	23	4	22	21	2	6	15	12	13	18	3
9	9	23	6	20	22	3	21	10	1	8	15	17	16	18	11	13	12	14	24	4	7	5	2	19
10	10	18	24	15	13	19	12	1	8	9	4	21	22	2	20	5	7	23	3	11	17	16	14	6
11	11	8	14	19	20	15	4	21	18	5	12	1	6	17	13	9	3	16	7	10	2	23	24	22
12	12	21	17	7	10	13	19	2	16	20	1	11	15	3	6	18	14	9	4	5	8	24	22	23
13	13	5	16	22	19	12	10	4	17	23	3	18	14	1	9	11	15	6	2	21	24	8	7	20
14	14	19	11	8	2	18	23	22	15	7	16	6	1	13	17	3	9	12	5	24	20	4	10	21
15	15	10	18	24	4	11	20	7	14	22	17	9	3	12	16	1	6	13	21	8	23	2	19	5
16	16	22	13	5	24	17	8	20	12	2	6	14	18	9	1	15	11	3	23	7	19	10	21	4
17	17	7	12	21	8	16	24	23	13	4	9	15	11	6	3	14	18	1	20	22	10	19	5	2
18	18	24	15	10	23	14	2	5	11	21	13	3	9	16	12	6	1	17	22	19	4	20	8	7
19	19	11	8	14	12	10	13	3	24	6	2	5	7	4	23	21	22	20	1	18	16	17	15	9
20	20	9	23	6	15	4	11	12	2	16	7	8	24	21	5	10	19	22	17	1	14	18	3	13
21	21	17	7	12	9	22	3	18	5	11	10	4	20	24	19	23	2	8	15	13	1	6	16	14
22	22	13	5	16	3	21	9	15	7	14	24	23	2	10	8	4	20	19	18	17	6	1	12	11
23	23	6	20	9	14	2	18	13	4	17	22	24	8	5	21	19	10	7	16	3	15	11	1	12
24	24	15	10	18	17	8	16	6	19	3	23	22	21	20	2	7	5	4	9	14	13	12	11	1

Produkttafel der symmetrischen Gruppe S_4
(Zeile ϕ_i, Spalte ϕ_m ; Ergebnis $\phi_i \circ \phi_m$)

Zyklische Untergruppen von S_4 :

Ordnung 1 : $I = gp(1)$

1

I

Ordnung 2 :

$Z_1 = gp(3)$, $Z_4 = gp(19)$, $Z_7 = gp(22)$

$Z_2 = gp(6)$, $Z_5 = gp(20)$, $Z_8 = gp(23)$

$Z_3 = gp(9)$, $Z_6 = gp(21)$, $Z_9 = gp(24)$

	1	3
1	1	3
3	3	1

Z_1

	1	19
1	1	19
19	19	1

Z_4

	1	22
1	1	22
22	22	1

Z_7

	1	6
1	1	6
6	6	1

Z_2

	1	20
1	1	20
20	20	1

Z_5

	1	23
1	1	23
23	23	1

Z_8

	1	9
1	1	9
9	9	1

Z_3

	1	21
1	1	21
21	21	1

Z_6

	1	24
1	1	24
24	24	1

Z_9

Ordnung 3 :

$D_1 = gp(11)$, $D_3 = gp(15)$

$D_2 = gp(13)$, $D_4 = gp(17)$

	1	11	12
1	1	11	12
11	11	12	1
12	12	1	11

D_1

	1	15	16
1	1	15	16
15	15	16	1
16	16	1	15

D_3

	1	13	14
1	1	13	14
13	13	14	1
14	14	1	13

D_2

	1	17	18
1	1	17	18
17	17	18	1
18	18	1	17

D_4

Ordnung 4 :

$V_1 = gp(2)$, $V_2 = gp(5)$, $V_3 = gp(8)$

	1	2	3	4
1	1	2	3	4
2	2	3	4	1
3	3	4	1	2
4	4	1	2	3

V_1

	1	5	6	7
1	1	5	6	7
5	5	6	7	1
6	6	7	1	5
7	7	1	5	6

V_2

	1	8	9	10
1	1	8	9	10
8	8	9	10	1
9	9	10	1	8
10	10	1	8	9

V_3

Bestimmung der Untergruppen mit 2 erzeugenden Elementen : Keines der Elemente von S_4 erzeugt die vollständige Gruppe S_4. Die symmetrische Gruppe 4. Grades ist also nicht zyklisch. Jede der zyklischen Untergruppen von S_4 besitzt ein erzeugendes Element. Dieses ist im allgemeinen nicht eindeutig. Beispielsweise wird V_1 von ϕ_2 und von ϕ_4 erzeugt. Für die weitere Untersuchung werden die Elemente $E = \{\phi_2, \phi_3, \phi_5, \phi_6, \phi_8, \phi_9, \phi_{11}, \phi_{13}, \phi_{15}, \phi_{17}, \phi_{19}$ bis $\phi_{24}\}$ gewählt.

Die erzeugenden Elemente einer Gruppe $gp(\phi_i, \phi_m)$ mit zwei erzeugenden Elementen gehören zu verschiedenen zyklischen Untergruppen. Zur Bestimmung der Untergruppen mit 2 erzeugenden Elementen werden alle Paare $(\phi_i, \phi_m) \in E \times E$ mit $i \neq m$ betrachtet. Ein Teil dieser Paare erzeugt die vollständige Gruppe S_4. Andere Paare erzeugen Untergruppen von S_4. Die Bezeichnungen der erzeugten Untergruppen sind in der folgenden Matrix zusammengestellt.

Einige erzeugende Elemente zyklischer Untergruppen sind zugleich auch nicht-erzeugende Elemente anderer zyklischer Untergruppen. Beispielsweise ist das erzeugende Element ϕ_3 von $Z_1 = gp(3)$ zugleich nicht-erzeugendes Element von $V_1 = gp(2)$. Die Gruppen V_1, V_2, V_3 treten daher in der Matrix auf, obwohl sie von einem Element erzeugt werden.

	(4) 2	3	(7) 5	6	(10) 8	9	(12) 11	(14) 13	(16) 15	(18) 17	19	20	21	22	23	24
(4) 2		V_1	•	H_1	•	H_1	•	•	•	•	•	H_1	•	•	H_1	•
3	V_1		H_2	V_4	H_3	V_4	A_4	A_4	A_4	A_4	H_3	V_5	H_2	H_2	V_5	H_3
(7) 5	•	H_2		V_2	•	H_2	•	•	•	•	•	•	H_2	H_2	•	•
6	H_1	V_4	V_2		H_3	V_4	A_4	A_4	A_4	A_4	H_3	H_1	V_6	V_6	H_1	H_3
(10) 8	•	H_3	•	H_3		V_3	•	•	•	•	H_3	•	•	•	•	H_3
9	H_1	V_4	H_2	V_4	V_3		A_4	A_4	A_4	A_4	V_7	H_1	H_2	H_2	H_1	V_7
(12) 11	•	A_4	•	A_4	•	A_4		A_4	A_4	A_4	•	•	•	X_1	X_1	X_1
(14) 13	•	A_4	•	A_4	•	A_4	A_4		A_4	A_4	•	X_2	X_2	•	•	X_2
(16) 15	•	A_4	•	A_4	•	A_4	A_4	A_4		A_4	X_3	•	X_3	•	X_3	•
(18) 17	•	A_4	•	A_4	•	A_4	A_4	A_4	A_4		X_4	X_4	•	X_4	•	•
19	•	H_3	•	H_3	H_3	V_7	•	•	X_3	X_4		X_4	X_3	X_4	X_3	V_7
20	H_1	V_5	•	H_1	•	H_1	•	X_2	•	X_4	X_4		X_2	X_4	V_5	X_2
21	•	H_2	H_2	V_6	•	H_2	•	X_2	X_3	•	X_3	X_2		V_6	X_3	X_2
22	•	H_2	H_2	V_6	•	H_2	X_1	•	•	X_4	X_4	X_4	V_6		X_1	X_1
23	H_1	V_5	•	H_1	•	H_1	X_1	•	X_3	•	X_3	V_5	X_3	X_1		X_1
24	•	H_3	•	H_3	H_3	V_7	X_1	X_2	•	•	V_7	X_2	X_2	X_1	X_1	

Bezeichnungen der erzeugten Gruppen $gp(\phi_i, \phi_m)$

- Die vollständige Permutationsgruppe S_4 wird erzeugt

Untergruppen von S_4 mit zwei erzeugenden Elementen :

Ordnung 12 : $A_4 = gp(11,13)$

	1	3	6	9	11	12	13	14	15	16	17	18
1	1	3	6	9	11	12	13	14	15	16	17	18
3	3	1	9	6	18	13	12	15	14	17	16	11
6	6	9	1	3	14	16	17	11	18	12	13	15
9	9	6	3	1	15	17	16	18	11	13	12	14
11	11	14	15	18	12	1	6	17	13	9	3	16
12	12	17	13	16	1	11	15	3	6	18	14	9
13	13	16	12	17	3	18	14	1	9	11	15	6
14	14	11	18	15	16	6	1	13	17	3	9	12
15	15	18	11	14	17	9	3	12	16	1	6	13
16	16	13	17	12	6	14	18	9	1	15	11	3
17	17	12	16	13	9	15	11	6	3	14	18	1
18	18	15	14	11	13	3	9	16	12	6	1	17

A_4

Ordnung 8 : $H_1 = gp(2,6)$ $H_2 = gp(5,9)$ $H_3 = gp(3,8)$

	1	2	3	4	6	9	20	23
1	1	2	3	4	6	9	20	23
2	2	3	4	1	23	20	6	9
3	3	4	1	2	9	6	23	20
4	4	1	2	3	20	23	9	6
6	6	20	9	23	1	3	2	4
9	9	23	6	20	3	1	4	2
20	20	9	23	6	4	2	1	3
23	23	6	20	9	2	4	3	1

H_1

	1	3	5	6	7	9	21	22
1	1	3	5	6	7	9	21	22
3	3	1	21	9	22	6	5	7
5	5	22	6	7	1	21	3	9
6	6	9	7	1	5	3	22	21
7	7	21	1	5	6	22	9	3
9	9	6	22	3	21	1	7	5
21	21	7	9	22	3	5	1	6
22	22	5	3	21	9	7	6	1

H_2

	1	3	6	8	9	10	19	24
1	1	3	6	8	9	10	19	24
3	3	1	9	24	6	19	10	8
6	6	9	1	19	3	24	8	10
8	8	19	24	9	10	1	6	3
9	9	6	3	10	1	8	24	19
10	10	24	19	1	8	9	3	6
19	19	8	10	3	24	6	1	9
24	24	10	8	6	19	3	9	1

H_3

Ordnung 6 : $X_1 = gp(11,22)$ $X_2 = gp(13,24)$

$X_3 = gp(15,19)$ $X_4 = gp(17,19)$

X_1

	1	11	12	22	23	24
1	1	11	12	22	23	24
11	11	12	1	23	24	22
12	12	1	11	24	22	23
22	22	24	23	1	12	11
23	23	22	24	11	1	12
24	24	23	22	12	11	1

X_2

	1	13	14	20	21	24
1	1	13	14	20	21	24
13	13	14	1	21	24	20
14	14	1	13	24	20	21
20	20	24	21	1	14	13
21	21	20	24	13	1	14
24	24	21	20	14	13	1

X_3

	1	15	16	19	21	23
1	1	15	16	19	21	23
15	15	16	1	21	23	19
16	16	1	15	23	19	21
19	19	23	21	1	16	15
21	21	19	23	15	1	16
23	23	21	19	16	15	1

X_4

	1	17	18	19	20	22
1	1	17	18	19	20	22
17	17	18	1	20	22	19
18	18	1	17	22	19	20
19	19	22	20	1	18	17
20	20	19	22	17	1	18
22	22	20	19	18	17	1

Ordnung 4 : $V_4 = gp(3,6)$ $V_5 = gp(3,20)$

$V_6 = gp(6,21)$ $V_7 = gp(9,19)$

V_4

	1	3	6	9
1	1	3	6	9
3	3	1	9	6
6	6	9	1	3
9	9	6	3	1

V_5

	1	3	20	23
1	1	3	20	23
3	3	1	23	20
20	20	23	1	3
23	23	20	3	1

V_6

	1	6	21	22
1	1	6	21	22
6	6	1	22	21
21	21	22	1	6
22	22	21	6	1

V_7

	1	9	19	24
1	1	9	19	24
9	9	1	24	19
19	19	24	1	9
24	24	19	9	1

Mehr als 2 erzeugende Elemente : Gruppen mit 3 erzeugenden Elementen enthalten die erzeugenden Elemente einer der bereits bestimmten Gruppen gp(x,y) mit 2 erzeugenden Elementen, ergänzt um das erzeugende Element einer zyklischen Gruppe, das nicht in gp(x,y) enthalten ist. Wählt man als gp(x,y) eine der Gruppen A_4, H_i oder X_i, so wird die vollständige symmetrische Gruppe S_4 erzeugt. Wählt man als gp(x,y) eine der Gruppen $V_4,...,V_7$, so wird eine der Gruppen A_4 oder H_i erzeugt. Diese kann aber bereits mit 2 Elementen erzeugt werden. Folglich können alle Untergruppen von S_4 mit 2 Elementen erzeugt werden.

Isomorphie der Untergruppen :

Die Untergruppen der Ordnung 8 sind isomorph. Den Beweis liefern die folgenden Isomorphismen :

f_1 :=

1	2	3	4	6	9	20	23
1	5	6	7	3	9	21	22

$H_1 \cong H_2$

f_2 :=

1	3	5	6	7	9	21	22
1	6	8	9	10	3	19	24

$H_2 \cong H_3$

Auf analoge Weise zeigt man die Isomorphie der anderen Gruppen, die von mindestens 2 Elementen erzeugt werden :

$$X_1 \cong X_2 \cong X_3 \cong X_4$$

$$V_4 \cong V_5 \cong V_6 \cong V_7$$

Die zyklischen Untergruppen gleicher Ordnung sind nach Abschnitt 7.5.4 isomorph :

$$V_1 \cong V_2 \cong V_3$$

$$D_1 \cong D_2 \cong D_3 \cong D_4$$

$$Z_1 \cong ... \cong Z_9$$

Die zyklischen Gruppen der Ordnung 4 und die von 2 Elementen erzeugten Gruppen der Ordnung 4 sind jedoch nicht isomorph. Dies ist in Beispiel 1 von Abschnitt 7.5.3 gezeigt.

Kanonische Zerlegung der Permutationen in S_4 : Die Zusammenhänge zwischen der Gruppe S_4 und ihren Untergruppen werden zweckmäßig durch kanonische Zerlegung der Permutationen in S_4 untersucht. Die Zerlegung führt zu folgenden Teilmengen von S_4 :

(a) Die identische Permutation $\phi_1 = <1>$

(b) Auf der Basismenge $X_4 = \{1, 2, 3, 4\}$ können 6 Transpositionen gebildet werden. Jeder dieser Zyklen ist die kanonische Zerlegung eines Elementes von S_4 :

$\phi_{19} = <1,2>$ $\quad$ $\phi_{21} = <1,4>$ $\quad$ $\phi_{23} = <2,4>$

$\phi_{20} = <1,3>$ $\quad$ $\phi_{22} = <2,3>$ $\quad$ $\phi_{24} = <3,4>$

(c) Auf der Basismenge X_4 können 3 Paare von Zweierzyklen mit disjunkten Wirkungsbereichen gebildet werden. Jedes dieser Paare ist die kanonische Zerlegung eines Elementes von S_4 :

$\phi_3 = <1,3> \circ <2,4>$

$\phi_6 = <1,4> \circ <2,3>$

$\phi_9 = <1,2> \circ <3,4>$

(d) Auf der Basismenge X_4 können 8 Dreierzyklen gebildet werden. Jeder dieser Dreierzyklen ist die kanonische Zerlegung eines Elementes von S_4. Die Elemente sind paarweise invers.

$\phi_{11} = <2,3,4>$ $\quad$ $\phi_{12} = <2,4,3>$ $\quad$ $\phi_{11} \circ \phi_{12} = \phi_1$

$\phi_{13} = <1,3,4>$ $\quad$ $\phi_{14} = <1,4,3>$ $\quad$ $\phi_{13} \circ \phi_{14} = \phi_1$

$\phi_{15} = <1,2,4>$ $\quad$ $\phi_{16} = <1,4,2>$ $\quad$ $\phi_{15} \circ \phi_{16} = \phi_1$

$\phi_{17} = <1,2,3>$ $\quad$ $\phi_{18} = <1,3,2>$ $\quad$ $\phi_{17} \circ \phi_{18} = \phi_1$

(e) Die kanonischen Zerlegungen der verbleibenden 6 Elemente von S_4 sind Viererzyklen. Sie sind paarweise invers.

$\phi_2 = <1,2,3,4>$ $\quad$ $\phi_4 = <1,4,3,2>$ $\quad$ $\phi_2 \circ \phi_4 = \phi_1$

$\phi_5 = <2,4,3,1>$ $\quad$ $\phi_7 = <1,3,4,2>$ $\quad$ $\phi_5 \circ \phi_7 = \phi_1$

$\phi_8 = <1,3,2,4>$ $\quad$ $\phi_{10} = <4,2,3,1>$ $\quad$ $\phi_8 \circ \phi_{10} = \phi_1$

Aus diesen Teilmengen von S_4 werden die Untergruppen wie folgt gebildet :

$Z_1 - Z_3$: Ein Element aus (c) und ϕ_1

$Z_4 - Z_9$: Ein Element aus (b) und ϕ_1

$D_1 - D_4$: Zwei zueinander inverse Elemente aus (d) und ϕ_1

$V_1 - V_3$: Zwei zueinander inverse Elemente aus (e), das Quadrat eines dieser Elemente (die Quadrate der Elemente sind gleich) und ϕ_1

V_4 : Die Elemente in (c) und ϕ_1

$V_5 - V_7$: Alle Kompositionen der Zyklen, die in einem Paar von (c) auftreten

V_5 : $\phi_1 = <1,3> \circ <1,3> = <2,4> \circ <2,4>$

$\phi_3 = <1,3> \circ <2,4>$ $\quad \phi_{20} = <1,3>$ $\quad \phi_{23} = <2,4>$

V_6 : $\phi_1 = <1,4> \circ <1,4> = <2,3> \circ <2,3>$

$\phi_6 = <1,4> \circ <2,3>$ $\quad \phi_{21} = <1,4>$ $\quad \phi_{22} = <2,3>$

V_7 : $\phi_1 = <1,2> \circ <1,2> = <3,4> \circ <3,4>$

$\phi_9 = <1,2> \circ <3,4>$ $\quad \phi_{19} = <1,2>$ $\quad \phi_{24} = <3,4>$

$H_1 - H_3$: Die Gruppe $V_4 = \{\phi_1, \phi_3, \phi_6, \phi_9\}$, zwei zueinander inverse Elemente aus (e) und die 2 Zweierzyklen aus (b), die nicht als Transpositionen in den Elementen aus (e) auftreten :

H_1 : $\phi_2 = \phi_4^{-1} = <1,2,3,4> = <1,2> \circ <2,3> \circ <3,4> \circ <4,1>$

$\phi_{20} = <1,3>$ $\quad \phi_{23} = <2,4>$

H_2 : $\phi_5 = \phi_7^{-1} = <1,2,4,3> = <1,2> \circ <2,4> \circ <4,3> \circ <3,1>$

$\phi_{21} = <1,4>$ $\quad \phi_{22} = <2,3>$

H_3 : $\phi_8 = \phi_{10}^{-1} = <1,3,2,4> = <1,3> \circ <3,2> \circ <2,4> \circ <4,1>$

$\phi_{19} = <1,2>$ $\quad \phi_{24} = <3,4>$

A_4 : Alle Elemente aus (c) und (d) sowie ϕ_1. Dies sind die geraden Permutationen.

Die Analyse mit kanonischer Zerlegung der Permutationen zeigt, daß isomorphe Untergruppen in verschiedener Beziehung zu S_4 stehen können. Obwohl V_4 isomorph zu V_5, V_6 und V_7 ist, steht V_4 in anderer Beziehung zu S_4 als V_5, V_6 und V_7. Die Bedeutung dieses Unterschiedes zeigt sich bei der Untersuchung der Normalteiler im folgenden Abschnitt : Die Kleinsche Vierergruppe V_4 ist Normalteiler in S_4, die Gruppen V_5, V_6 und V_7 sind dies nicht.

Zusammenstellung der Untergruppen : Im folgenden sind alle Untergruppen der symmetrischen Gruppe S_4 zusammengestellt. Das Symbol • zeigt an, daß das Element der Spalte in der Gruppe enthalten ist.

Name	1	2	3	4	5	6	7	8	9	10	11	12	13	14	15	16	17	18	19	20	21	22	23	24
S_4	•	•	•	•	•	•	•	•	•	•	•	•	•	•	•	•	•	•	•	•	•	•	•	•
A_4	•		•			•			•		•	•	•	•	•	•	•	•						
H_1	•	•	•	•		•			•											•			•	
H_2	•		•		•	•	•		•												•	•		
H_3	•		•			•		•	•	•									•					•
X_1	•										•	•										•	•	•
X_2	•												•	•						•	•			•
X_3	•														•	•			•		•		•	
X_4	•																•	•	•	•		•		
V_4	•		•			•			•															
V_5	•		•																	•			•	
V_6	•					•															•	•		
V_7	•								•										•					•
V_1	•	•	•	•																				
V_2	•				•	•	•																	
V_3	•							•	•	•														
D_1	•										•	•												
D_2	•												•	•										
D_3	•														•	•								
D_4	•																•	•						
Z_1	•		•																					
Z_2	•					•																		
Z_3	•								•															
Z_4	•																		•					
Z_5	•																			•				
Z_6	•																				•			
Z_7	•																					•		
Z_8	•																						•	
Z_9	•																							•
I	•																							

Ketten von Untergruppen in S_4 : Ein Teil der Untergruppen von S_4 ist in anderen Untergruppen enthalten. Im folgenden sind die Untergruppenketten von S_4 zusammengestellt :

$$S_4 \supset A_4 \supset V_4 \supset (Z_1 \cong Z_2 \cong Z_3) \supset I$$
$$S_4 \supset A_4 \supset (D_1 \cong D_2 \cong D_3 \cong D_4) \supset I$$

$$S_4 \supset H_1 \supset V_1 \supset Z_1 \supset I$$
$$S_4 \supset H_2 \supset V_2 \supset Z_2 \supset I$$
$$S_4 \supset H_3 \supset V_3 \supset Z_3 \supset I$$
$$S_4 \supset (H_1 \cong H_2 \cong H_3) \supset V_4 \supset (Z_1 \cong Z_2 \cong Z_3) \supset I$$

$$S_4 \supset H_1 \supset V_5 \supset Z_1 \supset I$$
$$S_4 \supset H_2 \supset V_6 \supset Z_2 \supset I$$
$$S_4 \supset H_3 \supset V_7 \supset Z_3 \supset I$$

$$S_4 \supset X_1 \supset D_1 \supset I$$
$$S_4 \supset X_2 \supset D_2 \supset I$$
$$S_4 \supset X_3 \supset D_3 \supset I$$
$$S_4 \supset X_4 \supset D_4 \supset I$$

$$S_4 \supset X_1 \supset (Z_7 \cong Z_8 \cong Z_9) \supset I$$
$$S_4 \supset X_2 \supset (Z_5 \cong Z_6 \cong Z_9) \supset I$$
$$S_4 \supset X_3 \supset (Z_4 \cong Z_6 \cong Z_8) \supset I$$
$$S_4 \supset X_4 \supset (Z_4 \cong Z_5 \cong Z_7) \supset I$$

Hinweise :

(1) Der Durchschnitt von zwei Untergruppen von S_4 ist eine Untergruppe von S_4, beispielsweise :

$A_4 \cap H_1 = V_4$	$H_1 \cap H_2 = V_4$
$A_4 \cap X_1 = D_1$	$H_1 \cap X_1 = Z_8$
$A_4 \cap V_1 = Z_1$	$H_1 \cap V_2 = Z_2$

(2) Die Ordnung 24 von S_4 enthält die echten Teiler 2, 3, 4, 6, 8, 12. Die Gruppe S_4 enthält Untergruppen dieser Ordnungen. Die Ordnung 12 von A_4 enthält die echten Teiler 2, 3, 4, 6. Die Gruppe A_4 enthält jedoch keine Untergruppe der Ordnung 6.

7.7.8 KLASSENSTRUKTUR DER SYMMETRISCHEN GRUPPE S_4

Normalteiler : Die Gruppenstruktur der symmetrischen Gruppe S_4 zeigt, daß es Untergruppen von S_4 gibt, die auch Untergruppen anderer Untergruppen von S_4 sind. Beispiele hierfür sind die Ketten $S_4 \supset A_4 \supset V_4 \supset Z_1 \supset I$, $S_4 \supset H_1 \supset V_5 \supset Z_1 \supset I$, $S_4 \supset X_1 \supset Z_7 \supset I$. Für jede Untergruppe U können die linken und die rechten Nebenklassen in jeder Untergruppe von S_4 gebildet werden, die U enthält. Von besonderer Bedeutung für die Klassenstruktur von S_4 sind die Normalteiler (Untergruppen mit gleichen linken und rechten Nebenklassen). Im folgenden ist die Bestimmung eines Teils der Normalteiler gezeigt. In der nachfolgenden Tabelle sind alle Normalteiler zusammengestellt. Ebenfalls gezeigt sind die Untergruppen, die keine Normalteiler sind.

$$
\begin{array}{lrcl}
A_4 \triangleleft S_4 : & 1 \circ A_4 &=& \{1,3,6,9,11,12,13,14,15,16,17,18\} = A_4 \circ 1 = [1] \\
& 2 \circ A_4 &=& \{2,4,5,7,8,10,19,20,21,22,23,24\} = A_4 \circ 2 = [2]
\end{array}
$$

$$
\begin{array}{lrclcl}
V_4 \triangleleft S_4 : & 1 \circ V_4 &=& \{1,3,6,9\} &=& V_4 \circ 1 = [1] \\
& 2 \circ V_4 &=& \{2,4,20,23\} &=& V_4 \circ 2 = [2] \\
& 5 \circ V_4 &=& \{5,7,21,22\} &=& V_4 \circ 5 = [5] \\
& 8 \circ V_4 &=& \{8,10,19,24\} &=& V_4 \circ 8 = [8] \\
& 11 \circ V_4 &=& \{11,14,15,18\} &=& V_4 \circ 11 = [11] \\
& 12 \circ V_4 &=& \{12,13,16,17\} &=& V_4 \circ 12 = [12]
\end{array}
$$

$$
\begin{array}{lrclcl}
V_4 \triangleleft A_4 : & 1 \circ V_4 &=& \{1,3,6,9\} &=& V_4 \circ 1 = [1] \\
& 11 \circ V_4 &=& \{11,14,15,18\} &=& V_4 \circ 11 = [11] \\
& 12 \circ V_4 &=& \{12,13,16,17\} &=& V_4 \circ 12 = [12]
\end{array}
$$

$$
\begin{array}{lrclcl}
Z_1 \triangleleft H_1 : & 1 \circ Z_1 &=& \{1,3\} &=& Z_1 \circ 1 = [1] \\
& 2 \circ Z_1 &=& \{2,4\} &=& Z_1 \circ 20 = [2] \\
& 6 \circ Z_1 &=& \{6,9\} &=& Z_1 \circ 6 = [6] \\
& 20 \circ Z_1 &=& \{20,23\} &=& Z_1 \circ 20 = [20]
\end{array}
$$

$$
\begin{array}{lrclcl}
Z_1 \triangleleft V_4 : & 1 \circ Z_1 &=& \{1,3\} &=& Z_1 \circ 1 = [1] \\
& 6 \circ Z_1 &=& \{6,9\} &=& Z_1 \circ 6 = [6]
\end{array}
$$

$$
\begin{array}{lrclcl}
Z_1 \triangleleft V_1 : & 1 \circ Z_1 &=& \{1,3\} &=& Z_1 \circ 1 = [1] \\
& 2 \circ Z_1 &=& \{2,4\} &=& Z_1 \circ 2 = [2]
\end{array}
$$

$$
\begin{array}{lrclcl}
V_5 \triangleleft H_1 : & 1 \circ V_5 &=& \{1,3,20,23\} &=& V_5 \circ 1 = [1] \\
& 2 \circ V_5 &=& \{2,4,6,9\} &=& V_5 \circ 2 = [2]
\end{array}
$$

$$
\begin{array}{lrclcl}
D_1 \triangleleft X_1 : & 1 \circ D_1 &=& \{1,11,12\} &=& D_1 \circ 1 = [1] \\
& 22 \circ D_1 &=& \{22,23,24\} &=& D_1 \circ 22 = [22]
\end{array}
$$

Untergruppen bilden eine Normalteilerkette, wenn jede Untergruppe in der Kette Normalteiler in jeder der rechts von ihr stehenden Untergruppen ist. In der Normalteilertabelle sind folgende Normalteilerketten enthalten :

$I \triangleleft V_4 \triangleleft A_4 \triangleleft S_4$	$I \triangleleft Z_1 \triangleleft V_4$
$I \triangleleft Z_1 \triangleleft V_5 \triangleleft H_1$	$I \triangleleft Z_2 \triangleleft V_4$
$I \triangleleft Z_2 \triangleleft V_6 \triangleleft H_2$	$I \triangleleft Z_3 \triangleleft V_4$
$I \triangleleft Z_3 \triangleleft V_7 \triangleleft H_3$	$I \triangleleft Z_5 \triangleleft V_5$
$I \triangleleft V_1 \triangleleft H_1$	$I \triangleleft Z_8 \triangleleft V_5$
$I \triangleleft V_2 \triangleleft H_2$	$I \triangleleft Z_6 \triangleleft V_6$
$I \triangleleft V_3 \triangleleft H_3$	$I \triangleleft Z_7 \triangleleft V_6$
$I \triangleleft V_4 \triangleleft H_1$	$I \triangleleft Z_4 \triangleleft V_7$
$I \triangleleft V_4 \triangleleft H_2$	$I \triangleleft Z_9 \triangleleft V_7$
$I \triangleleft V_4 \triangleleft H_3$	$I \triangleleft D_1 \triangleleft X_1$
$I \triangleleft Z_1 \triangleleft V_1$	$I \triangleleft D_2 \triangleleft X_2$
$I \triangleleft Z_2 \triangleleft V_2$	$I \triangleleft D_3 \triangleleft X_3$
$I \triangleleft Z_3 \triangleleft V_3$	$I \triangleleft D_4 \triangleleft X_4$

Hinweise :

(1) Die Normalteilerkette $I \triangleleft V_4 \triangleleft A_4 \triangleleft S_4$ enthält nicht den Normalteiler Z_1 von V_4, da Z_1 kein Normalteiler von A_4 und von S_4 ist. Dies ist in Abschnitt 7.5.4 (Beispiel 3) begründet.

(2) Die Normalteilerkette $I \triangleleft V_4 \triangleleft A_4 \triangleleft S_4$ endet mit der vollständigen Gruppe S_4. Die Gruppe A_4 heißt alternierende Untergruppe von S_4. Die Untergruppe V_4 heißt Kleinsche Vierergruppe. Die Bedeutung der Normalteilerkette $I \triangleleft V_4 \triangleleft A_4 \triangleleft S_4$ wird in Abschnitt 7.8 untersucht.

(3) Die mit V_4 endenden Normalteilerketten können nicht nach A_4 oder S_4 fortgesetzt werden, da Z_i kein Normalteiler von A_4 oder S_4 ist. Die anderen Normalteilerketten enden mit H_i, X_i, V_{1-3} oder V_{5-7}, weil diese Untergruppen keine Normalteiler von S_4 sind.

(4) Der Durchschnitt von zwei Normalteilern einer Gruppe ist ein Normalteiler der Gruppe. Beispielsweise besitzt H_1 die Normalteiler V_1, V_4, V_5, Z_1 und I. Für die Durchschnitte dieser Normalteiler gilt :

$$V_1 \cap V_4 = V_1 \cap V_5 = V_1 \cap Z_1 = V_4 \cap V_5 = V_4 \cap Z_1 = V_5 \cap Z_1 = Z_1 \triangleleft H_1$$

(5) Der Durchschnitt eines Normalteilers von S_4 und einer Untergruppe U von S_4 ist ein Normalteiler von U, beispielsweise :

$$\begin{aligned}
A_4 \cap X_1 &= D_1 &&\Rightarrow && D_1 \triangleleft X_1 \\
A_4 \cap V_5 &= Z_1 &&\Rightarrow && Z_1 \triangleleft V_5 \\
A_4 \cap V_1 &= Z_1 &&\Rightarrow && Z_1 \triangleleft V_1 \\
V_4 \cap V_5 &= Z_1 &&\Rightarrow && Z_1 \triangleleft V_5
\end{aligned}$$

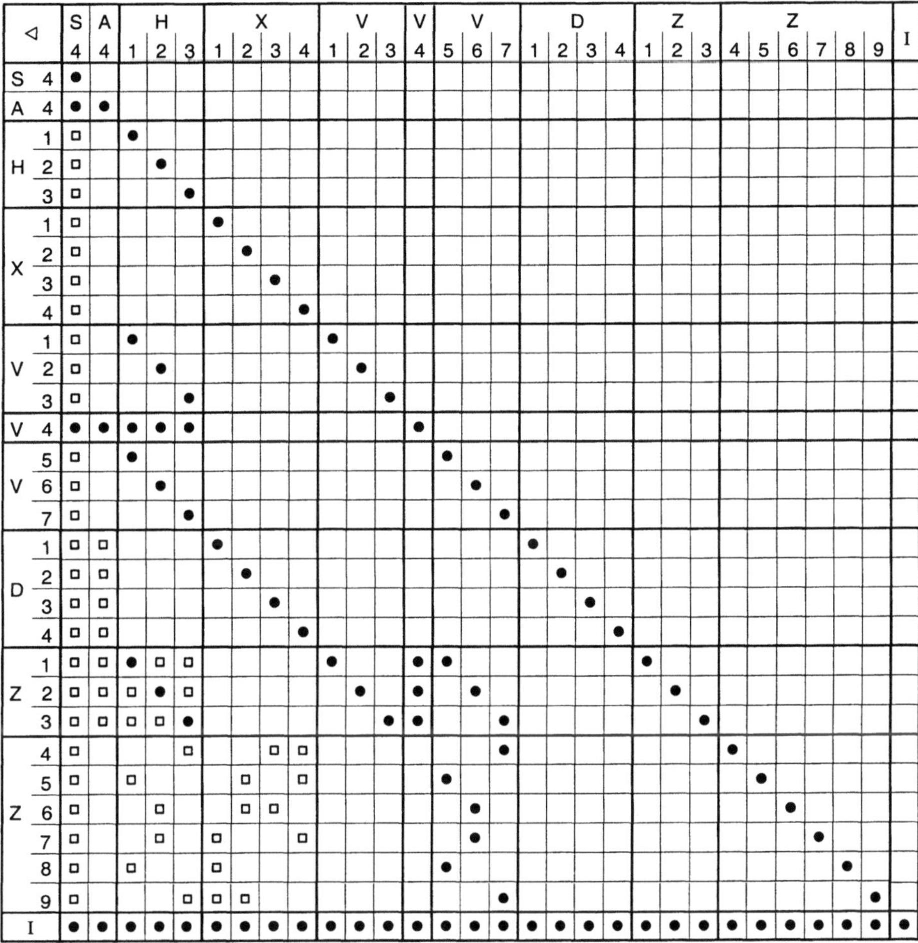

◁	S	A	H			X				V			V	V			D				Z			Z						I
	4	4	1	2	3	1	2	3	4	1	2	3	4	5	6	7	1	2	3	4	1	2	3	4	5	6	7	8	9	
S 4	●																													
A 4	●	●																												
H 1	□		●																											
H 2	□			●																										
H 3	□				●																									
X 1	□					●																								
X 2	□						●																							
X 3	□							●																						
X 4	□								●																					
V 1	□		●							●																				
V 2	□			●							●																			
V 3	□				●							●																		
V 4	●	●	●	●	●								●																	
V 5	□		●											●																
V 6	□			●											●															
V 7	□				●											●														
D 1	□	□				●											●													
D 2	□	□					●											●												
D 3	□	□						●											●											
D 4	□	□							●											●										
Z 1	□	□	●	□	□					●			●	●							●									
Z 2	□	□	□	●	□						●		●		●							●								
Z 3	□	□	□	□	●							●	●			●							●							
Z 4	□				□			□	□							●								●						
Z 5	□		□				□		□					●											●					
Z 6	□			□			□	□							●											●				
Z 7	□			□		□			□						●												●			
Z 8	□		□			□								●														●		
Z 9	□				□	□	□									●													●	
I	●	●	●	●	●	●	●	●	●	●	●	●	●	●	●	●	●	●	●	●	●	●	●	●	●	●	●	●	●	●

Normalteiler von Untergruppen von S_4

- ● Zeilengruppe ist Normalteiler in Spaltengruppe
- □ Zeilengruppe ist Untergruppe in Spaltengruppe, jedoch kein Normalteiler

Konjugierte Elemente von S_4 : Die Elemente $a,b \in S_4$ sind konjugiert, wenn es ein Element $g \in S_4$ gibt, für das $a = g^{-1} \circ b \circ g$ gilt. Konjugierte Elemente bilden eine Äquivalenzklasse. Die Äquivalenzklassen konjugierter Elemente zerlegen S_4. Die folgende Tabelle zeigt die konjugierten Elemente von S_4.

	1	2	3	4	5	6	7	8	9	10	11	12	13	14	15	16	17	18	19	20	21	22	23	24
1	1	2	3	4	5	6	7	8	9	10	11	12	13	14	15	16	17	18	19	20	21	22	23	24
2	1	2	3	4	8	9	10	7	6	5	17	18	11	12	13	14	15	16	21	23	24	19	20	22
3	1	2	3	4	7	6	5	10	9	8	15	16	17	18	11	12	13	14	24	20	22	21	23	19
4	1	2	3	4	10	9	8	5	6	7	13	14	15	16	17	18	11	12	22	23	19	24	20	21
5	1	10	9	8	5	6	7	2	3	4	16	15	11	12	17	18	14	13	20	24	22	21	19	23
6	1	4	3	2	5	6	7	10	9	8	18	17	16	15	14	13	12	11	24	23	21	22	20	19
7	1	8	9	10	5	6	7	4	3	2	13	14	18	17	12	11	15	16	23	19	22	21	24	20
8	1	5	6	7	4	3	2	8	9	10	17	18	15	16	12	11	14	13	24	21	23	20	22	19
9	1	4	3	2	7	6	5	8	9	10	14	13	12	11	18	17	16	15	19	23	22	21	20	24
10	1	7	6	5	2	3	4	8	9	10	16	15	18	17	13	14	11	12	24	22	20	23	21	19
11	1	10	9	8	4	3	2	5	6	7	11	12	17	18	14	13	16	15	21	19	20	23	24	22
12	1	7	6	5	8	9	10	4	3	2	11	12	16	15	18	17	13	14	20	21	19	24	22	23
13	1	7	6	5	10	9	8	2	3	4	18	17	13	14	11	12	16	15	23	21	24	19	22	20
14	1	8	9	10	4	3	2	7	6	5	15	16	13	14	18	17	12	11	22	24	20	23	19	21
15	1	8	9	10	2	3	4	5	6	7	18	17	12	11	15	16	13	14	21	24	23	20	19	22
16	1	5	6	7	8	9	10	2	3	4	14	13	17	18	15	16	12	11	23	22	19	24	21	20
17	1	5	6	7	10	9	8	4	3	2	15	16	12	11	14	13	17	18	20	22	24	19	21	23
18	1	10	9	8	2	3	4	7	6	5	14	13	16	15	11	12	17	18	22	19	23	20	24	21
19	1	7	6	5	4	3	2	10	9	8	13	14	11	12	16	15	18	17	19	22	23	20	21	24
20	1	4	3	2	8	9	10	5	6	7	16	15	14	13	12	11	18	17	22	20	24	19	23	21
21	1	10	9	8	7	6	5	4	3	2	17	18	14	13	16	15	11	12	23	24	21	22	19	20
22	1	8	9	10	7	6	5	2	3	4	12	11	15	16	13	14	18	17	20	19	21	22	24	23
23	1	4	3	2	10	9	8	7	6	5	12	11	18	17	16	15	14	13	21	20	19	24	23	22
24	1	5	6	7	2	3	4	10	9	8	12	11	14	13	17	18	15	16	19	21	20	23	22	24

Konjugationstafel : $\phi_i = \phi_k^{-1} \circ \phi_m \circ \phi_k$ (Zeile k, Spalte m)

Jede der Äquivalenzklassen enthält nur Elemente gleicher Ordnung. Die Elemente 2. Ordnung der Klassen [3] und [19] unterscheiden sich darin, daß die von den Elementen in Klasse [3] erzeugten Gruppen in je einer der von Elementen der Klasse [2] erzeugten Gruppen enthalten sind.

[1]	=	$\{1\}$	Element 1. Ordnung
[3]	=	$\{3, 6, 9\}$	Element 2. Ordnung
[19]	=	$\{19, 20, 21, 22, 23, 24\}$	Element 2. Ordnung
[11]	=	$\{11, 12, 13, 14, 15, 16, 17, 18\}$	Element 3. Ordnung
[2]	=	$\{2, 4, 5, 7, 8, 10\}$	Element 4. Ordnung

Kommutative Elemente von S_4 : Die Elemente $a,g \in S_4$ heißen kommutativ (siehe Abschnitt 3.2), wenn $a \circ g = g \circ a$, also $a \circ g \circ a^{-1} \circ g^{-1} = 1$. Die folgende Tafel zeigt die Werte des Kommutators $a \circ g \circ a^{-1} \circ g^{-1}$ für alle Elementpaare von $S_4 \times S_4$.

	1	2	3	4	5	6	7	8	9	10	11	12	13	14	15	16	17	18	19	20	21	22	23	24
1	1	1	1	1	1	1	1	1	1	1	1	1	1	1	1	1	1	1	1	1	1	1	1	1
2	1	1	1	1	12	3	16	18	3	14	18	16	12	18	14	12	16	14	18	3	16	12	3	14
3	1	1	1	1	6	1	6	9	1	9	9	6	6	9	9	6	6	9	9	1	6	6	1	9
4	1	1	1	1	17	3	13	15	3	11	15	13	17	15	11	17	13	11	15	3	13	17	3	11
5	1	11	6	18	1	1	1	13	6	16	18	16	16	11	18	13	13	11	16	18	6	6	11	13
6	1	3	1	3	1	1	1	9	1	9	3	9	9	3	3	9	9	3	9	3	1	1	3	9
7	1	15	6	14	1	1	1	12	6	17	14	17	17	15	14	12	12	15	17	14	6	6	15	12
8	1	17	9	16	14	9	11	1	1	1	14	17	16	11	11	17	16	14	9	17	14	11	16	9
9	1	3	1	3	6	1	6	1	1	1	6	3	3	6	6	3	3	6	1	3	6	6	3	1
10	1	13	9	12	15	9	18	1	1	1	15	13	12	18	18	13	12	15	9	13	15	18	12	9
11	1	17	9	16	17	3	13	13	6	16	1	1	9	3	6	3	6	9	17	13	16	12	12	12
12	1	15	6	14	15	9	18	18	3	14	1	1	6	9	3	9	3	6	15	18	14	11	11	11
13	1	11	6	18	15	9	18	15	3	11	9	6	1	1	6	3	9	3	18	14	14	11	15	14
14	1	17	9	16	12	3	16	12	6	17	3	9	1	1	9	6	3	6	16	13	13	17	12	13
15	1	13	9	12	17	3	13	12	6	17	6	3	6	9	1	1	9	3	16	17	16	12	16	13
16	1	11	6	18	14	9	11	18	3	14	3	9	3	6	1	1	6	9	15	14	15	18	15	11
17	1	15	6	14	14	9	11	15	3	11	6	3	9	3	9	6	1	1	18	18	15	18	11	14
18	1	13	9	12	12	3	16	13	6	16	9	6	3	6	3	9	1	1	17	17	13	17	16	12
19	1	17	9	16	15	9	18	9	1	9	18	16	17	15	15	16	17	18	1	17	15	18	16	1
20	1	3	1	3	17	3	13	18	3	14	14	17	13	14	18	13	17	18	18	1	13	17	1	14
21	1	15	6	14	6	1	6	13	6	16	15	13	13	14	15	16	16	14	16	14	1	1	15	13
22	1	11	6	18	6	1	6	12	6	17	11	12	12	18	11	17	17	18	17	18	1	1	11	12
23	1	3	1	3	12	3	16	15	3	11	11	12	16	11	15	16	12	15	15	1	16	12	1	11
24	1	13	9	12	14	9	11	9	1	9	11	12	13	14	14	12	13	11	1	13	14	11	12	1

Kommutatortafel von S_4 : $\phi_i \;=\; \phi_k \circ \phi_m \circ \phi_k^{-1} \circ \phi_m^{-1}$ (Zeile k, Spalte m)

Der mit den Elementen a, g gebildete Kommutator ist ein Element von S_4 und wird mit k oder mit [a,g] bezeichnet. Geordnete Paare $(a,g) \in S_4 \times S_4$ mit gleichem Wert des Kommutators k bilden eine Äquivalenzklasse, die mit [k] bezeichnet wird (siehe Beispiel 2 in Abschnitt 7.8.2).

7.8 ALLGEMEINE GRUPPEN

7.8.1 EINFÜHRUNG

Die Verknüpfung von Elementen einer allgemeinen Gruppe ist im Gegensatz zur Verknüpfung der Elemente einer abelschen Gruppe im allgemeinen nicht kommutativ. Die Reihenfolge der Operanden in Ausdrücken ist daher wesentlich. Diese Eigenschaft erschwert die Untersuchung der Eigenschaften von nichtabelschen Gruppen erheblich. Insbesondere können Ausdrücke im allgemeinen nicht zu Linearkombinationen vereinfacht werden.

Die Struktur nichtabelscher Gruppen wird durch Klassifikation ihrer Elemente untersucht. Dazu werden die in Abschnitt 7.4 entwickelten Klassifikationsverfahren eingesetzt. Ihre Wirkung beruht darauf, daß Teilmengen der Elemente allgemeiner Gruppen konjugiert oder kommutativ sein können. Für die Klassifikation mit konjugierten Teilmengen werden Normalisatoren eingeführt. Zur Klassifikation mit kommutativen Teilmengen wird das Zentrum der Gruppe definiert, zur Klassifikation mit nicht-kommutativen Teilmengen die Kommutatorgruppe. Das Zentrum und die Kommutatorgruppe sind Normalteiler der Gruppe und werden zur Bildung von Quotientengruppen genutzt.

Jede endliche allgemeine Gruppe ist isomorph zu einer Gruppe von Permutationen. Die vielfältige Gruppen- und Klassenstruktur der Permutationsgruppen ist in den Abschnitten 7.7.7 und 7.7.8 für die Gruppe S_4 gezeigt. Die Existenz von Untergruppen in einer symmetrischen Gruppe S_n kann mit dem Satz von Cauchy und den Sätzen von Sylow untersucht werden. Enthält eine Gruppe keine echten Untergruppen, so ist die Gruppe zyklisch mit Primzahlordnung. Ist die Gruppe abelsch, so gibt es zu jedem Teiler m der Ordnung der Gruppe eine Untergruppe der Ordnung m. Ist die Primzahlpotenz p^n ein Teiler der Ordnung einer endlichen allgemeinen Gruppe, so besitzt die Gruppe eine Untergruppe der Ordnung p^n.

Ein weiteres Ziel der Strukturuntersuchung allgemeiner Gruppen ist es, eine einfache Untergruppe zu finden, die keine echten Normalteiler besitzt. In Abschnitt 7.7.6 ist gezeigt, daß die alternierende Gruppe A_n für $n \geq 5$ einfach ist, während in Abschnitt 7.7.8 gezeigt ist, daß die Gruppe A_4 den Normalteiler V_4 (Kleinsche Vierergruppe) enthält.

Ausgehend von einem konstruierbaren Normalteiler (Zentrum, Kommutatorgruppe) wird eine Schachtelung von Quotientengruppen bestimmt, beispielsweise die Zentralreihe oder die Kommutatorreihe der Gruppe. Gruppen, deren Kommutatorreihe mit der trivialen Untergruppe {1} endet, heißen auflösbar und besitzen besondere Eigenschaften. Die Generalisierung dieses Konzeptes ist die Normalreihe, die zu einer Kompositionsreihe verfeinert wird. Je zwei Kompositionsreihen einer endlichen Gruppe sind ähnlich. Diese Reihen werden in der Galois Theorie genutzt.

7.8.2 KLASSEN IN ALLGEMEINEN GRUPPEN

Einführung : In Abschnitt 7.4 ist die Zerlegung einer Gruppe $(G\,;\circ)$ in die Nebenklassen einer Untergruppe von G definiert. Dazu benötigt man zunächst eine Untergruppe von G. Im folgenden wird gezeigt, daß durch Transformation der Elemente einer Teilmenge A von G eine Untergruppe von G bestimmt wird, die der Normalisator von A in G heißt. Die linken und rechten Nebenklassen des Normalisators sind im allgemeinen verschieden : Der Normalisator ist also im allgemeinen kein Normalteiler von G.

Eine besondere Untergruppe von $(G\,;\circ)$ ist das Zentrum der Gruppe G. Das Zentrum enthält diejenigen Elemente von G, die mit jedem Element von G kommutieren. Das Zentrum ist Normalteiler in G und kann daher zur Konstruktion einer Quotientengruppe benutzt werden. Die Eigenschaften der Quotientengruppe und die mit den Isomorphiesätzen bekannten Beziehungen zwischen der Struktur der Gruppe und der Struktur der Quotientengruppe führen zu wichtigen Eigenschaften nichtabelscher Gruppen.

Eine weitere besondere Untergruppe von $(G\,;\circ)$ ist die Kommutatorgruppe D(G), die auch Derivierte von G oder erste Ableitung von G genannt wird. Zur Bestimmung der Kommutatorgruppe klassifiziert man die Elemente des kartesischen Produktes $G \times G$ nach dem Wert des Kommutators $a \circ b \circ a^{-1} \circ b^{-1}$ des Paars (a,b). Die Derivierte ist Normalteiler in G und kann daher ebenfalls zur Konstruktion einer Quotientengruppe benutzt werden. Die Quotientengruppe G/D(G) ist abelsch und heißt die abelsch gemachte Gruppe G. Die Struktur von G/D(G) kann also mit den Methoden in Abschnitt 7.6 untersucht werden.

Normalisator in einer Untergruppe : H sei eine Untergruppe einer Gruppe $(G\,;\circ)$ und A eine nichtleere Teilmenge von G. Die Teilmenge von H, deren Elemente die Teilmenge A in sich selbst transformieren, heißt der Normalisator von A in H und wird mit $N_H(A)$ bezeichnet. Im Sonderfall sind die Gruppen H und G identisch.

$$N_H(A) := \{h \in H \mid A = h^{-1} \circ A \circ h\}$$

Eigenschaften von Normalisatoren

(N1) Der Normalisator $N_H(A)$ ist eine Untergruppe von H. Der Normalisator kann daher zur Zerlegung von H in linke und rechte Nebenklassen genutzt werden. Die linken und rechten Nebenklassen können jedoch verschieden sein : Der Normalisator $N_H(A)$ ist im allgemeinen kein Normalteiler in H. Setzt man $H = G$, so ist der Normalisator $N_G(A)$ für jede nichtleere Teilmenge A von G eine Untergruppe von G.

(N2) Der Normalisator $N_H(A)$ ist der Durchschnitt des Normalisators $N_G(A)$ mit der Untergruppe H : $N_H(A) = H \cap N_G(A)$.

(N3) Ist die Teilmenge A eine Untergruppe von G, so ist A Normalteiler in dem Normalisator $N_G(A)$.

(N4) Eine Untergruppe A der Untergruppe H ist Normalteiler in der Untergruppe H genau dann, wenn $N_H(A) = H$.

(N5) Die Anzahl der H-Konjugierten der Teilmenge A ist gleich dem Index von $N_H(A)$ in H, also gleich $[H : N_H(A)]$.

Beweis : Eigenschaften von Normalisatoren

(N1) Der Normalisator $N_H(A)$ enthält das neutrale Element 1_G, mit dem Element h das inverse Element h^{-1} und mit den Elementen h_1, h_2 auch das Element $h_1 \circ h_2$. Also ist $N_H(A)$ Untergruppe von H.

$$\bigwedge_{a \in A} (a \circ 1_G = 1_G \circ a) \quad \Rightarrow \quad 1_G \in N_H(A)$$

$$\bigwedge_{h \in H} (A \circ h = h \circ A \quad \Rightarrow \quad A \circ h^{-1} = h^{-1} \circ A)$$

$$\bigwedge_{h_i \in H} (A \circ h_1 = h_1 \circ A \ \wedge \ A \circ h_2 = h_2 \circ A \quad \Rightarrow \quad A \circ h_1 \circ h_2 = h_1 \circ h_2 \circ A)$$

(N2) Der Normalisator $N_G(A)$ enthält jedes Element $g \in G$, für das $g \circ A = A \circ g$ gilt. Der Normalisator $N_H(A)$ enthält jedes Element $h \in H \subseteq G$, für das $h \circ A = A \circ h$ gilt. Damit ist $N_H(A) = H \cap N_G(A)$.

(N3) Die Untergruppe A enthält mit jedem Element a auch das inverse Element a^{-1}. Aus $a = a^{-1} \circ a \circ a$ und $a \in G$ folgt, daß jedes Element $a \in A$ ein Element des Normalisators $N_G(A)$ ist. Für jedes Element n des Normalisators $N_G(A)$ gilt definitionsgemäß $n \circ A = A \circ n$. Folglich ist A ein Normalteiler von $N_G(A)$.

(N4) Die Aussagen "A ist Normalteiler in H" und "$N_H(A) = H$" sind äquivalent :

$$A \triangleleft H \quad \Leftrightarrow \quad \bigwedge_{h \in H} (A \circ h = h \circ A) \quad \Leftrightarrow \quad \bigwedge_{h \in H} (h \in N_H(A)) \quad \Leftrightarrow \quad N_H(A) = H$$

(N5) Mit der Definition in Abschnitt 7.4.4 ist die Menge $B \subseteq G$ eine H-Konjugierte von $A \subseteq G$, wenn es ein Element $h \in H$ gibt, für das $B = h^{-1} \circ A \circ h$ gilt. Die Anzahl der H-Konjugierten von A ist gleich dem Index von $N_H(A)$ in H, wenn es eine eineindeutige Abbildung der rechten Nebenklassen von $N_H(A)$ in A auf die H-Konjugierten von A gibt. Dies ist der Fall, wenn Elemente $h_1, h_2 \in H$, die zu derselben Nebenklasse von $N_H(A)$ gehören, auch zu derselben H-Konjugierten von A führen, und umgekehrt :

$$N_H(A) \circ h_1 = N_H(A) \circ h_2 \quad \Leftrightarrow \quad h_1^{-1} \circ A \circ h_1 = h_2^{-1} \circ A \circ h_2$$

Aus $N_H(A) \circ h_1 = N_H(A) \circ h_2$ folgt $n_1 \circ h_1 = n_2 \circ h_2$ mit $n_1, n_2 \in N_H(A)$. In der Gruppe $N_H(A)$ gibt es das Element $n = n_1^{-1} \circ n_2$, so daß $h_1 = n \circ h_2$. Mit $n^{-1} \circ A \circ n = A$ folgt :

$$h_1^{-1} \circ A \circ h_1 = h_2^{-1} \circ n^{-1} \circ A \circ n \circ h_2 = h_2^{-1} \circ A \circ h_2$$

Umgekehrt folgt aus $h_1^{-1} \circ A \circ h_1 = h_2^{-1} \circ A \circ h_2$ durch Multiplikation mit h_1 von links und mit h_1^{-1} von rechts, daß $h_2 \circ h_1^{-1}$ ein Element von $N_H(A)$ ist :

$$h_1 \circ h_1^{-1} \circ A \circ h_1 \circ h_1^{-1} = A = h_1 \circ h_2^{-1} \circ A \circ h_2 \circ h_1^{-1}$$

Aus $h_1 = n \circ h_2$ folgt, daß h_1 ein Element der rechten Nebenklasse $N_H(A) \circ h_2$ ist. Da zwei rechte Nebenklassen entweder gleich oder disjunkt sind, folgt $N_H(A) \circ h_1 = N_H(A) \circ h_2$.

Zentrum einer Gruppe : In einer nicht-kommutativen Gruppe $(G ; \circ)$ kann das kommutative Gesetz $a \circ b = b \circ a$ dennoch für eine Teilmenge von $G \times G$ befriedigt sein. Die Teilmenge von G, deren Elemente mit allen Elementen von G kommutieren, heißt das Zentrum der Gruppe G und wird mit Z(G) bezeichnet.

$$Z(G) := \{b \in G \mid \bigwedge_{a \in G} a \circ b = b \circ a\}$$

Das Zentrum Z(G) einer Gruppe G besitzt folgende Eigenschaften :

(Z1) Das Zentrum Z(G) ist eine charakteristische Untergruppe von G.

(Z2) Jede Untergruppe des Zentrums Z(G) ist ein Normalteiler in G.

(Z3) $A = \{a\}$ sei eine einelementige Teilmenge der Gruppe G. Dann ist der Normalisator $N_G(A) = G$, wenn a ein Element des Zentrums Z(G) ist. Sonst ist $N_G(A)$ eine echte Untergruppe von G.

(Z4) Das Zentrum jeder symmetrischen Gruppe S_n mit $n \geq 3$ enthält nur die identische Permutation i.

Beweis : Eigenschaften eines Zentrums

(Z1) Das Zentrum Z(G) einer Gruppe $(G ; \circ)$ besitzt die Eigenschaften einer Gruppe, da es das neutrale Element 1_G enthält, mit einem Element b auch das inverse Element b^{-1} und mit den Elementen b_1, b_2 auch das Element $b_1 \circ b_2$:

$$\bigwedge_{a \in G} (a \circ 1_G = 1_G \circ a) \quad \Rightarrow \quad 1_G \in Z(G)$$

$$\bigwedge_{b \in Z} \left(\bigwedge_{a \in G} (a \circ b = b \circ a) \Rightarrow \bigwedge_{a \in G} (b^{-1} \circ a = a \circ b^{-1}) \right)$$

$$\bigwedge_{b_1, b_2 \in Z} \left(\bigwedge_{a \in G} (a \circ b_1 = b_1 \circ a \ \wedge \ a \circ b_2 = b_2 \circ a) \quad \Rightarrow \right.$$

$$\left. \bigwedge_{a \in G} (a \circ b_1 \circ b_2 = b_1 \circ b_2 \circ a) \right)$$

Die Untergruppe Z(G) ist nach Abschnitt 7.5.5 charakteristisch in der Gruppe G, wenn Z(G) unter jedem Automorphismus $\phi : G \to G$ invariant ist. Für jedes Element g von G und jedes Element a von Z(G) muß also

$g \circ \phi(a) = \phi(a) \circ g$ gelten. Da Automorphismen surjektiv sind, gibt es ein Element $b \in G$, so daß $\phi(b) = g$. Also gilt :

$$g \circ \phi(a) = \phi(b) \circ \phi(a) = \phi(b \circ a) = \phi(a \circ b) = \phi(a) \circ \phi(b) = \phi(a) \circ g$$

(Z2) Für jedes Element $a \in H \subseteq Z_G$ und jedes Element $g \in G$ gilt definitionsgemäß $a \circ g = g \circ a$. Folglich gilt $g \circ H = H \circ g$ für jedes $g \in G$. Damit ist H Normalteiler von G.

(Z3) Für eine einelementige Menge $A = \{a\}$ erhält der Normalisator in der Gruppe G folgende besondere Form :

$$N_G(A) = \{g \in G \mid g^{-1} \circ a \circ g = a\}$$

Ist a ein Element des Zentrums Z(G), so ist die Bedingung $g^{-1} \circ a \circ g = a$ für jedes Element g von G erfüllt. Also gilt dann $N_G(A) = G$. Ist a kein Element des Zentrums Z(G), so gibt es definitionsgemäß mindestens ein Element in G, für das die Bedingung $g^{-1} \circ a \circ g = a$ nicht erfüllt ist. Also gilt $N_G(A) \subset G$. Mit der Eigenschaft (N1) von Normalisatoren ist $N_G(A)$ eine echte Untergruppe von G.

(Z4) Für jede Permutation $\phi \in S_n$, die nicht die identische Abbildung ist, gibt es ein Element $a \in X_n$, das nicht auf sich selbst abgebildet wird, sondern auf $\phi(a) = b \neq a$. Für $n \geq 3$ gibt es ein von a und b verschiedenes Element $c \in X_n$. In Abschnitt 7.7.4 ist gezeigt, daß die ϕ-Transformierte des Zyklus $<a,c>$ der Zyklus $<\phi(a), \phi(c)>$ ist. Da $\phi(a) = b$ voraussetzungsgemäß von a und c verschieden ist, kommutiert $<a,c>$ nicht mit ϕ. Folglich gehört $\phi \neq i$ nicht zum Zentrum von S_n, so daß $Z(S_n) = \{i\}$ für $n \geq 3$.

$$\begin{aligned} \phi \neq i \quad & \Rightarrow \quad \bigvee_{a \in X_n} (\phi(a) = b \neq a) \\ n \geq 3 \quad & \Rightarrow \quad \bigvee_{c \in X_n} (c \neq a \ \wedge \ c \neq b \ \wedge \ \phi \circ <a,c> \circ \phi^{-1} = <b, \phi(c)>) \\ & \Rightarrow \quad \phi \circ <a,c> = <b, \phi(c)> \circ \phi \neq <a,c> \circ \phi \end{aligned}$$

Klassengleichung einer Gruppe : (G ; $\circ$) sei eine endliche Gruppe mit dem Zentrum Z(G). Die Gruppe wird in Konjugationsklassen zerlegt. Von den Repräsentanten dieser Klassen seien $t_1, \ldots, t_m$ nicht in Z(G) enthalten. Die Normalisatoren $N_G(T_k)$ der einelementigen Mengen $T_k = \{t_k\}$ in G besitzen die Indizes $[G : N_G(T_k)]$. Die Ordnung der Gruppe G ist gleich der Summe der Ordnung des Zentrums Z(G) und der Indizes $[G : N_G(T_k)]$ für $k = 1,\ldots,m$. Diese Beziehung heißt die Klassengleichung der Gruppe G.

$$\text{ord } G = \text{ord } Z(G) + \sum_{k=1}^{m} [G : N_G(T_k)]$$

$$N_G(T_k) = \{g \in G \mid t_k = g^{-1} \circ t_k \circ g\}$$

Beweis : Klassengleichung einer Gruppe

Die Gruppe G wird nach Abschnitt 7.4.4 in s disjunkte Konjugationsklassen R_i zerlegt. Dann ist die Ordnung von G gleich der Summe der Ordnungen der Klassen R_i :

$$\text{ord } G = \sum_{i=1}^{s} \text{ord } R_i \qquad \text{(i)}$$

Ist der Repräsentant von R_i ein Element a des Zentrums Z(G), so kommutiert dieses Element mit jedem Element $g \in G$, also $a = g^{-1} \circ a \circ g$. Die Klasse R_i enthält folglich nur das eine Element a.

Ist der Repräsentant von R_i kein Element des Zentrums Z(G), so wird er mit t_k bezeichnet. Die Ordnung von R_i ist dann gleich der Anzahl der zu t_k konjugierten Elemente. Mit der Eigenschaft (N5) der Normalisatoren ist diese Anzahl gleich dem Index des Normalisators $N_G(T_k)$ der einelementigen Menge $T_k = \{t_k\}$ in G.

Substituiert man in Gleichung (i) ord $R_i = 1$ für alle Klassen mit Repräsentant in Z(G) und ord $R_i = [G : N_G(T_k)]$ für alle Klassen, deren Repräsentant nicht in Z(G) enthalten ist, so folgt die Klassengleichung der Gruppe G.

Beispiel 1 : Klassengleichung der Tetraeder-Deckgruppe

Die Deckgruppe $G = \{a_0,...,a_{11}\}$ eines regelmäßigen Tetraeders ist in Beispiel 2 von Abschnitt 7.3.2 gezeigt. In Beispiel 1 von Abschnitt 7.4.4 ist die Gruppe G in Konjugationsklassen zerlegt :

$$\begin{aligned} R_i &= [a_i] = \{a_k \in G \mid \bigvee_{g \in G} (a_k = g^{-1} \circ a_i \circ g)\} \\ R_1 &= [a_0] = \{a_0\} \\ R_2 &= [a_1] = \{a_1, a_4, a_5, a_8\} \\ R_3 &= [a_2] = \{a_2, a_3, a_6, a_7\} \\ R_4 &= [a_9] = \{a_9, a_{10}, a_{11}\} \end{aligned}$$

Das Zentrum Z(G) enthält nur das neutrale Element a_0. Die nicht in Z(G) enthaltenen Repräsentanten der Klassen sind a_1, a_2, a_9. Für die Mengen $T_1 = \{a_1\}$, $T_2 = \{a_2\}$, $T_3 = \{a_9\}$ werden die Normalisatoren $N_G(T_k)$ bestimmt :

$$N_G(T_k) = \{g \in G \mid t_k = g^{-1} \circ t_k \circ g\}$$

$$\begin{aligned} N_G(T_1) &= \{a_0, a_1, a_2\} \\ N_G(T_2) &= \{a_0, a_1, a_2\} \\ N_G(T_3) &= \{a_0, a_9, a_{10}, a_{11}\} \end{aligned}$$

Die Normalisatoren $N(T_i)$ besitzen folgende Rechtsnebenklassen :

$$N_G(T_k) \circ a_i = \{g \in G \mid n \circ a_i = g \quad \wedge \quad n \in N_G(T_k)\}$$

$$\begin{aligned} N_G(T_1) \circ a_0 &= \{a_0, a_1, a_2\} \\ N_G(T_1) \circ a_3 &= \{a_3, a_5, a_{11}\} \\ N_G(T_1) \circ a_4 &= \{a_4, a_7, a_{10}\} \\ N_G(T_1) \circ a_6 &= \{a_6, a_8, a_9\} \end{aligned}$$

$$\begin{aligned} N_G(T_3) \circ a_0 &= \{a_0, a_9, a_{10}, a_{11}\} \\ N_G(T_3) \circ a_1 &= \{a_1, a_4, a_5, a_8\} \\ N_G(T_3) \circ a_2 &= \{a_2, a_3, a_6, a_7\} \end{aligned}$$

Die rechten Nebenklassen der Normalisatoren $N_G(T_1)$ und $N_G(T_2)$ sind gleich. Die Anzahl $[G : N_G(T_k)]$ der Nebenklassen von $N_G(T_k)$ wird gezählt. Die Klassengleichung der Deckgruppe G ist befriedigt :

$$\begin{aligned} &[G : N_G(T_1)] = [G : N_G(T_2)] = 4 \\ &[G : N_G(T_3)] = 3 \\ &\text{ord } G = 12 \\ &\text{ord } Z(G) + \sum_1^3 [G : N_G(T_k)] = 1 + 4 + 4 + 3 = 12 \end{aligned}$$

Kommutatoren : Gesucht wird ein Ausdruck, dessen Wert zeigt, ob zwei Elemente a,b einer Gruppe $(G ; \circ)$ kommutativ sind. Hierzu eignet sich der Ausdruck $a \circ b = k \circ b \circ a$ mit $k \in G$. Für kommutative Elemente gilt $a \circ b = b \circ a$, also $k = 1_G$. Für Elemente, die nicht kommutativ sind, gilt $a \circ b \circ a^{-1} \circ b^{-1} \neq 1_G$.

Das Element $k = a \circ b \circ a^{-1} \circ b^{-1}$ von G heißt der Kommutator des Paars $(a,b) \in G \times G$ und wird mit [a,b] bezeichnet. Der Name Kommutator zeigt an, daß die Reihenfolge der Elemente in dem Produkt $a \circ b$ durch Multiplikation mit dem Kommutator [a,b] vertauscht wird :

$$[a,b] \circ b \circ a = a \circ b \circ a^{-1} \circ b^{-1} \circ b \circ a = a \circ b$$

Kommutatorgruppe : Im allgemeinen ist nicht jedes Element g einer Gruppe $(G ; \circ)$ als Kommutator [a,b] mit $(a,b) \in G \times G$ darstellbar. Die Menge aller Kommutatoren und ihrer endlichen Produkte wird mit [G,G] bezeichnet. Das Gebilde $([G,G] ; \circ)$ ist eine Untergruppe von G und heißt die Kommutatorgruppe von G :

(1) Die Menge [G,G] enthält das Einselement, da $[a,a] = a \circ a \circ a^{-1} \circ a^{-1} = 1_G$.

(2) Die Menge [G,G] enthält definitionsgemäß das Produkt von je zwei Elementen aus [G,G].

(3) Die Menge [G,G] enthält mit dem Element [a,b] auch das Inverse [b,a] :

$$[a,b] \circ [b,a] = a \circ b \circ a^{-1} \circ b^{-1} \circ b \circ a \circ b^{-1} \circ a^{-1} = 1_G$$

Eigenschaften der Kommutatorgruppe

(K1) Die Kommutatorgruppe [G,G] einer Gruppe $(G\,;\circ)$ ist eine charakteristische Untergruppe von G : Jeder Automorphismus ϕ von G bildet die Elemente von [G,G] auf [G,G] ab.

(K2) N sei ein Normalteiler der Gruppe G. Die Quotientengruppe G/N ist genau dann abelsch, wenn [G,G] eine Untergruppe von N ist.

(K3) [G,G] ist der kleinste Normalteiler von G, der die Quotientengruppe G/[G,G] abelsch macht. G/[G,G] heißt die abelsch gemachte Gruppe G.

Beweis : Eigenschaften der Kommutatorgruppe

(K1) Ein beliebiger Kommutator [a, b] wird mit dem Automorphismus ϕ abgebildet. Da der Automorphismus definitionsgemäß homomorph ist, gilt $\phi(a \circ b \circ a^{-1} \circ b^{-1}) = \phi(a) \circ \phi(b) \circ \phi(a)^{-1} \circ \phi(b)^{-1}$. Da $\phi(a)$ und $\phi(b)$ sowie ihre Inversen $\phi(a)^{-1}$ und $\phi(b)^{-1}$ Elemente der Gruppe G sind, ist das Bild $k = \phi(a) \circ \phi(b) \circ \phi(a)^{-1} \circ \phi(b)^{-1}$ definitionsgemäß ein Kommutator. Also bildet ein beliebiger Automorphismus auf G die Elemente von [G,G] auf [G,G] ab.

(K2) Der Homomorphismus $f : G \to G/N$ bildet die Gruppe auf die Quotientengruppe G/N ab. Das neutrale Element der Quotientengruppe ist der Normalteiler N. Für das Produkt beliebiger Elemente f(x) und f(y) der Quotientengruppe gilt :

$$f(x) \circ f(y) = f(x \circ y) = f(x \circ y \circ (y \circ x)^{-1} \circ y \circ x)$$
$$f(x) \circ f(y) = f(x \circ y \circ x^{-1} \circ y^{-1}) \circ f(y) \circ f(x)$$

Die Kommutatorgruppe [G,G] sei eine Untergruppe von N. Dann ist der Kommutator $x \circ y \circ x^{-1} \circ y^{-1}$ ein Element des Normalteilers N, so daß sein Bild $f(x \circ y \circ x^{-1} \circ y^{-1})$ das neutrale Element $f(1_G)$ der Quotientengruppe G/N ist. Aus $f(x \circ y \circ x^{-1} \circ y^{-1}) = f(1_G)$ folgt $f(x) \circ f(y) = f(y) \circ f(x)$: Die Quotientengruppe G/N ist abelsch.

Umgekehrt sei G/N abelsch. Aus $f(x) \circ f(y) = f(y) \circ f(x)$ folgt $f(x \circ y \circ x^{-1} \circ y^{-1}) = f(1_G)$, so daß der Kommutator $x \circ y \circ x^{-1} \circ y^{-1}$ ein Element des Normalteilers N ist : [G,G] ist eine Untergruppe von N.

(K3) Ist $N \subseteq G$ ein Normalteiler, der G/N abelsch macht, so gilt mit (K2) die Inklusion $[G,G] \subseteq N$. Da die charakteristische Untergruppe [G,G] von G auch Normalteiler von G ist, ist [G,G] der kleinste Normalteiler von G, der G/[G,G] abelsch macht.

Ableitungen einer Gruppe : Die Kommutatorgruppe [G, G] heißt die 1. Ableitung (die 1. Derivierte) von G und wird mit D^1G bezeichnet. Dementsprechend wird G mit D^0G bezeichnet. Die i-te Ableitung der Gruppe G ist induktiv definiert und wird mit D^iG bezeichnet :

$$\begin{aligned} D^0G &= G \\ D^{i+1}G &= [D^iG, D^iG] \qquad i \in \mathbb{N} \end{aligned}$$

Da $D^{i+1}G$ die Kommutatorgruppe von D^iG ist, ist $D^{i+1}G$ stets ein Normalteiler von D^iG. Die Quotientenmenge $D^iG / D^{i+1}G$ ist abelsch.

Beispiel 2 : Kommutatorgruppe der Deckgruppe für Tetraeder

In Beispiel 2 von Abschnitt 7.3.2 ist die Gruppentafel der Deckgruppe für regelmäßige Tetraeder gezeigt. Diese Deckgruppe ist isomorph zur alternierenden Gruppe A_4. Die folgende Tafel zeigt das kartesische Produkt $A_4 \times A_4$ mit den Werten der Kommutatoren [a,b] der Deckgruppe. Die Kommutatorgruppe $[A_4, A_4]$ ist $\{a_0, a_9, a_{10}, a_{11}\}$.

[ ]	a_0	a_1	a_2	a_3	a_4	a_5	a_6	a_7	a_8	a_9	a_{10}	a_{11}
a_0	a_0	a_0	a_0	a_0	a_0	a_0	a_0	a_0	a_0	a_0	a_0	a_0
a_1	a_0	a_0	a_0	a_9	a_{10}	a_{11}	a_{10}	a_{11}	a_9	a_{11}	a_9	a_{10}
a_2	a_0	a_0	a_0	a_{11}	a_9	a_{10}	a_9	a_{10}	a_{11}	a_{10}	a_{11}	a_9
a_3	a_0	a_9	a_{11}	a_0	a_0	a_{11}	a_{10}	a_9	a_{10}	a_{10}	a_{11}	a_9
a_4	a_0	a_{10}	a_9	a_0	a_0	a_9	a_{11}	a_{10}	a_{11}	a_{11}	a_9	a_{10}
a_5	a_0	a_{11}	a_{10}	a_{11}	a_9	a_0	a_0	a_9	a_{10}	a_{11}	a_9	a_{10}
a_6	a_0	a_{10}	a_9	a_{10}	a_{11}	a_0	a_0	a_{11}	a_9	a_{10}	a_{11}	a_9
a_7	a_0	a_{11}	a_{10}	a_9	a_{10}	a_9	a_{11}	a_0	a_0	a_{10}	a_{11}	a_9
a_8	a_0	a_9	a_{11}	a_{10}	a_{11}	a_{10}	a_9	a_0	a_0	a_{11}	a_9	a_{10}
a_9	a_0	a_{11}	a_{10}	a_{10}	a_{11}	a_{11}	a_{10}	a_{10}	a_{11}	a_0	a_0	a_0
a_{10}	a_0	a_9	a_{11}	a_{11}	a_9	a_9	a_{11}	a_{11}	a_9	a_0	a_0	a_0
a_{11}	a_0	a_{10}	a_9	a_9	a_{10}	a_{10}	a_9	a_9	a_{10}	a_0	a_0	a_0

Kommutatortafel : $[a,b] = a \circ b \circ a^{-1} \circ b^{-1}$ mit $a, b \in \{a_0, \ldots, a_{11}\}$

Beispiel 3 : Abelsch gemachte Deckgruppe für Tetraeder

Die 1. Ableitung $D^1 A_4 = \{a_0, a_9, a_{10}, a_{11}\}$ der Tetraeder-Deckgruppe A_4 ist in Beispiel 2 bestimmt. Die Gruppe $N := D^1(A_4)$ ist ein Normalteiler in A_4 und führt zu folgender Klassifizierung von A_4 :

$$a_0 \circ N = \{a_0, a_9, a_{10}, a_{11}\} = [a_0]$$

$$a_1 \circ N = \{a_1, a_4, a_5, a_8\} = [a_1]$$

$$a_2 \circ N = \{a_2, a_3, a_6, a_7\} = [a_2]$$

Die abelsch gemachte Gruppe A_4 ist die Quotientengruppe $\{[a_0], [a_1], [a_2]\}$. Wählt man je ein Element aus zwei Klassen, so ist das Produkt ihrer Bilder unter der Abbildung $f : G \to G/N$ kommutativ :

$$a_9 \circ a_5 = a_1 \ : \quad f(a_9) \circ f(a_5) = f(a_1) = [a_1]$$

$$a_5 \circ a_9 = a_4 \ : \quad f(a_5) \circ f(a_9) = f(a_4) = [a_1]$$

Also gilt : $\quad f(a_9) \circ f(a_5) = f(a_5) \circ f(a_9)$

7.8.3 GRUPPEN MIT PRIMZAHLORDNUNG

Einführung : Der Indexsatz zeigt, daß die Ordnung jeder Untergruppe einer endlichen Gruppe (G ; ∘) ein Teiler der Ordnung von G ist. Es stellt sich die Frage, ob umgekehrt jede Gruppe, deren Ordnung den Teiler m besitzt, stets auch eine Untergruppe der Ordnung m besitzt. Ist die Gruppe G abelsch, so besitzt sie eine solche Untergruppe. Ist die Gruppe G nicht kommutativ, so besitzt G nicht stets eine solche Untergruppe. Beispielsweise besitzt die alternierende Gruppe A_4 keine Untergruppe der Ordnung 6, obwohl 6 ein Teiler der Ordnung 12 von A_4 ist (siehe Beispiel 1).

Mit den Sätzen von Sylow wird im folgenden gezeigt, daß eine Gruppe, deren Ordnung durch eine Primzahlpotenz p^a teilbar ist, stets eine Untergruppe der Ordnung p^a enthält. Eine Untergruppe der Ordnung p^s mit $s < a$ ist stets Untergruppe einer Gruppe der Ordnung p^a. Eine Gruppe mit maximalem Exponenten a heißt eine p-Sylow-Untergruppe von G. Die Anzahl der p-Sylow-Untergruppen von G ist kongruent 1 modulo p und ist Teiler der Ordnung von G.

Gruppen ohne echte Untergruppen : Eine Gruppe (G ; ∘) sei von der Einheitsgruppe {1} verschieden. G sei eine Gruppe ohne echte Untergruppen : Es gibt also außer {1} und G selbst keine weiteren Untergruppen von G. Dann ist G eine zyklische Gruppe mit Primzahlordnung.

Beweis : Primzahlordnung von Gruppen ohne echte Untergruppen

(1) In der Gruppe G gibt es ein Element $a \neq 1$. Die von dem Element a erzeugte Untergruppe gp(a) ist von {1} verschieden. Also ist gp(a) = G und damit die Gruppe G zyklisch.

(2) Die zyklische Gruppe G ist nicht mit der unendlichen zyklischen Gruppe ($\mathbb{Z}$; +) isomorph, da die Gruppe $\mathbb{Z}$ die Untergruppen $\mathbb{Z}n$ enthält. Also ist die Gruppe G endlich.

(3) Gäbe es einen Teiler n der Ordnung von G, so gäbe es nach der Eigenschaft (U2) zyklischer Gruppen in Abschnitt 7.3.6 eine zyklische Untergruppe der Ordnung n in G. Da G aber keine echten Untergruppen besitzt, ist die Ordnung von G eine Primzahl.

Existenz von Untergruppen endlicher abelscher Gruppen : (G ; ∘) sei eine endliche abelsche Gruppe. Die positive ganze Zahl m sei ein Teiler der Ordnung von G. Dann gibt es eine Untergruppe der Ordnung m in G.

Beweis : Existenz von Untergruppen endlicher abelscher Gruppen

Der Beweis wird induktiv geführt. Für die Gruppe $\{1\}$ ist die Aussage wahr. Sie sei wahr für alle Gruppen, deren Ordnung kleiner als $\text{ord}\, G$ ist. Es wird bewiesen, daß die Aussage dann auch für eine Gruppe mit Ordnung $\text{ord}\, G$ wahr ist.

(1) Der Teiler m von $\text{ord}\, G$ sei eine Primzahl p. Ist G selbst von Ordnung p, so ist die Aussage wahr. Für $p < \text{ord}\, G$ gibt es ein Element $a \neq 1$ von G. Die zyklische Gruppe $N = \text{gp}(a)$ ist ein Normalteiler der abelschen Gruppe G. Also gibt es eine Quotientengruppe $H = G/N$. Nach dem Indexsatz in Abschnitt 7.4.2 gilt $\text{ord}\, G = \text{ord}\, H \cdot \text{ord}\, N$. Da die Primzahl p ein Teiler von $\text{ord}\, G$ ist, ist sie auch ein Teiler von $\text{ord}\, H$ oder von $\text{ord}\, N$.

Ist die Primzahl p ein Teiler von $\text{ord}\, N$, so besitzt die zyklische Gruppe N nach der Eigenschaft (U2) zyklischer Untergruppen eine Untergruppe der Ordnung p. Da N eine Untergruppe von G ist, enthält G eine Untergruppe der Ordnung p.

Ist die Primzahl p ein Teiler von $\text{ord}\, H < \text{ord}\, G$, so besitzt $H = G/N$ nach Induktionsvoraussetzung eine Untergruppe H' mit Ordnung p. Die Gruppe H' ist mit der Folgerung (F3) aus dem Indexsatz wegen ihrer Primzahlordnung p zyklisch. Also gilt $H' = \text{gp}(h)$ mit $h^p = 1_H$.

Es ist nun zu beweisen, daß G eine Untergruppe der Ordnung p besitzt, wenn $H = G/N$ eine Untergruppe der Ordnung p besitzt. Das erzeugende Element h von H' sei die Klasse $[y]$ von G/N. Die Ordnung des Elementes y in G sei s. Aus $[y] \circ [y] = [y \circ y]$ folgt $h^s = [y^s] = [1_G] = 1_H$. Die Primzahl p ist also ein Teiler von s. Nach der Eigenschaft (U2) zyklischer Untergruppen enthält die Untergruppe $\text{gp}(y)$ von G eine Untergruppe der Ordnung p. Also enthält auch G eine Untergruppe der Ordnung p.

(2) Der Teiler m von $\text{ord}\, G$ sei keine Primzahl. Dann gibt es einen Primteiler p von m. Also besitzt die Gruppe G nach Teil (1) des Beweises eine Untergruppe N der Ordnung p. Diese Untergruppe ist ein Normalteiler in der abelschen Gruppe G. Folglich gibt es einen natürlichen Homomorphismus $k : G \to H$ mit $H = G/N$. Nach dem Indexsatz gilt $\text{ord}\, G = p \cdot \text{ord}\, H$.

Da die Ordnung von G den Faktor m enthält, enthält ord H den Faktor $\frac{m}{p}$. Aus $\text{ord}\, H < \text{ord}\, G$ folgt mit der Induktionsvoraussetzung, daß H eine Untergruppe H' der Ordnung $\frac{m}{p}$ enthält. Nach dem erweiterten 2. Isomorphiesatz gibt es deshalb eine Untergruppe $G' \subset G$ mit $H' = G'/N$. Der Indexsatz zeigt, daß G' die Ordnung $\text{ord}\, G' = \text{ord}\, H' \cdot \text{ord}\, N = m$ besitzt. Also enthält die Gruppe G eine Untergruppe der Ordnung m.

1. Satz von Sylow : (G ; ∘) sei eine endliche Gruppe, p sei eine Primzahl, m sei eine natürliche Zahl und p^m sei ein Teiler der Ordnung von G. Dann gibt es in G eine Untergruppe der Ordnung p^m.

Beweis : 1. Satz von Sylow

Der Beweis wird induktiv geführt. Für eine Gruppe der Ordnung p ist die Aussage wahr. Sie sei wahr für alle Gruppen, deren Ordnung kleiner als ord G ist. Es wird bewiesen, daß die Aussage dann auch für eine Gruppe mit Ordnung ord G wahr ist.

(1) Die Primzahl p sei ein Teiler der Ordnung des Zentrums Z(G). Da Z abelsch ist, enthält Z nach dem vorangehenden Satz eine Untergruppe N der Ordnung p. Mit der Eigenschaft (Z2) von Zentren ist die Untergruppe N ein Normalteiler von G. Also gibt es einen natürlichen Homomorphismus $k : G \to H$ mit $H = G/N$. Nach dem Indexsatz gilt $\text{ord}\, G = \text{ord}\, N \cdot \text{ord}\, H = p \cdot \text{ord}\, H$.

Da ord G durch p^m teilbar ist, ist ord H durch p^{m-1} teilbar. Da $\text{ord}\, H < \text{ord}\, G$, enthält H nach der Induktionsvoraussetzung eine Untergruppe H' der Ordnung p^{m-1}. Nach dem 2. Isomorphiesatz enthält G eine Untergruppe G', so daß $H' = G'/N$. Nach dem Indexsatz gilt $\text{ord}\, G' = \text{ord}\, H' \cdot \text{ord}\, N = p^m$. Also enthält die Gruppe G eine Untergruppe G' der Ordnung p^m.

(2) Die Primzahl p sei kein Teiler der Ordnung des Zentrums Z(G). Die Klassengleichung von G ist $\text{ord}\, G = \text{ord}\, Z(G) + \Sigma\, [G : N_G\, (T_n)]$. Da die Primzahl p die Ordnung von G teilt, nicht aber die Ordnung von Z(G), teilt p auch nicht die Summe $\Sigma\, [G : N_G\, (T_n)]$. Also gibt es mindestens einen Repräsentanten T_i, für den $[G : N_G\, (T_i)]$ nicht durch p teilbar ist.

Nach dem Indexsatz gilt $\text{ord}\, G = [G : N_G\, (T_i)] \cdot \text{ord}\, N_G(T_i)$. Da p^m die Ordnung von G teilt, p jedoch nicht den Index $[G : N_G(T_i)]$, ist die Ordnung des Normalisators $N_G(T_i)$ durch p^m teilbar. Nach der Eigenschaft (Z3) von Zentren ist $N_G\, (T_i)$ eine echte Untergruppe von G, da der Repräsentant T_i kein Element des Zentrums ist.

Da die Ordnung von $N_G(T_i)$ durch p^m teilbar und kleiner als ord G ist, folgt aus der Induktionsvoraussetzung, daß der Normalisator $N_G(T_i)$ eine Untergruppe H der Ordnung p^m enthält. Wegen $N_G(T_i) \subset G$ enthält auch die Gruppe G die Untergruppe H der Ordnung p^m.

Satz von Cauchy : In einer endlichen Gruppe $(G;\circ)$ gibt es eine zyklische Untergruppe der Primzahlordnung p genau dann, wenn p die Ordnung von G teilt.

Beweis : Satz von Cauchy

(1) Teilt die Primzahl p die Ordnung von G, so enthält G nach dem 1. Satz von Sylow eine Untergruppe der Ordnung p. Mit der Folgerung (Z3) aus dem Indexsatz ist jede Untergruppe mit Primzahlordnung zyklisch.

(2) Enthält umgekehrt die Gruppe G eine Untergruppe H der Ordnung p, so teilt die Ordnung p von H nach dem Indexsatz die Ordnung von G.

p-Gruppe : $(G;\circ)$ sei eine Gruppe und p eine Primzahl. G heißt eine p-Gruppe, wenn die Ordnung jedes Elementes von G eine Potenz von p ist. Die Exponenten m der Ordnungen p^m verschiedener Elemente von G können verschieden sein. Eine p-Gruppe wird mit G(p) bezeichnet. Die Einheitsgruppe {1} ist eine p-Gruppe für jede Primzahl p.

$$\bigwedge_{a \in G(p)} (p^m a = 0 \quad \wedge \quad m \in \mathbb{N}')$$

Eigenschaften von p-Gruppen :

(P1) Ist eine Gruppe $(G;\circ)$ eine p-Gruppe, so ist ihre Ordnung eine Potenz n der Primzahl p : $\text{ord}\, G = p^n$.

(P2) Ist die endliche p-Gruppe $(G;\circ)$ von {1} verschieden, so ist die Primzahl p ein Teiler der Ordnung des Zentrums von G und folglich $Z(G) \neq \{1\}$.

(P3) Die Ordnung einer p-Gruppe $(G;\circ)$ sei p^n mit $n \geq 1$. Dann besitzt G einen Normalteiler der Ordnung p^{n-1}.

Beweis : Eigenschaften von p-Gruppen

(P1) Ist G eine p-Gruppe, so ist die Ordnung jedes Elementes von G eine Potenz von p. Nach dem Satz von Cauchy kann die Primzahlzerlegung der Ordnung von G keine von p verschiedene Primzahlen enthalten. Also gilt $\text{ord}\, G = p^n$.

(P2) Für die p-Gruppe G und einen Normalisator $N_G(T_i)$, dessen Repräsentant kein Element des Zentrums Z(G) ist, folgt aus der Klassengleichung und dem Indexsatz :

$$\begin{aligned} \text{ord}\, G &= [G : N_G(T_i)] \cdot \text{ord}\, N_G(T_i) \\ &= \text{ord}\, Z(G) + \sum_{k=1}^{m} [G : N_G(T_k)] \end{aligned}$$

Da T_i kein Element des Zentrums Z(G) ist, ist ord $N_G(T_i) \neq$ ord G und folglich $[G : N_G(T_i)] \neq 1$. Da G eine p-Gruppe ist, sind ord G und ord $N_G(T_i)$ Potenzen von p. Folglich ist auch jeder Index $[G : N_G(T_i)]$ und damit die Summe dieser Indizes ein Vielfaches von p. Weil ord G und die Summe der Indizes durch p teilbar sind, ist ord Z(G) durch p teilbar.

(P3) Der Beweis wird induktiv geführt. $(G ; \circ)$ sei eine Gruppe der Ordnung p^n. Für $n = 1$ ist die Aussage wahr. Es wird vorausgesetzt, daß die Aussage für alle Exponenten von p kleiner als n wahr ist. Nach dem Satz von Cauchy enthält G eine zyklische Untergruppe gp(z) der Ordnung p. Die Gruppe $N_1 = gp(z)$ ist nach (P2) eine Untergruppe des Zentrums Z(G) und damit nach Eigenschaft (Z2) des Zentrums ein Normalteiler in G. Aus dem Indexsatz folgt $\text{ord}\, G = \text{ord}\, N_1 \cdot \text{ord}\, G/N_1$.

Da die Ordnung p^{n-1} von G/N_1 kleiner als p^n ist, enthält G/N_1 nach der Induktionsvoraussetzung einen Normalteiler N_2 der Ordnung p^{n-2}. Nach dem erweiterten 2. Isomorphiesatz enthält G einen Normalteiler H, so daß $N_2 = H/N_1$. Aus dem Indexsatz folgt $\text{ord}\, H = [H : N_1] \cdot \text{ord}\, N_1 = \text{ord}\, N_2 \cdot \text{ord}\, N_1 = p^{n-1}$. Also enthält G den Normalteiler H mit Ordnung p^{n-1}.

p-Sylow-Untergruppe : Eine Untergruppe S einer Gruppe $(G ; \circ)$ heißt p-Sylow-Untergruppe von G, wenn S eine p-Gruppe ist und jede S enthaltende p-Untergruppe von G mit S identisch ist. Häufig wird eine p-Sylow-Untergruppe eine Sylowgruppe genannt.

Eigenschaften von p-Sylow-Untergruppen : $(G ; \circ)$ sei eine Gruppe und p eine Primzahl. S sei eine p-Sylow-Untergruppe von G und H eine p-Untergruppe von G. Dann gilt :

(S1) Ist p^m die höchste Potenz der Primzahl p, die ein Teiler von ord G ist, so gibt es eine p-Sylow-Untergruppe der Ordnung p^m in G.

(S2) Die Sylowgruppe S ist keine echte Untergruppe der p-Gruppe H.

(S3) Der Normalisator der Sylowgruppe S in H ist der Durchschnitt der Gruppen S und H, also $N_H(S) = H \cap S$.

(S4) Jede G-Konjugierte der p-Sylow-Untergruppe S ist eine p-Sylow-Untergruppe in der Gruppe G.

Beweis : Eigenschaften von p-Sylow-Untergruppen

(S1) Nach dem 1. Satz von Sylow gibt es eine Untergruppe S der Ordnung p^m in G. S ist eine Sylowgruppe, wenn jede S enthaltende p-Untergruppe H von G mit S identisch ist. S sei eine Untergruppe einer p-Gruppe H. Dann folgt aus dem Indexsatz :

$$\begin{aligned} \text{ord}\,G &= \text{ord}\,S \cdot [G:S] \\ \text{ord}\,H &= \text{ord}\,S \cdot [H:S] \\ \text{ord}\,G &= \text{ord}\,H \cdot [G:H] = \text{ord}\,S \cdot [H:S] \cdot [G:H] \end{aligned}$$

Da ord $S = p^m$ die größte Potenz von p ist, die ord G teilt, ist p kein Teiler von $[H:S] \cdot [G:H]$. Folglich ist p auch kein Teiler von $[H:S]$. Da aber H eine p-Gruppe ist, folgt $[H:S] = 1$ und ord S = ord H. Aus $S \subseteq H$ und ord S = ord H folgt $S = H$. Also ist S eine p-Sylow-Untergruppe.

(S2) Die p-Sylow-Untergruppe S sei eine Untergruppe der p-Untergruppe H. Dann folgt aus der Definition der Sylowgruppen, daß $S = H$. Folglich ist S keine echte Untergruppe von H.

(S3) Der Normalisator $N_H(S)$ enthält diejenigen Elemente $h \in H$, die jedes Element $a \in S$ in ein Element $b = h^{-1} \circ a \circ h$ von S transformieren. Für beliebige Elemente $a,h \in H \cap S$ ist $b = h^{-1} \circ a \circ h$ ein Element von $H \cap S$, da $H \cap S$ eine Gruppe ist. Folglich enthält der Normalisator $N_H(S)$ alle Elemente von $H \cap S$, also $H \cap S \subseteq N_H(S)$. Zu zeigen bleibt $N_H(S) \subseteq H \cap S$. Mit der Eigenschaft (N1) von Normalisatoren gilt $N_H(S) \subseteq H$, so daß noch $N_H(S) \subseteq S$ zu zeigen ist.

Mit der Eigenschaft (N2) von Normalisatoren ist $N_H(S)$ eine Untergruppe von $N_G(S)$. Mit der Eigenschaft (N3) von Normalisatoren ist S Normalteiler von $N_G(S)$. Aus dem 1. Isomorphiesatz folgt :

S ist Normalteiler von $N_H(S) \circ S$. (i)

$S \cap N_H(S)$ ist Normalteiler von $N_H(S)$. (ii)

$$[N_H(S) \circ S : S] = [N_H(S) : N_H(S) \cap S] \qquad \text{(iii)}$$

Die Beziehungen zwischen den Ordnungen der Gruppen liefert der Indexsatz :

$$\text{ord}\,N_H(S) \circ S = [N_H(S) \circ S : S] \cdot \text{ord}\,S \qquad \text{(iv)}$$

$$\text{ord}\,N_H(S) = [N_H(S) : N_H(S) \cap S] \cdot \text{ord}\,N_H(S) \cap S \qquad \text{(v)}$$

Aus (v) folgt, daß $[N_H(S) : N_H(S) \cap S]$ eine Potenz von p ist, da $N_H(S)$ und $N_H(S) \cap S$ Untergruppen der p-Gruppe H sind. Mit (iii) ist auch der Index $[N_H(S) \circ S : S]$ eine Potenz von p. Da S eine p-Gruppe ist, folgt aus (iv), daß $N_H(S) \circ S$ eine p-Gruppe ist. Mit der Eigenschaft (S2) von Sylowgruppen ist S keine echte Untergruppe von $N_H(S) \circ S$, so daß $S = N_H(S) \circ S$. Also gilt $N_H(S) \subseteq N_H(S) \circ S = S$.

(S4) Die Menge S_2 sei eine G-Konjugierte der p-Sylow-Untergruppe S_1, also $S_2 = g^{-1} \circ S_1 \circ g$ mit $g \in G$. Dann ist S_2 nach Abschnitt 7.4.4 eine Untergruppe von G und ord S_1 = ord S_2. Also ist S_2 eine p-Sylow-Untergruppe.

2. Satz von Sylow : $(G\,;\circ)$ sei eine endliche Gruppe der Ordnung sp^m. Die Zahl s sei nicht durch die Primzahl p teilbar. S sei eine Untergruppe der Ordnung p^m in G. Dann ist jede p-Untergruppe von G in einer zu S konjugierten Untergruppe von G enthalten.

Beweis : 2. Satz von Sylow

(1) Da p^m die höchste Potenz von p ist, die ord G teilt, ist S nicht echt in einer p-Untergruppe von G enthalten. Folglich ist S eine p-Sylow-Untergruppe von G. Die Gruppe S ist nicht eindeutig, da jede G-Konjugierte von S wegen der Eigenschaft (S4) der Sylowgruppen ebenfalls eine p-Sylow-Untergruppe der Ordnung p^m von G ist. Die G-Konjugierten von S bilden eine Menge M :

$$M = \{M_g \mid M_g = g^{-1} \circ S \circ g \quad \wedge \quad g \in G\}$$

(2) Es ist zu zeigen, daß jede p-Untergruppe H von G in einer der Mengen M_g enthalten ist. Dazu wird die Menge M nach Abschnitt 7.4.4 in Klassen von H-konjugierten Mengen mit dem Repräsentantensystem $\{M_1,\ldots,M_s\}$ zerlegt.

$$[M_i] = \{M_h \in M \mid \bigvee_{h \in H} (M_h = h^{-1} \circ M_i \circ h)\}$$

(3) Ist für den Repräsentanten M_i die Bedingung $H \cap M_i = H$ erfüllt, so ist sie auch für jedes andere Element der Klasse $[M_i]$ erfüllt. Folglich genügt die Prüfung, ob H eine Untergruppe eines der Repräsentanten M_i ist.

$$\begin{aligned}(a \in H \quad \Rightarrow \quad a \in M_i) \quad \Rightarrow \quad (b,h \in H \quad &\Rightarrow \quad c = h \circ b \circ h^{-1} \in H \quad \Rightarrow \\ c \in M_i \quad &\Rightarrow \quad b = h^{-1} \circ c \circ h \in M_h)\end{aligned}$$

Mit der Eigenschaft (S3) von Sylowgruppen ist der Durchschnitt $H \cap M_i$ gleich dem Normalisator $N_H(M_i)$. Folglich ist H eine Untergruppe von M_i, wenn $N_H(M_i) = H$ gilt, also $[H : N_H(M_i)] = 1$.

(4) Wegen der Eigenschaft (N5) von Normalisatoren ist der Index $[H : N_H(M_i)]$ gleich der Anzahl der H-Konjugierten von M_i und der Index $[G : N_G(S)]$ gleich der Anzahl n der G-Konjugierten von S. Da die H-Konjugierten eine Zerlegung von M bilden, gilt bei Summation über die Klassen :

$$n = \text{ord}\, M = [G : N_G(S)] = \sum_{i=1}^{s} [H : N_H(M_i)] \tag{i}$$

(5) Für die Ordnungen der Gruppen liefert der Indexsatz die Beziehungen :

$$\text{ord}\, G = n \cdot \text{ord}\, N_G(S) \tag{ii}$$

$$\text{ord}\, H = [H : N_H(M_i)] \cdot \text{ord}\, N_H(M_i) \qquad i = 1,..,s \tag{iii}$$

Die Eigenschaft (N3) der Normalisatoren zeigt, daß die Sylowgruppe S mit Ordnung p^m eine Untergruppe von $N_G(S)$ ist. Folglich ist die Zahl r in der Ordnung rp^m von $N_G(S)$ nicht durch die Primzahl p teilbar. Die Substitution von ord G $= sp^m$ und ord $N_G(S) = rp^m$ in (ii) führt zu $n = \frac{s}{r}$. Da s nicht durch p teilbar ist, ist n nicht durch p teilbar. In (i) ist also mindestens ein Index $[H : N_H(M_j)]$ nicht durch p teilbar. In (iii) sind die Ordnungen der p-Gruppe H und ihrer Untergruppe $N_H(M_j)$ aber Potenzen von p. Also ist der Index $[H : N_H(M_j)]$ gleich 1 : Die Sylowgruppe M_j enthält die p-Gruppe H als Untergruppe.

Folgerung aus dem 2. Satz von Sylow : Die p-Sylow-Untergruppen einer Gruppe G sind G-konjugiert.

Beweis : Folgerung aus dem 2. Satz von Sylow

S und P seien p-Sylow-Untergruppen einer Gruppe G zur gleichen Primzahl p. Die p-Untergruppe P ist nach dem 2. Satz von Sylow in einer zu S konjugierten Untergruppe von G enthalten. Definitionsgemäß ist jede P enthaltende p-Untergruppe von G mit P identisch. Folglich ist P eine zu S konjugierte Untergruppe von G.

3. Satz von Sylow : $(G\,;\circ)$ sei eine endliche Gruppe. Die Primzahl p sei ein Teiler der Ordnung von G. Dann ist die Anzahl n_p der p-Sylow-Untergruppen von G ein Teiler der Ordnung von G. Der Teiler hat die Form $n_p = 1 + kp$ mit $k \in \mathbb{N}$.

Beweis : 3. Satz von Sylow

(1) Die Ordnung der Gruppe G sei sp^m. Die Zahl s sei nicht durch die Primzahl p teilbar. S sei eine Untergruppe der Ordnung p^m in G. Nach der Folgerung aus dem 2. Satz von Sylow bilden die p-Sylow-Untergruppen eine Menge M von G-Konjugierten der Gruppe S. Die Menge M wird nach Abschnitt 7.4.4 in Klassen S-konjugierter Gruppen mit den Repräsentanten $\{M_1,...,M_t\}$ zerlegt.

$$M \;\; = \{M_g \mid M_g = g^{-1} \circ S \circ g \;\;\wedge\;\; g \in G\}$$

$$[M_i] = \{M_s \in M \mid \bigvee_{s \in S} (M_s = s^{-1} \circ M_i \circ s)\}$$

(2) Die Anzahl $n_p = \text{ord } M$ der G-Konjugierten von S ist zu bestimmen. Da die Klassen der S-Konjugierten eine Zerlegung von M bilden, ist die Anzahl n_p gleich der Summe der Anzahl von S-Konjugierten über die Klassen. Wegen der Eigenschaft (N5) von Normalisatoren ist die Anzahl von S-Konjugierten eines Repräsentanten M_i gleich dem Index $[S : N_S(M_i)]$.

$$n_p \;\; = \;\; \sum_{i=1}^{t} [S : N_S(M_i)] \qquad \text{(i)}$$

(3) Für die Bezugsgruppe S gilt $[S : N_S(S)] = [S : S] = 1$. Für alle anderen Repräsentanten gilt $M_i \neq S$. Mit der Eigenschaft (S3) von Sylowgruppen ist der Normalisator $N_S(M_i) = S \cap M_i$, so daß $[S : N_S(M_i)] \neq 1$. Der Indexsatz liefert die Beziehung zwischen den Ordnungen der Gruppen :

$$\text{ord } S \; = \; [S : N_S(M_i)] \cdot \text{ord } N_S(M_i) \qquad \text{(ii)}$$

Die Ordnungen der Sylowgruppe S und ihrer Untergruppe $N_S(M_i)$ sind Potenzen der Primzahl p. Da $[S : N_S(M_i)] \neq 1$, folgt aus (ii), daß der Index durch p teilbar ist, also $[S : N_S(M_i)] = k_i\,p$ mit $k_i \in \mathbb{N}$.

(4) Die in (3) bestimmten Ausdrücke für die Indizes werden in (i) eingesetzt. Mit $k = \Sigma k_i$ folgt die Formel für n_p :

$$n_p = 1 + \sum_{M_i \neq S} k_i\,p = 1 + kp$$

(5) Mit der Eigenschaft (N5) von Normalisatoren ist die Anzahl der G-Konjugierten von S gleich dem Index $[G : N_G(S)]$ des Normalisators $N_G(S)$ in G, also $n_p = [G : N_G(S)]$. Nach dem Indexsatz gilt ord G = ord $N_G(S) \cdot [G : N_G(S)]$. Durch Substitution folgt ord G = $n_p \cdot \text{ord}\,N_G(S)$. Folglich ist n_p Teiler der Ordnung von G.

Beispiel 1 : Untergruppen der alternierenden Gruppe A_4

Die alternierende Gruppe A_4 und die Deckgruppe für regelmäßige Tetraeder in Beispiel 2 von Abschnitt 7.3.2 sind isomorph. In Abschnitt 7.7.7 sind die Untergruppen der alternierenden Gruppe durch Enumeration wie folgt bestimmt :

(a) Die Kleinsche Vierergruppe V_4 mit Ordnung 4

(b) Vier isomorphe Gruppen $D_1 \cong D_2 \cong D_3 \cong D_4$ mit Ordnung 3

(c) Drei isomorphe Gruppen $Z_1 \cong Z_2 \cong Z_3$ mit Ordnung 2

Im folgenden wird gezeigt, daß dieses Ergebnis mit den Sätzen von Sylow ohne Enumeration gewonnen werden kann. Die Ordnung von A_4 besitzt die Primzahlzerlegung $12 = 2^2 \cdot 3$. Nach Eigenschaft (S1) von p-Sylow-Untergruppen enthält A_4 deshalb p-Sylow-Untergruppen der Ordnung $2^2 = 4$ und 3. Für die Anzahl n_p der p-Sylow-Untergruppen folgt aus dem 3. Satz von Sylow :

$$n_2 = 2k+1 \quad \wedge \quad n_2 \mid 12$$

$$n_3 = 3k+1 \quad \wedge \quad n_3 \mid 12$$

Die Ordnungen der Elemente werden mit der Produkttafel in Abschnitt 7.3.2 bestimmt :

$$\begin{array}{lllll}
gp(a_1) = \{a_0,a_1,a_2\} & : & \text{ord}\,a_1 = \text{ord}\,a_2 = 3 \\
gp(a_3) = \{a_0,a_3,a_4\} & : & \text{ord}\,a_3 = \text{ord}\,a_4 = 3 \\
gp(a_5) = \{a_0,a_5,a_6\} & : & \text{ord}\,a_5 = \text{ord}\,a_6 = 3 \\
gp(a_7) = \{a_0,a_7,a_8\} & : & \text{ord}\,a_7 = \text{ord}\,a_8 = 3 \\
gp(a_9) = \{a_0,a_9\} & : & \text{ord}\,a_9 = 2 \\
gp(a_{10}) = \{a_0,a_{10}\} & : & \text{ord}\,a_{10} = 2 \\
gp(a_{11}) = \{a_0,a_{11}\} & : & \text{ord}\,a_{11} = 2
\end{array}$$

Die Anzahl der 3-Sylow-Untergruppen ist 4, da $k > 0$ durch Inspektion und n_3 für $k > 1$ kein Teiler von ord $G = 12$ ist. Also ist $k = 1$ und $n_3 = 4$. Die Ordnung einer 2-Sylow-Untergruppe ist 4. Eine 2-Gruppe kann definitionsgemäß keine Elemente der Ordnung 3 enthalten. Die verbleibenden Elemente $\{a_0, a_9, a_{10}, a_{11}\}$ bilden eine Untergruppe der Ordnung 4. Weitere Untergruppen, deren Ordnung 12 teilt, gibt es nicht. Also gibt es nur eine 2-Sylow-Untergruppe. Sie enthält die 2-Untergruppen $gp(a_9)$, $gp(a_{10})$ und $gp(a_{11})$. Im 3. Satz von Sylow gilt $k = 0$ und damit $n_2 = 1$.

Die Gruppe A_4 enthält keine Untergruppe der Ordnung 6, obwohl die Ordnung von A_4 durch 6 teilbar ist. Gäbe es nämlich eine Untergruppe H der Ordnung 6, so müßte diese nach dem 1. Satz von Sylow Untergruppen der Ordnung 2 und 3 enthalten, also beispielsweise die Elemente a_0, a_1, a_2, a_9. Die Verknüpfungen dieser Elemente führen jedoch zu mehr als 6 Elementen in der Gruppe H, beispielsweise $a_1 \circ a_9 = a_8$, $a_2 \circ a_9 = a_6$, $a_8 \circ a_1 = a_3$, usw. Dasselbe gilt für die anderen Kombinationen von Elementen aus Untergruppen der Ordnung 2 und 3. Also enthält A_4 keine Untergruppe der Ordnung 6.

7.8.4 NORMALREIHEN

Einführung : Enthält eine Gruppe einen Normalteiler, so kann die Quotientengruppe nach diesem Normalteiler gebildet werden. Die Quotientengruppe kann einen Normalteiler enthalten, mit dem die Quotientengruppe der Quotientengruppe gebildet werden kann. Den Normalteilern in der Quotientengruppe werden mittels des erweiterten 2. Isomorphiesatzes Normalteiler in der ursprünglichen Gruppe zugeordnet. Auf diese Weise entsteht eine Schachtelung von Normalteilern. Diese Schachtelung enthält jedoch in der Regel nicht alle Normalteiler der Gruppe.

Wählt man als ersten Normalteiler die Einheitsgruppe $\{1\}$ und als zweiten Normalteiler das Zentrum der Gruppe, so erhält man durch Bildung weiterer Quotientengruppen die Zentralreihe der Gruppe. Endet die Zentralreihe mit der Gruppe selbst, so heißt die Gruppe nilpotent. Wählt man als erstes Glied die Gruppe selbst und als zweites ihre Kommutatorgruppe, so erhält man durch Bildung weiterer Kommutatorgruppen die Kommutatorreihe der Gruppe. Endet die Kommutatorreihe mit der Einheitsgruppe $\{1\}$, so heißt die Gruppe auflösbar. Jede nilpotente Gruppe ist auflösbar, das Gegenteil trifft nicht zu.

Eine Kette von Normalteilern, die mit der Gruppe selbst beginnt und mit der Einheitsgruppe $\{1\}$ endet, heißt eine Normalreihe der Gruppe. Eine zweite, längere Kette von Normalteilern, welche die erste Kette enthält, ist eine Verfeinerung der Normalreihe. Eine Normalreihe, für die es keine Verfeinerung gibt, heißt eine Kompositionsreihe. Die Quotienten einer Kompositionsreihe sind einfache Gruppen, also Gruppen ohne echten Normalteiler. Jede endliche Gruppe besitzt mindestens eine Kompositionsreihe. Je zwei Kompositionsreihen einer endlichen Gruppe sind gleich lang. Ihre Quotienten sind paarweise isomorph.

Zentralreihe : Das Zentrum Z(G) einer Gruppe $(G\,;\circ)$ ist konstruktionsgemäß Normalteiler von G (siehe Abschnitt 7.8.2). Der erweiterte 2. Isomorphiesatz in Abschnitt 7.5.3 wird nun zur Konstruktion weiterer Normalteiler von G aus Z(G) verwendet.

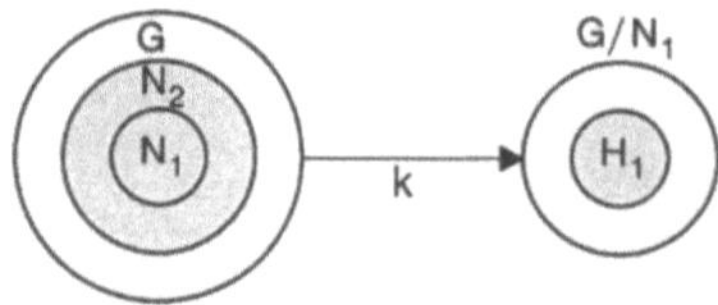

Für die Konstruktion der Zentralreihe ist nur die Gruppe G gegeben. Als Normalteiler N_0 von G wird die triviale Gruppe $\{1\}$ gewählt. Mit G und $\{1\}$ wird die Quotientengruppe $G/\{1\} \cong G$ konstruiert. Ihr Zentrum $H_0 := Z(G/N_0) \cong Z(G)$ ist gemäß Konstruktion Normalteiler von $G/\{1\}$. Nach dem erweiterten 2. Isomorphiesatz ist das Urbild $N_1 := k^{-1}(H_0)$ Normalteiler von G und enthält N_0. Ferner gilt $H_0 = N_1/N_0$. Mit G und N_1 wird die Quotientengruppe G/N_1 konstruiert. Ihr Zentrum sei H_1, also $H_1 = Z(G/N_1)$. Dann ist H_1 gemäß Konstruktion Normalteiler von G/N_1. Mit dem erweiterten 2. Isomorphiesatz ist das Urbild $N_2 := k^{-1}(H_1)$ Normalteiler von G und enthält N_1. Ferner gilt $H_1 = N_2/N_1$.

Die Konstruktion der Normalteiler wird fortgesetzt. Allgemein sei N_i Normalteiler von G und H_i das Zentrum von G/N_i. Dann gibt es einen Normalteiler N_{i+1} von G so daß $H_i = N_{i+1}/N_i$. Die Kette $\{1\} = N_0 \subseteq N_1 \subseteq N_2 \subseteq \ldots$ heißt die Zentralreihe (die aufsteigende Zentralreihe, Zentralfolge) der Gruppe G. Die Zentren $Z(G/N_i) = H_i = N_{i+1}/N_i$ heißen die Quotienten (Faktoren) der Zentralreihe.

$$\{1\} = N_0 \subseteq N_1 \subseteq N_2 \subseteq \ldots$$
$$Z(G/N_i) = N_{i+1}/N_i \quad \wedge \quad N_{i+1} \triangleleft G$$

Nilpotente Gruppen : Besteht das Zentrum einer Quotientengruppe G/N_i für $N_i \neq G$ nur aus dem neutralen Element, so gilt $N_i = N_{i+1} = \ldots$, so daß die Zentralreihe nicht mit der Gruppe G endet. Beispielsweise hat die alternierende Gruppe A_4 das Zentrum $N_1 = \{1\}$, so daß $N_0 = N_1 = \ldots = \{1\}$.

Eine Gruppe $(G ; \circ)$ heißt nilpotent, wenn es eine natürliche Zahl i gibt, für die in der Zentralreihe $N_i = G$ gilt. Ist G nilpotent und n die kleinste Zahl, für die $N_n = G$ gilt, so heißt die Gruppe G nilpotent von der Klasse n. Abelsche Gruppen sind nilpotent von einer Klasse $n \leq 1$. Die Untergruppe N_i einer nilpotenten Gruppe ist eine echte Untergruppe von N_{i+1} für $i < n$.

$$\{1\} = N_0 \subset N_1 \subset \ldots \subset N_n = G$$

Kommutatorreihe : Die Kommutatorgruppe [G, G] einer Gruppe $(G ; \circ)$ ist in Abschnitt 7.8.2 definiert. Die Kommutatorgruppe heißt auch die 1. Ableitung von G und wird mit $D_1 := [G, G]$ oder mit $D^1 G$ bezeichnet. Mit der Eigenschaft (K3) von Kommutatorgruppen ist D_1 der kleinste Normalteiler von G, der die Quotientengruppe G/D_1 abelsch macht.

Die Ableitung der Gruppe G kann fortgesetzt werden. Die Kommutatorgruppe $D_2 := [D_1, D_1]$ ist der kleinste Normalteiler in D_1, der die Quotientengruppe D_1/D_2 abelsch macht. Die Gruppe D_2 heißt die 2. Ableitung von G.

Allgemein sei $D_{i+1} = [D_i, D_i]$ die Kommutatorgruppe von D_i. Dann ist D_{i+1} der kleinste Normalteiler von D_i, der die Quotientengruppe D_i/D_{i+1} abelsch macht. Die Gruppe D_{i+1} heißt die (i + 1)-te Ableitung von G. Bezeichnet man G mit D_0, so bilden die Kommutatorgruppen $D_0 \supseteq D_1 \supseteq D_2 \supseteq \ldots$ eine Kette von Normalteilern. Diese Kette heißt die Kommutatorreihe (abgeleitete Reihe) der Gruppe G. Die Quotientengruppen D_i/D_{i+1} heißen die Quotienten (Faktoren) der Kommutatorreihe.

$$G = D_0 \supseteq D_1 \supseteq D_2 \supseteq \ldots$$
$$D_{i+1} = [D_i, D_i] \quad \wedge \quad D_{i+1} \triangleleft G$$

Auflösbare Gruppen : Sind die Gruppen D_i und D_{i+1} in einer Kommutatorreihe gleich, so endet die Reihe nicht mit der einelementigen Menge $\{1\}$. Beispielsweise sind für $n \le 5$ alle Ableitungen $D^k S_n$ der symmetrischen Gruppe S_n gleich der alternierenden Gruppe A_n und damit auch alle Ableitungen $D^k A_n$ gleich A_n. Also gilt $D_0 = S_n$ und $D_1 = D_2 = ... = A_n$.

Eine Gruppe $(G; \circ)$ heißt auflösbar, wenn es eine natürliche Zahl i gibt, für die in der Kommutatorreihe $D_i = \{1\}$ gilt. Ist G auflösbar und n die kleinste Zahl, für die $D_n = \{1\}$ gilt, so heißt die Gruppe G auflösbar von der Länge n. Die Untergruppe D_{i+1} einer auflösbaren Gruppe ist eine echte Untergruppe von D_i für $i < n$.

$$G = D_0 \supset D_1 \supset ... \supset D_n = \{1\}$$

Normalreihen : Die Zentralreihe einer nilpotenten Gruppe und die Kommutatorreihe einer auflösbaren Gruppe sind Beispiele für Normalreihen einer Gruppe $(G; \circ)$. Eine Kette von Untergruppen G_i von G, die mit G beginnt und mit $\{1\}$ endet, heißt eine Normalreihe der Länge n von G, wenn für $i = 0,...,n-1$ die Untergruppe G_{i+1} Normalteiler von G_i ist. Die Quotientengruppen G_i / G_{i+1} heißen die Quotienten (Faktoren) der Normalreihe. Eine Gruppe ist einfach, wenn sie keine Normalreihe mit echten Untergruppen besitzt.

$$G = G_0 \supset G_1 \supset ... \supset G_n = \{1\}$$

Eigenschaften auflösbarer Gruppen :

(A1) Eine Gruppe $(G; \circ)$ ist genau dann auflösbar, wenn es für G eine Normalreihe mit abelschen Quotienten gibt.

(A2) Jede Untergruppe einer auflösbaren Gruppe ist auflösbar.

(A3) Das Bild einer auflösbaren Gruppe unter einer homomorphen Abbildung ist auflösbar. Insbesondere ist jede Quotientengruppe einer auflösbaren Gruppe auflösbar.

(A4) Sind ein Normalteiler N in einer Gruppe G und die Quotientengruppe G/N auflösbar, so ist die Gruppe G auflösbar.

(A5) Das kartesische Produkt $G_1 \times ... \times G_n$ ist auflösbar, wenn jede der Gruppen G_i auflösbar ist.

(A6) Jede nilpotente Gruppe ist auflösbar.

(A7) Nicht jede auflösbare Gruppe ist nilpotent.

(A8) Jede p-Gruppe ist nilpotent und damit auflösbar.

Beweis : Eigenschaften auflösbarer Gruppen

(A1) Die Gruppe G sei auflösbar. Dann besitzt G eine Kommutatorreihe mit abelschen Quotienten D_i / D_{i+1}. Also besitzt G eine Normalreihe mit abelschen Quotienten.

Umgekehrt sei $G = G_0 \supset ... \supset G_n = \{1\}$ eine Normalreihe mit abelschen Quotienten G_i / G_{i+1}. Der Normalteiler G_0 enthält die Ableitung D_0, da $G_0 = D_0 = G$. Es wird nun vorausgesetzt, daß der Normalteiler G_i die Ableitung D_i von G enthält, und bewiesen, daß dann auch G_{i+1} die Ableitung D_{i+1} enthält.

Der kleinste Normalteiler von G_i, der die Quotientengruppe G_i/G_{i+1} abelsch macht, ist die Kommutatorgruppe $[G_i, G_i]$. Da G_i / G_{i+1} voraussetzungsgemäß abelsch ist, folgt $[G_i, G_i] \subseteq G_{i+1}$. Da ferner $D_i \subseteq G_i$ vorausgesetzt wird, gilt $D_{i+1} = [D_i, D_i] \subseteq [G_i, G_i] \subset G_{i+1}$. Induktiv folgt also $D_n \subseteq G_n = \{1\}$. Damit ist G auflösbar.

(A2) Die auflösbare Gruppe G besitzt eine Kommutatorreihe $G = D_0 \supset ... \supset D_n = \{1\}$. Also gilt für eine Untergruppe H von G :

$$H = G \cap H = (D_0 \cap H) \supseteq (D_1 \cap H) \supseteq ... \supseteq (D_n \cap H) = \{1\}$$

Die Gruppe D_i enthält die Untergruppe $D_i \cap H$ und den Normalteiler D_{i+1}. Nach dem 1. Isomorphiesatz ist $D_i \cap H \cap D_{i+1} = D_{i+1} \cap H$ ein Normalteiler in $D_i \cap H$. Für die kanonische homomorphe Abbildung $f : D_i \cap H \to (D_i \cap H) / (D_{i+1} \cap H)$ und die Elemente x, y von $D_i \cap H$ gilt :

$$f(x) \circ f(y) = f(x \circ y) = f(x \circ y \circ x^{-1} \circ y^{-1}) \circ f(y) \circ f(x)$$

Mit $x, y \in D_i$ ist der Kommutator $x \circ y \circ x^{-1} \circ y^{-1}$ ein Element von D_{i+1}. Mit $x, y \in H$ ist der Kommutator ein Element von H. Also ist der Kommutator ein Element des Normalteilers $D_{i+1} \cap H$ und sein Bild daher das neutrale Element der Quotientengruppe. Folglich ist die Quotientengruppe abelsch : $f(x) \circ f(y) = f(y) \circ f(x)$. Durch Streichung identischer Gruppen entsteht also für die Gruppe H gibt es also eine Normalreihe mit abelschen Quotienten. Wegen Eigenschaft (A1) ist die Untergruppe H damit auflösbar.

(A3) Die Gruppe G sei auflösbar mit der Kommutatorreihe $G = D^0 G \supset ... \supset D^n G = \{1\}$. Das allgemeine erzeugende Element der Ableitung $D^1 H$ einer beliebigen Untergruppe H von G ist $a \circ b \circ a^{-1} \circ b^{-1}$ mit $a, b \in H$. Das Bild dieses Elementes unter einem Homomorphismus f ist $f(a \circ b \circ a^{-1} \circ b^{-1}) = f(a) \circ f(b) \circ f(a^{-1}) \circ f(b^{-1}) = f(a) \circ f(b) \circ f(a)^{-1} \circ f(b)^{-1}$. Dies ist das allgemeine erzeugende Element der Ableitung $D^1 f(H)$. Also gilt $f(D^1 H) = D^1 f(H)$.

Da H eine beliebige Untergruppe von G ist, folgt durch Induktion $f(D^i H) = D^i f(H)$, insbesondere also $f(D^i G) = D^i f(G)$. Aus der Kommutatorreihe für G ergibt sich also durch Anwendung des Homomorphismus f eine Kommutatorreihe $f(G) = D^0 f(G) \supset ... \supset D^n f(G) = \{1\}$ für f(G). Folglich ist f(G) auflösbar.

Jede Quotientengruppe G/N von G ist das Bild von G unter dem zugehörigen kanonischen Homomorphismus $k : G \to G/N$. Somit ist G/N auflösbar.

(A4) Die auflösbare Quotientengruppe G/N besitzt wegen Eigenschaft (A1) eine Normalreihe $G/N = H = H_0 \subset \ldots \subset H_s = \{1_H\}$ mit den abelschen Quotienten H_i/H_{i+1}. Nach dem erweiterten 2. Isomorphiesatz gibt es zu jedem Normalteiler H_i in H einen Normalteiler G_i in G, so daß $H_i = G_i/N$. Da G_{i+1} Normalteiler in G_i und nach dem 2. Isomorphiesatz G_i/G_{i+1} isomorph zu H_i/H_{i+1} ist, gibt es eine Normalreihe $G = G_0 \supset \ldots \supset G_s = N$ mit abelschen Quotienten G_i/G_{i+1}. Für die auflösbare Gruppe N gibt es eine Kommutatorreihe $N = N_0 \supset N_1 \supset \ldots \supset N_t = \{1_G\}$ mit den abelschen Quotienten N_i/N_{i+1}. Also ist G eine auflösbare Gruppe mit folgender Normalreihe :

$$G = G_0 \supset \ldots \supset G_s = N = N_0 \supset \ldots \supset N_t = \{1_G\}$$

(A5) Die Projektion $p : G_1 \times G_2 \to G_2$ ist eine homomorphe Abbildung mit dem Kern $(G_1, 1) := \{(a,1) \mid a \in G_1\}$. Nach Voraussetzung ist die Quotientengruppe G_2 auflösbar. Der Kern $(G_1, 1)$ ist Normalteiler in $G_1 \times G_2$ und isomorph zu der auflösbaren Gruppe G_1. Mit Eigenschaft (A4) ist daher auch das kartesische Produkt $G_1 \times G_2$ auflösbar. Induktiv folgt, daß das kartesische Produkt $G_1 \times \ldots \times G_n$ auflösbar ist.

(A6) Die nilpotente Gruppe G besitzt eine Zentralreihe $G = N_n \supset \ldots \supset N_0 = \{1_G\}$. Der Quotient N_{i+1}/N_i ist das Zentrum von G/N_i und daher abelsch. Die Zentralreihe ist folglich eine Normalreihe mit abelschen Quotienten. Mit der Eigenschaft (A1) ist G daher auflösbar.

(A7) Diese Eigenschaft ist im folgenden Beispiel bewiesen.

(A8) Der Beweis wird induktiv geführt. Die Ordnung der Gruppe G sei p^n mit Primzahl p. Für $n = 0$ gilt die Aussage, da $G = \{1\}$. Die Aussage sei wahr für Gruppen mit Ordnung $< p^n$. Das Zentrum einer Gruppe G mit Ordnung p^n sei $N := Z(G)$. Nach dem Indexsatz gilt $\text{ord}\, G = \text{ord}\, N \cdot \text{ord}\, G/N$.

Die Ordnung des Zentrums von G besitzt nach (P2) in Abschnitt 7.8.3 den Teiler p. Da G von Ordnung p^n ist, ist G/N von Ordnung p^k mit $k < n$. Nach Induktionsvoraussetzung ist G/N auflösbar. Das Zentrum N ist abelsch und daher auflösbar. Nach (A4) ist mit G/N und N auch die Gruppe G auflösbar.

Beispiel : Normalreihen der Rechtsdreiecksmatrizen

Die Elemente der Gruppe $(G ; \circ)$ seien die regulären Rechtsdreiecksmatrizen G_i der Dimension n. Die Verknüpfung $\circ$ der Elemente sei die Matrizenmultiplikation. Das neutrale Element der Gruppe ist die Identitätsmatrix I. Enthält G_i in Zeile m das Diagonalelement a, so enthält G_i^{-1} in Zeile m das Diagonalelement a^{-1}. Die Kommutatorgruppe D_1 enthält die Kommutatoren $G_i \circ G_s \circ G_i^{-1} \circ G_s^{-1}$. Diese sind Rechtsdreiecksmatrizen mit Diagonalelementen 1 und werden mit H_r bezeichnet.

$G_i \circ G_s \circ G_i^{-1} \circ G_s^{-1}$

$$\begin{pmatrix} x & & \\ & y & \\ & & z \end{pmatrix} \quad \begin{pmatrix} \frac{1}{a} & & \\ & \frac{1}{b} & \\ & & \frac{1}{c} \end{pmatrix} \quad \begin{pmatrix} \frac{1}{x} & & \\ & \frac{1}{y} & \\ & & \frac{1}{z} \end{pmatrix}$$

$$G_i \quad \begin{pmatrix} a & & \\ & b & \\ & & c \end{pmatrix} \quad \begin{pmatrix} ax & & \\ & by & \\ & & cz \end{pmatrix} \quad \begin{pmatrix} x & & \\ & y & \\ & & z \end{pmatrix} \quad \begin{pmatrix} 1 & & \\ & 1 & \\ & & 1 \end{pmatrix}$$

Enthält H_r in Zeile m der Nebendiagonale das Element a, so enthält H_r^{-1} in Zeile m der Nebendiagonale das Element $-a$. Die Kommutatorgruppe D_2 enthält die Kommutatoren $H_r \circ H_s \circ H_r^{-1} \circ H_s^{-1}$; diese sind Rechtsdreiecksmatrizen mit Diagonalelementen 1 und Nebendiagonalelementen 0.

$H_r \circ H_s \circ H_r^{-1} \circ H_s^{-1}$

$$\begin{pmatrix} 1 & x & \\ & 1 & y \\ & & 1 \end{pmatrix} \quad \begin{pmatrix} 1 & -a & \\ & 1 & -b \\ & & 1 \end{pmatrix} \quad \begin{pmatrix} 1 & -x & \\ & 1 & -y \\ & & 1 \end{pmatrix}$$

$$H_r \quad \begin{pmatrix} 1 & a & \\ & 1 & b \\ & & 1 \end{pmatrix} \quad \begin{pmatrix} 1 & a+x & \\ & 1 & y+b \\ & & 1 \end{pmatrix} \quad \begin{pmatrix} 1 & x & \\ & 1 & y \\ & & 1 \end{pmatrix} \quad \begin{pmatrix} 1 & 0 & \\ & 1 & 0 \\ & & 1 \end{pmatrix}$$

Die k-te Ableitung von G enthält Dreiecksmatrizen mit Diagonalelementen 1 und Elementen 0 auf den Nebendiagonalen 1,...,k − 1. Die n-te Ableitung enthält nur die Identitätsmatrix I. Also ist G eine auflösbare Gruppe mit der Kommutatorreihe $G = D_0 \supset D_1 \supset D_2 \supset ... \supset D_n = \{I\}$.

Das Zentrum der Gruppe (G ; ∘) enthält die besonderen Rechtsdreiecksmatrizen A mit $A \circ B = B \circ A$ für jedes B in G. Bezeichnet man die Koeffizienten von A mit a_{ik} und die Koeffizienten von B mit b_{km}, so müssen die Werte von a_{ik} folgende Bedingungen für beliebige Werte von b_{km} befriedigen :

$$\sum_{k=i}^{m} a_{ik}\, b_{km} = \sum_{k=i}^{m} b_{ik}\, a_{km} \qquad i, m = 1,...,n$$

Der Koeffizientenvergleich zeigt, daß diese Bedingung nur für $A = sI$ mit $s \in \mathbb{R}$ erfüllt ist. Die auflösbare Gruppe (G ; ∘) besitzt also die Zentralreihe $\{I\} \subset S \subseteq S \subseteq ...$ mit $S = \{sI \mid s \in \mathbb{R}\}$. Folglich ist G nicht nilpotent.

Kompositionsreihen : Eine Normalreihe $G = H_0 \supset ... \supset H_n = \{1\}$ heißt eine Verfeinerung der Normalreihe $G = G_0 \supset ... \supset G_m = \{1\}$ einer Gruppe (G ; ∘), wenn jede der Gruppen G_i in der Normalreihe $H_0 \supset ... \supset H_n$ auftritt und n > m. Eine Normalreihe $G_0 \supset ... \supset G_n$ einer Gruppe G heißt eine Kompositionsreihe von G, wenn es keine Verfeinerung der Reihe gibt.

Ähnliche Kompositionsreihen : Zwei Kompositionsreihen $G_0 \supset ... \supset G_r$ und $H_0 \supset ... \supset H_s$ heißen ähnlich, wenn ihre Längen r und s gleich sind und die Quotienten so geordnet werden können, daß sie paarweise isomorph sind. Für ähnliche Kompositionsreihen gibt es also eine Indexpermutation p, so daß gilt :

$$G_i / G_{i+1} \cong H_{p(i)} / H_{p(i+1)}$$

Eigenschaften von Kompositionsreihen :

(K1) Eine Normalreihe einer nichttrivialen Gruppe ist genau dann eine Kompositionsreihe, wenn ihre Quotienten einfache Gruppen sind.

(K2) Eine endliche Gruppe (G ; ∘) sei auflösbar. Dann kann in G jede Normalreihe mit abelschen Quotienten zu einer Kompositionsreihe verfeinert werden, deren Quotienten zyklische Gruppen mit Primzahlordnung sind.

(K3) Jede endliche Gruppe besitzt mindestens eine Kompositionsreihe.

(K4) Je zwei Kompositionsreihen einer endlichen Gruppe sind ähnlich (Satz von Jordan-Hölder).

Beweis : Eigenschaften von Kompositionsreihen

(K1) $G_0 \supset ... \supset G_n$ sei eine Normalreihe von G. Nach dem erweiterten 2. Isomorphiesatz sind ihre Quotienten genau dann einfach, wenn es keinen Normalteiler von G_i, der G_{i+1} enthält und sowohl von G_i als auch von G_{i+1} verschieden ist. Dies ist genau dann der Fall, wenn die Normalreihe nicht verfeinert werden kann und deshalb eine Kompositionsreihe ist.

(K2) $G = G_0 \supset ... \supset G_n = \{1\}$ sei eine Normalreihe mit abelschen Quotienten. Die Ordnung des Quotienten G_i / G_{i+1} sei keine Primzahl. Da die Ordnung der Gruppe G_i / G_{i+1} ein Produkt von Primzahlen ist, besitzt G_i / G_{i+1} nach dem 1. Satz von Sylow in Abschnitt 7.8.3 eine Untergruppe U mit Primzahlordnung p. Wegen ihrer Primzahlordnung ist die Gruppe U zyklisch. Sie ist ein Normalteiler in der abelschen Gruppe G_i / G_{i+1}.

Da die Quotientengruppe G_i / G_{i+1} den echten Normalteiler U besitzt, besitzt die Gruppe G_i nach dem erweiterten 2. Isomorphiesatz einen Normalteiler H mit $G_i \supset H \supset G_{i+1}$ und $H / G_{i+1} = U$. Da G_i / G_{i+1} abelsch ist, enthält G_{i+1} nach Eigenschaft (K2) der Kommutatorgruppen die Ableitung $[G_i, G_i]$. Wegen $H \supset G_{i+1}$ gilt also auch $H \supset [G_i, G_i]$, so daß nach (K2) der Quotient G_i / H ebenfalls abelsch ist. Der Quotient $H / G_{i+1} = U$ ist ebenfalls abelsch. Folglich ist $G_0 \supset ... \supset G_i \supset H \supset G_{i+1} \supset ... \supset G_n$ eine Normalreihe mit abelschen Quotienten. Da G eine endliche Gruppe ist, kann die Normalreihe solange verfeinert werden, bis die Ordnung jedes Quotienten eine Primzahl ist.

(K3) Für triviale Gruppen mit der Kompositionsreihe $G = G_0 = \{1\}$ und einfache Gruppen mit der Kompositionsreihe $G = G_0 \supset G_1 = \{1\}$ ist die Aussage wahr. Es wird vorausgesetzt, daß die Aussage für Gruppen mit Ordnung $< s$ wahr ist, und gezeigt, daß die Aussage dann auch für nicht-einfache Gruppen mit Ordnung s wahr ist.

G sei eine Gruppe mit Ordnung s. Voraussetzungsgemäß gibt es in G einen echten Normalteiler N mit Ordnung kleiner als s und der Kompositionsreihe $N = N_0 \supset ... \supset N_m = \{1\}$. N sei ein maximaler echter Normalteiler in G. Dann ist die Quotientengruppe G/N einfach. Mit Eigenschaft (K1) besitzt die Gruppe G mit Ordnung s mindestens eine Kompositionsreihe $G \supset N \supset N_1 \supset ... \supset N_m = \{1\}$.

(K4) Für triviale und einfache Gruppen gilt die Aussage. Es wird vorausgesetzt, daß die Aussage für Gruppen mit Ordnung $< s$ wahr ist, und gezeigt, daß die Aussage dann auch für nicht-einfache Gruppen mit Ordnung s wahr ist. Für eine nicht-einfache Gruppe G mit Ordnung s seien zwei Kompositionsreihen bekannt :

$$G = G_0 \supset G_1 \supset ... \supset G_r = \{1\} \tag{1}$$

$$G = H_0 \supset H_1 \supset ... \supset H_s = \{1\} \tag{2}$$

Ist $G_1 = H_1$, so folgt mit ord $G_1 <$ ord G aus der Induktionsvoraussetzung, daß die Längen r und s gleich sind und daß die Quotienten so angeordnet werden können, daß sie isomorph sind : $G_i / G_{i+1} \cong H_{p(i)} / H_{p(i+1)}$ für $0 \le i < s$. Also gilt die Aussage für die Gruppe G mit Ordnung s.

Für $G_1 \neq H_1$ sind G_1 und H_1 Normalteiler von G. Nach dem 1. Isomorphiesatz ist $G_1 \circ H_1$ eine Untergruppe von G mit Normalteiler $G_1 \triangleleft G_1 \circ H_1$. Die Untergruppe $G_1 \circ H_1$ ist Normalteiler von G :

$$G_1 \triangleleft G \quad \Leftrightarrow \quad \bigwedge_{a \in G} \ \bigwedge_{g_1 \in G_1} \ \bigvee_{g_2 \in G_1} (a \circ g_1 = g_2 \circ a)$$

$$H_1 \triangleleft G \quad \Leftrightarrow \quad \bigwedge_{a \in G} \ \bigwedge_{h_1 \in H_1} \ \bigvee_{h_2 \in H_1} (a \circ h_1 = h_2 \circ a)$$

$$\bigwedge_{a \in G} \ \bigwedge_{\substack{g_1 \in G_1 \\ h_1 \in H_1}} \ \bigvee_{\substack{g_2 \in G_1 \\ h_2 \in H_1}} (a \circ g_1 \circ h_1 = g_2 \circ a \circ h_1 = g_2 \circ h_2 \circ a) \quad \Leftrightarrow \quad G_1 \circ H_1 \triangleleft G$$

Mit dem 2. Isomorphiesatz ist $G_1 \circ H_1 / G_1$ Normalteiler in G/G_1. Da G_1 eine echte Untergruppe von $G_1 \circ H_1$ ist, ist die Gruppe $G_1 \circ H_1 / G_1$ nichttrivial. Die Quotientengruppe G/G_1 ist aber nach Definition der Kompositionsreihen einfach. Also gilt $G/G_1 = (G_1 \circ H_1)/G_1$ und damit $G = G_1 \circ H_1$. Für die Gruppe $G = G_1 \circ H_1$ mit den Normalteilern G_1 und H_1 folgt aus dem 1. Isomorphiesatz :

- Die Gruppe $F := G_1 \cap H_1$ ist Normalteiler von G_1 und von H_1.
- $G/G_1 \cong H_1/F$ und $G/H_1 \cong G_1/F$ (3)

Die endliche Gruppe F besitzt mit der Eigenschaft (K3) eine Kompositionsreihe $F = F_0 \supset \ldots \supset F_m = \{1\}$. Die Quotientengruppen G/G_1 und G/H_1 sind nach Definition der Kompositionsreihen einfach. Mit der Isomorphie (3) sind folglich die Quotientengruppen H_1/F und G_1/F einfache Gruppen. Also gibt es folgende Kompositionsreihen :

$$G = G_0 \supset G_1 \supset F \supset F_1 \supset \ldots \supset F_m = \{1\} \tag{4}$$

$$G = H_0 \supset H_1 \supset F \supset F_1 \supset \ldots \supset F_m = \{1\} \tag{5}$$

Die Reihe (4) besitzt die Quotienten G/G_1, G_1/F und F_i/F_{i+1}, die Reihe (5) die Quotienten $G/H_1 \cong G_1/F$, $H_1/F \cong G/G_1$ und F_i/F_{i+1}. Diese Quotienten können so angeordnet werden, daß sie paarweise isomorph sind. Also sind die Kompositionsreihen (4) und (5) ähnlich.

Die Kompositionsreihen (1) und (4) enthalten Kompositionsreihen für die Gruppe G_1 mit ord $G_1 <$ ord G. Nach Induktionsvoraussetzung sind die Reihen für G_1 ähnlich und damit auch die Reihen (1) und (4) für G. Ebenso sind die Kompositionsreihen (2) und (5) ähnlich. Aus der Ähnlichkeit von (4) und (5) folgt also die Ähnlichkeit von (1) und (2).

7.9 EINDEUTIGE ZERLEGUNG ABELSCHER GRUPPEN

Einführung : Nach dem Basissatz für abelsche Gruppen in Abschnitt 7.6.6 kann jede endlich erzeugte abelsche Gruppe als eine direkte Summe von zyklischen Untergruppen dargestellt werden. In der Darstellungsform des Basissatzes bilden die Ordnungen der endlichen Summanden eine Teilerkette. Es gibt aber auch andere Darstellungsformen für abelsche Gruppen. In Beispiel 1 von Abschnitt 7.6.4 ist gezeigt, daß bei gleicher Summandenanzahl verschiedene (isomorphe) Untergruppen als Summanden gewählt werden können. Auch die Anzahl der Summanden ist nicht eindeutig. Es stellt sich die Frage, ob es eine systematische Beziehung zwischen den verschiedenen Zerlegungen einer abelschen Gruppe gibt.

Die Suche nach den möglichen Zerlegungen einer endlich erzeugten abelschen Gruppe beginnt mit der Zerlegung der zyklischen Gruppen in direkte Summen unzerlegbarer Untergruppen, deren Ordnung entweder unendlich oder eine Primzahlpotenz ist. Dazu wird die im Basissatz bestimmte Zerlegung der abelschen Gruppe in zyklische Summanden verfeinert, indem jeder dieser Summanden in unzerlegbare zyklische Gruppen zerlegt wird. Die endlichen Summanden der verfeinerten Zerlegung werden zu der Torsionsuntergruppe zusammengefaßt, die unendlichen Summanden zu einer torsionsfreien Untergruppe. Die abelsche Gruppe ist die direkte Summe der Torsionsuntergruppe und der torsionsfreien Untergruppe.

Die Zerlegung der Torsionsuntergruppe in Summanden mit Primzahlpotenzordnung ist bis auf Isomorphie eindeutig. Die Anzahl der Summanden unendlicher Ordnung ist ebenfalls eindeutig. Mit dieser eindeutigen Zerlegung läßt sich jede endlich erzeugte abelsche Gruppe durch wenige Invarianten beschreiben, die den Typ der Gruppe definieren. Endlich erzeugte abelsche Gruppen sind genau dann isomorph, wenn sie von gleichem Typ sind.

Darstellung als direkte Summe : Die Darstellung abelscher Gruppen als direkte Summen ist in Abschnitt 7.6.4 mit den Eigenschaften (D1) bis (D3) behandelt. Zusätzlich gilt :

(D4) Jede endliche abelsche Gruppe ist die direkte Summe ihrer p-Sylow-Untergruppen.

Beweis : Abelsche Gruppe als direkte Summe ihrer p-Sylow-Untergruppen.

Die Ordnung der abelschen Gruppe G sei m. Die natürliche Zahl m wird in Primzahlpotenzen zerlegt : $m = m_1 \cdots m_s$ mit $m_i = p_i^{n_i}$ und $p_i \neq p_k$ für $i \neq k$. Nach der Eigenschaft (S1) von p-Sylow-Untergruppen in Abschnitt 7.8.3 gibt es in G zu jedem Faktor m_i eine p_i-Sylow-Untergruppe H_i der Ordnung m_i. Da jede G-Konjugierte der abelschen Gruppe H_i mit H_i identisch ist, zeigt die Folgerung aus dem 2. Satz von Sylow, daß H_i die einzige p_i-Sylow-Untergruppe von G ist.

In der Summe $H_1 + ... + H_s$ sei $a_1 + ... + a_s = 0$ mit $a_i \in H_i$ eine Darstellung des neutralen Elementes. Mit $r = m_2 \cdots m_s$ wird das r-te Vielfache dieser Gleichung gebildet. Wegen $m_i a_i = 0$ gilt $ra_2 = ... = ra_s = 0$, und es folgt $ra_1 = 0$. Da die Ordnung von H_1 teilerfremd zu r ist, folgt $a_1 = 0$. Analog ergibt sich $a_2 = ... = a_s = 0$. Nach (D1) ist die Summe daher direkt.

Die Ordnung der direkten Summe $H_1 \oplus ... \oplus H_s$ ist das Produkt $m_1 \cdots m_s$ der Ordnungen ihrer Summanden, und damit voraussetzungsgemäß gleich der Ordnung von G. Folglich gilt $H_1 \oplus ... \oplus H_s = G$.

Zerlegbare abelsche Gruppen : Eine abelsche Gruppe (G ; +) heißt zerlegbar, wenn sie die direkte Summe von mindestens zwei echten Untergruppen ist. Sonst heißt die Gruppe unzerlegbar.

$$G \text{ ist zerlegbar } :\Leftrightarrow \quad G = G_1 \oplus ... \oplus G_n \quad \wedge \quad n \geq 2$$

Jede unzerlegbare abelsche Gruppe ist nach Eigenschaft (D4) eine p-Gruppe. Es gibt aber p-Gruppen, die zerlegbar sind. Beispielsweise besitzt die Kleinsche Vierergruppe in Beispiel 1 von Abschnitt 7.6.4 die Ordnung 2^2, sie ist jedoch nach Beispiel 1 in Abschnitt 7.6.6 zerlegbar.

Zerlegbarkeit zyklischer Gruppen : Die unendliche zyklische Gruppe ist unzerlegbar. Eine zyklische Gruppe mit endlicher Ordnung m ist genau dann unzerlegbar, wenn m eine Primzahlpotenz p^n ist.

Beweis : Zerlegbarkeit zyklischer Gruppen

(1) $\mathbb{Z}a$ und $\mathbb{Z}b$ seien beliebige Untergruppen der ganzzahligen Gruppe $(\mathbb{Z}\,;+)$. Mit $c = \text{kgV}(a, b)$ ist der Durchschnitt $\mathbb{Z}a \cap \mathbb{Z}b$ gleich der Untergruppe $\mathbb{Z}c \neq \{0\}$. Eigenschaft (D2) in Abschnitt 7.6.4 zeigt, daß folglich $\mathbb{Z}$ unzerlegbar ist. Alle unendlichen zyklischen Gruppen sind zu $\mathbb{Z}$ isomorph und damit ebenfalls unzerlegbar.

(2) G sei eine zyklische Gruppe der Ordnung p^n mit der Primzahl p und dem Exponenten $n \geq 1$. H_1 und H_2 seien Untergruppen von G mit ord $H_1 = p^r$ und ord $H_2 = p^{r+s}$ und $r, s \geq 0$. Da p^r ein Teiler von p^{r+s} ist, enthält H_2 mit Eigenschaft (U2) zyklischer Gruppen in Abschnitt 7.3.6 genau eine Untergruppe S der Ordnung p^r. Da p^r ein Teiler der Ordnung p^n von G ist, gibt es in G mit (U2) nur eine Untergruppe der Ordnung p^r. Also ist $S = H_1$ und $H_1 \subseteq H_2$. Die Summe $H_1 + H_2$ ist wegen der Eigenschaft (D2) in Abschnitt 7.6.4 nicht direkt, da $H_1 \cap H_2 \neq \{0\}$ für $H_1 \neq \{0\}$. Also ist die Gruppe G nicht zerlegbar.

Eine zyklische Gruppe G mit Ordnung m sei unzerlegbar. Dann enthält die direkte Summe für G nur G selbst. Da jede zyklische Gruppe abelsch ist, ist die Gruppe G nach (D4) die direkte Summe ihrer p-Sylow-Untergruppen. Folglich ist die Ordnung m von G eine Primzahlpotenz p^n.

Zerlegbarkeit abelscher Gruppen : Jede nichttriviale, endlich erzeugte abelsche Gruppe ist die direkte Summe einer endlichen Anzahl unzerlegbarer zyklischer Gruppen.

Beweis : Zerlegung abelscher Gruppen in unzerlegbare zyklische Gruppen

Nach dem Basissatz für abelsche Gruppen besitzt jede endlich erzeugte abelsche Gruppe (G ; +) eine Zerlegung als direkte Summe einer endlichen Anzahl zyklischer Untergruppen. Die endlichen zyklischen Summanden sind in ihre p-Sylow-Untergruppen T_i zerlegbar. Diese zyklischen Untergruppen sind unzerlegbar. Die unendlichen zyklischen Summanden U_k sind ebenfalls unzerlegbar. Insgesamt ist jede endlich erzeugte abelsche Gruppe also eine direkte Summe einer endlichen Anzahl unzerlegbarer zyklischer Gruppen.

$$G = T_1 \oplus \ldots \oplus T_m \oplus U_1 \oplus \ldots \oplus U_n$$

T_i endliche zyklische p-Sylow-Untergruppen
U_k unendliche zyklische Gruppen

Hinweise :

(1) Die Kleinsche Vierergruppe mit der Primzahlpotenzordnung 2^2 ist zerlegbar, sie ist jedoch nicht zyklisch.

(2) Die Unzerlegbarkeit einer zyklischen Gruppe mit Primzahlpotenzordnung bedeutet nicht, daß diese Gruppe keine Untergruppen besitzt. Sie kann nur nicht als direkte Summe dieser Untergruppen dargestellt werden.

(3) Wird eine abelsche Gruppe in ihre Sylow-Untergruppen zerlegt, so gibt es für jede Primzahl p genau eine p-Sylow-Untergruppe. Diese ist jedoch im allgemeinen nicht zyklisch.

(4) Wird eine abelsche Gruppe G in zyklische Untergruppen zerlegt, so dürfen verschiedene Summanden T_i und T_m der direkten Summe je eine p-Sylow-Untergruppe H_i und H_m für dieselbe Primzahl p enthalten . Diese Sylow-Untergruppen sind dann zyklisch. Die Untergruppe H_i ist p-Sylow-Untergruppe in dem Summanden T_i, nicht aber in der Gruppe G. Die Untergruppe H_m ist p-Sylow-Untergruppe in dem Summanden T_m, nicht aber in der Gruppe G.

Torsionsgruppe : (G ; +) sei eine endlich erzeugte abelsche Gruppe. Die Elemente endlicher Ordnung in G bilden die Torsionsuntergruppe tor G von G (siehe Abschnitt 7.6.2). Die abelsche Gruppe G heißt torsionsfrei, wenn tor G = {0}. Die Gruppe G heißt Torsionsgruppe, wenn tor G = G. Die Torsionsuntergruppe tor G ist als Untergruppe der abelschen Gruppe G Normalteiler in G. Die Quotientengruppe G / tor G ist nach Abschnitt 7.6.2 torsionsfrei.

Eindeutige Zerlegung einer abelschen p-Gruppe : Jede endliche abelsche Gruppe (G ; +), deren Ordnung eine Primzahlpotenz p^m ist, ist die direkte Summe von unzerlegbaren zyklischen Untergruppen G_i, deren Ordnungen p^{m_i} eindeutig bestimmt sind. Die Zerlegung der p-Gruppe G in unzerlegbare zyklische Untergruppen ist also bis auf Isomorphie und die Reihenfolge der Summanden eindeutig.

$$G = G_1 \oplus ... \oplus G_s \qquad \text{mit} \qquad G_i = gp(a_i)$$
$$\text{ord } G = p^m = p^{m_1 + ... + m_s} \qquad \text{mit} \qquad \text{ord } G_i = p^{m_i}$$

Beweis : Eindeutige Zerlegung einer abelschen p-Gruppe

(1) Es wurde bereits gezeigt, daß jede nichttriviale, endlich erzeugte abelsche Gruppe die direkte Summe $G_1 \oplus ... \oplus G_s$ unzerlegbarer zyklischer Gruppen ist. Der Beweis, daß diese Zerlegung für p-Gruppen eindeutig ist, wird induktiv geführt. Zu zeigen ist, daß G die direkte Summe einer eindeutigen Anzahl s von Gruppen $G_1, ..., G_s$ mit eindeutigen Ordnungen ord $G_i = m_i$ ist.

(2) Es wurde bereits bewiesen, daß eine zyklische Gruppe mit Primzahlordnung p unzerlegbar ist. Für ord G = p ist die Aussage also wahr. Für Gruppen mit ord $G = p^m$ mit $m \geq 2$ wird vorausgesetzt, daß die Aussage für Gruppen mit Ordnung kleiner als p^m wahr ist. Zum Beweis, daß die Aussage dann auch für Gruppen mit ord $G = p^m$ gilt, wird die skalierte Gruppe $p^k G$ mit $k \in \mathbb{N}$ betrachtet.

(3) Für die zyklische Gruppe $G_i = gp(a_i)$ gilt $p^k G_i = gp(p^k a_i)$. Da G_i die Ordnung p^{m_i} besitzt, ist m_i der kleinste Exponent, für den $p^{m_i} G_i = \{0\}$ gilt. Nach Abschnitt 7.6.4 gilt :

$$p^k G = p^k G_1 \oplus ... \oplus p^k G_s$$

Daher ist $r := \text{Max}\{m_1, ..., m_s\}$ der kleinste Exponent mit der Eigenschaft $p^r G = \{0\}$. Da diese Eigenschaft nur von der Gruppe G abhängt, ist r für jede Zerlegung von G gleich. Jede Zerlegung enthält also mindestens einen Summanden der Ordnung p^r. Die restlichen Summanden bilden eine Zerlegung einer endlich erzeugten abelschen Gruppe, deren Ordnung kleiner als p^m ist. Sie sind daher nach der Induktionsvoraussetzung bis auf Isomorphie und Reihenfolge eindeutig. Insgesamt folgt, daß auch die Zerlegung von G bis auf Isomorphie und die Reihenfolge der Summanden eindeutig ist.

Eindeutige Zerlegung einer endlichen Torsionsgruppe : Jede endlich erzeugte Torsionsgruppe $G \neq \{0\}$ ist die direkte Summe $G_1 \oplus ... \oplus G_m$ von unzerlegbaren zyklischen Untergruppen, deren Ordnungen $q_i := \text{ord } G_i$ Primzahlpotenzen sind. Die Zahlen $q_1, ..., q_m$ sind eindeutig bestimmt. Die Zerlegung von G in unzerlegbare zyklische Gruppen ist also bis auf Isomorphie und die Reihenfolge der Summanden eindeutig bestimmt.

Beweis : Eindeutige Zerlegung einer endlichen Torsionsgruppe

(1) Jede endlich erzeugte abelsche Gruppe ist die direkte Summe einer endlichen Anzahl unzerlegbarer zyklischer Gruppen G_i. Da G Torsionsgruppe ist, sind die Summanden G_i endlich. Die Ordnung einer unzerlegbaren endlichen zyklischen Gruppe ist aber eine Primzahlpotenz. In der direkten Summe werden Summanden, deren Ordnungen Potenzen derselben Primzahl p sind, zu der p-Sylow-Untergruppe S_k von G zusammengefaßt.

$$G = G_1 \oplus ... \oplus G_m = S_1 \oplus ... \oplus S_n$$

(2) Die Ordnung jeder p-Sylow-Untergruppe S_k ist eindeutig. In der Zerlegung jeder p-Gruppe S_k in unzerlegbare zyklische Gruppen sind die Ordnungen dieser Gruppen eindeutig. Insgesamt sind also die Ordnungen q_i der Summanden $G_1, ..., G_m$ eindeutig.

(3) Zyklische Gruppen gleicher Ordnung sind isomorph. Die Ordnungen $q_1, ..., q_m$ der zyklischen Gruppen G_i in $G = G_1 \oplus ... \oplus G_m$ sind eindeutig. Folglich ist diese Zerlegung bis auf Isomorphie und die Reihenfolge der Summanden eindeutig.

Eindeutige Zerlegung einer torsionsfreien Gruppe : Jede endlich erzeugte torsionsfreie abelsche Gruppe ist die direkte Summe einer endlichen Anzahl von unzerlegbaren unendlichen zyklischen Untergruppen, deren Anzahl eindeutig ist. Die Zerlegung von G in unzerlegbare unendliche zyklische Gruppen ist also bis auf Isomorphie und die Reihenfolge der Summanden eindeutig.

Beweis : Eindeutige Zerlegung einer torsionsfreien Gruppe

(1) Jede endlich erzeugte abelsche Gruppe ist die direkte Summe einer endlichen Anzahl unzerlegbarer zyklischer Gruppen G_i. Da die Gruppe G torsionsfrei ist, sind alle Summanden G_i unendliche Gruppen.

$$G = G_1 \oplus ... \oplus G_r$$

(2) Die skalierte Gruppe 2G ist Normalteiler in G. Die Quotientengruppe G/2G ist nach Abschnitt 7.6.6 die direkte Summe von Gruppen H_i, die zu den Quotientengruppen $G_i/2G_i$ isomorph sind. Die Ordnung 2^r der Quotientengruppe G/2G ist nur von G abhängig. Damit ist r eindeutig bestimmt.

$$G/2G = H_1 \oplus ... \oplus H_r \quad \text{mit} \quad H_i \cong G_i/2G_i \quad \text{und} \quad \text{ord } H_i = 2$$
$$\text{ord } G/2G = 2^r$$

(3) Jede unendliche zyklische Gruppe ist mit der additiven Gruppe ($\mathbb{Z}$; +) der Ganzzahlen isomorph. Die Anzahl der unendlichen zyklischen Gruppen ist eindeutig bestimmt. Folglich ist die Zerlegung bis auf Isomorphie und die Reihenfolge der Summanden eindeutig bestimmt.

Eindeutige Zerlegung einer abelschen Gruppe : Jede endlich erzeugte abelsche Gruppe (G ; +) ist die direkte Summe ihrer Torsionsuntergruppe T und einer torsionsfreien Untergruppe U. Die Torsionsuntergruppe T ist die direkte Summe einer endlichen Anzahl unzerlegbarer zyklischer Gruppen $T_1, ..., T_m$ mit eindeutiger Primzahlpotenzordnung. Die torsionsfreie Untergruppe U ist die direkte Summe unzerlegbarer unendlicher zyklischer Gruppen $U_1, ..., U_n$, deren endliche Anzahl n eindeutig ist. Die Zerlegung der Gruppe G in ihre Torsionsuntergruppe und eine torsionsfreie Untergruppe ist bis auf Isomorphie und die Reihenfolge der Summanden eindeutig.

$$G = T \oplus U \qquad \text{endlich erzeugte abelsche Gruppe}$$
$$T = T_1 \oplus ... \oplus T_m \qquad \text{Torsionsuntergruppe tor } G$$
$$U = U_1 \oplus ... \oplus U_n \qquad \text{torsionsfreie Untergruppe}$$

Beweis : Eindeutige Zerlegung einer abelschen Gruppe

Jede endlich erzeugte abelsche Gruppe (G ; +) ist eine direkte Summe unzerlegbarer zyklischer Gruppen. G sei die direkte Summe der endlichen zyklischen Gruppen $H_1, \ldots, H_r$ und der unendlichen zyklischen Gruppen $W_1, \ldots, W_s$:

$$G = H_1 \oplus \ldots \oplus H_r \oplus W_1 \oplus \ldots \oplus W_s$$

Mit diesen Summanden werden die direkten Teilsummen T und U gebildet. Sind alle Summanden endlich, so wird $U := \{0\}$ definiert. Sind alle Summanden unendlich, so wird $T := \{0\}$ definiert.

$$T = H_1 \oplus \ldots \oplus H_r$$
$$U = W_1 \oplus \ldots \oplus W_s$$

(1) Die Gruppe T ist Torsionsuntergruppe von G, wenn sie genau die Elemente endlicher Ordnung von G enthält. Für ein beliebiges Element $g \in G = T \oplus U$ mit endlicher Ordnung k gibt es eine eindeutige Summe $g = t + u$ mit $t \in T$ und $u \in U$. Aus $kg = kt + ku = 0$ folgt $ku = 0$ und damit $u = 0$. Folglich ist g ein Element von t. Umgekehrt ist jedes Element $t \in T$ ein Element von G, da t in der direkten Summe $T \oplus U$ als Summe $t = t + 0$ darstellbar ist.

(2) Die Gruppe U ist torsionsfrei, wenn für ein beliebiges Element $u \in U$ die Gleichung $ku = 0$ nur mit $k = 0$ erfüllt ist. Aus der direkten Summe $U = W_1 \oplus \ldots \oplus W_s$ folgt, daß u eine eindeutige Summe $u_1 + \ldots + u_s$ von Elementen $u_i \in W_i$ ist. Die Bedingung $ku = ku_1 + \ldots + ku_s = 0$ ist nach Definition der direkten Summe nur erfüllt, wenn jeder der Summanden null ist, also $ku_i = 0$ für $i = 1, \ldots, s$. Da jedes Element u_i von unendlicher Ordnung ist, folgt $u_i = 0$. Die Gruppe U ist also torsionsfrei.

(3) Die Torsionsgruppe T enthält genau die Elemente endlicher Ordnung von G und ist daher durch die Gruppe G eindeutig bestimmt. Die Untergruppe T ist Normalteiler der abelschen Gruppe G. Nach dem ersten Isomorphiesatz gilt $G/T = (U + T)/T \cong U/(U \cap T)$. Da G die direkte Summe von U und T ist, gilt $U \cap T = \{0\}$. Insgesamt folgt $G/T \cong U/\{0\} \cong U$. Da T durch G eindeutig bestimmt ist, ist damit auch U durch G bis auf Isomorphie eindeutig bestimmt. Die Gruppen T und U besitzen nach vorangehenden Beweisen eindeutige Zerlegungen. Die Torsionsgruppe T ist die direkte Summe $T_1 \oplus \ldots \oplus T_m$ unzerlegbarer zyklischer Gruppen T_i mit Primzahlpotenzordnung. Die torsionsfreie Gruppe U ist die direkte Summe $U_1 \oplus \ldots \oplus U_n$ unzerlegbarer unendlicher zyklischer Gruppen U_i. Die Zerlegungen von T und U sind bis auf Isomorphie und die Reihenfolge der Summanden eindeutig.

Typ einer endlich erzeugten abelschen Gruppe : Jede endlich erzeugte abelsche Gruppe wird nach ihrer Zerlegung in unzerlegbare zyklische Untergruppen durch wenige Invarianten beschrieben : Die Primzahlpotenzen der Ordnungen der endlichen Summanden und die Anzahl der unendlichen Summanden. Das Tupel der Invarianten einer endlich erzeugten abelschen Gruppe (G ; +) heißt der Typ der abelschen Gruppe und wird mit typ G bezeichnet.

$$\text{typ } G := (p_1^{n_1}, \ldots, p_m^{n_m} ; n)$$

p_i Primzahlen $p_1 \le \ldots \le p_m$ mit $m \ge 0$
n_i positiver ganzer Exponent von p_i : $p_i = p_{i+1} \Rightarrow n_i \le n_{i+1}$
n Anzahl der unendlichen Summanden

Zwei endlich erzeugte abelsche Gruppen sind genau dann isomorph, wenn sie vom gleichen Typ sind. Die Invarianten des Typs werden wie folgt bezeichnet :

$p_i^{n_i}$ i-ter Torsionskoeffizient von G
n Betti Zahl von G

Beweis : Isomorphie abelscher Gruppen gleichen Typs

(1) Die Gruppen G und H seien vom gleichen Typ. Dann sind die Summanden G_i in $G = G_1 \oplus \ldots \oplus G_m$ und H_i in $H = H_1 \oplus \ldots \oplus H_m$ paarweise isomorph zu einer Restklassengruppe $\mathbb{Z}_{qi}$ mit $q_i = p_j^{n_i}$ oder zu der Ganzzahlengruppe $\mathbb{Z}$. Aus der Isomorphie der Summanden folgt die Isomorphie der direkten Summen.

(2) Die Gruppen G und H seien isomorph. Dann gibt es eine eineindeutige homomorphe Abbildung $f : G \to H$ mit $f(g) = h$. Die Gruppe G besitzt eine eindeutige Zerlegung $G = G_1 \oplus \ldots \oplus G_m$, die durch typ G beschrieben ist. Für jedes Element $g \in G$ gibt es also eine eindeutige Summe $g = g_1 + \ldots + g_m$ mit $g_i \in G_i$. Da f homomorph ist , gilt für das Bild des Elementes g :

$$h = f(g) = f(g_1 + \ldots + g_m) = f(g_1) + \ldots + f(g_m) = h_1 + \ldots + h_m$$

Da die Darstellung $g_1 + \ldots + g_n$ von g eindeutig und die Abbildung f eineindeutig ist, ist die Darstellung $h_1 + \ldots + h_m$ von h ebenfalls eindeutig. Folglich kann H als direkte Summe $H_1 + \ldots + H_m$ mit $H_i = f(G_i)$ dargestellt werden. Aus der Eineindeutigkeit von f folgt ord H_i = ord G_i . Insgesamt gilt also typ G = typ H.

8 GRAPHEN

8.1 EINFÜHRUNG

Der Aufbau der Mathematik beruht auf der Verknüpfung von Mengen durch Relationen. Die Mengen enthalten gegebene Elemente. Die Relationen sind ebenfalls Mengen und enthalten Tupel, die mit gegebenen Verknüpfungsregeln aus den Elementen der Mengen gebildet werden. Auf diese Weise beschreibt man Beziehungen zwischen ausgewählten Elementen der Mengen symbolisch.

Die Verknüpfung von Elementen in Relationen kann diagrammatisch visualisiert werden. Dazu werden die Elemente als Knoten und die Beziehungen als Kanten eines Diagramms dargestellt. Einfache Relationen lassen sich auf diese Weise gut lesbar in der Ebene abbilden. Eine Relation, für die es eine solche Visualisierung gibt, heißt ein Graph. Häufig wird auch das Knoten-Kanten-Diagramm der Relation als Graph bezeichnet.

Da ein Graph eine visualisierbare Relation ist, bildet die Mengenalgebra die Grundlage der Graphentheorie. Häufig wird statt des Begriffs Mengenalgebra der Begriff Relationenalgebra verwendet, um den Fokus auf die Eigenschaften besonderer Mengen, nämlich der Relationen, zu betonen. Die Relationenalgebra für endliche Mengen kann in eine boolesche Vektor- und Matrixalgebra überführt werden. Grundlegende Definitionen und Regeln der Relationenalgebra für endliche Graphen sind in Abschnitt 8.2 behandelt.

Verschiedene Anwendungen erfordern Graphen mit spezifischen Eigenschaften. An Hand dieser Eigenschaften werden einfache Graphen, schlichte Graphen, bipartite Graphen, Multigraphen und Hypergraphen unterschieden. Die Bezeichnungsweise der Graphen in der Literatur ist nicht einheitlich. Einfache und schlichte Graphen werden häufig auch als ungerichtete und gerichtete Graphen bezeichnet. Die verschiedenen Klassen von Graphen, ihre Eigenschaften und ihre Beziehungen sind in Abschnitt 8.3 behandelt.

Graphen sind bezüglich der Struktureigenschaften weiter klassifizierbar. Dabei wird der Graph als Gebilde von Knoten und Kanten betrachtet. Ein Kantenzug im Graphen ist eine Folge von zusammenhängenden Kanten, die entweder einen Weg oder einen Zyklus bilden. Die Betrachtung von Wegen und Zyklen führt zur Definition von verschiedenen Formen des Zusammenhangs von Graphen. Das Löschen eines Teils der Knoten und Kanten eines Graphen (Schnitt im Graphen) führt zu Untergraphen, deren Zusammenhang eine wesentliche Struktureigenschaft des Graphen ist. Die Grundlagen der Strukturanalyse sowie die weitere Klassifikation sind für einfache und schlichte Graphen in Abschnitt 8.4 behandelt.

Die Bestimmung von Wegen in Netzen mit spezifischen Eigenschaften ist eine grundlegende Aufgabe der Graphentheorie. Ein Netz wird dabei als bewerteter Graph dargestellt, in dem die Kanten bezüglich der betrachteten Eigenschaften bewertet sind. Die verschiedenen Wegaufgaben werden durch Abstraktion vereinheitlicht. Dies führt zu einer Wegalgebra für bewertete Graphen. Die Grundlagen der Wegalgebra sowie die algebraischen Lösungsmethoden sind in Abschnitt 8.5 behandelt.

Die Bestimmung von Flüssen in Netzen ist eine Aufgabe der Graphentheorie in Verbindung mit der Optimierungstheorie. Die Netze werden wie bei den Wegaufgaben durch bewertete Graphen dargestellt. Die Flüsse im Netz müssen dem Gesetz des Massenerhaltes genügen und können durch vorgegebene Kapazitäten beschränkt sein. Zur Bestimmung von optimalen Flüssen werden die Prinzipien der Optimierung auf die Graphentheorie übertragen. Die Grundlagen für Flüsse in Netzen sind in Abschnitt 8.6 behandelt.

Die Anwendungen der Graphentheorie sind sehr vielfältig. In der Informatik wird sie beispielsweise im Rahmen der Automatentheorie, der Netzwerktheorie, der formalen Sprachen und der Datenstrukturen eingesetzt. Im Ingenieurwesen wird sie beispielsweise in der objektorientierten Modellierung bei der Untersuchung von Kommunikations-, Transport- und Versorgungssystemen sowie bei Planungs-, Entscheidungs- und Produktionsprozessen eingesetzt. Einige Anwendungen sind exemplarisch im Zusammenhang mit den theoretischen Grundlagen gezeigt. Die behandelten theoretischen Grundlagen und ihre Anwendungen sind auf endliche Graphen beschränkt.

8.2 RELATIONENALGEBRA

8.2.1 EINFÜHRUNG

Die Relationenalgebra beruht auf der Mengenalgebra und der booleschen Algebra. Die grundlegenden Definitionen dieser Algebren sind in den Kapiteln 2 und 3 behandelt. Ihre Zusammenhänge sind nachfolgend aufgezeigt.

Boolesche Algebra : Die boolesche Algebra basiert auf den Wahrheitswerten "falsch" und "wahr". Für die Wahrheitswerte sind ein- und zweistellige Verknüpfungen definiert. Die Negation $\neg$ ist eine einstellige Verknüpfung. Die Konjunktion $\wedge$ und die Disjunktion $\vee$ sind zweistellige Verknüpfungen.

Mengenalgebra : Die Mengenalgebra basiert auf Definitionen und Regeln der Mengenlehre. Stammen die Elemente einer Menge aus einer gegebenen Grundmenge, so kann die Menge als einstellige Relation in der Grundmenge behandelt werden. Auf der Grundlage der booleschen Verknüpfungen sind ein- und zweistellige Verknüpfungen von Mengen definiert. Das Komplement $\overline{}$ ist eine einstellige Verknüpfung. Der Durchschnitt $\cap$ und die Vereinigung $\cup$ sind zweistellige Verknüpfungen.

Relationenalgebra : Die Relationenalgebra basiert auf den Definitionen der Relationen. Eine zweistellige Relation ist eine Menge von geordneten Elementpaaren. Sie ist eine Teilmenge eines kartesischen Produktes zweier Mengen. Da jede Relation eine Menge ist, sind alle Mengenverknüpfungen auch auf Relationen anwendbar. Das Komplement $\overline{}$ ist eine einstellige Verknüpfung. Der Durchschnitt $\sqcap$ und die Vereinigung $\sqcup$ sind zweistellige Verknüpfungen. Zusätzlich zu diesen Mengenverknüpfungen sind die Transposition ^{T} als einstellige Verknüpfung für die duale Relation und die Multiplikation $\circ$ als zweistellige Verknüpfung für die Kettung von Relationen definiert.

Boolesche Vektoren und Matrizen : Die Relationenalgebra läßt sich für endliche Mengen übersichtlich in Vektor- und Matrixform darstellen. Die einstelligen Relationen sind boolesche Vektoren, die zweistelligen Relationen boolesche Matrizen mit den Wahrheitswerten "falsch" und "wahr". Die Regeln der booleschen Vektor- und Matrixalgebra und die Regeln der üblichen Vektor- und Matrixalgebra für reelle Zahlen sind sehr ähnlich.

Begriffe und Notation : Statt der Begriffe einstellig und zweistellig für Relationen und Verknüpfungen werden auch die Begriffe unär und binär verwendet. Die unären Relationen werden durch Kleinbuchstaben und die binären Relationen durch Großbuchstaben dargestellt. Die zugehörigen booleschen Vektoren und Matrizen sind fett gedruckt.

8.2.2 UNÄRE RELATIONEN

Einführung : Eine unäre Relation ist eine Teilmenge einer Menge. Daher gelten für unäre Relationen alle Regeln der Mengenalgebra. Zur Spezifikation unärer Relationen werden boolesche Vektoren eingesetzt. Dies führt zu einer booleschen Vektoralgebra für unäre Relationen.

Definition : Gegeben sei eine nichtleere Menge M von Elementen sowie eine einstellige Verknüpfung für die Relation R der Elemente. Der Wert der einstelligen Verknüpfung Rx eines Elementes x ist wahr oder falsch. Die zugehörige unäre Relation u ist die Menge aller Elemente x, für die die einstellige Verknüpfung Rx wahr ist. Sie ist eine Teilmenge von M. Die Anzahl der Elemente in der unären Relation u wird mit | u | bezeichnet.

$$u := \{x \in M \mid Rx\} \subseteq M$$

Vektordarstellung : M sei eine Menge mit n Elementen. Die Elemente von M werden durch eine Abbildung $f : N \rightarrow M$ mit $f(i) = x_i$ und $1 \le i \le n$ indiziert, so daß $M = \{x_1, ..., x_n\}$. Eine unäre Relation $u \subseteq M$ ist eine Teilmenge von M. Die Elemente von M, die zur Relation u gehören, werden mit einem booleschen Vektor **u** der Dimension n spezifiziert. Jedem Element $x_i \in M$ wird eineindeutig ein Element $u_i \in \mathbf{u}$ zugeordnet. Enthält die Relation u das Element x_i, so besitzt u_i den Wert wahr (1) ; sonst besitzt u_i den Wert falsch (0).

Ein boolescher Vektor **u** ist ein n-Tupel der Wahrheitswerte $W = \{0,1\}$ und daher ein Element des n-stelligen kartesischen Produktes W^n. Die Elemente eines Vektors **u** werden üblicherweise in einem Spaltenschema angeordnet, indem der Index des Elementes u_i als Zeilenindex aufgefaßt wird. Zur Darstellung von allgemeinen Eigenschaften und Regeln wird ein Vektor **u** durch ein allgemeines Element u_i in eckigen Klammern repräsentiert.

$$\mathbf{u} = [u_i] = \begin{bmatrix} u_1 \\ \vdots \\ u_i \\ \vdots \\ u_n \end{bmatrix} \quad : \quad \begin{array}{l} W = \{0,1\} \\ \mathbf{u} \in W^n \end{array}$$

Graphische Darstellung : Die Elemente einer Menge können in einem eindimensionalen Raster dargestellt werden. Jeder Rasterpunkt entspricht einem Element. Die in einer unären Relation enthaltenen Rasterpunkte werden markiert. Das Rasterdiagramm ist ein graphisches Bild des booleschen Vektors.

Beispiel 1 : Darstellung unärer Relationen

Gegeben seien eine Menge M von Elementen und eine unäre Relation $u \subseteq M$. Das Rasterdiagramm und der boolesche Vektor **u** sind gezeigt :

$M = \{a, b, c, d, e\}$

$u = \{b, c, e\} \subseteq M$

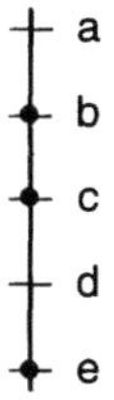

Element	**u**
a	0
b	1
c	1
d	0
e	1

Spezielle Relationen : Spezielle unäre Relationen in der Menge M sind die leere Relation $\emptyset$ und die universale Relation $e = M$. Sie heißen auch Nullrelation und Allrelation. Der Nullrelation entspricht der boolesche Nullvektor **0**, der Allrelation e der boolesche Einsvektor **e**. Eine unäre Relation mit genau einem Element $x \in M$ heißt Punktrelation oder Punkt. Eine Punktrelation wird mit einem booleschen Einheitsvektor dargestellt. Sie wird häufig mit dem Namen ihres Elementes bezeichnet.

Nullrelation	$\emptyset := \{\ \}$
Punktrelation	$x := \{x\}$
Allrelation	$e := M$

Nullrelation $\emptyset$ Punktrelation x Allrelation e

$$\mathbf{0} = \begin{bmatrix} 0 \\ 0 \\ 0 \\ \vdots \\ 0 \end{bmatrix} \qquad \mathbf{x} = \begin{bmatrix} 0 \\ 1 \\ 0 \\ \vdots \\ 0 \end{bmatrix} \qquad \mathbf{e} = \begin{bmatrix} 1 \\ 1 \\ 1 \\ \vdots \\ 1 \end{bmatrix}$$

Gleichheit und Inklusion : Die Verknüpfungen Gleichheit $u = v$ und Inklusion $u \sqsubseteq v$ der Relationen u, v liefern als Ergebnis die logische Konstante wahr oder falsch. Ist $u = v$ wahr, so sind u und v gleich. Ist $u \sqsubseteq v$ wahr, so ist u in v enthalten.

Gleichheit	$u = v \quad :\Leftrightarrow \quad \bigwedge_x (x \in u \quad \Leftrightarrow \quad x \in v)$
Inklusion	$u \sqsubseteq v \quad :\Leftrightarrow \quad \bigwedge_x (x \in u \quad \Rightarrow \quad x \in v)$
Gleichheit	$\mathbf{u} = \mathbf{v} \quad :\Leftrightarrow \quad \bigwedge_i (u_i \quad \Leftrightarrow \quad v_i)$
Inklusion	$\mathbf{u} \sqsubseteq \mathbf{v} \quad :\Leftrightarrow \quad \bigwedge_i (u_i \quad \Rightarrow \quad v_i)$

Unäre Verknüpfung : Das Komplement $\overline{u}$ ist eine unäre Verknüpfung der Relation u in der Menge M. Es enthält alle Elemente $x \in M$, die nicht in u enthalten sind.

Komplement	$\overline{u} := \{x \in M \mid x \notin u\}$
Komplement	$\overline{\mathbf{u}} := [\neg u_i]$

Binäre Verknüpfung : Der Durchschnitt $u \sqcap v$ und die Vereinigung $u \sqcup v$ sind binäre Verknüpfungen der Relationen u und v. Sie sind der Mengenlehre entsprechend wie folgt definiert :

Durchschnitt	$u \sqcap v := \{x \mid x \in u \wedge x \in v\}$
Vereinigung	$u \sqcup v := \{x \mid x \in u \vee x \in v\}$
Durchschnitt	$\mathbf{u} \sqcap \mathbf{v} := [u_i \wedge v_i]$
Vereinigung	$\mathbf{u} \sqcup \mathbf{v} := [u_i \vee v_i]$

Beispiel 2 : Operationen mit unären Relationen

Gegeben seien zwei boolesche Vektoren $\mathbf{u}, \mathbf{v} \in W^4$. Das Komplement $\overline{\mathbf{u}}$ sowie der Durchschnitt $\mathbf{u} \sqcap \mathbf{v}$ und die Vereinigung $\mathbf{u} \sqcup \mathbf{v}$ werden bestimmt.

$$\mathbf{u} = \begin{bmatrix} 0 \\ 1 \\ 0 \\ 1 \end{bmatrix} \quad \mathbf{v} = \begin{bmatrix} 1 \\ 1 \\ 1 \\ 0 \end{bmatrix} \quad \overline{\mathbf{u}} = \begin{bmatrix} 1 \\ 0 \\ 1 \\ 0 \end{bmatrix} \quad \mathbf{u} \sqcap \mathbf{v} = \begin{bmatrix} 0 \\ 1 \\ 0 \\ 0 \end{bmatrix} \quad \mathbf{u} \sqcup \mathbf{v} = \begin{bmatrix} 1 \\ 1 \\ 1 \\ 1 \end{bmatrix}$$

Algebraische Struktur : Die unären Relationen in einer Grundmenge M sind Teilmengen von M. Alle voneinander verschiedenen Teilmengen von M sind in der Potenzmenge P(M) zusammengefaßt. Das Gebilde (P(M); $\sqcap$, $\sqcup$, $^{-}$) mit der Potenzmenge P(M) und den Verknüpfungen $\sqcap$, $\sqcup$, $^{-}$ ist nach Abschnitt 3.4.3 ein boolescher Verband. Für die Verknüpfung von Elementen u, v, w der Potenzmenge P(M) gelten folgende Gesetze :

Eigenschaft	Durchschnitt $\sqcap$	Vereinigung $\sqcup$
assoziativ	$(u \sqcap v) \sqcap w = u \sqcap (v \sqcap w)$	$(u \sqcup v) \sqcup w = u \sqcup (v \sqcup w)$
kommutativ	$u \sqcap v = v \sqcap u$	$u \sqcup v = v \sqcup u$
adjunktiv	$u \sqcap (u \sqcup v) = u$	$u \sqcup (u \sqcap v) = u$
distributiv	$u \sqcap (v \sqcup w) = (u \sqcap v) \sqcup (u \sqcap w)$	$u \sqcup (v \sqcap w) = (u \sqcup v) \sqcap (u \sqcup w)$
Nullelement	$u \sqcap \emptyset = \emptyset$	$u \sqcup \emptyset = u$
Einselement	$u \sqcap e = u$	$u \sqcup e = e$
Komplement	$u \sqcap \overline{u} = \emptyset$	$u \sqcup \overline{u} = e$

In einem booleschen Verband läßt sich die Inklusion $u \sqsubseteq v$ über den Durchschnitt, die Vereinigung und die Komplemente wie folgt definieren :

$$\text{Inklusion :} \quad u \sqsubseteq v \;:\Leftrightarrow\; u \sqcap v = u \;\Leftrightarrow\; u \sqcup v = v$$
$$\Leftrightarrow\; u \sqcap \overline{v} = \emptyset \;\Leftrightarrow\; \overline{u} \sqcup v = e$$

Die Inklusion $u \sqsubseteq v$ ist reflexiv, identitiv und transitiv. Sie ist daher eine partielle Ordnungsrelation. In der Potenzmenge P(M) ist die Nullrelation $\emptyset$ die kleinste Relation, die in allen Relationen enthalten ist, und die Allrelation e die größte Relation, die alle Relationen enthält.

Eigenschaft	Inklusion
reflexiv	$u \sqsubseteq u$
identitiv	$u \sqsubseteq v \ \wedge \ v \sqsubseteq u \quad \Rightarrow \quad u = v$
transitiv	$u \sqsubseteq v \ \wedge \ v \sqsubseteq w \quad \Rightarrow \quad u \sqsubseteq w$
extremal	$\emptyset \sqsubseteq u \qquad u \sqsubseteq e$

8.2.3 HOMOGENE BINÄRE RELATIONEN

Einführung : Eine binäre Relation ist eine Teilmenge des kartesischen Produktes zweier Mengen. Die Relation heißt homogen, wenn die beiden Faktoren des Produktes gleich sind. Eine homogene binäre Relation enthält also geordnete Paare $(x, y) \in M \times M$. Da jede Relation eine Menge ist, gelten auch für homogene binäre Relationen die Regeln der Mengenalgebra. Zusätzliche Eigenschaften und Regeln ergeben sich aus der Dualität und Kettung von Relationen. Zur Spezifikation homogener binärer Relationen werden quadratische boolesche Matrizen eingesetzt. Dies führt zu einer booleschen Matrixalgebra für binäre Relationen.

Definition : Gegeben sei eine nichtleere Menge M von Elementen sowie eine zweistellige Verknüpfung für eine Relation R auf M. Der Wert der zweistelligen Verknüpfung xRy der Elemente $x \in M$ und $y \in M$ ist wahr oder falsch. Die zugehörige homogene Relation ist die Menge aller geordneten Paare (x, y), für die die zweistellige Verknüpfung xRy wahr ist. Sie ist eine Teilmenge des homogenen kartesischen Produktes $M \times M$. Die Anzahl der Paare in der binären Relation R wird mit $|R|$ bezeichnet.

$$R := \{(x, y) \in M \times M \mid xRy\} \subseteq M \times M$$

Matrixdarstellung : M sei eine Menge mit n Elementen. Die Elemente von M werden durch eine Abbildung $f : N \rightarrow M$ mit $f(i) = x_i$ und $1 \le i \le n$ indiziert, so daß $M = \{x_1, \ldots, x_n\}$. Eine homogene binäre Relation $R \subseteq M \times M$ ist eine Teilmenge von $M \times M$. Die Elemente von $M \times M$, die zur Relation gehören, werden mit einer booleschen Matrix $\mathbf{R}$ der Dimension $n \times n$ spezifiziert. Jedem Element $(x_i, x_j) \in M \times M$ wird eineindeutig ein Element $r_{ij} \in \mathbf{R}$ zugeordnet. Enthält die Relation R das Element (x_i, x_j), so besitzt r_{ij} den Wert wahr (1) ; sonst besitzt r_{ij} den Wert falsch (0).

Eine boolesche Matrix $\mathbf{R}$ einer homogenen Relation R ist ein n^2-Tupel der Wahrheitswerte $W = \{0,1\}$ und daher ein Element des n^2-stelligen kartesischen Produktes $W^{n \cdot n}$. Die Elemente einer Matrix $\mathbf{R}$ werden üblicherweise in einem Zeilen- und Spaltenschema angeordnet, indem die Indizes i, j des Elementes r_{ij} als Zeilen- und Spaltenindex aufgefaßt werden. Zur Darstellung von allgemeinen Eigenschaften und Regeln wird eine Matrix $\mathbf{R}$ durch ein allgemeines Element r_{ij} in eckigen Klammern bezeichnet.

$$\mathbf{R} = [r_{ij}] = \begin{bmatrix} r_{11} & \cdots & r_{1j} & \cdots & r_{1n} \\ \vdots & & \vdots & & \vdots \\ r_{i1} & \cdots & r_{ij} & \cdots & r_{in} \\ \vdots & & \vdots & & \vdots \\ r_{n1} & \cdots & r_{nj} & \cdots & r_{nn} \end{bmatrix} \qquad \begin{array}{l} W = \{0, 1\} \\ \mathbf{R} \in W^{n \cdot n} \end{array}$$

Graphische Darstellung : Eine homogene binäre Relation R auf einer Menge M wird in einem Rasterdiagramm, einem Relationsdiagramm oder einem Graphendiagramm anschaulich dargestellt. Die verschiedenen Darstellungen sind im folgenden beschrieben und mit einem Beispiel illustriert.

Das Rasterdiagramm ist ein zweidimensionales orthogonales Raster mit horizontalen und vertikalen Rasterlinien für die Elemente der Menge M. Jeder Rasterpunkt entspricht einem Paar $(x, y) \in M \times M$. Die Rasterpunkte der in der homogenen Relation R enthaltenen Paare $(x, y) \in R$ werden markiert. Das Rasterdiagramm ist ein graphisches Bild der booleschen Matrix **R**.

Das Relationsdiagramm besteht aus zwei Punktmengen, die jeweils die Menge M der Elemente mit ihren Bezeichnungen repräsentieren. Steht ein Element x in Relation zu einem Element y, so wird ein Pfeil vom Punkt x der ersten Punktmenge zum Punkt y der zweiten Punktmenge gezeichnet. Die homogene Relation R entspricht der dargestellten Pfeilmenge.

Das Graphendiagramm besteht aus einer Punktmenge, die die Menge M der Elemente mit ihren Bezeichnungen repräsentiert. Steht ein Element x in Relation zu einem Element y, so wird ein Pfeil vom Punkt x zum Punkt y gezeichnet. Die homogene Relation R entspricht der dargestellten Pfeilmenge. Das Graphendiagramm zeigt die Elemente der Menge M und die Beziehungen in einem netzartigen Verbund. Es ist die in der Graphentheorie verwendete Darstellungsform. Die zur Darstellung der Elemente benutzten Punkte werden Knoten, die Pfeile werden gerichtete Kanten genannt.

Beispiel 1 : Darstellung einer homogenen Relation

Gegeben seien eine Menge M von Elementen und eine homogene Relation R als Menge von Elementpaaren aus $M \times M$. Die boolesche Matrix **R** sowie die verschiedenen graphischen Darstellungsformen sind gezeigt.

$$M = \{a, b, c, d, e\}$$
$$R = \{(a, b), (a, d), (b, a) (c, a), (c, d), (d, c), (d, e), (e, e)\}$$

Rasterdiagramm und boolesche Matrix

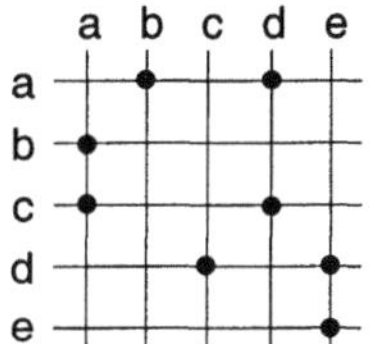

R =

a	b	c	d	e	
0	1	0	1	0	a
1	0	0	0	0	b
1	0	0	1	0	c
0	0	1	0	1	d
0	0	0	0	1	e

Relationsdiagramm und Graphendiagramm

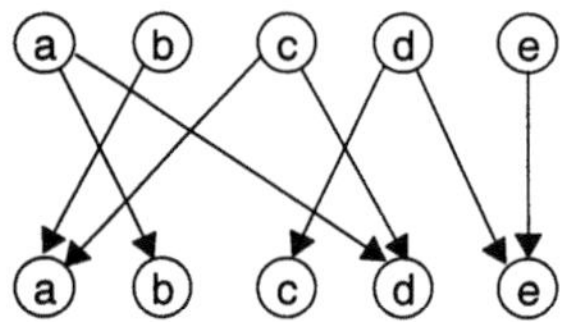

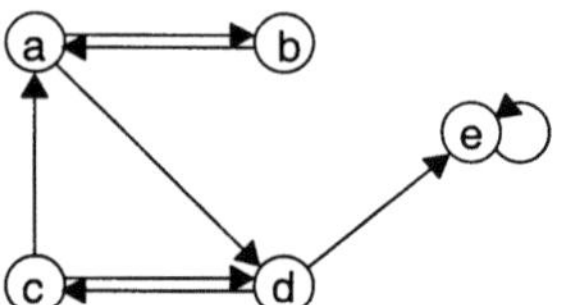

Spezielle Relationen : Spezielle homogene binäre Relationen auf einer Menge M sind die leere Relation $\emptyset$, die identische Relation I und die universale Relation E. Sie heißen auch Nullrelation, Identitätsrelation und Allrelation. Die entsprechenden booleschen Matrizen sind die Nullmatrix $\mathbf{0}$, die Identitätsmatrix $\mathbf{I}$ und die Einsmatrix $\mathbf{E}$.

Nullrelation	$\emptyset = \{\ \}$
Identitätsrelation	$\mathrm{I} = \{(x, x) \mid x \in M\}$
Allrelation	$E = M \times M$

Nullrelation $\emptyset$

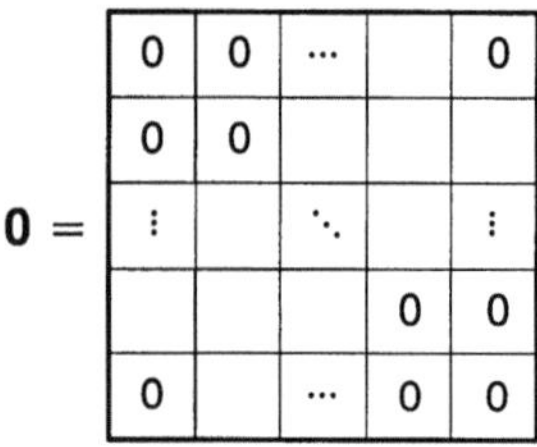

$\mathbf{0}$ =

0	0	⋯		0
0	0			
⋮		⋱		⋮
			0	0
0		⋯	0	0

Identitätsrelation I

$\mathbf{I}$ =

1	0	⋯	⋯	0
0	1	⋱		⋮
⋮	⋱	⋱	⋱	⋮
⋮		⋱	1	0
0	⋯	⋯	0	1

Allrelation E

$\mathbf{E}$ =

1	1	⋯		1
1	1			
⋮		⋱		⋮
			1	1
1		⋯	1	1

Gleichheit und Inklusion : Die Verknüpfungen Gleichheit $R = S$ und Inklusion $R \sqsubseteq S$ der homogenen Relationen R, S liefern als Ergebnis die logische Konstante wahr oder falsch. Ist $R = S$ wahr, so sind R und S gleich. Ist $R \sqsubseteq S$ wahr, so ist R in S enthalten.

Gleichheit $\quad R = S \quad :\Leftrightarrow \quad \bigwedge_x \bigwedge_y ((x, y) \in R \quad \Leftrightarrow \quad (x, y) \in S)$

Inklusion $\quad R \sqsubseteq S \quad :\Leftrightarrow \quad \bigwedge_x \bigwedge_y ((x, y) \in R \quad \Rightarrow \quad (x, y) \in S)$

Gleichheit $\quad \mathbf{R} = \mathbf{S} \quad :\Leftrightarrow \quad \bigwedge_i \bigwedge_j (r_{ij} \Leftrightarrow s_{ij})$

Inklusion $\quad \mathbf{R} \sqsubseteq \mathbf{S} \quad :\Leftrightarrow \quad \bigwedge_i \bigwedge_j (r_{ij} \Rightarrow s_{ij})$

Unäre Verknüpfungen : Das Komplement $\bar{R}$ und die Transponierte R^T sind unäre Verknüpfungen einer homogenen binären Relation R. Das Komplement $\bar{R}$ enthält alle Elementpaare (x, y) des kartesischen Produktes $M \times M$, die nicht in R enthalten sind. Die Transponierte R^T enthält für jedes Elementpaar (x, y) von R das duale Elementpaar (y, x). Sie wird daher auch duale Relation genannt.

Komplement	$\bar{R}$	:=	$\{(x,y) \in M \times M \mid (x,y) \notin R\}$
Transponierte	R^T	:=	$\{(y,x) \in M \times M \mid (x,y) \in R\}$
Komplement	$\bar{\mathbf{R}}$	:=	$[\neg r_{ij}]$
Transponierte	$\mathbf{R}^T$	:=	$[\ r_{ji}]$

Eine boolesche Matrix **R** wird nach den üblichen Regeln der Matrixalgebra transponiert, indem die Zeilen und Spalten von **R** miteinander vertauscht werden.

Binäre Verknüpfungen : Der Durchschnitt $R \sqcap S$, die Vereinigung $R \sqcup S$ und das Produkt $R \circ S$ sind binäre Verknüpfungen der homogenen Relationen R und S. Der Durchschnitt und die Vereinigung sind wie in der Mengenlehre definiert. Die Produktbildung entspricht der Kettung zweier Relationen und wird auch Multiplikation genannt. In der Relationenalgebra ist es zweckmäßig, die Kettung der Relationen $R \circ S$ in der Reihenfolge "erst R dann S" zu definieren. Diese Definition erlaubt eine direkte Übertragung auf die boolesche Matrixalgebra. Sie weicht jedoch von der Definition der Komposition von Relationen in Abschnitt 2.4 durch die umgekehrte Reihenfolge von R und S ab.

Durchschnitt	$R \sqcap S$	:=	$\{(x,y) \mid (x,y) \in R \wedge (x,y) \in S\}$
Vereinigung	$R \sqcup S$	:=	$\{(x,y) \mid (x,y) \in R \vee (x,y) \in S\}$
Produkt	$R \circ S$	:=	$\{(x,y) \mid \bigvee_z ((x,z) \in R \wedge (z,y) \in S)\}$
Durchschnitt	$\mathbf{R} \sqcap \mathbf{S}$	:=	$[r_{ij} \wedge s_{ij}]$
Vereinigung	$\mathbf{R} \sqcup \mathbf{S}$	:=	$[r_{ij} \vee s_{ij}]$
Produkt	$\mathbf{R} \circ \mathbf{S}$	:=	$[\bigvee_k r_{ik} \wedge s_{kj}]$

Die Operationen mit booleschen Matrizen sind den Operationen mit reellen Matrizen ähnlich. Die Addition und das Produkt von reellen Matrizen entsprechen der Vereinigung und dem Produkt von booleschen Matrizen. Die arithmetischen Operatoren + und * entsprechen dabei den logischen Operatoren $\vee$ und $\wedge$. Die Matrizenmultiplikation ist vorteilhaft im Falkschen Schema darstellbar.

Beispiel 2 : Operationen mit booleschen Matrizen

Gegeben seien boolesche Matrizen **R, S** des kartesischen Produktes $W^{4 \cdot 4}$ der Wahrheitswerte W. Das Komplement $\bar{\mathbf{R}}$, die Transponierte $\mathbf{S}^T$, der Durchschnitt $\mathbf{R} \sqcap \mathbf{S}$, die Vereinigung $\mathbf{R} \sqcup \mathbf{S}$ und das Produkt $\mathbf{R} \circ \mathbf{S}$ werden bestimmt.

Relationen **R** und **S**

$$\mathbf{R} = \begin{bmatrix} 1 & 0 & 1 & 0 \\ 0 & 1 & 1 & 0 \\ 1 & 1 & 0 & 1 \\ 0 & 0 & 1 & 1 \end{bmatrix} \qquad \mathbf{S} = \begin{bmatrix} 0 & 0 & 0 & 1 \\ 1 & 0 & 0 & 1 \\ 1 & 1 & 0 & 0 \\ 0 & 0 & 1 & 0 \end{bmatrix}$$

Komplement $\bar{\mathbf{R}}$ und Transponierte $\mathbf{S}^T$

$$\bar{\mathbf{R}} = \begin{bmatrix} 0 & 1 & 0 & 1 \\ 1 & 0 & 0 & 1 \\ 0 & 0 & 1 & 0 \\ 1 & 1 & 0 & 0 \end{bmatrix} \qquad \mathbf{S}^T = \begin{bmatrix} 0 & 1 & 1 & 0 \\ 0 & 0 & 1 & 0 \\ 0 & 0 & 0 & 1 \\ 1 & 1 & 0 & 0 \end{bmatrix}$$

Durchschnitt $\mathbf{R} \sqcap \mathbf{S}$ und Vereinigung $\mathbf{R} \sqcup \mathbf{S}$

$$\mathbf{R} \sqcap \mathbf{S} = \begin{bmatrix} 1 & 0 & 1 & 0 \\ 0 & 1 & 1 & 0 \\ 1 & 1 & 0 & 1 \\ 0 & 0 & 1 & 1 \end{bmatrix} \sqcap \begin{bmatrix} 0 & 0 & 0 & 1 \\ 1 & 0 & 0 & 1 \\ 1 & 1 & 0 & 0 \\ 0 & 0 & 1 & 0 \end{bmatrix} = \begin{bmatrix} 0 & 0 & 0 & 0 \\ 0 & 0 & 0 & 0 \\ 1 & 1 & 0 & 0 \\ 0 & 0 & 1 & 0 \end{bmatrix}$$

$$\mathbf{R} \sqcup \mathbf{S} = \begin{bmatrix} 1 & 0 & 1 & 0 \\ 0 & 1 & 1 & 0 \\ 1 & 1 & 0 & 1 \\ 0 & 0 & 1 & 1 \end{bmatrix} \sqcup \begin{bmatrix} 0 & 0 & 0 & 1 \\ 1 & 0 & 0 & 1 \\ 1 & 1 & 0 & 0 \\ 0 & 0 & 1 & 0 \end{bmatrix} = \begin{bmatrix} 1 & 0 & 1 & 1 \\ 1 & 1 & 1 & 1 \\ 1 & 1 & 0 & 1 \\ 0 & 0 & 1 & 1 \end{bmatrix}$$

Produkt $\mathbf{R} \circ \mathbf{S}$ nach dem Falkschen Schema

$$\mathbf{R} \circ \mathbf{S} = \mathbf{T}$$

$$\begin{array}{cc|cccc|cccc|c}
 & & & & & & 1 & 2 & 3 & 4 & \\
 & & & & & 1 & 0 & 0 & 0 & 1 & \mathbf{S} \\
 & & & & & 2 & 1 & 0 & 0 & 1 & \\
 & & & & & 3 & 1 & 1 & 0 & 0 & \\
 & & 1 & 2 & 3 & 4 & 0 & 0 & 1 & 0 & \\
\hline
 & 1 & 1 & 0 & 1 & 0 & 1 & 1 & 0 & 1 & \\
 & 2 & 0 & 1 & 1 & 0 & 1 & 1 & 0 & 1 & \\
 & 3 & 1 & 1 & 0 & 1 & 1 & 0 & 1 & 1 & \\
\mathbf{R} & 4 & 0 & 0 & 1 & 1 & 1 & 1 & 1 & 0 & \mathbf{T}
\end{array}$$

Berechnung von t_{32} : $\quad t_{32} = \bigvee_{k=1}^{4} (r_{3k} \wedge s_{k2})$

$$t_{32} = (1 \wedge 0) \vee (1 \wedge 0) \vee (0 \wedge 1) \vee (1 \wedge 0)$$

$$t_{32} = 0 \vee 0 \vee 0 \vee 0 = 0$$

Algebraische Struktur : Die homogenen binären Relationen auf einer Menge M sind Teilmengen des kartesischen Produktes $M \times M$. Alle voneinander verschiedenen Teilmengen von $M \times M$ sind in der Potenzmenge $P(M \times M)$ zusammengefaßt. Die Potenzmenge $P(M \times M)$ erhält durch die definierten Verknüpfungen $\sqcap$, $\sqcup$, $^{-}$, $\circ$, ^{T} eine algebraische Struktur.

Das Gebilde $(P(M \times M) ; \sqcap, \sqcup, ^{-}, \circ, ^{T})$ heißt homogene Relationenalgebra und besitzt folgende Eigenschaften :

(1) Das Gebilde $(P(M \times M) ; \sqcap, \sqcup, ^{-})$ ist ein boolescher Verband mit der Inklusion $\sqsubseteq$ als partieller Ordnungsrelation.

(2) Das Gebilde $(P(M \times M) ; \circ)$ ist eine Halbgruppe mit der Identitätsrelation als neutralem Element.

(3) Die Verträglichkeit der Verknüpfungen $\sqsubseteq$, $^{-}$, $\circ$, ^{T} wird durch folgende Äquivalenzaussage für $R, S, T \in P(M \times M)$ gewährleistet.

$$R \circ S \sqsubseteq T \quad \Leftrightarrow \quad \overline{T} \circ S^T \sqsubseteq \overline{R} \quad \Leftrightarrow \quad R^T \circ \overline{T} \sqsubseteq \overline{S}$$

Die Eigenschaften der homogenen Relationenalgebra und die sich daraus ergebenden Rechenregeln sind nachfolgend behandelt.

Boolescher Verband : Das Gebilde $(P(M \times M) ; \sqcap, \sqcup, ^{-})$ ist ein boolescher Verband mit den folgenden Eigenschaften für die Relationen $R, S, T \in P(M \times M)$:

Eigenschaft	Durchschnitt $\sqcap$	Vereinigung $\sqcup$
assoziativ	$(R \sqcap S) \sqcap T = R \sqcap (S \sqcap T)$	$(R \sqcup S) \sqcup T = R \sqcup (S \sqcup T)$
kommutativ	$R \sqcap S = S \sqcap R$	$R \sqcup S = S \sqcup R$
adjunktiv	$R \sqcap (R \sqcup S) = R$	$R \sqcup (R \sqcap S) = R$
distributiv	$R \sqcap (S \sqcup T) = (R \sqcap S) \sqcup (R \sqcap T)$	$R \sqcup (S \sqcap T) = (R \sqcup S) \sqcap (R \sqcup T)$
Nullelement	$R \sqcap \emptyset = \emptyset$	$R \sqcup \emptyset = R$
Einselement	$R \sqcap E = R$	$R \sqcup E = E$
Komplement	$R \sqcap \overline{R} = \emptyset$	$R \sqcup \overline{R} = E$

In einem booleschen Verband $\sqsubseteq$ läßt sich die Inklusion über den Durchschnitt, die Vereinigung und die Komplemente wie folgt definieren :

$$\text{Inklusion :} \quad R \sqsubseteq S \;:\Leftrightarrow\; R \sqcap S = R \;\Leftrightarrow\; R \sqcup S = S$$
$$\Leftrightarrow\; R \sqcap \overline{S} = \emptyset \;\Leftrightarrow\; \overline{R} \sqcup S = E$$

Die Inklusion $R \sqsubseteq S$ der homogenen binären Relationen ist wie bei den unären Relationen eine partielle Ordnungsrelation mit der kleinsten Relation $\emptyset$ und der größten Relation E.

Halbgruppe : Das Gebilde $(P(M \times M) ; \circ)$ ist eine Halbgruppe mit der Identitätsrelation als neutralem Element. Die Halbgruppe ist nicht kommutativ, so daß im allgemeinen Fall $R \circ S \neq S \circ R$ gilt. Es gelten folgende Eigenschaften für $R, S, T \in P(M \times M)$:

Eigenschaft	Multiplikation $\circ$
assoziativ	$R \circ (S \circ T) = (R \circ S) \circ T$
neutral	$R \circ I = I \circ R = R$

Verträglichkeit : Die Verträglichkeit der Verknüpfungen $\sqsubseteq, \bar{\ }, \circ, ^T$ erfordert, daß folgende Äquivalenzaussage für $R, S, T \in P(M \times M)$ wahr ist :

$$R \circ S \sqsubseteq T \quad \Leftrightarrow \quad \bar{T} \circ S^T \sqsubseteq \bar{R} \quad \Leftrightarrow \quad R^T \circ \bar{T} \sqsubseteq \bar{S}$$

Die Gültigkeit dieser Äquivalenzaussage wird durch Umformung des folgenden logischen Ausdruckes nachgewiesen :

$$\bigwedge_x \bigwedge_y \bigwedge_z [(x,y) \in R \quad \wedge \quad (y,z) \in S \quad \Rightarrow \quad (x,z) \in T] \tag{1}$$

Der logische Ausdruck wird nach den Regeln der formalen Logik und den Definitionen für die Verknüpfungen von Relationen umgeformt. Dabei werden die Regel für die Implikation $(a \Rightarrow b) \Leftrightarrow ((\neg a) \vee b)$ sowie die Regeln von De Morgan $\neg(a \wedge b) \Leftrightarrow ((\neg a) \vee (\neg b))$ und $\neg(a \vee b) \Leftrightarrow ((\neg a) \wedge (\neg b))$ verwendet.

$$\bigwedge_x \bigwedge_y \bigwedge_z [(x,y) \notin R \quad \vee \quad (y,z) \notin S \quad \vee \quad (x,z) \in T] \tag{2}$$

Aus dem logischen Ausdruck (2) ergeben sich drei äquivalente Ausdrücke :

$$\bigwedge_z \bigwedge_x [\bigwedge_y ((x,y) \notin R \quad \vee \quad (y,z) \notin S) \quad \vee \quad (x,z) \in T] \quad \Leftrightarrow$$

$$\bigwedge_x \bigwedge_y [\bigwedge_z ((y,z) \notin S \quad \vee \quad (x,z) \in T) \quad \vee \quad (x,y) \notin R] \quad \Leftrightarrow$$

$$\bigwedge_y \bigwedge_z [\bigwedge_x ((x,y) \notin R \quad \vee \quad (x,z) \in T) \quad \vee \quad (y,z) \notin S] \tag{3}$$

Jeder der drei Ausdrücke in (3) wird wieder umgeformt. Die Umformung für den ersten Ausdruck ist gezeigt.

$$\bigwedge_z \bigwedge_x [\, \bigwedge_y ((x,y) \notin R \;\vee\; (y,z) \notin S) \;\vee\; (x,z) \in T\,] \;\Leftrightarrow$$

$$\bigwedge_z \bigwedge_x [\, \bigwedge_y \neg ((x,y) \in R \;\wedge\; (y,z) \in S) \;\vee\; (x,z) \in T\,] \;\Leftrightarrow$$

$$\bigwedge_z \bigwedge_x [\neg \bigvee_y ((x,y) \in R \;\wedge\; (y,z) \in S) \;\vee\; (x,z) \in T\,] \;\Leftrightarrow$$

$$\bigwedge_z \bigwedge_x [\, \bigvee_y ((x,y) \in R \;\wedge\; (y,z) \in S) \;\Rightarrow\; (x,z) \in T\,] \;\Leftrightarrow$$

$$\bigwedge_z \bigwedge_x [\, (x,z) \in R \circ S \;\Rightarrow\; (x,z) \in T\,]$$

Die Umformung aller drei Ausdrücke in (3) führt zu folgendem Ergebnis :

$$\bigwedge_z \bigwedge_x [(x,z) \in R \circ S \;\Rightarrow\; (x,z) \in T\,] \;\Leftrightarrow$$

$$\bigwedge_x \bigwedge_y [(x,y) \in \overline{T} \circ S^T \;\Rightarrow\; (x,y) \in \overline{R}\,] \;\Leftrightarrow$$

$$\bigwedge_y \bigwedge_z [(y,z) \in R^T \circ \overline{T} \;\Rightarrow\; (y,z) \in \overline{S}\,] \tag{4}$$

Mit der Definition der Inklusion folgt aus (4) die obige Äquivalenzaussage :

$$R \circ S \sqsubseteq T \quad\Leftrightarrow\quad \overline{T} \circ S^T \sqsubseteq \overline{R} \quad\Leftrightarrow\quad R^T \circ \overline{T} \sqsubseteq \overline{S} \tag{5}$$

Die Inklusion $\sqsubseteq$ ist äquivalent zu Ausdrücken, die den Durchschnitt und die Vereinigung der Mengen enthalten. Damit enthält die Verträglichkeitsbedingung (5) alle Verknüpfungen $\sqcap$, $\sqcup$, $^{-}$, $\circ$, ^{T} der homogenen Relationen in der Potenzmenge $P(M \times M)$.

Rechenregeln : Aus den Eigenschaften der algebraischen Struktur von homogenen binären Relationen werden die Rechenregeln für diese Relationen abgeleitet. Alle Rechenregeln für Mengen gelten auch für Relationen. Zusätzliche Rechenregeln für das Transponieren und die Multiplikation homogener binärer Relationen sind nachfolgend ohne Beweise zusammengestellt.

Transponieren	Multiplikation
$\emptyset^T = \emptyset \qquad I^T = I \qquad E^T = E$	$R \circ \emptyset = \emptyset \circ R = \emptyset$
$(R^T)^T = R$	$R \sqsubseteq S \;\Rightarrow\; Q \circ R \sqsubseteq Q \circ S$
$\overline{R^T} = \overline{R}^T$	$R \sqsubseteq S \;\Rightarrow\; R \circ Q \sqsubseteq S \circ Q$
$R \sqsubseteq S \;\Leftrightarrow\; R^T \sqsubseteq S^T$	$R \circ (S \sqcap T) \sqsubseteq R \circ S \sqcap R \circ T$
$(R \sqcap S)^T = R^T \sqcap S^T$	$(S \sqcap T) \circ R \sqsubseteq S \circ R \sqcap T \circ R$
$(R \sqcup S)^T = R^T \sqcup S^T$	$R \circ (S \sqcup T) = R \circ S \sqcup R \circ T$
$(R \circ S)^T = S^T \circ R^T$	$(S \sqcup T) \circ R = S \circ R \sqcup T \circ R$

Eigenschaften von Relationen : Die Eigenschaften von homogenen binären Relationen sind in Abschnitt 2.3 mit Quantoren formuliert. Mit der Notation und den Regeln der Relationenalgebra lassen sie sich in kompakter Form darstellen. Die Formulierung der Transitivitätseigenschaft nach der Relationenalgebra ergibt sich als Sonderfall der Verträglichkeitsbedingung mit R = S = T.

Eigenschaft	Äquivalente Bedingungen
reflexiv	$\bigwedge_x ((x,x) \in R) \quad \Leftrightarrow \quad I \sqsubseteq R$
antireflexiv	$\bigwedge_x ((x,x) \notin R) \quad \Leftrightarrow \quad I \sqsubseteq \overline{R}$
symmetrisch	$\bigwedge_x \bigwedge_y ((x,y) \in R \Rightarrow (y,x) \in R) \quad \Leftrightarrow \quad R = R^T$
asymmetrisch	$\bigwedge_x \bigwedge_y ((x,y) \in R \Rightarrow (y,x) \notin R) \quad \Leftrightarrow \quad R \sqcap R^T = \emptyset$
identitiv	$\bigwedge_x \bigwedge_y ((x,y) \in R \wedge (y,x) \in R \Rightarrow x = y) \quad \Leftrightarrow \quad R \sqcap R^T \sqsubseteq I$
linear	$\bigwedge_x \bigwedge_y ((x,y) \in R \vee (y,x) \in R) \quad \Leftrightarrow \quad R \sqcup R^T = E$
konnex	$\bigwedge_x \bigwedge_y (x \neq y \Rightarrow (x,y) \in R \vee (y,x) \in R) \quad \Leftrightarrow \quad \overline{I} \sqsubseteq R \sqcup R^T$
transitiv	$\bigwedge_x \bigwedge_y \bigwedge_z ((x,y) \in R \wedge (y,z) \in R \Rightarrow (x,z) \in R) \quad \Leftrightarrow \quad R \circ R \sqsubseteq R$

8.2.4 HETEROGENE BINÄRE RELATIONEN

Einführung : Eine heterogene binäre Relation ist eine Teilmenge des kartesischen Produktes von zwei verschiedenen Mengen. Sie ist, wie die homogene binäre Relation, eine Menge von geordneten Elementpaaren. Die Rechenregeln für homogene binäre Relationen können daher weitgehend übernommen werden. Während homogene Relationen durch quadratische boolesche Matrizen dargestellt werden, werden heterogene Relationen im allgemeinen Fall durch rechteckige boolesche Matrizen dargestellt.

Definition : Gegeben seien zwei nichtleere Mengen A und B von Elementen sowie eine zweistellige Verknüpfung R für die Elemente dieser Mengen. Der Wert der zweistelligen Verknüpfung xRy der Elemente $x \in A$ und $y \in B$ ist wahr oder falsch. Die zugehörige heterogene Relation R ist die Menge aller geordneten Paare (x,y), für die die zweistellige Verknüpfung wahr ist. Die Relation R ist eine Teilmenge des kartesischen Produktes $A \times B$.

$$R := \{(x,y) \in A \times B \mid xRy\} \subseteq A \times B$$

Matrixdarstellung : Eine heterogene binäre Relation R auf einer Menge A mit m Elementen und einer Menge B mit n Elementen wird als boolesche Matrix **R** mit m Zeilen und n Spalten spezifiziert. Die Matrixnotation für homogene Relationen wird auf heterogene Relationen übertragen. Die boolesche Matrix **R** einer heterogenen Relation R ist ein $m \cdot n$-Tupel der Wahrheitswerte $W = \{0,1\}$ und daher ein Element des $m \cdot n$-stelligen kartesischen Produktes $W^{m \cdot n}$.

Graphische Darstellung : Eine heterogene Relation wird in Analogie zur homogenen Relation in einem Rasterdiagramm oder in einem Relationsdiagramm dargestellt. Das Rasterdiagramm ist das graphische Bild der booleschen Matrix.

Beispiel 1 : Darstellung heterogener Relationen

Gegeben seien zwei Mengen A und B sowie eine heterogene Relation R als Menge von Elementpaaren. Die boolesche Matrix **R** sowie die beiden graphischen Darstellungsformen sind gezeigt.

$$A = \{a, b, c, d\} \qquad B = \{1, 2, 3, 4, 5\}$$

$$R = \{(a,3), (b,1), (b,5), (c,2), (c,4), (d,3)\} \subseteq A \times B$$

Rasterdiagramm, boolesche Matrix und Relationsdiagramm

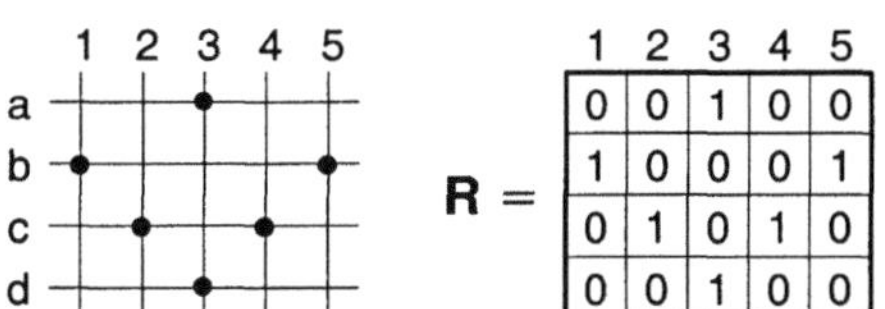

$$\mathbf{R} = \begin{array}{ccccc|c} 1 & 2 & 3 & 4 & 5 & \\ 0 & 0 & 1 & 0 & 0 & a \\ 1 & 0 & 0 & 0 & 1 & b \\ 0 & 1 & 0 & 1 & 0 & c \\ 0 & 0 & 1 & 0 & 0 & d \end{array}$$

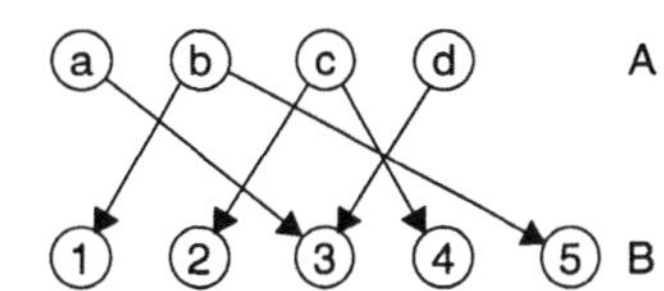

Spezielle Relationen : Für die heterogenen binären Relationen auf den Mengen A und B werden die Nullrelation $\emptyset$ und die Allrelation E aus den kartesischen Produkten $A \times A$, $A \times B$, $B \times A$ und $B \times B$ sowie die Identitätsrelation I aus den kartesischen Produkten $A \times A$ und $B \times B$ benötigt. Sie können durch tiefgestellte Indexpaare voneinander unterschieden werden, beispielsweise $\emptyset_{AA}$, $\emptyset_{AB}$, $\emptyset_{BA}$, $\emptyset_{BB}$ oder I_{AA}, I_{BB}. Auf die explizite Kennzeichnung dieser speziellen Relationen kann verzichtet werden, da sie beim Rechnen mit heterogenen Relationen implizit durch die Rechenregeln festgelegt sind.

Gleichheit und Inklusion : Zwei heterogene binäre Relationen R und S können nur auf Gleichheit und Inklusion geprüft werden, wenn sie Teilmengen desselben kartesischen Produktes $A \times B$ sind. Die Rechenregeln für homogene Relationen gelten auch für heterogene Relationen.

Unäre und binäre Verknüpfungen : Die unären und binären Verknüpfungen homogener Relationen sind mit den folgenden Einschränkungen auf heterogene Relationen übertragbar :

(1) Die Operationen für das Komplement, den Durchschnitt und die Vereinigung von homogenen Relationen sind uneingeschränkt auf heterogene Relationen des kartesischen Produktes $A \times B$ übertragbar.

(2) Das Transponieren einer heterogenen Relation R des kartesischen Produktes $A \times B$ liefert eine heterogene Relation R^T des kartesischen Produktes $B \times A$. Die Regeln für das Transponieren der homogenen Relationen gelten sinngemäß.

(3) Die Multiplikation $R \circ S$ zweier heterogener Relationen R und S ist nur definiert, wenn R eine Teilmenge von $A \times B$ und S eine Teilmenge von $B \times C$ ist. Sie liefert eine heterogene Relation T als Teilmenge von $A \times C$. Die Regeln für die Multiplikation der homogenen Relationen gelten sinngemäß.

(4) Die Verträglichkeitsbedingung (5) für homogene Relationen in Abschnitt 8.2.3 gilt sinngemäß auch für heterogene Relationen.

Eigenschaften von Relationen : Die Vollständigkeit und die Eindeutigkeit einer heterogenen Relation $R \subseteq A \times B$ auf den Mengen A und B sind in Abschnitt 2.3 behandelt. Eine Relation R kann links- oder rechtstotal sowie links- oder rechtseindeutig sein. Die dafür maßgebenden Bedingungen sind nachfolgend sowohl in der Schreibweise der Mengenlehre mit Quantoren als auch in der operationalen Schreibweise der Relationenalgebra formuliert :

Eigenschaft	Äquivalente Bedingungen
linkstotal	$\bigwedge_x \bigvee_y ((x,y) \in R) \Leftrightarrow R \circ E = E \Leftrightarrow I \sqsubseteq R \circ R^T \Leftrightarrow \overline{R} \sqsubseteq R \circ \overline{I}$
rechtstotal	$\bigwedge_y \bigvee_x ((x,y) \in R) \Leftrightarrow E \circ R = E \Leftrightarrow I \sqsubseteq R^T \circ R \Leftrightarrow \overline{R} \sqsubseteq \overline{I} \circ R$
linkseindeutig	$\bigwedge_x \bigwedge_y \bigwedge_z ((x,y) \in R \wedge (z,y) \in R \Rightarrow x = z)$ $\Leftrightarrow R \circ R^T \sqsubseteq I \Leftrightarrow \overline{I} \circ R \sqsubseteq \overline{R}$
rechtseindeutig	$\bigwedge_x \bigwedge_y \bigwedge_z ((x,y) \in R \wedge (x,z) \in R \Rightarrow y = z)$ $\Leftrightarrow R^T \circ R \sqsubseteq I \Leftrightarrow R \circ \overline{I} \sqsubseteq \overline{R}$

Die Äquivalenz der drei Bedingungen für eine linkstotale Relation R wird nachfolgend gezeigt. Die erste Bedingung $R \circ E = E$ läßt sich direkt aus dem mengentheoretischen Ausdruck ablesen. Die zweite Bedingung $I \sqsubseteq R \circ R^T$ ergibt sich aus einer Erweiterung und Umformung des mengentheoretischen Ausdrucks. Die dritte Bedingung $\overline{R} \sqsubseteq R \circ \overline{I}$ wird direkt aus der ersten Bedingung mit der Regel für die Inklusion $R \sqsubseteq S \Leftrightarrow \overline{R} \sqcup S = E$ abgeleitet.

$$\bigwedge_x \bigvee_y ((x,y) \in R) \Leftrightarrow \bigwedge_x \bigvee_y ((x,y) \in R \wedge (y,x) \in R^T) \Leftrightarrow \bigwedge_x ((x,x) \in R \circ R^T)$$
$$\Leftrightarrow I \sqsubseteq R \circ R^T$$

$$R \circ E = E \Leftrightarrow R \circ (I \sqcup \overline{I}) = E \Leftrightarrow R \sqcup R \circ \overline{I} = E \Leftrightarrow \overline{R} \sqsubseteq R \circ \overline{I}$$

Die Bedingungen für eine linkseindeutige Relation R ergeben sich aus einer Umformung des mengentheoretischen Ausdruckes und der Verträglichkeitsbedingung :

$$\bigwedge_x \bigwedge_y \bigwedge_z ((x,y) \in R \wedge (z,y) \in R \Rightarrow x = z) \Leftrightarrow$$
$$\bigwedge_x \bigwedge_y \bigwedge_z ((x,y) \in R \wedge (y,z) \in R^T \Rightarrow (x,z) \in I) \Leftrightarrow$$
$$R \circ R^T \sqsubseteq I \Leftrightarrow \overline{I} \circ R \sqsubseteq \overline{R}$$

Die Bedingungen für eine rechtstotale oder eine rechtseindeutige Relation sind analog herleitbar. Eine links- und rechtstotale Relation ist bitotal. Eine links- und rechtseindeutige Relation ist eineindeutig.

Abbildung : Eine Abbildung $\Phi : A \rightarrow B$ der Definitionsmenge A auf eine Bildmenge B ist definitionsgemäß eine linkstotale und rechtseindeutige Relation $\Phi \subseteq A \times B$. Jedem Element $x \in A$ der Definitionsmenge A ist durch die Relation Φ genau ein Element $y = \Phi(x) \in B$ der Bildmenge B zugeordnet. Die Bedingungen für die Linkstotalität $\overline{\Phi} \sqsubseteq \Phi \circ \overline{I}$ und die Rechtseindeutigkeit $\Phi \circ \overline{I} \sqsubseteq \overline{\Phi}$ lassen sich mit den Regeln der Relationenalgebra in der Bedingung $\overline{\Phi} = \Phi \circ \overline{I}$ zusammenfassen :

$$\Phi \text{ ist eine Abbildung} \quad \Leftrightarrow \quad \overline{\Phi} = \Phi \circ \overline{I}$$

Eine Abbildung kann injektiv, surjektiv oder bijektiv sein. Die Eigenschaften von Abbildungen sind in Abschnitt 2.5 behandelt. Sie werden mit den Regeln der Relationenalgebra aus der vorangehenden Tabelle abgeleitet :

Eigenschaft	Bedingung
injektiv	linkstotal $\wedge$ eineindeutig $\Leftrightarrow$ $I = \Phi \circ \Phi^T \wedge \Phi^T \circ \Phi \sqsubseteq I$
surjektiv	bitotal $\wedge$ rechtseindeutig $\Leftrightarrow$ $I \sqsubseteq \Phi \circ \Phi^T \wedge \Phi^T \circ \Phi = I$
bijektiv	bitotal $\wedge$ eineindeutig $\Leftrightarrow$ $I = \Phi \circ \Phi^T \wedge \Phi^T \circ \Phi = I$

Beispiel 2 : Abbildung

Gegeben sei eine Relation $\Phi \subseteq A \times B$ für eine Abbildung $A \rightarrow B$ in Form eines Relationsdiagramms. Mit den Regeln der Relationenalgebra wird formal gezeigt, daß die Abbildung surjektiv ist. Dabei wird die boolesche Matrixalgebra mit dem Falkschen Schema für Produkte verwendet.

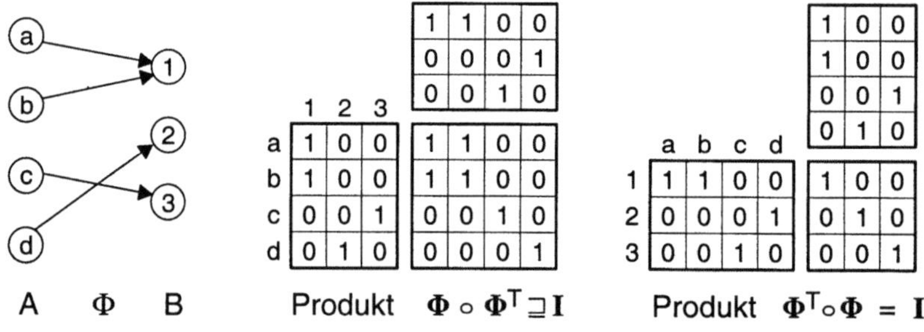

Induzierte homogene binäre Relationen : Gegeben seien eine homogene binäre Relation $R_A \subseteq A \times A$ auf der Menge A und eine Abbildung $\Phi : A \to B$ der Menge A auf eine Menge B. Die Abbildung Φ induziert eine homogene binäre Relation $R_B \subseteq B \times B$, die für alle Elementpaare (a_1, a_2) aus R_A die Bildpaare $(\Phi(a_1), \Phi(a_2))$ enthält :

$$R_B := \{(b_1, b_2) \in B \times B \mid \bigvee_{(a_1,a_2) \in R_A} [(b_1, b_2) = (\Phi(a_1), \Phi(a_2))]\}$$

$$R_B = \{(b_1, b_2) \in B \times B \mid \bigvee_{a_1} \bigvee_{a_2} [(b_1, a_1) \in \Phi^T \wedge (a_1, a_2) \in R_A \wedge (a_2, b_2) \in \Phi]\}$$

$$R_B = \Phi^T \circ R_A \circ \Phi$$

Beispiel 3 : Induzierte binäre Relation

Gegeben seien die Mengen A und B sowie die surjektive Abbildung $\Phi : A \to B$ aus dem vorangehenden Beispiel. Auf der Menge A sei eine binäre Relation R_A definiert. Die induzierte Relation R_B auf der Menge B ist zu bestimmen. Die Relationen R_A und R_B sind im nachfolgenden Diagramm durch Pfeile dargestellt.

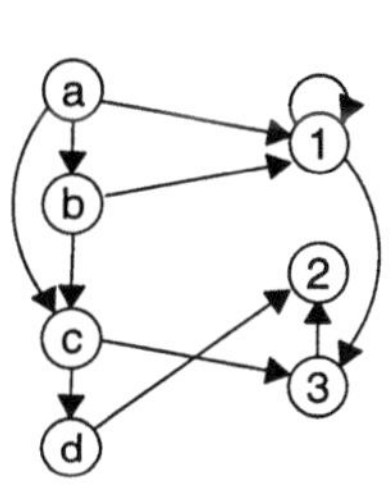

						a	b	c	d	1	2	3	
					a	0	1	1	0	1	0	0	a
					b	0	0	1	0	1	0	0	b
					c	0	0	0	1	0	0	1	c
	a	b	c	d	d	0	0	0	0	0	1	0	d
1	1	1	0	0		0	1	1	0	1	0	1	1
2	0	0	0	1		0	0	0	0	0	0	0	2
3	0	0	1	0		0	0	0	1	0	1	0	3

A, R_A Φ B, R_B Falksches Schema $\mathbf{\Phi^T \circ R_A \circ \Phi = R_B}$

8.2.5 UNÄRE UND BINÄRE RELATIONEN

Einführung : Eine unäre Relation ist nach der Definition in Abschnitt 8.2.2 eine Teilmenge einer gegebenen Menge M. Sie kann auch als Sonderfall einer heterogenen binären Relation aufgefaßt werden. Damit sind die Transposition und die Multiplikation auch auf unäre Relationen anwendbar. Dies führt zu einer booleschen Vektor- und Matrixalgebra.

Unäre Relation : Gegeben seien eine nichtleere Menge A und eine einelementige Menge $B = \{b\}$ sowie eine zweistellige Verknüpfung U für die Elemente dieser Mengen. Dann enthält die heterogene binäre Relation U alle geordneten Elementpaare (x, b), für die die zweistellige Verknüpfung $x U b$ wahr ist.

$$U = \{(x, b) \in A \times \{b\} \mid xUb\} \subseteq A \times \{b\}$$

Aus der heterogenen binären Relation U wird eine unäre Relation u nach folgender Vorschrift abgeleitet :

$$u = \{x \in A \mid (x, b) \in U\} \subseteq A$$

Die boolesche Matrix **U** der heterogenen binären Relation U enthält genau eine Spalte, da die Menge $B = \{b\}$ genau ein Element enthält. Sie ist formal identisch mit dem booleschen Vektor **u** der unären Relation u, wenn die Anordnung für die Elemente $x \in A$ in **U** und **u** gleich ist.

Verknüpfungen von unären und binären Relationen : Wird eine unäre Relation als Sonderfall einer heterogenen binären Relation betrachtet, so lassen sich unäre und binäre Relationen miteinander verknüpfen. Dabei sind die Verknüpfungsregeln für heterogene binäre Relationen zu beachten. Für das Rechnen mit unären und binären Relationen sind folgende Produkte wesentlich :

(1) Gegeben seien die unären Relationen $u \subseteq A$ und $v \subseteq B$. Dann ist das Produkt $u \circ v^T$ eine binäre Relation $R \subseteq A \times B$ und das Produkt $v \circ u^T$ die binäre Relation $R^T \subseteq B \times A$.

$$R = u \circ v^T = \{(x, y) \in A \times B \mid x \in u \wedge y \in v\}$$

$$R^T = v \circ u^T = \{(y, x) \in B \times A \mid x \in u \wedge y \in v\}$$

(2) Gegeben seien eine binäre Relation $R \subseteq A \times B$ und eine unäre Relation $v \subseteq B$. Dann ist das Produkt $R \circ v$ eine unäre Relation $u \subseteq A$.

$$u = R \circ v = \{x \in A \mid \bigvee_{y} ((x, y) \in R \wedge y \in v)\}$$

In relationalen Ausdrücken für unäre und binäre Relationen treten die Produkte nach (1) und (2) häufig in Verbindung mit der Vereinigung und dem Durchschnitt auf. Die dafür maßgebenden Rechenregeln sind ohne Beweise tabellarisch zusammengestellt.

Vereinigung $\sqcup$	Durchschnitt $\sqcap$
$u \circ (v \sqcup w)^T = u \circ v^T \sqcup u \circ w^T$ $(u \sqcup v) \circ w^T = u \circ w^T \sqcup v \circ w^T$	$u \circ (v \sqcap w)^T \sqsubseteq u \circ v^T \sqcap u \circ w^T$ $(u \sqcap v) \circ w^T \sqsubseteq u \circ w^T \sqcap v \circ w^T$
$R \circ (u \sqcup v) = R \circ u \sqcup R \circ v$ $(R \sqcup S) \circ u = R \circ u \sqcup S \circ u$	$R \circ (u \sqcap v) \sqsubseteq R \circ u \sqcap R \circ v$ $(R \sqcap S) \circ u \sqsubseteq R \circ u \sqcap S \circ u$

Die Inklusionsregeln und die Verträglichkeitseigenschaften aus Abschnitt 8.2.3 gelten auch für heterogene binäre Relationen. Folglich gelten sie für unäre und binäre Relationen. Für die Produkte nach (1) und (2) gelten daher die Implikationsaussagen und die Äquivalenzaussagen in folgender Form :

$$u \sqsubseteq v \quad \Rightarrow \quad R \circ u \sqsubseteq R \circ v$$
$$R \sqsubseteq S \quad \Rightarrow \quad R \circ u \sqsubseteq S \circ u$$
$$u \circ v^T \sqsubseteq R \quad \Leftrightarrow \quad \overline{R} \circ v \sqsubseteq \overline{u} \quad \Leftrightarrow \quad \overline{R}^T \circ u \sqsubseteq \overline{v}$$
$$R \circ u \sqsubseteq v \quad \Leftrightarrow \quad \overline{v} \circ u^T \sqsubseteq \overline{R} \quad \Leftrightarrow \quad R^T \circ \overline{v} \sqsubseteq \overline{u}$$

Unäre Punktrelationen : Eine unäre Punktrelation x ist eine Teilmenge, die genau ein Element x einer gegebenen Grundmenge A enthält. Sie wird mit einem booleschen Einheitsvektor spezifiziert. Die wesentlichen Eigenschaften unärer Punktrelationen sind nachfolgend zusammengestellt :

(1) Gegeben seien die unären Punktrelationen $x \subseteq A$ und $y \subseteq B$. Dann gilt $x \circ x^T \sqsubseteq I$ und $x \circ y^T \circ y = y \circ y^T \circ x = x$.

(2) Zu einer nichtleeren binären Relation $R \subseteq A \times B$ existieren zwei unäre Punktrelationen $x \subseteq A$ und $y \subseteq B$, so daß $x \circ y^T \sqsubseteq R$ gilt.

(3) Für zwei unäre Punktrelationen $x \subseteq A$, $y \subseteq B$ und eine nichtleere Relation $R \subseteq A \times B$ sind die folgenden Ausdrücke logisch äquivalent :

$$x \circ y^T \sqsubseteq R \quad \Leftrightarrow \quad x \sqsubseteq R \circ y \quad \Leftrightarrow \quad y \sqsubseteq R^T \circ x \quad \Leftrightarrow \quad y \circ x^T \sqsubseteq R^T$$

Die Eigenschaften (1) bis (3) ergeben sich aus der Definition von unären Punktrelationen sowie aus den Multiplikations- und Inklusionsregeln für unäre Relationen. Die Eigenschaft (3) wird folgendermaßen bewiesen. Aus $x \circ y^T \sqsubseteq R$ folgt nach Multiplikation mit y von rechts :

$$x \circ y^T \sqsubseteq R \quad \Rightarrow \quad x \circ y^T \circ y \sqsubseteq R \circ y \quad \Leftrightarrow \quad x \sqsubseteq R \circ y$$

Aus $x \sqsubseteq R \circ y$ folgt nach Multiplikation mit y^T von rechts mit $y \circ y^T \sqsubseteq I$:

$$x \sqsubseteq R \circ y \quad \Rightarrow \quad x \circ y^T \sqsubseteq R \circ y \circ y^T \sqsubseteq R \circ I \quad \Leftrightarrow \quad x \circ y^T \sqsubseteq R$$

Damit ist die Äquivalenz $x \circ y^T \sqsubseteq R \Leftrightarrow x \sqsubseteq R \circ y$ bewiesen. Auf analoge Weise wird die Äquivalenz $y \circ x^T \sqsubseteq R^T \Leftrightarrow y \sqsubseteq R^T \circ x$ bewiesen. Aus $x \circ y^T \sqsubseteq R$ folgt durch Transponieren $y \circ x^T \sqsubseteq R^T$ und daraus durch Transponieren wieder $x \circ y^T \sqsubseteq R$. Damit ist die Äquivalenz $x \circ y^T \sqsubseteq R \Leftrightarrow y \circ x^T \sqsubseteq R^T$ bewiesen.

Beispiel 1 : Unäre Punktrelationen

Gegeben seien die unären Punktrelationen x und y als boolesche Vektoren **x** und **y** sowie die homogene binäre Relation R als boolesche Matrix **R**. Verschiedene Verknüpfungen dieser Relationen werden berechnet :

$$\mathbf{x} = \begin{bmatrix} 1 \\ 0 \\ 0 \\ 0 \end{bmatrix} \quad \mathbf{y} = \begin{bmatrix} 0 \\ 0 \\ 1 \\ 0 \end{bmatrix} \quad \mathbf{R} = \begin{bmatrix} 0 & 0 & 1 & 1 \\ 0 & 1 & 1 & 0 \\ 1 & 0 & 0 & 0 \\ 1 & 1 & 1 & 0 \end{bmatrix} \quad \mathbf{R}^T = \begin{bmatrix} 0 & 0 & 1 & 1 \\ 0 & 1 & 0 & 1 \\ 1 & 1 & 0 & 1 \\ 1 & 0 & 0 & 0 \end{bmatrix} \quad \mathbf{x} \circ \mathbf{x}^T \sqsubseteq \mathbf{I} = \begin{bmatrix} 1 & 0 & 0 & 0 \\ 0 & 0 & 0 & 0 \\ 0 & 0 & 0 & 0 \\ 0 & 0 & 0 & 0 \end{bmatrix} \quad \mathbf{y} \circ \mathbf{y}^T \sqsubseteq \mathbf{I} = \begin{bmatrix} 0 & 0 & 0 & 0 \\ 0 & 0 & 0 & 0 \\ 0 & 0 & 1 & 0 \\ 0 & 0 & 0 & 0 \end{bmatrix}$$

$$\mathbf{R} \circ \mathbf{y} = \begin{bmatrix} 1 \\ 1 \\ 0 \\ 1 \end{bmatrix} \quad \mathbf{R}^T \circ \mathbf{x} = \begin{bmatrix} 0 \\ 0 \\ 1 \\ 1 \end{bmatrix} \quad \mathbf{x} \circ \mathbf{y}^T = \begin{bmatrix} 0 & 0 & 1 & 0 \\ 0 & 0 & 0 & 0 \\ 0 & 0 & 0 & 0 \\ 0 & 0 & 0 & 0 \end{bmatrix} \quad \mathbf{y} \circ \mathbf{x}^T = \begin{bmatrix} 0 & 0 & 0 & 0 \\ 0 & 0 & 0 & 0 \\ 1 & 0 & 0 & 0 \\ 0 & 0 & 0 & 0 \end{bmatrix}$$

$$\mathbf{x} \sqsubseteq \mathbf{R} \circ \mathbf{y} \;\Leftrightarrow\; \mathbf{y} \sqsubseteq \mathbf{R}^T \circ \mathbf{x} \;\Leftrightarrow\; \mathbf{x} \circ \mathbf{y}^T \sqsubseteq \mathbf{R} \;\Leftrightarrow\; \mathbf{y} \circ \mathbf{x}^T \sqsubseteq \mathbf{R}^T$$

Die Ergebnisse belegen die Eigenschaft (1) für unäre Punktrelationen : $\mathbf{x} \circ \mathbf{x}^T$ und $\mathbf{y} \circ \mathbf{y}^T$ sind in der Identitätsrelation $\mathbf{I}$ enthalten. Die Ergebnisse zeigen auch, daß die Aussagen $\mathbf{x} \sqsubseteq \mathbf{R} \circ \mathbf{y}$, $\mathbf{y} \sqsubseteq \mathbf{R}^T \circ \mathbf{x}$, $\mathbf{x} \circ \mathbf{y}^T \sqsubseteq \mathbf{R}$ und $\mathbf{y} \circ \mathbf{x}^T \sqsubseteq \mathbf{R}^T$ wahr sind. Folglich sind die vier Aussagen äquivalent.

Induzierte unäre Relationen : Gegeben seien eine unäre Relation $u_A \subseteq A$ in der Menge A und eine Abbildung $\Phi : A \rightarrow B$ der Menge A auf eine Menge B. Die Abbildung Φ induziert eine unäre Relation $u_B \subseteq B$, die für alle Elemente a aus u_A die Bilder $\Phi(a)$ enthält :

$$u_B := \{ b \in B \mid \bigvee_{a \in u_A} (b = \Phi(a)) \}$$

$$u_B = \{ b \in B \mid \bigvee_{a} [(b,a) \in \Phi^T \wedge a \in u_A] \}$$

$$u_B = \Phi^T \circ u_A$$

8.2.6 HÜLLEN

Einführung : Hüllen von Relationen sind in Abschnitt 2.4 definiert. Ihre Eigenschaften sind dort mit Quantoren formuliert. Im folgenden werden die Eigenschaften von Hüllen mit der Notation der Relationenalgebra und ihren Regeln beschrieben. Dabei werden Hüllen von homogenen binären Relationen behandelt. Die Hülle wird als eine Erweiterung der Relation $R \subseteq M \times M$ um weitere Elemente des kartesischen Produktes $M \times M$ aufgefaßt. Da Potenzen der Relation R bei der Bildung der transitiven Hüllen genutzt werden, werden ihre Eigenschaften vorab untersucht.

Hülle : Eine Erweiterung einer homogenen binären Relation $R \subseteq M \times M$ heißt Hülle und wird mit $<R>$ bezeichnet, wenn folgende Bedingungen erfüllt sind :

Inklusion	:	$R \sqsubseteq <R>$
Isotonie	:	$R \sqsubseteq S \quad \Rightarrow \quad <R> \sqsubseteq <S>$
Idempotenz	:	$<<R>> = <R>$

Die Erweiterung wird so vorgenommen, daß die Hülle spezielle Eigenschaften erhält, welche die Relation selbst nicht notwendigerweise besitzt. Im folgenden sind Hüllen definiert, die reflexiv, symmetrisch oder transitiv sind. Hüllen können auch mehrere dieser Eigenschaften besitzen.

Reflexive Hülle : Die reflexive Hülle $<R>_r$ einer Relation $R \subseteq M \times M$ wird gebildet, indem R mit den Elementen $(x, x) \in M \times M$ vereinigt wird. Die Hülle $<R>_r$ befriedigt die Bedingung für reflexive Relationen.

$$<R>_r \;:=\; \{(x,y) \mid (x,y) \in R \;\vee\; x = y \in M\}$$

$$<R>_r \;=\; R \sqcup I$$

$$I \;\sqsubseteq\; <R>_r \quad \Rightarrow \quad <R>_r \text{ ist reflexiv}$$

Symmetrische Hülle : Die symmetrische Hülle $<R>_S$ einer Relation $R \subseteq M \times M$ wird gebildet, indem R mit der Transponierten R^T vereinigt wird. Enthält $<R>_S$ das Element (x,y), so ist auch (y,x) ein Element von $<R>_S$. Die Hülle $<R_S>$ befriedigt die Bedingung für symmetrische Relationen.

$$<R>_S \;:=\; \{(x,y) \mid (x,y) \in R \;\vee\; (y,x) \in R\}$$

$$<R>_S \;=\; R \sqcup R^T$$

$$<R>_S \;=\; <R_S>^T \quad \Rightarrow \quad <R>_S \text{ ist symmetrisch}$$

Potenzen einer Relation : In Abschnitt 2.4 ist eine Verbindung V_R von Elementen $a, b \in M$ durch eine Relation $R \subseteq M \times M$ definiert. In der Relationenalgebra werden Verbindungen durch Produkte der Relation R mit sich selbst dargestellt. Enthält R beispielsweise die Elemente (a, b) und (b, c), so enthält das Produkt $R \circ R$ definitionsgemäß das Element (a, c). Das Element (a, c) ist eine Verbindung der Länge 2 in R. Jedes der Elemente von $R \circ R$ ist eine Verbindung der Länge 2 in R. Allgemein enthält die Potenz $R^m = R \circ ... \circ R$ (m-fach) alle Verbindungen der Länge m zwischen jeweils zwei Elementen von M. Zur Bestimmung aller Verbindungen in M durch R mit einer Länge $m \leq q$ wird die Vereinigung der Relationen $R \sqcup R^2 \sqcup ... \sqcup R^q$ gebildet.

Stabilitätsindex : Der kleinste Exponent s, für den sich das Ergebnis der Vereinigung $R \sqcup R^2 \sqcup ... \sqcup R^s$ durch zusätzliche Terme R^m mit $m > s$ nicht ändert, heißt Stabilitätsindex der Relation R. Die Vereinigung $R \sqcup R^2 \sqcup ... \sqcup R^s$ enthält alle Verbindungen in M durch R.

Der Stabilitätsindex s einer Relation R läßt sich folgendermaßen deuten. Bestehen zwischen zwei Elementen von M mehrere Verbindungen, so gibt es eine kürzeste Verbindung mit der Länge q, die in R^q enthalten ist. Unter allen kürzesten Verbindungen zwischen jeweils zwei Elementen gibt es eine kürzeste Verbindung mit der maximalen Länge s, die in der Potenz R^s enthalten ist. Die Vereinigung $R \sqcup R^2 \sqcup ... \sqcup R^s$ enthält damit alle Verbindungen in M durch R. Für eine Menge M mit n Elementen ist der Stabilitätsindex s der Relation $R \subseteq M \times M$ kleiner als n, da die maximale Länge aller kürzesten Verbindungen in M durch R nicht größer als $n - 1$ sein kann.

Transitive Hülle : Die transitive Hülle $\langle R \rangle_t$ einer Relation $R \subseteq M \times M$ enthält alle Elemente $(x, y) \in M \times M$, die in M durch R verbunden sind. Die Hülle $\langle R_t \rangle$ erfüllt die Bedingung für transitive Relationen.

$$\langle R \rangle_t := \{(x,y) \in M \times M \mid \text{x und y sind in M durch R verbunden}\}$$

$$\langle R \rangle_t := R \sqcup ... \sqcup R^s$$

$$\langle R \rangle_t \circ \langle R \rangle_t \sqsubseteq \langle R \rangle_t \quad \Rightarrow \quad \langle R_t \rangle \text{ ist transitiv}$$

s Stabilitätsindex von R mit $\langle R \rangle_t \sqcup R^{s+1} = \langle R \rangle_t$

Die Transitivität der Hülle $\langle R \rangle_t$ wird wie folgt bewiesen :

$$\langle R \rangle_t \circ \langle R \rangle_t \sqsubseteq R \sqcup (\langle R \rangle_t \circ \langle R \rangle_t) = R \sqcup (R \sqcup ... \sqcup R^s) \circ (R \sqcup ... \sqcup R^s)$$

$$= R \sqcup R^2 \sqcup ... \sqcup R^{2s} = \langle R \rangle_t$$

Reflexiv-transitive Hülle : Die reflexiv-transitive Hülle $<R>_{rt}$ einer Relation $R \subseteq M \times M$ kann wahlweise als die transitive Hülle $<<R>_r>_t$ der reflexiven Hülle $<R>_r$ oder als die reflexive Hülle $<<R>_t>_r$ der transitiven Hülle $<R>_t$ aufgefaßt werden. Die beiden Betrachtungen führen zu identischen Relationen. Die Hülle $<R>_{rt} = <R>_{tr}$ erfüllt die Bedingung für transitive Relationen in der besonderen Form einer Gleichung.

$$<R>_{rt} := <<R>_r>_t \qquad <R>_{tr} := <<R>_t>_r$$

$$<R>_{rt} = <R>_{tr}$$

$$<R>_{rt} \circ <R>_{rt} = <R>_{rt} \quad \Rightarrow \quad <R>_{rt} \text{ ist transitiv}$$

Die Identität von $<R>_{rt}$ und $<R>_{tr}$ wird wie folgt bewiesen :

$$<R>_{tr} = I \sqcup <R_t> = I \sqcup R \sqcup ... \sqcup R^s$$

$$<R>_{rt} = <R \sqcup I>_t = (R \sqcup I) \sqcup ... \sqcup (R \sqcup I)^s$$

$$= I \sqcup R \sqcup ... \sqcup R^s$$

Die Transitivität der Hülle $<R>_{rt}$ wird wie folgt bewiesen :

$$<R>_{rt} \circ <R>_{rt} = (I \sqcup R \sqcup ... \sqcup R^s) \circ (I \sqcup R \sqcup ... \sqcup R^s)$$

$$= I \sqcup R \sqcup ... \sqcup R^{2s} = <R>_{rt}$$

Reflexiv-symmetrisch-transitive Hülle : Die reflexiv-symmetrisch-transitive Hülle $<R>_{rst}$ einer Relation $R \subseteq M \times M$ ist die transitive Hülle der symmetrischen Hülle der reflexiven Hülle von R. Sie ist identisch mit der reflexiv-symmetrisch-transitiven Hülle $<R>_{srt}$. Die Hülle $<R>_{rst}$ ist von besonderer Bedeutung, da sie eine Äquivalenzrelation und daher zur Klassifizierung der Grundmenge M geeignet ist.

$$<R>_{rst} := <<<R>_r>_s>_t = <<R>_s>_{rt} = <R \sqcup R^T>_{rt}$$

$$<R>_{rst} = <R \sqcup I \sqcup R^T>_t$$

Hüllenoperationen : Die transitive Hülle $<R>_t$ und die reflexiv-transitive Hülle $<R>_{rt}$ sind von besonderer Bedeutung in der Relationenalgebra. Daher werden für sie die verkürzten Schreibweisen R^+ und R^* eingeführt. Nach den vorangehenden Definitionen werden beide Hüllen durch Potenzausdrücke berechnet, die sich lediglich durch die 0-te Potenz $R^0 = I$ unterscheiden.

$$R^+ := <R>_t = R \sqcup ... \sqcup R^s$$

$$R^* := <R>_{rt} = I \sqcup R \sqcup ... \sqcup R^s$$

Für die Hüllen R^+ und R^* gelten folgende Beziehungen :

$$R^+ = R \circ R^* = R^* \circ R \qquad R^+ \circ R^+ \sqsubseteq R^+$$

$$R^* = I \sqcup R^+ = (I \sqcup R)^+ \qquad R^* \circ R^* = R^*$$

Für Operationen mit Hüllen gelten folgende Rechenregeln :

Spezielle Relationen : $0^* = I \qquad 0^+ = 0$

$I^* = I^+ = I$

$E^* = E^+ = E$

Transponieren : $(R^T)^* = (R^*)^T$

$(R^T)^+ = (R^+)^T$

Multiplikation : $(R \circ S)^* \circ R = R \circ (S \circ R)^*$

: $(R \circ S)^* = I \sqcup R \circ (S \circ R)^* \circ S$

Vereinigung : $(R \sqcup S)^* = (R^* \circ S^*)^*$

$(R \sqcup S)^* = (R^* \circ S)^* \circ R^*$

$(R \sqcup S)^* = R^* \circ (S \circ R^*)^*$

Die Rechenregeln für die speziellen Relationen und die Transponierten ergeben sich direkt aus der Definition über die Potenzausdrücke. Die Regeln für die Multiplikation werden wie folgt bewiesen :

$$(R \circ S)^* \circ R = (I \sqcup R \circ S \sqcup \ldots \sqcup (R \circ S)^s) \circ R$$
$$= R \circ (I \sqcup S \circ R \sqcup \ldots \sqcup (S \circ R)^s) = R \circ (S \circ R)^*$$

$$(R \circ S)^* = I \sqcup R \circ S \sqcup \ldots \sqcup (R \circ S)^{s+1}$$
$$= I \sqcup R \circ (I \sqcup S \circ R \sqcup \ldots \sqcup (S \circ R)^s) \circ S$$
$$= I \sqcup R \circ (S \circ R)^* \circ S$$

Beispiel : Transitive Hüllen

Gegeben sei eine Relation R auf einer Menge M mit $n = 4$ Elementen. Die Relation R und die berechneten Potenzen R^2, R^3 und R^4 sind als boolesche Matrizen angegeben und als Graphendiagramme gezeigt.

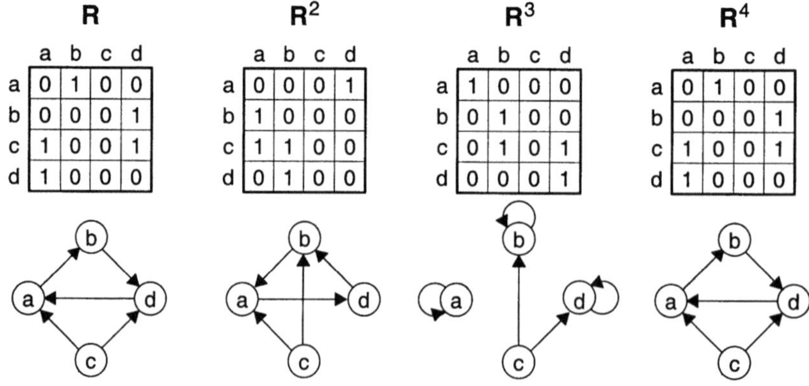

R

	a	b	c	d
a	0	1	0	0
b	0	0	0	1
c	1	0	0	1
d	1	0	0	0

R^2

	a	b	c	d
a	0	0	0	1
b	1	0	0	0
c	1	1	0	0
d	0	1	0	0

R^3

	a	b	c	d
a	1	0	0	0
b	0	1	0	0
c	0	1	0	1
d	0	0	0	1

R^4

	a	b	c	d
a	0	1	0	0
b	0	0	0	1
c	1	0	0	1
d	1	0	0	0

Ein Graphendiagramm besteht aus Knoten für die Elemente der Menge und aus gerichteten Kanten für die Elementpaare der Relation. Im Graphendiagramm für R wird jedes Knotenpaar $(x,y) \in R$ durch eine gerichtete Kante dargestellt. Ein gerichteter Kantenzug ist eine Folge von Kanten, wobei der Endknoten einer Kante gleich dem Anfangsknoten der folgenden Kante sein muß. Die Anzahl Kanten heißt Länge des Kantenzuges. Eine Relation R^m enthält alle Knotenpaare (x,y), die im Graphendiagramm für R durch einen gerichteten Kantenzug der Länge m verbunden sind. Beispielsweise existiert im Graphendiagramm für R ein gerichteter Kantenzug von a nach d mit den beiden Kanten (a,b) und (b,d). Das Knotenpaar (a,d) ist daher in der Relation R^2 enthalten und wird im Graphendiagramm für R^2 als gerichtete Kante dargestellt.

Die Hülle R^+ enthält alle Knotenpaare (x,y), die durch mindestens einen Kantenzug von x nach y im Graphendiagramm für R miteinander verbunden sind. Für jedes Knotenpaar (x,y) kann ein Kantenzug mit minimaler Länge bestimmt werden. Das Maximum der minimalen Längen für alle durch Kantenzüge verbundenen Knoten ist der Stabilitätsindex s für die Hülle R^+. Da die Länge eines minimalen Kantenzuges in einer Menge von n Knoten höchstens $n-1$ sein kann, ist $s < n$. Im vorliegenden Beispiel ist der Stabilitätsindex $s = 3$, da mehrere minimale Kantenzüge der Länge $s = 3$ existieren, beispielsweise der Kantenzug für das Knotenpaar (a,a) mit den Kanten (a,b), (b,d), (d,a). Die Hüllen R^+ und R^* werden über die Potenzausdrücke berechnet und als Graphendiagramme dargestellt.

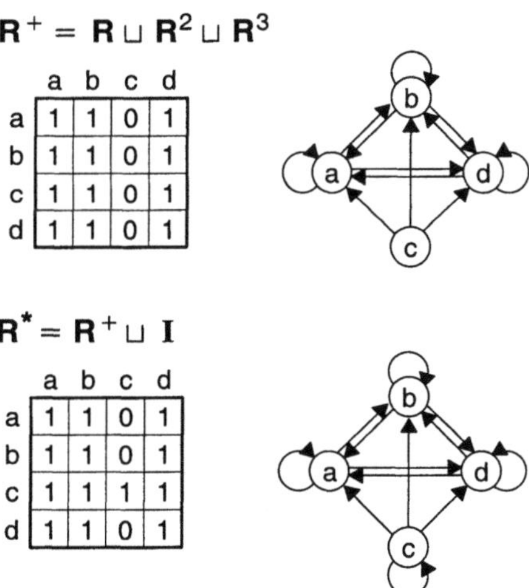

$\mathbf{R^+ = R \sqcup R^2 \sqcup R^3}$

	a	b	c	d
a	1	1	0	1
b	1	1	0	1
c	1	1	0	1
d	1	1	0	1

$\mathbf{R^* = R^+ \sqcup I}$

	a	b	c	d
a	1	1	0	1
b	1	1	0	1
c	1	1	1	1
d	1	1	0	1

8.3 KLASSIFIKATION VON GRAPHEN

8.3.1 EINFÜHRUNG

Ein Graph ist ein Gebilde, das aus Knoten und Kanten besteht. Die Bedeutung der Knoten und der Kanten ist von der Anwendung abhängig. Im Graphendiagramm werden die Knoten als Punkte dargestellt und mit ihren Bezeichnungen versehen. Die Kanten verbinden Knoten, zwischen denen eine Beziehung besteht. Eine Kante zwischen zwei Knoten kann gerichtet oder ungerichtet sein. Im Graphendiagramm werden gerichtete Kanten als Pfeile und ungerichtete Kanten als Linien dargestellt. Eine Kante, die einen Knoten mit sich selbst verbindet, wird Schlinge genannt. Die Richtung einer Schlinge ist ohne Bedeutung. Die geometrische Anordnung der Knoten und die geometrische Form der Kanten sind beliebig. Viele Begriffe in der Graphentheorie resultieren aus dieser Art der graphischen Darstellung.

Die Relationenalgebra bildet die mathematische Grundlage der Graphentheorie. Die mathematische Formulierung von Graphen mit verschiedenen Eigenschaften führt zu verschiedenen Klassen von Graphen. Ein wesentliches Merkmal der Formulierung besteht darin, ob die Kanten als Knotenpaare oder als eigenständige Objekte eingeführt werden. Im ersten Fall stellt der Graph eine strukturierte Knotenmenge mit einer Knotenrelation dar. Im zweiten Fall stellt er eine strukturierte Knoten- und Kantenmenge mit Knoten-Kanten-Relationen dar. Zwischen den verschiedenen Arten von Graphen bestehen enge Zusammenhänge, die bei praktischen Anwendungen zweckmäßig genutzt werden können.

In diesem Kapitel werden schlichte Graphen und bipartite Graphen sowie Multigraphen und Hypergraphen behandelt. Die mathematische Formulierung, die Zusammenhänge und die exemplarische Anwendung dieser Graphen werden gezeigt. Die Notation für Ausdrücke der Relationenalgebra wird vereinfacht, indem bei Produkten der Operator $\circ$ wie üblich weggelassen wird.

8.3.2 SCHLICHTE GRAPHEN

Einführung : Ein schlichter Graph eignet sich zur Beschreibung von Beziehungen zwischen den Elementen einer Menge. Die Elemente der Menge heißen Knoten und werden durch ihre Bezeichnungen identifiziert. Die Beziehungen zwischen den Knoten heißen Kanten und werden durch ein geordnetes Knotenpaar identifiziert. Die Kantenmenge ist daher eine homogene binäre Relation auf der Knotenmenge. Die Eigenschaften homogener binärer Relationen und ihre Rechenregeln sind direkt auf schlichte Graphen übertragbar.

Definition : Ein Gebilde $G = (V\,;R)$ heißt schlichter (gerichteter) Graph, wenn V die Knotenmenge und $R \subseteq V \times V$ die Kantenmenge des Graphen ist. Eine Kante vom Knoten $x \in V$ zum Knoten $y \in V$ wird mit dem geordneten Paar $(x,y) \in R$ bezeichnet. Die Kante (x, y) heißt von x nach y gerichtet. Der Knoten x heißt Anfangsknoten der Kante. Der Knoten y heißt Endknoten der Kante.

$G := (V\,;R) \qquad R \subseteq V \times V$

V Menge der Knoten

R Menge der geordneten Knotenpaare (Kantenmenge)

Der Graph G heißt Nullgraph, wenn die Knotenmenge leer ist. Er heißt leerer Graph, wenn die Kantenmenge leer ist. Er heißt vollständiger Graph, wenn die Kantenmenge R gleich der Allrelation $E = V \times V$ ist.

Eigenschaften : Die Eigenschaften eines schlichten Graphen (V ; R) sind durch die Eigenschaften der homogenen Relation R festgelegt. Die in Abschnitt 8.2.3 beschriebenen Eigenschaften von homogenen Relationen werden daher auf schlichte Graphen übertragen. Für die Anwendung sind antireflexive, symmetrische, antisymmetrische (identitive) und asymmetrische Graphen von Bedeutung :

Schlichter Graph		$G = (V\,;R)$
antireflexiv	:⇔	$I \sqsubseteq \overline{R}$
symmetrisch	:⇔	$R = R^T$
antisymmetrisch	:⇔	$R \sqcap R^T \sqsubseteq I$
asymmetrisch	:⇔	$R \sqcap R^T = \emptyset$

Der antireflexive Graph enthält keine Knotenpaare (x, x) in der Kantenmenge und besitzt im Graphendiagramm keine Schlingen. Er wird auch schlingenfreier Graph genannt. Der symmetrische Graph enthält im Graphendiagramm zwischen zwei verschiedenen Knoten entweder keine Kante oder ein Paar entgegengesetzt gerichteter Kanten, die zu einer ungerichteten Kante zusammengefaßt werden. Der antisymmetrische Graph enthält im Graphendiagramm zwischen zwei Knoten entweder keine oder nur eine gerichtete Kante. Symmetrische und antisymmetrische Graphen müssen nicht schlingenfrei sein. Der asymmetrische Graph ist antisymmetrisch und antireflexiv, also schlingenfrei.

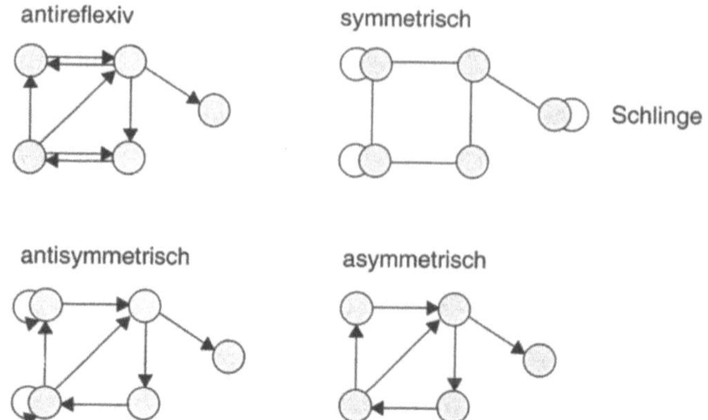

Einfacher Graph : Ein schlichter Graph $G = (V;\Gamma)$ heißt einfach (ungerichtet), wenn die Relation Γ antireflexiv und symmetrisch ist. Eine antireflexive und symmetrische Relation wird Nachbarschaftsrelation oder Adjazenzrelation genannt. Die Knoten x und y des Paares $(x, y) \in \Gamma$ sind Nachbarn. Jedem schlichten Graphen $G = (V;R)$ ist ein einfacher Graph $G_E = (V;\Gamma)$ zugeordnet.

Einfacher Graph
$$G_E := (V;\Gamma)$$
$$\Gamma = \bar{I} \sqcap (R \sqcup R^T)$$

Dualer und komplementärer Graph : Jedem schlichten Graphen $G = (V;R)$ sind ein dualer Graph $G^T = (V;R^T)$ mit der transponierten Relation R^T und ein komplementärer Graph $\bar{G} = (V;\bar{R})$ mit der komplementären Relation $\bar{R}$ zugeordnet.

Dualer Graph	$G^T := (V;R^T)$
Komplementärer Graph	$\bar{G} := (V;\bar{R})$

Gleichheit und Inklusion : Gegeben seien zwei schlichte Graphen G_1 und G_2. Mit der Relationenalgebra werden die Gleichheit und die Inklusion für diese Graphen wie folgt definiert :

Gleichheit	$G_1 = G_2$	$:\Leftrightarrow$	$V_1 = V_2$	$\wedge$	$R_1 = R_2$
Teilgraph	$G_1 \sqsubseteq G_2$	$:\Leftrightarrow$	$V_1 = V_2$	$\wedge$	$R_1 \sqsubseteq R_2$
Untergraph	$G_1 \subseteq G_2$	$:\Leftrightarrow$	$V_1 \subseteq V_2$	$\wedge$	$R_1 \sqsubseteq R_2 \sqcap (V_1 \times V_1)$

Ein Teilgraph G_1 wird aus einem Graphen G_2 erzeugt, indem Kanten aus G_2 entfernt werden. Ein Untergraph G_1 wird aus einem Graphen G_2 erzeugt, indem zunächst Knoten mit den inzidenten Kanten sowie danach weitere Kanten aus G_2 entfernt werden.

Durchschnitt und Vereinigung : Gegeben seien zwei schlichte Graphen G_1 und G_2. Sie heißen knotendisjunkt, wenn der Durchschnitt der Knotenmengen V_1 und V_2 leer ist. Sie heißen kantendisjunkt, wenn der Durchschnitt der Kantenmengen R_1 und R_2 leer ist. Zwei knotendisjunkte Graphen sind kantendisjunkt. Der Durchschnitt und die Vereinigung zweier Graphen sind nach der Relationenalgebra wie folgt definiert :

$$\text{Durchschnitt} \quad G_1 \sqcap G_2 \quad := \quad (V_1 \cap V_2 \,;\, R_1 \sqcap R_2)$$
$$\text{Vereinigung} \quad G_1 \sqcup G_2 \quad := \quad (V_1 \cup V_2 \,;\, R_1 \sqcup R_2)$$

Homomorphe Abbildung : Gegeben seien ein schlichter Graph $G_1 = (V_1 ; R_1)$, ein schlichter Graph $G_2 = (V_2 ; R_2)$ und eine Abbildung $\Phi : V_1 \rightarrow V_2$ der Knotenmenge V_1 auf die Knotenmenge V_2. Die Abbildung Φ heißt homomorphe Abbildung von G_1 in G_2, wenn die Relation R_2 für alle Knotenpaare $(x, y) \in R_1$ die zugehörigen Bildpaare $(\Phi(x), \Phi(y))$ enthält.

$$\Phi \text{ ist homomorph} \quad :\Leftrightarrow \quad \bigwedge_x \bigwedge_y ((x,y) \in R_1 \quad \Rightarrow \quad (\Phi(x), \Phi(y)) \in R_2)$$

Die Definitionseigenschaft einer homomorphen Abbildung läßt sich mit Hilfe der Relationenalgebra für unäre Punktrelationen wie folgt transformieren :

$$\bigwedge_x \bigwedge_y ((x,y) \in R_1 \quad \Rightarrow \quad (\Phi(x), \Phi(y)) \in R_2) \quad \Leftrightarrow$$
$$\bigwedge_x \bigwedge_y (x y^T \sqsubseteq R_1 \quad \Rightarrow \quad (\Phi^T x)(\Phi^T y)^T \sqsubseteq R_2) \quad \Leftrightarrow$$
$$\bigwedge_x \bigwedge_y (x y^T \sqsubseteq R_1 \quad \Rightarrow \quad \Phi^T x\, y^T \Phi \sqsubseteq R_2) \quad \Leftrightarrow$$
$$\Phi^T R_1 \Phi \sqsubseteq R_2$$

Wird der Ausdruck $\Phi^T R_1 \Phi \sqsubseteq R_2$ von links mit Φ oder von rechts mit Φ^T multipliziert, so ergeben sich mit den Bedingungen der Linkstotalität $I \sqsubseteq \Phi\, \Phi^T$ und der Rechtseindeutigkeit $\Phi^T \Phi \sqsubseteq I$ für eine Abbildung Φ folgende äquivalente Ausdrücke :

$$\Phi^T R_1 \Phi \sqsubseteq R_2 \quad \Leftrightarrow \quad R_1 \Phi \sqsubseteq \Phi R_2 \quad \Leftrightarrow \quad \Phi^T R_1 \sqsubseteq R_2 \Phi^T \quad \Leftrightarrow \quad R_1 \sqsubseteq \Phi R_2 \Phi^T$$

Ein Graph G_1 heißt homomorph zum Graphen G_2, wenn eine homomorphe Abbildung Φ existiert. Bei einer homomorphen Abbildung von G_1 in G_2 bleiben die Struktureigenschaften erhalten.

Isomorphe Abbildung : Gegeben seien ein schlichter Graph $G_1 = (V_1 ; R_1)$, ein schlichter Graph $G_2 = (V_2 ; R_2)$ und eine bijektive Abbildung $\Phi : V_1 \rightarrow V_2$ mit ihrer Umkehrabbildung $\Phi^T : V_2 \rightarrow V_1$. Eine bijektive Abbildung Φ heißt isomorph, wenn Φ und Φ^T homomorph sind.

$$\Phi \text{ ist isomorph} \quad :\Leftrightarrow \quad (\Phi \text{ ist homomorph}) \quad \wedge \quad (\Phi^T \text{ ist homomorph})$$

Die Definitionseigenschaft einer isomorphen Abbildung läßt sich mit der Definitionseigenschaft homomorpher Abbildungen wie folgt transformieren :

$$\begin{array}{lcll}
(\Phi \text{ ist homomorph}) & \wedge & (\Phi^T \text{ ist homomorph}) & \Leftrightarrow \\
(\Phi^T R_1 \, \Phi \sqsubseteq R_2) & \wedge & (\Phi \, R_2 \, \Phi^T \sqsubseteq R_1) & \Leftrightarrow \\
(R_1 \sqsubseteq \Phi \, R_2 \, \Phi^T) & \wedge & (\Phi \, R_2 \, \Phi^T \sqsubseteq R_1) & \Leftrightarrow \\
R_1 = \Phi \, R_2 \, \Phi^T & & &
\end{array}$$

Wird der Ausdruck $R_1 = \Phi \; R_2 \; \Phi^T$ von links mit Φ^T oder von rechts mit Φ multipliziert, so ergeben sich folgende äquivalente Ausdrücke :

$$R_1 = \Phi \, R_2 \, \Phi^T \; \Leftrightarrow \; \Phi^T R_1 = R_2 \, \Phi^T \; \Leftrightarrow \; R_1 \, \Phi = \Phi \, R_2 \; \Leftrightarrow \; R_2 = \Phi^T R_1 \, \Phi$$

Zwei Graphen G_1 und G_2 heißen isomorph, wenn eine isomorphe Abbildung $\Phi : V_1 \rightarrow V_2$ existiert. Isomorphe Graphen besitzen die gleiche Struktur.

Induzierter schlichter Graph : Gegeben seien ein schlichter Graph $G_1 = (V_1 \, ; R_1)$ und eine Abbildung $\Phi : V_1 \rightarrow V_2$ seiner Knotenmenge auf eine Knotenmenge V_2. Dann induziert die Abbildung Φ einen schlichten Graphen $G_2 = (V_2 \, ; R_2)$ mit der Kantenmenge R_2, die für alle Knotenpaare (x, y) aus R_1 die Bildknotenpaare $(\Phi(x), \Phi(y))$ enthält. Die Kantenmenge R_2 wird mit der in Abschnitt 8.2.4 aufgestellten Regel für induzierte binäre Relationen bestimmt.

Graph	:	$G_1 = (V_1 \, ; R_1)$
Abbildung	:	$\Phi : V_1 \rightarrow V_2$
Kantenmenge	:	$R_2 = \Phi^T R_1 \, \Phi$
Induzierter Graph	:	$G_2 = (V_2 \, ; R_2)$

Der Graph G_1 ist homomorph zum induzierten Graphen G_2. Ist die Abbildung Φ bijektiv, so sind die Graphen G_1 und G_2 isomorph.

Beispiel 1 : Verkehrsnetz

Gegeben sei eine Menge von Kreuzungen, die durch Straßen miteinander verbunden sind. Eine Straße kann Verkehrsströme entweder in beiden Richtungen oder nur in einer Richtung (Einbahnstraße) aufnehmen. Das Verkehrsnetz wird durch einen schlichten Graphen $G = (V \, ; R)$ dargestellt. Die Knoten entsprechen den Kreuzungen und werden in der Knotenmenge V zusammengefaßt. Die Kanten entsprechen den Verkehrsströmen und werden in der Kantenmenge R zusammengefaßt.

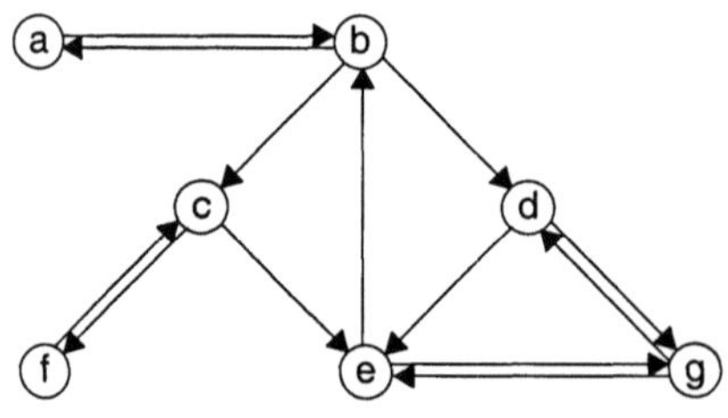

Relation R

	a	b	c	d	e	f	g
a	0	1	0	0	0	0	0
b	1	0	1	1	0	0	0
c	0	0	0	0	1	1	0
d	0	0	0	0	1	0	1
e	0	1	0	0	0	0	1
f	0	0	1	0	0	0	0
g	0	0	0	1	1	0	0

R

Dem schlichten Graphen G = (V ; R) ist ein einfacher Graph G_E = (V ; Γ) zugeordnet. Der einfache Graph beschreibt die Nachbarschaft der Knoten. Zwei Knoten sind benachbart, wenn sie durch mindestens eine gerichtete Kante miteinander verbunden sind. Die Nachbarschaft wird durch eine ungerichtete Kante dargestellt. In der graphischen Darstellung wird der einfache Graph aus dem schlichten Graphen gebildet, indem jede gerichtete Kante oder jedes Paar entgegengesetzt gerichteter Kanten durch eine ungerichtete Kante ersetzt wird. In der algebraischen Darstellung wird der einfache Graph aus dem schlichten Graphen gebildet, indem die Adjazenzrelation Γ aus der Relation R bestimmt wird. Der einfache Graph für das gezeigte Verkehrsnetz beschreibt die Nachbarschaft der Kreuzungen.

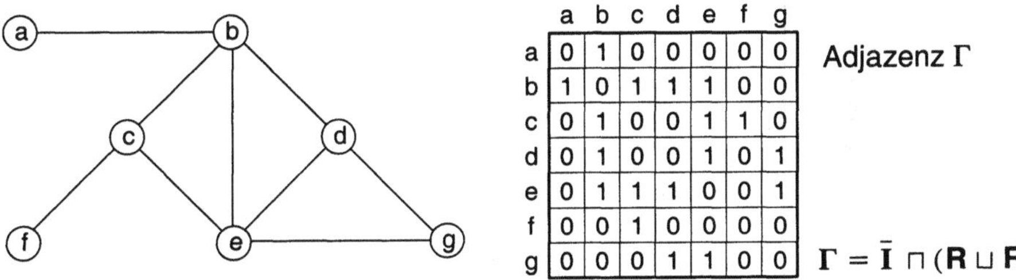

	a	b	c	d	e	f	g
a	0	1	0	0	0	0	0
b	1	0	1	1	1	0	0
c	0	1	0	0	1	1	0
d	0	1	0	0	1	0	1
e	0	1	1	1	0	0	1
f	0	0	1	0	0	0	0
g	0	0	0	1	1	0	0

Adjazenz Γ

$\mathbf{\Gamma} = \bar{\mathbf{I}} \sqcap (\mathbf{R} \sqcup \mathbf{R}^T)$

Beispiel 2 : Raumplanung

Gegeben sei ein Raumplan in einem Geschoß eines Gebäudes. Zwei benachbarte Räume können durch eine Tür miteinander verbunden sein. Die Raumverbindungen werden in einem einfachen Graphen G = (V ; Γ) dargestellt. Die Knoten entsprechen den Räumen und werden in der Knotenmenge V zusammengefaßt. Die ungerichteten Kanten entsprechen den Türen zwischen benachbarten Räumen und werden in der Adjazenzrelation Γ zusammengefaßt.

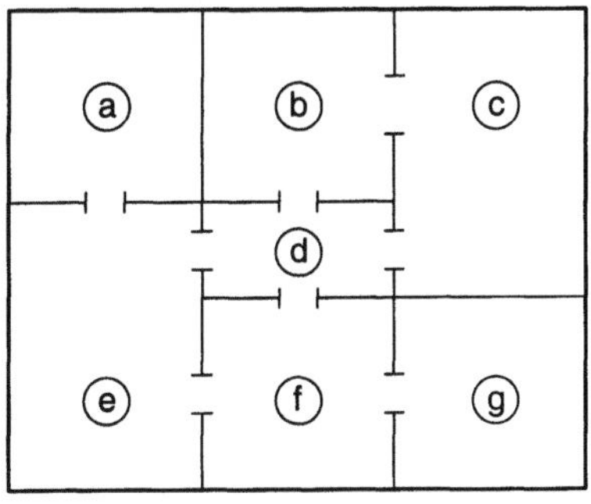

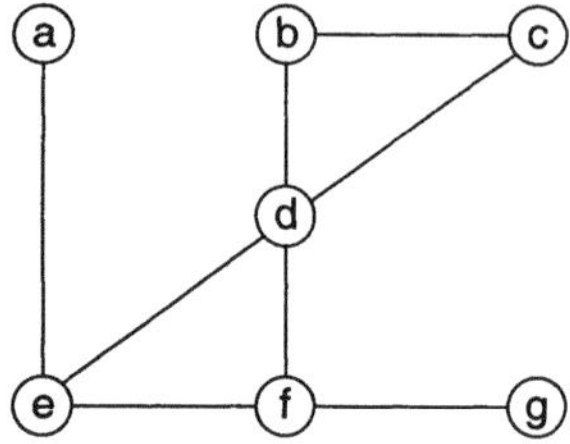

	a	b	c	d	e	f	g
a	0	0	0	0	1	0	0
b	0	0	1	1	0	0	0
c	0	1	0	1	0	0	0
d	0	1	1	0	1	1	0
e	1	0	0	1	0	1	0
f	0	0	0	1	1	0	1
g	0	0	0	0	0	1	0

Adjazenz Γ

Γ

Beispiel 3 : Homomorphe und isomorphe Graphen

$G_1 = (V_1; R_1)$ $G_2 = (V_2; R_2)$ $\Phi : V_1 \rightarrow V_2$

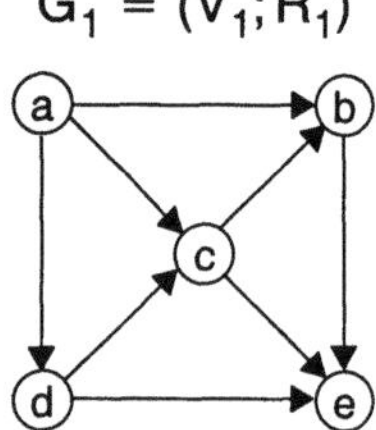

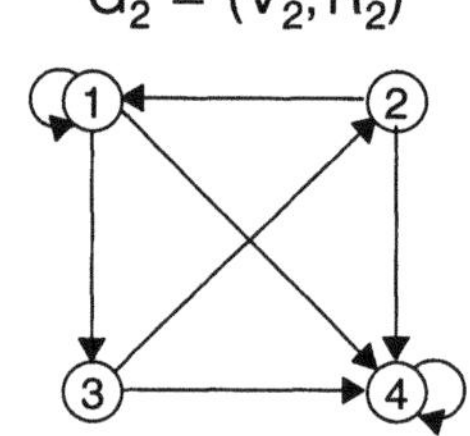

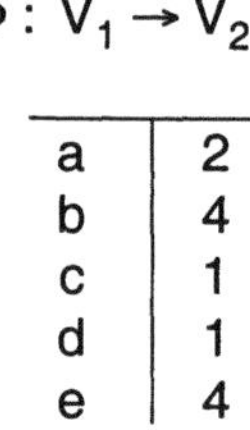

a	2
b	4
c	1
d	1
e	4

Der Graph G_1 ist homomorph zum Graphen G_2, da eine homomorphe Abbildung Φ existiert. Für jede Kante von x nach y in G_1 existiert nämlich eine Kante von $i = \Phi(x)$ nach $j = \Phi(y)$ in G_2. Beispielsweise existiert für die Kante von a nach b in G_1 die Kante von 2 nach 4 in G_2. Die Graphen G_1 und G_2 sind jedoch nicht isomorph.

$G_1 = (V_1; R_1)$ $G_2 = (V_2; R_2)$ $\Phi : V_1 \rightarrow V_2$

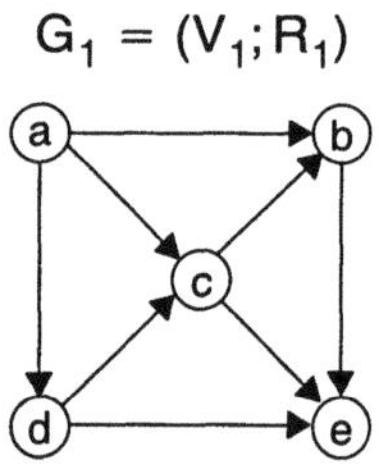

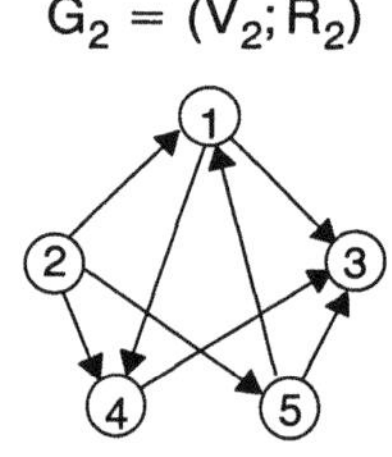

a	2
b	4
c	1
d	5
e	3

$V_1 \leftarrow V_2$

Die Graphen G_1 und G_2 sind isomorph, da eine isomorphe Abbildung Φ existiert. Die Abbildung Φ ist bijektiv, da jedem Knoten von G_1 eineindeutig ein Knoten von G_2 zugeordnet ist. Für jede Kante von x nach y in G_1 existiert genau eine Kante von $i = \Phi(x)$ nach $j = \Phi(y)$ in G_2. Umgekehrt existiert für jede Kante von i nach j in G_2 genau eine Kante von x nach y mit $i = \Phi(x)$ und $j = \Phi(y)$ in G_1.

8.3.3 BIPARTITE GRAPHEN

Einführung : Ein bipartiter Graph eignet sich zur Beschreibung von Beziehungen zwischen Elementen aus zwei disjunkten Mengen. Die Elemente der beiden Mengen heißen Knoten und werden durch die Bezeichnung in ihrer Menge identifiziert. Die Beziehungen zwischen jeweils zwei Knoten aus verschiedenen Knotenmengen heißen Kanten und werden durch ein geordnetes Knotenpaar identifiziert. Da sowohl Kanten von Knoten der ersten Menge zu Knoten der zweiten Menge als auch Kanten von Knoten der zweiten Menge zu Knoten der ersten Menge existieren können, werden zwei Kantenmengen spezifiziert, die heterogene binäre Relationen auf den beiden Knotenmengen sind. Die Eigenschaften heterogener binärer Relationen und ihre Rechenregeln sind direkt auf bipartite Graphen übertragbar.

Definition : Ein Gebilde $G = (V_1, V_2 \,;\, R_1, R_2)$ heißt bipartiter Graph, wenn V_1, V_2 disjunkte Knotenmengen und $R_1 \subseteq V_1 \times V_2$, $R_2 \subseteq V_2 \times V_1$ Kantenmengen sind. Eine Kante von Knoten $x \in V_1$ zu Knoten $y \in V_2$ wird mit dem geordneten Paar $(x,y) \in R_1$ bezeichnet, eine Kante von Knoten $y \in V_2$ zu Knoten $x \in V_1$ mit dem geordneten Paar $(y,x) \in R_2$.

$$G := (V_1, V_2 \,;\, R_1, R_2) \qquad R_1 \subseteq V_1 \times V_2 \qquad R_2 \subseteq V_2 \times V_1$$

V_1, V_2 Disjunkte Mengen der Knoten

R_1, R_2 Disjunkte Mengen geordneter Knotenpaare (Kantenmengen)

Der Graph G heißt Nullgraph, wenn eine der beiden Knotenmengen leer ist. Er heißt leerer Graph, wenn beide Kantenmengen leer sind. Er heißt Zuordnungsgraph, wenn nur eine der beiden Kantenmengen leer ist : Den Knoten der einen Menge sind über die nichtleere Kantenmenge Knoten der anderen Menge zugeordnet.

Eigenschaften : Die Eigenschaften eines bipartiten Graphen sind durch die Eigenschaften der beiden heterogenen Relationen festgelegt. Wichtige Eigenschaften heterogener Relationen sind die Links- oder Rechtstotalität sowie die Links- oder Rechtseindeutigkeit. Sie sind in Abschnitt 8.2.4 beschrieben. Für die Anwendungen sind folgende Eigenschaften der bipartiten Graphen von besonderer Bedeutung :

Bipartiter Graph $\quad G = (V_1, V_2 \,;\, R_1, R_2)$

V_1-total $\quad :\Leftrightarrow \quad R_1$ linkstotal $\wedge$ R_2 rechtstotal

$\Leftrightarrow \quad I \sqsubseteq R_1 R_1^T \sqcap R_2^T R_2$

V_2-total $\quad :\Leftrightarrow \quad R_1$ rechtstotal $\wedge$ R_2 linkstotal

$\Leftrightarrow \quad I \sqsubseteq R_1^T R_1 \sqcap R_2 R_2^T$

$$
\begin{array}{lll}
V_1\text{-eindeutig} & :\Leftrightarrow & R_1 \text{ linkseindeutig} \wedge R_2 \text{ rechtseindeutig} \\
 & \Leftrightarrow & R_1 R_1^T \sqcup R_2^T R_2 \sqsubseteq I \\
V_2\text{-eindeutig} & :\Leftrightarrow & R_1 \text{ rechtseindeutig} \wedge R_2 \text{ linkseindeutig} \\
 & \Leftrightarrow & R_1^T R_1 \sqcup R_2 R_2^T \sqsubseteq I
\end{array}
$$

Die hier definierten Eigenschaften von bipartiten Graphen sind aus den folgenden Graphendiagrammen ablesbar. Im Graphendiagramm eines bipartiten Graphen treten nur gerichtete Kanten von einem Knoten der einen Menge zu einem Knoten der anderen Menge auf. Ein bipartiter Graph ist V_1-total, wenn bei jedem Knoten von V_1 mindestens eine Kante ausgeht und mindestens eine Kante einmündet. Ein bipartiter Graph ist V_1-eindeutig, wenn bei jedem Knoten von V_2 höchstens eine Kante ausgeht und höchstens eine Kante einmündet. Ein bipartiter Graph ist V_1-total und V_2-eindeutig, wenn bei jedem Knoten von V_1 genau eine Kante ausgeht und genau eine Kante einmündet. In diesem Fall sind die Relationen R_1 und R_2^T Abbildungen der Menge V_1 auf die Menge V_2.

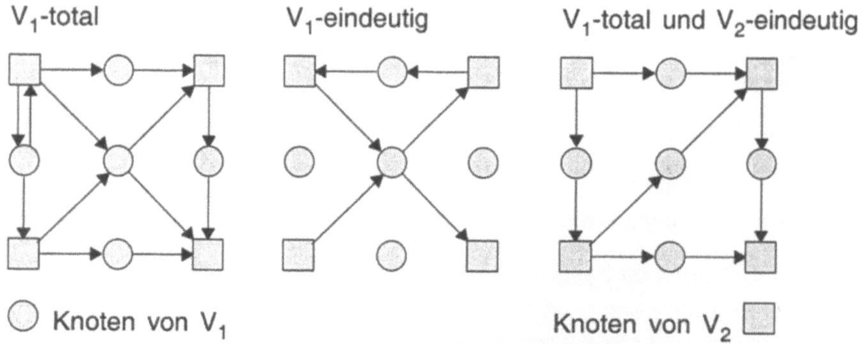

Assoziierter schlichter Graph : Ein bipartiter Graph G wird in einen schlichten Graphen $G_S = (V ; R)$ übergeführt, indem die disjunkten Knotenmengen V_1 und V_2 zur Menge V sowie die disjunkten Kantenmengen R_1 und R_2 zur Menge R vereinigt werden. Die homogene Relation R für die Kantenmenge besitzt im Matrixschema eine charakteristische Struktur, die eine Folge der bipartiten Eigenschaft des Graphen ist.

$$G_S = (V ; R) \qquad V = V_1 \cup V_2 \qquad R = R_1 \sqcup R_2$$

$$
\mathbf{R} = \begin{array}{c}
\begin{array}{|c|c|}
\hline
\mathbf{0} & \mathbf{R_1} \\
\hline
\mathbf{R_2} & \mathbf{0} \\
\hline
\end{array}
\begin{array}{l} V_1 \\ V_2 \end{array} \\
\begin{array}{cc} V_1 & V_2 \end{array}
\end{array}
$$

Durch die Darstellung des bipartiten Graphen G als schlichten Graphen G_S sind alle Eigenschaften schlichter Graphen und ihre Rechenregeln direkt auf bipartite Graphen übertragbar. Ein bipartiter Graph ist immer antireflexiv und damit schlingenfrei. Er ist symmetrisch oder asymmetrisch, wenn gilt :

$$\text{symmetrisch} \Leftrightarrow R = R^T \Leftrightarrow R_1 = R_2^T$$
$$\text{asymmetrisch} \Leftrightarrow R \sqcap R^T = \emptyset \Leftrightarrow R_1 \sqcap R_2^T = \emptyset$$

Schlichte Knotengraphen : Jedem bipartiten Graphen $G = (V_1, V_2 ; R_1, R_2)$ sind zwei schlichte Knotengraphen $G_1 = (V_1 ; Q_1)$ und $G_2 = (V_2 ; Q_2)$ für die Knotenmengen V_1 und V_2 zugeordnet. Die Relation Q_1 von G_1 enthält genau diejenigen Knotenpaare $(x, z) \in V_1 \times V_1$, für die es jeweils einen Knoten $y \in V_2$ gibt, so daß in G eine Kante von x nach y und eine Kante von y nach z existieren. Die Relation Q_2 von G_2 enthält genau diejenigen Knotenpaare $(a, c) \in V_2 \times V_2$, für die es jeweils einen Knoten $b \in V_1$ gibt, so daß in G eine Kante von a nach b und eine Kante von b nach c existieren. Die Definitionen der Relationen Q_1 und Q_2 entsprechen den Produkten $R_1 R_2$ und $R_2 R_1$.

$$Q_1 := \{(x,z) \in V_1 \times V_1 \mid \bigvee_{y \in V_2} [(x,y) \in R_1 \wedge (y,z) \in R_2]\}$$
$$Q_2 := \{(a,c) \in V_2 \times V_2 \mid \bigvee_{b \in V_1} [(a,b) \in R_2 \wedge (b,c) \in R_1]\}$$

$$G_1 := (V_1 ; Q_1) \quad \text{mit} \quad Q_1 = R_1 R_2$$
$$G_2 := (V_2 ; Q_2) \quad \text{mit} \quad Q_2 = R_2 R_1$$

Einfache Knotengraphen : Jedem bipartiten Graphen $G = (V_1, V_2 ; R_1, R_2)$ sind zwei einfache Knotengraphen $G_{E1} = (V_2 ; \Gamma_{E1})$ und $G_{E2} = (V_2 ; \Gamma_{E2})$ für die Knotenmengen V_1 und V_2 zugeordnet. Die Adjazenzrelation Γ_{E1} von G_{E1} enthält genau diejenigen Knotenpaare $(x, z) \in V_1 \times V_1$ mit $x \neq z$, für die es jeweils einen Knoten $y \in V_2$ gibt, so daß in G eine Kante von x nach y oder von y nach x und eine Kante von y nach z oder von z nach y existieren. Die Adjazenzrelation Γ_{E2} von G_{E2} enthält genau diejenigen Knotenpaare $(a, c) \in V_2 \times V_2$ mit $a \neq c$, für die es jeweils einen Knoten $b \in V_1$ gibt, so daß in G eine Kante von a nach b oder von b nach a und eine Kante von b nach c oder von c nach b existieren.

$$\Gamma_{E1} := \{(x,z) \in V_1 \times V_1 \mid (x \neq z) \wedge \bigvee_{y \in V_2} [((x,y) \in R_1 \vee (y,x) \in R_2) \wedge ((y,z) \in R_2 \vee (z,y) \in R_1)]\}$$

$$\Gamma_{E2} := \{(a,c) \in V_2 \times V_2 \mid (a \neq c) \wedge \bigvee_{b \in V_1} [((a,b) \in R_2 \vee (b,a) \in R_1) \wedge ((b,c) \in R_2 \vee (c,b) \in R_1)]\}$$

$$G_{E1} := (V_1 ; \Gamma_{E1}) \quad \text{mit} \quad \Gamma_{E1} = \bar{I} \sqcap (R_1 \sqcup R_2^T)(R_2 \sqcup R_1^T)$$
$$G_{E2} := (V_2 ; \Gamma_{E2}) \quad \text{mit} \quad \Gamma_{E2} = \bar{I} \sqcap (R_2 \sqcup R_1^T)(R_1 \sqcup R_2^T)$$

Den schlichten Knotengraphen $G_1 = (V_1 ; Q_1)$ und $G_2 = (V_2 ; Q_2)$ sind die einfachen Graphen $G_{1E} = (V_1 ; \Gamma_{1E})$ und $G_{2E} = (V_2 ; \Gamma_{2E})$ zugeordnet. Die Adjazenzrelation Γ_{1E} von G_{1E} enthält genau diejenigen Knotenpaare $(x, z) \in V_1 \times V_1$ mit $x \neq z$, für die in G_1 eine Kante von x nach z oder von z nach x existiert. Die Adjazenzrelation Γ_{2E} von G_{2E} enthält genau diejenigen Knotenpaare $(a, c) \in V_2 \times V_2$ mit $a \neq c$, für die in G_2 eine Kante von a nach c oder von c nach a existiert.

$$\Gamma_{1E} = \{ (x, z) \in V_1 \times V_1 \mid (x \neq z) \wedge ((x, z) \in Q_1 \vee (z, x) \in Q_1)\}$$

$$\Gamma_{2E} = \{ (a, c) \in V_2 \times V_2 \mid (a \neq c) \wedge ((a, c) \in Q_2 \vee (c, a) \in Q_2)\}$$

$$G_{1E} = (V_1 ; \Gamma_{1E}) \quad \text{mit} \quad \Gamma_{1E} = \overline{I} \sqcap (Q_1 \sqcup Q_1^T) = \overline{I} \sqcap (R_1 R_2 \sqcup R_2^T R_1^T)$$

$$G_{2E} = (V_2 ; \Gamma_{2E}) \quad \text{mit} \quad \Gamma_{2E} = \overline{I} \sqcap (Q_2 \sqcup Q_2^T) = \overline{I} \sqcap (R_2 R_1 \sqcup R_1^T R_2^T)$$

Der dem schlichten Knotengraphen G_1 zugeordnete einfache Graph G_{1E} ist ein Teilgraph des einfachen Knotengraphen G_{E1}. Ist der bipartite Graph V_1-eindeutig, so sind G_{1E} und G_{E1} gleich. Dies gilt in analoger Form auch für G_{2E} und G_{E2}.

$$G_{1E} \sqsubseteq G_{E1} \qquad G_{1E} = G_{E1} \quad \text{wenn G } V_1\text{-eindeutig ist}$$

$$G_{2E} \sqsubseteq G_{E2} \qquad G_{2E} = G_{E2} \quad \text{wenn G } V_2\text{-eindeutig ist}$$

Beweis : G_{1E} ist Teilgraph von G_{E1}

Der dem schlichten Knotengraphen G_1 zugeordnete einfache Graph $G_{1E} = (V_1 ; \Gamma_{1E})$ ist ein Teilgraph des einfachen Knotengraphen $G_{E1} = (V_1 ; \Gamma_{E1})$, wenn die Adjazenzrelation Γ_{1E} in der Adjazenzrelation Γ_{E1} enthalten ist.

$$\begin{aligned}
\Gamma_{1E} &= \overline{I} \sqcap (R_1 R_2 \sqcup R_2^T R_1^T) \\
\Gamma_{E1} &= \overline{I} \sqcap (R_1 \sqcup R_2^T)(R_2 \sqcup R_1^T) \\
&= \overline{I} \sqcap (R_1 R_2 \sqcup R_1 R_1^T \sqcup R_2^T R_2 \sqcup R_2^T R_1^T) \\
&= (\overline{I} \sqcap (R_1 R_2 \sqcup R_2^T R_1^T)) \sqcup (\overline{I} \sqcap (R_1 R_1^T \sqcup R_2^T R_2)) \\
\Gamma_{E1} &= \Gamma_{1E} \sqcup (\overline{I} \sqcap (R_1 R_1^T \sqcup R_2^T R_2)) \sqsupseteq \Gamma_{1E}
\end{aligned}$$

Ist der bipartite Graph G V_1-eindeutig, so gilt definitionsgemäß $R_1 R_1^T \sqcup R_2^T R_2 \sqsubseteq I$ und damit $\overline{I} \sqcap (R_1 R_1^T \sqcup R_2^T R_2) = \emptyset$. Daraus folgt die Identität $\Gamma_{E1} = \Gamma_{1E}$ und damit $G_{E1} = G_{1E}$.

Beispiel : Ablaufplanung

Die Ablaufplanung wird in vereinfachter Form am Beispiel einer Brücke gezeigt. Sie läßt sich als bipartiter Graph mit den Bauvorgängen und den Bauzuständen als Knoten darstellen.

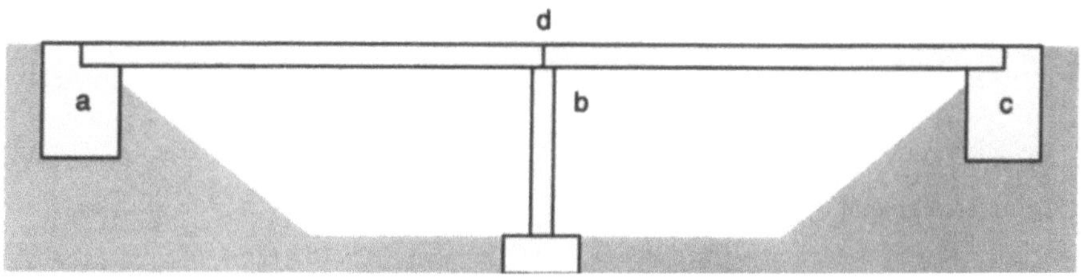

Bauvorgänge		Bauzustände	
0	Start	o	Anfangszustand
1	Linkes Widerlager erstellen	a	Linkes Widerlager fertig
2	Mittelpfeiler erstellen	b	Mittelpfeiler fertig
3	Rechtes Widerlager erstellen	c	Rechtes Widerlager fertig
4	Linken Träger erstellen		
5	Rechten Träger erstellen	d	Träger fertig
6	Ende	d	Endzustand

Im bipartiten Graphen werden die Bauvorgänge zur Knotenmenge V_1 und die Bauzustände zur Knotenmenge V_2 zusammengefaßt. Ein Knotenpaar $(j, x) \in V_1 \times V_2$ gehört genau dann zur Relation R_1, wenn die Ausführung des Bauvorganges j einen Anteil zum Bauzustand x liefert. Ein Knotenpaar $(y, k) \in V_2 \times V_1$ gehört genau dann zur Relation R_2, wenn der Bauzustand y ein Ausgangszustand für die Ausführung des Bauvorganges k ist. Die Bauvorgänge sind durch runde Knoten und die Bauzustände durch quadratische Knoten dargestellt.

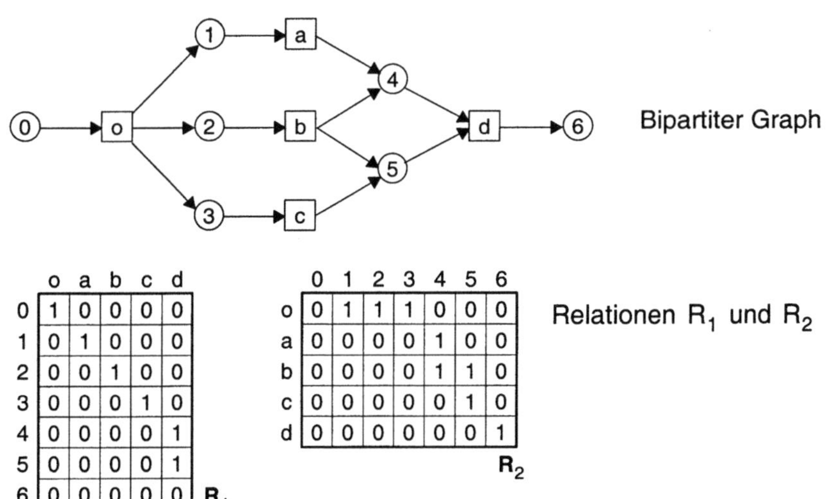

Bipartiter Graph

	o	a	b	c	d
0	1	0	0	0	0
1	0	1	0	0	0
2	0	0	1	0	0
3	0	0	0	1	0
4	0	0	0	0	1
5	0	0	0	0	1
6	0	0	0	0	0

$\mathbf{R}_1$

	0	1	2	3	4	5	6
o	0	1	1	1	0	0	0
a	0	0	0	0	1	0	0
b	0	0	0	0	1	1	0
c	0	0	0	0	0	1	0
d	0	0	0	0	0	0	1

$\mathbf{R}_2$

Relationen R_1 und R_2

Der bipartite Graph für die Ablaufplanung ist asymmetrisch. Die beiden schlichten Knotengraphen des bipartiten Graphen beschreiben den Zusammenhang zwischen den Bauvorgängen und den Zusammenhang zwischen den Bauzuständen. Die schlichten Knotengraphen sind nachfolgend gezeigt.

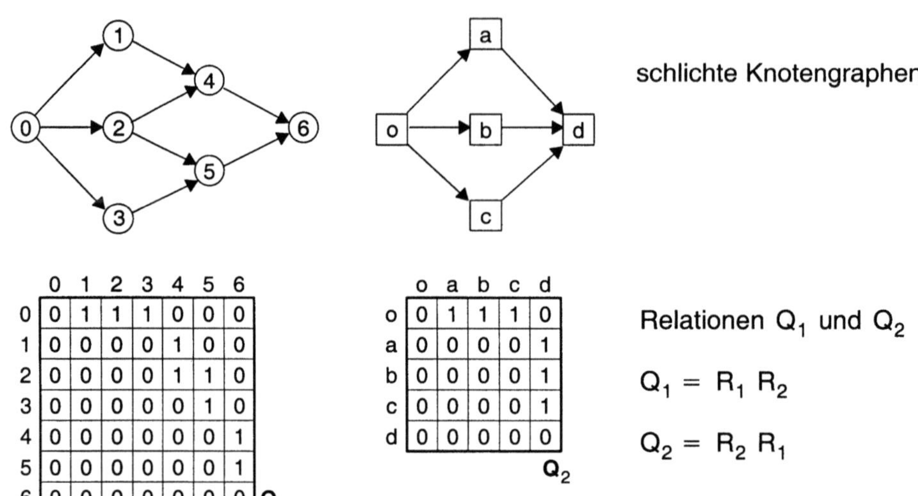

	0	1	2	3	4	5	6
0	0	1	1	1	0	0	0
1	0	0	0	0	1	0	0
2	0	0	0	0	1	1	0
3	0	0	0	0	0	1	0
4	0	0	0	0	0	0	1
5	0	0	0	0	0	0	1
6	0	0	0	0	0	0	0

$\mathbf{Q}_1$

	o	a	b	c	d
o	0	1	1	1	0
a	0	0	0	0	1
b	0	0	0	0	1
c	0	0	0	0	1
d	0	0	0	0	0

$\mathbf{Q}_2$

Relationen Q_1 und Q_2

$Q_1 = R_1 R_2$

$Q_2 = R_2 R_1$

8.3.4 MULTIGRAPHEN

Einführung : Ein Multigraph besteht aus Knoten und Kanten, die in einer Knotenmenge und einer Kantenmenge zusammengefaßt sind. Die Knoten werden mit ihrer Bezeichnung in der Knotenmenge und die Kanten mit ihrer Bezeichnung in der Kantenmenge identifiziert. Im Gegensatz zum schlichten Graphen sind die Kanten nicht als Relation auf den Knoten sondern als eigenständige Elemente des Graphen definiert.

Die Kanten eines Multigraphen sind gerichtet. Im Gegensatz zu schlichten Graphen muß eine Kante eines Multigraphen weder einen Anfangsknoten noch einen Endknoten besitzen. Ein Knoten des Graphen, der Anfangsknoten mindestens einer Kante ist, heißt Ausgangsknoten. Ein Knoten des Graphen, der Endknoten mindestens einer Kante ist, heißt Eingangsknoten. Zwei Knoten können durch mehrere gleichgerichtete Kanten miteinander verbunden sein. Diese Kanten werden parallele Kanten genannt. Ein Multigraph ist ein Sonderfall eines bipartiten Graphen.

Definition : Ein Gebilde $G = (V, K ; A, B)$ heißt Multigraph, wenn V die Knotenmenge, K die Kantenmenge und $A, B \subseteq K \times V$ rechtseindeutige binäre Relationen sind. Die Relation A spezifiziert die Anfangsknoten der Kanten und heißt Ausgangsinzidenz. Die Relation B spezifiziert die Endknoten der Kanten und heißt Eingangsinzidenz. Beide Relationen sind rechtseindeutig, so daß $A^T A \sqsubseteq I$ und $B^T B \sqsubseteq I$ gilt.

$G :=$	$(V, K ; A, B)$	$A, B \subseteq K \times V$
V	Menge der Knoten	
K	Menge der Kanten	
A	Ausgangsinzidenz :	$A^T A \sqsubseteq I$
B	Eingangsinzidenz :	$B^T B \sqsubseteq I$

Ausgangsknoten : Ein Knoten des Graphen G heißt Ausgangsknoten, wenn von diesem Knoten mindestens eine Kante ausgeht. Ist das Diagonalelement für einen Knoten im Produkt $\mathbf{A}^T\mathbf{A}$ eins, so ist der Knoten ein Ausgangsknoten. Ist es null, so ist er kein Ausgangsknoten.

Eingangsknoten : Ein Knoten des Graphen G heißt Eingangsknoten, wenn in diesen Knoten mindestens eine Kante einmündet. Ist das Diagonalelement für einen Knoten im Produkt $\mathbf{B}^T\mathbf{B}$ eins, so ist der Knoten ein Eingangsknoten. Ist es null, so ist er kein Eingangsknoten.

Partielle Kante : Eine Kante des Graphen G heißt partielle Kante, wenn sie keinen Anfangsknoten oder keinen Endknoten besitzt. Sind für eine Kante das Diagonalelement im Produkt $\mathbf{A}\mathbf{A}^T$ oder das Diagonalelement im Produkt $\mathbf{B}\mathbf{B}^T$ null, so ist die Kante eine partielle Kante. Sind beide Diagonalelemente eins, so ist sie keine partielle Kante.

Parallele Kanten : Zwei verschiedene Kanten eines Multigraphen heißen parallel, wenn ihre Anfangsknoten identisch sind und ihre Endknoten identisch sind. Zur Prüfung der Parallelität zweier Kanten betrachtet man das Produkt $\mathbf{AA}^T$ für die Ausgangsinzidenz und das Produkt $\mathbf{BB}^T$ für die Eingangsinzidenz.

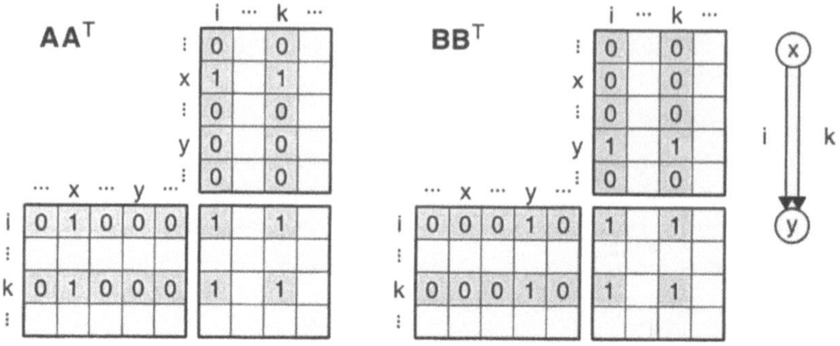

$\mathbf{AA}^T$

		i	…	k	…
	⋮	0		0	
	x	1		1	
	⋮	0		0	
	y	0		0	
… x … y …	⋮	0		0	
i	0 1 0 0 0	1		1	
⋮					
k	0 1 0 0 0	1		1	
⋮					

$\mathbf{BB}^T$

		i	…	k	…
	⋮	0		0	
	x	0		0	
	⋮	0		0	
	y	1		1	
… x … y …	⋮	0		0	
i	0 0 0 1 0	1		1	
⋮					
k	0 0 0 1 0	1		1	
⋮					

Zwei verschiedene Kanten i,k besitzen denselben Anfangsknoten x, wenn in $\mathbf{AA}^T$ die Elemente (i, i), (i, k), (k, i) und (k, k) gleich 1 sind. Die Kanten besitzen denselben Endknoten y, wenn in $\mathbf{BB}^T$ die Elemente (i, i), (i, k), (k, i) und (k, k) gleich 1 sind. Sind beide Bedingungen erfüllt, so sind die Kanten i und k parallel.

Assoziierter bipartiter Graph : Die Knoten und Kanten eines Multigraphen G sind eigenständige Elemente. Ein Multigraph kann daher als bipartiter Graph aufgefaßt werden. Nach der Definition bipartiter Graphen in Abschnitt 8.3.3 muß statt der Ausgangsinzidenz A des Multigraphen ihre Transponierte A^T im bipartiten Graphen verwendet werden :

Bipartiter Graph $\quad G = (V, K \,;\, A^T, B)$

Der bipartite Graph G ist V-eindeutig, da die Relationen $A, B \subseteq K \times V$ rechtseindeutig sind. Er ist K-total, wenn die Relationen $A, B \subseteq K \times V$ linkstotal sind. Ein K-totaler Graph besitzt keine partiellen Kanten. In diesem Fall sind die Relationen A, B Abbildungen der Kantenmenge K auf die Knotenmenge V.

Schlichter Knoten- und Kantengraph : Der schlichte Knotengraph und der schlichte Kantengraph eines Multigraphen werden mit den Regeln für bipartite Graphen gebildet. Der schlichte Knotengraph $G_V = (V \,;\, R_V)$ besteht aus der Knotenmenge V und der Knotenrelation R_V. Der schlichte Kantengraph $G_K = (K \,;\, R_K)$ besteht aus der Kantenmenge K und der Kantenrelation R_K. Zwei Knoten stehen in Relation, wenn sie durch eine Kante verbunden sind. Zwei Kanten stehen in Relation, wenn der Endknoten der ersten Kante identisch ist mit dem Anfangsknoten der zweiten Kante.

$$G_V = (V \,;\, R_V) \qquad R_V = A^T B$$
$$G_K = (K \,;\, R_K) \qquad R_K = B A^T$$

Einfacher Knoten- und Kantengraph : Der einfache Knotengraph und der einfache Kantengraph eines Multigraphen werden mit den Regeln für bipartite Graphen gebildet. Der einfache Knotengraph $G_{EV} = (V \, ; \, \Gamma_{EV})$ besteht aus der Knotenmenge V und der Knotenadjazenz Γ_{EV}. Zwei Knoten sind adjazent, wenn sie durch eine Kante miteinander verbunden sind. Der einfache Kantengraph $G_{EK} = (K \, ; \, \Gamma_{EK})$ besteht aus der Kantenmenge K und der Kantenadjazenz Γ_{EK}. Zwei Kanten sind adjazent, wenn sie einen gemeinsamen Knoten besitzen. Die Knotenadjazenz und die Kantenadjazenz werden mit der Inzidenz M berechnet, die als Vereinigung der Ausgangsinzidenz A und der Eingangsinzidenz B definiert ist.

$$G_{EV} = (V ; \Gamma_{EV}) \qquad \Gamma_{EV} = \bar{I} \sqcap M^T M$$
$$G_{EK} = (K ; \Gamma_{EK}) \qquad \Gamma_{EK} = \bar{I} \sqcap M M^T$$
$$\text{Inzidenz} \qquad M = A \sqcup B$$

Der einfache Knotengraph und der dem schlichten Knotengraphen zugeordnete einfache Graph sind gleich, da der assoziierte bipartite Graph V-eindeutig ist. Der einfache Kantengraph und der dem schlichten Kantengraphen zugeordnete einfache Graph sind im allgemeinen nicht gleich.

Beispiel : Multigraph

Gegeben sei ein Multigraph mit der Ausgangsinzidenz A und der Eingangsinzidenz B. Die Knoten sind mit Kleinbuchstaben und die Kanten mit Nummern bezeichnet. Die für die Eigenschaften des Graphen maßgebenden Produkte mit A und B sind berechnet.

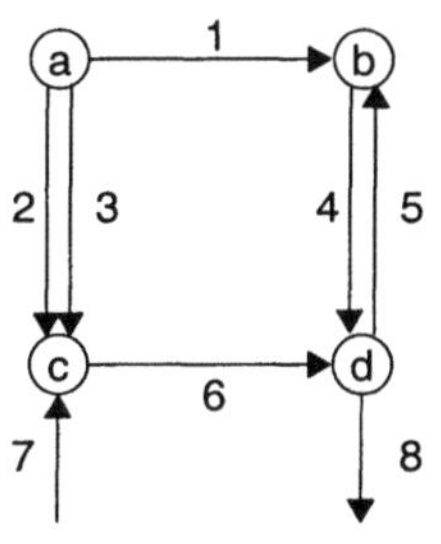

A

	a	b	c	d
1	1	0	0	0
2	1	0	0	0
3	1	0	0	0
4	0	1	0	0
5	0	0	0	1
6	0	0	1	0
7	0	0	0	0
8	0	0	0	1

B

	a	b	c	d
1	0	1	0	0
2	0	0	1	0
3	0	0	1	0
4	0	0	0	1
5	0	1	0	0
6	0	0	0	1
7	0	0	1	0
8	0	0	0	0

$\mathbf{A^T A}$

	a	b	c	d
a	1	0	0	0
b	0	1	0	0
c	0	0	1	0
d	0	0	0	1

$\mathbf{B^T B}$

	a	b	c	d
a	0	0	0	0
b	0	1	0	0
c	0	0	1	0
d	0	0	0	1

$\mathbf{A^T B}$

	a	b	c	d
a	0	1	1	0
b	0	0	0	1
c	0	0	0	1
d	0	1	0	0

AA^T

	1	2	3	4	5	6	7	8
1	1	1	1	0	0	0	0	0
2	1	1	1	0	0	0	0	0
3	1	1	1	0	0	0	0	0
4	0	0	0	1	0	0	0	0
5	0	0	0	0	1	0	0	1
6	0	0	0	0	0	1	0	0
7	0	0	0	0	0	0	0	0
8	0	0	0	0	1	0	0	1

BB^T

	1	2	3	4	5	6	7	8
1	1	0	0	0	1	0	0	0
2	0	1	1	0	0	0	1	0
3	0	1	1	0	0	0	1	0
4	0	0	0	1	0	1	0	0
5	1	0	0	0	1	0	0	0
6	0	0	0	1	0	1	0	0
7	0	1	1	0	0	0	1	0
8	0	0	0	0	0	0	0	0

BA^T

	1	2	3	4	5	6	7	8
1	0	0	0	1	0	0	0	0
2	0	0	0	0	0	1	0	0
3	0	0	0	0	0	1	0	0
4	0	0	0	0	1	0	0	1
5	0	0	0	1	0	0	0	0
6	0	0	0	0	1	0	0	1
7	0	0	0	0	0	1	0	0
8	0	0	0	0	0	0	0	0

Alle Knoten des Graphen sind Ausgangsknoten, da alle Diagonalelemente im Produkt $\mathbf{A}^T\mathbf{A}$ eins sind. Der Knoten a ist kein Eingangsknoten, da das Diagonalelement (a,a) im Produkt $\mathbf{B}^T\mathbf{B}$ null ist. Alle übrigen Knoten des Graphen sind Eingangsknoten. Die Kante 7 ist eine partielle Kante, da sie keinen Anfangsknoten besitzt und daher das Diagonalelement (7,7) im Produkt $\mathbf{AA}^T$ null ist. Die Kante 8 ist eine partielle Kante, da sie keinen Endknoten besitzt und daher das Diagonalelement (8,8) im Produkt $\mathbf{BB}^T$ null ist. Die Kanten 2 und 3 sind parallel, da die Elemente (2,2), (2,3), (3,2) und (3,3) in den Produkten $\mathbf{AA}^T$ und $\mathbf{BB}^T$ eins sind.

Der schlichte Knotengraph mit der Knotenrelation $R_V = A^TB$ und der schlichte Kantengraph mit der Kantenrelation $R_K = BA^T$ sind nachfolgend dargestellt. Der schlichte Knotengraph entspricht dem Multigraphen ohne partielle und parallele Kanten. Im schlichten Kantengraphen werden die Kanten als Knoten und die Kantenpaare der Kantenrelation R_K als gerichtete Kanten dargestellt. Beispielsweise ist Knoten c Endknoten der Kante 2 und Anfangsknoten der Kante 6.

Schlichter Knotengraph

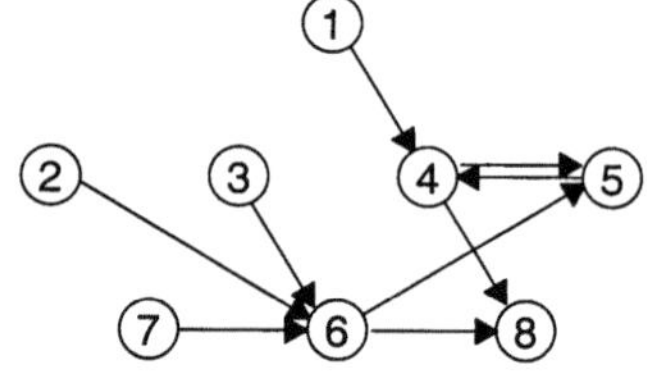

Der einfache Knotengraph mit der Knotenadjazenz $\Gamma_{EV} = \bar{I} \sqcap M^TM$ und der einfache Kantengraph mit der Kantenadjazenz $\Gamma_{EK} = \bar{I} \sqcap MM^T$ sind nachfolgend gezeigt.

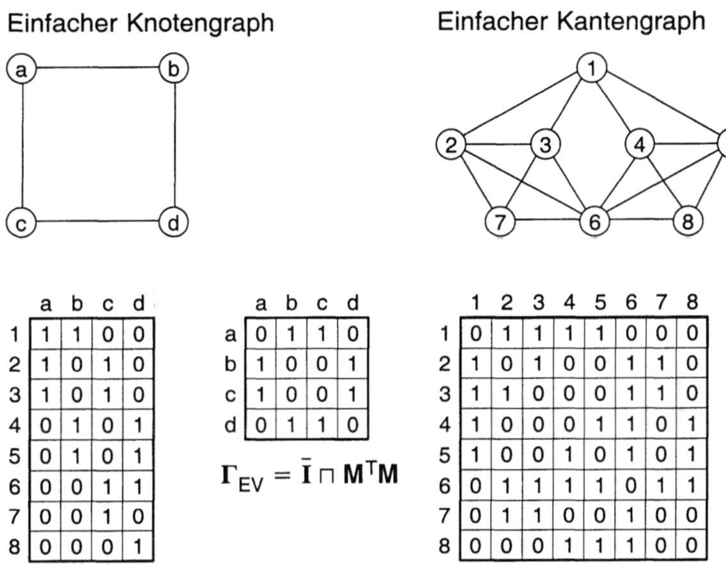

	a	b	c	d
1	1	1	0	0
2	1	0	1	0
3	1	0	1	0
4	0	1	0	1
5	0	1	0	1
6	0	0	1	1
7	0	0	1	0
8	0	0	0	1

$\mathbf{M} = \mathbf{A} \sqcup \mathbf{B}$

	a	b	c	d
a	0	1	1	0
b	1	0	0	1
c	1	0	0	1
d	0	1	1	0

$\boldsymbol{\Gamma}_{EV} = \bar{\mathbf{I}} \sqcap \mathbf{M}^T\mathbf{M}$

	1	2	3	4	5	6	7	8
1	0	1	1	1	1	0	0	0
2	1	0	1	0	0	1	1	0
3	1	1	0	0	0	1	1	0
4	1	0	0	0	1	1	0	1
5	1	0	0	1	0	1	0	1
6	0	1	1	1	1	0	1	1
7	0	1	1	0	0	1	0	0
8	0	0	0	1	1	1	0	0

$\boldsymbol{\Gamma}_{EK} = \bar{\mathbf{I}} \sqcap \mathbf{M}\mathbf{M}^T$

Werden im schlichten Knotengraphen die gerichteten Kanten durch ungerichtete Kanten ersetzt und parallele ungerichtete Kanten nicht berücksichtigt, so erhält man den einfachen Knotengraphen. Der dem schlichten Knotengraphen zugeordnete einfache Graph ist daher identisch mit dem einfachen Knotengraphen. Dies gilt für die Kantengraphen nicht.

8.3.5 HYPERGRAPHEN

Einführung : Ein Hypergraph besteht aus Knoten und Hyperkanten, die in einer Knotenmenge und einer Kantenmenge zusammengefaßt sind. Die Knoten werden mit ihrer Bezeichnung in der Knotenmenge und die Hyperkanten mit ihrer Bezeichnung in der Kantenmenge identifiziert. Eine Hyperkante ist ungerichtet und verbindet mehrere Knoten miteinander. Verschiedene Hyperkanten, die die gleichen Knoten verbinden, heißen parallel. Jedem Multigraphen ist eindeutig ein Hypergraph zugeordnet.

Definition : Ein Gebilde $G = (V, K; M)$ heißt Hypergraph, wenn V die Knotenmenge, K die Kantenmenge und $M \subseteq K \times V$ eine heterogene binäre Relation sind. Die Relation M spezifiziert die Knoten der Hyperkanten und heißt Inzidenz.

$$G := (V, K; M) \qquad M \subseteq K \times V$$

V	Menge der Knoten
K	Menge der Hyperkanten
M	Inzidenz

Assoziierter bipartiter Graph : Die Knoten und Hyperkanten eines Hypergraphen G sind eigenständige Objekte. Ein Hypergraph kann folglich als bipartiter Graph aufgefaßt werden. Da die Hyperkanten ungerichtet sind, ist der bipartite Graph symmetrisch. Nach Abschnitt 8.3.3 ist dem Hypergraphen folgender bipartiter Graph zugeordnet :

Bipartiter Graph $\qquad G = (V, K; M^T, M)$

Einfacher Knoten- und Kantengraph : Der einfache Knotengraph und der einfache Kantengraph eines Hypergraphen werden mit den Regeln für bipartite Graphen gebildet. Der einfache Knotengraph $G_{EV} = (V; \Gamma_{EV})$ besteht aus der Knotenmenge V und der Knotenadjazenz Γ_{EV}. Zwei Knoten sind adjazent, wenn sie durch eine Kante miteinander verbunden sind. Der einfache Kantengraph $G_{EK} = (K; \Gamma_{EK})$ besteht aus der Kantenmenge K und der Kantenadjazenz Γ_{EK}. Zwei Hyperkanten sind adjazent, wenn sie einen gemeinsamen Knoten besitzen.

$$G_{EV} = (V; \Gamma_{EV}) \qquad \Gamma_{EV} = \bar{I} \sqcap M^TM$$
$$G_{EK} = (K; \Gamma_{EK}) \qquad \Gamma_{EK} = \bar{I} \sqcap MM^T$$

Hypergraph eines Multigraphen : Einem Multigraphen $G = (V, K; A, B)$ mit der Ausgangsinzidenz A und der Eingangsinzidenz B ist eindeutig ein Hypergraph $G_H = (V, K; M)$ mit der Inzidenz $M = A \sqcup B$ zugeordnet. Dieser Hypergraph entspricht einem einfachen Graphen mit ungerichteten Kanten, die parallel aber nicht partiell sein können.

Beispiel 1 : Projektbearbeitung

Die Zusammenarbeit mehrerer Personen an mehreren Projekten läßt sich in einem Hypergraphen darstellen. Eine Person kann an verschiedenen Projekten beteiligt sein. An einem Projekt können verschiedene Personen beteiligt sein. Die Personen bilden die Knotenmenge V, die Projekte die Menge K der Hyperkanten. Die Inzidenz M beschreibt die Zuordnung von Personen zu Projekten. In der graphischen Darstellung sind die Knoten mit Kleinbuchstaben und die Hyperkanten mit Nummern bezeichnet. Hyperkanten mit mehr als zwei Knoten sind als Flächen dargestellt.

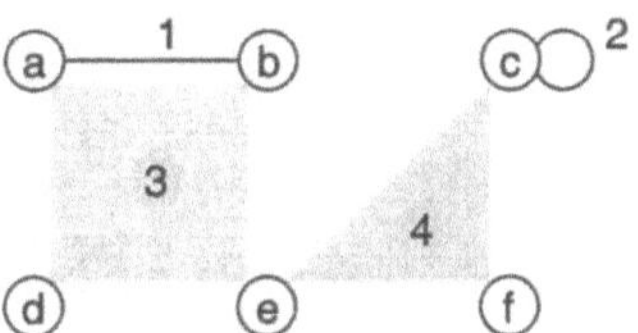

	a	b	c	d	e	f
1	1	1	0	0	0	0
2	0	0	1	0	0	0
3	1	1	0	1	1	0
4	0	0	1	0	1	1

M

Der einfache Knotengraph $G_{EV} = (V\,;\,\Gamma_{EV})$ mit der Knotenadjazenz Γ_{EV} beschreibt die Beziehungen zwischen den verschiedenen Personen durch die gemeinsamen Projekte. Der einfache Kantengraph $G_{EK} = (K\,;\,\Gamma_{EK})$ mit der Kantenadjazenz Γ_{EK} beschreibt die Beziehungen zwischen den verschiedenen Projekten durch gleiche Personen.

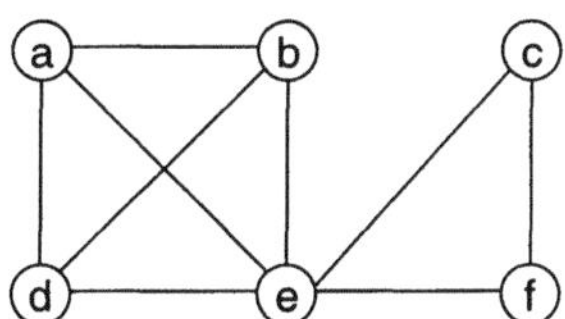

	a	b	c	d	e	f
a	0	1	0	1	1	0
b	1	0	0	1	1	0
c	0	0	0	0	1	1
d	1	1	0	0	1	0
e	1	1	1	1	0	1
f	0	0	1	0	1	0

$\mathbf{\Gamma}_{EV} = \bar{\mathbf{I}} \sqcap \mathbf{M}^T\mathbf{M}$

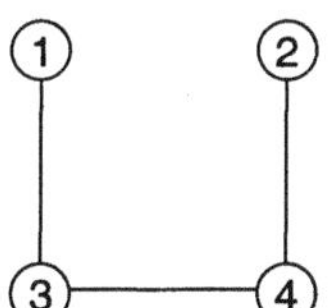

	1	2	3	4
1	0	0	1	0
2	0	0	0	1
3	1	0	0	1
4	0	1	1	0

$\mathbf{\Gamma}_{EK} = \bar{\mathbf{I}} \sqcap \mathbf{M}\mathbf{M}^T$

Beispiel 2 : U-Bahn-Netz

Gegeben seien verschiedene U-Bahn-Linien mit ihren Haltestellen. Die U-Bahnen verkehren auf diesen Linien in beiden Richtungen. Die Gesamtheit aller U-Bahn-Linien bildet das U-Bahn-Netz. Dieses Netz wird als Hypergraph dargestellt. Die Haltestellen sind die Knoten des Hypergraphen. Die Strecken zwischen jeweils zwei Haltestellen sind die ungerichteten Kanten des Hypergraphen. Eine Strecke kann von U-Bahnen mehrerer Linien befahren werden, so daß im Hypergraphen parallele ungerichtete Kanten auftreten. Die U-Bahn-Linien sind Untergraphen des Hypergraphen.

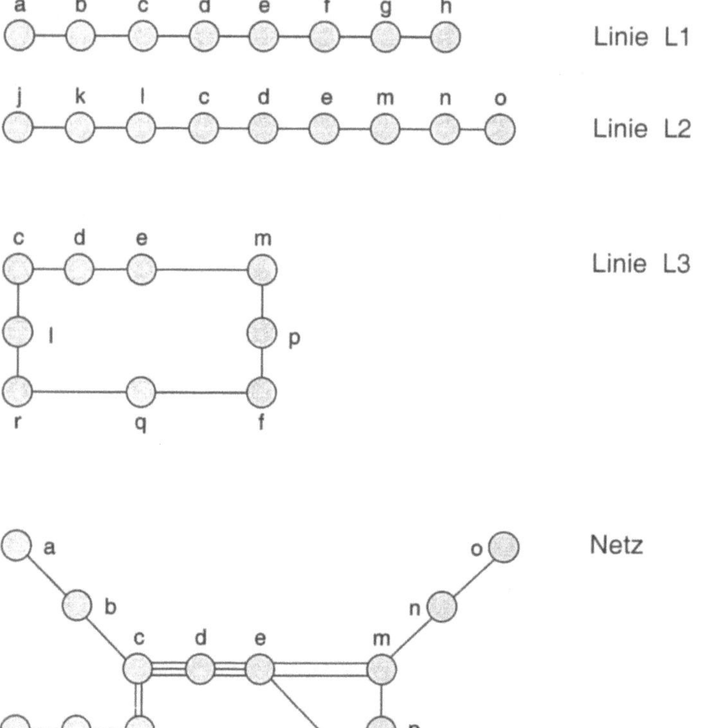

8.4 STRUKTUR VON GRAPHEN

8.4.1 EINFÜHRUNG

Struktur : Die Struktur eines Graphen ist durch die Relationen des Gebildes eindeutig bestimmt. Beispielsweise ist die Struktur eines schlichten Graphen (V ; R) durch die Kantenrelation R bestimmt. Analog zur Vektoralgebra, der Topologie und der Gruppen stellt sich die Frage, ob ein Graph in Untergraphen zerlegt werden kann, die einfache Strukturmerkmale besitzen und Einsicht in die wesentlichen Struktureigenschaften des Graphen geben. Beispiele solcher Untergraphen sind Wege und Zyklen.

Die Grundlagen der Strukturanalyse von Graphen werden zunächst für schlichte Graphen mit gerichteten Kanten behandelt und anschließend auf einfache Graphen mit ungerichteten Kanten übertragen. Multigraphen und Hypergraphen lassen sich in schlichte und einfache Graphen überführen, so daß die behandelten Grundlagen der Strukturanalyse auch auf diese Graphen anwendbar sind.

Wege und Zyklen : Graphen bestehen aus Knoten und Kanten. Ein Kantenzug in einem Graphen setzt sich aus einer Folge zusammenhängender Kanten zusammen. Ein offener Kantenzug mit unterschiedlichem Anfangs- und Endknoten ist ein Weg. Ein geschlossener Kantenzug mit identischem Anfangs- und Endknoten ist ein Zyklus. Wege und Zyklen können einfach oder elementar sein. Graphen, die keine Zyklen enthalten, heißen azyklische Graphen. Graphen, die nur aus Zyklen bestehen, heißen zyklische Graphen. Wege und Zyklen in schlichten und einfachen Graphen sind in den Abschnitten 8.4.2 und 8.4.5 behandelt.

Zusammenhang : Ein Graph heißt zusammenhängend, wenn zwischen je zwei Knoten ein Kantenzug existiert. Für schlichte Graphen werden verschiedene Formen des Zusammenhangs definiert, insbesondere der strenge und der schwache Zusammenhang. Jeder Graph ohne strengen oder schwachen Zusammenhang kann eindeutig in Komponenten mit strengem oder schwachem Zusammenhang zerlegt werden. Der Zusammenhang von schlichten und einfachen Graphen ist in den Abschnitten 8.4.3 und 8.4.6 behandelt.

Schnitte : Bei Schnitten in Graphen werden die Auswirkungen des Entfernens von Kanten und Knoten auf den Zusammenhang des Graphen untersucht. Kanten werden geschnitten oder Knoten mit ihren Kanten herausgeschnitten und die Zusammenhangseigenschaften des Restgraphen betrachtet. Diese Betrachtungen führen zur Klassifikation von Kanten und Knoten sowie zur Definition von mehrfachen kanten- und knotendisjunkten Zusammenhängen von Graphen. Die Schnitte in schlichten und einfachen Graphen sind in den Abschnitten 8.4.4 und 8.4.7 behandelt.

8.4.2 WEGE UND ZYKLEN IN SCHLICHTEN GRAPHEN

Einführung : Ein schlichter Graph $G = (V; R)$ ist eine strukturierte Menge. Er besteht aus der Knotenmenge V und einer binären Knotenrelation R, die einer Menge gerichteter Kanten entspricht. Der Knotenmenge V wird die Knotenrelation R als Struktur aufgeprägt. Die Struktureigenschaften eines schlichten Graphen hängen daher ausschließlich von den Eigenschaften der Relation R ab.

Zur Untersuchung von Struktureigenschaften schlichter Graphen werden verschiedene Begriffe eingeführt, die eine mathematische Formulierung der Eigenschaften ermöglichen. Die Definition von Wegen und Zyklen in einem schlichten Graphen bildet die Grundlage für die Strukturanalyse. Die Existenz von Wegen und Zyklen zwischen jeweils zwei Knoten führt zur Bildung der transitiven Hülle R^+ der Relation R. Die Eigenschaften der transitiven Hülle ermöglichen eine Klassifizierung in azyklische, antizyklische und zyklische Graphen. Die wesentlichen Begriffe und Grundlagen für die Strukturanalyse schlichter Graphen sind nachfolgend behandelt.

Vorgänger und Nachfolger : Ein Knoten x heißt Vorgänger eines Knotens y, wenn im Graphen eine Kante von x nach y existiert und somit das geordnete Knotenpaar (x,y) in der Relation R enthalten ist. Ist x ein Vorgänger von y, so heißt y Nachfolger von x.

$$\begin{array}{lll} x \text{ Vorgänger von } y & \Leftrightarrow & (x, y) \in R \quad \Leftrightarrow \\ y \text{ Nachfolger von } x & \Leftrightarrow & (y, x) \in R^T \end{array}$$

Ein Knoten x aus einer Knotenmenge V kann als unäre Punktrelation in V aufgefaßt werden. Im folgenden wird diese unäre Punktrelation ebenfalls mit x bezeichnet. Mit solchen unären Relationen wird die Vorgänger- und Nachfolgerschaft von Knoten $x,y \in V$ als Inklusion formuliert :

$$\begin{array}{lll} x \text{ Vorgänger von } y & \Leftrightarrow & x\,y^T \sqsubseteq R \quad \Leftrightarrow \\ y \text{ Nachfolger von } x & \Leftrightarrow & y\,x^T \sqsubseteq R^T \end{array}$$

Die Menge aller Vorgänger eines Knotens $x \in V$ wird mit $t_V(x)$ bezeichnet, die Menge aller Nachfolger von x mit $t_N(x)$. Die Mengen $t_V(x)$ und $t_N(x)$ sind unäre Relationen in V und werden mit der Kantenrelation R wie folgt bestimmt :

$$\begin{array}{lll} \text{Vorgänger von } x : & t_V(x) & = R\,x \\ \text{Nachfolger von } x : & t_N(x) & = R^T x \end{array}$$

Vorgänger- und Nachfolgergrad : Die Anzahl der Vorgänger eines Knotens x heißt Vorgängergrad von x und wird mit $g_V(x)$ bezeichnet. Der Vorgängergrad $g_V(x)$ entspricht der Anzahl der Elemente in der Menge $t_V(x)$ und damit der Anzahl der gerichteten Kanten, die im Knoten x einmünden. Die Anzahl der Nachfolger eines Knotens x heißt Nachfolgergrad von x und wird mit $g_N(x)$ bezeichnet. Der Nachfolgergrad $g_N(x)$ entspricht der Anzahl der Elemente in der Menge $t_N(x)$ und damit der Anzahl der gerichteten Kanten, die vom Knoten x ausgehen.

Vorgängergrad $\quad g_V(x) = |t_V(x)| = |Rx|$

Nachfolgergrad $\quad g_N(x) = |t_N(x)| = |R^Tx|$

Die Summe der Vorgängergrade aller Knoten $x \in V$ ist gleich der Anzahl der gerichteten Kanten des schlichten Graphen und daher identisch mit der Anzahl der Elemente der Relation R. Dieses gilt in analoger Form auch für die Nachfolgergrade.

Summe $\quad \sum\limits_{x \in V} g_V(x) = \sum\limits_{x \in V} g_N(x) = |R|$

Beispiel 1 : Vorgänger, Nachfolger und Grade in schlichten Graphen

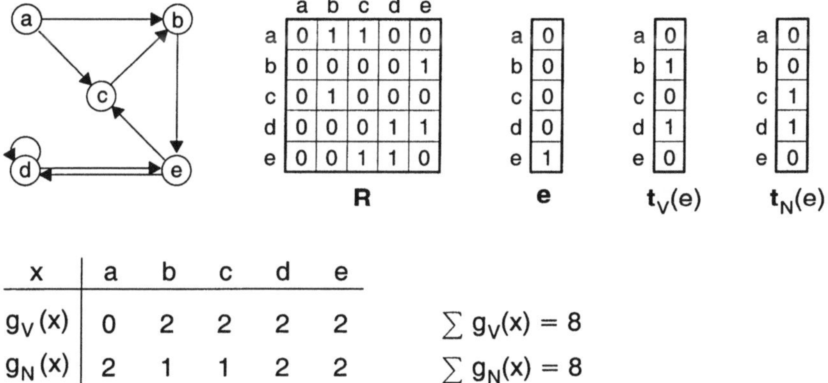

	a	b	c	d	e
a	0	1	1	0	0
b	0	0	0	0	1
c	0	1	0	0	0
d	0	0	0	1	1
e	0	0	1	1	0

	e	$\mathbf{t}_V(e)$	$\mathbf{t}_N(e)$
a	0	0	0
b	0	1	0
c	0	0	1
d	0	1	1
e	1	0	0

x	a	b	c	d	e	
$g_V(x)$	0	2	2	2	2	$\sum g_V(x) = 8$
$g_N(x)$	2	1	1	2	2	$\sum g_N(x) = 8$

Der dargestellte schlichte Graph besteht aus 5 Knoten und 8 gerichteten Kanten. Die Relation ist als boolesche Matrix **R** angegeben. Die unäre Punktrelation für den Knoten e ist als boolescher Einheitsvektor **e** gezeigt. Das Produkt **Re** liefert den booleschen Vektor $\mathbf{t}_V(e)$ für die Menge der Vorgänger von e. Er ist identisch mit der Spalte von **R**, die dem Knoten e zugeordnet ist. Das Produkt $\mathbf{R}^T\mathbf{e}$ liefert den booleschen Vektor $\mathbf{t}_N(e)$ für die Menge der Nachfolger von e. Er ist identisch mit der Zeile von **R**, die dem Knoten e zugeordnet ist. Die Vorgängergrade und die Nachfolgergrade aller Knoten sind zusammengestellt. Die Summe der Vorgängergrade und die Summe der Nachfolgergrade sind gleich der Anzahl Kanten.

Kantenzug : Eine Folge von Kanten heißt Kantenzug, wenn der Endknoten jeder Kante mit Ausnahme der letzten Kante der Anfangsknoten der folgenden Kante ist.

Kantenzug $< (x_0, x_1), (x_1, x_2), ..., (x_{n-1}, x_n) >$

Bedingung $\bigwedge_{j=1}^{n} ((x_{j-1}, x_j) \in R)$

Der Anfangsknoten x_0 der ersten Kante und der Endknoten x_n der letzten Kante heißen Anfangsknoten und Endknoten des Kantenzuges. Die Knoten x_1 bis x_{n-1} heißen Zwischenknoten des Kantenzuges. Die Anzahl n der Kanten heißt Länge des Kantenzuges. Eine Kante kann in einem Kantenzug mehrfach auftreten.

Vorfahren und Nachfahren : Ein Knoten x heißt n-ter Vorfahre eines Knotens y, wenn ein Kantenzug der Länge n von x nach y im Graphen existiert. Ist x ein n-ter Vorfahre von y, so heißt y n-ter Nachfahre von x. Ein 1-ter Vorfahre oder 1-ter Nachfahre von x ist ein Vorgänger oder Nachfolger von x. Die n-ten Vorfahren und Nachfahren von x werden mit den Beziehungen für Vorgänger und Nachfolger rekursiv nach folgender Vorschrift bestimmt :

n-te Vorfahren von x :

$$t_V^{(k)}(x) = R\, t_V^{(k-1)}(x) \quad \text{für} \quad k = 1,...,n \quad \text{mit} \quad t_V^{(0)}(x) = x$$

$$t_V^{(n)}(x) = R^n x \quad \text{für} \quad n > 0$$

n-te Nachfahren von x :

$$t_N^{(k)}(x) = R^T t_N^{(k-1)}(x) \quad \text{für} \quad k = 1,...,n \quad \text{mit} \quad t_N^{(0)}(x) = x$$

$$t_N^{(n)}(x) = (R^n)^T x \quad \text{für} \quad n > 0$$

Die Menge aller Vorfahren eines Knotens x wird mit $t_V^+(x)$ bezeichnet und als Vereinigung der Mengen n-ter Vorfahren von x bestimmt. In analoger Weise wird die Menge $t_N^+(x)$ aller Nachfahren von x bestimmt. Zur Berechnung dieser Mengen für eine Relation R mit Stabilitätsindex s eignet sich die in Abschnitt 8.2.6 definierte transitive Hülle R^+ von R :

Vorfahren von x :

$$t_V^+(x) = t_V^{(1)}(x) \sqcup ... \sqcup t_V^{(s)}(x) = Rx \sqcup ... \sqcup R^s x = R^+ x$$

Nachfahren von x :

$$t_N^+(x) = t_N^{(1)}(x) \sqcup ... \sqcup t_N^{(s)}(x) = R^T x \sqcup ... \sqcup R^{sT} x = R^{+T} x$$

Weg : Ein Weg von einem Anfangsknoten x über Zwischenknoten zu einem Endknoten y ist ein Kantenzug. In einem schlichten Graphen ist ein Weg eindeutig als Knotenfolge < x,...,y > darstellbar. Ein Weg < x > mit gleichem Anfangs- und Endknoten x enthält keine Kante und heißt leerer Weg. Die Länge eines leeren Weges ist 0. Für jeden Knoten eines schlichten Graphen existiert ein leerer Weg. Für die Existenz von nichtleeren Wegen in einem schlichten Graphen gilt :

Es gibt einen Weg der Länge n von x nach y	⇔	$xy^T \sqsubseteq R^n$
Es gibt einen nichtleeren Weg von x nach y	⇔	$xy^T \sqsubseteq R^+$

Zyklus : Ein nichtleerer Weg, dessen Anfangsknoten und Endknoten identisch sind, heißt Zyklus. Eine Schlinge eines Knotens ist ein Zyklus der Länge 1. Ein Zyklus, der keine Schlingen enthält, heißt echter Zyklus. Existieren ein nichtleerer Weg von x nach y und ein nichtleerer Weg von y nach x, so liefert die Verkettung beider Wege einen Zyklus durch x und y. Für die Existenz von Zyklen in einem schlichten Graphen gilt :

Es gibt einen Zyklus der Länge $n > 0$ durch x	⇔	$xx^T \sqsubseteq R^n$
Es gibt einen Zyklus durch x	⇔	$xx^T \sqsubseteq R^+$
Es gibt einen Zyklus durch x und y	⇔	$xy^T \sqsubseteq R^+ \sqcap R^{+T}$

Beispiel 2 : Vorfahren und Nachfahren, Wege und Zyklen in schlichten Graphen

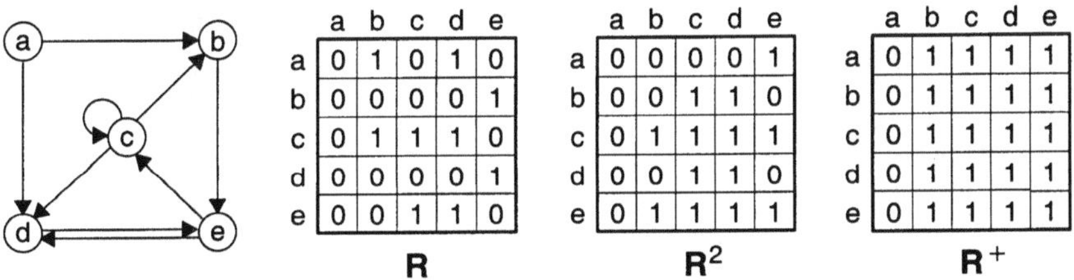

	a	b	c	d	e
a	0	1	0	1	0
b	0	0	0	0	1
c	0	1	1	1	0
d	0	0	0	0	1
e	0	0	1	1	0

R

	a	b	c	d	e
a	0	0	0	0	1
b	0	0	1	1	0
c	0	1	1	1	1
d	0	0	1	1	0
e	0	1	1	1	1

$\mathbf{R}^2$

	a	b	c	d	e
a	0	1	1	1	1
b	0	1	1	1	1
c	0	1	1	1	1
d	0	1	1	1	1
e	0	1	1	1	1

$\mathbf{R}^+$

Für den dargestellten Graphen sind die Relation R, das Produkt R^2 und die transitive Hülle R^+ als boolesche Matrizen gezeigt. Die zweiten Vorfahren eines Knotens werden aus der Spalte der Matrix $\mathbf{R}^2$ gelesen, die diesem Knoten zugeordnet ist. Die zweiten Vorfahren von Knoten e sind a,c,e. Die zweiten Nachfahren eines Knotens werden aus der Zeile der Matrix $\mathbf{R}^2$ gelesen, die diesem Knoten zugeordnet ist. Die zweiten Nachfahren von Knoten b sind c,d. In gleicher Weise werden die Vorfahren und Nachfahren aus der Matrix $\mathbf{R}^+$ gelesen. Der Knoten a besitzt keine Vorfahren, aber die Nachfahren b,c,d,e.

Die Existenz von Wegen der Länge 2 läßt sich direkt aus den Elementen der Matrix $\mathbf{R}^2$ ablesen. Von Knoten a nach e existiert ein Weg der Länge 2, nämlich < a, b, e > oder < a, d, e >. Von Knoten d nach e existiert kein Weg der Länge 2. Von Knoten d zu Knoten d existiert ein Weg der Länge 2, nämlich der Zyklus < d, e, d >. Von

Knoten c zu Knoten c existiert ein Weg der Länge 2, nämlich der nicht echte Zyklus < c, c, c >. In gleicher Weise läßt sich die Existenz von nichtleeren Wegen aus den Elementen der Matrix $\mathbf{R}^+$ ablesen. Von Knoten e nach Knoten a existiert kein Weg. Von Knoten e nach d existiert ein nichtleerer Weg, nämlich < e, d >, < e, c, d >, < e, c, b, e, d >,... . Von Knoten e nach e existieren nichtleere Wege, nämlich die Zyklen < e, d, e >, < e, c, c, d, e >, < e, c, b, e >,... .

Azyklischer Graph : Ein schlichter Graph $G = (V ; R)$ heißt azyklisch, wenn er keine Zyklen besitzt. Die transitive Hülle R^+ eines azyklischen Graphen ist asymmetrisch. Existiert ein nichtleerer Weg von x nach y, so existiert kein nichtleerer Weg von y nach x, da sonst die Verkettung beider Wege einen Zyklus liefern würde.

Azyklischer Graph :⇔ $R^+ \sqcap R^{+T} = 0$

Antizyklischer Graph : Ein schlichter Graph $G = (V ; R)$ heißt antizyklisch, wenn er keine echten Zyklen besitzt. Im Gegensatz zu azyklischen Graphen kann ein antizyklischer Graph Schlingen an den Knoten enthalten. Die transitive Hülle R^+ eines antizyklischen Graphen ist antisymmetrisch (identitiv).

Antizyklischer Graph :⇔ $R^+ \sqcap R^{+T} \sqsubseteq I$

Zyklischer Graph : Ein schlichter Graph $G = (V ; R)$ heißt zyklisch, wenn jeder nichtleere Weg zu einem Zyklus gehört. Die transitive Hülle R^+ eines zyklischen Graphen ist symmetrisch. Existiert ein nichtleerer Weg von x nach y, so existiert auch ein nichtleerer Weg von y nach x, so daß die Verkettung beider Wege einen Zyklus liefert.

Zyklischer Graph :⇔ $R^+ = R^{+T}$

Eigenschaften : Zwischen den Eigenschaften einer Relation R und ihrer transitiven Hülle R^+ bestehen die folgenden Beziehungen. Ist die transitive Hülle R^+ asymmetrisch beziehungsweise antisymmetrisch, so ist die Relation R asymmetrisch beziehungsweise antisymmetrisch. Ist die Relation R symmetrisch, so ist die transitive Hülle R^+ symmetrisch. Diese Beziehungen führen zu folgenden Implikationen :

Azyklischer Graph	⇒	Asymmetrischer Graph
Antizyklischer Graph	⇒	Antisymmetrischer Graph
Zyklischer Graph	⇐	Symmetrischer Graph

Beispiel 3 : Eigenschaften von Graphen

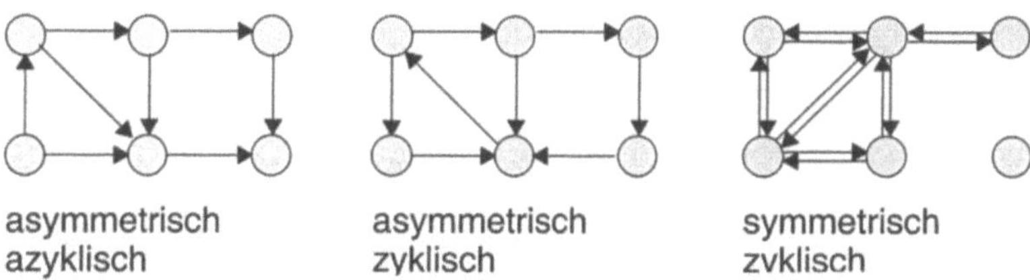

Diese Beispiele zeigen, daß zwar ein azyklischer Graph asymmetrisch, aber nicht jeder asymmetrische Graph azyklisch ist. Sie zeigen auch, daß zwar ein symmetrischer Graph zyklisch, aber nicht jeder zyklische Graph symmetrisch ist.

Einfacher Weg : Ein nichtleerer Weg heißt einfach, wenn er keine Kante mehrfach enthält. Die Knoten und die Kanten eines einfachen Weges bilden einen Untergraphen des schlichten Graphen. Sind Anfangsknoten und Endknoten eines einfachen Weges voneinander verschieden, so gelten für die Knoten des zugehörigen Untergraphen folgende Beziehungen zwischen dem Vorgänger- und dem Nachfolgergrad :

Untergraph zu einem einfachen Weg $< x,...,z,...,y >$ mit $x \neq y$

Anfangsknoten	$g_N(x) = g_V(x) + 1$
Zwischenknoten	$g_N(z) = g_V(z)$
Endknoten	$g_N(y) = g_V(y) - 1$

Einfacher Zyklus : Ein einfacher Weg, dessen Anfangsknoten und Endknoten identisch sind, heißt einfacher Zyklus. Im Untergraphen eines einfachen Zyklus sind der Vorgängergrad und der Nachfolgergrad jedes Knotens identisch.

Untergraph zu einem einfachen Zyklus mit Knoten z

Knoten	$g_N(z) = g_V(z)$

Eulersche Wege und Zyklen : Ein einfacher Weg mit verschiedenem Anfangs- und Endknoten heißt Eulerscher Weg, wenn er alle Kanten des schlichten Graphen enthält. Ein einfacher Zyklus heißt Eulerscher Zyklus, wenn er alle Kanten des schlichten Graphen enthält.

Elementarer Weg : Ein nichtleerer Weg heißt elementar, wenn er keinen Knoten mehrfach enthält. Die Knoten und die Kanten eines elementaren Weges bilden einen Untergraphen. Sind der Anfangsknoten und der Endknoten eines elementaren Weges voneinander verschieden, so besitzen die Knoten des zugehörigen Untergraphen folgende Vorgänger- und Nachfolgergrade :

Untergraph zu einem elementaren Weg < x,...,z,...,y > mit $x \neq y$

Anfangsknoten	$g_N(x) = 1$	$g_V(x) = 0$
Zwischenknoten	$g_N(z) = 1$	$g_V(z) = 1$
Endknoten	$g_N(y) = 0$	$g_V(y) = 1$

Elementarer Zyklus : Ein elementarer Weg, dessen Anfangsknoten und Endknoten identisch sind, heißt elementarer Zyklus. Im Untergraphen eines elementaren Zyklus sind der Vorgängergrad und der Nachfolgergrad jedes Knotens gleich 1. Dabei ist zu beachten, daß der identische Anfangs- und Endknoten nicht doppelt sondern nur einfach gezählt wird.

Untergraph zu einem elementaren Zyklus mit Knoten z

Knoten $g_N(z) = g_V(z) = 1$

Hamiltonsche Wege und Zyklen : Ein elementarer Weg mit verschiedenem Anfangs- und Endknoten heißt Hamiltonscher Weg, wenn er alle Knoten des schlichten Graphen enthält. Ein elementarer Zyklus heißt Hamiltonscher Zyklus, wenn er alle Knoten des schlichten Graphen enthält.

Beispiel 4 : Eulersche und Hamiltonsche Wege und Zyklen

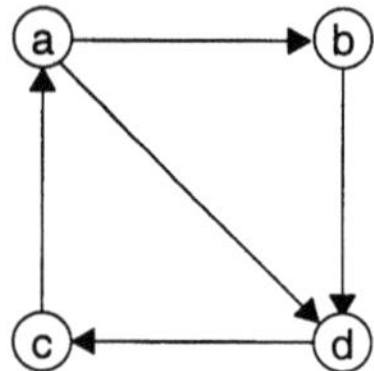

x	a	b	c	d
$g_N(x)$	2	1	1	1
$g_V(x)$	1	1	1	2

Eulersche Wege < a, d, c, a, b, d >, < a, b, d, c, a, d >

Hamiltonsche Wege < a, b, d, c >, < b, d, c, a >

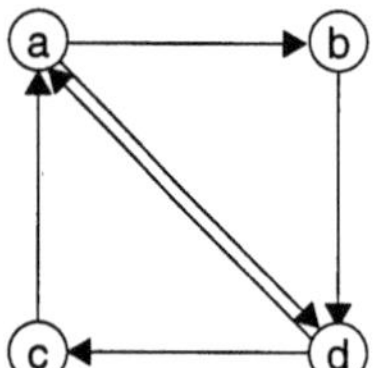

x	a	b	c	d
$g_N(x)$	2	1	1	2
$g_V(x)$	2	1	1	2

Eulersche Zyklen < a, d, c, a, b, d, a >, < d, c, a, d, a, b, d >

Hamiltonsche Zyklen < a, b, d, c, a >, < b, d, c, a, b >

8.4.3 ZUSAMMENHANG VON SCHLICHTEN GRAPHEN

Einführung : In einem schlichten Graphen $G = (V; R)$ kann ein Knoten von einem anderen Knoten längs der gerichteten Kanten erreichbar oder nicht erreichbar sein. Das Konzept der Erreichbarkeit bildet die Grundlage für die Definition des Zusammenhangs von Knoten. Dabei lassen sich verschiedene Arten des Zusammenhangs definieren, insbesondere der strenge und der schwache Zusammenhang. Schlichte Graphen ohne strengen oder schwachen Zusammenhang können eindeutig in Untergraphen mit strengem oder schwachem Zusammenhang zerlegt werden. Diese Untergraphen werden strenge oder schwache Zusammenhangskomponenten genannt. Der Zusammenhang und die Zerlegung von schlichten Graphen sind nachfolgend behandelt.

Erreichbarkeit : In einem schlichten Graphen $G = (V; R)$ heißt ein Knoten $y \in V$ von einem Knoten $x \in V$ erreichbar, wenn es einen leeren oder nichtleeren Weg von x nach y gibt. Knoten y ist von Knoten x genau dann erreichbar, wenn das Produkt $x y^T$ der assoziierten Punktrelationen x und y in der reflexiven transitiven Hülle R^* enthalten ist.

y ist von x erreichbar $:\Leftrightarrow \quad x y^T \sqsubseteq R^* \qquad\qquad R^* = I \sqcup R^+$

Strenger Zusammenhang : Zwei Knoten x und y eines schlichten Graphen hängen streng zusammen, wenn x von y und y von x erreichbar ist. Ein schlichter Graph hängt streng zusammen, wenn alle Knoten paarweise streng zusammenhängen.

x und y hängen streng zusammen $:\Leftrightarrow \quad x y^T \sqsubseteq R^* \sqcap R^{*T}$
Der Graph hängt streng zusammen $:\Leftrightarrow \quad R^* \sqcap R^{*T} = E \quad \Leftrightarrow \quad R^* = E$

Pseudostrenger Zusammenhang : Zwei Knoten x und y eines schlichten Graphen hängen pseudostreng zusammen, wenn x von y oder y von x erreichbar ist. Ein schlichter Graph hängt pseudostreng zusammen, wenn alle Knoten paarweise pseudostreng zusammenhängen.

x und y hängen pseudostreng zusammen $:\Leftrightarrow \quad x y^T \sqsubseteq R^* \sqcup R^{*T}$
Der Graph hängt pseudostreng zusammen $:\Leftrightarrow \quad R^* \sqcup R^{*T} = E$

Schwacher Zusammenhang : Zwei Knoten x und y eines schlichten Graphen $(G; R)$ hängen schwach zusammen, wenn sie im symmetrischen Graphen $G = (V; R \sqcup R^T)$ streng zusammenhängen. Ein schlichter Graph hängt schwach zusammen, wenn alle Knoten paarweise schwach zusammenhängen. Da die transitive Hülle einer symmetrischen Relation symmetrisch ist, gilt :

x und y hängen schwach zusammen $:\Leftrightarrow \quad x y^T \sqsubseteq (R \sqcup R^T)^*$
Der Graph hängt schwach zusammen $:\Leftrightarrow \quad (R \sqcup R^T)^* = E$

Zusammenhangsrelationen : Die Relation R eines schlichten Graphen G = (V ; R) enthält im allgemeinen strenge, pseudostrenge und schwache Zusammenhänge. Eine Relation, die nur Zusammenhänge gleichen Typs enthält, heißt Zusammenhangsrelation. Die Zusammenhangsrelationen für einen schlichten Graphen G werden aus seiner Relation R und ihrer reflexiven transitiven Hülle R^* abgeleitet :

Strenge Zusammenhangsrelation	:	$S = R^* \sqcap R^{*T}$
Pseudostrenge Zusammenhangsrelation	:	$P = R^* \sqcup R^{*T}$
Schwache Zusammenhangsrelation	:	$C = (R \sqcup R^T)^*$

Ein streng zusammenhängendes Knotenpaar hängt auch pseudostreng zusammen; ein pseudostreng zusammenhängendes Knotenpaar hängt auch schwach zusammen. Daher hängt ein streng zusammenhängender Graph auch pseudostreng zusammen und ein pseudostreng zusammenhängender Graph auch schwach zusammen. Für einen symmetrischen Graphen sind die drei verschiedenen Arten des Zusammenhangs identisch.

Inklusion	:	$R^* \sqcap R^{*T}$	$\sqsubseteq$	$R^* \sqcup R^{*T}$	$\sqsubseteq$	$(R \sqcup R^T)^*$
Zusammenhang	:	streng	$\Rightarrow$	pseudostreng	$\Rightarrow$	schwach

Zwei verschiedene Knoten, die streng zusammenhängen, liegen auf einem Zyklus. Ein streng zusammenhängender Graph ist daher zyklisch. Die Umkehrung gilt im allgemeinen Fall nicht.

Streng zusammenhängender Graph $\Rightarrow$ Zyklischer Graph

Beispiel 1 : Zusammenhang von Graphen

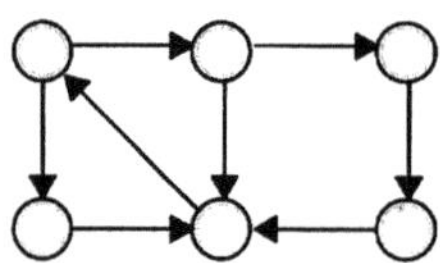

Strenger Zusammenhang

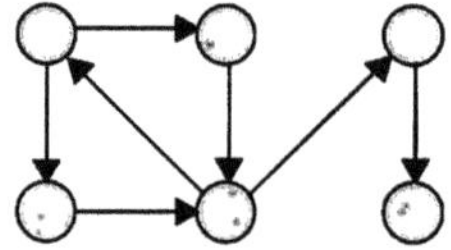

Pseudostrenger Zusammenhang

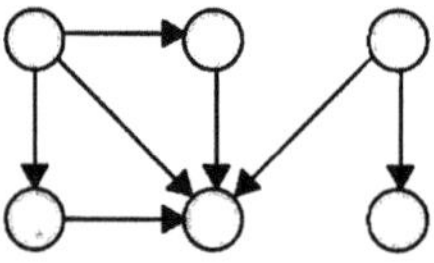

Schwacher Zusammenhang

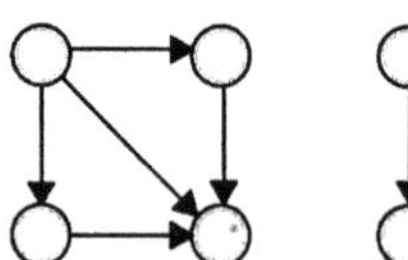

Kein Zusammenhang

Eigenschaften der Zusammenhangsrelationen : Die strenge Zusammenhangsrelation S ist reflexiv, symmetrisch und transitiv. Die Reflexivität und Symmetrie ergeben sich direkt aus der Definition. Die Transitivität ergibt sich aus folgender Betrachtung. Sind (x,y) und (y,z) streng zusammenhängende Knotenpaare, so sind z über y von x und x über y von z erreichbar. Damit ist auch (x,z) ein streng zusammenhängendes Knotenpaar.

Die pseudostrenge Zusammenhangsrelation P ist zwar reflexiv und symmetrisch, aber im allgemeinen nicht transitiv. Dieses ergibt sich aus folgender Betrachtung. Sind (x, y) und (y, z) pseudostreng zusammenhängende Knotenpaare, so ist es möglich, daß x nur von y und z nur von y erreichbar ist. In diesem Fall ist weder x von z noch z von x erreichbar. Damit ist (x, z) kein pseudostreng zusammenhängendes Knotenpaar.

Die schwache Zusammenhangsrelation C ist definitionsgemäß die strenge Zusammenhangsrelation eines zugeordneten symmetrischen Graphen. Diese ist reflexiv, symmetrisch und transitiv.

Eine reflexive, symmetrische und transitive Relation ist eine Äquivalenzrelation. Die strenge und die schwache Zusammenhangsrelation sind Äquivalenzrelationen. Die pseudostrenge Zusammenhangsrelation ist im allgemeinen keine Äquivalenzrelation.

Zerlegung in Zusammenhangskomponenten : Gegeben sei ein schlichter Graph G = (V ; R). Dann sind seine strenge Zusammenhangsrelation $S = R^* \sqcap R^{*T}$ und seine schwache Zusammenhangsrelation $C = (R \sqcup R^T)^*$ Äquivalenzrelationen. Diese Äquivalenzrelationen seien allgemein mit Z bezeichnet. Der Graph (V ; R) ist zusammenhängend, wenn die Äquivalenzrelation Z identisch mit der Allrelation E ist. Ist der Graph (V ; R) nicht zusammenhängend, so kann er eindeutig in zusammenhängende Untergraphen zerlegt werden. Die Untergraphen heißen Zusammenhangskomponenten des Graphen. Die Zerlegung wird unabhängig von der Art des Zusammenhangs in folgenden Schritten durchgeführt :

(1) Zusammenhangsklasse : Die Knotenmenge V des Graphen wird mit der Relation Z in Zusammenhangsklassen zerlegt. Eine Zusammenhangsklasse [x] mit dem Knoten x als Repräsentanten enthält alle Knoten von V, die mit x zusammenhängen. Die Klasse [x] ist eine unäre Relation und wird wie folgt bestimmt :

$$[x] = Zx$$

(2) Abbildung : Die Menge K aller Zusammenhangsklassen ist die Quotientenmenge V / Z. Jeder Knoten $x \in V$ ist eindeutig einer Zusammenhangsklasse zugeordnet. Die Zuordnung ist eine kanonische Abbildung Φ :

$$\Phi : V \rightarrow K \qquad \text{mit} \qquad K = V/Z$$

(3) Reduzierter Graph : Die Abbildung Φ der Knotenmenge V des schlichten Graphen G = (V ; R) auf die Menge K der Zusammenhangsklassen induziert den reduzierten Graphen $G_K = (K ; R_K)$.

$$G_K = (K ; R_K) \qquad \text{mit} \qquad R_K = \Phi^T R \, \Phi$$

(4) Zusammenhangskomponente : Eine Zusammenhangskomponente ist ein zusammenhängender Untergraph $G_k := (V_k , R_k)$ eines schlichten Graphen G = (V ; R). Die Knotenmenge V_k enthält alle Knoten einer Zusammenhangsklasse k des Graphen (V ; R). Die Kantenmenge $R_k = R \sqcap (V_k \times V_k)$ enthält diejenigen Kanten aus R, deren Knoten zu V_k gehören. Die Vereinigung aller Zusammenhangskomponenten G_k ist im allgemeinen Fall ein Teilgraph von G, da die Vereinigung aller Knotenmengen V_k die Knotenmenge V und die Vereinigung aller Kantenmengen R_k nur eine Teilmenge der Kantenmenge R ist.

$$\bigsqcup_{k \in K} G_k \sqsubseteq G$$

Zerlegung in strenge Zusammenhangskomponenten : Die Knotenmenge V eines schlichten Graphen G = (V ; R) wird mit seiner strengen Zusammenhangsrelation $Z = S = R^* \sqcap R^{*T}$ in strenge Zusammenhangsklassen zerlegt. Im reduzierten Graphen $G_K = (K ; R_K)$ besteht kein strenger Zusammenhang zwischen zwei verschiedenen Zusammenhangsklassen, da streng zusammenhängende Knoten derselben Klasse angehören. Jede Zusammenhangskomponente $G_k = (V_k ; R_k)$ besitzt eine symmetrische transitive Hülle R_k^+ und ist daher ein zyklischer Graph. Der reduzierte Graph $G_K = (K ; R_K)$ besitzt eine antisymmetrische transitive Hülle R_K^+ und ist daher ein antizyklischer Graph.

Zerlegung in schwache Zusammenhangskomponenten : Die Knotenmenge V eines schlichten Graphen G = (V ; R) wird mit seiner schwachen Zusammenhangsrelation $Z = C = (R \sqcup R^T)^*$ in schwache Zusammenhangsklassen zerlegt. Im reduzierten Graphen $G_K = (K ; R_K)$ besteht kein schwacher Zusammenhang zwischen zwei verschiedenen Zusammenhangsklassen, da schwach zusammenhängende Knoten derselben Klasse angehören und die beiden Knoten einer Kante mindestens schwach zusammenhängen. Folglich ist jeder schlichte Graph die Vereinigung seiner schwachen Zusammenhangskomponenten.

$$G = \bigsqcup_{k \in K} G_k$$

Beispiel 2 : Zerlegung in strenge Zusammenhangskomponenten

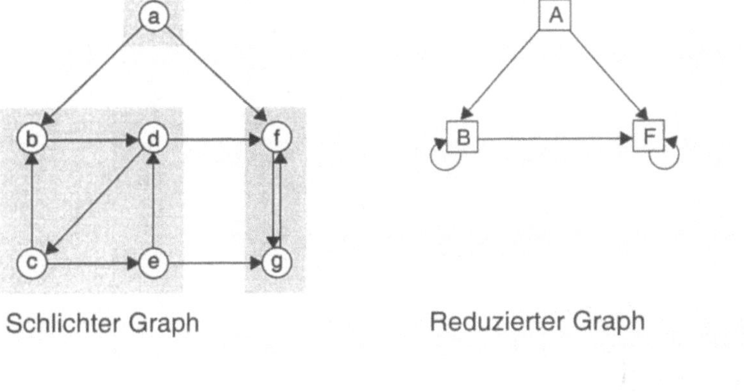

Schlichter Graph | Reduzierter Graph

Relation **R**

	a	b	c	d	e	f	g
a	0	1	0	0	0	1	0
b	0	0	0	1	0	0	0
c	0	1	0	0	1	0	0
d	0	0	1	0	0	1	0
e	0	0	0	1	0	0	1
f	0	0	0	0	0	0	1
g	0	0	0	0	0	1	0

Hülle $\mathbf{R}^*$

	a	b	c	d	e	f	g
a	1	1	1	1	1	1	1
b	0	1	1	1	1	1	1
c	0	1	1	1	1	1	1
d	0	1	1	1	1	1	1
e	0	1	1	1	1	1	1
f	0	0	0	0	0	1	1
g	0	0	0	0	0	1	1

$\mathbf{S} = \mathbf{R}^* \sqcap \mathbf{R}^{*T}$

	a	b	c	d	e	f	g
a	1	0	0	0	0	0	0
b	0	1	1	1	1	0	0
c	0	1	1	1	1	0	0
d	0	1	1	1	1	0	0
e	0	1	1	1	1	0	0
f	0	0	0	0	0	1	1
g	0	0	0	0	0	1	1

Gegeben sei der dargestellte schlichte Graph $G = (V ; R)$. Die Relation R, die reflexive transitive Hülle R^* und die strenge Zusammenhangsrelation S sind als boolesche Matrizen gezeigt. Der Graph ist nicht streng zusammenhängend, da die reflexive transitive Hülle R^* nicht gleich der Allrelation E ist. Er wird in seine strengen Zusammenhangskomponenten zerlegt.

Die strengen Zusammenhangsklassen [a], [b] und [f] werden mit der Zusammenhangsrelation S bestimmt. Die Klasse [a] enthält den Knoten a, die Klasse [b] die Knoten b, c, d, e und die Klasse [f] die Knoten f, g. Jeder Knoten des Graphen G ist genau einer strengen Zusammenhangsklasse zugeordnet. Die Knotenmenge ist damit in drei strenge Zusammenhangsklassen zerlegt, die zur Vereinfachung der Darstellung mit den Großbuchstaben A, B, F ihrer Repräsentanten a, b, f bezeichnet werden.

Die boolesche Matrix für die Abbildung $\Phi: V \rightarrow \{A, B, F\}$ setzt sich spaltenweise aus den booleschen Vektoren für die unären Relationen [a], [b], [f] zusammen. Die Kantenrelation $R_K = \Phi^T R \Phi$ des reduzierten Graphen wird als boolesche Matrix mit dem Falkschen Schema berechnet.

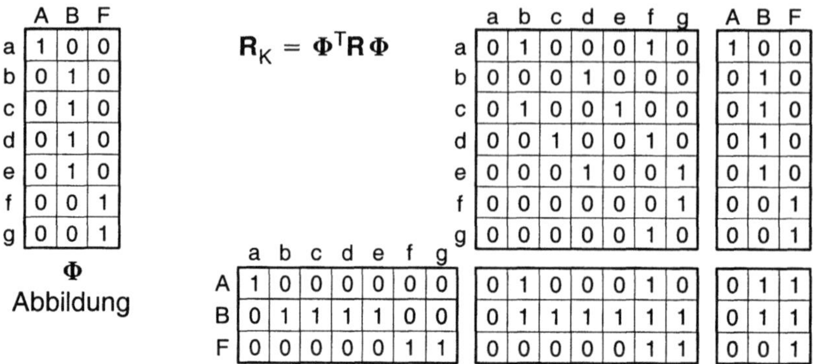

$\mathbf{R}_K = \mathbf{\Phi}^T \mathbf{R} \mathbf{\Phi}$

Φ Abbildung:

	A	B	F
a	1	0	0
b	0	1	0
c	0	1	0
d	0	1	0
e	0	1	0
f	0	0	1
g	0	0	1

	a	b	c	d	e	f	g
a	0	1	0	0	0	1	0
b	0	0	0	1	0	0	0
c	0	1	0	0	1	0	0
d	0	0	1	0	0	1	0
e	0	0	0	1	0	0	1
f	0	0	0	0	0	0	1
g	0	0	0	0	0	1	0

	A	B	F
a	1	0	0
b	0	1	0
c	0	1	0
d	0	1	0
e	0	1	0
f	0	0	1
g	0	0	1

	a	b	c	d	e	f	g
A	1	0	0	0	0	0	0
B	0	1	1	1	1	0	0
F	0	0	0	0	0	1	1

	a	b	c	d	e	f	g
A	0	1	0	0	0	1	0
B	0	1	1	1	1	1	1
F	0	0	0	0	0	1	1

	A	B	F
A	0	1	1
B	0	1	1
F	0	0	1

Die Zerlegung des schlichten Graphen liefert drei strenge Zusammenhangskomponenten, die zyklische Graphen sind und wie die strengen Zusammenhangsklassen mit A, B, F bezeichnet werden. Sie bilden einen reduzierten Graphen, der antizyklisch ist. In der Darstellung des schlichten Graphen am Anfang des Beispiels sind die strengen Zusammenhangskomponenten hinterlegt. Daneben ist der reduzierte Graph mit den Knoten A, B, F und den gerichteten Kanten entsprechend der berechneten Relation R_K gezeigt.

Beispiel 3 : Zerlegung in schwache Zusammenhangskomponenten

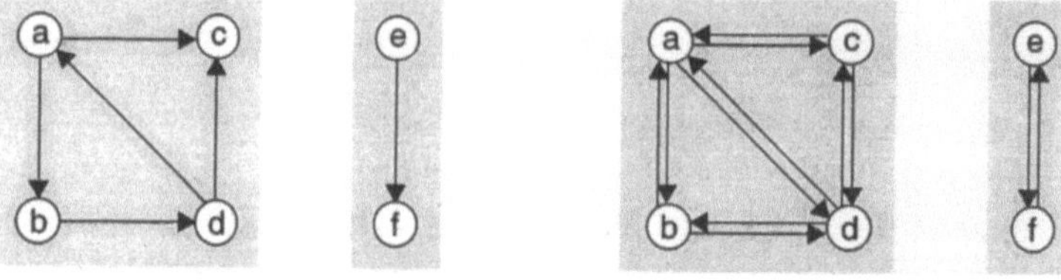

Schlichter Graph mit schwachen Zusammenhangskomponenten

Symmetrischer Graph mit strengen Zusammenhangskomponenten

Das Bild zeigt einen schlichten Graphen mit der Knotenmenge $V = \{a,...,f\}$ sowie den assoziierten symmetrischen Graphen. Die schwachen Zusammenhangskomponenten des schlichten Graphen und die strengen Zusammenhangskomponenten des symmetrischen Graphen sind hinterlegt.

Die Zerlegung eines schlichten Graphen in seine schwachen Zusammenhangsklassen wird zurückgeführt auf die Zerlegung des symmetrischen Graphen in seine strengen Zusammenhangsklassen. Die strengen Zusammenhangskomponenten des symmetrischen Graphen sind nicht durch Kanten miteinander verbunden, folglich auch nicht die schwachen Zusammenhangskomponenten des schlichten Graphen. Der schlichte Graph ist die Vereinigung seiner schwachen Zusammenhangskomponenten.

8.4.4 SCHNITTE IN SCHLICHTEN GRAPHEN

Einführung : In dem vorangehenden Abschnitt sind die Erreichbarkeit und der Zusammenhang von Knoten in einem schlichten Graphen behandelt. In diesem Abschnitt werden die Auswirkungen des Entfernens von Kanten oder Knoten auf die Erreichbarkeit und den Zusammenhang im Restgraphen untersucht. Zu diesem Zweck wird das Schnittprinzip eingeführt.

In einem schlichten Graphen können Kanten geschnitten oder Knoten herausgeschnitten werden. Das Schneiden einer Kante ist gleichbedeutend mit dem Entfernen der Kante aus dem Graphen und führt zu einem Teilgraphen. Das Herausschneiden eines Knotens ist gleichbedeutend mit dem Entfernen des Knotens einschließlich der inzidenten Kanten aus dem Graphen und führt zu einem Untergraphen.

Die Knoten und Kanten eines schlichten Graphen werden nach der Auswirkung ihres Entfernens auf die Erreichbarkeit und den Zusammenhang im Graphen klassifiziert. Dies führt zu Begriffen wie trennende Knoten und trennende Kanten oder kantendisjunkte und knotendisjunkte Wege. Damit werden weitere Struktureigenschaften von Graphen wie kantendisjunkter und knotendisjunkter Zusammenhang definiert. Im folgenden werden diese Begriffe und die entsprechenden Struktureigenschaften schlichter Graphen behandelt.

Basiskante : Eine Kante (x, y) in einem schlichten Graphen G = (V ; R) heißt Basiskante, wenn der Knoten y vom Knoten x nur über diese Kante erreichbar ist. Wird die Basiskante entfernt, so ist y nicht mehr von x erreichbar.

Sehnenkante : Eine Kante (x, y) in einem schlichten Graphen G = (V ; R) heißt Sehnenkante, wenn der Knoten y vom Knoten x auch über andere Kanten erreichbar ist. Die Sehnenkante (x, y) ist der kürzeste Weg von x nach y.

Basisgraph : Ein Teilgraph B = (V ; Q) eines schlichten Graphen G = (V ; R) heißt Basisgraph von G, wenn gilt :

1. Ist ein Knoten y von einem Knoten x im schlichten Graphen G erreichbar, so ist y von x auch im Teilgraphen B erreichbar.
2. Wird eine Kante von x nach y aus dem Teilgraphen B entfernt, so ist y von x im Teilgraphen nicht mehr erreichbar.

Konstruktion von Basisgraphen : Im allgemeinen ist ein Basisgraph B = (V ; Q) eines schlichten Graphen G = (V ; R) nicht eindeutig. Ein Basisgraph enthält alle Basiskanten des Graphen. Er kann schrittweise aus einem schlichten Graphen konstruiert werden, indem in jedem Schritt eine Sehnenkante aus dem aktuellen Graphen entfernt wird. Die transitive Hülle R^+ des schlichten Graphen ist identisch mit der transitiven Hülle Q^+ eines Basisgraphen.

Beispiel 1 : Basiskanten und Basisgraph

Der dargestellte schlichte Graph G = (V ; R) besitzt vier Basiskanten und vier Sehnenkanten. Die Basiskanten sind in der Darstellung hervorgehoben. Ein Basisgraph B = (V ; Q) von G ist gezeigt. Er besitzt neben den vier Basiskanten eine Sehnenkante des schlichten Graphen. Die transitive Hülle R^+ des schlichten Graphen ist identisch mit der transitiven Hülle Q^+ des Basisgraphen.

Schlichter Graph G = (V ; R)

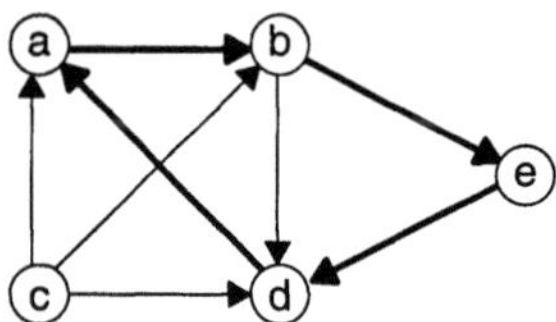

Transitive Hülle R^+

	a	b	c	d	e
a	1	1	0	1	1
b	1	1	0	1	1
c	1	1	0	1	1
d	1	1	0	1	1
e	1	1	0	1	1

Basisgraph B = (V ; Q)

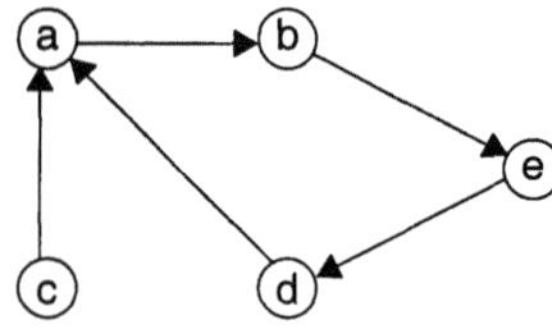

Transitive Hülle Q^+

	a	b	c	d	e
a	1	1	0	1	1
b	1	1	0	1	1
c	1	1	0	1	1
d	1	1	0	1	1
e	1	1	0	1	1

Trennende Kanten : Gegeben seien zwei verschiedene Knoten x und y eines schlichten Graphen G = (V ; R). Eine Kantenmenge $T(x,y) \sqsubseteq R$ heißt trennend, wenn das Entfernen ihrer Kanten aus dem Graphen G dazu führt, daß y von x nicht erreichbar ist. Eine trennende Kantenmenge T(x,y) heißt minimale trennende Kantenmenge, wenn keine andere trennende Kantenmenge S(x,y) weniger Kanten als T(x,y) enthält. Die Anzahl Kanten einer minimalen trennenden Kantenmenge heißt minimale Anzahl trennender Kanten und wird mit min t(x,y) bezeichnet. Enthält eine minimale trennende Kantenmenge genau eine Kante, so ist diese Kante eine Basiskante des schlichten Graphen.

Die Menge aller vom Knoten x ausgehenden Kanten sowie die Menge aller am Knoten y einmündenden Kanten sind trennende Kantenmengen. Die minimale Anzahl trennender Kanten ist daher durch den Nachfolgergrad von x und den Vorgängergrad von y nach oben beschränkt.

$$\min t(x,y) \quad \le \quad \text{Min}\,\{g_N(x),\ g_V(y)\}$$

Kantendisjunkte Wege : Gegeben seien zwei verschiedene Knoten x und y eines schlichten Graphen G = (V ; R). Zwei einfache Wege von x nach y heißen kantendisjunkt, wenn sie keine gemeinsame Kante besitzen. Eine kantendisjunkte Wegmenge W(x,y) enthält Wege von x nach y, die paarweise kantendisjunkt sind.

Sie heißt maximale kantendisjunkte Wegmenge, wenn keine andere kantendisjunkte Wegmenge U(x,y) mehr Wege als W(x,y) enthält. Die Anzahl Wege einer maximalen kantendisjunkten Wegmenge heißt maximale Anzahl kantendisjunkter Wege und wird mit max w(x,y) bezeichnet.

Jede vom Knoten x ausgehende Kante sowie jede am Knoten y einmündende Kante kann Bestandteil höchstens eines kantendisjunkten Weges von x nach y sein. Die maximale Anzahl kantendisjunkter Wege ist daher durch den Nachfolgergrad von x und den Vorgängergrad von y nach oben beschränkt.

$$\max w(x,y) \;\leq\; \operatorname{Min}\{g_N(x),\ g_V(y)\}$$

Beispiel 2 : Konstruktionsverfahren

Das folgende Beispiel illustriert zwei verschiedene Verfahren zur Konstruktion einer kantendisjunkten Wegmenge und einer zugehörigen trennenden Kantenmenge. Gegeben sei der gezeigte schlichte Graph mit den Knoten x und y. Er besitzt eine maximale kantendisjunkte Wegmenge W(x,y) mit zwei Wegen und drei minimale trennende Kantenmengen T(x,y) mit jeweils zwei Kanten.

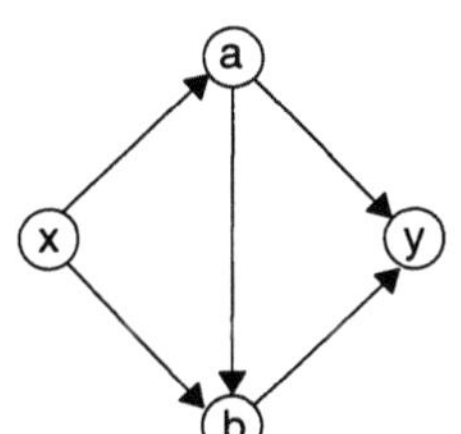

Maximale kantendisjunkte Wegmenge :

W(x, y) = { < x, a, y >, < x, b, y > }

Minimale trennende Kantenmengen :

T(x, y) : {(x, a), (x, b)}, {(x, a), (b, y)}, {(a, y), (b, y)}

Beim ersten Verfahren werden kantendisjunkte Wege des Graphen G in folgenden Schritten konstruiert :

1. Im Graphen $G_0 = G$ wird ein einfacher Weg von x nach y gesucht. Dieser Weg sei $w_1 = <x, a, b, y>$. Aus dem Graphen G_0 wird ein Teilgraph G_1 gebildet, indem alle Kanten des Weges w_1 aus G_0 entfernt werden. Damit wird verhindert, daß eine Kante von w_1 nochmals in einem nachfolgenden Schritt benutzt wird.

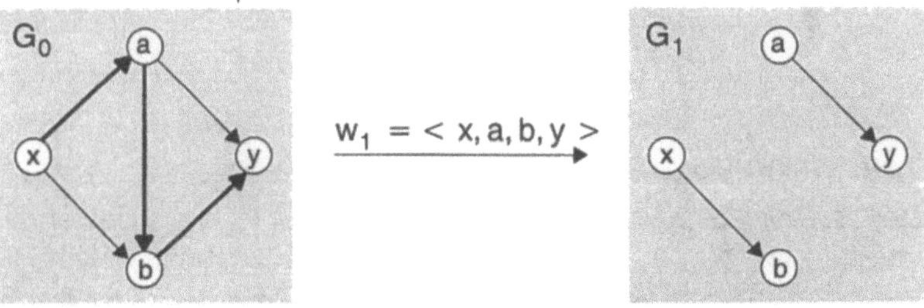

2. Im Graphen G_1 wird ein einfacher Weg von x nach y gesucht. Da es keinen solchen Weg gibt, wird das Konstruktionsverfahren beendet.

Nach diesem Konstruktionsverfahren besteht die kantendisjunkte Wegmenge $W(x,y) = \{w_1\}$ nur aus dem Weg $w_1 = < x, a, b, y >$. Sie ist nicht maximal. Eine zugehörige trennende Kantenmenge $T(x,y) = \{(x,a), (a,b), (b,y)\}$ besteht aus allen Kanten des Weges w_1. Sie ist nicht minimal und enthält eine minimal trennende Kantenmenge $\{(x,a), (b,y)\}$ als Teilmenge.

Beim zweiten Verfahren werden kantendisjunkte Wege des Graphen G in folgenden Schritten konstruiert :

1. Im Graphen $G_0 = G$ wird ein einfacher Weg von x nach y gesucht. Dieser Weg sei $w_1 = < x, a, b, y >$. Aus dem Graphen G_0 wird ein modifizierter Graph G_1 gebildet, indem alle Kanten des Weges w_1 in G_0 umgekehrt werden. Damit wird verhindert, daß eine Kante von w_1 mit gleicher Richtung nochmals in einem nachfolgenden Schritt benutzt wird.

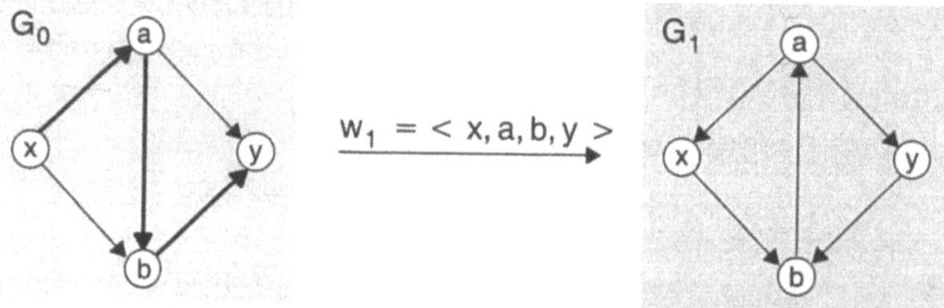

2. Im Graphen G_1 wird ein einfacher Weg von x nach y gesucht. Dieser Weg sei $w_2 = < x, b, a, y >$. Aus dem Graphen G_1 wird ein modifizierter Graph G_2 gebildet, indem alle Kanten des Weges w_2 in G_1 umgekehrt werden. Damit wird verhindert, daß eine Kante von w_2 mit gleicher Richtung nochmals in einem nachfolgenden Schritt benutzt wird.

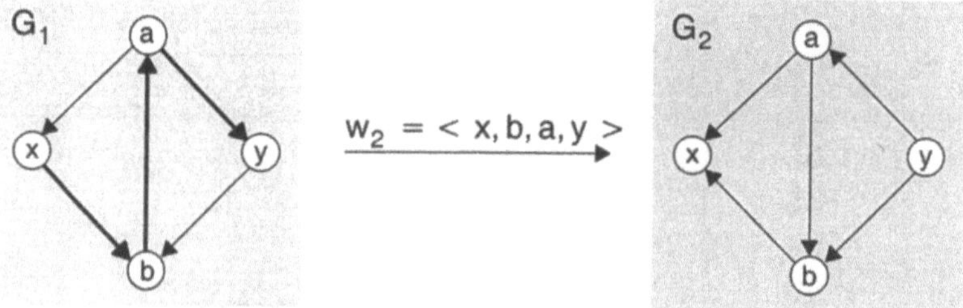

Es wird geprüft, ob der Weg w_2 eine umgekehrte Kante des zuvor ermittelten Weges w_1 enthält. Der Weg w_2 enthält die Kante (b,a) als Umkehrung der Kante (a,b) im Weg w_1. Aus den beiden Wegen w_1 und w_2 werden zwei kürzere Wege $\overline{w}_1$ und $\overline{w}_2$ konstruiert. Der Weg $\overline{w}_1 = < x, a, y >$ ist die Kettung des ersten Teilweges $< x, a >$ von w_1 und des letzten Teilweges $< a, y>$ von w_2. Der Weg $\overline{w}_2 = < x, b, y >$ ist die Kettung des ersten Teilweges $<x, b>$ von

w_2 und des letzten Teilweges $< b, y >$ von w_1. Der Weg $\bar{w}_1$ enthält nicht die Kante (a,b) und der Weg $\bar{w}_2$ nicht die umgekehrte Kante (b,a). Der Graph G_2 enthält die Kante (a,b) in ihrer ursprünglichen Richtung, so daß sie zur Konstruktion weiterer Wege verfügbar ist. Die Wege w_1 und w_2 werden durch $\bar{w}_1$ und $\bar{w}_2$ ersetzt.

3. Im Graphen G_2 wird ein einfacher Weg von x nach y gesucht. Da es keinen solchen Weg gibt, wird das Konstruktionsverfahren beendet.

Nach diesem Konstruktionsverfahren besteht die kantendisjunkte Wegmenge $W(x,y) = \{\bar{w}_1, \bar{w}_2\}$ aus den Wegen $\bar{w}_1 = < x, a, y >$ und $\bar{w}_2 = < x, b, y >$. Sie ist maximal. Eine zugehörige trennende Kantenmenge T(x,y) besteht aus je einer Kante jedes kantendisjunkten Weges, also beispielsweise $T(x,y) = \{(x, a), (b, y)\}$. Sie ist minimal.

Kantendisjunkte Wege und trennende Kanten : Gegeben seien zwei verschiedene Knoten x und y eines schlichten Graphen $G = (V; R)$. Die maximale Anzahl kantendisjunkter Wege, die von x nach y führen, ist gleich der minimalen Anzahl trennender Kanten, die y von x trennen.

$$\max w(x,y) \quad = \quad \min t(x,y)$$

Der Beweis dieses Satzes ist in dem nachfolgenden Verfahren zur Konstruktion einer maximalen kantendisjunkten Wegmenge und einer minimalen trennenden Kantenmenge enthalten.

Konstruktion kantendisjunkter Wege und trennender Kanten : Gegeben seien zwei verschiedene Knoten x und y in einem schlichten Graphen $G = (V; R)$. Eine Menge W(x,y) mit kantendisjunkten Wegen von x nach y wird schrittweise durch Modifikation des ursprünglichen Graphen konstruiert. Zu Beginn der Konstruktion ist die Wegmenge W(x,y) leer und der Graph G_0 gleich dem ursprünglichen Graphen G. In jedem Schritt $k = 1, 2, \ldots$ wird ein Weg w_k der Wegmenge W(x,y) und ein modifizierter Graph G_k in folgenden Teilschritten bestimmt :

1. Suche einen einfachen Weg w_k von x nach y im Graphen G_{k-1}. Gibt es keinen solchen Weg, so ist die Wegmenge W(x,y) vollständig aufgebaut und damit die Konstruktion beendet.

2. Bilde den modifizierten Graphen G_k, indem die Richtungen aller Kanten des Weges w_k im Graphen G_{k-1} umgekehrt werden.

3. Prüfe, ob der Weg w_k eine Kante mit umgekehrter Richtung enthält. Enthält der Weg w_k eine Kante (b,a) mit umgekehrter Richtung, so enthält ein früher bestimmter Weg w_i mit $i < k$ die Kante (a,b) mit ursprünglicher Richtung. In diesem Fall werden die Wege w_i und w_k durch die beiden kürzeren Wege $\bar{w}_i$ und $\bar{w}_k$ ersetzt.

$w_i = < x,\ldots,r,a,b,s,\ldots,y>$ $\qquad$ $w_k = < x,\ldots,p,b,a,q,\ldots,y>$

$\bar{w}_i = < x,\ldots,r,a,q,\ldots,y>$ $\qquad$ $\bar{w}_k = < x,\ldots,p,b,s,\ldots,y>$

Der neue Weg $\bar{w}_i$ enthält nicht die Kante (a,b) und der neue Weg $\bar{w}_k$ nicht die umgekehrte Kante (b,a). Damit ist die ursprüngliche Kante (a,b) wieder zur Konstruktion weiterer Wege verfügbar. Sie ist im modifizierten Graphen G_k wegen ihrer zweimaligen Umkehrung in den Schritten i und k enthalten. Der Teilschritt 3 wird solange wiederholt, bis der Weg w_k keine Kante mit umgekehrter Richtung enthält.

Der durch Konstruktion der kantendisjunkten Wegmenge W(x,y) modifizierte Graph wird mit G' bezeichnet. Die Richtungen aller Kanten der kantendisjunkten Wege im modifizierten Graphen G' sind entgegengesetzt zu ihren Richtungen im ursprünglichen Graphen G. Der modifizierte Graph G' wird zur Konstruktion einer mit W(x,y) assoziierten Menge T(x,y) von trennenden Kanten wie folgt genutzt :

1. Im modifizierten Graphen G' werden alle vom Knoten x erreichbaren Knoten bestimmt und zur Knotenmenge X zusammengefaßt. Der Knoten x gehört zur Knotenmenge X, da er von sich selbst erreichbar ist.

2. Alle Knoten, die nicht zur Knotenmenge X gehören, werden in der Knotenmenge Y zusammengefaßt. Der Knoten y gehört zur Knotenmenge Y, da im Graphen G' kein Weg von x nach y existiert.

3. Die trennende Kantenmenge T(x,y) enthält alle Kanten (a,b) des ursprünglichen Graphen G, die von einem Knoten $a \in X$ zu einem Knoten $b \in Y$ führen.

Zwischen der kantendisjunkten Wegmenge W(x,y) und der zugehörigen trennenden Kantenmenge T(x,y) bestehen folgende Beziehungen :

1. Die trennende Kantenmenge T(x,y) enthält nur Kanten, die in kantendisjunkten Wegen auftreten. Gäbe es eine Kante (a,b) mit $a \in X$ und $b \in Y$, die in keinem der kantendisjunkten Wege auftritt, so wäre ihre Richtung im modifizierten Graphen G' nicht umgekehrt. Folglich müßte b in G' von a erreichbar sein und damit zur Knotenmenge X gehören. Dies widerspricht der Definition von X.

2. Ein Weg $w_k = < x,\ldots,a,b,\ldots,y > \in W(x,y)$ besteht aus einem Teilweg $w_x = < x,\ldots,a >$ mit Knoten aus X und einem Teilweg $w_y = < b,\ldots,y >$ mit Knoten aus Y. Der Teilweg w_x kann nur Knoten aus X enthalten, da in G' jeder Knoten von w_x von a erreichbar ist. Würde ein Knoten c aus w_y zu X gehören, so müßte auch b zu X gehören, da b in G' von c erreichbar ist. Dies widerspricht der Voraussetzung $b \in Y$. Folglich enthält die trennende Kantenmenge T(x,y) von jedem Weg $w_k \in W(x,y)$ genau eine Kante (a,b) mit $a \in X$ und $b \in Y$.

3. Da die trennende Kantenmenge T(x,y) für jeden Weg in W(x,y) genau eine trennende Kante enthält und alle Kanten aus T(x,y) in Wegen aus W(x,y) auftreten, ist die Anzahl t(x,y) der konstruierten trennenden Kanten von T(x,y) gleich der Anzahl w(x,y) der konstruierten kantendisjunkten Wege von W(x,y), also t(x,y) = w(x,y).

4. Jeder Weg einer kantendisjunkten Wegmenge muß mindestens eine Kante einer trennenden Kantenmenge enthalten. Daher ist die Anzahl t(x,y) der konstruierten trennenden Kanten eine obere Schranke für die maximale Anzahl konstruierbarer kantendisjunkter Wege. Umgekehrt ist die Anzahl w(x,y) der kantendisjunkten Wege eine untere Schranke für die minimale Anzahl konstruierbarer trennender Kanten. Aus t(x,y) = w(x,y) folgt, daß t(x,y) minimal und w(x,y) maximal ist.

Beispiel 3 : Kantendisjunkte Wege und trennende Kanten

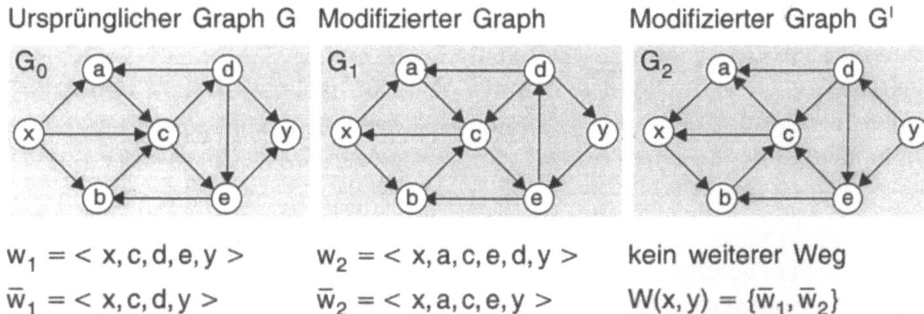

Die Menge W(x,y) der kantendisjunkten Wege von x nach y in dem gezeigten Graphen wird schrittweise konstruiert. Im ersten Schritt wird im ursprünglichen Graphen $G_0 = G$ der einfache Weg w_1 gewählt und der modifizierte Graph G_1 durch Umkehrung aller Kanten von w_1 in G_0 gebildet. Im zweiten Schritt wird im modifizierten Graphen G_1 der einfache Weg w_2 gewählt und der modifizierte Graph G_2 durch Umkehrung aller Kanten von w_2 in G_1 gebildet. Da die Kante (d,e) in w_1 und die umgekehrte Kante (e,d) in w_2 vorkommt, werden die Wege w_1 und w_2 durch die Wege $\bar{w}_1$ und $\bar{w}_2$ ersetzt. In dem modifizierten Graphen G_2 gibt es keinen weiteren Weg von x nach y, so daß $W(x,y) = \{\bar{w}_1, \bar{w}_2\}$ eine maximale kantendisjunkte Wegmenge ist.

In dem modifizierten Graphen $G' = G_2$ sind die Kanten der Wege $\bar{w}_1$ und $\bar{w}_2$ umgekehrt. Die Knotenmenge X = {x,a,b,c} enthält die von x in G' erreichbaren Knoten, die Knotenmenge Y = {d,e,y} die restlichen Knoten von G'. Die mit der maximalen kantendisjunkten Wegmenge W(x,y) assoziierte minimale trennende Kantenmenge T(x,y) = {(c,d), (c,e)} enthält die Kanten des ursprünglichen Graphen G, die von einem Knoten in X zu einem Knoten in Y führen. Die Menge T(x,y) enthält je eine Kante aus den Wegen $\bar{w}_1$ und $\bar{w}_2$.

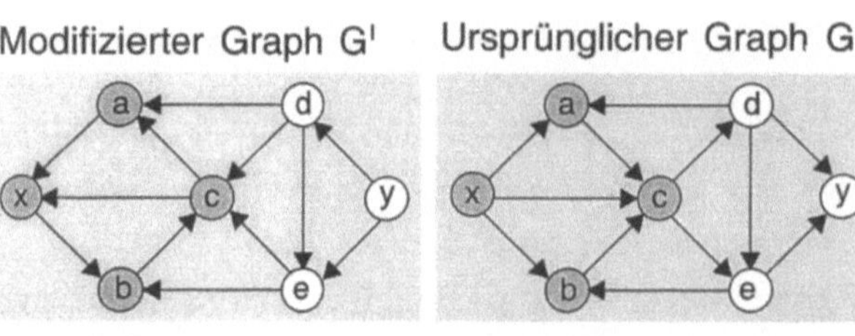

$X = \{x, a, b, c\}$ $T(x, y) = \{(c, d), (c, e)\}$

$Y = \{d, e, y\}$

Trennende Knoten : Gegeben seien zwei verschiedene Knoten x und y eines schlichten Graphen $G = (V\,;R)$. Eine Knotenmenge $S(x,y) \subseteq V - \{x, y\}$ heißt trennend, wenn das Entfernen ihrer Knoten mit den inzidenten Kanten aus dem Graphen G dazu führt, daß y von x nicht erreichbar ist. Existiert eine Kante von x nach y, so existiert keine trennende Knotenmenge. Eine trennende Knotenmenge S(x,y) heißt minimale trennende Knotenmenge, wenn keine andere trennende Knotenmenge Q(x,y) weniger Knoten als S(x,y) enthält. Die Anzahl der Knoten einer minimalen trennenden Knotenmenge heißt minimale Anzahl trennender Knoten und wird mit min s(x,y) bezeichnet. Enthält eine minimale trennende Knotenmenge genau einen Knoten, so heißt dieser Knoten trennender Knoten des schlichten Graphen.

Existiert keine Kante von x nach y, so sind die Menge aller Nachfolger von x sowie die Menge aller Vorgänger von y trennende Knotenmengen. Die minimale Anzahl trennender Knoten ist daher durch den Nachfolgergrad von x und den Vorgängergrad von y nach oben beschränkt.

$$\min s(x,y) \quad \leq \quad \mathrm{Min}\,\{g_N(x),\ g_V(x)\} \qquad\qquad (x,y) \notin R$$

Knotendisjunkte Wege : Gegeben seien zwei verschiedene Knoten x und y eines schlichten Graphen $G = (V\,;R)$. Zwei elementare Wege von x nach y heißen knotendisjunkt, wenn sie außer x und y keinen gemeinsamen Knoten besitzen. Eine knotendisjunkte Wegmenge U(x,y) enthält Wege von x nach y, die paarweise knotendisjunkt sind. Eine knotendisjunkte Wegmenge U(x,y) heißt maximale knotendisjunkte Wegmenge, wenn keine andere knotendisjunkte Wegmenge P(x,y) mehr Wege als U(x,y) enthält. Die Anzahl Wege einer maximalen knotendisjunkten Wegmenge heißt maximale Anzahl knotendisjunkter Wege und wird mit max u(x,y) bezeichnet.

Jeder Nachfolger von x sowie jeder Vorgänger von y kann Bestandteil höchstens eines knotendisjunkten Weges von x nach y sein. Die maximale Anzahl knotendisjunkter Wege ist daher durch den Nachfolgergrad von x und den Vorgängergrad von y nach oben beschränkt.

$$\max u(x,y) \;\leq\; \mathrm{Min}\,\{g_N(x),\ g_V(y)\}$$

Knotendisjunkte Wege und trennende Knoten : Gegeben seien zwei verschiedene Knoten x und y eines schlichten Graphen G = (V ; R), die nicht durch eine Kante von x nach y verbunden sind. Die maximale Anzahl knotendisjunkter Wege, die von x nach y führen, ist gleich der minimalen Anzahl trennender Knoten, die y von x trennen.

$$\max u(x,y) \quad = \quad \min s(x,y)$$

Der Beweis dieses Satzes ist in dem nachfolgenden Verfahren zur Konstruktion einer maximalen knotendisjunkten Wegmenge und einer minimalen trennenden Knotenmenge enthalten.

Konstruktion knotendisjunkter Wege und trennender Knoten : Gegeben seien zwei verschiedene Knoten x und y in einem schlichten Graphen G = (V ; R), die nicht durch eine Kante von x nach y verbunden sind. Die Bestimmung einer maximalen Menge U(x,y) von knotendisjunkten Wegen von x nach y und einer minimalen Menge S(x,y) von trennenden Knoten im Graphen G wird auf die Bestimmung einer maximalen Menge kantendisjunkter Wege und einer minimalen Menge trennender Kanten in einem Ersatzgraphen G_E zurückgeführt. Der Ersatzgraph G_E wird wie folgt aus dem Graphen G konstruiert :

- Jeder Knoten a von G wird durch zwei Knoten a' und a'' und eine Kante (a',a'') ersetzt.
- Jede Kante (a, b) von G wird durch eine Kante (a'',b') ersetzt.

Im Ersatzgraphen G_E wird eine maximale Menge $W(x'',y')$ mit kantendisjunkten Wegen von x'' nach y' und eine minimale Menge $T(x'',y')$ mit trennenden Kanten bestimmt. Zwischen der maximalen kantendisjunkten Wegmenge $W(x'',y')$ in G_E und der maximalen knotendisjunkten Wegmenge U(x,y) in G sowie zwischen der minimalen trennenden Kantenmenge $T(x'',y')$ in G_E und der minimalen trennenden Knotenmenge S(x,y) in G bestehen folgende Beziehungen :

(1) Einem Weg $w = < x'',...,z', z'',...,y' >$ von x'' nach y' in G_E ist eineindeutig ein Weg $u = < x,...,z,...,y >$ von x nach y in G zugeordnet. Dabei entsprechen die Knoten z', z'' und die Kante (z', z'') in w dem Zwischenknoten z in u. Zwei Wege von x nach y in G sind genau dann knotendisjunkt, wenn die zugehörigen Wege von x'' nach y' in G_E kantendisjunkt sind. Folglich ist jeder maximalen kantendisjunkten Wegmenge $W(x'',y')$ in G_E eindeutig eine maximale knotendisjunkte Wegmenge U(x,y) in G zugeordnet. Damit ist die maximale Anzahl $\max w(x'',y')$ kantendisjunkter Wege in G_E gleich der maximalen Anzahl max u(x,y) knotendisjunkter Wege in G.

(2) Zu jeder maximalen kantendisjunkten Wegmenge $W(x'',y')$ in G_E gibt es eine minimale trennende Kantenmenge $T(x'',y')$, die für jeden kantendisjunkten Weg genau eine trennende Kante enthält. Enthält $T(x'',y')$ eine trennende Kante (a'',z') mit $z' \neq y'$ oder eine Kante (z'',a') mit $z'' \neq x''$, so kann diese

Kante aufgrund der Konstruktion von G durch die Kante $(z^{\prime}, z^{\prime\prime})$ ersetzt werden. Dann enthält $T(x^{\prime\prime}, y^{\prime})$ nur Kanten des Typs $(z^{\prime}, z^{\prime\prime})$. Einer trennenden Kante $(z^{\prime}, z^{\prime\prime})$ in G_E ist eineindeutig der trennende Knoten z zugeordnet. Folglich ist jeder minimalen trennenden Kantenmenge $T(x^{\prime\prime}, y^{\prime})$ mit Kanten des Typs $(z^{\prime}, z^{\prime\prime})$ in G_E eineindeutig eine minimale trennende Knotenmenge S(x,y) mit Zwischenknoten $z \neq x, y$ in G zugeordnet. Damit ist die minimale Anzahl min $t(x^{\prime\prime}, y^{\prime})$ trennender Kanten in G_E gleich der minimalen Anzahl min s(x, y) trennender Knoten in G.

(3) Da im Ersatzgraphen G_E die maximale Anzahl max $w(x^{\prime\prime}, y^{\prime})$ der kantendisjunkten Wege gleich der minimalen Anzahl min $t(x^{\prime\prime}, y^{\prime})$ trennender Kanten ist, ist nach (1) und (2) im Graphen G die maximale Anzahl max u(x, y) der knotendisjunkten Wege gleich der minimalen Anzahl min s(x, y) trennender Knoten.

Beispiel 4 : Knotendisjunkte Wege und trennende Knoten

Im dargestellten schlichten Graphen G werden die knotendisjunkten Wege und trennenden Knoten über den Ersatzgraphen G_E und den modifizierten Ersatzgraphen $G_E^{\prime}$ wie folgt konstruiert :

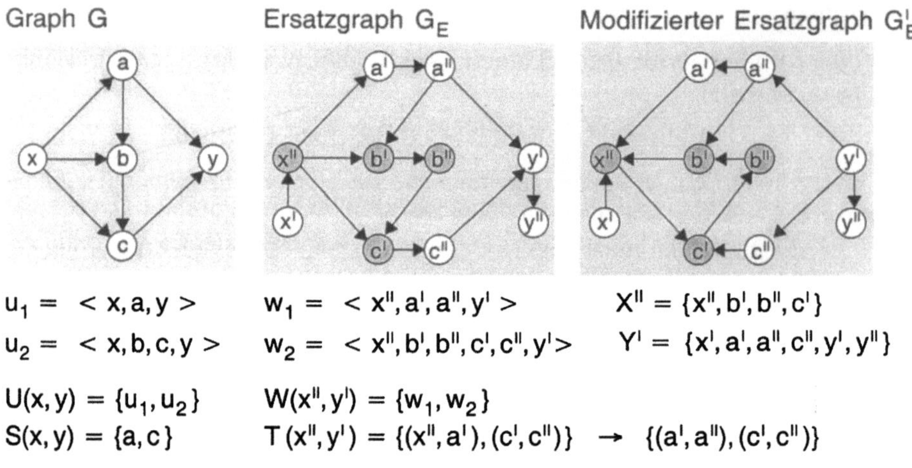

$u_1 = < x, a, y >$ $w_1 = < x^{\prime\prime}, a^{\prime}, a^{\prime\prime}, y^{\prime} >$ $X^{\prime\prime} = \{x^{\prime\prime}, b^{\prime}, b^{\prime\prime}, c^{\prime}\}$

$u_2 = < x, b, c, y >$ $w_2 = < x^{\prime\prime}, b^{\prime}, b^{\prime\prime}, c^{\prime}, c^{\prime\prime}, y^{\prime} >$ $Y^{\prime} = \{x^{\prime}, a^{\prime}, a^{\prime\prime}, c^{\prime\prime}, y^{\prime}, y^{\prime\prime}\}$

$U(x, y) = \{u_1, u_2\}$ $W(x^{\prime\prime}, y^{\prime}) = \{w_1, w_2\}$

$S(x, y) = \{a, c\}$ $T(x^{\prime\prime}, y^{\prime}) = \{(x^{\prime\prime}, a^{\prime}), (c^{\prime}, c^{\prime\prime})\} \rightarrow \{(a^{\prime}, a^{\prime\prime}), (c^{\prime}, c^{\prime\prime})\}$

Für den Graphen G wird der Ersatzgraph G_E konstruiert. Im Ersatzgraphen G_E werden die kantendisjunkten Wege w_1 und w_2 von $x^{\prime\prime}$ nach $y^{\prime}$ bestimmt. Dabei wird der Ersatzgraph G_E in den modifizierten Ersatzgraphen $G_E^{\prime}$ überführt, indem die Richtung jeder Kante von w_1 und w_2 umgekehrt wird. Im modifizierten Ersatzgraphen $G_E^{\prime}$ werden alle von $x^{\prime\prime}$ erreichbaren Knoten zur Knotenmenge $X^{\prime\prime}$ und alle übrigen Knoten zur Knotenmenge $Y^{\prime}$ zusammengefaßt. Die minimale trennende Kantenmenge $T(x^{\prime\prime}, y^{\prime})$ enthält alle Kanten des Ersatzgraphen G_E, die von einem Knoten aus $X^{\prime\prime}$ zu einem Knoten aus $Y^{\prime}$ führen. Die trennende Kante $(x^{\prime\prime}, a^{\prime})$ wird ersetzt durch die Kante $(a^{\prime}, a^{\prime\prime})$. Die trennenden Kanten $(a^{\prime}, a^{\prime\prime})$ und $(c^{\prime}, c^{\prime\prime})$ im Ersatzgraphen G_E entsprechen den trennenden Knoten a und c im Graphen G.

Die kantendisjunkten Wege im Ersatzgraphen G_E entsprechen den knotendisjunkten Wegen im Graphen G.

Mehrfach kantendisjunkte Erreichbarkeit : Ein Knoten y in einem schlichten Graphen G = (V ; R) heißt n-fach kantendisjunkt von einem Knoten x erreichbar, wenn x und y identisch sind oder die maximale Anzahl kantendisjunkter Wege von x nach y nicht kleiner als n ist. Die mehrfach kantendisjunkte Erreichbarkeit von Knoten bildet die Grundlage für die Definition des mehrfach kantendisjunkten Zusammenhangs.

Mehrfach kantendisjunkter Zusammenhang : Zwei Knoten x und y hängen n-fach kantendisjunkt zusammen, wenn sowohl x von y als auch y von x mindestens n-fach kantendisjunkt erreichbar ist. Ein schlichter Graph hängt n-fach kantendisjunkt zusammen, wenn alle Knoten paarweise n-fach kantendisjunkt zusammenhängen. Der strenge Zusammenhang eines schlichten Graphen ist ein einfacher kantendisjunkter Zusammenhang.

Die maximale Mehrfachheit max m des kantendisjunkten Zusammenhangs eines schlichten Graphen ist gleich dem Minimum der maximalen Anzahl von kantendisjunkten Wegen für alle Knotenpaare (x, y) mit x ≠ y. Aus der oberen Schranke für die maximale Anzahl von kantendisjunkten Wegen ergibt sich eine obere Schranke für die maximale Mehrfachheit.

$$\max m \; = \; \underset{x \neq y}{\text{Min}} \, \{\max w(x,y)\} \; \leq \; \underset{x}{\text{Min}} \, \{g_N(x), g_V(x)\}\}$$

Mehrfach knotendisjunkte Erreichbarkeit : Ein Knoten y in einem schlichten Graphen G = (V ; R) heißt n-fach knotendisjunkt von einem Knoten x erreichbar, wenn x und y identisch sind, eine Kante von x nach y existiert oder die maximale Anzahl knotendisjunkter Wege von x nach y nicht kleiner als n ist. Die mehrfach knotendisjunkte Erreichbarkeit von Knoten bildet die Grundlage für die Definition des mehrfach knotendisjunkten Zusammenhangs.

Mehrfach knotendisjunkter Zusammenhang : Zwei Knoten x und y hängen n-fach knotendisjunkt zusammen, wenn sowohl x von y als auch y von x mindestens n-fach knotendisjunkt erreichbar ist. Ein schlichter Graph hängt n-fach knotendisjunkt zusammen, wenn alle Knoten paarweise n-fach knotendisjunkt zusammenhängen. Der strenge Zusammenhang eines schlichten Graphen ist ein einfacher knotendisjunkter Zusammenhang.

Die maximale Mehrfachheit max n des knotendisjunkten Zusammenhangs eines schlichten und nicht vollständigen Graphen ist gleich dem Minimum der maximalen Anzahl von knotendisjunkten Wegen für alle Knotenpaare (x, y) mit x ≠ y, die nicht durch eine Kante von x nach y verbunden sind.

$$\max n \; = \; \underset{x \neq y}{\text{Min}} \, \{ \max u(x,y) \mid (x,y) \notin R \}$$

Beispiel 5 : Mehrfach kanten- und knotendisjunkter Zusammenhang

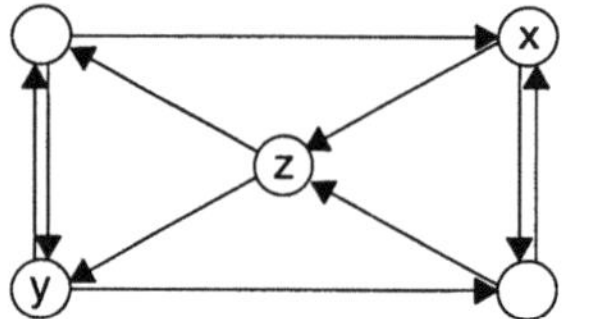

Schlichter Graph

Der dargestellte schlichte Graph hängt streng und daher einfach kantendisjunkt zusammen. Er hängt auch zweifach kantendisjunkt zusammen, da von einem Knoten jeder andere Knoten auf genau zwei kantendisjunkten Wegen erreichbar ist. Ein höherer kantendisjunkter Zusammenhang kann nicht existieren, da jeder Knoten den Vorgängergrad 2 und den Nachfolgergrad 2 besitzt und der Grad des Zusammenhangs durch den minimalen Vorgänger- oder Nachfolgergrad der Knoten nach oben beschränkt ist.

Der dargestellte schlichte Graph hängt streng und daher einfach knotendisjunkt zusammen. Er hängt nicht zweifach knotendisjunkt zusammen, da beispielsweise vom Knoten x zum Knoten y nur ein knotendisjunkter Weg mit dem Zwischenknoten z als trennendem Knoten existiert.

8.4.5 WEGE UND ZYKLEN IN EINFACHEN GRAPHEN

Einführung : Ein einfacher Graph $G = (V ; \Gamma)$ besteht aus einer Knotenmenge V und einer Adjazenzrelation Γ für die Nachbarschaft von Knoten. Die Nachbarschaft von zwei Knoten wird durch eine ungerichtete Kante dargestellt, die einem Paar entgegengesetzt gerichteter Kanten entspricht. Der Graph ist schlingenfrei. Die Adjazenzrelation Γ ist symmetrisch und antireflexiv.

Ein einfacher Graph wird als Sonderfall eines schlichten Graphen betrachtet, der symmetrisch und antireflexiv ist. Die Grundlagen schlichter Graphen für Wege und Zyklen lassen sich weitgehend auf einfache Graphen übertragen. Die Grundlagen für die Strukturanalyse einfacher Graphen sind nachfolgend behandelt.

Nachbarn : Zwei Knoten x und y heißen Nachbarn, wenn eine ungerichtete Kante zwischen x und y im einfachen Graphen existiert und somit die Knotenpaare (x,y) und (y, x) in der Adjazenzrelation Γ enthalten sind.

$$\text{x und y sind Nachbarn} \quad \Leftrightarrow \quad (x, y) \in \Gamma \quad \Leftrightarrow \quad (y, x) \in \Gamma$$

Werden die Knoten x und y als unäre Punktrelationen in V dargestellt, die ebenfalls mit x und y bezeichnet werden, so wird ihre Nachbarschaft mit der Relationenalgebra wie folgt formuliert :

$$\text{x und y sind Nachbarn} \quad \Leftrightarrow \quad x y^T \sqsubseteq \Gamma \quad \Leftrightarrow \quad y x^T \sqsubseteq \Gamma$$

Die Menge t (x) aller Nachbarn eines Knotens x wird als unäre Relation in der Knotenmenge V wie folgt berechnet :

$$\text{Nachbarn von x} \quad : \quad t(x) = \Gamma x$$

Grad : Die Anzahl der Nachbarn eines Knotens x heißt Grad des Knotens und wird mit g (x) bezeichnet. Der Grad g (x) entspricht der Anzahl Elemente in der Menge t(x) und damit der Anzahl ungerichteter Kanten am Knoten x.

$$\text{Grad eines Knotens} \quad : \quad g(x) = |t(x)| = |\Gamma x|$$

Enthält ein einfacher Graph k ungerichtete Kanten, so ist die Summe der Grade aller Knoten $x \in V$ gleich 2k und daher gleich der Anzahl der Elemente von Γ.

$$\text{Summe der Grade} \quad : \quad \sum_{x \in V} g(x) = \sum_{x \in V} |\Gamma x| = |\Gamma| = 2k$$

Beispiel 1 : Nachbarn und Grade

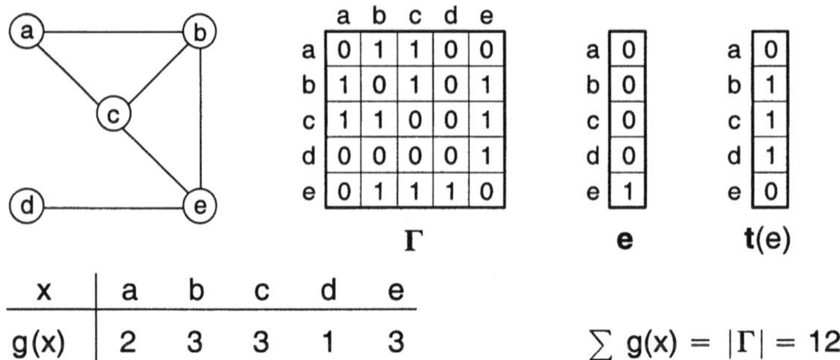

x	a	b	c	d	e
g(x)	2	3	3	1	3

$\sum g(x) = |\Gamma| = 12$

Der dargestellte schlichte Graph besteht aus 5 Knoten und 6 ungerichteten Kanten. Die symmetrische Adjazenzrelation ist als boolesche Matrix $\mathbf{\Gamma}$ angegeben. Die unäre Punktrelation für den Knoten e ist als boolescher Einheitsvektor **e** gezeigt. Das Produkt $\mathbf{\Gamma e}$ liefert den booleschen Vektor **t**(e) für alle Nachbarn von e. Er ist identisch mit der Spalte von $\mathbf{\Gamma}$, die dem Knoten e zugeordnet ist. Die Grade aller Knoten sind zusammengestellt. Die Summe der Grade aller Knoten ist identisch mit der doppelten Anzahl der ungerichteten Kanten.

Kantenzug : Eine Folge von Kanten heißt Kantenzug, wenn der Endknoten jeder Kante mit Ausnahme der letzten Kante der Anfangsknoten der folgenden Kante ist.

Kantenzug $< (x_0, x_1), (x_1, x_2), ..., (x_{n-1}, x_n) >$

Bedingung $\bigwedge_{j=1}^{n} ((x_{j-1}, x_j) \in \Gamma)$

Der Anfangsknoten x_0 der ersten Kante und der Endknoten x_n der letzten Kante heißen Anfangsknoten und Endknoten des Kantenzuges. Die Knoten x_1 bis x_{n-1} heißen Zwischenknoten des Kantenzuges. Die Anzahl n der Kanten heißt Länge des Kantenzuges. Existiert ein Kantenzug von x_0 nach x_n, so existiert wegen der Symmetrie einfacher Graphen auch ein Kantenzug mit umgekehrter Richtung von x_n nach x_0.

Nachfahren : Ein Knoten y heißt n-ter Nachfahre eines Knotens x, wenn im Graphen ein Kantenzug der Länge n von x nach y existiert. Ist y ein n-ter Nachfahre von x, so ist auch x ein n-ter Nachfahre von y, da für einen Kantenzug von x nach y auch ein umgekehrter Kantenzug von y nach x existiert. Die Nachfahren werden wie bei schlichten Graphen über die n-te Potenz Γ^n und die transitive Hülle Γ^+ der Adjazenzrelation Γ berechnet.

n-te Nachfahren von x : $t^{(n)}(x) = \Gamma^n x$

alle Nachfahren von x : $t^+(x) = \Gamma^+ x$

Weg : Ein Weg von einem Anfangsknoten x über Zwischenknoten zu einem Endknoten y ist ein Kantenzug. In einem einfachen Graphen ist er eindeutig als Knotenfolge $< x,...,y >$ darstellbar. Ein Weg $< x >$ mit gleichem Anfangs- und Endknoten x enthält keine Kante und heißt leerer Weg. Die Länge eines leeren Weges ist 0. Für jeden Knoten eines einfachen Graphen existiert ein leerer Weg. Für die Existenz von nichtleeren Wegen in einem einfachen Graphen gilt :

Es gibt einen Weg der Länge n von x nach y $\Leftrightarrow$ $xy^T \sqsubseteq \Gamma^n$
Es gibt einen nichtleeren Weg von x nach y $\Leftrightarrow$ $xy^T \sqsubseteq \Gamma^+$

Zyklus : Ein nichtleerer Weg, dessen Anfangs- und Endknoten identisch sind, heißt Zyklus. Ein einfacher Graph enthält wegen der Symmetrie der Adjazenzrelation Γ eine Vielzahl von trivialen Zyklen. Wird ein Weg einmal vorwärts und anschließend rückwärts durchlaufen, so bildet dieser Durchlauf einen trivialen Zyklus. Die trivialen Zyklen sind jedoch für die Struktur einfacher Graphen ohne Bedeutung. Da die Bedingungen für die Existenz von Zyklen in schlichten Graphen bei ihrer Anwendung auf einfache Graphen auch für triviale Zyklen gelten, sind sie für die Untersuchung einfacher Graphen nicht brauchbar.

Einfacher Weg : Ein nichtleerer Weg heißt einfach, wenn er keine ungerichtete Kante mehrfach enthält. Die Knoten und die ungerichteten Kanten eines einfachen Weges bilden einen Untergraphen des einfachen Graphen. Sind der Anfangsknoten und der Endknoten eines einfachen Weges voneinander verschieden, so gilt für die Knotengrade im Untergraphen :

Untergraph zu einem einfachen Weg $< x,...,z,...,y >$ mit $x \neq y$

Anfangsknoten	:	$g(x)$	ungerade
Zwischenknoten	:	$g(z)$	gerade
Endknoten	:	$g(y)$	ungerade

Einfacher Zyklus : Ein einfacher Weg, dessen Anfangsknoten und Endknoten identisch sind, heißt einfacher Zyklus. Im Untergraphen zu einem einfachen Zyklus ist der Grad jedes Knotens gerade.

Untergraph zu einem einfachen Zyklus mit Knoten z

Knoten	:	$g(z)$	gerade

Eulersche Wege und Zyklen : Ein einfacher Weg mit verschiedenen Anfangs- und Endknoten heißt Eulerscher Weg, wenn er alle ungerichteten Kanten des einfachen Graphen enthält. Ein einfacher Zyklus heißt Eulerscher Zyklus, wenn er alle ungerichteten Kanten des einfachen Graphen enthält.

Elementarer Weg : Ein nichtleerer Weg heißt elementar, wenn er keinen Knoten mehrfach enthält. Die Knoten und die ungerichteten Kanten eines elementaren Weges bilden einen Untergraphen des einfachen Graphen. Sind der Anfangsknoten und der Endknoten eines einfachen Weges voneinander verschieden, so gilt für die Knotengrade im Untergraphen :

Untergraph zu einem einfachen Weg $< x,..., z,...,y >$ mit $x \neq y$

Anfangsknoten	:	$g(x) = 1$
Zwischenknoten	:	$g(z) = 2$
Endknoten	:	$g(y) = 1$

Elementarer Zyklus : Ein elementarer Weg, dessen Anfangsknoten und Endknoten identisch sind, heißt elementarer Zyklus. Im Untergraphen zu einem elementaren Zyklus ist der Grad jedes Knotens 2. Dabei ist zu beachten, daß der identische Anfangs- und Endknoten des Zyklus nicht doppelt sondern nur einfach gezählt wird.

Untergraph zu einem elementaren Zyklus mit Knoten z

Knoten z : $g(z) = 2$

Hamiltonsche Wege und Zyklen : Ein elementarer Weg mit verschiedenen Anfangs- und Endknoten heißt Hamiltonscher Weg, wenn er alle Knoten des einfachen Graphen enthält. Ein elementarer Zyklus heißt Hamiltonscher Zyklus, wenn er alle Knoten des einfachen Graphen enthält.

Beispiel 2 : Wege und Zyklen

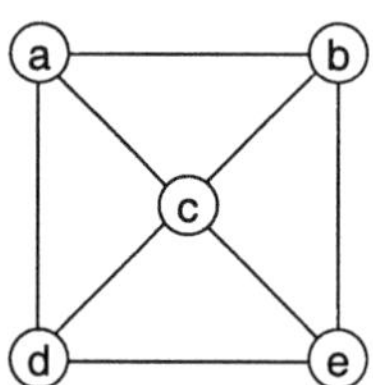

x	a	b	c	d	e
g(x)	3	3	4	3	3

Einfache Wege	< a, c, e, d, c, b >	< a, b, e, c, b >
Elementare Wege	< a, b, c >	< b, c, d >
Einfache Zyklen	< a, b, c, d, e, c, a >	< e, b, c, d, a, c, e >
Elementare Zyklen	< a, b, c, a >	< a, b, e, c, a >

Der dargestellte einfache Graph enthält keinen Eulerschen Zyklus, da die Knotengrade von a,b,d,e ungerade sind und damit die notwendige Bedingung für einen einfachen Zyklus mit allen Kanten nicht erfüllt ist. Er enthält jedoch mehrere Hamiltonsche Zyklen. Beispielsweise ist der Zyklus < a, b, c, e, d, a > ein Hamiltonscher Zyklus.

8.4.6 ZUSAMMENHANG VON EINFACHEN GRAPHEN

Einführung : Die Betrachtungen des Zusammenhangs schlichter Graphen lassen sich direkt auf einfache Graphen übertragen. Dabei führt die Symmetrieeigenschaft von einfachen Graphen zu wesentlichen Vereinfachungen. Die verschiedenen Formen des Zusammenhangs schlichter Graphen sind bei einfachen Graphen identisch und werden als einfacher Zusammenhang bezeichnet. Die Grundlagen für den Zusammenhang und die Zerlegung von einfachen Graphen sind nachfolgend behandelt.

Verbindbarkeit : In einem einfachen Graphen $G = (V\ ;\ \Gamma)$ heißen zwei Knoten $x, y \in V$ verbindbar, wenn es einen leeren oder nichtleeren Weg zwischen x und y gibt. Die Knoten x und y sind genau dann verbindbar, wenn das Produkt xy^T der assoziierten Punktrelationen in der reflexiven transitiven Hülle Γ^* enthalten ist.

$$\text{x und y sind verbindbar} \;:\Leftrightarrow\; x\,y^T \sqsubseteq \Gamma^* \qquad \Gamma^* = I \sqcup \Gamma^+$$

Einfacher Zusammenhang : Zwei Knoten x und y in einem einfachen Graphen hängen einfach zusammen, wenn x und y verbindbar sind. Ein einfacher Graph hängt einfach zusammen, wenn alle Knoten in V paarweise einfach zusammenhängen. Eine Unterscheidung von strengem, pseudostrengem und schwachem Zusammenhang ist für einfache Graphen nicht möglich, da die Adjazenzrelation Γ symmetrisch ist, woraus $\Gamma^* \sqcap \Gamma^{*T} = \Gamma^* \sqcup \Gamma^{*T} = (\Gamma \sqcup \Gamma^T)^* = \Gamma^*$ folgt.

$$\begin{array}{lll} \text{x und y hängen einfach zusammen} & :\Leftrightarrow & xy^T \sqsubseteq \Gamma^* \\ \text{Der Graph hängt einfach zusammen} & :\Leftrightarrow & \Gamma^* = E \end{array}$$

Zusammenhangsrelation : Die einfache Zusammenhangsrelation $Z = \Gamma^*$ für einfache Graphen ist wie die strenge und die schwache Zusammenhangsrelation für schlichte Graphen eine Äquivalenzrelation. Sie bildet die Grundlage für die Zerlegung einfacher Graphen in ihre einfachen Zusammenhangskomponenten.

Zerlegung in einfache Zusammenhangskomponenten : Ein einfacher Graph $G = (V\ ;\ \Gamma)$ wird mit der einfachen Zusammenhangsrelation $Z = \Gamma^*$ in einfache Zusammenhangskomponenten zerlegt. Dazu wird die Knotenmenge V auf die Quotientenmenge $K = V/Z$ abgebildet. Die Knotenmenge V_k einer Zusammenhangskomponente $G_k := (V_k\,;\Gamma_k)$ enthält alle Knoten einer Zusammenhangsklasse $k \in K$. Die Kantenmenge $\Gamma_k := \Gamma \sqcap (V_k \times V_k)$ enthält diejenigen Kanten aus Γ, deren Knoten zu V_k gehören. Zwischen den Elementen des reduzierten Graphen gibt es keine Kanten. Der einfache Graph ist die Vereinigung seiner einfachen Zusammenhangskomponenten G_k.

$$G = \bigsqcup_{k \in K} G_k$$

Beispiel : Einfacher Zusammenhang eines Graphen

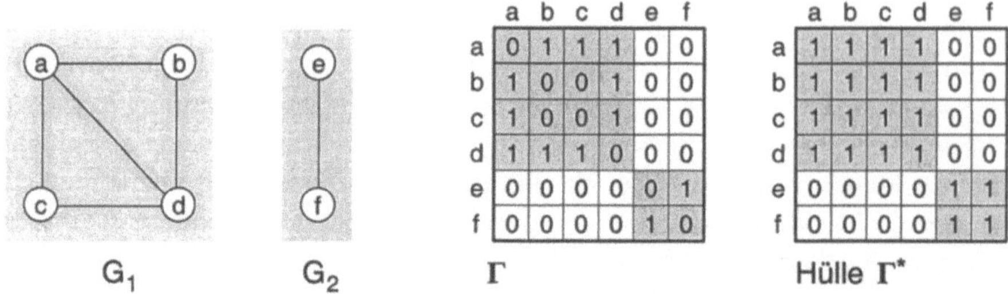

	a	b	c	d	e	f
a	0	1	1	1	0	0
b	1	0	0	1	0	0
c	1	0	0	1	0	0
d	1	1	1	0	0	0
e	0	0	0	0	0	1
f	0	0	0	0	1	0

	a	b	c	d	e	f
a	1	1	1	1	0	0
b	1	1	1	1	0	0
c	1	1	1	1	0	0
d	1	1	1	1	0	0
e	0	0	0	0	1	1
f	0	0	0	0	1	1

Für den dargestellten Graphen ist die reflexive transitive Hülle als boolesche Matrix Γ^* gezeigt, aus der sich direkt die einfachen Zusammenhangsklassen ablesen lassen. Die Klasse [a] entspricht der Spalte für a in der Matrix Γ^*. Sie enthält die Knoten a,b,c,d und ist die Knotenmenge für die einfache Zusammenhangskomponente G_1. Die Klasse [e] entspricht der Spalte e in der Matrix Γ^*. Sie enthält die Knoten e,f und ist die Knotenmenge für die einfache Zusammenhangskomponente G_2.

8.4.7 SCHNITTE IN EINFACHEN GRAPHEN

Einführung : In dem vorangehenden Abschnitt sind die Verbindbarkeit und der Zusammenhang von Knoten in einem einfachen Graphen behandelt. In diesem Abschnitt werden die Auswirkungen des Entfernens von Kanten oder Knoten auf die Verbindbarkeit und den Zusammenhang im Restgraphen untersucht. Zu diesem Zweck wird wie bei schlichten Graphen das Schnittprinzip eingeführt.

Kanten werden nach den Auswirkungen ihres Schnitts auf den Zusammenhang des Graphen in Brücken- und Zykluskanten klassifiziert. Wird eine Brückenkante zerschnitten, so geht der Zusammenhang des Graphen teilweise verloren; beim Zerschneiden einer Zykluskante bleibt der Zusammenhang erhalten. Azyklische Graphen enthalten nur Brückenkanten, zyklische Graphen nur Zykluskanten. Für einfache Graphen wird ein einfacher zyklischer Zusammenhang definiert. Graphen ohne einfachen zyklischen Zusammenhang können eindeutig in Komponenten mit einfachem zyklischen Zusammenhang zerlegt werden.

Geht der Zusammenhang eines Graphen durch das Herausschneiden eines Knotens teilweise verloren, so heißt dieser Knoten Artikulationsknoten. Ein Graph ohne Artikulationsknoten besitzt einen elementaren zyklischen Zusammenhang. Ein Graph mit Artikulationsknoten kann eindeutig in Blöcke mit elementarem zyklischem Zusammenhang zerlegt werden.

Die Definitionen des einfachen und des elementaren zyklischen Zusammenhangs erlauben eine weitergehende Analyse der Zusammenhangseigenschaften einfacher Graphen. Sie sind Sonderfälle des mehrfach kanten- und knotendisjunkten Zusammenhangs, der für schlichte Graphen in Abschnitt 8.4.4 beschrieben ist. Die Begriffe und Grundlagen für den zyklischen Zusammenhang von Graphen sind nachfolgend behandelt.

Brückenkante : Eine ungerichtete Kante zwischen zwei Knoten x und y in einem einfachen Graphen $G = (V ; \Gamma)$ heißt Brückenkante, wenn x und y nur durch diese Kante verbindbar sind. Wird eine Brückenkante von x nach y aus dem einfachen Graphen entfernt, so sind x und y nicht mehr verbindbar. Wird eine Brückenkante aus einem einfach zusammenhängenden Graphen entfernt, so zerfällt der Graph in zwei Komponenten mit einfachem Zusammenhang.

Zykluskante : Eine ungerichtete Kante zwischen zwei Knoten x und y in einem einfachen Graphen $G = (V ; \Gamma)$ heißt Zykluskante, wenn sie in einem einfachen Zyklus enthalten ist. Wird eine Zykluskante zwischen x und y aus dem einfachen Graphen entfernt, so bleiben x und y verbindbar. Wird eine Zykluskante aus einem einfach zusammenhängenden Graphen entfernt, so bleibt der einfache Zusammenhang erhalten.

Zerlegung der Adjazenzrelation : Jede ungerichtete Kante eines einfachen Graphen $G = (V ; \Gamma)$ ist entweder eine Brückenkante oder eine Zykluskante. Die Adjazenzrelation Γ kann daher eindeutig in einen Anteil Γ_B für die Brückenkanten und einen Anteil Γ_Z für die Zykluskanten zerlegt werden.

Adjazenzrelation für G	:	$\Gamma = \Gamma_B \sqcup \Gamma_Z$ mit $\Gamma_B \sqcap \Gamma_Z = \emptyset$
Adjazenzrelation für Brückenkanten	:	Γ_B
Adjazenzrelation für Zykluskanten	:	Γ_Z

Einfache azyklische und zyklische Graphen : Ein einfacher azyklischer Graph enthält nur Brückenkanten und keine Zykluskanten. Ein einfacher zyklischer Graph enthält nur Zykluskanten und keine Brückenkanten.

Einfacher azyklischer Graph	$:\Leftrightarrow$	$\Gamma_Z = \emptyset$
Einfacher zyklischer Graph	$:\Leftrightarrow$	$\Gamma_B = \emptyset$

Einfacher zyklischer Zusammenhang : Zwei Knoten x und y hängen einfach zyklisch zusammen, wenn x und y identisch sind oder wenn sie in einem einfachen Zyklus enthalten sind. Ein einfacher Graph hängt einfach zyklisch zusammen, wenn alle Knoten paarweise einfach zyklisch zusammenhängen.

x und y hängen einfach zyklisch zusammen	$:\Leftrightarrow$	$x y^T \sqsubseteq \Gamma_Z^*$
Der Graph hängt einfach zyklisch zusammen	$:\Leftrightarrow$	$\Gamma_Z^* = E$

Zerlegung in einfache zyklische Zusammenhangskomponenten : Die einfache zyklische Zusammenhangsrelation $Z = \Gamma_Z^*$ ist eine Äquivalenzrelation. Ein einfacher Graph $G = (V ; \Gamma)$ kann daher eindeutig in einfache zyklische Zusammenhangskomponenten zerlegt werden. Die Zerlegung erfolgt wie bei schlichten Graphen. Jede einfache zyklische Zusammenhangskomponente ist ein einfacher zyklischer Untergraph. Der reduzierte einfache Graph ist ein einfacher azyklischer Graph, wenn die Schlingen an den Knoten nicht berücksichtigt werden.

Beispiel 1 : Zerlegung in einfache zyklische Zusammenhangskomponenten

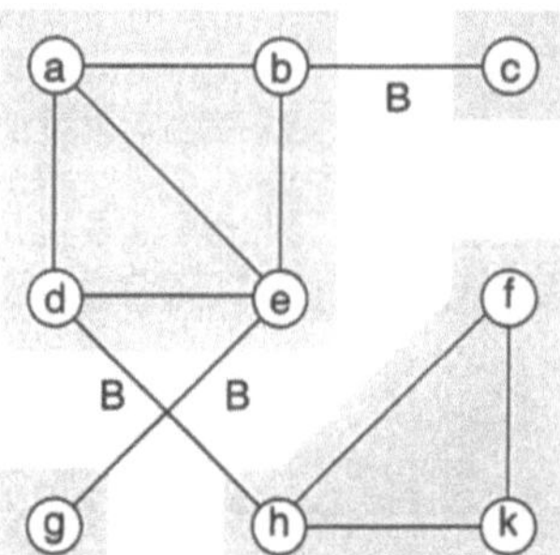

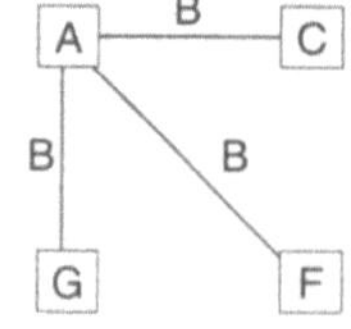

Reduzierter Graph ohne Schlingen
B Brückenkanten

Brückenanteil Γ_B

	a	b	c	d	e	f	g	h	k
a	0	0	0	0	0	0	0	0	0
b	0	0	1	0	0	0	0	0	0
c	0	1	0	0	0	0	0	0	0
d	0	0	0	0	0	0	0	1	0
e	0	0	0	0	0	0	1	0	0
f	0	0	0	0	0	0	0	0	0
g	0	0	0	0	1	0	0	0	0
h	0	0	0	1	0	0	0	0	0
k	0	0	0	0	0	0	0	0	0

Zyklusanteil Γ_Z

	a	b	c	d	e	f	g	h	k
a	0	1	0	1	1	0	0	0	0
b	1	0	0	0	1	0	0	0	0
c	0	0	0	0	0	0	0	0	0
d	1	0	0	0	1	0	0	0	0
e	1	1	0	1	0	0	0	0	0
f	0	0	0	0	0	0	0	1	1
g	0	0	0	0	0	0	0	0	0
h	0	0	0	0	0	1	0	0	1
k	0	0	0	0	0	1	0	1	0

Hülle Γ_Z^*

	a	b	c	d	e	f	g	h	k
a	1	1	0	1	1	0	0	0	0
b	1	1	0	1	1	0	0	0	0
c	0	0	1	0	0	0	0	0	0
d	1	1	0	1	1	0	0	0	0
e	1	1	0	1	1	0	0	0	0
f	0	0	0	0	0	1	0	1	1
g	0	0	0	0	0	0	1	0	0
h	0	0	0	0	0	1	0	1	1
k	0	0	0	0	0	1	0	1	1

Der dargestellte einfache Graph ist einfach zusammenhängend, jedoch nicht einfach zyklisch zusammenhängend. Die Adjazenzrelationen für den Brückenanteil Γ_B und den Zyklusanteil Γ_Z sowie die reflexive transitive Hülle Γ_Z^* für den Zyklusanteil sind als boolesche Matrizen gezeigt. Die ungerichteten Kanten (b,c), (d,h), (e,g) sind Brückenkanten. Alle übrigen Kanten sind Zykluskanten. Aus der booleschen Matrix für die reflexive transitive Hülle Γ_Z^* lassen sich die einfachen zyklischen Zusammenhangsklassen direkt ablesen. Der einfache Graph besitzt die einfachen zyklischen Zusammenhangsklassen A, C, G, F mit den Knotenmengen {a,b,d,e}, {c}, {g}, {f,h,k}. Diese Klassen bilden die Knotenmenge des reduzierten Graphen, der bei Vernachlässigung der Schlingen einfach azyklisch ist. Die Brückenkanten des einfachen Graphen induzieren Kanten zwischen den Zusammenhangsklassen des reduzierten Graphen.

Artikulationsknoten : Ein Knoten a eines einfachen Graphen $G = (V; \Gamma)$ heißt Artikulationsknoten, wenn zwei verschiedene Knoten $x \neq a$ und $y \neq a$ nur über a verbindbar sind. Wird der Artikulationsknoten a mit seinen Kanten aus dem einfachen Graphen entfernt, so sind x und y nicht mehr verbindbar. Wird ein Artikulationsknoten mit den inzidenten Kanten aus einem einfach zusammenhängenden Graphen entfernt, so zerfällt der Graph in mehrere Komponenten mit einfachem Zusammenhang.

Elementarer zyklischer Zusammenhang : Zwei Knoten x und y eines einfachen Graphen hängen elementar zyklisch zusammen, wenn x und y identisch sind, wenn sie benachbart sind oder wenn sie in einem elementaren Zyklus enthalten sind. Ein einfacher Graph heißt elementar zyklisch zusammenhängend, wenn alle Knoten paarweise elementar zyklisch zusammenhängen. Ein elementar zyklisch zusammenhängender Graph besitzt keinen Artikulationsknoten.

Block : Ein Untergraph eines einfachen Graphen $G = (V\,;\Gamma)$ heißt Block, wenn er elementar zyklisch zusammenhängt. Ein Block heißt echt, wenn er in keinem anderen Block als Untergraph enthalten ist. Enthält ein einfacher Graph einen elementaren Zyklus, so gehören alle Knoten und alle ungerichteten Kanten dieses Zyklusses zu einem echten Block.

Beziehungen zwischen Blöcken : Ein einfacher Graph $G = (V\,;\Gamma)$ kann mehrere echte Blöcke besitzen. Für zwei verschiedene echte Blöcke gilt :

(1) Zwei verschiedene echte Blöcke besitzen keinen oder einen gemeinsamen Knoten.

(2) Besitzen zwei verschiedene echte Blöcke einen gemeinsamen Knoten, so ist dies ein Artikulationsknoten des einfachen Graphen.

(3) Zwei verschiedene echte Blöcke sind nicht durch Kanten miteinander verbunden.

Blockzerlegung : Ein einfacher Graph $G = (V;\Gamma)$ kann eindeutig in echte Blöcke $B_e = (V_e\,;\Gamma_e)$ zerlegt werden. Da zwei verschiedene echte Blöcke höchstens einen gemeinsamen Knoten besitzen und durch keine Kante miteinander verbunden sind, ist jede Kante des einfachen Graphen eindeutig einem echten Block zugeordnet. Die Kantenmengen Γ_e aller Blöcke sind daher disjunkte Teilmengen der Kantenmenge Γ des einfachen Graphen. Die Knotenmengen V_e der Blöcke sind im allgemeinen Fall keine disjunkten Teilmengen der Knotenmenge V des einfachen Graphen, da Artikulationsknoten in verschiedenen Knotenmengen V_e enthalten sind.

$$G = \bigsqcup_e B_e$$

Die Blockstruktur eines einfachen Graphen wird in einem Blockgraphen dargestellt. Die Knoten des Blockgraphen entsprechen den echten Blöcken. Die Kanten des Blockgraphen zeigen an, daß die beiden echten Blöcke einen gemeinsamen Knoten besitzen, der ein Artikulationsknoten des einfachen Graphen ist. Ein Blockgraph kann auch als ein Hypergraph dargestellt werden, in dem jede Hyperkante einem Artikulationsknoten entspricht.

Beispiel 2 : Artikulationsknoten und Blockzerlegung

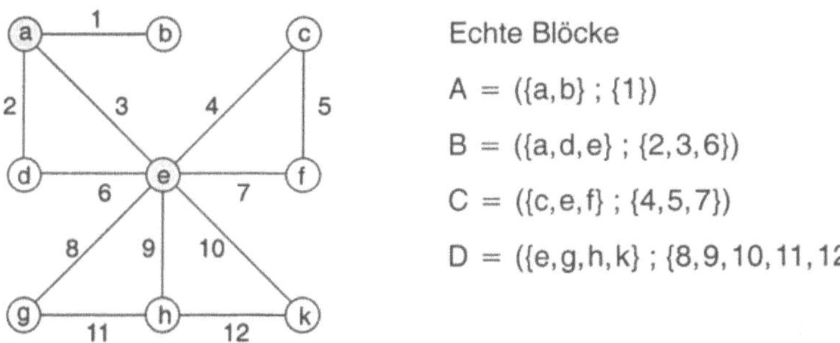

In dem dargestellten einfachen Graphen werden Kleinbuchstaben für die Knotenidentifikation und Nummern für die Kantenidentifikation verwendet. Der einfache Graph ist einfach zusammenhängend, jedoch nicht elementar zyklisch zusammenhängend. Beispielsweise liegen die Knoten a und k nicht auf einem elementaren Zyklus. Der Graph besitzt die Artikulationsknoten a und e. Beispielsweise sind die Knoten b und d nur über a oder die Knoten c und g nur über e verbindbar. Der Graph besitzt vier echte Blöcke A, B, C und D, die elementar zyklisch zusammenhängen. Die Knoten und Kanten der Blöcke sind oben angegeben. Jede ungerichtete Kante ist in genau einem Block enthalten. Der zugehörige Blockgraph mit den Blöcken als Knoten und den Artikulationsknoten als Kanten ist nachfolgend als einfacher Graph und als Hypergraph gezeigt.

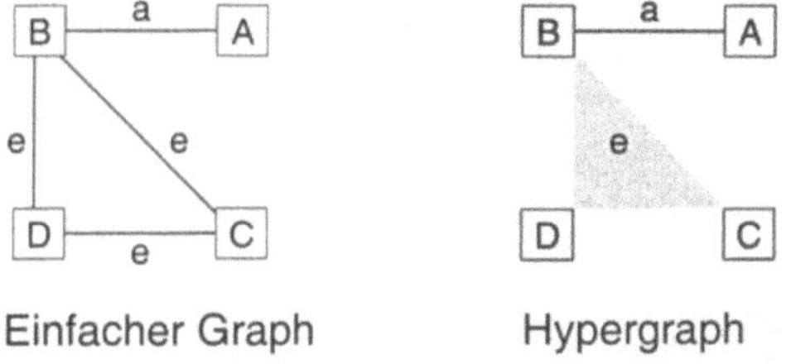

Einfacher Graph Hypergraph

Mehrfach kanten- und knotendisjunkter Zusammenhang : Die Grundlagen für den mehrfach kanten- und knotendisjunkten Zusammenhang von schlichten Graphen sind in Abschnitt 8.4.4 beschrieben. Sie lassen sich unter Berücksichtigung der Symmetrie direkt auf einfache Graphen übertragen. Dabei sind statt der gerichteten Kanten ungerichtete Kanten und statt der Erreichbarkeit die Verbindbarkeit von Knoten zu betrachten. Die behandelten Formen des Zusammenhangs einfacher Graphen sind Sonderfälle des mehrfach kanten- oder knotendisjunkten Zusammenhangs, die bei der Anwendung auf praktische Probleme von besonderer Bedeutung sind. Der einfache Zusammenhang entspricht dem einfach kantendisjunkten Zusammenhang und dem einfach knotendisjunkten Zusammenhang. Der einfache zyklische Zusammenhang entspricht dem zweifach kantendisjunkten Zusammenhang und der elementare zyklische Zusammenhang dem zweifach knotendisjunkten Zusammenhang.

8.4.8 AZYKLISCHE GRAPHEN

Einführung : Die Zyklenfreiheit von Graphen führt zu besonderen Struktureigenschaften der Graphen. Bei der Untersuchung dieser Eigenschaften wird zwischen schlichten azyklischen Graphen mit gerichteten Kanten und einfachen azyklischen Graphen mit ungerichteten Kanten unterschieden.

Schlichte azyklische Graphen besitzen eine Ordnungsstruktur. Die Knotenmenge ist eine geordnete Menge. Die gerichteten Kanten beschreiben die Ordnungsrelation in der Knotenmenge. Die Knoten können wegen der Ordnungsstruktur sortiert werden. Kanten können aus dem Graphen so entfernt werden, daß die Ordnungsstruktur erhalten bleibt. Die minimale strukturerhaltende Kantenmenge ist eindeutig. Die Knotenmenge und die minimale Kantenmenge bilden den Basisgraphen.

Einfache azyklische Graphen besitzen wegen der ungerichteten Kanten keine Ordnungsstruktur. Sie stellen ungerichtete Bäume oder Wälder dar.

Schlichter azyklischer Graph : Ein schlichter azyklischer Graph $G = (V ; R)$ ist asymmetrisch und enthält keine Zyklen. Jeder Weg von einem Knoten x zu einem Knoten y ist elementar. Die Hülle R^+ ist asymmetrisch und transitiv. Sie ist daher eine strenge Ordnungsrelation. Folglich lassen sich die theoretischen Grundlagen von strengen Ordnungsrelationen auf schlichte azyklische Graphen anwenden.

Rang : Jedem Knoten x eines schlichten azyklischen Graphen $G = (V ; R)$ wird eine natürliche Zahl als Rang r(x) mit folgenden Eigenschaften zugeordnet :

(1) Ein Knoten x besitzt den Rang $r(x) = 0$, wenn er keinen Vorfahren besitzt.

(2) Ein Knoten x besitzt den Rang $r(x) = k > 0$, wenn er einen k-ten Vorfahren und keinen $(k + 1)$-ten Vorfahren besitzt.

Die Rangzuordnung ist nur möglich, wenn der schlichte Graph G azyklisch ist. Gäbe es einen Zyklus durch den Knoten x, so gäbe es für jeden k-ten Vorfahren von x im Zyklus einen Vorgänger im Zyklus und damit auch einen $(k + 1)$-ten Vorfahren von x. Folglich darf der schlichte Graph keinen Zyklus besitzen.

Ist der Rang r(x) eines Knotens x gleich k, so besitzt der Knoten x definitionsgemäß einen k-ten Vorfahren aber keinen $(k + 1)$-ten Vorfahren. Daher muß ein Weg der Länge k aber kein Weg der Länge $k + 1$ von einem Knoten ohne Vorgänger in G nach x existieren. Folglich ist der Rang r(x) die Länge k eines längsten Weges von einem Knoten ohne Vorgänger in G nach x.

Topologisches Sortieren : Das Bestimmen der Ränge der Knoten eines schlichten Graphen $G = (V ; R)$ heißt topologisches Sortieren. Die Knotenmenge $V = V_0$ wird topologisch sortiert, indem sie schrittweise auf die leere Knotenmenge $\emptyset$ reduziert wird. In jedem Schritt k wird die Knotenmenge V_k bestimmt, deren Knoten $x \in V_k$ einen k-ten Vorfahren in G und damit einen Rang $r(x) \geq k$ besitzen. Die Knotenmenge V_k enthält alle Vorgänger der Knoten der Knotenmenge V_{k-1}. Diese schrittweise Reduktion wird mit unären Relationen wie folgt formuliert :

Anfangswerte :	$v_0 = e$	Allrelation
Reduktion :	$v_k = R^T v_{k-1}$	$k = 1,...,n$
Abbruch :	$v_n = \emptyset$	Nullrelation

Ein Knoten x der Knotenmenge V_k besitzt den Grad $r(x) = k$, wenn er nicht zur Knotenmenge V_{k+1} gehört. Die Menge W_k aller Knoten mit Rang k ist daher die Differenz $V_k - V_{k+1}$, die als Durchschnitt von V_k und dem Komplement von V_{k+1} berechnet wird. Sie heißt k-te Knotenklasse und wird als unäre Relation wie folgt bestimmt :

k-te Knotenklasse : $w_k = v_k \sqcap \overline{v}_{k+1}$ $\qquad k = 0,...,n-1$

Ordnungsstruktur : Das topologische Sortieren eines schlichten azyklischen Graphen $G = (V;R)$ führt zu einer Zerlegung der Knotenmenge in disjunkte Knotenklassen W_k mit $k = 0,...,n-1$. Die Zerlegung besitzt folgende Ordnungseigenschaften :

- Die Knotenklasse W_0 enthält alle Knoten mit dem niedrigsten Rang 0. Diese Knoten besitzen in G keinen Vorfahren und damit keinen Vorgänger. Sie sind daher minimal. Da es außer diesen Knoten keinen anderen Knoten ohne Vorgänger gibt, enthält W_0 alle minimalen Knoten.
- Die Knotenklasse W_{n-1} enthält alle Knoten mit dem höchsten Rang $n-1$. Diese Knoten besitzen in G keinen Nachfahren und damit keinen Nachfolger. Sie sind daher maximal. Da es außer diesen Knoten auch andere Knoten ohne Nachfolger geben kann, enthält W_{n-1} im allgemeinen Fall nicht alle maximalen Knoten.
- Jeder Knoten x der Knotenklasse W_k mit $k > 0$ besitzt mindestens einen Vorgänger y in der Knotenklasse W_{k-1}. Würde $x \in W_k$ keinen Vorgänger $y \in W_{k-1}$ besitzen, so würde x keinen k-ten Vorfahren besitzen und somit nicht zu W_k gehören.
- Jeder Knoten besitzt weder einen Vorgänger noch einen Nachfolger in seiner Knotenklasse. Wäre y ein Vorgänger von x und somit x ein Nachfolger von y, so müßte der Rang von y kleiner als der Rang von x sein und x, y könnten nicht zur gleichen Knotenklasse gehören.

Beispiel 1 : Topologisches Sortieren

Gegeben sei ein schlichter azyklischer Graph. Die Berechnungsschritte für das topologische Sortieren dieses Graphen sind gezeigt. Das Sortieren führt zu einer Klassenbildung in der Knotenmenge des Graphen. Der sortierte Graph und seine Klassen sind graphisch dargestellt.

Azyklischer Graph

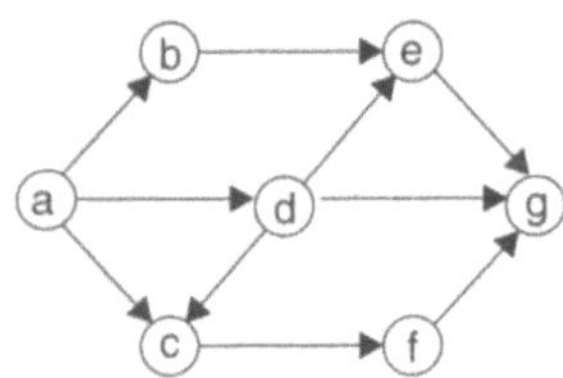

Knotenklassen des Graphen

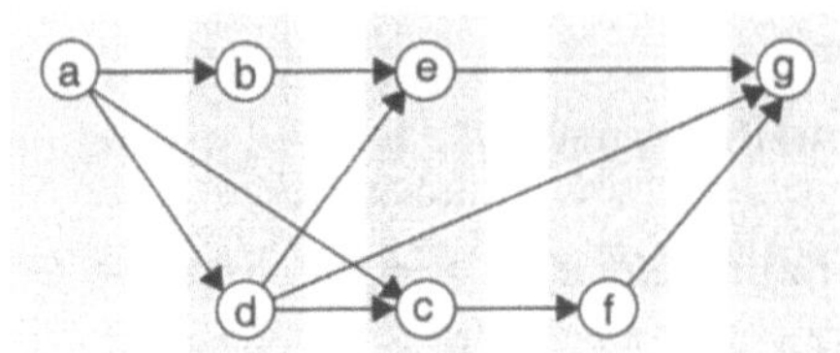

Topologisches Sortieren

	a	b	c	d	e	f	g
a	0	0	0	0	0	0	0
b	1	0	0	0	0	0	0
c	1	0	0	1	0	0	0
d	1	0	0	0	0	0	0
e	0	1	0	1	0	0	0
f	0	0	1	0	0	0	0
g	0	0	0	1	1	1	0

$\mathbf{R}^T$

$$\mathbf{v}_k = \mathbf{R}^T \mathbf{v}_{k-1}$$

$\mathbf{v}_0$	$\mathbf{v}_1$	$\mathbf{v}_2$	$\mathbf{v}_3$	$\mathbf{v}_4$	$\mathbf{v}_5$
1	0	0	0	0	0
1	1	0	0	0	0
1	1	1	0	0	0
1	1	0	0	0	0
1	1	1	0	0	0
1	1	1	1	0	0
1	1	1	1	1	0

Knotenklassen

$$\mathbf{w}_k = \mathbf{v}_k \sqcap \overline{\mathbf{v}}_{k+1}$$

$\mathbf{w}_0$	$\mathbf{w}_1$	$\mathbf{w}_2$	$\mathbf{w}_3$	$\mathbf{w}_4$
1	0	0	0	0
0	1	0	0	0
0	0	1	0	0
0	1	0	0	0
0	0	1	0	0
0	0	0	1	0
0	0	0	0	1

Basis- und Sehnenkanten : Ein schlichter azyklischer Graph $G = (V ; R)$ besitzt Basis- und Sehnenkanten. Eine Kante von x nach y ist eine Basiskante, wenn y nur über diese Kante von x erreichbar ist. Sie ist eine Sehnenkante, wenn y nicht nur über diese Kante von x erreichbar ist. Da ein schlichter azyklischer Graph keine Zyklen enthält, ist jede Kante von x nach y genau dann eine Sehnenkante, wenn ein Weg der Länge $n > 1$ von x nach y existiert.

Weg von x nach y mit n > 1	$\Leftrightarrow$	$xy^T \sqsubseteq \bigsqcup_{n>1} R^n = R \bigsqcup_{n>0} R^n = RR^+$
Sehnenkante (x,y)	$\Leftrightarrow$	$xy^T \sqsubseteq R \sqcap RR^+$
Basiskante (x,y)	$\Leftrightarrow$	$xy^T \sqsubseteq R \sqcap \overline{RR^+}$

Basisweg : Ein schlichter azyklischer Graph $G = (V\,;R)$ enthält keine Zyklen. Existieren ein oder mehrere Wege von x nach y, so existiert mindestens ein Weg mit maximaler Länge. Ein Weg maximaler Länge heißt Basisweg. Ein Basisweg enthält nur Basiskanten.

Beweis : Ein Basisweg enthält nur Basiskanten.

Betrachtet wird ein Weg von x nach y mit maximaler Länge m, der eine Kante von a nach b enthält. Wäre die Kante von a nach b eine Sehnenkante, so müßte ein Weg von a nach b mit einer Länge größer als 1 und damit auch ein Weg von x nach y mit einer Länge größer als m existieren. Dieses widerspricht jedoch der Voraussetzung. Daraus folgt, daß alle Kanten eines Weges von x nach y mit maximaler Länge Basiskanten sind.

Basisgraph : Der Graph $B = (V\,;Q)$ ist ein Basisgraph eines schlichten azyklischen Graphen $G = (V\,;R)$, wenn Q nur die Basiskanten aus R enthält. Der Basisgraph B wird konstruiert, indem alle Sehnenkanten aus R entfernt werden. Der Basisgraph B ist eindeutig. Die transitiven Hüllen R^+ und Q^+ sind identisch.

$$\text{Basisgraph } B = (V\,;Q) \qquad \text{mit} \qquad Q = R \sqcap \overline{RR^+}$$

Beweis : Die transitiven Hüllen R^+ und Q^+ sind identisch.

Für jede Sehnenkante $(x, y) \in R$ exisitiert definitionsgemäß ein Weg von x nach y mit Länge $n > 1$. Folglich existiert auch ein Weg maximaler Länge von x nach y, der ein Basisweg ist und nur aus Basiskanten besteht. Damit ist y von x auch dann erreichbar, wenn die Sehnenkante (x, y) aus R entfernt wird. Die Sehnenkante (x, y) liefert daher keinen zusätzlichen Beitrag zur Hülle R^+. Folglich sind die Hüllen R^+ und Q^+ identisch.

Ordnungsdiagramm : Beim topologischen Sortieren eines schlichten azyklischen Graphen $G = (V\,;R)$ ist der Rang r(x) eines Knotens $x \in V$ gleich der Länge eines längsten Weges von einem Knoten ohne Vorgänger nach x. Dieser Weg ist ein Basisweg, der nur aus Basiskanten besteht. Das Entfernen von Sehnenkanten aus R verändert daher den Rang r(x) eines Knotens x nicht. Folglich führen das topologische Sortieren des Graphen $G = (V\,;R)$ und seines Basisgraphen $B = (V\,;Q)$ zum gleichen Ergebnis. Die Darstellung der Ordnungsstruktur des Basisgraphen mit seinen Knotenklassen ist nach Abschnitt 4.2 ein Ordnungsdiagramm.

Beispiel 2 : Basisgraph und Ordnungsdiagramm

Gegeben sei der schlichte azyklische Graph G = (V ; R) aus Beispiel 1. Die Kanten (a, c) und (d, g) sind Sehnenkanten, da Basiswege < a, d, c > und < d, e, g > existieren. Der Basisgraph B = (V ; Q) wird aus dem Graphen G konstruiert, indem diese Sehnenkanten aus G entfernt werden. Die Kantenmenge Q des Basisgraphen wird mit der oben angegebenen Formel berechnet. Der Basisgraph B und das Ordnungsdiagramm sind graphisch dargestellt. Der schlichte azyklische Graph G und der Basisgraph B besitzen gleiche Knotenklassen.

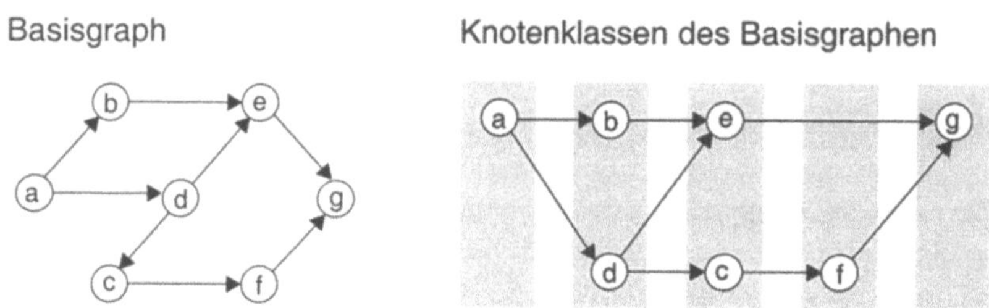

Einfacher azyklischer Graph : Ein einfacher azyklischer Graph $G = (V ; \Gamma)$ enthält keine einfachen Zyklen. Alle ungerichteten Kanten des Graphen G sind Brückenkanten. Beim Entfernen einer Kante geht der ursprüngliche Zusammenhang des Graphen G verloren.

Baum : Ein einfacher azyklischer Graph mit einfachem Zusammenhang heißt Baum. Ein Baum mit n Knoten besitzt genau n – 1 ungerichtete Kanten.

Baum	$n - k = 1$
Anzahl Knoten	n
Anzahl Kanten	k

Ein Baum wird folgendermaßen konstruiert : Ein einfacher Graph mit nur einem Knoten und keiner ungerichteten Kante besitzt einen einfachen Zusammenhang ohne einfache Zyklen und ist daher ein Baum. Der einfache Zusammenhang ohne einfache Zyklen bleibt erhalten, wenn der Baum schrittweise erweitert wird, indem in jedem Schritt ein neuer Knoten mit einer neuen ungerichteten Kante an einen vorhandenen Knoten angefügt wird. Diese Konstruktion führt bei n Knoten zu n – 1 Kanten.

In einem Baum ist der Weg zwischen zwei verschiedenen Knoten x und y eindeutig. Würden mehrere verschiedene Wege zwischen x und y existieren, so müßten Zyklen existieren. Dies ist jedoch nach der Definition des Baumes ausgeschlossen.

Wald : Ein einfacher azyklischer Graph mit mehreren einfachen Zusammenhangskomponenten heißt Wald. Jede einfache Zusammenhangskomponente ist ein Baum. Nach der Definition von Bäumen besitzt ein Wald mit n Knoten und k ungerichteten Kanten genau n – k Bäume.

Wald	:	$n - k = c$
Anzahl Knoten	:	n
Anzahl Kanten	:	k
Anzahl Komponenten	:	c

Beispiel 3 : Bäume und Wälder

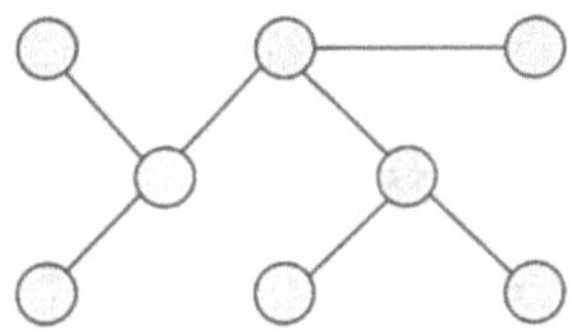

Baum : n = 8 k = 7 c = 1

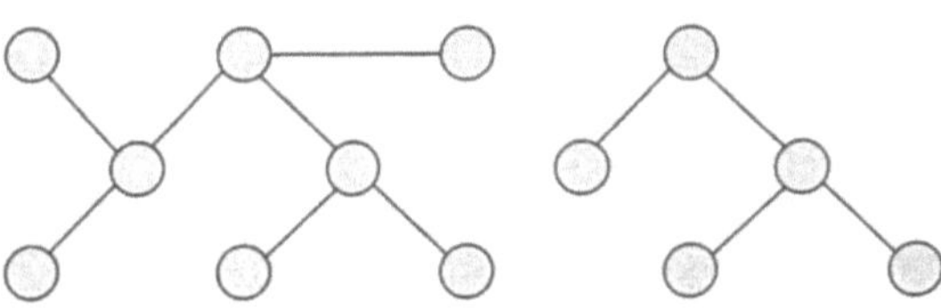

Wald : n = 13 k = 11 c = 2

8.4.9 WURZELGRAPHEN UND WURZELBÄUME

Einführung : Ein Knoten eines Graphen, von dem alle übrigen Knoten erreichbar sind, heißt Wurzelknoten und ist ein Einstiegsknoten des Graphen. In der Informatik sind Wurzelgraphen und Wurzelbäume von wesentlicher Bedeutung. Beispielsweise werden endliche Automaten, Syntaxdiagramme und Flußdiagramme als Wurzelgraphen behandelt. Alle hierarchischen Strukturen werden als Wurzelbäume aufgefaßt. Die Suche nach allen Knoten eines Graphen, die von einem vorgegebenen Knoten erreichbar sind, führt zu einem Suchbaum, der einem Wurzelbaum entspricht und ein Gerüst des Graphen bildet. Die Grundlagen für Wurzelgraphen, Wurzelbäume und Suchbäume sind nachfolgend behandelt.

Wurzel : Ein Knoten w heißt Wurzel (Wurzelknoten) eines schlichten Graphen $G = (V; R)$, wenn vom Knoten w alle Knoten des Graphen erreichbar sind. Ist ein schlichter Graph nicht schwach zusammenhängend, so besitzt er keine Wurzel. Ist er streng zusammenhängend, so ist jeder Knoten des Graphen eine Wurzel.

$$\text{w ist eine Wurzel} \quad :\Leftrightarrow \quad w\, e^T \sqsubseteq R^*$$

Wurzelgraph : Ein schlichter Graph $G = (V; R)$ heißt Wurzelgraph, wenn er mindestens eine Wurzel enthält. In einem Wurzelgraphen gibt es einen besonderen Zusammenhang zwischen jeweils zwei Knoten, der quasistrenger Zusammenhang genannt wird. Zwei Knoten x und y hängen quasistreng zusammen, wenn ein Knoten z existiert, von dem die Knoten x und y erreichbar sind. In diesem Fall existiert ein Weg von x nach z im dualen Graphen G^T und ein Weg von z nach y im Graphen G, so daß $(x,z) \in R^{*T}$ und $(z,y) \in R^*$ und damit $(x,y) \in R^{*T}R^*$ gilt. In einem Wurzelgraphen hängen alle Knoten paarweise über eine Wurzel quasistreng zusammen, so daß $R^{*T}R = E$ gilt.

$$\text{x und y hängen quasistreng zusammen} \quad :\Leftrightarrow \quad x y^T \sqsubseteq R^{*T} R^*$$
$$G = (V; R) \text{ ist ein Wurzelgraph} \quad :\Leftrightarrow \quad R^{*T} R^* = E$$

Azyklischer Wurzelgraph : Ein schlichter Graph $G = (V; R)$ ist azyklisch, wenn $R^+ \sqcap R^{+T} = \emptyset$ gilt. Er ist ein Wurzelgraph, wenn $R^{*T}R^* = E$ gilt. Ein azyklischer Wurzelgraph besitzt genau eine Wurzel. Die Existenz mehrerer Wurzeln würde im Widerspruch zur Zyklenfreiheit stehen.

$$G = (V; R) \text{ ist ein azyklischer Wurzelgraph} \;\Leftrightarrow\; R^+ \sqcap R^{+T} = \emptyset \;\wedge\; R^{*T} R^* = E$$

Wurzelbaum : Ein azyklischer Wurzelgraph $G = (V; R)$ heißt Wurzelbaum, wenn R linkseindeutig ist, so daß $RR^T \sqsubseteq I$ gilt.

$$G = (V; R) \text{ ist ein Wurzelbaum} :\Leftrightarrow RR^T \sqsubseteq I \;\wedge\; R^+ \sqcap R^{+T} = \emptyset \;\wedge\; R^{*T} R^* = E$$

Ein Wurzelbaum mit der Wurzel w besitzt folgende Eigenschaften :

- Die Wurzel w besitzt keinen Vorgänger.
- Jeder Knoten $x \neq w$ besitzt genau einen Vorgänger.
- Jeder Knoten $x \neq w$ ist durch genau einen Weg von w nach x erreichbar.
- Ein Wurzelbaum mit n Knoten besitzt genau n – 1 Kanten.

Wald von Wurzelbäumen : Ein schlichter Graph heißt Wald von Wurzelbäumen, wenn jede schwache Zusammenhangskomponente ein Wurzelbaum ist.

Beispiel 1 : Wurzelgraphen und Wurzelbäume

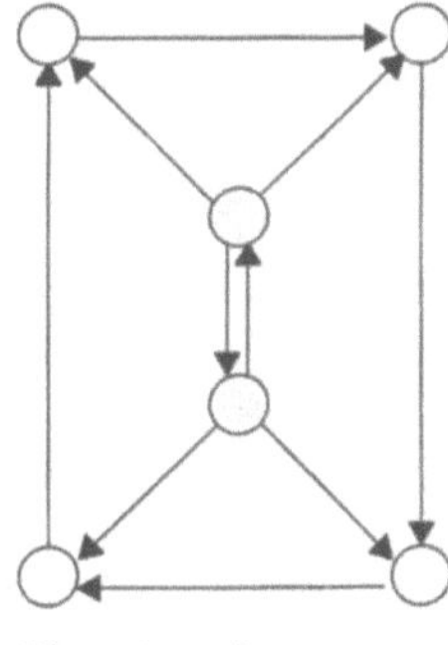

Wurzelgraph
mit 2 Wurzeln

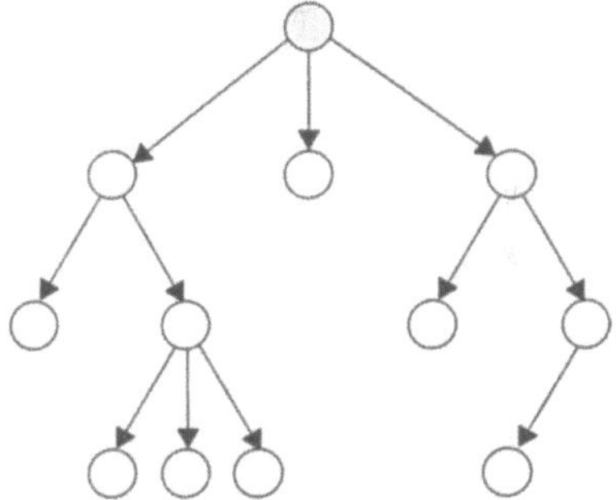

Wurzelbaum
mit 12 Knoten und 11 Kanten

Suchbaum : Gegeben sei ein Knoten a in einem schlichten Graphen G. Ein Wurzelbaum, dessen Wurzel der Knoten a ist und der alle Nachfahren von a in G enthält, heißt Suchbaum am Knoten a. Ein Suchbaum wird ausgehend vom Knoten a durch schrittweise Suche aufgebaut. Dabei wird zwischen der Breiten- und der Tiefensuche unterschieden.

Breitensuche : Für die Breitensuche wird eine Knotenfolge F benutzt, die zu Beginn nur den Wurzelknoten a enthält. Solange die Knotenfolge F nicht leer ist, werden in einer Schleife folgende Schritte durchgeführt :

- Besitzt der Knoten am Anfang von F einen noch nicht aufgesuchten Nachfolger, so wird ein solcher Nachfolger am Ende der Folge F eingetragen.
- Besitzt der Knoten am Anfang von F keinen noch nicht aufgesuchten Nachfolger, so wird er aus der Folge F ausgetragen.

Die im Zuge der Breitensuche aufgesuchten Knoten und die benutzten Kanten bilden den Breitensuchbaum. Er enthält für jeden aufgesuchten Knoten x einen Weg minimaler Länge von a nach x. Diese Eigenschaft ist von grundlegender Bedeutung für die Bestimmung von Wegen minimaler Länge zwischen den Knoten eines schlichten Graphen.

Tiefensuche : Für die Tiefensuche wird eine Knotenfolge F benutzt, die zu Beginn nur den Wurzelknoten a enthält. Solange die Knotenfolge F nicht leer ist, werden in einer Schleife folgende Schritte durchgeführt :

- Besitzt der Knoten am Ende von F einen noch nicht aufgesuchten Nachfolger, so wird ein solcher Nachfolger am Ende der Folge F eingetragen.
- Besitzt der Knoten am Ende von F keinen noch nicht aufgesuchten Nachfolger, so wird er aus der Folge F ausgetragen.

Die im Zuge der Tiefensuche aufgesuchten Knoten und die benutzten Kanten bilden den Tiefensuchbaum.

Eigenschaften : Die Breiten- und Tiefensuche führen zu verschiedenen Suchbäumen. Die Tiefe eines Suchbaumes ist die Länge eines längsten Weges von der Wurzel a zu einem aufgesuchten Knoten ohne Nachfolger. Die Breite eines Suchbaumes ist die maximale Anzahl der aufgesuchten Knoten ohne Nachfolger. Ein Breitensuchbaum besitzt unter allen Suchbäumen die maximale Breite und minimale Tiefe. Ein Tiefensuchbaum besitzt in der Regel eine geringe Breite und große Tiefe.

Beispiel 2 : Breitensuche und Tiefensuche

Gegeben sei der dargestellte schlichte Graph. Die Nachfahren des Knotens c sind durch Breiten- und Tiefensuche zu bestimmen. Der schrittweise Auf- und Abbau der Knotenfolge F für die Breiten- und Tiefensuche ist gezeigt.

Schlichter Graph

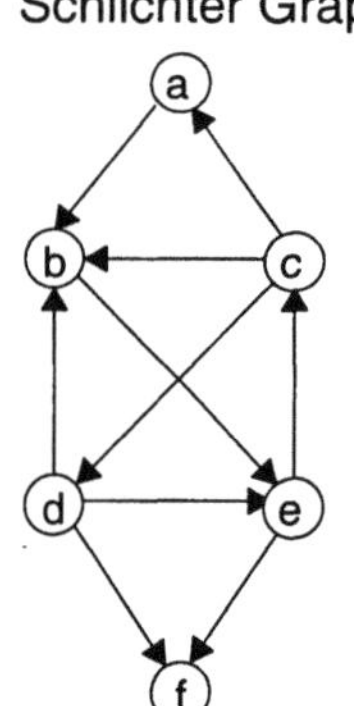

Breitensuchfolge F

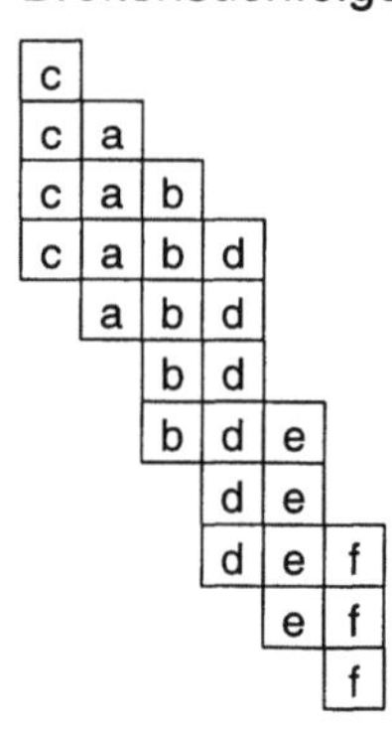

Tiefensuchfolge F

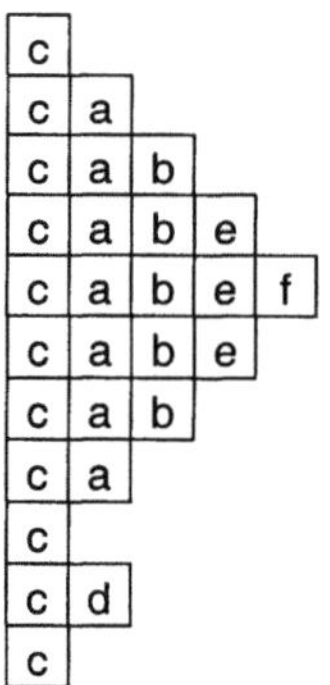

Der Knoten c ist die Wurzel des Breitensuchbaumes und des Tiefensuchbaumes. Der Breitensuchbaum wird ausgehend von der Wurzel c nach folgender Regel konstruiert :

- Wird in einem Schritt in der Folge F mit Anfangsknoten x ein neuer Knoten y am Ende von F eingetragen, so wird der Breitensuchbaum um den neuen Knoten y mit der Kante von x nach y erweitert.

Der Tiefensuchbaum wird ausgehend von der Wurzel c nach folgender Regel konstruiert :

- Wird in einem Schritt in der Folge F mit einem Endknoten x ein neuer Knoten y am Ende von F eingetragen, so wird der Tiefensuchbaum um den neuen Knoten y mit der Kante von x nach y erweitert.

Breitensuchbaum

c
a b d
e f

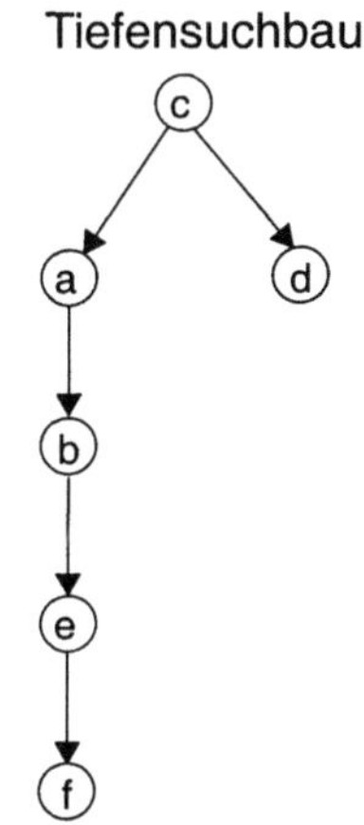

8.5 WEGE IN NETZEN

8.5.1 EINFÜHRUNG

Netz : Gegeben sei ein schlichter Graph. Jeder Kante des schlichten Graphen sei ein Wert zugeordnet. Ein schlichter Graph mit einer Kantenbewertung heißt bewerteter Graph oder Netz. Die Form und Bedeutung der Kantenbewertung hängt vom Anwendungsgebiet ab. Beispielsweise kann in einem Netz jede Kante mit einer reellen Zahl als Länge oder mit einem Zeichen als Bezeichnung bewertet werden.

Wegaufgabe : Die Bestimmung von Wegen mit spezifischen Eigenschaften in Netzen heißt Wegaufgabe. Für die verschiedenen Anwendungsgebiete können unterschiedliche Wegaufgaben formuliert werden. Dabei werden grundsätzlich Struktur- und Extremalaufgaben unterschieden.

Bei den Strukturaufgaben werden besondere Struktureigenschaften für Wege zwischen jeweils zwei Knoten in einem Netz bestimmt. Hierzu zählen beispielsweise die Bestimmung der Existenz von Wegen, die Bestimmung von einfachen oder elementaren Wegen sowie die Bestimmung von gemeinsamen Kanten oder Zwischenknoten aller Wege zwischen jeweils zwei vorgegebenen Knoten.

Bei den Extremalaufgaben werden minimale oder maximale Eigenschaften für Wege zwischen jeweils zwei Knoten in einem Netz bestimmt. Zu den Wegaufgaben mit Minimaleigenschaften gehören die Bestimmung eines kürzesten Weges zwischen zwei Orten in einem Verkehrsnetz und die Bestimmung eines kostengünstigsten Weges zwischen zwei Standorten in einem Transportnetz. Zu den Wegaufgaben mit Maximaleigenschaften gehören die Bestimmung eines zuverlässigsten Weges zwischen zwei Knoten in einem Kommunikationsnetz und die Bestimmung eines kritischen Weges in einem Netzplan für den zeitlichen Ablauf eines Bauvorhabens.

Weg : Ein Weg von i nach k ist ein Kantenzug mit Anfangsknoten i und Endknoten k. Der Weg heißt bewertet, wenn ihm ein Wert zugeordnet ist, der nach einer gegebenen Regel aus den Werten seiner Kanten bestimmt wird. Verschiedene Wegaufgaben besitzen verschiedene Regeln der Wegbewertung. Beispielsweise wird die Länge eines Weges als Summe der Längen seiner Kanten oder die Bezeichnung eines Weges als die Folge der Bezeichnungen seiner Kanten bestimmt.

Wegmenge : Eine Menge von Wegen mit gemeinsamem Anfangsknoten i und gemeinsamem Endknoten k heißt eine Wegmenge. Die Wegmenge heißt bewertet, wenn ihr ein Wert zugeordnet ist, der nach einer gegebenen Regel aus den Werten ihrer Wege bestimmt wird. Verschiedene Wegaufgaben besitzen verschiedene Regeln der Wegmengenbewertung. Beispielsweise wird die Länge eines kürzesten Weges einer Wegmenge als Minimum der Länge aller in der Wegmenge enthaltenen Wege bestimmt.

Wegalgebra : Für Wegmengen und ihre Bewertungen sind die Vereinigung $\sqcup$ und die Kettung $\circ$ als binäre Verknüpfungen definiert. Die Regeln für die Vereinigung und Kettung von bewerteten Wegmengen werden so formuliert, daß die Bewertungen direkt bestimmt werden, ohne daß die Wegmengen explizit aufgestellt werden. Dies führt zu Wegalgebren für Netze. Eine Wegalgebra heißt entweder boolesch, reell oder literal, wenn die Bewertung von Wegmengen entweder boolesch, reell oder literal ist.

Die Wegalgebren für die verschiedenen Wegaufgaben lassen sich durch Abstraktion generalisieren. Sie werden zweckmäßig in Matrix- und Vektorschreibweise formuliert. Mit Wegalgebren wird die Lösung von Wegaufgaben auf die Lösung von Gleichungssystemen zurückgeführt.

8.5.2 WEGALGEBRA

Einführung : Ein schlichter Graph besteht aus Knoten und Kanten. Die Wegalgebra für schlichte Graphen läßt sich zweckmäßig formulieren, wenn die Knoten mit natürlichen Zahlen und die Kanten mit Zeichen eines Alphabets bezeichnet werden. Die Bezeichnungen dienen der eindeutigen Identifikation von Knoten und Kanten.

Ein Weg in einem Graphen ist eine Folge von Kanten im Sinne eines Kantenzuges. Da jede Kante mit einem Zeichen bezeichnet ist, wird ein Weg mit einer Zeichenfolge bezeichnet. Eine Zeichenfolge mit Zeichen eines Alphabets heißt Wort über dem Alphabet. Jeder Weg im Graphen wird mit einem Wort eindeutig identifiziert. Die Wegalgebra wird damit auf eine Algebra mit Zeichen und Worten zurückgeführt, die literale Algebra genannt wird.

Eine Menge von Wegen mit gleichem Anfangsknoten und gleichem Endknoten heißt Wegmenge. Auf der Grundlage der Mengenalgebra und der literalen Algebra werden die binären Verknüpfungen Vereinigung (Symbol $\sqcup$) und Kettung (Symbol $\circ$) für Wegmengen definiert.

Jeder Wegmenge wird eindeutig eine Bewertung zugeordnet. Für die Bewertungsmenge werden ebenfalls die binären Verknüpfungen Vereinigung (Symbol $\sqcup$) und Kettung (Symbol $\circ$) definiert. Die Verknüpfungsregeln für die Bewertungen unterscheiden sich in der Regel von den Verknüpfungsregeln für die Wegmengen und sind von der Art der Wegaufgabe abhängig.

Die Bewertung einer Wegmenge a mit einer Größe z ist eine Abbildung $z = f(a)$. Diese Abbildung ist homomorph, wenn für die Vereinigung zweier Wegmengen a, b und die Kettung zweier Wegmengen c, d folgende Aussagen gelten :

$$f(a \sqcup b) = f(a) \sqcup f(b)$$
$$f(c \circ d) = f(c) \circ f(d)$$

Ist die Homomorphiebedingung erfüllt, so können die Verknüpfungen von Bewertungen der Wegmengen direkt ohne Verknüpfungen der Wegmengen selbst berechnet werden. Die Homomorphiebedingung ist daher von wesentlicher Bedeutung für eine Wegalgebra.

Alphabet und Worte : Eine endliche Zeichenmenge heißt Alphabet und wird mit $\mathbb{A}$ bezeichnet. Eine endliche Zeichenfolge mit keinem, einem oder mehreren Zeichen heißt Wort. Eine Zeichenfolge ohne Zeichen heißt Leerwort und wird mit λ bezeichnet. Die Menge aller Worte einschließlich des Leerwortes λ wird mit $\mathbb{A}^*$ bezeichnet.

Zwei Worte a, b $\in \mathbb{A}^*$ werden zu einem Wort gekettet, indem die Zeichenfolge des zweiten Wortes an die Zeichenfolge des ersten Wortes angehängt wird. Die Kettung $\circ$ ist eine assoziative Verknüpfung in der Menge $\mathbb{A}^*$ mit dem Leerwort λ als Einselement.

assoziativ : $a \circ (b \circ c) = (a \circ b) \circ c$

Einselement : $a \circ \lambda = a = \lambda \circ a$

Kanten- und Wegbezeichnungen : Jede Kante eines Graphen wird mit einem Zeichen eines Alphabets $\mathbb{A}$ bezeichnet. Die literale Bezeichnung der Kanten heißt eindeutig, wenn je zwei verschiedene Kanten mit unterschiedlichen Zeichen bezeichnet sind. Sind die Kanten eindeutig bezeichnet, so ist das Zeichen einer Kante gleichzeitig ein Kantenidentifikator. Für die Formulierung der Wegalgebra wird eine eindeutige Bezeichnung der Kanten vorausgesetzt.

Jeder Weg in einem Graphen ist eine Folge von Kanten und wird mit einer Zeichenfolge bezeichnet, die ein Wort der Wortmenge $\mathbb{A}^*$ ist. Sind die Kanten eindeutig bezeichnet, so sind auch die Wege eindeutig bezeichnet. Ein Weg ohne Kanten von einem Knoten k zum gleichen Knoten k wird mit dem Leerwort λ bezeichnet.

Beispiel 1 : Literale Bezeichnung

Gegeben sei der gezeigte Graph mit den Knoten 1,...,6 und den eindeutigen Kantenbezeichnungen a,...,h.

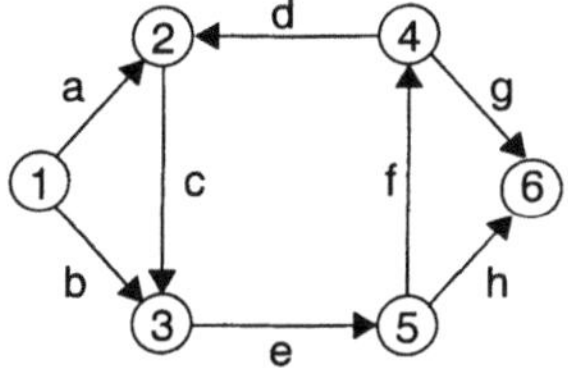

Der Weg von Knoten 1 nach Knoten 1 ist ein leerer Weg ohne Kanten und wird mit dem Leerwort λ bezeichnet. Das Wort a mit nur einem Zeichen ist die Bezeichnung eines Weges von 1 nach 2, der nur aus der Kante a besteht. Das Wort ace ist die Bezeichnung eines Weges von 1 nach 5. Das Wort fg ist die Bezeichnung eines Weges von 5 nach 6. Die Kettung des Wortes ace mit dem Wort fg liefert das Wort acefg als Bezeichnung für einen Weg von 1 über 5 nach 6.

$u = ace \qquad v = fg \qquad u \circ v = ace \circ fg = acefg$

Wegmenge : Gegeben sei ein schlichter Graph mit eindeutiger Kantenbezeichnung. Eine Menge von Wegen für ein Knotenpaar (i, k) im Graphen heißt vollständige Wegmenge und wird mit W_{ik} bezeichnet, wenn sie alle Wege von Knoten i nach Knoten k enthält. Eine Teilmenge a_{ik} der vollständigen Wegmenge W_{ik} heißt Wegmenge. Die Menge aller möglichen Teilmengen a_{ik} von W_{ik} ist die Potenzmenge der vollständigen Wegmenge und wird mit $P(W_{ik})$ bezeichnet. Jede Wegmenge a_{ik} ist ein Element der Potenzmenge $P(W_{ik})$, also $a_{ik} \in P(W_{ik})$.

Spezielle Wegmengen sind die Nullmenge, die Einsmenge und die elementare Wegmenge. Eine Wegmenge, die keinen Weg enthält, heißt Nullmenge und wird mit $0_W = \{\ \}$ bezeichnet. Eine Wegmenge, die nur den leeren Weg ohne Kanten von einem Knoten i zum gleichen Knoten i enthält, heißt Einsmenge und wird unabhängig vom Knoten i mit $1_W = \{\lambda\}$ bezeichnet. Eine Wegmenge a_{ik} heißt elementar, wenn sie genau einen Weg enthält, der nur aus der Kante von Knoten i nach Knoten k besteht.

Nullmenge	0_W	=	$\{\ \}$
Einsmenge	1_W	=	$\{\lambda\}$
Elementare Wegmenge	a_{ik}	=	$\{< i,k >\}$

Wegmengenmatrix : Gegeben sei ein schlichter Graph mit n Knoten. Die Wegmengen für alle Knotenpaare des Graphen werden zweckmäßig in einer $n \times n$ Matrix angeordnet. Eine $n \times n$ Matrix heißt vollständige Wegmengenmatrix und wird mit **W** bezeichnet, wenn sie für jedes Knotenpaar (i, k) des Graphen die vollständige Wegmenge W_{ik} enthält. Eine $n \times n$ Matrix heißt Wegmengenmatrix **A** mit $\mathbf{A} \subseteq \mathbf{W}$, wenn sie für jedes Knotenpaar (i, k) im Graphen eine Wegmenge $a_{ik} \subseteq W_{ik}$ enthält. Die Menge aller möglichen Wegmengenmatrizen $\mathbf{A} \subseteq \mathbf{W}$ heißt die Potenzmenge der vollständigen Wegmengenmatrix und wird mit $P(\mathbf{W})$ bezeichnet. Eine Wegmengenmatrix **A** ist ein Element der Potenzmenge $P(\mathbf{W})$, also $\mathbf{A} \in P(\mathbf{W})$.

Spezielle Wegmengenmatrizen sind die Nullmatrix, die Identitätsmatrix und die elementare Wegmengenmatrix. Eine Wegmengenmatrix heißt Nullmatrix und wird mit $\mathbf{0}_W$ bezeichnet, wenn sie für jedes Knotenpaar (i, k) die Nullmenge 0_W enthält. Eine Wegmengenmatrix heißt Identitätsmatrix und wird mit $\mathbf{I}_W$ bezeichnet, wenn sie für jedes Knotenpaar (k, k) die Einsmenge 1_W und für alle übrigen Knotenpaare die Nullmenge 0_W enthält. Eine Wegmengenmatrix heißt elementar, wenn sie für jedes Knotenpaar (i, k) mit einer Kante von Knoten i nach Knoten k die elementare Wegmenge a_{ik} und für alle übrigen Knotenpaare die Nullmenge 0_W enthält. Ein schlichter Graph mit eindeutiger Kantenbezeichnung wird durch die elementare Wegmengenmatrix eindeutig beschrieben.

Verknüpfung von Wegmengen : Gegeben seien die Wegmengen $a_{ik} \in P(W_{ik})$ und $b_{ik} \in P(W_{ik})$. Die Wegmenge $c_{ik} \in P(W_{ik})$ heißt Vereinigung von a_{ik} und b_{ik}, wenn c_{ik} die Wege enthält, die in a_{ik} oder b_{ik} enthalten sind.

$$\text{Vereinigung:} \quad c_{ik} = a_{ik} \sqcup b_{ik} := \{x \mid x \in a_{ik} \;\vee\; x \in b_{ik}\}$$

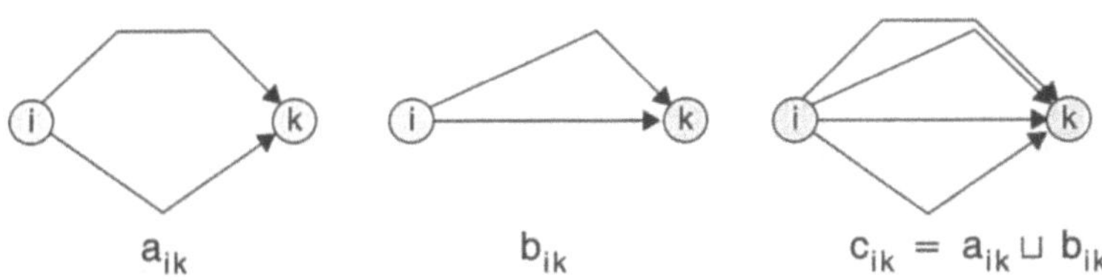

a_{ik} b_{ik} $c_{ik} = a_{ik} \sqcup b_{ik}$

Gegeben seien die Wegmengen $a_{ik} \in P(W_{ik})$ und $b_{km} \in P(W_{km})$. Die Wegmenge $c_{im} \in P(W_{im})$ heißt Kettung von a_{ik} mit b_{km}, wenn c_{im} die Wege enthält, die durch Kettung je eines Weges $x \in a_{ik}$ und eines Weges $y \in b_{km}$ gebildet werden.

$$\text{Kettung:} \quad c_{im} = a_{ik} \circ b_{km} := \{x \circ y \mid x \in a_{ik} \;\wedge\; y \in b_{km}\}$$

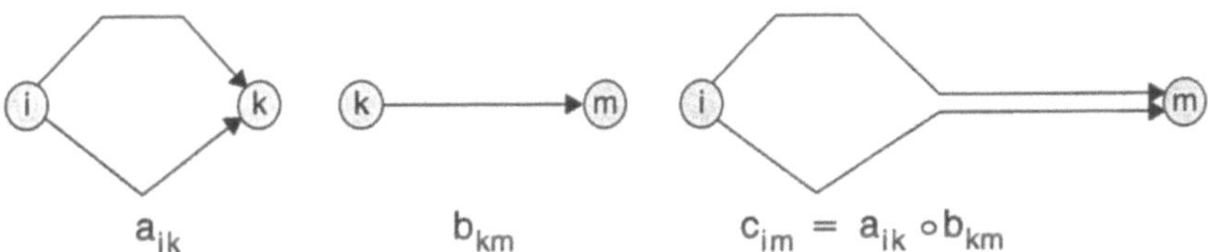

a_{ik} b_{km} $c_{im} = a_{ik} \circ b_{km}$

Algebraische Struktur von Wegmengen : Die Verknüpfungen von Wegmengen besitzen folgende Eigenschaften :

(1) Die Vereinigung $\sqcup$ ist idempotent, da mit der Definition für die Vereinigung die Aussage $a_{ik} \sqcup a_{ik} = a_{ik}$ gilt.

(2) Die Vereinigung $\sqcup$ ist assoziativ, da mit der Definition für die Vereinigung die Aussage $a_{ik} \sqcup (b_{ik} \sqcup c_{ik}) = (a_{ik} \sqcup b_{ik}) \sqcup c_{ik}$ gilt.

(3) Die Vereinigung $\sqcup$ ist kommutativ, da mit der Definition für die Vereinigung die Aussage $a_{ik} \sqcup b_{ik} = b_{ik} \sqcup a_{ik}$ gilt.

(4) Die Vereinigung $\sqcup$ besitzt die Nullmenge $0_W = \{\,\}$ als neutrales Element, da mit der Definition der Vereinigung $a_{ik} \sqcup 0_W = \{x \mid x \in a_{ik} \;\vee\; x \in \{\,\}\} = \{x \mid x \in a_{ik}\} = a_{ik}$ und analog $0_W \sqcup a_{ik} = a_{ik}$ gelten.

(5) Die Kettung $\circ$ ist assoziativ, da mit der Definition der Kettung die Aussage $a_{ik} \circ (b_{km} \circ c_{mj}) = (a_{ik} \circ b_{km}) \circ c_{mj}$ gilt.

(6) Die Kettung $\circ$ besitzt die Einsmenge $1_W = \{\lambda\}$ als neutrales Element, da mit der Definition der Kettung $a_{ik} \circ 1_W = \{x \circ y \mid x \in a_{ik} \;\wedge\; y \in \{\lambda\}\} = \{x \circ \lambda \mid x \in a_{ik}\} = \{x \mid x \in a_{ik}\} = a_{ik}$ und analog $1_W \circ a_{ik} = a_{ik}$ gilt.

(7) Die Kettung $\circ$ besitzt die Nullmenge $0_W = \{\ \}$ als invariantes Element, da mit der Definition der Kettung $a_{ik} \circ 0_W = \{x \circ y \mid x \in a_{ik} \wedge y \in \{\ \}\} = \{x \circ y \mid x \in a_{ik} \wedge \text{falsch}\} = \{x \circ y \mid \text{falsch}\} = \{\ \} = 0_W$ und analog $0_W \circ a_{ik} = 0_W$ gilt.

(8) Die Kettung $\circ$ ist bezüglich der Vereinigung distributiv, da mit ihren Definitionen die beiden Aussagen $a_{ik} \circ (b_{km} \sqcup c_{km}) = (a_{ik} \circ b_{km}) \sqcup (a_{ik} \circ c_{km})$ und $(a_{ik} \sqcup b_{ik}) \circ c_{km} = (a_{ik} \circ c_{km}) \sqcup (b_{ik} \circ c_{km})$ gelten.

Verknüpfung von Wegmengenmatrizen : Gegeben seien die Wegmengenmatrizen $\mathbf{A}, \mathbf{B} \in P(\mathbf{W})$ für einen schlichten Graphen mit n Knoten. In Analogie zur Relationenalgebra werden die binären Verknüpfungen Vereinigung (Symbol $\sqcup$) und Kettung (Symbol $\circ$) definiert. Dazu werden für die Matrixelemente die bereits definierten Verknüpfungen $\sqcup$ und $\circ$ für Wegmengen benutzt.

$$\text{Vereinigung}: \quad \mathbf{C} = \mathbf{A} \sqcup \mathbf{B} := [a_{ik} \sqcup b_{ik}]$$

$$\text{Kettung}: \quad \mathbf{C} = \mathbf{A} \circ \mathbf{B} := [\bigsqcup_{m=1}^{n} (a_{im} \circ b_{mk})]$$

Die Wegmengenmatrix $\mathbf{A} \sqcup \mathbf{B}$ enthält für jedes Knotenpaar (i, k) die Wege, die in der Wegmenge a_{ik} oder in der Wegmenge b_{ik} enthalten sind. Die Wegmengenmatrix $\mathbf{A} \circ \mathbf{B}$ enthält für jedes Knotenpaar (i, k) die Wege, die durch Kettung aller Wege von a_{im} über alle Knoten m mit allen Wegen von b_{mk} gebildet werden. Die Kettung zweier Wegmengenmatrizen heißt auch Produkt oder Multiplikation.

Algebraische Struktur von Wegmengenmatrizen : Die algebraische Struktur von Wegmengen wird direkt auf Wegmengenmatrizen übertragen. Das Gebilde $(P(\mathbf{W}); \sqcup, \circ)$ mit der Potenzmenge $P(\mathbf{W})$ der vollständigen Wegmengenmatrix sowie den binären Verknüpfungen $\sqcup$ und $\circ$ ist entsprechend Beispiel 3 in Abschnitt 3.4.2 ein spezieller Halbring und heißt Wegalgebra. Es besitzt folgende Eigenschaften für die Wegmengenmatrizen $\mathbf{A}, \mathbf{B}, \mathbf{C} \in P(\mathbf{W})$:

Eigenschaft	Vereinigung $\sqcup$	Kettung $\circ$
idempotent	$\mathbf{A} \sqcup \mathbf{A} = \mathbf{A}$	
assoziativ	$\mathbf{A} \sqcup (\mathbf{B} \sqcup \mathbf{C}) = (\mathbf{A} \sqcup \mathbf{B}) \sqcup \mathbf{C}$	$\mathbf{A} \circ (\mathbf{B} \circ \mathbf{C}) = (\mathbf{A} \circ \mathbf{B}) \circ \mathbf{C}$
distributiv	$\mathbf{A} \circ (\mathbf{B} \sqcup \mathbf{C}) = (\mathbf{A} \circ \mathbf{B}) \sqcup (\mathbf{A} \circ \mathbf{C})$	$(\mathbf{A} \sqcup \mathbf{B}) \circ \mathbf{C} = (\mathbf{A} \circ \mathbf{C}) \sqcup (\mathbf{B} \circ \mathbf{C})$
kommutativ	$\mathbf{A} \sqcup \mathbf{B} = \mathbf{B} \sqcup \mathbf{A}$	
Nullelement	$\mathbf{0}_W \sqcup \mathbf{A} = \mathbf{A} = \mathbf{A} \sqcup \mathbf{0}_W$	$\mathbf{0}_W \circ \mathbf{A} = \mathbf{0}_W = \mathbf{A} \circ \mathbf{0}_W$
Einselement		$\mathbf{1}_W \circ \mathbf{A} = \mathbf{A} = \mathbf{A} \circ \mathbf{1}_W$

Hülle der elementaren Wegmengenmatrix : Gegeben sei eine elementare Wegmengenmatrix **A** für einen schlichten Graphen mit n Knoten. In Analogie zur Relationenalgebra wird die Hülle $\mathbf{A}^*$ als Vereinigung der Potenzen $\mathbf{A}^m$ mit $m \geq 0$ definiert. Die Potenz $\mathbf{A}^m$ enthält für jedes Knotenpaar (i, k) alle Wege, die von Knoten i nach Knoten k führen und aus genau m Kanten bestehen. Die Potenz $\mathbf{A}^0$ ist die Identitätsmatrix $\mathbf{I}_W$. Die Hülle $\mathbf{A}^*$ enthält für jedes Knotenpaar (i, k) alle Wege, die von Knoten i nach Knoten k führen. Sie ist folglich identisch mit der vollständigen Wegmengenmatrix **W**.

$$\mathbf{A}^* := \mathbf{I}_W \sqcup \mathbf{A} \sqcup \mathbf{A}^2 \sqcup \mathbf{A}^3 \sqcup \ldots = \mathbf{W}$$

Ändert sich ab einem gewissen endlichen Exponenten q der Potenzausdruck für die Hülle $\mathbf{A}^*$ nicht, so heißt die Wegmengenmatrix **A** stabil und der Exponent q Stabilitätsindex. Die Hülle $\mathbf{A}^*$ einer stabilen Wegmengenmatrix **A** mit dem Stabilitätsindex q enthält für jedes Knotenpaar (i, k) alle Wege, die von Knoten i nach Knoten k führen und höchstens aus q Kanten bestehen. Die elementare Wegmengenmatrix für einen azyklischen Graphen mit n Knoten ist stabil und besitzt einen Stabilitätsindex $q < n$, da ein Weg in diesem Graphen aus höchstens $n - 1$ Kanten besteht. Die elementare Wegmengenmatrix eines Graphen mit einem Zyklus ist nicht stabil, da ein Weg dieses Graphen beliebig viele Durchläufe des Zyklus enthalten und daher aus beliebig vielen Kanten bestehen kann.

Gleichungssysteme für Wegmengen : Für einen gegebenen Knoten k sind die Wegmengen, deren Wege von jedem der Knoten $i = 1,...,n$ nach k führen, in der Spalte k der Hülle $\mathbf{A}^*$ ablesbar. Die Spalte k der Hülle $\mathbf{A}^*$ wird mit **x** bezeichnet, der Einheitsvektor mit der Einsmenge 1_W in Zeile k mit $\mathbf{e}_k$. Ist die Hülle $\mathbf{A}^*$ bekannt, so wird **x** wie folgt berechnet :

$$\mathbf{x} = \mathbf{A}^* \circ \mathbf{e}_k$$

Durch Substitution der Rechenvorschrift für die Hülle $\mathbf{A}^*$ ergibt sich folgender Zusammenhang zwischen der elementaren Wegmengenmatrix **A** und dem Vektor **x** :

$$\mathbf{A}^* = \mathbf{I}_W \sqcup \mathbf{A} \sqcup \mathbf{A}^2 \sqcup \ldots \Rightarrow \mathbf{A}^* = \mathbf{A} \circ \mathbf{A}^* \sqcup \mathbf{I}_W$$

$$\mathbf{x} = (\mathbf{A} \circ \mathbf{A}^* \sqcup \mathbf{I}_W) \circ \mathbf{e}_k = \mathbf{A} \circ (\mathbf{A}^* \circ \mathbf{e}_k) \sqcup (\mathbf{I}_W \circ \mathbf{e}_k)$$

$$\mathbf{x} = \mathbf{A} \circ \mathbf{x} \sqcup \mathbf{e}_k$$

Für einen gegebenen Knoten i sind die Wegmengen, deren Wege von i zu jedem der Knoten $k = 1,...,n$ führen, in der Zeile i der Hülle $\mathbf{A}^*$ ablesbar. Die transponierte Zeile i der Hülle $\mathbf{A}^*$ wird mit **y** bezeichnet, der Einheitsvektor mit der Einsmenge 1_W in Zeile i mit $\mathbf{e}_i$. Analog zur Bestimmung der Spalte k von $\mathbf{A}^*$ folgt für die Zeile i :

$$\mathbf{y} = \mathbf{A}^T \circ \mathbf{y} \sqcup \mathbf{e}_i$$

Beispiel 2 : Wegmengenmatrizen und Verknüpfungen

Gegeben sei ein schlichter azyklischer Graph mit den Knoten 1,...,4 und den Kanten a,...,e. Um die Schreibweise für Wegmengen übersichtlich zu gestalten, wird in diesem Beispiel die Nullmenge $0_W = \{\ \}$ mit 0 und die Einsmenge $1_W = \{\lambda\}$ mit 1 bezeichnet.

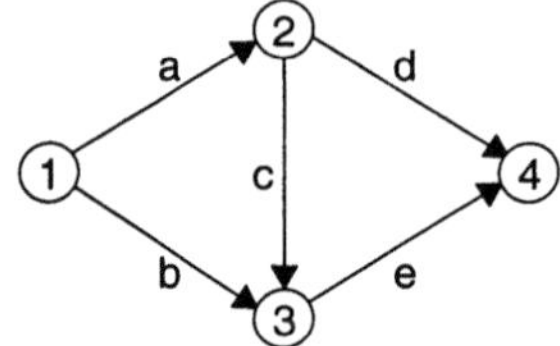

Die elementare Wegmengenmatrix **A** für den schlichten Graphen wird wie folgt aufgestellt. Existiert keine Kante von Knoten i nach Knoten k, so ist die Wegmenge a_{ik} die Nullmenge. Existiert eine Kante x von Knoten i nach Knoten k, so ist die Wegmenge $a_{ik} = \{x\}$ elementar.

A =

0	{a}	{b}	0
0	0	{c}	{d}
0	0	0	{e}
0	0	0	0

Die Potenz $\mathbf{A}^m$ mit $m > 0$ enthält für jedes Knotenpaar (i, k) alle Wege, die von Knoten i nach Knoten k führen und aus genau m Kanten bestehen. Sie wird nach den Regeln für die Kettung von Wegmengenmatrizen als Produkt $\mathbf{A}^{m-1} \circ \mathbf{A}$ berechnet. Die Berechnung der Potenzen $\mathbf{A}^2$ und $\mathbf{A}^3$ ist in einem Falkschen Schema gezeigt.

					0	{a}	{b}	0	0	{a}	{b}	0
				A	0	0	{c}	{d}	0	0	{c}	{d}
					0	0	0	{e}	0	0	0	{e}
					0	0	0	0	0	0	0	0
0	{a}	{b}	0		0	0	{ac}	{ad,be}	0	0	0	{ace}
0	0	{c}	{d}		0	0	0	{ce}	0	0	0	0
0	0	0	{e}		0	0	0	0	0	0	0	0
0	0	0	0		0	0	0	0	0	0	0	0
	A					$\mathbf{A}^2$				$\mathbf{A}^3$		

Die Potenz $\mathbf{A}^4$ ist die Nullmatrix $\mathbf{0}_W$. Die Wegmengenmatrix **A** ist daher stabil und besitzt den Stabilitätsindex q = 3. Die Hülle $\mathbf{A}^*$ ist die Vereinigung der Potenzen $\mathbf{A}^0 = \mathbf{I}_W$, $\mathbf{A}^1 = \mathbf{A}$, $\mathbf{A}^2$, $\mathbf{A}^3$. Sie enthält für jedes Knotenpaar (i, k) die Menge aller Wege von Knoten i nach Knoten k und ist daher identisch mit der vollständigen Wegmengenmatrix **W**.

$\mathbf{A}^* =$

1	{a}	{b,ac}	{ad,be,ace}
0	1	{c}	{d,ce}
0	0	1	{e}
0	0	0	1

$= \mathbf{I} \sqcup \mathbf{A} \sqcup \mathbf{A}^2 \sqcup \mathbf{A}^3 = \mathbf{W}$

Die möglichen Wege von jedem der Knoten k = 1,...,4 zum Knoten 4 werden direkt aus den Elementen a^*_{k4} in der Spalte 4 der Hülle $\mathbf{A}^*$ abgelesen. Sie können auch als Lösungen des Gleichungssystems $\mathbf{x} = \mathbf{A} \circ \mathbf{x} \sqcup \mathbf{e}_4$ bestimmt werden. Die Unbekannten x_k des Vektors **x** entsprechen den Wegmengen a^*_{k4} der Hülle $\mathbf{A}^*$. Der Vektor $\mathbf{e}_4$ ist der Einheitsvektor mit der Einsmenge 1 in Zeile 4.

$$\begin{bmatrix} x_1 \\ x_2 \\ x_3 \\ x_4 \end{bmatrix} = \begin{bmatrix} 0 & \{a\} & \{b\} & 0 \\ 0 & 0 & \{c\} & \{d\} \\ 0 & 0 & 0 & \{e\} \\ 0 & 0 & 0 & 0 \end{bmatrix} \circ \begin{bmatrix} x_1 \\ x_2 \\ x_3 \\ x_4 \end{bmatrix} \sqcup \begin{bmatrix} 0 \\ 0 \\ 0 \\ 1 \end{bmatrix}$$

Die Wegmengenmatrix **A** ist in diesem Beispiel eine Rechtsdreiecksmatrix, die nur oberhalb der Diagonalen von 0 verschiedene Elemente besitzt. Das Gleichungssystem kann daher rückwärts aufgelöst werden. Die Rückwärtsauflösung beginnt in der Zeile 4 und endet in der Zeile 1 des Gleichungssystems. Dabei werden die Nulloperationen wegen der Eigenschaften $0 \circ a = 0$ und $0 \sqcup a = a$ nicht explizit angegeben. Die Kettung $\circ$ hat Vorrang vor der Vereinigung $\sqcup$.

$$\begin{aligned}
x_4 &= 1 & & &&= 1 \\
x_3 &= \{e\} \circ x_4 &&= \{e\} \circ 1 &&= \{e\} \\
x_2 &= \{d\} \circ x_4 \sqcup \{c\} \circ x_3 &&= \{d\} \circ 1 \sqcup \{c\} \circ \{e\} &&= \{d, ce\} \\
x_1 &= \{b\} \circ x_3 \sqcup \{a\} \circ x_2 &&= \{b\} \circ \{e\} \sqcup \{a\} \circ \{d, ce\} &&= \{be, ad, ace\}
\end{aligned}$$

Bewertete Wegmenge : Jeder Wegmenge $a_{ik} \in P(W_{ik})$ wird eindeutig eine Bewertung $z_{ik} \in Z$ aus einer Bewertungsmenge Z zugeordnet. Der Nullmenge 0_W ist das Nullelement 0_Z und der Einsmenge 1_W das Einselement 1_Z zugeordnet. Die eindeutige Zuordnung der Bewertung z_{ik} zur Wegmenge a_{ik} ist eine Abbildung.

Abbildung	$f(a_{ik}) = z_{ik} \in Z$
Nullelement	$f(0_W) = 0_Z \in Z$
Einselement	$f(1_W) = 1_Z \in Z$

Für die Bewertungen werden wie für Wegmengen die binären Verknüpfungen $\sqcup$ (Vereinigung) und $\circ$ (Kettung) definiert. Die Verknüpfungsregeln für die Bewertung und die Verknüpfungsregeln für Wegmengen sind in der Regel verschieden. Die Abbildung f heißt homomorph, wenn folgende Aussagen gelten :

$$f(a_{ik} \sqcup b_{ik}) = f(a_{ik}) \sqcup f(b_{ik})$$
$$f(a_{ik} \circ b_{km}) = f(a_{ik}) \circ f(b_{km})$$

Ist die Abbildung f homomorph, so können die Bewertungen von Wegmengen bestimmt werden, ohne daß die Wegmengen explizit ermittelt werden. Mit $x_{ij} = f(a_{ij})$, $y_{ij} = f(b_{ij})$ und $z_{ij} = f(c_{ij})$ gelten nämlich die folgenden Implikationen :

$$c_{ik} = a_{ik} \sqcup b_{ik} \quad \Rightarrow \quad z_{ik} = x_{ik} \sqcup y_{ik}$$
$$c_{im} = a_{ik} \circ b_{km} \quad \Rightarrow \quad z_{im} = x_{ik} \circ y_{km}$$

Mit diesen Implikationen lassen sich die Eigenschaften von Wegmengen mit den Verknüpfungen $\sqcup$ und $\circ$ auf die Eigenschaften von Bewertungen mit den Verknüpfungen $\sqcup$ und $\circ$ übertragen.

Algebraische Struktur von bewerteten Wegmengen : Die Wegmengen eines schlichten Graphen seien homomorph auf Bewertungen abgebildet. Dann ist das Gebilde $(Z ; \sqcup, \circ)$ mit der Bewertungsmenge Z sowie den binären Verknüpfungen $\sqcup$ und $\circ$ eine Wegalgebra. Es besitzt folgende Eigenschaften für die Elemente $x, y, z \in Z$:

Eigenschaft	Vereinigung $\sqcup$	Kettung $\circ$
idempotent	$x \sqcup x = x$	
assoziativ	$(x \sqcup y) \sqcup z = x \sqcup (y \sqcup z)$	$(x \circ y) \circ z = x \circ (y \circ z)$
distributiv	$x \circ (y \sqcup z) = (x \circ y) \sqcup (x \circ z)$	$(x \sqcup y) \circ z = (x \circ z) \sqcup (y \circ z)$
kommutativ	$x \sqcup y = y \sqcup x$	
Nullelement	$0_Z \sqcup x = x = x \sqcup 0_Z$	$0_Z \circ x = 0_Z = x \circ 0_Z$
Einselement		$1_Z \circ x = x = x \circ 1_Z$

Beispiel 3 : Wegmengen und Bewertung

Gegeben sei der schlichte azyklische Graph aus Beispiel 2. Die Länge eines Weges von Knoten i nach Knoten k sei die Anzahl seiner Kanten. Für jedes Knotenpaar (i, k) des Graphen ist die minimale Länge eines Weges von i nach k zu bestimmen. Für diese Wegaufgabe ist eine Wegalgebra zu formulieren.

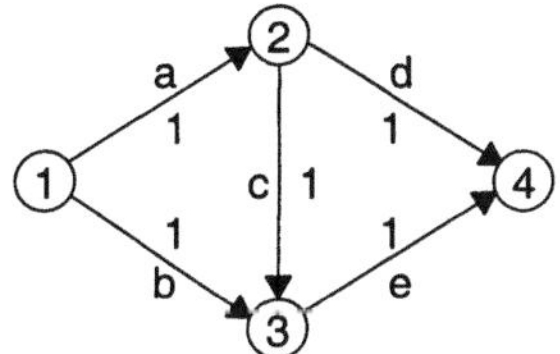

Ein Weg wird durch ein Wort, das die Zeichen für die Kanten enthält, bezeichnet. Die Länge des Weges ist die Anzahl der Kanten und damit die Anzahl Zeichen des Wortes. Eine Wegmenge a_{ik} enthält Wege von i nach k. Das Minimum der Längen aller in a_{ik} enthaltenen Wege wird der Wegmenge a_{ik} als Bewertung zugeordnet.

Ist a_{ik} die Nullmenge 0_W, so enthält sie keinen Weg von i nach k. Der Nullmenge 0_W wird das Nullelement $0_Z = \infty$ als Bewertung zugeordnet. Dieses entspricht der Aussage, daß die Nullmenge 0_W keinen Weg mit einer endlichen Anzahl Kanten besitzt. Ist a_{ik} für $i = k$ die Einsmenge 1_W, so enthält die Wegmenge genau den leeren Weg λ ohne Kanten. Der Einsmenge 1_W wird das Einselement $1_Z = 0$ als Bewertung zugeordnet.

Ist a_{ik} eine elementare Wegmenge, so enthält sie genau einen Weg mit der Kante von i nach k. Ihr wird folglich die natürliche Zahl 1 als Bewertung zugeordnet. Diese Bewertung einer elementaren Wegmenge a_{ik} entspricht der Bewertung der Kante von i nach k. Im oben gezeigten Graphen ist die Bewertung jeder Kante mit 1 dargestellt.

Einer allgemeinen Wegmenge mit mindestens einem nichtleeren Weg ist eine natürliche Zahl als Bewertung zugeordnet. Mit den beschriebenen Zuordnungen ist die Bewertungsabbildung f wie folgt definiert :

$f(0_W)$	$= 0_Z$	$:= \infty$	Nullelement
$f(1_W)$	$= 1_Z$	$:= 0$	Einselement
$f(a_{ik})$	$= 1$	$\in \mathbb{N}'$	a_{ik} ist elementar
$f(a_{ik})$	$= z_{ik}$	$\in \mathbb{N}'$	$a_{ik} \notin \{0_W, 1_W\}$

Gegeben seien die Wegmengen a_{ik} und b_{ik} mit den Bewertungen $x_{ik} = f(a_{ik})$ und $y_{ik} = f(b_{ik})$ für die minimalen Weglängen. Die Vereinigung $a_{ik} \sqcup b_{ik}$ der Wegmengen führt nach der Homomorphiebedingung zur Vereinigung $x_{ik} \sqcup y_{ik}$ der Bewertungen. Die minimale Weglänge der Vereinigung $a_{ik} \sqcup b_{ik}$ ist das Minimum $\text{Min}\{x_{ik}, y_{ik}\}$ der minimalen Weglängen x_{ik} und y_{ik}. Damit wird die Vereinigung der Bewertungen wie folgt definiert :

$$x_{ik} \sqcup y_{ik} := \text{Min}\{x_{ik}, y_{ik}\}$$

Gegeben seien die Wegmengen a_{ik} und b_{km} mit den Bewertungen $x_{ik} = f(a_{ik})$ und $y_{km} = f(b_{km})$ für die minimalen Weglängen. Die Kettung $a_{ik} \circ b_{km}$ der Wegmengen impliziert nach der Homomorphiebedingung eine Kettung $x_{ik} \circ y_{km}$ der Bewertungen. Die minimale Weglänge der Kettung $a_{ik} \circ b_{km}$ ist die Summe $x_{ik} + y_{km}$ der minimalen Weglängen x_{ik} und y_{km}. Damit wird die Kettung der Bewertungen wie folgt definiert :

$$x_{ik} \circ y_{km} := x_{ik} + y_{km}$$

Die Bewertungsmenge Z für die minimalen Weglängen ist die Menge der natürlichen Zahlen $\mathbb{N}'$ sowie zusätzlich das Nullelement $0_Z = \infty$ und das Einselement $1_Z = 0$. Damit ist $Z = \mathbb{N}' \cup \{0\} \cup \{\infty\}$. Für die Bewertungsmenge sind die Vereinigung $\sqcup$ als Minimumoperation und die Kettung $\circ$ als Summenoperation definiert. Das Gebilde $(Z; \sqcup, \circ)$ ist eine Wegalgebra, da es für $x, y, z \in Z$ die erforderlichen Eigenschaften besitzt :

(1) Die Vereinigung $\sqcup$ ist idempotent, assoziativ und kommutativ :

$$x \sqcup x = \text{Min}\{x, x\} = x$$
$$(x \sqcup y) \sqcup z = \text{Min}\{\text{Min}\{x, y\}, z\} = \text{Min}\{x, \text{Min}\{y, z\}\} = x \sqcup (y \sqcup z)$$
$$x \sqcup y = \text{Min}\{x, y\} = \text{Min}\{y, x\} = y \sqcup x$$

(2) Die Kettung $\circ$ ist assoziativ :

$$(x \circ y) \circ z = (x + y) + z = x + (y + z) = x \circ (y \circ z)$$

(3) Die Vereinigung $\sqcup$ und die Kettung $\circ$ sind distributiv :

$$x \circ (y \sqcup z) = x + \text{Min}\{y, z\} = \text{Min}\{x + y, x + z\} = (x \circ y) \sqcup (x \circ z)$$
$$(x \sqcup y) \circ z = \text{Min}\{x, y\} + z = \text{Min}\{x + z, y + z\} = (x \circ z) \sqcup (y \circ z)$$

(4) Das Nullelement $0_Z = \infty$ ist das neutrale Element der Vereinigung $\sqcup$ und das invariante Element der Kettung $\circ$:

$$\infty \sqcup x = \text{Min}\{\infty, x\} = x = \text{Min}\{x, \infty\} = x \sqcup \infty$$
$$\infty \circ x = \infty + x = \infty = x + \infty = x \circ \infty$$

(5) Das Einselement $1_Z = 0$ ist das neutrale Element der Kettung $\circ$:

$$0 \circ x = 0 + x = x = x + 0 = x \circ 0$$

Bewertungsmatrix : Gegeben sei ein schlichter Graph mit n Knoten sowie eine Bewertungsmenge Z und eine homomorphe Abbildung f. Dann kann jede Wegmengenmatrix **A** homomorph auf eine Bewertungsmatrix **Z** abgebildet werden. Dabei wird jede Wegmenge a_{ik} von **A** auf die Bewertung $z_{ik} = f(a_{ik}) \in Z$ von **Z** abgebildet. Spezielle Bewertungsmatrizen sind wie bei den Wegmengenmatrizen die Nullmatrix $\mathbf{0}_Z$, die Identitätsmatrix $\mathbf{I}_Z$ und die elementare Bewertungsmatrix.

Verknüpfung von Bewertungsmatrizen : Gegeben seien Bewertungsmatrizen **X**, **Y** für die Wegmengenmatrizen **A**, **B** eines schlichten Graphen. Wie bei Wegmengenmatrizen werden die binären Verknüpfungen Vereinigung (Symbol $\sqcup$) und Kettung (Symbol $\circ$) definiert. Dazu werden für die Matrixelemente die bereits definierten Verknüpfungen $\sqcup$ und $\circ$ für die Bewertung benutzt.

$$\text{Vereinigung}: \quad \mathbf{Z} = \mathbf{X} \sqcup \mathbf{Y} := [x_{ik} \sqcup y_{ik}]$$

$$\text{Kettung} \quad : \quad \mathbf{Z} = \mathbf{X} \circ \mathbf{Y} := [\bigsqcup_{m=1}^{n} (x_{im} \circ y_{mk})]$$

Algebraische Struktur von Bewertungsmatrizen : Da Wegmengenmatrizen homomorph auf Bewertungsmatrizen abgebildet werden, besitzen Wegmengenmatrizen und Bewertungsmatrizen mit ihren Verknüpfungen $\sqcup$ und $\circ$ eine verträgliche algebraische Struktur. In der Menge aller möglichen Bewertungsmatrizen für einen schlichten Graphen ist die Nullmatrix $\mathbf{0}_Z$ das neutrale Element der Vereinigung und die Identitätsmatrix $\mathbf{I}_Z$ das neutrale Element der Kettung.

Hülle der elementaren Bewertungsmatrix : Gegeben sei eine elementare Wegmengenmatrix **A** für einen schlichten Graphen mit n Knoten. Der elementaren Wegmengenmatrix **A** sei die elementare Bewertungsmatrix **Z** zugeordnet, die die Bewertungen der Kanten des Graphen enthält. Da die Bewertung eine homomorphe Abbildung ist, kann die Hülle $\mathbf{Z}^*$ der Bewertungsmatrix ohne explizite Berechnung und Bewertung von $\mathbf{A}^*$ direkt aus der Vereinigung der Potenzen von **Z** bestimmt werden. Die Hülle $\mathbf{Z}^*$ enthält für jedes Knotenpaar (i, k) die Bewertung für die Menge aller Wege, die von Knoten i nach Knoten k führen.

$$\mathbf{Z}^* = \mathbf{I}_Z \sqcup \mathbf{Z} \sqcup \mathbf{Z}^2 \sqcup \mathbf{Z}^3 \sqcup \ldots$$

Ändert sich ab einem gewissen Exponenten s der Potenzausdruck für die Hülle $\mathbf{Z}^*$ nicht, so heißt die Bewertungsmatrix **Z** stabil und der Exponent s Stabilitätsindex. Die Bewertungsmatrix **Z** kann auch stabil sein, wenn die Wegmengenmatrix **A** nicht stabil ist.

Gleichungssysteme für Bewertungen : Für einen gegebenen Knoten k sind die Bewertungen der Wegmengen, deren Wege von jedem der Knoten i = 1,...,n nach k führen, in der Spalte k der Hülle $\mathbf{Z}^*$ ablesbar. Die Spalte k der Hülle $\mathbf{Z}^*$ wird mit $\mathbf{x}$ bezeichnet, der Einheitsvektor mit dem Einselement 1_Z in Zeile k mit $\mathbf{e}_k$. Ist die Hülle $\mathbf{Z}^*$ bekannt, so wird $\mathbf{x}$ wie folgt berechnet :

$$\mathbf{x} \;=\; \mathbf{Z}^* \circ \mathbf{e}_k$$

In Analogie zu den Gleichungen für Wegmengen ist der Vektor $\mathbf{x}$ die Lösung des folgenden Gleichungssystems :

$$\mathbf{x} \;=\; \mathbf{Z} \circ \mathbf{x} \sqcup \mathbf{e}_k$$

Für einen gegebenen Knoten i sind die Wegmengen, deren Wege von i zu jedem der Knoten k = 1,...,n führen, in der Zeile i der Hülle $\mathbf{Z}^*$ ablesbar. Die transponierte Zeile i der Hülle $\mathbf{Z}^*$ wird mit $\mathbf{y}$ bezeichnet, der Einheitsvektor mit dem Einselement 1_Z in Zeile i mit $\mathbf{e}_i$. Analog zur Bestimmung der Spalte k von $\mathbf{Z}^*$ folgt für die Zeile i :

$$\mathbf{y} \;=\; \mathbf{Z}^T \circ \mathbf{y} \sqcup \mathbf{e}_i$$

Allgemeine Methoden zur Lösung von Gleichungssystemen in der Wegalgebra sind in Abschnitt 8.5.7 behandelt.

Beispiel 4 : Bewertungsmatrizen und Verknüpfungen

Gegeben sei der schlichte azyklische Graph aus Beispiel 2 mit der Bewertung für die minimale Weglänge aus Beispiel 3. Um die Schreibweise für die Bewertung von Wegmengen übersichtlich zu gestalten, wird in diesem Beispiel das Nullelement $0_Z = \infty$ mit n und das Einselement $1_Z = 0$ mit e bezeichnet.

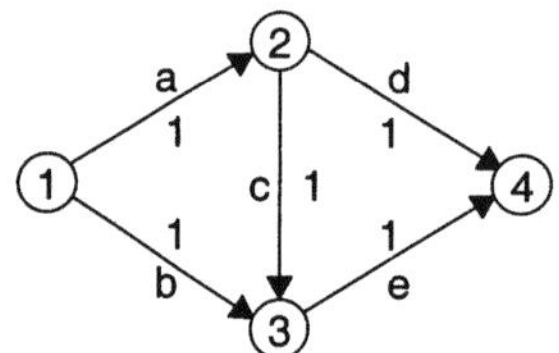

Die elementare Bewertungsmatrix $\mathbf{Z}$ für den schlichten Graphen wird wie folgt aufgestellt. Existiert keine Kante von Knoten i nach Knoten k, so ist die Wegmenge a_{ik} die Nullmenge und wird mit dem Nullelement $z_{ik} = n$ bewertet. Existiert eine Kante a von Knoten i nach Knoten k, so ist die Wegmenge $a_{ik} = \{x\}$ elementar und wird mit $z_{ik} = 1$ bewertet.

$$\mathbf{Z} = \begin{array}{|c|c|c|c|}\hline n & 1 & 1 & n \\ \hline n & n & 1 & 1 \\ \hline n & n & n & 1 \\ \hline n & n & n & n \\ \hline\end{array}$$

Die Potenz $\mathbf{Z}^m$ mit $m > 0$ enthält für jedes Knotenpaar (i, k) die Weglänge m, falls ein Weg der Länge m existiert, und sonst das Nullelement n. Sie wird nach den Regeln für die Kettung von Bewertungsmatrizen als Produkt $\mathbf{Z}^{m-1} \circ \mathbf{Z}$ berechnet. Dabei sind die definierten Verknüpfungsregeln für die Vereinigung $x_{ik} \sqcup y_{ik} := \text{Min}\{x_{ik}, y_{ik}\}$ und für die Kettung $x_{ik} \circ y_{km} := x_{ik} + y_{km}$ zu verwenden. Die Berechnung der Potenzen $\mathbf{Z}^2$ und $\mathbf{Z}^3$ ist in einem Falkschen Schema gezeigt.

$$\begin{array}{cccc}
 & \mathbf{Z} & \begin{array}{|c|c|c|c|}\hline n & 1 & 1 & n \\ \hline n & n & 1 & 1 \\ \hline n & n & n & 1 \\ \hline n & n & n & n \\ \hline\end{array} & \begin{array}{|c|c|c|c|}\hline n & 1 & 1 & n \\ \hline n & n & 1 & 1 \\ \hline n & n & n & 1 \\ \hline n & n & n & n \\ \hline\end{array} \\
\begin{array}{|c|c|c|c|}\hline n & 1 & 1 & n \\ \hline n & n & 1 & 1 \\ \hline n & n & n & 1 \\ \hline n & n & n & n \\ \hline\end{array} & & \begin{array}{|c|c|c|c|}\hline n & n & 2 & 2 \\ \hline n & n & n & 2 \\ \hline n & n & n & n \\ \hline n & n & n & n \\ \hline\end{array} & \begin{array}{|c|c|c|c|}\hline n & n & n & 3 \\ \hline n & n & n & n \\ \hline n & n & n & n \\ \hline n & n & n & n \\ \hline\end{array} \\
\mathbf{Z} & & \mathbf{Z}^2 & \mathbf{Z}^3
\end{array}$$

Die Potenz $\mathbf{Z}^4$ ist die Nullmatrix $\mathbf{0}_Z$. Die Bewertungsmatrix $\mathbf{Z}$ ist daher stabil und besitzt den Stabilitätsindex $q = 3$. Die Hülle $\mathbf{Z}^*$ ist die Vereinigung der Potenzen $\mathbf{Z}^0 = \mathbf{I}_Z$, $\mathbf{Z}^1 = \mathbf{Z}$, $\mathbf{Z}^2$, $\mathbf{Z}^3$. Die Vereinigung entspricht einer Minimumoperation. Daher enthält die Hülle $\mathbf{Z}^*$ für jedes Knotenpaar (i, k) die minimale Weglänge z^*_{ik} eines Weges von Knoten i nach Knoten k. Existiert kein Weg von Knoten i nach Knoten k, so ist z^*_{ik} das Nullelement n.

$$\mathbf{Z}^* = \begin{array}{|c|c|c|c|}\hline e & 1 & 1 & 2 \\ \hline n & e & 1 & 1 \\ \hline n & n & e & 1 \\ \hline n & n & n & e \\ \hline\end{array} = \mathbf{I}_Z \sqcup \mathbf{Z} \sqcup \mathbf{Z}^2 \sqcup \mathbf{Z}^3$$

Die minimalen Weglängen von jedem der Knoten $k = 1,...,4$ zum Knoten 4 werden direkt aus den Elementen z^*_{k4} in der Spalte 4 der Hülle $\mathbf{Z}^*$ abgelesen. Sie können auch direkt als Lösungen des Gleichungssystems $\mathbf{x} = \mathbf{Z} \circ \mathbf{x} \sqcup \mathbf{e}_4$ bestimmt werden. Die Unbekannten x_k des Vektors $\mathbf{x}$ entsprechen den minimalen Weglängen z^*_{k4} der Hülle $\mathbf{Z}^*$. Der Vektor $\mathbf{e}_4$ ist der Einheitsvektor mit dem Einselement e in Zeile 4.

$$\begin{bmatrix} x_1 \\ x_2 \\ x_3 \\ x_4 \end{bmatrix} = \begin{bmatrix} n & 1 & 1 & n \\ n & n & 1 & 1 \\ n & n & n & 1 \\ n & n & n & n \end{bmatrix} \circ \begin{bmatrix} x_1 \\ x_2 \\ x_3 \\ x_4 \end{bmatrix} \sqcup \begin{bmatrix} n \\ n \\ n \\ e \end{bmatrix} \qquad \begin{aligned} n &:= 0_Z = \infty \\ e &:= 1_Z = 0 \end{aligned}$$

Die Bewertungsmatrix **Z** ist in diesem Beispiel eine Rechtsdreiecksmatrix, die nur oberhalb der Diagonalen von n (Nullelement) verschiedene Elemente besitzt. Das Gleichungssystem kann daher rückwärts aufgelöst werden. Die Rückwärtsauflösung beginnt in der Zeile 4 und endet in der Zeile 1 des Gleichungssystems. Dabei werden die Nulloperationen wegen der Eigenschaften $n \circ z = n$ und $n \sqcup z = z$ nicht explizit angegeben. Die Kettung $\circ$ hat Vorrang vor der Vereinigung $\sqcup$.

$$\begin{aligned}
x_4 &= e & & & &= 0 \\
x_3 &= 1 \circ x_4 &&= 1 + x_4 &&= 1+0 &&= 1 \\
x_2 &= 1 \circ x_4 \sqcup 1 \circ x_3 &&= \text{Min}\{1 + x_4, 1 + x_3\} &&= \text{Min}\{1,2\} &&= 1 \\
x_1 &= 1 \circ x_3 \sqcup 1 \circ x_2 &&= \text{Min}\{1 + x_3, 1 + x_2\} &&= \text{Min}\{2,2\} &&= 2
\end{aligned}$$

Die minimale Weglänge von Knoten 1 nach Knoten 4 ist $x_1 = z^*_{14} = 2$. Im Graphen existieren die beiden Wege ad und be mit der minimalen Weglänge 2. Sollen die Bezeichnungen der Wege minimaler Länge bestimmt werden, so ist eine geeignete literale Wegalgebra zu formulieren (siehe Abschnitt 8.5.5).

Wegalgebren für Graphen : Für verschiedene Wegaufgaben in Netzen können unterschiedliche Wegalgebren schematisch konstruiert werden. Die Konstruktion gliedert sich in folgende Schritte :

1. Spezifikation der Wegaufgabe
2. Definition der Bewertungsmenge Z für Wegmengen
3. Definition der Verknüpfungen $\sqcup$ und $\circ$ auf der Bewertungsmenge Z
4. Nachweis der Eigenschaften für das Gebilde (Z ; $\sqcup$, $\circ$) der Bewertungen
5. Untersuchung der Stabilität der elementaren Bewertungsmatrix **Z**

Die Bewertung kann mit booleschen Werten, reellen Zahlen oder Literalen erfolgen. Dementsprechend werden boolesche, reelle und literale Wegalgebren unterschieden. Sie sind in den nachfolgenden Abschnitten für verschiedene Wegaufgaben nach dem oben beschriebenen Konstruktionsschema behandelt.

8.5.3 BOOLESCHE WEGALGEBRA

Aufgabe : Gegeben sei ein schlichter Graph. Für jedes Knotenpaar (i, k) des Graphen ist festzustellen, ob es mindestens einen Weg von i nach k gibt. Diese Aufgabe ist in Abschnitt 8.4.2 mit der Relationenalgebra gelöst, indem schrittweise alle Nachfahren des Knotens i bestimmt werden. Dieselbe Aufgabe wird hier durch Bewertung der Wegmengen mit den booleschen Wegexistenzwerten {0, 1} gelöst. Die Wegalgebra zur Bestimmung der Existenz von Wegen heißt boolesche Wegalgebra.

Bewertung : Gegeben sei die Wegmenge a_{ik}, die Wege von Knoten i nach Knoten k enthält. Als Bewertung z_{ik} der Wegmenge a_{ik} wird die Wegexistenz mit den booleschen Werten 0 oder 1 gewählt. Ist die Wegmenge a_{ik} die Nullmenge 0_W, so ist $z_{ik} = 0$. Ist die Wegmenge a_{ik} die Einsmenge 1_W, so ist $z_{ik} = 1$. Ist die Wegmenge a_{ik} weder die Nullmenge 0_W noch die Einsmenge 1_W, so ist $z_{ik} = 1$. Damit ist die Bewertungsabbildung wie folgt definiert :

$$f(0_W) = 0_Z = 0$$
$$f(1_W) = 1_Z = 1$$
$$f(a_{ik}) = z_{ik} = 1 \qquad \text{für} \qquad a_{ik} \notin \{0_W, 1_W\}$$

Verknüpfung : Für die Bewertungsmenge Z = {0, 1} werden die Verknüpfungen $\sqcup$ und $\circ$ definiert. Die Wegmengen a_{ik}, b_{ik} seien mit den Wegexistenzen x_{ik}, y_{ik} bewertet. Die Bewertung $x_{ik} \sqcup y_{ik}$ der Vereinigung $a_{ik} \sqcup b_{ik}$ ist die logische Disjunktion $x_{ik} \vee y_{ik}$. Die Bewertung $x_{ik} \circ y_{km}$ der Kettung $a_{ik} \circ b_{km}$ ist die logische Konjunktion $x_{ik} \wedge y_{km}$.

$$\text{Vereinigung} \; : \; x_{ik} \sqcup y_{ik} := x_{ik} \vee y_{ik}$$
$$\text{Kettung} \; : \; x_{ik} \circ y_{km} := x_{ik} \wedge y_{km}$$

Das Gebilde ({0, 1} ; $\sqcup$, $\circ$) ist eine boolesche Wegalgebra mit dem Nullelement 0 und dem Einselement 1. Die Verknüpfungen $\sqcup$ und $\circ$ besitzen die in Abschnitt 8.5.2 geforderten Eigenschaften.

Bewertungsmatrizen : Gegeben sei ein schlichter Graph. Besitzt der Graph eine Kante von Knoten i nach Knoten k, so ist das Element z_{ik} der elementaren Bewertungsmatrix **Z** gleich 1. Sonst ist $z_{ik} = 0$. Die Matrix **Z** ist stabil. Besitzt der Graph einen Weg von Knoten i nach Knoten k, so ist das Element z^*_{ik} der Hülle $\mathbf{Z}^*$ gleich 1. Sonst ist $z^*_{ik} = 0$. Die Hülle $\mathbf{Z}^*$ enthält die Diagonalelemente $z^*_{kk} = 1$. Die elementare Bewertungsmatrix **Z** ist identisch mit einer booleschen Matrix **R** und die Hülle $\mathbf{Z}^*$ identisch mit der Hülle $\mathbf{R}^*$ der Relationenalgebra.

Beispiel : Existenz von Wegen

Gegeben sei der gezeigte schlichte Graph mit der elementaren Bewertungsmatrix **Z** und der zugehörigen Hülle $\mathbf{Z}^*$. Gesucht sind alle Knoten des Graphen, die Anfangsknoten eines Weges zum Knoten 5 sind.

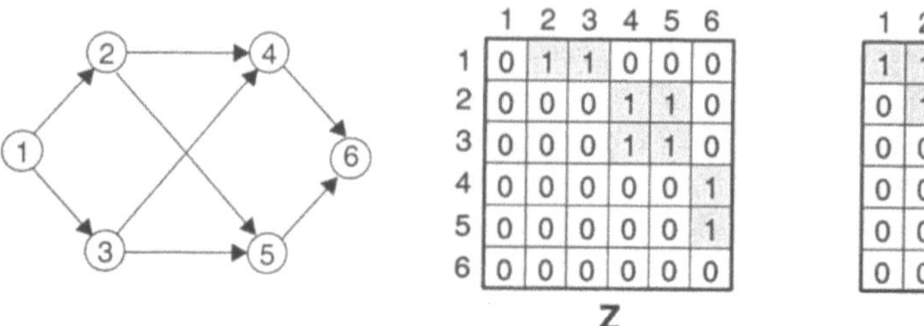

	1	2	3	4	5	6
1	0	1	1	0	0	0
2	0	0	0	1	1	0
3	0	0	0	1	1	0
4	0	0	0	0	0	1
5	0	0	0	0	0	1
6	0	0	0	0	0	0

Z

1	2	3	4	5	6
1	1	1	1	1	1
0	1	0	1	1	1
0	0	1	1	1	1
0	0	0	1	0	1
0	0	0	0	1	1
0	0	0	0	0	1

$\mathbf{Z}^*$

Ist die Hülle $\mathbf{Z}^*$ bekannt, so kann die Lösung der Aufgabe aus der Spalte 5 von $\mathbf{Z}^*$ abgelesen werden. Die Knoten $i \in \{1, 2, 3, 5\}$, für die das Element z^*_{i5} den Wert 1 besitzt, sind Anfangsknoten eines Weges zum Knoten 5. Formal wird der Lösungsvektor **x** durch die Multiplikation von $\mathbf{Z}^*$ mit dem Einheitsvektor $\mathbf{e}_5$ bestimmt :

$$\mathbf{x} = \mathbf{Z}^* \circ \mathbf{e}_5$$

$$\mathbf{x} = \begin{bmatrix} 1 & 1 & 1 & 1 & 1 & 1 \\ 0 & 1 & 0 & 1 & 1 & 1 \\ 0 & 0 & 1 & 1 & 1 & 1 \\ 0 & 0 & 0 & 1 & 0 & 1 \\ 0 & 0 & 0 & 0 & 1 & 1 \\ 0 & 0 & 0 & 0 & 0 & 1 \end{bmatrix} \circ \begin{bmatrix} 0 \\ 0 \\ 0 \\ 0 \\ 1 \\ 0 \end{bmatrix} = \begin{bmatrix} 1 \\ 1 \\ 1 \\ 0 \\ 1 \\ 0 \end{bmatrix}$$

Ist die Hülle $\mathbf{Z}^*$ unbekannt, so wird der Spaltenvektor **x** durch Lösung des nach Abschnitt 8.5.2 aufgestellten Gleichungssystems bestimmt. In diesem Beispiel kann **x** direkt durch Rückwärtsauflösung bestimmt werden, da die Matrix **Z** auf und unterhalb der Diagonalen mit Nullelementen besetzt ist. Die Rückwärtsauflösung beginnt mit der letzten Gleichung und ist im folgenden gezeigt :

$$\mathbf{x} = \mathbf{Z} \circ \mathbf{x} \sqcup \mathbf{e}_5$$

$$\begin{bmatrix} x_1 \\ x_2 \\ x_3 \\ x_4 \\ x_5 \\ x_6 \end{bmatrix} = \begin{bmatrix} 0 & 1 & 1 & 0 & 0 & 0 \\ 0 & 0 & 0 & 1 & 1 & 0 \\ 0 & 0 & 0 & 1 & 1 & 0 \\ 0 & 0 & 0 & 0 & 0 & 1 \\ 0 & 0 & 0 & 0 & 0 & 1 \\ 0 & 0 & 0 & 0 & 0 & 0 \end{bmatrix} \circ \begin{bmatrix} x_1 \\ x_2 \\ x_3 \\ x_4 \\ x_5 \\ x_6 \end{bmatrix} \sqcup \begin{bmatrix} 0 \\ 0 \\ 0 \\ 0 \\ 1 \\ 0 \end{bmatrix}$$

$$
\begin{array}{llllllll}
x_6 & = & 0 \sqcup 0 & & & & = & 0 \\
x_5 & = & 1 \circ x_6 \sqcup 1 & = & x_6 \sqcup 1 & = 0 \vee 1 & = & 1 \\
x_4 & = & 1 \circ x_6 \sqcup 0 & = & x_6 \sqcup 0 & = 0 \vee 0 & = & 0 \\
x_3 & = & 1 \circ x_4 \sqcup 1 \circ x_5 \sqcup 0 & = & x_4 \sqcup x_5 & = 0 \vee 1 & = & 1 \\
x_2 & = & 1 \circ x_4 \sqcup 1 \circ x_5 \sqcup 0 & = & x_4 \sqcup x_5 & = 0 \vee 1 & = & 1 \\
x_1 & = & 1 \circ x_2 \sqcup 1 \circ x_3 \sqcup 0 & = & x_2 \sqcup x_3 & = 1 \vee 1 & = & 1
\end{array}
$$

8.5.4 REELLE WEGALGEBRA

Einführung : Eine Wegalgebra heißt reell, wenn die Wegmengen mit reellen Zahlen bewertet werden. Verschiedene reelle Wegaufgaben führen zu Wegalgebren, die sich in der Definition der binären Verknüpfungen $\sqcup$ (Vereinigung) und $\circ$ (Kettung) für die Bewertungsmenge unterscheiden. In Anwendungen der reellen Wegalgebra sind insbesondere folgende Extremalwertaufgaben für ein Knotenpaar (i, k) von Bedeutung :

- Bestimmung der minimalen Weglänge
- Bestimmung der maximalen Weglänge
- Bestimmung der maximalen Wegzuverlässigkeit
- Bestimmung der maximalen Wegkapazität

8.5.4.1 Minimale Weglänge

Aufgabe : Jeder Kante eines schlichten Graphen sei eine nicht negative reelle Zahl als Kantenlänge zugeordnet. Die Länge eines Weges von Knoten i nach Knoten k sei die Summe der Längen aller Kanten, die im Weg enthalten sind. Von Knoten i nach Knoten k können verschiedene Wege mit verschiedenen Weglängen existieren. Die minimale Weglänge von i nach k ist zu bestimmen.

Bewertung : Gegeben sei die Wegmenge a_{ik}, die Wege von Knoten i nach Knoten k enthält. Als Bewertung z_{ik} der Wegmenge a_{ik} wird das Minimum der Längen der in a_{ik} enthaltenen Wege gewählt. Ist die Wegmenge a_{ik} die Nullmenge 0_W, so ist $z_{ik} = \infty$. Ist die Wegmenge a_{ik} die Einsmenge 1_W, so ist $z_{ik} = 0$. Ist die Wegmenge a_{ik} weder die Nullmenge 0_W noch die Einsmenge 1_W, so ist z_{ik} eine nicht negative reelle Zahl. Damit ist die Bewertungsabbildung wie folgt definiert :

$$f(0_W) = 0_Z = \infty$$
$$f(1_W) = 1_Z = 0$$
$$f(a_{ik}) = z_{ik} \in \mathbb{R}_0^+ \qquad \text{für} \qquad a_{ik} \notin \{0_W, 1_W\}$$

Verknüpfung : Für die Bewertungsmenge $Z = \mathbb{R}_0^+ \cup \{\infty\}$ werden die Verknüpfungen $\sqcup$ und $\circ$ definiert. Die Wegmengen a_{ik}, b_{ik} seien mit den minimalen Weglängen x_{ik}, y_{ik} bewertet. Die Bewertung $x_{ik} \sqcup y_{ik}$ der Vereinigung $a_{ik} \sqcup b_{ik}$ ist das Minimum Min $\{x_{ik}, y_{ik}\}$ der beiden minimalen Weglängen. Die Bewertung $x_{ik} \circ y_{km}$ der Kettung $a_{ik} \circ b_{km}$ ist die Summe $x_{ik} + y_{km}$ der beiden minimalen Weglängen.

$$\text{Vereinigung} : \quad x_{ik} \sqcup y_{ik} := \text{Min}\{x_{ik}, y_{ik}\}$$
$$\text{Kettung} : \quad x_{ik} \circ y_{km} := x_{ik} + y_{km}$$

Das Gebilde $(\mathbb{R}_0^+ \cup \{\infty\} ; \sqcup, \circ)$ ist eine reelle Wegalgebra mit dem Nullelement ∞ und dem Einselement 0. Die Verknüpfungen $\sqcup$ und $\circ$ besitzen die in Abschnitt 8.5.2 geforderten Eigenschaften.

Bewertungsmatrizen : Gegeben sei ein schlichter Graph. Besitzt der Graph eine Kante von Knoten i nach Knoten k, so ist das Element z_{ik} der elementaren Bewertungsmatrix **Z** gleich der Kantenlänge. Sonst ist z_{ik} das Nullelement. Die Matrix **Z** ist stabil. Besitzt der Graph Wege von Knoten i nach Knoten k, so ist das Element z^*_{ik} der Hülle $\mathbf{Z}^*$ gleich der minimalen Weglänge von i nach k. Sonst ist z^*_{ik} das Nullelement. Jedes Diagonalelement z^*_{kk} der Hülle $\mathbf{Z}^*$ ist das Einselement.

Beispiel : Minimale Weglänge

Gegeben sei der gezeigte azyklische schlichte Graph mit der elementaren Bewertungsmatrix **Z** für die Kantenlängen. Gesucht sind die minimalen Weglängen von Knoten 1 zu allen übrigen Knoten des Graphen.

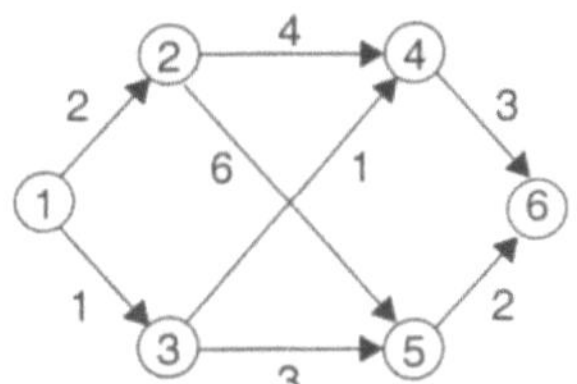

	1	2	3	4	5	6
1	n	2	1	n	n	n
2	n	n	n	4	6	n
3	n	n	n	1	3	n
4	n	n	n	n	n	3
5	n	n	n	n	n	2
6	n	n	n	n	n	n

Z $n := \infty$

Da die Hülle $\mathbf{Z}^*$ unbekannt ist, wird ihre 1. Zeile durch Lösung des nach Abschnitt 8.5.2 aufgestellten Gleichungssystems bestimmt. In diesem Beispiel kann der Lösungsvektor **x** direkt durch Vorwärtsauflösung bestimmt werden, da die Matrix $\mathbf{Z}^T$ auf und oberhalb der Diagonalen mit Nullelementen besetzt ist. Die Vorwärtsauflösung beginnt mit der ersten Zeile und ist im folgenden gezeigt :

$$\mathbf{x} = \mathbf{Z}^T \circ \mathbf{x} \sqcup \mathbf{e}_1$$

$$\begin{bmatrix} x_1 \\ x_2 \\ x_3 \\ x_4 \\ x_5 \\ x_6 \end{bmatrix} = \begin{bmatrix} n & n & n & n & n & n \\ 2 & n & n & n & n & n \\ 1 & n & n & n & n & n \\ n & 4 & 1 & n & n & n \\ n & 6 & 3 & n & n & n \\ n & n & n & 3 & 2 & n \end{bmatrix} \circ \begin{bmatrix} x_1 \\ x_2 \\ x_3 \\ x_4 \\ x_5 \\ x_6 \end{bmatrix} \sqcup \begin{bmatrix} e \\ n \\ n \\ n \\ n \\ n \end{bmatrix} \qquad \begin{array}{l} n := \infty \\ e := 0 \end{array}$$

Vorwärtsauflösung für minimale Weglängen :

$$\begin{aligned}
x_1 &= \text{Min}\,\{n, e\} &&= \text{Min}\,\{\infty, 0\} &&= 0 \\
x_2 &= \text{Min}\,\{2 + x_1, n\} &&= \text{Min}\,\{2, \infty\} &&= 2 \\
x_3 &= \text{Min}\,\{1 + x_1, n\} &&= \text{Min}\,\{1, \infty\} &&= 1 \\
x_4 &= \text{Min}\,\{4 + x_2, 1 + x_3, n\} &&= \text{Min}\,\{6, 2, \infty\} &&= 2 \\
x_5 &= \text{Min}\,\{6 + x_2, 3 + x_3, n\} &&= \text{Min}\,\{8, 4, \infty\} &&= 4 \\
x_6 &= \text{Min}\,\{3 + x_4, 2 + x_5, n\} &&= \text{Min}\,\{5, 6, \infty\} &&= 5
\end{aligned}$$

Die Lösung zeigt, daß Wege von Knoten 1 zu allen übrigen Knoten existieren. Von Knoten 1 nach 6 existiert ein Weg mit der minimalen Weglänge 5.

8.5.4.2 Maximale Weglänge

Aufgabe : Jeder Kante eines schlichten Graphen sei eine nicht negative reelle Zahl als Kantenlänge zugeordnet. Für ein gegebenes Knotenpaar (i, k) ist die maximale Weglänge von i nach k zu bestimmen. Liegen die Knoten i und k auf einem Zyklus mit positiver Länge, so existiert keine maximale Weglänge. Daher werden Wege maximaler Länge nur für azyklische Graphen bestimmt.

Bewertung : Gegeben sei eine Wegmenge a_{ik}, die Wege von Knoten i nach Knoten k enthält. Als Bewertung z_{ik} der Wegmenge a_{ik} wird das Maximum der Längen der in a_{ik} enthaltenen Wege gewählt. Ist die Wegmenge a_{ik} die Nullmenge 0_W, so ist $z_{ik} = -\infty$. Ist die Wegmenge a_{ik} die Einsmenge 1_W, so ist $z_{ik} = 0$. Ist die Wegmenge a_{ik} weder die Nullmenge 0_W noch die Einsmenge 1_W, so ist z_{ik} eine nicht negative reelle Zahl. Damit ist die Bewertungsabbildung wie folgt definiert :

$$f(0_W) = 0_Z = -\infty$$

$$f(1_W) = 1_Z = 0$$

$$f(a_{ik}) = z_{ik} \in \mathbb{R}_0^+ \qquad \text{für} \qquad a_{ik} \notin \{0_W, 1_W\}$$

Verknüpfung : Für die Bewertungsmenge $Z = \mathbb{R}_0^+ \cup \{-\infty\}$ werden die Verknüpfungen $\sqcup$ und $\circ$ definiert. Die Wegmengen a_{ik}, b_{ik} seien mit den maximalen Weglängen x_{ik}, y_{ik} bewertet. Die Bewertung $x_{ik} \sqcup y_{ik}$ der Vereinigung $a_{ik} \sqcup b_{ik}$ ist das Maximum Max $\{x_{ik}, y_{ik}\}$ der beiden maximalen Weglängen. Die Bewertung $x_{ik} \circ y_{km}$ der Kettung $a_{ik} \circ b_{km}$ ist die Summe $x_{ik} + y_{km}$ der beiden maximalen Weglängen.

$$\text{Vereinigung} : \quad x_{ik} \sqcup y_{ik} := \text{Max}\,\{x_{ik}, y_{ik}\}$$

$$\text{Kettung} : \quad x_{ik} \circ y_{km} := x_{ik} + y_{km}$$

Das Gebilde $(\mathbb{R}_0^+ \cup \{-\infty\} ; \sqcup, \circ)$ ist eine reelle Wegalgebra mit dem Nullelement $-\infty$ und dem Einselement 0. Die Verknüpfungen $\sqcup$ und $\circ$ besitzen die in Abschnitt 8.5.2 geforderten Eigenschaften.

Bewertungsmatrizen : Gegeben sei ein schlichter Graph. Besitzt der Graph eine Kante von Knoten i nach Knoten k, so ist das Element z_{ik} der elementaren Bewertungsmatrix Z gleich der Kantenlänge. Sonst ist z_{ik} das Nullelement. Die Matrix **Z** ist nur stabil, wenn der Graph azyklisch ist. Besitzt der Graph Wege von Knoten i nach Knoten k, so ist das Element z^*_{ik} der Hülle $\mathbf{Z}^*$ gleich der maximalen Weglänge von i nach k. Sonst ist z^*_{ik} das Nullelement. Jedes Diagonalelement z^*_{kk} der Hülle $\mathbf{Z}^*$ ist das Einselement.

Beispiel : Maximale Weglänge

Gegeben sei der azyklische schlichte Graph aus dem Beispiel im vorangehenden Abschnitt, für den die minimalen Weglängen von Knoten 1 zu allen übrigen Knoten des Graphen bestimmt wurden. In diesem Beispiel sind die maximalen Weglängen von Knoten 1 zu allen übrigen Knoten des Graphen zu bestimmen. Die maximalen Weglängen werden wie die minimalen Weglängen durch Vorwärtsauflösung des folgenden Gleichungssystems bestimmt :

$$\mathbf{x} = \mathbf{Z}^T \circ \mathbf{x} \sqcup \mathbf{e}_1$$

$$\begin{bmatrix} x_1 \\ x_2 \\ x_3 \\ x_4 \\ x_5 \\ x_6 \end{bmatrix} = \begin{bmatrix} n & n & n & n & n & n \\ 2 & n & n & n & n & n \\ 1 & n & n & n & n & n \\ n & 4 & 1 & n & n & n \\ n & 6 & 3 & n & n & n \\ n & n & n & 3 & 2 & n \end{bmatrix} \circ \begin{bmatrix} x_1 \\ x_2 \\ x_3 \\ x_4 \\ x_5 \\ x_6 \end{bmatrix} \sqcup \begin{bmatrix} e \\ n \\ n \\ n \\ n \\ n \end{bmatrix} \qquad \begin{aligned} n &:= -\infty \\ e &:= 0 \end{aligned}$$

Vorwärtsauflösung für maximale Weglängen :

$$\begin{aligned}
x_1 &= \text{Max}\,\{n, e\} & & \text{Max}\,\{-\infty, 0\} &= 0 \\
x_2 &= \text{Max}\,\{2 + x_1, n\} &=\ & \text{Max}\,\{2, -\infty\} &= 2 \\
x_3 &= \text{Max}\,\{1 + x_1, n\} &=\ & \text{Max}\,\{1, -\infty\} &= 1 \\
x_4 &= \text{Max}\,\{4 + x_2, 1 + x_3, n\} &=\ & \text{Max}\,\{6, 2, -\infty\} &= 6 \\
x_5 &= \text{Max}\,\{6 + x_2, 3 + x_3, n\} &=\ & \text{Max}\,\{8, 4, -\infty\} &= 8 \\
x_6 &= \text{Max}\,\{3 + x_4, 2 + x_5, n\} &=\ & \text{Max}\,\{9, 10, -\infty\} &= 10
\end{aligned}$$

Die Lösung zeigt, daß Wege von Knoten 1 zu allen übrigen Knoten des Graphen existieren. Von Knoten 1 nach Knoten 6 existiert ein Weg mit der maximalen Weglänge 10.

8.5.4.3 Maximale Wegzuverlässigkeit

Aufgabe : Jeder Kante eines schlichten Graphen sei eine reelle Zahl aus dem Intervall]0.0, 1.0] als Kantenzuverlässigkeit zugeordnet. Die Zuverlässigkeit eines Weges von Knoten i nach Knoten k sei das Produkt der Zuverlässigkeiten aller Kanten, die im Weg enthalten sind. Von Knoten i nach Knoten k können verschiedene Wege mit verschiedenen Zuverlässigkeiten existieren. Die maximale Zuverlässigkeit eines Weges von Knoten i nach Knoten k ist zu bestimmen.

Bewertung : Gegeben sei die Wegmenge a_{ik}, die Wege von Knoten i nach Knoten k enthält. Als Bewertung z_{ik} der Wegmenge a_{ik} wird das Maximum der Zuverlässigkeiten der in a_{ik} enthaltenen Wege gewählt. Ist die Wegmenge a_{ik} die Nullmenge 0_W, so ist $z_{ik} = 0.0$. Ist die Wegmenge a_{ik} die Einsmenge 1_W, so ist $z_{ik} = 1.0$. Ist die Wegmenge a_{ik} weder die Nullmenge 0_W noch die Einsmenge 1_W, so ist $0.0 < z_{ik} \le 1.0$. Damit ist die Bewertungsabbildung wie folgt definiert :

$$f(0_W) = 0_Z = 0.0$$

$$f(1_W) = 1_Z = 1.0$$

$$f(a_{ik}) = z_{ik} \in]0.0,1.0] \quad \text{für} \quad a_{ik} \notin \{0_W, 1_W\}$$

Verknüpfung : Für die Bewertungsmenge $Z = [0.0,1.0]$ werden die Verknüpfungen $\sqcup$ und $\circ$ definiert. Die Wegmengen a_{ik}, b_{ik} seien mit den maximalen Wegzuverlässigkeiten x_{ik}, y_{ik} bewertet. Die Bewertung $x_{ik} \sqcup y_{ik}$ der Vereinigung $a_{ik} \sqcup b_{ik}$ ist das Maximum $\text{Max}\{x_{ik}, y_{ik}\}$ der beiden maximalen Wegzuverlässigkeiten. Die Bewertung $x_{ik} \circ y_{km}$ der Kettung $a_{ik} \circ b_{km}$ ist das Produkt $x_{ik} \cdot y_{km}$ der beiden maximalen Wegzuverlässigkeiten.

$$\text{Vereinigung} : \quad x_{ik} \sqcup y_{ik} := \text{Max}\{x_{ik}, y_{ik}\}$$

$$\text{Kettung} : \quad x_{ik} \circ y_{km} := x_{ik} \cdot y_{km}$$

Das Gebilde ([0.0,1.0] ; $\sqcup$, $\circ$) ist eine reelle Wegalgebra mit dem Nullelement 0.0 und dem Einselement 1.0. Die Verknüpfungen $\sqcup$ und $\circ$ besitzen die in Abschnitt 8.5.2 geforderten Eigenschaften.

Bewertungsmatrizen : Gegeben sei ein schlichter Graph. Besitzt der Graph eine Kante von Knoten i nach Knoten k, so ist das Element z_{ik} der elementaren Bewertungsmatrix $\mathbf{Z}$ gleich der Kantenzuverlässigkeit. Sonst ist z_{ik} das Nullelement. Die Matrix $\mathbf{Z}$ ist stabil. Besitzt der Graph Wege von Knoten i nach Knoten k, so ist das Element z^*_{ik} der Hülle $\mathbf{Z}^*$ gleich der maximalen Wegzuverlässigkeit von i nach k. Sonst ist z^*_{ik} das Nullelement. Jedes Diagonalelement z^*_{kk} der Hülle $\mathbf{Z}^*$ ist das Einselement.

8.5.4.4 Maximale Wegkapazität

Aufgabe : Jeder Kante eines schlichten Graphen sei eine positive reelle Zahl als Kantenkapazität zugeordnet. Die Kapazität eines Weges von Knoten i nach Knoten k sei das Minimum der Kapazitäten aller Kanten, die in dem Weg enthalten sind. Von Knoten i nach Knoten k können verschiedene Wege mit verschiedenen Kapazitäten existieren. Die maximale Kapazität eines Weges von i nach k ist zu bestimmen.

Bewertung : Gegeben sei eine Wegmenge a_{ik}, die Wege von Knoten i nach Knoten k enthält. Als Bewertung z_{ik} der Wegmenge a_{ik} wird das Maximum der Kapazitäten der in a_{ik} enthaltenen Wege gewählt. Ist die Wegmenge a_{ik} die Nullmenge 0_W, so ist $z_{ik} = 0$. Ist die Wegmenge a_{ik} die Einsmenge 1_W, so ist $z_{ik} = \infty$. Ist die Wegmenge a_{ik} weder die Nullmenge 0_W noch die Einsmenge 1_W, so ist z_{ik} eine positive reelle Zahl oder ∞. Damit ist die Bewertungsabbildung wie folgt definiert :

$$f(0_W) = 0_Z = 0$$

$$f(1_W) = 1_Z = \infty$$

$$f(a_{ik}) = z_{ik} \in \mathbb{R}^+ \cup \{\infty\} \quad \text{für} \quad a_{ik} \notin \{0_W, 1_W\}$$

Verknüpfung : Für die Bewertungsmenge $Z = \mathbb{R}_0^+ \cup \{\infty\}$ werden die Verknüpfungen $\sqcup$ und $\circ$ definiert. Die Wegmengen a_{ik}, b_{ik} seien mit den maximalen Wegkapazitäten x_{ik}, y_{ik} bewertet. Die Bewertung $x_{ik} \sqcup y_{ik}$ der Vereinigung $a_{ik} \sqcup b_{ik}$ ist das Maximum Max $\{x_{ik}, y_{ik}\}$ der beiden maximalen Wegkapazitäten. Die Bewertung $x_{ik} \circ y_{km}$ der Kettung $a_{ik} \circ b_{km}$ ist das Minimum Min $\{x_{ik}, y_{km}\}$ der beiden maximalen Wegkapazitäten.

$$\text{Vereinigung} : \quad x_{ik} \sqcup y_{ik} := \text{Max}\,\{x_{ik}, y_{ik}\}$$

$$\text{Kettung} : \quad x_{ik} \circ y_{km} := \text{Min}\,\{x_{ik}, y_{km}\}$$

Das Gebilde $(\mathbb{R}_0^+ \cup \{\infty\}\,;\, \sqcup, \circ)$ ist eine reelle Wegalgebra mit dem Nullelement 0 und dem Einselement ∞. Die Verknüpfungen $\sqcup$ und $\circ$ besitzen die in Abschnitt 8.5.2 geforderten Eigenschaften.

Bewertungsmatrizen : Gegeben sei ein schlichter Graph. Besitzt der Graph eine Kante von Knoten i nach Knoten k, so ist das Element z_{ik} der elementaren Bewertungsmatrix **Z** gleich der Kantenkapazität. Sonst ist z_{ik} das Nullelement. Die Matrix **Z** ist stabil. Besitzt der Graph Wege von Knoten i nach Knoten k, so ist das Element z^*_{ik} der Hülle $\mathbf{Z}^*$ gleich der maximalen Wegkapazität von i nach k. Sonst ist z^*_{ik} das Nullelement. Jedes Diagonalelement z^*_{kk} der Hülle $\mathbf{Z}^*$ ist das Einselement.

Beispiel : Maximale Wegkapazität

Gegeben sei der gezeigte azyklische schlichte Graph mit der elementaren Bewertungsmatrix **Z** für die Kantenkapazitäten. Gesucht sind die maximalen Wegkapazitäten von Knoten 2 zu allen übrigen Knoten des Graphen.

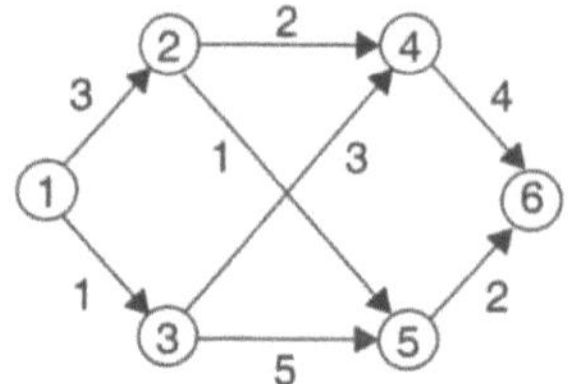

	1	2	3	4	5	6
1	n	3	1	n	n	n
2	n	n	n	2	1	n
3	n	n	n	3	5	n
4	n	n	n	n	n	4
5	n	n	n	n	n	2
6	n	n	n	n	n	n

Z

n := 0

Da die Hülle $\mathbf{Z}^*$ unbekannt ist, wird ihre 2. Zeile durch Lösung des nach Abschnitt 8.5.2 aufgestellten Gleichungssystems bestimmt.

$$\mathbf{x} = \mathbf{Z}^T \circ \mathbf{x} \sqcup \mathbf{e}_2$$

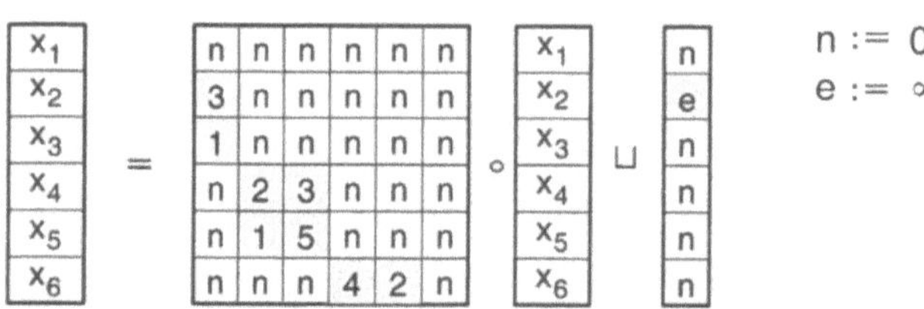

$$\begin{bmatrix} x_1 \\ x_2 \\ x_3 \\ x_4 \\ x_5 \\ x_6 \end{bmatrix} = \begin{bmatrix} n & n & n & n & n & n \\ 3 & n & n & n & n & n \\ 1 & n & n & n & n & n \\ n & 2 & 3 & n & n & n \\ n & 1 & 5 & n & n & n \\ n & n & n & 4 & 2 & n \end{bmatrix} \circ \begin{bmatrix} x_1 \\ x_2 \\ x_3 \\ x_4 \\ x_5 \\ x_6 \end{bmatrix} \sqcup \begin{bmatrix} n \\ e \\ n \\ n \\ n \\ n \end{bmatrix}$$

n := 0
e := ∞

Vorwärtsauflösung für maximale Wegkapazitäten :

$$\begin{aligned}
x_1 &= \text{Max}\,\{n,n\} &&= \text{Max}\,\{0,0\} &&= 0 \\
x_2 &= \text{Max}\,\{\text{Min}\,\{3,x_1\},\, e\} &&= \text{Max}\,\{0,\infty\} &&= \infty \\
x_3 &= \text{Max}\,\{\text{Min}\,\{1,x_1\},\, n\} &&= \text{Max}\,\{0,0\} &&= 0 \\
x_4 &= \text{Max}\,\{\text{Min}\,\{2,x_2\},\, \text{Min}\,\{3,x_3\},\, n\} &&= \text{Max}\,\{2,0,0\} &&= 2 \\
x_5 &= \text{Max}\,\{\text{Min}\,\{1,x_2\},\, \text{Min}\,\{5,x_3\},\, n\} &&= \text{Max}\,\{1,0,0\} &&= 1 \\
x_6 &= \text{Max}\,\{\text{Min}\,\{4,x_4\},\, \text{Min}\,\{2,x_5\},\, n\} &&= \text{Max}\,\{2,1,0\} &&= 2
\end{aligned}$$

Die Lösung zeigt, daß Wege von Knoten 2 zu den Knoten $k \in \{2, 4, 5, 6\}$ existieren. Von Knoten 2 nach Knoten 6 existiert ein Weg mit der maximalen Wegkapazität 2.

8.5.5 LITERALE WEGALGEBRA

Einführung : Die literale Bezeichnung von Graphen ist in Abschnitt 8.5.2 behandelt. Sie bildet die Grundlage für literale Wegalgebren. Literale Wegalgebren für verschiedene Wegaufgaben unterscheiden sich in der Definition der literalen Bewertungsmenge und den Definitionen der Verknüpfungen. Die literalen Wegalgebren sind insbesondere für Strukturaufgaben in der Graphentheorie von Bedeutung :

- Bestimmung der einfachen Wege und Zyklen
- Bestimmung der elementaren Wege und Zyklen
- Bestimmung der trennenden Kanten und Knoten
- Bestimmung der kürzesten oder der längsten Wege und Zyklen

8.5.5.1 Wegkanten

Aufgabe : Die Kanten eines schlichten Graphen seien eindeutig mit den Zeichen eines Alphabets $\mathbb{A}$ bezeichnet. Jedem Weg von Knoten i nach Knoten k des Graphen sei die Zeichenmenge für seine Kanten zugeordnet. Zu bestimmen ist die Zeichenmenge aller Kanten, die in allen Wegen von Knoten i nach Knoten k enthalten sind.

Bewertung : Gegeben sei die Wegmenge a_{ik}, die Wege von Knoten i nach Knoten k enthält. Als Bewertung z_{ik} der Wegmenge a_{ik} wird die Menge der Zeichen für diejenigen Kanten gewählt, die in den Wegen von a_{ik} enthalten sind. Ist die Wegmenge a_{ik} die Nullmenge 0_W, so ist $z_{ik} = 0_Z = \{\infty\}$ mit dem Zeichen ∞, das nicht zum Alphabet $\mathbb{A}$ gehört. Ist die Wegmenge a_{ik} die Einsmenge 1_W, so ist $z_{ik} = \emptyset = \{\ \}$. Ist die Wegmenge a_{ik} weder die Nullmenge 0_W noch die Einsmenge 1_W, so ist z_{ik} eine Teilmenge des Alphabets $\mathbb{A}$ und damit ein Element der Potenzmenge $P(\mathbb{A})$. Damit ist die Bewertungsabbildung wie folgt definiert :

$$\begin{aligned} f(0_W) &= 0_Z = \{\infty\} \\ f(1_W) &= 1_Z = \{\,\} \\ f(a_{ik}) &= z_{ik} \in P(\mathbb{A}) \qquad \text{für} \quad a_{ik} \notin \{0_W, 1_W\} \end{aligned}$$

Verknüpfung : Für die Bewertungsmenge $Z = P(\mathbb{A}) \cup \{0_Z\}$ werden die Verknüpfungen $\sqcup$ und $\circ$ definiert. Die Wegmengen a_{ik}, b_{ik} seien mit den Zeichenmengen x_{ik}, y_{ik} bewertet, die Teilmengen des Alphabets $\mathbb{A}$ sind. Die Bewertung $x_{ik} \sqcup y_{ik}$ der Vereinigung $a_{ik} \sqcup b_{ik}$ ist die Vereinigung $x_{ik} \cup y_{ik}$ der beiden Zeichenmengen. Die Bewertung $x_{ik} \circ y_{km}$ der Kettung $a_{ik} \circ b_{km}$ ist ebenfalls die Vereinigung $x_{ik} \cup y_{km}$ der beiden Zeichenmengen.

$$\begin{aligned} &\text{Vereinigung} : \quad x_{ik} \sqcup y_{ik} := x_{ik} \cup y_{ik} \qquad && x_{ik}, y_{ik} \in P(\mathbb{A}) \\ &\text{Kettung} \quad\ : \quad x_{ik} \circ y_{km} := x_{ik} \cup y_{km} \qquad && x_{ik}, y_{km} \in P(\mathbb{A}) \end{aligned}$$

Das Gebilde $(P(\mathbb{A}) \cup \{0_Z\}; \sqcup, \circ)$ ist eine literale Wegalgebra mit dem Nullelement $0_Z = \{\infty\}$ und dem Einselement $1_Z = \{\}$. Die Verknüpfungen $\sqcup$ und $\circ$ besitzen die in Abschnitt 8.5.2 geforderten Eigenschaften, wenn die Vereinigung $\sqcup$ und die Kettung $\circ$ für das Nullelement wie folgt definiert sind :

Vereinigung	:	$x_{ik} \sqcup 0_Z := x_{ik}$	$0_Z \sqcup y_{ik} := y_{ik}$
Kettung	:	$x_{ik} \circ 0_Z := 0_Z$	$0_Z \circ y_{km} := 0_Z$

Bewertungsmatrizen : Gegeben sei ein schlichter Graph. Besitzt der Graph eine Kante von Knoten i nach Knoten k, so ist das Element z_{ik} der elementaren Bewertungsmatrix **Z** eine einelementige Menge, die nur das Zeichen der Kante von i nach k enthält. Sonst ist z_{ik} das Nullelement. Die Matrix **Z** ist stabil. Besitzt der Graph Wege von Knoten i nach Knoten k, so ist das Element z^*_{ik} der Hülle $\mathbf{Z}^*$ gleich der Menge der Zeichen für die Kanten, die in mindestens einem der Wege von i nach k enthalten sind. Sonst ist z^*_{ik} das Nullelement. Besitzt der Graph Zyklen durch den Knoten k, so ist das Element z^*_{kk} der Hülle $\mathbf{Z}^*$ die Menge der Zeichen für die Kanten, die in mindestens einem Zyklus durch k enthalten sind. Sonst ist z^*_{kk} das Einselement.

Beispiel : Wegkanten

Gegeben sei der gezeigte azyklische Graph mit literaler Kantenbezeichnung. Gesucht sind die Wegkanten für die Wege von jedem der Knoten des Graphen zu Knoten 6.

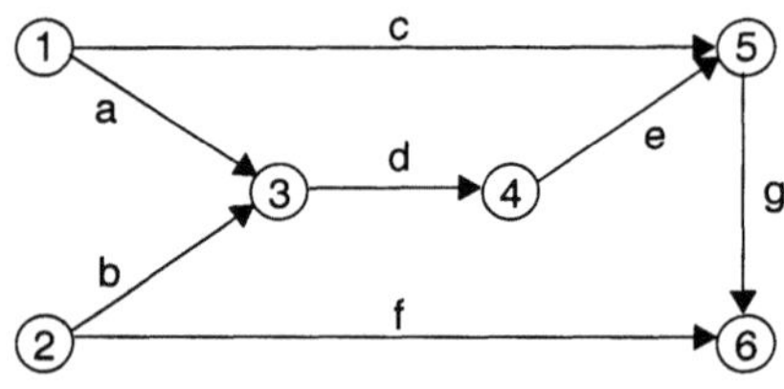

Da die Hülle $\mathbf{Z}^*$ unbekannt ist, wird ihre 6. Spalte nach Abschnitt 8.5.2 als Lösung des folgenden Gleichungssystems bestimmt.

$$\mathbf{x} = \mathbf{Z} \circ \mathbf{x} \sqcup \mathbf{e}_6$$

$$\begin{bmatrix} x_1 \\ x_2 \\ x_3 \\ x_4 \\ x_5 \\ x_6 \end{bmatrix} = \begin{bmatrix} 0 & 0 & \{a\} & 0 & \{c\} & 0 \\ 0 & 0 & \{b\} & 0 & 0 & \{f\} \\ 0 & 0 & 0 & \{d\} & 0 & 0 \\ 0 & 0 & 0 & 0 & \{e\} & 0 \\ 0 & 0 & 0 & 0 & 0 & \{g\} \\ 0 & 0 & 0 & 0 & 0 & 0 \end{bmatrix} \circ \begin{bmatrix} x_1 \\ x_2 \\ x_3 \\ x_4 \\ x_5 \\ x_6 \end{bmatrix} \sqcup \begin{bmatrix} 0 \\ 0 \\ 0 \\ 0 \\ 0 \\ 1 \end{bmatrix}$$

$0 := 0_Z = \{\infty\}$

$1 := \emptyset = \{\}$

Rückwärtsauflösung für Wegkanten :

$$
\begin{array}{lllll}
x_6 = 0 \circ x_6 & \sqcup 1 & = 0 \sqcup 1 & = 1 & \\
x_5 = \{g\} \circ x_6 & \sqcup 0 & = \{g\} \circ 1 & = \{g\} & \\
x_4 = \{e\} \circ x_5 & \sqcup 0 & = \{e\} \circ \{g\} & = \{e,g\} & \\
x_3 = \{d\} \circ x_4 & \sqcup 0 & = \{d\} \circ \{e,g\} & = \{d,e,g\} & \\
x_2 = \{b\} \circ x_3 \sqcup \{f\} \circ x_6 & \sqcup 0 & = \{b\} \circ \{d,e,g\} \sqcup \{f\} \circ 1 & & = \{b,d,e,f,g\} \\
x_1 = \{a\} \circ x_3 \sqcup \{c\} \circ x_5 & \sqcup 0 & = \{a\} \circ \{d,e,g\} \sqcup \{c\} \circ \{g\} & & = \{a,c,d,e,g\}
\end{array}
$$

Die Lösung zeigt, daß von jedem Knoten des Graphen mindestens ein Weg zum Knoten 6 führt. Die Menge der Kanten, die in mindestens einem der Wege von Knoten 1 nach Knoten 6 enthalten sind, ist $x_1 = \{a, c, d, e, g\}$.

8.5.5.2 Gemeinsame Wegkanten

Aufgabe : Die Kanten eines schlichten Graphen seien eindeutig mit den Zeichen eines Alphabets $\mathbb{A}$ bezeichnet. Jedem Weg im Graphen von Knoten i nach Knoten k sei die Zeichenmenge für seine Kanten zugeordnet. Zu bestimmen ist die Zeichenmenge derjenigen Kanten, die in jedem der Wege von Knoten i nach Knoten k enthalten sind.

Bewertung : Gegeben sei die Wegmenge a_{ik}, die Wege von Knoten i nach Knoten k enthält. Als Bewertung z_{ik} der Wegmenge a_{ik} wird die Menge der Zeichen derjenigen Kanten gewählt, die in jedem der Wege von a_{ik} enthalten sind. Die Bewertungsabbildung für gemeinsame Wegkanten besitzt die gleiche Form wie die Bewertungsabbildung für Wegkanten in Abschnitt 8.5.5.1.

Verknüpfung : Für die Bewertungsmenge $Z = P(\mathbb{A}) \cup \{0_Z\}$ werden die Verknüpfungen $\sqcup$ und $\circ$ definiert. Die Wegmengen a_{ik}, b_{ik} seien mit den Zeichenmengen x_{ik}, y_{ik} bewertet, die Teilmengen des Alphabets $\mathbb{A}$ sind. Die Bewertung $x_{ik} \sqcup y_{ik}$ der Vereinigung $a_{ik} \sqcup b_{ik}$ ist der Durchschnitt $x_{ik} \cap y_{ik}$ der beiden Zeichenmengen. Die Kettung ist in gleicher Weise definiert wie für Wegkanten in Abschnitt 8.5.5.1.

$$
\begin{array}{llll}
\text{Vereinigung} & : & x_{ik} \sqcup y_{ik} := x_{ik} \cap y_{ik} & x_{ik}, y_{ik} \in P(\mathbb{A}) \\
\text{Kettung} & : & x_{ik} \circ y_{km} := x_{ik} \cup y_{ik} & x_{ik}, y_{km} \in P(\mathbb{A})
\end{array}
$$

Das Gebilde $(P(\mathbb{A}) \cup \{0_Z\}; \sqcup, \circ)$ ist eine literale Wegalgebra mit dem Nullelement $0_Z = \{\infty\}$ und dem Einselement $1_Z = \{\,\}$. Die Verknüpfungen $\sqcup$ und $\circ$ besitzen die in Abschnitt 8.5.2 geforderten Eigenschaften, wenn in Analogie zu den Wegkanten die Verknüpfungen $\sqcup$ und $\circ$ für das Nullelement wie folgt definiert sind :

$$
\begin{array}{llll}
\text{Vereinigung} & : & x_{ik} \sqcup 0_Z := x_{ik} & 0_Z \sqcup y_{ik} := y_{ik} \\
\text{Kettung} & : & x_{ik} \circ 0_Z := 0_Z & 0_Z \circ y_{km} := 0_Z
\end{array}
$$

Bewertungsmatrizen : Die elementaren Bewertungsmatrizen **Z** der literalen Wegalgebren für Wegkanten und gemeinsame Wegkanten sind gleich. Die Matrix **Z** ist stabil. Besitzt der Graph Wege von Knoten i nach Knoten k, so ist das Element z^*_{ik} der Hülle $\mathbf{Z}^*$ gleich der Menge der Zeichen für die gemeinsamen Kanten der Wege von i nach k. Sonst ist z^*_{ik} das Nullelement. Jedes Diagonalelement z^*_{kk} der Hülle $\mathbf{Z}^*$ ist das Einselement.

Beispiel : Gemeinsame Wegkanten

Gegeben sei der azyklische Graph mit der literalen Kantenbezeichnung aus dem Beispiel im vorangehenden Abschnitt, für den die Wegkanten von jedem der Knoten des Graphen zum Knoten 6 bestimmt wurden. In diesem Beispiel sind die gemeinsamen Wegkanten für die Wege von jedem der Knoten des Graphen zum Knoten 6 zu bestimmen. Das Gleichungssystem für die gemeinsamen Wegkanten ist formal identisch mit dem Gleichungssystem für die Wegkanten und wird mit den definierten Verknüpfungen für gemeinsame Wegkanten gelöst.

Rückwärtsauflösung für gemeinsame Wegkanten : $0 := 0_Z = \{\infty\} \quad 1 := 1_Z = \{\,\}$

$$
\begin{array}{lllllll}
x_6 & = & 0 \circ x_6 & \sqcup\ 1 & = & 0 \sqcup 1 & = 1 \\
x_5 & = & \{g\} \circ x_6 & \sqcup\ 0 & = & \{g\} \circ 1 & = \{g\} \\
x_4 & = & \{e\} \circ x_5 & \sqcup\ 0 & = & \{e\} \circ \{g\} & = \{e,g\} \\
x_3 & = & \{d\} \circ x_4 & \sqcup\ 0 & = & \{d\} \circ \{e,g\} & = \{d,e,g\} \\
x_2 & = & \{b\} \circ x_3 \sqcup \{f\} \circ x_6 & \sqcup\ 0 & = & \{b\} \circ \{d,e,g\} \sqcup \{f\} \circ 1 & = 1 \\
x_1 & = & \{a\} \circ x_3 \sqcup \{c\} \circ x_5 & \sqcup\ 0 & = & \{a\} \circ \{d,e,g\} \sqcup \{c\} \circ \{g\} & = \{g\}
\end{array}
$$

Die Lösung zeigt, daß von jedem der Knoten des Graphen mindestens ein Weg zum Knoten 6 existiert, da $x_i \neq 0$ für $i = 1,...,6$ ist. Die Wege von Knoten 2 nach Knoten 6 besitzen wegen $x_2 = 1 = \{\,\}$ keine gemeinsame Kante. Die Wege von Knoten 1 nach Knoten 6 besitzen die gemeinsame Kante g.

8.5.5.3 Einfache Wege

Aufgabe : Die Kanten eines schlichten Graphen seien eindeutig mit den Zeichen eines Alphabets $\mathbb{A}$ bezeichnet. Ein Weg ist ein Kantenzug und wird durch ein Wort bezeichnet, das eine Folge der Bezeichnungen seiner Kanten ist. Ein Weg im Graphen ist einfach, wenn er keine Kante mehrfach enthält. Ein einfacher Weg wird daher mit einem einfachen Wort bezeichnet, das kein Zeichen mehrfach enthält. Die Wörter für alle einfachen Wege von Knoten i nach Knoten k sind zu bestimmen.

Bewertung : Gegeben sei die Wegmenge a_{ik}, die Wege von Knoten i nach Knoten k enthält. Als Bewertung z_{ik} der Wegmenge a_{ik} wird die Menge aller einfachen Wörter für die in a_{ik} enthaltenen einfachen Wege gewählt. Ist die Wegmenge a_{ik} die Nullmenge 0_W, so ist $z_{ik} = 0_Z = \{\,\}$. Ist die Wegmenge a_{ik} die Einsmenge 1_W, so ist $z_{ik} = 1_W = \{\lambda\}$ mit dem leeren Wort λ. Ist die Wegmenge a_{ik} weder die Nullmenge 0_W noch die Einsmenge 1_W, so ist z_{ik} eine Menge von einfachen Wörtern. Die Menge aller einfachen Wörter über dem Alphabet $\mathbb{A}$ einschließlich des Leerwortes λ sei $\mathbb{S}$. Dann ist z_{ik} eine Teilmenge von $\mathbb{S}$ und damit ein Element der Potenzmenge $P(\mathbb{S})$. Damit ist die Bewertungsabbildung wie folgt definiert :

$$f(0_W) = 0_Z = \{\,\}$$
$$f(1_W) = 1_Z = \{\lambda\}$$
$$f(a_{ik}) = z_{ik} \in P(\mathbb{S}) \qquad \text{für} \qquad a_{ik} \notin \{0_W, 1_W\}$$

Verknüpfung : Für die Bewertungsmenge $Z = P(\mathbb{S})$ werden die Verknüpfungen $\sqcup$ und $\circ$ definiert. Die Wegmengen a_{ik}, b_{ik} seien mit einfachen Wortmengen x_{ik}, y_{ik} bewertet. Die Bewertung $x_{ik} \sqcup y_{ik}$ der Vereinigung $a_{ik} \sqcup b_{ik}$ ist die Vereinigung $x_{ik} \cup y_{ik}$ der beiden einfachen Wortmengen. Die Bewertung $x_{ik} \circ y_{km}$ der Kettung $a_{ik} \circ b_{km}$ ist die Menge der einfachen Wörter, die durch Kettung je eines einfachen Wortes aus x_{ik} und y_{km} entstehen.

$$\text{Vereinigung} : \quad x_{ik} \sqcup y_{ik} := x_{ik} \cup y_{ik}$$
$$\text{Kettung} : \quad x_{ik} \circ y_{km} := \{x \circ y \in \mathbb{S} \mid x \in x_{ik} \wedge y \in y_{km}\}$$

Das Gebilde $(P(\mathbb{S})\,;\ \sqcup, \circ)$ ist eine literale Wegalgebra mit dem Nullelement $0_Z = \{\,\}$ und dem Einselement $1_Z = \{\lambda\}$. Die Verknüpfungen besitzen die in Abschnitt 8.5.2 geforderten Eigenschaften.

Bewertungsmatrizen : Gegeben sei ein schlichter Graph. Besitzt der Graph eine Kante von Knoten i nach Knoten k, so ist das Element z_{ik} der elementaren Bewertungsmatrix **Z** eine einelementige Wortmenge, die das einfache Wort mit dem Zeichen der Kante von i nach k enthält. Sonst ist z_{ik} das Nullelement. Die Matrix **Z** ist stabil. Besitzt der Graph Wege von Knoten i nach Knoten k, so ist das Element z^*_{ik} der Hülle $\mathbf{Z}^*$ gleich der Menge der Wörter für die einfachen Wege von i nach k. Sonst ist z^*_{ik} das Nullelement. Besitzt der Graph Zyklen durch den Knoten k, so enthält das Element z^*_{kk} der Hülle $\mathbf{Z}^*$ neben dem Leerwort λ alle Wörter für die einfachen Zyklen durch k. Sonst ist z^*_{kk} das Einselement.

Beispiel : Einfache Wege

Gegeben sei der gezeigte azyklische Graph mit literaler Kantenbezeichnung. Gesucht sind die Wörter der einfachen Wege von jedem der Knoten des Graphen zu Knoten 6.

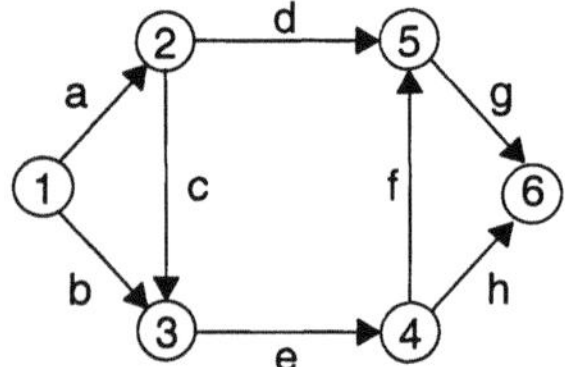

Da die Hülle $\mathbf{Z}^*$ unbekannt ist, wird ihre 6. Spalte nach Abschnitt 8.5.2 als Lösung des folgenden Gleichungssystems bestimmt.

$$\mathbf{x} = \mathbf{Z} \circ \mathbf{x} \sqcup \mathbf{e}_6$$

$$\begin{bmatrix} x_1 \\ x_2 \\ x_3 \\ x_4 \\ x_5 \\ x_6 \end{bmatrix} = \begin{bmatrix} 0 & \{a\} & \{b\} & 0 & 0 & 0 \\ 0 & 0 & \{c\} & 0 & \{d\} & 0 \\ 0 & 0 & 0 & \{e\} & 0 & 0 \\ 0 & 0 & 0 & 0 & \{f\} & \{h\} \\ 0 & 0 & 0 & 0 & 0 & \{g\} \\ 0 & 0 & 0 & 0 & 0 & 0 \end{bmatrix} \circ \begin{bmatrix} x_1 \\ x_2 \\ x_3 \\ x_4 \\ x_5 \\ x_6 \end{bmatrix} \sqcup \begin{bmatrix} 0 \\ 0 \\ 0 \\ 0 \\ 0 \\ 1 \end{bmatrix} \qquad \begin{matrix} 0 := 0_Z = \{\ \} \\ 1 := 1_Z = \{\lambda\} \end{matrix}$$

Rückwärtsauflösung für einfache Wege :

$$\begin{aligned}
x_6 &= 0 \circ x_6 \sqcup 1 = 0 \sqcup 1 = 1 \\
x_5 &= \{g\} \circ x_6 \sqcup 0 = \{g\} \circ 1 = \{g\} \\
x_4 &= \{f\} \circ x_5 \sqcup \{h\} \circ x_6 \sqcup 0 = \{f\} \circ \{g\} \sqcup \{h\} \circ 1 = \{fg, h\} \\
x_3 &= \{e\} \circ x_4 \sqcup 0 = \{e\} \circ \{fg, h\} = \{efg, eh\} \\
x_2 &= \{c\} \circ x_3 \sqcup \{d\} \circ x_5 \sqcup 0 = \{c\} \circ \{efg, eh\} \sqcup \{d\} \circ \{g\} \\
&= \{cefg, ceh, dg\} \\
x_1 &= \{a\} \circ x_2 \sqcup \{b\} \circ x_3 \sqcup 0 = \{a\} \circ \{cefg, ceh, dg\} \sqcup \{b\} \circ \{efg, eh\} \\
&= \{acefg, aceh, adg, befg, beh\}
\end{aligned}$$

Die Lösung zeigt, daß von jedem der Knoten des Graphen mindestens ein einfacher Weg zu Knoten 6 führt. Von Knoten 3 führen die zwei einfachen Wege {efg, eh} zu Knoten 6.

8.5.5.4 Extremale einfache Wege

Aufgabe : Die Kanten eines schlichten Graphen seien eindeutig mit den Zeichen eines Alphabets $\mathbb{A}$ bezeichnet. Ein einfacher Weg von Knoten i nach Knoten k enthält keine Kante mehrfach. Er heißt kürzester Weg von i nach k, wenn er nicht mehr Kanten enthält als jeder andere Weg von i nach k. Er heißt längster Weg von i nach k, wenn er nicht weniger Kanten enthält als jeder andere Weg von i nach k. Die Wörter für alle kürzesten oder alle längsten Wege von Knoten i nach Knoten k sind zu bestimmen.

Bewertung : Gegeben sei die Wegmenge a_{ik}, die Wege von Knoten i nach Knoten k enthält. Als Bewertung z_{ik} der Wegmenge a_{ik} wird die Menge aller extremalen einfachen Wörter für die in a_{ik} enthaltenen kürzesten oder längsten Wege gewählt. Die Bewertungsabbildung besitzt die gleiche Form wie bei einfachen Wegen :

$$f(0_W) = 0_Z = \{\ \}$$

$$f(1_W) = 1_Z = \{\lambda\}$$

$$f(a_{ik}) = z_{ik} \in P(\mathbb{S}) \qquad \text{für} \qquad a_{ik} \notin \{0_W, 1_W\}$$

Verknüpfung : Für die Bewertungsmenge $P(\mathbb{S})$ werden die Verknüpfungen $\sqcup$ und $\circ$ definiert. Die Wegmengen a_{ik}, b_{ik} seien mit extremalen einfachen Wortmengen x_{ik}, y_{ik} bewertet. Die Bewertung $x_{ik} \sqcup y_{ik}$ der Vereinigung $a_{ik} \sqcup b_{ik}$ ist die Vereinigung $x_{ik} \cup y_{ik}$ mit der Reduktion $\text{extr}(x_{ik} \cup y_{ik})$ auf die extremale einfache Wortmenge. Die Kettung $\circ$ ist wie bei einfachen Wegen definiert :

$$\text{Vereinigung} : \quad x_{ik} \sqcup y_{ik} := \text{extr}\,(x_{ik} \cup y_{ik})$$

$$\text{Kettung} : \quad x_{ik} \circ y_{km} := \{x \circ y \in \mathbb{S} \mid x \in x_{ik} \ \wedge \ y \in y_{km}\}$$

Das Gebilde $(P(\mathbb{S})\ ;\ \sqcup, \circ)$ ist wie bei einfachen Wegen eine literale Wegalgebra mit dem Nullelement $0_Z = \{\ \}$ und dem Einselement $1_Z = \{\lambda\}$.

Bewertungsmatrizen : Die elementaren Bewertungsmatrizen **Z** der literalen Wegalgebra für einfache Wege und für extremale einfache Wege sind gleich. Die Matrix **Z** ist sowohl für kürzeste als auch für längste einfache Wege stabil. Besitzt der Graph Wege von Knoten i nach Knoten k, so ist das Element z^*_{ik} der Hülle $\mathbf{Z}^*$ gleich der Menge der Wörter für die extremalen einfachen Wege von i nach k. Sonst ist z^*_{ik} das Nullelement. Besitzt der Graph Zyklen durch den Knoten k, so enthält das Element z^*_{kk} der Hülle $\mathbf{Z}^*$ alle Wörter für die extremalen einfachen Zyklen durch k. Sonst ist z^*_{kk} das Einselement. Da der kürzeste Zyklus durch einen Knoten k immer der leere Weg λ ist, ist z^*_{kk} für kürzeste einfache Wege stets das Einselement.

Beispiel : Kürzeste Wege

Gegeben sei der azyklische Graph mit der literalen Kantenbezeichnung aus dem Beispiel im vorangehenden Abschnitt, für den die einfachen Wege von jedem der Knoten des Graphen zum Knoten 6 bestimmt wurden. In diesem Beispiel sind die kürzesten Wege von jedem der Knoten des Graphen zum Knoten 6 gesucht. Das Gleichungssystem für die kürzesten Wege ist formal identisch mit dem Gleichungssystem für die einfachen Wege und wird mit den definierten Verknüpfungen für kürzeste Wege gelöst.

Rückwärtsauflösung für die kürzesten Wege :

$$
\begin{array}{lllll}
x_6 & = 0 \circ x_6 \sqcup 1 & = 0 \sqcup 1 & = 1 \\
x_5 & = \{g\} \circ x_6 \sqcup 0 & = \{g\} \circ 1 & = \{g\} \\
x_4 & = \{f\} \circ x_5 \sqcup \{h\} \circ x_6 \sqcup 0 & = \text{extr}\,(\{f\} \circ \{g\} \cup \{h\} \circ 1) & = \{h\} \\
x_3 & = \{e\} \circ x_4 \sqcup 0 & = \{e\} \circ \{h\} & = \{eh\} \\
x_2 & = \{c\} \circ x_3 \sqcup \{d\} \circ x_5 \sqcup 0 & = \text{extr}\,(\{c\} \circ \{eh\} \cup \{d\} \circ \{g\}) & = \{dg\} \\
x_1 & = \{a\} \circ x_2 \sqcup \{b\} \circ x_3 \sqcup 0 & = \text{extr}\,(\{a\} \circ \{dg\} \cup \{b\} \circ \{eh\}) & = \{adg, beh\}
\end{array}
$$

Die Lösung zeigt, daß von jedem der Knoten des Graphen mindestens ein einfacher Weg zu Knoten 6 führt. Von Knoten 1 führen die beiden kürzesten Wege {adg, beh} zu Knoten 6.

8.5.5.5 Literale Knotenbezeichnung

Einführung : Jeder Knoten eines schlichten Graphen sei durch ein Zeichen eines Alphabets $\mathbb{A}$ bezeichnet. Je zwei Knoten seien mit verschiedenen Zeichen bewertet, so daß die Knotenbezeichnungen eindeutig sind. Jede Kante des schlichten Graphen wird mit den Zeichen des Anfangs- und des Endknotens so bezeichnet, daß die in den vorangehenden Abschnitten behandelten literalen Wegalgebren verwendet werden können, um Wegknoten, gemeinsame Wegknoten, elementare Wege und extremale elementare Wege zu bestimmen.

Wegknoten : Gegeben sei die Wegmenge a_{ik}, die Wege von Knoten i nach Knoten k enthält. Als Bewertung z_{ik} der Wegmenge a_{ik} wird die Menge der Zeichen für diejenigen Knoten gewählt, die in den Wegen von a_{ik} enthalten sind. Die Regeln für die Vereinigung und Kettung von bewerteten Wegmengen sowie die Definitionen für das Null- und Einselement sind identisch mit den Regeln und Definitionen in Abschnitt 8.5.5.1.

Gegeben sei ein schlichter Graph. Besitzt der Graph eine Kante von Knoten i nach Knoten k, so ist das Element z_{ik} der elementaren Bewertungsmatrix **Z** eine Menge, die das Zeichen für den Knoten i und das Zeichen für den Knoten k enthält. Sonst ist z_{ik} das Nullelement. Die Matrix **Z** ist stabil. Besitzt der Graph Wege von Knoten i nach Knoten k, so ist das Element z^*_{ik} der Hülle $\mathbf{Z}^*$ gleich der Menge der Zeichen für die Knoten, die in mindestens einem der Wege von i nach k enthalten sind. Sonst ist z^*_{ik} das Nullelement.

Gemeinsame Wegknoten : Gegeben sei die Wegmenge a_{ik}, die Wege von Knoten i nach Knoten k enthält. Als Bewertung z_{ik} der Wegmenge a_{ik} wird die Menge der Zeichen für diejenigen Knoten gewählt, die in jedem der Wege von a_{ik} enthalten sind. Die Regeln für die Vereinigung und Kettung von bewerteten Wegmengen sowie die Definitionen für das Null- und Einselement sind identisch mit den Regeln und Definitionen in Abschnitt 8.5.5.2.

Die elementaren Bewertungsmatrizen **Z** eines schlichten Graphen für Wegknoten und gemeinsame Wegknoten sind identisch. Die Matrix **Z** ist stabil. Besitzt der Graph Wege von Knoten i nach Knoten k, so ist das Element z^*_{ik} der Hülle $\mathbf{Z}^*$ gleich der Menge der Zeichen für die gemeinsamen Knoten, die in jedem der Wege von i nach k enthalten sind. Sonst ist z^*_{ik} das Nullelement.

Elementare Wege : Jedem Weg im schlichten Graphen mit literaler Knotenbezeichnung ist ein Wort zugeordnet. In diesem Wort treten die Zeichen in der Reihenfolge auf, in der die zugeordneten Knoten im Weg auftreten. Ein elementarer Weg enthält keinen Knoten mehrfach und wird daher mit einem einfachen Wort bezeichnet. Zwei Wege im schlichten Graphen seien mit den Wörtern a und b bezeichnet. Das Wort a kann mit dem Wort b nur dann zu einem Wort $c = a \circ b$ gekettet werden, wenn das letzte Zeichen von a und das erste Zeichen von b identisch sind. Das gekettete Wort c wird gebildet, indem das Wort b ohne das erste Zeichen direkt an das Wort a angehängt wird.

Gegeben sei die Wegmenge a_{ik}, die Wege von Knoten i nach Knoten k enthält. Als Bewertung z_{ik} der Wegmenge a_{ik} wird die Menge einfacher Wörter für die in a_{ik} enthaltenen elementaren Wege gewählt. Die Regeln für die Vereinigung und Kettung von bewerteten Wegmengen sowie die Definitionen für das Null- und Einselement sind identisch mit den Regeln und Definitionen in Abschnitt 8.5.5.3.

Gegeben sei ein schlichter Graph. Besitzt der Graph eine Kante von Knoten i nach Knoten $k \neq i$, so ist das Element z_{ik} der elementaren Bewertungsmatrix $\mathbf{Z}$ eine einelementige Wortmenge, die das einfache Wort mit den Zeichen der Knoten i und k enthält. Sonst ist z_{ik} das Nullelement. Die Matrix $\mathbf{Z}$ ist stabil. Besitzt der Graph Wege von Knoten i nach Knoten $k \neq i$, so ist das Element z^*_{ik} der Hülle $\mathbf{Z}^*$ gleich der Menge der Wörter für die elementaren Wege von i nach k. Sonst ist z^*_{ik} das Nullelement. Jedes Diagonalelement z^*_{kk} der Hülle $\mathbf{Z}^*$ ist das Einselement.

Mit dieser Wegalgebra werden elementare Zyklen durch einen Knoten k nicht bestimmt, da das Wort für einen solchen Zyklus das Zeichen für den Knoten k am Anfang und Ende enthält und daher nicht einfach ist. Wird die Menge der einfachen Wörter um Wörter mit gleichem Anfangs- und Endzeichen erweitert, so lassen sich mit dieser erweiterten Wortmenge elementare Wege einschließlich elementarer Zyklen bestimmen.

Extremale elementare Wege : Auf der Grundlage der Wegalgebra für elementare Wege wird nach Abschnitt 8.5.5.4 die Wegalgebra für die kürzesten oder längsten elementaren Wege definiert.

Beispiel : Elementare Wege

Gegeben sei der gezeigte azyklische Graph mit einer literalen Knotenbezeichnung durch Ziffern. Jede Kante sei mit dem einfachen Wort bewertet, das aus den Ziffern des Anfangs- und des Endknotens besteht. Gesucht sind die elementaren Wege von jedem der Knoten des Graphen zu Knoten 6.

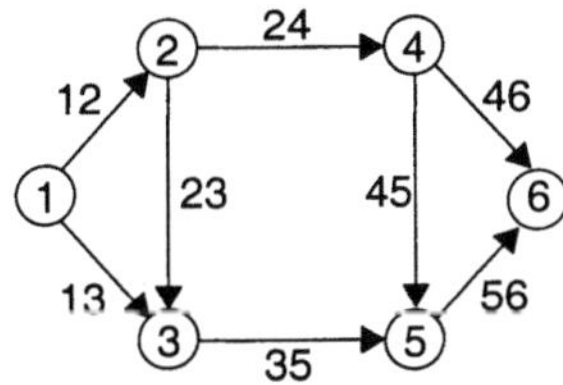

Da die Hülle $\mathbf{Z}^*$ unbekannt ist, wird ihre 6. Spalte nach Abschnitt 8.5.2 als Lösung des folgenden Gleichungssystems bestimmt :

$$\mathbf{x} = \mathbf{Z} \circ \mathbf{x} \sqcup \mathbf{e}_6$$

$$\begin{bmatrix} x_1 \\ x_2 \\ x_3 \\ x_4 \\ x_5 \\ x_6 \end{bmatrix} = \begin{bmatrix} 0 & \{12\} & \{13\} & 0 & 0 & 0 \\ 0 & 0 & \{23\} & \{24\} & 0 & 0 \\ 0 & 0 & 0 & 0 & \{35\} & 0 \\ 0 & 0 & 0 & 0 & \{45\} & \{46\} \\ 0 & 0 & 0 & 0 & 0 & \{56\} \\ 0 & 0 & 0 & 0 & 0 & 0 \end{bmatrix} \circ \begin{bmatrix} x_1 \\ x_2 \\ x_3 \\ x_4 \\ x_5 \\ x_6 \end{bmatrix} \sqcup \begin{bmatrix} 0 \\ 0 \\ 0 \\ 0 \\ 0 \\ 1 \end{bmatrix} \qquad \begin{aligned} 0 &:= \{\ \} \\ 1 &:= \{\lambda\} \end{aligned}$$

Rückwärtsauflösung für elementare Wege :

$$\begin{aligned}
x_6 &= 0 \circ x_6 \sqcup 1 &&= 0 \sqcup 1 &&= 1 \\
x_5 &= \{56\} \circ x_6 \sqcup 0 &&= \{56\} \circ 1 &&= \{56\} \\
x_4 &= \{46\} \circ x_6 \sqcup \{45\} \circ x_5 \sqcup 0 &&= \{46\} \circ 1 \sqcup \{45\} \circ \{56\} &&= \{46, 456\} \\
x_3 &= \{35\} \circ x_5 \sqcup 0 &&= \{35\} \circ \{56\} &&= \{356\} \\
x_2 &= \{23\} \circ x_3 \sqcup \{24\} \circ x_4 \sqcup 0 &&= \{23\} \circ \{356\} \sqcup \{24\} \circ \{46,456\} \\
& &&= \{2356, 246, 2456\} \\
x_1 &= \{12\} \circ x_2 \sqcup \{13\} \circ x_3 \sqcup 0 &&= \{12\} \circ \{2356, 246, 2456\} \sqcup \{13\} \circ \{356\} \\
& &&= \{12356, 1246, 12456, 1356\}
\end{aligned}$$

Die Lösung zeigt, daß von jedem der Knoten des Graphen mindestens ein elementarer Weg zu Knoten 6 führt. Vom Knoten 4 führen die zwei elementaren Wege {46, 456} zu Knoten 6. Die elementaren Wege werden infolge der gewählten Kantenbewertung als Knotenfolge mit dem Anfangsknoten, allen Zwischenknoten und dem Endknoten beschrieben.

8.5.5.6 Literale Kantenbezeichnung einfacher Graphen

Einführung : Ein einfacher Graph besteht aus Knoten und ungerichteten Kanten zwischen jeweils zwei verschiedenen benachbarten Knoten. Jede ungerichtete Kante sei mit einem Zeichen eines Alphabets $\mathbb{A}$ bezeichnet. Je zwei ungerichtete Kanten des einfachen Graphen seien verschieden bezeichnet, so daß die Bezeichnungen der ungerichteten Kanten eindeutig sind. Ein einfacher Graph wird als symmetrischer Graph behandelt, indem jede ungerichtete Kante mit ihrer Bezeichnung durch ein Paar entgegengesetzt gerichteter Kanten mit gleicher Bezeichnung ersetzt wird. Damit können die in den Abschnitten 8.5.6.1 bis 8.5.6.4 behandelten literalen Wegalgebren für schlichte Graphen auch direkt für einfache Graphen verwendet werden.

Symmetrie : Da ein einfacher Graph als schlichter symmetrischer Graph mit symmetrischer Bezeichnung behandelt wird, ist die elementare Bewertungsmatrix $\mathbf{Z}$ symmetrisch. Die Hülle $\mathbf{Z}^*$ ist ebenfalls symmetrisch, da für jeden Weg von Knoten i nach Knoten k über einen Kantenzug auch ein zugehöriger Weg von Knoten k nach Knoten i über den umgekehrten Kantenzug existiert. Die Symmetrieeigenschaft kann bei den Algorithmen der Wegalgebra vorteilhaft genutzt werden.

Beispiel : Einfache Wege in einem einfachen Graphen

Gegeben sei der gezeigte einfache Graph mit literaler Kantenbezeichnung. Gesucht sind die einfachen Wege von jedem Knoten des Graphen zu Knoten 6.

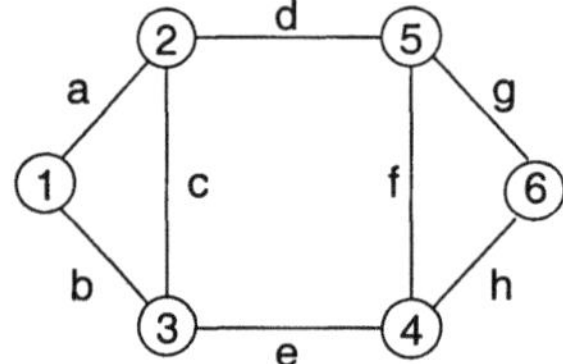

Da die Hülle $\mathbf{Z}^*$ unbekannt ist, wird ihre 6. Spalte nach Abschnitt 8.5.2 als Lösung des folgenden Gleichungssystems bestimmt :

$$\mathbf{x} = \mathbf{Z} \circ \mathbf{x} \sqcup \mathbf{e}_6$$

$$\begin{bmatrix} x_1 \\ x_2 \\ x_3 \\ x_4 \\ x_5 \\ x_6 \end{bmatrix} = \begin{bmatrix} 0 & \{a\} & \{b\} & 0 & 0 & 0 \\ \{a\} & 0 & \{c\} & 0 & \{d\} & 0 \\ \{b\} & \{c\} & 0 & \{e\} & 0 & 0 \\ 0 & 0 & \{e\} & 0 & \{f\} & \{h\} \\ 0 & \{d\} & 0 & \{f\} & 0 & \{g\} \\ 0 & 0 & 0 & \{h\} & \{g\} & 0 \end{bmatrix} \circ \begin{bmatrix} x_1 \\ x_2 \\ x_3 \\ x_4 \\ x_5 \\ x_6 \end{bmatrix} \sqcup \begin{bmatrix} 0 \\ 0 \\ 0 \\ 0 \\ 0 \\ 1 \end{bmatrix} \qquad \begin{aligned} 0 &:= \{\ \} \\ 1 &:= \{\lambda\} \end{aligned}$$

Das Gleichungssystem besitzt eine symmetrische Matrix $\mathbf{Z}$. Seine Lösungen können mit einem der Verfahren in Abschnitt 8.5.7 bestimmt werden.

8.5.5.7 Anwendungen in der Strukturanalyse

Die literalen Wegalgebren können zweckmäßig in der Strukturanalyse von schlichten und einfachen Graphen verwendet werden. Einige typische Beispiele sind nachfolgend aufgeführt :

Untergraphen und Komponenten : Ein Untergraph für ein Knotenpaar (i, k) besteht aus den Knoten und Kanten, die in mindestens einem der Wege des Graphen von Knoten i nach Knoten k enthalten sind. Die Kantenmenge des Untergraphen kann mit der Wegalgebra für Wegkanten in Abschnitt 8.5.5.1 bestimmt werden. Die Knotenmenge des Untergraphen setzt sich aus dem Knoten k und den Anfangsknoten aller Kanten der Kantenmenge zusammen. Der Untergraph für das Knotenpaar (k, k) ist bei schlichten Graphen eine strenge Zusammenhangskomponente und bei einfachen Graphen eine einfache Zusammenhangskomponente.

Basiskanten und Brückenkanten : Eine Wegkante, die in jedem der Wege von Knoten i nach Knoten k auftritt, ist bei schlichten Graphen eine Basiskante und bei einfachen Graphen eine Brückenkante. Die Wegalgebra für gemeinsame Wegkanten in Abschnitt 8.5.5.2 kann daher zur Bestimmung von Basis- oder Brückenkanten angewandt werden. Existiert für ein zusammenhängendes Knotenpaar (i, k) keine Wegkante, die in allen Wegen von i nach k auftritt, so existieren mindestens zwei kantendisjunkte Wege von i nach k.

Trennende Knoten und Artikulationsknoten : Ein Wegknoten a, der in jedem der Wege von Knoten $i \neq a$ nach Knoten $k \neq a$ auftritt, ist bei schlichten Graphen ein trennender Knoten und bei einfachen Graphen ein Artikulationsknoten. Die Wegalgebra für gemeinsame Wegknoten in Abschnitt 8.5.5.5 kann daher zur Bestimmung von trennenden Knoten oder Artikulationsknoten angewandt werden. Existiert für ein zusammenhängendes Knotenpaar (i, k) außer i und k kein Wegknoten, der in jedem der Wege von i nach k auftritt, so existieren mindestens zwei knotendisjunkte Wege von i nach k.

Eulersche und Hamiltonsche Wege : Enthält ein längster einfacher Weg von Knoten i nach Knoten k alle Kanten des Graphen, so ist dieser Weg für $i \neq k$ ein Eulerscher Weg und für $i = k$ ein Eulerscher Zyklus. Die Wegalgebra für die längsten einfachen Wege in Abschnitt 8.5.5.4 kann daher zur Bestimmung von Eulerschen Wegen und Zyklen angewandt werden. Enthält ein längster elementarer Weg von Knoten i nach Knoten k alle Knoten des Graphen, so ist dieser Weg für $i \neq k$ ein Hamiltonscher Weg und für $i = k$ ein Hamiltonscher Zyklus. Die Wegalgebra für die längsten elementaren Wege in Abschnitt 8.5.5.5 kann daher zur Bestimmung von Hamiltonschen Wegen und Zyklen angewandt werden.

8.5.6 EIGENSCHAFTEN DER WEGALGEBREN

Einführung : Die in den vorangehenden Abschnitten behandelten Wegalgebren besitzen die gleiche algebraische Struktur. Sie unterscheiden sich in der Definition der Bewertungsmengen sowie in den Regeln für die Vereinigung und für die Kettung. Daraus resultieren unterschiedliche Eigenschaften, die zu einer weiteren Klassifikation der Wegalgebren führen und die für die allgemeine Lösung der Gleichungssysteme für Wegaufgaben von wesentlicher Bedeutung sind.

Zusammenstellung : Die grundlegenden Definitionen der behandelten booleschen, reellen und literalen Wegalgebren sind in der folgenden Tabelle zusammengestellt.

Wegalgebra	Bewertungsmenge Z	Vereinigung $x \sqcup y$	Kettung $x \circ y$
Wegexistenz	{0,1}	$x \vee y$	$x \wedge y$
Min. Weglänge	$\mathbb{R}_0^+ \cup \{0_Z\}$	Min (x,y)	$x + y$
Max. Weglänge	$\mathbb{R}_0^+ \cup \{0_Z\}$	Max (x,y)	$x + y$
Max. Wegzuverlässigkeit	[0.0, 1.0]	Max (x,y)	$x * y$
Max. Wegkapazität	$\mathbb{R}_0^+ \cup \{1_Z\}$	Max (x,y)	Min (x,y)
Wegkanten	$P(\mathbb{A}) \cup \{0_Z\}$	$x \cup y$	$x \cup y$
Gemeinsame Wegkanten	$P(\mathbb{A}) \cup \{0_Z\}$	$x \cap y$	$x \cup y$
Einfache Wege	$P(\mathbb{S})$	$x \cup y$	$x \circ y$
Extremale einfache Wege	$P(\mathbb{S})$	$\text{extr}(x \cup y)$	$x \circ y$

Inklusion : Die Inklusion $x \sqsubseteq y$ der Elemente $x, y \in Z$ einer Bewertungsmenge Z wird wie in der Mengenlehre über die Vereinigung und die Gleichheit definiert. Sie liefert als Ergebnis die logische Konstante wahr oder falsch.

Inklusion $\quad x \sqsubseteq y \quad :\Leftrightarrow \quad x \sqcup y = y$

Für die Inklusion gelten folgende Rechenregeln bezüglich der Vereinigung und der Kettung für $x, y, z \in Z$:

$$\begin{array}{lllll} \text{Vereinigung} & x \sqsubseteq y & \Rightarrow & x \sqcup z & \sqsubseteq y \sqcup z \\ & x \sqsubseteq y & \Rightarrow & z \sqcup x & \sqsubseteq z \sqcup y \\ \text{Kettung} & x \sqsubseteq y & \Rightarrow & x \circ z & \sqsubseteq y \circ z \\ & x \sqsubseteq y & \Rightarrow & z \circ x & \sqsubseteq z \circ y \end{array}$$

Ordnungsstruktur : Die Inklusion $u \sqsubseteq v$ in einer Bewertungsmenge Z ist reflexiv, identitiv und transitiv. Sie ist daher eine partielle Ordnungsrelation. Die Bewertungsmenge Z ist geordnet.

reflexiv	$x \sqsubseteq x$
identitiv	$x \sqsubseteq y \wedge y \sqsubseteq x \Rightarrow x = y$
transitiv	$x \sqsubseteq y \wedge y \sqsubseteq z \Rightarrow x \sqsubseteq z$

Ist eine Inklusion zusätzlich linear, so ist sie eine totale Ordnungsrelation. Die Bewertungsmenge Z ist total geordnet.

linear $\quad x \sqsubseteq y \vee y \sqsubseteq x$

Kleinstes und größtes Element : Das kleinste Element in einer Bewertungsmenge Z ist das Nullelement 0_Z. Ein größtes Element muß nicht existieren. Existiert ein größtes Element, so kann es das Einselement 1_Z oder ein anderes Element der Bewertungsmenge sein. Dementsprechend werden Bewertungsmengen mit folgenden Eigenschaften unterschieden :

Bewertungsmengen ohne größtes Element	$0_Z \sqsubseteq x$
Bewertungsmengen mit dem größten Element 1_Z	$0_Z \sqsubseteq x \sqsubseteq 1_Z$
Bewertungsmengen mit dem größten Element g_Z	$0_Z \sqsubseteq x \sqsubseteq g_Z$

Für die Bewertungsmengen der verschiedenen Wegalgebren sind die Ordnungseigenschaft sowie das kleinste und größte Element zusammengestellt :

Wegalgebra	Inklusion $\sqsubseteq$	Kleinstes Element	Größtes Element
Wegexistenz	total	0_Z	1_Z
Min. Weglänge	total	0_Z	1_Z
Max. Weglänge	total	0_Z	–
Max. Wegzuverlässigkeit	total	0_Z	1_Z
Max. Wegkapazität	total	0_Z	1_Z
Wegkanten	partiell	0_Z	$\mathbb{A}$
Gemeinsame Wegkanten	partiell	0_Z	1_Z
Einfache Wege	partiell	0_Z	$\mathbb{S}$
Extremale einfache Wege	partiell	0_Z	$\mathbb{S}$

Sub- und superunitäre Elemente : Die Elemente $x \in Z$ einer Bewertungsmenge Z werden bezüglich des Einselementes 1_Z betrachtet. Ein Element $x \sqsubseteq 1_Z$ heißt subunitär. Ein Element $x \sqsupseteq 1_Z$ heißt superunitär. Ist das Einselement das größte Element, so sind alle Elemente subunitär.

subunitär	$x \sqsubseteq 1_Z$
superunitär	$x \sqsupseteq 1_Z$

Potenzen eines Elementes : Die 0-te Potenz x^0 eines Elementes $x \in Z$ der Bewertungsmenge Z ist definiert als das Einselement 1_Z. Die m-te Potenz x^m ist definiert als die Kettung von x^{m-1} und x.

Potenz $\quad x^0 := 1_Z \qquad x^m := x^{m-1} \circ x$

Ein Element x heißt idempotent, wenn $x^2 = x$ ist. Jede Potenz x^m eines idempotenten Elementes x ist für $m \geq 1$ gleich x. Ein Element x heißt nilpotent vom Grad q, wenn $x^q = 0_Z$ ist. Jede Potenz x^m eines nilpotenten Elementes x ist für $m \geq q$ gleich 0_Z.

idempotent $\quad x^2 = x$
nilpotent $\quad x^q = 0_Z$

Hülle eines Elementes : Die reflexive transitive Hülle $\hat{x}$ eines Elementes $x \in Z$ einer Bewertungsmenge Z wird berechnet als Vereinigung von Potenzen von x. Ändert sich die Vereinigung ab einer gewissen Potenz x^p nicht, so ist das Element x stabil und die Hülle $\hat{x}$ existiert. Der positive ganzzahlige Wert p heißt Stabilitätsindex des Elementes.

$$\hat{x} = 1_Z \sqcup x \sqcup x^2 \sqcup \ldots = \bigsqcup_{m \geq 0} x^m = \bigsqcup_{m=0}^{p} x^m$$

Ein nilpotentes, idempotentes oder subunitäres Element ist stabil.

nilpotent $\quad \hat{x} = 1_Z \sqcup x \sqcup x^2 \sqcup \ldots \sqcup x^{q-1}$
idempotent $\quad \hat{x} = 1_Z \sqcup x$
subunitär $\quad \hat{x} = 1_Z$

Stabilität : Die Wegalgebren werden bezüglich der Stabilität klassifiziert. Eine Wegalgebra heißt bedingt stabil, wenn mindestens ein Element der Bewertungsmenge nicht stabil ist. Sie heißt unbedingt stabil, wenn jedes Element der Bewertungsmenge stabil ist. Sie heißt unitär stabil, wenn die reflexive transitive Hülle jedes Elementes der Bewertungsmenge das Einselement ist.

Wegalgebra	Stabilität	Hülle $\hat{x}$
Wegexistenz	unitär	$\hat{x} = 1_Z$
Min. Weglänge	unitär	$\hat{x} = 1_Z$
Max. Weglänge	bedingt	$\hat{x} = 1_Z$ für $x \in \{0_Z, 1_Z\}$
Max. Wegzuverlässigkeit	unitär	$\hat{x} = 1_Z$
Max. Wegkapazität	unitär	$\hat{x} = 1_Z$
Wegkanten	unbedingt	$\hat{x} = 1_Z \sqcup x$
Gemeinsame Wegkanten	unitär	$\hat{x} = 1_Z$
Einfache Wege	unbedingt	$\hat{x} = \bigsqcup_{m=0}^{p} x^m \quad p \leq \lvert x \rvert$
Extremale einfache Wege	unbedingt	

Beispiel 1 : Reelle Wegalgebra für minimale Weglängen

Die Bewertungsmenge der reellen Wegalgebra für minimale Weglängen ist $Z = \mathbb{R}_0^+ \cup \{0_Z\}$ mit dem Nullelement $0_Z = \infty$ und dem Einselement $1_Z = 0$. Die Inklusion $x \sqsubseteq y$ der Elemente $x, y \in Z$ ist gleichbedeutend mit $x \geq y$.

$$x \sqsubseteq y \quad \Leftrightarrow \quad x \sqcup y = y \quad \Leftrightarrow \quad \mathrm{Min}(x, y) = y \quad \Leftrightarrow \quad x \geq y$$

Das Nullelement $0_Z = \infty$ ist das kleinste Element in Z. Das Einselement $1_Z = 0$ ist das größte Element in Z.

$$0_Z \sqsubseteq x \sqsubseteq 1_Z \quad \Leftrightarrow \quad \infty \geq x \geq 0$$

Jedes Element $x \in Z$ ist subunitär.

$$x \in Z \quad \Leftrightarrow \quad x \geq 0 \quad \Leftrightarrow \quad x \sqsubseteq 1_Z$$

Die Hülle $\hat{x}$ eines Elementes $x \geq 0$ ist das Einselement 1_Z.

$$\hat{x} = 1_Z \sqcup x \sqcup x^2 \sqcup x^3 \sqcup \ldots = \mathrm{Min}\,\{0, x, x+x, x+x+x, \ldots\} = 0 = 1_Z$$

Da die reflexiv transitive Hülle $\hat{x}$ jedes Elementes $x \in Z$ gleich dem Einselement 1_Z ist, ist die Wegalgebra für minimale Weglängen unitär stabil.

Beispiel 2 : Reelle Wegalgebra für maximale Weglängen

Die Bewertungsmenge der reellen Wegalgebra für maximale Weglängen ist $Z = \mathbb{R}_0^+ \cup \{0_Z\}$ mit dem Nullelement $0_Z = -\infty$ und dem Einselement $1_Z = 0$. Die Inklusion $x \sqsubseteq y$ der Elemente $x, y \in z$ ist gleichbedeutend mit $x \leq y$.

$$x \sqsubseteq y \quad \Leftrightarrow \quad x \sqcup y = y \quad \Leftrightarrow \quad \mathrm{Max}\,\{x, y\} = y \quad \Leftrightarrow \quad x \leq y$$

Das Nullelement $0_Z = -\infty$ ist das kleinste Element in Z. Ein größtes Element existiert nicht.

$$0_Z \sqsubseteq x \Leftrightarrow \quad -\infty \leq x$$

Die Hülle $\hat{x}$ kann im allgemeinen Fall nicht gebildet werden, da die Vereinigung der Potenzen jedes $x \in \mathbb{R}^+$ gegen unendlich strebt .

$$\hat{x} = 1_Z \sqcup x \sqcup x^2 \sqcup x^3 \sqcup \ldots = \mathrm{Max}\,\{0, x, x+x, x+x+x, \ldots\}$$

$$\hat{x} = 0 \quad \text{für} \quad x \in \{-\infty, 0\}$$

$$\hat{x} \rightarrow \infty \quad \text{für} \quad x \in \mathbb{R}^+$$

Beispiel 3 : Literale Wegalgebra für Wegkanten

Die Bewertungsmenge der literalen Wegalgebra für Wegkanten ist $Z = P(\mathbb{A}) \cup \{0_Z\}$ mit dem Alphabet $\mathbb{A}$, dem Nullelement $0_Z = \{\infty\}$ und dem Einselement $1_Z = \{\ \}$. Die Inklusion $x \sqsubseteq y$ der Elemente $x, y \in P(\mathbb{A})$ ist gleichbedeutend mit $x \subseteq y$.

$$x \sqsubseteq y \quad \Leftrightarrow \quad x \sqcup y = y \quad \Leftrightarrow \quad x \cup y = y \quad \Leftrightarrow \quad x \subseteq y$$

Das Nullelement $0_Z = \{\infty\}$ ist das kleinste Element in Z. Das Element $\mathbb{A}$ ist das größte Element in Z.

$$0_Z \sqsubseteq x \sqsubseteq \mathbb{A} \quad \Leftrightarrow \quad \{\infty\} \subseteq x \subseteq \mathbb{A}$$

Jedes Element $x \in Z$ ist idempotent und daher stabil.

$$x^2 = x \circ x = x \cup x = x$$

Die Hülle $\hat{x}$ eines Elementes $x \in Z$ ist wegen der Idempotenz gleich $1_Z \sqcup x$.

$$\hat{x} = 1_Z \sqcup x$$
$$\hat{x} = 1_Z \quad \text{für} \quad x = 0_Z$$
$$\hat{x} = x \quad \text{für} \quad x \in P(\mathbb{A})$$

Beispiel 4 : Literale Wegalgebra für einfache Wege

Die Bewertungsmenge der literalen Wegalgebra für einfache Wege ist $Z = P(\mathbb{S})$ mit der Menge $\mathbb{S}$ aller einfachen Wörter, dem Nullelement $0_Z = \{\ \}$ und dem Einselement $1_Z = \{\lambda\}$. Ein Element $x \in Z$ sei eine Menge von p einfachen Wörtern. Es wird zunächst vorausgesetzt, daß kein Zeichen eines einfachen Wortes in einem anderen einfachen Wort auftritt.

$$x = \{x_1, x_2, ..., x_p\} \qquad p = |x|$$

Bei der Potenzbildung x^p werden alle einfachen Wörter miteinander zu einfachen Wörtern verkettet. Jedes Element von x^p ist eine mögliche Kettung der p einfachen Wörter von x.

$$x^p = \{x_1 x_2 \cdots x_p, x_2 x_1 \cdots x_p, ...\}$$

Die Potenz x^{p+1} ist die Kettung von x^p mit x. Wird ein einfaches Wort von x^p mit einem einfachen Wort x_j von x gekettet, so ist das Ergebnis kein einfaches Wort, da x_j in der Kettung doppelt enthalten ist. Diese Kettung ist daher kein Element von x^{p+1}. Die Potenz x^{p+1} ist dementsprechend die Nullmenge $\emptyset$. Das Element x ist nilpotent vom Grad p + 1. Es ist stabil mit dem Stabilitätsindex p. Die Hülle $\hat{x}$ ist :

$$\hat{x} = \bigsqcup_{m=0}^{p} x^m$$

Ist die obige Voraussetzung nicht erfüllt, so ist der Stabilitätsindex p geringer als die Anzahl der einfachen Wörter von x.

8.5.7 GLEICHUNGSSYSTEME

8.5.7.1 Lösungen von Gleichungssystemen

Einführung : In den vorangehenden Abschnitten ist gezeigt, daß sich verschiedene Aufgaben für die Bestimmung von Wegen in Graphen auf eine einheitliche Wegalgebra zurückführen lassen. Diese Wegalgebra ist der linearen Algebra mit reellen Zahlen sehr ähnlich. Daher können auch Methoden der linearen Algebra auf die Wegalgebra für Graphen übertragen werden.

Die Formulierung von Aufgaben der Wegalgebra führt zu Gleichungssystemen. Ist die Koeffizientenmatrix stabil, so besitzt ein Gleichungssystem mindestens eine Lösung. Die theoretischen Grundlagen für Gleichungssysteme in der Wegalgebra sind in diesem Abschnitt behandelt.

Gleichungssystem : Gegeben sei ein schlichter Graph mit n Knoten. Die Kantenbewertungen des Graphen seien in einer quadratischen Matrix $\mathbf{A}$ zusammengefaßt. Eine Wegalgebra für eine Wegaufgabe in diesem Graphen führt auf ein System von n Gleichungen mit dem Lösungsvektor $\mathbf{x}$ in Abhängigkeit von dem Vektor $\mathbf{b}$ der rechten Seite. Die Notation für die Wegalgebra wird vereinfacht, indem bei Kettungen der Operator $\circ$ weggelassen wird. Das System von n Gleichungen mit n Unbekannten wird in Matrix-Vektor-Schreibweise und in Elementschreibweise mit der vereinfachten Notation wie folgt formuliert :

$$\mathbf{x} = \mathbf{A}\mathbf{x} \sqcup \mathbf{b}$$

$$x_i = a_{i1}\, x_1 \sqcup a_{i2}\, x_2 \sqcup \ldots \sqcup a_{in} x_n \sqcup b_i \qquad i = 1,\ldots,n$$

Lösungen : Die Matrix $\mathbf{A}$ eines Gleichungssystems $\mathbf{x} = \mathbf{Ax} \sqcup \mathbf{b}$ sei stabil. Dann besitzt das Gleichungssystem eine Lösung $\mathbf{x} = \mathbf{A}^* \mathbf{b}$ mit der Hülle $\mathbf{A}^*$ von $\mathbf{A}$. Ist die Matrix $\mathbf{A}$ nilpotent, so ist die Lösung $\mathbf{x}$ eindeutig. Ist die Matrix $\mathbf{A}$ nicht nilpotent, so können mehrere Lösungen existieren. Existieren mehrere Lösungen, so ist $\mathbf{x} = \mathbf{A}^* \mathbf{b}$ die kleinste Lösung.

Beweis : Eigenschaften von Lösungen

Die Hülle $\mathbf{A}^*$ einer Matrix $\mathbf{A}$ mit dem Stabilitätsindex p ist $\mathbf{A}^* = \mathbf{I} \sqcup \mathbf{A} \sqcup \ldots \sqcup \mathbf{A}^p$. Das Gleichungssystem $\mathbf{x} = \mathbf{A}\,\mathbf{x} \sqcup \mathbf{b}$ besitzt eine Lösung $\mathbf{x} = \mathbf{A}^* \mathbf{b}$. Dies wird durch Substitution von $\mathbf{x}$ in $\mathbf{A}\,\mathbf{x} \sqcup \mathbf{b}$ mit $\mathbf{A}^* = \mathbf{I} \sqcup \mathbf{A}\mathbf{A}^*$ bewiesen :

$$\mathbf{A}\,\mathbf{x} \sqcup \mathbf{b} \;=\; \mathbf{A}\,\mathbf{A}^*\mathbf{b} \sqcup \mathbf{b} \;=\; (\mathbf{I} \sqcup \mathbf{A}\,\mathbf{A}^*)\mathbf{b} \;=\; \mathbf{A}^*\mathbf{b} \;=\; \mathbf{x}$$

Eine allgemeine Lösung des Gleichungssystems sei $\mathbf{x}_0$. Dann erhält man durch mehrfache Substitution von $\mathbf{x}_0$ auf der rechten Seite des Gleichungssystems $\mathbf{x} = \mathbf{A}\,\mathbf{x} \sqcup \mathbf{b}$ folgende Gleichung :

$$\mathbf{x}_0 = \mathbf{A}\,\mathbf{x}_0 \sqcup \mathbf{b}$$

$$\mathbf{x}_0 = \mathbf{A}\ (\mathbf{A}\,\mathbf{x}_0 \sqcup \mathbf{b}) \sqcup \mathbf{b} \qquad = \mathbf{A}^2\,\mathbf{x}_0 \sqcup (\mathbf{I} \sqcup \mathbf{A})\,\mathbf{b}$$

$$\mathbf{x}_0 = \mathbf{A}^2\,(\mathbf{A}\,\mathbf{x}_0 \sqcup \mathbf{b}) \sqcup (\mathbf{I} \sqcup \mathbf{A})\,\mathbf{b} = \mathbf{A}^3\,\mathbf{x}_0 \sqcup (\mathbf{I} \sqcup \mathbf{A} \sqcup \mathbf{A}^2)\,\mathbf{b}$$

$$\vdots$$

$$\mathbf{x}_0 = \mathbf{A}^k\,\mathbf{x}_0 \sqcup \mathbf{A}^*\,\mathbf{b} = \mathbf{A}^k\,\mathbf{x}_0 \sqcup \mathbf{x} \qquad k > p$$

Ist **A** nilpotent, so gilt $\mathbf{A}^k = \mathbf{0}$ für ein $k > p$. Damit ist die Lösung $\mathbf{x}_0 = \mathbf{A}^*\mathbf{b} = \mathbf{x}$ eindeutig. Ist **A** nicht nilpotent, so kann eine Lösung $\mathbf{x}_0 \neq \mathbf{x}$ existieren. Aus $\mathbf{x}_0 = \mathbf{A}^k\mathbf{x}_0 \sqcup \mathbf{x}$ folgt $\mathbf{x}_0 \sqsupseteq \mathbf{x}$, so daß die Lösung **x** in der allgemeinen Lösung $\mathbf{x}_0$ enthalten ist. Damit ist **x** die kleinste Lösung unter allen möglichen Lösungen $\mathbf{x}_0$ des Gleichungssystems.

Beispiel 1 : Lösung einer Gleichung mit einer Unbekannten

Gegeben sei eine Gleichung mit den booleschen Werten a, b und der booleschen Unbekannten x sowie den booleschen Operatoren $\vee$ und $\wedge$ für die Vereinigung und die Kettung.

$$x = ax \sqcup b \quad \Leftrightarrow \quad x = (a \wedge x) \vee b$$

Die Hülle $\hat{a}$ des Elementes a ist gleich dem Einselement 1. Die kleinste Lösung x der Gleichung ist :

$$x = \hat{a}\,b \quad \Leftrightarrow \quad x = \hat{a} \wedge b = 1 \wedge b = b$$

Ist $b = 1$, so ist die kleinste Lösung $x = 1$. Diese Lösung ist eindeutig, da $x_0 = 0$ die Gleichung nicht erfüllt. Ist $b = 0$, so ist die kleinste Lösung $x = 0$. Diese Lösung ist für $a = 1$ nicht eindeutig, da $x_0 = 1$ die Gleichung auch erfüllt.

Gestaffeltes Gleichungssystem : Ein Gleichungssystem $\mathbf{x} = \mathbf{A}\,\mathbf{x} \sqcup \mathbf{b}$ heißt gestaffelt, wenn die Matrix **A** eine Linksdreiecksmatrix mit Nullelementen auf und oberhalb der Diagonalen oder eine Rechtsdreiecksmatrix mit Nullelementen auf und unterhalb der Diagonalen ist. Die Lösung **x** eines gestaffelten Gleichungssystems ist eindeutig.

Beweis : Eindeutige Lösung eines gestaffelten Gleichungssystems

Die Matrix **A** sei eine Linksdreiecksmatrix mit n Zeilen und n Spalten. Sie enthält auf allen Positionen (i, j) mit $j > i - 1$ Nullelemente. Die Potenz $\mathbf{A}^s$ von **A** für $s \geq 1$ enthält auf allen Positionen (i, j) mit $j > i - s$ Nullelemente. Die Potenz $\mathbf{A}^n$ von **A** ist die Nullmatrix **0**. Damit ist die Matrix **A** nilpotent. Die Eigenschaften der Potenzen einer Linksdreiecksmatrix **A** sind für $n = 4$ nach dem Falkschen Schema gezeigt.

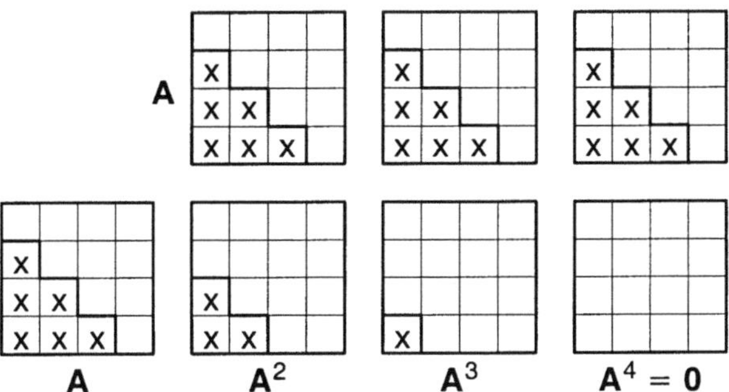

Da die Linksdreiecksmatrix **A** nilpotent ist, ist die Lösung des gestaffelten Gleichungssystems $\mathbf{x} = \mathbf{Ax} \sqcup \mathbf{b}$ eindeutig. In analoger Weise wird die Eindeutigkeit der Lösung für ein gestaffeltes Gleichungssystem mit einer Rechtsdreiecksmatrix bewiesen.

Beispiel 2 : Gestaffelte Gleichungssysteme

In den Abschnitten 8.5.3 bis 8.5.5 sind gestaffelte Gleichungssysteme für verschiedene Wegaufgaben in Anwendung auf azyklische Graphen behandelt. Bei geeigneter Numerierung der Knoten eines azyklischen Graphen ist das Gleichungssystem stets gestaffelt. Eine geeignete Numerierung der Knoten kann durch topologisches Sortieren nach der Methode in Abschnitt 8.4.8 bestimmt werden. Die Lösungen von Wegaufgaben für azyklische Graphen sind damit eindeutig.

Äquivalente Gleichungssysteme : Zwei Gleichungssysteme $\mathbf{x} = \mathbf{Ax} \sqcup \mathbf{b}$ und $\mathbf{x} = \mathbf{Cx} \sqcup \mathbf{d}$ mit stabilen Matrizen **A** und **C** heißen äquivalent, wenn ihre kleinsten Lösungen $\mathbf{A}^*\mathbf{b}$ und $\mathbf{C}^*\mathbf{d}$ identisch sind. Das Gleichungssystem $\mathbf{x} = \mathbf{Ax} \sqcup \mathbf{b}$ kann in ein äquivalentes Gleichungssystem $\mathbf{x} = \mathbf{Cx} \sqcup \mathbf{d}$ überführt werden, indem die Matrix $\mathbf{A} = \mathbf{Q} \sqcup \mathbf{S}$ in Matrizen **Q** und **S** aufgespalten wird.

$$\begin{aligned}
\mathbf{x} &= \mathbf{Ax} \sqcup \mathbf{b} \quad \text{mit} \quad \mathbf{A} = \mathbf{Q} \sqcup \mathbf{S} & \rightarrow \\
\mathbf{x} &= (\mathbf{Q} \sqcup \mathbf{S})\,\mathbf{x} \sqcup \mathbf{b} & \rightarrow \\
\mathbf{x} &= \mathbf{Qx} \sqcup (\mathbf{Sx} \sqcup \mathbf{b}) & \rightarrow \\
\mathbf{x} &= \mathbf{Q}^*(\mathbf{Sx} \sqcup \mathbf{b}) & \rightarrow \\
\mathbf{x} &= \mathbf{Cx} \sqcup \mathbf{d} \quad \text{mit} \quad \mathbf{C} = \mathbf{Q}^*\mathbf{S} \quad \text{und} \quad \mathbf{d} = \mathbf{Q}^*\mathbf{b}
\end{aligned}$$

Beweis : Äquivalenz von Gleichungssystemen

Das Gleichungssystem $\mathbf{x} = \mathbf{Ax} \sqcup \mathbf{b}$ besitzt die kleinste Lösung $\mathbf{A}^*\mathbf{b}$. Das Gleichungssystem $\mathbf{x} = \mathbf{Cx} \sqcup \mathbf{d}$ besitzt die kleinste Lösung $\mathbf{C}^*\mathbf{d}$. Mit $\mathbf{A} = \mathbf{Q} \sqcup \mathbf{S}$, $\mathbf{C} = \mathbf{Q}^*\mathbf{S}$ und $\mathbf{d} = \mathbf{Q}^*\mathbf{b}$ folgt nach den Regeln für Hüllen in Abschnitt 8.2.5 die Äquivalenz der beiden Gleichungssysteme :

$$\mathbf{A}^*\mathbf{b} = (\mathbf{Q} \sqcup \mathbf{S})^*\mathbf{b} = (\mathbf{Q}^*\mathbf{S})^*\mathbf{Q}^*\mathbf{b} = \mathbf{C}^*\mathbf{d}$$

Beispiel 3 : Konstruktion von Matrizen mit Nullelementen auf der Diagonalen

Gegeben sei ein Gleichungssystem $x = Ax \sqcup b$ mit einer stabilen Matrix A, die auf der Diagonalen nicht nur Nullelemente besitzt. Die Matrix A wird aufgespalten in die Diagonalmatrix D und die Matrix S. Die Diagonalmatrix D enthält auf der Diagonalen die Diagonalelemente a_{kk} von A und sonst Nullelemente. Die Matrix S enthält auf der Diagonalen Nullelemente und sonst die Elemente a_{kj} von A für $k \neq j$. Die Hülle $\mathbf{D}^*$ der Diagonalmatrix D ist eine Diagonalmatrix mit den Hüllen $\hat{a}_{kk}$ der Diagonalelemente von A. Die Aufspaltung der Matrix $A = D \sqcup S$ führt zu einem äquivalenten Gleichungssystem $x = Cx \sqcup d$ mit $C = \mathbf{D}^*S$ und $d = \mathbf{D}^*b$. Die Matrix C enthält die Elemente $c_{kj} = \hat{a}_{kk}\, a_{kj}$ für $k \neq j$ und $c_{kk} = 0$. Der Vektor d enthält die Elemente $d_k = \hat{a}_{kk}\, b_k$.

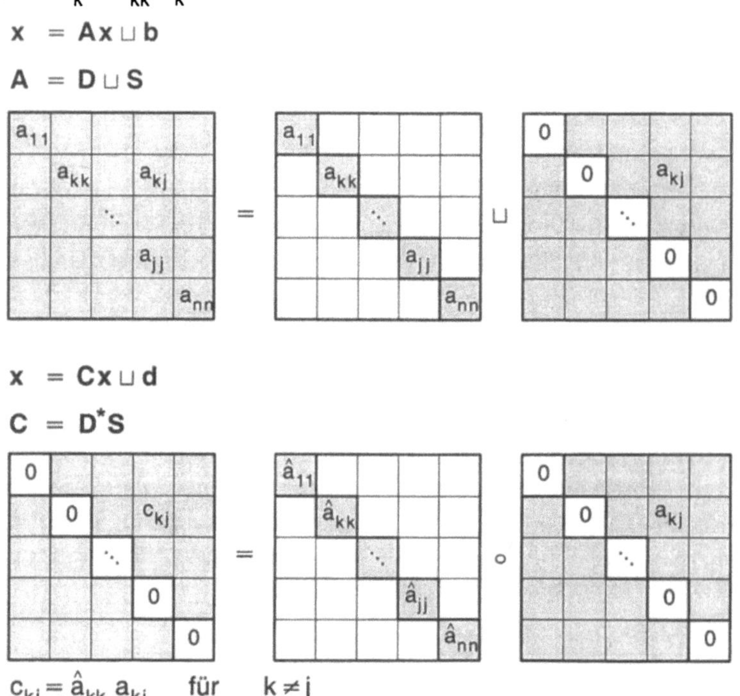

Die iterativen Lösungsmethoden in Abschnitt 8.5.7.3 setzen voraus, daß alle Diagonalelemente der Matrix $\mathbf{A}$ eines Gleichungssystems $\mathbf{x} = \mathbf{Ax} \sqcup \mathbf{b}$ Null sind. Ist diese Voraussetzung nicht erfüllt, so wird nach diesem Verfahren ein äquivalentes Gleichungssystem $\mathbf{x} = \mathbf{Cx} \sqcup \mathbf{d}$ aufgestellt, dessen Matrix $\mathbf{C}$ die Voraussetzung erfüllt.

8.5.7.2 Direkte Lösungsmethoden

Einführung : Die kleinste Lösung eines Gleichungssystems kann direkt bestimmt werden, wenn das Gleichungssystem gestaffelt ist. Die Lösung des gestaffelten Gleichungssystems wird entweder durch Vorwärts- oder durch Rückwärtsauflösung bestimmt. Ist das Gleichungssystem nicht gestaffelt, so wird es durch Elimination in ein äquivalentes gestaffeltes Gleichungssystem überführt. Die bekannteste Eliminationsmethode ist die Methode von Gauß. Für spezielle Wegaufgaben wird die Reduktionsmethode nach Dijkstra verwendet. Die Grundlagen der direkten Lösungsmethoden sind nachfolgend behandelt.

Vorwärtsauflösung : Die Matrix **A** des Gleichungssystems sei eine gestaffelte Linksdreiecksmatrix : Sie enthält auf und oberhalb der Diagonalen nur Nullelemente. Das Gleichungssystem wird vorwärts aufgelöst. Die Variablen werden wie folgt berechnet :

$$x_1 = b_1 \qquad x_k = \bigsqcup_{j=1}^{k-1} a_{kj}\, x_j \sqcup b_k \qquad k = 2,\dots,n$$

Rückwärtsauflösung : Die Matrix **A** des Gleichungssystems sei eine gestaffelte Rechtsdreiecksmatrix : Sie enthält auf und unterhalb der Diagonalen nur Nullelemente. Das Gleichungssystem wird rückwärts aufgelöst. Die Variablen werden wie folgt berechnet :

$$x_n = b_n \qquad x_k = \bigsqcup_{j=k+1}^{n} a_{kj}\, x_j \sqcup b_k \qquad k = n-1,\dots,1$$

Elimination : Zur Elimination einer Unbekannten x_k des Gleichungssystems $\mathbf{x} = \mathbf{A}\mathbf{x} \sqcup \mathbf{b}$ wird zunächst die k-te Gleichung nach x_k aufgelöst. Anschließend wird x_k in den anderen Gleichungen durch Substitution eliminiert. Zur Auflösung der k-ten Gleichung nach x_k werden die nicht mit x_k behafteten Terme zu einem Wert c_k zusammengefaßt.

$$x_k = \bigsqcup_{j} a_{kj}\, x_j \sqcup b_k \quad \Leftrightarrow$$

$$x_k = a_{kk}\, x_k \sqcup c_k \qquad \text{mit} \qquad c_k = \bigsqcup_{j \neq k} a_{kj}\, x_j \sqcup b_k$$

Die Gleichung $x_k = a_{kk}\, x_k \sqcup c_k$ besitzt eine kleinste Lösung, wenn das Element a_{kk} stabil ist und damit die Hülle $\hat{a}_{kk}$ existiert. Die kleinste Lösung ist :

$$x_k = \hat{a}_{kk}\, c_k \quad \Leftrightarrow$$

$$x_k = \bigsqcup_{j \neq k} \hat{a}_{kk}\, a_{kj}\, x_j \sqcup \hat{a}_{kk}\, b_k \qquad (1)$$

Zur Elimination der Unbekannten x_k in der i-ten Gleichung werden die nicht mit x_k behafteten Terme zu einem Wert c_i zusammengefaßt :

$$x_i = \bigsqcup_j a_{ij}\, x_j \sqcup b_i \quad \Leftrightarrow$$

$$x_i = a_{ik}\, x_k \sqcup c_i \qquad \text{mit} \qquad c_i = \bigsqcup_{j \neq k} a_{ij}\, x_j \sqcup b_i$$

In die i-te Gleichung $x_i = a_{ik} x_k \sqcup c_i$ wird die Lösung für x_k substituiert. Diese Substitution führt zur Elimination von x_k in der i-ten Gleichung :

$$x_i = a_{ik}\, \hat{a}_{kk}\, c_k \sqcup c_i \quad \Leftrightarrow$$

$$x_i = \bigsqcup_{j \neq k} (a_{ij} \sqcup a_{ik}\, \hat{a}_{kk}\, a_{kj})\, x_j \sqcup (b_i \sqcup a_{ik}\, \hat{a}_{kk}\, b_k) \tag{2}$$

Bei der Elimination wird vorausgesetzt, daß das Element a_{kk} stabil ist und daß dementsprechend die Hülle $\hat{a}_{kk}$ existiert. Ist dies nicht der Fall, so ist die Elimination nicht möglich. Die Hülle $\hat{a}_{kk}$ des Elementes a_{kk} wird nach der Definition in Abschnitt 8.5.6 über die Vereinigung von Potenzen von a_{kk} berechnet. Für verschiedene Wegalgebren ist sie a priori bekannt, so daß eine explizite Berechnung entfällt.

Eliminationsmethode nach Gauß : Gegeben sei ein Gleichungssystem $\mathbf{x} = \mathbf{A}_0\, \mathbf{x} \sqcup \mathbf{b}_0$ mit n Unbekannten. Es wird in n aufeinanderfolgenden Schritten in ein gestaffeltes Gleichungssystem mit einer Rechtsdreiecksmatrix überführt.

$$\mathbf{x} = \mathbf{A}_k \mathbf{x} \sqcup \mathbf{b}_k \qquad k = 1,\dots,n$$

In jedem Schritt $k = 1,\dots,n$ wird die Unbekannte x_k in den Gleichungen $i = k,\dots,n$ des Gleichungssystems $\mathbf{x} = \mathbf{A}_{k-1}\, \mathbf{x} \sqcup \mathbf{b}_{k-1}$ eliminiert. Die Berechnungsformeln für die Elemente der Matrix $\mathbf{A}_k$ und des Vektors $\mathbf{b}_k$ sind nachfolgend zusammengestellt.

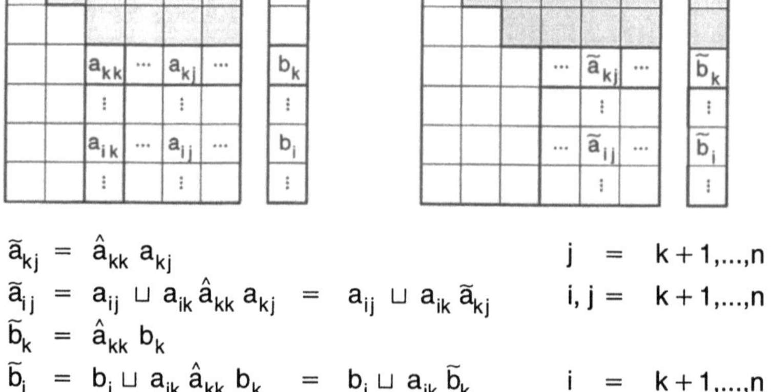

$$\tilde{a}_{kj} = \hat{a}_{kk}\, a_{kj} \qquad j = k+1,\dots,n$$

$$\tilde{a}_{ij} = a_{ij} \sqcup a_{ik}\, \hat{a}_{kk}\, a_{kj} = a_{ij} \sqcup a_{ik}\, \tilde{a}_{kj} \qquad i,j = k+1,\dots,n$$

$$\tilde{b}_k = \hat{a}_{kk}\, b_k$$

$$\tilde{b}_i = b_i \sqcup a_{ik}\, \hat{a}_{kk}\, b_k = b_i \sqcup a_{ik}\, \tilde{b}_k \qquad i = k+1,\dots,n$$

In den Algorithmen werden die Matrizen $\mathbf{A}_k$ und die Vektoren $\mathbf{b}_k$ in den Schritten $k = 1,...,n$ nicht explizit aufgestellt. Stattdessen werden die Matrix und der Vektor des ursprünglichen Gleichungssystems laufend überschrieben. Im k-ten Schritt werden die Elemente wie folgt überschrieben :

$$
\begin{array}{llll}
a_{kj} & \leftarrow \hat{a}_{kk}\, a_{kj} & j & = k+1,...,n \\
a_{ij} & \leftarrow a_{ij} \sqcup a_{ik}\, a_{kj} & i,j & = k+1,...,n \\
b_k & \leftarrow \hat{a}_{kk}\, b_k & & \\
b_i & \leftarrow b_i \sqcup a_{ik}\, b_k & i & = k+1,...,n
\end{array}
$$

Die Eliminationsmethode nach Gauß setzt voraus, daß in jedem Schritt das Diagonalelement a_{kk} stabil ist und damit die Hülle $\hat{a}_{kk}$ existiert. Ist dies nicht der Fall, so wird der Eliminationsprozeß erfolglos abgebrochen. Nach Abschluß des Eliminationsprozesses ist das Gleichungssystem gestaffelt, so daß die Unbekannten durch Rückwärtsauflösung berechnet werden. Die nach der Eliminationsmethode von Gauß berechnete Lösung ist stets die kleinste Lösung.

Beweis : Die Eliminationsmethode nach Gauß führt zur kleinsten Lösung.

Nach den Ausführungen in Abschnitt 8.5.7.1 wird ein Gleichungssystem $\mathbf{x} = \mathbf{A}_{k-1}\,\mathbf{x} \sqcup \mathbf{b}_{k-1}$ in ein äquivalentes Gleichungssystem $\mathbf{x} = \mathbf{A}_k \mathbf{x} \sqcup \mathbf{b}_k$ überführt, indem die Matrix $\mathbf{A}_{k-1}$ in $\mathbf{Q}_k$ und $\mathbf{S}_k$ aufgespalten wird. Die Matrix $\mathbf{A}_k = \mathbf{Q}_k^* \,\mathbf{S}_k$ und der Vektor $\mathbf{b}_k = \mathbf{Q}_k^* \,\mathbf{b}_{k-1}$ werden berechnet. Für die Eliminationsmethode von Gauß wird die Matrix $\mathbf{A}_{k-1}$ im Schritt k wie folgt aufgespalten :

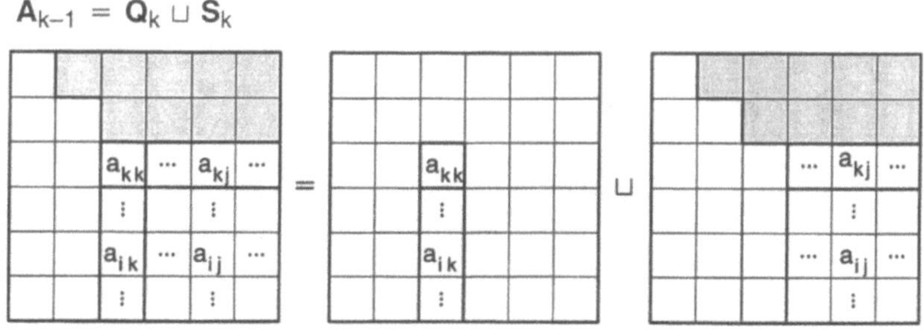

Die Matrix $\mathbf{Q}_k$ enthält in der Spalte k auf und unterhalb der Diagonalen die Elemente von $\mathbf{A}_{k-1}$ und sonst Nullelemente. Eine Potenz $\mathbf{Q}_k^s$ für $s \ge 1$ besitzt die gleiche Struktur wie die Matrix $\mathbf{Q}_k$. Das Element auf der Diagonalposition (k,k) ist a_{kk}^s. Das Element auf der Position (i, k) mit $i > k$ ist $a_{ik}\, a_{kk}^{s-1}$. Alle übrigen Elemente sind Nullelemente. Die Hülle $\mathbf{Q}_k^*$ existiert, wenn das Diagonalelement a_{kk} stabil ist und damit seine Hülle $\hat{a}_{kk}$ existiert.

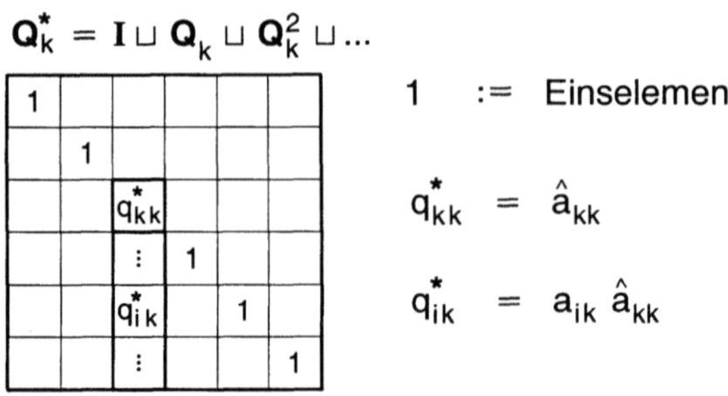

Die Matrix $\mathbf{A}_k$ ist das Produkt $\mathbf{Q}_k^* \mathbf{S}_k$. Der Vektor $\mathbf{b}_k$ ist das Produkt $\mathbf{Q}_k^* \mathbf{b}_{k-1}$. Die Elemente der Matrix $\mathbf{A}_k$ in der Spalte k auf und unterhalb der Diagonalen sind Nullelemente. Dies entspricht der Elimination der Unbekannten x_k in den Gleichungen k bis n des Gleichungssystems $\mathbf{x} = \mathbf{A}_{k-1}\mathbf{x} \sqcup \mathbf{b}_{k-1}$.

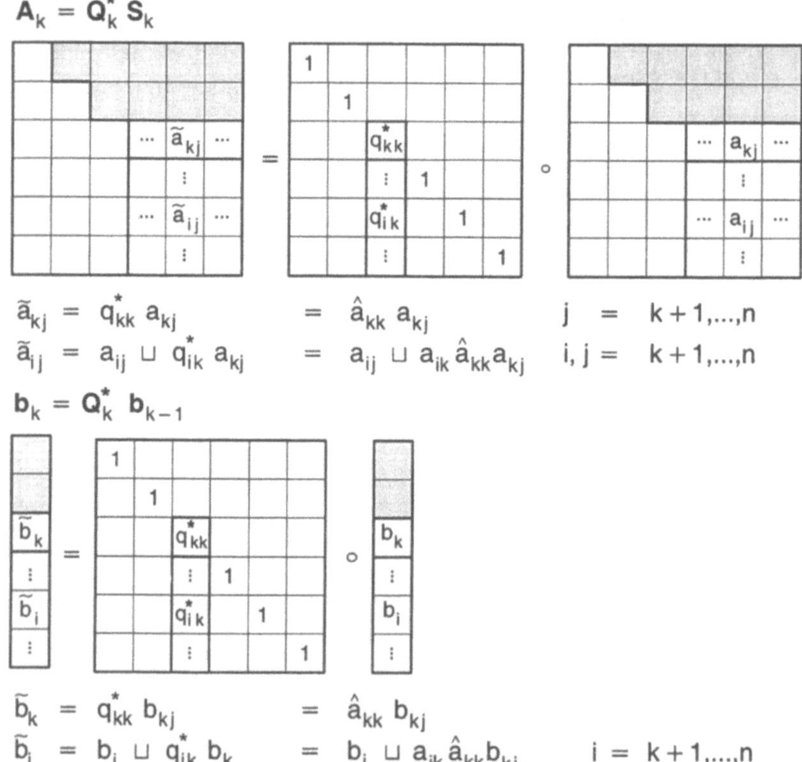

Die Gleichungssysteme $\mathbf{x} = \mathbf{A}_k\mathbf{x} \sqcup \mathbf{b}_k$ der Eliminationsmethode nach Gauß sind für $k = 0,1,\ldots,n$ äquivalent und besitzen daher die gleiche kleinste Lösung. Nach Abschluß des Eliminationsprozesses ist das Gleichungssystem gestaffelt. Nach Abschnitt 8.5.7.1 ist die Lösung eines gestaffelten Gleichungssystems eindeutig. Folglich liefert die Eliminationsmethode nach Gauß die kleinste Lösung eines gegebenen Gleichungssystems.

Vereinfachte Eliminationsmethode nach Gauß : Für eine unitär stabile Wegalgebra ist jede Hülle eines Elementes gleich dem Einselement. Dies vereinfacht die Eliminationsmethode nach Gauß. Sie wird in den Schritten $k = 1,...,n-1$ durchgeführt. Im k-ten Schritt werden die Elemente der Matrix und des Vektors wie folgt überschrieben :

$$a_{ij} \leftarrow a_{ij} \sqcup a_{ik}\, a_{kj} \qquad i, j = k+1,...,n$$
$$b_i \leftarrow b_i \sqcup a_{ik}\, b_k \qquad i = k+1,...,n$$

Beispiel 1 : Minimale Weglängen

Gegeben sei der dargestellte zyklische Graph mit ganzzahligen positiven Kantenlängen. Gesucht sind die minimalen Weglängen von jedem der Knoten des Graphen zu Knoten 3. Das Gleichungssystem für diese Wegaufgabe ist angegeben.

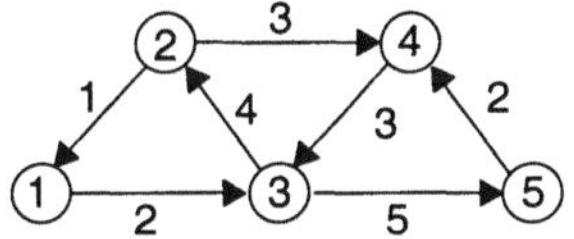

Zyklischer Graph

Gleichungssystem $\mathbf{x} = \mathbf{Ax} \sqcup \mathbf{b}$ mit $\mathbf{b} = \mathbf{e}_3$

$$\begin{bmatrix} x_1 \\ x_2 \\ x_3 \\ x_4 \\ x_5 \end{bmatrix} = \begin{bmatrix} n & n & 2 & n & n \\ 1 & n & n & 3 & n \\ n & 4 & n & n & 5 \\ n & n & 3 & n & n \\ n & n & n & 2 & n \end{bmatrix} \circ \begin{bmatrix} x_1 \\ x_2 \\ x_3 \\ x_4 \\ x_5 \end{bmatrix} \sqcup \begin{bmatrix} n \\ n \\ e \\ n \\ n \end{bmatrix} \qquad \begin{matrix} n := \infty \\ e := 0 \end{matrix}$$

Die Wegalgebra für minimale Weglängen ist unitär stabil, so daß die vereinfachte Eliminationsmethode angewandt werden kann. Die einzelnen Schritte der Elimination werden dargestellt. Dabei sind die binären Verknüpfungen Min und + für die Vereinigung und die Kettung aus Abschnitt 8.5.4.1 zu verwenden. Für ausgewählte Elemente sind die notwendigen Operationen angegeben. Die im Zuge der Elimination erzeugten Nullelemente werden nicht explizit gezeigt. Stattdessen werden die alten Elementwerte hinterlegt.

A =

n	n	2	n	n
1	n	(3)	3	n
n	4	n	n	5
n	n	3	n	n
n	n	n	2	n

b =

n
n
e
n
n

Elimination k = 1

$a_{23} \leftarrow a_{23} \sqcup a_{21}\, a_{13}$

$a_{23} \leftarrow \mathrm{Min}\{n, 1 + 2\} = 3$

A =

n	n	2	n	n
1	n	3	3	n
n	4	7	(7)	5
n	n	3	n	n
n	n	n	2	n

b =

n
n
e
n
n

Elimination k = 2

$a_{34} \leftarrow a_{34} \sqcup a_{32}\, a_{24}$

$a_{34} \leftarrow \mathrm{Min}\{n, 4 + 3\} = 7$

A =

n	n	2	n	n
1	n	3	3	n
n	4	7	7	5
n	n	3	10	8
n	n	n	2	n

b =

n
n
e
3
n

Elimination k = 3

A =

n	n	2	n	n
1	n	3	3	n
n	4	7	7	5
n	n	3	10	8
n	n	n	2	10

b =

n
n
e
3
5

Elimination k = 4

Rückwärtsauflösung der gestaffelten Gleichungen **Lösung**

x_1			n	2	n	n		x_1		n		2
x_2				3	3	n		x_2		n		3
x_3	=				7	5	∘	x_3	⊔	e	**x** =	e
x_4						8		x_4		3		3
x_5								x_5		5		5

Die Berechnung zeigt, daß der Knoten 3 von jedem der Knoten des Graphen erreichbar ist.

Beispiel 2 : Elementare Wege und Zyklen

Gegeben sei der dargestellte Graph mit einer knotenbezogenen Kantenbezeichnung durch Ziffern nach Abschnitt 8.5.5.5. Gesucht sind die elementaren Wege und Zyklen von jedem der Knoten des Graphen zu Knoten 2. Das Gleichungssystem für diese Wegaufgabe ist angegeben.

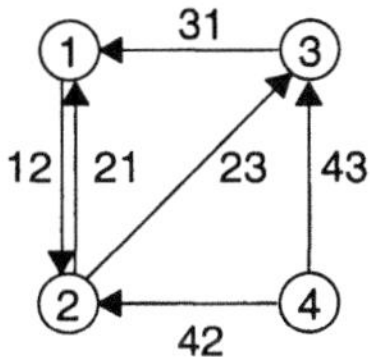

Gleichungssystem $\mathbf{x} = \mathbf{A}\,\mathbf{x} \sqcup \mathbf{b}$ mit $\mathbf{b} = \mathbf{e}_2$

$$\begin{bmatrix} x_1 \\ x_2 \\ x_3 \\ x_4 \end{bmatrix} = \begin{bmatrix} 0 & \{12\} & 0 & 0 \\ \{21\} & 0 & \{23\} & 0 \\ \{31\} & 0 & 0 & 0 \\ 0 & \{42\} & \{43\} & 0 \end{bmatrix} \circ \begin{bmatrix} x_1 \\ x_2 \\ x_3 \\ x_4 \end{bmatrix} \sqcup \begin{bmatrix} 0 \\ 1 \\ 0 \\ 0 \end{bmatrix} \qquad \begin{array}{l} 0 := \emptyset \\ 1 := \{\lambda\} \end{array}$$

Die Wegaufgabe für elementare Wege und Zyklen wird mit der literalen Algebra für einfache Wörter aus Abschnitt 8.5.5.5 gelöst. Um neben den elementaren Wegen auch elementare Zyklen zu bestimmen, wird die Menge der einfachen Wörter um diejenigen Wörter erweitert, die das gleiche Zeichen am Anfang und am Ende besitzen. Enthält ein Element a Wörter mit gleichem Zeichen z am Anfang und Ende, so würde die Kettung $a^2 = a \circ a$ zu einem Wort mit drei Zeichen z führen, das nicht zur erweiterten Menge der einfachen Wörter gehört. Das Element a ist daher nilpotent vom Grad 2 und besitzt nach Abschnitt 8.5.6 die Hülle $\hat{a} = \{\lambda\} \sqcup a$. Die Wegalgebra für elementare Wege und Zyklen ist nicht unitär stabil, so daß die allgemeine Eliminationsmethode angewandt werden muß. Die einzelnen Schritte der Elimination werden dargestellt. Für ausgewählte Elemente sind die notwendigen Operationen angegeben. Die im Zuge der Elimination erzeugten Nullelemente werden nicht explizit gezeigt. Stattdessen werden die alten Elementwerte hinterlegt.

Elimination $k = 1: \; a_{11} = 0 \quad \hat{a}_{11} = \{\lambda\} = 1$

$$\mathbf{A} = \begin{bmatrix} 0 & \{12\} & 0 & 0 \\ \{21\} & \{212\} & \{23\} & 0 \\ \{31\} & \{312\} & 0 & 0 \\ 0 & \{42\} & \{43\} & 0 \end{bmatrix} \qquad \mathbf{b} = \begin{bmatrix} 0 \\ 1 \\ 0 \\ 0 \end{bmatrix}$$

$$a_{22} \leftarrow a_{22} \sqcup a_{21}\, a_{12} = 0 \cup \{21\} \circ \{12\} = \{212\}$$

Elimination $k=2$: $a_{22} = \{212\}$ $\hat{a}_{22} = \{\lambda, 212\}$

$$a_{23} \leftarrow \hat{a}_{22}\, a_{23} = \{\lambda, 212\} \circ \{23\} = \{23\}$$

$$a_{33} \leftarrow a_{33} \sqcup a_{32}\, a_{23} = \emptyset \cup \{312\} \circ \{23\} = \{3123\}$$

$$a_{43} \leftarrow a_{43} \sqcup a_{42}\, a_{23} = \{43\} \cup \{42\} \circ \{23\} = \{43,423\}$$

A =

0	{12}	0	0
{21}	{212}	{23}	0
{31}	{312}	{3123}	0
0	{42}	{43,423}	0

b =

0
{λ,212}
{312}
{42}

Elimination $k=3$: $a_{33} = \{3123\}$ $\hat{a}_{33} = \{\lambda, 3123\}$

$$b_3 \leftarrow \hat{a}_{33}\, b_3 = \{\lambda, 3123\} \circ \{312\} = \{312\}$$

A =

0	{12}	0	0
{21}	{212}	{23}	0
{31}	{312}	{3123}	0
0	{42}	{43,423}	0

b =

0
{λ,212}
{312}
{42,4312}

Elimination $k=4$: $a_{44} = 0$ $\hat{a}_{44} = \{\lambda\} = 1$ keine Änderung

Rückwärtsauflösung der gestaffelten Gleichungen

x
x_1
x_2
x_3
x_4

=

	{12}	0	0
		{23}	0
			0

∘

x
x_1
x_2
x_3
x_4

⊔

b
0
{λ,212}
{312}
{42,4312}

x =

{12}
{λ,212,2312}
{312}
{42,4312}

$$x_2 = b_2 \sqcup a_{23}\, x_3$$

$$x_2 = \{\lambda, 212\} \cup \{23\} \circ \{312\}$$

$$x_2 = \{\lambda, 212, 2312\}$$

Die Berechnung zeigt, daß der Knoten 2 von jedem der Knoten des Graphen erreichbar ist. Der Knoten 2 liegt selbst auf zwei elementaren Zyklen mit den Knotenfolgen 2,1,2 und 2,3,1,2.

Reduktionsmethode von Dijkstra : Gegeben sei ein Gleichungssystem $\mathbf{x} = \mathbf{A}\,\mathbf{x} \sqcup \mathbf{b}$ mit n Unbekannten für eine unitär stabile Wegalgebra mit einer total geordneten Bewertungsmenge. Aufgrund der totalen Ordnung besitzt der Vektor **b** des Gleichungssystems ein größtes Element b_k. Die Unbekannte x_k des Lösungsvektors **x** ist identisch mit dem größten Element b_k (siehe Beweis). Die Substitution von $x_k = b_k$ in das Gleichungssystem und das Streichen der k-ten Gleichung führt zu einem reduzierten Gleichungssystem. Durch wiederholte Reduktion werden alle Unbekannten des Gleichungssystems bestimmt. Diese Methode von Dijkstra wird in folgenden Schritten ausgeführt :

1. Setze eine Indexmenge für die n Unbekannten auf $M = \{1,2,...,n\}$.
2. Suche ein größtes Element b_k im Vektor **b**.
   $b_i \sqsubseteq b_k$ für alle $i \in M$ und $k \in M$
3. Entferne k aus der Indexmenge M und berechne den Vektor **b** des reduzierten Gleichungssystems.
   $b_i \leftarrow b_i \sqcup a_{ik}\, b_k$ für alle $i \in M$
4. Wiederhole die Schritte 2 und 3, wenn die Indexmenge M nichtleer ist. Ist sie leer, so ist der Vektor **b** gleich dem Lösungsvektor **x**.

Die Methode von Dijkstra liefert die kleinste Lösung des Gleichungssystems.

Beweis : Bestimmung der kleinsten Lösung durch Reduktion nach Dijkstra

Die kleinste Lösung des Gleichungssystems $\mathbf{x} = \mathbf{A}\,\mathbf{x} \sqcup \mathbf{b}$ ist $\mathbf{x} = \mathbf{A}^*\mathbf{b}$. Die Unbekannte x_k wird mit den Elementen a^*_{ki} der Hülle $\mathbf{A}^*$ wie folgt berechnet :

$$x_k = \bigsqcup_{i=1}^{n} a^*_{ki}\, b_i \quad = a^*_{kk}\, b_k \sqcup \bigsqcup_{i \neq k} a^*_{ki}\, b_i$$

In einer unitär stabilen Wegalgebra ist das Einselement 1_Z in einer total geordneten Bewertungsmenge Z das größte Element. Für jedes Diagonalelement der Hülle $\mathbf{A}^*$ gilt $a^*_{kk} = 1_Z$ und für jedes Nichtdiagonalelement $a^*_{ki} \sqsubseteq 1_Z$. Daraus folgt $a^*_{kk}\, b_k = b_k$ und $a^*_{ki}\, b_i \sqsubseteq b_i$. Ist b_k das größte Element von **b**, so gilt $b_i \sqsubseteq b_k$ und damit $a^*_{ki}\, b_i \sqsubseteq a^*_{kk}\, b_k$. Daraus folgt $x_k = a^*_{kk}\, b_k = b_k$. Das größte Element b_k von **b** ist daher identisch mit der Unbekannten x_k der kleinsten Lösung **x**.

Beispiel 3 : Minimale Weglängen in einem einfachen Graphen

Gegeben sei der dargestellte einfache Graph mit ganzzahligen positiven Kantenlängen. Gesucht sind die minimalen Weglängen zwischen jedem der Knoten des Graphen und dem Knoten 4. Das Gleichungssystem für diese Wegaufgabe ist angegeben. Da der Graph einfach ist, besitzt es eine symmetrische Matrix.

Einfacher Graph

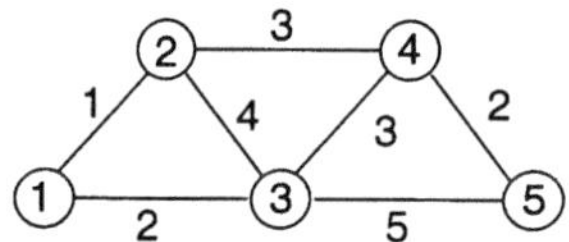

Gleichungssystem $\mathbf{x} = \mathbf{A}\mathbf{x} \sqcup \mathbf{b}$ mit $\mathbf{b} = \mathbf{e}_4$

$$\begin{bmatrix} x_1 \\ x_2 \\ x_3 \\ x_4 \\ x_5 \end{bmatrix} = \begin{bmatrix} n & 1 & 2 & n & n \\ 1 & n & 4 & 3 & n \\ 2 & 4 & n & 3 & 5 \\ n & 3 & 3 & n & 2 \\ n & n & 5 & 2 & \infty \end{bmatrix} \circ \begin{bmatrix} x_1 \\ x_2 \\ x_3 \\ x_4 \\ x_5 \end{bmatrix} \sqcup \begin{bmatrix} n \\ n \\ n \\ e \\ n \end{bmatrix} \qquad \begin{aligned} n &:= \infty \\ e &:= 0 \end{aligned}$$

Die Wegalgebra für minimale Weglängen ist unitär stabil und besitzt eine total geordnete Bewertungsmenge, so daß die Methode von Dijkstra angewandt werden kann. Die einzelnen Schritte der Methode sind dargestellt. Dabei sind die binären Verknüpfungen Min und + für die Vereinigung und Kettung aus Abschnitt 8.5.4.1 zu verwenden. In Beispiel 1 des Abschnittes 8.5.6 ist gezeigt, daß die Inklusion $\sqsubseteq$ in der reellen Bewertungsmenge für minimale Weglängen der Relation $\geq$ entspricht. Das größte Element b_k in einem Vektor **b** ist daher ein minimaler Wert. In einem Schritt k sind somit die Operationen in folgender Form durchzuführen.

$$\begin{aligned} &\text{größtes Element} &:\quad & b_k = \text{Min}\,\{\ldots, b_i, \ldots\} \\ &\text{Reduktion} &:\quad & b_i \leftarrow \text{Min}\,\{b_i, a_{ik} + b_k\} \end{aligned}$$

Die schrittweise Berechnung des Vektors $\mathbf{b}^T$ ist gezeigt. Für jeden Schritt k sind die in diesem und den vorangehenden Schritten bestimmten größten Elemente hinterlegt. Die hinterlegten Elemente des Vektors werden in den nachfolgenden Schritten nicht mehr betrachtet.

∞	∞	∞	0	∞	$k = 4$	$b_4 = 0$	$b_i \leftarrow \text{Min}\,\{b_i, a_{i4} + 0\}$
∞	3	3	0	2	$k = 5$	$b_5 = 2$	$b_i \leftarrow \text{Min}\,\{b_i, a_{i5} + 2\}$

∞	3	3	0	2	$k = 3$	$b_3 = 3$	$b_i \leftarrow \mathrm{Min}\{b_i, a_{i3} + 3\}$
5	3	3	0	2	$k = 2$	$b_2 = 3$	$b_i \leftarrow \mathrm{Min}\{b_i, a_{i2} + 3\}$
4	3	3	0	2	$k = 1$	$b_1 = 4$	Lösungsvektor $\mathbf{x}^T$

Die Berechnung zeigt, daß im einfachen Graphen Wege zwischen jedem seiner Knoten und dem Knoten 4 existieren. Zwischen den Knoten 1 und 4 existiert ein Weg mit minimaler Länge 4.

8.5.7.3 Iterative Lösungsmethoden

Einführung : Zur Lösung von Gleichungssystemen sind verschiedene iterative Methoden entwickelt worden, die die Grundlage für leistungsfähige Algorithmen in der Graphentheorie bilden. Bei der Formulierung dieser Methoden wird vorausgesetzt, daß die Matrix des Gleichungssystems Nullelemente auf der Diagonalen enthält. Die einfachsten iterativen Methoden sind die Methoden von Jacobi und Gauß-Seidel sowie die Methode der Rückwärts- und Vorwärtsauflösung. Sie bilden eine Klasse von Methoden und werden nachfolgend in generalisierter Form behandelt.

Allgemeine Iteration : Die allgemeine Iteration zur Lösung eines Gleichungssystems $\mathbf{x} = \mathbf{A}\mathbf{x} \sqcup \mathbf{b}$ gliedert sich in folgende Schritte :

Anfangswerte	$\mathbf{x}_0$	$=$	$\mathbf{b}$	
Iteration	$\mathbf{x}_{k+1}$	$=$	$\mathbf{M}\mathbf{x}_k \sqcup \mathbf{N}\mathbf{b}$	$k = 0,1,...$
Abbruch	$\mathbf{x}_{k+1}$	$=$	$\mathbf{x}_k$	

Als Anfangsvektor $\mathbf{x}_0$ für die Iteration wird zweckmäßigerweise der Vektor $\mathbf{b}$ gewählt, da jede Lösung $\mathbf{x}$ des Gleichungssystems $\mathbf{x} = \mathbf{A}\mathbf{x} \sqcup \mathbf{b}$ den Vektor $\mathbf{b}$ enthält. In jedem Iterationsschritt $k = 0,1,...$ wird ein iterierter Vektor $\mathbf{x}_{k+1}$ über die Matrizen $\mathbf{M}$ und $\mathbf{N}$ aus dem Vektor $\mathbf{x}_k$ und dem Vektor $\mathbf{b}$ berechnet. Die Iteration wird abgebrochen, wenn zwei aufeinander folgende iterierte Vektoren $\mathbf{x}_{k+1}$ und $\mathbf{x}_k$ identisch sind. Die Matrizen $\mathbf{M}$ und $\mathbf{N}$ der Iterationsvorschrift müssen so festgelegt werden, daß die Iteration die kleinste Lösung $\mathbf{x} = \mathbf{A}^* \mathbf{b}$ des Gleichungssystems liefert. Die dafür maßgebenden Bedingungen werden nachfolgend hergeleitet.

Bedingungen : Die Iteration mit der definierten allgemeinen Vorschrift liefert iterierte Vektoren in folgender Form :

$$\begin{aligned} \mathbf{x}_0 &= \mathbf{b} \\ \mathbf{x}_1 &= \mathbf{M}\mathbf{x}_0 \sqcup \mathbf{N}\mathbf{b} = \mathbf{M}\mathbf{b} \sqcup \mathbf{N}\mathbf{b} \\ \mathbf{x}_2 &= \mathbf{M}\mathbf{x}_1 \sqcup \mathbf{N}\mathbf{b} = \mathbf{M}^2\mathbf{b} \sqcup (\mathbf{I} \sqcup \mathbf{M})\mathbf{N}\mathbf{b} \\ \mathbf{x}_{k+1} &= \mathbf{M}\mathbf{x}_k \sqcup \mathbf{N}\mathbf{b} = \mathbf{M}^{k+1}\mathbf{b} \sqcup (\mathbf{I} \sqcup \mathbf{M} \sqcup \mathbf{M}^2 \sqcup ... \sqcup \mathbf{M}^k)\mathbf{N}\mathbf{b} \end{aligned}$$

Die Iteration kann nur eine Lösung liefern, wenn die Matrix **M** stabil ist. Besitzt die Matrix **M** den Stabilitätsindex p, so gilt für den Vektor $\mathbf{x}_{p+1}$:

$$\mathbf{x}_{p+1} = \mathbf{M}^{p+1}\mathbf{b} \sqcup \mathbf{M}^*\mathbf{N}\mathbf{b}$$

Der Vektor $\mathbf{x}_{p+1}$ enthält die kleinste Lösung $\mathbf{x} = \mathbf{A}^*\mathbf{b}$ des Gleichungssystems, wenn das Produkt $\mathbf{M}^*\mathbf{N}$ gleich der Hülle $\mathbf{A}^*$ ist.

$$\mathbf{x}_{p+1} = \mathbf{M}^{p+1}\mathbf{b} \sqcup \mathbf{A}^*\mathbf{b} \quad \text{mit} \quad \mathbf{M}^*\mathbf{N} = \mathbf{A}^*$$

Der Vektor $\mathbf{x}_{p+1}$ ist nur dann die kleinste Lösung $\mathbf{x} = \mathbf{A}^*\mathbf{b}$ des Gleichungssystems, wenn $\mathbf{M}^{p+1}\mathbf{b} \sqsubseteq \mathbf{A}^*\mathbf{b}$. Da $\mathbf{b} \sqsubseteq \mathbf{A}^*\mathbf{b}$ gilt, folgt mit den Regeln für die Inklusion und die Hülle :

$$\mathbf{M}^{p+1}\mathbf{b} \sqsubseteq \mathbf{M}^{p+1}\mathbf{A}^*\mathbf{b} = \mathbf{M}^{p+1}\mathbf{M}^*\mathbf{N}\mathbf{b} \sqsubseteq \mathbf{M}^*\mathbf{N}\mathbf{b} = \mathbf{A}^*\mathbf{b}$$

Damit ist nachgewiesen, daß die allgemeine Iterationsvorschrift die kleinste Lösung $\mathbf{x} = \mathbf{A}^*\mathbf{b}$ des Gleichungssystems liefert, wenn die Matrix **M** stabil ist und das Produkt $\mathbf{M}^*\mathbf{N}$ identisch mit der Hülle $\mathbf{A}^*$ ist. Besitzt die Matrix **M** den Stabilitätsindex p, so sind $p+1$ Iterationsschritte für die Bestimmung der kleinsten Lösung erforderlich.

Methode von Jacobi : Die Methode von Jacobi ist die einfachste Methode zur Lösung eines Gleichungssystems. Die Iteration wird nach folgender Vorschrift durchgeführt :

Iteration $\quad \mathbf{x}_{k+1} = \mathbf{A}\,\mathbf{x}_k \sqcup \mathbf{b}$

Die Iterationsvorschrift ist ein spezieller Fall der allgemeinen Iterationsvorschrift und erfüllt die Bedingungen für die kleinste Lösung des Gleichungssystems :

Matrizen $\quad \mathbf{M} = \mathbf{A} \quad \mathbf{N} = \mathbf{I}$

Bedingung $\quad \mathbf{M}^*\mathbf{N} = \mathbf{A}^*\mathbf{I} = \mathbf{A}^*$

Methode von Gauß-Seidel : In der Methode von Gauß-Seidel wird die Matrix **A** des Gleichungssystems dargestellt als die Vereinigung einer Linksdreiecksmatrix **L** und einer Rechtsdreiecksmatrix **R**. Die Linksdreiecksmatrix **L** enthält auf und oberhalb der Diagonalen nur Nullelemente. Die Rechtsdreiecksmatrix **R** enthält auf und unterhalb der Diagonalen nur Nullelemente. Das zu lösende Gleichungssystem läßt sich damit wie folgt formulieren :

$$\mathbf{x} = \mathbf{A}\mathbf{x} \sqcup \mathbf{b} \quad \Leftrightarrow \quad \mathbf{x} = (\mathbf{L} \sqcup \mathbf{R})\mathbf{x} \sqcup \mathbf{b} \quad \Leftrightarrow \quad \mathbf{x} = \mathbf{L}\mathbf{x} \sqcup \mathbf{R}\mathbf{x} \sqcup \mathbf{b}$$

Die Iteration von Gauß-Seidel wird nach folgender Vorschrift durchgeführt :

Iteration $\quad \mathbf{x}_{k+1} = \mathbf{L}\mathbf{x}_{k+1} \sqcup \mathbf{R}\mathbf{x}_k \sqcup \mathbf{b}$

Diese Iterationsvorschrift entspricht einem gestaffelten Gleichungssystem mit der Matrix **L** und dem Lösungsvektor $\mathbf{x}_{k+1}$. Um sie theoretisch auf die allgemeine Iterationsvorschrift zurückzuführen, wird der Lösungsvektor $\mathbf{x}_{k+1}$ über die Hülle $\mathbf{L}^*$ in Abhängigkeit von $\mathbf{x}_k$ und **b** angegeben. Mit den Regeln für Hüllen in Abschnitt 8.2.5 wird gezeigt, daß die Iterationsvorschrift die Bedingungen für die kleinste Lösung des Gleichungssystems erfüllt :

Iteration $\quad \mathbf{x}_{k+1} = \mathbf{L}^* (\mathbf{R}\mathbf{x}_k \sqcup \mathbf{b}) = \mathbf{L}^* \mathbf{R}\mathbf{x}_k \sqcup \mathbf{L}^*\mathbf{b}$

Matrizen $\quad \mathbf{M} = \mathbf{L}^*\mathbf{R} \qquad \mathbf{N} = \mathbf{L}^*$

Bedingung $\quad \mathbf{M}^*\mathbf{N} = (\mathbf{L}^*\mathbf{R})^* \mathbf{L}^* = (\mathbf{L} \sqcup \mathbf{R})^* = \mathbf{A}^*$

Methode der Rückwärts- und Vorwärtsauflösung : Bei dieser Methode wird wie bei der Methode von Gauß-Seidel davon ausgegangen, daß die Matrix **A** des Gleichungssystems als Vereinigung der Linksdreiecksmatrix **L** und der Rechtsdreiecksmatrix **R** dargestellt wird. Die Iteration wird nach der folgenden Vorschrift durchgeführt, die aus zwei Bestimmungsgleichungen besteht.

Iteration $\quad \mathbf{y}_{k+1} = \mathbf{R}\,\mathbf{y}_{k+1} \sqcup \mathbf{x}_k \sqcup \mathbf{b}$

$\qquad\qquad \mathbf{x}_{k+1} = \mathbf{L}\,\mathbf{x}_{k+1} \sqcup \mathbf{y}_{k+1}$

Die erste Bestimmungsgleichung entspricht einem Gleichungssystem mit der Matrix **R** und dem Lösungsvektor $\mathbf{y}_{k+1}$, das rückwärts aufgelöst wird. Die zweite Bestimmungsgleichung entspricht einem Gleichungssystem mit der Matrix **L** und dem Lösungsvektor $\mathbf{x}_{k+1}$, das vorwärts aufgelöst wird. Um die Iterationsvorschrift auf die allgemeine Iterationsvorschrift zurückzuführen, werden die Lösungsvektoren $\mathbf{y}_{k+1}$ und $\mathbf{x}_{k+1}$ über die Hüllen $\mathbf{R}^*$ und $\mathbf{L}^*$ angegeben und die erste Bestimmungsgleichung in die zweite Bestimmungsgleichung eingesetzt. Nach den Regeln für Hüllen in Abschnitt 8.2.5 erfüllt die Iterationsvorschrift die erforderliche Bedingung.

Iteration	$\mathbf{y}_{k+1}$	=	$\mathbf{R}^*(\mathbf{x}_k \sqcup \mathbf{b})$
	$\mathbf{x}_{k+1}$	=	$\mathbf{L}^*\mathbf{y}_{k+1}$
	$\mathbf{x}_{k+1}$	=	$\mathbf{L}^*\mathbf{R}^*(\mathbf{x}_k \sqcup \mathbf{b}) = \mathbf{L}^*\mathbf{R}^*\mathbf{x}_k \sqcup \mathbf{L}^*\mathbf{R}^*\mathbf{b}$
Matrizen	$\mathbf{M}$	=	$\mathbf{N} = \mathbf{L}^*\mathbf{R}^*$
Bedingung	$\mathbf{M}^*\mathbf{N}$	=	$(\mathbf{L}^*\mathbf{R}^*)^*(\mathbf{L}^*\mathbf{R}^*) = (\mathbf{L}^*\mathbf{R}^*)^* = (\mathbf{L} \sqcup \mathbf{R})^* = \mathbf{A}^*$

Anzahl der Iterationsschritte : Jede iterative Methode liefert die kleinste Lösung $\mathbf{x} = \mathbf{A}^*\mathbf{b}$ des Gleichungssystems nach höchstens $p+1$ Iterationen, wobei p der Stabilitätsindex der Matrix **M** ist. Eine obere Schranke für den Stabilitätsindex p von **M** ist der Stabilitätsindex q der Matrix **A**. Die quadratische Matrix **A** mit n Zeilen und Spalten besitzt den Stabilitätsindex $q < n$, wenn die Wegalgebra stabil ist. In diesen Fällen benötigen die iterativen Methoden höchstens n Iterationen.

Eine schärfere obere Schranke läßt sich für die Matrix **M** der Methode der Rückwärts- und Vorwärtsauflösung unter der Voraussetzung einer unitär stabilen Wegalgebra herleiten. Die Herleitung führt zu einem Stabilitätsindex $p \leq q/2+1$. Diese Methode erfordert daher im ungünstigsten Fall etwa halb so viele Iterationen wie die Methoden von Jacobi und Gauß-Seidel. Da der Rechenaufwand bei allen iterativen Methoden in jedem Iterationsschritt gleich ist, ist der Rechenaufwand dieser Methode im ungünstigsten Fall etwa halb so groß wie bei den Methoden von Jacobi und Gauß-Seidel.

Die Kenntnis einer oberen Schranke für die Anzahl der Iterationen im Falle stabiler Matrizen ist für Algorithmen von wesentlicher Bedeutung. Wird die obere Schranke im Zuge des Iterationsprozesses überschritten, so ist die Matrix **A** des linearen Gleichungssystems nicht stabil, und die Iteration wird ohne Ergebnis abgebrochen.

Beispiel : Iterative Methoden

Gegeben sei der dargestellte zyklische Graph mit ganzzahligen positiven Kapazitäten der Kanten. Gesucht sind die maximalen Kapazitäten der Wege von jedem der Knoten des Graphen zu Knoten 5. Die Matrix **A** für die Kantenkapazitäten ist stabil. In der Wegalgebra für Wegkapazitäten werden die binären Verknüpfungen Max und Min für die Vereinigung und Kettung aus Abschnitt 8.5.4.4 verwendet. Die gesuchten Wegkapazitäten werden iterativ nach den beschriebenen Methoden bestimmt.

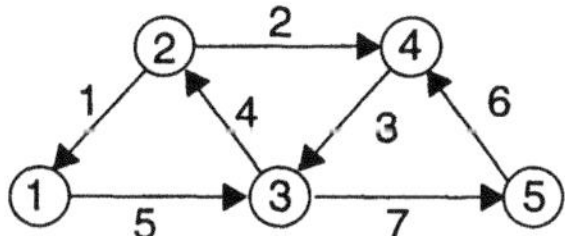

Gleichungssystem $\mathbf{x} = \mathbf{A}\,\mathbf{x} \sqcup \mathbf{b}$ mit $\mathbf{b} = \mathbf{e}_5$

$$\begin{bmatrix} x_1 \\ x_2 \\ x_3 \\ x_4 \\ x_5 \end{bmatrix} = \begin{bmatrix} n & n & 5 & n & n \\ 1 & n & n & 2 & n \\ n & 4 & n & n & 7 \\ n & n & 3 & n & n \\ n & n & n & 6 & n \end{bmatrix} \circ \begin{bmatrix} x_1 \\ x_2 \\ x_3 \\ x_4 \\ x_5 \end{bmatrix} \sqcup \begin{bmatrix} n \\ n \\ n \\ n \\ e \end{bmatrix} \qquad \begin{array}{l} n := 0 \\ e := \infty \end{array}$$

Methode von Jacobi : $\mathbf{y} = \mathbf{A}\,\mathbf{x}_k \sqcup \mathbf{b}$ und $\mathbf{x}_{k+1} = \mathbf{y}$

$$\mathbf{A} = \begin{bmatrix} n & n & 5 & n & n \\ 1 & n & n & 2 & n \\ n & 4 & n & n & 7 \\ n & n & 3 & n & n \\ n & n & n & 6 & n \end{bmatrix}$$

$\mathbf{x}_0$	$\mathbf{x}_1$	$\mathbf{x}_2$	$\mathbf{x}_3$	$\mathbf{x}_4$
n	n	5	5	5
n	n	n	2	2
n	7	7	7	7
n	n	3	3	3
e	e	e	e	e

$$y_i = \bigsqcup_{j=1}^{n} a_{ij}\, x_j \sqcup b_i$$

$$y_i = \text{Max}\,\{\text{Min}\{a_{i1}, x_1\}, \ldots, \text{Min}\,\{a_{in}, x_n\},\ b_i\}$$

Im Algorithmus der Methode von Gauß-Seidel ist es zweckmäßig, den Vektor **x** in jedem Iterationsschritt elementweise zu überschreiben. Bei der elementweisen Formulierung der Iterationsvorschriften wird hierfür das Symbol ← verwendet.

Methode von Gauß-Seidel : $\mathbf{x}_{k+1} = \mathbf{L}\,\mathbf{x}_{k+1} \sqcup \mathbf{R}\,\mathbf{x}_k \sqcup \mathbf{b}$

A =

n	n	5	n	n
1	n	n	2	n
n	4	n	n	7
n	n	3	n	n
n	n	n	6	n

$\mathbf{x}_0$	$\mathbf{x}_1$	$\mathbf{x}_2$	$\mathbf{x}_3$
n	n	5	5
n	n	2	2
n	7	7	7
n	3	3	3
e	e	e	e

$$x_i \leftarrow \bigsqcup_{j=1}^{n} a_{ij}\, x_j \sqcup b_i \qquad i = 1,\dots,n$$

$$x_i \leftarrow \mathrm{Max}\,\{\mathrm{Min}\{a_{i1}, x_1\},\dots, \mathrm{Min}\,\{a_{in}, x_n\}, b_i\}$$

Methode der Rückwärts- und Vorwärtsauflösung :

$\mathbf{y}_{k+1} = \mathbf{R}\,\mathbf{y}_{k+1} \sqcup \mathbf{x}_k \sqcup \mathbf{b}$ und $\mathbf{x}_{k+1} = \mathbf{L}\mathbf{x}_{k+1} \sqcup \mathbf{y}_{k+1}$

A = (oberer Teil **R**, unterer Teil **L**)

n	n	5	n	n
1	n	n	2	n
n	4	n	n	7
n	n	3	n	n
n	n	n	6	n

$\mathbf{x}_0$	$\mathbf{y}_1$	$\mathbf{x}_1$	$\mathbf{y}_2$	$\mathbf{x}_2$
n	5	5	5	5
n	n	1	2	2
n	7	7	7	7
n	n	3	3	3
e	e	e	e	e

$$y_n = x_n \sqcup b_n = \mathrm{Max}\,\{x_n, b_n\}$$

$$y_i = \bigsqcup_{j=i+1}^{n} a_{ij}\, y_j \sqcup x_i \sqcup b_i \qquad i = n-1,\dots,1$$

$$y_i = \mathrm{Max}\,\{\mathrm{Min}\{a_{i\,i+1}, y_{i+1}\},\dots, \mathrm{Min}\{a_{in}, y_n\}, x_i, b_i\}$$

$$x_1 = y_1$$

$$x_i = \bigsqcup_{j=1}^{i-1} a_{ij}\, x_j \sqcup y_i \qquad i = 2,\dots,n$$

$$x_i = \mathrm{Max}\,\{\mathrm{Min}\{a_{i1}, x_1\},\dots, \mathrm{Min}\{a_{i\,i-1}, x_{i-1}\}, y_i\}$$

8.6 FLÜSSE IN NETZEN

8.6.1 EINFÜHRUNG

Die Bestimmung von Flüssen in Netzen ist eine Aufgabe der Graphentheorie in Verbindung mit der Optimierungstheorie. Bei der Formulierung von Flußmodellen wird von den Prinzipien der Strömungsmechanik ausgegangen. Die Anwendung von Flußmodellen ist jedoch nicht auf Strömungsaufgaben im physikalischen Sinne beschränkt, sondern umfaßt ein breites Aufgabenspektrum insbesondere im Bereich der Logistik.

Flußmodell : Ein einfaches Flußmodell besteht aus einem Netzwerk mit einer Quelle und einer Senke. Massenflüsse entstehen an der Quelle, fließen durch das Netz und verschwinden in der Senke. Die Netzknoten mit einem direkten Massenzufluß von der Quelle heißen Quellknoten. Die Netzknoten mit einem direkten Massenabfluß zur Senke heißen Senkknoten. Es wird vorausgesetzt, daß die Massenflüsse zeitunabhängig (stationär) sind. Die Massenflüsse im Netz sind durch Kapazitäten beschränkt. Sie können mit Kosten verbunden sein. Ein Flußmodell wird durch einen bewerteten Graphen beschrieben. Jeder Kante werden nichtnegative Zahlen für den Fluß, die Kapazitätsbeschränkung und die Kosten pro Flußeinheit zugeordnet.

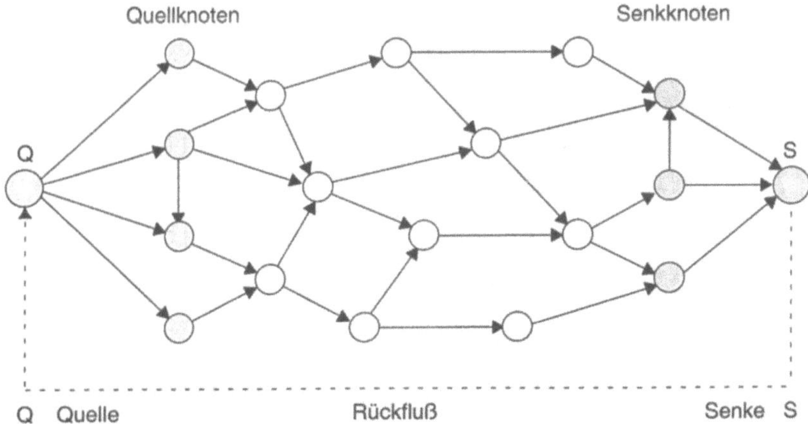

Flußerhaltung : Die Massenflüsse im Netz sind stationär. Nach dem Satz vom Massenerhalt muß an jedem Netzknoten der resultierende Massenzufluß gleich dem resultierenden Massenabfluß sein. Der resultierende Massenabfluß von der Quelle muß gleich dem resultierenden Zufluß zur Senke sein. Diese Bedingung wird im bewerteten Graphen des Flußmodells berücksichtigt, indem eine Rückflußkante von der Senke zur Quelle eingeführt wird. Dadurch bildet das Netzwerk ein in sich abgeschlossenes System.

Elementarer Fluß : Der konstante Einheitsfluß in einem elementaren Zyklus des Graphen heißt elementarer Fluß. Er erfüllt die Bedingung des Massenerhaltes an jedem Knoten des Zyklus, da der Massenzufluß zum Knoten gleich dem Massenabfluß vom Knoten ist. Jeder massenerhaltende Fluß im Netz ist eine Linearkombination von elementaren Flüssen. Damit wird die Bestimmung von Flüssen in Netzen zurückgeführt auf die Bestimmung von elementaren Zyklen in Graphen.

Optimaler Fluß : Ein zulässiger Fluß in einem Netz ist ein massenerhaltender Fluß, der vorgegebenen Kapazitätsbeschränkungen genügt. Ein maximaler Fluß in einem Netz ist ein zulässiger Fluß, dessen gesamter Massenfluß von der Quelle durch das Netz zur Senke maximal ist. Der gesamte Massenfluß durch das Netz ist ein Maß für die Leistungsfähigkeit des Netzes. Häufig existieren verschiedene maximale Flüsse im Netz mit gleichem Massenfluß durch das Netz. In diesen Fällen kann ein maximaler Fluß mit minimalen Kosten bestimmt werden.

Methoden : Die theoretischen Grundlagen für die Bestimmung zulässiger Flüsse in Netzen sind in den Abschnitten 8.6.2 bis 8.6.4 und die grundlegenden Methoden für die Bestimmung optimaler Flüsse in Netzen in den Abschnitten 8.6.5 bis 8.6.7 behandelt. Die Formulierung erfolgt auf der Grundlage der Matrix- und Vektoralgebra mit reellen Zahlen. Zwischen den graphentheoretischen Methoden, den Methoden der linearen Optimierung und den Methoden der dynamischen Programmierung bestehen enge Zusammenhänge.

8.6.2 NETZWERKE UND FLÜSSE

Einführung : Die grundlegenden Definitionen für Flüsse in Netzwerken und der Massenerhaltungssatz sind nachfolgend behandelt.

Netzwerk : Ein Netzwerk ist ein Multigraph $G = (V, K ; A, E)$ mit einer Knotenmenge V, einer Kantenmenge K sowie der Ausgangsinzidenz A und der Eingangsinzidenz E. Der Multigraph G besitzt folgende Eigenschaften :

- Die Knoten besitzen keine Schlingen.
- Der Graph besitzt keine partiellen Kanten.
- Der Graph besitzt einen schwachen Zusammenhang.

Matrixdarstellung : Ein Netzwerk mit n Knoten und m Kanten wird zweckmäßig durch eine Inzidenzmatrix **S** mit n Zeilen und m Spalten beschrieben. Die Elemente der Matrix nehmen die Werte −1, 0, 1 an.

Inzidenz $\quad \mathbf{S} = [s_{ij}] \qquad s_{ij} \in \{-1, 0, +1\}$

$$s_{ij} = \begin{cases} -1 & \text{Knoten i ist Endknoten der Kante j} \\ 0 & \text{Knoten i ist weder Anfangs- noch Endknoten der Kante j} \\ +1 & \text{Knoten i ist Anfangsknoten der Kante j} \end{cases}$$

Fluß : Ein Fluß in einem Netz ist eine Funktion f, die jeder Kante eine reelle nichtnegative Zahl zuordnet. Ein Fluß längs einer gerichteten Kante kann als Massentransport pro Zeiteinheit vom Anfangsknoten zum Endknoten betrachtet werden. Der Fluß längs der Kante j wird mit f_j bezeichnet. Die Flüsse für alle Kanten werden zweckmäßig in einem Vektor **f** zusammengefaßt.

Fluß $\quad \mathbf{f} = [f_j] \qquad \mathbf{f} \geq \mathbf{0}$

Erhaltungssatz : Entsprechend dem Satz vom Massenerhalt in der Physik ist an jedem Knoten des Netzwerkes der Zufluß gleich dem Abfluß. Diese Bedingung wird mit der Inzidenz **S** und dem Fluß **f** wie folgt formuliert :

Erhaltungssatz $\quad \mathbf{S}\,\mathbf{f} = \mathbf{0}$

Beispiel : Netzwerk

Für das dargestellte Netzwerk mit Buchstaben als Knotenbezeichnungen und Nummern als Kantenbezeichnungen ist die Inzidenzmatrix **S** gezeigt.

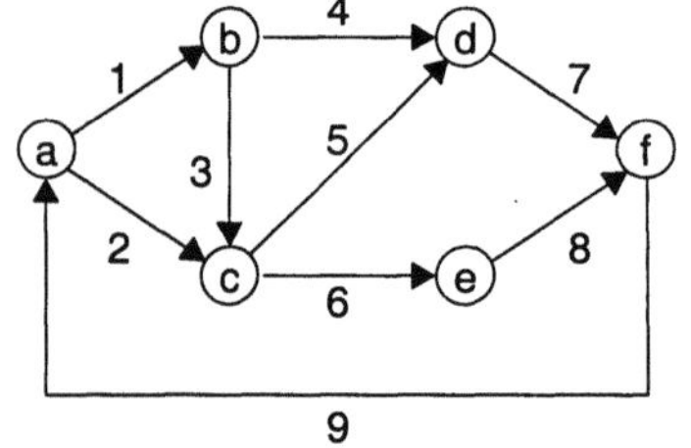

S =

	1	2	3	4	5	6	7	8	9
a	+1	+1	0	0	0	0	0	0	− 1
b	− 1	0	+1	+1	0	0	0	0	0
c	0	− 1	− 1	0	+1	+1	0	0	0
d	0	0	0	− 1	− 1	0	+1	0	0
e	0	0	0	0	0	− 1	0	+1	0
f	0	0	0	0	0	0	− 1	− 1	+1

Am Knoten c bilden die Flüsse f_2 und f_3 den Zufluß zum Knoten und die Flüsse f_5 und f_6 den Abfluß vom Knoten. Nach dem Erhaltungssatz muß der Zufluß gleich dem Abfluß sein. Daher gilt :

$$-f_2 - f_3 + f_5 + f_6 = 0$$

Das Produkt der Zeile für Knoten c in Matrix **S** mit dem Vektor **f** führt zu dieser Gleichung.

8.6.3 UNEINGESCHRÄNKTER FLUSS

Einführung : Im Netzwerk seien beliebig große Flüsse in Richtung der Kanten zulässig. Diese Flüsse heißen uneingeschränkte Flüsse. Zulässige und von null verschiedene Flüsse können nur existieren, wenn das Netzwerk Zyklen besitzt. Die Flüsse in den elementaren Zyklen von Netzwerken sind von grundlegender Bedeutung für die Lösung von Flußaufgaben in Netzen. Die theoretischen Grundlagen für uneingeschränkte Flüsse in Netzen sind nachfolgend behandelt.

Uneingeschränkter Fluß : Ein uneingeschränkter Fluß **f** in einem Netzwerk heißt zulässig, wenn für jede Kante j der Fluß f_j nicht negativ ist und an den Knoten der Erhaltungssatz erfüllt ist. Damit gelten folgende Bedingungen :

Nicht-Negativität $\quad \mathbf{f} \geq \mathbf{0}$

Erhaltungssatz $\quad \mathbf{Sf} = \mathbf{0}$

Nullfluß : Der Nullfluß $\mathbf{f} = \mathbf{0}$ befriedigt die Bedingungen für einen zulässigen uneingeschränkten Fluß. Ist der Graph des Netzwerkes azyklisch, so existiert außer dem Nullfluß kein weiterer zulässiger Fluß.

Nullfluß $\quad \mathbf{f} = \mathbf{0}$

Die Nichtexistenz von Flüssen $\mathbf{f} \neq \mathbf{0}$ in azyklischen Graphen wird wie folgt nachgewiesen. Betrachtet wird jeder Weg durch einen azyklischen Graphen, der bei einem Knoten a ohne Vorgänger beginnt und an einem Knoten b ohne Nachfolger endet. Würde ein Fluß $f > 0$ längs dieses Weges fließen, so wäre der Erhaltungssatz für den Knoten a und den Knoten b verletzt. Der Fluß von a nach b muß daher null sein. Dementsprechend ist im azyklischen Graphen der Nullfluß der einzige zulässige Fluß.

Elementarer Fluß : In einem Netzwerk existieren nur zulässige Flüsse $\mathbf{f} \neq \mathbf{0}$, wenn der Graph Zyklen besitzt. Ein Einheitsfluß in einem elementaren Zyklus heißt elementarer Fluß und wird durch einen Vektor **v** bezeichnet. Dieser Vektor enthält den Wert 1 für jede Kante, die zum elementaren Zyklus gehört und den Wert 0 für jede Kante, die nicht zum elementaren Zyklus gehört. Jeder elementare Fluß **v** erfüllt die Bedingungen für einen zulässigen Fluß.

Elementarer Fluß $\quad \mathbf{v} = [v_j] \qquad v_j \in \{0, 1\}$

$$v_j = \begin{cases} 1 & \text{Kante j gehört zum elementaren Zyklus} \\ 0 & \text{Kante j gehört nicht zum elementaren Zyklus} \end{cases}$$

Zulässiger Fluß : Jede lineare Kombination der elementaren Flüsse $\mathbf{v}_k$ mit nicht negativen Koeffizienten λ_k ist ein zulässiger Fluß **f** in einem Netzwerk.

Zulässiger Fluß $\quad \mathbf{f} = \sum_{k=1}^{n} \lambda_k \mathbf{v}_k \qquad \lambda_k \geq 0$

Ist ein zulässiger Fluß **f** gegeben, so kann er in elementare Flüsse zerlegt werden. Die Zerlegung erfolgt so, daß **f** schrittweise auf den Nullfluß **0** reduziert wird. In jedem Schritt k wird **f** um den größtmöglichen Anteil $\lambda_k \mathbf{v}_k$ eines elementaren Flusses $\mathbf{v}_k$ verringert. Der Koeffizient λ_k ist das Minimum aller Kantenflüsse f_j für die im elementaren Zyklus $\mathbf{v}_k$ enthaltenen Kanten. Der reduzierte Fluß $\mathbf{f} - \lambda_k \mathbf{v}_k$ ist wiederum ein zulässiger Fluß.

Zerlegung	Schleife $k = 1,...,n$
Koeffizient	$\lambda_k = \underset{j}{\text{Min}}\{f_j \mid v_{kj} = 1\}$
Reduktion	$\mathbf{f} \leftarrow \mathbf{f} - \lambda_k \mathbf{v}_k$

Beispiel 1 : Zulässige Flüsse

Gegeben sei das dargestellte Netzwerk mit Nummern als Kantenbezeichnungen. Es besitzt vier elementare Zyklen. Ein elementarer Zyklus ist mit dick ausgezogenen Kanten graphisch gezeigt.

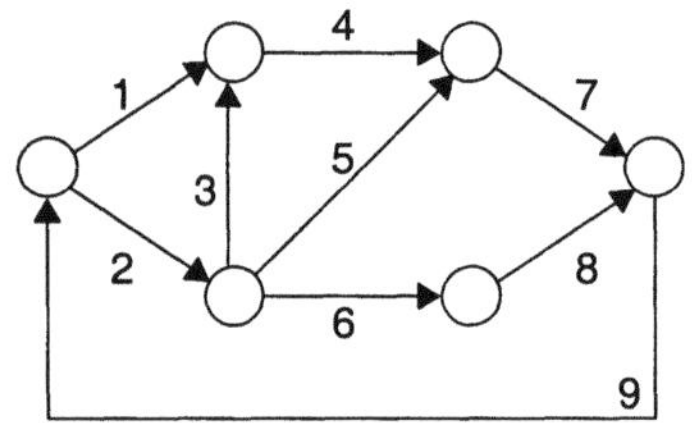

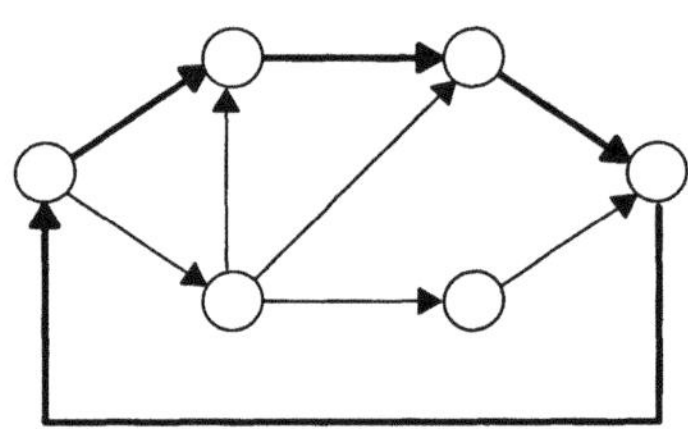

Gegeben sei ein zulässiger Fluß **f** im Netz. Er ist in die elementaren Flüsse $\mathbf{v}_i$ zu zerlegen. Die schrittweise Zerlegung ist gezeigt.

1	2	3	4	5	6	7	8	9	Kanten
4	6	1	5	2	3	7	3	10	Fluß $\mathbf{f}^T$
1	0	0	1	0	0	1	0	1	Fluß $\mathbf{v}_1^T$: $\lambda_1 = \text{Min}\{4,5,7,10\} = 4$
0	6	1	1	2	3	3	3	6	Reduzierter Fluß $\mathbf{f}^T \leftarrow \mathbf{f}^T - \lambda_1 \mathbf{v}_1^T$
0	1	0	0	0	1	0	1	1	Fluß $\mathbf{v}_2^T$: $\lambda_2 = \text{Min}\{6,3,3,6\} = 3$
0	3	1	1	2	0	3	0	3	Reduzierter Fluß $\mathbf{f}^T \leftarrow \mathbf{f}^T - \lambda_2 \mathbf{v}_2^T$
0	1	1	1	0	0	1	0	1	Fluß $\mathbf{v}_3^T$: $\lambda_3 = \text{Min}\{3,1,1,3,3\} = 1$
0	2	0	0	2	0	2	0	2	Reduzierter Fluß $\mathbf{f}^T \leftarrow \mathbf{f}^T - \lambda_3 \mathbf{v}_3^T$
0	1	0	0	1	0	1	0	1	Fluß $\mathbf{v}_4^T$: $\lambda_4 = \text{Min}\{2,2,2,2\} = 2$
0	0	0	0	0	0	0	0	0	Reduzierter Fluß $\mathbf{f}^T \leftarrow \mathbf{f}^T - \lambda_4 \mathbf{v}_4^T$ Nullfluß

Schnitt : Die Knotenmenge V eines Netzwerkes wird in zwei disjunkte Teilmengen X und Y zerlegt. Die Menge aller Kanten mit einem Anfangsknoten $x \in X$ und einem Endknoten $y \in Y$ heißt Schnittmenge der Kanten. Sie wird zweckmäßig durch einen Schnittvektor $\mathbf{s}(X,Y)$ beschrieben, der für alle Kanten j nach folgender Regeln gebildet wird :

Schnittvektor $\quad \mathbf{s}(X,Y) = [s_j] \quad s_j \in \{0, 1\}$

$$s_j = \begin{cases} 1 & \text{Kante } j \text{ mit Anfangsknoten } x \in X \text{ und Endknoten } y \in Y \\ 0 & \text{Kante } j \text{ mit Anfangsknoten } a \notin X \text{ oder Endknoten } b \notin Y \end{cases}$$

Schnittfluß : Gegeben sei ein Schnittvektor $\mathbf{s}(X,Y)$ für die Kanten, die die Knotenmenge X von der Knotenmenge Y trennen. Der resultierende Fluß in dem Schnitt ist die Summe der Flüsse aller Schnittkanten. Er heißt Schnittfluß und wird mit f(X,Y) bezeichnet. Der Schnittfluß wird in Abhängigkeit vom Fluß **f** im Netz wie folgt berechnet :

Schnittfluß $\quad f(X,Y) = \mathbf{f}^T \mathbf{s}(X,Y)$

Enthält die Knotenmenge X nur einen Knoten x und die Knotenmenge Y alle übrigen Knoten, so ist f(X,Y) der resultierende Abfluß vom Knoten x und f(Y,X) der resultierende Zufluß zum Knoten x. Nach dem Erhaltungssatz ist der resultierende Fluß von den Knoten $x \in X$ zu den Knoten $y \in Y$ gleich dem resultierenden Fluß von den Knoten $y \in Y$ zu den Knoten $x \in X$. Daher gilt für die Schnittflüsse :

Erhaltungssatz $\quad f(X,Y) = f(Y,X)$

Beispiel 2 : Schnittflüsse

Gegeben sei das dargestellte Netzwerk mit Nummern als Kantenbezeichnungen. Durch das Netzwerk wird ein Schnitt geführt, der die Knotenmenge in zwei disjunkte Teilmengen X und Y zerlegt. Die Schnittführung ist graphisch dargestellt. Die zugehörigen Schnittvektoren s(X,Y) und s(Y,X) sind angegeben.

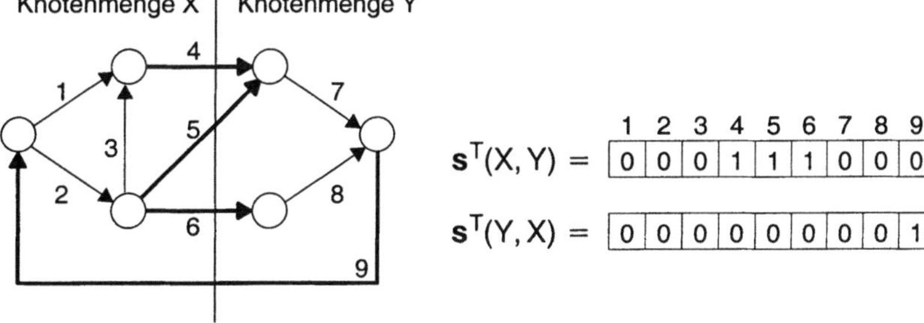

Gegeben sei ein zulässiger Fluß **f** im Netz. Die Schnittflüsse f(X,Y) und f(Y,X) werden berechnet. Sie sind gleich.

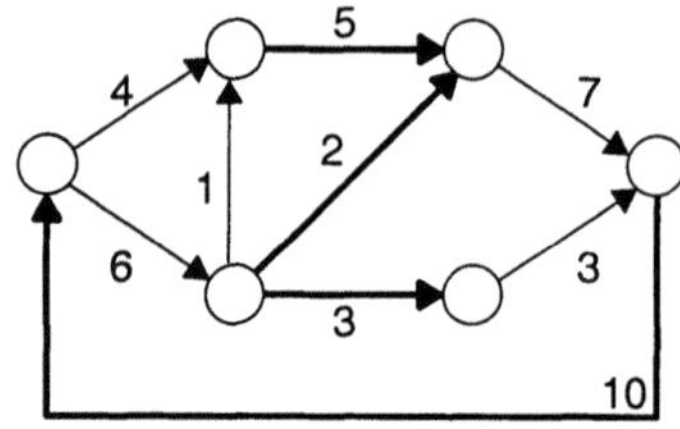

$$\mathbf{f}^T = \boxed{4\,|\,6\,|\,1\,|\,5\,|\,2\,|\,3\,|\,7\,|\,3\,|\,10}$$

$$f(X,Y) = \mathbf{f}^T\mathbf{s}(X,Y) = 5 + 2 + 3 = 10$$

$$f(Y,X) = \mathbf{f}^T\mathbf{s}(Y,X) = 10$$

8.6.4 EINGESCHRÄNKTER FLUSS

Einführung : Im Netzwerk seien die Flüsse in Richtung der Kanten durch eine vorgegebene Kapazität beschränkt. Diese Flüsse heißen eingeschränkte Flüsse. Die Beschränkung führt zum Konzept des Restgraphen, in dem die Kapazitätsauslastung des Netzes in Abhängigkeit vom Fluß im Netz dargestellt wird. Die theoretischen Grundlagen für eingeschränkte Flüsse in Netzen bauen auf den Grundlagen für uneingeschränkte Flüsse auf und sind nachfolgend behandelt.

Kapazität : Der Fluß längs jeder Kante im Netzwerk sei nach oben beschränkt. Jeder Kante ist daher eine reelle nichtnegative Zahl als Kapazität zugeordnet, die dem maximal zulässigen Fluß entspricht. Die Kapazitäten für alle Kanten j des Netzwerkes werden zweckmäßig in einem Vektor **c** zusammengefaßt.

Kapazität $\mathbf{c} = [c_j] \qquad \mathbf{c} \geq \mathbf{0}$

Eingeschränkter Fluß : Ein eingeschränkter Fluß **f** in einem Netzwerk heißt zulässig, wenn für jede Kante j der Fluß f_j nichtnegativ ist und die gegebene Kapazität c_j nicht überschreitet. An den Knoten muß der Erhaltungssatz erfüllt sein. Damit gelten folgende Bedingungen :

Nicht-Negativität $\mathbf{f} \geq \mathbf{0}$
Kapazitätsbeschränkung $\mathbf{f} \leq \mathbf{c}$
Erhaltungssatz $\mathbf{S}\mathbf{f} = \mathbf{0}$

Restgraph : Gegeben sei ein Netzwerk mit der Kapazität **c** und einem zulässigen Fluß **f**. Um die Auslastung des Netzwerkes zu beurteilen, wird ein Restgraph nach folgenden Regeln konstruiert :

– Der Restgraph besitzt die gleichen Knoten wie das Netzwerk.

– Für jede Kante j des Netzwerkes werden eine Vorwärtskante j^+ und eine Rückwärtskante j^- eingeführt. Die Vorwärtskante besitzt die gleiche Richtung und die Rückwärtskante die entgegengesetzte Richtung wie die Kante j.

– Der Vorwärtskante j^+ wird die nicht ausgeschöpfte Kapazität $c_j^+ = c_j - f_j$ zugeordnet. Der Restgraph enthält nur die Vorwärtskanten mit $c_j^+ > 0$.

– Der Rückwärtskante j^- wird die ausgeschöpfte Kapazität $c_j^- = f_j$ zugeordnet. Der Restgraph enthält nur die Rückwärtskanten mit $c_j^- > 0$.

– Ein Kantenpaar (j^+, j^-) des Restgraphen stellt im Sinne des Netzwerkflusses keinen Zyklus dar.

Die Kapazitätsanteile c_j^+ und c_j^- für alle Kanten j werden zweckmäßig zu Vektoren $\mathbf{c}^+$ und $\mathbf{c}^-$ zusammengefaßt, deren Summe gleich der Kapazität **c** ist.

Kapazitätsanteile	$\mathbf{c}^+ = \mathbf{c} - \mathbf{f} \geq \mathbf{0}$
	$\mathbf{c}^- = \mathbf{f} \geq \mathbf{0}$
Summe	$\mathbf{c}^+ + \mathbf{c}^- = \mathbf{c} \geq \mathbf{0}$

Beispiel 1 : Restgraph

Gegeben sei das dargestellte Netzwerk mit zulässigen Werten c_j / f_j für die Kapazität und den Fluß jeder Kante j. Der zugehörige Restgraph ist gezeigt. Die Vorwärtskanten sind mit den fettgedruckten Werten $c_j^+ = c_j - f_j$ und die Rückwärtskanten mit den nicht fettgedruckten Werten $c_j^- = f_j$ markiert.

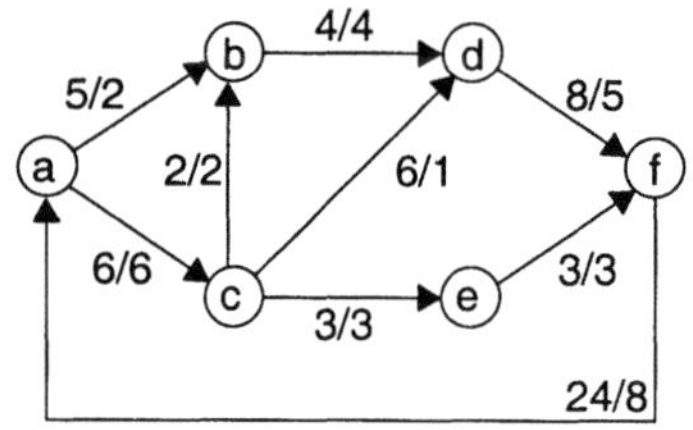

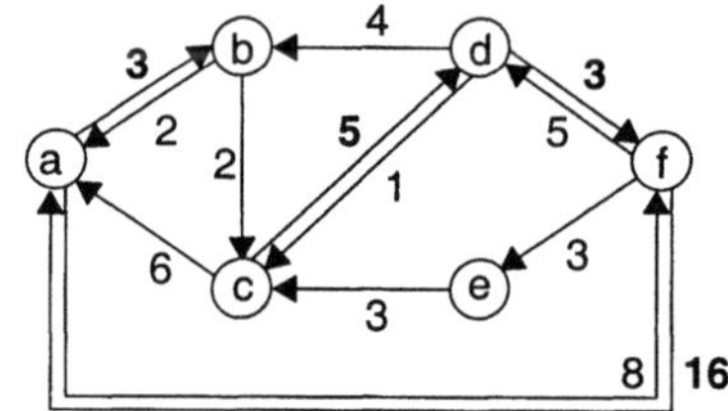

Nullfluß : Der Nullfluß $\mathbf{f} = \mathbf{0}$ befriedigt die Bedingungen für einen zulässigen uneingeschränkten Fluß. Der Restgraph für $\mathbf{f} = \mathbf{0}$ enthält für jede Kante j mit Kapazität $c_j > 0$ eine Vorwärtskante und keine Rückwärtskante. Er ist identisch mit dem Graphen des Netzwerkes, wenn keiner Kante j die Kapazität $c_j = 0$ zugeordnet ist. Ist der Restgraph azyklisch, so existiert außer dem Nullfluß $\mathbf{f} = \mathbf{0}$ kein weiterer zulässiger Fluß.

Elementarer Fluß : In einem Netzwerk existieren nur zulässige Flüsse $\mathbf{f} \neq \mathbf{0}$, wenn der Restgraph für $\mathbf{f} = \mathbf{0}$ Zyklen besitzt. Die elementaren Flüsse werden wie bei den uneingeschränkten Flußaufgaben bestimmt. Ein zulässiger eingeschränkter Fluß **f** wird wie ein zulässiger uneingeschränkter Fluß in die Anteile der elementaren Flüsse zerlegt.

Flußinkrement : Gegeben sei ein Netzwerk mit einem zulässigen Fluß **f**. Ist der Restgraph für **f** nicht azyklisch, so kann der Fluß **f** um ein Flußinkrement $\Delta\mathbf{f}$ erhöht werden. Ein Flußinkrement $\Delta\mathbf{f}$ ist zulässig, wenn $\mathbf{f} + \Delta\mathbf{f}$ ein zulässiger Fluß ist. Damit ergeben sich folgende Bedingungen für ein zulässiges Flußinkrement :

Nicht-Negativität	$\mathbf{f} + \Delta\mathbf{f} \geq \mathbf{0}$	$\Leftrightarrow$	$\Delta\mathbf{f} \geq -\mathbf{c}^-$
Kapazitätsbeschränkung	$\mathbf{f} + \Delta\mathbf{f} \leq \mathbf{c}$	$\Leftrightarrow$	$\Delta\mathbf{f} \leq \mathbf{c}^+$
Erhaltungssatz	$\mathbf{S}(\mathbf{f} + \Delta\mathbf{f}) = \mathbf{0}$	$\Leftrightarrow$	$\mathbf{S}\Delta\mathbf{f} = \mathbf{c}$

Das Flußinkrement $\Delta\mathbf{f}$ muß den Erhaltungssatz erfüllen. Die für den Restgraphen ermittelten Kapazitätsanteile $-\mathbf{c}^-$ und $\mathbf{c}^+$ bilden die untere und die obere Schranke für das Flußinkrement. Wird der Fluß **f** um $\Delta\mathbf{f}$ erhöht, so ändern sich die Kapazitätsanteile $\mathbf{c}^+$ und $\mathbf{c}^-$ wie folgt :

Kapazitätsanteile	$\mathbf{c}^- \leftarrow \mathbf{c}^- + \Delta\mathbf{f}$	$\mathbf{c}^+ \leftarrow \mathbf{c}^+ - \Delta\mathbf{f}$

Elementares Flußinkrement : Gegeben sei ein zulässiger Fluß **f** in einem Netzwerk und der zugehörige Restgraph. Existiert ein elementarer Zyklus im Restgraphen, so existiert auch ein elementares Flußinkrement $\Delta\mathbf{v}$. Ein elementarer Zyklus im Restgraphen kann sowohl aus Vorwärts- als auch aus Rückwärtskanten bestehen. Existieren für ein Knotenpaar die Vorwärts- und Rückwärtskante, so kann nur eine dieser beiden Kanten zum elementaren Zyklus gehören. Dementsprechend enthält der Vektor $\Delta\mathbf{v}$ für ein elementares Flußinkrement die Werte −1, 0, +1. Er wird nach folgender Regel gebildet :

Elementares Flußinkrement $\quad \Delta\mathbf{v} = [\Delta v_j] \qquad \Delta v_j \in \{-1, 0, +1\}$

$$\Delta v_j = \begin{cases} -1 & \text{Rückwärtskante } j^- \text{ gehört zum elementaren Zyklus} \\ 0 & \text{Kanten } j^+ \text{ und } j^- \text{ gehören nicht zum elementaren Zyklus} \\ +1 & \text{Vorwärtskante } j^+ \text{ gehört zum elementaren Zyklus} \end{cases}$$

Das elementare Flußinkrement $\Delta\mathbf{v}$ befriedigt den Massenerhalt. Es kann jedoch die Beschränkung nach unten oder oben verletzen. Ein zulässiges Flußinkrement $\Delta\mathbf{f}$ wird gebildet, indem das elementare Flußinkrement $\Delta\mathbf{v}$ mit einem nichtnegativen Koeffizient λ multipliziert wird. Der Koeffizient wird so bestimmt, daß die Beschränkungen nach unten und oben eingehalten werden. Er ist kleiner oder gleich dem Minimum aller Kapazitätsanteile der in dem elementaren Zyklus enthaltenen Vorwärts- und Rückwärtskanten.

Zulässiges Flußinkrement $\quad \Delta\mathbf{f} = \lambda\, \Delta\mathbf{v} \qquad \lambda \geq 0$

Koeffizient $\quad \lambda \leq \underset{j}{\text{Min}} \{c_j^+ \mid \Delta v_j = 1, \;\; c_j^- \mid \Delta v_j = -1\}$

Beispiel 2 : Elementares Flußinkrement

Gegeben sei der dargestellte Restgraph für ein Netzwerk mit einem zulässigen Fluß **f**. Die Vorwärtskanten sind mit den fettgedruckten Werten $c_j^+ = c_j - f_j$ und die Rückwärtskanten mit den nicht fettgedruckten Werten $c_j^- = f_j$ markiert. Der Restgraph enthält einen elementaren Zyklus mit der Knotenfolge $< a, b, c, d, f, a >$, der sich aus vier Vorwärtskanten und einer Rückwärtskante zusammensetzt. Der größtmögliche inkrementelle Fluß in dem elementaren Zyklus ist $\lambda = 2$. Der Fluß **f** wird um das entsprechende Flußinkrement $\Delta\mathbf{f}$ erhöht. Der zugehörige Restgraph ist mit den veränderten Kapazitätsanteilen gezeigt.

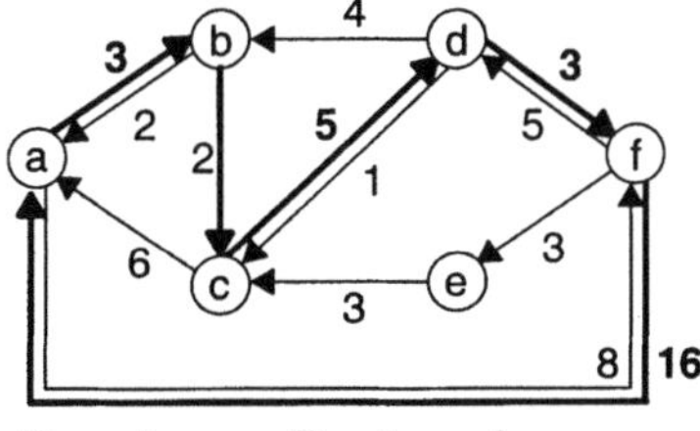

Gegebener Restgraph

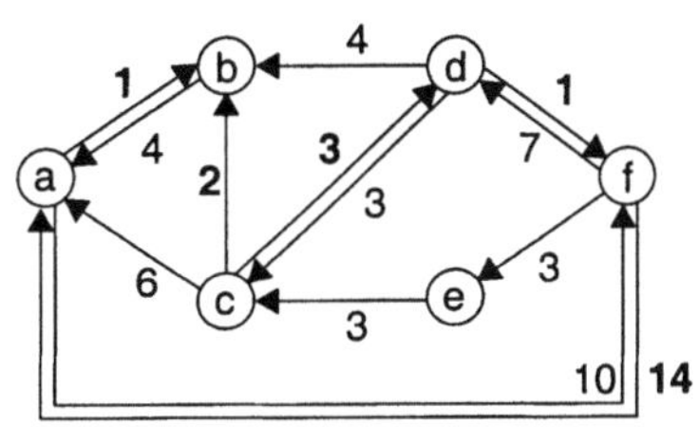

Inkrementierter Restgraph

Schnitt : In einem Netzwerk mit einem eingeschränkten Fluß kann in gleicher Weise wie in einem Netzwerk mit uneingeschränktem Fluß ein Schnitt geführt werden, der die Knotenmenge des Netzes in zwei disjunkte Teilmengen X und Y zerlegt. Beim eingeschränkten Fluß werden neben den Schnittflüssen zusätzlich die Schnittkapazitäten betrachtet.

Schnittfluß und Schnittkapazität : Gegeben seien die Schnittvektoren $\mathbf{s}(X,Y)$ und $\mathbf{s}(Y,X)$ für die Schnittmengen der Kanten. Die zugehörigen Schnittflüsse werden in Abhängigkeit vom Fluß $\mathbf{f}$ und die zugehörigen Schnittkapazitäten in Abhängigkeit von der Kapazität $\mathbf{c}$ wie folgt berechnet :

Schnittfluß	$f(X,Y) = \mathbf{f}^T\mathbf{s}(X,Y)$	$f(Y,X) = \mathbf{f}^T\mathbf{s}(Y,X)$
Schnittkapazität	$c(X,Y) = \mathbf{c}^T\mathbf{s}(X,Y)$	$c(Y,X) = \mathbf{c}^T\mathbf{s}(Y,X)$

Aufgrund der Kapazitätsbeschränkungen $f_j \le c_j$ für alle Kanten j gelten folgende Beschränkungen :

Beschränkungen	$f(X,Y) \le c(X,Y)$	$f(Y,X) \le c(Y,X)$

Da nach dem Erhaltungssatz die Schnittflüsse $f(X,Y)$ und $f(Y,X)$ gleich sind, gilt folgende schärfere Beschränkung :

Beschränkung $\quad f(X,Y) = f(Y,X) \le \text{Min}\{c(X,Y), c(Y,X)\}$

Beispiel 3 : Schnittflüsse und Schnittkapazitäten

Gegeben sei das dargestellte Netzwerk mit den zulässigen Werten c_j / f_j für die Kapazität und den Fluß jeder Kante j. Für den gezeigten Schnitt sind die Schnittkapazitäten und Schnittflüsse ermittelt.

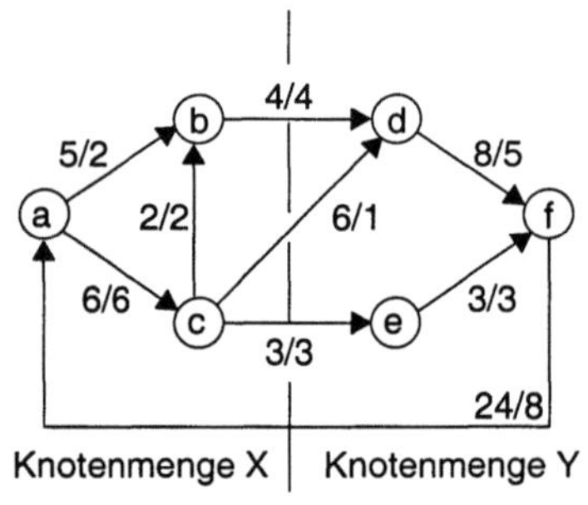

$$c(X,Y) = 4+6+3 = 13$$
$$c(Y,X) = 24$$
$$f(X,Y) = 4+1+3 = 8 \le 13$$
$$f(Y,X) = 8 \le 24$$
$$f(X,Y) = f(Y,X) \le 13$$

8.6.5 MAXIMALER FLUSS

Einführung : Beim maximalen Fluß in Netzwerken wird davon ausgegangen, daß das Netzwerk genau eine Quelle und eine Senke besitzt. Die an der Quelle entstehenden Flüsse fließen durch das Netz zur Senke. Die Flüsse längs der gerichteten Kanten sind durch vorgegebene Kapazitäten beschränkt. Um den Erhaltungssatz für die Netzwerkflüsse zu erfüllen, wird ein Rückfluß von der Senke zur Quelle vorgesehen, der gleich dem der resultierenden Abfluß an der Quelle beziehungsweise dem resultierenden Zufluß zur Senke ist. Der Rückfluß kann beschränkt oder unbeschränkt sein. Der maximale Fluß von der Quelle durch das Netz zur Senke ist ein Maß für die Leistungsfähigkeit des Netzwerkes. Er wird durch Lösen einer linearen Optimierungsaufgabe bestimmt. Die theoretischen Grundlagen für maximale Flüsse in Netzen bauen auf den Grundlagen für eingeschränkte Flüsse auf und sind nachfolgend behandelt.

Quelle und Senke : Ein eingeschränkter Fluß $\mathbf{f}$ im Netz heißt maximal, wenn der Fluß $\mathbf{f}$ zulässig ist und der resultierende Fluß f_R von der Quelle q zur Senke s maximal ist. Diese Definition führt zu der folgenden linearen Optimierungsaufgabe :

Nicht-Negativität	$\mathbf{f} \geq \mathbf{0}$
Kapazitätsbeschränkung	$\mathbf{f} \leq \mathbf{c}$
Erhaltungssatz	$\mathbf{S}\mathbf{f} = \mathbf{0}$
Resultierender Fluß	$f_R \rightarrow \text{Max}$

Elementare Zyklen im Restgraphen : Betrachtet wird der Restgraph für ein Netz mit einem zulässigen Fluß $\mathbf{f}$. Der Restgraph kann elementare Zyklen enthalten, die bezüglich des resultierenden Flusses f_R wie folgt klassifiziert werden :

- Ein elementarer Zyklus heißt flußerhöhender Zyklus, wenn er einen Beitrag zur Erhöhung des resultierenden Flusses f_R liefert. Er besteht aus einem elementaren Weg von der Quelle zur Senke und der Kante R^+.
- Ein elementarer Zyklus heißt flußvermindernder Zyklus, wenn er einen Beitrag zur Verminderung des resultierenden Flusses f_R liefert. Er besteht aus einem elementaren Weg von der Senke zur Quelle und der Kante R^-.
- Ein elementarer Zyklus heißt flußerhaltender Zyklus, wenn er keinen Beitrag zur Änderung des resultierenden Flusses f_R liefert. Er enthält weder die Kante R^+ noch die Kante R^-.

Für die Bestimmung des Flusses $\mathbf{f}$ mit dem maximalen resultierenden Fluß max f_R sind die flußerhöhenden und flußerhaltenden Zyklen des Restgraphen von wesentlicher Bedeutung.

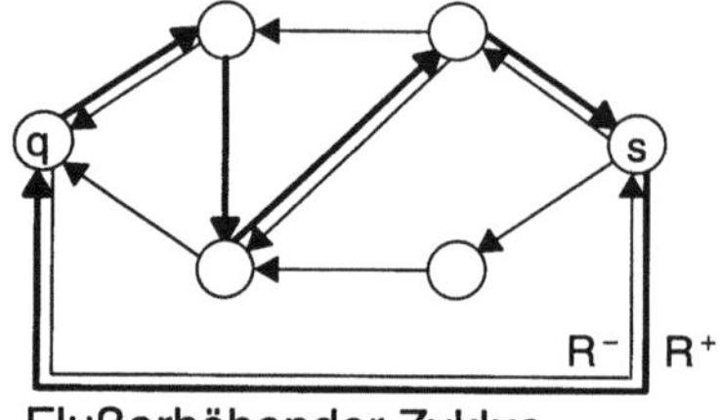

Flußerhöhender Zyklus

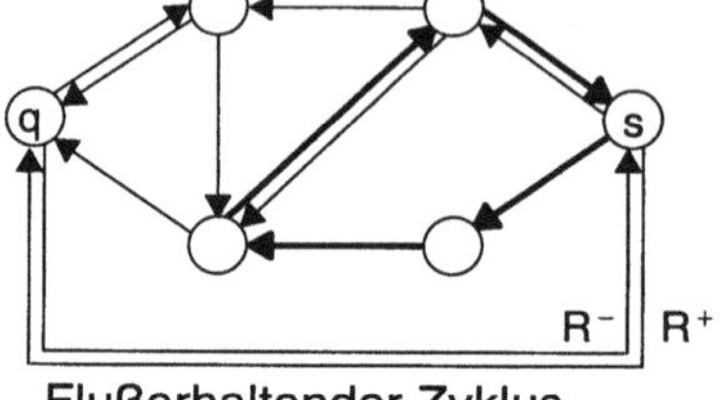

Flußerhaltender Zyklus

Optimalitätsbedingung : Ein zulässiger Fluß **f** ist genau dann maximal, wenn der Restgraph für **f** keinen flußerhöhenden Zyklus enthält. Ein maximaler Fluß **f** ist genau dann eindeutig, wenn der Restgraph für **f** keinen flußerhaltenden Zyklus enthält.

Beweis : Optimalitätsbedingung

Die Bedingung für einen maximalen Fluß wird nachgewiesen, indem gezeigt wird, daß bei Existenz eines flußerhöhenden Zyklus der Fluß nicht maximal sein kann und daß im Falle eines nicht maximalen Flusses ein flußerhöhender Zyklus existieren muß. Existiert im Restgraphen von **f** ein flußerhöhender Zyklus, so gibt es ein zulässiges Flußinkrement $\Delta\mathbf{f} \neq \mathbf{0}$ mit $\Delta f_R > 0$. Dann ist $\mathbf{g} = \mathbf{f} + \Delta\mathbf{f}$ ein zulässiger Fluß mit $g_R > f_R$. In diesem Fall ist der Fluß **f** nicht maximal. Ist umgekehrt der Fluß **f** nicht maximal, so muß ein zulässiger Fluß $\mathbf{g} \neq \mathbf{f}$ mit $g_R > f_R$ existieren. Dann ist $\Delta\mathbf{f} = \mathbf{g} - \mathbf{f} \neq \mathbf{0}$ ein zulässiges Flußinkrement mit $\Delta f_R > 0$. In diesem Fall existiert mindestens ein flußerhöhender Zyklus im Restgraphen für **f**.

Die Bedingung für die Eindeutigkeit eines maximalen Flusses **f** wird in gleicher Weise nachgewiesen. Im Restgraphen für **f** existiert kein flußerhöhender Zyklus. Existiert im Restgraphen für **f** ein flußerhaltender Zyklus, so gibt es ein zulässiges Flußinkrement $\Delta\mathbf{f} \neq \mathbf{0}$ mit $\Delta f_R = 0$. Dann ist $\mathbf{g} = \mathbf{f} + \Delta\mathbf{f}$ ein zulässiger Fluß mit $g_R = f_R$. In diesem Fall ist der maximale Fluß **f** nicht eindeutig. Ist umgekehrt der maximale Fluß nicht eindeutig, so muß ein zulässiger Fluß $\mathbf{g} \neq \mathbf{f}$ mit $g_R = f_R$ existieren. Dann ist $\Delta\mathbf{f} = \mathbf{g} - \mathbf{f} \neq \mathbf{0}$ ein zulässiges Flußinkrement mit $\Delta f_R = 0$. In diesem Fall existiert mindestens ein flußerhaltender Zyklus im Restgraphen für **f**.

Optimierungsverfahren : Ein maximaler Fluß **f** in einem Netz wird in folgenden Schritten bestimmt :

1. Wähle einen zulässigen Fluß **f** als Ausgangsfluß. Der Nullfluß $\mathbf{f} = \mathbf{0}$ ist eine mögliche Wahl.
2. Bestimme den Restgraphen für den Fluß **f** und ermittle einen flußerhöhenden Zyklus im Restgraphen.
3. Existiert ein flußerhöhender Zyklus, so bestimme das größtmögliche Flußinkrement $\Delta\mathbf{f}$, erhöhe den Fluß **f** um $\Delta\mathbf{f}$ und führe Schritt 2 erneut aus.
4. Existiert kein flußerhöhender Zyklus, so ist der Fluß **f** maximal.

Sind die vorgegebenen Kapazitäten ganzzahlig, so sind die berechneten Kantenflüsse eines maximalen Flusses auch ganzzahlig. Das Verfahren benötigt eine endliche Anzahl von Schritten zur Berechnung des maximalen Flusses.

Beweis : Eigenschaften des Optimierungsverfahrens

Beim Nachweis der ganzzahligen Eigenschaft wird vom Nullfluß $\mathbf{f} = \mathbf{0}$ ausgegangen. Der Restgraph für **f** besitzt ganzzahlige Kantenkapazitäten. Das größtmögliche Flußinkrement $\Delta\mathbf{f}$ für einen flußerhöhenden Zyklus ist daher auch ganzzahlig. Der um $\Delta\mathbf{f}$ erhöhte Fluß **f** ist somit auch ganzzahlig. Die Ganzzahligkeit bleibt auch für alle nachfolgenden flußerhöhenden Zyklen erhalten. Das Verfahren liefert daher einen ganzzahligen maximalen Fluß **f** mit dem ganzzahligen resultierenden Fluß max f_R. Da bei jedem flußerhöhenden Zyklus der resultierende Fluß f_R um einen ganzzahligen Anteil $\Delta\mathbf{f}$ mit $\Delta f_R \geq 1$ erhöht wird, sind im Zuge des Verfahrens höchstens max f_R flußerhöhende Zyklen zu betrachten. Die Anzahl der erforderlichen Schritte zur Berechnung des maximalen Flusses ist daher endlich.

Sind die vorgegebenen Kantenkapazitäten rationale Zahlen, so kann die Optimierungsaufgabe durch Multiplikation mit dem gemeinsamen Hauptnenner aller Kantenkapazitäten in eine ganzzahlige Optimierungsaufgabe überführt werden. Dementsprechend liefert das Verfahren nach einer endlichen Anzahl von Schritten einen maximalen Fluß mit rationalen Zahlen für die Kantenflüsse.

Sind vorgegebene Kantenkapazitäten irrationale Zahlen, so kann das Verfahren unendlich viele Schritte erfordern und sogar zu falschen Kantenflüssen konvergieren.

Beispiel 1 : Gegeben sei das dargestellte Netz mit der Quelle a, der Senke f und den Kantenkapazitäten. Der Rückfluß von der Senke zur Quelle sei beschränkt. Der Graph entspricht dem Restgraphen für den Nullfluß $\mathbf{f} = \mathbf{0}$. Gesucht wird ein maximaler Fluß **f** im Netz. Er wird schrittweise bestimmt. In jedem Schritt wird ein flußerhöhender Zyklus ermittelt, der mit dickausgezogenen Kanten dargestellt wird. Im Restgraphen sind die Vorwärtskanten j^+ mit fettgedruckten Werten $c_i^+ = c_j - f_j$ und die Rückwärtskanten j^- mit normalgedruckten Werten $c_j^- = f_j$ markiert. Die Restgraphen für die einzelnen Schritte sind gezeigt.

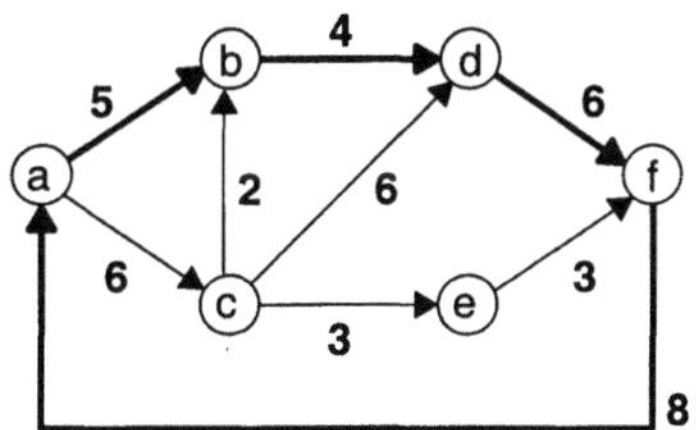

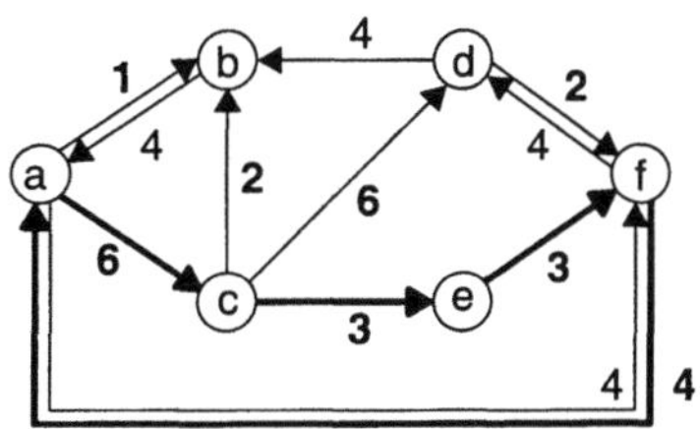

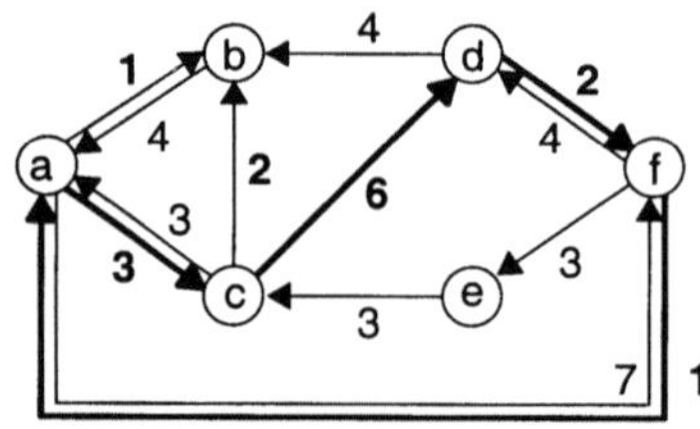

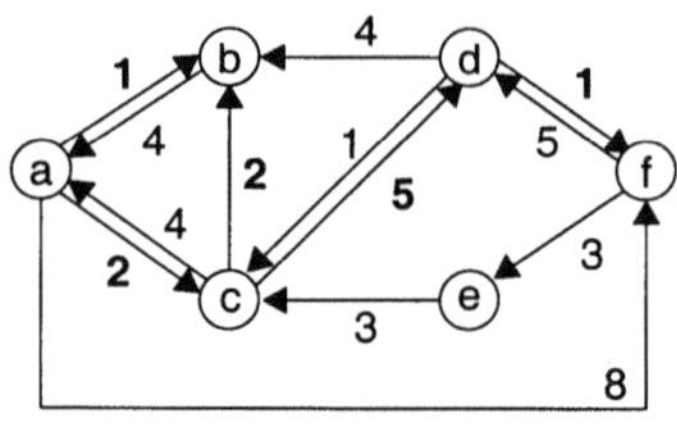

Der dargestellte Fluß im Restgraphen mit dem resultierenden Fluß $f_R = 8$ ist maximal, da kein flußerhöhender Zyklus im Restgraphen existiert. Er ist jedoch nicht eindeutig, da mehrere flußerhaltende Zyklen im Restgraphen existieren.

Minimaler Schnitt : Die Schnitte in Netzwerken sind für eingeschränkte Flüsse in Abschnitt 8.6.4 behandelt. Sie werden in folgender Weise auf maximale Flüsse angewandt. Die Knotenmenge des Netzes wird in zwei disjunkte Teilmengen Q und S zerlegt. Die Knotenmenge Q enthält mindestens die Quelle q und die Knotenmenge S mindestens die Senke s. Die Zerlegung in Q und S heißt minimaler Schnitt, wenn die Schnittkapazität unter allen möglichen Zerlegungen minimal ist.

Minimaler Schnitt $$\min c = \underset{Q,S}{\text{Min}} \{c(Q,S)\}$$

Maximaler Fluß und minimaler Schnitt : Der maximale Fluß max f_R, der von der Quelle q durch das Netz zur Senke s fließt, ist gleich der minimalen Kapazität min c eines Schnittes, der die Quelle q von der Senke s trennt. Dabei wird vorausgesetzt, daß der Rückfluß von der Senke s zur Quelle q unbeschränkt ist.

$$\max f_R = \min c$$

Der Beweis dieses Satzes ist in dem folgenden Verfahren zur Konstruktion eines minimalen Schnittes bei maximalem Fluß enthalten.

Konstruktion eines minimalen Schnittes bei maximalem Fluß : Gegeben sei ein beliebiger Schnitt durch das Netz mit den Knotenmengen Q und S. Für einen maximalen Fluß **f** ist der resultierende Fluß max f_R längs der Rückflußkante R ein Anteil des Schnittflusses f(S, Q). Nach dem Erhaltungssatz sind die Schnittflüsse f(S, Q) und f(Q, S) gleich. Wegen der Kapazitätsbeschränkung ist der Schnittfluß f(Q, S) kleiner oder gleich der Schnittkapazität c(Q, S). Folglich gilt :

$$\max f_R \le f(Q,S) = f(Q,S) \le c(Q,S)$$

Existiert ein Schnitt mit $c(Q,S) = \max f_R$, so ist dieser Schnitt minimal. Ein minimaler Schnitt ist aus dem Restgraphen für einen maximalen Fluß wie folgt konstruierbar :

1. Der Restgraph wird reduziert, indem die Rückwärtskante R^- für den Rückfluß entfernt wird.
2. Im reduzierten Restgraphen werden alle von der Quelle q erreichbaren Knoten bestimmt und in der Knotenmenge Q zusammengefaßt. Die Quelle q gehört zu Q, da q von sich selbst erreichbar ist. Die Senke s gehört nicht zu Q, da s von q nicht erreichbar ist. Wäre s von q erreichbar, so würde ein flußerhöhender Zyklus existieren und der Fluß **f** nicht maximal sein.
3. Alle Knoten, die nicht zur Knotenmenge Q gehören, werden in der Knotenmenge S zusammengefaßt. Die Senke s gehört zu S.
4. Im reduzierten Restgraphen treten keine Kanten von $x \in Q$ nach $y \in S$ auf. Würde nämlich eine Kante von x nach y existieren, so wäre y über x von q erreichbar und müßte nach Punkt 2 zur Knotenmenge Q gehören.
5. Im reduzierten Restgraphen treten nur Kanten von $y \in S$ nach $x \in Q$ auf. Jede dieser Kanten ist entweder eine Vorwärtskante j^+ oder eine Rückwärtskante j^-:

   Jeder Vorwärtskante $j^+ \neq R^+$ von $y \in S$ nach $x \in Q$ im reduzierten Restgraphen entspricht im Graphen eine Kante j von y nach x mit dem Fluß $f_j = 0$. Der Vorwärtskante $j^+ = R^+$ von der Senke $s \in S$ zur Quelle $q \in Q$ im reduzierten Restgraphen entspricht im Graphen die Rückflußkante R von s nach q mit dem resultierenden maximalen Fluß $\max f_R$. Der Schnittfluß $f(S,Q)$ im Graphen ist daher gleich $\max f_R$.
   Jeder Rückwärtskante j^- von $y \in S$ nach $x \in Q$ im reduzierten Restgraphen entspricht im Graphen eine Kante j von x nach y mit dem Fluß $f_j = c_j$. Der Schnittfluß $f(Q,S)$ im Graphen ist daher gleich der Schnittkapazität $c(Q,S)$.
6. Aus $\max f_R = f(Q,S)$ und $f(S,Q) = f(Q,S)$ und $f(Q,S) = c(Q,S)$ folgt $\max f_R = c(Q,S)$. Folglich ist der Schnitt mit den Knotenmengen Q und S minimal.

Beispiel 2 : Maximaler Fluß und minimaler Schnitt

Gegeben seien der dargestellte Graph mit einem maximalen Fluß **f** und der zugehörige Restgraph. Die Kanten des Graphen sind mit den Wertepaaren Kapazität / Fluß markiert. Die Vorwärtskanten des Restgraphen sind mit fettgedruckten Kapazitäten und die Rückwärtskanten mit nicht fettgedruckten Kapazitäten markiert. Der reduzierte Restgraph ist der Restgraph ohne die Kante R^-.

Im Restgraphen ohne die Kante R^- sind die Knoten a,b,c,d von der Quelle a erreichbar. Sie bilden die Knotenmenge Q. Die übrigen Knoten e,f bilden die Knotenmenge S. Die Zerlegung der Knotenmenge in Q und S ist ein minimaler Schnitt. Der maximale resultierende Fluß max f_R ist gleich der minimalen Schnittkapazität.

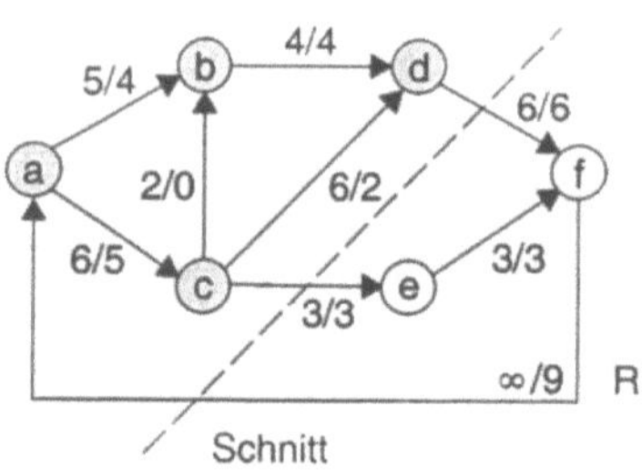

min c = max f_R = 6 + 3 = 9

Restgraph

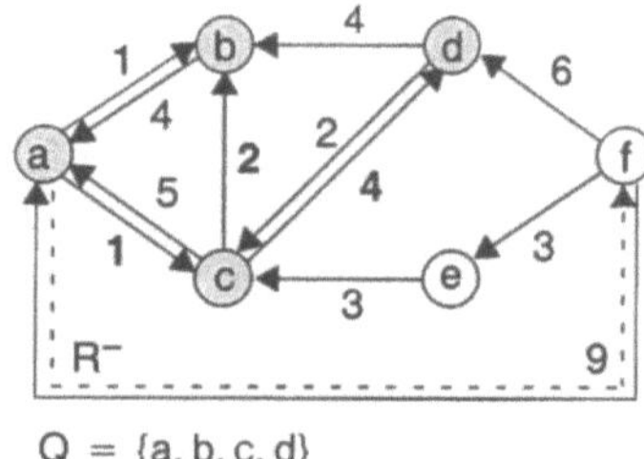

S = {e, f}

8.6.6 MAXIMALER FLUSS UND MINIMALE KOSTEN

Einführung : In einem Netzwerk sei der maximale resultierende Fluß von der Quelle durch das Netz zur Senke berechnet. Es können mehrere verschiedene Flußzustände existieren, die den gleichen maximalen resultierenden Fluß durch das Netz liefern. Unter diesen Flußzuständen ist ein kostengünstigster Fluß zu bestimmen. Dabei wird angenommen, daß die Kosten proportional zum Fluß sind. Dementsprechend werden für die Kanten Kostenwerte pro Flußeinheit eingeführt. Ausgehend von einem berechneten maximalen Fluß im Netz wird ein kostengünstigster maximaler Fluß durch Lösen einer linearen Optimierungsaufgabe bestimmt. Die theoretischen Grundlagen für kostengünstigste maximale Flüsse in Netzen sind nachfolgend behandelt.

Kosten : Der Fluß längs jeder Kante im Netzwerk sei mit Kosten verbunden, die proportional zum Fluß sind. Jeder Kante ist daher eine reelle nichtnegative Zahl als Kosten pro Flußeinheit zugeordnet. Die Kosten für alle Kanten j des Netzwerkes werden zweckmäßig in einem Vektor **k** zusammengefaßt.

Kosten $\quad \mathbf{k} = [\,k_j\,] \qquad \mathbf{k} \geq \mathbf{0}$

Maximaler Fluß mit minimalen Kosten : In einem Netzwerk können mehrere verschiedene maximale Flüsse **f** existieren, die den gleichen resultierenden Fluß f_R von der Quelle durch das Netz zur Senke besitzen. Gesucht ist ein maximaler Fluß **f** mit minimalen Kosten. Dies ist eine lineare Optimierungsaufgabe :

Nicht-Negativität	$\mathbf{f}$	$\geq$	$\mathbf{0}$
Kapazitätsbeschränkung	$\mathbf{f}$	$\leq$	$\mathbf{c}$
Erhaltungssatz	$\mathbf{Sf}$	$=$	$\mathbf{0}$
Maximaler Fluß	f_R	$\rightarrow$	Max
Minimale Kosten	$\mathbf{k}^T\mathbf{f}$	$\rightarrow$	Min

Flußerhaltende Zyklen im Restgraphen : Betrachtet wird der Restgraph für einen maximalen Fluß **f**. Der Restgraph kann flußerhaltende Zyklen mit den zulässigen Flußinkrementen $\Delta\mathbf{f}$ und $\Delta f_R = 0$ enthalten. Sie werden bezüglich der Kosten wie folgt klassifiziert :

Kostenerhöhende Zyklen	$\mathbf{k}^T\Delta\mathbf{f}$	$>$	0
Kostenerhaltende Zyklen	$\mathbf{k}^T\Delta\mathbf{f}$	$=$	0
Kostenvermindernde Zyklen	$\mathbf{k}^T\Delta\mathbf{f}$	$<$	0

Optimalitätsbedingungen : Ein maximaler Fluß **f** besitzt genau dann minimale Kosten, wenn der Restgraph für **f** keinen kostenvermindernden Zyklus enthält. Ein maximaler Fluß **f** mit minimalen Kosten ist genau dann eindeutig, wenn der Restgraph für **f** keinen kostenerhaltenden Zyklus enthält. Die Beweise werden in gleicher Weise wie beim maximalen Fluß in Abschnitt 8.6.5 geführt.

Optimierungsverfahren : Ein maximaler Fluß **f** mit minimalen Kosten K wird in folgenden Schritten bestimmt :

1. Bestimme einen maximalen Fluß **f** mit den Kosten $K = \mathbf{k}^T\mathbf{f}$ als Ausgangsfluß.
2. Bestimme den Restgraphen für den Fluß **f** und ermittle einen kostenvermindernden Zyklus im Restgraphen.
3. Existiert ein kostenvermindernder Zyklus, so bestimme das größtmögliche Flußinkrement $\Delta\mathbf{f}$, erhöhe den Fluß **f** um $\Delta\mathbf{f}$, vermindere die Kosten K um $\mathbf{k}^T\Delta\mathbf{f}$ und führe Schritt 2 erneut aus.
4. Existiert kein kostenvermindernder Zyklus, so besitzt der maximale Fluß **f** minimale Kosten.

Beispiel 1 : Gegeben sei das dargestellte Netz mit der Quelle a, der Senke f, einem maximalen Fluß **f**, den Kantenkapazitäten **c** und Kantenkosten **k** pro Flußeinheit. In der Darstellung des Graphen ist jede Kante j durch ein Tripel $c_j / f_j / k_j$ markiert. Gesucht wird ein maximaler Fluß **f** mit minimalen Kosten. Er wird schrittweise über die Restgraphen bestimmt. In jedem Schritt wird ein kostenvermindernder Zyklus ermittelt, der mit dickausgezogenen Kanten dargestellt ist. Im Restgraphen sind Vorwärtskanten mit den fettgedruckten Werten $c_j^+ = c_j - f_j$ und $k_j^+ = k_j$ und Rückwärtskanten mit den nicht fettgedruckten Werten $c_j^- = f_j$ und $k_j^- = -k_j$ markiert. Die Markierung der Kanten mit k_j^+ beziehungsweise k_j^- dient dem einfachen Erkennen von kostenvermindernden Zyklen in der graphischen Darstellung. Die Restgraphen für die einzelnen Schritte sind gezeigt.

Netz mit Kapazität / Fluß / Kosten

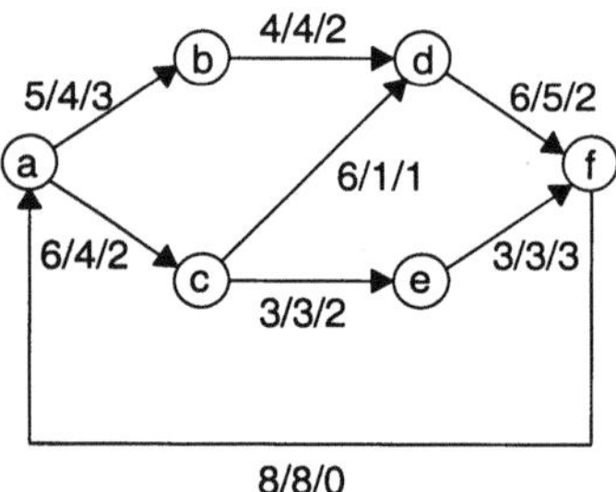

Restgraph

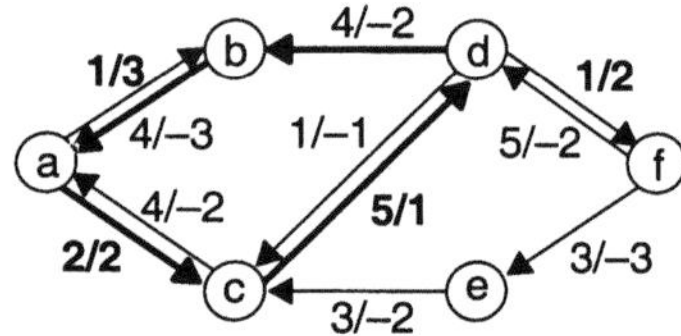

$$\text{Kosten} = -\sum_j c_j^- k_j^- = 54$$

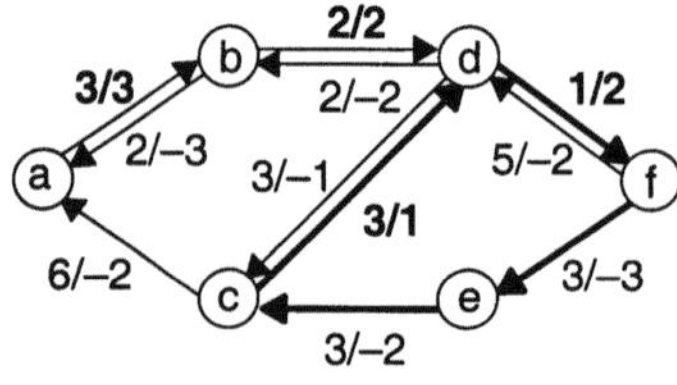

$$\text{Kosten} = 54 + 2(-2) = 50$$

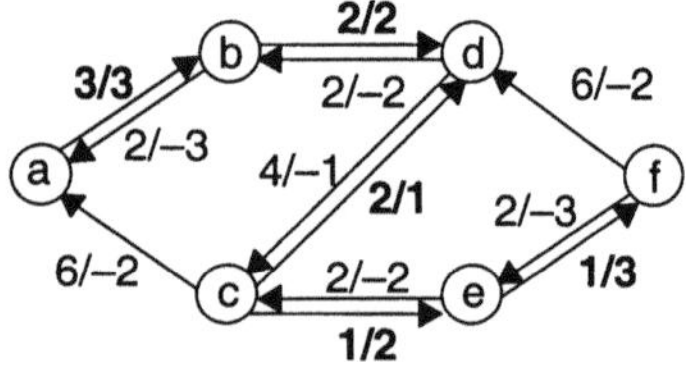

$$\text{Kosten} = 50 + 1(-2) = 48$$

Beispiel 2 : Verteilungs- und Zuordnungsaufgaben

Verteilungs- und Zuordnungsaufgaben treten im Bereich der Logistik in vielfältigen Formen auf. Sie werden exemplarisch für die Produktion und den Konsum von Gütern erläutert. In einem Netz werden Güter von Produktionsorten an Konsumorte verteilt. Die Produktion und der Konsum sind durch vorgegebene Kapazitäten beschränkt. Die Verteilung der Güter erfolgt durch Transport im Netz, der durch vorgegebene Transportkapazitäten beschränkt und mit Kosten pro Gütereinheit verbunden ist. Gesucht ist die kostengünstigste Güterverteilung bei maximalem Konsum. Die Verteilungsaufgabe ist eine Aufgabe des maximalen Flusses mit minimalen Kosten. Der bewertete Graph für die Verteilungsaufgabe ist schematisch gezeigt.

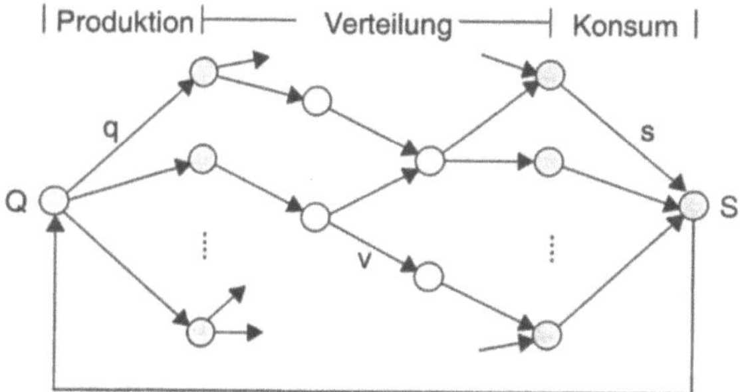

q Produktionskante mit Kapazität $c > 0$ und Kosten $k = 0$
s Konsumkante mit Kapazität $c > 0$ und Kosten $k = 0$
v Verteilungskante mit Kapazität $c > 0$ und Kosten k

Die Aufgabe der Güterverteilung kann auf eine Zuordnungsaufgabe reduziert werden, wenn der Transportweg von jedem Produktionsort zu jedem Konsumort festgelegt ist und die Transportkapazität im Netz ausreichend ist. Dadurch werden die Produktionsorte den Konsumorten direkt zugeordnet. Diese Zuordnungsaufgabe ist eine spezielle Aufgabe des maximalen Flusses mit minimalen Kosten. Der bewertete Graph für die Zuordnungsaufgabe ist schematisch gezeigt.

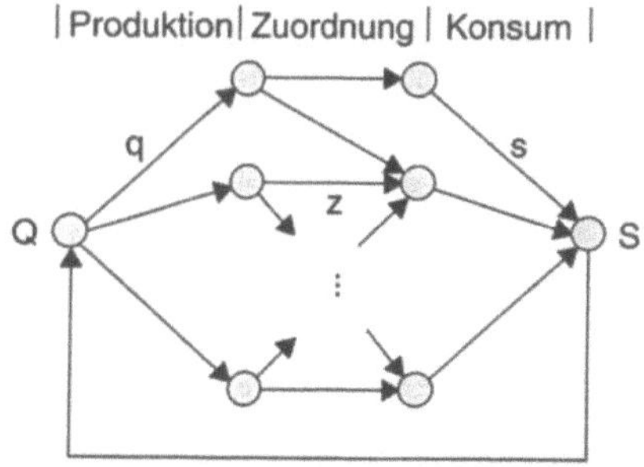

q Produktionskante mit Kapazität $c > 0$ und Kosten $k = 0$
s Konsumkante mit Kapazität $c > 0$ und Kosten $k = 0$
z Zuordnungskante mit Kapazität $c = \infty$ und Kosten k

8.6.7 ZIRKULATION

Einführung : Zirkulationen setzen sich aus zyklischen Flüssen in einem Netzwerk ohne Quelle und Senke zusammen. Der Fluß längs jeder Kante des Netzwerkes kann nach unten und oben beschränkt werden. In Abhängigkeit von der Struktur des Netzwerkes und den Beschränkungen für die Flüsse kann eine Zirkulation existieren oder nicht existieren. Die Bestimmung einer Zirkulation im Netzwerk wird zurückgeführt auf die Bestimmung eines maximalen Flusses in einem Ersatznetzwerk mit einer Quelle und einer Senke. Damit können die in den vorangehenden Abschnitten beschriebenen Verfahren verwendet werden. Die theoretischen Grundlagen für die Zirkulation in Netzen sind nachfolgend behandelt.

Zirkulation : Ein Fluß **f** in einem Netzwerk heißt Zirkulation, wenn er sowohl nach unten als auch nach oben beschränkt ist und den Erhaltungssatz erfüllt. Damit gelten folgende Bedingungen für eine Zirkulation **f**.

Beschränkung	$\mathbf{b} \le \mathbf{f} \le \mathbf{c}$	$0 \le \mathbf{b} \le \mathbf{c}$
Erhaltungssatz	$\mathbf{S}\mathbf{f} = 0$	

Für ein gegebenes Netzwerk mit den Beschränkungen **b**, **c** kann eine Zirkulation existieren. Die Existenz hängt von den Beschränkungen ab.

Zulässige eingeschränkte Flüsse : Die Bestimmung einer Zirkulation **f** wird auf die Bestimmung eines zulässigen eingeschränkten Netzflusses $\mathbf{f}_N$ zurückgeführt. Zu diesem Zweck wird folgender Ansatz verwendet :

Zirkulation	$\mathbf{f} = \mathbf{f}_N + \mathbf{b}$
Netzfluß	$\mathbf{f}_N = \mathbf{f} - \mathbf{b}$

Die Substitution des Ansatzes in die Beschränkung für die Zirkulation **f** liefert folgende Beschränkung für den Netzfluß $\mathbf{f}_N$:

Beschränkung $\quad \mathbf{b} \le \mathbf{f} \le \mathbf{c} \quad \Rightarrow$

$$0 \le \mathbf{f}_N \le \mathbf{c} - \mathbf{b}$$

Die Substitution des Ansatzes in den Erhaltungssatz für die Zirkulation **f** liefert folgende Beschränkung für den Netzfluß $\mathbf{f}_N$:

Erhaltungssatz $\quad \mathbf{S}\mathbf{f} = 0 \quad \Rightarrow$

$$\mathbf{S}\mathbf{f}_N + \mathbf{S}\mathbf{b} = 0$$

Der Ausdruck $\mathbf{Sb}$ im Erhaltungssatz wird in die Anteile $(\mathbf{Sb})^+ \geq \mathbf{0}$ und $(\mathbf{Sb})^- \geq \mathbf{0}$ zerlegt, so daß $\mathbf{Sb} = (\mathbf{Sb})^+ - (\mathbf{Sb})^-$ gilt. Der Anteil $\mathbf{f}_S = (\mathbf{Sb})^+$ entspricht Abflüssen an den Knoten und der Anteil $\mathbf{f}_Q = (\mathbf{Sb})^-$ Zuflüssen an den Knoten. Mit dieser Zerlegung folgt für den Erhaltungssatz :

Erhaltungssatz	$\mathbf{S}\mathbf{f}_N + \mathbf{f}_S - \mathbf{f}_Q$	$= \mathbf{0}$
Zufluß	$\mathbf{f}_Q = (\mathbf{Sb})^-$	$\geq \mathbf{0}$
Abfluß	$\mathbf{f}_S = (\mathbf{Sb})^+$	$\geq \mathbf{0}$

Wird der Erhaltungssatz $\mathbf{S}\mathbf{f}_N + \mathbf{f}_S - \mathbf{f}_Q = \mathbf{0}$ von links mit dem transponierten Einsvektor $\mathbf{e}^T = [1,...,1]$ multipliziert, so folgt mit der speziellen Eigenschaft $\mathbf{e}^T\mathbf{S} = \mathbf{0}^T$ der Inzidenzmatrix, daß die Summe $\mathbf{e}^T\mathbf{f}_Q$ der Knotenzuflüsse gleich der Summe $\mathbf{e}^T\mathbf{f}_S$ der Knotenabflüsse ist.

Erhaltungssatz	$\mathbf{e}^T\mathbf{f}_Q = \mathbf{e}^T\mathbf{f}_S$	$\mathbf{e}^T = [1,...,1]$

Damit sind die Bedingungen für eine Zirkulation $\mathbf{f}$ auf Bedingungen für die eingeschränkten zulässigen Flüsse $\mathbf{f}_N$, $\mathbf{f}_Q$, $\mathbf{f}_S$ zurückgeführt.

Ersatznetzwerk : Zur Bestimmung der eingeschränkten zulässigen Flüsse für eine Zirkulation wird ein Ersatznetzwerk konstruiert. Die Knotenmenge des Ersatznetzwerkes enthält alle Knoten des Netzwerkes sowie eine Quelle q und eine Senke s. Die Kantenmenge des Ersatznetzwerkes enthält die Menge N aller Kanten des Netzwerkes, die Menge Q der Zuflußkanten von der Quelle q zu jedem der Netzknoten, die Menge S der Abflußkanten von jedem der Netzknoten zur Senke s und die Rückflußkante R von der Senke s zur Quelle q. Für alle Kanten des Ersatznetzwerkes werden nichtnegative Flüsse und Kapazitäten eingeführt. Für die zulässigen eingeschränkten Flüsse im Ersatznetzwerk gelten folgende Bedingungen :

Netzfluß	$\mathbf{f}_N \geq \mathbf{0}$	$\mathbf{f}_N \leq \mathbf{c}_N = \mathbf{c} - \mathbf{b}$
Zufluß	$\mathbf{f}_Q \geq \mathbf{0}$	$\mathbf{f}_Q = \mathbf{c}_Q = (\mathbf{Sb})^-$
Abfluß	$\mathbf{f}_S \geq \mathbf{0}$	$\mathbf{f}_S = \mathbf{c}_S = (\mathbf{Sb})^+$
Rückfluß	$f_R \geq 0$	$f_R \leq c_R = \infty$
Erhaltungssatz	$\mathbf{S}\mathbf{f}_N - \mathbf{f}_Q + \mathbf{f}_S = \mathbf{0}$	$f_R = \mathbf{e}^T\mathbf{f}_Q = \mathbf{e}^T\mathbf{f}_S$

Maximaler Fluß im Ersatznetzwerk : Die Existenz einer Zirkulation wird bestimmt, indem ein maximaler Fluß max f_R im Ersatznetzwerk berechnet wird. Dabei werden die Gleichheitsbedingungen $\mathbf{f}_Q = \mathbf{c}_Q$ und $\mathbf{f}_S = \mathbf{c}_S$ durch die Ungleichungen $\mathbf{f}_Q \leq \mathbf{c}_Q$ und $\mathbf{f}_S \leq \mathbf{c}_S$ ersetzt, so daß folgende Bedingungen maßgebend sind :

Netzfluß	$\mathbf{f}_N \geq \mathbf{0}$	$\mathbf{f}_N \leq \mathbf{c}_N = \mathbf{c} - \mathbf{b}$
Zufluß	$\mathbf{f}_Q \geq \mathbf{0}$	$\mathbf{f}_Q \leq \mathbf{c}_Q = (\mathbf{Sb})^-$
Abfluß	$\mathbf{f}_S \geq \mathbf{0}$	$\mathbf{f}_S \leq \mathbf{c}_S = (\mathbf{Sb})^+$
Rückfluß	$f_R \geq 0$	$f_R \leq c_R = \infty$
Erhaltungssatz	$\mathbf{Sf}_N - \mathbf{f}_Q + \mathbf{f}_S = \mathbf{0}$	$f_R = \mathbf{e}^T\mathbf{f}_Q = \mathbf{e}^T\mathbf{f}_S$
Resultierender Fluß	$f_R \rightarrow$ Max	

Eine Zirkulation im Netzwerk existiert genau dann, wenn für den maximalen Fluß im Ersatznetzwerk folgende Bedingungen erfüllt sind :

Bedingungen $\quad \mathbf{f}_Q = \mathbf{c}_Q \qquad \mathbf{f}_S = \mathbf{c}_S$

Eine Zirkulation im Netzwerk wird aus dem maximalen Fluß im Ersatznetzwerk berechnet, indem der Netzfluß $\mathbf{f}_N$ um die untere Schranke $\mathbf{b}$ der Zirkulation erhöht wird.

Zirkulation $\quad \mathbf{f} = \mathbf{f}_N + \mathbf{b}$

Das Ersatznetzwerk für den maximalen Fluß läßt sich wie folgt vereinfachen. Die Kanten mit der Kapazitätsbeschränkung $c = 0$ werden nicht in das Ersatznetzwerk aufgenommen, da längs dieser Kanten kein Fluß $f > 0$ existieren kann. Dadurch besitzt jeder Netzwerkknoten entweder eine Zuflußkante von der Quelle oder eine Abflußkante zur Senke oder keine dieser Kanten. Der maximale Fluß im Ersatznetzwerk wird nach dem Verfahren in Abschnitt 8.6.5 berechnet.

Minimale Kosten einer Zirkulation : Existiert eine Zirkulation in einem Netzwerk, so kann nach Vorgabe von Kosten pro Flußeinheit für die Netzwerkkanten eine Zirkulation mit minimalen Kosten berechnet werden. Diese Berechnung kann für das Ersatznetzwerk mit dem Verfahren in Abschnitt 8.6.6 für den maximalen Fluß mit minimalen Kosten erfolgen.

Beispiel 1 : Zirkulation

Gegeben sei das dargestellte Netzwerk mit den Werten b_j / c_j für die untere / obere Schranke des Flusses längs jeder Kante j. Das zugehörige Ersatznetzwerk enthält neben den Netzwerkknoten zusätzlich eine Quelle q und eine Senke s. Die Kanten und ihre Kapazitäten im Ersatznetzwerk werden wie folgt festgelegt :

- Jeder Netzwerkkante j wird im Ersatznetzwerk eine Kapazität $c_{Nj} = c_j - b_j$ zugeordnet. Ist $c_{Nj} = 0$, so wird die Kante j nicht in das Ersatznetzwerk aufgenommen.

- Für jeden Netzwerkknoten x wird der resultierende Abfluß a infolge der minimalen Flüsse $f_j = b_j$ aller am Knoten x inzidenten Netzwerkkanten j berechnet. Ist $a < 0$, so wird eine Zuflußkante von q nach x mit der Kapazität $-a$ eingeführt. Ist $a > 0$, so wird eine Abflußkante von x nach s mit der Kapazität a eingeführt.
- Von der Senke s zur Quelle q wird die Rückflußkante R mit der Kapazität $c_R = \infty$ eingeführt.

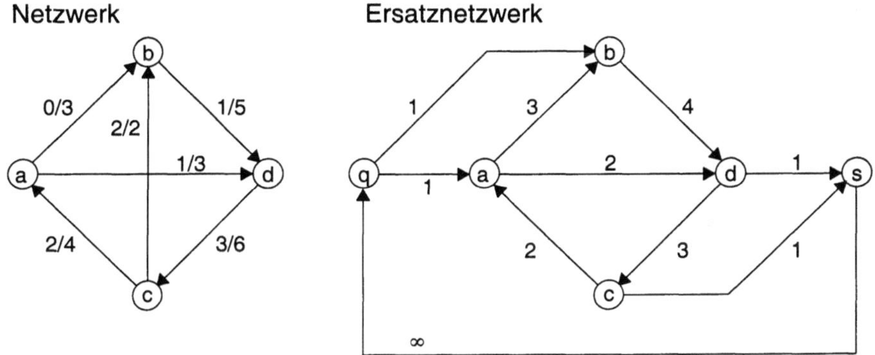

Der maximale Fluß im Ersatznetzwerk wird nach dem Verfahren in Abschnitt 8.6.5 berechnet. Das Ersatznetzwerk mit den Werten c_j / f_j für die Kapazität und den Fluß längs jeder Kante j ist gezeigt. Für die eingeführten Zu- und Abflußkanten ist der Fluß gleich der Kapazität. Damit sind die Bedingungen für die Existenz einer Zirkulation im Netzwerk erfüllt. Eine Zirkulation im Netzwerk wird berechnet, indem für jede Netzwerkkante j der berechnete Fluß f_j im Ersatznetzwerk um die untere Schranke b_j erhöht wird.

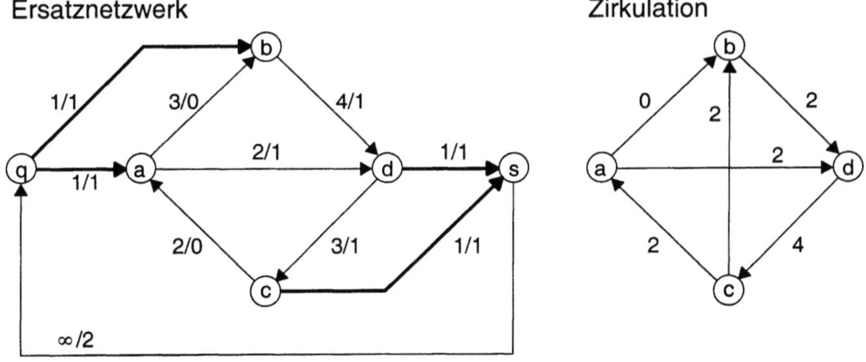

Beispiel 2 : Dispositionsaufgabe

Dispositionsaufgaben treten bei der Planung des Einsatzes von Ressourcen in verschiedenen Anwendungsbereichen auf. Sie werden exemplarisch für den optimalen Einsatz von Zügen nach einem vorgegebenen Fahrplan gezeigt. Im Fahrplan ist für jede Zugverbindung die Anfangsstation mit der Abfahrtszeit und die Endstation mit der Ankunftszeit festgelegt. Der Fahrplan wird für einen vorgegebenen Zeitraum aufgestellt und wiederholt sich periodisch. Gesucht ist die minimale Anzahl von Zügen, die für die fahrplanmäßige Abwicklung des Zugverkehrs an den verschiedenen Stationen erforderlich ist. Dabei wird vorausgesetzt, daß ein Zug an einer Station beliebig lange warten kann. Diese Dispositionsaufgabe entspricht einer Zirkulation in einem Netz mit minimalen Kosten.

Der bewertete Graph für diese Dispositionsaufgabe wird folgendermaßen aufgestellt. Die Knoten des Graphen sind die Abfahrts- und Ankunftszeit von Zügen an jeder Station, die als geordnete Folge längs einer Zeitachse dargestellt werden. Die Kanten des Graphen sind Wartekanten an jeder Station, Fahrkanten für Zugfahrten zwischen jeweils zwei Stationen und Einsatzkanten für jeden Zug. Wegen der Periodizität des Fahrplanes muß jeder Einsatz eines Zuges an der Station enden, an der er begonnen hat. Ein Einsatz eines Zuges ist mit der Kosteneinheit 1 verbunden, so daß die minimalen Kosten identisch sind mit der minimalen Anzahl der eingesetzten Züge. Der Graph mit der Bewertung der Kanten für die untere und obere Kapazitätsbeschränkung sowie für die Kosten ist nachfolgend für einen Zugverkehr zwischen drei Stationen gezeigt.

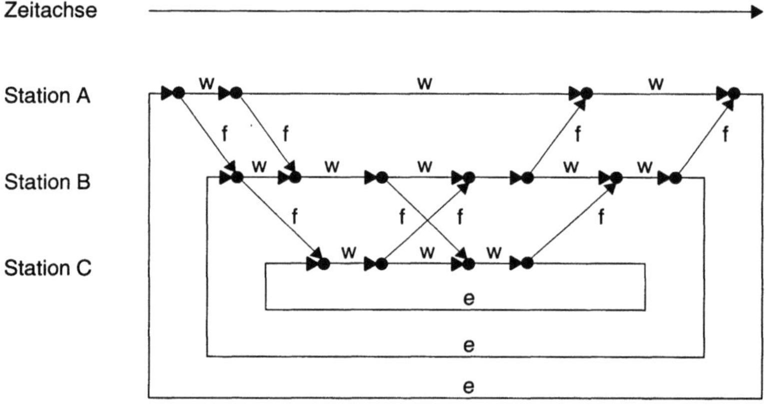

	Untere Schranke	Obere Schranke	Kosten
Wartekante w :	$b=0$	$c=\infty$	$k=0$
Fahrkante f :	$b=1$	$c=\infty$	$k=0$
Einsatzkante e :	$b=0$	$c=\infty$	$k=1$

Die Lösung dieser einfachen Dispositionsaufgabe liefert als Ergebnis den Einsatz von mindestens zwei Zügen an der Station A. Jeder Zug fährt von A über B nach C und kehrt von C über B wieder nach A zurück.

9 TENSOREN

9.1 EINFÜHRUNG

Physikalische Größen sind unabhängig von den Koordinatensystemen, die zur Beschreibung der physikalischen Aufgabe benutzt werden. Die Variablen zur Darstellung physikalischer Größen heißen Tensoren. Für die mathematische Formulierung physikalischer Vorgänge sind die mathematischen Eigenschaften der Tensoren von herausragender Bedeutung.

Tensoren können unabhängig von ihrer physikalischen Bedeutung durch ihre mathematischen Eigenschaften definiert werden. Die besondere Eigenschaft jedes Tensors besteht darin, daß der Tensor die lineare skalare Abbildung eines Vektor-m-Tupels ist (Tensor m-ter Stufe). Zur Darstellung der Tensoren verwendet man daher die in Kapitel 3 eingeführte Vektoralgebra. Für physikalische Aufgaben sind insbesondere die reellen Vektorräume mit der euklidischen Metrik von Bedeutung. Grundlage der Tensoralgebra sind die Transformationsregeln für Basisvektoren und für Vektorkoordinaten.

Zur Darstellung von Tensoren genügt die Kenntnis der Koordinaten des Tensors in einer frei gewählten Basis. Jede dieser Koordinaten ist das Bild eines der möglichen Basisvektor-m-Tupel. Da die den Tensor definierende Abbildung linear ist, kann das Bild eines beliebigen Vektor-m-Tupels als eine Linearkombination der Koordinaten des Tensors dargestellt werden. Die Tensoralgebra befaßt sich mit den Transformationsregeln für Tensorkoordinaten bei Transformation der Basis des Vektorraumes. Diese Regeln können zur Identifizierung des Tensorcharakters einer Variablen benutzt werden. Es gibt Tensoren mit besonderen Eigenschaften, beispielsweise symmetrische, antisymmetrische und isotrope Tensoren. Für physikalische Aufgaben werden häufig Tensoren 1. Stufe (Vektoren) und Tensoren 2. Stufe (Dyaden) benötigt.

Tensoren, deren Koordinaten ortsabhängig sind, heißen Tensorfelder. Die Eigenschaften von Tensorfeldern werden in der Tensoranalysis behandelt. Die Tensoranalysis befaßt sich mit einem Punktraum. Diesem Punktraum wird ein Vektorraum zugeordnet, indem die Differenz von zwei Punkten des Punktraumes als ein Vektor des Vektorraumes aufgefaßt wird. Je nach Art der betrachteten Aufgabe wird entweder an allen Punkten des Raumes dieselbe (globale) Basis für den assoziierten Vektorraum gewählt, oder an jedem Punkt eine eigene (lokale) Basis. Zur Beschreibung der Ortsabhängigkeit der Basisvektoren werden die Christoffel Symbole definiert. Die Koordinaten eines Tensors in einer globalen Basis heißen geradlinige Koordinaten : Ihre Ortsabhängigkeit wird mit partiellen Ableitungen beschrieben. Die Koordinaten eines Tensors in lokalen Basen heißen krummlinige Koordinaten : Ihre Ortsabhängigkeit wird mit kovarianten Ableitungen beschrieben. Für die Tensorfelder werden Tensorintegrale und Feldoperationen definiert.

9.2 VEKTORALGEBRA

9.2.1 VEKTORRÄUME

Einführung : Allgemeine Vektorräume sind in Abschnitt 3.5 behandelt. Die Begriffe Vektor, Linearkombination, Unabhängigkeit, Basis und Dimension sind dort definiert. Für physikalische Aufgaben ist der endlich dimensionale reelle Vektorraum $(\mathbb{R},\mathbb{R}^n\,;\,+\,,\circ)$ von besonderer Bedeutung. Die Untersuchung der algebraischen Struktur von Vektorräumen mit linearen Abbildungen ist in Abschnitt 3.6 behandelt. Die Definition der topologischen Struktur reeller Vektorräume mit Metrik ist in Abschnitt 5.4 behandelt.

Im folgenden wird zunächst der Zusammenhang zwischen reellen metrischen Vektorräumen, Vektorräumen mit Skalarprodukt und euklidischen Vektorräumen dargestellt. Zur zweckmäßigen Darstellung des Skalarproduktes in nicht-orthonormalen Basen wird das Konzept der dualen Basen eingeführt. Diese Basen werden mit den Begriffen kovariant und kontravariant unterschieden. Dementsprechend besitzen Vektoren kovariante und kontravariante Koordinaten. Dualen Basen sind duale Metriken zugeordnet.

Reeller metrischer Vektorraum : Ein Vektor $\mathbf{u}$ des reellen Vektorraumes $\mathbb{R}^n$ ist ein n-Tupel reeller Zahlen $(u_1,...,u_n)$ mit den Koordinaten $u_i \in \mathbb{R}$. Die Vektoren $\mathbf{u},\mathbf{v},\mathbf{w} \in \mathbb{R}^n$ besitzen folgende allgemeine Vektoreigenschaften :

assoziativ	:	$\mathbf{u}+(\mathbf{v}+\mathbf{w})$	$=$	$(\mathbf{u}+\mathbf{v})+\mathbf{w}$
kommutativ	:	$\mathbf{u}+\mathbf{w}$	$=$	$\mathbf{w}+\mathbf{u}$
neutrales Element	:	$\mathbf{u}+\mathbf{0}$	$=$	$\mathbf{u}$
inverses Element	:	$\mathbf{u}+(-\mathbf{u})$	$=$	$\mathbf{0}$

Das Produkt von Vektoren $\mathbf{u},\mathbf{w} \in \mathbb{R}^n$ mit Skalaren $a, b \in \mathbb{R}$ besitzt folgende Eigenschaften :

assoziativ	:	$a(b\,\mathbf{u})$	$=$	$(ab)\mathbf{u}$
distributiv	:	$(a+b)\mathbf{u}$	$=$	$a\mathbf{u}+b\mathbf{u}$
		$a(\mathbf{u}+\mathbf{w})$	$=$	$a\mathbf{u}+a\mathbf{w}$
neutrales Element	:	$1\,\mathbf{u}$	$=$	$\mathbf{u}$

Ein reeller Raum $\mathbb{R}^n$ heißt ein reeller metrischer Raum, wenn für je zwei Vektoren $\mathbf{u},\mathbf{w} \in \mathbb{R}^n$ eine Metrik $d(\mathbf{u},\mathbf{w})$ mit folgenden Eigenschaften definiert ist :

(M1)	$d(\mathbf{u},\mathbf{u}) = 0$	
(M2)	$d(\mathbf{u},\mathbf{w}) > 0$	für $\mathbf{u} \neq \mathbf{w}$
(M3)	$d(\mathbf{u},\mathbf{w}) = d(\mathbf{w},\mathbf{u})$	
(M4)	$d(\mathbf{u},\mathbf{w}) \leq d(\mathbf{u},\mathbf{v}) + d(\mathbf{v},\mathbf{w})$	für jedes $\mathbf{v} \in \mathbb{R}^n$

Skalarprodukt : Eine Abbildung $s : \mathbb{R}^n \times \mathbb{R}^n \to \mathbb{R}$ mit $s(\mathbf{u},\mathbf{w}) = \mathbf{u} \cdot \mathbf{w}$ heißt ein Skalarprodukt der Vektoren $\mathbf{u}$ und $\mathbf{w}$ im reellen Raum $\mathbb{R}^n$, wenn für Vektoren $\mathbf{u}, \mathbf{v}, \mathbf{w} \in \mathbb{R}^n$ und jeden Skalar $c \in \mathbb{R}$ folgende Bedingungen erfüllt sind :

(S1) $\mathbf{u} \cdot \mathbf{u} > 0$ für $\mathbf{u} \neq \mathbf{0}$ und $\mathbf{u} \cdot \mathbf{u} = 0$ für $\mathbf{u} = \mathbf{0}$

(S2) $\mathbf{u} \cdot \mathbf{w} = \mathbf{w} \cdot \mathbf{u}$

(S3) $(c\mathbf{u}) \cdot \mathbf{w} = \mathbf{u} \cdot (c\mathbf{w}) = c(\mathbf{u} \cdot \mathbf{w})$

(S4) $\mathbf{u} \cdot (\mathbf{v} + \mathbf{w}) = \mathbf{u} \cdot \mathbf{v} + \mathbf{u} \cdot \mathbf{w}$

Betrag eines Vektors : Die positive Quadratwurzel des Skalarproduktes $\mathbf{u} \cdot \mathbf{u}$ eines Vektors $\mathbf{u} \in \mathbb{R}^n$ mit sich selbst heißt der Betrag des Vektors $\mathbf{u}$ und wird mit $|\mathbf{u}|$ bezeichnet. Der Betrag des Skalarproduktes $\mathbf{u} \cdot \mathbf{w}$ ist kleiner oder gleich dem Produkt der Beträge der Vektoren $\mathbf{u}$ und $\mathbf{w}$ (Ungleichung von Schwarz).

$$|\mathbf{u}| = \sqrt{\mathbf{u} \cdot \mathbf{u}}$$

$$|\mathbf{u} \cdot \mathbf{w}| \leq |\mathbf{u}||\mathbf{w}|$$

Beweis : Ungleichung von Schwarz

Mit den Vektoren $\mathbf{u}$ und $\mathbf{w}$ und dem Skalar $\lambda \in \mathbb{R}$ wird die Linearkombination $\lambda\mathbf{u} + \mathbf{w}$ gebildet. Wegen der Eigenschaften (S1) und (S2) des Skalarproduktes gilt folgende Ungleichung :

$$(\lambda\mathbf{u} + \mathbf{w}) \cdot (\lambda\mathbf{u} + \mathbf{w}) = \lambda^2 \, \mathbf{u} \cdot \mathbf{u} + 2\lambda \, \mathbf{u} \cdot \mathbf{w} + \mathbf{w} \cdot \mathbf{w} \geq 0$$

Diese Bedingung ist erfüllt, wenn die Diskriminante der quadratischen Gleichung in λ nicht positiv ist. Da beide Seiten der Ungleichung nach Eigenschaft (S1) nicht negativ sind, kann auf beiden Seiten die Quadratwurzel gezogen werden.

$$4(\mathbf{u} \cdot \mathbf{w})^2 - 4(\mathbf{u} \cdot \mathbf{u})(\mathbf{w} \cdot \mathbf{w}) \leq 0$$

$$(\mathbf{u} \cdot \mathbf{w})^2 \leq (\mathbf{u} \cdot \mathbf{u})(\mathbf{w} \cdot \mathbf{w})$$

$$|\mathbf{u} \cdot \mathbf{w}| \leq |\mathbf{u}||\mathbf{w}|$$

Winkel zwischen Vektoren : Wegen der Ungleichung von Schwarz kann für beliebige Vektoren $\mathbf{u}, \mathbf{w} \neq \mathbf{0}$ mit Skalarprodukt $\mathbf{u} \cdot \mathbf{w}$ ein Winkel α definiert werden. Die Vektoren $\mathbf{u}$ und $\mathbf{w}$ heißen parallel, wenn $\cos\alpha = 1$. Die Vektoren heißen orthogonal, wenn $\cos\alpha = 0$. Orthogonale Vektoren heißen orthonormal, wenn ihr Betrag 1 ist.

$$\cos\alpha = \frac{\mathbf{u} \cdot \mathbf{w}}{|\mathbf{u}||\mathbf{w}|}$$

$\cos\alpha = 1$: $\mathbf{u}$ und $\mathbf{w}$ sind parallel

$\cos\alpha = 0$: $\mathbf{u}$ und $\mathbf{w}$ sind orthogonal

$\cos\alpha = 0 \wedge |\mathbf{u}| = |\mathbf{w}| = 1$: $\mathbf{u}$ und $\mathbf{w}$ sind orthonormal

Euklidischer Vektorraum : Ein reeller Vektorraum $\mathbb{R}^n$ heißt euklidisch, wenn für je zwei Vektoren $\mathbf{u}, \mathbf{w}$ des Raumes ein Skalarprodukt $\mathbf{u} \cdot \mathbf{w}$ definiert ist. Die Metrik $d(\mathbf{u}, \mathbf{w})$ der Vektoren $\mathbf{u}$ und $\mathbf{w}$ im euklidischen Raum ist der Betrag ihrer Differenz $\mathbf{u} - \mathbf{w}$.

$$d(\mathbf{u}, \mathbf{w}) = \sqrt{(\mathbf{u} - \mathbf{w}) \cdot (\mathbf{u} - \mathbf{w})}$$

Beweis : Eigenschaften der Metrik im euklidischen Raum

Die Eigenschaften (M1) und (M2) der euklidischen Metrik folgen aus ihrer Definition durch Substitution der Eigenschaft (S1) des Skalarproduktes. Die Eigenschaft (M3) folgt durch Substitution von (S2). Zum Beweis der Eigenschaft (M4) drückt man den Abstand $d(\mathbf{u}, \mathbf{w})$ der Punkte $\mathbf{u}$, $\mathbf{w} \in \mathbb{R}^n$ als Funktion eines dritten Punktes $\mathbf{v} \in \mathbb{R}^n$ aus :

$$\begin{aligned} d^2(\mathbf{u}, \mathbf{w}) &= (\mathbf{u} - \mathbf{w}) \cdot (\mathbf{u} - \mathbf{w}) \\ &= (\mathbf{u} - \mathbf{v} + \mathbf{v} - \mathbf{w}) \cdot (\mathbf{u} - \mathbf{v} + \mathbf{v} - \mathbf{w}) \\ &= (\mathbf{u} - \mathbf{v}) \cdot (\mathbf{u} - \mathbf{v}) + 2(\mathbf{u} - \mathbf{v}) \cdot (\mathbf{v} - \mathbf{w}) + (\mathbf{v} - \mathbf{w}) \cdot (\mathbf{v} - \mathbf{w}) \end{aligned}$$

Definitionsgemäß ist $(\mathbf{u} - \mathbf{v}) \cdot (\mathbf{u} - \mathbf{v}) = d^2(\mathbf{u}, \mathbf{v})$ und $(\mathbf{v} - \mathbf{w}) \cdot (\mathbf{v} - \mathbf{w}) = d^2(\mathbf{v}, \mathbf{w})$. Mit der Schwarzschen Ungleichung gilt $(\mathbf{u} - \mathbf{v}) \cdot (\mathbf{v} - \mathbf{w}) \le |(\mathbf{u} - \mathbf{v}) \cdot (\mathbf{v} - \mathbf{w})| \le |\mathbf{u} - \mathbf{v}|\,|\mathbf{u} - \mathbf{w}| = d(\mathbf{u}, \mathbf{v})\, d(\mathbf{v}, \mathbf{w})$. Durch Substitution folgt die Eigenschaft (M4) :

$$\begin{aligned} d^2(\mathbf{u}, \mathbf{w}) &\le d^2(\mathbf{u}, \mathbf{v}) + 2\, d(\mathbf{u}, \mathbf{v})\, d(\mathbf{v}, \mathbf{w}) + d^2(\mathbf{v}, \mathbf{w}) \\ d\,(\mathbf{u}, \mathbf{w}) &\le d\,(\mathbf{u}, \mathbf{v}) + d(\mathbf{v}, \mathbf{w}) \end{aligned}$$

Komponenten eines Vektors : Ein Vektor $\mathbf{u}$ des euklidischen Raumes $\mathbb{R}^n$ sei die Summe der Vektoren $\mathbf{a}, \mathbf{b} \in \mathbb{R}^n$. Dann heißen die Vektoren $\mathbf{a}$ und $\mathbf{b}$ Komponenten des Vektors $\mathbf{u}$. Der Vektor $\mathbf{u}$ kann auf verschiedene Weise in Komponenten zerlegt werden.

$$\mathbf{u} = \mathbf{a} + \mathbf{b} \quad \wedge \quad \mathbf{u}, \mathbf{a}, \mathbf{b} \in \mathbb{R}^n$$

9.2.2 BASEN

Basis eines reellen Vektorraumes : Jeder Satz von n linear unabhängigen Vektoren ist eine Basis des reellen Vektorraumes $\mathbb{R}^n$ (siehe Abschnitt 3.5). Die Basisvektoren werden mit $\mathbf{b}_1,...,\mathbf{b}_n$ bezeichnet. Eine Basis heißt orthogonal, wenn die Basisvektoren paarweise orthogonal sind. Eine Basis heißt orthonormal, wenn die Basisvektoren den Betrag 1 besitzen und paarweise orthogonal sind.

orthogonale Basis	:	$i \neq m$	$\Rightarrow$	$\mathbf{b}_i \cdot \mathbf{b}_m = 0$
orthonormale Basis	:	$i = m$	$\Rightarrow$	$\mathbf{b}_i \cdot \mathbf{b}_m = 1$
		$i \neq m$	$\Rightarrow$	$\mathbf{b}_i \cdot \mathbf{b}_m = 0$

Einheitsbasis : Ein Vektor des reellen Vektorraums $\mathbb{R}^n$ heißt kanonischer Einheitsvektor, wenn eine Koordinate den Wert 1 und alle anderen Koordinaten den Wert 0 haben. Der kanonische Einheitsvektor, dessen i-te Koordinate 1 ist, wird mit $\mathbf{e}_i$ bezeichnet. Die Basisvektoren einer orthonormalen Basis sind im allgemeinen keine kanonischen Einheitsvektoren, besitzen jedoch den Betrag 1. Die besondere orthonormale Basis $\mathbf{e}_1,...,\mathbf{e}_n$, deren Basisvektoren die n kanonischen Einheitsvektoren des Raumes $\mathbb{R}^n$ sind, heißt die Einheitsbasis (kanonische Basis, Standardbasis) des Vektorraumes.

Einheitsbasis von $\mathbb{R}^n$:	$\mathbf{e}_i$	$=$	$(0,...,0,1,0,...,0)$
	$i = m$	$\Rightarrow$	$\mathbf{e}_i \cdot \mathbf{e}_m = 1$
	$i \neq m$	$\Rightarrow$	$\mathbf{e}_i \cdot \mathbf{e}_m = 0$

Duale Basen : Zwei Basen eines euklidischen Raumes $\mathbb{R}^n$ heißen dual (reziprok, kontragredient), wenn ihre Basisvektoren mit ungleichem Index paarweise orthogonal sind und das Skalarprodukt von Basisvektoren mit gleichem Index 1 ist. Eine frei aus diesem Basispaar gewählte Basis heißt die kovariante Basis und wird mit Subskripten markiert. Ihre Basisvektoren werden mit $\mathbf{b}_1,...,\mathbf{b}_n$ bezeichnet. Die andere Basis heißt die kontravariante Basis und wird mit Superskripten markiert. Ihre Basisvektoren werden mit $\mathbf{b}^1,...,\mathbf{b}^n$ bezeichnet.

kovariante Basis	:	$\mathbf{b}_1,...,\mathbf{b}_n$		
kontravariante Basis	:	$\mathbf{b}^1,...,\mathbf{b}^n$		
Dualität	:	$i = m$	$\Rightarrow$	$\mathbf{b}_i \cdot \mathbf{b}^m = \mathbf{b}^i \cdot \mathbf{b}_m = 1$
		$i \neq m$	$\Rightarrow$	$\mathbf{b}_i \cdot \mathbf{b}^m = \mathbf{b}^i \cdot \mathbf{b}_m = 0$

Jede orthonormale Basis ist mit sich selbst dual, also auch die Einheitsbasis $\mathbf{e}_1,...,\mathbf{e}_n$. Ihre Basisvektoren können daher wahlweise auch mit $\mathbf{e}^1,...,\mathbf{e}^n$ bezeichnet werden. Dabei gilt $\mathbf{e}_m = \mathbf{e}^m$.

Koordinaten einer Basis : Die Vektoren $\mathbf{b}_1,...,\mathbf{b}_n$ seien eine kovariante Basis des euklidischen Raumes $\mathbb{R}^n$. Ein beliebiger Basisvektor $\mathbf{b}_m$ und die Vektoren $\mathbf{e}^1,...,\mathbf{e}^n$ der Einheitsbasis von $\mathbb{R}^n$ sind nach Definition der Basis linear abhängig.

$$c_0 \mathbf{b}_m + c_1 \mathbf{e}^1 + ... + c_n \mathbf{e}^n = \mathbf{0} \qquad \text{mit} \qquad c_0 \neq 0$$

Die Vektorgleichung wird nach $\mathbf{b}_m$ aufgelöst. Die Koeffizienten b_{im} der Vektorgleichung werden durch Bildung der Skalarprodukte $\mathbf{e}_i \cdot \mathbf{b}_m = \mathbf{b}_m \cdot \mathbf{e}_i$ unter Beachtung der Orthonormalität der Einheitsbasis bestimmt.

$$\mathbf{b}_m = b_{1m} \mathbf{e}^1 + ... + b_{nm} \mathbf{e}^n \qquad \text{mit} \qquad b_{im} = -c_i / c_0$$

$$b_{im} = \mathbf{e}_i \cdot \mathbf{b}_m \qquad \text{Koordinaten des Basisvektors } \mathbf{b}_m$$

Koordinaten dualer Basen : Die Koordinaten der Vektoren $\mathbf{b}_m$ einer kovarianten Basis und der Vektoren $\mathbf{b}^m$ einer kontravarianten Basis sind im allgemeinen verschieden. Die Indizes der Koordinaten einer kovarianten Basis werden daher immer als Subskripte angegeben, die Indizes der Koordinaten einer kontravarianten Basis im Gegensatz hierzu als Superskripte.

$$\mathbf{b}_m = b_{1m} \mathbf{e}^1 + ... + b_{nm} \mathbf{e}^n$$

$$\mathbf{b}^m = b^{1m} \mathbf{e}_1 + ... + b^{nm} \mathbf{e}_n$$

b_{im} Koordinaten des kovarianten Basisvektors $\mathbf{b}_m$

b^{im} Koordinaten des kontravarianten Basisvektors $\mathbf{b}^m$

Basismatrizen : Die Koordinaten der Basisvektoren werden nach Abschnitt 3.5 in einem Spaltenvektor angeordnet. Die Basisvektoren werden spaltenweise in einer Basismatrix angeordnet. Die Einheitsbasis wird mit $\mathbf{E}$ bezeichnet, die kovariante Basis mit $\mathbf{B}_*$ und die kontravariante Basis mit $\mathbf{B}^*$. Für die Indizes der Koeffizienten der Basismatrizen gilt die übliche Regel : Zeilenindex vor Spaltenindex.

$$\mathbf{E} = \begin{bmatrix} \mathbf{e}_1 & \cdots & \mathbf{e}_m & \cdots & \mathbf{e}_n \end{bmatrix} = \begin{bmatrix} 1 & & 0 & & 0 \\ \vdots & & \vdots & & \vdots \\ 0 & \cdots & 1 & \cdots & 0 \\ \vdots & & \vdots & & \vdots \\ 0 & & 0 & & 1 \end{bmatrix}$$

$$\mathbf{B}_* = \begin{array}{|c|c|c|c|c|} \hline & & & & \\ \mathbf{b}_1 & \dots & \mathbf{b}_m & \dots & \mathbf{b}_n \\ & & & & \\ \hline \end{array} = \begin{array}{|c|c|c|c|c|} \hline b_{11} & & b_{1m} & & b_{1n} \\ \hline \vdots & & \vdots & & \vdots \\ \hline b_{i1} & \dots & b_{im} & \dots & b_{in} \\ \hline \vdots & & \vdots & & \vdots \\ \hline b_{n1} & & b_{nm} & & b_{nn} \\ \hline \end{array}$$

$$\mathbf{B}^* = \begin{array}{|c|c|c|c|c|} \hline & & & & \\ \mathbf{b}^1 & \dots & \mathbf{b}^m & \dots & \mathbf{b}^n \\ & & & & \\ \hline \end{array} = \begin{array}{|c|c|c|c|c|} \hline b^{11} & & b^{1m} & & b^{1n} \\ \hline \vdots & & \vdots & & \vdots \\ \hline b^{i1} & \dots & b^{im} & \dots & b^{in} \\ \hline \vdots & & \vdots & & \vdots \\ \hline b^{n1} & & b^{nm} & & b^{nn} \\ \hline \end{array}$$

Kronecker Symbole : Die Orthonormalität einer Basis $\mathbf{B}_*$ oder $\mathbf{B}^*$ sowie die Dualität der Basen $\mathbf{B}_*$ und $\mathbf{B}^*$ werden zweckmäßig mit den Kronecker Symbolen δ_{im}, δ^{im} und δ^i_m dargestellt. Für $i = m$ besitzt jedes dieser Symbole den Wert 1, sonst den Wert 0. Die Identitätsmatrix wird mit $\mathbf{I}$ bezeichnet.

orthonormal : $\mathbf{b}^i \cdot \mathbf{b}^m = \delta^{im} \quad \Rightarrow \quad (\mathbf{B}^*)^T \mathbf{B}^* = \mathbf{I} = \mathbf{B}^*(\mathbf{B}^*)^T$

orthonormal : $\mathbf{b}_i \cdot \mathbf{b}_m = \delta_{im} \quad \Rightarrow \quad (\mathbf{B}_*)^T \mathbf{B}_* = \mathbf{I} = \mathbf{B}_*(\mathbf{B}_*)^T$

dual : $\mathbf{b}_i \cdot \mathbf{b}^m = \delta^m_i \quad \Rightarrow \quad (\mathbf{B}_*)^T \mathbf{B}^* = \mathbf{I} = \mathbf{B}^*(\mathbf{B}_*)^T$

dual : $\mathbf{b}^i \cdot \mathbf{b}_m = \delta^i_m \quad \Rightarrow \quad (\mathbf{B}^*)^T \mathbf{B}_* = \mathbf{I} = \mathbf{B}_*(\mathbf{B}^*)^T$

$$i = m \quad \Rightarrow \quad \delta_{im} = \delta^{im} = \delta^i_m = 1$$

$$i \neq m \quad \Rightarrow \quad \delta_{im} = \delta^{im} = \delta^i_m = 0$$

Hinweis : Die symbolischen Darstellungen orthonormaler und dualer Basen mit Kronecker Symbolen sind ähnlich. Die Eigenschaften der dargestellten Basen sind jedoch sehr verschieden. Die Vektoren einer orthonormalen Basis sind paarweise orthogonal und besitzen den Betrag 1. Die Vektoren einer der zwei Basen eines dualen Basispaars sind im allgemeinen weder paarweise orthogonal, noch ist ihr Betrag 1.

Beispiel 1 : Orthonormale Basis

Die Basis **B** ist orthonormal. Ihre Vektoren haben den Betrag 1 und sind paarweise orthogonal : $\mathbf{B}^{\mathrm{T}}\mathbf{B} = \mathbf{I}$.

B

0.5185	0.6470	0.5591
–0.2074	–0.5392	0.8163
0.8296	–0.5392	–0.1454

$\mathbf{B}^{\mathrm{T}}$

0.5185	–0.2074	0.8296
0.6470	–0.5392	–0.5392
0.5591	0.8163	–0.1454

I

1.0000	0.0000	0.0000
0.0000	1.0000	0.0000
0.0000	0.0000	1.0000

Beispiel 2 : Duale Basen

Die Basen $\mathbf{B}_*$ und $\mathbf{B}^*$ sind dual. Basisvektoren mit verschiedenen Indizes sind orthogonal, beispielsweise $\mathbf{b}_1$ und $\mathbf{b}^2$. Das Skalarprodukt von Vektoren mit gleichem Index ist 1, beispielsweise $\mathbf{b}_1 \cdot \mathbf{b}^1 = 1$. Also gilt $(\mathbf{B}_*)^{\mathrm{T}}\,\mathbf{B}^* = \mathbf{I}$.

$\mathbf{B}^*$

1.2500	0.5000	0.0000
0.0000	1.0000	1.0000
–0.2500	0.5000	1.0000

$\mathbf{B}_*^{\mathrm{T}}$

1.0000	–1.0000	1.0000
–0.5000	2.5000	–2.5000
0.5000	–1.5000	2.5000

I

1.0000	0.0000	0.0000
0.0000	1.0000	0.0000
0.0000	0.0000	1.0000

9.2.3 KOORDINATEN

Koordinaten eines Vektors : Ein beliebiger Vektor $\mathbf{u} \neq \mathbf{0}$ des reellen Vektorraumes $\mathbb{R}^n$ und eine beliebige Basis $\mathbf{b}^1,...,\mathbf{b}^n$ dieses Raumes sind nach Definition der Basis linear abhängig. Die Vektorgleichung wird nach $\mathbf{u}$ aufgelöst. Die resultierende Linearkombination der Basisvektoren heißt die Darstellung des Vektors $\mathbf{u}$ in der Basis $\mathbf{B}^*$. Die Koeffizienten u_i der Linearkombination heißen die Koordinaten des Vektors $\mathbf{u}$ in der Basis $\mathbf{B}^*$.

$$a_0 \mathbf{u} + a_1 \mathbf{b}^1 + ... + a_n \mathbf{b}^n = \mathbf{0} \qquad \text{mit} \qquad a_0 \neq 0$$

$$\mathbf{u} = u_1 \mathbf{b}^1 + ... + u_n \mathbf{b}^n \qquad \text{mit} \qquad u_i = a_i / a_0$$

Kovariante und kontravariante Koordinaten : Ein Vektor $\mathbf{u} \in \mathbb{R}^n$ kann wahlweise in der kontravarianten Basis $\mathbf{B}^*$ oder in der kovarianten Basis $\mathbf{B}_*$ dargestellt werden. Die Koordinaten des Vektors $\mathbf{u}$ in der kontravarianten Basis $\mathbf{B}^*$ heißen die kovarianten Koordinaten von $\mathbf{u}$ und werden mit einem Subskript markiert. Die Koordinaten des Vektors $\mathbf{u}$ in der kovarianten Basis $\mathbf{B}_*$ heißen die kontravarianten Koordinaten von $\mathbf{u}$ und werden mit einem Superskript markiert.

$$\mathbf{u} = u_1 \mathbf{b}^1 + ... + u_n \mathbf{b}^n$$

$$\mathbf{u} = u^1 \mathbf{b}_1 + ... + u^n \mathbf{b}_n$$

u_i kovariante Koordinaten des Vektors $\mathbf{u}$
u^i kontravariante Koordinaten des Vektors $\mathbf{u}$

Darstellungen eines Vektors : Vektoren werden mit fetten Kleinbuchstaben bezeichnet. Diese Bezeichnung enthält zunächst keinen Bezug auf die Basis, in der die Koordinaten des Vektors angegeben werden. Die Koordinaten eines Vektors in verschiedenen Basen sind jedoch verschieden. Daher werden die verschiedenen Darstellungen eines Vektors durch zusätzliche Markierungen des Vektorsymbols wie folgt unterschieden :

$\mathbf{u}$ Koordinaten des Vektors in der Einheitsbasis $\mathbf{E}$
$\mathbf{u}^*$ kontravariante Koordinaten des Vektors in der Basis $\mathbf{B}_*$
$\mathbf{u}_*$ kovariante Koordinaten des Vektors in der Basis $\mathbf{B}^*$

Matrixform der Koordinatenbeziehungen : Die Darstellung eines Vektors $\mathbf{u}$ in einer Basis $\mathbf{B}$ kann als Matrixprodukt geschrieben werden. Dazu werden die Koordinaten des Vektors in dieser Basis als Vektor aufgefaßt. Die Beziehungen zwischen den Koordinaten des Vektors in den verschiedenen Basen werden aus den Eigenschaften dualer Basen abgeleitet.

$$\mathbf{u} = \begin{bmatrix} \mathbf{b}_1 & \cdots & \mathbf{b}_i & \cdots & \mathbf{b}_n \end{bmatrix} * \begin{bmatrix} u^1 \\ \vdots \\ u^i \\ \vdots \\ u^n \end{bmatrix} = \begin{bmatrix} \mathbf{b}^1 & \cdots & \mathbf{b}^i & \cdots & \mathbf{b}^n \end{bmatrix} * \begin{bmatrix} u_1 \\ \vdots \\ u_i \\ \vdots \\ u_n \end{bmatrix}$$

$$\mathbf{u} = \mathbf{B}_* \mathbf{u}^* \quad \wedge \quad (\mathbf{B}^*)^T \mathbf{B}_* = \mathbf{I} \quad \Rightarrow \quad \mathbf{u}^* = (\mathbf{B}^*)^T \mathbf{u}$$

$$\mathbf{u} = \mathbf{B}^* \mathbf{u}_* \quad \wedge \quad (\mathbf{B}_*)^T \mathbf{B}^* = \mathbf{I} \quad \Rightarrow \quad \mathbf{u}_* = (\mathbf{B}_*)^T \mathbf{u}$$

Summationskonvention : Linearkombinationen von Vektoren $\mathbf{b}^1,...,\mathbf{b}^n$ mit Koeffizienten $u_1,...,u_n$ treten häufig auf, ebenso Linearkombinationen von Vektoren $\mathbf{b}_1,...,\mathbf{b}_n$ mit Koeffizienten $u^1,...,u^n$. Zur Vereinfachung der Darstellung solcher Linearkombinationen wird eine Summationskonvention eingeführt : Tritt in einem Ausdruck derselbe Index einmal als Subskript und einmal als Superskript auf, so ist über den Index zu summieren.

$$\mathbf{u} = u_i \mathbf{b}^i \quad := \quad u_1 \mathbf{b}^1 + ... + u_n \mathbf{b}^n$$

$$\mathbf{u} = u^i \mathbf{b}_i \quad := \quad u^1 \mathbf{b}_1 + ... + u^n \mathbf{b}_n$$

Der Laufbereich $i = 1,...,n$ des Index i muß implizit bekannt sein. Die Konvention wird durch Klammerung der Indizes aufgehoben. Die rechte Seite der Gleichung $\mathbf{u} = u^{(i)} \mathbf{b}_{(i)}$ enthält also nur einen Term, nämlich das Produkt des Vektors $\mathbf{b}_i$ mit dem Skalar u^i.

Skalarform der Koordinatenbeziehungen : In der Einheitsbasis **E** sind die kovarianten und die kontravarianten Koordinaten eines Vektors **u** gleich. Diese Koordinaten werden mit dem Zeichen $*$ (Stern) markiert und wahlweise mit $\overset{*}{u}_m$ oder $\overset{*}{u}^m$ bezeichnet. Die Beziehungen zwischen den Koordinaten des Vektors **u** in der Einheitsbasis $\mathbf{e}_1,...,\mathbf{e}_n$, in einer kovarianten Basis $\mathbf{b}_1,...,\mathbf{b}_n$ und in einer kontravarianten Basis $\mathbf{b}^1,...,\mathbf{b}^n$ werden zweckmäßig mit der Summationskonvention dargestellt :

$$\overset{*}{u}^m = u_i b^{mi} \quad := \quad u_1 b^{m1} + ... + u_n b^{mn}$$

$$\overset{*}{u}_m = u^i b_{mi} \quad := \quad u^1 b_{m1} + ... + u^n b_{mn}$$

Beispiel 1 : Koordinaten eines Vektors

Die Koordinaten der Vektoren **u** und **w** in der Einheitsbasis **E** des dreidimensionalen euklidischen Raumes $\mathbb{R}^3$ seien gegeben. Ihre Koordinaten in den dualen Basen $\mathbf{B}_*$ und $\mathbf{B}^*$ des Beispiels 2 von Abschnitt 9.2.2 werden berechnet.

$(\mathbf{B}^*)^T \mathbf{u} = \mathbf{u}^*$:

						=	
1.2500	0.0000	–0.2500		3.0000		2.0000
0.5000	1.0000	0.5000	*	–6.0000	=	–1.0000
0.0000	1.0000	1.0000		7.0000		1.0000

$(\mathbf{B}_*)^T \mathbf{u} = \mathbf{u}_*$:

1.0000	–1.0000	1.0000		3.0000		16.0000
–0.5000	2.5000	–2.5000	*	–6.0000	=	–34.0000
0.5000	–1.5000	2.5000		7.0000		28.0000

$(\mathbf{B}^*)^T \mathbf{w} = \mathbf{w}^*$:

1.2500	0.0000	–0.2500		0.5000		1.0000
0.5000	1.0000	0.5000	*	0.5000	=	0.0000
0.0000	1.0000	1.0000		–1.5000		–1.0000

$(\mathbf{B}_*)^T \mathbf{w} = \mathbf{w}_*$:

1.0000	–1.0000	1.0000		0.5000		–1.5000
–0.5000	2.5000	–2.5000	*	0.5000	=	4.7500
0.5000	–1.5000	2.5000		–1.5000		–4.2500

9.2.4 METRIKEN

Metrik einer Basis : Im euklidischen Vektorraum $\mathbb{R}^n$ sei $\mathbf{b}_1,...,\mathbf{b}_n$ eine beliebige Basis. Für beliebige Vektoren $\mathbf{u}, \mathbf{w} \in \mathbb{R}^n$ gibt es ein Skalarprodukt $\mathbf{u} \cdot \mathbf{w}$. Folglich gibt es auch für je zwei Basisvektoren $\mathbf{b}_i$, $\mathbf{b}_k$ ein Skalarprodukt $\mathbf{b}_i \cdot \mathbf{b}_k$. Dieses Skalarprodukt heißt metrischer Koeffizient der Basis und wird mit g_{ik} bezeichnet. Die metrischen Koeffizienten werden in einer quadratischen Matrix angeordnet. Diese Matrix heißt die Metrik der Basis und wird mit $\mathbf{G}$ bezeichnet. Aus der Symmetrie $\mathbf{b}_i \cdot \mathbf{b}_k = \mathbf{b}_k \cdot \mathbf{b}_i$ des Skalarproduktes folgt $g_{ik} = g_{ki}$, so daß die Metrik $\mathbf{G}$ symmetrisch ist.

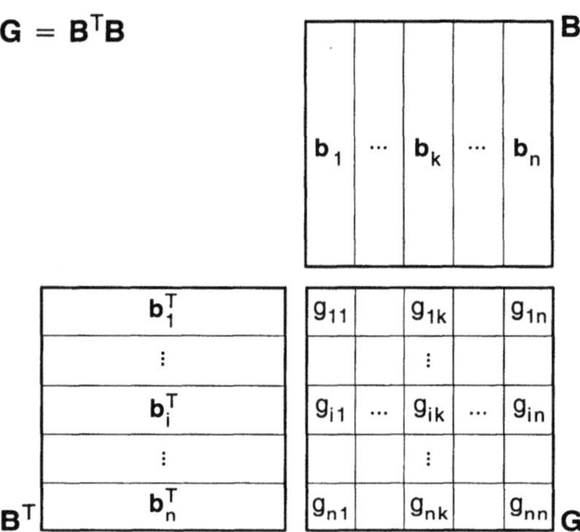

Duale Metriken : Die Basen $\mathbf{B}_*$ und $\mathbf{B}^*$ des euklidischen Vektorraums $\mathbb{R}^n$ seien dual. Die Metrik der kovarianten Basis $\mathbf{B}_*$ heißt kovariante Metrik und wird mit $\mathbf{G}_*$ bezeichnet. Sie enthält die kovarianten metrischen Koeffizienten g_{ik}. Die Metrik der kontravarianten Basis $\mathbf{B}^*$ heißt kontravariante Metrik und wird mit $\mathbf{G}^*$ bezeichnet. Sie enthält die kontravarianten metrischen Koeffizienten g^{ik}.

Kovariante Metrik : $g_{ik} = \mathbf{b}_i \cdot \mathbf{b}_k \qquad \mathbf{G}_* = (\mathbf{B}_*)^T \mathbf{B}_*$

Kontravariante Metrik : $g^{ik} = \mathbf{b}^i \cdot \mathbf{b}^k \qquad \mathbf{G}^* = (\mathbf{B}^*)^T \mathbf{B}^*$

Eine Metrik und die Transponierte der dualen Metrik sind inverse Matrizen :

$$(\mathbf{G}_*)^T \mathbf{G}^* = (\mathbf{B}_*)^T \mathbf{B}_* (\mathbf{B}^*)^T \mathbf{B}^* = (\mathbf{B}_*)^T \mathbf{B}^* = \mathbf{I}$$

Gemischt-variante Metrik : Die Basen $\mathbf{B}_*$ und $\mathbf{B}^*$ des euklidischen Vektorraums $\mathbb{R}^n$ seien dual. Das Skalarprodukt eines Basisvektors $\mathbf{b}_i \in \mathbf{B}_*$ mit einem Basisvektor $\mathbf{b}^k \in \mathbf{B}^*$ heißt gemischt-varianter metrischer Koeffizient und wird mit g_i^k bezeichnet. Nach der Definition der dualen Basis ist der Koeffizient g_i^k identisch mit dem Kronecker Symbol δ_i^k.

Gemischt-variante Metrik : $g_i^k = \mathbf{b}_i \cdot \mathbf{b}^k = \mathbf{b}^k \cdot \mathbf{b}_i = \delta_i^k$

$$\mathbf{I} = (\mathbf{B}_*)^T \mathbf{B}^* = (\mathbf{B}^*)^T \mathbf{B}_*$$

Duale Basisvektoren : Die Metrik eignet sich zur Darstellung der Beziehungen zwischen dualen Basen $\mathbf{B}_*$ und $\mathbf{B}^*$. Die Beziehung $(\mathbf{B}_*)^T \mathbf{B}^* = \mathbf{I}$ wird in die Definition der Metrik $\mathbf{G}_*$ eingesetzt :

$$\mathbf{G}_* = (\mathbf{B}_*)^T \mathbf{B}_* = (\mathbf{B}^*)^{-1} \mathbf{B}_* \quad \Rightarrow \quad \mathbf{B}_* = \mathbf{B}^* \mathbf{G}_*$$

$$\mathbf{b}_i = g_{ik} \mathbf{b}^k$$

Die analoge Beziehung zwischen den Basen $\mathbf{B}^*$ und $\mathbf{B}_*$ wird durch Substitution der Beziehung $(\mathbf{B}_*)^T \mathbf{B}^* = \mathbf{I}$ in die Definition der Metrik $\mathbf{G}^*$ gewonnen :

$$\mathbf{G}^* = (\mathbf{B}^*)^T \mathbf{B}^* = (\mathbf{B}_*)^{-1} \mathbf{B}^* \quad \Rightarrow \quad \mathbf{B}^* = \mathbf{B}_* \mathbf{G}^*$$

$$\mathbf{b}^i = g^{ik} \mathbf{b}_k$$

Duale Koordinaten eines Vektors : Die Metrik eignet sich zur Darstellung der Beziehungen zwischen der kovarianten Form $\mathbf{u}_*$ und der kontravarianten Form $\mathbf{u}^*$ eines Vektors $\mathbf{u} \in \mathbb{R}^n$. Die Matrixform der Beziehungen folgt aus den Koordinatenbeziehungen in Abschnitt 9.2.3 :

$$\mathbf{u} = \mathbf{B}_* \mathbf{u}^* \quad \wedge \quad \mathbf{u}_* = (\mathbf{B}_*)^T \mathbf{u} \quad \Rightarrow \quad \mathbf{u}_* = \mathbf{G}_* \mathbf{u}^*$$

$$\mathbf{u} = \mathbf{B}^* \mathbf{u}_* \quad \wedge \quad \mathbf{u}^* = (\mathbf{B}^*)^T \mathbf{u} \quad \Rightarrow \quad \mathbf{u}^* = \mathbf{G}^* \mathbf{u}_*$$

Die Beziehungen zwischen den kovarianten Koordinaten u_i und den kontravarianten Koordinaten u^i des Vektors $\mathbf{u}$ werden in skalarer Form mit der Summationskonvention dargestellt :

$$u_i = g_{ik} u^k$$

$$u^i = g^{ik} u_k$$

Koordinatenform des Skalarproduktes : In einem euklidischen Vektorraum seien die dualen Basen $\mathbf{B}_*$ und $\mathbf{B}^*$, die zugeordneten Metriken $\mathbf{G}_*$ und $\mathbf{G}^*$ sowie die kovarianten Koordinaten u_i, w_k und die kontravarianten Koordinaten u^i, w^k der Vektoren $\mathbf{u}$ und $\mathbf{w}$ bekannt. Dann kann das Skalarprodukt $\mathbf{u} \cdot \mathbf{w}$ auf verschiedene Weise mit den kovarianten und den kontravarianten Koordinaten der Vektoren sowie den kovarianten und den kontravarianten metrischen Koeffizienten dargestellt werden :

kovariant : $\mathbf{u} \cdot \mathbf{w} = (u_i \mathbf{b}^i) \cdot (w_k \mathbf{b}^k) = u_i w_k g^{ik}$

kontravariant : $\mathbf{u} \cdot \mathbf{w} = (u^i \mathbf{b}_i) \cdot (w^k \mathbf{b}_k) = u^i w^k g_{ik}$

gemischt-variant : $\mathbf{u} \cdot \mathbf{w} = (u_i \mathbf{b}^i) \cdot (w^k \mathbf{b}_k) = u_i w^i$

gemischt-variant : $\mathbf{u} \cdot \mathbf{w} = (u^i \mathbf{b}_i) \cdot (w_k \mathbf{b}^k) = u^i w_i$

Beispiel 1 : Duale Koordinaten

Für die dualen Basen in Beispiel 2 von Abschnitt 9.2.2 werden die Metriken $\mathbf{G}_*$ und $\mathbf{G}^*$ berechnet. Für den Vektor $\mathbf{u}$ in Beispiel 1 von Abschnitt 9.2.3 wird die Transformation zwischen den dualen Koordinaten $\mathbf{u}_*$ und $\mathbf{u}^*$ gezeigt.

$$(\mathbf{B}_*)^T \mathbf{B}_* = \mathbf{G}_*$$

$\mathbf{B}_*$:

1.0000	–0.5000	0.5000
–1.0000	2.5000	–1.5000
1.0000	–2.5000	2.5000

$\mathbf{B}_*^T$:

1.0000	–1.0000	1.0000
–0.5000	2.5000	–2.5000
0.5000	–1.5000	2.5000

$\mathbf{G}_*$:

3.0000	–5.5000	4.5000
–5.5000	12.7500	–10.2500
4.5000	–10.2500	8.7500

$$(\mathbf{B}^*)^T \mathbf{B}^* = \mathbf{G}^*$$

$\mathbf{B}^*$:

1.2500	0.5000	0.0000
0.0000	1.0000	1.0000
–0.2500	0.5000	1.0000

$\mathbf{B}^{*T}$:

1.2500	0.0000	–0.2500
0.5000	1.0000	0.5000
0.0000	1.0000	1.0000

$\mathbf{G}^*$:

1.6250	0.5000	–0.2500
0.5000	1.5000	1.5000
–0.2500	1.5000	2.0000

$$\mathbf{G}^* \mathbf{u}_* = \mathbf{u}^*$$

$\mathbf{u}_*$:

16.0000
–34.0000
28.0000

$\mathbf{G}^*$:

1.6250	0.5000	–0.2500
0.5000	1.5000	1.5000
–0.2500	1.5000	2.0000

$\mathbf{u}^*$:

2.0000
–1.0000
1.0000

Beispiel 2 : Berechnung des Skalarproduktes

Für die Vektoren **u** und **w** in Beispiel 1 von Abschnitt 9.2.3 wird das Skalarprodukt **u** • **w** mit den Koordinaten in der Einheitsbasis, der kovarianten Basis $\mathbf{B}_*$ und der kontravarianten Basis $\mathbf{B}^*$ berechnet. Die Ergebnisse der verschiedenen Berechnungen sind gleich.

Einheitsbasis : $\mathbf{u} \cdot \mathbf{w} \quad = \quad 3.0 * 0.5 - 6.0 * 0.5 - 7.0 * 1.5 = -12.0$

kontravariant :
$$
\begin{aligned}
u^i w^k g_{ik} = {} & 2.00 * (\ 1.00 * 3.00 - 0.00 * 5.50 - 1.00 * 4.50) \\
& - 1.00 * (-1.00 * 5.50 + 0.00 * 12.75 + 1.00 * 10.25) \\
& + 1.00 * (\ 1.00 * 4.50 - 0.00 * 10.25 - 1.00 * 8.75) \\
= {} & -12.00
\end{aligned}
$$

kovariant :
$$
\begin{aligned}
u_i w_k g^{ik} = {} & 16.00 * (-1.50 * 1.625 + 4.75 * 0.50 + 4.25 * 0.25) \\
& -34.00 * (-1.50 * 0.50 + 4.75 * 1.50 - 4.25 * 1.50) \\
& +28.00 * (\ 1.50 * 0.25 + 4.75 * 1.50 - 4.25 * 2.00) \\
= {} & -12.00
\end{aligned}
$$

gemischt :
$$
\begin{aligned}
u_i w^i &= 16.00 * 1.00 - 34.00 * 0.00 - 28.00 * 1.00 = -12.00 \\
u^i w_i &= - 2.00 * 1.50 - 1.00 * 4.75 - 1.00 * 4.25 = -12.00
\end{aligned}
$$

9.2.5 KONSTRUKTION VON BASEN

Einführung : In dem euklidischen Raum $\mathbb{R}^n$ mit gegebener Basis **B** wird häufig eine orthonormale Basis oder die zu **B** duale Basis benötigt. Im folgenden ist die Konstruktion solcher Basen behandelt. Zusätzlich wird für den von gegebenen Vektoren $\mathbf{u}_1,...,\mathbf{u}_m$ aufgespannten Teilraum von $\mathbb{R}^n$ eine orthonormale Basis konstruiert und zu einer orthonormalen Basis für den Gesamtraum ergänzt.

Konstruktion einer orthonormalen Basis : In dem euklidischen Raum $\mathbb{R}^n$ sei eine Basis **B** bekannt. Dann kann jeder Basisvektor einer beliebigen orthonormalen Basis von $\mathbb{R}^n$ als Linearkombination der Vektoren $\mathbf{b}_1,...,\mathbf{b}_n$ der Basis **B** dargestellt werden. Es gibt aber eine besondere orthonormale Basis **X** mit den Basisvektoren $\mathbf{x}_1,...,\mathbf{x}_n$, die mit geringem Aufwand aus der Basis **B** konstruiert werden kann.

Die orthonormale Basis **X** wird mit einem Orthogonalisierungsverfahren in n Schritten bestimmt. Im m-ten Schritt werden mit dem Basisvektor $\mathbf{b}_m$ ein Hilfsvektor $\mathbf{w}_m$ und der Basisvektor $\mathbf{x}_m$ berechnet. Dazu werden die bereits bestimmten Basisvektoren $\mathbf{x}_1,...,\mathbf{x}_{m-1}$ sowie die Skalarprodukte $\mathbf{x}_i \cdot \mathbf{b}_m$ und der Betrag $|\mathbf{w}_m|$ benutzt. Im ersten Schritt gilt $\mathbf{w}_1 = \mathbf{b}_1$.

$$\mathbf{w}_m = \mathbf{b}_m - (\mathbf{x}_1 \cdot \mathbf{b}_m)\mathbf{x}_1 - ... - (\mathbf{x}_{m-1} \cdot \mathbf{b}_m)\mathbf{x}_{m-1}$$

$$\mathbf{x}_m = \mathbf{w}_m / |\mathbf{w}_m| \qquad\qquad m = 1,...,n$$

Beweis : Konstruktion einer orthonormalen Basis

Die Basis **X** wird induktiv konstruiert. Der Basisvektor $\mathbf{x}_1$ kann bestimmt werden, da $\mathbf{b}_1 \neq \mathbf{0}$ und $\mathbf{x}_1 = \mathbf{b}_1 / |\mathbf{b}_1|$. Für Schritt m wird vorausgesetzt, daß die orthonormalen Basisvektoren $\mathbf{x}_1,...,\mathbf{x}_{m-1}$ bekannt sind.

$$\mathbf{x}_i \cdot \mathbf{x}_k = \delta_{ik} \qquad \text{für} \quad i,k = 1,...,m-1$$

In Schritt m wird der Hilfsvektor $\mathbf{w}_m$ als eine Linearkombination der Vektoren $\mathbf{x}_1,...,\mathbf{x}_{m-1}$ und $\mathbf{b}_m$ konstruiert. Die Koeffizienten c_m^i werden so bestimmt, daß der Hilfsvektor $\mathbf{w}_m$ orthogonal zu jedem der Vektoren $\mathbf{x}_1,...,\mathbf{x}_{m-1}$ ist.

$$\mathbf{w}_m = \mathbf{b}_m + c_m^1 \mathbf{x}_1 + ... + c_m^{m-1} \mathbf{x}_{m-1}$$

$$\mathbf{x}_i \cdot \mathbf{w}_m = 0 \quad \Rightarrow \quad c_m^i = -\mathbf{x}_i \cdot \mathbf{b}_m$$

Der Basisvektor $\mathbf{x}_i$ ist eine Linearkombination der Vektoren $\mathbf{b}_1,...,\mathbf{b}_i$. Also ist $\mathbf{w}_m$ eine Linearkombination der Vektoren $\mathbf{b}_1,..., \mathbf{b}_m$. Nach Definition der Basis **B** kann $\mathbf{w}_m$ nicht der Nullvektor **0** sein, da $\mathbf{b}_m$ den Koeffizienten 1 besitzt. Folglich kann der Hilfsvektor $\mathbf{w}_m$ durch seinen Betrag $|\mathbf{w}_m| \neq 0$ geteilt werden. Dies ergibt den Basisvektor $\mathbf{x}_m$, der orthogonal zu $\mathbf{x}_1,...,\mathbf{x}_{m-1}$ ist. Wegen der Symmetrie $\mathbf{x}_i \cdot \mathbf{x}_m = \mathbf{x}_m \cdot \mathbf{x}_i$ des Skalarproduktes ist auch jeder der Vektoren $\mathbf{x}_1,...,\mathbf{x}_{m-1}$

orthogonal zu $\mathbf{x}_m$. Nach n Schritten ist die orthonormale Basis **X** bestimmt.

$$\mathbf{x}_m = \mathbf{w}_m / |\mathbf{w}_m|$$

$$\mathbf{x}_i \cdot \mathbf{x}_k = \delta_{ik} \qquad \text{für} \qquad i, k = 1,\dots,m$$

Konstruktion einer dualen Basis : In dem euklidischen Raum $\mathbb{R}^n$ sei eine kovariante Basis $\mathbf{B}_*$ mit den Vektoren $\mathbf{b}_1,\dots,\mathbf{b}_n$ bekannt. Die zu $\mathbf{B}_*$ duale Basis $\mathbf{B}^*$ muß die Bedingung $\mathbf{b}_i \cdot \mathbf{b}^k = \delta_i^k$ für i,k = 1,...,n befriedigen. Für i = 1,...,n führt diese Bedingung zu einem System von n linearen Gleichungen. Die Unbekannten dieses Gleichungssystems sind die Koordinaten des kovarianten Basisvektors $\mathbf{b}^k$. In dem folgenden Beweis ist gezeigt, daß das Gleichungssystem eine eindeutige Lösung besitzt. Die Lösung der n Gleichungssysteme für k = 1,...,n führt zu den n Vektoren der Basis $\mathbf{B}^*$.

$$(\mathbf{B}_*)^T \mathbf{b}^k = \mathbf{e}^k \qquad\qquad k = 1,\dots,n$$

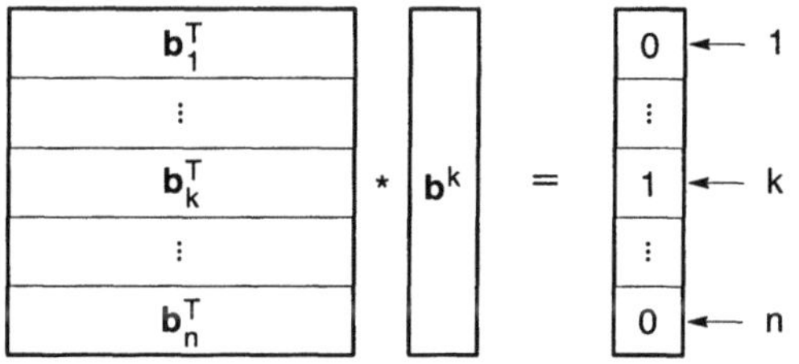

$$\begin{bmatrix} \mathbf{b}_1^T \\ \vdots \\ \mathbf{b}_k^T \\ \vdots \\ \mathbf{b}_n^T \end{bmatrix} * \begin{bmatrix} \\ \\ \mathbf{b}^k \\ \\ \\ \end{bmatrix} = \begin{bmatrix} 0 \\ \vdots \\ 1 \\ \vdots \\ 0 \end{bmatrix} \begin{matrix} \leftarrow 1 \\ \\ \leftarrow k \\ \\ \leftarrow n \end{matrix}$$

Beweis : Konstruktion einer dualen Basis

Für die Basis $\mathbf{B}_*$ wird eine orthonormale Basis **X** konstruiert. Nach dem vorangehenden Beweis kann der Basisvektor $\mathbf{b}_n$ als eine Linearkombination der Basisvektoren $\mathbf{x}_1,\dots,\mathbf{x}_{n-1}$ und des Restvektors $\mathbf{w}_n$ dargestellt werden :

$$\mathbf{b}_n = \mathbf{w}_n - c_n^1\, \mathbf{x}_1 - \dots - c_n^{n-1}\, \mathbf{x}_{n-1}$$

$$\mathbf{x}_i \cdot \mathbf{w}_n = 0 \qquad \text{für} \qquad i = 1,\dots,n-1$$

Jeder der Basisvektoren $\mathbf{b}_1,\dots,\mathbf{b}_{n-1}$ ist eine Linearkombination der orthogonalen Basisvektoren $\mathbf{x}_1,\dots,\mathbf{x}_{n-1}$. Folglich ist $\mathbf{w}_n$ orthogonal zu jedem der Basisvektoren $\mathbf{b}_1,\dots,\mathbf{b}_{n-1}$:

$$\mathbf{b}_i = a_1\, \mathbf{x}_1 + \dots + a_i\, \mathbf{x}_i$$

$$\mathbf{w}_n \cdot \mathbf{b}_i = a_1\, (\mathbf{w}_n \cdot \mathbf{x}_1) + \dots + a_i\, (\mathbf{w}_n \cdot \mathbf{x}_i) = 0$$

Wählt man nun $\mathbf{b}^n = z\, \mathbf{w}_n$, so ist $\mathbf{b}^n$ orthogonal zu $\mathbf{b}_1,\dots,\mathbf{b}_{n-1}$. Aus der Bedingung $\mathbf{b}^n \cdot \mathbf{b}_n = 1$ folgt durch Substitution :

$$z(\mathbf{w}_n \cdot \mathbf{w}_n - c_n^1\, \mathbf{w}_n \cdot \mathbf{x}_1 - \dots - c_n^{n-1}\, \mathbf{w}_n \cdot \mathbf{x}_{n-1}) = 1$$

$$\mathbf{b}^n = \frac{\mathbf{w}_n}{\mathbf{w}_n \cdot \mathbf{w}_n}$$

Durch zyklische Umordnung der Basisvektoren $\mathbf{b}_1,...,\mathbf{b}_n$ können in analoger Weise die Vektoren $\mathbf{b}^{n-1},...,\mathbf{b}^1$ konstruiert werden.

Die Vektoren $\mathbf{b}^1,...,\mathbf{b}^n$ sind linear unabhängig, da aus jeder Linearkombination $c_i\,\mathbf{b}^i = \mathbf{0}$ durch Skalarmultiplikation mit $\mathbf{b}_1,...,\mathbf{b}_n$ folgt, daß $c_1 = ... = c_n = 0$. Die Vektoren $\mathbf{b}^1,...,\mathbf{b}^n$ sind auch eindeutig. Gibt es nämlich eine weitere duale Basis $\mathbf{y}^1,...,\mathbf{y}^n$, so ist $\mathbf{y}^i$ eine Linearkombination der Basisvektoren $\mathbf{b}^1,...,\mathbf{b}^n$. Daraus folgt $\mathbf{y}^i = \mathbf{b}^i$ für $i = 1,...,n$:

$$\mathbf{y}^i = c^i_m\,\mathbf{b}^m \quad \wedge \quad \mathbf{y}^i \cdot \mathbf{b}_k = \delta^i_k \quad \Rightarrow \quad c^i_m\,\mathbf{b}^m \cdot \mathbf{b}_k = \delta^i_k$$

$$\Rightarrow \quad c^i_k = \delta^i_k \quad \Rightarrow \quad \mathbf{y}^i = \mathbf{b}^i$$

Unterraum : Die Vektoren $\mathbf{u}_1,...,\mathbf{u}_m$ des euklidischen Raumes $\mathbb{R}^n$ seien bekannt. Diese Vektoren dürfen linear abhängig sein. Die Menge der Vektoren $\mathbf{s}_k$, die Linearkombinationen der Vektoren $\mathbf{u}_1,...,\mathbf{u}_m$ sind, heißt ein Unterraum von $\mathbb{R}^n$ und wird mit S^n bezeichnet. Für jedes Vektorpaar in S^n gibt es ein Skalarprodukt, da diese Vektoren auch in dem euklidischen Raum $\mathbb{R}^n$ liegen. Der Raum S^n ist also euklidisch. S^n heißt der von den Vektoren $\mathbf{u}_1,...,\mathbf{u}_m$ aufgespannte Raum und wird mit $\text{span}(\mathbf{u}_1,...,\mathbf{u}_m)$ bezeichnet.

$$S^n := \text{span}(\mathbf{u}_1,...,\mathbf{u}_m) := \{\mathbf{s}_k \mid \mathbf{s}_k = c^i_k\,\mathbf{u}_i \;\wedge\; c^i_k \in \mathbb{R}\}$$

Basis eines Unterraumes : S^n sei der von den Vektoren $\mathbf{u}_1,...,\mathbf{u}_m$ im euklidischen Raum $\mathbb{R}^n$ aufgespannte Unterraum. Dann gibt es eine besondere orthonormale Basis $\mathbf{Y}$ von S^n mit den Basisvektoren $\mathbf{y}_1,...,\mathbf{y}_r$, die mit geringem Aufwand aus den Vektoren $\mathbf{u}_1,...,\mathbf{u}_m$ konstruiert werden kann.

Die orthonormale Basis $\mathbf{Y}$ wird mit dem Orthogonalisierungsverfahren in m Schritten bestimmt. In Schritt k wird mit dem Vektor $\mathbf{u}_k$ ein Hilfsvektor $\mathbf{w}_k$ berechnet. Dazu werden die bereits bestimmten Basisvektoren $\mathbf{y}_1,...,\mathbf{y}_p$ sowie die Skalarprodukte $\mathbf{y}_i \cdot \mathbf{u}_k$ benutzt. Ist $\mathbf{w}_k = \mathbf{0}$, so bleibt die Basis unverändert. Sonst wird die Basis um den Vektor $\mathbf{y}_{p+1} = \mathbf{w}_k / |\mathbf{w}_k|$ erweitert. Im ersten Schritt ist $\mathbf{w}_1 = \mathbf{u}_1$.

$$\mathbf{w}_k = \mathbf{u}_k - (\mathbf{y}_1 \cdot \mathbf{u}_k)\mathbf{y}_1 - ... - (\mathbf{y}_p \cdot \mathbf{u}_k)\mathbf{y}_p$$

$$\mathbf{w}_k \neq \mathbf{0} \quad \Rightarrow \quad \mathbf{y}_{p+1} = \mathbf{w}_k / |\mathbf{w}_k| \qquad k = 1,...,m$$

Beweis : Konstruktion einer orthonormalen Basis eines Unterraumes

Vor Schritt k werden $p < k$ Basisvektoren $\mathbf{y}_1,...,\mathbf{y}_p$ bestimmt. In Schritt k wird der Hilfsvektor $\mathbf{w}_k$ als Linearkombination der Vektoren $\mathbf{y}_1,...,\mathbf{y}_p$, $\mathbf{u}_k$ konstruiert. Die Koeffizienten c^i_k werden so bestimmt, daß der Hilfsvektor $\mathbf{w}_k$ orthogonal zu jedem der Vektoren $\mathbf{y}_1,...,\mathbf{y}_p$ ist.

$$\mathbf{w}_k = \mathbf{u}_k + c_k^1\, \mathbf{y}_1 + \ldots + c_k^p\, \mathbf{y}_p$$

$$\mathbf{y}_i \cdot \mathbf{w}_k = 0 \quad \Rightarrow \quad c_k^i = -\mathbf{y}_i \cdot \mathbf{u}_k$$

Da die Vektoren $\mathbf{u}_1,\ldots,\mathbf{u}_k$ linear abhängig sein dürfen, kann $\mathbf{w}_k = \mathbf{0}$ gelten. Für $\mathbf{w}_k \neq \mathbf{0}$ wird der Basisvektor $\mathbf{y}_{p+1} = \mathbf{w}_k / |\mathbf{w}_k|$ bestimmt. Nach m Schritten ist die Basis $\mathbf{y}_1,\ldots,\mathbf{y}_r$ bekannt. Jeder Vektor $\mathbf{a} \in S^n$ kann als Linearkombination dieser Basisvektoren dargestellt werden :

$$\mathbf{a} = a^i\, \mathbf{u}_i = a^i\,(z_i^k\, \mathbf{y}_k) = v^k\, \mathbf{y}_k$$

Ergänzung einer Basis : **Y** sei eine orthonormale Basis eines Unterraumes S^n des euklidischen Raumes $\mathbb{R}^n$. Dann gibt es eine besondere orthonormale Basis **X** des Raumes $\mathbb{R}^n$, die **Y** als Teilmenge enthält und mit geringem Aufwand aus der Einheitsbasis **E** des Raumes $\mathbb{R}^n$ konstruiert werden kann.

Die Dimension der Basis **Y** sei r. Die Basisvektoren $\mathbf{y}_1,\ldots,\mathbf{y}_r$ werden in die Basis **X** übernommen, also $\mathbf{x}_i = \mathbf{y}_i$ für $i = 1,\ldots,r$. Die Basisvektoren $\mathbf{x}_{r+1},\ldots,\mathbf{x}_n$ werden mit dem Orthogonalisierungsverfahren in höchstens n Schritten bestimmt. In Schritt m wird mit dem Vektor $\mathbf{e}_m$ ein Hilfsvektor $\mathbf{w}_m$ berechnet. Dazu werden die bereits bestimmten Basisvektoren $\mathbf{x}_1,\ldots,\mathbf{x}_p$ sowie die Skalarprodukte $\mathbf{x}_i \cdot \mathbf{e}_m$ benutzt. Ist $\mathbf{w}_m = \mathbf{0}$, so bleibt die Basis unverändert. Sonst wird die Basis um den Vektor $\mathbf{x}_{p+1} = \mathbf{w}_m / |\mathbf{w}_m|$ ergänzt. Das Verfahren endet nach höchstens n Schritten mit dem Basisvektor $\mathbf{x}_n$.

$$\mathbf{w}_m = \mathbf{e}_m - (\mathbf{x}_1 \cdot \mathbf{e}_m)\mathbf{x}_1 - \ldots - (\mathbf{x}_p \cdot \mathbf{e}_m)\mathbf{x}_p$$

$$\mathbf{w}_m \neq \mathbf{0} \quad \Rightarrow \quad \mathbf{x}_{p+1} = \mathbf{w}_m / |\mathbf{w}_m|$$

Beweis : Ergänzung einer orthonormalen Basis

Vor dem ersten Iterationsschritt sind die r Basisvektoren $\mathbf{x}_1,\ldots,\mathbf{x}_r$ bekannt, die aus der Basis **Y** des Unterraumes S^n übernommen werden. Vor Schritt m sind $p < m + r$ Basisvektoren $\mathbf{x}_1,\ldots,\mathbf{x}_p$ bekannt. In Schritt m wird der Hilfsvektor $\mathbf{w}_m$ als Linearkombination der Vektoren $\mathbf{x}_1,\ldots,\mathbf{x}_p$ und des Vektors $\mathbf{e}_m$ der Einheitsbasis **E** konstruiert. Die Koeffizienten c_m^i werden so bestimmt, daß $\mathbf{w}_m$ orthogonal zu jedem der Vektoren $\mathbf{x}_1,\ldots,\mathbf{x}_p$ ist.

$$\mathbf{w}_m = \mathbf{e}_m + c_m^1\, \mathbf{x}_1 + \ldots + c_m^p\, \mathbf{x}_p$$

$$\mathbf{x}_i \cdot \mathbf{w}_m = 0 \quad \Rightarrow \quad c_m^i = -\, \mathbf{x}_i \cdot \mathbf{e}_m$$

Da der Vektor $\mathbf{e}_m$ eine Linearkombination der Vektoren $\mathbf{x}_1,\ldots,\mathbf{x}_p$ sein kann, kann $\mathbf{w}_m = \mathbf{0}$ gelten. Für $\mathbf{w}_m \neq \mathbf{0}$ wird der Basisvektor $\mathbf{x}_{p+1} = \mathbf{w}_m / |\mathbf{w}_m|$ bestimmt. Da nach Schritt m der von $\mathbf{x}_1,\ldots,\mathbf{x}_{p+1}$ aufgespannte Raum mindestens die Basisvektoren $\mathbf{e}_1,\ldots,\mathbf{e}_m$ enthält, enthält der nach Schritt n von **X** aufgespannte Raum die Basis **E**. Folglich ist **X** eine Basis von $\mathbb{R}^n$.

Beispiel 1 : Konstruktion einer orthonormalen Basis

Gegeben sei die kovariante Basis $\mathbf{B}_*$ des Beispiels 2 in Abschnitt 9.2.2. Die Basisvektoren $\mathbf{b}_1$, $\mathbf{b}_2$, $\mathbf{b}_3$ sind also bekannt. Die Basisvektoren $\mathbf{x}_1$, $\mathbf{x}_2$, $\mathbf{x}_3$ werden schrittweise konstruiert. Die Basis $\mathbf{X}$ ist orthonormal.

$$\mathbf{b}_1 = \begin{bmatrix} 1.0000 \\ -1.0000 \\ 1.0000 \end{bmatrix} \qquad \mathbf{b}_2 = \begin{bmatrix} -0.5000 \\ 2.5000 \\ -2.5000 \end{bmatrix} \qquad \mathbf{b}_3 = \begin{bmatrix} 0.5000 \\ -1.5000 \\ 2.5000 \end{bmatrix}$$

$$\mathbf{w}_1 = \mathbf{b}_1 \qquad \mathbf{w}_1 \cdot \mathbf{w}_1 = 3.0000 \qquad |\mathbf{w}_1| = 1.7321$$

$$\mathbf{x}_1 = \begin{bmatrix} 0.5774 \\ -0.5774 \\ 0.5774 \end{bmatrix}$$

$$\mathbf{x}_1 \cdot \mathbf{b}_2 = -\,3.1754 \qquad \mathbf{w}_2 = \mathbf{b}_2 + 3.1754\,\mathbf{x}_1 \qquad |\mathbf{w}_2| = 1.6330$$

$$\mathbf{w}_2 = \begin{bmatrix} 1.3333 \\ 0.6667 \\ -0.6667 \end{bmatrix} \qquad \mathbf{x}_2 = \begin{bmatrix} 0.8165 \\ 0.4082 \\ -0.4082 \end{bmatrix}$$

$$\mathbf{x}_1 \cdot \mathbf{b}_3 = 2.5980 \qquad \mathbf{w}_3 = \mathbf{b}_3 - 2.5980\,\mathbf{x}_1 + 1.2246\,\mathbf{x}_2$$

$$\mathbf{x}_2 \cdot \mathbf{b}_3 = -\,1.2246 \qquad |\mathbf{w}_3| = 0.7071$$

$$\mathbf{w}_3 = \begin{bmatrix} 0.0000 \\ 0.5000 \\ 0.5000 \end{bmatrix} \qquad \mathbf{x}_3 = \begin{bmatrix} 0.0000 \\ 0.7071 \\ 0.7071 \end{bmatrix}$$

$$\mathbf{x}_1 \cdot \mathbf{x}_1 = 1.0000 \qquad \mathbf{x}_1 \cdot \mathbf{x}_2 = 0.0000$$
$$\mathbf{x}_2 \cdot \mathbf{x}_2 = 1.0000 \qquad \mathbf{x}_2 \cdot \mathbf{x}_3 = 0.0000$$
$$\mathbf{x}_3 \cdot \mathbf{x}_3 = 1.0000 \qquad \mathbf{x}_3 \cdot \mathbf{x}_1 = 0.0000$$

Beispiel 2 : Ergänzung der Basis eines Unterraumes

Gegeben seien die Vektoren $\mathbf{u}_1$, $\mathbf{u}_2$, $\mathbf{u}_3$, die einen Unterraum S^4 des euklidischen Raumes $\mathbb{R}^4$ aufspannen : $S^4 = \text{span}(\mathbf{u}_1, \mathbf{u}_2, \mathbf{u}_3)$. Die Basis $\mathbf{Y}$ von S^4 enthält nur zwei Vektoren $\mathbf{y}_1$ und $\mathbf{y}_2$, da $\mathbf{u}_3$ eine Linearkombination von $\mathbf{u}_1$ und $\mathbf{u}_2$ und damit auch eine Linearkombination von $\mathbf{y}_1$ und $\mathbf{y}_2$ ist.

$$\mathbf{u}_1 = \begin{bmatrix} 1.0000 \\ -2.0000 \\ 1.0000 \\ -0.5000 \end{bmatrix} \qquad \mathbf{u}_2 = \begin{bmatrix} 3.0000 \\ 0.6000 \\ -1.0000 \\ 1.4000 \end{bmatrix} \qquad \mathbf{u}_3 = \begin{bmatrix} -0.5000 \\ -2.3000 \\ 1.5000 \\ -1.2000 \end{bmatrix}$$

$\mathbf{w}_1 = \mathbf{u}_1$ $\qquad \mathbf{w}_1 \cdot \mathbf{w}_1 = 6.2500$ $\qquad |\mathbf{w}_1| = 2.5000$

$$\mathbf{y}_1 = \begin{bmatrix} 0.4000 \\ -0.8000 \\ 0.4000 \\ -0.2000 \end{bmatrix}$$

$\mathbf{y}_1 \cdot \mathbf{u}_2 = 0.0400$ $\qquad \mathbf{w}_2 = \mathbf{u}_2 - 0.0400\ \mathbf{y}_1$ $\qquad |\mathbf{w}_2| = 3.5098$

$$\mathbf{w}_2 = \begin{bmatrix} 2.9840 \\ 0.6320 \\ -1.0160 \\ 1.4080 \end{bmatrix} \qquad \mathbf{y}_2 = \begin{bmatrix} 0.8502 \\ 0.1801 \\ -0.2895 \\ 0.4012 \end{bmatrix}$$

$\mathbf{y}_1 \cdot \mathbf{u}_3 = 2.4800$ $\qquad \mathbf{w}_3 = \mathbf{u}_3 - 2.4800\ \mathbf{y}_1 + 1.7550\ \mathbf{y}_2 = \mathbf{0}$

$\mathbf{y}_2 \cdot \mathbf{u}_3 = -1.7550$

Die Basisvektoren $\mathbf{y}_1$, $\mathbf{y}_2$ des Unterraumes werden mit der Bezeichnung $\mathbf{x}_1$, $\mathbf{x}_2$ in die orthonormale Basis $\mathbf{X}$ für $\mathbb{R}^4$ übernommen. Die Basisvektoren $\mathbf{x}_3$ und $\mathbf{x}_4$ werden aus den Vektoren $\mathbf{e}_1$ und $\mathbf{e}_2$ der Einheitsbasis abgeleitet.

$\mathbf{e}_1 \cdot \mathbf{x}_1 = 0.4000$ $\qquad \mathbf{w}'_1 = \mathbf{e}_1 - 0.4000\ \mathbf{x}_1 - 0.8502\ \mathbf{x}_2$

$\mathbf{e}_1 \cdot \mathbf{x}_2 = 0.8502$ $\qquad |\mathbf{w}'_1| = 0.3423$

$$\mathbf{w}'_1 = \begin{bmatrix} 0.1172 \\ 0.1669 \\ 0.0861 \\ -0.2611 \end{bmatrix} \qquad \mathbf{x}_3 = \begin{bmatrix} 0.3424 \\ 0.4876 \\ 0.2515 \\ -0.7628 \end{bmatrix}$$

$\mathbf{e}_2 \cdot \mathbf{x}_1 = -0.8000$ $\qquad \mathbf{w}'_2 = \mathbf{e}_2 + 0.8000\ \mathbf{x}_1 - 0.1801\ \mathbf{x}_2 - 0.4876\ \mathbf{x}_3$

$\mathbf{e}_2 \cdot \mathbf{x}_2 = 0.1801$ $\qquad |\mathbf{w}'_2| = 0.2997$

$\mathbf{e}_2 \cdot \mathbf{x}_3 = 0.4876$

$$\mathbf{w}'_2 = \begin{bmatrix} 0.0000 \\ 0.0898 \\ 0.2495 \\ 0.1397 \end{bmatrix} \qquad \mathbf{x}_4 = \begin{bmatrix} 0.0000 \\ 0.2996 \\ 0.8325 \\ 0.4661 \end{bmatrix}$$

9.2.6 TRANSFORMATION VON BASEN

Einführung : Die algebraische Struktur eines Vektorraumes bleibt bei der linearen Abbildung in einen anderen Vektorraum erhalten (siehe Abschnitt 3.6). Zur Spezifikation einer linearen Abbildung eines Vektorraumes genügt die Spezifikation der Abbildung einer Basis dieses Vektorraumes, da jeder Vektor des Raumes als eine Linearkombination der Basisvektoren $\mathbf{b}^1,\ldots,\mathbf{b}^n$ darstellbar und die Abbildung homomorph ist.

$$f(\mathbf{u}) = f(u_1\mathbf{b}^1 + \ldots + u_n\mathbf{b}^n) = u_1 f(\mathbf{b}^1) + \ldots + u_n f(\mathbf{b}^n)$$

Affine Abbildung : Eine lineare Abbildung zwischen zwei vollständigen euklidischen Vektorräumen heißt affin, wenn die Dimensionen der beiden Räume gleich sind. Eine lineare Abbildung zwischen Basen solcher Vektorräume heißt eine affine Basistransformation. Im folgenden sind affine Transformationen für kovariante und kontravariante Basen sowie die entsprechenden Transformationen der kovarianten und der kontravarianten Koordinaten von Vektoren behandelt.

Transformation einer Basis : $\mathbf{B}_*$ sei eine kovariante Basis des euklidischen Raumes $\mathbb{R}^n$ mit den Basisvektoren $\mathbf{b}_1,\ldots,\mathbf{b}_n$. Die Basis $\mathbf{B}_*$ wird linear auf eine kovariante Basis $\bar{\mathbf{B}}_*$ von $\mathbb{R}^n$ abgebildet, indem jeder der Vektoren $\bar{\mathbf{b}}_1,\ldots,\bar{\mathbf{b}}_n$ der Basis $\bar{\mathbf{B}}_*$ als eine Linearkombination der Basisvektoren $\mathbf{b}_1,\ldots,\mathbf{b}_n$ dargestellt wird. Zur Beschreibung der umgekehrten Transformation wird jeder der Vektoren $\mathbf{b}_1,\ldots,\mathbf{b}_n$ der Basis $\mathbf{B}_*$ als eine Linearkombination der Basisvektoren $\bar{\mathbf{b}}_1,\ldots,\bar{\mathbf{b}}_n$ dargestellt.

$$\bar{\mathbf{b}}_k = a^1_{.k}\,\mathbf{b}_1 + \ldots + a^n_{.k}\,\mathbf{b}_n \qquad k = 1,\ldots,n$$

$$\mathbf{b}_k = \bar{a}^1_{.k}\,\bar{\mathbf{b}}_1 + \ldots + \bar{a}^n_{.k}\,\bar{\mathbf{b}}_n$$

Die Schreibweise $a^1_{.k}$ und $\bar{a}^1_{.k}$ für die Transformationskoeffizienten ist mit der Summationskonvention verträglich und erlaubt ihre Anordnung in den Transformationsmatrizen $\mathbf{A}$ und $\bar{\mathbf{A}}$. Dabei gilt die übliche Regel "Zeilenindex vor Spaltenindex". Zur Ausrichtung der Indizes in den Spalten nach dem Kernsymbol a wird der Statthalter . in der Höhe der Subskripte verwendet.

$$\begin{array}{cccc} a^1_{.1} & a^1_{.2} & \cdots & a^1_{.n} \\ a^2_{.1} & a^2_{.2} & & a^2_{.n} \\ \vdots & & \ddots & \vdots \\ a^n_{.1} & a^n_{.2} & \cdots & a^n_{.n} \end{array}$$

$$\begin{array}{cccc|cccc} \mathbf{b}_1 & \mathbf{b}_2 & \cdots & \mathbf{b}_n & \bar{\mathbf{b}}_1 & \bar{\mathbf{b}}_2 & \cdots & \bar{\mathbf{b}}_n \end{array}$$

$$\bar{\mathbf{B}}_* = \mathbf{B}_*\,\mathbf{A}$$

$$\begin{array}{cccc} \bar{a}^1_{.1} & \bar{a}^1_{.2} & \cdots & \bar{a}^1_{.n} \\ \bar{a}^2_{.1} & \bar{a}^2_{.2} & & \bar{a}^2_{.n} \\ \vdots & & \ddots & \vdots \\ \bar{a}^n_{.1} & \bar{a}^n_{.2} & \cdots & \bar{a}^n_{.n} \end{array}$$

$$\begin{array}{cccc|cccc} \bar{\mathbf{b}}_1 & \bar{\mathbf{b}}_2 & \cdots & \bar{\mathbf{b}}_n & \mathbf{b}_1 & \mathbf{b}_2 & \cdots & \mathbf{b}_n \end{array}$$

$$\mathbf{B}_* = \bar{\mathbf{B}}_*\,\bar{\mathbf{A}}$$

Aus $\overline{\mathbf{B}}_* = \mathbf{B}_* \mathbf{A}$ folgt $\det \overline{\mathbf{B}}_* = \det \mathbf{B}_* \cdot \det \mathbf{A}$. Da die Determinanten der Basismatrizen $\mathbf{B}_*$ und $\overline{\mathbf{B}}_*$ nicht null sind, muß die Determinante der Transformationsmatrix $\mathbf{A}$ ungleich null sein. Folglich besitzt $\mathbf{A}$ eine Inverse $\mathbf{A}^{-1}$. Durch Multiplikation der Gleichung $\mathbf{B}_* = \overline{\mathbf{B}}_* \overline{\mathbf{A}}$ von links mit $(\mathbf{B}^*)^T$ und Substitution von $\overline{\mathbf{B}}_* = \mathbf{B}_* \mathbf{A}$ folgt $\overline{\mathbf{A}} = \mathbf{A}^{-1}$:

$$\mathbf{I} = (\mathbf{B}^*)^T \mathbf{B}_* = (\mathbf{B}^*)^T \overline{\mathbf{B}}_* \overline{\mathbf{A}} = (\mathbf{B}^*)^T (\mathbf{B}_* \mathbf{A}) \overline{\mathbf{A}} = \mathbf{A} \overline{\mathbf{A}}$$

$$\overline{\mathbf{A}} = \mathbf{A}^{-1}$$

Transformationsregeln für Basen : Für eine kovariante Basis $\mathbf{B}_*$ des euklidischen Raumes $\mathbb{R}^n$ gilt die Transformationsregel $\overline{\mathbf{B}}_* = \mathbf{B}_* \mathbf{A}$. Für die duale Basis $\mathbf{B}^*$ gilt dementsprechend die Transformationsregel $\overline{\mathbf{B}}^* = \mathbf{B}^* \mathbf{C}$. Die Beziehung zwischen den Transformationsmatrizen $\mathbf{A}$ und $\mathbf{C}$ folgt aus der Definition der dualen Basen :

$$\mathbf{I} = (\overline{\mathbf{B}}_*)^T \overline{\mathbf{B}}^* = (\mathbf{B}_* \mathbf{A})^T (\mathbf{B}^* \mathbf{C}) = \mathbf{A}^T \mathbf{C}$$

$$\mathbf{C} = (\mathbf{A}^{-1})^T = \overline{\mathbf{A}}^T$$

Aus $\overline{\mathbf{B}}^* = \mathbf{B}^* \mathbf{C} = \mathbf{B}^* \overline{\mathbf{A}}^T$ folgt $\mathbf{B}^* = \overline{\mathbf{B}}^* \mathbf{A}^T$. Also gelten für duale Basen die folgenden Transformationsregeln :

$$\overline{\mathbf{B}}_* = \mathbf{B}_* \mathbf{A} \qquad \overline{\mathbf{b}}_m = \mathbf{b}_k a^k_{.m} \qquad \overline{b}_{im} = b_{ik} a^k_{.m}$$

$$\overline{\mathbf{B}}^* = \mathbf{B}^* \overline{\mathbf{A}}^T \qquad \overline{\mathbf{b}}^m = \mathbf{b}^k \overline{a}^m_{.k} \qquad \overline{b}^{im} = b^{ik} \overline{a}^m_{.k}$$

$$\mathbf{B}_* = \overline{\mathbf{B}}_* \overline{\mathbf{A}} \qquad \mathbf{b}_m = \overline{\mathbf{b}}_k \overline{a}^k_{.m} \qquad b_{im} = \overline{b}_{ik} \overline{a}^k_{.m}$$

$$\mathbf{B}^* = \overline{\mathbf{B}}^* \mathbf{A}^T \qquad \mathbf{b}^m = \overline{\mathbf{b}}^k a^m_{.k} \qquad b^{im} = \overline{b}^{ik} \overline{a}^m_{.k}$$

$$\mathbf{I} = \mathbf{A} \overline{\mathbf{A}} \qquad \delta^m_i = a^m_{.k} \overline{a}^k_{.i}$$

Drehung einer kovarianten Basis : B und C seien Basen des Vektorraumes $\mathbb{R}^n$. Die kovarianten Basisvektoren seien $(\mathbf{b}_1,...,\mathbf{b}_n)$ und $(\mathbf{c}_1,...,\mathbf{c}_n)$. Die Basis $\mathbf{C}_*$ heißt eine durch Drehung der Basis $\mathbf{B}_*$ gewonnene Basis, wenn das Skalarprodukt jedes Paars von Basisvektoren in $\mathbf{B}_*$ gleich dem Skalarprodukt des entsprechenden Paars von Basisvektoren in $\mathbf{C}_*$ ist. Die Basen $\mathbf{B}_*$ und $\mathbf{C}_*$ haben also die gleiche Metrik. Die Beträge der Basisvektoren in $\mathbf{B}_*$ und $\mathbf{C}_*$ sind paarweise gleich. Die Winkel zwischen je zwei Basisvektoren in $\mathbf{B}_*$ und $\mathbf{C}_*$ sind ebenfalls paarweise gleich.

$$\mathbf{b}_i \cdot \mathbf{b}_m = \mathbf{c}_i \cdot \mathbf{c}_m \qquad i, m = 1,...,n$$

Das allgemeine Transformationsgesetz für die Basen B und C ist $\mathbf{C}_* = \mathbf{B}_* \mathbf{A}$ mit der Transformationsmatrix $\mathbf{A}$. Die Gleichheit der Metrik $\mathbf{G}_* = \mathbf{B}_*^T \mathbf{B}_* = \mathbf{C}_*^T \mathbf{C}_*$ wird durch spezielle Eigenschaften von $\mathbf{A}$ erfüllt. Setzt man $\mathbf{C}_* = \mathbf{R}_0 \mathbf{B}_*$ mit der Drehmatrix $\mathbf{R}_0$ (die im Gegensatz zu $\mathbf{A}$ vormultipliziert wird, so daß jeder Basisvektor in $\mathbf{C}_*$ nur von dem Basisvektor mit gleichem Index in $\mathbf{B}_*$ abhängt !), so folgt aus den Drehbedingungen :

$$c_{im} = r_{i.}^{\ k} b_{km} \quad\Leftrightarrow\quad \mathbf{C}_* = \mathbf{R}_o \mathbf{B}_*$$

$$\mathbf{C}_*^T \mathbf{C}_* = \mathbf{B}_*^T \mathbf{R}_o^T \mathbf{R}_o \mathbf{B}_* = \mathbf{B}_*^T \mathbf{B}_* \quad\Leftrightarrow\quad \mathbf{R}_o^T \mathbf{R}_o = \mathbf{I}$$

$$r_{i.}^{\ s} r_{m.}^{\ t} \delta^{im} = \delta^{st}$$

Die Drehmatrix $\mathbf{R}_0$ ist also orthonormal. Die Transformationsmatrix $\mathbf{A}$ wird aus der Drehmatrix $\mathbf{R}_0$ hergeleitet. Im Gegensatz zu $\mathbf{R}_0$ ist $\mathbf{A}$ nicht orthonormal.

$$c_{im} = b_{ik} a^{k}_{.m} \quad\Leftrightarrow\quad \mathbf{C}_* = \mathbf{B}_* \mathbf{A}$$

$$\mathbf{C}_* = \mathbf{B}_* \mathbf{A} = \mathbf{R}_o \mathbf{B}_* \quad\Leftrightarrow\quad \mathbf{A} = (\mathbf{B}^*)^T \mathbf{R}_o \mathbf{B}_*$$

$$a^{i}_{.m} = b^{si} r_{s.}^{\ t} b_{tm}$$

Drehung einer kontravarianten Basis : Die Drehbedingungen für die zu $\mathbf{B}_*$ duale kontravariante Basis $\mathbf{B}^*$ werden analog zu den Drehbedingungen für $\mathbf{B}_*$ aufgestellt. Die gedrehte Basis wird mit $\mathbf{C}^*$, die Drehmatrix mit $\mathbf{R}^o$ bezeichnet.

$$c^{im} = r^{i}_{.k} b^{km} \quad\Leftrightarrow\quad \mathbf{C}^* = \mathbf{R}^o \mathbf{B}^*$$

$$r^{i}_{.s} r^{m}_{.t} \delta_{im} = \delta^{st} \quad\Leftrightarrow\quad (\mathbf{R}^o)^T \mathbf{R}^o = \mathbf{I}$$

Das allgemeine Transformationsgesetz für die kovariante Basis ist $\mathbf{C}^* = \mathbf{B}^* \bar{\mathbf{A}}^T$ mit der Transformationsmatrix $\bar{\mathbf{A}} = \mathbf{A}^{-1}$. Aus der Beziehung $\bar{\mathbf{A}}\,\mathbf{A} = \mathbf{I}$ folgt die Beziehung $(\mathbf{R}^o)^T \mathbf{R}^o = \mathbf{I}$ für die Drehmatrix der dualen Basis.

$$c^{im} = b^{ik} \bar{a}_{k.}^{\ m} \quad\Leftrightarrow\quad \mathbf{C}^* = \mathbf{B}^* \bar{\mathbf{A}}^T$$

$$\mathbf{C}^* = \mathbf{B}^* \bar{\mathbf{A}}^T = \mathbf{R}^o \mathbf{B}^* \quad\Leftrightarrow\quad \bar{\mathbf{A}} = (\mathbf{B}^*)^T (\mathbf{R}^o)^T \mathbf{B}_*$$

$$\bar{\mathbf{A}}\,\mathbf{A} = (\mathbf{B}^*)^T (\mathbf{R}^o)^T \mathbf{R}_o \mathbf{B}_* = \mathbf{I} \Leftrightarrow (\mathbf{C}^*)^T \mathbf{C}_* = (\mathbf{R}^o)^T \mathbf{R}_o = \mathbf{I}$$

Spiegelung einer Basis : B und C seien Basen eines Vektorraumes $\mathbb{R}^n$. Die kovarianten Basisvektoren seien $(\mathbf{b}_1,...,\mathbf{b}_n)$ und $(\mathbf{c}_1,...,\mathbf{c}_n)$. Die Basis $\mathbf{C}_*$ heißt eine Spiegelung der Basis $\mathbf{B}_*$ am Basisvektor $\mathbf{b}_k$, wenn das Skalarprodukt jedes Paars von Basisvektoren in $\mathbf{B}_*$ gleich dem Skalarprodukt des entsprechenden Paars von Basisvektoren in $\mathbf{C}_*$ ist, mit Ausnahme der Skalarprodukte, die genau einmal den Vektor $\mathbf{b}_k$ enthalten : Das Vorzeichen dieser Produkte wird umgekehrt.

$$\mathbf{c}_i \cdot \mathbf{c}_i = \mathbf{b}_i \cdot \mathbf{b}_i \qquad i, m = 1,...,n$$

$$\mathbf{c}_i \cdot \mathbf{c}_m = \mathbf{b}_i \cdot \mathbf{b}_m \qquad i, m \neq k$$

$$\mathbf{c}_i \cdot \mathbf{c}_k = -\mathbf{b}_i \cdot \mathbf{b}_k \qquad i \neq k$$

$$\mathbf{c}_k \cdot \mathbf{c}_m = -\mathbf{b}_k \cdot \mathbf{b}_m \qquad m \neq k$$

In der Metrik von $\mathbf{C}_*$ sind die Koeffizienten der Metrik von $\mathbf{B}_*$ in Zeile k und in Spalte k mit –1 multipliziert. Das Diagonalelement g_{kk} der Metrik bleibt unverändert. Zur Darstellung der Spiegelungsbedingung wird die Vorzeichen-Diagonalmatrix $\mathbf{V}_k$ mit dem Diagonalelement –1 in Zeile k und den Diagonalelementen 1 in allen anderen Zeilen definiert.

$$\mathbf{C}_*^T \mathbf{C}_* = \mathbf{V}_k^T \mathbf{B}_*^T \mathbf{B}_* \mathbf{V}_k$$

$$\mathbf{V}_k = \begin{bmatrix} 1 & & & & \\ & \ddots & & & \\ & & -1 & & \\ & & & \ddots & \\ & & & & 1 \end{bmatrix} \leftarrow k$$

Das allgemeine Transformationsgesetz für die Basen $\mathbf{B}_*$ und $\mathbf{C}_*$ ist $\mathbf{C}_* = \mathbf{B}_* \mathbf{A}$ mit der Transformationsmatrix $\mathbf{A}$. Die Spiegelungsbedingung wird durch spezielle Eigenschaften von $\mathbf{A}$ erfüllt. Setzt man $\mathbf{C}_* = \mathbf{R}_o \mathbf{B}_* \mathbf{V}_k$, so zeigt sich analog zur Drehung einer Basis, daß $\mathbf{R}_o$ eine orthonormale Drehmatrix ist.

$$\mathbf{C}_*^T \mathbf{C}_* = \mathbf{V}_k^T \mathbf{B}_*^T \mathbf{R}_o^T \mathbf{R}_o \mathbf{B}_* \mathbf{V}_k = \mathbf{V}_k^T \mathbf{B}_*^T \mathbf{B}_* \mathbf{V}_k \quad \Rightarrow \quad \mathbf{R}_o^T \mathbf{R}_o = \mathbf{I}$$

Die Transformation $\mathbf{A}$ wird aus der Drehmatrix $\mathbf{R}_o$ und der Vorzeichenmatrix $\mathbf{V}_k$ hergeleitet. Die Transformationsmatrix für eine Spiegelung unterscheidet sich von der Transformationsmatrix für eine Drehung darin, daß sich das Vorzeichen der k-ten Spalte ändert.

$$\mathbf{C}_* = \mathbf{B}_* \mathbf{A} = \mathbf{R}_o \mathbf{B}_* \mathbf{V}_k \quad \Rightarrow \quad \mathbf{A} = (\mathbf{B}^*)^T \mathbf{R}_o \mathbf{B}_* \mathbf{V}_k$$

Echte Spiegelung einer Basis : Eine Spiegelung heißt eine echte Spiegelung, wenn die Drehmatrix $\mathbf{R}_o$ gleich der Einheitsmatrix $\mathbf{I}$ ist. Bei einer echten Spiegelung wird die Richtung des Basisvektors $\mathbf{b}_k$ umgekehrt, während alle anderen Basisvektoren unverändert bleiben.

$$\mathbf{R}_o = \mathbf{I} \quad \Rightarrow \quad \mathbf{c}_k = -\mathbf{b}_k \quad \wedge \quad \bigwedge_{i \neq k} \mathbf{c}_i = \mathbf{b}_i$$

Eine Basis kann gleichzeitig an mehreren Basisvektoren $\{\mathbf{b}_{k_1}, \ldots, \mathbf{b}_{k_s}\}$ echt gespiegelt werden. Die Rotationsmatrix der kombinierten Spiegelung ist die Einheitsmatrix $\mathbf{I}$. Die Vorzeichenmatrix $\mathbf{V}_s$ der kombinierten Spiegelung enthält in den Zeilen $k_1, \ldots, k_s$ den Diagonalkoeffizienten –1.

$$\mathbf{C}_* = \mathbf{B}_* \mathbf{V}_s \quad \Rightarrow \quad \mathbf{A} = \mathbf{V}_s$$

Transformation der Vektorkoordinaten : Die Darstellung eines Vektors $\mathbf{u}$ des euklidischen Raumes $\mathbb{R}^n$ in der kontravarianten Basis $\mathbf{B}^*$ von $\mathbb{R}^n$ sei $\mathbf{u}_*$ mit den Koordinaten u_i. Die Basis $\mathbf{B}^*$ wird mit der Matrix $\mathbf{A}$ in die Basis $\bar{\mathbf{B}}^*$ von $\mathbb{R}^n$ transformiert, also $\bar{\mathbf{B}}^* = \mathbf{B}^* \bar{\mathbf{A}}^T$. Die Darstellung des Vektors $\mathbf{u}$ in der transformierten

Basis $\bar{\mathbf{B}}^*$ sei $\bar{\mathbf{u}}_*$ mit den Koordinaten $\bar{u}_i$. Die Transformationsregel für die Koordinaten des Vektors wird durch Substitution der Identität $\mathbf{A}\bar{\mathbf{A}} = \mathbf{I}$ in die Gleichung $\mathbf{u} = \mathbf{B}^* \mathbf{u}_*$ aufgestellt :

$$\mathbf{u} = u_i \mathbf{b}^i = \mathbf{B}^* \mathbf{u}_*$$
$$\mathbf{u} = \mathbf{B}^*(\mathbf{A}\bar{\mathbf{A}})^T \mathbf{u}_* = (\mathbf{B}^*\bar{\mathbf{A}}^T)(\mathbf{A}^T\mathbf{u}_*) = \bar{\mathbf{B}}^* \bar{\mathbf{u}}_*$$
$$\mathbf{u} = \bar{u}_i \bar{\mathbf{b}}^i \qquad \text{mit} \qquad \bar{\mathbf{u}}_* = \mathbf{A}^T\mathbf{u}_*$$

Transformationsregeln für Vektorkoordinaten : Für die Koordinaten eines Vektors $\mathbf{u}$ in den dualen Basen $\mathbf{B}_*$ und $\mathbf{B}^*$ sowie den transformierten Basen $\bar{\mathbf{B}}_*$ und $\bar{\mathbf{B}}^*$ des euklidischen Raumes gelten folgende Transformationsregeln :

$$\begin{array}{lll}
\mathbf{u} = \mathbf{B}^*\mathbf{u}_* = \bar{\mathbf{B}}^*\bar{\mathbf{u}}_* & \bar{\mathbf{u}}_* = \mathbf{A}^T\mathbf{u}_* & \bar{u}_i = a^k_{.i}\, u_k \\
\mathbf{u} = \mathbf{B}_*\mathbf{u}^* = \bar{\mathbf{B}}_*\bar{\mathbf{u}}^* & \bar{\mathbf{u}}^* = \bar{\mathbf{A}}\, \mathbf{u}^* & \bar{u}^i = \bar{a}^i_{.k}\, u^k \\
\mathbf{u} = \bar{\mathbf{B}}^*\bar{\mathbf{u}}_* = \mathbf{B}^*\mathbf{u}_* & \mathbf{u}_* = \bar{\mathbf{A}}^T\bar{\mathbf{u}}_* & u_i = \bar{a}^k_{.i}\, \bar{u}_k \\
\mathbf{u} = \bar{\mathbf{B}}_*\bar{\mathbf{u}}^* = \mathbf{B}_*\mathbf{u}^* & \mathbf{u}^* = \mathbf{A}\, \bar{\mathbf{u}}^* & u^i = a^i_{.k}\, \bar{u}^k
\end{array}$$

Transformation der Metrik : Die Metrik einer kovarianten Basis $\mathbf{B}_*$ des euklidischen Raumes $\mathbb{R}^n$ sei $\mathbf{G}_*$. Die Basis $\mathbf{B}_*$ wird mit der Matrix $\mathbf{A}$ in die Basis $\bar{\mathbf{B}}_* = \mathbf{B}_* \mathbf{A}$ transformiert. Die Metrik der Basis $\bar{\mathbf{B}}_*$ sei $\bar{\mathbf{G}}_*$. Dann folgt die Transformationsregel für die kovariante Metrik aus der Definition der Metrik :

$$\bar{\mathbf{G}}_* = (\bar{\mathbf{B}}_*)^T \bar{\mathbf{B}}_* = (\mathbf{B}_* \mathbf{A})^T (\mathbf{B}_* \mathbf{A}) = \mathbf{A}^T(\mathbf{B}_*)^T \mathbf{B}_* \mathbf{A}$$
$$\bar{\mathbf{G}}_* = \mathbf{A}^T\mathbf{G}_* \mathbf{A}$$

Die Regel für die Transformation einer kontravarianten Metrik $\mathbf{G}^*$ folgt durch Substitution der Basistransformation $\bar{\mathbf{B}}^* = \mathbf{B}^* \bar{\mathbf{A}}^T$ in die Definition der kontravarianten Metrik $\bar{\mathbf{G}}^*$:

$$\bar{\mathbf{G}}^* = (\bar{\mathbf{B}}^*)^T \bar{\mathbf{B}}^* = (\mathbf{B}^* \bar{\mathbf{A}}^T)^T (\mathbf{B}^* \bar{\mathbf{A}}^T) = \bar{\mathbf{A}}(\mathbf{B}^*)^T \mathbf{B}^*\bar{\mathbf{A}}^T$$
$$\bar{\mathbf{G}}^* = \bar{\mathbf{A}}\, \mathbf{G}^*\, \bar{\mathbf{A}}^T$$

Die Metriktransformationen besitzen folgende Koordinatenformen :

$$\bar{g}_{st} = a^i_{.s}\, a^k_{.t}\, g_{ik}$$
$$\bar{g}^{st} = \bar{a}^s_{.i}\, \bar{a}^t_{.k}\, g^{ik}$$

Drehung eines Vektors : $\mathbf{B}_*$ und $\mathbf{B}^*$ seien duale Basen des Vektorraumes $\mathbb{R}^n$. Die Basis $\mathbf{B}_*$ wird mit der Matrix $\mathbf{R}_0$ nach $\mathbf{C}_*$ gedreht. Die zu $\mathbf{C}_*$ duale Basis sei $\mathbf{C}^*$. Die Koordinaten eines Vektors $\mathbf{u} \in \mathbb{R}^n$ seien $\mathbf{u}_*$ in der Basis $\mathbf{B}^*$ und $\bar{\mathbf{u}}_*$ in der Basis $\mathbf{C}^*$.

$$\mathbf{u} = \mathbf{B}^*\mathbf{u}_*$$
$$\mathbf{C}_* = \mathbf{R}_0\, \mathbf{B}_* = \mathbf{B}_* \mathbf{A} \quad \wedge \quad \mathbf{A} = (\mathbf{B}^*)^T \mathbf{R}_0\, \mathbf{B}_*$$

Für die Koordinaten des Vektors $\mathbf{u}$ gilt die allgemeine Transformationsregel $\bar{\mathbf{u}}_* = \mathbf{A}^T \mathbf{u}_*$. Die Substitution von $\mathbf{A}$ zeigt, daß $\bar{\mathbf{u}}_*$ die Koordinaten von $\mathbf{u}$ in der Basis $\mathbf{C}^*$ enthält.

$$\begin{aligned} \bar{\mathbf{u}}_* &= \mathbf{A}^T\mathbf{u}_* = \mathbf{B}_*^T \mathbf{R}_o^T \mathbf{B}^* \mathbf{u}_* = (\mathbf{R}_o \mathbf{B}_*)^T \mathbf{u} = \mathbf{C}_*^T \mathbf{u} \\ \mathbf{u} &= \mathbf{C}^* \bar{\mathbf{u}}_* \end{aligned}$$

Echte Spiegelung eines Vektors : $\mathbf{C}_*$ sei die echte Spiegelung einer Basis $\mathbf{B}_*$ des Raumes $\mathbb{R}^n$ am Basisvektor $\mathbf{b}_k$. Die Koordinaten eines Vektors $\mathbf{u} \in \mathbb{R}^n$ seien $\mathbf{u}_*$ in der dualen Basis $\mathbf{B}^*$. Für die Transformation der kovarianten Koordinaten in die Basis $\mathbf{C}^*$ gilt die allgemeine Regel $\bar{\mathbf{u}}_* = \mathbf{A}^T\mathbf{u}_*$. Die Substitution von $\mathbf{A} = \mathbf{V}_k$ für die echte Spiegelung zeigt, daß $\bar{\mathbf{u}}_*$ die Koordinaten von $\mathbf{u}$ in der Basis $\mathbf{C}^*$ enthält. Der Vektor wird gespiegelt, indem das Vorzeichen seiner k-ten Koordinate umgekehrt wird.

$$\begin{aligned} \bar{\mathbf{u}}_* &= \mathbf{A}^T\mathbf{u}_* \quad \wedge \quad \mathbf{A} = \mathbf{V}_k \\ \bar{\mathbf{u}}_* &= \mathbf{V}_k^T \mathbf{B}_*^T \mathbf{u} = \mathbf{C}_*^T \mathbf{u} \\ \mathbf{u} &= \mathbf{C}^* \bar{\mathbf{u}}_* \end{aligned}$$

Beispiel 1 : Transformation einer Basis

Gegeben seien die kovariante Basis $\mathbf{B}_*$ und die kontravariante Basis $\mathbf{B}^*$ des Beispiels 2 in Abschnitt 9.2.2 sowie die Transformationsmatrix $\mathbf{A}$ und ihre Inverse $\bar{\mathbf{A}} = \mathbf{A}^{-1}$. Die transformierten Basen $\bar{\mathbf{B}}_*$ und $\bar{\mathbf{B}}^*$ werden berechnet. Ihr Produkt ist die Identitätsmatrix $\mathbf{I}$.

$$\bar{\mathbf{B}}_* = \mathbf{B}_* \mathbf{A}$$

0.8000	–0.5000	0.4000
–0.2000	1.2000	–0.6000
0.5000	–0.8000	1.0000

1.0000	–0.5000	0.5000
–1.0000	2.5000	–1.5000
1.0000	–2.5000	2.5000

1.1500	–1.5000	1.2000
–2.0500	4.7000	–3.4000
2.5500	–5.5000	4.4000

$$\bar{\mathbf{B}}^* = \mathbf{B}^* \bar{\mathbf{A}}^T$$

1.6000	–0.2222	–0.9778
0.4000	1.3333	0.8667
–0.4000	0.8889	1.9111

1.2500	0.5000	0.0000
0.0000	1.0000	1.0000
–0.2500	0.5000	1.0000

2.2000	0.3889	–0.7889
0.0000	2.2222	2.7778
–0.6000	1.6111	2.5889

$(\bar{\mathbf{B}}_*)^T \bar{\mathbf{B}}^* = \mathbf{I}$

2.2000	0.3889	–0.7889
0.0000	2.2222	2.7778
–0.6000	1.6111	2.5889

1.1500	–2.0500	2.5500
–1.5000	4.7000	–5.5000
1.2000	–3.4000	4.4000

1.0000	0.0000	0.0000
0.0000	1.0000	0.0000
0.0000	0.0000	1.0000

Beispiel 2 : Transformation eines Vektors

Gegeben seien der Vektor **w** des Beispiels 1 in Abschnitt 9.2.3 mit der kovarianten Darstellung $\mathbf{w}_*$ und der kontravarianten Darstellung $\mathbf{w}^*$ in den Basen $\mathbf{B}^*$ und $\mathbf{B}_*$ des vorangehenden Beispiels. Die Darstellungen $\bar{\mathbf{w}}_*$ und $\bar{\mathbf{w}}^*$ des Vektors **w** in den transformierten Basen $\bar{\mathbf{B}}^*$ und $\bar{\mathbf{B}}_*$ werden berechnet. Die Kontrollrechnung zeigt $\bar{\mathbf{B}}^* \bar{\mathbf{w}}_* = \mathbf{w}$.

$\bar{\mathbf{w}}_* = \mathbf{A}^T \mathbf{w}_*$

–1.5000
4.7500
–4.2500

0.8000	–0.2000	0.5000
–0.5000	1.2000	–0.8000
0.4000	–0.6000	1.0000

–4.2750
9.8500
–7.7000

$\bar{\mathbf{w}}^* = \bar{\mathbf{A}} \mathbf{w}^*$

1.0000
0.0000
–1.0000

1.6000	0.4000	–0.4000
–0.2222	1.3333	0.8889
–0.9778	0.8667	1.9111

2.0000
–1.1111
–2.8889

$\bar{\mathbf{B}}^* \bar{\mathbf{w}}_* = \mathbf{w}$

–4.2750
9.8500
–7.7000

2.2000	0.3889	–0.7889
0.0000	2.2222	2.7778
–0.6000	1.6111	2.5889

0.5000
0.5000
–1.5000

Beispiel 3 : Drehung einer Basis im Raum $\mathbb{R}^2$

Die dualen Basen $\mathbf{B}_*$ und $\mathbf{B}^*$ sowie die orthonormale Matrix $\mathbf{R}$ seien bekannt. Die dualen Basen $\mathbf{C}_* = \mathbf{R}\mathbf{B}_*$ und $\mathbf{C}^* = \mathbf{R}\mathbf{B}^*$ werden durch Drehung von B mit $\mathbf{R}$ bestimmt.

$$\mathbf{B}_* = \frac{1}{2}\begin{bmatrix} 4 & 1 \\ 2 & 2 \end{bmatrix} \qquad \mathbf{B}^* = \frac{1}{3}\begin{bmatrix} 2 & -2 \\ -1 & 4 \end{bmatrix} \qquad \mathbf{R} = \frac{1}{\sqrt{2}}\begin{bmatrix} 1 & -1 \\ 1 & 1 \end{bmatrix}$$

$$\mathbf{C}_* = \frac{1}{2\sqrt{2}}\begin{bmatrix} 2 & -1 \\ 6 & 3 \end{bmatrix} \qquad \mathbf{C}^* = \frac{1}{3\sqrt{2}}\begin{bmatrix} 3 & -6 \\ 1 & 2 \end{bmatrix} \qquad \mathbf{C}_*^T\,\mathbf{C}^* = \begin{bmatrix} 1 & 0 \\ 0 & 1 \end{bmatrix}$$

Die Transformationsmatrix $\mathbf{D} = (\mathbf{B}^*)^T \mathbf{R}\,\mathbf{B}_*$ in $\mathbf{C}_* = \mathbf{B}_*\,\mathbf{D}$ ist nicht orthonormal. Das Transformationsgesetz $\mathbf{C}_* = \mathbf{B}_*\,\mathbf{D}$ ist befriedigt.

$$\mathbf{D} = \frac{1}{6\sqrt{2}}\begin{bmatrix} -2 & -5 \\ 20 & 14 \end{bmatrix} \qquad \mathbf{D}^T\mathbf{D} = \frac{1}{72}\begin{bmatrix} 404 & 290 \\ 290 & 221 \end{bmatrix}$$

$$\mathbf{C}_* = \frac{1}{12\sqrt{2}}\begin{bmatrix} 4 & 1 \\ 2 & 2 \end{bmatrix} * \begin{bmatrix} -2 & -5 \\ 20 & 14 \end{bmatrix} = \frac{1}{2\sqrt{2}}\begin{bmatrix} 2 & -1 \\ 6 & 3 \end{bmatrix}$$

Die Abbildung der Basen zeigt die Drehung um $\pi/4$:

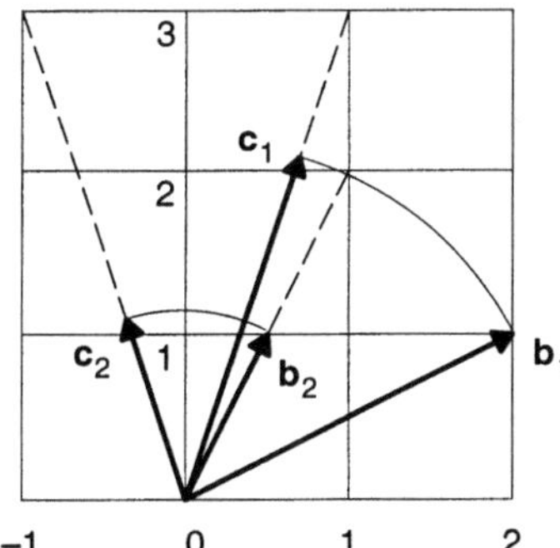

9.2.7 ORIENTIERUNG UND VOLUMEN

Determinanten von Basen : Die Basismatrix **B** jeder Basis eines euklidischen Raumes $\mathbb{R}^n$ ist quadratisch und besitzt eine Determinante det **B**. Da die Basisvektoren linear unabhängig sind, ist diese Determinante ungleich null. Sie kann aber positiv oder negativ sein.

$$\text{allgemein} \quad : \quad \det \mathbf{B} \neq 0$$

Der Betrag der Determinante einer orthonormalen Basis **B** ist 1, da die Determinante eines Matrizenproduktes gleich dem Produkt der Determinanten der Matrizen ist und da die Determinante einer Matrix gleich der Determinante ihrer Transponierten ist. Die Determinante der Einheitsbasis **E** ist 1.

$$\text{orthonormal} \quad : \quad \mathbf{B}^T\mathbf{B} = \mathbf{I} \quad \Rightarrow \quad \det \mathbf{B} \cdot \det \mathbf{B} = 1 \quad \Rightarrow \quad |\det \mathbf{B}| = 1$$

$$\text{Einheitsbasis} : \quad \det \mathbf{E} = 1$$

Die Determinanten dualer Basen $\mathbf{B}_*$ und $\mathbf{B}^*$ sind zueinander reziprok. Die Determinante der Metrik **G** einer Basis **B** ist immer positiv.

$$\text{dual} \quad : \quad (\mathbf{B}_*)^T \mathbf{B}^* = \mathbf{I} \quad \Rightarrow \quad \det \mathbf{B}_* \cdot \det \mathbf{B}^* = 1$$

$$\text{Metrik} \quad : \quad (\mathbf{B}_*)^T \mathbf{B}_* = \mathbf{G}_* \quad \Rightarrow \quad \det \mathbf{G}_* = (\det \mathbf{B}_*)^2 > 0$$

$$(\mathbf{B}^*)^T \mathbf{B}^* = \mathbf{G}^* \quad \Rightarrow \quad \det \mathbf{G}^* = (\det \mathbf{B}^*)^2 > 0$$

$$\det \mathbf{G}_* \cdot \det \mathbf{G}^* = (\det \mathbf{B}_* \cdot \det \mathbf{B}^*)^2 = 1$$

Orientierung von Basen : Die Transformation einer Basis **B** mit einer Transformationsmatrix **A** ist eindeutig umkehrbar. Folglich sind die Determinanten der Transformationsmatrix **A** und ihrer Inversen $\overline{\mathbf{A}}$ ungleich null.

$$\overline{\mathbf{B}} = \mathbf{B}\mathbf{A} \quad \wedge \quad \mathbf{B} = \overline{\mathbf{B}}\overline{\mathbf{A}} \quad \Rightarrow \quad \overline{\mathbf{B}} = \overline{\mathbf{B}}\overline{\mathbf{A}}\mathbf{A}$$

$$\det \overline{\mathbf{A}} \cdot \det \mathbf{A} = 1 \quad \Rightarrow \quad \det \mathbf{A}, \det \overline{\mathbf{A}} \neq 0$$

Die Orientierung der Basen **B** und $\overline{\mathbf{B}}$ heißt gleich, wenn die Determinanten der Basismatrizen gleiche Vorzeichen besitzen. Aus $\overline{\mathbf{B}} = \mathbf{B}\mathbf{A}$ folgt, daß die Basen gleich orientiert sind, wenn die Determinante der Transformationsmatrix **A** positiv ist :

$$\overline{\mathbf{B}} = \mathbf{B}\mathbf{A} \quad \Rightarrow \quad \det \overline{\mathbf{B}} = \det \mathbf{B} \cdot \det \mathbf{A}$$

$$\det \mathbf{A} > 0 \quad \Rightarrow \quad \det \mathbf{B} \cdot \det \overline{\mathbf{B}} > 0$$

Die Relation "gleich orientiert" ist eine Äquivalenzrelation in der Menge der Basen eines Raumes $\mathbb{R}^n$, die diese Menge in zwei Klassen teilt. Die eine Klasse enthält Basen, deren Determinante positiv ist. Die Determinanten der Basen in der anderen Klasse sind negativ. Der Raum $\mathbb{R}^n$ erhält eine Orientierung, indem eine der beiden Klassen als positiv (rechtssinnig) und die andere Klasse als negativ (linkssinnig) definiert wird. In der Regel bezeichnet man die Klasse der Basen mit positiver Determinante als positiv orientiert (rechtssinnig). Diese Orientierung des Raumes wird im folgenden vorausgesetzt. Duale Basen besitzen mit $\det \mathbf{B}_* \cdot \det \mathbf{B}^* = 1$ die gleiche Orientierung.

Volumen einer Basis : In der Geometrie des euklidischen Raumes $\mathbb{R}^3$ ist das Volumen eines Körpers definiert. Als Verallgemeinerung dieses Konzeptes wird in der Vektoralgebra das Volumen einer Basis **B** des euklidischen Raumes $\mathbb{R}^n$ definiert. Die Determinante der Basismatrix **B** heißt das Volumen der Basis und wird mit b bezeichnet. Das Vorzeichen des Volumens ist identisch mit der Orientierung der Basis. Da Basen mit positiver Determinante hier als positiv orientiert definiert wurden, gilt $b = \det \mathbf{B}$. Das Volumen kovarianter und kontravarianter Basen ist verschieden und wird mit dem Symbol $*$ markiert.

$$b = \det \mathbf{B} \qquad b_* = \det \mathbf{B}_* \qquad b^* = \det \mathbf{B}^*$$

Mit dieser Definition besitzt die Einheitsbasis des euklidischen Raumes $\mathbb{R}^n$ das Volumen $\det \mathbf{E} = 1$. Alle orthonormalen Basen **B** besitzen das Volumen 1 oder –1, da $|\det \mathbf{B}| = 1$. Die Basisvolumina dualer Basen sind zueinander reziprok. Bei der Transformation einer beliebigen Basis **B** mit der Matrix **A** folgt das Volumen der transformierten Basis $\bar{\mathbf{B}}$ aus dem Produkt der Determinanten von **B** und **A** :

$$\text{dual} \quad : \quad (\mathbf{B}_*)^T \mathbf{B}^* = \mathbf{I} \quad \Rightarrow \quad b_* \cdot b^* = 1$$

$$\text{allgemein} \quad : \quad \bar{\mathbf{B}} = \mathbf{BA} \quad \Rightarrow \quad \det \bar{\mathbf{B}} = \det \mathbf{B} \cdot \det \mathbf{A} \quad \Rightarrow \quad \bar{b} = b \det \mathbf{A}$$

Beispiel 1 : Umkehr der Orientierung einer Basis

In der Einheitsbasis **E** wird genau ein Basisvektor $\mathbf{e}_m$ durch den negativen Vektor $-\mathbf{e}_m$ ersetzt. Die resultierende Basis wird mit $\mathbf{E}'$ bezeichnet und besitzt die Determinante $\det \mathbf{E}' = -1$.

Die Orientierung einer allgemeinen Basis **B** wird umgekehrt, indem genau ein Basisvektor $\mathbf{b}_m$ durch den negativen Vektor $-\mathbf{b}_m$ ersetzt wird. Die resultierende Basis wird mit $\mathbf{B}'$ bezeichnet.

$$\mathbf{B}' = \mathbf{BE}' \quad \Rightarrow \quad \det \mathbf{B}' = \det \mathbf{B} \cdot \det \mathbf{E}' = -\det \mathbf{B}$$

9.3 TENSORALGEBRA

9.3.1 EINFÜHRUNG

Tensoren können in verschiedenen Vektorräumen und mit verschiedenen Metriken definiert werden. Im folgenden wird nur die Algebra von Tensoren behandelt, die als lineare skalare Abbildungen von Vektor-m-Tupeln in euklidischen reellen Vektorräumen definiert sind. Für jeden Vektor des m-Tupels kann eine eigene Basis des Vektorraumes frei gewählt werden. Häufig werden jedoch die Koordinaten aller Vektoren des m-Tupels auf dieselbe Basis oder auf ein duales Basispaar bezogen. Dies wird im folgenden vorausgesetzt, wenn keine explizite Festlegung getroffen wird.

Ein Tensor wird durch seine Koordinaten beschrieben. Jede Koordinate ist der Wert der Abbildung eines m-Tupels von Basisvektoren. Zur Abbildung eines beliebigen Vektor-m-Tupels wird jeder Vektor des m-Tupels als Linearkombination der zugeordneten Basisvektoren ausgedrückt. Da die Abbildung linear ist, ist das Bild des Vektor-m-Tupels eine Linearkombination der Koordinaten des Tensors. Je nach Art der gewählten Basen wird der Tensor mit kovarianten, kontravarianten oder gemischt-varianten Koordinaten dargestellt.

Gegebene Tensoren können mit Tensoroperationen zu neuen Tensoren verknüpft werden. Für die Bestimmung der Koordinaten der neuen Tensoren aus den Koordinaten der gegebenen Tensoren gibt es feste Rechenregeln. Beispielsweise sind die Summe, das Produkt, die Überschiebung und die Verjüngung von Tensoren ebenfalls Tensoren. Diese Tensoroperationen werden häufig zur Darstellung der Beziehungen zwischen physikalischen Größen eingesetzt.

Die Werte der Koordinaten eines Tensors können besondere Bedingungen erfüllen. Dies führt zu speziellen Tensoren : den Einstensoren, metrischen Tensoren, isotropen Tensoren sowie symmetrischen und antisymmetrischen Tensoren. Der vollständig antisymmetrische Permutationstensor eines Vektorraumes wird zur Darstellung von Determinanten und von Vektorprodukten (beispielsweise zur Bestimmung von Flächenvektoren) eingesetzt. Die Koordinaten des Permutationstensors sind nur von der Determinante der Basis des Vektorraumes abhängig. Das Produkt des kovarianten und des kontravarianten Permutationstensors eines Raumes ergibt den Einstensor, dessen Koordinaten basisunabhängig sind. Da in physikalischen Aufgaben häufig Überschiebungen von Permutationstensoren auftreten, werden Regeln zur Verjüngung des Einstensors hergeleitet.

Jeder Tensor ist eine Abbildung von Vektor-m-Tupeln. Die Koordinaten des Tensors sind auf eine bestimmte Basis bezogen. Ändert man die Basis, auf die ein Vektor des m-Tupels bezogen ist, so ändern sich die Koordinaten des Tensors. Es gibt feste Regeln für die Bestimmung der Koordinaten des Tensors in der neuen

Basis, wenn die Werte der Koordinaten in der alten Basis und die Transformationsregeln für die Basis gegeben sind. Bei den Regeln sind zwei Fälle zu unterscheiden : Transformationen beim Übergang von einer Basis zu der dazu dualen Basis und Transformationen beim Übergang von einer Basis zu einer beliebigen anderen Basis des Raumes.

Die Anzahl m der Vektoren in einer Tensordefinition heißt die Stufe des Tensors. Tensoren 1. Stufe werden häufig als Vektoren bezeichnet. Ihre Koordinaten werden als Vektoren dargestellt. Tensoren 2. Stufe werden als Dyaden bezeichnet. Ihre Koordinaten werden als Matrizen dargestellt. Die Transformationsregeln für Tensoren 1. und 2. Stufe können wahlweise entweder in Koordinatenschreibweise oder in Matrixschreibweise dargestellt werden. Tensoren 1. und 2. Stufe werden zu bilinearen und quadratischen Formen, inneren Produkten und Skalarprodukten verknüpft.

Die Werte der Koordinaten von Dyaden können bestimmte Bedingungen erfüllen. Dies führt zu speziellen Dyaden : Nulldyade, Einsdyade, reguläre Dyade, unitäre Dyade, symmetrische und antisymmetrische Dyaden. Für allgemeine Dyaden ist die Zerlegung in die Summe eine symmetrischen und einer antisymmetrischen Dyade von besonderer Bedeutung, für symmetrische Dyaden die Bestimmung von Eigenwerten und Eigenvektoren, für reguläre Dyaden die Zerlegung in das Produkt einer unitären und einer symmetrischen Dyade.

9.3.2 TENSOREN

Einführung : Die Basis des euklidischen Vektorraumes $\mathbb{R}^n$ ist nicht eindeutig bestimmt. In dem Raum $\mathbb{R}^n$ gibt es aber Größen, deren Wert eindeutig bestimmt und damit von der beliebig gewählten Basis unabhängig ist. Solche Größen sind für das Verständnis und für die mathematische Beschreibung physikalischer Vorgänge wesentlich. Beispielsweise sind die folgenden Größen nicht von der gewählten Basis abhängig :

(1) Der Betrag eines Vektors.
(2) Der Winkel zwischen zwei Vektoren.
(3) Das Volumen eines Spatkörpers (Parallelepipedon).
(4) Der Betrag der Komponente des Spannungsvektors in einer festen Richtung auf einer Schnittfläche mit fester Flächennormale.

Die Beispiele zeigen, daß die von der Basis unabhängigen Größen mit Vektoren beschrieben werden, die relativ zur Einheitsbasis fest sind :

(1) Der Vektor, dessen Betrag bestimmt wird.
(2) Die zwei Vektoren, die den Winkel einschließen.
(3) Die n unabhängigen Vektoren, welche die Kanten des Spats definieren.
(4) Der Normalenvektor der Fläche und der Richtungsvektor der Spannungskomponente.

Die Beispiele zeigen ferner, daß der Wert der von der Basis unabhängigen Größe ein Skalar ist. Änderungen in den Vektoren, welche die Größe beschreiben, führen zu Änderungen des Skalars :

(1) Der Wert des Betrages des Vektors.
(2) Der Wert des Winkels.
(3) Der Wert des Volumens.
(4) Der Wert des Betrages der Spannungskomponente.

Die Beispiele zeigen, daß eine Größe von der Basiswahl unabhängig ist, wenn sie durch Vektoren spezifiziert wird, deren Bild ein Skalar ist. Eine Transformation der Basis, in der die Vektorkoordinaten angegeben sind, beeinflußt den Wert dieses Skalars nicht, da die Vektoren relativ zu der Einheitsbasis fest sind.

Vektorabbildungen : Eine Abbildung heißt eine Vektorabbildung (Vektorfunktion), wenn die Ausgangsmenge der Abbildung aus Vektor-m-Tupeln $(\mathbf{u}_1,...,\mathbf{u}_m)$ besteht. Die Vektorabbildung heißt skalarwertig (skalar), wenn die Zielmenge aus Skalaren (Zahlen) besteht. Die Vektorabbildung heißt vektorwertig (vektoriell), wenn die Zielmenge aus Vektoren besteht. Die Vektorabbildung heißt reell, wenn die Skalare und die Koordinaten der Vektoren reelle Zahlen sind.

$$\text{skalar} \quad : \quad t : \mathbb{R}^n \times \ldots \times \mathbb{R}^n \to \mathbb{R} \quad \text{mit} \quad t(\mathbf{u}_1,\ldots,\mathbf{u}_m) = w$$
$$\text{vektoriell} : \quad t : \mathbb{R}^n \times \ldots \times \mathbb{R}^n \to \mathbb{R}^s \quad \text{mit} \quad t(\mathbf{u}_1,\ldots,\mathbf{u}_m) = \mathbf{w}$$

Lineare skalare Vektorabbildung : Eine skalare Vektorabbildung heißt linear, wenn sie strukturverträglich ist (siehe Abschnitt 3.6). Ersetzt man also einen Vektor $\mathbf{u}_i$ des m-Tupels der Ausgangsmenge durch die Vektorsumme $\mathbf{a}+\mathbf{b}$, so ist das Bild des m-Tupels gleich der Summe der Bilder der m-Tupel mit den Vektoren **a** und **b**. Ersetzt man einen Vektor $\mathbf{u}_i$ des m-Tupels durch den s-fachen Vektor $s\mathbf{u}_i$, so ist das Bild des m-Tupels gleich dem s-fachen des Bildes des m-Tupels mit dem Vektor $\mathbf{u}_i$.

$$t(\mathbf{u}_1,\ldots,\mathbf{a}+\mathbf{b},\ldots,\mathbf{u}_m) = t(\mathbf{u}_1,\ldots,\mathbf{a},\ldots,\mathbf{u}_m) + t(\mathbf{u}_1,\ldots,\mathbf{b},\ldots,\mathbf{u}_m)$$
$$t(\mathbf{u}_1,\ldots,s\mathbf{u}_i,\ldots,\mathbf{u}_m) = s\,t(\mathbf{u}_1,\ldots,\mathbf{u}_i,\ldots,\mathbf{u}_m)$$

Tensor : Mit n-dimensionalen Räumen $\mathbb{R}^n$ wird das m-fache kartesische Produkt $\mathbb{R}^n \times \ldots \times \mathbb{R}^n$ konstruiert. Die ganzen Zahlen $m,n \geq 0$ sind beliebig. Eine lineare skalare Abbildung t der Vektor-m-Tupel heißt ein n-dimensionaler Tensor der Stufe m. Der Tensor heißt reell, wenn die Vektorabbildung t reell ist.

$$t \; : \; \mathbb{R}^n \times \ldots \times \mathbb{R}^n \to \mathbb{R} \quad \text{mit} \quad t(\mathbf{u}_1,\ldots,\mathbf{u}_m) = w$$
$$t(\mathbf{a}+\mathbf{b},\mathbf{c}) = t(\mathbf{a},\mathbf{c}) + t(\mathbf{b},\mathbf{c})$$
$$t(p\mathbf{a},\mathbf{c}) = p\,t(\mathbf{a},\mathbf{c})$$

Beispiel 1 : Tensoren

(1) Jede Abbildung $t : \mathbb{R} \to \mathbb{R}$ von Skalaren auf Skalare ist ein Tensor 0-ter Stufe.

(2) Der Vektor $\mathbf{f} \in \mathbb{R}^n$ sei fest. Die Abbildung $t : \mathbb{R}^n \to \mathbb{R}$ mit $t(\mathbf{u}) = \mathbf{f} \cdot \mathbf{u}$ ist wegen der Eigenschaften des Skalarproduktes in Abschnitt 9.2.1 linear. Sie definiert einen Tensor 1. Stufe mit Bildmenge T :

$$T = \{a \in \mathbb{R} \mid a = \mathbf{f} \cdot \mathbf{u} \;\wedge\; \mathbf{u} \in \mathbb{R}^n\}$$
$$t(\mathbf{u}+s\mathbf{w}) = \mathbf{f} \cdot (\mathbf{u}+s\mathbf{w}) = \mathbf{f} \cdot \mathbf{u} + s\,\mathbf{f} \cdot \mathbf{w} = t(\mathbf{u}) + s\,t(\mathbf{w})$$

(3) Die Abbildung $t : \mathbb{R}^n \times \mathbb{R}^n \to \mathbb{R}$ mit $t(\mathbf{u},\mathbf{w}) = \mathbf{u} \cdot \mathbf{w}$ ist wegen der Eigenschaften des Skalarproduktes in Abschnitt 9.2.1 linear. Sie definiert einen Tensor 2. Stufe mit Bildmenge T :

$$T = \{a \in \mathbb{R} \mid a = \mathbf{u} \cdot \mathbf{w} \;\wedge\; \mathbf{u},\mathbf{w} \in \mathbb{R}^n\}$$
$$t(\mathbf{a}+s\mathbf{b},\mathbf{w}) = (\mathbf{a}+s\mathbf{b}) \cdot \mathbf{w} = \mathbf{a} \cdot \mathbf{w} + s\,\mathbf{b} \cdot \mathbf{w} = t(\mathbf{a},\mathbf{w}) + s\,t(\mathbf{b},\mathbf{w})$$

(4) Je n linear unabhängige Vektoren $\mathbf{b}_1,\ldots,\mathbf{b}_n$ bilden eine Basis **B** des Raumes $\mathbb{R}^n$. Die Basis besitzt das Volumen $b = \det \mathbf{B}$. Die Abbildung $t : \mathbb{R}^n \times \ldots \times \mathbb{R}^n \to \mathbb{R}$ mit $t(\mathbf{b}_1,\ldots,\mathbf{b}_n) = \det \mathbf{B}$ ist wegen der Eigenschaften der Determinanten linear. Sie definiert einen Tensor n-ter Stufe mit Bildmenge T :

$$T = \{a \in \mathbb{R} \mid a = \det \mathbf{B} \ \wedge \ \mathbf{b}_1, ..., \mathbf{b}_n \in \mathbb{R}^n\}$$

$$t(\mathbf{u} + s\mathbf{w}, \mathbf{b}_2, ..., \mathbf{b}_n) = t(\mathbf{u}, \mathbf{b}_2, ..., \mathbf{b}_n) + s\,t(\mathbf{w}, \mathbf{b}_2, ..., \mathbf{b}_n)$$

Beispiel 2 : Linearität des Volumentensors 2. Stufe

Die Vektoren $\mathbf{a}_1, \mathbf{a}_2 \in \mathbb{R}^2$ definieren eine Fläche. Für die Komponenten $\mathbf{u}_1, \mathbf{w}_1$ und $\mathbf{u}_2, \mathbf{w}_2$ der Vektoren $\mathbf{a}_1, \mathbf{a}_2$ wird die Linearität der Abbildung $t : \mathbb{R}^2 \times \mathbb{R}^2 \to \mathbb{R}$ mit $t(\mathbf{a}_1, \mathbf{a}_2) = \det [\mathbf{a}_1, \mathbf{a}_2]$ gezeigt.

$$t(\mathbf{u}_1 + \mathbf{w}_1, \mathbf{a}_2) = t(\mathbf{u}_1, \mathbf{a}_2) + t(\mathbf{w}_1, \mathbf{a}_2)$$

$$t(\mathbf{u}_1 + \mathbf{w}_1, \mathbf{u}_2 + \mathbf{w}_2) = t(\mathbf{u}_1, \mathbf{u}_2) + t(\mathbf{u}_1, \mathbf{w}_2) + t(\mathbf{w}_1, \mathbf{u}_2) + t(\mathbf{w}_1, \mathbf{w}_2)$$

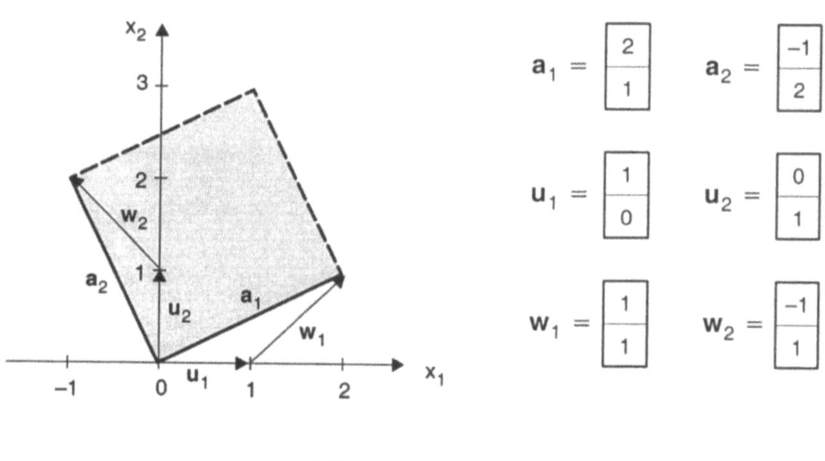

$$t(\mathbf{a}_1, \mathbf{a}_2) = \det \begin{vmatrix} 2 & -1 \\ 1 & 2 \end{vmatrix} = 5$$

$$t(\mathbf{u}_1 + \mathbf{w}_1, \mathbf{a}_2) = \det \begin{vmatrix} 1 & -1 \\ 0 & 2 \end{vmatrix} + \det \begin{vmatrix} 1 & -1 \\ 1 & 2 \end{vmatrix} = 2 + 3 = 5$$

$$t(\mathbf{u}_1 + \mathbf{w}_1, \mathbf{u}_2 + \mathbf{w}_2) = \det \begin{vmatrix} 1 & 0 \\ 0 & 1 \end{vmatrix} + \det \begin{vmatrix} 1 & -1 \\ 0 & 1 \end{vmatrix} +$$

$$\det \begin{vmatrix} 1 & 0 \\ 1 & 1 \end{vmatrix} + \det \begin{vmatrix} 1 & -1 \\ 1 & 1 \end{vmatrix} = 1 + 1 + 1 + 2 = 5$$

Tensorkoordinaten : Im euklidischen Raum $\mathbb{R}^n$ sei ein Tensor T durch die lineare Abbildung $t(\mathbf{u},\mathbf{v},...,\mathbf{w})$ eines Vektor-m-Tupels definiert. Jeder Vektor des m-Tupels $(\mathbf{u},...,\mathbf{w})$ kann als Linearkombination einer Basis $\mathbf{b}^1,...,\mathbf{b}^n$ von $\mathbb{R}^n$ dargestellt werden. Wegen der Linearität der Abbildung t kann dann das Bild des Vektor-m-Tupels $(\mathbf{u},...,\mathbf{w})$ durch eine Linearkombination von Bildern der Basisvektoren ersetzt werden :

$$\mathbf{u} = u_i\,\mathbf{b}^i \qquad \mathbf{v} = v_j\,\mathbf{b}^j \qquad \mathbf{w} = w_k\,\mathbf{b}^k$$

$$\begin{aligned} t(\mathbf{u},\mathbf{v},...,\mathbf{w}) &= t(u_i\,\mathbf{b}^i, \mathbf{v},...,\mathbf{w}) \\ &= u_i\,t(\mathbf{b}^i, \mathbf{v},...,\mathbf{w}) \\ &= u_i\,v_j\,t(\mathbf{b}^i, \mathbf{b}^j,...,\mathbf{w}) \\ &= u_i\,v_j...w_k\,t(\mathbf{b}^i, \mathbf{b}^j,...,\mathbf{b}^k) \end{aligned}$$

Ein Bild $t(\mathbf{b}^i, \mathbf{b}^j,...,\mathbf{b}^k)$ von Basisvektoren heißt eine Koordinate des Tensors T in der Basis $\mathbf{B}^* = \{\mathbf{b}^1,...,\mathbf{b}^n\}$. Diese Koordinate wird mit $t^{i\,j...k}$ bezeichnet. Da jeder der m Indizes i,...,k die Werte 1,...,n annehmen kann, besitzt der Tensor n^m Koordinaten. Der skalare Wert der Abbildung $t(\mathbf{u},...,\mathbf{w})$ eines beliebigen Vektor-m-Tupels $(\mathbf{u},...,\mathbf{w})$ kann bestimmt werden, wenn die Koordinaten $u_i,..., w_k$ der Vektoren und die Koordinaten $t^{i...k}$ des Tensors bekannt sind :

$$t^{i...k} := t(\mathbf{b}^i,...,\mathbf{b}^k)$$

$$t(\mathbf{u},...,\mathbf{w}) = u_i \,...\, w_k\, t^{i...k}$$

Typisierung der Tensorkoordinaten : Im euklidischen Raum $\mathbb{R}^n$ sei ein Tensor T durch die lineare Abbildung $t(\mathbf{u},...,\mathbf{w})$ eines Vektor-m-Tupels definiert. Jedem Vektor $\mathbf{v}$ des m-Tupels kann eine eigene Basis zugeordnet werden. Die kovarianten Koordinaten $v_1,...,v_n$ des Vektors $\mathbf{v}$ in der kontravarianten Basis $\mathbf{b}^1,...,\mathbf{b}^n$ werden in einem Vektor $\mathbf{v}_*$ zusammengefaßt. Dementsprechend werden seine kontravarianten Koordinaten $v^1,...,v^n$ in der kovarianten Basis $\mathbf{b}_1,...,\mathbf{b}_n$ in einem Vektor $\mathbf{v}^*$ zusammengefaßt. Der Vektor $\mathbf{v}$ wird also wie folgt dargestellt :

$$\mathbf{v} = v_i\,\mathbf{b}^i = \mathbf{B}^*\mathbf{v}_* \qquad \mathbf{v} = v^i\,\mathbf{b}_i = \mathbf{B}_*\mathbf{v}^*$$

Dem i-ten Vektor des m-Tupels wird die i-te Indexspalte der Tensorkoordinaten zugeordnet. Die Position (Subskript oder Superskript) des Index in der Spalte entspricht der Position des Index des Basisvektors. Die Anordnung der Indexspalten wird durch das Symbol **.** (Punkt) in freien Subskriptpositionen markiert. Werden beispielsweise alle Vektoren eines 4-Tupels in den dualen Basen $\mathbf{b}_1,...,\mathbf{b}_n$ oder $\mathbf{b}^1,...,\mathbf{b}^n$ beschrieben, so gilt für die Abbildung $t(\mathbf{u}, \mathbf{v}, \mathbf{w}, \mathbf{z})$:

$$\mathbf{u} = u_{s_1}\,\mathbf{b}^{s_1} \qquad \mathbf{w} = w_{s_3}\,\mathbf{b}^{s_3}$$

$$\mathbf{v} = v^{s_2}\,\mathbf{b}_{s_2} \qquad \mathbf{z} = z_{s_4}\,\mathbf{b}^{s_4}$$

$$t(\mathbf{b}^{s_1}, \mathbf{b}_{s_2}, \mathbf{b}^{s_3}, \mathbf{b}^{s_4}) := t^{s_1}{}_{\cdot}{}_{s_2}{}^{s_3 s_4}_{\cdot\ \cdot}$$
$$t(\mathbf{u}, \mathbf{v}, \mathbf{w}, \mathbf{z}) \quad = u_{s_1} v^{s_2} w_{s_3} z_{s_4} t^{s_1}{}_{\cdot}{}_{s_2}{}^{s_3 s_4}_{\cdot\ \cdot}$$

$u_{s_1}, v^{s_2}, w_{s_3}, z_{s_4}$ Koordinaten der Vektoren des m-Tupels
$t^{s_1}{}_{\cdot}{}_{s_2}{}^{s_3 s_4}_{\cdot\ \cdot}$ Koordinaten des Tensors T

Die Koordinaten eines Tensors heißen kovariant, wenn alle Indizes der Koordinaten Subskripte sind. Häufig wird dann der Tensor selbst als kovariant bezeichnet. Die Koordinaten eines Tensors heißen kontravariant, wenn alle Indizes der Koordinaten Superskripte sind. Sonst heißen die Koordinaten des Tensors gemischt-variant.

$t_{s_1 \ldots s_m}$ kovariante Koordinaten des Tensors T
$t^{s_1 \ldots s_m}$ kontravariante Koordinaten des Tensors T
$t_{s_1}{}^{s_2}{}_{\cdot\ \ldots s_m}$ gemischt-variante Koordinaten des Tensors T

Bezeichnungen : In einem euklidischen Raum $\mathbb{R}^n$ sei ein Tensor T durch die lineare Abbildung $t(\mathbf{u},\ldots,\mathbf{w})$ mit $\mathbf{u},\ldots,\mathbf{w} \in \mathbb{R}^n$ definiert. Für diesen Tensor gibt es folgende Bezeichnungen :

T Bildmenge der Abbildung t für alle Tupel $(\mathbf{u},\ldots,\mathbf{w})$
$\mathbf{T}$ Satz der Koordinaten des Tensors
$\mathbf{T}_*$ Satz der kovarianten Koordinaten $t_{1\ldots m}$ des Tensors
$\mathbf{T}^*$ Satz der kontravarianten Koordinaten $t^{1\ldots m}$ des Tensors

Darstellung von Tensorkoordinaten : Die Koordinaten eines Tensors 1. Stufe $t(\mathbf{u})$ werden häufig als ein Vektor $\mathbf{t}$ der Dimension n dargestellt. Dabei wird zwischen der Darstellung $\mathbf{t}_*$ mit den kovarianten Koordinaten und der Darstellung $\mathbf{t}^*$ mit den kontravarianten Koordinaten des Tensors unterschieden.

$$\mathbf{t}_* = \begin{bmatrix} t_1 \\ \vdots \\ t_n \end{bmatrix} \qquad \mathbf{t}^* = \begin{bmatrix} t^1 \\ \vdots \\ t^n \end{bmatrix}$$

Die Koordinaten eines Tensors 2. Stufe $T(\mathbf{u},\mathbf{w})$ werden häufig als eine quadratische Matrix $\mathbf{T}$ mit der Dimension n dargestellt. Dabei wird zwischen der Darstellung $\mathbf{T}_*$ mit den kovarianten Koordinaten und der Darstellung $\mathbf{T}^*$ mit den kontravarianten Koordinaten des Tensors unterschieden.

$$\mathbf{T}_* = \begin{bmatrix} t_{11} & t_{12} & \cdots & t_{1n} \\ t_{21} & t_{22} & & t_{2n} \\ \vdots & & \ddots & \vdots \\ t_{n1} & t_{n2} & \cdots & t_{nn} \end{bmatrix} \qquad \mathbf{T}^* = \begin{bmatrix} t^{11} & t^{12} & \cdots & t^{1n} \\ t^{21} & t^{22} & & t^{2n} \\ \vdots & & \ddots & \vdots \\ t^{n1} & t^{n2} & \cdots & t^{nn} \end{bmatrix}$$

Metrischer Tensor : In einem euklidischen Raum $\mathbb{R}^n$ mit der kovarianten Basis $\mathbf{b}_1,...,\mathbf{b}_m$ und der kontravarianten Basis $\mathbf{b}^1,...,\mathbf{b}^m$ definiert die lineare Abbildung $t(\mathbf{u},\mathbf{w}) = \mathbf{u} \cdot \mathbf{w}$ mit $\mathbf{u},\mathbf{w} \in \mathbb{R}^n$ den metrischen Tensor G. Die Koordinaten des metrischen Tensors sind die Skalarprodukte der Basisvektoren. Der metrische Tensor besitzt die kovarianten Koordinaten g_{im} und die kontravarianten Koordinaten g^{im}.

$$g_{im} = \mathbf{b}_i \cdot \mathbf{b}_m \qquad i,m \in \{1,...,n\}$$

$$g^{im} = \mathbf{b}^i \cdot \mathbf{b}^m \qquad i,m \in \{1,...,n\}$$

Die gemischt-varianten Koordinaten des metrischen Tensors besitzen entweder den Wert 0 oder den Wert 1.

$$g_{i.}^{m} = \mathbf{b}_i \cdot \mathbf{b}^m = \delta_i^m \qquad i,m \in \{1,...,n\}$$

Symmetrische Tensoren : Ein Tensor T heißt symmetrisch in den kovarianten Indizes i und m oder symmetrisch in den kontravarianten Indizes r und s, wenn der Tausch dieser Indizes die Werte der Koordinaten des Tensors nicht ändert. Das Zeichen _ in den folgenden Formeln steht für beliebige Subskripte oder Superskripte, deren Wert fest ist.

$$t_{\_i\_\_m\_} = t_{\_m\_\_i\_}$$

$$t_{\_.\_\_\_.\_}^{\ r \quad\ s} = t_{\_.\_\_\_.\_}^{\ s \quad\ r}$$

Antisymmetrische Tensoren : Ein Tensor T heißt antisymmetrisch in den kovarianten Indizes i und m oder antisymmetrisch in den kontravarianten Indizes r und s, wenn der Tausch dieser Indizes das Vorzeichen der Koordinaten des Tensors ändert, nicht jedoch ihren Betrag.

$$t_{\_i\_\_m\_} = -t_{\_m\_\_i\_}$$

$$t_{\_.\_\_\_.\_}^{\ r \quad\ s} = -t_{\_.\_\_\_.\_}^{\ s \quad\ r}$$

9.3.3 TRANSFORMATION DER TENSORKOORDINATEN

Koordinaten mit dualen Indizes : Die Koordinaten eines Tensors T können wahlweise kovariant, kontravariant oder gemischt-variant angegeben werden. Ist der i-te Vektor des m-Tupels der Abbildung $t(\mathbf{u}_1,...,\mathbf{u}_m)$ mit kovarianten Koordinaten in der kontravarianten Basis $\mathbf{b}^1,...,\mathbf{b}^n$ dargestellt, so besitzen die Tensorkoordinaten die Form $t_{-\,-\,\cdot\,-}^{\quad\;\; i}$. Ist der i-te Vektor des m-Tupels stattdessen mit kontravarianten Koordinaten in der kovarianten Basis $\mathbf{b}_1,...,\mathbf{b}_n$ dargestellt, so besitzen die Tensorkoordinaten die Form $t_{-\,-\,i\,-}$. Die Koordinaten $t_{-\,-\,i\,-}$ und $t_{-\,-\,\cdot\,-}^{\quad\;\; i}$ heißen Koordinaten mit dualen Indizes. Der Subskript i heißt kovarianter Index, der Superskript i heißt kontravarianter Index.

Ziehregeln für duale Indizes : Da die Wahl der Basis die skalaren Werte eines Tensors T nicht ändert, gibt es eindeutige Regeln für die Transformation der Koordinaten des Tensors beim Wechsel von einer Basis für den i-ten Vektor des m-Tupels zu der dualen Basis für denselben Vektor. Diese Regeln heißen Ziehregeln (Herabziehen oder Senken eines Index, Heraufziehen oder Heben eines Index).

Für die dualen Basisvektoren gelten die Transformationsregeln $\mathbf{b}_i = g_{ik}\,\mathbf{b}^k$ und $\mathbf{b}^i = g^{ik}\,\mathbf{b}_k$ mit den Koordinaten g_{ik} und g^{ik} des metrischen Tensors G. Die Beziehung zwischen den Koordinaten des Tensors T mit dualen Indizes i wird aus der Linearität der Abbildung $t(\mathbf{u}_1,...,\mathbf{u}_m)$ abgeleitet :

Senken :
$$t(...,\mathbf{b}_i,...) = t(...,g_{ik}\,\mathbf{b}^k,...) = g_{ik}\,t(...,\mathbf{b}^k,...)$$
$$t_{-\,-\,i\,-} = g_{ik}\,t_{-\,-\,\cdot\,-}^{\quad\;\; k}$$

Heben :
$$t(...,\mathbf{b}^i,...) = t(...,g^{ik}\,\mathbf{b}_k,...) = g^{ik}\,t(...,\mathbf{b}_k,...)$$
$$t_{-\,-\,\cdot\,-}^{\quad\;\; i} = g^{ik}\,t_{-\,-\,k\,-}$$

Allgemein :
$$t_{-\,i\,\cdot\,-}^{\quad\;\; k} = g_{ir}\,g^{ks}\,t_{-\,\cdot\,s\,-}^{\;\;\; r}$$

Transformationsregeln für Tensorkoordinaten : Im euklidischen Raum $\mathbb{R}^n$ sei ein Tensor T durch die lineare Abbildung $t(\mathbf{u}_1,...,\mathbf{u}_m)$ definiert. Die kovarianten Basisvektoren $\mathbf{b}_1,...,\mathbf{b}_n$ für den i-ten Vektor des m-Tupels werden mit der Matrix $\mathbf{A}$ in die Basisvektoren $\overline{\mathbf{b}}_1,...,\overline{\mathbf{b}}_n$ transformiert, also $\overline{\mathbf{B}}_* = \mathbf{B}_*\,\mathbf{A}$. Die Koordinaten des Tensors seien $t_{-\,-\,i\,-}$ vor der Transformation und $\overline{t}_{-\,-\,i\,-}$ danach. Die Transformationsregel für die Koordinaten wird mit der Linearität der Abbildung $t(\mathbf{u}_1,...,\mathbf{u}_m)$ aus der Transformationsregel $\overline{\mathbf{b}}_i = \mathbf{b}_k\,a^k_{.i}$ der Basisvektoren abgeleitet.

Kovariant :
$$t(...,\overline{\mathbf{b}}_i,...) = t(...,a^k_{.i}\,\mathbf{b}_k,...) = a^k_{.i}\,t(...,\mathbf{b}_k,...)$$
$$\overline{t}_{-\,-\,i\,-} = a^k_{.i}\,t_{-\,-\,k\,-}$$

Die Transformationsregel für einen kontravarianten Index der Tensorkoordinaten folgt auf analoge Weise aus der Transformationsregel $\bar{\mathbf{b}}^i = \mathbf{b}^k \bar{a}^i_{.k}$:

Kontravariant : $t(..., \bar{\mathbf{b}}^i, ...) = t(..., \bar{a}^i_{.k} \mathbf{b}^k, ...) = \bar{a}^i_{.k} t(..., \mathbf{b}^k, ...)$

$$\bar{t}_{--}{}^{i}_{.}{}_{-} = \bar{a}^i_{.k} t_{--}{}^{k}_{.}{}_{-}$$

Wegen der Linearität der Abbildung $t(\mathbf{u}_1, ..., \mathbf{u}_m)$ können die Transformationen für die verschiedenen Indizes der Tensorkoordinaten überlagert werden. Werden beispielsweise der i-te und der k-te Vektor des m-Tupels in dualen Basen beschrieben, die mit den Matrizen $\mathbf{A}$ und $\bar{\mathbf{A}} = \mathbf{A}^{-1}$ transformiert werden, so gilt :

Allgemein : $\bar{t}_{-i-}{}^{k}_{.}{}_{-} = a^r_{.i} \bar{a}^k_{.s} t_{-r-}{}^{s}_{.}{}_{-}$

Tensorcharakter einer Größe : In einem euklidischen Raum $\mathbb{R}^n$ seien die Werte einer m-fach indizierten Größe für alle Kombinationen von Indexwerten im Bereich 1,...,n bekannt. Jedem Index sei eine Basis von $\mathbb{R}^n$ zugeordnet. Diese m-fach indizierten Größen sind die Koordinaten eines Tensors, wenn beim Wechsel der Basis für beliebige Indizes die Ziehregeln und die Transformationsregeln für Tensorkoordinaten befriedigt sind.

Beweis : Tensorcharakter einer indizierten Größe

In den vorangehenden Abschnitten ist gezeigt, daß die Befriedigung der Ziehregeln und der Transformationsregeln eine notwendige Eigenschaft der Tensorkoordinaten ist. Die Befriedigung dieser Regeln ist auch hinreichend, wenn daraus folgt, daß es eine lineare Abbildung $t(\mathbf{u}_1, ..., \mathbf{u}_m)$ gibt, die jedes Vektor-m-Tupel auf einen von der Basiswahl unabhängigen Skalar abbildet und zu den gegebenen Koordinaten führt.

Für jeden Index der m-fach indizierten Größe $t_{-}{}^{i}_{.k-}$ sei eine Basis vereinbart, so daß die Vektoren des m-Tupels in der Form $\mathbf{u} = u_i \mathbf{b}^i$ oder $\mathbf{u} = u^k \mathbf{b}_k$ darstellbar sind. Für die m-fach indizierten Größen und die Koordinaten der Vektoren wird folgende Summe definiert :

$$S := ... u_i u^k ... t_{-}{}^{i}_{.k-}$$

Bei einer Transformation der Basen mit der Matrix $\mathbf{A}$ gelten voraussetzungsgemäß für die Koordinaten der m-fach indizierten Größe und der Vektoren die Transformationsregeln :

$$\bar{u}_r = u_i a^i_{.r} \qquad \bar{u}^s = u^k \bar{a}^s_{.k}$$

$$\bar{t}_{-}{}^{r}_{.s-} = ... \bar{a}^r_{.x} a^y_{.s} ... t_{-}{}^{x}_{.y-}$$

Der Wert der Summe wird nun mit den transformierten Koordinaten berechnet und mit $\bar{S}$ bezeichnet. Die Substitution der Transformationsformeln führt zu $\bar{S} = S$:

$$\begin{aligned}\bar{S} &= \ldots \bar{u}_r\, \bar{u}^s \ldots t_{-\,.\,s\,-}^{\ \ r} \\ &= \ldots u_i\, u^k\, a^i_{.r}\, \bar{a}^s_{.k}\, \bar{a}^r_{.x}\, a^y_{.s} \ldots t_{-\,.\,y-}^{\ \ x} \\ &= \ldots u_i\, u^k\, \delta^i_x\, \delta^y_k \ldots t_{-\,.\,y-}^{\ \ x} \\ &= \ldots u_i\, u^k \ldots t_{-\,.\,k-}^{\ \ i} \;=\; S\end{aligned}$$

Es gibt also eine lineare Abbildung $t(\mathbf{u}_1, \ldots, \mathbf{u}_m)$, die zu den gegebenen Koordinaten führt und jedem Vektor-m-Tupel $(\mathbf{u}_1, \ldots, \mathbf{u}_m)$ eine Summe S als Skalar zuordnet, dessen Wert von der Wahl der Koordinatensysteme für die Vektoren $\mathbf{u}_i$ unabhängig ist. Also sind die m-fach indizierten Größen $t_{-\,.\,k-}^{\ \ i}$ die Koordinaten eines Tensors.

9.3.4 OPERATIONEN AUF TENSOREN

Einführung : Es stellt sich die Frage, ob durch die Verknüpfung von bekannten Tensoren neue Tensoren konstruiert werden können. Dies ist der Fall, wenn die Verknüpfung zu Größen führt, die Tensorcharakter besitzen (siehe Abschnitt 9.3.3). Im folgenden ist gezeigt, daß die Summe, das direkte Produkt, die Überschiebung und die Verjüngung von Tensoren zu neuen Tensoren führen. Diese Operationen werden insbesondere bei der Formulierung physikalischer Aufgaben eingesetzt.

Summen von Tensoren : Im euklidischen Raum $\mathbb{R}^n$ seien die Tensoren X und Y durch die linearen Abbildungen $x(\mathbf{u}_1, ..., \mathbf{u}_m)$ und $y(\mathbf{u}_1, ..., \mathbf{u}_m)$ definiert. Die Summe X + Y dieser Tensoren ist ein Tensor Z, der durch eine lineare Abbildung $z(\mathbf{u}_1, ..., \mathbf{u}_m)$ definiert ist. Der Wert der Abbildung $z(\mathbf{u}_1, ..., \mathbf{u}_m)$ ist die Summe der Werte der Abbildungen x(...) und y(...) für dieselben Werte des m-Tupels.

$$z(\mathbf{u}_1, ..., \mathbf{u}_m) = x(\mathbf{u}_1, ..., \mathbf{u}_m) + y(\mathbf{u}_1, ..., \mathbf{u}_m)$$

Aus der Linearität der Abbildungen x(...) und y(...) folgt die Linearität der Abbildung z(...). Jede Koordinate von Z ist gleich der Summe der Koordinaten von X und Y mit gleichen Indexwerten.

$$x(..., \mathbf{u}, \mathbf{w}, ...) = x(..., u^i \mathbf{b}_i, w_k \mathbf{b}^k, ...) = ...u^i w_k ... x_{-i\cdot-}^{\ \ \ k}$$

$$y(..., \mathbf{u}, \mathbf{w}, ...) = y(..., u^i \mathbf{b}_i, w_k \mathbf{b}^k, ...) = ...u^i w_k ... y_{-i\cdot-}^{\ \ \ k}$$

$$z(..., \mathbf{u}, \mathbf{w}, ...) = z(..., u^i \mathbf{b}_i, w_k \mathbf{b}^k, ...) = ...u^i w_k ... z_{-i\cdot-}^{\ \ \ k}$$

$$z(...) = x(...) + y(...) \quad \Rightarrow \quad z_{-i\cdot-}^{\ \ \ k} = x_{-i\cdot-}^{\ \ \ k} + y_{-i\cdot-}^{\ \ \ k}$$

Produkte von Tensoren : In einem euklidischen Raum $\mathbb{R}^n$ seien die Tensoren X und Y durch die linearen Abbildungen $x(\mathbf{u}_1, ..., \mathbf{u}_r)$ und $y(\mathbf{w}_1, ..., \mathbf{w}_s)$ definiert. Das Produkt (Tensorprodukt, direktes Produkt) dieser Tensoren ist ein Tensor Z, der durch eine lineare Abbildung $z(\mathbf{u}_1, ..., \mathbf{u}_r, \mathbf{w}_1, ..., \mathbf{w}_s)$ definiert ist. Der Wert der Abbildung z(...) ist das Produkt der Werte der Abbildungen x(...) und y(...) für dieselben Werte der Vektoren $\mathbf{u}_i$ oder $\mathbf{w}_k$.

$$z(\mathbf{u}_1, ..., \mathbf{u}_r, \mathbf{w}_1, ..., \mathbf{w}_s) = x(\mathbf{u}_1, ..., \mathbf{u}_r)\, y(\mathbf{w}_1, ..., \mathbf{w}_s)$$

Die Linearität der Abbildung z(...) folgt aus der Linearität der Abbildungen x(...) und y(...). Da die Abbildungen x, y und z für gleiche Werte der Vektoren $\mathbf{u}_i$ oder $\mathbf{w}_k$ bestimmt werden, sind die Koordinaten von Z gleich dem Produkt der Koordinaten von X und Y mit gleichen Indexwerten.

$$x(..., \mathbf{u}, ...) = x(..., u^i \mathbf{b}_i, ...) = ...u^i ... x_{-i-}$$

$$y(..., \mathbf{w}, ...) = y(..., w_k \mathbf{b}^k, ...) = ... w_k ... y_{-\cdot-}^{\ \ k}$$

$$z(..., \mathbf{u}, ..., \mathbf{w}, ...) = z(..., u^i \mathbf{b}_i, ..., w_k \mathbf{b}^k, ...) = ...u^i ... w_k ... z_{-i-\cdot-}^{\ \ \ \ \ k}$$

$$z(...) = x(...)\, y(...) \quad \Rightarrow \quad z_{-i-\cdot-}^{\ \ \ \ \ k} = x_{-i-}\, y_{-\cdot-}^{\ \ k}$$

Das Produkt zweier Tensoren ist im allgemeinen nicht kommutativ :

$$z_{ik} = x_i \, y_k \neq y_i \, x_k$$

Überschiebung von Tensoren 1. Stufe : Gesucht wird eine lineare Abbildung, die je zwei Tensoren 1. Stufe X, Y einen Tensor 0. Stufe Z zuordnet. Die Koordinaten von X in einer Basis $\mathbf{B}_*$ des euklidischen Raumes $\mathbb{R}^n$ seien x_i, die Koordinaten von Y in der dualen Basis $\mathbf{B}^*$ seien y^k. Dann ist die allgemeinste Form des linearen Zusammenhangs zwischen den Koordinaten der Tensoren $z = t^i_{.k} \, x_i \, y^k$ mit zunächst beliebigen Koeffizienten $t^i_{.k} \in \mathbb{R}$. Es wird nun gefordert, daß diese Form von der Wahl des Basispaars $\mathbf{B}^*$, $\mathbf{B}_*$ unabhängig ist. Die Koordinaten von X, Y nach einer Basistransformation mit einer beliebigen Transformationsmatrix $\mathbf{A}$ seien $\overline{x}_i$, $\overline{y}^k$. Die Koeffizienten von $\mathbf{A}$, $\mathbf{A}^{-1}$ seien $a^r_{.i}$, $\overline{a}^s_{.k}$. Die Werte von z vor und nach der Basistransformation werden gleichgesetzt :

$$\begin{aligned} t^i_{.k} \, \overline{x}_i \, \overline{y}^k &= t^i_{.k} \, x_r \, a^r_{.i} \, y^s \, \overline{a}^k_{.s} \\ &= t^r_{.s} \, x_i \, a^i_{.r} \, y^k \, \overline{a}^s_{.k} \\ &= (a^i_{.r} \, t^r_{.s} \, \overline{a}^s_{.k}) \, x_i \, y^k = t^i_{.k} \, x_i \, y^k \end{aligned}$$

Durch Koeffizientenvergleich folgt die Bedingung

$$t^i_{.k} = a^i_{.r} \, t^r_{.s} \, \overline{a}^s_{.k}$$

Die Matrixform dieser Bedingung ist $\mathbf{T} = \mathbf{A}\,\mathbf{T}\,\mathbf{A}^{-1}$. Die Bedingung ist nur dann für beliebige Transformationsmatrizen $\mathbf{A}$ erfüllt, wenn $\mathbf{T}$ ein Vielfaches der Einheitsmatrix ist. Bis auf einen konstanten Faktor ist der Wert $t^i_{.k} = \delta^i_k$ durch die geforderte Basisunabhängigkeit eindeutig bestimmt. Die Vorschrift $z = \delta^i_k \, x_i \, y^k = x_k \, y^k$ für die Verknüpfung der Koordinaten von X und Y definiert also unabhängig von der Basiswahl einen Tensor Z, der die Überschiebung von X und Y heißt.

Z ist die Überschiebung von X und Y $\quad :\Leftrightarrow \quad z = x_i \, y^i$

Orthonormale Tensoren 1. Stufe : Eine Menge $M = \{x, y, z, ...\}$ von Tensoren 1. Stufe heißt orthonormal, wenn die Überschiebung jedes dieser Tensoren mit sich selbst den Wert 1 und die Überschiebung eines beliebigen Paars verschiedener Tensoren x,z den Wert 0 besitzt.

$$\begin{aligned} \mathbf{x} \cdot \mathbf{x} &= x_i \, x^i = 1 \\ \mathbf{x} \cdot \mathbf{z} &= x_i \, z^i = 0 \end{aligned}$$

Beispiel 1 : Überschiebung von Tensoren 1. Stufe

Die Tensoren x(**u**) und y(**w**) seien durch die Skalarprodukte $\mathbf{u}\cdot\mathbf{f}$ und $\mathbf{w}\cdot\mathbf{g}$ mit festen Vektoren **f, g** definiert. Die Überschiebung des Tensors X mit dem Tensor Y ist das Skalarprodukt $\mathbf{f}\cdot\mathbf{g}$, also ein Skalar :

$$x(\mathbf{u}) = \mathbf{u}\cdot\mathbf{f} \qquad \text{mit} \qquad x_i = x(\mathbf{b}_i) = \mathbf{b}_i\cdot(f_k\,\mathbf{b}^k) = f_i$$

$$y(\mathbf{w}) = \mathbf{w}\cdot\mathbf{g} \qquad \text{mit} \qquad y^i = y(\mathbf{b}^i) = \mathbf{b}^i\cdot(g^k\,\mathbf{b}_k) = g^i$$

$$z = x_i\,y^i = f_i\,g^i = \mathbf{f}\cdot\mathbf{g}$$

Der Skalar $\mathbf{f}\cdot\mathbf{g}$ ist nicht von der Wahl der Basen für die Vektoren **u, w** und **f, g** abhängig. Folglich ist die Überschiebung Z von X und Y ein Tensor.

Überschiebung allgemeiner Tensoren : Gesucht wird eine lineare Abbildung, die einem Tensor p-ter Stufe X und einem Tensor u-ter Stufe Y einen Tensor Z der Stufe $(p+u-2)$ zuordnet. Die Koordinaten von X in einer Basis $\mathbf{B}_*$ des euklidischen Raumes $\mathbb{R}^n$ seien $x_{i_1 \ldots i_p}$, die Koordinaten von Y in der dualen Basis $\mathbf{B}^*$ seien $y^{k_1 \ldots k_u}$. Die Tensoren sollen in einem frei gewählten Index von X und einem frei gewählten Index von Y überschoben werden, beispielsweise in i_p und k_1. Dann ist die allgemeinste Form des linearen Zusammenhangs zwischen den Koordinaten der Tensoren

$$z_{i_1 \ldots i_{p-1}}{}^{k_2 \ldots k_u} = t^{i_p}_{.\,k_1}\; x_{i_1 \ldots i_p}\; y^{k_1 \ldots k_u}$$

mit zunächst beliebigen Koeffizienten $t^{i_p}_{.\,k_1} \in \mathbb{R}$. Analog zur Überschiebung von Tensoren 1. Stufe wird nun gefordert, daß diese Form von der Wahl des Basispaares $\mathbf{B}^*$, $\mathbf{B}_*$ unabhängig ist. Beschränkt man die Basistransformation auf die Indizes i_p und k_1, so folgt analog zur Überschiebung von Tensoren 1. Stufe die Bedingung

$$t^{i_p}_{.\,k_1}\; \overline{x}_{i_1 \ldots i_p}\; \overline{y}^{k_1 \ldots k_u} = (a^{i_p}_{.\,r}\; t^{r}_{.\,s}\; \overline{a}^{s}_{.\,k_1})\; x_{i_1 \ldots i_p}\; y^{k_1 \ldots k_u}$$

Durch Koeffizientenvergleich folgt wiederum :

$$t^{i_p}_{.\,k_1} = a^{i_p}_{.\,r}\; t^{r}_{.\,s}\; \overline{a}^{s}_{.\,k_1}$$

$$\mathbf{T} = \mathbf{A}\,\mathbf{T}\,\mathbf{A}^{-1} \quad \Rightarrow \quad t^{r}_{.\,s} = \delta^{r}_{s}$$

$$z_{i_1 \ldots i_{p-1}}{}^{k_2 \ldots k_u} = x_{i_1 \ldots i_{p-1}\, s}\; y^{s\, k_2 \ldots k_u}$$

Diese Vorschrift für die Verknüpfung der Koordinaten von X und Y definiert also unabhängig von der Basiswahl einen Tensor Z, der die Überschiebung von X und Y heißt.

Beispiel 2 : Überschiebung allgemeiner Tensoren

Der Spannungszustand eines Kontinuums an einem Punkt P im Raum $\mathbb{R}^3$ wird durch den Spannungstensor **S** mit den Koordinaten s_{ik} beschrieben. Die Orientierung einer Schnittfläche am Punkt P wird durch die Flächennormale **n** mit den Koordinaten n^k beschrieben. Der Spannungsvektor **t** auf der Schnittfläche ist die Überschiebung der Tensoren **S** und **n** :

$$t_i = s_{ik} n^k \qquad i, k = 1,...,3$$

Die Überschiebung dieser Tensoren kann auch in Matrixform dargestellt werden :

$$\mathbf{t} = \mathbf{S}\,\mathbf{n}$$

			n^1
			n^2
			n^3
s_{11}	s_{12}	s_{13}	t_1
s_{21}	s_{22}	s_{23}	t_2
s_{31}	s_{32}	s_{33}	t_3

Verjüngung eines Tensors : Ein Tensor X sei durch die lineare Abbildung $x(\mathbf{u}_1, ..., \mathbf{u}_m)$ definiert. Der Tensor kann in zwei frei gewählten Indizes verjüngt werden, beispielsweise den Indizes i und k. Die Verjüngung Z ist dann eine lineare Abbildung $z(\mathbf{u}_1, ..., \mathbf{u}_{i-1}, \mathbf{u}_{i+1}, ..., \mathbf{u}_{k-1}, \mathbf{u}_{k+1}, ..., \mathbf{u}_m)$.

Es ist zweckmäßig, den Tensor X in einem kontravarianten Index und einem kovarianten Index zu verjüngen. Die Koordinaten von X seien $x^{i_1 \cdots i_r}{}_{k_1 \ldots k_s}$. Verjüngt man den Tensor X zum Beispiel in den Indizes i_r und k_1, so werden die Koordinaten $z^{i_1 \cdots i_{r-1}}{}_{k_2 \ldots k_s}$ der Verjüngung Z analog zur Überschiebung von Tensoren durch Summation der Koordinaten von X über die Indizes i_r und k_1 bestimmt :

$$z^{i_1 \ldots i_{r-1}}{}_{k_2 \ldots k_s} := x^{i_1 \ldots i_{r-1} m}{}_{m\, k_2 \ldots k_s}$$

Äußeres Produkt von Tensoren : Der Begriff des äußeren Produktes wird in einem Teil der Literatur mit dem allgemeinen Produkt von Tensoren, in anderen Teilen mit dem Kreuzprodukt von Tensoren 1. Stufe identifiziert. Um Mißverständnissen vorzubeugen, wird der Begriff in diesem Buch nicht benutzt.

Inneres Produkt von Tensoren : Die Überschiebung des letzten Index der Koordinaten eines Tensors U mit dem ersten Index der Koordinaten eines Tensors W heißt das innere Produkt der Tensoren U und W. Das innere Produkt von Tensoren wird analog zu dem Skalarprodukt von Vektoren mit dem Symbol $\cdot$ bezeichnet. Beispielsweise gilt :

$$\mathbf{A} = \mathbf{U} \cdot \mathbf{W} \quad \Leftrightarrow \quad a_{im} = u_{ik}\, w^{k}_{.m}$$

Rechenregeln für Tensoroperationen : Tensoroperationen werden auf den Koordinaten der Tensoren ausgeführt. Die Rechenregeln für die Tensoroperationen, die in den vorangehenden Absätzen definiert wurden, sind im folgenden zusammengestellt (i, j, k = 1,...,n) :

Summe : $z_{-\,i\,}{}^{k}_{\cdot}{}_{-} = x_{-\,i\,}{}^{k}_{\cdot}{}_{-} + y_{-\,i\,}{}^{k}_{\cdot}{}_{-}$

Produkt : $z_{-\,i\,-}{}^{k}_{\cdot}{}_{-} = x_{-\,i\,-}\; y_{-}{}^{k}_{\cdot}{}_{-}$

Überschiebung : $z^{i}_{\cdot}{}_{-}{}^{k}_{\cdot}{}_{r\,-\,s} = x^{i}_{\cdot}{}_{-}{}^{k}_{\cdot}{}^{j}_{\cdot}\; y_{jr\,-\,s}$

Verjüngung : $z_{-}{}^{i}_{\cdot}{}_{-\,-\,k} = x_{-}{}^{i}_{\cdot}{}_{-}{}^{j}_{\cdot}{}_{-\,j\,-\,k}$

9.3.5 ANTISYMMETRISCHE TENSOREN

Einführung : Antisymmetrische Tensoren besitzen besondere Eigenschaften, die bei der Formulierung physikalischer Aufgaben nützlich sind. Insbesondere der vollständig antisymmetrische Permutationstensor wird zur Darstellung physikalischer Größen wie Flächen, Volumina und Momenten eingesetzt. Im folgenden werden die Koordinaten des Permutationstensors hergeleitet. Der Tensor wird zur Definition des Spatproduktes, des Vektorproduktes und des Kreuzproduktes von Tensoren genutzt.

Vollständig antisymmetrischer Tensor : Ein Tensor T heißt vollständig antisymmetrisch, wenn er in jedem kovarianten Indexpaar i, k und in jedem kontravarianten Indexpaar r, s antisymmetrisch ist :

$$t_{-i-k-} = -t_{-k-i-} \quad \wedge \quad t_{-\,\cdot\,-\,\cdot\,-}^{\;\;r\;\;\;s} = -t_{-\,\cdot\,-\,\cdot\,-}^{\;\;s\;\;\;r}$$

Permutationstensor : Die Stufe eines vollständig antisymmetrischen Tensors im euklidischen Raum $\mathbb{R}^n$ kann geringer als die Dimension n des Raumes sein. Der vollständig antisymmetrische Tensor der Stufe n im Raum $\mathbb{R}^n$ heißt Permutationstensor. Die Koordinaten des kovarianten Permutationstensors für eine kovariante Basis $\mathbf{b}_1, ..., \mathbf{b}_n$ sind eindeutig bestimmt. Sie werden mit $\varepsilon_{i_1...i_n}$ bezeichnet. Die Koordinaten des kontravarianten Permutationstensors für eine kontravariante Basis $\mathbf{b}^1, ..., \mathbf{b}^n$ sind ebenfalls eindeutig bestimmt und werden mit $\varepsilon^{i_1...i_n}$ bezeichnet.

$$\varepsilon(\mathbf{b}_{i_1}, ..., \mathbf{b}_{i_n}) = \varepsilon_{i_1...i_n}$$
$$\varepsilon(\mathbf{b}^{i_1}, ..., \mathbf{b}^{i_n}) = \varepsilon^{i_1...i_n}$$

Koordinaten des Permutationstensors : Die Koordinaten $\varepsilon_{i_1...i_n}$ des Permutationstensors der Stufe n werden gesucht. Aus der Definition der Antisymmetrie des Tensors folgt, daß eine Koordinate des Tensors den Wert 0 hat, wenn mindestens zwei Indizes der Koordinate gleich sind. Tauscht man nämlich die gleichen Indizes, so gilt :

$$\varepsilon_{i_1..k..k..i_n} = -\varepsilon_{i_1..k..k..i_n} = 0$$

Alle anderen Koordinaten des Permutationstensors werden durch die Wahl von $\varepsilon := \varepsilon_{1...n}$ festgelegt. Aus der Definition der Antisymmetrie folgt nämlich, daß zwei Koordinaten des Tensors gleich sind, wenn ihre Indizes durch eine gerade Permutation (siehe Abschnitt 7.7.5) aufeinander abgebildet werden und sich nur im Vorzeichen unterscheiden, wenn ihre Indizes durch eine ungerade Permutation aufeinander abgebildet werden. Im folgenden bezeichnet <...> eine beliebige Permutation der Zahlen 1 bis n.

$$\text{sgn} <i_1, ..., i_n> = 1 : \quad \varepsilon_{i_1...i_n} = \varepsilon$$
$$\text{sgn} <i_1, ..., i_n> = -1 : \quad \varepsilon_{i_1...i_n} = -\varepsilon$$

Permutationstensor in der Einheitsbasis : Für die Einheitsbasis **E** wird der freie Parameter ε des Permutationstensors auf 1 gesetzt. Die Koordinaten des Permutationstensors in der Einheitsbasis werden mit $e_{i_1 \ldots i_n}$ bezeichnet.

$$\varepsilon(\mathbf{e}_{i_1}, \ldots, \mathbf{e}_{i_n}) = e_{i_1 \ldots i_n} = e^{i_1 \ldots i_n} = \varepsilon(\mathbf{e}^{i_1}, \ldots, \mathbf{e}^{i_n})$$

$$\text{sgn } \langle i_1, \ldots, i_n \rangle = 1 : \quad e_{i_1 \ldots i_n} = 1$$

$$\text{sgn } \langle i_1, \ldots, i_n \rangle = -1 : \quad e_{i_1 \ldots i_n} = -1$$

Mit der Wahl $\varepsilon = 1$ für den freien Parameter des Permutationstensors in der Einheitsbasis ist auch der Wert des Parameters in einer beliebigen Basis $\mathbf{B}_*$ festgelegt. Aus den Transformationsregeln für Tensorkoordinaten und der Linearität der Abbildung $\varepsilon(\ldots)$ folgt nämlich :

$$\begin{aligned} \varepsilon(\mathbf{b}_{i_1}, \ldots, \mathbf{b}_{i_n}) &= \varepsilon(b_{k_1 i_1} \mathbf{e}^{k_1}, \ldots, b_{k_n i_n} \mathbf{e}^{k_n}) \\ &= b_{k_1 i_1} \ldots b_{k_n i_n} \varepsilon(\mathbf{e}^{k_1}, \ldots, \mathbf{e}^{k_n}) \end{aligned}$$

Ist $\langle i_1, \ldots, i_n \rangle$ eine gerade Permutation, so ist die linke Seite dieser Gleichung gleich ε und die rechte Seite nach der Definition von Determinanten gleich det $\mathbf{B}_*$. Ist die Permutation ungerade, so sind beide Seiten der Gleichung mit einem Minuszeichen behaftet. Also gilt für jede kovariante Basis :

$$\varepsilon = \det \mathbf{B}_*$$

$$\varepsilon_{i_1 \ldots i_n} = \varepsilon \, e_{i_1 \ldots i_n}$$

Da die kovariante und die kontravariante Einheitsbasis gleich sind, gelten für jede kontravariante Basis $\mathbf{B}^*$ analoge Beziehungen :

$$\varepsilon = \det \mathbf{B}^*$$

$$\varepsilon^{i_1 \ldots i_n} = \varepsilon \, e^{i_1 \ldots i_n}$$

Der Permutationstensor des Raumes $\mathbb{R}^n$ besitzt in den dualen Basen $\mathbf{B}_*$ und $\mathbf{B}^*$ also folgende Koordinaten :

gleiches Indexpaar $i_r = i_s$	:	$\varepsilon_{i_1 \ldots i_n} = 0$	$\varepsilon^{i_1 \ldots i_n} = 0$
$\text{sgn } \langle i_1, \ldots, i_n \rangle = +1$	:	$\varepsilon_{i_1 \ldots i_n} = \det \mathbf{B}_*$	$\varepsilon^{i_1 \ldots i_n} = \det \mathbf{B}^*$
$\text{sgn } \langle i_1, \ldots, i_n \rangle = -1$	:	$\varepsilon_{i_1 \ldots i_n} = -\det \mathbf{B}_*$	$\varepsilon^{i_1 \ldots i_n} = -\det \mathbf{B}^*$

Darstellung der Determinante : Der Permutationstensor in der Einheitsbasis eignet sich zur Darstellung der Determinante einer Matrix **A** in Komponentenschreibweise wie folgt :

$$\det \mathbf{A} = a^{1k_1} \ldots a^{nk_n} e_{k_1 \ldots k_n} = a_{1k_1} \ldots a_{nk_n} e^{k_1 \ldots k_n}$$

a^{im}, a_{im} Koeffizienten der Matrix **A** mit Dimension n

$e_{k_1 \ldots k_n} = e^{k_1 \ldots k_n}$ Koordinaten des Permutationstensors in der Einheitsbasis

Beispiel 1 : Bestimmung einer Determinante

Die Determinante einer Matrix **A** der Dimension 3 wird mit dem Permutationstensor des Raumes $\mathbb{R}^3$ bestimmt.

$$\mathbf{A} = \begin{array}{|c|c|c|}\hline 0.5 & 0.9 & 0.8 \\ \hline 0.4 & 0.2 & 0.6 \\ \hline 0.3 & 0.1 & 0.7 \\ \hline \end{array}$$

$$\begin{aligned}
\det \mathbf{A} &= e^{ikm}\, a_{1i}\, a_{2k}\, a_{3m} \\
&= e^{123}\, a_{11}\, a_{22}\, a_{33} + e^{312}\, a_{13}\, a_{21}\, a_{32} + e^{231}\, a_{12}\, a_{23}\, a_{31} + \\
&\quad\; e^{213}\, a_{12}\, a_{21}\, a_{33} + e^{321}\, a_{13}\, a_{22}\, a_{31} + e^{132}\, a_{11}\, a_{23}\, a_{32} \\
&= 0.5 * 0.2 * 0.7 + 0.8 * 0.4 * 0.1 + 0.9 * 0.6 * 0.3 - \\
&\quad\; 0.9 * 0.4 * 0.7 - 0.8 * 0.2 * 0.3 - 0.5 * 0.6 * 0.1 \\
&= -0.066
\end{aligned}$$

Einstensor : Das Tensorprodukt des kovarianten Permutationstensors $\varepsilon_{i_1 \dots i_n}$ des Raumes $\mathbb{R}^n$ mit dem kontravarianten Permutationstensor $\varepsilon^{m_1 \dots m_n}$ desselben Raumes heißt der Einstensor (δ-Tensor) des Raumes $\mathbb{R}^n$. Seine Koordinaten werden mit $d^{m_1 \dots m_n}_{i_1 \dots i_n}$ bezeichnet. Der Einstensor ist unabhängig von der gewählten Basis. Seine Koordinaten werden mit den Koordinaten des Permutationstensors in der Einheitsbasis bestimmt. Sie können auch als Determinante einer Matrix von Kronecker Symbolen δ^m_i ausgedrückt werden.

$$d^{m_1 \dots m_n}_{i_1 \dots i_n} = \varepsilon_{i_1 \dots i_n}\, \varepsilon^{m_1 \dots m_n} = e_{i_1 \dots i_n}\, e^{m_1 \dots m_n} \qquad i_s, m_s, s = 1,\dots,n$$

$$d^{m_1 \dots m_n}_{i_1 \dots i_n} = \det \begin{array}{|c|c|c|}\hline \delta^{m_1}_{i_1} & & \delta^{m_n}_{i_1} \\ \hline & \ddots & \\ \hline \delta^{m_1}_{i_n} & & \delta^{m_n}_{i_n} \\ \hline \end{array} = \delta^{m_{k_1}}_{i_1} \dots \delta^{m_{k_n}}_{i_n}\, e_{k_1 \dots k_n}$$

Der Einstensor des Raumes $\mathbb{R}^n$ besitzt also folgende Koordinaten $d^{m_1 \dots m_n}_{i_1 \dots i_n}$:

zwei gleiche kovariante Indizes	:	0
zwei gleiche kontravariante Indizes	:	0
$\text{sgn} < i_1, \dots, i_n > \; = \; \text{sgn} < m_1, \dots, m_n >$	:	1
$\text{sgn} < i_1, \dots, i_n > \; = -\text{sgn} < m_1, \dots, m_n >$	:	–1

Beweis : Koordinaten des Einstensors

(1) Da die Determinanten dualer Basen reziproke Werte besitzen, ist der Einstensor von der Wahl der Basis unabhängig :

$$d^{m_1 \dots m_n}_{i_1 \dots i_n} = \varepsilon_{i_1 \dots i_n} \varepsilon^{m_1 \dots m_n} = \det \mathbf{B}_* \det \mathbf{B}^* e_{i_1 \dots i_n} e^{m_1 \dots m_n} = e_{i_1 \dots i_n} e^{m_1 \dots m_n}$$

(2) Im folgenden ist gezeigt, daß für das Produkt der Koordinaten des Permutationstensors in der Einheitsbasis folgende Gleichung gilt :

$$e_{i_1 \dots i_n} e^{m_1 \dots m_n} = \delta_{i_1}^{m_{k_1}} \dots \delta_{i_n}^{m_{k_n}} e_{k_1 \dots k_n} \qquad \text{(a)}$$

Besitzen mindestens zwei Indizes von $i_1, \dots, i_n$ denselben Wert, beispielsweise $i_1 = i_2$, so gilt links $e_{i_1 \dots i_n} = 0$ und rechts $\delta_{i_1}^{k_1} \delta_{i_2}^{k_2} \neq 0$ nur für $k_1 = k_2$, daher $e_{k_1 \dots k_n} = 0$. Also ist die Gleichung (a) richtig.

Sind alle Indizes $i_1, \dots, i_n$ verschieden und mindestens zwei Indizes von $m_1, \dots, m_n$ gleich, beispielsweise $m_1 = m_2$, so gilt links $e^{m_1 \dots m_n} = 0$. Rechts gilt $\delta_{i_r}^{m_1} \delta_{i_s}^{m_2} = 0$, da entweder $\delta_{i_r}^{m_1} = 1$ und $\delta_{i_s}^{m_2} = 0$ oder $\delta_{i_s}^{m_2} = 1$ und $\delta_{i_r}^{m_1} = 0$, weil $m_1 = m_2$ und $i_r \neq i_s$. Also ist die Gleichung (a) richtig.

Sind alle Indizes $i_1, \dots, i_n$ verschieden und alle Indizes $m_1, \dots, m_n$ verschieden, so ist die linke Seite der Gleichung (a) von null verschieden :

$$e_{i_1 \dots i_n} e^{m_1 \dots m_n} = \operatorname{sgn} \langle i_1, \dots, i_n \rangle \cdot \operatorname{sgn} \langle m_1, \dots, m_n \rangle$$

Ein Term der rechten Seite von (a) ist von null verschieden, wenn sämtliche Kronecker Symbole den Wert 1 haben, also $m_{k_1} = i_1, \dots, m_{k_n} = i_n$. Dann gilt :

$$\begin{aligned} \operatorname{sgn} \langle i_1, \dots, i_n \rangle &= \operatorname{sgn} \langle m_{k_1}, \dots, m_{k_n} \rangle \\ &= \operatorname{sgn} \langle m_1, \dots, m_n \rangle \cdot \operatorname{sgn} \langle k_1, \dots, k_n \rangle \\ \operatorname{sgn} \langle i_1, \dots, i_n \rangle &= \operatorname{sgn} \langle m_1, \dots, m_n \rangle \, e_{k_1 \dots k_n} \end{aligned}$$

Multipliziert man beide Seiten dieser Gleichung mit $\operatorname{sgn} \langle m_1, \dots, m_n \rangle$, so folgt mit $\operatorname{sgn} \langle m_1, \dots, m_n \rangle \cdot \operatorname{sgn} \langle m_1, \dots, m_n \rangle = 1$ für die rechte Seite von (a) :

$$e_{k_1 \dots k_n} = \operatorname{sgn} \langle i_1, \dots, i_n \rangle \cdot \operatorname{sgn} \langle m_1, \dots, m_n \rangle$$

Die Gleichung (a) ist also befriedigt und führt zu der Darstellung der Koordinaten des Einstensors als Determinanten :

$$d^{m_1 \dots m_n}_{i_1 \dots i_n} = \delta_{i_1}^{m_{k_1}} \dots \delta_{i_n}^{m_{k_n}} e_{k_1 \dots k_n} = \det \begin{vmatrix} \delta_{i_1}^{m_1} & & \delta_{i_1}^{m_n} \\ & \ddots & \\ \delta_{i_n}^{m_1} & & \delta_{i_n}^{m_n} \end{vmatrix}$$

Beispiel 2 : Einstensor des Raumes $\mathbb{R}^3$

Die Koordinaten $d^{m_1\,m_2\,m_3}_{i_1\,i_2\,i_3}$ des Einstensors des Raumes $\mathbb{R}^3$ mit $i_s, m_s = 1, 2, 3$ werden wahlweise als Produkt $\varepsilon_{i_1\,i_2\,i_3}\,\varepsilon^{m_1\,m_2\,m_3}$ von Permutationstensoren von $\mathbb{R}^3$ oder als Determinante einer Matrix mit Kronecker Symbolen $\delta^{m_s}_{i_s}$ bestimmt. Im folgenden ist die Bestimmung der 36 von null verschiedenen Koordinaten über die Determinante gezeigt.

$$d^{123}_{123} = d^{312}_{312} = d^{231}_{231} = d^{213}_{213} = d^{321}_{321} = d^{132}_{132} = \det \begin{vmatrix} 1 & 0 & 0 \\ 0 & 1 & 0 \\ 0 & 0 & 1 \end{vmatrix} = 1$$

$$d^{123}_{312} = d^{312}_{231} = d^{231}_{123} = d^{213}_{321} = d^{321}_{132} = d^{132}_{213} = \det \begin{vmatrix} 0 & 0 & 1 \\ 1 & 0 & 0 \\ 0 & 1 & 0 \end{vmatrix} = 1$$

$$d^{123}_{231} = d^{312}_{123} = d^{231}_{312} = d^{213}_{132} = d^{321}_{213} = d^{132}_{321} = \det \begin{vmatrix} 0 & 1 & 0 \\ 0 & 0 & 1 \\ 1 & 0 & 0 \end{vmatrix} = 1$$

$$d^{123}_{213} = d^{312}_{132} = d^{231}_{321} = d^{213}_{123} = d^{321}_{231} = d^{132}_{312} = \det \begin{vmatrix} 0 & 1 & 0 \\ 1 & 0 & 0 \\ 0 & 0 & 1 \end{vmatrix} = -1$$

$$d^{123}_{321} = d^{312}_{213} = d^{231}_{132} = d^{213}_{312} = d^{321}_{123} = d^{132}_{231} = \det \begin{vmatrix} 0 & 0 & 1 \\ 0 & 1 & 0 \\ 1 & 0 & 0 \end{vmatrix} = -1$$

$$d^{123}_{132} = d^{312}_{321} = d^{231}_{213} = d^{213}_{231} = d^{321}_{312} = d^{132}_{123} = \det \begin{vmatrix} 1 & 0 & 0 \\ 0 & 0 & 1 \\ 0 & 1 & 0 \end{vmatrix} = -1$$

Verjüngung des Einstensors : Der Einstensor des Raumes $\mathbb{R}^n$ ist ein Tensor der Stufe 2n mit n kovarianten Indizes, n kontravarianten Indizes und dem Indexbereich $\{1, 2, ..., n\}$. Der Einstensor des Raumes $\mathbb{R}^n$ wird der allgemeinen Regel entsprechend durch Summation über einen kovarianten und einen kontravarianten Index verjüngt. Das Resultat der Verjüngung ist ein Tensor der Stufe 2(n – 1). Die Verjüngung kann über weitere Indexpaare fortgesetzt werden, bis der verjüngte Tensor ein Skalar ist. Die Koordinaten des um $r = n - s$ Indexpaare verjüngten Einstensors des Raumes $\mathbb{R}^n$ werden mit folgenden Formeln für $i_j, m_j, t_j \in \{1, ..., n\}$ und $k_j \in \{1, ..., n - r\}$ bestimmt :

$$d^{m_1 \dots m_s\, t_1 \dots t_r}_{i_1 \dots i_s\, t_1 \dots t_r} = r!\; \delta^{m_{k_1}}_{i_1} \dots \delta^{m_{k_s}}_{i_s}\, e_{k_1 \dots k_s}$$

Für die Verjüngung über alle n Indexpaare gilt also $d^{t_1 \dots t_n}_{t_1 \dots t_n} = n!$.

Beweis : Koordinaten des verjüngten Einstensors von $\mathbb{R}^n$

Die Koordinaten des Einstensors des Raumes $\mathbb{R}^n$ werden in der zuvor hergeleiteten Form (a) dargestellt. Eine Koordinate ist nur dann von null verschieden, wenn die Indizes $i_1, ..., i_n$ paarweise verschieden sind und die Indizes $m_1, ..., m_n$ paarweise verschieden sind.

$$d^{m_1 ... m_n}_{i_1 ... i_n} = \delta^{m_{k_1}}_{i_1} ... \delta^{m_{k_n}}_{i_n} \; e_{k_1 ... k_n} \qquad \text{(a)}$$

$$i_j, k_j, m_j \in \{1, ..., n\}$$

Der Tensor wird durch Summation über $r = n - s$ Indexpaare $(i_{s+1}, m_{s+1}),...,$ (i_n, m_n) verjüngt. Die Koordinaten des verjüngten Tensors sind dann :

$$d^{m_1 ... m_s m_{s+1} ... m_n}_{i_1 ... i_s m_{s+1} ... m_n} = \delta^{m_{k_1}}_{i_1} ... \delta^{m_{k_s}}_{i_s} \delta^{m_{k_{s+1}}}_{m_{s+1}} ... \delta^{m_{k_n}}_{m_n} e_{k_1 ... k_s k_{s+1} ... k_n} \qquad \text{(b)}$$

Im folgenden werden nur die von null verschiedenen Koordinaten des δ-Tensors betrachtet, da nur diese den Wert der Summe auf der rechten Seite der Gleichung beeinflussen. Für diese Koordinaten sind die Indizes $m_1, ..., m_n$ paarweise verschieden. Die Indexgruppe $k_{s+1}, ..., k_n$ des e-Tensors besitzt die festen Werte $s+1,...,n$, da die Kronecker Symbole $\delta^{m_{k_{s+j}}}_{m_{s+j}}$ nur für $k_{s+j} = s+j$ den Wert 1 besitzen. Die Koordinaten des e-Tensors sind folglich nur ungleich null für Indizes $k_1, ..., k_s$, die im Wertebereich $\{1,...,s\}$ liegen und paarweise verschieden sind. Die Koordinaten $e_{k_1 ... k_n}$ und $e_{k_1 ... k_s}$ der e-Tensoren werden durch die gleiche Permutation der Indizes $k_1, ..., k_s$ in die Form $e_{1...n}$ und $e_{1...s}$ gebracht, da die Indizes $k_{s+1},...,k_n$ bereits die Werte $s+1,...,n$ besitzen. Folglich kann in (b) $e_{k_1 ... k_n}$ durch $e_{k_1 ... k_s}$ ersetzt werden, wenn die Indizes $k_1, ..., k_s$ auf den Wertebereich $\{1,...,s\}$ beschränkt werden.

Für feste Werte der Indizes $m_1, ..., m_s$ kann jeder der Indizes $m_{s+1}, ..., m_n$ einen von $r = n - s$ verschiedenen Werten annehmen. Folglich besitzt die Indexgruppe $m_{s+1}, ..., m_n$ insgesamt r! verschiedene Belegungen, so daß die Summe auf der rechten Seite von (b) aus r ! gleichen Termen besteht :

$$d^{m_1 ... m_s m_{s+1} ... m_n}_{i_1 ... i_s m_{s+1} ... m_n} = r\,! \; \delta^{m_{k_1}}_{i_1} ... \delta^{m_{k_s}}_{i_s} \; e_{k_1 ... k_s}$$

$$k_j \in \{1,...,s\}$$

Die Indizes $m_{s+1}, ..., m_n$ werden in $t_1, ..., t_r$ umbenannt. Dann folgen die oben gezeigten Formeln für die Berechnung der Koordinaten des verjüngten Einstensors.

Beispiel 3 : Verjüngungen des Einstensors von $\mathbb{R}^3$

Die Koordinaten des Einstensors des Raumes $\mathbb{R}^3$ wurden bereits in Beispiel 2 bestimmt. Die Koordinaten der Verjüngungen dieses Tensors können direkt durch Addition von null verschiedener Koordinaten des Einstensors bestimmt werden:

$$d^{12m}_{12m} = d^{23m}_{23m} = d^{31m}_{31m} = d^{21m}_{21m} = d^{32m}_{32m} = d^{13m}_{13m} = 1$$

$$d^{12m}_{21m} = d^{23m}_{32m} = d^{31m}_{13m} = d^{21m}_{12m} = d^{32m}_{23m} = d^{13m}_{31m} = -1$$

$$d^{1km}_{1km} = d^{12m}_{12m} + d^{13m}_{13m} = 1+1 = 2$$

$$d^{2km}_{2km} = d^{21m}_{21m} + d^{23m}_{23m} = 1+1 = 2$$

$$d^{3km}_{3km} = d^{31m}_{31m} + d^{32m}_{32m} = 1+1 = 2$$

$$d^{ikm}_{ikm} = d^{1km}_{1km} + d^{2km}_{2km} + d^{3km}_{3km} = 2+2+2 = 6$$

Dieselben Ergebnisse können mit den Formeln für die Koordinaten der verjüngten Einstensoren bestimmt werden :

$$d^{m_1\,m_2\,t_1}_{i_1\,i_2\,t_1} = 1!\ \delta^{m_{k_1}}_{i_1}\ \delta^{m_{k_2}}_{i_2}\ e_{k_1 k_2} = \det \begin{vmatrix} \delta^{m_1}_{i_1} & \delta^{m_2}_{i_1} \\ \delta^{m_1}_{i_2} & \delta^{m_2}_{i_2} \end{vmatrix}$$

$$d^{m_1\,t_1\,t_2}_{i_1\,t_1\,t_2} = 2!\ \delta^{m_{k_1}}_{i_1}\ e_{k_1} = 2 \det \begin{vmatrix} \delta^{m_1}_{i_1} \end{vmatrix}$$

$$d^{t_1\,t_2\,t_3}_{t_1\,t_2\,t_3} = 3! = 6$$

Isotrope Tensoren : Alle Indizes eines Tensors T seien auf dieselbe Basis bezogen. Dann heißt der Tensor isotrop (ein Kugeltensor), wenn eine Drehung der Basis die Werte der Koordinaten des Tensors nicht ändert. Die Koordinaten eines isotropen Tensors sind also in der ursprünglichen Basis und in der gedrehten Basis gleich. Besitzt der Tensor T in einer beliebigen kovarianten Basis $\mathbf{B}_*$ des Raumes $\mathbb{R}^n$ die Koordinaten $t_{i_1 \ldots i_m}$, so besitzt er in der gedrehten Basis $\overline{\mathbf{B}}_* = \mathbf{R}_o\,\mathbf{B}_*$ die Koordinaten $\overline{t}_{i_1 \ldots i_m} = t_{i_1 \ldots i_m}$.

$$\overline{\mathbf{B}}_* = \mathbf{B}_*\,\mathbf{A} = \mathbf{R}_o\,\mathbf{B}_* \qquad \text{mit} \qquad (\mathbf{R}^o)^T\,\mathbf{R}_o = \mathbf{I}$$

$$\overline{\mathbf{B}}^* = \mathbf{B}^*\,\overline{\mathbf{A}}^T = \mathbf{R}^o\,\mathbf{B}^* \qquad\qquad \overline{\mathbf{A}} = \mathbf{A}^{-1}$$

$$\overline{t}_{i_1 \ldots i_m} = t_{s_1 \ldots s_m}\ a^{s_1}_{.\ i_1} \ldots a^{s_m}_{.\ i_m} = t_{i_1 \ldots i_m}$$

$\mathbf{R}_o$, $\mathbf{R}^o$ Drehmatrizen

$\mathbf{A}$ Transformationsmatrix mit den Koeffizienten $a^i_{.m}$

Isotrope Tensoren werden mit Hilfe des Permutationstensors und des metrischen Tensors wie folgt konstruiert :

1) Die Koordinaten des Permutationstensors in der Einheitsbasis **E** des Raumes $\mathbb{R}^n$ sind $e_{i_1 \dots i_n} = e^{i_1 \dots i_n}$. Die Koordinaten des Permutationstensors in einer beliebigen Basis $\mathbf{B}_*$ sind $\varepsilon_{i_1 \dots i_n} = e_{i_1 \dots i_n} \det \mathbf{B}_*$. Eine Drehung der Basis $\mathbf{B}_*$ mit der Drehmatrix $\mathbf{R}_0$ läßt die Koordinaten des Permutationstensors unverändert :

$$\det \overline{\mathbf{B}}_* = \det(\mathbf{R}_0 \, \mathbf{B}_*) = \det \mathbf{R}_0 \det \mathbf{B}_* = \det \mathbf{B}_* \quad \text{da} \quad \mathbf{R}_0^T \mathbf{R}_0 = \mathbf{I}$$

$$\overline{\varepsilon}_{i_1 \dots i_n} = e_{i_1 \dots i_n} \det \overline{\mathbf{B}}_* = e_{i_1 \dots i_n} \det \mathbf{B}_* = \varepsilon_{i_1 \dots i_n}$$

2) Da die kovarianten Koordinaten $\varepsilon_{i_1 \dots i_n}$ und die kontravarianten Koordinaten $\varepsilon^{i_1 \dots i_n}$ des Permutationstensors des Raumes $\mathbb{R}^n$ in den dualen Basen $\mathbf{B}_*$ und $\mathbf{B}^*$ gegen eine Drehung der Basen invariant sind, ist auch der Einstensor des Raumes $\mathbb{R}^n$ gegen eine Drehung der dualen Basen invariant.

$$\overline{d}_{m_1 \dots m_n}^{\,i_1 \dots i_n} = \overline{\varepsilon}^{i_1 \dots i_n} \, \overline{\varepsilon}_{m_1 \dots m_n} = \varepsilon^{i_1 \dots i_n} \, \varepsilon_{m_1 \dots m_n} = d_{m_1 \dots m_n}^{\,i_1 \dots i_n}$$

3) Die Metrik $\mathbf{G}_*$ einer Basis $\mathbf{B}_*$ ist gegen Drehungen dieser Basis invariant. Dies beweist man durch Substitution der Transformationsmatrix $\mathbf{A} = (\mathbf{B}^*)^T \mathbf{R}_0 \, \mathbf{B}_*$ in die allgemeine Transformationsregel $\overline{\mathbf{G}}_* = \mathbf{A}^T \mathbf{G}_* \mathbf{A}$:

$$\overline{\mathbf{G}}_* = \mathbf{B}_*^T \mathbf{R}_0^T \mathbf{B}^* \mathbf{G}_* (\mathbf{B}^*)^T \mathbf{R}_0 \, \mathbf{B}_* = \mathbf{B}_*^T \mathbf{R}_0^T \mathbf{R}_0 \, \mathbf{B}_* = \mathbf{B}_*^T \mathbf{B}_*$$

$$\overline{\mathbf{G}}_* = \mathbf{G}_*$$

4) Der mit einer Konstanten c skalierte metrische Tensor ist ein isotroper Tensor. Da das Produkt und die Summe von Tensoren ebenfalls Tensoren sind, sind auch skalierte Produkte des metrischen Tensors und Summen solcher Terme isotrope Tensoren.

$$\overline{c\, g_{im}} = c\, g_{im}$$

$$\overline{c\, g_{im}\, g_{rs}} = c\, g_{im}\, g_{rs}$$

5) Für isotrope Tensoren 4. Stufe können drei in den Indizes verschiedene Produkte des metrischen Tensors gebildet werden. Der allgemeine isotrope Tensor 4. Stufe besitzt daher folgende Form :

$$t_{imrs} = c_1 \, g_{im} \, g_{rs} + c_2 \, g_{ir} \, g_{ms} + c_3 \, g_{is} \, g_{mr}$$

Für den vollständig symmetrischen, isotropen Tensor 4. Stufe sind die freien Parameter c_1, c_2 und c_3 gleich :

$$t_{imrs} = c(g_{im} \, g_{rs} + g_{ir} \, g_{ms} + g_{is} \, g_{mr})$$

Für den in den Indizes i,m und in den Indizes r,s symmetrischen, isotropen Tensor 4. Stufe sind die freien Parameter c_2 und c_3 gleich :

$$t_{imrs} = c_1 \, g_{im} \, g_{rs} + c_2 \, (g_{ir} \, g_{ms} + g_{is} \, g_{mr})$$

Für den in den Indizes i,m und in den Indizes r,s antisymmetrischen, isotropen Tensor 4. Stufe ist $c_1 = 0$, während sich die freien Parameter c_2 und c_3 nur im Vorzeichen unterscheiden :

$$t_{imrs} = c(g_{ir} \, g_{ms} - g_{is} \, g_{mr})$$

6) Isotrope Tensoren höherer Stufe werden auf analoge Weise konstruiert.

Axiale Tensoren : Ein Tensor im Raum $\mathbb{R}^n$ heißt axial, wenn das Vorzeichen seiner Koordinaten von der Orientierung des Raumes (siehe Abschnitt 9.2.7) abhängt. Der Permutationstensor ist axial : Eine Änderung der Orientierung des Raumes führt zu einer Änderung des Vorzeichens der Determinante det **B** der Basis und damit zu einer Änderung des Vorzeichens der Koordinaten.

Polare Tensoren : Ein Tensor im Raum $\mathbb{R}^n$ heißt polar, wenn das Vorzeichen seiner Koordinaten von der Orientierung des Raumes (siehe Abschnitt 9.2.7) unabhängig ist. Der Einstensor ist polar : Eine Änderung der Orientierung des Raumes führt zu einer Änderung des Vorzeichens der Koordinaten des kovarianten und des kontravarianten Permutationstensors, nicht aber zu einer Änderung des Vorzeichens ihres Produktes.

Überschiebung des Permutationstensors und des Einstensors : Zur Darstellung des Permutationstensors mit Hilfe des Einstensors wird jeder Index des Permutationstensors mit dem Kronecker Symbol verknüpft :

$$\begin{aligned}
\varepsilon_{m_1 \dots m_n} &= \varepsilon_{k_1 \dots k_n} \, \delta^{k_1}_{m_1} \dots \delta^{k_n}_{m_n} \\
&= \det \mathbf{B}_* \, e_{k_1 \dots k_n} \, \delta^{k_1}_{m_1} \dots \delta^{k_n}_{m_n} \\
&= \det \mathbf{B}_* \det \begin{vmatrix} \delta^1_{m_1} & & \delta^n_{m_1} \\ & \ddots & \\ \delta^1_{m_n} & & \delta^n_{m_n} \end{vmatrix} \\
\varepsilon_{m_1 \dots m_n} &= \det \mathbf{B}_* \, d^{1 \dots n}_{m_1 \dots m_n}
\end{aligned}$$

Überschiebung von Permutationstensoren und metrischen Tensoren : Die (n – s)-fache Überschiebung eines Produktes von kovarianten Permutationstensoren mit kontravarianten metrischen Tensoren ist ein Tensor mit folgenden Koordinaten :

$$\begin{aligned}
&\varepsilon_{i_1 \dots i_n}\, \varepsilon_{k_1 \dots k_n}\, g^{i_{s+1} k_{s+1}} \dots g^{i_n k_n} && = \\
&\varepsilon_{i_1 \dots i_n}\, \varepsilon^{m_1 \dots m_n}\, g_{k_1 m_1} \dots g_{k_n m_n}\, g^{i_{s+1} k_{s+1}} \dots g^{i_n k_n} && = \\
&d^{m_1 \dots m_n}_{i_1 \dots i_n}\, g_{k_1 m_1} \dots g_{k_s m_s}\, \delta^{i_{s+1}}_{m_{s+1}} \dots \delta^{i_n}_{m_n} && = \\
&d^{m_1 \dots m_s\, m_{s+1} \dots m_n}_{i_1 \dots i_s\, m_{s+1} \dots m_n}\, g_{k_1 m_1} \dots g_{k_s m_s} && = \\
&(n-s)!\, g_{k_1 m_1} \dots g_{k_s m_s}\, d^{m_1 \dots m_s}_{i_1 \dots i_s} && i_r, k_r, m_r = 1, \dots, n
\end{aligned}$$

Die vollständige Überschiebung der Permutationstensoren und der metrischen Tensoren ist identisch mit der vollständigen Überschiebung dualer Permutationstensoren :

$$\varepsilon_{i_1 \dots i_n}\, \varepsilon_{k_1 \dots k_n}\, g^{i_1 k_1} \dots g^{i_n k_n} = \varepsilon_{i_1 \dots i_n}\, \varepsilon^{i_1 \dots i_n} = n\,!$$

Spatprodukt : Gegeben seien n Tensoren 1. Stufe **a**,...,**z** im euklidischen Raum $\mathbb{R}^n$. Ihre Koordinaten seien $a_i, \dots, z_m$ mit $i, m \in \{1,\dots,n\}$ in der kovarianten Basis $\mathbf{B}_*$ und $a^i, \dots, z^m$ in der kontravarianten Basis $\mathbf{B}^*$, so daß ihre Koordinaten in der Einheitsbasis $\mathbf{a} = \mathbf{B}^* \mathbf{a}_* = \mathbf{B}_* \mathbf{a}^*$ bis $\mathbf{z} = \mathbf{B}^* \mathbf{z}_* = \mathbf{B}_* \mathbf{z}^*$ sind. Die Überschiebung der Tensoren **a**,...,**z** mit dem Permutationstensor von $\mathbb{R}^n$ heißt das Spatprodukt der Tensoren **a**,...,**z**. Das Spatprodukt ist ein Skalar und wird mit s bezeichnet.

$$\begin{aligned}
s &= \varepsilon_{i \dots m}\, a^i \dots z^m &&= e_{i \dots m}\, a^i \dots z^m \det \mathbf{B}_* \\
s &= \varepsilon^{i \dots m}\, a_i \dots z_m &&= e^{i \dots m}\, a_i \dots z_m \det \mathbf{B}^*
\end{aligned}$$

Vektorprodukt : Gegeben seien n – 1 Tensoren 1. Stufe **a**,...,**y** im euklidischen Raum $\mathbb{R}^n$. Ihre Koordinaten seien $a_i, \dots, y_k$ mit $i, k \in \{1,\dots,n\}$ in der kovarianten Basis $\mathbf{B}_*$ und $a^i, \dots, y^k$ in der kontravarianten Basis $\mathbf{B}^*$, so daß ihre Koordinaten in der Einheitsbasis $\mathbf{a} = \mathbf{B}^* \mathbf{a}_* = \mathbf{B}_* \mathbf{a}^*$ bis $\mathbf{y} = \mathbf{B}^* \mathbf{y}_* = \mathbf{B}_* \mathbf{y}^*$ sind. Die Überschiebung dieser Tensoren mit dem Permutationstensor von $\mathbb{R}^n$ heißt das Vektorprodukt der Tensoren **a**,...,**y** im Raum $\mathbb{R}^n$. Das Vektorprodukt ist ein Tensor 1. Stufe. Seine Koordinaten seien z_m in der Basis $\mathbf{B}_*$ und z^m in der Basis $\mathbf{B}^*$, so daß seine Koordinaten in der Einheitsbasis $\mathbf{z} = \mathbf{B}^* \mathbf{z}_* = \mathbf{B}_* \mathbf{z}^*$ sind.

$$\begin{aligned}
\mathbf{z} &= \mathbf{a} \times \dots \times \mathbf{y} \\
z_m &= \varepsilon_{i \dots km}\, a^i \dots y^k &&= e_{i \dots km}\, a^i \dots y^k \det \mathbf{B}_* \\
z^m &= \varepsilon^{i \dots km}\, a_i \dots y_k &&= e^{i \dots km}\, a_i \dots y_k \det \mathbf{B}^*
\end{aligned}$$

Orthogonalität des Vektorproduktes : Die Koordinaten der $n-1$ Tensoren 1. Stufe $\mathbf{a},...,\mathbf{y}$ in einer Basis $\mathbf{B}_*$ des euklidischen Raumes $\mathbb{R}^n$ seien $a_i,...,y_k$. Das Vektorprodukt $\mathbf{z} = \mathbf{a}\times...\times\mathbf{y}$ ist orthogonal zu jedem der Tensoren $\mathbf{a},...,\mathbf{y}$. Das Skalarprodukt von $\mathbf{z}$ mit einem beliebigen Tensor $\mathbf{u} \in \{\mathbf{a},...,\mathbf{y}\}$ ist nämlich proportional zu der Determinante einer Matrix $\mathbf{A}$ mit zwei gleichen Spalten $\mathbf{u}_*$ und folglich gleich null :

$$\mathbf{u}\cdot\mathbf{z} = u_m z^m = b^* e^{i...km} a_i ... u_j ... y_k u_m = b^* \det \mathbf{A} = 0$$

Vektorprodukte von Basisvektoren : Die Vektoren $\mathbf{b}_1,...,\mathbf{b}_n$ und $\mathbf{b}^1,...,\mathbf{b}^n$ seien duale Basen des euklidischen Raumes $\mathbb{R}^n$. In der Einheitsbasis $\mathbf{E}$ seien die Koordinaten von $\mathbf{b}_r$ mit b_{i_r} oder b_{m_r} bezeichnet, die Koordinaten von $\mathbf{b}^s$ mit b^{i_s} oder b^{m_s}. Die Vektorprodukte von $n-1$ Basisvektoren sind :

$$\mathbf{u} = \mathbf{b}^1\times...\times\mathbf{b}^{n-1} \qquad u_{i_n} = e_{i_1...i_n} b^{i_1} ... b^{i_{n-1}}$$

$$\mathbf{w} = \mathbf{b}_1\times...\times\mathbf{b}_{n-1} \qquad w^{i_n} = e^{i_1...i_n} b_{i_1} ... b_{i_{n-1}}$$

Die Vektoren $\mathbf{u}$ und $\mathbf{w}$ sind im allgemeinen nicht gleich. Ihre Koordinaten sind auf die Einheitsbasis bezogen. Das Skalarprodukt von $\mathbf{u}$ mit jedem der Vektoren $\mathbf{b}^1,...,\mathbf{b}^{n-1}$ ist null, da es gleich der Determinante einer Matrix mit zwei gleichen Spalten $\mathbf{b}^s$ ist. Dementsprechend ist auch das Skalarprodukt von $\mathbf{w}$ mit jedem der Vektoren $\mathbf{b}_1,...,\mathbf{b}_{n-1}$ gleich null.

$$\mathbf{u}\cdot\mathbf{b}^s = e_{i_1...i_s...i_{n-1}m_s} b^{i_1} ... b^{i_s} ... b^{i_{n-1}} b^{m_s} = 0$$

$$\mathbf{w}\cdot\mathbf{b}_r = e^{i_1...i_r...i_{n-1}m_r} b_{i_1} ... b_{i_r} ... b_{i_{n-1}} b_{m_r} = 0$$

Das Skalarprodukt des Vektors $\mathbf{u}$ mit dem Basisvektor $\mathbf{b}^n$ ist gleich der Determinante b^* der Basis $\mathbf{B}^*$. Dementsprechend ist das Skalarprodukt von $\mathbf{w}$ und $\mathbf{b}_n$ gleich der Determinante b_* der Basis $\mathbf{B}_*$.

$$\mathbf{u}\cdot\mathbf{b}^n = e_{i_1...i_n} b^{i_1} ... b^{i_n} = \det \mathbf{B}^* = b^*$$

$$\mathbf{w}\cdot\mathbf{b}_n = e^{i_1...i_n} b_{i_1} ... b_{i_n} = \det \mathbf{B}_* = b_*$$

Das Vektorprodukt von $n-1$ Basisvektoren liefert also den skalierten dualen n-ten Basisvektor :

$$\mathbf{b}^1\times...\times\mathbf{b}^{n-1} = b^* \mathbf{b}_n$$

$$\mathbf{b}_1\times...\times\mathbf{b}_{n-1} = b_* \mathbf{b}^n$$

Kreuzprodukt : Das Vektorprodukt $\mathbf{v}$ von zwei Vektoren $\mathbf{u}, \mathbf{w} \in \mathbb{R}^3$ wird mit $\mathbf{u}\times\mathbf{w}$ bezeichnet und nach dem Operator Kreuzprodukt genannt.

$$\mathbf{v} = \mathbf{u}\times\mathbf{w}$$

$$v_m = \varepsilon_{ikm} u^i w^k = b_* e_{ikm} u^i w^k$$

$$v^m = \varepsilon^{ikm} u_i w_k = b^* e^{ikm} u_i w_k$$

Das Kreuzprodukt **v** ist orthogonal zu den Vektoren **u** und **w**. Tauscht man die Reihenfolge der Vektoren **u** und **w** im Kreuzprodukt, so ändert sich das Vorzeichen der Koordinaten von **v**.

$$\mathbf{v} \cdot \mathbf{u} = \mathbf{v} \cdot \mathbf{w} = 0$$

$$\varepsilon_{ikm}\, u^i\, w^k = -\varepsilon_{kim}\, u^i\, w^k = -\varepsilon_{ikm}\, w^i\, u^k$$

$$\mathbf{u} \times \mathbf{w} = -\mathbf{w} \times \mathbf{u}$$

Das Kreuzprodukt von zwei Basisvektoren liefert den skalierten dualen dritten Basisvektor (siehe Vektorprodukt). Das Kreuzprodukt eines Basisvektors mit sich selbst ist null.

$$\mathbf{b}_i \times \mathbf{b}_k = b_* \mathbf{b}^m \qquad \mathbf{b}_i \times \mathbf{b}_i = 0 \qquad i, k, m \in \{1, 2, 3\}$$

$$\mathbf{b}^i \times \mathbf{b}^k = b^* \mathbf{b}_m \qquad \mathbf{b}^i \times \mathbf{b}^i = 0 \qquad i \neq k \neq m$$

Beispiel 4 : Berechnung eines Spatproduktes

Im Raum $\mathbb{R}^3$ seien die dualen Basen $\mathbf{B}_*$ und $\mathbf{B}^*$ sowie die Koordinaten der Vektoren **u**,**v**,**w** in der Einheitsbasis **E** und in den Basen $\mathbf{B}_*$ und $\mathbf{B}^*$ bekannt.

$\mathbf{B}_* =$

1.00	–0.50	0.50
–1.00	2.50	–1.50
1.00	–2.50	2.50

$\mathbf{B}^* =$

1.25	0.50	0
0	1.00	1.00
–0.25	0.50	1.00

$\mathbf{u} =$	$\mathbf{u}_* = (\mathbf{B}_*)^T\mathbf{u} =$	$\mathbf{u}^* = (\mathbf{B}^*)^T\mathbf{u} =$
–1.00	–1.00	–1.50
1.00	0.50	1.00
1.00	0.50	2.00

$\mathbf{v} =$	$\mathbf{v}_* = (\mathbf{B}_*)^T\mathbf{v} =$	$\mathbf{v}^* = (\mathbf{B}^*)^T\mathbf{v} =$
2.00	4.00	2.25
–1.00	–6.00	0.50
1.00	5.00	0

$\mathbf{w} =$	$\mathbf{w}_* = (\mathbf{B}_*)^T\mathbf{w} =$	$\mathbf{w}^* = (\mathbf{B}^*)^T\mathbf{w} =$
1.00	–3.00	1.75
2.00	9.50	1.50
–2.00	–7.50	0

Das Spatprodukt der Vektoren **u**, **v**, **w** wird alternativ mit den Koordinaten dieser Vektoren in jeder der Basen **E**, $\mathbf{B}^*$ und $\mathbf{B}_*$ berechnet. Dabei werden die Determinanten det $\mathbf{B}_* = 2.00$ und det $\mathbf{B}^* = 0.50$ eingesetzt. Der Wert des Spatproduktes ist unabhängig von der Wahl der Basis, in der die Koordinaten der Vektoren angegeben sind.

Einheitsbasis : $s = e_{ikm} \overset{*}{u}^i \overset{*}{v}^k \overset{*}{w}^m = e^{ikm} \overset{*}{u}_i \overset{*}{v}_k \overset{*}{w}_m$

$$\begin{aligned} &= e^{123}(-1.00 * 1.00 * 2.00) + e^{213}(-1.00 * 2.00 * 2.00) + \\ &\quad e^{231}(\ 1.00 * 1.00 * 1.00) + e^{321}(-1.00 * 1.00 * 1.00) + \\ &\quad e^{312}(\ 1.00 * 2.00 * 2.00) + e^{132}(-1.00 * 1.00 * 2.00) \\ &= (-2.00 + 1.00 + 4.00) - (-4.00 - 1.00 - 2.00) \\ s &= 10.00 \end{aligned}$$

Basis $\mathbf{B}^*$: $s = e^{ikm} u_i v_k w_m \det \mathbf{B}^*$

$$\begin{aligned} &= [e^{123}(-1.00 * 6.00 * 7.50) + e^{213}(-0.50 * 4.00 * 7.50) + \\ &\quad e^{231}(-0.50 * 5.00 * 3.00) + e^{321}(\ 0.50 * 6.00 * 3.00) + \\ &\quad e^{312}(\ 0.50 * 4.00 * 9.50) + e^{132}(-1.00 * 5.00 * 9.50)] * 0.50 \\ &= [(-45.00 - 7.50 + 19.00) - (-15 + 9.00 - 47.50)] * 0.50 \\ s &= 10.00 \end{aligned}$$

Basis $\mathbf{B}_*$: $s = e_{ikm} u^i v^k w^m \det \mathbf{B}_*$

$$\begin{aligned} &= [e^{123}(-1.50 * 0.50 * 0) + e^{213}(\ 1.00 * 2.25 * 0) + \\ &\quad e^{231}(\ 1.00 * 0 * 1.75) + e^{321}(\ 2.00 * 0.50 * 1.75) + \\ &\quad e^{312}(\ 2.00 * 2.25 * 1.50) + e^{132}(-1.50 * 0 * 1.50)] * 2.00 \\ &= [(0 + 0 + 6.75) - (0 + 1.75 + 0)] * 2.00 \\ s &= 10.00 \end{aligned}$$

Beispiel 5 : Berechnung eines Vektorproduktes
Im Raum $\mathbb{R}^3$ wird das Vektorprodukt **f** der Vektoren **u** und **w** des vorangehenden Beispiels 4 in den Basen **E**, $\mathbf{B}^*$ und $\mathbf{B}_*$ bestimmt.

Einheitsbasis : $\overset{*}{f}_i = e_{ikm} \overset{*}{u}^k \overset{*}{w}^m$

$$\begin{aligned} \overset{*}{f}_1 &= e_{123}(-1.00 * 2.00) + e_{132}(\ 1.00 * 2.00) = -4.00 \\ \overset{*}{f}_2 &= e_{231}(\ 1.00 * 1.00) + e_{213}(\ 1.00 * 2.00) = -1.00 \\ \overset{*}{f}_3 &= e_{312}(-1.00 * 2.00) + e_{321}(\ 1.00 * 1.00) = -3.00 \end{aligned}$$

Basis $\mathbf{B}^*$: $f_i = e_{ikm} u^k w^m \det \mathbf{B}_*$

$$\begin{aligned} f_1 &= [e_{123}(\ 1.00 * 0\ ) + e_{132}(\ 2.00 * 1.50)] * 2.00 = -6.00 \\ f_2 &= [e_{231}(\ 2.00 * 1.75) + e_{213}(-1.50 * 0\ )] * 2.00 = \ 7.00 \\ f_3 &= [e_{312}(-1.50 * 1.50) + e_{321}(\ 1.00 * 1.75)] * 2.00 = -8.00 \end{aligned}$$

Basis $\mathbf{B}_*$: $f^i = e^{ikm}\, u_k\, w_m \det \mathbf{B}^*$

$$
\begin{aligned}
f^1 &= [e^{123}(-0.50 * 7.50) + e^{132}(\;0.50 * 9.50)] * 0.50 = -4.25 \\
f^2 &= [e^{231}(-0.50 * 3.00) + e^{213}(\;1.00 * 7.50)] * 0.50 = -4.50 \\
f^3 &= [e^{312}(-1.00 * 9.50) + e^{321}(-0.50 * 3.00)] * 0.50 = -4.00
\end{aligned}
$$

Aus $\mathbf{B}_* \mathbf{f}^* = \mathbf{B}^* \mathbf{f}_* = \mathbf{f}$ folgt, daß die Berechnungen in den drei Basen zu demselben Vektor führen. Dieser Vektor ist orthogonal zu **u** und **w** :

Einheitsbasis :

$$
\begin{aligned}
\overset{*}{f}_i\, \overset{*}{u}{}^i &= 4.00 * 1.00 - 1.00 * 1.00 - 3.00 * 1.00 = 0 \\
\overset{*}{f}_i\, \overset{*}{w}{}^i &= -4.00 * 1.00 - 1.00 * 2.00 + 3.00 * 2.00 = 0
\end{aligned}
$$

Basis $\mathbf{B}^*$:

$$
\begin{aligned}
f_i\, u^i &= 6.00 * 1.50 + 7.00 * 1.00 - 8.00 * 2.00 = 0 \\
f_i\, w^i &= -6.00 * 1.75 + 7.00 * 1.50 - 8.00 * 0 = 0
\end{aligned}
$$

Basis $\mathbf{B}_*$:

$$
\begin{aligned}
f^i\, u_i &= 4.25 * 1.00 - 4.50 * 0.50 - 4.00 * 0.50 = 0 \\
f^i\, w_i &= 4.25 * 3.00 - 4.50 * 9.50 + 4.00 * 7.50 = 0
\end{aligned}
$$

9.3.6 TENSOREN 1. UND 2. STUFE

Einführung : Bei der Formulierung physikalischer Aufgaben werden häufig Tensoren 1. Stufe (Vektoren) und Tensoren 2. Stufe (Dyaden) eingesetzt. Die Koordinaten dieser Tensoren werden schematisch in Vektoren und Matrizen dargestellt. Die allgemeinen Eigenschaften von Tensoren werden im folgenden für Vektoren und Dyaden spezialisiert. Dabei wird sowohl die Koordinatenschreibweise als auch die Matrizenschreibweise benutzt. Von besonderer Bedeutung sind Überschiebungen von Dyaden und Vektoren (bilineare und quadratische Formen, assoziierte Tensoren, Haupttensoren) sowie Überschiebungen von Dyaden (inneres Produkt, Skalarprodukt).

Vektor : Ein Tensor 1. Stufe wird in der Literatur häufig als Vektor bezeichnet. Die Koordinaten eines Tensors 1. Stufe im Raum $\mathbb{R}^n$ werden als ein Vektor **t** der Dimension n dargestellt. Die Koordinaten können in der kovarianten Form t_i oder der kontravarianten Form t^i angegeben werden.

$$\mathbf{t}_* = \begin{bmatrix} t_1 \\ t_2 \\ \vdots \\ t_n \end{bmatrix} \qquad \mathbf{t}^* = \begin{bmatrix} t^1 \\ t^2 \\ \vdots \\ t^n \end{bmatrix}$$

Vektoren besitzen folgende Eigenschaften :

kommutativ	:	$\mathbf{t} + \mathbf{u}$	$=$	$\mathbf{u} + \mathbf{t}$
assoziativ	:	$\mathbf{t} + (\mathbf{u} + \mathbf{w})$	$=$	$(\mathbf{t} + \mathbf{u}) + \mathbf{w}$
Nullvektor	:	$\mathbf{t} + \mathbf{0}$	$=$	$\mathbf{t}$
Inverse	:	$\mathbf{t} + (-\mathbf{t})$	$=$	$\mathbf{0}$
distributiv	:	$(a + c)\mathbf{t}$	$=$	$a\,\mathbf{t} + c\,\mathbf{t}$
		$a(\mathbf{t} + \mathbf{u})$	$=$	$a\,\mathbf{t} + a\,\mathbf{u}$

Hinweis : Die Definition eines Tensors 1. Stufe als eine lineare skalare Vektorabbildung t(**u**) enthält einen Vektor **u** als Argument. In der Definition des Tensors wird nicht verlangt, daß der Vektor **u** ein Tensor ist. In der Abbildung $t : \mathbb{R}^n \to \mathbb{R}$ ist nur festgelegt, daß **u** ein Vektor der Ausgangsmenge $\mathbb{R}^n$ ist. Im Gegensatz hierzu ist jede Koordinate t_i des Tensors in einer Basis $\mathbf{B}_*$ das Ergebnis der Abbildung $t(\mathbf{b}_i)$ eines Basisvektors $\mathbf{b}_i$, also ein Element der Zielmenge $\mathbb{R}$. Die Bilder der n Basisvektoren $\mathbf{b}_1, ..., \mathbf{b}_n$ werden in einem Vektor **t** schematisch zusammengefaßt. Die Vektoren **u** und **t** sind zwar in ihrer schematischen Darstellung ähnlich, nicht jedoch in ihrer Bedeutung.

Transformation der Basis : Die Koordinaten eines Tensors 1. Stufe können die Bilder der Vektoren einer kovarianten Basis $\mathbf{B}_*$ oder der dazu dualen, kontravarianten Basis $\mathbf{B}^*$ sein. Werden die Basen $\mathbf{B}_*$ und $\mathbf{B}^*$ mit einer Transformationsmatrix **A** und ihrer Inversen $\bar{\mathbf{A}}$ in die Basen $\bar{\mathbf{B}}_*$ und $\bar{\mathbf{B}}^*$ transformiert, so ändern sich im allgemeinen die Koordinaten des Tensors.

$$\bar{\mathbf{B}}_* = \mathbf{B}_* \mathbf{A}$$

$$\bar{\mathbf{B}}^* = \bar{\mathbf{B}}^* \bar{\mathbf{A}}^T \quad \wedge \quad \bar{\mathbf{A}} = \mathbf{A}^{-1}$$

$$\mathbf{A} = \begin{bmatrix} a^1_{.1} & a^1_{.2} & \cdots & a^1_{.n} \\ a^2_{.1} & a^2_{.2} & & a^2_{.n} \\ \vdots & & \ddots & \vdots \\ a^n_{.1} & a^n_{.2} & \cdots & a^n_{.n} \end{bmatrix}$$

Duale Koordinaten eines Vektors : Die Koordinaten $\mathbf{t}_*$ und $\mathbf{t}^*$ eines Tensors 1. Stufe seien auf die dualen Basen $\mathbf{B}_*$ und $\mathbf{B}^*$ bezogen. Die Koordinaten des metrischen Tensors seien g_{im} in der Basis $\mathbf{B}_*$ und g^{im} in der Basis $\mathbf{B}^*$. Dann bestehen nach Abschnitt 9.3.3 folgende Beziehungen zwischen den Koordinaten des Vektors in den dualen Basen :

$$t_i = g_{is}\, t^s \quad \Leftrightarrow \quad \mathbf{t}_* = \mathbf{G}_*\, \mathbf{t}^*$$

$$t^i = g^{is}\, t_s \quad \Leftrightarrow \quad \mathbf{t}^* = \mathbf{G}^*\, \mathbf{t}_*$$

Transformation der Koordinaten eines Vektors : Zwischen den Koordinaten $\mathbf{t}_*$ und $\mathbf{t}^*$ eines Tensors 1. Stufe in den dualen Basen $\mathbf{B}_*$ und $\mathbf{B}^*$ sowie den Koordinaten $\bar{\mathbf{t}}_*$ und $\bar{\mathbf{t}}^*$ desselben Tensors in den transformierten Basen $\bar{\mathbf{B}}_* = \mathbf{B}_* \mathbf{A}$ und $\bar{\mathbf{B}}^* = \mathbf{B}^* \bar{\mathbf{A}}^T$ bestehen nach Abschnitt 9.3.3 folgende Beziehungen :

$$\bar{t}_i = a^s_{.i}\, t_s \quad \Leftrightarrow \quad \bar{\mathbf{t}}_* = \mathbf{A}^T\, \mathbf{t}_*$$

$$\bar{t}^i = \bar{a}^i_{.s}\, t^s \quad \Leftrightarrow \quad \bar{\mathbf{t}}^* = \bar{\mathbf{A}}\, \mathbf{t}^*$$

Skalarprodukte von Vektoren : Die Überschiebung von zwei Tensoren 1. Stufe **t** und **w** heißt das Skalarprodukt der Tensoren und wird mit $\mathbf{t} \cdot \mathbf{u}$ bezeichnet. Das Skalarprodukt kann wahlweise mit verschiedenartig varianten Koordinaten oder mit gleichartig varianten Koordinaten und dem metrischen Tensor (Ziehregel) dargestellt werden.

$$\mathbf{t} \cdot \mathbf{w} = t_i\, w^i = t^i\, w_i = g^{im}\, t_i\, w_m = g_{im}\, t^i\, w^m$$

Dyade : Ein Tensor 2. Stufe heißt eine Dyade. Die Koordinaten einer Dyade im Raum $\mathbb{R}^n$ werden als eine quadratische Matrix **T** der Dimension n dargestellt. Die Koordinaten können in der kovarianten Form t_{im}, der kontravarianten Form t^{im} oder den gemischt-varianten Formen $t_{i.}^{\;m}$ und $t^i_{.m}$ angegeben werden.

$$\mathbf{T}_* = \begin{bmatrix} t_{11} & t_{12} & & t_{1n} \\ t_{21} & t_{22} & & t_{2n} \\ & & \ddots & \\ t_{n1} & t_{n2} & & t_{nn} \end{bmatrix} \qquad \mathbf{T}^* = \begin{bmatrix} t^{11} & t^{12} & & t^{1n} \\ t^{21} & t^{22} & & t^{2n} \\ & & \ddots & \\ t^{n1} & t^{n2} & & t^{nn} \end{bmatrix}$$

$$\mathbf{T}_o = \begin{bmatrix} t_{1.}^{\ 1} & t_{1.}^{\ 2} & & t_{1.}^{\ n} \\ t_{2.}^{\ 1} & t_{2.}^{\ 2} & & t_{2.}^{\ n} \\ & & \ddots & \\ t_{n.}^{\ 1} & t_{n.}^{\ 2} & & t_{n.}^{\ n} \end{bmatrix} \qquad \mathbf{T}^o = \begin{bmatrix} t^{1}_{.1} & t^{1}_{.2} & & t^{1}_{.n} \\ t^{2}_{.1} & t^{2}_{.2} & & t^{2}_{.n} \\ & & \ddots & \\ t^{n}_{.1} & t^{n}_{.2} & & t^{n}_{.n} \end{bmatrix}$$

Eine Dyade ist eine skalare lineare Abbildung $T : \mathbb{R}^n \times \mathbb{R}^n \to \mathbb{R}$. In der Regel wird für die beiden Faktoren des kartesischen Produktes $\mathbb{R}^n \times \mathbb{R}^n$ entweder dieselbe Basis $\mathbf{B}_*$ oder dieselbe Basis $\mathbf{B}^*$ oder ein duales Basenpaar $\mathbf{B}_*$, $\mathbf{B}^*$ gewählt. Die Koordinate $t_{im} = T(\mathbf{b}_i, \mathbf{b}_m)$ ist dann auf die Basis $\mathbf{B}_*$ bezogen. Für die beiden Faktoren des kartesischen Produktes dürfen aber auch verschiedene Basen gewählt werden, beispielsweise $\mathbf{B}_*$ und $\mathbf{C}_*$. Die beiden Indizes der Koordinate $t_{im} = T(\mathbf{b}_i, \mathbf{c}_m)$ sind dann auf verschiedene Basen bezogen. Dyaden besitzen folgende Eigenschaften :

kommutativ	:	$\mathbf{T} + \mathbf{U}$	$=$	$\mathbf{U} + \mathbf{T}$
assoziativ	:	$\mathbf{T} + (\mathbf{U} + \mathbf{W})$	$=$	$(\mathbf{T} + \mathbf{U}) + \mathbf{W}$
neutrales Element	:	$\mathbf{T} + \mathbf{0}$	$=$	$\mathbf{T}$
inverses Element	:	$\mathbf{T} + (-\mathbf{T})$	$=$	$\mathbf{0}$
distributiv	:	$(a + b)\mathbf{T}$	$=$	$a\mathbf{T} + b\mathbf{T}$
		$a(\mathbf{T} + \mathbf{U})$	$=$	$a\mathbf{T} + a\mathbf{U}$

Duale Koordinaten einer Dyade : Die Koordinaten einer Dyade T seien auf die dualen Basen $\mathbf{B}_*$ und $\mathbf{B}^*$ bezogen. Die Koordinaten des metrischen Tensors seien g_{im} in der Basis $\mathbf{B}_*$ und g^{im} in der Basis $\mathbf{B}^*$. Dann bestehen nach Abschnitt 9.3.3 folgende Beziehungen zwischen den Koordinaten der Dyade in den dualen Basen. Die Symmetrie $\mathbf{G}_* = \mathbf{G}_*^T$ und $\mathbf{G}^* = (\mathbf{G}^*)^T$ der Metrik ist in den Formeln nicht genutzt.

$$t_{im} = g_{ir}\, g_{ms}\, t^{rs} \quad \Leftrightarrow \quad \mathbf{T}_* = \mathbf{G}_*\, \mathbf{T}^*\, (\mathbf{G}_*)^T$$

$$t^{im} = g^{ir}\, g^{ms}\, t_{rs} \quad \Leftrightarrow \quad \mathbf{T}^* = \mathbf{G}^*\, \mathbf{T}_*\, (\mathbf{G}^*)^T$$

$$t_{i.}^{\ m} = g_{ir}\, g^{ms}\, t^{r}_{.s} \quad \Leftrightarrow \quad \mathbf{T}_o = \mathbf{G}_*\, \mathbf{T}^o\, (\mathbf{G}^*)^T$$

$$t^{i}_{.m} = g^{ir}\, g_{ms}\, t_{r.}^{\ s} \quad \Leftrightarrow \quad \mathbf{T}^o = \mathbf{G}^*\, \mathbf{T}_o\, (\mathbf{G}_*)^T$$

$$t_{im} = g_{ir}\, t^{r}_{.m} \quad \Leftrightarrow \quad \mathbf{T}_* = \mathbf{G}_*\, \mathbf{T}^o$$

$$t^{im} = g^{ir}\, t_{r.}^{\ m} \quad \Leftrightarrow \quad \mathbf{T}^* = \mathbf{G}^*\, \mathbf{T}_o$$

Transformation der Koordinaten einer Dyade : Zwischen den Koordinaten einer Dyade in den dualen Basen $\mathbf{B}_*$ und $\mathbf{B}^*$ sowie den Koordinaten derselben Dyade in den transformierten Basen $\bar{\mathbf{B}}_* = \mathbf{B}_* \mathbf{A}$ und $\bar{\mathbf{B}}^* = \mathbf{B}^* \bar{\mathbf{A}}^T$ bestehen nach Abschnitt 9.3.3 folgende Beziehungen :

$$\begin{array}{lcl} \bar{t}_{im} = a^{r}_{.i}\, a^{s}_{.m}\, t_{rs} & \Leftrightarrow & \bar{\mathbf{T}}_* = \mathbf{A}^T \mathbf{T}_* \mathbf{A} \\ \bar{t}^{im} = \bar{a}^{i}_{.r}\, \bar{a}^{m}_{.s}\, t^{rs} & \Leftrightarrow & \bar{\mathbf{T}}^* = \bar{\mathbf{A}}\; \mathbf{T}^* \bar{\mathbf{A}}^T \\ \bar{t}_{i.}^{m} = a^{r}_{.i}\, \bar{a}^{m}_{.s}\, t_{r.}^{s} & \Leftrightarrow & \bar{\mathbf{T}}_o = \mathbf{A}^T \mathbf{T}_o \bar{\mathbf{A}}^T \\ \bar{t}^{i}_{.m} = \bar{a}^{i}_{.r}\, a^{s}_{.m}\, t^{r}_{.s} & \Leftrightarrow & \bar{\mathbf{T}}^o = \bar{\mathbf{A}}\; \mathbf{T}^o \mathbf{A} \end{array}$$

Produkte von Tensoren 1. Stufe : X und Y seien Tensoren 1. Stufe im metrischen Raum $\mathbb{R}^n$. Ihre Koordinaten werden in den Vektoren **x** und **y** angegeben. Das Tensorprodukt von Tensoren 1. Stufe ist eine Dyade $\mathbf{T} = \mathbf{xy}$. Im allgemeinen ist das Tensorprodukt nicht kommutativ, also $\mathbf{xy} \neq \mathbf{yx}$. Die Koordinaten der Tensoren X und Y dürfen auf verschiedene Basen des Raumes $\mathbb{R}^n$ bezogen sein. Beispielsweise dürfen die kovarianten Koordinaten von Y auf die Basis $\mathbf{B}_*$ und die kovarianten Koordinaten von Y auf die Basis $\mathbf{C}_* \neq \mathbf{B}_*$ bezogen sein.

kovariant : $t_{im} = x_i\, y_m$ $\qquad$ $i, m = 1,...,n$

kontravariant : $t^{im} = x^i\, y^m$

gemischt-variant : $t_{i.}^{m} = x_i\, y^m \qquad t^{i}_{.m} = x^i\, y_m$

Innere Produkte von Dyaden : Das innere Produkt der Dyaden **T** und **U** ist eine Dyade **W** und wird mit $\mathbf{T} \cdot \mathbf{U}$ bezeichnet. Nach der allgemeinen Definition des inneren Produktes von Tensoren wird der letzte Index der Koordinaten von T mit dem ersten Index der Koordinaten von U überschoben. Dies entspricht dem Produkt der Matrizen **T** und **U**. Das innere Produkt zweier Dyaden ist nicht kommutativ.

$$\mathbf{W} = \mathbf{T} \cdot \mathbf{U} \quad \Rightarrow \quad \begin{array}{lcl} w_{im} = t_{ik}\, u^{k}_{.m} & = & t_{i.}^{k}\, u_{km} \\ w^{im} = t^{ik}\, u_{k.}^{m} & = & t^{i}_{.k}\, u^{km} \\ w_{i.}^{m} = t_{ik}\, u^{km} & = & t_{i.}^{k}\, u_{k.}^{m} \\ w^{i}_{.m} = t^{ik}\, u_{km} & = & t^{i}_{.k}\, u^{k}_{.m} \end{array}$$

Das innere Produkt von Dyaden besitzt folgende Eigenschaften :

assoziativ : $(\mathbf{T} \cdot \mathbf{U}) \cdot \mathbf{R} = \mathbf{T} \cdot (\mathbf{U} \cdot \mathbf{R})$

distributiv : $\mathbf{T} \cdot (\mathbf{U} + \mathbf{R}) = \mathbf{T} \cdot \mathbf{U} + \mathbf{T} \cdot \mathbf{R}$

$(\mathbf{T} + \mathbf{U}) \cdot \mathbf{R} = \mathbf{T} \cdot \mathbf{R} + \mathbf{U} \cdot \mathbf{R}$

skaliert : $s(\mathbf{T} \cdot \mathbf{U}) = (s\mathbf{T}) \cdot \mathbf{U} = \mathbf{T} \cdot (s\mathbf{U})$

Skalarprodukte von Dyaden : Die vollständige Überschiebung zweier Dyaden **T** und **U** heißt das Skalarprodukt der Dyaden. Wird der erste Index der Koordinaten der ersten Dyade **T** mit dem ersten Index der Koordinaten der zweiten Dyade **U** überschoben und der zweite Index von **T** mit dem zweiten Index von **U**, so wird das Skalarprodukt mit **T : U** bezeichnet. Sonst wird das Skalarprodukt mit **T ·· U** bezeichnet. Die beiden Skalarprodukte sind nur dann gleich, wenn eine der beiden Dyaden symmetrisch ist.

$$s = \mathbf{T} : \mathbf{U} \quad \Rightarrow \quad s = t_{im}\, u^{im}$$

$$s = \mathbf{T} \cdot\cdot\, \mathbf{U} \quad \Rightarrow \quad s = t_{im}\, u^{mi}$$

Das Skalarprodukt von Dyaden besitzt folgende Eigenschaften :

kommutativ	:	$\mathbf{T} : \mathbf{U} = \mathbf{U} : \mathbf{T}$
distributiv	:	$\mathbf{T} : (\mathbf{U} + \mathbf{W}) = \mathbf{T} : \mathbf{U} + \mathbf{T} : \mathbf{W}$
skaliert	:	$a(\mathbf{T} : \mathbf{U}) = (a\mathbf{T}) : \mathbf{U} = \mathbf{T} : (a\mathbf{U})$
positiv	:	$\mathbf{T} : \mathbf{T} > 0 \quad \text{für} \quad \mathbf{T} \neq \mathbf{0}$

Bilineare und quadratische Formen : Die Überschiebung einer Dyade **T** mit zwei Tensoren 1. Stufe **x** und **y** heißt eine bilineare Form. Die bilineare Form ist ein Skalar c und wird mit $\mathbf{x} \cdot \mathbf{T} \cdot \mathbf{y}$ bezeichnet. Im allgemeinen ist die Reihenfolge der Vektoren in einer bilinearen Form wesentlich, also $\mathbf{x} \cdot \mathbf{T} \cdot \mathbf{y} \neq \mathbf{y} \cdot \mathbf{T} \cdot \mathbf{x}$. Für eine symmetrische Dyade gilt jedoch $\mathbf{x} \cdot \mathbf{T} \cdot \mathbf{y} = \mathbf{y} \cdot \mathbf{T} \cdot \mathbf{x}$.

$$c = \mathbf{x} \cdot \mathbf{T} \cdot \mathbf{y} = t_{im}\, x^i y^m = t^{im}\, x_i\, y_m$$

$$= t_{i.}^{\ m}\, x^i\, y_m = t_{\ .m}^{i}\, x_i\, y^m$$

Sind die Tensoren **x** und **y** einer bilinearen Form gleich, so heißt die Form quadratisch (eine Quadrik) und wird mit $q = \mathbf{x} \cdot \mathbf{T} \cdot \mathbf{x}$ bezeichnet.

$$q = t^{im}\, x_i\, x_m = t_{im}\, x^i\, x^m = t_{i.}^{\ m}\, x^i\, x_m = t_{\ .m}^{i}\, x_i\, x^m$$

Assoziierte Tensoren : Die Überschiebung einer Dyade **T** mit einem Tensor 1. Stufe **x** heißt der mit T und x assoziierte Tensor. Die Überschiebung mit dem rechten Index der Koordinaten von T heißt der rechts assoziierte Tensor und wird mit $\mathbf{T} \cdot \mathbf{x}$ bezeichnet. Die Überschiebung mit dem linken Index der Koordinaten von T heißt der links assoziierte Tensor und wird mit $\mathbf{x} \cdot \mathbf{T}$ bezeichnet. Die rechts und links mit T und x assoziierten Tensoren sind nur dann gleich, wenn die Dyade symmetrisch ist.

$$\mathbf{y}_* = \mathbf{T}_o \cdot \mathbf{x}_* \quad : \quad y_i = t_{i.}^{\ m}\, x_m$$

$$\mathbf{y}^* = \mathbf{T}^o \cdot \mathbf{x}^* \quad : \quad y^i = t_{\ .m}^{i}\, x^m$$

$$\mathbf{z}_* = \mathbf{x}_* \cdot \mathbf{T}^o \quad : \quad z_i = t_{\ .i}^{m}\, x_m$$

$$\mathbf{z}^* = \mathbf{x}^* \cdot \mathbf{T}_o \quad : \quad z^i = t_{m.}^{\ i}\, x^m$$

Haupttensoren : Eine Dyade T sei reell. Gibt es einen reellen Tensor 1. Stufe u, so daß der mit T und u assoziierte Tensor proportional zu u ist, so heißt u ein Haupttensor von T. Der Vektor **u** der Koordinaten von u heißt ein Eigenvektor der Koordinatenmatrix **T**. Der Proportionalitätsfaktor p heißt ein Eigenwert von **T**. Ist die Dyade T nicht symmetrisch, so sind die linken und die rechten Haupttensoren der Dyade verschieden. Im folgenden (Charakteristisches Polynom) wird gezeigt, daß die vier Formen der Eigenwertaufgabe zu gleichen Eigenwerten p führen.

$$\begin{array}{llll} \mathbf{T}_\circ \cdot \mathbf{u}_* = p\,\mathbf{u}_* & : & t_{i.}^{\,m}\, u_m = p\,u_i & = p\,\delta_i^m\, u_m \\ \mathbf{T}^\circ \cdot \mathbf{u}^* = p\,\mathbf{u}^* & : & t_{.m}^{\,i}\, u^m = p\,u^i & = p\,\delta_m^i\, u^m \\ \mathbf{w}_* \cdot \mathbf{T}^\circ = p\,\mathbf{w}_* & : & t_{.m}^{\,i}\, w_i = p\,w_m & = p\,\delta_m^i\, w_i \\ \mathbf{w}^* \cdot \mathbf{T}_\circ = p\,\mathbf{w}^* & : & t_{i.}^{\,m}\, w^i = p\,w^m & = p\,\delta_i^m\, w^i \end{array}$$

Die kovarianten und die kontravarianten Koordinaten der Dyade T erhält man aus den gemischt-varianten Koordinaten durch Multiplikation mit der Metrik **G**. Die Multiplikation der vorangehenden Gleichungen mit der Metrik führt zu folgenden Gleichungen für die Haupttensoren :

$$\begin{array}{lll} \mathbf{T}^* \cdot \mathbf{u}_* = p\,\mathbf{G}^* \cdot \mathbf{u}_* & : & t^{im}\, u_m = p\,g^{im}\, u_m \\ \mathbf{T}_* \cdot \mathbf{u}^* = p\,\mathbf{G}_* \cdot \mathbf{u}^* & : & t_{im}\, u^m = p\,g_{im}\, u^m \\ \mathbf{w}_* \cdot \mathbf{T}^* = p\,\mathbf{w}_* \cdot \mathbf{G}^* & : & t^{im}\, w_i = p\,g^{im}\, w_i \\ \mathbf{w}^* \cdot \mathbf{T}_* = p\,\mathbf{w}^* \cdot \mathbf{G}_* & : & t_{im}\, w^i = p\,g_{im}\, w^i \end{array}$$

Charakteristisches Polynom : Die Bestimmungsgleichungen für die Eigenwerte und Eigenvektoren einer Koordinatenmatrix **T** sind homogene Gleichungssysteme mit den Unbekannten p, **u** und **w**. Diese Gleichungssysteme besitzen nichttriviale Lösungen, wenn die Determinante der Koeffizientenmatrix null ist.

$$\begin{array}{lll} (t_{i.}^{\,m} - p\,\delta_i^m)\,u_m = 0 & \Rightarrow & \det(\mathbf{T}_\circ - p\,\mathbf{I}) = 0 \\ (t_{.m}^{\,i} - p\,\delta_m^i)\,u^m = 0 & \Rightarrow & \det(\mathbf{T}^\circ - p\,\mathbf{I}) = 0 \end{array}$$

Da die Determinante der Metrik **G** nicht null ist, führen die Bestimmungsgleichungen für die kovarianten und die kontravarianten Koordinaten von T zu denselben Gleichungen für die Eigenwerte p :

$$\begin{array}{lll} (t_{im} - p\,g_{im})\,u^m = 0 & \Rightarrow & g_{ik}(t_{.m}^{\,k} - p\,\delta_m^k)\,u^m = 0 \\ & & \det \mathbf{G}_* \det(\mathbf{T}^\circ - p\,\mathbf{I}) = 0 \\ (t^{im} - p\,g^{im})\,u_m = 0 & \Rightarrow & g^{ik}(t_{k.}^{\,m} - p\,\delta_k^m)\,u_m = 0 \\ & \Rightarrow & \det \mathbf{G}^* \det(\mathbf{T}_\circ - p\,\mathbf{I}) = 0 \end{array}$$

Die beiden Gleichungen für die Eigenwerte p sind wegen der Beziehungen zwischen den gemischt-varianten Koordinaten einer Dyade identisch :

$$\begin{aligned} \det(\mathbf{T}^{o} - p\mathbf{I}) &= \det(\mathbf{G}^{*}\mathbf{T}_{o}\mathbf{G}_{*}^{T} - p\,\mathbf{G}^{*}\mathbf{G}_{*}^{T}) \\ &= \det(\mathbf{G}^{*})\det(\mathbf{T}_{o} - p\mathbf{I})\det(\mathbf{G}_{*}^{T}) \\ &= \det(\mathbf{T}_{o} - p\mathbf{I}) \end{aligned}$$

Die Gleichungen für die linken und die rechten Haupttensoren von T führen ebenfalls zu gleichen Eigenwerten. Beispielsweise gilt für die gemischt-varianten Koordinaten von T und $\mathbf{u} \cdot \mathbf{w} \neq 0$:

$$t_{i.}^{\;m}\, u_m = p\, u_i \qquad\qquad t_{i.}^{\;m}\, w^i = s\, w^m$$

$$t_{i.}^{\;m}\, w^i\, u_m = p\, u_i\, w^i = s\, w^m\, u_m \quad \Rightarrow \quad p = s$$

Für eine reelle Dyade T ist die linke Seite $\det(\mathbf{T}_o - p\mathbf{I})$ der Gleichung ein Polynom n-ten Grades mit reellen Koeffizienten. Dieses Polynom heißt das charakteristische Polynom der Dyade T und wird mit C(p) bezeichnet.

$$C(p) = \det(\mathbf{T}_o - p\mathbf{I}) = (t_{1\,.}^{\;k_1} - p\,\delta_1^{k_1}) \ldots (t_{n\,.}^{\;k_n} - p\,\delta_n^{k_n})\, e_{k_1 \ldots k_n} = 0$$

Eigenwerte einer Dyade : Die Lösungen der charakteristischen Gleichung $C(p) = 0$ einer Dyade T heißen die Eigenwerte (Eigenzahlen) der Dyade T. Nach dem Fundamentalsatz der Algebra besitzt jede algebraische Gleichung n-ten Grades genau n Wurzeln (Lösungen) in der komplexen Zahlenmenge $\mathbb{C}$, wobei k-fache Wurzeln k-fach zu zählen sind. Es gibt also Eigenwerte reeller Dyaden, die nicht reell sind.

$$C(p_i) = 0 \quad \wedge \quad p_i \in \mathbb{C} \quad \wedge \quad i = 1,\ldots,n$$

Eigenvektoren einer Dyade : Wird ein Eigenwert p_i in die Eigenwertgleichung $\mathbf{T}_o \cdot \mathbf{u}_* = p\,\mathbf{u}_*$ oder $\mathbf{w}^* \cdot \mathbf{T}_o = p\,\mathbf{w}^*$ eingesetzt, so entsteht ein homogenes lineares Gleichungssystem mit den Lösungen $\mathbf{u}_{*i}$ oder $\mathbf{w}^{*i}$. Diese Lösungen heißen rechter und linker i-ter Eigenvektor der Dyade T. Im allgemeinen sind die linken und rechten i-ten Eigenvektoren einer Dyade verschieden. Ist der Eigenwert p_i komplex, so sind auch die Eigenvektoren $\mathbf{u}_{*i}$ und $\mathbf{w}^{*i}$ komplex. Ein Eigenwert p und der zugehörige Eigenvektor **u** heißen ein Eigenzustand der Dyade und werden mit (p,**u**) bezeichnet.

$$\mathbf{T}_o \cdot \mathbf{u}_{*i} = p_i\, \mathbf{u}_{*i} \qquad\qquad p_i \in \mathbb{C}$$

$$\mathbf{w}^{*i} \cdot \mathbf{T}_o = p_i\, \mathbf{w}^{*i} \qquad\qquad \mathbf{u}_{*i},\ \mathbf{w}^{*i} \in \mathbb{C}^n$$

$$i = 1,\ldots,n$$

Beispiel 1 : Eigenwerte einer Dyade im Raum $\mathbb{R}^2$

Das charakteristische Polynom einer Dyade T im reellen Raum $\mathbb{R}^2$ ist quadratisch. Das Vorzeichen der Diskriminante $(I_1)^2 - 4I_2$ bestimmt den Charakter der Lösung. Für $(I_1)^2 - 4I_2 \geq 0$ sind die Eigenwerte reell, sonst sind die Eigenwerte komplex.

Determinante : $\det \begin{vmatrix} t_{1.}^{\ 1} - p & t_{1.}^{\ 2} \\ t_{2.}^{\ 1} & t_{2.}^{\ 2} - p \end{vmatrix} = 0$

Gleichung : $p^2 - I_1\, p + I_2 = 0$

$I_1 = t_{1.}^{\ 1} + t_{2.}^{\ 2}$

$I_2 = t_{1.}^{\ 1}\, t_{2.}^{\ 2} - t_{1.}^{\ 2}\, t_{2.}^{\ 1}$

Eigenwerte : $p_1 = (0.5\, I_1) + \sqrt{(0.5\, I_1)^2 - I_2}$

$p_2 = (0.5\, I_1) - \sqrt{(0.5\, I_1)^2 - I_2}$

Beispiel 2 : Komplexe Eigenzustände einer Dyade im Raum $\mathbb{R}^2$

Die reelle Dyade T besitzt die komplexen Eigenzustände $(p_1, \mathbf{u}_{*1})$ und $(p_1, \mathbf{u}_{*2})$. Die Eigenvektoren $\mathbf{u}_{*1}$ und $\mathbf{u}_{*2}$ sind konjugiert-komplex.

Determinante : $\det \begin{vmatrix} 6 - p & 5 \\ -5 & -2 - p \end{vmatrix} = 0$

Eigenzustände : $p_1 = 2 + 3i \qquad p_2 = 2 - 3i$

$\mathbf{u}_{*1} = \begin{bmatrix} -4 - 3i \\ 5 \end{bmatrix} \qquad \mathbf{u}_{*2} = \begin{bmatrix} -4 + 3i \\ 5 \end{bmatrix}$

Beispiel 3 : Eigenzustände einer Dyade im Raum $\mathbb{R}^3$

Das charakteristische Polynom einer Dyade im Raum $\mathbb{R}^3$ ist kubisch. Die Lösungen der charakteristischen Gleichung können reell oder komplex sein. Im folgenden werden die Eigenzustände einer symmetrischen Dyade S bestimmt. Alle Eigenwerte und Eigenvektoren dieser Dyade sind reell.

Determinante : $\det \begin{vmatrix} 0.0791 - p & -0.5789 & -1.0226 \\ -0.5789 & 0.9789 - p & -1.6736 \\ -1.0226 & -1.6736 & 2.9421 - p \end{vmatrix} = 0$

Gleichung : $p^3 - I_1 p^2 + I_2 p - I_3 = 0$

$$I_1 = t^{1}_{1.} + t^{2}_{2.} + t^{3}_{3.} = 4.0$$

$$I_2 = (t^{1}_{1.}\, t^{2}_{2.} - t^{2}_{1.}\, t^{1}_{2.}) + (t^{2}_{2.}\, t^{3}_{3.} - t^{2}_{3.}\, t^{3}_{2.}) + (t^{3}_{3.}\, t^{1}_{1.} - t^{3}_{1.}\, t^{1}_{3.}) = -1.0$$

$$I_3 = \det S = -4.0$$

Eigenwerte : $a = \sqrt{(I_1)^2 - 3I_2} = \sqrt{19}$

$$b = 2(I_1)^3 - 9\, I_1 I_2 + 27 I_3 = 56$$

$$\phi = \arccos \frac{b}{2a^3} = 1.2259$$

$$p_i = \frac{1}{3}\,(I_1 + 2a \cos \frac{\phi + 2\pi(i-1)}{3})$$

$$p_1 = 4.0 \qquad p_2 = -1.0 \qquad p_3 = 1.0$$

Der zu dem Eigenwert $p_1 = 4.0$ gehörige Eigenvektor $\mathbf{u}_1$ wird mit dem Gleichungssystem $\mathbf{T}_o \mathbf{u}_1 = p_1 \mathbf{u}_1$ bestimmt. Als letzte Koordinate des Hilfsvektors **w** wird willkürlich 1.0 gewählt. Der durch Lösung des Gleichungssystems bestimmte Hilfsvektor **w** wird anschließend auf den Betrag 1.0 normiert. Die anderen Eigenvektoren werden auf analoge Weise berechnet.

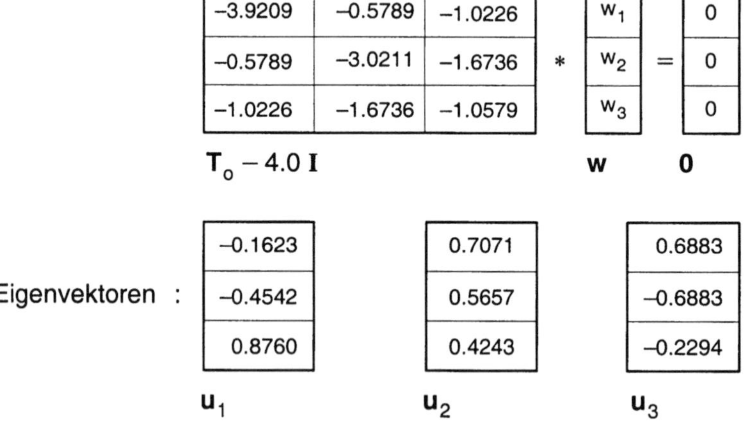

–3.9209	–0.5789	–1.0226		w_1		0
–0.5789	–3.0211	–1.6736	*	w_2	=	0
–1.0226	–1.6736	–1.0579		w_3		0

$\mathbf{T}_o - 4.0\,\mathbf{I}$ **w** **0**

Eigenvektoren :

$\mathbf{u}_1$	$\mathbf{u}_2$	$\mathbf{u}_3$
–0.1623	0.7071	0.6883
–0.4542	0.5657	–0.6883
0.8760	0.4243	–0.2294

9.3.7 EIGENSCHAFTEN DER DYADEN

Einführung : Die Werte der Koordinaten einer Dyade können zu speziellen Eigenschaften der Dyade führen. Von besonderer Bedeutung sind unitäre Dyaden, symmetrische und antisymmetrische Dyaden sowie die Zerlegung einer regulären Dyade in das innere Produkt einer unitären und einer symmetrischen Dyade.

Nulldyade : Die skalare Vektorabbildung $N : \mathbb{R}^n \times \mathbb{R}^n \to \mathbb{R}$ mit $N(a,b) = 0$, die für beliebige 2-Tupel den Wert null besitzt, heißt Nulldyade (Nulltensor 2. Stufe). Alle Koordinaten der Nulldyade sind null. Addiert man die Nulldyade zu einer beliebigen Dyade T, so bleibt T unverändert.

$$\mathbf{N} = \begin{bmatrix} 0 & & 0 \\ & \ddots & \\ 0 & & 0 \end{bmatrix}$$

Einsdyade : Die skalare Vektorabbildung $\mathrm{I} : \mathbb{R}^n \times \mathbb{R}^n \to \mathbb{R}$, die für beliebige 2-Tupel von dualen Basisvektoren $\mathbf{b}_i$, $\mathbf{b}^m$ den Wert δ_i^m (Kronecker Symbol) besitzt, heißt Einsdyade. Die Diagonalkoeffizienten der Koordinatenmatrix $\mathbf{I}$ der Einsdyade sind 1, alle anderen Koeffizienten sind 0. Die Überschiebung eines Vektors w oder einer Dyade W mit der Einsdyade läßt w und W unverändert.

$$\mathbf{I} = \begin{bmatrix} 1 & & 0 \\ & \ddots & \\ 0 & & 1 \end{bmatrix}$$

$$\mathrm{I}(\mathbf{b}_i, \mathbf{b}^m) = \mathrm{I}(\mathbf{b}^m, \mathbf{b}_i) = \delta_i^m$$

$$t_i = \delta_i^k w_k \quad \Rightarrow \quad t_i = w_i$$

$$t_{im} = \delta_i^k w_{km} \quad \Rightarrow \quad t_{im} = w_{im}$$

Unitäre Dyaden : Eine Dyade T heißt rechts unitär, wenn für beliebige Tensoren 1. Stufe $\mathbf{x}$ und $\mathbf{y}$ im euklidischen Raum $\mathbb{R}^n$ das Skalarprodukt $\mathbf{x} \cdot \mathbf{y}$ gleich dem Skalarprodukt $\mathbf{u} \cdot \mathbf{w}$ der rechts assoziierten Tensoren $\mathbf{u} = \mathbf{T} \cdot \mathbf{x}$ und $\mathbf{w} = \mathbf{T} \cdot \mathbf{y}$ ist.

$$\text{T ist rechts unitär} \Rightarrow \quad \mathbf{x} \cdot \mathbf{y} = \mathbf{u} \cdot \mathbf{w} \quad \text{mit} \quad \mathbf{u} = \mathbf{T} \cdot \mathbf{x}, \; \mathbf{w} = \mathbf{T} \cdot \mathbf{y}$$

Eine Dyade T heißt links unitär, wenn für beliebige Tensoren 1. Stufe $\mathbf{x}$ und $\mathbf{y}$ im euklidischen Raum $\mathbb{R}^n$ das Skalarprodukt $\mathbf{x} \cdot \mathbf{y}$ gleich dem Skalarprodukt $\mathbf{u} \cdot \mathbf{w}$ der links assoziierten Tensoren $\mathbf{u} = \mathbf{x} \cdot \mathbf{T}$ und $\mathbf{w} = \mathbf{y} \cdot \mathbf{T}$ ist.

$$\text{T ist links unitär} \Rightarrow \quad \mathbf{x} \cdot \mathbf{y} = \mathbf{u} \cdot \mathbf{w} \quad \text{mit} \quad \mathbf{u} = \mathbf{x} \cdot \mathbf{T}, \; \mathbf{w} = \mathbf{y} \cdot \mathbf{T}$$

Eine rechts unitäre Dyade ist auch links unitär und heißt daher unitäre Dyade. Eine Dyade ist unitär (orthonormal), wenn das Produkt der Transponierten ihrer Koordinatenmatrix $\mathbf{T}_*$ mit der Matrix $\mathbf{T}^*$ ihrer dualen Koordinaten die Einheitsmatrix $\mathbf{I}$ ist. Die Beträge der Tensoren **x** und **u** sind gleich. Die Beträge der Tensoren **y** und **w** sind ebenfalls gleich. Der von den Tensoren **x, y** eingeschlossene Winkel θ ist gleich dem von den Tensoren **u, w** eingeschlossenen Winkel.

$$\text{T ist unitär} \quad \Rightarrow \quad \mathbf{T}_*^T\, \mathbf{T}^* = \mathbf{I}$$

$$|\mathbf{x}| = |\mathbf{u}| \quad \wedge \quad |\mathbf{y}| = |\mathbf{w}| \quad \wedge \quad \cos\theta = \frac{\mathbf{x}\cdot\mathbf{y}}{|\mathbf{x}|\,|\mathbf{y}|} = \frac{\mathbf{u}\cdot\mathbf{w}}{|\mathbf{u}|\,|\mathbf{w}|}$$

Beweis : Eigenschaften unitärer Dyaden

Die assoziierten Tensoren $\mathbf{u} = \mathbf{T}\cdot\mathbf{x}$ und $\mathbf{w} = \mathbf{T}\cdot\mathbf{y}$ besitzen die Koordinaten $u_i = t_{ik}\, x^k$ und $w^i = t^{im} y_m$. Die Eigenschaft $x_i\, y^i = u_i\, w^i$ einer rechts unitären Dyade führt zu folgenden Eigenschaften der Koordinaten der rechts unitären Dyade :

$$u_i\, w^i = t_{ik}\, t^{im}\, x^k y_m = x^k\, y_k \quad \Rightarrow \quad t_{ik}\, t^{im} = \delta_k^m$$

$$\mathbf{T}_*^T\, \mathbf{T}^* = (\mathbf{T}^*)^T\, \mathbf{T}_* = \mathbf{I}$$

Die assoziierten Tensoren $\mathbf{u} = \mathbf{x}\cdot\mathbf{T}$ und $\mathbf{w} = \mathbf{y}\cdot\mathbf{T}$ besitzen die Koordinaten $u_i = t_{ki}\, x^k$ und $w^i = t^{mi} y_m$. Die Eigenschaft $x_i\, y^i = u_i\, w^i$ einer links unitären Dyade führt zu folgenden Eigenschaften der Koordinaten der links unitären Dyade :

$$u_i\, w^i = t_{ki}\, t^{mi}\, x^k\, y_m = x^k\, y_k \quad \Rightarrow \quad t_{ki}\, t^{mi} = \delta_k^m$$

$$\mathbf{T}_* \mathbf{T}^{*T} = \mathbf{T}^*\, \mathbf{T}_*^T = \mathbf{I}$$

Aus der Bedingung $\mathbf{T}_*^T\, \mathbf{T}^* = \mathbf{I}$ folgt $\mathbf{T}_*^T = (\,\mathbf{T}^*)^{-1}$ und deshalb auch $\mathbf{T}^*\, \mathbf{T}_*^T = \mathbf{T}^*(\,\mathbf{T}^*)^{-1} = \mathbf{I}$, so daß eine rechts unitäre Dyade auch eine links unitäre Dyade ist. Für die Beträge der assoziierten Tensoren gilt :

$$|u|^2 = \mathbf{u}\cdot\mathbf{u} = t_{ik}\, t^{im}\, x^k\, x_m = x^k\, x_k = \mathbf{x}\cdot\mathbf{x} = |x|^2$$

$$|w|^2 = \mathbf{w}\cdot\mathbf{w} = t_{ik}\, t^{im}\, y^k\, y_m = y^k\, y_k = \mathbf{y}\cdot\mathbf{y} = |y|^2$$

Also gilt $|\mathbf{x}| = |\mathbf{u}|$ und $|\mathbf{y}| = |\mathbf{w}|$. Da definitionsgemäß $\mathbf{x}\cdot\mathbf{y} = \mathbf{u}\cdot\mathbf{w}$, sind die von **x, y** und von **u, w** eingeschlossenen Winkel gleich.

Reguläre, singuläre und inverse Dyaden : Eine Dyade heißt regulär, wenn die Determinante ihrer Koeffizientenmatrix nicht null ist. Eine Dyade heißt singulär, wenn die Determinante ihrer Koeffizientenmatrix gleich null ist. Die Dyade U heißt die Inverse der Dyade T, wenn die Koordinatenmatrix **U** die Inverse der Koordinatenmatrix **T** ist. Reguläre Dyaden besitzen eine Inverse, singuläre Dyaden besitzen keine Inverse.

T ist regulär	:⇔	$\det \mathbf{T} \neq 0$
T ist singulär	:⇔	$\det \mathbf{T} = 0$
Inverse Dyade	:	$\mathbf{U} = \mathbf{T}^{-1}$

Definite und semidefinite Dyaden : Die Definitheit einer Dyade T im Raum $\mathbb{R}^n$ wird durch den Wert der Quadrik $\mathbf{x} \cdot \mathbf{T} \cdot \mathbf{x}$ für beliebige Vektoren $\mathbf{x} \neq \mathbf{0}$ von $\mathbb{R}^n$ bestimmt. Die Dyade heißt definit, wenn der Wert der Quadrik für alle $\mathbf{x} \neq \mathbf{0}$ ungleich null ist. Die Dyade heißt positiv (negativ) definit, wenn der Wert der Quadrik für alle $\mathbf{x} \neq \mathbf{0}$ positiv (negativ) ist. Die Dyade heißt positiv (negativ) semidefinit, wenn der Wert der Quadrik für alle $\mathbf{x}$ positiv (negativ) oder null ist.

T ist definit	:⇔	$\mathbf{x} \cdot \mathbf{T} \cdot \mathbf{x} \neq 0$
T ist positiv definit	:⇔	$\mathbf{x} \cdot \mathbf{T} \cdot \mathbf{x} > 0$
T ist negativ definit	:⇔	$\mathbf{x} \cdot \mathbf{T} \cdot \mathbf{x} < 0$
T ist positiv semidefinit	:⇔	$\mathbf{x} \cdot \mathbf{T} \cdot \mathbf{x} \geq 0$
T ist negativ semidefinit	:⇔	$\mathbf{x} \cdot \mathbf{T} \cdot \mathbf{x} \leq 0$

Symmetrische Dyaden : Eine Dyade heißt symmetrisch, wenn für ihre Koordinaten eine der folgenden äquivalenten Bedingungen erfüllt ist :

$$s_{im} = s_{mi} \quad \vee \quad s^{im} = s^{mi} \quad \vee \quad s_{i.}^{\;m} = s^{m}_{\;.i}$$
$$\mathbf{S}_* = \mathbf{S}_*^T \quad \vee \quad \mathbf{S}^* = (\mathbf{S}^*)^T \quad \vee \quad \mathbf{S}_o = (\mathbf{S}^o)^T$$

Dyaden mit den gemischt-varianten Koordinaten $s_{i.}^{\;m} = s^{m}_{\;.i}$ sind symmetrisch. Im Gegensatz hierzu sind Dyaden mit den Koordinaten $s_{i.}^{\;m} = s_{m.}^{\;i}$ und $s^{i}_{\;.m} = s^{m}_{\;.i}$ im allgemeinen nicht symmetrisch.

$$s_{i.}^{\;m} = s^{m}_{\;.i} \quad \Rightarrow \quad s_{im} = g_{ir}\, s^{r}_{\;.m} = g_{ir}\, s_{m.}^{\;r} = s_{mi}$$
$$s^{i}_{\;.m} = s^{m}_{\;.i} \quad \Rightarrow \quad s_{im} = g_{ir}\, s^{r}_{\;.m} = \sum_r g_{ir}\, s^{m}_{\;.r} \neq s_{mi}$$

Eigenzustände symmetrischer Dyaden : Die n Eigenwerte und die n Eigenvektoren einer symmetrischen Dyade S im euklidischen Raum $\mathbb{R}^n$ sind reell. Die linken und die rechten Eigenvektoren einer symmetrischen Dyade sind paarweise gleich. Aus der Symmetriebedingung $s_{i.}^{\;m} = s^{m}_{\;.i}$ folgt nämlich :

$$\mathbf{S}_o \cdot \mathbf{u}_* = p\mathbf{u}_* \quad \Leftrightarrow \quad s_{i.}^{\;m}\, u_m = p\delta_i^m\, u_m$$
$$\Leftrightarrow \quad s^{m}_{\;.i}\, u_m = p\delta_m^i\, u_m \quad \Leftrightarrow \quad \mathbf{u}_* \cdot \mathbf{S}^o = p\mathbf{u}_*$$

Orthogonalität der Eigenvektoren : Die Eigenwerte p und r der Eigenzustände (p,**u**) und (r,**w**) einer symmetrischen Dyade S seien verschieden. Dann sind die Eigenvektoren **u** und **w** orthogonal. Für die Koordinaten der Tensoren in den dualen Basen $\mathbf{B}_*$ und $\mathbf{B}^*$ gilt nämlich :

$$s^i_{.m}\, u^m = p u^i$$

$$s^i_{.m}\, w_i = r\, w_m$$

$$s^i_{.m}\, u^m w_i = (s^i_{.m}\, u^m)\, w_i = p\, u^i w_i$$

$$s^i_{.m}\, u^m w_i = (s^i_{.m}\, w_i)\, u^m = r\, w_m u^m = r\, u^i w_i$$

$$(p-r) u^i w_i = 0 \quad \wedge \quad p \neq r \quad \Rightarrow \quad u^i w_i = 0$$

Sind die Eigenwerte p und r der Eigenzustände (p,**u**) und (r,**w**) gleich, so ist jede Linearkombination der Eigenvektoren **u** und **w** ein Eigenvektor für S. Also können orthogonale Eigenvektoren $\mathbf{u}+c\mathbf{w}$ und $\mathbf{u}-c\mathbf{w}$ mit $c|\mathbf{w}| = |\mathbf{u}|$ gewählt werden.

$$(\mathbf{u}+c\mathbf{w}) \cdot (\mathbf{u}-c\mathbf{w}) = \mathbf{u} \cdot \mathbf{u} - c^2\, \mathbf{w} \cdot \mathbf{w} = 0$$

Skalierung der Eigenvektoren : Ist **x** ein Eigenvektor für eine symmetrische Dyade S, so ist auch der skalierte Eigenvektor $\mathbf{u} = c\,\mathbf{x}$ mit $c \in \mathbb{R}$ und $c \neq 0$ ein Eigenvektor von S. Häufig werden Eigenvektoren so skaliert, daß der Vektor **u** den Betrag 1 hat.

$$u_i\, u^i = 1 \quad \Rightarrow \quad c^2 x_i\, x^i = 1 \quad \Rightarrow \quad c = \pm \sqrt{x_i\, x^i}$$

Eigenmatrix einer symmetrischen Dyade : Für jede symmetrische Dyade S im Raum $\mathbb{R}^n$ gibt es n orthonormale Eigenvektoren. Die Koordinaten dieser Eigenvektoren können wahlweise in der Einheitsbasis **E** oder in den dualen Basen $\mathbf{B}_*$ und $\mathbf{B}^*$ angegeben werden. Dementsprechend werden die Eigenvektoren wie folgt bezeichnet :

$\dot{\mathbf{u}}_1, \ldots, \dot{\mathbf{u}}_n$	Koordinaten in der Einheitsbasis **E**
$\mathbf{u}_1, \ldots, \mathbf{u}_n$	Kovariante Koordinaten der Eigenvektoren
$\mathbf{u}^1, \ldots, \mathbf{u}^n$	Kontravariante Koordinaten der Eigenvektoren

Die Eigenvektoren werden spaltenweise in den Eigenmatrizen $\mathbf{U}, \mathbf{U}_*$ und $\mathbf{U}^*$ der Dyade S angeordnet. Diese Eigenmatrizen sind keine Darstellungen von Dyaden.

$$\mathbf{U} = \begin{bmatrix} \dot{u}_1 & \dot{u}_2 & \cdots & \dot{u}_n \end{bmatrix} \qquad \mathbf{U}_* = \begin{bmatrix} u_1 & u_2 & \cdots & u_n \end{bmatrix} \qquad \mathbf{U}^* = \begin{bmatrix} u^1 & u^2 & \cdots & u^n \end{bmatrix}$$

Die Eigenmatrix **U** ist orthonormal. Ihre Inverse und ihre Transponierte sind gleich. Da die linke und die rechte Inverse einer quadratischen Matrix gleich sind, gilt auch $\mathbf{U}\mathbf{U}^T = \mathbf{I}$.

$$\mathbf{U}^T\mathbf{U} = \mathbf{I} \quad \Rightarrow \quad \mathbf{U}^{-1} = \mathbf{U}^T$$

$$\mathbf{U}^{-1} = \mathbf{U}^T \quad \wedge \quad \mathbf{U}\mathbf{U}^{-1} = \mathbf{I} \quad \Rightarrow \quad \mathbf{U}\mathbf{U}^T = \mathbf{I}$$

Für die kovarianten und die kontravarianten Koordinaten gilt $\mathbf{u} = \mathbf{B}_*\mathbf{u}^* = \mathbf{B}^*\mathbf{u}_*$, also $\mathbf{U} = \mathbf{B}_*\mathbf{U}^* = \mathbf{B}^*\mathbf{U}_*$. Aus $(\mathbf{B}_*)^T\mathbf{B}^* = (\mathbf{B}^*)^T\mathbf{B}_* = \mathbf{I}$ folgt $\mathbf{U}^* = (\mathbf{B}^*)^T\mathbf{U}$ und $\mathbf{U}_* = (\mathbf{B}_*)^T\mathbf{U}$. Also gilt :

$$\mathbf{U}_*(\mathbf{U}^*)^T = (\mathbf{B}_*)^T\mathbf{U}\mathbf{U}^T\mathbf{B}^* = (\mathbf{B}_*)^T\mathbf{B}^* = \mathbf{I}$$

$$\mathbf{U}^*(\mathbf{U}_*)^T = (\mathbf{B}^*)^T\mathbf{U}\mathbf{U}^T\mathbf{B}_* = (\mathbf{B}^*)^T\mathbf{B}_* = \mathbf{I}$$

Zusammenfassend gelten für die Eigenmatrix einer symmetrischen Dyade die folgenden Beziehungen :

$$\mathbf{U}^T\mathbf{U} = (\mathbf{U}_*)^T\mathbf{U}^* = (\mathbf{U}^*)^T\mathbf{U}_* = \mathbf{I}$$

$$\mathbf{U}\mathbf{U}^T = \mathbf{U}_*(\mathbf{U}^*)^T = \mathbf{U}^*(\mathbf{U}_*)^T = \mathbf{I}$$

Hauptbasis symmetrischer Dyaden : Die Matrizen der gemischt-varianten Koordinaten $s_{i.}^{\ m}$ und $s_{.m}^{i}$ einer symmetrischen Dyade S werden mit $\mathbf{S}_o$ und $\mathbf{S}^o$ bezeichnet, die Diagonalmatrix der Eigenwerte von S mit $\mathbf{P} = \mathbf{P}_o = \mathbf{P}^o$. Dann können die n Eigenzustände der Dyade S in einem Gleichungssystem dargestellt werden :

$$s_{i.}^{\ k}\, u_{km} = u_{ik}\, p_{.m}^{k} \quad \Rightarrow \quad \mathbf{S}_o\mathbf{U}_* = \mathbf{U}_*\mathbf{P}$$

$$s_{.k}^{i}\, u^{km} = u^{ik}\, p_{k.}^{\ m} \quad \Rightarrow \quad \mathbf{S}^o\mathbf{U}^* = \mathbf{U}^*\mathbf{P}$$

$$\mathbf{P} = \begin{bmatrix} p_{1.}^{\ 1} & 0 & & 0 \\ 0 & p_{2.}^{\ 2} & & 0 \\ & & \ddots & \\ 0 & 0 & & p_{n.}^{\ n} \end{bmatrix} = \begin{bmatrix} p_{.1}^{1} & 0 & & 0 \\ 0 & p_{.2}^{2} & & 0 \\ & & \ddots & \\ 0 & 0 & & p_{.n}^{n} \end{bmatrix}$$

Da die Eigenmatrizen orthonormal sind, können die Matrizen $\mathbf{S}_o$ und $\mathbf{S}^o$ in Produkte der Matrizen $\mathbf{U}_*$, $\mathbf{U}^*$ und **P** zerlegt werden, indem die Gleichungen von rechts mit $(\mathbf{U}^*)^T$ und $(\mathbf{U}_*)^T$ multipliziert werden :

$$\mathbf{S}_o = \mathbf{U}_*\mathbf{P}(\mathbf{U}^*)^T$$

$$\mathbf{S}^o = \mathbf{U}^*\mathbf{P}(\mathbf{U}_*)^T$$

Multipliziert man die Gleichungen stattdessen von links mit $(\mathbf{U}^*)^T$ und $(\mathbf{U}_*)^T$, so erhält man für die Diagonalmatrix **P** die Produkte $(\mathbf{U}^*)^T\mathbf{S}_o\mathbf{U}_*$ und $(\mathbf{U}_*)^T\mathbf{S}^o\mathbf{U}^*$. Diese Produkte entsprechen der Transformation der Koordinaten der Dyade bei der Transformation der dualen Basen nach $\bar{\mathbf{B}}_* = \mathbf{B}_*\mathbf{U}^*$ und $\bar{\mathbf{B}}^* = \mathbf{B}^*\mathbf{U}_*$:

$$\mathbf{P} = (\mathbf{U}^*)^T\mathbf{S}_o\mathbf{U}_* = (\mathbf{U}_*)^T\mathbf{S}^o\mathbf{U}^*$$

$$\bar{\mathbf{B}}_* = \mathbf{B}_*\,\mathbf{U}^* = \mathbf{U}$$

$$\bar{\mathbf{B}}^* = \mathbf{B}^*\,\mathbf{U}_* = \mathbf{U}$$

Die transformierten dualen Basen $\bar{\mathbf{B}}_*$ und $\bar{\mathbf{B}}^*$ sind also identisch und orthonormal. Die Vektoren $\mathbf{u}_1, ..., \mathbf{u}_n$ in der Eigenmatrix **U** heißen die Hauptbasis der symmetrischen Dyade S. Die Matrix der gemischt-varianten Koordinaten der Dyade S in der Basis **U** ist die Diagonalmatrix der Eigenwerte von S.

Quadrik einer symmetrischen Dyade : Die Eigenschaften der Quadrik einer symmetrischen Dyade werden zweckmäßig in der Hauptbasis untersucht. Da die Koordinaten einer symmetrischen Dyade in der Hauptbasis eine Diagonalmatrix mit den Eigenwerten als Diagonalelementen bilden, hat die Quadrik folgende Form :

$$\mathbf{x} \cdot \mathbf{S} \cdot \mathbf{x} = p_{ii}\, x^i\, x^i$$

p_{ii} Diagonalkoordinaten in **P**
x_i Koordinaten des Tensors **x**

Die Eigenwerte p_{ii} der Dyade bestimmen die Definitheit der Dyade :

$$\bigwedge_i p_{ii} > 0 \quad \Rightarrow \quad \mathbf{x} \cdot \mathbf{S} \cdot \mathbf{x} > 0 \; : \; \text{positiv definit}$$

$$\bigwedge_i p_{ii} < 0 \quad \Rightarrow \quad \mathbf{x} \cdot \mathbf{S} \cdot \mathbf{x} < 0 \; : \; \text{negativ definit}$$

$$\bigwedge_i p_{ii} \geq 0 \quad \Rightarrow \quad \mathbf{x} \cdot \mathbf{S} \cdot \mathbf{x} \geq 0 \; : \; \text{positiv semidefinit}$$

$$\bigwedge_i p_{ii} \leq 0 \quad \Rightarrow \quad \mathbf{x} \cdot \mathbf{S} \cdot \mathbf{x} \leq 0 \; : \; \text{negativ semidefinit}$$

In der Hauptbasis ist die Determinante der Dyade S gleich dem Produkt der Diagonalelemente ihrer Koordinatenmatrix **P**. Folglich ist die Dyade regulär, wenn keiner ihrer Eigenwerte p_{ii} null ist. Die inverse Dyade $\mathbf{P}^{-1}$ besitzt die Diagonalelemente $1 / p_{ii}$. Sie ist daher ebenfalls symmetrisch und regulär.

$$\det \mathbf{P} = p_{11}\, p_{22} \cdots p_{nn}$$

$$\det \mathbf{P}^{-1} = 1 / (p_{11}\, p_{22} \cdots p_{nn})$$

Eine definite symmetrische Dyade ist regulär. Die Determinante einer positiv definiten Dyade ist positiv, die Determinante einer negativ definiten Dyade besitzt das Vorzeichen $(-1)^n$. Eine semidefinite symmetrische Dyade ist singulär.

Antisymmetrische Dyaden : Eine Dyade A heißt antisymmetrisch, wenn für ihre Koordinaten eine der folgenden äquivalenten Bedingungen erfüllt ist :

$$a_{im} = -a_{mi} \quad \vee \quad a^{im} = -a^{mi} \quad \vee \quad a_{i.}^{\ m} = -a^{m}_{\ .i}$$

$$\mathbf{A}_* = -\mathbf{A} \quad \vee \quad \mathbf{A}^* = -(\mathbf{A}^*)^T \quad \vee \quad \mathbf{A}_o = (\mathbf{A}^o)^T$$

Dyaden mit der Eigenschaft $a_{i.}^{\ m} = -a^{m}_{\ .i}$ der gemischt-varianten Koordinaten sind antisymmetrisch. Im Gegensatz hierzu sind Dyaden mit den Eigenschaften $a_{i.}^{\ m} = -a_{m.}^{\ i}$ und $a^{i}_{\ .m} = -a^{m}_{\ .i}$ im allgemeinen nicht antisymmetrisch.

$$a_{i.}^{\ m} = -a^{m}_{\ .i} \quad \Rightarrow \quad a_{im} = g_{is}\, a^{s}_{\ .m} = -g_{is}\, a_{m.}^{\ s} = -a_{mi}$$

$$a^{i}_{\ .m} = -a^{m}_{\ .i} \quad \Rightarrow \quad a_{im} = g_{is}\, a^{s}_{\ .m} = -\sum_{s} g_{is}\, a^{m}_{\ .s} \neq -a_{mi}$$

Die Diagonalelemente der kovarianten Koordinatenmatrix $\mathbf{A}_*$ und der kontravarianten Koordinatenmatrix $\mathbf{A}^*$ einer antisymmetrischen Dyade sind null. Im Gegensatz hierzu sind die Diagonalelemente der gemischt-varianten Koordinatenmatrizen $\mathbf{A}_o$ und $\mathbf{A}^o$ einer antisymmetrischen Dyade nicht null. Die Summe dieser Diagonalelemente ist jedoch null.

$$a_{ii} = -a_{ii} \quad \Rightarrow \quad a_{ii} = 0$$

$$a^{ii} = -a^{ii} \quad \Rightarrow \quad a^{ii} = 0$$

$$a_{i.}^{\ m} = -a^{m}_{\ .i} \quad \Rightarrow \quad a_{i.}^{\ i} = g_{ir}\, g^{is}\, a^{r}_{\ .s} = -g_{ir} g^{is}\, a_{s.}^{\ r}$$

$$= -\delta_r^s\, a_{s.}^{\ r} = -a_{s.}^{\ s} = 0$$

Quadrik einer antisymmetrischen Dyade : Die Quadrik einer antisymmetrischen Dyade **A** ist für jeden Tensor **x** des Raumes $\mathbb{R}^n$ gleich null.

$$a^{im}\, x_i\, x_m = a^{mi}\, x_m\, x_i = -a^{im}\, x_i\, x_m \quad \Rightarrow \quad a^{im}\, x_i\, x_m = 0$$

$$\mathbf{x} \cdot \mathbf{A} \cdot \mathbf{x} = 0$$

Symmetrische und antisymmetrische Komponenten einer Dyade: Jede Dyade D im euklidischen Raum $\mathbb{R}^n$ ist die Summe einer symmetrischen Dyade S und einer antisymmetrischen Dyade A. Da die Quadrik der antisymmetrischen Dyade A identisch null ist, ist die Dyade D genau dann positiv oder negativ definit, wenn ihre symmetrische Komponente S dies ist.

$$d_{im} = s_{im} + a_{im} = s_{mi} - a_{mi}$$

$$s_{im} = 0.5\,(d_{im} + d_{mi})$$

$$a_{im} = 0.5\,(d_{im} - d_{mi})$$

$$\mathbf{x} \cdot \mathbf{A} \cdot \mathbf{x} = 0 \quad \Rightarrow \quad \mathbf{x} \cdot \mathbf{D} \cdot \mathbf{x} = \mathbf{x} \cdot \mathbf{S} \cdot \mathbf{x}$$

Assoziierte Tensoren einer antisymmetrischen Dyade : Die assoziierten Tensoren $\mathbf{A} \cdot \mathbf{x}$ und $\mathbf{x} \cdot \mathbf{A}$ einer antisymmetrischen Dyade A unterscheiden sich nur im Vorzeichen. Der Tensor **x** ist orthogonal zu den mit **A** und **x** assoziierten Tensoren $\mathbf{A} \cdot \mathbf{x}$ und $\mathbf{x} \cdot \mathbf{A}$.

$$\mathbf{A} \cdot \mathbf{x} = a_{im} x^m = -a_{mi} x^m = -\mathbf{x} \cdot \mathbf{A}$$

$$\mathbf{x} \cdot (\mathbf{A} \cdot \mathbf{x}) = (\mathbf{x} \cdot \mathbf{A}) \cdot \mathbf{x} = 0$$

Skalarprodukt einer symmetrischen und einer antisymmetrischen Dyade: Das Skalarprodukt einer symmetrischen Dyade S und einer antisymmetrischen Dyade A im euklidischen Raum $\mathbb{R}^n$ ist identisch null.

$$s_{im}\, a^{im} = -s_{mi} a^{mi} = -s_{im} a^{im} = 0$$

$$s_{mi}\, a^{im} = -s_{im} a^{mi} = -s_{mi} a^{im} = 0$$

$$\mathbf{S} : \mathbf{A} = \mathbf{S} \cdot\cdot\, \mathbf{A} = 0$$

Polare Zerlegung einer Dyade : Jede reguläre Dyade D im euklidischen Raum $\mathbb{R}^n$ ist das innere Produkt einer unitären Dyade C und einer positiv definiten symmetrischen Dyade S. Für die Koordinaten der Dyaden sowie die Koordinaten eines beliebigen Tensors 1. Stufe $\mathbf{x} \neq \mathbf{0}$ gelten folgende Beziehungen :

$$\mathbf{D}_o = \mathbf{C}_* \mathbf{S}^* \quad : \quad d_{i.}^{\ m} = c_{ik}\, s^{km}$$

$$\mathbf{D}^o = \mathbf{C}^* \mathbf{S}_* \quad : \quad d^{i}_{\ .m} = c^{ik}\, s_{km}$$

$$\mathbf{C}_*^T \mathbf{C}^* = \mathbf{I} \quad : \quad c_{ik}\, c^{km} = \delta_i^k$$

$$\mathbf{S}_* = \mathbf{S}_*^T \quad : \quad s_{im} = s_{mi}$$

$$\mathbf{x} \cdot \mathbf{S} \cdot \mathbf{x} > 0 \quad : \quad s_{im}\, x^i\, x^m > 0$$

Für eine gegebene Dyade D sind die Koordinaten der Dyaden C und S eindeutig bestimmt. Sie werden in folgenden Schritten berechnet :

1. Berechne die Dyade $\mathbf{T}^o = \mathbf{D}_o^T \mathbf{D}^o$.
2. Zerlege die Dyade $\mathbf{T}^o = \mathbf{U}^* \mathbf{P}\, \mathbf{U}_*^T$.
3. Berechne die Dyade $\mathbf{S}_* = \mathbf{U}_* \mathbf{P}^{0.5} (\mathbf{U}_*)^T$.
4. Berechne die Dyade $\mathbf{S}_*^{-1} = \mathbf{U}^* \mathbf{P}^{-0.5} (\mathbf{U}^*)^T$.
5. Berechne die Dyade $\mathbf{C}^* = \mathbf{D}^o \mathbf{S}_*^{-1}$.

Beweis : Polare Zerlegung einer symmetrischen Dyade

Es ist zu zeigen, daß die Dyaden S und C für jede reguläre Dyade D existieren, da sonst die angegebenen Rechenschritte nicht ausführbar sind.

1. Die Koordinaten der Dyade T sind $t^{i}_{.m} = d_{k.}^{\ i}\ d^{k}_{.m}$. Die Dyade T ist symmetrisch, also $t^{i}_{.m} = t_{m.}^{\ i}$:

$$t_{m.}^{\ i} = g_{mr}\ g^{is}\ t^{r}_{.s} = g_{mr} g^{is}\ d_{k.}^{\ r}\ d^{k}_{.s} = d_{km}\ d^{ki}$$
$$= g_{kr} g^{ks}\ d^{r}_{.m}\ d_{s.}^{\ i} = d^{r}_{.m}\ d_{r.}^{\ i} = t^{i}_{.m}$$

2. Die Dyade T ist positiv definit. Für ihre Quadrik gilt nämlich mit dem assoziierten Tensor $\mathbf{w} = \mathbf{D} \cdot \mathbf{x} \neq \mathbf{0}$ der regulären Dyade D und des Tensors $\mathbf{x} \neq \mathbf{0}$:

$$t^{i}_{.m}\ x_i\ x^m = d_{k.}^{\ i}\ d^{k}_{.m}\ x_i\ x^m = (d_{k.}^{\ i}\ x_i)(d^{k}_{.m}\ x^m) = w_k\ w^k > 0$$

3. Die symmetrische, positiv definite Dyade T besitzt positive Eigenwerte, die in der Diagonalmatrix **P** zusammengefaßt werden. Die kovarianten Koordinaten der Eigenvektoren werden spaltenweise in der Matrix $\mathbf{U}_*$ angeordnet, die kontravarianten Koordinaten in der Matrix $\mathbf{U}^*$.

$$t^{i}_{.m} = u^{ir}\ p_{r.}^{\ r}\ u_{mr}$$

4. Da die Eigenwerte von T positiv sind, kann die Diagonalmatrix $\mathbf{P}^{0.5}$ gebildet werden, deren Diagonalelemente die positiven Quadratwurzeln der Diagonalelemente von **P** sind. Die Dyade $\mathbf{S}^{\circ} = \mathbf{U}^* \mathbf{P}^{0.5}\ \mathbf{U}_*^{T}$ ist symmetrisch :

$$s^{i}_{.m} = u^{ik}\ (p_{k.}^{\ k})^{0.5}\ u_{mk} = u^{ik}\ (p^{k}_{.k})^{0.5}\ u_{mk} = s_{m.}^{\ i}$$

5. Die kovariante Koordinatenmatrix $\mathbf{S}_*$ und die kontravariante Koordinatenmatrix $\mathbf{S}^*$ der Dyade S werden mit der Ziehregel bestimmt :

$$\mathbf{S}_* = \mathbf{G}_*\ \mathbf{S}^{\circ} = \mathbf{G}_*\ \mathbf{U}^*\ \mathbf{P}^{0.5}\ (\mathbf{U}_*)^{T} = \mathbf{U}_*\ \mathbf{P}^{0.5}\ (\mathbf{U}_*)^{T}$$
$$\mathbf{S}^* = \mathbf{G}^*\ \mathbf{S}_{o} = \mathbf{G}^*\ \mathbf{U}_*\ \mathbf{P}^{0.5}\ (\mathbf{U}^*)^{T} = \mathbf{U}^*\ \mathbf{P}^{0.5}\ (\mathbf{U}^*)^{T}$$

6. Für die symmetrische Dyade T gilt $\mathbf{S}_{o}^{T}\ \mathbf{S}^{\circ} = \mathbf{T}^{\circ} = \mathbf{D}_{o}^{T}\ \mathbf{D}^{\circ}$:

$$s_{k.}^{\ i}\ s^{k}_{.m} = u_{kr}\ (p_{r.}^{\ r})^{0.5}\ u^{ir} u^{ks}\ (p_{s.}^{\ s})^{0.5}\ u_{ms}$$
$$= u^{ir}\ (p_{r.}^{\ r}\ p_{s.}^{\ s})^{0.5}\ u_{ms}\ \delta_{r}^{s}$$
$$= u^{ir}\ p_{r.}^{\ r}\ u_{mr} = t^{i}_{.m}$$

7. Die Inversen der Matrizen $\mathbf{S}_{o}$ und $\mathbf{S}^{\circ}$ werden mit Hilfe der Beziehungen $(\mathbf{U}_*)^{T}\ \mathbf{U}^* = \mathbf{I}$ und $(\mathbf{U}^*)^{T} \mathbf{U}_* = \mathbf{I}$ bestimmt :

$$(\mathbf{S}^{\circ})^{-1} = (\mathbf{U}^*\ \mathbf{P}^{0.5}\ (\mathbf{U}_*)^{T})^{-1} = \mathbf{U}^*\ \mathbf{P}^{-0.5}\ (\mathbf{U}_*)^{T}$$
$$(\mathbf{S}_{o})^{-1} = (\mathbf{U}_*\ \mathbf{P}^{0.5}\ (\mathbf{U}^*)^{T})^{-1} = \mathbf{U}_*\ \mathbf{P}^{-0.5}\ (\mathbf{U}^*)^{T}$$

8. Die kovariante Koordinatenmatrix $\mathbf{S}_*^{-1}$ und die kontravariante Koordinatenmatrix $(\mathbf{S}^*)^{-1}$ der Dyade S^{-1} werden mit der Ziehregel bestimmt :

$$(\mathbf{S}_*)^{-1} = (\mathbf{G}_*\ \mathbf{S}^{\circ})^{-1} = \mathbf{U}^*\ \mathbf{P}^{-0.5}\ (\mathbf{U}_*)^{T}\ \mathbf{G}^* = \mathbf{U}^*\ \mathbf{P}^{-0.5}\ (\mathbf{U}^*)^{T}$$
$$(\mathbf{S}^*)^{-1} = (\mathbf{G}^*\ \mathbf{S}_{o})^{-1} = \mathbf{U}_*\ \mathbf{P}^{-0.5}\ (\mathbf{U}^*)^{T}\ \mathbf{G}_* = \mathbf{U}_*\ \mathbf{P}^{-0.5}\ (\mathbf{U}_*)^{T}$$

9. Die Dyade C wird mit der Beziehung $\mathbf{D}^o = \mathbf{C}^* \mathbf{S}_*$ definiert. Aus dieser Definition wird die Beziehung $\mathbf{D}_o = \mathbf{C}_* \mathbf{S}^*$ abgeleitet.

$$d^{i}_{.m} = c^{ik} s_{km}$$

$$d_{i}^{\ m} = g_{ir} g^{mt} d^{r}_{.t} = g_{ir} g^{mt} c^{rk} s_{kt} = c_{i.}^{\ k} s_{k.}^{\ m}$$

$$= g^{kr} g_{kt} c_{ir} s^{tm} = \delta^r_t c_{ir} s^{tm} = c_{ir} s^{rm}$$

10. Die Dyade C mit $\mathbf{C}^* = \mathbf{D}^o \mathbf{S}_*^{-1}$ und $\mathbf{C}_* = \mathbf{D}_o (\mathbf{S}^*)^{-1}$ ist unitär:

$$\mathbf{C}_*^T \mathbf{C}^* = ((\mathbf{S}^*)^{-1})^T \mathbf{D}_o^T \mathbf{D}^o (\mathbf{S}_*)^{-1}$$

$$= ((\mathbf{S}_o)^{-1} \mathbf{G}_*)^T \mathbf{S}_o^T \mathbf{S}^o (\mathbf{S}^o)^{-1} \mathbf{G}^*$$

$$= \mathbf{G}_* (\mathbf{S}_o \mathbf{S}_o^{-1})^T (\mathbf{S}^o (\mathbf{S}^o)^{-1}) \mathbf{G}^*$$

$$\mathbf{C}_*^T \mathbf{C}^* = \mathbf{I}$$

Es bleibt zu zeigen, daß die Zerlegung der regulären Dyade D in die unitäre Dyade C und die positiv definite, symmetrische Dyade S eindeutig ist. Gegeben sei eine beliebige positiv definite, symmetrische Dyade S mit der Koordinatenmatrix $\mathbf{S}_o$. Die Eigenwerte w_i von $\mathbf{S}_o$ seien paarweise verschieden. Sie werden in steigender Reihenfolge in der Diagonalmatrix $\mathbf{W}$ angeordnet, die Eigenvektoren $\mathbf{z}_i$ in gleicher Reihenfolge in der Eigenmatrix $\mathbf{Z}_*$. Dann kann die Matrix $\mathbf{S}_o$ eindeutig in die Produkte $\mathbf{Z}_* \mathbf{W} (\mathbf{Z}^*)^T = \mathbf{Z}^* \mathbf{W} \mathbf{Z}_*^T$ zerlegt werden.

Die Matrix $\mathbf{S}_o$ ist für eine polare Zerlegung der Dyade D geeignet, wenn die Bedingung $\mathbf{T}_o = \mathbf{D}_o^T \mathbf{D}_o = \mathbf{S}_o^T \mathbf{S}_o = \mathbf{Z}^* \mathbf{W}^T \mathbf{W} \mathbf{Z}_*^T$ erfüllt ist. Die Eigenwerte p_i von $\mathbf{T}_o$ seien paarweise verschieden. Sie werden in steigender Reihenfolge in der Diagonalmatrix $\mathbf{P}$ angeordnet, die Eigenvektoren $\mathbf{u}_i$ in gleicher Reihenfolge in der Eigenmatrix $\mathbf{U}_*$. Dann kann die Matrix $\mathbf{T}_o$ eindeutig in das Produkt $\mathbf{U}^* \mathbf{P} \mathbf{U}_*^T$ zerlegt werden. Da die Matrizen $\mathbf{S}_o$ und $\mathbf{T}_o$ reell, symmetrisch und positiv definit sind, besitzen sie vollständige Sätze reeller Eigenzustände mit positiven Eigenwerten. Folglich ist $\mathbf{S}_o$ nur dann für die polare Zerlegung der Dyade D geeignet, wenn $\sqrt{w_i} = p_i$ und $\mathbf{Z}^* = \mathbf{U}^*$. Besitzt $\mathbf{S}_o$ mehrfache Eigenwerte, so kommt man zu demselben Ergebnis, wenn man für mehrfache Eigenwerte an Stelle von Eigenvektoren Eigenräume betrachtet.

Spur einer Dyade : Die Summe der gemischt-varianten Diagonalkoordinaten einer Dyade T heißt die Spur der Dyade T und wird mit spur $\mathbf{T}$ bezeichnet. Die Spur ist eine skalare Invariante von T : Werden die dualen Basen $\mathbf{B}_*, \mathbf{B}^*$ von $\mathbb{R}^n$ nach $\overline{\mathbf{B}}_* = \mathbf{B}_* \mathbf{A}$ und $\overline{\mathbf{B}}^* = \mathbf{B}^* \overline{\mathbf{A}}^T$ transformiert, so bleibt spur $\mathbf{T}$ unverändert.

$$\text{spur}\, \mathbf{T} = t_{i.}^{\ i} = t^{i}_{.i}$$

$$\overline{t}_{i.}^{\ i} = a^{r}_{.i} \overline{a}^{i}_{.s} t_{r.}^{\ s} = \delta^r_s t_{r.}^{\ s} = t_{s.}^{\ s}$$

$$t_{i.}^{\ i} = g_{ir} g^{is} t^{r}_{.s} = \delta^s_r t^{r}_{.s} = t^{s}_{.s}$$

Kugeldyade : Eine Dyade K in dem Raum $\mathbb{R}^n$ heißt Kugeldyade, wenn ihre n gemischt-varianten Diagonalkoordinaten den gleichen Wert und ihre anderen gemischt-varianten Koordinaten den Wert null besitzen.

$$k_{i.}^{m} = k_{.m}^{i} = k\,\delta_m^i$$

Deviatorische Zerlegung einer Dyade : Eine Dyade D heißt ein Deviator, wenn ihre Spur null ist. Jede Dyade T in $\mathbb{R}^n$ kann in einen Deviator D und eine Kugeldyade K mit den Diagonalkoordinaten $\frac{1}{n}$ spur **T** zerlegt werden :

$$\text{spur}\,\mathbf{T} = t_{i.}^{i}$$

$$d_{i.}^{m} = t_{i.}^{m} - \frac{1}{n}\,\delta_i^m\,\text{spur}\,\mathbf{T}$$

Beweis : Deviatorische Zerlegung einer Dyade

$$d_{i.}^{i} = t_{i.}^{i} - \frac{1}{n}\,\delta_i^i\,\text{spur}\,\mathbf{T} = \text{spur}\,\mathbf{T} - \text{spur}\,\mathbf{T} = 0$$

Beispiel 1 : Polare Zerlegung einer Dyade

In einem euklidischen Raum $\mathbb{R}^2$ seien zwei duale Basen $\mathbf{B}_*$ und $\mathbf{B}^*$ sowie die gemischt-variante Koordinatenmatrix $\mathbf{D}_o$ einer Dyade D bekannt. Die Dyade D sei polar zu zerlegen. Dazu werden die Koordinatenmatrix $\mathbf{D}^o$ von D sowie die Koordinatenmatrix $\mathbf{T}^o = (\mathbf{D}_o)^T\mathbf{D}^o$ der Dyade T berechnet.

$\mathbf{B}_* =$

1.0000	–1.0000
0	1.0000

$\mathbf{G}_* = (\mathbf{B}_*)^T\,\mathbf{B}_* =$

1.0000	–1.0000
–1.0000	2.0000

$\mathbf{B}^* =$

1.0000	0
1.0000	1.0000

$\mathbf{G}^* = (\mathbf{B}^*)^T\,\mathbf{B}^* =$

2.0000	1.0000
1.0000	1.0000

$\mathbf{D}_o =$

2.0000	–0.5000
0.5000	1.0000

$\mathbf{D}^o = \mathbf{G}^*\mathbf{D}_o\mathbf{G}_*^T =$

4.5000	–4.500
2.0000	–1.500

$\mathbf{T}^o =$

10.0000	–9.7500
–0.2500	0.7500

Die reelle symmetrische Dyade T besitzt die reellen Eigenwerte p_1 und p_2. Je eine der kontravarianten Koordinaten der Eigenvektoren $\mathbf{u}_1^*$ und $\mathbf{u}_2^*$ wird frei mit dem Wert 1.0 gewählt. Diese Eigenvektoren werden in die Einheitsbasis und in die kovariante Basis $\mathbf{B}_*$ transformiert.

$$(10.00 - p)\,(0.75 - p) - 9.75 * 0.25 = 0 \quad \Rightarrow \quad p_1 = 0.4936$$
$$p_2 = 10.2564$$

$$\mathbf{T}^{o}\,\mathbf{u}_i^* = p_i\,\mathbf{u}_i^* \quad \Rightarrow \quad \mathbf{u}_1^* = \begin{bmatrix} 1.0256 \\ 1.0000 \end{bmatrix} \qquad \mathbf{u}_2^* = \begin{bmatrix} 1.0000 \\ -0.0263 \end{bmatrix}$$

$$\mathbf{u}_i = \mathbf{B}_*\,\mathbf{u}_i^* \quad \Rightarrow \quad \mathbf{u}_1 = \begin{bmatrix} 0.0256 \\ 1.0000 \end{bmatrix} \qquad \mathbf{u}_2 = \begin{bmatrix} 1.0263 \\ -0.0263 \end{bmatrix}$$

$$\mathbf{u}_{*i} = \mathbf{G}_*\,\mathbf{u}_i^* \quad \Rightarrow \quad \mathbf{u}_{*1} = \begin{bmatrix} 0.0256 \\ 0.9744 \end{bmatrix} \qquad \mathbf{u}_{*2} = \begin{bmatrix} 1.0263 \\ -1.0526 \end{bmatrix}$$

Die Eigenvektoren werden so skaliert, daß ihr Betrag 1 ist, und in den Koordinatenmatrizen $\mathbf{U}^*$ und $\mathbf{U}_*$ angeordnet. Dann werden die Matrizen $\mathbf{S}_*$, $\mathbf{S}_*^{-1}$, $\mathbf{C}^*$ und $\mathbf{C}_*$ berechnet.

$$\mathbf{P} = \begin{bmatrix} 0.4936 & 0 \\ 0 & 10.2564 \end{bmatrix} \qquad \mathbf{U}^* = \begin{bmatrix} 1.0253 & 0.9740 \\ 0.9997 & -0.0256 \end{bmatrix} \qquad \mathbf{U}_* = \begin{bmatrix} 0.0256 & 0.9997 \\ 0.9741 & -1.0253 \end{bmatrix}$$

$$\mathbf{S}_* = \mathbf{U}_*\,\mathbf{P}^{0.5}\,(\mathbf{U}_*)^T = \begin{bmatrix} 3.2011 & -3.2651 \\ -3.2651 & 4.0333 \end{bmatrix}$$

$$\mathbf{S}_*^{-1} = \mathbf{U}^*\,\mathbf{P}^{-0.5}\,(\mathbf{U}^*)^T = \begin{bmatrix} 1.7926 & 1.4512 \\ 1.4512 & 1.4228 \end{bmatrix}$$

$$\mathbf{C}^* = \mathbf{D}^{o}\,\mathbf{S}_*^{-1} = \begin{bmatrix} 1.5365 & 0.1280 \\ 1.4084 & 0.7682 \end{bmatrix}$$

$$\mathbf{C}_* = \mathbf{G}_*\,\mathbf{C}^*\,(\mathbf{G}_*)^T = \begin{bmatrix} 0.7682 & -1.4084 \\ -0.1280 & 1.5365 \end{bmatrix}$$

Die Dyade U ist unitär, da $\mathbf{C}_*^T\,\mathbf{C}^* = \mathbf{I}$. Die gegebene Dyade D wurde also in das Produkt $\mathbf{D}^o = \mathbf{C}^*\,\mathbf{S}_*$ mit der unitären Dyade C und der symmetrischen, positiv definiten Dyade S zerlegt.

Beispiel 2 : Deviator einer Dyade

In dem euklidischen Raum $\mathbb{R}^2$ seien duale Basen $\mathbf{B}_*$ und $\mathbf{B}^*$ sowie die kontravariante Koordinatenmatrix $\mathbf{T}^*$ einer Dyade T bekannt. Der Deviator D der Dyade T sei zu bestimmen. Dazu werden die gemischt-variante Koordinatenmatrix $\mathbf{T}_o = \mathbf{G}_* \mathbf{T}^*$ und die Spur von T berechnet.

$$\mathbf{B}_* = \begin{bmatrix} 1 & -1 \\ 0 & 1 \end{bmatrix} \qquad \mathbf{B}^* = \begin{bmatrix} 1 & 0 \\ 1 & 1 \end{bmatrix} \qquad \mathbf{T}^* = \begin{bmatrix} 4 & 1 \\ 1 & 5 \end{bmatrix}$$

$$\mathbf{G}_* = \begin{bmatrix} 1 & -1 \\ -1 & 2 \end{bmatrix} \qquad \mathbf{T}_o = \begin{bmatrix} 3 & -4 \\ -2 & 9 \end{bmatrix} \qquad \text{spur}\,\mathbf{T} = 3 + 9 = 12$$

Die gemischt-variante Koordinatenmatrix $\mathbf{D}_o$ des Deviators D von T ist $\mathbf{D}_o = \mathbf{T}_o - \frac{1}{2}(\text{spur}\,\mathbf{T})\,\mathbf{I}$. Die Koordinaten $d_{i.}^{m}$ von $\mathbf{D}_o$ sind auf die Basen $\mathbf{B}_*$ und $\mathbf{B}^*$ bezogen. Sie werden mit der Transformation $\mathbf{D} = \mathbf{B}^* \mathbf{D}_o (\mathbf{B}_*)^T$ auf die Einheitsbasis **E** bezogen :

$$\mathbf{D}_o = \begin{bmatrix} -3 & -4 \\ -2 & 3 \end{bmatrix} \qquad \mathbf{D} = \begin{bmatrix} 1 & -4 \\ -4 & -1 \end{bmatrix}$$

9.3.8 ABBILDUNGEN VON TENSOREN

Einführung : Eine physikalische Größe, beispielsweise der Spannungszustand an einem Punkt eines Körpers, kann im Verlauf der Zeit verschiedene Werte annehmen. Jedem dieser Spannungszustände entspricht eine eigene lineare Vektorfunktion $T_k(\mathbf{u}_1, ..., \mathbf{u}_m)$, also ein Tensor im Sinne der Tensordefinition. Dieser Tensor ist eindeutig durch seinen Koordinatensatz in einem Basissystem definiert. Die Menge der Koordinatensätze für die verschiedenen Werte der physikalischen Größe bildet die Koordinatenmenge der physikalischen Größe.

Häufig wird die Koordinatenmenge für alle Werte einer physikalischen Größe als Tensor bezeichnet, obwohl definitionsgemäß die Funktion $T_k(\mathbf{u}_1, ..., \mathbf{u}_m)$ für jeden individuellen Wert ein Tensor ist. Im folgenden wird diese Bezeichnungsweise als Abkürzung benutzt. Die Koordinatenmengen eines oder mehrerer Tensoren können auf die Koordinatenmengen anderer Tensoren abgebildet werden. Solche Abbildungen werden insbesondere zur Formulierung physikalischer Aufgaben benutzt. Beispielsweise werden der Dehnungstensor und der Stofftensor auf den Spannungstensor abgebildet.

Die Koordinaten eines Tensors $T_k(\mathbf{u}_1, ..., \mathbf{u}_m)$ sind im allgemeinen von dem gewählten Basissystem abhängig. Dementsprechend ist das Ergebnis einer Tensorabbildung im allgemeinen von der Basiswahl abhängig. Es gibt aber Tensorabbildungen, deren Wert von der Basiswahl unabhängig ist. Beispielsweise sind die Eigenwerte einer symmetrischen Dyade bei Transformation der Basis invariant. Solche Invarianten sind für das Verständnis physikalischer Größen von Bedeutung. Es zeigt sich, daß zwischen verschiedenen Invarianten eines Tensors Abhängigkeiten bestehen, die es erlauben, eine Integritätsbasis zu wählen und die Invarianten des Tensors als Funktionen dieser Integritätsbasis darzustellen.

Basissystem : Jeder Wert eines Tensors T_k im Raum $\mathbb{R}^n$ ist der skalare Wert einer linearen Vektorfunktion $T_k(\mathbf{u}_1, ..., \mathbf{u}_m)$ für bekannte Vektoren $\mathbf{u}_1, ..., \mathbf{u}_m \in \mathbb{R}^n$. Die Koordinaten $t_k^{i_1 ... i_m}$ des Tensors sind eindeutig bestimmt, wenn jedem Index i_s der Koordinaten eine Basis B^s zugeordnet ist. Das kartesische Produkt $B^1 \times ... \times B^m$ heißt das Basissystem der Tensorkoordinaten.

$$t_k^{i_1 ... i_m} = T_k(\mathbf{b}^{i_1}, ..., \mathbf{b}^{i_m}) \quad \wedge \quad \mathbf{b}^{i_s} \in B^s$$

Koordinatensatz : Ein n-dimensionaler Tensor T_k der Stufe m ist eindeutig durch seine n^m Koordinaten in einem Basissystem $B^1 \times ... \times B^m$ definiert. Diese n^m Koordinaten heißen der Koordinatensatz des Tensors T_k für das Basissystem $B^1 \times ... \times B^m$. Der Koordinatensatz wird mit $\mathbf{T}_k$ bezeichnet. Kennt man den Koordinatensatz $\mathbf{T}_k$ für ein Basissystem, so ist die Funktion $T_k(...)$ eindeutig bestimmt. Der Wert des Tensors T_k für beliebige Vektoren $\mathbf{u}_1, ..., \mathbf{u}_m$ ist dann eine Linearkombination des Koordinatensatzes.

$$\mathbf{T}_k = \{t_k^{i_1 \ldots i_m} = T_k(\mathbf{b}^{i_1}, \ldots, \mathbf{b}^{i_m}) \mid (\mathbf{b}^{i_1}, \ldots, \mathbf{b}^{i_m}) \in B^1 \times \ldots \times B^m\}$$

$$\mathbf{u}_{i_s} = c_{i_s} \mathbf{b}^{i_s}$$

$$T_k(\mathbf{u}_{i_1}, \ldots, \mathbf{u}_{i_m}) = c_{i_1} \ldots c_{i_m} t_k^{i_1 \ldots i_m}$$

Koordinatenmenge : Dem k-ten Zustand einer physikalischen Größe entspricht ein Tensor $T_k(\ldots)$ mit dem Koordinatensatz $\mathbf{T}_k$. Die Menge der Koordinatensätze der physikalischen Größe für verschiedene Zustände heißt die Koordinatenmenge der physikalischen Größe und wird mit **T** bezeichnet. Häufig wird **T** als der Tensor bezeichnet, der die physikalische Größe darstellt.

$$\mathbf{T} = \{\mathbf{T}_k \mid k = 1,2,\ldots\}$$

Tensorabbildung : Eine Abbildung heißt eine Tensorabbildung (eine Tensorfunktion), wenn ihre Ausgangsmenge das kartesische Produkt der Koordinatenmengen von Tensoren ist. Die Tensorabbildung heißt skalarwertig, wenn die Zielmenge eine Menge von Skalaren (Zahlen) ist. Die Tensorabbildung heißt tensorwertig, wenn die Zielmenge das kartesische Produkt der Koordinatenmengen von Tensoren ist. Die Tensoren eines kartesischen Produktes dürfen verschiedenstufig sein. Die Anzahl der Faktoren im kartesischen Produkt darf für die Ausgangsmenge und die Zielmenge verschieden sein.

$$f : \mathbf{A} \times \ldots \times \mathbf{C} \rightarrow \mathbf{T} \times \ldots \times \mathbf{W}$$

f	Name der Tensorfunktion
A,...,**C**	Koordinatenmengen der Tensoren der Ausgangsmenge
T,...,**W**	Koordinatenmengen der Tensoren der Zielmenge

Transformation des Basissystems : Eine feste physikalische Größe, beispielsweise der Spannungszustand an einem Punkt eines Körpers, kann mit verschiedenen Basissystemen beschrieben werden, beispielsweise $B^1 \times \ldots \times B^m$ und $\bar{B}^1 \times \ldots \times \bar{B}^m$. Die Vektorfunktion $T_k(\ldots)$, die diesen Tensor definiert, wird durch die Wahl des Basissystems nicht verändert. Die Koordinatensätze $\mathbf{T}_k$ und $\bar{\mathbf{T}}_k$ des Tensors für die beiden Basissysteme sind jedoch verschieden, da verschiedene Basisvektoren in die Funktion $T_k(\ldots)$ eingesetzt werden.

$$\mathbf{T}_k = \{t_k^{i_1 \ldots i_m} = T_k(\mathbf{b}^{i_1}, \ldots, \mathbf{b}^{i_m}) \mid (\mathbf{b}^{i_1}, \ldots, \mathbf{b}^{i_m}) \in B^1 \times \ldots \times B^m\}$$

$$\bar{\mathbf{T}}_k = \{\bar{t}_k^{i_1 \ldots i_m} = T_k(\bar{\mathbf{b}}^{i_1}, \ldots, \bar{\mathbf{b}}^{i_m}) \mid (\bar{\mathbf{b}}^{i_1}, \ldots, \bar{\mathbf{b}}^{i_m}) \in \bar{B}^1 \times \ldots \times \bar{B}^m\}$$

Skalarinvarianten eines Tensors : Für eine feste physikalische Größe, die durch den Tensor $T_k(\ldots)$ beschrieben wird, sei eine skalare Tensorfunktion $f : \mathbf{T} \rightarrow \mathbb{R}$ mit $f(\mathbf{T}_k) = c$ definiert. Der Wert des Skalars c ist also von allen Koordinaten des Satzes $\mathbf{T}_k$ abhängig. Dies wird häufig mit der Bezeichnung $f(t_k^{i_1 \ldots i_m}) = c$

ausgedrückt. Die Ausgangsmenge der Abbildung enthält jeden Koordinatensatz, der durch Transformation des Basissystems des Tensors gewonnen werden kann. Der Funktionswert c heißt eine Skalarinvariante (Invariante) des Tensors T_k, wenn die Transformation des Basissystems den Wert c der Funktion nicht ändert. Die skalare Tensorfunktion hat also für jeden Koordinatensatz $\mathbf{T}_k$ ihrer Ausgangsmenge $\mathbf{T}$ denselben Wert c.

$$f(\mathbf{T}_k) = f(\overline{\mathbf{T}}_k) = c \qquad \mathbf{T}_k, \overline{\mathbf{T}}_k \in \mathbf{T}$$

Im Sonderfall seien alle Indizes der Koordinaten $t_{i_1 \ldots i_m}$ eines Tensors T_k auf dieselbe Basis $\mathbf{B}_*$ bezogen. Das Basissystem ist dann $\mathbf{B}_* \times \ldots \times \mathbf{B}_*$ (m-fach). Die Basis wird nach $\overline{\mathbf{B}}_* = \mathbf{B}_* \mathbf{A}$ transformiert, das Basissystem also nach $\overline{\mathbf{B}}_* \times \ldots \times \overline{\mathbf{B}}_*$ (m-fach). Die Koeffizienten der Transformationsmatrix $\mathbf{A}$ seien $a^s_{.i}$. Dann ist die Tensorfunktion $f : \mathbf{T} \to \mathbb{R}$ eine Invariante, wenn ihr Wert für die Koordinatensätze $\mathbf{T}_k$ und $\overline{\mathbf{T}}_k$ gleich ist :

$$f(t_{i_1 \ldots i_m}) = \overline{f}(t_{i_1 \ldots i_m}) = f(a^{s_1}_{.\,i_1} \ldots a^{s_m}_{.\,i_m} \; t_{s_1 \ldots s_m})$$

Skalarinvarianten mehrerer Tensoren : Für mehrere feste physikalische Größen, die durch die Tensoren $T_j(\ldots),\ldots,W_k(\ldots)$ beschrieben sind, sei eine skalare Tensorfunktion $f : \mathbf{T} \times \ldots \times \mathbf{W} \to \mathbb{R}$ mit $f(\mathbf{T}_j,\ldots,\mathbf{W}_k) = c$ definiert. Jeder der Tensoren besitzt ein eigenes Basissystem. Die Ausgangsmenge der Abbildung f enthält jedes Tupel $(\mathbf{T}_j,\ldots,\mathbf{W}_k)$, das durch Transformationen der Basissysteme der Tensoren gewonnen werden kann. Der Funktionswert c heißt eine Skalarinvariante (Invariante), wenn die Transformationen der Koordinatensätze den Wert c der Funktion nicht ändern.

$$f : \mathbf{T} \times \ldots \times \mathbf{W} \to \mathbb{R}$$

$$f(\mathbf{T}_j,\ldots,\mathbf{W}_k) = f(\overline{\mathbf{T}}_j,\ldots,\overline{\mathbf{W}}_k) = c \qquad \mathbf{T}_j \in \mathbf{T}, \quad \mathbf{W}_k \in \mathbf{W}$$

Invarianz der Eigenwerte einer symmetrischen Dyade : Die Koordinaten $t_{i.}^{m}$ einer symmetrischen Dyade in den dualen Basen $\mathbf{B}_*$ und $\mathbf{B}^*$ des Raumes $\mathbb{R}^n$ seien bekannt. Diese Dyade besitzt n reelle Eigenwerte $p_1,\ldots,p_n$ mit zugehörigen Eigenvektoren $\mathbf{u}_1,\ldots,\mathbf{u}_n$. Für einen Eigenzustand $(p,\mathbf{u})$ gilt :

$$(t_{i.}^{m} - p\,\delta_i^m)\,u_m = 0$$

Die Basen werden mit der Transformationsmatrix $\mathbf{A}$ nach $\overline{\mathbf{B}}_* = \mathbf{B}_* \mathbf{A}$ und $\overline{\mathbf{B}}^* = \mathbf{B}^* \overline{\mathbf{A}}^T$ transformiert. Die Koordinaten $\overline{t}_{i.}^{m}$ der Dyade für die dualen Basen $\overline{\mathbf{B}}_*$ und $\overline{\mathbf{B}}^*$ sowie die Koordinaten $\overline{u}_m$ des Eigenvektors $\mathbf{u}$ werden nach den allgemeinen Regeln transformiert :

$$\overline{t}_{r.}^{s} = a^i_{.r}\,\overline{a}^s_{.m}\,t_{i.}^{m}$$

$$\overline{\delta}_r^s = a^i_{.r}\,\overline{a}^s_{.m}\,\delta_i^m$$

$$\overline{u}_s = a^k_{.s}\,u_k$$

Für einen Eigenzustand $(\bar{p}, \bar{\mathbf{u}})$ des Tensors T in der transformierten Basis gilt :

$$(\bar{t}_{r.}^{\ s} - \bar{p}\, \bar{\delta}_{r}^{\ s})\, \bar{u}_s = 0$$

$$a_{.r}^{i}\, (t_{i.}^{\ m} - \bar{p}\, \delta_i^m)\, \bar{a}_{.m}^{s}\, a_{.s}^{k}\, u_k = 0$$

$$\bar{a}_{.j}^{r}\, a_{.r}^{i}\, (t_{i.}^{\ m} - \bar{p}\, \delta_i^m)\, \delta_m^k\, u_k = 0$$

$$(t_{i.}^{\ m} - \bar{p}\, \delta_i^m)\, u_m = 0$$

Aus $(t_{i.}^{\ m} - p\, \delta_i^m)\, u_m = (t_{i.}^{\ m} - \bar{p}\, \delta_i^m)\, u_m = 0$ folgt $p = \bar{p}$. Die Eigenwerte der symmetrischen Dyade $\mathbf{T}_o$ sind also bei einer Transformation der Basis der Koordinaten der Dyade invariant. Ordnet man nun die Eigenwerte algebraisch, beispielsweise $p_1 \le p_2 \le \ldots \le p_n$, so erhält man für den Tensor T folgende Skalarinvarianten :

$$f_1(\mathbf{T}_o) = p_1$$

$$\vdots$$

$$f_n(\mathbf{T}_o) = p_n$$

Hauptinvarianten einer symmetrischen Dyade : Die Koordinaten einer symmetrischen Dyade $\mathbf{T}_o$ in dualen Basen $\mathbf{B}_*$ des Raumes $\mathbb{R}^n$ seien $t_{i.}^{\ m}$ mit i, m = 1,...,n. Die Eigenwertaufgabe für diese Dyade wird in Matrizenform gezeigt :

$$\begin{bmatrix} t_{1.}^{\ 1} & t_{1.}^{\ 2} & & t_{1.}^{\ n} \\ t_{2.}^{\ 1} & t_{2.}^{\ 2} & & t_{2.}^{\ n} \\ & & \ddots & \\ t_{n.}^{\ 1} & t_{n.}^{\ 2} & & t_{n.}^{\ n} \end{bmatrix} * \begin{bmatrix} u_1 \\ u_2 \\ \vdots \\ u_n \end{bmatrix} = p \begin{bmatrix} u_1 \\ u_2 \\ \vdots \\ u_n \end{bmatrix}$$

Aus der Bedingung $\det(\mathbf{T}_o - p\mathbf{I}) = 0$ für nichttriviale Lösungen **u** folgt die charakteristische Gleichung der Dyade. Ihre Koeffizienten werden mit $I_1, I_2, \ldots, I_n$ bezeichnet :

$$(-p)^n + I_1\, (-p)^{n-1} + \ldots + I_{n-1}\, (-p)^1 + I_n = 0$$

Für die reelle symmetrische Dyade $\mathbf{T}_o$ sind die Lösungen $p_1 \le p_2 \le \ldots \le p_n$ der charakteristischen Gleichung (also die Eigenwerte) und die zugehörigen Eigenvektoren $\mathbf{u}_1, \mathbf{u}_2, \ldots, \mathbf{u}_n$ reell. In der Hauptbasis ist die Koordinatenmatrix der Dyade T eine Diagonalmatrix mit den Eigenwerten als Diagonalkoeffizienten. Mit dieser Darstellung erhalten die Koeffizienten der charakteristischen Gleichung eine besonders einfache Form.

$$\mathbf{T} = \begin{array}{|c|c|c|c|} \hline p_1 & & & \\ \hline & p_2 & & \\ \hline & & \ddots & \\ \hline & & & p_n \\ \hline \end{array}$$

$$(p_1 - p)(p_2 - p) \ldots (p_n - p) = 0$$

$$I_1 = p_1 + p_2 + \ldots + p_n$$

$$I_2 = p_1(p_2 + p_3 + \ldots + p_n) + p_2(p_3 + p_4 + \ldots + p_n) + \ldots + p_{n-1}\, p_n$$

$$\vdots$$

$$I_n = p_1 p_2 \ldots p_n$$

Da die Lösungen $p_1,\ldots,p_n$ der charakteristischen Gleichung Skalarinvarianten sind, sind auch die Koeffizienten $I_1,\ldots,I_n$ der charakteristischen Gleichung Invarianten von $\mathbf{T}_0$. Sie heißen die Hauptinvarianten der Dyade und können als Funktionen der Eigenwerte aufgefaßt werden.

Grundinvarianten einer Dyade : Eine Dyade T kann r-fach mit sich selbst überschoben werden. Die resultierenden Skalare heißen die Grundinvarianten der Dyade und werden mit $S_0, S_1, S_2, \ldots$ bezeichnet. Ihre Invarianz bei einem Wechsel der Koordinatenbasis beweist man durch Substitution der Transformationsformeln für die Tensorkoordinaten :

$$S_0 = \delta^i_i$$

$$S_1 = t_{i.}^{\ i}$$

$$S_2 = t_{i.}^{\ k}\, t_{k.}^{\ i}$$

$$S_3 = t_{i.}^{\ k}\, t_{k.}^{\ m}\, t_{m.}^{\ i}$$

$$S_4 = \ldots$$

$$\bar{S}_2 = \bar{t}_{i.}^{\ k}\, \bar{t}_{k.}^{\ i} = a^r_{.i}\, \bar{a}^k_{.s}\, t_{r.}^{\ s}\, a^x_{.k}\, \bar{a}^i_{z.}\, t_{x.}^{\ z} = \delta^r_z\, \delta^x_s\, t_{r.}^{\ s}\, t_{x.}^{\ z}$$

$$\bar{S}_2 = t_{r.}^{\ s}\, t_{s.}^{\ r} = S_2$$

Die Grundinvarianten einer symmetrischen Dyade können, analog zu ihren Hauptinvarianten, über die Darstellung der Dyade in der Hauptbasis als Funktionen der Eigenwerte dargestellt werden :

$$S_0 = 1 + 1 + \ldots + 1$$

$$S_1 = p_1 + p_2 + \ldots + p_n$$

$$\vdots$$

$$S_r = p_1^r + p_2^r + \ldots + p_n^r$$

$$\vdots$$

Es stellt sich die Frage, ob die Grundinvarianten für beliebige Werte des Index r unabhängig sind. Diese Frage wird mit dem Theorem von Cayley-Hamilton untersucht. Für die Darstellung dieses Theorems wird das Potenzieren von Tensoren definiert.

Potenzen einer Dyade : Für einen Tensor 1. Stufe u wird die Tensorabbildung $f : \mathbb{R}^n \to \mathbb{R}^n$ mit $f(\mathbf{u}) = \mathbf{v} = \mathbf{T} \cdot \mathbf{u}$ definiert. Die Komposition dieser Abbildung mit sich selbst ist $f \circ f : \mathbb{R}^n \to \mathbb{R}^n$ mit $f \circ f\,(\mathbf{u}) = f(\mathbf{v}) = \mathbf{w}$. Die Koordinaten von **v** und **w** werden wie folgt bestimmt :

$$v_i = t_{i.}^{\;m} u_m$$

$$w_i = t_{i.}^{\;k} v_k = t_{i.}^{\;k} t_{k.}^{\;m} u_m$$

Das verjüngende Produkt $t_{i.}^{\;k} t_{k.}^{\;m}$ der Dyade T mit sich selbst heißt das Quadrat der Dyade und wird mit T^2 bezeichnet. Die Koordinaten von T^2 werden mit $t_{i.}^{\;m(2)}$ bezeichnet. Die r-te Potenz der Dyade T wird induktiv als verjüngendes Produkt $T^r = T \cdot T^{r-1}$ definiert.

$$t_{i.}^{\;m(2)} = t_{i.}^{\;k} t_{k.}^{\;m}$$

$$t_{i.}^{\;m(r)} = t_{i.}^{\;k} t_{k.}^{\;m(r-1)}$$

Das Quadrat einer Dyade kann nur mit den gemischt-varianten Koordinaten des Tensors zweckmäßig definiert werden. Sonst müssen Produkte der Form $t_{ik} t^{km} t_{ms} \ldots$ gebildet werden, in der kovariante und kontravariante Koordinaten alternierend auftreten. Als 0-te Potenz der Dyade T wird ein Tensor T^o definiert, dessen verjüngendes Produkt mit T die Koordinaten von T unverändert läßt. Dessen Koordinaten sind durch das Kronecker Symbol δ_i^m gegeben :

$$t_{i.}^{\;m(0)} = \delta_i^m$$

$$t_{i.}^{\;m} = \delta_i^k t_{k.}^{\;m}$$

Die Koordinaten der r-ten Potenz der Dyade T können, wie die Koordinaten von T selbst, als Matrix dargestellt werden. Die Matrix für die r-te Potenz der Dyade T wird mit $\mathbf{T}_0^r$ bezeichnet. Ihre Koordinaten sind $t_{i.}^{\;m(r)}$ mit $i, m = 1,\ldots,n$.

$\mathbf{T}_0^r =$

$t_{1.}^{\;1(r)}$	$t_{1.}^{\;2(r)}$		$t_{1.}^{\;n(r)}$
$t_{2.}^{\;1(r)}$	$t_{2.}^{\;2(r)}$		$t_{2.}^{\;n(r)}$
		$\ddots$	
$t_{n.}^{\;1(r)}$	$t_{n.}^{\;2(r)}$		$t_{n.}^{\;n(r)}$

$$t_{i.}^{\;m(r)} = t_{i.}^{\;k_1} t_{k_1.}^{\;k_2} \ldots t_{k_{r-1}.}^{\;k_r} t_{k_r.}^{\;m}$$

Potenzen symmetrischer Dyaden : Eine reelle symmetrische Dyade S im Raum $\mathbb{R}^n$ besitzt n reelle Eigenzustände $(p, \mathbf{u}_*)$ und daher eine Hauptbasis, deren Richtungen durch die Eigenmatrix $\mathbf{U}_*$ bestimmt sind (siehe Abschnitt 9.3.7). Die gemischt-variante Koordinatenmatrix $\mathbf{S}_o$ wird mit der Diagonalmatrix $\mathbf{P}$ der Eigenwerte zerlegt :

$$\mathbf{S}_o = \mathbf{U}_* \mathbf{P} (\mathbf{U}^*)^T$$

Die Eigenvektoren seien auf den Betrag 1 normiert. Dann wird in der Zerlegung des Quadrates $\mathbf{S}_o^2$ die Diagonalmatrix $\mathbf{P}$ durch $\mathbf{P}^2$ ersetzt, während die Eigenmatrix unverändert bleibt. Die Eigenzustände von $\mathbf{S}_o^2$ sind also $(p^2, \mathbf{u}_*)$. Die Hauptbasen von $\mathbf{S}_o$ und $\mathbf{S}_o^2$ sind identisch, während ihre Eigenwerte paarweise im Verhältnis $p : p^2$ stehen.

$$\mathbf{S}_o^2 = \mathbf{U}_* \mathbf{P} (\mathbf{U}^*)^T \mathbf{U}_* \mathbf{P} (\mathbf{U}^*)^T = \mathbf{U}_* \mathbf{P}^2 (\mathbf{U}^*)^T$$

Auf analoge Weise folgt, daß $\mathbf{S}_o^r$ die reellen Eigenzustände $(p^r, \mathbf{u}_*)$ hat. Multipliziert man die n-te Potenz von $\mathbf{S}_o$ mit dem entsprechenden Koeffizienten c_{n-r} der charakteristischen Gleichung $(-p)^n + c_1(-p)^{n-1} + \ldots + c_n = 0$ von $\mathbf{S}_o$, so folgt :

$$(-\mathbf{S}_o)^n + c_1 (-\mathbf{S}_o)^{n-1} + \ldots + c_n \mathbf{I} = \mathbf{U}_* \{(-\mathbf{P})^n + c_1 (-\mathbf{P})^{n-1} + \ldots + c_n \mathbf{I}\} (\mathbf{U}^*)^T$$

Die geschweiften Klammern {...} enthalten eine Diagonalmatrix. Jeder Diagonalkoeffizient dieser Matrix ist null, da der entsprechende Koeffizient von p die charakteristische Gleichung $(-p)^n + c_1(-p)^{n-1} + \ldots + c_n = 0$ befriedigt. Die symmetrische Dyade $\mathbf{S}_o$ befriedigt also ihre eigene charakteristische Gleichung. Dies ist ein Sonderfall des Satzes von Cayley-Hamilton.

$$(-\mathbf{S}_o)^n + c_1 (-\mathbf{S}_o)^{n-1} + \ldots + c_n \mathbf{I} = \mathbf{0}$$

Potenzen eines Tensors : Die Potenzen einer Dyade sind ein Sonderfall der Potenzen eines Tensors. Das m-fach verjüngende Produkt eines m-fach kovarianten und m-fach kontravarianten Tensors mit sich selbst heißt das Quadrat des Tensors T und wird mit T^2 bezeichnet. Die Koordinaten von T seien $t^{i_1 \ldots i_m}_{k_1 \ldots k_m}$. Dann werden die Koordinaten von T^2 mit $t^{i_1 \ldots i_m(2)}_{k_1 \ldots k_m}$ bezeichnet. Die r-te Potenz von T wird induktiv als verjüngendes Produkt von T und T^{r-1} definiert.

$$t^{i_1 \ldots i_m(2)}_{k_1 \ldots k_m} = t^{i_1 \ldots i_m}_{s_1 \ldots s_m} \, t^{s_1 \ldots s_m}_{k_1 \ldots k_m}$$

$$t^{i_1 \ldots i_m(r)}_{k_1 \ldots k_m} = t^{i_1 \ldots i_m}_{s_1 \ldots s_m} \, t^{s_1 \ldots s_m(r-1)}_{k_1 \ldots k_m}$$

Als 0-te Potenz von T wird ein Tensor T^0 definiert, dessen m-fach verjüngendes Produkt mit T die Koordinatenmatrix von T unverändert läßt. Die Koordinaten von T^0 sind Produkte des Kronecker Symbols δ^i_s :

$$t^{i_1 \ldots i_m}_{k_1 \ldots k_m} = t^{i_1 \ldots i_m(0)}_{s_1 \ldots s_m} \, t^{s_1 \ldots s_m}_{k_1 \ldots k_m}$$

$$t^{i_1 \ldots i_m(0)}_{s_1 \ldots s_m} = \delta^{i_1}_{s_1} \ldots \delta^{i_m}_{s_m}$$

Satz von Cayley-Hamilton : Ersetzt man in der charakteristischen Gleichung $C(p) = 0$ einer Dyade T die Potenzen des Eigenwertes p durch gleiche Potenzen der Koordinatenmatrix $\mathbf{T}_o$ der Dyade, so ist die resultierende Gleichung $C(\mathbf{T}_0) = \mathbf{0}$ ebenfalls befriedigt (Kurzfassung : Jede Dyade befriedigt ihre charakteristische Gleichung).

$$C(p) = (-p)^n + c_1(-p)^{n-1} + \dots + c_{n-1}(-p) + c_n = 0$$

$$C(\mathbf{T}_o) = (-\mathbf{T}_o)^n + c_1(-\mathbf{T}_o)^{n-1} + \dots + c_{n-1}(-\mathbf{T}_o) + c_n\mathbf{I} = \mathbf{0}$$

Beweis : Satz von Cayley-Hamilton

Es wird nicht vorausgesetzt, daß die reelle Dyade T symmetrisch ist. Die Bedingung für nicht triviale Eigenvektoren der Dyade T ist $\det(\mathbf{T}_o - p\,\mathbf{I}) = 0$. Für Werte von p, die keine Eigenwerte sind, wird die mit $\det(\mathbf{T}_o - p\,\mathbf{I})$ skalierte Inverse $\mathbf{A}$ der Matrix $(\mathbf{T}_o - p\,\mathbf{I})$ bestimmt.

$$(\mathbf{T}_o - p\,\mathbf{I})\,\mathbf{A} = \mathbf{I}\det(\mathbf{T}_o - p\,\mathbf{I})$$

Da der Faktor $(\mathbf{T}_o - p\,\mathbf{I})$ linear in p und $\det(\mathbf{T}_o - p\,\mathbf{I})$ ein Polynom n-ten Grades in p ist, muß die Matrix $\mathbf{A}$ eine Summe von Produkten der Skalare $p^0, p^1, \dots, p^{n-1}$ mit konstanten Matrizen sein. Die Determinante $\det(\mathbf{T}_o - p\,\mathbf{I})$ wird durch das charakteristische Polynom C(p) ersetzt.

$$\mathbf{A} = (-p)^{n-1}\,\mathbf{A}_1 + \dots + (-p)\mathbf{A}_{n-1} + \mathbf{A}_n$$

$$(\mathbf{T}_o - p\,\mathbf{I})\,\{(-p)^{n-1}\mathbf{A}_1 + \dots + \mathbf{A}_n\} = \{(-p)^n + c_1(-p)^{n-1} + \dots + c_n\}\,\mathbf{I}$$

Die Beziehung zwischen den Koeffizienten c_i des charakteristischen Polynoms und den Matrizen $\mathbf{A}_i$ wird durch Vergleich der Koeffizienten der Skalare $p^0, p^1, \dots, p^n$ ermittelt :

$$\begin{array}{lrcll} p^n: & \mathbf{I} & = & \mathbf{A}_1 & \text{Multiplikator : } (-\mathbf{T}_o)^n \\ p^{n-1}: & c_1\,\mathbf{I} & = & \mathbf{A}_2 + \mathbf{T}_o\,\mathbf{A}_1 & (-\mathbf{T}_o)^{n-1} \\ & & \vdots & & \\ p^1: & c_{n-1}\,\mathbf{I} & = & \mathbf{A}_n + \mathbf{T}_o\,\mathbf{A}_{n-1} & (-\mathbf{T}_o)^1 \\ p^0: & c_n\,\mathbf{I} & = & \mathbf{T}_o\,\mathbf{A}_n & (-\mathbf{T}_o)^0 \end{array}$$

Jede dieser Gleichungen wird von links mit der angegebenen Potenz von $\mathbf{T}_o$ multipliziert. Die Gleichungen werden addiert. Auf der rechten Seite der resultierenden Gleichung heben sich die Terme gegenseitig auf. Das Ergebnis beweist den Satz von Cayley-Hamilton.

$$(-\mathbf{T}_o)^n + c_1(-\mathbf{T}_o)^{n-1} + \ldots + c_{n-1}(-\mathbf{T}_o) + c_n \mathbf{I} = \mathbf{0}$$

Unabhängige Potenzen einer Dyade : Die Unabhängigkeit der Potenzen der Koordinatenmatrix $\mathbf{T}_o$ einer Dyade wird mit dem Satz von Cayley-Hamilton untersucht. Die Gleichung wird nach $\mathbf{T}_o^n$ aufgelöst :

$$-(-\mathbf{T}_o)^n = c_1(-\mathbf{T}_o)^{n-1} + c_2(-\mathbf{T}_o)^{n-2} + \ldots + c_{n-1}(-\mathbf{T}_o)^1 + c_n\mathbf{I}$$

Diese Gleichung wird mit $-\mathbf{T}_o$ multipliziert. Der Term $(-\mathbf{T}_o)^n$ wird durch die vorangehende Linearkombination von $\mathbf{T}_o^{n-1}, \ldots, \mathbf{I}$ ersetzt.

$$-(-\mathbf{T}_o)^{n+1} = c_1(-\mathbf{T}_o)^n + c_2(-\mathbf{T}_o)^{n-1} + \ldots + c_{n-1}(-\mathbf{T}_o)^2 + c_n(-\mathbf{T}_o)$$

$$-(-\mathbf{T}_o)^{n+1} = (c_2 - c_1c_1)(-\mathbf{T}_o)^{n-1} + \ldots + (c_n - c_1c_{n-1})(-\mathbf{T}_o)^1 - c_1c_n\mathbf{I}$$

Die Potenzen $\mathbf{T}_o^n$ und $\mathbf{T}_o^{n+1}$ sind also von den Potenzen $\mathbf{T}_o^{n-1}, \ldots, \mathbf{T}_o^0$ abhängig. In ähnlicher Weise können alle Potenzen von $\mathbf{T}_o$ rekursiv bestimmt werden :

$$(-\mathbf{T}_o)^{n+i} = c_1^{(i)}(-\mathbf{T}_o)^{n-1} + \ldots + c_{n-1}^{(i)}(-\mathbf{T}_o)^1 + c_n^{(i)}\mathbf{I}$$

$$c_1^{(i)} = c_1 c_1^{(i-1)} - c_2^{(i-1)}$$

$$c_2^{(i)} = c_2 c_1^{(i-1)} - c_3^{(i-1)}$$

$$\vdots$$

$$c_{n-1}^{(i)} = c_{n-1} c_1^{(i-1)} - c_n^{(i-1)}$$

$$c_n^{(i)} = c_n c_1^{(i-1)}$$

$c_k^{(i)}$ Koeffizient c_k in der Rekursionsformel für $\mathbf{T}_o^{n+i}$

c_k Koeffizient c_k in der Rekursionsformel für $\mathbf{T}_o^n$

Unabhängige Grundinvarianten einer Dyade : Die Unabhängigkeit der Grundinvarianten einer Dyade wird mit dem Satz von Cayley-Hamilton untersucht. Dazu wird der Satz in der Koordinatenform für den Matrixkoeffizienten (i,m) dargestellt :

$$(-1)^n\, t_{i.}^{\;k_1}\, t_{k_1.}^{\;k_2} \ldots t_{k_n.}^{\;m} + \ldots + (-1)^1\, t_{i.}^{\;m}\, c_{n-1} + (-1)^0\, \delta_i^m\, c_n = 0$$

Diese Gleichung wird für i = m = 1,...,n aufgestellt. Die Summe der Gleichungen führt zu der Beziehung zwischen den Grundinvarianten $S_n, \ldots, S_0$. Diese Gleichung wird nach S_n aufgelöst.

$$(-1)^n S_n + (-1)^{n-1} S_{n-1} c_1 + \ldots + (-1)^1 S_1 c_{n-1} + (-1)^0 S_o c_n = 0$$

$$(-1)^{n-1} S_n = (-1)^{n-1} S_{n-1} c_1 + \ldots + (-1)^1 S_1 c_{n-1} + (-1)^0 S_o c_n$$

Multipliziert man nun die Koordinatenform des Satzes mit $t_{m\,.}^{\;\;r}$ und addiert die resultierenden Gleichungen für m = 1,...,n, so ergibt sich :

$$(-1)^n\, t_{i\,.}^{\;k_1} \ldots t_{k_n\,.}^{\;\;k_{n+1}}\, t_{k_{n+1}\,.}^{\;\;r} + \ldots + (-1)^1\, t_{i\,.}^{\;k_1}\, t_{k_1\,.}^{\;\;r}\, c_{n-1} + (-1)^0\, t_{i\,.}^{\;r}\, c_n = 0$$

Diese Gleichung wird für i = r = 1,...,n aufgestellt. Die Summe der Gleichungen führt zu der Beziehung zwischen den Grundinvarianten $S_{n+1},\ldots,S_1$. Diese Gleichung wird nach S_{n+1} aufgelöst. Die Invariante S_n wird durch die oben bestimmte Linearkombination von $S_o,\ldots,S_{n-1}$ ersetzt.

$$(-1)^n S_{n+1} + (-1)^{n-1} S_n c_1 + \ldots + (-1)^1 S_2 c_{n-1} + (-1)^0 S_1 c_n = 0$$

$$(-1)^{n+1} S_{n+1} = (-1)^{n-1} S_{n-1} (c_1 c_1 - c_2) + \ldots + (-1)^1 S_1 (c_1 c_{n-1} - c_n) + c_1 c_n S_o$$

Die Grundinvarianten S_n und S_{n+1} sind also von $S_o,\ldots,S_{n-1}$ abhängig. In analoger Weise können alle Grundinvarianten S_{n+i} rekursiv bestimmt werden. Für die Koeffizienten $c_k^{(i)}$ gelten die für Potenzen von Dyaden angegebenen Formeln.

$$(-1)^{n+i} S_{n+i} = (-1)^{n-1} S_{n-1}\, c_1^{(i)} + \ldots + (-1)^1 S_1\, c_{n-1}^{(i)} + (-1)^0 S_o\, c_n^{(i)}$$

Integritätsbasis einer Dyade : Für eine Dyade T im Raum $\mathbb{R}^n$ wurde die Abhängigkeit der n Hauptinvarianten (Koeffizienten der charakteristischen Gleichung) von den n Eigenwerten (Lösungen der charakteristischen Gleichung) hergeleitet :

$$\begin{aligned}
I_1 &= p_1 + p_2 + \ldots + p_n \\
I_2 &= p_1(p_2 + p_3 + \ldots + p_n) + p_2(p_3 + p_4 + \ldots + p_n) + \ldots + p_{n-1}\, p_n \\
I_3 &= p_1 p_2(p_3 + \ldots + p_n) + p_2 p_3(p_4 + \ldots + p_n) + \ldots + p_{n-2}\, p_{n-1}\, p_n \\
&\vdots \\
I_n &= p_1 p_2 \ldots p_{n-1}\, p_n
\end{aligned}$$

Die Abhängigkeit der Grundinvarianten mit Index $\geq$ n von den Grundinvarianten $S_o,\ldots,S_{n-1}$ wurde bewiesen. Die Grundinvarianten wurden als Funktionen der n Eigenwerte dargestellt. Die Invarianz der Spur wird genutzt :

$$\begin{aligned}
S_1 &= p_1 + p_2 + \ldots + p_n = \text{spur}\ \mathbf{T}_o \\
S_2 &= p_1^2 + p_2^2 + \ldots + p_n^2 = \text{spur}\ \mathbf{T}_o^2 \\
&\vdots \\
S_k &= p_1^k + p_2^k + \ldots + p_n^k = \text{spur}\ \mathbf{T}_o^k
\end{aligned}$$

Es folgt, daß die Invarianten einer Dyade nicht unabhängig sind. Eine Teilmenge von n unabhängigen Invarianten einer Dyade heißt eine Integritätsbasis der Dyade. Als Integritätsbasis kann man beispielsweise die n Eigenwerte oder die n Hauptinvarianten oder n unabhängige Grundinvarianten wählen. Die Integritätsbasis kann auch eine Mischung von insgesamt n unabhängigen Eigenwerten, Hauptinvarianten und Grundinvarianten sein.

Integritätsbasis eines Tensors : Das Konzept der Integritätsbasis wird von Dyaden auf allgemeine Tensoren übertragen. Für eine feste physikalische Größe, die durch den Tensor T(...) beschrieben wird, seien folgende Skalarinvarianten definiert :

$$
\begin{array}{lll}
f_1 : \mathbf{T} \to \mathbb{R} & \text{mit} & f_1(\mathbf{T}) = c_1 \\
f_2 : \mathbf{T} \to \mathbb{R} & \text{mit} & f_2(\mathbf{T}) = c_2 \\
\quad\vdots & & \\
f_s : \mathbf{T} \to \mathbb{R} & \text{mit} & f_s(\mathbf{T}) = c_s
\end{array}
$$

T Koordinatenmenge des Tensors

Zwischen den Funktionen $f_1,...,f_s$ besteht ein Zusammenhang, wenn jede der Invarianten $c_1,...,c_s$ als eine Funktion einer Teilmenge $c_1,...,c_r$ der Invarianten ausgedrückt werden kann. Die Invarianten $c_1,...,c_r$ heißen eine Integritätsbasis des Tensors T. Die Integritätsbasis ist im allgemeinen nicht eindeutig.

$$c_i = c_i(c_1,...,c_r) \qquad i = 1,...,s$$

Integritätsbasis mehrerer Tensoren : Das Konzept der Integritätsbasis wird von einem Tensor auf skalare Funktionen mehrerer Tensoren erweitert. Für feste physikalische Größen, die durch die Tensoren T(...),...,W(...) beschrieben werden, seien mehrere Skalarinvarianten definiert :

$$g_i : \mathbf{T} \times ... \times \mathbf{W} \to \mathbb{R} \quad \text{mit} \quad g_i(\mathbf{T},...,\mathbf{W}) = c_i$$

$\mathbf{T} \times ... \times \mathbf{W}$ Koordinatenmenge der Tensoren

Eine Teilmenge $c_1,...,c_r$ der Invarianten heißt eine Integritätsbasis des kartesischen Produktes $\mathbf{T} \times ... \times \mathbf{W}$, wenn jede der Invarianten $c_1,...,c_s$ als eine Funktion der Teilmenge $c_1,...,c_r$ ausgedrückt werden kann.

$$c_i = c_i(c_1,...,c_r)$$

Beispiel 1 : Invarianten einer symmetrischen Dyade in $\mathbb{R}^3$

Die Koordinaten $\mathbf{T}_o = (\mathbf{T}^o)^T$ einer symmetrischen Dyade in dualen Basen $\mathbf{B}_*$ und $\mathbf{B}^*$ des Raumes $\mathbb{R}^3$ seien $t_{i.}^{\ m}$ mit i, m = 1,...,3. Die Eigenwertaufgabe wird mit der Bedingung det $(\mathbf{T}_o - p\mathbf{I}) = 0$ für nichttriviale Eigenvektoren gelöst. Die Bedingung führt zu folgender charakteristischer Gleichung :

$$\begin{bmatrix} t_{1.}^{\ 1} & t_{1.}^{\ 2} & t_{1.}^{\ 3} \\ t_{2.}^{\ 1} & t_{2.}^{\ 2} & t_{2.}^{\ 3} \\ t_{3.}^{\ 1} & t_{3.}^{\ 2} & t_{3.}^{\ 3} \end{bmatrix} * \begin{bmatrix} u_1 \\ u_2 \\ u_3 \end{bmatrix} = p \begin{bmatrix} u_1 \\ u_2 \\ u_3 \end{bmatrix}$$

$$\begin{aligned} &(-p)^3 + I_1(-p)^2 + I_2(-p) + I_3 = 0 \\ I_1 &= t_{i.}^{\ i} = t_{1.}^{\ 1} + t_{2.}^{\ 2} + t_{3.}^{\ 3} \\ I_2 &= t_{1.}^{\ 2}\, t_{2.}^{\ 1} + t_{2.}^{\ 3}\, t_{3.}^{\ 2} + t_{3.}^{\ 1}\, t_{1.}^{\ 3} \\ I_3 &= \det \mathbf{T}_o = e_{ikm}\, t_{1.}^{\ i}\, t_{2.}^{\ k}\, t_{3.}^{\ m} \end{aligned}$$

Die Eigenwerte p_1, p_2, p_3 von T werden mit den Formeln in Beispiel 3 von Abschnitt 9.3.6 bestimmt. Da T symmetrisch ist, sind p_1, p_2, p_3 reell. Die Hauptinvarianten sind folgende Funktionen der Eigenwerte :

$$\begin{aligned} I_1 &= p_1 + p_2 + p_3 \\ I_2 &= p_1 p_2 + p_2 p_3 + p_3 p_1 \\ I_3 &= p_1 p_2 p_3 \end{aligned}$$

Die Grundinvarianten der Dyade können wahlweise über die Koordinaten $t_{i.}^{\ m}$ oder über die Eigenwerte p_i bestimmt werden :

$$\begin{aligned} S_0 &= \delta_i^i = 3 \\ S_1 &= p_1 + p_2 + p_3 &&= t_{i.}^{\ i} = t_{1.}^{\ 1} + t_{2.}^{\ 2} + t_{3.}^{\ 3} \\ S_2 &= p_1^2 + p_2^2 + p_3^2 &&= t_{i.}^{\ m}\, t_{m.}^{\ i} \\ & &&= t_{1.}^{\ 1}\, t_{1.}^{\ 1} + t_{1.}^{\ 2}\, t_{2.}^{\ 1} + t_{1.}^{\ 3}\, t_{3.}^{\ 1} + \\ & &&\quad t_{2.}^{\ 1}\, t_{1.}^{\ 2} + t_{2.}^{\ 2}\, t_{2.}^{\ 2} + t_{2.}^{\ 3}\, t_{3.}^{\ 2} + \\ & &&\quad t_{3.}^{\ 1}\, t_{1.}^{\ 3} + t_{3.}^{\ 2}\, t_{2.}^{\ 3} + t_{3.}^{\ 3}\, t_{3.}^{\ 3} \\ S_3 &= p_1^3 + p_2^3 + p_3^3 &&= t_{i.}^{\ k}\, t_{k.}^{\ m}\, t_{m.}^{\ i} \end{aligned}$$

Die folgenden Beziehungen zwischen den Hauptinvarianten und den Grundinvarianten der Dyade bestätigt man durch Substitution der Eigenwerte :

$$\begin{aligned} I_1 &= S_1 \\ I_2 &= \tfrac{1}{2}(S_2 - S_1^2) \\ I_3 &= \tfrac{1}{6}(2S_3 - 3S_1 S_2 + S_1^3) \end{aligned}$$

9.4 TENSORANALYSIS

9.4.1 EINFÜHRUNG

Physikalische Ereignisse finden in Punkträumen statt. Zur Beschreibung des Verlaufs einer physikalischen Größe in einem Punktraum wird an jedem Punkt des Raumes ein Tensor für diese Größe definiert. Dazu wird ein Vektorraum benötigt. Dem Punktraum wird deshalb ein Vektorraum zugeordnet, der jeden Vektor enthält, der als Differenz zweier Punkte gebildet werden kann. Der Tensor an einem beliebigen Punkt wird als lineare skalare Abbildung eines m-Tupels von Vektoren des zugeordneten Vektorraums definiert. Die Menge der Tensoren, die den Verlauf einer physikalischen Größe an jedem Punkt eines Punktraums beschreibt, heißt ein Tensorfeld.

Ein Tensor wird mit seinen Koordinaten dargestellt. Diese Koordinaten sind Bilder von Basisvektor-m-Tupeln. An jedem Punkt des Raumes wird daher zur Beschreibung des Tensorfeldes eine Basis des zugeordneten Vektorraumes benötigt. Diese Basis kann global für den gesamten Vektorraum oder lokal an jedem Punkt des Punktraumes festgelegt werden. Der Unterschied zwischen globalen und lokalen Basen führt zu verschiedenen Koordinatensystemen für das Tensorfeld.

Zur Definition eines globalen Koordinatensystems wird ein Punkt des Punktraumes als Ursprung und eine Basis des assoziierten Vektorraumes als globale Basis festgelegt. Der Ortsvektor eines beliebigen Punktes des Raumes ist eine Linearkombination der globalen Basisvektoren. Die Koeffizienten dieser Linearkombination heißen die globalen Koordinaten des Punktes. Die partiellen Ableitungen des Ortsvektors nach den globalen Koordinaten sind die globalen Basisvektoren. Folglich ist allen Punkten des Raumes dieselbe globale Basis zugeordnet.

Zur Definition lokaler Koordinatensysteme wird jedem Punkt eines Punktraumes eine eigene Basis des assoziierten Vektorraumes zugeordnet. Dazu werden die n globalen Koordinaten der Ortsvektoren als Funktionen von n lokalen Koordinaten ausgedrückt. Die lokalen Basisvektoren an einem beliebigen Punkt des Raumes werden durch partielle Ableitung des Ortsvektors nach den lokalen Koordinaten bestimmt. Die Basisvektoren an verschiedenen Punkten sind in der Regel nicht parallel. Die Koordinatenlinien sind folglich gekrümmt. Die lokalen Koordinaten heißen daher auch krummlinige Koordinaten. Im Gegensatz hierzu heißen die globalen Koordinaten geradlinig.

Die Koordinaten eines Tensors in lokalen Basen an verschiedenen Punkten sind nicht vergleichbar, da die Basisvektoren nicht parallel sind. Folglich sind partielle Ableitungen von Tensorkoordinaten nach lokalen Koordinaten kein Maß für die Änderung des Tensorfeldes von Punkt zu Punkt. Zur Beschreibung der räumlichen

Änderung des Tensorfeldes wird das Konzept der kovarianten Ableitungen des Tensorfeldes eingeführt. Dazu wird das lokale Koordinatensystem am betrachteten Punkt als globales Koordinatensystem für die infinitesimale Umgebung des Punktes betrachtet. In der infinitesimalen Umgebung des Punktes werden die lokalen Koordinaten des Tensorfeldes in dieses globale Koordinatensystem transformiert. Die partiellen Ableitungen der so transformierten Tensorkoordinaten nach den lokalen Koordinaten sind ein Maß für die Änderung des Tensorfeldes in der Umgebung des betrachteten Punktes und heißen die kovarianten Ableitungen des Tensorfeldes.

Im euklidischen Raum $\mathbb{R}^3$ werden Integrale von Tensorfeldern und ihren Ableitungen über Linien, Flächen und Volumina definiert. Dazu werden infinitesimale Linienelemente, Flächenelemente und Volumenelemente in globalen und in lokalen Koordinaten betrachtet. Mit Tensorintegralen über die Oberfläche eines Körpers, dividiert durch das Volumen des Körpers, werden Operationen auf Tensorfelden definiert, die zur mathematischen Formulierung physikalischer Aufgaben nützlich sind. Diese Operationen führen zu dem Gradienten eines Skalarfeldes, der Divergenz eines Vektorfeldes und dem Rotor eines Vektorfeldes.

9.4.2 PUNKTRAUM

Punktraum : Ein n-Tupel $(x_1, ..., x_n) \in \mathbb{R} \times ... \times \mathbb{R}$ heißt ein reeller Punkt und wird mit X bezeichnet. Die Skalare x_i heißen die Koordinaten des Punktes X. Werden die Koordinaten des Punktes X als Vektor dargestellt, so wird dieser mit **x** bezeichnet. Die Menge der n-Tupel $(x_1, ..., x_n) \in \mathbb{R} \times ... \times \mathbb{R}$ heißt der n-dimensionale reelle Punktraum und wird mit $\mathbb{R}^n$ bezeichnet.

$$\mathbf{x} = (x_1, ..., x_n) = \begin{bmatrix} x_1 \\ \vdots \\ x_n \end{bmatrix}$$

$$\mathbb{R}^n = \{ \mathbf{x} \mid \mathbf{x} = (x_1, ..., x_n) \in \mathbb{R} \times ... \times \mathbb{R} \}$$

Assoziierter Vektorraum : Jedem geordneten Punktepaar (X,Y) in einem Punktraum $\mathbb{R}^n$ wird genau ein Vektor zugeordnet, dessen Elemente $(u_1, ..., u_n)$ die Differenzen der Koordinaten der Punkte Y und X sind. Der Vektor wird mit $\vec{XY}$ bezeichnet, seine Vektordarstellung mit **u**. Die mit den Punktepaaren von $\mathbb{R}^n$ assoziierten Vektoren bilden den mit dem Punktraum $\mathbb{R}^n$ assoziierten Vektorraum, der häufig mit V^n bezeichnet wird.

$$\mathbf{u} = (u_1, ..., u_n) = \begin{bmatrix} u_1 \\ \vdots \\ u_n \end{bmatrix}$$

$$u_i = y_i - x_i$$

Koordinatensystem : Der Punkt $(0, ..., 0) \in \mathbb{R}^n$ heißt der Ursprung des Punktraumes $\mathbb{R}^n$ und wird mit U bezeichnet. Wählt man eine beliebige Basis **B** des mit $\mathbb{R}^n$ assoziierten Vektorraumes, so heißt (U, **B**) ein Koordinatensystem des Punktraumes.

Ortsvektor : Der mit dem Ursprung U und einem beliebigen Punkt X eines Punktraumes $\mathbb{R}^n$ assoziierte Vektor **x** heißt der Ortsvektor des Punktes X. Wählt man das besondere Koordinatensystem (U, **E**) mit der Einheitsbasis $(\mathbf{e}^1, ..., \mathbf{e}^n)$ des assoziierten Vektorraumes, so sind die Koordinaten x_i des Punktes X und die Koordinaten des Ortsvektors $\vec{UX}$ gleich :

$$\mathbf{x} = x_i \, \mathbf{e}^i$$

Wählt man eine beliebige kovariante Basis $\mathbf{B}_*$ und die dazu duale kontravariante Basis $\mathbf{B}^*$, so kann der Vektor $\vec{UX}$ auch als eine Linearkombination dieser Basisvektoren dargestellt werden. Die Koeffizienten der Linearkombinationen heißen die kontravarianten und die kovarianten Koordinaten des Punktes X.

$$\mathbf{x} = \mathbf{B}_* \mathbf{x}^* = x^i \mathbf{b}_i$$

$$\mathbf{x} = \mathbf{B}^* \mathbf{x}_* = x_i \mathbf{b}^i$$

$$\mathbf{x}^* = (x^1,...,x^n) \qquad \text{kontravariante Koordinaten von X}$$

$$\mathbf{x}_* = (x_1,...,x_n) \qquad \text{kovariante Koordinaten von X}$$

Wegen der Eigenschaften dualer Basen können die ko- und kontravarianten Koordinaten von X mit den Basismatrizen bestimmt werden :

$$\mathbf{x}^* = (\mathbf{B}^*)^T \mathbf{x}$$

$$\mathbf{x}_* = (\mathbf{B}_*)^T \mathbf{x}$$

Kartesisches Koordinatensystem : Ein Koordinatensystem (U, **B**) eines Punktraumes $\mathbb{R}^n$ heißt kartesisch, wenn die Basis **B** orthonormal ist. Eine kartesische Basis **B** entsteht durch Drehung der Einheitsbasis **E** des mit $\mathbb{R}^n$ assoziierten Vektorraumes.

Beispiel 1 : Geometrische Abbildung von Ortsvektoren

Im zweidimensionalen Raum $\mathbb{R}^2$ ist jeder Punkt X durch ein Paar (x_1,x_2) mit $x_1,x_2 \in \mathbb{R}$ spezifiziert. Mit dem Punktraum $\mathbb{R}^2$ wird ein Vektorraum V^2 assoziiert, indem mit je zwei Punkten X und Y ein Vektor $\mathbf{u} = \vec{XY}$ mit den Elementen (u_1,u_2) assoziiert wird, so daß $u_i = y_i - x_i$. Der Ursprung U := (0,0) des Punktraumes wird auf einen Punkt A der Zeichenebene abgebildet. Die kanonischen Einheitsvektoren $\mathbf{e}_1$ und $\mathbf{e}_2$ der Standardbasis von V^2 werden auf die horizontale und die vertikale Richtung der Zeichenebene abgebildet. Dann sind die Ortsvektoren **x** und **y** die Verbindungen des Ursprungs A mit den Punkten X und Y.

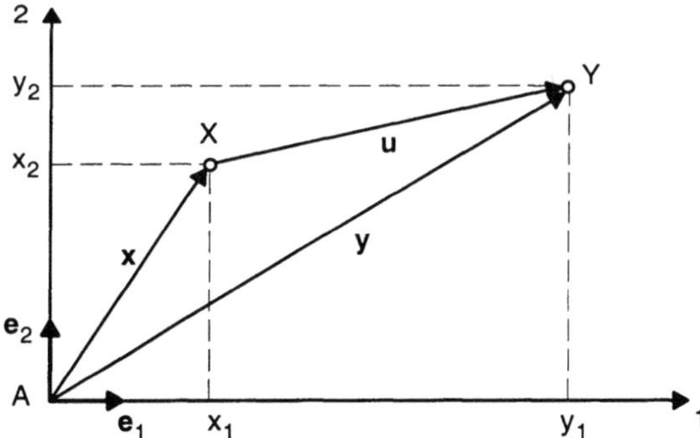

9.4.3 GERADLINIGE KOORDINATEN

Globale Basis : An jedem Punkt eines Punktraumes kann eine eigene Basis des assoziierten Vektorraumes definiert werden. Wird im Sonderfall eine einzige Basis $\mathbf{B}$ für den assoziierten Vektorraum definiert, die an jedem Punkt des Punktraumes gilt, so heißt diese Basis global (fest). Die Basisvektoren $\mathbf{b}_1,...,\mathbf{b}_n$ einer globalen Basis sind also unabhängig von den Koordinaten $\mathbf{x}$ des betrachteten Punktes.

Globales Koordinatensystem : Der Ursprung $U := (0, 0)$ des Punktraumes $\mathbb{R}^n$ und eine globale Basis $\mathbf{B}$ des assoziierten Vektorraumes heißen ein globales Koordinatensystem $(U, \mathbf{B})$ des Punktraumes. Die Basis $\mathbf{B}$ wird im folgenden als kovariante Basis $(\mathbf{b}_1,...,\mathbf{b}_n)$ aufgefaßt, so daß ein beliebiger Punkt X des Raumes $\mathbb{R}^n$ mit seinen kontravarianten Koordinaten $(x^1,...,x^n)$ spezifiziert wird.

$$\mathbf{x} = x^i \, \mathbf{b}_i$$

$\mathbf{x}$ Vektor der Koordinaten von X in der Einheitsbasis des mit $\mathbb{R}^n$ assoziierten Vektorraumes

$\mathbf{b}_i$ Basisvektor, dessen Koordinaten in der Einheitsbasis des mit $\mathbb{R}^n$ assoziierten Vektorraumes angegeben sind

x^i kontravariante Koordinaten von X in der Basis $(\mathbf{b}_1,...,\mathbf{b}_n)$

Koordinatenlinien : In einem Punktraum $\mathbb{R}^n$ wird die Teilmenge M der Punkte gebildet, die gleiche Koordinaten $x^1,...,x^{m-1}, x^{m+1},...,x^n$ haben. Nur die Werte der Koordinate x^m der Punkte in M sind also verschieden. Diese Teilmenge M von $\mathbb{R}^n$ heißt eine Koordinatenlinie für x^m.

Die Koordinaten $\mathbf{x}$ und $\mathbf{x} + \Delta\mathbf{x}$ von Nachbarpunkten auf einer Koordinatenlinie für x^m unterscheiden sich nur in dem Inkrement Δx^m der Koordinate x^m. Folglich ist jede Koordinatenlinie für x^m eine Gerade parallel zum Basisvektor $\mathbf{b}_m$.

$$\Delta\mathbf{x} = (\mathbf{x} + \Delta\mathbf{x}) - \mathbf{x} = x^i \, \mathbf{b}_i + \Delta x^{(m)} \, \mathbf{b}_{(m)} - x^k \, \mathbf{b}_k$$

$$\Delta\mathbf{x} = \Delta x^{(m)} \, \mathbf{b}_{(m)}$$

Der globale Basisvektor $\mathbf{b}_m$ ist in $\mathbb{R}^n$ konstant. Daher ist die Koordinatenlinie M eine Gerade durch einen Punkt $\mathbf{a}$ von M mit der Koordinate $x^m = 0$.

$$\mathbf{x} = \mathbf{a} + x^{(m)} \, \mathbf{b}_{(m)}$$

Globale Koordinatenachsen : Die besondere Koordinatenlinie für x^m, die den Ursprung U des Koordinatensystems enthält, heißt die Koordinatenachse x^m des Koordinatensystems $(U, \mathbf{B})$. Für die Achse x^m gilt $\mathbf{a} = \mathbf{0}$. Da die globalen Koordinatenachsen Koordinatenlinien und folglich geradlinig sind, heißen die globalen Koordinaten $x^1,...,x^n$ geradlinige Koordinaten. Das Koordinatensystem besitzt n Achsen :

$$\mathbf{x} = x^{(m)} \, \mathbf{b}_{(m)} \qquad m = 1,...,n$$

Geradliniges Koordinatennetz : In einem Punktraum $\mathbb{R}^n$ werden ein Punkt $\mathbf{x} = x^i\, \mathbf{b}_i$ sowie Inkremente $\Delta x^1,...,\Delta x^n$ der globalen Koordinaten gewählt. Die Punkte $(x^1 + s_1 \Delta x^1,...,x^n + s_{(n)} \Delta x^{(n)})$ mit $s_i \in \mathbb{Z}$ bilden ein Punktraster. Rasterpunkte mit gleichem Wert von $(n-1)$ der Koeffizienten $s_1,...,s_n$ liegen auf derselben Koordinatenlinie. Jeder Rasterpunkt ist der Schnittpunkt von n Koordinatenlinien. Die Koordinatenlinien bilden also ein geradliniges Koordinatennetz.

Beispiel 1 : Geradliniges Koordinatennetz im Punktraum $\mathbb{R}^2$

Der Ursprung (0,0) eines Punktraumes $\mathbb{R}^n$ sei auf den Punkt A einer Zeichenebene abgebildet. Die Einheitsbasis $\mathbf{e}_1$, $\mathbf{e}_2$ des mit $\mathbb{R}^2$ assoziierten Vektorraums V^2 wird auf orthogonale Vektoren gleicher Länge in der Zeichenebene abgebildet. Für den Vektorraum V^2 wird eine globale Basis ($\mathbf{b}_1$, $\mathbf{b}_2$) gewählt. Das folgende Diagramm zeigt das Koordinatennetz mit dem Ursprung (0, 0) als Bezugspunkt und den Inkrementen (1.3, 0.8).

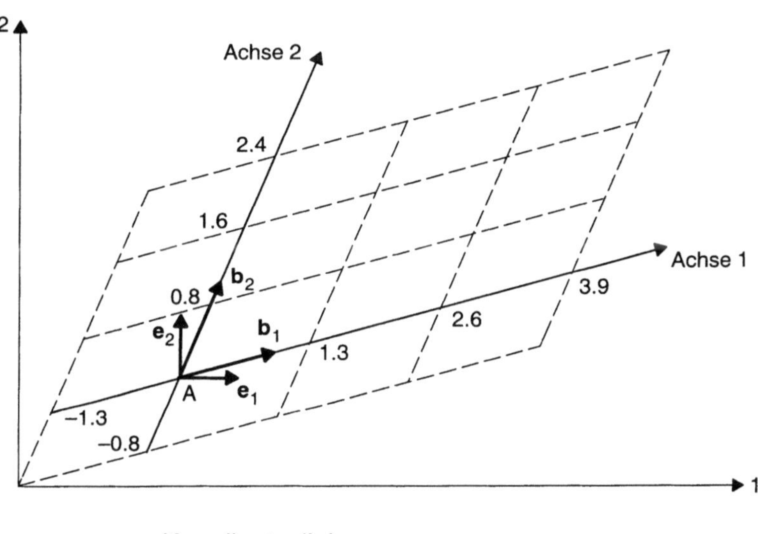

----- Koordinatenlinien

9.4.4 ABLEITUNGEN NACH GLOBALEN KOORDINATEN

Einführung : In der Beschreibung physikalischer Zustände treten Tensoren auf, deren Koordinaten in dem betrachteten Raum variieren. Für solche Tensoren wird der Begriff Tensorfeld definiert. Die Variation des Tensors in der Umgebung eines Punktes des Raumes wird mit den partiellen Ableitungen des Tensorfeldes nach den globalen Koordinaten beschrieben.

Tensorfeld : Mit einem Punktraum $\mathbb{R}^n$ sei der Vektorraum V^n assoziiert. Jedem Punkt X des Punktraumes sei eine lineare Abbildung $U(\mathbf{v}_1,...,\mathbf{v}_m)$ eines Vektor-m-Tupels zugeordnet. Ist der Wert der Abbildung $U(\mathbf{v}_1,...,\mathbf{v}_m)$ für feste Werte der Vektoren $\mathbf{v}_1,...,\mathbf{v}_m \in V^n$ von den Koordinaten des Punktes X abhängig, so heißt die Abbildung U ein Tensorfeld. Ein Tensorfeld kann skalarwertig, vektorwertig oder allgemein tensorwertig sein.

Kovariante Koordinaten eines Tensorfeldes : Für den assoziierten Vektorraum V^n eines Punktraumes $\mathbb{R}^n$ wird eine kovariante globale Basis $\mathbf{B}_*$ mit den Vektoren $\mathbf{b}_1,...,\mathbf{b}_n$ gewählt. Die Koordinaten der Vektoren $\mathbf{v}_i$ eines Tensorfeldes $U(\mathbf{v}_1,...\mathbf{v}_m)$ werden auf die Basis $\mathbf{B}_*$ bezogen. Dann heißen die Bilder der Kombinationen von Basisvektoren $\mathbf{b}_{i_1},...,\mathbf{b}_{i_m}$ die kovarianten Koordinaten des Tensorfeldes.

$$u_{i_1...i_m} = U(\mathbf{b}_{i_1},...,\mathbf{b}_{i_m})$$

Ein Punkt X von $\mathbb{R}^n$ besitzt in der kovarianten Basis $\mathbf{B}_*$ die kontravarianten Koordinaten $x^1,..., x^n$. Obwohl die Basisvektoren $\mathbf{b}_k$ von den Punktkoordinaten x^i unabhängig sind, sind die Koordinaten $u_{i_1...i_m}$ des Tensorfeldes dennoch von den Punktkoordinaten abhängig, da die Abbildung U (...) von $x^1,...,x^n$ abhängt.

skalares Tensorfeld	:	$u = u\,(x^1,...,x^n)$
vektorielles Tensorfeld	:	$u_i = u_i\,(x^1,...,x^n)$
dyadisches Tensorfeld	:	$u_{ik} = u_{ik}(x^1,...,x^n)$

Kontravariante Koordinaten eines Tensorfeldes : Für den assoziierten Vektorraum V^n eines Punktraumes $\mathbb{R}^n$ wird eine kontravariante globale Basis $\mathbf{B}^*$ mit den Vektoren $\mathbf{b}^1,..., \mathbf{b}^n$ gewählt. Die Koordinaten der Vektoren $\mathbf{v}_i$ eines Tensorfeldes $U(\mathbf{v}_1,...\mathbf{v}_m)$ werden auf die Basis $\mathbf{B}^*$ bezogen. Dann heißen die Bilder der Kombinationen von Basisvektoren $\mathbf{b}^{i_1},...,\mathbf{b}^{i_m}$ die kontravarianten Koordinaten des Tensorfeldes.

$$u^{i_1...i_m} = U(\mathbf{b}^{i_1},...,\mathbf{b}^{i_m})$$

Ein Punkt X von $\mathbb{R}^n$ besitzt in der kontravarianten Basis $\mathbf{B}^*$ die kovarianten Koordinaten $x_1,...,x_n$. Obwohl die Basisvektoren $\mathbf{b}^k$ von den Punktkoordinaten x_i unabhängig sind, sind die Koordinaten $u^{i_1...i_m}$ des Tensorfeldes dennoch von den Punktkoordinaten abhängig, da die Abbildung U(...) von $x_1,...,x_n$ abhängt.

skalares Tensorfeld	:	$u = u\,(x_1,...,x_n)$
vektorielles Tensorfeld	:	$u^i = u^i\,(x_1,...,x_n)$
dyadisches Tensorfeld	:	$u^{ik} = u^{ik}(x_1,...,x_n)$

Partielle Ableitung nach kovarianten Koordinaten : Der Wert eines skalaren Tensorfeldes $u(x_1,...,x_n)$ ändert sich auf einer Koordinatenlinie. Die Werte des Tensorfeldes an den Punkten $\mathbf{x}$ und $\mathbf{x} + \Delta x_{(m)}\mathbf{b}^{(m)}$ seien u und $u + \Delta u$. Der Grenzwert der Verhältniszahl $\Delta u \,/\, \Delta x_m$ heißt die partielle Ableitung des Tensorfeldes u nach der kovarianten Ortskoordinate x_m und wird mit $\partial u/\partial x_m$ oder $u^{,m}$ bezeichnet.

$$\frac{\partial u}{\partial x_m} := u^{,m} := \lim_{\Delta x_m \to 0} \frac{\Delta u}{\Delta x_m} \quad \text{mit} \quad \Delta x_i = 0 \quad \text{für} \quad i \neq m$$

Partielle Ableitung nach kontravarianten Koordinaten : Der Wert eines skalaren Tensorfeldes $u(x^1,...,x^n)$ ändert sich auf einer Koordinatenlinie. Die Werte des Tensorfeldes an den Punkten $\mathbf{x}$ und $\mathbf{x} + \Delta x^{(m)}\,\mathbf{b}_{(m)}$ seien u und $u + \Delta u$. Der Grenzwert der Verhältniszahl $\Delta u \,/\, \Delta x^m$ heißt die partielle Ableitung des Tensorfeldes u nach der kontravarianten Ortskoordinate x^m und wird mit $\partial u/\partial x^m$ oder $u_{,m}$ bezeichnet.

$$\frac{\partial u}{\partial x^m} := u_{,m} := \lim_{\Delta x^m \to 0} \frac{\Delta u}{\Delta x^m} \quad \text{mit} \quad \Delta x^i = 0 \quad \text{für} \quad i \neq m$$

Duale partielle Ableitungen : Die Koordinaten des Ortsvektors eines Punktes X des Punktraumes $\mathbb{R}^n$ seien $(x_1,...,x_n)$ und $(x^1,...,x^n)$ in den dualen Basen $\mathbf{B}^*$ und $\mathbf{B}_*$ des assoziierten Vektorraumes. Die Indizes der Koordinaten werden mit den metrischen Koeffizienten g_{ik} und g^{ik} der Basen gezogen.

$$x_i = g_{ik}\,x^k \qquad\qquad x^i = g^{ik}\,x_k$$

Die metrischen Koeffizienten einer globalen Basis sind in $\mathbb{R}^n$ konstant. Die Beziehungen zwischen den partiellen Ableitungen einer skalaren Tensorfunktion u nach den kovarianten und den kontravarianten Koordinaten des Ortsvektors werden mit der Kettenregel bestimmt.

$$\frac{\partial x_i}{\partial x^k} = g_{ik} \qquad\qquad \frac{\partial x^i}{\partial x_k} = g^{ik}$$

$$\frac{\partial u}{\partial x^k} = g_{ik}\,\frac{\partial u}{\partial x_i} \qquad\qquad \frac{\partial u}{\partial x_k} = g^{ik}\,\frac{\partial u}{\partial x^i}$$

Transformation der partiellen Ableitungen : Die Koordinaten des Ortsvektors eines Punktes X des Punktraumes $\mathbb{R}^n$ seien $(x_1,...,x_n)$ und $(x^1,...,x^n)$ in den dualen Basen $\mathbf{B}^*$ und $\mathbf{B}_*$ des assoziierten Vektorraumes. Die Basen werden mit der Koeffizientenmatrix **A** und ihrer Inversen $\overline{\mathbf{A}}$ nach $\overline{\mathbf{B}}_* = \mathbf{B}_* \mathbf{A}$ und $\overline{\mathbf{B}}^* = \mathbf{B}^* \overline{\mathbf{A}}^T$ transformiert. Dann gelten für die Transformation der Koordinaten des Ortsvektors **x** die allgemeinen Transformationsregeln in Abschnitt 9.2.6 :

$$x_i = \bar{a}^{k}_{.i}\, \bar{x}_k \qquad x^i = a^{i}_{.k}\, \bar{x}^k$$

$\bar{x}_i$, $\bar{x}^i$ Koordinaten von X in den Basen $\overline{\mathbf{B}}^*$, $\overline{\mathbf{B}}_*$

$\bar{a}^{k}_{.i}$ Koordinaten der Transformationsmatrix $\overline{\mathbf{A}}$

$a^{i}_{.k}$ Koordinaten der Transformationsmatrix **A**

Für globale Basen sind die Transformationsmatrizen **A** und $\overline{\mathbf{A}}$ in $\mathbb{R}^n$ konstant. Die Transformationsregeln für die partiellen Ableitungen einer skalaren Tensorfunktion u werden mit der Kettenregel bestimmt.

$$\frac{\partial x_i}{\partial \bar{x}_k} = \bar{a}^{k}_{.i} \qquad \frac{\partial x^i}{\partial \bar{x}^k} = a^{i}_{.k}$$

$$\frac{\partial u}{\partial \bar{x}_k} = \bar{a}^{k}_{.i} \frac{\partial u}{\partial x_i} \qquad \frac{\partial u}{\partial \bar{x}^k} = a^{i}_{.k} \frac{\partial u}{\partial x^i}$$

Bezeichnet man die Ableitung $\partial u / \partial \bar{x}_k$ mit $\bar{u}^{,k}$ und die Ableitung $\partial u / \partial \bar{x}^k$ mit $\bar{u}_{,k}$, so begründen die Transformationsregeln die Stellung der Indizes in der Kommabezeichnung der Ableitungen : Die partiellen Ableitungen transformieren wie die Koordinaten des Ortsvektors.

$$\bar{x}^k = \bar{a}^{k}_{.i}\, x^i \qquad \bar{x}_k = a^{i}_{.k}\, x_i$$

$$\bar{u}^{,k} = \bar{a}^{k}_{.i}\, u^{,i} \qquad \bar{u}_{,k} = a^{i}_{.k}\, u_{,i}$$

Beispiel 1 : Duale partielle Ableitungen eines Tensorfeldes

Für den Punktraum $\mathbb{R}^2$ werden duale globale Koordinatensysteme $(U, \mathbf{B}_*)$ und $(U, \mathbf{B}^*)$ mit den Metriken $\mathbf{G}_* = \mathbf{B}_*^T \mathbf{B}_*$ und $\mathbf{G}^* = (\mathbf{B}^*)^T \mathbf{B}^*$ gewählt.

$$\mathbf{B}_* = \frac{1}{2} \begin{bmatrix} 2 & -2 \\ 1 & 2 \end{bmatrix} \qquad \mathbf{B}^* = \frac{1}{3} \begin{bmatrix} 2 & -1 \\ 2 & 2 \end{bmatrix}$$

$$\mathbf{G}_* = \frac{1}{4} \begin{bmatrix} 5 & -2 \\ -2 & 8 \end{bmatrix} \qquad \mathbf{G}^* = \frac{1}{9} \begin{bmatrix} 8 & 2 \\ 2 & 5 \end{bmatrix}$$

Die Beziehung zwischen den kovarianten Koordinaten (x_1, x_2) und den kontravarianten Koordinaten (x^1, x^2) eines Punktes $X \in \mathbb{R}^2$ wird mit der Metrik $\mathbf{G}_*$ hergestellt. In $\mathbb{R}^2$ sei das skalare Tensorfeld $u = 2x_1 - 3x_2$ definiert. Durch Substitution von x_1 und x_2 folgt die kontravariante Form des Tensorfeldes.

$$x_1 = \frac{1}{4}(\ 5x^1 - 2x^2)$$

$$x_2 = \frac{1}{4}(-2x^1 + 8x^2)$$

$$u = 2x_1 - 3x_2 = 4x^1 - 7x^2$$

Die partiellen Ableitungen des Tensorfeldes werden durch Differentiation der Funktionen $u(x_1, x_2)$ und $u(x^1, x^2)$ gewonnen. Sie befriedigen die Beziehungen zwischen dualen partiellen Ableitungen.

$$\frac{\partial u}{\partial x_1} = 2 \qquad \frac{\partial u}{\partial x_2} = -3$$

$$\frac{\partial u}{\partial x^1} = 4 \qquad \frac{\partial u}{\partial x^2} = -7$$

$$\frac{\partial u}{\partial x_1} = g^{11} \frac{\partial u}{\partial x^1} + g^{12} \frac{\partial u}{\partial x^2} = \frac{1}{9}(8 * 4 - 2 * 7) = 2$$

$$\frac{\partial u}{\partial x_2} = g^{21} \frac{\partial u}{\partial x^1} + g^{22} \frac{\partial u}{\partial x^2} = \frac{1}{9}(2 * 4 - 5 * 7) = -3$$

Beispiel 2 : Transformierte partielle Ableitungen eines Tensorfeldes

Die Basen des Punktraumes $\mathbb{R}^n$ in dem vorangehenden Beispiel 2 werden mit der Matrix **A** und ihrer Inversen $\overline{\mathbf{A}}$ nach $\overline{\mathbf{B}}_* = \mathbf{B}_* \mathbf{A}$ und $\overline{\mathbf{B}}^* = \mathbf{B}^* \overline{\mathbf{A}}^T$ transformiert.

$$\mathbf{A} = \begin{bmatrix} 1 & -1 \\ 1 & 1 \end{bmatrix} \qquad \overline{\mathbf{A}} = \frac{1}{2} \begin{bmatrix} 1 & 1 \\ -1 & 1 \end{bmatrix}$$

Die Beziehung zwischen den Koordinaten (x_1, x_2) eines Punktes X in der Basis $\mathbf{B}^*$ und den Koordinaten $(\overline{x}_1, \overline{x}_2)$ des Punktes in der Basis $\overline{\mathbf{B}}^*$ wird mit der inversen Transformationsmatrix $\overline{\mathbf{A}}$ bestimmt. In $\mathbb{R}^2$ sei das Tensorfeld $u = 2x_1 - 3x_2$ definiert. Durch Substitution von x_1 und x_2 folgt das Tensorfeld $u(\overline{x}_1, \overline{x}_2)$.

$$\begin{aligned} x_1 &= \overline{a}^1_{.1}\, \overline{x}_1 + \overline{a}^2_{.1}\, \overline{x}_2 = 0.5\overline{x}_1 - 0.5\overline{x}_2 \\ x_2 &= \overline{a}^1_{.2}\, \overline{x}_1 + \overline{a}^2_{.2}\, \overline{x}_2 = 0.5\overline{x}_1 + 0.5\overline{x}_2 \\ u &= 2x_1 - 3x_2 = -0.5\overline{x}_1 - 2.5\overline{x}_2 \end{aligned}$$

Die partiellen Ableitungen des Tensorfeldes werden durch Differentiation der Funktionen $u(x_1,x_2)$ und $u(\overline{x}_1, \overline{x}_2)$ gewonnen. Sie befriedigen die Beziehungen zwischen transformierten partiellen Ableitungen.

$$\frac{\partial u}{\partial x_1} = 2.0 \qquad \frac{\partial u}{\partial x_2} = -3.0$$

$$\frac{\partial u}{\partial \overline{x}_1} = -0.5 \qquad \frac{\partial u}{\partial \overline{x}_2} = -2.5$$

$$\frac{\partial u}{\partial \overline{x}_1} = \overline{a}^1_{.1} \frac{\partial u}{\partial x_1} + \overline{a}^1_{.2} \frac{\partial u}{\partial x_2} = 0.5 * 2 - 0.5 * 3 = -0.5$$

$$\frac{\partial u}{\partial \overline{x}_2} = \overline{a}^2_{.1} \frac{\partial u}{\partial x_1} + \overline{a}^2_{.2} \frac{\partial u}{\partial x_2} = -0.5 * 2 - 0.5 * 3 = -2.5$$

9.4.5 KRUMMLINIGE KOORDINATEN

Lokale Basis : Eine globale Basis $\mathbf{B}_*$ für den assoziierten Vektorraum eines Punktraumes $\mathbb{R}^n$ ist an jedem Punkt X gleich, also vom Ortsvektor $\mathbf{x}$ unabhängig. Für bestimmte Aufgaben (beispielsweise die Formulierung des Verhaltens zylinderförmiger Körper) kann es jedoch zweckmäßig sein, an jedem Punkt von $\mathbb{R}^n$ eine eigene Basis $\bar{\mathbf{B}}_*$ für den mit $\mathbb{R}^n$ assoziierten Vektorraum zu wählen. Diese ortsabhängige Basis heißt eine lokale Basis. Die lokale Basis $\bar{\mathbf{B}}_*$ wird durch eine Transformation der globalen Basis $\mathbf{B}_*$ spezifiziert. Die Transformationsmatrix $\mathbf{A}$ ist in der Regel ortsabhängig.

$$\bar{\mathbf{B}}_* = \mathbf{B}_* \mathbf{A} \qquad \wedge \qquad \mathbf{A} := \mathbf{A}(\mathbf{x})$$

Lokales Koordinatensystem : Der Ortsvektor $\mathbf{x}$ eines Punktes X von $\mathbb{R}^n$ und eine lokale Basis $\bar{\mathbf{B}}_*(\mathbf{x})$ heißen ein lokales Koordinatensystem $(\mathbf{x}, \bar{\mathbf{B}}_*)$ des Punktraumes. Jeder Punkt des Punktraumes besitzt ein eigenes lokales Koordinatensystem. Dieses ist nicht eindeutig, da die lokale Basis frei gewählt wird.

Spezifikation lokaler Basen : Im allgemeinen kann die lokale Basis an einem Punkt X des Raumes $\mathbb{R}^n$ frei gewählt werden. Häufig ist eine parametrische Spezifikation der lokalen Basen zweckmäßig. Dazu werden die globalen Koordinaten $(x^1,...,x^n)$ der Punkte von $\mathbb{R}^n$ in der Basis $\mathbf{b}_1,...,\mathbf{b}_n$ als Funktionen von n unabhängigen Parametern $y^1,...,y^n$ definiert. Die Funktionen $x^i\,(y^1,...,y^n)$ sind in der Regel nichtlinear. Damit wird der Ortsvektor $\mathbf{x}$ eine nichtlineare Funktion der Parameter $y^1,...,y^n$.

$$\mathbf{x} = x^i\,\mathbf{b}_i$$

$$x^i = x^i\,(y^1,...,y^n)$$

Das vollständige (totale) Differential $d\mathbf{x}$ des Ortsvektors bei beliebigen Änderungen dy^i der Parameter $y^1,...,y^n$ wird mit der Kettenregel bestimmt. Der Koeffizient des Inkrementes dy^m wird als m-ter Basisvektor am Punkt $\mathbf{x}$ gewählt und mit $\bar{\mathbf{b}}_m$ bezeichnet.

$$d\mathbf{x} = \frac{\partial \mathbf{x}}{\partial x^i}\,\frac{\partial x^i}{\partial y^m}\,dy^m = \mathbf{b}_i\,\frac{\partial x^i}{\partial y^m}\,dy^m = \bar{\mathbf{b}}_m\,dy^m$$

$$\bar{\mathbf{b}}_m = \mathbf{b}_i\,\frac{\partial x^i}{\partial y^m}$$

Die Beziehung zwischen der globalen Basis $\mathbf{b}_1,...,\mathbf{b}_n$ und einer lokalen Basis $\bar{\mathbf{b}}_1,...,\bar{\mathbf{b}}_n$ ist also eine Transformation mit einer Matrix $\mathbf{A}$, deren Koeffizienten die partiellen Ableitungen der globalen Koordinaten x^i nach den Parametern y^m sind. Wegen der Nichtlinearität der Funktionen $x^i(y^1,...,y^n)$ sind die partiellen

Ableitungen $\partial x^i / \partial y^m$ ortsabhängig. Damit ist die Basis $\bar{\mathbf{B}}_*$ lokal. Die Wahl der Funktionen $x^i(y^1,...,y^n)$ bestimmt die Zweckmäßigkeit des lokalen Koordinatensystems.

$$\bar{\mathbf{B}}_* = \mathbf{B}_* \mathbf{A} \quad \text{mit} \quad a^i_{.m} = \frac{\partial x^i}{\partial y^m}$$

$$\mathbf{A} = \begin{bmatrix} \frac{\partial x^1}{\partial y^1} & & \frac{\partial x^1}{\partial y^n} \\ & \ddots & \\ \frac{\partial x^n}{\partial y^1} & & \frac{\partial x^n}{\partial y^n} \end{bmatrix}$$

Funktionaldeterminante : Werden die Funktionen $x^i(y^1,...,y^n)$ in der parametrischen Spezifikation der lokalen Basen frei gewählt, so kann eine Teilmenge $\{x^{i_1},...,x^{i_m}\}$ dieser Funktionen in einer Teilmenge $S \subseteq \mathbb{R}^n$ abhängig sein. Es gibt also eine Funktion $f(x^{i_1},...,x^{i_m})$, die an jedem Punkt $\mathbf{x} \in S$ den Wert 0 besitzt. Daraus folgt, daß die Inkremente $dx^{i_1},...,dx^{i_m}$ der globalen Koordinaten an Punkten $\mathbf{x} \in S$ linear abhängig sind.

$$\bigwedge_{x \in S} (f(x^{i_1},...,x^{i_m}) = 0)$$

$$df = \frac{\partial f}{\partial x^{i_1}} dx^{i_1} + ... + \frac{\partial f}{\partial x^{i_m}} dx^{i_m} = 0 \qquad \mathbf{x} \in S$$

Die Inkremente dx^i der globalen Koordinaten sind von den Inkrementen dy^k der Parameter abhängig. Die vollständigen Differentiale dx^i werden mit den partiellen Ableitungen $\partial x^i / \partial y^k$ bestimmt. Die partiellen Ableitungen werden in einer Matrix $\mathbf{J}$ angeordnet, die Funktionalmatrix (Jacobi Matrix) heißt.

$$d\mathbf{x} = \mathbf{J}\, d\mathbf{y}$$

$$\begin{bmatrix} dx^1 \\ \vdots \\ dx^n \end{bmatrix} = \begin{bmatrix} \frac{\partial x^1}{\partial y^1} & & \frac{\partial x^1}{\partial y^n} \\ & \ddots & \\ \frac{\partial x^n}{\partial y^1} & & \frac{\partial x^n}{\partial y^n} \end{bmatrix} * \begin{bmatrix} dy^1 \\ \vdots \\ dy^n \end{bmatrix}$$

An jedem Punkt $\mathbf{x}$ der Teilmenge S sind die Zeilen $i_1,...,i_m$ der Jacobi Matrix linear abhängig. In der Teilmenge S ist die Funktionaldeterminante det $\mathbf{J}$ also null.

Lokale Koordinaten : Die globalen Koordinaten $x^1,...,x^n$ im Raum $\mathbb{R}^n$ sind unabhängig. Ihre Inkremente dx^i können frei gewählt werden. Die Funktionen $x^i(y^1,...,y^m)$ müssen deshalb so gewählt werden, daß die Funktionaldeterminante det **J** ungleich null ist. Bei dieser Wahl der Funktionen $x^i(y^1,...,y^m)$ ist die Funktionalmatrix **J** regulär, so daß jedem totalen Differential d**x** des Ortsvektors ein eindeutiges totales Differential d**y** der Parameter entspricht :

$$d\mathbf{y} = \mathbf{J}^{-1}\, d\mathbf{x}$$

Ist die Bedingung det $\mathbf{J} \neq 0$ erfüllt, so folgt die lokale Basis $\bar{\mathbf{B}}_*$ aus der globalen Basis $\mathbf{B}_*$ mit der Transformationsmatrix $\mathbf{A} = \mathbf{J}$. Die Parameter $y^1,...,y^n$ heißen die lokalen Koordinaten des Punktes $(x^1,...,x^n)$ mit $x^i = x^i(y^1,...,y^n)$.

$$\bar{\mathbf{B}}_* = \mathbf{B}_* \mathbf{J}$$

Ist die Funktionaldeterminante det **J** an einem Punkt $\mathbf{x} \in S$ gleich null, so sind ein Teil der lokalen Koordinaten und der lokalen Basisvektoren am Punkt **x** nicht eindeutig. Häufig ist diese Degeneration in Teilmengen von $\mathbb{R}^n$ nicht vermeidbar (siehe zylindrische und sphärische Koordinaten in den Beispielen 1 und 2 dieses Abschnitts).

Transformation der lokalen Koordinaten : In einem Punktraum $\mathbb{R}^n$ werden zwei lokale Koordinatensysteme $x^i(y^1,...,y^n)$ und $x^i(z^1,...,z^n)$ betrachtet. Die Spezifikation $x^i(y^1,...,y^n)$ der lokalen Koordinaten **y** und die Beziehungen $y^i(z^1,...,z^n)$ zwischen den lokalen Koordinaten **y** und **z** seien bekannt. Dann ist auch die Beziehung zwischen den Inkrementen dy^i und dz^k der lokalen Koordinaten bekannt :

$$dy^i = \frac{\partial y^i}{\partial z^k}\, dz^k$$

An einem Punkt **x** von $\mathbb{R}^n$ kann ein Inkrement d**x** des Ortsvektors wahlweise mit der durch **y** definierten lokalen Basis $\mathbf{b}_1,...,\mathbf{b}_n$ oder mit der durch **z** definierten lokalen Basis $\bar{\mathbf{b}}_1,...,\bar{\mathbf{b}}_n$ dargestellt werden :

$$d\mathbf{x} = \mathbf{b}_i\, dy^i = \bar{\mathbf{b}}_k\, dz^k$$

$$\bar{\mathbf{b}}_k = \mathbf{b}_i \frac{\partial y^i}{\partial z^k}$$

Die Beziehung zwischen den lokalen Basen $\mathbf{B}_*$ für **y** und $\bar{\mathbf{B}}_*$ für **z** wird mit einer Transformationsmatrix **A** dargestellt, deren Koeffizienten die partiellen Ableitungen der lokalen Koordinaten sind :

$$\bar{\mathbf{B}}_* = \mathbf{B}_* \mathbf{A}$$

$$\mathbf{A} = \begin{bmatrix} \frac{\partial y^1}{\partial z^1} & & \frac{\partial y^1}{\partial z^n} \\ & \ddots & \\ \frac{\partial y^n}{\partial z^1} & & \frac{\partial y^n}{\partial z^n} \end{bmatrix}$$

Koordinatenlinien : Die Spezifikation $x^i(y^1,...,y^n)$ eines lokalen Koordinatensystems im Punktraum $\mathbb{R}^n$ sei bekannt. Die Teilmenge der Punkte in $\mathbb{R}^n$ mit gleichen Koordinaten $y^1,...,y^{m-1},y^{m+1},...,y^n$ sei M. Nur die Werte der lokalen Koordinaten y^m der Punkte in M sind also verschieden. Dann heißt M eine Koordinatenlinie für y^m in $\mathbb{R}^n$.

Die lokalen Koordinaten $\mathbf{y}$ und $\mathbf{y} + d\mathbf{y}$ von Nachbarpunkten $\mathbf{x}$ und $\mathbf{x} + d\mathbf{x}$ auf einer Koordinatenlinie für y^m unterscheiden sich nur in dem Inkrement dy^m der Koordinate y^m. Der Vektor $d\mathbf{x}$ ist tangential zu der Koordinatenlinie am Punkt $\mathbf{x}$.

$$d\mathbf{y} = (0,...,0,dy^m,0,...,0)^T$$

$$d\mathbf{x} = \mathbf{J}\, d\mathbf{y}$$

Der Tangentenvektor $d\mathbf{x}$ wird an verschiedenen Punkten $\mathbf{x}_1$, $\mathbf{x}_2$,... der Koordinatenlinie für dasselbe Inkrement $d\mathbf{y}$ bestimmt. Da die Funktionalmatrix $\mathbf{J}$ von den lokalen Koordinaten $\mathbf{y}_1$, $\mathbf{y}_2$, ... der betrachteten Punkte abhängt, sind die Tangentenvektoren $d\mathbf{x}_1$, $d\mathbf{x}_2$, ... an diesen Punkten im allgemeinen verschieden. Die Koordinatenlinie ist also im allgemeinen gekrümmt.

Lokale Koordinatenachse : Jeder Punkt P im Raum $\mathbb{R}^n$ ist der Ursprung eines lokalen Koordinatensystems. Der Punkt P liegt auf genau n Koordinatenlinien. Besitzt P die lokalen Koordinaten $(y^1,...,y^n)$, so sind auf der m-ten Koordinatenlinie die Koordinaten $y^1,...,y^{m-1},y^{m+1},...,y^n$ konstant. Diese Koordinatenlinie heißt die m-te lokale Koordinatenachse am Punkt P. Der m-te Vektor $\mathbf{b}_m$ der lokalen Basis am Punkt P ist tangential zur m-ten lokalen Koordinatenachse. Da die lokalen Achsen Koordinatenlinien und folglich im allgemeinen gekrümmt sind, heißen die lokalen Koordinaten $y^1,...,y^n$ auch krummlinige Koordinaten.

Gekrümmtes Koordinatennetz : In einem Punktraum $\mathbb{R}^n$ werden ein Punkt mit den lokalen Koordinaten $(y^1,...,y^n)$ sowie Inkremente $dy^1,...,dy^n$ der lokalen Koordinaten gewählt. Die Punkte $(y^1 + s_1 dy^1,...,y^n + s_n dy^n)$ mit $s_i \in \mathbb{Z}$ bilden ein Punktraster. Rasterpunkte mit gleichem Wert von $(n - 1)$ der Faktoren $s_1,...,s_n$ liegen auf einer gemeinsamen Koordinatenlinie. Jeder Rasterpunkt ist der Schnittpunkt von n Koordinatenlinien. Die Koordinatenlinien bilden also ein gekrümmtes Koordinatennetz.

Beispiel 1 : Zylindrisches Koordinatensystem

Die globale Basis des Punktraumes $\mathbb{R}^3$ sei die Einheitsbasis $\mathbf{e}_1, \mathbf{e}_2, \mathbf{e}_3$. Das lokale Koordinatensystem sei zylindrisch mit den Bezeichnungen r, θ, z an Stelle von y^1, y^2, y^3 :

$x^1 = r \cos\theta$	$r = y^1$:	Radialabstand
$x^2 = r \sin\theta$	$\theta = y^2$:	Öffnungswinkel
$x^3 = z$	$z = y^3$:	Achsabstand

Die Spezifikation zeigt, daß die lokalen Koordinaten eines Punktes $\mathbf{x} \in \mathbb{R}^n$ nicht eindeutig sind : Die lokalen Koordinaten (r, θ, z), $(r, \theta + 2\pi s, z)$ und $(-r, \theta + (2s+1)\pi, z)$ mit $s \in \mathbb{Z}$ werden auf denselben Punkt $\mathbf{x} \in \mathbb{R}^n$ abgebildet. Die Funktionalmatrix $\mathbf{J}$ ist wie folgt belegt :

$$\mathbf{J} = \begin{bmatrix} \cos\theta & -r\sin\theta & 0 \\ \sin\theta & r\cos\theta & 0 \\ 0 & 0 & 1 \end{bmatrix} = \begin{bmatrix} \mathbf{a}_1 & \mathbf{a}_2 & \mathbf{a}_3 \end{bmatrix}$$

Aus $\det \mathbf{J} = r$ folgt, daß das lokale Koordinatensystem für alle Punkte mit $r > 0$ wohldefiniert ist. Für die Punkte $(0, 0, z)$ mit $r = 0$ ist $\det \mathbf{J} = 0$. Für diese Punkte sind die lokalen Koordinaten r und z eindeutig, nicht jedoch die lokale Koordinate θ und der Basisvektor $\mathbf{a}_2$. Die Inverse der Jacobi Matrix ist nur für $r \neq 0$ definiert.

$$\mathbf{J}^{-1} = \begin{bmatrix} \cos\theta & \sin\theta & 0 \\ -\frac{1}{r}\sin\theta & \frac{1}{r}\cos\theta & 0 \\ 0 & 0 & 1 \end{bmatrix}$$

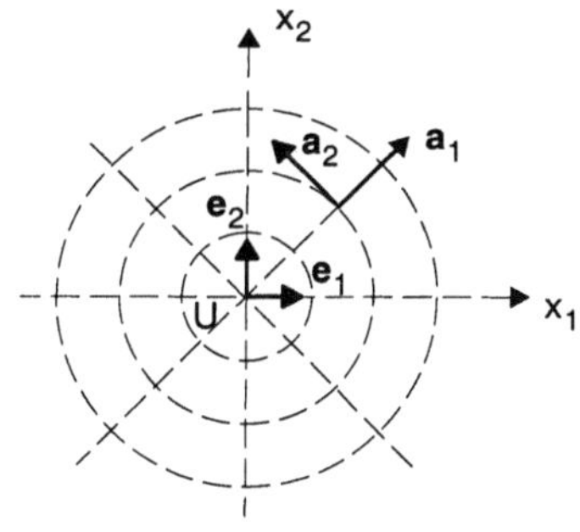

$(U ; \mathbf{e}_1, \mathbf{e}_2, \mathbf{e}_3)$	globales Koordinatensystem (x^1, x^2, x^3)
$(A ; \mathbf{a}_1, \mathbf{a}_2, \mathbf{a}_3)$	lokales Koordinatensystem (r, θ, z)
– – – – – – – –	Koordinatenlinien

Beispiel 2 : Sphärisches Koordinatensystem (Kugelkoordinaten)

Die globale Basis des Punktraumes $\mathbb{R}^3$ sei die Einheitsbasis $\mathbf{e}_1, \mathbf{e}_2, \mathbf{e}_3$. Das lokale Koordinatensystem sei sphärisch mit den Bezeichnungen r, θ, β an Stelle von y^1, y^2, y^3 :

$$x^1 = r \cos\beta \cos\theta \qquad r = y^1 : \text{ Radialabstand}$$
$$x^2 = r \cos\beta \sin\theta \qquad \theta = y^2 : \text{ Breitenwinkel}$$
$$x^3 = r \sin\beta \qquad \beta = y^3 : \text{ Höhenwinkel}$$

Wegen der Periodizität der trigonometrischen Funktionen sind die lokalen Koordinaten eines Punktes $\mathbf{x} \in \mathbb{R}^n$ nicht eindeutig. Die Funktionalmatrix $\mathbf{J}$ ist wie folgt belegt :

$$\mathbf{J} = \begin{bmatrix} \cos\beta\cos\theta & -r\cos\beta\sin\theta & -r\sin\beta\cos\theta \\ \cos\beta\sin\theta & r\cos\beta\cos\theta & -r\sin\beta\sin\theta \\ \sin\beta & 0 & r\cos\beta \end{bmatrix} = \begin{bmatrix} \mathbf{a}_1 & \mathbf{a}_2 & \mathbf{a}_3 \end{bmatrix}$$

Aus $\det \mathbf{J} = r^2 \cos\beta$ folgt, daß das lokale Koordinatensystem für alle Punkte mit $r \neq 0$ und $\cos\beta \neq 0$ wohldefiniert ist. Für die Punkte $(r, \theta, \frac{\pi}{2})$ ist $\det \mathbf{J} = 0$. Für diese Punkte sind die lokalen Koordinaten r und β eindeutig, nicht jedoch die lokale Koordinate θ und der Basisvektor $\mathbf{a}_3$. Der Basisvektor $\mathbf{a}_2$ degeneriert zu $\mathbf{0}$. Für den Punkt $(0, \theta, \beta)$ mit $r = 0$ ist ebenfalls $\det \mathbf{J} = 0$. Für diesen Punkt sind die lokalen Koordinaten θ und β sowie der Basisvektor $\mathbf{a}_1$ nicht eindeutig. Die Basisvektoren $\mathbf{a}_2$ und $\mathbf{a}_3$ degenerieren zu $\mathbf{0}$.

9.4.6 CHRISTOFFEL SYMBOLE

Einführung : Jeder Punkt eines Punktraumes $\mathbb{R}^n$ mit einem lokalen Koordinatensystem $x^i(y^1,...,y^n)$ besitzt eine eigene lokale Basis $\bar{\mathbf{B}}_*$. Die lokalen Basisvektoren $\bar{\mathbf{b}}_1,...,\bar{\mathbf{b}}_n$ sind also Funktionen der lokalen Koordinaten $y^1,...,y^n$. Die partielle Ableitung eines Basisvektors nach einer lokalen Koordinate ist eine Linearkombination der Basisvektoren. Die Koeffizienten dieser Linearkombination heißen Christoffel Symbole.

Partielle Ableitungen einer kovarianten Basis : In einem Punktraum $\mathbb{R}^n$ seien eine globale Basis $\mathbf{B}_*$ und die Spezifikation $x^i(y^1,...,y^n)$ eines lokalen Koordinatensystems bekannt. Dann bestimmen die partiellen Ableitungen $\partial x^i / \partial y^m$ die lokale Basis $\bar{\mathbf{B}}_*$. Ist die Funktionaldeterminante ungleich null, so ist die Beziehung zwischen den lokalen und den globalen Basisvektoren umkehrbar :

$$\bar{\mathbf{B}}_* = \mathbf{B}_* \mathbf{J} \quad : \quad \bar{\mathbf{b}}_i = \mathbf{b}_s \frac{\partial x^s}{\partial y^i}$$

$$\mathbf{B}_* = \bar{\mathbf{B}}_* \mathbf{J}^{-1} : \quad \mathbf{b}_s = \bar{\mathbf{b}}_m \frac{\partial y^m}{\partial x^s}$$

Die globalen Basisvektoren $\mathbf{b}_i$ sind von den lokalen Koordinaten $y^1,...,y^n$ unabhängig. Für die partielle Ableitung eines lokalen Basisvektors $\bar{\mathbf{b}}_i$ nach der lokalen Koordinate y^k folgt daher :

$$\frac{\partial \bar{\mathbf{b}}_i}{\partial y^k} = \frac{\partial^2 x^s}{\partial y^i \, \partial y^k} \mathbf{b}_s = \frac{\partial^2 x^s}{\partial y^i \, \partial y^k} \cdot \frac{\partial y^m}{\partial x^s} \bar{\mathbf{b}}_m$$

Die Beziehung zwischen den lokalen Basisvektoren und ihren partiellen Ableitungen nach den lokalen Koordinaten wird mit den Christoffel Symbolen dargestellt. Die Ausdrücke für die Christoffel Symbole folgen aus der vorangehenden Gleichung. Die Christoffel Symbole sind in den unteren Indizes symmetrisch. Sie sind nicht die Koordinaten eines Tensors.

$$\frac{\partial \bar{\mathbf{b}}_i}{\partial y^k} = \Gamma^m_{ik} \bar{\mathbf{b}}_m$$

$$\Gamma^m_{ik} = \frac{\partial^2 x^s}{\partial y^i \, \partial y^k} \cdot \frac{\partial y^m}{\partial x^s}$$

Partielle Ableitungen einer kontravarianten Basis : Die Christoffel Symbole $\tilde{\Gamma}^i_{\ km}$ für die partiellen Ableitungen der kontravarianten lokalen Basisvektoren $\bar{\mathbf{b}}^i$ nach den lokalen Koordinaten y^k werden analog zu den Christoffel Symbolen Γ^m_{ik} für die kovariante Basis definiert :

$$\frac{\partial \bar{\mathbf{b}}^i}{\partial y^k} = \tilde{\Gamma}^i_{\ km} \bar{\mathbf{b}}^m$$

Die Beziehung zwischen den Symbolen Γ_{ik}^{m} und $\tilde{\Gamma}_{km}^{i}$ wird durch die partielle Ableitung der Orthonormalitätsbeziehung $\bar{\mathbf{b}}_i \cdot \bar{\mathbf{b}}^m = \delta_i^m$ der dualen Basen nach der lokalen Koordinate y^k bestimmt :

$$\frac{\partial \bar{\mathbf{b}}_i}{\partial y^k} \cdot \bar{\mathbf{b}}^m + \bar{\mathbf{b}}_i \cdot \frac{\partial \bar{\mathbf{b}}^m}{\partial y^k} = 0$$

$$\Gamma_{ik}^{s} \, \bar{\mathbf{b}}_s \cdot \bar{\mathbf{b}}^m + \tilde{\Gamma}_{ks}^{m} \, \bar{\mathbf{b}}_i \cdot \bar{\mathbf{b}}^s = 0$$

$$\tilde{\Gamma}_{ki}^{m} = -\Gamma_{ik}^{m}$$

Partielle Ableitungen der Basisdeterminante : Die Determinante b_* einer lokalen Basis $\mathbf{B}_*$ im Punktraum $\mathbb{R}^n$ wird mit dem Permutationstensor $e^{i_1 \ldots i_n}$ der globalen Einheitsbasis $\mathbf{E}$ und den Koordinaten b_{ki} der lokalen Basisvektoren $\mathbf{b}_i$ dargestellt :

$$b_* = e^{i_1 \ldots i_n} \, b_{i_1 1} \ldots b_{i_n n}$$

Die partielle Ableitung der Determinante b_* nach der lokalen Koordinate y^s sei zu bestimmen. Der globale Permutationstensor $e^{i_1 \ldots i_n}$ ist nicht von den lokalen Koordinaten abhängig. Die partiellen Ableitungen der Koordinaten b_{ki} der lokalen Basisvektoren werden mit den Christoffel Symbolen bestimmt. Mit der Produktregel folgt :

$$\frac{\partial b_{ki}}{\partial y^s} = \Gamma_{is}^{r} \, b_{kr}$$

$$\frac{\partial b_*}{\partial y^s} = e^{i_1 \ldots i_n} \left(\Gamma_{1s}^{r} \, b_{i_1 r} \, b_{i_2 2} \ldots b_{i_n n} + \ldots + \Gamma_{ns}^{r} \, b_{i_1 1} \ldots b_{i_{n-1} n-1} \, b_{i_n r} \right)$$

Für den ersten Term auf der rechten Seite wird die Summe über r explizit dargestellt. Für $r = 1$ ergibt sich die Determinante der skalierten Matrix $\Gamma_{1s}^{1} \, \mathbf{B}_*$, also der Wert $\Gamma_{1s}^{1} \, b_*$. Für $r \neq 1$ ergibt sich jeweils die Determinante einer skalierten Matrix mit zwei gleichen Spalten, also der Wert 0.

$$\begin{aligned} e^{i_1 \ldots i_n} \Gamma_{1s}^{r} \, b_{i_1 r} \, b_{i_2 2} \ldots b_{i_n n} &= e^{i_1 \ldots i_n} \Gamma_{1s}^{1} \, b_{i_1 1} \, b_{i_2 2} \ldots b_{i_n n} + \\ &\quad\; e^{i_1 \ldots i_n} \Gamma_{1s}^{2} \, b_{i_1 2} \, b_{i_2 2} \ldots b_{i_n n} + \ldots \\ &= \Gamma_{1s}^{1} \, b_* \end{aligned}$$

Für den zweiten Term auf der rechten Seite der Gleichung für $\partial b_* / \partial y^s$ folgt auf analoge Weise der Wert $\Gamma_{2s}^{2} \, b_*$. Insgesamt folgt für die partielle Ableitung der Basisdeterminante b_* nach den lokalen Koordinaten y^s folgende Summe :

$$\frac{\partial b_*}{\partial y^s} = \Gamma_{is}^{i} \, b_*$$

Partielle Ableitungen der Metrikdeterminante : Die partiellen Ableitungen einer Metrikdeterminante werden durch Differentiation der Beziehung $g_* = (b_*)^2$ zwischen der Determinante b_* einer Basis $\mathbf{B}_*$ und der Determinante g_* ihrer Metrik $\mathbf{G}_* = \mathbf{B}_*^T \mathbf{B}_*$ bestimmt :

$$\frac{\partial g_*}{\partial y^s} = 2\, b_* \frac{\partial b_*}{\partial y^s} = 2\, g_* \Gamma^i_{is}$$

Bestimmung der Christoffel Symbole aus der Metrik : Zur Bestimmung der Christoffel Symbole eines lokalen Koordinatensystems genügt die Kenntnis seiner Metrik $\mathbf{G}_*$ als Funktion der lokalen Koordinaten $y^1,...,y^n$. Für einen metrischen Koeffizienten $g_{ik} = \bar{\mathbf{b}}_i \cdot \bar{\mathbf{b}}_k$ gilt dann :

$$\frac{\partial g_{ik}}{\partial y^s} = \frac{\partial \bar{\mathbf{b}}_i}{\partial y^s} \cdot \bar{\mathbf{b}}_k + \bar{\mathbf{b}}_i \cdot \frac{\partial \bar{\mathbf{b}}_k}{\partial y^s} = \Gamma^r_{is}\, \bar{\mathbf{b}}_r \cdot \bar{\mathbf{b}}_k + \Gamma^r_{ks}\, \bar{\mathbf{b}}_i \cdot \bar{\mathbf{b}}_r$$

Durch zyklischen Tausch der Indizes erhält man drei Gleichungen :

$$\frac{\partial g_{ik}}{\partial y^s} = g_{ik,s} = \Gamma^r_{is}\, g_{rk} + \Gamma^r_{ks}\, g_{ri}$$

$$\frac{\partial g_{ks}}{\partial y^i} = g_{ks,i} = \Gamma^r_{ki}\, g_{rs} + \Gamma^r_{si}\, g_{rk}$$

$$\frac{\partial g_{si}}{\partial y^k} = g_{si,k} = \Gamma^r_{sk}\, g_{ri} + \Gamma^r_{ik}\, g_{rs}$$

Die erste Gleichung wird von der Summe der zweiten und der dritten Gleichung abgezogen. Das Ergebnis wird mit g^{ms} überschoben. Dabei wird die Symmetrie der Christoffel Symbole in den unteren Indizes genutzt.

$$g_{ks,i} + g_{si,k} - g_{ik,s} = 2\, \Gamma^r_{ik}\, g_{rs}$$

$$\Gamma^m_{ik} = \frac{1}{2}\, g^{ms}\, (g_{ks,i} + g_{is,k} - g_{ik,s})$$

Zweite partielle Ableitungen einer kovarianten Basis : In einem Punktraum $\mathbb{R}^n$ seien eine globale Basis $\mathbf{B}_*$ und die Spezifikation $x^i(y^1,...,y^n)$ eines lokalen Koordinatensystems mit der Basis $\bar{\mathbf{B}}_*$ bekannt. Da die globalen Basisvektoren $\mathbf{b}_s$ nicht von den lokalen Koordinaten $y^1,...,y^n$ abhängen, werden die partiellen Ableitungen der lokalen Basisvektoren $\bar{\mathbf{b}}_i$ wie folgt gebildet :

$$\frac{\partial \bar{\mathbf{b}}_i}{\partial y^k} = \frac{\partial^2 x^s}{\partial y^i\, \partial y^k}\, \mathbf{b}_s$$

$$\frac{\partial^2 \bar{\mathbf{b}}_i}{\partial y^k\, \partial y^m} = \frac{\partial^3 x^s}{\partial y^i\, \partial y^k\, \partial y^m}\, \mathbf{b}_s = \frac{\partial^3 x^s}{\partial y^i\, \partial y^k\, \partial y^m}\, \frac{\partial y^r}{\partial x^s}\, \bar{\mathbf{b}}_r$$

Für die partiellen Ableitungen werden Symbole Λ^r_{ikm} definiert. Dann gilt für die zweiten partiellen Ableitungen der Basisvektoren :

$$\frac{\partial^2 \bar{\mathbf{b}}_i}{\partial y^k \, \partial y^m} = \Lambda^r_{ikm} \, \bar{\mathbf{b}}_r$$

$$\Lambda^r_{ikm} := \frac{\partial^3 x^s}{\partial y^i \, \partial y^k \, \partial y^m} \frac{\partial y^r}{\partial x^s}$$

Das Symbol Λ^r_{ikm} ist symmetrisch in den Indizes i, k, m.

Beispiel 1 : Christoffel Symbole der zylindrischen Koordinaten

Die Christoffel Symbole für die in Beispiel 1 von Abschnitt 9.4.5 definierten zylindrischen Koordinaten werden mit den allgemeinen Formeln bestimmt :

$$\Gamma^m_{ik} = \frac{\partial^2 x^s}{\partial y^i \, \partial y^k} \cdot \frac{\partial y^m}{\partial x^s}$$

$$\begin{bmatrix} \frac{\partial^2 x^1}{\partial r^2} & \frac{\partial^2 x^1}{\partial r \partial \theta} & \frac{\partial^2 x^1}{\partial r \partial z} \\ \frac{\partial^2 x^1}{\partial r \partial \theta} & \frac{\partial^2 x^1}{\partial \theta^2} & \frac{\partial^2 x^1}{\partial \theta \partial z} \\ \frac{\partial^2 x^1}{\partial r \partial z} & \frac{\partial^2 x^1}{\partial \theta \partial z} & \frac{\partial^2 x^1}{\partial z^2} \end{bmatrix} = \begin{bmatrix} 0 & -\sin\theta & 0 \\ -\sin\theta & -r\cos\theta & 0 \\ 0 & 0 & 0 \end{bmatrix}$$

$$\begin{bmatrix} \frac{\partial^2 x^2}{\partial r^2} & \frac{\partial^2 x^2}{\partial r \partial \theta} & \frac{\partial^2 x^2}{\partial r \partial z} \\ \frac{\partial^2 x^2}{\partial r \partial \theta} & \frac{\partial^2 x^2}{\partial \theta^2} & \frac{\partial^2 x^2}{\partial \theta \partial z} \\ \frac{\partial^2 x^2}{\partial r \partial z} & \frac{\partial^2 x^2}{\partial \theta \partial z} & \frac{\partial^2 x^2}{\partial z^2} \end{bmatrix} = \begin{bmatrix} 0 & \cos\theta & 0 \\ \cos\theta & -r\sin\theta & 0 \\ 0 & 0 & 0 \end{bmatrix}$$

$$\begin{bmatrix} \frac{\partial^2 x^3}{\partial r^2} & \frac{\partial^2 x^3}{\partial r \partial \theta} & \frac{\partial^2 x^3}{\partial r \partial z} \\ \frac{\partial^2 x^3}{\partial r \partial \theta} & \frac{\partial^2 x^3}{\partial \theta^2} & \frac{\partial^2 x^3}{\partial \theta \partial z} \\ \frac{\partial^2 x^3}{\partial r \partial z} & \frac{\partial^2 x^3}{\partial \theta \partial z} & \frac{\partial^2 x^3}{\partial z^2} \end{bmatrix} = \begin{bmatrix} 0 & 0 & 0 \\ 0 & 0 & 0 \\ 0 & 0 & 0 \end{bmatrix}$$

$$\begin{bmatrix} \frac{\partial r}{\partial x^1} & \frac{\partial r}{\partial x^2} & \frac{\partial r}{\partial x^3} \\ \frac{\partial \theta}{\partial x^1} & \frac{\partial \theta}{\partial x^2} & \frac{\partial \theta}{\partial x^3} \\ \frac{\partial z}{\partial x^1} & \frac{\partial z}{\partial x^2} & \frac{\partial z}{\partial x^3} \end{bmatrix} = \begin{bmatrix} \cos\theta & \sin\theta & 0 \\ -\frac{1}{r}\sin\theta & \frac{1}{r}\cos\theta & 0 \\ 0 & 0 & 1 \end{bmatrix}$$

$$\Gamma^1_{ik} = \begin{array}{|c|c|c|}\hline 0 & 0 & 0 \\ \hline 0 & -r & 0 \\ \hline 0 & 0 & 0 \\ \hline \end{array} \qquad \Gamma^2_{ik} = \begin{array}{|c|c|c|}\hline 0 & \frac{1}{r} & 0 \\ \hline \frac{1}{r} & 0 & 0 \\ \hline 0 & 0 & 0 \\ \hline \end{array} \qquad \Gamma^3_{ik} = \begin{array}{|c|c|c|}\hline 0 & 0 & 0 \\ \hline 0 & 0 & 0 \\ \hline 0 & 0 & 0 \\ \hline \end{array}$$

Die Determinante der kovarianten Basis ist $b_* = r$. Die partiellen Ableitungen der Basisdeterminante nach den lokalen Koordinaten werden einmal direkt und einmal durch Summation der Christoffel Symbole bestimmt.

$$\frac{\partial b_*}{\partial r} = 1 = (\Gamma^1_{11} + \Gamma^2_{21} + \Gamma^3_{31})\, r = (0 + \tfrac{1}{r} + 0)\, r$$

$$\frac{\partial b_*}{\partial \theta} = 0 = (\Gamma^1_{12} + \Gamma^2_{22} + \Gamma^3_{32})\, r = (0 + 0 + 0)\, r$$

$$\frac{\partial b_*}{\partial z} = 0 = (\Gamma^1_{13} + \Gamma^2_{23} + \Gamma^3_{33})\, r = (0 + 0 + 0)\, r$$

Beispiel 2 : Christoffel Symbole der sphärischen Koordinaten

Die Christoffel Symbole für die in Beispiel 2 von Abschnitt 9.4.5 definierten sphärischen Koordinaten werden mit den allgemeinen Formeln bestimmt :

$$\Gamma^m_{ik} = \frac{\partial^2 x^s}{\partial y^i\, \partial y^k} \cdot \frac{\partial y^m}{\partial x^s}$$

$$\begin{array}{|c|c|c|}\hline \frac{\partial^2 x^1}{\partial r^2} & \frac{\partial^2 x^1}{\partial r \partial \theta} & \frac{\partial^2 x^1}{\partial r \partial \beta} \\ \hline \frac{\partial^2 x^1}{\partial r \partial \theta} & \frac{\partial^2 x^1}{\partial \theta^2} & \frac{\partial^2 x^1}{\partial \theta \partial \beta} \\ \hline \frac{\partial^2 x^1}{\partial r \partial \beta} & \frac{\partial^2 x^1}{\partial \theta \partial \beta} & \frac{\partial^2 x^1}{\partial \beta^2} \\ \hline \end{array} = \begin{array}{|c|c|c|}\hline 0 & -\sin\theta\, \cos\beta & -\cos\theta\, \sin\beta \\ \hline -\sin\theta\, \cos\beta & -r\cos\theta\, \cos\beta & r\sin\theta\, \sin\beta \\ \hline -\cos\theta\, \sin\beta & r\sin\theta\, \sin\beta & -r\cos\theta\, \cos\beta \\ \hline \end{array}$$

$$\begin{array}{|c|c|c|}\hline \frac{\partial^2 x^2}{\partial r^2} & \frac{\partial^2 x^2}{\partial r \partial \theta} & \frac{\partial^2 x^2}{\partial r \partial \beta} \\ \hline \frac{\partial^2 x^2}{\partial r \partial \theta} & \frac{\partial^2 x^2}{\partial \theta^2} & \frac{\partial^2 x^2}{\partial \theta \partial \beta} \\ \hline \frac{\partial^2 x^2}{\partial r \partial \beta} & \frac{\partial^2 x^2}{\partial \theta \partial \beta} & \frac{\partial^2 x^2}{\partial \beta^2} \\ \hline \end{array} = \begin{array}{|c|c|c|}\hline 0 & \cos\theta\, \cos\beta & -\sin\theta\, \sin\beta \\ \hline \cos\theta\, \cos\beta & -r\sin\theta\, \cos\beta & -r\cos\theta\, \sin\beta \\ \hline -\sin\theta\, \sin\beta & -r\cos\theta\, \sin\beta & -r\sin\theta\, \cos\beta \\ \hline \end{array}$$

$$\begin{array}{|c|c|c|}\hline \frac{\partial^2 x^3}{\partial r^2} & \frac{\partial^2 x^3}{\partial r \partial \theta} & \frac{\partial^2 x^3}{\partial r \partial \beta} \\ \hline \frac{\partial^2 x^3}{\partial r \partial \theta} & \frac{\partial^2 x^3}{\partial \theta^2} & \frac{\partial^2 x^3}{\partial \theta \partial \beta} \\ \hline \frac{\partial^2 x^3}{\partial r \partial \beta} & \frac{\partial^2 x^3}{\partial \theta \partial \beta} & \frac{\partial^2 x^3}{\partial \beta^2} \\ \hline \end{array} = \begin{array}{|c|c|c|}\hline 0 & 0 & \cos\beta \\ \hline 0 & 0 & 0 \\ \hline \cos\beta & 0 & -r\sin\beta \\ \hline \end{array}$$

$\frac{\partial r}{\partial x^1}$	$\frac{\partial r}{\partial x^2}$	$\frac{\partial r}{\partial x^3}$		$\cos\theta\ \cos\beta$	$\sin\theta\ \cos\beta$	$\sin\beta$
$\frac{\partial \theta}{\partial x^1}$	$\frac{\partial \theta}{\partial x^2}$	$\frac{\partial \theta}{\partial x^3}$	=	$-\frac{1}{r}\sin\theta\ \sec\beta$	$\frac{1}{r}\cos\theta\sec\beta$	0
$\frac{\partial \beta}{\partial x^1}$	$\frac{\partial \beta}{\partial x^2}$	$\frac{\partial \beta}{\partial x^3}$		$-\frac{1}{r}\cos\theta\ \sin\beta$	$-\frac{1}{r}\sin\theta\ \sin\beta$	$\frac{1}{r}\cos\beta$

$\Gamma^1_{ik} =$

0	0	0
0	$-r\cos^2\beta$	0
0	0	$-r$

$\Gamma^2_{ik} =$

0	$\frac{1}{r}$	0
$\frac{1}{r}$	0	$-\tan\beta$
0	$-\tan\beta$	0

$\Gamma^3_{ik} =$

0	0	$\frac{1}{r}$
0	$\sin\beta\ \cos\beta$	0
$\frac{1}{r}$	0	0

Die Determinante der kovarianten Basis ist $b_* = r^2\cos\beta$. Die partiellen Ableitungen der Basisdeterminante nach den lokalen Koordinaten werden einmal direkt und einmal durch Summation der Christoffel Symbole bestimmt.

$$\frac{\partial b_*}{\partial r} = 2r\cos\beta = (\Gamma^1_{11} + \Gamma^2_{21} + \Gamma^3_{31})b_* = (0 + \tfrac{1}{r} + \tfrac{1}{r})\ r^2\cos\beta$$

$$\frac{\partial b_*}{\partial \theta} = 0 = (\Gamma^1_{12} + \Gamma^2_{22} + \Gamma^3_{32})b_* = (0 + 0 + 0)\ r^2\cos\beta$$

$$\frac{\partial b_*}{\partial \beta} = -r^2\sin\beta = (\Gamma^1_{13} + \Gamma^2_{23} + \Gamma^3_{33})b_* = (0 - \tan\beta + 0)\ r^2\cos\beta$$

9.4.7 ABLEITUNGEN NACH LOKALEN KOORDINATEN

Einführung : Werden die Koordinaten eines Tensorfeldes an jedem Punkt eines Punktraumes $\mathbb{R}^n$ auf eine lokale Basis bezogen, so sind die Koordinaten des Tensors an verschiedenen Punkten von $\mathbb{R}^n$ nicht vergleichbar. Die Bildung partieller Ableitungen solcher Koordinaten ist nicht sinnvoll. Für die lokalen Koordinaten eines Tensorfeldes wird daher das Konzept der kovarianten Ableitungen entwickelt. Diese Ableitungen erfassen den Einfluß der Variation der Basis auf die Koordinaten des Tensors.

Tensorfeld 1. Stufe : Mit dem Punktraum $\mathbb{R}^n$ sei ein Tensorfeld 1. Stufe U(**v**) assoziiert. Dann ist jedem Punkt von $\mathbb{R}^n$ eine eigene lineare Abbildung zugeordnet : Gleiche Werte von **v** führen an verschiedenen Punkten von $\mathbb{R}^n$ im allgemeinen zu verschiedenen Werten von U(**v**). Der Tensor U variiert also von Punkt zu Punkt des Raumes. An einem Punkt P in $\mathbb{R}^n$ sei **u** der Vektor der Koordinaten $U(\mathbf{e}_i)$ des Tensors in der globalen Basis **E**. Im allgemeinen variiert **u** im Raum $\mathbb{R}^n$.

Die lokalen Koordinaten des Punktes P seien $(y^1,...,y^n)$. Die Vektoren der lokalen Basis $\mathbf{B}^*$ am Punkt P seien $\mathbf{b}^i$. Dann sind die kontravarianten Koordinaten des Tensorfeldes U am Punkt P die Bilder $u^i = U(\mathbf{b}^i)$ der lokalen Basisvektoren. Diese Koordinaten sind Funktionen $u^i(y^1,...,y^n)$ der lokalen Koordinaten, da das Tensorfeld U und die Basisvektoren $\mathbf{b}_i$ Funktionen der lokalen Koordinaten $(y^1,...,y^n)$ sind :

$$\mathbf{u} = u^i \, \mathbf{b}_i$$

$\mathbf{u}$ Vektor der Tensorkoordinaten in der globalen Basis
u^i Tensorkoordinaten in der lokalen Basis $\mathbf{B}^*$
$\mathbf{b}_i$ Lokale Basisvektoren

Variation der lokalen Basis : Der Ortsvektor **x** eines Punktes P in $\mathbb{R}^n$ ist eine Funktion der lokalen Koordinaten $(y^1,...,y^n)$. Die Vektoren $\mathbf{b}_i$ der lokalen Basis $\mathbf{B}_*$ sind die Ableitungen des Ortsvektors **x** nach den lokalen Koordinaten y^i. Die kontravariante Basis $\mathbf{B}^*$ wird aus der kovarianten Basis $\mathbf{B}_*$ berechnet. Die Variation der lokalen Basen $\mathbf{B}_*$ und $\mathbf{B}^*$ mit den lokalen Koordinaten $(y^1,...,y^n)$ ist bekannt, wenn die partiellen Ableitungen der Basisvektoren $\mathbf{b}_i$ und $\mathbf{b}^i$ nach den lokalen Koordinaten bekannt sind. Diese Ableitungen werden mit den Christoffel Symbolen bestimmt :

$$\frac{\partial \mathbf{b}_i}{\partial y^k} = \Gamma^m_{ik} \, \mathbf{b}_m$$

$$\frac{\partial \mathbf{b}^i}{\partial y^k} = \Gamma^i_{km} \, \mathbf{b}^m$$

Γ^m_{ik} Christoffel Symbole

Kovariante Ableitungen eines Tensorfeldes 1. Stufe : Die Variation eines Tensorfeldes U mit den lokalen Koordinaten $(y^1,\dots,y^n)$ ist bekannt, wenn die partiellen Ableitungen des Koordinatenvektors **u** nach den lokalen Koordinaten bekannt sind. Diese Ableitungen werden mit der Produktregel gewonnen :

$$\frac{\partial \mathbf{u}}{\partial y^k} = \frac{\partial u^i}{\partial y^k}\,\mathbf{b}_i + u^i\,\frac{\partial \mathbf{b}_i}{\partial y^k} \qquad k = 1,\dots,n$$

Ersetzt man die Ableitungen der Basisvektoren durch die Christoffel Symbole und die Basisvektoren selbst, so folgt :

$$\frac{\partial \mathbf{u}}{\partial y^k} = \frac{\partial u^i}{\partial y^k}\,\mathbf{b}_i + u^i\,\Gamma^m_{ik}\,\mathbf{b}_m$$

Vertauscht man im letzten Term der Gleichung die Indizes i und m, so kann die partielle Ableitung von **u** wie folgt dargestellt werden :

$$\frac{\partial \mathbf{u}}{\partial y^k} = \left(\frac{\partial u^i}{\partial y^k} + \Gamma^i_{km}\,u^m\right)\mathbf{b}_i$$

Der Ausdruck in den Klammern heißt die kovariante Ableitung von u^i nach y^k und wird mit $u^i_{;k}$ (häufig auch $u^i|_k$) bezeichnet. Verwendet man für die partielle Ableitung von **u** nach y_k die bereits früher definierte Bezeichnung $\mathbf{u}_{,k}$, so folgt für die partiellen Ableitungen von **u** :

$$\mathbf{u}_{,k} = u^i_{;k}\,\mathbf{b}_i \qquad k = 1,\dots,n$$

$$u^i_{;k} = u^i_{,k} + \Gamma^i_{km}\,u^m$$

$$u^i_{;k} = \text{kovariante Ableitung von } u^i \text{ nach } y_k$$

Zur Darstellung der Änderung d**u** des Tensorfeldes von Punkt **y** nach Punkt **y** + d**y** ist es zweckmäßig, die kovarianten Ableitungen der Tensorkoordinaten in einer Matrix $\mathbf{U}_{;y}$ zusammenzufassen.

$$d\mathbf{u} = \mathbf{B}_*\,\mathbf{U}_{;y}\,d\mathbf{y}$$

$$\mathbf{U}_{;y} = \begin{bmatrix} u^1_{;1} & & u^1_{;n} \\ & \ddots & \\ u^n_{;1} & & u^n_{;n} \end{bmatrix}$$

Kovariante Ableitungen kovarianter Tensorkoordinaten : Im vorangehenden Abschnitt sind die kovarianten Ableitungen der kontravarianten Koordinaten eines Tensorfeldes 1. Stufe definiert. Zur Bestimmung der kovarianten Ableitungen kovarianter Koordinaten $u_i(y^1,\dots,y^n)$ wird in analoger Weise die Variation des Tensorfeldes betrachtet :

$$\mathbf{u} = u_i\, \mathbf{b}^i$$

$$\frac{\partial \mathbf{u}}{\partial y^k} = \frac{\partial u_i}{\partial y^k}\, \mathbf{b}^i + u_i \frac{\partial \mathbf{b}^i}{\partial y^k} = \frac{\partial u_i}{\partial y^k}\, \mathbf{b}^i - u_i\, \Gamma^i_{km}\, \mathbf{b}^m$$

Die kovariante Ableitung der kovarianten Koordinate u_i nach der lokalen Koordinate y^k wird mit $u_{i\,;\,k}$ (häufig auch $u_i \big|_k$) bezeichnet. Für die partiellen Ableitungen des Koordinatenvektors **u** des Tensorfeldes folgt :

$$\mathbf{u}_{,k} = u_{i\,;\,k}\, \mathbf{b}^i \qquad k = 1,...,n$$

$$u_{i\,;\,k} = u_{i\,,\,k} - \Gamma^m_{ik}\, u_m$$

$u_{i\,;\,k}$ kovariante Ableitung von u_i nach y^k

Transformation der kovarianten Ableitungen : An einem Punkt P eines Punktraumes $\mathbb{R}^n$ sei $\mathbf{B}_*$ die Basis für ein lokales Koordinatensystem $(y^1,...,y^n)$ und $\overline{\mathbf{B}}_*$ die Basis für ein lokales Koordinatensystem $(z^1,...,z^n)$. Die Transformationsmatrix **A** mit den Koeffizienten $a^i_{.r}$ für die Basistransformationen $\overline{\mathbf{B}}_* = \mathbf{B}_* \mathbf{A}$ und $\overline{\mathbf{B}}^* = \mathbf{B}^* \overline{\mathbf{A}}^T$ wird nach Abschnitt 9.4.5 bestimmt. Der Ortsvektor des Punktes P sei **x**, seine lokalen Koordinaten seien $\mathbf{y} = (y^1,...,y^n)$ und $\mathbf{z} = (z^1,...,z^n)$. Der Ortsvektor eines Nachbarpunktes Q von P sei $\mathbf{x} + d\mathbf{x}$, seine lokalen Koordinaten seien $\mathbf{y} + d\mathbf{y} = (y^1 + dy^1,...,y^n + dy^n)$ und $\mathbf{z} + d\mathbf{z} = (z^1 + dz^1,...,z^n + dz^n)$. Für das Inkrement $d\mathbf{x}$ des Ortsvektors gilt dann :

$$d\mathbf{x} = \mathbf{B}_*\, d\mathbf{y} = \overline{\mathbf{B}}_*\, d\mathbf{z} = \mathbf{B}_* \mathbf{A}\, d\mathbf{z} \quad \Rightarrow \quad d\mathbf{y} = \mathbf{A}\, d\mathbf{z}$$

Die Koordinaten eines Tensorfeldes 1. Stufe seien u^i und u_i für das Koordinatensystem $(y^1,...,y^n)$ und $\overline{u}^i$, $\overline{u}_i$ für das Koordinatensystem $(z^1,...,z^n)$. Die kovarianten Ableitungen der Koordinaten werden in folgenden Matrizen zusammengefaßt :

$\mathbf{U}^{o}_{;y}$ kovariante Ableitungen $u^i_{;k}$ von u^i nach y^k

$\mathbf{U}_{*\,;\,y}$ kovariante Ableitungen $u_{i\,;\,k}$ von u_i nach y^k

$\overline{\mathbf{U}}^{o}_{;z}$ kovariante Ableitungen $\overline{u}^i_{;k}$ von $\overline{u}^i$ nach z^k

$\overline{\mathbf{U}}_{*\,;\,y}$ kovariante Ableitungen $\overline{u}_{i\,;\,k}$ von $\overline{u}_i$ nach z^k

Das Inkrement $d\mathbf{u}$ des Tensorfeldes von Punkt P nach Punkt Q kann mit jeder dieser Matrizen bestimmt werden :

$$d\mathbf{u} = u^i_{;k}\, \mathbf{b}_i\, dy^k = \mathbf{B}_*\, \mathbf{U}^{o}_{;y}\, d\mathbf{y}$$

$$d\mathbf{u} = u_{i\,;\,k}\, \mathbf{b}^i\, dy^k = \mathbf{B}^*\, \mathbf{U}_{*\,;\,y}\, d\mathbf{y}$$

$$d\mathbf{u} = \overline{u}^i_{;k}\, \overline{\mathbf{b}}_i\, dz^k = \overline{\mathbf{B}}_*\, \overline{\mathbf{U}}^{o}_{;z}\, d\mathbf{z}$$

$$d\mathbf{u} = \overline{u}_{i\,;\,k}\, \mathbf{b}^i\, dz^k = \overline{\mathbf{B}}^*\, \overline{\mathbf{U}}_{*\,;\,z}\, d\mathbf{z}$$

Die Substitution der Basistransformationen und der Beziehung $d\mathbf{z} = \bar{\mathbf{A}}\, d\mathbf{y}$ führt zu folgenden Ausdrücken für $d\mathbf{u}$:

$$d\mathbf{u} = \mathbf{B}_* \mathbf{U}^o_{;y}\, d\mathbf{y} = \mathbf{B}_* \mathbf{A}\, \mathbf{U}^o_{;z}\, \bar{\mathbf{A}}\, d\mathbf{y}$$

$$d\mathbf{u} = \mathbf{B}^* \mathbf{U}_{*;y}\, d\mathbf{y} = \mathbf{B}^* \bar{\mathbf{A}}^T \bar{\mathbf{U}}_{*;z}\, \bar{\mathbf{A}}\, d\mathbf{y}$$

Diese Beziehungen gelten für beliebige Inkremente $d\mathbf{y}$. Daher gelten für die kovarianten Ableitungen eines Tensorfeldes 1. Stufe folgende Transformationsregeln :

$$\mathbf{U}^o_{;y} = \mathbf{A}\, \bar{\mathbf{U}}^o_{;z}\, \bar{\mathbf{A}} \quad \Leftrightarrow \quad u^i_{;k} = a^i_{.r}\, \bar{a}^s_{.k}\, \bar{u}^r_{;s}$$

$$\mathbf{U}_{*;y} = \bar{\mathbf{A}}^T \bar{\mathbf{U}}_{*;z}\, \bar{\mathbf{A}} \quad \Leftrightarrow \quad u_{i;k} = \bar{a}^r_{.i}\, \bar{a}^s_{.k}\, \bar{u}_{r;s}$$

Die kovarianten Ableitungen transformieren wie die Koordinaten einer Dyade (siehe Abschnitt 9.3.6). Folglich sind die kovarianten Ableitungen die Koordinaten eines Tensors.

Tensorfeld 2. Stufe : Die lokalen Koordinaten eines Punktes P in einem Punktraum $\mathbb{R}^n$ seien $(y^1,...,y^n)$. Die dualen lokalen Basen am Punkt P seien $\mathbf{B}_* = (\mathbf{b}_1,...,\mathbf{b}_n)$ und $\mathbf{B}^* = (\mathbf{b}^1,...,\mathbf{b}^n)$. Bezeichnet man die Koordinaten des Basisvektors $\mathbf{b}_i$ mit b_{ri} , so gilt für den Vektor $\mathbf{e}_r$ der Einheitsbasis des Punktraumes $\mathbb{R}^n$:

$$\mathbf{B}^* \mathbf{B}_*^T = \mathbf{E} \quad \Rightarrow \quad \mathbf{e}_r = \mathbf{b}^i\, b_{ri}$$

Die Koordinaten eines Tensorfeldes 2. Stufe u seien als Funktionen der lokalen Koordinaten dargestellt. Die Koordinaten $u(\mathbf{e}_r, \mathbf{e}_s)$ in der Einheitsbasis $\mathbf{E}$ werden in einer Matrix $\mathbf{U}$ zusammengefaßt, die Koordinaten $u^{ik} = u(\mathbf{b}^i, \mathbf{b}^k)$ in der lokalen Basis in einer Matrix $\mathbf{U}^*$. Die Linearität der Vektorabbildung u führt zu folgender Transformationsregel für die Tensorkoordinaten am Punkt P :

$$u(\mathbf{e}_r, \mathbf{e}_s) = u(\mathbf{b}^i\, b_{ri}, \mathbf{b}^k\, b_{sk}) = b_{ri}\, b_{sk}\, u^{ik}$$

$$\mathbf{U} = \mathbf{B}_* \mathbf{U}^* \mathbf{B}_*^T = u^{ik}\, \mathbf{b}_i\, \mathbf{b}_k^T$$

Kovariante Ableitungen eines Tensorfeldes 2. Stufe : Die partiellen Ableitungen der Koordinatenmatrix $\mathbf{U}$ des Tensorfeldes nach den lokalen Koordinaten werden mit der Produktregel gewonnen :

$$\frac{\partial \mathbf{U}}{\partial y^m} = \frac{\partial u^{ik}}{\partial y^m}\, \mathbf{b}_i \mathbf{b}_k^T + u^{ik} \frac{\partial \mathbf{b}_i}{\partial y^m}\, \mathbf{b}_k^T + u^{ik}\, \mathbf{b}_i \frac{\partial \mathbf{b}_k^T}{\partial y^m}$$

$$= u^{ik}_{,m}\, \mathbf{b}_i \mathbf{b}_k^T + u^{ik}\, \Gamma^r_{im}\, \mathbf{b}_r\, \mathbf{b}_k^T + u^{ik}\, \Gamma^s_{km}\, \mathbf{b}_i\, \mathbf{b}_s^T$$

Die kovarianten Ableitungen der kontravarianten Koordinaten u^{ik} nach den lokalen Koordinaten y^m werden analog zu den kovarianten Ableitungen der kontravarianten Koordinaten eines Tensorfeldes 1. Stufe definiert und mit $u^{ik}_{;m}$ bezeichnet :

$$\mathbf{U}_{,m} = u^{ik}_{;m}\,\mathbf{b}_i\,\mathbf{b}_k^T$$

$$u^{ik}_{;m} = u^{ik}_{,m} + \Gamma^i_{ms}\,u^{sk} + \Gamma^k_{ms}\,u^{is}$$

$u^{ik}_{;m}$ kovariante Ableitung von u^{ik} nach y^m

Die kovarianten Ableitungen der kovarianten Koordinaten und der gemischtvarianten Koordinaten eines Tensorfeldes 2. Stufe werden auf analoge Weise bestimmt :

$$u_{ik;m} = u_{ik,m} - \Gamma^s_{im}\,u_{sk} - \Gamma^s_{km}\,u_{is}$$

$$u^i_{.k;m} = u^i_{.k,m} + \Gamma^i_{ms}\,u^s_{.k} - \Gamma^s_{km}\,u^i_{.s}$$

$$u_{i.\,;m}^{\ k} = u_{i.\,,m}^{\ k} - \Gamma^s_{im}\,u_{s.}^{\ k} + \Gamma^k_{ms}\,u_{i.}^{\ s}$$

Tensorfeld 2. Stufe mit gemischten Basen : Die globalen Koordinaten eines Punktes P in einem Punktraum $\mathbb{R}^n$ seien $x^1,...,x^n$. In $\mathbb{R}^n$ seien ein lokales Koordinatensystem $x^i(y^1,...,y^n)$ mit den dualen lokalen Basen $\mathbf{B}_* = (\mathbf{b}_1,..,\mathbf{b}_n)$ und $\mathbf{B}^* = (\mathbf{b}^1,..,\mathbf{b}^n)$ sowie ein weiteres lokales Koordinatensystem $x^i(z^1,...,z^n)$ mit den dualen lokalen Basen $\bar{\mathbf{B}}_* = (\bar{\mathbf{b}}_1,..,\bar{\mathbf{b}}_n)$ und $\bar{\mathbf{B}}^* = (\bar{\mathbf{b}}^1,..,\bar{\mathbf{b}}^n)$ definiert. Die Transformationsmatrix zwischen den lokalen Basen sei $\mathbf{A}$ mit den Koeffizienten $a^i_{.k}$:

$$d\mathbf{x} = \mathbf{b}^i\,dy^i = \bar{\mathbf{b}}_k\,dz^k$$

$$dy^i = a^i_{.k}\,dz^k$$

Bezeichnet man die Koordinaten von $\mathbf{b}_i$ mit b_{ri} und von $\bar{\mathbf{b}}_k$ mit $\bar{b}_{sk}$, so gilt für die Vektoren $\mathbf{e}_r$ und $\mathbf{e}_s$ der Einheitsbasis $\mathbf{E}$ des Punktraumes $\mathbb{R}^n$:

$$\mathbf{B}^*\mathbf{B}_*^T = \mathbf{E} \quad \Rightarrow \quad \mathbf{e}_r = \mathbf{b}^i\,b_{ri}$$

$$\bar{\mathbf{B}}^*\bar{\mathbf{B}}_*^T = \mathbf{E} \quad \Rightarrow \quad \mathbf{e}_s = \bar{\mathbf{b}}^k\,\bar{b}_{sk}$$

Die Koordinaten eines Tensorfeldes 2. Stufe u seien als Funktionen der lokalen Koordinaten $z^1,...,z^n$ dargestellt. Die Koordinaten $u(\mathbf{e}_r, \mathbf{e}_s)$ in der Einheitsbasis $\mathbf{E}$ werden in einer Matrix $\mathbf{U}$ zusammengefaßt. Der erste Index der Koordinaten $u^{ik} = u(\mathbf{b}^i, \bar{\mathbf{b}}^k)$ sei auf die Basis $\mathbf{B}^*$ bezogen, der zweite Index auf die Basis $\bar{\mathbf{B}}^*$. Die Koordinaten u^{ik} werden in der Matrix $\mathbf{U}^*$ zusammengefaßt. Die Linearität der Vektorabbildung u führt zu folgender Transformationsregel für die Tensorkoordinaten am Punkt P :

$$u(\mathbf{e}_r, \mathbf{e}_s) = u(\mathbf{b}^i\,b_{ri}\,,\,\bar{\mathbf{b}}^k\,\bar{b}_{sk}) = b_{ri}\,\bar{b}_{sk}\,u^{ik}$$

$$\mathbf{U} = \mathbf{B}_*\mathbf{U}^*\bar{\mathbf{B}}_*^T = u^{ik}\mathbf{b}_i\,\bar{\mathbf{b}}_k^T$$

Kovariante Ableitungen eines Tensorfeldes mit gemischten Basen : Die partiellen Ableitungen der Koordinatenmatrix **U** eines Tensorfeldes 2. Stufe nach den lokalen Koordinaten werden mit der Produktregel gewonnen. Die Ableitung kann nach den lokalen Koordinaten $(y^1,...,y^n)$ oder nach den lokalen Koordinaten $(z^1,...,z^n)$ durchgeführt werden. Die partiellen Ableitungen der Basisvektoren $\bar{\mathbf{b}}_k$ nach z^m werden mit den Christoffel Symbolen $\bar{\Gamma}$ der Koordinaten $(z^1,...,z^n)$ dargestellt. Die partiellen Ableitungen der Basisvektoren $\mathbf{b}_i$ nach den lokalen Koordinaten y^m werden mit den Christoffel Symbolen Γ der Koordinaten $(y^1,...,y^n)$ dargestellt.

$$\frac{\partial \mathbf{U}}{\partial z^m} = \frac{\partial u^{ik}}{\partial z^m} \mathbf{b}_i \bar{\mathbf{b}}_k^T + u^{ik} \frac{\partial \mathbf{b}_i}{\partial y^s} \frac{\partial y^s}{\partial z^m} \bar{\mathbf{b}}_k^T + u^{ik} \mathbf{b}_i \frac{\partial \bar{\mathbf{b}}_k^T}{\partial z^m}$$

$$= u^{ik}_{\ ,m} \mathbf{b}_i \bar{\mathbf{b}}_k^T + u^{ik} \Gamma^r_{is} a^s_{.m} \mathbf{b}_r \bar{\mathbf{b}}_k^T + u^{ik} \bar{\Gamma}^r_{km} \mathbf{b}_i \bar{\mathbf{b}}_r^T$$

Die kovarianten Ableitungen der kontravarianten Koordinaten u^{ik} eines Tensorfeldes 2. Stufe mit gemischten Basen nach den lokalen Koordinaten z^m der Basis $\bar{\mathbf{B}}_*$ werden analog zum Tensorfeld 2. Stufe mit gleicher Basis für die beiden Indizes definiert und mit $u^{ik}_{\ ;m}$ bezeichnet.

$$\mathbf{U}_{,m} = u^{ik}_{\ ;m} \mathbf{b}_i \bar{\mathbf{b}}_k^T$$

$$u^{ik}_{\ ;m} = u^{ik}_{\ ,m} + \Gamma^i_{rs} a^s_{.m} u^{rk} + \bar{\Gamma}^k_{rm} u^{ir}$$

Γ^i_{rs} Christoffel Symbole für die Basis $(y^1,...,y^n)$

$\bar{\Gamma}^k_{rm}$ Christoffel Symbole für die Basis $(z^1,...,z^n)$

$a^s_{.m}$ Koeffizienten der Transformationsmatrix **A** in $\bar{\mathbf{B}}_* = \mathbf{B}_* \mathbf{A}$

Kovariante Ableitungen der Metrik : Die Koeffizienten der lokalen Metrik $\mathbf{G}_*$ sind im allgemeinen an benachbarten Punkten P und Q verschieden. Die partiellen Ableitungen der metrischen Koeffizienten sind also ungleich null. Die kovarianten Ableitungen der metrischen Koeffizienten unterscheiden sich von den partiellen Ableitungen darin, daß der Einfluß der Änderung der Basis von P nach Q eliminiert wird (Bezug auf die Basis am Punkt P). Die Änderung der Metrik von P nach Q wird also durch die Konstruktion der kovarianten Ableitungen aufgehoben : Die kovarianten Ableitungen der metrischen Koeffizienten sind null.

Das gleiche Ergebnis folgt formal aus der allgemeinen Formel für die kovarianten Ableitungen für Tensorfelder 2. Stufe mit $\mathbf{b}^i_{\ ,m} = -\Gamma^i_{ms} \mathbf{b}^s$:

$$g^{ik}_{\ ;m} = g^{ik}_{\ ,m} + \Gamma^i_{ms} g^{sk} + \Gamma^k_{ms} g^{is}$$

$$g^{ik}_{\ ,m} = \frac{\partial}{\partial y^m} (\mathbf{b}^i \cdot \mathbf{b}^k) = \frac{\partial \mathbf{b}^i}{\partial y^m} \cdot \mathbf{b}^k + \mathbf{b}^i \cdot \frac{\partial \mathbf{b}^k}{\partial y^m}$$

$$g^{ik}_{\ ,m} = -\Gamma^i_{ms} g^{sk} - \Gamma^k_{ms} g^{is}$$

$$g^{ik}_{\ ;m} = 0$$

Tensordichte : Die Koordinaten $u^i(y^1,...,y^n)$ eines Tensorfeldes 1. Stufe können als Produkt der kovarianten Basisdeterminante $b_* = \det \mathbf{B}_*$ mit Funktionen $w^i(y^1,...,y^n)$ dargestellt werden. Da b_* das Volumen der Basis $\mathbf{B}_*$ ist, heißen die Funktionen w^i die Koordinaten einer Tensordichte. Da die Determinante b_* kein Skalar (Tensor 0. Stufe) ist, ist die Tensordichte kein Tensor. Bei der Formulierung physikalischer Aufgaben benutzt man häufig die Eigenschaft, daß die Summe der partiellen Ableitungen der Koordinaten u^i des Tensorfeldes mit Hilfe der Tensordichte wie folgt ausgedrückt werden kann. Zum Beweis nutzt man die in Abschnitt 9.4.6 bewiesene Eigenschaft $\frac{\partial b_*}{\partial y^i} = \Gamma^m_{mi}\, b_*$:

$$u^i = b_*\, w^i$$

$$\frac{\partial u^i}{\partial y^i} = \frac{\partial b_*}{\partial y^i} w^i + b_* \frac{\partial w^i}{\partial y^i} = b_* (\Gamma^m_{mi}\, w^i + w^i_{,i})$$

Rechenregeln für kovariante Ableitungen : Die kovarianten Ableitungen eines Tensors der Stufe r + s bilden einen Tensor der Stufe r + s + 1. Die kovarianten Ableitungen nach einer lokalen Koordinate y^m werden analog zu den Ableitungen für kovariante und kontravariante Koordinaten eines Tensorfeldes 1. Stufe gebildet.

$$\begin{aligned} u^{i_1...i_r}_{k_1...k_s;m} &= u^{i_1...i_r}_{k_1...k_s,m} + \Gamma^{i_1}_{tm}\, u^{t\, i_2...i_r}_{k_1...k_s} + \Gamma^{i_2}_{tm}\, u^{i_1\, t\, i_3...i_r}_{k_1...k_s} + ... \\ &\quad - \Gamma^t_{k_1 m}\, u^{i_1...i_r}_{t k_2...k_s} - \Gamma^t_{k_2 m}\, u^{i_1...i_r}_{k_1\, t\, k_3...k_s} - ... \end{aligned}$$

Summenregel : Die kovariante Ableitung der Summe von zwei Tensoren ist gleich der Summe der kovarianten Ableitungen dieser Tensoren :

$$(u^{i_1...i_r}_{k_1...k_s} + w^{i_1...i_r}_{k_1...k_s})_{;m} = u^{i_1...i_r}_{k_1...k_s;m} + w^{i_1...i_r}_{k_1...k_s;m}$$

Produktregel : Die kovariante Ableitung des Produktes von zwei Tensoren wird wie folgt bestimmt :

$$(u^i_k\, w^r_s)_{;m} = u^i_{k;m} w^r_s + u^i_k\, w^r_{s;m}$$

Verjüngungsregel : Die Verjüngung und die kovariante Ableitung eines Tensors kommutieren :

$$u^{i_1...i_r}_{k_1...k_s} := w^{i_1...i_r\, t}_{k_1...k_s t} \qquad t = 1,...,n$$

$$u^{i_1...i_r}_{k_1...k_s;m} = w^{i_1...i_r\, 1}_{k_1...k_s 1;m} + ... + w^{i_1...i_r\,(n)}_{k_1...k_s(n);m}$$

Kovariante Ableitungen des ε-Tensors : Die Koordinaten des ε-Tensors werden zunächst in der globalen Einheitsbasis E betrachtet. Für diese Basis sind die Christoffel Symbole null, da die Metrik konstant ist. Die partiellen Ableitungen der Koordinaten des ε-Tensors in der Basis E sind ebenfalls null. Definitionsgemäß sind daher die kovarianten Ableitungen des ε-Tensors für diese Basiswahl null. Diese Ableitungen sind die Koordinaten eines Tensors. Die Koordinaten dieses Tensors in einer beliebigen Basis werden durch eine lineare Transformation gewonnen und sind deshalb ebenfalls null.

$$\varepsilon^{i_1 \dots i_n}{}_{;m} = 0$$

$$\varepsilon_{i_1,\dots,i_n;m} = 0$$

Zweite kovariante Ableitungen eines Vektorfeldes : Die lokalen Koordinaten von zwei benachbarten Punkten P und Q in einem Punktraum $\mathbb{R}^n$ seien $(y^1,\dots,y^n)$ und $(y^1 + dy^1,\dots,y^n + dy^n)$. Die Vektoren der lokalen Basis am Punkt P seien $\mathbf{b}_1,\dots,\mathbf{b}_n$. Die Koordinaten u^i eines Vektorfeldes seien auf die lokale Basis am betrachteten Punkt bezogen. Der Tensor $\mathbf{u}$(Q) am Punkt Q wird mit der Reihenentwicklung am Punkt P bestimmt :

$$\mathbf{u}(Q) = \mathbf{u}(P) + \frac{\partial \mathbf{u}}{\partial y^k} dy^k + \frac{1}{2} \frac{\partial^2 \mathbf{u}}{\partial y^k \partial y^m} dy^k dy^m + \dots$$

Die ersten Ableitungen des Vektorfeldes werden mit den Christoffel Symbolen Γ^r_{ik} dargestellt :

$$\frac{\partial \mathbf{u}}{\partial y^k} = \frac{\partial u^i}{\partial y^k} \mathbf{b}_i + u^i \frac{\partial \mathbf{b}_i}{\partial y^k} = \frac{\partial u^i}{\partial y^k} \mathbf{b}_i + \Gamma^r_{ik} u^i \mathbf{b}_r$$

Die zweiten Ableitungen des Vektorfeldes werden mit den zusätzlichen Symbolen Λ^r_{ikm} aus Abschnitt 9.4.6 dargestellt :

$$\frac{\partial^2 \mathbf{u}}{\partial y^k \partial y^m} = \frac{\partial^2 u^i}{\partial y^k \partial y^m} \mathbf{b}_i + \frac{\partial u^i}{\partial y^k} \frac{\partial \mathbf{b}_i}{\partial y^m} + \frac{\partial u^i}{\partial y^m} \frac{\partial \mathbf{b}_i}{\partial y^k} + u^i \frac{\partial^2 \mathbf{b}_i}{\partial y^k \partial y^m}$$

$$= u^i_{,km} \mathbf{b}_i + \Gamma^r_{im} u^i_{,k} \mathbf{b}_r + \Gamma^r_{ik} u^i_{,m} \mathbf{b}_r + \Lambda^r_{ikm} u^i \mathbf{b}_r$$

Wählt man zur Darstellung des Vektors am Punkt Q die kovariante Form

$$\mathbf{u}(Q) = \mathbf{u}(P) + u^i_{;k} dy^k \mathbf{b}_i + u^i_{;m} dy^m \mathbf{b}_i + \frac{1}{2} u^i_{;km} dy^k dy^m \mathbf{b}_i$$

so folgt für die kovarianten zweiten Ableitungen der Koordinaten des Vektorfeldes

$$u^i_{;km} = u_{,km} + \Gamma^i_{sm} u^s_{,k} + \Gamma^i_{sk} u^s_{,m} + \Lambda^r_{skm} u^s$$

Da die Symbole Λ^i_{skm} in den Indizes k und m symmetrisch sind, sind auch die kovarianten zweiten Ableitungen in den Indizes k und m symmetrisch.

Beispiel 1 : Kovariante Ableitungen nach zylindrischen Koordinaten

In Beispiel 1 von Abschnitt 9.4.5 ist für den Punktraum $\mathbb{R}^3$ ein zylindrisches Koordinatensystem mit den Basisvektoren $\mathbf{a}_i$ definiert. In Beispiel 1 von Abschnitt 9.4.6 sind die Christoffel Symbole dieser Basis hergeleitet. Die kontravarianten Koordinaten eines Tensorfeldes **u** in $\mathbb{R}^3$ seien wie folgt gegeben :

$$\begin{bmatrix} u^1 \\ u^2 \\ u^3 \end{bmatrix} = \begin{bmatrix} r \cos\theta \\ \sin\theta \\ z \end{bmatrix} \qquad \begin{aligned} y^1 &= r \\ y^2 &= \theta \\ y^3 &= z \end{aligned}$$

Dieses Feld besitzt folgende kovariante Ableitungen :

$$\begin{aligned}
u^1_{;1} &= u^1_{,1} + \Gamma^1_{11} u^1 + \Gamma^1_{12} u^2 + \Gamma^1_{13} u^3 \\
&= \cos\theta + 0 + 0 + 0 = \cos\theta \\
u^1_{;2} &= u^1_{,2} + \Gamma^1_{21} u^1 + \Gamma^1_{22} u^2 + \Gamma^1_{23} u^3 \\
&= -r\sin\theta + 0 - r\sin\theta + 0 = -2\,r\sin\theta \\
u^2_{;1} &= u^2_{,1} + \Gamma^2_{11} u^1 + \Gamma^2_{12} u^2 + \Gamma^2_{13} u^3 \\
&= 0 + 0 + \frac{1}{r}\sin\theta + 0 = \frac{1}{r}\sin\theta \\
u^2_{;2} &= u^2_{,2} + \Gamma^2_{21} u^1 + \Gamma^2_{22} u^2 + \Gamma^2_{23} u^3 \\
&= \cos\theta + \frac{1}{r}(r\cos\theta) + 0 + 0 = 2\cos\theta \\
u^3_{;3} &= u^3_{,3} + \Gamma^3_{31} u^1 + \Gamma^3_{32} u^2 + \Gamma^3_{33} u^3 \\
&= 1 + 0 + 0 + 0 = 1
\end{aligned}$$

$$u^1_{;3} = u^2_{;3} = u^3_{;1} = u^3_{;2} = 0$$

9.4.8 TENSORINTEGRALE

Einführung : Mathematische Beschreibungen physikalischer Zustände enthalten häufig Integrale von Tensorfeldern und ihren Ableitungen über Linien, Flächen und Volumina im euklidischen Raum $\mathbb{R}^3$. Für die Darstellung solcher Integrale werden infinitesimale Linienelemente, Flächenelemente und Volumenelemente definiert. Mit diesen Elementen werden die skalaren und die vektoriellen Integrale von Skalarfeldern und von Tensorfeldern 1. Stufe definiert. Integrale allgemeiner Tensorfelder können auf analoge Weise definiert werden.

Tensorintegrale werden für globale und für lokale Koordinatensysteme definiert. Die vorteilhaftere Darstellungsform kann nur im Einzelfall bestimmt werden. Das globale Koordinatensystem vereinfacht die analytische Integration, da die metrischen Koeffizienten im Gegensatz zu einem lokalen Koordinatensystem konstant sind. Der Integrationsbereich kann jedoch häufig in lokalen Koordinaten zweckmäßiger als in globalen Koordinaten definiert werden.

Globale Koordinatensysteme : Mit dem Punktraum $\mathbb{R}^3$ wird nach Abschnitt 9.4.2 ein Vektorraum assoziiert. Die globale Basis $\mathbf{b}_1, \mathbf{b}_2, \mathbf{b}_3$ dieses Vektorraumes ist an allen Punkten von $\mathbb{R}^3$ gleich. Die globalen Koordinaten eines Punktes P von $\mathbb{R}^n$ seien (x^1, x^2, x^3). Dann ist der Ortsvektor $\mathbf{x}$ von P eine Linearkombination der Basisvektoren :

$$\mathbf{x} = x^1 \mathbf{b}_1 + x^2 \mathbf{b}_2 + x^3 \mathbf{b}_3 = x^i \mathbf{b}_i$$

Die metrischen Koeffizienten g_{im} der globalen Basis sind die Skalarprodukte der Basisvektoren und daher an allen Punkten von $\mathbb{R}^3$ gleich. Sind die Indizes $< i, k, m >$ eine gerade Permutation , so ist das Kreuzprodukt der Basisvektoren $\mathbf{b}_i$, $\mathbf{b}_k$ gleich dem mit $b_* = \det \mathbf{B}_*$ skalierten dualen Basisvektor $\mathbf{b}^m$ und daher ebenfalls an allen Punkten von $\mathbb{R}^3$ gleich.

$$\begin{array}{lll} \mathbf{b}_i \cdot \mathbf{b}_k = g_{ik} & & i, k, m \in \{1, 2, 3\} \\ \mathbf{b}_i \times \mathbf{b}_k = b_* \mathbf{b}^m & & i \neq k \neq m \\ \mathbf{b}_i \times \mathbf{b}_i = \mathbf{0} & & \operatorname{sgn} < i, k, m > = 1 \end{array}$$

Wählt man im Sonderfall als globale Basis die Einheitsbasis E mit den orthonormalen Basisvektoren $\mathbf{e}_1, \mathbf{e}_2, \mathbf{e}_3$ und den metrischen Koeffizienten (Kronecker Symbolen) δ_{im}, so werden diese Beziehungen wie folgt vereinfacht :

$$\begin{array}{lll} \mathbf{e}_i \cdot \mathbf{e}_k = \delta_{ik} & & i, k, m \in \{1, 2, 3\} \\ \mathbf{e}_i \times \mathbf{e}_k = \mathbf{e}^m = \mathbf{e}_m & & i \neq k \neq m \\ \mathbf{e}_i \times \mathbf{e}_i = \mathbf{0} & & \operatorname{sgn} < i, k, m > = 1 \end{array}$$

Linien : Eine Teilmenge der Punkte von $\mathbb{R}^3$, deren globale Koordinaten x^i stetige Funktionen $x^i(t)$ eines Linienparameters $t \in \mathbb{R}$ sind, heißt eine Linie im Raum $\mathbb{R}^3$ und wird mit L bezeichnet. Eine Teilmenge der Punkte von L, deren Parameter in einem Bereich $t_1 \leq t \leq t_2$ liegen, heißt ein Linienstück und wird mit L_s bezeichnet. Eine Teilmenge der Punkte von L, deren Parameter in einem infinitesimalen Bereich $t_1 \leq t \leq t_1 + dt$ liegen, heißt ein Linienelement und wird mit dL bezeichnet.

$$L = \{\mathbf{x}(t) \mid \mathbf{x} = x^i(t)\,\mathbf{b}_i \quad \wedge \quad t \in \mathbb{R}\}$$

$$L_s = \{\mathbf{x}(t) \mid \mathbf{x} = x^i(t)\,\mathbf{b}_i \quad \wedge \quad t_1 \leq t \leq t_2\}$$

$$dL = \{\mathbf{x}(t) \mid \mathbf{x} = x^i(t)\,\mathbf{b}_i \quad \wedge \quad t_1 \leq t \leq t_1 + dt\}$$

In dem mit $\mathbb{R}^3$ assoziierten Vektorraum definieren die Endpunkte $\mathbf{x}(t_1)$ und $\mathbf{x}(t_1 + dt)$ eines Linienelementes einen inkrementellen Vektor, der mit $d\mathbf{x}$ bezeichnet wird.

$$d\mathbf{x} = dx^i\,\mathbf{b}_i$$

$$dx^i = x^i(t_1 + dt) - x^i(t_1)$$

Die Differentiale dx^i der globalen Koordinaten werden als Funktionen des Differentials dt des Linienparameters ausgedrückt. Die Ableitungen der globalen Koordinaten x^i nach dem Linienparameter t werden mit $\dot{x}^i$ bezeichnet. Als Länge ds des Linienelementes dL wird der Betrag des Vektors $d\mathbf{x}$ definiert.

$$dx^i = \frac{dx^i}{dt}\,dt = \dot{x}^i\,dt \qquad \text{mit} \qquad \dot{x}^i = \frac{dx^i}{dt}$$

$$(ds)^2 = d\mathbf{x} \cdot d\mathbf{x} = g_{im}\,dx^i\,dx^m$$

$$ds = \sqrt{g_{im}\,\dot{x}^i\,\dot{x}^m}\;dt$$

Abstand auf einer Linie : Der Ortsvektor eines Punktes auf einer Linie ist eine Funktion $\mathbf{x}(t)$ des Linienparameters t. Das Inkrement $d\mathbf{x}$ des Ortsvektors einer stetigen Linie wird in der globalen Basis $\mathbf{b}_1, \mathbf{b}_2, \mathbf{b}_3$ mit den Ableitungen $\dot{x}^i$ der globalen Koordinaten nach dem Linienparameter dargestellt :

$$d\mathbf{x} = \mathbf{c}\,dt$$

$$\mathbf{c}(t) = c^i\,\mathbf{b}_i \qquad \text{mit} \qquad c^i(t) = \frac{dx^i}{dt}$$

Einem frei gewählten Punkt A der Linie mit dem Linienparameter t_o wird der Abstand $s = 0$ zugeordnet. Dann kann für einen beliebigen Punkt mit Linienparameter t_1 der Abstand s_1 von Punkt A bestimmt werden :

$$s_1 = \int_{s_o}^{s_1} ds = \int_{t_o}^{t_1} \sqrt{\mathbf{c} \cdot \mathbf{c}}\;dt$$

$$s_1 = \int_{t_o}^{t_1} \sqrt{g_{im}\,c^i\,c^m}\;dt$$

Punkte auf der Linie können also wahlweise mit dem Linienparameter t oder mit dem Abstand s auf der Linie identifiziert werden. Wählt man den Abstand s, so wird das Inkrement d**x** des Ortsvektors mit den Ableitungen der globalen Koordinaten nach dem Abstand dargestellt :

$$d\mathbf{x} = \mathbf{t}\, ds$$

$$\mathbf{t}(s) = w^i\, \mathbf{b}_i \qquad \text{mit} \qquad w^i = \frac{dx^i}{ds}$$

Linienintegrale : Das zu integrierende Tensorfeld sei als Funktion des Ortsvektors **x** bekannt. Da der Ortsvektor als Funktion des Abstandes s auf der Linie oder des Linienparameters t dargestellt werden kann, kann auch das Tensorfeld als Funktion von s oder t spezifiziert werden.

Skalarfeld : $u = u(s)$ oder $u = u(t)$

Vektorfeld : $\mathbf{u} = u^i(s)\, \mathbf{b}_i$ oder $\mathbf{u} = u^i(t)\, \mathbf{b}_i$

Das Linienintegral wird über ein stetiges Linienstück L im Raum $\mathbb{R}^3$ gebildet. Das inkrementelle Linienelement d**x** wird analog zum Tensorfeld entweder als Funktion **t**(s) ds des Abstandes s oder als Funktion **c**(t) dt des Linienparameters t dargestellt. Der Wert des Linienintegrals ist ein Skalar h, wenn der Integrand skalar ist. Sonst ist das Ergebnis ein Vektor **h**.

Skalares Linienintegral eines Skalarfeldes

$$h = \int_{s_1}^{s_2} u(s)\, ds = \int_{t_1}^{t_2} u(t) \sqrt{\mathbf{c} \cdot \mathbf{c}}\, dt$$

Vektorielles Linienintegral eines Skalarfeldes

$$\mathbf{h} = \int_L u\, d\mathbf{x} = \int_{s_1}^{s_2} u(s)\, \mathbf{t}\, ds = \int_{t_1}^{t_2} u(t)\, \mathbf{c}\, dt$$

$$\mathbf{h} = h^i\, \mathbf{b}_i$$

$$h^i = \int_{s_1}^{s_2} u(s) \frac{dx^i}{ds}\, ds = \int_{t_1}^{t_2} u(t) \frac{dx^i}{dt}\, dt$$

Skalares Linienintegral eines Vektorfeldes

$$h = \int_L \mathbf{u} \cdot d\mathbf{x} = \int_{s_1}^{s_2} \mathbf{u} \cdot \mathbf{t}\, ds = \int_{t_1}^{t_2} \mathbf{u} \cdot \mathbf{c}\, dt$$

$$h = \int_{s_1}^{s_2} u^i(s)\, w^m(s)\, g_{im}\, ds = \int_{t_1}^{t_2} u^i(t)\, c^m(t)\, g_{im}\, dt$$

Vektorielles Linienintegral eines Vektorfeldes

$$\mathbf{h} = \int_L \mathbf{u} \times d\mathbf{x} = \int_{s_1}^{s_2} \mathbf{u} \times \mathbf{t}\, ds = \int_{t_1}^{t_2} \mathbf{u} \times \mathbf{c}\, dt$$

$$\mathbf{h} = h_i\, \mathbf{b}^i$$

$$h_i = \int_{s_1}^{s_2} \varepsilon_{ikm}\, u^k(s)\, w^m(s)\, ds = \int_{t_1}^{t_2} \varepsilon_{ikm}\, u^k(t)\, c^m(t)\, dt$$

Beispiel 1 : Linienintegrale

Im Punktraum $\mathbb{R}^3$ wird ein globales Koordinatensystem $(\mathbf{0}, \mathbf{E})$ mit den orthonormalen Basisvektoren $\mathbf{e}_1$, $\mathbf{e}_2$, $\mathbf{e}_3$ gewählt. Die Punkte $\mathbf{x} = x^i\, \mathbf{e}_i$ einer Linie in $\mathbb{R}^3$ werden mit einem Linienparameter t spezifiziert :

$$\mathbf{x} = t^2\, \mathbf{e}_1 + \mathbf{e}_2 + t\, \mathbf{e}_3$$

$$\mathbf{c} = \frac{d\mathbf{x}}{dt} = 2t\, \mathbf{e}_1 + \mathbf{e}_3$$

Für ein Skalarfeld $u = t^3$ werden das skalare und das vektorielle Linienintegral über das Linienstück $0 \le t \le 1$ berechnet :

$$h = \int_0^1 u \sqrt{\mathbf{c} \cdot \mathbf{c}}\, dt = \int_0^1 \sqrt{4t^2 + 1}\, t^3\, dt = 0.4742$$

$$\mathbf{h} = \int_0^1 u\, \mathbf{c}\, dt = \int_0^1 t^3\, (2t\, \mathbf{e}_1 + \mathbf{e}_3)\, dt = 0.40\, \mathbf{e}_1 + 0.25\, \mathbf{e}_2$$

Für ein Vektorfeld $\mathbf{u} = t^2\, \mathbf{e}_1 + t\, \mathbf{e}_2 + t^3\, \mathbf{e}_3$ werden das skalare und das vektorielle Linienintegral über das Linienstück $0 \le t \le 1$ berechnet :

$$h = \int_0^1 \mathbf{u} \cdot \mathbf{c}\, dt = \int_0^1 (t^2\, \mathbf{e}_1 + t\, \mathbf{e}_2 + t^3 \mathbf{e}_3) \cdot (2t\, \mathbf{e}_1 + \mathbf{e}_3)\, dt$$

$$= \int_0^1 3\, t^3\, dt = 0.7500$$

$$\mathbf{h} = \int_0^1 \mathbf{u} \times \mathbf{c}\, dt = h^i\, \mathbf{e}_i$$

$$h^1 = \int_0^1 (u_2 c_3 - u_3 c_2)\, dt = \int_0^1 (t - 0) dt = 0.5000$$

$$h^2 = \int_0^1 (u_3 c_1 - u_1 c_3)\, dt = \int_0^1 (2t^4 - t^2) dt = 0.0667$$

$$h^3 = \int_0^1 (u_1 c_2 - u_2 c_1)\, dt = \int_0^1 (0 - 2t^2) dt = -0.6667$$

Flächen : Eine Teilmenge der Punkte von $\mathbb{R}^3$, deren globale Koordinaten stetige Funktionen $x^i(s,t)$ von zwei Flächenparametern $s, t \in \mathbb{R}$ sind, heißt eine Fläche im Raum $\mathbb{R}^3$ und wird mit F bezeichnet. Eine Teilmenge der Punkte von F, deren Parameter in den Bereichen $s_1 \le s \le s_2$ und $t_1 \le t \le t_2$ liegen, heißt ein Flächenstück und wird mit F_s bezeichnet. Eine Teilmenge der Punkte von F, deren Parameter in infinitesimalen Bereichen $s_1 \le s \le s_1 + ds$ und $t_1 \le t \le t_1 + dt$ liegen, heißt ein Flächenelement und wird mit dF bezeichnet.

$$x^i = x^i(s,t)$$

$$F = \{\mathbf{x}(s,t) \mid \mathbf{x} = x^i \mathbf{b}_i \quad \wedge \quad s,t \in \mathbb{R}\}$$

$$F_s = \{\mathbf{x}(s,t) \mid \mathbf{x} = x^i \mathbf{b}_i \quad \wedge \quad s_1 \le s \le s_2 \quad \wedge \quad t_1 \le t \le t_2\}$$

$$dF = \{\mathbf{x}(s,t) \mid \mathbf{x} = x^i \mathbf{b}_i \quad \wedge \quad s_1 \le s \le s_1 + ds \quad \wedge \quad t_1 \le t \le t_1 + dt\}$$

In dem mit $\mathbb{R}^3$ assoziierten Vektorraum definieren die Punkte $\mathbf{x}(s_1, t_1)$ und $\mathbf{x}(s_1 + ds, t_1)$ eines Flächenelementes dF einen Vektor $d\mathbf{u}$, die Punkte $\mathbf{x}(s_1, t_1)$ und $\mathbf{x}(s_1, t_1 + dt)$ einen Vektor $d\mathbf{w}$. Die Vektoren $d\mathbf{u}$ und $d\mathbf{w}$ werden als Linearkombinationen der globalen Basisvektoren $\mathbf{b}_1$, $\mathbf{b}_2$ und $\mathbf{b}_3$ dargestellt. Die Differentiale du^i werden als Funktionen des Parameterdifferentials ds ausgedrückt, die Differentiale dw^i als Funktionen des Differentials dt.

$$d\mathbf{u} = du^i \mathbf{b}_i \qquad \text{mit} \qquad du^i = x^i(s_1 + ds, t_1) - x^i(s_1, t_1)$$

$$d\mathbf{w} = dw^i \mathbf{b}_i \qquad\qquad dw^i = x^i(s_1, t_1 + dt) - x^i(s_1, t_1)$$

$$du^i = \frac{\partial x_i}{\partial s} ds$$

$$dw^i = \frac{\partial x^i}{\partial t} dt$$

Das Kreuzprodukt $d\mathbf{u} \times d\mathbf{w}$ heißt der Flächenvektor des Parallelogramms, das von den Vektoren $d\mathbf{u}$ und $d\mathbf{w}$ aufgespannt wird, und wird mit $d\mathbf{a}$ bezeichnet. Zur Bestimmung der Koordinaten da_i des Flächenvektors $d\mathbf{a}$ wird die Koordinatenform der Vektoren $d\mathbf{u}$ und $d\mathbf{w}$ in das Kreuzprodukt $d\mathbf{u} \times d\mathbf{w}$ substituiert. Das Kreuzprodukt $\mathbf{b}_k \times \mathbf{b}_m$ wird dann durch $\varepsilon_{ikm} \mathbf{b}^i$ ersetzt :

$$d\mathbf{a} = d\mathbf{u} \times d\mathbf{w} = du^k dw^m \mathbf{b}_k \times \mathbf{b}_m = da_i \mathbf{b}^i$$

$$da_i = \varepsilon_{ikm} \frac{\partial x^k}{\partial s} \frac{\partial x^m}{\partial t} ds\, dt = b_* e_{ikm} \frac{\partial x^k}{\partial s} \frac{\partial x^m}{\partial t} ds\, dt$$

Flächenbetrag : Der Ortsvektor eines Punktes in einer Fläche ist eine Funktion $\mathbf{x}(s,t)$ der Flächenparameter s und t. Der inkrementelle Flächenvektor $d\mathbf{a}$ eines Flächenelementes wird in der globalen Basis $\mathbf{b}_1$, $\mathbf{b}_2$, $\mathbf{b}_3$ mit den Ableitungen der globalen Koordinaten x^i nach den Flächenparametern dargestellt :

$$d\mathbf{a} = \mathbf{c}\, ds\, dt$$

$$\mathbf{c}(s,t) = c_i \mathbf{b}^i \qquad \text{mit} \qquad c_i(s,t) = b_* e_{ikm} \frac{\partial x^k}{\partial s} \frac{\partial x^m}{\partial t}$$

Der Betrag da des inkrementellen Flächenvektors **da** heißt der Flächenbetrag des Flächenelementes dF. Der Betrag a des Flächenstücks F wird durch Integration von da bestimmt.

$$da = \sqrt{\mathbf{da} \cdot \mathbf{da}} = \sqrt{\mathbf{c} \cdot \mathbf{c}}\, ds\, dt$$

$$a = \int_F \sqrt{c_i\, c_m\, g^{im}}\, ds\, dt$$

Flächenintegrale : Das zu integrierende Tensorfeld sei als Funktion des Ortsvektors **x** bekannt. Da der Ortsvektor als Funktion der Flächenparameter s und t bekannt ist, kann auch das Tensorfeld als Funktion von s und t spezifiziert werden.

Skalarfeld : $u = u\,(s,t)$

Vektorfeld : $\mathbf{u} = u_i\,(s,t)\, \mathbf{b}^i$

Das Flächenintegral wird über ein stetiges Flächenstück F im Raum $\mathbb{R}^3$ gebildet. Der inkrementelle Flächenvektor **da** wird als Funktion **c** ds dt der Flächenparameter mit $\mathbf{c} = c_i\, \mathbf{b}^i$ dargestellt. Der Wert des Flächenintegrals ist ein Skalar h, wenn der Integrand skalar ist. Sonst ist das Ergebnis ein Vektor **h**.

Skalares Flächenintegral eines Skalarfeldes

$$h = \int_F u\, da = \int_F u(s,t) \sqrt{\mathbf{c} \cdot \mathbf{c}}\, ds\, dt$$

Vektorielles Flächenintegral eines Skalarfeldes

$$\mathbf{h} = \int_F u\, \mathbf{da} = \int_F u\, \mathbf{c}\, ds\, dt$$

$$\mathbf{h} = h_i\, \mathbf{b}^i \qquad \text{mit} \qquad h_i = \int_F u(s,t)\, c_i\,(s,t)\, ds\, dt$$

Skalares Flächenintegral eines Vektorfeldes

$$h = \int_F \mathbf{u} \cdot \mathbf{da} = \int_F \mathbf{u} \cdot \mathbf{c}\, ds\, dt$$

$$h = \int_F u_i\,(s,t)\, c_m(s,t)\, g^{im}\, ds\, dt$$

Vektorielles Flächenintegral eines Vektorfeldes

$$h = \int_F \mathbf{u} \times \mathbf{da} = \int_F \mathbf{u} \times \mathbf{c}\, ds\, dt$$

$$\mathbf{h} = h^i\, \mathbf{b}_i \qquad \text{mit} \qquad h^i = \int_F \varepsilon^{ikm}\, u_k(s,t)\, c_m(s,t)\, ds\, dt$$

Beispiel 2 : Flächenintegrale

In einem Punktraum $\mathbb{R}^3$ wird ein globales Koordinatensystem $(\mathbf{0}, \mathbf{E})$ mit den orthonormalen Basisvektoren $\mathbf{e}_1$, $\mathbf{e}_2$, $\mathbf{e}_3$ gewählt. Die Punkte $\mathbf{x} = x^i\ \mathbf{e}_i$ einer zylindrischen Fläche mit Radius r werden mit den Flächenparametern θ, z spezifiziert :

$$\mathbf{x} = r\cos\theta\ \mathbf{e}_1 + r\sin\theta\ \mathbf{e}_2 + z\ \mathbf{e}_3 \qquad 0 \le \theta < 2\pi,\ 0 \le z \le a$$

$$\mathbf{c} = e^{ikm} \frac{\partial x_k}{\partial \theta} \frac{\partial x_m}{\partial z} \mathbf{e}_i = r\cos\theta\ \mathbf{e}_1 + r\sin\theta\ \mathbf{e}_2$$

Für ein Skalarfeld $u = r(\cos\theta + z\sin\theta)$ werden das skalare und das vektorielle Flächenintegral berechnet :

$$h = \int_0^a\!\!\int_0^{2\pi} u\sqrt{\mathbf{c}\cdot\mathbf{c}}\ d\theta\, dz = \int_0^a\!\!\int_0^{2\pi} r^2 (\cos\theta + z\sin\theta)\ d\theta\, dz = 0$$

$$\mathbf{h} = \int_0^a\!\!\int_0^{2\pi} u\,\mathbf{c}\ d\theta\, dz = \int_0^a\!\!\int_0^{2\pi} r^2 (\cos\theta + z\sin\theta)(\cos\theta\ \mathbf{e}_1 + \sin\theta\ \mathbf{e}_2) d\theta\, dz$$

$$\mathbf{h} = \pi\, r^2 a\, (\mathbf{e}_1 + 0.5\, a\, \mathbf{e}_2)$$

Für ein Vektorfeld $\mathbf{u} = r\cos\theta\ \mathbf{e}_1 + r\sin\theta\ \mathbf{e}_2 - z\ \mathbf{e}_3$ werden das skalare und das vektorielle Flächenintegral berechnet :

$$h = \int_0^a\!\!\int_0^{2\pi} \mathbf{u}\cdot\mathbf{c}\ d\theta\, dz = \int_0^a\!\!\int_0^{2\pi} r^2\ d\theta\, dz = 2\pi a r^2$$

$$\mathbf{h} = \int_0^a\!\!\int_0^{2\pi} \mathbf{u}\times\mathbf{c}\ d\theta\, dz = h^i\ \mathbf{e}_i$$

$$h^1 = \int_0^a\!\!\int_0^{2\pi} (u_2 c_3 - u_3 c_2)\ d\theta\, dz = \int_0^a\!\!\int_0^{2\pi} (0 + zr\sin\theta)\ d\theta\, dz = 0$$

$$h^2 = \int_0^a\!\!\int_0^{2\pi} (u_3 c_1 - u_1 c_3)\ d\theta\, dz = \int_0^a\!\!\int_0^{2\pi} (-zr\cos\theta + 0)\ d\theta\, dz = 0$$

$$h^3 = \int_0^a\!\!\int_0^{2\pi} (u_1 c_2 - u_2 c_1)\ d\theta\, dz = \int_0^a\!\!\int_0^{2\pi} r^2 \sin\theta\cos\theta\ (1-1) d\theta\, dz = 0$$

Volumen : Die globalen Koordinaten x^1, x^2, x^3 der Punkte eines Raumes $\mathbb{R}^3$ mit der globalen Basis $\mathbf{b}_1, \mathbf{b}_2, \mathbf{b}_3$ seien Funktionen $x^i(y^1, y^2, y^3)$ der lokalen Koordinaten y^m. Die Menge der Punkte $\mathbf{x} \in \mathbb{R}^3$ heißt das Volumen des Raumes $\mathbb{R}^3$ und wird mit V bezeichnet. Eine Teilmenge der Punkte von $\mathbb{R}^3$, deren lokale Koordinaten in gegebenen Bereichen $y_1^i \le y^i \le y_2^i$ liegen, heißt ein Volumenstück und wird mit V_s bezeichnet. Eine Teilmenge der Punkte von $\mathbb{R}^3$, deren lokale

Koordinaten in infinitesimalen Bereichen $y_1^i \le y^i \le y_1^i + dy^i$ liegen, heißt ein Volumenelement und wird mit dV bezeichnet.

$$V = \{\mathbf{x} \mid \mathbf{x} = x^i(y^1, y^2, y^3)\,\mathbf{b}_i \quad \wedge \quad y^m \in \mathbb{R}\}$$

$$V_s = \{\mathbf{x} \mid \mathbf{x} = x^i(y^1, y^2, y^3)\,\mathbf{b}_i \quad \wedge \quad y_1^m \le y^m \le y_2^m\}$$

$$dV = \{\mathbf{x} \mid \mathbf{x} = x^i(y^1, y^2, y^3)\,\mathbf{b}_i \quad \wedge \quad y_1^m \le y^m \le y_1^m + dy^m\}$$

Betrag des Volumens : Gegeben sei ein quaderförmiges Volumenelement dV, dessen Kanten parallel zu den Basisvektoren $\mathbf{e}_1$, $\mathbf{e}_2$, $\mathbf{e}_3$ der Einheitsbasis von $\mathbb{R}^3$ sind. Die Längen der Kanten seien da^1, da^2, da^3. Die Determinante der Matrix, deren Spalten die Kantenvektoren des Quaders enthalten, heißt der Betrag des Volumens des Elementes und wird mit dv bezeichnet.

$$dV = \{\mathbf{x} \mid \mathbf{x} = \lambda^1\, da^1\, \mathbf{e}_1 + \lambda^2\, da^2\, \mathbf{e}_2 + \lambda^3\, da^3\, \mathbf{e}_3 \quad \wedge \quad 0 \le \lambda^i \le 1\}$$

$$dv = \det\left\{ \begin{bmatrix} \mathbf{e}_1 & \mathbf{e}_2 & \mathbf{e}_3 \end{bmatrix} * \begin{bmatrix} da^1 & & \\ & da^2 & \\ & & da^3 \end{bmatrix} \right\} = da^1\, da^2\, da^3$$

Gegeben seien eine globale Basis $\mathbf{B}_*$ des Raumes $\mathbb{R}^3$ und ein spatförmiges Volumenelement dV, dessen Kanten parallel zu den Basisvektoren $\mathbf{b}_1$, $\mathbf{b}_2$, $\mathbf{b}_3$ sind. Die Kantenvektoren seien $\mathbf{b}_1 dx^1$, $\mathbf{b}_2 dx^2$, $\mathbf{b}_3 dx^3$. Der Betrag dv des Volumens des Spats ist die Determinante der Matrix, deren Spalten die Kantenvektoren des Spats enthalten. Mit $\det \mathbf{B}_* = b_*$ gilt :

$$dV = \{\mathbf{x} \mid \mathbf{x} = \lambda^1\, dx^1\, \mathbf{b}_1 + \lambda^2\, dx^2\, \mathbf{b}_2 + \lambda^3\, dx^3\, \mathbf{b}_3 \quad \wedge \quad 0 \le \lambda^i \le 1\}$$

$$dv = \det\left\{ \begin{bmatrix} \mathbf{b}_1 & \mathbf{b}_2 & \mathbf{b}_3 \end{bmatrix} * \begin{bmatrix} dx^1 & & \\ & dx^2 & \\ & & dx^3 \end{bmatrix} \right\} = b_*\, dx^1\, dx^2\, dx^3$$

Die Koordinaten der Punkte des Raumes $\mathbb{R}^3$ mit globaler Basis $\mathbf{b}_1$, $\mathbf{b}_2$, $\mathbf{b}_3$ seien Funktionen $x^i(y^1, y^2, y^3)$ der lokalen Koordinaten y^1, y^2, y^3. Die lokalen Basisvektoren an einem Punkt $\mathbf{x}$ seien $\overline{\mathbf{b}}_1, \overline{\mathbf{b}}_2, \overline{\mathbf{b}}_3$. Gegeben sei ein spatförmiges Volumenelement dV mit den Kantenvektoren $\overline{\mathbf{b}}_1 dy^1$, $\overline{\mathbf{b}}_2 dy^2$ und $\overline{\mathbf{b}}_3 dy^3$. Der Betrag dv des Volumens ist die Determinante der Matrix, deren Spalten die Kantenvektoren des Spats enthalten. Mit $\det \overline{\mathbf{B}}_* = \overline{b}_*$ gilt :

$$\mathbf{x} = x^i(y^1, y^2, y^3)\,\mathbf{b}_i$$

$$d\mathbf{x} = \overline{\mathbf{b}}_i\, dy^i \qquad \text{mit} \qquad \overline{\mathbf{b}}_i = \frac{\partial \mathbf{x}}{\partial y^i} = \frac{\partial x^m}{\partial y^i}\,\mathbf{b}_m$$

$$dV = \{ \mathbf{x} \mid \mathbf{x} = \lambda^1 dy^1 \bar{\mathbf{b}}_1 + \lambda^2 dy^2 \bar{\mathbf{b}}_2 + \lambda^3 dy^3 \bar{\mathbf{b}}_3 \quad \wedge \quad 0 \le \lambda^i \le 1 \}$$

$$dv = \det \begin{bmatrix} \bar{\mathbf{b}}_1 & \bar{\mathbf{b}}_2 & \bar{\mathbf{b}}_3 \end{bmatrix} * \begin{bmatrix} dy^1 & & \\ & dy^2 & \\ & & dy^3 \end{bmatrix} = \bar{b}_* \, dy^1 \, dy^2 \, dy^3$$

Die Determinante b_* einer globalen Basis ist unabhängig von den Koordinaten x^1, x^2, x^3. Im Gegensatz hierzu ist die Determinante $\bar{b}_*$ einer lokalen Basis von den lokalen Koordinaten y^1, y^2, y^3 abhängig. Der Betrag v eines Volumenstücks V kann daher mit folgenden Formeln bestimmt werden :

$$v = \int_V da^1 da^2 da^3 = b_* \int_V dx^1 dx^2 dx^3 = \int_V \bar{b}_* \, dy^1 dy^2 dy^3$$

Volumenintegrale : Ein Skalarfeld sei als eine Funktion $u(x^1, x^2, x^3)$ der globalen Koordinaten oder als Funktion $\bar{u}(y^1, y^2, y^3)$ der lokalen Koordinaten bekannt. Die Koordinaten eines Vektorfeldes in der Basis $\mathbf{b}_1, \mathbf{b}_2, \mathbf{b}_3$ seien als Funktionen $u^i(x^1, x^2, x^3)$ der globalen Koordinaten oder als Funktionen $\bar{u}^i(y^1, y^2, y^3)$ der lokalen Koordinaten bekannt.

Skalarfeld : $u = u(x^1, x^2, x^3) \quad \vee \quad u = \bar{u}(y^1, y^2, y^3)$

Vektorfeld : $\mathbf{u} = u^i(x^1, x^2, x^3)\mathbf{b}_i \quad \vee \quad \mathbf{u} = \bar{u}^i(y^1, y^2, y^3)\mathbf{b}_i$

Die Volumenintegrale des Skalarfeldes und des Vektorfeldes über ein Volumenstück V des Raumes $\mathbb{R}^3$ werden wahlweise mit globalen oder mit lokalen Koordinaten bestimmt.

Volumenintegral eines Skalarfeldes

$$h = \int_V u \, dv = \int_V u(x^1, x^2, x^3) \, b_* \, dx^1 dx^2 dx^3$$

$$= \int_V \bar{u}(y^1, y^2, y^3) \, \bar{b}_* \, dy^1 dy^2 dy^3$$

Volumenintegral eines Vektorfeldes

$$\mathbf{h} = \int_V \mathbf{u} \, dv = h^i \, \mathbf{b}_i$$

$$h^i = \int_V u^i \, dv = \int_V u^i(x^1, x^2, x^3) \, b_* \, dx^1 dx^2 dx^3$$

$$= \int_V \bar{u}^i(y^1, y^2, y^3) \bar{b}_* \, dy^1 dy^2 dy^3$$

Beispiel 3 : Volumen einer Kugel

In Beispiel 2 von Abschnitt 9.4.5 ist das sphärische Koordinatensystem (r, θ, β) definiert. Die Grenzen $0 \le r \le a$, $0 \le \theta \le 2\pi$, $-0.5\pi \le \beta \le 0.5\pi$ definieren ein kugelförmiges Volumenstück mit Radius a. Die Funktionalmatrix $\overline{\mathbf{B}}_*$ enthält die Koordinaten der lokalen Basisvektoren $\overline{\mathbf{b}}_1, \overline{\mathbf{b}}_2, \overline{\mathbf{b}}_3$ am Punkt (r, θ, β) bezogen auf die Einheitsbasis $\mathbf{e}_1, \mathbf{e}_2, \mathbf{e}_3$. Das Volumen der Kugel mit Radius a sei v :

$\overline{\mathbf{B}}_* =$

$\cos\beta\,\cos\theta$	$-r\,\cos\beta\,\sin\theta$	$-r\,\sin\beta\,\cos\theta$
$\cos\beta\,\sin\theta$	$r\,\cos\beta\cos\theta$	$-r\,\sin\beta\,\sin\theta$
$\sin\beta$	0	$r\,\cos\beta$

$$\overline{b}_* = \det \overline{\mathbf{B}}_* = r^2 \cos\beta$$

$$v = \int_0^a \int_0^{2\pi} \int_{-0.5\pi}^{0.5\pi} r^2 \cos\beta \, d\beta \, d\theta \, dr = \frac{4}{3}\pi\, a^3$$

9.4.9 FELDOPERATIONEN

Einführung : Die mathematische Formulierung physikalischer Aufgaben beruht auf einer Betrachtung infinitesimaler Linienelemente, Flächenelemente und Volumenelemente, deren Betrag nach null strebt. Der Grenzwert des Verhältnisses der Änderung eines Tensorfeldes zwischen den Endpunkten eines Linienelementes zu der Länge des Linienelementes heißt eine Richtungsableitung des Feldes. Der Grenzwert des Verhältnisses eines Integrals eines Tensorfeldes über die Oberfläche eines Volumenelementes zu dem Betrag des Elementvolumens heißt eine Volumenableitung (räumliche Ableitung) des Tensorfeldes. Die Bildung eines solchen Grenzwertes heißt eine Feldoperation.

Skalarfelder und Vektorfelder besitzen verschiedene Richtungsableitungen. Verschiedene Flächenintegrale von Skalarfeldern und von Vektorfeldern führen zu verschiedenen Volumenableitungen : Das Vektorintegral eines Skalarfeldes zum Gradienten des Feldes, das Skalarintegral eines Vektorfeldes zur Divergenz des Feldes, das Vektorintegral eines Vektorfeldes zum Rotor des Feldes und das Dyadenintegral eines Vektorfeldes zum Vektorgradienten des Feldes. Diese Feldoperationen werden im folgenden für lokale Koordinatensysteme definiert.

Koordinatensystem : Die Feldoperationen werden für den euklidischen Raum $\mathbb{R}^3$ und lokale Koordinaten y^1, y^2, y^3 definiert. Die Koordinaten x^1, x^2, x^3 eines Punktes $\mathbf{x}$ in der globalen Einheitsbasis $\mathbf{e}_1, \mathbf{e}_2, \mathbf{e}_3$ von $\mathbb{R}^3$ sind als Funktionen $x^i(y^1, y^2, y^3)$ der lokalen Koordinaten bekannt. Die lokalen Basisvektoren $\mathbf{b}_1, \mathbf{b}_2, \mathbf{b}_3$ am Punkt $\mathbf{x}$ werden durch partielle Ableitung des Ortsvektors bestimmt :

$$\mathbf{x} = x^1\,\mathbf{e}_1 + x^2\,\mathbf{e}_2 + x^3\,\mathbf{e}_3$$

$$x^i = x^i(y^1, y^2, y^3)$$

$$\mathbf{b}_i = \frac{\partial \mathbf{x}}{\partial y^i} = \frac{\partial x^1}{\partial y^i}\,\mathbf{e}_1 + \frac{\partial x^2}{\partial y^i}\,\mathbf{e}_2 + \frac{\partial x^3}{\partial y^i}\,\mathbf{e}_3$$

Benachbarte Punkte von $\mathbb{R}^3$ werden durch das Differential $d\mathbf{x}$ des Ortsvektors beschrieben. Das totale Differential des Ortsvektors hängt von den Differentialen dy^i aller lokalen Koordinaten ab :

$$d\mathbf{x} = \frac{\partial \mathbf{x}}{\partial y^i}\,dy^i = \mathbf{b}_1\,dy^1 + \mathbf{b}_2\,dy^2 + \mathbf{b}_3\,dy^3$$

Tensorfelder : In der Definition der Feldoperationen wird vorausgesetzt, daß das Skalarfeld als Funktion $u(y^1, y^2, y^3)$ und die Koordinaten des Vektorfeldes $\mathbf{u}$ als Funktionen $u^i(y^1, y^2, y^3)$ der lokalen Koordinaten bekannt sind. Die kovarianten Koordinaten u_i des Vektorfeldes werden mit den metrischen Koeffizienten g_{im} der Basis $\mathbf{b}_1, \mathbf{b}_2, \mathbf{b}_3$ bestimmt.

$$u = u(y^1, y^2, y^3)$$
$$\mathbf{u} = u^i\,\mathbf{b}_i \quad \text{mit} \quad u^i = u^i(y^1, y^2, y^3)$$
$$\mathbf{u} = u_i\,\mathbf{b}^i \quad \text{mit} \quad u_i = g_{im}\,u^m$$

Ableitung eines Skalarfeldes nach einem Vektor : Gegeben seien ein Skalarfeld $u(y^1, y^2, y^3)$ in dem euklidischen Raum $\mathbb{R}^3$ und ein Vektor **a** an einem Punkt $\mathbf{x}_o(y^1, y^2, y^3)$ von $\mathbb{R}^3$. Für einen inkrementellen Parameter $ds \in \mathbb{R}$ sind die Punkte $\mathbf{x}_o$ und $\mathbf{x}_o + \mathbf{a}\,ds$ benachbart. Die Differenz der Feldwerte $u(\mathbf{x}_o + \mathbf{a}\,ds)$ und $u(\mathbf{x}_o)$ wird durch ds geteilt. Der Grenzwert dieses Quotienten für $ds \rightarrow 0$ heißt die Ableitung des Skalarfeldes nach dem Vektor **a** am Punkt $\mathbf{x}_o$ und wird mit $\frac{\partial u}{\partial \mathbf{a}}$ bezeichnet.

$$\frac{\partial u}{\partial \mathbf{a}} = \lim_{ds \rightarrow 0} \frac{u(\mathbf{x}_o + \mathbf{a}\,ds) - u(\mathbf{x}_o)}{ds}$$

Die Ableitung des Ortsvektors $\mathbf{x}(y^1, \ldots, y^n)$ nach dem Parameter s wird mit der Kettenregel bestimmt. Die Beziehung zwischen den Koordinaten a^i des gegebenen Vektors **a** und den Ableitungen der lokalen Koordinaten y^i nach s folgt aus der Bedingung $\frac{d\mathbf{x}}{ds} = \mathbf{a}$:

$$\frac{d\mathbf{x}}{ds} = \frac{\partial \mathbf{x}}{\partial y^i}\frac{dy^i}{ds} = \mathbf{b}_i\,\frac{dy^i}{ds}$$
$$\frac{d\mathbf{x}}{ds} = \mathbf{a} = \mathbf{b}_i\,a^i = \mathbf{b}_i\,\frac{dy^i}{ds}$$
$$a^i = \frac{dy^i}{ds}$$

Der Funktionswert $u(\mathbf{x}_o + \mathbf{a}\,ds)$ wird mit einer Taylor Reihe am Punkt $\mathbf{x}_o$ ausgedrückt und in die Definition der Ableitung eingesetzt. Bei der Bildung des Grenzwertes $ds \rightarrow 0$ entfallen die zweiten und höheren Ableitungen von u, da die entsprechenden Terme den Faktor ds enthalten :

$$u(\mathbf{x}_o + \mathbf{a}\,ds) = u(\mathbf{x}_o) + \frac{\partial u}{\partial y^i}\frac{dy^i}{ds}ds + \frac{1}{2}\frac{\partial^2 u}{\partial y^i\,dy^m}\frac{dy^i}{ds}\frac{dy^m}{ds}(ds)^2 + \ldots$$

$$\frac{u(\mathbf{x}_o + \mathbf{a}\,ds) - u(\mathbf{x}_o)}{ds} = \frac{\partial u}{\partial y^i}a^i + \frac{1}{2}\frac{\partial^2 u}{\partial y^i\,dy^m}a^i\,a^m\,ds + \ldots$$

$$\frac{\partial u}{\partial \mathbf{a}} = \lim_{ds \rightarrow 0}\frac{u(\mathbf{x}_o + \mathbf{a}\,ds) - u(\mathbf{x}_o)}{ds} = \frac{\partial u}{\partial y^i}a^i$$

Die partiellen Ableitungen des Feldes u nach den lokalen Koordinaten y^i werden in einem Gradientenvektor **g** zusammengefaßt. Dann ist die Ableitung des Skalarfeldes u nach dem Vektor **a** das Skalarprodukt von **g** und **a** :

$$\mathbf{g} = \frac{\partial u}{\partial y^1}\mathbf{b}^1 + \frac{\partial u}{\partial y^2}\mathbf{b}^2 + \frac{\partial u}{\partial y^3}\mathbf{b}^3$$

$$\frac{\partial u}{\partial \mathbf{a}} = \mathbf{g} \cdot \mathbf{a}$$

Richtungsableitung eines Skalarfeldes : Die Ableitung eines Skalarfeldes u nach einem Vektor **a** ist von dem Betrag des Vektors **a** abhängig. Betrachtet man jedoch einen Einheitsvektor **t** in der Richtung von **a**, so ist die Ableitung des Skalarfeldes nur von der Richtung des Vektors **t** abhängig. Die Ableitung eines Skalarfeldes u nach einem Einheitsvektor $\mathbf{t} = t^i\,\mathbf{b}_i$ heißt eine Richtungsableitung des Skalarfeldes und wird mit $\frac{\partial u}{\partial \mathbf{t}}$ bezeichnet.

$$\frac{\partial u}{\partial \mathbf{t}} = \lim_{ds \to 0} \frac{u(\mathbf{x}_o + \mathbf{t}\,ds) - u(\mathbf{x}_o)}{ds} = \frac{\partial u}{\partial y^i}\,t^i$$

$$\mathbf{t} \cdot \mathbf{t} = 1$$

Zwischen der Ableitung eines Skalarfeldes nach einem Vektor **a** und der Richtungsableitung nach dem mit **a** assoziierten Einheitsvektor **t** besteht folgender Zusammenhang :

$$\mathbf{a} = |\mathbf{a}|\,\mathbf{t} \quad \wedge \quad \mathbf{t} \cdot \mathbf{t} = 1$$

$$\frac{\partial u}{\partial \mathbf{a}} = \mathbf{g} \cdot \mathbf{a} = |\mathbf{a}|\ \mathbf{g} \cdot \mathbf{t} = |\mathbf{a}|\ \frac{\partial u}{\partial \mathbf{t}}$$

Maximalwert der Richtungsableitung : Es stellt sich die Frage, für welchen Einheitsvektor **n** die Richtungsableitung des Skalarfeldes maximal ist. Da das Skalarprodukt $\mathbf{g} \cdot \mathbf{n}$ maximal ist, wenn der Richtungsvektor **n** parallel zu **g** ist, ist **n** ein Einheitsvektor in der Richtung von **g**. Bezeichnet man den Betrag von **g** mit g, so ist die maximale Richtungsableitung gleich g.

$$\mathbf{g} = g\,\mathbf{n} \quad \text{mit} \quad g = |\mathbf{g}|$$

$$\frac{\partial u}{\partial \mathbf{n}} = \mathbf{g} \cdot \mathbf{n} = g\,\mathbf{n} \cdot \mathbf{n} = g$$

Das Differential $du = \mathbf{g} \cdot d\mathbf{x}$ zwischen benachbarten Punkten **x** und $\mathbf{x} + d\mathbf{x}$ ist null, wenn die Punkte auf einer Isofläche u = const liegen. Der Vektor **g** ist also normal zur Isofläche. Die Richtungsableitung des Skalarfeldes ist maximal für die Einheitsnormale **n** der Isofläche u = const.

Richtungsableitung eines Vektorfeldes : Gegeben seien ein Vektorfeld $\mathbf{u}(y^1, y^2, y^3)$ in einem euklidischen Raum $\mathbb{R}^3$ und ein Einheitsvektor $\mathbf{t}$ an einem Punkt $\mathbf{x}_o(y^1, y^2, y^3)$ von $\mathbb{R}^3$. Die Differenz der Feldwerte an den Punkten $\mathbf{x}_o + \mathbf{t}\,ds$ und $\mathbf{x}_o$ mit $ds \in \mathbb{R}$ wird durch ds geteilt. Der Grenzwert dieses Quotienten für $ds \to 0$ heißt die Richtungsableitung des Vektorfeldes $\mathbf{u}$ am Punkt $\mathbf{x}_o$ für den Richtungsvektor $\mathbf{t}$. Die Richtungsableitung eines Vektorfeldes ist ein Vektor und wird mit $\frac{\partial \mathbf{u}}{\partial \mathbf{t}}$ bezeichnet.

$$\frac{\partial \mathbf{u}}{\partial \mathbf{t}} = \lim_{ds \to 0} \frac{u(\mathbf{x}_o + \mathbf{t}\,ds) - u(\mathbf{x}_o)}{ds}$$

Der Zusammenhang zwischen den Koordinaten t^i des Richtungsvektors $\mathbf{t}$ und den Ableitungen der lokalen Koordinaten y^i nach dem Abstand s wird mit der Kettenregel bestimmt :

$$\mathbf{t} = t^i \, \mathbf{b}_i$$

$$\frac{d\mathbf{x}}{ds} = \frac{\partial \mathbf{x}}{\partial y^i} \frac{dy^i}{ds} = \mathbf{b}_i \frac{dy^i}{ds} = \mathbf{b}_i \, t^i$$

$$\frac{dy^i}{ds} = t^i$$

Auf der Geraden $\mathbf{x} + \mathbf{t}\,s$ ist der Wert des Vektorfeldes eine Funktion $\mathbf{u}(s)$ des Abstandes s, da $\mathbf{x}$ und $\mathbf{t}$ konstant sind. Der Wert $\mathbf{u}(\mathbf{x} + \mathbf{t}ds)$ am Punkt $\mathbf{x} + \mathbf{t}ds$ wird mit einer Taylorreihe für $\mathbf{u}(s)$ am Punkt $\mathbf{x}$ bestimmt und in die Definition der Richtungsableitung eingesetzt. Bei der Bildung des Grenzwertes $ds \to 0$ entfallen die zweiten und höheren Ableitungen von $\mathbf{u}$, da sie den Faktor ds enthalten.

$$\mathbf{u}(\mathbf{x}_o + \mathbf{t}\,ds) = \mathbf{u}(\mathbf{x}_o) + \frac{\partial \mathbf{u}}{\partial y^i} \frac{dy^i}{ds} ds + \frac{1}{2} \frac{\partial^2 \mathbf{u}}{\partial y^k \, \partial y^m} \frac{dy^k}{ds} \frac{dy^m}{ds} (ds)^2 + \ldots$$

$$\frac{\partial \mathbf{u}}{\partial \mathbf{t}} = \lim_{ds \to 0} \frac{\mathbf{u}(\mathbf{x}_o + \mathbf{t}ds) - \mathbf{u}(\mathbf{x}_o)}{ds} = \frac{\partial \mathbf{u}}{\partial y^i} \frac{dy^i}{ds}$$

$$\frac{\partial \mathbf{u}}{\partial \mathbf{t}} = \frac{\partial \mathbf{u}}{\partial y^i} t^i$$

Die partiellen Ableitungen des Feldes werden mit den kovarianten Ableitungen $u_{i\,;\,m}$ der Feldkoordinaten dargestellt, die in einer Matrix $\mathbf{U}_{;\,y}$ zusammengefaßt werden. Die Markierung der Matrix mit ;y symbolisiert die darin enthaltenen kovarianten Ableitungen. Dann ist die Richtungsableitung des Vektorfeldes das Produkt der Basis $\mathbf{B}^*$, der Ableitungsmatrix $\mathbf{U}_{;\,y}$ und des Richtungsvektors $\mathbf{t}$:

$$\frac{\partial \mathbf{u}}{\partial \mathbf{t}} = \mathbf{B}^* \, \mathbf{U}_{;\,y} \, \mathbf{t} = u_{i\,;\,m} \, t^m \, \mathbf{b}^i$$

Stationäre Werte der Richtungsableitung : Es stellt sich die Frage, für welche Einheitsvektoren $\mathbf{n}$ der Betrag der Richtungsableitung des Vektorfeldes stationär ist. Diese Einheitsvektoren sind die Eigenvektoren der Matrix $\mathbf{B}^* \mathbf{U}_{;y}$. Besitzt $\mathbf{U}_{;y}$ die Eigenzustände $(p_k, \mathbf{n}_k)$, so sind die Beträge der stationäre Richtungsableitungen gleich p_k.

$$\mathbf{B}^* \mathbf{U}_{;y} \mathbf{n} = p\,\mathbf{n} \quad \Rightarrow \quad u_{i\,;\,m}\, n^m\, \mathbf{b}^i = p\,\mathbf{n} \qquad \text{mit} \qquad \mathbf{n} \cdot \mathbf{n} = 1$$

$$\left| \frac{\partial \mathbf{u}}{\partial \mathbf{n}} \right| = \sqrt{p_k^2\, \mathbf{n} \cdot \mathbf{n}} = p_k \qquad\qquad k = 1, 2, 3$$

Lokales Volumenelement : Die lokalen Basisvektoren an einem Punkt $\mathbf{a}(y^1, y^2, y^3)$ des euklidischen Raumes $\mathbb{R}^3$ seien $\mathbf{b}_1$, $\mathbf{b}_2$, $\mathbf{b}_3$. Von den Vektoren $\mathbf{b}_1 dy^1$, $\mathbf{b}_2 dy^2$, $\mathbf{b}_3 dy^3$ wird ein spatförmiges Volumenelement dV aufgespannt. Die Oberfläche des Spats besteht aus 6 stetigen Flächenstücken, den Seiten dA_i des Spats. Die Teile sind durch folgende Punktmengen definiert :

$$\begin{aligned}
dV &= \{\mathbf{x} = \mathbf{a} + s_1 dy^1 \mathbf{b}_1 + s_2 dy^2 \mathbf{b}_2 + s_3 dy^3 \mathbf{b}_3 \mid 0 \le s_i \le 1\} \\
dA_1 &= \{\mathbf{x} = \mathbf{a} + \phantom{s_1 dy^1 \mathbf{b}_1} + s_2 dy^2 \mathbf{b}_2 + s_3 dy^3 \mathbf{b}_3 \mid 0 \le s_i \le 1\} \\
dA_2 &= \{\mathbf{x} = \mathbf{a} + s_1 dy^1 \mathbf{b}_1 + \phantom{s_2 dy^2 \mathbf{b}_2} + s_3 dy^3 \mathbf{b}_3 \mid 0 \le s_i \le 1\} \\
dA_3 &= \{\mathbf{x} = \mathbf{a} + s_1 dy^1 \mathbf{b}_1 + s_2 dy^2 \mathbf{b}_2 + \phantom{s_3 dy^3 \mathbf{b}_3} \mid 0 \le s_i \le 1\} \\
dA_4 &= \{\mathbf{x} = \mathbf{a} + dy^1 \mathbf{b}_1 + s_2 dy^2 \mathbf{b}_2 + s_3 dy^3 \mathbf{b}_3 \mid 0 \le s_i \le 1\} \\
dA_5 &= \{\mathbf{x} = \mathbf{a} + s_1 dy^1 \mathbf{b}_1 + dy^2 \mathbf{b}_2 + s_3 dy^3 \mathbf{b}_3 \mid 0 \le s_i \le 1\} \\
dA_6 &= \{\mathbf{x} = \mathbf{a} + s_1 dy^1 \mathbf{b}_1 + s_2 dy^2 \mathbf{b}_2 + dy^3 \mathbf{b}_3 \mid 0 \le s_i \le 1\}
\end{aligned}$$

Die nach außen gerichteten Flächenvektoren $\mathbf{da}^i$ der Seiten dA_i des Spats sowie die Beträge da^i der Seiten dA_i und der Betrag dv des Volumens des Elementes dV werden nach Abschnitt 9.4.8 bestimmt und mit der Basisdeterminante $b_* = \det \mathbf{B}_*$ sowie den metrischen Koeffizienten $g^{im} = \mathbf{b}^i \cdot \mathbf{b}^m$ dargestellt.

$$\begin{aligned}
&\text{Seiten 1 und 4} &&: -\mathbf{da}^1 = \mathbf{da}^4 = (\mathbf{b}_2 dy^2) \times (\mathbf{b}_3 dy^3) = \mathbf{b}^1 b_* dy^2 dy^3 \\
&\text{Seiten 2 und 5} &&: -\mathbf{da}^2 = \mathbf{da}^5 = (\mathbf{b}_3 dy^3) \times (\mathbf{b}_1 dy^1) = \mathbf{b}^2 b_* dy^3 dy^1 \\
&\text{Seiten 3 und 6} &&: -\mathbf{da}^3 = \mathbf{da}^6 = (\mathbf{b}_1 dy^1) \times (\mathbf{b}_2 dy^2) = \mathbf{b}^3 b_* dy^1 dy^2
\end{aligned}$$

$$\begin{aligned}
&\text{Betrag } dA_1, dA_4 &&: da^1 = da^4 = \sqrt{g^{11}}\, b_* dy^2 dy^3 \\
&\text{Betrag } dA_2, dA_5 &&: da^2 = da^5 = \sqrt{g^{22}}\, b_* dy^3 dy^1 \\
&\text{Betrag } dA_3, dA_6 &&: da^3 = da^6 = \sqrt{g^{33}}\, b_* dy^1 dy^2 \\
&\text{Betrag } dV &&: dv = b_* dy^1 dy^2 dy^3
\end{aligned}$$

Gradient eines Skalarfeldes : Gegeben sei ein Skalarfeld $u(y^1, y^2, y^3)$ in dem euklidischen Raum $\mathbb{R}^3$. Ein Punkt P des Raumes wird mit einer stückweise stetigen, geschlossenen Fläche F umhüllt. Das Vektorintegral des Skalarfeldes u über die Fläche F wird durch den Betrag v des von F umhüllten Volumens dividiert. Wenn ein eindeutiger Grenzwert dieses Quotienten für $v \to 0$ existiert, heißt er der Gradient des Skalarfeldes am Punkt P und wird mit **grad** u bezeichnet.

$$\mathbf{grad}\, u = \lim_{v \to 0} \frac{1}{v} \int_F u \, d\mathbf{a}$$

Wählt man als Hülle die Oberfläche eines spatförmigen Volumenelementes, so ist das Flächenintegral gleich der Summe der Flächenintegrale über die sechs Seiten des Spats. Auf jeder der Seiten ist die Richtung der Flächennormale konstant. Für das Vektorintegral des Skalarfeldes über die Fläche F folgt dann :

$$\begin{aligned} \int_F u \, d\mathbf{a} \; = \; & (u + \frac{\partial u}{\partial y^1} dy^1)\, d\mathbf{a}^1 - u\, d\mathbf{a}^1 \; + \\ & (u + \frac{\partial u}{\partial y^2} dy^2)\, d\mathbf{a}^2 - u\, d\mathbf{a}^2 \; + \\ & (u + \frac{\partial u}{\partial y^3} dy^3)\, d\mathbf{a}^3 - u\, d\mathbf{a}^3 \end{aligned}$$

$$\int_F u \, d\mathbf{a} = \frac{\partial u}{\partial y^i} \mathbf{b}^i \, b_* \, dy^1 \, dy^2 \, dy^3$$

Die Substitution dieses Integrals und des Betrages $dv = b_* dy^1 dy^2 dy^3$ des Volumens in die Definition des Gradienten führt zu der Differentialform des Gradienten :

$$\mathbf{grad}\, u = \frac{\partial u}{\partial y^i} \mathbf{b}^i = u_{,i} \, \mathbf{b}^i$$

$u_{,i}$ partielle Ableitung des Skalarfeldes $u(y^1, y^2, y^3)$ nach y^i
$\mathbf{b}^i$ lokaler Basisvektor

Der für die Ableitung eines Skalarfeldes u nach einem Vektor definierte Gradient **g** und der hier definierte Gradient **grad** u sind identisch.

Tensorcharakter des Gradienten : Die lokale Basis $\mathbf{B}_*$ wird mit der Matrix **A** nach $\bar{\mathbf{B}}_* = \mathbf{B}_* \mathbf{A}$ transformiert. Die Koeffizienten von **A** werden mit $a^i_{.k}$ bezeichnet, die Koeffizienten von $\bar{\mathbf{A}} = \mathbf{A}^{-1}$ mit $\bar{a}^k_{.m}$ und die lokalen Koordinaten für die Basis $\bar{\mathbf{B}}_*$ mit $\bar{y}^i$. Nach Abschnitt 9.2.6 und 9.4.4 gelten folgende Transformationsregeln für die Basisvektoren und die partiellen Ableitungen :

$$\bar{\mathbf{b}}^k = \bar{a}^k_{.m} \mathbf{b}^m$$

$$\frac{\partial u}{\partial \bar{y}^k} = a^i_{.k} \frac{\partial u}{\partial y^i}$$

Die Substitution dieser Regeln in die Definition des Gradienten zeigt, daß der Gradient ein Tensor ist.

$$\textbf{grad}\, u \;=\; \frac{\partial u}{\partial \bar{y}^k}\, \bar{\mathbf{b}}^k \;=\; a^i_{.k}\, \frac{\partial u}{\partial y^i}\, \bar{a}^k_{.m}\, \mathbf{b}^m \;=\; \frac{\partial u}{\partial y^i}\, \mathbf{b}^i$$

Divergenz eines Vektorfeldes : Gegeben sei ein Vektorfeld **u** mit den Koordinaten $u^i(y^1, y^2, y^3)$ in dem euklidischen Raum $\mathbb{R}^3$. Ein Punkt P des Raumes wird mit einer stückweise stetigen, geschlossenen Fläche F umhüllt. Das Skalarintegral des Vektorfeldes **u** über die Fläche F wird durch den Betrag v des von F umhüllten Volumens dividiert. Existiert der Grenzwert dieses Quotienten für $v \to 0$, so heißt er die Divergenz des Vektorfeldes am Punkt P und wird mit div **u** bezeichnet. Die Divergenz ist ein Skalar und folglich ein Tensor.

$$\text{div}\, \mathbf{u} \;=\; \lim_{v \to 0} \frac{1}{v} \int_F \mathbf{u} \cdot d\mathbf{a}$$

Wählt man als Hülle die Oberfläche eines spatförmigen Volumenelementes, so ist das Flächenintegral gleich der Summe der Flächenintegrale über die sechs Seiten des Spats. Auf jeder der Seiten ist die Richtung der Flächennormale konstant. Für das Skalarintegral des Vektorfeldes über die Fläche F folgt dann :

$$\begin{aligned}\int_F \mathbf{u} \cdot d\mathbf{a} \;=\; & (u^i + u^i_{;1}\, dy^1)\, \mathbf{b}_i \cdot d\mathbf{a}^1 - u^i \mathbf{b}_i \cdot d\mathbf{a}^1 \;+ \\ & (u^i + u^i_{;2}\, dy^2)\, \mathbf{b}_i \cdot d\mathbf{a}^2 - u^i \mathbf{b}_i \cdot d\mathbf{a}^2 \;+ \\ & (u^i + u^i_{;3}\, dy^3)\, \mathbf{b}_i \cdot d\mathbf{a}^3 - u^i \mathbf{b}_i \cdot d\mathbf{a}^3\end{aligned}$$

$$\int_F \mathbf{u} \cdot d\mathbf{a} \;=\; u^i_{;m}\, \mathbf{b}_i \cdot \mathbf{b}^m\, b_* \, dy^1\, dy^2\, dy^3$$

Die Substitution dieses Integrals und des Betrages $dv = b_* dy^1\, dy^2\, dy^3$ des Volumens in die Definition der Divergenz führt mit $\mathbf{b}_i \cdot \mathbf{b}^m = \delta^m_i$ zu der Differentialform der Divergenz :

$$\text{div}\, \mathbf{u} \;=\; u^i_{;i} \;=\; u^1_{;1} + u^2_{;2} + u^3_{;3}$$

$u^i_{;m}$ kovariante Ableitung von u^i nach y^m

Rotor eines Vektorfeldes : Gegeben sei ein Vektorfeld **u** mit den Koordinaten $u_i(y^1, y^2, y^3)$ in dem euklidischen Raum $\mathbb{R}^3$. Ein Punkt P des Raumes wird mit einer stückweise stetigen, geschlossenen Fläche F umhüllt. Das Vektorintegral des Vektorfeldes **u** über die Fläche F wird durch den Betrag v des von F umhüllten Volumens dividiert. Existiert der Grenzwert dieses Quotienten für $v \to 0$, so heißt er der Rotor des Vektorfeldes am Punkt P und wird mit **rot u** bezeichnet.

$$\textbf{rot u} \;=\; \lim_{v \to 0} \frac{1}{v} \int_F d\mathbf{a} \times \mathbf{u}$$

Die Reihenfolge der Faktoren $d\mathbf{a}$ und $\mathbf{u}$ in der Definition ist historisch begründet; sie bestimmt das Vorzeichen des Rotors. Wählt man als Hülle die Oberfläche eines spatförmigen Volumenelementes, so ist das Flächenintegral gleich der Summe der Flächenintegrale über die sechs Seiten des Spats. Auf jeder der Seiten wird die Richtung des Vektorfeldes als konstant betrachtet. Für das Vektorintegral des Vektorfeldes über die Fläche F folgt dann :

$$\begin{aligned}\int_F d\mathbf{a} \times \mathbf{u} &= (u_i + u_{i;1}\, dy^1)\, d\mathbf{a}^1 \times \mathbf{b}^i - u_i\, d\mathbf{a}^1 \times \mathbf{b}^i \quad + \\ &\quad (u_i + u_{i;2}\, dy^2)\, d\mathbf{a}^2 \times \mathbf{b}^i - u_i\, d\mathbf{a}^2 \times \mathbf{b}^i \quad + \\ &\quad (u_i + u_{i;3}\, dy^3)\, d\mathbf{a}^3 \times \mathbf{b}^i - u_i\, d\mathbf{a}^3 \times \mathbf{b}^i \\ \int_F d\mathbf{a} \times \mathbf{u} &= u_{i;m}\, \mathbf{b}^m \times \mathbf{b}^i\, b_* \, dy^1\, dy^2\, dy^3\end{aligned}$$

Die Substitution dieses Integrals und des Betrages $dv = b_* dy^1\, dy^2\, dy^3$ des Volumens in die Definition des Rotors führt zu der Differentialform des Rotors :

$$\mathbf{rot}\ \mathbf{u} = u_{i;m}\, \mathbf{b}^m \times \mathbf{b}^i$$

$u_{i;m}$ kovariante Ableitung von u_i nach y^m

Die Doppelsumme wird für $i, m = 1, 2, 3$ explizit dargestellt. Die Differenzen $u_{i;k} - u_{k;i}$ der kovarianten Ableitungen werden mit der in Abschnitt 9.4.7 gezeigten Beziehung zwischen kovarianten und partiellen Ableitungen sowie den Christoffel Symbolen Γ^m_{ik} durch die Differenzen $u_{i,k} - u_{k,i}$ der partiellen Ableitungen ersetzt.

$$\mathbf{rot}\ \mathbf{u} = (u_{2;1} - u_{1;2})\mathbf{b}^1 \times \mathbf{b}^2 + (u_{3;2} - u_{2;3})\mathbf{b}^2 \times \mathbf{b}^3 + (u_{1;3} - u_{3;1})\mathbf{b}^3 \times \mathbf{b}^1$$

$$u_{i;k} - u_{k;i} = (u_{i,k} - \Gamma^m_{ik}\, u_m) - (u_{k,i} - \Gamma^m_{ki}\, u_m) = u_{i,k} - u_{k,i}$$

Die Kreuzprodukte der Basisvektoren werden durch duale Basisvektoren und die Basisdeterminante $b^* = \det \mathbf{B}^*$ ersetzt. Beispielsweise gilt $\mathbf{b}^1 \times \mathbf{b}^2 = b^*\, \mathbf{b}_3$. Mit dem Permutationstensor $\varepsilon^{ikm} = b^* e^{ikm}$ folgt eine alternative Differentialform des Rotors :

$$\mathbf{rot}\ \mathbf{u} = \varepsilon^{ikm}\, u_{k,i}\, \mathbf{b}_m = \varepsilon^{ikm}\, u_{k;i}\, \mathbf{b}_m$$

$u_{k,i}$ partielle Ableitung von u_k nach y^i

Tensorcharakter des Rotors : An einem Punkt P eines Punktraumes $\mathbb{R}^n$ sei $\mathbf{B}_*$ die Basis für ein lokales Koordinatensystem $(y^1,..., y^n)$ und $\overline{\mathbf{B}}_*$ die Basis für ein lokales Koordinatensystem $(z^1,..., z^n)$. Die Koordinaten eines Tensorfeldes 1. Stufe seien u_i in der Basis $\mathbf{B}_*$ und $\overline{u}_i$ in der Basis $\overline{\mathbf{B}}_*$. Die Koeffizienten der Transformationsmatrix $\mathbf{A}$ in der Koordinatentransformation $\overline{\mathbf{B}}_* = \mathbf{B}_* \mathbf{A}$ seien $a^i_{.k}$. Nach Abschnitt 9.2.6 und Abschnitt 9.4.7 gelten folgende Transformationsregeln für die Basisvektoren und für die kovarianten Ableitungen der Tensorkoordinaten :

$$\bar{\mathbf{b}}^i = \bar{a}^i_{.\,k}\, \mathbf{b}^k$$

$$u_{i\,;\,k} = \bar{a}^r_{.\,i}\, \bar{a}^s_{.\,k}\, \bar{u}_{r;\,s}$$

Die Substitution dieser Regeln in die erste Differentialform des Rotors zeigt, daß der Rotor ein Tensor ist :

$$\textbf{rot u} = u_{i\,;\,k}\, \mathbf{b}^k \times \mathbf{b}^i = \bar{a}^r_{.\,i}\, \bar{a}^s_{.\,k}\, \bar{u}_{r;\,s}\ \mathbf{b}^i \times \mathbf{b}^k$$

$$\textbf{rot u} = \bar{u}_{r;\,s}\, \bar{\mathbf{b}}^r \times \bar{\mathbf{b}}^s$$

Gradient eines Vektorfeldes : Gegeben sei ein Vektorfeld **u** mit den Koordinaten $u^i(y^1, y^2, y^3)$ in dem euklidischen Raum $\mathbb{R}^3$. Ein Punkt P des Raumes wird mit einer stückweise stetigen, geschlossenen Fläche F umhüllt. Das Integral der Dyade $d\mathbf{a}\ \mathbf{u}^T$ über die Fläche F wird mit dem Betrag v des von F umhüllten Volumens dividiert. Der Grenzwert dieses Quotienten für $v \to 0$ heißt der Gradient des Vektorfeldes (Vektorgradient) am Punkt P und wird mit **dya u** bezeichnet.

$$\textbf{dya u} = \lim_{v \to 0} \frac{1}{v} \int_F d\mathbf{a}\ \mathbf{u}^T$$

Wählt man als Hülle die Oberfläche eines spatförmigen Volumenelementes, so ist das Flächenintegral gleich der Summe der Flächenintegrale über die sechs Seiten des Spats. Auf jeder der Seiten wird die Richtung des Vektorfeldes als konstant betrachtet. In dem Ausdruck für den Gradienten **dya u** des Vektorfeldes folgt dann für das Integral über die Fläche F :

$$\begin{aligned}\int_F d\mathbf{a}\ \mathbf{u}^T = {} & (u_i + u_{i\,;\,1}\, dy^1)\, d\mathbf{a}^1 (\mathbf{b}^i)^T - u_i\, d\mathbf{a}^1\, (\mathbf{b}^i)^T + \\ & (u_i + u_{i\,;\,2}\, dy^2)\, d\mathbf{a}^2 (\mathbf{b}^i)^T - u_i\, d\mathbf{a}^2\, (\mathbf{b}^i)^T + \\ & (u_i + u_{i\,;\,3}\, dy^3)\, d\mathbf{a}^3 (\mathbf{b}^i)^T - u_i\, d\mathbf{a}^3\, (\mathbf{b}^i)^T\end{aligned}$$

$$\int_F d\mathbf{a}\ \mathbf{u}^T = u_{i\,;\,m}\, \mathbf{b}^m\, (\mathbf{b}^i)^T\, b_*\, dy^1\, dy^2\, dy^3$$

Die Substitution dieses Integrals und des Betrages $v = b_*\, dy^1\, dy^2\, dy^3$ des Volumens in die Definition des Vektorgradienten führt zu der Differentialform des Gradienten :

$$\textbf{dya u} = u_{i;\,m}\, \mathbf{b}^m\, (\mathbf{b}^i)^T$$

Die Koordinaten des Gradienten eines Vektorfeldes sind die kovarianten Ableitungen der Vektorkoordinaten. Da die kovarianten Ableitungen Tensorcharakter besitzen, ist der Gradient eines Vektorfeldes ein Tensor 2. Stufe.

Zusammenfassung der Feldoperationen : Die Feldoperationen für ein Skalarfeld $p(y^1, y^2, y^3)$ und ein Vektorfeld $\mathbf{u}(y^1, y^2, y^3)$ sind in den vorangehenden Abschnitten definiert. Im folgenden sind die Differentialformen dieser Feldoperationen zusammengestellt.

Gradient eines Skalarfeldes :

$$\mathbf{u} = \mathbf{grad}\, p = p_{,i}\, \mathbf{b}^i \qquad \text{mit} \qquad p_{,i} = \frac{\partial p}{\partial y^i}$$

Divergenz eines Vektorfeldes :

$$c = \text{div}\, \mathbf{u} = u^i_{;i} \qquad \text{mit} \qquad u^i_{;m} = u^i_{,m} + \Gamma^i_{km} u^k$$

Rotor eines Vektorfeldes :

$$\mathbf{r} = \mathbf{rot\, u} = r^i\, \mathbf{b}_i \qquad \text{mit} \qquad r^i = \varepsilon^{ikm} u_{m,k} = \varepsilon^{ikm} u_{m;k}$$

Gradient eines Vektorfeldes :

$$\mathbf{D} = \mathbf{dya\, u} = u_{k;i}\, \mathbf{b}^i (\mathbf{b}^k)^T \qquad \text{mit} \qquad u_{k;i} = u_{k,i} - \Gamma^m_{ki} u_m$$

Beispiel 1 : Feldoperationen in kartesischen Koordinaten

Das kartesische Koordinatensystem (x^1, x^2, x^3) besitzt die orthonormalen Basisvektoren $\mathbf{e}_1, \mathbf{e}_2, \mathbf{e}_3$. Da die dualen Basisvektoren $\mathbf{e}_i$ und $\mathbf{e}^i$ gleich sind, sind auch die dualen Koordinaten $u^i(x^1, x^2, x^3)$ und $u_i(x^1, x^2, x^3)$ eines Vektorfeldes $\mathbf{u}$ gleich. Die kovarianten Ableitungen des Vektorfeldes sind gleich den partiellen Ableitungen, da die Basis $\mathbf{E}$ global ist.

Skalarfeld : $p = p(x^1, x^2, x^3)$

Vektorfeld : $\mathbf{u} = u^i(x^1, x^2, x^3)\, \mathbf{e}_i = u_i(x^1, x^2, x^3)\, \mathbf{e}^i$

Gradient : $\mathbf{grad}\, p = \dfrac{\partial p}{\partial x^1} \mathbf{e}^1 + \dfrac{\partial p}{\partial x^2} \mathbf{e}^2 + \dfrac{\partial p}{\partial x^3} \mathbf{e}^3$

Divergenz : $\text{div}\, \mathbf{u} = \dfrac{\partial u^1}{\partial x^1} + \dfrac{\partial u^2}{\partial x^2} + \dfrac{\partial u^3}{\partial x^3} = u^i_{,i}$

Rotor : $\mathbf{rot\, u} = c^i\, \mathbf{e}_i \quad \text{mit} \quad c^i = e^{ikm} u_{m,k}$

$\mathbf{rot\, u} = (u_{3,2} - u_{2,3})\, \mathbf{e}_1 + (u_{1,3} - u_{3,1})\, \mathbf{e}_2 + (u_{2,1} - u_{1,2})\, \mathbf{e}_3$

Gradient : $\mathbf{dya\, u} = u_{m,i}\, \mathbf{e}^i (\mathbf{e}^m)^T$

Beispiel 2 : Feldoperationen in zylindrischen Koordinaten

Das zylindrische Koordinatensystem (r, θ, z) und seine Christoffel Symbole sind in den Beispielen 1 der Abschnitte 9.4.5 und 9.4.6 definiert. Die kovarianten Basisvektoren $\mathbf{b}_i$ sind die partiellen Ableitungen des Ortsvektors $\mathbf{x}$ nach den lokalen Koordinaten r, θ, z. Die kontravarianten Basisvektoren $\mathbf{b}^m$ folgen aus der Bedingung $\mathbf{b}_i \cdot \mathbf{b}^m = \delta_i^m$.

Skalarfeld : $p = p(r, \theta, z)$

Vektorfeld : $\mathbf{u} = u^i(r, \theta, z)\, \mathbf{b}_i$

Basis : $\mathbf{b}_1 = \begin{bmatrix} \cos\theta \\ \sin\theta \\ 0 \end{bmatrix} \qquad \mathbf{b}_2 = \begin{bmatrix} -r\sin\theta \\ r\cos\theta \\ 0 \end{bmatrix} \qquad \mathbf{b}_3 = \begin{bmatrix} 0 \\ 0 \\ 1 \end{bmatrix}$

$$b_* = \det \mathbf{B}_* = r$$

$$\mathbf{b}^1 = \mathbf{b}_1 \qquad \mathbf{b}^2 = \frac{1}{r^2}\mathbf{b}_2 \qquad \mathbf{b}^3 = \mathbf{b}_3$$

Metrik : $\mathbf{G}_* = \begin{bmatrix} 1 & 0 & 0 \\ 0 & r^2 & 0 \\ 0 & 0 & 1 \end{bmatrix}$

Koordinaten : $u_i = g_{ik}\, u^k$

$$u_1 = u^1 \qquad u_2 = (r)^2 u^2 \qquad u_3 = u^3$$

Gradient : $\mathbf{grad}\, p = \frac{\partial p}{\partial r}\mathbf{b}^1 + \frac{\partial p}{\partial \theta}\mathbf{b}^2 + \frac{\partial p}{\partial z}\mathbf{b}^3$

$$= \frac{\partial p}{\partial r}\mathbf{b}_1 + \frac{1}{r^2}\frac{\partial p}{\partial \theta}\mathbf{b}_2 + \frac{\partial p}{\partial z}\mathbf{b}_3$$

Divergenz : $\operatorname{div}\mathbf{u} = u^1_{;1} + u^2_{;2} + u^3_{;3}$

$$u^1_{;1} = \frac{\partial u^1}{\partial r} + \Gamma^1_{1m}\, u^m = \frac{\partial u^1}{\partial r}$$

$$u^2_{;2} = \frac{\partial u^2}{\partial \theta} + \Gamma^2_{2m}\, u^m = \frac{\partial u^2}{\partial \theta} + \frac{u^1}{r}$$

$$u^3_{;3} = \frac{\partial u^3}{\partial z} + \Gamma^3_{3m}\, u^m = \frac{\partial u^3}{\partial z}$$

Rotor : $\mathbf{rot\,u} = b^* e^{ikm} u_{m,k} \mathbf{b}_i = c^i \mathbf{b}_i$

$$c^1 = \frac{1}{r}\left(\frac{\partial u_3}{\partial \theta} - \frac{\partial u_2}{\partial z}\right) = \frac{1}{r}\frac{\partial u^3}{\partial \theta} - r\frac{\partial u^2}{\partial z}$$

$$c^2 = \frac{1}{r}\left(\frac{\partial u_1}{\partial z} - \frac{\partial u_3}{\partial r}\right) = \frac{1}{r}\frac{\partial u^1}{\partial z} - \frac{1}{r}\frac{\partial u^3}{\partial r}$$

$$c^3 = \frac{1}{r}\left(\frac{\partial u_2}{\partial r} - \frac{\partial u_1}{\partial \theta}\right) = r\frac{\partial u^2}{\partial r} - \frac{1}{r}\frac{\partial u^1}{\partial \theta} + 2u^2$$

Vektorgradient: $u_{i;k} = u_{i,k} - \Gamma^m_{ik} u_m$

$\mathbf{U}_{;y}$ =

$u_{1,1}$	$u_{1,2} - \frac{1}{r} u_2$	$u_{1,3}$
$u_{2,1} - \frac{1}{r} u_2$	$u_{2,2} + r u_2$	$u_{2,3}$
$u_{3,1}$	$u_{3,2}$	$u_{3,3}$

=

$u^1_{,1}$	$u^1_{,2} - r u^2$	$u^1_{,3}$
$(r)^2 u^2_{,1} + r u^2$	$(r)^2 u^2_{,2} + r u^1$	$(r)^2 u^2_{,3}$
$u^3_{,1}$	$u^3_{,2}$	$u^3_{,3}$

Beispiel 3 : Feldoperationen in sphärischen Koordinaten

Das sphärische Koordinatensystem (r, θ, β) und seine Christoffel Symbole sind in den Beispielen 2 der Abschnitte 9.4.5 und 9.4.6 definiert. Die kovarianten Basisvektoren $\mathbf{b}_i$ sind die partiellen Ableitungen des Ortsvektors $\mathbf{x}$ nach den lokalen Koordinaten r, θ, β. Die kontravarianten Basisvektoren $\mathbf{b}^m$ folgen aus der Bedingung $\mathbf{b}_i \cdot \mathbf{b}^m = \delta_i^m$.

Skalarfeld : $p = p(r, \theta, \beta)$

Vektorfeld : $\mathbf{u} = u^i(r, \theta, \beta)\,\mathbf{b}_i$

Basis : $\mathbf{b}_1$ =

$\cos\beta\,\cos\theta$
$\cos\beta\,\sin\theta$
$\sin\beta$

$\mathbf{b}_2$ =

$-r\cos\beta\,\sin\theta$
$r\cos\beta\,\cos\theta$
0

$\mathbf{b}_3$ =

$-r\sin\beta\,\cos\theta$
$-r\sin\beta\,\sin\theta$
$r\cos\beta$

$$\mathbf{b}^1 = \mathbf{b}_1 \qquad \mathbf{b}^2 = \frac{1}{r^2\cos^2\beta}\mathbf{b}_2 \qquad \mathbf{b}^3 = \frac{1}{r^2}\mathbf{b}_3$$

$$b_* = \det \mathbf{B}_* = r^2\cos\beta \qquad b^* = \det \mathbf{B}^* = \frac{1}{r^2}\sec\beta$$

Metrik : $\mathbf{G}_* =$

1	0	0
0	$r^2\cos^2\beta$	0
0	0	r^2

Koordinaten : $u_i = g_{ik}\,u^k$

$$u_1 = u^1 \qquad u_2 = (r)^2 \cos^2\beta\, u^2 \qquad u_3 = (r)^2 u^3$$

Gradient : $\mathbf{grad}\,p = \frac{\partial p}{\partial r}\mathbf{b}^1 + \frac{\partial p}{\partial \theta}\mathbf{b}^2 + \frac{\partial p}{\partial \beta}\mathbf{b}^3$

$$= \frac{\partial p}{\partial r}\mathbf{b}_1 + \frac{1}{r^2}\sec^2\beta\,\frac{\partial p}{\partial \theta}\mathbf{b}_2 + \frac{1}{r^2}\frac{\partial p}{\partial \beta}\mathbf{b}_3$$

Divergenz : $\text{div}\,\mathbf{u} = u^1_{;1} + u^2_{;2} + u^3_{;3}$

$$u^1_{;1} = \frac{\partial u^1}{\partial r} + \Gamma^1_{1m}\,u^m = \frac{\partial u^1}{\partial r}$$

$$u^2_{;2} = \frac{\partial u^2}{\partial \theta} + \Gamma^2_{2m}\,u^m = \frac{\partial u^2}{\partial \theta} + \frac{u^1}{r} - u^3\tan\beta$$

$$u^3_{;3} = \frac{\partial u^3}{\partial \beta} + \Gamma^3_{3m}\,u^m = \frac{\partial u^3}{\partial \beta} + \frac{u^1}{r}$$

Rotor : $\mathbf{rot}\,\mathbf{u} = b^*\,e^{ikm}\,u_{m,k}\,\mathbf{b}_i = c^i\,\mathbf{b}_i$

$$c^1 = \frac{1}{r^2}\sec\beta\left(\frac{\partial u_3}{\partial \theta} - \frac{\partial u_2}{\partial \beta}\right) = \sec\beta\,\frac{\partial u^3}{\partial \theta} - \cos\beta\,\frac{\partial u^2}{\partial \beta} + 2\sin\beta\,u^2$$

$$c^2 = \frac{1}{r^2}\sec\beta\left(\frac{\partial u_1}{\partial \beta} - \frac{\partial u_3}{\partial r}\right) = \sec\beta\left(\frac{1}{r^2}\frac{\partial u^1}{\partial \beta} - \frac{\partial u^3}{\partial r} - \frac{2}{r}\,u^3\right)$$

$$c^3 = \frac{1}{r^2}\sec\beta\left(\frac{\partial u_2}{\partial r} - \frac{\partial u_1}{\partial \theta}\right) = \cos\beta\,\frac{\partial u^2}{\partial r} - \frac{1}{r^2}\sec\beta\,\frac{\partial u^1}{\partial \theta} + \frac{2}{r}\cos\beta\,u^2$$

Vektorgradient : $u_{i;k} = u_{i,k} - \Gamma^m_{ik}\,u_m$

$\mathbf{U}_{;y} =$

$u_{1,1}$	$u_{1,2} - \frac{1}{r}\,u_2$	$u_{1,3} - \frac{1}{r}\,u_3$
$u_{2,1} - \frac{1}{r}\,u_2$	$u_{2,2} + r\cos^2\beta\,u_1 - \sin\beta\,\cos\beta\,u_3$	$u_{2,3} + \tan\beta\,u_2$
$u_{3,1} - \frac{1}{r}\,u_3$	$u_{3,2} + \tan\beta\,u_2$	$u_{3,3} + r\,u_1$

9.4.10 NABLA KALKÜL

Einführung : Die Darstellung der Feldoperationen in lokalen Koordinatensystemen führt zu komplizierten Ausdrücken, die das Verstehen der mathematischen Formulierung physikalischer Aufgaben erschweren. Daher wird durch Definition des Nabla Operators und des Laplace Operators eine vereinfachte, gut verständliche Schreibweise eingeführt. Die Rechenregeln für diese Operatoren heißen Nabla Kalkül. Zur Durchführung von Berechnungen werden die Operatoren durch ihre Form für das aktuelle Koordinatensystem ersetzt.

Nabla Operator : Die Darstellung der räumlichen Feldoperationen wird durch die Einführung des Nabla Operators vereinfacht. Der Operator ist die Summe von drei Termen ; jeder Term ist das Produkt eines lokalen Basisvektors $\mathbf{b}^i$ mit dem partiellen Ableitungsoperator $\partial/\partial y^i$:

$$\nabla := \mathbf{b}^1 \frac{\partial}{\partial y^1} + \mathbf{b}^2 \frac{\partial}{\partial y^2} + \mathbf{b}^3 \frac{\partial}{\partial y^3}$$

Zur Aufstellung des Nabla Operators genügt die Kenntnis der Basis $\mathbf{B}^*$. Es ist zu beachten, daß die Ableitungen des Ortsvektors $\mathbf{x}$ nach den im Nabla Operator benutzten lokalen Koordinaten y^1, y^2, y^3 nicht die Basisvektoren $\mathbf{b}^i$ des Nabla Operators, sondern die dazu dualen Basisvektoren $\mathbf{b}_m$ ergeben. Mit dem Nabla Operator werden die Feldoperationen als Produkte dargestellt :

Gradient eines Skalarfeldes	:	∇p	$= \mathbf{grad}\, p$
Divergenz eines Vektorfeldes	:	$\nabla \cdot \mathbf{u}$	$= \text{div}\, \mathbf{u}$
Rotor eines Vektorfeldes	:	$\nabla \times \mathbf{u}$	$= \mathbf{rot\, u}$
Gradient eines Vektorfeldes	:	$\nabla \mathbf{u}^T$	$= \mathbf{dya\, u}$

Beweis : Wirkung des Nabla Operators

(1) Der Gradient des Skalarfeldes $p(y^1, y^2, y^3)$ ist das Tensorprodukt des Nabla Operators mit dem Skalarfeld p :

$$\nabla p = \frac{\partial p}{\partial y^1} \mathbf{b}^1 + \frac{\partial p}{\partial y^2} \mathbf{b}^2 + \frac{\partial p}{\partial y^3} \mathbf{b}^3 = \mathbf{grad}\, p$$

(2) Die Divergenz des Vektorfeldes $\mathbf{u}(y^1, y^2, y^3)$ ist das Skalarprodukt des Nabla Operators mit dem Vektorfeld $\mathbf{u}$. Zur Bestimmung der partiellen Ableitungen der lokalen Basisvektoren werden die kovarianten Ableitungen verwendet. Mit $\mathbf{u}_{,k} = u^i_{;k}\, \mathbf{b}_i$ folgt :

$$\nabla \cdot \mathbf{u} = (\mathbf{b}^1 \frac{\partial}{\partial y^1} + \mathbf{b}^2 \frac{\partial}{\partial y^2} + \mathbf{b}^3 \frac{\partial}{\partial y^3}) \cdot \mathbf{u}$$

$$= \mathbf{b}^1 \cdot \frac{\partial \mathbf{u}}{\partial y^1} + \mathbf{b}^2 \cdot \frac{\partial \mathbf{u}}{\partial y^2} + \mathbf{b}^3 \frac{\partial \mathbf{u}}{\partial y^3}$$

$$= u^i_{;1} \mathbf{b}^1 \cdot \mathbf{b}_i + u^i_{;2} \mathbf{b}^2 \cdot \mathbf{b}_i + u^i_{;3} \mathbf{b}^3 \cdot \mathbf{b}_i$$

$$\nabla \cdot \mathbf{u} = u^1_{;1} + u^2_{;2} + u^3_{;3} = \text{div}\, \mathbf{u}$$

(3) Der Rotor des Vektorfeldes $\mathbf{u}(y^1, y^2, y^3)$ ist das Kreuzprodukt des Nabla Operators mit dem Vektorfeld $\mathbf{u}$. Das Kreuzprodukt wird mit dem Permutationstensor ε^{ikm} der Basis $\mathbf{B}^*$ dargestellt.

$$\nabla \times \mathbf{u} = \varepsilon^{ikm} u_{k,i} \mathbf{b}_m$$

$$\nabla \times \mathbf{u} = \mathbf{rot\, u}$$

(4) Der Gradient des Vektorfeldes $\mathbf{u}(y^1, y^2, y^3)$ ist das Tensorprodukt des Nabla Operators mit dem Vektorfeld $\mathbf{u}$. Die partiellen Ableitungen der lokalen Basisvektoren werden durch kovariante Ableitungen der Koordinaten des Vektorfeldes berücksichtigt.

$$\nabla \mathbf{u}^T = (\mathbf{b}^1 \frac{\partial}{\partial y^1} + \mathbf{b}^2 \frac{\partial}{\partial y^2} + \mathbf{b}^3 \frac{\partial}{\partial y^3}) (u_1 \mathbf{b}^1 + u_2 \mathbf{b}^2 + u_3 \mathbf{b}^3)^T$$

$$= \mathbf{b}^i (u_{1;i} \mathbf{b}^1 + u_{2;i} \mathbf{b}^2 + u_{3;i} \mathbf{b}^3)^T = u_{m;i} \mathbf{b}^i (\mathbf{b}^m)^T$$

$$\nabla \mathbf{u}^T = \mathbf{dya\, u}$$

Rechenregeln für Differentialoperatoren : Die Regeln werden mit den Skalarfeldern p und t sowie den Vektorfeldern **u** und **w** dargestellt. Die Formulierungen mit den Operatoren **grad**, div, **rot**, und **dya** sind gleichwertig mit den Formulierungen, die nur den Nabla Operator enthalten.

(R1) Summen von Tensorfeldern

$$\nabla(p+t) = \nabla p + \nabla t \quad \Leftrightarrow \quad \mathbf{grad}\,(p+t) = \mathbf{grad}\, p + \mathbf{grad}\, t$$

$$\nabla \cdot (\mathbf{u}+\mathbf{w}) = \nabla \cdot \mathbf{u} + \nabla \cdot \mathbf{w} \quad \Leftrightarrow \quad \text{div}\,(\mathbf{u}+\mathbf{w}) = \text{div}\,\mathbf{u} + \text{div}\,\mathbf{w}$$

$$\nabla \times (\mathbf{u}+\mathbf{w}) = \nabla \times \mathbf{u} + \nabla \times \mathbf{w} \quad \Leftrightarrow \quad \mathbf{rot}\,(\mathbf{u}+\mathbf{w}) = \mathbf{rot\, u} + \mathbf{rot\, w}$$

$$\nabla(\mathbf{u}+\mathbf{w})^T = \nabla \mathbf{u}^T + \nabla \mathbf{w}^T \quad \Leftrightarrow \quad \mathbf{dya}\,(\mathbf{u}+\mathbf{w}) = \mathbf{dya\, u} + \mathbf{dya\, w}$$

(R2) Produkte von Tensorfeldern

$$\nabla(pt) = p\nabla t + t\,\Delta p \quad \Leftrightarrow \quad \text{grad}\,(pt) = p\,\text{grad}\, t + t\,\text{grad}\, p$$

$$\nabla \cdot (p\mathbf{u}) = \nabla p \cdot \mathbf{u} + p\nabla \cdot \mathbf{u} \quad \Leftrightarrow \quad \text{div}\,(p\mathbf{u}) = \mathbf{grad}\, p \cdot \mathbf{u} + p\,\text{div}\,\mathbf{u}$$

$$\nabla \times (p\mathbf{u}) = \nabla p \times \mathbf{u} + p\nabla \times \mathbf{u} \quad \Leftrightarrow \quad \mathbf{rot}\,(p\mathbf{u}) = \mathbf{grad}\, p \times \mathbf{u} + p\,\mathbf{rot\, u}$$

$$\nabla(p\mathbf{u})^T = \nabla p \;\; \mathbf{u}^T + p\nabla \mathbf{u}^T \quad \Leftrightarrow \quad \mathbf{dya}\,(p\mathbf{u}) = \mathbf{grad}\, p\mathbf{u}^T + p\,\mathbf{dya\, u}$$

(R3) Produkte von Vektorfeldern

$$\mathbf{grad}\,(\mathbf{u}\cdot\mathbf{w}) = (\mathbf{dya\ u})\,\mathbf{w} + (\mathbf{dya\ w})\mathbf{u}$$
$$\mathrm{div}\,(\mathbf{u}\times\mathbf{w}) = \mathbf{w}\cdot\mathbf{rot\ u} - \mathbf{u}\cdot\mathbf{rot\ w}$$
$$\mathbf{rot}\,(\mathbf{u}\times\mathbf{w}) = (\mathbf{dya\ u})^T\mathbf{w} - (\mathbf{dya\ w})^T\mathbf{u} + \mathbf{u}\,\mathrm{div}\,\mathbf{w} - \mathbf{w}\,\mathrm{div}\,\mathbf{u}$$

Diese Rechenregeln können zweckmäßig mit kovarianten Ableitungen der Koordinaten der Felder dargestellt werden :

$$\mathbf{grad}\,(\mathbf{u}\cdot\mathbf{w}) = (u_{k\,;\,i}\,w^k + u^k\,w_{k\,;\,i})\,\mathbf{b}^i$$
$$\mathrm{div}\,(\mathbf{u}\times\mathbf{w}) = \varepsilon^{ikm}\,(u_{k\,;\,i}\,w_m + u_k\,w_{m\,;\,i})$$
$$\mathbf{rot}\,(\mathbf{u}\times\mathbf{w}) = (u^i\,w^k - u^k\,w^i)_{;\,k}\,\mathbf{b}_i$$

Hinweis : In den Ausdrücken wird der Nabla Operator ∇ wie ein Vektor dargestellt. Es ist aber immer darauf zu achten, auf welche Größe die Ableitungen wirken. Ausdrücke mit Nabla Operatoren sind in der Regel nicht kommutativ.

Beweis : Rechenregeln für Differentialoperatoren

(R1) Summen von Tensorfeldern

$$\nabla(p+t) = (\mathbf{b}^i\frac{\partial}{\partial y^i})(p+t) = \mathbf{b}^i\frac{\partial p}{\partial y^i} + \mathbf{b}^i\frac{\partial t}{\partial y^i}$$
$$= \nabla p + \nabla t$$

$$\nabla\cdot(\mathbf{u}+\mathbf{w}) = (\mathbf{b}^i\frac{\partial}{\partial y^i})\cdot(u_k\,\mathbf{b}^k + w_m\,\mathbf{b}^m) = u_{k;\,i}\,\mathbf{b}^i\cdot\mathbf{b}^k + w_{m;\,i}\,\mathbf{b}^i\cdot\mathbf{b}^m$$
$$= \nabla\cdot\mathbf{u} + \nabla\cdot\mathbf{w}$$

$$\nabla\times(\mathbf{u}+\mathbf{w}) = (\mathbf{b}^i\frac{\partial}{\partial y^i})\times(u_k\,\mathbf{b}^k + w_m\,\mathbf{b}^m) = u_{k;\,i}\,\mathbf{b}^i\times\mathbf{b}^k + w_{m;\,i}\,\mathbf{b}^i\times\mathbf{b}^m$$
$$= \nabla\times\mathbf{u} + \nabla\times\mathbf{w}$$

$$\nabla(\mathbf{u}+\mathbf{w})^T = (\mathbf{b}^i\frac{\partial}{\partial y^i})(u_k\,\mathbf{b}^k + w_m\,\mathbf{b}^m)^T = u_{k;\,i}\,\mathbf{b}^i(\mathbf{b}^k)^T + w_{m;\,i}\,\mathbf{b}^i(\mathbf{b}^m)^T$$
$$= \nabla\mathbf{u}^T + \nabla\mathbf{w}^T$$

(R2) Produkte von Tensorfeldern

$$\nabla(pt) = \mathbf{b}^i\frac{\partial(pt)}{\partial y^i} = p\,\mathbf{b}^i\frac{\partial t}{\partial y^i} + t\,\mathbf{b}^i\frac{\partial p}{\partial y^i}$$
$$= p\,\nabla t + t\,\nabla p$$

$$\nabla\cdot(p\mathbf{u}) = (\mathbf{b}^i\frac{\partial}{\partial y^i})\cdot(p\,u^k\,\mathbf{b}_k) = p\,u^i_{;\,i} + u^i\,p_{,\,i}$$
$$= p(\nabla\cdot\mathbf{u}) + \nabla p\cdot\mathbf{u}$$

$$\nabla\times(p\mathbf{u}) = (\mathbf{b}^i\frac{\partial}{\partial y^i})\times(p\,u_k\,\mathbf{b}^k) = \varepsilon^{ikm}\,(p\,u_k)_{;\,i}\,\mathbf{b}_m$$
$$= p(\nabla\times\mathbf{u}) + \nabla\mathbf{p}\times\mathbf{u}$$

$$\nabla(p\mathbf{u})^T = (\mathbf{b}^i\frac{\partial}{\partial y^i})\,(p\,u_k\,\mathbf{b}^k)^T = p\,u_{k;\,i}\,\mathbf{b}^i(\mathbf{b}^k)^T + p_{,\,i}\,\mathbf{b}^i\,u_k\,(\mathbf{b}^k)^T$$
$$= p\nabla\mathbf{u}^T + \nabla p\,\mathbf{u}^T$$

(R3) Produkte von Vektorfeldern

– $\nabla(\mathbf{u} \cdot \mathbf{w}) = (\mathbf{b}^i \frac{\partial}{\partial y^i})(u_k w^k) = u_{k;i} w^k \mathbf{b}^i + u^k w_{k;i} \mathbf{b}^i$

$(\mathbf{dya\ u})\,\mathbf{w} = u_{k;i}\, \mathbf{b}^i (\mathbf{b}^k)^T \cdot (w^s \mathbf{b}_s) = u_{k;i}\, w^k \mathbf{b}^i$

$(\mathbf{dya\ w})\,\mathbf{u} = w_{k;i}\, \mathbf{b}^i (\mathbf{b}^k)^T \cdot (u^s \mathbf{b}_s) = w_{k;i}\, u^k \mathbf{b}^i$

$\mathbf{grad}\,(\mathbf{u} \cdot \mathbf{w}) = \nabla(\mathbf{u} \cdot \mathbf{w}) = (\mathbf{dya\ u})\,\mathbf{w} + (\mathbf{dya\ w})\,\mathbf{u}$

– $\nabla(\mathbf{u} \times \mathbf{w}) = (\mathbf{b}^i \frac{\partial}{\partial y^i}) \cdot (\varepsilon^{skm} u_k w_m \mathbf{b}_s) = (\varepsilon^{ikm} u_k w_m)_{;i}$

$= \varepsilon^{ikm} (u_{k;i}\, w_m + u_k\, w_{m;i})$

$\text{div}\,(\mathbf{u} \times \mathbf{w}) = \mathbf{w} \cdot \mathbf{rot\ u} + \mathbf{u} \cdot \mathbf{rot\ w}$

– $\nabla \times (\mathbf{u} \times \mathbf{w}) = (\mathbf{b}^k \frac{\partial}{\partial y^k}) \times (\varepsilon_{rsm} u^r w^s \mathbf{b}^m) = \varepsilon^{ikm} (\varepsilon_{rsm} u^r w^s)_{;k} \mathbf{b}_i$

$= (\delta^i_r \delta^k_s - \delta^i_s \delta^k_r)(u^r w^s)_{;k} \mathbf{b}_i = (u^i w^k)_{;k} \mathbf{b}_i - (u^k w^i)_{;k} \mathbf{b}_i$

$(\mathbf{dya\ u})^T \mathbf{w} + \mathbf{u}\ \text{div}\ \mathbf{w} = (u^i_{;k} w^k + u^i w^k_{;k}) \mathbf{b}_i = (u^i w^k)_{;k} \mathbf{b}_i$

$(\mathbf{dya\ w})^T \mathbf{u} + \mathbf{w}\ \text{div}\ \mathbf{u} = (w^i_{;k} u^k + w^i u^k_{;k}) \mathbf{b}_i = (u^k w^i)_{;k} \mathbf{b}_i$

$\mathbf{rot}\,(\mathbf{u} \times \mathbf{w}) = (\mathbf{dya\ u})^T \mathbf{w} - (\mathbf{dya\ w})^T \mathbf{u} + \mathbf{u}\ \text{div}\ \mathbf{w} - \mathbf{w}\ \text{div}\ \mathbf{u}$

Laplace Operator : Die aufeinanderfolgende Anwendung (Komposition) des Nabla Operators führt zu verschiedenen Kompositionen der bereits definierten Differentialoperatoren. Das Skalarprodukt $\nabla \cdot \nabla$ des Nabla Operators mit sich selbst kann jedoch nicht als Komposition von zwei der Operatoren **grad**, div und **rot** dargestellt werden. Daher wird der Laplace Operator $\Delta = \nabla \cdot \nabla$ eingeführt. Dieser symbolische Operator darf auf skalare und auf vektorielle Felder angewandt werden.

$\nabla \cdot (\nabla p) = \text{div}\,\mathbf{grad}\,p = \Delta p$

$\nabla \times (\nabla p) = \mathbf{rot\ grad}\,p = \mathbf{0}$

$(\nabla \cdot \nabla)\mathbf{u} = \Delta \mathbf{u} = \mathbf{grad}\ \text{div}\ \mathbf{u} - \mathbf{rot\ rot\ u}$

$\nabla(\nabla \cdot \mathbf{u}) = \mathbf{grad}\ \text{div}\ \mathbf{u} = \Delta \mathbf{u} + \mathbf{rot\ rot\ u}$

$\nabla \cdot (\nabla \times \mathbf{u}) = \text{div}\ \mathbf{rot\ u} = 0$

$\nabla \times (\nabla \times \mathbf{u}) = \mathbf{rot\ rot\ u} = \mathbf{grad}\ \text{div}\ \mathbf{u} - \Delta \mathbf{u}$

Der Laplace Operator Δ wird auf einen Vektor $\mathbf{u} = u_m \mathbf{b}^m$ angewandt, indem er auf jede Koordinate u_m des Vektors angewandt wird :

$\Delta p = p_{;ik}\, g^{ik}$ mit $p_{;ik} = p_{,ik} - \Gamma^m_{ik}\, p_{,m}$

$\Delta \mathbf{u} = \Delta u_m \mathbf{b}^m$ mit $\Delta u_m = u_{m;ik}\, g^{ik}$

g^{ik} metrische Koeffizienten der Basis $\mathbf{B}^*$

Beweis : Kompositionen des Nabla Operators

- **rot grad** p $= \varepsilon^{ikm}\, p_{,ik}\, \mathbf{b}_m = \mathbf{0}$

  Beispiel m = 1 : $(\varepsilon^{231}\, p_{,32} + \varepsilon^{321}\, p_{,23})\mathbf{b}_1 = (p_{,32} - p_{,23})\mathbf{b}_1 = \mathbf{0}$

- div **rot u** $= \text{div}\,(\varepsilon^{ikm}\, u_{k;i}\, \mathbf{b}_m) = \varepsilon^{ikm}\, u_{k;im} = 0$

  Beispiel k = 1 : $(\varepsilon^{312}\, u_{1;32} + \varepsilon^{213}\, u_{1;23}) = u_{1;32} - u_{1;23} = 0$

- Die Anwendung des Laplace Operators auf ein Skalarfeld p entspricht der Überschiebung der kovarianten zweiten Ableitungen $p_{;ik}$ des Skalars mit den metrischen Koeffizienten g^{ik}:

$$\Delta p = (\mathbf{b}^k \frac{\partial}{\partial y^k}) \cdot (\mathbf{b}^i \frac{\partial p}{\partial y^i}) = p_{;ik}\, \mathbf{b}^i \cdot \mathbf{b}^k$$

$$\Delta p = p_{;ik}\, g^{ik}$$

- Die verbleibenden drei Formeln enthalten $\Delta\mathbf{u}$ und unterscheiden sich nur in der Anordnung der Terme auf der linken und der rechten Seite der Gleichung. Es genügt der Beweis einer dieser Formeln.

$$\begin{aligned}
\textbf{rot u} &= \varepsilon^{ikm}\, u_{k;i}\, \mathbf{b}_m = g^{ir}\, g^{ks}\, g^{mt}\, \varepsilon_{rst}\, u_{k;i}\, \mathbf{b}_m \\
&= \varepsilon_{rst}\, g^{ir}\, u^s_{;i}\, \mathbf{b}^t \\
\textbf{rot rot u} &= \varepsilon^{jkm}\, w_{k;j}\, \mathbf{b}_m \\
&= \varepsilon^{mjk}\, \varepsilon_{rsk}\, g^{ir}\, u^s_{;ij}\, \mathbf{b}_m \\
&= (\delta^m_r\, \delta^j_s - \delta^m_s\, \delta^j_r)\, g^{ir}\, u^s_{;ij}\, \mathbf{b}_m \\
&= g^{im}\, u^s_{;is}\, \mathbf{b}_m - g^{ir}\, u^m_{;ir}\, \mathbf{b}_m \\
&= u^s_{;is}\, \mathbf{b}^i - g^{ir}\, u_{m;ir}\, \mathbf{b}^m \\
\textbf{rot rot u} &= \textbf{grad}\, \text{div}\, \mathbf{u} - \Delta\mathbf{u}
\end{aligned}$$

Beispiel 1 : Darstellung des Nabla Operators in Koordinatensystemen

Für das kartesische Koordinatensystem x^1, x^2, x^3 werden die Einheitsvektoren $\mathbf{e}^1, \mathbf{e}^2, \mathbf{e}^3$ als Basis gewählt. Für das zylindrische Koordinatensystem r, θ, z und das sphärische Koordinatensystem r, θ, β werden die kovarianten Basisvektoren $\mathbf{b}_1, \mathbf{b}_2, \mathbf{b}_3$ durch partielle Ableitung $\partial\mathbf{x}/\partial y^i$ des Ortsvektors und die kontravarianten Basisvektoren $\mathbf{b}^1, \mathbf{b}^2, \mathbf{b}^3$ mit der Dualitätsbedingung $\mathbf{b}_i \cdot \mathbf{b}^m = \delta^m_i$ bestimmt.

Allgemein : $\nabla p = \mathbf{b}^1 \frac{\partial p}{\partial y^1} + \mathbf{b}^2 \frac{\partial p}{\partial y^2} + \mathbf{b}^3 \frac{\partial p}{\partial y^3}$

Kartesisch : $\mathbf{b}^1 = \begin{bmatrix} 1 \\ 0 \\ 0 \end{bmatrix} \qquad \mathbf{b}^2 = \begin{bmatrix} 0 \\ 1 \\ 0 \end{bmatrix} \qquad \mathbf{b}^3 = \begin{bmatrix} 0 \\ 0 \\ 1 \end{bmatrix}$

$$\nabla p = \mathbf{b}^1 \frac{\partial p}{\partial x^1} + \mathbf{b}^2 \frac{\partial p}{\partial x^2} + \mathbf{b}^3 \frac{\partial p}{\partial x^3}$$

Zylindrisch :

$$x^1 = r\cos\theta \qquad r = y^1 : \text{Radialabstand}$$
$$x^2 = r\sin\theta \qquad \theta = y^2 : \text{Öffnungswinkel}$$
$$x^3 = z \qquad z = y^3 : \text{Achsabstand}$$

$$\mathbf{b}^1 = \begin{bmatrix} \cos\theta \\ \sin\theta \\ 0 \end{bmatrix} \qquad \mathbf{b}^2 = \begin{bmatrix} -\frac{1}{r}\sin\theta \\ \frac{1}{r}\cos\theta \\ 0 \end{bmatrix} \qquad \mathbf{b}^3 = \begin{bmatrix} 0 \\ 0 \\ 1 \end{bmatrix}$$

$$\nabla p = \mathbf{b}^1 \frac{\partial p}{\partial r} + \mathbf{b}^2 \frac{\partial p}{\partial \theta} + \mathbf{b}^3 \frac{\partial p}{\partial z}$$

Sphärisch :

$$x^1 = r\cos\beta\cos\theta \qquad r = y^1 : \text{Radialabstand}$$
$$x^2 = r\cos\beta\sin\theta \qquad \theta = y^2 : \text{Breitenwinkel}$$
$$x^3 = r\sin\beta \qquad \beta = y^3 : \text{Höhenwinkel}$$

$$\mathbf{b}^1 = \begin{bmatrix} \cos\beta\cos\theta \\ \cos\beta\sin\theta \\ \sin\beta \end{bmatrix} \qquad \mathbf{b}^2 = \begin{bmatrix} -\frac{1}{r}\sec\beta\sin\theta \\ \frac{1}{r}\sec\beta\cos\theta \\ 0 \end{bmatrix} \qquad \mathbf{b}^3 = \begin{bmatrix} -\frac{1}{r}\sin\beta\cos\theta \\ -\frac{1}{r}\sin\beta\sin\theta \\ \frac{1}{r}\cos\beta \end{bmatrix}$$

$$\nabla p = \mathbf{b}^1 \frac{\partial p}{\partial r} + \mathbf{b}^2 \frac{\partial p}{\partial \theta} + \mathbf{b}^3 \frac{\partial p}{\partial \beta}$$

Beispiel 2 : Darstellung des Laplace Operators in Koordinatensystemen

Der Laplace Operator wird mit der allgemeinen Formel bestimmt. Die metrischen Koeffizienten g^{ik} werden mit den Basisvektoren $\mathbf{b}^i$ des vorangehenden Beispiels bestimmt. Die Christoffel Symbole in den kovarianten Ableitungen sind in den Beispielen 1 und 2 von Abschnitt 9.4.6 angegeben.

Allgemein :
$$\Delta p = p_{;ik}\, g^{ik}$$

Kartesisch :
$$\Delta p = \frac{\partial^2 p}{\partial x_1^2} + \frac{\partial^2 p}{\partial x_2^2} + \frac{\partial^2 p}{\partial x_3^2}$$

Zylindrisch :
$$g^{11} = 1 \quad g^{22} = \frac{1}{r^2} \quad g^{33} = 1 \qquad \text{sonst } g^{ik} = 0$$
$$\Gamma^1_{22} = -r \qquad \text{sonst } \Gamma^m_{ii} = 0$$
$$\Delta p = \frac{\partial^2 p}{\partial r^2} + \frac{1}{r^2}\frac{\partial^2 p}{\partial \theta^2} + \frac{1}{r}\frac{\partial p}{\partial r}$$

Sphärisch :
$$g^{11} = 1 \quad g^{22} = \frac{1}{r^2}\sec^2\beta \quad g^{33} = \frac{1}{r^2} \qquad \text{sonst } g^{ik} = 0$$
$$\Gamma^1_{22} = -r\cos^2\beta \quad \Gamma^1_{33} = -r \quad \Gamma^3_{22} = \sin\beta\cos\beta \qquad \text{sonst } \Gamma^m_{ii} = 0$$
$$\Delta p = \frac{\partial^2 p}{\partial r^2} + \frac{1}{(r\cos\beta)^2}\frac{\partial^2 p}{\partial \theta^2} + \frac{1}{r^2}\frac{\partial^2 p}{\partial \beta^2} + \frac{2}{r}\frac{\partial p}{\partial r} - \frac{\tan\beta}{r^2}\frac{\partial p}{\partial \beta}$$

9.4.11 SPEZIELLE VEKTORFELDER

Einführung : Ein Vektorfeld heißt speziell, wenn die Werte seiner Koordinaten bestimmte Eigenschaften besitzen. Die Koordinaten eines allgemeinen Vektorfeldes besitzen diese Eigenschaften nicht. Im folgenden sind konservative, wirbelfreie, quellenfreie und solenoide Vektorfelder definiert. Die Bestimmung solcher Felder führt zu den Differentialgleichungen der Feldtheorie, insbesondere den Differentialgleichungen von Laplace und Poisson.

Potential eines Vektorfeldes : An jedem Punkt des Raumes $\mathbb{R}^3$ mit den lokalen Koordinaten y^1, y^2, y^3 sei der Gradient eines Skalarfeldes $p(\mathbf{y})$ gleich dem Vektorfeld $\mathbf{u}(\mathbf{y})$. Dann heißt das Skalarfeld p das Potential des Vektorfeldes $\mathbf{u}$. Das Potential ist nur bis auf eine additive Konstante c bestimmt.

$$\mathbf{u} = u_i \, \mathbf{b}^i = \mathbf{grad}\, p$$

$$u_i = \frac{\partial p}{\partial y^i}$$

Konservatives Vektorfeld : Ein Vektorfeld $\mathbf{u}$ heißt konservativ, wenn der Wert des skalaren Linienintegrals des Vektorfeldes nur von der Lage der Endpunkte $\mathbf{x}_1 = \mathbf{x}(\mathbf{y}_1)$ und $\mathbf{x}_2 = \mathbf{x}(\mathbf{y}_2)$ der Linie abhängt. Jedes geschlossene Linienintegral eines konservativen Vektorfeldes ist deshalb null.

$$\mathbf{u} \text{ ist konservativ} \quad \Leftrightarrow \quad \oint \mathbf{u} \cdot d\mathbf{x} = 0$$

Ein Vektorfeld $\mathbf{u}$, für das ein Potential p angegeben werden kann, ist konservativ. Der Wert des Linienintegrals des Vektorfeldes $\mathbf{u}$ zwischen gegebenen Endpunkten $\mathbf{x}_1$ und $\mathbf{x}_2$ hängt nur von den Werten $p_1 = p(\mathbf{x}_1)$ und $p_2 = p(\mathbf{x}_2)$ des Potentials an den Endpunkten ab :

$$\int_{\mathbf{x}_1}^{\mathbf{x}_2} \mathbf{u} \cdot d\mathbf{x} = \int_{\mathbf{x}_1}^{\mathbf{x}_2} \mathbf{grad}\, p \cdot d\mathbf{x} = \int_{\mathbf{x}_1}^{\mathbf{x}_2} \left(\frac{\partial p}{\partial y^i} \mathbf{b}^i\right) \cdot (\mathbf{b}_m \, dy^m)$$

$$\int_{\mathbf{x}_1}^{\mathbf{x}_2} \mathbf{u} \cdot d\mathbf{x} = \int_{\mathbf{x}_1}^{\mathbf{x}_2} \frac{\partial p}{\partial y^i} dy^i = \int_{p_1}^{p_2} dp = p_2 - p_1$$

Wirbelfreies Vektorfeld : Ein Vektorfeld $\mathbf{u}(y^1, y^2, y^3)$ heißt wirbelfrei, wenn sein Rotor an jedem Punkt von $\mathbb{R}^3$ gleich null ist. Der Vektorgradient eines wirbelfreien Feldes ist symmetrisch.

$$\mathbf{u} \text{ ist wirbelfrei} \quad :\Leftrightarrow \quad \mathbf{rot}\, \mathbf{u} = \mathbf{0}$$

$$\varepsilon^{ikm} u_{m\,;\,k} \, \mathbf{b}_i = \mathbf{0} \quad \Rightarrow \quad u_{k\,;\,m} = u_{m\,;\,k}$$

Ein konservatives Vektorfeld **u** ist wirbelfrei. Zum Beweis wird der Rotor des Gradienten des Potentials p des Vektorfeldes betrachtet :

$$\mathbf{u} = \mathbf{grad}\, p \;\wedge\; \mathbf{rot}\,\mathbf{grad}\, p = \mathbf{0} \quad \Rightarrow \quad \mathbf{rot}\,\mathbf{u} = \mathbf{0}$$

Quellenfreies Vektorfeld : Ein Vektorfeld $\mathbf{u}(y^1, y^2, y^3)$ heißt quellenfrei, wenn seine Divergenz an jedem Punkt von $\mathbb{R}^3$ gleich null ist. Die Spur des Vektorgradienten eines quellenfreien Vektorfeldes **u** ist also null. Der Vektorgradient eines quellenfreien Feldes ist jedoch nicht zwangsläufig antisymmetrisch.

$$\mathbf{u} \text{ ist quellenfrei} \quad :\Leftrightarrow \quad \text{div}\,\mathbf{u} = 0$$

$$\text{spur}\,(\mathbf{dya}\,\mathbf{u}) = u^1_{;1} + u^2_{;2} + u^3_{;3} = 0$$

Solenoides Vektorfeld : Ein Vektorfeld $\mathbf{u}(y^1, y^2, y^3)$ heißt solenoid, wenn sein Vektorgradient antisymmetrisch ist. Ein solenoides Feld ist quellenfrei.

$$\mathbf{u} \text{ ist solenoid} \quad :\Leftrightarrow \quad u_{i\,;\,k} = -u_{k\,;\,i}$$

$$\text{div}\,\mathbf{u} = g^{ik}\, u_{k\,;\,i} = -g^{ik}\, u_{i\,;\,k} = -g^{ik}\, u_{k\,;\,i} = 0$$

Das Inkrement d**u** eines solenoiden Feldes ist orthogonal zu dem Rotor **r** = **rot u** des Feldes und zu dem Inkrement d**x** des Ortsvektors :

$$d\mathbf{x} = dy^i\, \mathbf{b}_i$$

$$\mathbf{r} = r^i\, \mathbf{b}_i \qquad \text{mit} \qquad r^i = \varepsilon^{ikm}\, u_{m\,;\,k}$$

$$d\mathbf{u} = du_i\, \mathbf{b}^i \qquad \text{mit} \qquad du_i = u_{i\,;\,k}\, dy^k \qquad \text{und} \qquad u_{m\,;\,k} = \frac{1}{2}\, \varepsilon_{ikm}\, r^i$$

$$\mathbf{r} \cdot d\mathbf{u} = d\mathbf{x} \cdot d\mathbf{u} = 0$$

Beweis : Eigenschaften eines solenoiden Vektorfeldes

$$r^1 = \varepsilon^{1km}\, u_{m\,;\,k} = (u_{3\,;\,2} - u_{2\,;\,3})\, b^*$$

$$r^2 = \varepsilon^{2km}\, u_{m\,;\,k} = (u_{1\,;\,3} - u_{3\,;\,1})\, b^*$$

$$r^3 = \varepsilon^{3km}\, u_{m\,;\,k} = (u_{2\,;\,1} - u_{1\,;\,2})\, b^*$$

Die Überschiebung des Permutationstensors ε_{ikm} mit dem Rotor r^i wird exemplarisch für k = 1, m = 2 und für k = 2, m = 1 bestimmt :

$$\varepsilon_{ikm}\, r^i = e_{1km}\,(u_{3\,;\,2} - u_{2\,;\,3}) + e_{2km}\,(u_{1\,;\,3} - u_{3\,;\,1}) + e_{3km}\,(u_{2\,;\,1} - u_{1\,;\,2})$$

$$\varepsilon_{i12}\, r^i = e_{312}\,(u_{2\,;\,1} - u_{1\,;\,2}) = 2\, u_{2\,;\,1}$$

$$\varepsilon_{i21}\, r^i = e_{321}\,(u_{2\,;\,1} - u_{1\,;\,2}) = 2\, u_{1\,;\,2}$$

Analog zu der Beziehung $\varepsilon_{i12}\, r^i = 2\, u_{2\,;\,1}$ folgen die Beziehungen $\varepsilon_{i23}\, r^i = 2\, u_{3\,;\,2}$ und $\varepsilon_{i31}\, r^i = 2\, u_{1\,;\,3}$. Die kovarianten Ableitungen der Koordinaten des solenoiden Feldes können folglich als Überschiebung des Permutationstensors mit dem Rotor des Feldes dargestellt werden :

$$u_{m\,;\,k} = \frac{1}{2}\,\varepsilon_{ikm}\, r^i$$

Die Orthogonalität des Vektors d**u** zu den Vektoren **r** und d**x** folgt durch Substitution der Ausdrücke für das Inkrement d**u** :

$$\mathbf{r} \cdot d\mathbf{u} = r^i\, u_{k\,;\,i}\, dy^k = \frac{1}{2}\,\varepsilon_{ikm}\, r^i\, r^m\, dy^k = 0$$
$$d\mathbf{x} \cdot d\mathbf{u} = u_{k\,;\,i}\, dy^i\, dy^k = \frac{1}{2}\,\varepsilon_{ikm}\, r^m\, dy^i\, dy^k = 0$$

Differentialgleichung von Laplace : Gesucht wird ein Skalarfeld p(**x**), dessen Gradient ein zugleich quellenfreies und wirbelfreies Vektorfeld ist. Der Gradient jedes stetigen Skalarfeldes ist wirbelfrei. Der Gradient des Skalarfeldes ist jedoch nur dann quellenfrei, wenn das Skalarfeld die Laplacesche Differentialgleichung $\Delta p = 0$ befriedigt.

$$\mathbf{u} = \mathbf{grad}\; p$$
$$\mathbf{rot\; u} = \varepsilon^{ikm}\, \frac{\partial^2 p}{\partial y^k\, \partial y^m}\, \mathbf{b}_i = \mathbf{0}$$
$$\text{div}\, \mathbf{u} = \text{div}\, \mathbf{grad}\; p = \Delta p$$
$$\text{div}\, \mathbf{u} = 0 \quad \Rightarrow \quad \Delta p = 0$$

Harmonische Funktionen : Eine Funktion heißt harmonisch, wenn sie die Laplacesche Differentialgleichung befriedigt. Die Lösung der Laplaceschen Differentialgleichung für ein bestimmtes Lösungsgebiet V wird durch die auf dem Rand ∂V des Lösungsgebietes eingeprägten Werte (Randbedingungen) bestimmt. Je nach Art der Randbedingungen werden folgende Fälle unterschieden :

Aufgabe von Dirichlet : Das Skalarfeld p(**x**) besitzt auf dem Rand ∂V eingeprägte Werte $p_0(\mathbf{x})$.

$$\Delta p = 0 \quad \text{für} \quad \mathbf{x} \in V$$
$$p = p_0 \quad \text{für} \quad \mathbf{x} \in \partial V$$

Aufgabe von Neumann : Die Ableitung des Skalarfeldes p(**x**) in Richtung der Einheitsnormalen des Randes ∂V besitzt eingeprägte Werte $t_0(\mathbf{x})$.

$$\Delta p = 0 \quad \text{für} \quad \mathbf{x} \in V$$
$$\frac{\partial p}{\partial n} = t_0 \quad \text{für} \quad \mathbf{x} \in \partial V$$

Allgemeine Aufgabe : Eine Linearkombination des Skalarfeldes $p(\mathbf{x})$ und seiner Ableitung in Richtung der Einheitsnormalen des Randes ∂V mit gegebenen Koeffizienten $a(\mathbf{x})$ und $b(\mathbf{x})$ besitzt eingeprägte Werte $c_0(\mathbf{x})$.

$$\Delta p = 0 \qquad \text{für} \quad \mathbf{x} \in V$$

$$ap + b\,\frac{\partial p}{\partial n} = c_0 \quad \wedge \quad a^2 + b^2 \neq 0 \qquad \text{für} \quad \mathbf{x} \in \partial V$$

Differentialgleichung von Poisson : Gesucht wird ein Skalarfeld $p(\mathbf{x})$, dessen Gradient an jedem Punkt $\mathbf{x}$ eines Lösungsgebietes V eine gegebene Divergenz (Quelldichte) $q(\mathbf{x})$ besitzt. Dieses Skalarfeld befriedigt die Differentialgleichung von Poisson, die im Gegensatz zur Differentialgleichung von Laplace infolge des Terms $q(\mathbf{x})$ inhomogen ist.

$$\text{div}\,\mathbf{u} = \text{div}\,\mathbf{grad}\,p = \Delta p = q(\mathbf{x})$$

Die Lösung der Poissonschen Differentialgleichung für ein bestimmtes Lösungsgebiet V und eine gegebene Quelldichte $q(\mathbf{x})$ wird durch die auf dem Rand ∂V des Lösungsgebietes eingeprägten Werte (Randbedingungen) bestimmt.

Vektorpotential : Gesucht wird ein Vektorfeld **u**, dessen Rotor (Wirbeldichte) an jedem Punkt **x** eines Lösungsgebietes V einen gegebenen Wert $\mathbf{w}(\mathbf{x})$ annimmt. Da der Rotor des Feldes **u** die Gleichung $\text{div}\,\mathbf{rot}\,\mathbf{u} = 0$ befriedigen muß, kann die Wirbeldichte $\mathbf{w}(\mathbf{x})$ nicht beliebig gewählt werden : Sie muß die Bedingung $\text{div}\,\mathbf{w} = 0$ befriedigen.

$$\mathbf{rot}\,\mathbf{u} = \mathbf{w} \quad \wedge \quad \text{div}\,\mathbf{rot}\,\mathbf{u} = 0 \quad \Rightarrow \quad \text{div}\,\mathbf{w} = 0$$

Wählt man für das Feld **u** den Ansatz $\mathbf{u} = \mathbf{rot}\,\mathbf{a}$ mit $\text{div}\,\mathbf{a} = 0$, so muß das Vektorfeld **a** eine Poissongleichung befriedigen. In Analogie zu dem skalaren Potential p, das ebenfalls eine Poissongleichung befriedigt, heißt das Feld $\mathbf{a}(\mathbf{x})$ das Vektorpotential des Feldes $\mathbf{u}(\mathbf{x})$.

$$\Delta\mathbf{a} = \mathbf{grad}\,\text{div}\,\mathbf{a} - \mathbf{rot}\,\mathbf{rot}\,\mathbf{a}$$

$$\mathbf{u} = \mathbf{rot}\,\mathbf{a} \quad \wedge \quad \text{div}\,\mathbf{a} = 0 \quad \Rightarrow \quad \Delta\mathbf{a} = -\mathbf{rot}\,\mathbf{u} = -\mathbf{w}$$

Aus $\Delta\mathbf{a} = -\mathbf{w}$ folgt, daß die Inhomogenität $-\mathbf{w}$ die Quelldichte des Feldes **a** ist. Das Feld **u** und die Wirbeldichte **w** ergeben sich durch Differentiation des Vektorpotentials **a**.

9.4.12 INTEGRALSÄTZE

Einführung : Bei der mathematischen Formulierung physikalischer Aufgaben ist es häufig zweckmäßig, die Zusammenhänge zwischen Volumenintegralen, Flächenintegralen und Linienintegralen von Tensorfeldern zu nutzen. Dazu werden die Sätze von Gauss, Stokes und Green verwendet.

Zur Formulierung des Satzes von Gauss wird zunächst ein Kontrollvolumen im Raum $\mathbb{R}^3$ mit einer geschlossenen Oberfläche definiert. Das Integral der Divergenz eines Vektorfeldes über das Kontrollvolumen ist gleich dem skalaren Integral des Vektorfeldes über die Oberfläche des Kontrollvolumens.

Zur Formulierung des Satzes von Stokes wird zunächst im Raum $\mathbb{R}^3$ eine Kontrollfläche mit einem geschlossenen Rand definiert. Zwischen der Flächennormale und dem Umlaufsinn des Randes wird eine eindeutige Beziehung hergestellt. Das skalare Integral des Rotors eines Vektorfeldes über die Kontrollfläche ist gleich dem skalaren Integral des Vektorfeldes über den Rand im Umlaufsinn.

Die Sätze von Green folgen aus dem Satz von Gauss, indem das Vektorfeld durch das Produkt eines Skalarfeldes mit dem Gradienten eines anderen Skalarfeldes ersetzt wird. Die Sätze von Green eignen sich insbesondere zur Darstellung von Potentialfeldern.

Kontrollvolumen : Ein Teilraum V des euklidischen Raumes $\mathbb{R}^3$ sei zusammenhängend. Der Rand F des Teilraumes sei aus einer oder mehreren Flächenstücken zusammengesetzt, die stückweise stetig sind. Die globalen Koordinaten x^1, x^2, x^3 jedes Punktes des Teilraumes V in der Einheitsbasis $\mathbf{e}_1, \mathbf{e}_2, \mathbf{e}_3$ des Raumes $\mathbb{R}^3$ seien beschränkt. Dann heißt der Teilraum V ein Kontrollvolumen im Raum $\mathbb{R}^3$.

Flächennormale : Die Richtung der Einheitsnormalen **n** einer Fläche F im euklidischen Raum $\mathbb{R}^3$ ist nicht eindeutig. Ist **n** eine Normale von F am Punkt **x**, so ist $-\mathbf{n}$ ebenfalls eine Normale von F am Punkt **x**. Zur Formulierung des Satzes von Gauss muß eindeutig zwischen den Normalen **n** und $-\mathbf{n}$ unterschieden werden.

Der Rand des Kontrollvolumens V ist aus stückweise stetigen Flächenstücken $F_1, F_2, \ldots$ zusammengesetzt. An den Innenpunkten eines Flächenstücks F_i wird die Richtung der Normalen **n** so gewählt, daß bei ausreichend kleinem Betrag $da > 0$ keiner der Punkte $\mathbf{x} + \mathbf{n}\,da$ zum Volumen V gehört. Die Normale **n** ist also nach außen gerichtet. Auf dem Rand von F_i ist die Normale **n** der Grenzwert der Normalen der Nachbarpunkte in F_i.

Hinweis : Die parametrische Darstellung von Flächen in Abschnitt 9.4.8 legt die Richtung der Flächennormalen **n** eindeutig fest. Dies ist darauf zurückzuführen, daß die Flächenparameter (s, t) der Punktkoordinaten $x^i(s, t)$ ein geordnetes Paar bilden und der Flächenvektor mit dem Kreuzprodukt $d\mathbf{a} = d\mathbf{u} \times d\mathbf{w}$ definiert wird, wobei $d\mathbf{u}$ die Ableitungen der Ortskoordinaten x^i nach s und $d\mathbf{w}$ die Ableitungen nach t enthält.

Beispiel 1 : Kontrollbereich im Raum $\mathbb{R}^2$

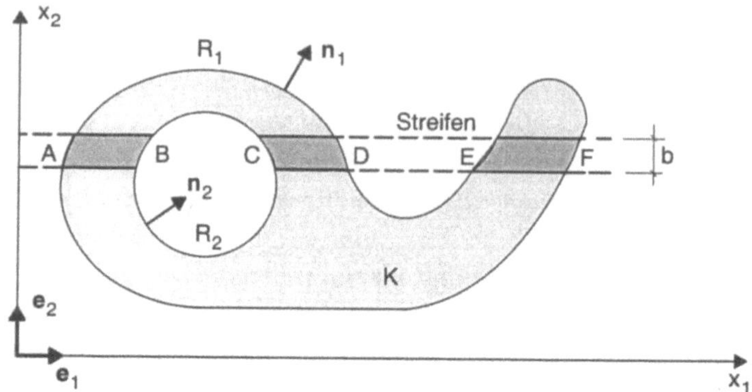

In der euklidischen Ebene $\mathbb{R}^2$ wird der Kontrollbereich K betrachtet. Der Rand R des Kontrollbereichs ist aus den geschlossenen Kurven R_1 und R_2 zusammengesetzt. Die Einheitsnormalen $\mathbf{n}_1$ und $\mathbf{n}_2$ der Randkurven sind nach außen gerichtet. Der Raum $\mathbb{R}^2$ wird in Streifen mit Breite b und Achse $\mathbf{e}_1$ unterteilt. Der Durchschnitt eines dieser Streifen mit dem Kontrollbereich besteht aus den drei Teilstreifen AB, CD und EF. Ein Integral über K wird durch die Summe von Integralen über solche Teilstreifen ersetzt.

Integral einer partiellen Ableitung : In einem Kontrollvolumen V sei ein stetiges Skalarfeld $p(\mathbf{x})$ bekannt. Die partiellen Ableitungen $p_{,m}$ des Skalarfeldes seien existent und stetig. Zu bestimmen sei das Integral I einer bestimmten partiellen Ableitung $p_{,i}$ über das Kontrollvolumen :

$$I = \int_V \frac{\partial p}{\partial x^i} \, dv \qquad\qquad i = 1, 2, 3$$

Der Raum $\mathbb{R}^3$ wird in infinitesimale Prismen zerlegt, deren Achsen parallel zum Basisvektor $\mathbf{e}_i$ sind. Die Durchdringung eines dieser Prismen mit dem Kontrollvolumen besteht im allgemeinen aus mehreren Teilprismen. Zunächst wird der Beitrag I_e eines Teilprismas V_e zu dem gesuchten Integral I bestimmt.

$$I_e = \int_{V_e} \frac{\partial p}{\partial x^{(i)}} \, ds \, dx^{(i)} = p \, ds \Big|_{A_1}^{A_2}$$

ds	Betrag der Querschnittsfläche von V_e mit Normale $\mathbf{e}_i$
A_1, A_2	Endflächen des Teilprismas V_e

Die Endflächen A_1 und A_2 des Teilprismas V_e sind Teilflächen der Oberfläche F des Kontrollvolumens. Die äußeren Flächenvektoren der Endflächen seien $d\mathbf{a}_1$ und $d\mathbf{a}_2$. Die Komponente von $d\mathbf{a}_2$ in Richtung der Prismenachse $\mathbf{e}_i$ ist der Querschnittsflächenvektor $\mathbf{e}_i \, ds$, die Komponente von $d\mathbf{a}_1$ der negative Vektor $-\mathbf{e}_i \, ds$.

$$ds = -\mathbf{e}_i \cdot \mathbf{da}_1 = \mathbf{e}_i \cdot \mathbf{da}_2$$

$$I_e = p_2\, \mathbf{e}_i \cdot \mathbf{da}_2 + p_1 \mathbf{e}_i \cdot \mathbf{da}_1$$

p_1, p_2 Werte von p auf den infinitesimalen Endflächen A_1, A_2

Die Beiträge I_e der zum Kontrollvolumen gehörigen Teilprismen werden addiert. Die Vereinigung der Endflächen A_i dieser Teilprismen ist die Oberfläche F des Kontrollvolumens. Beim Grenzübergang da → 0 wird das Volumenintegral I in ein Integral über die geschlossene Oberfläche F überführt.

$$I = \sum_e (p_1\, \mathbf{e}_i \cdot \mathbf{da}_1 + p_2\, \mathbf{e}_i \cdot \mathbf{da}_2)$$

$$\int_V p_{,i}\, dv = \int_F p\, \mathbf{e}_i \cdot \mathbf{da}$$

Der Flächenvektor **da** wird als Produkt **n** da der Einheitsnormalen $\mathbf{n} = n_k\, \mathbf{e}^k$ mit dem Flächenbetrag da dargestellt. Durch Substitution folgt die Koordinatenform der Transformationsregel :

$$\int_V p_{,i}\, dv = \int_F p\, n_i\, da$$

n_i Koordinate der äußeren Einheitsnormalen **n** der Oberfläche F

Satz von Gauss : In einem Kontrollvolumen V sei ein Vektorfeld **u**(**x**) bekannt, dessen Koordinaten u^i stetig sind. Die partiellen Ableitungen $u^i_{,m}$ der Koordinaten seien existent und stetig. Dann ist das Integral der Divergenz von **u** über das Volumen V gleich dem skalaren Flächenintegral von **u** über die Oberfläche F des Kontrollvolumens.

$$\int_V \text{div}\, \mathbf{u}\, dv = \int_F \mathbf{u} \cdot \mathbf{da}$$

Der Flächenvektor **da** kann durch das Produkt der Einheitsnormalen **n** mit dem Flächenbetrag da ersetzt werden. Damit folgt die Koordinatenschreibweise für den Satz von Gauss in lokalen Koordinaten :

$$\int_V u^i_{;i}\, dv = \int_F u^i\, n_i\, da$$

$u^i_{;i}$ kovariante Ableitung der Koordinate u^i nach y^i

n_i Koordinaten der äußeren Einheitsnormalen **n** der Oberfläche F

Beweis : Satz von Gauss

Der Beweis wird in globalen kartesischen Koordinaten mit partiellen Ableitungen geführt. Die Tensoren div **u** und **u**$\cdot$**da** können dann in beliebigen lokalen Koordinatensystemen dargestellt werden, so daß der Satz auch für Darstellungen in lokalen Koordinaten gilt.

$$\int_V \left(\frac{\partial u^1}{\partial x^1} + \frac{\partial u^2}{\partial x^2} + \frac{\partial u^3}{\partial x^3}\right) dv = \int_V \frac{\partial u^1}{\partial x^1} dv + \int_V \frac{\partial u^2}{\partial x^2} dv + \int_V \frac{\partial u^3}{\partial x^3} dv$$

$$= \int_F u^1 n_1 \, da + \int_F u^2 n_2 \, da + \int_F u^3 n_3 \, da$$

$$\int_V \operatorname{div} \mathbf{u} \, dv = \int_F \mathbf{u} \cdot \mathbf{n} \, da$$

Folgerungen aus dem Satz von Gauss : Für ein Skalarfeld p, ein Vektorfeld **u** und ein dyadisches Feld **T** werden die folgenden Formeln aus dem Satz von Gauss abgeleitet. Das Kontrollvolumen wird mit V, seine Oberfläche mit F und die äußere Normale der Oberfläche mit **n** bezeichnet. Der Betrag des Volumenelementes sei dv, der Betrag des Oberflächenelementes da.

(1) $$\int_V \mathbf{grad}\, p \, dv = \int_F p \, \mathbf{da}$$

(2) $$\int_V \mathbf{rot}\, \mathbf{u} \, dv = \int_F \mathbf{da} \times \mathbf{u}$$

(3) $$\int_V p_1 \, \mathbf{grad}\, p_2 \, dv = -\int_V p_2 \, \mathbf{grad}\, p_1 \, dv + \int_F p_1 \, p_2 \, \mathbf{da}$$

(4) $$\int_V p \operatorname{div} \mathbf{u} \, dv = -\int_V \mathbf{grad}\, p \cdot \mathbf{u} \, dv + \int_F p \, \mathbf{u} \cdot \mathbf{da}$$

(5) $$\int_V u_m \, t^{im}{}_{;i} \, dv = -\int_V u_{m;i} \, t^{im} \, dv + \int_F u_m \, t^{im} \, n_i \, da$$

Die Sätze (3) bis (5) werden häufig zur partiellen Integration bei der Formulierung physikalischer Aufgaben benutzt.

Beweis : Folgerungen aus dem Satz von Gauss

(1) Für das Skalarfeld p und einen konstanten Vektor **c** gilt :

$$\int_V \operatorname{div} (p \, \mathbf{c}) \, dv = \int_F p \, \mathbf{c} \cdot \mathbf{da}$$

$$\operatorname{div} (p \, \mathbf{c}) = \mathbf{grad}\, p \cdot \mathbf{c} + p \operatorname{div} \mathbf{c} = \mathbf{grad}\, p \cdot \mathbf{c}$$

$$\int_V \mathbf{grad}\, p \cdot \mathbf{c} \, dv = \int_F p \, \mathbf{c} \cdot \mathbf{da}$$

Diese Beziehung muß für beliebige konstante Vektoren **c** gelten. Dies erfordert, daß die Gleichung (1) gilt.

(2) Für das Skalarfeld **u** und einen konstanten Vektor **c** gilt :

$$\int_V \operatorname{div}(\mathbf{u}\times\mathbf{c})\,dv = \int_F (\mathbf{u}\times\mathbf{c})\cdot\mathbf{da}$$

$$\operatorname{div}(\mathbf{u}\times\mathbf{c}) = (\varepsilon^{ikm}\,u_k\,c_m)_{;\,i} = \varepsilon^{ikm}\,u_{k\,;\,i}\,c_m = \mathbf{rot\,u\cdot c}$$

$$\int_V \mathbf{rot\,u\cdot c}\,dv = \int_F \mathbf{da}\times\mathbf{u}\cdot\mathbf{c}$$

Diese Beziehung muß für beliebige konstante Vektoren **c** gelten. Dies erfordert, daß die Gleichung (2) gilt.

(3) Für die skalaren Felder p_1 und p_2 gilt mit (1) :

$$\int_V \mathbf{grad}\,(p_1 p_2)\,dv = \int_F p_1 p_2\,\mathbf{da}$$

$$\mathbf{grad}\,(p_1 p_2) = p_1\,\mathbf{grad}\,p_2 + p_2\,\mathbf{grad}\,p_1$$

$$\int_V p_1\,\mathbf{grad}\,p_2\,dv = -\int_V p_2\,\mathbf{grad}\,p_1\,dv + \int_F p_1 p_2\,\mathbf{da}$$

(4) Für das Skalarfeld p und das Vektorfeld **u** gilt :

$$\int_V \operatorname{div}(p\mathbf{u})\,dv = \int_F p\mathbf{u}\cdot\mathbf{da}$$

$$\operatorname{div}(p\mathbf{u}) = \mathbf{grad}\,p\cdot\mathbf{u} + p\operatorname{div}\mathbf{u}$$

$$\int_V p\operatorname{div}\mathbf{u}\,dv = -\int_V \mathbf{grad}\,p\cdot\mathbf{u}\,dv + \int_F p\,\mathbf{u}\cdot\mathbf{da}$$

(5) Für das Vektorfeld **u** und das dyadische Feld **T** gilt :

$$\int_V \operatorname{div}(\mathbf{T}\cdot\mathbf{u})\,dv = \int_F \mathbf{da}\cdot\mathbf{T}\cdot\mathbf{u}$$

$$(t^{im}\,u_m)_{;\,i} = t^{im}\,u_{m\,;\,i} + t^{im}{}_{;\,i}\,u_m$$

$$\int_V t^{im}{}_{;\,i}\,u_m\,dv = -\int_V t^{im}\,u_{m;\,i}\,dv + \int_F t^{im}\,u_m\,n_i\,da$$

Kontrollfläche : Eine Fläche K im euklidischen Raum $\mathbb{R}^3$ sei zusammenhängend. Der Rand R der Fläche sei aus einer oder mehreren Linien zusammengesetzt, die stückweise stetig sind. Die globalen Koordinaten x^1, x^2, x^3 jedes Punktes der Fläche K seien beschränkt. Dann heißt die Fläche K eine Kontrollfläche im Raum $\mathbb{R}^3$.

Umlaufsinn : Die Richtung der Einheitsnormalen **n**(**x**) einer Fläche K im euklidischen Raum $\mathbb{R}^3$ ist nicht eindeutig. Ist **n** eine Normale von K am Punkt **x**, so ist −**n** ebenfalls eine Normale von K am Punkt **x**. Zur Formulierung des Satzes von Stokes muß ein eindeutiger Zusammenhang zwischen der Normalen **n** und der Richtung des Randes R der Fläche K hergestellt werden.

In der Umgebung eines Punktes **x** der Fläche K wird ein Flächenelement S betrachtet, das **x** als inneren Punkt enthält. Die Vektoren von **x** nach zwei benachbarten Punkten A und B auf dem Rand von S seien **a** und **b**. Die Vektoren **a** und **b** seien nicht parallel. Dann definiert das Kreuzprodukt $\mathbf{a} \times \mathbf{b}$ eine Richtung der Flächennormale **n**, der eindeutig die Richtung $A \rightarrow B$ des Randes von S zugeordnet ist. Die Richtung $A \rightarrow B$ heißt der mit **n** assoziierte Umlaufsinn des Randes von S. Ändert man den Umlaufsinn von $A \rightarrow B$ nach $B \rightarrow A$, so führt das geänderte Kreuzprodukt $\mathbf{b} \times \mathbf{a} = -\mathbf{a} \times \mathbf{b}$ zu der komplementären Flächennormale $-\mathbf{n}$.

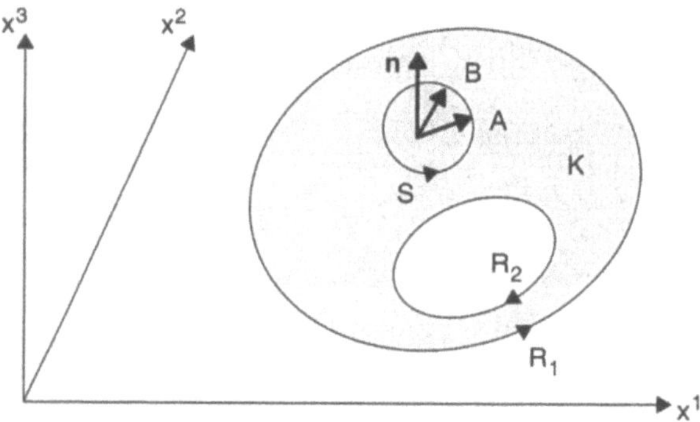

Satz von Stokes : Auf einer Kontrollfläche K sei ein Vektorfeld **u**(**x**) bekannt, dessen Koordinaten u^i stetig sind. Die partiellen Ableitungen $u^i{}_{,m}$ der Koordinaten seien existent und stetig. Dann ist das skalare Integral des Rotors von **u** über die Kontrollfläche K gleich dem skalaren Integral von **u** über den Rand R der Kontrollfläche.

$$\int_K \mathbf{rot\,u} \cdot \mathbf{da} \quad = \quad \int_R \mathbf{u} \cdot \mathbf{dx}$$

Der Rotor **rot u** wird mit dem Permutationstensor ε^{ikm} dargestellt, der Flächenvektor d**a** als Produkt der Flächennormalen **n** und des Flächenbetrages da. Damit folgt die Koordinatenschreibweise für den Satz von Stokes in lokalen Koordinaten :

$$\int_K \varepsilon^{ikm} \, u_{m,k} \, n_i \, da \quad = \quad \int_R u_i \, dx^i$$

Auf den Teilstücken des Randes R wird jeweils in der Richtung integriert, die dem Zusammenhang zwischen der Flächennormale **n** und dem Umlaufsinn entspricht.

Beweis : Satz von Stokes

Mit der gegebenen Kontrollfläche K wird ein Schalenvolumen V assoziiert, das aus folgenden Punkten besteht :

$$V := \{\mathbf{w} \mid \mathbf{w} = \mathbf{x} + s\mathbf{n} \quad \wedge \quad \mathbf{x} \in K \quad \wedge \quad -0.5h \leq s \leq 0.5h\}$$

$\mathbf{n}(\mathbf{x})$ Einheitsnormale der Kontrollfläche K am Punkt $\mathbf{x}$

h Schalendicke

Die Kontrollfläche K wird in infinitesimale Flächenelemente dK_i mit Flächenbetrag da_i, Bezugspunkt $\mathbf{x}_i \in dK_i$, Randkurve C_i und Flächennormale $\mathbf{n}_i$ am Punkt $\mathbf{x}_i$ unterteilt. Mit dem Flächenelement dK_i wird ein Volumenelement dV_i assoziiert :

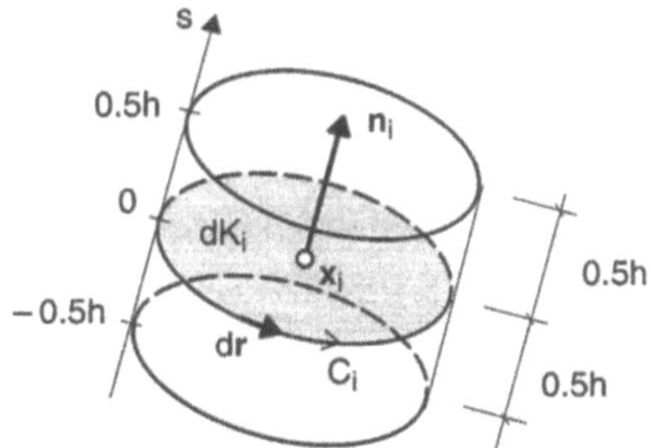

$$dV_i := \{\mathbf{w} \mid \mathbf{w} = \mathbf{x} + s\mathbf{n}_i \quad \wedge \quad \mathbf{x} \in K_i \quad \wedge \quad -0.5h \leq s \leq 0.5h\}$$

Der Rotor **rot u** eines Tensorfeldes **u** am Punkt $\mathbf{x}_i$ wird definitionsgemäß als Grenzwert für das infinitesimale Volumen dV_i mit dem Volumenbetrag dv_i bestimmt :

$$\mathbf{rot}\ \mathbf{u}(\mathbf{x}_i) = \lim_{dv_i \to 0} \frac{1}{dv_i} \int_{dS_i} d\mathbf{s} \times \mathbf{u}$$

$d\mathbf{s}$ Flächenvektor für ein Element der Oberfläche dS_i von dV_i

Die Flächennormale $\mathbf{n}_i$ wird im Flächenelement dK_i als konstant betrachtet. Sie ist von s unabhängig. Für $h \to 0$ gilt $dv_i = h\, da_i$. Aus der vorangehenden Gleichung folgt mit Approximationsfehler ε_i :

$$\mathbf{rot}\ \mathbf{u}(\mathbf{x}_i) \cdot \mathbf{n}_i = \lim_{h \to 0} \frac{1}{h\, da_i} \int_{dS_i} \mathbf{n}_i \cdot d\mathbf{s} \times \mathbf{u} + \varepsilon_i$$

Der Flächenvektor des Flächenstücks $s = 0.5\,h$ von dS_i ist $d\mathbf{s} = \mathbf{n}_i\, da_i$. Der Flächenvektor des Flächenstücks $s = -0.5h$ besitzt das umgekehrte Vorzeichen und den gleichen Betrag. Betrachtet man **u** als näherungsweise konstant in dV_i, so heben sich die Beiträge der beiden Flächenstücke zum Integral auf der rechten Seite der Gleichung gegenseitig auf. Auf der restlichen Oberfläche von dV_i gilt :

$$\mathbf{n}_i \cdot d\mathbf{s} \times \mathbf{u} \;=\; \mathbf{u} \cdot \mathbf{n}_i \times d\mathbf{s} \;=\; h\,\mathbf{u} \cdot d\mathbf{r}$$

$d\mathbf{r}$ inkrementeller Tangentialvektor der Randkurve C_i

Der Flächenvektor von dK_i wird mit $d\mathbf{a}_i := \mathbf{n}_i\, da_i$ bezeichnet. Der Ausdruck $h\,\mathbf{u} \cdot d\mathbf{r}$ wird in die vorangehende Gleichung substituiert :

$$\mathbf{rot}\;\mathbf{u}(\mathbf{x}_i) \cdot d\mathbf{a}_i \;=\; \int_{C_i} \mathbf{u} \cdot d\mathbf{r} \;+\; \varepsilon_i\, da_i$$

Die Kontrollfläche K wird in Elemente dK_i unterteilt. Die Skalare $\mathbf{rot}\;\mathbf{u}(\mathbf{x}_i) \cdot d\mathbf{a}_i$ werden über die Elemente mit $i = 1,...,k$ summiert :

$$\sum_i \mathbf{rot}\;\mathbf{u}(\mathbf{x}_i) \cdot d\mathbf{a}_i \;=\; \sum_i \int_{C_i} \mathbf{u}(\mathbf{x}_i) \cdot d\mathbf{r} \;+\; \sum_i \varepsilon_i\, d\mathbf{a}_i$$

Läßt man den größten Abstand zwischen zwei Punkten in dK_i nach null streben, so wächst die Anzahl k der Elemente unbegrenzt. Die Summe auf der linken Seite geht in das Integral $\int_K \mathbf{rot}\;\mathbf{u} \cdot d\mathbf{a}$ über. Bei der Summation über die Randkurven C_i auf der rechten Seite heben sich die Beiträge benachbarter Elemente auf dem gemeinsamen Rand gegenseitig auf, da ihr Umlaufsinn gegenläufig ist. Die Beiträge auf den Randkurven R von K bleiben erhalten, da jeder Punkt dieser Randkurven nur zu einem Element dK_i gehört.

Für eine bestimmte Unterteilung von K sei $|\varepsilon_i| < \varepsilon$ für ein $\varepsilon > 0$ und $i = 1,...,k$. Dann ist $\sum_i \varepsilon_i\, da_i \le \varepsilon \sum_i da_i$. Mit abnehmender Größe der Elemente dK_i (siehe oben) geht $\varepsilon \to 0$ und damit $\varepsilon \sum_i da_i \to 0$, da $\sum_i da_i$ der Betrag der Fläche K ist. Also folgt der Satz von Stokes :

$$\int_K \mathbf{rot}\;\mathbf{u} \cdot d\mathbf{a} \;=\; \int_R \mathbf{u} \cdot d\mathbf{r}$$

Integralformel für $\mathbb{R}^2$: In der Ebene $\mathbb{R}^2$ gehen die Sätze von Gauss und Stokes in folgende Formeln über :

$$\int_K \left(\frac{\partial u_1}{\partial x^1} + \frac{\partial u_2}{\partial x^2} \right) dx^1\, dx^2 \;=\; \int_R (u_1\, n^1 + u_2\, n^2)\, ds$$

$$\int_K \left(\frac{\partial u_2}{\partial x^1} - \frac{\partial u_1}{\partial x^2} \right) dx^1\, dx^2 \;=\; \int_R (u_1\, dx^1 + u_2\, dx^2)$$

Diese Formeln unterscheiden sich nur in der Schreibweise. Zum Beweis ersetzt man in der unteren Gleichung u_1 durch $-u_2$ und u_2 durch u_1. Substituiert man dann rechts die Beziehungen $dx^1 = -n^2 ds$ und $dx^2 = n^1 ds$, so wird die untere Gleichung in die obere überführt.

Sätze von Green : In einem Kontrollvolumen V seien stetige skalare Felder p_1 und p_2 gegeben. Dann ergibt sich durch Einsetzen von $p_1\,\mathbf{grad}\;p_2$ für das Vektorfeld **u** im Satz von Gauss :

$$\int_V \operatorname{div}(p_1\,\mathbf{grad}\;p_2)\,dv \;=\; \int_F p_1\,\mathbf{grad}\;p_2 \cdot \mathbf{da}$$

Den ersten Satz von Green erhält man aus dieser Formel durch Transformation der Feldoperationen und Einführung des Laplace Operators Δ aus Abschnitt 9.4.10 :

$$\operatorname{div}(p_1\,\mathbf{grad}\;p_2) \;=\; \mathbf{grad}\;p_1 \cdot \mathbf{grad}\;p_2 \;+\; p_1 \operatorname{div}\mathbf{grad}\;p_2$$

$$\int_V (\mathbf{grad}\;p_1 \cdot \mathbf{grad}\;p_2 \;+\; p_1\,\Delta p_2)\,dv \;=\; \int_F p_1\,\mathbf{grad}\;p_2 \cdot \mathbf{da}$$

Der zweite Satz von Green folgt aus dem ersten Satz, indem man diesen Satz einmal für $p_1\,\mathbf{grad}\;p_2$ und einmal für $p_2\,\mathbf{grad}\;p_1$ schreibt :

$$\int_V (p_1\,\Delta\,p_2 - p_2\Delta\,p_1)\,dv \;=\; \int_F (p_1\,\mathbf{grad}\;p_2 - p_2\mathbf{grad}\;p_1) \cdot \mathbf{da}$$

Der dritte Satz von Green folgt aus dem ersten Satz, indem man $p_1 = 1$ und $p_2 = p$ setzt :

$$\int_V \Delta p\,dv \;=\; \int_F \mathbf{grad}\;p \cdot \mathbf{da}$$

Beispiel 1 : Satz von Gauss

Für das gegebene Vektorfeld **u** wird das Integral der Divergenz über das Volumen eines Quaders $0 \le x \le a,\ 0 \le y \le b,\ 0 \le z \le c$ im kartesischen Koordinatensystem (x, y, z) mit der globalen Basis $\mathbf{e}_1, \mathbf{e}_2, \mathbf{e}_3$ bestimmt.

$$\mathbf{u} = xyz\,\mathbf{e}_1 + (x^2 + y^2)\,\mathbf{e}_2 + z^3\,\mathbf{e}_3$$

$$\begin{aligned}
\int_V \operatorname{div}\mathbf{u}\,dv &= \int_0^c\int_0^b\int_0^a (yz + 2y + 3z^2)\,dx\,dy\,dz \\
&= \int_0^c\int_0^b a\,(yz + 2y + 3z^2)\,dy\,dz \\
&= \int_0^c a\,(\tfrac{1}{2}\,b^2 z + b^2 + 3z^2 b)\,dz \\
&= a\,(\tfrac{1}{4}\,b^2c^2 + b^2c + bc^3)
\end{aligned}$$

Nach dem Satz von Gauss ist dieses Integral gleich dem skalaren Integral von **u** über die Oberfläche des Quaders :

$$\begin{aligned}
x = 0 :\ \mathbf{n} = -\mathbf{e}_1 :\ \int \mathbf{u}\cdot d\mathbf{a} &= \int_0^b\int_0^c -\,xyz\,dz\,dy &&= 0 \\
x = a :\ \mathbf{n} = \mathbf{e}_1 :\ \int \mathbf{u}\cdot d\mathbf{a} &= \int_0^b\int_0^c ayz\,dz\,dy &&= \tfrac{1}{4}\,a\,b^2c^2 \\
y = 0 :\ \mathbf{n} = -\mathbf{e}_2 :\ \int \mathbf{u}\cdot d\mathbf{a} &= \int_0^a\int_0^c -\,x^2\,dz\,dx &&= -\tfrac{1}{3}\,a^3c \\
y = b :\ \mathbf{n} = \mathbf{e}_2 :\ \int \mathbf{u}\cdot d\mathbf{a} &= \int_0^a\int_0^c (x^2 + b^2)\,dz\,dx &&= \tfrac{1}{3}\,a^3c + b^2ac \\
z = 0 :\ \mathbf{n} = -\mathbf{e}_3 :\ \int \mathbf{u}\cdot d\mathbf{a} &= \int_0^a\int_0^b -z^3\,dy\,dx &&= 0 \\
z = c :\ \mathbf{n} = \mathbf{e}_3 :\ \int \mathbf{u}\cdot d\mathbf{a} &= \int_0^a\int_0^b c^3\,dy\,dx &&= c^3ab
\end{aligned}$$

$$\int_F \mathbf{u}\cdot d\mathbf{a} = \tfrac{1}{4}\,a\,b^2c^2 + b^2ac + c^3ab = a\,(\tfrac{1}{4}\,b^2c^2 + b^2c + bc^3)$$

Beispiel 2 : Eigenschaften einer Ellipse

Die Längen der Achsen einer Ellipse im Raum $\mathbb{R}^2$ seien (2a, 2b). Der Flächenbetrag F sowie das statische Moment S und das Trägheitsmoment I um die Achse 1 der Ellipse werden mit der Integralformel für $\mathbb{R}^2$ bestimmt. Die parametrische Form des Randes der Ellipse und die Integralformel sind :

$$x = a\cos\theta \qquad dx = -a\sin\theta\, d\theta \qquad 0 \le \theta \le 2\pi$$

$$y = b\sin\theta \qquad dy = b\cos\theta\, d\theta$$

$$\int_K \left(\frac{\partial u}{\partial x} + \frac{\partial w}{\partial y}\right) dx\, dy = \int_R (u\, dy - w\, dx)$$

Zur Berechnung des Flächenbetrages F wird $u = x$ und $w = y$ gewählt :

$$\int_K (1+1)\, da = \int_R (ab\cos^2\theta + ab\sin^2\theta)\, d\theta = 2F$$

$$F = \frac{1}{2} ab \int_0^{2\pi} d\theta = \pi ab$$

Zur Berechnung des statischen Moments S wird $u = xy$ und $w = y^2$ gewählt :

$$\int_K (y+2y)\, da = \int_R (ab^2\sin\theta\cos^2\theta + ab^2\sin^3\theta)\, d\theta = 3S$$

$$S = \frac{1}{3} ab^2 \int_0^{2\pi} \sin\theta\, d\theta = 0$$

Zur Berechnung des Trägheitsmoments I wird $u = xy^2$ und $w = y^3$ gewählt :

$$\int_K (y^2+3y^2)\, da = \int_R (ab^3\sin^2\theta\cos^2\theta + ab^3\sin^4\theta)\, d\theta = 4I$$

$$I = \frac{1}{4} ab^3 \int_0^{2\pi} \sin^2\theta\, d\theta = \frac{\pi}{4} ab^3$$

10 STOCHASTIK

10.1 EINFÜHRUNG

Ein Experiment ist ein Vorgang, der unter gleichen Bedingungen beliebig oft wiederholbar ist. Jedes Experiment liefert einen Ausgang als Ergebnis. Ist der Ausgang eines Experimentes eindeutig, so handelt es sich um ein deterministisches Experiment. Ist er wegen zufallsbedingter Einflüsse nicht eindeutig, so handelt es sich um ein stochastisches Experiment. Die Stochastik ist ein Teilgebiet der Mathematik, das sich mit den Ergebnissen von stochastischen Experimenten befaßt.

Die einfachsten stochastischen Experimente sind bei Glücksspielen anzutreffen, deren Ausgänge als zufällige Ereignisse bezeichnet werden. Typische Beispiele sind die Losziehung mit den möglichen Ereignissen "Niete", "Gewinn", "Hauptgewinn" oder das zweimalige Würfeln mit den möglichen Augenzahlen 2 bis 12. Die Menge aller möglichen Ereignisse ist der Ereignisraum des Experimentes. Jedem möglichen Ereignis wird eine Wahrscheinlichkeit zugeordnet, mit der es bei der Durchführung eines Experimentes auftritt. Aus der Mengenalgebra für die Ereignisse und den Axiomen für die Wahrscheinlichkeit ergeben sich die Regeln der Wahrscheinlichkeitsrechnung. Die Grundlagen der Wahrscheinlichkeitsrechnung für zufällige Ereignisse und ihre Anwendung sind in Abschnitt 10.2 behandelt.

Wird in einem stochastischen Experiment eine Größe betrachtet, die reelle Zahlenwerte annimmt, so wird diese Größe mathematisch als Zufallsvariable behandelt. Typische Beispiele sind die tägliche Anzahl von Fahrzeugen über eine Brücke oder die tägliche Niederschlagsmenge an einem Ort. Die Axiome und Regeln der Wahrscheinlichkeit für zufällige Ereignisse werden auf eine Zufallsvariable mit ihrem Wertebereich übertragen und führen zur Definition der Wahrscheinlichkeitsverteilung für eine Zufallsvariable. Aus der Wahrscheinlichkeitsverteilung lassen sich charakteristische Kennwerte der Zufallsvariablen bestimmen. Typische Kennwerte sind der Mittelwert und die Varianz als Maß für die quadratische Abweichung vom Mittelwert. Bei den Zufallsvariablen werden diskrete und stetige Zufallsvariable unterschieden. Die theoretischen Grundlagen für Zufallsvariable sowie die wesentlichen Verteilungen für diskrete und stetige Zufallsvariable einschließlich ihrer Anwendung sind in Abschnitt 10.3 behandelt.

Werden in einem stochastischen Experiment mehrere Größen gleichzeitig betrachtet, die reelle Zahlenwerte annehmen, so werden diese Größen mathematisch als Zufallsvektor mit mehreren Zufallsvariablen behandelt. Typische Beispiele sind die täglichen Fahrzeuganzahlen von Linksabbiegern, Geradeausfahrern und Rechtsabbiegern an einer Kreuzung oder die täglichen Höchstwasserstände an verschiedenen Orten längs einer Küste. Die theoretischen Grundlagen für Zufallsvariable werden auf Zufallsvektoren erweitert. Die Zufallsvariablen eines Zufallsvektors können in einem gewissen Grad linear voneinander abhängen. Der Grad der linearen Abhängigkeit wird durch Korrelationskoeffizienten beschrieben. Die Korrelation der Zufallsvariablen ist ein wesentliches Merkmal von Zufallsvektoren. Die theoretischen Grundlagen für Zufallsvektoren und ihre exemplarische Anwendung sind in Abschnitt 10.4 behandelt.

Wird in einem stochastischen Experiment ein zeitabhängiger Verlauf einer Größe betrachtet, so wird der Zeitverlauf dieser Größe mathematisch als Zufallsfunktion behandelt. Typische Beispiele sind die Fahrzeuganzahl in einem Parkhaus oder die Temperatur an einem Ort über den Zeitraum eines Tages. Zeitabhängige stochastische Vorgänge heißen auch Zufallsprozesse. Die Theorie der Zufallsprozesse ist außerordentlich umfangreich und wird daher nur für ausgewählte Klassen von Zufallsprozessen behandelt. Eine wesentliche Klasse von Zufallsprozessen sind Markov Prozesse im diskreten und im stetigen Zeitraum. Sie basieren auf einer mathematischen Formulierung zeitabhängiger stochastischer Vorgänge als Anfangswertaufgaben. Von besonderer Bedeutung ist dabei das Langzeitverhalten dieser Prozesse mit den sich ergebenden Wahrscheinlichkeitsverteilungen. Eine weitere wesentliche Klasse sind die stationären Prozesse im diskreten und im stetigen Zeitraum. Sie besitzen für alle Zeitpunkte die gleiche Wahrscheinlichkeitsverteilung. Die Zufallsgrößen zu verschiedenen Zeitpunkten sind in einem gewissen Grade abhängig voneinander. Diese Abhängigkeit wird durch die Korrelationsfunktion beschrieben. Die Grundlagen der Markov Prozesse mit ihren Anwendungen in der Warteschlangentheorie sowie die Grundlagen der stationären Prozesse sind in Abschnitt 10.5 behandelt.

10.2 ZUFÄLLIGE EREIGNISSE

10.2.1 EINFÜHRUNG

Die Wahrscheinlichkeitsrechnung befaßt sich mit den Gesetzmäßigkeiten zur Berechnung von Wahrscheinlichkeiten für zufällige Ereignisse und basiert auf der Mengenlehre. Sie beinhaltet die elementare Kombinatorik, die Algebra für Ereignisse sowie die Axiome und Rechenregeln für Wahrscheinlichkeiten. Die Grundlagen der Wahrscheinlichkeitsrechnung für zufällige Ereignisse sind in den nachfolgenden Abschnitten behandelt. Ihre Anwendung ist an einfachen Beispielen gezeigt.

10.2.2 ELEMENTARE KOMBINATORIK

Einführung : Die Kombinatorik ist ein Teilgebiet der Mengenlehre. Sie ist auf endliche Mengen beschränkt und befaßt sich mit den verschiedenen Möglichkeiten, Elemente aus einer gegebenen Menge auszuwählen und in einem Tupel anzuordnen. Die verschiedenen Vorgehensweisen bei der Auswahl und Anordnung führen zur Definition von Permutationen, Variationen und Kombinationen.

Menge und Tupel : Gegeben sei eine endliche Menge von Elementen. Aus der Menge werden Elemente ausgewählt und in der Reihenfolge ihrer Auswahl in einem Tupel angeordnet. Ein Element kann mehrmals ausgewählt werden, so daß ein Tupel mehrere gleiche Elemente enthalten kann. Ist die Anordnung der Elemente im Tupel von Bedeutung, so ist das Tupel geordnet. Ist die Anordnung ohne Bedeutung, so ist das Tupel ungeordnet. Zur Unterscheidung von geordneten und ungeordneten Tupeln werden die Tupelelemente entweder durch runde Klammern oder durch eckige Klammern eingeschlossen.

Menge	:	$\{a, b, c, d, ...\}$
Geordnetes Tupel	:	$(a, c, d, a, ...)$
Ungeordnetes Tupel	:	$[a, c, d, a, ...]$

Ein Tupel mit k Elementen heißt k-Tupel. Zwei geordnete k-Tupel sind gleich, wenn sie die gleichen Elemente in der gleichen Anordnung enthalten. Zwei ungeordnete k-Tupel sind gleich, wenn sie die gleichen Elemente in beliebiger Anordnung enthalten.

Permutation : Gegeben sei eine Menge mit n Elementen. Ein geordnetes n-Tupel, das jedes Element der Menge genau einmal enthält, heißt Permutation ohne Wiederholung. Die Anzahl der voneinander verschiedenen Permutationen ohne Wiederholung ist :

$$p(n) \quad = \quad 1 \cdot 2 \cdot ... \cdot (n-1) \cdot n \quad = \quad n\,!$$

Ein geordnetes Tupel, das jedes Element e_j der Menge genau m_j-mal enthält, heißt Permutation mit Wiederholung. Die Anzahl der voneinander verschiedenen Permutationen mit Wiederholung ist :

$$\overset{*}{p}(n \mid m_1, m_2, \ldots, m_n) = \frac{(m_1 + m_2 + \ldots + m_n)!}{m_1! \cdot m_2! \cdot \ldots \cdot m_n!}$$

Variation : Gegeben sei eine Menge mit n Elementen. Ein geordnetes k-Tupel, das kein Element der Menge mehrmals enthält, heißt Variation ohne Wiederholung zur Klasse k. Die Anzahl der voneinander verschiedenen Variationen ohne Wiederholung ist :

$$v(n, k) = \frac{n!}{(n-k)!}$$

Ein geordnetes k-Tupel, das Elemente der Menge mehrmals enthalten darf, heißt Variation mit Wiederholung zur Klasse k. Die Anzahl der voneinander verschiedenen Variationen mit Wiederholung ist :

$$\overset{*}{v}(n, k) = n^k$$

Kombination : Gegeben sei eine Menge mit n Elementen. Ein ungeordnetes k-Tupel, das kein Element der Menge mehrmals enthält, heißt Kombination ohne Wiederholung zur Klasse k. Die Anzahl der verschiedenen Kombinationen ohne Wiederholung ist :

$$c(n, k) = \binom{n}{k} = \frac{n!}{k!\,(n-k)!}$$

Ein ungeordnetes k-Tupel, das Elemente der Menge mehrmals enthalten darf, heißt Kombination mit Wiederholung zur Klasse k. Die Anzahl der verschiedenen Kombinationen mit Wiederholung ist :

$$\overset{*}{c}(n, k) = \binom{n+k-1}{k} = \frac{(n+k-1)!}{k!\,(n-1)!}$$

Beispiel 1 : Kombinatorik für eine Zeichenmenge

Gegeben sei eine Menge {a, b, c} mit drei Zeichen des Alphabets, für die Permutationen, Variationen und Kombinationen mit und ohne Wiederholung gebildet werden.

Permutationen ohne Wiederholung

Tupel : (a, b, c) (a, c, b) (b, a, c) (b, c, a) (c, a, b) (c, b, a)

Anzahl : $p(3) = 3! = 1 \cdot 2 \cdot 3 = 6$

Permutationen mit 2-fachem Auftreten für a und 1-fachem Auftreten für b, c

Tupel : (a, a, b, c) (a, a, c, b) (a, b, a, c) (a, c, a, b) (a, b, c, a) (a, c, b, a)
(b, a, a, c) (b, a, c, a) (b, c, a, a) (c, a, a, b) (c, a, b, a) (c, b, a, a)

Anzahl : $\overset{*}{p}(3\,|\,2,1,1) = (2+1+1)!\ /\ (2!\cdot 1!\cdot 1!) = 24/2 = 12$

Variationen ohne Wiederholung zur Klasse k = 2

Tupel : (a, b) (a, c) (b, a) (b, c) (c, a) (c, b)

Anzahl : $v(3,2) = 3!\,/\,(3-2)! = 3!\,/\,1! = 6$

Variationen mit Wiederholung zur Klasse k = 2

Tupel : (a, a) (a, b) (a, c) (b, a) (b, b) (b, c) (c, a) (c, b) (c, c)

Anzahl : $\overset{*}{v}(3,2) = 3^2 = 9$

Kombinationen ohne Wiederholung zur Klasse k = 2

Tupel : [a, b] [a, c] [b, c]

Anzahl : $c(3,2) = \binom{3}{2} = \frac{3\cdot 2}{1\cdot 2} = 3$

Kombinationen mit Wiederholung zur Klasse k = 2

Tupel : [a, a] [a, b] [a, c] [b, b] [b, c] [c, c]

Anzahl : $\overset{*}{c}(3,2) = \binom{3+2-1}{2} = \binom{4}{2} = \frac{4\cdot 3}{1\cdot 2} = 6$

Beispiel 2 : Würfelspiel

Bei einem Glücksspiel wird mit zwei Würfeln gewürfelt, die jeweils eine Augenzahl von 1 bis 6 liefern. Die beiden Würfel seien durch verschiedene Farben unterscheidbar. Die Würfelergebnisse sind Variationen mit Wiederholung. Ihre Anzahl ist :

$$n = 6 \qquad k = 2 \qquad \overset{*}{v}(6,2) = 6^2 = 36$$

Die beiden Würfel seien nicht unterscheidbar. Die Würfelergebnisse sind Kombinationen mit Wiederholung. Ihre Anzahl ist :

$$n = 6 \qquad k = 2 \qquad \overset{*}{c}(6,2) = \binom{6+2-1}{2} = \binom{7}{2} = \frac{7\cdot 6}{1\cdot 2} = 21$$

10.2.3 EREIGNISALGEBRA

Einführung : Ein stochastisches Experiment ist ein Vorgang, bei dem mehrere Ausgänge möglich sind und der eintretende Ausgang nicht vorhersagbar ist. Die möglichen Ausgänge heißen elementare Ereignisse und bilden den Ereignisraum des Experimentes. Ein Ereignis ist eine Zusammenfassung von elementaren Ereignissen im Sinne einer Menge. Damit wird die Behandlung von Ereignissen auf die Behandlung von Mengen zurückgeführt. In Analogie zur Mengenalgebra spricht man auch von einer Ereignisalgebra.

Ereignisraum : Jeder mögliche Ausgang eines Experimentes heißt ein elementares Ereignis. Elementare Ereignisse schließen sich gegenseitig aus. Die Menge aller elementarer Ereignisse heißt Ereignisraum des Experimentes.

$S := \{e_1, e_2, \dots, e_n\}$

e_j Elementares Ereignis

Ereignis : Eine Teilmenge $A \subseteq S$ des Ereignisraumes heißt Ereignis und wird mit A bezeichnet. Das Ereignis tritt genau dann ein, wenn ein in A enthaltenes elementares Ereignis eintritt. Das unmögliche Ereignis $\emptyset$ ist eine leere Menge von elementaren Ereignissen und tritt daher nicht ein. Das sichere Ereignis S ist identisch mit dem Ereignisraum und tritt daher immer ein.

Ereignis	:	$\emptyset \subseteq A \subseteq S$
Unmögliches Ereignis	:	$\emptyset$
Sicheres Ereignis	:	S

Mit dieser Definition werden Ereignisse auf Mengen zurückgeführt. Die Mengenalgebra für Ereignisse wird Ereignisalgebra genannt. Die wesentlichen Definitionen der Ereignisalgebra sind nachfolgend zusammengestellt.

Verknüpfungen : Das Ereignis "A oder B" tritt genau dann ein, wenn A eintritt oder B eintritt. Es enthält alle elementaren Ereignisse, die in A oder B enthalten sind. Das Ereignis "A und B" tritt genau dann ein, wenn A und B zugleich eintreten. Es enthält alle elementaren Ereignisse, die sowohl in A als auch in B enthalten sind. Diese Verknüpfungen von Ereignissen entsprechen der Vereinigung $\cup$ und dem Durchschnitt $\cap$ in der Mengenlehre.

A oder B	:	$A \cup B$
A und B	:	$A \cap B$

Komplementäres Ereignis : Das zu A komplementäre Ereignis $\bar{A}$ tritt genau dann ein, wenn das Ereignis A nicht eintritt. Es enthält alle elementaren Ereignisse des Ereignisraumes S, die nicht in A enthalten sind. Das Komplement $\bar{A}$ entspricht der Differenz von S und A in der Mengenlehre.

Komplementäres Ereignis : $\bar{A} = S - A$

Regeln : $A \cup \bar{A} = S \qquad A \cap \bar{A} = \emptyset$

Teilereignis : Das Ereignis A heißt ein Teilereignis von B, wenn beim Eintreten des Ereignisses A auch das Ereignis B eintritt. Alle elementaren Ereignisse von A sind in B enthalten. Diese Definition entspricht der Definition einer Teilmenge in der Mengenlehre.

Teilereignis : $A \subseteq B$

Regeln : $A \cap B = A \qquad A \cup B = B$

Unvereinbare Ereignisse : Zwei Ereignisse A und B heißen unvereinbar, wenn sie nicht zugleich eintreten. Der Durchschnitt $A \cap B$ ist das unmögliche Ereignis $\emptyset$.

Unvereinbarkeit : $A \cap B = \emptyset$

Zerlegung : Eine Menge von Ereignissen A_j heißt eine Zerlegung des Ereignisraumes S, wenn die Ereignisse paarweise unvereinbar sind und ihre Vereinigung den Ereignisraum S ergibt.

$$S = A_1 \cup A_2 \cup \ldots \cup A_n = \bigcup_{j=1}^{n} A_j \qquad A_j \cap A_k = \emptyset \quad \text{für} \quad j \neq k$$

Ein Ereignis B wird in unvereinbare Teilereignisse $B_j \subseteq B$ zerlegt, indem die Durchschnitte $(B \cap A_j)$ gebildet werden.

$$B = B_1 \cup B_2 \cup \ldots \cup B_n = \bigcup_{j=1}^{n} B_j \qquad B_j = B \cap A_j$$

$$B_j \cap B_k = \emptyset \quad \text{für} \quad j \neq k$$

Beispiel : Würfelereignisse

Gegeben sei ein Würfel mit den Augenzahlen 1 bis 6. Das Ergebnis eines Wurfes des Würfels ist eine Augenzahl. Jede mögliche Augenzahl ist ein elementares Ereignis. Der Ereignisraum S enthält die Augenzahlen 1 bis 6. Ein Ereignis A sei definiert als das Würfeln einer geraden Augenzahl. Das komplementäre Ereignis $\bar{A}$ ist das Würfeln einer ungeraden Augenzahl. Das Würfeln einer geraden oder ungeraden Augenzahl ist das sichere Ereignis, das in jedem Wurf eintritt. Das Würfeln einer geraden und ungeraden Augenzahl ist das unmögliche Ereignis, das nicht eintreten kann. Das Würfeln einer geraden Augenzahl und das Würfeln einer ungeraden Augenzahl sind unvereinbare Ereignisse.

Ereignisraum für das Würfeln	$S = \{1, 2, 3, 4, 5, 6\}$
Würfeln einer geraden Augenzahl	$A = \{2, 4, 6\}$
Würfeln einer ungeraden Augenzahl	$\bar{A} = \{1, 3, 5\}$
Sicheres Ereignis	$A \cup \bar{A} = S$
Unmögliches Ereignis	$A \cap \bar{A} = \emptyset$

10.2.4 WAHRSCHEINLICHKEIT

Einführung : Ein stochastisches Experiment wird mehrfach durchgeführt. Die Anzahl der Fälle, in denen ein bestimmtes Ereignis eintritt, wird bestimmt und auf die Anzahl der durchgeführten Experimente bezogen. Dies führt zur relativen Häufigkeit für das Auftreten des Ereignisses. Mit steigender Anzahl stabilisiert sich die relative Häufigkeit für ein Ereignis. Diese Eigenschaft legt es nahe, jedem Ereignis eine Wahrscheinlichkeit als "Grenzwert" der relativen Häufigkeit zuzuordnen. Da die Existenz eines derartigen Grenzwertes nicht nachweisbar ist, werden in Anlehnung an die Definition und die Regeln der relativen Häufigkeit die Axiome der Wahrscheinlichkeitstheorie aufgestellt. Die Grundlagen der Wahrscheinlichkeitsrechnung und ihre Anwendung sind nachfolgend behandelt.

Relative Häufigkeit : Ein Experiment wird n-mal durchgeführt. Ein definiertes Ereignis A tritt m-mal als Ergebnis der Experimente ein. Der Quotient m/n heißt die relative Häufigkeit für das Eintreten von A und wird mit $H_n(A)$ bezeichnet.

$$H_n(A) := \frac{m}{n} \qquad n > 0$$

Wegen $0 \le m \le n$ und $n > 0$ ist die relative Häufigkeit $H_n(A)$ eine rationale Zahl zwischen 0 und 1.

$$0 \le H_n(A) \le 1$$

Besitzen zwei unvereinbare Ereignisse A und B eines Experimentes die relativen Häufigkeiten $H_n(A)$ und $H_n(B)$, so ist die relative Häufigkeit $H_n(A \cup B)$ für das Ereignis $(A \cup B)$ gleich der Summe der relativen Häufigkeiten für A und B.

$$H_n(A \cup B) = H_n(A) + H_n(B) \quad \Leftarrow \quad A \cap B = \emptyset$$

Die Werte der relativen Häufigkeit variieren in der Regel mit der Anzahl n der durchgeführten Experimente. Dabei ist zu beobachten, daß die relativen Häufigkeiten mit wachsendem n immer weniger schwanken. Diese Beobachtung führt zu der Vermutung, daß die relativen Häufigkeiten mit wachsendem n gegen einen festen Grenzwert streben. Diese Vermutung ist mathematisch jedoch nicht nachweisbar.

Beispiel 1 : Kreiselversuch

Ein regelmäßiger achteckiger Kreisel sei in der dargestellten Form in Farbsektoren unterteilt. In jedem Experiment wird der Kreisel in Drehung versetzt. Der Farbsektor, auf dem er zur Ruhe kommt, wird notiert. Das Experiment wird 100-mal wiederholt. Die Anzahl m für das Eintreten der Farben rot, grün und blau ist in Abhängigkeit von der Anzahl n der Experimente tabellarisch zusammengestellt. Die zugehörige relative Häufigkeit ist diagrammatisch gezeigt.

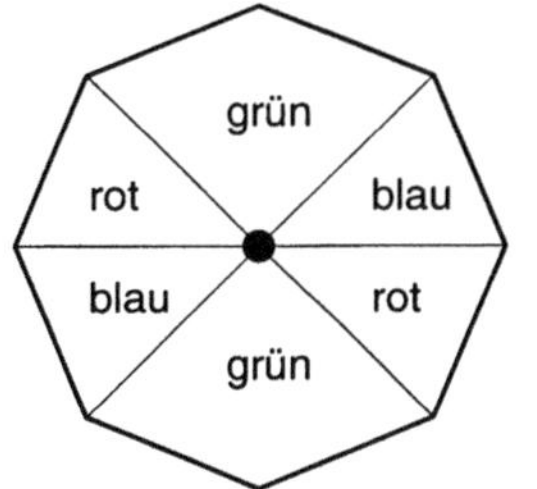

Drehkreisel mit Farbsektoren

n		5	10	20	30	40	50	60	70	80	90	100
rot	m	1	3	6	9	11	16	18	20	21	22	24
grün	m	2	5	10	14	18	20	26	31	38	42	46
blau	m	2	2	4	7	11	14	16	19	21	26	30

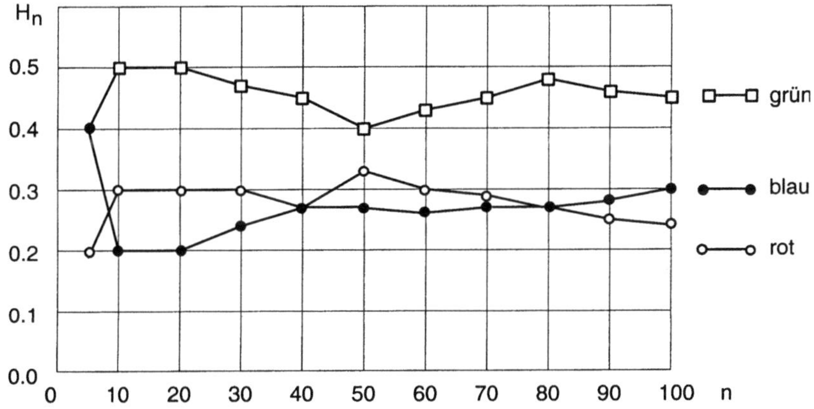

Die relativen Häufigkeiten für das Auftreten der Farben rot, grün und blau nach 100 Experimenten sind 0.24, 0.46 und 0.30. Die theoretisch zu erwartenden Grenzwerte für die relativen Häufigkeiten sind 0.25, 0.50 und 0.25.

Axiome : Da die Definition der Wahrscheinlichkeit als Grenzwert einer relativen Häufigkeit aus mathematischer Sicht nicht möglich ist, wird die Wahrscheinlichkeit als eine Größe eingeführt, die gewissen Axiomen genügt.

Axiom 1 : Jedem Ereignis A wird eine nichtnegative reelle Zahl als Wahrscheinlichkeit P(A) zugeordnet.

(A1) $P(A) \geq 0$

Axiom 2 : Das sichere Ereignis S hat die Wahrscheinlichkeit 1.

(A2) $P(S) = 1$

Axiom 3 : Besitzen zwei unvereinbare Ereignisse A und B die Wahrscheinlichkeiten P(A) und P(B), so ist die Wahrscheinlichkeit $P(A \cup B)$ für das Ereignis $A \cup B$ gleich der Summe der Wahrscheinlichkeiten von A und B.

(A3) $P(A \cup B) = P(A) + P(B) \Leftarrow A \cap B = \emptyset$

Regeln : Aus den Axiomen der Wahrscheinlichkeitstheorie ergeben sich folgende Rechenregeln für Wahrscheinlichkeiten :

Regel 1 : Das unmögliche Ereignis $\emptyset$ hat die Wahrscheinlichkeit 0. Das sichere Ereignis S hat die Wahrscheinlichkeit 1. Ein beliebiges Ereignis A hat eine Wahrscheinlichkeit zwischen 0 und 1.

(R1) $P(\emptyset) \le P(A) \le P(S) \qquad P(\emptyset) = 0 \qquad P(S) = 1$

Regel 2 : Das Ereignis A und das komplementäre Ereignis $\overline{A}$ sind unvereinbar. Das Ereignis $A \cup \overline{A}$ ist das sichere Ereignis S. Dementsprechend ist die Summe der Wahrscheinlichkeiten von A und $\overline{A}$ genau 1.

(R2) $P(A) + P(\overline{A}) = 1$

Regel 3 : Die Summe der Wahrscheinlichkeiten von A und B ist gleich der Summe der Wahrscheinlichkeiten von $A \cup B$ und $A \cap B$. Diese Regel ergibt sich aus der Betrachtung der unvereinbaren elementaren Ereignisse, die in A und B enthalten sind. Sind A und B unvereinbar, reduziert sich die Regel auf das Axiom (A3).

(R3) $P(A) + P(B) = P(A \cup B) + P(A \cap B)$

Bedingte Wahrscheinlichkeit : Die Wahrscheinlichkeit für das Eintreten eines Ereignisses A unter der Bedingung, daß das Ereignis B eingetreten ist, heißt bedingte Wahrscheinlichkeit und wird mit $P(A \mid B)$ bezeichnet. Die bedingte Wahrscheinlichkeit ist wie folgt definiert :

$$P(A \mid B) := \frac{P(A \cap B)}{P(B)} \qquad P(B) \neq 0$$

Die Definition für die bedingte Wahrscheinlichkeit erfüllt die beiden ersten Axiome der Wahrscheinlichkeitstheorie. Sind die Ereignisse A und B unvereinbar, so ist die bedingte Wahrscheinlichkeit 0. Ist A ein Teilereignis von B, so ist die bedingte Wahrscheinlichkeit $P(A) / P(B)$ mit $P(A) \le P(B)$. Ist B ein Teilereignis von A, so ist die bedingte Wahrscheinlichkeit 1. Aus der Definition der bedingten Wahrscheinlichkeit folgt die Produktregel der Wahrscheinlichkeitsrechnung, die auch für $P(B) = 0$ gilt :

(R4) $P(A \cap B) = P(A \mid B) \cdot P(B)$

Stochastische Unabhängigkeit : Zwei Ereignisse A und B heißen stochastisch unabhängig, wenn die Wahrscheinlichkeit für das Eintreten des einen Ereignisses unabhängig von der Wahrscheinlichkeit für das Eintreten des anderen Ereignisses ist. Dementsprechend gilt :

$$P(A \mid B) = P(A)$$
$$P(B \mid A) = P(B)$$
$$P(A \cap B) = P(A) \cdot P(B)$$

Satz der totalen Wahrscheinlichkeit : Der Ereignisraum S sei in die unvereinbaren Ereignisse A_j zerlegt :

$$S = \bigcup_{j=1}^{n} A_j \qquad P(S) = \sum_{j=1}^{n} P(A_j) = 1$$

Ein Ereignis B wird in die unvereinbaren Teilereignisse $B_j = B \cap A_j$ zerlegt. Die Wahrscheinlichkeit $P(B_j)$ wird ausgedrückt über die bedingte Wahrscheinlichkeit $P(B \mid A_j)$. Damit ergibt sich der Satz von der totalen Wahrscheinlichkeit für B :

$$B = \bigcup_{j=1}^{n} (B \cap A_j) \qquad P(B) = \sum_{j=1}^{n} P(B \cap A_j) = \sum_{j=1}^{n} P(B \mid A_j) \cdot P(A_j)$$

Beispiel 2 : Ereignisse mit gleichen Wahrscheinlichkeiten

In dem skizzierten Ereignisraum mit 25 elementaren Ereignissen sind die Ereignisse A und B als Punktmengen dargestellt.

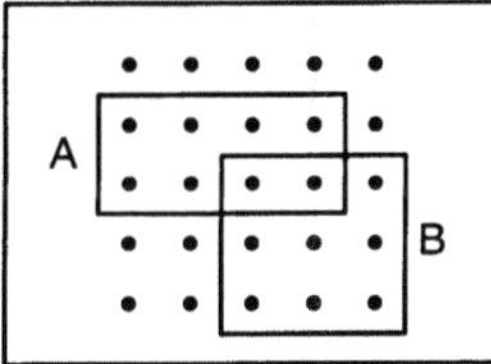

Ereignisraum	:	25 elementare Ereignisse
Ereignis A	:	8 elementare Ereignisse
Ereignis B	:	9 elementare Ereignisse
Ereignis $A \cap B$	:	2 elementare Ereignisse

Die Wahrscheinlichkeit der elementaren Ereignisse sei gleich. Da das sichere Ereignis alle 25 elementaren Ereignisse umfaßt und die Wahrscheinlichkeit 1 besitzt, ist die Wahrscheinlichkeit für jedes elementare Ereignis 1/25. Damit ergeben sich folgende Wahrscheinlichkeiten für die Ereignisse A, B und $A \cap B$.

$$P(A) = 8/25 = 0.32$$
$$P(B) = 9/25 = 0.36$$
$$P(A \cap B) = 2/25 = 0.08$$

Die Wahrscheinlichkeiten für die Ereignisse $\overline{A}$ und $A \cup B$ werden nach den Regeln (R2) und (R3) berechnet. Die Ergebnisse sind mit Hilfe des skizzierten Ereignisraumes einfach überprüfbar.

$$P(\overline{A}) = 1 - P(A) = 1 - 0.32 = 0.68$$

$$P(A \cup B) = P(A) + P(B) - P(A \cap B) = 0.32 + 0.36 - 0.08 = 0.60$$

Die Wahrscheinlichkeit dafür, daß das Ereignis A eintritt, unter der Bedingung, daß das Ereignis B eintritt, wird nach der Definition der bedingten Wahrscheinlichkeit wie folgt berechnet :

$$P(A \mid B) = P(A \cap B) / P(B) = 0.08 / 0.36 = 0.222$$

Beispiel 3 : Würfeln

Gegeben sei ein Würfel mit den Augenzahlen 1 bis 6. Beim Würfeln tritt jede Augenzahl mit der gleichen Wahrscheinlichkeit 1 / 6 auf. Die Wahrscheinlichkeit für das erstmalige Würfeln einer "6" in höchstens drei Versuchen ist zu bestimmen. Zur formalen Lösung dieser Aufgabe werden folgende Ereignisse definiert :

A_n	Würfeln einer "6" im Versuch n	$P(A_n) = 1/6$
$\overline{A}_n$	Würfeln keiner "6" im Versuch n	$P(\overline{A}_n) = 5/6$
A	Würfeln einer "6" in höchstens 3 Versuchen	$P(A)$
$\overline{A}$	Würfeln keiner "6" in 3 Versuchen	$P(\overline{A}) = 1 - P(A)$

Das Ereignis A tritt genau dann ein, wenn entweder A_1 eintritt oder $\overline{A}_1$ und A_2 eintreten oder $\overline{A}_1$ und $\overline{A}_2$ und A_3 eintreten. Da die Ereignisse in den Würfelversuchen unvereinbar und stochastisch unabhängig sind, wird die Wahrscheinlichkeit P(A) nach der Summen- und Produktregel berechnet :

$$A = A_1 \cup (\overline{A}_1 \cap A_2) \cup (\overline{A}_1 \cap \overline{A}_2 \cap A_3)$$

$$P(A) = P(A_1) + P(\overline{A}_1) \cdot P(A_2) + P(\overline{A}_1) \cdot P(\overline{A}_2) \cdot P(A_3)$$

$$P(A) = \frac{1}{6} + \frac{5}{6} \cdot \frac{1}{6} + \frac{5}{6} \cdot \frac{5}{6} \cdot \frac{1}{6} = \frac{91}{216}$$

Die Aufgabe läßt sich einfacher lösen, wenn zuerst die Wahrscheinlichkeit für das Ereignis $\overline{A}$ und anschließend die Wahrscheinlichkeit für das Ereignis A bestimmt wird. Das Ereignis $\overline{A}$ tritt genau dann ein, wenn $\overline{A}_1$ und $\overline{A}_2$ und $\overline{A}_3$ eintreten. Damit folgt :

$$\overline{A} = \overline{A}_1 \cap \overline{A}_2 \cap \overline{A}_3$$

$$P(\overline{A}) = P(\overline{A}_1) \cdot P(\overline{A}_2) \cdot P(\overline{A}_3) = \frac{5}{6} \cdot \frac{5}{6} \cdot \frac{5}{6} = \frac{125}{216}$$

$$P(A) = 1 - P(\overline{A}) = 1 - \frac{125}{216} = \frac{91}{216}$$

10.2.5 ZUVERLÄSSIGKEIT

Einführung : In technischen Anwendungen wird die Zuverlässigkeit von Systemen mit der Wahrscheinlichkeitsrechnung bestimmt. Dabei können verschiedenartige Systeme wie beispielsweise Verkehrssysteme, Versorgungs- und Entsorgungsysteme, Kommunikationssysteme, Rechnersysteme oder Tragwerkssysteme betrachtet werden. In allgemeiner Form besteht ein System aus Elementen, die in einer bestimmten Weise angeordnet sind. In Analogie zu Stromkreisen unterscheidet man die serielle, parallele und gemischte Anordnung von Elementen in einem System. Die Elemente eines Systems versagen mit einer gewissen Wahrscheinlichkeit. In Abhängigkeit von der Anordnung der Elemente und den Versagenswahrscheinlichkeiten der Elemente versagt das System mit einer gewissen Wahrscheinlichkeit. Die Versagenswahrscheinlichkeit des Systems wird unter vereinfachenden Annahmen nach den Regeln der Wahrscheinlichkeitsrechnung bestimmt. Die Wahrscheinlichkeit für das Nichtversagen ist die Zuverlässigkeit des Systems.

Zuverlässigkeit von Systemen : In Analogie zu elektrischen Stromkreisen besteht ein System aus Elementen, die seriell oder parallel angeordnet sind. Das System wird graphisch als Blockschema dargestellt. Ein Blockschema für ein einfaches System ist nachfolgend gezeigt :

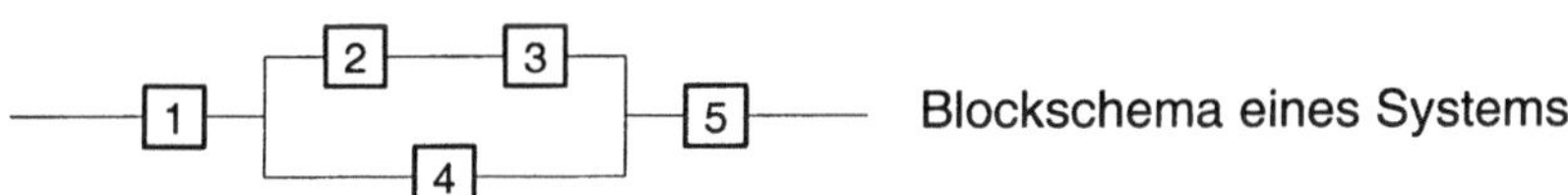

Blockschema eines Systems

Das Versagen eines Elementes j ist ein zufälliges Ereignis und wird mit A_j bezeichnet. Das komplementäre Ereignis $\bar{A}_j$ ist das Nichtversagen des Elementes j. Dementsprechend werden für das Versagen des Systems das zufällige Ereignis A und für das Nichtversagen des Systems das komplementäre Ereignis $\bar{A}$ eingeführt. Die Wahrscheinlichkeit für das Versagen heißt Versagenswahrscheinlichkeit. Die Wahrscheinlichkeit für das Nichtversagen heißt Zuverlässigkeit.

A_j	Versagen des j-ten Elementes	$P(A_j) = p_j$
$\bar{A}_j$	Nichtversagen des j-ten Elementes	$P(\bar{A}_j) = q_j$
A	Versagen des Systems	$P(A) = p$
$\bar{A}$	Nichtversagen des Systems	$P(\bar{A}) = q$

$$p + q = 1 \qquad p_j + q_j = 1$$

Die Anordnung der Elemente im System bestimmt maßgebend die Zuverlässigkeit des Systems. Daher werden nachfolgend Systeme mit serieller, paralleler und gemischter Elementanordnung behandelt.

Serielles System : Ein serielles System besitzt eine serielle Anordnung von Elementen. Es versagt nicht, wenn alle Elemente nicht versagen. Sind die Elemente bezüglich des Nichtversagens stochastisch unabhängig, so wird die Wahrscheinlichkeit für das Nichtversagen des Systems nach der Produktregel aus den Wahrscheinlichkeiten für das Nichtversagen der Elemente berechnet.

—[1]—[2]—[3]— ... —[n]—

$$\bar{A} = \bar{A}_1 \cap \bar{A}_2 \cap \bar{A}_3 \cap \ldots \cap \bar{A}_n = \bigcap_{j=1}^{n} \bar{A}_j$$

$$q = q_1 * q_2 * q_3 * \ldots * q_n = \prod_{j=1}^{n} q_j$$

$$p = 1 - q$$

Die Zuverlässigkeit q des seriellen Systems nimmt mit wachsender Anzahl n der Elemente ab und strebt für $n \to \infty$ gegen 0. Dementsprechend nimmt die Versagenswahrscheinlichkeit p mit wachsender Anzahl n der Elemente zu und strebt für $n \to \infty$ gegen 1.

Sind die Elemente bezüglich des Nichtversagens stochastisch abhängig, so wird die Wahrscheinlichkeit für das Nichtversagen des Systems nach der Produktregel aus den bedingten Wahrscheinlichkeiten für das Nichtversagen der Elemente berechnet.

$$P(\bar{A}) = P(\bar{A}_1) \cdot P(\bar{A}_2 \mid \bar{A}_1) \cdot P(\bar{A}_3 \mid \bar{A}_1 \cap \bar{A}_2) \cdot \ldots \cdot P(\bar{A}_n \mid \bar{A}_1 \cap \ldots \cap \bar{A}_{n-1})$$

Diese Berechnungsformel ist auch gültig, wenn $\bar{A}_1$ mit einem beliebigen $\bar{A}_j$ vertauscht wird. Die bedingten Wahrscheinlichkeiten sind kleiner oder gleich 1. Dementsprechend gelten folgende Schranken :

$$q \le q_j \qquad\qquad q \le \operatorname{Min}_j \{q_j\}$$

$$p \ge p_j \qquad\qquad p \ge \operatorname{Max}_j \{p_j\}$$

Die Zuverlässigkeit q des seriellen Systems ist kleiner oder gleich der minimalen Zuverlässigkeit eines Elementes. Dementsprechend ist die Versagenswahrscheinlichkeit p größer oder gleich der maximalen Versagenswahrscheinlichkeit eines Elementes.

Paralleles System : Ein paralleles System besitzt eine parallele Anordnung von Elementen. Es versagt, wenn alle Elemente versagen. Sind die Elemente bezüglich des Versagens stochastisch unabhängig, so wird die Wahrscheinlichkeit für das Versagen des Systems nach der Produktregel aus den Wahrscheinlichkeiten für das Versagen der Elemente berechnet.

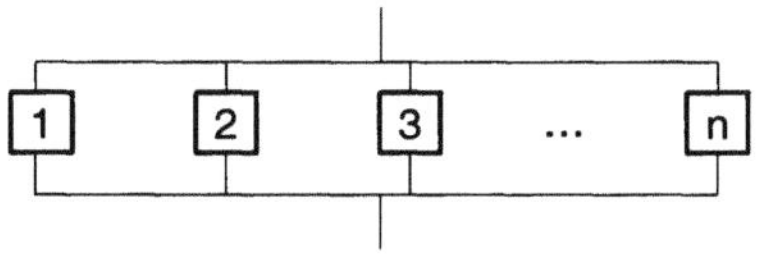

$$A = A_1 \cap A_2 \cap A_3 \cap \ldots \cap A_n = \bigcap_{j=1}^{n} A_j$$

$$p = p_1 * p_2 * p_3 * \ldots * p_n = \prod_{j=1}^{n} p_j$$

$$q = 1 - p$$

Die Versagenswahrscheinlichkeit p des parallelen Systems nimmt mit wachsender Anzahl n der Elemente ab und strebt für $n \to \infty$ gegen 0. Dementsprechend nimmt die Zuverlässigkeit q mit wachsender Anzahl n der Elemente zu und strebt für $n \to \infty$ gegen 1.

Sind die Elemente bezüglich des Versagens stochastisch abhängig, so wird die Wahrscheinlichkeit für das Versagen des Systems nach der Produktregel aus den bedingten Wahrscheinlichkeiten für das Versagen der Elemente berechnet.

$$P(A) = P(A_1) \cdot P(A_2 \mid A_1) \cdot P(A_3 \mid A_1 \cap A_2) \cdot \ldots \cdot P(A_n \mid A_1 \cap \ldots \cap A_{n-1})$$

Diese Berechnungsformel ist auch gültig, wenn A_1 mit einem beliebigen A_j vertauscht wird. Die bedingten Wahrscheinlichkeiten sind kleiner oder gleich 1. Dementsprechend gelten folgende Schranken :

$$p \le p_j \qquad p \le \underset{j}{\mathrm{Min}} \{p_j\}$$

$$q \ge q_j \qquad q \ge \underset{j}{\mathrm{Max}} \{q_j\}$$

Die Versagenswahrscheinlichkeit p des parallelen Systems ist kleiner oder gleich der minimalen Versagenswahrscheinlichkeit eines Elementes. Dementsprechend ist die Zuverlässigkeit q größer oder gleich der maximalen Zuverlässigkeit eines Elementes. Im Gegensatz zu einem seriellen System ist bei einem parallelen System häufig die stochastische Unabhängigkeit der Elemente bezüglich ihres Versagens nicht gegeben, da das Versagen von einigen Elementen zu einer stärkeren Beanspruchung und damit zu einer höheren Versagenswahrscheinlichkeit der übrigen Elemente führt.

Gemischtes System : Ein gemischtes System besitzt eine Anordnung von Elementen, die teilweise seriell und teilweise parallel ist. Das System wird rekursiv in Komponenten zerlegt, die entweder eine serielle oder eine parallele Anordnung von Elementen oder Komponenten besitzen. Damit wird die Berechnung eines gemischten Systems zurückgeführt auf die Berechnungen der seriellen und parallelen Komponenten. Eine Zerlegung eines einfachen gemischten Systems in Komponenten ist schematisch gezeigt.

Beispiel 1 : Serielles System

Im folgenden Bild ist ein einfaches statisches System gezeigt, das aus einem Stab und einem Seil besteht und durch eine Kraft F belastet ist. Das statische System versagt nicht, wenn infolge der Belastung der Stab und das Seil nicht versagen. Der Stab versagt nicht, wenn seine Festigkeit nicht überschritten wird und der Stab nicht ausknickt. Das statische System entspricht einem seriellen System.

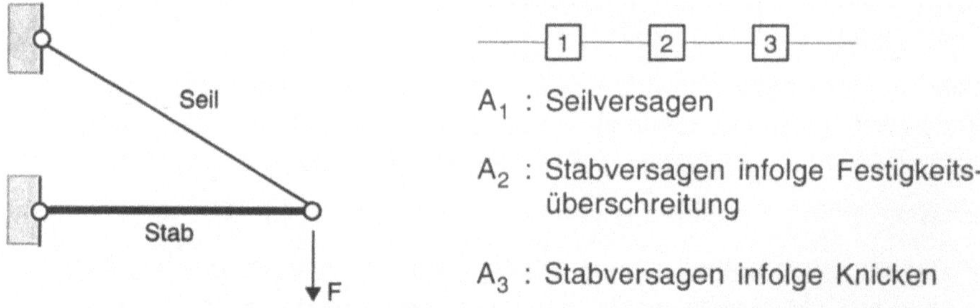

Ist das System für eine vorgegebene Last F so bemessen, daß jeder elementare Versagenszustand A_j mit der gleichen Versagenswahrscheinlichkeit p_0 auftritt, so ergibt sich folgende Zuverlässigkeit q des statischen Systems :

$$q = q_0^3 = (1 - p_0)^3$$

Die Versagenswahrscheinlichkeit p des statischen Systems ist die komplementäre Wahrscheinlichkeit zur Zuverlässigkeit q. Liegt die Versagenswahrscheinlichkeit p_0 sehr nahe bei 0, so können Terme höherer Ordnung vernachlässigt werden. Damit gilt :

$$p = 1 - q = 1 - (1 - p_0)^3 = 3p_0 - 3p_0^2 + p_0^3 \approx 3p_0$$

Beispiel 2 : Paralleles System

Im folgenden Bild ist ein rotationssymmetrischer Behälter gezeigt, der aus einem inneren Behälter 1 mit dem Volumen V_1 und einem äußeren Behälter 2 mit dem Volumen V_2 besteht. Der innere Behälter ist mit Gas gefüllt und wird durch einen Gasdruck g_1 beansprucht. Versagt der innere Behälter, so dehnt sich das Gas aus und beansprucht den äußeren Behälter durch den Gasdruck $g_2 = g_1 \, V_1 / V_2$. Der Behälter entspricht einem parallelen System mit stochastischer Abhängigkeit.

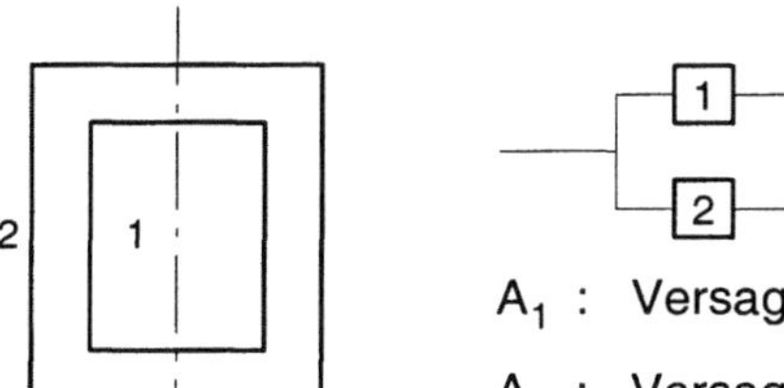

A_1 : Versagen des inneren Behälters

A_2 : Versagen des äußeren Behälters

Der innere und der äußere Behälter seien so bemessen, daß sie bei gleichem Gasdruck im Inneren die gleiche Versagenswahrscheinlichkeit besitzen. Das Verhältnis der Versagenswahrscheinlichkeiten sei gleich dem Verhältnis der Gasdrücke. Dann besitzt der Behälter folgende Versagenswahrscheinlichkeit p :

$$p = P(A_1 \cap A_2) = P(A_1) * P(A_2 \mid A_1) = p_1 \cdot p_1 \cdot V_2 / V_1 = p_1^2 V_2 / V_1$$

Beispiel 3 : Gemischtes System mit stochastisch unabhängigen Elementen

Für Pumparbeiten in einer Baugrube sei ein Pumpensystem installiert, das aus zwei Strängen mit jeweils zwei Pumpen besteht. Jede Pumpe kann die anfallende Wassermenge fördern. Alle Pumpen besitzen die gleiche von der geförderten Wassermenge unabhängige Versagenswahrscheinlichkeit p_0. Die Versagenswahrscheinlichkeit des Pumpensystems wird wie folgt berechnet :

Pumpenstrang s : Serielle Anordnung der Pumpen 1 und 2

$$\bar{A}_s = \bar{A}_1 \cap \bar{A}_2 \qquad q_s = (1 - p_0)^2 \qquad p_s = 1 - q_s = 2p_0 - p_0^2$$

Pumpenstrang t : Serielle Anordnung der Pumpen 3 und 4

$$\bar{A}_t = \bar{A}_3 \cap \bar{A}_4 \qquad q_t = (1 - p_0)^2 \qquad p_t = 1 - q_t = 2p_0 - p_0^2$$

Pumpensystem : Parallele Anordnung der Stränge s und t

$$A = A_s \cap A_t \qquad p = p_s\, p_t = (2p_0 - p_0^2)^2 \approx 4p_0^2$$

Als Alternative wird ein Pumpensystem betrachtet, das aus zwei Blöcken mit jeweils zwei Pumpen besteht. Die Versagenswahrscheinlichkeit dieses Pumpensystems wird wie folgt berechnet :

Pumpenblock s : Parallele Anordnung der Pumpen 1 und 2

$$A_s = A_1 \cap A_2 \qquad p_s = p_0^2 \qquad q_s = 1 - p_0^2$$

Pumpenblock t : Parallele Anordnung der Pumpen 3 und 4

$$A_t = A_3 \cap A_4 \qquad p_t = p_0^2 \qquad q_t = 1 - p_0^2$$

Pumpensystem : Serielle Anordnung der Blöcke s und t

$$\overline{A} = \overline{A}_s \cap \overline{A}_t \qquad q = q_s\, q_t \qquad p = 1 - q = 1 - (1 - p_0^2)^2 \approx 2p_0^2$$

Der Vergleich der Berechnungsergebnisse zeigt, daß die Versagenswahrscheinlichkeit des ersten Pumpensystems etwa doppelt so groß ist wie die Versagenswahrscheinlichkeit des zweiten Pumpensystems.

10.3 ZUFALLSVARIABLE

10.3.1 EINFÜHRUNG

Zufallsvariable : In vielen Anwendungen wird der Ausgang eines stochastischen Experimentes durch Zählung oder durch Messung bestimmt. Typische Beispiele hierfür sind die tägliche Verkehrszählung von Fahrzeugen an einer bestimmten Stelle, die jährliche Messung der Niederschlagsmenge an einem bestimmten Ort oder die experimentelle Bestimmung der Zugfestigkeit einer bestimmten Stahlsorte in einem Zugversuch. Der Ausgang dieser Experimente ist ein reeller Zahlenwert. Die zufälligen Ausgänge des Experimentes werden durch eine Zufallsvariable beschrieben, die verschiedene Zahlenwerte annimmt.

In manchen Anwendungen wird der Ausgang eines stochastischen Experimentes nicht durch Zahlenwerte dargestellt. Beispielsweise kann der Ausgang einer Losziehung eine "Niete", ein "Gewinn" oder ein "Hauptgewinn" sein. Diese Bewertung ist häufig mit einer Klassifikation verbunden. Typische Beispiele hierfür sind die Klassifikation von Windstärken oder die Klassifikation von Schadenszuständen bei Bauwerken. Durch die Bewertungen der möglichen Ausgänge eines Experimentes wird erreicht, daß die zufälligen Ausgänge durch eine Zufallsvariable beschrieben werden, die verschiedene Zahlenwerte annehmen kann.

Wahrscheinlichkeitsverteilung und Momente : Die Einführung einer Zufallsvariablen für den zufälligen Ausgang eines Experimentes erlaubt es, die Wahrscheinlichkeit für die möglichen Ausgänge als Funktion über den Wertebereich der Zufallsvariablen darzustellen. Diese Funktion heißt Wahrscheinlichkeitsverteilung der Zufallsvariablen. Der Zufallscharakter eines Experimentes ist durch die Wahrscheinlichkeitsverteilung vollständig beschrieben. Aus einer Wahrscheinlichkeitsverteilung werden charakteristische Kennwerte für die Zufallsvariable berechnet. Diese Berechnung basiert auf der Definition der Momente einer Wahrscheinlichkeitsverteilung. Die Grundlagen für Wahrscheinlichkeitsverteilungen und deren Momente sind in den Abschnitten 10.3.2 und 10.3.3 behandelt.

Funktionale Abhängigkeit : In Anwendungen wird häufig vorausgesetzt, daß eine Zufallsvariable von anderen Zufallsvariablen funktional abhängig ist. Beispielsweise wird die Federkraft gleich dem Produkt der Federsteifigkeit und der Verschiebung gesetzt. Sind die Federsteifigkeit und die Verschiebung unabhängige Zufallsvariable, so ist die resultierende Federkraft eine abhängige Zufallsvariable. Die Wahrscheinlichkeitsverteilung und die Momente einer funktional abhängigen Zufallsvariablen lassen sich aus den Wahrscheinlichkeitsverteilungen und Momenten der unabhängigen Zufallsvariablen bestimmen. Die Grundlagen für die funktionale Abhängigkeit von einer oder von mehreren unabhängigen Zufallsvariablen sind in den Abschnitten 10.3.4 und 10.3.5 behandelt.

Diskrete und stetige Verteilungen : Die Zufallsvariablen werden in diskrete und stetige Zufallsvariable untergliedert. Dementsprechend werden diskrete und stetige Verteilungen unterschieden. Jede Verteilung beruht auf einer gewissen Modellvorstellung und wird mit Parametern spezifiziert. Die diskreten Verteilungen resultieren überwiegend aus Problemen der Spieltheorie. Die stetigen Verteilungen resultieren teilweise aus Grenzwertbetrachtungen für die diskreten Verteilungen. Die wesentlichen diskreten und stetigen Verteilungen einschließlich ihrer Anwendungen im technischen Bereich sind in den Abschnitten 10.3.6 und 10.3.7 behandelt.

Tabellenwerke : Verschiedene Wahrscheinlichkeitsverteilungen für Zufallsvariable führen zu mathematischen Funktionen, die sich nur numerisch auswerten lassen. Diese Verteilungen sind daher in mathematischen Handbüchern vertafelt. Bei der Behandlung von Anwendungsbeispielen wird auf diese Tabellenwerke zurückgegriffen.

10.3.2 WAHRSCHEINLICHKEITSVERTEILUNGEN

Einführung : Einem stochastischen Experiment ist eine Zufallsvariable zugeordnet, die für jeden der zufälligen Ausgänge einen reellen Wert annimmt. Die Axiome und Regeln der Wahrscheinlichkeitsrechnung für zufällige Ereignisse werden auf Zufallsvariable übertragen. Dies führt zur Definition der Verteilungsfunktion für eine Zufallsvariable. Die Ableitung der Verteilungsfunktion führt bei einer diskreten Zufallsvariablen durch Differenzenbildung zur Wahrscheinlichkeitsfunktion und bei einer stetigen Zufallsvariablen durch Differentiation zur Dichtefunktion. Sie ist bei einer allgemeinen Zufallsvariablen als Kombination einer Wahrscheinlichkeitsfunktion und einer Dichtefunktion darstellbar. Die Grundlagen von Zufallsvariablen und ihren Verteilungen sind nachfolgend zusammengestellt.

Zufallsvariable : Ist S der Ereignisraum eines Experimentes, so ist die zugehörige Zufallsvariable X eine Abbildung der Ereignismenge S auf die Menge $\mathbb{R}$ der reellen Zahlen. Jedem elementaren Ereignis $e \in S$ ist eindeutig eine reelle Zahl $x \in \mathbb{R}$ zugeordnet.

$$X : S \to \mathbb{R} \qquad\qquad X(e) = x$$

S	Ereignismenge	X	Zufallsvariable
e	Elementares Ereignis	x	Wert der Zufallsvariablen

Wahrscheinlichkeit : Die Ergebnisse eines Experimentes werden durch zugehörige Wertbereiche der Zufallsvariablen X beschrieben. Ein Ergebnis $X < x$ bedeutet, daß die Zufallsvariable X einen reellen Wert annimmt, der kleiner als eine vorgegebene reelle Zahl x ist. Die Axiome und Regeln der Wahrscheinlichkeitsrechnung für Ereignisse lassen sich damit auf Zufallsvariable übertragen. Der Wertbereich $X < x$ ist im Grenzfall $x \to -\infty$ das unmögliche Ereignis und im Grenzfall $x \to \infty$ das sichere Ereignis, so daß gilt :

$$\lim_{x \to -\infty} P(X < x) = 0 \qquad\qquad \lim_{x \to \infty} P(X < x) = 1$$

Die Wertbereiche $X < x$ und $X \geq x$ beschreiben komplementäre Ereignisse, so daß gilt :

$$P(X < x) + P(X \geq x) = 1$$

Die Wertbereiche $X < x_0$ und $x_0 \leq X < x_1$ beschreiben unvereinbare Ereignisse. Die Vereinigung liefert $X \leq x_1$. Damit gilt :

$$P(X < x_1) = P(X < x_0) + P(x_0 \leq X < x_1)$$

$$P(x_0 \leq X < x_1) = P(X < x_1) - P(X < x_0)$$

Verteilungsfunktion : Für die Zufallsvariable X wird eine Verteilungsfunktion $F_X(x)$ eingeführt. Der Wert der Verteilungsfunktion ist die Wahrscheinlichkeit $P(X < x)$ und liegt im Intervall [0,1].

$$F_X(x) := P(X < x) \qquad\qquad 0 \le F_X(x) \le 1$$

Die Eigenschaften der Verteilungsfunktionen $F_X(x)$ ergeben sich direkt aus den oben aufgeführten Regeln der Wahrscheinlichkeitsrechnung für eine Zufallsvariable. Die Verteilungsfunktion $F_X(x)$ besitzt einen monoton steigenden Verlauf. Sie nimmt für $x \to -\infty$ den Wert 0 und für $x \to \infty$ den Wert 1 an.

$$\lim_{x \to -\infty} F_X(x) = 0 \qquad x_0 < x_1 \;\Rightarrow\; F_X(x_0) \le F_X(x_1) \qquad \lim_{x \to \infty} F_X(x) = 1$$

Klassifikation von Zufallsvariablen : Zufallsvariable werden nach den Eigenschaften ihrer Verteilungsfunktionen wie folgt klassifiziert :

(1) Eine Zufallsvariable X heißt diskret, wenn die Verteilungsfunktion $F_X(x)$ bereichsweise konstant ist.

(2) Eine Zufallsvariable X heißt stetig, wenn die Verteilungsfunktion $F_X(x)$ stetig ist.

(3) Ist eine Verteilungsfunktion $F_X(x)$ unstetig und nicht bereichsweise konstant, dann ist die Zufallsvariable X weder diskret noch stetig. In diesem Fall läßt sich die Verteilungsfunktion $F_X(x)$ als Summe einer bereichsweise konstanten Funktion und einer stetigen Funktion darstellen.

Da sich die Ableitungen der Verteilungsfunktionen für verschiedenartige Zufallsvariable wesentlich unterscheiden, werden sie verschieden bezeichnet :

(1) Die Ableitung der Verteilungsfunktion einer diskreten Zufallsvariablen heißt Wahrscheinlichkeitsfunktion.

(2) Die Ableitung der Verteilungsfunktion einer stetigen Zufallsvariablen heißt Dichtefunktion.

(3) Die Ableitung der Verteilungsfunktion einer allgemeinen Zufallsvariablen, die nicht diskret und nicht stetig sein kann, heißt allgemeine Dichtefunktion.

Diskrete Zufallsvariable : Die Verteilung einer diskreten Zufallsvariablen X wird durch die Wahrscheinlichkeitsfunktion $p_X(x)$ beschrieben. Der Wert der Wahrscheinlichkeitsfunktion ist die Wahrscheinlichkeit $P(X = x)$, die nur für diskrete Werte x_j ungleich 0 ist. Die Verteilungsfunktion $F_X(x)$ wird durch Summation der Wahrscheinlichkeitsfunktion $p_X(x)$ berechnet.

$$p_X(x) := P(X = x) \qquad 0 \le p_X(x) \le 1$$

$$F_X(x) := P(X < x) = \sum_{s<x} p_X(s) \qquad 0 \le F_X(x) \le 1$$

Graphisch wird die Wahrscheinlichkeitsfunktion p_X als Balkendiagramm dargestellt. Die Verteilungsfunktion F_X besitzt einen treppenförmigen Verlauf. Die Zusammenhänge zwischen der Wahrscheinlichkeitsfunktion und der Verteilungsfunktion sind graphisch gezeigt.

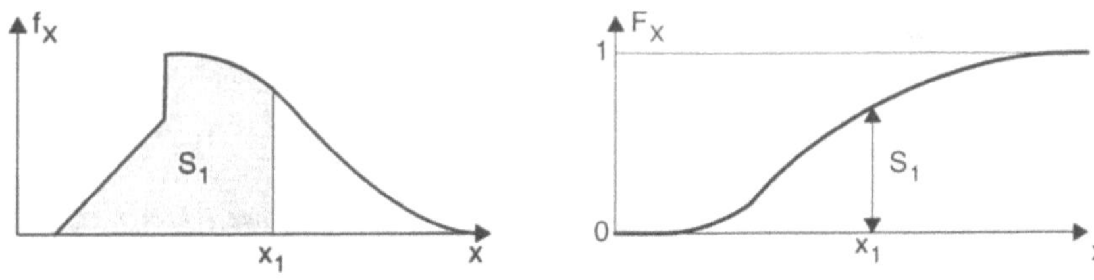

Stetige Zufallsvariable : Die Verteilung einer stetigen Zufallsvariablen X wird durch die Dichtefunktion beschrieben, die bereichsweise stetig ist. Der Grenzwert der Wahrscheinlichkeitsdichte $P(x \le X < x + \Delta x) / \Delta x$ für $\Delta x \to 0$ heißt Dichtefunktion und wird mit $f_X(x)$ bezeichnet. Die Verteilungsfunktion $F_X(x)$ wird durch Integration der Dichtefunktion f(x) berechnet. Umgekehrt wird die Dichtefunktion $f_X(x)$ durch Differentiation der Verteilungsfunktion $F_X(x)$ bestimmt.

$$f_X(x) := \lim_{\Delta x \to 0} \frac{P(x \le X < x + \Delta x)}{\Delta x} \qquad 0 \le f_X(x)$$

$$F_X(x) := P(X < x) = \int_{-\infty}^{x} f_X(s)\, ds \qquad 0 \le F_X(x) \le 1$$

Die Zusammenhänge zwischen der Dichte- und der Verteilungsfunktion sind graphisch gezeigt.

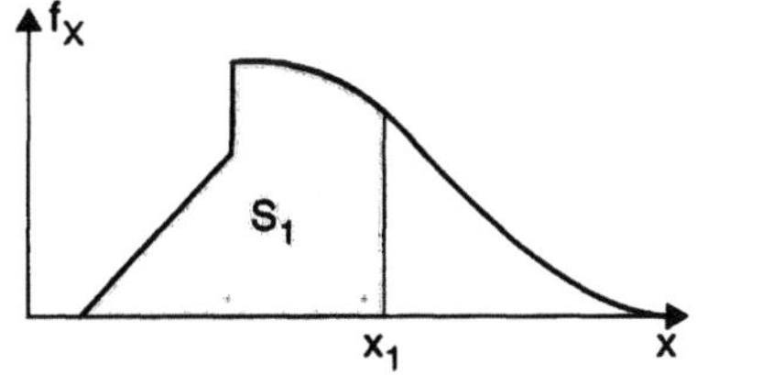

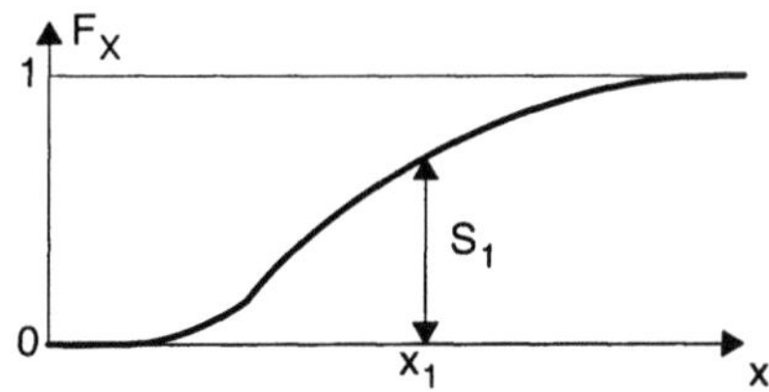

Allgemeine Zufallsvariable : Die Verteilung einer Zufallsvariablen X, die weder diskret noch stetig ist, wird durch eine allgemeine Dichtefunktion $f_X(x)$ beschrieben, die sich aus der Dichtefunktion $f_0(x)$ für den stetigen Anteil und den Deltafunktionen $\delta(x - x_j)$ mit den Wahrscheinlichkeiten $p_X(x_j)$ für die diskreten Werte x_j zusammensetzt. Unter Beachtung der Regeln für die Deltafunktionen wird die Verteilungsfunktion $F_X(x)$ durch Integration der Dichtefunktion $f_X(x)$ berechnet. Umgekehrt läßt sich die Dichtefunktion $f_X(x)$ durch Differentiation der Verteilungsfunktion $F_X(x)$ bestimmen.

$$f_X(x) := f_0(x) + \sum_j p_X(x_j)\,\delta(x - x_j)$$

$$F_X(x) := P(X < x) = \int_{-\infty}^{x} f_X(s)\,ds \qquad 0 \le F_X(x) \le 1$$

Die Integration der Deltafunktion $\delta(x)$ liefert die Heaviside-Funktion $H(x)$. Umgekehrt liefert die Differentiation der Heaviside-Funktion $H(x)$ die Deltafunktion $\delta(x)$.

$$H(x) = \int_{-\infty}^{x} \delta(s)\,ds \qquad \delta(x) = \frac{dH(x)}{dx}$$

$$H(x) = 0 \quad \text{für} \quad x < 0 \qquad \delta(x) = 0 \quad \text{für} \quad x \ne 0$$

$$H(x) = 1 \quad \text{für} \quad x \ge 0$$

Die Zusammenhänge zwischen einer allgemeinen Dichtefunktion und einer allgemeinen Verteilungsfunktion sind graphisch gezeigt.

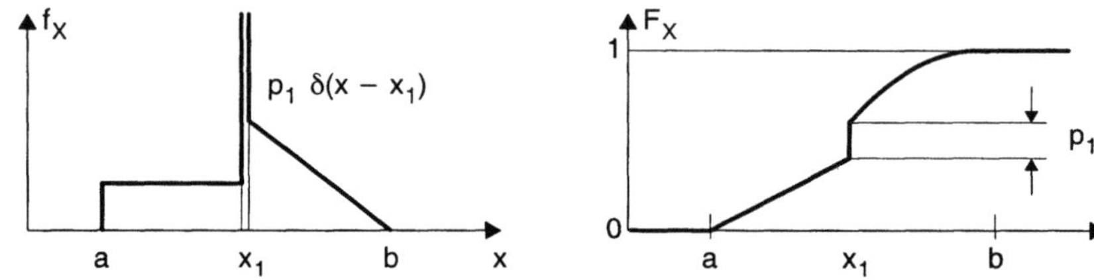

Die Verteilungen von diskreten und stetigen Zufallsvariablen sind als Sonderfälle der allgemeinen Dichtefunktion darstellbar. Diese Darstellung ermöglicht eine einheitliche Formulierung der Wahrscheinlichkeitstheorie für Zufallsvariable, ohne daß zwischen diskreten und stetigen Zufallsvariablen unterschieden werden muß. Bei der numerischen Berechnung sind diese Unterschiede jedoch zu berücksichtigen.

Beispiel 1 : Diskrete Gleichverteilung

Gegeben sei ein Würfel mit den Augenzahlen 1 bis 6. Die diskrete Zufallsvariable X ist die gewürfelte Augenzahl mit dem ganzzahligen Wertbereich 1 bis 6. Beim Würfeln tritt jede Augenzahl mit der gleichen Wahrscheinlichkeit 1 / 6 auf. Die Zufallsvariable X ist daher gleichverteilt. Die Wahrscheinlichkeitsfunktion $p_X(x)$ ist 1 / 6 für jeden der ganzzahligen Werte von 1 bis 6.

$$p_X(x) = 1/6 \qquad x = 1, 2, 3, 4, 5, 6$$

Die Verteilungsfunktion $F_X(x)$ wird durch Summation der Wahrscheinlichkeitsfunktion berechnet. Sie ist 0 für $x < 1$ und 1 für $x > 6$. Sie besitzt einen treppenförmigen Verlauf.

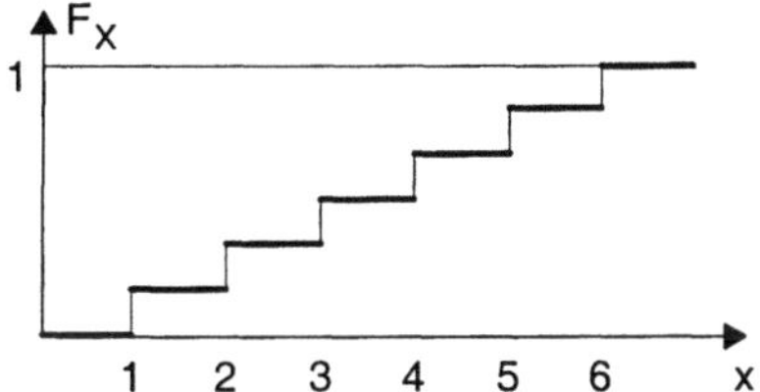

Beispiel 2 : Exponentialverteilung

Gegeben sei eine stetige Zufallsvariable X mit einer Dichtefunktion, die für $x < 0$ null ist und für $x \geq 0$ exponentiell mit der Rate $\lambda > 0$ abklingt.

$$f_X(x) = C\, e^{-\lambda x} \qquad x \geq 0$$

Die Verteilungsfunktion $F_X(x)$ wird durch Integration der Dichtefunktion berechnet :

$$F_X(x) = \int_{-\infty}^{x} f_X(s)\, ds = C \int_{0}^{x} e^{-\lambda s}\, ds = -C\,(e^{-\lambda x} - 1) / \lambda$$

Die Proportionalitätskonstante C wird aus der Bedingung bestimmt, daß für $x \to \infty$ die Verteilungsfunktion F_X gegen 1 strebt. Aus $F_X(x) = 1$ mit $x \to \infty$ folgt $C = \lambda$. Damit ergibt sich folgende Dichte- und Verteilungsfunktion der Exponentialverteilung :

$$f_X(x) = \lambda\, e^{-\lambda x} \qquad F_X(x) = 1 - e^{-\lambda x} \qquad x \geq 0$$

10.3.3 MOMENTE

Einführung : Wesentliche Merkmale einer Zufallsvariablen werden durch charakteristische Kennwerte der Verteilung der Zufallsvariablen beschrieben. Typische Kennwerte sind der Mittelwert, die Standardabweichung und die Schiefe. Die Grundlage für die Berechnung von Kennwerten bildet die Definition der Momente einer Verteilung. Die Momente heißen auch Erwartungswerte.

Momente : Gegeben sei eine Zufallsvariable X mit der Dichtefunktion $f_X(x)$ in allgemeiner Form. Das Moment k-ter Ordnung ist wie folgt definiert :

$$E(X^k) := \int_{-\infty}^{\infty} x^k \, f_X(x) \, dx$$

Das Moment nullter Ordnung entspricht dem Grenzwert der Verteilungsfunktion $F_X(x) = 1$ für $x \rightarrow \infty$. Das Moment erster Ordnung ist der Mittelwert von X und wird mit μ_X bezeichnet.

$$E(X^0) = 1 \qquad\qquad E(X) = \mu_X$$

Zentrale Momente : Das zentrale Moment k-ter Ordnung ist das Moment k-ter Ordnung um den Mittelwert μ_X und wird mit $D(X^k)$ bezeichnet.

$$D(X^k) = \int_{-\infty}^{\infty} (x - \mu_X)^k \, f_X(x) \, dx$$

Die zentralen Momente lassen sich aus den Momenten $E(X^k)$ bestimmen. Wird der Ausdruck $(x - \mu_X)^k$ nach dem binomischen Lehrsatz entwickelt, so ergibt sich folgende Formel :

$$D(X^k) = \sum_{j=0}^{k} \binom{k}{j} (-\mu_X)^j \; E(X^{k-j})$$

Die Auswertung dieser Formel für das zentrale Moment erster, zweiter und dritter Ordnung liefert :

$$\begin{aligned}
D(X\;) &= \mu_X - \mu_X && = 0 \\
D(X^2) &= E(X^2) - 2\mu_X^2 + \mu_X^2 && = E(X^2) - \mu_X^2 \\
D(X^3) &= E(X^3) - 3\mu_X \, E(X^2) + 3\mu_X^3 - \mu_X^3 && = E(X^3) - 3\mu_X \, E(X^2) + 2\mu_X^3
\end{aligned}$$

Kennwerte : Die Merkmale einer Zufallsvariablen X werden durch folgende Kennwerte beschrieben :

Mittelwert : $\mu_X = E(X)$

Varianz : $\sigma_X^2 = D(X^2)$

$$\begin{array}{llll} \text{Standardabweichung} & : & \sigma_X & = \sqrt{D(X^2)} \\ \text{Variationskoeffizient} & : & v_X & = \sigma_X / \mu_X \\ \text{Schiefe} & : & s_X & = D(X^3) / \sigma_X^3 \end{array}$$

Der Mittelwert μ_X heißt auch Erwartungswert von X. Die Varianz σ_X^2 und die Standardabweichung σ_X sind Kennwerte für die Streuung von X um den Mittelwert μ_X. Der Variationskoeffizient v_X ist das Verhältnis der Standardabweichung σ_X zum Mittelwert μ_X. Die Schiefe s_X ist ein Maß für die Asymmetrie der allgemeinen Dichtefunktion um den Mittelwert μ_X und ist im Symmetriefall gleich 0.

Beispiel 1 : Momente und Kennwerte der diskreten Gleichverteilung

Gegeben sei die diskrete Zufallsvariable X mit der diskreten Gleichverteilung aus Beispiel 1 in Abschnitt 10.3.2.

$$p_X(x) = 1/6 \qquad x = 1, 2, 3, 4, 5, 6$$

Bei der Berechnung der Momente für diskrete Zufallsvariable geht die Integralform der allgemeinen Dichtefunktion über in die Summenform der Wahrscheinlichkeitsfunktion.

$$E(X) = \sum_{x=1}^{6} x \, p_X(x) = \frac{1}{6} \sum_{x=1}^{6} x = \frac{21}{6} = 3.5$$

$$E(X^2) = \sum_{x=1}^{6} x^2 \, p_X(x) = \frac{1}{6} \sum_{x=1}^{6} x^2 = \frac{91}{6} = 15.167$$

$$E(X^3) = \sum_{x=1}^{6} x^3 \, p_X(x) = \frac{1}{6} \sum_{x=1}^{6} x^3 = \frac{441}{6} = 73.5$$

Die zentralen Momente zweiter und dritter Ordnung werden mit $\mu_X = E(X) = 3.5$ wie folgt berechnet :

$$D(X^2) = E(X^2) - \mu_X^2 = 2.917$$

$$D(X^3) = E(X^3) - 3\,\mu_X E(X^2) + 2\,\mu_X^3 = 0.000$$

Der Mittelwert und die Standardabweichung sind :

$$\begin{array}{llll} \text{Mittelwert} & : \mu_X = & E(X) & = 3.500 \\ \text{Standardabweichung}: & \sigma_X = & \sqrt{D(X^2)} & = 1.708 \end{array}$$

Die Schiefe der Wahrscheinlichkeitsfunktion ist $s_X = 0$, da die Verteilung bezüglich ihres Mittelwertes symmetrisch ist.

Beispiel 2 : Momente und Kennwerte der Exponentialverteilung

Gegeben sei die stetige Zufallsvariable X mit der Exponentialverteilung aus dem Beispiel 2 in Abschnitt 10.3.2.

$$f_X(x) = \lambda e^{-\lambda x} \qquad \lambda > 0 \qquad x \geq 0$$

Die Momente k-ter Ordnung können rekursiv berechnet werden. Die Rekursionsformel ergibt sich durch partielle Integration :

$$E(X^k) = \int_0^\infty x^k \lambda e^{-\lambda x} dx = \left[-x^k e^{-\lambda x}\right]_0^\infty + \frac{k}{\lambda} \int_0^\infty x^{k-1} \lambda e^{-\lambda x} dx$$

$$E(X^k) = k E(X^{k-1}) / \lambda \qquad k \geq 1$$

Mit $E(X^0) = 1$ folgt damit die Formel zur Berechnung des Momentes k-ter Ordnung :

$$E(X^k) = k! / \lambda^k \qquad k \geq 0$$

Die zentralen Momente zweiter und dritter Ordnung werden mit $\mu_X = E(X) = 1/\lambda$ wie folgt berechnet :

$$D(X^2) = E(X^2) - \mu_X^2 = (2-1)/\lambda^2 = 1/\lambda^2$$

$$D(X^3) = E(X^3) - 3\mu_X E(X^2) + 2\mu_X^3 = (6-6+2)/\lambda^3 = 2/\lambda^3$$

Damit ergeben sich folgende Kennwerte für die Exponentialverteilung :

Mittelwert	:	$\mu_X = E(X) = 1/\lambda$
Varianz	:	$\sigma_X^2 = D(X^2) = 1/\lambda^2$
Standardabweichung	:	$\sigma_X = \sqrt{D(X^2)} = 1/\lambda$
Variationskoeffizient	:	$v_X = \sigma_X / \mu_X = 1$
Schiefe	:	$s_X = D(X^3)/\sigma_X^3 = 2$

10.3.4 FUNKTIONEN EINER ZUFALLSVARIABLEN

Einführung : In technischen Anwendungen wird häufig vorausgesetzt, daß eine Zufallsvariable Y deterministisch von einer Zufallsvariablen X abhängt. Die Abhängigkeit wird durch eine Funktion beschrieben. Aus der Verteilung und den Momenten für X sind die Verteilung und die Momente für Y zu bestimmen. Die dafür erforderlichen Grundlagen sind nachfolgend behandelt.

Funktion : Jedem Wert x der Zufallsvariablen X sei eindeutig ein Wert y einer Zufallsvariablen Y zugeordnet. Diese Zuordnung wird durch eine Funktion $y = g(x)$ beschrieben. Ist umgekehrt jedem Wert y auch eindeutig ein Wert x zugeordnet, so existiert die Umkehrfunktion $x = g^{-1}(y)$.

$$Y := g(X) \qquad\qquad y = g(x)$$

Verteilungsfunktion : Die Wahrscheinlichkeit dafür, daß Y Werte kleiner als y annimmt, ist gleich der Wahrscheinlichkeit dafür, daß die Funktion g(X) Werte kleiner als y annimmt. Die Verteilungsfunktion $F_Y(y)$ wird daher berechnet, indem die Dichtefunktion $f_X(x)$ über den Bereich integriert wird, für den g(x) kleiner als y ist.

$$F_Y(y) = P(Y<y) = P(g(X)<y) = \int\limits_{g(x)<y} f_X(x)\,dx$$

Die Bestimmung der Verteilungsfunktion $F_Y(y)$ aus der Dichtefunktion $f_X(x)$ über die Funktion $y = g(x)$ wird graphisch gezeigt.

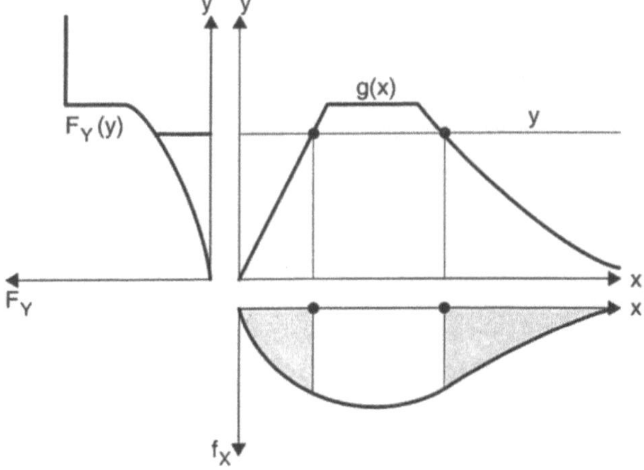

Existiert die Umkehrfunktion $x = g^{-1}(y)$, so läßt sich der Zusammenhang zwischen den Verteilungsfunktionen F_X und F_Y explizit angeben. Dabei ist zu beachten, ob die Funktion $y = g(x)$ monoton steigt oder fällt.

$$F_Y(y) = \int_{-\infty}^{g^{-1}(y)} f_X(x)\,dx = F_X(g^{-1}(y)) = F_X(x) \qquad g'(x) \geq 0$$

$$F_Y(y) = \int_{g^{-1}(y)}^{\infty} f_X(x)\,dx = 1 - F_X(g^{-1}(y)) = 1 - F_X(x) \qquad g'(x) \leq 0$$

Wahrscheinlichkeits- und Dichtefunktion : Ist die Zufallsvariable X diskret, so ist auch die Zufallsvariable Y diskret. Ist die Zufallsvariable X stetig, so kann die Zufallsvariable Y in Abhängigkeit vom Funktionsverlauf $y = g(x)$ diskret oder stetig sein. Ist der Funktionsverlauf $y = g(x)$ treppenförmig, so ist die Zufallsvariable Y diskret. Existiert bereichsweise eine Umkehrfunktion von g(x), so ist die Zufallsvariable Y stetig.

Der Zusammenhang zwischen den Verteilungen von X und Y läßt sich explizit angeben, wenn die Umkehrfunktion $x = g^{-1}(y)$ existiert. Für die Wahrscheinlichkeitsfunktion der diskreten Zufallsvariablen gilt :

$$p_Y(y) = p_X(g^{-1}(y)) = p_X(x)$$

Die Dichtefunktion für stetige Zufallsvariable wird durch Differentiation der Verteilungsfunktion berechnet. Die Fallunterscheidung für monoton steigende und fallende Funktionen entfällt bei Verwendung des Absolutbetrages.

$$f_Y(y) = f_X(g^{-1}(y)) \left| \frac{dg^{-1}}{dy} \right| = f_X(x) \left| \frac{dx}{dy} \right|$$

Momente : Das Moment k-ter Ordnung für die Zufallsvariable Y wird nach folgender Vorschrift berechnet :

$$E(Y^k) = \int_{-\infty}^{\infty} y^k f_Y(y)\,dy = \int_{-\infty}^{\infty} g^k(x) f_X(x)\,dx$$

Die Berechnungsvorschrift gilt für allgemeine Funktionen g(x) und für allgemeine Dichtefunktionen $f_X(x)$. Die zentralen Momente $D(Y^k)$ werden nach den Formeln in Abschnitt 10.3.3 aus den Momenten $E(Y^k)$ berechnet.

Transformation : Existiert zu einer Funktion $y = g(x)$ die Umkehrfunktion $x = g^{-1}(y)$, so kann die Zufallsvariable X über g(X) auf Y und umgekehrt die Zufallsvariable Y über $g^{-1}(Y)$ auf X abgebildet werden. Diese Abbildungen werden Transformationen von Zufallsvariablen genannt.

Beispiel 1 : Lineare Abhängigkeit

Eine Zufallsvariable Y sei linear von einer Zufallsvariablen X abhängig. Dann gelten folgende Transformationsvorschriften :

$$Y = g(X) = aX + b \qquad y = g(x) = ax + b$$

$$X = g^{-1}(Y) = (Y - b)/a \qquad x = g^{-1}(y) = (y - b)/a \qquad a \neq 0$$

Für die Verteilungsfunktion $F_Y(y)$ gilt :

$$F_Y(y) = F_X(x) = F_X((y - b)/a) \qquad a > 0$$

$$F_Y(y) = 1 - F_X(x) = 1 - F_X((y - b)/a) \qquad a < 0$$

Ist X diskret verteilt, so besitzt Y folgende Wahrscheinlichkeitsfunktion $p_Y(y)$:

$$p_Y(y) = p_X(x) = p_X((y - b)/a) \qquad a \neq 0$$

Ist X stetig verteilt, so besitzt Y folgende Dichtefunktion $f_Y(y)$:

$$f_Y(y) = \frac{1}{|a|} f_X(x) = \frac{1}{|a|} f_X((y - b)/a) \qquad a \neq 0$$

Die Momente erster und zweiter Ordnung werden wie folgt bestimmt :

$$E(Y) = \int_{-\infty}^{\infty} (ax + b) \quad f_X(x)\, dx = a \; E(X) \; + b$$

$$E(Y^2) = \int_{-\infty}^{\infty} (ax + b)^2 f_X(x)\, dx = a^2 E(X^2) + 2\, ab\, E(X) + b^2$$

Damit ergeben sich folgende Formeln für den Mittelwert und die Varianz :

$$\mu_Y = E(Y) = a\mu_X + b$$

$$\sigma_Y^2 = E(Y^2) - \mu_Y^2 = a^2 E\,(X^2) + 2ab\, E(X) + b^2 - (a\mu_X + b)^2$$

$$\sigma_Y^2 = a^2 (E\,(X^2) - \mu_X^2) = a^2\, \sigma_X^2$$

Beispiel 2 : Quadratische Abhängigkeit

Eine Zufallsvariable Y sei rein quadratisch von einer Zufallsvariablen X abhängig. Dann gelten folgende Vorschriften :

$$Y = g(X) = X^2 \qquad y = g(x) = x^2$$

Eine Umkehrfunktion $x = g^{-1}(y)$ existiert nicht. Die Verteilungsfunktion $F_Y(y)$ wird daher wie folgt berechnet :

$$F_Y(y) = \int_{x^2<y} f_X(x)\,dx = \int_{-\sqrt{y}}^{\sqrt{y}} f_X(x)\,dx$$

$$F_Y(y) = F_X(\sqrt{y}) - F_X(-\sqrt{y})$$

Ist die Zufallsvariable X stetig, so ist auch die Zufallsvariable Y stetig. Die Dichtefunktion $f_Y(y)$ wird durch Differentiation aus der Verteilungsfunktion berechnet :

$$f_Y(y) = \frac{dF_Y}{dy} = \frac{1}{2}(f_X(\sqrt{y}) + f_X(-\sqrt{y})) / \sqrt{y}$$

Die Momente der Zufallsvariablen Y ergeben sich aus den Momenten der Zufallsvariablen X :

$$E(Y^k) = \int_{-\infty}^{\infty} y^k f_Y(y)\,dy = \int_{-\infty}^{\infty} x^{2k} f_X(x)\,dx = E(X^{2k})$$

Der Mittelwert folgt aus der Berechnungsformel :

$$\mu_Y = E(Y) = E(X^2) = \mu_X^2 + \sigma_X^2$$

10.3.5 FUNKTIONEN MEHRERER ZUFALLSVARIABLEN

Einführung : In technischen Anwendungen wird häufig vorausgesetzt, daß eine Zufallsvariable deterministisch von mehreren voneinander unabhängigen Zufallsvariablen abhängt. Diese Abhängigkeit wird durch eine mehrdimensionale Funktion beschrieben. Aus den Verteilungen und Momenten der unabhängigen Zufallsvariablen sind die Verteilung und die Momente der abhängigen Zufallsvariablen zu bestimmen. Die dafür erforderlichen Grundlagen werden vorrangig für Funktionen von zwei unabhängigen Zufallsvariablen behandelt.

Unabhängige Zufallsvariable : Zwei Zufallsvariable X und Y heißen unabhängig, wenn die Ereignisse $X = x$ und $Y = y$ für jedes x, y stochastisch unabhängig sind.

Funktion : Jedem Wertepaar (x,y) der unabhängigen Zufallsvariablen X,Y ist ein Wert z der Zufallsvariablen Z zugeordnet. Diese Zuordnung wird durch eine zweidimensionale Funktion $z = g(x,y)$ beschrieben.

$$Z := g(X,Y) \qquad z = g(x,y)$$

Verteilungsfunktion : Die Zufallsvariablen X,Y seien unabhängig. Ihre allgemeinen Dichtefunktionen seien $f_X(x)$, $f_Y(y)$. Die Wahrscheinlichkeit dafür, daß X Werte von x bis x + dx annimmt und daß Y Werte von y bis y + dy annimmt, ist nach der Produktregel $f_X(x)\, f_Y(y)\, dx\, dy$. Durch Integration dieser Wahrscheinlichkeit über den Bereich $g(x,y) < z$ ergibt sich die Verteilungsfunktion $F_Z(z)$:

$$F_Z(z) = P(Z < z) = P(g(X,Y) < z) = \iint\limits_{g(x,y) < z} f_X(x)\, f_Y(y)\, dx\, dy$$

Wahrscheinlichkeits- und Dichtefunktion : Die Verteilung der Zufallsvariablen Z hängt maßgebend von den Eigenschaften der Verteilungen für X, Y und von der Funktion g(x, y) ab. Ist die Zufallsvariable Z stetig, so wird die Dichtefunktion $f_Z(z)$ durch Differentiation aus der Verteilungsfunktion bestimmt.

Momente : Das Moment k-ter Ordnung der Zufallsvariablen Z wird nach folgender Vorschrift berechnet :

$$E(Z^k) = \int_{-\infty}^{\infty} z^k f_Z(z)\, dz = \int_{-\infty}^{\infty}\int_{-\infty}^{\infty} g^k(x,y)\, f_X(x)\, f_Y(y)\, dx\, dy$$

Die Berechnungsvorschrift gilt für allgemeine Funktionen g(x,y) und für allgemeine Dichtefunktionen $f_X(x), f_Y(y)$. Die zentralen Momente $D(Z^k)$ werden nach den Formeln in Abschnitt 10.3.3 aus den Momenten $E(Z^k)$ berechnet.

Elementare Abhängigkeiten : In der Wahrscheinlichkeitstheorie sind diejenigen Fälle, in denen die Zufallsvariable Z die Summe, das Produkt, das Minimum oder das Maximum von zwei unabhängigen Zufallsvariablen X und Y ist, von besonderer Bedeutung. Diese Fälle sind nachfolgend behandelt.

Summe Z := X + Y : Die Verteilungsfunktion $F_Z(z)$ für die Summe $Z = X + Y$ läßt sich von einem Doppelintegral auf ein einfaches Integral reduzieren.

$$F_Z(z) = \iint\limits_{x+y<z} f_X(x)\, f_Y(y)\, dx\, dy$$

$$F_Z(z) = \int_{-\infty}^{\infty} \left\{ \int_{-\infty}^{z-y} f_X(x)\, dx \right\} f_Y(y)\, dy$$

$$F_Z(z) = \int_{-\infty}^{\infty} F_X(z-y)\, f_Y(y)\, dy$$

Das einfache Integral heißt Faltungsintegral. Durch Vertauschen von X und Y sowie x und y erhält man das duale Faltungsintegral. Die Differentiation der Verteilungsfunktion $F_Z(z)$ führt zu folgendem Faltungsintegral für die Dichtefunktion $f_Z(z)$:

$$f_Z(z) = \int_{-\infty}^{\infty} f_X(z-y)\, f_Y(y)\, dy$$

Das Moment k-ter Ordnung wird wie folgt bestimmt :

$$E(Z^k) = \int_{-\infty}^{\infty} \int_{-\infty}^{\infty} (x+y)^k\, f_X(x)\, f_Y(y)\, dx\, dy$$

$$E(Z^k) = \sum_{j=0}^{k} \binom{k}{j} \int_{-\infty}^{\infty} \int_{-\infty}^{\infty} x^{k-j}\, y^j\, f_X(x)\, f_Y(y)\, dx\, dy$$

$$E(Z^k) = \sum_{j=0}^{k} \binom{k}{j} E(X^{k-j})\, E(Y^j)$$

Für den Mittelwert und die Varianz folgt :

$$\mu_Z = E(Z) = \mu_X + \mu_Y$$
$$\sigma_Z^2 = E(Z^2) - \mu_Z^2 = \sigma_X^2 + \sigma_Y^2$$

Produkt Z := X · Y : Wie bei der Summe läßt sich das Doppelintegral für die Verteilungsfunktion $F_Z(z)$ des Produktes $Z = X \cdot Y$ auf ein einfaches Integral reduzieren.

$$F_Z(z) = \iint\limits_{x \cdot y<z} f_X(x)\, f_Y(y)\, dx\, dy$$

$$F_Z(z) = \int_{-\infty}^{0} \left\{ \int_{z/y}^{\infty} f_X(x)\, dx \right\} f_Y(y)\, dy + \int_{0}^{\infty} \left\{ \int_{-\infty}^{z/y} f_X(x)\, dx \right\} f_Y(y)\, dy$$

$$F_Z(z) = \int_{-\infty}^{0} (1 - F_X(z/y))\, f_Y(y)\, dy + \int_{0}^{\infty} F_X(z/y)\, f_Y(y)\, dy$$

Die Differentiation der Verteilungsfunktion $F_Z(z)$ führt zu folgendem Faltungsintegral für die Dichtefunktion $f_Z(z)$:

$$f_Z(z) = \int_{-\infty}^{\infty} \frac{1}{|y|} f_X(z/y)\, f_Y(y)\, dy$$

Das Moment k-ter Ordnung für Z ist gleich dem Produkt der k-ten Momente für X und Y.

$$E(Z^k) = \int_{-\infty}^{\infty}\int_{-\infty}^{\infty} (xy)^k f_X(x)\, f_Y(y)\, dx\, dy = E(X^k)\, E(Y^k)$$

Für den Mittelwert und die Varianz folgt :

$$\mu_Z = E(Z) = \mu_X \mu_Y$$

$$\sigma_Z^2 = E(Z^2) - \mu_Z^2 = (\sigma_X^2 + \mu_X^2)(\sigma_Y^2 + \mu_Y^2) - \mu_Z^2$$

Maximum Z = Max (X,Y) : Die Verteilungsfunktion $F_Z(z)$ für das Maximum $Z = \text{Max}(X,Y)$ läßt sich vom Doppelintegral auf das Produkt der Verteilungsfunktionen F_X und F_Y zurückführen :

$$F_Z(z) = \iint_{\max(x,y)<z} f_X(x)\, f_Y(y)\, dx\, dy$$

$$F_Z(z) = \int_{-\infty}^{z}\int_{-\infty}^{z} f_X(x)\, f_Y(y)\, dx\, dy$$

$$F_Z(z) = F_X(z)\, F_Y(z)$$

Die Differentiation der Verteilungsfunktion $F_Z(z)$ führt zu folgender Dichtefunktion $f_Z(z)$:

$$f_Z(z) = f_X(z)\, F_Y(z) + F_X(z)\, f_Y(z)$$

Die Momente von Z lassen sich nur auf die Momente von X,Y zurückführen, wenn die Verteilungen von X, Y bekannt sind.

Minimum Z = Min (X,Y) : Wie beim Maximum läßt sich das Doppelintegral für die Verteilungsfunktion $F_Z(z)$ des Minimums $Z = \text{Min}(X,Y)$ auf einen Ausdruck mit den Verteilungsfunktionen F_X und F_Y zurückführen.

$$F_Z(z) = \iint_{\min(x,y)<z} f_X(x)\, f_Y(y)\, dx\, dy = 1 - \iint_{\min(x,y)\geq z} f_X(x)\, f_Y(y)\, dx\, dy$$

$$F_Z(z) = 1 - \int_{z}^{\infty}\int_{z}^{\infty} f_X(x)\, f_Y(y)\, dx\, dy$$

$$F_Z(z) = 1 - (1 - F_X(z))\,(1 - F_Y(z))$$

Die Differentiation der Verteilungsfunktion $F_Z(z)$ führt zu folgender Dichtefunktion $f_Z(z)$:

$$f_Z(z) = f_X(z)\,(1 - F_Y(z)) + (1 - F_X(z))\,f_Y(z)$$

Verallgemeinerte Abhängigkeiten : Die elementaren Abhängigkeiten von zwei unabhängigen Zufallsvariablen lassen sich auf mehrere Zufallsvariable verallgemeinern. Die Wahrscheinlichkeitsverteilung und die Momente der abhängigen Zufallsvariablen werden schrittweise bestimmt. In jedem Schritt wird eine abhängige Zufallsvariable betrachtet, die in elementarer Form aus zwei unabhängigen Zufallsvariablen gebildet wird. Diese Vorgehensweise führt bei mehreren Zufallsvariablen zu folgenden Ergebnissen :

1. Ist die abhängige Zufallsvariable Z eine Summe oder ein Produkt von n unabhängigen Zufallsvariablen X_j, so werden der Mittelwert und die Varianz von Z wie folgt berechnet :

$$Z := \sum_{j=1}^{n} X_j \qquad \mu_Z = \sum_{j=1}^{n} \mu_{Xj} \qquad \sigma_Z^2 = \sum_{j=1}^{n} \sigma_{Xj}^2$$

$$Z := \prod_{j=1}^{n} X_j \qquad \mu_Z = \prod_{j=1}^{n} \mu_{Xj} \qquad \sigma_Z^2 = \prod_{j=1}^{n} (\sigma_{Xj}^2 + \mu_{Xj}^2) - \mu_Z^2$$

2. Ist die abhängige Zufallsvariable Z eine Linearkombination von n unabhängigen Zufallsvariablen X_j, so werden unter Berücksichtigung der Regeln für lineare Transformationen in Abschnitt 10.3.4 der Mittelwert und die Varianz von Z wie folgt berechnet :

$$Z := \sum_{j=1}^{n} c_j X_j \qquad \mu_Z = \sum_{j=1}^{n} c_j \mu_{Xj} \qquad \sigma_Z^2 = \sum_{j=1}^{n} c_j^2 \sigma_{Xj}^2$$

3. Ist die Zufallsvariable Z ein Maximum oder ein Minimum von n unabhängigen Zufallsvariablen X_j, so wird die Verteilungsfunktion $F_Z(z)$ wie folgt berechnet :

$$Z := \mathrm{Max}\,(X_1,\ldots,X_n) \qquad F_Z(z) = \prod_{j=1}^{n} F_{Xj}(z)$$

$$Z := \mathrm{Min}\,(X_1,\ldots,X_n) \qquad F_Z(z) = 1 - \prod_{j=1}^{n} (1 - F_{Xj}(z))$$

Beispiel 1 : Summe zweier diskreter Zufallsvariablen $Z = X + Y$

In einem Spiel wird mit zwei Würfeln gewürfelt, die jeweils eine Augenzahl von 1 bis 6 liefern. Die gewürfelte Augenzahl des ersten Würfels sei die diskrete Zufallsvariable X und die gewürfelte Augenzahl des zweiten Würfels die diskrete Zufallsvariable Y. Beide Zufallsvariable sind nach Beispiel 1 in Abschnitt 10.3.2 gleichverteilt. Die Summe der Augenzahlen beider Würfel ist die diskrete Zufallsvariable

$Z = X + Y$. Sie nimmt ganzzahlige Werte von 2 bis 12 an. Ihre Wahrscheinlichkeitsfunktion ist zu bestimmen.

$$p_X(x) = 1/6 \qquad x = 1,2,3,4,5,6$$

$$p_Y(y) = 1/6 \qquad y = 1,2,3,4,5,6$$

Die Wahrscheinlichkeitsfunktion $p_Z(z)$ läßt sich anschaulich bestimmen. Dies wird exemplarisch für $z = 5$ gezeigt. Die Summe $z = 5$ der Augenzahlen beider Würfel ergibt sich für die Augenzahlpaare (1,4), (2,3), (3,2) und (4,1) des Würfelpaares. Jedes Augenzahlpaar tritt wegen der stochastischen Unabhängigkeit der beiden Augenzahlen mit der Wahrscheinlichkeit $\frac{1}{6} \cdot \frac{1}{6}$ auf. Für $z = 5$ sind 4 verschiedene Augenzahlpaare möglich, so daß die Wahrscheinlichkeit $\frac{4}{36}$ beträgt.

Die Wahrscheinlichkeitsfunktion $p_Z(z)$ wird formal durch Faltung der Wahrscheinlichkeitsfunktionen $p_X(x)$ und $p_Y(y)$ bestimmt. Bei der Faltung für diskrete Zufallsvariable geht die Integralform für allgemeine Dichtefunktionen in die Summenform für Wahrscheinlichkeitsfunktionen über.

$$p_Z(z) = \sum_{y=-\infty}^{\infty} p_X(z-y)\, p_Y(y)$$

Für $2 \le z \le 7$ nehmen die Wahrscheinlichkeitsfunktionen $p_X(z-y)$ und $p_Y(y)$ nur für $1 \le y \le z-1$ von 0 verschiedene Werte an. Damit gilt :

$$p_Z(z) = \sum_{y=1}^{z-1} p_X(z-y)\, p_Y(y) = \frac{1}{36} \sum_{y=1}^{z-1} 1 = \frac{1}{36}(z-1) \qquad 2 \le z \le 7$$

Für $7 \le z \le 12$ nehmen die Wahrscheinlichkeitsfunktionen $p_X(z-y)$ und $p_Y(y)$ nur für $z-6 \le y \le 6$ von 0 verschiedene Werte an. Damit gilt :

$$p_Z(z) = \sum_{y=z-6}^{6} p_X(z-y)\, p_Y(y) = \frac{1}{36} \sum_{y=z-6}^{6} 1 = \frac{1}{36}(13-z) \qquad 7 \le z \le 12$$

Die Wahrscheinlichkeitsfunktion $p_Z(z)$ der diskreten Zufallsvariablen Z besitzt einen dreiecksförmigen Verlauf über den Wertebereich $2 \le z \le 12$.

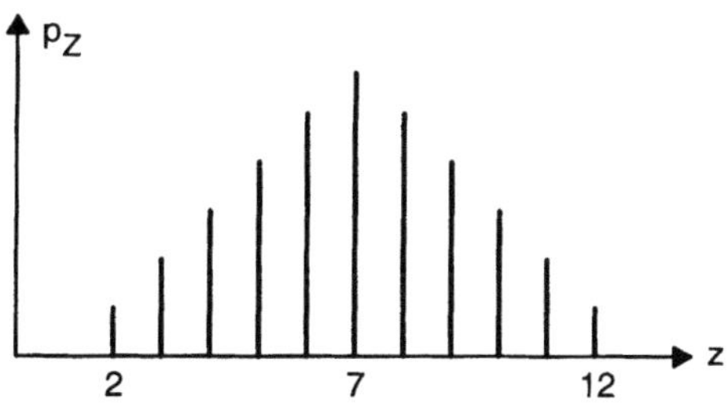

Beispiel 2 : Summe zweier stetiger Zufallsvariablen $Z = X + Y$

Die Zufallsvariable Z sei die Summe der Zufallsvariablen X und Y, die nach Beispiel 1 in Abschnitt 10.3.2 exponentiell verteilt sind :

$$f_X(x) = \alpha\, e^{-\alpha x} \qquad \alpha > 0 \qquad x \geq 0$$

$$f_Y(y) = \beta\, e^{-\beta x} \qquad \beta > 0 \qquad y \geq 0$$

Die Dichtefunktion ist durch das folgende Integral bestimmt :

$$f_Z(z) = \int_{-\infty}^{\infty} f_X(z-y)\, f_Y(y)\, dy$$

Die Funktion $f_X(z-y)$ nimmt für $y \leq z$ von 0 verschiedene Werte an. Die Funktion $f_Y(y)$ nimmt für $y \geq 0$ von 0 verschiedene Werte an. Der Integrationsbereich ist damit auf 0 bis z eingeschränkt.

$$f_Z(z) = \int_0^z \alpha\, e^{-\alpha(z-y)}\, \beta\, e^{-\beta y}\, dy$$

$$f_Z(z) = \alpha\beta\, e^{-\alpha z} \int_0^z e^{(\alpha-\beta)y}\, dy$$

$$f_Z(z) = \frac{\alpha\beta}{\alpha-\beta}\left(e^{-\beta z} - e^{-\alpha z}\right) \qquad \alpha \neq \beta$$

$$f_Z(z) = \alpha^2\, z\, e^{-\alpha z} \qquad \alpha = \beta$$

Der Mittelwert μ_Z und die Varianz σ_Z^2 sind :

$$\mu_X = 1/\alpha \qquad \mu_Y = 1/\beta \qquad \mu_Z = \mu_X + \mu_Y = 1/\alpha + 1/\beta$$

$$\sigma_X^2 = 1/\alpha^2 \qquad \sigma_Y^2 = 1/\beta^2 \qquad \sigma_Z^2 = \sigma_X^2 + \sigma_Y^2 = 1/\alpha^2 + 1/\beta^2$$

10.3.6 DISKRETE VERTEILUNGEN

Einführung : Viele Aufgaben der Wahrscheinlichkeitstheorie werden auf die Durchführung von Versuchen zurückgeführt, in denen jeweils ein bestimmtes Ereignis auftritt oder nicht auftritt. In Anlehnung an die Spieltheorie wird das Auftreten des Ereignisses als Erfolg und das Ausbleiben des Ereignisses als Mißerfolg bezeichnet. Ein Versuch mit den möglichen Ausgängen Erfolg oder Mißerfolg heißt elementarer Versuch. In einer Serie von elementaren Versuchen wird vorausgesetzt, daß diese Versuche unabhängig voneinander sind. Die verschiedenartigen Aufgabenstellungen bei der Betrachtung mehrerer elementarer Versuche führen zu unterschiedlichen Verteilungen für diskrete Zufallsvariable. Die wesentlichen diskreten Verteilungen und ihre Parameter sind nachfolgend behandelt.

10.3.6.1 Bernoulli Verteilung

Modell : In einem elementaren Versuch tritt entweder ein Erfolg oder ein Mißerfolg auf. Der diskreten Zufallsvariablen X wird der Wert 0 für den Mißerfolg und der Wert 1 für den Erfolg zugeordnet.

Zufallsvariable $X = 0,1$

Der Erfolg tritt mit der Wahrscheinlichkeit p und der Mißerfolg mit der Wahrscheinlichkeit $q = 1 - p$ auf. Die Erfolgswahrscheinlichkeit p ist der Parameter der Verteilung :

Erfolgswahrscheinlichkeit $0 < p < 1$
Mißerfolgswahrscheinlichkeit $q = 1 - p$

Wahrscheinlichkeitsfunktion : Die Bernoulli Verteilung wird durch folgende Wahrscheinlichkeitsfunktion beschrieben :

$$p_X(x) = p^x q^{1-x} \qquad x = 0,1$$

Momente : Das Moment k-ter Ordnung der Bernoulli Verteilung ist für $k \geq 1$ gleich der Erfolgswahrscheinlichkeit.

$$E(X^k) = \sum_{x=0}^{1} x^k p^x q^{1-x} = p \qquad k \geq 1$$

Der Mittelwert und die Varianz sind :

$$\mu_X = E(X) = p$$
$$\sigma_X^2 = E(X^2) - \mu_X^2 = p - p^2 = pq$$

Bemerkung : Die Bernoulli Verteilung ist die einfachste Verteilung einer diskreten Zufallsvariablen. Sie beschreibt den elementaren Versuch und bildet daher die theoretische Grundlage für andere diskrete Verteilungen.

10.3.6.2 Binomialverteilung

Modell : Ein elementarer Versuch wird n-mal wiederholt. In jedem Versuch tritt entweder ein Erfolg oder ein Mißerfolg auf. Die Versuche seien unabhängig voneinander. Die diskrete Zufallsvariable X ist die Anzahl der Erfolge in den n Versuchen. Sie kann folgende Werte annehmen :

Zufallsvariable	$X = 0,1,...,n$

Die Anzahl n der elementaren Versuche und die Erfolgswahrscheinlichkeit p sind die Parameter der Verteilung :

Anzahl Versuche	$n > 0$
Erfolgswahrscheinlichkeit	$0 < p < 1$
Mißerfolgswahrscheinlichkeit	$q = 1 - p$

Wahrscheinlichkeitsfunktion : In n Versuchen treten $n! / (x! (n - x)!)$ verschiedene geordnete n-Tupel mit genau x Erfolgen und $(n - x)$ Mißerfolgen auf. Die Wahrscheinlichkeit für das Auftreten von x Erfolgen und $(n - x)$ Mißerfolgen in einem n-Tupel wird nach der Produktregel bestimmt und beträgt $p^x q^{n-x}$. Die Wahrscheinlichkeit $p_X(x)$ für das Auftreten eines der möglichen n-Tupel wird nach der Summenregel bestimmt :

$$p_X(x) = \frac{n!}{x!(n-x)!} p^x q^{n-x} = \binom{n}{x} p^x q^{n-x}$$

Die Wahrscheinlichkeitsfunktion $p_X(x)$ wird rekursiv nach folgender Vorschrift berechnet :

$$p_X(x+1) = \frac{n-x}{x+1} \frac{p}{q} p_X(x) \qquad p_X(0) = q^n$$

Die Wahrscheinlichkeitsfunktion besitzt im Intervall $[np - q, np + p]$ ein oder zwei Maxima. Sie ist für $p = q = 0.5$ symmetrisch. Der Verlauf der Wahrscheinlichkeitsfunktion ist für $p = 0.25$ und $p = 0.50$ mit $n = 10$ graphisch dargestellt.

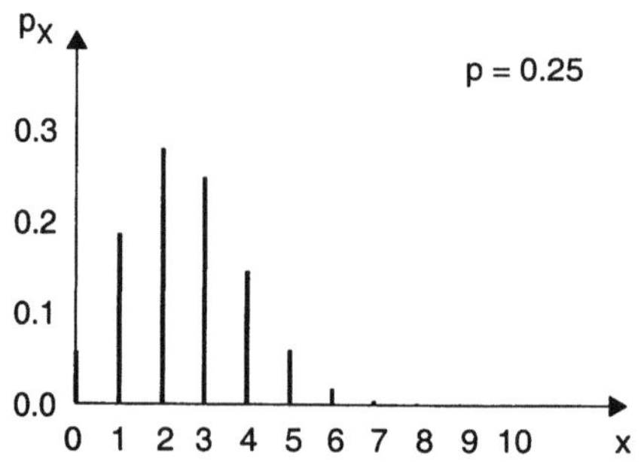

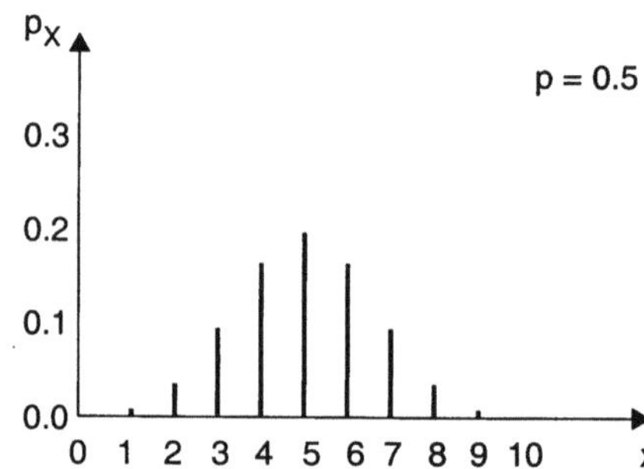

Momente : Das Moment k-ter Ordnung der Binomialverteilung ist mit $q = 1 - p$ wie folgt definiert :

$$E(X^k) = \sum_{x=0}^{n} x^k \binom{n}{x} p^x (1-p)^{n-x}$$

Die Differentiation des Momentes k-ter Ordnung nach dem Parameter p liefert eine rekursive Bestimmungsgleichung für das Moment (k + 1)-ter Ordnung :

$$\begin{aligned}
E'(X^k) &= \frac{d}{dp} E(X^k) = \frac{d}{dp} \sum_{x=0}^{n} x^k \binom{n}{x} p^x (1-p)^{n-x} \\
&= \sum_{x=0}^{n} x^k \binom{n}{x} \left[x p^{x-1} (1-p)^{n-x} - p^x (n-x)(1-p)^{n-x-1}\right] \\
&= \sum_{x=0}^{n} x^k \binom{n}{x} p^x (1-p)^{n-x} \left[\frac{x}{p} - \frac{n-x}{1-p}\right] \\
&= \sum_{x=0}^{n} x^k \binom{n}{x} p^x (1-p)^{n-x} \left[\frac{x}{p(1-p)} - \frac{n}{1-p}\right] \\
E'(X^k) &= \frac{1}{p(1-p)} E(X^{k+1}) - \frac{n}{1-p} E(X^k) \\
E(X^{k+1}) &= np\, E(X^k) + p(1-p) E'(X^k)
\end{aligned}$$

Ausgehend vom Moment nullter Ordnung $E(X^0) = 1$ mit $E'(X^0) = 0$ werden die Momente höherer Ordnung für $k > 0$ berechnet. Die Momente erster und zweiter Ordnung sind :

$$\begin{aligned}
E(X) &= np\, E(X^0) + p(1-p)\, E'(X^0) = np \\
E(X^2) &= np\, E(X) + p(1-p)\, E'(X) = (np)^2 + np(1-p)
\end{aligned}$$

Der Mittelwert und die Varianz werden aus den Momenten erster und zweiter Ordnung wie folgt berechnet :

$$\begin{aligned}
\mu_X &= E(X) = np \\
\sigma_X^2 &= E(X^2) - \mu_X^2 = np(1-p) = npq
\end{aligned}$$

Eigenschaft : Eine diskrete Zufallsvariable X, die eine Binomialverteilung mit den Parametern n, p besitzt, wird mit $X(n,p)$ bezeichnet. Die Bernoulli Verteilung ist ein Sonderfall der Binomialverteilung mit $n = 1$. Nach dem Modell der Binomialverteilung ist die Zufallsvariable $X(n,p)$ die Anzahl von Erfolgen in n Versuchen. Sie ist die Summe von n Zufallsvariablen $X_j(1,p)$ mit Bernoulli Verteilung. Die Zufallsvariable $X_j(1,p)$ ist das Ergebnis des j-ten Versuches. Ihr Wert ist 0 für einen Mißerfolg und 1 für einen Erfolg.

$$X(n,p) = \sum_{j=1}^{n} X_j(1,p)$$

Allgemein ist die Summe von binomial verteilten Zufallsvariablen mit identischer Erfolgswahrscheinlichkeit p ebenfalls binomial verteilt.

$$X(m,p) = \sum_{j=1}^{n} X_j\,(n_j, p) \qquad\qquad m = \sum_{j=1}^{n} n_j$$

Beispiel : Bei einer maschinellen Herstellung von Produkten sei 1% der Produkte fehlerhaft. Die Wahrscheinlichkeiten dafür, daß bei einer Stichprobe von 10 Produkten genau kein oder ein Produkt fehlerhaft ist, werden wie folgt berechnet :

$$p = 0.01 \qquad q = 0.99 \qquad n = 10$$

$$p_X(0) = \binom{10}{0}\ 0.01^0\ 0.99^{10} = 0.9044 = 90.44\%$$

$$p_X(1) = \binom{10}{1}\ 0.01^1\ 0.99^9 = 0.0914 = 9.14\%$$

Die Wahrscheinlichkeit dafür, daß bei der Stichprobe mehrere Produkte fehlerhaft sind, wird wie folgt berechnet :

$$P(X > 1) = 1 - \sum_{s=0}^{1} p_X(s) = 0.0042 = 0.42\%$$

10.3.6.3 Pascal Verteilung

Modell : Ein elementarer Versuch wird beliebig oft wiederholt. In jedem Versuch tritt entweder ein Erfolg oder ein Mißerfolg auf. Die Versuche seien unabhängig voneinander. Die diskrete Zufallsvariable X ist die Anzahl der Versuche bis zum m-ten Erfolg. Sie kann folgende Werte annehmen :

Zufallsvariable	$X = m, m+1, \ldots$

Die Anzahl m der Erfolge und die Erfolgswahrscheinlichkeit p sind die Parameter der Verteilung :

Anzahl Erfolge	$m > 0$
Erfolgswahrscheinlichkeit	$0 < p < 1$
Mißerfolgswahrscheinlichkeit	$q = 1 - p$

Wahrscheinlichkeitsfunktion : In den ersten $x-1$ Versuchen treten $m-1$ Erfolge auf, und im x-ten Versuch tritt der m-te Erfolg auf. Die Wahrscheinlichkeit für $m-1$ Erfolge in $x-1$ Versuchen ist durch die Binomialverteilung gegeben. Die Wahrscheinlichkeit für das Auftreten des m-ten Erfolges im x-ten Versuch ist p. Das Produkt dieser beiden Wahrscheinlichkeiten ist die Wahrscheinlichkeit $p_X(x)$:

$$p_X(x) = \binom{x-1}{m-1} p^{m-1}\, q^{x-m}\, p = \binom{x-1}{m-1} p^m\, q^{x-m}$$

Die Wahrscheinlichkeitsfunktion $p_X(x)$ wird rekursiv berechnet :

$$p_X(x+1) = \frac{x}{x-m+1} q \, p_X(x) \qquad p_X(m) = p^m$$

Die Wahrscheinlichkeitsfunktion bildet für $m = 1$ eine geometrische Folge, deren Werte mit der Mißerfolgswahrscheinlichkeit q abklingen. Für $m > 1$ besitzt sie im Intervall $[(m-1)/p, (m-1)/p + 1]$ ein oder zwei Maxima. Der Verlauf der Wahrscheinlichkeitsfunktion ist für $m = 1$ und $p = 0.25$ sowie für $m = 3$ und $p = 0.50$ graphisch dargestellt.

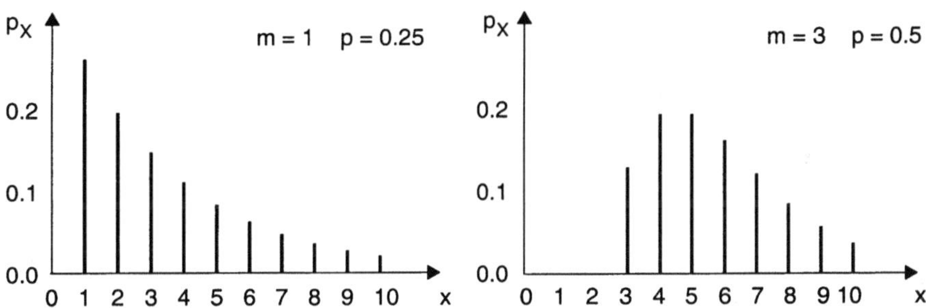

Momente : Das Moment k-ter Ordnung der Pascal Verteilung ist mit $q = 1 - p$ wie folgt definiert :

$$E(X^k) = \sum_{x=m}^{\infty} x^k \binom{x-1}{m-1} p^m (1-p)^{x-m}$$

Die Differentiation des Momentes k-ter Ordnung nach dem Parameter p liefert eine rekursive Bestimmungsgleichung für das Moment (k + 1)-ter Ordnung :

$$\begin{aligned}
E'(X^k) &= \frac{d}{dp} E(X^k) = \frac{d}{dp} \sum_{x=m}^{\infty} x^k \binom{x-1}{m-1} p^m (1-p)^{x-m} \\
&= \sum_{x=m}^{\infty} x^k \binom{x-1}{m-1} \left[m p^{m-1} (1-p)^{x-m} - p^m (x-m)(1-p)^{x-m-1} \right] \\
&= \sum_{x=m}^{\infty} x^k \binom{x-1}{m-1} p^m (1-p)^{x-m} \left[\frac{m}{p} - \frac{x-m}{1-p} \right] \\
&= \sum_{x=m}^{\infty} x^k \binom{x-1}{m-1} p^m (1-p)^{x-m} \left[\frac{m}{p(1-p)} - \frac{x}{1-p} \right] \\
E'(X^k) &= \frac{m}{p(1-p)} E(X^k) - \frac{1}{1-p} E(X^{k+1}) \\
E(X^{k+1}) &= \frac{m}{p} E(X^k) - (1-p) \, E'(X^k)
\end{aligned}$$

Ausgehend vom Moment nullter Ordnung $E(X^0) = 1$ mit $E'(X^0) = 0$ werden die Momente höherer Ordnung für $k > 0$ berechnet. Die Momente erster und zweiter Ordnung sind :

$$E(X) = \frac{m}{p} E(X^0) - (1-p)\, E'(X^0) = \frac{m}{p}$$

$$E(X^2) = \frac{m}{p} E(X) - (1-p)\, E'(X) = \frac{m^2}{p^2} + (1-p)\frac{m}{p^2}$$

Der Mittelwert und die Varianz werden aus den Momenten erster und zweiter Ordnung wie folgt berechnet :

$$\mu_X = E(X) = m/p$$

$$\sigma_X^2 = E(X^2) - \mu_X^2 = (1-p)\, m/p^2 = mq/p^2$$

Eigenschaft : Eine diskrete Zufallsvariable X, die eine Pascal Verteilung mit den Parametern m, p besitzt, wird mit X(m, p) bezeichnet. Die geometrische Verteilung ist ein Sonderfall der Pascal Verteilung mit $m = 1$. Nach dem Modell der Pascal Verteilung ist die Zufallsvariable X(m, p) die Anzahl von Versuchen bis zum m-ten Erfolg. Sie ist die Summe von m Zufallsvariablen $X_j(1, p)$, die geometrisch verteilt sind. Die Zufallsvariable $X_j(1, p)$ ist die Anzahl der Versuche nach dem (j – 1)-ten Erfolg bis zum j-ten Erfolg.

$$X(m,p) = \sum_{j=1}^{m} X_j(1,p)$$

Allgemein ist die Summe von Pascal-verteilten Zufallsvariablen mit identischer Erfolgswahrscheinlichkeit p ebenfalls Pascal-verteilt.

$$X(m,p) = \sum_{j=1}^{n} X_j(m_j, p) \qquad m = \sum_{j=1}^{n} m_j$$

Beispiel : In einem Flußbett sind Bauarbeiten durchzuführen, die gegen Hochwasser zu schützen sind und drei Jahre dauern. Der Hochwasserschutz sei so ausgelegt, daß er bei einem 20-jährigen Hochwasser überflutet wird. Die Wahrscheinlichkeiten dafür, daß der Hochwasserschutz genau im ersten, zweiten oder dritten Jahr erstmals überflutet wird, werden wie folgt berechnet :

$$p = 1/20 = 0.05 \qquad q = 0.95 \qquad m = 1$$

$$p_X(x) = p\, q^{x-1}$$

$$p_X(1) = 0.05 \cdot 0.95^0 = 0.0500 = 5.00\%$$

$$p_X(2) = 0.05 \cdot 0.95^1 = 0.0475 = 4.75\%$$

$$p_X(3) = 0.05 \cdot 0.95^2 = 0.0451 = 4.51\%$$

10.3.6.4 Poisson Verteilung

Modell : Betrachtet wird ein Zeitraum von 0 bis t, in dem Erfolge mit einer mittleren Erfolgsrate λ pro Zeiteinheit auftreten. Die diskrete Zufallsvariable X ist die Anzahl der Erfolge im gegebenen Zeitraum. Sie kann folgende Werte annehmen :

Zufallsvariable $\quad X = 0, 1, 2, ...$

Die mittlere Erfolgsrate λ und die Länge des Zeitraums t sind die Parameter der Verteilung. Sie werden zur mittleren Anzahl ν der Erfolge im Zeitraum t zusammengefaßt.

Länge des Zeitraumes	$t > 0$
Mittlere Erfolgsrate pro Zeiteinheit	$\lambda > 0$
Mittlere Anzahl der Erfolge	$\nu = \lambda t$

Wahrscheinlichkeitsfunktion : Der Zeitraum von 0 bis t sei in n Intervalle $\Delta t = t/n$ unterteilt, so daß in jedem Intervall Δt entweder ein Erfolg oder ein Mißerfolg auftritt. In jedem Intervall ist die Erfolgswahrscheinlichkeit $p = \nu/n$ und die Mißerfolgswahrscheinlichkeit $q = 1 - \nu/n$. Die Wahrscheinlichkeit, daß in den n Intervallen x Erfolge auftreten, ist durch die Binomialverteilung gegeben.

$$p_X(x) = \binom{n}{x} p^x q^{n-x} = \frac{n!}{x!\,(n-x)!} \; \frac{\nu^x}{n^x} \; \frac{(1-\nu/n)^n}{(1-\nu/n)^x}$$

Beim Grenzübergang $n \to \infty$ streben der Term $n!/(n^x(n-x)!)$ gegen 1, der Term $(1-\nu/n)^x$ gegen 1 und der Term $(1-\nu/n)^n$ gegen $e^{-\nu}$. Damit ergibt sich die Wahrscheinlichkeitsfunktion nach Poisson :

$$p_X(x) = \frac{\nu^x}{x!} e^{-\nu}$$

Die Wahrscheinlichkeitsfunktion $p_X(x)$ wird rekursiv nach folgender Vorschrift berechnet :

$$p_X(x+1) = \frac{\nu}{x+1} p_X(x) \qquad p_X(0) = e^{-\nu}$$

Die Wahrscheinlichkeitsfunktion besitzt im Intervall $[\nu - 1, \nu]$ ein oder zwei Maxima. Sie ist für $\nu = 2.5$ und $\nu = 5.0$ graphisch dargestellt.

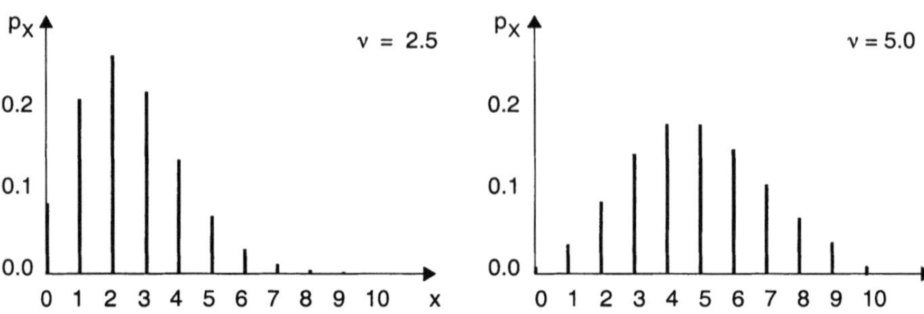

Momente : Das Moment k-ter Ordnung der Poisson Verteilung ist wie folgt definiert :

$$E(X^k) = \sum_{x=0}^{\infty} x^k \frac{\nu^x}{x!} e^{-\nu}$$

Die Differentiation des Momentes k-ter Ordnung nach dem Parameter ν liefert eine rekursive Bestimmungsgleichung für das Moment (k + 1)-ter Ordnung :

$$E'(X^k) = \frac{d}{d\nu} E(X^k) = \frac{d}{d\nu} \sum_{x=0}^{\infty} x^k \frac{\nu^x}{x!} e^{-\nu} = \sum_{x=0}^{\infty} x^k \frac{\nu^x}{x!} e^{-\nu} \left[\frac{x}{\nu} - 1\right]$$

$$E'(X^k) = \frac{1}{\nu} E(X^{k+1}) - E(X^k)$$

$$E(X^{k+1}) = \nu\,(E(X^k) + E'(X^k))$$

Ausgehend vom Moment nullter Ordnung $E(X^0) = 1$ mit $E'(X^0) = 0$ werden die Momente höherer Ordnung für $k > 0$ berechnet. Die Momente erster und zweiter Ordnung sind :

$$E(X) = \nu\,(E(X^0) + E'(X^0)) = \nu$$

$$E(X^2) = \nu\,(E(X\ ) + E'(X\ )) = \nu(\nu + 1)$$

Der Mittelwert und die Varianz werden aus den Momenten erster und zweiter Ordnung wie folgt berechnet :

$$\mu_X = E(X) = \nu$$

$$\sigma_X^2 = E(X^2) - \mu_X^2 = \nu$$

Eigenschaft : Eine diskrete Zufallsvariable X, die eine Poisson Verteilung mit dem Parameter ν besitzt, wird mit $X(\nu)$ bezeichnet. Die Summe von Poisson-verteilten Zufallsvariablen ist ebenfalls Poisson-verteilt.

$$X(\nu) = \sum_{j=1}^{n} X_j(\nu_j) \qquad \nu = \sum_{j=1}^{n} \nu_j$$

Diese Eigenschaft wird für $n = 2$ über die Faltung der beiden Wahrscheinlichkeitsfunktionen X_1 und X_2 nach Abschnitt 10.3.5 bewiesen. Die Wahrscheinlichkeit dafür, daß X den Wert x annimmt, ist gleich der Wahrscheinlichkeit dafür, daß X_2 einen Wert zwischen 0 und x und gleichzeitig X_1 den Wert $x - x_2$ annimmt.

$$p_X(x) = \sum_{x_2=0}^{x} p_{X_1}(x - x_2)\, p_{X_2}(x_2)$$

$$p_X(x) = \sum_{x_2=0}^{x} \frac{v_1^{x-x_2}\, v_2^{x_2}}{(x-x_2)!\; x_2!}\, e^{-(v_1+v_2)}$$

$$p_X(x) = \frac{e^{-(v_1+v_2)}}{x!} \sum_{x_2=0}^{x} \binom{x}{x_2} v_1^{x-x_2}\, v_2^{x_2}$$

Mit dem binomischen Satz folgt :

$$p_X(x) = \frac{e^{-(v_1+v_2)}}{x!} (v_1 + v_2)^x$$

$$p_X(x) = \frac{v^x}{x!} e^{-v} \qquad v = v_1 + v_2$$

Aus der Gültigkeit der Eigenschaft für $n = 2$ wird durch vollständige Induktion die Gültigkeit der Eigenschaft für $n > 2$ gezeigt.

Beispiel : An einer Lichtsignalanlage kommen auf einer Verkehrsspur während der Rotphase im Mittel 5 Fahrzeuge an. Die Wahrscheinlichkeit dafür, daß mehr als 8 Fahrzeuge an der Lichtsignalanlage ankommen, wird wie folgt berechnet :

$$v = 5.0$$

$$P(X > 8) = 1 - e^{-5.0} \sum_{x=0}^{8} \frac{5.0^x}{x!}$$

$$P(X > 8) = 1 - 0.932 = 0.068 = 6.8\%$$

Die Eigenschaft, daß die Summe zweier Zufallsvariablen mit Poisson Verteilung wieder eine Zufallsvariable mit Poisson Verteilung ist, kann am Beispiel der Lichtsignalanlage einfach gedeutet werden. Die Anzahl der Fahrzeuge, die auf zwei verschiedenen Verkehrsspuren mit im Mittel v_1 und v_2 Fahrzeugen während der Rotphase an der Lichtsignalanlage ankommen, ist gleich der Anzahl von Fahrzeugen, die auf einer Verkehrsspur mit im Mittel $v_1 + v_2$ Fahrzeugen während der Rotphase an der Lichtsignalanlage ankommen.

10.3.7 STETIGE VERTEILUNGEN

Einführung : Verschiedene Aufgabenstellungen in der Wahrscheinlichkeitstheorie für stetige Zufallsvariable führen zu unterschiedlichen stetigen Verteilungen. Teilweise lassen sich die stetigen Verteilungen aus den diskreten Verteilungen durch Grenzwertbetrachtungen herleiten. Die wesentlichen stetigen Verteilungen und ihre Parameter sind nachfolgend behandelt.

10.3.7.1 Gammaverteilung

Modell : Betrachtet wird ein Zeitraum von 0 bis x, in dem Erfolge mit einer mittleren Erfolgsrate λ pro Zeiteinheit auftreten. Die stetige Zufallsvariable X ist die Länge des Zeitraumes bis zum m-ten Erfolg. Sie kann folgende Werte annehmen :

Zufallsvariable $\quad X > 0.0$

Die Anzahl m der Erfolge und die mittlere Erfolgsrate λ sind die Parameter der Verteilung :

Anzahl der Erfolge $\quad m > 0$
Mittlere Erfolgsrate pro Zeiteinheit $\quad \lambda > 0$

Dichtefunktion : Der Zeitraum von 0 bis x sei in n Intervalle $\Delta x = x/n$ unterteilt, so daß in jedem Intervall entweder ein Erfolg oder ein Mißerfolg auftritt. In jedem Intervall ist die Erfolgswahrscheinlichkeit $p = \lambda x/n$ und die Mißerfolgswahrscheinlichkeit $q = 1 - \lambda x/n$. Die Wahrscheinlichkeit, daß in dem n-ten Intervall der m-te Erfolg auftritt, ist durch die Pascal Verteilung in Abschnitt 10.3.6.3 gegeben.

$$p_X(x) = \binom{n-1}{m-1} p^m q^{n-m} = \frac{(n-1)!}{(m-1)!\,(n-m)!} \frac{\lambda\Delta x(\lambda x)^{m-1}}{n^{m-1}} \frac{(1-\lambda x/n)^n}{(1-\lambda x/n)^m}$$

Die Dichtefunktion $f_X(x)$ ergibt sich aus $p_X(x)/\Delta x$ für den Grenzfall, daß $\Delta x \to 0$ und damit $n \to \infty$ strebt. Dabei strebt der Term $(n-1)!/(n^{m-1}(n-m)!)$ gegen 1, der Term $(1-\lambda x/n)^m$ gegen 1 und der Term $(1-\lambda x/n)^n$ gegen $e^{-\lambda x}$.

$$f_X(x) = \lim_{\Delta x \to 0} \frac{p_X(x)}{\Delta x} = \lambda \frac{(\lambda x)^{m-1}}{(m-1)!} e^{-\lambda x}$$

Durch die lineare Transformation der Zufallsvariablen X auf die standardisierte Zufallsvariable U wird die Dichtefunktion $f_X(x)$ auf die standardisierte Dichtefunktion $f_U(u)$ transformiert :

$$f_X(x) = \lambda\, f_U(u) \qquad u = \lambda x \qquad x = u/\lambda$$

$$f_U(u) = \frac{u^{m-1}}{(m-1)!} e^{-u}$$

Die standardisierte Dichtefunktion $f_U(u)$ ist für $m = 1$ eine abklingende Exponentialverteilung. Für $m > 1$ besitzt sie ein Maximum an der Stelle $u = m-1$. Für $m = 2$ besitzt sie einen Wendepunkt an der Stelle $u = m$ und für $m > 2$ besitzt sie zwei Wendepunkte an den Stellen $u = m-1 \pm \sqrt{m-1}$. Der Verlauf der standardisierten Dichtefunktion ist für $m = 1,2,3$ graphisch gezeigt.

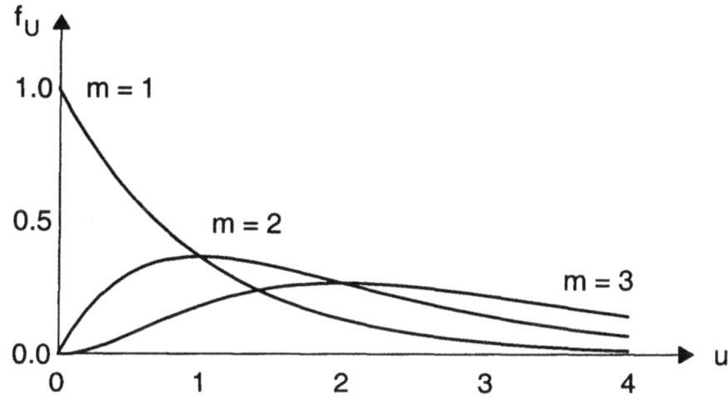

Verteilungsfunktion : Die Verteilungsfunktionen $F_X(x)$ und $F_U(u)$ werden durch Integration der zugehörigen Dichtefunktionen $f_X(x)$ und $f_U(u)$ berechnet. Mit der linearen Transformation gilt :

$$F_X(x) = F_U(u) \qquad u = \lambda x \qquad x = u/\lambda$$

$$F_U(u) = \frac{1}{(m-1)!} \int_0^u s^{m-1} \, e^{-s} \, ds$$

Durch partielle Integration folgt für die standardisierte Verteilungsfunktion :

$$F_U(u) = \int_0^u e^{-s} \, ds = \left[-e^{-s}\right]_0^u = 1 - e^{-u} \qquad m = 1$$

$$F_U(u) = \int_0^u \frac{s^{m-1}}{(m-1)!} e^{-s} \, ds = -\left[\frac{s^{m-1}}{(m-1)!} e^{-s}\right]_0^u + \int_0^u \frac{s^{m-2}}{(m-1)!} (m-1) \, e^{-s} \, ds$$

$$= \int_0^u \frac{s^{m-2}}{(m-2)!} e^{-s} \, ds - \frac{u^{m-1}}{(m-1)!} e^{-u} \qquad m > 1$$

Durch rekursive Anwendung der partiellen Integration für $m > 1$ folgt :

$$F_U(u) = 1 - \sum_{n=0}^{m-1} \frac{u^n}{n!} e^{-u}$$

Momente : Das Moment k-ter Ordnung der standardisierten Variablen U ist wie folgt definiert :

$$E(U^k) = \int_0^\infty u^k \frac{u^{m-1}}{(m-1)!} e^{-u} du$$

Die partielle Integration des Momentes k-ter Ordnung liefert eine rekursive Bestimmungsgleichung :

$$E(U^k) = \int_0^\infty \frac{u^{k+m-1}}{(m-1)!} e^{-u} du$$

$$= \left[-\frac{u^{k+m-1}}{(m-1)!} e^{-u} \right]_0^\infty + \int_0^\infty \frac{u^{k+m-2}}{(m-1)!} (k+m-1)\, e^{-u} du$$

$$E(U^k) = (k+m-1)\, E(U^{k-1})$$

Ausgehend vom Moment $E(U^0) = 1$ lassen sich die Momente höherer Ordnung für $k > 0$ berechnen. Die Momente erster und zweiter Ordnung sind :

$$E(U) = m\, E(U^0) = m$$

$$E(U^2) = (m+1)\, E(U^1) = m(m+1)$$

Der Mittelwert und die Varianz für die standardisierte Zufallsvariable U werden aus den Momenten erster und zweiter Ordnung wie folgt berechnet :

$$\mu_U = E(U) = m$$

$$\sigma_U^2 = E(U^2) - \mu_U^2 = m$$

Der Mittelwert und die Varianz für die Zufallsvariable X werden nach den Regeln der linearen Transformation bestimmt :

$$x = u / \lambda$$

$$\mu_X = \mu_U / \lambda = m / \lambda$$

$$\sigma_X^2 = \sigma_U^2 / \lambda^2 = m / \lambda^2$$

Eigenschaften : Die Gammaverteilung ist aus der Pascal Verteilung abgeleitet. Die Eigenschaften der Pascal Verteilung sind daher auf die Gammaverteilung übertragbar. Eine stetige Zufallsvariable X, die eine Gammaverteilung mit den Parametern m und λ besitzt, wird mit $X(m, \lambda)$ bezeichnet. Die Exponentialverteilung ist ein Sonderfall der Gammaverteilung mit $m = 1$. In Analogie zur Pascal Verteilung gilt :

$$X(m,\lambda) = \sum_{j=1}^{m} X_j (1, \lambda)$$

Allgemein ist die Summe von gammaverteilten Zufallsvariablen mit identischer Erfolgsrate λ ebenfalls gammaverteilt.

$$X(m,\lambda) = \sum_{j=1}^{n} X_j\,(m_j, \lambda) \qquad\qquad m = \sum_{j=1}^{n} m_j$$

Verallgemeinerung : Die Gammaverteilung ist für ganzzahlige Werte von m hergeleitet. Sie kann jedoch auch für reelle Werte von m > 0.0 angewandt werden. Die standardisierten Dichte- und Verteilungsfunktionen werden mit Hilfe der Gammafunktionen berechnet, die in mathematischen Handbüchern vertafelt sind.

$$f_U(u) = \frac{u^{m-1}}{\Gamma(m)}\, e^{-u} \qquad\qquad \Gamma(m) = \int_0^\infty u^{m-1}\, e^{-u}\, du$$

$$F_U(u) = \frac{\Gamma(m,u)}{\Gamma(m)} \qquad\qquad \Gamma(m,u) = \int_0^u s^{m-1}\, e^{-s}\, ds$$

Beispiel : Ein Gerät hat eine mittlere Lebensdauer von 5 Jahren. Die mittlere Ausfallrate von Geräten pro Jahr ist $\lambda = 1/5$. Die Wahrscheinlichkeiten dafür, daß die Lebensdauer eines Gerätes kleiner als zwei Jahre oder größer als zehn Jahre ist, werden mit der Exponentialverteilung wie folgt berechnet :

$$\lambda = 0.2 \qquad m = 1 \qquad u = 0.2x \qquad F_U = 1 - e^{-u}$$

$$P(X \le 2) = F_X(2) = F_U(0.4) = 1 - e^{-0.4} = 0.330 = 33.0\%$$

$$P(X > 10) = 1 - F_X(10) = 1 - F_U(2.0) = 1 - 1 + e^{-2.0} = 0.135 = 13.5\%$$

10.3.7.2 Normalverteilung

Modell : Betrachtet wird eine stetige Zufallsvariable X, die die Summe einer großen Anzahl von elementaren Zufallsvariablen X_j ist. Die elementaren Zufallsvariablen seien unabhängig voneinander und identisch verteilt.

Zufallsvariable $\qquad X := \sum_{j=1}^{n} X_j \qquad n \to \infty$

Der Mittelwert μ_X und die Standardabweichung σ_X der Zufallsvariablen X sind die Parameter der Verteilung.

Mittelwert $\quad \mu_X$

Standardabweichung $\quad \sigma_X > 0.0$

Dichtefunktion : Nach Abschnitt 10.3.6.2 ist eine binomial verteilte Zufallsvariable die Summe von Bernoulli-verteilten Zufallsvariablen. Das Modell der Binomialverteilung ist wegen der Summenbildung dem Modell der Normalverteilung ähnlich. Die Normalverteilung läßt sich daher aus der Binomialverteilung herleiten. Diese Herleitung wird nachfolgend gezeigt. Die Wahrscheinlichkeitsfunktion $p_X(x)$ der Binomialverteilung für ganzzahlige Variablen $0 \leq x \leq n$ wird rekursiv wie folgt berechnet :

$$p_X(x+1) = \frac{n-x}{x+1}\frac{p}{q}\, p_X(x) \qquad p+q = 1$$

Die Differenz zweier aufeinander folgender Funktionswerte ist :

$$p_X(x+1) - p_X(x) = \frac{np-x-q}{(x+1)q}\, p_X(x)$$

Die Parameter n und p,q werden durch den Mittelwert μ_X und die Standardabweichung σ_X der Binomialverteilung ersetzt :

$$\mu_X = np \qquad \sigma_X = \sqrt{npq}$$

$$p_X(x+1) - p_X(x) = \frac{\mu_X - x - \sigma_X^2/\mu_X}{(x+1)\sigma_X^2/\mu_X}\, p_X(x)$$

Mit der folgenden linearen Transformation werden die Ganzzahlen $x \geq 0$ auf reelle Zahlen u abgebildet. Die Funktion $p_X(x)$ wird nach $p_U(u)$ transformiert :

$$u = (x-\mu_X)/\sigma_X \qquad \Delta u = 1/\sigma_X \qquad p_U(u) = p_X(x)$$

$$p_U(u+\Delta u) - p_U(u) + \Delta u \frac{u+\sigma_X/\mu_X}{1+1/\mu_X + u\sigma_X/\mu_X}\, p_U(u) = 0$$

Mit der Einführung der Dichtefunktion $f_U(u) = p_U(u)/\Delta u$ folgt :

$$\frac{f_U(u+\Delta u) - f_U(u)}{\Delta u} + \frac{u+\sigma_X/\mu_X}{1+1/\mu_X+u\sigma_X/\mu_X}\, f_U(u) = 0$$

Beim Grenzübergang $n \rightarrow \infty$ streben die Terme Δu, $1/\mu_X$ und σ_X/μ_X gegen 0. Damit ergibt sich eine lineare homogene Differentialgleichung mit folgender Lösung für die Dichtefunktion :

$$f'_U(u) + u f_U(u) = 0$$

$$f_U(u) = C\, e^{-u^2/2}$$

Diese Grenzwertbetrachtung liefert die standardisierte Dichtefunktion $f_U(u)$ der Normalverteilung. Die Proportionalitätskonstante C ist $1/\sqrt{2\pi}$, so daß das Integral von $f_U(u)$ über den Wertebereich $-\infty \leq u \leq \infty$ den Wert 1 annimmt.

$$f_U(u) = \frac{1}{\sqrt{2\pi}} e^{-u^2/2}$$

Durch die folgende lineare Rücktransformation werden die reellen Zahlen u auf die reellen Zahlen x abgebildet. Die standardisierte Dichtefunktion $f_U(u)$ wird in die Dichtefunktion $f_X(x)$ der Normalverteilung transformiert.

$$x = \mu_X + u\,\sigma_X \qquad\qquad f_X(x) = \frac{1}{\sigma_X} f_U(u)$$

$$f_X(x) = \frac{1}{\sigma_X \sqrt{2\pi}} e^{-\frac{1}{2}\left(\frac{x-\mu_X}{\sigma_X}\right)^2}$$

Die standardisierte Dichtefunktion $f_U(u)$ ist symmetrisch und glockenförmig. An der Stelle $u = 0$ besitzt sie ein Maximum. An den Stellen $u = \pm 1$ besitzt sie jeweils einen Wendepunkt. Die Dichtefunktion $f_X(x)$ besitzt einen glockenförmigen Verlauf um den Mittelwert μ_X, der mit zunehmender Standardabweichung σ_X immer flacher wird. Strebt $\sigma_X \to 0$, so strebt $f_X(x)$ gegen die Deltafunktion $\delta(x - \mu_X)$. Die Dichtefunktion $f_U(u)$ sowie die Dichtefunktion $f_X(x)$ mit verschiedenen Standardabweichungen σ_X sind graphisch gezeigt.

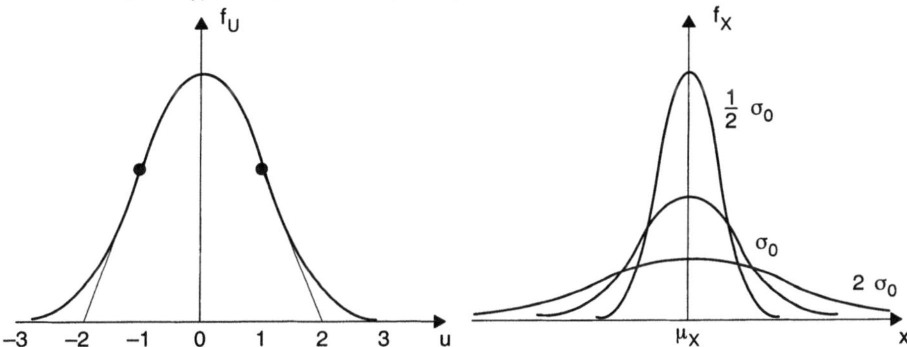

Verteilungsfunktion : Die Verteilungsfunktionen $F_X(x)$ und $F_U(u)$ werden durch Integration der zugehörigen Dichtefunktionen $f_X(x)$ und $f_U(u)$ bestimmt. Die Dichtefunktionen sind analytisch nicht integrierbar. Die Integration ist daher numerisch durchzuführen. Die Ergebnisse der numerischen Integration der standardisierten Verteilungsfunktionen $F_U(u)$ sind in mathematischen Handbüchern vertafelt. Mit der linearen Transformation zwischen x und u gilt :

$$F_X(x) = F_U(u) \qquad u = (x - \mu_X) / \sigma_X \qquad x = \mu_X + u\sigma_X$$

In der Regel ist die Verteilungsfunktion $F_U(u)$ nur für positive Werte $u \geq 0$ vertafelt. Für negative Werte $u < 0$ wird die Verteilungsfunktion $F_U(u)$ nach der folgenden Formel berechnet, die sich aus der Symmetrie der Dichtefunktion $f_U(u)$ ergibt.

$$F_U(-u) = 1 - F_U(u)$$

Momente : Das Moment k-ter Ordnung der standardisierten Normalverteilung ist wie folgt definiert :

$$E(U^k) = C \int_{-\infty}^{\infty} u^k \, e^{-u^2/2} \, du \qquad C = \frac{1}{\sqrt{2\pi}}$$

Da die Dichtefunktion $f_U(u)$ symmetrisch ist, sind alle Momente für ungerade k null. Für gerade k liefert die partielle Integration des Momentes k-ter Ordnung eine rekursive Bestimmungsgleichung :

$$E(U^k) = C \int_{-\infty}^{\infty} u^k \, e^{-u^2/2} \, du$$

$$= C \left[\frac{u^{k+1}}{k+1} e^{-u^2/2} \right]_{-\infty}^{\infty} + C \int_{-\infty}^{\infty} \frac{u^{k+2}}{k+1} e^{-u^2/2} \, du$$

$$E(U^k) = \frac{1}{k+1} E(U^{k+2})$$

$$E(U^{k+2}) = (k+1)\, E(U^k)$$

Ausgehend von dem Moment $E(U^0) = 1$ werden die Momente höherer Ordnung für gerade $k > 0$ berechnet. Die Momente erster und zweiter Ordnung sind :

$$E(U) = 0$$

$$E(U^2) = E(U^0) = 1$$

Der Mittelwert und die Varianz der standardisierten Zufallsvariablen U werden aus den Momenten erster und zweiter Ordnung wie folgt berechnet :

$$\mu_U = E(U) = 0$$

$$\sigma_U^2 = E(U^2) - \mu_U^2 = 1$$

Der Mittelwert und die Varianz der Zufallsvariablen X werden nach den Regeln der linearen Transformation bestimmt und entsprechen den Parametern der Normalverteilung.

$$x = \mu_X + u\, \sigma_X$$

$$\mu_X = \mu_X + \mu_U \, \sigma_X = \mu_X$$

$$\sigma_X^2 = \sigma_U^2 \cdot \sigma_X^2 = \sigma_X^2$$

Eigenschaften : Eine stetige Zufallsvariable X, die eine Normalverteilung mit den Parametern μ_X und σ_X besitzt, wird mit $X(\mu_X, \sigma_X)$ bezeichnet. Die Summe von normalverteilten Zufallsvariablen ist ebenfalls normalverteilt.

$$X(\mu_X, \sigma_X) = \sum_{j=1}^{n} X_j\,(\mu_{Xj}, \sigma_{Xj})$$

$$\mu_X = \sum_{j=1}^{n} \mu_{Xj} \qquad\qquad \sigma_X^2 = \sum_{j=1}^{n} \sigma_{Xj}^2$$

Diese Eigenschaft wird für $n = 2$ über die Faltung der beiden Dichtefunktionen nach Abschnitt 10.3.5 und damit für $n > 2$ durch vollständige Induktion nachgewiesen. Allgemein ist eine Linearkombination von normalverteilten Zufallsvariablen ebenfalls normalverteilt.

$$X(\mu_X, \sigma_X) = \sum_{j=1}^{n} c_j\, X_j\,(\mu_{Xj}, \sigma_{Xj})$$

$$\mu_X = \sum_{j=1}^{n} c_j\, m_{Xj} \qquad\qquad \sigma_X^2 = \sum_{j=1}^{n} c_j^2\, \sigma_{Xj}^2$$

Zentraler Grenzwertsatz : Eine binomial verteilte Zufallsvariable ist die Summe von n unabhängigen Zufallsvariablen mit identischer Bernoulli Verteilung. Die Normalverteilung ist für den Grenzfall $n \to \infty$ aus der Binomialverteilung hergeleitet. Dieser Zusammenhang zwischen der Binomialverteilung und der Normalverteilung ist ein Sonderfall des zentralen Grenzwertsatzes. Der zentrale Grenzwertsatz besagt, daß die Summe von unabhängigen Zufallsvariablen mit unterschiedlicher Verteilung gegen eine Normalverteilung strebt, wenn die Anzahl der Zufallsvariablen gegen ∞ strebt. Dabei wird vorausgesetzt, daß die Beiträge der einzelnen Zufallsvariablen zur Summe gleichmäßig klein sind.

Beispiel : Betrachtet wird ein Brückenträger über zwei Felder gleicher Länge, der für Stützenabsenkung untersucht wird. Die Stützenabsenkungen seien normalverteilt mit gleichen Mittelwerten $\mu = 0$ und gleichen Standardabweichungen $\sigma = 0.5$ cm.

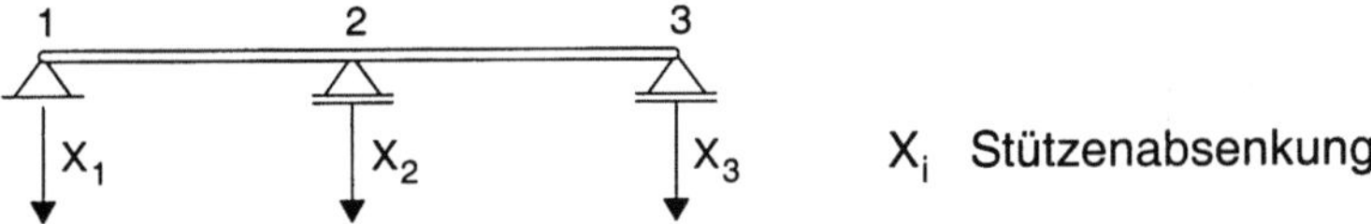

Die Wahrscheinlichkeit dafür, daß die Stützenabsenkung X_i an einer Stütze i kleiner als $x_i = 1.0$ cm ist, wird wie folgt berechnet :

$$u = (x_i - \mu)/\sigma = (1.0 - 0.0)/0.5 = 2.0$$

$$P(X_i < x_i) = F(x_i) = F_U(2.0) = 0.977$$

Das Biegemoment B an der Mittelstütze 2 hängt linear von den Stützenabsenkungen ab.

$$B \;=\; M_0(-X_1 + 2X_2 - X_3)$$

Da die Stützenabsenkungen X_i normalverteilt sind, ist auch das Biegemoment B normalverteilt. Der Mittelwert μ_B und die Standardabweichung σ_B werden wie folgt berechnet :

$$\mu_B \;=\; M_0(-\mu + 2\mu - \mu) \;=\; 0$$

$$\sigma_B \;=\; M_0(+\sigma^2 + 4\sigma^2 + \sigma^2)^{1/2} \;=\; M_0\,\sigma\,\sqrt{6} \;=\; 0.5\,M_0\,\sqrt{6}$$

Die Wahrscheinlichkeit dafür, daß das Biegemoment kleiner als $b = 2M_0$ ist, wird wie folgt berechnet :

$$u \;=\; (b - \mu_B)/\sigma_B \;=\; (2M_0 - 0)/(0.5\,M_0\,\sqrt{6}) \;=\; 1.63$$

$$P(B < b) \;=\; F_B(b) \;=\; F_U(1.63) \;=\; 0.948 \;=\; 94.8\%$$

10.3.7.3 Logarithmische Normalverteilung

Modell : Betrachtet wird eine stetige Zufallsvariable Y, die das Produkt von vielen elementaren Zufallsvariablen $Y_j > 0$ ist. Die elementaren Zufallsvariablen seien unabhängig voneinander und identisch verteilt.

Zufallsvariable $\quad Y := \prod_{j=1}^{n} Y_j > 0 \quad n \rightarrow \infty$

Der Mittelwert μ_Y und die Standardabweichung σ_Y sind die Parameter der Verteilung.

Mittelwert $\quad \mu_Y > 0$

Standardabweichung $\quad \sigma_Y > 0$

Logarithmische Transformation : Die Zufallsvariable X wird als natürlicher Logarithmus der Zufallsvariablen Y eingeführt. Dadurch wird die Produktform der elementaren Zufallsvariablen Y_j in eine Summenform überführt.

$$X \;=\; \ln Y \;=\; \ln \prod_{j=1}^{n} Y_j \;=\; \sum_{j=1}^{n} \ln Y_j$$

Die Summenform entspricht dem Modell der Normalverteilung. Die Zufallsvariable X ist daher normal verteilt. Für die logarithmische Transformation sind folgende Transformationsgleichungen maßgebend :

$$x \;=\; \ln y \qquad \frac{dx}{dy} \;=\; \frac{1}{y}$$

$$y \;=\; e^x \qquad \frac{dy}{dx} \;=\; e^x$$

Verteilung : Die Zufallsvariable X besitzt eine Normalverteilung mit dem Mittelwert μ_X und der Standardabweichung σ_X.

$$f_X(x) = \frac{1}{\sigma_X\sqrt{2\pi}}\, e^{-\frac{1}{2}\left(\frac{x-\mu_X}{\sigma_X}\right)^2}$$

Die logarithmische Normalverteilung der Zufallsvariablen Y wird nach den Regeln in Abschnitt 10.3.4 aus der Normalverteilung der Zufallsvariablen X bestimmt.

$$f_Y(y) = f_X(x)\,\frac{dx}{dy} = \frac{1}{y}\, f_X(\ln y)$$

$$F_Y(y) = F_X(x) = F_X(\ln y)$$

Momente : Das Moment k-ter Ordnung für die Zufallsvariable Y wird nach den Regeln in Abschnitt 10.3.4 in Abhängigkeit von dem Mittelwert μ_X und der Standardabweichung σ_X der Zufallsvariablen X berechnet.

$$E(Y^k) = \int_0^\infty y^k\, f_Y(y)\, dy = \int_{-\infty}^\infty e^{kx}\, f_X(x)\, dx$$

Durch Umformung des Integralausdruckes ergibt sich folgende Formel für das Moment k-ter Ordnung :

$$E(Y^k) = \frac{1}{\sigma_X\sqrt{2\pi}} \int_{-\infty}^\infty e^{kx-\frac{1}{2}\left(\frac{x-\mu_X}{\sigma_X}\right)^2}\, dx$$

$$= \frac{1}{\sigma_X\sqrt{2\pi}} \int_{-\infty}^\infty e^{-\frac{1}{2}\left(\frac{x-\mu_X-k\,\sigma_X^2}{\sigma_X}\right)^2 + k\,\mu_X + k^2\sigma_X^2/2}\, dx$$

$$= e^{k\,\mu_X + k^2\sigma_X^2/2}$$

Für den Mittelwert und die Varianz folgt :

$$\mu_Y = E(Y) = e^{\mu_X + \sigma_X^2/2}$$

$$\sigma_Y^2 = E(Y^2) - \mu_Y^2 = \mu_Y^2\,(e^{\sigma_X^2} - 1)$$

Der Mittelwert μ_Y und die Standardabweichung σ_Y sind als Parameter der logarithmischen Normalverteilung gegeben. Die für die Normalverteilung von X erforderlichen Parameter μ_X und σ_X werden aus μ_Y und σ_Y bestimmt :

$$v_Y = \sigma_Y / \mu_Y$$

$$\mu_X = \ln\left(\mu_Y \,/\, \sqrt{1 + v_Y^2}\,\right)$$

$$\sigma_X^2 = \ln\left(1 + v_Y^2\right)$$

Eigenschaften : Da die logarithmische Normalverteilung aus der Normalverteilung abgeleitet ist, lassen sich die Eigenschaften von Zufallsvariablen mit Normalverteilung auf Zufallsvariable mit logarithmischer Normalverteilung übertragen. Eine Zufallsvariable Y, die eine logarithmische Normalverteilung mit den Parametern μ_Y und σ_Y besitzt, wird mit $Y(\mu_Y,\sigma_Y)$ bezeichnet. Ein Produkt von logarithmisch normalverteilten Zufallsvariablen ist ebenfalls logarithmisch normalverteilt.

$$Y(\mu_Y,\sigma_Y) = \prod_{j=1}^{n} Y_j(\mu_{Yj},\sigma_{Yj})$$

$$\mu_Y = \prod_{j=1}^{n} \mu_{Yj} \qquad \sigma_Y^2 = \prod_{j=1}^{n} (\sigma_{Yj}^2 + \mu_{Yj}^2) - \mu_Y^2$$

Allgemein ist ein Produkt von Potenzen mehrerer logarithmisch normalverteilter Zufallsvariablen ebenfalls logarithmisch normalverteilt.

Beispiel : Ein Moment M ist das Produkt aus der Kraft F und dem Hebelarm H. Die Kraft F und der Hebelarm H seien logarithmisch normalverteilt mit den Mittelwerten μ_F und μ_H. Der Variationskoeffizient für die Kraft und den Hebelarm sei $v = 0.20$. Die Wahrscheinlichkeit dafür, daß das Moment M kleiner als 2.0 $\mu_F \mu_H$ ist, ist zu berechnen.

Da die Kraft F und der Hebelarm H logarithmisch normalverteilt sind, ist auch das Moment $M = P * H$ logarithmisch normalverteilt. Der Mittelwert μ_M, die Varianz σ_M^2 und der Variationskoeffizient v_M werden wie folgt berechnet :

$$\mu_M = \mu_F \cdot \mu_H$$

$$\sigma_M^2 = (\sigma_F^2 + \mu_F^2)\,(\sigma_H^2 + \mu_H^2) - \mu_M^2$$

$$\sigma_M^2 = \mu_F^2\,(v^2+1)\,\mu_H^2\,(v^2+1) - \mu_M^2$$

$$\sigma_M^2 = \mu_M^2\,((v^2+1)^2 - 1) = 0.0816\,\mu_M^2$$

$$v_M = \sigma_M / \mu_M = 0.286$$

Der Mittelwert μ und die Standardabweichung σ der zugehörigen Normalverteilung werden wie folgt berechnet :

$$\mu = \ln\left(\mu_M / \sqrt{1+v_M^2}\right) = \ln \mu_M - \ln 1.04$$

$$\sigma^2 = \ln(1+v_M^2) = \ln 1.0816 = 0.07844$$

$$\sigma = 0.280$$

Die Wahrscheinlichkeit dafür, daß das Moment kleiner als 2.0 μ_M ist, wird mit Hilfe der standardisierten Normalverteilung bestimmt.

$$P(M < 2.0\mu_M) = F_M(2.0\mu_M) = F_U(u)$$

$$u = (\ln(2.0\,\mu_M) - \mu)/\sigma = (\ln 2.0 + \ln \mu_M - \ln \mu_M + \ln 1.04) / \sigma$$

$$u = (\ln 2.0 + \ln 1.04) / 0.280 = 2.62$$

$$F_U(u) = 0.9956 = 99.56\%$$

10.3.7.4 Maximumverteilungen

Modell : Betrachtet wird eine stetige Zufallsvariable X, die das Maximum einer großen Anzahl von elementaren Zufallsvariablen X_j ist. Die elementaren Zufallsvariablen seien unabhängig voneinander und identisch verteilt.

Zufallsvariable $\quad X := \text{Max}(X_1, \ldots, X_n) \quad n \to \infty$

Verteilung : Die elementaren Zufallsvariablen X_j besitzen die gleiche Verteilungsfunktion F(x). Nach Abschnitt 10.3.4 ist die Verteilungsfunktion $F_X(x)$ des Maximums X das Produkt aller Verteilungsfunktionen der elementaren Zufallsvariablen.

$$F_X(x) = (F(x))^n$$

Da das Maximum aller n Zufallsvariablen X_j betrachtet wird, wird deren Verteilungsfunktion F(x) für große Werte von x durch folgende Funktion approximiert :

$$F(x) = 1 - c \cdot g(x) \qquad 0 \le c \cdot g(x) \le 1$$

Die Funktion g(x) strebt mit wachsendem x gegen 0. Die Konstante c wird eliminiert, indem ein Wert u als Parameter eingeführt wird, der mit der Wahrscheinlichkeit 1/n überschritten wird. Damit folgt :

$$F(x) = 1 - \frac{1}{n}\frac{g(x)}{g(u)}$$

Durch die Substitution von F(x) in $F_X(x)$ und durch den Grenzübergang $n \to \infty$ ergibt sich folgende Verteilungsfunktion :

$$F_X(x) = \lim_{n\to\infty}(F(x))^n = \lim_{n\to\infty}\left(1 - \frac{1}{n}\frac{g(x)}{g(u)}\right)^n = e^{-g(x)/g(u)}$$

Die Dichtefunktion $f_X(x)$ wird durch Differentiation der Verteilungsfunktion $F_X(x)$ berechnet :

$$f_X(x) = -\frac{g'(x)}{g(u)}\, e^{-g(x)/g(u)} = -\frac{g'(x)}{g(u)}\, F_X(x)$$

Verschiedene Ansätze für die Funktion g (x) führen zu unterschiedlichen Typen der Maximumverteilung. Die wesentlichen Typen der Verteilung und ihre Standardisierung sind nachfolgend behandelt.

Verteilung Typ I : Die Funktion g(x) klingt für große Werte x exponentiell mit der Rate α ab. Damit ergibt sich folgende Verteilung mit den Parametern u und α :

$$g(x) = e^{-\alpha x} \qquad \alpha > 0$$

$$F_X(x) = e^{-e^{-\alpha(x-u)}} \qquad f_X(x) = \alpha\, e^{-\alpha(x-u)} F_X(x)$$

Durch die folgende lineare Transformation wird die Verteilung standardisiert und auf die doppelte Exponentialverteilung zurückgeführt :

$$w = \alpha(x-u) \qquad -\infty \le w \le \infty$$

$$F_W(w) = e^{-e^{-w}} \qquad f_W(w) = e^{-w} F_W(w)$$

$$F_X(x) = F_W(w) \qquad f_X(x) = \alpha\, f_W(w)$$

Die standardisierte Dichtefunktion $f_W(w)$ besitzt ein Maximum an der Stelle $w = 0$ und zwei Wendepunkte an den Stellen $w = \pm 0.9624$. Ihr Verlauf ist graphisch gezeigt.

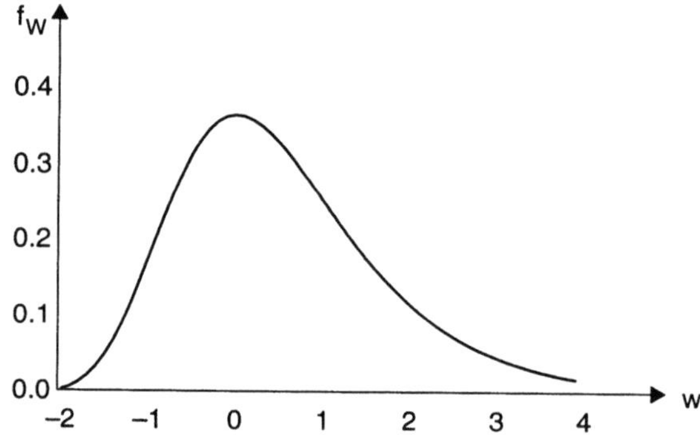

Verteilung Typ II : Die Funktion g(x) klingt für große Werte $x > 0$ hyperbolisch mit der Potenz α ab. Damit ergibt sich folgende Verteilung mit den Parametern u und α :

$$g(x) = x^{-\alpha} \qquad x > 0,\ \alpha > 0$$

$$F_X(x) = e^{-(x/u)^{-\alpha}} \qquad f_X(x) = \frac{\alpha}{u}(x/u)^{-(\alpha+1)} F_X(x)$$

Durch die folgende lineare Transformation wird die Verteilung standardisiert :

$$w = x / u \qquad w > 0$$

$$F_W(w) = e^{-w^{-\alpha}} \qquad f_W(w) = \alpha\, w^{-(\alpha+1)} F_W(w)$$

$$F_X(x) = F_W(w) \qquad f_X(x) = f_W(w) / u$$

Die standardisierte Dichtefunktion $f_W(w)$ ist abhängig vom Parameter α. Sie besitzt ein Maximum an der Stelle $w = (\alpha/(1+\alpha))^{1/\alpha}$. Ihr Verlauf ist graphisch für $\alpha = 1, 2, 3$ gezeigt.

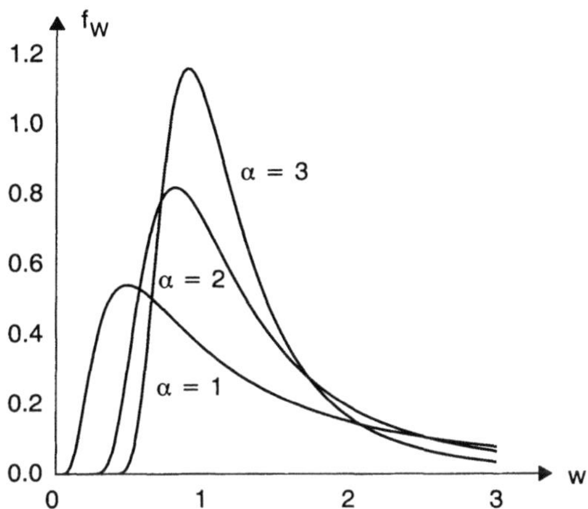

Verteilung Typ III : Die Funktion g(x) klingt für große Werte $x \le x_0$ mit der Potenz α ab. Der Parameter x_0 ist eine obere Schranke für die Werte x. Damit ergibt sich folgende Verteilung mit den Parametern x_0, u und α :

$$g(x) = (x_0 - x)^{\alpha} \qquad x \le x_0 \,,\ \alpha > 0$$

$$F_X(x) = e^{-((x_0-x)/(x_0-u))^{\alpha}} \qquad f_X(x) = \frac{\alpha}{x_0-u}\left(\frac{x_0-x}{x_0-u}\right)^{\alpha-1} F_X(x)$$

Durch die folgende lineare Transformation wird die Verteilung standardisiert und auf die Weibull Verteilung zurückgeführt :

$$w = (x_0 - x)/(x_0 - u) \qquad w \ge 0$$

$$F_W(w) = 1 - e^{-w^{\alpha}} \qquad f_W(w) = \alpha\, w^{\alpha-1}\, e^{-w^{\alpha}}$$

$$F_X(x) = 1 - F_W(w) \qquad f_X(x) = \frac{1}{x_0-u} f_W(w)$$

Die Weibull Verteilung ist abhängig vom Parameter α. Sie entspricht für $\alpha = 1$ der Exponentialverteilung. Die standardisierte Dichtefunktion $f_W(w)$ besitzt für $\alpha > 1$ ein Maximum an der Stelle $w = ((\alpha-1)/\alpha)^{1/\alpha}$. Ihr Verlauf ist graphisch für $\alpha = 1, 2, 3$ gezeigt.

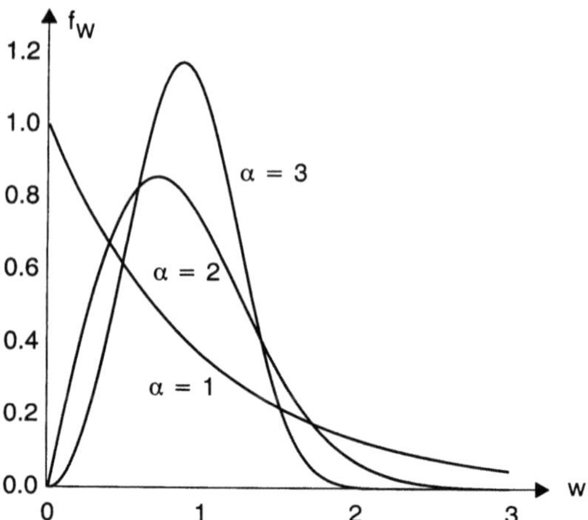

Momente : Das Moment k-ter Ordnung einer Maximumverteilung wird nach der Definition in Abschnitt 10.3.4 wie folgt berechnet :

$$E(X^k) = \int_{-\infty}^{\infty} x^k f_X(x)\,dx = -\int_{-\infty}^{\infty} x^k \frac{g'(x)}{g(u)} e^{-g(x)/g(u)}\,dx$$

Der Integralausdruck wird vereinfacht, indem die Variable $t = g(x) / g(u)$ als Integrationsvariable eingeführt wird. Da $g(x)$ nur positive Werte annimmt und mit wachsendem x gegen 0 strebt, folgt :

$$E(X^k) = \int_0^{\infty} x^k e^{-t}\,dt \qquad\qquad t = g(x) / g(u)$$

Die Momente der verschiedenen Maximumverteilungen werden zweckmäßigerweise zunächst für die standardisierte Zufallsvariable W und anschließend nach den Regeln der linearen Transformation für die Zufallsvariable X berechnet. Die Momente für W führen auf die Gammafunktion, die in mathematischen Handbüchern vertafelt und wie folgt definiert ist :

$$\Gamma(s) := \int_0^{\infty} t^{s-1} e^{-t}\,dt$$

Aus dieser Definition folgt die k-te Ableitung der Gammafunktion nach s :

$$\Gamma^{(k)}(s) = \frac{d^k\,\Gamma(s)}{ds^k} = \int_0^{\infty} \frac{d^k}{ds^k}(t^{s-1})\,e^{-t}\,dt = \int_0^{\infty} (\ln t)^k\, t^{s-1}\, e^{-t}\,dt$$

Die Momente erster und zweiter Ordnung sowie die daraus resultierenden Mittelwerte, Varianzen und Variationskoeffizienten sind für die verschiedenen Maximumverteilungen nachfolgend behandelt.

Momente Typ I : Das Moment k-ter Ordnung wird für die standardisierte Verteilung vom Typ I bestimmt und führt zur k-ten Ableitung der Gammafunktion an der Stelle s = 1.

$$t = e^{-w} \qquad\qquad w = -\ln t$$

$$E(W^k) = \int_0^\infty w^k\, e^{-t}\, dt = \int_0^\infty (-\ln t)^k\, e^{-t}\, dt = (-1)^k\, \Gamma^{(k)}(1)$$

Für den Mittelwert μ_W und die Varianz σ_W folgt mit den Zahlenwerten der Ableitungen der Gammafunktion :

$$\mu_W = E(W) = -\Gamma'(1) = \gamma = 0.5772 \qquad \text{Euler Konstante}$$

$$\sigma_W^2 = E(W^2) - \mu_W^2 = \Gamma''(1) - \gamma^2 = \pi^2/6 = 1.645$$

Der Mittelwert und die Varianz für die Zufallsvariable X werden nach den Regeln für die lineare Transformation bestimmt :

$$x = u + w/\alpha$$

$$\mu_X = u + \mu_W/\alpha = u + 0.5772\,/\alpha$$

$$\sigma_X^2 = \sigma_W^2\,/\,\alpha^2 = 1.645\,/\alpha^2$$

Momente Typ II : Das Moment k-ter Ordnung wird für die standardisierte Verteilung vom Typ II bestimmt und führt zur Gammafunktion an einer von k und α abhängigen Stelle. Es existiert nur für $\alpha > k$.

$$t = w^{-\alpha} \qquad\qquad w = t^{-1/\alpha}$$

$$E(W^k) = \int_0^\infty w^k\, e^{-t}\, dt = \int_0^\infty t^{-k/\alpha}\, e^{-t}\, dt = \Gamma(1-k/\alpha) \qquad \alpha > k$$

Für den Mittelwert μ_W und die Varianz σ_W^2 folgt :

$$\mu_W = E(W) = \Gamma(1-1/\alpha)$$

$$\sigma_W^2 = E(W^2) - \mu_W^2 = \Gamma(1-2/\alpha) - \Gamma^2(1-1/\alpha)$$

Der Mittelwert und die Varianz für die Zufallsvariable X werden nach den Regeln für die lineare Transformation bestimmt :

$$x = u\, w$$

$$\mu_X = u\, \mu_W = u\, \Gamma(1-1/\alpha)$$

$$\sigma_X^2 = u^2 \sigma_W^2 = u^2\,(\Gamma(1-2/\alpha) - \Gamma^2(1-1/\alpha))$$

Der Variationskoeffizient v_X ist nur vom Parameter α abhängig.

$$v_X = \frac{\sigma_X}{\mu_X} = \sqrt{\frac{\Gamma(1-2/\alpha)}{\Gamma^2(1-1/\alpha)} - 1}$$

Momente Typ III : Das Moment k-ter Ordnung wird für die standardisierte Verteilung vom Typ III bestimmt und führt zur Gammafunktion an einer von k und α abhängigen Stelle.

$$t = w^{\alpha} \qquad\qquad w = t^{1/\alpha}$$

$$E(W^k) = \int_0^{\infty} w^k\, e^{-t}\, dt = \int_0^{\infty} t^{k/\alpha}\, e^{-t}\, dt = \Gamma(1 + k/\alpha)$$

Für den Mittelwert μ_W und die Varianz σ_W^2 folgt :

$$\mu_W = E(W) = \Gamma(1 + 1/\alpha)$$

$$\sigma_W^2 = E(W^2) - \mu_W^2 = \Gamma(1 + 2/\alpha) - \Gamma^2(1 + 1/\alpha)$$

Der Mittelwert und die Varianz für die Zufallsvariable X werden nach den Regeln für die lineare Transformation bestimmt :

$$x = x_0 - (x_0 - u)\, w$$

$$\mu_X = x_0 - (x_0 - u)\, \mu_W = x_0 - (x_0 - u)\, \Gamma(1 + 1/\alpha)$$

$$\sigma_X^2 = (x_0 - u)^2\, \sigma_W^2 = (x_0 - u)^2\, (\Gamma(1 + 2/\alpha) - \Gamma^2(1 + 1/\alpha))$$

Das Verhältnis $\sigma_X \,/\, (x_0 - \mu_X)$ ist nur vom Parameter α abhängig. Es heißt Variationskoeffizient und wird mit v_{X0} bezeichnet.

$$v_{X0} = \frac{\sigma_X}{x_0 - \mu_X} = \sqrt{\frac{\Gamma(1 + 2/\alpha)}{\Gamma^2(1 + 1/\alpha)} - 1}$$

Bestimmung der Parameter : Bei praktischen Berechnungen sind häufig der Mittelwert μ_X und die Standardabweichung σ_X gegeben. Die Parameter α und u für die verschiedenen Maximumverteilungen werden bestimmt, indem die Bestimmungsgleichungen für μ_X und σ_X nach den Parametern aufgelöst werden.

- Bei der Maximumverteilung vom Typ I werden α und u wie folgt bestimmt :

  $$\alpha = 1.283 \,/\, \sigma_X \qquad\qquad u = \mu_X - 0.5772 \,/\, \alpha$$

- Bei der Maximumverteilung vom Typ II wird der Parameter α in Abhängigkeit vom Variationskoeffizienten $v_X = \sigma_X / \mu_X$ bestimmt. Für typische Werte des Variationskoeffizienten ist der Parameter α angegeben. Der Parameter u wird aus der Formel für den Mittelwert berechnet :

v_X	0.40	0.30	0.20	0.10	0.05
α	4.18	5.18	7.30	13.6	26.4

$$u = \frac{\mu_X}{\Gamma(1 - 1/\alpha)}$$

- Bei der Maximumverteilung vom Typ III ist der Parameter x_0 vorzugeben. Der Parameter α wird in Abhängigkeit vom Variationskoeffizienten $v_{X0} = \sigma_X/(x_0 - \mu_X)$ bestimmt. Für typische Werte des Variationskoeffizienten ist der Parameter α angegeben. Der Parameter u wird aus der Formel für den Mittelwert berechnet.

v_{X0}	0.40	0.30	0.20	0.10	0.05
α	2.71	3.71	5.80	12.1	25.0

$$u = x_0 - \frac{x_0 - \mu_X}{\Gamma(1 + 1/\alpha)}$$

Beispiel : Zur Festlegung von Schneelastannahmen sind jährlich die maximalen Schneehöhen an verschiedenen Orten gemessen und statistisch ausgewertet worden. Während der Mittelwert μ_X an verschiedenen Orten unterschiedlich ist, kann der Variationskoeffizient näherungsweise konstant angenommen werden. Der Variationskoeffizient v_X sei 0.40. Die Wahrscheinlichkeit dafür, daß der n-fache Mittelwert unterschritten wird, ist zu berechnen.

Unter der Annahme, daß die maximalen Schneehöhen einer Maximumverteilung vom Typ I genügen, werden die Parameter u und α wie folgt bestimmt :

$$\alpha = 1.283/\sigma_X = 1.283/(v_X\,\mu_X) = 3.208/\mu_X$$

$$u = \mu_X - 0.5772/\alpha = 0.820\,\mu_X$$

Die Wahrscheinlichkeit für das Unterschreiten des n-fachen Mittelwertes μ_X ist :

$$p(n) = P(X < n \cdot \mu_X) = F_X(n\,\mu_X)$$

$$p(n) = e^{-e^{-\alpha(n \cdot \mu_X - u)}} = e^{-e^{-3.208(n-0.82)}}$$

Unter der Annahme, daß die maximalen Schneehöhen einer Maximumverteilung vom Typ II genügen, werden die Parameter u und α wie folgt bestimmt :

$$\alpha = 4.18 \qquad \text{für} \qquad v_X = 0.40$$

$$u = \mu_X/\Gamma(1-1/\alpha) = \mu_X/\Gamma(0.761) = \mu_X/1.211$$

Die Wahrscheinlichkeit für das Unterschreiten des n-fachen Mittelwertes μ_X ist :

$$p(n) = P(X < n \cdot \mu_X) = F_X(n\,\mu_X)$$

$$p(n) = e^{-(n\mu_X/u)^{-\alpha}} = e^{-(1.211n)^{-4.18}}$$

Die Ergebnisse für die Maximumverteilungen vom Typ I und II sind tabellarisch zusammengestellt.

n	1.0	1.5	2.0	2.5
Typ I	57.0%	89.3%	97.8%	99.5%
Typ II	63.8%	92.1%	97.6%	99.0%

10.3.7.5 Minimumverteilungen

Modell : Betrachtet wird eine stetige Zufallsvariable Y, die das Minimum von vielen elementaren Zufallsvariablen Y_j ist. Die elementaren Zufallsvariablen seien unabhängig voneinander und identisch verteilt.

$$\text{Zufallsvariable} \qquad Y := \text{Min}\,(Y_1,\ldots,Y_n) \qquad n \to \infty$$

Ist Y ein Minimum, so ist X = –Y ein Maximum. Eine Minimumverteilung für Y kann daher durch lineare Transformation auf eine Maximumverteilung für X zurückgeführt werden.

$$F_Y(y) = 1 - F_X(x) = 1 - F_X(-y)$$

$$f_Y(y) = f_X(x) = f_X(-y)$$

$$\mu_Y = -\mu_X$$

$$\sigma_X^2 = \sigma_Y^2$$

$$v_Y = v_X$$

Beispiel : Die minimalen Wasserstände H in einem Hafen werden jährlich gemessen und statistisch ausgewertet. Der mittlere minimale Wasserstand sei μ_H und der Variationskoeffizient $v_H = 0.20$. Zu berechnen ist die Wahrscheinlichkeit dafür, daß der minimale Wasserstand eines Jahres kleiner als 0.5 μ_H ist.

Für die minimalen Wasserstände H wird eine Minimumverteilung vom Typ III mit der unteren Schranke $h_0 = 0$ angenommen. Die Wahrscheinlichkeit wird mit der Maximumverteilung vom Typ III für X = –H berechnet.

$$x_0 = -h_0 = 0 \qquad \mu_X = -\mu_H \qquad v_X = v_H = 0.20 \qquad x = -0.5\,\mu_H$$

Die Parameter α und u der Maximumverteilung vom Typ III werden mit $x_0 = 0$ nach den Formeln im vorangehenden Abschnitt wie folgt berechnet :

$$\alpha = 5.80 \qquad \text{für} \qquad v_X = 0.20$$

$$u = \mu_X / \Gamma(1 + 1/\alpha) = -\mu_H / \Gamma(1.172) = -1.080\,\mu_H$$

Die Wahrscheinlichkeit dafür, daß H kleiner als 0.5 μ_H ist, wird wie folgt berechnet:

$$F_H(0.5\,\mu_H) = 1 - F_X(-0.5\,\mu_H) = 1 - e^{-((-0.5\,\mu_H)\,/\,(-1.080\,\mu_H))^{5.80}}$$

$$F_H(0.5\,\mu_H) = 1 - e^{-(0.5/1.08)^{5.80}} = 1 - 0.9886 = 1.14\%$$

10.4 ZUFALLSVEKTOREN

10.4.1 EINFÜHRUNG

Zufallsvektor : In vielen Anwendungen wird der Ausgang eines Experimentes durch Zählung oder durch Messung mehrerer Größen bestimmt. Typische Beispiele hierfür sind die stündliche Verkehrszählung von Linksabbiegern, Geradeausfahrern und Rechtsabbiegern an einer Lichtsignalanlage, die gleichzeitige Messung von jährlichen Niederschlagsmengen an mehreren Orten oder die gleichzeitige Messung der Dehnungen an verschiedenen Stellen eines Bauwerks. Die zufälligen Ausgänge eines derartigen Experimentes werden durch einen Zufallsvektor mit mehreren Zufallsvariablen beschrieben, die verschiedene reelle Zahlenwerte annehmen können.

Wahrscheinlichkeitsverteilung : Die Einführung des Zufallsvektors führt zu einer mehrdimensionalen Wahrscheinlichkeitsverteilung. Jede Zufallsvariable des Zufallsvektors besitzt eine eindimensionale Wahrscheinlichkeitsverteilung, die eine Randverteilung der mehrdimensionalen Wahrscheinlichkeitsverteilung ist. Sind für einige Zufallsvariable des Zufallsvektors feste Werte als Bedingung vorgegeben, so ergibt sich für die restlichen Zufallsvariablen des Zufallsvektors eine bedingte Wahrscheinlichkeitsverteilung. Die Grundlagen der Wahrscheinlichkeitsverteilungen für Zufallsvektoren sind in Abschnitt 10.4.2 behandelt.

Momente : Die Mittelwerte der einzelnen Zufallsvariablen des Zufallsvektors werden in einem Vektor der Mittelwerte zusammengefaßt. Die Varianzen der einzelnen Zufallsvariablen des Zufallsvektors sind die Diagonalelemente der Varianzmatrix. Die Nichtdiagonalelemente der Varianzmatrix heißen Kovarianzen. Sind alle Kovarianzen null, so sind die Zufallsvariablen des Zufallsvektors unabhängig voneinander. Sind nicht alle Kovarianzen null, so besteht eine gewisse Korrelation zwischen den Zufallsvariablen des Zufallsvektors. Die Grundlagen für die Momente mehrdimensionaler Verteilungen sind in Abschnitt 10.4.3 behandelt.

Funktionale Abhängigkeit : In vielen Anwendungen wird vorausgesetzt, daß ein Zufallsvektor funktional von anderen Zufallsvektoren abhängig ist. Beispielsweise sind die Stabkräfte in einem Fachwerk von den Lasten abhängig. Ist der Vektor der Lasten ein Zufallsvektor, so ist auch der Vektor der Stabkräfte ein Zufallsvektor. Selbst bei stochastisch unabhängigen Lasten sind die Stabkräfte korreliert. Die Grundlagen für die funktionale Abhängigkeit von Zufallsvektoren sind in Abschnitt 10.4.4 behandelt.

Diskrete und stetige Verteilungen : Wie bei den eindimensionalen Modellen werden auch bei den mehrdimensionalen Modellen diskrete und stetige Modelle unterschieden. In den Abschnitten 10.4.5 und 10.4.6 sind die Multinomialverteilung als Verallgemeinerung der Binomialverteilung und die Multinormalverteilung als Verallgemeinerung der Normalverteilung behandelt.

10.4.2 WAHRSCHEINLICHKEITSVERTEILUNGEN

Einführung : Jedem Experiment ist ein Zufallsvektor zugeordnet, der reelle Wertvektoren annimmt. Der Zufallsvektor wird mit einem Großbuchstaben und ein zugehöriger Wertvektor mit einem Kleinbuchstaben in fetter Druckschrift dargestellt. Die Regeln für Zufallsvariable lassen sich auf Zufallsvektoren übertragen. Dies führt zur Definition von Wahrscheinlichkeitsverteilungen für Zufallsvektoren.

Zufallsvektor : Einem n-dimensionalen Ereignisraum werden n Zufallsvariable X_j zugeordnet, die in einem Zufallsvektor $\mathbf{X}$ zusammengefaßt werden. Die n reellen Werte x_j der Zufallsvariablen werden im Wertvektor $\mathbf{x}$ zusammengefaßt. Jedem elementaren Ereignis des n-dimensionalen Ereignisraumes ist eindeutig ein Wertvektor zugeordnet.

Zufallsvektor $\mathbf{X}$
Wertvektor $\mathbf{x} \in \mathbb{R}^n$

Wahrscheinlichkeit : Die Ereignisse in einem n-dimensionalen Ereignisraum werden durch zugehörige Wertbereiche für die Zufallsvektoren beschrieben. Dabei wird von folgenden Definitionen für komplementäre Wertbereiche ausgegangen :

$$\mathbf{X} < \mathbf{x} \quad :\Leftrightarrow \quad (X_1 < x_1) \cap (X_2 < x_2) \cap \ldots \cap (X_n < x_n)$$

$$\mathbf{X} \nless \mathbf{x} \quad :\Leftrightarrow \quad (X_1 \ge x_1) \cup (X_2 \ge x_2) \cup \ldots \cup (X_n \ge x_n)$$

In analoger Form gelten auch Definitionen mit anderen Vergleichsoperatoren. Die Axiome und Regeln der Wahrscheinlichkeitsrechnung lassen sich damit auf Zufallsvektoren übertragen. Der Wertbereich $\mathbf{X} < \mathbf{x}$ ist im Grenzfall $\mathbf{x} \to -\infty$ das unmögliche Ereignis und im Grenzfall $\mathbf{x} \to \infty$ das sichere Ereignis, so daß gilt :

$$\lim_{\mathbf{x} \to -\infty} P(\mathbf{X} < \mathbf{x}) = 0 \qquad \lim_{\mathbf{x} \to \infty} P(\mathbf{X} < \mathbf{x}) = 1$$

Die Wertbereiche $\mathbf{X} < \mathbf{x}$ und $\mathbf{X} \nless \mathbf{x}$ beschreiben komplementäre Ereignisse, so daß gilt :

$$P(\mathbf{X} < \mathbf{x}) + P(\mathbf{X} \nless \mathbf{x}) = 1$$

Die Wertbereiche $\mathbf{X} < \mathbf{x}_0$ und $(\mathbf{X} < \mathbf{x}_1) \cap (\mathbf{X} \nless \mathbf{x}_0)$ beschreiben für $\mathbf{x}_0 < \mathbf{x}_1$ unvereinbare Ereignisse. Ihre Vereinigung liefert $\mathbf{X} < \mathbf{x}_1$. Damit gilt :

$$P(\mathbf{X} < \mathbf{x}_1) = P(\mathbf{X} < \mathbf{x}_0) + P((\mathbf{X} < \mathbf{x}_1) \cap (\mathbf{X} \nless \mathbf{x}_0))$$

$$P((\mathbf{X} < \mathbf{x}_1) \cap (\mathbf{X} \nless \mathbf{x}_0)) = P(\mathbf{X} < \mathbf{x}_1) - P(\mathbf{X} < \mathbf{x}_0)$$

Verteilungsfunktion : Für den Zufallsvektor wird eine Verteilungsfunktion $F_{\mathbf{X}}(\mathbf{x})$ eingeführt. Sie ist definiert als die Wahrscheinlichkeit $P(\mathbf{X} < \mathbf{x})$ und nimmt Werte aus dem Intervall [0,1] an.

$$F_{\mathbf{X}}(\mathbf{x}) := P(\mathbf{X} < \mathbf{x}) \qquad 0 \leq F_{\mathbf{X}}(\mathbf{x}) \leq 1$$

Die Eigenschaften der Verteilungsfunktionen $F_{\mathbf{X}}(\mathbf{x})$ ergeben sich direkt aus den oben aufgeführten Regeln der Wahrscheinlichkeitsrechnung für Zufallsvektoren. Die Verteilungsfunktion $F_{\mathbf{X}}(\mathbf{x})$ besitzt einen monoton steigenden Verlauf. Sie nimmt für $\mathbf{x} \to -\infty$ den Wert 0 und für $\mathbf{x} \to \infty$ den Wert 1 an.

$$\lim_{\mathbf{x} \to -\infty} F_{\mathbf{X}}(\mathbf{x}) = 0 \qquad \mathbf{x}_0 < \mathbf{x}_1 \Rightarrow F_{\mathbf{X}}(\mathbf{x}_0) \leq F_{\mathbf{X}}(\mathbf{x}_1) \qquad \lim_{\mathbf{x} \to \infty} F_{\mathbf{X}}(\mathbf{x}) = 1$$

Die Zufallsvektoren werden wie die Zufallsvariablen nach den Eigenschaften der Verteilungsfunktion klassifiziert.

Diskreter Zufallsvektor : Die Verteilung eines diskreten Zufallsvektors **X** wird durch die Wahrscheinlichkeitsfunktion $p_{\mathbf{X}}(\mathbf{x})$ beschrieben. Ihr Wert ist eine Wahrscheinlichkeit $P(\mathbf{X} = \mathbf{x})$, die nur für diskrete Wertvektoren $\mathbf{x}_m$ ungleich 0 ist. Die Verteilungsfunktion $F_{\mathbf{X}}(\mathbf{x})$ wird durch Summation der Wahrscheinlichkeitsfunktion $p_{\mathbf{X}}(\mathbf{x})$ berechnet.

$$p_{\mathbf{X}}(\mathbf{x}) := P(\mathbf{X} = \mathbf{x}) \qquad 0 \leq p_{\mathbf{X}}(\mathbf{x}) \leq 1$$

$$F_{\mathbf{X}}(\mathbf{x}) := P(\mathbf{X} < \mathbf{x}) = \sum_{\mathbf{s} < \mathbf{x}} p_{\mathbf{X}}(\mathbf{s}) \qquad 0 \leq F_{\mathbf{X}}(\mathbf{x}) \leq 1$$

Im zweidimensionalen Raum wird die Wahrscheinlichkeitsfunktion als Rasterdiagramm mit Punktwerten und die Verteilungsfunktion als Rasterdiagramm mit Flächenwerten dargestellt. Typische Beispiele sind nachfolgend gezeigt :

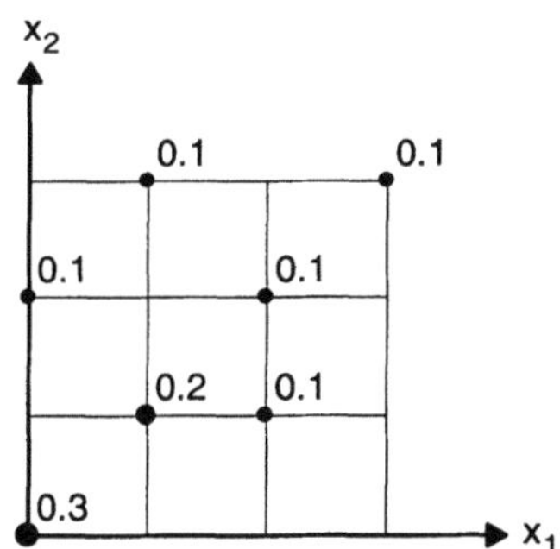

Wahrscheinlichkeitsfunktion

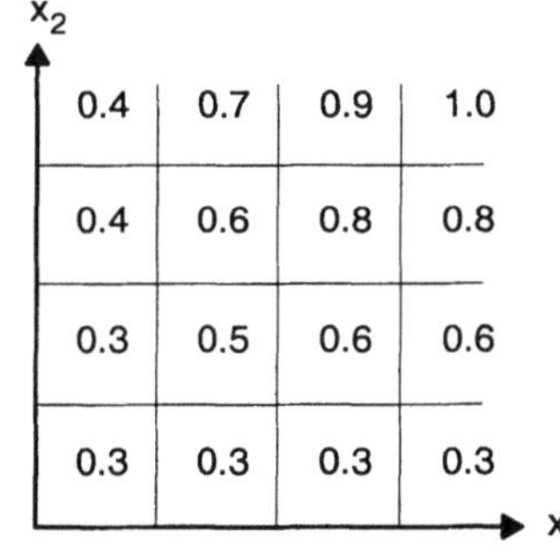

Verteilungsfunktion

Stetiger Zufallsvektor : Die Verteilung eines stetigen Zufallsvektors **X** wird durch die Dichtefunktion $f_{\mathbf{X}}(\mathbf{x})$ beschrieben, die bereichsweise stetig ist. Ihr Wert ist die Wahrscheinlichkeit $P(\mathbf{x} \le \mathbf{X} < \mathbf{x} + \Delta\mathbf{x})$ bezogen auf das n-dimensionale inkrementelle Volumenelement $\Delta V = \Delta x_1 \cdot \Delta x_2 \cdots \Delta x_n$, dessen Inkremente Δx_j alle gegen 0 streben. Die Verteilungsfunktion $F_{\mathbf{X}}(\mathbf{x})$ wird durch Integration der Dichtefunktion $f_{\mathbf{X}}(\mathbf{x})$ berechnet. Umgekehrt läßt sich die Dichtefunktion $f_{\mathbf{X}}(\mathbf{x})$ durch Differentiation aus der Verteilungsfunktion $F_{\mathbf{X}}(\mathbf{x})$ bestimmen.

$$f_{\mathbf{X}}(\mathbf{x}) := \lim_{\substack{\Delta x_j \to 0 \\ j=1,\dots,n}} \frac{P(\mathbf{x} \le \mathbf{X} < \mathbf{x} + \Delta\mathbf{x})}{\Delta x_1 \cdot \Delta x_2 \cdots \Delta x_n} \qquad 0 \le f_{\mathbf{X}}(\mathbf{x})$$

$$F_{\mathbf{X}}(\mathbf{x}) := P(\mathbf{X} < \mathbf{x}) = \int_{\mathbf{s} < \mathbf{x}} f_{\mathbf{X}}(\mathbf{s})\, dV \qquad 0 \le F_{\mathbf{X}}(\mathbf{x}) \le 1$$

$$f_{\mathbf{X}}(\mathbf{x}) = \frac{\partial^n F_{\mathbf{X}}(\mathbf{x})}{\partial x_1\, \partial x_2 \cdots \partial x_n}$$

Allgemeiner Zufallsvektor : Die Verteilung eines Zufallsvektors **X**, der weder diskret noch stetig ist, wird durch eine allgemeine Dichtefunktion $f_{\mathbf{X}}(\mathbf{x})$ beschrieben, die sich aus der Dichtefunktion $f_0(\mathbf{x})$ für den stetigen Anteil und den Deltafunktionen $\delta(\mathbf{x} - \mathbf{x}_j)$ mit den Wahrscheinlichkeiten $p_{\mathbf{X}}(\mathbf{x}_j)$ für die diskreten Wertvektoren $\mathbf{x}_j$ von **X** zusammensetzt. Unter Beachtung der Regeln für die Deltafunktionen wird die Verteilungsfunktion $F_{\mathbf{X}}(\mathbf{x})$ durch Integration der Dichtefunktion $f_{\mathbf{X}}(\mathbf{x})$ berechnet. Umgekehrt wird die Dichtefunktion $f_{\mathbf{X}}(\mathbf{x})$ durch Differentiation der Verteilungsfunktion $F_{\mathbf{X}}(\mathbf{x})$ berechnet.

$$f_{\mathbf{X}}(\mathbf{x}) := f_0(\mathbf{x}) + \sum_j p_{\mathbf{X}}(\mathbf{x}_j)\, \delta(\mathbf{x} - \mathbf{x}_j)$$

$$F_{\mathbf{X}}(\mathbf{x}) := P(\mathbf{X} < \mathbf{x}) = \int_{\mathbf{s} < \mathbf{x}} f_{\mathbf{X}}(\mathbf{s})\, dV \qquad 0 \le F_{\mathbf{X}}(\mathbf{x}) \le 1$$

Darüber hinaus gibt es weitere allgemeine Dichtefunktionen für Zufallsvektoren. Beispielsweise kann eine Dichtefunktion im zweidimensionalen Raum neben der zweidimensionalen Dichtefunktion für den stetigen Anteil zusätzlich eine eindimensionale Funktion längs eines vorgegebenen Kurvenzuges enthalten. Derartige Dichtefunktionen sind speziell für die jeweilige Anwendung zu formulieren. Die Verteilungen von diskreten und stetigen Zufallsvektoren sind als Sonderfälle der allgemeinen Dichtefunktion darstellbar.

Randverteilungen : Der n-dimensionale Zufallsvektor **X** wird in einen m-dimensionalen Subvektor **Y** und einen (n–m)-dimensionalen Subvektor **Z** aufgespalten. Die Dichtefunktion $f_{\mathbf{Y}}(\mathbf{y})$ wird aus der Dichtefunktion $f_{\mathbf{X}}(\mathbf{x}) = f_{\mathbf{X}}(\mathbf{y}, \mathbf{z})$ durch Integration über den gesamten Wertbereich $(V_{\mathbf{Z}})$ des Zufallsvektors **Z** berechnet. In analoger Form wird die Dichtefunktion $f_{\mathbf{Z}}(\mathbf{z})$ berechnet.

$$f_{\mathbf{Y}}(\mathbf{y}) = \int_{(V_Z)} f_{\mathbf{X}}(\mathbf{y},\mathbf{z})\, dV_Z$$

$$f_{\mathbf{Z}}(\mathbf{z}) = \int_{(V_Y)} f_{\mathbf{X}}(\mathbf{y},\mathbf{z})\, dV_Y$$

Die Verteilungen von **Y** und **Z** heißen m-dimensionale und (n–m)-dimensionale Randverteilung von **X**. Da aus einem n-dimensionalen Vektor $\binom{n}{m}$ verschiedene m-dimensionale Subvektoren gebildet werden können, besitzt ein n-dimensionaler Zufallsvektor $\binom{n}{m}$ verschiedene m-dimensionale Randverteilungen.

Bedingte Verteilungen : Der Zufallsvektor **X** sei in die Subvektoren **Y** und **Z** aufgespalten. Die Verteilung für **Y** unter der Bedingung, daß **Z** einen vorgegebenen Wertvektor **z** annimmt, und die Verteilung für **Z** unter der Bedingung, daß **Y** einen vorgegebenen Wertvektor **y** annimmt, heißen bedingte Verteilungen. Ihre Dichtefunktionen werden mit $f_{\mathbf{Y}|\mathbf{Z}}(\mathbf{y}\,|\,\mathbf{z})$ und $f_{\mathbf{Z}|\mathbf{Y}}(\mathbf{z}\,|\,\mathbf{y})$ bezeichnet. Sie werden wie folgt berechnet :

$$f_{\mathbf{Y}|\mathbf{Z}}(\mathbf{y}\,|\,\mathbf{z}) = \frac{f_{\mathbf{X}}(\mathbf{y},\mathbf{z})}{f_{\mathbf{Z}}(\mathbf{z})}$$

$$f_{\mathbf{Z}|\mathbf{Y}}(\mathbf{z}\,|\,\mathbf{y}) = \frac{f_{\mathbf{X}}(\mathbf{y},\mathbf{z})}{f_{\mathbf{Y}}(\mathbf{y})}$$

Die Zufallsvektoren **Y** und **Z** sind stochastisch voneinander unabhängig, wenn die bedingten Verteilungen identisch mit den Randverteilungen sind. In diesem Fall ist die Dichtefunktion $f_{\mathbf{X}}(\mathbf{y},\mathbf{z})$ gleich dem Produkt der beiden Randverteilungen $f_{\mathbf{Y}}(\mathbf{y})$ und $f_{\mathbf{Z}}(\mathbf{z})$.

$$f_{\mathbf{Y}|\mathbf{Z}}(\mathbf{y}\,|\,\mathbf{z}) = f_{\mathbf{Y}}(\mathbf{y})$$

$$f_{\mathbf{Z}|\mathbf{Y}}(\mathbf{z}\,|\,\mathbf{y}) = f_{\mathbf{Z}}(\mathbf{z})$$

$$f_{\mathbf{X}}(\mathbf{y},\mathbf{z}) = f_{\mathbf{Y}}(\mathbf{y})\, f_{\mathbf{Z}}(\mathbf{z})$$

Beispiel 1 : Diskrete zweidimensionale Verteilung

Mit einem Verkehrszählgerät wird an einer Stelle die Anzahl der in einem Zeitintervall vorbeifahrenden Fahrzeuge gezählt. Das Ergebnis ist mit Ungenauigkeiten behaftet. Die wirkliche Fahrzeuganzahl sei X_1, die vom Gerät registrierte Anzahl sei X_2. Die zweidimensionale Wahrscheinlichkeitsfunktion $p_{\mathbf{X}}(x_1, x_2)$ ist in einem Matrixschema zusammengestellt. Die eindimensionale Randverteilung für X_1 ist die Verteilung für die wirkliche Fahrzeuganzahl. Die eindimensionale Randverteilung für X_2 ist die Verteilung für die registrierte Fahrzeuganzahl. Die Wahrscheinlichkeitsfunktionen $p_{X_1}(x_1)$ und $p_{X_2}(x_2)$ der beiden Randverteilungen werden im Matrixschema als Zeilen- und Spaltensummen berechnet.

$p_{\mathbf{X}}$	$X_1 = 0$	$X_1 = 1$	$X_1 = 2$	$X_1 = 3$	$X_1 = 4$	p_{X_2}
$X_2 = 0$	0.25	0.03	0.01	0.00	0.00	0.29
$X_2 = 1$	0.00	0.30	0.02	0.01	0.00	0.33
$X_2 = 2$	0.00	0.00	0.20	0.02	0.00	0.22
$X_2 = 3$	0.00	0.00	0.00	0.10	0.01	0.11
$X_2 = 4$	0.00	0.00	0.00	0.00	0.05	0.05
p_{X_1}	0.25	0.33	0.23	0.13	0.06	1.00

Die Werte der bedingten Wahrscheinlichkeitsfunktion $p_{X_1|X_2}(x_1 \mid 1)$ für X_1 unter der Bedingung $X_2 = 1$ sind proportional zu den Werten der Zeile für $X_2 = 1$ im Matrixschema. Sie werden durch $p_{X_2}(1)$ dividiert, so daß ihre Summe den Wert 1 ergibt.

$p_{X_1 \mid X_2}$	0.00	0.30	0.02	0.01	0.00	$\cdot \; \frac{1}{0.33}$

Beispiel 2 : Stochastische Unabhängigkeit

Gegeben sei die zweidimensionale Exponentialverteilung für den stetigen Zufallsvektor **X** mit den Variablen X_1 und X_2 und der folgenden zweidimensionalen Dichtefunktion :

$$f_{\mathbf{X}}(x_1, x_2) = \lambda_1 \, \lambda_2 \, e^{-(\lambda_1 x_1 + \lambda_2 x_2)} \qquad x_1, x_2 \geq 0 \qquad \lambda_1, \lambda_2 > 0$$

Die Randverteilungen für X_1 und X_2 werden wie folgt berechnet :

$$f_{X_1}(x_1) = \int_0^\infty f_{\mathbf{X}}(x_1, x_2)\, dx_2 = \lambda_1 \, e^{-\lambda_1 x_1}$$

$$f_{X_2}(x_2) = \int_0^\infty f_{\mathbf{X}}(x_1, x_2)\, dx_1 = \lambda_2 \, e^{-\lambda_2 x_2}$$

Da das Produkt der beiden Randverteilungen wieder die zweidimensionale Exponentialverteilung liefert, sind die Zufallsvariablen X_1 und X_2 stochastisch unabhängig.

10.4.3 MOMENTE

Einführung : Die Definitionen der Momente für Zufallsvariable lassen sich für Zufallsvektoren verallgemeinern. Von wesentlicher Bedeutung für Zufallsvektoren sind die Momente erster und zweiter Ordnung, die mit Hilfe der Vektor- und Matrixalgebra formuliert werden. Die Momente erster Ordnung führen zum Vektor der Mittelwerte. Die zentralen Momente zweiter Ordnung führen zur Matrix der Varianzen und Kovarianzen. Diese Matrix erlaubt Aussagen über die lineare Korrelation der Zufallsvariablen des Zufallsvektors.

Mittelwerte : Gegeben sei ein n-dimensionaler Zufallsvektor $\mathbf{X}$ mit einer allgemeinen Dichtefunktion $f_{\mathbf{X}}(\mathbf{x})$. Der Mittelwert μ_j einer Zufallsvariablen X_j des Zufallsvektors $\mathbf{X}$ ist das Moment erster Ordnung $E(X_j)$, das wie folgt definiert ist :

$$\mu_j \; := \; E(X_j) \; := \; \int_{(V)} x_j \, f_{\mathbf{X}}(\mathbf{x}) \, dV \qquad j = 1,\ldots,n$$

Die Mittelwerte aller Zufallsvariablen werden in dem Vektor $\mathbf{m_X}$ zusammengefaßt :

$$\mathbf{m_X} = \int_{(V)} \mathbf{x} \, f_{\mathbf{X}}(\mathbf{x}) \, dV$$

Varianzen und Kovarianzen : Die Varianz σ_{jj} der Zufallsvariablen X_j des Zufallsvektors $\mathbf{X}$ ist das zentrale Moment zweiter Ordnung $D(X_j^2)$ um den Mittelwert μ_j, das wie folgt definiert ist :

$$\sigma_{jj} \; := \; D(X_j^2) \; := \; \int_{(V)} (x_j - \mu_j)^2 \, f_{\mathbf{X}}(\mathbf{x}) \, dV$$

Die Kovarianz σ_{jk} zweier Zufallsvariablen X_j und X_k ist das zentrale Moment zweiter Ordnung $D(X_j X_k)$ um die beiden Mittelwerte μ_j und μ_k, das wie folgt definiert ist :

$$\sigma_{jk} := D(X_j X_k) := \int_{(V)} (x_j - \mu_j) \, (x_k - \mu_k) \, f_{\mathbf{X}}(\mathbf{x}) \, dV \qquad j \neq k$$

Die Kovarianzen σ_{jk} und σ_{kj} sind identisch. Die Varianzen und Kovarianzen für alle Paare von Zufallsvariablen werden in der symmetrischen Varianzmatrix $\mathbf{V_X}$ zusammengefaßt.

$$\mathbf{V_X} = \int_{(V)} (\mathbf{x} - \mathbf{m_X}) \, (\mathbf{x} - \mathbf{m_X})^T \, f_{\mathbf{X}}(\mathbf{x}) \, dV$$

Die Varianzmatrix ist positiv semidefinit. Ihre quadratische Form $Q = \mathbf{z}^T \mathbf{V_X} \, \mathbf{z}$ ist für einen beliebigen Vektor $\mathbf{z} \neq \mathbf{0}$ nichtnegativ. Dieses wird wie folgt bewiesen :

$$Q = \mathbf{z}^T \mathbf{V_X} \mathbf{z} = \int_{(V)} \mathbf{z}^T (\mathbf{x}-\mathbf{m_X}) (\mathbf{x}-\mathbf{m_X})^T \mathbf{z} \, f_{\mathbf{X}}(\mathbf{x}) \, dV$$

$$Q = \int_{(V)} (\mathbf{z}^T(\mathbf{x}-\mathbf{m_X}))^2 f_{\mathbf{X}}(\mathbf{x}) \, dV \geq 0$$

Die quadratische Form Q ist das Integral des Produktes zweier nichtnegativer Funktionen. Sie kann daher keine negativen Werte annehmen. Ist ein Zufallsvektor **Y** ein m-dimensionaler Subvektor des n-dimensionalen Zufallsvektors **X**, so ist $\mathbf{V_Y}$ eine Submatrix von $\mathbf{V_X}$, die aus den Varianzen und Kovarianzen für die in **Y** enthaltenen Zufallsvariablen von **X** besteht. Jede Varianzsubmatrix in einem m-dimensionalen Subraum ist symmetrisch und positiv semidefinit.

Nach den Regeln der linearen Algebra ist die Determinante einer positiv semidefiniten Matrix nichtnegativ. Die Anwendung dieser Regel auf die Varianzmatrix mit ihren Varianzsubmatrizen in den verschiedenen Subräumen führt zu Beschränkungen für die Varianzen und Kovarianzen. Die Determinanten für die Varianzsubmatrizen in den Subräumen der Dimensionen m = 1, 2, 3 lassen sich formelmäßig einfach berechnen. Sie liefern die folgenden Beschränkungen :

$$\det \begin{vmatrix} \sigma_{jj} \end{vmatrix} \geq 0 \qquad\qquad \sigma_{jj} \geq 0$$

$$\det \begin{vmatrix} \sigma_{jj} & \sigma_{jk} \\ \sigma_{jk} & \sigma_{kk} \end{vmatrix} \geq 0 \qquad\qquad \sigma_{jj}\,\sigma_{kk} - \sigma_{jk}^2 \geq 0$$

$$\det \begin{vmatrix} \sigma_{jj} & \sigma_{jk} & \sigma_{jq} \\ \sigma_{jk} & \sigma_{kk} & \sigma_{kq} \\ \sigma_{jq} & \sigma_{kq} & \sigma_{qq} \end{vmatrix} \geq 0$$

$$\sigma_{jj}\,\sigma_{kk}\,\sigma_{qq} + 2\,\sigma_{jk}\,\sigma_{jq}\,\sigma_{kq} - \sigma_{jj}\,\sigma_{kq}^2 - \sigma_{kk}\,\sigma_{jq}^2 - \sigma_{qq}\,\sigma_{jk}^2 \geq 0$$

Nach den Regeln der linearen Algebra ist die nichtnegative Determinante einer positiv semidefiniten Matrix nach oben durch das Produkt aller Diagonalelemente beschränkt. Für die Varianzmatrix gilt daher :

$$0 \leq \det \mathbf{V_X} \leq \prod_{j=1}^{n} \sigma_{jj}$$

Korrelation : Der Korrelationsfaktor ϱ_{jk} zweier Zufallsvariablen X_j und X_k wird aus der Kovarianz σ_{jk} und den Standardabweichungen σ_j und σ_k berechnet :

$$\varrho_{jk} := \frac{\sigma_{jk}}{\sigma_j \, \sigma_k} \qquad \sigma_j = \sqrt{\sigma_{jj}} > 0 \qquad \sigma_k = \sqrt{\sigma_{kk}} > 0$$

Die Korrelationsfaktoren ϱ_{jj} sind 1. Die Korrelationsfaktoren ϱ_{jk} und ϱ_{kj} sind gleich. Die Korrelationsfaktoren werden in der symmetrischen Korrelationsmatrix $\mathbf{R_X}$ zusammengefaßt. Sie wird aus der Varianzmatrix $\mathbf{V_X}$ berechnet, indem jede Zeile j und jede Spalte j durch die positive Standardabweichung σ_j dividiert wird. In Matrixschreibweise werden diese Operationen mit der Diagonalmatrix $\mathbf{S_X}$ der Standardabweichungen wie folgt formuliert :

$$\mathbf{R_X} = \mathbf{S_X^{-1}} \, \mathbf{V_X} \, \mathbf{S_X^{-1}} \qquad \mathbf{V_X} = \mathbf{S_X} \, \mathbf{R_X} \, \mathbf{S_X}$$

$\mathbf{S_X}$ Diagonalmatrix der Standardabweichungen σ_j

Die Korrelationsmatrix mit den Diagonalelementen 1 entspricht einer normierten Varianzmatrix. Sie ist positiv semidefinit. Die nichtnegativen Determinanten ihrer Submatrizen in den Subräumen der Dimension $m = 2, 3$ liefern folgende Beschränkungen für die Korrelationsfaktoren :

$$\det \begin{bmatrix} 1 & \varrho_{jk} \\ \varrho_{jk} & 1 \end{bmatrix} \geq 0 \qquad \varrho_{jk}^2 \leq 1$$

$$\det \begin{bmatrix} 1 & \varrho_{jk} & \varrho_{jq} \\ \varrho_{jk} & 1 & \varrho_{kq} \\ \varrho_{jq} & \varrho_{kq} & 1 \end{bmatrix} \geq 0 \qquad \varrho_{jk}^2 + \varrho_{jq}^2 + \varrho_{kq}^2 \leq 1 + 2 \, \varrho_{jk} \, \varrho_{jq} \, \varrho_{kq}$$

Die nichtnegative Determinante der Korrelationsmatrix ist nach oben durch das Produkt aller Diagonalelemente beschränkt. Da alle Diagonalelemente 1 sind, gilt :

$$0 \leq \det \mathbf{R_X} \leq 1$$

Lineare Abhängigkeit : Die Determinante der Korrelationsmatrix ist 0, wenn die Korrelationsmatrix $\mathbf{R_X}$ singulär ist und keine Inverse besitzt. In diesem Fall heißen die Zufallsvariablen des Zufallsvektors $\mathbf{X}$ linear abhängig voneinander. Die Determinante der Korrelationsmatrix ist 1, wenn die Korrelationsmatrix $\mathbf{R_X}$ gleich der Identitätsmatrix $\mathbf{I}$ ist. In diesem Fall heißen die Zufallsvariablen des Zufallsvektors $\mathbf{X}$ linear unabhängig voneinander.

$$\text{Lineare Abhängigkeit} \quad :\Leftrightarrow \quad \det \mathbf{R_X} = 0$$

$$\text{Lineare Unabhängigkeit} \quad :\Leftrightarrow \quad \det \mathbf{R_X} = 1$$

Sind die Zufallsvariablen des Zufallsvektors **X** stochastisch unabhängig, so sind sie auch linear unabhängig. Sind die Zufallsvariablen linear unabhängig, so können sie dennoch nichtlinear abhängig sein. Bei nichtlinearen Abhängigkeiten sind Momente höherer Ordnung zu betrachten.

Grad der linearen Abhängigkeit : Die Eigenwerte λ der positiv semidefiniten Korrelationsmatrix $\mathbf{R}_X$ sind positiv oder 0. Das Produkt aller Eigenwerte ist gleich der Determinanten der Korrelationsmatrix. Da die Determinante nur Werte im Intervall [0,1] annimmt, kann der kleinste Eigenwert λ_{min} auch nur Werte im Intervall [0,1] annehmen.

$$0 \leq \lambda_{min} \leq 1$$

Sind die Zufallsvariablen linear abhängig, so ist die Korrelationsmatrix singulär und der kleinste Eigenwert null. Sind die Zufallsvariablen fast linear abhängig, so ist die Korrelationsmatrix fast singulär und der kleinste Eigenwert fast null. Sind die Zufallsvariablen linear unabhängig, so ist die Korrelationsmatrix gleich der Identitätsmatrix und der kleinste Eigenwert eins. Der kleinste Eigenwert von $\mathbf{R}_X$ ist daher neben der Determinante von $\mathbf{R}_X$ ein geeignetes Maß für den Grad der linearen Abhängigkeit von Zufallsvariablen eines Zufallsvektors.

Beispiel : Momente einer diskreten zweidimensionalen Verteilung

In Beispiel 1 von Abschnitt 10.4.2 ist die diskrete zweidimensionale Verteilung für die Prüfung eines Verkehrszählgerätes gegeben. Die Zufallsvariable X_1 ist die wirkliche Anzahl der Fahrzeuge. Die Zufallsvariable X_2 ist die vom Gerät registrierte Anzahl von Fahrzeugen. Die Mittelwerte sowie die Varianzen und Kovarianzen werden für die diskrete Verteilung durch Summation berechnet.

$$\mu_j = \sum_{x_1=0}^{4} \sum_{x_2=0}^{4} x_j \, p_X(x_1, x_2) \qquad j = 1,2$$

$$\sigma_{jk} = \sum_{x_1=0}^{4} \sum_{x_2=0}^{4} (x_j - \mu_j)(x_k - \mu_k) \, p_X(x_1, x_2) \qquad j,k = 1,2$$

Die berechneten Zahlenwerte für die Mittelwerte, Varianzen und Kovarianzen sind im Vektor $\mathbf{m}_X$ und der Matrix $\mathbf{V}_X$ zusammengefaßt.

$$\mathbf{m}_X = \begin{bmatrix} 1.420 \\ 1.300 \end{bmatrix} \qquad \mathbf{V}_X = \begin{bmatrix} 1.364 & 1.264 \\ 1.264 & 1.310 \end{bmatrix}$$

Die Standardabweichungen $\sigma_j = \sqrt{\sigma_{jj}}$ werden in der Diagonalmatrix $\mathbf{S_X}$ angeordnet. Die Korrelationsmatrix $\mathbf{R_X}$ wird aus der Varianzmatrix $\mathbf{V_X}$ berechnet, indem jedes Element σ_{ij} durch $\sigma_i\,\sigma_j$ dividiert wird.

$\mathbf{S_X}$ =

1.168	0.000
0.000	1.145

$\mathbf{R_X}$ =

1.000	0.946
0.946	1.000

Die Determinante und die beiden Eigenwerte λ_1 und λ_2 der Korrelationsmatrix sind :

$$\det \mathbf{R_X} = 0.105 \qquad \lambda_1 = 0.054 \qquad \lambda_2 = 1.946$$

Der kleinste Eigenwert der Korrelationsmatrix liegt nahe am Wert 0. Die Zufallsvariablen X_1 und X_2 sind daher nahezu linear abhängig.

10.4.4 FUNKTIONEN EINES ZUFALLSVEKTORS

Einführung : Die deterministische Abhängigkeit von Zufallsvariablen läßt sich für Zufallsvektoren verallgemeinern. Die Abhängigkeit wird durch einen Satz mehrdimensionaler Funktionen beschrieben. Die Zusammenhänge der Wahrscheinlichkeitsverteilungen und der Momente von deterministisch abhängigen Zufallsvektoren sind nachfolgend behandelt.

Funktionen : Jedem Wertvektor **x** des Zufallsvektors **X** sei eindeutig ein Wertvektor **y** des Zufallsvektors **Y** zugeordnet. Diese Zuordnung wird durch einen Satz von Funktionen $\mathbf{y} = \mathbf{g}(\mathbf{x})$ beschrieben. Ist umgekehrt jedem Wertvektor **y** auch ein Wertvektor **x** eindeutig zugeordnet, so existiert auch ein Satz von Umkehrfunktionen $\mathbf{x} = \mathbf{h}(\mathbf{y})$.

$$\mathbf{Y} := \mathbf{g}(\mathbf{X}) \qquad\qquad \mathbf{y} := \mathbf{g}(\mathbf{x})$$

Verteilungsfunktion : Die Wahrscheinlichkeit dafür, daß **Y** Wertvektoren kleiner als **y** annimmt, ist gleich der Wahrscheinlichkeit dafür, daß **g**(**X**) Wertvektoren kleiner **y** annimmt. Die Verteilungsfunktion $F_{\mathbf{Y}}(\mathbf{y})$ wird daher berechnet, indem die Dichtefunktion $f_{\mathbf{X}}(\mathbf{x})$ über den Bereich integriert wird, für den **g**(**x**) kleiner als **y** ist.

$$F_{\mathbf{Y}}(\mathbf{y}) = P(\mathbf{Y} < \mathbf{y}) = P(\mathbf{g}(\mathbf{X}) < \mathbf{y}) = \int\limits_{\mathbf{g}(\mathbf{x}) < \mathbf{y}} f_{\mathbf{X}}(\mathbf{x})\, dV_{\mathbf{X}}$$

Dichtefunktion : Ist der Zufallsvektor **Y** stetig, so wird die Dichtefunktion $f_{\mathbf{Y}}(\mathbf{y})$ durch partielle Differentiation aus der Verteilungsfunktion $F_{\mathbf{Y}}(\mathbf{y})$ berechnet. Besitzen die stetigen Zufallsvektoren **X**, **Y** die gleiche Dimension n und existieren für die Funktionen $\mathbf{y} = \mathbf{g}(\mathbf{x})$ die Umkehrfunktionen $\mathbf{x} = \mathbf{h}(\mathbf{y})$, so läßt sich die Dichtefunktion $f_{\mathbf{Y}}(\mathbf{y})$ über die Determinante der Jacobi Matrix **J** direkt aus der Dichtefunktion $f_{\mathbf{X}}(\mathbf{x})$ bestimmen.

$$f_{\mathbf{Y}}(\mathbf{y}) = |\det \mathbf{J}|\, f_{\mathbf{X}}(\mathbf{h}(\mathbf{y}))$$

$$\mathbf{J} = \begin{bmatrix} \frac{\partial h_1}{\partial y_1} & \cdots & \frac{\partial h_n}{\partial y_1} \\ \vdots & & \vdots \\ \frac{\partial h_1}{\partial y_n} & \cdots & \frac{\partial h_n}{\partial y_n} \end{bmatrix}$$

Momente : Der Vektor der Mittelwerte und die Varianzmatrix für den Zufallsvektor **Y** werden wie folgt bestimmt :

$$\mathbf{m}_Y = \int_{(V_Y)} \mathbf{y}\, f_Y(\mathbf{y})\, dV_Y = \int_{(V_X)} \mathbf{g}(\mathbf{x})\, f_X(\mathbf{x})\, dV_X$$

$$\mathbf{V}_Y = \int_{(V_Y)} (\mathbf{y} - \mathbf{m}_Y)\,(\mathbf{y} - \mathbf{m}_Y)^T\, f_Y(\mathbf{y})\, dV_Y$$

$$\mathbf{V}_Y = \int_{(V_X)} (\mathbf{g}(\mathbf{x}) - \mathbf{m}_Y)\,(\mathbf{g}(\mathbf{x}) - \mathbf{m}_Y)^T\, f_X(\mathbf{x})\, dV_X$$

Beispiel : Lineare Abhängigkeit

Ein Zufallsvektor **Y** sei linear von einem Zufallsvektor **X** abhängig. Dann gilt :

$$\mathbf{Y} = \mathbf{g}(\mathbf{X}) = \mathbf{A}\mathbf{X} + \mathbf{b} \qquad \mathbf{y} = \mathbf{g}(\mathbf{x}) = \mathbf{A}\mathbf{x} + \mathbf{b}$$

Unter der Voraussetzung, daß die Matrix **A** regulär ist, gilt :

$$\mathbf{X} = \mathbf{h}(\mathbf{Y}) = \mathbf{A}^{-1}(\mathbf{Y} - \mathbf{b}) \qquad \mathbf{x} = \mathbf{h}(\mathbf{y}) = \mathbf{A}^{-1}(\mathbf{y} - \mathbf{b})$$

Ist der Zufallsvektor **X** stetig, so ist auch der Zufallsvektor **Y** stetig. Die Dichtefunktion $f_Y(\mathbf{y})$ läßt sich direkt aus der Dichtefunktion $f_X(\mathbf{x})$ bestimmen. Die Jacobi-Matrix ist $\mathbf{A}^{-1}$.

$$f_Y(\mathbf{y}) = |\det \mathbf{A}^{-1}|\, f_X(\mathbf{x}) = f_X\,(\mathbf{A}^{-1}(\mathbf{y} - \mathbf{b}))\,/\,|\det \mathbf{A}|$$

Die Momente des Zufallsvektors **Y** werden direkt aus den Momenten des Zufallsvektors **X** berechnet. Für den Vektor der Mittelwerte und die Matrix der Varianzen gilt :

$$\mathbf{m}_Y = \int_{(V)} (\mathbf{A}\mathbf{x} + \mathbf{b})\, f_X(\mathbf{x})\, dV = \mathbf{A}\mathbf{m}_X + \mathbf{b}$$

$$\mathbf{V}_Y = \int_{(V)} (\mathbf{A}\mathbf{x} + \mathbf{b} - \mathbf{m}_Y)\,(\mathbf{A}\mathbf{x} + \mathbf{b} - \mathbf{m}_Y)^T\, f_X(\mathbf{x})\, dV$$

$$\mathbf{V}_Y = \int_{(V)} \mathbf{A}\,(\mathbf{x} - \mathbf{m}_X)\,(\mathbf{x} - \mathbf{m}_X)^T\, \mathbf{A}^T\, f_X(\mathbf{x})\, dV$$

$$\mathbf{V}_Y = \mathbf{A}\,\mathbf{V}_X\,\mathbf{A}^T$$

10.4.5 MULTINOMIALVERTEILUNG

Die grundlegende mehrdimensionale Verteilung für diskrete Zufallsvektoren ist die Multinomialverteilung. Sie ist eine Verallgemeinerung der Binomialverteilung, die in Abschnitt 10.3.6.2 behandelt ist.

Modell : Ein Versuch wird n-mal wiederholt. In jedem Versuch tritt genau eines von m möglichen Ereignissen A_j auf. Die diskrete Zufallsvariable X_k ist die Anzahl der Ereignisse in n Versuchen mit gleichem Wert A_k. Die diskreten Zufallsvariablen X_j werden in einem Zufallsvektor zusammengefaßt. Sie sind linear abhängig voneinander, da die Summe aller Zufallsvariablen X_j genau n ergeben muß.

Zufallsvektor $\quad \mathbf{X} \geq \mathbf{0}$

Bedingung $\quad n = \sum_{j=1}^{m} X_j$

Die möglichen Ereignisse seien unvereinbar und stochastisch unabhängig. Jedem Ereignis A_j ist eine Auftrittswahrscheinlichkeit $p_j = P(A_j)$ zugeordnet. Die Vereinigung aller möglichen Ereignisse ist das sichere Ereignis, so daß die Summe der Auftrittswahrscheinlichkeiten für alle Ereignisse eins ist. Die Auftrittswahrscheinlichkeiten für die m Ereignisse werden in einem Vektor **p** angeordnet.

Wahrscheinlichkeiten $\quad \mathbf{p} \geq \mathbf{0}$

Bedingung $\quad 1 = \sum_{j=1}^{m} p_j$

Wahrscheinlichkeitsfunktion : Bei n Versuchen sind $n! \,/\, (x_1!\, x_2! \dots x_m!)$ verschiedene geordnete n-Tupel mit jeweils x_j Ereignissen A_j möglich. Die Wahrscheinlichkeit für das Auftreten der Ereignisse A_j innerhalb eines n-Tupels wird nach der Produktregel bestimmt. Die Wahrscheinlichkeit $p_{\mathbf{X}}(\mathbf{x})$ für das Auftreten eines der möglichen n-Tupel wird nach der Summenregel bestimmt :

$$p_{\mathbf{X}}(\mathbf{x}) = \frac{n!}{x_1!\, x_2! \dots x_m!}\, p_1^{x_1}\, p_2^{x_2} \dots p_m^{x_m}$$

$$p_{\mathbf{X}}(\mathbf{x}) = n! \prod_{j=1}^{m} p_j^{x_j} / x_j! \qquad n = \sum_{j=1}^{m} x_j$$

Für den Sonderfall $m = 2$ ergibt sich mit $x_1 = x$ und $x_2 = n - x$ sowie mit $p_1 = p$ und $p_2 = q = 1 - p$ die Binomialverteilung aus Abschnitt 10.3.6.2 :

$$p_X(x) = \frac{n!}{x!\,(n-x)!}\, p^x\, q^{n-x} = \binom{n}{x} p^x\, q^{n-x}$$

Jede Randverteilung einer Multinomialverteilung ist auch wieder eine Multinomialverteilung. Die Randverteilung für eine Zufallsvariable X_j des Zufallsvektors ist eine Binomialverteilung.

Momente : Die Mittelwerte sowie die Varianzen und Kovarianzen sind :

$$\mu_j \;=\; n\, p_j$$
$$\sigma_{jj} \;=\; n\, p_j\, (1 - p_j)$$
$$\sigma_{jk} \;=\; -\, n\, p_j\, p_k \qquad\qquad j \neq k$$

Damit ergeben sich der Vektor $\mathbf{m}_X$ der Mittelwerte und die Varianzmatrix $\mathbf{V}_X$:

$$\mathbf{m}_X \;=\; n\, \mathbf{p}$$
$$\mathbf{V}_X \;=\; n\, (\mathbf{D} - \mathbf{p}\mathbf{p}^T)$$

$\mathbf{D}$ Diagonalmatrix mit den Wahrscheinlichkeiten p_j

Beispiel : Die Fahrzeuge auf einer Straße erreichen eine Kreuzung. Im Mittel biegen 20% nach links und 30% nach rechts ab, während die verbleibenden 50% geradeaus fahren. Die Wahrscheinlichkeit dafür, daß unter 8 Fahrzeugen genau 4 Linksabbieger, 3 Geradeausfahrer und 1 Rechtsabbieger sind, wird wie folgt berechnet :

$$p_X(4,3,1) \;=\; \frac{8!}{4!\;3!\;1!}\, 0.2^4\; 0.5^3\; 0.3^1 \;=\; 0.0168 \;=\; 1.68\%$$

10.4.6 MULTINORMALVERTEILUNG

Die grundlegende mehrdimensionale Verteilung für stetige Zufallsvektoren ist die Multinormalverteilung. Sie ist eine Verallgemeinerung der Normalverteilung, die in Abschnitt 10.3.7.2 behandelt ist.

Modell : Betrachtet wird ein n-dimensionaler stetiger Zufallsvektor **X**. Er besitzt den Mittelwertvektor $\mathbf{m}_X$ und die positiv definite Varianzmatrix $\mathbf{V}_X$.

Dichtefunktion : Der Zufallsvektor **X** ist multinormal verteilt, wenn er folgende Dichtefunktion besitzt :

$$f_X(\mathbf{x}) = C\, e^{-\frac{1}{2}(\mathbf{x}-\mathbf{m}_X)^T \mathbf{V}_X^{-1} (\mathbf{x}-\mathbf{m}_X)}$$

$$C = 1 \,/\, \sqrt{(2\pi)^n \det \mathbf{V}_X}$$

Durch lineare Transformation des Zufallsvektors **X** kann die allgemeine Normalverteilung standardisiert werden. Die Transformationsvorschrift enthält den Mittelwertvektor $\mathbf{m}_X$ und die Diagonalmatrix $\mathbf{S}_X$ der Standardabweichungen. Die standardisierte Multinormalverteilung ist nur abhängig von der Korrelationsmatrix $\mathbf{R}_X$. Entsprechend den Regeln für lineare Transformationen in Abschnitt 10.4.4 gilt :

$$\mathbf{U} = \mathbf{S}_X^{-1}(\mathbf{X} - \mathbf{m}_X) \qquad \mathbf{X} = \mathbf{S}_X \mathbf{U} + \mathbf{m}_X$$

$$f_U(\mathbf{u}) = C'\, e^{-\frac{1}{2}\mathbf{u}^T \mathbf{R}_X^{-1} \mathbf{u}} \qquad f_X(\mathbf{x}) = f_U(\mathbf{u}) \,/ \det \mathbf{S}_X$$

$$C' = 1 \,/\, \sqrt{(2\pi)^n \det \mathbf{R}_X}$$

Jede Randverteilung und jede bedingte Verteilung einer Multinormalverteilung ist auch wieder eine Multinormalverteilung. Die Randverteilung für eine Zufallsvariable X_j des Zufallsvektors ist eine Normalverteilung.

Eigenschaften : Gegeben sei ein Zufallsvektor **Y**, der linear von einem Zufallsvektor **X** abhängt. Ist der Zufallsvektor **X** multinormal verteilt, so ist auch der Zufallsvektor **Y** multinormal verteilt. Der Mittelwertvektor $\mathbf{m}_Y$ und die Varianzmatrix $\mathbf{V}_Y$ werden nach den Regeln in Abschnitt 10.4.4 aus dem Mittelwertvektor $\mathbf{m}_X$ und der Varianzmatrix $\mathbf{V}_X$ berechnet.

Beispiel : Im Beispiel in Abschnitt 10.3.7.2 ist ein Brückenträger über zwei Felder für den Fall Stützenabsenkung behandelt. Das Biegemoment B an der Mittelstütze hängt linear von den Absenkungen X_1, X_2, X_3 an der linken, mittleren und rechten Stütze ab.

$$B = M_0(-X_1 + 2X_2 - X_3)$$

Die Stützenabsenkungen X_1, X_2, X_3 seien multinormal verteilt. Sie besitzen den gleichen Mittelwert $\mu = 0$ und die gleiche Standardabweichung $\sigma = 0.5$. Im Gegensatz zum Beispiel in Abschnitt 10.3.7.2 wird keine stochastische Unabhängigkeit der Stützenabsenkungen sondern eine Korrelation mit dem Faktor ϱ zwischen jeweils zwei benachbarten Stützenabsenkungen angenommen. Die Mittelwerte, Korrelationen und Varianzen der Stützenabsenkungen sind :

$$\mathbf{m}_X = \mathbf{0} \qquad \mathbf{S}_X = \sigma I \qquad \mathbf{V}_X = \sigma^2 \mathbf{R}_X \qquad \mathbf{R}_X = \begin{bmatrix} 1 & \varrho & 0 \\ \varrho & 1 & \varrho \\ 0 & \varrho & 1 \end{bmatrix}$$

Die Multinormalverteilung setzt voraus, daß die Korrelationsmatrix $\mathbf{R}_X$ positiv definit ist. Der zulässige Wertebereich für den Korrelationsfaktor ϱ wird aus der Bedingung bestimmt, daß die Determinante von $\mathbf{R}_X$ nur positive Werte annimmt :

$$\det \mathbf{R}_X = 1 - 2\varrho^2 > 0 \qquad \varrho^2 < \frac{1}{2} \qquad -\sqrt{2}/2 < \varrho < \sqrt{2}/2$$

Das Biegemoment B ist eine Linearkombination der multinormal verteilten Stützenabsenkungen und ist daher normalverteilt. Der Mittelwert und die Standardabweichung von B werden wie folgt berechnet :

$$B = \mathbf{a}^T\mathbf{X} \qquad \mathbf{a}^T = \begin{bmatrix} -1 & 2 & -1 \end{bmatrix} M_0$$

$$\mu_B = \mathbf{a}^T\mathbf{m}_X = 0$$

$$\sigma_B^2 = \mathbf{a}^T\mathbf{V}_X\,\mathbf{a} = \sigma^2\,\mathbf{a}^T\,\mathbf{R}_X\,\mathbf{a} = \sigma^2 M_0^2 (6 - 8\varrho)$$

$$\sigma_B = \sigma M_0 \sqrt{6 - 8\varrho} = 0.5\, M_0 \sqrt{6 - 8\varrho}$$

Die Wahrscheinlichkeit dafür, daß das Biegemoment kleiner als 2 M_0 ist, wird mit der standardisierten Normalverteilung berechnet. Für den Fall $\varrho = 0$ der stochastischen Unabhängigkeit der Stützenabsenkungen erhält man das Ergebnis in Abschnitt 10.3.7.2. Für die beiden Grenzfälle der linearen Abhängigkeit der Stützenabsenkungen erhält man folgende Ergebnisse :

$$\varrho = -\sqrt{2}/2 \ : \ P(B < 2\,M_0) = 87.9\%$$

$$\varrho = 0 \ : \ P(B < 2\,M_0) = 94.8\%$$

$$\varrho = +\sqrt{2}/2 \ : \ P(B < 2\,M_0) \approx 100.0\%$$

10.5 ZUFALLSPROZESSE

10.5.1 EINFÜHRUNG

Ein Zufallsprozeß beschreibt zufallsbedingte Zustände in Abhängigkeit von der Zeit. Ein Zufallsprozeß wird auch stochastischer Prozeß genannt. Jeder stochastische Prozeß besitzt einen definierten Zeitraum und einen definierten Zustandsraum. Die beiden Räume können jeweils diskret oder stetig sein. Dementsprechend werden die stochastischen Prozesse klassifiziert. Die grundlegenden Definitionen, die Klassifizierung sowie einfache Anwendungsbeispiele für stochastische Prozesse werden im folgenden einführend behandelt.

Zeitraum : Ein Prozeß sei abhängig von einem Parameter t, der reelle Werte annimmt und in vielen Anwendungen die Zeit darstellt. Eine total geordnete Menge T, die jeden der möglichen Zeitpunkte t_k enthält, heißt Zeitraum. Sind die Zeitpunkte abzählbar, so heißt der Zeitraum diskret. Sind sie nicht abzählbar, so heißt der Zeitraum stetig.

$$T := \{t_1, t_2, \ldots\} \subseteq \mathbb{R} \qquad t_1 < t_2 < \ldots$$

t_k Zeitpunkt

Zustandsraum : Ein Prozeß kann verschiedene elementare Zustände annehmen. Eine Menge S, die jeden der möglichen elementaren Zustände e_j enthält, heißt Zustandsraum. Sind die elementaren Zustände abzählbar, so heißt der Zustandsraum diskret. Sind sie nicht abzählbar, so heißt der Zustandsraum stetig.

$$S := \{e_1, e_2, \ldots, e_m\}$$

e_j Elementarer Zustand

Zufallsfunktion : Eine Funktion, die den Zustandsraum S für jeden Zeitpunkt $t \in T$ auf die Menge $\mathbb{R}$ der reellen Zahlen abbildet, heißt Zufallsfunktion und wird mit X(t) bezeichnet. Die Zufallsfunktion beschreibt den Zufallsprozeß.

$$X(t) : S \to \mathbb{R} \qquad t \in T$$

Wird in einem Experiment der zeitabhängige Zustandsverlauf eines Zufallsprozesses aufgezeichnet, so heißt die aufgezeichnete Funktion x(t) Realisierung der Zufallsfunktion X(t). Wird das Experiment mehrfach wiederholt, so ergeben sich verschiedene Realisierungen $x_1(t)$, $x_2(t), \ldots$. Die Menge aller möglichen Realisierungen bildet einen Funktionalraum.

Wird ein Zeitpunkt $t = t_1$ betrachtet, so ist $X(t_1)$ eine Zufallsvariable, die in den Experimenten Werte $x_1(t_1), x_2(t_1),...$ annimmt. Die Zufallsvariable $X(t_1)$ wird durch eine Wahrscheinlichkeitsverteilung beschrieben. Werden mehrere verschiedene Zeitpunkte $t = t_1, t_2,...$ betrachtet, so sind $X(t_1), X(t_2),...$ verschiedene Zufallsvariable, die in der Regel stochastisch voneinander abhängen. Die Zufallsvariablen $X(t_1), X(t_2),...$ können in einem Zufallsvektor zusammengefaßt und durch eine mehrdimensionale Wahrscheinlichkeitsverteilung beschrieben werden.

In dem folgenden Diagramm sind Realisierungen und Dichtefunktionen zu festen Zeitpunkten für einen Zufallsprozeß mit stetigem Zustands- und Zeitraum gezeigt.

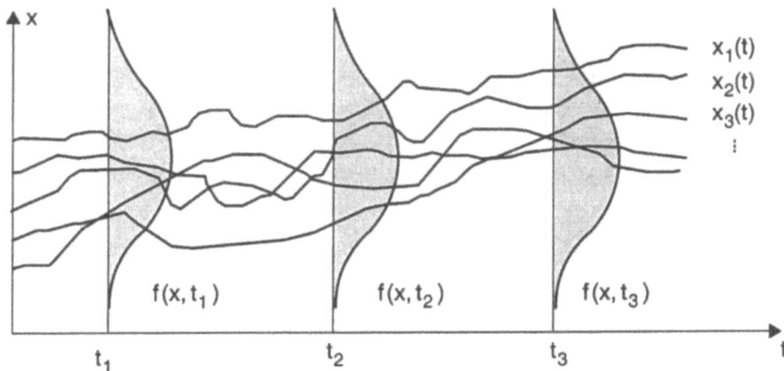

Klassifikation : Die Zufallsprozesse werden bezüglich der Diskretheit und der Stetigkeit des Zeit- und Zustandsraumes klassifiziert :

- Zufallsprozesse mit diskretem Zeitraum und diskretem Zustandsraum
- Zufallsprozesse mit stetigem Zeitraum und diskretem Zustandsraum
- Zufallsprozesse mit diskretem Zeitraum und stetigem Zustandsraum
- Zufallsprozesse mit stetigem Zeitraum und stetigem Zustandsraum

In den folgenden Beispielen werden verschiedene Klassen von Zufallsprozessen beschrieben.

Beispiel 1 : Bernoulli Prozeß

Eine Münze wird mehrfach geworfen. In jedem Münzwurf tritt als Ergebnis entweder "Zahl" oder "Wappen" auf. Der "Zahl" wird der Wert 0 und dem "Wappen" der Wert 1 zugeordnet. Die Zufallsvariable $X(t)$ ist das Ergebnis im t-ten Münzwurf. Dieser Zufallsprozeß heißt Bernoulli Prozeß. Er besitzt einen diskreten Zeitraum mit ganzzahligen Werten $t > 0$ und einen diskreten Zustandsraum mit zwei Zuständen. Da das Ergebnis eines Münzwurfes unabhängig von den Ergebnissen der vorangegangenen Münzwürfe ist, sind die Zustände des Bernoulli Prozesses zu verschiedenen Zeitpunkten unabhängig voneinander. Eine mögliche Realisierung dieses Prozesses ist graphisch gezeigt.

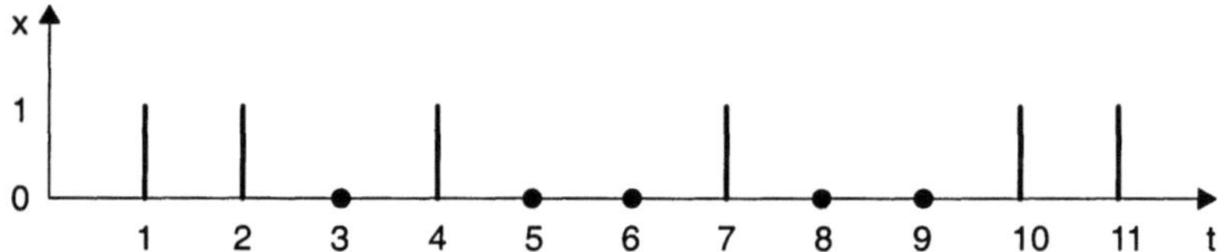

Beispiel 2 : Bernoulli Prozeß

An einem Ort wird der Regenniederschlag an aufeinanderfolgenden Tagen beobachtet. An einem Tag ist das Wetter entweder "trocken" oder "naß". Dem "trockenen" Wetter wird der Wert 0 und dem "nassen" Wetter der Wert 1 zugeordnet. Die Zufallsvariable X(t) ist der Wert des Wetters am t-ten Tag. Dieser Zufallsprozeß ist wie in Beispiel 1 ein Bernoulli Prozeß. Im Gegensatz zu Beispiel 1 sind die Zustände dieses Bernoulli Prozesses zu verschiedenen Zeitpunkten jedoch nicht voneinander unabhängig, da das Wetter an einem Tag zu einem gewissen Grad abhängig ist von dem Wetter der vorangegangenen Tage.

Beispiel 3 : Einfache Irrfahrt

In einem eindimensionalen Raum mit der Koordinate x befindet sich ein Partikel an der Position $x = 0$. Dieses Partikel bewegt sich mit Schritten der Länge 1 in die positive oder in die negative x-Richtung. Die Bewegungsrichtung ist zufällig. Die Zufallsvariable X(t) ist die Position des Partikels nach t Schritten. Dieser Zufallsprozeß heißt einfache Irrfahrt. Er besitzt einen diskreten Zeitraum und einen diskreten Zustandsraum. Eine mögliche Realisierung einer Irrfahrt ist graphisch gezeigt.

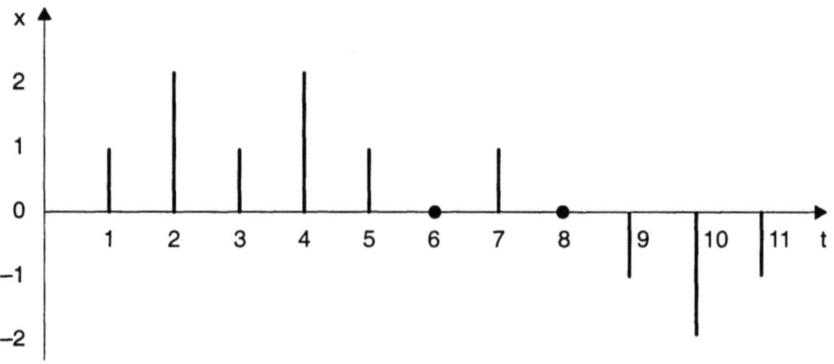

Beispiel 4 : Warteschlange

An einem Schalter treffen in zufällig schwankenden Zeitabständen Kunden ein. Der Zeitraum der Bedienung eines Kunden sei ebenfalls zufällig. Die Zufallsvariable X(t) ist die Anzahl der wartenden Kunden. Dieser Zufallsprozeß heißt Warteschlangenprozeß. Er besitzt einen stetigen Zeitraum und einen diskreten Zustandsraum. Eine mögliche Realisierung eines Warteschlangenprozesses ist graphisch gezeigt.

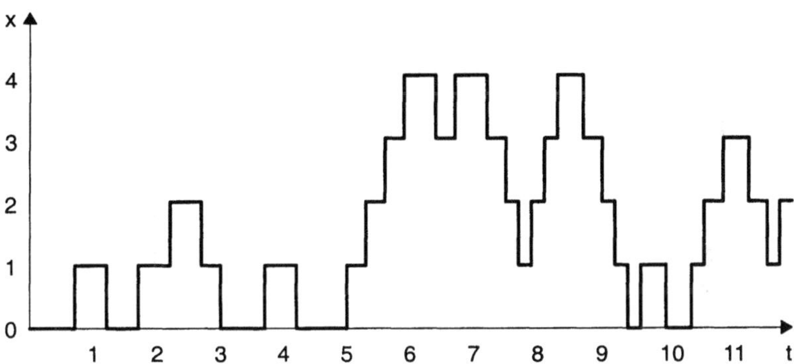

Beispiel 5 : Windmessungen

An einem Ort werden Windgeschwindigkeiten gemessen und in Abhängigkeit von der Zeit aufgezeichnet. Die Windgeschwindigkeiten variieren zufällig. Die Zufallsvariable X(t) ist die Windgeschwindigkeit zum Zeitpunkt t. Dieser Zufallsprozeß besitzt einen stetigen Zeitraum und einen stetigen Zustandsraum. Eine mögliche Realisierung dieses Zufallsprozesses ist graphisch gezeigt.

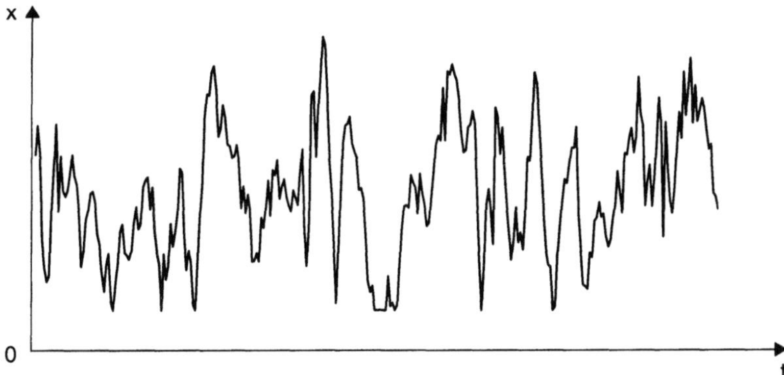

10.5.2 FINITE MARKOV PROZESSE MIT DISKRETEM ZEITRAUM

10.5.2.1 Einführung

Ein Zufallsprozeß mit einem endlichen diskreten Zustandsraum und einem diskreten Zeitraum ist ein finiter Markov Prozeß. Zu jedem Zeitpunkt befindet sich der Markov Prozeß mit bestimmter Wahrscheinlichkeit in einem der möglichen Zustände. Jeder Zustand geht mit einer bestimmten Übergangswahrscheinlichkeit zum nächsten Zeitpunkt in einen neuen Zustand über. Die Zustandswahrscheinlichkeiten zu diesem Zeitpunkt werden nach den Regeln der Wahrscheinlichkeitsrechnung aus den Zustandswahrscheinlichkeiten des vorangegangenen Zeitpunktes und den Übergangswahrscheinlichkeiten berechnet. Die grundlegenden Definitionen und Rechenregeln für Markov Prozesse dieser Art sind in Abschnitt 10.5.2.2 behandelt.

Sind die Übergangswahrscheinlichkeiten für jeden Zeitpunkt gleich, so heißt der Markov Prozeß homogen. Bei praktischen Anwendungen ist das Langzeitverhalten der homogenen Markov Prozesse von zentraler Bedeutung. Die Strukturanalyse und die Spektralanalyse führen zu qualitativen und quantitativen Aussagen über die Eigenschaften des Langzeitverhaltens. Sie sind in den Abschnitten 10.5.2.3 und 10.5.2.4 behandelt. Bei praktischen Anwendung ist häufig die erstmalige Erreichbarkeit eines Zustandes von wesentlicher Bedeutung. Die Methoden zur Lösung dieser Aufgabe sind in Abschnitt 10.5.2.5 behandelt.

10.5.2.2 Zustände und Übergänge

Einführung : Ein Markov Prozeß wird durch eine endliche Menge von Zuständen und eine endliche Menge von möglichen Zustandsübergängen beschrieben. Er läßt sich in Form eines Graphen anschaulich darstellen. Zu jedem betrachteten Zeitpunkt sind den Zuständen und Übergängen Wahrscheinlichkeiten zugeordnet. Die Zustandswahrscheinlichkeiten werden zweckmäßig in einem stochastischen Vektor und die Übergangswahrscheinlichkeiten in einer stochastischen Matrix zusammengefaßt. Damit lassen sich die Rechenregeln für Markov Prozesse auf der Grundlage der Vektor- und Matrixalgebra formulieren.

Zustand und Bewertung : Ein finiter Markov Prozeß kann verschiedene elementare Zustände e_j annehmen. Die Menge aller möglichen elementaren Zustände ist der Zustandsraum S. Die Anzahl der möglichen elementaren Zustände sei endlich. Jedem elementaren Zustand $e_j \in S$ ist eine reelle Zahl $x_j \in \mathbb{R}$ als Bewertung zugeordnet.

$$S = \{e_1, e_2, ..., e_m\}$$

Übergang : Der Zustand eines finiten Markov Prozesses ändert sich schrittweise. In einem Schritt geht der Prozeß von einem Zustand e_j in einen Zustand e_k über. Die Übergang wird durch das geordnete Zustandspaar (e_j, e_k) beschrieben. Die Menge aller möglichen Übergänge ist eine binäre Relation R im Zustandsraum S und daher eine Teilmenge des kartesischen Produktes $S \times S$.

$$R \subseteq S \times S$$

Übergangsgraph : Die möglichen Zustandsänderungen werden häufig als schlichter Graph (S ; R) mit der Zustandsmenge S und der Übergangsrelation R dargestellt. Jeder Zustand ist ein Knoten und jeder Übergang eine gerichtete Kante des Übergangsgraphen. Ein Übergangsgraph für den Zustandsraum $S = \{e_1, e_2, e_3\}$ ist exemplarisch gezeigt.

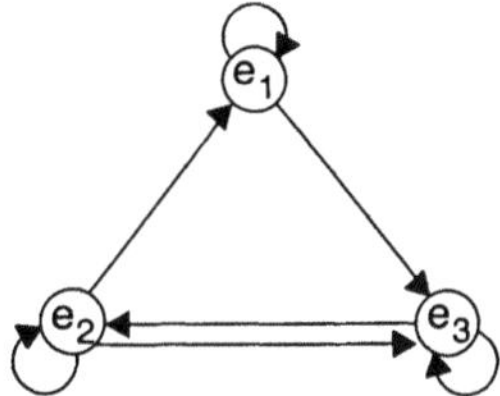

Zustandswahrscheinlichkeiten : Zum Zeitpunkt t_n befindet sich ein finiter Markov Prozeß mit bestimmten Wahrscheinlichkeiten $p_{j,n}$ in den verschiedenen Zuständen e_j. Die Zustandswahrscheinlichkeit $p_{j,n}$ ist die Wahrscheinlichkeit dafür, daß die Zufallsvariable $X(t_n)$ den Wert x_j annimmt. Die Zustandswahrscheinlichkeiten für alle möglichen Zustände bilden die Wahrscheinlichkeitsfunktion für die Zufallsvariable $X(t_n)$. Ihre Summe ist 1.

$$p_{j,n} := P(X(t_n) = x_j) \geq 0 \qquad \sum_{j=1}^{m} p_{j,n} = 1$$

Übergangswahrscheinlichkeiten : Ein Zustand e_j zum Zeitpunkt t_n geht mit einer gewissen Wahrscheinlichkeit p_{jk} zum Zeitpunkt t_{n+1} in einen Zustand e_k über. Die Übergangswahrscheinlichkeit p_{jk} ist die Wahrscheinlichkeit dafür, daß die Zufallsvariable $X(t_{n+1})$ den Wert x_k unter der Bedingung annimmt, daß die Zufallsvariable $X(t_n)$ den Wert x_j besitzt. Die Übergangswahrscheinlichkeiten von einem Zustand e_j zu allen möglichen Zuständen e_k bilden eine Wahrscheinlichkeitsfunktion. Ihre Summe ist 1.

$$p_{jk} := P(X(t_{n+1}) = x_k \mid X(t_n) = x_j) \geq 0 \qquad \sum_{k=1}^{m} p_{jk} = 1$$

Die Übergangswahrscheinlichkeiten können als Bewertungen im Übergangsgraphen dargestellt werden. Jede Kante für einen Übergang von Zustand e_j zu Zustand e_k ist mit einer Übergangswahrscheinlichkeit $0 < p_{jk} \le 1$ bewertet. Die Summe der Übergangswahrscheinlichkeiten für alle von einem Knoten ausgehenden Kanten ist 1. Ein bewerteter Übergangsgraph ist exemplarisch gezeigt.

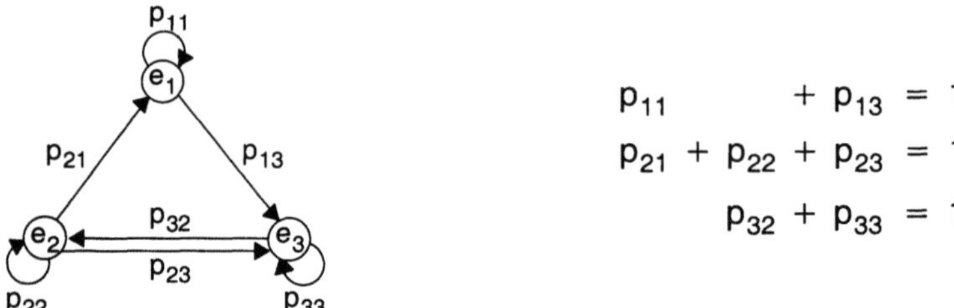

Rechenregel : Sind die Zustandswahrscheinlichkeiten zum Zeitpunkt t_n und die Übergangswahrscheinlichkeiten vom Zeitpunkt t_n zum Zeitpunkt t_{n+1} bekannt, so werden die Zustandswahrscheinlichkeiten zum Zeitpunkt t_{n+1} nach dem Satz von den totalen Wahrscheinlichkeiten in Abschnitt 10.2.4 berechnet.

$$P(X(t_{n+1}) = x_k) = \sum_{j=1}^{m} P(X(t_{n+1}) = x_k \mid X(t_n) = x_j) * P(X(t_n) = x_j)$$

$$p_{k,n+1} = \sum_{j=1}^{m} p_{jk} \; p_{j,n}$$

Stochastische Vektoren und Matrizen : Die Rechenregeln für finite Markov Prozesse lassen sich übersichtlich mit stochastischen Vektoren und Matrizen darstellen. Ein stochastischer Vektor **p** enthält Wahrscheinlichkeiten, deren Summe 1 ist. Eine stochastische Matrix **P** ist quadratisch und enthält Wahrscheinlichkeiten, deren Summe für jede Zeile 1 ist. Die Summenbedingungen für stochastische Vektoren und Matrizen lassen sich mit dem Einsvektor **e** einfach formulieren.

Stochastischer Vektor : $\mathbf{p} \ge \mathbf{0}$ mit $\mathbf{e}^T\mathbf{p} = 1$

Stochastische Matrix : $\mathbf{P} \ge \mathbf{0}$ mit $\mathbf{P\,e} = \mathbf{e}$

$$\mathbf{p} = \begin{bmatrix} p_1 \\ p_2 \\ \vdots \\ p_m \end{bmatrix} \qquad \mathbf{P} = \begin{bmatrix} p_{11} & p_{12} & \cdots & p_{1m} \\ p_{21} & p_{22} & \cdots & p_{2m} \\ \vdots & \vdots & & \vdots \\ p_{m1} & p_{m2} & \cdots & p_{mm} \end{bmatrix} \qquad \mathbf{e} = \begin{bmatrix} 1 \\ 1 \\ \vdots \\ 1 \end{bmatrix}$$

Die Zustandswahrscheinlichkeiten $p_{j,n}$ eines finiten Markov Prozesses zum Zeitpunkt t_n werden in einem stochastischen Vektor $\mathbf{p}_n$ angeordnet, der einer Wahrscheinlichkeitsfunktion entspricht. Die Übergangswahrscheinlichkeiten werden in einer stochastischen Matrix **P** angeordnet, die Übergangsmatrix heißt. Damit ergibt sich folgende Rechenregel :

$$\mathbf{p}_{n+1} = \mathbf{P}^T \mathbf{p}_n$$

Homogener Markov Prozeß : Ein finiter Markov Prozeß heißt inhomogen, wenn die Übergangswahrscheinlichkeiten vom betrachteten Zeitpunkt abhängen. Er heißt homogen, wenn die Übergangswahrscheinlichkeiten nicht vom betrachteten Zeitpunkt abhängen. Ein homogener Markov Prozeß ist durch die Anfangsverteilung $\mathbf{p}_0$ zum Anfangszeitpunkt t_0 und die konstante Übergangsmatrix **P** für den betrachteten Zeitraum eindeutig beschrieben. Die Verteilungen $\mathbf{p}_1, \mathbf{p}_2, \ldots$ für die nachfolgenden Zeitpunkte $t_1, t_2, \ldots$ werden rekursiv nach der obigen Rechenregel bestimmt.

Grenzverteilung : Ausgehend von einer Anfangsverteilung $\mathbf{p}_0$ können die Verteilungen $\mathbf{p}_n$ eines homogenen Markov Prozesses im Grenzfall $n \to \infty$ gegen eine Grenzverteilung $\mathbf{p}_\infty$ streben.

$$\lim_{n \to \infty} \mathbf{p}_n = \mathbf{p}_\infty$$

Eine Grenzverteilung muß nicht existieren. Gibt es eine Grenzverteilung, so kann sie abhängig oder unabhängig von der Anfangsverteilung $\mathbf{p}_0$ sein. Die Bedingungen für die Existenz einer Grenzverteilung und für ihre Unabhängigkeit von der Anfangsverteilung werden in den nächsten Abschnitten behandelt.

Gleichgewichtsverteilung : Ein homogener Markov Prozeß befindet sich zu einem Zeitpunkt im Gleichgewicht, wenn sich die Verteilung am darauf folgenden Zeitpunkt nicht ändert. Eine derartige Verteilung heißt Gleichgewichtsverteilung oder stationäre Verteilung und wird mit $\overset{*}{\mathbf{p}}$ bezeichnet. Nach der Rechenregel ergibt sich folgende Gleichgewichtsbedingung :

$$\overset{*}{\mathbf{p}} = \mathbf{P}^T \overset{*}{\mathbf{p}}$$

Eine Verteilung $\overset{*}{\mathbf{p}}$ wird aus der Gleichgewichtsbedingung und den Verteilungsbedingungen bestimmt. Dies führt zu Bestimmungsgleichungen in Form eines homogenen linearen Gleichungssystems mit Nebenbedingungen :

$$(\mathbf{P}^T - \mathbf{I})\overset{*}{\mathbf{p}} = \mathbf{0} \qquad \mathbf{e}^T \overset{*}{\mathbf{p}} = 1 \qquad \overset{*}{\mathbf{p}} \geq \mathbf{0}$$

Streben die Verteilungen für einen homogenen Markov Prozeß mit zunehmender Zeit gegen eine Grenzverteilung $\mathbf{p}_\infty$, so ist diese Grenzverteilung eine Gleichgewichtsverteilung. Ist die Anfangsverteilung $\mathbf{p}_0$ eine Gleichgewichtsverteilung, so ist der homogene Markov Prozeß ein stationärer Prozeß, dessen Verteilung von der Zeit unabhängig ist.

Beispiel : Stauhaltung eines Sperrwerkes

Die Stauhaltung eines Sperrwerkes für eine landwirtschaftliche Bewässerung kann in vereinfachter Form als homogener Markov Prozeß behandelt werden. Für die Bewässerung ist jährlich eine Wassermenge V erforderlich. Das Sperrwerk sei für ein Fassungsvermögen V ausgelegt. Der Sperre wird über Zuflüsse aus Niederschlägen eine Wassermenge W zugeführt, die als Vielfaches der erforderlichen Wassermenge V beschrieben wird. Die jährliche Zuflußmenge W ist eine Zufallsvariable, für die vereinfachend folgende Wahrscheinlichkeitsfunktion angenommen wird :

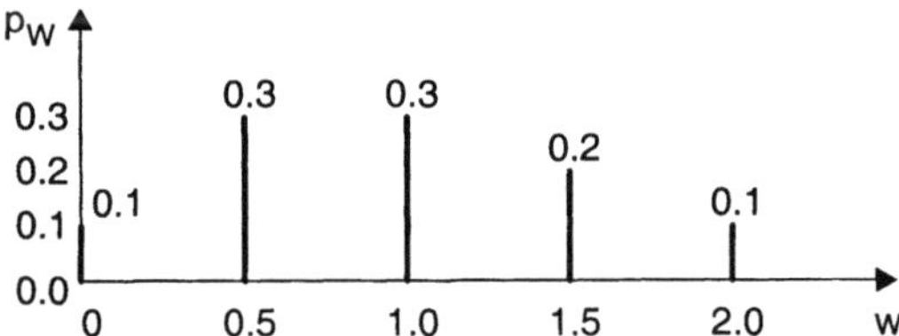

Der Sperre wird jährlich die Wassermenge V für die Bewässerung entnommen, falls sie vorhanden ist. Wird das Fassungsvermögen V der Sperre überschritten, so wird die überschüssige Wassermenge abgeführt. Aufgrund dieses Sperrwerkbetriebes und der vereinfachten Annahmen für den Zufluß ist die Sperre am Ende eines jeden Jahres entweder leer, halb voll oder voll. Die vorhandene Wassermenge Q in der Sperre wird auf das Fassungsvermögen V bezogen.

Leere Sperre	$Q = 0.0$
Halb volle Sperre	$Q = 0.5$
Volle Sperre	$Q = 1.0$

Die jährlichen Zuflußmengen in aufeinander folgenden Jahren seien stochastisch unabhängig. Unter dieser Voraussetzung werden die Wahrscheinlichkeiten für die Übergänge der Zustände der Sperre in zwei aufeinander folgenden Jahren n und $n+1$ aus der Wahrscheinlichkeitsfunktion für die Zuflußmenge W bestimmt.

- Die Sperre sei leer. Sie bleibt leer, falls ihr eine Menge $W \leq 1.0$ zufließt. Sie wird halb voll, falls ihr die Menge $W = 1.5$ zufließt. Sie wird voll, falls ihr eine Menge $W \geq 2.0$ zufließt.

$$P(Q(n+1) = 0.0 \mid Q(n) = 0.0) = P(W \leq 1.0) = 0.70$$

$$P(Q(n+1) = 0.5 \mid Q(n) = 0.0) = P(W = 1.5) = 0.20$$

$$P(Q(n+1) = 1.0 \mid Q(n) = 0.0) = P(W \geq 2.0) = 0.10$$

- Die Sperre sei halb voll. Sie wird leer, falls ihr eine Menge $W \leq 0.5$ zufließt. Sie bleibt halb voll, falls ihr die Menge $W = 1.0$ zufließt. Sie wird voll, falls ihr eine Menge $W \geq 1.5$ zufließt.

$$P(Q(n+1)=0.0 \mid Q(n)=0.5) \;=\; P(W \le 0.5) \;=\; 0.40$$
$$P(Q(n+1)=0.5 \mid Q(n)=0.5) \;=\; P(W = 1.0) \;=\; 0.30$$
$$P(Q(n+1)=1.0 \mid Q(n)=0.5) \;=\; P(W \ge 1.5) \;=\; 0.30$$

– Die Sperre sei voll. Sie wird leer, falls ihr die Menge $W = 0.0$ zufließt. Sie wird halb voll, falls ihr die Menge $W = 0.5$ zufließt. Sie bleibt voll, falls ihr eine Menge $W \ge 1.0$ zufließt.

$$P(Q(n+1)=0.0 \mid Q(n)=1.0) \;=\; P(W \le 0.0) \;=\; 0.10$$
$$P(Q(n+1)=0.5 \mid Q(n)=1.0) \;=\; P(W = 0.5) \;=\; 0.30$$
$$P(Q(n+1)=1.0 \mid Q(n)=1.0) \;=\; P(W \ge 1.0) \;=\; 0.60$$

Die möglichen Zustandsübergänge und die Übergangswahrscheinlichkeiten zwischen den Zuständen $Q = 0.0$, 0.5, 1.0 sind nachfolgend im Übergangsgraphen und in der Übergangsmatrix **P** zusammengestellt.

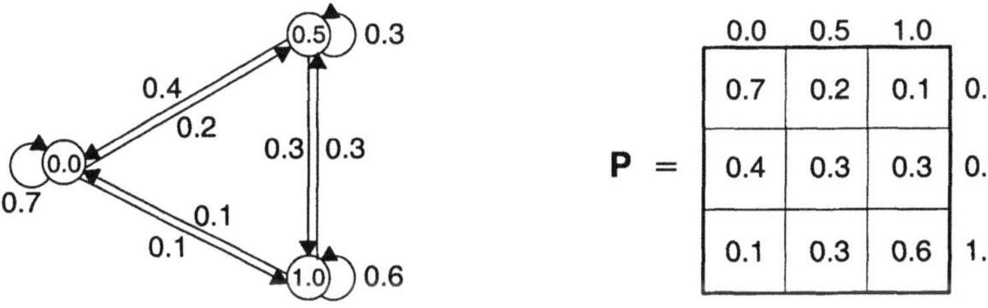

	0.0	0.5	1.0	
	0.7	0.2	0.1	0.0
P =	0.4	0.3	0.3	0.5
	0.1	0.3	0.6	1.0

Nach der Errichtung des Sperrwerkes befindet sich die Sperre zum Anfangsjahr $n = 0$ mit Sicherheit im leeren Zustand $Q = 0.0$. Die Anfangsverteilung $\mathbf{p}_0$ ist daher der Einheitsvektor für $Q = 0.0$. Die Verteilung $\mathbf{p}_n$ für die verschiedenen Zustände in den darauf folgenden Jahren wird nach der Rechenregel für homogene Markov Prozesse rekursiv berechnet.

$$\mathbf{p}_{n+1} = \mathbf{P}^T \mathbf{p}_n$$

$\mathbf{p}_0$	$\mathbf{p}_1$	$\mathbf{p}_2$	$\mathbf{p}_3$		$\mathbf{p}_\infty$
1.000	0.700	0.580	0.517		0.442
0.000	0.200	0.230	0.242	...	0.256
0.000	0.100	0.190	0.241		0.302

$\mathbf{P}^T$			$\mathbf{p}_1$	$\mathbf{p}_2$	$\mathbf{p}_3$	$\mathbf{p}_4$		$\mathbf{p}_\infty$
0.7	0.4	0.1	0.700	0.580	0.517	0.483		0.442
0.2	0.3	0.3	0.200	0.230	0.242	0.248	...	0.256
0.1	0.3	0.6	0.100	0.190	0.241	0.269		0.302

Die Verteilung strebt für den Grenzfall $n \to \infty$ gegen eine feste Wahrscheinlichkeitsverteilung für die verschiedenen Zustände der Sperre. In diesem Grenzfall ist die Sperre mit 44.2% Wahrscheinlichkeit leer, mit 25.6% Wahrscheinlichkeit halb voll und mit 30.2% Wahrscheinlichkeit voll.

Die Verteilung im Grenzfall $n \to \infty$ ist eine Gleichgewichtsverteilung. Sie kann durch Lösen des folgenden linearen Gleichungssystems direkt bestimmt werden :

$$(\mathbf{P}^T - \mathbf{I})\overset{*}{\mathbf{p}} = \mathbf{0}$$

$$\begin{bmatrix} -0.3 & 0.4 & 0.1 \\ 0.2 & -0.7 & 0.3 \\ 0.1 & 0.3 & -0.4 \end{bmatrix} * \begin{bmatrix} \overset{*}{p}_1 \\ \overset{*}{p}_2 \\ \overset{*}{p}_3 \end{bmatrix} = \begin{bmatrix} 0 \\ 0 \\ 0 \end{bmatrix} \qquad \overset{*}{\mathbf{p}} = \frac{c}{13} \begin{bmatrix} 19 \\ 11 \\ 13 \end{bmatrix} \qquad \overset{*}{\mathbf{p}} = \frac{1}{43} \begin{bmatrix} 19 \\ 11 \\ 13 \end{bmatrix}$$

Das lineare Gleichungssystem besitzt nichtnegative Lösungen, die proportional zu einer Konstanten c sind. Die Konstante c wird so bestimmt, daß die Summe aller Lösungen 1 ist. Dies führt zu den Zustandswahrscheinlichkeiten $\overset{*}{\mathbf{p}}$ für die Gleichgewichtsverteilung. Der homogene Markov Prozeß besitzt genau eine Gleichgewichtsverteilung.

10.5.2.3 Strukturanalyse

Einführung : Ein homogener Markov Prozeß wird durch den Übergangsgraphen für die möglichen Zustandsänderungen dargestellt. Eine Analyse der Struktur eines Markov Prozesses baut auf der Graphentheorie auf und wird unabhängig von den Übergangswahrscheinlichkeiten durchgeführt. Die wesentlichen Struktureigenschaften von homogenen Markov Prozessen sind nachfolgend behandelt.

Erreichbarkeit : Ein Zustand y heißt von einem Zustand x erreichbar, wenn im Übergangsgraphen ein Kantenzug von x nach y existiert. Die Länge des Kantenzuges ist die Anzahl der Kanten. Sind x und y identisch, so existiert ein Kantenzug der Länge 0.

Strenger Zusammenhang : Zwei Zustände x und y heißen streng zusammenhängend, wenn im Übergangsgraphen x von y und y von x erreichbar ist. Die strenge Zusammenhangsrelation ist eine Äquivalenzrelation. Sie ermöglicht die Zerlegung des Zustandsraumes in Äquivalenzklassen. Eine Äquivalenzklasse wird bei Markov Prozessen Zustandsklasse genannt.

Zustandsklasse : Jede Zustandsklasse wird durch einen Zustand x repräsentiert. Ein Zustand y gehört zur Klasse mit dem Repräsentanten x, wenn x und y streng zusammenhängen. Jeder Zustand einer Klasse hängt mit jedem Zustand der gleichen Klasse streng zusammen. Jeder Zustand einer Klasse hängt mit keinem Zustand einer anderen Klasse streng zusammen.

Reduktion : Der Zustandsraum S wird eindeutig in Zustandsklassen zerlegt. Die Zustandsklassen sind disjunkte Teilmengen von S. Existiert mindestens ein Übergang von einem Zustand einer Klasse A zu einem Zustand einer Klasse B, so existiert auch der Klassenübergang von A nach B. In einem reduzierten Übergangsgraphen werden die Zustandsklassen als Knoten und die Klassenübergänge als gerichtete Kanten dargestellt. Die Definition der Erreichbarkeit wird auf Zustandsklassen im reduzierten Übergangsgraphen übertragen. Zwei verschiedene Zustandsklassen sind nicht gegenseitig erreichbar und hängen daher nicht streng zusammen. Der reduzierte Übergangsgraph ist zyklenfrei.

Transiente Zustandsklasse : Eine Zustandsklasse heißt transient, wenn im reduzierten Übergangsgraphen von dieser Klasse mindestens eine andere Klasse erreichbar ist. Wird in einem Prozeß eine transiente Klasse einmal verlassen, so kann sie nicht wieder erreicht werden.

Finale Zustandsklasse : Eine Zustandsklasse heißt final, wenn im reduzierten Übergangsgraphen von dieser Klasse keine andere Klasse erreichbar ist. Wird bei einem Prozeß eine finale Klasse einmal erreicht, so kann sie nicht wieder verlassen werden.

Periodizität finaler Zustandsklassen : Ein Zustand kann innerhalb einer finalen Klasse auf verschiedenen Kantenzügen erneut erreicht werden. Jeder dieser Kantenzüge ist ein Zyklus. Der gemeinsame größte Teiler der Längen aller möglichen Zyklen heißt Periode und wird mit d bezeichnet. Die Periode ist für alle Zustände einer finalen Klasse identisch und daher eine Eigenschaft der finalen Klasse. Eine finale Klasse heißt aperiodisch für $d = 1$ und periodisch für $d > 1$.

Eine finale Zustandsklasse mit der Periode $d > 1$ ist in d disjunkte Teilzustandsklassen zerlegbar. Jede Teilzustandsklasse wird durch einen Zustand x repräsentiert. Ein Zustand y gehört genau dann zur Teilzustandsklasse mit dem Repräsentanten x, wenn y von x längs eines Kantenzuges erreichbar ist, dessen Länge ein positives ganzzahliges Vielfaches der Periode d ist. Zwischen zwei Zuständen einer Teilzustandsklasse besteht kein Übergang. Die Teilzustandsklassen und ihre Klassenübergänge bilden einen elementaren Zyklus. Wird bei einem Prozeß ein Zustand einer Teilzustandsklasse verlassen, so wird ein Zustand der gleichen Teilzustandsklasse nach genau d Schritten wieder erreicht.

Matrixstruktur : Werden die Zustände eines Markov Prozesses klassenweise zu Subvektoren zusammengefaßt, so ergibt sich für die Übergangsmatrix **P** ein Submatrizenschema. Da von einer finalen Klasse f keine andere Klasse $k \neq f$ erreichbar ist und zwei verschiedene transiente Klassen t_1, t_2 nicht gegenseitig erreichbar sind, besitzt die Übergangsmatrix bei entsprechender Klassenanordnung folgende standardmäßige Submatrizenstruktur :

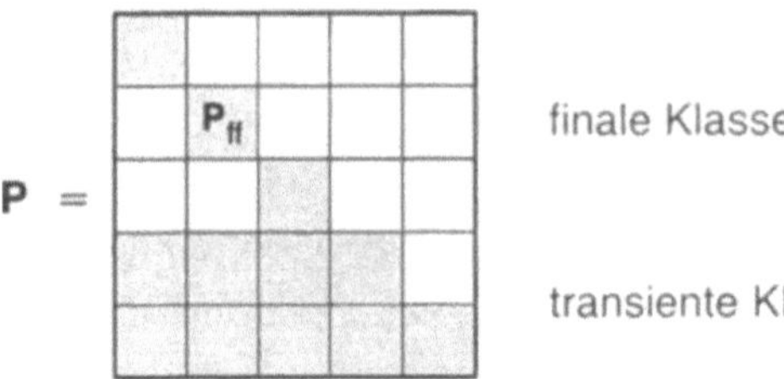

Eine finale Klasse f mit der Periode d > 1 ist in d disjunkte Teilklassen zerlegbar. Werden die Zustände teilklassenweise zu Subvektoren zusammengefaßt, so ergibt sich für die Übergangsmatrix $\mathbf{P}_{ff}$ ein Submatrizenschema. Da von einer Teilzustandsklasse s_1 genau eine andere Teilzustandsklasse $s_2 \neq s_1$ erreichbar ist, besitzt die Übergangsmatrix einer finalen Klasse bei entsprechender Teilklassenanordnung folgende standardmäßige Submatrizenstruktur :

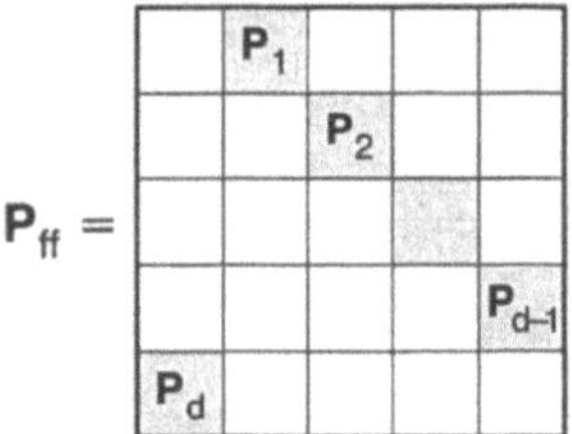

Beispiel : Strukturanalyse eines Übergangsgraphen

Gegeben sei der folgende Übergangsgraph eines homogenen Markov Prozesses. Die Knoten des Übergangsgraphen sind die möglichen Zustände. Die Kanten des Übergangsgraphen sind die möglichen Übergänge zwischen jeweils zwei Zuständen.

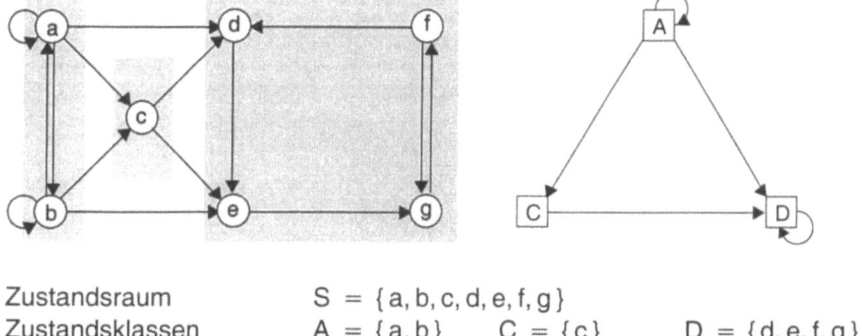

Zustandsraum $S = \{a, b, c, d, e, f, g\}$

Zustandsklassen $A = \{a, b\}$ $C = \{c\}$ $D = \{d, e, f, g\}$

Die Knotenmenge des Übergangsgraphen wird in Zustandsklassen zerlegt. Der Zustand a wird als Repräsentant der Klasse A gewählt. Vom Zustand a sind alle Zustände von a bis g erreichbar. Der Zustand a ist von den Zuständen a, b erreichbar. Da die Zustände a, b gegenseitig erreichbar sind, bilden sie die Zustandsklasse A. Der Zustand c wird als Repräsentant der Klasse C gewählt. Vom Zustand c sind die Zustände c bis g erreichbar. Der Zustand c ist nur von sich selbst erreichbar. Er bildet daher allein die Klasse C. Der Zustand d wird als Repräsentant der Klasse D gewählt. Vom Zustand d sind die Zustände d bis g erreichbar. Der Zustand d ist von allen Zuständen erreichbar. Da die Zustände d, e, f, g gegenseitig erreichbar sind, bilden sie die Klasse D.

Der Zustandsraum S ist eindeutig in die Zustandsklassen A, C, D zerlegt. Der reduzierte Übergangsgraph mit den Klassen A, C, D ist oben gezeigt. Die Klassen A und C sind transient, da von ihnen die Klasse D erreichbar ist. Die Klasse D ist final, da von ihr keine andere Klasse erreichbar ist.

Die Periode der finalen Klasse D ist zu bestimmen. Zu diesem Zweck wird der Knoten d als Repräsentant von D bezüglich seiner Wiedererreichbarkeit betrachtet. Der Knoten d ist auf den Zyklen $< d, e, g, f, d >$, $< d, e, g, f, g, f, d >$, $< d, e, g, f, d, e, g, f, d >$,... mit den Längen 4, 6, 8,... wieder erreichbar. Der größte gemeinsame Teiler dieser Längen ist die Periode 2. Die finale Zustandsklasse D ist damit in zwei Teilzustandsklassen D_1 und D_2 zerlegbar. Der Zustand d wird als Repräsentant der Teilklasse D_1 gewählt. Vom Zustand d werden die Zustände g und d auf Kantenzügen erreicht, deren Längen ein positives ganzzahliges Vielfaches von $d = 2$ sind. Die Zustände d, g bilden daher die Teilzustandsklasse D_1. Die beiden übrigen Zustände e, f bilden die Teilzustandsklasse D_2. In einem reduzierten Übergangsgraphen für die finale Zustandsklasse D bilden die beiden Teilzustandsklassen einen elementaren Zyklus.

Die zum Übergangsgraphen gehörende Übergangsmatrix erhält bei der folgenden klassenweisen Anordnung von Zuständen eine standardisierte Form :

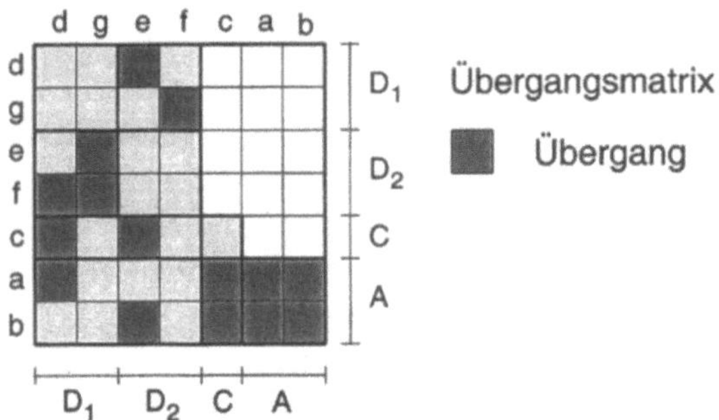

Strukturanalyse : Ein finiter homogener Markov Prozeß heißt irreduzibel, wenn sein Zustandsraum nicht in mehrere Zustandsklassen zerlegbar ist. Er heißt reduzibel, wenn sein Zustandsraum in mehrere Zustandsklassen zerlegbar ist. Ein irreduzibler finiter Markov Prozeß besitzt genau eine finale Zustandsklasse. Ein reduzibler finiter Markov Prozeß besitzt mindestens eine finale Zustandsklasse. Er kann keine, eine oder mehrere transiente Zustandsklassen besitzen.

Die Strukturanalyse führt zu folgenden wesentlichen Schlußfolgerungen für das Langzeitverhalten von reduziblen finiten Markov Prozessen :

- Die Summe der Wahrscheinlichkeiten für alle Zustände einer transienten Klasse strebt mit zunehmender Zeit gegen 0, da eine transiente Klasse nach dem Verlassen nicht wieder erreicht werden kann.
- Die Summe der Wahrscheinlichkeiten für alle Zustände einer finalen Klasse strebt mit zunehmender Zeit gegen einen festen Wert, da eine finale Klasse nach dem Erreichen nicht wieder verlassen werden kann.

10.5.2.4 Spektralanalyse

Einführung : Die Rechenregel für homogene Markov Prozesse führt zu einem iterativen Verfahren, mit dem Zustandswahrscheinlichkeiten in aufeinander folgenden Zeitschritten bestimmt werden. Das Langzeitverhalten des Prozesses hängt von dem Konvergenzverhalten des iterativen Verfahrens ab. Für das Konvergenzverhalten sind die Eigenwerte und Eigenvektoren der Übergangsmatrix maßgebend. Die Betrachtung der Eigenwerte und Eigenvektoren führt zur Spektralanalyse. Die Spektralanalyse ist nachfolgend für den speziellen Fall einer Übergangsmatrix mit einfachen Eigenwerten behandelt. Die Ergebnisse der Spektralanalyse für den allgemeinen Fall des Langzeitverhaltens des Prozesses sind zusammengestellt.

Eigenwertaufgabe : Die Eigenwertaufgaben für die quadratischen stochastischen Matrizen $\mathbf{P}$ und $\mathbf{P}^T$ lauten :

$$\mathbf{P}\mathbf{y} = \lambda \mathbf{y} \qquad \mathbf{P}^T\mathbf{z} = \lambda \mathbf{z}$$

Die Matrizen $\mathbf{P}$ und $\mathbf{P}^T$ besitzen die gleichen Eigenwerte. Sie besitzen jedoch im allgemeinen Fall unterschiedliche Eigenvektoren $\mathbf{y}$ und $\mathbf{z}$ für die Eigenwerte λ. Die Eigenvektoren $\mathbf{y}$ heißen Rechtseigenvektoren von $\mathbf{P}$. Die Eigenvektoren $\mathbf{z}$ heißen Linkseigenvektoren von $\mathbf{P}$, da die Eigenwertaufgabe für $\mathbf{P}^T$ durch Transponieren in $\mathbf{z}^T\mathbf{P} = \lambda\mathbf{z}^T$ übergeht und in dieser Form der Eigenvektor $\mathbf{z}^T$ links von $\mathbf{P}$ steht.

Eigenwerte : Nach den Regeln der Algebra ist der Betrag $|\lambda|$ jedes Eigenwertes kleiner oder gleich einer Matrixnorm $\|\mathbf{P}\|$. Da die Summe der Beträge aller Elemente einer stochastischen Matrix $\mathbf{P}$ für jede Zeile 1 ist, ist die Zeilennorm $\|\mathbf{P}\| = 1$. Folglich sind alle Eigenwerte von $\mathbf{P}$ kleiner oder gleich 1. Der betragsgrößte Eigenwert λ_1 ist genau 1, da die Gleichung $\mathbf{P}\mathbf{e} = 1\,\mathbf{e}$ für eine stochastische Matrix definitionsgemäß gilt.

$$|\lambda| \leq 1 \qquad \lambda_1 = 1$$

Die Eigenwerte λ_j der Matrix $\mathbf{P}$ werden als Nullstellen des charakteristischen Polynoms $\det(\mathbf{P} - \lambda\mathbf{I}) = 0$ mit der Identitätsmatrix $\mathbf{I}$ bestimmt. Die Eigenwerte können einfach oder mehrfach und reell oder konjugiert-komplex sein.

Eigenvektoren : Sind alle Eigenwerte einfach, so existieren für jeden Eigenwert λ_j ein Rechtseigenvektor $\mathbf{y}_j$ und ein Linkseigenvektor $\mathbf{z}_j$. Sie sind Lösungen der folgenden homogenen linearen Gleichungssysteme :

$$(\mathbf{P} - \lambda_j\mathbf{I})\mathbf{y}_j = \mathbf{0} \qquad (\mathbf{P}^T - \lambda_j\mathbf{I})\mathbf{z}_j = \mathbf{0}$$

Der zum maximalen Eigenwert $\lambda_1 = 1$ gehörende Rechtseigenvektor $\mathbf{y}_1$ der stochastischen Matrix $\mathbf{P}$ ist der Einsvektor $\mathbf{e}$, da $\mathbf{P}\mathbf{e} = 1\mathbf{e}$ gilt.

$$\mathbf{y}_1 = \mathbf{e} \qquad \lambda_1 = 1$$

Die Eigenvektoren $\mathbf{y}_j$ und $\mathbf{z}_j$ für jeden Eigenwert λ_j werden so normiert, daß $\mathbf{y}_j^T \mathbf{z}_j = 1$ gilt. Die zu verschiedenen Eigenwerten λ_j und λ_k gehörenden Eigenvektoren $\mathbf{y}_j$ und $\mathbf{z}_k$ sind orthogonal. Damit gilt :

$$\mathbf{y}_j^T \mathbf{z}_k = \delta_{jk} \qquad \delta_{jk} = \begin{cases} 0 \text{ für } j \neq k \\ 1 \text{ für } j = k \end{cases}$$

Spektralzerlegung : Sind alle Eigenwerte einfach, so lassen sich die Matrizen $\mathbf{P}$ und $\mathbf{P}^T$ in spektraler Form wie folgt zerlegen :

$$\mathbf{P} = \sum_{j=1}^{m} \lambda_j \mathbf{y}_j \mathbf{z}_j^T \qquad \mathbf{P}^T = \sum_{j=1}^{m} \lambda_j \mathbf{z}_j \mathbf{y}_j^T$$

Werden die Spektralzerlegungen von $\mathbf{P}$ und $\mathbf{P}^T$ in die Bestimmungsgleichungen für die Eigenvektoren substituiert, so sind diese Bestimmungsgleichungen aufgrund der Orthonormalitätseigenschaften der Eigenvektoren erfüllt. Für die n-te Potenz der Matrizen $\mathbf{P}$ und $\mathbf{P}^T$ ergeben sich mit den Orthonormalitätseigenschaften der Eigenvektoren folgende Spektralzerlegungen :

$$\mathbf{P}^n = \sum_{j=1}^{m} \lambda_j^n \mathbf{y}_j \mathbf{z}_j^T \qquad (\mathbf{P}^n)^T = \sum_{j=1}^{m} \lambda_j^n \mathbf{z}_j \mathbf{y}_j^T$$

Sind neben dem maximalen Eigenwert $\lambda_1 = 1$ alle übrigen Eigenwerte λ_j für $j > 1$ betragsmäßig kleiner als 1, so streben die Potenzen λ_j^n für $n \to \infty$ gegen 0. Damit streben die Matrizen $\mathbf{P}^n$ und $(\mathbf{P}^n)^T$ gegen feste Grenzmatrizen :

$$\mathbf{P}^\infty = \mathbf{e}\, \mathbf{z}_1^T \qquad (\mathbf{P}^\infty)^T = \mathbf{z}_1 \mathbf{e}^T$$

Spektralanalyse : Für einen homogenen Markov Prozeß mit der Übergangsmatrix $\mathbf{P}$ wird ausgehend von dem stochastischen Vektor $\mathbf{p}_0$ zum Zeitpunkt t_0 der stochastische Vektor $\mathbf{p}_n$ zum Zeitpunkt t_n iterativ berechnet :

$$\begin{aligned} \mathbf{p}_1 &= \mathbf{P}^T \mathbf{p}_0 \\ \mathbf{p}_2 &= \mathbf{P}^T \mathbf{p}_1 = (\mathbf{P}^2)^T \mathbf{p}_0 \\ &\vdots \\ \mathbf{p}_n &= \mathbf{P}^T \mathbf{p}_{n-1} = (\mathbf{P}^n)^T \mathbf{p}_0 \end{aligned}$$

Besitzt die Übergangsmatrix $\mathbf{P}$ einfache Eigenwerte, so liefert die Substitution der Spektralzerlegung von $(\mathbf{P}^n)^T$ in die Rechenvorschrift folgende Summe für den stochastischen Vektor $\mathbf{p}_n$:

$$\mathbf{p}_n = (\mathbf{P}^n)^T \mathbf{p}_0 = \sum_{j=1}^{m} \lambda_j^n \mathbf{z}_j \mathbf{y}_j^T \mathbf{p}_0$$

Sind alle Eigenwerte λ_j für $j > 1$ betragsmäßig kleiner als 1, so strebt der stochastische Vektor $\mathbf{p}_n$ für $n \to \infty$ unabhängig von $\mathbf{p}_0$ gegen den Linkseigenvektor $\mathbf{z}_1$ von $\mathbf{P}$.

$$\mathbf{p}_\infty = (\mathbf{P}^\infty)^T \mathbf{p}_0 = \mathbf{z}_1 \mathbf{e}^T \mathbf{p}_0 = \mathbf{z}_1$$

Der Linkseigenvektor $\mathbf{z}_1$ ist ein stochastischer Vektor, da aufgrund der Normierung $\mathbf{y}_1^T \mathbf{z}_1 = \mathbf{e}^T \mathbf{z}_1 = 1$ gilt.

Beispiel : Spektralanalyse

Gegeben sei der homogene Markov Prozeß mit dem dargestellten bewerteten Übergangsgraphen und der zugehörigen Übergangsmatrix **P**.

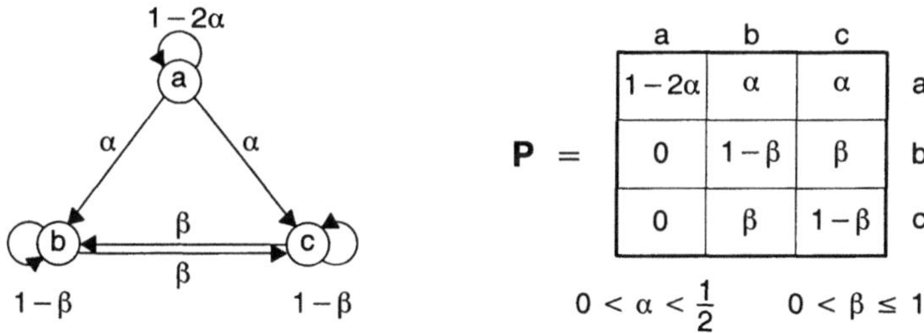

	a	b	c
a	1 – 2α	α	α
b	0	1 – β	β
c	0	β	1 – β

Der Zustandsraum des homogenen Markov Prozesses besteht aus einer transienten Zustandsklasse {a} und einer finalen Zustandsklasse {b, c}. Die Nullstellen des charakteristischen Polynoms sind die Eigenwerte λ_j der Übergangsmatrix **P**.

$$\det(\mathbf{P} - \lambda \mathbf{I}) = (1 - 2\alpha - \lambda)\,((1 - \beta - \lambda)^2 - \beta^2) = 0$$

$$\text{Eigenwerte}: \lambda_1 = 1 \qquad \lambda_2 = 1 - 2\beta \qquad \lambda_3 = 1 - 2\alpha$$

Die Rechts- und Linkseigenvektoren $\mathbf{y}_j$ und $\mathbf{z}_j$ für die Eigenwerte λ_j werden durch Lösen der homogenen linearen Gleichungssysteme $(\mathbf{P} - \lambda_j \mathbf{I})\,\mathbf{y}_j = \mathbf{0}$ und $(\mathbf{P}^T - \lambda_j \mathbf{I})\,\mathbf{z}_j = \mathbf{0}$ bestimmt.

$$\lambda_1 = 1 \qquad \mathbf{y}_1^T = \begin{bmatrix} 1.0 & 1.0 & 1.0 \end{bmatrix} \qquad \mathbf{z}_1^T = \begin{bmatrix} 0.0 & 0.5 & 0.5 \end{bmatrix}$$

$$\lambda_2 = 1 - 2\beta \qquad \mathbf{y}_2^T = \begin{bmatrix} 0.0 & 1.0 & -1.0 \end{bmatrix} \qquad \mathbf{z}_2^T = \begin{bmatrix} 0.0 & 0.5 & -0.5 \end{bmatrix}$$

$$\lambda_3 = 1 - 2\alpha \qquad \mathbf{y}_3^T = \begin{bmatrix} 1.0 & 0.0 & 0.0 \end{bmatrix} \qquad \mathbf{z}_3^T = \begin{bmatrix} 1.0 & -0.5 & -0.5 \end{bmatrix}$$

Die Rechts- und Linkseigenvektoren sind orthonormal. Die Skalarprodukte $\mathbf{y}_j^T \mathbf{z}_j$ sind 1. Die Skalarprodukte $\mathbf{y}_j^T \mathbf{z}_k$ sind 0 für $j \neq k$. Die Spektralzerlegung für die Übergangsmatrix **P** ist :

$$\mathbf{P} = \sum_{j=1}^{3} \lambda_j \mathbf{y}_j \mathbf{z}_j^T = \mathbf{y}_1 \mathbf{z}_1^T + (1 - 2\beta)\,\mathbf{y}_2 \mathbf{z}_2^T + (1 - 2\alpha)\,\mathbf{y}_3 \mathbf{z}_3^T$$

$$\mathbf{P} = \begin{bmatrix} 0.0 & 0.5 & 0.5 \\ 0.0 & 0.5 & 0.5 \\ 0.0 & 0.5 & 0.5 \end{bmatrix} + (1-2\beta) \begin{bmatrix} 0.0 & 0.0 & 0.0 \\ 0.0 & 0.5 & -0.5 \\ 0.0 & -0.5 & 0.5 \end{bmatrix} + (1-2\alpha) \begin{bmatrix} 1.0 & -0.5 & -0.5 \\ 0.0 & 0.0 & 0.0 \\ 0.0 & 0.0 & 0.0 \end{bmatrix}$$

Die Spektralzerlegung für die Potenz $\mathbf{P}^n$ der Übergangsmatrix ist :

$$\mathbf{P}^n = \sum_{j=1}^{3} \lambda_j^n \mathbf{y}_j \mathbf{z}_j = \mathbf{y}_1 \mathbf{z}_1^T + (1-2\beta)^n \mathbf{y}_2 \mathbf{z}_2^T + (1-2\alpha)^n \mathbf{y}_3 \mathbf{z}_3^T$$

Für $0 < \beta < 1$ ist die finale Zustandsklasse {b, c} aperiodisch. Die Eigenwerte $\lambda_2 = 1 - 2\beta$ und $\lambda_3 = 1 - 2\alpha$ sind betragsmäßig kleiner als 1. Die Potenzen λ_2^n, λ_3^n streben für $n \to \infty$ gegen 0, so daß die Matrix $\mathbf{P}^n$ gegen die Matrix $\mathbf{P}^\infty$ strebt :

$$\mathbf{P}^\infty = \mathbf{y}_1 \mathbf{z}_1^T$$

Für $\beta = 1$ ist die finale Zustandsklasse {b, c} periodisch mit der Periode $d = 2$. Die Eigenwerte $\lambda_1 = 1$ und $\lambda_2 = -1$ sind betragsmäßig gleich 1. Die Matrix $\mathbf{P}^n$ strebt für $n \to \infty$ nicht gegen eine feste Grenzmatrix. Für hinreichend großes n alterniert sie in aufeinanderfolgenden Schritten :

$$\mathbf{P}^n = \mathbf{y}_1 \mathbf{z}_1^T + (-1)^n \mathbf{y}_2 \mathbf{z}_2^T$$

Allgemeine Spektralanalyse : Im allgemeinen Fall besitzt die Übergangsmatrix **P** eines homogenen Markov Prozesses einfache und mehrfache Eigenwerte. Die theoretischen Grundlagen für Eigenwertaufgaben mit mehrfachen Eigenwerten sind Bestandteil der linearen Algebra. Die für die Strukturanalyse wesentlichen Ergebnisse sind nachfolgend zusammengestellt. Enthält der Zustandsraum des homogenen Markov Prozesses mehrere Zustandsklassen, so können aufgrund der Struktur der Übergangsmatrix **P** die Eigenwerte klassenweise bestimmt werden. Die wesentlichen Ergebnisse sind :

- Eine Übergangsmatrix $\mathbf{P}_T$ für die Zustände innerhalb einer transienten Zustandsklasse besitzt nur Eigenwerte mit dem Betrag kleiner als 1.
- Eine Übergangsmatrix $\mathbf{P}_F$ für die Zustände innerhalb einer finalen Zustandsklasse besitzt einen Eigenwert 1.
- Ist eine finale Zustandsklasse aperiodisch, so besitzt die Übergangsmatrix $\mathbf{P}_F$ neben dem Eigenwert 1 nur Eigenwerte mit dem Betrag kleiner als 1.
- Ist eine finale Zustandsklasse periodisch mit der Periode $d > 1$, so besitzt die Übergangsmatrix $\mathbf{P}_F$ genau d Eigenwerte mit dem Betrag 1. Die charakteristische Gleichung $\det(\mathbf{P}_F - \lambda I)$ enthält einen Faktor $(\lambda^d - 1)$.

Bei der allgemeinen Spektralzerlegung ist die n-te Potenz der Übergangsmatrix **P** ebenfalls abhängig von den n-ten Potenzen ihrer Eigenwerte λ. Im Grenzfall $n \to \infty$ streben die Anteile mit den Eigenwerten $|\lambda| < 1$ gegen null. Die allgemeine Spektralanalyse eines homogenen Markov Prozesses führt zu folgenden wesentlichen Ergebnissen :

- Enthält ein Markov Prozeß genau eine finale Zustandsklasse, die aperiodisch ist, so existiert im Grenzfall eine eindeutige Grenzverteilung $\mathbf{p}_\infty$, die unabhängig von der Anfangsverteilung $\mathbf{p}_0$ ist.
- Enthält ein Markov Prozeß mehrere finale Zustandsklassen, die aperiodisch sind, so existieren im Grenzfall verschiedene Grenzverteilungen $\mathbf{p}_\infty$, die abhängig von der Anfangsverteilung $\mathbf{p}_0$ sind.
- Enthält ein Markov Prozeß eine finale Zustandsklasse, die periodisch ist, so existiert im Grenzfall keine Grenzverteilung $\mathbf{p}_\infty$. Das Langzeitverhalten des Prozesses ist periodisch.

10.5.2.5 Erstmalige Erreichbarkeit

Einführung : In praktischen Anwendungen stellt sich häufig die Frage, wie groß die Wahrscheinlichkeit ist, daß ein Zielzustand z erstmalig von einem Ausgangszustand a zum Zeitpunkt t erreicht wird ("first passage problem"). Die Lösung dieser Aufgabe führt zu einer Verteilung in Abhängigkeit von der Zeit. Da der Zeitraum diskret ist, ist auch die Verteilung diskret. Die grundlegenden Definitionen für das Problem der erstmaligen Erreichbarkeit bei finiten homogenen Markov Prozessen sowie eine geeignete Methode zur Berechnung der zeitabhängigen Verteilung und ihrer Momente sind nachfolgend behandelt.

Durchgangszeit : Die Durchgangszeit T_{ij} ist die Anzahl der Zeitschritte, die ein homogener Markov Prozeß benötigt, um von einem Zustand i erstmalig einen anderen Zustand $j \neq i$ zu erreichen. Die möglichen Werte der Durchgangszeit T_{ij} lassen sich aus dem Übergangsgraphen direkt bestimmen. Existiert im Übergangsgraphen ein Weg der Länge n vom Zustand i über $n-1$ Zwischenzustände $k \neq j$ zum Zustand j, so ist n eine mögliche Durchgangszeit.

Wahrscheinlichkeitsfunktion der Durchgangszeit : Ist ein Zustand j von einem anderen Zustand i erreichbar, so nimmt die Durchgangszeit T_{ij} natürliche Zahlen $n \in \mathbb{N}'$ an. Die Wahrscheinlichkeit $P(T_{ij} = n)$ wird mit $f_{ij}(n)$ bezeichnet. Für $n = 1$ ist die Wahrscheinlichkeit $f_{ij}(1)$ identisch mit der Übergangswahrscheinlichkeit p_{ij}. Für $n > 1$ wird die Wahrscheinlichkeit $f_{ij}(n)$ nach dem Satz von den totalen Wahrscheinlichkeiten rekursiv berechnet. Der Prozeß geht vom Zustand i in einem Schritt mit der Übergangswahrscheinlichkeit p_{ik} in die Zustände $k \neq j$ über und erreicht in $n-1$ Schritten mit den Wahrscheinlichkeiten $f_{kj}(n-1)$ erstmalig den Zustand j.

$$f_{ij}(1) = p_{ij} \qquad n = 1 \qquad i \neq j$$

$$f_{ij}(n) = \sum_{k \neq j} p_{ik} \, f_{kj}(n-1) \qquad n > 1 \qquad i \neq j$$

Die rekursive Rechenvorschrift läßt sich übersichtlich in Vektor- und Matrixschreibweise formulieren. Für einen vorgegebenen Zustand j und alle Zustände $i \neq j$ werden die Wahrscheinlichkeiten $f_{ij}(n)$ und p_{ij} in den Vektoren $\mathbf{f}_j(n)$ und $\mathbf{p}_j$ zusammengefaßt. Die Matrix $\mathbf{P}_j$ wird aus der Matrix $\mathbf{P}$ gebildet, indem die Zeile j und die Spalte j von $\mathbf{P}$ gestrichen werden.

$$\mathbf{f}_j(n) = \mathbf{P}_j \, \mathbf{f}_j(n-1) \qquad \mathbf{f}_j(1) = \mathbf{p}_j$$

Die diskrete Funktion $f_{ij}(n)$ entspricht für $n = 1, 2, \ldots$ einer Wahrscheinlichkeitsfunktion für die Durchgangszeit T_{ij}. Sie erfüllt jedoch im allgemeinen Fall nicht die Bedingung, daß die Summe aller Wahrscheinlichkeiten $f_{ij}(n)$ für $n > 0$ eins ist. Ist der Zustand j vom Zustand i nicht erreichbar, so ist $f_{ij}(n) = 0$ für alle $n > 0$.

Momente der Durchgangszeit : Die Momente der Durchgangszeit T_{ij} werden aus den Wahrscheinlichkeiten $f_{ij}(n)$ mit $n > 0$ bestimmt. Das Moment k-ter Ordnung ist wie folgt definiert :

$$m_{ij}(k) := \sum_{n=1}^{\infty} n^k \, f_{ij}(n) \qquad k \geq 0$$

Die Momente lassen sich rekursiv berechnen, ohne die Wahrscheinlichkeiten $f_{ij}(n)$ explizit zu bestimmen. Für einen vorgegebenen Zustand j und alle Zustände $i \neq j$ werden die Momente $m_{ij}(k)$ in einem Vektor $\mathbf{m}_j(k)$ zusammengefaßt. Mit der Definition der Momente gilt :

$$\mathbf{m}_j(k) = \sum_{n=1}^{\infty} n^k \, \mathbf{f}_j(n) = \mathbf{p}_j + \sum_{n=2}^{\infty} n^k \, \mathbf{f}_j(n)$$

Mit der rekursiven Rechenvorschrift $\mathbf{f}_j(n) = \mathbf{P}_j \, \mathbf{f}_j(n-1)$ für $n > 1$ folgt :

$$\mathbf{m}_j(k) = \mathbf{p}_j + \sum_{n=2}^{\infty} n^k \, \mathbf{P}_j \, \mathbf{f}_j(n-1) = \mathbf{p}_j + \mathbf{P}_j \sum_{n=1}^{\infty} (n+1)^k \, \mathbf{f}_j(n)$$

Mit dem binomischen Satz für $(n+1)^k$ und den Definitionen der Momente folgt :

$$\mathbf{m}_j(k) = \mathbf{p}_j + \mathbf{P}_j \sum_{n=1}^{\infty} \sum_{q=0}^{k} \binom{k}{q} n^q \, \mathbf{f}_j(n) = \mathbf{p}_j + \mathbf{P}_j \sum_{q=0}^{k} \binom{k}{q} \mathbf{m}_j(q)$$

Damit ergibt sich folgendes lineares Gleichungssystem zur Bestimmung der Momente k-ter Ordnung für die Durchgangszeit in Abhängigkeit von den Momenten q-ter Ordnung mit $0 \le q < k$:

$$(\mathbf{I} - \mathbf{P}_j)\, \mathbf{m}_j(k) = \mathbf{p}_j + \mathbf{P}_j \sum_{q=0}^{k-1} \binom{k}{q} \mathbf{m}_j\,(q)$$

Ist der Zustand j vom Zustand i nicht erreichbar, so sind wegen $f_{ij}(n) = 0$ für $n > 0$ auch alle Momente $m_{ij}(k) = 0$ für $k \ge 0$.

Durchgangswahrscheinlichkeit : Die Wahrscheinlichkeit $P(T_{ij} > 0)$ heißt Durchgangswahrscheinlichkeit und wird mit $\overset{*}{f}_{ij}$ bezeichnet. Sie ist die Summe aller Wahrscheinlichkeiten $P(T_{ij} = n) = f_{ij}(n)$ für $n > 0$ und daher das Moment nullter Ordnung $m_{ij}(0)$.

$$\overset{*}{f}_{ij} := P(T_{ij} > 0) = m_{ij}(0)$$

Die Durchgangswahrscheinlichkeiten werden nach der Rechenvorschrift für die Momente nullter Ordnung in vektorieller Form mit $\overset{*}{\mathbf{f}}_j = \mathbf{m}_j(0)$ wie folgt bestimmt :

$$(\mathbf{I} - \mathbf{P}_j)\, \overset{*}{\mathbf{f}}_j = \mathbf{p}_j$$

Führt im Übergangsgraphen kein Weg vom Zustand i zum Zustand j, so ist j nicht von i erreichbar und $\overset{*}{f}_{ij} = 0$. Führt mindestens ein Weg vom Zustand i zum Zustand j, so ist j von i erreichbar und $\overset{*}{f}_{ij} > 0$. Führt jeder genügend lange Weg vom Zustand i zum Zustand j, so ist j stets von i erreichbar und $\overset{*}{f}_{ij} = 1$. Die Wahrscheinlichkeit, daß der Zustand j vom Zustand i nicht erreicht wird, ist $1 - \overset{*}{f}_{ij}$.

Mittlere Durchgangszeit : Ist ein Zustand j stets von einem Zustand i erreichbar, so ist $f_{ij}(n)$ für $n > 0$ mit $\overset{*}{f}_{ij} = 1$ eine Wahrscheinlichkeitsfunktion. In diesem Fall ist das Moment erster Ordnung $m_{ij}(1)$ der Mittelwert μ_{ij} der Durchgangszeit und heißt mittlere Durchgangszeit.

$$\mu_{ij} := m_{ij}(1) \quad \text{für} \quad \overset{*}{f}_{ij} = 1$$

Die Mittelwerte werden nach der Rechenvorschrift für die Momente erster Ordnung in vektorieller Form mit $\boldsymbol{\mu}_j = \mathbf{m}_j(1)$ wie folgt bestimmt :

$$(\mathbf{I} - \mathbf{P}_j)\, \boldsymbol{\mu}_j = \mathbf{p}_j + \mathbf{P}_j\, \overset{*}{\mathbf{f}}_j \quad \Leftrightarrow \quad (\mathbf{I} - \mathbf{P}_j)\boldsymbol{\mu}_j = \overset{*}{\mathbf{f}}_j$$

Rückkehrzeit : Die Rückkehrzeit T_{jj} ist die Anzahl der Zeitschritte, die ein homogener Markov Prozeß benötigt, um nach dem Verlassen eines Zustandes j erstmalig wieder zum Zustand j zurückzukehren. Die möglichen Werte der Rückkehrzeiten werden im Übergangsgraphen direkt bestimmt. Existiert im Übergangsgraphen ein Zyklus der Länge n von Zustand j über n – 1 Zwischenzustände $i \neq j$ zu Zustand j, so ist n eine mögliche Rückkehrzeit.

Wahrscheinlichkeitsfunktion der Rückkehrzeit : Ist ein Zustand j nach dem Verlassen wieder erreichbar, so ist die Rückkehrzeit eine natürliche Zahl $n \in \mathbb{N}$. Die Wahrscheinlichkeit $P(T_{jj} = n)$ wird mit $f_{jj}(n)$ bezeichnet. Für $n = 1$ ist die Wahrscheinlichkeit $f_{jj}(1)$ identisch mit der Übergangswahrscheinlichkeit p_{jj}. Für $n > 1$ wird die Wahrscheinlichkeit $f_{jj}(n)$ nach dem Satz der totalen Wahrscheinlichkeiten aus den Wahrscheinlichkeiten für die Durchgangszeiten berechnet. Der Prozeß geht vom Zustand j in einem Schritt mit der Übergangswahrscheinlichkeit p_{ji} in die Zustände $i \neq j$ über und erreicht in n – 1 Schritten mit den Wahrscheinlichkeiten $f_{ij}(n-1)$ erstmalig wieder den Zustand j.

$$f_{jj}(1) = p_{jj} \qquad n = 1$$

$$f_{jj}(n) = \sum_{i \neq j} p_{ji} \, f_{ij}(n-1) \qquad n > 0$$

Die Rechenvorschrift läßt sich übersichtlich in Vektorschreibweise formulieren. Für einen gegebenen Zustand j und alle Zustände $i \neq j$ werden die Wahrscheinlichkeiten p_{ji} und $f_{ij}(n-1)$ in den Vektoren $\mathbf{q}_j^T$ und $\mathbf{f}_j(n-1)$ zusammengefaßt.

$$f_{jj}(1) = p_{jj} \qquad f_{jj}(n) = \mathbf{q}_j^T \mathbf{f}_j(n-1) \qquad n > 1$$

Die diskrete Funktion $f_{jj}(n)$ entspricht für $n = 1,2,...$ einer Wahrscheinlichkeitsfunktion für die Rückkehrzeit T_{jj}. Sie erfüllt jedoch im allgemeinen Fall nicht die Bedingung, daß die Summe aller Wahrscheinlichkeiten $f_{jj}(n)$ für $n > 0$ eins ist. Ist der Zustand j nach dem Verlassen nicht wieder erreichbar, so ist $f_{jj}(n) = 0$ für jedes $n > 0$.

Momente der Rückkehrzeit : Die Momente der Rückkehrzeit T_{jj} werden aus den Wahrscheinlichkeiten $f_{jj}(n)$ mit $n > 0$ bestimmt. Das Moment k-ter Ordnung ist wie folgt definiert :

$$m_{jj}(k) := \sum_{n=1}^{\infty} n^k \, f_{jj}(n)$$

Die Momente der Rückkehrzeit werden direkt aus den Momenten der Durchgangszeiten berechnet. Die Rechenvorschrift wird aus der Definition der Momente hergeleitet :

$$m_{jj}(k) = \sum_{n=1}^{\infty} n^k f_{jj}(n) = p_{jj} + \sum_{n=2}^{\infty} n^k f_{jj}(n)$$

Mit der Vorschrift $f_{jj}(n) = \mathbf{q}_j^T \mathbf{f}_j(n-1)$ für $n > 0$ folgt :

$$m_{jj}(k) = p_{jj} + \sum_{n=2}^{\infty} n^k \mathbf{q}_j^T \mathbf{f}_j(n-1) = p_{jj} + \mathbf{q}_j^T \sum_{n=1}^{\infty} (n+1)^k \mathbf{f}_j(n)$$

Mit dem binomischen Satz für $(n+1)^k$ und dem definierten Vektor $\mathbf{m}_j(k)$ der Momente der Durchgangszeit folgt :

$$m_{jj}(k) = p_{jj} + \mathbf{q}_j^T \sum_{n=1}^{\infty} \sum_{q=0}^{k} \binom{k}{q} n^q \mathbf{f}_j(n)$$

$$m_{jj}(k) = p_{jj} + \mathbf{q}_j^T \sum_{q=0}^{k} \binom{k}{q} \mathbf{m}_j(k)$$

Rückkehrwahrscheinlichkeit : Die Wahrscheinlichkeit $P(T_{jj} > 0)$ heißt Rückkehrwahrscheinlichkeit und wird mit $\overset{*}{f}_{jj}$ bezeichnet. Sie ist die Summe aller Wahrscheinlichkeiten $P(T_{jj} = n) = f_{jj}(n)$ für $n > 0$ und daher das Moment nullter Ordnung $m_{jj}(0)$.

$$\overset{*}{f}_{jj} := P(T_{jj} > 0) = m_{jj}(0)$$

Die Rückkehrwahrscheinlichkeit wird mit den Durchgangswahrscheinlichkeiten $\overset{*}{\mathbf{f}}_j = \mathbf{m}_j(0)$ in vektorieller Form wie folgt bestimmt :

$$\overset{*}{f}_{jj} = p_{jj} + \mathbf{q}_j^T \overset{*}{\mathbf{f}}_j$$

Geht im Übergangsgraphen kein Zyklus durch den Zustand j, so ist j nicht wieder erreichbar und $\overset{*}{f}_{jj} = 0$. Geht im Übergangsgraphen mindestens ein Zyklus durch den Zustand j, so ist j wieder erreichbar und $\overset{*}{f}_{jj} > 0$. Gehen im Übergangsgraphen nur Zyklen durch den Zustand j, so ist j stets wieder erreichbar und $\overset{*}{f}_{jj} = 1$. Die Wahrscheinlichkeit dafür, daß der Zustand j nicht wieder erreicht wird, ist $1 - \overset{*}{f}_{jj}$.

Mittlere Rückkehrzeit : Ist ein Zustand j stets wieder erreichbar, so ist $f_{jj}(n)$ für $n > 0$ mit $\overset{*}{f}_{jj} = 1$ eine Wahrscheinlichkeitsfunktion. In diesem Fall ist das Moment erster Ordnung $m_{jj}(1)$ der Mittelwert μ_{jj} der Rückkehrzeit und heißt mittlere Rückkehrzeit.

$$\mu_{jj} := m_{jj}(1) \quad \text{für} \quad \overset{*}{f}_{jj} = 1$$

Die mittlere Rückkehrzeit wird mit den Durchgangswahrscheinlichkeiten $\overset{*}{\mathbf{f}}_j = \mathbf{m}_j(0)$ und den mittleren Durchgangszeiten $\boldsymbol{\mu}_j = \mathbf{m}_j(1)$ in vektorieller Form wie folgt bestimmt :

$$\mu_{jj} = p_{jj} + \mathbf{q}_j^T(\overset{*}{\mathbf{f}}_j + \boldsymbol{\mu}_j) = \overset{*}{f}_{jj} + \mathbf{q}_j^T \boldsymbol{\mu}_j$$

Beispiel : Schädigungsprozeß

Die Fahrbahndecke einer Straße wird im Verlauf der Jahre durch verschiedenartige zufallsbedingte Einwirkungen geschädigt. Die Schädigung wird vereinfachend durch die Schädigungszustände 1,2,3 beschrieben. Der Schädigungsprozeß wird als homogener Markov Prozeß mit dem dargestellten bewerteten Übergangsgraphen und der zugehörigen Übergangsmatrix behandelt.

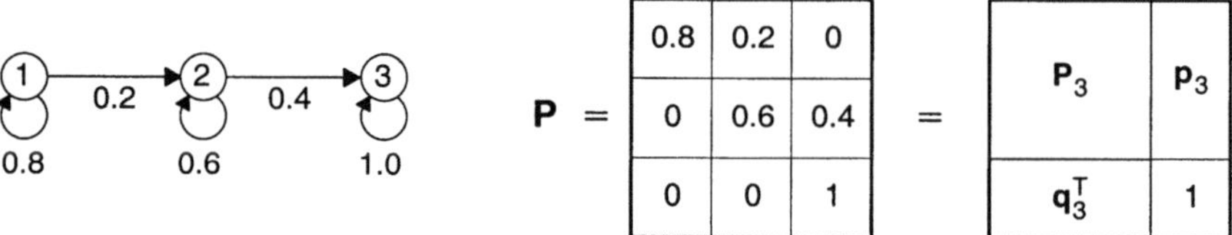

$$\mathbf{P} = \begin{bmatrix} 0.8 & 0.2 & 0 \\ 0 & 0.6 & 0.4 \\ 0 & 0 & 1 \end{bmatrix} = \begin{bmatrix} \mathbf{P}_3 & \mathbf{p}_3 \\ \mathbf{q}_3^T & 1 \end{bmatrix}$$

Der Schädigungszustand 3 ist vom Schädigungszustand 1 in den Jahren $T_{13} = 2, 3, 4, \ldots$ und vom Schädigungszustand 2 in den Jahren $T_{23} = 1, 2, 3, \ldots$ erstmalig erreichbar. Die Wahrscheinlichkeiten $f_{13}(n)$, $f_{23}(n)$ werden im Vektor $\mathbf{f}_3(n)$ zusammengefaßt und mit der Übergangsmatrix $\mathbf{P}_3$ und dem Übergangsvektor $\mathbf{p}_3$ rekursiv berechnet.

$$\mathbf{f}_3(n) = \mathbf{P}_3 \, \mathbf{f}_3(n-1) \qquad\qquad \mathbf{f}_3(1) = \mathbf{p}_3$$

Die Berechnung der Vektoren $\mathbf{f}_3(n)$ ist nachfolgend gezeigt :

		$\mathbf{p}_3 = \mathbf{f}_3(1)$	$\mathbf{f}_3(2)$	$\mathbf{f}_3(3)$	$\mathbf{f}_3(4)$	$\mathbf{f}_3(5)$	$\mathbf{f}_3(6)$
		0.000	0.080	0.112	0.118	0.112	0.100
		0.400	0.240	0.144	0.086	0.052	0.031
0.8	0.2	0.080	0.112	0.118	0.112	0.100	0.086
0	0.6	0.240	0.144	0.086	0.052	0.031	0.019
$\mathbf{P}_3$		$\mathbf{f}_3(2)$	$\mathbf{f}_3(3)$	$\mathbf{f}_3(4)$	$\mathbf{f}_3(5)$	$\mathbf{f}_3(6)$	$\mathbf{f}_3(7)$

Die Momente nullter Ordnung $\overset{*}{f}_{i3}$ und die Momente erster Ordnung μ_{i3} für $i = 1, 2$ werden in den Vektoren $\overset{*}{\mathbf{f}}_3$ und $\boldsymbol{\mu}_3$ zusammengefaßt. Sie werden durch Lösen der linearen Gleichungssysteme berechnet :

$$(\mathbf{I} - \mathbf{P}_3) * \overset{*}{\mathbf{f}}_3 = \mathbf{p}_3 \qquad\qquad (\mathbf{I} - \mathbf{P}_3) * \boldsymbol{\mu}_3 = \overset{*}{\mathbf{f}}_3$$

$$\begin{bmatrix} 0.2 & -0.2 \\ 0 & 0.4 \end{bmatrix} * \begin{bmatrix} 1.0 \\ 1.0 \end{bmatrix} = \begin{bmatrix} 0.0 \\ 0.4 \end{bmatrix} \qquad\qquad \begin{bmatrix} 0.2 & -0.2 \\ 0 & 0.4 \end{bmatrix} * \begin{bmatrix} 7.5 \\ 2.5 \end{bmatrix} = \begin{bmatrix} 1.0 \\ 1.0 \end{bmatrix}$$

Die Durchgangswahrscheinlichkeiten von Zustand 1 zu Zustand 3 und von Zustand 2 zu Zustand 3 sind $\overset{*}{f}_{13} = \overset{*}{f}_{23} = 1.0$. Die Durchgangszeit von Zustand 1 zu Zustand 3 beträgt im Mittel $\mu_{13} = 7.5$ Jahre und von Zustand 2 zu Zustand 3 im Mittel $\mu_{23} = 2.5$ Jahre.

Prozeßverhalten : Das Verhalten eines homogenen Markov Prozesses bei der erstmaligen Erreichbarkeit eines Zustandes j von einem Zustand i kann auf der Grundlage der Struktureigenschaften und der Wahrscheinlichkeiten $\overset{*}{f}_{ij}$ analysiert werden. Dabei werden das Rückkehrverhalten, das Durchgangsverhalten und das Absorptionsverhalten betrachtet.

Rückkehrverhalten : Die Rückkehrwahrscheinlichkeit ermöglicht die Klassifikation von Zuständen des homogenen Markov Prozesses. Ein Zustand j mit der Rückkehrwahrscheinlichkeit $\overset{*}{f}_{jj} < 1$ heißt transient und gehört zu einer transienten Zustandsklasse. Ein Zustand j mit der Rückkehrwahrscheinlichkeit $\overset{*}{f}_{jj} = 1$ heißt rekurrent und gehört zu einer finalen Zustandsklasse.

$$\text{Zustand j ist transient} \quad :\Leftrightarrow \quad \overset{*}{f}_{jj} < 1$$

$$\text{Zustand j ist rekurrent} \quad :\Leftrightarrow \quad \overset{*}{f}_{jj} = 1$$

Durchgangsverhalten : Das Durchgangsverhalten wird durch die Durchgangswahrscheinlichkeiten $\overset{*}{f}_{ij}$ für zwei verschiedene Zustände $i \neq j$ bestimmt. Folgende Fälle werden unterschieden :

- Die Zustände i und j sind rekurrent. Sie können entweder zur gleichen finalen Zustandsklasse oder zu zwei verschiedenen finalen Zustandsklassen gehören. Im ersten Fall gilt $\overset{*}{f}_{ij} = \overset{*}{f}_{ji} = 1$, da die finale Zustandsklasse nicht verlassen werden kann und die Zustände innerhalb ihrer Klasse gegenseitig stets erreichbar sind. Im zweiten Fall gilt $\overset{*}{f}_{ij} = \overset{*}{f}_{ji} = 0$, da die Zustände zu zwei verschiedenen finalen Zustandsklassen gehören und daher nicht voneinander erreichbar sind.
- Die Zustände i und j sind transient. Sie können entweder zur gleichen transienten Zustandsklasse oder zu zwei verschiedenen transienten Zustandsklassen gehören. Im ersten Fall gelten $\overset{*}{f}_{ij} > 0$ und $\overset{*}{f}_{ji} > 0$, da die Zustände innerhalb der gleichen Zustandsklasse gegenseitig erreichbar sind. Im zweiten Fall gilt $\overset{*}{f}_{ij} = 0$ oder $\overset{*}{f}_{ji} = 0$, da i von j oder j von i nicht erreichbar ist.
- Der Zustand i ist transient und der Zustand j ist rekurrent. Es gilt $\overset{*}{f}_{ji} = 0$, da i nicht von j erreichbar ist.

Absorptionsverhalten : Wird von einem transienten Zustand i erstmalig eine finale Zustandsklasse J erreicht, so kann sie nicht wieder verlassen werden. Die Wahrscheinlichkeit $\overset{*}{f}_{iJ}$ heißt Absorptionswahrscheinlichkeit und ist eine Klasseneigenschaft. Für jeden rekurrenten Zustand $j \in J$ gilt $\overset{*}{f}_{ij} = \overset{*}{f}_{iJ}$. Die Absorptionswahrscheinlichkeiten $\overset{*}{f}_{iJ}$ werden für einen reduzierten homogenen Markov Prozeß berechnet.

Der homogene Markov Prozeß wird reduziert, indem jeder rekurrente Zustand $j \in J$ auf seine finale Zustandsklasse J abgebildet wird. Die Übergangswahrscheinlichkeiten für diese Reduktion werden wie folgt bestimmt :

- Die Wahrscheinlichkeit p_{iJ} für den Übergang von einem transienten Zustand i zu einer finalen Zustandsklasse J ist die Summe der Wahrscheinlichkeiten p_{ij} für alle Zustände $j \in J$. Da ein rekurrenter Zustand $j \in J$ nicht in einen transienten Zustand i übergehen kann, ist die Übergangswahrscheinlichkeit p_{Ji} null.

$$p_{iJ} = \sum_{j \in J} p_{ij} \qquad\qquad p_{Ji} = 0$$

- Da ein rekurrenter Zustand $j \in J$ einer finalen Zustandsklasse J in einen Zustand der gleichen Zustandsklasse übergeht, ist die Übergangswahrscheinlichkeit p_{JJ} eins und die Übergangswahrscheinlichkeit p_{JK} für $K \neq J$ null.

$$p_{JK} = \delta_{JK} = \begin{cases} 0 & \text{für } K \neq J \\ 1 & \text{für } K = J \end{cases}$$

Damit besitzt die Übergangsmatrix $\mathbf{P}_R$ eines reduzierten homogenen Markov Prozesses folgende besondere Struktur :

$$\mathbf{P}_R = \begin{array}{|c|c|} \hline \mathbf{Q} & \mathbf{R} \\ \hline \mathbf{0} & \mathbf{I} \\ \hline \end{array} \begin{array}{l} \leftarrow i \quad \text{transiente Zustände} \\ \leftarrow J \quad \text{finale Zustandsklassen} \end{array}$$

Werden die Absorptionswahrscheinlichkeiten $\overset{*}{f}_{iJ}$ für alle transienten Zustände i in einem Vektor $\overset{*}{\mathbf{f}}_J$ angeordnet, so ergibt sich nach den Rechenvorschriften für die Wahrscheinlichkeit $\overset{*}{\mathbf{f}}_J$ unter Berücksichtigung der besonderen Struktur der Übergangsmatrix $\mathbf{P}_R$ folgendes lineare Gleichungssystem :

$$(\mathbf{I} - \mathbf{Q})\ \overset{*}{\mathbf{f}}_J = \mathbf{r}_J \qquad\qquad \mathbf{r}_J = \text{Spalte von } \mathbf{R} \text{ für Zustandsklasse J}$$

Das lineare Gleichungssystem für $\overset{*}{\mathbf{f}}_J$ ist eindeutig lösbar. Die Matrix $\mathbf{I} - \mathbf{Q}$ ist regulär, da die Matrix $\mathbf{Q}$ für die Übergänge zwischen den transienten Zuständen nur Eigenwerte mit $|\lambda| < 1$ besitzt und daher die Determinante $\det(\mathbf{I} - \mathbf{Q})$ ungleich null ist.

Beispiel : Absorptionsverhalten

Gegeben sei der homogene Markov Prozeß mit dem dargestellten Übergangsgraphen und der zugehörigen Übergangsmatrix **P**.

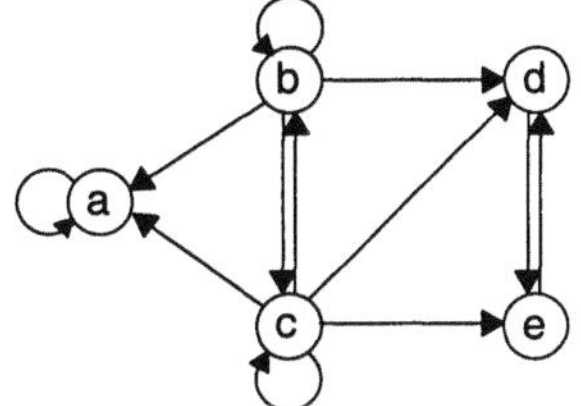

$$\mathbf{P} = \frac{1}{5} \begin{array}{c} \begin{array}{ccccc} a & b & c & d & e \end{array} \\ \left[\begin{array}{ccccc} 5 & 0 & 0 & 0 & 0 \\ 1 & 2 & 1 & 1 & 0 \\ 1 & 1 & 1 & 1 & 1 \\ 0 & 0 & 0 & 0 & 5 \\ 0 & 0 & 0 & 5 & 0 \end{array}\right] \end{array} \begin{array}{c} \\ a \\ b \\ c \\ d \\ e \end{array}$$

Der Zustandsraum des Markov Prozesses besteht aus der finalen Zustandsklasse $A = \{a\}$, der finalen Zustandsklasse $D = \{d, e\}$ und der transienten Zustandsklasse $T = \{b, c\}$. Die Zustände a, d, e der beiden finalen Zustandsklassen sind rekurrent. Die Zustände b, c der transienten Zustandsklasse sind transient. Die Reduktion des Prozesses auf seine transienten Zustände und seine finalen Zustandsklassen führt zu folgendem Übergangsgraphen mit der reduzierten Übergangsmatrix $\mathbf{P}_R$.

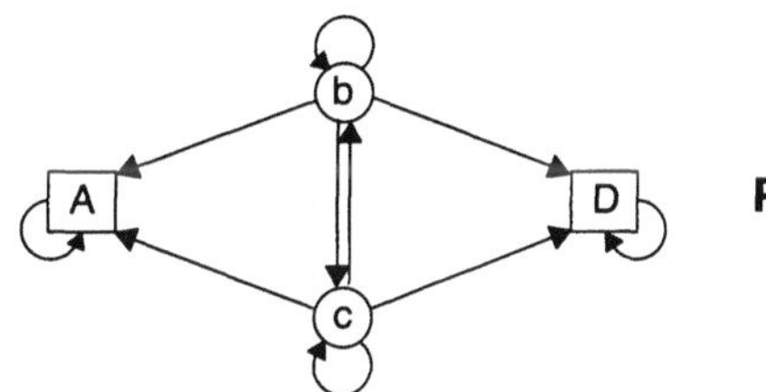

$$\mathbf{P}_R = \frac{1}{5} \begin{array}{c} \begin{array}{cccc} b & c & A & D \end{array} \\ \left[\begin{array}{cccc} 2 & 1 & 1 & 1 \\ 1 & 1 & 1 & 2 \\ 0 & 0 & 5 & 0 \\ 0 & 0 & 0 & 5 \end{array}\right] \end{array} \begin{array}{c} \\ b \\ c \\ A \\ D \end{array} = \left[\begin{array}{cc} \mathbf{Q} & \mathbf{R} \\ \mathbf{0} & \mathbf{I} \end{array}\right]$$

Die Absorptionswahrscheinlichkeiten $\overset{*}{f}_{bD}$, $\overset{*}{f}_{cD}$ werden im Vektor $\overset{*}{\mathbf{f}}_D$ zusammengefaßt und als Lösungen des folgenden linearen Gleichungssystems bestimmt :

$$(\mathbf{I} - \mathbf{Q}) * \overset{*}{\mathbf{f}}_D = \mathbf{r}_D$$

$$\left[\begin{array}{cc} 3/5 & -1/5 \\ -1/5 & 4/5 \end{array}\right] \left[\begin{array}{c} 6/11 \\ 7/11 \end{array}\right] = \left[\begin{array}{c} 1/5 \\ 2/5 \end{array}\right]$$

In dem homogenen Markov Prozeß ist die finale Zustandsklasse D mit der Absorptionswahrscheinlichkeit 6/11 vom Zustand b und mit der Absorptionswahrscheinlichkeit 7/11 vom Zustand c erreichbar.

10.5.2.6 Prozesse höherer Ordnung

Einführung : In den vorangehenden Abschnitten sind finite Markov Prozesse erster Ordnung behandelt. Markov Prozesse höherer Ordnung lassen sich in einfacher Form auf Markov Prozesse erster Ordnung zurückführen. Damit können die behandelten Grundlagen auch auf Markov Prozesse höherer Ordnung angewandt werden.

Prozeß erster Ordnung : Ein stochastischer Prozeß heißt Markov Prozeß erster Ordnung, wenn der Zustand des Prozesses zum zukünftigen Zeitpunkt t_{n+1} nur vom Zustand zum gegenwärtigen Zeitpunkt t_n abhängt. Ein derartiger Prozeß heißt auch Prozeß ohne Gedächtnis.

Prozeß r-ter Ordnung : Ein stochastischer Prozeß heißt Markov Prozeß r-ter Ordnung, wenn der Zustand des Prozesses zum zukünftigen Zeitpunkt t_{n+1} vom Zustand zum gegenwärtigen Zeitpunkt t_n und von den Zuständen zu den vergangenen $r-1$ Zeitpunkten $t_{n-1},\ldots,t_{n-r+1}$ abhängt. Ein derartiger Prozeß mit $r > 1$ heißt auch Prozeß mit Gedächtnis.

Zustand : Ein Markov Prozeß r-ter Ordnung mit dem Zustandsraum S wird auf einen Markov Prozeß erster Ordnung mit dem Zustandsraum S^r zurückgeführt. Der Zustandsraum S^r enthält alle geordneten r-Tupel des Zustandsraumes S. Ein geordnetes r-Tupel enthält die Zustände, die der Prozeß zu den Zeitpunkten $t_n, t_{n-1},\ldots,t_{n-r+1}$ annehmen kann.

Übergang : Die im Zustandsraum S^r möglichen Übergänge sind beschränkt. Ein Übergang vom Zustandstupel $a \in S^r$ des Zeitpunktes t_n zum Zustandstupel $b \in S^r$ des Zeitpunktes t_{n+1} ist nur möglich, wenn die ersten $r-1$ Zustände von a mit den letzten $r-1$ Zuständen von b übereinstimmen. Die Übergangswahrscheinlichkeiten für die nicht möglichen Übergänge sind null.

Beispiel : Markov Prozeß zweiter Ordnung

Gegeben sei ein Markov Prozeß zweiter Ordnung mit dem Zustandsraum S, der die Zustände 0 und 1 enthält. Er wird auf einen Markov Prozeß erster Ordnung mit dem Zustandsraum S^2 zurückgeführt. Die möglichen Übergänge im Zustandsraum S^2 sind im Übergangsgraphen gezeigt.

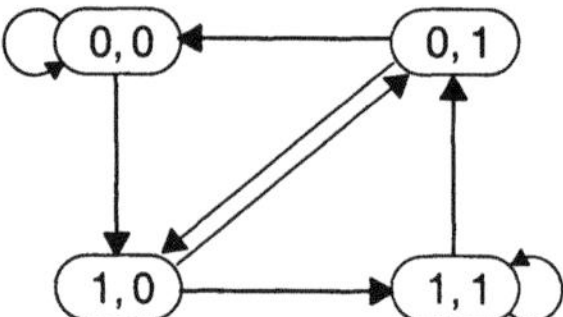

$$S = \{0, 1\}$$

$$S^2 = S \times S$$

$$S^2 = \{(0,0), (0,1), (1,0), (1,1)\}$$

10.5.3 FINITE MARKOV PROZESSE MIT STETIGEM ZEITRAUM

10.5.3.1 Einführung

Im vorangehenden Abschnitt sind finite Markov Prozesse mit einem endlichen diskreten Zustandsraum und einem diskreten Zeitraum behandelt. Darauf aufbauend werden in diesem Abschnitt finite Markov Prozesse mit einem stetigen Zeitraum betrachtet. Zu einem bestimmten Zeitpunkt t befindet sich der Markov Prozeß mit bestimmten Wahrscheinlichkeiten in den verschiedenen Zuständen. Zum Zeitpunkt $t + dt$ geht jeder Zustand mit einer bestimmten Übergangsrate stetig in einen neuen Zustand über. Die Wahrscheinlichkeiten für die verschiedenen Zustände, die der Prozeß annehmen kann, sind daher stetige zeitabhängige Funktionen.

Sind die Übergangsraten des Markov Prozesses konstant, so heißt der Markov Prozeß homogen. Die grundlegenden Definitionen und Methoden für homogene Markov Prozesse mit stetigem Zeitraum ergeben sich aus den Definitionen und Methoden homogener Markov Prozesse mit diskretem Zeitraum. Sie sind in den Abschnitten 10.5.3.2 und 10.5.3.3 hergeleitet und werden dort auf typische Beispiele angewandt.

Ein wesentlicher Anwendungsbereich der homogenen Markov Prozesse mit stetigem Zeitraum ist die Warteschlangentheorie. Warteschlangenmodelle setzen sich aus einem Ankunftsprozeß und einem Bedienprozeß zusammen. Die Grundlagen der Warteschlangentheorie einschließlich der Modellbildung sind in den Abschnitten 10.5.3.4 und 10.5.3.5 behandelt.

10.5.3.2 Zustände und Übergangsraten

Einführung : Die finiten Markov Prozesse im stetigen Zeitraum lassen sich direkt aus den finiten Markov Prozessen im diskreten Zeitraum herleiten. Dabei wird die Zustandsänderung des Prozesses innerhalb eines infinitesimalen Zeitinkrementes betrachtet. Diese Betrachtung führt zu einer Anfangswertaufgabe mit einem linearen Differentialgleichungssystem erster Ordnung für die zeitabhängigen Zustandswahrscheinlichkeiten des Prozesses.

Zustandswahrscheinlichkeit : Der finite Markov Prozeß im stetigen Zeitraum wird durch eine Zufallsvariable $X(t)$ beschrieben, die zum Zeitpunkt t verschiedene reelle Werte x_j für die möglichen Zustände e_j des Prozesses annehmen kann. Die Zustandswahrscheinlichkeit $p_j(t)$ ist die Wahrscheinlichkeit dafür, daß der Prozeß sich zum Zeitpunkt t im Zustand e_j befindet und somit die Zufallsvariable $X(t)$ den Wert x_j annimmt. Die Zustandswahrscheinlichkeiten für alle möglichen Zustände bilden die Wahrscheinlichkeitsfunktion für die Zufallsvariable X(t). Sie werden zweckmäßig in einem stochastischen Vektor **p**(t) angeordnet. Ihre Summe ist 1.

$$p_j(t) = P(X(t) = x_j)$$

$$\mathbf{p}(t) \geq \mathbf{0} \qquad \mathbf{e}^T \mathbf{p}(t) = 1$$

Inkrementeller Übergang : Gegeben sei ein homogener Markov Prozeß mit den Zustandswahrscheinlichkeiten **p**(t) zum Zeitpunkt t. Die Zustandswahrscheinlichkeiten **p**(t + Δt) zum Zeitpunkt t + Δt werden mit den Übergangswahrscheinlichkeiten **P**(Δt) berechnet, die bei einem homogenen Markov Prozeß nur vom Zeitinkrement Δt und nicht vom Zeitpunkt t abhängen.

$$\mathbf{p}(t + \Delta t) = \mathbf{P}^T(\Delta t)\, \mathbf{p}(t) \tag{1}$$

Die auf das Zeitinkrement Δt bezogenen Änderungen der Zustandswahrscheinlichkeiten sind :

$$\frac{1}{\Delta t}(\mathbf{p}(t + \Delta t) - \mathbf{p}(t)) = \frac{1}{\Delta t}(\mathbf{P}(\Delta t) - \mathbf{I})^T\, \mathbf{p}(t) \tag{2}$$

Infinitesimaler Übergang : Der infinitesimale Übergang ergibt sich aus dem inkrementellen Übergang für den Grenzfall $\Delta t \to 0$. Aus Gleichung (1) folgt die Stetigkeitsbedingung für die Zustandswahrscheinlichkeiten **p**(t).

$$\lim_{\Delta t \to 0} \mathbf{p}(t + \Delta t) = \lim_{\Delta t \to 0} \mathbf{P}^T(\Delta t)\, \mathbf{p}(t)$$

$$\lim_{\Delta t \to 0} \mathbf{P}(\Delta t) = \mathbf{I} \qquad \text{Stetigkeitsbedingung}$$

$$\lim_{\Delta t \to 0} \mathbf{p}(t + \Delta t) = \mathbf{p}(t) \qquad \text{Stetigkeit}$$

Aus Gleichung (2) folgt die Übergangsbedingung für die Zustandswahrscheinlichkeiten **p**(t) in Form eines Differentialgleichungssystems erster Ordnung mit einer konstanten Übergangsmatrix **G**.

$$\mathbf{p}'(t) = \lim_{\Delta t \to 0} \frac{1}{\Delta t}(\mathbf{p}(t + \Delta t) - \mathbf{p}(t)) = \lim_{\Delta t \to 0} \frac{1}{\Delta t}(\mathbf{P}(\Delta t) - \mathbf{I})^T\, \mathbf{p}(t)$$

$$\mathbf{G} := \lim_{\Delta t \to 0} \frac{1}{\Delta t}(\mathbf{P}(\Delta t) - \mathbf{I}) \qquad \text{Übergangsmatrix}$$

$$\mathbf{p}'(t) = \mathbf{G}^T\, \mathbf{p}(t) \qquad \text{Übergangsbedingung}$$

Die Übergangsmatrix **G** heißt Erzeuger oder Generator des homogenen Markov Prozesses. Ihre Elemente lassen sich als Übergangsraten interpretieren.

Übergangsraten : Ein homogener Markov Prozeß im stetigen Zeitraum wird durch Übergangsraten beschrieben. Die Wahrscheinlichkeit $p_{ij}(\Delta t)$ für den Übergang vom Zustand i zum Zustand $j \neq i$ ist proportional zum Zeitinkrement Δt mit der nichtnegativen Übergangsrate g_{ij} als Proportionalitätskonstante :

$$p_{ij}(\Delta t) = g_{ij}\,\Delta t + o(\Delta t) \leq 1 \qquad i \neq j$$

$o(\Delta t)$ Terme höherer Ordnung in Δt

Ist das Zeitinkrement Δt ausreichend klein, so sind die Terme höherer Ordnung $o(\Delta t)$ gegenüber $g_{ij}\Delta t$ vernachlässigbar klein. Die Wahrscheinlichkeit für die Übergänge von Zustand i zu allen Zuständen j im Zeitinkrement Δt muß 1 sein. Aus dieser Bedingung ergibt sich die Wahrscheinlichkeit $p_{ii}(\Delta t)$ mit der nichtpositiven Übergangsrate g_{ii}.

$$p_{ii}(\Delta t) = 1 - \sum_{j \neq i} p_{ij}(\Delta t) = 1 - \sum_{j \neq i} g_{ij}\Delta t + o(\Delta t)$$

$$p_{ii}(\Delta t) = 1 + g_{ii}\Delta t + o(\Delta t)$$

$$g_{ii} = -\sum_{j \neq i} g_{ij}$$

Im Grenzfall $\Delta t \to 0$ streben die Übergangswahrscheinlichkeiten $p_{ij}(\Delta t)$ für $i \neq j$ gegen 0 und für $i = j$ gegen 1. Damit ist die Stetigkeitsbedingung erfüllt. Die Übergangsraten g_{ij} sind für $i = j$ nichtpositiv und für $i \neq j$ nichtnegativ. Die Summe der Raten für die Übergänge von einem Zustand i zu allen Zuständen j ist 0.

$$-\infty < g_{ii} \leq 0$$

$$0 \leq g_{ij} < \infty \qquad \text{für} \quad i \neq j$$

$$\sum_j g_{ij} = 0$$

Übergangsgraph : Ein finiter homogener Markov Prozeß im stetigen Zeitraum ist durch einen Übergangsgraphen mit den Übergangsraten als Bewertung darstellbar. Seine Struktur wird mit den graphentheoretischen Methoden in Abschnitt 10.5.2.3 analysiert. Der Zustandsraum des Prozesses ist in transiente oder finale Zustandsklassen zerlegbar. Er enthält mindestens eine finale Zustandsklasse. Jede finale Zustandsklasse ist wegen der Stetigkeitsbedingung für die Zustände aperiodisch. Das Langzeitverhalten des Prozesses ist daher nicht periodisch.

Homogener Markov Prozeß : Ein homogener Markov Prozeß im stetigen Zeitraum ist durch die Anfangsverteilung $\mathbf{p}_0$ zum Zeitpunkt $t = 0$ und durch den Generator $\mathbf{G}$ mit den Übergangsraten vollständig beschrieben. Diese Beschreibung führt zu folgender Anfangswertaufgabe :

$$\mathbf{p}'(t) = \mathbf{G}^T\mathbf{p}(t) \qquad \mathbf{p}(t=0) = \mathbf{p}_0 \qquad t \geq 0$$

Die Anfangswertaufgabe besitzt folgende Lösung :

$$\mathbf{p}(t) = \mathbf{P}^T(t)\,\mathbf{p}_0 \qquad \mathbf{P}(t) = e^{t\mathbf{G}} := \sum_{k=0}^{\infty} \frac{1}{k!}(t\mathbf{G})^k$$

Die Matrix $\mathbf{P}(t)$ ist die Übergangsmatrix für die Zustandswahrscheinlichkeiten des Prozesses im Zeitraum von 0 bis t. Sie ist darstellbar als Exponentialfunktion mit dem Generator $\mathbf{G}$. Für ihre zeitliche Ableitung gilt :

$$\mathbf{P}'(t) = \mathbf{G}\mathbf{P}(t) = \mathbf{P}(t)\mathbf{G}$$

Grenzverteilung : Ausgehend von einer Anfangsverteilung $\mathbf{p}_0$ streben die berechneten Verteilungen $\mathbf{p}(t)$ eines homogenen Markov Prozesses im Grenzfall $t \rightarrow \infty$ gegen eine Grenzverteilung $\mathbf{p}_\infty$. Die Grenzverteilung kann abhängig oder unabhängig von der Anfangsverteilung $\mathbf{p}_0$ sein.

$$\mathbf{p}_\infty = \lim_{t \rightarrow \infty} \mathbf{p}(t)$$

Besitzt der homogene Markov Prozeß genau eine finale Zustandsklasse, so ist die Grenzverteilung unabhängig von der Anfangsverteilung $\mathbf{p}_0$. Besitzt er mehrere finale Zustandsklassen, so ist die Grenzverteilung abhängig von der Anfangsverteilung $\mathbf{p}_0$.

Gleichgewichtsverteilung : Ein homogener Markov Prozeß befindet sich im Gleichgewicht, wenn die Verteilung $\mathbf{p}(t)$ unabhängig von der Zeit ist. Dieses ist nur möglich, wenn die zeitliche Ableitung $\mathbf{p}'(t)$ null ist. Eine derartige Verteilung $\overset{*}{\mathbf{p}}$ heißt Gleichgewichtsverteilung oder stationäre Verteilung. Nach den Rechenregeln ergibt sich folgende Gleichgewichtsbedingung :

$$\mathbf{G}^T\overset{*}{\mathbf{p}} = \mathbf{0}$$

Eine Verteilung $\overset{*}{\mathbf{p}}$ kann direkt aus der Gleichgewichtsbedingung und den Verteilungsbedingungen bestimmt werden. Dies führt zu Bestimmungsgleichungen in Form eines homogenen linearen Gleichungssystems mit Nebenbedingungen.

$$\mathbf{G}^T\overset{*}{\mathbf{p}} = \mathbf{0} \qquad \mathbf{e}^T\overset{*}{\mathbf{p}} = 1 \qquad \overset{*}{\mathbf{p}} \geq \mathbf{0}$$

Jede Grenzverteilung $\mathbf{p}_\infty$ ist eine Gleichgewichtsverteilung. Ist die Anfangsverteilung $\mathbf{p}_0$ eine Gleichgewichtsverteilung, so ist der homogene Markov Prozeß ein stationärer Prozeß, dessen Verteilung unabhängig von der Zeit ist.

Beispiel : Gerätezustände

Ein Gerät sei zu einem Zeitpunkt t entweder in einem defekten Zustand 0 oder in einem intakten Zustand 1. Die Reparaturzeit für ein defektes Gerät beträgt im Mittel T_0. Die Rate für den Übergang vom defekten zum intakten Zustand ist daher $\alpha = 1/T_0$. Die Laufzeit für ein intaktes Gerät beträgt im Mittel T_1. Die Rate für den Übergang vom intakten zum defekten Zustand ist daher $\beta = 1/T_1$. Der homogene Markov Prozeß mit den Übergangswahrscheinlichkeiten für ein Zeitinkrement Δt läßt sich wie folgt darstellen :

$$\mathbf{P}(\Delta t) = \begin{bmatrix} 1-\alpha\Delta t & \alpha\Delta t \\ \beta\Delta t & 1-\beta\Delta t \end{bmatrix} + \mathbf{o}(\Delta t)$$

Der Grenzübergang $\Delta t \to 0$ führt zum homogenen Markov Prozeß im stetigen Zeitraum $t \geq 0$ mit dem Generator **G**, der sich wie folgt graphisch darstellen läßt :

$$\mathbf{G} = \begin{bmatrix} -\alpha & \alpha \\ \beta & -\beta \end{bmatrix}$$

Damit ergibt sich folgende Anfangswertaufgabe für die Zustandswahrscheinlichkeiten $p_0(t)$ und $p_1(t)$:

$$\mathbf{p}'(t) = \mathbf{G}^T * \mathbf{p}(t) \qquad \mathbf{p}(t=0) = \mathbf{p}(0)$$

$$\begin{bmatrix} p_0'(t) \\ p_1'(t) \end{bmatrix} = \begin{bmatrix} -\alpha & \beta \\ \alpha & -\beta \end{bmatrix} * \begin{bmatrix} p_0(t) \\ p_1(t) \end{bmatrix}$$

Die Anfangswertaufgabe mit der Nebenbedingung $p_0(t) + p_1(t) = 1$ besitzt folgende Lösung :

$$p_0(t) = p_0(0)\, e^{-(\alpha+\beta)t} + \frac{\beta}{\alpha+\beta}\,(1 - e^{-(\alpha+\beta)t})$$

$$p_1(t) = p_1(0)\, e^{-(\alpha+\beta)t} + \frac{\alpha}{\alpha+\beta}\,(1 - e^{-(\alpha+\beta)t})$$

Für den Grenzfall $t \to \infty$ streben die Zustandswahrscheinlichkeiten gegen folgende Grenzwerte, die unabhängig von den Zustandswahrscheinlichkeiten zum Zeitpunkt $t = 0$ sind :

$$p_0(\infty) = \frac{\beta}{\alpha+\beta}$$

$$p_1(\infty) = \frac{\alpha}{\alpha+\beta}$$

Die Grenzverteilung für $t \to \infty$ ist identisch mit der Gleichgewichtsverteilung, die als Lösung des homogenen linearen Gleichungssystems mit Nebenbedingung berechnet wird :

$$\mathbf{G}^T * \overset{*}{\mathbf{p}} = \mathbf{0} \qquad \overset{*}{p}_0 + \overset{*}{p}_1 = 1$$

$$\begin{bmatrix} -\alpha & \beta \\ \alpha & -\beta \end{bmatrix} \begin{bmatrix} \overset{*}{p}_0 \\ \overset{*}{p}_1 \end{bmatrix} = \begin{bmatrix} 0 \\ 0 \end{bmatrix} \qquad \begin{aligned} \overset{*}{p}_0 &= \beta/(\alpha+\beta) \\ \overset{*}{p}_1 &= \alpha/(\alpha+\beta) \end{aligned}$$

10.5.3.3 Erstmalige Erreichbarkeit

Einführung : Das Problem der erstmaligen Erreichbarkeit ("first passage problem") ist für finite homogene Markov Prozesse mit diskretem Zeitraum in Abschnitt 10.5.2.5 behandelt. Die Prinzipien lassen sich auf finite homogene Markov Prozesse mit stetigem Zeitraum übertragen. Die zeitabhängige Verteilung für die erstmalige Erreichbarkeit eines Zielzustandes z von einem Ausgangszustand a ist im diskreten Zeitraum diskret. Sie ist im stetigen Zeitraum stetig. Eine geeignete Methode zur Bestimmung der stetigen Verteilung und ihrer Momente ist nachfolgend beschrieben.

Durchgangszeit : Die Durchgangszeit T_{ij} ist diejenige Zeit, die ein homogener Markov Prozeß im stetigen Zeitraum benötigt, um von einem Zustand i erstmalig einen anderen Zustand j zu erreichen. Die Durchgangszeit ist eine stetige Zufallsvariable, die Werte $t \geq 0$ annimmt.

Dichtefunktion der Durchgangszeit : Ist ein Zustand j von einem Zustand i erreichbar, so nimmt die Durchgangszeit T_{ij} reelle Werte $t \geq 0$ an. Sie wird durch die Wahrscheinlichkeitsdichte $f_{ij}(t)$ für $t \geq 0$ beschrieben. Wird die Zeitachse $t \geq 0$ in ausreichend kleine Zeitinkremente Δt unterteilt, so ist $\Delta t\ f_{ij}(t)$ die Wahrscheinlichkeit dafür, daß der Zustand j im Zeitintervall von $t - \Delta t$ bis t erstmalig vom Zustand i erreicht wird. Damit läßt sich die rekursive Rechenvorschrift für homogene Markov Prozesse im diskreten Zeitraum aus Abschnitt 10.5.2.5 direkt anwenden. Mit den inkrementellen Übergangswahrscheinlichkeiten $p_{ij}(\Delta t)$ gilt :

$$\Delta t\ f_{ij}(\Delta t) = p_{ij}(\Delta t) \qquad i \neq j$$

$$\Delta t\ f_{ij}(t) = \sum_{k \neq j} p_{ik}(\Delta t)\ \Delta t\ f_{kj}(t - \Delta t) \qquad i \neq j$$

Durch Umformung der Gleichungen folgt :

$$f_{ij}(\Delta t) = \frac{1}{\Delta t} p_{ij}(\Delta t)$$

$$\frac{1}{\Delta t}(f_{ij}(t) - f_{ij}(t-\Delta t)) = \frac{1}{\Delta t}(\sum_{k \neq j} p_{ik}(\Delta t)\, f_{kj}(t-\Delta t) \; - \; f_{ij}(t-\Delta t))$$

Die Betrachtung des Grenzfalles $\Delta t \to 0$ führt für $i \neq j$ mit den Definitionen der Übergangsraten g_{ij} zu folgender Anfangswertaufgabe :

$$f'_{ij}(t) = \sum_{k \neq j} g_{ik}\, f_{kj}(t) \qquad f_{ij}(0) = g_{ij} \qquad i \neq j$$

Die Rechenvorschriften lassen sich übersichtlich in Vektor- und Matrixschreibweise formulieren. Für einen vorgegebenen Zustand j und alle Zustände $i \neq j$ werden die Wahrscheinlichkeitsdichten $f_{ij}(t)$ und Übergangsraten g_{ij} in den Vektoren $\mathbf{f}_j(t)$ und $\mathbf{g}_j$ zusammengefaßt. Die Matrix $\mathbf{G}_j$ wird aus dem Generator $\mathbf{G}$ gebildet, indem die Zeile j und Spalte j von $\mathbf{G}$ gestrichen werden.

$$\mathbf{f}'_j(t) = \mathbf{G}_j\, \mathbf{f}_j(t) \qquad \mathbf{f}_j(0) = \mathbf{g}_j$$

Die Lösungen $f_{ij}(t)$ der Anfangswertaufgabe entsprechen für $t \geq 0$ einer Dichtefunktion für die Durchgangszeit T_{ij}. Sie erfüllt jedoch im allgemeinen Fall nicht die Bedingung, daß das Integral von $f_{ij}(t)$ über $t \geq 0$ eins ist. Ist der Zustand j vom Zustand i nicht erreichbar, so ist $f_{ij}(t) = 0$ für $t \geq 0$.

Momente der Durchgangszeit : Die Momente der Durchgangszeit T_{ij} werden aus der Wahrscheinlichkeitsdichte $f_{ij}(t)$ mit $t \geq 0$ bestimmt. Das Moment k-ter Ordnung ist wie folgt definiert :

$$m_{ij}(k) := \int_0^\infty t^k f_{ij}(t)\, dt \qquad k \geq 0$$

Die Momente lassen sich direkt berechnen, ohne die Wahrscheinlichkeitsdichten $f_{ij}(t)$ explizit zu bestimmen. Die Rechenvorschrift wird übersichtlich in Vektor- und Matrixschreibweise formuliert. Für einen gegebenen Zustand j und jeden Zustand $i \neq j$ werden die Momente $m_{ij}(k)$ im Vektor $\mathbf{m}_j(k)$ zusammengefaßt. Mit der Definition der Momente gilt :

$$\mathbf{m}_j(k) = \int_0^\infty t^k\, \mathbf{f}_j(t)\, dt$$

Durch Multiplikation der Gleichung mit der Matrix $\mathbf{G}_j$ von links und Substitution der Rechenvorschrift $\mathbf{f}'_j(t) = \mathbf{G}_j\, \mathbf{f}_j(t)$ folgt :

$$\mathbf{G}_j\ \mathbf{m}_j(k) = \mathbf{G}_j \int_0^\infty t^k\ \mathbf{f}_j(t)\ dt = \int_0^\infty t^k\ \mathbf{G}_j\ \mathbf{f}_j(t)\ dt = \int_0^\infty t^k\ \mathbf{f}_j'(t)\ dt$$

Durch direkte und partielle Integration folgt für $k = 0$ und $k > 0$:

$$\mathbf{G}_j\ \mathbf{m}_j(0) = \int_0^\infty \mathbf{f}_j'(t)\ dt = \mathbf{f}_j(\infty) - \mathbf{f}_j(0) = \mathbf{f}_j(\infty) - \mathbf{g}_j$$

$$\mathbf{G}_j\ \mathbf{m}_j(k) = \int_0^\infty t^k\ \mathbf{f}_j'(t)\ dt = [t^k\ \mathbf{f}_j(t)]_0^\infty - k\int_0^\infty t^{k-1}\ \mathbf{f}_j(t)\ dt \qquad k > 0$$

Da die Wahrscheinlichkeitsdichten für $t \to \infty$ exponentiell gegen null streben, ergeben sich folgende Bestimmungsgleichungen für die Momente der Durchgangszeiten :

$$\mathbf{G}_j\ \mathbf{m}_j(0) = -\mathbf{g}_j$$

$$\mathbf{G}_j\ \mathbf{m}_j(k) = -k\ \mathbf{m}_j(k-1) \qquad k > 0$$

Ist der Zustand j vom Zustand i nicht erreichbar, so sind wegen $f_{ij}(t) = 0$ für $t \geq 0$ auch alle Momente $m_{ij}(k) = 0$ für $k \geq 0$.

Durchgangswahrscheinlichkeit : Die Wahrscheinlichkeit $P(T_{ij} \geq 0)$ heißt Durchgangswahrscheinlichkeit und wird mit $\overset{*}{f}_{ij}$ bezeichnet. Sie ist das Integral der Wahrscheinlichkeitsdichte $f_{ij}(t)$ über $t \geq 0$ und daher das Moment nullter Ordnung.

$$\overset{*}{f}_{ij} := P(T_{ij} \geq 0) = m_{ij}(0)$$

Die Durchgangswahrscheinlichkeiten werden nach der Rechenvorschrift für die Momente nullter Ordnung $\overset{*}{\mathbf{f}}_j = \mathbf{m}_j(0)$ wie folgt bestimmt :

$$\mathbf{G}_j\ \overset{*}{\mathbf{f}}_j = -\mathbf{g}_j$$

Führt im Übergangsgraphen kein Weg vom Zustand i zum Zustand j, so ist j nicht von i erreichbar und $\overset{*}{f}_{ij} = 0$. Führt mindestens ein Weg vom Zustand i zum Zustand j, so ist j von i erreichbar und $\overset{*}{f}_{ij} > 0$. Führt jeder genügend lange Weg vom Zustand i zum Zustand j, so ist j stets von i erreichbar und $\overset{*}{f}_{ij} = 1$. Die Wahrscheinlichkeit, daß der Zustand j vom Zustand i nicht erreicht wird, ist $1 - \overset{*}{f}_{ij}$.

Mittlere Durchgangszeit : Ist ein Zustand j stets vom Zustand i erreichbar, so ist $f_{ij}(t)$ für $t > 0$ mit $\overset{*}{f}_{ij} = 1$ eine Dichtefunktion. In diesem Fall ist das Moment erster Ordnung $m_{ij}(1)$ der Mittelwert μ_{ij} der Durchgangszeit und heißt mittlere Durchgangszeit.

$$\mu_{ij} := m_{ij}(1) \quad \text{für} \quad \overset{*}{f}_{ij} = 1$$

Die Mittelwerte werden nach der Rechenvorschrift für die Momente erster Ordnung in vektorieller Form $\boldsymbol{\mu}_j = \mathbf{m}_j(1)$ wie folgt bestimmt :

$$\mathbf{G}_j \, \boldsymbol{\mu}_j = -\overset{*}{\mathbf{f}}_j$$

Rückkehrzeit : Die Rückkehrzeit T_{jj} ist diejenige Zeit, die ein homogener Markov Prozeß im stetigen Zeitraum benötigt, um nach dem Verlassen eines Zustandes j erstmalig zum Zustand j zurückzukehren. Der homogene Markov Prozeß verläßt den Zustand j mit den Wahrscheinlichkeiten p_{ji} zu den Zuständen $i \neq j$, die wie folgt aus den Übergangsraten berechnet werden :

$$p_{ji} = -\frac{g_{ji}}{g_{jj}} \qquad g_{jj} = -\sum_{i \neq j} g_{ij} \qquad i \neq j$$

Dichtefunktion der Rückkehrzeit : Ist ein Zustand j nach dem Verlassen wieder erreichbar, so nimmt die Rückkehrzeit T_{jj} reelle Zahlen $t \geq 0$ an. Sie wird durch die Wahrscheinlichkeitsdichte $f_{jj}(t)$ beschrieben und aus den Wahrscheinlichkeitsdichten $f_{ij}(t)$ für die Durchgangszeiten T_{ij} mit $i \neq j$ berechnet. Der homogene Markov Prozeß verläßt den Zustand j mit den Wahrscheinlichkeiten p_{ji} zu den Zuständen $i \neq j$ und kehrt anschließend erstmalig zum ursprünglichen Zustand zurück. Damit ist die Wahrscheinlichkeitsdichte $f_{jj}(t)$ die gewichtete Summe der Wahrscheinlichkeitsdichten $f_{ij}(t)$ mit den Wahrscheinlichkeiten p_{ji} als Gewichtsfaktoren.

$$f_{jj}(t) = \sum_{i \neq j} p_{ji} \, f_{ij}(t)$$

Die Rechenvorschrift läßt sich übersichtlich in Vektorschreibweise formulieren. Für einen gegebenen Zustand j und alle Zustände $i \neq j$ werden die Wahrscheinlichkeiten p_{ji} und $f_{ij}(t)$ in den Vektoren $\mathbf{q}_j^T$ und $\mathbf{f}_j(t)$ zusammengefaßt.

$$f_{jj}(t) = \mathbf{q}_j^T \, \mathbf{f}_j(t)$$

Die Wahrscheinlichkeitsdichte $f_{jj}(t)$ entspricht einer Dichtefunktion für die Rückkehrzeit. Sie erfüllt jedoch im allgemeinen Fall nicht die Bedingung, daß das Integral von $f_{jj}(t)$ über $t \geq 0$ eins ist. Kann der Zustand j nicht verlassen werden oder ist der Zustand j nach dem Verlassen nicht wieder erreichbar, so ist $f_{jj}(t) = 0$ für $t > 0$.

Momente der Rückkehrzeit : Die Momente der Rückkehrzeit T_{jj} werden aus der Wahrscheinlichkeitsdichte $f_{jj}(t)$ mit $t \geq 0$ bestimmt. Das Moment k-ter Ordnung ist wie folgt definiert :

$$m_{jj}(k) := \int_0^\infty t^k \, f_{jj}(t) \, dt$$

Die Momente der Rückkehrzeit lassen sich direkt aus den Momenten der Durchgangszeiten berechnen. Mit der Vorschrift $f_{jj}(t) = \mathbf{q}_j^T \, \mathbf{f}_j(t)$ folgt :

$$m_{jj}(k) \;=\; \mathbf{q}_j^T \int_0^{\infty} t^k \, \mathbf{f}_j(t) \, dt \;=\; \mathbf{q}_j^T \, \mathbf{m}_j(k)$$

Rückkehrwahrscheinlichkeit : Die Wahrscheinlichkeit $P(T_{jj} \geq 0)$ heißt Rückkehrwahrscheinlichkeit und wird mit $\overset{*}{f}_{jj}$ bezeichnet. Sie ist das Integral der Wahrscheinlichkeitsdichte $f_{jj}(t)$ über $t \geq 0$ und daher das Moment nullter Ordnung.

$$\overset{*}{f}_{jj} \;:=\; P(T_{jj} \geq 0) \;=\; \int_0^{t} f_{jj}(t) \, dt \;=\; m_{jj}(0)$$

Die Rückkehrwahrscheinlichkeit wird mit den Durchgangswahrscheinlichkeiten $\overset{*}{\mathbf{f}}_j = \mathbf{m}_j(0)$ in vektorieller Form wie folgt bestimmt :

$$\overset{*}{f}_{jj} \;=\; \mathbf{q}_j^T \, \overset{*}{\mathbf{f}}_j$$

Geht im Übergangsgraphen kein Zyklus durch den Zustand j, so ist j nicht wieder erreichbar und $\overset{*}{f}_{jj} = 0$. Geht im Übergangsgraphen mindestens ein Zyklus durch den Zustand j, so ist j wieder erreichbar und $\overset{*}{f}_{jj} > 0$. Gehen im Übergangsgraphen nur Zyklen durch den Zustand j, so ist j stets wieder erreichbar und $\overset{*}{f}_{jj} = 1$. Die Wahrscheinlichkeit dafür, daß der Zustand j nicht wieder erreicht wird, ist $1 - \overset{*}{f}_{jj}$.

Mittlere Rückkehrzeit : Ist ein Zustand j stets wieder erreichbar, so ist $f_{jj}(t)$ für $t \geq 0$ mit $\overset{*}{f}_{jj} = 1$ eine Dichtefunktion. In diesem Fall ist das Moment erster Ordnung $m_{jj}(1)$ der Mittelwert μ_{jj} der Rückkehrzeit und heißt mittlere Rückkehrzeit.

$$\mu_{jj} \;:=\; m_{jj}(1) \qquad \text{für} \qquad \overset{*}{f}_{jj} \;=\; 1$$

Die mittlere Rückkehrzeit wird mit den mittleren Durchgangszeiten $\boldsymbol{\mu}_j = \mathbf{m}_j(1)$ in vektorieller Form wie folgt bestimmt :

$$\mu_{jj} \;=\; \mathbf{q}_j^T \, \boldsymbol{\mu}_j$$

Beispiel : Schädigungsprozeß

Das in Abschnitt 10.5.2.5 behandelte Beispiel für einen einfachen Schädigungsprozeß mit den Schädigungszuständen 1,2,3 kann auch als homogener Markov Prozeß im stetigen Zeitraum betrachtet werden. Der Übergangsgraph mit den Übergangsraten und der zugehörige Generator **G** für diesen Schädigungsprozeß sind gegeben.

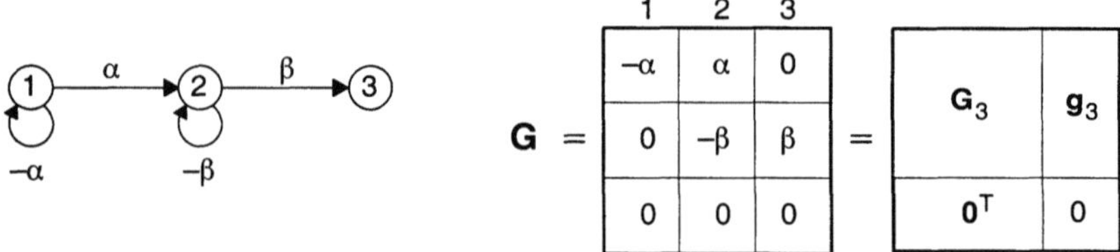

Der Schädigungszustand 3 wird vom Schädigungszustand 1 in der Zeit T_{13} und vom Schädigungszustand 2 in der Zeit T_{23} erstmalig erreicht. Die Wahrscheinlichkeitsdichten $f_{13}(t)$ und $f_{23}(t)$ werden in einem Vektor $\mathbf{f}_3(t)$ zusammengefaßt. Mit der Matrix $\mathbf{G}_3$ und dem Vektor $\mathbf{g}_3$ ergibt sich folgende Anfangswertaufgabe in Matrix- und Vektorschreibweise :

$$\mathbf{f}_3'(t) = \mathbf{G}_3 * \mathbf{f}_3(t) \qquad \mathbf{f}_3(0) = \mathbf{g}_3$$

$$\begin{bmatrix} f_{13}'(t) \\ f_{23}'(t) \end{bmatrix} = \begin{bmatrix} -\alpha & \alpha \\ 0 & -\beta \end{bmatrix} * \begin{bmatrix} f_{13}(t) \\ f_{23}(t) \end{bmatrix} \qquad \begin{bmatrix} f_{13}(0) \\ f_{23}(0) \end{bmatrix} = \begin{bmatrix} 0 \\ \beta \end{bmatrix}$$

Die Bestimmungsgleichungen der Wahrscheinlichkeitsdichten werden in der Komponentendarstellung betrachtet :

$$f_{13}'(t) = -\alpha\, f_{13}(t) + \alpha\, f_{23}(t) \qquad f_{13}(0) = 0$$

$$f_{23}'(t) = -\beta\, f_{23}(t) \qquad f_{23}(0) = \beta$$

Die Lösungen für $\alpha \neq \beta$ sind :

$$f_{13}(t) = (e^{-\alpha t} - e^{-\beta t}) \,/\, (1/\alpha - 1/\beta)$$

$$f_{23}(t) = \beta e^{-\beta t}$$

Die Momente nullter Ordnung $\overset{*}{f}_{i3}$ und die Momente erster Ordnung μ_{i3} für $i = 1, 2$ werden in den Vektoren $\overset{*}{\mathbf{f}}_3$ und $\boldsymbol{\mu}_3$ zusammengefaßt. Sie werden durch Lösen der linearen Gleichungssysteme berechnet :

$$\mathbf{G}_3 * \overset{*}{\mathbf{f}}_3 = -\mathbf{g}_3 \qquad \mathbf{G}_3 * \boldsymbol{\mu}_3 = -\overset{*}{\mathbf{f}}_3$$

$$\begin{bmatrix} -\alpha & \alpha \\ 0 & -\beta \end{bmatrix} * \begin{bmatrix} 1 \\ 1 \end{bmatrix} = \begin{bmatrix} 0 \\ -\beta \end{bmatrix} \qquad \begin{bmatrix} -\alpha & \alpha \\ 0 & -\beta \end{bmatrix} * \begin{bmatrix} 1/\alpha + 1/\beta \\ 1/\beta \end{bmatrix} = \begin{bmatrix} -1 \\ -1 \end{bmatrix}$$

Die Durchgangszeit von Zustand 1 zu Zustand 3 beträgt im Mittel $\mu_{13} = 1/\alpha + 1/\beta$ und von Zustand 2 zu Zustand 3 im Mittel $\mu_{23} = 1/\beta$. Die Wahrscheinlichkeitsdichte für die Rückkehr des Zustandes 3 zu sich selbst ist null, da der Zustand 3 nicht verlassen werden kann.

10.5.3.4 Warteschlangen

Einführung : Warteschlangenprobleme treten in vielfältiger Form in verschiedenen Anwendungsbereichen auf. Ein einfaches Beispiel ist die Bedienung von Kunden an einem Schalter. In zufälligen Zeitabständen kommen Kunden am Schalter an und warten auf ihre Bedienung. Jeder Kunde wird in einer zufälligen Zeitdauer bedient. Nach der Bedienung verläßt der Kunde den Schalter. Durch die laufende Ankunft von Kunden am Schalter und den laufenden Abgang von Kunden nach ihrer Bedienung entsteht eine Warteschlange am Schalter, deren Länge sich mit der Zeit ändert. Warteschlangenprobleme dieser Art lassen sich als Markov Prozesse behandeln.

Warteschlangenmodelle : Mathematische Modelle zur Behandlung von Warteschlangenproblemen werden Warteschlangenmodelle genannt. Sie setzen sich aus einem Ankunftsmodell und einem Bedienmodell zusammen. Ein Warteschlangenmodell wird durch die Art des Ankunfts- und Bedienprozesses, die Anzahl der Bedienstationen, die Kapazität des Warteraumes und die Regel der Bedienung beschrieben. In der Literatur werden für die verschiedenen Warteschlangenmodelle Kurzbezeichnungen in folgender Form verwendet :

Warteschlangenmodell	A / B / s / m / R
Art des Ankunftsprozesses	A
Art des Bedienprozesses	B
Anzahl der Bedienstationen	s
Kapazität des Warteraumes	m
Regel der Bedienung	R

Der Ankunftsprozeß und der Bedienprozeß können ein Markov Prozeß, ein generalisierter stochastischer Prozeß oder ein deterministischer Prozeß sein. Dementsprechend wird die Art des Ankunfts- oder Bedienprozesses durch die Buchstaben M, G oder D gekennzeichnet. Das Bedienmodell besitzt ein oder mehrere Bedienstationen. Die Wartekapazität ist beschränkt oder unbeschränkt. Für die Reihenfolge der Bedienung werden in Abhängigkeit von der Reihenfolge der Ankunft folgende Regeln verwendet :

- Die Bedienung erfolgt in der Reihenfolge der Ankunft (FIFO : first in first out).
- Die Bedienung erfolgt in umgekehrter Reihenfolge zur Ankunft (LIFO : last in first out).
- Die Bedienung erfolgt in zufälliger Reihenfolge unabhängig von der Reihenfolge der Ankunft (SIRO : service in random order).

Die nachfolgende Behandlung der Warteschlangenmodelle beschränkt sich auf Markov Prozesse für die Ankunft und die Bedienung sowie auf die Reihenfolge der Bedienung in der Reihenfolge der Ankunft. Die Regel für die Bedienung wird im folgenden in der Kurzbezeichnung nicht mehr angegeben.

Warteschlange : Eine Warteschlange ist eine Folge von Kunden, die gerade bedient werden oder auf ihre Bedienung warten. Die Anzahl der Kunden einer Warteschlange heißt Länge der Warteschlange. Die Länge ist eine natürliche Zahl und kann durch eine gegebene Wartekapazität beschränkt sein. Die Länge einer Warteschlange zum Zeitpunkt t ist eine diskrete Zufallsvariable und wird mit X(t) bezeichnet.

Wartezeit : Die Zeit, die ein Kunde, der sich zur Zeit in der Position n der Warteschlange befindet, warten muß, um die Warteschlange nach seiner Bedienung zu verlassen, ist eine stetige Zufallsvariable T_n und heißt Wartezeit des n-ten Kunden. Die Wartezeit des ersten Kunden in der Warteschlange, der gerade bedient wird, heißt auch Bedienzeit.

Ankunftsmodell : Gegeben sei eine Bedienstation, an der zur Zeit $t = 0$ kein Kunde wartet. Im Verlaufe der Zeit $t > 0$ treffen an der Bedienstation Kunden mit der Ankunftsrate α ein. Die Bedienstation sei geschlossen, so daß kein Kunde bedient wird und eine Warteschlange entsteht. Die Wartekapazität sei auf m Kunden beschränkt. Die Länge der Warteschlange zum Zeitpunkt t ist eine Zufallsvariable X(t) und kann natürliche Werte aus dem Intervall [0,m] annehmen. Dieser Ankunftsprozeß ist ein homogener Markov Prozeß im stetigen Zeitraum $t \geq 0$ und wird durch folgenden Übergangsgraphen dargestellt.

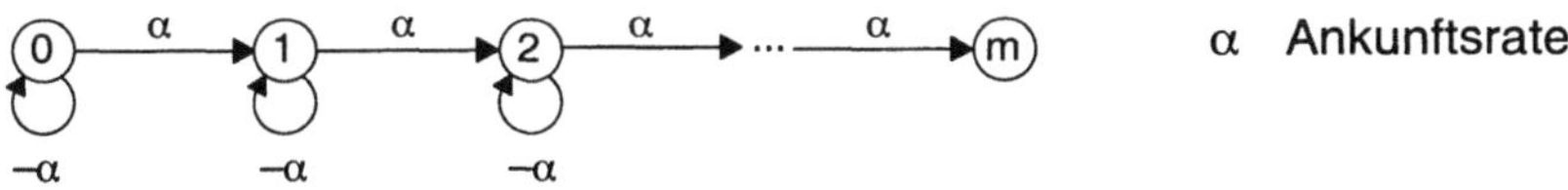

Warteschlange : Die Wahrscheinlichkeit, daß die Warteschlange beim Ankunftsprozeß zum Zeitpunkt t die Länge n hat, ist $p_n(t)$. Die Wahrscheinlichkeiten $p_n(t)$ für $0 \leq n \leq m$ werden nach Abschnitt 10.5.3.2 durch Lösen der folgenden Anfangswertaufgabe bestimmt :

$$p'_0(t) = -\alpha \, p_0(t) \qquad p_0(0) = 1$$

$$p'_n(t) = -\alpha \, p_n(t) + \alpha \, p_{n-1}(t) \qquad p_n(0) = 0 \qquad 0 < n < m$$

$$p'_m(t) = \alpha \, p_{m-1}(t) \qquad p_m(0) = 0$$

Die Lösungen dieser Anfangswertaufgabe sind :

$$p_n(t) = \frac{(\alpha t)^n}{n!} e^{-\alpha t} \qquad 0 \le n < m$$

$$p_m(t) = 1 - e^{-\alpha t} \sum_{n=0}^{m-1} \frac{(\alpha t)^n}{n!}$$

Die Anzahl der wartenden Kunden ist mit Wahrscheinlichkeit $p_m(t)$ gleich der Wartekapazität. Die Wahrscheinlichkeit dafür, daß ein ankommender Kunde abgewiesen wird, ist ebenfalls $p_m(t)$. Strebt $m \to \infty$, so strebt $p_m(t) \to 0$.

$$p_\infty(t) = \lim_{m \to \infty} p_m(t) = 1 - e^{-\alpha t} \sum_{n=0}^{\infty} \frac{(\alpha t)^n}{n!} = 1 - e^{-\alpha t} e^{\alpha t} = 0$$

Die Wahrscheinlichkeiten $p_n(t)$ mit $n \ge 0$ sind für eine unbeschränkte Wartekapazität $m = \infty$ nach Abschnitt 10.3.6.4 Poisson-verteilt. Der Mittelwert der Poisson Verteilung ist αt und heißt mittlere Länge $\mu(t)$ der Warteschlange zum Zeitpunkt t.

$$\mu(t) = \alpha t \qquad m = \infty$$

Ein Markov Prozeß, der zu einer Poisson Verteilung führt, heißt auch Poisson Prozeß. Ein Ankunftsprozeß mit konstanter Ankunftsrate und unbeschränkter Wartekapazität ist ein Poisson Prozeß.

Bedienmodell : Gegeben sei eine Bedienstation, an der zum Zeitpunkt $t = 0$ mehrere Kunden warten. Im Verlaufe der Zeit $t > 0$ werden die Kunden in der Reihenfolge ihrer Ankunft mit der Bedienrate β bedient. Der Bedienprozeß ist wie der Ankunftsprozeß ein homogener Markov Prozeß im stetigen Zeitraum $t \ge 0$ und wird durch folgenden Übergangsgraphen dargestellt.

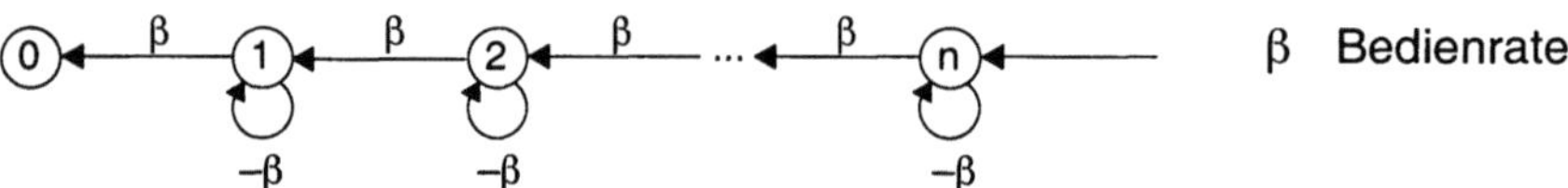

Wartezeit : Die Wartezeit T_n des n-ten Kunden einer Warteschlange ist die Zeit, die der Bedienprozeß benötigt, um vom Zustand n erstmalig den Zustand 0 zu erreichen. Die Dichtefunktionen $f_n(t)$ für die Wartezeiten T_n werden nach Abschnitt 10.5.3.3 durch Lösen der folgenden Anfangswertaufgabe bestimmt :

$$f_1'(t) = -\beta\, f_1(t) \qquad f_1(0) = \beta$$

$$f_n'(t) = -\beta\, f_n(t) + \beta\, f_{n-1}(t) \qquad f_n(0) = 0 \qquad n > 1$$

Die Lösungen dieser Anfangswertaufgabe sind :

$$f_n(t) = \beta \frac{(\beta t)^{n-1}}{(n-1)!} e^{-\beta t} \qquad n > 0$$

Die Dichtefunktion $f_n(t)$ für die Wartezeit T_n ist nach Abschnitt 10.3.7.1 eine Gammaverteilung. Der Mittelwert n/β der Gammaverteilung heißt mittlere Wartezeit μ_n des n-ten Kunden.

$$\mu_n \quad = n/\beta$$

Bedienzeit : Die Wartezeit T_1 des ersten Kunden in einer Warteschlange heißt Bedienzeit. Sie ist exponential verteilt. Der Mittelwert $1/\beta$ der Exponentialverteilung heißt mittlere Bedienzeit.

$$f_1(t) = \beta\, e^{-\beta t} \qquad t \geq 0$$

$$\mu_1 \quad = 1/\beta$$

Die Wahrscheinlichkeit dafür, daß die Bedienzeit $T_1 \geq t$ ist, wird wie folgt berechnet :

$$P(T_1 \geq t) = \int_t^{\infty} f_1(\tau)d\tau = e^{-\beta t}$$

Wird der Kunde zum Zeitpunkt $t \geq 0$ immer noch bedient, so ist $\bar{T}_1 = T_1 - t$ die Restbedienzeit. Die Wahrscheinlichkeit dafür, daß die Restbedienzeit $\bar{T}_1 \geq s$ ist, wird wie folgt bestimmt :

$$P(\bar{T}_1 \geq s) = P(T_1 \geq t + s \mid T_1 \geq t) = \frac{e^{-\beta(t+s)}}{e^{-\beta t}} = e^{-\beta s} = P(T_1 \geq s)$$

Da $P(\bar{T}_1 \geq s) = P(T_1 \geq s)$ gilt, sind die Bedienzeit T_1 und die Restbedienzeit $\bar{T}_1$ identisch verteilt. Die Restbedienzeit $\bar{T}_1$ des Kunden ist damit unabhängig davon, wie lange der Kunde bereits bedient worden ist. Diese Eigenschaft beruht auf der "Gedächtnislosigkeit" des Prozesses.

Warteschlangenmodell : Ein Warteschlangenprozeß setzt sich aus einem Ankunftsprozeß und einem Bedienprozeß zusammen. Die Wartekapazität sei auf m Kunden beschränkt. Die Länge der Warteschlange zum Zeitpunkt t ist eine Zufallsvariable X(t). Sie kann natürliche Werte aus dem Intervall [0,m] annehmen. Die Ankunftsraten α_n und die Bedienraten β_n sind im allgemeinen Fall abhängig von der Länge n der Warteschlange. Der Warteschlangenprozeß ist ein homogener Markov Prozeß im stetigen Zeitraum $t \geq 0$ und wird durch folgenden Übergangsgraphen dargestellt :

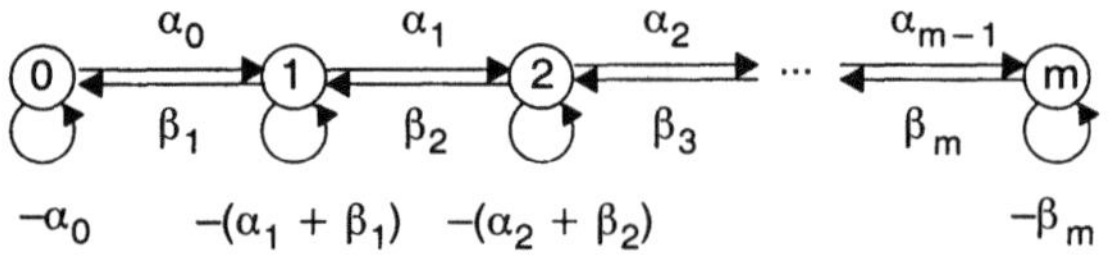

$\alpha_0 \quad \alpha_1 \quad \alpha_2 \quad \alpha_{m-1}$

$(0) \rightleftarrows (1) \rightleftarrows (2) \rightleftarrows \cdots \rightleftarrows (m)$

$\beta_1 \quad \beta_2 \quad \beta_3 \quad \beta_m$

$-\alpha_0 \quad -(\alpha_1 + \beta_1) \quad -(\alpha_2 + \beta_2) \quad -\beta_m$

α_j Ankunftsrate
β_j Bedienrate

Stationäre Warteschlange : Der Warteschlangenprozeß besitzt eine eindeutige Gleichgewichtsverteilung. Sie ist identisch mit der Grenzverteilung, gegen die der Prozeß für $t \to \infty$ unabhängig von der Anfangsverteilung für $t = 0$ strebt. Ist die Anfangsverteilung für $t = 0$ identisch mit der Gleichgewichtsverteilung, so ist der Prozeß stationär. Daher heißt die Gleichgewichtsverteilung auch die stationäre Verteilung der Warteschlange. Die Wahrscheinlichkeiten $\overset{*}{p}_n$ der Gleichgewichtsverteilung sind die Wahrscheinlichkeiten dafür, daß die Warteschlange im stationären Fall die Länge n besitzt. Sie befriedigen nach Abschnitt 10.5.3.2 das folgende lineare Gleichungssystem :

$$-\alpha_0 \overset{*}{p}_0 + \beta_1 \overset{*}{p}_1 = 0$$

$$\alpha_{n-1} \overset{*}{p}_{n-1} - (\alpha_n + \beta_n)\overset{*}{p}_n + \beta_{n+1} \overset{*}{p}_{n+1} = 0 \qquad 0 < n < m$$

$$\alpha_{m-1} \overset{*}{p}_{m-1} - \beta_m \overset{*}{p}_m = 0$$

Die Lösungen dieses Gleichungssystems sind :

$$\overset{*}{p}_n = \overset{*}{p}_{n-1} \frac{\alpha_{n-1}}{\beta_n} \qquad 0 < n \le m$$

$$\overset{*}{p}_n = \overset{*}{p}_0 \frac{\alpha_0 \cdots \alpha_{n-1}}{\beta_1 \cdots \beta_n} = \overset{*}{p}_0 \prod_{j=1}^{n} \frac{\alpha_{j-1}}{\beta_j}$$

Die Wahrscheinlichkeit $\overset{*}{p}_0$ ergibt sich aus der Bedingung, daß die Summe aller Wahrscheinlichkeiten $\overset{*}{p}_j$ für $0 \le j \le m$ eins ist.

$$\overset{*}{p}_0 + \sum_{n=1}^{m} \overset{*}{p}_j = 1$$

$$\overset{*}{p}_0 = \frac{1}{1 + C} \qquad C = \sum_{n=1}^{m} \prod_{j=1}^{n} \frac{\alpha_{j-1}}{\beta_j}$$

Die stationäre Verteilung ist nur abhängig von den Verhältnissen α_{j-1} / β_j. Diese Verhältnisse werden als Verkehrsdichten ϱ_j eingeführt. Damit folgt :

$$\varrho_j := \alpha_{j-1} / \beta_j \qquad 0 < j \le m$$

$$C = \sum_{n=1}^{m} \prod_{j=1}^{n} \varrho_j$$

$$\overset{*}{p}_n = \frac{1}{1 + C} \prod_{j=1}^{n} \varrho_j \qquad 0 < n \le m$$

Ein Modell mit unbeschränktem Warteraum besitzt nur dann die stationäre Verteilung, wenn C für $m \to \infty$ gegen einen endlichen Wert strebt. Die stationären Verteilungen der Länge der Warteschlange sind für einige typische Warteschlangenmodelle nachfolgend behandelt.

Warteschlangenmodell M / M / 1 / m : Das Warteschlangenmodell M / M / 1 / m besteht aus einer Bedienstation mit beschränkter Wartekapazität. Der Ankunftsprozeß und der Bedienprozeß sind Markov Prozesse. Die Ankunftsraten und Bedienraten sind unabhängig von der Länge n der Warteschlange.

$$\alpha_n = \alpha$$

$$\beta_n = \beta$$

$$\varrho_n = \varrho = \alpha / \beta$$

Für $\varrho = 1$ ist die stationäre Verteilung der Länge der Warteschlange eine Gleichverteilung :

$$C = \sum_{n=1}^{m} \varrho^n = m \qquad \varrho = 1$$

$$\overset{*}{p}_n = 1 / (1 + m) \qquad 0 \le n \le m$$

Für $\varrho \neq 1$ ergibt sich eine stationäre Verteilung der Länge n der Warteschlange, die für wachsendes n bei $\varrho < 1$ monoton abnimmt und bei $\varrho > 1$ monoton zunimmt.

$$C = \sum_{n=1}^{m} \varrho^n = \varrho \frac{1 - \varrho^m}{1 - \varrho} \qquad \varrho \neq 1$$

$$\overset{*}{p}_n = \varrho^n (1 - \varrho) / (1 - \varrho^{m+1}) \qquad 0 \le n \le m$$

Die Wahrscheinlichkeit $\overset{*}{p}_m$ ist die Wahrscheinlichkeit dafür, daß die Wartekapazität vollständig ausgenutzt ist. Sie ist gleichzeitig die Wahrscheinlichkeit dafür, daß ein ankommender Kunde wegen der vollständigen Ausnutzung der Wartekapazität abgewiesen wird.

Warteschlangenmodell M / M / 1 / ∞ : Das Warteschlangenmodell M/M/1/∞ unterscheidet sich vom Warteschlangenmodell M/M/1/m nur dadurch, daß die Wartekapazität unbeschränkt ist. Die stationäre Verteilung der Länge der Warteschlange ergibt sich daher aus der Betrachtung des Grenzfalles $m \to \infty$. Sie existiert nur für $\varrho < 1$ und ist eine geometrische Verteilung.

$$C = \sum_{n=1}^{\infty} \varrho^n = \frac{\varrho}{1 - \varrho} \qquad \varrho < 1$$

$$\overset{*}{p}_n = \varrho^n (1 - \varrho) \qquad n \ge 0$$

Die Existenz einer stationären Verteilung für $\varrho = \alpha / \beta < 1$ ist plausibel. Die Bedingung $\alpha < \beta$ bedeutet, daß im Mittel weniger Kunden ankommen als bedient werden können. Die Länge der Warteschlange kann sich stabilisieren. Dies ist für $\alpha \geq \beta$ nicht möglich. Die mittlere Länge $\overset{*}{\mu}$ der Warteschlange ist der Mittelwert der geometrischen Verteilung.

$$\overset{*}{\mu} = \varrho / (1 - \varrho)$$

Die Wartezeit W eines Kunden ist die Zeit von seiner Ankunft an der Bedienstation bis zum Verlassen der Bedienstation. Bei der Ankunft findet der Kunde mit der Wahrscheinlichkeit $\overset{*}{p}_n$ eine Warteschlange mit n Kunden vor. Im Falle von n wartenden Kunden ist seine Wartezeit T_{n+1}. Die im Mittel zu erwartende Wartezeit W des angekommenen Kunden ist :

$$W = \sum_{n=0}^{\infty} \overset{*}{p}_n \, T_{n+1}$$

Die Wartezeit T_{n+1} bei der Bedienung von $n+1$ Kunden mit der konstanten Bedienrate β besitzt eine Gammaverteilung mit der Dichtefunktion $f_{n+1}(t)$. Damit ergibt sich folgende Dichtefunktion $f_W(t)$ für die Wartezeit W :

$$f_W(t) = \sum_{n=0}^{\infty} \overset{*}{p}_n \, f_{n+1}(t) = \sum_{n=0}^{\infty} (1 - \varrho) \, \varrho^n \, \beta \, \frac{(\beta t)^n}{n!} \, e^{-\beta t}$$

$$f_W(t) = (1 - \varrho) \, \beta \, e^{-\beta t} \sum_{n=0}^{\infty} \frac{(\varrho \beta t)^n}{n!} = (1 - \varrho) \, \beta \, e^{-\beta t} \, e^{\varrho \beta t}$$

$$f_W(t) = (1 - \varrho) \, \beta \, e^{-(1 - \varrho)\beta t} = (\beta - \alpha) \, e^{-(\beta - \alpha)t}$$

Die Wartezeit W eines ankommenden Kunden ist exponential verteilt mit dem Parameter $\beta - \alpha$. Die mittlere Wartezeit μ_W ist der Mittelwert der Exponentialverteilung.

$$\mu_W = 1 / (\beta - \alpha)$$

Warteschlangenmodell M / M / s / ∞ : Das Warteschlangenmodell M / M / s / ∞ besteht aus $s \geq 1$ Bedienstationen und einer unbeschränkten Wartekapazität für eine Warteschlange. Der Ankunftsprozeß und der Bedienprozeß sind Markov Prozesse. Die Ankunftsraten und die Bedienraten pro Bedienstation sind unabhängig von der Länge n der Warteschlange. An den s Bedienstationen können bis zu s Kunden gleichzeitig bedient werden.

$$\alpha_n = \alpha$$

$$\beta_n = n \beta \quad \text{für} \quad 0 < n \leq s \qquad \beta_n = s \beta \quad \text{für} \quad n \geq s$$

$$\varrho_n = \varrho / n \quad \text{für} \quad 0 < n \leq s \qquad \varrho_n = \varrho / s \quad \text{für} \quad n \geq s$$

$$\varrho = \alpha / \beta$$

Unter der Voraussetzung $\varrho / s < 1$ ergibt sich folgende stationäre Verteilung der Länge der Warteschlange :

$$\overset{*}{p}_n = \frac{1}{1+C}\frac{\varrho^n}{n!} \qquad 0 \le n \le s$$

$$\overset{*}{p}_n = \frac{1}{1+C}\frac{\varrho^s}{s!}\left(\frac{\varrho}{s}\right)^{n-s} \qquad n \ge s$$

$$C = \sum_{n=1}^{\infty} \prod_{j=1}^{n} \varrho_j = \sum_{n=1}^{s} \frac{\varrho^n}{n!} + \sum_{n=s+1}^{\infty} \frac{\varrho^s}{s!}\left(\frac{\varrho}{s}\right)^{n-s}$$

$$C = \sum_{n=1}^{s} \frac{\varrho^n}{n!} + \frac{\varrho^s}{s!}\sum_{j=1}^{\infty}\left(\frac{\varrho}{s}\right)^{j} = \sum_{n=1}^{s} \frac{\varrho^n}{n!} + \frac{\varrho^s}{s!}\frac{\varrho/s}{1-\varrho/s}$$

Warteschlangenmodell M / M / ∞ / ∞ : Das Warteschlangenmodell M / M / ∞ / ∞ unterscheidet sich von dem Warteschlangenmodell M / M / s / ∞ dadurch, daß es unendlich viele Bedienstationen besitzt. Jeder ankommende Kunde wird sofort bedient. Die Anzahl der Kunden, die gerade bedient werden, ist die Länge der Warteschlange. Aus der Betrachtung des Bedienmodells M / M / s / ∞ für den Grenzfall $s \to \infty$ folgt :

$$\alpha_n = \alpha \qquad n \ge 0$$

$$\beta_n = n\,\beta \qquad n > 0$$

$$\varrho_n = \varrho / n \qquad n > 0$$

$$\varrho = \alpha / \beta$$

Die stationäre Verteilung der Länge der Warteschlange ist eine Poisson Verteilung.

$$C = \sum_{n=1}^{\infty} \prod_{j=1}^{n} \varrho_j = \sum_{n=1}^{\infty} \frac{\varrho^n}{n!} = e^{\varrho} - 1$$

$$\overset{*}{p}_n = \frac{1}{1+C}\frac{\varrho^n}{n!} = \frac{\varrho^n}{n!} e^{-\varrho}$$

Die mittlere Länge $\overset{*}{\mu}$ der Warteschlange ist der Mittelwert der Poisson Verteilung.

$$\overset{*}{\mu} = \varrho$$

Das Warteschlangenmodell M / M / ∞ / ∞ entspricht einem Warteschlangenmodell mit nur einer Bedienstation, wenn die ankommenden Kunden sich der Warteschlange mit einer von der Länge der Warteschlange abhängigen Wahrscheinlichkeit anschließen. Unter der Annahme, daß die Ankunftsrate α_n umgekehrt proportional zur Länge $n + 1$ der Warteschlange ist, folgt :

$$\alpha_n = \alpha / (n+1) \qquad n \geq 0$$

$$\beta_n = \beta \qquad n > 0$$

$$\varrho_n = \alpha_{n-1} / \beta = \varrho / n \qquad n > 0$$

$$\varrho = \alpha / \beta$$

Dieses Warteschlangenmodell besitzt die gleichen Verkehrsdichten ϱ_n wie das Warteschlangenmodell M / M / ∞ / ∞ . Die beiden Warteschlangenmodelle besitzen daher die gleiche stationäre Verteilung der Länge der Warteschlange.

Beispiel 1 : Arbeitsplatzrechner und Zentralrechner (client / server)

An einem Zentralrechner seien viele Arbeitsplatzrechner angeschlossen. Die Arbeitsplatzrechner greifen im Mittel 20 mal pro Minute auf den Zentralrechner zu. Mit jedem Zugriff ist ein Auftrag verbunden, dessen Bearbeitung im Mittel 2.0 Sekunden dauert. Die Rechnerkonfiguration entspricht dem Warteschlangenmodell M / M / 1 / ∞. Aus der mittleren Zugriffsanzahl und Bearbeitungsdauer werden die Ankunftsrate α, die Bedienrate β und die Verkehrsdichte ϱ wie folgt berechnet :

Ankunftsrate	$\alpha = 20/60 \ s^{-1}$	$= 1/3 \ s^{-1}$
Bedienrate	$\beta = 1/2.0 \ s^{-1}$	$= 1/2 \ s^{-1}$
Verkehrsdichte	$\varrho = \alpha/\beta$	$= 2/3$

Die stationäre Warteschlange für die Zugriffe auf den Zentralrechner ist geometrisch verteilt mit der mittleren Länge $\overset{*}{\mu}$:

$$\overset{*}{p}_n = \varrho^n (1-\varrho) = \left(\frac{2}{3}\right)^n \frac{1}{3} \qquad n \geq 0$$

$$\overset{*}{\mu} = \varrho / (1-\varrho) = 2.0$$

Die Wartezeit, die für die Bearbeitung eines Auftrages erforderlich ist, heißt auch Antwortzeit. Sie ist exponentiell verteilt mit dem Mittelwert μ_W.

$$f_W(t) = (\beta - \alpha)\, e^{-(\beta-\alpha)t} \qquad t \geq 0$$

$$\mu_W = 1 / (\beta - \alpha) = 6.0 \text{ s}$$

Warteschlangenmodell mit gruppenweiser Ankunft : In den bisherigen Warteschlangenmodellen wird vorausgesetzt, daß die Kunden einzeln an der Bedienstation ankommen. Die Kunden können jedoch auch gruppenweise an der Bedienstation ankommen. Beim einfachsten Warteschlangenmodell mit gruppenweiser Ankunft wird angenommen, daß jede Kundengruppe aus k Kunden besteht, eine Kundengruppe mit der Ankunftsrate α an der Bedienstation ankommt und jeder Kunde mit der Bedienrate β bedient wird. Dieser Warteschlangenprozeß ist ein homogener Markov Prozeß im stetigen Zeitraum $t \geq 0$. Er ist nachfolgend für die Gruppengröße $k = 2$ als Übergangsgraph dargestellt.

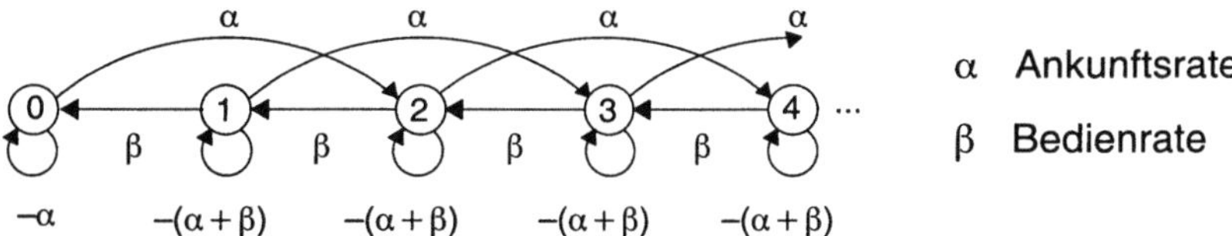

Warteschlangenmodell mit phasenweiser Bedienung : In den bisherigen Warteschlangenmodellen wird vorausgesetzt, daß die Bedienung eines Kunden aus einer Phase besteht. Die Bedienung kann jedoch aus mehreren aufeinanderfolgenden Phasen bestehen. Beim einfachsten Warteschlangenmodell mit phasenweiser Bedienung wird angenommen, daß die Kunden einzeln mit der Ankunftsrate α an der Bedienstation ankommen, jeder Kunde in k aufeinanderfolgenden Bedienphasen bedient wird und jede Bedienphase durch die Bedienrate β festgelegt ist. Während die Bedienzeit bei den bisherigen Warteschlangenmodellen mit dem Parameter β exponentiell verteilt ist, ist die Bedienzeit bei phasenweiser Bedienung gammaverteilt mit den Parametern k und β.

Das Warteschlangenmodell mit gruppenweiser Ankunft ist äquivalent zum Bedienmodell mit phasenweiser Bedienung. Ein Kunde, der in k Phasen bedient wird, entspricht einer Kundengruppe, die aus k Kunden besteht. Ein Kunde m in der Phase $1 \leq j \leq k$ im Warteschlangenmodell mit phasenweiser Bedienung entspricht einem Kunden $n = k(m-1) + j$ im Warteschlangenmodell mit gruppenweiser Ankunft.

Stationäre Warteschlange : Das einfache Warteschlangenmodell mit gruppenweiser Ankunft und unbeschränkter Wartekapazität besitzt für $\alpha / \beta < 1/k$ eine eindeutige Gleichgewichtsverteilung. Sie entspricht der stationären Verteilung der Länge der Warteschlange. Die Wahrscheinlichkeiten $\overset{*}{p}_n$ der Gleichgewichtsverteilung genügen nach Abschnitt 10.5.3.2 dem folgenden linearen Gleichungssystem :

$$\begin{array}{lll} -\alpha \overset{*}{p}_0 + \beta \overset{*}{p}_1 & = 0 & \\ -(\alpha+\beta) \overset{*}{p}_n + \beta \overset{*}{p}_{n+1} & = 0 & 0 < n < k \\ \alpha \overset{*}{p}_{n-k} - (\alpha+\beta) \overset{*}{p}_n + \beta \overset{*}{p}_{n+1} & = 0 & k \leq n \end{array}$$

Die Wahrscheinlichkeiten $\overset{*}{p}_n$ lassen sich ausgehend von der Wahrscheinlichkeit $\overset{*}{p}_0$ rekursiv mit $\varrho = \alpha / \beta$ berechnen :

$$\begin{array}{lll} \overset{*}{p}_1 & = \varrho \overset{*}{p}_0 & \\ \overset{*}{p}_{n+1} & = (1+\varrho) \overset{*}{p}_n & 0 < n < k \\ \overset{*}{p}_{n+1} & = (1+\varrho) \overset{*}{p}_n - \varrho \overset{*}{p}_{n-k} & k \leq n \end{array}$$

Die Wahrscheinlichkeit $\overset{*}{p}_0$ wird aus der Bedingung bestimmt, daß die Summe der Wahrscheinlichkeiten $\overset{*}{p}_n$ für $n \geq 0$ eins ist. Dies führt zu folgender Formel :

$$\overset{*}{p}_0 = 1 - k\varrho$$

Die Wahrscheinlichkeit $\overset{*}{p}_{j,m}$ ist die Wahrscheinlichkeit dafür, daß der j-te Kunde der ersten Kundengruppe gerade bedient wird und $m-1$ Kundengruppen mit je k Kunden warten. Sie ist gleich der Wahrscheinlichkeit dafür, daß die Warteschlange die Länge $n = km - j + 1$ besitzt.

$$\overset{*}{p}_{j,m} = \overset{*}{p}_{km-j+1} \qquad m = 1, 2, \ldots \qquad j = 1, \ldots, k$$

Die Wahrscheinlichkeit $\overset{*}{p}_m$ ist die Wahrscheinlichkeit dafür, daß m Kundengruppen warten oder gerade bedient werden. Sie wird durch Summation der Wahrscheinlichkeiten $\overset{*}{p}_{j,m}$ für $j = 1, \ldots, k$ berechnet. Die Wahrscheinlichkeit dafür, daß keine Kundengruppe wartet oder gerade bedient wird, ist $\overset{*}{p}_0$.

$$\overset{*}{p}_m = \sum_{j=1}^{k} \overset{*}{p}_{j,m} \qquad m = 1, 2, \ldots$$

Die Gleichgewichtsverteilung des Warteschlangenmodells mit phasenweiser Bedienung wird wie die Verteilung für das Warteschlangenmodell mit gruppenweiser Ankunft berechnet. Die Wahrscheinlichkeit $\overset{*}{p}_m$ ist die Wahrscheinlichkeit dafür, daß die Warteschlange die Länge m besitzt.

Beispiel 2 : Phasenweise Bedienung

Betrachtet wird ein Bedienmodell, in dem jeder Kunde in $k = 3$ Phasen bedient wird. Die Bedienrate in jeder Phase sei β. Die Bedienzeit eines Kunden ist gammaverteilt mit der Dichtefunktion $f_3(t)$ und der mittleren Bedienzeit μ_3.

$$f_3(t) = \beta \frac{(\beta t)^2}{2!} e^{-\beta t} \qquad \mu_3 = 3/\beta$$

Zum Vergleich wird ein Bedienmodell betrachtet, in dem jeder Kunde in einer Phase mit der Bedienrate $\beta/3$ bedient wird. Die Bedienzeit sei exponentiell verteilt mit der Dichtefunktion $f_1(t)$ und der mittleren Bedienzeit μ_1. Die Bedienrate ist so festgelegt, daß die mittleren Bedienzeiten der beiden Bedienmodelle identisch sind.

$$f_1(t) = \frac{\beta}{3} e^{-\beta t/3} \qquad \mu_1 = 3/\beta = \mu_3$$

Die Wahrscheinlichkeitsverteilungen der stationären Warteschlange werden für die beiden Warteschlangenmodelle mit $\alpha/\beta = 0.2$ berechnet. Die Wahrscheinlichkeiten $\overset{*}{p}_m$ für die Längen m der Warteschlange sind nachfolgend zusammengestellt :

m	0	1	2	3	4	5	6	7	8
$\overset{*}{p}_m$ (k = 3)	0.400	0.291	0.158	0.078	0.038	0.018	0.009	0.004	0.002
$\overset{*}{p}_m$ (k = 1)	0.400	0.240	0.144	0.086	0.052	0.031	0.019	0.011	0.007

Das Vergleichsmodell mit $k=1$ entspricht einem Warteschlangenmodell $M/M/1/\infty$ mit der Verkehrsdichte $\varrho=\alpha/\beta=0.6$. Es besitzt im stationären Fall eine geometrische Verteilung. Beide Modelle besitzen die gleiche Wahrscheinlichkeit dafür, daß die Warteschlange die Länge $m=0$ besitzt. Das Warteschlangenmodell mit $k=3$ Phasen weist höhere Wahrscheinlichkeiten für die Längen $m=1,2$ und niedrigere Wahrscheinlichkeiten für $m \geq 3$ als das Vergleichsmodell auf. Die mittlere Länge der Warteschlange ist daher auch kürzer als beim Vergleichsmodell.

Verallgemeinerung : In praktischen Anwendungen treten beim Warteschlangenmodell mit phasenweiser Bedienung häufig auch unterschiedliche Bedienraten für die einzelnen Phasen auf. Die Bedienzeit eines Kunden ist in diesen Fällen die Summe von exponentiell verteilten Bedienzeiten für die verschiedenen Phasen. Ihre Verteilung läßt sich aus den Bedingungen für die erstmalige Erreichbarkeit des Endes der letzten Phase vom Anfang der ersten Phase analytisch bestimmen. Die stationäre Verteilung der Warteschlange wird aus den Gleichgewichtsbedingungen bestimmt.

10.5.3.5 Systeme von Warteschlangen

Einführung : Ein Warteschlangensystem besteht aus vernetzten Bedienstationen mit jeweils eigenen Warteschlangen. Kunden kommen von außen zu den verschiedenen Bedienstationen. Nach ihrer Bedienung an einer Bedienstation gehen sie mit einer gewissen Wahrscheinlichkeit zu einer anderen Bedienstation oder verlassen das System. An jeder Bedienstation bildet sich eine Warteschlange. Die Bedienung von Kunden an vernetzten Bedienstationen führt zu einem System von Warteschlangen und wird als mehrdimensionaler Markov Prozeß behandelt. Für praktische Anwendungen ist der Gleichgewichtszustand eines Warteschlangensystems von besonderer Bedeutung. Die Grundlagen einfacher Warteschlangensysteme mit exponentiell verteilter Bedienzeit sind nachfolgend behandelt.

Warteschlangensysteme : Ein Warteschlangensystem besteht aus k Bedienstationen. Kunden kommen mit der Ankunftsrate α_{0i} an der Bedienstation i an. Nach ihrer Bedienung an der Bedienstation i gehen die Kunden mit einer Wahrscheinlichkeit γ_{ij} zu einer anderen Bedienstation $j \neq i$ oder verlassen mit der Wahrscheinlichkeit γ_{i0} das System. Ein Warteschlangensystem mit der Außenwelt wird als Übergangsgraph dargestellt. Ein einfaches Beispiel für ein Warteschlangensystem ist nachfolgend gezeigt.

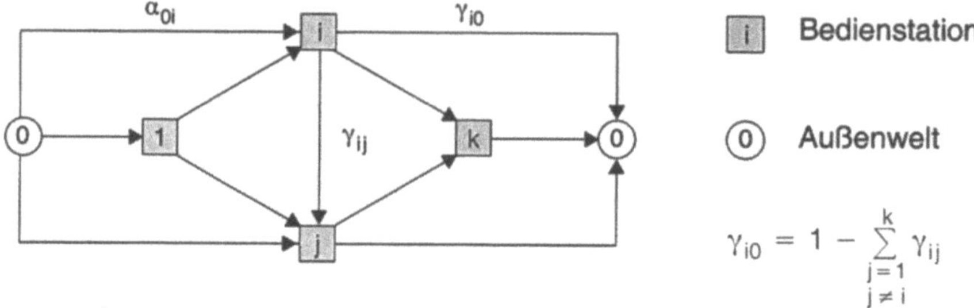

Die an der Bedienstation i ankommenden Kunden werden mit der Bedienrate β_i bedient. Jede Bedienstation i besitzt eine eigene Warteschlange mit einer unbeschränkten Wartekapazität. Die Länge dieser Warteschlange zum Zeitpunkt t ist eine Zufallsvariable $X_i(t)$, die natürliche Zahlen $n_i \in \mathbb{N}$ annehmen kann. Der Zustand des Warteschlangensystems zur Zeit t wird durch einen Zufallsvektor $\mathbf{X}(t)$ beschrieben, der die Längen der Warteschlangen an allen Bedienstationen enthält. Von besonderem Interesse ist der Gleichgewichtszustand des Warteschlangensystems, der für den Grenzfall $t \to \infty$ eintritt.

Ankunfts- und Abgangsraten : Befindet sich ein Warteschlangensystem im Gleichgewicht, so müssen pro Zeiteinheit im Mittel genau so viele Kunden eine Bedienstation verlassen, wie dort ankommen. Die Abgangsrate an einer Bedienstation ist daher gleich der Ankunftsrate. Die Ankunftsrate α_i an einer Bedienstation setzt sich aus der Ankunftsrate α_{0i} für die von außen ankommenden Kunden und aus den Ankunftsraten $\alpha_j \gamma_{ji}$ für die von den Bedienstationen $j \neq i$ kommenden Kunden zusammen.

$$\alpha_i = \alpha_{0i} + \sum_{\substack{j=1 \\ j \neq i}}^{k} \alpha_j \gamma_{ji} \qquad 1 \leq i \leq k$$

Die Summe der Ankunftsraten α_{0i} an allen Bedienstationen von außen ist gleich der Summe der Abgangsraten $\alpha_i \gamma_{i0}$ an allen Bedienstationen nach außen.

$$\sum_{i=1}^{k} \alpha_{0i} = \sum_{i=1}^{k} (\alpha_i - \sum_{\substack{j=1 \\ j \neq i}}^{k} \alpha_j \gamma_{ji}) = \sum_{i=1}^{k} \alpha_i - \sum_{j=1}^{k} \alpha_j \sum_{\substack{i=1 \\ i \neq j}}^{k} \gamma_{ji} =$$

$$= \sum_{i=1}^{k} \alpha_i - \sum_{j=1}^{k} \alpha_j (1 - \gamma_{j0}) = \sum_{j=1}^{k} \alpha_j \gamma_{j0}$$

Die Bestimmungsgleichungen für die Ankunftsraten α_i sind linear und lassen sich übersichtlich in Vektor- und Matrixschreibweise formulieren. Die Ankunftsraten α_i und α_{0i} werden in den Vektoren $\boldsymbol{\alpha}$ und $\boldsymbol{\alpha}_0$ zusammengefaßt. Die Übergangswahrscheinlichkeiten γ_{ij} für $i \neq j$ werden in der Matrix $\boldsymbol{\Gamma}$ zusammengefaßt.

$$(\mathbf{I} - \boldsymbol{\Gamma}^T)\,\alpha = \boldsymbol{\alpha}_0 \qquad \alpha \geq 0$$

Das lineare Gleichungssystem besitzt genau dann eindeutige Lösungen α_i, wenn jede Bedienstation von jeder anderen Bedienstation (gegebenenfalls über die Außenwelt) erreichbar ist. Bei den nachfolgenden Betrachtungen wird vorausgesetzt, daß die Ankunftsraten α_i für alle Bedienstationen des Warteschlangensystems eindeutig bestimmbar sind.

Gleichgewichtsverteilung : Ein Zustand des Warteschlangensystems wird durch einen Zustandsvektor $\mathbf{n}$ beschrieben, der die Länge $n_i \geq 0$ der Warteschlange an jeder Bedienstation $1 \leq i \leq k$ enthält. Unter der Voraussetzung, daß die Ankunftsrate α_i für jede Bedienstation kleiner als die Bedienrate β_i ist, existiert eine Gleichgewichtsverteilung. Die Wahrscheinlichkeit $\overset{*}{p}_{\mathbf{n}}$ für den Zustand $\mathbf{n}$ des Warteschlangesystems im Gleichgewicht ist :

$$\begin{aligned}
\varrho_i &= \alpha_i / \beta_i & \varrho_i &< 1 \\
\overset{*}{p}_{n_i} &= (1 - \varrho_i)\,\varrho_i^{n_i} & n_i &\geq 0 \\
\overset{*}{p}_{\mathbf{n}} &= \prod_{i=1}^{k} \overset{*}{p}_{n_i} & \mathbf{n} &\geq \mathbf{0}
\end{aligned}$$

Die Gleichgewichtsverteilung $\overset{*}{p}_{\mathbf{n}}$ des Warteschlangesystems ist das Produkt von geometrischen Verteilungen, die jeweils der Gleichgewichtsverteilung $\overset{*}{p}_{n_i}$ für eine Bedienstation i mit der Verkehrsdichte ϱ_i nach dem Warteschlangenmodell $M/M/1/\infty$ entsprechen. Das Warteschlangensystem verhält sich daher im Gleichgewicht wie k unabhängige Warteschlangenmodelle $M/M/1/\infty$ für die Bedienstationen.

Beweis : Die Matrix $\mathbf{G}$ des Warteschlangesystems enthält die Übergangsraten für die Übergänge zwischen den folgenden Zuständen :

$$\begin{aligned}
\mathbf{n} &= (\ldots, n_i \quad, \ldots, n_j \quad, \ldots) \\
\mathbf{n}_{0i} &= (\ldots, n_i + 1, \ldots, n_j \quad, \ldots) \\
\mathbf{n}_{i0} &= (\ldots, n_i - 1, \ldots, n_j \quad, \ldots) \\
\mathbf{n}_{ij} &= (\ldots, n_i - 1, \ldots, n_j + 1, \ldots)
\end{aligned}$$

Die Übergänge zwischen den Zuständen haben folgende Bedeutung :

- Der Zustand $\mathbf{n}$ geht in den Zustand $\mathbf{n}_{0i}$ über, wenn ein Kunde von außen zur Station i kommt. Die Übergangsrate ist α_{0i}.
- Der Zustand $\mathbf{n}$ geht in den Zustand $\mathbf{n}_{i0}$ über, wenn ein Kunde die Station i nach seiner Bedienung nach außen verläßt. Die Übergangsrate ist $\gamma_{i0}\,\beta_i$ für $n_i > 0$.
- Der Zustand $\mathbf{n}$ geht in den Zustand $\mathbf{n}_{ij}$ über, wenn ein Kunde nach seiner Bedienung an der Station i zur Station $j \neq i$ geht. Die Übergangsrate ist $\gamma_{ij}\,\beta_i$ für $n_i > 0$.
- Der Zustand $\mathbf{n}_{i0}$ geht in den Zustand $\mathbf{n}$ über, wenn ein Kunde von außen zur Station i kommt. Die Übergangsrate ist α_{0i} für $n_i > 0$.
- Der Zustand $\mathbf{n}_{0i}$ geht in den Zustand $\mathbf{n}$ über, wenn ein Kunde die Station i nach seiner Bedienung nach außen verläßt. Die Übergangsrate ist $\gamma_{i0}\,\beta_i$.
- Der Zustand $\mathbf{n}_{ij}$ geht in den Zustand $\mathbf{n}$ über, wenn ein Kunde nach seiner Bedienung an der Station j zur Station $i \neq j$ geht. Die Übergangsrate ist $\gamma_{ji}\,\beta_j$ für $n_i > 0$.

Die Übergänge zwischen dem Zustand $\mathbf{n}$ und den benachbarten Zuständen $\mathbf{n}_{0i}$, $\mathbf{n}_{i0}$, $\mathbf{n}_{ij}$ lassen sich graphisch mit den entsprechenden Übergangsraten wie folgt darstellen :

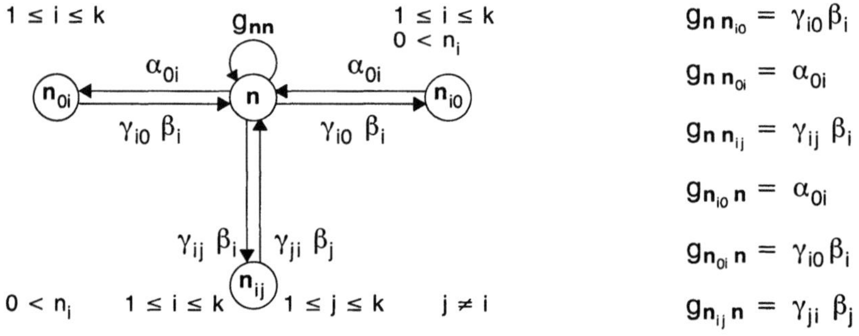

$$g_{\mathbf{n}\mathbf{n}_{i0}} = \gamma_{i0}\beta_i$$
$$g_{\mathbf{n}\mathbf{n}_{0i}} = \alpha_{0i}$$
$$g_{\mathbf{n}\mathbf{n}_{ij}} = \gamma_{ij}\,\beta_i$$
$$g_{\mathbf{n}_{i0}\mathbf{n}} = \alpha_{0i}$$
$$g_{\mathbf{n}_{0i}\mathbf{n}} = \gamma_{i0}\beta_i$$
$$g_{\mathbf{n}_{ij}\mathbf{n}} = \gamma_{ji}\,\beta_j$$

Die Rate $g_{\mathbf{nn}}$ ist die negative Summe der Übergangsraten aller möglichen Übergänge vom Zustand $\mathbf{n}$ zu den benachbarten Zuständen :

$$g_{\mathbf{nn}} = -\sum_{i=1}^{k} g_{\mathbf{nn}_{0i}} - \sum_{\substack{i=1 \\ n_i>0}}^{k} \Big(g_{\mathbf{nn}_{i0}} + \sum_{\substack{j=1 \\ j \neq i}}^{k} g_{\mathbf{nn}_{ij}}\Big)$$

Werden die Wahrscheinlichkeiten $\overset{*}{p}_{\mathbf{n}}$ für alle möglichen Zustände $\mathbf{n} \geq \mathbf{0}$ im Vektor $\overset{*}{\mathbf{p}}$ und die Übergangsraten für alle möglichen Übergänge zwischen den Zuständen in der Matrix $\mathbf{G}$ angeordnet, so ist die Gleichgewichtsbedingung $\mathbf{G}^T\overset{*}{\mathbf{p}} = \mathbf{0}$. Für den Zustand $\mathbf{n}$ gilt damit :

$$g_{\mathbf{nn}}\,\overset{*}{p}_{\mathbf{n}} + \sum_{i=1}^{k} g_{\mathbf{n}_{0i}\mathbf{n}}\,\overset{*}{p}_{\mathbf{n}_{0i}} + \sum_{\substack{i=1\\ n_i>0}}^{k} \Big(g_{\mathbf{n}_{i0}\mathbf{n}}\,\overset{*}{p}_{\mathbf{n}_{i0}} + \sum_{\substack{j=1\\ j\neq i}}^{k} g_{\mathbf{n}_{ij}\mathbf{n}}\,\overset{*}{p}_{\mathbf{n}_{ij}}\Big) = 0$$

Aus dem oben angegebenen Satz über die Gleichgewichtsverteilung ergeben sich folgende Zustandswahrscheinlichkeiten :

$$\varrho_i = \alpha_i / \beta_i$$

$$\overset{*}{p}_{\mathbf{n}_{0i}} = \overset{*}{p}_{\mathbf{n}}\,\varrho_i$$

$$\overset{*}{p}_{\mathbf{n}_{i0}} = \overset{*}{p}_{\mathbf{n}} / \varrho_i$$

$$\overset{*}{p}_{\mathbf{n}_{ij}} = \overset{*}{p}_{\mathbf{n}}\,\varrho_j / \varrho_i$$

Die Zustandswahrscheinlichkeiten und Übergangsraten werden in die Gleichgewichtsbedingung eingesetzt :

$$\sum_{i=1}^{k} (\gamma_{i0}\,\beta_i\,\varrho_i - \alpha_{0i}) + \sum_{\substack{i=1\\ n_i>0}}^{k} \Big(\alpha_{0i}/\varrho_i - \gamma_{i0}\,\beta_i + \sum_{\substack{j=1\\ j\neq i}}^{k} (\gamma_{ji}\,\beta_j\,\varrho_j/\varrho_i - \gamma_{ij}\,\beta_i)\Big) = 0$$

Mit den Beziehungen

$$\gamma_{i0} = 1 - \sum_{\substack{j=1\\ j\neq i}}^{k} \gamma_{ij} \qquad \alpha_i = \alpha_{0i} + \sum_{\substack{j=1\\ j\neq i}}^{k} \alpha_j\,\gamma_{ji}$$

$$\sum_{i=1}^{k} \alpha_{0i} = \sum_{i=1}^{k} \alpha_i\,\gamma_{i0} \qquad \varrho_i = \frac{\alpha_i}{\beta_i}$$

folgt für die Gleichgewichtsbedingung :

$$\sum_{i=1}^{k} (\gamma_{i0}\,\alpha_i - \alpha_{0i}) + \sum_{\substack{i=1\\ n_i>0}}^{k} \Big(\alpha_{0i}/\varrho_i - \beta_i + \sum_{\substack{j=1\\ j\neq i}}^{k} (\gamma_{ji}\,\alpha_j/\varrho_i)\Big) =$$

$$\sum_{i=1}^{k} (\gamma_{i0}\,\alpha_i - \alpha_{0i}) + \sum_{\substack{i=1\\ n_i>0}}^{k} (\alpha_i / \varrho_i - \beta_i) =$$

$$\sum_{i=1}^{k} (\gamma_{i0}\,\alpha_i - \alpha_{0i}) + \sum_{\substack{i=1\\ n_i>0}}^{k} (\beta_i - \beta_i) = 0$$

Die Gleichgewichtsbedingung ist erfüllt. Damit ist die Gültigkeit der oben angegebenen Gleichgewichtsverteilung $\overset{*}{p}_{\mathbf{n}}$ für das Warteschlangensystem nachgewiesen.

Beispiel 1 : Serielles Warteschlangensystem

Gegeben sei ein Warteschlangensystem mit 3 Bedienstationen, die seriell angeordnet sind. Von außen kommen im Mittel α Kunden pro Zeiteinheit an der Bedienstation 1 an. Die mittlere Bedienzeit eines Kunden an jeder Bedienstation ist $1/\beta$.

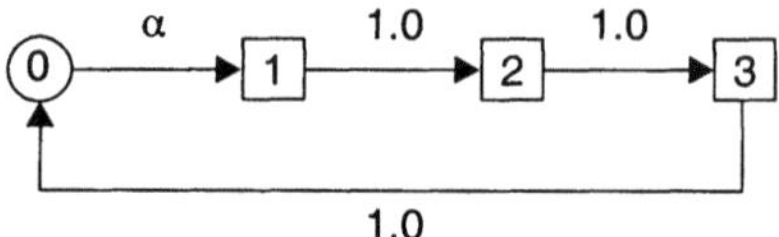

Die Ankunftsraten α_i an den Bedienstationen ergeben sich durch Lösen des folgenden linearen Gleichungssystems :

$$\alpha_1 = \alpha$$
$$\alpha_2 = \alpha_1$$
$$\alpha_3 = \alpha_2$$

Die Lösung ist $\alpha_1 = \alpha_2 = \alpha_3 = \alpha$. Die Bedienrate für jede Bedienstation i ist β. Mit der Verkehrsdichte $\varrho = \alpha / \beta$ ergibt sich folgende Gleichgewichtsverteilung :

$$\overset{*}{p}_{\mathbf{n}} = \prod_{i=1}^{3} (1-\varrho)\, \varrho^{n_i} = (1-\varrho)^3\, \varrho^{n_1+n_2+n_3}$$

Beispiel 2 : Warteschlangensystem mit Verzweigung

Gegeben sei das dargestellte Warteschlangensystem mit 4 Bedienstationen. An der Station 1 kommen von außen im Mittel 12 Kunden pro Zeiteinheit an. Sie gehen mit den Wahrscheinlichkeiten 0.6 und 0.4 von der Station 1 zu den Stationen 2 und 3 und verlassen das Warteschlangensystem über die Station 4 nach außen.

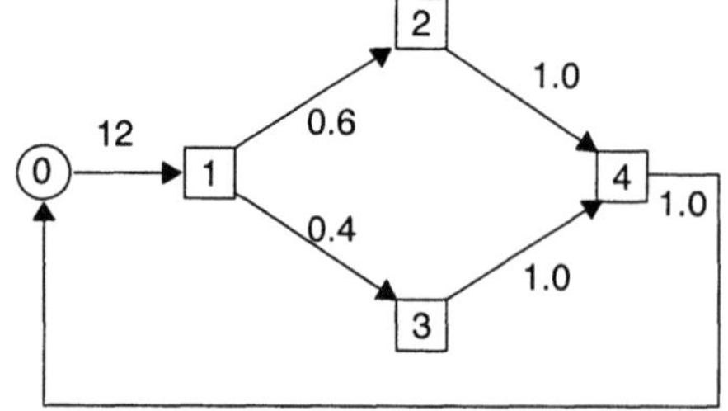

α_0
12.0
0.0
0.0
0.0

Γ			
0.0	0.6	0.4	0.0
0.0	0.0	0.0	1.0
0.0	0.0	0.0	1.0
0.0	0.0	0.0	0.0

Die Ankunftsraten an allen Stationen von außen sind im Vektor $\boldsymbol{\alpha}_0$ zusammengefaßt. Die Übergangswahrscheinlichkeiten von jeder Station zu jeder anderen Station sind in der Matrix $\boldsymbol{\Gamma}$ zusammengefaßt. Die Ankunftsraten an allen Stationen für den Gleichgewichtszustand des Warteschlangensystems werden im Vektor $\boldsymbol{\alpha}$ zusammengefaßt. Sie sind die Lösungen des folgenden linearen Gleichungssystems :

$$(\mathbf{I} - \boldsymbol{\Gamma}^T) \quad * \quad \boldsymbol{\alpha} \quad = \quad \boldsymbol{\alpha}_0$$

$$\begin{bmatrix} 1.0 & & & \\ -0.6 & 1.0 & & \\ -0.4 & 0.0 & 1.0 & \\ 0.0 & -1.0 & -1.0 & 1.0 \end{bmatrix} * \begin{bmatrix} 12.0 \\ 7.2 \\ 4.8 \\ 12.0 \end{bmatrix} = \begin{bmatrix} 12.0 \\ 0.0 \\ 0.0 \\ 0.0 \end{bmatrix}$$

Für alle Stationen sei die Verkehrsdichte $\varrho = 0.8$. Die Bedienraten für die Stationen werden wie folgt bestimmt :

$$\begin{aligned} \beta_1 &= \alpha_1 / \varrho &= 12.0 / 0.8 &= 15.0 \\ \beta_2 &= \alpha_2 / \varrho &= 7.2 / 0.8 &= 9.0 \\ \beta_3 &= \alpha_3 / \varrho &= 4.8 / 0.8 &= 6.0 \\ \beta_4 &= \alpha_4 / \varrho &= 12.0 / 0.8 &= 15.0 \end{aligned}$$

Im Gleichgewichtszustand sind die Stationen des Warteschlangensystems wegen der gleichen Verkehrsdichte gleichmäßig ausgelastet. Die Wahrscheinlichkeit, daß sich n_1, n_2, n_3, n_4 Kunden an den Stationen 1, 2, 3, 4 befinden, ist :

$$\overset{*}{p}_n = \prod_{i=1}^{4} (1 - \varrho)\, \varrho^{n_i} = (1 - \varrho)^4\, \varrho^{n_1 + n_2 + n_3 + n_4}$$

10.5.4 STATIONÄRE PROZESSE

10.5.4.1 Einführung

Ein Zufallsprozeß wird durch eine Zufallsfunktion in Abhängigkeit von der Zeit beschrieben. Besitzt die Zufallsfunktion gewisse zeitunabhängige Wahrscheinlichkeitscharakteristiken, so ist der Zufallsprozeß stationär. Für viele Anwendungen ist es ausreichend, die Momente der Zufallsfunktionen zu betrachten. Ein stationärer Zufallsprozeß im Zeitraum von $-\infty$ bis ∞ besitzt zu allen Zeitpunkten den gleichen Mittelwert und die gleiche Varianz. Zwischen den Zuständen, die der stationäre Zufallsprozeß in aufeinanderfolgenden Zeitpunkten annimmt, besteht eine lineare Abhängigkeit, die durch die Kovarianzfunktion oder die Korrelationsfunktion beschrieben wird. Die grundlegenden Definitionen für stationäre Zufallsprozesse basieren auf der Wahrscheinlichkeitstheorie für Zufallsvektoren und sind in Abschnitt 10.5.4.2 behandelt.

Der Zeitraum eines stationären Zufallsprozesses kann diskret oder stetig sein. Dementsprechend werden diskrete und stetige Prozesse unterschieden, die näherungsweise ineinander überführbar sind. Typische stationäre Zufallsprozesse sind der unkorrelierte Prozeß, der Mittelungsprozeß und der Regressionsprozeß. Von besonderer Bedeutung im stetigen Zeitraum ist der harmonische Prozeß. Diese Prozesse sind in den Abschnitten 10.5.4.3 und 10.5.4.4 behandelt.

10.5.4.2 Wahrscheinlichkeitsverteilungen und Momente

Einführung : Ein Zufallsprozeß X(t) heißt stationär, wenn bestimmte stochastische Merkmale unabhängig von der Zeit t sind. Die Bedingungen für stationäre Prozesse werden auf der Grundlage der Wahrscheinlichkeitsverteilungen und Momente formuliert. Dabei wird auf die Wahrscheinlichkeitstheorie für Zufallsvektoren mit mehreren Zufallsvariablen zurückgegriffen, indem verschiedene Zeitpunkte des Zufallsprozesses betrachtet werden. Die grundlegenden Definitionen von stationären Zufallsprozessen bezüglich der Verteilungsfunktion und der Momente sind nachfolgend behandelt.

Verteilungsfunktionen : Ein Zufallsprozeß wird durch eine Zufallsfunktion X(t) beschrieben, die in Abhängigkeit vom Zeitpunkt t reelle Werte annimmt. Für einen gegebenen Zeitpunkt t ist X(t) eine Zufallsvariable mit einer eindimensionalen Verteilungsfunktion F(x ; t). Ein Zufallsprozeß ist stationär von der Ordnung 1, wenn die eindimensionale Verteilungsfunktion invariant gegenüber einer Zeitverschiebung t_0 ist. Dies ist gleichbedeutend damit, daß die eindimensionalen Verteilungen für alle Zeitpunkte identisch sind.

$$F(x\,;t) = F(x\,;t+t_0)$$

Für zwei gegebene Zeitpunkte t_1, t_2 sind $X(t_1)$, $X(t_2)$ Zufallsvariable mit einer gemeinsamen zweidimensionalen Verteilungsfunktion $F(x_1, x_2 ; t_1, t_2)$. Ein Zufallsprozeß ist stationär von der Ordnung 2, wenn jede zweidimensionale Verteilungsfunktion invariant gegenüber einer Zeitverschiebung t_0 ist. Dies ist gleichbedeutend damit, daß jede zweidimensionale Verteilung nur von der Zeitdifferenz $\tau = t_2 - t_1$ abhängt.

$$F(x_1, x_2 ; t_1, t_2) = F(x_1, x_2 ; t_1 + t_0, t_2 + t_0)$$

Ist ein Zufallsprozeß stationär von der Ordnung 2, so ist er auch stationär von der Ordnung 1, da jede eindimensionale Verteilung eine Randverteilung einer zweidimensionalen Verteilung ist und folglich auch die stationäre Eigenschaft besitzt. In allgemeiner Form lassen sich auch stationäre Prozesse der Ordnung n durch n-dimensionale Verteilungen definieren, die invariant gegenüber einer Zeitverschiebung sind. Für viele praktische Anwendungen ist es jedoch ausreichend, stationäre Prozesse zweiter Ordnung zu betrachten.

Momente : Aus den stationären Eigenschaften eines Prozesses X(t) zweiter Ordnung folgen die stationären Eigenschaften seiner Momente erster und zweiter Ordnung. Für einen gegebenen Zeitpunkt t ist X(t) eine Zufallsvariable mit dem Moment erster Ordnung E(X(t)) als Mittelwert. Dieses Moment ist invariant gegenüber einer Zeitverschiebung t_0 und daher konstant.

$$E(X(t)) = E(X(t + t_0)) = \mu_X$$

Für zwei gegebene Zeitpunkte t_1, t_2 sind $X(t_1)$, $X(t_2)$ Zufallsvariable mit dem zentralen Moment zweiter Ordnung $D(X(t_1)\ X(t_2))$ um die Mittelwerte. Dieses Moment ist für $t_1 = t_2$ die Varianz und für $t_1 \neq t_2$ die Kovarianz. Es ist invariant gegenüber einer Zeitverschiebung t_0. Dies ist gleichbedeutend damit, daß die Varianz konstant ist und daß die Kovarianz nur von der Zeitdifferenz $\tau = t_2 - t_1$ abhängt.

$$D(X(t_1)\ X(t_1)) = D(X(t_1 + t_0)\ X(t_1 + t_0)) = \sigma_X^2$$

$$D(X(t_1)\ X(t_2)) = D(X(t_1 + t_0)\ X(t_2 + t_0)) = \gamma_X(\tau) \qquad \tau = t_2 - t_1$$

$$D(X(t_2)\ X(t_1)) = D(X(t_2 + t_0)\ X(t_1 + t_0)) = \gamma_X(-\tau) \qquad \tau = t_2 - t_1$$

Die zentralen Momente zweiter Ordnung werden in einer Varianzmatrix $\mathbf{V}_X$ zusammengefaßt, die gegenüber einer Zeitverschiebung invariant ist und nur von der Zeitdifferenz $\tau = t_2 - t_1$ abhängt.

$$\mathbf{V}_X(\tau) = \begin{bmatrix} \sigma_X^2 & \gamma_X(\tau) \\ \gamma_X(-\tau) & \sigma_X^2 \end{bmatrix}$$

Kovarianzfunktion : Die Funktion $\gamma_X(\tau)$ für das zentrale Moment zweiter Ordnung der Zufallsvariablen X(t) und $X(t+\tau)$ heißt Kovarianzfunktion. Sie ist für $\tau = 0$ gleich der Varianz $\sigma_X^2 > 0$.

$$\gamma_X(0) = \sigma_X^2 > 0$$

Die Varianzmatrix für zwei Zufallsvariable ist symmetrisch. Dementsprechend ist auch die Kovarianzfunktion bei stationären Prozessen symmetrisch.

$$\gamma_X(\tau) = \gamma_X(-\tau)$$

Die Varianzmatrix für zwei Zufallsvariable ist positiv semidefinit. Ihre Determinante ist nichtnegativ. Daraus folgt die Ungleichung :

$$\gamma_X^2(\tau) \le \sigma_X^2$$

Korrelationsfunktion : Die Funktion $\gamma_X(\tau)/\gamma_X(0)$ heißt Korrelationsfunktion und wird mit $\varrho_X(\tau)$ bezeichnet. Sie ist ein Maß für die lineare Abhängigkeit der Zufallsvariablen $X(t+\tau)$ von der Zufallsvariablen X(t) und nimmt nur Werte im Bereich von -1 bis $+1$ an. Aus den Eigenschaften der Kovarianzfunktion folgt für die Korrelationsfunktion :

$$\varrho_X(\tau) = \gamma_X(\tau) / \gamma_X(0)$$

$$\varrho_X(0) = 1$$

$$\varrho_X(\tau) = \varrho_X(-\tau)$$

$$\varrho_X^2(\tau) \le 1$$

Gaußscher Prozeß : Ein stationärer Prozeß X(t), dessen Zufallsvariable $X(t_1),...,X(t_n)$ für verschiedene Zeitpunkte $t_1,...,t_n$ multinormalverteilt sind, heißt Gaußscher Prozeß. Die Multinormalverteilung ist eindeutig durch die Mittelwerte $\mu_X(t_j)$, die Varianzen $\sigma_X^2(t_j)$ und die Kovarianzen $\gamma_X(t_j, t_k)$ für j, k = 1,...,n beschrieben. Ein Gaußscher Prozeß heißt streng stationär, wenn seine Multinormalverteilung invariant gegenüber einer Zeitverschiebung ist. Die Multinormalverteilung ist genau dann invariant gegenüber einer Zeitverschiebung, wenn die Mittelwerte $\mu_X(t_j)$ und die Varianzen $\sigma_X^2(t_j)$ jeweils konstant sind und die Kovarianzen $\gamma_X(t_j, t_k)$ eine Funktion der Zeitdifferenz $\tau = t_k - t_j$ sind. Ein streng stationärer Gaußscher Prozeß ist damit durch den Mittelwert μ_X, die Varianz σ_X^2 und die Korrelationsfunktion $\varrho_X(\tau)$ eindeutig beschrieben.

Ergodischer Prozeß : Ein stationärer Prozeß X(t) heißt ergodisch, wenn die Momente aus nur einer Realisierung x(t) des Prozesses bestimmt werden können. Für stationäre Prozesse im stetigen Zeitbereich $-\infty \le t \le \infty$ werden der Mittelwert μ_X und die Kovarianzfunktion $\gamma_X(\tau)$ durch Integration über die Zeit berechnet :

$$\mu_X = \lim_{T \to \infty} \frac{1}{2T} \int_{-T}^{T} x(t)\, dt$$

$$\gamma_X(\tau) = \lim_{T \to \infty} \frac{1}{2T} \int_{-T}^{T} (x(t) - \mu_X)\,(x(t+\tau) - \mu_X)\, dt$$

Die Ergodizität eines stationären Prozesses wird aus den Eigenschaften der Anwendung oder aus statistischen Untersuchungen abgeleitet. Häufig wird die Ergodizität angenommen, wenn der Betrag der Korrelationsfunktion $\varrho_X(\tau)$ mit wachsendem $\tau > 0$ ausreichend schnell abklingt.

10.5.4.3 Stationäre Prozesse mit diskretem Zeitraum

Einführung : Ein Zufallsprozeß mit diskretem Zeitraum ist eine Folge von Zufallsvariablen $X(t_n)$ an äquidistanten Zeitpunkten t_n. Vereinfachend wird davon ausgegangen, daß die Zeitpunkte ganzzahlig sind. Der einfachste stationäre Prozeß ist ein unkorrelierter Prozeß, bei dem die Zufallsvariablen $X(t_n)$ zu verschiedenen Zeitpunkten t_n stochastisch unabhängig voneinander sind. Dieser Prozeß bildet die Grundlage für die Konstruktion weiterer Prozesse. Typische Beispiele hierfür sind der Mittelungsprozeß sowie die Regressionsprozesse erster und zweiter Ordnung. Die Konstruktionsvorschriften dieser stationären Prozesse sind für eine computergestützte Prozeßsimulation von wesentlicher Bedeutung. Aus der Konstruktionsvorschrift lassen sich theoretisch der Mittelwert und die Varianz sowie die Kovarianz- und die Korrelationsfunktion des stationären Prozesses bestimmen.

Rechenregeln für Momente : Die Konstruktionsvorschriften für stationäre Prozesse lassen sich häufig auf Linearkombinationen von Zufallsvariablen Z_j zurückführen :

$$X = \sum_k a_k Z_k \qquad\qquad Y = \sum_j b_j Z_j$$

Sind die Momente für die Zufallsvariablen Z_j bekannt, so lassen sich daraus die Momente für die Zufallsvariablen X, Y berechnen. Nach den Regeln für Linearkombination von Zufallsvektoren in Abschnitt 10.4.4 werden die Mittelwerte als Momente erster Ordnung sowie die Varianzen und Kovarianzen als zentrale

Momente zweiter Ordnung wie folgt bestimmt :

$$E(X) = E(\sum_k a_k Z_k) = \sum_k a_k E(Z_k)$$

$$D(X^2) = D(\sum_k \sum_j a_k a_j Z_k Z_j) = \sum_k \sum_j a_k a_j D(Z_k Z_j)$$

$$D(XY) = D(\sum_k \sum_j a_k b_j Z_k Z_j) = \sum_k \sum_j a_k b_j D(Z_k Z_j)$$

Diese Rechenregeln werden nachfolgend verwendet, um den Mittelwert, die Varianz und die Kovarianzfunktion von stationären Prozessen zu bestimmen.

Unkorrelierter Prozeß : Gegeben sei eine Folge von Zufallsvariablen $Z(t_n)$ im ganzzahligen Zeitraum $-\infty < t_n < \infty$. Die Zufallsvariablen seien identisch verteilt und voneinander stochastisch unabhängig. Sie besitzen den Mittelwert $\mu_Z = 0$ und die Varianz σ_Z^2. Eine Realisierung dieses stationären Prozesses ist für eine Gleichverteilung im Bereich $-1 \leq z \leq 1$ gezeigt.

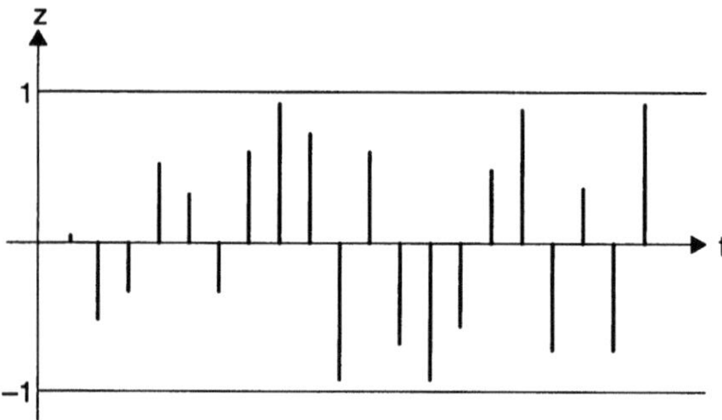

Für die Momente erster und zweiter Ordnung gilt :

$$\mu_Z = E(Z(t_n)) = 0$$

$$\sigma_Z^2 = D(Z^2(t_n)) = \gamma_Z(0)$$

$$\gamma_Z(\tau) = D(Z(t_n)\, Z(t_{n+\tau})) = 0 \quad \text{für} \quad \tau \neq 0$$

Wegen der stochastischen Unabhängigkeit der Zufallsvariablen $Z(t_n)$ sind die Kovarianzfunktion $\gamma_Z(\tau)$ und damit auch die Korrelationsfunktion $\varrho_Z(\tau)$ für $\tau \neq 0$ null. Der stationäre Prozeß ist daher unkorreliert.

$$\varrho_Z(\tau) = \gamma_Z(\tau) / \gamma_Z(0)$$

$$\varrho_Z(0) = 1$$

$$\varrho_Z(\tau) = 0 \quad \text{für} \quad \tau \neq 0$$

Mittelungsprozeß : Bei einem Mittelungsprozeß wird die Zufallsvariable $X(t_n)$ durch Mittelung von r + 1 Zufallsvariablen $Z(t_{n-r})$ bis $Z(t_n)$ eines stationären unkorrelierten Prozesses mit dem Mittelwert 0 gebildet.

$$X(t_n) = \sum_{j=0}^{r} c_j \, Z(t_{n-j}) \qquad\qquad c_j = 1/(r+1)$$

Eine Realisierung des Mittelungsprozesses $X(t_n)$ ist für den zuvor dargestellten Prozeß $Z(t_n)$ mit $r = 3$ gezeigt :

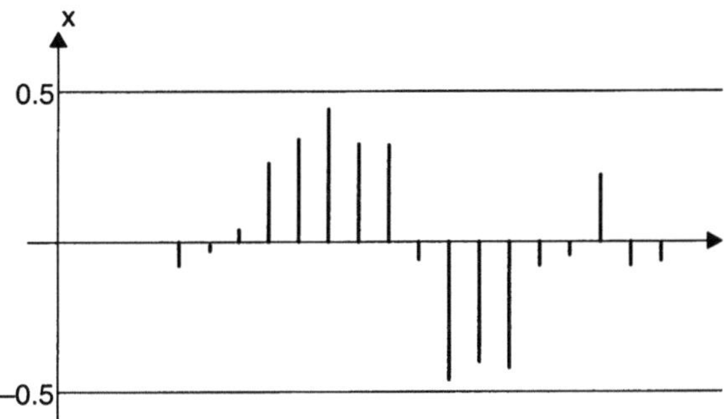

Da der Mittelwert des Prozesses $Z(t_n)$ null ist, ist auch der Mittelwert des Prozesses $X(t_n)$ null.

$$\mu_X = E(X(t_n)) = \sum_{j=0}^{r} c_j \, E(Z(t_{n-j})) = \sum_{j=0}^{r} c_j \, \mu_Z = 0$$

Die Kovarianzfunktion wird als zentrales Moment zweiter Ordnung für $\tau \geq 0$ wie folgt berechnet :

$$\gamma_X(\tau) = D(X(t_n)\, X(t_{n+\tau})) = \sum_{i=0}^{r} \sum_{k=0}^{r} c_j \, c_k \, D(Z(t_{n-j})\, Z(t_{n+\tau-k}))$$

$$\gamma_X(\tau) = \sum_{j=0}^{r} \sum_{k=0}^{r} c_j \, c_k \, \gamma_Z(\tau - k + j)$$

Die Kovarianzfunktion $\gamma_Z(\tau)$ des Prozesses $Z(t_n)$ ist für $\tau = 0$ gleich der Varianz σ_Z^2 und für $\tau \neq 0$ null. Damit folgt :

$$\gamma_X(\tau) = \sigma_Z^2 \sum_{k=\tau}^{r} c_{k-\tau} \, c_k = \sigma_Z^2 \, \frac{r + 1 - \tau}{(r + 1)^2} \qquad\qquad 0 \leq \tau \leq r+1$$

Die Varianz σ_X^2 ist der Wert der Kovarianzfunktion für $\tau = 0$:

$$\sigma_X^2 = \gamma_X(0) = \sigma_Z^2 / (r+1)$$

Die Korrelationsfunktion ergibt sich aus der Kovarianzfunktion :

$$\varrho_X(\tau) = \gamma_X(\tau) / \gamma_X(0) \qquad \varrho_X(\tau) = \varrho_X(-\tau)$$

$$\varrho_X(\tau) = 1 - |\tau| / (r+1) \qquad \text{für} \quad 0 \le |\tau| \le r+1$$

$$\varrho_X(\tau) = 0 \qquad \text{für} \quad |\tau| \ge r+1$$

Der Mittelungsprozeß $X(t_n)$ ist ein stationärer Prozeß mit dem Mittelwert 0 und der Varianz σ_X^2. Seine Korrelationsfunktion klingt für $0 \le |\tau| \le r+1$ linear von 1 auf 0 ab.

Regressionsprozeß erster Ordnung : Bei einem Regressionsprozeß erster Ordnung ist die Zufallsvariable $X(t_n)$ linear von der Zufallsvariablen $X(t_{n-1})$ abhängig.

$$X(t_n) = \alpha X(t_{n-1}) + Z(t_n)$$

Der additive Term $Z(t_n)$ ist ein stationärer unkorrelierter Prozeß mit dem Mittelwert 0. Eine Realisierung des Regressionsprozesses erster Ordnung ist für den zuvor dargestellten Prozeß $Z(t_n)$ mit $\alpha = 0.5$ gezeigt.

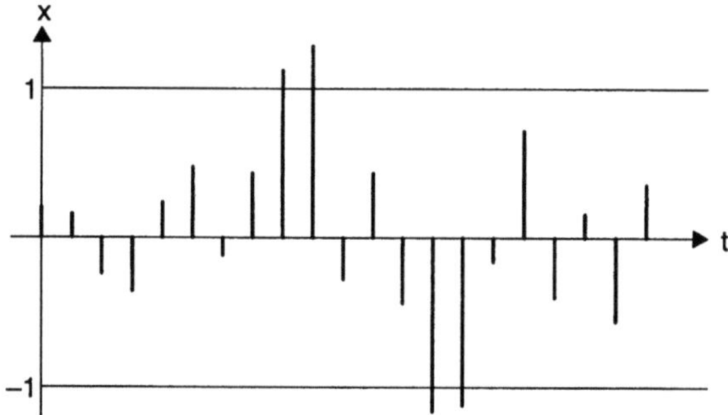

Durch rekursive Substitution wird die Zufallsvariable $X(t_n)$ auf eine Linearkombination der Zufallsvariablen $Z(t_{n-j})$ für $j \ge 0$ zurückgeführt.

$$X(t_n) = \sum_{j=0}^{\infty} \alpha^j Z(t_{n-j})$$

Da der Mittelwert des Prozesses $Z(t_n)$ null ist, ist auch der Mittelwert des Prozesses $X(t_n)$ null. Die Kovarianzfunktion wird als zentrales Moment zweiter Ordnung für $\tau \ge 0$ wie folgt berechnet :

$$\gamma_X(\tau) = D\,(X(t_n)\,X(t_{n+\tau})) = \sum_{j=0}^{\infty} \sum_{k=0}^{\infty} \alpha^{j+k}\, D\,(Z(t_{n-j})\,Z(t_{n+\tau-k}))$$

$$\gamma_X(\tau) = \sum_{j=0}^{\infty} \sum_{k=0}^{\infty} \alpha^{j+k}\, \gamma_Z\,(\tau - k + j)$$

Die Kovarianzfunktion $\gamma_X(\tau)$ des Prozesses $Z(t_n)$ ist für $\tau = 0$ gleich der Varianz σ_Z^2 und für $\tau \neq 0$ null. Mit der Summenformel für geometrische Reihen folgt :

$$\gamma_X(\tau) = \sigma_Z^2 \sum_{j=0}^{\infty} \alpha^{2j+\tau} = \sigma_Z^2 \frac{\alpha^\tau}{1-\alpha^2} \qquad \text{für} \quad |\alpha| < 1 \quad \text{und} \quad \tau \geq 0$$

Die Varianz σ_X^2 ist der Wert der Kovarianzfunktion für $\tau = 0$:

$$\sigma_X^2 = \gamma_X(0) = \sigma_Z^2 / (1-\alpha^2)$$

Die Korrelationsfunktion ergibt sich aus der Kovarianzfunktion :

$$\varrho_X(\tau) = \gamma_X(\tau) / \gamma_X(0) \qquad \varrho_X(\tau) = \varrho_X(-\tau)$$

$$\varrho_X(\tau) = \alpha^{|\tau|} \qquad |\alpha| < 1$$

Der Regressionsprozeß erster Ordnung ist für $|\alpha| < 1$ ein stationärer Prozeß mit dem Mittelwert 0 und der Varianz σ_X^2. Der Betrag seiner Korrelationsfunktion klingt für $|\tau| \geq 0$ geometrisch von 1 auf 0 ab. Die Korrelationsfunktion alterniert für $\alpha < 0$.

Die Korrelationsfunktion kann auch direkt aus der rekursiven Vorschrift für die Zufallsvariable $X(t_n)$ bestimmt werden. Die Rekursionsvorschrift wird mit $X(t_{n-\tau})$ für $\tau > 0$ multipliziert. Unter der Voraussetzung, daß der Prozeß $X(t_n)$ stationär ist, wird das zentrale Moment zweiter Ordnung gebildet.

$$D(X(t_{n-\tau})\,X(t_n)) = \alpha\, D(X(t_{n-\tau})\,X(t_{n-1})) + D(X(t_{n-\tau})\,Z(t_n))$$

Das Moment $D(X(t_{n-\tau})\ X(t_n))$ ist die Kovarianzfunktion $\gamma_X(\tau)$. Das Moment $D(X(t_{n-\tau})\ X(t_{n-1}))$ ist die Kovarianzfunktion $\gamma_X(\tau-1)$. Das Moment $D(X(t_{n-\tau})\ Z(t_n))$ ist null, da $X(t_{n-\tau})$ unabhängig von $Z(t_n)$ ist. Mit der Division durch $\gamma_X(0)$ ergibt sich folgende Rekursionsvorschrift für die Korrelationsfunktion:

$$\varrho_X(\tau) = \alpha\, \varrho_X(\tau-1) \qquad \text{für} \quad \tau > 0$$

Mit $\varrho_X(0) = 1$ ergibt sich die geometrische Folge α^τ für $\tau \geq 0$ als Lösung der rekursiven Gleichung :

$$\varrho_X(\tau) = \alpha^\tau \qquad \text{für} \quad \tau \geq 0$$

Regressionsprozeß zweiter Ordnung : Beim Regressionsprozeß zweiter Ordnung ist die Zufallsvariable $X(t_n)$ linear von den Zufallsvariablen $X(t_{n-1})$ und $X(t_{n-2})$ abhängig :

$$X(t_n) = \alpha\, X(t_{n-1}) + \beta\, X(t_{n-2}) + Z(t_n)$$

Der additive Term $Z(t_n)$ ist ein stationärer unkorrelierter Prozeß mit dem Mittelwert 0. Wie beim Regressionsprozeß erster Ordnung ist der Mittelwert μ_X des Prozesses $X(t_n)$ null. Um die Korrelationsfunktion zu bestimmen, wird die Rekursionsvorschrift für $X(t_n)$ mit $X(t_{n-\tau})$ für $\tau \geq 0$ multipliziert. Unter der Voraussetzung, daß der Prozeß stationär ist, wird das zentrale Moment zweiter Ordnung gebildet.

$$D(X(t_{n-\tau})\,X(t_n)) = \alpha\, D(X(t_{n-\tau})\,X(t_{n-1})) + \beta\, D(X(t_{n-\tau})\,X(t_{n-2})) + D(X(t_{n-\tau})\,Z(t_n))$$

Das Moment $D(X(t_{n-\tau})\ X(t_n))$ ist die Kovarianzfunktion $\gamma_X(\tau)$. Das Moment $D(X(t_{n-\tau})\ X(t_{n-j}))$ ist die Kovarianzfunktion $\gamma_X(\tau-j)$. Das Moment $D\ (X(t_{n-\tau})\ Z(t_n))$ ist null, da $X(t_{n-\tau})$ unabhängig von $Z(t_n)$ ist. Die Gleichung für die zentralen Momente wird durch $\gamma_X(0)$ dividiert. Mit $\tau > 1$ ergibt sich folgende Rekursionsvorschrift für die Korrelationsfunktion :

$$\varrho_X(\tau) = \alpha\,\varrho_X(\tau-1) + \beta\,\varrho_X(\tau-2) \qquad \tau > 1 \qquad (1)$$

Für $\tau = 1$ folgt mit der Symmetriebedingung $\varrho_X(\tau) = \varrho_X(-\tau)$:

$$\varrho_X(1) = \alpha\,\varrho_X(0) + \beta\,\varrho_X(1) \qquad (2)$$

Für $\tau = 0$ ist die Korrelationsfunktion 1 :

$$\varrho_X(0) = 1 \qquad (3)$$

Die Bestimmungsgleichungen für die Korrelationsfunktion stellen eine Anfangswertaufgabe dar. Die Gleichung (1) ist eine lineare Differenzengleichung zweiter Ordnung. Die Gleichungen (2) und (3) liefern die Anfangswerte.

$$\varrho_X(\tau) = \alpha\,\varrho_X(\tau-1) + \beta\,\varrho_X(\tau-2) \qquad \varrho_X(0) = 1 \qquad \varrho_X(1) = \alpha/(1-\beta)$$

Die Substitution des Ansatzes $\varrho_X(\tau) = c\,\lambda^\tau$ in die Differenzengleichung liefert eine quadratische Gleichung für λ mit den Lösungen λ_1 und λ_2 :

$$\lambda^2 - \alpha\,\lambda - \beta = 0 \qquad \lambda_{1,2} = \frac{\alpha}{2} \pm \sqrt{\frac{\alpha^2}{4} + \beta}$$

Für $\lambda_1 \neq \lambda_2$ ist die Linearkombination $c_1\,\lambda_1^\tau + c_2\,\lambda_2^\tau$ eine Lösung der Differenzengleichung. Die Konstanten c_1 und c_2 werden so bestimmt, daß die Anfangsbedingungen für $\tau = 0$ und $\tau = 1$ erfüllt sind. Damit ergibt sich folgende Lösung der Anfangswertaufgabe für $\tau \geq 0$:

$$\varrho_X(\tau) = \frac{\lambda_2 - a}{\lambda_2 - \lambda_1}\,\lambda_1^\tau + \frac{a - \lambda_1}{\lambda_2 - \lambda_1}\,\lambda_2^\tau \qquad a = \frac{\alpha}{1-\beta} \qquad \lambda_1 \neq \lambda_2$$

Der Regressionsprozeß zweiter Ordnung ist stationär, wenn λ_1 und λ_2 betragsmäßig kleiner als 1 sind. Von besonderer Bedeutung sind die Fälle, für die λ_1 und λ_2 konjugiert komplex sind. In diesen Fällen entspricht die Korrelationsfunktion einer harmonischen Schwingung. Typische Beispiele sind vereinfachend als Streckenzüge im folgenden Diagramm gezeigt.

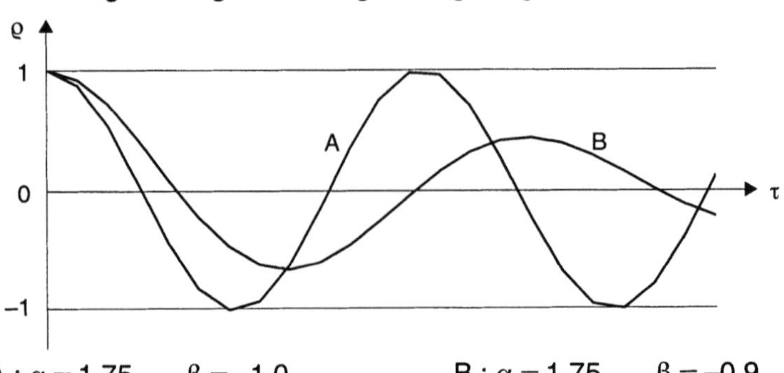

A : $\alpha = 1.75 \qquad \beta = -1.0$ B : $\alpha = 1.75 \qquad \beta = -0.9$

Zufallsschwingungen : Der Regressionsprozeß zweiter Ordnung entspricht stationären Zufallsschwingungen eines Ein-Massen-Schwingers im diskreten Zeitraum unter impulsartiger Belastung. Die Verschiebungen x(t) des Ein-Massen-Schwingers mit der Eigenkreisfrequenz ω und der Dämpfungsrate δ unter der Last p(t) werden im stetigen Zeitraum durch folgende lineare Differentialgleichung beschrieben :

$$\ddot{x}(t) + 2\,\delta\,\omega\,\dot{x}(t) + \omega^2\,x(t) = p(t)$$

Die Differentialgleichung wird im diskreten Zeitraum mit äquidistanten Zeitpunkten t_n im Abstand $\Delta t = 1$ durch eine Differenzengleichung approximiert. Für $t = t_{n-1}$ folgt :

$$x(t_n) - 2\,x(t_{n-1}) + x(t_{n-2}) + \delta\,\omega\,(x(t_n) - x(t_{n-2})) + \omega^2\,x(t_{n-1}) = p(t_{n-1})$$

Die Differenzengleichung wird nach $x(t_n)$ aufgelöst :

$$x(t_n) = \frac{2-\omega^2}{1+\delta\omega}\,x(t_{n-1}) - \frac{1-\delta\omega}{1+\delta\omega}\,x(t_{n-2}) + \frac{1}{1+\delta\omega}\,p(t_{n-1})$$

Die Verschiebung $x(t_n)$ stellt eine Realisierung der Zufallsvariablen $X(t_n)$ zum Zeitpunkt t_n dar. Die Last $p(t_{n-1})$ ist zum Zeitpunkt t_n gerade wirksam geworden, so daß der Lastterm $p(t_{n-1})\,/\,(1+\delta\,\omega)$ als Realisierung einer Zufallsvariablen $Z(t_n)$ betrachtet wird. Damit ergibt sich folgender Regressionsprozeß zweiter Ordnung :

$$X(t_n) = \alpha\,X(t_{n-1}) + \beta\,X(t_{n-2}) + Z(t_n)$$

$$\alpha = (2-\omega^2)\,/\,(1+\delta\,\omega)$$

$$\beta = -(1-\delta\,\omega)\,/\,(1+\delta\,\omega)$$

Für eine ungedämpfte Schwingung ist $\delta = 0$. Damit ist $\beta = -1$ und $\alpha = 2 - \omega^2$. Die Korrelationsfunktion $\varrho(\tau)$ für $\tau \geq 0$ entspricht dem Schwingungsverlauf des Ein-Massen-Schwingers ohne Lasteinwirkung mit der Anfangsverschiebung $\varrho(0) = 1$ und der Anfangsgeschwindigkeit $\dot{\varrho}(0) = 0$.

10.5.4.4 Stationäre Prozesse mit stetigem Zeitraum

Einführung : Die stationären Zufallsprozesse im diskreten Zeitraum lassen sich auf den stetigen Zeitraum übertragen. Dabei wird der Prozeß X(t) an äquidistanten Zeitpunkten t im Abstand $\Delta t \to 0$ betrachtet. In Analogie zum diskreten Zeitraum werden der unkorrelierte Prozeß und darauf aufbauend der Mittelungs- und Regressionsprozeß behandelt. Eine andere Form der Betrachtung ist für harmonische Prozesse erforderlich, die sich aus sinusförmigen Zeitverläufen zusammensetzen. Die harmonischen Prozesse sind im Ingenieurwesen insbesondere bei Zufallsschwingungen von Bedeutung.

Unkorrelierter Prozeß : Gegeben sei eine Folge von zufallsbedingten rechteckförmigen Impulsen $Z(t)\Delta t$ endlicher Intensität in aufeinanderfolgenden infinitesimal kleinen Zeitintervallen $\Delta t \to 0$ des stetigen Zeitbereiches $-\infty < t < \infty$. Die Impulse seien identisch verteilt und voneinander unabhängig. Sie besitzen den Mittelwert $\mu_Z = 0$. Eine Realisierung dieses stationären Prozesses ist nur näherungsweise möglich, indem die infinitesimal kleinen Zeitintervalle durch kleine endliche Intervalle ersetzt werden. Ein typisches Beispiel für gleichverteilte Impulse ist gezeigt.

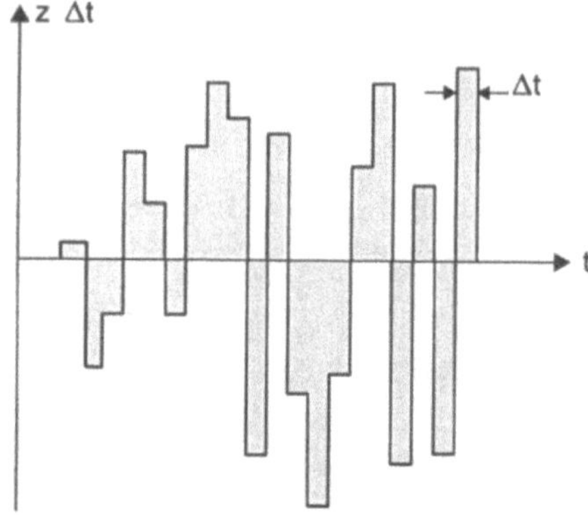

Wegen der Unabhängigkeit der Impulse zu verschiedenen Zeitpunkten ist die Kovarianzfunktion $\gamma_Z(\tau)$ für $\tau \neq 0$ null. Sie wird mathematisch mit Hilfe der Delta-Funktion formuliert :

$$\gamma_Z(\tau) = \sigma_Z^2 \, \delta(\tau)$$

$$\delta(\tau) = 0 \quad \text{für} \quad \tau \neq 0 \qquad\qquad \int_{-\infty}^{\infty} \delta(\tau)\, d\tau = 1$$

Dieser stationäre Prozeß ist unkorreliert. Er wird in der Mathematik als deltakorrelierter Prozeß und in der Physik als "weißes Rauschen" bezeichnet.

Mittelungsprozeß : Beim Mittelungsprozeß wird die Zufallsvariable $Y(t, T)$ durch Mittelung eines stationären unkorrelierten Prozesses mit dem Mittelwert 0 über den Zeitbereich von $t - T$ bis t gebildet :

$$Y(t,T) = \frac{1}{T} \int_0^T Z(t-s)\, ds$$

Der Mittelwert μ_Y des Mittelungsprozesses ist null, da der Mittelwert μ_Z des stationären unkorrelierten Prozesses null ist. Die Kovarianzfunktion $\gamma_Y(\tau)$ wird als Moment zweiter Ordnung wie folgt berechnet :

$$\gamma_Y(\tau,T) = D\,(Y(t,T)\,Y(t+\tau,T)) = \frac{1}{T^2}\int_0^T\int_\tau^{T+\tau} D\,(Z(t-s)\,Z\,(t-r))\,ds\,dr$$

$$\gamma_Y(\tau,T) = \frac{1}{T^2}\int_0^T\int_\tau^{T+\tau} \gamma_Z\,(r-s)\,ds\,dr$$

Die Korrelationsfunktion $\gamma_Z(r-s) = \sigma_Z^2\;\delta(r-s)$ ist nur für $r = s$ von null verschieden. Mit den Integrationsregeln für Deltafunktionen folgt :

$$\gamma_Y(\tau,T) = \frac{1}{T^2}\int_\tau^T \sigma_Z^2\,ds = \sigma_Z^2\,\frac{T-\tau}{T^2} \qquad 0 \le \tau \le T$$

$$\gamma_Y(\tau,T) = 0 \qquad \tau \ge T$$

Für $\tau = 0$ ergibt sich die Varianz σ_Y^2 (T), die umgekehrt proportional zu T ist :

$$\sigma_Y^2\,(T) = \sigma_Z^2\,/\,T$$

Die Korrelationsfunktion $\varrho_Y(\tau,T)$ wird aus der Kovarianzfunktion bestimmt :

$$\varrho_Y(\tau,T) = \gamma_X(\tau,T)\,/\,\gamma_Y(0,T) \qquad \varrho_Y(\tau,T) = \varrho_Y(-\tau,T)$$

$$\varrho_Y(\tau,T) = 1 - |\tau|\,/\,T \qquad |\tau| \le T$$

$$\varrho_Y(\tau,T) = 0 \qquad |\tau| \ge T$$

Der Mittelungsprozeß im stetigen Zeitraum ist wie der Mittelungsprozeß im diskreten Zeitraum ein stationärer Prozeß mit einer linear abklingenden Korrelationsfunktion.

Regressionsprozeß erster Ordnung : Beim Regressionsprozeß erster Ordnung ist die Zufallsvariable X(t) für $\Delta t \to 0$ linear von der Zufallsvariablen $X(t-\Delta t)$ abhängig :

$$X(t) = (1-\alpha\,\Delta t)\;X(t-\Delta t) + \Delta t\;Y(t,\Delta t)$$

Die Größe α ist der Regressionsparameter. Die Zufallsvariable $Y(t,\Delta t)$ ist das Mittel eines stationären unkorrelierten Prozesses im Intervall Δt. Sie besitzt den Mittelwert $\mu_Y = 0$ und die Varianz $\sigma_Y^2\,(\Delta t) = \sigma_Z^2\,/\,\Delta t$. Die Momente des Prozesses X(t) werden nachfolgend für den Grenzfall $\Delta t \to 0$ unter der Voraussetzung bestimmt, daß der Prozeß stationär ist. Der Mittelwert μ_X ist null, da für die Momente erster Ordnung mit $\alpha \ne 0$ gilt :

$$E(X(t)) = (1-\alpha\,\Delta t)\;E(X(t-\Delta t)) + \Delta t\;E(Y(t,\Delta t))$$

$$\mu_X = (1-\alpha\,\Delta t)\;\mu_X + \Delta t\;\mu_Y$$

$$\mu_X = \mu_Y\,/\,\alpha = 0$$

Die Zufallsvariable X(t) ist eine Linearkombination der Zufallsvariablen X(t – Δt) und Y(t – Δt), die unabhängig voneinander sind. Nach den Regeln zur Berechnung der Varianzen für Linearkombinationen von unabhängigen Zufallsvariablen gilt :

$$\sigma_X^2 = (1-\alpha\,\Delta t)^2\,\sigma_X^2 + \Delta t^2\,\sigma_Y^2\,(\Delta t)$$

$$\sigma_X^2 = \frac{\Delta t^2\,\sigma_Y^2\,(\Delta t)}{1-(1-\alpha\,\Delta t)^2} = \frac{\sigma_Z^2}{2\alpha-\alpha^2\,\Delta t}$$

$$\sigma_X^2 = \sigma_Z^2\,/\,2\alpha \qquad \text{für } \Delta t \to 0$$

Die Kovarianzfunktion $\gamma_X(\tau)$ wird für $\tau > 0$ als zentrales Moment zweiter Ordnung wie folgt bestimmt :

$$D(X(t-\tau)\,X(t)) = (1-\alpha\,\Delta t)\,D(X(t-\tau)\,\;X(t-\Delta t)) + \Delta t\,D(X(t-\tau)\;Y(t,\Delta t))$$

Da die Zufallsvariablen $X(t-\tau)$ und $Y(t,\Delta t)$ unabhängig sind, ist ihre Kovarianz null. Damit folgt :

$$\gamma_X(\tau) = (1-\alpha\,\Delta t)\,\gamma_X(\tau-\Delta t)$$

$$\frac{\gamma_X(\tau)-\gamma_X(\tau-\Delta t)}{\Delta t} + \alpha\,\gamma_X(\tau-\Delta t) = 0$$

Beim Grenzübergang $\Delta t \to 0$ ergibt sich eine lineare Differentialgleichung erster Ordnung für die Kovarianzfunktion mit folgender Lösung :

$$\dot{\gamma}_X(\tau) + \alpha\,\gamma_X(\tau) = 0$$

$$\gamma_X(\tau) = \gamma_X(0)\,e^{-\alpha\tau} = \sigma_X^2\,e^{-\alpha\tau} \qquad \tau \geq 0$$

Die Korrelationsfunktion ergibt sich aus der Kovarianzfunktion :

$$\varrho_X(\tau) = \gamma_X(\tau)\,/\,\gamma_X(0) \qquad \varrho_X(\tau) = \varrho_X(-\tau)$$

$$\varrho_X(\tau) = e^{-\alpha|\tau|}$$

Der Regressionsprozeß erster Ordnung ist für $\alpha > 0$ stationär. Er besitzt eine exponentiell abklingende Korrelationsfunktion.

Einfacher harmonischer Prozeß : Bei einem einfachen harmonischen Zufallsprozeß ist die Zufallsfunktion X(t) eine harmonische Schwingung mit einer vorgegebenen Frequenz ω, einer zufälligen Amplitude A und einer zufälligen Phasenverschiebung Φ.

$$X(t) = A\cos(\omega t + \Phi)$$

Die Amplitude A wird durch eine Dichtefunktion $f_A(a)$ mit dem Mittelwert μ_A und der Varianz σ_A^2 beschrieben. Die Phasenverschiebung Φ wird durch eine Gleichverteilung $f_\Phi(\phi) = 1/(2\pi)$ im Bereich $-\pi \le \phi \le \pi$ beschrieben. Die Amplitude A und die Phasenverschiebung Φ sind unabhängig voneinander, so daß die gemeinsame Dichtefunktion gleich dem Produkt $f_A(a)\, f_\Phi(\phi)$ ist. Die Momente der Zufallsvariablen X(t) werden nach den Regeln für deterministische Abhängigkeit über die Dichtefunktionen bestimmt. Der Mittelwert μ_X ist null.

$$\mu_X = E(X(t)) = \int_{-\pi}^{\pi} \int_{-\infty}^{\infty} a \cos(\omega t + \phi)\, f_A(a)\, f_\Phi(\phi)\, da\, d\phi$$

$$\mu_X = \int_{-\infty}^{\infty} a\, f_A(a)\, da \int_{-\pi}^{\pi} \frac{1}{2\pi} \cos(\omega t + \phi)\, d\phi = \mu_A \cdot 0 = 0$$

Die Kovarianzfunktion $\gamma_X(\tau)$ wird als zentrales Moment wie folgt bestimmt :

$$\gamma_X(\tau) = D(X(t)\, X(t+\tau))$$

$$\gamma_X(\tau) = \int_{-\pi}^{\pi} \int_{-\infty}^{\infty} a^2 \cos(\omega t + \phi) \cos(\omega(t+\tau) + \phi)\, f_A(a)\, f_\Phi(\phi)\, da\, d\phi$$

$$\gamma_X(\tau) = \int_{-\infty}^{\infty} a^2 f_A(a)\, da \int_{-\pi}^{\pi} \frac{1}{2\pi} \cos(\omega t + \phi) \cos(\omega(t+\tau) + \phi)\, d\phi$$

$$\gamma_X(\tau) = E(A^2) \int_{-\pi}^{\pi} \frac{1}{2\pi} \cos(\omega t + \phi) \cos(\omega(t+\tau) + \phi)\, d\phi$$

Mit dem Moment zweiter Ordnung $E(A^2) = \sigma_A^2 + \mu_A^2$ und den Sätzen der Trigonometrie folgt :

$$\gamma_X(\tau) = \frac{1}{2} (\sigma_A^2 + \mu_A^2) \cos \omega \tau$$

Die Varianz σ_X^2 und die Korrelationsfunktion $\varrho_X(\tau)$ ergeben sich aus der Kovarianzfunktion $\gamma_X(\tau)$:

$$\sigma_X^2 = \gamma_X(0) = (\sigma_A^2 + \mu_A^2) / 2$$

$$\varrho_X(\tau) = \gamma_X(\tau) / \gamma_X(0) = \cos \omega \tau$$

Der harmonische Prozeß ist ein typisches Beispiel für einen stationären, nicht ergodischen Prozeß. Eine Realisierung x(t) des Prozesses erlaubt keine Rückschlüsse auf die Wahrscheinlichkeitsverteilung $f_A(a)$ für die Amplitude A. Die Korrelationsfunktion des Prozesses ist periodisch. Im Gegensatz zu den zuvor behandelten stationären Prozessen im stetigen Zeitraum weist dieser Prozeß eine weitere besondere Eigenschaft auf. Aus zwei geeigneten Stichprobenwerten $x(t_1)$ und $x(t_2)$ einer Realisierung x(t) lassen sich die Amplitude a und der Phasenwinkel ϕ bestimmen. Sind a und ϕ bekannt, so ist die Realisierung für den gesamten stetigen Zeitbereich $-\infty \le t \le \infty$ festgelegt.

Allgemeiner harmonischer Prozeß : Bei einem allgemeinen harmonischen Zufallsprozeß werden mehrere harmonische Schwingungen mit gegebenen verschiedenen Frequenzen ω_j, zufälligen Amplituden A_j und zufälligen Phasenverschiebungen Φ_j superponiert :

$$X(t) = \sum_{j=1}^{n} A_j \cos(\omega_j t + \Phi_j)$$

Sind die Amplituden A_j und die Phasenverschiebungen Φ_j voneinander unabhängig, so ergeben sich bei gleichverteilten Phasenverschiebungen der Mittelwert $\mu_X = 0$ und die Korrelationsfunktion $\gamma_X(\tau)$:

$$\mu_X = 0$$

$$\gamma_X(\tau) = \frac{1}{2} \sum_{j=1}^{n} S(\omega_j) \cos \omega_j \tau$$

$$S(\omega_j) = E(A_j^2) = \sigma_{Aj}^2 + \mu_{Aj}^2$$

Die Werte $S(\omega_j)$ heißen Spektralwerte des allgemeinen harmonischen Prozesses. Die diskrete Funktion $S(\omega_j)$ im Frequenzraum $0 < \omega_j < \infty$ heißt diskrete Spektralfunktion. Der allgemeine harmonische Prozeß mit diskreter Frequenz bildet die Grundlage für die Spektralanalyse von stationären Prozessen im Frequenzbereich. Die Spektralanalyse ist insbesondere für Zufallsschwingungen von wesentlicher Bedeutung. Sie wird jedoch in diesem Rahmen nicht weiter behandelt.

STICHWORTVERZEICHNIS

A

B

C

D

E

F

G

H

L

N

O

P

Q

R

S

V

W

X

Z

MIX
Papier aus verantwortungsvollen Quellen
Paper from responsible sources
FSC® C105338

If you have any concerns about our products,
you can contact us on
ProductSafety@springernature.com

In case Publisher is established outside the EU,
the EU authorized representative is:
Springer Nature Customer Service Center GmbH
Europaplatz 3, 69115 Heidelberg, Germany

Printed by Libri Plureos GmbH
in Hamburg, Germany